제12판

회로이론

ELECTRIC CIRCUITS

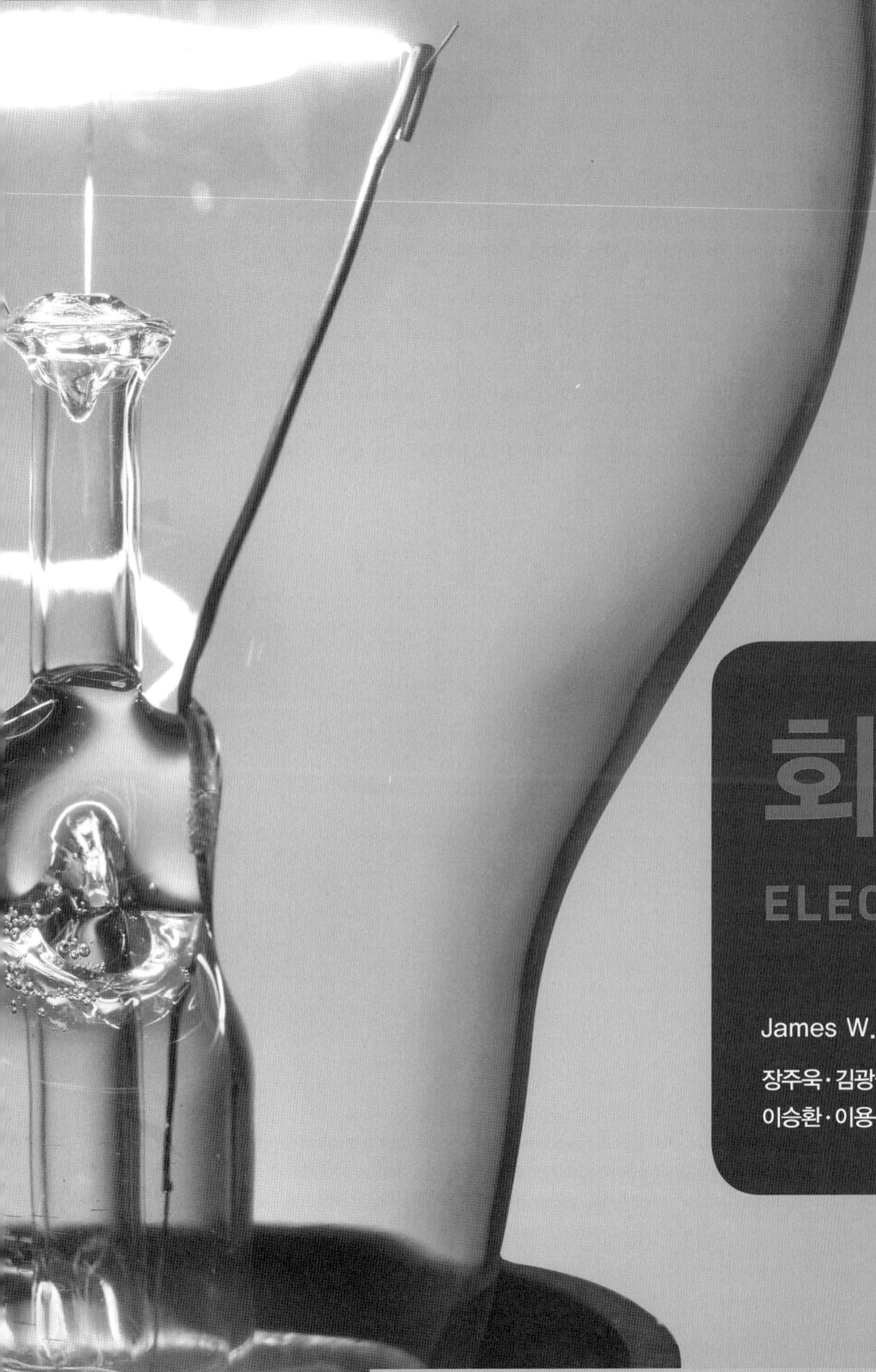

12th Edition

회로이론

ELECTRIC CIRCUITS

James W. Nilsson · Susan A. Riedel 지음

장주욱 · 김광원 · 김도엽 · 김봉환 · 김종석 · 박대웅 · 송진우
이승환 · 이용욱 · 이호진 · 임영현 · 한창희 · 현승호 옮김

Pearson

한빛아카데미
Hanbit Academy, Inc.

Pearson Education South Asia Pte Ltd
3 Temasek Avenue #21-23, Centennial Tower
Singapore 039190

Pearson Education offices in Asia: *Bangkok, Beijing, Ho Chi Minh City, Hong Kong, Jakarta, Kuala Lumpur, Manila, Seoul, Singapore, Taipei, Tokyo*

3 2 1
27 26 25

Cover image: Chones/Shutterstock

발행일: 2025년 8월 14일
공급처: 한빛아카데미㈜(02-336-7112/question@hanbit.co.kr)
ISBN: 978-981-3352-22-3(93560)
가격: 45,000원

Pearson

http://pearson.com/asia

역자 서문

회로이론은 전기공학, 전자공학, 정보통신공학, 컴퓨터공학, 제어공학 등의 공학에서 가장 중요한 기초 과목으로, 그 응용 분야는 전자기기, 통신 시스템, 자동차, 의료기기 등 산업 전반에 걸쳐 매우 광범위하다. 따라서 튼튼한 기초를 다질 수 있는 책을 선택하는 것이 중요하다. 이러한 점에서 미국 아이오와주립대학교의 고(故) 제임스 닐슨(James W. Nilsson) 교수와 마르케트대학교의 수전 리델(Susan A. Riedel) 교수가 함께 저술한 《회로이론(Electric Circuits)》은 매우 탁월한 책이라고 생각한다.

이 책은 회로이론의 개념을 명확히 설명하고 풍부한 예제와 연습문제를 담고 있어 실전 적용 능력을 키우기에 좋다. 또한 Multisim과 PSpice 시뮬레이션 연동이 가능하여 회로 동작을 시각적으로 이해할 수 있다. 기존 회로이론 책과 차별화되는 이 책의 특장점으로는 판에 박힌 풀이 과정을 지양하고 개념을 중심으로 문제의 창의적인 해법을 유도하는 구성, 이론과 실제 엔지니어링 세계를 직접적으로 연결하는 내용 전개, 풍부하고 다양한 새로운 연습문제 등을 꼽을 수 있다.

이 책은 2025년에 출간된 열두 번째 개정판을 번역한 것이다. 기존 내용을 대폭 수정·보완한 12판의 주요 특징은 다음과 같다.

첫째, 각 장 끝의 연습문제를 전면적으로 개정하고 새로운 문제를 추가했다. 회로 과목에서는 다양한 문제를 풀어 보는 것이 성공의 열쇠이다.

둘째, 12판에 새로 추가된 평가문제의 경우 정답이 제공된다.

셋째, 일부 연습문제의 해답을 제공하지 않는다. 학생이 자신만의 분석 기법으로 해답을 확인하거나 기존 회로 동작과 비교할 수 있는 능력을 기르도록 유도하기 위함이다.

넷째, 다양한 방법으로 회로 설계의 중요성을 강조한다. 실제 응용의 많은 부분은 회로의 설계 측면에 초점을 맞추고 있으며, 각 장의 연습문제는 이 실용적 예제에 포함된 설계상 문제의 연장선이다. 또한 설계 지향적인 연습문제가 무엇인지 알 수 있도록 표시하고, PSpice나 Multisim을 사용할 수 있는 설계의 기회를 알려준다. 거의 모든 장에는 현실적인 소자값을 가지고 원하는 회로를 설계하는 데 초점을 맞춘 문제를 수록했다. 이러한 문제의 분석이 끝나는 대로 실험실에서 회로를 만들고 시험하여 분석값과 실제 회로에서 측정한 성능을 비교해 볼 수 있다.

역자들은 원서를 우리말로 옮기면서 저자들의 의도를 충실하게 전달하고자 최선을 다했지만, 모든 일이 그렇듯 완벽을 장담하기는 어렵다. 생소한 용어나 오류는 독자의 지속적인 조언을 받아 증쇄 시 보완해 나가겠다. 각 장별 역자는 다음과 같다.

전체 감수, 서문: 서강대학교 장주욱 교수(jjang@sogang.ac.kr)
1장: 인천대학교 김도엽 교수(doyup@inu.ac.kr)
2장, 3장, 부록 A: 부경대학교 이용욱 교수(yongwook@pknu.ac.kr)
4장, 18장, 부록 E: 세종대학교 송진우 교수(jwsong@sejong.ac.kr)
5장, 6장: 숭실대학교 이호진 교수(hojinl@ssu.ac.kr)
7장: 한양대학교 김종석 교수(jskim383@hanyang.ac.kr)
8장: 경희대학교 임영현 교수(younghyun@khu.ac.kr)
9장, 10장: 대구가톨릭대학교 김봉환 교수(bhkim@cu.ac.kr)
11장: 한양대학교 한창희 교수(chhee@hanyang.ac.kr)
12장, 13장: 울산대학교 김광원 교수(gwkim@ulsan.ac.kr)
14장, 15장: 울산대학교 현승호 교수(takeitez@ulsan.ac.kr)
16장: 서울시립대학교 이승환 교수(seunghlee16@uos.ac.kr)
17장: 서울과학기술대학교 박대웅 교수(dwpark@seoultech.ac.kr)

끝으로 출간을 위해 애쓴 피어슨에듀케이션 관계자 여러분에게 감사 인사를 전한다.

2025년 7월
장주욱

저자 서문

《회로이론》 12판은 평가문제와 연습문제에 중점을 두고 계획에 따라 점진적으로 개정한 결과물이다. 이 책의 본질적인 목표는 변함이 없으며, 그 목표는 다음과 같다.

- **앞서 소개한 개념을 토대로 새로운 개념과 아이디어 구축**: 많은 회로 분석 툴 방법론이 서로 연결된다는 것을 깨달을 수 있다.
- **확고한 개념적 토대에서의 문제풀이 기법 개발**: 식을 세우기 전에 문제 해결을 위해 다양한 접근 방법을 검토한다.
- **현실적인 엔지니어링 경험 소개**: 현장 엔지니어의 통찰력을 키우고 실제 엔지니어링을 경험한다.

개정 사항

12판의 새로운 요소와 개정 사항은 다음과 같다.

- **연습문제**: 문제 해결은 회로 분석을 학습하는 데 가장 근본적인 것이다. 모든 회로 과목에서는 가장 좋은 공부 비법은 다양한 문제를 풀어 보는 것이다. 따라서 각 장의 끝의 연습문제를 거의 전면적으로 개정하고 새로운 문제를 추가했다. 단, 특정 결과를 유도하거나 증명하는 문제는 변경하지 않았다.
- **평가문제**: 새로 배운 내용을 적용해 보도록 거의 모든 절의 후반에 1개 이상의 평가문제를 수록했다. 정답도 제공하는 이 평가문제는 12판에 새롭게 추가된 것이다.
- **일부 연습문제의 해답 삭제**: 강사는 연습문제의 해답을 별도로 제공받기 때문에 필요시 선택적으로 학생에게 해답을 알려줄 수 있다. 어떤 강사들은 해답이 있는 과제를 내주려 하지 않는다. 학생이 자신만의 분석 기법으로 문제를 풀거나 기존 회로 동작과 비교할 수 있는 능력을 기르도록 유도하기 위함이다.

이 책의 특징

- **분석 방법**: 회로 분석을 처음 접하는 학생은 문제 해결로 이끄는 단계별 지침을 통해 도움을 받을 수 있다. 이러한 지침이 분석 방법에 포함되어 있으며, 본문의 많은 예제에서는 이 분석 방법을 사용한다.
- **연습문제**: 이 책을 교재로 사용하는 강사와 학생은 연습문제의 폭넓은 범위, 깊이, 다양성 등을 높이 평가해 왔다. 각 장의 끝에 절별로 수록된 연습문제는 거의 1,200개에 달한다.
- **실제 응용**: 실제 장치에 있는 실제 회로를 예제로 제시하면서 각 장이 시작된다. 각 장에서 다룰 학습 내용의 실제적 적용에 대해 간단히 소개한 후, 실제 응용으로 돌아가 새로 소개한 내용을 적용한 정량적 분석을 한다. 각 장 끝의 연습문제에는 실제 응용과 관련된 문제가 포함되어 있으며, 이는 학습 내용을 활용하여 실제 회로 문제를 해결할 수 있는 기회를 추가로 제공한다.
- **평가문제**: 각 장 시작 부분에 학습 목표를 제시했다. 학생은 중요 지점에서 멈추어 평가문제를 풀어 봄으로써 학습 목표를 정복했는지 점검할 수 있다.
- **예제**: 본문에 언급된 개념을 수치화한 예제를 수록했다. 약 200개의 예제는 특정 개념 적용하기, 분석 기법 사용하기, 훌륭한 문제 해결 기법 등을 보여준다.
- **해석 결과 확인**: 해석 결과가 타당한지 확인하도록 다양한 방법과 예를 본문, 평가문제, 연습문제 등에 포함했다. 알려진 정답과 단순히 비교하기보다는 문제를 다른 방식으로 풀어 보거나 회로의 동작과 비교하고 스스로 결과를 검증하는 것이 중요하다.
- **기본 식과 개념**: 책 전체에 걸쳐 기본적인 식과 개념을 본문과 구별되게 표시했다. 이는 회로이론의 주요 원리에 집중하고 중요한 주제를 쉽게 찾도록 도와준다.
- **컴퓨터 툴과의 통합**: 컴퓨터 툴은 회로 동작의 시각적 표현을 제공하며, 계산된 해답을 확인하고, 더 복잡한 회로의 계산 부담을 줄여 주며, 파라미터를 바꾸어 가며 원하는 해답에 점진적으로 다가가도록 하여 학습을 도와준다. 이러한 컴퓨터 지원은 설계 과정에서 매우 귀중하다. 12판은 회로 시뮬레이션과 분석에서 인기 있는 컴퓨터 툴인 PSpice와 Multisim을 지원한다. 연습문제 가운데 PSpice와 Multisim을 사용할 만한 문제를 아이콘으로 표시했다.
- **설계 강조**: 12판은 다양한 방식으로 회로 설계를 강조한다. 첫째, 실제 응용의 내용 중 많은 부분이 회로의 설계 측면에 초점을 맞추고 있다. 각 장의 연습문제는 실제 응용에서 다룬 설계상 문제의 연장선상에 있다. 둘째, 설계 지향적인 연습문제가 무엇인지 알 수 있도록 표시했다. 셋째, PSpice나 Multisim을 사용할 만한 문제를 표시함으로써 이러한 소프트웨어 툴을 사용한 설계의 기회를 알려 준다. 넷째, 거의 모든 장에 현실적인 소자 값을 가지고 원하는 회로를 설계하는 데 초점을 맞춘 문제를 수록했다. 이러한 문제의

분석이 끝나는 대로 실험실에서 회로를 만들고 시험하여 분석값과 실제 회로에서 측정한 성능을 비교해 볼 수 있다.

- **정확성**: 가장 오류 없는 내용을 제공하기 위해 12판의 본문과 문제는 엄격한 정확성 검토 과정을 거쳤다.
- **선행 학습 요건**: 1~12장의 경우 독자가 기초적인 미적분 과목을 수강했다고 가정하고 저술했다. 또한 에너지, 전력, 전하, 전류, 전위, 전자계 등의 개념을 소개하는 고등학교 또는 대학교 수준의 물리학 개론 과목을 수강했다고 가정했다. 13~18장의 경우 미분방정식 개론 과목을 수강했거나 수강 중이라고 가정하고 저술했다.

과정 구성상의 선택

이 책은 1학기, 2학기(1년 3학기제의 경우), 3학기(1년 4학기제의 경우) 과정에 사용할 수 있다.

- **1학기 과정**: 1~4장, 6~10장(7.7절과 8.5절 제외)을 강의한 후, 강사가 중점을 두고 싶은 분야에 따라 5장(연산 증폭기), 11장(3상 회로), 13장과 14장(라플라스 변환), 18장(2-포트 회로) 중에서 선택할 수 있다.
- **2학기 과정**: 주당 세 번 강의하는 경우 1~9장은 1학기 동안 다루고 10~18장은 2학기에 다룰 수 있다.
- **3학기 과정**: 1~6장, 7~12장, 13~18장으로 나누어 강의할 수 있다.

5장의 연산 증폭기 회로에 대한 소개를 생략해도 이어지는 장을 이해하는 데 지장이 없다. 5장을 생략하는 경우 연산 증폭기에 관한 7.7절, 8.8절, 15장을 생략하고 연산 증폭기 관련 평가문제와 연습문제를 생략하면 된다.

독자의 수학적 배경을 잘 활용할 수 있도록 책 끝부분에 몇 가지 부록을 첨부했다. 부록 A에 연립 선형 방정식을 푸는 다양한 방법을 제시했다. 복소수는 부록 B에 정리했으며, 부록 C에서는 자기 결합 코일과 이상적인 변압기의 부가적인 내용을 다룬다. 부록 D는 데시벨에 대한 간략한 설명이고, 부록 E는 보드 선도에 대한 내용이다. 부록 F에는 회로 해석에 유용한 삼각 함수 항등식을 요약한 표를 담았으며, 적분에 유용한 요약표는 부록 G에 있다. 부록 H에서는 연습문제를 푸는 데 사용되는 저항, 인덕터, 커패시터의 표준 소자 값을 표로 정리했다. 또한 연습문제 중에서 선별한 일부 문제에 대한 해답도 제공한다.

요약 차례

차례

예제 목록

제5장

제6장

제7장

제8장

제9장

제10장

제11장

제12장

제13장

제14장

제15장

제16장

제17장

제18장

표 목록

해석 방법 목록

CHAPTER

1 회로 변수

학습내용

학습목표

1. SI 단위와 10의 거듭제곱을 나타내는 표준 접두사를 이해하고 사용할 수 있다.
2. 전압과 전류의 정의를 알고 사용할 수 있다.
3. 전력과 에너지의 정의를 알고 사용할 수 있다.
4. 전압과 전류가 주어졌을 때 이상적인 기본 회로 소자에 대한 전력을 수동 부호 규약을 사용하여 계산할 수 있다.

전기공학(electrical engineering)은 응용과학과 수학에 진정한 관심과 소질이 있는 사람이라면 누구나 흥미를 느끼고 도전해볼 수 있는 학문이다. 전기공학자는 사람들의 생활방식과 일하는 방식을 변화시킨 시스템을 개발하는 데 주도적인 역할을 해 왔다. 위성 통신, 휴대전화, 디지털 컴퓨터, 텔레비전, 진단 및 외과수술 의료 기기, 로봇 및 항공기는 현대 기술 사회를 규정하는 시스템이다. 전기공학자로서 여러분은 이러한 기존 시스템을 향상시키고 개선함으로써, 그리고 지속적으로 변화하는 우리 사회의 요구에 부응하는 새로운 시스템을 찾아내고 개발함으로써 진행 중인 이 기술 변혁에 동참할 수 있다.

이 책은 선형 회로의 해석과 설계를 통해 전기공학을 소개한다. 먼저 전기공학의 개요, 회로 해석과 관련된 공학적인 관점에 대한 몇 가지 개념을 제시하고 국제 단위계에 대해 복습한다. 그리고 회로 해석에 필요한 사항을 일반적으로 기술한다. 다음으로 전압과 전류의 개념을 소개한다. 이어서 이상적인 기본 소자와 극성(polarity) 기준 시스템의 필요성을 다룬다. 전류와 전압이 전력과 에너지와 어떻게 연관되는지 서술하면서 이 장을 마친다.

■ 실제 응용

전력 평형

여러분이 갖춰야 할 가장 중요한 기술 중 하나는 이 책에서 개발한 도구를 사용하여 설계하고 해석한 회로에 대한 해를 검증할 수 있는 능력이다. 해가 맞는지 확인하는 흔한 방법은 회로의 전력을 계산하는 것이다. 우리가 공부하게 되는 선형 회로에는 회로에서 발생하는 순전력(net power)이 없기 때문에 각 회로 소자와 관련된 전력의 합은 0이 되어야 한다. 회로의 총전력이 0이라면 전력이 평형을 이루었다고 한다. 그러나 총전력이 0이 아니라면 계산상의 오류를 찾아내야 한다.

한 예로, 전형적인 주택의 전력 분배에 대한 매우 단순한 모델을 생각해 볼 것이다. (더 구체적인 모델이 9장의 실제 응용에서 다루어지니 유의하기 바란다.) a와 b로 표시된 회로 소자는 주택에 전기를 공급하는 전원을 나타낸다. c, d, e로 표시된 회로 소자는 선로를 나타내며, 전원으로부터 전력을 요구하는 주택의 전기 기구까지 전류를 운반한다. f, g, h로 표시된 회로 소자는 전등, 텔레비전, 헤어드라이어, 냉장고 그리고 전력을 필요로 하는 다른 기구를 나타낸다.

일단 전압, 전류, 전력과 에너지에 대한 개념을 소개한 후 이 회로 모델을 자세히 조사하고, 전력 평형을 이용하여 이 회로 해석 결과가 맞는지 밝힌다.

romakoma/Shutterstock

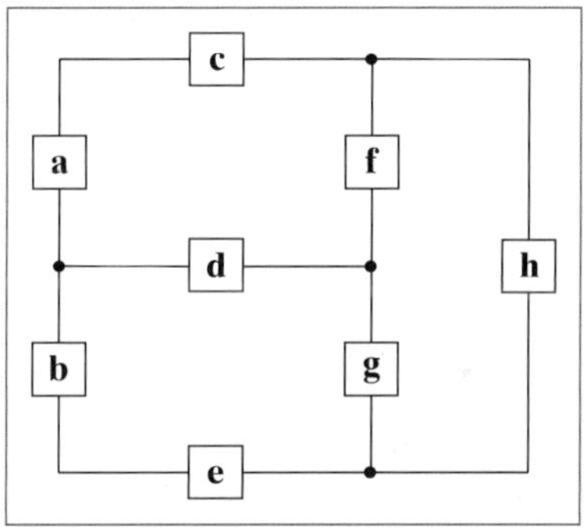

MasterPhoto/Shutterstock

Olga Yastremska/123RF

1.1 전기공학: 개요

전기공학 전공자가 관심을 두는 것은 전기 신호를 발생시키고, 전달하며, 측정하는 시스템이다. 전기공학은 자연현상에 대해 물리학자가 만들어 놓은 모델과 이 모델을 처리하기 위한 수학자의 도구를 결합해 실제적인 요구를 충족하는 시스템을 만든다. 전기 시스템은 우리 생활에 널리 퍼져 있으며 가정, 학교, 일터 및 교통수단 등 어디에서나 볼 수 있다.

우선 다음과 같은 다섯 가지 주요 전기 시스템 유형에 속하는 예를 몇 가지 들어본다.

- 통신 시스템
- 컴퓨터 시스템
- 제어 시스템
- 전력 시스템
- 신호 처리 시스템

그리고 전기공학자가 이와 같은 시스템을 어떻게 해석하고 설계하는지를 설명한다.

통신 시스템(communication system)은 정보를 생성하고, 전송하고, 분배하는 전기 시스템이다. 잘 알려진 예로는 카메라, 송신기, 수신기 및 VCR과 같은 텔레비전 장비, 우주 탐사에 사용되는 전파 망원경(radio telescope), 다른 행성과 우리가 살고 있는 지구의 영상을 보내 주는 인공위성 시스템, 비행기 운항을 조정하

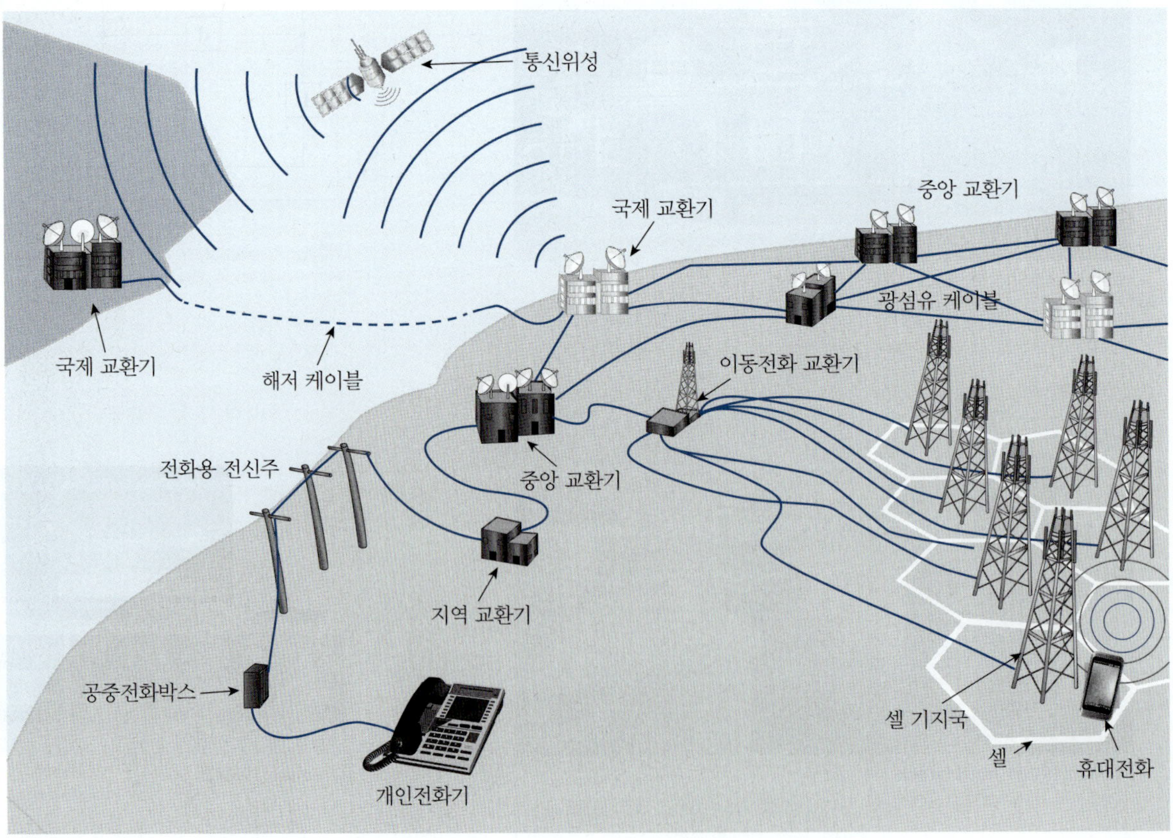

그림 1.1▲ 전화 시스템.

는 데 사용되는 레이더 시스템, 전화 시스템 등이 있다.

그림 1.1은 이동전화, 유선전화, 국제전화를 지원하는 현대 전화 시스템의 주요 구성 요소를 나타낸 것이다. 전화기의 내부에서 마이크로폰이 음파를 전기 신호로 변환한다. 이 신호를 지역 교환기 또는 이동전화 교환기(mobile exchanges)으로 보내며, 여기서 이 신호가 수십, 수백, 또는 수천 개의 다른 전화기로부터 온 신호와 합쳐진다. 이 신호의 형태는 대기를 통해 들어온 라디오파, 지하 동축케이블(underground coaxial)을 통해 들어온 전기 신호, 광섬유 케이블을 통해 들어온 빛의 펄스, 또는 우주공간을 통해 들어온 마이크로웨이브 신호이다. 이 결합된 신호는 송신 안테나로부터 수신 안테나로 보내진다. 그러면 결합된 신호가 교환기에서 분리되고, 각각의 신호는 특정한 전화기로 전달된다. 여기서 이어폰이 스피커로 동작하여 수신된 전기 신호를 다시 음파로 변환한다. 이러한 과정의 각 단계에서 전기 회로는 신호를 처리한다. 수십만의 동시 통화가 모두 고품질의 연결을 유지할 수 있도록 각 회로를 설계하고, 구축하며, 동작시킬 때 생길 수 있는 어려움을 상상해 보라.

컴퓨터 시스템(computer system)은 전기 신호를 사용하여 문서 작성 수준의 정보부터 수학적 계산 수준까지의 정보를 처리한다. 컴퓨터 시스템은 크기와 사용 전력을 기준으로 할 때 휴대용 계산기부터 개인용 컴퓨터, 그리고 기상 데이터를 처리하거나 복합 유기 분자의 화학적 상호작용 모델링과 같은 복잡한 작업을 수행하는 슈퍼컴퓨터까지 다양하다. 이러한 시스템에는 집적회로의 망(networks)이 들어 있는데, 집적회로는 종종 빛의 속도 및 열역학 법칙을 포함하는 기본적인 물리적 한계에 가까운 속도 및 전력 수준에서 동작하는 수백, 수천, 수백만 개의 전기 소자로 구성된 소형 조립품이다.

제어 시스템(control system)은 전기 신호를 사용하여 공정(process)을 조정한다. 예를 들면, 석유 정제소에서의 온도, 압력 및 유속의 제어, 연료가 주입된 자동차 엔진에서의 연료-공기 혼합, 엘리베이터 안의 전동기, 문, 조명 등과 같은 기계장치 작동, 파나마 운하(Panama Canal)의 수문 폐쇄 등이 있다. 또한 비행기의 비행 및 착륙을 돕는 자동조종 장치(autopilot)와 계기착륙(autolanding) 시스템은 잘 알려진 제어 시스템이다.

전력 시스템(power system)은 전력을 발생시키고 분배한다. 전력은 기술 기반 사회의 토대가 되는데, 보통 원자력, 수력, 태양열 및 화력(석탄, 석유, 가스 연소) 발전기에 의해 대량으로 생산된다. 전력은 전국을 종횡으로 교차하는 도선으로 구성된 그리드(grid)를 통해 분배된다. 이러한 전력 시스템을 설계하고 운영하는 데에서의 주요 난제는, 충분한 중복성(redundancy)과 제어장치를 마련하여 어떤 장비의 부품이 고장 나더라도 도시, 주 또는 여러 지역에 큰 정전이 발생하지 않도록 하는 것이다.

신호 처리 시스템(signal-processing system)은 정보를 표시하는 전기 신호를 받아 작동한다. 신호 처리 시스템은 신호와 그 신호에 포함된 정보를 더 적절한 형태로 변환한다. 여러 가지 다른 방식으로 신호와 그 신호에 들어 있는 정보가 처리된다. 예를 들면, 영상 처리 시스템은 궤도를 도는 기상 위성으로부터 대량의 데이

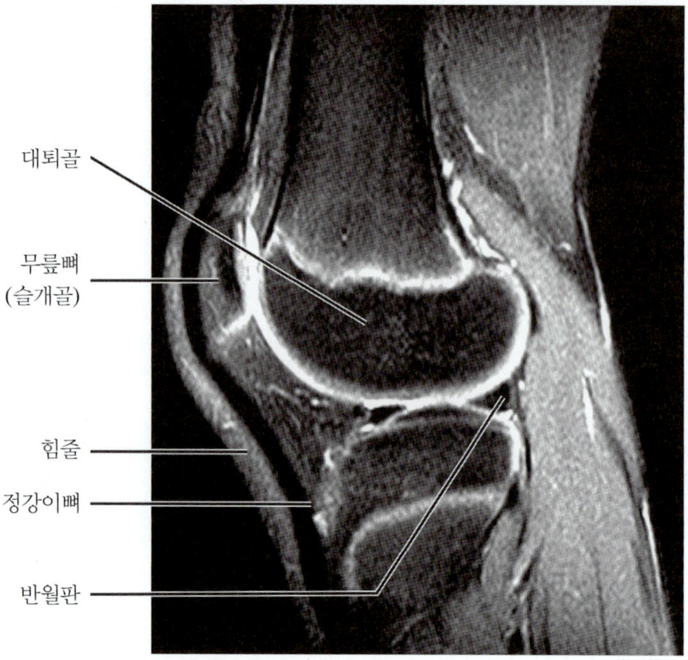

그림 1.2▲ 성인 무릎 연골의 MRI 사진.
Science History Images/Alamy Stock Photo

터를 수집하여 데이터의 양을 처리할 수 있는 수준으로 줄이고, 이 줄어든 데이터를 저녁 뉴스 방송용 비디오 이미지로 변환한다. 핵자기공명영상장치(MRI)의 스캔(scan)은 영상 처리 시스템의 또 다른 예이다. 핵자기공명영상장치는 강력한 자기장과 전자파에 의해 발생하는 신호를 받아들이고, 이 신호를 그림 1.2와 같은 상세한 3차원 영상으로 변환한다. 이 3차원 영상은 질병과 상해의 진단에 사용될 수 있다.

많은 상호작용이 이러한 다섯 가지 종류의 시스템을 설계하고 동작시키는 데 관련된 공학 분야 사이에서 일어난다. 그래서 통신 기술자들은 디지털 컴퓨터를 사용하여 정보의 흐름을 제어한다. 컴퓨터에 제어 시스템이 들어 있고, 제어 시스템에 컴퓨터가 포함된다. 전력 시스템은 광대한 통신 시스템을 필요로 하는데, 구성 요소의 운전을 안전하고 신뢰성 있게 조정하기 위해서이다. 이 통신 시스템은 하나의 대륙에 걸쳐 설치될 수 있다. 신호 처리 시스템에는 통신 연결, 컴퓨터 및 제어 시스템이 포함될 수 있다.

여러 시스템 간 상호작용이 결합된 좋은 예는 그림 1.3에 나타낸 것과 같은 상업용(민간) 비행기이다. 정교한 통신 시스템은 조종사와 항공 교통 관제관에게 비행기의 위치를 알려 주어 항공 교통 관제관이 주변의 모든 항공기에 대해 안전한 비행경로를 설계할 수 있도록 하고, 조종사로 하여금 비행기가 지정된 경로를 유지할 수 있게 한다. 내장 컴퓨터 시스템(onboard computer system)은 엔진 기능을 관리하고, 운항 시스템 및 비행 제어 시스템을 구동하며, 조종실 스크린에 비디오

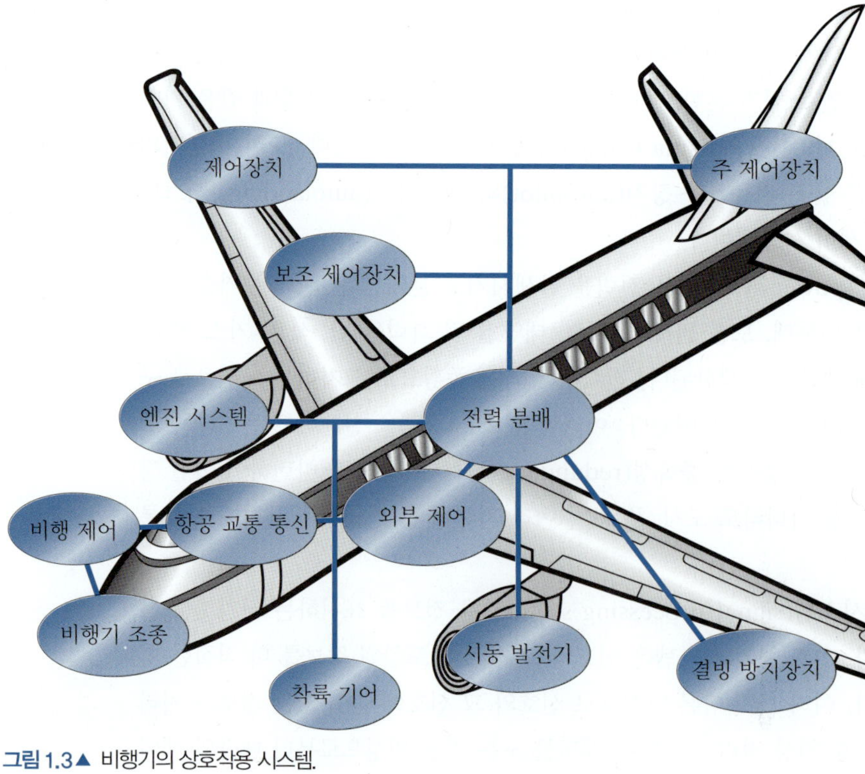

그림 1.3▲ 비행기의 상호작용 시스템.

정보를 보낸다. 복잡한 제어 시스템은 조종실의 명령에 따라 비행기의 위치 및 속도를 조정하고, 적절한 신호를 만들어 엔진과 (날개 덮개, 보조 날개, 방향타와 같은) 제어 면으로 보내 비행기가 안전하게 공중에 떠 있게 하고 원하는 비행경로를 유지하게 한다. 비행기는 반드시 자체 전력 시스템을 갖추어 비행기가 하늘 높이 떠 있게 하며, 필요한 전력을 공급하고 분배하여 객실 등이 켜져 있게 하고, 커피를 만들 수 있게 하며, 오락 시스템이 작동되게 해야 한다. 신호 처리 시스템은 항공교통 통신의 잡음을 줄이고, 비행기 위치 정보를 변환하여 더욱 의미 있는 형태의 조종실 내 비디오 화면(video display)으로 나타낸다. 공학적 난제는 이러한 각각의 시스템을 설계할 때도 많이 생기고, 각 시스템을 통합하여 일관된 하나의 시스템으로 만드는 과정에서도 많이 발생한다. 예를 들면, 이 시스템은 광범위하게 변화하며 예측할 수 없는 환경 조건에서도 동작해야 한다. 아마도 가장 중요한 공학적 난제는 설계에 충분한 중복성이 포함되어 승객이 원하는 목적지에 안전하게 정시에 도착하게 하는 것이다.

주로 한 분야에만 관심이 있는 전기공학자라 해도 관심을 기울이는 분야와 관련된 다른 분야에 대해서도 잘 알아야 한다. 바로 이러한 상호작용이 전기공학을 도전해 보고 싶고 흥미 있는 학문으로 만드는 부분이다. 공학에서 중요하게 생각하는 것은 사물을 동작시키는 것이므로, 엔지니어는 당연히 사물이 동작하도록 하는 데 도움이 되는 임의의 분야에서 임의의 기술을 자유롭게 도입하고 이용해야 한다.

회로 이론

전기 회로(electric circuit)는 실제 전기 시스템의 동작을 근사화한 수학적 모델이다. 전기 회로는 전기공학의 모든 분야에서 사용되기 때문에 전기 회로는 앞에서 언급한 것과 같은 시스템을 설계하고 운용하는 방법을 배우는 데 중요한 토대를 제공한다. 회로 이론의 모델, 수학적 기법 및 용어는 여러분의 미래의 공학적 노력을 위한 지적 기초가 될 것이다.

전기 회로라는 용어가 실제 전기 시스템을 언급할 때나 그 전기 회로를 나타내는 모델을 언급할 때나 공통적으로 사용된다는 것에 유의해야 한다. 이 책에서 전기 회로라고 말할 때는 별다른 언급이 없으면 항상 모델을 의미한다. 공학 분야에서 광범위하게 응용되는 것이 이 모델을 기반으로 하는 회로 이론이다.

회로 이론(circuit theory)은 정전하와 이동 전하를 연구하는 전자기장(electromagnetic field) 이론의 특수한 경우이다. 일반화된 전자기장 이론을 전기 신호 연구에 적용하는 것은 복잡할 뿐만 아니라 응용수학의 사용을 필요로 한다. 따라서 전자기장 이론 과정이 이 책의 내용을 이해하기 위한 기초 필수 과정은 아니다. 그러나 저자들은 당연히 독자가 전기적 현상 및 자기적 현상을 다룬 물리학 개론 과정은 이미 거쳤을 것이라고 가정한다.

세 가지 기본적인 가정을 하면 전자기장 이론을 사용하지 않고 회로 이론을 사용하여 전기 회로에 의해 표현된 물리적 시스템을 다룰 수 있다.

1. 전기 효과는 하나의 시스템 전반에 걸쳐 순간적으로 발생한다. 이러한 가정을 할 수 있는 이유는 우리가 알고 있는 바와 같이 전기 신호가 빛의 속도 또는 그

에 근접한 속도로 전해지기 때문이다. 따라서 시스템이 물리적으로 작다면 전기 신호가 시스템 내에서 매우 빠르게 이동하여 시스템 내의 각 점에 동시에 영향을 준다고 간주할 수 있다. 이런 가정을 할 수 있을 만큼 충분히 작은 시스템을 **집중 파라미터 시스템**(lumped-parameter system)이라 한다.

2. 시스템 내의 각 구성 요소의 순 전하는 항상 0이다. 따라서 어떠한 구성 요소라도 초과 순 전하량을 축적할 수 없다. 다만, 나중에 배우겠지만, 일부 구성 요소는 크기는 동일하나 반대 극성의 분리된 전하를 가질 수는 있다.
3. 시스템 내의 모든 구성 요소 사이에 생기는 자기적 결합(magnetic coupling)은 없다. 나중에 보이겠지만, 하나의 구성 요소의 영향이 미치는 범위 내의 자기적 결합은 일어날 수 있다.

이것이 전부이며, 이 세 가지 가정 외에 다른 가정은 없다. 회로 이론은 만일 전자기장 이론을 사용한다면 대책 없이 복잡해질 문제에 대해, (충분한 정확도를 가진) 간단한 해답을 제공한다. 이 이점은 대단해서 엔지니어가 때때로 이러한 가정이 만족하도록 전기 시스템을 구체적으로 설계한다. 가정 2와 3의 중요성은 기본 회로 소자 및 상호 연결된 소자를 해석하기 위한 규칙을 소개한 이후에 명백해질 것이다.

가정 1을 더 자세히 살펴보자. 의문점은 "물리적 시스템이 얼마나 작아야 집중 파라미터 시스템이 되는가?"라는 것이다. 이 의문에 대한 정량적인 답을 얻으려면 전기 신호는 파동으로 전파된다는 것을 기억해야 한다. 만일 이 신호의 파장(wavelength)이 시스템의 물리적 크기에 비해서 크다면 이 시스템은 집중 파라미터 시스템이다. 파장 λ는 속도를 신호의 반복률, 즉 **주파수**(frequency)로 나눈 것이다. 즉 $\lambda = c/f$이다. 주파수 f는 헤르츠(Hz) 단위로 측정된다. 예를 들면, 미국의 전력 시스템은 60 Hz로 동작한다. 만일 빛의 속도($c = 3 \times 10^8$ m/s)를 전파 속도로 사용하면 파장은 5×10^6 m이다. 만일 다루는 전력 시스템이 물리적으로 이 파장보다 작다면 이 전력 시스템을 집중 파라미터 시스템으로 나타낼 수 있으며, 회로 이론을 이용하여 이 시스템의 동작 특성을 해석할 수 있다. 더 작다는 걸 어떻게 정의하는가? 좋은 규칙은 **1/10 크기 규칙**이다. 즉 시스템의 치수가 파장 크기의 1/10보다 작다면 이 시스템은 집중 파라미터 시스템이다. 따라서 전력 시스템의 물리적 치수가 5×10^5 m(약 310마일)보다 작기만 하면 이 전력 시스템을 집중 파라미터 시스템으로 취급할 수 있다.

무선 신호를 보내고 받는 통신 시스템을 생각하자. 무선 신호의 전파 주파수는 대략 10^9 Hz 정도이고, 그래서 파장은 대략 0.3 m이다. 1/10 크기 규칙을 이용하면, 어떤 통신 시스템이 집중 파라미터 시스템이 되려면 이 시스템의 치수가 3 cm보다 작아야 한다. 연구 대상 시스템의 관련된 물리적 치수 중 어느 하나라도 그 신호의 파장과 비슷해지면 전자기장 이론을 사용하여 이 시스템을 해석해야 한다. 이 책에서는 집중 파라미터 시스템에서 유도된 회로를 공부한다.

문제 해결

현직 엔지니어라면 여러분은 이미 해결된 문제를 풀어 달라고 요청받지는 않을 것이다. 여러분은 기존 시스템의 성능을 개선하거나 새로운 시스템을 만들어 내거나 해결되지 않은 문제에 매달릴 것이다. 그러나 학생이라면 여러분은 해답이 알려진 문제를 읽고 토론할 것이다. 그리고 여러분은 스스로 관련된 과제와 연습문제를 풀어 봄으로써 현직 엔지니어가 되면 직면하게 될 해결되지 않은 문제를 해결하는 데 필요한 기법을 개발하기 시작할 것이다.

몇 가지 일반적인 문제 해결 기법을 살펴보자. 많은 기법은 계산을 통해 문제의 해를 구하기 전에, 해를 구하기 위한 전략에 대한 고찰 및 구성에 관한 것이다.

1. **주어진 것은 무엇이며, 구해야 할 것은 무엇인지 확인하라.** 문제를 풀 때 먼저 그 문제의 목적지를 알아야 하는데, 그런 다음에야 목적지에 도착하기 위한 경로를 선정할 수 있다. 여러분에게 풀거나 해답을 구하도록 요구하는 문제는 무엇인가? 때때로 이 문제의 목표가 명확한 때가 있다. 목표가 명확하지 않은 때에는 알고 있거나 모르는 정보를 말로 바꾸어 표현하거나, 목록이나 표로 만들어야 목표가 보이는 경우도 있다.

   한편 문제를 기술한 문장에 포함된 문제와 관련 없는 정보는 미리 제거하고 문제 풀이를 시작해야 한다. 반면에 문제 기술 문장에 들어 있는 정보가 불완전하거나, 문제 기술 문장이 알고 있는 해법으로 다룰 수 있는 것보다 더 복잡할 수도 있다. 이 경우 필요한 것은 가정을 세워 부족한 정보를 채우거나 문제의 내용을 단순화하는 것이다. 무한 반복에 대비하고, 만약 계산이 교착 상태에 빠지거나 계산 결과가 이치에 맞지 않는다면 관련 없다고 생각했던 정보와 세웠던 가정을 다시 고찰하라.
2. **회로도 또는 다른 시각적 모델을 그려라.** 말로 표현된 문제 기술 문장을 시각적 모델로 표현하는 것은 종종 해를 구하는 과정에서 사용되는 유용한 기법이다. 만일 회로도가 이미 있다면 이 회로도에 표지, 값, 기준 방향 등과 같은 정보를 추가할 필요가 있다. 또한 이 회로를 더 단순한 등가 회로로 다시 그릴 수도 있다. 이후에 이 책에서 이런 단순화된 등가 회로를 구하는 방법을 배울 것이다.
3. **여러 가지 해법을 생각하고, 그중 어떤 것을 선택할지 결정하라.** 이 과정은 일단의 해석 도구를 모으는 데 도움이 되며, 그중 몇몇 해석 도구는 주어진 문제에 효과가 있을 것이다. 그러나 어떤 방법을 쓰면 다른 방법에 비해 풀어야 할 방정식의 수가 적거나, 또는 대수(algebra)만 사용하고 미적분(calculus)을 쓰지 않아도 해를 구할 수도 있다. 만일 예상할 수 있다면, 이러한 효율성은 계산을 상당히 줄여 준다. 대안을 마음속에 준비하고 있으면 해를 구하려는 첫 번째 시도가 교착 상태에 빠졌을 때 그 방향으로 시도해 볼 수 있다.
4. **해답을 계산하라.** 계획에 따라 여기까지 왔다면 주어진 문제를 푸는 좋은 해석 방법과 정확한 방정식을 알게 되었을 것이다. 이제 이 방정식의 해를 구한다. 종이와 펜, 계산기, 그리고 컴퓨터를 이용한 방법 등을 모두 이용하여 회로 해석의 실제 계산식을 푼다. 효율성 및 강사의 선호도에 따라 사용할 도구가 정해질 것이다.

5. **창의력을 사용하라.** 만일 해답이 틀렸다는 의심이 들거나, 계산을 계속하지만 해답에 가까워지지 않는 것처럼 보이면 계산을 멈추고 다른 방법을 고려해야 한다. 가정을 다시 살펴보거나 다른 해법을 선택해야 할지도 모른다. 또는 해답으로부터 거꾸로 확인하는 것과 같이 덜 통상적인 문제 해결 접근 방법을 취해야 할 수도 있다. 책은 모든 평가문제와 일부 연습문제에 대한 해답을 제공하므로 문제가 풀리지 않을 때 거꾸로 문제를 확인해 볼 수 있다. 실제로는 해답이 미리 주어지지 않지만, 마음속에서 문제에 대한 원하는 해답을 생각하고 있으면 이 해답으로부터 거꾸로 문제를 확인해 볼 수도 있다. 다른 독창적인 접근 방법으로는 성공적으로 풀었던 다른 형태의 문제와의 유사점을 살펴보거나, 직관이나 예감을 따라 문제를 풀어 보거나, 주어진 문제를 잠시 미뤄 뒀다가 나중에 다시 푸는 방법 등이 있다.
6. **해답을 확인하라.** 구한 해답이 이치에 맞는지를 자신에게 물어보라. 해답의 크기가 타당한 것으로 보이는가? 해답이 물리적으로 실현 가능한가? 단위는 맞는가? 주어진 문제를 다른 방법으로 풀어 보면 최초의 해답이 맞는지를 확인하는 것뿐만 아니라 다양한 종류의 문제에 대한 가장 효율적인 해법을 찾을 수 있는 직관력을 계발하는 데 도움이 될 것이다. 실제로 안전이 최우선인 설계(safety-critical design)는 항상 여러 가지 독립적인 수단을 통해 확인된다. 해답을 확인하는 습관을 들이면 여러분이 학생이든 현직 엔지니어이든 도움이 될 것이다.

이러한 문제 해결 단계를 비법으로 사용하여 이 과정이나 다른 과정의 모든 문제를 풀 수는 없다. 특정 문제를 풀기 위해서는 어떤 단계를 건너뛰거나, 순서를 바꾸거나, 잘 다듬을 필요가 있다. 이러한 단계를 지침으로 삼아 자신에게 맞는 문제 해결 방식을 개발하라.

1.2 국제 단위계

엔지니어는 정량적인 수치를 이용하여 이론상의 결과와 실험에서 얻은 결과를 비교하고, 서로 경합하는 공학적 설계를 비교한다. 현대의 공학은 여러 전공이 합쳐진 전문 분야로서 엔지니어들이 팀을 이뤄 프로젝트를 위해 공동으로 일하는데, 그들이 자신의 결과를 의미 있게 전달하려면 모두가 동일한 측정 단위를 사용해야 한다. 국제 단위계(International System of Units, SI)는 전 세계 모든 주요 공학 학회와 대부분의 엔지니어가 사용하므로 이 책에서는 국제 단위계를 사용한다.

SI 단위는 일곱 가지 정의된 물리량을 기반으로 한다.

- 길이
- 질량
- 시간
- 전류
- 열역학적 온도
- 물질의 양
- 광도

이러한 물리량이 기본 단위 및 기호와 함께 표 1.1에 나열되어 있다. 엄밀하게는 SI 단위가 아니지만, 우리가 익숙한 분(60초)이나 시(3600초) 등의 시간 단위가 종종 공학 계산에 사용된다. 또한 정의된 물리량은 서로 결합하여 **유도 단위**(derived unit)를 만든다. 몇 가지 유도 단위, 예를 들어 힘, 에너지, 전력 및 전하는 이전의 물리학 과정을 통해서 이미 알고 있다. 표 1.2는 이 책에서 사용되는 유도 단위를 표로 모은 것이다.

많은 경우 SI 단위는 너무 작거나 너무 커서 쓰기 불편하다. 그래서 표 1.3에 나타낸 것과 같은 10의 거듭제곱에 대응하는 표준 접두사를 기본 단위에 적용한다. 공학자들은 3으로 나누어 떨어지는 거듭제곱에 대한 접두사만 종종 사용한다. 그래서 centi, deci, deka, hecto는 거의 사용되지 않는다. 또한 엔지니어들은 기수(base number)를 1과 1000 사이가 되게 하는 접두사를 자주 선택한다. 시간을 계산했더니 10^{-5}초, 즉 0.00001초라는 결과가 나왔다고 가정해 보자. 대부분의 엔지니어는 이 양을 0.01 ms 또는 10,000 ns보다 오히려 10 μs, 즉 10×10^{-6} s로 나타낸다.

예제 1.1에서는 일단의 단위를 다른 단위로 바꾸는 방법을 설명하고 10의 제곱 접두사를 사용한다.

표 1.1 국제 단위계(SI)

물리량	기본 단위	기호
길이	미터(meter)	m
질량	킬로그램(kilogram)	kg
시간	초(second)	s
전류	암페어(ampere)	A
열역학적 온도	켈빈 도(degree kelvin)	K
물질의 양	몰(mole)	mol
광도	칸델라(candela)	cd

National Institute of Standards and Technology Special Publication 330, 2008 Edition, Natl. Inst. Stand. Technol. Spec. Pub. 330, 2008 Ed., 96 pages (March 2008)

표 1.2 SI 유도 단위

물리량	단위 명칭(기호)	공식
주파수	헤르츠(hertz, Hz)	s^{-1}
힘	뉴턴(newton, N)	$kg \cdot m/s^2$
에너지 또는 일	줄(joule, J)	$N \cdot m$
전력	와트(watt, W)	J/s
전하	쿨롱(coulomb, C)	$A \cdot s$
전위	볼트(volt, V)	J/C
전기 저항	옴(ohm, Ω)	V/A
전기 컨덕턴스	지멘스(siemens, S)	A/V
전기 커패시턴스	패럿(farad, F)	C/V
자속	웨버(weber, Wb)	$V \cdot s$
인덕턴스	헨리(henry, H)	Wb/A

National Institute of Standards and Technology Special Publication 330, 2008 Edition, Natl. Inst. Stand. Technol. Spec. Pub. 330, 2008 Ed., 96 pages (March 2008)

표 1.3 10의 거듭제곱을 의미하는 표준 접두사

접두사	기호	거듭제곱
atto	a	10^{-18}
femto	f	10^{-15}
pico	p	10^{-12}
nano	n	10^{-9}
micro	μ	10^{-6}
milli	m	10^{-3}
centi	c	10^{-2}
deci	d	10^{-1}
deka	da	10
hecto	h	10^{2}
kilo	k	10^{3}
mega	M	10^{6}
giga	G	10^{9}
tera	T	10^{12}

National Institute of Standards and Technology Special Publication 330, 2008 Edition, Natl. Inst. Stand. Technol. Spec. Pub. 330, 2008 Ed., 96 pages (March 2008)

예제 1.1 SI 단위와 10의 거듭제곱을 나타내는 접두사 사용하기

만일 어떤 신호가 케이블 내부를 빛의 속도의 80% 속도로 통과한다면 1 ns를 나타내는 케이블의 길이는 인치 단위로 얼마인가?

풀이

우선 1 ns $= 10^{-9}$ s라는 것에 유의한다. 또 빛의 속도는 $c = 3 \times 10^8$ m/s라는 것을 상기하라. 그러면 빛의 속도의 80%는 $0.8c = (0.8)(3 \times 10^8) = 2.4 \times 10^8$ m/s이다. 비율의 곱을 사용하면 빛의 속도의 80%를 초당 미터에서 나노초당 인치로 바꿔 쓸 수 있다. 얻는 결과는 1 ns 동안 이동한 인치로 나타낸 거리이다.

$$\frac{2.4 \times 10^8 \text{ meters}}{1 \text{ second}} \cdot \frac{1 \text{ second}}{10^9 \text{ nanoseconds}} \cdot \frac{100 \text{ centimeters}}{1 \text{ meter}} \cdot \frac{1 \text{ inch}}{2.54 \text{ centimeters}}$$
$$= 9.45 \text{ inches/nanosecond.}$$

따라서 빛의 속도의 80% 속도로 움직이는 신호는 1나노초에 케이블 내부를 9.45인치 이동한다.

평가문제

목표 1—SI 단위와 10의 거듭제곱을 나타내는 표준 접두사를 이해하고 사용할 수 있다.

1.1 데이터 파일이 광섬유 케이블을 통해 빛의 속도의 95%로 이동한다고 가정하자. 보스턴에서 시카고까지의 거리가 약 950마일일 때, 이 데이터 파일 신호가 도달하는 데 걸리는 시간은 얼마인가?

정답: 5.36 ms.

1.2 1조 달러를 100달러 지폐로 쌓았을 때, 그 높이는 몇 마일이 되는가? 100달러 지폐 한 장의 두께는 0.11 mm라고 가정하자.

정답: 683.51마일.

자가 검사: 연습문제 1.1, 1.2, 1.5도 풀어 보라.

1.3 회로 해석: 개요

우리는 공학 설계, 자세하게는 전기 회로 설계를 폭넓게 살펴보고 난 다음 세부적인 회로 해석을 한다. 이 개요를 통해 회로 해석이 전체 회로 설계 내에서 어디에 위치하는지 알 수 있다. 비록 이 책의 초점은 회로 해석이지만 적절한 부분에서 회로 설계 기회를 제공한다.

그림 1.4에 나타낸 것과 같이 모든 공학 설계는 ① 필요(need)로부터 시작된다. 이 필요는 기존 설계를 개선하고 싶은 욕구로부터 생길 수도 있고, 혹은 전혀 새로운 것일 수도 있다. 필요를 주의 깊게 평가해 보면 설계 명세(design specification)를 얻게 되는데, 이 설계 명세는 제안된 설계의 측정 가능한 특성이다. 일단 설계가 제안되면 ② 설계 명세를 통해 제안된 설계가 실제로 필요를 충족하는지를 평가할 수 있다.

설계에 대한 ③ 개념(concept)은 그다음에 나온다. 이 개념은 설계 명세에 대한 완전한 이해와 필요에 대한 통찰이 결합한 데서 나오며, 이 통찰은 교육과 경험을 통해 얻는다. 개념은 그림으로, 문자로 쓰인 설명으로, 또는 어떤 다른 형태로 구체화할 수 있다. 흔히 다음 단계는 이 개념을 수학적인 모델로 나타내는 것이다. 전기 시스템에 대해 흔히 사용되는 수학적인 모델이 회로 ④ 모델(circuit model)이다.

회로 모델을 구성하는 소자를 이상적인 회로 소자라 한다. **이상적인 회로 소자**(ideal circuit component)는 건전지나 전구와 같은 실제 전기 소자의 수학적인 모델이다. 회로 모델에 사용되는 이상적인 회로 소자는 실제 전기 소자의 동작 특성을 수용할 수 있는 정도의 정확도로 나타내야 한다. 그리고 이 책의 초점인 ⑤ 회로 해석 도구가 이 회로에 적용된다. **회로 해석**(circuit analysis)에서는 수학적인 기법을 사용하여 회로 모델과 이상적인 회로 소자의 동작 특성을 예측한다. 설계 명세에 있는 원하는 동작 특성과 회로 해석을 통해 예측되는 동작 특성을 비교하면 회로 모델과 이상적인 회로 소자를 수정 보완할 수 있다. 일단 원하는 동작 특성과 예측된 동작 특성이 일치하면 ⑥ 물리적인 시제품을 만들 수 있다.

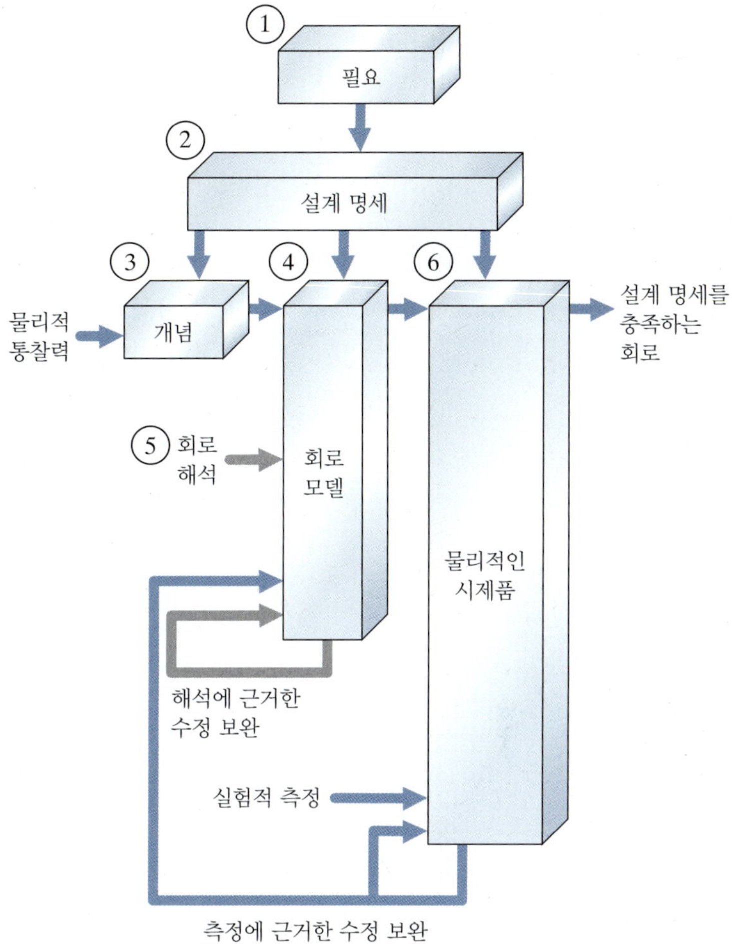

그림 1.4▲ 전기공학 설계의 개념적 모델.

물리적인 시제품(physical prototype)은 실제 전기 시스템으로서 실제 전기 소자로 만들어진다. 검사를 통해 이 물리적인 시스템의 정량적인 동작 특성을 알 수 있다. 이 실제 동작 특성은 설계 명세에 있는 원하는 동작 특성과 회로 해석을 통해 예측되는 동작 특성과 비교된다. 비교한 결과에 따라 물리적인 시제품, 회로 모델, 또는 둘 다에 대한 수정 보완이 이루어진다. 이 반복 과정을 거치면 모델, 소자 및 시스템이 계속하여 개선되고, 설계 명세를 정확히 만족하게 되어 필요를 충족하는 설계가 보통 이루어지게 된다.

회로 해석은 분명 설계 과정에서 매우 중요한 역할을 한다. 회로 해석이 회로 모델에 대해 이루어지므로 현장의 엔지니어들은 완성된 회로 모델을 사용하여 얻는 설계 결과가 설계 명세를 첫 번째 반복에서 충족하도록 애써 노력한다. 이 책에서 사용되는 모델은 최소 40년에 걸쳐 테스트해 온 것이므로 완성된 모델이라고 생각할 수 있다. 이상적인 회로 소자를 가지고 실제 전기 시스템을 모델링할 수 있으므로 회로 이론은 엔지니어에게 매우 유용하다.

이상적인 회로 소자의 상호 연결관계를 이용하여 어떤 시스템의 동작 특성을 정량적으로 예측할 수 있다는 말은, 이 상호 연결관계를 수학적인 방정식으로 표현할 수 있다는 것을 의미한다. 이 수학적인 방정식이 유용하려면 수학 방정식을 측정 가능한 물리량의 항으로 써야 한다. 회로의 경우 이러한 물리량은 전압과 전류이며, 이에 대해서는 1.4절에서 논의한다. 회로 해석을 공부하려면 각 이상적인 회로 소자의 동작 특성을 전압과 전류의 관점에서 이해해야 하며, 이상적인 소자가 상호 연결됨으로써 전압과 전류에 가해지는 제약 조건을 이해해야 한다.

1.4 전압과 전류

전하의 개념은 모든 전기적인 현상을 기술하는 근거가 된다. 전하의 몇 가지 중요한 특성을 살펴보자.

- 전하는 양극성이며, 이는 전기 효과가 양전하 및 음전하에 의해 기술된다는 것을 의미한다.
- 전하는 별개의 양으로 존재하며, 이는 전자의 전하량 1.6022×10^{-19} C의 정수배이다.
- 전기 효과는 전하의 분리와 이동 중인 전하로부터 생긴다.

회로 이론에서 전하가 분리되면 전기력(전압)이 생기고, 전하가 이동하면 전기적 유동체(전류)가 만들어진다.

전압과 전류의 개념은 공학적인 관점에서 유용한데, 왜냐하면 전압과 전류를 정량적으로 표현할 수 있기 때문이다. 양전하와 음전하가 분리될 때마다 에너지가 소모된다. **전압**(voltage)은 전하 분리에 의해 만들어지는 단위 전하당 에너지이다. 이 비율을 미분 형태로 다음과 같이 표현한다.

전압의 정의

$$v = \frac{dw}{dq}, \tag{1.1}$$

여기서

v = 볼트(volt) 단위의 전압
w = 줄(joule) 단위의 에너지
q = 쿨롱(coulomb) 단위의 전하

이동 중인 전하에 의해 생기는 전기 효과는 전하 흐름의 비율에 달려 있다. 전하 흐름의 비율은 **전류**(electric current)로 알려졌으며, 다음 식으로 표현된다.

전류의 정의

$$i = \frac{dq}{dt}, \tag{1.2}$$

여기서

i = 암페어(ampere) 단위의 전류
q = 쿨롱 단위의 전하
t = 초(second) 단위의 시간

식 (1.1)과 (1.2)는 각각 전압 및 전류의 크기에 대한 정의식이다. 전하가 양극성이라는 특성 때문에 이들 변수에 대한 극성 기준을 지정해야 한다. 1.5절에서 극성 기준을 지정한다.

비록 전류가 개별적으로 이동하는 전자로 구성되었다고 할지라도, 그 수가 막대하기 때문에 전자를 개별적으로 고려할 필요는 없다. 오히려 전자와 전자에 대응되는 전하를 부드럽게 흐르는 하나의 존재로 생각할 수 있다. 따라서 i는 연속적인 변수로 다루어진다.

회로 모델을 사용할 경우 얻을 수 있는 한 가지 이점은 회로 소자를 정확히 단자에서의 전압과 전류로 모델링할 수 있다는 것이다. 따라서 물리적으로 다른 두 개의 회로 소자라도 동일한 단자 전압과 단자 전류 사이의 관계를 가질 수 있다. 만약 그들이 동일한 관계를 갖는다면 회로 해석상 그들은 동일하다. 일단 하나의 회로 소자가 그 단자에서 어떻게 동작하는지 알기만 하면 회로 내에서의 동작을 해석할 수 있다. 그러나 회로 소자 모델(component model)을 개발할 때 우리가 관심을 갖는 것은 회로 소자의 내부 동작 특성이다. 우리가 알고 싶은 것은, 예를 들어 전하 전도(charge conduction)가 일어나는 것이 자유 전자가 금속의 결정 격자 구조를 통해 이동하기 때문인지, 또는 전자가 반도체 재료의 공유 결합 범위 안에서 이동하기 때문인지이다. 그러나 이러한 관심사는 회로 이론의 영역을 벗어나므로 이 책에서는 이미 개발된 회로 소자 모델을 사용한다.

1.5 이상적인 기본 회로 소자

이상적인 기본 회로 소자(ideal basic circuit element)는 다음과 같은 세 가지 특성을 갖는다.

1. 이상적인 기본 회로 소자는 오직 두 개의 단자만을 가지며, 이 단자가 다른 회로 구성 요소와 연결되는 점이다.
2. 이상적인 기본 회로 소자는 수학적으로 전류와 전압으로 기술된다.
3. 이상적인 기본 회로 소자는 다른 소자로 다시 더 작게 나눌 수 없다.

이상적(ideal)이라는 단어를 사용하는 것에는 하나의 기본 회로 소자가 구현할 수 있는 물리적 회로 소자로 존재하지 않는다는 의미가 담겨 있다. 1.3절에서 논의한 것과 같이 이상적인 회로 소자를 연결하여 실제 장치와 시스템을 모델링할 수 있다. 기본(basic)이라는 단어를 사용하는 것에는 이 회로 소자가 더 작아지거나, 또는 나누어져서 다른 소자가 될 수 없다는 의미가 담겨 있다. 따라서 이 기본 회로 소자는 회로 모델을 만드는 구성 요소(building block)가 되지만, 기본 회로 소자 자체는 어떤 다른 형태의 회로 소자를 이용하여 모델링할 수 없다.

그림 1.5는 이상적인 기본 회로 소자를 나타낸다. 이 상자는 비어 있는데, 이는 지금은 회로 소자가 어떤 유형인지에 대해 아무 언급도 하지 않고 있기 때문이다. 그림 1.5에서 상자의 단자에 걸리는 전압은 v로 표시되고, 회로 소자의 전류는 i로 표시된다. 양의 부호와 음의 부호는 전압에 대한 극성을 나타내며, 전류와 나란히 놓인 화살표는 전류의 기준 방향을 나타낸다. 표 1.4에 v와 i의 양의 수치 값 또는 음의 수치 값이 주어졌을 때 이러한 기준에 대한 해석이 요약되어 있다. 유의할 것은 한 방향으로 흐르는 양전하의 개념은 이와 반대 방향으로 흐르는 음전하의 개념과 대수적으로 동등하다는 것이다.

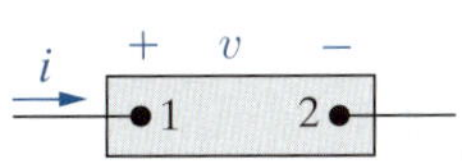

그림 1.5▲ 이상적인 기본 회로 소자.

표 1.4 그림 1.5의 기준 방향 해석

	양의 값	음의 값
v	단자 1에서 단자 2까지의 전압 강하 또는 단자 2에서 단자 1까지의 전압 상승	단자 1에서 단자 2까지의 전압 상승 또는 단자 2에서 단자 1까지의 전압 강하
i	단자 1에서 단자 2로 흐르는 양전하 또는 단자 2에서 단자 1로 흐르는 음전하	단자 2에서 단자 1로 흐르는 양전하 또는 단자 1에서 단자 2로 흐르는 음전하

전압에 대한 기준 극성과 전류에 대한 기준 방향은 전

적으로 임의로 지정할 수 있다. 그러나 일단 기준을 지정하면 이후의 모든 방정식은 이 선택된 기준에 맞춰 기술해야 한다. 이런 기준에 적용되는 가장 널리 사용되는 부호 규약은 **수동 부호 규약**(passive sign convention)이며, 이는 책 전반에 걸쳐 사용된다.

수동 부호 규약

하나의 소자에 흐르는 전류의 기준 방향이 (그림 1.5에서와 같이) 그 소자를 가로질러 기준 전압이 강하하는 방향일 때는 언제든지, 전압과 전류가 관계되는 임의의 표현식에서 양의 부호를 사용하라. 만약 그렇지 않으면 음의 부호를 사용하라.

이 부호 규약을 이후의 모든 해석에 적용한다. 이 수동 부호 규약을 다른 유형의 기본 회로 소자를 소개하기 전인데도 언급하는 목적은, 기준 극성의 선택은 기본 회로 소자의 기능도 아니며, 또한 기본 소자로 이루어진 다양한 상호 연결의 기능도 아니라는 것을 강조하기 위해서이다. 수동 부호 규약의 응용 및 해석을 1.6절의 전력 계산에서 제시한다.

예제 1.2에서는 전류를 정의하는 식을 사용하는 하나의 예를 설명한다.

예제 1.2 전류와 전하의 연관 관계

$t < 0$에 대해 그림 1.5의 회로 소자의 왼쪽 단자에 전하가 존재하지 않는다. $t = 0$인 순간에 5 A의 전류가 왼쪽 단자로 흘러 들어온다.

a) $t > 0$에 대해 회로 소자의 왼쪽 단자에서 축적되는 전하에 대한 식을 유도하라.

b) 전류가 10초 후에 그쳤다면 얼마의 전하가 회로 소자의 왼쪽 단자에 축적되었는가?

풀이

a) 식 (1.2)의 전류의 정의로부터 전류의 흐름으로 인한 전하 축적에 대한 식은 다음과 같다.

$$q(t) = \int_0^t i(x)dx.$$

따라서

$$q(t) = \int_0^t 5dx = 5x\Big|_0^t = 5t - 5(0) = 5t \text{ C}, \ t > 0.$$

b) 5 A의 전류가 흘렀을 때 10초 후에 왼쪽 단자에 축적되는 총 전하량은 $q(10) = 5(10) = 50$ C.

평가문제

목표 2—전압과 전류의 정의를 알고 사용할 수 있다.

1.3 그림 1.5의 소자 단자에 흐르는 전류는 다음과 같다.

$$i = 0, \quad t < 0;$$
$$i = 250te^{-2000t} \text{ mA}, \quad t \geq 0.$$

a) 왼쪽 단자에 축적되는 전하의 수식을 구하라.

b) $t = 1$ ms일 때 축적된 전하를 구하라.

정답: a) $62.5(1 - 2000te^{-2000t} - e^{-2000t})$ nC,

b) 37.12 nC.

1.4 전자회로에서는 마이크로암페어(μA) 수준의 전류가 흔히 관측된다. 전자 흐름에 의해 75 μA의 전류가 흐른다고 가정하자. 이때, 전자가 흐르는 방향에 수직인 고정 기준 단면을 통과하는 초당 전자의 평균 수는 얼마인가?

정답: 4.681×10^{14} elec/s.

자가 검사: 연습문제 1.9, 1.10도 풀어 보라.

1.6 전력과 에너지

전력과 에너지 계산은 회로 해석에서 중요하다. 전압과 전류가 전기에 기반을 둔 시스템의 해석과 설계에 유용한 변수라 하더라도 그 시스템의 유용한 출력은 종종 비전기적이고(예를 들어 스피커에서 나오는 소리 또는 전구에서 나오는 빛), 이 출력은 전력과 에너지로 편리하게 표현된다. 또한 모든 실제 장치는 다룰 수 있는 전력의 양에 한계가 있다. 그러므로 설계 과정에서 전압과 전류만 계산하는 것으로는 설계가 필요를 만족하는지 결정하기에 충분하지 않다.

이제 전력과 에너지를 전압과 전류에 연관시키며, 동시에 전력 계산을 통해 수동 부호 규약을 설명한다. 기초 물리학에서 배운 내용을 상기해 보면, 전력은 소비하는 에너지 또는 흡수하는 에너지의 시간 비율이다(정격 75 kW의 1대의 물 펌프는 정격 7.5 kW의 1대의 물 펌프보다 초당 더 많은 리터의 물을 전달할 수 있다). 수학적으로 단위 시간당 에너지는 도함수의 형식으로 표현된다. 즉

전력의 정의

$$p = \frac{dw}{dt}, \tag{1.3}$$

여기서

p = 와트(watt) 단위의 전력
w = 줄 단위의 에너지
t = 초 단위의 시간

따라서 1 W는 1 J/s와 같다.

전하의 흐름과 관련된 전력은 식 (1.1)과 (1.2)의 전압 및 전류의 정의로부터 바로 구할 수 있다. 즉

$$p = \frac{dw}{dt} = \left(\frac{dw}{dq}\right)\left(\frac{dq}{dt}\right),$$

따라서

전력 방정식

$$p = vi, \tag{1.4}$$

여기서

p = 와트 단위의 전력
v = 볼트 단위의 전압
i = 암페어 단위의 전류

식 (1.4)는 기본 회로 소자의 **전력**(power)은 단순히 소자의 전류와 소자에 걸리는 전압의 곱임을 보여 준다. 그러므로 전력은 하나의 회로 소자와 관련된 양이고, 계산식을 보고 전력이 회로 소자에 전달되고 있는지 또는 회로 소자로부터 추출되는

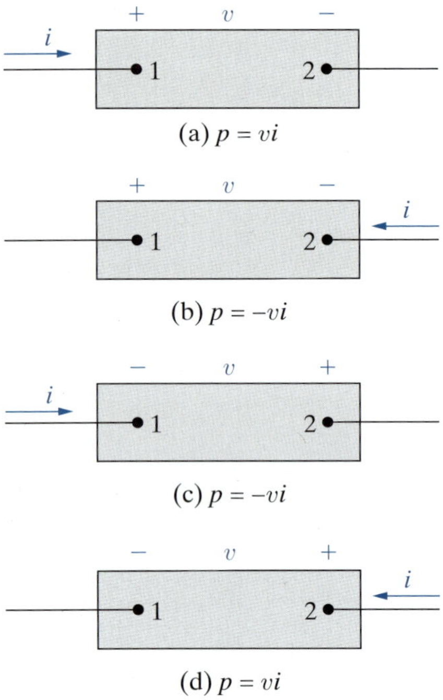

그림 1.6▲ 극성 기준과 전력식.

지 정해야 한다. 이 정보는 수동 부호 규약의 정확한 적용과 해석으로부터 나온다(1.5절).

만약 수동 부호 규약을 사용한다고 하면 식 (1.4)는 옳다. 전류에 대한 기준 방향이 단자를 가로질러서 기준 전압이 강하하는 방향으로 되어 있기 때문이다. 만약 그렇지 않으면 식 (1.4)에서 음(−)의 부호를 써야 한다. 다시 말해, 전류의 기준 방향이 단자를 가로질러서 기준 전압이 상승하는 방향으로 되어 있다면 전력에 대한 표현식은 다음과 같다.

$$p = -vi.$$

전력의 대수 부호는 전하가 이동하면서 전압이 강하하는가 상승하는가에 근거한다. 양전하가 이동하면서 전압이 강하하면 양전하는 에너지를 잃게 되고, 양전하가 이동하면서 전압이 상승하면 양전하는 에너지를 얻게 된다. 그림 1.6에 전압과 전류에 대한 극성 기준과 전력식 사이의 관계가 요약되어 있다.

이제 전력의 대수 부호를 해석하기 위한 규칙을 설명할 수 있다.

전력의 대수 부호 해석

- 만약 전력이 양(+)이면(즉 $p > 0$이면) 전력은 상자로 표시된 회로 소자로 전달되고 있다.
- 만약 전력이 음(−)이면(즉 $p < 0$이면) 전력은 회로 소자로부터 추출되고 있다.

예제 1.3은 수동 부호 규약에 따라 정확한 전력의 부호가 선택한 전압의 극성과 전류의 방향과는 상관없이 정해지는 것을 보여 준다.

예제 1.3 수동 부호 규약 사용하기

a) 기준 극성을 그림 1.6(b)와 같이 선택했다고 가정하자. 전류와 전압을 계산했더니 다음과 같은 수치 값이 나왔다.

$$i = 4\text{ A},\quad v = -10\text{ V}.$$

회로 소자의 전력을 계산하고 회로 소자가 전력을 흡수하는지 또는 전력을 공급하는지 결정하라.

b) 여러분의 동료가 동일한 문제를 푸는데 기준 극성을 그림 1.6(c)와 같이 정했다. 전력과 전압의 계산값은 다음과 같다.

$$i = -4\text{ A},\quad v = 10\text{ V}.$$

동료가 계산한 전력은 얼마인가?

풀이

a) 그림 1.6(b)의 회로 소자의 전력은

$$p = -(-10)(4) = 40\text{ W}.$$

따라서 이 회로 소자는 40 W의 전력을 흡수하고 있다.

b) 동료는 그림 1.6(c)의 회로 소자의 전력을 다음과 같이 계산한다.

$$p = -(10)(-4) = 40\text{ W}.$$

그림 1.6(c)의 극성 시스템을 사용해도 그림 1.6(b)의 극성 시스템을 사용한 것과 같은 결과가 나온다. 즉 이 회로 소자는 40 W를 흡수한다. 사실 그림 1.6의 어떤 극성 시스템을 사용하더라도 이와 동일한 결과를 얻는다.

예제 1.4는 이상적인 기본 회로 소자의 전압, 전류, 전력, 에너지 간의 관계와 수동 부호 규약의 사용을 설명한다.

예제 1.4 전압, 전류, 전력과 에너지의 연관 관계

그림 1.5의 회로 소자의 단자 전압이 다음과 같다고 가정하자.

$$v = 0, \quad i = 0, \quad t < 0;$$
$$v = 10e^{-5000} \text{ kV}, \quad i = 20e^{-5000t} \text{ A}, \quad t \geq 0.$$

a) 1 ms에 회로 소자에 공급된 전력을 계산하라.

b) 이 회로 소자에 공급된 총전력(단위는 줄)을 계산하라.

풀이

a) 전류가 그림 1.5의 회로 소자에 대해 정의된 전압 강하의 + 단자로 들어가고 있으므로 '+' 부호를 사용하여 전력 계산을 한다.

$$p = vi = (10{,}000e^{-5000t})(20e^{-5000t}) = 200{,}000e^{-10{,}000t} \text{ W}.$$
$$p(0.001) = 200{,}000e^{-10{,}000(0.001)} = 200{,}000e^{-10}$$
$$= 200{,}000(45.4 \times 10^{-6}) = 9.08 \text{ W}.$$

b) 식 (1.3)에 주어진 전력의 정의로부터 에너지에 대한 식은 다음과 같다.

$$w(t) = \int_0^t p(x)dx.$$

전달된 총에너지를 구하기 위해 전력에 대한 식을 0에서 무한대까지 적분한다. 그러면 다음과 같이 된다.

$$w_{\text{total}} = \int_0^\infty 200{,}000e^{-10{,}000x}\,dx = \frac{200{,}000e^{-10{,}000x}}{-10{,}000}\bigg|_0^\infty$$
$$= -20e^{-\infty} - (-20e^{-0}) = 0 + 20 = 20 \text{ J}.$$

따라서 회로 소자에 공급된 총에너지는 20 J이다.

평가문제

목표 3—전력과 에너지의 정의를 알고 사용할 수 있다. 목표 4—수동 부호 규약을 사용할 수 있다.

1.5 어떤 소자의 단자 1에서 단자 2로 50 V의 전압 강하가 발생하고, 250 mA의 전류가 단자 2로 유입된다고 가정하자.

a) 그림 1.6(a)~(d)에 나타낸 극성 기준에 대해 v와 i의 값을 구하라.

b) 회로 소자가 흡수하는 전력은 얼마인가?

c) 이 회로 소자가 전력을 흡수하는가 또는 전달하는가?

정답: a) 그림 1.6(a): $v = 50$ V, $i = -250$ mA,
그림 1.6(b): $v = 50$ V, $i = 250$ mA,
그림 1.6(c): $v = -50$ V, $i = -250$ mA,
그림 1.6(d): $v = -50$ V, $i = 250$ mA,
b) 12.5 W, c) 전달.

1.6 1.5 V D형 손전등 배터리 제조업체는 해당 배터리가 40시간 동안 연속적으로 9 mA의 전류를 공급할 수 있다고 명시하고 있다. 이 시간 동안 배터리의 전압은 1.5 V에서 1.0 V까지 감소하며, 전압 감소는 시간에 대해 선형적이라고 가정하자. 이 배터리는 이 40시간 동안 총 얼마의 에너지를 전달하는가?

정답: 1.62 kJ 또는 1620 J.

1.7 그림 1.5의 회로 소자 단자의 전압과 전류는 $t < 0$일 때 0이다. $t \geq 0$일 때, 전압과 전류는 다음과 같다.

$$v = 15e^{-250t} \text{ V}, \quad t \geq 0;$$
$$i = 40e^{-250t} \text{ mA}, \quad t \geq 0.$$

a) 10 ms일 때 소자에 공급되는 전력을 계산하라.

b) 회로 소자에 전달되는 총에너지를 계산하라.

정답: a) 4.04 mW, (b) 1.2 mJ.

자가 검사: 연습문제 1.12, 1.19, 1.24도 풀어 보라.

실제 응용

전력 평형

그림 1.7은 전형적인 주택에 전력을 공급하는 회로 모델을 보여 주는데, 전압의 극성과 전류의 방향이 모든 회로 소자에 대해 정의되어 있다. 회로 해석 결과 모든 전압과 전류에 대한 값을 얻었고, 이는 표 1.5에 요약되어 있다. 주어진 값이 맞는지 확인하기 위해 각 회로

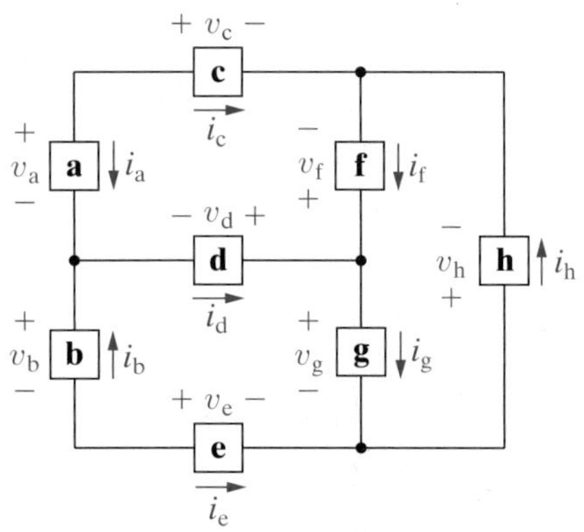

그림 1.7▲ 전압과 전류가 정의된, 주택의 전력 분배에 대한 회로 모델.

표 1.5 그림 1.7의 회로에 대한 전압 값과 전류 값

회로 소자	v(V)	i(A)
a	120	−10
b	120	9
c	10	10
d	10	1
e	−10	−9
f	−100	5
g	120	4
h	−220	−5

소자에 대한 전력을 계산하라. 수동 부호 규약을 사용하여 다음과 같이 전력을 계산하라.

$$p_a = v_a i_a = (120)(-10) = -1200\text{ W}, \quad p_b = -v_b i_b = -(120)(9) = -1080\text{ W},$$
$$p_c = v_c i_c = (10)(10) = 100\text{ W}, \quad p_d = -v_d i_d = -(10)(1) = -10\text{ W},$$
$$p_e = v_e i_e = (-10)(-9) = 90\text{ W}, \quad p_f = -v_f i_f = -(-100)(5) = 500\text{ W},$$
$$p_g = v_g i_g = (120)(4) = 480\text{ W}, \quad p_h = v_h i_h = (-220)(-5) = 1100\text{ W}.$$

이 전력 계산식을 보면 회로 소자 a, b, d는 전력을 공급하고 있다. 전력 값이 음수이기 때문이다. 반면에 c, e, f, g, h는 전력을 흡수하고 있다. 이제 전력이 평형이 되는지 총 공급 전력과 총 흡수 전력을 구해 확인해 보자.

$$p_{\text{supplied}} = p_a + p_b + p_d = -1200 - 1080 - 10 = -2290\text{ W};$$
$$p_{\text{absorbed}} = p_c + p_e + p_f + p_g + p_h$$
$$= 100 + 90 + 500 + 480 + 1100 = 2270\text{ W};$$
$$p_{\text{supplied}} + p_{\text{absorbed}} = -2290 + 2270 = -20\text{ W}.$$

뭔가 잘못되었다. 즉 이 회로의 전압과 전류에 대한 값이 옳다면 총전력은 0이 되어야 한다! 자료에 오류가 있으며, 이것을 개별 회로 소자의 부호에 잘못이 있다면 계산된 전력 값으로부터 찾아낼 수 있다. 유의할 것은 총전력을 2로 나누면 −10 W인데, 이 값은 회로 소자 d에 대한 전력 값이라는 것이다. 만일 회로 소자 d에 대한 전력 값이 +10 W였다면 총 전력 값이 0이 될 것이다. 이후의 장에 나오는 회로 해석 기법을 사용하면 회로 소자 d에 흐르는 전류가 표 1.5에 주어진 것처럼 +1 A가 아니고 −1 A가 되어야 한다는 것을 보일 수 있다.

자가 검사: 연습문제 1.36과 1.37을 풀어 이해도를 평가하라.

■ 요약

- 국제 단위계(SI)는 엔지니어가 양적인 결과에 관해 의미 있는 방법으로 소통할 수 있도록 해 준다. 표 1.1은 기본 SI 단위를 요약한 것이다. 표 1.2는 몇몇 유용한 유도 SI 단위를 나타낸 것이다.
- 회로 모델은 전기 시스템의 수학적 표현이다. 회로 해석은 회로 모델의 동작 특성을 예측하는 데 사용되는데, 전압 변수와 전류 변수를 근거로 한다.
  - **전압**은 전하 분리에 의해 발생하는 단위 전하당 에너지이며, 단위는 SI 단위인 볼트이다.

    $$v = dw/dq$$

  - **전류**는 전하 흐름의 속도이며, 단위는 SI 단위인 암페어이다.

    $$i = dq/dt$$

- **이상적인 기본 회로 소자**는 더 작게 나눌 수 없는 2단자 구성 요소이다. 이상적인 기본 회로 소자는 단자 전압과 단자 전류를 써서 수학적으로 나타낼 수 있다.
- **수동 부호 규약**은 소자를 통해 흐르는 전류에 대한 기준 방향이 소자를 가로지르는 기준 전압 강하 방향일 때, 소자의 단자에서의 전압과 전류가 관련되는 식에서 (+) 부호를 사용한다.
- **전력**은 단위 시간당 에너지이며, 단자 전압과 전류의 곱과 같다. 단위는 SI 단위인 와트이다.

  $$p = dw/dt = vi$$

  전력의 대수 부호는 다음과 같이 해석된다.
  - 만약 $p > 0$이면 전력은 회로 또는 회로 구성 요소로 전달되고 있다.
  - 만약 $p < 0$이면 전력은 회로 또는 회로 구성 요소로부터 추출되고 있다.

연습문제

1.2절

1.1 한 장의 20달러 지폐는 무게가 1 g이고 길이는 6.14인치다.

a) 20달러 지폐를 길이 방향으로 이어 붙여 지구 적도를 한 바퀴 두르려면, 총 얼마의 금액이 필요한가? 지구 적도의 길이는 40,075 km라고 가정하라.

b) (a)에서 사용된 지폐의 총무게는 몇 톤인가?

1.2 파일은 초당 50×10^6비트(50 Mbps)의 속도로 광대역 연결을 통해 다운로드될 수 있다. 광섬유 케이블을 사용할 경우, 다운로드 속도는 2 Gbps로 증가한다.

a) 이 책의 pdf 파일 총용량은 약 65.5×10^6바이트(65.5 MB)이다. 1바이트는 8비트일 때, 이 파일들을 광대역 연결을 통해 다운로드하는 데 걸리는 시간은 얼마인가?

b) 광섬유 케이블을 사용할 경우 (a)의 파일을 다운로드하는 데 걸리는 시간은 얼마인가?

c) 미국 의회도서관의 디지털 컬렉션 총용량은 약 74 TB이다. 광대역 연결을 사용하여 이 파일들을 다운로드 하는 데 걸리는 시간은 얼마인가?

d) 광섬유 케이블을 사용할 경우 (c)의 파일을 다운로드하는 데 걸리는 시간은 얼마인가?

1.3 40인치 모니터는 480032160개의 픽셀을 갖는다. 각 픽셀은 32비트의 메모리로 표시된다. 1바이트 메모리는 8비트이다.

a) 몇 메가바이트(MB)의 메모리가 있어야 모니터에 보이는 정보를 저장할 수 있는가?

b) 모니터상에 동영상이 나오게 하려면 영상은 초당 30번 바뀌어야 한다. 몇 테라바이트(TB)의 메모리가 있어야 2시간짜리 동영상을 저장할 수 있는가?

c) (a)에서 서술된 동영상의 경우 메모리에 들어 있는 영상 정보가 얼마나 빠르게 모니터에 옮겨져야 하는가? 답을 초당 기가비트(Gb/s) 단위로 구하라.

1.4 영화 파일의 각 프레임은 960×640픽셀(그림 요소)의 해상도로 보인다. 각각의 픽셀은 4바이트의 메모리를 필요로 한다. 비디오는 초당 40프레임의 속도로 보인다. 이 파일의 크기가 64기가바이트라고 할 때 이 비디오의 길이를 구하라.

1.5 미국에는 대략 5억 2000만 대의 승용차가 등록되어 있다. 보통 차량의 배터리는 480와트시(Wh)의 에너지를 저장한다고 가정하라. 미국의 승용차에 저장된 총에너지가 얼마인지 기가와트시 단위로 계산하라.

1.6 1.5 V D형 손전등 배터리 제조업체는 해당 배터리가 40시간 동안 연속적으로 9 mA의 전류를 공급할 수 있다고 명시하고 있다. 이 시간 동안 배터리의 전압은 1.5 V에서 1.0 V까지 감소하며, 전압 감소는 시간에 대해 선형적이라고 가정하자. 이 배터리는 이 40시간 동안 총 얼마의 에너지를 전달하는가?

1.4절

1.7 그림 1.5의 소자 단자의 전류는 다음과 같다.

$$i = 0, \qquad t = 0;$$
$$i = 20e^{-5000t}\ \text{A}, \quad t \geq 0.$$

왼쪽 단자를 통해 소자로 유입되는 총전하(μC 단위로)를 계산하라.

1.8 $t < 0$인 경우 그림 1.5의 소자의 왼쪽 단자에 전하가 없다. $t = 0$에서 $25e^{-1000t}$ mA의 전류가 왼쪽 단자로 들어온다.

a) $t > 0$의 경우 왼쪽 단자에 축적되는 전하에 대한 식을 구하라.

b) 왼쪽 단자에 축적되는 총전하를 구하라.

c) 이 전류가 $t = 1$ ms에 멈췄다면 얼마만큼의 전하가 왼쪽 단자에 축적되었는가?

1.9 그림 1.5의 왼쪽 단자로 들어가는 전류가 다음과 같다.

$$i = 100 \cos 2500t \text{ mA}.$$

왼쪽 단자의 전하는 전류가 최댓값을 지나는 순간에 0으로 가정하라. $q(t)$에 관한 표현식을 구하라.

1.10 전자가 1.5 V의 배터리를 통해 양의 단자에서 음의 단자로 흐를 때 얼마만큼의 에너지가 전자에 전달되는가? 줄(joule)로 나타내라.

1.11 그림 1.5의 왼쪽 단자로 유입되는 전하의 식이 다음과 같다.

$$q = \frac{1}{\alpha^2} - \left(\frac{t}{\alpha} + \frac{1}{\alpha^2}\right)e^{-\alpha t}\ \text{C}.$$

$\alpha = 0.03679\ \text{s}^{-1}$일 때, 해당 단자에 유입되는 전류의 최댓값을 구하라.

1.5과 1.6절

1.12 회로 소자의 단자에서 전압과 전류에 대한 기준은 그림 1.6(c)에 나타낸 것과 같다. 전압 v와 전류 i에 대한 수치 값은 80 V와 −4 A이다.

a) 단자에서의 전력을 계산하고, 이 전력이 상자 내부의 소자에 의해 흡수되는지 또는 전달되는지 설명하라.

b) 전류가 전자의 흐름에 의해 생긴다고 하면, 전자가 단자

2로 흘러 들어가는지 혹은 단자 2에서 흘러 나오는지 밝혀라.

c) 전자가 상자 내부의 소자를 통과하면서 에너지를 얻는가 혹은 잃어버리는가?

1.13 전류를 4 A로 하여 연습문제 1.12를 반복하라.

1.14 자동차의 배터리가 방전되었을 때 배터리 단자에 다른 자동차의 배터리를 연결하여 이 차의 시동을 걸 수 있다. 양의 단자들이 서로 연결되고, 음의 단자들 또한 서로 연결된다. 그 연결을 그림 P1.14에 제시했다. 그림 P1.14에서 전류 i를 측정했더니 25 A라고 가정하라.

a) 어느 자동차의 배터리가 방전되었는가?

b) 만약 이 연결이 1분 동안 유지된다면 얼마만큼의 에너지가 방전된 배터리로 전달되는가?

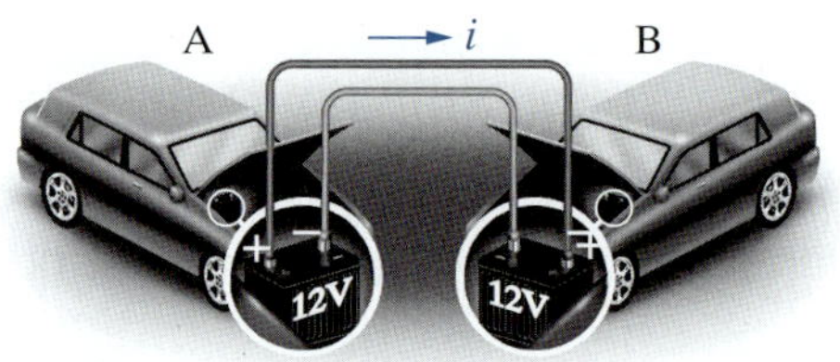

그림 P1.14

1.15 두 개의 전기 회로가 상자 A와 B로 표시되었는데, 그림 P1.15와 같이 연결되어 있다. 상호 연결된 부분에서 전류 i에 대한 기준 방향과 상호 연결된 부분에 걸리는 전압 v에 대한 기준 극성은 그림에 나타낸 것과 같다. 각각의 다음 수치 값에 대해 상호 연결 부분에서의 전력을 계산하고, 이 전력이 A로부터 B로 흐르는지 혹은 그 반대인지 밝혀라.

a) $i = 8$ A, $v = 40$ V

b) $i = -2$ A, $v = -10$ V

c) $i = 2$ A, $v = -50$ V

d) $i = -10$ A, $v = 20$ V

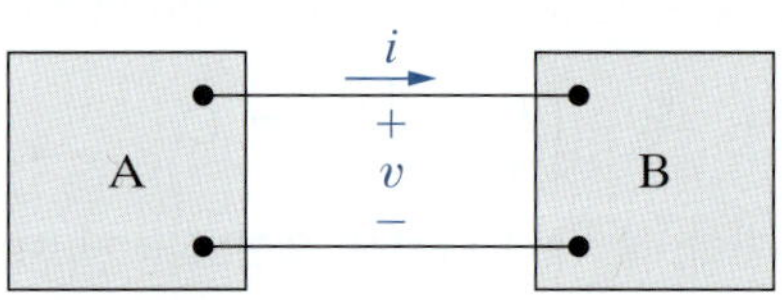

그림 P1.15

1.16 하나의 9 V 배터리가 150 mA를 휴대용 카세트에 공급한다. 이 배터리는 3시간 동안 얼마만큼의 에너지를 공급하는가?

1.17 그림 P1.17과 같이 고압 직류(dc) 송전선이 두 산업용 건물 사이를 연결하고 있으며, 800 kV의 전압으로 운전되고 1800 A의 전류가 흐르고 있다. 이때 선로의 빌딩 X측 끝단에서의 전력을 메가와트(MW) 단위로 계산하고, 전력 흐름(power flow)의 방향을 구하라.

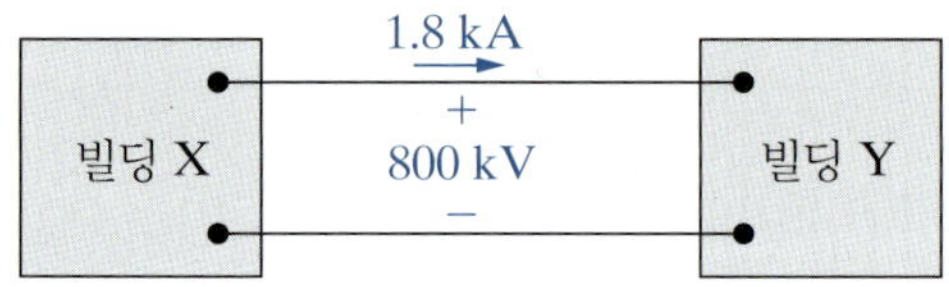

그림 P1.17

1.18 그림 1.5의 회로 소자 단자에서 전압과 전류는 $t < 0$일 때 0이고, $t \leq 0$일 때는 다음과 같다.

$$v = 3e^{-50t}\ \text{V},$$
$$i = 5e^{-50t}\ \text{mA}.$$

a) 5 ms일 때 이 소자에 공급된 전력을 구하라.

b) 이 회로 소자로 전달되는 총에너지를 구하라.

1.19 PSPICE MULTISIM 그림 1.5의 회로 소자 단자에서 전압과 전류는 $t < 0$일 때 0이고, $t \geq 0$일 때는 다음과 같다.

$$v = 100e^{-500t}\ \text{V},$$
$$i = 20 - 20e^{-500t}\ \text{mA}.$$

a) 회로로 전달되는 전력의 최댓값을 구하라.

b) 소자에 전달되는 총에너지를 구하라.

1.20 PSPICE MULTISIM 그림 1.5의 회로 소자 단자에서 전압과 전류는 $t < 0$ 및 $t > 50$ s일 때는 0이다. 0과 50 s 사이의 구간에서는 다음과 같다.

$$v = t(1 - 0.030t)\ \text{V}, \quad 0 < t < 50\ \text{s};$$
$$i = 4 - 0.3t\ \text{A}, \quad 0 < t < 50\ \text{s}.$$

a) 언제 최대 전력이 소자로 전달되는가?

b) (a)에서 구한 시간에서의 전력은 얼마인가?

c) 언제 회로 소자로부터 추출되는 전력이 최대가 되는가?

d) (c)에서 구한 시간에서의 전력은 얼마인가?

e) 0, 10, 20, 30, 40, 50 s에서 회로에 전달되는 순 에너지를 계산하라.

1.21 PSPICE MULTISIM 그림 1.5의 회로 소자 단자에서 전압과 전류는 $t < 0$일 때 0이고, $t \geq 0$일 때는 다음과 같다.

$$v = (4000t + 3.2)e^{-1200t}\ \text{V},$$
$$i = (160t + 0.26)e^{-1200t}\ \text{A}.$$

a) 언제 최대 전력이 소자로 전달되는가?

b) 최대 전력을 W 단위로 구하라.

c) 회로 소자로 전달되는 총에너지를 μJ 단위로 구하라.

1.22 그림 1.5의 회로 소자 단자의 전압과 전류는 $t < 0$일 때 0이다. $t \geq 0$일 때 전압과 전류는 다음과 같다.

$$v = e^{-500t} - e^{-1500t}\ \text{V},$$
$$i = 30 - 40e^{-500t} + 10e^{-1500t}\ \text{mA}.$$

a) $t = 1$ ms일 때의 전력을 구하라.

b) 0과 1 ms 사이의 구간에서 회로 소자에 전달된 에너지는 얼마인가?

c) 소자에 전달된 총에너지를 구하라.

1.23 PSPICE MULTISIM 그림 1.5의 회로 소자 단자에서 전압과 전류는 $t < 0$일 때 0이고, $t \geq 0$일 때는 다음과 같다.

$$v = (1600t + 1)e^{-800t}\text{ V}, \qquad t \geq 0;$$
$$i = 50e^{-800t}\text{ mA}, \qquad t \geq 0.$$

a) 소자로 전달되는 전력이 최대가 되는 시간을 구하라.

b) p의 최댓값을 mW 단위로 구하라.

c) 소자로 전달되는 총에너지를 μJ 단위로 구하라.

1.24 PSPICE MULTISIM 그림 1.5의 회로 소자 단자에서 전압과 전류는 $t < 0$일 때 0이고, $t \geq 0$일 때는 다음과 같다.

$$v = 500e^{-120t}\sin 250t\text{ V},$$
$$i = 6e^{-150t}\sin 250t\text{ A}.$$

a) $t = 20$ ms일 때 소자에 의해 흡수되는 전력을 구하라.

b) 소자에 의해 흡수되는 총에너지를 구하라.

1.25 PSPICE MULTISIM 그림 1.5의 회로 소자 단자에서 전압과 전류는 다음과 같다.

$$v = 260\cos 850\pi t\text{ V}, \quad i = 9\sin 850\pi t\text{ A}.$$

a) 소자로 전달되고 있는 전력의 최댓값을 구하라.

b) 소자로부터 추출되고 있는 전력의 최댓값을 구하라.

c) 구간 $0 \leq t \leq 3$ ms에서 p의 평균값을 구하라.

d) 구간 $0 \leq t \leq 16.525$ ms에서 p의 평균값을 구하라.

1.26 PSPICE MULTISIM 충전 주기(cycle) 동안 자동차 배터리 단자에서의 전압과 전류는 그림 P1.26과 같다.

a) 배터리로 전달된 총전하를 구하라.

b) 배터리로 전달된 총에너지를 구하라.

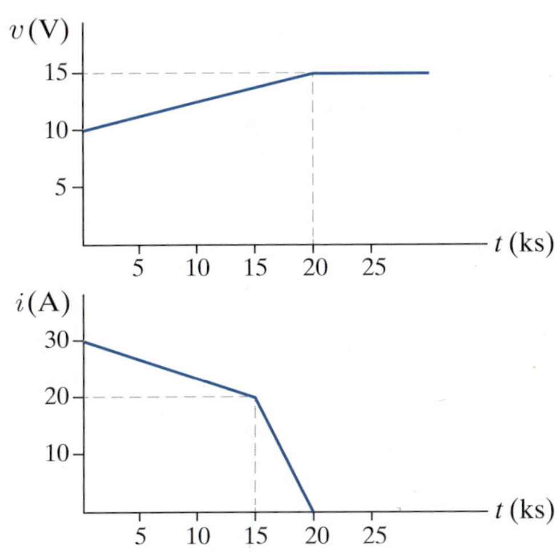

그림 P1.26

1.27 PSPICE MULTISIM 충전 주기 동안의 전류가 그림 P1.27과 같이 주어진다고 가정하고, 연습문제 1.26을 반복하라.

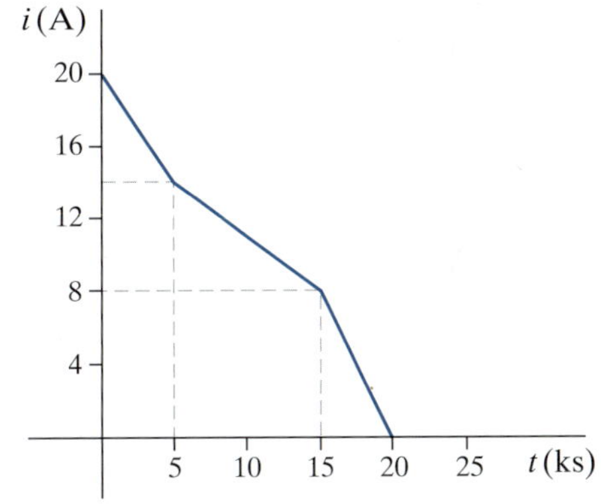

그림 P1.27

1.28 공업용 배터리가 일정한 120 V의 전압으로 몇 시간에 걸쳐 충전된다. 초기에 전류는 20 mA이고 직선적으로 변화하여 10 ks 후에 30 mA가 된다. 10 ks에서 20 ks까지 전류는 일정하게 30 mA이다. 20 ks에서 30 ks까지 전류는 직선적으로 감소해서 10 mA가 된다. 30 ks일 때 전원이 배터리로부터 분리된다.

a) $t = 0$에서 $t = 30$ ks까지의 전류를 그려라.

b) $t = 0$에서 $t = 30$ ks까지 배터리로 공급되는 전력을 그려라.

c) 위의 전력 그래프를 이용하여 배터리에 공급된 총에너지를 구하라.

1.29 그림 1.5의 회로 소자 단자에서 전압과 전류는 그림 P1.29에 나타낸 것과 같다.

a) $0 \leq t \leq 80$ ms에 대해 전력 대 t의 그래프를 그려라.

b) $t = 10, 30, 80$ ms일 때 회로 소자에 전달되는 에너지를 계산하라.

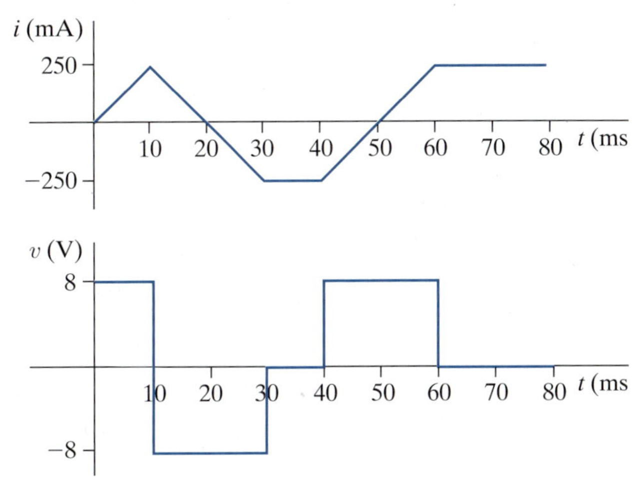

그림 P1.29

1.30 그림 P1.30의 회로에서 전류와 전압에 대한 수치 값이 표 P1.30에 주어져 있다. 회로에서 발생한 총전력을 구하라.

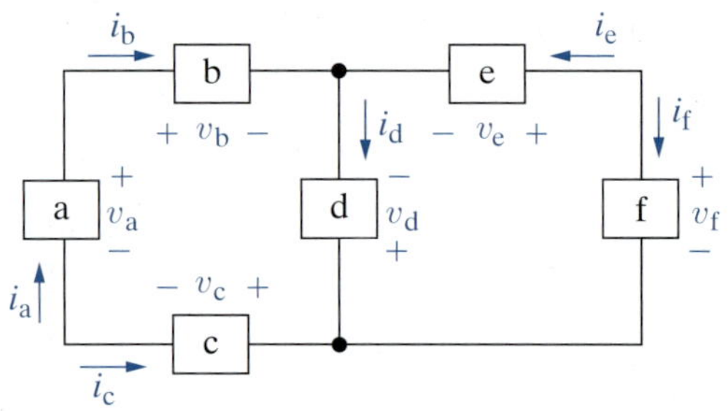

그림 P1.30

표 P1.30

회로 소자	전압(V)	전류(mA)
a	40	−4
b	−24	−4
c	−16	4
d	−80	−1.5
e	40	2.5
f	120	−2.5

1.31 그림 P1.31의 상호 연결에서의 전압과 전류에 대한 수치 값이 표 P1.31에 주어졌다. 이 상호 연결은 전력 검증(power check)을 만족하는가?

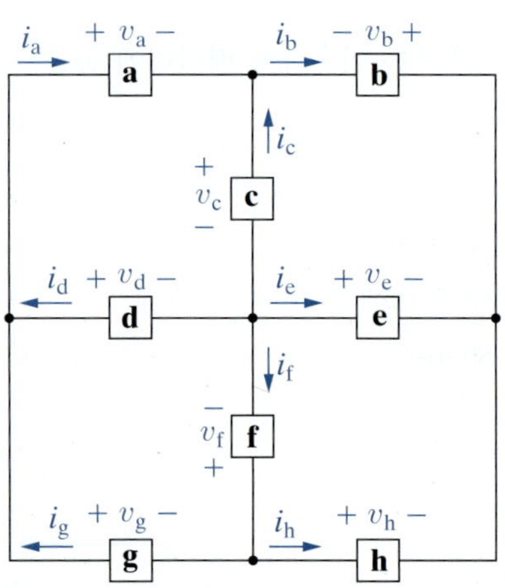

그림 P1.31

표 P1.31

회로 소자	전압(V)	전류(mA)
a	6	500
b	10	100
c	−8	−400
d	−2	300
e	−2	300
f	4	−200
g	−6	200
h	2	−400

1.32 그림 P1.32의 상호 연결에서의 전압과 전류에 대한 수치 값이 표 P1.32에 주어져 있다. 이 상호 연결은 전력 검증을 만족하는가?

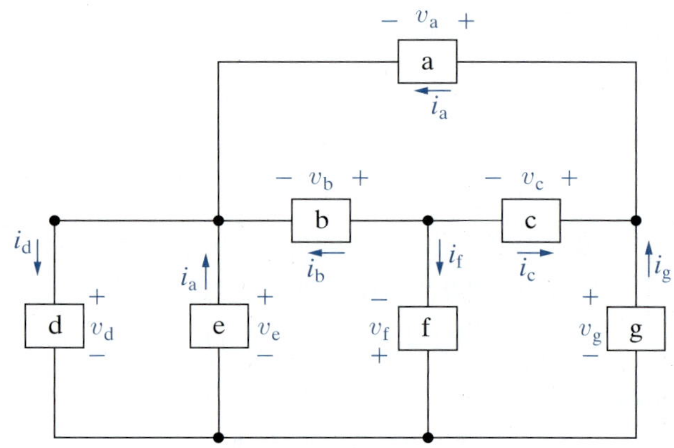

그림 P1.32

표 P1.32

회로 소자	전압(V)	전류(mA)
a	−160	−10
b	−100	−20
c	−60	6
d	800	−50
e	800	−20
f	−700	14
g	640	−16

1.33 그림 P1.33의 상호 연결된 각 소자에 대한 전류와 전력이 측정되어, 그 값이 표 P1.33에 주어져 있다.

a) 이 상호 연결이 전력 검증을 만족함을 보여라.

b) 전력을 흡수하는 소자를 식별하라.

c) 상호 연결된 각 소자에 대한 전압 값을 전력 값과 전류 값과 그림에 표시된 전압의 극성을 이용하여 구하라.

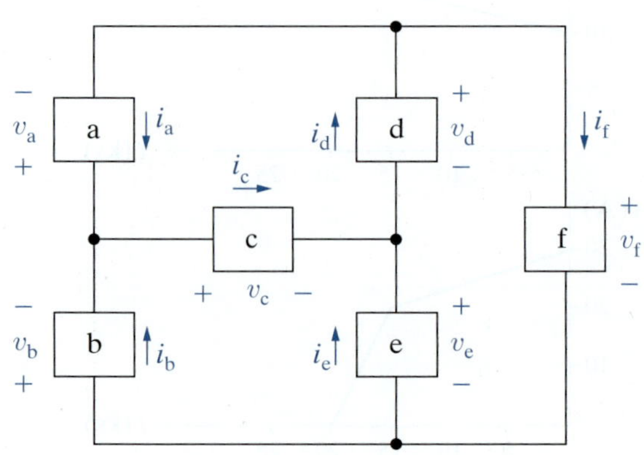

그림 P1.33

표 P1.33

회로 소자	전력(mW)	전류(mA)
a	−918	−51
b	−810	45
c	−12	−6
d	400	−20
e	224	−14
f	1116	31

1.34 자신이 프로젝트를 담당하는 엔지니어인데 부하 엔지니어 중 한 명이 그림 P1.34의 상호 연결 회로가 전력 검증을 통과하지 못했다고 보고했다고 가정하자. 상호 연결 회로의 데이터는 표 P1.34에 주어져 있다.

a) 부하 엔지니어의 의견이 옳은가? 자신의 해답을 설명하라.

b) 만약 부하 엔지니어가 옳다면 여러분은 데이터의 오류를 찾을 수 있는가?

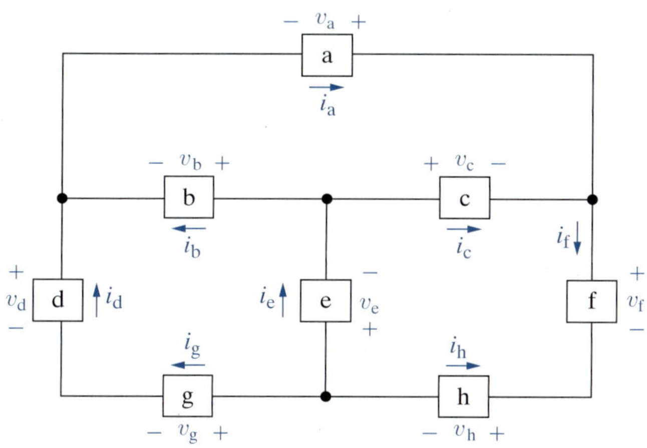

그림 P1.34

표 P1.34

회로 소자	전압(V)	전류(A)
a	46.16	6.0
b	14.16	4.72
c	−32.0	−6.4
d	22.0	1.28
e	−33.6	−1.68
f	66.0	0.4
g	2.56	1.28
h	−0.4	0.4

1.35 그림 P1.35에 제시한 각 소자의 전압 값과 전력 값이 표 P1.35에 주어져 있다.

a) 소자들의 상호 연결이 전력 검증을 만족하는 것을 보이라.

b) 각 소자에 흐르는 전류 값을 전력 값과 전압 값과 그림에 표시된 전류의 방향을 이용하여 구하라.

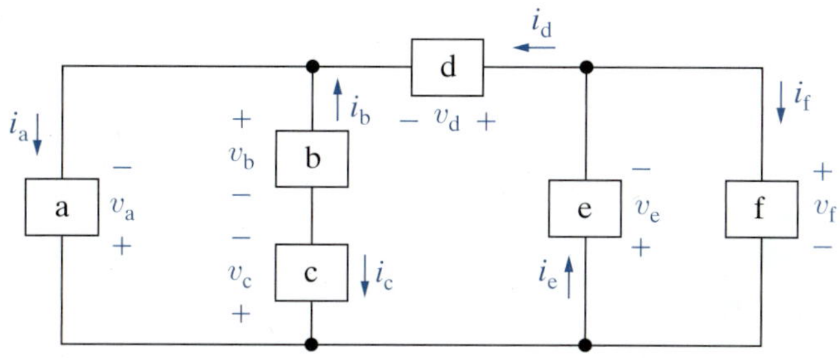

그림 P1.35

표 P1.35

회로 소자	전력(W)	전압(kV)
a	750 공급	−3
b	1600 흡수	4
c	400 공급	1
d	150 흡수	1
e	800 공급	−4
f	200 흡수	4

1.36 PRACTICAL PERSPECTIVE 그림 1.7에 제시한 회로의 전력이 평형을 이룬다는 것을 보이라. 이때 표 1.5에 주어진 전압 값과 전류 값을 사용하라. 단 구성 요소 d에 대한 전류 값은 −1 A로 바뀌었다.

1.37 PRACTICAL PERSPECTIVE 보통의 가정에 전력을 배분하는 데 사용하는 전선에서 전력 손실이 없다고 가정하자.

a) 전력 배분 회로에 대한 새로운 모델을 그림 1.7에 보여진 회로를 수정하여 만들라. 이 수정된 모델에 그대로 사용되는 구성 요소에는 동일한 이름, 전압 극성, 전류 방향을 사용하라.

b) 구성 요소에 대해 다음의 전압 값과 전류 값이 계산되었다.

$v_a = 120$ V　　$i_a = -8$ A

$v_b = 120$ V　　$i_b = 8$ A

$v_f = -120$ V　　$i_f = 6$ A

$v_g = 120$ V　　$i_g = 6$ A

$v_h = -240$ V

만일 이 수정된 모델에서의 전력이 평형을 이룬다면 구성 요소 h에서의 전류 값은 얼마인가?

CHAPTER

2 회로 소자

학습내용

학습목표

1 독립 전압원과 전류원, 종속 전압원과 전류원, 저항과 같은 이상적인 기본 회로 소자의 기호와 동작을 이해한다.

2 옴의 법칙, 키르히호프의 전류 법칙, 키르히호프의 전압 법칙을 설명하고, 이 법칙을 간단한 회로를 해석하는 데 사용할 수 있다.

3 간단한 회로에서 각 소자에 대한 전력을 계산하는 방법을 알고, 전체 회로에 대해 전력 평형 여부를 결정할 수 있다.

다섯 개의 이상적인 회로 소자로는 전압원, 전류원, 저항, 인덕터, 커패시터가 있는데, 이 장에서는 전압원, 전류원, 저항의 특성을 논한다. 회로 해석을 시작하는 데 이 소자만으로는 부족한 듯 보이지만, 실제 많은 시스템은 전원과 저항만으로도 모델링할 수 있다. 또한 그들의 상대적인 단순성 때문에 유용한 시작점이다. 즉 전원과 저항에서 전압과 전류 사이의 수학적인 관계식은 대수적이다. 따라서 단지 대수적인 취급만으로 회로 해석의 기본 기법을 배우기 시작할 수 있을 것이다.

인덕터와 커패시터를 사용하기 위해서는 적분 및 미분 방정식을 다루어야 하므로 이에 대한 소개는 6장까지 미룰 것이다. 그러나 인덕터와 커패시터를 포함한 회로에 대한 기본적인 해석 기법은 이 장에서 소개하는 것과 같다. 따라서 좀 더 어려운 식을 다루기 시작할 필요가 있을 때까지는 그들을 기술하는 방법을 숙지하자.

■ 실제 응용

전기 라디에이터를 이용한 난방

두 개의 라디에이터를 이용해 창고의 내부 온도를 높이려 한다. 각각의 라디에이터는 1200 W의 전력과 240 V의 전압이 필요하다. 만약 라디에이터를 전력 공급기에 어떻게 연결해야 할지 모른다면 왼쪽 배선도와 오른쪽 배선도 중 어떤 배선도를 사용해야 할까? 또한 두 배선도의 차이가 존재하는가?

이 장의 내용을 공부하면 이 질문에 답할 수 있으며 또한 창고 내부 온도를 올리는 방법을 결정할 수 있게 될 것이다. 이 장의 마지막 부분 실제 응용에서 두 개의 회로 해석을 통해 위 방법을 안내할 것이다.

limbi007/123RF

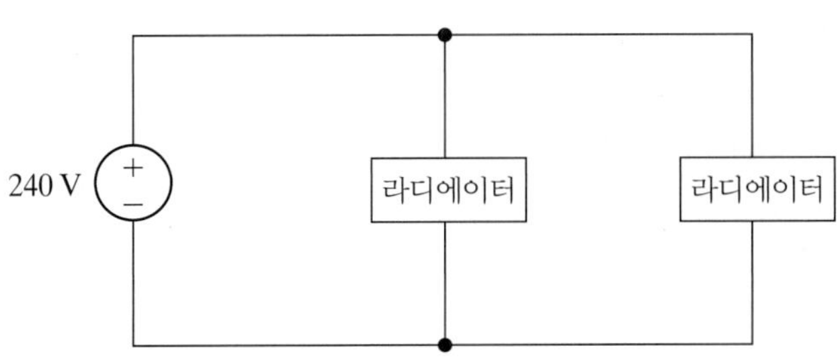

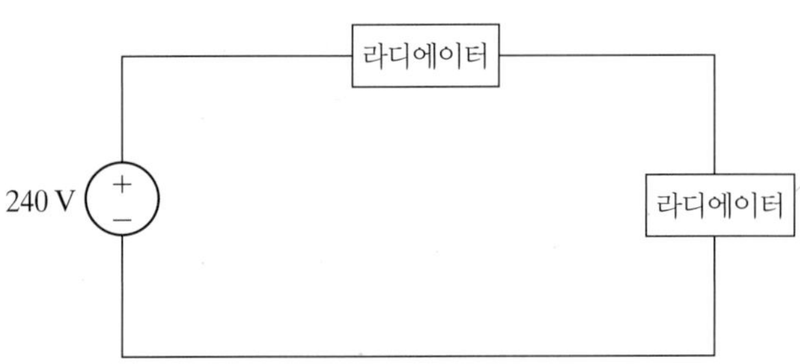

2.1 전압원과 전류원

전원(electrical source)은 비전기적 에너지를 전기적인 에너지로 바꾸거나 그 반대로 바꿀 수 있는 소자이다. 예를 들어, 방전하고 있는 배터리는 화학적 에너지를 전기적 에너지로 변환하고, 반면에 충전되고 있는 배터리는 전기적 에너지를 화학적 에너지로 변환한다. 다이너모(dynamo)는 기계적 에너지를 전기적 에너지로 바꾸거나 그 반대로 바꾸는 기계이다. 만약 기계적 에너지를 전기적 에너지로 바꾸는 동작이라면 그것은 발전기(generator)라고 부른다. 만약 전기적 에너지를 기계적 에너지로 변환한다면 그것은 모터(motor)라고 부른다. 이들 전원에 관하여 기억해야 할 중요한 점은 일반적으로 전압 또는 전류를 유지하면서 그들이 전력을 보내거나 흡수할 수 있다는 것이다. 이 동작은 회로 해석을 위해 특히 중요하고, 기본 회로 소자로서의 이상적인 전압원과 전류원을 만들어 내었다.

- **이상적인 전압원**(ideal voltage source)은 단자에 흐르는 전류에 무관하게 그 단자에 걸린 규정된 전압을 유지하는 회로 소자이다.
- **이상적인 전류원**(ideal current source)은 단자에 걸린 전압에 무관하게 그 단자에 흐르는 규정된 전류를 유지하는 회로 소자이다.

이러한 회로 소자는 실제로는 존재하지 않는다(실제 전압원과 전류원의 이상화된 모델이다).

전류원과 전압원에 대해 이상적인 모델을 사용하는 것은 그들을 어떻게 수학적으로 나타내어야 하는가에 관한 중요한 제약을 둔다. 이상적인 전압원은 일정한 전압을 제공하기 때문에 전압원에 흐르는 전류가 변하더라도 이상적인 전압원에 흐르는 전류를 이 일정한 전압의 함수로 나타내는 것은 불가능하다. 마찬가지로 만약 이상적인 전류원이 공급하는 전류 값에 대한 정보만 알고 있다면 전류원에 걸린 전압을 결정하는 것은 불가능하다. 이상적인 전원을 사용하여 회로 해석을 단순화하기 위해 실제 전원에서 전압과 전류의 관계를 고려하는 것은 미뤄 두기로 한다.

이상적인 전압원과 전류원은 더 나아가서 독립 전원이나 종속 전원으로 기술될 수 있다.

- **독립 전원**(independent source)은 회로에 있는 다른 전압이나 전류에 의지하지 않고 스스로 회로에서 전압 또는 전류를 제공한다. 공급된 전압이나 전류의 값은 독립 전원 값으로만 정해진다.
- **종속 전원**(dependent source)은 회로 내에 있는 다른 전압이나 전류에 의존하는 전압 또는 전류를 제공하는데, 종속 전원이 의존하는 전압이나 전류의 값을 모르면 종속 전원의 값을 확정할 수 없다.

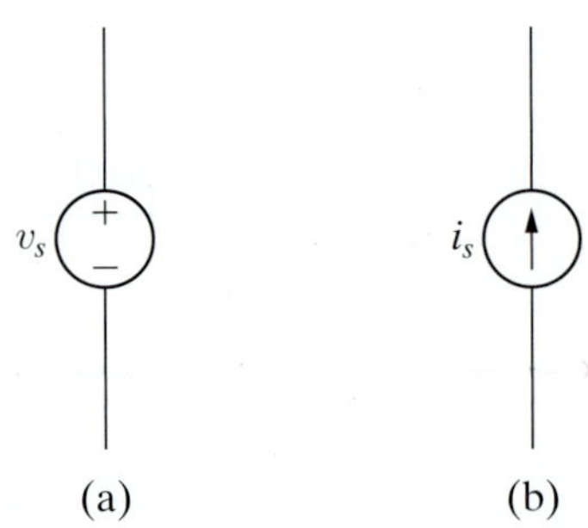

그림 2.1▲ (a) 이상적인 독립 전압원과 (b) 이상적인 독립 전류원의 회로 기호.

이상적인 독립 전원에 대한 회로 기호를 그림 2.1에 나타내었다. 원은 독립 전원을 표현하는 데 사용된다는 점에 주목하자. 회로에서 이상적인 독립 전압원을 완벽하게 정의하기 위해서는 그림 2.1(a)와 같이 공급되는 전압 값과 기준 극성이 포함되어야 한다. 유사하게, 이상적인 독립 전류원을 완벽하게 정의하기 위해서는 그림

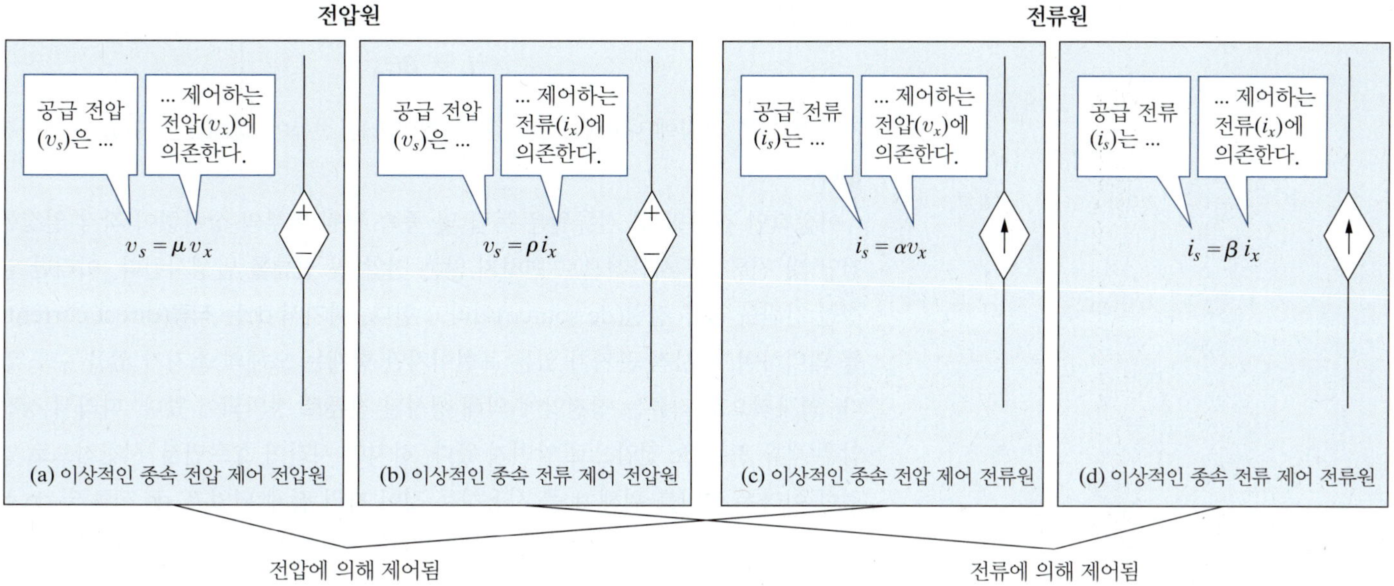

그림 2.2▲ (a), (b) 이상적인 종속 전압원의 회로 기호와 (c), (d) 이상적인 종속 전류원의 회로 기호.

2.1(b)와 같이 공급되는 전류 값과 그 기준 방향이 포함되어야 한다.

이상적인 종속 전원에 대한 회로 기호를 그림 2.2에 나타내었다. 다이아몬드는 종속 전원을 표현하는 데 사용된다. 종속 전류원과 종속 전압원 모두 회로의 다른 전압 또는 전류에 의해 제어될 수 있으므로 그림 2.2에서 기호로 나타낸 것처럼 네 가지 형태가 존재한다. 종속 전원은 이와 같이 다른 전압 또는 전류에 의해 제어되므로 종종 제어 전원(controlled source)이라고도 한다.

이상적인 종속 전압 제어 전압원을 완벽하게 정의하기 위해서는 제어하는 전압(즉 회로 내 다른 전압)과 제어하는 전압으로부터 공급되는 전압을 계산하기 위한 식, 그리고 공급되는 전압에 대한 기준 극성을 확인해야 한다. 예를 들어 그림 2.2(a)에서 제어하는 전압은 v_x가 되고, 공급되는 전압 v_s를 결정하는 식은 다음과 같다.

$$v_s = \mu v_x,$$

그리고 v_s에 대한 기준 극성은 그림에 표시된 것과 같다. 제어하는 전압에 곱해진 μ는 단위가 없는 상수임을 주목하자.

다른 이상적인 종속 전원을 완벽하게 정의하기 위해서도 위와 유사한 조건이 요구된다. 그림 2.2(b)에서 제어하는 전류는 i_x이고, 공급되는 전압 v_s에 대한 식은 다음과 같다.

$$v_s = \rho i_x,$$

기준 극성은 그림에 나타낸 것과 같고, 제어하는 전류에 곱해진 상수 ρ는 V/A의 단위를 갖는다. 그림 2.2(c)에서 제어하는 전압은 v_x이고, 공급되는 전류 i_s에 대한 식은 다음과 같다.

$$i_s = \alpha v_x,$$

기준 방향은 그림에 나타낸 것과 같고, 제어하는 전압에 곱해진 상수 α는 A/V의 단위를 갖는다. 그림 2.2(d)에서 제어하는 전류는 i_x이고, 공급되는 전류 i_s에 대한 식은 다음과 같다.

$$i_s = \beta i_x,$$

기준 방향은 그림에 나타낸 것과 같고, 제어하는 전류에 곱해진 상수 β는 단위가 없다.

이상적인 전압원 및 전류원은 독립 및 종속 전원 여부와 상관없이 각각 일정한 전압 및 전류, 즉 시간적으로 변하지 않는 전압 및 전류를 발생시킨다. 이러한 일정한 전원을 **직류 전원**(dc source)이라고 한다. 여기서 dc는 **직류**(direct current)를 의미하며, 역사적 근거가 있는 표현이지만 현재는 오해의 소지가 있을 수도 있다. 역사적으로 직류는 정전압에 의해 생성된 전류로 정의되어 왔다. 따라서 정전압은 직류 또는 dc 전압으로 알려져 왔다. 하지만 시간이 흐르면서 '시간적으로 일정한'이라는 의미를 위해 dc를 사용하는 것이 자리 잡게 되었고, **dc 전류** 및 **dc 전압**이라는 용어는 이제 과학 및 공학에서 각각 정전류 및 정전압을 의미하는 것으로 보편적으로 받아들여진다.

마지막으로, 이상적인 전원은 능동 회로 소자의 예라는 것에 주목하자. **능동 소자**(active element)는 전기 에너지를 발생시킬 수 있는 장치를 모델링한 소자이며, **수동 소자**(passive element)는 전기 에너지를 발생시킬 수 없는 물리적 장치를 모델링한 소자이다. 저항, 인덕터, 커패시터는 수동 회로 소자의 예이다. 예제 2.1과 2.2는 이상적인 독립 및 종속 전원의 특성이 전원의 허용할 수 있는 상호 연결 형태를 어떻게 제한하는가를 보여 준다.

예제 2.1 이상적인 전원의 상호 연결 실험

이상적인 독립 전압원과 전류원의 정의를 이용하여 그림 2.3에 있는 어떤 상호 연결이 유효하고, 어떤 것이 이상적인 전원에 대한 제약을 위반하는지 설명하라.

풀이

a) 유효하다. 각각의 전원은 a, b로 표시된 같은 단자 쌍에 걸쳐서 전압을 공급한다. 이 단자 쌍에 각 전원이 같은 극성으로 같은 전압을 공급해야 하는데, 여기서는 그렇다.

b) 유효하다. 각각의 전원은 a, b로 표시된 같은 단자 쌍을 통해 전류를 공급한다. 이 단자 쌍에 각 전원이 같은 방향으로 같은 전류를 공급해야 하는데, 여기서는 그렇다.

c) 유효하지 않다. 각각의 전원은 a, b로 표시된 같은 단자 쌍에 걸쳐서 전압을 공급한다. 이 단자 쌍에 각 전원이 같은 극성으로 같은 전압을 공급해야 하는데, 여기서는 그렇지 않다.

d) 유효하지 않다. 각각의 전원은 a, b로 표시된 같은 단자 쌍을 통해 전류를 공급한다. 이 단자 쌍에 각 전원이 같은 방향으로 같은 전류를 공급해야 하는데, 여기서는 그렇지 않다.

e) 유효하다. 전압원은 a, b로 표시된 단자 쌍에 걸쳐서 전압을 공급한다. 전류원은 같은 단자 쌍을 통해 전류를 공급한다. 이

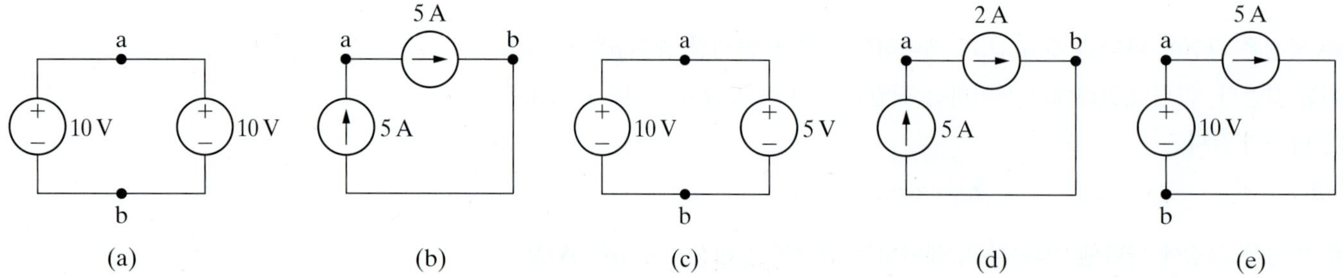

그림 2.3▲ 예제 2.1의 회로.

단자 쌍에 대해 이상적인 전압원은 전류에 관계없이 같은 전압을 공급하고 이상적인 전류원은 전압에 관계없이 같은 전류를 공급하기 때문에, 이것은 허용 가능한 연결이다.

예제 2.2 이상적인 독립 및 종속 전원의 상호 연결 실험

이상적인 독립 및 종속 전원의 정의를 이용하여 그림 2.4의 어떤 상호 연결이 유효하고, 어떤 것이 이상적인 전원에 대한 제약을 위반하는지 설명하라.

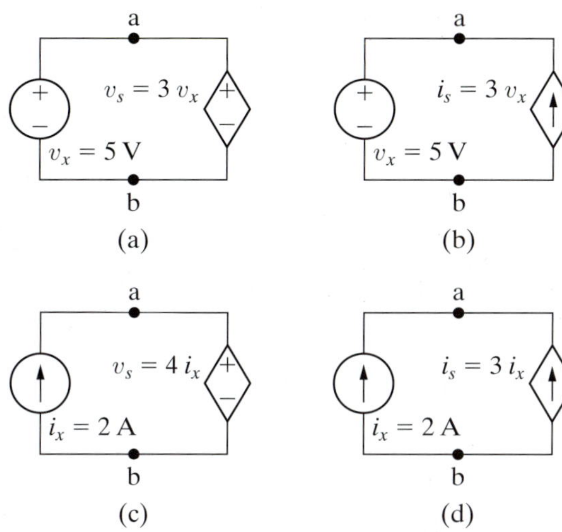

그림 2.4▲ 예제 2.2의 회로.

풀이

a) 유효하지 않다. 독립 전원과 종속 전원 모두 a, b로 표시된 같은 단자 쌍에 걸쳐서 전압을 공급한다. 이 단자 쌍에 대해 각 전원이 같은 극성으로 같은 전압을 공급해야 하는데, 독립 전원은 5 V를 공급하지만 종속 전원은 15 V를 공급한다.

b) 유효하다. 독립 전압원은 a, b로 표시된 단자 쌍에 걸쳐서 전압을 공급한다. 종속 전류원은 같은 단자 쌍을 통해 전류를 공급한다. 이상적인 전압원이 전류에 관계없이 같은 전압을 공급하고 이상적인 전류원은 전압에 관계없이 같은 전류를 공급하기 때문에, 이것은 허용 가능한 연결이다.

c) 유효하다. 독립 전류원은 a, b로 표시된 단자 쌍을 통해 전류를 공급한다. 종속 전압원은 같은 단자 쌍에 걸쳐서 전압을 공급한다. 이상적인 전류원이 전압에 관계없이 같은 전류를 공급하고 이상적인 전압원이 전류에 관계없이 같은 전압을 공급하기 때문에, 이것은 허용 가능한 연결이다.

d) 유효하지 않다. 독립 전원과 종속 전원 모두 a, b로 표시된 같은 단자 쌍을 통해 전류를 공급한다. 이 단자 쌍에 각 전원이 같은 기준 방향으로 같은 전류를 공급해야 하는데, 독립 전원은 2 A를 공급하지만 종속 전원은 6 A를 반대 방향으로 공급한다.

평가문제

목표 1—이상적인 기본 회로 소자를 이해한다.

2.1 제시된 회로에 대해

a) 상호 연결이 유효하기 위해 요구되는 v_1값은 얼마인가?

b) 이 v_1값에 대해 전압원과 관련된 전력을 구하라.

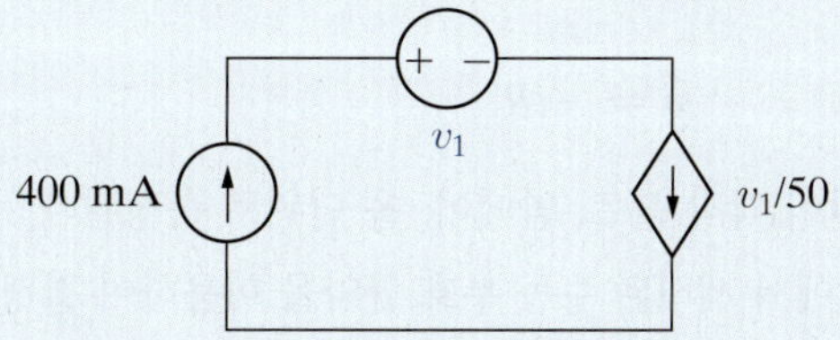

정답: a) 20 V, b) 8 W.

2.2 제시된 회로에 대해

a) 상호 연결이 유효하기 위해 요구되는 α값은 얼마인가?

b) 이 α값에 대해 전류원과 관련된 전력을 구하라.

c) 전류원은 전력을 공급하고 있는가 아니면 흡수하고 있는가?

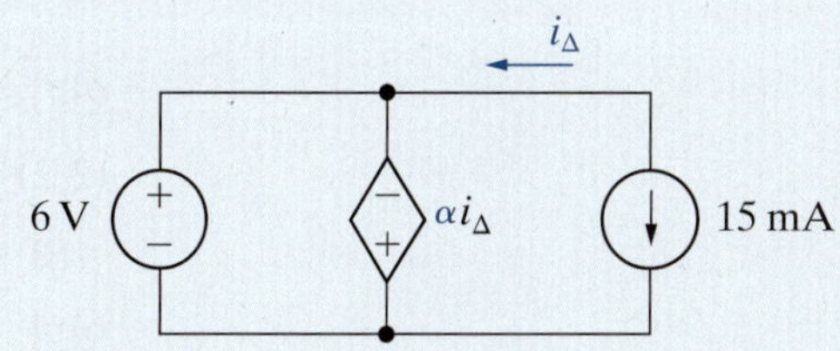

정답: a) 400 V/A, b) 90 mW, c) 흡수하고 있음.

자가 검사: 연습문제 2.6과 2.7도 풀어 보라.

2.2 전기 저항(옴의 법칙)

저항(resistance)은 전류의 흐름 또는 좀 더 상세하게 전하의 흐름을 방해하는 물질의 특성이다. 이 동작을 모델링하는 데 사용되는 회로 소자는 **저항**(기)(resistor)이다. 그림 2.5는 R을 저항 값으로 갖는 저항기의 회로 기호를 나타낸다.

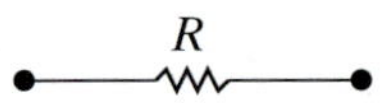

그림 2.5▲ 저항 R을 갖는 저항기의 회로 기호.

개념적으로, 물질의 원자 구조를 통과해서 이동하는 전자가 구조와 상호작용하고 구조에 의해 이동을 방해받는 현상을 생각해 보면 저항을 이해할 수 있다. 이들 상호작용 동안에 다소의 전기 에너지는 열 에너지로 변환되고 열의 형태로 방사된다. 전기 난로, 빵 굽는 기계, 다리미와 실내 난방기 등의 여러 유용한 전기 장치는 저항기의 열을 이용한다.

대부분의 물질은 전류에 대해 저항을 가지며, 이러한 저항의 크기는 물질에 의존한다. 저항 값이 작은 구리나 알루미늄과 같은 금속은 전류가 통하도록 전선을 만들기 위한 좋은 재료이다. 사실 회로도에서 표현될 때 구리나 알루미늄 전선은 보통 저항기로 모델링되지 않는다. 전선의 저항은 회로에 있는 다른 소자의 저항에 비해 매우 작으므로 회로도를 간단히 하기 위해 전선 저항은 무시할 수 있다.

저항기는 이상적인 기본 회로 소자로서 그 전압과 전류를 이용하여 수학적으로 기술된다. 저항기에 대한 전압과 전류의 관계는 19세기 초반에 독일의 물리학자 게오르그 지몬 옴(Georg Simon Ohm)이 그 타당성을 확립한 이후 **옴의 법칙**(Ohm's law)으로 알려졌다. 그림 2.6(a)에 나타낸 바와 같이 저항기에 걸린 전압 강하의 방향으로 전류가 흐른다고 생각하면, 이러한 저항기에 대해 옴의 법칙은 다음과 같다.

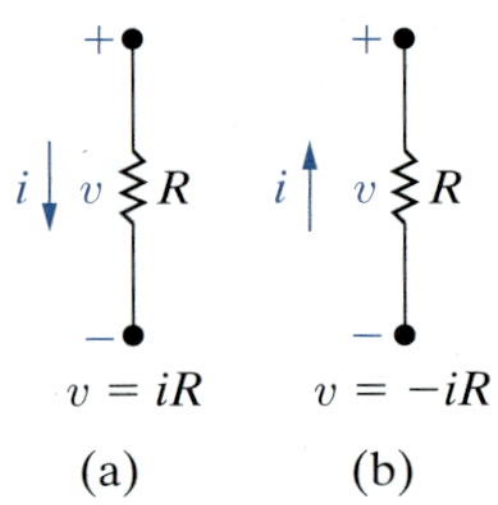

그림 2.6▲ 저항기의 단자에서 전류와 전압에 대한 두 가지 가능한 기준 선정과 결과식.

옴의 법칙

$$v = iR, \tag{2.1}$$

여기서

v = 볼트(V) 단위의 전압
i = 암페어(A) 단위의 전류
R = 옴(Ω) 단위의 저항

만약 그림 2.6(b)와 같이 저항기의 전압과 전류를 선정한 경우에는 옴의 법칙은 다음과 같다.

$$v = -iR, \tag{2.2}$$

여기서 v, i, R은 앞에서와 같이 각각 볼트, 암페어, 옴 단위로 측정된다. 식 (2.1)과 (2.2)에서 대수 부호는 1.5절에서 제시된 수동 부호 규약을 이용하여 결정된다.

SI 단위에서 저항은 옴으로 측정된다. 그리스 문자 오메가(Ω)는 옴의 표준 기호이다. 8 Ω 저항기에 대한 회로도 기호가 그림 2.7에 나타나 있다.

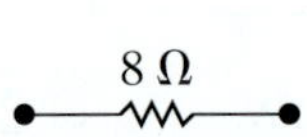

그림 2.7▲ 8 Ω 저항기에 대한 회로 기호.

옴의 법칙은 전류의 함수로 전압을 표현한다. 그러나 전압의 함수로 전류를 표현하는 것 또한 편리하다. 따라서 식 (2.1)로부터

$$i = \frac{v}{R}, \tag{2.3}$$

또는 식 (2.2)로부터

$$i = -\frac{v}{R}. \tag{2.4}$$

저항의 역수는 **컨덕턴스**(conductance)라 하는데, 문자 G로 기호화되고 도전율인 지멘스(siemens, S) 단위로 측정된다. 따라서

$$G = \frac{1}{R}. \tag{2.5}$$

8 Ω 저항기는 0.125 S의 컨덕턴스 값을 갖는다.

물리적인 장치의 동작을 모델링하기 위해 회로 해석에서는 이상적인 저항을 사용한다. '이상적인'이라는 수식어의 사용은 그 저항 모델이 실제 저항 장치의 동작에 관하여 여러 가지 가정을 단순화했음을 상기시킨다. 단순화한 가정 중 가장 중요한 것은 이상적인 저항기의 저항은 상수이고 그 값은 시간에 따라 변하지 않는다는 것이다. 대부분의 실제 저항 장치는 장치의 온도가 시간에 따라 변하기 때문에 상수 저항을 갖지 않고 시간에 따라 저항이 변한다. 이상적인 저항 모델은 저항이 회로 해석에서 관심을 두고 있는 시간 주기 동안에 어떤 상수 값에서 크게 변하지 않는 물리적 장치를 표현하는 데 사용될 수 있다. 이 책에서는 저항 장치에 관한 단순한 가정이 유효하다고 가정하고, 따라서 회로 해석에서 이상적인 저항을 사용한다.

여러 가지 방법으로 저항 단자에서 전력을 계산할 수 있다. 첫 번째 접근 방법은 1.6절에 제시된 정의식을 사용하는 것으로, 단순히 단자 전압과 전류를 곱하여 계산하는 것이다. 그림 2.6(a)에 나타낸 저항에 대해서는

$$p = vi, \tag{2.6}$$

그림 2.6(b)에 나타낸 저항에 대해서는

$$p = -vi. \tag{2.7}$$

라고 쓴다.

저항 단자에서 전력을 표현하는 두 번째 방법은 전류와 저항을 이용하여 표현하는 것이다. 식 (2.1)을 식 (2.6)에 대입하면 다음 식을 얻는다.

$$p = vi = (iR)i.$$

따라서

전류로 표현한 저항기에서의 전력

$$p = i^2R. \tag{2.8}$$

마찬가지로 식 (2.2)를 식 (2.7)에 대입하면 다음 식을 얻는다.

$$p = -vi = -(-iR)i = i^2R. \tag{2.9}$$

식 (2.8)과 (2.9)는 동일하고 전압 극성과 전류 방향에 관계없이 저항 단자에서의

전력은 양이라는 것을 명확하게 보여 준다. 따라서 저항은 회로로부터 전력을 흡수한다.

저항기 단자에서 전력을 표현하는 세 번째 방법은 전압과 저항으로 전력을 표현하는 것이다. 이는 기준 극성에 독립이고, 따라서

전압으로 표현한 저항기에서의 전력

$$p = \frac{v^2}{R}. \tag{2.10}$$

저항 값은 때때로 저항보다는 컨덕턴스로 표현될 수 있다. 식 (2.5)에 주어진 저항과 컨덕턴스의 관계를 이용하여 컨덕턴스를 이용하여 식 (2.9)와 (2.10)을 다음과 같이 쓸 수도 있다.

$$p = \frac{i^2}{G}, \tag{2.11}$$

$$p = v^2 G. \tag{2.12}$$

식 (2.6)~(2.12)는 저항에 의해 흡수되는 전력을 계산하기 위한 다양한 방법을 제공하는데, 각각은 같은 해답을 산출한다. 따라서 회로를 해석할 때 주어진 정보를 고찰하고 그러한 정보를 직접적으로 사용할 수 있는 전력 계산식을 선택한다.

예제 2.3은 이상적인 전원과 저항을 가진 회로에 대해 옴의 법칙을 적용하는 예를 보여 준다. 또한 저항 단자에서 전력을 계산하는 방법에 대해서도 설명한다.

예제 2.3 간단한 저항 회로에 대한 전압, 전류, 전력 계산하기

그림 2.8에 있는 각각의 회로에서 v 또는 i의 값이 알려져 있지 않다.

a) v와 i의 값을 계산하라.
b) 각 저항에서 소모된 전력을 결정하라.

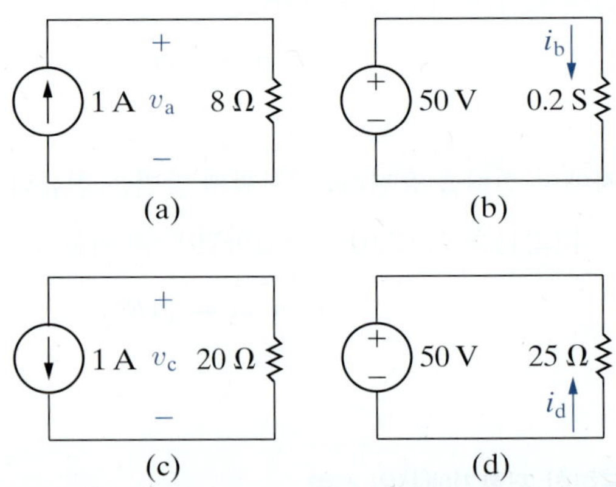

그림 2.8▲ 예제 2.3의 회로.

풀이

a) 그림 2.8(a)에서 전압 v_a는 저항에서 전류의 방향으로 강하한다. 따라서 이 전압은 전류와 저항의 곱으로 다음과 같이 계산된다.

$$v_a = (1)(8) = 8\text{ V}.$$

그림 2.8(b)에서 0.2 S의 컨덕턴스를 갖는 저항에 흐르는 전류 i_b는 저항에 걸린 전압이 강하되는 방향으로 흐른다. 따라서 이 전류는 전압과 컨덕턴스의 곱으로 다음과 같이 계산된다.

$$i_b = (50)(0.2) = 10\text{ A}.$$

그림 2.8(c)에서 전압 v_c는 저항에서 전류가 흐르는 방향으로 상승한다. 그러므로 이 전압은 전류와 저항의 곱으로 다음과 같이 계산된다.

$$v_c = -(1)(20) = -20\text{ V}.$$

그림 2.8(d)의 저항 25 Ω에서 전류 i_d는 저항에 걸린 전압이

상승하는 방향으로 흐른다. 따라서 이 전류는 전압을 저항으로 나눔으로써 다음과 같이 계산된다.

$$i_d = -\frac{50}{25} = -2\text{ A}.$$

b) 각각의 저항에서 소모된 전력은 다음과 같다.

$$p_{8\Omega} = \frac{(8)^2}{8} = (1)^2(8) = 8\text{ W}$$

[식 (2.9) 및 (2.10) 사용]

$$p_{0.2S} = (50)^2(0.2) = 500\text{ W}$$

[식 (2.12) 사용]

$$p_{20\Omega} = \frac{(-20)^2}{20} = (1)^2(20) = 20\text{ W}$$

[식 (2.9) 및 (2.10) 사용]

$$p_{25\Omega} = \frac{(50)^2}{25} = (-2)^2(25) = 100\text{ W}$$

[식 (2.9) 및 (2.10) 사용]

평가문제

목표 2—옴의 법칙을 설명하고 사용할 수 있다.

2.3 제시된 회로에 대해

a) $v_g = 100$ V, $i_g = 2$ A일 때 R값과 저항에 의해 흡수된 전력을 구하라.

b) $i_g = 250$ mA이고 전압원에 의해 전달된 전력이 125 W일 때 v_g, R, 그리고 저항에 의해 흡수된 전력을 구하라.

c) $R = 800\ \Omega$이고 R에 의해 흡수된 전력이 20 mW일 때 i_g와 v_g를 구하라.

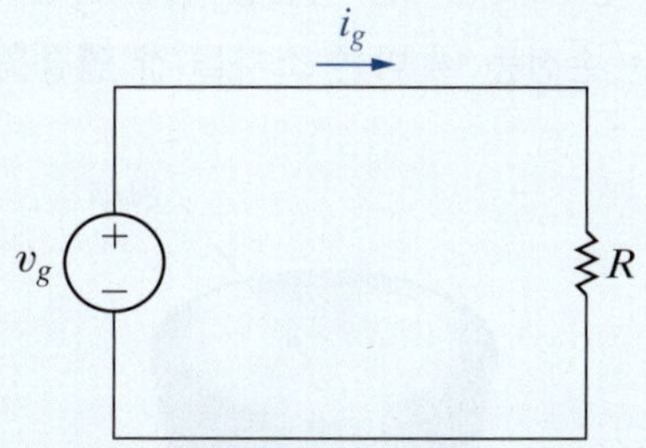

정답: a) 50 Ω, 200 W,

b) 500 V, 2 kΩ, 125 W,

c) 5 mA, 4 V.

2.4 제시된 회로에 대해

a) $i_g = 20$ mA, $G = 5$ mS일 때 v_g와 전류원에 의해 전달된 전력을 구하라.

b) $v_g = 50$ V이고 컨덕터로 전달된 전력이 400 W일 때 컨덕턴스 G와 전원 전류 i_g를 구하라.

c) $G = 20\ \mu$S이고 컨덕턴스로 전달된 전력이 50 mW일 때 i_g와 v_g를 구하라.

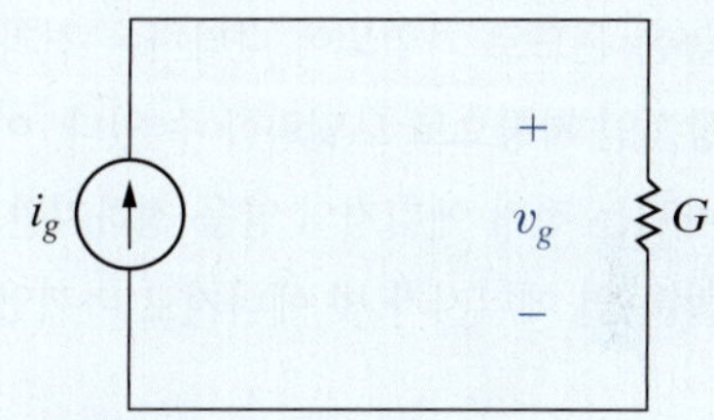

정답: a) 4 V, 80 mW,

b) 160 mS, 8 A,

c) 1 mA, 50 V.

자가 검사: 연습문제 2.11과 2.12도 풀어 보라.

2.3 회로 모델의 구성

이제 실제 시스템의 회로 모델을 구성하기 위해 이상적인 전원과 저항을 이용해보자. 장치나 시스템의 회로 모델을 개발하는 것은 중요한 기술이다. 비록 이 책은 회로를 해결하는 데 필요한 기술을 강조하지만, 여러분은 전기공학자로서 실제적인 다른 기술도 필요할 것이고 그러한 기술 가운데 가장 중요한 것 중 하나는 모델링이다.

다음 두 예제에서 회로 모델을 개발한다. 예제 2.4에서는 시스템 구성 요소의 동작과 구성 요소가 어떻게 상호 연결되는지에 관한 지식을 기반으로 회로 모델을 구성한다. 예제 2.5에서는 소자의 단자 동작을 실제로 측정함으로써 회로 모델을 만들어 낸다.

예제 2.4 손전등의 회로 모델 구성하기

손전등의 회로 모델을 구성하라. 그림 2.9는 폭넓게 사용하는 손전등의 사진이다.

풀이

손전등을 전기 시스템으로 간주할 때 주로 관심을 두는 구성 요소는 배터리, 전구, 접속용 스프링, 용기, 스위치이다. 그림 2.10은 이러한 구성 요소를 보여 준다. 이제 각 구성 요소에 대한 회로 모델을 고려한다.

- 건전지는 전류 수요가 과다하지 않다면 적당한 상수 단자 전압을 유지한다. 따라서 만약 건전지가 그것의 예정된 한도 내에서 동작 중이라면, 이를 이상적인 전압원으로 모델링할 수 있다. 그러면 그 규정된 전압은 상수이고 두 건전지(건전지 1 및 건전지 2) 값의 합과 같다.
- 전구의 궁극적인 출력은 빛 에너지이고, 이러한 빛 에너지는 전구 안에 있는 필라멘트가 가시광 영역에서 빛을 방출할 수 있을 만큼 충분히 높은 온도로 가열되어 나타나는 결과물이다. 우리는 전구를 이상적인 저항으로 모델링할 수 있다. 이 경우 저항은 열 에너지로 바뀌는 전기 에너지의 양을 정하지만, 이 저항으로부터 얼마나 많은 열 에너지가 빛 에너지로 바뀌었는지를 알 수는 없다. 또한 전구를 모델링한 저항은 관심 있는 시스템 특성 중 하나인 배터리상에서의 정상 전류 배출량도 알려 준다. 이 모델에서 R_l은 전구 저항을 나타내는 기호이다.
- 손전등에 사용된 접속용 스프링은 두 가지 역할을 한다. 첫째, 건전지와 용기 사이의 전기적 전도 경로를 제공한다. 둘째, 스프링 코일 형태로 되어 있어서 배터리와 전구 사이의 접촉을 위한 기계적인 압력을 제공할 수 있다. 이 기계적인 압력의 목적은 두 건전지 사이와 건전지 및 전구 사이의 접촉을 유지하는 것이다. 그러므로 접속용 스프링을 위한 코일 형태의 전선을 선택할 때 그 기계적 성질이 전기적인 성질보다 손전등 설계를 위해 좀 더 중요하다는 것을 이해할 수 있다. 전기적으로, 접속용 스프링을 R_1으로 표시된 이상적인 저항으로 모델링할 수 있다.
- 용기 또한 기계적인 그리고 전기적인 목적 모두에 이바지한다. 기계적으로 볼 때 용기는 다른 모든 손전등 구성 요소를 그 안에 수용하는 한편 사용하는 사람을 위한 손잡이로 제공된다. 전기적으로는 손전등 내 다른 소자들 간 연결을 제공한다. 만

그림 2.9▲ 손전등은 전기 시스템으로 간주될 수 있다.
Thom Lang/Corbis/Getty Imagess

그림 2.10▲ 손전등 구성 요소의 배치.

약 용기가 금속이라면 배터리와 전구 사이에 전류가 흐르게 된다. 만약 플라스틱이라면 용기 내부에 있는 띠 형태의 금속 조각이 코일형 접속용 스프링과 스위치를 연결해 준다. 어느 방법이든지 R_c로 표현되는 이상적인 저항으로 용기에 의해 제공된 전기적인 연결을 모델링할 수 있다.

- 스위치는 켜진 상태(ON)와 꺼진 상태(OFF)의 두 가지 전기적인 상태를 갖는다. 이상적인 스위치는 켜진 상태일 때는 전류에 대한 저항이 없지만 꺼진 상태일 때는 전류에 대해 무한대의 저항을 제공한다. 이들 두 상태는 저항의 두 극한값을 의미한다. 즉 켜진 상태는 **단락 회로**(short circuit, $R = 0$)라고 불리는 값이 0인 저항에 대응되고, 꺼진 상태는 **개방 회로**(open circuit, $R = \infty$)라고 불리는 값이 무한대인 저항에 대응된다. 그림 2.11(a)와 (b)는 각각 단락 회로와 개방 회로의 도식적인 표현을 보여 준다. 그림 2.11(c)의 기호는 그 접촉 위치에 따라 단락 회로 또는 개방 회로가 될 수 있는 스위치를 나타낸다.

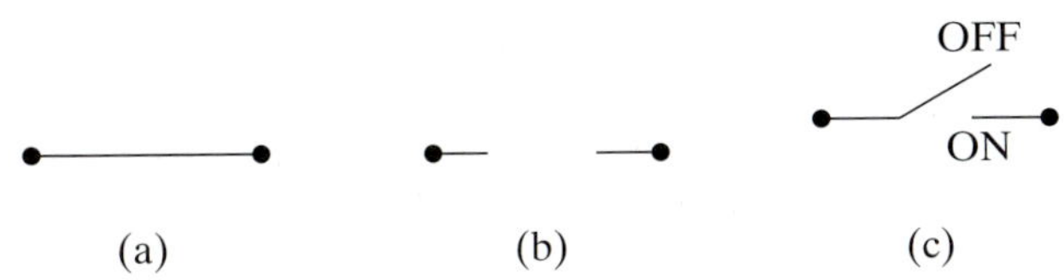

그림 2.11▲ 회로 기호: (a) 단락 회로, (b) 개방 회로, (c) 스위치.

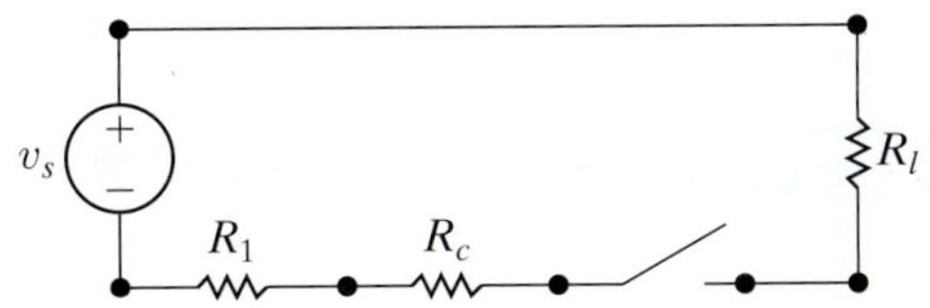

그림 2.12▲ 손전등의 회로 모델.

이제 그림 2.10에 나타낸 손전등의 회로 모델을 구성한다. 건전지부터 시작해 보면, 첫 번째 건전지의 양의 단자는 두 번째 건전지의 음의 단자에 연결된다. 두 번째 건전지의 양의 단자는 전구의 한 단자에 연결된다. 전구의 다른 단자는 스위치의 한쪽과 접속되고, 스위치의 다른 쪽은 금속 용기와 연결된다. 이 금속 용기는 접속용 스프링에 의해 첫 번째 건전지의 음의 단자와 연결된다. 그림 2.10의 연결된 소자는 폐경로 또는 폐회로를 형성한다는 것을 주목하자. 그림 2.12는 손전등의 회로 모델을 나타낸다.

위와 같은 손전등의 예로부터 모델링에 관한 몇 가지 일반적인 지침을 정리할 수 있다.

1. **회로 모델 개발에서 물리적인 구성 요소 각각의 전기적인 동작은 주요한 관심 사항이다.** 손전등 모델에서 세 개의 매우 다른 물리적 구성 요소(전구, 스프링 코일, 금속 용기)는 모두 회로에 흐르는 전류를 방해하기 때문에 모두 저항으로 표현된다.
2. **회로 모델은 원하는 전기적 효과뿐만 아니라 원치 않는 전기적 효과에 대해서도 설명이 가능해야 한다.** 예를 들어 전구에서 저항으로 인한 열은 원하는 효과인 빛을 생성한다. 그러나 용기와 코일에 있는 저항으로 인한 열은 원하지 않는 또는 기생 효과를 나타낸다. 이는 건전지를 소모시키고 유용하지 않은 출력을 생성한다. 이와 같은 기생 효과는 반드시 고려되어야 하며, 그렇지 않으면 결과 모델은 시스템을 적절하게 표현하지 못한 것이다.
3. **모델링은 근사화를 요구한다.** 손전등의 회로 모델을 개발하는 데에도 실제 사물을 단순화한 몇 가지 가정을 했다. 예를 들어 여기서는 이상적인 스위치를 가정했지만, 실제 스위치에서 접촉 저항은 시스템의 적절한 동작에 영향을 줄 만큼 충분히 클 수 있다. 우리의 모델로는 이와 같은 특성을 알 수 없다. 또한 앞서 코일형 접속용 스프링이 건전지 사이의 접촉 저항을 없애기에 충분한 압력을 인가한다고 가정했다. 우리의 모델은 충분치 않은 압력의 효과는 알려 주지 않는다. 이상적인 전압원의 사용은 앞서 언급된 기생 열에 기인하는, 건전지에서의 내부적 에너지 소모를 무시한다. 이러한 에너지 소모

는 전원과 전구 저항 사이에 이상적인 저항을 부가함으로써 설명할 수 있다. 우리의 모델에서 각 구성 요소의 내부적 손실은 무시할 만하다고 가정한다.

손전등을 회로로 모델링할 때 손전등의 내부 구성 요소에 대한 기본적인 이해를 바탕으로 했다. 그러나 때로는 소자의 단자 동작에 대해서만 정보가 주어지고, 모델을 구성하는 데 이 정보를 이용해야 한다. 예제 2.5는 그러한 모델링 문제를 제시한다.

예제 2.5 단자 측정에 기반한 회로 모델 구성하기

전압과 전류는 그림 2.13(a)에 도시된 소자의 단자에서 측정되고 v_t와 i_t의 값은 그림 2.13(b)에 표로 만들어져 있다. 상자 내부에 있는 소자의 회로 모델을 구성하라.

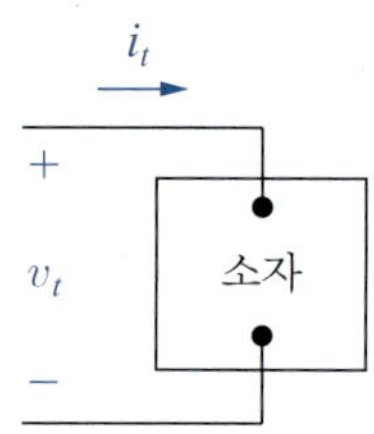

(a)

v_t (V)	i_t (A)
−40	−10
−20	−5
0	0
20	5
40	10

(b)

그림 2.13▲ 예제 2.5를 위한 (a) 소자와 (b) 데이터.

풀이

전류의 함수로서 전압을 그려 보면 그림 2.14(a)의 그래프가 나온다. 이 그림에서 선의 식 $v_t = 4i_t$는 단자 전압이 직접적으로 단자 전류에 비례한다는 것을 보여 준다. 옴의 법칙을 이용하면 상자 내부의 소자는 4 Ω 저항과 같이 작용한다. 따라서 상자 내부의 소자에 대한 회로 모델은 그림 2.14(b)에 나타낸 바와 같이 4 Ω 저항이다.

키르히호프의 법칙과 회로 해석을 소개한 후에 회로 모델을 구성하기 위해 단자 특성을 사용하는 이 기법에 대해 다시 살펴보기로 한다.

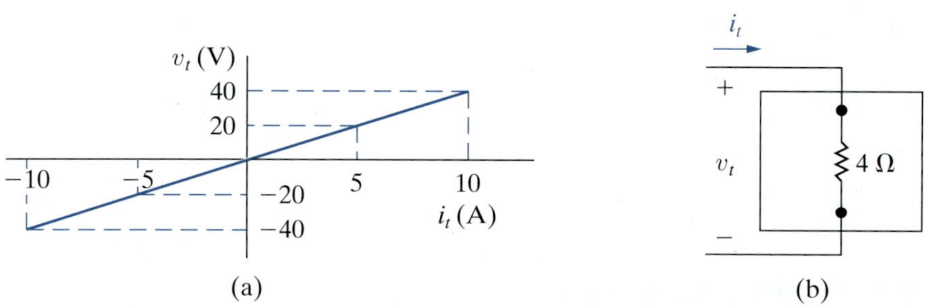

그림 2.14▲ (a) 그림 2.13의 소자에 대한 v_t 대 i_t의 값. (b) 그림 2.13의 소자에 대한 회로 모델.

자가 검사: 연습문제 2.14와 2.15를 풀어 이해도를 평가하라.

2.4 키르히호프의 법칙

회로는 모든 소자에 걸린 전압과 흐르는 전류가 결정될 때 **해결되었다**(solved)고 말한다. 옴의 법칙은 회로를 해결하기 위한 중요한 식이다. 그러나 옴의 법칙은 회로를 완전히 해결하기에는 충분하지 않다. 일반적으로, 대부분의 회로를 해결하기 위해 키르히호프의 법칙으로 알려진 두 개의 추가적인 대수 관계를 사용할 필요가 있다.

키르히호프의 전류 법칙

예제 2.4에 제시된 손전등 회로를 해결해 보자. 그림 2.15처럼 회로를 스위치가 켜진 상태로 다시 그리는 것으로 시작한다. 또한 그림에는 각 저항과 연관된 전류와

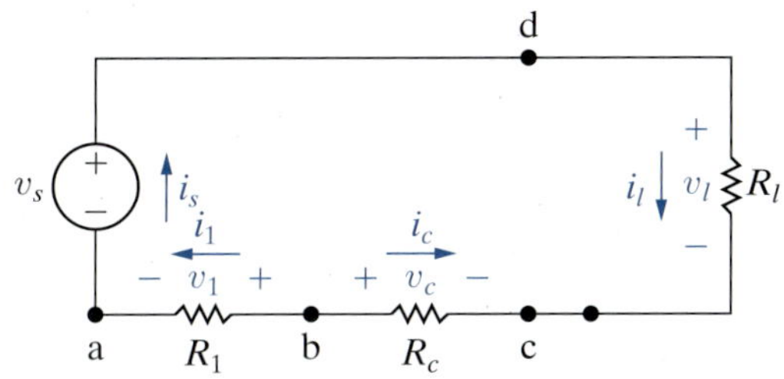

그림 2.15▲ 지정된 전압 및 전류 값을 갖는 손전등의 회로 모델.

전압 변수 그리고 전압원과 관련된 전류를 기준 극성과 함께 표시했다. 편의상 전압, 전류, 저항에 동일한 아래 첨자를 사용한다. 그림 2.15에서는 또한 그림 2.12의 단자 점 몇 개를 제거하고 마디를 삽입했다. 단자 점은 개개 회로 소자의 시작과 끝이다. **마디**(node)는 둘 또는 그 이상의 회로 소자가 만나는 점이다. 그림 2.15에서 마디는 a, b, c, d로 표시되었다. 마디 d는 배터리와 전구를 연결하고, 비록 편의상 단일 점으로 표시하지만 회로도의 꼭대기에서 모든 방향으로 뻗어 나간다. 스위치 양측에 있는 점은 그것의 단자를 나타내지만, 마디를 표현하는 데는 (스위치가 켜져 있어) 하나만 필요하므로 하나의 점을 마디 c라고 표시했다.

그림 2.15의 회로는 일곱 개의 미지 변수 i_s, i_1, i_c, i_l, v_1, v_c, v_l을 갖는다. v_s는 건전지 두 개 단자의 전압 합인 3 V의 상수 전압을 나타낸다는 것을 상기하자. 손전등 회로를 해결하기 위해서는 일곱 개의 미지 변수를 구해야 한다. 대수학으로부터 n개의 미지수를 구하기 위해서는 n개의 독립 연립 방정식을 풀어야 한다는 것을 알고 있다. 2.2절에서 제시된 옴의 법칙을 세 개의 저항에 적용함으로써 필요한 식 일곱 개 중 세 개를 다음과 같이 얻을 수 있다.

$$v_1 = i_1 R_1, \tag{2.13}$$

$$v_c = i_c R_c, \tag{2.14}$$

$$v_l = i_l R_l. \tag{2.15}$$

다른 네 개의 식은 무엇인가?

회로 소자의 상호 연결은 단자 전압과 전류 사이의 관계에 제약을 주게 된다. 이들 제약은 구스타프 키르히호프(Gustav Kirchhoff)가 1848년 논문에서 처음 언급한 이후에 키르히호프의 법칙으로 불리고 있다. 수학적인 형태로 위 제약 조건을 설명하는 두 가지 법칙은 키르히호프의 전류 법칙과 키르히호프의 전압 법칙으로 알려져 있다.

이제 **키르히호프의 전류 법칙**(Kirchhoff's current law, KCL)을 논할 수 있다.

키르히호프의 전류 법칙(KCL)

회로에 있는 어떤 한 마디에서도 모든 전류의 대수 합은 0이다.

키르히호프의 전류 법칙을 사용하기 위해 마디에서의 모든 전류에 대해 기준 방향에 해당하는 대수 부호를 지정해야 한다. 마디를 떠나는 전류에 양의 부호를 할당하면 마디로 들어오는 전류에 음의 부호를 할당하고, 반대로 마디를 떠나는 전류에 음의 부호를 주면 마디로 들어오는 전류에 양의 부호를 주면 된다.

그림 2.15의 회로에서 네 개 마디에 대해 마디를 떠나는 전류를 양의 부호로 간주하는 규칙을 이용하여 키르히호프의 전류 법칙을 적용함으로써 다음 네 개의 식을 산출할 수 있다.

$$\text{마디 a} \qquad i_s - i_1 = 0, \tag{2.16}$$

$$\text{마디 b} \qquad i_1 + i_c = 0, \tag{2.17}$$

$$\text{마디 c} \qquad -i_c - i_l = 0, \tag{2.18}$$

$$\text{마디 d} \qquad i_l - i_s = 0. \tag{2.19}$$

식 (2.16)~(2.19)는 네 개 중의 어떤 하나가 다른 세 개로부터 유도될 수 있으므로 독립 집합이 아니라는 것에 주목하자. n개의 마디를 갖는 어떤 회로에서 키르히호프의 전류 법칙으로부터 $(n-1)$개의 독립 전류 식이 유도될 수 있다.[1] 따라서 식 (2.19)를 무시하면 여섯 개의 독립 방정식인 식 (2.13)~(2.18)을 갖게 된다. 그러면 식이 하나 더 필요한데, 이는 키르히호프의 전압 법칙으로부터 유도할 수 있다.

키르히호프의 전압 법칙

키르히호프의 전압 법칙을 살펴보기 전에 먼저 **폐경로**(closed path) 또는 **폐회로**(closed loop)를 정의해야 한다. 폐경로에서는 임의로 선택된 마디에서 시작하여 선택된 기본 회로 소자를 통과하여 회로에서 폐경로를 따라 돌며(추적하며), 한 번 이상 어떤 다른 마디를 통과하지 않고 원래의 마디로 되돌아갈 수 있다. 그림 2.15의 회로는 하나의 폐경로 또는 폐회로를 갖는다. 예를 들어 출발점으로 마디 a를 선택하고 시계 방향으로 회로를 추적할 경우, 마디 d, c, b를 통과하고 마디 a로 되돌아와서 폐경로를 형성한다. 이제 **키르히호프의 전압 법칙**(Kirchhoff's voltage law, KVL)을 논할 수 있다.

키르히호프의 전압 법칙(KVL)

회로에 있는 어떤 한 폐경로 주위의 모든 전압의 대수 합은 0이다.

키르히호프의 전압 법칙을 사용하기 위해서는 폐회로에 있는 각 전압에 대해 부호(기준 방향)를 할당해야 한다. 폐경로를 추적할 때 전압은 추적하는 방향으로 상승하거나 강하할 것이다. 전압 상승에 대해 양의 부호를 할당하면 전압 강하에 대해 음의 부호를 할당해야 하고, 반대로 전압 상승에 대해 음의 부호를 주면 전압 강하에 대해서는 양의 부호를 주어야 한다.

이제 폐경로를 시계 방향으로 추적하고 전압 강하에 대해 양의 대수 부호를 할당하는 것을 규칙으로 선택한 뒤 그림 2.15의 회로에 키르히호프의 전압 법칙을 적용한다. 마디 d에서 시작하면 다음 식을 얻을 수 있다.

$$v_l - v_c + v_1 - v_s = 0. \tag{2.20}$$

이제 그림 2.15에 나타나는 일곱 개의 미지의 회로 변수를 구하기 위해 필요한 일곱 번째 독립 방정식을 도출했다.

단순한 손전등 전구를 위해 일곱 개의 연립 방정식의 해를 구하겠다는 생각은 매력적이지 않다. 따라서 이후의 장에서는 단일 방정식을 씀으로써 그림 2.15와 같은 간단한 폐회로를 해결할 수 있는 해석적인 기법을 제시한다. 손전등 회로에 대해 마무리하기 전에, 이후 장에서 제시될 회로 해석 기법에 중요한 두 가지 세부적인 분석 사항을 살펴본다.

---

1 이에 대한 자세한 사항은 4장에서 살펴본다.

1. 먼저 저항에 흐르고 있는 전류를 알고 있다면 전류와 전압이 옴의 법칙을 통하여 직접적인 관계를 가지므로 저항에 걸린 전압도 알 수 있다. 따라서 각 저항에 대해 전류 또는 전압 중 하나의 미지 변수를 연관시킬 수 있다. 예를 들어 미지 변수로서 전류를 선택하자. 그러면 일단 저항에 흐르는 미지 전류를 구하기만 하면 저항에 걸린 전압도 구할 수 있다. 일반적으로 수동 소자에서의 전류를 알고 있다면 그것에 걸린 전압을 구할 수 있고 해결해야 할 연립 방정식의 수는 크게 줄어든다. 예를 들어 손전등 회로에서는 전류를 미지 변수로 설정하면 전압 v_c, v_l, v_1을 미지 변수에서 배제할 수 있고, 최초 일곱 개보다 줄어든 네 개의 연립 방정식만 해결하면 된다.

2. 두 개의 소자만 하나의 마디로 연결될 경우, 한 소자에서의 전류를 알고 있다면 이 마디에 키르히호프의 전류 법칙을 적용함으로써 두 번째 소자에서의 전류도 알아낼 수 있다. 이렇게 두 개의 소자가 한 개의 마디에 연결될 때 소자는 **직렬**(in series)로 되어 있다고 하며, 두 소자 중 한 소자에 대해서만 미지 전류를 정의하면 된다. 그림 2.15의 회로에서 각 마디가 두 개의 소자만 연결한다는 것을 주목하면 여기서는 하나의 미지 전류만 정의하면 된다. 그 이유는 식 (2.16)~(2.18)이 다음 식을 직접적으로 이끌어 내기 때문이다.

$$i_s = i_1 = -i_c = i_l,$$

이는 어떤 소자 전류 중 하나를 알고 있으면 그들 모두를 알 수 있다는 것을 뜻한다. 예를 들어 미지수로 i_s를 선택하면 나머지 전류 i_1, i_c, i_l은 미지 변수에서 배제할 수 있다. 그리고 문제는 하나의 미지수, 즉 i_s를 결정하는 것으로 축소된다.

예제 2.6과 2.7은 키르히호프의 법칙을 기반으로 회로 방정식을 쓰는 방법을 보여 주고, 예제 2.8은 하나의 미지 전류를 구하기 위해 키르히호프의 법칙과 옴의 법칙을 사용하는 방법을 보여 준다. 예제 2.9는 단자 특성이 알려져 있는 소자에 대한 회로 모델을 구성하기 위해 예제 2.5에 소개된 기술에 대해 상술한다.

예제 2.6 키르히호프의 전류 법칙 사용하기

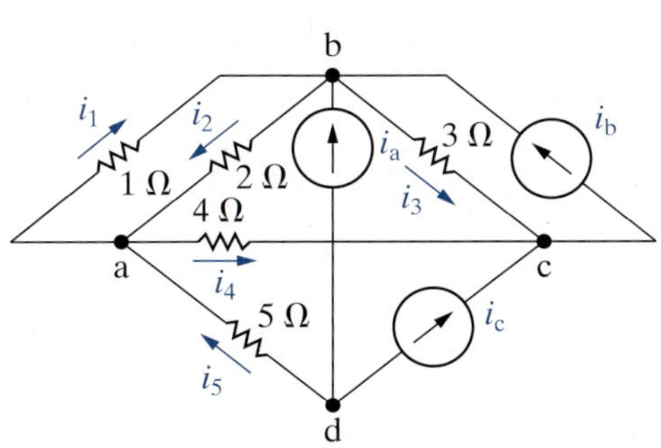

그림 2.16▲ 예제 2.6의 회로.

그림 2.16의 회로에서 각 마디에서의 전류를 합하라. 4 Ω 가지와 이상적인 전류원 i_a를 포함하는 가지가 서로 엇갈리는 회로도의 중앙에는 연결 점(•)이 없다는 것에 주목하자.

풀이

방정식을 작성할 때 마디를 떠나는 전류에 대해 양의 부호를 사용한다. 네 개의 방정식은 다음과 같다.

마디 a $\quad i_1 + i_4 - i_2 - i_5 = 0,$

마디 b $\quad i_2 + i_3 - i_1 - i_b - i_a = 0,$

마디 c $\quad i_b - i_3 - i_4 - i_c = 0,$

마디 d $\quad i_5 + i_a + i_c = 0.$

예제 2.7 키르히호프의 전압 법칙 사용하기

그림 2.17의 회로에서 각각의 지정된 경로 주위의 전압을 합하라.

풀이

방정식을 작성할 때 전압 강하에 대해 양의 부호를 사용한다. 네 개의 방정식은 다음과 같다.

경로 a $\quad -v_1 + v_2 + v_4 - v_b - v_3 = 0,$

경로 b $\quad -v_a + v_3 + v_5 = 0,$

경로 c $\quad v_b - v_4 - v_c - v_6 - v_5 = 0,$

경로 d $\quad -v_a - v_1 + v_2 - v_c + v_7 - v_d = 0.$

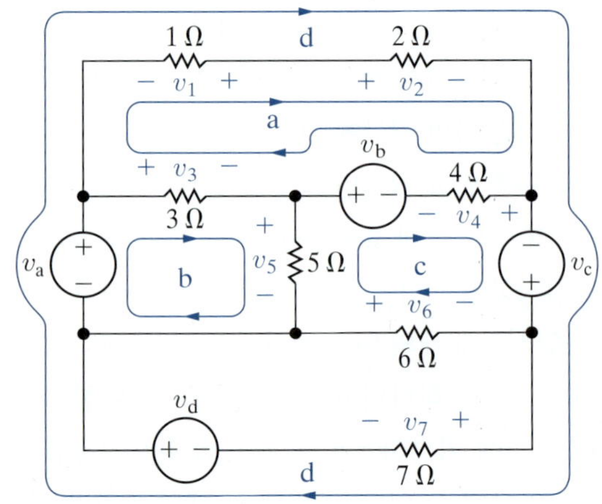

그림 2.17▲ 예제 2.7의 회로.

예제 2.8 미지 전류를 구하기 위해 옴의 법칙과 키르히호프의 법칙 적용하기

a) 그림 2.18의 회로에서 키르히호프의 법칙과 옴의 법칙을 사용하여 i_o를 구하라.

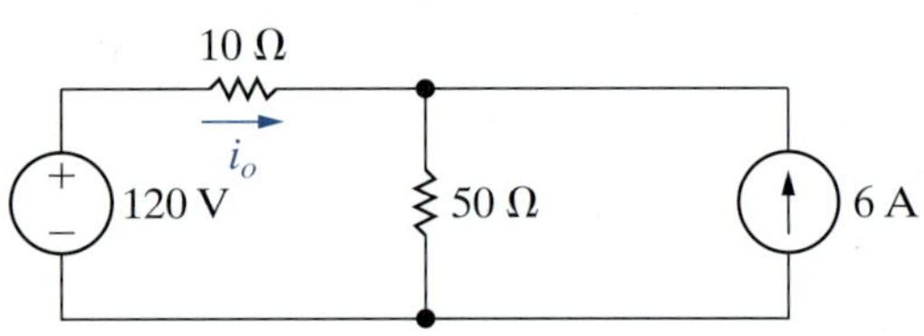

그림 2.18▲ 예제 2.8의 회로.

b) 발생된 전체 전력이 소비된 전체 전력과 같다는 것을 검증함으로써 i_o에 대한 해를 검증하라.

풀이

a) 회로를 다시 그리고 50 Ω 저항에 대한 미지 전류와 10 Ω 및 50 Ω 저항에 걸린 미지 전압을 할당하는 것으로 시작한다. 그림 2.19는 그 회로를 나타낸다. 마디는 논의를 돕기 위해 a, b, c로 표시했다.

또한 i_o는 120 V 전원에서의 전류이기 때문에 두 개의 미지 전류를 갖고 따라서 i_o와 i_1을 포함하는 두 개의 연립 방정식을 이끌어 내야 한다. 마디 b 또는 c에 키르히호프의 전류 법칙을 적용함으로써 두 방정식 중 하나를 얻을 수 있다. 마디 b에서 전류를 합하고 마디를 떠나는 전류에 대해 양의 부호를 할당하면 다음 식을 얻을 수 있다.

$$i_1 - i_o - 6 = 0.$$

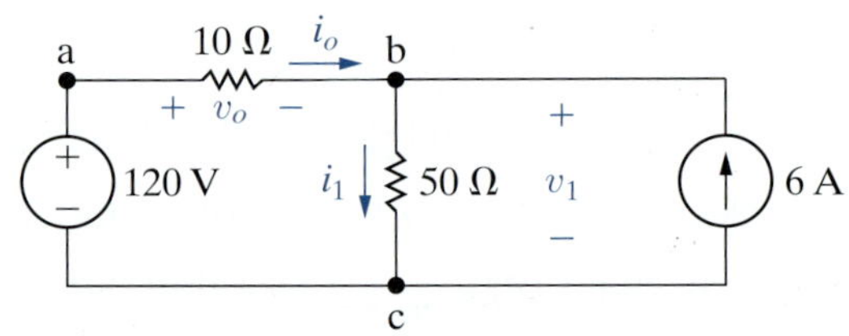

그림 2.19▲ 미지수 i_1, v_0, v_1이 정의된 그림 2.18의 회로.

옴의 법칙과 결합하여 키르히호프의 전압 법칙으로부터 두 번째 방정식을 얻는다. 옴의 법칙으로 얻은 v_o는 $10i_o$이고 v_1은 $50i_1$이라는 사실을 이용하고 폐경로 c-a-b-c를 따라 전압을 합하면 다음과 같은 식을 얻을 수 있다.

$$-120 + 10i_o + 50i_1 = 0.$$

이 식을 쓸 때 시계 방향으로의 전압 강하에 대해 양의 부호를 할당했다. 이들 두 방정식을 i_o와 i_1에 대해 풀면 다음과 같다(부록 A 참조).

$$i_o = -3 \text{ A}, \quad i_1 = 3 \text{ A}.$$

b) 저항 50 Ω에서 소모되는 전력은

$$p_{50\Omega} = (i_1)^2(50) = (3)^2(50) = 450 \text{ W}.$$

저항 10 Ω에서 소모되는 전력은

$$p_{10\Omega} = (i_o)^2(10) = (-3)^2(10) = 90 \text{ W}.$$

120 V 전원으로 전달된 전력은

$$p_{120V} = -120i_o = -120(-3) = 360 \text{ W}.$$

6 A 전원으로 전달된 전력은

$$p_{6A} = -v_1(6), \quad v_1 = 50i_1 = 50(3) = 150 \text{ V};$$

따라서

$$p_{6A} = -150(6) = -900 \text{ W}.$$

6 A 전원은 900 W를 회로에 전달하고, 120 V 전원과 두 저항은 전력을 흡수한다. 흡수된 전체 전력은 $p_{120\,V} + p_{50\,\Omega} + p_{10\,\Omega} = 360 + 450 + 90 = 900$ W이다. 따라서 이러한 해는 전달된 전력이 흡수된 전력과 같다는 것을 증명한다.

예제 2.9 단자 측정에 기반한 회로 모델 구성하기

단자 전압과 단자 전류는 그림 2.20(a)의 소자에 대해 측정되었고 v_t와 i_t의 값은 그림 2.20(b)에 표로 만들어져 있다.

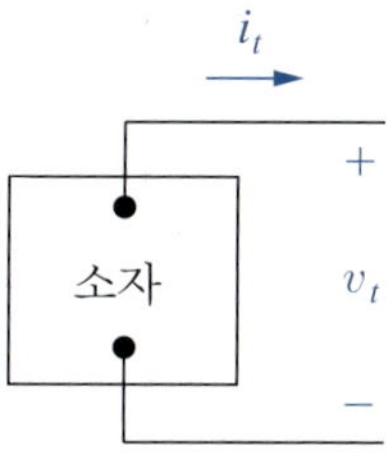

(a)

v_t(V)	i_t(A)
30	0
15	3
0	6

(b)

그림 2.20▲ 예제 2.9를 위한 (a) 소자와 (b) 데이터.

a) 상자 내부 소자의 회로 모델을 구성하라.

b) 이 회로 모델을 이용하여 이 소자가 10 Ω 저항으로 전달할 전력을 예측하라.

풀이

a) 전류의 함수로서 전압을 그리면 그림 2.21(a)와 같다. 그려진 선의 식은 다음과 같다.

$$v_t = 30 - 5i_t.$$

어떤 회로 모델의 구성 요소가 이러한 전압과 전류 관계를 만들어 낼 것인가? 키르히호프의 전압 법칙에 따라 직렬인 두 구성 요소에 걸리는 전압 강하는 더해진다. 방정식으로부터 구성 요소 중 하나는 전류에 관계없이 30 V 강하를 생성한다. 따라서 이 구성 요소는 이상적인 독립 전압원으로 모델링될 수 있다. 나머지 하나의 다른 구성 요소는 전류 i_t의 방향으로 양의 전압 강하를 생성한다. 전압 강하가 전류에 비례하기 때문에 옴의 법칙에 따라 이 구성 요소는 5 Ω의 값을 갖는 이상적인 저항으로 모델링될 수 있다. 결과적인 회로 모델은 그림 2.21(b)의 점선 상자에 묘사되어 있다.

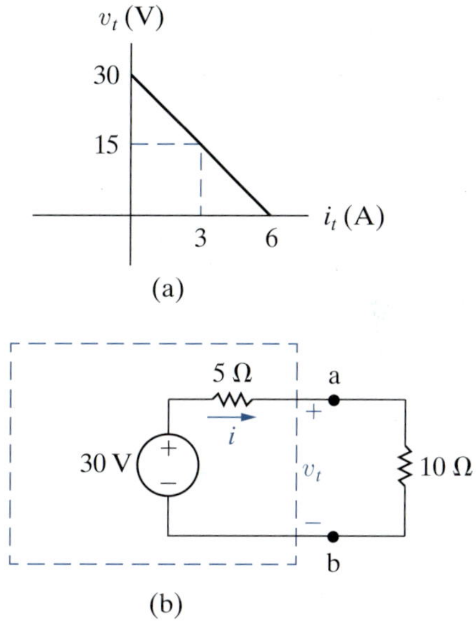

그림 2.21▲ (a) 그림 2.20(a)에 있는 소자에 대한 v_t 대 i_t의 그래프. (b) 10 Ω 저항과 연결된 그림 2.20(a)의 소자에 대한 결과적인 회로 모델.

b) 이제 회로를 완성하기 위해 그림 2.21(b)에 있는 소자에 10 Ω 저항을 연결한다. 키르히호프의 전류 법칙에 따라 10 Ω 저항에 흐르는 전류는 5 Ω 저항에 흐르는 전류와 같다. 키르히호프의 전압 법칙과 옴의 법칙을 이용하여 전압원으로부터 시작하고 시계 방향으로 진행하면 회로 주위의 전압 강하에 대한 방정식을 다음과 같이 쓸 수 있다.

$$-30 + 5i + 10i = 0.$$

i에 대해 풀면 다음을 얻는다.

$$i = 2 \text{ A}$$

이는 10 Ω 저항에서 흐르는 전류의 값이므로 이 저항에 전달된 전력을 계산하기 위해 전력 식 $p = i^2R$을 사용할 수 있다.

$$p_{10\Omega} = (2)^2(10) = 40 \text{ W}.$$

평가문제

목표 3—옴의 법칙과 키르히호프의 전류 및 전압 법칙을 설명하고 사용할 수 있다.

2.5 제시된 회로에 대해 다음을 계산하라.

a) i_1 b) v_1 c) v_2

d) v_3 e) 180 V 전원에 의해 전달된 전력

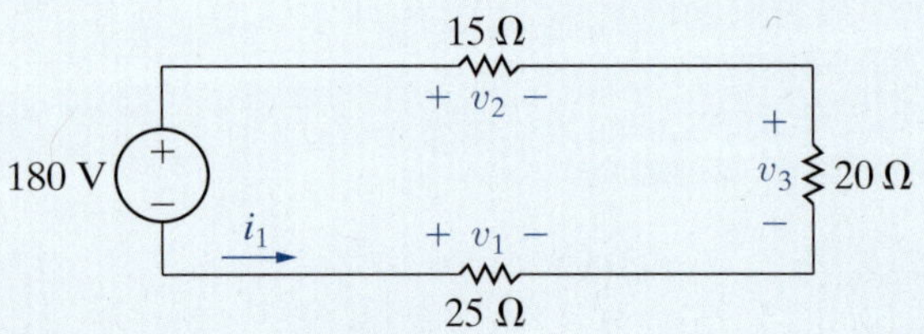

정답: a) −3 A, b) −75 V, c) 45 V,

d) 60 V, e) 540 W.

2.6 제시된 회로에서 옴의 법칙과 키르히호프의 법칙을 사용하여 R값을 구하라.

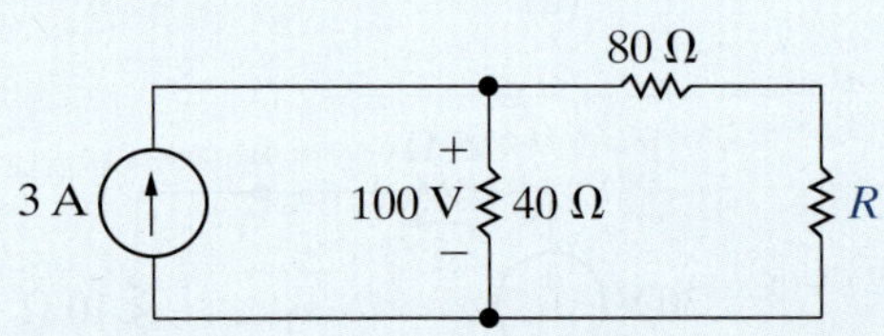

정답: $R = 120\,\Omega$.

자가 검사: 연습문제 2.17, 2.19, 2.29, 2.30도 풀어 보라.

2.7 a) 단자 전압과 단자 전류는 제시된 소자에서 측정되었다. v_t와 i_t의 값은 표에 나타나 있다. 이 값을 사용하여 v_t 대 i_t의 직선 그래프를 그려라. 선의 방정식을 계산하고, 이상적인 전압원과 저항을 사용하여 소자에 대한 회로 모델을 구성하기 위해 그 식을 사용하라.

b) (a)에서 구성한 모델을 사용하여 소자가 200 Ω 저항에 전달할 전력을 예측하라.

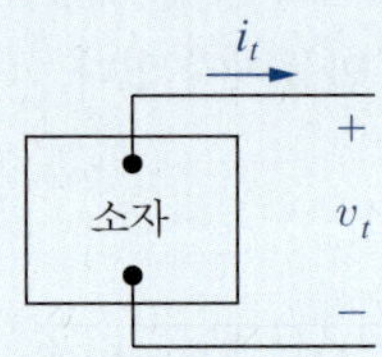

(a)

v_t (V)	i_t (mA)
40	0
24	20
8	40
0	50

(b)

정답: a) 800 Ω 저항과 직렬인 40 V 전원,

b) 320 mW.

2.8 이상적인 전류원과 저항을 포함하는 회로 모델을 구성하기 위해 도시된 선의 식을 이용하여 평가문제 2.7을 반복하라.

정답: a) 800 Ω 저항의 단자 양단에 연결된 50 mA 전류원,

b) 320 mW.

2.5 종속 전원을 포함하는 회로의 해석

그림 2.22와 같이 종속 전원을 포함한 회로를 고려함으로써 기본적인 회로 해석에 대한 소개를 마친다.

이 회로에서 v_o를 구하기 위해 키르히호프의 법칙과 옴의 법칙을 사용하고자 한다. 방정식을 쓰기 전에 회로도를 면밀히 검토하는 것은 좋은 습관이다. 이것은 알려진 정보와 계산해야 하는 정보를 확인하는 데 도움을 준다. 또한 적은 계산으로 회로를 해결하기 위한 전략을 고안하는 데도 도움이 된다.

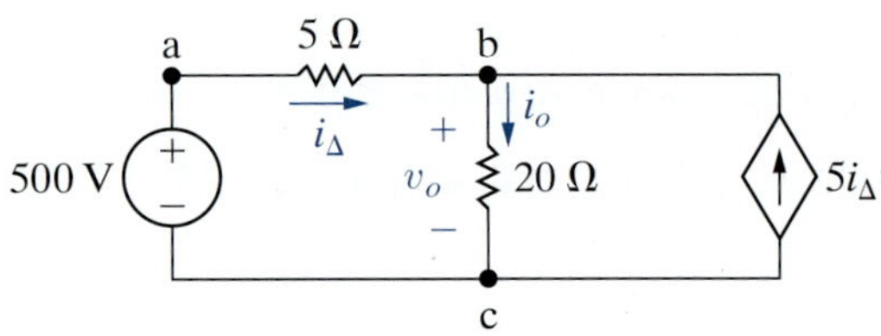

그림 2.22▲ 종속 전원을 갖는 회로.

그림 2.22에 있는 회로를 살펴보면 다음과 같은 사항을 알 수 있다.

- 일단 i_o를 알면 옴의 법칙을 이용하여 v_o를 계산할 수 있다.
- 일단 i_Δ를 알면 또한 종속 전원 $5i_\Delta$에 의해 공급된 전류를 알 수 있다.
- 마디 a에서 키르히호프의 전류 법칙을 적용하면 500 V 전원에 흐르는 전류는 i_Δ이다.

따라서 여기에는 두 개의 미지 전류 i_Δ와 i_o가 있다. v_o의 값을 산출하기 위해 이 두 전류를 포함하는 두 개의 독립 방정식을 구성하고 풀어야 한다. 이는 예제 2.10에서 사용할 문제 풀이 방식이다.

예제 2.10 종속 전원을 갖는 회로 분석하기

그림 2.22의 회로에서 전압 v_o를 구하라.

풀이

전압원, 5 Ω 저항, 20 Ω 저항을 포함하는 폐경로는 두 개의 미지 전류를 갖는다. 옴의 법칙을 이용하여 저항에 걸린 전압을 저항의 전류로 표현하고, 이 폐경로를 따라서 키르히호프의 전압 법칙을 적용한다. 마디 c에서 시작하여 이 폐경로를 시계 방향으로 돌며 키르히호프의 전압 법칙을 적용하면 다음과 같은 식을 얻을 수 있다.

$$-500 + 5i_\Delta + 20i_o = 0.$$

이제 이 두 전류를 포함하는 두 번째 식을 만들 필요가 있다. 20 Ω 저항과 종속 전류원에 의해 형성된 폐경로를 생각하자. 그러나 종속 전류원에 걸린 전압의 값을 알 수 없기 때문에 이 폐경로에 키르히호프의 전압 법칙을 적용할 수 없다. 같은 이유로 전압원, 5 Ω 저항, 종속 전원을 포함하는 폐경로에 대해서도 키르히호프의 전압 법칙을 적용할 수 없다.

두 번째 방정식을 만들기 위해 키르히호프의 전류 법칙으로 방향을 바꿔 본다. 마디 a에서 키르히호프의 전류 법칙을 적용하면 전압원의 전류와 5 Ω 저항의 전류가 같다는 것을 알 수 있고, 마디 b나 c 중 하나는 키르히호프의 전류 법칙으로 두 번째 방정식을 구성하기 위해 사용될 수 있다. 여기서는 마디 b를 선택하고 마디로부터 나가는 모든 전류를 합하여 다음 식을 산출한다.

$$-i_\Delta + i_o - 5i_\Delta = 0.$$

위 KCL 방정식의 i_o를 i_Δ에 대해 풀고($i_o = 6i_\Delta$), 이 i_o를 앞에서 구한 KVL 방정식에 대입하면 다음 식을 얻을 수 있다.

$$500 = 5i_\Delta + 20(6i_\Delta) = 125i_\Delta.$$

따라서

$$i_\Delta = 500/125 = 4 \text{ A} \quad \text{그리고} \quad i_o = 6(4) = 24 \text{ A}.$$

20 Ω 저항에 대해 i_o와 옴의 법칙을 이용하여 전압 v_o에 대해 풀 수 있다.

$$v_o = 20i_o = 480 \text{ V}.$$

식을 쓰기 전에 회로 해석 전략에 관해서 생각하라. 왜냐하면 모든 폐경로가 유용한 키르히호프의 전압 법칙 방정식을 제공하지도, 모든 마디가 유용한 키르히호프의 전류 법칙 방정식을 제공하지도 않기 때문이다. 그 문제에 대해 미리 생각해 봄으로써 풀어야 할 방정식의 수와 복잡도를 줄일 수 있는 효과적인 접근 방법과 가장 유용한 해석 도구를 선택한다. 예제 2.11은 종속 전원을 갖는 또 다른 회로에 대해 옴의 법칙과 키르히호프의 법칙을 적용한다. 예제 2.12는 훨씬 복잡한 회로를 포함하지만, 적절한 해석 도구를 신중히 선택하면 그 해석은 비교적 복잡하지 않다.

예제 2.11 미지 전압을 구하기 위해 옴의 법칙과 키르히호프의 법칙 적용하기

a) 키르히호프의 법칙과 옴의 법칙을 사용하여 그림 2.23에 있는 전압 v_o를 구하라.
b) 구한 해가 회로에서 발생한 전체 전력은 소모된 전체 전력과 같아야 한다는 제약 조건에 부합하는지 보여라.

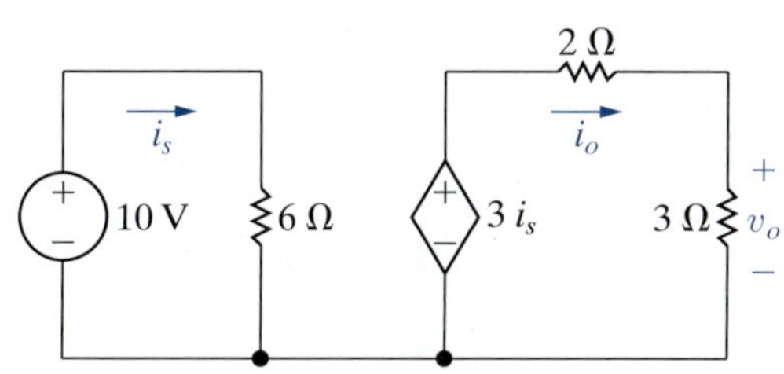

그림 2.23▲ 예제 2.11의 회로.

풀이

a) 그림 2.23의 회로를 자세히 살펴보면 다음과 같은 사항을 알 수 있다.
   - 두 개의 폐경로가 있는데, 전류 i_s를 갖는 왼쪽 폐경로와 전류 i_o를 갖는 오른쪽 폐경로가 있다.
   - 일단 i_o를 알면 옴의 법칙을 이용하여 v_o를 계산할 수 있다.

두 개의 전류를 구하기 위해서는 두 개의 방정식이 필요하다.

두 개의 폐경로가 있고 모두 전압원을 갖고 있기 때문에 각각에 대해 다음 식으로 주어지는 키르히호프의 전압 법칙을 적용할 수 있다. 옴의 법칙을 이용하여 저항 전류로 전압을 표현하면 결과적으로 다음과 같은 식을 얻을 수 있다.

$$-10 + 6i_s = 0 \quad \text{그리고} \quad -3i_s + 2i_o + 3i_o = 0.$$

전류에 대해 풀면 다음을 얻는다.

$$i_s = 1.67\ \text{A} \quad \text{그리고} \quad i_o = 1\ \text{A}.$$

옴의 법칙을 3 Ω 저항에 적용하면 원하는 전압이 나온다.

$$v_o = 3i_o = 3\ \text{V}.$$

b) 전압원에 전달된 전력을 계산하기 위해 수동 부호 규약과 함께 $p = vi$ 형태의 전력식을 사용한다. 독립 전압원에 전달된 전력은

$$p = -10i_s = -10(1.67) = -16.7\ \text{W}.$$

종속 전압원에 전달된 전력은

$$p = -(3i_s)i_o = -(5)(1) = -5\ \text{W}.$$

전원 모두 전력을 발생시키고 발생한 전체 전력은 21.7 W이다.

저항에 전달된 전력을 계산하기 위해 $p = i^2R$ 형태의 전력식을 사용한다. 6 Ω 저항에 전달된 전력은

$$p = (1.67)^2(6) = 16.7\ \text{W}.$$

2 Ω 저항에 전달된 전력은

$$p = (1)^2(2) = 2\ \text{W}.$$

3 Ω 저항에 전달된 전력은

$$p = (1)^2(3) = 3\ \text{W}.$$

저항은 모두 전력을 소모하고, 소모된 전체 전력은 21.7 W이며, 전원에서 발생한 전체 전력과 같다.

예제 2.12 증폭 회로에서 옴의 법칙과 키르히호프의 법칙 적용하기

그림 2.24의 회로는 트랜지스터 증폭기의 해석과 설계에서 접하는 일반적인 구조를 나타낸다. 모든 회로 소자의 값(R_1, R_2, R_C, R_E, V_{CC}, V_0)은 알려져 있다고 가정하자.

a) 이 회로의 각 소자에 흐르는 전류를 결정하기 위해 필요한 방정식을 전개하라.

b) 이 방정식으로부터 회로 소자의 값으로 i_B를 계산하기 위한 식을 고안하라.

풀이

i_1, i_2, i_B, i_C, i_E, i_{CC}로 표시된 전체 여섯 개의 미지 전류를 구하기 위해 회로를 주의 깊게 살펴보자. 이러한 여섯 개의 미지 전류를 정의하는 데 있어 저항 R_C가 종속 전류원 βi_B와 직렬로 연결되어 있으므로 두 소자의 전류는 같다는 것을 알 수 있다. 이제 이들 여섯 개의 미지수를 포함하는 여섯 개의 독립 방정식을 이끌어 내야 한다.

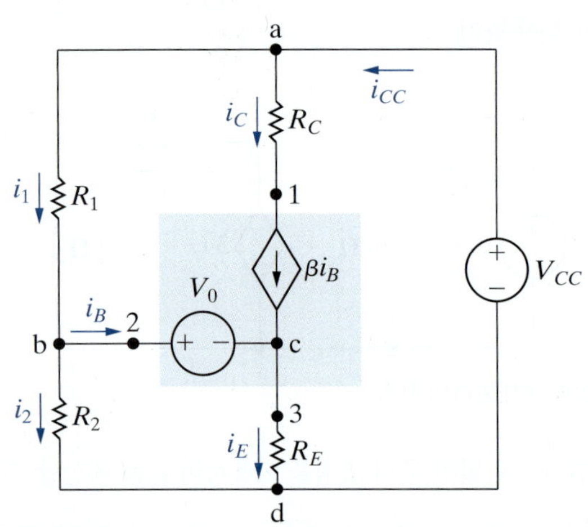

그림 2.24▲ 예제 2.12의 회로.

a) 키르히호프의 전류 법칙을 마디 a, b, c, d 중 임의의 세 개에 적용하여 세 개의 방정식을 이끌어 낼 수 있다. 마디 a, b, c를 사용하고 마디로부터 나가는 전류를 양으로 표시하자.

$$(1)\ i_1 + i_C - i_{CC} = 0,$$

$$(2)\ i_B + i_2 - i_1 = 0,$$

$$(3)\ i_E - i_B - i_C = 0.$$

네 번째 식은 R_C와 종속 전원의 직렬 연결에 의해 주어지는 제약 조건(즉 두 소자의 전류는 동일함)으로부터 나오는 결과이다.

$$(4)\ i_C = \beta i_B.$$

나머지 두 식을 이끌어 내기 위해 키르히호프의 전압 법칙을 이용한다. 키르히호프의 전압 법칙을 사용하기 위해 두 개의 폐경로를 선택해야 한다. 종속 전류원에 걸린 전압은 알려지지 않았고, 이는 전원 전류 βi_B로부터 결정될 수 없다는 것에 주목하자. 따라서 이 종속 전류원을 포함하지 않는 두 개의 폐경로를 선택해야 한다.

경로 b-c-d-b와 b-a-d-b를 선택하고, 저항 전류로 저항에 걸린 전압을 표현하기 위해 옴의 법칙을 이용한다. 선택된 폐경로를 시계 방향으로 추적하면서 전압 강하를 양으로 표시하면 다음 식을 얻을 수 있다.

(5) $V_0 + i_E R_E - i_2 R_2 = 0$,

(6) $-i_1 R_1 + V_{CC} - i_2 R_2 = 0$.

b) 알고 있는 회로 변수로 i_B에 대한 단일 방정식을 얻기 위해 다음과 같은 단계를 따를 수 있다.

- 식 (6)을 i_1에 대해 풀고, 이 i_1에 대한 해를 식 (2)에 대입한다.
- 변환된 식 (2)를 i_2에 대해 풀고, 이 i_2에 대한 해를 식 (5)에 대입한다.
- 변환된 식 (5)를 i_E에 대해 풀고, 이 i_E에 대한 해를 식 (3)에 대입한다. 식 (3)에서 i_C를 제거하기 위해 식 (4)를 사용한다.
- 변환된 식 (3)을 i_B에 대해 풀고, 다음 식을 산출하기 위해 항을 재배열한다.

$$i_B = \frac{[(V_{CC}R_2)/(R_1 + R_2)] - V_0}{[(R_1R_2)/(R_1 + R_2)] + (1 + \beta)R_E}. \quad (2.21)$$

연습문제 2.38은 이 단계를 검증하도록 요구한다. 일단 i_B를 알면 나머지 전류를 쉽게 얻을 수 있다는 점에 주목하자.

평가문제

목표 4—간단한 회로에서 각 소자에 대한 전력을 계산하는 방법을 안다.

2.9 제시된 회로에 대해 전압 v_o와 회로에서 흡수되는 전체 전력을 구하라.

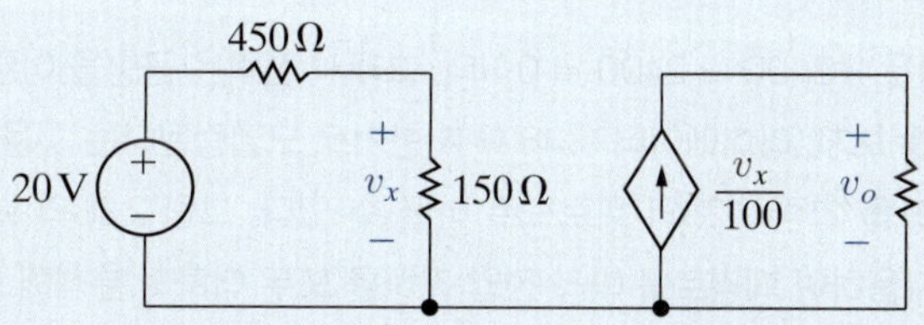

정답: 15 V, 1.4167 W.

2.10 제시된 회로에 대해 다음을 구하라.

a) i_o
b) i_1
c) i_2
d) 두 전원들이 공급하는 전력

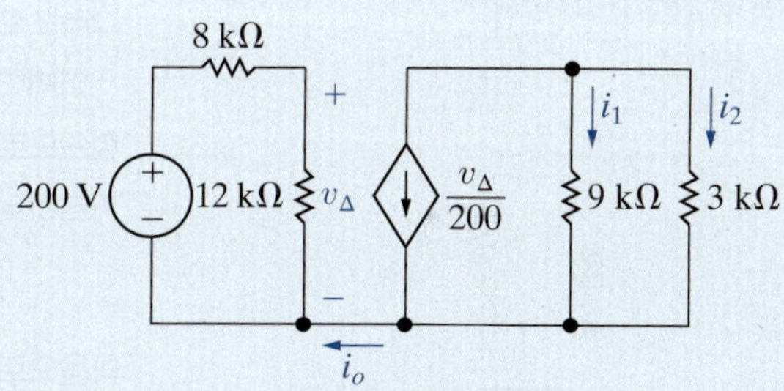

정답: a) 0, b) −0.15 A, c) −0.45 A, d) 812 W.

자가 검사: 연습문제 2.32와 2.33도 풀어 보라.

실제 응용

전기 라디에이터를 이용한 난방

이 장 앞부분에서 소개했던 두 개의 배선도 중에서 어떤 것을 사용해 전기 라디에이터를 전력 공급기에 연결해야 할지 결정해 보자. 먼저 그림 2.25의 배선도부터 보면 라디에이터를 저항으로 모델링해서 회로를 바꿀 수 있다. 모델링된 회로는 그림 2.26과 같다. 각각의 라디에이터는 같은 값의 저항 R을 갖고 있으며, 각 저항에는 전압과 전류가 표기되어 있다.

그림 2.26에서 미지의 전압과 전류를 찾기 위해 회로 왼쪽 부분에서 키르히호프의 전압 법칙을 이용하여 폐경로를 따라 전압 강하를 모두 더해 식을 나타내면

$$-240 + v_1 = 0 \quad \Rightarrow \quad v_1 = 240 \text{ V}.$$

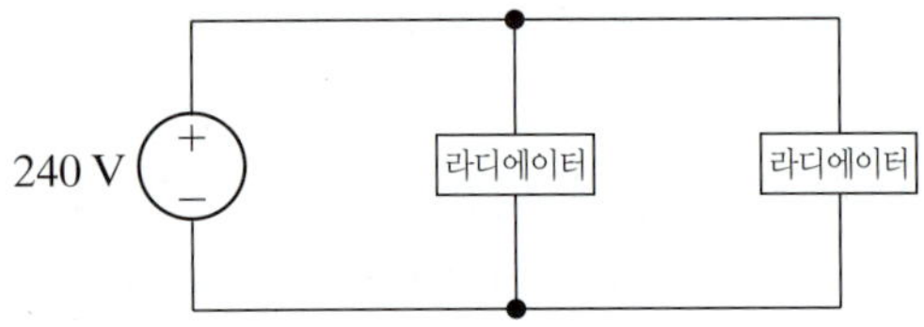

그림 2.25▲ 두 개의 라디에이터에 대한 배선도.

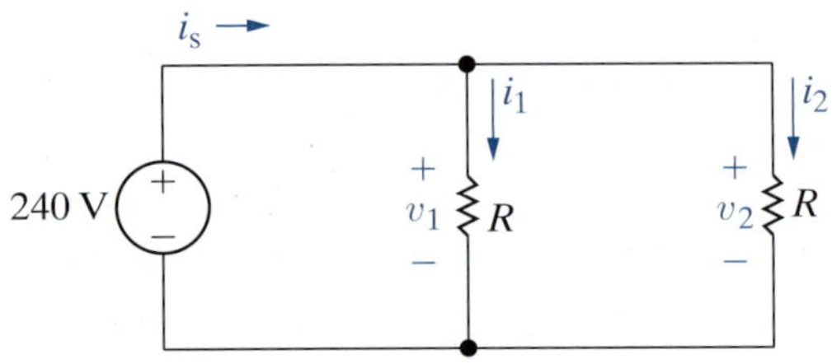

그림 2.26▲ 그림 2.25를 기반으로 한 회로도.

이제 회로 오른쪽 부분에서의 폐경로에 대해 키르히호프의 전압 법칙을 사용하여 전압 강하를 모두 더해 식을 나타내면

$$-v_1 + v_2 = 0 \quad \Rightarrow \quad v_2 = v_1 = 240 \text{ V}.$$

각각의 라디에이터의 전력과 전압 사양은 각각 1200 W와 240 V라는 것을 상기하라. 각각의 라디에이터는 240 V의 전력 공급기에 연결되므로 그림 2.25의 배선도는 라디에이터의 전압 규격을 만족한다.

다음으로 각각의 라디에이터를 모델링한 저항기의 저항 R을 계산해 보자. 각 라디에이터에는 1200 W의 전력이 필요하다. 모델링한 저항기에서 저항과 전압을 포함하는 전력 식을 사용하면

$$p_1 = \frac{v_1^2}{R} = \frac{v_2^2}{R} = p_2 \quad \Rightarrow \quad R = \frac{v_1^2}{p_1} = \frac{240^2}{1200} = 48\ \Omega.$$

각각의 라디에이터는 240 V의 전압 강하와 1200 W의 전력을 소비하는 48 Ω의 저항기로 모델링될 수 있다. 그러므로 두 라디에이터의 총전력은 2400 W가 된다.

마지막으로, 240 V 전압원에 의해 공급되는 전력을 계산해 보자. 키르히호프의 전류 법칙을 사용하여 그림 2.26의 상위 마디에서 나가는 전류를 합하여 전압원에서의 전류 i_s를 계산하고, 전압원에서의 전력을 계산하기 위해 계산된 전류 i_s를 이용한다.

$$-i_s + i_1 + i_2 = 0 \quad \Rightarrow \quad i_s = i_1 + i_2 = \frac{v_1}{R} + \frac{v_2}{R} = \frac{240}{48} + \frac{240}{48} = 10 \text{ A}.$$

$$p_s = -(240)(i_s) = -(240)(10) = -2400 \text{ W}.$$

그러므로 회로에서의 총전력은 −2400 + 2400 = 0이다. 그래서 전력은 균형을 이룬다.

이제 그림 2.27의 배선도를 보자. 라디에이터가 48 Ω 저항기로 모델링된다는 것을 알고 있으므로 그림 2.27의 배선도를 그림 2.28의 회로도로 바꿀 수 있다. 그림 2.28의 회로를 키르히호프의 전압 법칙을 사용하여 폐경로를 따라 전압 강하를 모두 더하여 분석해 보면

$$-240 + v_x + v_y = 0 \quad \Rightarrow \quad v_x + v_y = 240.$$

다음으로 a라고 표시된 마디에서 키르히호프의 전류 법칙을 사용하여 마디를 떠나는 전류를 모두 더하면

$$-i_x + i_y = 0 \quad \Rightarrow \quad i_x = i_y = i.$$

두 저항기에서의 전류는 같으며, 키르히호프의 전압 법칙 식에서 두 개의 미지 전압을 바꾸기 위해 옴의 법칙 식에서의 전류를 사용할 수 있다.

$$48i + 48i = 240 = 96i \quad \Rightarrow \quad i = \frac{240}{96} = 2.5 \text{ A}.$$

두 개의 라디에이터에 대한 전력을 계산하기 위해 두 저항기에서의 전류를 이용하면

$$p_x = p_y = Ri^2 = (48)(2.5)^2 = 300 \text{ W}.$$

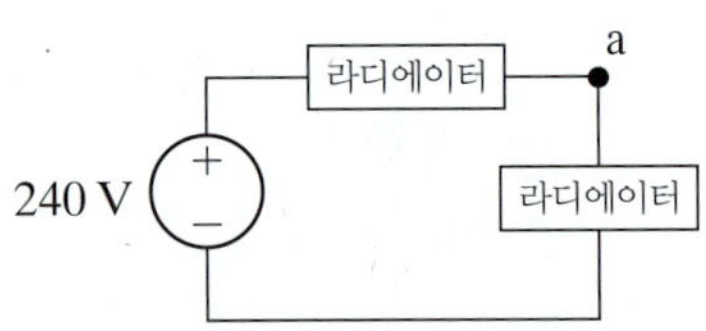

그림 2.27▲ 두 개의 라디에이터를 연결하는 또 다른 방법.

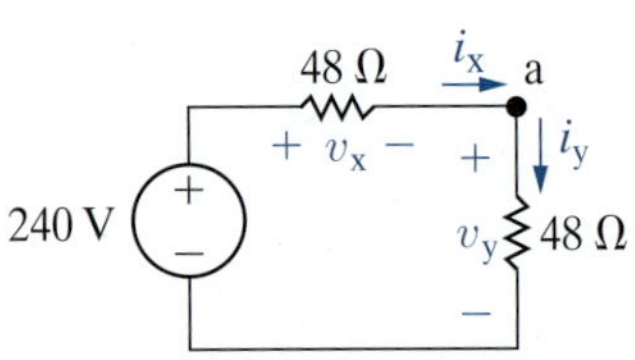

그림 2.28▲ 그림 2.27을 기반으로 한 회로도.

그러므로 그림 2.27에서처럼 라디에이터가 연결되어 있다면 총전력은 600 W가 될 것이다. 이 전력은 창고 온도를 높이기에는 부족하다.

그러므로 라디에이터를 연결하는 방식은 공급받는 열의 양에 대해 큰 영향을 준다. 그림 2.25처럼 연결되어 있으면 2400 W의 전력을 사용할 수 있지만, 그림 2.27처럼 연결되어 있으면 600 W밖에 사용할 수 없다.

자가 검사: 연습문제 2.41~2.44를 풀어 이해도를 평가하라.

요약

- 이 장에서 소개한 회로 소자는 전압원, 전류원, 저항이다.
  - **이상적인 전압원**은 전압원에 흐르는 전류에 관계없이 규정된 전압을 유지한다. **이상적인 전류원**은 전류원에 걸린 전압에 관계없이 규정된 전류를 유지한다. 전압원과 전류원은 각각 회로에 있는 어떤 전류나 전압에 영향을 받지 않는 **독립 전원**이거나 회로에 있는 어떤 다른 전류나 전압에 의해 결정되는 **종속 전원**이 될 수 있다.
  - **저항기**는 그것의 전압과 전류가 서로 비례해야 한다는 제약 조건을 갖는다. 저항기에서 전압과 전류를 연관시키는 비례 상수 값을 **저항**이라 하며 옴 단위로 측정된다.
- **옴의 법칙**은 저항에서 전압과 전류의 비례성을 확실히 정립한다. 구체적으로 저항에 걸린 전압의 강하 방향으로 전류가 흐른다면

$$v = iR$$

과 같이 되고, 전압 상승 방향으로 전류가 흐르면 다음과 같은 전압-전류 관계를 갖는다.

$$v = -iR$$

- 옴의 법칙과 함께 전력에 대한 식 $p = vi$를 결합함으로써 저항에 의해 흡수된 전력을 결정할 수 있다.

$$p = i^2R = v^2/R.$$

- 회로는 마디와 폐경로를 가진다. **마디**는 둘 또는 그 이상의 회로 소자가 결합하는 점이다. 마디를 형성하는 데 두 개의 소자만 연결된 경우 이 두 소자를 **직렬**이라고 말한다. **폐경로**는 같은 마디에서 출발하고 끝나며 단 한 번만 매개(중간) 마디를 만나면서 연결된 소자를 거치며 추적하는 폐회로이다.
- 상호 연결 회로 소자의 전압과 전류는 키르히호프의 법칙을 따른다.
  - **키르히호프의 전류 법칙**은 회로에 있는 어떤 마디에서 모든 전류의 대수 합은 0이 된다는 것이다.
  - **키르히호프의 전압 법칙**은 회로에 있는 어떤 폐경로 주위의 모든 전압의 대수 합은 0이 된다는 것이다.
- 회로는 모든 소자에 걸린 전압과 전류가 결정되었을 때 해결된다. 독립 및 종속 전원, 옴의 법칙, 그리고 키르히호프의 법칙을 연관지어 종합적으로 이해함으로써 여러 간단한 회로를 해결할 수 있다.

연습문제

2.1절

2.1 a) 그림 P2.1의 회로에서 이상적인 전원의 상호 연결이 유효한가? 설명하라.
b) 어떤 전원이 전력을 공급하고 흡수하는지 찾아라.
c) 공급되는 총전력이 흡수되는 총전력과 같은지 검증하라.
d) 30 V의 전압원의 극성을 반대로 할 경우 (a)~(c) 과정을 반복하라.

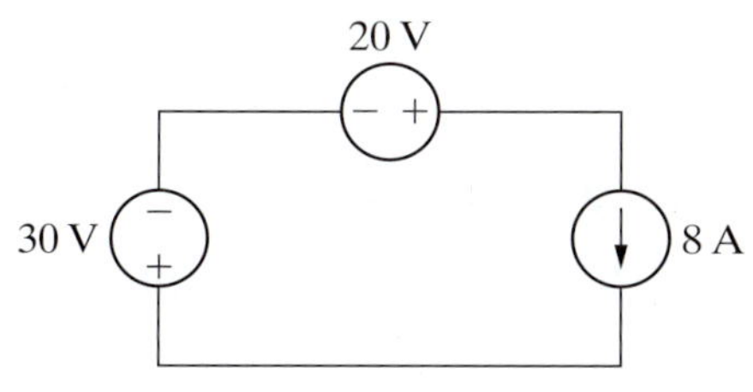

그림 P2.1

2.2 만약 그림 P2.2의 상호 연결이 유효하다면 회로에서 발생하는 총전력을 구하라. 만약 상호 연결이 유효하지 않다면 그 이유를 설명하라.

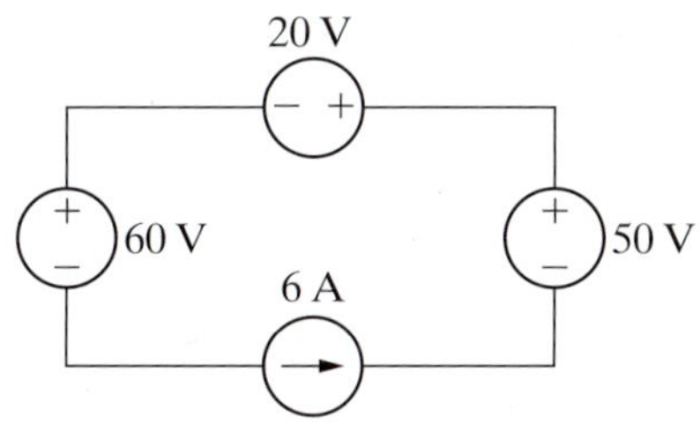

그림 P2.2

2.3 만약 그림 P2.3의 상호 연결이 유효하다면 전압원에 의해 발생되는 전력을 구하라. 만약 상호 연결이 유효하지 않다면 그 이유를 설명하라.

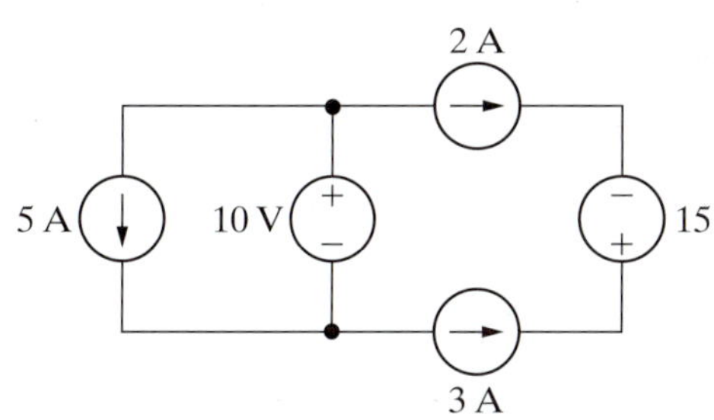

그림 P2.3

2.4 만약 그림 P2.4의 상호 연결이 유효하다면 전류원에 의해 발생되는 총전력을 구하라. 만약 상호 연결이 유효하지 않다면 그 이유를 설명하라.

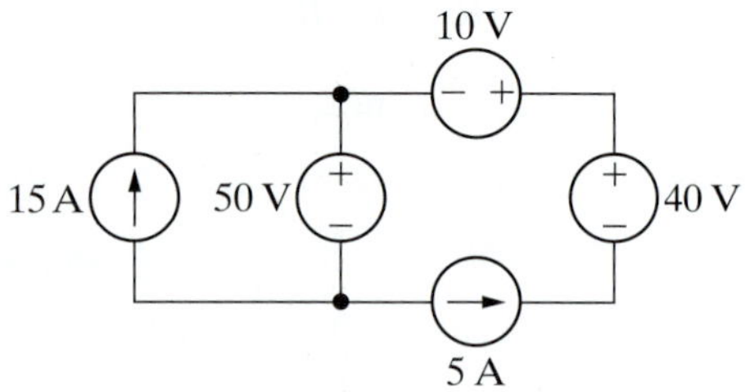

그림 P2.4

2.5 이상적인 전원의 상호 연결은 불확정 해를 끌어낼 수 있다. 이를 고려하여 그림 P2.5의 v_1과 v_2에 대한 해가 왜 유일하지 않은가를 설명하라.

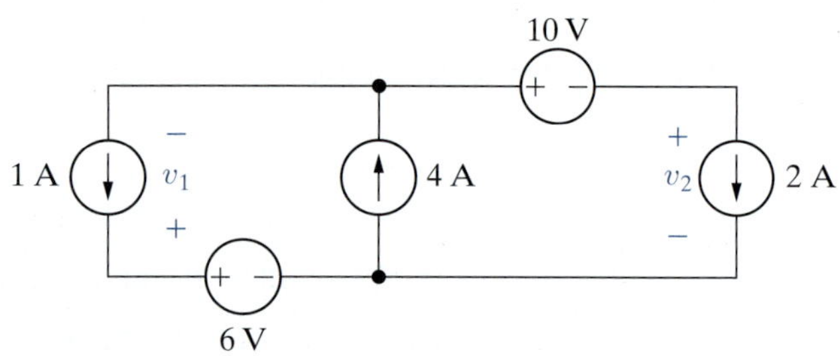

그림 P2.5

2.6 그림 P2.6의 상호 연결을 고려해 보자.

a) 유효한 상호 연결이 되기 위해 필요한 α의 값은 얼마인가?

b) 구한 α값에 대한 전류원에서의 전력을 구하라.

c) 전류원은 전력을 공급하는가? 흡수하는가?

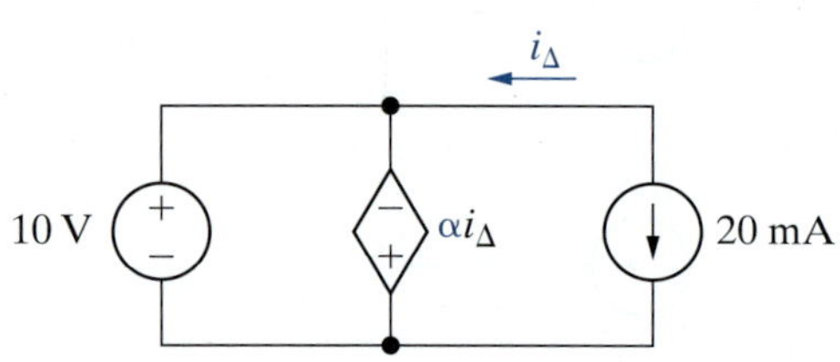

그림 P2.6

2.7 그림 P2.7에 제시된 회로에 대해

a) 상호 연결이 유효하기 위해 요구되는 v_g값은 얼마인가?

b) (a)에서 계산된 v_g값에 대해 8 A 전원과 관련된 전력을 구하라.

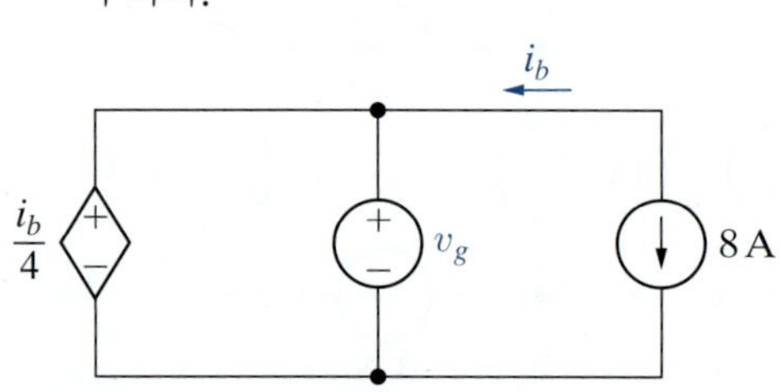

그림 P2.7

2.8 만약 그림 P2.8의 상호 연결이 유효하다면 회로에서 발생한 총전력을 구하라. 만약 상호 연결이 유효하지 않다면 그 이유를 설명하라.

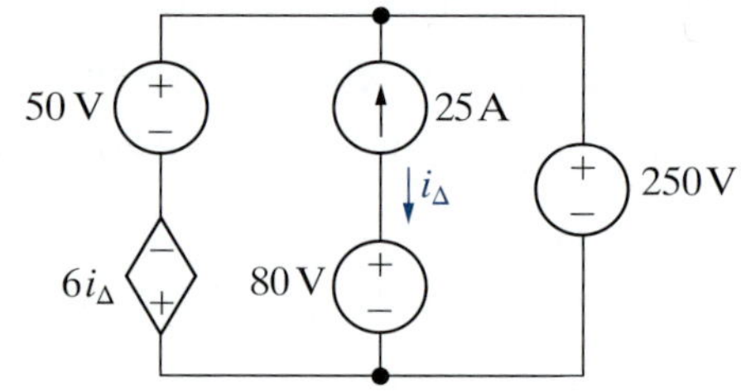

그림 P2.8

2.9 v_o = 10 V일 때 그림 P2.9의 회로에서 발생한 총전력을 구하라.

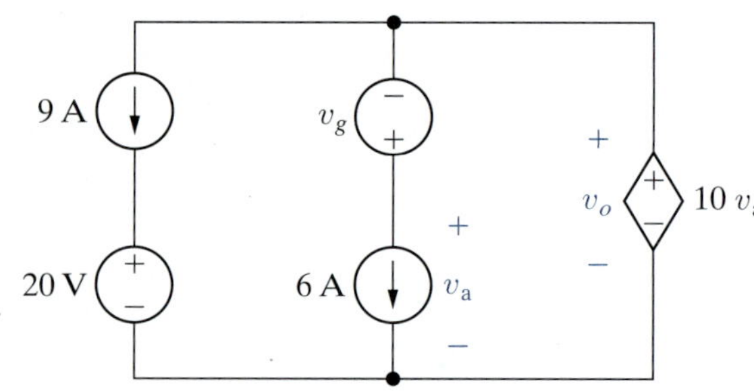

그림 P2.9

2.10 a) 그림 P2.10의 회로에서 이상적인 전원의 상호 연결이 유효한가? 설명하라.

b) 회로에서 발생한 총전력을 구할 수 있는가? 설명하라.

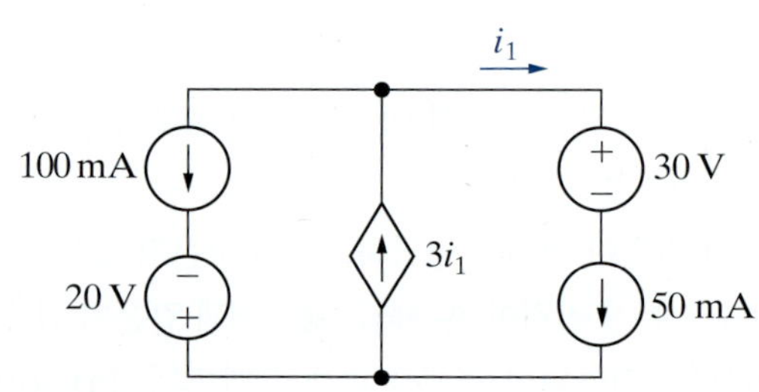

그림 P2.10

2.2와 2.3절

2.11 그림 P2.11 회로도에서

a) i값을 구하라.

b) 전압원에 의해 공급되는 전력을 구하라.

c) 전압원의 극성을 반대로 바꾼 뒤 (a)와 (b)를 반복하라.

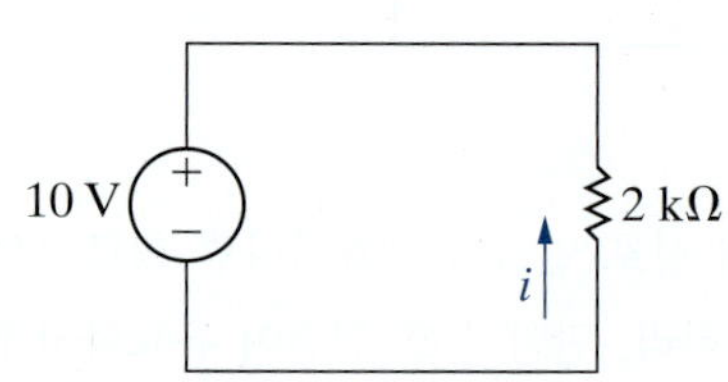

그림 P2.11

2.12 그림 P2.12 회로도에서

a) v값을 구하라.

b) 저항기에서 흡수되는 전력을 구하라.

c) 전류원의 방향을 반대로 바꾸고 (a)와 (b)를 반복하라.

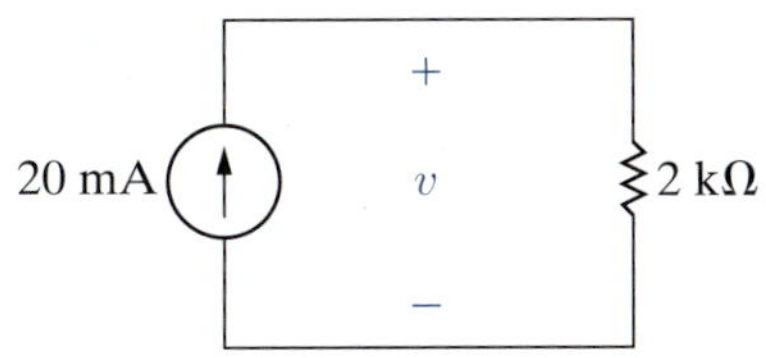

그림 P2.12

2.13 한 쌍의 자동차 전조등이 그림 P2.13에 나타낸 배열을 경유하여 12 V 배터리에 연결되어 있다. 그림에서 삼각형 기호 ▼는 단자가 자동차의 금속 틀에 직접적으로 연결되어 있다는 것을 나타내는 데 사용된다.

a) 저항과 독립 전압원을 이용하여 회로 모델을 구성하라.

b) 이상적인 회로 소자와 이를 나타내는 기호 요소 사이의 대응을 확인하라.

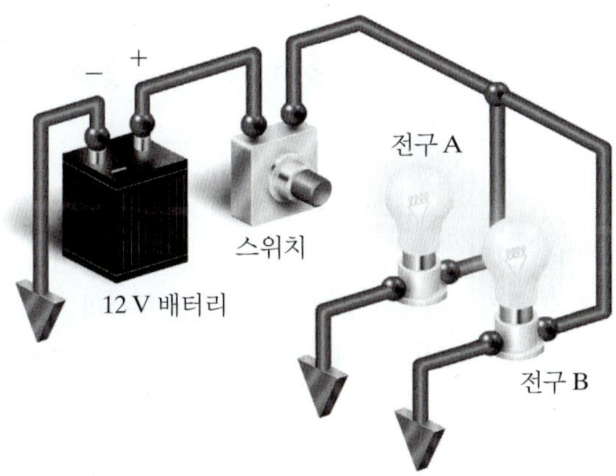

그림 P2.13

2.14 다양한 전압원 값이 그림 P2.14(a)에 나타낸 소자에 인가되었다. 각각의 전압 값에 대해 소자에 의해 흡수된 전력은 그림 P2.14(b)의 표에 기록되어 있다. 표에 있는 값을 사용하여 부록 H의 단일 저항으로 이루어져 있는 소자에 대한 회로 모델을 구성하라.

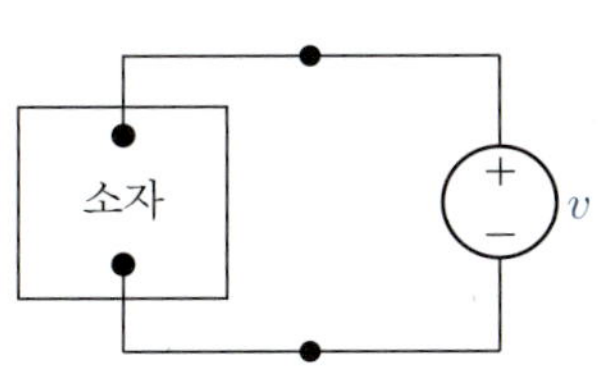

(a)

v (V)	p(mW)
5	16.67
10	66.67
15	150.00
20	266.67
25	416.67
30	600.00

(b)

그림 P2.14

2.15 단자 전압과 단자 전류는 그림 P2.15(a)의 소자에서 측정되었다. v와 i의 값은 그림 P2.15(b)의 표에 주어져 있다. 표에 있는 값을 사용하여 부록 H의 단일 저항으로 이루어져 있는 소자에 대한 회로 모델을 구성하라.

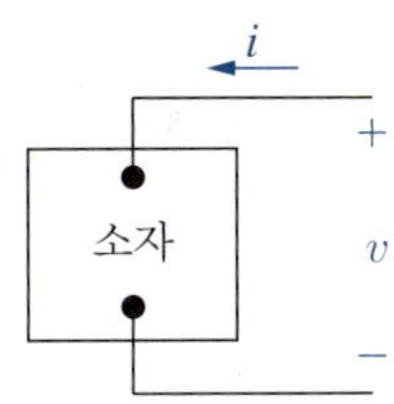

(a)

i (mA)	v (V)
−40	−22.4
−20	−11.2
20	11.2
40	22.4
60	33.6

(b)

그림 P2.15

2.16 다양한 전류원 값이 그림 P2.16(a)에 나타낸 소자에 인가되었다. 각각의 전류 값에 대해 소자에 의해 흡수된 전력은 그림 P2.16(b)의 표에 기록되어 있다. 표에 있는 값을 사용하여 부록 H의 단일 저항으로 이루어져 있는 소자에 대한 회로 모델을 구성하라.

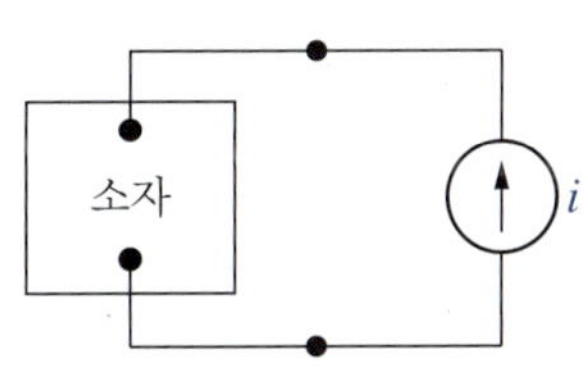

(a)

i (mA)	p (mW)
1	18
2	72
3	162
4	288
5	450
6	648

(b)

그림 P2.16

2.4절

2.17 PSPICE MULTISIM 그림 P2.17의 회로에서

a) i_a의 값을 구하라.

b) i_b의 값을 구하라.

c) v_b의 값을 구하라.

d) 각 저항에서 소비되는 전력을 구하라.

e) 200 V 전압원에 의해 전달되는 전력을 구하라.

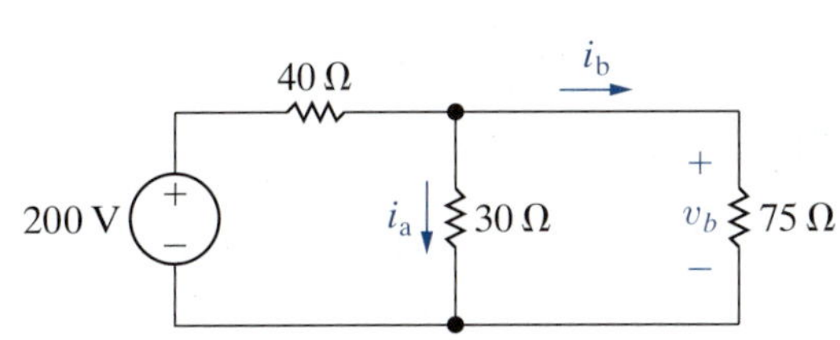

그림 P2.17

2.18 그림 P2.18에 제시된 회로를 고려하자.

a) 키르히호프의 법칙과 옴의 법칙을 사용하여 v_o를 구하라.

b) 공급되는 총전력이 흡수되는 총전력과 동일함을 확인함으로써 v_o에 대한 해를 검증하라.

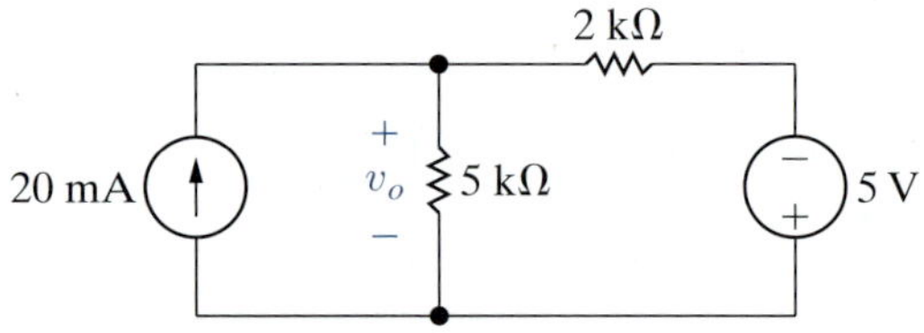

그림 P2.18

2.19 PSPICE MULTISIM a) 그림 P2.19에서 전류 i_1과 i_2를 구하라.

b) 전압 v_o를 구하라.

c) 발생한 총전력과 소비된 총전력이 같다는 것을 보여라.

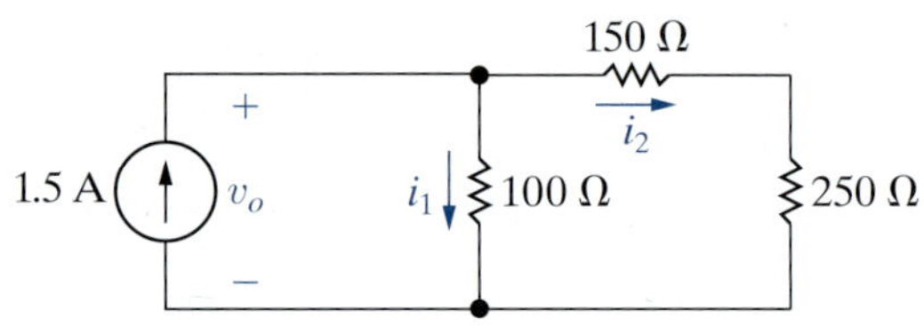

그림 P2.19

2.20 PSPICE MULTISIM 그림 P2.20 회로에서 i_a의 전류는 2 mA이다. (a) 전류 i_o, (b) 전류 i_g, (c) 독립 전류원에 의해 전달된 전력을 구하라.

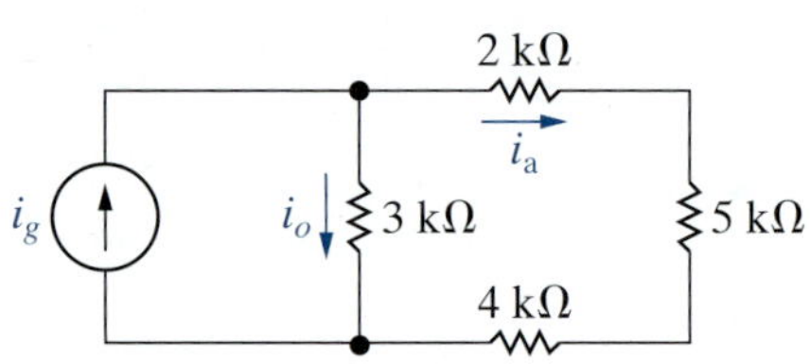

그림 P2.20

2.21 그림 P2.21에 제시된 회로를 고려하자.

a) 키르히호프의 법칙과 옴의 법칙을 사용하여 v_o를 구하라.

b) 공급되는 총전력이 흡수되는 총전력과 동일함을 확인함으로써 v_o에 대한 해를 검증하라.

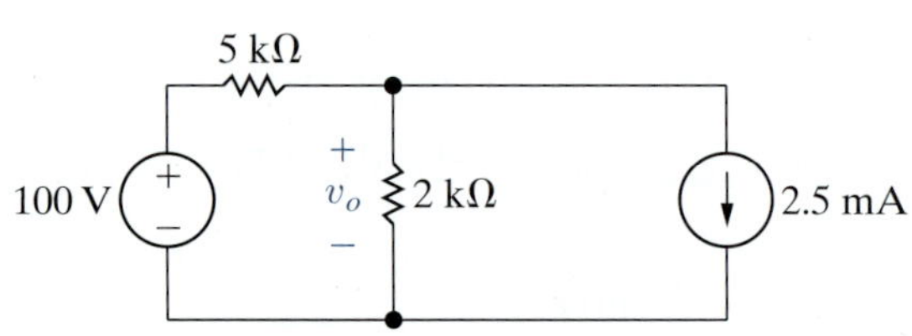

그림 P2.21

2.22 PSPICE MULTISIM 그림 P2.22의 회로에서 16 Ω 저항에 걸린 전압은 80 V이고 위쪽의 단자에서 양이다.

a) 각 저항에서 소모된 전력을 구하라.

b) 이상적인 전압원 125 V에 의해 공급되는 전력을 구하라.

c) 공급된 전력이 소모된 총전력과 같다는 것을 증명하라.

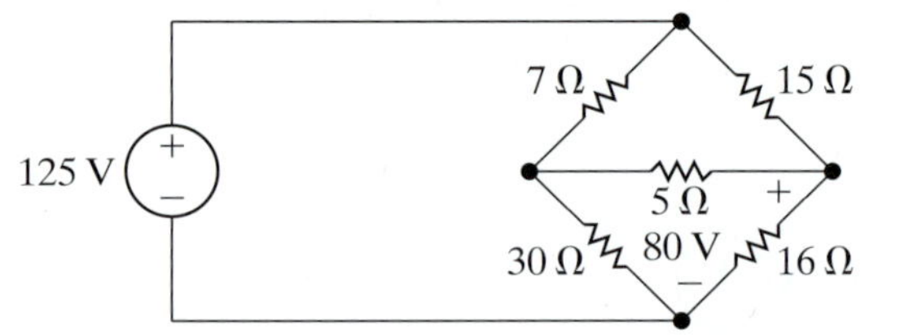

그림 P2.22

2.23 PSPICE MULTISIM 그림 P2.23 회로에서 i_o의 전류는 1 A이다.

a) i_1을 구하라.

b) 각각의 저항에서 소비된 전력을 구하라.

c) 회로에서 소비된 총전력과 150 V 전압원에서 발생한 전력이 같다는 것을 증명하라.

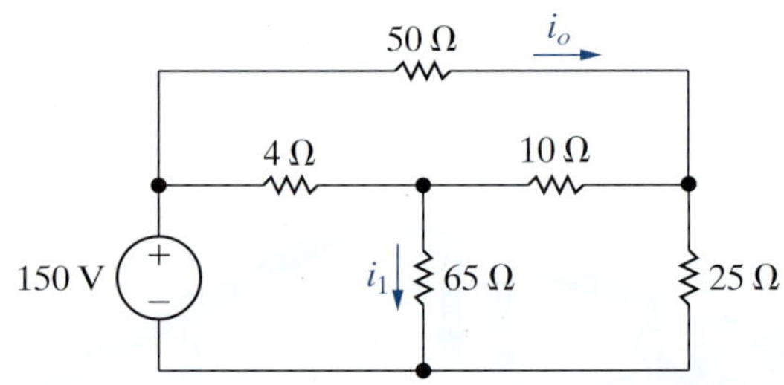

그림 P2.23

2.24 그림 P2.24의 전류 i_1과 i_2는 각각 21 A와 14 A이다.

a) 각각의 전압원에서 공급되는 전력을 구하라.

b) 공급되는 총전력과 저항에서 소비되는 총전력이 같다는 것을 보여라.

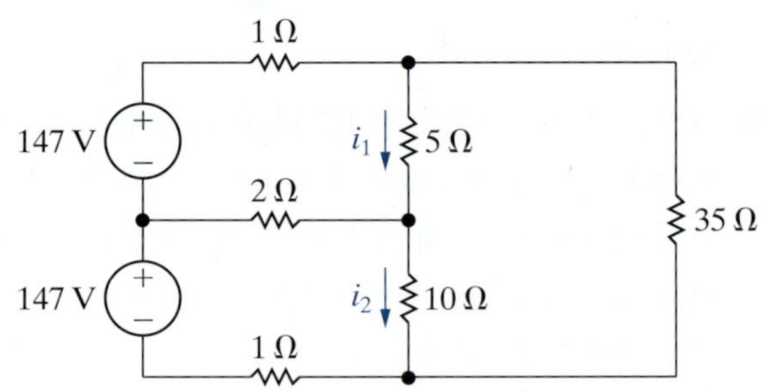

그림 P2.24

2.25 PSPICE MULTISIM 그림 P2.25에 제시된 회로에서 i_a와 i_b의 전류는 각각 4 A와 2 A이다.

a) i_g를 구하라.

b) 각각의 저항에서 소비된 전력을 구하라.

c) v_g를 구하라.

d) 전류원이 전달하는 전력과 다른 모든 회로 소자들이 흡수하는 전력이 같다는 것을 증명하라.

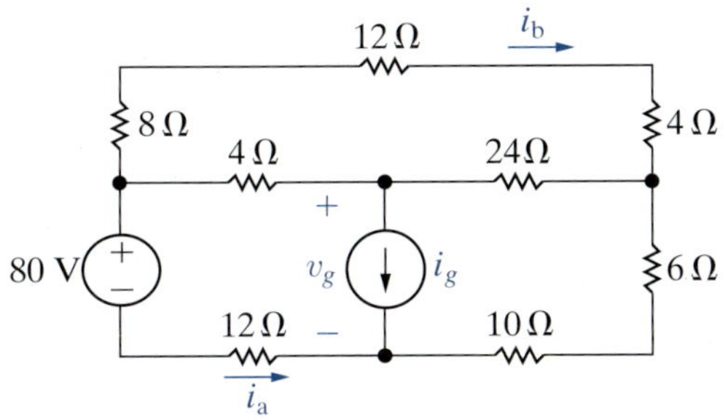

그림 P2.25

2.26 그림 P2.26 회로에서 가변저항의 저항 값 R은 v_a가 60 V가 될 때까지 조정된다. R의 값을 구하라.

PSPICE
MULTISIM

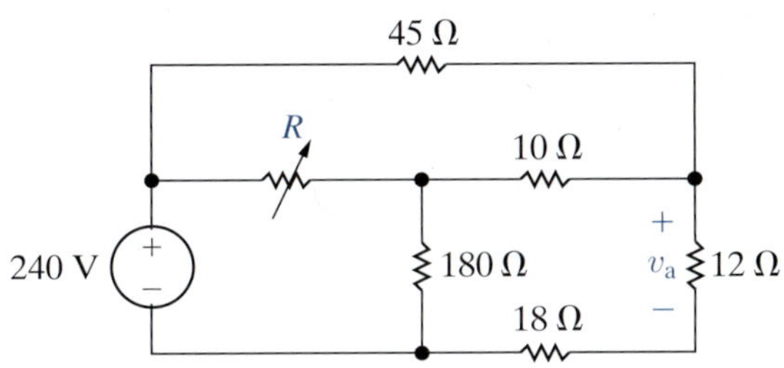

그림 P2.26

2.27 그림 P2.27의 회로에서 (a) R과 (b) 240 V 전원에 의해 전달된 전력을 구하라.

PSPICE
MULTISIM

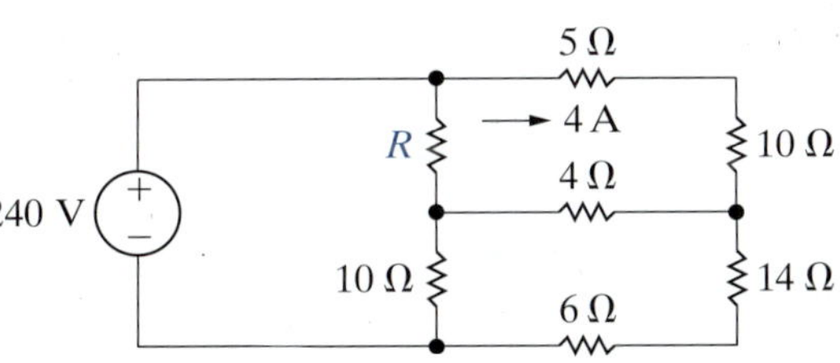

그림 P2.27

2.28 전압과 전류가 그림 P2.28(a)에 나타낸 소자의 단자에서 측정되었다. 그 결과는 그림 P2.28(b)에 표로 만들어져 있다.

a) 이상적인 전압원과 전압원에 직렬로 연결된 저항을 이용하여 이 소자에 대한 회로 모델을 구성하라.

b) 그 모델을 이용하여 v_t가 0일 때 i_t값을 구하라.

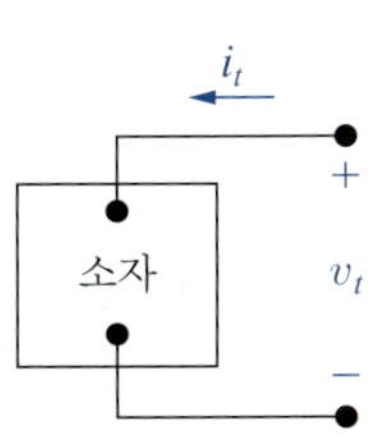

(a)

v_t (V)	i_t (A)
50	0
66	2
82	4
98	6
114	8
130	10

(b)

그림 P2.28

2.29 전압과 전류가 그림 P2.29(a)에 나타낸 장치의 단자에서 측정되었다. 그 결과는 그림 P2.29(b)에 표로 만들어져 있다.

a) 이상적인 전압원과 전류원에 병렬로 연결된 저항을 이용하여 이 소자에 대한 회로 모델을 구성하라.

b) 그 모델을 이용하여 소자가 5 Ω 저항으로 전달하게 될 전력의 양을 예측하라.

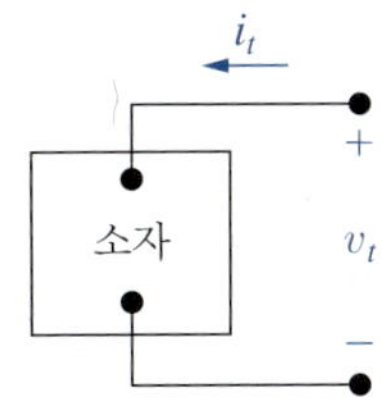

(a)

v_t (V)	i_t (A)
100	0
180	4
260	8
340	12
420	16

(b)

그림 P2.29

2.30 그림 P2.30(a)의 표는 그림 P2.30(b)에 나타낸 실제 상수 전압원의 단자 전압과 전류 사이의 관계를 제공한다.

a) v_s 대 i_s를 그려라.

b) (a)에서 그려진 선의 방정식에 기반하여 $0 \le i_s \le$ 225 mA일 때 유효한 실제 전원의 회로 모델을 구성하라. (이상적인 저항과 직렬로 연결된 이상적인 전압원을 사용하라.)

c) 이 회로 모델을 사용하여 실제 전원의 단자에 연결된 400 Ω 저항으로 전달되는 전류를 예측하라.

d) 이 회로 모델을 사용하여 실제 전원의 단자에 연결된 단락 회로로 전달되는 전류를 예측하라.

e) 실제 단락 회로 전류는 얼마인가?

f) (d)와 (e)의 답이 같지 않은 이유를 설명하라.

v_s (V)	i_s (mA)
75	0
60	75
45	150
30	225
20	300
10	400
0	500

(a)

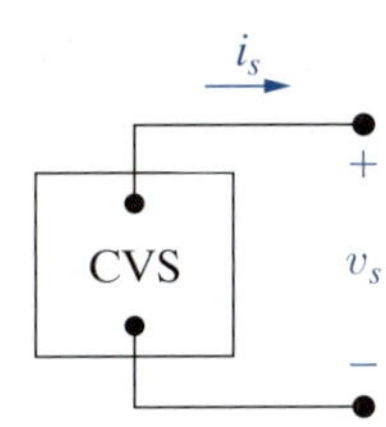

(b)

그림 P2.30

2.31 그림 P2.31(a)의 표는 그림 P2.31(b)에 나타낸 실제 상수 전류원의 단자 전압과 전류 사이의 관계를 제공한다.

a) i_s 대 v_s를 그려라.

b) (a)에서 그려진 선의 방정식에 기반하여 $0 \le v_s \le 75$ V일 때 유효한 이 전류원의 회로 모델을 구성하라.

c) 이 회로 모델을 사용하여 2.5 kΩ 저항에 전달되는 전류를 예측하라.

d) 이 회로 모델을 사용하여 전류원의 개방 회로 전압을 예측하라.

e) 실제 개방 회로 전압은 얼마인가?

f) (d)와 (e)의 답이 같지 않은 이유를 설명하라.

i_s (mA)	v_s (V)
20.0	0
17.5	25
15.0	50
12.5	75
9.0	100
4.0	125
0.0	140

(a)

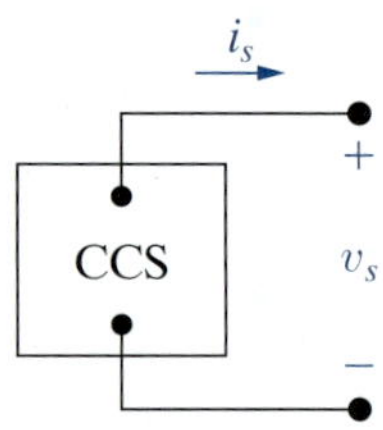

(b)

그림 P2.31

2.32 그림 P2.32의 회로에서 v_o와 회로에서 공급되는 총전력을 구하라.

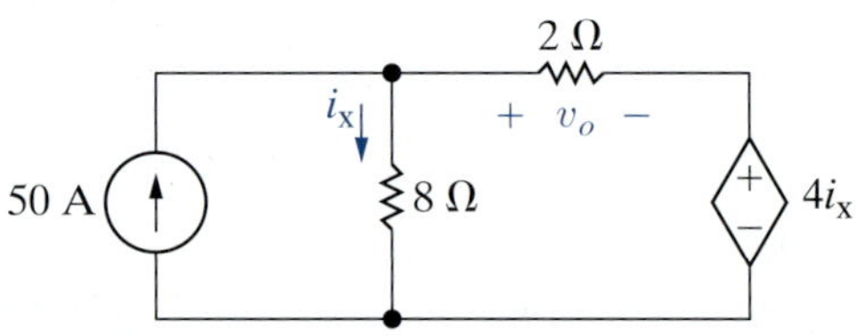

그림 P2.32

2.33 그림 P2.33에 제시된 회로에 대해 다음을 구하라.

a) 마이크로암페어 단위로 전류 i_1

b) 볼트 단위로 전압 v

c) 발생한 전체 전력

d) 흡수된 전체 전력

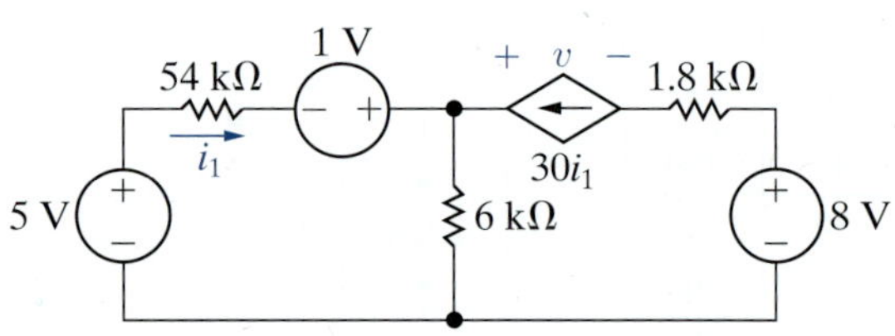

그림 P2.33

2.34 그림 P2.34의 회로를 고려해 보자.

a) i_o를 구하라.

b) 회로에서 발생한 전력과 흡수되는 전력이 같음을 보임으로써 i_o의 값을 검증하라.

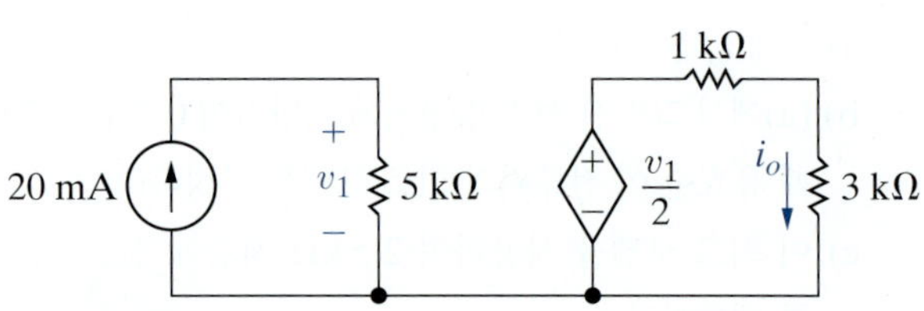

그림 P2.34

2.35 PSPICE MULTISIM 그림 P2.35에 제시된 회로에서 전류 $i_\phi = 2$ A이다. 다음을 계산하라.

a) v_s

b) 독립 전압원이 흡수한 전력

c) 독립 전류원이 전달한 전력

d) 종속 전류원이 전달한 전력

e) 두 저항에서 소모된 전체 전력

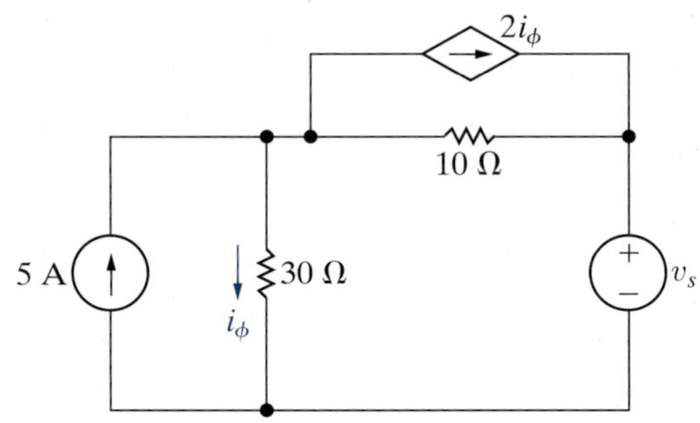

그림 P2.35

2.36 PSPICE MULTISIM 그림 P2.36의 회로에서 (a) i_Δ와 v_o를 구하고, (b) 발생한 전력과 흡수된 전력이 같다는 것을 보여라.

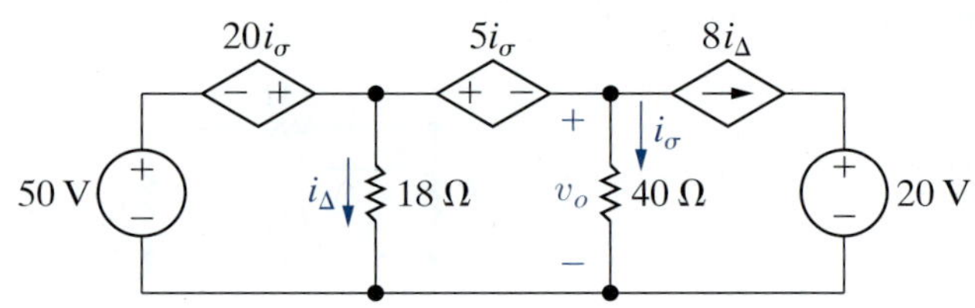

그림 P2.36

2.37 v_o가 10 V일 때 그림 P2.37의 회로에서 v_1과 v_g를 구하라. (힌트: 회로의 오른쪽 끝에서 시작하고 v_g를 향해 가면서 회로를 해석하라.)

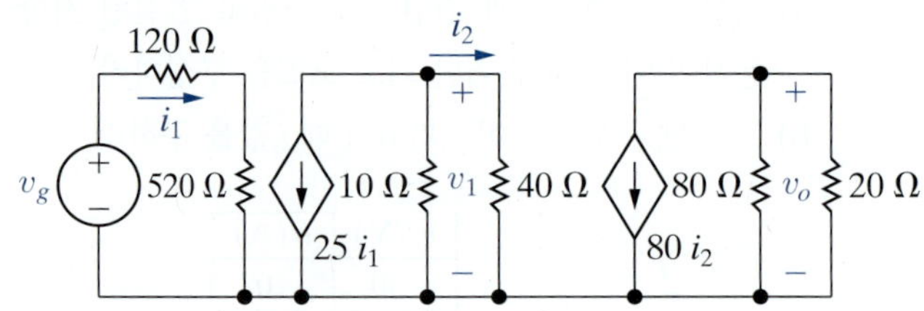

그림 P2.37

2.38 식 (2.21)을 유도하라. 힌트: i_B의 함수로서 i_E를 표현하기 위해 예제 2.12의 식 (3)과 (4)를 사용하라. 식 (2)를 i_2에 대해 풀고 식 (5)와 (6) 모두에 그 결과를 대입하라. '새로운' 식 (6)을 i_1에 대해 풀고 '새로운' 식 (5)에 이 결과를 대입하라. '새로운' 식 (5)에서 i_E를 대체하고 i_B에 대해 풀라. i_{CC}는 식 (1)에만 나타나므로 i_B에 대한 해를 구하기 위해서는 다섯 개의 방정식만 유도하면 된다.

2.39 PSPICE MULTISIM 그림 2.24의 회로에 대해 $R_1 = 20\,\text{k}\Omega$, $R_2 = 80\,\text{k}\Omega$, $R_C = 500\,\Omega$, $R_E = 100\,\Omega$, $V_{CC} = 15\,\text{V}$, $V_0 = 200\,\text{mV}$, $\beta = 39$이다. i_B, i_C, i_E, v_{3d}, v_{bd}, i_2, i_1, v_{ab}, i_{CC}, v_{13}를 계산하라. (주: 전압 변수에 있는 두 글자 첨자 기호에서 첫 번째 글자는 두 번째 글자에 대해 양의 부호이다. 그림 P2.39를 참조하라.)

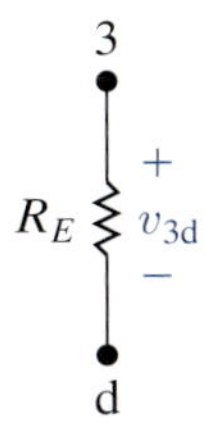

그림 P2.39

2.1~2.5절

2.40 PSPICE MULTISIM 둘 또는 그 이상의 위치에서 단일 설비를 제어할 수 있도록, 예를 들어 계단 통로의 꼭대기와 바닥 둘 다로부터 조명 설비를 제어하는 것은 전기 배선 시스템을 설계하는 데 종종 바람직하다. 가정 배선 시스템에서 이런 제어의 형태는 세 방향 및 네 방향 스위치로 구현된다. 세 방향 스위치는 세 단자, 두 개의 위치 스위치이고, 네 방향 스위치는 네 단자, 두 개의 위치 스위치이다. 그림 P2.40(a)에는 세 방향 스위치가, 그리고 그림 2.40(b)에는 네 방향 스위치가 도식적으로 나타나 있다.

a) 그림 P2.40(c)의 회로에서 전구 l이 두 위치로부터 켜기와 끄기를 할 수 있도록 a와 b 사이에 어떻게 두 개의 세 방향 스위치를 연결해야 하는지 보여라.

b) 전구(전기 기구)가 둘 이상의 위치로부터 제어되기 위해서는 네 방향 스위치가 두 개의 세 방향 스위치와 함께 사용된다. 둘 이상의 위치 제어를 위해서는 한 개의 네 방향 스위치가 각각의 위치를 위해 필요하다. 세 위치로부터 전구를 제어하기 위해 한 개의 네 방향 스위치와 두 개의 세 방향 스위치가 어떻게 그림 P2.40(c)에 있는 a와 b 사이에 연결될 수 있는지 보여라. (힌트: 네 방향 스위치는 세 방향 스위치 사이에 위치한다.)

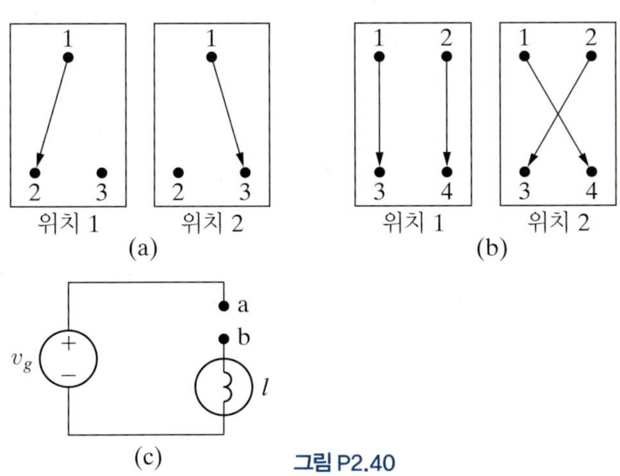

그림 P2.40

2.41 PRACTICAL PERSPECTIVE 이미 두 개의 라디에이터가 설치되어 있는 창고에 세 번째 라디에이터를 추가로 설치하고 싶다고 가정해 보자. 세 개의 라디에이터는 48 Ω의 저항으로 모델링된다. 그림 P2.41의 배선도를 사용하여 세 개의 라디에이터에 대한 총전력을 계산하라.

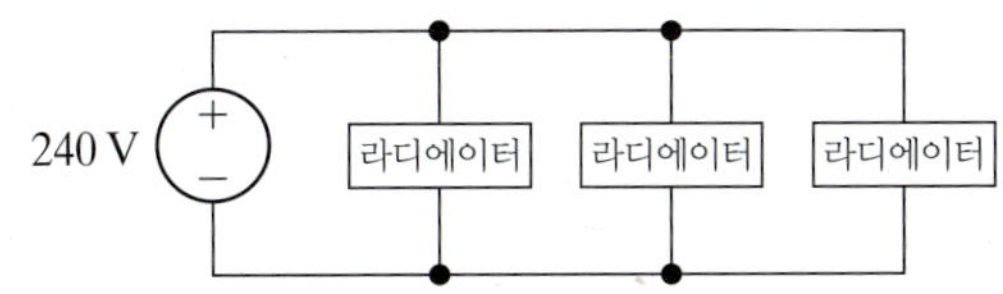

그림 P2.41

2.42 PRACTICAL PERSPECTIVE 그림 P2.42의 배선도를 이용해 연습문제 2.41을 반복하라. 또한 그림 P2.41에서의 총 라디에이터 전력과 그림 P2.42에서의 총 라디에이터 전력을 비교하라.

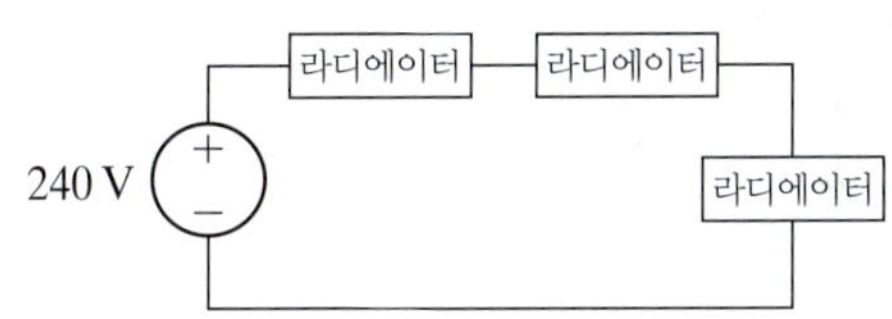

그림 P2.42

2.43 PRACTICAL PERSPECTIVE 그림 P2.43의 배선도를 이용해 연습문제 2.41을 반복하라. 또한 그림 P2.41에서의 총 라디에이터 전력과 그림 P2.43에서의 총 라디에이터 전력을 비교하라.

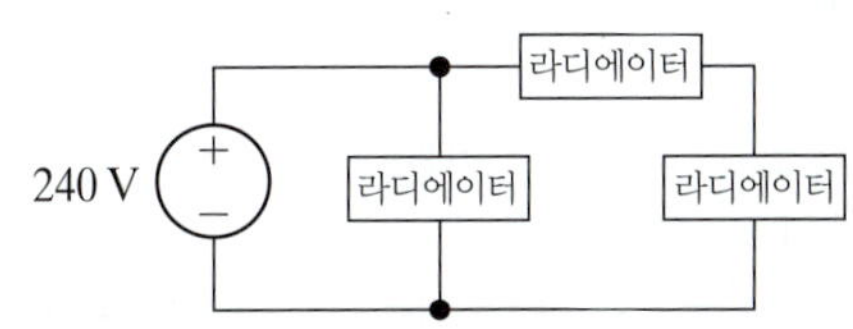

그림 P2.43

2.44 PRACTICAL PERSPECTIVE 그림 P2.44의 배선도를 이용해 연습문제 2.41을 반복하라. 또한 그림 P2.41에서의 총 라디에이터 전력과 그림 P2.44에서의 총 라디에이터 전력을 비교하라.

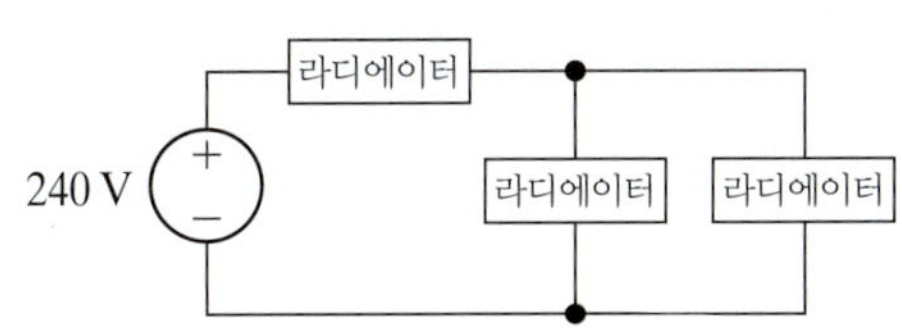

그림 P2.44

CHAPTER

3 간단한 저항 회로

학습내용

학습목표

1. 직렬과 병렬로 연결된 저항을 인지하고, 등가 저항을 구하기 위해 직렬 연결된 저항과 병렬 연결된 저항을 결합하기 위한 규칙을 사용할 수 있다.
2. 간단한 전압 분배기와 전류 분배기 회로를 설계하는 방법을 안다.
3. 간단한 회로를 해결하기 위해 전압 분배와 전류 분배를 적절히 사용할 수 있다.
4. 전류를 측정하기 위해 회로에 연결된 전류계를 읽고 측정할 수 있다. 전압을 측정하기 위해 회로에 연결된 전압계를 읽고 측정할 수 있다.
5. 저항을 측정하기 위해 휘트스톤 브리지를 사용하는 방법을 이해한다.
6. 간단한 회로를 해결하기 위해 언제 어떻게 델타-와이 등가 회로를 사용하는지 안다.

이 장에서는 두 가지 중요한 회로 소자 연결인 직렬 연결과 병렬 연결에 대해 집중적으로 알아보고자 한다.

- 저항이 직렬 및 병렬로 연결되었을 경우 이러한 저항을 결합하여 등가 저항으로 만들 수 있다. 이러한 등가 저항은 회로 소자 수를 줄여 주고, 회로의 복잡성을 감소시키며, 회로 분석을 간단하게 해 준다.
- 전압원이 **직렬로 연결된** 두 개 이상의 **저항**에 연결되면 공급되는 **전압**은 각 저항에 분배되어 인가된다. 이러한 일반적인 연결 구조는 공급되는 전압보다 작은 특정 전압을 출력하기 위한 전압 분배기로 사용된다. 이러한 회로를 간단히 분석하기 위한 새로운 도구로 전압 분배의 개념을 도입하기로 한다.
- 전류원이 **병렬로 연결된** 두 개 이상의 **저항**에 연결되면 공급되는 **전류**는 각 저항으로 나뉘어 흐른다. 이러한 일반적인 연결 구조는 공급되는 전류보다 작은 특정 전류를 출력하기 위한 전류 분배기로 사용된다. 이러한 회로를 간단히 분석하기 위한 새로운 도구로 전류 분배의 개념을 도입하기로 한다.

마지막으로 세 가지 중요한 측정 장비를 살펴보자.

- 전류 분배기의 실제 응용인 전류계는 전류를 측정하기 위해 사용된다.
- 전압 분배기의 실제 응용인 전압계는 전압을 측정하기 위해 사용된다.
- 델타 및 와이 연결로 알려진 두 새로운 상호 연결을 도입한 휘트스톤 브리지는 저항을 측정하기 위해 사용된다.

■ 실제 응용

저항성 터치스크린

많은 휴대전화와 태블릿 컴퓨터에는 유리나 아크릴 화면에 투명한 저항성 물질을 적용시켜 만든 터치스크린이 사용된다. 투명한 절연층에 의해 분리된 두 개의 화면이 보편적으로 사용된다. 그 결과 터치스크린은 x 방향으로의 저항 격자와 y 방향으로의 저항 격자로 모델링될 수 있다. 오른쪽 그림은 단자 x_1 및 x_2를 갖는 x 방향으로의 격자 한 행과 단자 y_1 및 y_2를 갖는 y 방향으로의 격자 한 열을 보여 준다.

각각의 전자 회로는 먼저 x 방향의 격자를 따라 단자 x_1 및 x_2 사이에 전압 강하를 발생시키고, 그 후 이 전압을 제거한 뒤 y 방향의 격자를 따라 단자 y_1 및 y_2 사이에 전압 강하를 인가한다. 그리고 이 과정은 계속 반복된다. 화면을 터치하면 두 개의 저항층이 동시에 눌리게 되고 x 격자와 y 격자에서 감지될 수 있는 전압을 생성한다. 이러한 두 개의 전압은 정확히 스크린을 터치한 지점을 알려준다.

화면을 터치하여 발생된 전압은 화면이 터치된 지점과 어떠한 관련이 있을까? 터치 지점을 계산하기 위해 사용되는 격자의 특성은 어떻게 될까? 이 장 마지막 부분에 있는 실제 응용에서 이 질문에 답할 수 있을 것이다. 이 질문에 답하기 위해 요구되는 회로 해석에는 이 장에서 논의되는 몇 가지 새로운 회로 해석 도구가 사용된다.

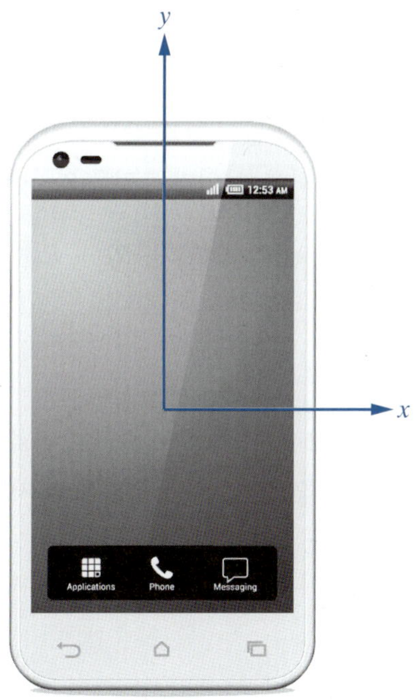

Denis Semenchenko/Shutterstock

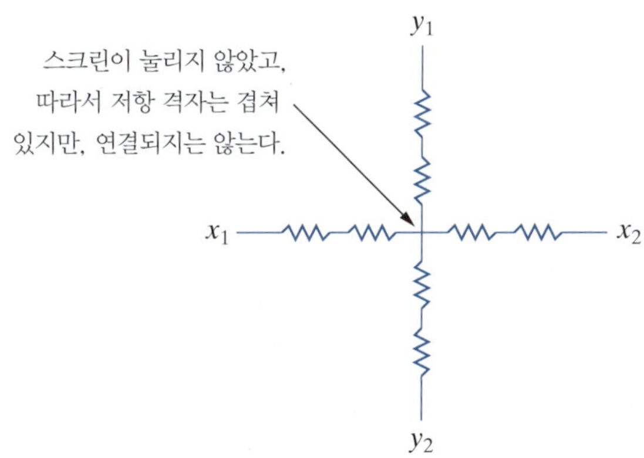

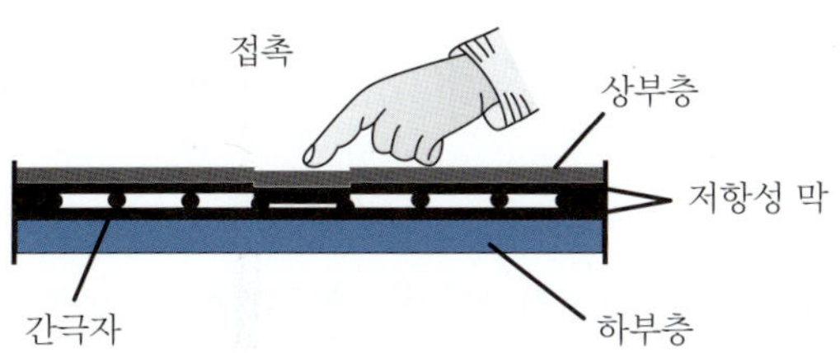

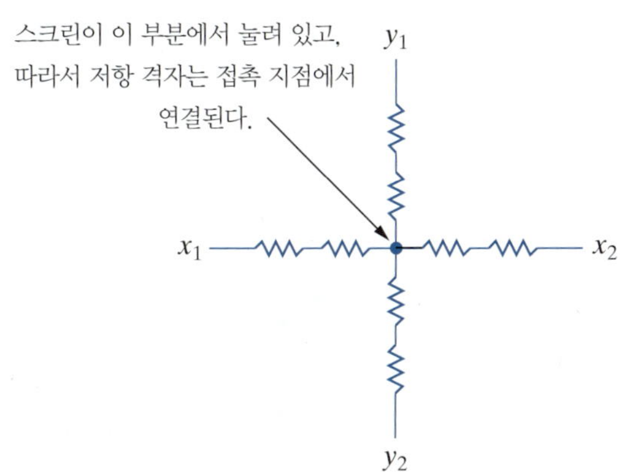

3.1 직렬 저항

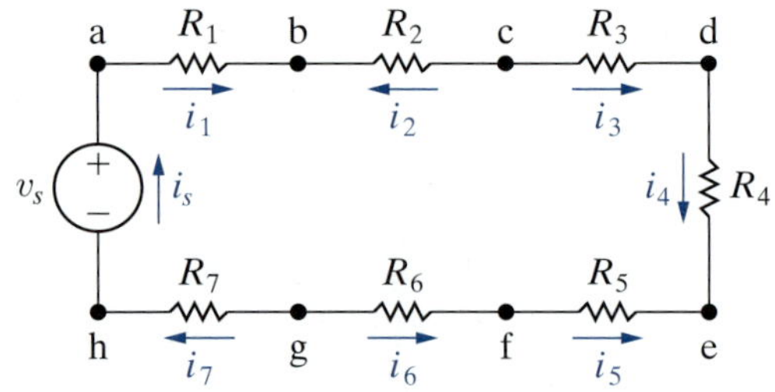

그림 3.1▲ 직렬로 연결된 저항.

2장에서는 한 마디에 두 개의 소자만 연결될 때 이를 직렬이라고 한다는 것을 학습했다. 예를 들어 그림 3.1의 회로에서 일곱 개의 저항은 직렬로 연결되어 있다. **직렬로 연결된 회로 소자**(series-connected circuit element)에는 같은 전류가 흐른다. 회로에 있는 각각의 마디에 대해 키르히호프의 전류 법칙을 적용함으로써 이들 저항에 같은 전류가 흐른다는 것을 보일 수 있다. 그림 3.1에서 직렬 연결에 의해 다음과 같이 된다.

$$i_s = i_1 = -i_2 = i_3 = i_4 = -i_5 = -i_6 = i_7,$$

이는 일곱 개 전류 중 어떤 하나를 알면 그 모두를 알 수 있다는 것을 뜻한다. 따라서 그림 3.1을 그림 3.2와 같이 하나의 전류 i_s를 이용하여 다시 그릴 수 있다.

i_s를 구하기 위해 하나의 폐회로에 대해 시계 방향으로 키르히호프의 전압 법칙을 적용한다. 옴의 법칙에 따라 각 저항에 걸린 전압을 i_s 방향으로의 강하로서 정의하면

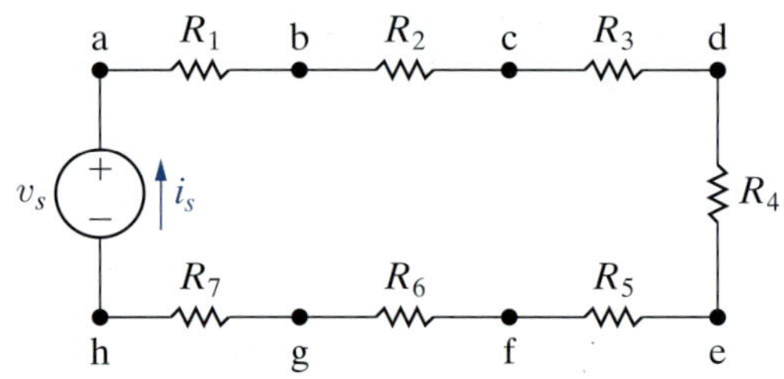

그림 3.2▲ 한 개의 미지 전류 i_s를 갖는 직렬 저항.

$$-v_s + i_sR_1 + i_sR_2 + i_sR_3 + i_sR_4 + i_sR_5 + i_sR_6 + i_sR_7 = 0,$$

또는

$$v_s = i_s(R_1 + R_2 + R_3 + R_4 + R_5 + R_6 + R_7).$$

이 식은 일곱 개 저항을 저항 값이 개별 저항 값의 합과 같은 하나의 등가 저항 R_{eq}로 대체함으로써 그림 3.2의 회로를 단순화할 수 있다는 것을 의미한다. 즉

$$R_{\text{eq}} = R_1 + R_2 + R_3 + R_4 + R_5 + R_6 + R_7$$

그리고

$$v_s = i_sR_{\text{eq}}.$$

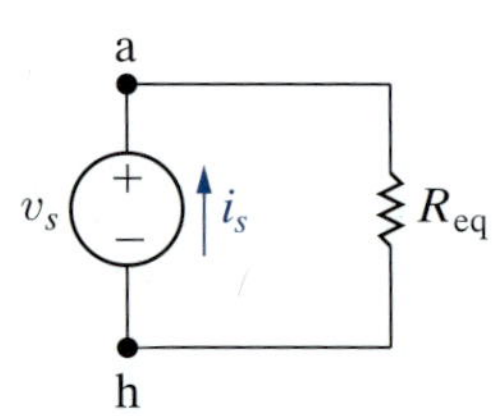

그림 3.3▲ 그림 3.2 회로의 단순화된 형태.

따라서 그림 3.2를 훨씬 간단한 회로인 그림 3.3과 같이 다시 그릴 수 있다.

일반적으로 만약 k개의 저항이 직렬로 연결되었다면 등가 단일 저항은 k개 저항의 저항 값의 합과 같은 저항 값을 가진다.

저항의 직렬 결합

$$R_{\text{eq}} = \sum_{i=1}^{k} R_i = R_1 + R_2 + \cdots + R_k. \qquad (3.1)$$

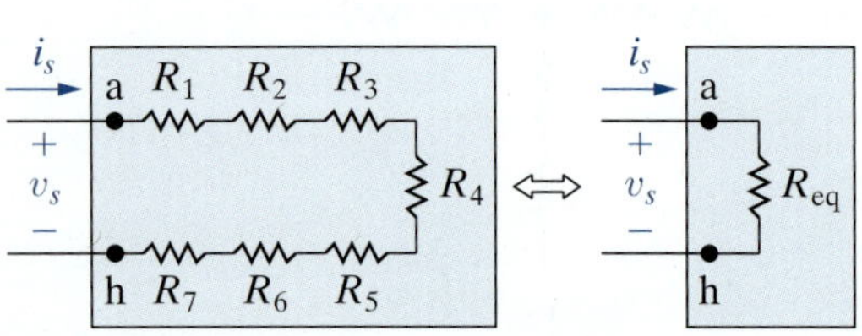

그림 3.4▲ 그림 3.2의 회로와 등가인 블랙 박스.

등가 저항의 저항 값은 직렬로 연결된 저항 중 저항 값이 가장 큰 저항보다 항상 크다는 것에 주목하자.

그림 3.4의 왼편에 표시된 것처럼 블랙 박스 내부에 있는 일련의 저항을 떠올려 보며 등가 저항에 대해 생각해 보자. [전기공학자는 불투명한 용기(즉 내용물이 보이지 않음)라는 것을 나타내기 위해 **블랙 박스**(black box)라는 용어를 사용한다.]

이 등가 저항은 그림 3.4의 오른쪽에 있는 두 번째 블랙 박스에 표시되어 있다. 각 블랙 박스에 대해 전압과 전류 관계식을 세우고 이러한 두 방정식을 서로 동일하게 만드는 조건을 찾음으로써 식 (3.1)에서 $k = 7$일 때 주어지는 등가 저항에 대한 방정식을 유도할 수 있다.

3.2 병렬 저항

두 개의 소자가 하나의 마디 쌍에 연결될 때 이를 **병렬**이라고 한다. 예를 들어 그림 3.5의 회로에 있는 네 개의 저항은 병렬 연결되어 있다. **병렬로 연결된 회로 소자**(parallel-connected circuit element)는 그들의 단자에 걸쳐 같은 전압을 가진다. 회로도에서 단순히 병렬로 정렬되어 있기 때문에 두 개의 소자가 병렬로 연결되었다고 간주하는 실수를 범하지 말자. 병렬로 연결된 소자라고 정의할 수 있는 특성은 소자가 그들 단자에 걸쳐 같은 전압을 갖는 것이다. 그림 3.6에서 R_1과 R_3는 그들 개개의 단자 사이에 있는 다른 저항이 전압의 일부를 소모하기 때문에 병렬로 연결된 것이 아니라는 것을 알 수 있다.

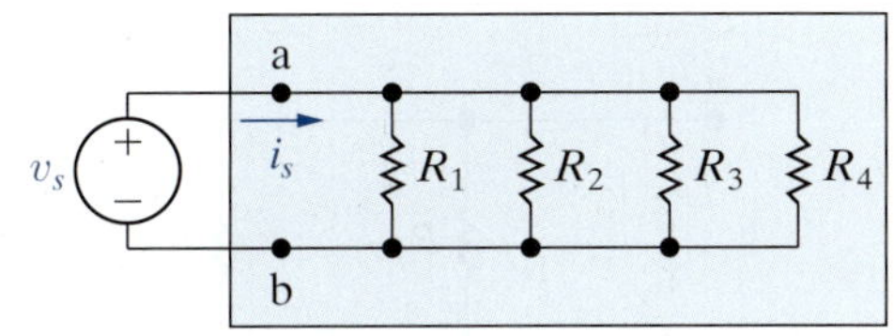

그림 3.5▲ 병렬로 연결된 저항.

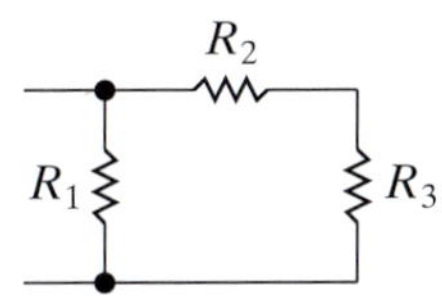

그림 3.6▲ 병렬이 아닌 저항.

병렬로 연결된 저항은 키르히호프의 전류 법칙과 옴의 법칙을 이용하여 하나의 등가 저항으로 대체될 수 있다. 그림 3.5의 회로에서 i_1, i_2, i_3, i_4를 각각 저항 R_1에서부터 R_4에 흐르는 전류라고 하자. 또한 각각의 저항 전류에 대한 양의 기준 방향은 저항을 지나 아래로, 즉 마디 a로부터 마디 b로 향하는 방향이다. 키르히호프의 전류 법칙으로부터

$$i_s = i_1 + i_2 + i_3 + i_4.$$

저항의 병렬 연결은 각 저항에 걸린 전압이 같아야 한다는 것을 의미한다. 그러므로 옴의 법칙으로부터

$$i_1R_1 = i_2R_2 = i_3R_3 = i_4R_4 = v_s.$$

따라서

$$i_1 = \frac{v_s}{R_1}, \quad i_2 = \frac{v_s}{R_2}, \quad i_3 = \frac{v_s}{R_3}, \quad i_4 = \frac{v_s}{R_4}.$$

위 네 개의 전류 식을 KCL 방정식에 대입하면 다음 식을 얻는다.

$$i_s = v_s\left(\frac{1}{R_1} + \frac{1}{R_2} + \frac{1}{R_3} + \frac{1}{R_4}\right),$$

위 식으로부터

$$\frac{i_s}{v_s} = \frac{1}{R_{eq}} = \frac{1}{R_1} + \frac{1}{R_2} + \frac{1}{R_3} + \frac{1}{R_4}.$$

이 식은 그림 3.5 회로의 네 개 저항은 하나의 등가 저항으로 대체될 수 있음을 보여 준다. 그림 3.7은 이러한 대체 회로를 보여 준다. 병렬로 연결된 k개 저항의 등가 저항은 다음과 같다.

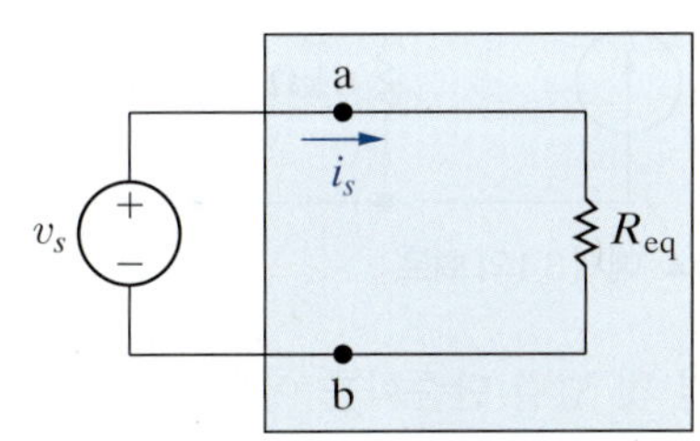

그림 3.7▲ 그림 3.5에 있는 네 개의 병렬 저항을 한 개의 등가 저항으로 대체하기.

저항의 병렬 결합

$$\frac{1}{R_{eq}} = \sum_{i=1}^{k} \frac{1}{R_i} = \frac{1}{R_1} + \frac{1}{R_2} + \cdots + \frac{1}{R_k}. \quad (3.2)$$

등가 저항의 저항 값은 병렬로 연결되어 있는 저항 중 가장 작은 저항 값을 갖는 저항보다도 항상 작다는 것에 주목하자. 병렬로 연결된 저항을 취급할 때 컨덕턴스를 사용하는 것이 때때로 더 편리하다. 이 경우에 식 (3.2)는 다음과 같이 정리된다.

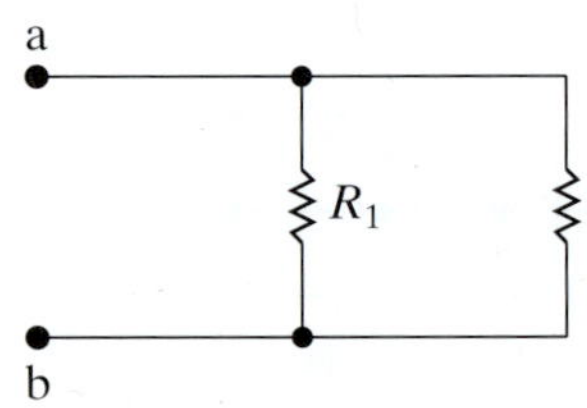

그림 3.8▲ 병렬 연결된 두 개의 저항.

$$G_{eq} = \sum_{i=1}^{k} G_i = G_1 + G_2 + \cdots + G_k.$$

많은 경우에 단지 두 개 저항만 병렬로 연결된다. 그림 3.8은 이 특별한 경우를 보여 준다. 식 (3.2)로부터 등가 저항을 계산하면 다음과 같다.

$$\frac{1}{R_{eq}} = \frac{1}{R_1} + \frac{1}{R_2} = \frac{R_2 + R_1}{R_1 R_2},$$

또는

두 저항의 병렬 결합

$$R_{eq} = \frac{R_1 R_2}{R_1 + R_2}. \quad (3.3)$$

따라서 병렬로 연결된 단 두 개의 저항에 대해 등가 저항은 저항의 곱을 저항의 합으로 나누어 준 것과 같다. 이 계산 방식은 단 두 개의 저항이 병렬로 연결된 특별한 경우에만 사용할 수 있다는 것을 상기하자.

회로 해석에서 직렬 및 병렬 단순화를 사용하는 것을 연습하기 위해 예제 3.1과 3.2를 모두 풀어 보자.

예제 3.1 직렬-병렬 단순화 적용하기

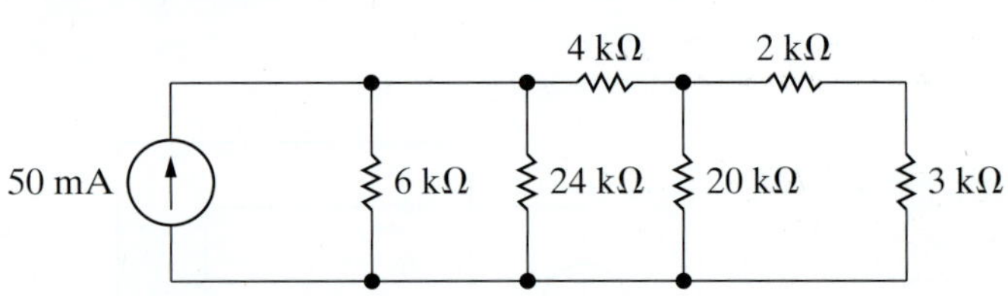

그림 3.9▲ 예제 3.1의 회로.

a) 직렬 및 병렬 단순화를 이용하여 그림 3.9 회로의 전류원이 바라보는 등가 저항을 구하라.

b) (a)의 결과를 사용하여 이 전류원에 의해 공급되는 전력을 구하라.

풀이

a) 우리의 목표는 50 mA 전류원과 단일 저항만 갖는 회로를 만드는 것이다. 회로의 오른쪽부터 시작하여 전류원이 있는 왼쪽으로 회로를 단순화해 보자. 2 kΩ 및 3 kΩ 저항은 직렬로 연결되어 있으므로 다음의 저항 값을 갖는 단일 저항으로 대체될 수 있다.

$$2000 + 3000 = 5000 = 5\ \text{k}\Omega.$$

그림 3.10(a)는 20 kΩ 및 5 kΩ 저항이 병렬 연결되어 있는 단순화된 회로를 보여 준다. 이 병렬 연결된 저항을 하나의 등가

저항으로 대체하고, 등가 저항 값은 아래와 같이 식 (3.3)에 제시된 '곱 나누기 합' 식을 이용하여 구한다.

$$\frac{(20{,}000)(5000)}{20{,}000 + 5000} = 4000 = 4\ \text{k}\Omega.$$

그림 3.10(b)는 이러한 결과를 보여 주며, 이제 4 kΩ 저항 두 개가 직렬로 연결된 것을 볼 수 있다. 이 두 저항은 아래와 같은 저항 값을 갖는 단일 저항으로 대체될 수 있다.

$$4000 + 4000 = 8000 = 8\ \text{k}\Omega.$$

그림 3.10(c)가 이 결과를 보여 준다. 이제 24 kΩ, 6 kΩ, 8 kΩ 저항이 병렬로 연결된다. 이 세 저항의 등가 저항을 구하기 위해 각각의 역수를 더하고, 더한 결과의 역수를 취한다[식 (3.2) 참조].

$$\left(\frac{1}{24{,}000} + \frac{1}{6000} + \frac{1}{8000}\right)^{-1}$$

$$= \left(\frac{1}{24{,}000} + \frac{4}{24{,}000} + \frac{3}{24{,}000}\right)^{-1}$$

$$= \left(\frac{8}{24{,}000}\right)^{-1} = \frac{24{,}000}{8} = 3000 = 3\ \text{k}\Omega.$$

따라서 전류원이 바라보는 등가 저항은 그림 3.10(d)에서 보이는 것과 같이 3 kΩ이 된다.

b) 전원에서 소비하는 전력과 등가 저항인 3 kΩ에서 소비되는 전력은 합해서 0이 되어야 한다(즉 전원에서 발생하는 전력과 등가 저항에서 소비되는 전력은 동일해야 한다). 그림 3.10(d)를 바탕으로 저항에 흐르는 전류와 저항 값을 이용하면 저항에서 소비되는 전력을 다음과 같이 쉽게 구할 수 있다.

$$p = (0.05)^2(3000) = 7.5\ \text{W}.$$

등가 저항은 7.5 W를 소비하고 있으며, 따라서 전류원은 7.5 W를 공급해야 한다.

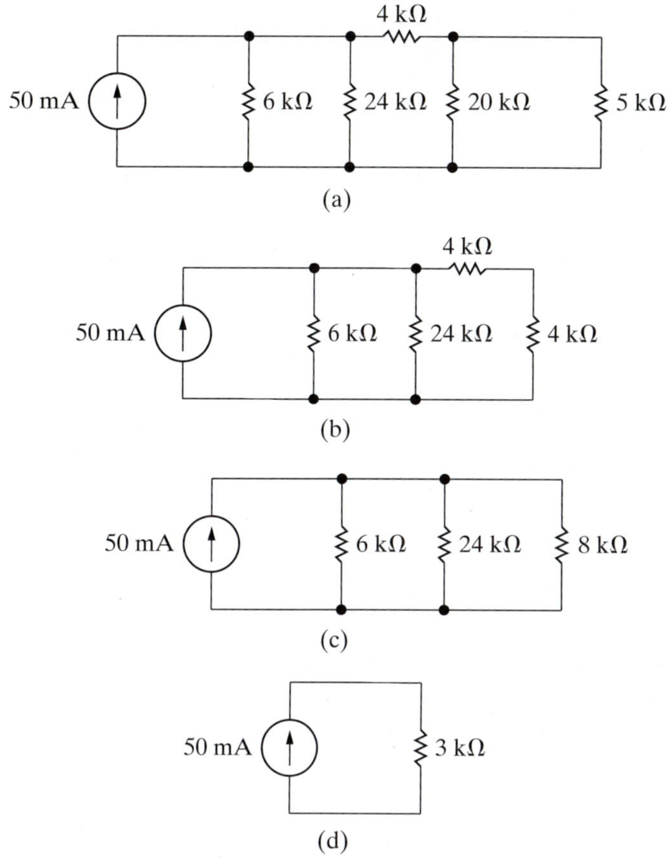

그림 3.10▲ 그림 3.9 회로의 단순화.

예제 3.2 직렬-병렬 단순화를 이용하여 회로 해석하기

그림 3.11의 회로에서 i_s, i_1, i_2를 구하라.

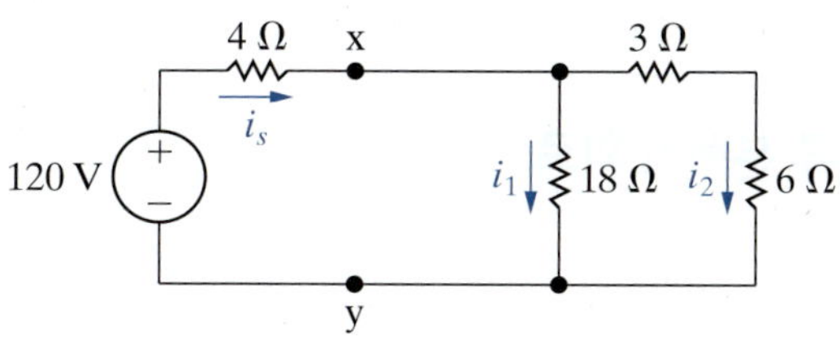

그림 3.11▲ 예제 3.2의 회로.

풀이

직렬-병렬 단순화를 이용하여 x-y 단자 오른쪽에 있는 저항을 하나의 등가 저항으로 대체한다. 회로의 오른쪽에 있는 3 Ω 저항과 6 Ω 저항은 직렬로 연결되어 있다. 그러므로 이 직렬 결합을 9 Ω 저항으로 대체하면 그림 3.12(a)의 회로로 간소화된다. 이제 9 Ω과 18 Ω 저항의 병렬 결합을 한 개의 (18 × 9)/(18 + 9), 즉 6 Ω 저항으로 대체할 수 있다. 그림 3.12(b)는 위 과정을 통해 결과적으로 간소화된 회로를 보여 준다. 마디 x와 y는 간소화되는 회로를 따라가며 알아보기 편리하게 해 준다.

그림 3.12(b)로부터 옴의 법칙을 사용하여 i_s는 120/(6 + 4), 즉 12 A와 같다는 것을 검증할 수 있다. 그림 3.13은 이렇게 얻어지는 i_s값을 표시하고 있으며, 이후의 논의를 명백히 하기 위해 전압

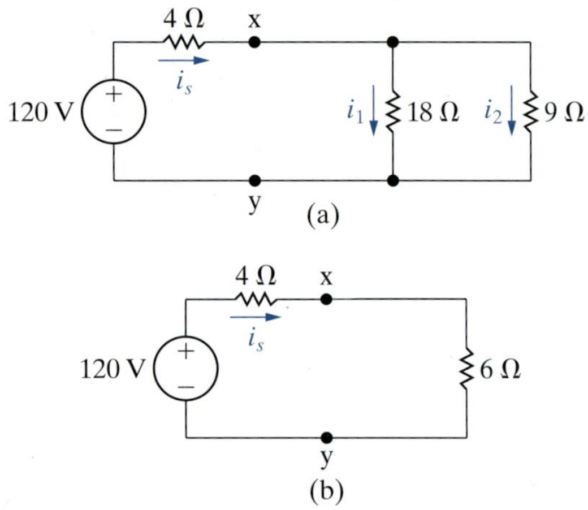

그림 3.12▲ 그림 3.11 회로의 단순화.

v_1도 표시했다. 옴의 법칙을 사용하면 v_1의 값을 다음과 같이 계산할 수 있다.

$$v_1 = (12)(6) = 72 \text{ V}.$$

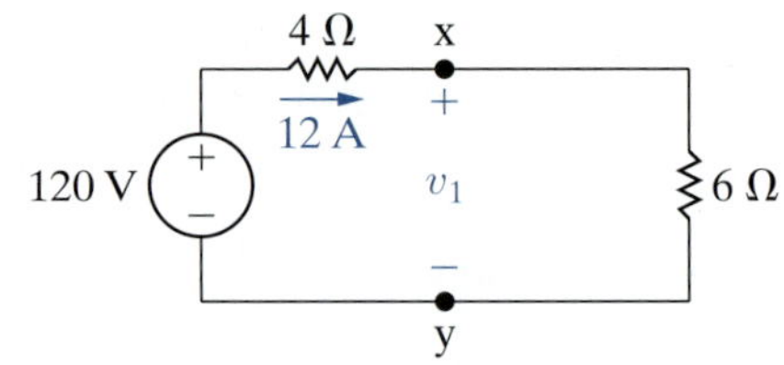

그림 3.13▲ i_s의 수치 값을 보여 주는 그림 3.12(b)의 회로.

그러나 v_1은 마디 x로부터 마디 y로의 전압 강하이므로 그림 3.12(a)의 회로로 되돌아가 i_1과 i_2를 계산하기 위해 옴의 법칙을 다시 사용한다. 따라서

$$i_1 = \frac{v_1}{18} = \frac{72}{18} = 4 \text{ A},$$

$$i_2 = \frac{v_1}{9} = \frac{72}{9} = 8 \text{ A}.$$

옴의 법칙과 직렬-병렬 단순화를 사용함으로써 상술된 세 개의 전류를 구했다.

예제 3.2에 대한 설명을 끝내기 전에 이 해답이 모든 마디에서 키르히호프의 전류 법칙을 만족하고 모든 폐경로 주위로 키르히호프의 전압 법칙을 만족하는지 검증해 봐야 한다(시험해 볼 수 있는 세 개의 폐경로가 존재한다). 또한 전압원에 의해 전달된 전력과 저항에서 소모된 전체 전력이 동일하여 회로의 전력이 균형을 이루고 있다는 것을 보일 수도 있다(연습문제 3.10과 3.11 참조).

평가문제

목표 1—직렬과 병렬로 연결된 저항을 인지할 수 있다.

3.1 제시된 회로에 대해 (a) 전압 v, (b) 전류원에 의해 회로에 전달된 전력, (c) 75 Ω 저항에서 소모된 전력을 구하라.

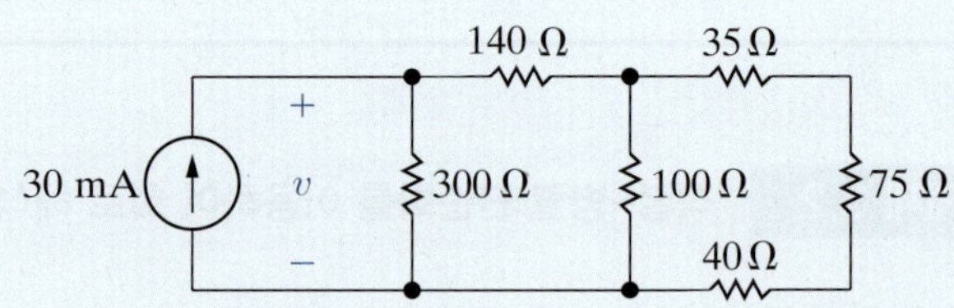

정답: a) 3.6 V, b) 108 mW, c) 3888 μW.

자가 검사: 연습문제 3.1~3.4도 풀어 보라.

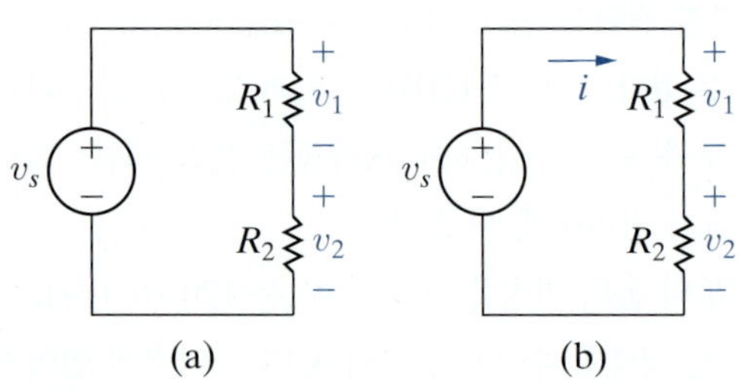

그림 3.14▲ (a) 전압 분배기 회로. (b) 지시된 전류 i를 갖는 전압 분배기 회로.

3.3 전압 분배기와 전류 분배기 회로

전압 분배기 회로

전압 분배기 회로(voltage-divider circuit)는 하나의 공급 전압으로부터 이 전압보다 작은 둘 이상의 전압을 생성한다. 이러한 기능은 단일 회로가 +15 V, −15 V, +5 V와 같은 전압을 필요로 하는 전자 회로에서 특히 유용하다. 그림 3.14는 두 전압을 생성하는 전압 분배기의 예를 보여 준다. 그림 3.14(b)와 같이 전류 i를 도

입하고, 키르히호프의 전류 법칙으로부터 저항 R_1과 R_2에 동일한 전류가 흐른다는 것을 파악한다. 옴의 법칙을 이용하여 전류 i로부터 저항에 걸린 전압을 결정하고, 폐회로에 키르히호프의 전압 법칙을 적용하면 다음과 같은 식을 얻을 수 있다.

$$v_s = iR_1 + iR_2,$$

또는

$$i = \frac{v_s}{R_1 + R_2}.$$

이제 v_1과 v_2를 계산하기 위해 옴의 법칙을 사용할 수 있다.

$$v_1 = iR_1 = v_s \frac{R_1}{R_1 + R_2}, \quad (3.4)$$

$$v_2 = iR_2 = v_s \frac{R_2}{R_1 + R_2}. \quad (3.5)$$

식 (3.4)와 (3.5)는 v_1과 v_2가 v_s의 일부분을 의미하는 분수로 표현된다는 것을 보여 준다. 각각의 경우에서 이러한 분수는 '분배되는 전압이 정의되는 저항'을 '두 저항의 합'으로 나눈 값이다. 이 비율(분수)은 항상 1.0보다 작기 때문에 분배된 전압 v_1과 v_2는 항상 전원 전압 v_s보다 작다.

간단한 전압 분배기를 설계해 보기 위해 예제 3.3을 풀어 보자.

예제 3.3 간단한 전압 분배기 설계하기

그림 3.14의 전압 분배기는 20 V의 전압원을 가지고 있다. v_1과 v_2가 각각 15 V와 5 V가 되도록 저항 R_1과 R_2를 결정하라.

풀이

식 (3.4)와 (3.5)로부터

$$15 = \frac{R_1}{R_1 + R_2}(20), \quad 5 = \frac{R_2}{R_1 + R_2}(20).$$

불행하게도 이 두 방정식은 서로 독립적이지 않다. R_1에 대해 각 방정식을 정리해 보면 $R_1 = 3R_2$임을 알 수 있다. 따라서 v_1과 v_2에 대해 정답을 제공하는 R_1 및 R_2 값은 무한대의 조합이 가능하다. 예를 들어 R_2를 10 kΩ으로 선택하면, R_1이 30 kΩ일 때 v_1과 v_2에 대해 원하는 정답을 얻을 수 있다. 그러나 R_2를 400 Ω으로 선택하면, R_1이 1200 Ω일 때 v_1과 v_2에 대해 원하는 정답을 얻을 수 있다.

R_1과 R_2의 선택에서 고려해야 할 다른 요인으로는 저항이 소비하는 전력과 전압 분배기 회로를 다른 회로 요소와 연결하는 데 따른 영향 등이 있다. 예제 3.4는 10 kΩ 저항에 5 V 전압을 공급하기 위해 예제 3.3에서 설계된 전압 분배기를 사용한다.

예제 3.4 전압 분배기에 저항성 부하 추가하기

a) 예제 3.3에서 설계된 전압 분배기 회로에 대해 $R_2 = 10\ \text{k}\Omega$, $R_1 = 30\ \text{k}\Omega$이라고 가정하자. R_2와 병렬로 부하 저항 $R_L = 10\ \text{k}\Omega$을 연결하고 R_L에 걸린 전압을 구하라.

b) R_L은 동일한 값으로 유지하고, $R_2 = 400\ \Omega$, $R_1 = 1200\ \Omega$일 때 (a)를 반복하라.

풀이

a) 그림 3.15는 저항 R_L을 갖는 전압 분배기를 보여 주며, 저항 R_L은 이 전압 분배기 회로의 **부하**(load)로 동작한다. 어떤 회로에서의 부하는 그 회로로부터 전력을 끌어모으는 하나 이상의 회로 소자로 구성된다. 전압 분배기에 있는 저항 R_2 및 부하 저항 R_L은 병렬 연결된 10 kΩ 저항들로 5 kΩ의 등가 저항으로 대체될 수 있다. 따라서 식 (3.5)로부터

$$v_o = \frac{5000}{30{,}000 + 5000}(20) = 2.86\ \text{V}.$$

부하 저항을 추가함으로써 전압 분배기 회로를 변화시켰기 때문에 이 값은 전압 분배기가 부하로 전달할 것이라고 예상했던 5 V와는 큰 차이가 있다.

b) 그림 3.16은 다른 R_1 및 R_2 저항을 갖는 전압 분배기와 동일한 부하 저항이 연결된 회로를 보여 준다. 다시 한 번 부하 저항이 전압 분배기 회로를 변화시킬 것이라고 예상된다. 400 Ω 및 10 kΩ 저항의 병렬 연결은 384.615 Ω의 등가 저항으로 대체될 수 있다. 따라서 식 (3.5)로부터

$$v_o = \frac{384.615}{1200 + 384.615}(20) = 4.85\ \text{V}.$$

이 값은 전압 분배기가 부하로 전달할 것이라고 예상했던 5 V에 훨씬 가깝다. 부하 저항 값이 전압 분배기의 R_2 저항 값보다 훨씬 크기 때문에 부하 저항의 영향이 최소화되는 것을 알 수 있다.

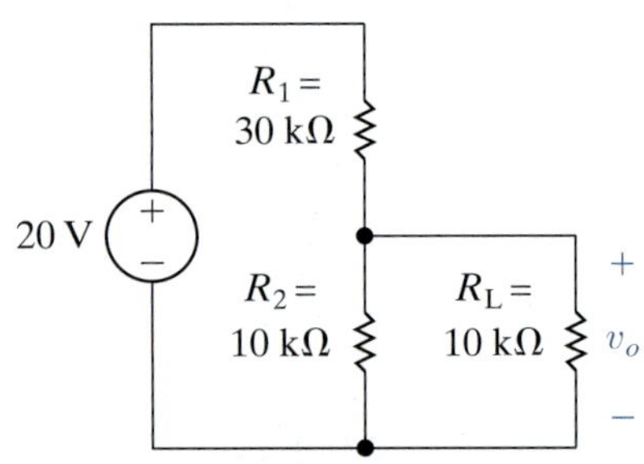

그림 3.15▲ 예제 3.3의 전압 분배기와 저항성 부하를 연결한 회로.

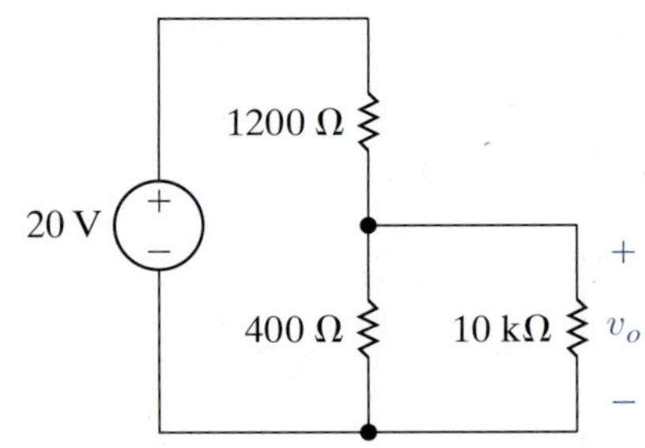

그림 3.16▲ 다른 R_1 및 R_2 저항을 갖는 예제 3.3의 전압 분배기와 저항성 부하를 연결한 회로.

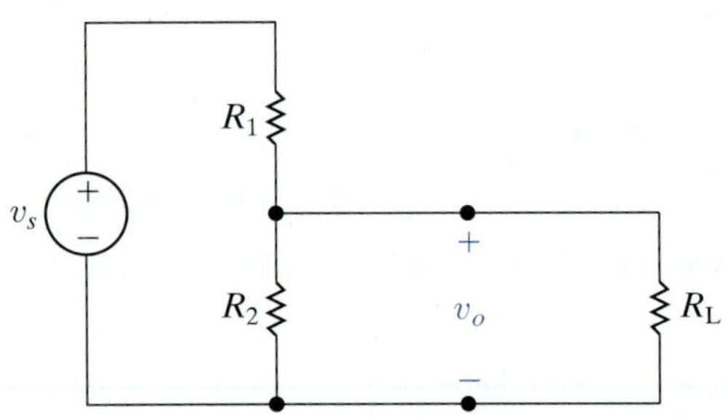

그림 3.17▲ 부하 R_L과 연결된 전압 분배기.

그림 3.17은 부하 저항 R_L과 연결된 일반적인 전압 분배기를 보여 준다. 이 회로의 출력 전압에 대한 표현식은 다음과 같다.

$$v_o = \frac{R_{eq}}{R_1 + R_{eq}} v_s,$$

여기서

$$R_{eq} = \frac{R_2 R_L}{R_2 + R_L}.$$

R_{eq}에 대한 식을 v_o에 대한 식에 대입하고 정리하면 다음과 같다.

$$v_o = \frac{R_2}{R_1\left[1 + (R_2/R_L)\right] + R_2} v_s. \tag{3.6}$$

식 (3.6)은 $R_L \to \infty$일 때 자연스럽게 식 (3.5)로 귀결된다는 것에 주목하자. 예제 3.4에서 보았듯이 $R_L \gg R_2$인 조건을 만족하기만 한다면 식 (3.6)의 전압 비 v_o/v_s는 분배기에 부하 저항을 연결하더라도 크게 변하지 않는다는 것을 보여 준다.

전압 분배기 회로의 또 다른 흥미로운 특성은 저항의 **허용 범위**(tolerance)에 대한 분배기의 민감도이다. 허용 범위란 가능한 값의 범위를 의미한다. 상업적으로

유효한 저항의 저항 값은 항상 표기된 값의 몇 퍼센트 내에서 변화한다. 예제 3.5는 전압 분배기 회로에서 저항 허용 범위의 영향을 보여 준다.

예제 3.5 저항 허용 범위가 전압 분배기 회로에 주는 영향

그림 3.18의 전압 분배기 회로에서 사용된 저항은 ±10%의 허용 범위를 갖는다. v_o의 최댓값과 최솟값을 구하라.

풀이

식 (3.5)로부터 v_o의 최댓값은 R_2가 10% 높은 110 kΩ이고 R_1이 10% 낮은 22.5 kΩ일 때 발생하고, v_o의 최솟값은 R_2가 10% 낮은 90 kΩ이고 R_1이 10% 높은 27.5 kΩ일 때 발생한다. 그러므로

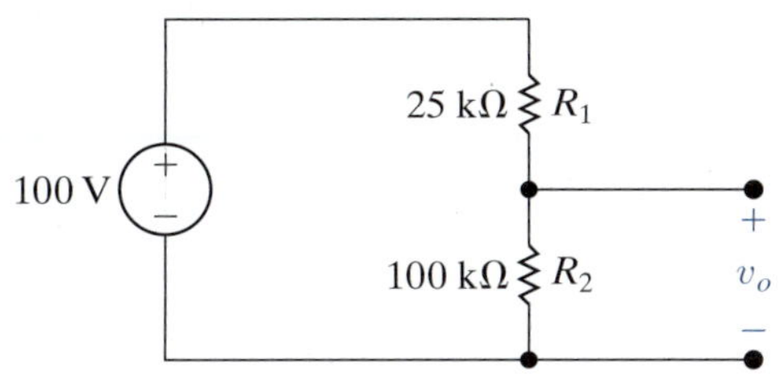

그림 3.18▲ 예제 3.5의 회로.

$$v_o(\text{max}) = \frac{110\ \text{k}}{110\ \text{k} + 22.5\ \text{k}}(100) = 83.02\ \text{V}$$

그리고

$$v_o(\text{min}) = \frac{90\ \text{k}}{90\ \text{k} + 27.5\ \text{k}}(100) = 76.60\ \text{V}.$$

따라서 이 전압 분배기에서 10% 허용 범위를 갖는 저항을 사용한다면 무부하 출력 전압은 76.60 V와 83.02 V 사이에 놓이는 것을 알 수 있다.

전류 분배기 회로

그림 3.19의 **전류 분배기 회로**(current-divider circuit)는 전류원에 병렬로 연결된 두 개의 저항으로 구성된다. 전류 분배기는 R_1과 R_2에 전류 i_s를 분배한다. 전류 i_s와 각 저항에 흐르는 전류(i_1 및 i_2) 사이에는 어떤 관계가 있을까? 병렬 저항에 걸리는 전압은 다음과 같이 세 가지 형태로 표현될 수 있다.

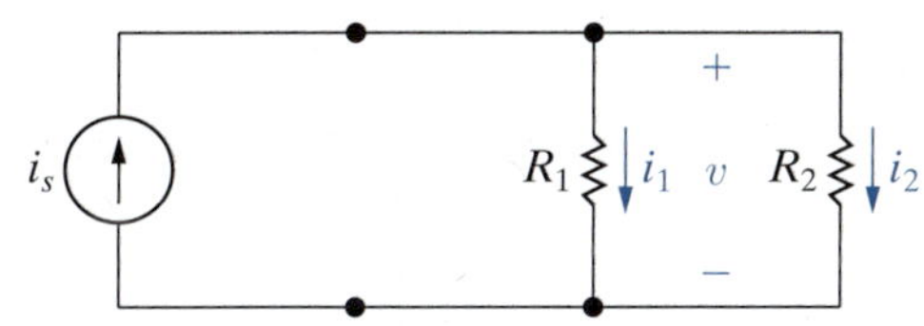

그림 3.19▲ 전류 분배기 회로.

- 저항 R_1과 전류 i_1의 곱
- 저항 R_2와 전류 i_2의 곱
- 전류원이 바라보는 등가 저항과 전류원 전류의 곱

이러한 세 가지 전압 표현식은 다음과 같다.

$$v = i_1R_1 = i_2R_2 = \frac{R_1R_2}{R_1 + R_2}i_s.$$

따라서

$$i_1 = \frac{R_2}{R_1 + R_2}i_s, \tag{3.7}$$

$$i_2 = \frac{R_1}{R_1 + R_2}i_s. \tag{3.8}$$

식 (3.7)과 (3.8)은 전류가 두 병렬 저항으로 분배될 때 한 개의 저항에 흐르는 전류는 병렬 저항 쌍으로 흘러 들어오는 전류에 나머지 다른 저항의 저항 값을 곱한 뒤 두 저항 값의 합으로 나눈 것과 동일하다는 것을 보여 준다. 예제 3.6을 풀어 봄으로써 전류 분배기를 설계하는 방법을 알아보자.

예제 3.6 전류 분배기 회로 설계하기

그림 3.19의 전류 분배기에서 전류원은 100 mA의 전원 전류를 갖는다고 가정하자. 0.25 W 저항을 사용할 수 있다고 한다면 $i_2 = 50$ mA가 되기 위해 사용 가능한 R_2 저항의 최댓값은 얼마인가?

풀이

저항 비를 알아내기 위해 식 (3.8)을 사용하는 동안 한 저항에 흐르는 전류가 50 mA라면 다른 저항에 흐르는 전류도 50 mA가 되어 두 저항 전류가 동일하다는 것을 분명히 알고 있어야 한다. 따라서 $i_2 = 50$ mA가 되도록 해 주는 무한개의 R_1 및 R_2 저항 조합이 가능하다. 저항이 같은 값을 갖고 이 저항에 동일한 전류가 흐른다면 0.25 W가 넘지 않는 동일한 전력을 흡수할 것이다. 저항에 대한 전력식으로부터

$$p = i^2R = (0.05)^2 R = 0.25$$

따라서

$$R = \frac{0.25}{(0.05)^2} = 100\ \Omega.$$

따라서 $i_2 = 50$ mA가 되도록 해 줄 수 있는 0.25 W 저항의 최댓값은 100 Ω이 된다.

평가문제

목표 2—간단한 전압 분배기와 전류 분배기 회로를 설계하는 방법을 안다.

3.2 a) 제시된 회로에서 v_o의 무부하 값을 구하라.
b) R_L이 4 kΩ일 때 v_o를 구하라.
c) 부하 단자가 우연하게 단락 회로가 되었다면 8 kΩ 저항에서 소모되는 전력은 얼마인가?
d) 4 kΩ 저항에서 소모된 최대 전력은 얼마인가?

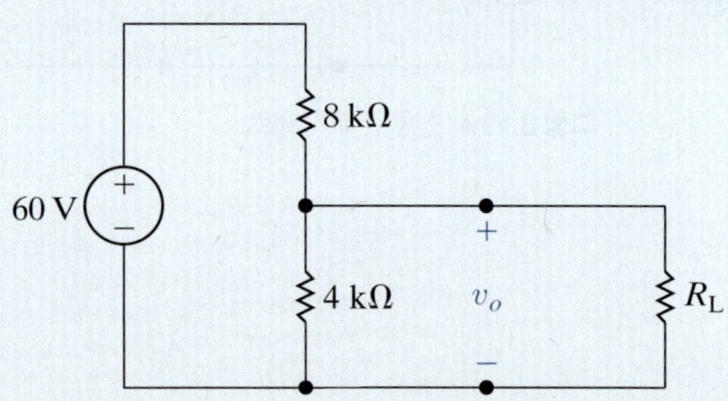

정답: a) 20 V, b) 12 V, c) 0.45 W, d) 0.1 W.

3.3 a) 제시된 회로에서 5 kΩ 저항을 통해 전류 12 mA가 흐르도록 하기 위한 R의 값을 구하라.
b) (a)로부터 저항 R이 소모하는 전력은 얼마인가?
c) (a)에서 구한 R의 값을 위해 전류원이 발생시키는 전력은 얼마인가?

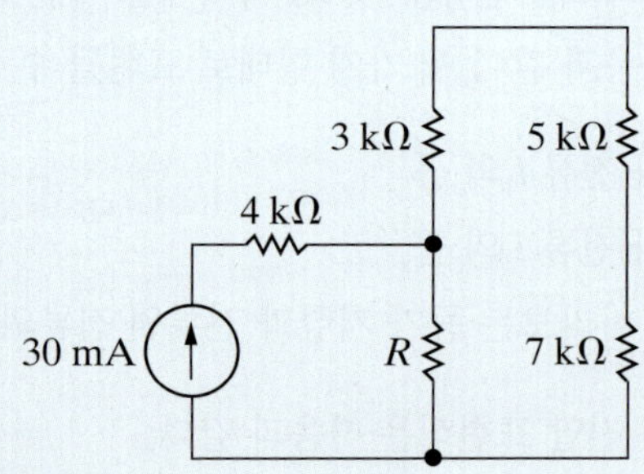

정답: a) 10 kΩ, b) 3.24 W, c) 9 W.

자가 검사: 연습문제 3.13, 3.15, 3.19도 풀어 보라.

3.4 전압 분배와 전류 분배

이제 **전압 분배**(voltage division)와 **전류 분배**(current division)라고 알려진 두 추가적인 유용한 회로 해석 기법을 도입하기로 한다. 이러한 기법은 그림 3.14의 전압 분배기 회로와 그림 3.19의 전류 분배기 회로를 해석한 결과를 일반화한 것이다. 전압 분배에 대해 먼저 알아보자.

전압 분배

그림 3.20의 회로를 생각하자. 왼쪽의 상자는 그림에 나타난 전압 v를 만들어 내는 하나의 전압원 또는 기본 회로 소자의 어떤 다른 조합을 포함할 수 있다. 상자의 오른쪽에는 직렬로 연결된 n개의 저항이 있다. 여기서는 임의의 저항 R_j에 걸린 전압 강하 v_j를 전압 v에 대한 식으로 표현하는 데 관심이 있다. 옴의 법칙을 사용하여 직렬인 모든 저항을 통해 흐르는 전류 i를 전압 v와 n개의 저항에 대한 식으로 정리하는 것으로부터 시작한다.

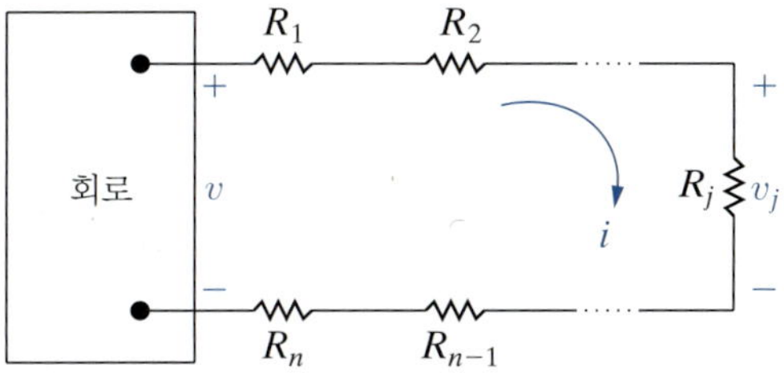

그림 3.20▲ 전압 분배를 설명하는 데 사용되는 회로.

$$i = \frac{v}{R_1 + R_2 + \cdots + R_n} = \frac{v}{R_{eq}}.$$

등가 저항 R_{eq}는 저항이 직렬로 연결되어 있기 때문에 식 (3.1)에 나타낸 바와 같이 n개 저항 값의 합이다. 저항 R_j에 걸린 전압 강하 v_j를 계산하기 위해 다시 옴의 법칙을 적용하고, 전류 i 대신 v/R_{eq}를 대입한다.

전압 분배식

$$v_j = iR_j = \frac{R_j}{R_{eq}} v. \tag{3.9}$$

식 (3.9)는 전압 분배식을 나타낸다. 이 식은 직렬로 연결된 저항 중 한 개의 저항 R_j에 걸린 전압 강하 v_j는 직렬로 연결된 저항의 집합에 걸린 전체 전압 강하 v에 비례한다는 것을 말해 준다. 비례 상수는 직렬로 연결된 저항의 등가 저항에 대한 한 개 저항의 비율, 즉 R_j/R_{eq}이다.

전류 분배

이제 그림 3.21의 회로를 생각하자. 왼쪽의 상자는 그림에 나타난 전류 i를 만들어 내는 하나의 전류원 또는 기본 회로 소자의 어떤 다른 조합을 포함할 수 있다. 상자의 오른쪽에는 병렬로 연결된 n개의 저항이 있다. 여기서는 임의의 저항 R_j를 통해 흐르는 전류 i_j를 전류 i에 대한 식으로 표현하는 데 관심이 있다. 옴의 법칙을 사용하여 병렬인 저항 각각에 걸린 전압 강하 v를 전류 i와 n개의 저항에 대한 식으로 정리하는 것으로부터 시작한다.

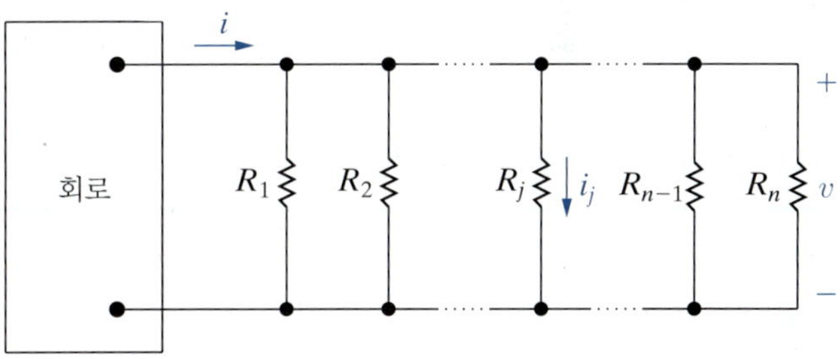

그림 3.21▲ 전류 분배를 설명하는 데 사용되는 회로.

$$v = i(R_1 \| R_2 \| \cdots \| R_n) = iR_{eq}.$$

병렬인 n개 저항의 등가 저항 R_{eq}는 식 (3.2)를 이용하여 계산할 수 있다. 저항 R_j를 통해 흐르는 전류 i_j를 계산하기 위해 다시 옴의 법칙을 적용하고, 전압 v 대신 iR_{eq}를 대입한다.

전류 분배식

$$i_j = \frac{v}{R_j} = \frac{R_{eq}}{R_j} i. \tag{3.10}$$

식 (3.10)은 전류 분배식을 나타낸다. 이 식은 병렬로 연결된 저항 중 한 개의 저항 R_j를 통해 흐르는 전류 i_j는 병렬로 연결된 저항의 집합에 공급되는 전체 전류 i에 비례한다는 것을 말해 준다. 비례 상수는 하나의 저항에 대한 병렬로 연결된 저항의 등가 저항의 비, 즉 R_{eq}/R_j이다. 전류 분배식에서의 비례 상수는 전압 분배식에서의 비례 상수의 역수라는 것에 주목하자!

예제 3.7에서는 회로의 전압과 전류를 구하기 위해 전압 분배와 전류 분배를 사용한다.

예제 3.7 회로를 해석하기 위해 전압 분배와 전류 분배 사용하기

그림 3.22의 회로에서 전류 분배를 이용하여 전류 i_o를 구하고 전압 분배를 이용하여 전압 v_o를 구하라.

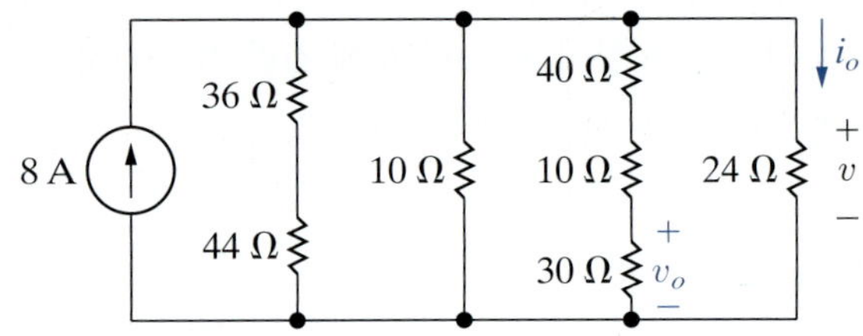

그림 3.22▲ 예제 3.7의 회로.

풀이

여러 저항으로 구성된 병렬 가지 네 개의 등가 저항을 구할 수 있다면 식 (3.10)을 사용할 수 있다. 직렬 연결된 저항은 '+' 기호로, 병렬 연결된 저항은 '‖' 기호로 표현하면 등가 저항은 다음과 같이 쓸 수 있다.

$$R_{eq} = (36 + 44)\|10\|(40 + 10 + 30)\|24$$

$$= 80\|10\|80\|24 = \frac{1}{\frac{1}{80} + \frac{1}{10} + \frac{1}{80} + \frac{1}{24}} = 6\ \Omega.$$

식 (3.10)을 적용하면 다음과 같다.

$$i_o = \frac{6}{24}(8\ \text{A}) = 2\ \text{A}.$$

24 Ω 저항에 걸린 전압 강하를 구하기 위해 옴의 법칙을 사용할 수 있다.

$$v = (24)(2) = 48\ \text{V}.$$

이것은 또한 40 Ω, 10 Ω, 30 Ω 저항을 직렬로 포함하는 가지에 걸린 전압 강하이기도 하다. 그러면 식 (3.9)와 전압 분배를 이용하여 직렬로 연결된 저항에 걸린 전압 강하로부터 30 Ω 저항에 걸린 전압 강하 v_o를 결정할 수 있다. 직렬로 연결된 저항의 등가 저항은 40 + 10 + 30 = 80 Ω이므로

$$v_o = \frac{30}{80}(48\ \text{V}) = 18\ \text{V}.$$

평가문제

목표 3—간단한 회로를 해결하기 위해 전압 및 전류 분배를 사용할 수 있다.

3.4 a) 전압 분배를 이용하여 제시된 회로에 있는 10 Ω 저항에 걸린 전압 v_o를 결정하라.

b) (a)에서 구한 v_o를 이용하여 10 Ω 저항을 통해 흐르는 전류를 결정하고, 이 전류와 전류 분배를 이용하여 80 Ω 저항에 흐르는 전류를 계산하라.

c) 50 Ω 저항에 의해 흡수되는 전력은 얼마인가?

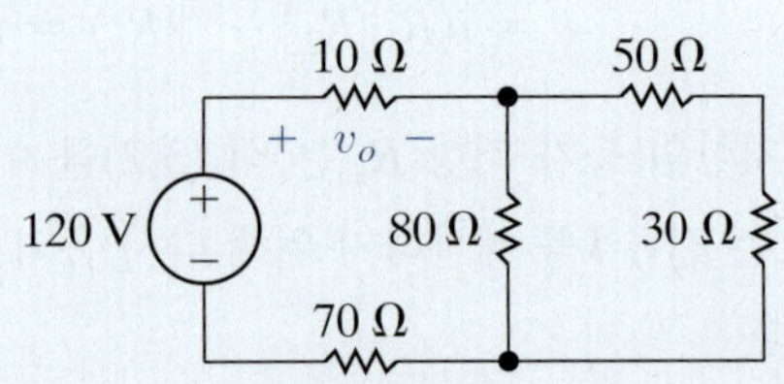

정답: a) 10 V, b) 0.5 A, c) 12.5 W.

자가 검사: 연습문제 3.25와 3.27도 풀어 보라.

3.5 전압과 전류 측정

실제 회로로 작업을 할 때 종종 전압과 전류를 측정할 필요가 있다. 이 절과 다음 절에서는 이러한 측정을 할 수 있는 몇 가지 측정 장치를 살펴보고자 한다. 이 장치들은 해석이 비교적 간단하고 전류와 전압 분배기 구조의 실제적인 예를 제공하기 때문이다. 우선 전류계와 전압계를 살펴본다.

- **전류계**(ammeter)는 전류를 측정하기 위해 설계된 계측기로, 전류가 측정되고 있는 회로 소자와 직렬로 연결된다.
- **전압계**(voltmeter)는 전압을 측정하기 위해 설계된 계측기로, 전압이 측정되고 있는 소자와 병렬로 연결된다.

이상적인 전류계 또는 전압계는 회로 변수에 영향을 주지 않고 측정하도록 설계된다. 즉 이상적인 전류계는 0 Ω의 등가 저항을 갖고 전류가 측정되고 있는 소자와 직렬인 단락 회로로서 기능을 한다. 이상적인 전압계는 무한의 등가 저항을 갖고 전압이 측정되고 있는 소자와 병렬인 개방 회로로서 기능을 한다. R_1에 흐르는 전류를 측정하기 위해 사용되는 전류계와 R_2에 걸린 전압을 측정하기 위해 사용되는 전압계가 그림 3.23에 도시되었다. 동일한 회로에 있는 이들 계측기에 대한 이상적인 모델을 그림 3.24에 나타내었다.

연속적인 전압과 전류를 측정하기 위해 두 가지 종류의 계측기, 즉 아날로그 계측기와 디지털 계측기가 사용된다.

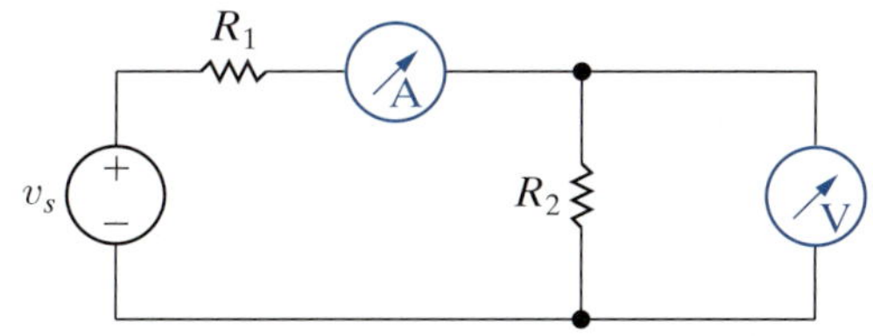

그림 3.23▲ R_1에 흐르는 전류를 측정하기 위해 연결된 전류계와 R_2에 걸린 전압을 측정하기 위해 연결된 전압계.

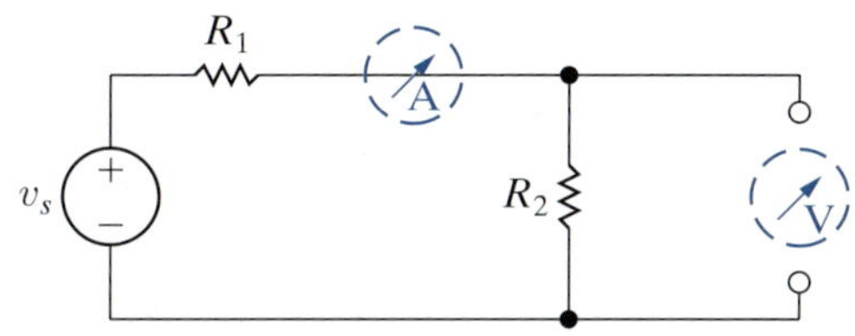

그림 3.24▲ 이상적인 전류계를 위한 단락 회로 모델과 이상적인 전압계를 위한 개방 회로 모델.

아날로그 계측기

아날로그 계측기(analog meter)는 그림 3.25와 같이 눈금 판독용 지침을 갖고 있는 다르송발(d'Arsonval) 계측 동작기에 기초를 두고 있다. 다르송발 계측 동작기는 영구 자석의 자계 내에 위치한 이동 코일로 구성되어 있다. 코일에 전류가 흐르면 코일에 회전력(torque)이 생성되고, 코일이 회전하면서 지침(pointer)은 교정된 눈금을 따라 움직인다. 설계에 따라서 지침의 편향(즉 눈금상 이동)은 이동 코일에 흐르는 전류에 직접적으로 비례한다. 이러한 코일은 정격 전압과 정격 전류를 모두 갖는다. 예를 들어 실제 구입 가능한 어떤 계측기의 정격이 50 mV와 1 mA라고 하자. 이는 코일에 1 mA의 전류가 흐를 때 코일에 걸린 전압 강하는 50 mV이고 지침은 최대 눈금 위치로 편향된다는 것을 의미한다.

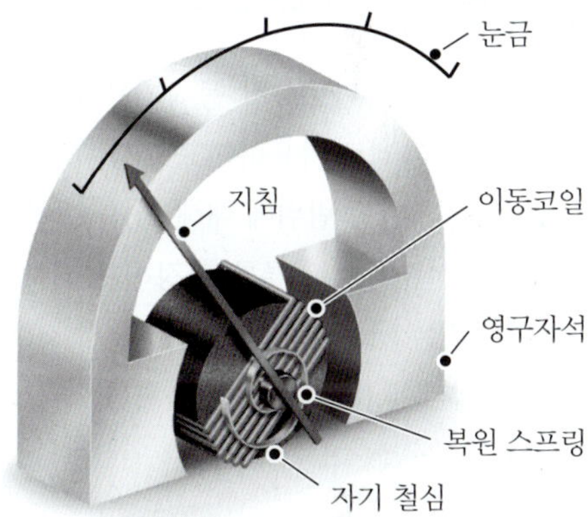

그림 3.25▲ 다르송발 계측 동작기의 개략도.

아날로그 전류계는 그림 3.26과 같이 저항과 병렬로 연결된 다르송발 동작기로 구성되어 있다. 병렬 저항 R_A의 목적은 이 저항으로 전류를 분기시켜 이동 코일에 흐르는 전류의 양을 제한하는 것이다. 반대로 아날로그 전압계는 그림 3.27과 같이 저항과 직렬로 연결된 다르송발 동작기로 구성되어 있다. 여기서 저항은 계측기의 코일에 걸리는 전압 강하를 제한하기 위해 사용된다. 두 계측기에 부가된 저항은 계측 동작기의 최대 판독 범위를 결정한다.

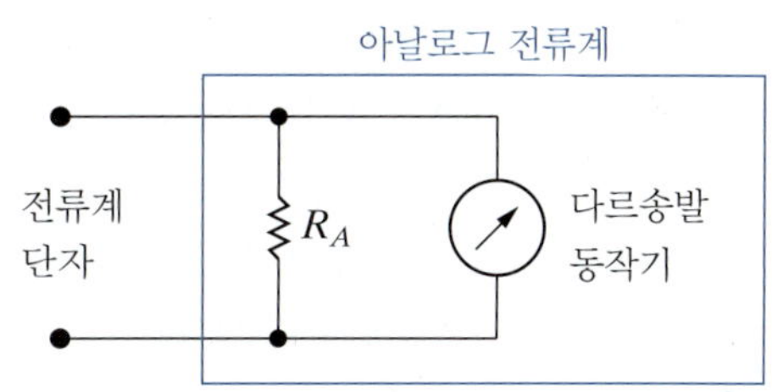

그림 3.26▲ 아날로그 전류계 회로.

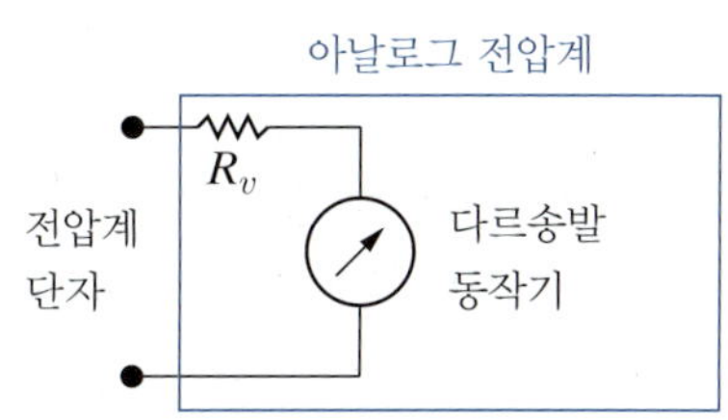

그림 3.27▲ 아날로그 전압계 회로.

이들 설명으로부터 실제 계측기는 이상적이 아니라는 것을 알 수 있다. 즉 부가된 저항뿐만 아니라 다르송발 계측 동작기도 계측기가 연결된 회로에 저항을 주게 된다. 실제로 물리적인 측정을 하는 데 사용되는 어떤 계측기든 측정하는 동안에 측정 대상인 시스템으로부터 에너지를 빼낸다. 계측기에 의해 소모되는 에너지가 많을수록 측정은 더 심하게 방해받는다. 실제 전류계는 0이 아닌 등가 저항을 가지므로 전류계가 전류를 읽고 있는 소자에 결과적으로 직렬로 저항을 부가하게 된다. 또한 실제 전압계는 무한이 아닌 등가 저항을 가지므로 전압계가 전압을 읽고 있는 소자에 결과적으로 병렬로 저항을 부가하게 된다.

이러한 계측기가 측정되는 회로를 방해하는 정도는 회로의 저항과 비교한 계측기의 실효 저항 값에 따라 다르다. 예를 들어 1/10 법칙을 사용하면 측정되고 있는 전류가 전류계의 연결 여부와 상관없이 거의 같기 위해서는 전류계의 실효 저항이 회로에 있는 가장 작은 저항 값의 1/10보다 크지 않아야 한다. 그러나 아날로그 계측기에서 저항 값은 우리의 요구에 따라 만들어지는 최대 판독 범위에 의해서 결정되고, 임의로 선택될 수 없다. 예제 3.8과 3.9는 아날로그 전류계와 전압계에서 필요한 저항을 계산하는 방법을 보여 준다. 또한 계측기가 회로에 삽입되었을 때 계측기의 결과적인 실효 저항에 대해서도 구해 본다.

예제 3.8 다르송발 전류계 사용하기

a) 50 mV, 1 mA 다르송발 동작기를 10 mA의 최대 판독 범위를 갖는 전류계로 사용하려고 한다. R_A를 결정하라.
b) 1 A의 최대 판독 범위에 대해 (a)를 반복하라.
c) 10 mA 전류계가 전류를 측정하기 위해 삽입되었을 때 회로에 부가되는 저항은 얼마인가?
d) 1 A 전류계에 대해 (c)를 반복하라.

풀이

a) 그림 3.26의 아날로그 전류계 회로를 살펴보자. 이 전류계에 흐르는 전류는 저항 R_A가 있는 가지와 계측 동작기가 있는 가지로 분배되어 흘러야 한다. 문제의 진술로부터 전류계의 단자에서 전류가 10 mA일 때 1 mA가 계측기 코일을 통해 흐른다는 것은 9 mA가 R_A를 통해 흘러야 한다는 것을 알고 있다. 또한 동작기에 1 mA가 흐를 때 동작기에 걸리는 전압은 50 mV라는 것을 알고 있으며, 병렬 연결된 저항 R_A의 전압도 50 mV가 된다. 옴의 법칙으로부터

$$9 \times 10^{-3} R_A = 50 \times 10^{-3},$$

또는

$$R_A = 50/9 = 5.555\ \Omega.$$

b) 전류계의 최대 눈금 편향이 1 A일 때 동작기는 1 mA의 전류를 흘려야 하고 R_A는 999 mA의 전류를 흘려야 한다. 그러면 이 경우에

$$999 \times 10^{-3} R_A = 50 \times 10^{-3},$$

또는

$$R_A = 50/999 \approx 50.05\ \text{m}\Omega.$$

c) R_m이 전류계의 등가 저항을 나타낸다고 하자. 전류계에 10 mA의 전류가 흐를 때 전류계 단자의 전압 강하는 50 mV이어야 하므로 옴의 법칙에서

$$R_m = \frac{0.05}{0.01} = 5\ \Omega.$$

다른 방법으로는 전류계의 저항은 계측 동작기 및 병렬 저항 R_A의 등가 저항이다. 계측 동작기의 저항은 동작기 전류에 대한 전압의 비, 즉 0.05/0.001 = 50 Ω이다. 따라서

$$R_m = 50 \| (50/9) = \frac{(50)(50/9)}{50 + (50/9)} = 5\ \Omega.$$

d) 1 A 전류계에 대해

$$R_m = \frac{0.05}{1} = 0.05\ \Omega,$$

또는 다른 방법으로

$$R_m = 50 \| (50/999) = \frac{(50)(50/999)}{50 + (50/999)} = 0.05\ \Omega.$$

예제 3.9 다르송발 전압계 사용하기

a) 50 mV, 1 mA 다르송발 동작기를 최대 판독 범위가 150 V인 전압계로 사용하려고 한다. R_v를 결정하라.

b) 최대 판독 범위 5 V에 대해 (a)를 반복하라.

c) 150 V 계측기는 회로에 얼마나 큰 저항을 삽입하게 되는가?

d) 5 V 계측기에 대해 (c)를 반복하라.

풀이

a) 그림 3.27의 아날로그 전압계 회로를 살펴보자. 이 전압계에 걸린 전압은 저항 R_v와 계측 동작기로 분배되어야 한다. 문제의 진술로부터 전압계에 걸린 전압이 150 V일 때 동작기 코일에 걸리는 전압은 50 mV이어야 한다는 것을 알고 있다. 남은 149.95 V는 저항 R_v에 걸려야 한다. 동작기의 전압 강하가 50 mV일 때 동작기에 흐르는 전류는 1 mA라는 것도 알고 있고, 저항 R_v에 흐르는 전류도 1 mA가 된다. 따라서 옴의 법칙을 이용하여 R_v에 대해 풀면

$$R_v = \frac{149.95}{0.001} = 149{,}950\ \Omega.$$

b) 5 V의 최대 판독 범위에 대해 R_v에 걸린 전압은 4.95 V이고 R_v에 흐르는 전류는 여전히 1 mA이다. 따라서 옴의 법칙으로부터

$$R_v = \frac{4.95}{0.001} = 4950\ \Omega.$$

c) R_m이 전압계의 등가 저항을 나타낸다고 하자. 전압계에 걸린 전압이 150 V일 때 전압계에 흐르는 전류는 1 mA이다. 따라서 옴의 법칙으로부터

$$R_m = \frac{150}{10^{-3}} = 150{,}000\ \Omega.$$

다른 방법으로는 전압계의 저항은 계측 동작기와 직렬 저항 R_v의 등가 저항이다. 계측 동작기의 저항은 동작기 전류에 대한 전압의 비, 즉 50 mV/1 mA = 50 Ω이다. 따라서

$$R_m = 149{,}950 + 50 = 150{,}000\ \Omega.$$

d) 5 V 전압계에 대해서는

$$R_m = \frac{5}{10^{-3}} = 5000\ \Omega,$$

또는 다른 방법으로

$$R_m = 4950 + 50 = 5000\ \Omega.$$

평가문제

목표 4—전류계와 전압계를 읽고 측정할 수 있다.

3.5 a) 제시된 회로에서 전류를 구하라.

b) 만약 예제 3.8(a)에서의 전류계가 전류를 측정하기 위해 사용된다면 판독 값은 얼마인가?

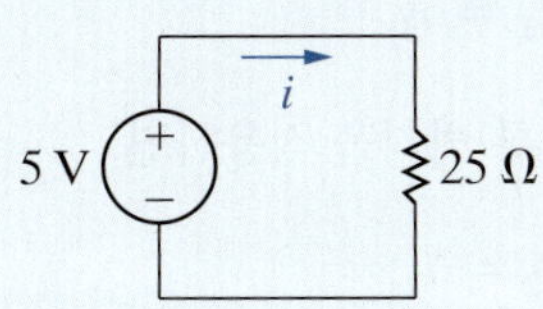

정답: a) 200 mA, b) 166.67 mA.

3.6 a) 제시된 회로에서 50 kΩ 저항에 걸린 전압 v를 구하라.

b) 만약 예제 3.9(a)의 150 V 전압계가 전압을 측정하기 위해 사용된다면 판독 값은 얼마인가?

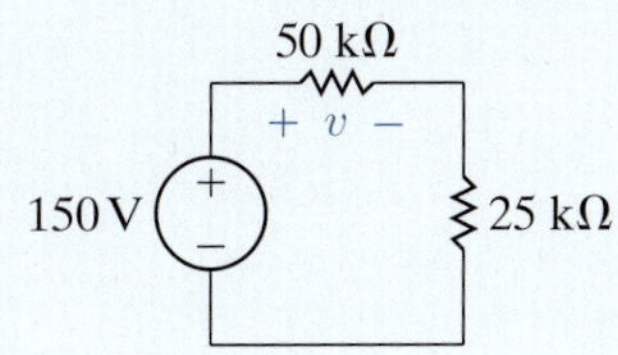

정답: a) 100 V, b) 90 V.

자가 검사: 연습문제 3.34와 3.35도 풀어 보라.

디지털 계측기

디지털 계측기(digital meter)는 표본화 시간이라고 불리는 시간의 이산점에서 연속적인 전압 또는 전류 신호를 측정한다. 따라서 그 신호는 시간에 연속적인 아날

로그 신호로부터 시간의 이산 순간에만 존재하는 디지털 신호로 변환된다. 디지털 계측기의 동작에 대한 자세한 설명은 이 책의 범위를 벗어난다. 그러나 아날로그 계측기에 비해 여러 가지 이점이 있기 때문에 실험실에서 디지털 계측기를 보거나 사용하게 될 것이다. 이들은 (여전히 이상적인 계측기는 아니지만) 연결되는 회로에 보다 적은 저항을 개입시키고, 보다 연결하기 쉬우며, 정보 판독 기전의 특성상 측정 정밀도가 높다.

3.6 저항 측정: 휘트스톤 브리지

다른 많은 회로 구성이 저항을 측정하기 위해 사용되지만, 여기서는 휘트스톤 브리지(Wheatstone bridge)에만 초점을 맞출 것이다. 휘트스톤 브리지 회로는 중간 값의 저항, 즉 1 Ω~1 MΩ 영역의 저항을 정밀하게 측정하기 위해 사용된다. 휘트스톤 브리지의 상용 모델에서 ±0.1% 정도의 정확도가 가능하다. 그림 3.28에 보이는 브리지 회로는 네 개의 저항, 한 개의 dc 전압원, 한 개의 탐지기로 구성되어 있다. 네 개 저항기 중 한 개의 저항은 그림 3.28에 R_3를 지나는 화살표로 표시한 것과 같이 가변될 수 있다. dc 전압원은 보통 배터리인데, 그림 3.28에 전압원 v를 배터리 기호로 표시했다. 탐지기는 일반적으로 마이크로암페어 영역에서 동작하는 다르송발 동작기이고 **검류계**(galvanometer)라 한다. 그림 3.28에서 R_1, R_2, R_3는 알려진 저항이고 R_x는 미지의 저항이다.

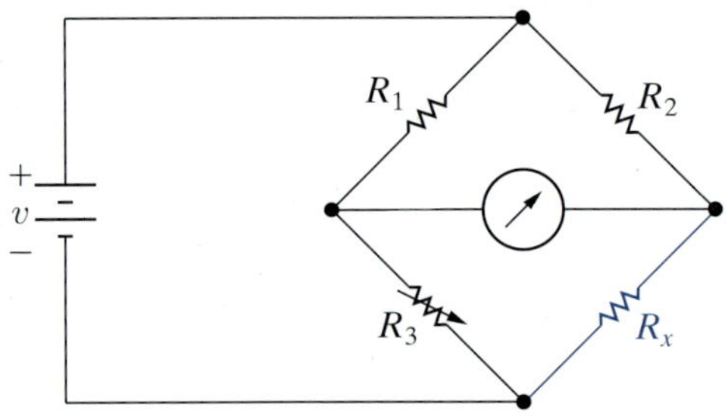

그림 3.28▲ 휘트스톤 브리지 회로.

R_x의 값을 구하기 위해 가변 저항 R_3를 검류계에 전류가 흐르지 않을 때까지 조정한다. 그러면 다음의 간단한 식으로부터 미지 저항을 계산할 수 있다.

$$R_x = \frac{R_2}{R_1} R_3. \tag{3.11}$$

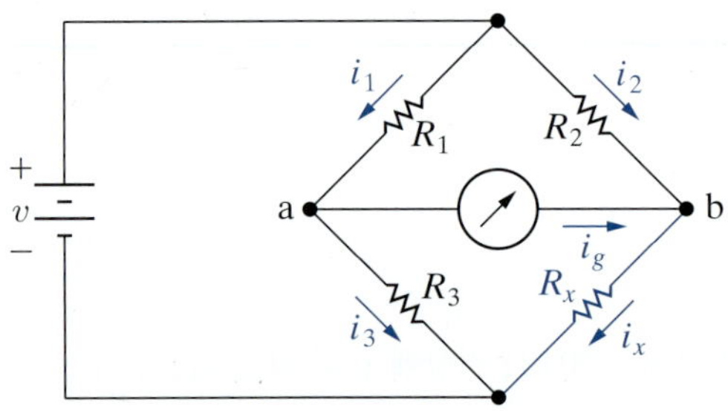

그림 3.29▲ 평형 휘트스톤 브리지($i_g = 0$).

식 (3.11)은 브리지 회로에 키르히호프의 법칙을 적용하여 유도한다. 브리지 회로에 가지 전류를 표시하기 위해 그림 3.29와 같이 브리지 회로를 다시 그린다. i_g가 0일 때 이 브리지를 **평형**(balanced)이라고 말한다. 마디 a에 키르히호프의 전류 법칙을 적용하면

$$i_1 = i_3,$$

유사하게 마디 b에도 키르히호프의 전류 법칙을 적용하면

$$i_2 = i_x.$$

이제 i_g가 0이기 때문에 탐지기에 걸린 전압 강하는 없고, 그런 까닭에 마디 a와 b는 같은 전위이다. 따라서 브리지가 평형일 때 검류계와 저항 R_3 및 R_x를 포함하는 시계 방향 폐경로에 대해 키르히호프의 전압 법칙을 적용하면

$$0 + R_x i_x - R_3 i_3 = 0$$

따라서

$$i_3 R_3 = i_x R_x.$$

검류계와 저항 R_1 및 R_2를 포함하는 다른 폐경로에 대해 키르히호프의 전압 법칙을 적용하면

$$i_1R_1 = i_2R_2.$$

첫 번째 KVL 방정식을 두 번째 KVL 방정식으로 나누면

$$\frac{i_3R_3}{i_1R_1} = \frac{i_xR_x}{i_2R_2}.$$

위 식에서 전류를 제거하고($i_1 = i_3$, $i_2 = i_x$이므로) R_x에 대해 정리하면 식 (3.11)을 얻을 수 있다.

이제 식 (3.11)의 타당성을 검증했고, 그 결과에 관한 몇 가지 설명을 할 차례이다. 첫째, 만약 비율 R_2/R_1가 1이라면 미지 저항 R_x는 R_3와 같다. 이 경우에 브리지 저항 R_3는 R_x값을 포함하는 영역 내에서 변화해야 한다. 예를 들어 만약 미지 저항이 1000 Ω이고 R_3가 0~100 Ω 범위에서만 변화될 수 있다면 그 브리지는 결코 평형이 될 수 없다. 따라서 미지 저항의 넓은 영역을 망라하기 위해서는 비율 R_2/R_1를 변화시킬 수 있어야 한다. 상용 휘트스톤 브리지의 경우 R_1과 R_2는 십진수 저항 값으로 이루어져 있고 브리지 회로상에서 그 값이 스위칭(전환)될 수 있다. 통상적으로 이 십진수 저항은 1, 10, 100, 1000 Ω이므로 비율 R_2/R_1는 0.001에서 1000까지 10의 배수 간격으로 변화될 수 있다. 가변 저항 R_3는 보통 1~11,000 Ω 범위의 정수 저항 값으로 조절할 수 있다.

둘째, 비록 식 (3.11)은 R_x가 0부터 무한대까지 변할 수 있다는 것을 의미하지만 R_x의 실제 영역은 대략 1 Ω~1 MΩ이다. 1 Ω 이하의 낮은 저항 값은 표준 휘트스톤 브리지상에서 측정하기 어려운데, 이는 서로 다른 금속의 접합에서 발생되는 열전(thermoelectric) 전압과 열적 가열 효과, 즉 i^2R 효과 때문이다. 1 MΩ보다 높은 저항은 누설 전류(leakage current) 때문에 정확하게 측정하기가 어렵다. 다시 말해, 만약 R_x가 너무 커지면 전기적으로 절연된 곳에서의 누설 전류가 브리지 회로의 가지에 흐르는 전류와 비슷해지기 때문이다.

예제 3.10은 측정 가능한 미지 저항의 범위를 구하기 위해 휘트스톤 브리지를 사용한다.

예제 3.10 저항 측정을 위해 휘트스톤 브리지 사용하기

그림 3.30에 제시된 휘트스톤 브리지에 대해 R_3는 10 Ω에서 2 kΩ까지 변화될 수 있다. 이 브리지가 측정할 수 있는 저항의 범위는 얼마인가?

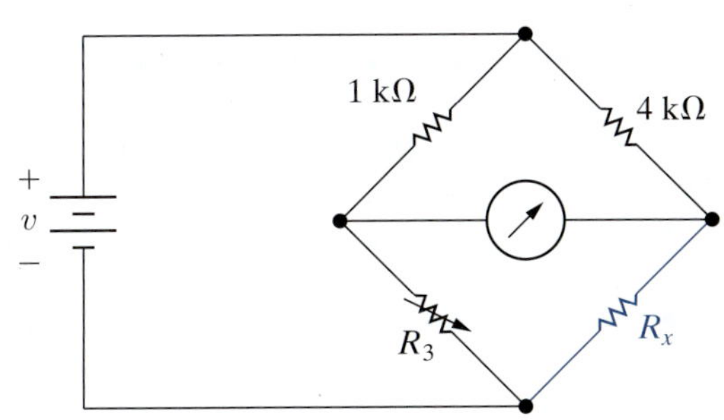

그림 3.30▲ 예제 3.10 회로.

풀이

R_3가 10 Ω일 경우 브리지는 다음과 같을 때 평형이 된다.

$$R_x = \frac{4000}{1000}(10) = 40\ \Omega.$$

R_3가 $2\ \text{k}\Omega$일 경우 브리지는 다음과 같을 때 평형이 된다.

$$R_x = \frac{4000}{1000}(2000) = 8\ \text{k}\Omega.$$

따라서 이 브리지가 측정 가능한 저항 값의 범위는 $40\ \Omega \sim 8\ \text{k}\Omega$이다.

평가문제

목표 5—저항을 측정하기 위해 휘트스톤 브리지를 사용하는 방법을 이해한다.

3.7 제시된 브리지 회로는 $R_1 = 1\ \text{k}\Omega$, $R_2 = 500\ \Omega$, $R_3 = 2\ \text{k}\Omega$일 때 평형이 된다. 30 V dc 전원으로부터 브리지에 전압이 공급된다.

a) R_x의 값은 얼마인가?

b) 만약 브리지 회로가 평형 상태로 남아 있다면, 어느 저항이 가장 많은 전력을 소모하는가?

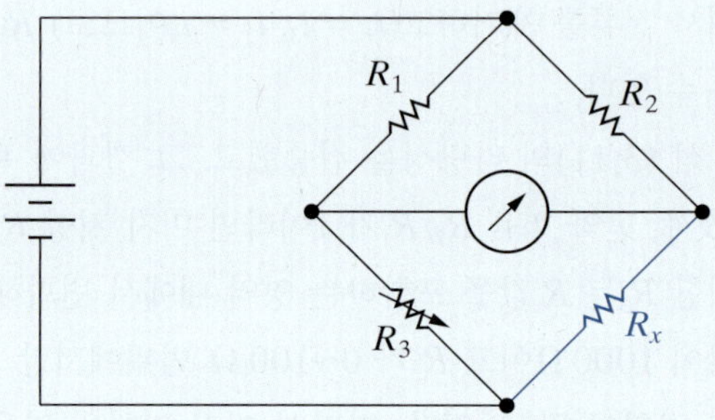

정답: a) $1\ \text{k}\Omega$, b) R_x.

자가 검사: 연습문제 3.52도 풀어 보라.

3.7 델타-와이(파이-티) 등가 회로

그림 3.28에 있는 휘트스톤 브리지를 다시 살펴보자. 만약 검류계를 등가 저항 R_m으로 대체한다면 그림 3.31의 회로를 그릴 수 있다. 이 회로는 어떠한 직렬 또는 병렬 연결된 저항도 가지고 있지 않으므로 이 회로의 상호 연결된 저항은 이 장 앞부분에서 소개했던 간단한 직렬 또는 병렬 등가 회로를 이용하여 간소화할 수 없다. 그러나 델타-와이(Δ-to-Y) 또는 파이-티(π-to-T) 등가 회로를 이용하면 위 다섯 개의 상호 연결된 저항은 하나의 등가 저항으로 간소화될 수 있다.[1]

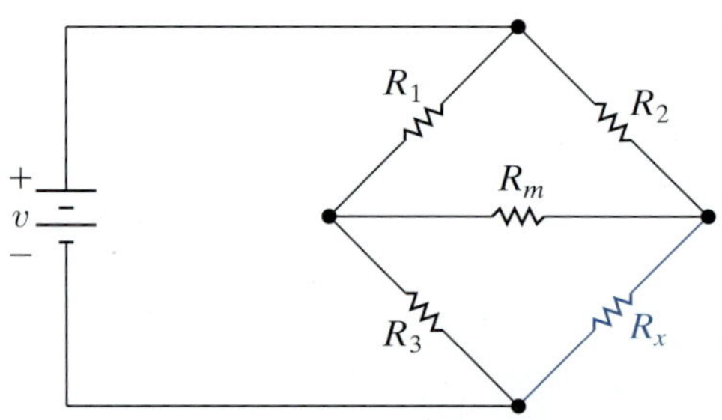

그림 3.31▲ 휘트스톤 브리지 회로에 의해 생성된 저항 회로망.

그림 3.31의 회로에서 저항 R_1, R_2, R_m(또는 R_3, R_m, R_x)은 상호 연결이 그리스 문자 Δ처럼 보이기 때문에 **델타**(delta, Δ) **상호 연결**(interconnection)이라고 한다. 또한 그림 3.32에 보이는 것처럼 Δ가 두 가지 구조를 갖는 회로의 전기적인 등가성을 유지하면서 그리스 문자 π처럼 만들어질 수 있기 때문에 **파이**(pi, π) **상호 연결**(interconnection)이라고도 한다.

그림 3.31의 회로에서 저항 R_1, R_m, R_3(또는 R_2, R_m, R_x)는 상호 연결이 문자 Y처럼 보이도록 만들어질 수 있기 때문에 **와이**(wye, Y) **상호 연결**(interconnection)이라고 한다. 상호 연결이 그림 3.33과 같이 그려질 때 Y 모양을 보는 것은 더욱 쉽다. Y 상호 연결 또한 그림 3.33에 보이는 것처럼 Y 구조가 두 구조의 전기적인 등가를 유지하면서 T 구조로 만들어질 수 있기 때문에 **티**(tee, T) **상호 연결**(interconnection)이라고도 한다.

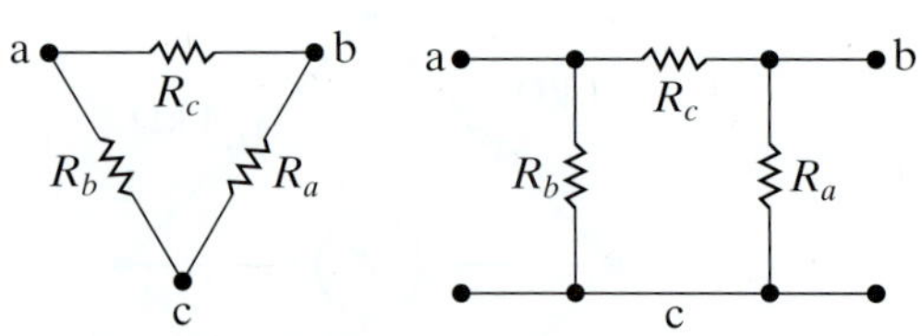

그림 3.32▲ π 형태로 본 Δ 형태.

그림 3.34는 Δ-Y(또는 π-T) 등가 회로 변환을 보여 준다. 그러나 상호 연결의

1 Δ와 Y 구조는 저항 회로망뿐만 아니라 여러 가지 유용한 회로에 존재한다. 그러므로 Δ-Y 변환은 회로 해석에서 유용한 도구이다.

모양을 바꾸는 것만으로 Δ 상호 연결을 Y 상호 연결로 간단히 변환할 수는 없다. Δ 연결된 회로가 Y 연결된 회로와 등가라고 하는 것은 Δ 구조 회로가 단자 특성의 변화 없이 Y 구조 회로로 대체될 수 있다는 것을 의미한다. 따라서 만약 서로 등가인 각 회로가 블랙 박스 내에 위치한다면 외부의 측정만으로는 박스가 Δ 연결된 저항의 집합을 포함하는지 또는 Y 연결된 저항의 집합을 포함하는지 알 수 없다. 이러한 상태는 각 블랙 박스에 대해 대응되는 단자 쌍 간의 저항이 서로 같을 때에만 성립된다. 예를 들어 단자 a와 b 사이의 저항이 블랙 박스 내에 Δ 연결된 집합을 사용하거나 또는 Y 연결된 집합을 사용하거나 같아야 한다는 의미이다. Δ 연결된 회로에서 각 단자 쌍에 대한 등가 저항은 직렬과 병렬 단순화를 이용하여 계산할 수 있고, Y 연결된 회로에서 각 단자 쌍에 대한 등가 저항은 직렬 단순화만을 이용하여 계산할 수 있다. 대응되는 세 단자 쌍에서 구한 등가 저항을 서로 비교해 보면

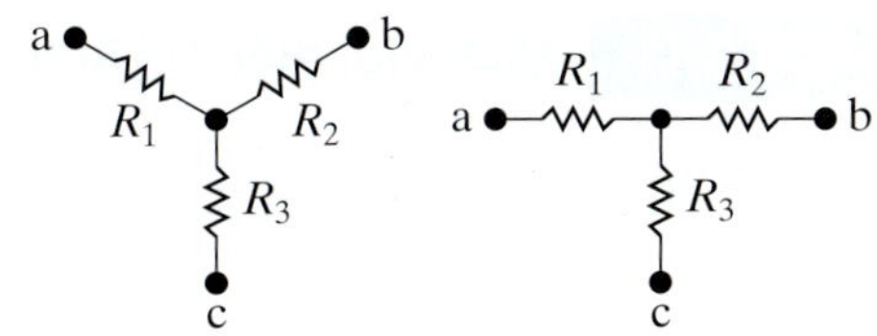

그림 3.33▲ T 구조로 본 Y 구조.

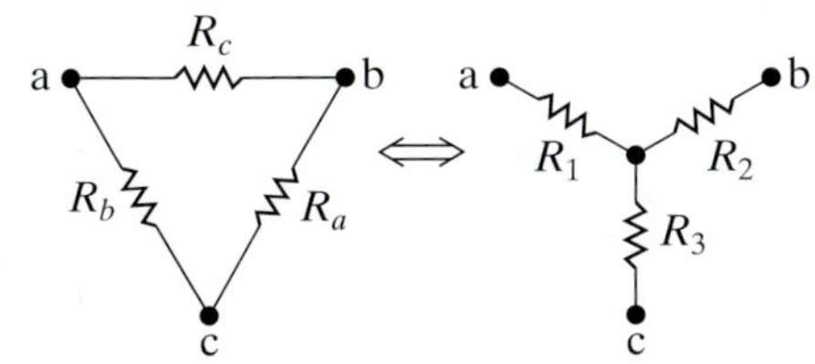

그림 3.34▲ Δ-Y 변환.

$$R_{ab} = \frac{R_c(R_a + R_b)}{R_a + R_b + R_c} = R_1 + R_2, \tag{3.12}$$

$$R_{bc} = \frac{R_a(R_b + R_c)}{R_a + R_b + R_c} = R_2 + R_3, \tag{3.13}$$

$$R_{ca} = \frac{R_b(R_c + R_a)}{R_a + R_b + R_c} = R_1 + R_3. \tag{3.14}$$

식 (3.12)~(3.14)의 세 연립 방정식에서 R_1, R_2, R_3를 미지수로 가정하고 그대로 대수적으로 풀어 주면 Δ 연결된 저항으로 Y 연결된 저항을 표현할 수 있다. 다음의 식은 Δ 연결된 저항을 Y 연결된 저항으로 변환할 때 사용할 수 있다.

$$R_1 = \frac{R_b R_c}{R_a + R_b + R_c}, \tag{3.15}$$

$$R_2 = \frac{R_c R_a}{R_a + R_b + R_c}, \tag{3.16}$$

$$R_3 = \frac{R_a R_b}{R_a + R_b + R_c}. \tag{3.17}$$

Δ-Y 변환의 역변환 또한 가능하다. 즉 Y 구조로 연결된 저항을 등가인 Δ 구조로 연결된 저항으로 대체할 수 있다. 세 개의 Δ 연결된 저항을 세 개의 Y 연결된 저항의 함수로 표현한 식은 다음과 같다.

$$R_a = \frac{R_1R_2 + R_2R_3 + R_3R_1}{R_1}, \tag{3.18}$$

$$R_b = \frac{R_1R_2 + R_2R_3 + R_3R_1}{R_2}, \tag{3.19}$$

$$R_c = \frac{R_1R_2 + R_2R_3 + R_3R_1}{R_3}. \tag{3.20}$$

예제 3.11에서는 회로 및 그 해석을 간단히 하기 위해 Δ-Y 변환을 사용한다.

예제 3.11 델타-와이 변환 적용하기

그림 3.35의 회로에서 40 V 전원에 의해 공급된 전류와 전력을 구하라.

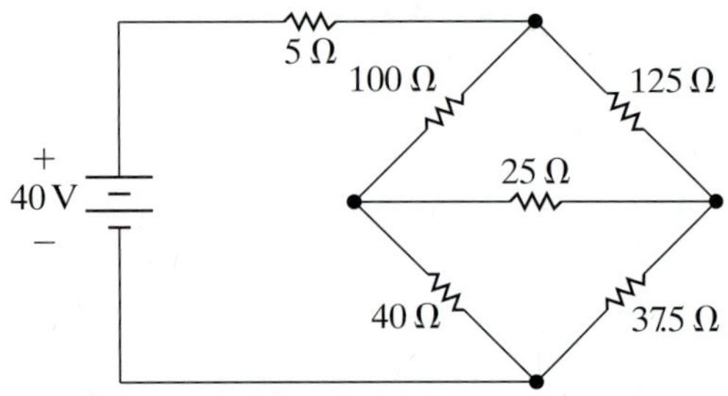

그림 3.35▲ 예제 3.11의 회로.

풀이

이 문제는 전원이 바라보는 등가 저항을 구할 수 있으면 쉽게 해결된다. 위쪽 Δ(100, 125, 25 Ω) 또는 아래쪽 Δ(40, 25, 37.5 Ω) 연결된 저항 중 하나를 등가 Y 연결된 저항으로 대체함으로써 이 등가 저항을 구하는 것을 시작할 수 있다. 여기서는 위쪽 Δ 연결된 저항을 대체하는 것으로 선택하고, 식 (3.15)~(3.17)을 이용하여 그림 3.36에 정의된 세 개의 Y 연결된 저항을 계산한다. 따라서

$$R_1 = \frac{100 \times 125}{250} = 50\ \Omega,$$

$$R_2 = \frac{125 \times 25}{250} = 12.5\ \Omega,$$

$$R_3 = \frac{100 \times 25}{250} = 10\ \Omega.$$

그림 3.35의 회로를 위 Y 저항으로 대체하면 그림 3.37의 회로가 생성된다. 그림 3.37로부터 직렬-병렬 단순화를 이용하여 40 V 전원이 바라보는 저항을 쉽게 계산할 수 있다.

$$R_{\text{eq}} = 5 + 50 + (10 + 40)\|(12.5 + 37.5)$$

$$= 55 + \frac{(50)(50)}{50 + 50} = 80\ \Omega.$$

따라서 그림 3.38에 나타낸 바와 같이 전압원을 제외한 회로는 40 V 전압원에 연결된(또는 40 V 전압원이 바라보는) 80 Ω 저항으로 단순화되고, 따라서 40 V 전원은 회로에 $i = 40/80 = 0.5$ A의 전류와 $p = 40(0.5) = 20$ W의 전력을 전달한다.

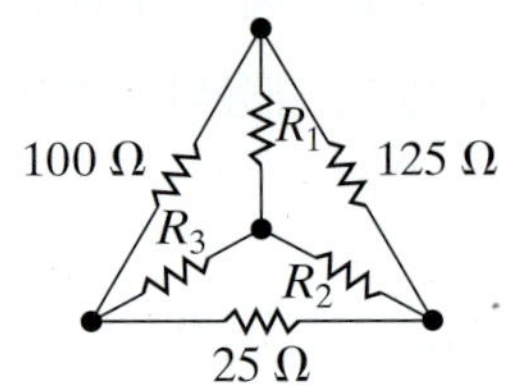

그림 3.36▲ 등가 Y 저항.

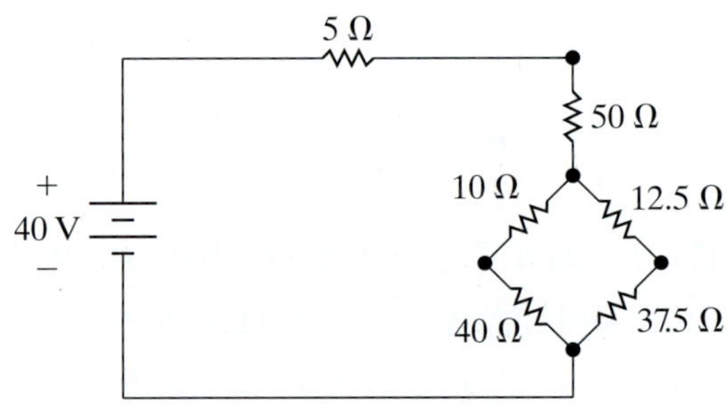

그림 3.37▲ 그림 3.35 회로의 변환된 형태.

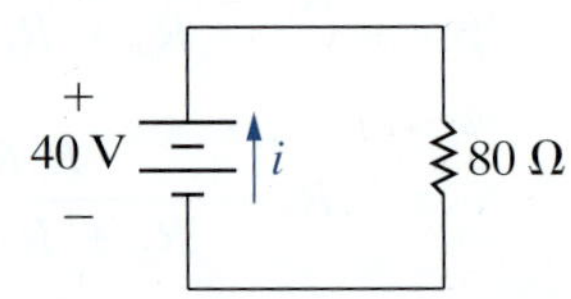

그림 3.38▲ 그림 3.35의 회로에 대한 단순화에서 최종 단계.

평가문제

목표 6—델타-와이 등가 회로를 언제 어떻게 사용하는지 안다.

3.8 제시된 회로에서 Y-Δ 변환을 이용하여 전압 v를 구하라.

정답: 3 V.

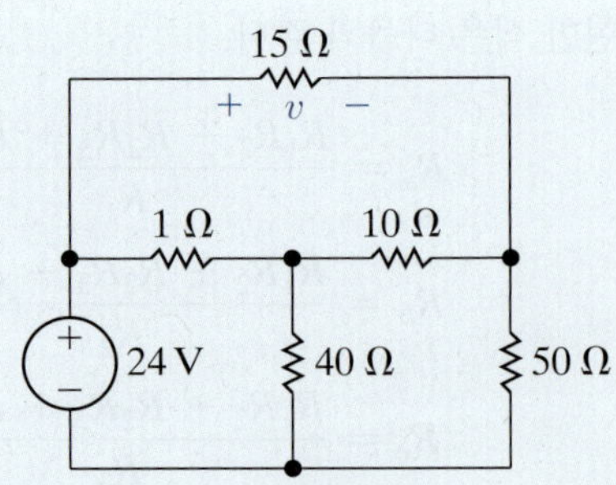

자가 검사: 연습문제 3.60, 3.61, 3.63도 풀어 보라.

실제 응용

저항성 터치스크린

x 방향에서의 격자 저항을 먼저 분석해 보자. 그림 3.39에 보이는 것처럼 x 방향으로의 격자 저항을 R_x로 모델링해 보자. 화면을 터치한 지점의 x 위치를 화살표로 표시했다. 화면을 터치하면 전체 저항 R_x는 αR_x와 $(1-\alpha)R_x$로 나뉜다. 그리고 αR_x 저항에서 발생하는 결과적인 전압 강하는 V_x이다.

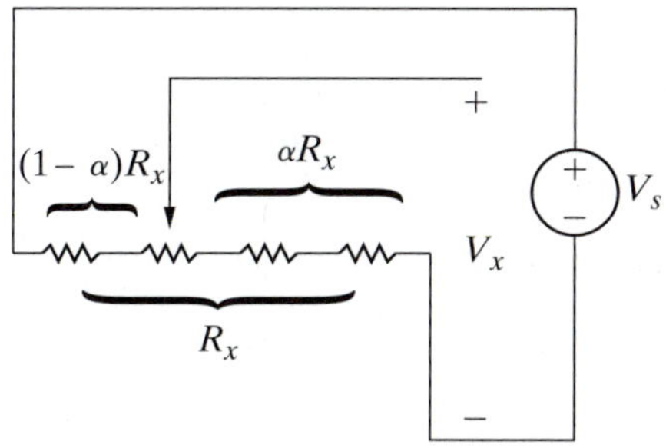

그림 3.39▲ x 방향에서의 저항성 터치스크린 격자.

그림으로부터 화면의 가장 오른쪽 부분을 터치했을 때 $\alpha = 0$, $V_x = 0$이 된다는 것을 알 수 있다. 마찬가지로, 화면의 가장 왼쪽 부분을 터치했을 때 $\alpha = 1$, $V_x = V_s$가 된다는 것을 확인할 수 있다. 만약 양 끝 부분 사이 어느 한 지점을 터치하면 α값은 0과 1 사이에 존재하고 R_x의 두 부분은 전압 분배기가 된다. 여기서 전압 분배 방정식을 사용해 전압 V_x를 계산할 수 있다.

$$V_x = \frac{\alpha R_x}{\alpha R_x + (1-\alpha)R_x} V_s = \frac{\alpha R_x}{R_x} V_s = \alpha V_s.$$

다음 식과 같이 터치 지점에서 시작하는 격자 저항 전압 V_x를 x 방향 전체 격자 저항 전압 V_s로 나눠 줌으로써 화면의 오른쪽 가장자리를 기준으로 터치 지점을 나타내는 α의 값을 찾을 수 있다.

$$\alpha = \frac{V_x}{V_s}.$$

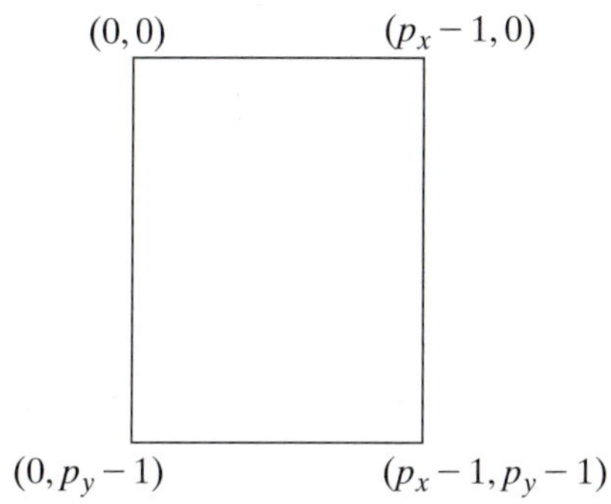

그림 3.40▲ x 방향으로 p_x 픽셀과 y 방향으로 p_y 픽셀을 갖는 화면의 픽셀 좌표계.

이제 α값을 사용해 화면에서 터치 지점의 x 좌표를 결정하려고 한다. 일반적으로 화면 좌표는 픽셀(화소의 약어)로 지정된다. 예를 들어 휴대전화의 화면은 x 방향으로는 p_x개의 픽셀, y 방향으로는 p_y개의 픽셀을 가진 하나의 픽셀 격자로 볼 수 있다. 각각의 픽셀은 x 위치(0부터 $p_x - 1$ 사이의 수)와 y 위치(0부터 $p_y - 1$ 사이의 수)를 이용하여 찾을 수 있다. (0, 0)에서의 픽셀은 그림 3.40에서 보이는 것처럼 화면 왼쪽 상부 모서리에 위치한다.

α는 화면의 오른쪽 가장자리를 기준으로 봤을 때 터치 지점의 위치이기 때문에 $(1-\alpha)$는 화면의 왼쪽 가장자리를 기준으로 봤을 때 터치 지점의 위치를 나타낸다. 그러므로 터치 지점에 상응하는 픽셀의 x 좌표는

$$x = (1 - \alpha)p_x.$$

여기서 x의 최댓값은 $(p_x - 1)$이라는 것에 주목하자.

그림 3.41에서처럼 y 방향에서 저항성 화면 격자의 모델을 사용하면 화살표 지점에서의 터치로 인해 발생한 전압은 다음 식으로부터 얻을 수 있다.

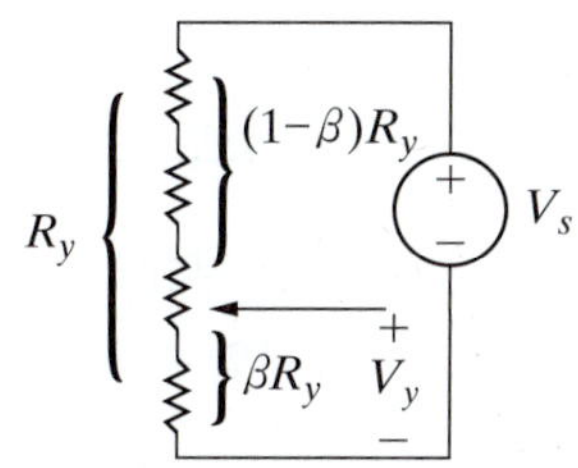

그림 3.41▲ y 방향에서의 저항성 터치스크린 격자.

$$V_y = \beta V_s.$$

그러므로 터치 지점에 상응하는 픽셀의 y 좌표는

$$y = (1 - \beta)p_y,$$

y의 최댓값은 $(p_y - 1)$이다(연습문제 3.72 참조).

자가 검사: 연습문제 3.72~3.75를 풀어 이해도를 평가하라.

요약

- **직렬 저항**은 다음 식에 따라 하나의 등가 저항을 얻기 위해 결합될 수 있다.

$$R_{\text{eq}} = \sum_{i=1}^{k} R_i = R_1 + R_2 + \cdots + R_k.$$

- **병렬 저항**은 다음 식에 따라 하나의 등가 저항을 얻기 위해 결합될 수 있다.

$$\frac{1}{R_{\text{eq}}} = \sum_{i=1}^{k} \frac{1}{R_i} = \frac{1}{R_1} + \frac{1}{R_2} + \cdots + \frac{1}{R_k}.$$

두 개의 저항만 병렬일 때 등가 저항에 대한 식은 다음과 같이 단순화될 수 있다.

$$R_{\text{eq}} = \frac{R_1 R_2}{R_1 + R_2}.$$

- 전압이 그림과 같이 직렬 저항으로 분배될 때 각 저항에 걸린 전압은 다음 식으로 구할 수 있다.

$$v_1 = \frac{R_1}{R_1 + R_2} v_s,$$

$$v_2 = \frac{R_2}{R_1 + R_2} v_s.$$

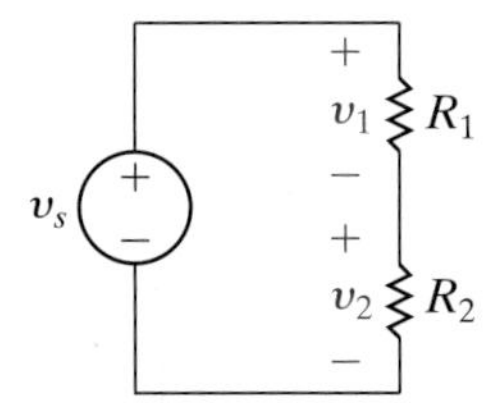

- 전류가 그림과 같이 병렬 저항으로 분배될 때 각 저항에 흐르는 전류는 다음 식으로 구할 수 있다.

$$i_1 = \frac{R_2}{R_1 + R_2} i_s.$$

$$i_2 = \frac{R_1}{R_1 + R_2} i_s.$$

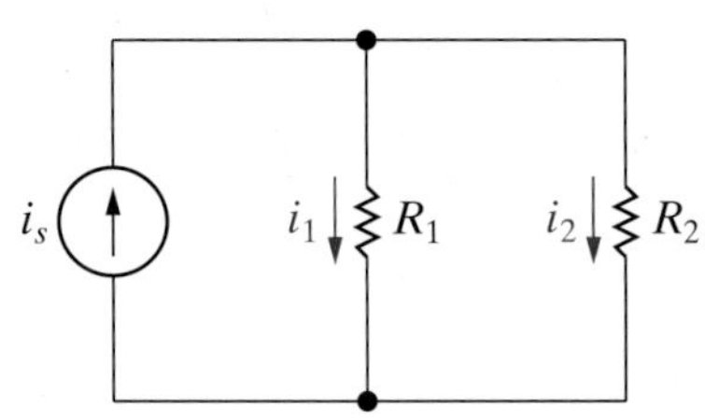

- **전압 분배**는 직렬로 연결된 저항의 집합에 걸린 전압 강하를 알고 있을 때 이 저항의 집합 중 하나의 저항에 걸린 전압 강하를 구하기 위해 사용되는 회로 해석 도구이다.

$$v_j = \frac{R_j}{R_{\text{eq}}} v,$$

여기서 v_j는 저항 R_j에 걸린 전압 강하이고, v는 등가 저항이 R_{eq}인 직렬로 연결된 저항의 집합에 걸린 전압 강하이다.

- **전류 분배**는 병렬로 연결된 저항의 집합으로 흐르는 전류를 알고 있을 때 이 저항의 집합 중 하나의 저항을 통해 흐르는 전류를 구하기 위해 사용되는 회로 해석 도구이다.

$$i_j = \frac{R_{\text{eq}}}{R_j} i,$$

여기서 i_j는 저항 R_j를 통해 흐르는 전류이고, i는 등가 저항이 R_{eq}인 병렬로 연결된 저항의 집합으로 흐르는 전류이다.

- **전압계**는 전압을 측정하고, 측정되는 전압과 병렬로 위치해야 한다. 이상적인 전압계는 무한의 내부 저항을 갖고 있고, 따라서 측정되는 전압 값을 바꾸지 않는다(즉 값에 영향을 주지 않는다).

- **전류계**는 전류를 측정하고, 측정되는 전류와 직렬로 위치해야 한다. 이상적인 전류계는 0의 내부 저항을 갖고 있고, 따라서 측정되는 전류 값을 바꾸지 않는다(즉 값에 영향을 주지 않는다).

- **디지털 계측기**와 **아날로그 계측기**는 측정되는 회로 변수의 값에 영향을 주는 내부 저항을 갖고 있다. 다르송발 계측 동작기를 기반으로 하는 계측기는 동작기의 코일에 흐르는 전류를 제한하기 위한 방법으로 의도적으로 내부 저항을 포함시킨다.

- **휘트스톤 브리지 회로**는 네 개의 저항, dc 전압원, 검류계를 이용하여 저항 값을 정밀하게 측정하기 위해 사용된다. 휘트스톤 브리지는 저항이 식 (3.11)을 따를 때 평형이 되며, 이때 검류계는 0 A로 판독된다.

- Δ 구조(또는 π 구조)로 연결된 세 개의 저항을 갖는 회로는 세 개 저항이 Y 연결(또는 T 연결)된 등가 회로로 변환될 수 있다. Δ-Y 변환은 식 (3.15)~(3.17)에 주어져 있고, Y-Δ 변환은 식 (3.18)~(3.20)에 주어져 있다.

연습문제

3.1과 3.2절

3.1 그림 P3.1의 각 회로에 대해

a) 직렬로 연결된 저항을 찾아라.

b) 직렬로 연결된 저항을 등가 저항으로 대체하여 회로를 단순화하라.

3.2 그림 P3.2의 각 회로에 대해

a) 병렬로 연결된 저항을 찾아라.

b) 병렬로 연결된 저항을 등가 저항으로 대체하여 회로를 단순화하라.

3.3 그림 P3.1의 각 회로에 대해

a) 전압원 및 전류원이 바라보는 등가 저항을 구하라.

b) 전압원 및 전류원에서 발생하는 전력을 구하라.

3.4 그림 P3.2의 각 회로에 대해

a) 전압원 및 전류원이 바라보는 등가 저항을 구하라.

b) 전압원 및 전류원에서 발생하는 전력을 구하라.

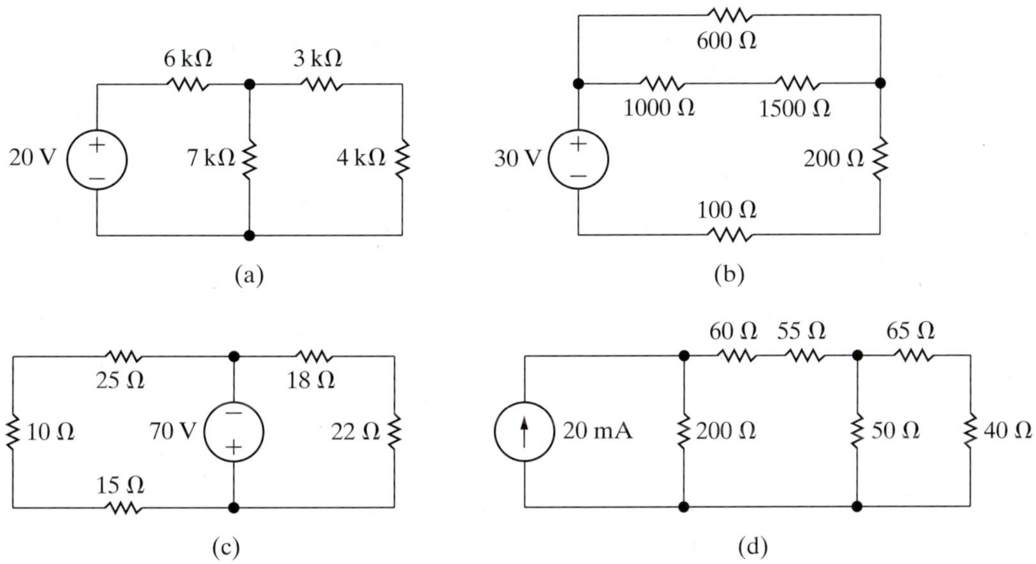

그림 P3.1

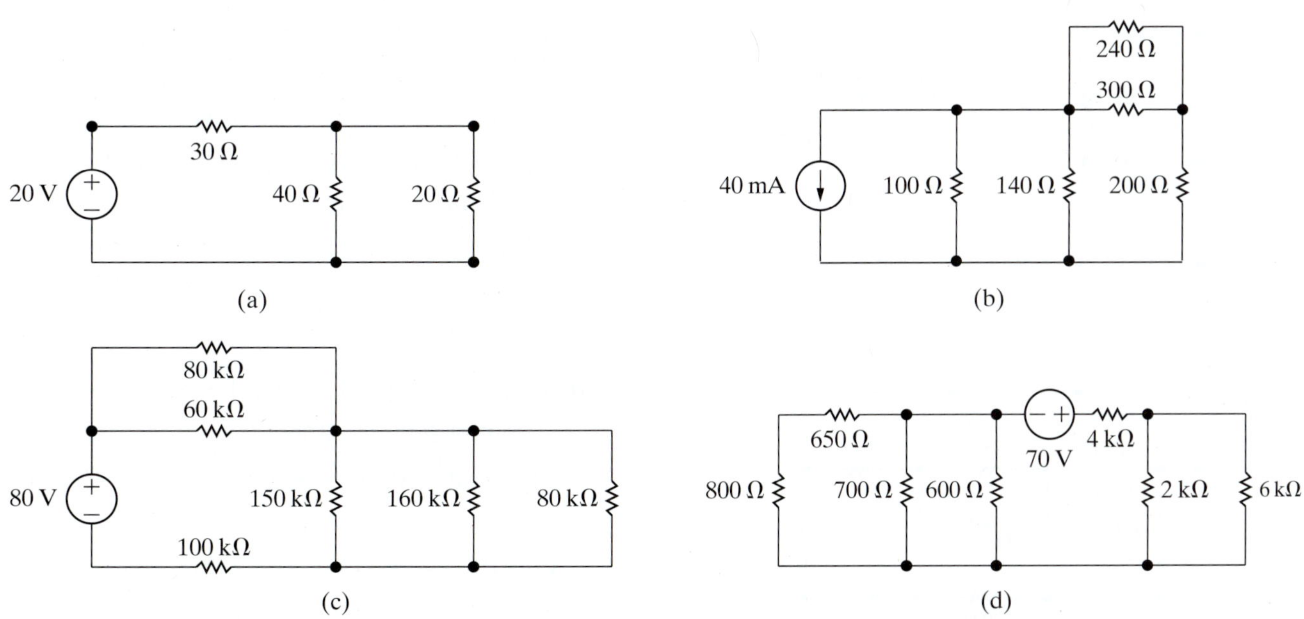

그림 P3.2

3.5 그림 P3.5의 각 회로에 대해 등가 저항 R_{ab}를 구하라.
PSPICE
MULTISIM

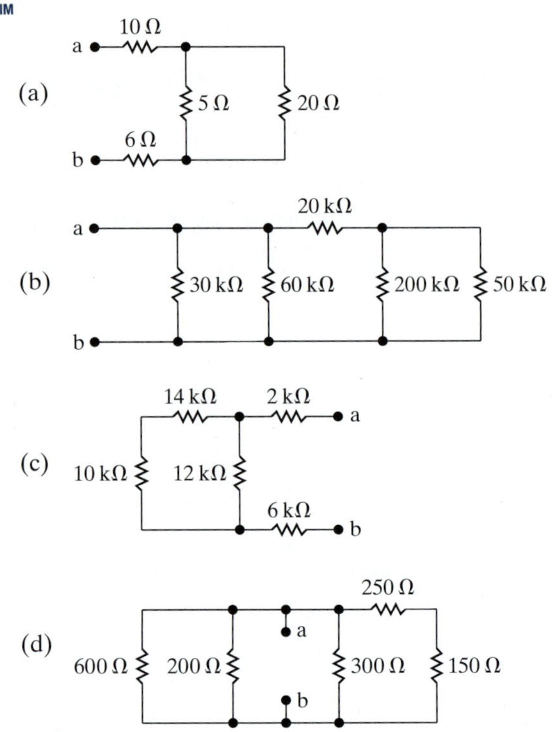

그림 P3.5

3.6 그림 P3.6의 각 회로에 대해 등가 저항 R_{ab}를 구하라.
PSPICE
MULTISIM

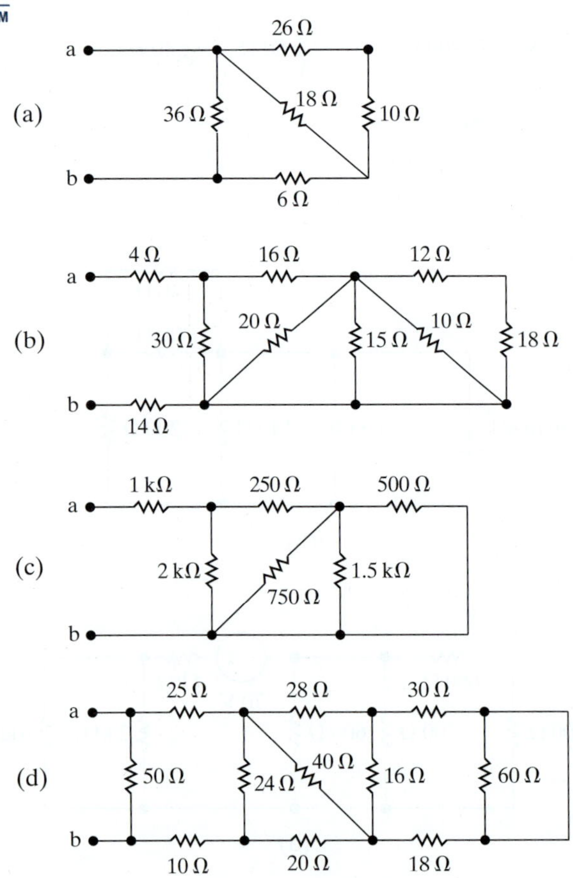

그림 P3.6

3.7 a) 그림 P3.7(a)~(d)의 회로에서 전압원 및 전류원이 바라보는 등가 저항을 구하라.
PSPICE
MULTISIM

b) 각각의 회로에서 전압원 및 전류원에 의해 전달되는 전력을 구하라.

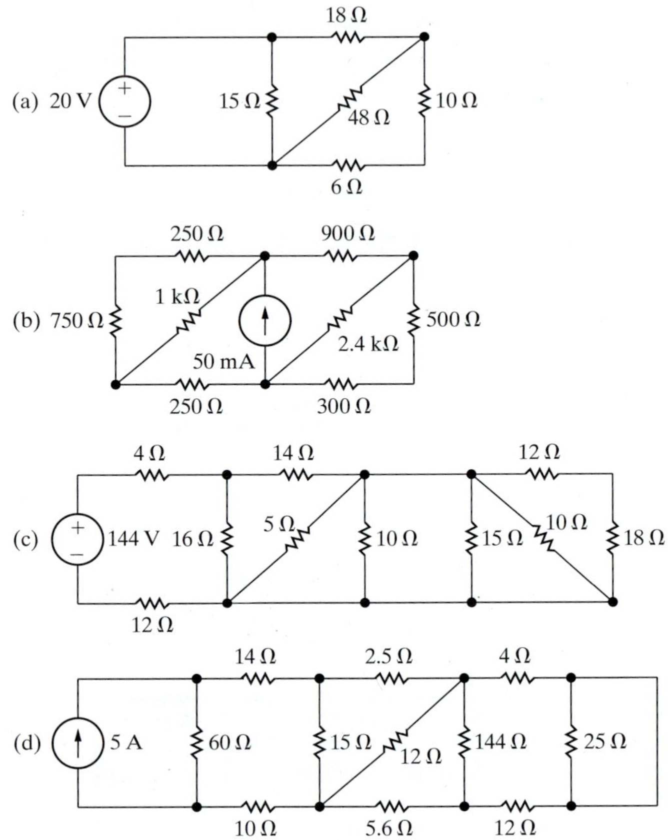

그림 P3.7

3.8 a) 저항 값이 R인 두 개 저항이 병렬로 있을 때 등가 저항에 대한 표현식을 구하라.

b) 저항 값이 R인 n개 저항이 병렬로 있을 때 등가 저항에 대한 표현식을 구하라.

c) (a)의 결과를 이용하고, 부록 H로부터 동일한 값을 가진 두 저항을 이용하여 2 kΩ의 등가 저항을 갖는 저항 회로망을 설계하라.

d) (b)의 결과를 이용하고, 부록 H로부터 최소한의 동일한 저항을 이용하여 6 kΩ의 등가 저항을 갖는 저항 회로망을 설계하라.

3.9 a) 저항 값이 R인 세 개 저항이 직렬로 있을 때 등가 저항에 대한 표현식을 구하라.

b) 저항 값이 R인 m개 저항이 직렬로 있을 때 등가 저항에 대한 표현식을 구하라.

c) (a)의 결과를 이용하고, 부록 H로부터 동일한 값을 가진 세 저항을 이용하여 4.5 kΩ의 등가 저항을 갖는 저항 회로망을 설계하라.

d) (b)의 결과를 이용하고, 부록 H로부터 최소한의 동일한 저항을 이용하여 6.6 kΩ의 등가 저항을 갖는 저항 회로망을 설계하라.

3.10 PSPICE MULTISIM a) 그림 3.11 회로의 해(예제 3.1 참조)가 접합 x와 y에서 키르히호프의 전류 법칙을 만족함을 보여라.

b) 그림 3.11 회로의 해는 모든 폐회로 주위에서 키르히호프의 전압 법칙을 만족함을 보여라.

3.11 PSPICE MULTISIM a) 그림 3.11 회로의 각 저항에서 소모된 전력을 구하라.

b) 120 V 전원에 의해 전달되는 전력을 구하라.

c) 전달된 전력이 소모된 전력과 같다는 것을 보여라.

3.3절

3.12 PSPICE MULTISIM 그림 P3.12의 전압 분배기 회로에서 $R_2(= 10\ \Omega)$에 대한 v_o 전압을 구하라. 또한 $R_L(= 30\ \text{k}\Omega)$ 저항이 a와 b 끝점에 연결될 경우의 출력 전압(v_o)을 구하라.

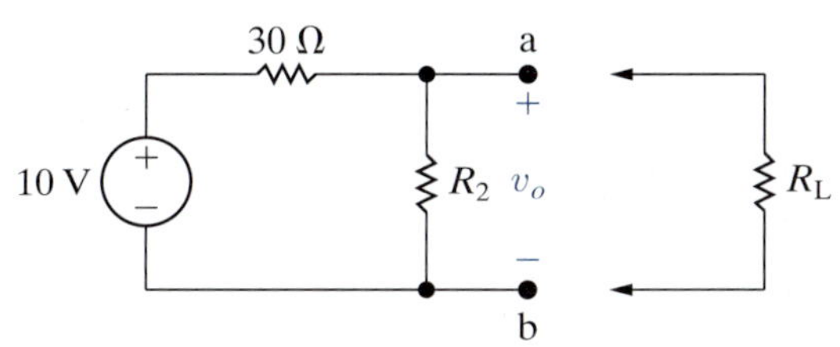

그림 P3.12

3.13 DESIGN PROBLEM PSPICE MULTISIM a) 그림 P3.13의 전압 분배기 회로에 대해 출력 전압 v_o를 계산하라.

b) 회로를 통해 흐르는 전류를 계산하라.

c) 전압원을 100 V로 바꿨을 경우 R_1이 없는 회로의 총전력을 계산하라.

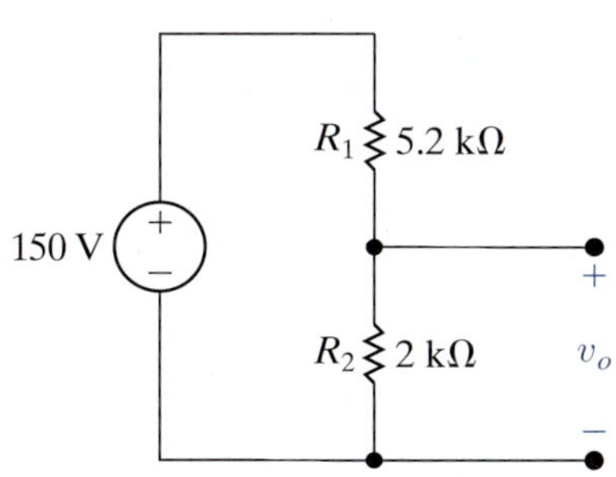

그림 P3.13

3.14 PSPICE MULTISIM a) 그림 P3.14(a)의 전압 분배기에 그림 P3.14(b)의 전압 분배기가 부하로 연결된다. 즉 a는 a′으로 연결되고 b는 b′으로 연결된다. v_o를 구하라.

b) 이제 그림 P3.14(b)의 전압 분배기가 그림 P3.14(c)에 나타낸 것처럼 전류 제어 전압원에 의해 그림 P3.14(a)의 전압 분배기와 연결된다고 가정하자. v_o를 구하라.

c) 종속 전압원을 부가하는 것이 180 V 전원에 연결된 전압 분배기의 작용에 어떤 영향을 미치는가?

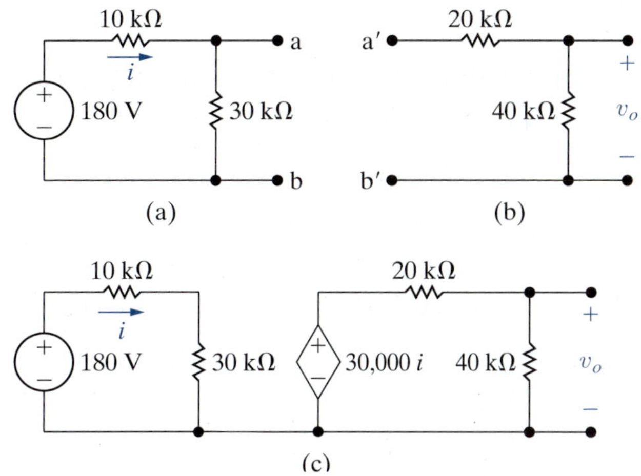

그림 P3.14

3.15 DESIGN PROBLEM PSPICE MULTISIM 그림 P3.15의 전압 분배기 회로에서 무부하 전압은 15 V이다. 지금까지 분배기에 연결되었던 가장 작은 부하 저항은 3.6 kΩ이다. 분배기에 부하가 걸렸을 때 v_o는 14 V 아래로는 강하하지 않는다.

a) 방금 언급된 내용에 적당한 분배기 회로를 설계하라. R_1과 R_2의 수치 값을 구체적으로 정하라.

b) 상업적으로 유용한 저항의 정격 전력이 1, 2, 8, 16, 32, 40 W라고 가정하자. 정격 전력을 얼마로 정할 것인가?

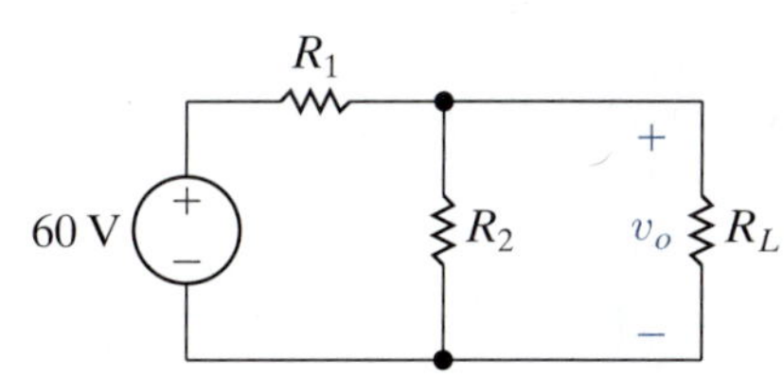

그림 P3.15

3.16 연습문제 3.15의 전압 분배기가 0.15 W 저항으로 구성되어 있다고 가정하자. 분배기에 있는 저항 중 하나가 그것의 정격(소모) 한계를 넘지 않게 동작하도록 부록 H에서 R_L로 쓸 수 있는 가장 작은 저항은 얼마인가?

3.17 DESIGN PROBLEM 그림 3.17과 같은 전압 분배기는 무부하 시($R_L = \infty$) $v_o = kv_s$, 최대 부하가 걸렸을 때($R_L = R_o$) $v_o = \alpha v_s$로 설계하고자 한다. 정의에 의해 $\alpha < k < 1$임을 주목하자.

a) 다음을 보여라.

$$R_1 = \frac{k - \alpha}{\alpha k} R_o$$

그리고

$$R_2 = \frac{k - \alpha}{\alpha(1 - k)} R_o.$$

b) $k = 0.75$, $\alpha = 0.50$, $R_o = 10\,\text{k}\Omega$일 때 R_1과 R_2의 값을 정하라.

c) $v_s = 100$ V일 때 R_1과 R_2에서 소모될 최대 전력을 정하라.

d) 부하 저항이 우연히 단락 회로가 되었다고 가정하자. R_1과 R_2에서 소모되는 전력은 얼마인가?

3.18 DESIGN PROBLEM 종종 전압 분배기를 사용하여 하나 이상의 전압을 산출할 필요가 있다. 예를 들어 많은 개인용 컴퓨터의 메모리 구성 요소는 모두 공통 기준 단자를 기준으로(즉 접지로 보았을 때) −12 V, 5 V, +12 V의 전압이 필요하다. 다음 설계 요구사항에 맞도록 그림 P3.18의 회로에서 R_1, R_2, R_3 값을 선택하라.

a) 분배기에 부하가 걸리지 않았을 때 24 V 전원에 의해 분배기 회로로 공급된 전체 전력은 100 W이다.

b) 공통 기준 단자를 기준으로 측정된 세 개의 전압은 $v_1 = 12$ V, $v_2 = 5$ V, $v_3 = -12$ V이다.

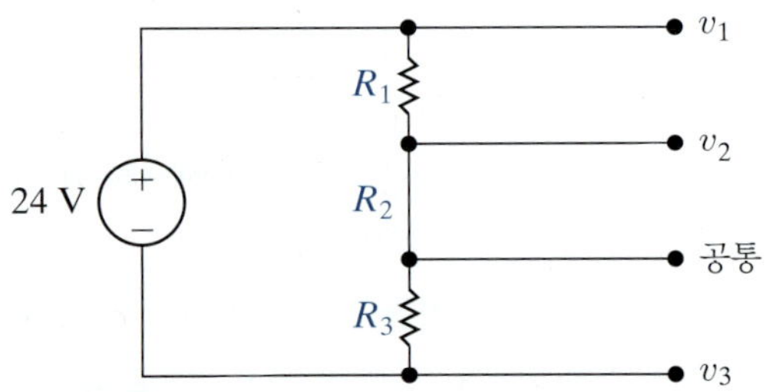

그림 P3.18

3.19 PSPICE MULTISIM 그림 P3.19의 회로에서 14 Ω 저항에 걸린 출력 전압을 구하라.

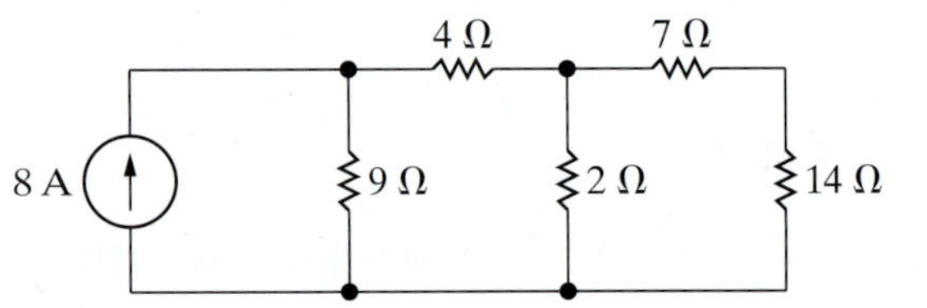

그림 P3.19

3.20 PSPICE MULTISIM 그림 P3.20의 전류 분배기 회로에 대해

a) 8 Ω 저항에서의 전류를 구하라.

b) 30 Ω 저항에 걸린 전압을 구하라.

c) 100 Ω 저항에서 소비되는 전력을 구하라.

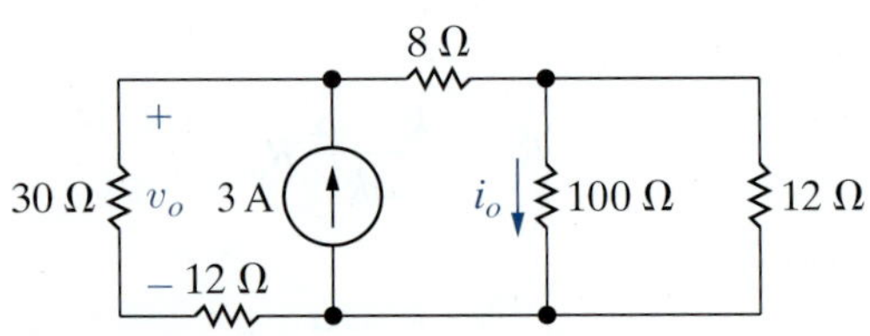

그림 P3.20

3.21 DESIGN PROBLEM 다음 설계 기준에 맞도록 그림 P3.21의 전류 분배기 회로에서 저항을 정하라.

$$i_g = 100\text{ mA};\ v_g = 25\text{ V};\ i_1 = 0.6i_2;$$
$$i_3 = 2i_2;\ i_4 = 4i_1.$$

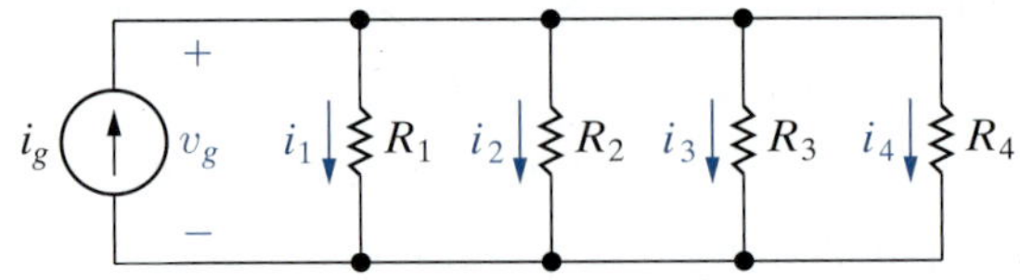

그림 P3.21

3.22 PSPICE MULTISIM a) 그림 P3.22(a) 회로의 k번째 가지에 있는 전류가 전원 전류 i_g에 k번째 가지의 컨덕턴스를 곱한 후 컨덕턴스의 합으로 나눈 것, 즉 다음 식과 같다는 것을 보여라.

$$i_k = \frac{i_g G_k}{G_1 + G_2 + G_3 + \cdots + G_k + \cdots + G_N}.$$

b) (a)에서 유도된 결과를 이용하여 그림 P3.22(b)의 회로에서 10 Ω 저항에 흐르는 전류를 계산하라.

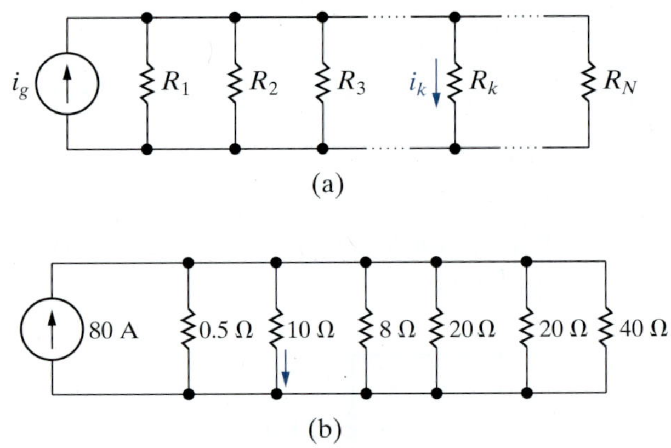

그림 P3.22

3.4절

3.23 그림 P3.1(a)의 회로를 살펴보자.

a) 전류 분배를 이용하여 7 kΩ 저항의 위에서 아래로 흐르는 전류를 구하라.

b) (a)의 결과를 이용하여 저항의 위쪽을 양의 부호로 가정하고 7 kΩ 저항에 걸린 전압을 구하라.

c) (b)의 결과로부터 저항의 위쪽을 양의 부호로 가정하고 전압 분배를 이용하여 4 kΩ 저항에 걸린 전압을 구하라.

d) (c)의 결과로부터 저항의 왼쪽을 양의 부호로 가정하고 전압 분배를 이용하여 6 kΩ 저항에 걸린 전압을 구하라.

3.24 그림 P3.1(a)의 회로를 보자.

a) 저항의 위쪽을 양의 부호로 가정하고 7 kΩ, 4 kΩ에서의 출력 전압을 구하라.

b) (a)의 결과 값을 이용하여 4 kΩ에 흐르는 전류를 구하라.

3.25 그림 P3.5(b)에서 단자 a, b 사이에 20 mA 전류원(전류의 화살표 방향은 위로 즉, b에서 a로)을 달았을 경우

a) 전류 분배를 이용하여 60 kΩ 저항의 위에서 아래로 흐르는 전류를 구하라.

b) (a)의 결과를 가지고 저항의 위쪽을 양의 부호로 가정하고 60 kΩ 저항에 걸린 전압을 구하라.

c) (b)의 결과로부터 저항의 왼쪽을 양의 부호로 가정하고 전압 분배를 이용하여 20 kΩ 저항에 걸린 전압을 구하라.

d) (c)의 결과를 이용하여 20 kΩ 저항의 왼쪽에서 오른쪽으로 흐르는 전류를 구하라.

e) (d)의 결과로부터 전류 분배를 이용하여 200 kΩ 저항의 위에서 아래로 흐르는 전류를 구하라.

3.26 그림 P3.6(b)에서 단자 a, b 사이에 10 V 전압원(위쪽이 양의 부호)을 달았을 경우

a) 전압 분배 법칙을 이용해 4 Ω 저항(위쪽이 양의 부호)에 걸린 전압을 구하라.

b) (a)의 결과 값을 이용해 4 Ω 저항의 왼쪽에서 오른쪽으로 흐르는 전류를 구하라.

c) (b)의 결과 값과 전류 분배 법칙을 이용해 16 Ω 저항의 왼쪽에서 오른쪽으로 흐르는 전류를 구하라.

d) (c)의 결과 값과 전류 분배 법칙을 이용해 10 Ω 저항의 위에서 아래로 흐르는 전류를 구하라.

e) (d)의 결과 값을 이용해 10 Ω 저항(위쪽이 양의 부호)에 걸린 전압을 구하라.

f) (e)의 결과 값과 전압 분배 법칙을 이용해 18 Ω 저항(위쪽이 양의 부호)에 걸린 전압을 구하라.

3.27 그림 P3.7(c)의 회로를 살펴보자.

a) 전압 분배를 이용하여 저항의 왼쪽을 양의 부호로 가정하고 4 Ω 저항에 걸린 전압을 구하라.

b) (a)의 결과를 이용하여 4 Ω 저항의 왼쪽에서 오른쪽으로 흐르는 전류를 구하라.

c) (b)의 결과로부터 전류 분배를 이용하여 14 Ω 저항의 왼쪽에서 오른쪽으로 흐르는 전류를 구하라.

d) (c)의 결과로부터 전류 분배를 이용하여 18 Ω 저항의 위에서 아래로 흐르는 전류를 구하라.

3.28 PSPICE MULTISIM 그림 P3.28의 회로에서 전압 또는 전류 분배를 이용하여 v_1과 v_2를 구하라.

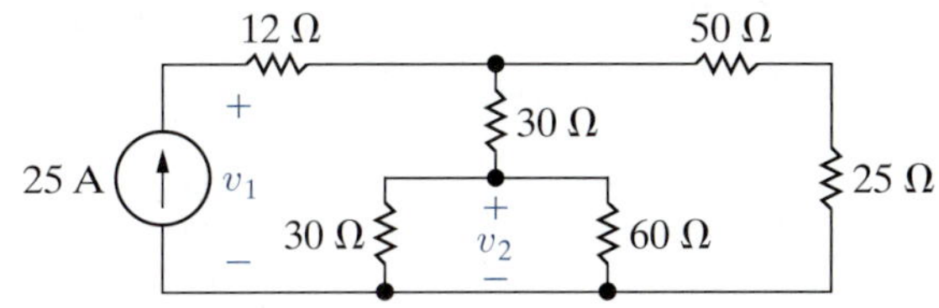

그림 P3.28

3.29 PSPICE MULTISIM a) 그림 P3.29의 회로에서 전압/전류 분배 법칙을 이용해 v_x를 구하라.

b) 18 V 전원을 V_s와 같은 일반적인 전압원으로 대체하자. V_s는 위쪽 단자에서 양이라고 가정한다. V_s의 함수로서 v_x를 구하라.

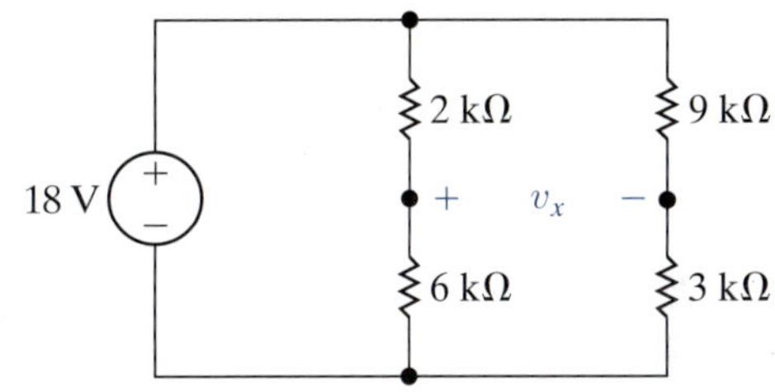

그림 P3.29

3.30 PSPICE MULTISIM 그림 P3.30의 회로에서 전압 또는 전류 분배를 이용하여 v_o를 구하라.

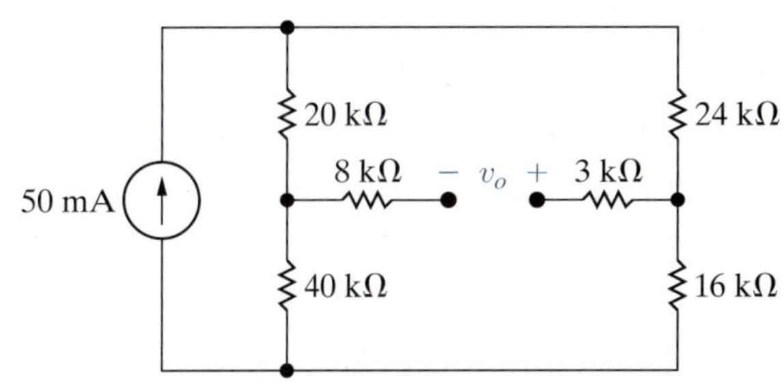

그림 P3.30

3.31 그림 P3.31의 회로에서 i_g를 구하고 전류 분배 법칙을 사용해 i_o를 구하라.

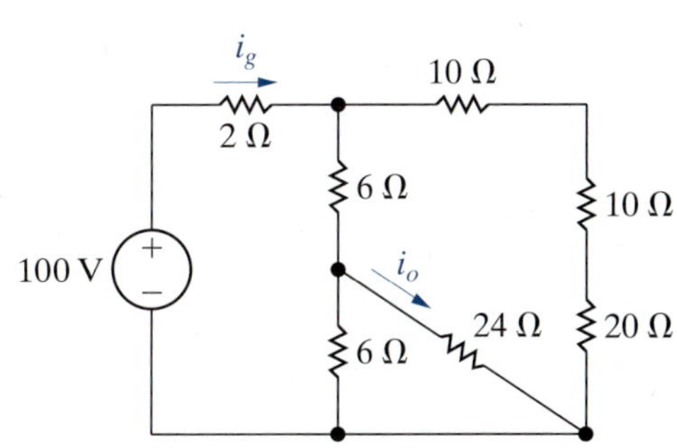

그림 P3.31

3.32 그림 P3.32의 회로에서 (a) 전류 i_g와 (b) 30 Ω 저항에서 소모되는 전력을 구하라.
PSPICE MULTISIM

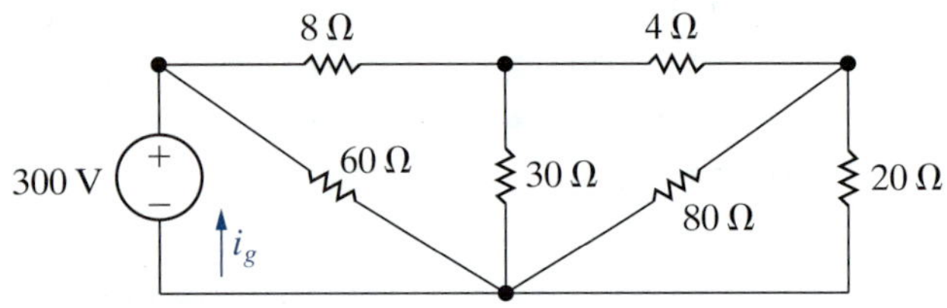

그림 P3.32

3.5절

3.33 다르송발 동작기의 정격은 2 mA와 200 mV이다. 1 W 정격 저항이 분기 저항으로 사용 가능하다고 가정한다. 한 개의 저항을 사용하여 설계될 수 있는 가장 큰 최대 판독 범위를 갖는 전류계는 무엇인가? 설명하라.
DESIGN PROBLEM

3.34 분기 저항과 60 mV, 1.5 mA 다르송발 동작기가 8 A 전류계를 만드는 데 사용된다. 30 mΩ의 저항이 전류계의 단자에 병렬로 연결되면 전류계의 새로운 최대 판독 범위는 얼마인가?

3.35 다르송발 전압계가 그림 P3.35에 제시되어 있다. 다음과 같은 최대 판독 범위 각각에 대해 R_v의 값을 구하라.

a) 100 V b) 5 V c) 100 mV

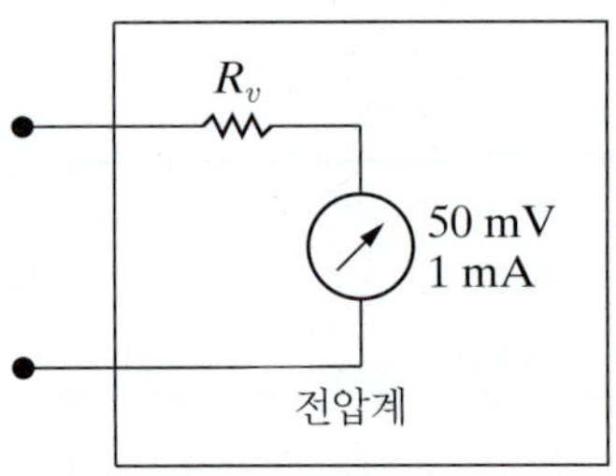

그림 P3.35

3.36 연습문제 3.35(b)에 기술된 다르송발 전압계가 그림 P3.36의 60 Ω 저항에 걸린 전압을 측정하는 데 사용된다고 가정하자.

a) 전압계의 판독 값은 얼마인가?

b) 백분율 오차가 다음 식과 같을 때 전압계 판독에서 백분율 오차를 구하라.

$$\text{백분율 오차} = \left(\frac{\text{측정값}}{\text{참값}} - 1\right) \times 100$$

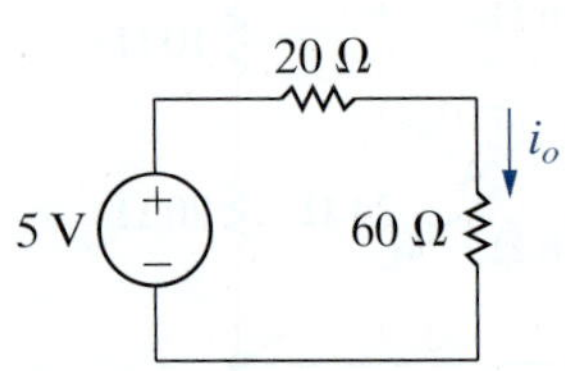

그림 P3.36

3.37 a) 그림 P3.37의 전류계 회로에서 다르송발 동작기에 흐르는 전류는 항상 측정되는 전류의 1/25임을 보여라.

b) 100 mV, 2 mA 동작기가 5 A 전류계에 사용되었다면 위에서 언급된 전류 비율은 어떻게 되는가?

c) dc 다르송발 전류계상에서 균일한 눈금을 정할 수 있을 것이라고 생각하는가?

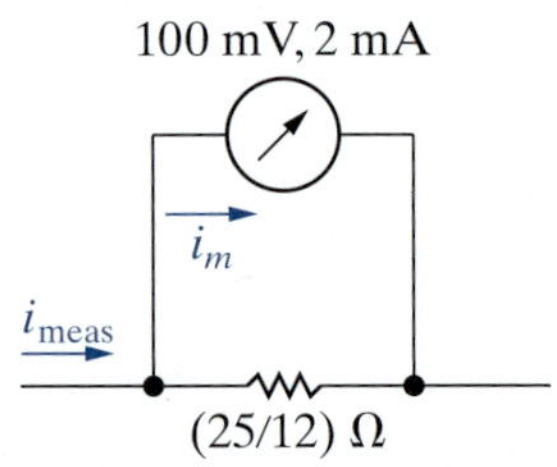

그림 P3.37

3.38 다르송발 동작기가 그림 P3.38에 제시되어 있다.

a) 최대 판독 범위 전류가 10 A이기 위한 분기 저항 R_A 값을 구하라.

b) 전류를 측정하기 위해 (a)에서의 10 A 전류계를 달았을 때 회로에 어느 정도의 저항이 추가되는가?

c) 최대 판독 범위 전류가 8 A이기 위한 분기 저항 R_A값을 구하라.

d) 전류를 측정하기 위해 (c)에서의 8 A 전류계를 달았을 때 회로에 어느 정도의 저항이 추가되는가?

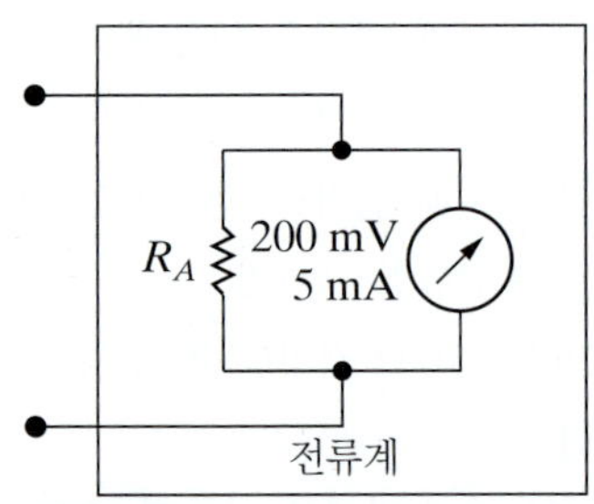

그림 P3.38

3.39 그림 P3.39(a)의 전압계는 750 V의 최대 판독 값을 가진다. 계측 동작기는 75 mV와 1.5 mA 정격이다. 만약 그림 P3.39(b)의 회로에서 전압 v를 측정하기 위해 이 전압계가 사용된다면 계측기 판독 시 백분율 오차는 얼마인가?

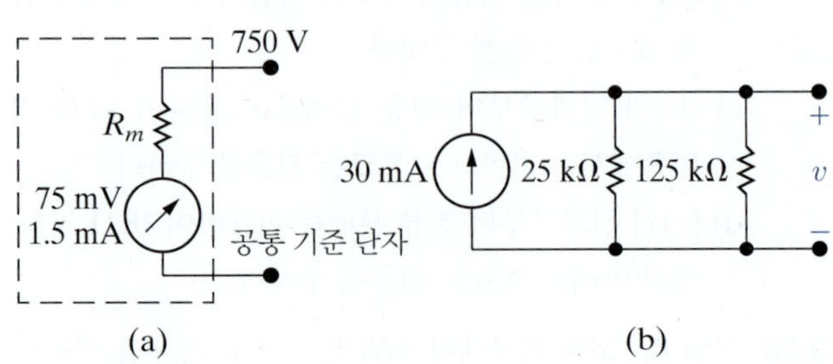

그림 P3.39

3.40 PSPICE MULTISIM 그림 2.24의 회로에서 소자는 다음과 같은 값을 갖고 있다: $R_1 = 40\,\text{k}\Omega$, $R_2 = 60\,\text{k}\Omega$, $R_C = 750\,\Omega$, $R_E = 120\,\Omega$, $V_{CC} = 10\,\text{V}$, $V_0 = 0.6\,\text{V}$, $\beta = 49$.

a) 마이크로암페어로 i_B의 값을 계산하라.

b) 직류 전류계로 사용될 때 디지털 멀티미터(multimeter)는 1 kΩ의 저항을 갖는다고 가정한다. 만약 계측기가 전류 i_B를 측정하기 위해 단자 b와 2 사이에 삽입되었다면 계측기의 판독 값은 얼마인가?

c) (a)에서 계산된 i_B의 값을 정확한 값(즉 참값)으로 사용하여 측정할 경우 백분율 오차는 얼마인가?

3.41 그림 P3.41의 회로에서 전류계는 0.5 Ω의 저항을 갖고 있다. 연습문제 3.36에서 사용한 계측기 판독에서의 오차 백분율 정의를 이용하여 이 전류계의 판독에서 백분율 오차를 구하면 얼마인가?

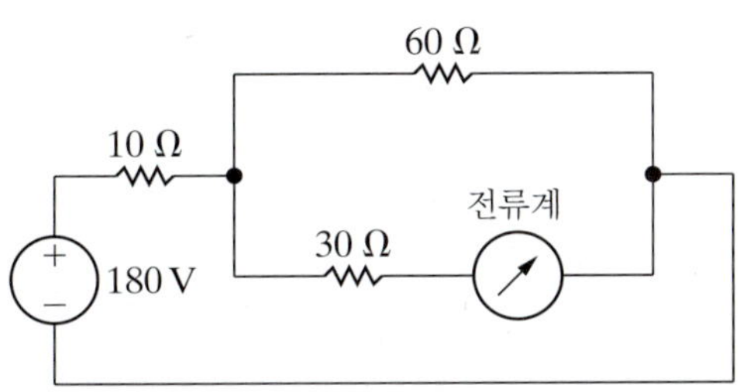

그림 P3.41

3.42 연습문제 3.41에 기술된 전류계는 그림 P3.36의 회로에서 전류 i_o를 측정하기 위해 사용된다. 측정된 값에서 백분율 오차는 얼마인가?

3.43 직류 전압원의 회로 모델이 그림 P3.43에 나타나 있다. 다음의 전압 측정이 전원 단자에서 이루어진다. (1) 전원의 단자를 개방했을 때 전압은 50 mV로 측정되고, (2) 15 MΩ 저항을 전원 단자에 연결했을 때 전압은 48.75 mV로 측정된다. 모든 측정은 10 MΩ의 계측기 저항을 갖는 디지털 전압계로 이루어진다.

a) 전원의 내부 전압(v_s)은 몇 mV인가?

b) 전원의 내부 저항(R_s)은 몇 kΩ인가?

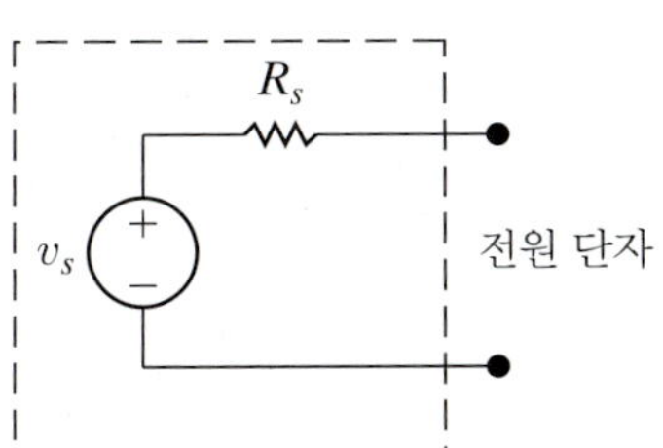

그림 P3.43

3.44 그림 P3.44의 전압 분배기 회로는 무부하 출력 전압이 입력 전압의 7/9이 되도록 설계되었다. 200 Ω/V의 민감도를 갖고, 400 V의 최대 정격 전압을 갖는 다르송발 전압계가 회로의 동작을 확인하는 데 사용된다.

a) 전압계가 360 V 전원의 양단에 연결되어 있을 때 전압계의 판독 값은 얼마인가?

b) 140 kΩ의 양단에 연결되어 있을 때 전압계의 판독 값은 얼마인가?

c) 40 kΩ의 양단에 연결되어 있을 때 전압계의 판독 값은 얼마인가?

d) (b)와 (c)에서 얻은 전압계의 판독 값을 더하면 (a)에서 기록된 판독 값이 되는가? 왜 그런가 또는 왜 그렇지 않은가를 설명하라.

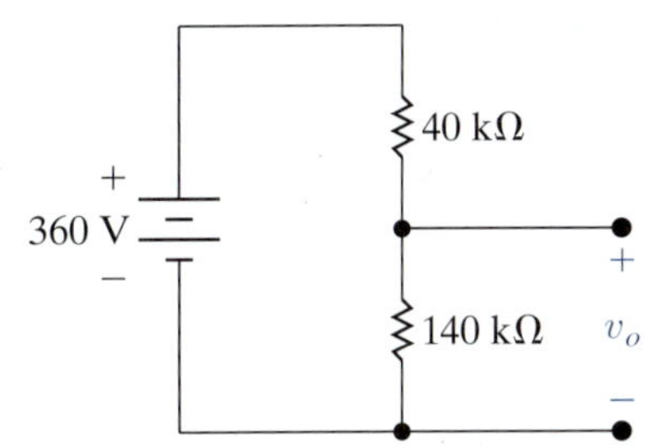

그림 P3.44

3.45 전력 공급기의 직류 전압이 대략 350 V라고 알고 있다. 전력 공급기 전압을 측정하기 위해 직류 전압계를 가지러 계기실로 갔을 때 사용 가능한 두 개의 직류 전압계가 있다는 것을 알았다. 하나의 전압계는 300 V의 최대 정격 전압 및 900 Ω/V의 민감도를 갖고 있고, 나머지 하나는 150 V의 최대 정격 전압 및 1200 Ω/V의 민감도를 갖고 있다. (힌트: 최대 정격 전압과 민감도를 곱해 줌으로써 전압계의 실효 저항을 알 수 있다.)

a) 전력 공급기 전압을 확인하기 위해 두 개 전압계를 어떻게 사용할 수 있는가?

b) 측정될 수 있는 최대 전압은 얼마인가?

c) 만약 전력 공급기 전압이 320 V라면 각 전압계의 판독 값은 얼마인가?

3.46 연습문제 3.45에 기술된 두 개의 전압계와 함께 50 kΩ 정밀 저항을 이용할 수 있다고 가정하자. 50 kΩ 저항은 직렬로 연결된 두 전압계와 직렬로 연결된다. 다음으로 이 회로는 전력 공급기의 두 단자와 연결된다. 300 V 계측기에서의 판독 값은 205.2 V이고, 150 V 계측기에서의 판독 값은 136.8 V이다. 전력 공급기의 전압은 얼마인가?

3.47 DESIGN PROBLEM 그림 P3.47에 제시된 세 가지 전압 범위(영역)를 갖는 다르송발 전압계를 설계하라.

a) R_1, R_2, R_3의 값을 정하라.

b) 700 kΩ 저항이 150 V 단자와 공통 단자 사이에 연결되어 있다고 가정하자. 전압계는 공통 단자와 300 V 단자를 사용하여 미지의 전압에 연결된다. 전압계에서 288 V가 판독되었다면 미지 전압은 얼마인가?

c) (b)에서 전압계가 읽을 수 있는 최대 전압은 얼마인가?

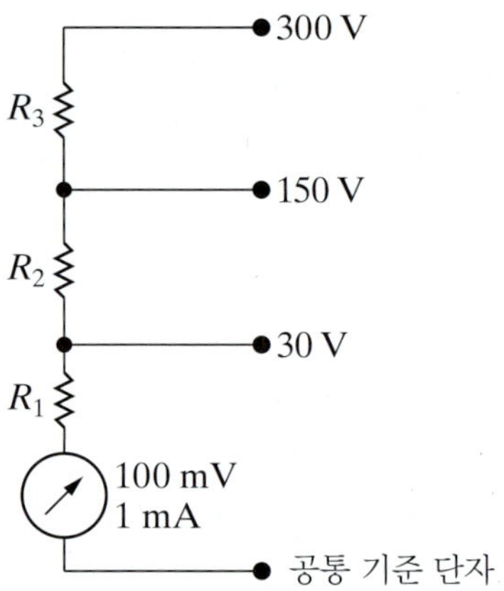

그림 P3.47

3.48 DESIGN PROBLEM 그림 P3.48의 다중 범위(multirange) 전압계를 설계할 때 계측 동작기의 저항을 무시한다고 가정한다.

a) R_1, R_2, R_3의 값을 정하라.

b) 세 가지 측정 범위(영역) 각각에 대해 이러한 설계 방법이 야기하는 백분율 오차를 계산하라.

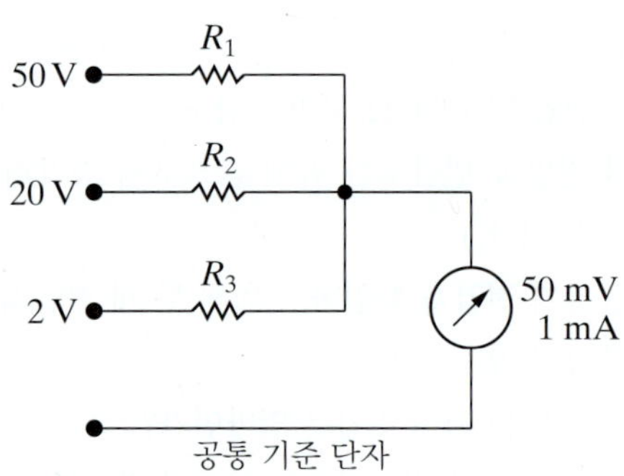

그림 P3.48

3.49 600 kΩ 저항이 그림 P3.49(a)와 같이 200 V 단자와 이중 범위 전압계의 공통 단자에 연결되어 있다. 이 변형된 전압계는 그림 P3.49(b)의 회로에서 360 kΩ 저항에 걸린 전압을 측정하기 위해 사용된다.

a) 계측기의 500 V 측정 범위상에서의 판독 값은 얼마인가?

b) 측정된 전압의 백분율 오차는 얼마인가?

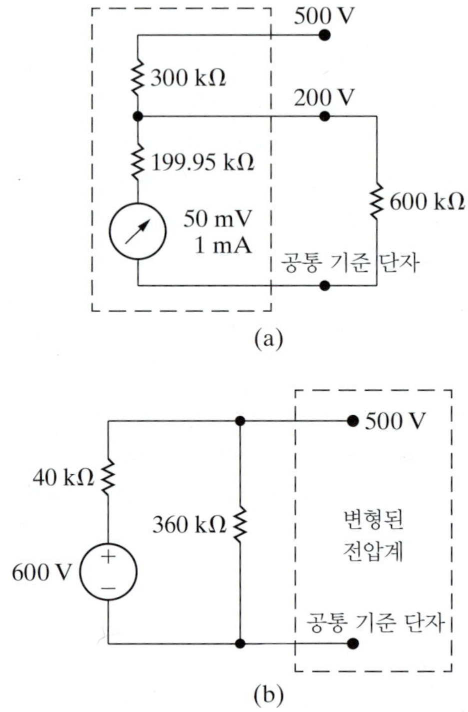

그림 P3.49

3.6절

3.50 PSPICE MULTISIM 그림 3.28의 이상적인 전압원이 이상적인 전류원으로 대체된다고 가정하자. 식 (3.11)이 여전히 유효함을 보여라.

3.51 PSPICE MULTISIM 그림 P3.51의 3 kΩ 저항에서 소비되는 전력을 구하라.

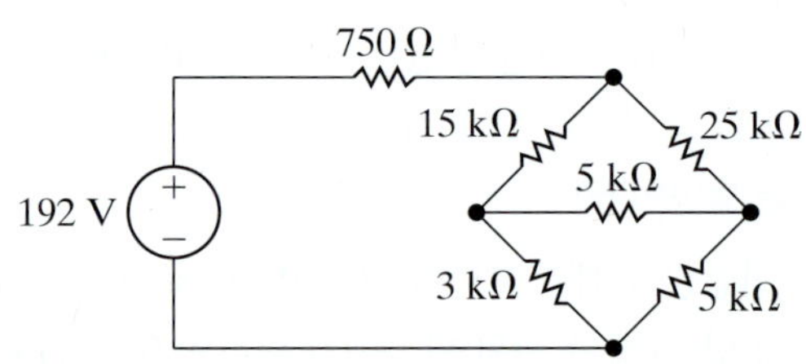

그림 P3.51

3.52 PSPICE MULTISIM 그림 3.28의 브리지 회로는 24 V 직류 전원에 의해 에너지가 공급된다. 브리지는 $R_1 = 500\,\Omega$, $R_2 = 1000\,\Omega$, $R_3 = 750\,\Omega$일 때 평형이 된다.

a) R_x의 값은 얼마인가?

b) 직류 전원이 공급하는 전류는 몇 mA인가?

c) 회로에서 가장 많은 전력을 흡수하는 것은 어떤 저항인가? 그것이 흡수하는 전력은 얼마인가?

d) 가장 적은 전력을 흡수하는 저항은 무엇인가? 그것이 흡수하는 전력은 얼마인가?

3.53 그림 P3.53에서 탐지기에 걸린 전압 강하가 무시할 만한 수준일 경우, 불평형 브리지에서 탐지기에 흐르는 전류 i_d를 구하라.

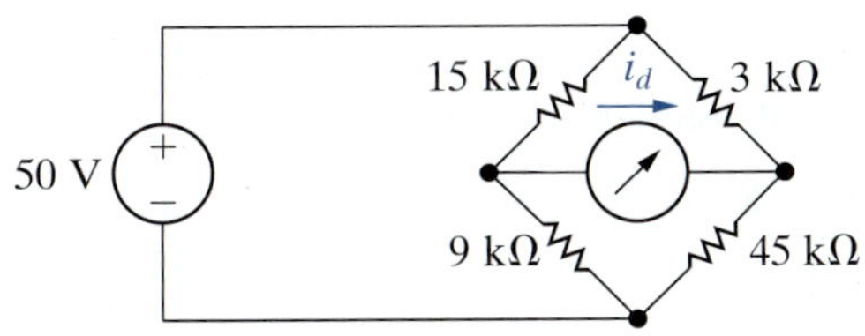

그림 P3.53

3.54 PSPICE MULTISIM 그림 3.28의 휘트스톤 브리지 회로에서 비율 R_2/R_1은 다음과 같은 값으로 정할 수 있다: 0.001, 0.01, 0.1, 1, 10, 100, 1000. 저항 R_3는 1에서 11,110 Ω까지 1 Ω 간격으로 증가하면서 변화될 수 있다. 미지 저항은 4 Ω과 5 Ω 사이에 있다고 알려져 있다. 미지 저항이 네 자리 유효숫자로 측정될 수 있으려면 R_2/R_1 비율이 얼마가 되어야 하는가?

3.7절

3.55 예제 3.11(그림 3.35)의 회로에서 왼쪽 Y(25, 40, 100 Ω)를 등가 Δ로 대체함에 따라 40 V 전압원에 의해 공급되는 전력 및 전류를 구하라.

3.56 예제 3.11(그림 3.35)의 회로에서 오른쪽 Y(25, 37.5, 125 Ω)를 등가 Δ로 대체함에 따라 40 V 전압원에 의해 공급되는 전력 및 전류를 구하라.

3.57 예제 3.11(그림 3.35)의 회로에서 아래쪽 Δ(25, 37.5, 40 Ω)를 등가 Y로 대체함에 따라 40 V 전압원에 의해 공급되는 전력 및 전류를 구하라.

3.58 PSPICE MULTISIM Δ-Y 변환을 사용하여 그림 P3.58의 회로에서 전압 v_1과 v_2를 구하라.

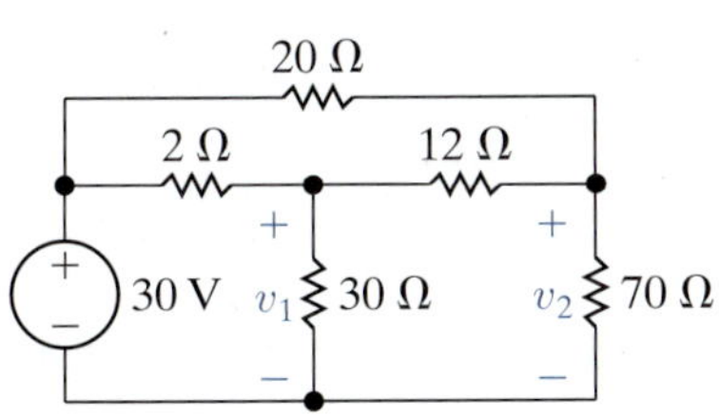

그림 P3.58

3.59 PSPICE MULTISIM 그림 P3.59의 회로에서 Y-Δ 변환을 사용하여 (a) i_o, (b) i_1, (c) i_2, (d) 이상적인 전류원에 의해 전달된 전력을 구하라.

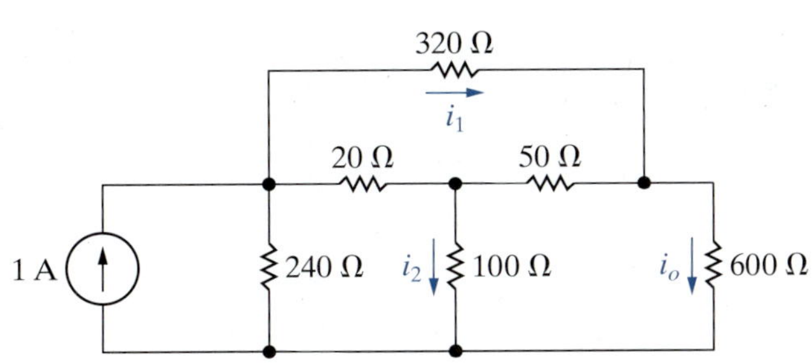

그림 P3.59

3.60 PSPICE MULTISIM 그림 P3.60의 회로에서 (a) i_1, (b) v, (c) i_2, (d) 전압원에 의해 공급된 전력을 구하라.

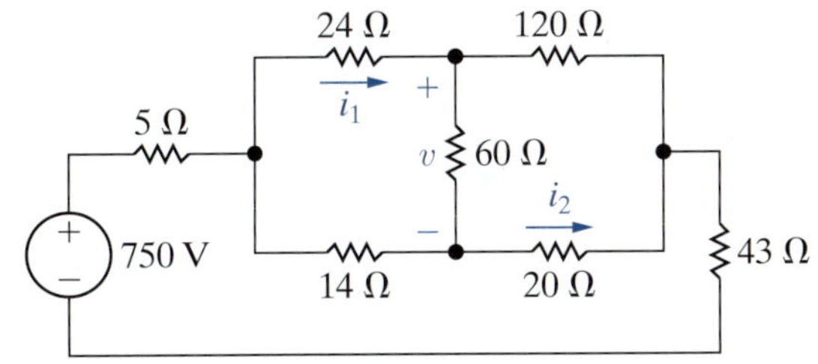

그림 P3.60

3.61 PSPICE MULTISIM a) 그림 P3.61의 회로에서 이상적인 전압원이 바라보는 저항을 구하라.

b) 만약 v_{ab}가 200 V일 때 31 Ω 저항에서 소모되는 전력은 얼마인가?

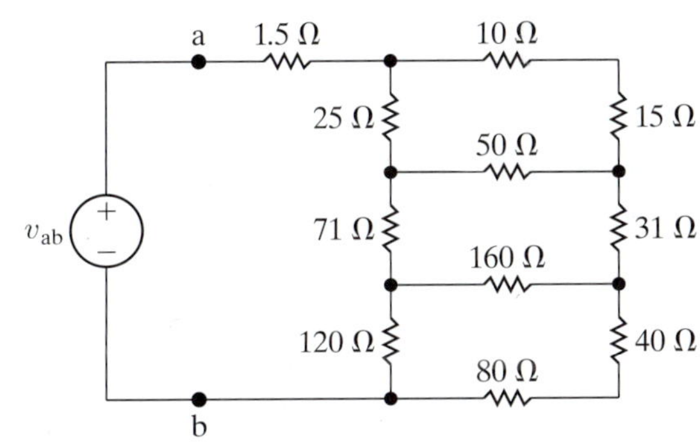

그림 P3.61

3.62 PSPICE MULTISIM a) 그림 P3.62의 회로에서 저항 R_2, R_3, R_5를 포함하는 Y-Δ 변환을 이용하여 등가 저항 R_{ab}를 구하라.

b) 저항 R_3, R_4, R_5를 포함하는 Δ-Y 변환을 이용하여 (a)를 반복하라.

c) R_{ab}를 구하는 데 사용될 수 있는 두 가지 부가적인 Δ-Y 또는 Y-Δ 변환을 기술하라.

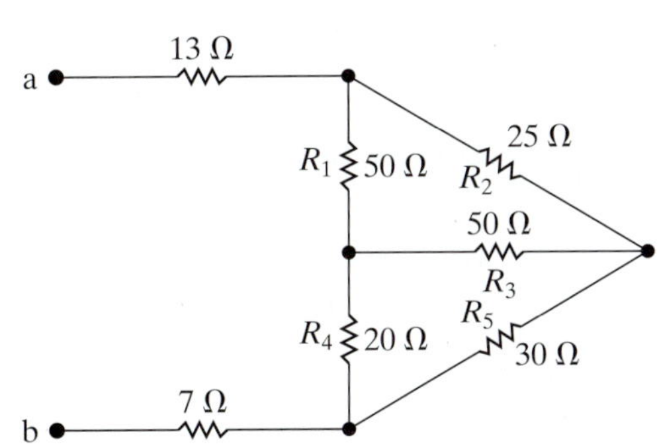

그림 P3.62

3.63 PSPICE MULTISIM 그림 P3.63의 회로에서 등가 저항 R_{ab}를 구하라.

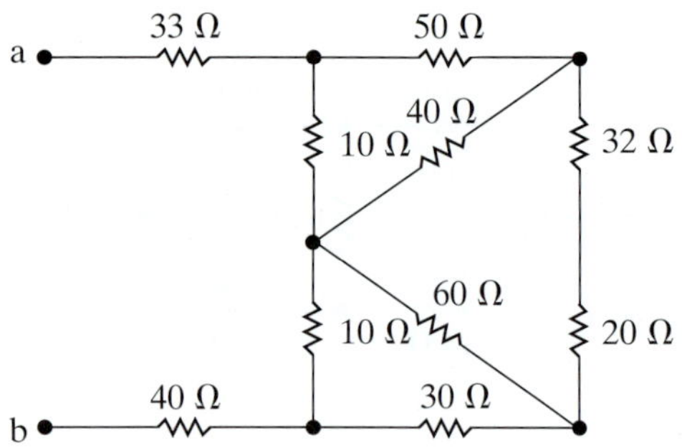

그림 P3.63

3.64 식 (3.12)~(3.14)로부터 식 (3.15)~(3.20)을 유도하라. 다음의 두 힌트가 올바른 방향에서 시작할 수 있도록 도와줄 것이다.

1) R_a, R_b, R_c의 함수로서 R_1을 구하기 위해 우선 식 (3.14)로부터 식 (3.13)을 빼고 이 결과를 식 (3.12)에 더한다. 유사한 방법을 사용하여 R_a, R_b, R_c의 함수로서 R_2와 R_3를 구한다.

2) R_1, R_2, R_3의 함수로서 R_b를 구하기 위해 힌트 1)로 얻은 유도, 즉 식 (3.15)~(3.17)을 이용한다. 이들 식은 다음을 얻기 위해 나뉠 수 있다.

$$\frac{R_2}{R_3} = \frac{R_c}{R_b}, \quad \text{또는} \quad R_c = \frac{R_2}{R_3} R_b,$$

그리고

$$\frac{R_1}{R_2} = \frac{R_b}{R_a}, \quad \text{또는} \quad R_a = \frac{R_2}{R_1} R_b.$$

이제 R_a와 R_c를 제거하기 위해 식 (3.14)에 있는 이 비율을 사용하자. 유사한 방법을 사용하여 R_1, R_2, R_3의 함수로서 R_a와 R_c를 구한다.

3.65 세 개의 Δ 결선 컨덕턴스의 함수로서 Y 결선 컨덕턴스에 대한 표현식이 다음과 같음을 보여라.

$$G_a = \frac{G_1G_2 + G_2G_3 + G_3G_1}{G_1},$$

$$G_b = \frac{G_1G_2 + G_2G_3 + G_3G_1}{G_2},$$

$$G_c = \frac{G_1G_2 + G_2G_3 + G_3G_1}{G_3},$$

여기서

$$G_a = \frac{1}{R_a}, \quad G_1 = \frac{1}{R_1}, \text{ 등.}$$

3.1~3.7절

3.66 PSPICE MULTISIM a) 그림 P3.66의 회로에서 브리지는 $\Delta R = 0$일 때 평형이 된다. $\Delta R \ll R_o$일 때 브리지 출력 전압은 대략 다음과 같다는 것을 보여라.

$$v_o \approx \frac{-\Delta R R_4}{(R_o + R_4)^2} v_{in}$$

b) $R_2 = 750\,\Omega$, $R_3 = 250\,\Omega$, $R_4 = 1\,\text{k}\Omega$, $v_{in} = 10\,\text{V}$로 주어지고 ΔR이 R_o의 2%라면 대략적인 브리지 출력 전압은 얼마인가?

c) (b)에서 v_o의 실제 값은 얼마인가?

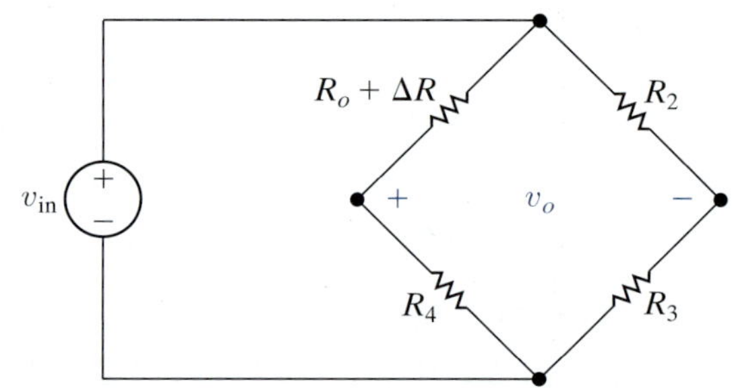

그림 P3.66

3.67 a) 백분율 오차가 다음과 같이 정의된다면

$$\text{백분율 오차} = \left[\frac{\text{근삿값}}{\text{참값}} - 1\right] \times 100$$

연습문제 3.66에서 v_o의 근사화 시 발생하는 백분율 오차는 다음과 같다는 것을 보여라.

$$\text{백분율 오차} = \frac{-(\Delta R)R_3}{(R_2 + R_3)R_4} \times 100$$

b) 연습문제 3.66(b)에 주어진 값을 이용하여 v_o에서의 백분율 오차를 계산하라.

3.68 DESIGN PROBLEM 연습문제 3.66의 브리지 회로에서 v_o에서의 백분율 오차는 1%를 넘지 않는다고 가정하자. R_o에서 허용될 수 있는 가장 큰 백분율 변화는 얼마인가?

3.69 DESIGN PROBLEM 저항 회로망은 때때로 오디오 볼륨 제어 회로로 사용된다. 이 응용에서는 **저항 감쇠기**(resistance attenuator) 또는 **패드**(pad)로 언급된다. 전형적인 고정 감쇠기 패드가 그림 P3.69에 나타나 있다. 감쇠 패드를 설계할 때 회로 설계자는 비율 v_o/v_i와 입력 전압원이 바라보는 저항 R_{ab} 모두 다 구체적으로 정해진 값을 갖도록 R_1과 R_2의 값을 선택할 것이다.

a) 만약 $R_{ab} = R_L$이면 다음과 같다는 것을 보여라.

$$R_L^2 = 4R_1(R_1 + R_2),$$

$$\frac{v_o}{v_i} = \frac{R_2}{2R_1 + R_2 + R_L}.$$

b) $R_{ab} = R_L = 600\ \Omega$, $v_o/v_i = 0.6$이 되도록 R_1과 R_2의 값을 선택하라.

c) 부록 H에서 (b)의 R_1과 R_2 값에 가장 가까운 저항 값을 선택하라. 새로운 저항이 사용될 때 R_{ab}와 v_o/v_i의 결과 값에 대한 백분율 오차를 계산하라.

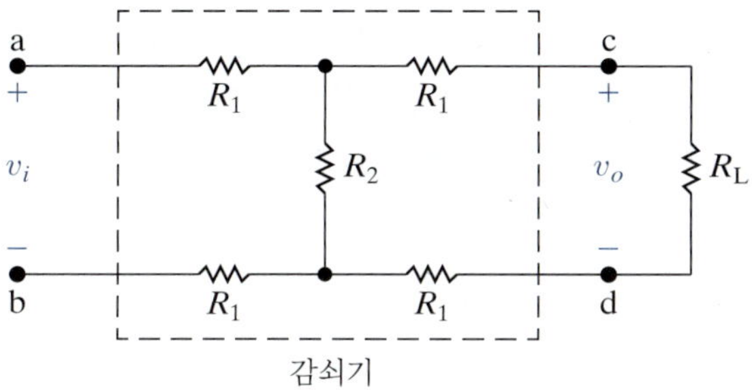

그림 P3.69

3.70 DESIGN PROBLEM a) 그림 P3.70의 고정 감쇠기 패드는 브리지 티(bridged tee)라 불린다. Y-Δ 변환을 사용하여 $R = R_L$일 때 $R_{ab} = R_L$임을 보여라.

b) $R = R_L$일 때 전압 비율 v_o/v_i는 0.50임을 보여라.

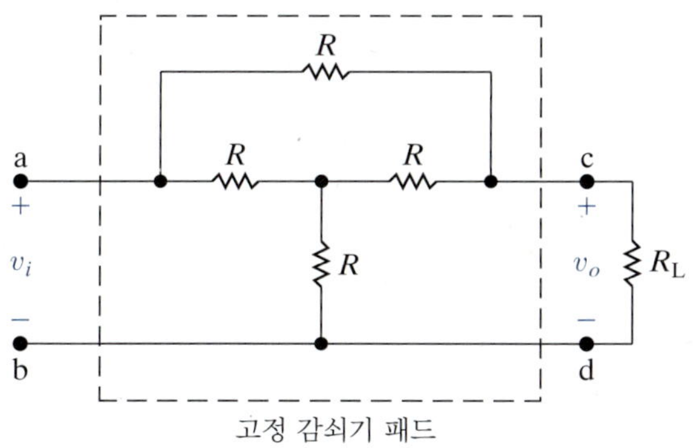

그림 P3.70

3.71 PSPICE MULTISIM 그림 P3.71의 브리지 티 감쇠기 회로에 대한 설계식은

$$R_2 = \frac{2RR_L^2}{3R^2 - R_L^2},$$

$$\frac{v_o}{v_i} = \frac{3R - R_L}{3R + R_L},$$

로 주어진다.

a) $R_L = 600\ \Omega$일 때 $v_i = 3v_o$가 되도록 고정된 감쇠기를 설계하라.

b) (a)에서 설계된 패드의 입력 전압이 180 V라고 가정하자. 패드에 있는 어느 저항이 가장 많은 전력을 소모하는가?

c) (b)의 저항에서 소모된 전력은 얼마인가?

d) 패드에 있는 어느 저항이 가장 적은 전력을 소모하는가?

e) (d)의 저항에서 소모된 전력은 얼마인가?

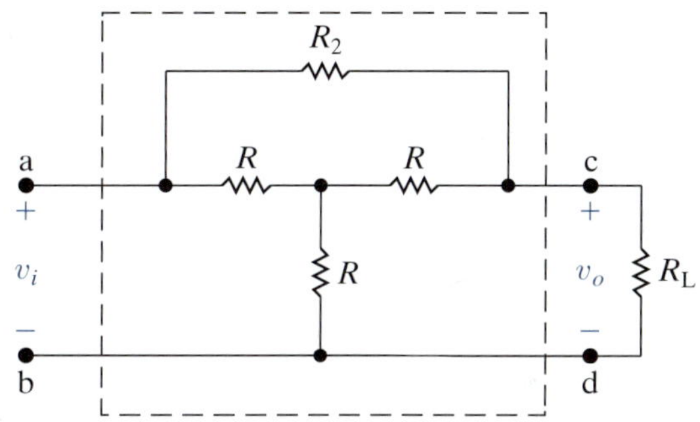

그림 P3.71

3.72 PRACTICAL PERSPECTIVE a) 그림 3.41을 이용해 V_y 전압에 대한 표현식을 유도하라.

b) y 방향으로 p_y개의 픽셀이 있다고 가정하자. (a)의 결과로부터 접촉 지점의 y 좌표 표현식을 유도하라.

3.73 PRACTICAL PERSPECTIVE PSPICE MULTISIM x 방향과 y 방향 격자에 6 V 전압이 공급된 저항성 터치스크린이 있다. 이 스크린은 x 방향으로 720픽셀, y 방향으로 1260픽셀로 구성되어 있는데 화면을 터치하면 x 격자에서 전압은 4.5 V가 되고 y 격자에서의 전압은 1.5 V가 된다.

a) α, β의 값을 계산하라.

b) 화면을 터치한 지점에서의 픽셀 x 좌표와 y 좌표를 계산하라.

3.74 PRACTICAL PERSPECTIVE DESIGN PROBLEM PSPICE MULTISIM 저항성 터치스크린은 x 방향으로 540픽셀과 y 방향으로 860픽셀로 구성되어 있다. x 방향과 y 방향에서 저항 격자는 4 V의 전압이 걸리고 터치 지점의 픽셀 좌표는 (108, 602)이다. V_x와 V_y 전압을 계산하라.

3.75 PRACTICAL PERSPECTIVE 연습문제 3.74에서 설명한 저항성 터치스크린에서 한쪽은 (108, 602) 좌표, 다른 한쪽은 (270, 430) 좌표 두 군데를 동시에 터치했다고 가정해 보자.

a) x 격자와 y 격자에서 측정된 전압을 계산하라.

b) (a) 계산으로 미루어 보아 터치 지점은 어디인가?

CHAPTER

4 회로 해석 기법

학습내용

학습목표

1. 회로를 풀기 위해 마디 전압법을 이해하고 사용할 수 있다.
2. 회로를 풀기 위해 망 전류법을 이해하고 사용할 수 있다.
3. 특정 회로를 풀기 위한 우선적인 접근 방법이 마디 전압법인지 망 전류법인지 결정할 수 있다.
4. 전원 변환을 이해하고 회로를 푸는 데 이를 사용할 수 있다.
5. 테브냉과 노턴 등가 회로의 개념을 이해하고 회로에 대해 테브냉과 노턴 등가 회로를 구성할 수 있다.
6. 부하 저항에 대한 최대 전력 전달 조건을 알고 이러한 조건을 만족하는 부하 저항 값을 계산할 수 있다.

이 장에서는 두 가지 매우 강력한 회로 해석 기법인 **마디 전압법**과 **망 전류법**을 소개한다. 이 방법의 장점은 최소 개수의 연립 방정식으로 복잡한 회로를 기술할 수 있다는 것이다. 키르히호프의 법칙과 옴의 법칙을 직접 적용하는 다른 방법은 복잡한 회로를 해석하기에 번거로운 방법이다.

또한 회로를 단순화하는 새로운 방법인 **전원 변환**과 **테브냉과 노턴 등가 회로**를 소개한다. 이러한 방법에 이미 배운 직렬-병렬 간소화 및 Δ-Y 변환에 대한 지식을 접목하면 복잡한 회로를 단순화하고 해석하는 능력이 크게 향상될 것이다.

마지막으로, **최대 전력 전달**과 **중첩**의 개념을 학습한다. 테브냉 등가 회로를 사용하여 부하 저항에 최대 전력이 전달되도록 하는 데 필요한 조건을 찾는 방법을 배울 것이다. 또한 중첩은 하나 이상의 독립 전원을 갖는 회로를 분석하는 데 도움이 된다.

■ 실제 응용

실제 저항기를 갖는 회로

앞 장에서 부정확한 저항값이 전압 분배기의 성능에 미치는 영향을 살펴보았다. 저항은 몇 개의 정해진 값에 대해서만 생산되고, 어떤 값으로 제작된 일련의 저항은 그 표기 값으로부터 일정한 허용 오차 범위 내의 편차를 가지고 있다. 1%의 허용 오차 범위를 갖는 저항은 10%의 허용 오차 범위를 갖는 저항보다 더 비싸다. 만약 회로가 정상적으로 동작하기 위해 특정 저항이 표기된 값과 매우 가까워야 한다는 사실을 안다면 오차 허용 범위가 엄격한 저항을 사용하기 위해 필요한 추가 비용도 마땅히 지불해야 할 것이다.

따라서 회로에서 각 저항값의 변화가 그 회로의 출력에 미치는 영향을 예측하고자 하는데, 이를 **민감도 해석**(sensitivity analysis)이라 한다. 추가적인 회로 해석 방법을 살펴본 후에 민감도 해석에 대해 더 알아본다.

Resistor color code

Band color	Value
Black	0
Brown	1
Red	2
Orange	3
Yellow	4
Green	5
Blue	6
Violet	7
Grey	8
White	9
Gold	0.1
Silver	0.01

Tolerance color code

Band color	±%
Brown	1
Red	2
Gold	5
Silver	10
None	20

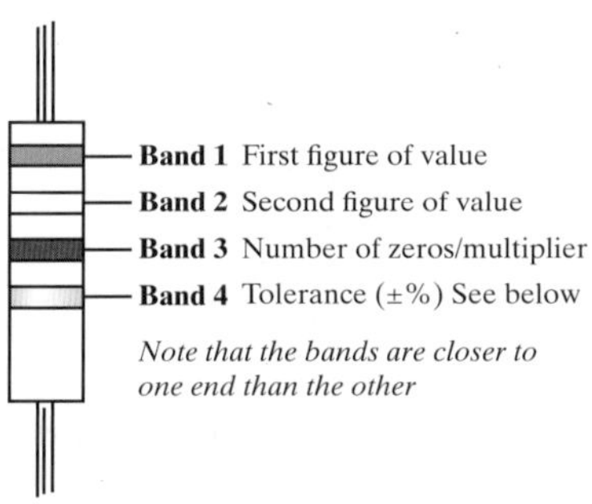

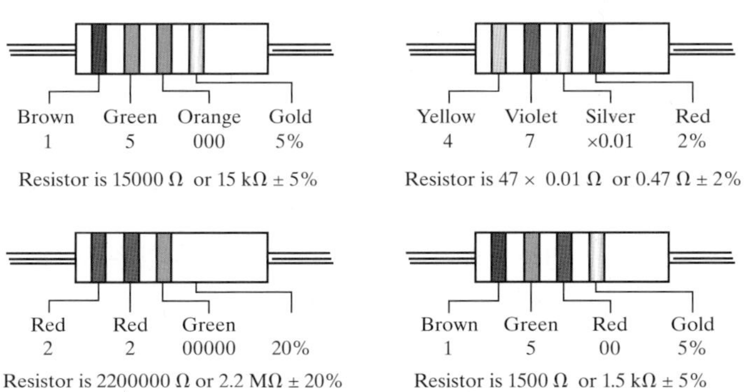

HL Studios/Pearson Education Ltd

Roomanald/Shutterstock

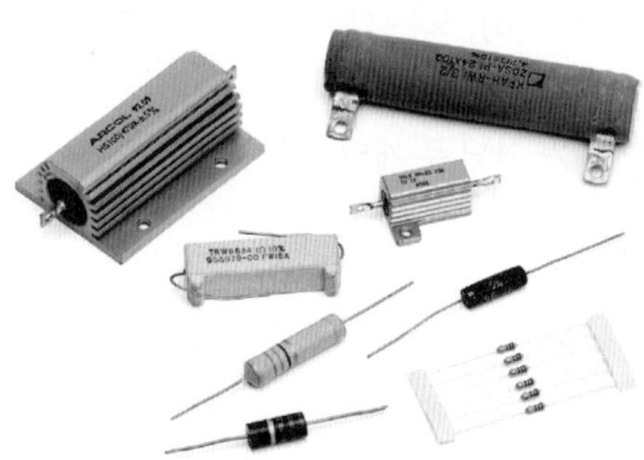

David J. Green−electrical/Alamy Stock Photo

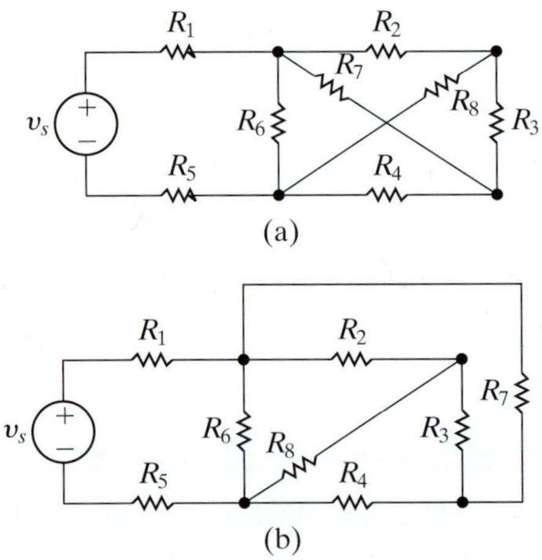

그림 4.1▲ (a) 평면 회로. (b) 회로가 평면 회로임을 증명하기 위해 다시 그린 동일 회로.

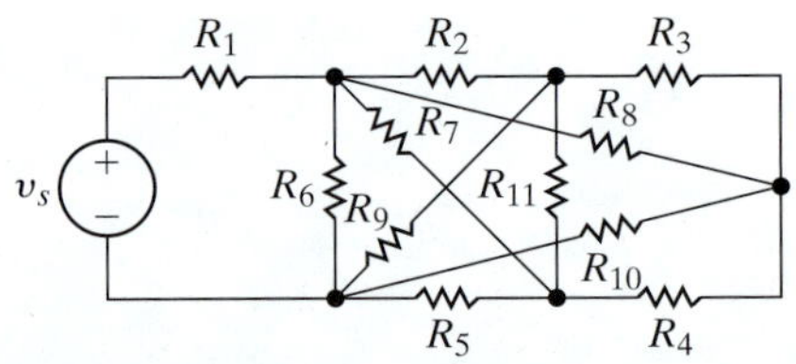

그림 4.2▲ 비평면 회로.

4.1 용어

회로 해석 방법인 마디 전압법과 망 전류법을 배우기 앞서 몇 가지 용어를 정의해야 한다. 지금까지 언급된 모든 회로는 **평면 회로**(planar circuits), 즉 서로 교차하는 가지 없이 평면에 그릴 수 있는 회로이다. 가지가 교차하는 회로도 교차하는 가지 없이 다시 그릴 수 있다면 평면 회로로 간주된다. 예를 들어 그림 4.1(a)는 그림 4.1(b)로 다시 그릴 수 있다. 이 두 회로는 모든 마디 연결이 그대로 유지되기 때문에 서로 등가이다. 따라서 그림 4.1(a)는 평면 회로로 다시 그릴 수 있기 때문에 평면 회로이다. 그림 4.2는 비평면 회로를 나타낸다. 이 회로는 모든 마디 연결을 유지하면서 중첩되는 가지가 없도록 다시 그리는 것이 불가능하다. 어떤 회로가 평면 회로인지 비평면 회로인지 알아내는 것은 다음과 같은 이유 때문에 중요하다.

- 마디 전압법은 평면 회로와 비평면 회로에 모두 적용 가능하다.
- 망 전류법은 평면 회로에만 적용할 수 있다.

회로 기술하기—용어

회로를 구성하기 위해 1.5절에서 정의한 이상적인 기본 소자를 상호 연결할 때 결과적인 상호 연결은 마디(node), 경로(path), 폐회로(loop), 가지(branch), 그리고 망(mesh)이라는 용어로 기술된다. 이 중 두 용어, 마디와 폐회로(또는 폐경로)는 2.4절에서 정의했다. 여기서는 나머지 용어를 정의한다. 편의상 모든 용어에 대

예제 4.1 회로에 있는 마디, 가지, 망 및 폐회로 확인하기

그림 4.3의 회로에서 다음을 확인하라.

a) 모든 마디
b) 모든 필수 마디
c) 모든 가지
d) 모든 필수 가지
e) 모든 망
f) 폐회로 또는 필수 가지가 아닌 두 개의 경로
g) 망이 아닌 두 개의 폐회로

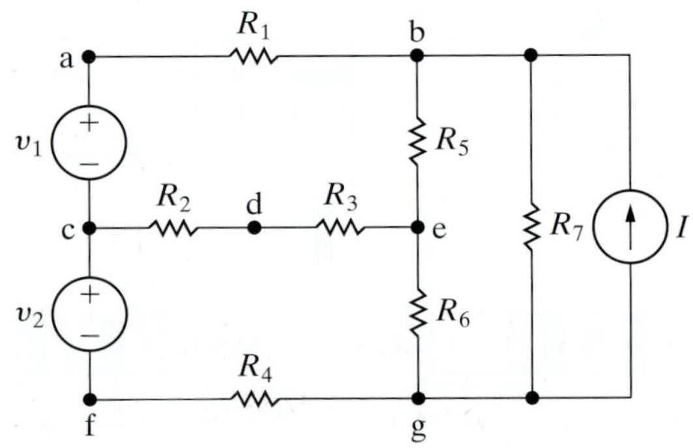

그림 4.3▲ 마디, 가지, 망, 경로, 폐회로를 보여 주는 회로.

풀이

a) 마디는 a, b, c, d, e, f, g이다.

b) 필수 마디는 b, c, e, g이다 .

c) 가지는 v_1, v_2, R_1, R_2, R_3, R_4, R_5, R_6, R_7, I이다.

d) 필수 가지는 $v_1 - R_1$, $R_2 - R_3$, $v_2 - R_4$, R_5, R_6, R_7, I이다.

e) 망은 $v_1 - R_1 - R_5 - R_3 - R_2$, $v_2 - R_2 - R_3 - R_6 - R_4$, $R_5 - R_7 - R_6$, $R_7 - I$이다.

f) $R_1 - R_5 - R_6$은 경로이지만 폐회로는 아니고(시작 마디와 끝 마디가 같지 않으므로), 필수 가지도 아니다(두 개의 필수 마디를 연결하지 않기 때문에). $v_2 - R_2$ 또한 같은 이유로 경로이지만 폐회로나 필수 가지가 아니다.

g) $v_1 - R_1 - R_5 - R_6 - R_4 - v_2$은 폐회로이지만, 그 안에 두 개의 폐회로가 존재하기 때문에 망은 아니다. $I - R_5 - R_6$ 또한 폐회로이지만, 망은 아니다.

자가 검사: 연습문제 4.1을 풀어 이해도를 평가하라.

표 4.1 회로 설명을 위한 용어

이름	정의	그림 4.3에서의 예시
마디	둘 또는 그 이상의 회로 소자가 결합하는 점	a
필수 마디	셋 또는 그 이상의 회소 소자가 결합하는 마디	b
경로	어떠한 소자도 두 번 이상 포함되지 않도록 인접한 기본 소자들을 연결한 자취	$v_1 - R_1 - R_5 - R_6$
가지	두 개의 마디를 연결한 경로	R_1
필수 가지	필수 마디를 지나치지 않으면서 두 개의 필수 마디를 연결한 경로	$v_1 - R_1$
폐회로	시작 마디와 끝 마디가 동일한 경로	$v_1 - R_1 - R_5 - R_6 - R_4 - v_2$
망	다른 폐회로를 포함하지 않는 폐회로	$v_1 - R_1 - R_5 - R_3 - R_2$
평면 회로	교차하는 가지 없이 한 평면에 그려질 수 있는 회로	그림 4.3은 평면 회로이다. 그림 4.2는 비평면 회로이다.

한 정의는 표 4.1에 정리했다. 표 4.1은 예제 4.1에서 사용된 그림 4.3의 회로에서 가져온 각 정의의 예시도 포함한다.

연립 방정식—얼마나 많이?

미지 전류의 수가 b인 회로를 풀기 위해 b개의 독립 방정식이 필요함을 상기하자. 예를 들어 그림 4.3에서 회로는 전류가 알려지지 않은 아홉 개의 가지를 갖고 있으므로 $b = 9$이다. 따라서 미지 전류를 구하기 위해 아홉 개의 독립 방정식이 필요하다. 몇 개의 방정식은 회로의 마디에 키르히호프의 전류 법칙(KCL)을 적용하여 찾을 수 있다. 사실 회로가 n개의 마디를 가지고 있다면 $n - 1$개의 마디에 키르히호프의 전류 법칙을 적용하여 $n - 1$개의 독립 방정식을 유도할 수 있다.[1] 나머지 $b - (n - 1)$개의 방정식을 얻기 위해 폐회로나 망에 대해 키르히호프의 전압 법칙(KVL)을 적용한다.

필요한 독립 방정식의 수를 줄이기 위해 마디와 가지 대신 필수 마디와 필수 가지를 사용할 수 있다. 이는 필수 마디의 수는 마디의 수보다 작거나 같고, 필수 가지의 수도 가지의 수보다 작거나 같기 때문이다. 따라서 회로에서 미지 전류를 구하기 위해 필요한 방정식을 찾는 체계적인 방법은 다음과 같다.

- 필수 마디의 수 n_e를 찾는다.
- 전류를 모르는 필수 가지의 수 b_e를 찾는다.
- $n_e - 1$개의 마디에 KCL을 적용하여 $n_e - 1$개의 방정식을 구한다.
- $b_e - (n_e - 1)$개의 폐회로 또는 망에 KVL을 적용하여 $b_e - (n_e - 1)$개의 방정식을 구한다.

모든 폐회로 또는 망에서 각 소자의 전압은 옴의 법칙을 사용하여 해당 소자의 전류로부터 구할 수 있어야 함을 기억하라.

이러한 체계적인 접근법을 예제 4.1의 회로에 적용하여 예제 4.2에서 보는 바와 같이 설명해 보자.

1 KCL을 마지막 사용하지 않은 마디(n번째 마디)에 사용해도 독립 방정식을 찾을 수 없다. 연습문제 4.4를 참조하라.

예제 4.2 연립 방정식을 구하기 위해 필수 마디와 필수 가지 사용하기

그림 4.4의 회로는 전류를 모르는 $i_1 \sim i_6$으로 표시된 여섯 개의 필수 가지를 갖는다. 여섯 개의 미지 전류를 결정하고 필요한 여섯 개의 방정식을 구하기 위해 체계적인 접근법을 사용하라.

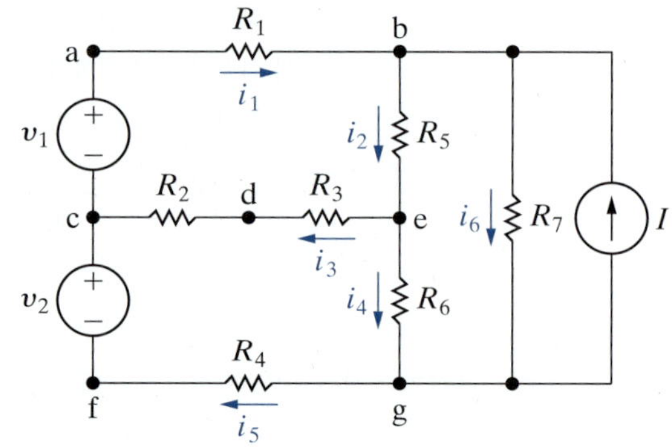

그림 4.4▲ 여섯 개의 미지 가지 전류를 갖는 그림 4.3의 회로.

풀이

회로에서 필수 마디는 b, c, e, g이므로 $n_e = 4$이다. 문제로부터 전류를 모르는 필수 가지의 수는 $b_e = 6$임을 안다. 회로에 일곱 개의 필수 가지가 있지만, 전류원을 포함하는 필수 가지에 흐르는 전류는 이미 알고 있다는 것에 주목하라. 따라서 여섯 개의 미지 전류만 있으므로 여섯 개의 독립 방정식만 필요하다.

네 개의 필수 마디 중 세 개의 마디에 키르히호프의 전류 법칙을 적용하여 여섯 개의 독립 방정식 중 세 개를 유도할 수 있다. 마디 b, c, e를 사용하면 다음과 같은 식을 얻는다.

$$\begin{aligned} -i_1 + i_2 + i_6 - I &= 0, \\ i_1 - i_3 - i_5 &= 0, \\ i_3 + i_4 - i_2 &= 0. \end{aligned}$$

세 개의 망 주위로 키르히호프의 전압 법칙을 적용하면 나머지 세 개의 방정식을 이끌어 낼 수 있다. 각각의 망의 모든 구성 요소에 걸리는 전압은 반드시 알고 있거나 옴의 법칙에 따라 소자 저항과 전류의 곱으로 표현되어야 한다. 회로에는 네 개의 망이 있으므로 하나의 망을 제외할 필요가 있다. I[2]에 걸리는 전압을 알지 못하기 때문에 $R_7 - I$ 망을 제외한다. 다른 세 개의 망을 사용하여 다음 식을 얻는다.

$$\begin{aligned} R_1 i_1 + R_5 i_2 + i_3(R_2 + R_3) - v_1 &= 0, \\ -i_3(R_2 + R_3) + i_4 R_6 + i_5 R_4 - v_2 &= 0, \\ -i_2 R_5 + i_6 R_7 - i_4 R_6 &= 0. \end{aligned}$$

풀이를 쉽게 하기 위해 여섯 개의 방정식을 재정리하여 다음 식을 얻는다.

$$\begin{aligned} -i_1 + i_2 + 0i_3 + 0i_4 + 0i_5 + i_6 &= I, \\ i_1 + 0i_2 - i_3 + 0i_4 - i_5 + 0i_6 &= 0, \\ 0i_1 - i_2 - i_3 + i_4 + 0i_5 + 0i_6 &= 0, \\ R_1 i_1 + R_5 i_2 + (R_2 + R_3) i_3 + 0i_4 + 0i_5 + 0i_6 &= v_1, \\ 0i_1 + 0i_2 - (R_2 + R_3) i_3 + R_6 i_4 + R_4 i_5 + 0i_6 &= v_2, \\ 0i_1 - R_5 i_2 + 0i_3 - R_6 i_4 + 0i_5 + R_7 i_6 &= 0. \end{aligned}$$

자가 검사: 연습문제 4.2~4.4를 풀어 이해도를 평가하라.

4.2 마디 전압법 소개

마디 전압법(node-voltage method)은 회로의 필수 마디에서 키르히호프의 전류 법칙을 적용함으로써 독립적인 연립 방정식을 얻는 방법이다. 연립 방정식을 풀면 필수 마디 중 하나를 제외한 모든 마디와 기준 마디 간의 전압차를 구할 수 있다. 이 전압을 사용하여 회로의 모든 구성 요소에 대한 전압 및 전류를 계산하여 회로를 해석할 수 있다. 그림 4.5의 회로를 사용하여 단계별 절차를 설명한다.

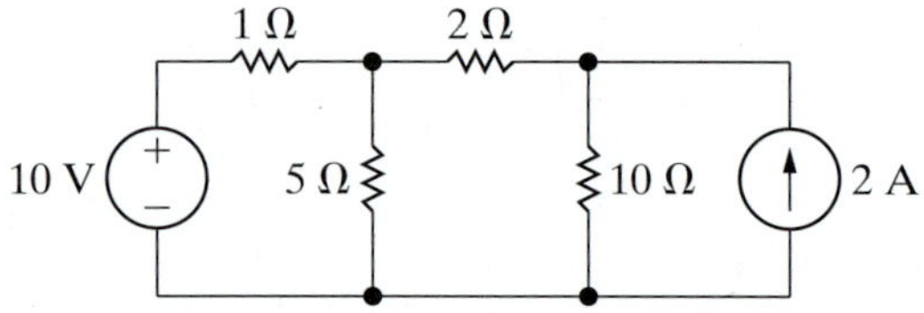

그림 4.5▲ 회로 해석을 위한 마디 전압법을 예시하기 위해 사용된 회로.

1단계는 가지가 교차하지 않도록 회로를 간단하게 정리하고, 그림 4.6에서와 같이 회로도에 필수 마디를 표시하는 것이다. 이 회로는 세 개의 필수 마디($n_e = 3$)를 가지고 있다. 따라서 회로를 설명하려면 두 개($n_e - 1$)의 KCL 방정식이 필요하다.

2 이 결정에 대해서는 4.7절에서 자세하게 다루도록 한다.

2단계는 세 가지 필수 마디 중 하나를 기준 마디로 설정하는 것이다. 이론적으로는 임의로 선택할 수 있으나, 주로 이용하는 분명하고 실용적인 선택이 존재한다. 연습을 통해 기준 마디를 쉽게 결정할 수 있다. 예를 들어 가지가 많은 마디가 일반적으로 좋은 선택이 될 수 있다. 따라서 그림 4.5의 회로에서는 가장 아래쪽의 마디를 기준 마디로 선택한다. 그림 4.6과 같이 기준 마디는 ▼ 기호로 표시한다. 회로도에서 나머지 필수 마디를 표시하면 단계가 끝나게 된다. **마디 전압**(node voltage)은 기준 마디로부터 기준 마디가 아닌 필수 마디로의 전압차로 정의한다. 이 회로에서는 그림 4.6과 같이 v_1, v_2 두 개의 마디 전압을 정의한다.

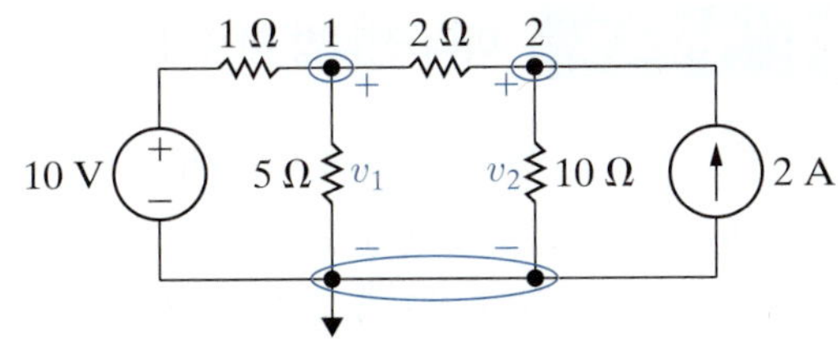

그림 4.6▲ 기준 마디와 마디 전압을 갖는 그림 4.5의 회로.

3단계에서는 KCL 방정식을 만든다. 이를 위해 기준 마디가 아닌 마디에 연결된 각 가지로부터 나가는 전류를 마디 전압의 함수로 구하고 키르히호프의 전류 법칙에 따라 전류의 합을 0으로 놓는다. 마디 1을 살펴보자. 옴의 법칙을 이용하면 1 Ω 저항을 통해 마디 1을 떠나는 전류는 저항에 걸리는 전압($v_1 - 10$) 나누기 그 저항(1 Ω)과 같음을 알 수 있다. 즉 전류는 $(v_1 - 10)/1$이다. 그림 4.7은 이러한 사실을 보여 준다. 이 추론을 반복하면 5 Ω 저항을 통해 마디 1을 떠나는 전류는 $v_1/5$이고, 2 Ω 저항을 통해 마디 1을 떠나는 전류는 $(v_1 - v_2)/2$이다. 마디 1을 떠나는 세 전류의 합은 0이므로 다음과 같이 마디 1에서의 KCL 방정식을 세울 수 있다.

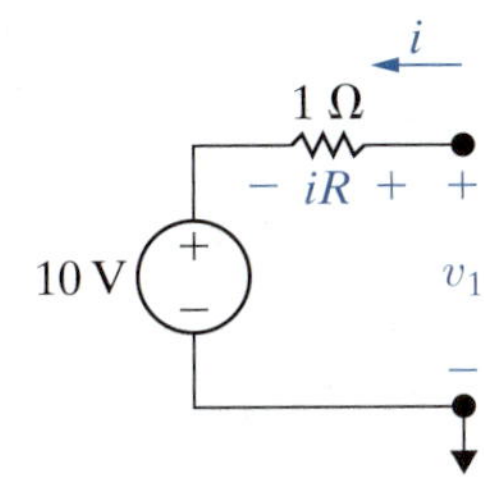

그림 4.7▲ 가지 전류 i의 계산.

$$\frac{v_1 - 10}{1} + \frac{v_1}{5} + \frac{v_1 - v_2}{2} = 0. \tag{4.1}$$

마디 2에 대해서도 같은 과정을 반복하면

$$\frac{v_2 - v_1}{2} + \frac{v_2}{10} - 2 = 0. \tag{4.2}$$

식 (4.2)의 첫 번째 항은 2 Ω 저항을 통해 마디 2에서 떠나는 전류이고, 두 번째 항은 10 Ω 저항을 통해 마디 2를 떠나는 전류이며, 세 번째 항은 전류원을 통해 마디 2를 떠나는 전류이다.

4단계에서는 연립 방정식을 푼다(부록 A 참조). 식 (4.1)과 (4.2)는 마디 전압 v_1과 v_2로 회로를 기술하는 두 개의 연립 방정식이다. v_1과 v_2에 대해 방정식을 풀면 다음과 같다.

$$v_1 = \frac{100}{11} = 9.09 \text{ V},$$

$$v_2 = \frac{120}{11} = 10.91 \text{ V}.$$

5단계에서는 회로의 다른 미지 변수를 풀기 위해 마디 전압을 사용한다. 일단 마디 전압을 알면 모든 가지 전류를 구할 수 있다. 일단 모든 가지 전류를 알면 각 소자에 걸리는 전압과 전력을 계산할 수 있다.

마디 전압법을 간단히 정리하면 해석 방법 4.1과 같다. 마디 전압법을 연습하려면 예제 4.3을 풀어 보자.

해석 방법 4.1

마디 전압법

1. 필수 마디를 찾는다.
2. 기준 마디를 선택한다. 다음으로 다른 필수 마디에 마디 전압 이름을 붙인다.
3. 모든 비기준 마디에 대해 KCL 방정식을 세운다.
4. 마디 전압을 구하기 위해 방정식을 푼다.
5. 4단계에서 구한 마디 전압을 이용하여 소자 전류, 전압 및 전력을 계산하고 회로를 푼다.

예제 4.3 마디 전압법 이용하기

a) 회로 해석을 위해 마디 전압법을 이용하여 그림 4.8의 회로에 대해 가지 전류 i_a, i_b, i_c를 구하라.

b) 각 전원과 관련된 전력을 찾고, 각 전원이 전력을 전달하는지 흡수하는지 밝혀라.

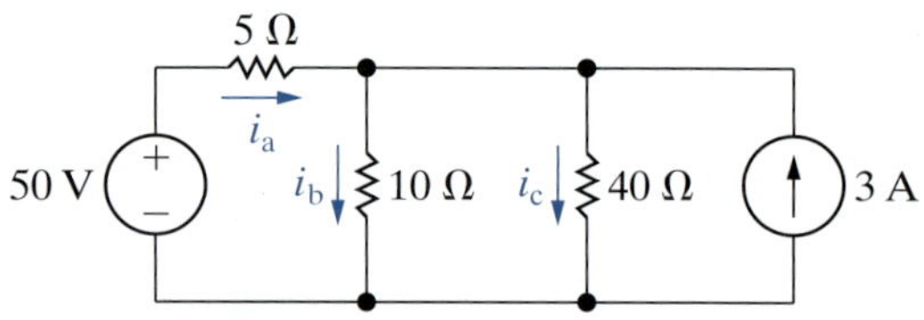

그림 4.8▲ 예제 4.3의 회로.

풀이

a) 회로가 두 개의 필수 마디를 가지고 있다는 것에 주목하면 하나의 KCL 방정식만 필요하다는 것을 알 수 있다. **1단계:** 두 개의 필수 마디를 찾는다. **2단계:** 아래쪽 마디를 기준 마디로 정하고 모르는 전압을 v_1으로 놓는다. 그림 4.9는 이 과정을 나타낸다. **3단계:** 비기준 마디에서 마디 1을 떠나는 전류의 합을 구하여 KCL 방정식을 세운다.

$$\frac{v_1 - 50}{5} + \frac{v_1}{10} + \frac{v_1}{40} - 3 = 0.$$

4단계: v_1에 대해 방정식을 풀면 다음과 같다.

$$v_1 = 40 \text{ V}.$$

5단계: 마디 전압 v_1과 옴의 법칙을 이용하여 원하는 가지 전류를 찾는다.

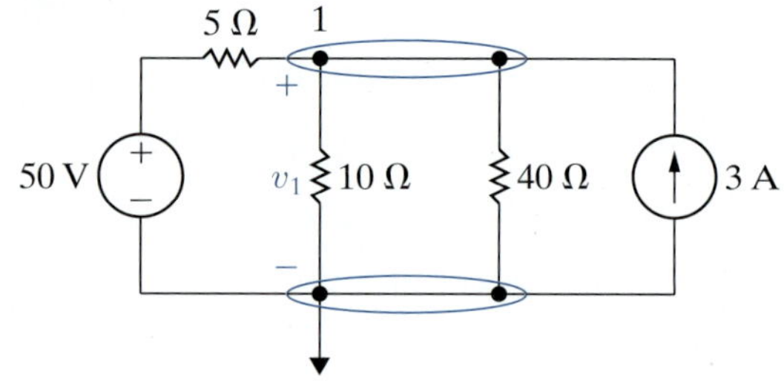

그림 4.9▲ 기준 마디와 미지의 마디 전압 v_1을 표시한 그림 4.8의 회로.

$$i_a = \frac{50 - v_1}{5} = \frac{50 - 40}{5} = 2 \text{ A},$$

$$i_b = \frac{v_1}{10} = \frac{40}{10} = 4 \text{ A},$$

$$i_c = \frac{v_1}{40} = \frac{40}{40} = 1 \text{ A}.$$

b) 50 V 전원과 관련된 전력은 다음과 같다.

$$p_{50\text{V}} = -50 i_a = -100 \text{ W} \quad (\text{전달})$$

3 A 전원과 관련된 전력은 다음과 같다.

$$p_{3\text{A}} = -3v_1 = -3(40) = -120 \text{ W} \quad (\text{전달})$$

전체 전달 전력이 220 W라는 사실에 주목하여 위의 계산 결과를 확인할 수 있다. 세 개의 저항이 흡수하는 전체 전력은 4(5) + 16(10) + 1(40), 즉 220 W이며, 이 값은 계산된 전체 전달 전력과 같다.

평가문제

목표 1—마디 전압법을 이해하고 사용할 수 있다.

4.1 a) 제시된 회로에 대해 마디 전압법을 이용하여 v_1, v_2를 구하라.

b) 5 A 전원에 의해 전달되는 전력은 얼마인가?

c) 40 mA 전원에 대해 (b)를 반복하라.

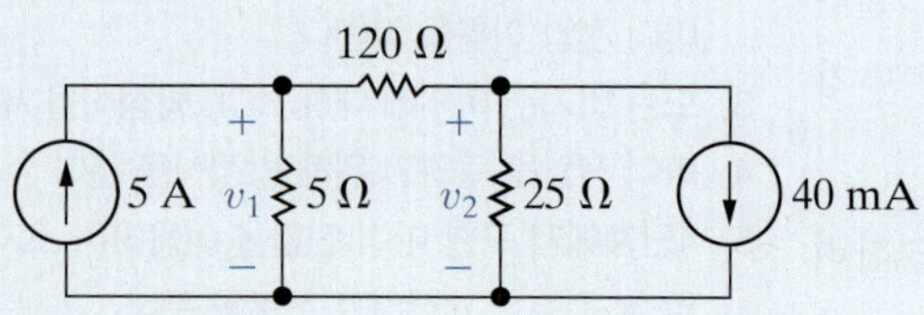

정답: a) 24.133 V, 3.33 V, b) 120.67 W, c) −133.33 mW.

4.2 제시된 회로에서 마디 전압법을 이용하여 v_1과 v_2를 구하라.

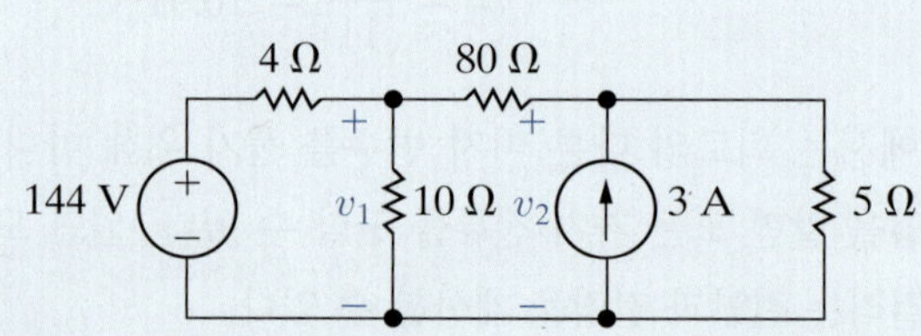

정답: 100 V, 20 V.

자가 검사: 연습문제 4.8, 4.11, 4.13도 풀어 보라.

4.3 마디 전압법과 종속 전원

만약 회로가 종속 전원을 포함하고 있다면 종속 전원에 의해 부가되는 제약식(constraint equation)이 추가되어야 한다. 종속 전원이 있는 경우에 대해 확장하기 위해 마디 전압법의 3단계를 변형할 것이다. 예제 4.4는 종속 전원을 포함하는 회로에 마디 전압법을 적용하는 예를 보여 준다.

예제 4.4 종속 전원이 있는 회로에서 마디 전압법 이용하기

마디 전압법을 이용하여 그림 4.10의 회로에서 5 Ω 저항에서 소비되는 전력을 구하라.

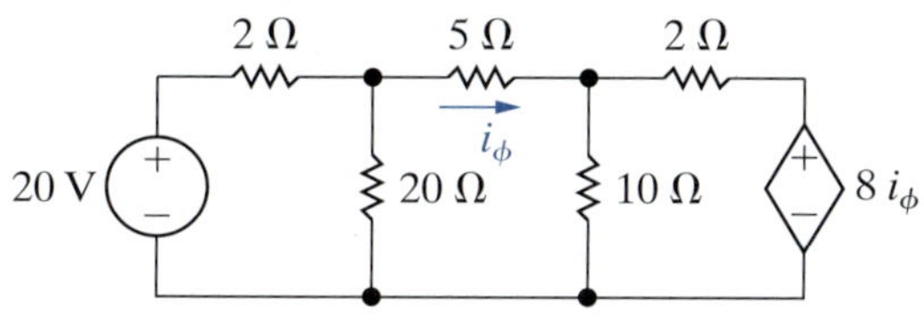

그림 4.10▲ 예제 4.4의 회로.

풀이

1단계: 회로의 필수 마디 세 개를 찾아라. 회로를 설명하기 위해 두 개의 KCL 방정식이 필요하다.

2단계: 아래쪽 마디에서 네 개의 가지가 만나므로 이 마디를 기준 마디로 정하고, 나머지 필수 마디에 마디 전압을 표시한다. 첫 단계의 결과는 그림 4.11에 제시했다.

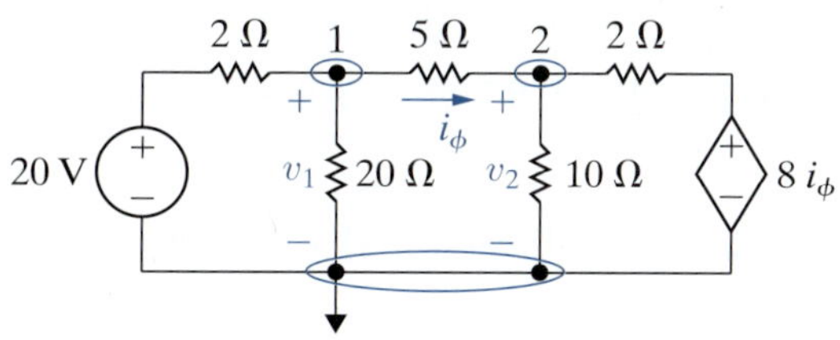

그림 4.11▲ 기준 마디와 마디 전압이 표시된 그림 4.10의 회로.

3단계: 기준이 아닌 필수 마디에 대해 KCL을 적용하여 연립 방정식을 세워라. 마디 1을 떠나는 전류의 합은 다음 식과 같다.

$$\frac{v_1 - 20}{2} + \frac{v_1}{20} + \frac{v_1 - v_2}{5} = 0.$$

마디 2를 떠나는 전류의 합은 다음과 같다.

$$\frac{v_2 - v_1}{5} + \frac{v_2}{10} + \frac{v_2 - 8i_\phi}{2} = 0.$$

식에서 두 개의 마디 전압 방정식은 세 개의 미지수, 즉 v_1, v_2, i_ϕ를 포함하고 있다. 따라서 세 번째 방정식이 필요하며, 이 방정식은 종속 전원에 의해 부여되는 제약식으로부터 얻을 수 있다. 이 방정식은 마디 전압에 대한 종속 전원의 제어 전류의 식으로 표현된다. 즉

$$i_\phi = \frac{v_1 - v_2}{5}.$$

보는 바와 같이, 종속 전원이 있을 경우에는 제약식을 사용해야 하는 것으로 마디 전압법 풀이 단계 중 3단계를 변형할 필요가 있다.

3단계: 기준 마디가 아닌 필수 마디에서 KCL 방정식을 세운다. 만약 회로가 종속 전원을 포함하고 있다면, 제어 전류 또는 종속 전원의 전류를 마디 전압에 대한 식으로 정의하는 종속 전원 제약식을 구한다.

3단계의 요약은 해석 방법 4.2에 나와 있다.

4단계: v_1, v_2, i_ϕ에 대해 방정식을 풀면 다음과 같다.

$$v_1 = 16 \text{ V}, v_2 = 10 \text{ V}, \quad i_\phi = 1.2 \text{ A}.$$

5단계: 마디 전압을 이용하여 5 Ω 전압에 흐르는 전류와 소비되는 전력을 구하라.

$$i_\phi = \frac{v_1 - v_2}{5} = \frac{16 - 10}{5} = 1.2 \text{ A},$$

$$p_{5\Omega} = 5i_\phi^2 = 5(1.2)^2 = 7.2 \text{ W}.$$

문제 풀이 감각을 키우는 좋은 방법은 마디 2를 기준 마디로 하여 이 예제를 다시 푸는 것이다. 이 경우 해석이 더 쉬운가? 아니면 더 어려운가?

해석 방법 4.2
마디 전압법

3. 모든 비기준 필수 마디에 대해 KCL 방정식을 세운다.
   - 만약 종속 전원이 있다면 각 종속 전원에 대해 제약식을 세운다.

평가문제

목표 1—마디 전압법을 이해하고 사용할 수 있다.

4.3 a) 제시된 회로에서 마디 전압법을 이용하여 각 전원에 관계된 전력을 구하라.

b) 전원이 회로에 전력을 전달하는지 아니면 회로로부터 전력을 끌어내는지 설명하라.

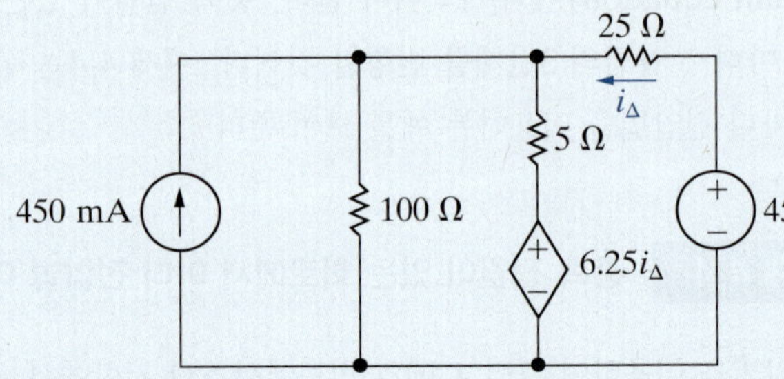

정답: a) $p_{450\,\mathrm{mA}} = -6.75$ W, $p_{6.25i} = 11.25$ W,

$p_{45\mathrm{V}} = -54$ W,

b) 독립 전원은 전력을 전달하며, 종속 전원은 전력을 끌어낸다.

자가 검사: 연습문제 4.17과 4.18도 풀어 보라.

4.4 마디 전압법: 몇 가지 특별한 경우

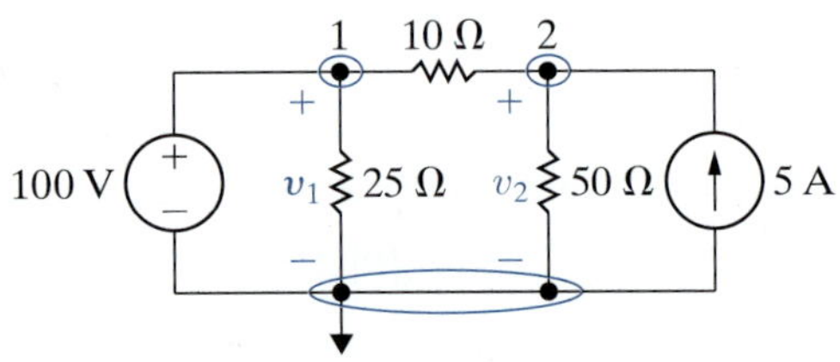

그림 4.12▲ 알려진 마디 전압을 갖는 회로.

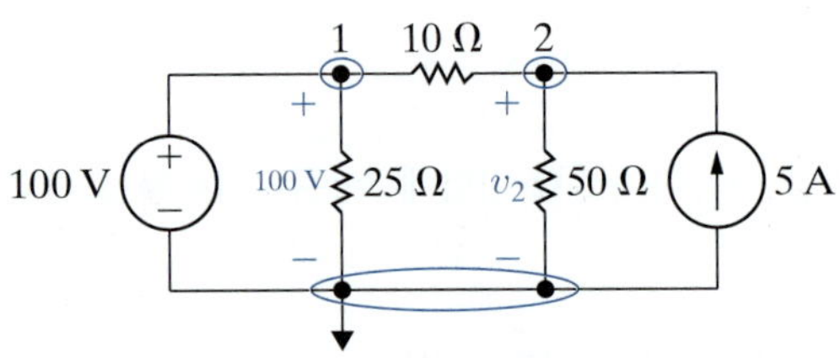

그림 4.13▲ 마디 전압 v_1이 100 V로 대체된 그림 4.12의 회로.

전압원만이 두 개의 필수 마디 사이에 연결된 유일한 소자인 특별한 경우에 대해 알아보자. 이 경우에도 마디 전압법 2단계를 변형하면 여전히 5단계 마디 전압법을 활용할 수 있다.

예로서 그림 4.12의 회로를 보자. 이 회로에는 세 개의 필수 마디가 있으므로 두 개의 연립 방정식이 필요하다. 1단계와 2단계를 적용하여 필수 마디를 찾고 기준 마디를 결정한 후 나머지 마디에 전압을 표시한다. 100 V 전원이 마디 1과 기준 마디 사이의 전압이 100 V가 되도록 강제하는 것에 주의하라. 이제 간략화의 이점을 이용하기 위해 2단계를 변형한다.

2단계: 기준 마디를 정한 후 나머지 필수 마디에 마디 전압을 표기한다. 만약 전압원이 필수 마디와 기준 마디 사이에 연결된 유일한 소자라면 그 마디 전압을 전압원 값으로 대체한다.

따라서 그림 4.13에서 보는 바와 같이 회로에서 전압 v_1을 100 V로 바꿔 쓸 수 있다.

이제 3단계에서는 마디 2에 대한 하나의 KCL 방정식만 필요하다.

$$\frac{v_2 - 100}{10} + \frac{v_2}{50} - 5 = 0. \tag{4.3}$$

4단계에서 식 (4.3)을 풀어 v_2를 구하면

$$v_2 = 125 \text{ V}.$$

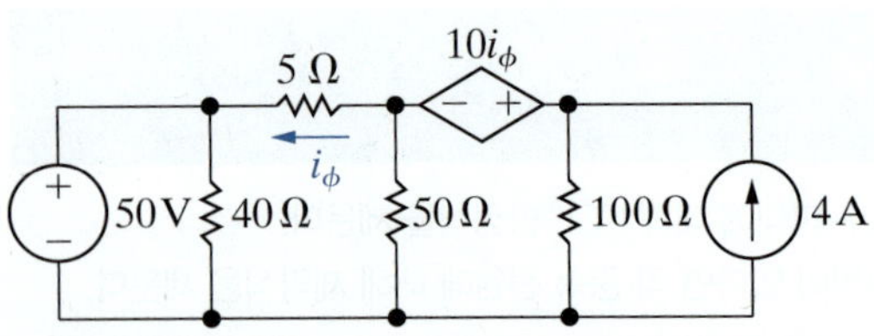

그림 4.14▲ 마디 사이에 연결된 종속 전원을 갖는 회로.

v_2를 알면 모든 가지의 전류를 계산할 수 있다. 5단계를 이용하여 독립 전압원을 포함하는 가지에서 마디 1에 들어가는 전류가 1.5 A임을 확인하라.

다른 예로서 네 개의 필수 마디를 가지고 있으며 세 개의 연립 방정식이 필요한 그림 4.14의 회로를 고려하자. 하지만 이 회로에서 두 개의 필수 마디는 독립 전압원에 의해 연결되어 있고, 두 개의 다른 필수 마디는 전류 제어 종속 전압원에 의해 연결되어 있다. 마디 전압법을 간단하게 변형하면 이러한 이점을 이용할 수 있다.

기준 마디를 선택하는 방법에는 여러 가지가 있다. 종속 전압원의 한쪽을 선택하는 것은 좋은 선택일 수 있다. 만약 선택된다면 한쪽 마디 전압은 $+10i_\phi$(왼쪽 마디가 기준 마디인 경우) 또는 $-10i_\phi$(오른쪽 마디가 기준 마디인 경우)가 되기 때문이다. 하나의 마디 전압을 바로 알 수 있고(50 V) 다섯 개의 가지가 만나기 때문에 아래쪽 마디를 선택하는 것은 더 좋을 수 있다. 따라서 아래쪽 마디를 기준 마디로 선택한다.

그림 4.15는 1단계와 2단계를 진행한 후 회로를 다시 그린 것이다. 여기서 종속 전압원의 전류를 마디 전압 v_2와 v_3에 대한 함수로 나타낼 수 없기 때문에 전류 i를 새롭게 도입한 것에 주목하자. 마디 2에서 KCL 방정식을 세우면 다음과 같다.

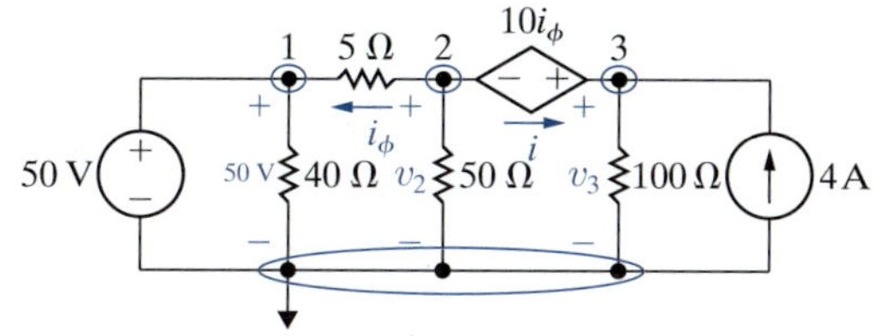

그림 4.15▲ 선택된 마디 전압이 정의된 그림 4.14의 회로.

$$\frac{v_2 - 50}{5} + \frac{v_2}{50} + i = 0, \tag{4.4}$$

마디 3에서는

$$\frac{v_3}{100} - i - 4 = 0. \tag{4.5}$$

식 (4.4)와 식 (4.5)를 단순히 합하여 i를 소거하면 다음 식을 얻는다.

$$\frac{v_2 - 50}{5} + \frac{v_2}{50} + \frac{v_3}{100} - 4 = 0. \tag{4.6}$$

이제 슈퍼노드라는 새로운 개념을 소개한 후에 마디 전압법의 나머지 단계를 계속 진행하겠다.

슈퍼노드의 개념

전압원이 두 개의 필수 마디 사이에 있는 경우 두 마디와 전원을 결합하여 **슈퍼노드(supernode)**를 구성할 수 있다. 그림 4.15의 회로로부터 슈퍼노드 개념을 적용해 보자. 그림 4.16은 마디 2와 마디 3을 결합하여 만든 슈퍼노드를 포함한 회로를 보여 준다. 마지막으로 2단계를 변형하여 슈퍼노드를 찾는 것을 다음과 같이 기억할 수 있다.

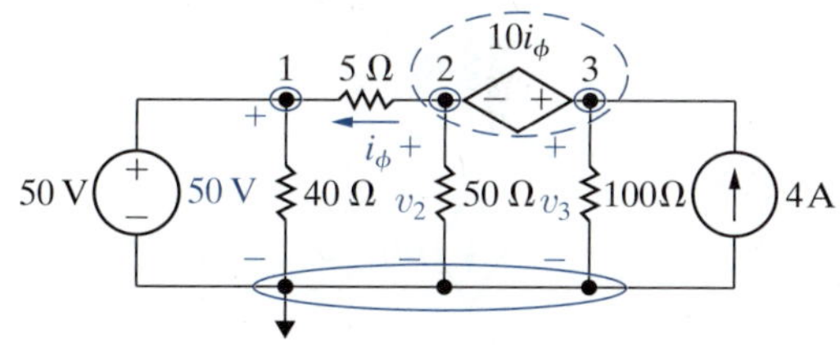

그림 4.16▲ 마디 2와 마디 3을 결합한 슈퍼노드.

2단계: 기준 마디를 정하고 나머지 필수 마디에 마디 전압을 표시한다. 만약 전압원이 필수 마디와 기준 마디 사이에 연결된 유일한 소자인 경우 마디 전압을 전압원의 값으로 대체한다. 만약 전압원이 기준 마디가 아닌 필수 마디 사이에 연결된 유일한 소자인 경우 두 필수 마디와 전압원을 결합하여 하나의 슈퍼노드로 구성한다.

3단계 또한 변형될 필요가 있다. 명백하게도, 키르히호프의 전류 법칙은 슈퍼노드에서도 성립해야 하므로 슈퍼노드에 대해서도 하나의 KCL 방정식을 세울 수 있다. 그리고 슈퍼노드는 슈퍼노드를 구성하기 위해 사용된 전압원의 값에 의해 마디 사이의 전압 차이를 제한한다. 그러므로 슈퍼노드 제약식을 구할 필요가 있다. 결국 최종적인 3단계는 다음과 같다.

3단계: 각 슈퍼노드에서 KCL 방정식을 세우고, 나머지 기준 마디가 아닌 필수 마디에 대해 전압을 구하기 위해 KCL 방정식을 세운다. 만약 종속 전원이 있다면 각각에 대해 종속 전원 제약식을 구한다. 만약 슈퍼노드가 있다면 각각에 대해 슈

해석 방법 4.3 마디 전압법

1. 필수 마디를 찾는다.
2. 기준 마디를 선택한다. 다음으로 다른 필수 마디에 마디 전압을 표시한다.
   - 만약 전압원이 필수 마디와 기준 마디 사이에 연결된 유일한 소자인 경우 마디 전압을 전압원 값으로 대체한다.
   - 만약 전압원이 비기준 마디 사이에 연결된 유일한 소자인 경우 마디와 전압원을 결합하여 하나의 슈퍼노드로 구성한다.
3. 모든 슈퍼노드와 나머지 전압을 모르는 비기준 마디에 대해 KCL 방정식을 세운다.
   - 만약 종속 전원이 있는 경우 각각에 대해 제약식을 구한다.
   - 만약 슈퍼노드가 있는 경우 각각에 대해 제약식을 구한다.
4. 마디 전압과 다른 미지수를 구하기 위해 방정식을 푼다.
5. 4단계에서 구한 결과를 이용하여 소자 전류, 전압 및 전력을 계산하고 회로를 푼다.

퍼노드 제약식을 구한다.

최종적인 마디 전압법은 이 장 끝의 요약에서 찾을 수 있으며, 간단한 요약판은 해석 방법 4.3에 제시되어 있다.

이제 그림 4.16의 회로에 대해 방정식을 세우는 데 3단계를 이용할 수 있다. 우선 슈퍼노드에 대해 KCL 방정식을 세운다. 5 Ω 가지부터 시작하여 슈퍼노드를 중심으로 반시계 방향으로 돌면 다음과 같은 식을 구성할 수 있다.

$$\frac{v_2 - 50}{5} + \frac{v_2}{50} + \frac{v_3}{100} - 4 = 0, \tag{4.7}$$

이 식은 식 (4.6)과 동일하다. 마디 2와 마디 3에서 슈퍼노드를 구성하면 이 식을 보다 쉽게 구할 수 있다. 다음으로 슈퍼노드 사이의 전압원 값을 슈퍼노드에 포함된 두 개의 마디 전압의 차로 설정하여 슈퍼노드 제약식을 구한다.

$$v_3 - v_2 = 10i_\phi. \tag{4.8}$$

마지막으로 마디 전압에 대한 함수로서 종속 전압원을 제어하는 전류를 구한다.

$$i_\phi = \frac{v_2 - 50}{5}. \tag{4.9}$$

세 개의 미지수 v_2, v_3, i_ϕ에 대한 식 (4.7), (4.8), (4.9)를 풀기 위해 5단계를 이용하면 다음 결과를 얻는다.

$$v_2 = 60 \text{ V}, \quad v_3 = 80 \text{ V}, \quad i_\phi = 2 \text{ A}.$$

이제 2.5절에서 처음 소개된 그림 4.17의 증폭기 회로를 해석하기 위해 마디 전압법을 이용하자. 2.5절에서 옴의 법칙과 KVL 및 KCL을 이용하여 회로를 해석할 때 여섯 개의 연립 방정식을 세우고 풀어야만 했다. 예제 4.5를 통해 마디 전압법이 어떻게 회로 해석을 간단하게 하는지 확인해 보자.

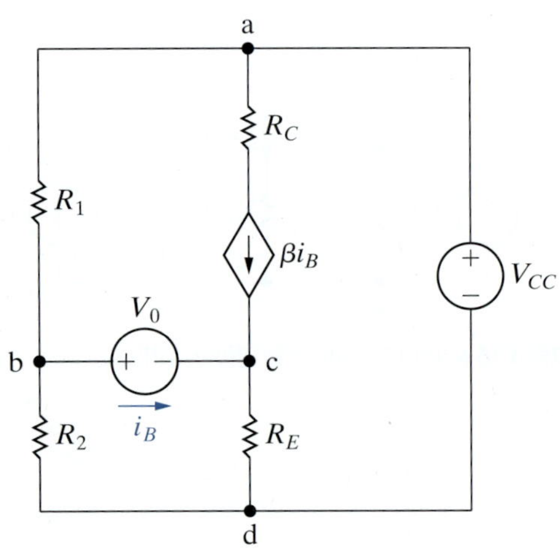

그림 4.17▲ 그림 2.24의 트랜지스터 증폭기 회로

예제 4.5 증폭기 회로의 마디 전압 해석

마디 전압법을 이용하여 그림 4.17의 증폭기 회로에서 i_B를 구하라.

풀이

1단계: 네 개의 필수 마디를 찾아 각각을 a, b, c, d라 하자. **2단계:** 마디 d를 기준 마디로 정한다. 그다음 나머지 세 개의 필수 마디의 전압을 표시한다. 방정식을 세우기 전 두 가지 특별한 경우에 주목한다. 마디 a와 기준 마디에 연결된 가지에 있는 전압원 V_{CC}는 이 마디 사이의 전압을 제한한다. 즉 $v_a = V_{CC}$이다. 또한 마디 b와 마디 c 사이의 전압원 V_0는 이 마디 사이의 전압을 제한하며 슈퍼노드를 구성한다. 1단계, 2단계 및 특별한 경우에 대한 변형의 결과는 그림 4.18에 나타내었다.

3단계: 계속 진행하여 슈퍼노드 KCL 방정식을 쓰면 다음과 같다.

$$\frac{v_b}{R_2} + \frac{v_b - V_{CC}}{R_1} + \frac{v_c}{R_E} - \beta i_B = 0. \quad (4.10)$$

이제 마디 전압에 관한 제어 전류 i_B로 정의된 종속 전원 제약식을 구한다. i_B는 전압원 내부의 전류이므로 옴의 법칙을 적용할 수 없다. 따라서 마디 c에서의 KCL 방정식을 다음과 같이 구한다.

$$i_B = \frac{v_c}{R_E} - \beta i_B. \quad (4.11)$$

3단계의 마지막 부분은 다음과 같은 슈퍼노드 제약식을 구하는 것이다.

$$v_b - v_c = V_0. \quad (4.12)$$

3단계를 통해 세 개의 미지수에 대한 세 개의 방적식을 얻게 된다. 이러한 방정식을 풀기 위해 후진 대입법(back-substitution)을 이용하여 변수 v_b와 v_c를 소거한다. 식 (4.11)을 정리하면

$$i_B = \frac{v_c}{R_E(1+\beta)}. \quad (4.13)$$

다음으로 식 (4.12)를 v_c에 대해 푼다.

$$v_c = v_b - V_0. \quad (4.14)$$

식 (4.13)과 (4.14)를 식 (4.10)에 대입하고 정리하면 다음과 같다.

$$v_b\left[\frac{1}{R_1} + \frac{1}{R_2} + \frac{1}{(1+\beta)R_E}\right] = \frac{V_{CC}}{R_1} + \frac{V_0}{(1+\beta)R_E}. \quad (4.15)$$

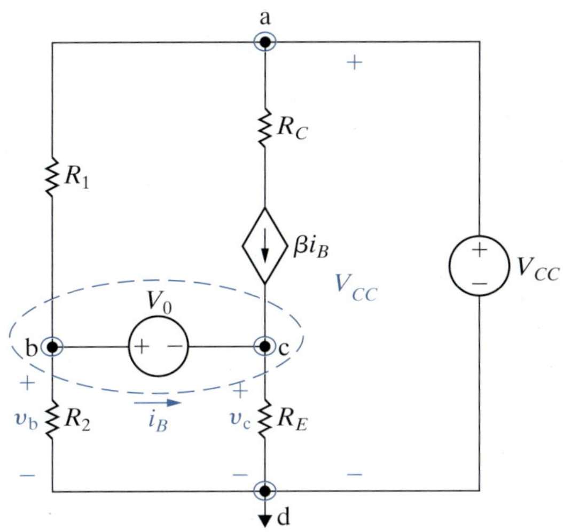

그림 4.18▲ 전압과 슈퍼노드가 표시된 그림 4.17의 회로.

식 (4.15)를 v_b에 대해 풀면 다음과 같다.

$$v_b = \frac{V_{CC}R_2(1+\beta)R_E + V_0R_1R_2}{R_1R_2 + (1+\beta)R_E(R_1+R_2)}. \quad (4.16)$$

여러분은 식 (4.16)이 식 (4.13), (4.14)와 결합될 때 i_B에 대한 식이 다음과 같으며, 식 (2.21)과 같다는 것을 검증해야 한다(연습문제 4.31 참조).

$$i_B = \frac{(V_{CC}R_2)/(R_1+R_2) - V_0}{(R_1R_2)/(R_1+R_2) + (1+\beta)R_E}, \quad (4.17)$$

마디 전압법을 이용하면 회로 해석을 위해 여섯 개의 연립 방정식을 푸는 대신(연습문제 2.38 참조), 세 개의 연립 방정식만 푸는 문제로 단순화할 수 있다.

평가문제

목표 1—마디 전압법을 이해하고 사용할 수 있다.

4.4 제시된 회로에서 마디 전압법을 이용하여 v_o를 구하라.

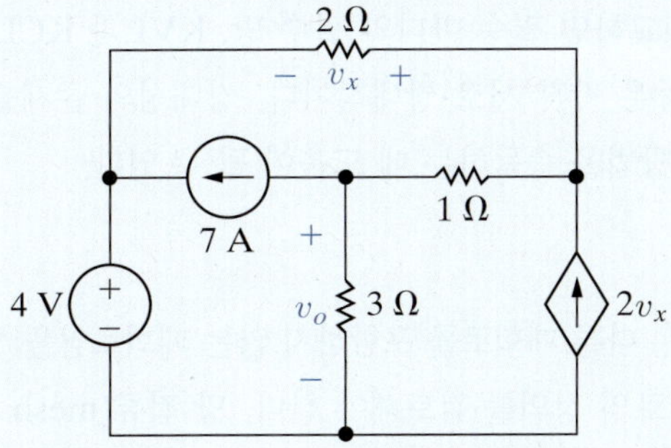

정답: 1.5 V.

4.5 제시된 회로에서 마디 전압법을 이용하여 v_o를 구하라.

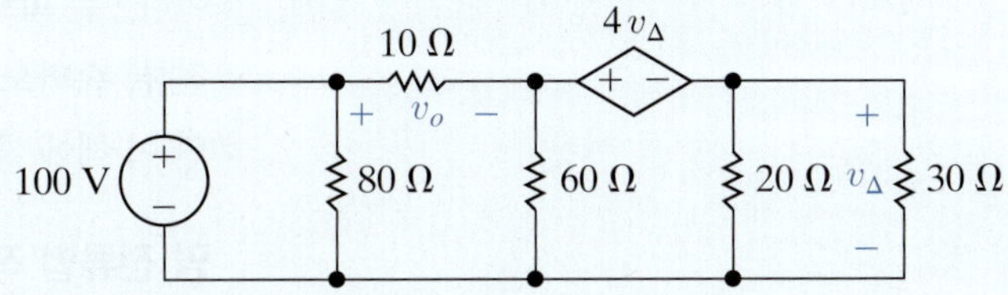

정답: 25 V.

4.6 제시된 회로에서 마디 전압법을 이용하여 v를 구하라.

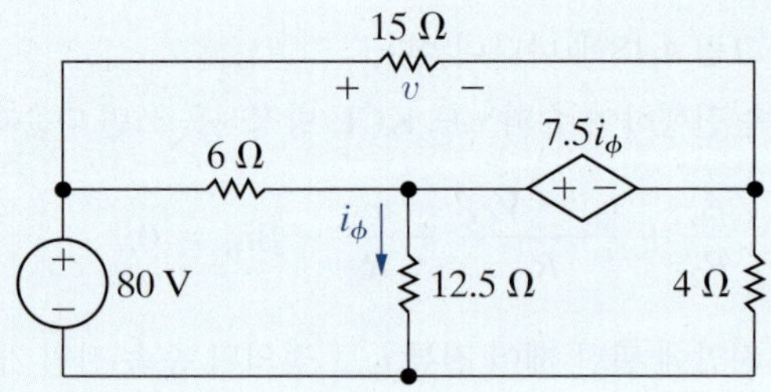

정답: 60 V.

자가 검사: 연습문제 4.25, 4.27, 4.30도 풀어 보라.

4.5 망 전류법 소개

회로 해석을 위해 망 전류 방법에 대해 알아보기 전에 마디 전압법을 요약해 보자. 4.2~4.4절에서 제시된 마디 전압법은 필수 마디에서 연립 KCL 방정식을 구하여 회로를 해석하는 데 이용된다. 만약 종속 전원이 존재하는 경우 종속 전원 제약식이 필요하다. 전압원이 두 개의 필수 마디를 연결하는 가지의 유일한 소자인 경우 특별한 경우가 발생한다. 만약 필수 마디 중 하나가 기준 마디인 경우 다른 마디의 마디 전압은 전압원 값이며 해당 마디에서는 KCL 방정식이 필요 없다. 만약 두 필수 마디가 모두 기준 마디가 아니면 두 마디와 전압원이 하나의 슈퍼노드로 결합된다. 슈퍼노드와 슈퍼노드 제약식에 대한 KCL 방정식을 구한다. 마디 전압을 찾기 위해 연립 방정식을 풀고, 마디 전압을 사용하여 모든 회로 구성 요소의 전압, 전류 및 전력을 찾을 수 있다.

이제 4.5~4.7절에 제시된 망 전류법에 대해 살펴보자. 망 전류법은 회로의 망에 대해 연립 KVL 방정식을 구하여 회로를 해석하는 방법이다. 종속 전원이 존재하는 경우 종속 전원 제약식이 필요하다. 전류원이 망의 구성 요소인 경우 특별한 경우가 발생한다. 만약 전류원이 하나의 망에만 있는 구성 요소인 경우 망 전류는 전류원과 동일한 값을 가져야 하며, 해당 망에 대한 KVL 방정식이 필요하지 않다. 만약 전류원이 인접한 두 망에서 공유되는 경우 두 망이 결합되어 슈퍼메시를 형성한다. KVL 방정식은 슈퍼메시와 슈퍼메시 제약식에 대해 구한다. 망 전류를 구하기 위해 연립 방정식을 푼 후 망 전류를 사용하여 모든 회로 구성 요소의 전압, 전류 및 전력을 찾을 수 있다.

여러분은 마디 전압법과 망 전류법에 대한 설명에서 대칭성을 발견했는가? 공학에서는 이 대칭을 **쌍대성**(duality)이라고 하며, 이 책 전체에서 이를 접하게 될 것이다. 두 회로 해석 기법을 비교하면 필수 마디와 필수 망, KVL과 KCL, 전압과 전류, 슈퍼노드와 슈퍼메시 등은 각각 서로 쌍대적이다. 쌍대성의 존재를 생각하면 이 책에 제시된 회로 해석 방법을 습득하는 데 도움이 될 수 있다.

망 전류법 적용하기

표 4.1에 정의된 용어에서 망은 다른 폐회로를 포함하지 않는 폐회로임을 상기하라. 또한 표 4.1에서 폐회로 및 경로의 정의를 검토해야 한다. **망 전류**(mesh current)는 망 주변에 존재하는 전류이다. 우리는 회로도에서 망 전류를 망 주변을 따라 도는 곡선 화살표로 표시한다. 이때 화살표의 방향은 전류의 방향을 나타낸다.

마디 전압법과 마찬가지로 망 전류법 또한 단계별로 진행한다. 그림 4.19에 표시된 회로에 대해 전류 i_1, i_2, i_3을 풀기 위해 망 전류법을 이용하자. 회로에는 두 개의 망이 있기 때문에 두 개의 연립 방정식을 쓸 것으로 예상할 수 있다.

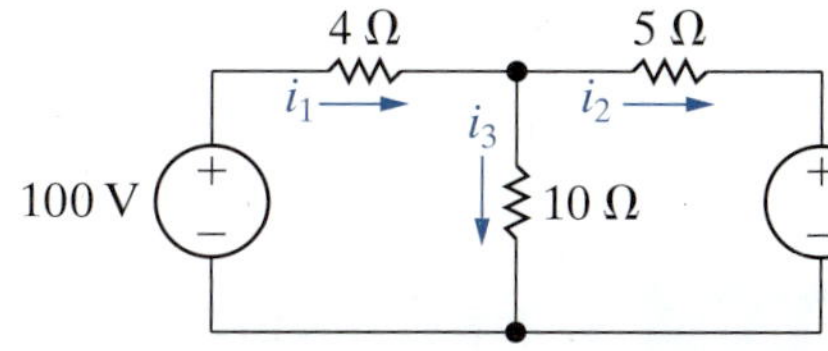

그림 4.19▲ 망 전류법 회로 해석의 전개를 보여 주기 위해 사용된 회로.

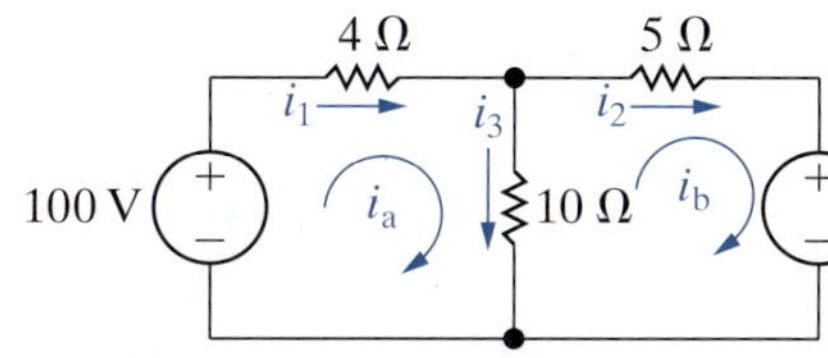

그림 4.20▲ 망 전류 i_a와 i_b.

1단계에서는 망 주변을 따라가는 방향이 있는 곡선 화살표를 사용하여 망을 식별한다.

2단계는 i_a와 i_b를 사용하여 망 전류를 지정한다. 1단계와 2단계의 결과는 그림 4.20에 나와 있다. 이 그림에서 가지 전류 i_1은 망 전류 i_a와 같고, 가지 전류 i_2는 망 전류 i_b와 같다는 것을 알 수 있다. 혼동을 피하기 위해 이 회로의 가지 전류와 망 전류에 대해 각각 다른 이름을 사용한다.

3단계에서는 각 망에 대한 KVL 방정식을 구한다. 망 전류가 i_a인 망부터 시작하자. 망 주변의 어느 곳에서든 시작점을 선택하고, 시작점으로 돌아갈 때까지 망 전류 방향으로 망의 각 구성 요소에 대한 전압 강하를 합산한다. 100 V 전원 아래에서 시작하여 망 전류의 시계 방향으로 이동하면, 첫 번째 전압은 100 V 전원에 의한 것으로 값은 −100이다. 다음 전압은 4 Ω 저항을 가로지르는 전류 i_a에 의해 결정되므로 옴의 법칙에 의해 전압은 $4i_a$가 된다. 다음 전압은 10 Ω의 저항을 가로지르는 전류 $(i_a - i_b)$에 의해 결정되므로 옴의 법칙에 따라 전압은 $10(i_a - i_b)$가 된다. 시작점으로 돌아왔으므로 KVL에 의해 세 전압의 합은 0이 된다.

$$-100 + 4i_a + 10(i_a - i_b) = 0.$$

이 과정을 반복하여 i_b 망에 대한 KVL 방정식을 구한다. 이 망 주변의 어느 곳에서나 시작할 수 있으므로 5 Ω 저항의 왼쪽에서 시작하자. 다시 한 번 i_b 망 방향으로 각 구성 요소의 전압 강하를 결정한다. 5 Ω 저항에서의 전압 강하는 $5i_b$, 40 V 전원의 전압 강하는 40, 10 Ω 저항의 전압 강하는 $10(i_b - i_a)$이다. 시작점으로 돌아왔으므로 KVL에 의해 세 전압의 합은 0이 된다.

$$5i_b + 40 + 10(i_b - i_a) = 0.$$

4단계에서는 이렇게 구한 연립 망 전류 방정식을 풀어서 다음과 같이 망 전류를 구한다(부록 A 참조).

$$i_a = 10 \text{ A}$$

그리고

$$i_b = 4 \text{ A}.$$

5단계에서는 회로상의 모든 소자에 대한 전류, 전압, 전력을 구하기 위해 망 전류를 사용한다. 세 가지 전류를 구하면 다음과 같다.

$$i_1 = i_a = 10 \text{ A},$$
$$i_2 = i_b = 4 \text{ A},$$
$$i_3 = i_a - i_b = 6 \text{ A}.$$

망 전류를 사용하여 가지 전류를 계산하는 능력은 망 전류법을 이용해 회로를 해석하는 데 매우 중요하다. 망 전류를 알면 가지 전류도 알 수 있다. 가지 전류를 알고 나면 관심 있는 전압이나 전력을 계산할 수 있다. 망 전류법의 간단한 절차는 해석 방법 4.4에 나와 있다.

해석 방법 4.4
망 전류법

1. 망 주변을 따라 도는 화살표 곡선을 갖는 망을 찾는다.
2. 각각의 망에 망 전류를 표시한다.
3. 각각의 망에 대해 KVL 방정식을 세운다.
4. KVL 방정식을 풀어서 망 전류를 구한다.
5. 4단계에서 구한 망 전류를 이용하여 소자 전류, 전압 및 전력을 계산하고 회로를 푼다.

예제 4.6은 전원 전력과 가지 전압을 구하기 위해 망 전류법을 이용하는 방법을 보여 준다.

예제 4.6 망 전류법 이용하기

a) 망 전류법을 이용하여 그림 4.21의 회로에서 각각의 전원에 관련된 전력을 결정하라.

b) 8 Ω 저항에 걸리는 전압 v_o를 계산하라.

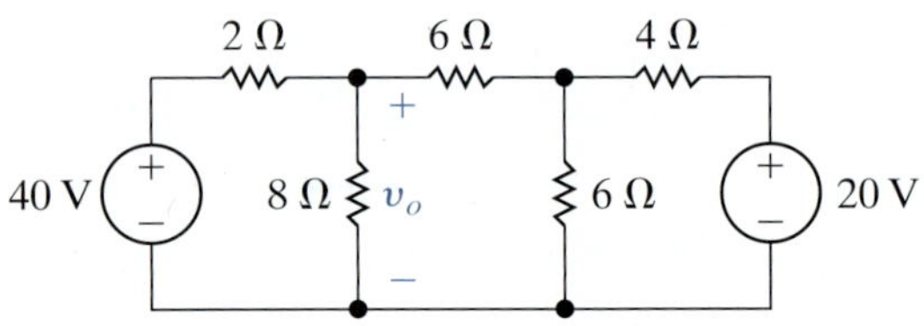

그림 4.21▲ 예제 4.6의 회로.

풀이

a) **1단계:** 회로에서 세 개의 망을 찾을 수 있으며, 망 주변을 따라 도는 곡선 화살표를 이용하여 망 전류를 그린다. 같은 방향으로 모든 망 전류를 정의하는 것이 가장 좋은 방법이다.

2단계: 망 전류에 이름을 붙인다. 첫 두 단계의 결과는 그림 4.22에 나와 있다.

3단계: 각각의 망에 대해 망 전류의 방향으로 모든 전압을 합하여 KVL 방정식을 구한다. i_a 망에서는 40 V 전원 바로 아래에서 시작하여 시계 방향으로 모든 전압을 합하여 다음의 결과를 얻는다.

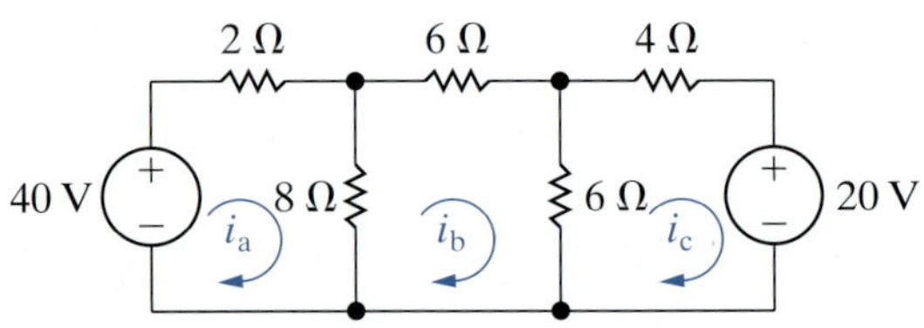

그림 4.22▲ 그림 4.21의 회로를 해석하기 위해 사용된 세 개의 망 전류.

$$-40 + 2i_a + 8(i_a - i_b) = 0.$$

i_b 망에서 8 Ω 저항 아래에서 시작하여 시계 방향으로 모든 전압을 합하여 다음 식을 얻는다.

$$8(i_b - i_a) + 6i_b + 6(i_b - i_c) = 0.$$

i_c 망에서 6 Ω 저항 아래에서 시작하여 시계 방향으로 모든 전압을 합하여 다음 식을 얻는다.

$$6(i_c - i_b) + 4i_c + 20 = 0.$$

4단계: 세 개의 연립 망 전류 방정식을 풀어서 다음의 결과를 구한다.

$$i_a = 5.6 \text{ A},$$
$$i_b = 2.0 \text{ A},$$
$$i_c = -0.80 \text{ A}.$$

5단계: 망 전류를 사용하여 각 전원의 전력을 구한다. 망 전류 i_a는 40 V 전원의 가지 전류와 같으므로 이 전원에 관련된 전력은 다음과 같다.

$$p_{40V} = -40i_a = -224 \text{ W}.$$

여기서 음의 부호는 이 전원이 전력을 회로망에 전달하는 것을 뜻한다. 20 V 전원의 전류는 망 전류 i_c와 같으므로

$$p_{20V} = 20i_c = -16 \text{ W}.$$

20 V 전원 역시 회로망에 전력을 전달한다.

b) 전압 강하 v_o의 방향으로 8 Ω 저항에 흐르는 가지 전류는 $i_a - i_b$이다. 따라서

$$v_o = 8(i_a - i_b) = 8(3.6) = 28.8 \text{ V}.$$

평가문제

목표 2—망 전류법을 이해하고 사용할 수 있다.

4.7 망 전류법을 이용하여 (a) 제시된 회로에서 44 V 전원이 전달하는 전력을 구하고, (b) 3 Ω 저항에서 소비하는 전력을 계산하라.

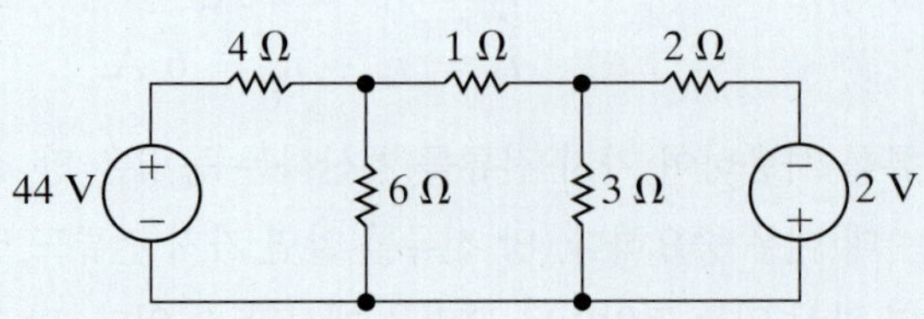

정답: a) 352 W, b) 12 W.

자가 검사: 연습문제 4.36과 4.37도 풀어 보라.

4.6 망 전류법과 종속 전원

회로에 종속 전원이 포함된 경우 마디 전압 해석 방법에서와 마찬가지로 망 전류 해석 방법에서도 방정식 작성 단계를 수정해야 한다.

3단계: 각 망에 대한 KVL 방정식을 찾는다. 회로에 종속 전원이 포함된 경우 망 전류에 관해서 종속 전원에 대한 제어 변수를 정의하는 종속 전원 제약식을 쓴다.

3단계의 요약된 형태는 해석 방법 4.5에 나와 있다. 예제 4.7에서 종속 전원이 있는 회로에 망 전류법을 적용해 본다.

해석 방법 4.5
망 전류법

3. 각 망에 대해 KVL 방정식을 세운다.
   - 만약 종속 전원이 있다면 각 종속 전원에 대해 제약식을 세운다.

예제 4.7 종속 전원을 갖는 망 전류법 이용하기

그림 4.23의 회로에 대해 망 전류법을 이용하여 4 Ω 저항에서 소모되는 전력을 구하라.

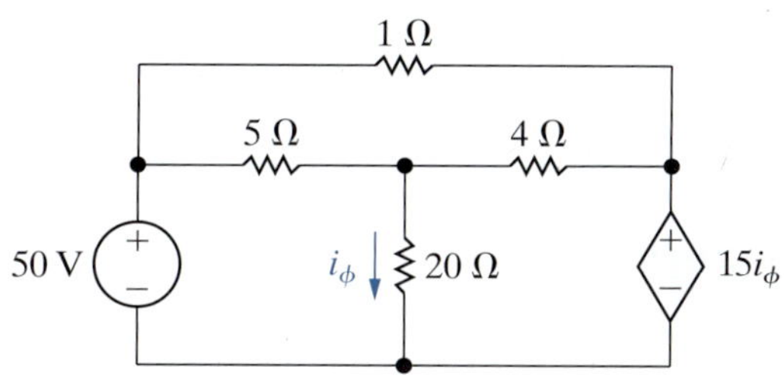

그림 4.23▲ 예제 4.7의 회로.

풀이

1단계: 세 개의 망에 대해 망 전류를 그리는 것에서 시작하라.

2단계: 각 망 전류에 변수명을 부여한다. 결과는 그림 4.24와 같다.

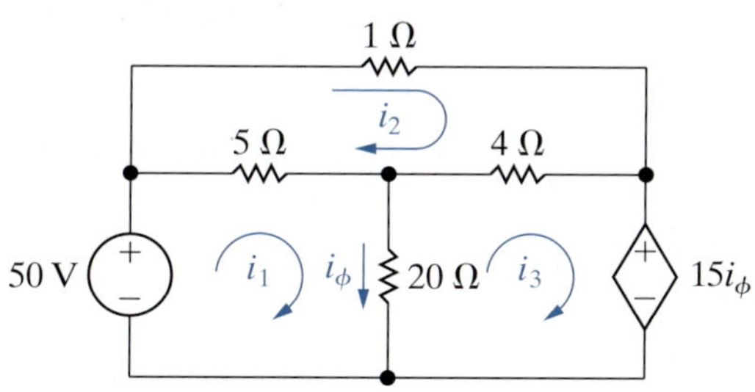

그림 4.24▲ 세 개의 망 전류를 갖는 그림 4.23의 회로.

3단계: 망의 아무 곳에서나 시작점을 선택하고 망 전류 방향으로 망 주변의 전압을 합산하여 각 망에 대한 KVL 방정식을 구한다. 시작점으로 돌아가면 합을 0으로 설정한다. 세 가지 망 전류 방정식은 다음과 같다.

$$5(i_1 - i_2) + 20(i_1 - i_3) - 50 = 0,$$
$$5(i_2 - i_1) + 1i_2 + 4(i_2 - i_3) = 0,$$
$$20(i_3 - i_1) + 4(i_3 - i_2) + 15i_\phi = 0.$$

3단계를 완성하기 위해 망 전류에 관해서 종속 전압원을 제어하는 가지 전류 식을 다음과 같이 구한다.

$$i_\phi = i_1 - i_3.$$

4단계: 3단계에서 만든 네 개의 방정식을 풀어 네 개의 미지 전류를 구한다.

$$i_1 = 29.6 \text{ A},$$
$$i_2 = 26 \text{ A},$$
$$i_3 = 28 \text{ A},$$
$$i_\phi = 1.6 \text{ A}.$$

5단계: 망 전류를 사용하여 4 Ω 저항에 대한 전력을 구한다. 4 Ω 저항에 왼쪽에서부터 오른쪽으로 흐르는 전류는 $i_3 - i_2$, 즉 2 A이다. 따라서 소모 전력은 다음과 같다.

$$p_{4\Omega} = (i_3 - i_2)^2(4)$$
$$= (2)^2(4) = 16 \text{ W}.$$

망 전류법을 이용하라는 제시문을 받지 않았다면 어떨까? 마디 전압 방법을 선택하겠는가? 이 경우 필수 마디 사이에 두 개의 전압원이 있기 때문에 하나의 미지의 마디 전압을 찾는 것으로 문제가 단순화된다. 4.8절에서 이러한 선택에 대해 자세히 설명한다.

평가문제

목표 2—망 전류법을 이해하고 사용할 수 있다.

4.8 a) 제시된 회로를 풀기 위해 필요한 망 전류 방정식의 개수를 결정하라.

b) 망 전류법을 이용하여 종속 전압원에 의해 전달되는 전력을 구하라.

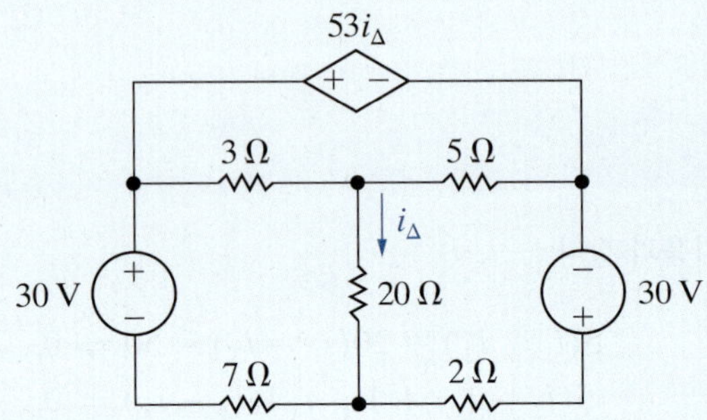

정답: a) 3,

b) 46,640 W.

4.9 망 전류법을 이용하여 평가문제 4.6에서 제시한 다음 회로에서 전류 v를 구하라.

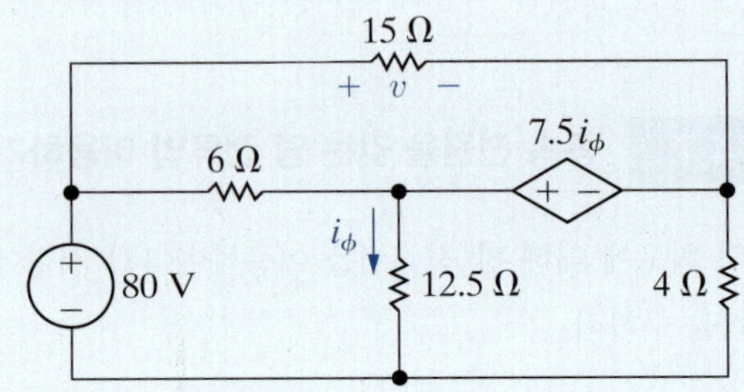

정답: 60 V.

자가 검사: 연습문제 4.40과 4.42도 풀어 보라.

4.7 망 전류법: 몇 가지 특별한 경우

마디 전압법(4.4절)을 이용할 때 전압원은 특별한 경우를 만든다는 것을 상기하라. 따라서 전류원이 망 전류법을 이용할 때 특별한 경우를 만드는 것은 놀라운 일이 아니다. 두 가지 특별한 경우가 있는데, 하나는 전류원이 하나의 망에만 존재할 경우 발생하며, 다른 하나는 전류원이 인접한 두 개의 망에서 공유될 때 발생한다.

전류원이 하나의 망에만 있는 경우 망 전류 값은 전원의 전류와 같아야 하기 때문에 망 전류 값을 알 수 있다. 따라서 망 전류에 해당 값을 표시하고 해당 망에 대한 KVL 방정식을 작성할 필요가 없다. 따라서 망 전류법의 2단계를 다음과 같이 수정해야 한다.

2단계: 각각의 망에 망 전류를 표시한다. 하나의 망에 전류원이 존재하는 경우 전류원의 값으로 망 전류를 지정한다.

이 특별한 경우는 예제 4.8에 설명되어 있다.

예제 4.8 망 전류법에서 특별한 경우

망 전류법을 이용하여 예제 4.3의 회로에 대해 가지 전류 i_a, i_b, i_c를 구하라. 그림은 그림 4.25에 다시 나타내었다.

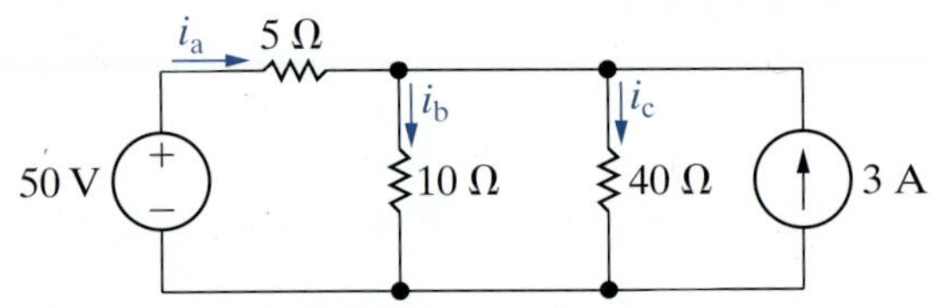

그림 4.25▲ 예제 4.8의 회로.

풀이

1단계: 망 주변을 가로지르는 화살표를 사용하여 세 개의 망 전류를 정한다.

2단계: 망 전류를 i_1, i_2, i_3으로 표시한다. 변형된 2단계를 상기하며 전류원이 있는지 확인한다. i_3 망에는 다른 망에서 공유하지 않는 전류원이 있다. 따라서 i_3 망 전류는 전류원에서 공급하는 전류와 같다. i_3 및 전류원은 반대 방향임을 주지하여 망의 전류를

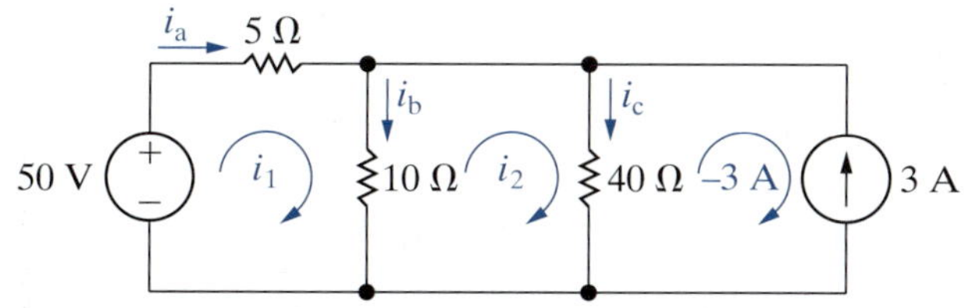

그림 4.26▲ 망 전류를 표시한 그림 4.25의 회로.

−3A로 설정한다. 1단계와 2단계 결과는 그림 4.26에 나타냈다.

3단계: 망 전류를 알지 못하는 망에 대해 KVL 방정식을 세운다. 이 예제에서는 i_1과 i_2 망이 해당된다. 망의 어느 곳에서든 시작점을 설정하고 망 전류의 방향으로 전압의 합을 구하여 시작점에 도달했을 때 그 합을 0으로 놓는다. 그 결과 다음과 같은 연립 망 방정식을 구할 수 있다.

$$-50 + 5i_1 + 10(i_1 - i_2) = 0,$$

$$10(i_2 - i_1) + 40(i_2 - (-3)) = 0.$$

4단계: 연립 망 방정식을 풀면 다음과 같다.

$$i_1 = 2\ \text{A},\ i_2 = -2\ \text{A}.$$

5단계: 마지막으로 망 전류를 사용하여 회로의 가지 전류 i_a, i_b, i_c를 구한다.

$$i_a = i_1 = 2\ \text{A},$$
$$i_b = i_1 - i_2 = 4\ \text{A},$$
$$i_c = i_2 + 3 = 1\text{A}.$$

예제 4.3에서 계산한 결과와 동일한 가지 전류 결과를 얻을 수 있다. 가지 전류를 계산할 때 두 가지 방법 중 어떠한 회로 해석 방법이 더 효과적인가? 전원과 관계된 전력을 계산할 경우 어떠한 방법이 더 편리한가?

이제 인접한 두 망에서 공유되는 전류원을 가지는 또 다른 특수한 경우에 대해 살펴보자. 그림 4.27에 표시된 회로는 이러한 상황을 보여 준다. 1단계와 2단계를 적용하여 망 전류 i_a, i_b, i_c와 5 A 전류원의 전압을 정의한다. 3단계에서는 각 망에 대한 KVL 방정식을 작성한다. 망 a부터 시작하여 100 V 전원 바로 아래를 시작점으로 선택하자. 망 전류의 방향으로 망 주위를 한 바퀴 돌 때 마주 치는 처음 두 전압은 −100 V와 $3(i_a - i_b)$이다. 그러나 전류원에 도달하면 전압 강하를 v로 표시하고 이 변수를 방정식에서 사용해야 한다. 따라서 망 a의 경우 다음 식을 얻을 수 있다.

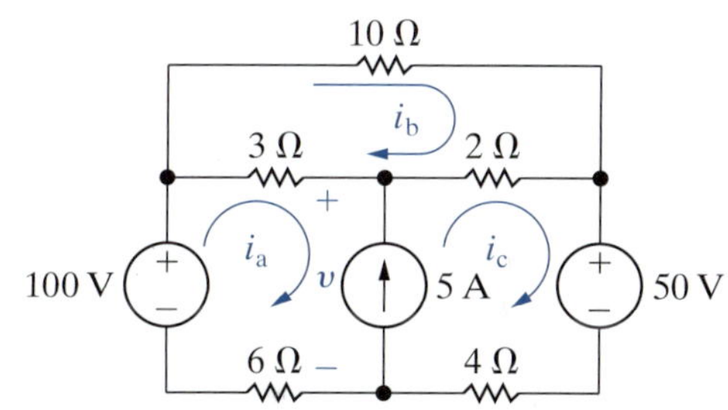

그림 4.27▲ 가지가 독립 전류원을 포함하고 있는 경우의 망 해석 예시.

$$-100 + 3(i_a - i_b) + v + 6i_a = 0. \tag{4.18}$$

망 c도 동일한 경우이므로 다음 식을 얻는다.

$$50 + 4i_c - v + 2(i_c - i_b) = 0. \tag{4.19}$$

이제 식 (4.18)과 (4.19)를 합하여 v를 소거한다. 간단히 정리하면 다음과 같다.

$$-50 + 9i_a - 5i_b + 6i_c = 0. \tag{4.20}$$

망 전류법의 4단계와 5단계는 슈퍼메시라는 새로운 개념을 소개한 후 진행하겠다.

슈퍼메시의 개념

전류원이 두 망에서 공유되면 이러한 망을 결합하여 두 망의 경계를 따라 한 바퀴 돌면서 공유된 전류를 포함하는 가지는 피하는 **슈퍼메시**(supermesh)를 형성할 수 있다. 그림 4.28은 슈퍼메시의 개념을 보여 준다. 변형된 3단계를 이용하여 슈퍼메시(점선으로 표시) 주위에 KVL 방정식을 작성하고, 원래 망 전류를 사용하면 다음 식을 얻는다.

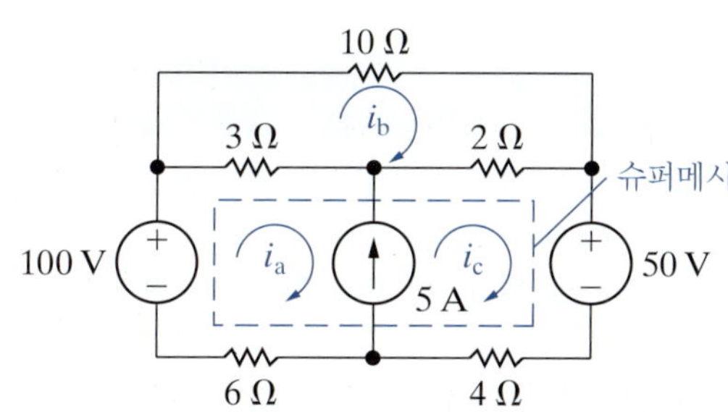

그림 4.28▲ 슈퍼메시 개념을 사용한 그림 4.27의 회로.

$$-100 + 3(i_a - i_b) + 2(i_c - i_b) + 50 + 4i_c + 6i_a = 0,$$

이를 간단히 정리하면 다음과 같다.

$$-50 + 9i_a - 5i_b + 6i_c = 0. \tag{4.21}$$

식 (4.20)과 (4.21)은 서로 동일한 결과임을 주목하라. 따라서 슈퍼메시 개념을 이용하면 전류원에 걸리는 미지 전압을 사용하지 않아도 된다.

망 b의 KVL 방정식은 다음과 같다.

$$10i_b + 2(i_b - i_c) + 3(i_b - i_a) = 0. \tag{4.22}$$

이제 우리는 두 개의 연립 방정식, 식 (4.21)과 (4.22)를 찾았으나 미지수는 여전히 세 개이다. 마디 전압법에서 슈퍼노드가 존재하면 해당 슈퍼노드에서 KCL 방정식이 필요하며, 슈퍼노드의 마디 전압 간의 차를 슈퍼노드의 전압원 값으로 정의하는 슈퍼노드 제약식이 필요했다는 것을 기억하라. 마찬가지로, 망 전류법에서도 슈퍼메시가 존재하면 슈퍼메시 주변의 KVL 방정식과 공유 전류원의 값으로 슈퍼메시의 망 전류 사이의 차이를 정의하는 슈퍼메시 제약식이 필요하다. 그림 4.28로부터 슈퍼메시 제약식을 다음과 같이 구한다.

$$i_c - i_a = 5. \tag{4.23}$$

최종적인 망 전류법의 2단계와 3단계는 회로에서 전류원을 어떻게 다루는지 잘 보여 준다.

- **2단계:** 각각의 망에 망 전류를 표시한다. 만약 하나의 망에만 전류원이 있다면 망 전류를 전류원 값으로 표기한다. 만약 두 개의 망이 공유하는 전류원이 있는 경우 두 망을 결합하고 전류원을 가상으로 제거해 슈퍼메시를 만든다.
- **3단계:** 슈퍼메시와 망 전류가 알려지지 않은 각 단일 망 주위로 KVL 방정식을 구한다. 종속 전원이 있는 경우 종속 전원에 대한 제어량을 정의하는 제약식을 망 전류에 관해 구한다. 슈퍼메시가 있는 경우 슈퍼메시의 두 망 전류 간의 차이를 공유 전류원의 값으로 정의하는 슈퍼메시 제약식을 만든다.

망 전류법의 최종판은 이 장 끝의 요약에서 찾을 수 있으며, 간략본은 해석 방법 4.6에 제시되어 있다. 4단계에서 식 (4.21)~(4.23)을 풀면 다음과 같은 세 개의 망 전류 결과를 확인할 수 있다.

해석 방법 4.6 망 전류법

1. 망 주변을 따라 도는 화살표 곡선을 갖는 망을 찾는다.
2. 각각의 망에 망 전류를 표시한다.
   - 만약 전류원이 단일 망에 있는 경우 망 전류를 전류원 값으로 표시한다.
   - 만약 전류원이 두 개의 망에 의해 공유되는 경우 두 망을 결합하여 슈퍼메시를 만들고 전류원은 가상으로 제거한다.
3. 각각의 슈퍼메시와 전류를 모르는 모든 망에 대해 KVL 방정식을 세운다.
   - 만약 종속 전원이 있는 경우 각각에 대해 종속 전원 제약식을 구한다.
   - 만약 슈퍼메시가 있는 경우 각각에 대해 슈퍼메시 제약식을 구한다.
4. KVL 방정식과 제약식을 풀어서 망 전류와 다른 미지수를 구한다.
5. 4단계에서 구한 망 전류를 이용하여 소자 전류, 전압 및 전력을 계산하고 회로를 푼다.

$$i_a = 1.75 \text{ A},$$
$$i_b = 1.25 \text{ A},$$
$$i_c = 6.75 \text{ A}.$$

예제 4.9를 통해 망 전류법이 예제 4.5의 증폭기 회로를 해석하는 데 어떻게 이용되는지 알아보자.

예제 4.9 증폭기 회로의 망 전류 해석

그림 4.29의 회로에 대해 망 전류법을 이용하여 i_B를 구하라.

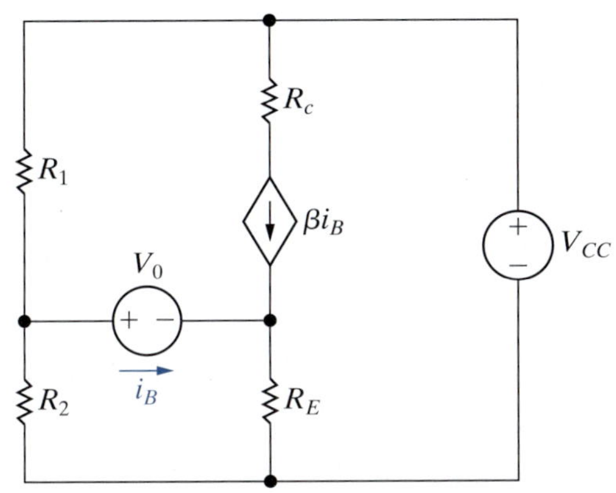

그림 4.29▲ 그림 2.24의 회로.

풀이

1단계: 망 주변을 도는 화살표를 사용하여 세 개의 망 전류를 찾아라.

2단계: 망 전류를 i_a, i_b, i_c로 놓는다. 그다음 전류원이 망 i_a와 i_c 사이에서 공유되고 있다는 것을 확인한 후 공유 전류원을 무시하고 이 망들을 결합하여 슈퍼메시를 구성한다. 첫 2단계의 결과는 그림 4.30에 나타내었다.

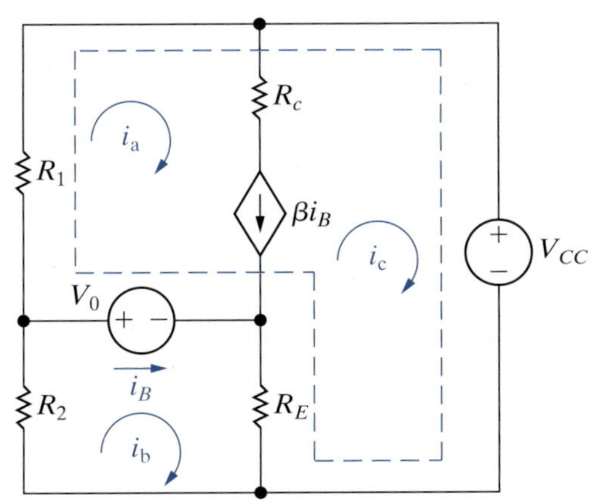

그림 4.30▲ 종속 전류원으로 인해 생긴 슈퍼메시를 표시한 그림 4.29의 회로.

3단계: KVL을 이용하여 슈퍼메시 주위의 전압의 합을 망 전류 i_a, i_b, i_c에 관해 나타내면 다음과 같다.

$$R_1 i_a + v_{CC} + R_E(i_c - i_b) - V_0 = 0. \tag{4.24}$$

망 b에 대한 KVL 식은 다음과 같다.

$$R_2 i_b + V_0 + R_E(i_b - i_c) = 0. \tag{4.25}$$

종속 전류원에 의해 만들어지는 제약식은 다음과 같다.

$$i_B = i_b - i_a. \tag{4.26}$$

슈퍼메시 제약식은 다음과 같다.

$$\beta i_B = i_a - i_c. \tag{4.27}$$

4단계: 후진 대입법을 이용하여 식 (4.24)~(4.27)을 풀어라. 식 (4.26)과 (4.27)을 결합하여 i_B를 소거하고 i_c에 대해 정리하면 다음의 결과를 얻을 수 있다.

$$i_c = (1 + \beta)i_a - \beta i_b. \tag{4.28}$$

이제 식 (4.28)을 사용하여 식 (4.24)와 (4.25)로부터 i_c를 소거하면 다음과 같다.

$$[R_1 + (1 + \beta)R_E]i_a - (1 + \beta)R_E i_b = V_0 - V_{CC}, \tag{4.29}$$

$$-(1 + \beta)R_E i_a + [R_2 + (1 + \beta)R_E]i_b = -V_0. \tag{4.30}$$

식 (4.29)와 (4.30)을 i_a와 i_b에 관해 풀면 다음의 결과를 얻게 되는 것을 확인해야 한다.

$$i_a = \frac{V_0 R_2 - V_{CC} R_2 - V_{CC}(1 + \beta)R_E}{R_1 R_2 + (1 + \beta)R_E(R_1 + R_2)}, \tag{4.31}$$

$$i_b = \frac{-V_0 R_1 - (1 + \beta)R_E V_{CC}}{R_1 R_2 + (1 + \beta)R_E(R_1 + R_2)}. \tag{4.32}$$

5단계: 식 (4.31)과 (4.32)로부터 구한 두 개의 망 전류를 식 (4.26)의 i_B에 대한 정의와 함께 사용하여 i_B를 구한다. 이 결과가 식 (2.21)에서 구한 결과와 동일함을 검증해야 한다.

평가문제

목표 2—망 전류법을 이해하고 사용할 수 있다.

4.10 제시된 회로에서 망 전류법을 이용하여 10 kΩ 저항에서 소모된 전력을 구하라.

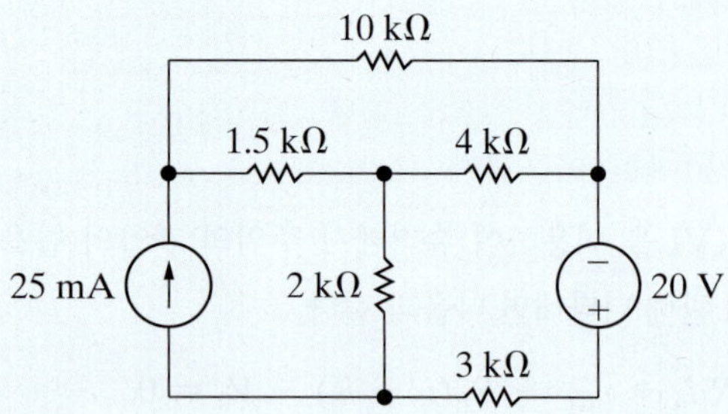

정답: 0.25 W.

4.11 제시된 회로에서 망 전류법을 이용하여 망 전류 i_a를 구하라.

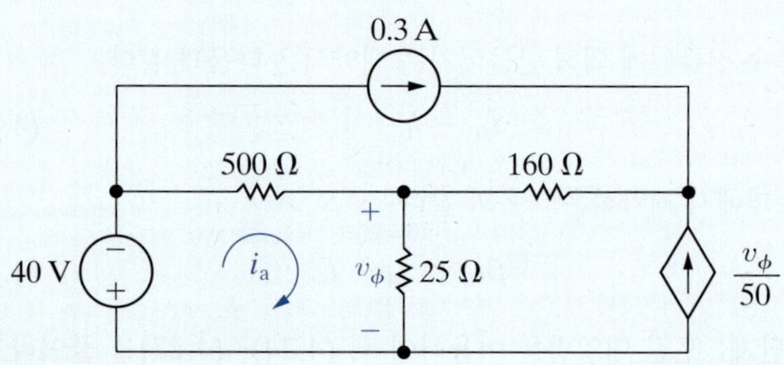

정답: 0.2 A.

4.12 제시된 회로에서 망 전류법을 이용하여 100 Ω 저항에서 소모된 전력을 구하라.

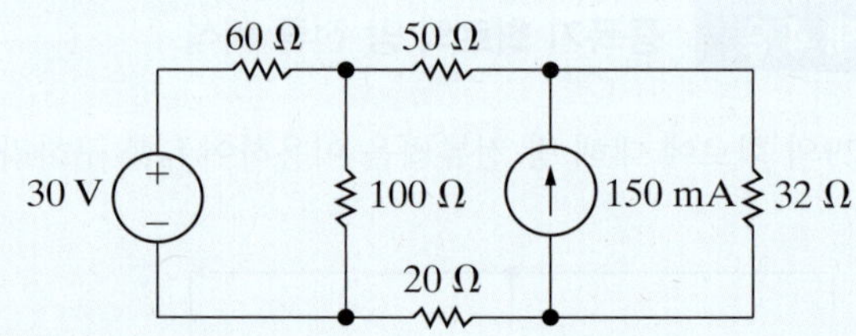

정답: 2.25 W.

자가 검사: 연습문제 4.44, 4.47, 4.49, 4.50도 풀어 보라.

4.8 마디 전압법 대 망 전류법

"마디 전압법이 망 전류법보다 선호되는 경우는 언제이며, 반대로 망 전류법이 선호되는 경우는 언제인가?"라고 묻는 것은 자연스러운 일이다. 예상할 수 있듯이 명확한 대답은 없다. 그러나 몇 가지 질문을 하면 문제 해결에 뛰어들기 전에 보다 효율적인 방법을 식별하는 데 도움이 될 수 있다.

- 두 방법 중 하나가 회로를 푸는 데 더 적은 수의 연립 방정식을 필요로 하는가?
- 두 개의 필수 마디 사이에 전압원만을 포함하는 가지가 있는가? 그렇다면 필수 마디 중 하나를 기준 마디로 만들고 마디 전압법을 이용하면 풀어야 할 방정식의 수가 줄어든다.
- 인접한 망과 공유되지 않는 전류원을 포함하는 망이 존재하는가? 그렇다면 망 전류법을 이용하면 풀어야 할 방정식의 수가 줄어든다.
- 회로의 일부를 풀면 나머지 필요한 해답을 얻을 수 있는가? 그렇다면 회로의 해당 부분만 푸는 데 가장 효율적인 방법은 무엇인가?

아마도 가장 중요한 것은, 어떤 상황에서든 이용 가능한 다양한 해석 접근 방식과 관련하여 문제에 대해 생각하는 시간을 오래 갖는 것이 필요하다는 것이다. 예제 4.10과 4.11은 마디 전압법과 망 전류법 중에서 선택하는 과정을 보여 준다.

예제 4.10 마디 전압법 대 망 전류법 이해하기

그림 4.31의 회로에서 300 Ω 저항에서 소모되는 전력을 구하라.

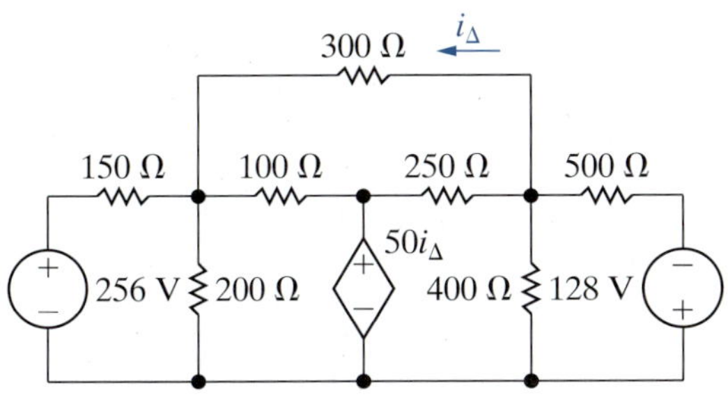

그림 4.31▲ 예제 4.10의 회로.

풀이

300 Ω의 저항에서 소모되는 전력을 구하려면 저항의 전류 또는 저항에 걸리는 전압을 찾아야 한다. 망 전류법은 저항에 흐르는 전류를 산출한다. 이 접근법을 이용하면 그림 4.32에 묘사된 것과 같이 다섯 개의 망 방정식과 종속 전원 제약식을 포함, 총 여섯 개의 연립 방정식을 풀어야 한다.

이제 마디 전압법의 이용을 고려해 보자. 회로에는 네 개의 필수 마디가 있으므로 회로를 설명하는 데 세 개의 마디 전압 방정식만 필요하다. 두 개의 필수 마디 사이의 종속 전압원은 슈퍼노드를 형성하므로 이에 대한 KCL 방정식과 슈퍼노드 제약식이 필요하다. 나머지 필수 마디의 전류를 합산해야 하며, 종속 전원 제약식을 구해야 하므로 총 네 개의 연립 방정식이 필요하다. 따라서 마디 전압법이 더 매력적인 접근 방식이다.

1단계: 그림 4.31의 회로에서 네 개의 필수 마디를 찾는 것부터 시작하자. 회로에서 아래쪽 세 개의 점은 모두 하나의 필수 마디를 나타낸다. 회로 중간의 세 개의 점은 각각 나머지 필수 마디를 나타낸다.

2단계: 기준 마디를 결정한다. 그림 4.31에서 두 개의 필수 마디는 기준 마디로 선택 시 이점이 있다. 하나는 그림 4.33에서와 같이 기준 마디를 잡는 것으로, 세 개의 마디 전압 v_1, v_2, v_3를 정의하고 마디 1과 마디 3은 종속 전압원에 의해 연결되므로 슈퍼노드를 형성한다고 표시했다. 기준 마디가 그림 4.33과 같이 결정된다면 300 Ω 저항에 걸리는 전압, 즉 그림 4.33에서와 같이 v_2가 하나의 미지 마디 전압이 된다. 만약 우리가 이 전압을 알고 있다면 다음 식을 사용하여 300 Ω 저항의 전력을 계산할 수 있다.

$$p_{300\Omega} = v_2^2/300.$$

두 번째로 기준 마디로서 고려할 만한 마디는 그림 4.34에서 보는 바와 같이 회로의 아래쪽 마디이다. 만약 이 마디가 기준 마디로 결정되면 $v_b = 50i_\Delta$이므로 하나의 미지 마디 전압이 줄어든다. 따라서 두 개의 KCL 방정식과 종속 전원 제약식만 필요하게 되어 세 개의 연립 방정식만 풀면 된다. 그러나 300 Ω 저항의 전류를 찾거나 그 저항에 걸리는 전압을 찾기 위해서는 마디 전압 v_a와 v_c를 구하고 나서 한 번의 추가적인 계산이 필요하다.

3단계: 두 세트의 KCL 방정식과 제약식을 만들어 두 가지 가능한 기준 마디 설정 방법을 비교하자. 첫 번째 세트는 그림 4.33에 표시된 회로에 대한 것이고, 두 번째 세트는 그림 4.34에 표시된 회로에 기반한다.

- 세트 1(그림 4.33)
  슈퍼노드에서

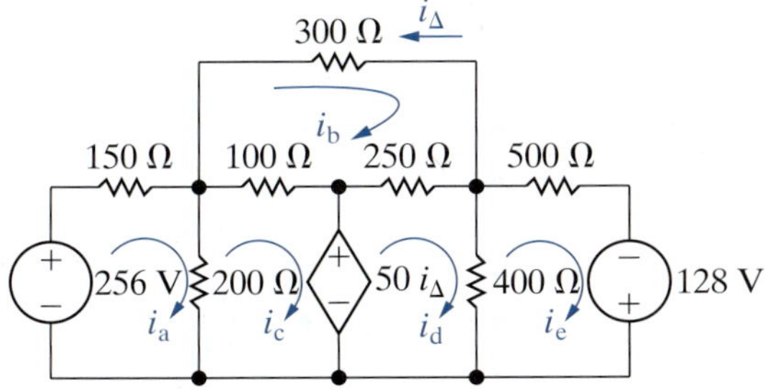

그림 4.32▲ 다섯 개의 망 전류를 갖는 그림 4.31의 회로.

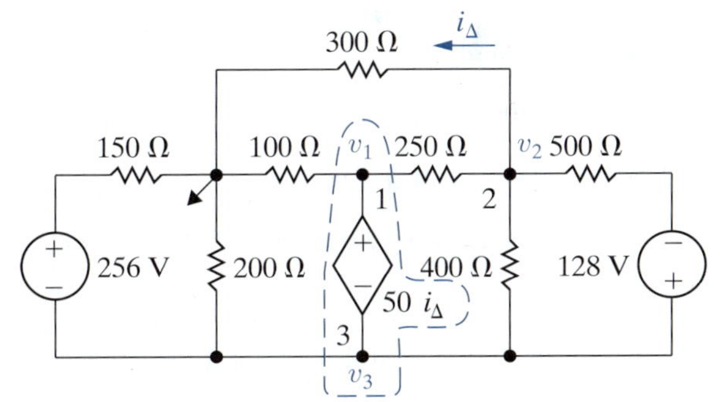

그림 4.33▲ 기준 마디를 갖는 그림 4.31의 회로.

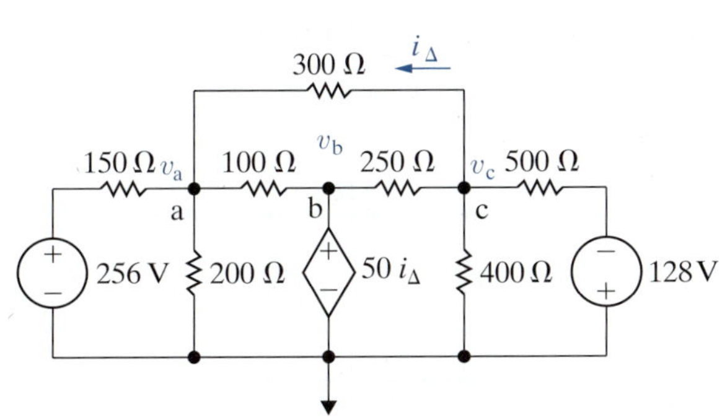

그림 4.34▲ 대안의 기준 마디를 갖는 그림 4.31의 회로.

$$\frac{v_1}{100}+\frac{v_1-v_2}{250}+\frac{v_3}{200}+\frac{v_3-v_2}{400}+\frac{v_3-(v_2+128)}{500}$$
$$+\frac{v_3+256}{150}=0.$$

v_2에서

$$\frac{v_2}{300}+\frac{v_2-v_1}{250}+\frac{v_2-v_3}{400}+\frac{v_2+128-v_3}{500}=0.$$

종속 전원 제약식은 다음과 같다.

$$i_\Delta=\frac{v_2}{300}.$$

슈퍼노드 제약식은 다음과 같다.

$$v_1-v_3=50i_\Delta.$$

- 세트 2(그림 4.34); $v_b = 50i_\Delta$임을 기억하라.

v_a에서

$$\frac{v_a}{200}+\frac{v_a-256}{150}+\frac{v_a-50i_\Delta}{100}+\frac{v_a-v_c}{300}=0.$$

v_c에서

$$\frac{v_c}{400}+\frac{v_c+128}{500}+\frac{v_c-50i_\Delta}{250}+\frac{v_c-v_a}{300}=0.$$

종속 전원 제약식은 다음과 같다.

$$i_\Delta=\frac{v_c-v_a}{300}.$$

4단계: 각 세트의 방정식을 풀어라.

5단계: 두 방법 모두 300 Ω 저항에서 소모되는 전력이 16.57 W로 계산되는 것을 확인하라.

예제 4.11 마디 전압법과 망 전류법 비교하기

그림 4.35의 회로에서 전압 v_o를 구하라.

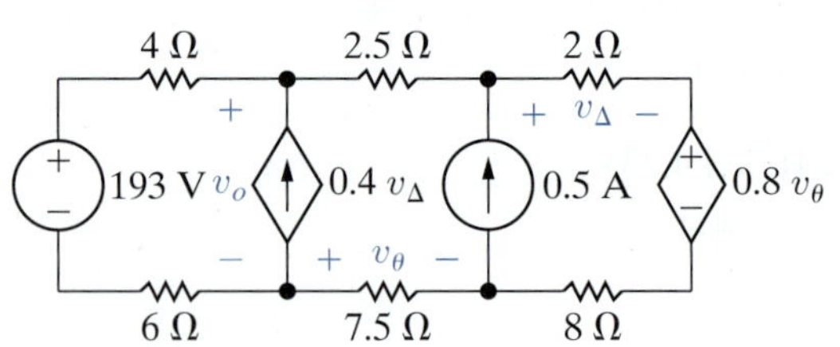

그림 4.35▲ 예제 4.11의 회로.

풀이

우선 망 전류법 이용을 고려해 보자.

1단계: 세 개의 망 전류를 망 주변을 한 바퀴 도는 화살표를 사용하여 식별하라.

2단계: 세 개의 망 전류를 표시하라. 두 개의 망에 의해 공유되는 두 개의 전류원이 있으므로 세 개의 망 모두를 두 개의 전류원을 피하면서 회로 전체 주변을 한 바퀴 도는 하나의 슈퍼메시로 결합할 수 있다. 이 단계의 결과는 그림 4.36과 같다.

3단계: 슈퍼메시에 대해 KCL 방정식을 구한다.

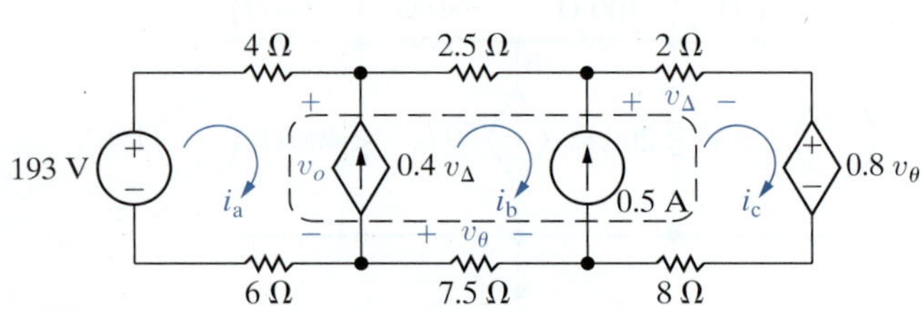

그림 4.36▲ 세 개의 망 전류를 갖는 그림 4.35의 회로.

$$-193+4i_a+2.5i_b+2i_c+0.8v_\theta+8i_c+7.5i_b+6i_a=0.$$

슈퍼메시 제약식은 다음과 같다.

$$i_b-i_a=0.4v_\Delta, \qquad i_c-i_b=0.5,$$

그리고 두 개의 종속 전원 제약식은 다음과 같다.

$$v_\Delta=2i_c, \qquad v_\theta=-7.5i_b.$$

4단계: 3단계에서 만든 다섯 개의 연립 방적식을 푼다.

5단계: 망 전류 i_a로부터 v_o를 구하기 위해 하나의 추가 방정식이 필요하다.

$$v_o=193-10i_a.$$

이제 마디 전압법을 고려해 보자.

1단계: 그림 4.35의 회로는 검은 점으로 표시된 네 개의 필수 마디를 가지고 있다.

2단계: 아래 왼쪽의 마디를 기준 마디로 설정하면 미지의 전압 v_o가 세 개의 마디 전압 중 하나가 된다. 나머지 두 개의 마디 전압을 표시하면 그림 4.37의 회로가 된다.

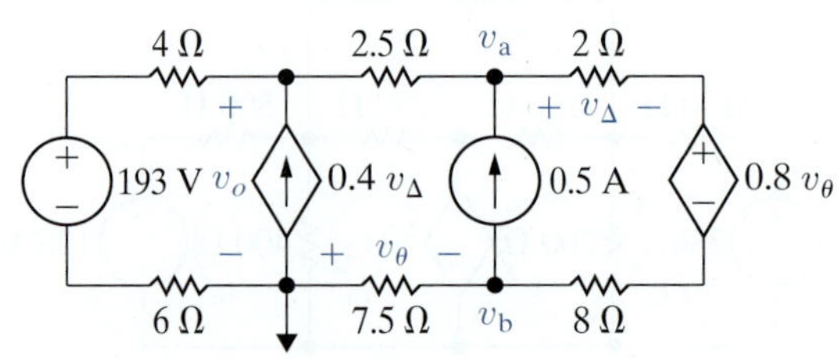

그림 4.37▲ 마디 전압을 갖는 그림 4.35의 회로.

3단계: KCL 방정식은 다음과 같다.

$$\frac{v_o - 193}{10} - 0.4v_\Delta + \frac{v_o - v_a}{2.5} = 0,$$

$$\frac{v_a - v_o}{2.5} - 0.5 + \frac{v_a - (v_b + 0.8v_\theta)}{10} = 0,$$

$$\frac{v_b}{7.5} + 0.5 + \frac{v_b + 0.8v_\theta - v_a}{10} = 0.$$

종속 전원 제약식은 다음과 같다.

$$v_\theta = -v_b, \quad v_\Delta = 2\left[\frac{v_a - (v_b + 0.8v_\theta)}{10}\right].$$

4단계: 이 다섯 개의 연립 방정식을 풀면 추가 방정식 없이 v_o값을 구할 수 있다. 따라서 5단계는 필요하지 않다.

두 방법의 비교에 기반하면, 마디 전압법이 좀 더 작업이 적다. 두 방법 모두 $v_o = 173$ V가 되는지 확인해야 한다.

평가문제

목표 3—마디 전압법과 망 전류법 중에서 결정할 수 있다.

4.13 제시된 회로에서 100 V 전압원에 의해 전달되는 전력을 구하라.

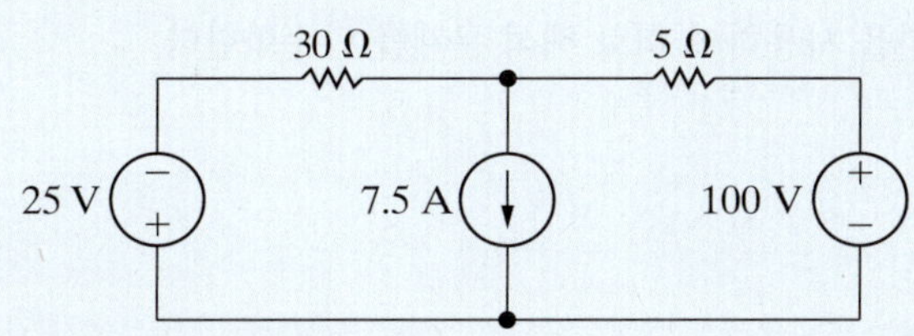

정답: 1 kW.

4.14 제시된 회로에서 전압 제어 전류원에 의해 전달되는 전력을 구하라.

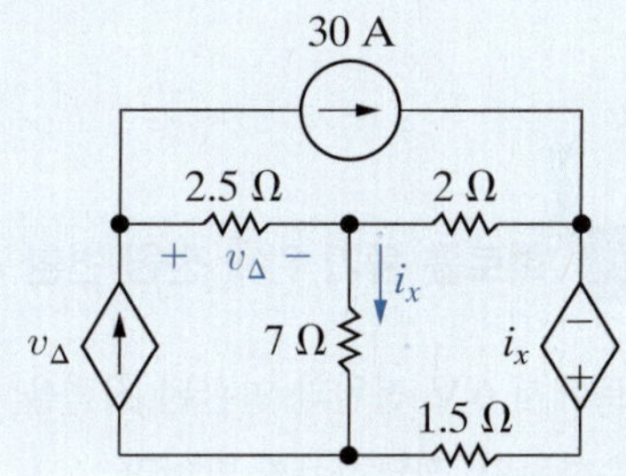

정답: 6 kW.

자가 검사: 연습문제 4.54와 4.58도 풀어 보라.

4.9 전원 변환

우리는 항상 회로를 단순화하는 방법에 관심이 있다. 직렬-병렬 간소화 및 Δ-Y 변환은 이미 단순화 기법의 목록에 들어 있다. 이제 전원 변환을 추가하여 그 목록을 확장한다. **전원 변환**(source transformation)을 사용하면 저항과 직렬로 연결된 전압원을 동일한 저항과 병렬로 연결된 전류원으로 대체할 수 있고, 그 반대도 가능하다. 그림 4.38은 전원 변환을 보여 준다. 양방향 화살표는 전원 변환이 양방향으로 가능함을 강조한다. 즉 어느 쪽이든 두 구조 중 하나에서 시작하여 다른 구조를 유도할 수 있다.

그림 4.38의 두 구조가 마디 a와 b에 대해 등가라는 것을 보장하는 v_s와 i_s 사이의 관계를 찾을 필요가 있다. 그림 4.38(a) 또는 그림 4.38(b)의 마디 a와 b 사이에 연결된 저항 R_L이 동일한 전류를 가지며 따라서 전압 강하가 동일한 경우 등가가 성립된다.

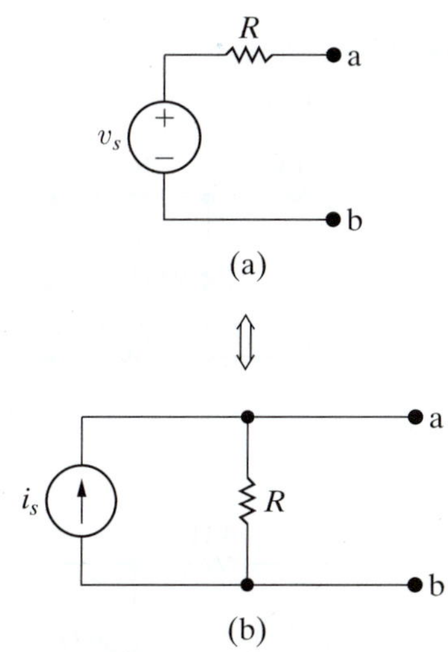

그림 4.38▲ 전원 변환.

그림 4.38(a)에서 R_L이 마디 a와 b 사이에 연결되어 있다고 가정하자. 옴의 법칙을 이용하면 R_L에 흐르는 전류를 다음과 같이 구할 수 있다.

$$i_L = \frac{v_s}{R + R_L}. \tag{4.33}$$

이제 동일한 저항 R_L이 그림 4.38(b)에서 마디 a와 b에 연결되어 있다고 가정하자. 전류 분배에 의해 저항 R_L에 흐르는 전류를 다음과 같이 구할 수 있다.

$$i_L = \frac{R}{R + R_L} i_s. \tag{4.34}$$

만약 그림 4.38의 두 회로가 등가라면 저항에 흐르는 전류는 서로 같아야 한다. 식 (4.33)과 (4.34)의 우변을 같게 하고 간단히 하면 다음과 같은 **등가 조건**(condition of equivalence)을 얻을 수 있다.

$$i_s = \frac{v_s}{R}. \tag{4.35}$$

그림 4.38의 회로에서 식 (4.35)가 충족될 때 마디 a와 b 사이에 연결된 R_L에 흐르는 전류는 모든 R_L에 대해 두 회로 모두에서 동일하다. R_L에 흐르는 전류가 두 회로 모두에서 동일하면 R_L 양단의 전압 강하 역시 두 회로에서 동일하고, 회로는 마디 a와 b에서 등가이다. 만약 v_s의 극성이 반전되면 등가를 유지하기 위해 i_s의 방향이 반전되어야 한다.

예제 4.12는 전원 변환을 사용하여 회로 해석 문제를 단순화한다.

예제 4.12 회로를 풀기 위해 전원 변환 사용하기

그림 4.39의 회로에서 6 V 전원과 연관된 전력을 구하고, 6 V 전원이 전력을 흡수하는지, 전달하는지 밝혀라.

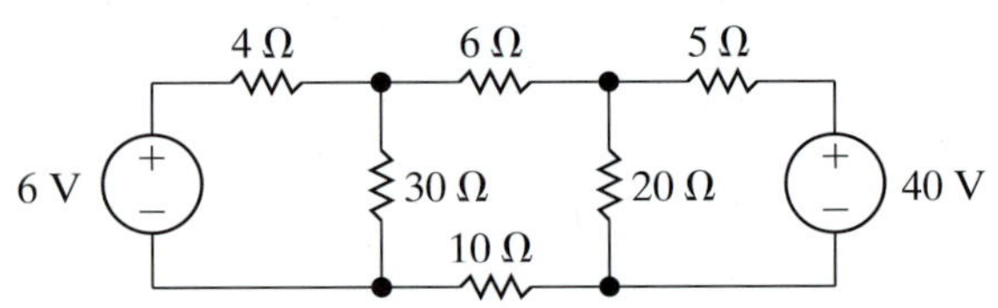

그림 4.39▲ 예제 4.12의 회로.

풀이

그림 4.39의 회로를 고찰해 보면 전원 변환을 사용하여 회로를 단순화하는 방법을 찾을 수 있다. 그러나 6 V 전원을 포함하는 가지를 보존하는 방식으로 회로를 단순화해야 한다. 따라서 40 V 전원을 포함하는 가지가 있는 회로의 오른쪽 부분에서부터 시작하자. 그림 4.40(a)와 같이 5 Ω 저항과 직렬 연결된 40 V 전원을 5 Ω 저항과 병렬로 연결된 8 A 전류원으로 변환할 수 있다.

다음으로 20 Ω과 5 Ω 저항의 병렬 조합을 4 Ω 저항으로 대체

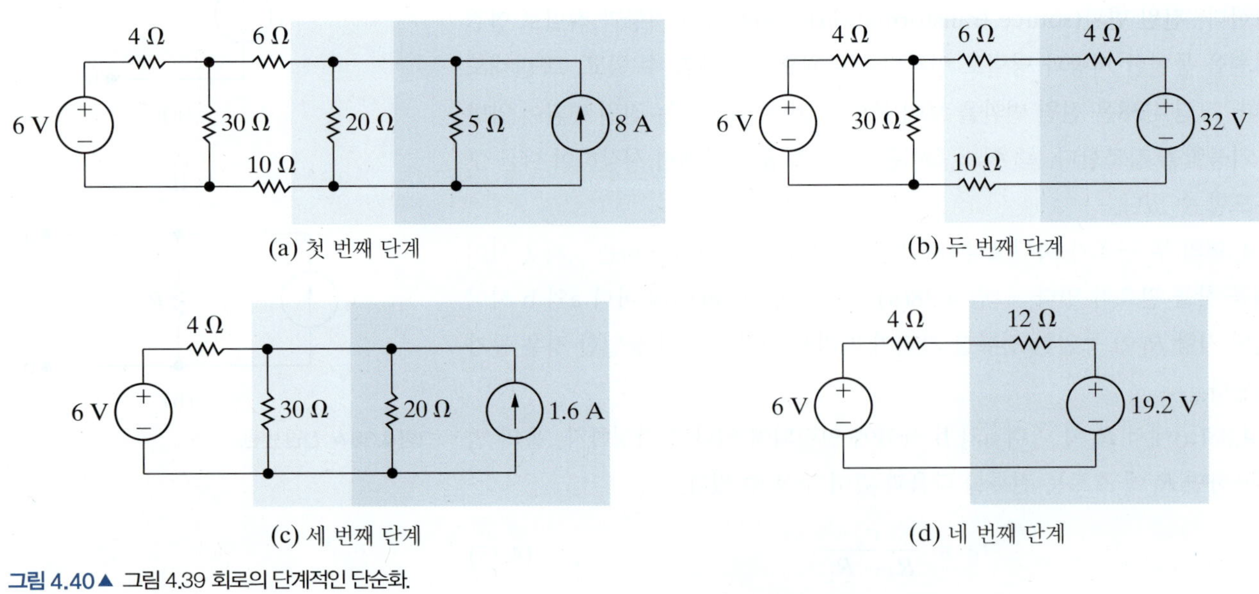

그림 4.40▲ 그림 4.39 회로의 단계적인 단순화.

한다. 이 4 Ω 저항은 8 A 전원과 병렬이므로 그림 4.40(b)에 표시된 것처럼 4 Ω 저항과 직렬로 연결된 32 V 전원으로 대체할 수 있다. 32 V 전원은 20 Ω 저항과 직렬로 연결되어 있으므로 그림 4.40(c)와 같이 20 Ω 저항과 병렬로 연결된 1.6 A 전류원으로 대체할 수 있다. 20 Ω과 30 Ω의 병렬 저항은 단일 12 Ω 저항으로 대체할 수 있다. 1.6 A 전류원과 12 Ω 저항의 병렬 조합은 12 Ω 저항과 직렬로 연결된 19.2 V 전압원으로 변환된다. 그림 4.40(d)는 마지막 변환의 결과를 보여 준다. 6 V 전원에서 전압 강하의 방향으로 흐르는 전류는 (19.2 − 6)/16, 즉 0.825 A이다. 따라서 6 V 전원과 관련된 전력은 다음과 같다.

$$p_{6V} = (6)(0.825) = 4.95 \text{ W}$$

또한 전압원은 전력을 흡수한다.

마디 전압법 혹은 망 전류법으로 회로를 해석하고 동일한 결과가 나오는지 확인하며 회로 해석 기법을 연습하라.

그림 4.40에 묘사된 전원 변환으로부터 몇 가지 질문을 할 수 있다.

- 전압원과 병렬로 연결된 저항 R_p가 있다면 어떻게 되는가?
- 전류원과 직렬로 연결된 저항 R_s가 있다면 어떻게 되는가?

두 경우 모두 저항을 제거하고 마디 a와 b에 대해 더 간단한 등가 회로를 만들 수 있다. 그림 4.41은 이 내용을 요약해서 보여 준다. 그림 4.41(a)에 묘사된 두 회로는 마디 a와 b 사이에 어떠한 저항 R_L이 연결되더라도 동일한 전압과 전류를 생성하기 때문에 마디 a와 b에 대해 등가이다. 그림 4.41(b)의 회로에 대해서도 마찬가지이다. 예제 4.13은 그림 4.41에 묘사된 등가 회로의 적용을 보여 준다.

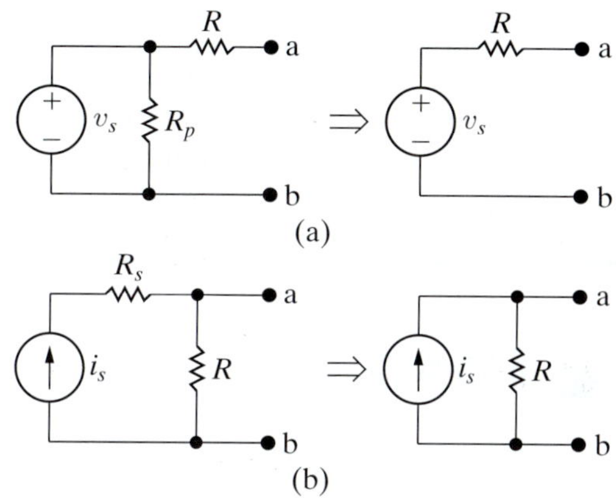

그림 4.41▲ (a) 전압원과 병렬 연결된 저항을 갖는 회로의 간단한 등가 회로, (b) 전류원과 직렬로 연결된 저항을 갖는 회로의 간단한 등가 회로.

예제 4.13 특별한 전원 변환 기법 사용하기

a) 전원 변환을 사용하여 그림 4.42의 회로에서 전압 v_o를 구하라.
b) 250 V 전압원에 의해 생성되는 전력을 구하라.
c) 8 A 전류원에 의해 생성되는 전력을 구하라.

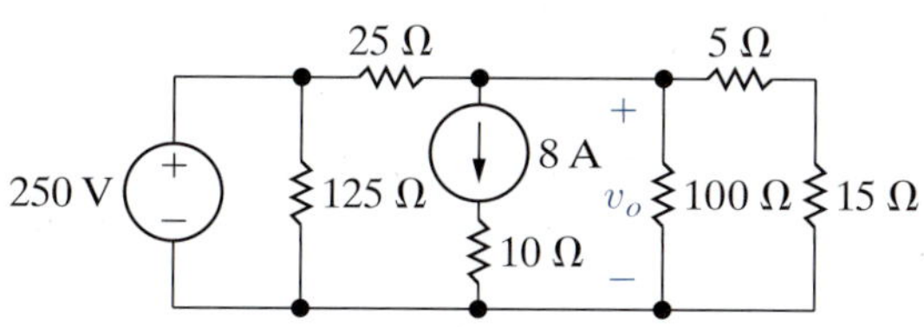

그림 4.42▲ 예제 4.13의 회로.

풀이

a) 125 Ω 저항은 250 V 전압원과 병렬로 연결되어 있고 10 Ω 저항은 8 A 전류원과 직렬로 연결되어 있기 때문에 125 Ω 저항과 10 Ω 저항을 제거하는 것으로 시작한다. 또한 맨 오른쪽 가지에 직렬 연결된 저항들을 하나의 20 Ω 저항으로 결합한다. 그림 4.43은 단순화된 회로를 보여 준다.

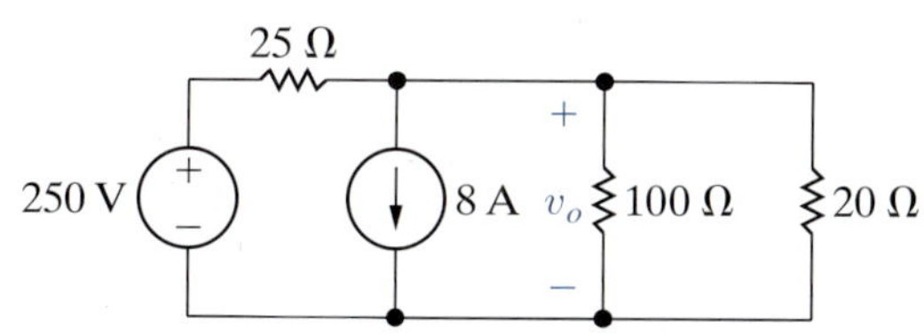

그림 4.43▲ 그림 4.42 회로의 단순화된 형태.

이제 전원 변환을 사용하여 직렬 연결된 250 V 전원 및 25 Ω 저항을 그림 4.44와 같이 25 Ω 저항과 병렬로 연결된 10 A 전원으로 대체한다. 다음으로 키르히호프의 전류 법칙을 이용하여 병렬 연결된 전류원들을 하나의 전원으로 결합한

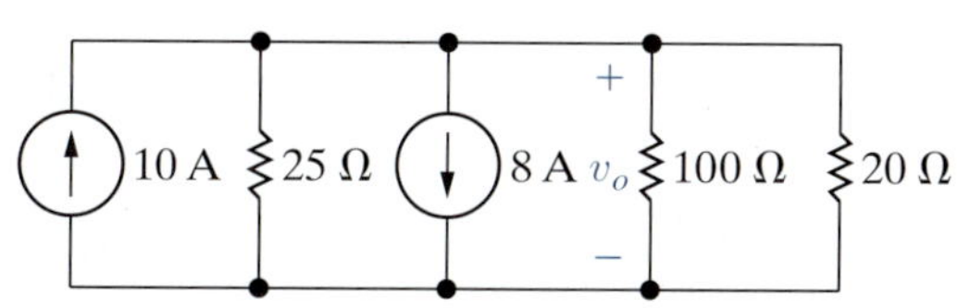

그림 4.44▲ 전원 변환 후 그림 4.43의 회로.

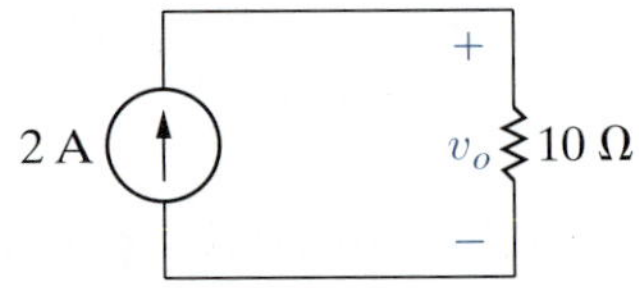

그림 4.45▲ 전원과 저항을 결합한 후 그림 4.44의 회로.

다. 병렬 저항은 하나의 저항으로 결합된다. 그림 4.45는 결과를 나타낸다. 따라서 $v_o = 20$ V이다.

b) 전원에 관계된 전력을 계산하기 위해 그림 4.42의 원래 회로로 다시 돌아갈 필요가 있다. 전압원과 병렬로 연결된 저항 또는 전류원과 직렬로 연결된 저항은 회로의 단자 동작에 영향을 주지 않고 제거할 수 있지만, 이 저항들은 회로 전체에서 전력이 소모되는 방식에서 중요한 역할을 한다. 250 V 전원에 의해 공급되는 전류 i_s는 125 Ω 저항의 전류와 25 Ω 저항 전류의 합과 같다. 그러므로

$$i_s = \frac{250}{125} + \frac{250 - 20}{25} = 11.2 \text{ A}.$$

따라서 전압원에 의해 생성된 전력은 다음과 같다.

$$p_{250\text{V}}(\text{생성전력}) = (250)(11.2) = 2800 \text{ W}.$$

c) 8 A 전류원에 의해 생성된 전력을 구하기 위해 우선 전원에 걸리는 전압을 구한다. v_s를 전원의 위쪽 단자를 양의 값으로 하는 전원에 걸리는 전압이라 할 때 다음 결과를 얻는다.

$$v_s + 8(10) = v_o = 20, \text{ 즉 } v_s = -60 \text{ V},$$

따라서 8 A 전류원에 의해 생성되는 전력은 480 W이다. 125 Ω 저항과 10 Ω 저항은 v_o값에 영향을 주지 않지만 전력 계산에는 영향을 준다는 것에 주목하라. 회로의 모든 저항에서 소모되는 전력을 계산하여 앞선 전력 계산 결과를 확인하라.

평가문제

목표 4—전원 변환을 이해한다.

4.15 a) 일련의 전원 변환을 사용하여 제시된 회로에서 전압 v를 구하라.

b) 10 mA 전원이 회로에 전달하는 전력은 얼마인가?

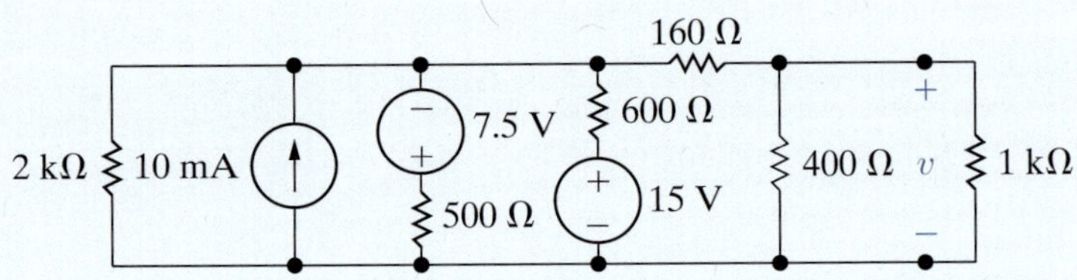

정답: a) 2 V, b) 31.2 mW.

자가 검사: 연습문제 4.59와 4.60도 풀어 보라.

4.10 테브냉과 노턴 등가

때때로 회로 해석에서 특정 단자 쌍에서 어떠한 일이 일어나는지 주목하기 원한다. 예를 들어 토스터를 콘센트에 꽂을 때 우리는 주로 토스터 단자의 전압과 전류에 관심이 있다. 우리는 토스터를 연결할 때 콘센트를 제공하는 회로 어딘가의 전압이나 전류가 받는 영향에 대해서는 거의 관심이 없다. 단자 동작에 대한 이러한 관심을 각각 다른 양의 전력을 필요로 하는 일련의 가전 제품으로 확장할 수 있다. 그다음으로 가전 제품을 변경함에 따라 콘센트에서 전달되는 전압과 전류가 어떻게 변하는지에 관심이 있다. 다시 말해, 우리는 콘센트에 공급하는 회로의 동작에 초점을 맞추기 원하지만, 이는 단지 콘센트 단자에서만이다.

테브냉(Thévenin)과 노턴(Norton) 등가는 회로 단순화 기법이다. 이러한 등가 회로는 원래 회로의 내부 동작 특성은 유지하지 않은 채 단자의 동작에만 집중한다. 이러한 방법은 회로의 한 부분이 고정되어 간단한 테브냉 또는 노턴 등가 회로로 대체될 수 있으나 회로의 다른 부분은 변할 수 있는 복잡한 회로를 해석할 때

매우 유용하다. 여기서는 저항 회로에만 국한하여 논의하겠지만, 테브냉 및 노턴 등가 회로는 선형 요소로 구성된 모든 회로를 나타내는 데 사용될 수 있다.

테브냉 등가 회로는 주어진 회로에 대해 가장 단순한 등가 회로이며, 단일 저항과 직렬로 연결된 단일 전압원으로 구성된다. 노턴 등가 회로는 테브냉 등가 회로를 전원 변환한 것이다. 테브냉 등가 회로의 개념을 더 잘 이해하기 위해 그림 4.46(a)에 나타낸 것처럼 저항, 독립 전원 및 종속 전원이 복잡하게 상호 연결된 회로를 상상해 보자. 우리는 단자 a와 b에 대해 이 복잡한 회로를 단순화하는 데 관심이 있다. 그림 4.46(b)에서 보는 바와 같이 단순화된 등가 회로는 전압원 V_{Th}와 저항 R_{Th}가 직렬로 연결된 조합으로 이를 **테브냉 등가 회로**(Thévenin equivalent circuit)라고 한다. 각 회로의 단자 a와 b에 동일한 부하를 연결하면 부하 단자에서 동일한 전압과 전류를 얻는다는 점에서 이 회로는 원래 회로와 등가이다. 이 등가성은 가능한 모든 부하 저항값에 적용된다.

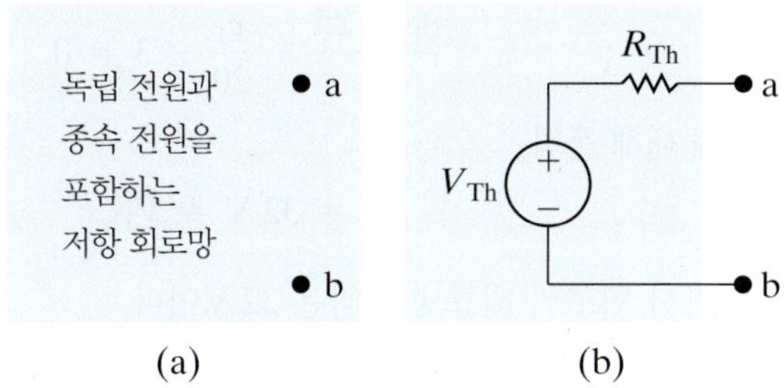

그림 4.46▲ (a) 일반적인 회로, (b) 테브냉 등가 회로.

테브냉 등가

원래 회로를 테브냉 등가로 나타내려면 테브냉 전압 V_{Th}와 테브냉 저항 R_{Th}를 계산해야 한다. 첫째, 부하 저항이 무한히 크면 개방 회로 상태가 된다는 것에 주목하자. 그림 4.46(b)에 표시된 회로에서 단자 a와 b의 개방 회로 전압은 V_{Th}이다. 가설에 따르면 이것은 원래 회로 단자 a와 b에서의 개방 회로 전압과 동일해야 한다. 따라서 테브냉 전압 V_{Th}를 찾으려면 원래 회로에서 개방 회로 전압을 계산하면 된다.

부하 저항을 0으로 줄여 나가면 단락 회로 상태가 된다. 테브냉 등가 회로의 단자 a와 b를 단락시키면 a에서 b로 흐르는 단락 회로 전류는 다음과 같다.

$$i_{sc} = \frac{V_{Th}}{R_{Th}}. \tag{4.36}$$

가설에 의하면 이 단락 회로 전류는 원래 회로망에서 단자 a와 b를 단락시켰을 때의 단락 회로 전류와 동일해야 한다. 식 (4.36)으로부터

$$R_{Th} = \frac{V_{Th}}{i_{sc}}. \tag{4.37}$$

따라서 테브냉 저항은 단락 회로 전류에 대한 개방 회로 전압의 비가 된다. 예제 4.14를 통해 테브냉 등가 회로를 어떻게 찾는지 알아보자.

예제 4.14 테브냉 등가 회로 구하기

그림 4.47 회로의 테브냉 등가를 구하라.

풀이

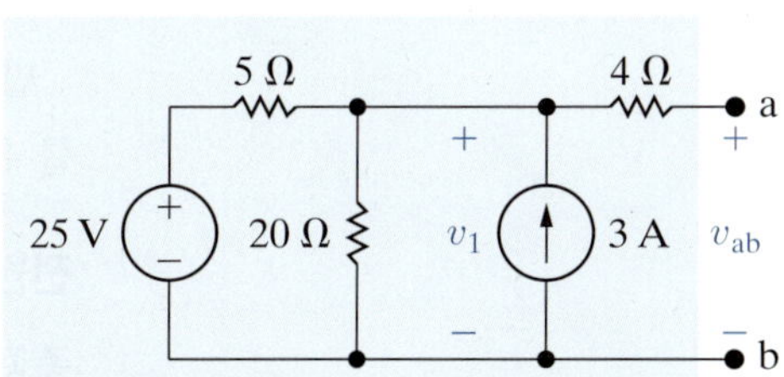

그림 4.47▲ 테브냉 등가를 예시하기 위해 사용된 회로.

그림 4.47에 나와 있는 회로의 테브냉 등가를 구하기 위해 우선 개방 회로 전압 v_{ab}를 계산한다. 단자 a, b가 개방되었을 때 4 Ω 저항에는 전류가 흐르지 않는다는 것에 주목하자. 따라서 개방 회로 전압 v_{ab}는 3 A 전류원에 걸리는 전압 v_1과 동일하다. 하나의

KCL 방정식을 풀어 이 전압을 구한다. 아래쪽 마디를 기준 마디로 선택하면 KCL 방정식을 얻는다.

$$\frac{v_1 - 25}{5} + \frac{v_1}{20} - 3 = 0.$$

v_1에 대해 풀면

$$v_1 = 32 \text{ V} = V_{\text{Th}}.$$

따라서 회로의 테브냉 전압은 32 V이다.

다음 단계는 단자 a, b 사이를 단락 회로로 만들고 단락 회로 전류를 계산하는 것이다. 그림 4.48은 단락된 회로를 보여 준다. 단락 회로 전류는 단자 a, b에서 개방 회로 전압 강하가 생기는 방향으로 흐르는 것에 주목하자. 만약 단락 회로 전류가 단자 사이에서 개발 회로 전압 상승이 생기는 방향으로 흐른다면 음의 부호가 식 (4.37)에 추가되어야 한다.

단락 회로 전류(i_{sc})는 v_2를 알면 쉽게 구할 수 있다. 따라서 문제는 단락된 회로에서 v_2를 구하는 문제로 귀결된다. 다시 한 번, 만약 아래쪽 마디를 기준 마디로 사용한다면 v_2로 이름 붙여진 마디에서의 KCL 방정식은 다음과 같다.

$$\frac{v_2 - 25}{5} + \frac{v_2}{20} - 3 + \frac{v_2}{4} = 0.$$

이를 v_2에 관해 풀면

$$v_2 = 16 \text{ V}.$$

따라서 단락 회로 전류는

$$i_{\text{sc}} = \frac{16}{4} = 4 \text{ A}.$$

이제 테브냉 전압 V_{Th}값과 단락 회로 전류 i_{sc}를 식 (4.37)에 대입하여 테브냉 저항을 구한다.

$$R_{\text{Th}} = \frac{V_{\text{Th}}}{i_{\text{sc}}} = \frac{32}{4} = 8 \ \Omega.$$

그림 4.49는 그림 4.45의 회로에 대한 테브냉 등가를 나타낸다.

만약 24 Ω 저항이 그림 4.47에서의 단자 a와 b에 연결되었을 경우 그림 4.49의 테브냉 회로에서의 경우와 같이 그 저항에 걸리는 전압이 24 V이며 전류는 1 A가 되는 것을 확인해야 한다. 마디 a와 b에 어떠한 저항이 연결되어 있든 관계없이 동일한 등가성이 그림 4.47의 회로와 그림 4.49의 회로 사이에 성립한다.

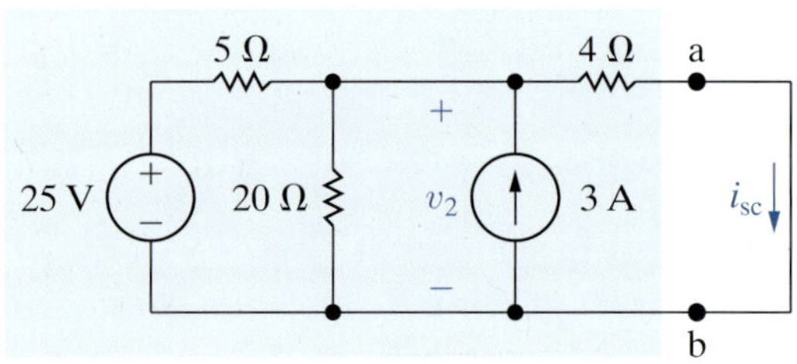

그림 4.48▲ 단자 a와 b가 단락된 그림 4.47의 회로.

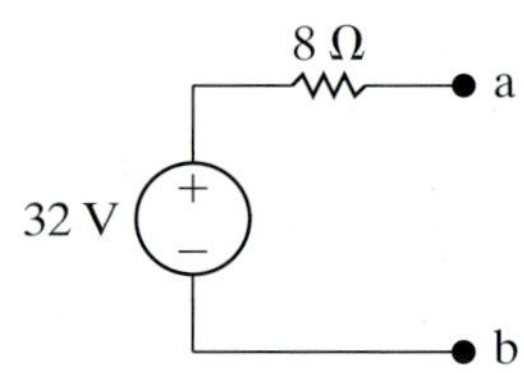

그림 4.49▲ 그림 4.47 회로의 테브냉 등가.

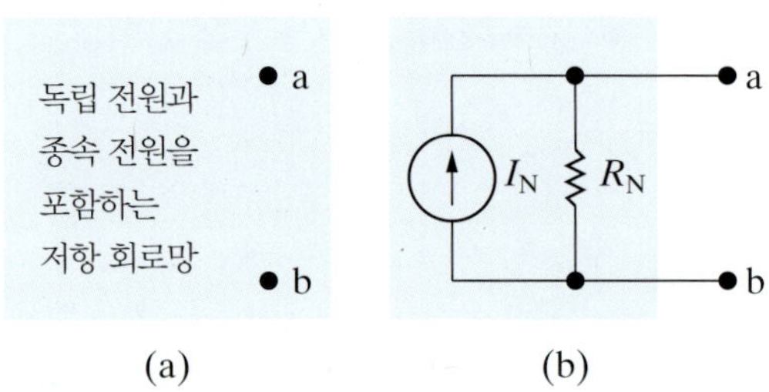

그림 4.50▲ (a) 일반적인 회로. (b) 노턴 등가 회로.

노턴 등가

노턴 등가 회로(Norton equivalent circuit)는 그림 4.50과 같이 노턴 등가 저항과 병렬로 연결된 독립 전류원으로 구성된다. 테브냉 등가를 계산할 때와 마찬가지로 개방 회로 전압과 단락 회로 전류를 계산하여 원래 회로에서 직접 유도할 수 있다. 노턴 전류는 해당 단자의 단락 회로 전류와 같고 노턴 저항은 단락 회로 전류에 대한 개방 회로 전압의 비율이므로 테브냉 저항과 동일하다.

$$I_{\text{N}} = i_{\text{sc}};$$

$$R_{\text{N}} = \frac{v_{\text{oc}}}{i_{\text{sc}}} = R_{\text{Th}}. \quad (4.38)$$

만약 이미 테브냉 등가 회로를 구했다면 전원 변환을 통해 쉽게 노턴 등가 회로를 유도할 수 있다.

전원 변환의 사용

종종 테브냉 또는 노턴 등가 회로를 유도하기 위해 전원 변환을 사용할 수 있다. 이러한 방법은 회로망이 독립 전원만 포함하는 경우 매우 유용하다. 종속 전원이 있는 경우에는 제어 전압 그리고/또는 전류의 동일성을 유지해야 하며, 이러한 제약으로 인해 일반적으로 전원 변환을 사용한 회로 단순화가 금지된다. 예제 4.15를 통해 일련의 전원 변환이 어떻게 노턴 등가 회로와 연결되는지 확인해 보자.

예제 4.15 노턴 등가 구하기

일련의 전원 변환을 통해 그림 4.47의 회로에 대한 노턴 등가를 구하라.

풀이

회로의 왼쪽부터 시작하여 그림 4.51의 1단계와 같이 직렬 연결된 25 V 전원과 5 Ω 저항을 병렬 연결된 5 A 전원과 5 Ω 저항으로 변환한다. KCL을 이용하여 병렬 연결된 5 A 전원과 3 A 전원을 단일 8 A 전원으로 결합한다. 또한 그림 4.51의 2단계와 같이 병렬 연결된 5 Ω 저항과 25 Ω 저항을 결합하여 4 Ω 단일 저항으로 대체한다. 이제 그림 4.51의 3단계와 같이 병렬 연결된 8 A 전원과 4 Ω 저항을 직렬 연결된 32 V 전원과 4 Ω 저항으로 변환하고, 두 개의 직렬 연결된 4 Ω 저항을 단일 8 Ω 저항으로 결합한다. 3단계의 결과는 예제 4.12에서 이미 유도한 테브냉 등가 회로임에 주목하자. 마지막으로 직렬 연결된 32 V 전원과 8 Ω 저항을 병렬 연결된 4 A 전원과 8 Ω 저항으로 변환한다. 이 회로가 그림 4.51의 4단계와 같은 노턴 등가 회로가 된다.

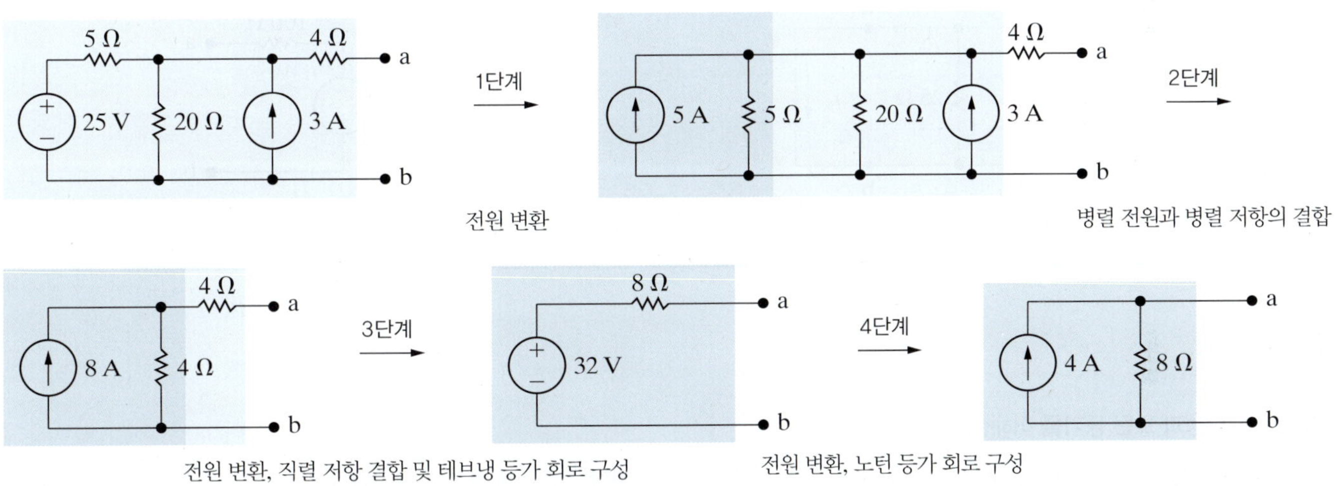

그림 4.51▲ 그림 4.47 회로의 테브냉 및 노턴 등가에 대한 단계별 유도.

테브냉 등가 회로를 사용하여 추가적인 연습을 하고 예제 4.16을 통해 회로에 종속 전원이 있는 경우의 대처법을 확인한다.

예제 4.16 종속 전원을 갖는 회로의 테브냉 등가 구하기

그림 4.52의 종속 전원을 포함한 회로에 대해 테브냉 등가를 구하라.

풀이

그림 4.52의 회로를 해석하는 첫 번째 단계는 전류 i_x가 0이 되어야 한다는 것을 인지하는 것이다. (회로의 왼쪽 부분에 들어가는 i_x가 되돌아오는 경로가 없다는 것에 주목하라.) 개방 회로, 즉 테

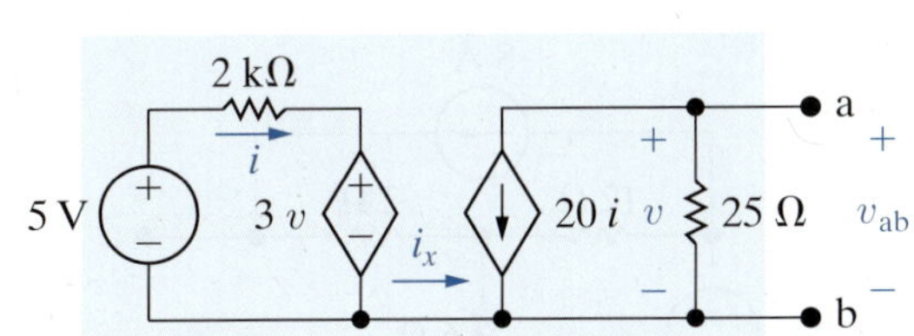

그림 4.52▲ 회로에 종속 전원이 포함된 경우의 테브냉 등가를 예시하기 위해 사용된 회로.

브냉 전압은 25 Ω에 걸리는 전압이다. $i_x = 0$이므로

$$V_{Th} = v_{ab} = (-20i)(25) = -500i.$$

전류 i는

$$i = \frac{5 - 3v}{2000} = \frac{5 - 3V_{Th}}{2000}.$$

i에 대한 방정식을 구할 때 테브냉 전압이 v임을 인지하라. 두 방정식을 결합하면 다음 결과를 얻는다.

$$V_{Th} = -5 \text{ V}.$$

단락 회로 전류를 계산하기 위해 단자 a, b 사이를 단락시킨다. 단자 a, b가 단락되면 제어 전압 v는 0이 된다. 따라서 단락이 되었을 때 그림 4.52의 회로는 그림 4.53의 회로와 같이 된다. 25 Ω 저항을 분로(shunt)하는 단락 회로를 사용하면 종속 전류원에서 나오는 모든 전류는 단락된 곳으로 흐르게 된다. 따라서

$$i_{sc} = -20i.$$

종속 전압원을 제어하는 전압이 0이 되었으므로 종속 전류원을 제어하는 전류는 다음과 같다.

$$i = \frac{5}{2000} = 2.5 \text{ mA}.$$

이 두 개의 방정식을 연립하여 다음과 같은 단락 회로 전류를 구한다.

$$i_{sc} = -20(2.5) = -50 \text{ mA}.$$

i_{sc}와 V_{Th}로부터 다음을 얻는다.

$$R_{Th} = \frac{V_{Th}}{i_{sc}} = \frac{-5}{-0.05} = 100 \ \Omega.$$

그림 4.54는 그림 4.52의 회로에 대한 테브냉 등가를 나타낸다. 그림 4.54에서 테브냉 전압원에 적힌 기준 극성은 V_{Th}에 대한 앞의 식과 일치한다.

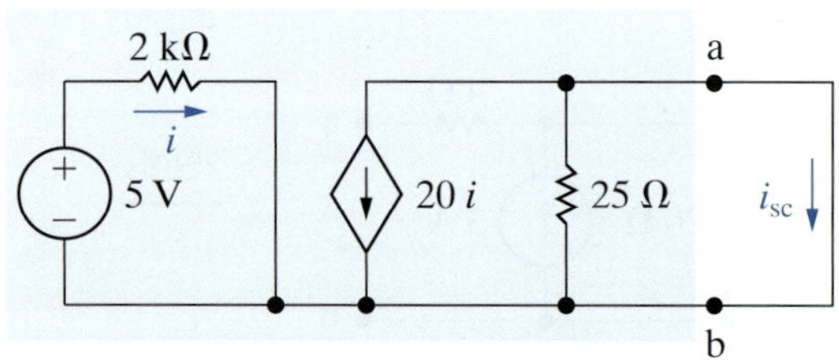

그림 4.53▲ 단자 a와 b가 단락된 그림 4.52의 회로.

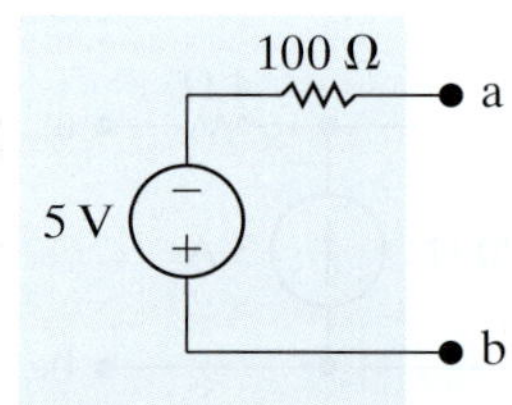

그림 4.54▲ 그림 4.52의 회로에 대한 테브냉 등가.

평가문제

목표 5—테브냉과 노턴 등가를 이해한다.

4.16 제시된 회로에 대해 단자 a, b에 관한 노턴 등가를 구하라.

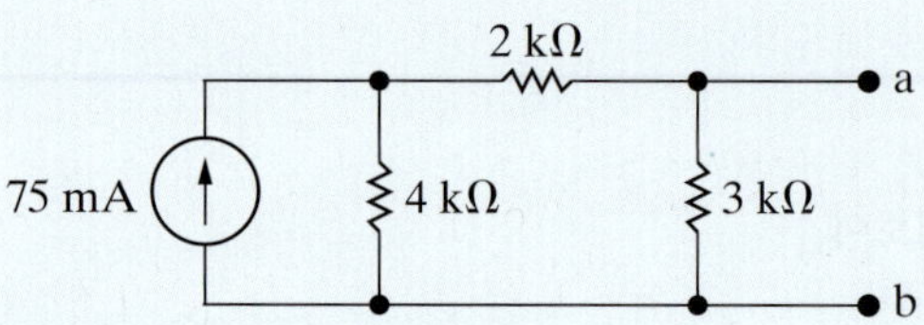

정답: $I_N = i_{sc} = 50$ mA; $R_N = 2$ kΩ.

4.17 제시된 회로에 대해 단자 a, b에 대한 테브냉 등가 회로를 구하라.

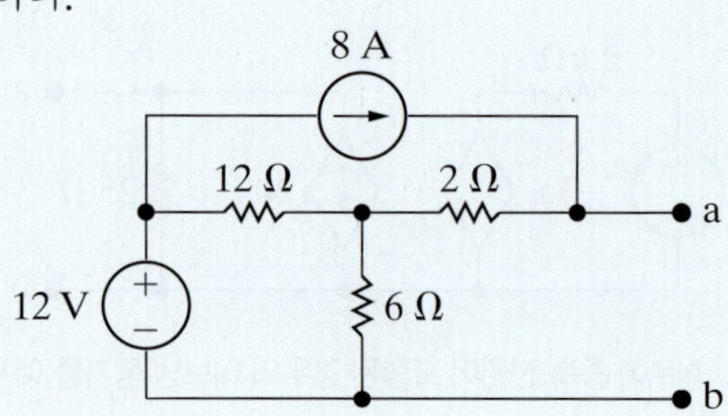

정답: $V_{Th} = 52$ V; $R_{Th} = 6$ Ω.

4.18 제시된 회로에서 내부 저항이 50 Ω인 전류계를 사용하여 전류 i_o를 측정하고자 한다. 전류계 측정값은 얼마인가?

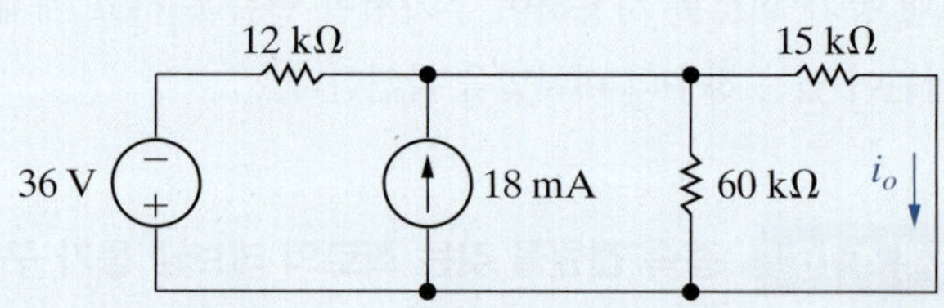

정답: 5.988 mA.

자가 검사: 연습문제 4.65, 4.67, 4.73도 풀어 보라.

4.11 테브냉 등가 유도에 대한 추가 사항

단락 회로 전류에 대한 개방 회로 전압의 비율로[식 (4.37)] 계산하는 대신 회로에서 직접 테브냉 저항 R_{Th}를 계산할 수 있다. 만약 회로에 독립 전원과 저항 만 포함되어 있는 경우 모든 독립 전원을 비활성화한 다음 지정된 단자 쌍에서 회로망을 바라본 저항을 계산하여 R_{Th}를 결정할 수 있다. 전압원은 단락 회로로 대체되어 비활성화되고 전류원은 개방 회로로 대체되어 비활성화된다. 예제 4.17은 직접적으로 R_{Th}를 결정하는 방법을 보여 준다.

예제 4.17 회로로부터 직접 테브냉 등가 저항 구하기

그림 4.55의 회로에서 단자 a, b에서 바라본 저항 R_{Th}를 구하라.

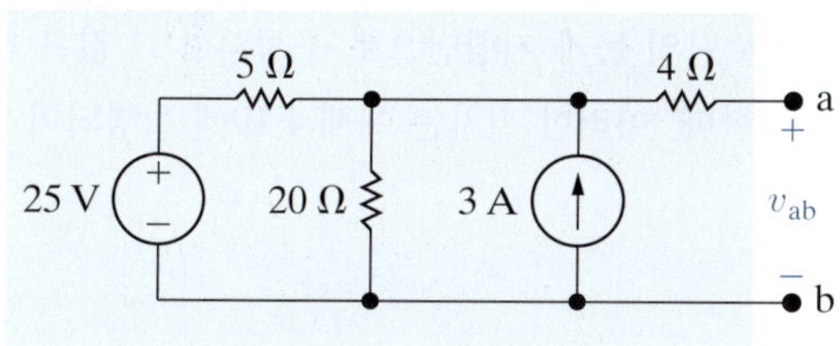

그림 4.55▲ 테브냉 등가를 예시하기 위해 사용된 회로.

풀이

독립 전원을 비활성화시켜 회로를 그림 4.56과 같이 단순화한다. 단자 a, b에서 바라본 저항을 R_{ab}라고 하면, 이는 5 Ω 저항과

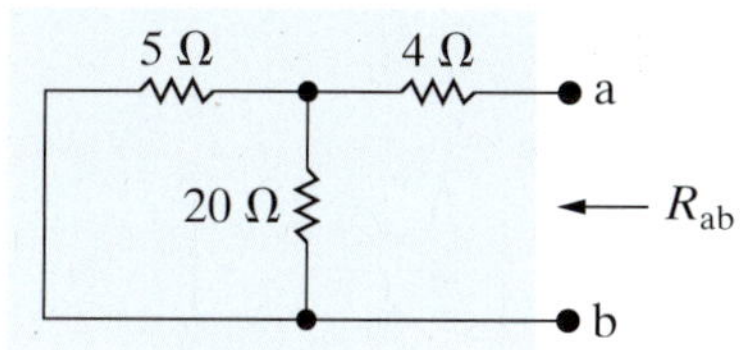

그림 4.56▲ 독립 전원을 비활성화한 그림 4.55의 회로.

20 Ω 저항의 병렬 조합과 직렬 연결된 4 Ω 저항으로 구성된다. 따라서

$$R_{ab} = R_{Th} = 4 + \frac{(5)(20)}{5 + 20} = 8\ \Omega.$$

예제 4.14에서와 같이 식 (4.37)을 사용하여 R_{Th}를 구하는 것보다 회로에서 R_{Th}를 직접 구하는 것이 보다 간단하다는 것에 주목하라.

회로 또는 회로망에 종속 전원이 포함된 경우 직접적으로 테브냉 저항 R_{Th}를 찾는 방법은 다음과 같다. 먼저 모든 독립 전원을 비활성화한 다음 테스트 전압원 또는 테스트 전류원을 테브냉 단자 a, b에 적용한다. 테브냉 저항은 테스트 전원에서 전달되는 전류에 대한 테스트 전원 전압의 비율과 같다. 예제 4.18에서는 예제 4.16과 동일한 회로를 사용하여 이러한 대체 방법으로 R_{Th}를 찾는 절차를 보여 준다.

예제 4.18 테스트 전원을 사용하여 테브냉 등가 저항 구하기

테스트 전원 방법을 사용하여 그림 4.52의 회로에 대한 테브냉 저항 R_{Th}를 구하라.

풀이

독립 전압원을 비활성화하고 테스트 전압원 또는 테스트 전류원을 단자 a, b에 연결하여 회로를 여기하는 것에서 시작하자. 만약 테스트 전압원을 사용했다면 종속 전압원의 전압을 알 수 있고, 따라서 제어 전류 i를 알 수 있다. 그러므로 테스트 전압원을 사용하기로 한다. 그림 4.57은 테브냉 저항을 계산하기 위한 회로이다.

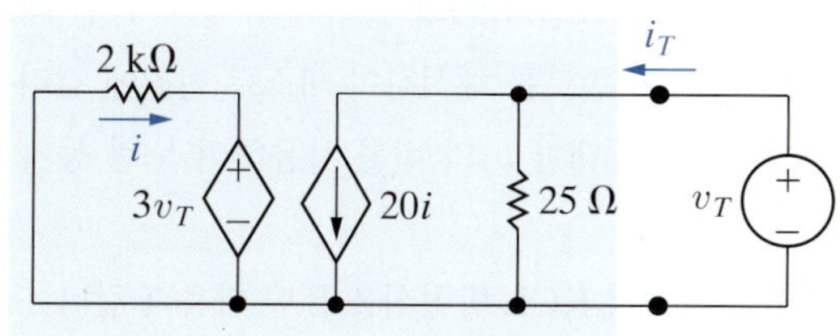

그림 4.57▲ 테브냉 저항을 구하기 위한 다른 방법.

테스트 전압원의 전압을 v_T, 회로로 전달하는 전류를 i_T라고 하자. 테브냉 저항을 구하기 위해 회로를 풀어 테스트 전원에서의

전류에 대한 전압의 비를 구해야 한다. 즉 $R_{\text{Th}} = v_T/i_T$이다. 그림 4.57로부터

$$i_T = \frac{v_T}{25} + 20i,$$

$$i = \frac{-3v_T}{2000}.$$

다음으로 i에 대한 식을 i_T에 대한 식에 대입하여 i_T/v_T의 비에 대해 풀면 다음과 같다.

$$i_T = \frac{v_T}{25} - \frac{60v_T}{2000},$$

$$\frac{i_T}{v_T} = \frac{1}{25} - \frac{6}{200} = \frac{50}{5000} = \frac{1}{100}.$$

테브냉 저항은 비율 i_T/v_T의 역, 즉 다음과 같다.

$$R_{\text{Th}} = \frac{v_T}{i_T} = 100\ \Omega.$$

저항과 종속 전원만 포함하는 회로망에서 테브냉 등가 전압은 $V_{\text{Th}} = 0$이고 노턴 등가 전류 $I_{\text{N}} = 0$이다. 회로가 독립 전원을 포함하지 않는 경우 등가 회로에도 독립 전원이 있을 수 없음을 분명히 해야 한다. 따라서 종속 전원과 저항만 있는 회로에 대한 테브냉 및 노턴 등가는 단일 등가 저항만으로 구성되며 그 값은 테스트 전원 방법을 사용하여 결정해야 한다. 이러한 절차는 예제 4.19에 설명되어 있다.

예제 4.19 종속 전원과 저항을 갖는 회로의 테브냉 등가 구하기

그림 4.58의 회로에 대한 노턴 등가를 구하라.

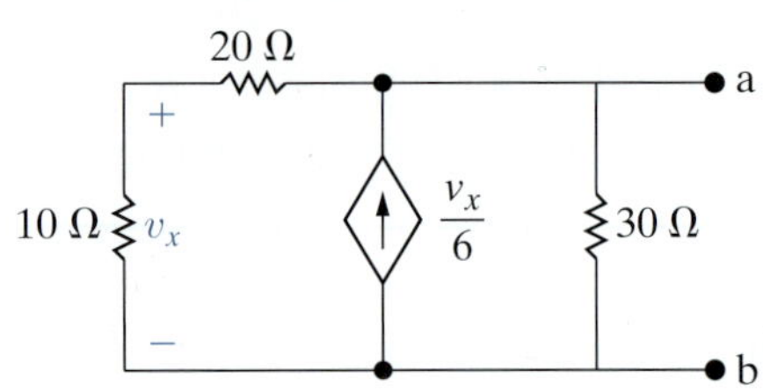

그림 4.58▲ 회로가 종속 전원과 저항만 포함한 경우 테브냉 등가를 결정하기 위해 사용된 회로.

풀이

그림 4.58의 회로는 독립 전원을 갖지 않는다. 따라서 노턴 등가 전류는 0이며 노턴 등가 회로는 노턴 저항 R_{N}으로만 구성되어 있다. 단자 a, b에 테스트 전원을 인가하는 것이 R_{N}을 결정하기 위한 유일한 방법이다. 그림 4.59와 같이 전류 값이 i_T인 테스트 전류원을 사용하자. 이 회로를 해석하여 테스트 전원에 걸리는 전압 v_T를 계산한 후, i_T에 대한 v_T의 비를 사용하여 노턴 등가 저항을 계산한다.

위쪽 필수 마디에서 KCL 방정식을 쓰면 다음과 같다.

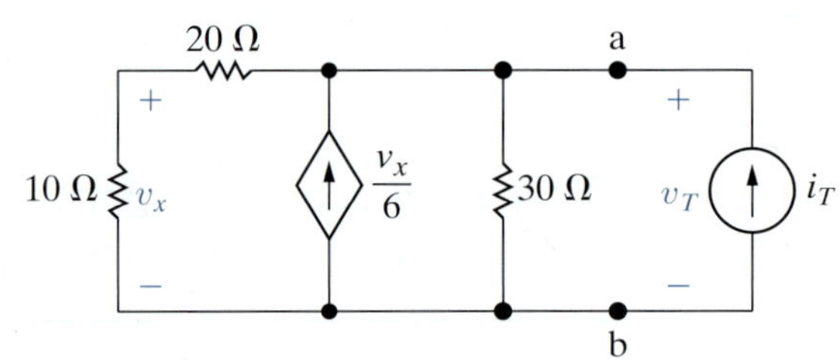

그림 4.59▲ 테스트 전류원을 갖는 그림 4.58의 회로.

$$i_T = \frac{v_T}{20 + 10} - \frac{v_x}{6} + \frac{v_T}{30}.$$

전압 분배를 사용하여 10 Ω 저항에 걸리는 저항을 구하면 다음과 같다.

$$v_x = \frac{10}{20 + 10} v_T = \frac{v_T}{3}.$$

또한

$$i_T = \frac{v_T}{30} - \frac{v_T}{18} + \frac{v_T}{30} = \frac{v_T}{90}.$$

따라서 그림 4.58 회로의 노턴 등가는 저항값이 $R_{\text{N}} = v_T/i_T = 90\ \Omega$인 단일 저항이 된다.

테브냉과 노턴 등가에 대한 논의를 회로 해석에 적용한 마지막 예제를 통해 마무리하겠다. 때때로 테브냉 등가를 사용하여 회로의 한 부분을 단순화하여 더 큰

회로망의 해석을 많이 단순화할 수 있다. 2.5절에서 처음 소개한 후 4.4절과 4.7절에서 분석한 증폭기 회로로 돌아가 보자. 예제 4.20의 학습을 통해 이 회로의 한 부분에 대한 테브냉 등가가 전체 회로의 해석에 어떻게 도움이 되는지 알아보자.

예제 4.20 증폭기 회로 해석에 테브냉 등가 사용하기

그림 4.60에 제시된 증폭기 회로의 좌측 부분에 대해 테브냉 등가를 사용하여 전류 i_B를 구하라.

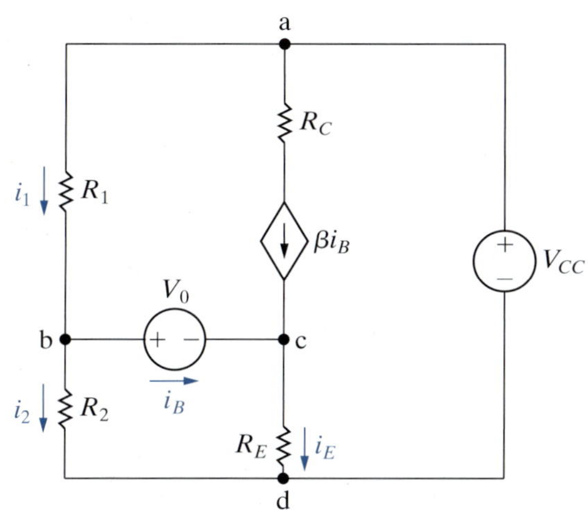

그림 4.60▲ 회로 해석에서 테브냉 등가의 적용.

풀이

V_0 좌측의 부분 회로를 테브냉 등가로 바꾸기 위해 회로를 그림 4.61과 같이 다시 그린다. 여러분은 이러한 변경이 가지 전류 i_1, i_2, i_B, i_E에 영향을 미치지 않는다는 것을 확인할 수 있어야 한다.

다음으로 V_{CC}, R_1, R_2로 만들어진 회로를 단자 b와 d에 대한 테브냉 등가로 대체한다. 테브냉 전압과 저항은 다음과 같다.

$$V_{Th} = \frac{V_{CC}R_2}{R_1 + R_2}, \tag{4.39}$$

$$R_{Th} = \frac{R_1R_2}{R_1 + R_2}. \tag{4.40}$$

그림 4.61의 회로는 테브냉 등가를 포함하는 그림 4.62의 회로와 같이 된다.

이제 좌측 망 주변의 전압의 합을 구하여 i_B에 대한 방정식을 유도한다. 망 방정식을 구할 때 $i_E = (1 + \beta)i_B$임을 알고 있다. 따라서

$$V_{Th} = R_{Th}i_B + V_0 + R_E(1 + \beta)i_B,$$

이로부터

$$i_B = \frac{V_{Th} - V_0}{R_{Th} + (1 + \beta)R_E}. \tag{4.41}$$

식 (4.39)와 (4.40)을 식 (4.41)에 대입하면 식 (2.25)에서 구한 식과 동일한 식을 얻게 된다. 테브냉 등가를 원래 회로에 통합하면 하나의 방정식을 이용하여 i_B에 대한 답을 얻을 수 있다.

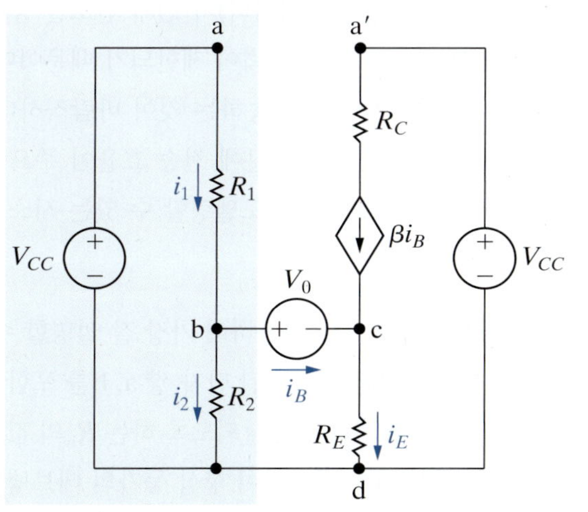

그림 4.61▲ 그림 4.60 회로의 변형된 형태.

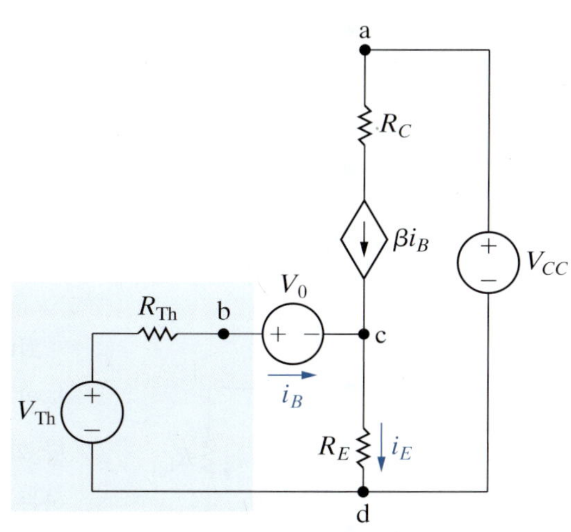

그림 4.62▲ 테브냉 등가에 의해 변형된 그림 4.61의 회로.

평가문제

목표 5—테브냉과 노턴 등가를 이해한다.

4.19 제시된 회로에 대해 단자 a, b에 관한 노턴 등가 회로를 구하라.

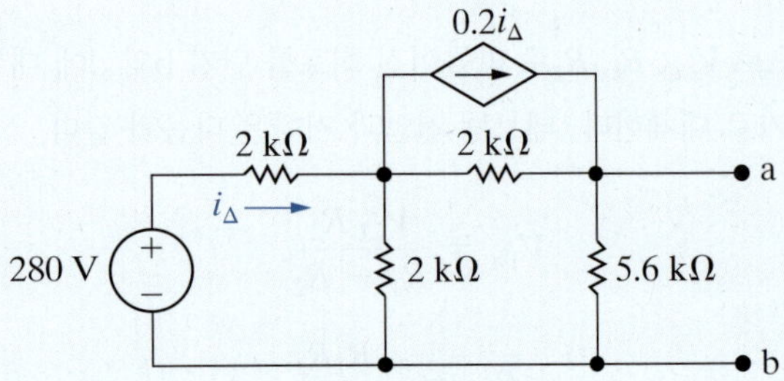

정답: $I_N = i_{sc} = 60\text{ mA}$; $R_N = 1866.67\ \Omega$.

자가 검사: 연습문제 4.74와 4.80도 풀어 보라.

4.20 제시된 회로에 대해 단자 a, b에 관한 테브냉 등가 회로를 구하라.

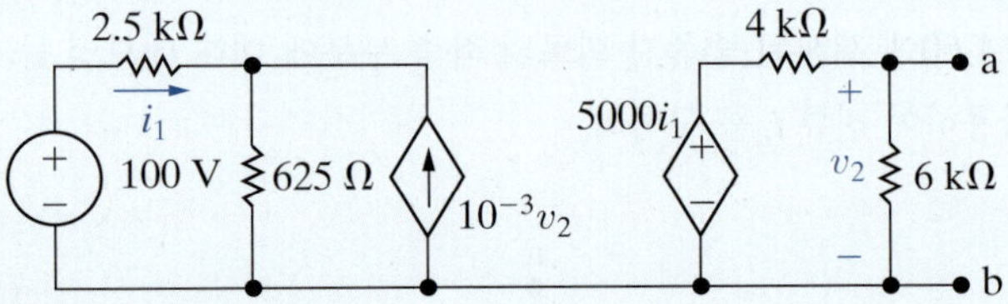

정답: $V_{Th} = v_{ab} = 60\text{ V}$, $R_{Th} = 1.5\text{ k}\Omega$.

4.12 최대 전력 전달

회로 해석은 전원에서 부하로 전력을 전달하도록 설계된 시스템 해석에 중요한 역할을 한다. 이 절에서는 두 가지 기본 유형의 시스템에서 전력 전달에 대해 설명한다.

- **최대 효율에 최적화된 시스템**(systems optimized for maximum efficiency): 전력 설비 시스템은 많은 양의 전력을 생성, 전송, 분배하기 때문에 이러한 유형의 좋은 예이다. 전력 설비 시스템이 비효율적이면 생성된 전력의 상당 부분이 송배전 과정에서 손실되어 낭비된다. 9.10절과 9.11절에서 이러한 유형의 시스템을 살펴볼 것이다.
- **최대 전력에 최적화된 시스템**(systems optimized for maximum power): 통신 및 계측 시스템이 좋은 예이다. 정보(데이터)가 전기 신호를 통해 전송될 때 송신기 또는 감지기에서 사용 가능한 전력이 제한되기 때문이다. 따라서 가능한 한 많은 전력을 수신기(부하)로 전송하는 것이 바람직하다. 이러한 응용 예에서는 전송되는 전력량이 적기 때문에 전송 효율이 주요 관심사가 아니다. 여기서는 순전히 저항 회로만으로 모델링할 수 있는 시스템의 최대 전력 전달을 고려한다.

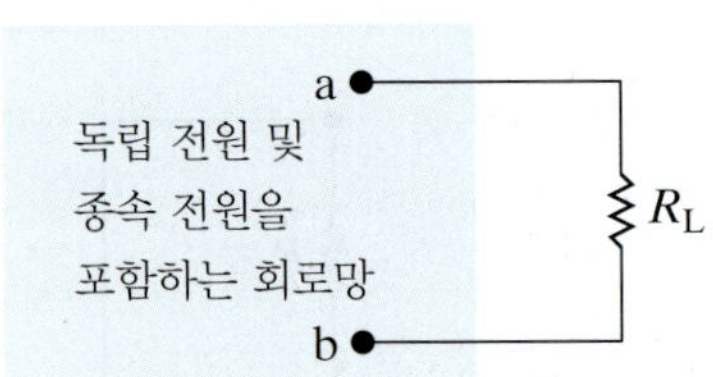

그림 4.63▲ 최대 전력 전달을 설명하는 회로.

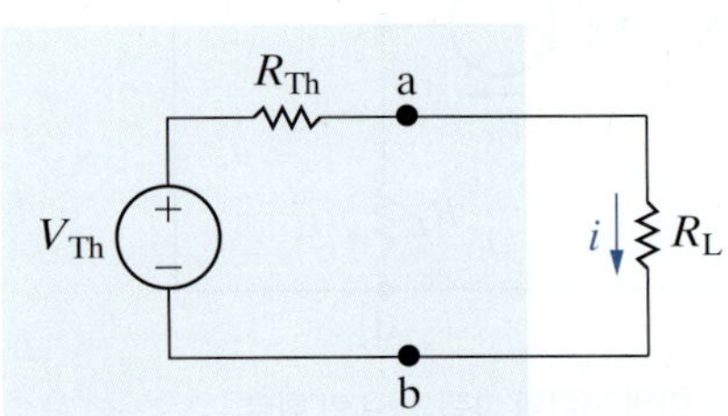

그림 4.64▲ 최대 전력 전달을 위한 R_L을 결정하기 위해 사용된 회로.

최대 전력 전달은 그림 4.63에 제시한 회로를 사용하여 가장 잘 설명할 수 있다. 독립 전원과 종속 전원 및 부하 R_L이 연결되는 지정된 단자 쌍 a, b를 포함하는 저항 회로망를 가정한다. 문제는 R_L에 최대 전력이 전달되도록 하는 R_L의 값을 결정하는 것이다. 이 과정의 첫 번째 단계는 저항 회로망이 항상 등가의 테브냉 회로망으로 될 수 있다는 것을 인지하는 것이다. 따라서 그림 4.63에 표시된 회로를 그림 4.64에 표시된 회로로 다시 그린다. 원래 회로망을 테브냉 등가로 대체하면 R_L을 찾는 일이 크게 단순화된다. R_L을 구하려면, 우선 R_L에서 소모되는 전력을 세 가

지 회로 매개 변수 V_{Th}, R_{Th}, R_L의 함수로 나타내야 한다. 따라서

$$p = i^2 R_L = \left(\frac{V_{Th}}{R_{Th} + R_L}\right)^2 R_L. \quad (4.42)$$

다음으로 제시된 회로에 대해 V_{Th}와 R_{Th}는 정해진 값이라는 것을 인지하자. 그러므로 소모된 전력은 단일 저항 R_L의 함수이다. 전력을 최대로 만드는 R_L을 찾기 위해 기본적인 미적분을 사용하여 R_L에 대해 p를 미분한 식을 다음과 같이 구한다.

$$\frac{dp}{dR_L} = V_{Th}^2 \left[\frac{(R_{Th} + R_L)^2 - R_L \cdot 2(R_{Th} + R_L)}{(R_{Th} + R_L)^4}\right].$$

다음 식이 만족될 때 도함수가 0이 되고, p는 최대가 된다.

$$(R_{Th} + R_L)^2 = 2R_L(R_{Th} + R_L).$$

부하 저항 R_L에 대해 이 식을 풀면 다음과 같다.

부하 저항에 최대 전력을 전달하기 위한 조건

$$R_L = R_{Th}. \quad (4.43)$$

따라서 **최대 전력 전달**(maximum power transfer)은 부하 저항 R_L이 테브냉 저항 R_{Th}와 같을 때 일어난다. R_L에 전달되는 최대 전력을 구하기 위해 식 (4.43)을 식 (4.42)에 대입한다.

부하 저항에 전달되는 최대 전력

$$p_{max} = \frac{V_{Th}^2 R_L}{(2R_L)^2} = \frac{V_{Th}^2}{4R_L}. \quad (4.44)$$

최대 전력 전달을 위해 필요한 부하 저항을 계산하는 회로 해석은 예제 4.21에 예시되어 있다.

예제 4.21 최대 전력 전달을 위한 조건 계산하기

a) 그림 4.65의 회로에 대해 R_L에 전달되는 전력이 최대가 되도록 하는 R_L을 구하라.

b) R_L에 전달되는 최대 전력을 구하라.

c) R_L을 최대 전력 전달이 되도록 조정할 때 360 V 전원에 의해 전달되는 전력의 몇 %가 R_L에 전달되는가?

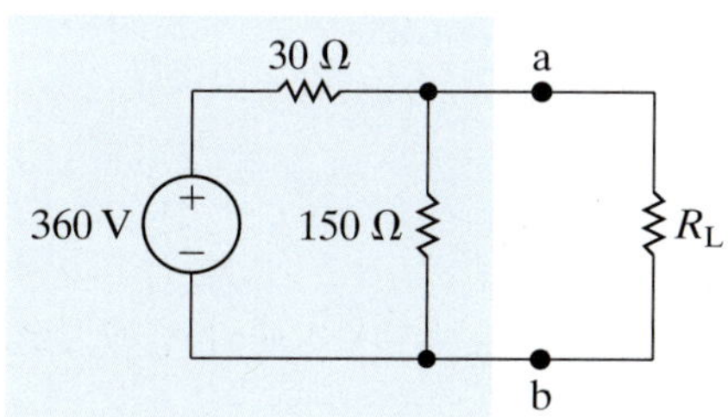

그림 4.65▲ 예제 4.21의 회로.

풀이

a) 단자 a, b 좌측의 회로에 대한 테브냉 전압은 다음과 같다.

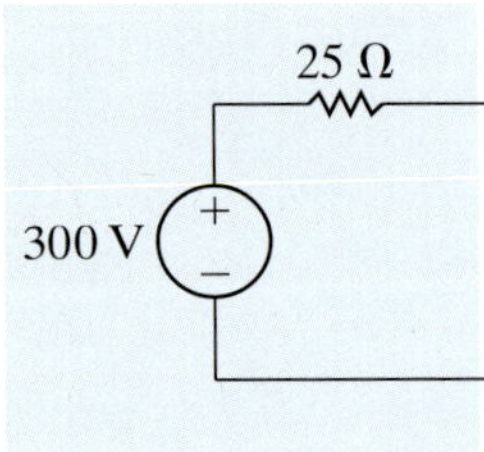

그림 4.66▲ 테브냉 등가에 의해 간소화된 그림 4.65의 회로.

$$V_{Th} = \frac{150}{180}(360) = 300 \text{ V}.$$

테브냉 저항은

$$R_{Th} = \frac{(150)(30)}{180} = 25 \ \Omega$$

단자 a, b 좌측의 회로를 테브냉 등가로 대체하면 그림 4.66과 같은 회로를 얻을 수 있으며, 따라서 최대 전력 전달을 위해 R_L은 25 Ω이 되어야 한다.

b) R_L에 전달될 수 있는 최대 전력은 다음과 같다.

$$p_{max} = \left(\frac{300}{50}\right)^2(25) = 900 \text{ W}.$$

c) R_L이 25 Ω일 때 전압 v_{ab}는 다음과 같다.

$$v_{ab} = \left(\frac{300}{50}\right)(25) = 150 \text{ V}.$$

그림 4.65에서 v_{ab}가 150 V일 때 전원이 상승하는 방향으로 흐르는 전압원의 전류는 다음과 같다.

$$i_s = \frac{360 - 150}{30} = \frac{210}{30} = 7 \text{ A}.$$

따라서 전원은 2520 W를 회로에 전달한다. 즉

$$p_s = -i_s(360) = -2520 \text{ W}.$$

부하에 전달되는 전원 전력의 백분율은 다음과 같다.

$$\frac{900}{2520} \times 100 = 35.71\%.$$

평가문제

목표 6—부하 저항에 대한 최대 전력 전달 조건을 알고 계산할 수 있다.

4.21 a) 제시된 회로가 단자 a, b에 최대 전력을 전달하도록 하는 저항 R을 구하라.

b) R에 전달되는 최대 전력을 구하라.

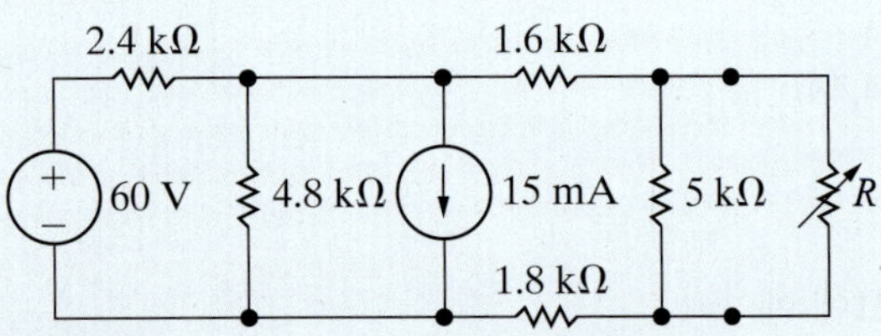

정답: a) 2.5 kΩ,

b) 6.4 mW.

자가 검사: 연습문제 4.88과 4.91도 풀어 보라.

4.22 평가문제 4.21의 회로가 부하 저항 R에 최대 전력을 전달하고 있다고 가정하자.

a) 전압원이 회로망에 전달하는 전력은 얼마인가?

b) 전류원에 대해 (a)를 반복하여 풀어라.

c) 두 전원에 의해 생성되는 전체 전력의 몇 %가 부하 저항 R에 전달되는가?

정답: a) 1.196 W(전달),

b) 182.4 mW(소모),

c) 0.535%.

4.13 중첩

선형 시스템은 **중첩**(superposition)의 원리를 따른다. 중첩의 원리는 선형 시스템이 하나 이상의 독립적인 에너지원에 의해 여기되거나 구동될 때마다 전체 응답이 개별 응답의 합이라는 것을 말한다. 개별 응답은 독립 전원이 단독으로 작용한 결과를 말한다. 선형 회로 소자가 상호 연결된 회로를 다루기 때문에 하나 이상의 독립적인 에너지원에 의해 구동되는 회로의 해석에서도 중첩 원리를 직접 적용할 수 있다. 여기서는 간단한 저항 회로망으로 논의를 제한하겠다. 그러나 이 원리는 모든 선형 시스템에 적용된다.

중첩은 회로의 해석과 설계 모두에 적용된다. 여러 개의 독립 전압원 및 전류원을 갖는 복잡한 회로를 해석할 때 한 번에 하나씩 독립 전원을 고려할 경우 더 적은 수의 간단한 방정식을 얻을 수 있다. 따라서 중첩을 적용하면 회로 해석을 단순화할 수 있다. 그러나 때로는 중첩을 적용하면 실제로 해석이 복잡해지고, 다른 방법보다 풀어야 할 방정식이 많아질 수 있다는 점에 유의하자. 중첩은 회로의 독립 전원이 본질적으로 다른 경우에만 필요하다. 이전 장에서는 모든 독립 전원은 직류 전원이므로 중첩이 필요 없다. 회로가 중첩을 필요로 하는 이후의 장을 위해 여기서 중첩을 소개한다.

중첩은 하나의 전원만 갖는 회로에서는 얻을 수 없는, 원하는 회로 응답을 합성하기 위한 설계에 적용된다. 원하는 회로 응답이 두 개 이상의 항의 합으로 되어 있다면, 각 항에 대해 독립 전원을 하나씩 포함시킴으로써 원하는 응답을 실현할 수 있다. 복잡한 응답을 갖는 회로를 설계할 때 이러한 접근법을 선택하면, 설계자는 하나의 복잡한 설계 대신 여러 개의 단순한 설계를 통해 원하는 회로를 설계할 수 있다.

예제 4.22는 중첩의 원리를 보여 준다.

예제 4.22 회로 풀이에 중첩의 원리 이용하기

중첩의 원리를 이용하여 그림 4.67의 회로에서 가지 전류 값을 찾아라.

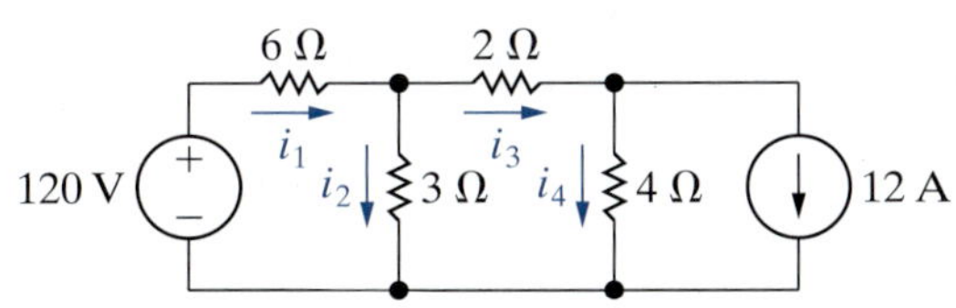

그림 4.67▲ 중첩을 예시하는 회로.

풀이

120 V 전압원으로부터 기인하는 가지 전류를 찾는 것부터 시작하자. 이러한 전류에 프라임 표시를 붙인다. 이상적인 전류원을 개방 회로로 대체하여 비활성화한다. 그림 4.68은 그 결과를 보여 준다. 이 회로에서 구한 가지 전류는 단지 전압원에 의한 것이다.

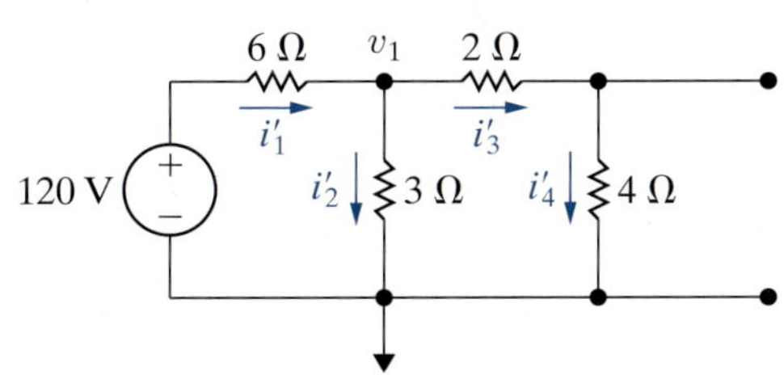

그림 4.68▲ 전류원이 비활성화된 그림 4.67의 회로.

그림 4.68의 회로에서 3 Ω 저항에 걸리는 마디 전압을 알면 가지 전류를 쉽게 구할 수 있다. 이 전압을 v_1이라 하면 다음과 같은 식을 얻을 수 있다.

$$\frac{v_1 - 120}{6} + \frac{v_1}{3} + \frac{v_1}{2 + 4} = 0,$$

이 식으로부터

$$v_1 = 30 \text{ V}.$$

이제 가지 전류 $i'_1 \sim i'_4$에 대한 식을 다음과 같이 직접 구할 수 있다.

$$i'_1 = \frac{120 - 30}{6} = 15 \text{ A},$$

$$i'_2 = \frac{30}{3} = 10 \text{ A},$$

$$i'_3 = i'_4 = \frac{30}{6} = 5 \text{ A}.$$

전류원에 기인하는 가지 전류를 구하기 위해 이상적인 전압원을 비활성화하여 그림 4.69의 회로를 풀자. 전류에 대한 이중 프라임은 이 값들이 전체 전류의 일부로 이상적인 전류원에 의한 것임을 나타낸다.

그림 4.69의 회로에서 3 Ω 저항과 4 Ω 저항에 각각 걸리는 마

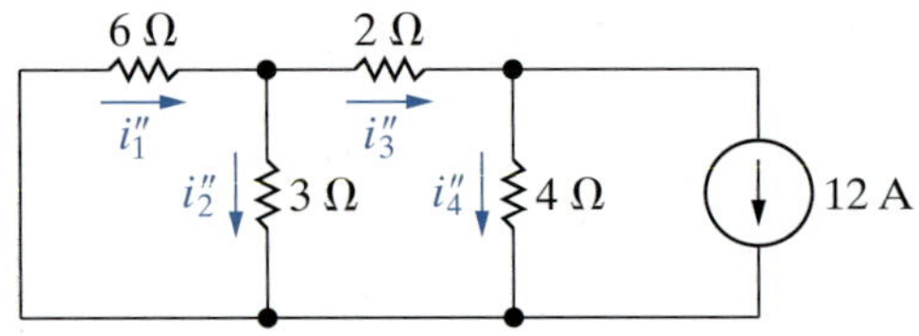

그림 4.69▲ 전압원이 비활성화된 그림 4.67의 회로.

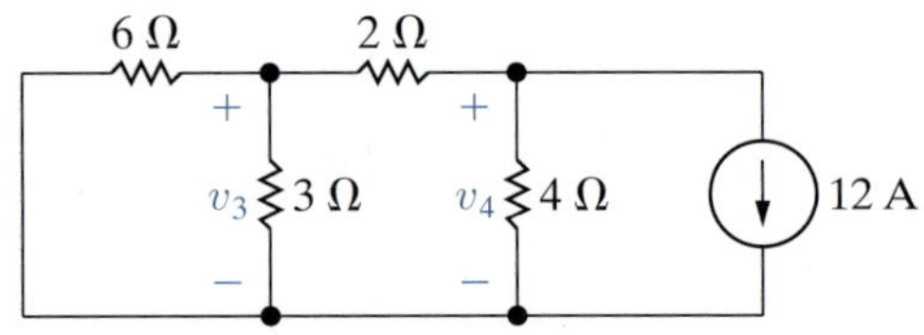

그림 4.70▲ 마디 전압 v_3와 v_4가 표시된 그림 4.69의 회로.

디 전압을 구하여 가지 전류를 결정한다. 그림 4.70은 두 개의 마디 전압을 보여 준다.

회로를 설명하는 두 개의 KCL 방정식은 다음과 같다.

$$\frac{v_3}{3} + \frac{v_3}{6} + \frac{v_3 - v_4}{2} = 0,$$

$$\frac{v_4 - v_3}{2} + \frac{v_4}{4} + 12 = 0.$$

연립 KCL 방정식을 v_3와 v_4에 대해 풀면 다음 결과를 얻는다.

$$v_3 = -12 \text{ V},$$
$$v_4 = -24 \text{ V}.$$

이제 i_1''에서부터 i_4''까지의 가지 전류를 마디 전압 v_3와 v_4에 관한 식으로 구할 수 있다.

$$i_1'' = \frac{-v_3}{6} = \frac{12}{6} = 2 \text{ A},$$

$$i_2'' = \frac{v_3}{3} = \frac{-12}{3} = -4 \text{ A},$$

$$i_3'' = \frac{v_3 - v_4}{2} = \frac{-12 + 24}{2} = 6 \text{ A},$$

$$i_4'' = \frac{v_4}{4} = \frac{-24}{4} = -6 \text{ A}.$$

원래 회로의 가지 전류, 즉 그림 4.67의 i_1, i_2, i_3, i_4를 구하기 위해 다음과 같이 단일 프라임 전류와 이중 프라임 전류를 단순히 합한다.

$$i_1 = i_1' + i_1'' = 15 + 2 = 17 \text{ A},$$
$$i_2 = i_2' + i_2'' = 10 - 4 = 6 \text{ A},$$
$$i_3 = i_3' + i_3'' = 5 + 6 = 11 \text{ A},$$
$$i_4 = i_4' + i_4'' = 5 - 6 = -1 \text{ A}.$$

전류 i_1, i_2, i_3, i_4가 그림 4.67 회로의 올바른 가지 전류 값인지를 검증해야 한다.

독립 전원과 종속 전원을 모두 포함하는 선형 회로에 중첩을 적용할 때 종속 전원은 결코 비활성화될 수 없음을 인지해야 한다. 예제 4.23에서 회로가 종속 전원과 독립 전원을 모두 포함하는 경우에 대해 중첩을 적용한다.

예제 4.23 종속 전원을 갖는 회로 풀이에 중첩 이용하기

중첩의 원리를 이용하여 그림 4.71의 회로에서 v_o를 구하라.

풀이

v_o 중에서 10 V 전원에 기인하는 부분을 찾는 것부터 시작한다. 그림 4.72는 이 회로를 보여 준다. 5 A 전류원을 비활성화하면 v_Δ'는 $(-0.4v_\Delta')(10)$과 같아야 한다. 따라서 v_Δ'는 0이어야 하며, 두 개의 종속 전원을 포함하는 가지는 개방되므로

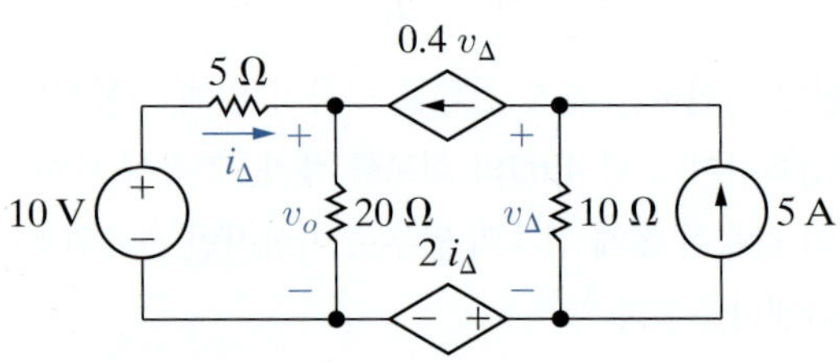

그림 4.71▲ 예제 4.23의 회로.

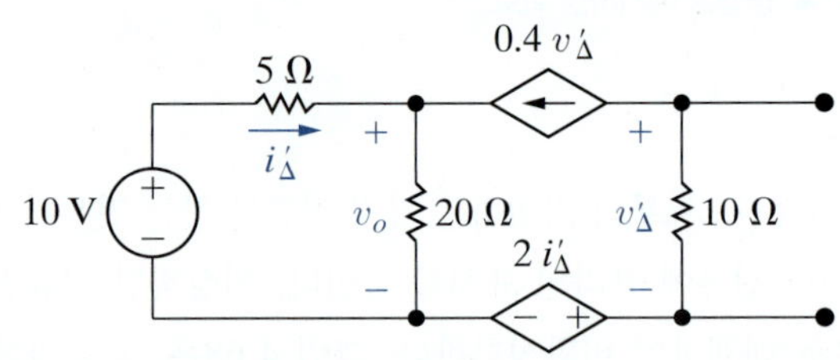

그림 4.72▲ 5 A 전원이 비활성화된 그림 4.71의 회로.

$$v'_o = \frac{20}{25}(10) = 8 \text{ V}.$$

10 V 전원이 비활성화되면 회로는 그림 4.73과 같이 간단해진다. 기준 마디를 추가하고 논의를 돕기 위해 마디 a, b, c를 선택한다. 마디 a를 떠나는 전류의 합을 구하면 다음과 같다.

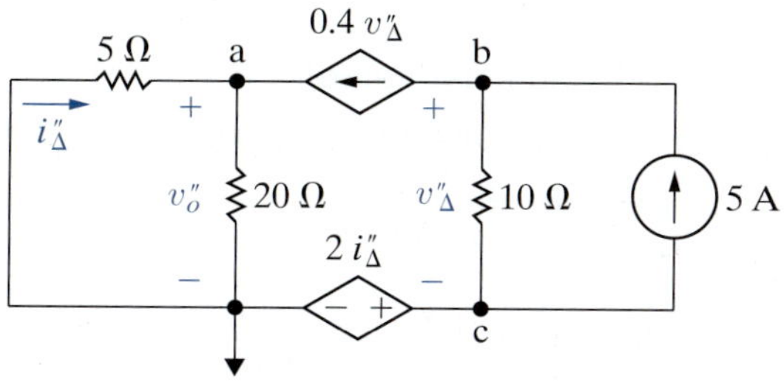

그림 4.73▲ 10 V 전원이 비활성화된 그림 4.71의 회로.

$$\frac{v''_o}{20} + \frac{v''_o}{5} - 0.4v''_\Delta = 0, \text{ 즉 } 5v''_o - 8v''_\Delta = 0$$

마디 b를 떠나는 전류의 합은 다음과 같다.

$$0.4v''_\Delta + \frac{v_b - 2i''_\Delta}{10} - 5 = 0, \text{ 즉 } 4v''_\Delta + v_b - 2i''_\Delta = 50.$$

v''_Δ를 구하기 위해 다음 식을 사용한다.

$$v_b = 2i''_\Delta + v''_\Delta$$

따라서

$$5v''_\Delta = 50, \text{ 즉 } v''_\Delta = 10 \text{ V}.$$

마디 a 방정식으로부터

$$5v''_o = 80, \text{ 즉 } v''_o = 16 \text{ V}.$$

v_o의 값은 v'_o과 v''_o의 합, 즉 24 V가 된다.

자가 검사: 연습문제 4.92와 4.97을 풀어 이해도를 평가하라.

실제 응용

실제 저항기를 갖는 회로

동일한 전기 소자를 제작하는 것은 불가능하다. 예를 들어 동일한 제조 공정에서 생산된 저항도 최대 20%까지 값이 달라질 수 있다. 따라서 전기 시스템을 만들 때 설계자는 소자의 변화가 시스템 성능에 미치는 영향을 고려해야 한다. 민감도 해석을 통해 설계자는 소자 값의 변화가 시스템 출력에 미치는 영향을 계산할 수 있다. 설계자가 이 정보를 이용하여 시스템의 각 소자에 대해 받아들일 수 있는 소자 값 허용 범위를 지정하는 방법을 살펴보겠다.

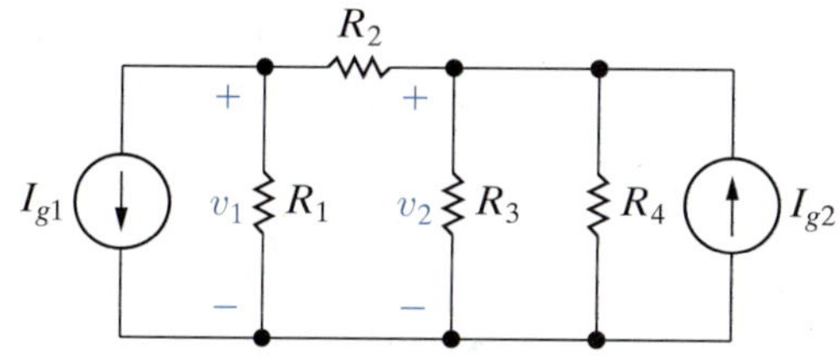

그림 4.74▲ 민감도 해석을 소개하기 위해 사용된 회로.

그림 4.74에 제시된 회로를 고려하자. 민감도 해석을 이용하여 저항 R_1의 변화에 대한 마디 전압 v_1 및 v_2의 민감도를 결정한다. 마디 전압법을 이용하여 회로 저항 및 전원 전류의 함수로 v_1 및 v_2에 대한 식을 도출한다. 결과는 식 (4.45), (4.46)에 나와 있다.

$$v_1 = \frac{R_1\{R_3R_4I_{g2} - [R_2(R_3 + R_4) + R_3R_4]I_{g1}\}}{(R_1 + R_2)(R_3 + R_4) + R_3R_4}, \tag{4.45}$$

$$v_2 = \frac{R_3R_4[(R_1 + R_2)I_{g2} - R_1I_{g1}]}{(R_1 + R_2)(R_3 + R_4) + R_3R_4}. \tag{4.46}$$

R_1에 대한 v_1의 민감도는 식 (4.45)를 R_1에 대해 미분하여 구할 수 있으며, 유사하게 R_1에 대한 v_2의 민감도 또한 식 (4.46)을 R_1에 대해 미분하여 다음과 같이 구할 수 있다.

$$\frac{dv_1}{dR_1} = \frac{[R_3R_4 + R_2(R_3 + R_4)]\{R_3R_4I_{g2} - [R_3R_4 + R_2(R_3 + R_4)]I_{g1}\}}{[(R_1 + R_2)(R_3 + R_4) + R_3R_4]^2}, \tag{4.47}$$

$$\frac{dv_2}{dR_1} = \frac{R_3R_4\{R_3R_4I_{g2} - [R_2(R_3 + R_4) + R_3R_4]I_{g1}\}}{[(R_1 + R_2)(R_3 + R_4) + R_3R_4]^2}. \tag{4.48}$$

이제 식 (4.47)과 (4.48)의 사용을 예시하기 위해 실제 소자 값을 갖는 예를 고려해 보자.

예제

그림 4.74의 회로에서 소자들의 공칭값(nominal value)은 $R_1 = 25\ \Omega$, $R_2 = 5\ \Omega$, $R_3 = 50\ \Omega$, $R_4 = 75\ \Omega$, $I_{g1} = 12\ \mathrm{A}$, $I_{g2} = 16\ \mathrm{A}$이다. 민감도 해석을 이용하여 R_1의 값이 공칭값과 10% 차이가 날 때 v_1과 v_2 값을 예측하라.

풀이

식 (4.45)와 (4.46)으로부터 v_1과 v_2의 공칭값을 다음과 같이 구한다.

$$v_1 = \frac{25\{3750(16) - [5(125) + 3750]12\}}{30(125) + 3750} = 25\ \mathrm{V}, \tag{4.49}$$

그리고

$$v_2 = \frac{3750[30(16) - 25(12)]}{30(125) + 3750} = 90\ \mathrm{V}. \tag{4.50}$$

식 (4.47)과 (4.48)로부터 R_1의 변화에 따른 v_1과 v_2의 민감도를 다음과 같이 구할 수 있다.

$$\begin{aligned}\frac{dv_1}{dR_1} &= \frac{[3750 + 5(125)] - \{3750(16) - [3750 + 5(125)]12\}}{[(30)(125) + 3750]^2} \\ &= \frac{7}{12}\ \mathrm{V}/\Omega,\end{aligned} \tag{4.51}$$

또한

$$\begin{aligned}\frac{dv_2}{dR_1} &= \frac{3750\{3750(16) - [5(125) + 3750]12\}}{(7500)^2} \\ &= 0.5\ \mathrm{V}/\Omega.\end{aligned} \tag{4.52}$$

식 (4.51)과 (4.52)에 의해 주어진 결과를 어떻게 사용할 것인가? R_1이 공칭값에서 10% 작다고 가정하자. 즉 $R_1 = 22.5\ \Omega$이라 가정하면 $\Delta R_1 = -2.5\ \Omega$이므로 식 (4.51)에 의해 Δv_1은 다음과 같이 된다고 예측할 수 있다.

$$\Delta v_1 = \left(\frac{7}{12}\right)(-2.5) = -1.4583\ \mathrm{V}.$$

따라서 만약 R_1이 공칭값보다 10% 작다면 민감도 해석 결과로부터 v_1이 다음과 같이 될 것으로 예측할 수 있다.

$$v_1 = 25 - 1.4583 = 23.5417\ \mathrm{V}. \tag{4.53}$$

식 (4.52)에 대해서도 유사한 방법으로 다음의 결과를 얻는다.

$$\begin{aligned}\Delta v_2 &= 0.5(-2.5) = -1.25\ \mathrm{V}, \\ v_2 &= 90 - 1.25 = 88.75\ \mathrm{V}.\end{aligned} \tag{4.54}$$

$R_1 = 22.5\ \Omega$을 식 (4.45)와 (4.46)에 대입하여 식 (4.53)과 (4.54)의 결과를 확인한다. 이 경우 결과는 다음과 같다.

$$\begin{aligned}v_1 &= 23.4780\ \mathrm{V}, \\ v_2 &= 88.6960\ \mathrm{V}.\end{aligned}$$

민감도 해석을 통해 예측한 값과 v_1 및 v_2 방정식에 R_1을 대입하여 계산한 정확한 값 사이

표 4.2 PSpice 민감도 해석 결과

소자명	소자 값	소자 민감도(V/단위)	정규화된 민감도(V/%)
(a) 마디 전압 V1의 DC 민감도			
R1	25	0.5833	0.1458
R2	5	−5.417	−0.2708
R3	50	0.45	0.225
R4	75	0.2	0.15
IG1	12	−14.58	−1.75
IG2	16	12.5	2
(b) 출력 V2의 민감도			
R1	25	0.5	0.125
R2	5	6.5	0.325
R3	50	0.54	0.27
R4	75	0.24	0.18
IG1	12	−12.5	−1.5
IG2	16	15	2.4

에 차이가 있는 이유는 무엇일까? 식 (4.47)과 (4.48)로부터 R_1이 두 식의 분모에 나타나기 때문에 R_1에 대한 v_1과 v_2의 민감도는 R_1의 함수임을 할 수 있다. 이것은 R_1이 변함에 따라 민감도가 변한다는 것을 의미한다. 따라서 R_1이 크게 변하는 경우, 식 (4.47)과 (4.48)이 정확한 결과를 제공할 것이라고 기대할 수 없다. R_1이 10% 변하는 경우 v_1과 v_2의 예측값과 정확한 값 사이의 백분율 오차는 작다. 특히 v_1의 백분율 오차는 0.2713%이고 v_2의 백분율 오차는 0.0676%이다.

이 예에서 나머지 구성 요소 값, 즉 R_2, R_3, R_4, I_{g1}, I_{g2}의 변화에 대한 v_1과 v_2의 민감도를 결정하려면 엄청난 양의 작업이 필요함을 알 수 있다. 다행히 PSpice[3]에는 민감도 해석을 수행하는 민감도 함수가 있다. PSpice의 민감도 함수는 두 가지 유형의 민감도를 계산한다. 첫 번째는 1단위 감도로 알려져 있고 두 번째는 1% 감도로 알려져 있다. 예제 회로에서 저항의 1단위 변화는 값을 1 Ω씩 변화시키고, 전류원의 1단위 변화는 그 값을 1 A만큼 변화시킨다. 대조적으로 1% 민감도 해석은 저항 또는 전원이 공칭값의 1%만큼 변화할 경우의 영향을 결정한다.

그림 4.69의 회로에 대한 PSpice 민감도 해석 결과는 표 4.2와 같다. 선형 회로를 분석하고 있기 때문에 하나 이상의 소자 값이 변하는 경우 v_1과 v_2 값을 예측하는 데 중첩을 이용할 수 있다. 예를 들어 R_1이 24 Ω으로 줄어들고 R_2가 4 Ω으로 줄어든다고 가정하자. 표 4.2로부터 R_1의 변화에 대한 v_1의 단위 민감도와 R_2의 변화에 대한 v_1의 단위 민감도를 결합하여 다음 결과를 얻을 수 있다.

$$\frac{\Delta v_1}{\Delta R_1} + \frac{\Delta v_1}{\Delta R_2} = 0.5833 - 5.417 = -4.8337 \text{ V}/\Omega.$$

유사하게

$$\frac{\Delta v_2}{\Delta R_1} + \frac{\Delta v_2}{\Delta R_2} = 0.5 + 6.5 = 7.0 \text{ V}/\Omega.$$

3 이 책과 함께 제공되는 PSpice 자료를 참조하라.

따라서 만약 R_1과 R_2가 1 Ω씩 줄어든다면 다음과 같이 예측할 수 있을 것이다.

$$v_1 = 25 + 4.8227 = 29.8337 \text{ V},$$
$$v_2 = 90 - 7 = 83 \text{ V}.$$

식 (4.45)와 (4.46)에 $R_1 = 24\ \Omega$과 $R_2 = 4\ \Omega$을 대입하면 다음을 얻을 수 있다.

$$v_1 = 29.793 \text{ V},$$
$$v_2 = 82.759 \text{ V}.$$

두 경우 모두, 예측값은 실제 마디 전압 값의 몇 분의 1볼트 범위 내에 있다.

회로 설계자는 민감도 해석 결과를 이용하여 어떠한 소자 값의 변화가 회로 출력에 가장 큰 영향을 미치는지 결정할 수 있다. 표 4.2의 PSpice 민감도 해석에서 알 수 있듯이, 마디 전압 v_1과 v_2는 R_1의 변화보다 R_2의 변화에 훨씬 더 민감하다. 특히 v_1은 R_1의 변화보다 R_2의 변화에 (5.417/0.5833), 즉 약 9배 더 민감하며, v_2는 R_1의 변화보다 R_2의 변화에 (6.5/0.5), 즉 13배 더 민감하다. 따라서 예제 회로에서 v_1과 v_2를 공칭값에 가깝게 유지하는 것이 중요하다면 R_2의 허용 오차 범위는 R_1의 허용 오차 범위보다 더 엄격해야 한다.

자가 검사: 연습문제 4.105~4.107을 풀어 이해도를 평가하라.

요약

- 이 장의 내용을 이해하기 위해서는 몇 가지 기본 용어와 그 용어가 나타내는 개념을 숙지해야 한다. 이러한 용어는 **마디**, **필수 마디**, **경로**, **가지**, **필수 가지**, **망**, **평면 회로**이다. 표 4.1은 이러한 용어의 정의와 예를 설명한다.
- 이 장에서는 두 가지 새로운 회로 해석 기법이 소개되었다.
  - **마디 전압법**은 평면 및 비평면 회로 모두에서 이용 가능하다. 마디 전압법의 단계별 이용법은 표 4.3에 나와 있다.
  - **망 전류법**은 평면 회로에서만 적용할 수 있다. 망 전류법의 단계별 이용법은 표 4.3에 나와 있다.
- 이 장에서는 몇 가지 새로운 회로 단순화 기술이 소개되었다.
  - **전원 변환**을 통해 전압원(v_s)과 직렬 저항(R)을 전류원(i_s)과 병렬 저항(R)으로 변환할 수 있으며, 그 반대의 경우도 가능하다. 각각의 조합은 단자 전압과 전류 측면에서 등가가 되어야 한다. 다음과 같은 경우 단자에 대한 등가성이 유지된다.

$$i_s = \frac{v_s}{R}.$$

- **테브냉 등가**와 **노턴 등가**를 통해 전원과 저항으로 구성된 회로를 전압원과 직렬 저항(테브냉 등가) 또는 전류원과 병렬 저항(노턴 등가)으로 구성된 등가 회로로 단순화할 수 있다. 단순화된 회로와 원래 회로는 단자 전압 및 전류 측면에서 동일해야 한다. 다음을 주목하라.
  - 테브냉 전압(V_{Th})은 원래 회로의 단자 양단의 개방 회로 전압이다.
  - 테브냉 저항(R_{Th})은 원래 회로의 단자를 연결한 단락 회로의 전류에 대한 테브냉 전압의 비이다.
  - 노턴 등가는 테브냉 등가에 대해 전원 변환을 수행하여 얻을 수 있다.
- **최대 전력 전달**은 부하 R_L에 전달되는 p의 최댓값을 계산하기 위한 기법이다. 최대 전력 전달은 R_L이 R_{Th}, 즉 저항 R_L에서 바라본 테브냉 저항과 같을 때 발생한다. 최대 전력 전달에 대한 방정식은 다음과 같다.

$$p = \frac{V_{Th}^2}{4R_L}.$$

- 복수의 독립 전원을 갖는 회로에서 **중첩**을 이용하면 한 번에 하나의 전원만 활성화하여 각각의 전원에 기인한 전압과 전류를 계산하는 것이 가능하다. 모든 독립 전원이 활성화되었을 때의 전압과 전류를 결정하려면 각각의 전원에 의해 발생하는 전압과 전류의 합을 구하면 된다. 중첩을 사용할 때 종속 전원은 절대로 비활성화될 수 없다.

표 4.3 마디 전압법과 망 전류법의 적용 단계

	마디 전압법	망 전류법
1단계 마디/망을 식별한다.	회로도에 동그라미 표시하여 필수 마디를 식별한다.	각각의 망 내부에 화살표를 그려서 망을 식별한다.
2단계 마디 전압/망 전류를 표시한다. • 특별한 경우를 인지한다.	기준 마디를 선택하고 표시한다. 그다음 나머지 필수 마디 전압을 표시한다. • 만약 전압원이 기준 마디와 다른 필수 마디 사이를 연결하는 가지에 포함된 유일한 소자라면 그 필수 마디 값을 전압원 값으로 표시한다. • 만약 전압원이 두 개의 비기준 필수 마디 사이를 연결하는 가지에 포함된 유일한 소자라면 전압원과 양쪽의 필수 마디를 포함하는 슈퍼노드를 만든다.	각각의 망 전류를 표시한다. • 만약 전류원이 하나의 망에 있는 경우 망 전류값을 전류원의 값으로 표시한다. • 만약 전류원이 두 개의 인접한 망에 의해 공유된다면 전류원을 포함하는 가지를 없애고 두 개의 인접한 망을 임시로 결합하여 슈퍼메시를 만든다.
3단계 방정식을 세운다.	다음과 같은 방정식을 구한다. • 모든 슈퍼노드에 대한 KCL 방정식 • 전압을 모르는 나머지 필수 마디에 대한 KCL 방정식 • 종속 전원에 대한 제어 변수를 마디 전압에 관해 정의한 각 종속 전원에 대한 제약식 • 슈퍼노드에 포함된 두 마디 전압의 차와 슈퍼노드의 전압원을 동일시하는 각 슈퍼노드에 대한 제약식	다음과 같은 방정식을 구한다. • 모든 슈퍼메시에 대한 KVL 방정식 • 전류를 모르는 나머지 망에 대한 KVL 방정식 • 종속 전원에 대한 제어 변수를 망 전류에 관해 정의한 각 종속 전원에 대한 제약식 • 슈퍼메시에 포함된 두 망 전류의 차와 슈퍼메시를 구성하기 위해 제거된 전류원을 동일시하는 각 슈퍼메시에 대한 제약식
4단계 방정식을 푼다.	방정식을 풀어서 마디 전압을 구한다.	방정식을 풀어서 망 전류를 구한다.
5단계 다른 미지수를 구한다.	마디 전압 값을 사용하여 모든 미지 전압, 전류 및 전력을 구한다.	망 전류 값을 사용하여 모든 미지 전압, 전류 및 전력을 구한다.

연습문제

4.1절

4.1 그림 P4.1의 회로에 대해 각각의 수를 구하라.
a) 가지, b) 전류를 모르는 가지, c) 필수 가지, d) 전류를 모르는 필수 가지, e) 마디, f) 필수 마디, g) 망

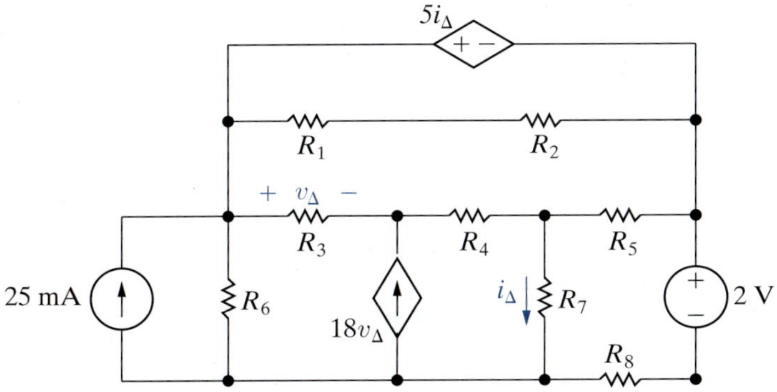

그림 P4.1

4.2 a) 만약 그림 P4.1의 회로에서 필수 마디와 가지를 식별했다면 회로를 설명하기 위해 몇 개의 연립 방정식이 필요한가?
b) 연립 방정식 중 키르히호프의 전류 법칙에 의해 유도되는 방정식은 몇 개인가?
c) 키르히호프의 전압 법칙에 의해 유도되는 방정식은 몇 개인가?
d) 어떠한 두 개의 망에서 전압 법칙을 적용하는 것을 피해야 하는가?

4.3 그림 P4.3의 회로에서 전류 i_g를 알고 있으며, 저항 R_1~R_5 또한 알고 있다고 가정하자.
a) 미지 전류는 모두 몇 개인가?
b) 키르히호프의 전류 법칙(KCL)을 이용하여 구할 수 있는 독립적인 방정식은 몇 개인가?
c) 독립적인 KCL 방정식 세트를 쓰라.

d) 키르히호프의 전압 법칙(KVL)으로부터 유도되는 독립적인 방정식은 몇 개인가?

e) 독립적인 KVL 방정식 세트를 쓰라.

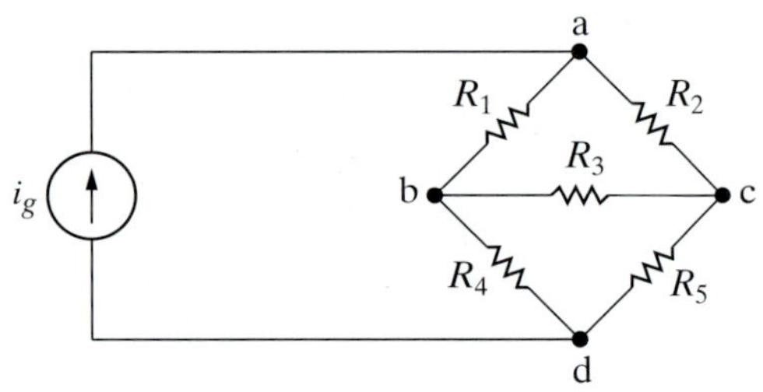

그림 P4.3

4.4 그림 4.4의 회로에 대해 답하라.

a) 필수 마디 g에서 KCL 방정식을 구하라.

b) (a)에서 구한 KCL 방정식이 마디 b, c, e에서의 KCL 방정식으로부터 유도될 수 있음을 보여라(예제 4.2 참조).

4.5 마디를 떠나는 전류 방향을 양으로 정의했다.

a) 그림 P4.5의 회로에서 각 필수 마디에서의 전류의 합을 구하라.

b) (a)에서 구한 방정식 중 하나가 나머지 세 방정식에서 파생될 수 있음을 보여라.

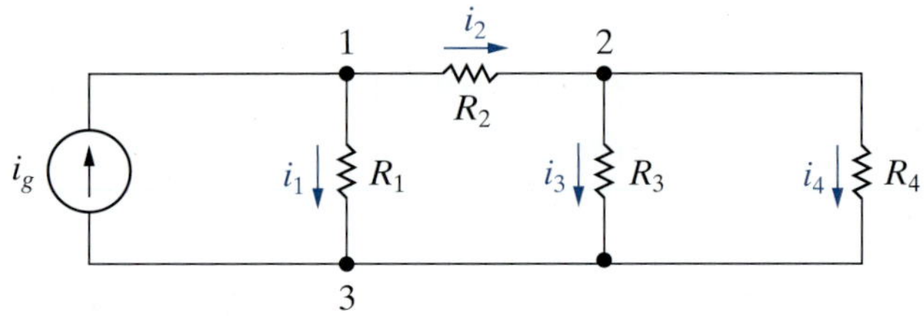

그림 P4.5

4.2절

4.6 PSPICE MULTISIM 마디 전압법을 이용하여 4 A 전원이 그림 P4.6의 회로에서 추출하는 전력을 구하라.

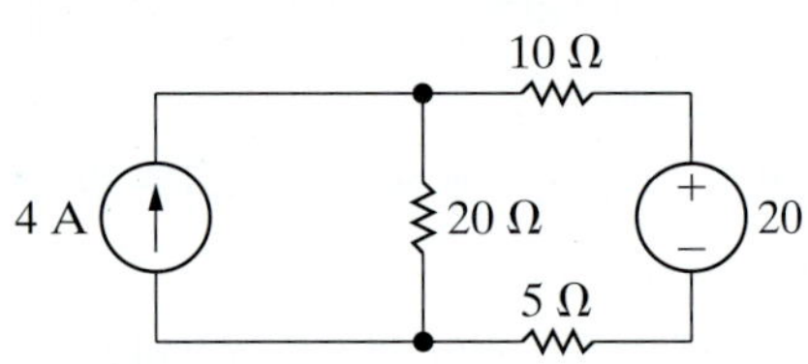

그림 P4.6

4.7 PSPICE MULTISIM 마디 전압법을 이용하여 그림 P4.7의 회로에서 v를 구하라.

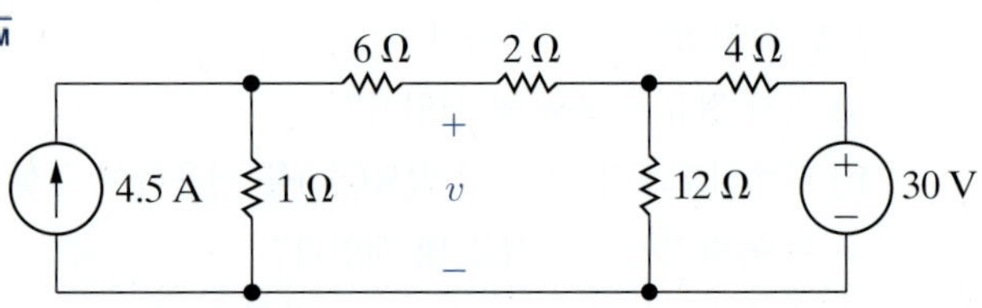

그림 P4.7

4.8 PSPICE MULTISIM 그림 P4.6의 회로에서 마디 전압법을 이용하여 v_o를 구하라.

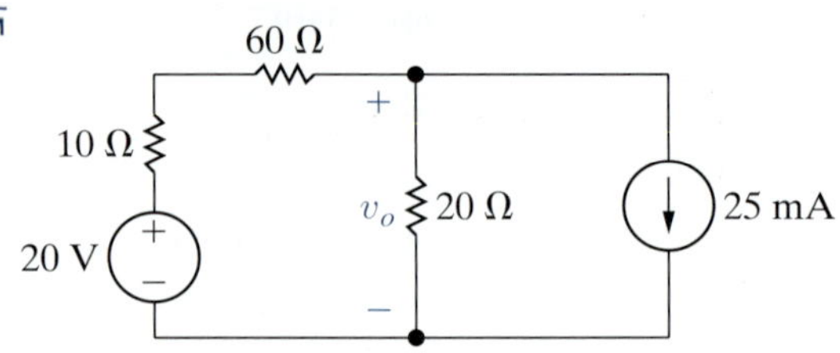

그림 P4.8

4.9 PSPICE MULTISIM a) 그림 P4.8의 회로에서 5 A 전류원에 의해 생성되는 전력을 구하라.

b) 그림 P4.8의 회로에서 180 V 전압원에 의해 생성되는 전력을 구하라.

c) 총 생성 전력이 총 소비 전력과 같음을 보여라.

4.10 PSPICE MULTISIM 그림 P4.8의 회로에서 10 Ω 저항이 5 A 전류원과 직렬로 연결되어 있다고 하자.

a) v_o를 구하라.

b) 5 A 전류원에 의해 생성되는 전력을 구하라.

c) 180 V 전압원에 의해 생성되는 전력을 구하라.

d) 총 생성 전력이 총 소비 전력과 같음을 보여라.

e) 5 A 전류원과 직렬 연결된 유한의 저항이 v_o값에 미치는 영향은 무엇인가?

4.11 PSPICE MULTISIM a) 그림 P4.11의 회로에서 마디 전압법을 이용하여 v_1, v_2, v_3를 구하라.

b) 회로에서 생성되는 총전력을 구하라.

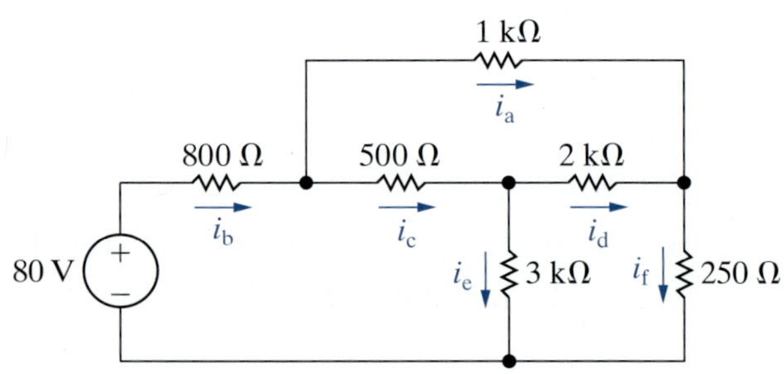

그림 P4.11

4.12 PSPICE MULTISIM a) 그림 P4.12의 회로에서 마디 전압법을 이용하여 v_1, v_2, v_3를 구하라.

b) 30 V 전압원이 회로에 전달하는 전력을 구하라.

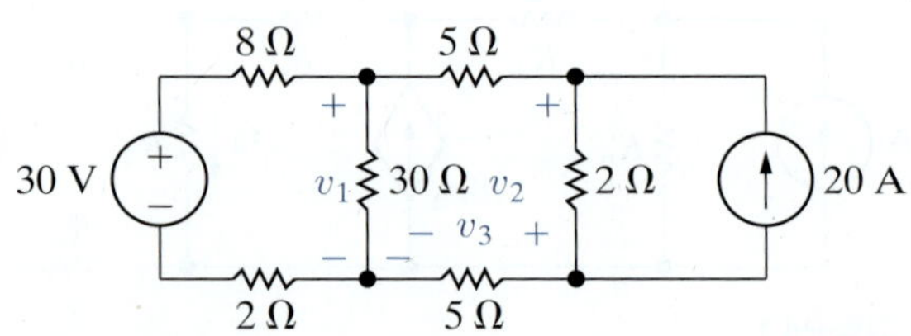

그림 P4.12

4.13 그림 P4.13의 회로에서 마디 전압법을 이용하여 v_1과 v_2를 구하라.
PSPICE MULTISIM

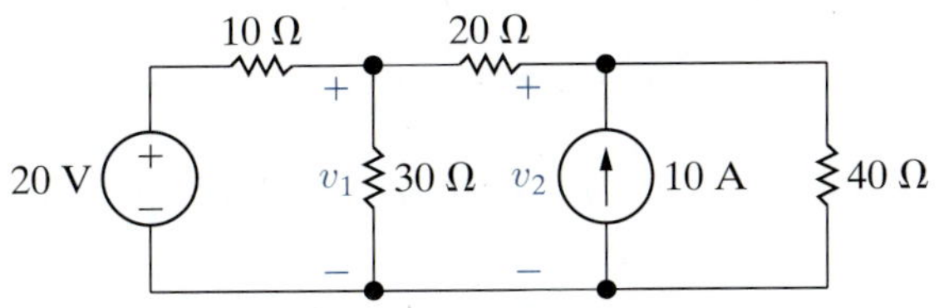

그림 P4.13

4.14 그림 P4.14의 회로에서 망 전류법을 이용하여 총 소비 전력을 구하라.
PSPICE MULTISIM

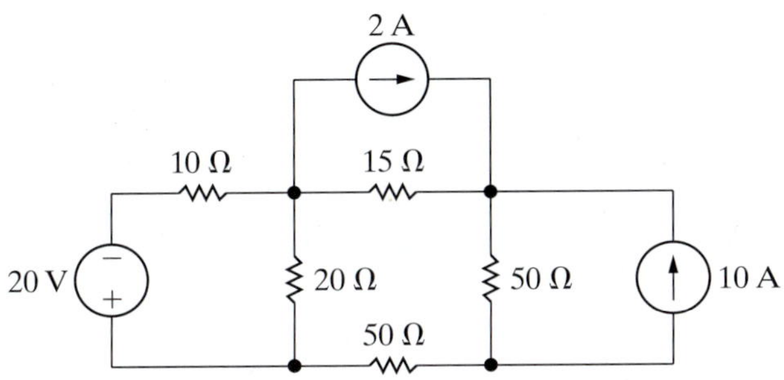

그림 P4.14

4.15 그림 P4.15의 회로는 주거용 배전 회로의 dc 모델이다.
PSPICE MULTISIM
a) 마디 전류법을 이용하여 가지 전류 $i_1 \sim i_6$을 구하라.
b) 총 소비 전력은 총 전달 전력과 같다는 것을 보임으로써 가지 전류에 대한 앞서의 답을 검증하라.

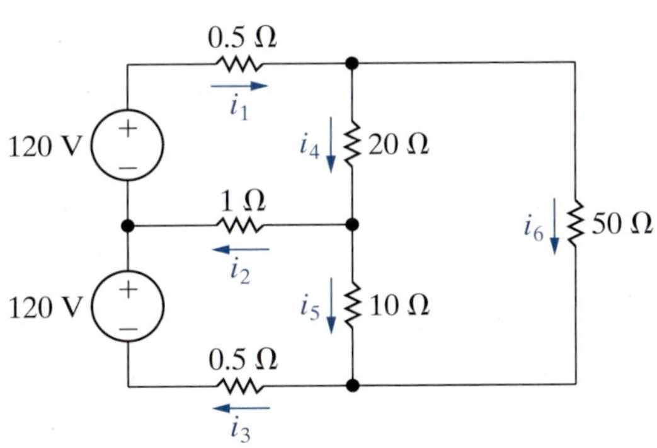

그림 P4.15

4.16 a) 마디 전압법을 이용하여 그림 P4.16의 회로에서 출력 전압 v_o와 전원 전압이 평균과 같음을 보여라.
PSPICE MULTISIM
b) $v_1 = 150$ V, $v_2 = 200$ V, $v_3 = -50$ V일 때 v_o을 구하라.

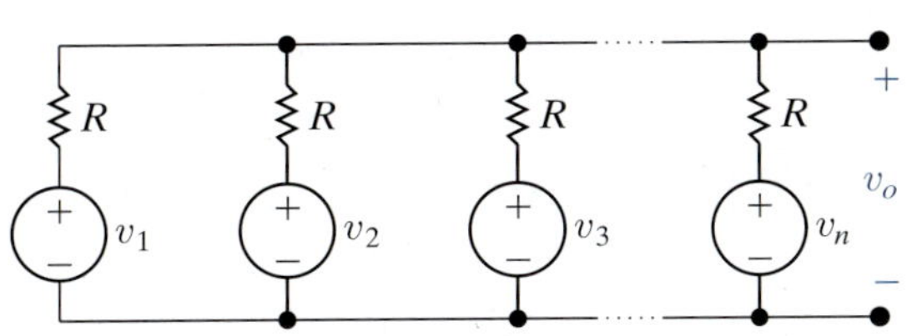

그림 P4.16

4.3절

4.17 a) 그림 P4.17의 회로에서 마디 전압법을 이용하여 생성되는 총전력을 구하라.
PSPICE MULTISIM
b) 회로에서 흡수되는 총전력을 구하여 답을 검증하라.

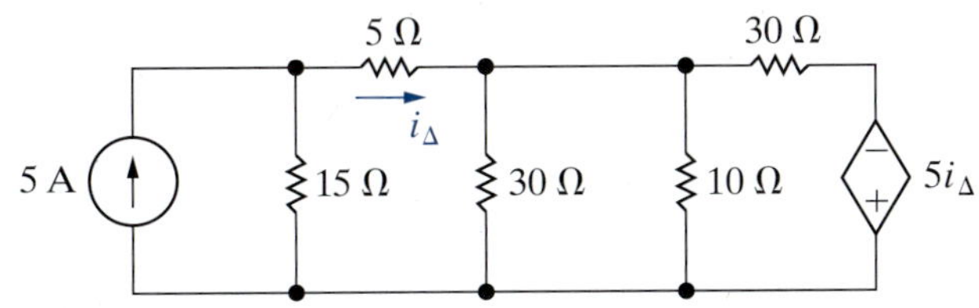

그림 P4.17

4.18 그림 P4.18의 회로에서 망 전류법을 이용하여 종속 전압원에 의해 전달되는 전력을 계산하라.
PSPICE MULTISIM

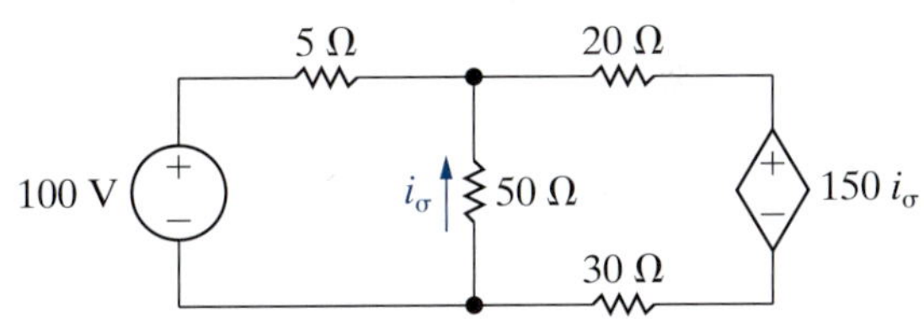

그림 P4.18

4.19 a) 그림 P4.19의 회로에서 마디 전압법을 이용하여 v_o을 구하라.
b) 회로에서 총 공급 전력을 구하라.

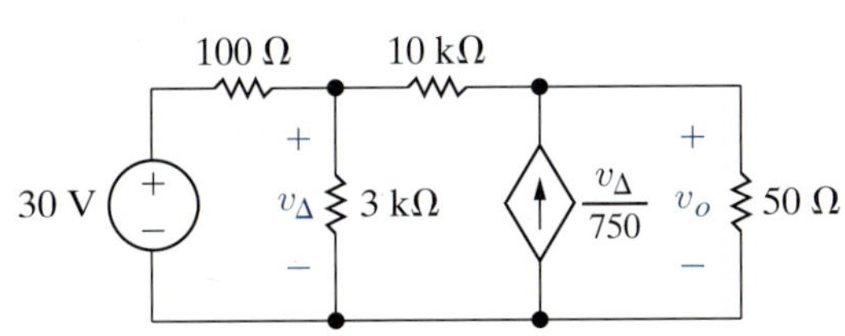

그림 P4.19

4.20 a) 그림 P4.20의 회로에서 마디 전압 v_1, v_2, v_3를 구하라.
PSPICE MULTISIM
b) 회로에서 소비되는 총전력을 구하라.

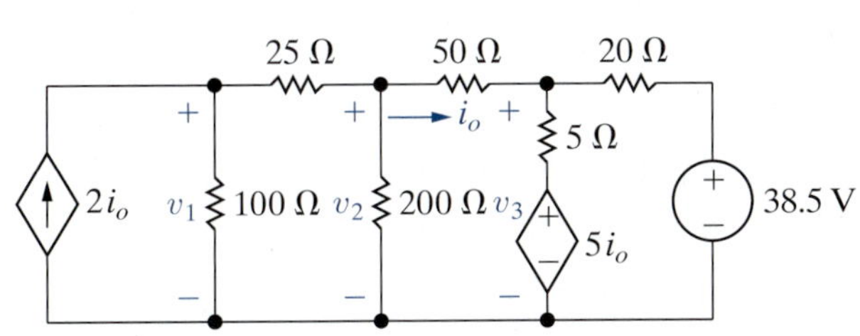

그림 P4.20

4.21 PSPICE MULTISIM a) 그림 P4.21의 회로에서 마디 전압법을 이용하여 v_o을 구하라.

b) 종속 전원에 의해 생성되는 전력을 구하라.

c) 독립 전원에 의해 생성되는 총전력을 구하라.

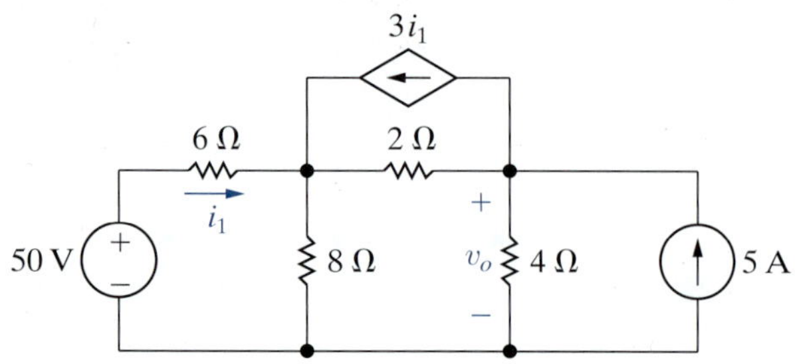

그림 P4.21

4.4절

4.22 PSPICE MULTISIM 그림 P4.22의 회로에서 망 전류법을 이용하여 i_o를 구하라.

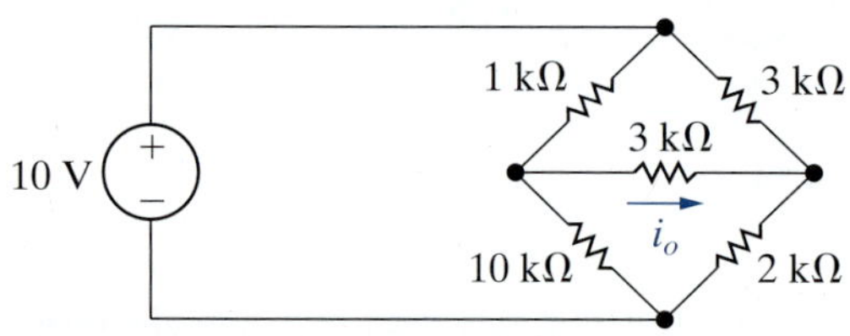

그림 P4.22

4.23 PSPICE MULTISIM 그림 P4.23의 회로에서 망 전류법을 이용하여 전압원에서 생성하는 전력을 구하라.

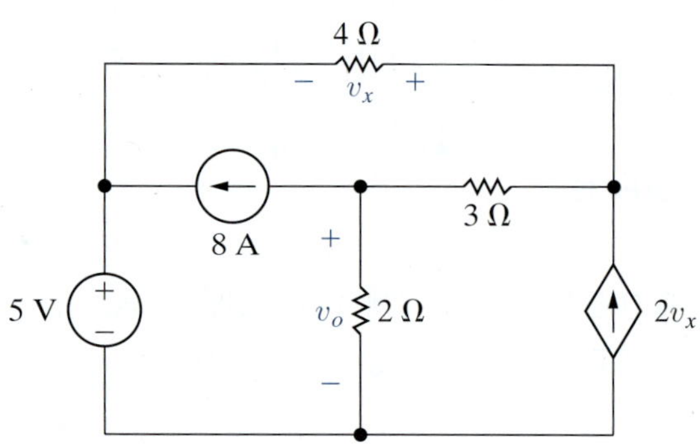

그림 P4.23

4.24 PSPICE MULTISIM a) 그림 P4.24의 회로에서 마디 전압법을 이용하여 가지 전류 i_1, i_2, i_3를 구하라.

b) 회로에서 소모되는 전력이 공급되는 전력과 같다는 것을 보임으로써 i_1, i_2, i_3의 답을 검증하라.

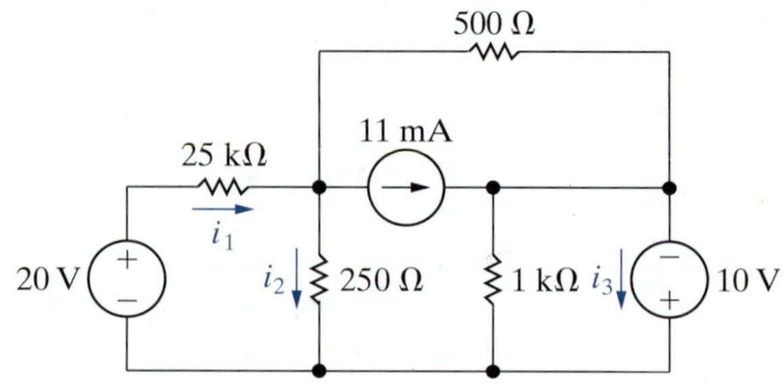

그림 P4.24

4.25 PSPICE MULTISIM 그림 P4.25의 회로에서 마디 전압법을 이용하여 v_o의 값을 구하라.

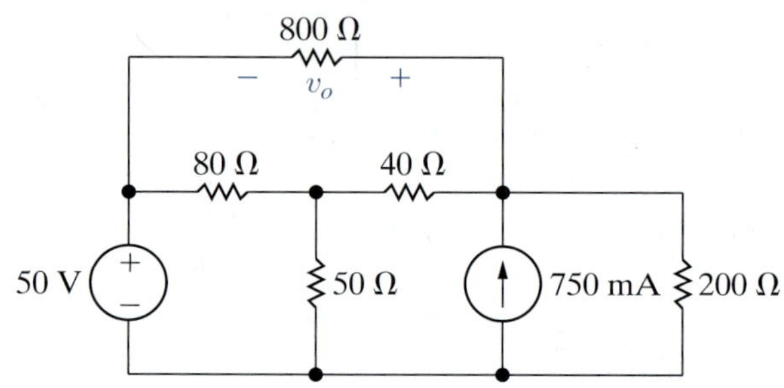

그림 P4.25

4.26 a) 그림 P4.26의 회로에서 마디 전압법을 이용하여 5 Ω 저항에서 소모되는 전력을 구하라.

b) 500 V 전원에 의해 공급되는 전력을 구하라.

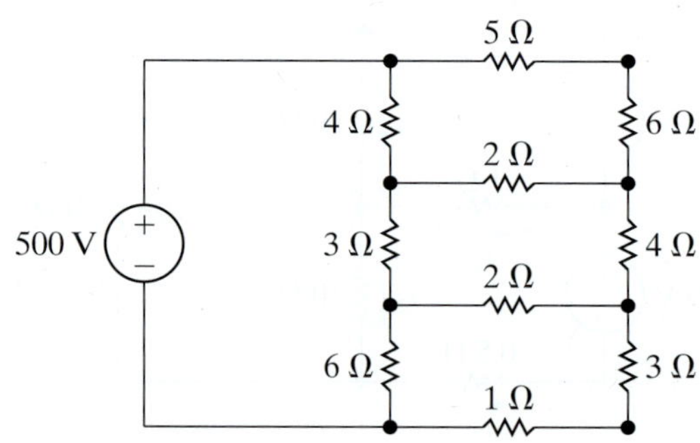

그림 P4.26

4.27 PSPICE MULTISIM 그림 P4.27의 회로에서 마디 전압법을 이용하여 v_o를 구하라.

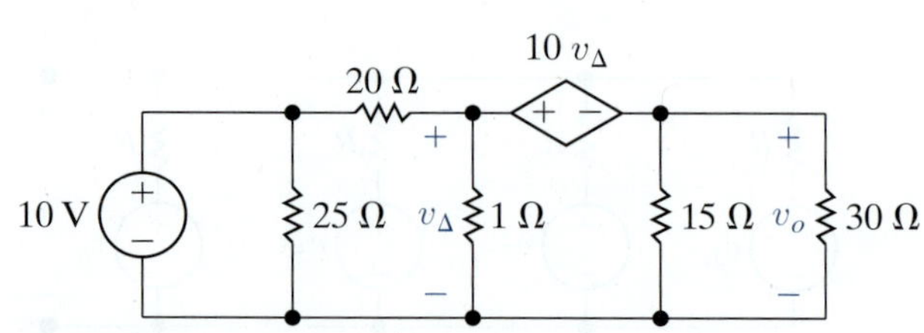

그림 P4.27

4.28 PSPICE MULTISIM 그림 P4.28의 회로에서 마디 전압법을 이용하여 20 V 전원에 의해 생성되는 전력을 구하라.

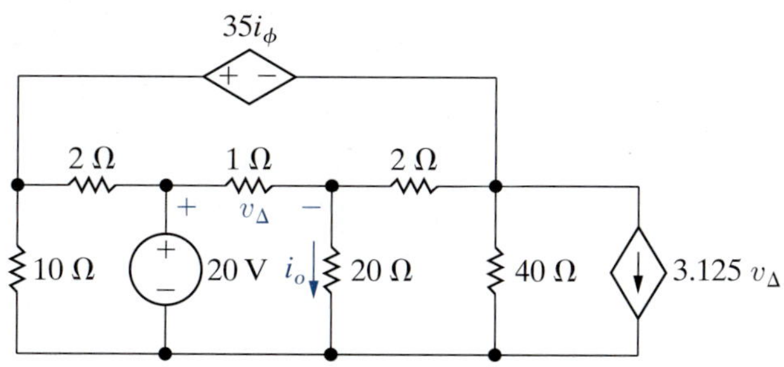

그림 P4.28

4.29 여러분은 프로젝트 엔지니어이며 직원 중 한 명이 그림 P4.29에 제시된 회로를 해석하도록 지정받았다고 가정하자. 그림에서 제시된 기준 마디와 마디의 수는 분석자에 의해 지정된 것이다. 분석 결과, v_1과 v_2는 각각 235 V와 222 V이다.

a) 엔지니어는 마디 3과 마디 4에서 KCL 방정식을 세울 때, 마디 1과 마디 2에서 마디 전압으로 어떠한 값을 사용했겠는가?

b) 분석가에 의해 제공받은 값을 사용하여 회로에서 생성된 총전력과 소모된 총전력을 구하라.

c) 분석가가 제시한 결과에 동의하는가?

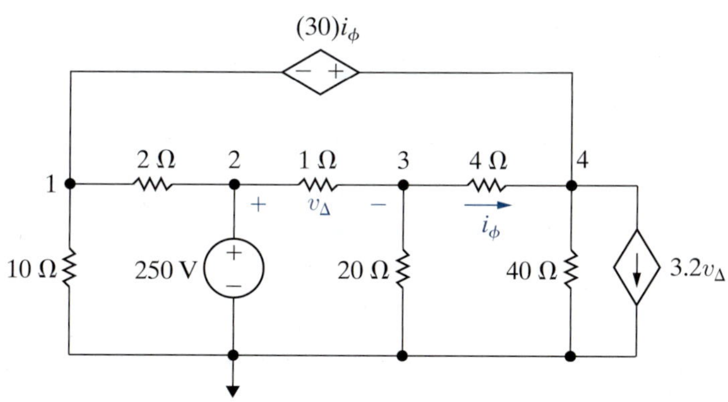

그림 P4.29

4.30 PSPICE MULTISIM a) 마디 전압법을 사용하여 그림 P4.30의 회로에서 v_o와 0.5 A 전류원에 의해 전달되는 전력을 구하라. 마디 a를 기준 마디로 사용하라.

b) 마디 b를 기준 마디로 사용하여 (a)를 반복하라.

c) 기준 마디를 (a)에서와 같이 정한 경우와 (b)에서와 같이 정한 경우를 비교하라. 어떤 경우가 더 좋은가? 그 이유는 무엇인가?

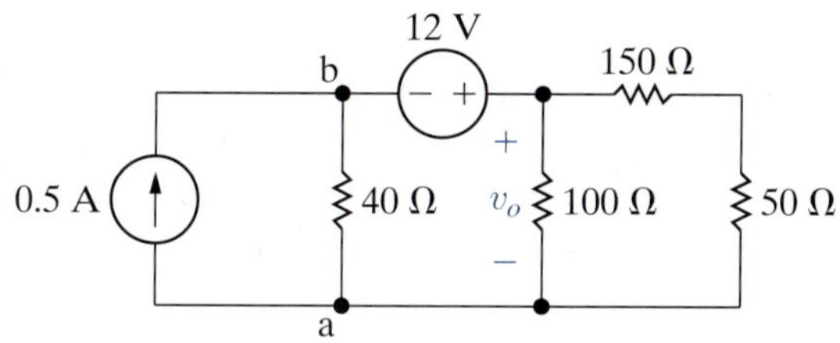

그림 P4.30

4.31 식 (4.13), (4.14), (4.16)을 i_B에 대해 풀면 그 결과가 식 (2.21)과 동일하다는 것을 보여라.

4.5절

4.32 망 전류법을 이용하여 연습문제 4.11을 풀어라.

4.33 망 전류법을 이용하여 연습문제 4.15를 풀어라.

4.34 망 전류법을 이용하여 연습문제 4.22를 풀어라.

4.35 망 전류법을 이용하여 연습문제 4.26을 풀어라.

4.36 PSPICE MULTISIM a) 그림 P4.36의 회로에서 망 전류법을 이용하여 생성되는 총전력을 구하라.

b) 생성되는 총전력이 소모되는 총전력과 같다는 것을 보임으로써 자신의 답을 확인하라.

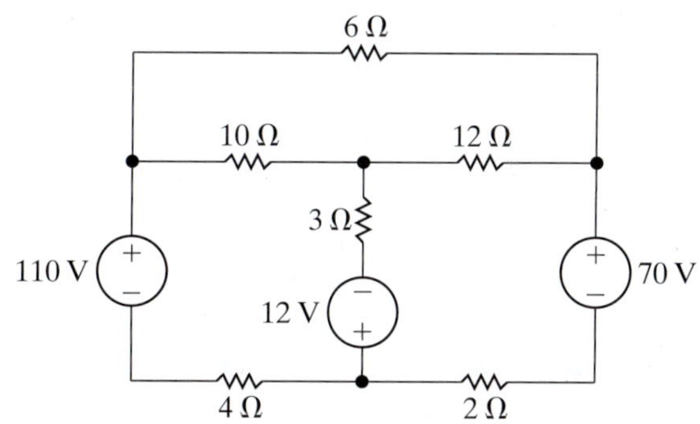

그림 P4.36

4.37 PSPICE MULTISIM a) 그림 P4.37의 회로에서 망 전류법을 이용하여 가지 전류 i_a, i_b, i_c를 구하라.

b) 64 V 전원의 극성이 반대인 경우에 대해 (a)를 반복하라.

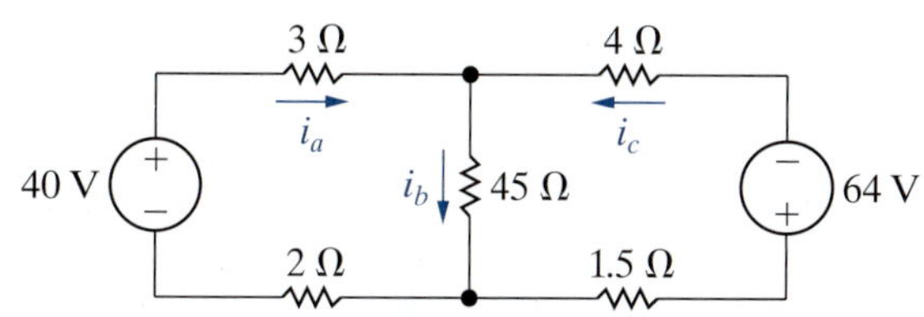

그림 P4.37

4.6절

4.38 망 전류법을 이용하여 연습문제 4.18을 풀어라.

4.39 a) 그림 P4.39의 회로에서 망 전류법을 이용하여 v_o를 구하라.
PSPICE MULTISIM b) 종속 전원에 의해 전달된 전력을 구하라.

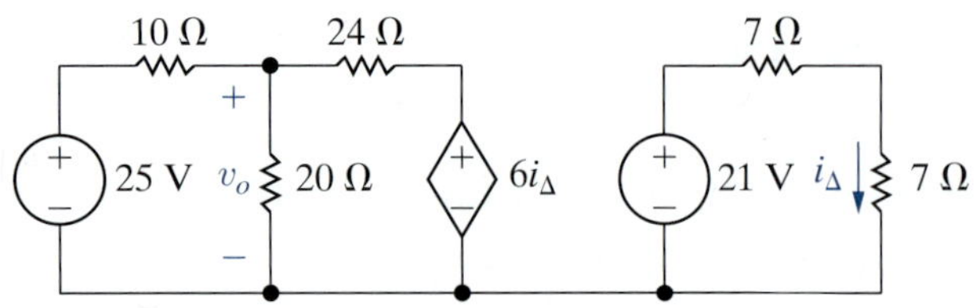

그림 P4.39

4.40 그림 P4.40의 회로에서 망 전류법을 이용하여 400 V 전원에 의해 전달된 전력을 구하라.
PSPICE MULTISIM

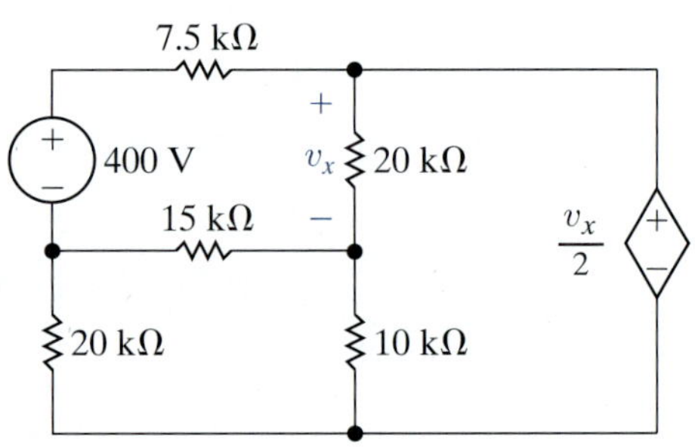

그림 P4.40

4.41 그림 P4.41의 회로에서 망 전류법을 이용하여 종속 전압원에서 생성된 전력을 구하라.
PSPICE MULTISIM

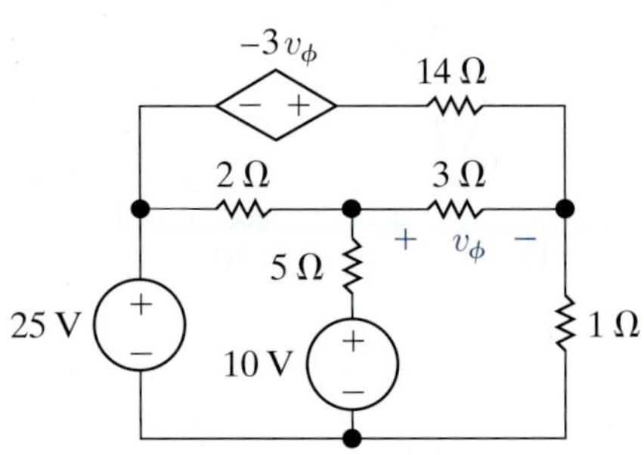

그림 P4.41

4.42 그림 P4.42의 회로에서 망 전류법을 이용하여 10 Ω 저항에서 소모된 전력을 구하라.
PSPICE MULTISIM

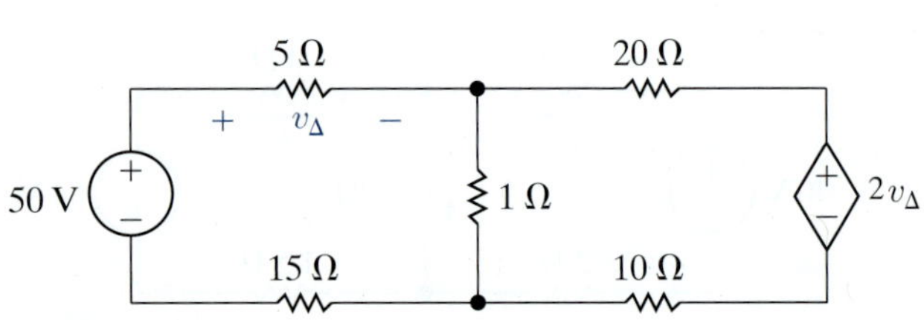

그림 P4.42

4.7절

4.43 망 전류법을 이용하여 연습문제 4.13을 풀어라.

4.44 a) 마디 전압법을 이용하여 5 A 전류원이 그림 P4.44의 회로에 전달한 전력을 구하라.

b) 회로에 전달된 총전력을 구하라.

c) 회로에서 생성된 총전력이 소모된 총전력과 같다는 것을 보임으로써 자신의 계산을 검증하라.

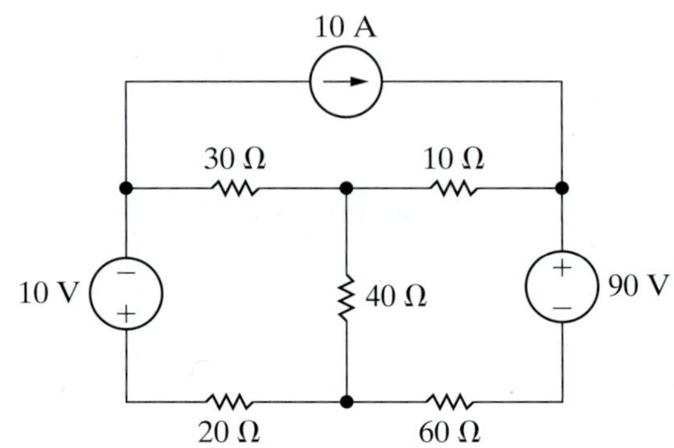

그림 P4.44

4.45 망 전류법을 이용하여 연습문제 4.17을 풀어라.

4.46 그림 P4.46의 회로에서 망 전류법을 이용하여 생성된 총전력을 구하라.
PSPICE MULTISIM

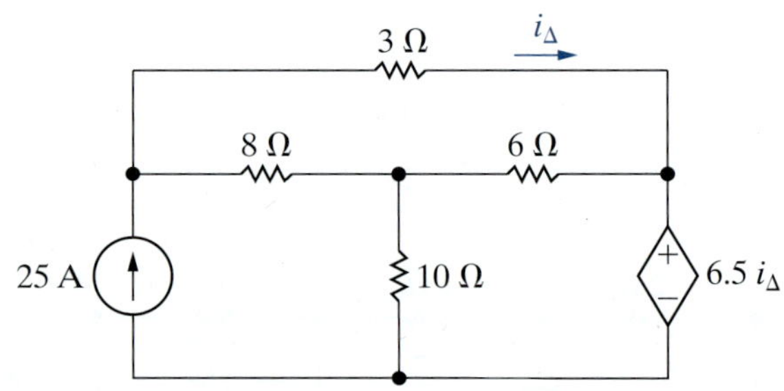

그림 P4.46

4.47 a) 그림 P4.47의 회로에서 망 전류법을 이용하여 i_Δ를 풀어라.
PSPICE MULTISIM

b) 독립 전류원에 의해 전달된 전력을 구하라.

c) 종속 전압원에 의해 전달된 전력을 구하라.

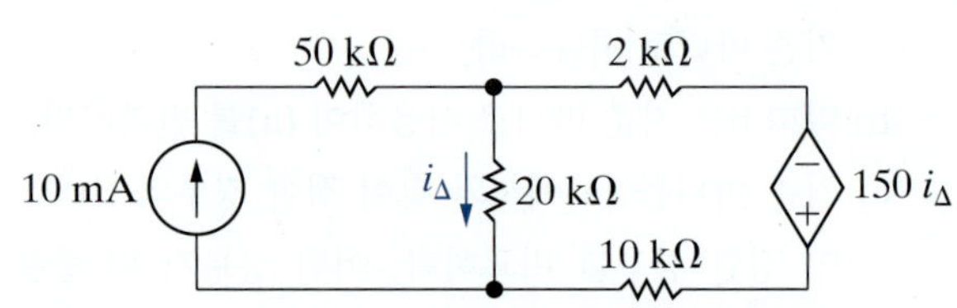

그림 P4.47

4.48 PSPICE MULTISIM a) 망 전류법을 이용하여 그림 P4.48의 회로에서 어떠한 전원이 전력을 생성하는지 결정하라.
b) 회로에서 소모되는 총전력을 구하라.

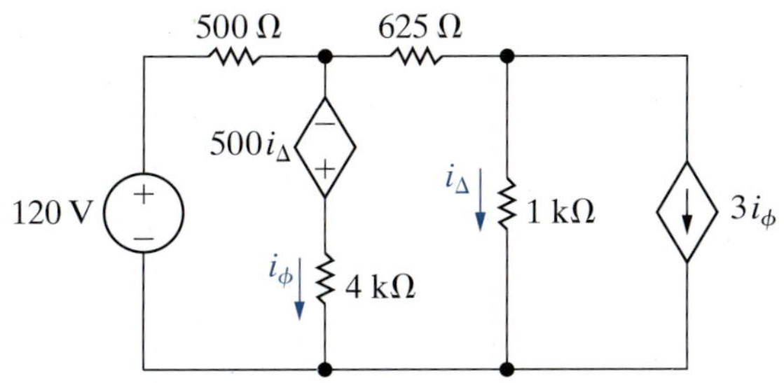

그림 P4.48

4.49 PSPICE MULTISIM 망 전류법을 이용하여 그림 P4.49의 회로에서 소모되는 총전력을 구하라.

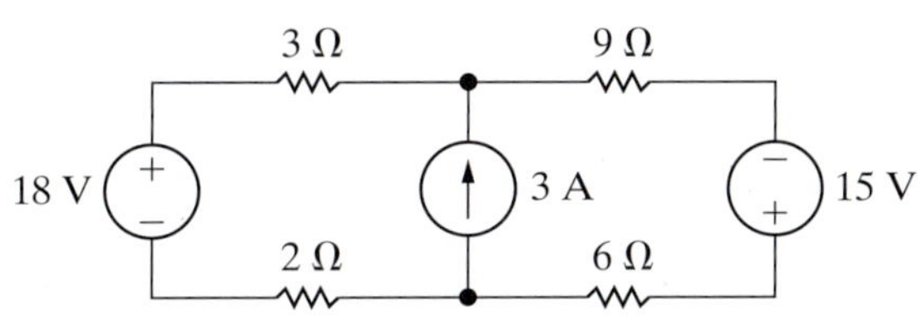

그림 P4.49

4.50 PSPICE MULTISIM a) 그림 P4.50의 회로에서 망 전류법을 이용하여 가지 전류 $i_a \sim i_e$를 구하라.
b) 회로에서 생성된 총전력이 소모된 총전력과 같음을 보임으로써 자신의 답을 검증하라.

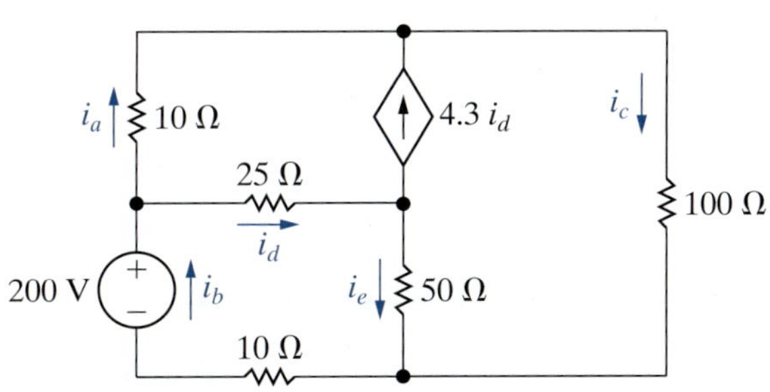

그림 P4.50

4.51 망 전류법을 이용하여 연습문제 4.24를 풀어라.

4.52 a) 그림 P4.49의 회로에서 18 V 전원을 −10 V 전원으로 교체한다고 가정하자. 회로에서 소모된 총전력을 구하라.
b) 3 A 전류원을 단락 회로로 대체하는 경우에 대해 (a)를 반복하라.
c) (a)와 (b)의 답이 같은 이유를 설명하라.
d) 그림 P4.49의 회로에서 전류원에 의해 소모된 전력이 (a), (b)의 결과와 같아지도록 18 V 전원은 그대로 두고 대신 15 V 전원 값을 바꾸길 원한다고 가정하자. (c)의 결과를 활용하여 바뀌어야 하는 새로운 값을 계산하라.

4.53 PSPICE MULTISIM a) 그림 P4.53의 회로에 대해 가지 전류 $i_a \sim i_e$를 구하라.
b) 발생한 총전력이 소모된 총전력과 같다는 것을 보임으로써 자신의 답을 검증하라.

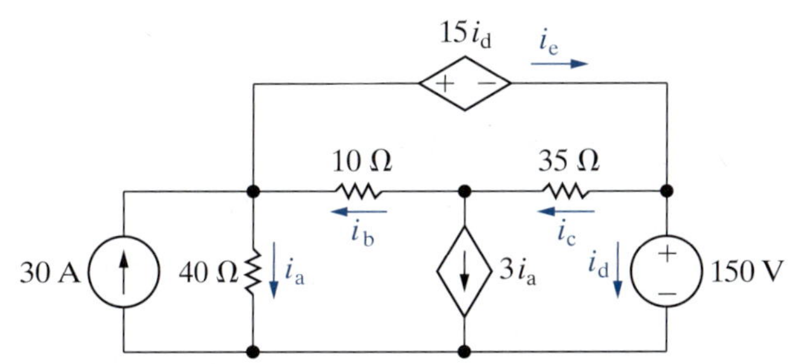

그림 P4.53

4.8절

4.54 PSPICE MULTISIM 그림 P4.54의 회로에서 수평으로 연결된 1 kΩ의 저항에서 소모되는 전력을 구할 것을 요청받았다고 가정하자.
a) 어떠한 회로 해석법을 추천하겠는가? 그 이유를 설명하라.
b) 추천한 해석 방법을 이용하여 수평으로 연결된 1 kΩ의 저항에서 소모되는 전력을 구하라.
c) 문제가 10 mA 전류원에 의해 생성되는 전력을 구하는 문제로 바뀐다면 자신이 추천한 방법을 바꾸겠는가? 이에 대해 설명하라.
d) 10 mA 전류원에 의해 전달된 전력을 구하라.

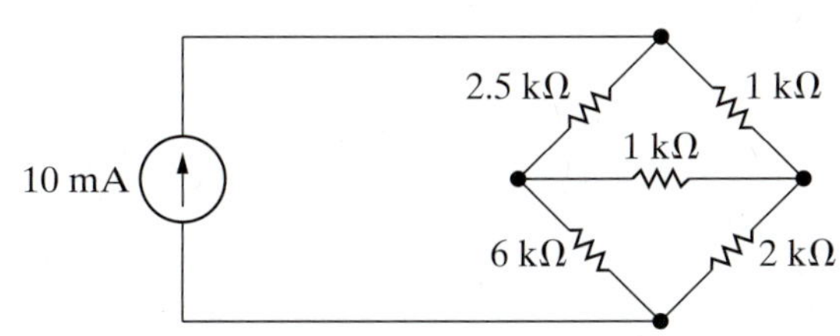

그림 P4.54

4.55 PSPICE MULTISIM 그림 P4.54의 회로에서 4 A 전류원에 20 Ω의 저항이 병렬로 연결되어 있다고 하자. 이때 전류원에 의해 생성된 전력을 계산할 것을 요청받았다고 가정하자.

a) 어떤 회로 해석 방법을 추천하겠는가? 그 이유를 설명하라.

b) 전류원에 의해 생성된 전력을 구하라.

4.56 PSPICE MULTISIM 그림 P4.56의 회로에서 40 mA 전류원에 의해 생성되는 전력이 0이 되도록 가변 dc 전류원을 조정한다. i_{dc}값을 구하고자 한다.

a) i_{dc}를 구하기 위해 마디 전압법과 망 전류법 중 어떠한 방법을 이용하겠는가? 자신의 선택에 대해 설명하라.

b) (a)에서 선택한 방법을 이용하여 i_{dc}를 구하라.

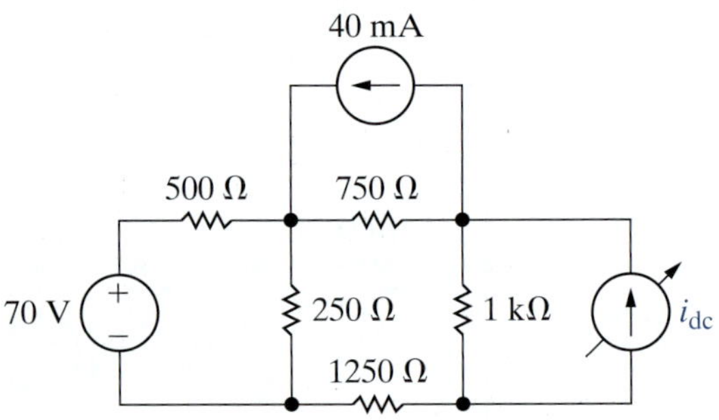

그림 P4.56

4.57 PSPICE MULTISIM a) 그림 P4.57의 회로에서 20 V 전원에 의해 흡수된 전력을 구하기 위해 마디 전압법과 망 전류법 중 어떠한 방법을 이용하겠는가? 자신의 선택에 대해 설명하라.

b) (a)에서 선택한 방법을 이용하여 전력을 구하라.

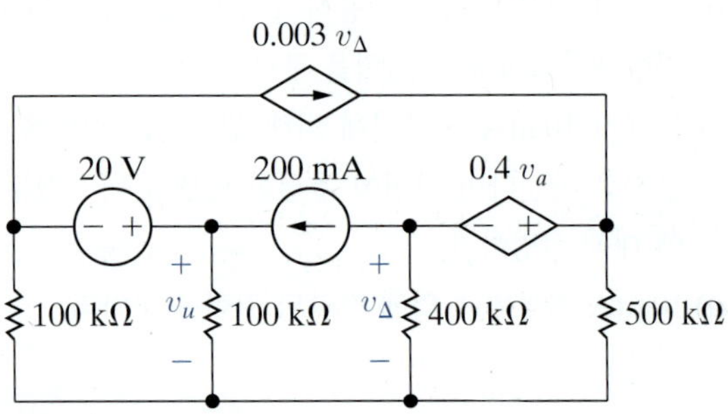

그림 P4.57

4.58 PSPICE MULTISIM 그림 P4.58의 회로에서 i_o가 0이 되도록 가변 dc 전압원을 조정한다.

a) v_{dc}를 구하기 위해 마디 전압법과 망 전류법 중 어떠한 방법을 이용하겠는가? 자신의 선택에 대해 설명하라.

b) (a)에서 선택한 방법을 이용하여 v_{dc}를 구하라.

c) 생성된 전력이 소모된 전력과 같다는 것을 보임으로써 자신의 답을 검증하라.

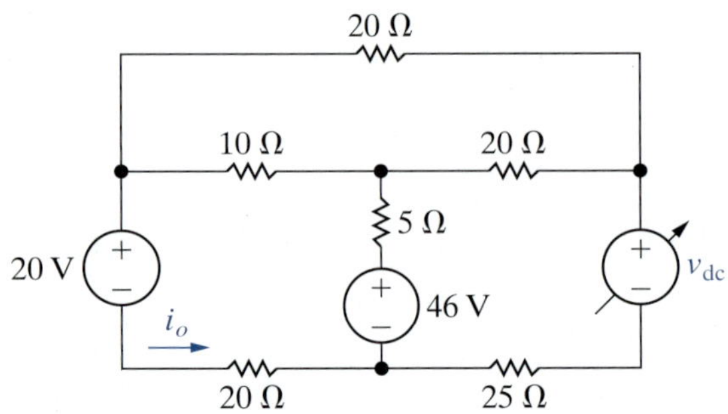

그림 P4.58

4.9절

4.59 PSPICE MULTISIM a) 그림 P4.59의 회로에서 전원 변환을 사용하여 전류 i_o를 구하라.

b) 마디 전압법을 사용하여 i_o를 구하고 자신의 답을 검증하라.

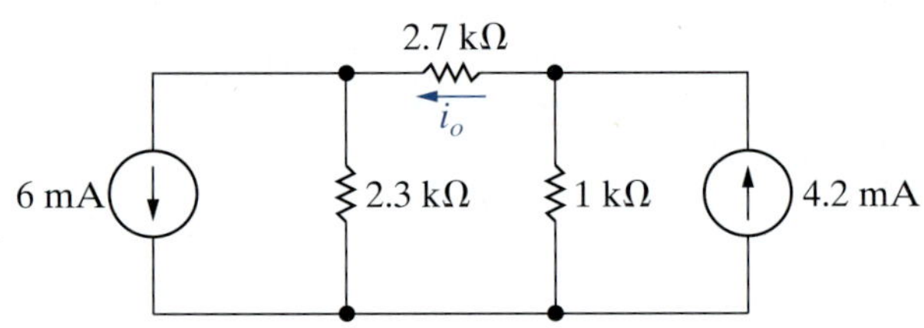

그림 P4.59

4.60 PSPICE MULTISIM a) 그림 P4.60의 회로에서 일련의 전원 변환을 사용하여 i_o를 구하라.

b) 망 전류법을 이용하여 i_o를 구하고 자신의 답을 검증하라.

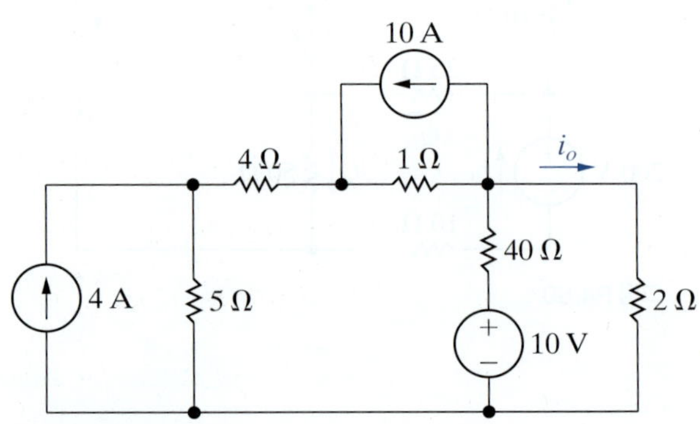

그림 P4.60

4.61 a) 그림 P4.61의 회로에서 적절한 전원 변환을 연속적으로 사용하여 전류 i_o를 구하라.
PSPICE MULTISIM

b) (a)에서 얻은 결과를 사용하여 회로를 거슬러 가면서 50 V 전원에 의해 생성된 전력을 구하라.

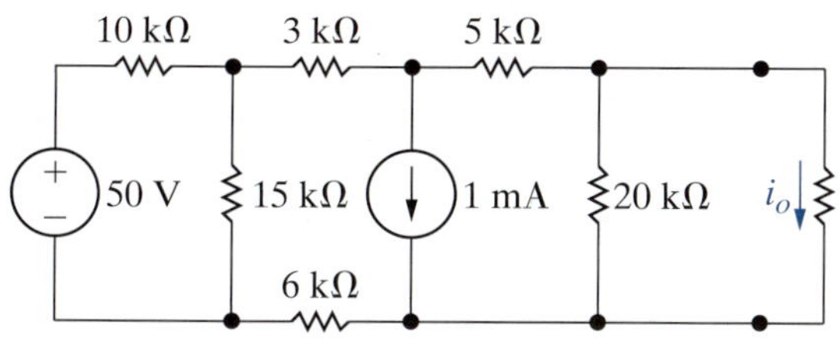

그림 P4.61

4.62 a) 그림 P4.62의 회로에서 일련의 전원 변환을 사용하여 전압 v_0를 구하라.

b) 망 전류법을 이용하여 자신의 답을 검증하라.

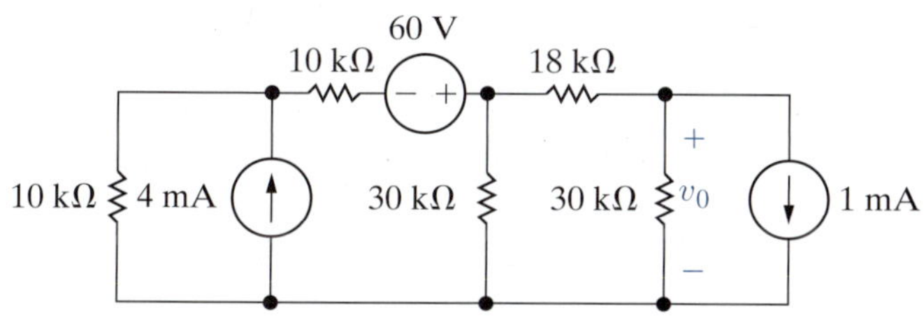

그림 P4.62

4.63 a) 그림 P4.63의 회로에서 전원 변환을 사용하여 v_o를 구하라.
PSPICE MULTISIM

b) 340 V 전원에 의해 생성되는 전력을 구하라.

c) 5 A 전류원에 의해 생성되는 전력을 구하라.

d) 생성되는 총전력이 소모되는 총전력과 같음을 보여라.

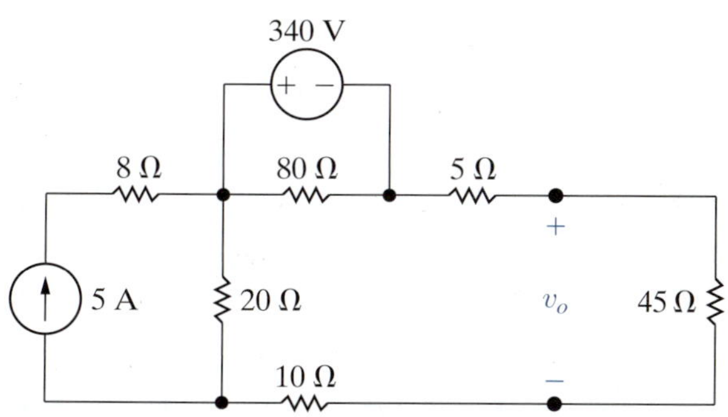

그림 P4.63

4.10절

4.64 그림 P4.64의 회로에 대해 단자 a, b에 관한 노턴 등가를 구하라.
PSPICE MULTISIM

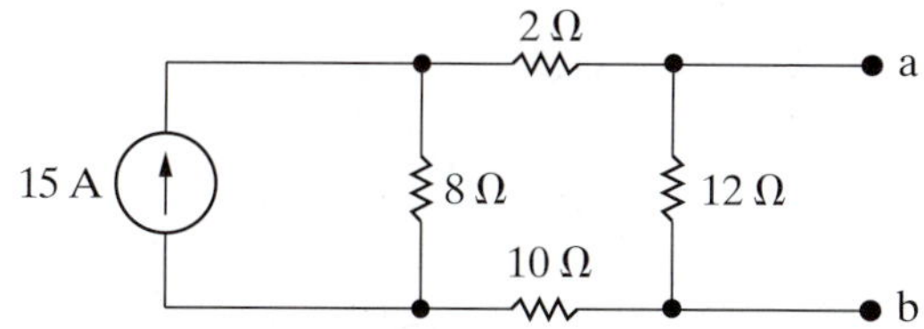

그림 P4.64

4.65 그림 P4.65의 회로에 대해 단자 a, b에 관한 노턴 등가를 구하라.
PSPICE MULTISIM

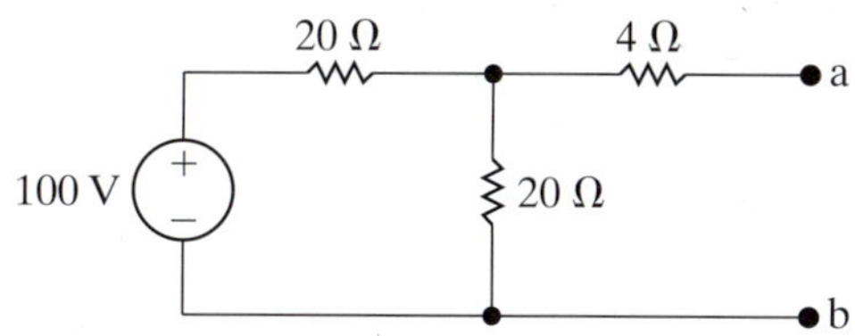

그림 P4.65

4.66 그림 P4.66의 회로에 대해 단자 a, b에 관한 노턴 등가를 구하라.

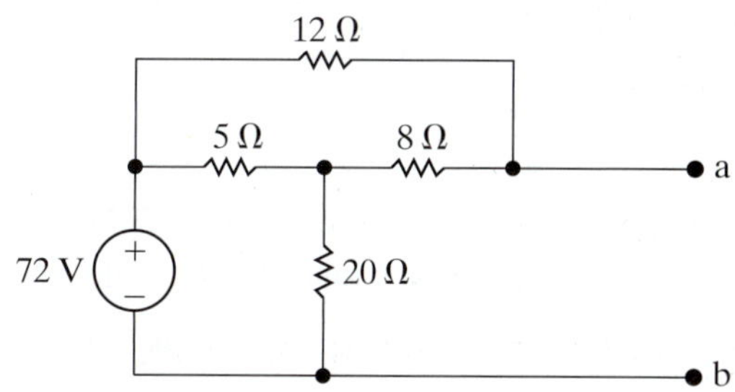

그림 P4.66

4.67 그림 P4.67의 회로에 대해 단자 a, b에 관한 노턴 등가를 구하라.
PSPICE MULTISIM

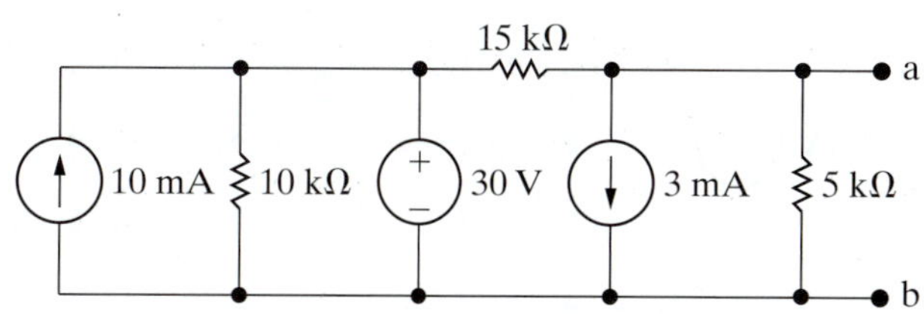

그림 P4.67

4.68 그림 P4.68의 회로에 대해 단자 a, b에 관한 노턴 등가를 구하라.
PSPICE MULTISIM

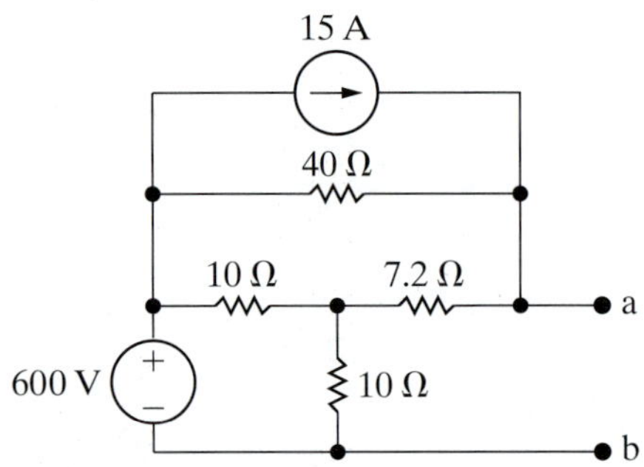

그림 P4.68

4.69 테브냉 등가는 관심 있는 단자 쌍에서 얻은 측정값을 통해 결정될 수 있다. 그림 P4.69 회로의 단자 a, b에서 다음과 같은 측정값을 얻었다고 가정하자.

15 kΩ 저항이 단자 a, b에 연결된 경우 전압 v_{ab}의 측정값은 45 V이다.

5 kΩ 저항이 단자 a, b에 연결된 경우 전압 측정값은 25 V이다.

단자 a, b에 관한 회로망의 테브냉 등가를 구하라.

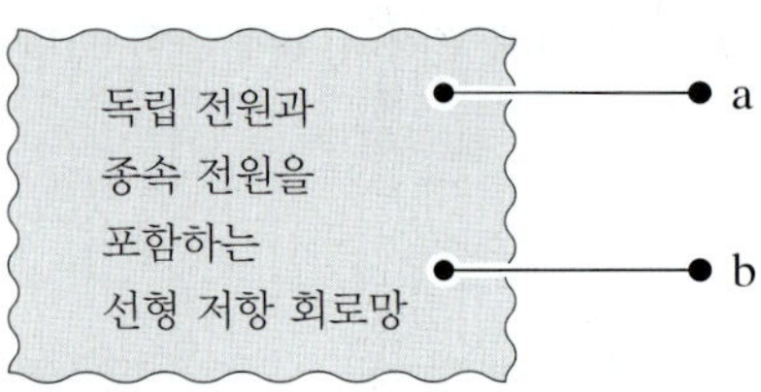

그림 P4.69

4.70 그림 P4.70의 휘스톤 브릿지 회로는 R_3이 3000 Ω일 때 균형을 이룬다. 만약 검류계가 50 Ω의 저항을 갖는다면 R_3이 3003 Ω으로 되어 브릿지가 불균형해질 때 검류계는 얼마의 전류를 검출하겠는가? (힌트: $R_3 = 3003\ \Omega$일 때 검류계 단자에 관한 테브냉 등가를 구하라. 일단 테브냉 등가를 찾으면 다른 검류계 움직임에 대해 검류계 가지의 불균형 전류의 양을 구하는 것은 쉬워진다.)
PSPICE MULTISIM

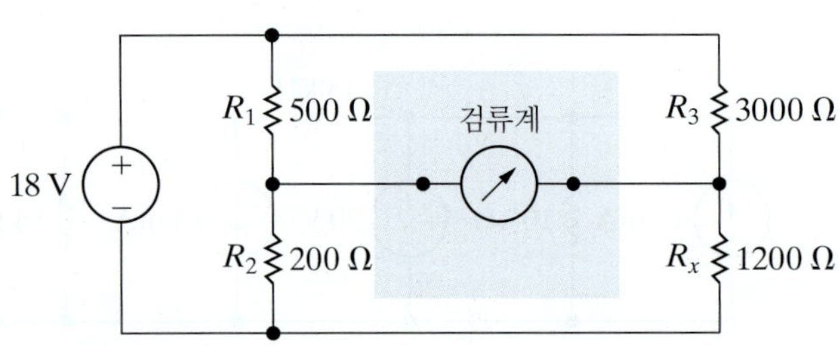

그림 P4.70

4.71 자동차 배터리가 차량 라디오 장치에 연결되었을 경우 배터리는 라디오에 12.5 V를 공급한다. 전조등에 연결되었을 경우 배터리는 전조등에 11.7 V를 공급한다. 라디오는 6.25 Ω 저항으로 모델링될 수 있고, 전조등은 0.65 Ω 저항으로 모델링될 수 있다고 가정하자. 배터리에 대한 테브냉 및 노턴 등가는 무엇인가?

4.72 그림 P4.72의 회로에서 R_o가 부록 H에 나와 있는 10 Ω $\le R_o <$ 100 Ω인 저항이라고 할 때 i_o와 v_o를 구하라.
PSPICE MULTISIM

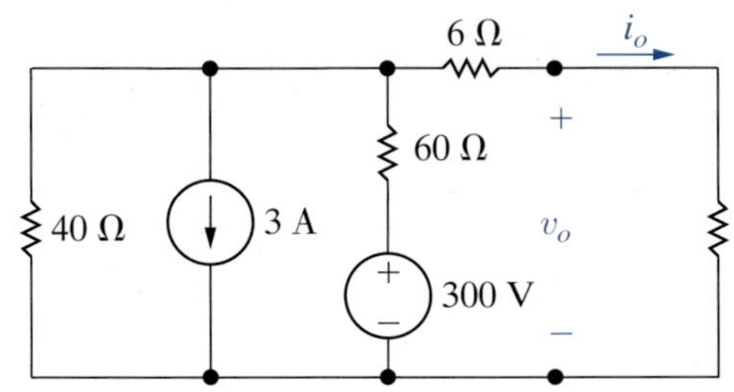

그림 P4.72

4.73 그림 P4.73의 회로에서 v_{ab}를 측정하기 위해 85.5 kΩ의 저항을 갖는 전압계를 사용한다.
PSPICE MULTISIM

a) 전압계 측정값은 얼마인가?

b) 백분율 오차를 [(측정값 − 실제 값)/(실제 값)] × 100이라고 정의한다면 전압계 측정값의 백분율 오차는 얼마인가?

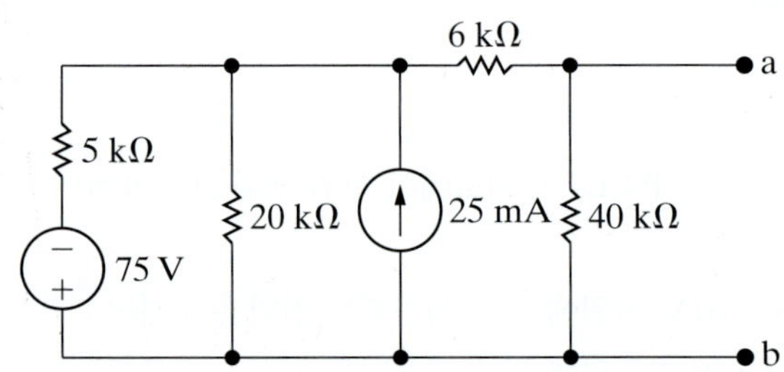

그림 P4.73

4.74 그림 P4.74의 회로에 대해 단자 a, b에 관한 테브냉 등가를 구하라.
PSPICE MULTISIM

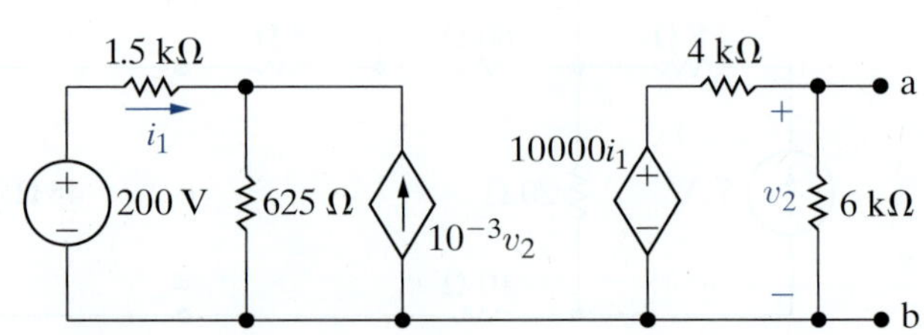

그림 P4.74

4.75 그림 P4.75의 회로에 대해 단자 a, b에 관한 노턴 등가를 구하라.
PSPICE MULTISIM

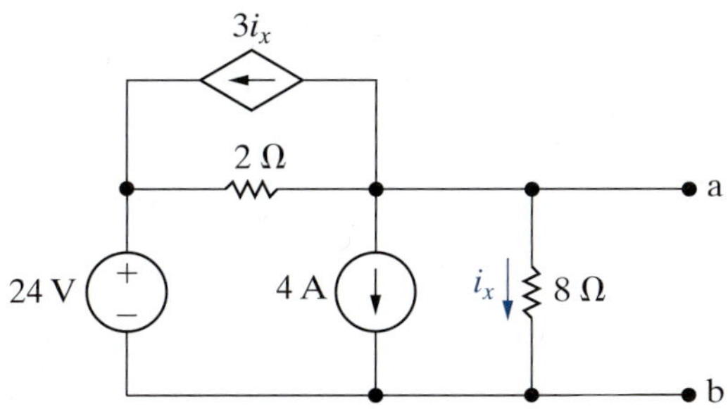

그림 P4.75

4.76 그림 P4.76의 회로에서 전류계를 사용하여 측정한 전류 i_ϕ는 6 A이다.
PSPICE MULTISIM

a) 전류계의 저항은 얼마인가?

b) 전류 측정값의 백분율 오차는 얼마인가?

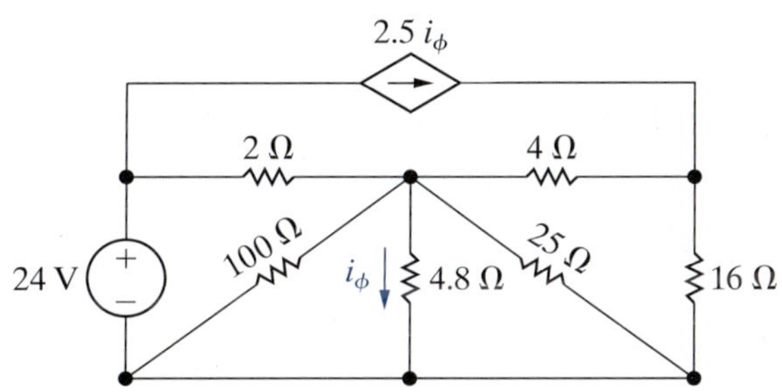

그림 P4.76

4.11절

4.77 a) 그림 P4.77의 회로에 대해 개방 회로 전압과 단락 회로 전류를 구하여 단자 a, b에 관한 테브냉 등가를 구하라.
PSPICE MULTISIM

b) 독립 전원을 제거하여 테브냉 등가를 구하라. 결과를 (a)에서 구한 테브냉 저항과 비교하라.

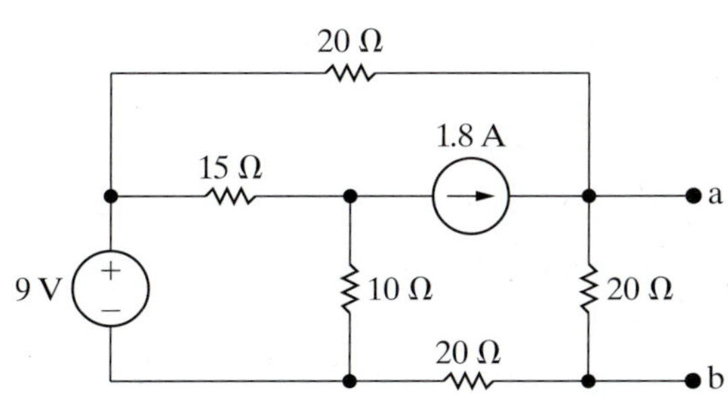

그림 P4.77

4.78 a) 그림 P4.64의 회로에서 개방 회로 전압이나 단락 회로 전류를 구하지 않고 단자 a, b에 관한 테브냉 등가를 구하라.

b) 그림 P4.65의 회로에서 개방 회로 전압이나 단락 회로 전류를 구하지 않고 단자 a, b에 관한 노턴 등가를 구하라.

4.79 그림 P4.79의 회로에서 단자 a, b에 관한 테브냉 등가를 구하라.

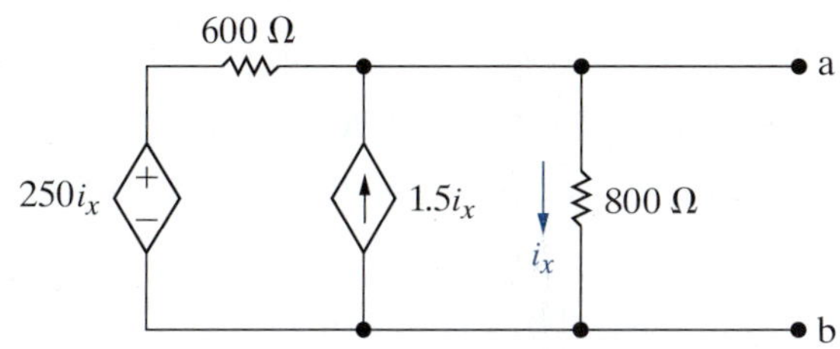

그림 P4.79

4.80 그림 P4.80의 회로에서 단자 a, b에 관한 테브냉 등가를 구하라.

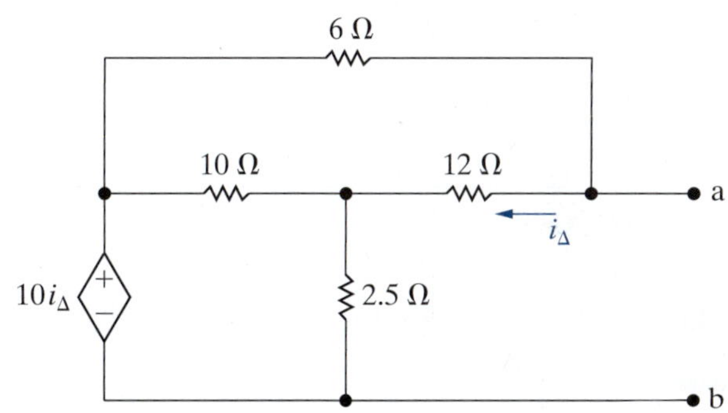

그림 P4.80

4.81 그림 P4.81의 회로에서 단자 a, b에 관한 테브냉 등가를 구하라.

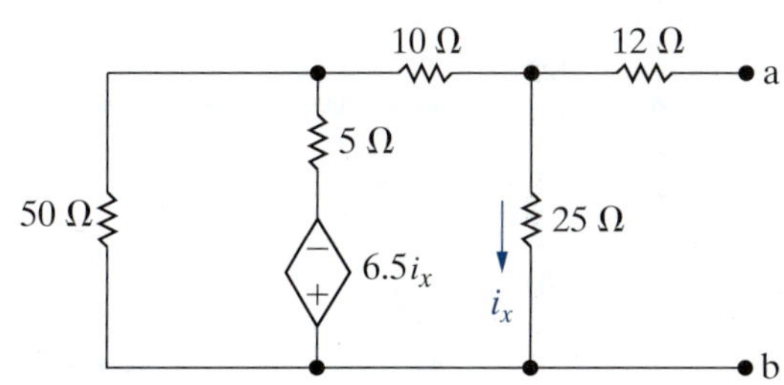

그림 P4.81

4.12절

4.82 a) 연습문제 4.72에서 사용된 각각의 R_o값에 대해 R_o에 전달되는 전력을 계산하라.

b) R_o값에 대해 R_o에 전달되는 전력의 그래프를 그려라.

c) 어떤 R_o값에서 R_o에 전달되는 전력이 최대가 되는가?

4.83 PSPICE MULTISIM 그림 P4.75의 회로에서 가변 저항 R_o가 단자 a, b 사이에 연결되어 있다고 하자. 가변 저항을 R_o에 최대 전력이 전달되도록 조정한다.

a) R_o값을 구하라.

b) R_o에 전달되는 최대 전력을 구하라.

c) 회로에서 총전력의 몇 %가 R_o에 전달되는지 구하라.

d) 부록 H에서 (a)에서 구한 R_o값과 가장 가까운 저항을 찾으라.

e) 회로에서 총전력의 몇 %가 (d)에서 구한 저항에 전달되는지 구하라.

4.84 a) 그림 P4.84의 회로에서 5 Ω 저항에서 소모되는 전력이 최대가 되도록 하는 가변 저항 R_o의 값을 구하라.

b) 5 Ω 저항에 전달되는 최대 전력은 얼마인가?

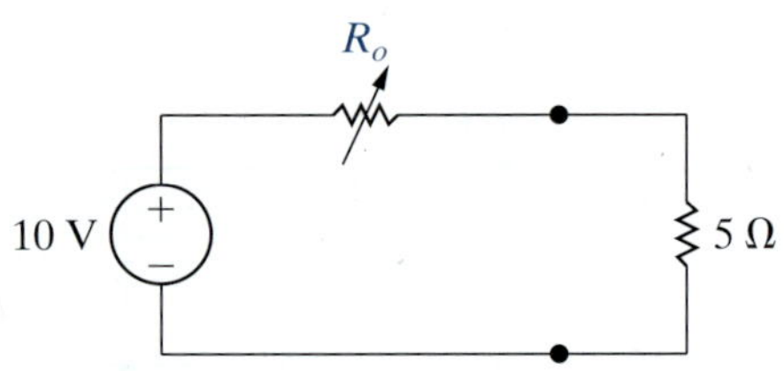

그림 P4.84

4.85 PSPICE MULTISIM 그림 P4.85의 회로에서 R_o에 최대 전력이 전달되도록 가변 저항을 조정한다.

a) R_o값을 구하라.

b) R_o에 전달될 수 있는 최대 전력을 구하라.

c) (a)에서 구한 값과 가장 유사한 저항을 부록 H에서 찾으라. 이 저항에는 얼마의 전력이 전달되겠는가?

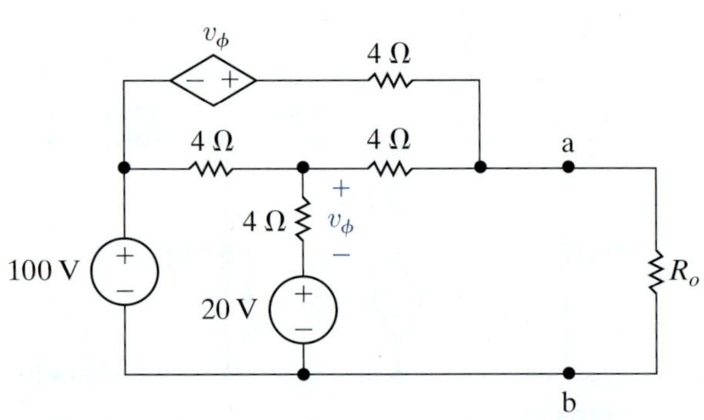

그림 P4.85

4.86 PSPICE MULTISIM 그림 P4.85의 회로에서 R_o가 최대 전력이 전달되도록 설정되었을 경우 생성된 총전력의 몇 %가 R_o로 전달되는가?

4.87 PSPICE MULTISIM 그림 P4.87의 회로에서 가변 저항(R_o)이 회로로부터 최대 전력을 흡수하도록 값을 조정한다.

a) R_o값을 구하라.

b) 최대 전력을 구하라.

c) 회로에서 총전력의 몇 %가 R_o에 전달되는지 구하라.

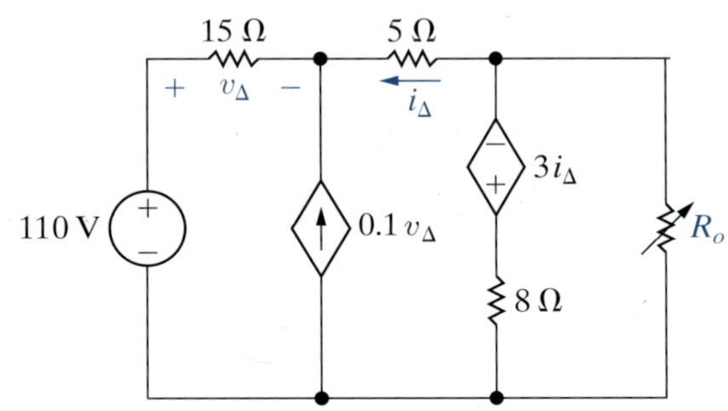

그림 P4.87

4.88 PSPICE MULTISIM 그림 P4.88의 회로에서 가변 저항(R_o)이 소모하는 전력이 1.5 W가 되도록 그 값을 조정한다. 조건을 만족히는 R_o값을 구하라.

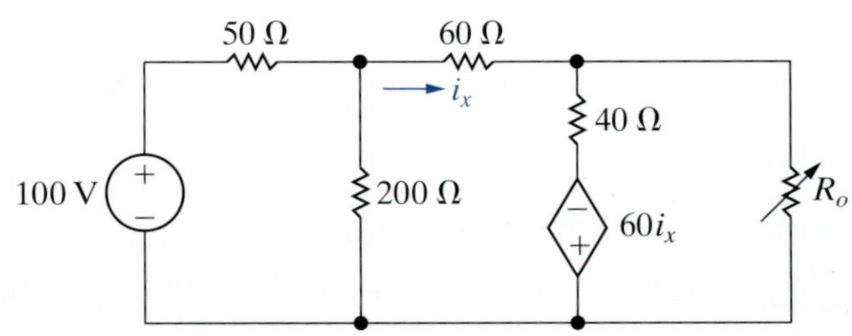

그림 P4.88

4.89 PSPICE MULTISIM 그림 P4.89의 회로에서 가변 저항(R_o)에 최대 전력이 전달되도록 그 값을 조정한다.

a) R_o값을 구하라.

b) R_o에 전달되는 최대 전력을 구하라.

c) 회로에서 (a)에서 구한 R_o에 전달되는 전력은 총전력의 몇 %인가?

d) 만약 R_o를 부록 H에서 선택한다면 어떤 값을 선택할 때 R_o에 전달되는 전력이 최대가 되는가?

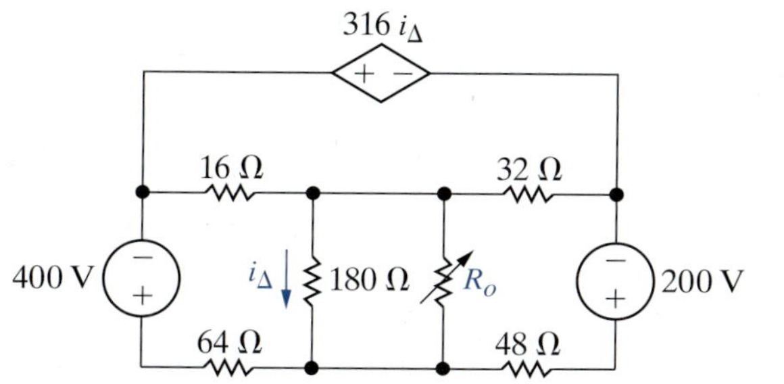

그림 P4.89

4.90 그림 P4.90의 회로에서 R_o에 최대 전력이 전달되도록 가변 저항을 조정한다.
PSPICE MULTISIM

a) R_o의 수치 값을 구하라.

b) R_o에 전달되는 최대 전력을 구하라.

c) R_o가 (a)에서 구한 값으로 조정될 때 280 V 전원이 전달하는 전력은 얼마인가?

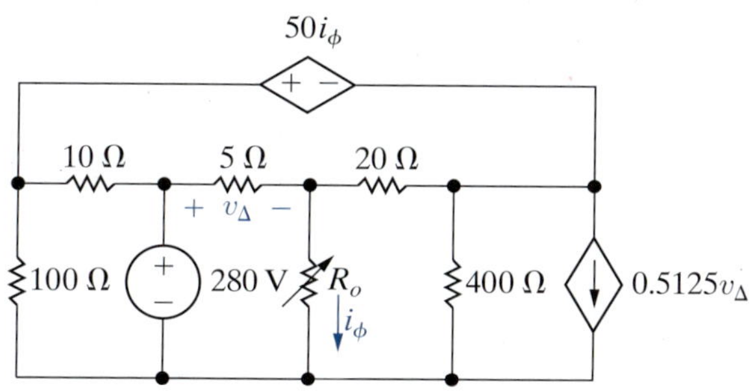

그림 P4.89

4.91 그림 P4.91의 회로에서 가변 저항(R_L)에 최대 전력이 전달되도록 그 값을 조정한다.
PSPICE MULTISIM

a) R_L의 수치 값을 구하라.

b) R_L에 전달되는 최대 전력을 구하라.

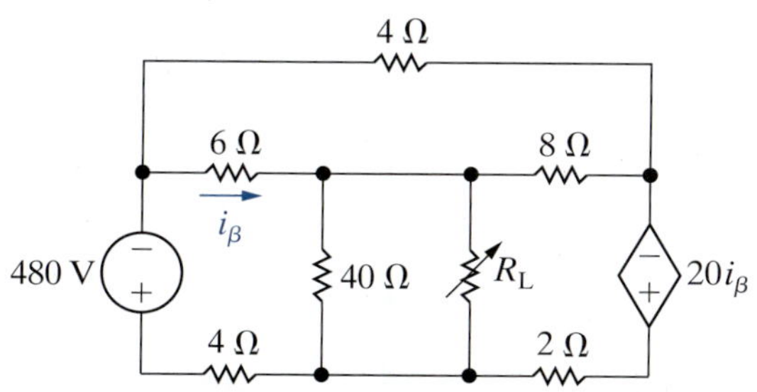

그림 P4.91

4.13절

4.92 a) 중첩의 원리를 이용하여 연습문제 4.7을 풀어라.
PSPICE MULTISIM
b) 중첩의 원리를 이용하여 연습문제 4.8을 풀어라.

4.93 그림 P4.93의 회로에서 중첩의 원리를 이용하여 10 Ω 저항에 흐르는 전류를 구하라.
PSPICE MULTISIM

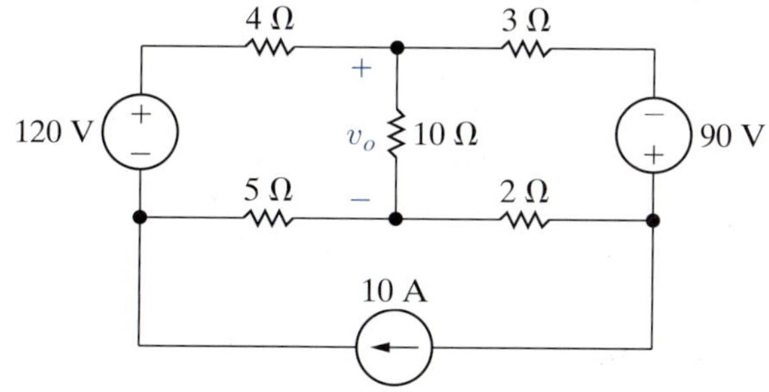

그림 P4.93

4.94 그림 P4.94의 회로에서 중첩의 원리를 이용하여 50 Ω 저항에 흐르는 전류를 구하라.
PSPICE MULTISIM

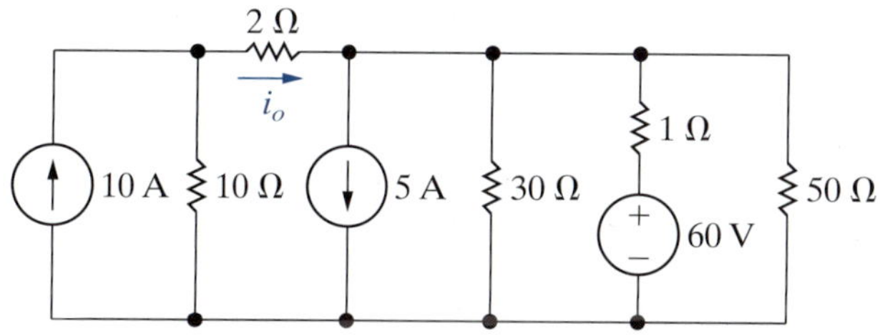

그림 P4.94

4.95 그림 P4.95의 회로에서 중첩의 원리를 이용하여 30 Ω 저항에 걸리는 전압을 구하라.

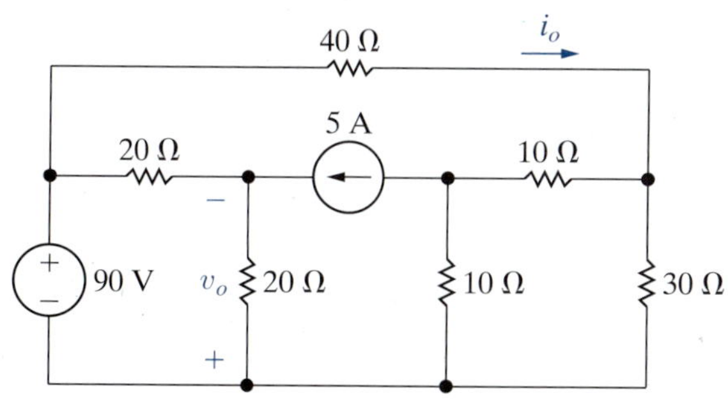

그림 P4.95

4.96 a) 그림 P4.96의 회로에서 5 mA 전류원이 단자 a, b에 연결되기 전에 계산된 i_o는 3.5 mA이다. 중첩을 이용하여 전류원이 연결된 후 i_o값을 구하라.
PSPICE MULTISIM

b) 세 개의 전원 모두가 동시에 연결되었을 경우에 대해 i_o를 구하여 자신의 답을 검증하라.

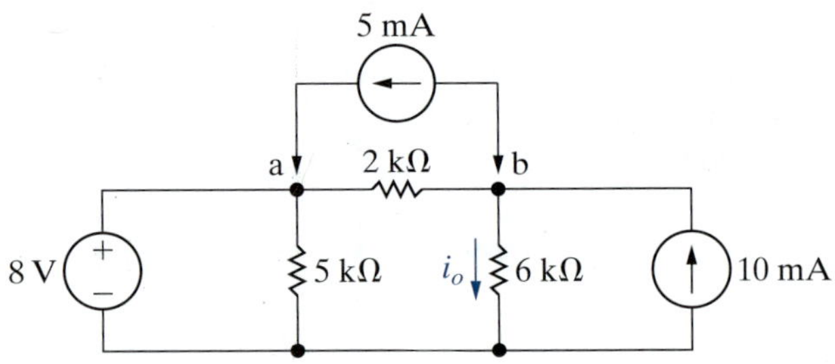

그림 P4.96

4.97 PSPICE MULTISIM a) 중첩의 원리를 이용하여 연습문제 4.21(a)를 풀어라.

b) 중첩의 원리를 이용하여 연습문제 4.27을 풀어라.

4.98 PSPICE MULTISIM 그림 P4.98의 회로에서 중첩의 원리를 이용하여 10 kΩ 저항에 걸리는 전압을 구하라.

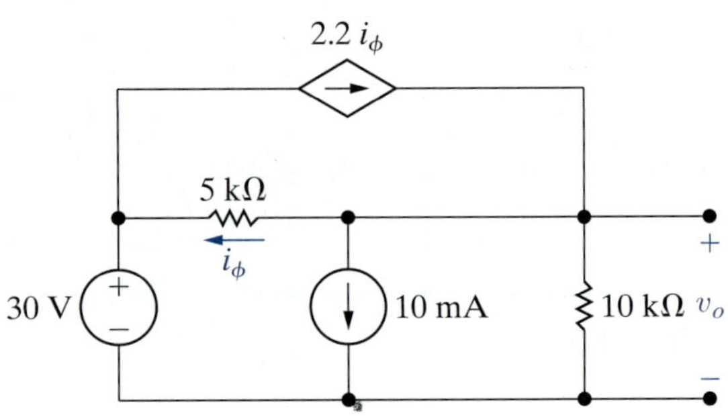

그림 P4.98

4.1~4.13절

4.99 PSPICE MULTISIM dc 전압원을 실험실에서 측정했을 때 부하가 전원에 연결되지 않은 경우에는 120 V, 40 Ω의 부하 저항이 연결된 경우에는 40 V로 측정되었다.

a) dc 전압원의 단자에 관한 테브냉 등가는 무엇인가?

b) 전원에 대한 테브냉 등가는 다음과 같음을 보여라.

$$R_{\text{Th}} = \left(\frac{v_{\text{Th}}}{v_o} - 1\right)R_{\text{L}},$$

여기서

v_{Th} = 테브냉 전압

v_o = 부하 저항 R_{L}에 대응하는 단자 전압

4.100 그림 P4.100에서 보는 바와 같이 두 개의 이상적인 dc 전압원이 r Ω/m의 저항을 갖는 전기 전도체로 연결되어 있다. R Ω의 값을 갖는 부하 저항은 두 개의 전압원 사이를 이동한다. x를 부하와 전원 v_1 사이의 거리, L을 두 전원 사이의 거리라 하자.

a) 다음을 보여라.

$$v = \frac{v_1RL + R(v_2 - v_1)x}{RL + 2rLx - 2rx^2}.$$

b) 전압 v는 x가 다음 식을 만족할 때 최소가 됨을 보여라.

$$x = \frac{L}{v_2 - v_1}\left[-v_1 \pm \sqrt{v_1v_2 - \frac{R}{2rL}(v_1 - v_2)^2}\right].$$

c) L = 20 km, v_1 = 1800 V, v_2 = 2000 V, R = 7.1 Ω, $r = 4 \times 10^{-5}$ Ω/m일 때 x를 구하라.

d) (c)에서 구한 회로에 대해 v의 최솟값은 얼마인가?

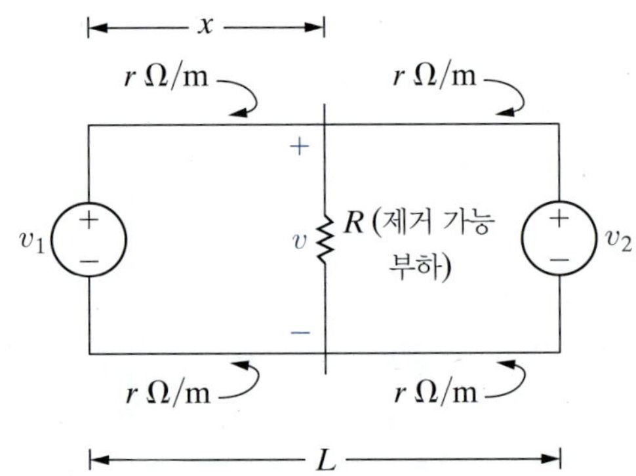

그림 P4.100

4.101 PSPICE MULTISIM 그림 P4.101의 회로에서 i를 구하라.

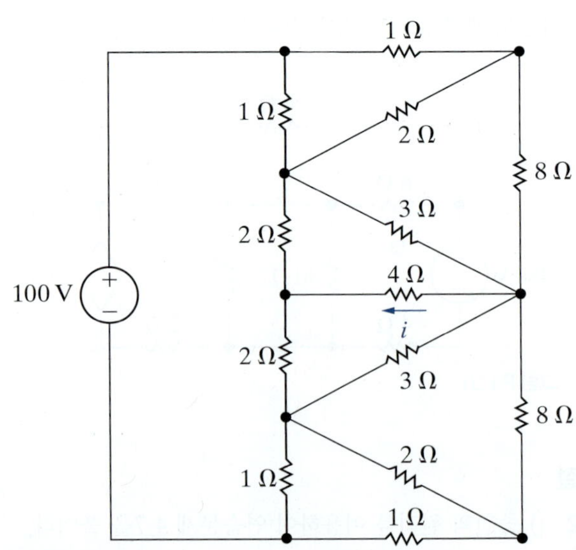

그림 P4.101

4.102 PRACTICAL PERSPECTIVE 그림 P4.102의 회로에서 v_1, v_2, v_3를 구하라.

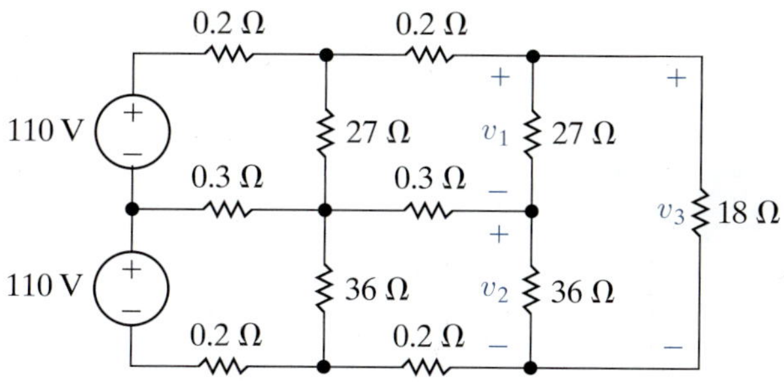

그림 P4.102

4.103 관리자가 그림 P4.103의 회로에서 16 V 전원에 의해 생성된 전력을 결정할 것을 요청했다고 가정하자. 16 V 전원에서 생성된 전력을 계산하기 전에 관리자는 문제 해결 방법을 설명하는 제안서를 제출하라고 요청했다. 또한 제안한 해결 방법을 선택한 이유를 설명하라고 했다.

a) 문제 해결 방법을 설명하고, 그 이유를 설명하라.

b) (a)에서 설명한 방법을 이용하여 16 V 전원이 생성한 전력을 구하라.

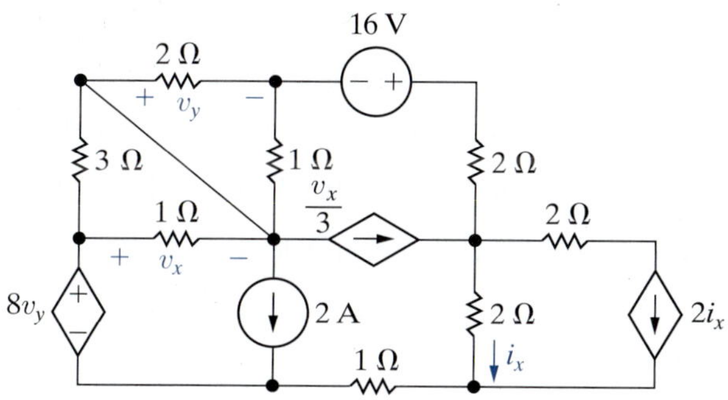

그림 P4.103

4.104 PRACTICAL PERSPECTIVE 그림 4.74의 회로에 대해 전원 전류 I_{g1}과 I_{g2}의 변화에 대한 v_1과 v_2의 민감도 식을 유도하라.

4.105 PRACTICAL PERSPECTIVE PSPICE MULTISIM 그림 4.74의 회로에서 소자의 공칭값이 다음과 같다고 가정하자.

$R_1 = 25\ \Omega$, $R_2 = 5\ \Omega$, $R_3 = 50\ \Omega$, $R_4 = 75\ \Omega$, $I_{g1} = 12$ A, $I_{g2} = 16$ A

만약 I_{g1}만 13 A로 증가하고 다른 소자 값에는 변화가 없는 경우 v_1과 v_2 값을 예측하라. PSpice 혹은 MATLAB과 같은 프로그램을 활용하여 자신의 예측을 검증하라.

4.106 PRACTICAL PERSPECTIVE I_{g2}만 15 A로 감소하고 다른 소자 값에는 변화가 없는 경우에 대해 연습문제 4.105를 반복하라. PSpice 혹은 MATLAB과 같은 프로그램을 활용하여 자신의 예측을 검증하라.

4.107 PRACTICAL PERSPECTIVE I_{g1}이 13 A로 증가하고 I_{g2}가 15 A로 감소하는 경우에 대해 연습문제 4.105를 반복하라. PSpice 혹은 MATLAB과 같은 프로그램을 활용하여 자신의 예측을 검증하라.

4.108 PRACTICAL PERSPECTIVE 표 4.2의 결과를 활용하여 R_1과 R_3 값이 공칭값보다 10% 감소하고 R_2와 R_4 값이 공칭값보다 10% 증가하는 경우에 대해 v_1과 v_2 값을 예측 하라. 이때 I_{g1}과 I_{g2}는 공칭값을 유지한다. v_1과 v_2의 예측값을 실제 값과 비교하라.

CHAPTER

5 연산 증폭기

학습내용

학습목표

1 다섯 개의 연산 증폭기 단자를 명명하고, 전압과 전류의 제약과 이상적인 연산 증폭기에 대한 단순화된 결과를 서술하고, 사용할 수 있다.

2 이상적인 연산 증폭기를 포함하는 간단한 회로를 해석하고, 반전 증폭기, 가산 증폭기, 비반전 증폭기, 차동 증폭기 회로를 인식할 수 있다.

3 연산 증폭기에 대한 좀 더 실제적인 모델을 이해하고, 이 모델을 연산 증폭기를 포함하는 간단한 회로를 해석하는 데 이용할 수 있다.

이 장에서는 전원과 저항, 그리고 새로운 요소인 연산 증폭기(op amp)를 포함하는 회로를 분석한다. 전원 또는 저항과 달리 연산 증폭기는 이상적인 기본 회로 요소가 아니며, 트랜지스터와 다이오드 등과 같은 많은 전자 부품으로 이루어진 복잡한 집적 회로이다. 하지만 기초 회로에서는 연산 증폭기의 단자 동작에만 초점을 맞추는 블랙박스 접근법을 통해 연산 증폭기를 이용할 수 있다(증폭기의 내부 구조 또는 이 구조에 존재하는 전류 또는 전압에 대해서는 신경 쓰지 않는다).

연산 증폭기 회로는 맨 처음에는 아날로그 컴퓨터의 기초 구성 요소로 사용되었다. 연산이라는 용어는 적분, 미분, 가산, 부호 변환, 비례 등과 같은 수학적 연산을 의미한다. 비록 그 응용 범위는 수학적 연산을 넘어서 훨씬 넓어졌지만, 회로의 고유 이름은 지속되어 남아 있다.

이 장에서는 새로운 회로 해석 기법을 도입하지는 않는다. 대신 우리가 이미 소개한 툴을 적용하여 비례와 가감산을 수행할 수 있는 흥미롭고 유용한 연산 증폭기 회로를 분석하고 설계할 것이다. 6장에서 인덕터와 커패시터를 소개한 후에는 전기적 신호를 미분과 적분할 수 있는 연산 증폭기를 보여 줄 것이다.

이 장 앞부분에서는 연산 증폭기 단자 동작의 이상적인 모델을 이용하고, 뒷부분에서는 종속 전원을 사용하는 좀 더 실제적인 연산 증폭기 모델을 다룰 것이다. 이를 통해 이와 같은 전원이 포함된 회로를 분석하는 추가적인 기회를 제공한다.

■ 실제 응용

센서

센서는 물리적인 자극이나 특성을 감지하며, 이를 전기적인 신호 또는 특성으로 변환한다. 무수히 많은 센서가 과학 기술의 대부분의 분야에서 사용되고 있다. 센서는 신호 처리, 제어 회로, 자동화, 무선통신, 건강, 생체과학, 제조, 운송, 군사 등 많은 영역에서 중요한 요소이다.

현재 우리가 사용하는 스마트폰은 가속도계, 자이로스코프, 자력계뿐만 아니라 압력, 습도, 온도, 자외선, 빛, 근접도 등을 감지할 수 있는 센서와 더불어 마이크, 카메라, 터치스크린, GPS 기기, 지문스캐너까지 포함한다.

현대의 자동차는 연료량, 바퀴 속도, 산소 레벨을 측정하는 센서 및 주차 보조를 위한 센서, 안전벨트 장력을 감지하는 센서 등 수백 개의 센서를 포함한다. 가전제품부터 컴퓨터, 장난감부터 로봇, 그리고 전자 기기부터 산업용 기계까지 전 세계에서 현재 거의 수조 개를 사용하고 있을 것으로 추측할 수 있다. '데이터에 허기진' 현 우리의 세계에서는 네트워크 구조에서 서로를 연결하고 통신할 수 있는 기기가 요구된다. 사물인터넷(IoT)은 점점 대중적이 되고, 심지어 더 많은 수의 센서를 활용할 수 있는 초석이 될 것이다.

대부분의 센서는 일반적으로 아날로그 신호를 생성한다. 하지만 데이터를 쉽게 수집 및 가공하고, 전송 및 저장하기 위해서는 반드시 디지털 형태여야 한다. 따라서 아날로그 센서 신호를 디지털 숫자로 변환하기 위한 아날로그-디지털-변환기(ADC)가 사용된다. 많은 마이크로프로세서 칩은 사용 가능한 ADC 입력을 내장하고 있다. 여기서 한 가지 문제는, 일반적으로 센서의 출력 전압 범위와 ADC의 입력 범위가 맞지 않는다는 것이다. 따라서 센서의 출력과 ADC의 입력을 서로 연결해 주는 회로가 필요한데, 연산 증폭기가 보통 이와 같은 목적으로 사용된다.

scyther5/123rf

luchschen/123rf

Stephen VanHorn/123rf

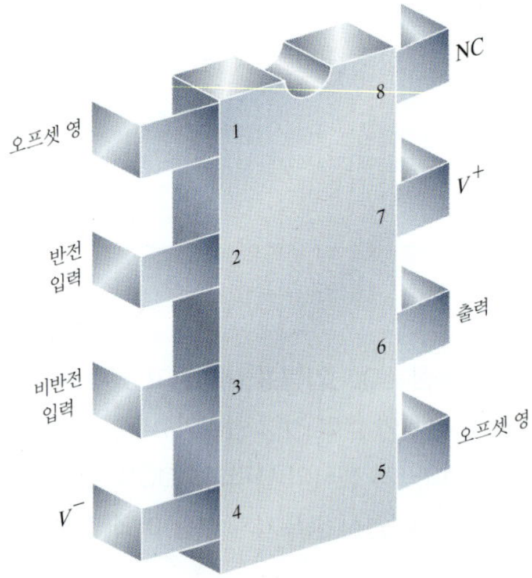

그림 5.1▲ 8선 DIP 패키지(위에서 본 모습).

Boris Sosnovyy/Shutterstock

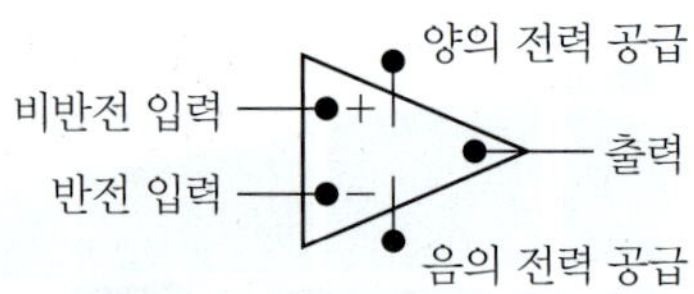

그림 5.2▲ 연산 증폭기의 회로 기호.

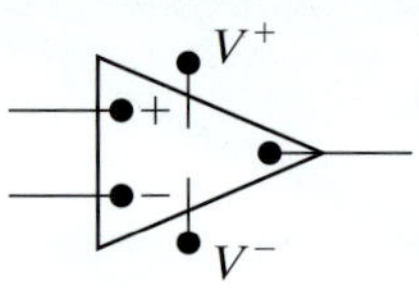

그림 5.3▲ 연산 증폭기의 단순화된 회로 기호.

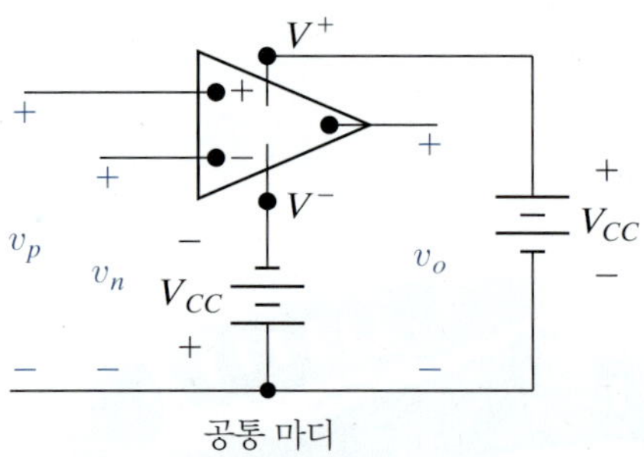

그림 5.4▲ 단자 전압 변수.

5.1 연산 증폭기 단자

먼저 상업적으로 사용 가능한 연산 증폭기(op amp)인 μA 741의 단자 동작을 논의함으로써 이 장을 시작한다. 1968년에 페어차일드 반도체(Fairchild Semiconductor)는 현재 널리 사용되고 있는 이 기기를 소개했다. 이 연산 증폭기는 여러 가지 다른 패키지에서 이용 가능하다. 여기서는 논의를 위해 8선 DIP[1]를 가정한다. 그림 5.1은 위에서 본 패키지와 단자 및 그 명칭, 번호를 보여 준다. 우리는 다음의 단자에 초점을 둔다.

- 반전 입력(inverting input)
- 비반전 입력(noninverting input)
- 출력(output)
- 양의 전력 공급(V^+)
- 음의 전력 공급(V^-)

나머지 세 단자에는 거의 관심을 두지 않는다. 두 개의 오프셋 영(offset null) 단자는 노화 또는 결함 때문에 성능 저하에 대한 보상을 위한 보조 회로로서 사용된다. 그렇지만 대부분의 경우 성능 저하는 무시할 만하기에 오프셋 단자는 흔히 사용되지 않고 회로 해석에서 부차적인 역할을 한다. 단자 8은 사용되지 않는 단자이기 때문에 관심이 없는 것이다. NC(no connection)는 연결하지 않는다는 것으로, 이는 단자가 증폭 회로에 연결되지 않는다는 것을 의미한다.

그림 5.2는 가장 관심 있는 다섯 개의 단자를 포함하는 연산 증폭기에 대해 널리 사용되는 기호를 보여 준다. 단자를 단어로 표시하는 것은 회로도에서 불편하기 때문에 간단히 다음과 같은 방법으로 단자를 표시한다. 비반전 입력 단자는 플러스(+)로 표시하고, 반전 입력 단자는 마이너스(−)로 표시한다. 항상 삼각형 밖에 그려지는 전력 공급 단자는 V^+와 V^-로 표시된다. 삼각형 상자의 정점에 있는 단자는 항상 출력 단자로 이해된다. 그림 5.3은 이들의 단순화된 기호를 요약한 것이다.

5.2 단자 전압과 전류

이제 연산 증폭기의 동작을 기술하는 데 사용되는 단자 전압과 전류를 소개할 준비가 되었다. 전압 변수는 공통 기준 마디로부터 측정된다.[2] 그림 5.4는 기준 극성과 함께 전압 변수를 나타낸다.

모든 전압은 공통 마디로부터의 전압 상승으로 나타낸다. 이 규약은 마디 전압 해석 방법에서 사용된 것과 같다. 양의 공급 전압(V_{CC})은 V^+와 공통 마디 사이에

1 DIP는 이중 직렬로 장치된 패키지(dual in-line package)의 약자이다. 이것은 패키지의 각 측면에 있는 단자가 직렬이고, 패키지의 반대 측면에 있는 단자 또한 정렬되어 있다는 것을 의미한다.

2 공통 마디는 연산 증폭기에 대해 외부에 있다. 그것은 연산 증폭기가 내장되어 있는 회로의 기준 단자이다.

연결된다. 음의 공급 전압($-V_{CC}$)은 V^-와 공통 마디 사이에 연결된다. 반전 입력 단자와 공통 마디 사이의 전압은 v_n으로 표시된다. 비반전 입력 단자와 공통 마디 사이의 전압은 v_p로 나타낸다. 출력 단자와 공통 마디 사이의 전압은 v_o로 표시된다.

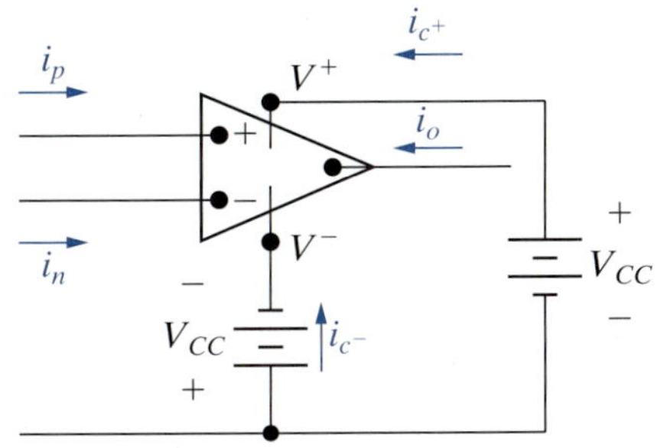

그림 5.5▲ 단자 전류 변수.

그림 5.5는 기준 방향과 함께 전류 변수를 나타낸다. 모든 전류 기준 방향은 연산 증폭기의 단자를 향한다는 것을 주목하자. i_n은 반전 입력 단자로 흐르는 전류이고, i_p는 비반전 입력 단자로 흐르는 전류이다. i_o는 출력 단자로 흐르는 전류이고, i_{c+}는 양의 전력 공급 단자로 흐르는 전류이며, i_{c-}는 음의 전력 공급 단자로 흐르는 전류이다.

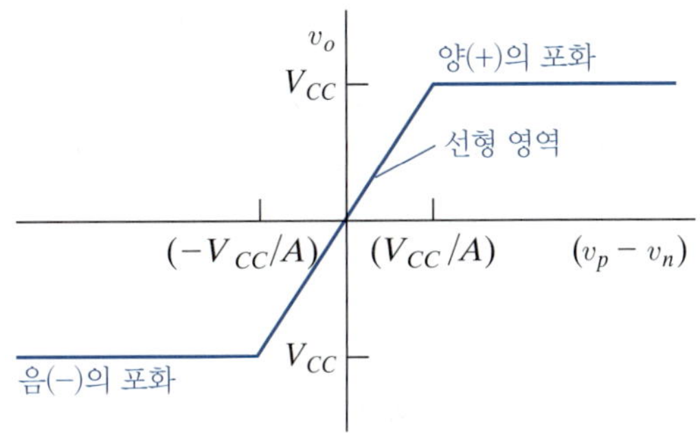

그림 5.6▲ 연산 증폭기의 전압 전달 특성.

선형 회로 소자로서 연산 증폭기의 단자 동작은 입력 전압과 입력 전류상에서의 제약에 의해 특징지어진다. 전압 제약은 연산 증폭기 집적 회로의 전압 전달 특성으로부터 이끌어 내고 그림 5.6과 같이 도시한다.

전압 전달 특성은 어떻게 출력 전압이 입력 전압의 함수로서 변하는가, 즉 전압이 어떻게 입력으로부터 출력으로 이동하는가를 기술한다. 연산 증폭기에 대해 출력 전압은 입력 전압 사이의 차 $v_p - v_n$의 함수이다. 전압 전달 특성에 대한 식은 다음과 같다.

$$v_o = \begin{cases} -V_{CC} & A(v_p - v_n) < -V_{CC}, \\ A(v_p - v_n) & -V_{CC} \le A(v_p - v_n) \le +V_{CC}, \\ +V_{CC} & A(v_p - v_n) > +V_{CC}. \end{cases} \tag{5.1}$$

그림 5.6과 식 (5.1)로부터 연산 증폭기는 다음의 세 가지 다른 작동 영역을 갖고 있다는 것을 알게 된다: 음의 포화, 선형, 양의 포화 영역. 입력 전압차의 크기($|v_p - v_n|$)가 작을 때 연산 증폭기는 선형 소자로 동작하며, 출력 전압은 입력 전압의 선형 함수가 된다. 좀 더 구체적으로 연산 증폭기의 출력 전압은 입력 전압에서의 차에 곱셈 상수 또는 **이득**(gain) A를 곱한 것과 같다. 이 선형 영역 바깥쪽은 두 개의 포화 영역이다. 연산 증폭기의 출력이 포화하면 연산 증폭기는 비선형 소자로서 동작하고, 출력 전압은 더 이상 입력 전압의 선형 함수가 아니게 된다.

연산 증폭기의 입력 전압 제한

연산 증폭기를 선형 동작 영역으로 한정할 때 입력 전압 v_p와 v_n에 제약이 가해진다. 제약은 식 (5.1)에 있는 V_{CC}와 A에 대한 전형적인 수치 값에 근거를 둔다. 대부분의 연산 증폭기에 대해 권고되는 dc 전력 공급 전압은 좀처럼 20 V를 초과하지 않고, 이득 A는 10,000, 즉 10^4보다 작지 않다. 그림 5.6과 식 (5.1)로부터 선형 영역에서 입력 전압차의 크기($|v_p - v_n|$)가 $20/10^4$ 또는 2 mV보다 작아야 한다는 것을 알게 된다.

전형적으로, 우리가 살펴본 회로에 있는 마디 전압은 2 mV보다 상당히 크므로 2 mV보다 작은 전압차는 두 전압이 본질적으로 같다는 것을 의미한다. 따라서 연산 증폭기가 선형 동작 영역으로 제한되고 마디 전압이 2 mV보다 매우 크다면 연산 증폭기의 입력 전압에 대한 제한은 다음과 같다.

연산 증폭기에 대한 입력 전압 제한

$$v_p = v_n. \tag{5.2}$$

식 (5.2)는 이상적인 연산 증폭기에 대한 입력 전압 사이의 관계를 특징짓는다는 것에 주목하라. 즉 연산 증폭기의 값 A는 무한하다.

식 (5.2)는 연산 증폭기가 선형 동작 영역으로 한정되어 있을 때에만 사용할 수 있다. 연산 증폭기의 출력 단자로부터 반전 입력 단자로 형성되는 신호 경로를 연산 증폭기 회로가 포함하고 있을 때 연산 증폭기는 선형 영역에 머무른다. 이와 같은 구조는 출력으로부터의 신호 되먹임을 입력 신호에서 빼기 때문에 **음의 되먹임**(negative feedback)으로 알려져 있다. 음의 되먹임은 입력 전압차를 줄인다. 출력 전압이 입력 전압차에 비례하기 때문에 출력 전압 또한 줄어들고 연산 증폭기는 선형 영역에서 동작한다.

만약 연산 증폭기를 포함하는 회로가 연산 증폭기 출력으로부터 반전 입력으로 음의 되먹임을 제공하지 않는다면 연산 증폭기는 통상적으로 포화될 것이다. 음의 되먹임 없이 포화를 막기 위해서는 입력 신호에서의 차이가 극도로 작아야 한다. 그러나 회로가 연산 증폭기에 대한 음의 되먹임 경로를 제공하더라도 선형 동작은 보장되지 않는다. 그러면 연산 증폭기가 선형 영역에서 동작하는지를 어떻게 알 수 있을까?

그 대답은 "알 수 없다"이다! 선형 동작을 가정, 회로 해석을 수행, 모순 결과를 확인함으로써 이 어려운 문제를 다룬다. 예를 들어 회로에 있는 연산 증폭기가 선형 영역에서 동작한다고 가정하고, 연산 증폭기의 출력 전압이 10 V로 계산된다고 가정하자. 회로를 검사하는 중에 V_{CC}는 6 V라는 것을 발견하는데, 연산 증폭기의 출력 전압이 V_{CC}보다 크지 않아야 하므로 모순되는 결과다. 따라서 선형 동작이라는 가정은 타당하지 않게 되고, 연산 증폭기 출력은 6 V에서 포화되어야 한다.

연산 증폭기 집적 회로의 전압 전달 특성, 연산 증폭기의 선형 동작 영역, 그리고 V_{CC}[3]와 A의 전형적인 값으로 제한된다는 가정에 근거를 둔 입력 전압에 관한 제약을 확인했다. 식 (5.2)는 이상적인 연산 증폭기에 대한, 즉 무한대인 A의 값을 갖는 전압 제약을 나타낸다.

연산 증폭기의 입력 전류 제한

이제 입력 전류의 제약으로 주의를 돌린다. 연산 증폭기 집적 회로의 해석을 통해 연산 증폭기의 입력 단자에서 바라본 등가 저항이 매우 크다는 것, 전형적으로 1 MΩ 또는 그 이상이라는 것을 알 수 있다. 이상적으로 등가 입력 저항은 무한대이고, 전류 제약이 결과로 나타난다.

---

3 양과 음의 전력 공급 전압은 크기가 같을 필요는 없다. 선형 동작 영역에서 v_o는 반드시 두 공급 전압 사이에 있어야 한다. 예를 들면, 만약 $V^+ = 15\text{ V}$ 그리고 $V^- = -10\text{ V}$이면 $-10\text{ V} \le v_o \le 15\text{ V}$이다.

이상적인 연산 증폭기에 대한 입력 전류 제한

$$i_p = i_n = 0. \tag{5.3}$$

전류 제한은 연산 증폭기가 전압 제한에서 그랬던 것처럼 선형 동작 영역으로 제한된다는 가정에 근거를 두지 않는다는 것을 주목하자. 동시에 식 (5.2)와 (5.3)은 이상적인 연산 증폭기 모델을 정의하는 단자 동작에 대한 제약을 형성한다.

키르히호프의 전류 법칙으로부터 연산 증폭기로 들어가는 전류의 합은 0 또는 다음 식과 같다는 것을 알고 있다.

$$i_p + i_n + i_o + i_{c^+} + i_{c^-} = 0.$$

식 (5.3)에 의해 주어진 제약을 KCL 수식에 대입하면

$$i_o = -(i_{c^+} + i_{c^-}).$$

i_o에 대한 식은, 비록 입력 단자의 전류가 무시할 만하더라도 아직은 출력 단자에서 감지할 수 있을 정도의 전류가 존재한다는 것을 말해 준다.

식 (5.2)와 (5.3)을 이용하여 연산 증폭기를 포함하는 회로를 해석할 때는 연산 증폭기의 이상적인 모델을 효과적으로 이용한다. 이제 회로 해석 단계를 정리해 보자.

1단계: 음의 되먹임 경로의 존재를 확인한다. 만약 이것이 존재한다면 연산 증폭기는 선형 영역에서 동작한다고 가정할 수 있다.

2단계: 입력 전류 제한[식 (5.3)]과 v_n의 값[식 (5.2)], 그리고 전류를 알아내기 위한 옴의 법칙을 사용하여 반전 입력 단자에서의 KCL 수식을 세운다.

3단계: KCL 수식을 풀고 연산 증폭기 출력 단자에서의 전압을 계산한다.

4단계: 연산 증폭기가 실제로 선형 영역 또는 포화 영역에서 동작하는지 결정하기 위해 연산 증폭기의 출력 전압과 공급 전원 전압을 서로 비교한다.

이 단계는 해석 방법 5.1에 정리되어 있다. 예제 5.1은 이 해석 방법을 이용하여 연산 증폭기를 해석한다.

해석 방법 5.1
이상적인 연산 증폭기 회로의 해석

1. 음의 되먹임을 확인한다. 만약 이것이 존재한다면 연산 증폭기는 선형 영역에서 동작한다고 가정한다.
2. 반전 입력 단자에서의 KCL 수식을 세운다.
3. KCL 수식을 풀고, 연산 증폭기 출력 전압을 찾기 위해 그 답을 사용한다.
4. 연산 증폭기가 선형 영역 또는 포화 영역에서 동작하는지 결정하기 위해 연산 증폭기의 출력 전압과 공급 전원 전압을 서로 비교한다.

예제 5.1 연산 증폭기 회로 해석하기

그림 5.7의 회로에서 연산 증폭기는 이상적이다.

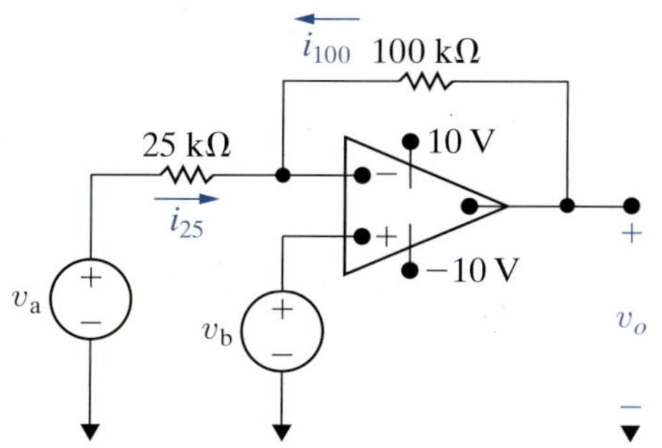

그림 5.7▲ 예제 5.1의 회로.

a) $v_a = 1$ V이고 $v_b = 0$ V일 때 v_o를 계산하라.

b) $v_a = 1$ V이고 $v_b = 2$ V일 때 (a)를 반복하라.

c) $v_a = 1.5$ V일 때 증폭기 포화를 피하는 v_b의 영역을 상술하라.

풀이

a) **1단계:** 음의 되먹임 경로가 연산 증폭기 출력으로부터 그것의 반전 입력으로 100 kΩ을 통해 존재하기 때문에 연산 증폭기는 선형 동작 영역으로 제한된다고 가정한다.

2단계: 연결된 전압원으로부터 $v_p = v_b = 0$이며, 전압 제약식 (5.2)로부터 $v_n = v_p$이기 때문에 반전 입력 단자에서 전압은 0이다.

3단계: KCL을 사용하여 v_n 마디로 들어가는 전류의 합을 구하면 다음과 같다.

$$i_{25} + i_{100} - i_n = 0.$$

i_n은 반전 연산 증폭기 단자로 들어가는 전류임을 기억하자. 옴의 법칙으로부터

$$i_{25} = \frac{v_a - v_n}{25{,}000} = \frac{1 - 0}{25{,}000} = \frac{1}{25{,}000};$$

$$i_{100} = \frac{v_o - v_n}{100{,}000} = \frac{v_o - 0}{100{,}000} = \frac{v_o}{100{,}000}.$$

전류 제약은 $i_n = 0$을 필요로 한다. 세 전류에 대한 값을 KCL 수식에 대입하면 다음 식을 얻는다.

$$\frac{1}{25{,}000} + \frac{v_o}{100{,}000} = 0.$$

그러므로 v_o는 -4 V이다.

4단계: v_o는 ± 10 V 사이에 있기 때문에 연산 증폭기는 선형 동작 영역에 있다는 가정이 확인되었다.

b) (a)에서와 같은 과정을 사용하여 다음 식을 얻는다.

$$v_p = v_b = v_n = 2\text{ V},$$

$$i_{25} = -i_{100}.$$

$$i_{25} = \frac{v_a - v_n}{25{,}000} = \frac{1 - 2}{25{,}000} = -\frac{1}{25{,}000};$$

$$i_{100} = \frac{v_o - v_n}{100{,}000} = \frac{v_o - 2}{100{,}000}.$$

따라서 $v_o = 6$ V이다. 다시 v_o는 ± 10 V 사이에 있다.

c) 이전과 같이 $v_n = v_p = v_b$이고 $i_{25} = -i_{100}$이다. $v_a = 1.5$ V이기 때문에

$$\frac{1.5 - v_b}{25{,}000} = \frac{v_b - v_o}{100{,}000}.$$

v_o의 함수로서 v_b에 대한 풀이는 다음 식과 같다.

$$v_b = \frac{1}{5}(6 + v_o).$$

이제 증폭기가 선형 동작 영역 내에 있다면 $-10\text{ V} \le v_o \le 10$ V이다. v_o에 관한 이들 제약을 v_b에 대한 식에 대입하면 v_b에 대한 범위는 다음과 같다는 것을 알 수 있다.

$$-0.8\text{ V} \le v_b \le 3.2\text{ V}.$$

평가문제

목표 1—이상적인 연산 증폭기에서 전압과 전류의 제약을 사용할 수 있다.

5.1 제시된 회로에서 연산 증폭기가 이상적이라고 가정한다.

a) 다음의 v_s값에 대해 v_o를 계산하라: -6 V, -3.5 V, -1.25 V, 1 V, 2.4 V, 5.4 V.

b) 증폭기의 포화를 피하기 위해 요구되는 v_s의 영역을 상술하라.

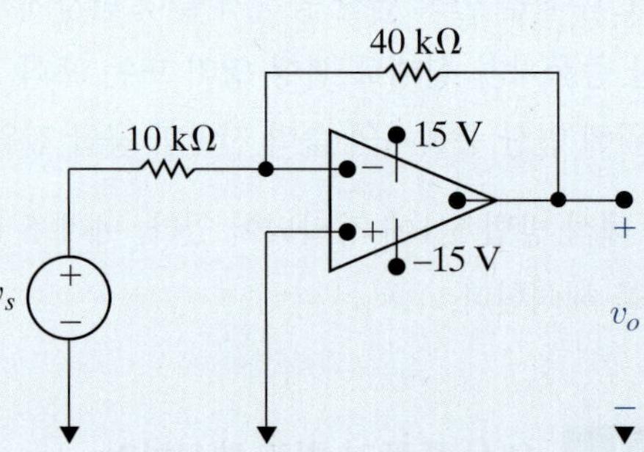

정답: a) 15 V, 14 V, 5 V, -4 V, -9.6 V, -15 V,

b) $-3.75\text{ V} \le v_s \le 3.75$ V.

자가 검사: 연습문제 5.1, 5.3, 5.5도 풀어 보라.

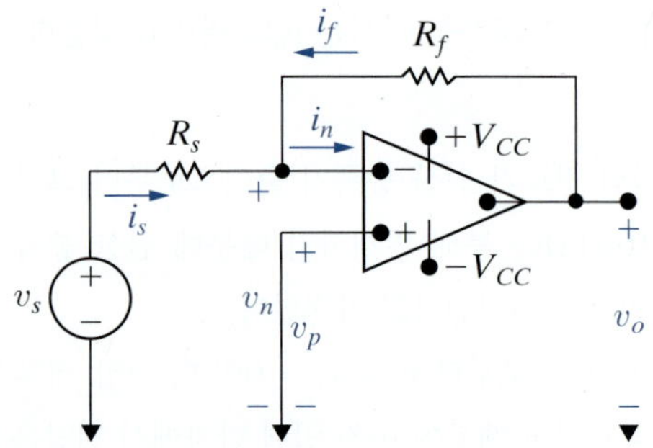

그림 5.8▲ 반전 증폭기 회로.

5.3 반전 증폭기 회로

이 절과 이후의 세 개의 절에서는 몇 가지 중요한 연산 증폭기 회로를 보여 준다. 그림 5.8에서 보이는 반전 증폭기 회로를 먼저 살펴본다. 이 회로는 이상적인 연산 증폭기와, 두 개의 저항(R_f와 R_s), 한 개의 전압 신호원(v_s), 그리고 비반전 입력 단자와 공통 마디 사이에 연결된 단락 회로로 구성되어 있다.

이제 이 회로를 해석하여 전원 전압 v_s의 함수로서 출력 전압 v_o에 대한 표현식을 얻을 수 있다. 1단계에서 시작해서 회로의 음의 되먹임 경로를 확인할 수 있고,

따라서 연산 증폭기는 선형 동작 영역에 있다고 가정한다. 2단계에서 식 (5.2)의 전압 제약은 전압 $v_p = 0$이기 때문에 전압 $v_n = 0$으로 놓는다. 3단계는 연산 증폭기의 반전 단자에서의 KCL 수식을 생성하고 다음과 같이 주어진다.

$$i_s + i_f = i_n.$$

옴의 법칙으로부터

$$i_s = \frac{v_s}{R_s},$$

$$i_f = \frac{v_o}{R_f}.$$

이제 식 (5.3)에 명시된 제약을 끌어낸다. 즉

$$i_n = 0.$$

i_s, i_f, i_n에 대한 표현식을 KCL 수식에 대입하여 v_o에 대해 풀면 다음 식을 산출한다.

반전 증폭기 수식

$$v_o = \frac{-R_f}{R_s} v_s. \tag{5.4}$$

출력 전압은 반전되고 입력에 비례한 복제라는 것에 주목하자. 입력으로부터 출력으로의 부호는 반전된다. 비례 인수 또는 이득는 R_f/R_s 비율이며, 일반적으로 1보다 크기 때문에 $|v_o| > |v_s|$이다. 따라서 이 회로를 반전 증폭기라고 부른다.

4단계를 이용하면 식 (5.4)에 의해 주어진 결과는 오직 그림 5.8의 회로에 제시된 연산 증폭기가 선형 영역에서 동작할 때에만 유효하다. 심지어 연산 증폭기가 이상적이지 않더라도 식 (5.4)는 아주 좋은 근사화이다(이것을 5.7절에서 입증할 것이다). 식 (5.4)는 외부 저항 R_f와 R_s를 갖는 반전 증폭기의 이득을 상술한다. 4단계에서 이득 R_f/R_s의 상한은 전력 공급기 전압과 신호 전압 v_s의 값에 의해 결정된다. 만약 같은 공급 전압, 즉 $V^+ = -V^- = V_{CC}$를 가정하면 다음 식을 얻는다.

$$|v_o| \le V_{CC}, \qquad \left|\frac{R_f}{R_s} v_s\right| \le V_{CC}, \qquad \frac{R_f}{R_s} \le \left|\frac{V_{CC}}{v_s}\right|.$$

예를 들어 $V_{CC} = 15$ V이고 $v_s = 10$ mV라면 비율 R_f/R_s는 1500보다 작다.

그림 5.8의 반전 증폭기 회로에서 저항 R_f는 음의 되먹임 연결을 제공한다. 즉 출력 단자를 반전 입력 단자로 연결한다. 만약 R_f가 제거되면 되먹임 경로는 개방되고 증폭기는 **개방 폐회로(open loop)**로 동작하게 된다고 한다. 그림 5.9는 개방 폐회로 동작을 나타낸다.

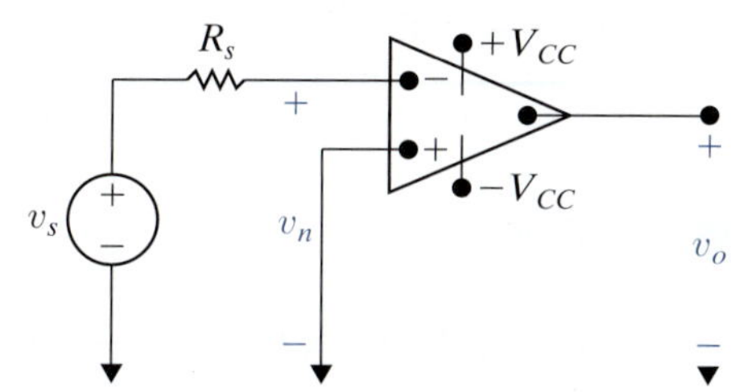

그림 5.9▲ 개방 폐회로로 동작하는 반전 증폭기.

되먹임 경로를 개방함으로써 회로의 동작은 크게 변화한다. 개방 폐회로를 이해하기 위해 연산 증폭기를 이상적인 모델로 치환하지 않는다. 즉 A와 입력 저항은 모두 크지만 무한대는 아니다. 이제 출력 전압은 다음 식과 같다.

$$v_o = -Av_n, \tag{5.5}$$

앞에서와 같이 $V^+ = -V^- = V_{CC}$를 가정하면 선형 동작에 대해 $|v_n| < V_{CC}/A$이다. 반전 입력 전류가 거의 0이기 때문에 R_s에 걸린 전압 강하는 거의 0이고, 반전 입력 전압은 거의 신호 전압 v_s와 같다. 즉 $v_n \approx v_s$이다. 그러므로 연산 증폭기는 오직 $|v_s| < V_{CC}/A$일 때 선형 모드에서 개방 폐회로로 동작할 수 있다. 만약 $|v_s| > V_{CC}/A$라면 연산 증폭기는 단순히 포화된다. 특히 $|v_s| < -V_{CC}/A$라면 연산 증폭기는 $+V_{CC}$로 포화되고, $v_s > V_{CC}/A$라면 연산 증폭기는 $-V_{CC}$로 포화된다. 식 (5.5)에 나타낸 관계식이 되먹임이 없는 경로일 때 발생하기 때문에 A값은 종종 **개방 폐회로 이득**(open-loop gain)이라 한다.

예제 5.2는 실제적인 저항값을 사용하는 반전 증폭기를 설계하기 위한 반전 증폭기 수식을 이용한다.

예제 5.2 반전 증폭기 설계하기

a) 그림 5.8의 회로와 같이 12의 이득을 가지는 반전 증폭기를 설계하라. ±15 V의 전력원을 사용하고 이상 적인 연산 증폭기를 가정한다.

b) 이 설계의 연산 증폭기가 선형 영역에서 동작하기 위해서는 입력 전압 v_s가 어떤 범위여야 하는가?

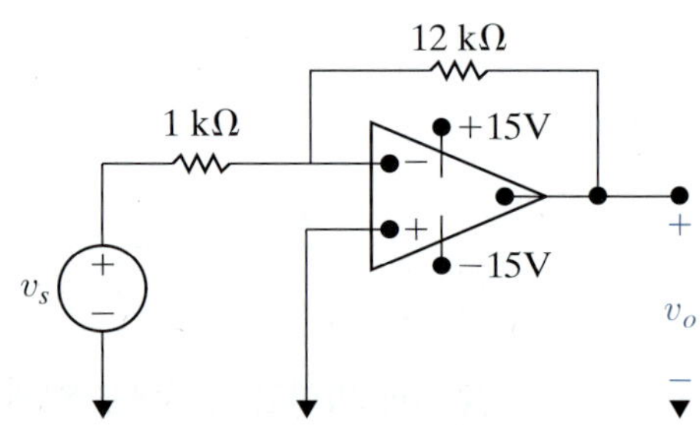

그림 5.10▲ 예제 5.2를 위한 반전 증폭기.

풀이

a) 부록 H에 수록되어 있는 실제 저항값을 사용하여 그 비율이 12인 두 개의 저항을 찾아야 한다. 수없이 많은 값이 가능하지만 그중에서 $R_s = 1\text{ k}\Omega$과 $R_f = 12\text{ k}\Omega$을 선택해 보자. 설계를 증명하기 위해 반전 증폭기의 식 (5.4)를 사용한다.

$$v_o = -\frac{R_f}{R_s}v_s = -\frac{12{,}000}{1000}v_s = -12v_s.$$

그러므로 그림 5.10에서 보이는 바와 같이 이득 12를 갖는 반전 증폭기를 갖는다.

b) v_s에 대한 두 개의 다른 형태의 반전 증폭기 공식을 풀어라. 먼저 $v_o = +15\text{ V}$를 사용하고, 그 후 $v_o = -15\text{ V}$를 사용한다.

$$15 = -12v_s \quad \text{그러므로} \quad v_s = -1.25\text{ V}$$

$$-15 = -12v_s \quad \text{그러므로} \quad v_s = 1.25\text{ V}$$

그러므로 입력 전압이 −1.25 V 이상이거나 +1.25 V 이하이면 반전 증폭기의 연산 증폭기는 선형 영역에 머무르게 된다.

평가문제

목표 2—이상적인 연산 증폭기를 포함하는 간단한 회로를 해석할 수 있다.

5.2 평가문제 5.1에 있는 회로에서 전원 전압 v_s는 800 mV이다. 40 kΩ 되먹임 저항이 가변 저항 R_x에 의해 대체되었다. 연산 증폭기의 선형 영역에서 동작하기 위해 반전 증폭기가 허용하는 R_x의 영역을 구하라.

정답: $0 \le R_x \le 187.5\text{ k}\Omega$.

자가 검사: 연습문제 5.8과 5.11도 풀어 보라.

5.4 가산 증폭기 회로

그림 5.11은 세 개의 입력 전압을 갖는 가산 증폭기를 나타낸다. 가산 증폭기의 출력 전압은 반전되고, 증폭기의 입력에 적용된 전압의 합에 비례한다. 출력 전압 v_o와 세 개의 입력 전압 v_a, v_b, v_c 사이의 관계는 해석 방법 5.1을 사용하여 찾을 수 있다.

가산 증폭기는 저항 R_f를 포함하는 음의 되먹임 경로를 가지고 있다. 따라서 1단계에서는 연산 증폭기는 선형 영역에 존재한다고 가정한다. $v_n = v_p = 0$이라는 것을 결정하기 위해 회로에 의해 v_p로 표시된 접지(ground)와 함께 2단계의 연산 증폭기 전압 제약을 사용한다. 3단계에서 각 저항에 흐르는 전류를 그 저항에 걸리는 전압으로 나타내기 위해 옴의 법칙을 이용하여 반전 입력 단자에서의 KCL 수식을 세우면 다음과 같다.

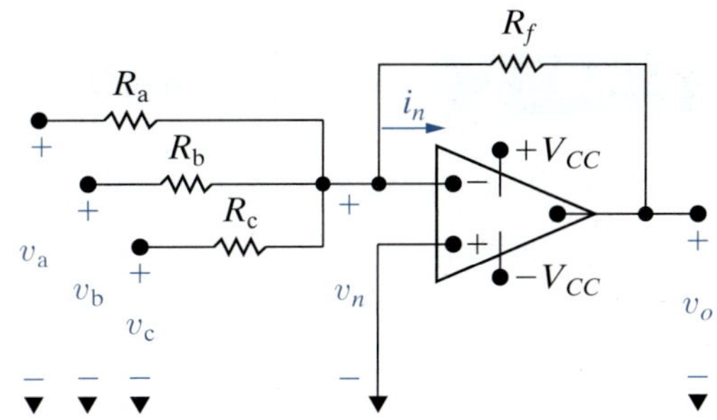

그림 5.11▲ 가산 증폭기.

$$\frac{v_n - v_a}{R_a} + \frac{v_n - v_b}{R_b} + \frac{v_n - v_c}{R_c} + \frac{v_n - v_o}{R_f} + i_n = 0.$$

2단계로부터의 전압 제약과 전류 제약 $i_n = 0$을 KCL 수식에 적용하고, v_o에 대해 풀면 다음과 같다.

반전 가산 증폭기 수식

$$v_o = -\left(\frac{R_f}{R_a}v_a + \frac{R_f}{R_b}v_b + \frac{R_f}{R_c}v_c\right). \tag{5.6}$$

식 (5.6)은 출력 전압이 반전되고, 입력 전압 세 개의 비례된 합이라는 것을 말하고 있다. 4단계를 통해서 이 수식은 오직 v_o의 값이 두 개의 전원 전압 사이에 존재할 때에만 유효하다.

만약 $R_a = R_b = R_c = R_s$라면 식 (5.6)은 다음과 같이 간소화된다.

$$v_o = -\frac{R_f}{R_s}(v_a + v_b + v_c).$$

결국 $R_f = R_s$로 만들면 출력 전압은 입력 전압의 반전된 합이다. 즉

$$v_o = -(v_a + v_b + v_c).$$

비록 여기서는 세 개의 입력 신호를 갖는 가산 증폭기를 예시했지만, 입력 전압의 수는 필요에 따라서 증가 또는 감소될 수 있다. 예를 들어 하나의 오디오 신호를 만들기 위해 각각 녹음된 16개의 오디오 신호를 합산하기를 바란다고 하자. 그림 5.11에 있는 가산 증폭기 구조는 16개의 다른 입력 저항값을 포함할 수 있어서 입력 오디오 트랙 각각은 다른 증폭 인수를 갖고 출력 신호에 나타난다. 따라서 가산 증폭기는 오디오 믹서의 역할을 한다. 반전 증폭기 회로로서 가산 증폭기 회로에서의 비례 인수는 외부 저항 R_f, R_a, R_b, R_c, …, R_n에 의해 결정된다.

예제 5.3은 반전 가산 증폭기를 설계하기 위해 가산 증폭기 수식을 사용한다.

예제 5.3 가산 증폭기 설계하기

a) 그림 5.11의 회로와 같이 출력 전압이 다음과 같은 가산 증폭기를 설계하라.

$$v_o = -4v_a - v_b - 5v_c.$$

±12 V의 전력원과 20 kΩ 되먹임 저항을 가진 이상적인 연산 증폭기를 가정한다.

b) $v_a = 2$ V이고 $v_c = -1$ V를 가정할 때 이 설계의 연산 증폭기가 선형 영역에서 동작하기 위해서는 입력 전압 v_b가 어떤 범위이어야 하는가?

c) $v_a = 2$ V, $v_b = 3$ V, $v_c = -1$ V를 가정할 때 (a)에서 구한 입력 저항값을 사용하면 연산 증폭기가 포화되기 전까지 되먹임 저항은 얼마나 커질 수 있는가?

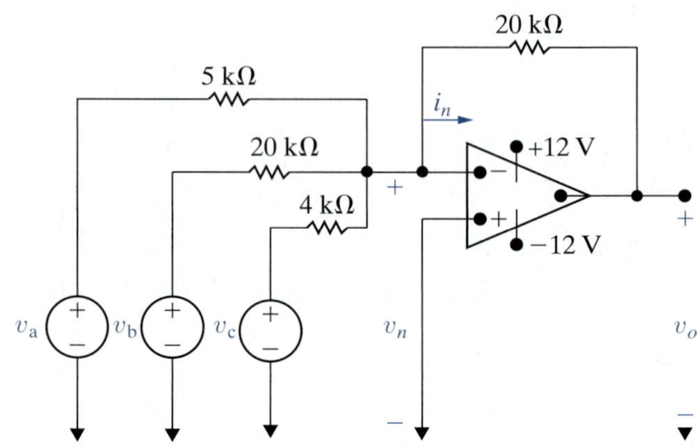

그림 5.12▲ 예제 5.3(a)를 위한 가산 증폭기.

풀이

a) 세 개의 입력 저항값을 찾기 위해 가산 증폭기 수식 (5.6)과 되먹임 저항값을 사용한다.

$$-\frac{R_f}{R_a} = -4 \quad \text{그러므로} \quad R_a = \frac{20\text{ k}}{4} = 5\text{ k}\Omega;$$

$$-\frac{R_f}{R_b} = -1 \quad \text{그러므로} \quad R_b = \frac{20\text{ k}}{1} = 20\text{ k}\Omega;$$

$$-\frac{R_f}{R_c} = -5 \quad \text{그러므로} \quad R_c = \frac{20\text{ k}}{5} = 4\text{ k}\Omega.$$

얻어진 회로는 그림 5.12와 같다.

b) 문제에 주어진 v_o에 대한 수식에 v_a와 v_c 값을 대입하면 다음 식을 얻는다.

$$v_o = -4(2) - v_b - 5(-1) = -3 - v_b.$$

이 수식을 v_b에 대해 v_o로 풀면 다음과 같다.

$$v_b = -3 - v_o.$$

이제 연산 증폭기를 선형 영역에 유지하기 위한 v_b값의 범위를 찾기 위해 출력 전압에 대해 두 개의 전력원 전압을 대입한다.

$$-15\text{ V} \le v_b \le 9\text{ V}.$$

c) 가산 증폭기 수식 (5.6)으로 시작하여 (a)에서 찾은 입력 저항값과 명시된 입력 전압값을 대입한다. 이 수식에서 되먹임 저항값은 미지수임을 기억하라.

$$v_o = -\frac{R_f}{5000}(2) - \frac{R_f}{20{,}000}(3) - \frac{R_f}{4000}(-1) = -\frac{6R_f}{20{,}000}.$$

이 수식으로부터 만약 연산 증폭기가 포화된다면 이것의 음의 전력원 값인 −12 V에서 그렇게 되는 것이 분명해진다. 위의 수식에서 이 전압값을 v_o에 사용하면 다음과 같이 되먹임 저항에 대해 풀 수 있다.

$$R_f = 40\text{ k}\Omega.$$

명시된 입력 전압에 대해 이것이 연산 증폭기를 선형 영역에 유지할 수 있게 하는 되먹임 저항의 가장 큰 값이다.

평가문제

목표 2—이상적인 연산 증폭기를 포함하는 간단한 회로를 해석할 수 있다.

5.3 a) 제시된 회로에서 $v_a = 0.25$ V이고 $v_b = 0.1$ V일 때 v_o를 구하라.

b) $v_b = 0.10$ V일 때 연산 증폭기가 포화되기 전에 v_a는 얼마나 클 수 있는가?

c) $v_a = 0.25$ V일 때 연산 증폭기가 포화되기 전에 v_b는 얼마나 클 수 있는가?

d) v_b의 극성이 반전되었을 때 (a), (b), (c)를 반복하라.

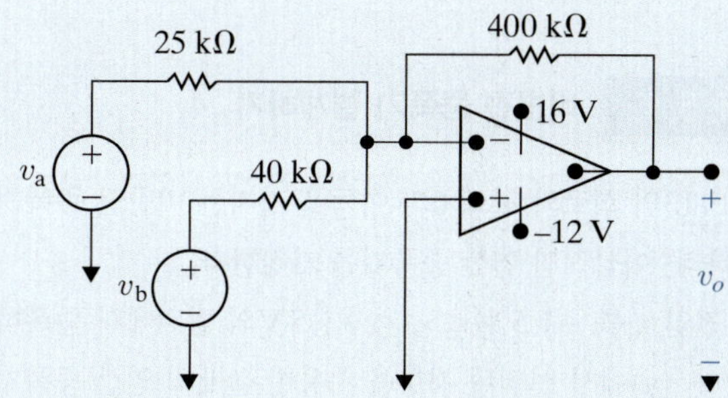

정답: a) −5 V, b) 0.6875 V,
c) 0.8 V, d) −3, 0.8125, 2 V.

자가 검사: 연습문제 5.12, 5.13, 5.15도 풀어 보라.

5.5 비반전 증폭기 회로

그림 5.13은 비반전 증폭기 회로를 도시하고 있다. 전원 전압 v_g의 함수로서 출력 전압에 대한 표현식을 찾기 위해 해석 방법 5.1을 이용한다. 1단계를 시작하며, 비반전 증폭기 회로는 저항 R_f를 가진 음의 되먹임 경로를 가지고 있으므로 연산 증폭기는 선형 영역 내에 존재하는 것으로 가정한다. 2단계에서 전압 제한 수식 (5.2)는 $v_n = v_p$를 말해 준다. 하지만 비반전 단자가 공통 마디에 연결되어있지 않으므로 비반전 단자의 전압은 0이 아니다. 전류 제한 수식 (5.3)은 비반전 입력 전류 값이 0임을 말해 준다. 이 전류 값은 저항 R_g에 흐르는 전류와 동일하므로 R_g에 걸린 전압 강하는 없으며 $v_p = v_g$이다. 따라서 $v_n = v_g$가 된다.

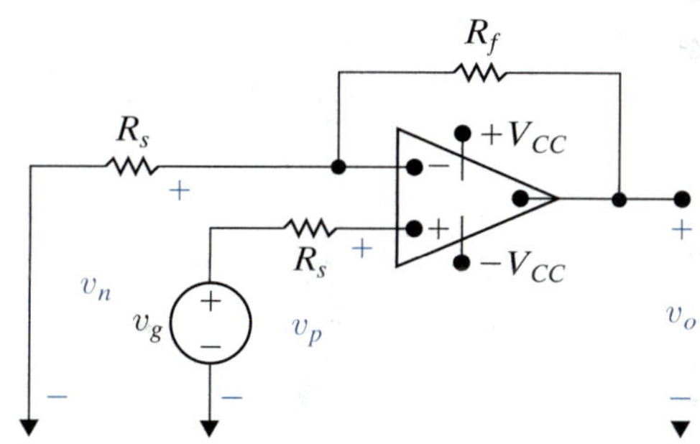

그림 5.13▲ 비반전 증폭기.

3단계에서 비반전 단자에서 KCL 수식을 쓰고, 2단계의 결과와 전류 제약 수식을 사용하면 다음 식을 얻는다.

$$\frac{v_g}{R_s} + \frac{v_g - v_o}{R_f} = 0.$$

v_o에 대해 KCL 수식을 풀면 다음을 얻는다

비반전 가산 증폭기 수식

$$v_o = \frac{R_s + R_f}{R_s} v_g. \quad (5.7)$$

4단계로부터 연산 증폭기를 선형 영역에 유지하기 위해서는 다음 식을 필요하다.

$$\frac{R_s + R_f}{R_s} < \left|\frac{V_{CC}}{v_g}\right|.$$

다시 한 번, 이상적인 연산 증폭기의 가정에 의해서 출력 전압은 입력 전압과 외부 저항 R_s와 R_f의 함수로서 표현할 수 있다는 것을 주목하자.

예제 5.4는 실제적인 저항값을 사용하여 비반전 증폭기를 설계하는 것을 도시하고 있다.

예제 5.4 비반전 증폭기 설계하기

a) 그림 5.13의 회로와 같이 6의 이득을 가지는 비반전 증폭기를 설계하라. 이상적인 연산 증폭기를 가정한다.

b) 입력 전압 v_g를 $-1.5\text{ V} \le v_g \le +1.5\text{ V}$의 범위에서 증폭하고자 한다. (a)에서 선택된 저항을 사용한 설계의 연산 증폭기가 선형 영역에서 동작하기 위해 가장 작은 전력 공급 전압의 값은 무엇인가?

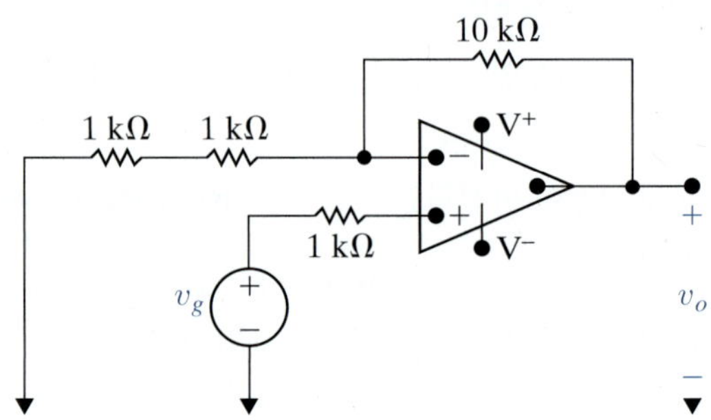

그림 5.14▲ 예제 5.4의 비반전 증폭기의 설계.

풀이

a) 비반전 증폭기의 식 (5.7)을 사용한다.

$$v_o = \frac{R_s + R_f}{R_s} v_g = 6v_g \quad \text{그러므로} \quad \frac{R_s + R_f}{R_s} = 6.$$

따라서

$$R_s + R_f = 6R_s, \quad \text{그러므로} \quad R_f = 5R_s.$$

부록 H에 수록되어 있는 실제적인 저항값을 참조하라. $R_f = 10\text{ k}\Omega$을 선택한 경우 $R_s = 2\text{ k}\Omega$이 된다. 하지만 부록 H에는 $2\text{ k}\Omega$ 저항이 수록되어 있지 않다. 따라서 두 개의 $1\text{ k}\Omega$ 저항을 직렬로 연결시켜 등가 $2\text{ k}\Omega$ 저항을 만들어 낼 수 있다. 여기서 세 번째 $1\text{ k}\Omega$ 저항은 R_g의 저항값으로 사용될 수 있다.

만들어진 회로는 그림 5.14와 같다.

b) v_o에 대한 두 개의 다른 형태의 비반전 증폭기 수식을 풀어라. 먼저 $v_g = +1.5\text{ V}$를 사용하고, 그 후 $v_g = -1.5\text{ V}$를 사용한다.

$$v_o = 6(1.5) = 9\text{ V};$$

$$v_o = 6(-1.5) = -9\text{ V}.$$

그러므로 (a)에서 설계된 비반전 증폭기의 전력 공급 전압이 $\pm 9\text{ V}$이고, $-1.5\text{ V} \le v_g \le +1.5\text{ V}$인 경우 연산 증폭기는 선형 영역에서 동작한다. (a)와 (b)의 분석으로부터 결과로 얻은 회로를 그림 5.14에 보여주었다.

평가문제

목표 2—이상적인 연산 증폭기를 포함하는 간단한 회로를 해석할 수 있다.

5.4 제시된 회로에서 연산 증폭기가 이상적이라고 가정한다.

a) v_g가 4 V일 때 v_o를 계산하라.

b) 연산 증폭기가 선형 모드로 작동하도록 v_g 값의 범위를 지정하라.

c) v_g가 2 V이고 $63\text{ k}\Omega$ 저항이 가변 저항으로 대체되었다고 가정한다. 가변 저항의 어떤 값이 연산 증폭기를 포화 상태로 만드는가?

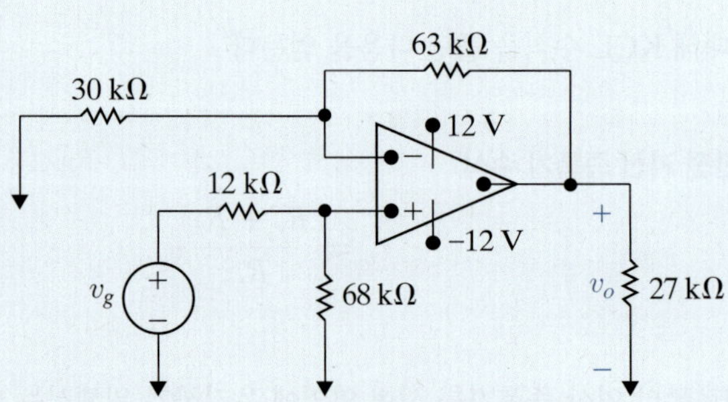

정답: a) 7.56 V, b) $-3.97\text{ V} \le v_g \le 3.97\text{ V}$,

c) $35\text{ k}\Omega$.

자가 검사: 연습문제 5.19와 5.20도 풀어 보라.

5.6 차동 증폭기 회로

차동 증폭기의 출력 전압은 두 입력 전압 사이의 차이에 비례한다. 이를 증명하기 위해 선형 영역에서 동작하는 이상적인 연산 증폭기를 가정하여 그림 5.15에 나타낸 차동 증폭기 회로를 해석 방법 5.1을 이용하여 해석한다. 1단계에서 저항 R_b를 포함하는 음의 되먹임 경로가 있음을 알 수 있다. 따라서 연산 증폭기는 선형 영역에 존재한다고 가정한다. 2단계에서 $v_n = v_p$를 확인하기 위해 전압 제한 수식 (5.2)를 사용한다. 이제 v_p를 위한 수식이 필요하다. 비반전 입력에서의 부회로에 집중해 보자. 전류 제한 수식 (5.3)을 이용하면 비반전 입력으로 들어가는 전류는 존재하지 않는 것을 알 수 있다. 그러므로 전원의 전류는 전원과 저항 R_c와 R_d를 포함하는 폐경로에 남아 있게 된다. 비반전 단자의 전압은 R_d에 걸리는 전압이고, 전압 배분을 사용하여 찾을 수 있다.

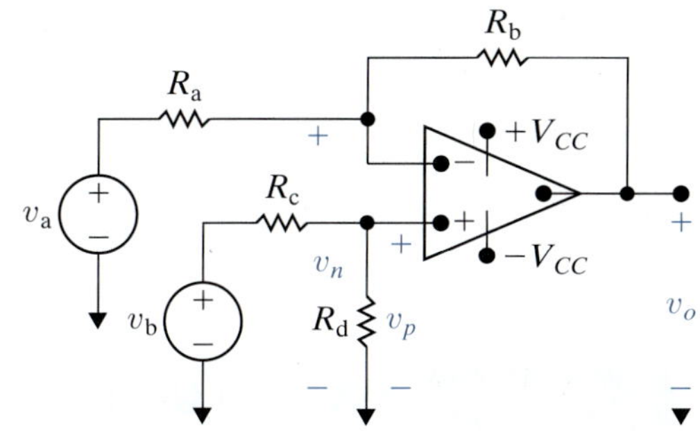

그림 5.15▲ 차동 증폭기.

$$v_p = \frac{R_d}{R_c + R_d} v_b = v_n.$$

3단계에서 반전 단자에서 KCL 수식을 쓰고, 다시 전류 제한 수식을 적용하여 반전 단자로 들어가는 전류는 0임을 확인한다.

$$\frac{v_n - v_a}{R_a} + \frac{v_n - v_o}{R_b} = 0.$$

v_o에 대해 KCL 수식을 v_a와 v_n의 함수로 풀면 아래의 식을 얻는다.

$$v_o = \left(\frac{R_a + R_b}{R_a}\right)v_n - \left(\frac{R_b}{R_a}\right)v_a.$$

v_n에 대한 수식을 v_o에 대한 수식으로 대체하면 구하고자 하는 관계식을 얻을 수 있다.

차동 증폭기 수식

$$v_o = \frac{R_d(R_a + R_b)}{R_a(R_c + R_d)} v_b - \frac{R_b}{R_a} v_a. \tag{5.8}$$

식 (5.8)은 출력 전압이 v_b의 스케일링된 값과 v_a의 스케일링된 값 사이의 차에 비례하는 것을 나타낸다. 일반적으로 v_b에 적용된 스케일 계수는 v_a에 적용된 것과 같지 않다. 그러나 각 입력 전압에 적용된 스케일 계수는 다음과 같이 놓음으로써 같게 만들 수 있다.

$$\frac{R_a}{R_b} = \frac{R_c}{R_d}. \tag{5.9}$$

식 (5.9)가 충족되면 출력 전압에 대한 표현식은 다음과 같이 간소화된다.

단순화된 차동 증폭기 수식

$$v_o = \frac{R_b}{R_a}(v_b - v_a). \tag{5.10}$$

만약 식 (5.9)가 만족되면 출력 전압은 입력 전압 v_b와 v_a 사이의 차의 스케일링된 복제를 나타낸다. 이전의 이상적인 증폭기 회로에서와 같이 스케일링은 외부 저항에 의해 조절된다. 게다가 출력 전압과 입력 전압의 관계는 증폭기의 출력에 걸쳐 0이 아닌 부하 저항을 연결하는 것에 의해 영향을 받지 않는다.

실제적인 저항값을 사용하여 차동 증폭기를 설계하기 위해 예제 5.5를 따라 해 보자.

예제 5.5 차동 증폭기 설계하기

a) 그림 5.15의 회로와 같이 8의 이득을 가지고 두 개의 입력 전압의 차이를 증폭하는 차동 증폭기를 설계하라. ±8 V의 전력원을 사용하고 이상적인 연산 증폭기를 가정한다.

b) (a)에서 설계된 차동 증폭기에서 $v_a = 1$ V라고 가정할 때, 이 설계의 연산 증폭기가 선형 영역에서 동작하기 위해서는 입력 전압 v_b가 어떤 범위여야 하는가?

풀이

a) 간략화된 차동 증폭기 수식 (5.10)을 사용하면 두 개의 저항 사이의 비가 8:1인 저항이 필요하다.

$$v_o = \frac{R_b}{R_a}(v_b - v_a) = 8(v_b - v_a), \quad \frac{R_b}{R_a} = 8.$$

부록 H에 수록되어 있는 실제적인 저항값을 찾아보라. 수없이 많은 값이 가능하지만, 그중에서 $R_b = 12\ \text{k}\Omega$과 $R_a = 1.5\ \text{k}\Omega$을 선택해 보자. 간략화된 차동 증폭기의 공식은 다음의 관계를 필요로 하는 것을 주지하자.

$$\frac{R_a}{R_b} = \frac{R_c}{R_d}.$$

따라서 R_c와 R_d가 $R_c = R_a = 1.5\ \text{k}\Omega$, $R_d = R_b = 12\ \text{k}\Omega$가 되도록 쉽게 선택할 수 있다. 최종 회로는 그림 5.16과 같다.

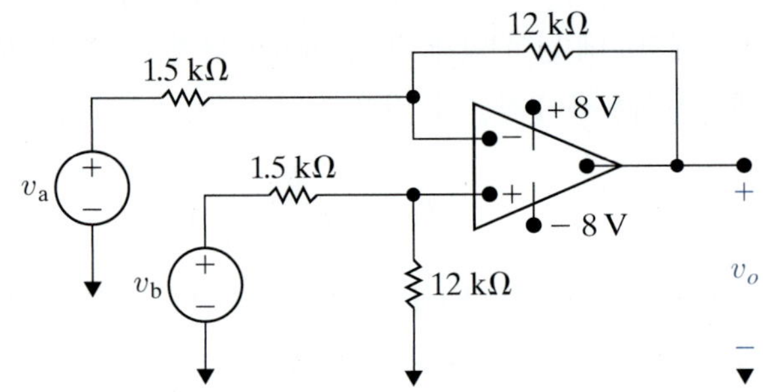

그림 5.16▲ 예제 5.5에서 설계된 차동 증폭기.

b) $v_a = 1$ V를 사용하여 v_b에 대한 두 개의 다른 형태의 차동 증폭기 수식 (5.10)을 v_o의 항으로 풀어라. 그러고 나서 출력 전압에 대한 두 개의 한계 값을 $v_o = +8$ V와 $v_o = -8$ V로 대체한다.

$$v_b = \frac{v_o}{8} + 1 = \frac{8}{8} + 1 = 2\ \text{V};$$

$$v_b = \frac{v_o}{8} + 1 = \frac{-8}{8} + 1 = 0\ \text{V}.$$

그러므로 (a)에서 설계된 차동 증폭기에서 $v_a = 1$ V이고, $0\ \text{V} \le v_b \le +2\ \text{V}$의 범위라면 이 설계의 연산 증폭기는 선형 영역에서 동작한다.

평가문제

목표 2—이상적인 연산 증폭기를 포함하는 간단한 회로를 해석할 수 있다.

5.5 a) 제시된 차동 증폭기에서 $v_a = 2$ V이다. 선형 동작을 하게 되는 v_b값의 영역을 구하라.

b) 18 kΩ을 6 kΩ으로 늘여서 (a)를 반복하라.

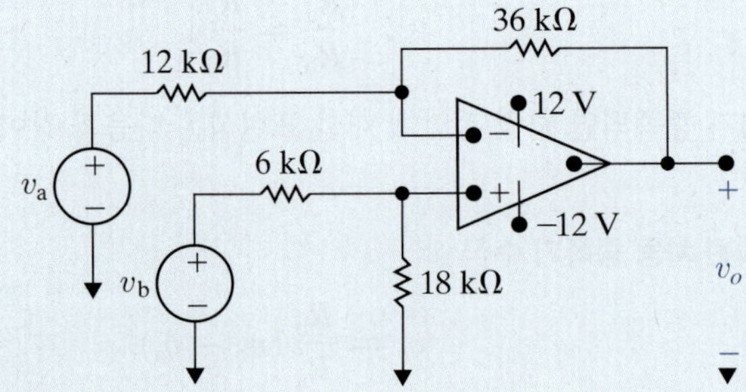

정답: a) $-2\ \text{V} \le v_b \le 6\ \text{V}$,

b) $-3\ \text{V} \le v_b \le 9\ \text{V}$.

자가 검사: 연습문제 5.26, 5.27, 5.32도 풀어 보라.

차동 증폭기—다른 측면

두 개의 다른 전압의 항으로 그 입력을 재정의하여 좀 더 면밀히 차동 증폭기의 동작을 검사해 보자. 첫 번째는 **차분 모드**(differential mode) 입력으로서 그림 5.15에 있는 두 입력 전압의 차이다.

$$v_{\text{dm}} = v_{\text{b}} - v_{\text{a}}. \tag{5.11}$$

두 번째는 **공통 모드**(common mode) 입력으로서 그림 5.15에 있는 두 입력 전압의 평균이다.

$$v_{\text{cm}} = (v_{\text{a}} + v_{\text{b}})/2. \tag{5.12}$$

식 (5.11)과 (5.12)를 사용하여 이제 원래의 입력 전압 v_a와 v_b를 차분 모드와 공통 모드 v_{dm}과 v_{cm}으로 다시 표현할 수 있다.

$$v_{\text{a}} = v_{\text{cm}} - \frac{1}{2}v_{\text{dm}}, \tag{5.13}$$

$$v_{\text{b}} = v_{\text{cm}} + \frac{1}{2}v_{\text{dm}}. \tag{5.14}$$

식 (5.13)과 (5.14)를 식 (5.8)에 대입하면 차분 모드와 공통 모드의 항으로 차동 증폭기의 출력을 얻는다.

$$\begin{aligned} v_o &= \left[\frac{R_aR_d - R_bR_c}{R_a(R_c + R_d)}\right]v_{\text{cm}} + \left[\frac{R_d(R_a + R_b) + R_b(R_c + R_d)}{2R_a(R_c + R_d)}\right]v_{\text{dm}} \\ &= A_{\text{cm}}v_{\text{cm}} + A_{\text{dm}}v_{\text{dm}}, \end{aligned} \tag{5.15}$$

여기서 A_{cm}은 공통 모드 이득이고, A_{dm}은 차분 모드 이득이다. 이제 식 (5.9)를 만족하는 가능한 R_c와 R_d 값에 대해 $R_c = R_a$ 그리고 $R_d = R_b$로 식 (5.15)에 대입하자.

$$v_o = (0)v_{\text{cm}} + \left(\frac{R_b}{R_a}\right)v_{\text{dm}}. \tag{5.16}$$

따라서 이상적인 차동 증폭기는 $A_{cm} = 0$이고, 입력 전압의 차분 모드 부분만 증폭하며, 입력 전압의 공통 모드 부분을 제거한다. 그림 5.17은 v_a와 v_b의 위치에 차분 모드와 공통 모드 입력 전압을 갖는 차동 증폭기 회로를 나타낸다.

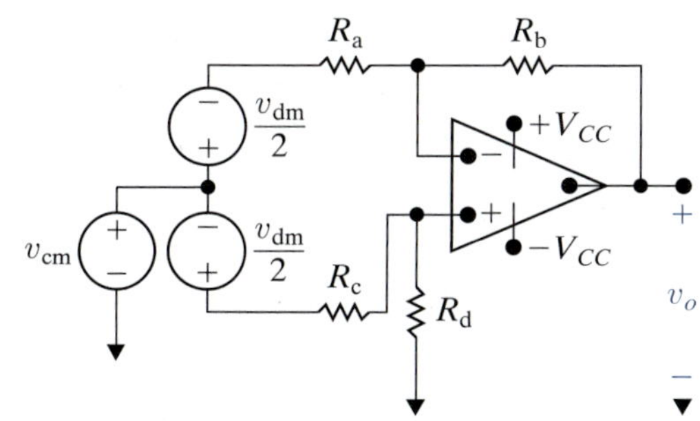

그림 5.17▲ 차분 모드 및 공통 모드 입력 전압을 갖는 차동 증폭기.

식 (5.16)은 차동 증폭기의 기능에 관한 중요한 측면을 제공한다. 많은 응용에서 중요한 측면은 관심 있는 정보를 포함하는 차분 모드 신호인 반면에, 공통 모드 신호는 모든 전기 신호에서 발견되는 잡음이다. 예를 들어 심전계 전극은 심장 박동을 조절하기 위해 신체에서 생성된 전압을 측정한다. 이들 전압은 전극이 실내의 조명 또는 전기적 장치와 같은 전원으로부터 입수한 전기적인 잡음과 비교해 크기가 매우 작다. 잡음은 측정된 전압의 공통 모드 부분으로 나타나고, 이에 반해 심장 박동 전압은 차분 모드 부분으로 구성된다. 따라서 이상적인 차동 증폭기[식 (5.9)를 만족하는 저항값을 가진]는 관심 있는 전압만을 증폭하고 잡음은 억제한다.

차동 증폭기의 성능 측정하기—공통 모드 억제 비

이상적인 차동 증폭기는 0의 공통 모드 이득을 갖고 있으며 0이 아닌(그리고 보통 큰) 차분 모드 이득을 갖는다. 두 인수는 이상적인 공통 모드 이득에 영향을 미친다—저항 부정합이거나[즉 식 (5.9)가 충족되지 않음] 비이상적인 연산 증폭기[즉 식 (5.2)와 (5.3)이 충족되지 않음]. 여기서는 먼저 차동 증폭기의 성능에서 저항 부정합의 영향에 초점을 맞춘다.

식 (5.9)를 엄밀하게 만족하지 않는 저항값이 선택되었다고 가정하자. 그 대신에 저항 R_a, R_b, R_c, R_d 간의 관계는 다음과 같다.

$$\frac{R_a}{R_b} = (1 - \epsilon)\frac{R_c}{R_d},$$

따라서

$$R_a = (1 - \epsilon)R_c \quad \text{그리고} \quad R_b = R_d,$$

또는

$$R_d = (1 - \epsilon)R_b \quad \text{그리고} \quad R_a = R_c, \tag{5.17}$$

여기서 ϵ은 매우 작은 수이다. 식 (5.17)을 식 (5.15)에 대입하고 A_{cm}에 대한 표현을 간단히 함으로써 차동 증폭기의 공통 모드 이득에서 이 저항이 맞지 않는 경우의 영향을 살펴볼 수 있다.

$$\begin{aligned} A_{cm} &= \frac{R_a(1 - \epsilon)R_b - R_aR_b}{R_a[R_a + (1 - \epsilon)R_b]} \\ &= \frac{-\epsilon R_b}{R_a + (1 - \epsilon)R_b} \\ &\approx \frac{-\epsilon R_b}{R_a + R_b}. \end{aligned} \tag{5.18}$$

ϵ은 매우 작기 때문에 식 (5.18)의 근사화는 유효하며, 따라서 $(1 - \epsilon)$은 대략 1이다. 차동 증폭기에 있는 저항이 식 (5.9)를 만족한다면, $\epsilon = 0$이고 식 (5.18)은 $A_{cm} = 0$을 제공한다는 것을 주목하자.

이제 식 (5.17)을 식 (5.15)에 대입하고 A_{dm}에 대한 식을 단순화함으로써 차분 모드 이득에 대한 저항 부정합의 영향을 계산하자.

$$\begin{aligned} A_{dm} &= \frac{(1 - \epsilon)R_b(R_a + R_b) + R_b[R_a + (1 - \epsilon)R_b]}{2R_a[R_a + (1 - \epsilon)R_b]} \\ &= \frac{R_b}{R_a}\left[1 - \frac{(\epsilon/2)R_a}{R_a + (1 - \epsilon)R_b}\right] \\ &\approx \frac{R_b}{R_a}\left[1 - \frac{(\epsilon/2)R_a}{R_a + R_b}\right]. \end{aligned} \tag{5.19}$$

A_{cm}의 계산에서와 같이 식 (5.19)에 있는 근사화에 대해 같은 이론적 근거를 사용한다. 차동 증폭기에 있는 저항이 식 (5.9)를 만족할 때 $\epsilon = 0$이고 식 (5.19)는 $A_{dm} = R_b/R_a$를 제공한다.

공통 모드 억제 비(common mode rejection ratio, CMRR)는 차동 증폭기의 성능을 측정하는 데 사용될 수 있다. 이는 공통 모드 이득에 대한 차분 모드 이득의 비로서 정의된다.

$$\text{CMRR} = \left|\frac{A_{\text{dm}}}{A_{\text{cm}}}\right|. \tag{5.20}$$

CMRR이 클수록 차동 증폭기의 동작은 좀 더 이상적인 것에 가깝다. 식 (5.18)과 (5.19)를 식 (5.20)에 대입함으로써 CMRR에서 저항 부정합의 영향을 살펴볼 수 있다.

$$\begin{aligned}
\text{CMRR} &\approx \left|\frac{\frac{R_b}{R_a}[1 - (R_a\epsilon/2)/(R_a + R_b)]}{-\epsilon R_b/(R_a + R_b)}\right| \\
&\approx \left|\frac{R_a(1 - \epsilon/2) + R_b}{-\epsilon R_a}\right| \\
&\approx \left|\frac{1 + R_b/R_a}{-\epsilon}\right|.
\end{aligned} \tag{5.21}$$

식 (5.21)로부터 차동 증폭기에 있는 저항이 정합이 된다면, $\epsilon = 0$이고 CMRR $= \infty$이다. 비록 저항이 부정합이라 하더라도 차분 모드 이득(R_b/R_a)을 매우 크게 함으로써, 따라서 CMRR을 크게 함으로써 부정합의 영향을 줄일 수 있다.

0이 아닌 공통 모드 이득에 대한 또 다른 이유는 비이상적인 연산 증폭기라고 했다. 연산 증폭기가 그 자체로 차동 증폭기이고, 선형 동작 영역에 있기 때문에 출력은 입력의 차에 비례한다는 것을 기억하자. 즉 $v_o = A(v_p - v_n)$이다. 비이상적인 연산 증폭기의 출력은 입력 사이의 차(차분 모드 입력)에 엄밀히 비례하지는 않지만 또한 공통 모드 신호를 포함한다. 집적 회로의 소자에서 내부적 부정합은 연산 증폭기의 동작을 비이상적으로 만들고, 같은 방식으로 볼 때 차동 증폭기 회로에서의 저항 부정합은 연산 증폭기 동작을 비이상적으로 만든다. 비록 비이상적인 연산 증폭기의 논의가 이 장의 범위를 넘는다고 할지라도 연산 증폭기의 동작이 얼마나 이상적인 것에 가까운가를 가늠함으로써 실제로 연산 증폭기를 평가하기 위해 CMRR이 사용된다는 것을 주지하자.

예제 5.6에서 저항 부정합이 차동 증폭기의 CMMR에 어떻게 영향을 주는지 조사해 본다.

예제 5.6 CMRR 계산하기

a) 그림 5.16에서 보이는 바와 같이 예제 5.5에서 설계된 차동 증폭기의 저항 R_c가 정상값보다 10% 크다고 가정하자. 다른 저항값은 변하지 않았다고 할 때 차동 증폭기의 공통 모드 이득과 차분 모드 이득과 CMRR을 계산하라.

b) 저항 R_d가 정상값보다 10% 크고, 다른 저항값은 변하지 않았다고 할 때 (a)를 반복하라.

풀이

a) 식 (5.15)의 공통 모드 이득 수식을 사용하고, $R_c = 1500(1.1) = 1650\,\Omega$일 때 다음을 얻는다.

$$\begin{aligned}
A_{\text{cm}} &= \frac{(1500)(12{,}000) - (12{,}000)(1650)}{1500(1650 + 12{,}000)} \\
&= -0.0879.
\end{aligned}$$

그 후 식 (5.15)의 차분 모드 이득 수식을 사용하고, $R_c = 1500(1.1) = 1650\,\Omega$을 대입하면 다음을 얻는다.

$$A_{dm} = \frac{12{,}000(1500 + 12{,}000) + 12{,}000(1650 + 12{,}000)}{2(1500)(1650 + 12{,}000)}$$

$$= 7.956.$$

따라서 CMRR[식 (5.20)]은 다음과 같다.

$$\text{CMRR} = \left|\frac{7.956}{-0.0879}\right| = 90.5.$$

b) 식 (5.15)의 공통 모드 이득 수식을 사용하고, $R_d = 12{,}000(1.1) = 13{,}200\,\Omega$일 때 다음을 얻는다.

$$A_{cm} = \frac{(1500)(13{,}200) - (12{,}000)(1500)}{1500(1500 + 13{,}200)}$$

$$= 0.08163.$$

그 후 식 (5.15)의 차분 모드 이득 수식을 사용하고, $R_d = 12{,}000(1.1) = 13{,}200\,\Omega$을 대입하면 다음을 얻는다.

$$A_{dm} = \frac{13{,}200(1500 + 12{,}000) + 12{,}000(1500 + 13{,}200)}{2(1500)(1500 + 13{,}200)}$$

$$= 8.0408.$$

따라서 CMRR[식 (5.20)]은 다음과 같다.

$$\text{CMRR} = \left|\frac{8.0408}{0.08163}\right| = 98.5.$$

평가문제

목표 2—이상적인 연산 증폭기를 포함하는 간단한 회로를 해석할 수 있다.

5.6 표시된 차동 증폭기에서 $\text{CMRR} \geq 1000$을 산출하는 R_x 범위는 어느 정도인가?

정답: $19.93\text{ k}\Omega \leq R_x \leq 20.07\text{ k}\Omega$.

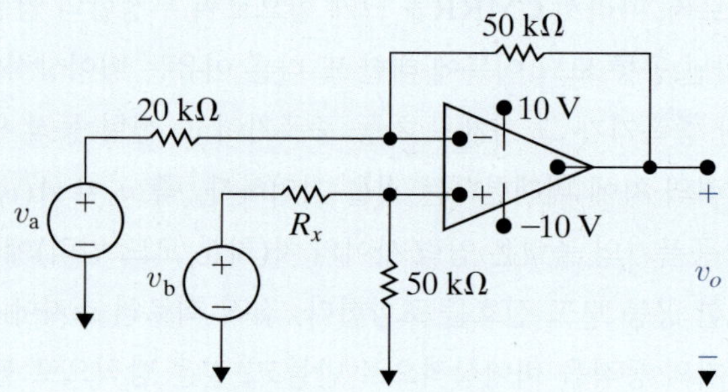

자가 검사: 연습문제 5.33과 5.34를 풀어 이해도를 평가하라.

5.7 연산 증폭기에 대한 좀 더 실제적인 모델

그림 5.18에 보이는 것과 같와 같이 이제 선형 영역에서 동작하는 연산 증폭기의 성능을 예측하는 좀 더 실제적인 모델을 생각해 보자. 이 모델은 이상적인 연산 증폭기에 대한 세 가지 수정을 포함한다: (1) 유한 입력 저항 R_i, (2) 유한 개방 폐회로 이득 A, (3) 0이 아닌 출력 저항 R_o.

그림 5.18의 등가 회로를 사용할 때에는 $v_n = v_p$[식 (5.2)]와 $i_n = i_p = 0$[식 (5.3)]이라는 가정은 유효하지 않다. 더욱이 출력 저항 R_o이 0이 아니기 때문에 식 (5.1)은 또한 더 이상 유효하지 않다.

비록 R_i와 R_o의 존재가 연산 증폭기 회로의 해석을 좀 더 성가시게 하지만, 해석은 복잡하지 않다. 예증을 위해, 반전과 비반전 증폭기를 해석할 때 그림 5.18의 등가 회로를 사용한다. 먼저 반전 증폭기부터 시작해 본다.

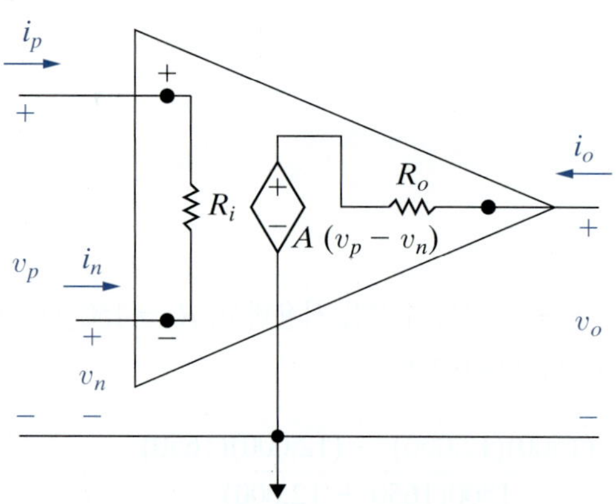

그림 5.18▲ 연산 증폭기에 대한 등가 회로.

좀 더 실제적인 연산 증폭기 모델을 이용한 반전 증폭기 회로의 해석

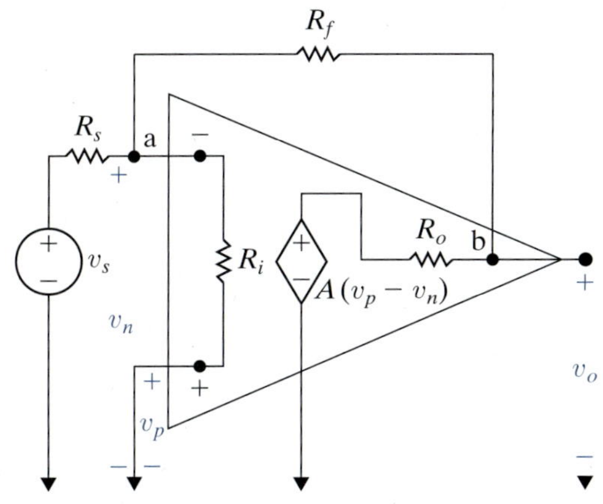

그림 5.19▲ 반전 증폭기 회로.

그림 5.18의 연산 증폭기 회로를 사용하면 반전 증폭기에 대한 회로는 그림 5.19와 같이 그려진다. 그림 5.19에서 a와 b로 표시된 마디에서 두 개의 KCL 수식을 세움으로써 전원 전압 v_s의 함수로서 출력 전압 v_o를 표현할 수 있다. 비반전 입력 단자에서는 외부 단락 회로 연결에 의해서 $v_p = 0$이라는 것을 주목하자. 수식은 다음과 같다.

$$\text{마디 a:}\quad \frac{v_n - v_s}{R_s} + \frac{v_n}{R_i} + \frac{v_n - v_o}{R_f} = 0,$$

$$\text{마디 b:}\quad \frac{v_o - v_n}{R_f} + \frac{v_o - A(-v_n)}{R_o} = 0.$$

v_o에 대한 해를 풀기 위해 크래머의 방법 또는 역대체를 사용하고, KCL 수식을 재정리한다.

$$\left(\frac{1}{R_s} + \frac{1}{R_i} + \frac{1}{R_f}\right)v_n - \frac{1}{R_f}v_o = \frac{1}{R_s}v_s,$$

$$\left(\frac{A}{R_o} - \frac{1}{R_f}\right)v_n + \left(\frac{1}{R_f} + \frac{1}{R_o}\right)v_o = 0.$$

v_o에 대해 풀면 다음 식이 산출된다.

$$v_o = \frac{-A + (R_o/R_f)}{\dfrac{R_s}{R_f}\left(1 + A + \dfrac{R_o}{R_i}\right) + \left(\dfrac{R_s}{R_i} + 1\right) + \dfrac{R_o}{R_f}}v_s. \tag{5.22}$$

$R_o \to 0$, $R_i \to \infty$, $A \to \infty$일 때 식 (5.22)는 식 (5.4)로 간소화되는 것을 주지하자.

만약 그림 5.19에서 보이는 반전 증폭기가 출력 단자에 부하 저항 R_L을 가지고 있다면 v_o와 v_s 사이의 관계는 다음 식과 같이 된다.

$$v_o = \frac{-A + (R_o/R_f)}{\dfrac{R_s}{R_f}\left(1 + A + \dfrac{R_o}{R_i} + \dfrac{R_o}{R_L}\right) + \left(1 + \dfrac{R_o}{R_L}\right)\left(1 + \dfrac{R_s}{R_i}\right) + \dfrac{R_o}{R_f}}v_s.$$

좀 더 실제적인 연산 증폭기 모델을 이용한 비반전 증폭기 회로의 해석

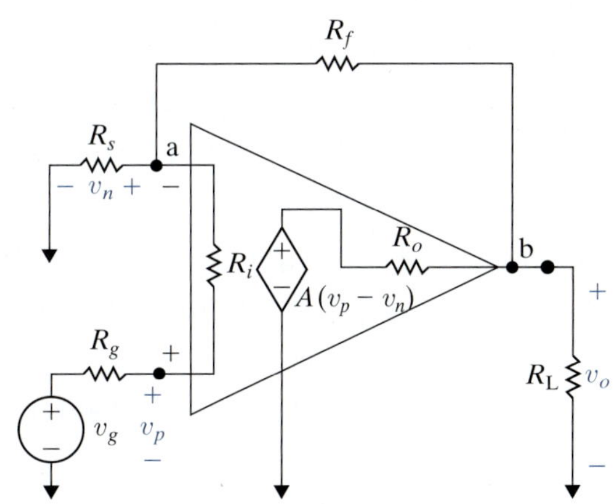

그림 5.20▲ 비반전 증폭기 회로.

비반전 증폭기를 해석하기 위해 그림 5.18의 등가 회로를 사용하면 그림 5.20과 같은 회로를 얻는다. 여기서 저항 R_g와 직렬인 전압원 v_g는 신호원을 표현한다. 저항 R_L은 증폭기에서의 부하를 나타낸다. 여기서는 마디 a와 b에서 KCL 수식을 쓰는 것으로 v_g의 함수로서 v_o에 대한 표현을 유도한다.

$$\text{마디 a:}\quad \frac{v_n}{R_s} + \frac{v_n - v_g}{R_g + R_i} + \frac{v_n - v_o}{R_f} = 0, \tag{5.23}$$

$$\text{마디 b:}\quad \frac{v_o - v_n}{R_f} + \frac{v_o}{R_L} + \frac{v_o - A(v_p - v_n)}{R_o} = 0. \tag{5.24}$$

R_g에서의 전류는 R_i에서와 같기 때문에 다음 식을 얻는다.

$$\frac{v_p - v_g}{R_g} = \frac{v_n - v_g}{R_i + R_g}. \quad (5.25)$$

식 (5.24)로부터 v_p를 제거하기 위해 식 (5.25)를 사용하면 다음 식을 얻는다.

$$v_n\left(\frac{1}{R_s} + \frac{1}{R_g + R_i} + \frac{1}{R_f}\right) - v_o\left(\frac{1}{R_f}\right) = v_g\left(\frac{1}{R_g + R_i}\right),$$

$$v_n\left[\frac{AR_i}{R_o(R_i + R_g)} - \frac{1}{R_f}\right] + v_o\left(\frac{1}{R_f} + \frac{1}{R_o} + \frac{1}{R_L}\right) = v_g\left[\frac{AR_i}{R_o(R_i + R_g)}\right].$$

v_o에 대해 풀면 다음 식이 산출된다.

$$v_o = \frac{[(R_f + R_s) + (R_sR_o/AR_i)]v_g}{R_s + \frac{R_o}{A}(1 + K_r) + \frac{R_fR_s + (R_f + R_s)(R_i + R_g)}{AR_i}}, \quad (5.26)$$

여기서

$$K_r = \frac{R_s + R_g}{R_i} + \frac{R_f + R_s}{R_L} + \frac{R_fR_s + R_fR_g + R_gR_s}{R_iR_L}.$$

$R_o \rightarrow 0$, $A \rightarrow \infty$, $R_i \rightarrow \infty$일 때 식 (5.26)은 식 (5.7)로 간소화되는 것을 주목하자. 무부하($R_L = \infty$) 비반전 증폭기에 대해 K_r은 $(R_s + R_g)/R_i$로 간소화되고, v_o에 대한 표현은 다음과 같이 되는 것을 주목하자.

$$v_o = \frac{[(R_f + R_s) + R_sR_o/AR_i]v_g}{R_s + \frac{R_o}{A}\left(1 + \frac{R_s + R_g}{R_i}\right) + \frac{1}{AR_i}[R_fR_s + (R_f + R_s)(R_i + R_g)]}. \quad (5.27)$$

예제 5.7은 좀 더 실제적인 연산 증폭기 모델을 사용하는 비반전 증폭기 회로를 해석한다.

예제 5.7 실제적인 연산 증폭기 모델을 사용하여 비반전 증폭기 회로 해석하기

이제 그림 5.18의 실제적인 연산 증폭기 모델을 이용하여 예제 5.5에서 설계된 비반전 증폭기를 해석한다. 개방 폐회로 이득 $A = 50{,}000$, 입력 저항 $R_i = 100\,\text{k}\Omega$, 출력 저항 $R_o = 7.5\,\text{k}\Omega$을 가정하자. 해당 회로는 그림 5.21과 같으며, 출력에서 부하 저항은 존재하지 않음을 주목하라.

a) 전원 전압 대 출력 전압의 비, v_o/v_g를 계산하라.

b) v_g가 1 V일 때 공통 모드에 대해 연산 증폭기 입력 단자에서의 전압 v_n와 v_p를 구하라.

c) v_g가 1 V일 때 연산 증폭기 입력 단자에서의 전압차 $(v_p - v_n)$를 구하라.

d) 전원 전압 v_g가 1 V일 때 신호 전원에서의 전류 i_g를 구하라.

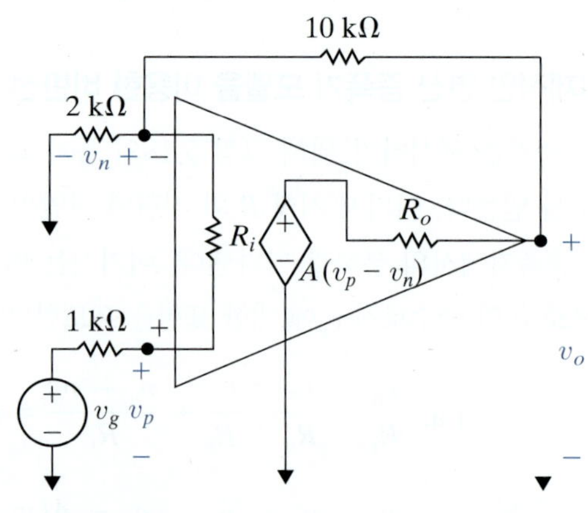

그림 5.21▲ $A = 50{,}000$, $R_i = 100\,\text{k}\Omega$, $R_o = 7.5\,\text{k}\Omega$을 가진 실제적인 연산 증폭기를 사용한 예제 5.5로부터의 차동 증폭기 회로.

풀이

a) 식 (5.27)을 이용하면

$$\frac{v_o}{v_g} = \frac{10\text{ k} + 2\text{ k} + \dfrac{(2\text{ k})(7.5\text{ k})}{(100\text{ k})(50{,}000)}}{2\text{ k} + \dfrac{7.5\text{ k}}{50{,}000}\left(1 + \dfrac{2\text{ k} + 1\text{ k}}{100\text{ k}}\right) + \dfrac{1}{50{,}000(100\text{ k})}[(10\text{ k})(2\text{ k}) + (10\text{ k} + 2\text{ k})(100\text{ k} + 1\text{ k})]} = 5.9988.$$

이 값이 이상적인 연산 증폭기 모델을 이용하여 예제 5.5에서 정의하고 획득한 이득값 6과 얼마나 근접한지 주목하라.

b) (a)로부터 v_g가 1 V일 때 $v_o = 5.9988$ V이다. 이제 v_o와 v_g의 항으로 v_n에 대한 해를 구하기 위해 식 (5.23)을 이용한다.

$$v_n\left(\frac{1}{2\text{ k}} + \frac{1}{1\text{ k} + 100\text{ k}} + \frac{1}{10\text{ k}}\right) = \frac{1}{100\text{ k} + 1\text{ k}} + \frac{5.9988}{10\text{ k}}$$

$$v_n = 0.999803\text{ V}.$$

v_p에 대한 해를 구하기 위해 식 (5.25)를 이용한다.

$$v_p = \frac{R_g(v_n - v_g)}{R_i + R_g} + v_g = \frac{1\text{k}(0.999803 - 1)}{100\text{ k} + 1\text{ k}} + 1 = 0.999996\text{ V}.$$

c) (b)로부터의 결과를 이용하여 연산 증폭기 입력 단자에서의 전압차는 다음과 같음을 알 수 있다.

$$v_p - v_n = 192.895\ \mu\text{V}.$$

비록 이 전압차는 매우 작지만, 이상적인 연산 증폭기 모델을 이용할 때 가정한 바와 같이 0이 아니다.

d) 신호 전원의 전류는 저항 R_g에서의 전류이다. 옴의 법칙을 사용하면

$$i_g = \frac{v_g - v_p}{R_g} = \frac{1 - 0.999996}{1000} = 3.86\text{ nA}.$$

이것은 또한 비반전 연산 증폭기 단자로 들어가는 전류이다. 이 값은 매우 작지만 이상적인 연산 증폭기 모델을 이용할 때 가정한 바와 같이 0이 아니다.

평가문제

목표 3—연산 증폭기에 대한 좀 더 실제적인 모델을 이해한다.

5.7 제시된 회로에서 반전 증폭기는 480 kΩ의 입력 저항, 2 kΩ의 출력 저항, 100,000의 개방 폐회로 이득을 갖고 있다. 증폭기는 선형 영역에서 동작한다고 가정한다.

a) 증폭기의 전압 이득(v_o/v_g)을 계산하라.

b) $v_g = 1$ V일 때 v_n의 값을 μV 단위로 계산하라.

c) 신호원(v_g)에서 바라본 저항을 계산하라.

d) 연산 증폭기에 대해 이상적인 모델을 사용하여 (a)~(c)를 반복하라.

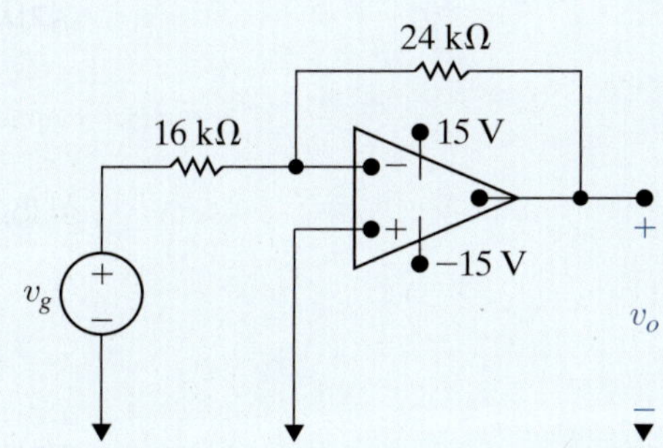

정답: a) −1.49996,

b) 16.25 μV,

c) 16,000.26 Ω,

d) −1.5, 0 μV, 16 kΩ.

자가 검사: 연습문제 5.45와 5.47도 풀어 보라.

실제 응용

센서

센서는 내부 저항을 가진 전압 또는 전류 전원으로 모델화될 수 있다. 변환되는 물리적인 자극은 특정한 범위를 가지고 있으며, 이것은 전기적 값의 범위로 사상 또는 매핑(mapping)된다. 예를 들면 열전대(thermocouple)는 단순히 두 개의 다른 금속선을 연결하여 만들 수 있다. 열전 효과(Seebeck effect)에 의해서 연결점에서의 온도에 비례하는 전압이 생성된다. 이 방법을 사용하면 15008C 또는 그 이상의 높은 온도를 측정하는 것이 가능하다. 하지만 열전대에서 생성되는 해당 전압은 밀리볼트(millivolt) 단위이다. 주변 환경에서 더해지는 전기적인 잡음을 피하기 위해서는 신호는 볼트(volt) 단위로 증폭되어야 하며, 제어와 자동화를 위한 디지털 전자 기기로 적절하게 공급되어야 한다.

아날로그-디지털 변환기(ADC)는 아날로그 신호를 수신하여 특정 숫자의 비트로 이루어진 이진수 디지털 수를 생성한다. 일단 신호가 디지털로 변환되면 어떠한 결합 또는 손실 없이 쉽게 전송 및 평가되고, 저장될 수 있다. 하지만 ADC는 특정 입력 전압 범위를 갖는다. 어떠한 ADC는 양극성이어서 양과 음의 전압(예를 들면, −10 V∼+10 V)을 모두 받아들이지만, 어떤 ADC는 단극성이어서 양의 입력에서만 동작한다(예를 들면, 0 V∼ 3.3 V). 따라서 센서의 출력으로부터 ADC의 입력까지 적절한 매핑을 시행할 수 있는 접속 회로가 필요하다. 만약 매핑이 ADC 입력 범위의 일부만 다룰 수 있다면 어떤 디지털 수는 사양되지 않을 것이고, ADC로부터 제공되는 해상도를 충분히 활용하지 못하는 결과를 초래한다. 그와 반대로, 만약 매핑이 ADC 입력 범위 한계 밖이라면 어떤 센서의 출력은 정확하게 표시되지 않을 것이다. 그러므로 접속 회로를 설계할 때에는 주의 깊게 다루어야 한다.

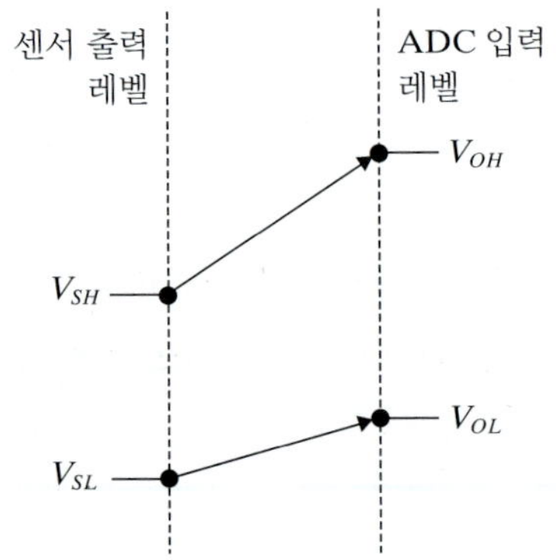

그림 5.22▲ 센서로부터 ADC로의 매핑.

센서의 출력과 ADC의 입력 사이에서 매핑을 구축하기 위해 그림 5.22를 고려해 보라.

V_{SH}과 V_{SL}은 센서 출력 전압 범위의 최댓값과 최솟값이며, V_{OH}과 V_{OL}은 ADC 입력 전압에서 각각 해당하는 최고 레벨과 최저 레벨을 나타낸다. 센서 출력 전압 V_S로부터 ADC 입력 전압 V_O로의 선형 매핑 함수는 다음을 사용하여 구축할 수 있다.

$$V_O = KV_S + L \tag{5.28}$$

여기서 다음 관계를 가져야 한다.

$$V_{OH} = KV_{SH} + L, \quad V_{OL} = KV_{SL} + L. \tag{5.29}$$

식 (5.29)로부터 다음 식을 얻는다.

$$K = \frac{V_{OH} - V_{OL}}{V_{SH} - V_{SL}}, \quad L = V_{OL} - KV_{SL}. \tag{5.30}$$

여기서 K는 증폭 비율을 나타낸다. 일반적으로 1보다 큰 값을 갖지만, 만약 센서 출력 전압의 범위가 ADC 입력 전압 범위보다 큰 경우 1보다 작아질 수도 있다. 때로는 K값은 음수의 값을 갖기도 한다. 이 경우 작은 센서의 값이 높은 ADC 입력으로 매핑되거나, 그 반대가 되기도 한다. 이러한 것은 디지털 숫자가 획득된다면 아무런 문제가 되지 않는다. 접속 회로에서 반전을 고려함으로써 바른 방법으로 평가될 수 있기 때문이다. 상수 L은 레벨 이동 값을 나타내며, 양수 또는 음수일 수 있다. 전압 레벨 사이에서 이러한 상수 값을 더하는 것을 레벨 이동(level shifting)이라고 부르며, 0의 센서 출력 레벨을 원하는 ADC 입력 레벨에 올바르게 매핑하기 위해 필요하다.

식 (5.28)의 매핑은 연산 증폭기 회로를 이용하여 손쉽게 시행될 수 있다. 예를 들면, 그림 5.23의 회로는 다음의 매핑 함수를 수행한다.

$$V_O = \underbrace{\left(1 + \frac{R_f(R_1 + R_2)}{R_1 R_2}\right)}_{K} V_S - \underbrace{\frac{R_f}{R_2}}_{L} V_r \qquad (5.31)$$

여기서 K는 1보다 크지만, 전압 분배기를 입력(또는 출력) 단자에 더함으로써 이득을 1보다 작게 만들 수 있다. L의 부호는 기준 전압 V_r의 극성을 이용하여 바꿀 수 있다.

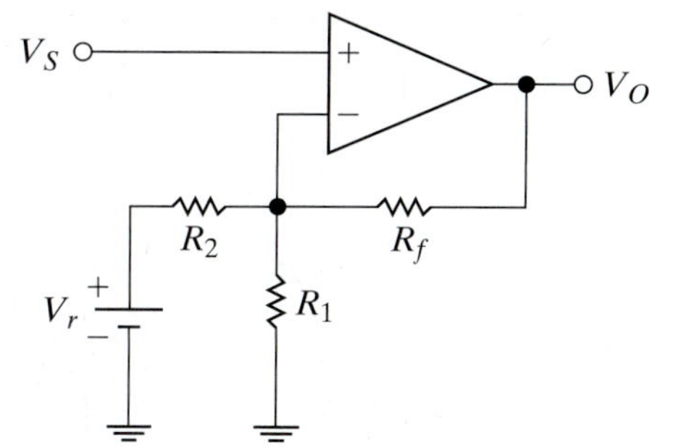

그림 5.23▲ 증폭과 레벨 이동 동작을 모두 수행하는 연산 증폭기.

요약

- 연산 증폭기(op amp)는 두 개의 입력 단자, 두 개의 전력 공급 단자, 한 개의 출력 단자를 가진 복잡한 전자 회로이다. 공통 단자에 대해 반전 입력 단자에서의 전압은 v_n이고, 비반전 입력 단자에서의 전압은 v_p, 출력 단자에서의 전압은 v_o이다. 반전 입력 단자로 들어가는 전류는 i_n이고, 비반전 입력 단자로 들어가는 전류는 i_p이다.
- 이상적인 연산 증폭기의 전압 전달 특성을 정의하는 식은 다음과 같다.

$$v_o = \begin{cases} -V_{CC}, & A(v_p - v_n) < -V_{CC}, \\ A(v_p - v_n), & -V_{CC} \le A(v_p - v_n) \le +V_{CC}, \\ +V_{CC}, & A(v_p - v_n) > +V_{CC}, \end{cases}$$

  여기서 A는 개방 폐회로 이득이라고 알려진 비례 상수이고, V_{CC}는 전력 공급 전압을 나타낸다.
- 연산 증폭기의 출력과 그것의 반전 입력 사이의 되먹임 경로는 연산 증폭기를 선형 동작 영역인 $v_o = A(v_p - v_n)$으로 제한할 수 있다.
- 전압 제한은 연산 증폭기가 V_{CC}와 A의 전형적인 값에 기인한 선형 동작 영역에 제한될 때 존재한다. 만약 이상적인 모델이 가정될 때(A가 무한으로 가정되는 것을 뜻함) 이상적인 연산 증폭기 모델은 다음의 전압 제약에 의해 특징지어진다.

$$v_p = v_n.$$

- 게다가 전류 제한은 연산 증폭기 집적 회로의 이상적인 입력 저항은 무한이라고 가정할 때 이상적인 연산 증폭기 모델을 특징 짓는다. 이 전류 제한은 다음 식에 의해 주어진다.

$$i_p = i_n = 0.$$

- 이상적인 연산 증폭기를 분석하기 위해 다음 단계를 따른다.
  - 음의 되먹임 경로의 존재를 확인한다. 만약 이것이 존재한다면 연산 증폭기는 선형 영역에서 동작한다고 가정한다.
  - 입력 전류 제한 식 (5.3)과 v_n의 값, 그리고 전류를 알아내기 위한 옴의 법칙을 사용하여 반전 입력 단자에서의 KCL 수식을 세운다. 이 수식은 보통 연산 증폭기 출력 단자에서의 미지의 전압을 포함한다.
  - KCL 수식을 풀고 연산 증폭기 출력 단자에서의 전압을 계산한다.
  - 연산 증폭기가 실제로 선형 영역 또는 포화 영역에서 동작하는지 결정하기 위해 연산 증폭기의 출력 전압과 공급 전원 전압을 서로 비교한다.
- 반전 증폭기는 반전되고 입력의 비례 복제인 출력 전압을 생성하는 연산 증폭기 회로이다.
- 가산 증폭기는 입력 전압에 비례하여 가산된 출력 전압을 생성하는 연산 증폭기 회로이다.
- 비반전 증폭기는 입력 전압에 비례하는 복제된 출력 전압을 생성하는 연산 증폭기 회로이다.
- 차동 증폭기는 입력 전압차에 비례하는 복제된 출력 전압을 생성하는 연산 증폭기 회로이다.
- 차동 증폭기에 대한 두 개의 전압 입력은 공통 모드와 차분 모드 전압 입력인 v_{cm}과 v_{dm}을 계산하는 데 사용될 수 있다. 차동 증폭기로부터의 출력은 다음 형태로 쓸 수 있다.

$$v_o = A_{cm}v_{cm} + A_{dm}v_{dm},$$

  여기서 A_{cm}은 공통 모드 이득이고, A_{dm}은 차분 모드 이득이다.

• 이상적인 차동 증폭기에서 $A_{\mathrm{cm}} = 0$이다. 차동 증폭기가 얼마나 이상적인 것에 가까운지를 측정하기 위해 다음과 같은 공통 모드 억제 비를 사용한다.

$$\mathrm{CMRR} = \left|\frac{A_{\mathrm{dm}}}{A_{\mathrm{cm}}}\right|.$$

이상적인 차동 증폭기는 무한의 CMRR을 갖는다.

• 이 장에서는 간단하고 이상적인 연산 증폭기 모델과 좀 더 실제적인 모델을 고찰했다. 두 모델의 차이는 다음 표에 나타나 있다.

단순화된 모델	좀 더 실제적인 모델
무한 입력 저항	유한 입력 저항
무한 개방 폐회로 이득	유한 개방 폐회로 이득
0의 출력 저항	0이 아닌 출력 저항

연습문제

5.1과 5.2절

5.1 그림 P5.1의 회로에서 연산 증폭기는 이상적이다.

PSPICE MULTISIM

a) 다섯 개의 연산 증폭기 단자에 그 명칭을 쓰라.

b) i_n의 값을 결정하는 이상적인 연산 증폭기의 제한은 무엇인가? 이 값은 얼마인가?

c) $(v_p - v_n)$의 값을 결정하는 이상적인 연산 증폭기의 제한은 무엇인가? 이 값은 얼마인가?

d) v_o를 계산하라.

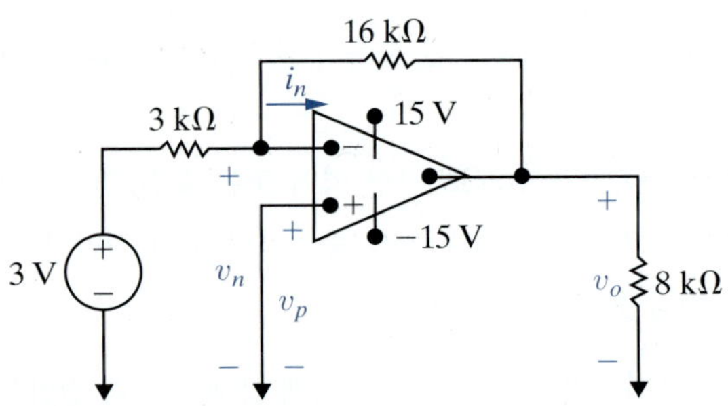

그림 P5.1

5.2 a) 그림 P5.1의 회로에서 2.5 V 전원을 다음의 전원 값으로 바꾸고, 각 전원값에 해당하는 v_o을 계산하라: 0.4 V, 2.0 V, 3.5 V, −0.6 V, −1.6 V, −2.4 V.

b) 연산 증폭기가 포화되지 않도록 하기 위한 전원값의 영역을 상술하라.

5.3 그림 P5.3의 회로에서 연산 증폭기는 이상적이다.

PSPICE MULTISIM

a) $v_a = 2$ V이고 $v_b = 1$ V일 때 v_o를 계산하라.

b) $v_a = -1$ V이고 $v_b = 0$ V일 때 v_o를 계산하라.

c) $v_a = 3$ V이고 $v_b = 3.5$ V일 때 v_o를 계산하라.

d) $v_a = -2$ V이고 $v_b = 1$ V일 때 v_o를 계산하라.

e) $v_a = 4$ V이고 $v_b = 0$ V일 때 v_o를 계산하라.

f) $v_b = 3$ V일 때 증폭기가 포화되지 않는 v_a의 영역을 상술하라.

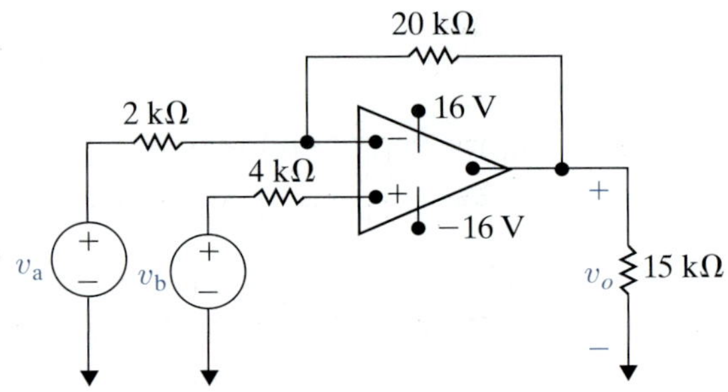

그림 P5.3

5.4 20 V의 최고 눈금 판독을 나타내는 전압계가 그림 P5.4의 회로에서 출력 전압을 측정하기 위해 사용된다. 전압계의 판독값은 얼마인가? 연산 증폭기는 이상적이라고 가정한다.

PSPICE MULTISIM

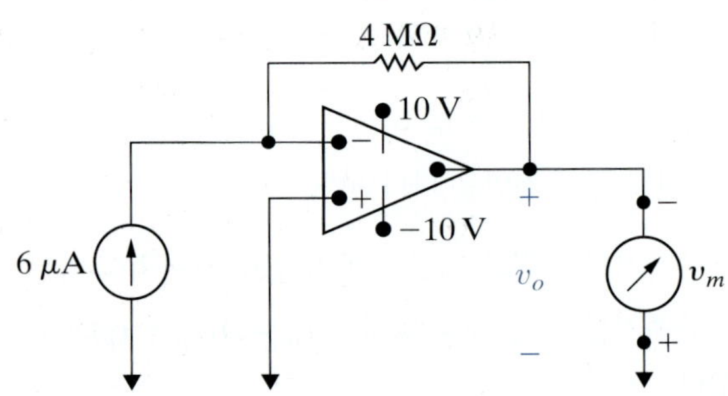

그림 P5.4

5.5 그림 P5.5의 회로에서 i_o을 구하라.

PSPICE MULTISIM

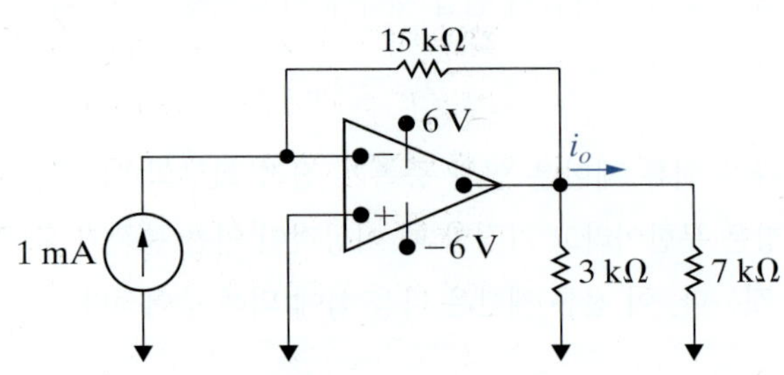

그림 P5.5

5.6 그림 P5.6의 회로에서 연산 증폭기는 이상적이다. 다음을 계산하라.
PSPICE MULTISIM

a) i_a b) v_a c) v_o d) i_o

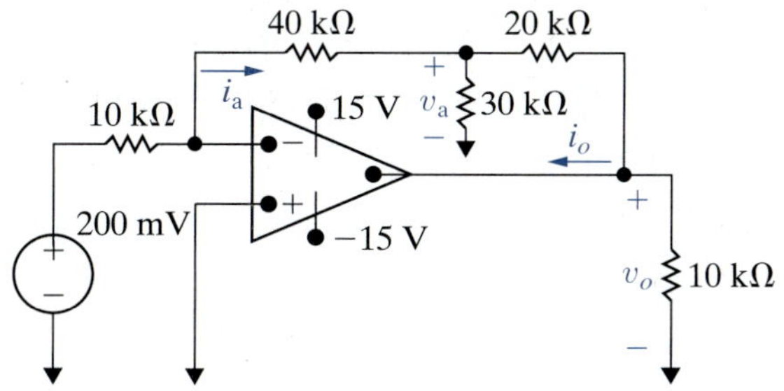

그림 P5.6

5.7 그림 P5.7의 회로에서 i_L을 밀리 암페어 단위로 구하라.
PSPICE MULTISIM

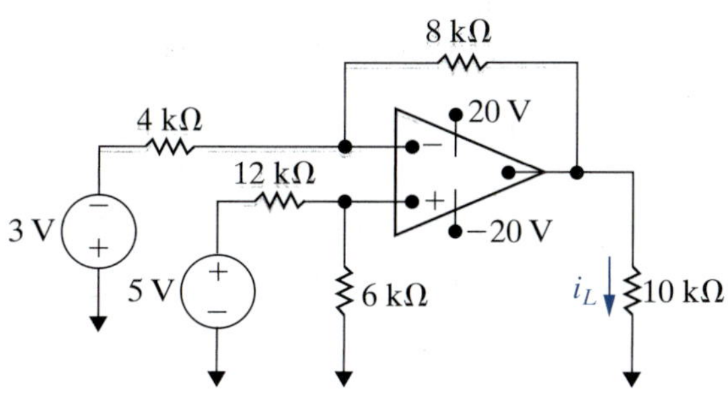

그림 P5.7

5.3절

5.8 그림 P5.8의 회로에서 연산 증폭기는 이상적이다.
PSPICE MULTISIM

a) 이 연산 증폭기가 포화되지 않도록 하는 σ값의 범위를 찾아라.

b) $\sigma = 0.12$일 때 i_o를 마이크로암페어 단위로 구하라.

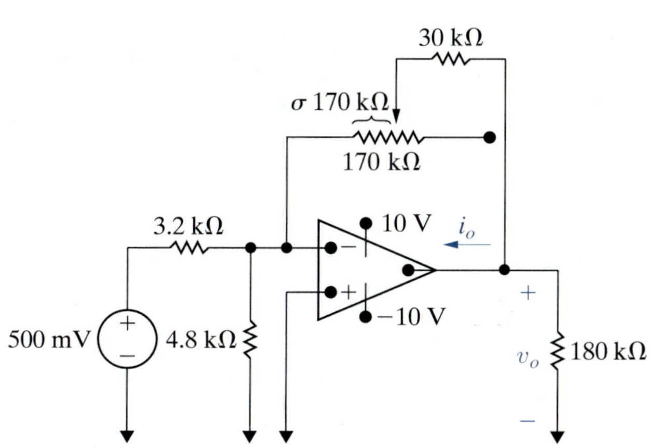

그림 P5.8

5.9 a) 그림 P5.9의 회로에서 연산 증폭기는 이상적이다. 조절 가능한 저항 R_Δ는 100 kΩ의 최댓값을 갖고 있으며, α는 $0.5 \le \alpha \le 1$의 영역으로 제한된다. $v_g = 40$ mV일 때 v_o의 영역을 계산하라.
PSPICE MULTISIM

b) 만약 α가 제한되지 않는다면 연산 증폭기가 포화되는 α의 값은 얼마인가?

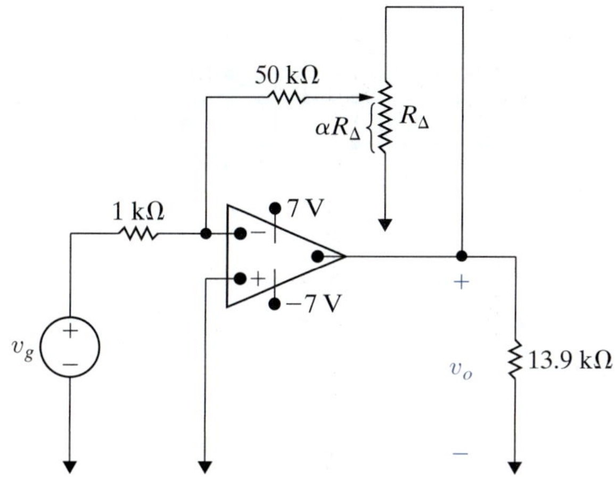

그림 P5.9

5.10 a) 이득 6을 갖는 반전 증폭기를 설계하라. ±15 V 전력 공급기와 20 kΩ의 저항이 되먹임 경로에 있는 이상적인 연산 증폭기를 사용하라.

b) (a)의 설계를 이용하여 연산 증폭기가 선형 영역에서 동작하도록 하기 위한 입력 값의 범위를 구하라.

c) 가변 저항을 가진 (a)에서 설계된 증폭기를 사용하여 4 V 신호를 증폭하려고 한다. 연산 증폭기가 선형 영역에서 동작하도록 하기 위한 되먹임 저항의 가장 큰 값은 얼마인가? 이 저항값을 사용한다면 반전 증폭기의 새로운 이득은 얼마인가?

5.11 a) 이상적인 연산 증폭기를 사용하여 이득 4를 갖는 반전 증폭기를 설계하라. 부록 H에 있는 동일한 저항기를 사용하라.
PSPICE MULTISIM

b) 만약 (a)에서 설계한 회로를 사용하여 −5 V와 +4 V 사이에서 입력 신호를 증폭하기 바란다면 사용할 수 있는 가장 작은 전력 공급기 신호는 얼마인가?

5.4절

5.12 PSPICE MULTISIM 그림 P5.12의 연산 증폭기는 이상적이다.

a) 이 그림에 나타낸 회로 구조는 무엇인가?

b) $v_a = 1$ V, $v_b = 1.5$ V, $v_c = -4$ V일 때 v_o를 구하라.

c) 전압 v_a와 v_c는 각각 1 V와 −4 V로 남아 있다. 연산 증폭기가 선형 영역 내에서 동작할 경우 v_b에 대한 제한을 구하라.

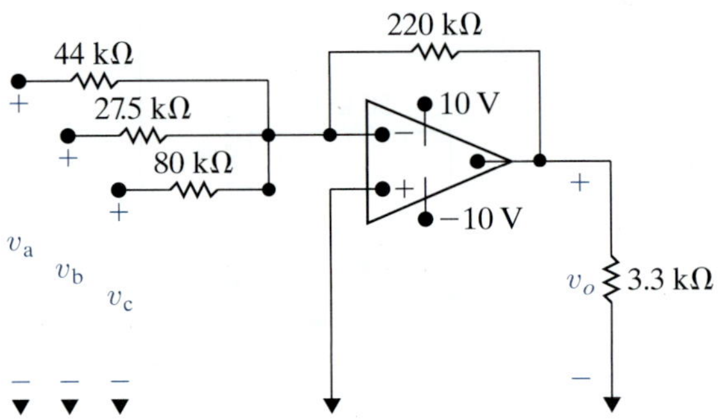

그림 P5.12

5.13 PSPICE MULTISIM a) 그림 P5.13의 연산 증폭기는 이상적이다. $v_a = 4$ V, $v_b = 8$ V, $v_c = 6$ V, $v_d = 3$ V일 때 v_o를 구하라.

b) v_a, v_b, v_d는 (a)에 주어진 값을 유지한다. 연산 증폭기가 선형 영역 내에서 동작하는 v_c의 영역을 상술하라.

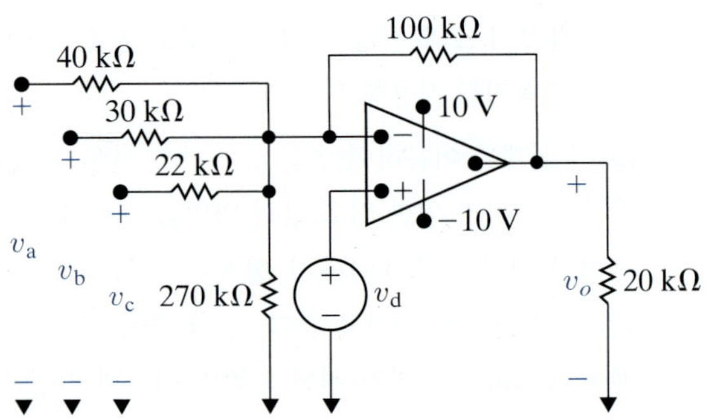

그림 P5.13

5.14 PSPICE MULTISIM 그림 P5.13의 회로에서 100 kΩ 되먹임 저항이 가변 저항 R_f에 의해 대체되었다. 모든 입력 전압 연습문제 5.14(a)에 주어진 값을 갖는다.

a) 연산 증폭기의 포화를 유발하는 R_f의 값은 얼마인가? $0 \le R_f \le \infty$임에 유의하라.

b) R_f가 (a)에서 구한 값을 가질 때 연산 증폭기의 출력 단자로 들어가는 전류는 얼마인가?

5.15 PSPICE MULTISIM 연산 증폭기가 이상적이라고 가정하는 그림 P5.11의 회로를 참조하라. $R_a = 4$ kΩ, $R_b = 5$ kΩ, $R_c = 20$ kΩ, $v_a = 200$ mV, $v_b = 150$ mV, $v_c = 400$ mV, $V_{CC} = \pm 6$ V로 주어질 때 연산 증폭기가 선형 영역에서 동작하기 위한 R_f의 범위를 구하라.

5.16 a) 다음과 같은 식이 성립하도록 되먹임 경로에 80 kΩ을 사용한 반전 가산 증폭기를 설계하라. ±12 V의 전원을 사용하라.

$$v_o = -(10v_a + 4v_b + 6v_c).$$

b) $v_a = 4$ V, $v_b = -2$ V라고 할 때 연산 증폭기가 선형 영역에서 동작하기 위한 v_b값의 범위는 무엇인가?

5.17 DESIGN PROBLEM PSPICE MULTISIM 다음과 같은 식이 성립하도록 반전 가산 증폭기를 설계하라.

$$v_o = -(3v_a + 5v_b + 4v_c + 2v_d).$$

부록 H로부터 되먹임 저항(R_f)을 선택하는 것으로 시작하라. R_a, R_b, R_c, R_d의 설계값을 만족하도록 부록 H로부터 저항망을 구성하거나, 단독 저항을 선택하라. 그 후 최종 회로도를 그려라.

5.5절

5.18 PSPICE MULTISIM 그림 P5.18의 회로에서 연산 증폭기는 이상적이다.

a) 이 연산 증폭기의 회로 구조는 무엇인가?

b) v_o를 계산하라.

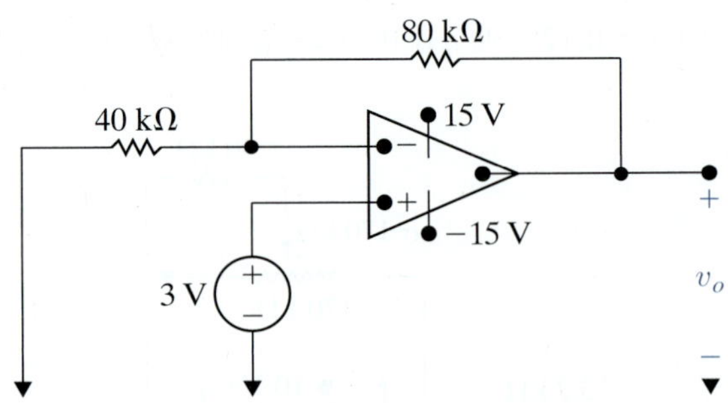

그림 P5.18

5.19 그림 P5.19의 회로에서 연산 증폭기는 이상적이다.

a) 이 연산 증폭기의 회로 구조는 무엇인가?

b) v_s의 항으로 v_o를 구하라.

c) v_o가 포화되지 않고 연산 증폭기가 선형 영역의 동작으로 남아 있는 v_s값의 영역을 구하라.

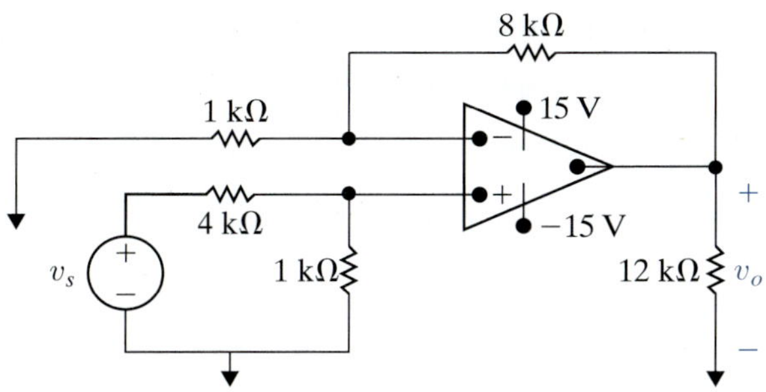

그림 P5.19

5.20 PSPICE MULTISIM 그림 P5.20의 회로에 있는 연산 증폭기가 이상적이라고 가정한다.

a) 가변 저항을 60 kΩ으로 설정했을 때의 출력 전압을 구하라.

c) 증폭기가 포화되기 전에 R_x는 얼마나 커질 수 있는가?

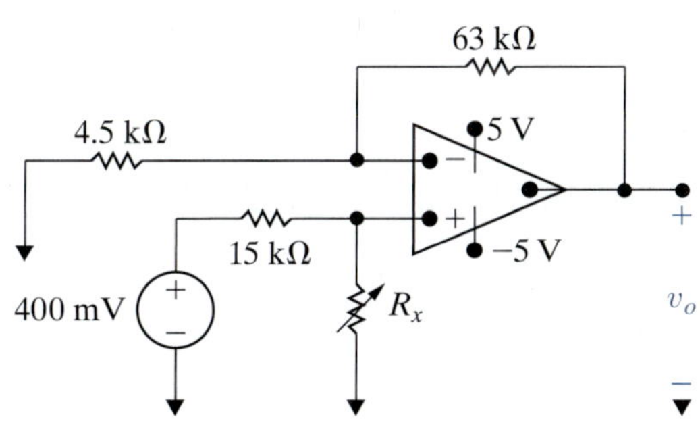

그림 P5.20

5.21 a) 되먹임 경로에 있는 100 kΩ의 저항을 사용하여 이득 5를 갖는 비반전 증폭기(그림 5.13 참조)를 설계하고, 최종 회로도를 그려라.

b) $-3\text{ V} \le v_g \le 2\text{ V}$ 범위의 입력 신호를 증폭하고자 할 때 연산 증폭기가 선형 영역에서 동작하도록 하기 위한 전력 공급기의 최솟값은 얼마인가?

5.22 a) 부록 H의 저항을 사용하여 이득 4를 갖는 비반전 증폭기(그림 5.13 참조)를 설계하라. 원하는 저항값을 얻기 위해 저항을 병렬 또는 직렬로 연결해야 할 것이다. 그 후 최종 회로도를 그려라.

b) 만약 연산 증폭기에 ±12 V 전력 공급기를 사용한다면 연산 증폭기가 선형 영역에서 동작하도록 하기 위한 입력값의 범위는 얼마인가?

5.23 PSPICE MULTISIM 그림 P5.23의 회로에서 연산 증폭기는 이상적이다.

a) 이 연산 증폭기의 회로 구조는 무엇인가?

b) v_s의 항으로 v_o를 구하라.

c) v_o가 포화되지 않고 연산 증폭기가 선형 영역의 동작으로 남아 있는 v_s값의 영역을 구하라.

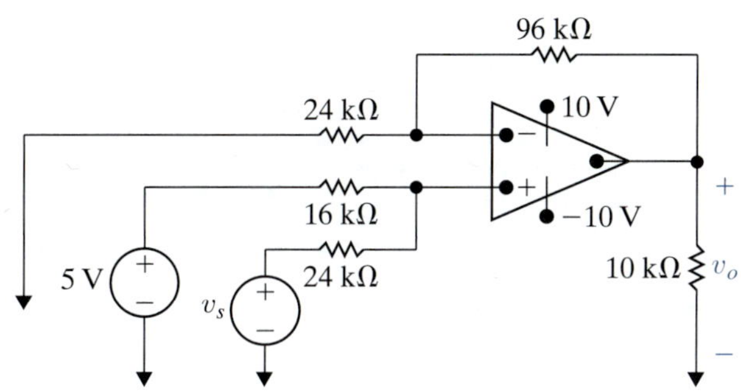

그림 P5.23

5.24 DESIGN PROBLEM PSPICE MULTISIM 그림 P5.24의 회로는 비반전 가산 증폭기이다. 연산 증폭기는 이상적이라고 가정한다. 다음 식과 같은 회로를 설계하라.

$$v_o = 2v_a + 4v_b + v_c.$$

a) R_a와 R_c의 수치를 상술하라.

b) $v_a = 1\text{ V}$, $v_b = 0.2\text{ V}$, $v_c = 0.8\text{ V}$일 때 i_a, i_b, i_c를 마이크로암페어 단위로 구하라.

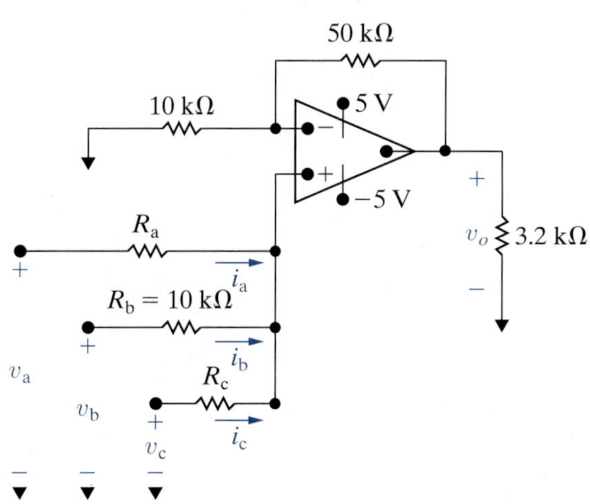

그림 P5.24

5.25 비반전 합산 증폭기의 연산 증폭기(그림 P5.25)가 이상적이다.
PSPICE / MULTISIM

a) 다음과 같이 되도록 R_f, R_b, R_c 값을 지정하라.

$$v_o = 6v_a + 3v_b + 4v_c.$$

b) (a)에서 찾은 R_f, R_b, R_c의 값을 사용하여 $v_a = 0.5$ V, $v_b = 2.5$ V, $v_c = 1$ V일 때, i_s와 i_o를 구하라(μA 단위).

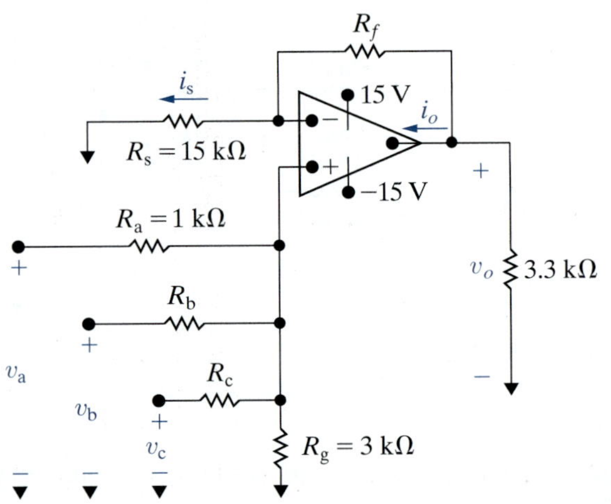

그림 P5.25

5.6절

5.26 그림 P5.26의 회로에서 연산 증폭기는 이상적이다.

a) 이 연산 증폭기의 회로 구조는 무엇인가?

b) 입력 전압 v_a의 항으로 출력 전압 v_o에 대한 식을 구하라.

c) v_a가 2 V라고 가정한다면 연산 증폭기가 포화되도록 유발하는 R_f값은 무엇인가?

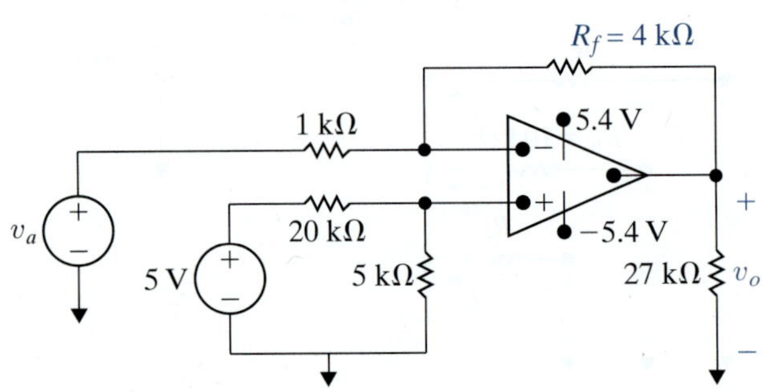

그림 P5.26

5.27 그림 5.15에 제시한 차동 증폭기의 저항값은 $R_a = 24$ kΩ, $R_b = 75$ kΩ, $R_c = 130$ kΩ, $R_d = 120$ kΩ이다. 신호 전압 v_a와 v_b는 각각 8과 5 V이고 $V_{CC} = \pm 20$ V이다.
PSPICE / MULTISIM

a) v_o를 구하라.

b) 신호원 v_a에서 바라본 저항은 얼마인가?

c) 신호원 v_b에서 바라본 저항은 얼마인가?

5.28 그림 P5.28의 회로에서 저항 R_f는 이상적인 연산 증폭기가 포화될 때까지 조정되었다. kΩ 단위로 R_f를 상술하라.

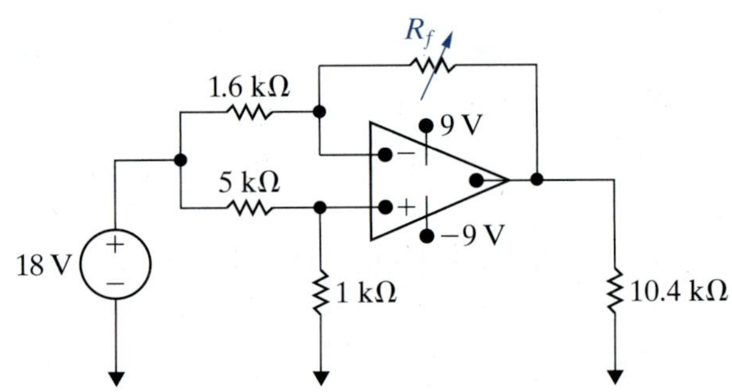

그림 P5.28

5.29 다음 식과 같이 되도록 그림 P5.29의 회로에서 R_a와 R_f 값을 선택하라.
DESIGN PROBLEM / PSPICE / MULTISIM

$$v_o = 5000(i_b - i_a).$$

부록 H로부터 단독 또는 저항 조합을 사용하라. 연산 증폭기는 이상적이다.

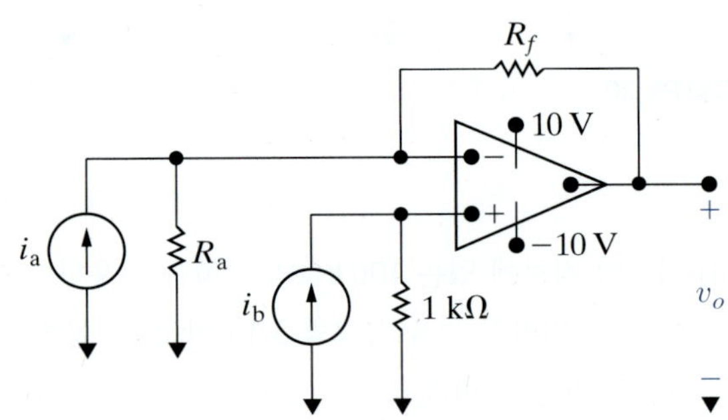

그림 P5.29

5.30 다음 기준에 맞는 차동 증폭기(그림 5.15)를 설계하라: $v_o = 2v_b - 5v_a$. 출력 전압 v_o가 0일 때 신호원 v_b에서 바라본 저항은 600 kΩ이고, 신호원 v_a에서 바라본 저항은 18 kΩ이다. 부록 H로부터 단독 또는 저항 조합을 사용하여 R_a, R_b, R_c, R_d 값을 상술하라.
DESIGN PROBLEM / PSPICE / MULTISIM

5.31 a) 중첩의 원리를 사용하여 식 (5.8)을 유도하라.

b) 식 (5.9) 및 (5.10)을 유도하라.

5.32 PSPICE MULTISIM 그림 P5.32의 가산-감산 회로에서 연산 증폭기는 이상적이다.

a) $v_a = 2$ V, $v_b = 3$ V, $v_c = 5$ V, $v_d = 6$ V일 때 출력 전압 v_o를 구하라.

b) (a)에서 구한 값에 대해 되먹임 저항이 100 kΩ 저항에 의해 대체되었을 때 v_o를 구하라.

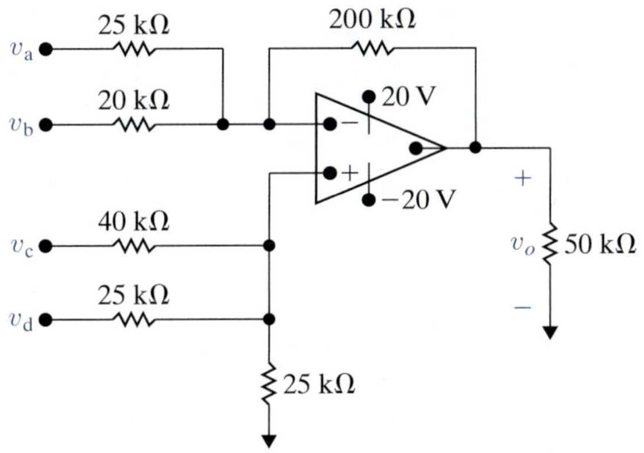

그림 P5.32

5.33 그림 P5.16의 차동 증폭기의 12 kΩ 저항 R_d가 가변 저항으로 대체되었다고 가정한다. 차동 증폭기의 CMRR ≥ |100|을 보장하는 R_d 값의 범위는 어느 정도인가?

5.34 그림 P5.34의 차동 증폭기에서 (a) 차분 모드 이득, (b) 공통 모드 이득, (c) CMRR을 계산하라.

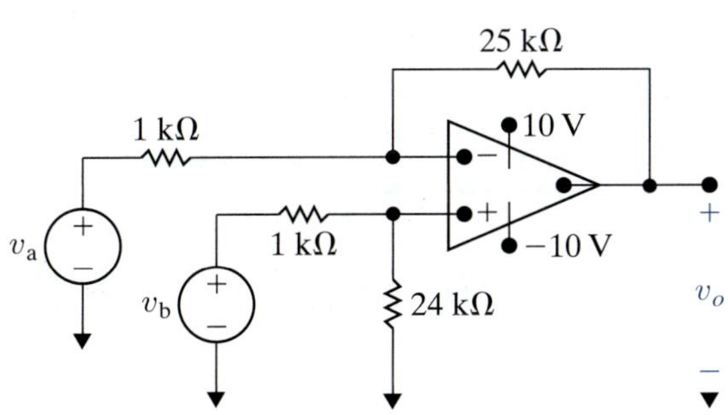

그림 P5.34

5.35 그림 P5.35의 회로에 있는 연산 증폭기는 이상적이다.

a) $R_f = 5R_1$이고 $v_g = 3$ V일 때 α에 대한 v_o를 그려라. 0.1의 증분을 사용하고 가설에 의해 $0 \le \alpha \le 1.0$임을 주목하자.

b) (a)에서 그린 직선에 대한 식을 쓰라. 선의 기울기와 절편은 v_g 및 R_f/R_1 비율과 어떻게 관련되는가?

c) (b)의 결과를 사용하여 $v_o = -8\alpha + 5$에 해당하는 v_g와 R_f/R_1 비율의 값을 선택하라.

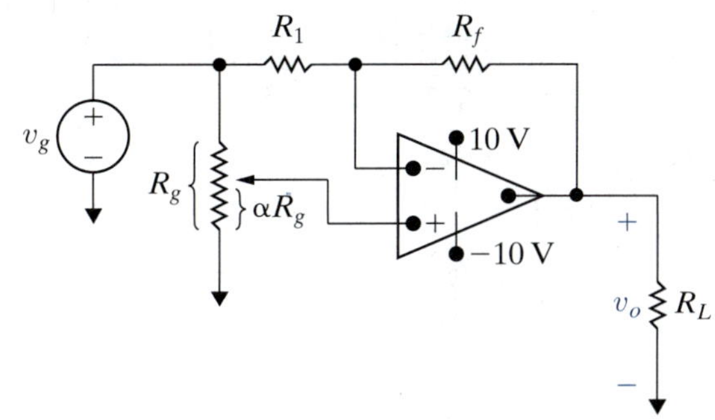

그림 P5.35

5.1~5.6절

5.36 PSPICE MULTISIM 그림 P5.36의 회로에서 이상적인 연산 증폭기는 선형 영역에서 동작한다고 가정한다.

a) 10 kΩ 저항에 전달된 전력을 계산하라.

b) 회로로부터 연산 증폭기가 제거된 경우, 즉 전압 전원과 40 kΩ 저항에 10 kΩ 저항이 직렬로 연결된 경우에 대해 (a)를 반복하라.

c) (b)에서 구한 값에 대한 (a)에서 구한 전력의 비를 구하라.

d) 전원과 부하 사이에 연산 증폭기의 삽입이 실질적인 목적에 맞는가? 설명하라.

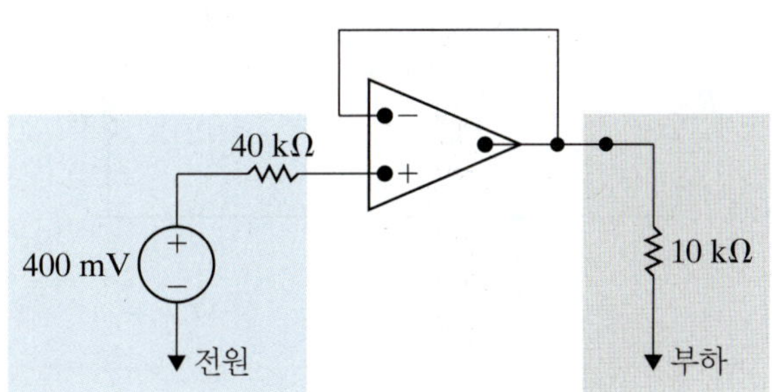

그림 P5.36

5.37 그림 P5.37의 회로에서 보이는 이상적인 연산 증폭기가 선형 영역에서 동작한다고 가정한다.

a) 출력 전압에 대한 수식을 유도하라.

b) $R_1 = 2\text{ k}\Omega$, $R_2 = 100\text{ k}\Omega$, $R_s = 10\text{ k}\Omega$, $v_s = 4\text{ V}$일 때 출력 전압 v_o를 구하라.

c) $R_2 = 0$일 때 이 회로는 어떻게 동작하는가?

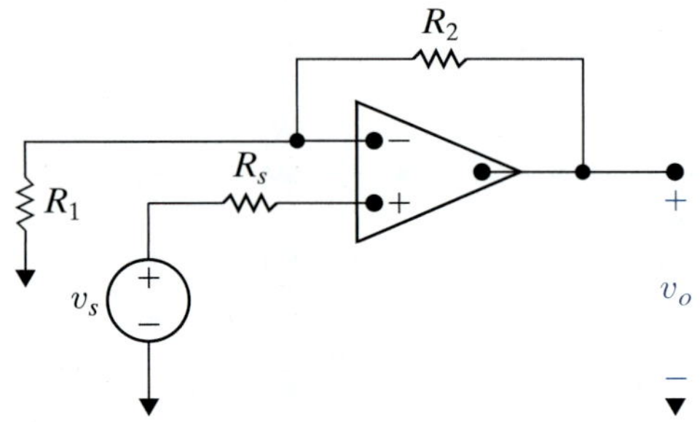

그림 P5.37

5.38 a) 그림 P5.38의 이상적인 연산 증폭기가 선형 영역에서 동작할 때 다음을 증명하라.

$$i_a = \frac{3v_g}{R}.$$

b) 다음 식과 같을 때 이상적인 연산 증폭기가 포화되는 것을 보여라.

$$R_a = \frac{R(\pm V_{CC} - 2v_g)}{3v_g}.$$

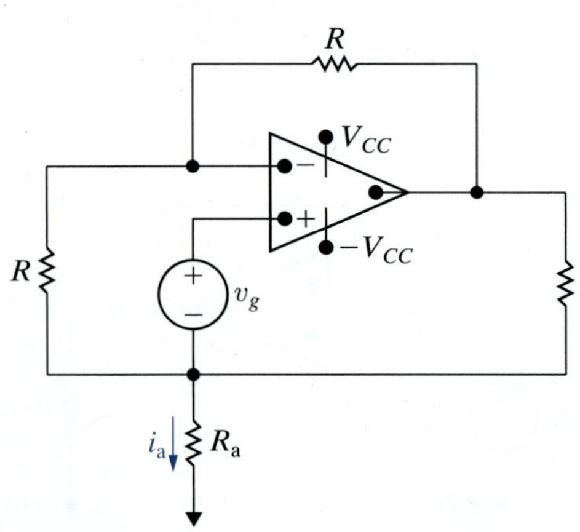

그림 P5.38

5.39 PSPICE MULTISIM 그림 P5.39에 음영으로 처리된 영역 내부의 회로는 R_L 값의 제한된 영역에 대한 상수 전류원이다.

a) $R_L = 2.5\text{ k}\Omega$에 대한 i_L의 값을 구하라.

b) i_L이 (a)에서 구한 값을 갖기 위한 R_L의 최댓값을 구하라.

c) $R_L = 6.5\text{ k}\Omega$이라고 가정한다. 회로의 동작을 설명 하라. 모든 동작 조건하에서 $i_n = i_p \approx 0$을 가정할 수 있다.

d) $0 \le R_L \le 6.5\text{ k}\Omega$일 때 R_L 대 i_L을 그려라.

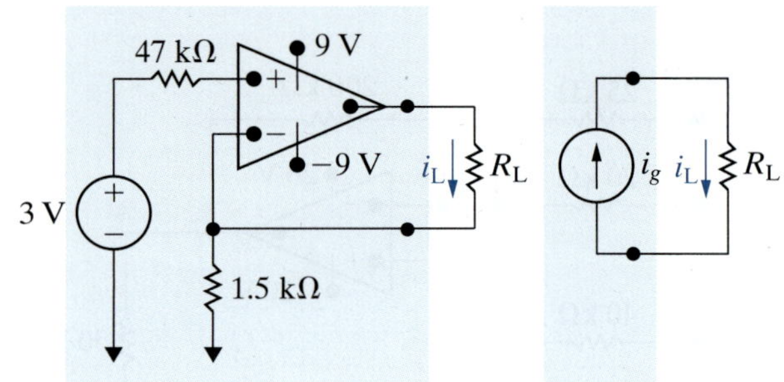

그림 P5.39

5.40 PSPICE MULTISIM 그림 P5.40의 회로에서 신호원 v_g는 다음과 같다.

$$v_g = 0, \qquad t \le 0,$$
$$v_g = 5\cos(\pi/4)t\text{ V}, \qquad 0 \le t \le \infty.$$

연산 증폭기가 이상적이라고 가정하여 t에 대한 v_o를 그려라.

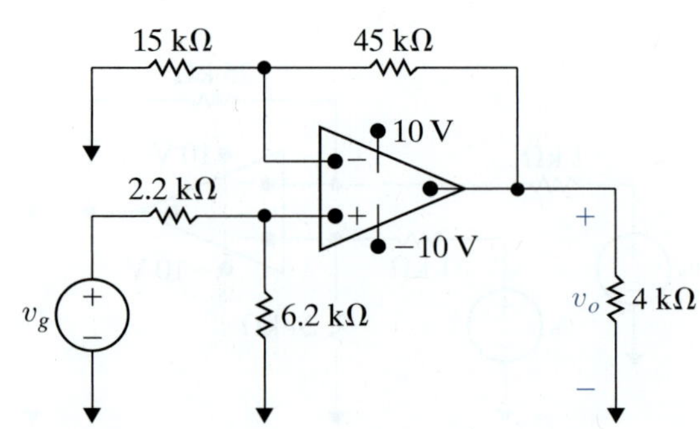

그림 P5.40

5.41 그림 P5.41(a)의 전압 v_g는 그림 P5.41(b)의 반전 증폭기에 적용된다. 연산 증폭기가 이상적이라고 가정하여 t에 대한 v_o를 그려라.
PSPICE MULTISIM

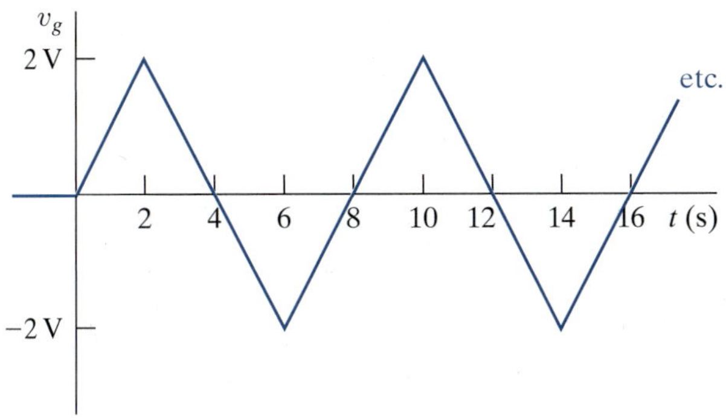

(a)

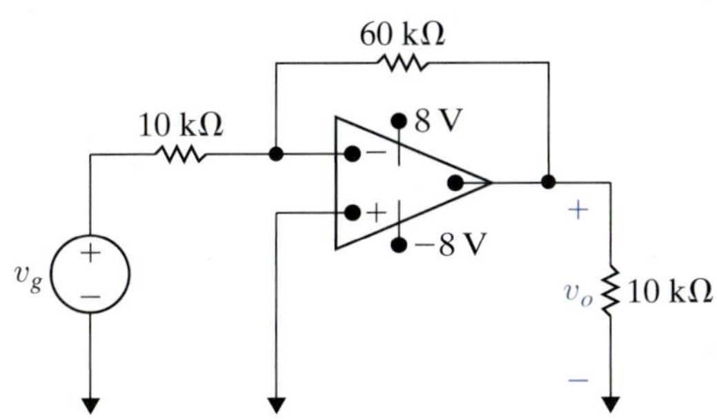

(b)

그림 P5.41

5.42 그림 P5.39의 회로에서 두 개의 연산 증폭기는 이상적이다. v_{o1}과 v_{o2}를 계산하라.

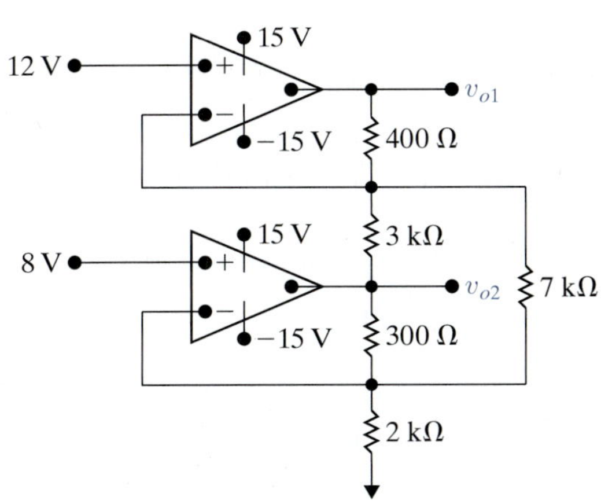

그림 P5.42

5.43 그림 P5.43의 회로에서 연산 증폭기는 이상적이다.
PSPICE MULTISIM
a) i_a를 구하라.
b) $i_a = 0$에 대한 왼쪽 전원의 값을 구하라.

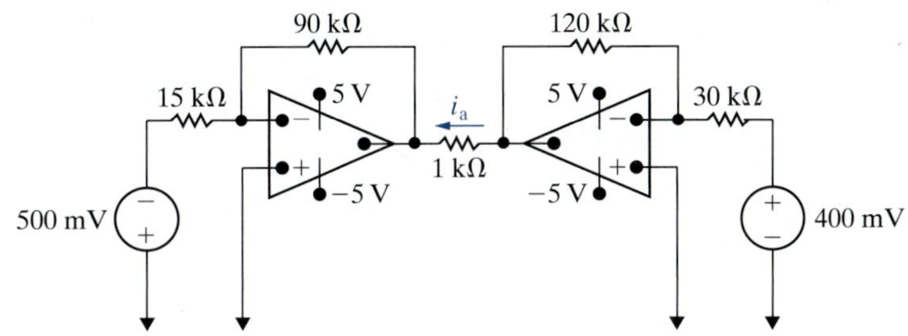

그림 P5.43

5.7절

5.44 식 (5.31)을 유도하라.

5.45 반전 증폭기에 400 Ω 저항의 부하가 걸렸을 때 평가 문제 5.7을 반복하라.
PSPICE MULTISIM

5.46 그림 P5.46에서 연산 증폭기의 입력 저항은 무한이고 출력 저항은 0이라고 가정하자.
PSPICE MULTISIM
a) v_g와 개방 폐회로 이득 A의 함수로서 v_o를 구하라.
b) $v_g = 0.5$ V이고 $A = 150$일 때 v_o의 값은 얼마인가?
c) $v_g = 0.5$ V이고 $A = \infty$일 때 v_o의 값은 얼마인가?
d) v_o가 (c)에서 구한 값의 98%가 되려면 A값은 얼마나 커야 하는가?

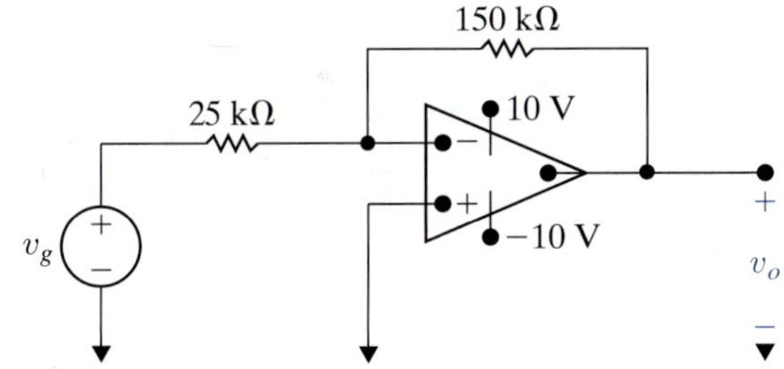

그림 P5.46

5.47 PSPICE MULTISIM 그림 P5.47의 비반전 증폭기 회로에서 연산 증폭기는 600 kΩ의 입력 저항, 10 kΩ의 출력 저항 및 60,000의 개방 회로 이득을 갖고 있다. 연산 증폭기는 선형 영역에서 동작한다고 가정한다.

a) 전압 이득(v_o/v_g)을 계산하라.

b) $v_g = 1$ V일 때 반전 및 비반전 입력 전압 v_n과 v_p를 mV 단위로 구하라.

c) $v_g = 1$ V일 때 차($v_p - v_n$)를 μV 단위로 계산하라.

d) $v_g = 1$ V일 때 신호원 v_g상에서의 전류 배출(current drain)을 pA 단위로 구하라.

e) 이상적인 연산 증폭기를 가정하여 (a)~(d)를 반복하라.

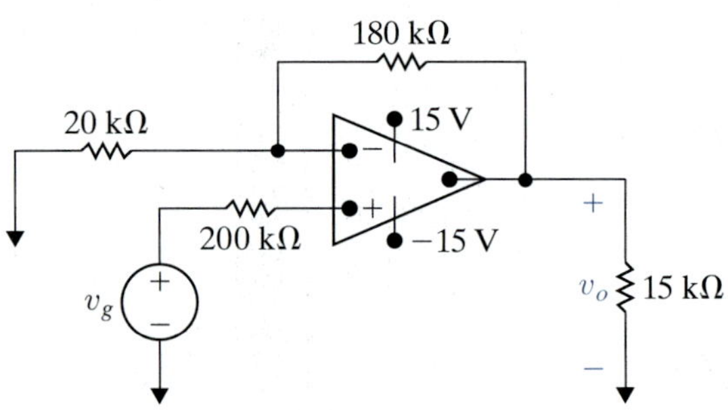

그림 P5.47

5.48 PSPICE MULTISIM a) 그림 P5.48의 반전 증폭기에 대해 출력 단자 a, b에 대한 테브냉 등가 회로를 구하라. dc 신호원은 400 mV의 값을 갖는다. 연산 증폭기는 500 kΩ의 입력 저항, 5 kΩ의 출력 저항 및 300,000의 개방 회로 이득을 갖는다.

b) 반전 증폭기의 출력 저항은 얼마인가?

c) 단자 a, b에 500 Ω이 부하로 걸렸을 때 신호 전원 v_s에서 바라본 저항은 Ω 단위로 얼마인가?

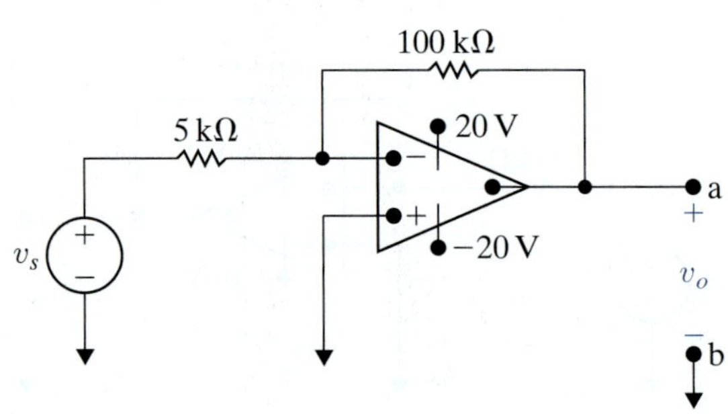

그림 P5.48

5.49 PSPICE MULTISIM 이상적인 연산 증폭기를 가정하여 연습문제 5.48을 반복하라.

5.1~5.7절

5.50 그림 5.22의 다리에 있는 인장 측정기의 값이 150 Ω ± 2%라고 가정한다. 연산 증폭기에 대한 전원 공급은 ±12 V이고 기준 전압인 v_{ref}는 양의 전원 공급에서 가져온다.

a) 길이가 길어지는 인장 측정기가 최대 길이에 도달했을 때 출력 전압이 4 V가 되는 R_f의 값을 계산하라.

b) 출력 전압에서의 30 mV 변화를 정확하게 측정할 수 있다고 가정해 보자. 인장 측정기 저항에서의 어떤 변화를 mΩ 단위로 감지할 수 있는가?

5.51 PRACTICAL PERSPECTIVE PSPICE MULTISIM 자계 센서는 산업용과 가전 기기에서 근접 감지와 위치 센서에 사용된다. 저항(R_M)으로 모델링된 고감도의 자기 센서는 그림 P5.51과 같다. 0~100 가우스 범위에 대해 해당하는 저항값은 60 kΩ에서 30 kΩ까지이다. 회로 출력에서 0~5 V의 해당하는 범위를 얻을 수 있도록 필요한 전압원과 저항값을 찾아라.

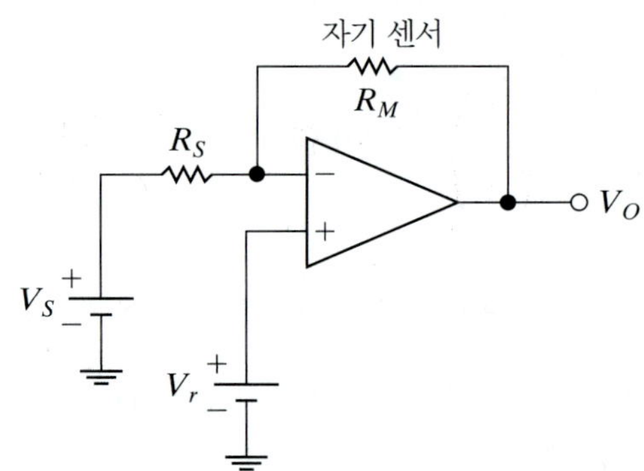

그림 P5.51

5.52 PRACTICAL PERSPECTIVE PSPICE MULTISIM a) 백분율 오차가 다음과 같이 정의되는 경우이다.

$$\%\text{오차} = \left[\frac{\text{대략적인 값}}{\text{실제 값}}\right] \times 100,$$

연습문제 5.51에서 v_o의 근사값의 백분율 오차는 다음과 같다는 것을 증명하라.

$$\%\text{오차} = \frac{\Delta R}{R}\frac{(R + R_f)}{(R + 2R_f)} \times 100.$$

b) 연습문제 5.51(b)에 대한 v_o의 백분율 오차를 계산한다.

5.53 PRACTICAL PERSPECTIVE PSPICE MULTISIM 적외선(IR) 광다이오드는 광섬유 통신, 동작 감지기, 원격 컨트롤러 등 다양한 응용 분야와 장치에 사용된다. IR 광다이오드의 전형적인 예는 그림 P5.53에 나와 있다. 역전압 V_r이 일정하게 유지되면 IR 광다이오드는 특정 파장(전형적으로 940 nm)의 적외선 조도(E_e)에 비례하는 역전류 I_r를 생성한다. 광다이오드는 5 V의 역전압을 가져야 하며, $E_e = 1\ \mathrm{mW/cm^2}$의 조도에 대해 $I_r = 40\ \mu\mathrm{A}$를 생성한다. 이 값에 대하여, 회로 출력에 10 V가 표시되기를 원한다고 하자. 연산 증폭기가 포화되지 않았다고 가정하고 필요한 전압 공급(V_N) 및 저항(R_f) 값을 구하라.

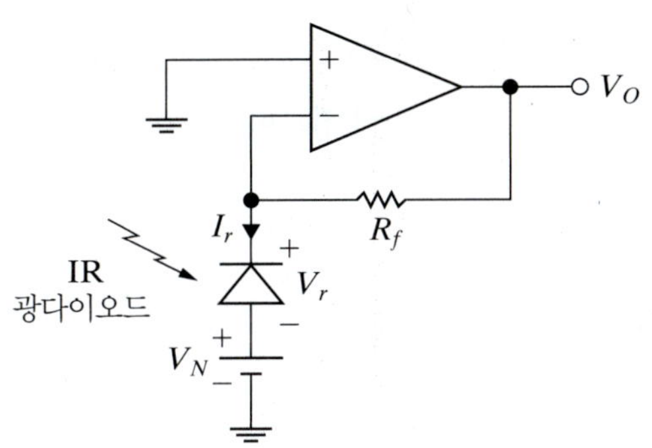

그림 P5.53

5.54 PRACTICAL PERSPECTIVE PSPICE MULTISIM 그림 5.51에서 브리지 회로의 가변 분기의 저항이 $R + \Delta R$이 아닌 $R - \Delta R$이라고 가정한다.

a) 만약 $\Delta R \ll R$이라면, v_o에 대한 수식은 무엇인가?

b) v_o의 백분율 오차를 R, R_f, ΔR의 함수로 나타내는 수식은 무엇인가?

c) 그림 5.51의 브리지 회로의 가변의 저항이 14,820 Ω이고 R, R_f, v_{in}의 값이 연습문제 5.51(b)와 같다고 가정한다. v_o의 대략적인 값은 얼마인가?

d) 가변 변저항이 14,820 Ω일 때 v_o의 근사치에서 백분율 오차는 얼마인가?

CHAPTER

6 인덕턴스, 커패시턴스 및 상호 인덕턴스

학습내용

학습목표

1. 인덕터에서의 전압, 전류, 전력, 그리고 에너지에 대한 수식을 알고 사용할 수 있다. 정전류 존재 시 인덕터가 어떻게 동작하는지와 인덕터에서 전류가 연속적이라는 필요조건을 이해한다.
2. 커패시터에서의 전압, 전류, 전력, 그리고 에너지에 대한 수식을 알고 사용할 수 있다. 정전압 존재 시 커패시터가 어떻게 동작하는지와 커패시터에서 전압이 연속적이라는 필요조건을 이해한다.
3. 초기 조건을 가진 인덕터를 직/병렬로 결합하여 초기 조건을 가진 단일 등가 인덕터를 구성할 수 있다. 초기 조건을 가진 커패시터를 직/병렬로 결합하여 초기 조건을 가진 단일 등가 커패시터를 구성할 수 있다.
4. 상호 인덕턴스의 기본 개념을 이해하고 도트 표시 규약을 사용하여 자기적으로 결합된 회로의 망 전류 방정식을 작성할 수 있다.

이 장에서는 2장에서 언급한 두 개의 이상적인 회로 소자인 인덕터와 커패시터를 소개한다. 3, 4장에서 소개한 회로 해석 기법은 인덕터와 커패시터를 포함하는 회로에도 적용된다. 전류, 전압의 항으로 이 소자들의 단자 동작을 이해하면 임의의 다른 기본 소자들과의 상호 연결을 나타내기 위해 키르히호프의 법칙을 사용할 수 있다.

다른 소자들처럼 인덕터와 커패시터는 자계 변수보다 회로 변수의 항으로 나타내기가 쉽다. 따라서 회로 기술에 집중하기에 앞서 6.1절과 6.2절에서는 인덕터와 커패시터의 근본적인 계(field)의 개념을 복습한다. 또한 인덕터와 커패시터에서의 에너지에 대해서도 조사한다. 에너지는 자계와 전계로 모두 저장될 수 있고, 따라서 인덕터와 커패시터는 에너지를 저장할 수 있다. 예를 들어 인덕터에 에너지가 저장되어 있을 때는 스파크 플러그(spark plug)를 이용하여 방전시킬 수 있고, 커패시터에 에너지가 저장되어 있을 때는 전구를 이용하여 방전시킬 수 있다. 이상적인 인덕터와 커패시터에는 저장된 에너지만큼만 추출될 수 있다. 인덕터와 커패시터는 에너지를 생성하지는 않으므로 이들을 **수동 소자**(passive element)라 부른다.

6.3절에서는 커패시터 또는 인덕터의 직/병렬 결합 회로를 설명한다.

6.4절과 6.5절에서는 두 회로가 자계에 의해 쇄교되어 있는 경우 자기적으로 결합되었다고 말하며, 이때 2차 회로에 유도된 전압은 **상호 인덕턴스**(mutual inductance)로 알려진 계수에 의해 1차 회로의 시변 전류와 연관되어 있다. 자기 결합의 실제적인 중요성은 전류, 전압, 전력, 그리고 상호 인덕턴스 특유의 몇 가지 새로운 계수 사이의 관계를 공부함에 따라 드러난다. 이 장에서는 이 관계를 소개하고, 9장과 10장에서는 변압기(transformer)라 부르는 장치에서 자기 결합의 유용성을 기술한다.

실제 응용

커패시터 방식의 터치 스크린

3장의 실제 응용에서는 전화기 또는 컴퓨터 화면에 사용되는 터치 스크린을 만들기 위해 격자 형태로 배열된 저항이 어떻게 사용되는지 보여 주었다. 하지만 저항 방식의 터치 스크린은 한계를 가지고 있으며, 그중에서 가장 중요한 점은 순간적으로 하나의 터치 밖에 처리하지 못한다는 점이다(연습문제 3.75 참조). 이것은 저항 방식의 터치 스크린은 화면상에서 이미지를 확대 또는 축소할 때 많은 기기에서 사용하고 있는 '조이기(pinch)' 손짓을 처리하지 못한다는 것을 의미한다.

다중 터치 스크린은 화면 밑의 격자상에 존재하는 다른 요소인 커패시터를 사용한다. 커패시터 방식의 터치 스크린을 건드리면 커패시터의 값에 변화가 생성되고, 이는 전압 변화를 일으킨다. 커패시터의 기본적인 동작과 커패시터들이 직렬과 병렬로 어떻게 합쳐지는가를 배우고 나면 격자 형태의 커패시터를 이용한 다중 터치 스크린에 대한 두 종류의 가능한 설계를 보여 줄 것이다.

cobalt88/Shutterstock

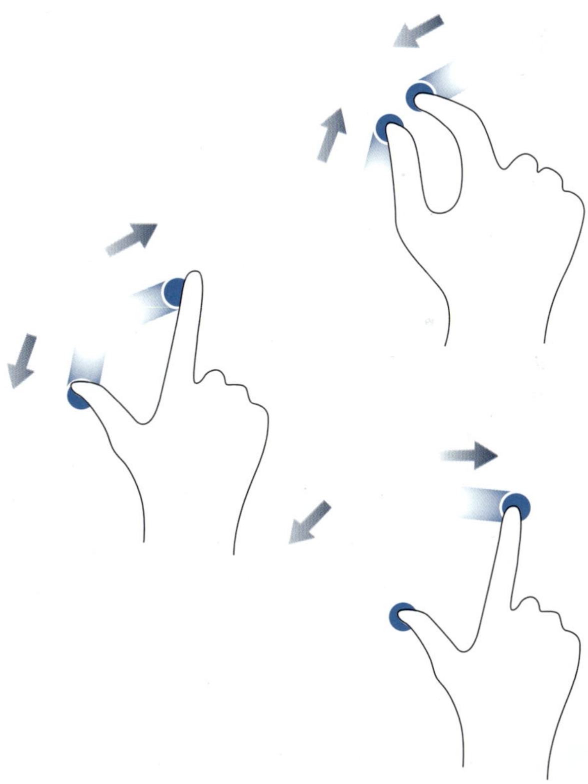

6.1 인덕터

인덕터는 전류의 임의 변화를 방해하는 전자 소자이다. 이것은 자성 또는 비자성 코어(core)에 코일을 감아 만든다. 인덕터의 동작은 자계와 관계된 현상에 기인한다. 자계는 운동 중인 전하 또는 전류에 의해 발생한다. 전류가 시간에 따라 변화하면 자계도 시간에 따라 변화한다. 시변 자계는 이 자계에 의해 쇄교(link)된 도체에 전압을 발생시킨다. **인덕턴스**(inductance)의 회로 계수는 유도된 전압을 전류와 연관짓는다.

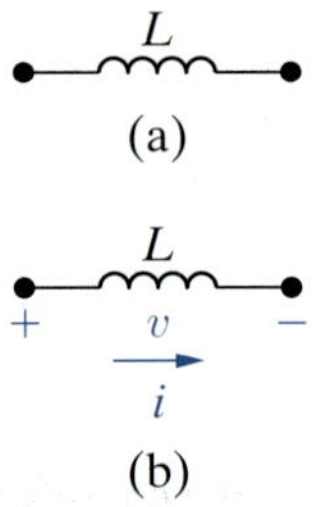

그림 6.1▲ (a) L 헨리 인덕턴스 값을 가진 인덕터 기호. (b) 수동 부호 규약에 따른 인덕터에서의 전압과 전류.

그림 6.1(a)는 인덕터를 보여 주며, 그림으로는 감겨진 도선(wire)으로 나타낸다. 이것의 인덕턴스는 기호로는 대문자 L로 나타내고 단위는 헨리(henry, H)이다. 인덕터 단자에 걸리는 전압 강하의 방향으로 전류의 기준 방향을 지정하면 그림 6.1(b)와 같이 표시되며, 수동 부호 규약에 따라 다음 식을 얻는다.

인덕터 $v-i$ 방정식

$$v = L\frac{di}{dt}, \tag{6.1}$$

여기서 v의 단위는 볼트, L의 단위는 헨리, i의 단위는 암페어, t의 단위는 s(second)이다. 만약 전류 기준이 전압 증가의 방향이면 식 (6.1)은 음(−)의 부호가 된다.

식 (6.1)로부터 인덕터 단자에 걸리는 전압은 인덕터에 흐르는 전류 변화의 시간 비율에 비례하는 것을 주지하자. 여기서 두 가지 중요한 관찰을 할 수 있다. 첫째, 전류가 상수이면 이상적인 인덕터에 걸리는 전압은 0이다. 따라서 인덕터는 직류(dc) 전류의 존재 시 단락 회로로 동작한다. 둘째, 전류는 인덕터 내에서 순간적으로 변할 수 없다. 즉 전류는 시간이 0인 순간에 무한대로 변할 수 없다. 식 (6.1)은 이 변화가 무한 전압을 필요로 하며, 이 무한 전압은 불가능하다는 것을 말해 준다. 예를 들어 실제 시스템에서 인덕터 회로의 스위치를 열면 전류는 초기에 스위치를 가로질러 공기 중으로 계속 흐르며, 이와 같은 현상을 방전(arcing)이라 한다. 스위치에서의 방전은 전류가 순간적으로 0으로 떨어지는 것을 방해한다.

예제 6.1은 간단한 회로에 대한 식 (6.1)의 응용을 보여 준다.

예제 6.1 인덕터 단자에 전류가 주어져 있을 때 전압 결정하기

그림 6.2의 회로에서 독립 전류원은 $t < 0$에서 0이고, $t > 0$에서 펄스 전류 $10te^{-5t}$ A이다.

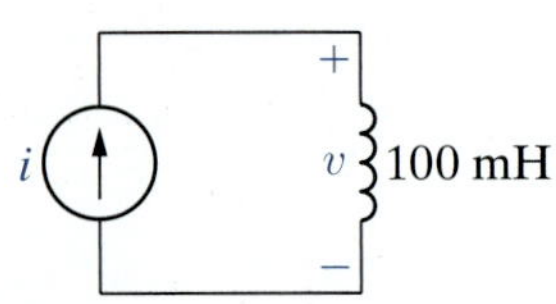

$$i = 0, \quad t < 0$$

$$i = 10te^{-5t}\text{A}, \quad t > 0$$

그림 6.2▲ 예제 6.1의 회로.

a) 전류 파형을 그려라.
b) 언제 전류가 최대가 되는가?
c) 시간의 함수로 100 mH 인덕터의 단자에 걸리는 전압을 나타내라.
d) 전압 파형을 그려라.
e) 같은 시간에 전압과 전류가 최대가 되는가?
f) 언제 전압의 극성이 변하는가?

g) 인덕터에 걸리는 전압의 순간적인 변화가 존재하는가? 만약 존재한다면 언제인가?

풀이

a) 그림 6.3은 전류 파형을 보여 준다.

b) $di/dt = 10(-5te^{-5t} + e^{-5t}) = 10e^{-5t}(1 - 5t)$ A/s,
$di/dt = 0$, $t = 0.2$ s일 때(그림 6.3 참조).

c) $v = Ldi/dt = (0.1)10e^{-5t}(1 - 5t)$
$= e^{-5t}(1 - 5t)$ V, $t > 0$, $v = 0$, $t < 0$.

d) 그림 6.4는 전압 파형을 보여 준다.

e) 아니다. 전압은 전류 i가 아닌 di/dt에 비례한다.

f) 0.2 s. di/dt가 0을 지나 부호가 변화하는 순간.

g) 그렇다($t = 0$). 인덕터의 전류는 순간적으로 변할 수 없더라도 인덕터 단자에 걸리는 전압은 순간적으로 변할 수 있다는 것을 주지하라.

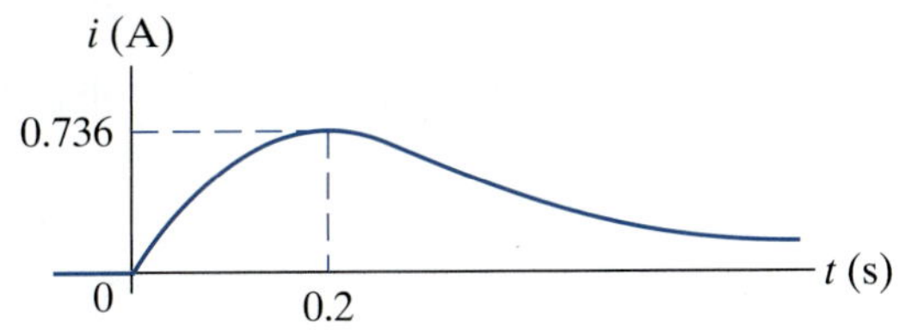

그림 6.3▲ 예제 6.1의 전류 파형.

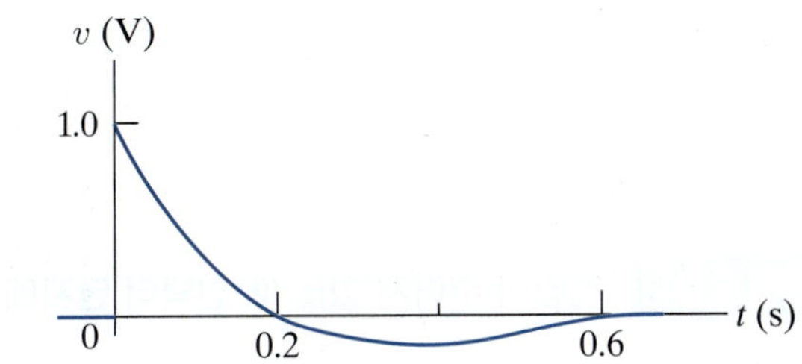

그림 6.4▲ 예제 6.1의 전압 파형.

인덕터에 걸리는 전압의 항으로 인덕터에서의 전류 표현

식 (6.1)은 인덕터에 흐르는 전류의 함수로 인덕터에 걸리는 전압을 표현한 것이다. 이제 전류를 전압의 함수로 나타내 보자. v의 함수로 i를 나타내기 위해 식 (6.1)의 양변에 시간 미분 dt를 곱한다.

$$v\,dt = L\left(\frac{di}{dt}\right)dt.$$

시간에 따른 전류의 변화율에 시간에서의 미분 변화를 곱해 줌으로써 전류에서의 미분 변화를 생성하게 되고, 수식은 다음과 같이 단순화된다.

$$v\,dt = L\,di.$$

다음에 단순화된 식의 양변을 적분한다. 편의상 식의 양변을 교환하여 나타내면 다음과 같다.

$$L\int_{i(t_0)}^{i(t)} dx = \int_{t_0}^{t} v\,d\tau.$$

x와 τ가 적분 변수로 사용되고, 따라서 i와 t가 적분 한계가 됨을 주지하자. 그 후 적분식의 양변을 L로 나누어 주고, 인덕터 전류에 대해 풀면 다음을 얻는다.

인덕터 $i - v$ 방정식

$$i(t) = \frac{1}{L}\int_{t_0}^{t} v\,d\tau + i(t_0), \tag{6.2}$$

여기서 $i(t_0)$는 우리가 적분을 시작할 때의 시간 t_0에서의 인덕터 전류 값이다. 많은 실제 응용에서는 $t_0 = 0$으로 놓으며, 식 (6.2)는 다음과 같이 나타난다.

$$i(t) = \frac{1}{L}\int_0^t v\, d\tau + i(0).$$

식 (6.1)과 (6.2)는 모두 인덕터 단자에서의 전압, 전류 사이의 관계를 나타낸다. 두 식 모두에서 전류의 기준 방향은 단자에 걸리는 전압 강하의 방향이다. $i(t_0)$의 대수적 부호에 주의하자. 초기 전류의 방향이 i의 기준 방향과 같다면 그 부호는 양(+)이다. 만약 초기 전류가 반대 방향이면 그 부호는 음(−)이 된다. 예제 6.2는 식 (6.2)의 응용을 보여 준다.

예제 6.2 전압이 주어져 있을 때 인덕터 단자에 걸리는 전류 결정하기

그림 6.5에서 100 mH에 걸리는 전압은 $t < 0$일 때 0이고, $t > 0$일 때 다음 식과 같다.

$$v(t) = 20te^{-10t}\ \text{V}$$

또한 $t \le 0$일 때 $i = 0$이라 가정한다.

a) 전압을 시간의 함수로 그려라.
b) 인덕터 전류를 시간의 함수로 찾아라.
c) 전류를 시간의 함수로 그려라.

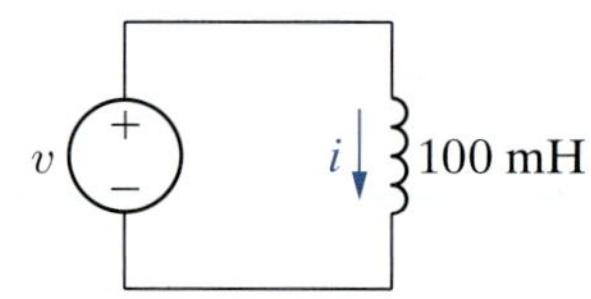

그림 6.5▲ 예제 6.2의 회로.

풀이

a) 그림 6.6에 전압을 시간의 함수로 나타내었다.

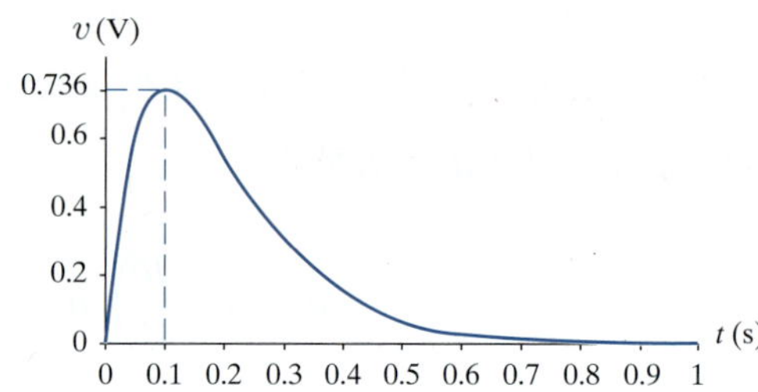

그림 6.6▲ 예제 6.2의 전압 파형.

b) $t = 0$일 때 인덕터에 흐르는 전류는 0이다. 그러므로 $t > 0$일 때 전류는 다음과 같다.

$$\begin{aligned} i &= \frac{1}{0.1}\int_0^t 20\tau e^{-10\tau}d\tau + 0 \\ &= 200\left[\frac{-e^{-10\tau}}{100}(10\tau + 1)\right]\Bigg|_0^t, \\ &= 2(1 - 10te^{-10t} - e^{-10t})\ \text{A}, \quad t > 0. \end{aligned}$$

c) 그림 6.7에 전류를 시간의 함수로 나타내었다.

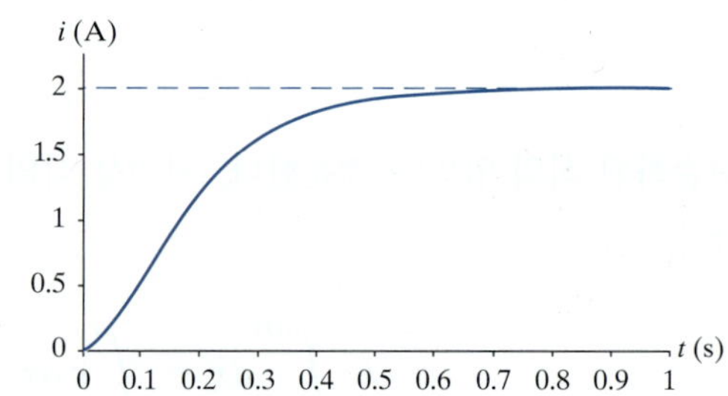

그림 6.7▲ 예제 6.2의 전류 파형.

예제 6.2에서 t가 증가할 때 i는 상수 값인 2 A에 접근한다. 인덕터에 저장된 에너지를 논의한 후 이 결과에 대해 좀 더 논의하기로 한다.

인덕터에서의 전력과 에너지

인덕터에서 전력과 에너지의 관계는 전류, 전압 관계에서 직접 유도할 수 있다. 전류 기준이 인덕터 단자에 걸리는 전압 강하의 방향이면 전력은 다음과 같다.

$$p = vi. \tag{6.3}$$

전력의 단위는 와트(W), 전압은 볼트(V), 전류는 암페어(A)임을 기억하자. 인덕터 전압을 인덕터 전류의 함수로 나타내면 인덕터 전력에 대한 표현은 다음과 같다.

인덕터에서의 전력

$$p = Li\frac{di}{dt}. \tag{6.4}$$

또한 전류를 전압의 항으로 나타낼 수 있다.

$$p = v\left[\frac{1}{L}\int_{t_0}^{t} v\,d\tau + i(t_0)\right].$$

식 (6.4)는 인덕터에 저장된 에너지를 나타내는 데 유용하다. 전력은 소비 에너지의 시간 비율이다. 따라서

$$p = \frac{dw}{dt} = Li\frac{di}{dt}.$$

식의 양변에 미분 시간을 곱하면 미분 관계식을 얻을 수 있다.

$$dw = Li\,di.$$

0 에너지에 대한 기준은 인덕터에서의 0 전류에 해당한다는 것을 인식하고, 미분 관계식의 양변을 적분하면 다음과 같다.

$$\int_0^w dx = L\int_0^i y\,dy,$$

인덕터에서의 에너지

$$w = \frac{1}{2}Li^2. \tag{6.5}$$

이전처럼 적분 구간의 혼동을 피하기 위해 다른 적분 기호를 사용했다. 식 (6.5)에서 에너지의 단위는 줄(J)이고, 인덕터는 헨리(H), 전류는 암페어(A)이다. 예제 6.3에서 식 (6.3)과 (6.5)를 예제 6.1과 6.2의 회로에 적용하여 회로에서의 전력과 에너지를 조사한다.

예제 6.3 인덕터에서의 전류, 전압, 전력, 에너지 결정하기

a) 예제 6.1에 대해 i, v, p, w 대 시간의 관계를 그려라. 각 변수의 동작을 쉽게 알 수 있도록 그림을 수직적으로 배열하라.

b) 인덕터에 저장된 에너지는 어떤 시구간에 존재하는가?

c) 인덕터로부터 추출된 에너지는 어떤 시구간에 존재하는가?

d) 인덕터에 저장된 최대 에너지는 얼마인가?

e) 다음 적분값을 구하고 그 의미를 설명하라.

$$\int_0^{0.2} p\,dt, \quad \int_{0.2}^{\infty} p\,dt,$$

f) 예제 6.2에 대해 (a)~(c)를 반복하라.

g) 예제 6.2에서 전압이 0에 접근할 때 왜 인덕터에 지속 전류가 존재하는가?

풀이

a) i, v의 그래프는 예제 6.1에서 구한 i, v의 식을 직접적으로 따른다. 식 (6.3)을 적용하면

$$p = vi = \left[e^{-5t}(1 - 5t)\right](10te^{-5t})$$
$$= 10te^{-10t}(1 - 5t)\ \text{W}.$$

식 (6.5)를 적용하면

$$w = \frac{1}{2}Li^2 = \frac{1}{2}(0.1)(10te^{-5t})^2 = 5t^2e^{-10t}\ \text{J}$$

i, v, p, w의 그래프는 그림 6.8에 나타내었다.

b) 에너지 곡선이 증가할 때 에너지는 저장된다. 따라서 그림 6.8로부터, 에너지는 0에서부터 0.2초 간격으로 ∞까지 저장되고 있다. 이는 $p < 0$일 때의 간격에 해당한다.

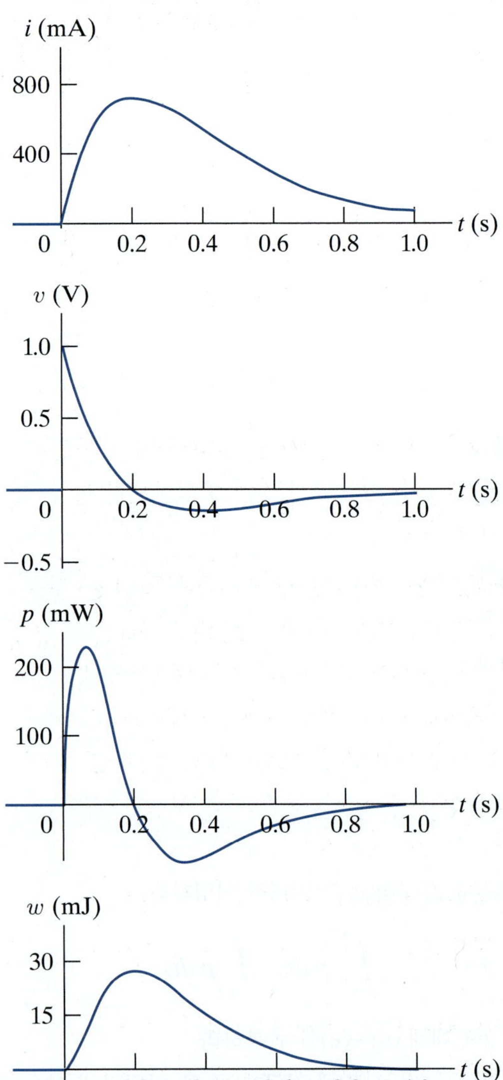

그림 6.8▲ 예제 6.1의 변수 i, v, p, w 대 t의 관계.

c) 에너지 곡선이 감소할 때 에너지는 추출된다. 따라서 그림 6.8로부터 에너지는 0.2 s와 무한대 사이에서 추출된다. 이것은 $p < 0$일 때의 구간에 해당된다.

d) 식 (6.5)는 전류가 최대일 때 에너지가 최대임을 말해 준다. 그림 6.8의 그래프는 이것을 확인해 준다. 예제 6.1로부터 최대 전류는 0.736 A이다. 따라서 $w_{\text{max}} = 27.07$ mJ이다.

e) (a)로부터

$$p = 10te^{-10t}(1 - 5t) = 10te^{-10t} = 50t^2e^{-10t}.$$

그러므로

$$\int_0^{0.2} p\,dt = 10\left[\frac{e^{-10t}}{100}(-10t - 1)\right]_0^{0.2}$$
$$-50\left\{\frac{t^2e^{-10t}}{-10} + \frac{2}{10}\left[\frac{e^{-10t}}{100}(-10t - 1)\right]\right\}_0^{0.2}$$
$$= 0.2e^{-2} = 27.07\ \text{mJ},$$

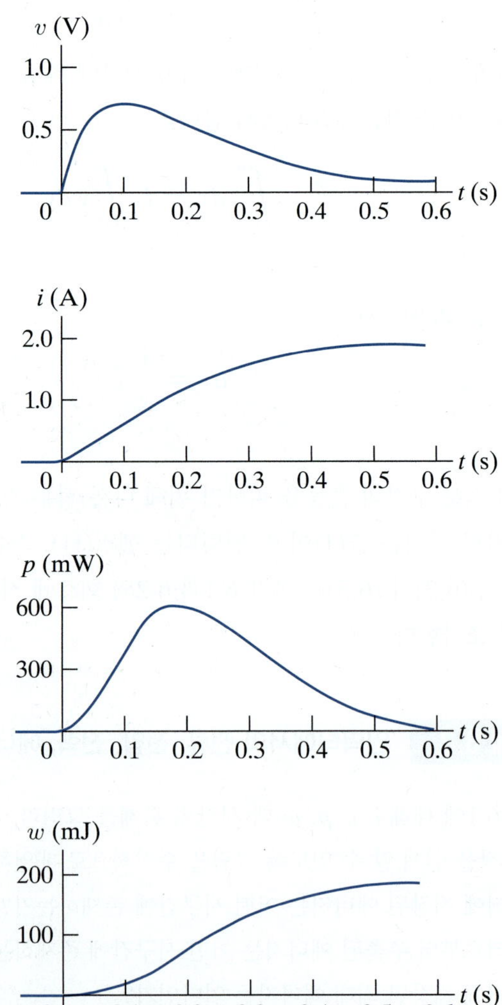

그림 6.9▲ 예제 6.2의 변수 v, i, p, w 대 t의 관계.

$$\int_{0.2}^{\infty} p\,dt = 10\left[\frac{e^{-10t}}{100}(-10t-1)\right]_{0.2}^{\infty}$$
$$-50\left\{\frac{t^2e^{-10t}}{-10}+\frac{2}{10}\left[\frac{e^{-10t}}{100}(-10t-1)\right]\right\}_{0.2}^{\infty}$$
$$= -0.2e^{-2} = -27.07 \text{ mJ}.$$

p의 정의에 근거하여 p 대 t의 그래프 아래 면적은 적분 구간 상의 에너지를 나타낸다. 따라서 0과 0.2 s 사이의 전력의 적분은 이 시구간 사이에 인덕터에 저장된 에너지를 나타낸다. 0.2 s에서 무한대까지의 구간에서 p를 적분하면 추출된 에너지이다. 이 구간에서 본래 저장된 모든 에너지가 제거됨을 주의하자. 따라서 전류 최댓값 후에는 인덕터에는 어떤 에너지도 저장되어 있지 않다.

f) v, i, p, w의 그래프는 예제 6.2에 주어진 v, i의 수식을 따르며, 그림 6.9에 나타내었다. 이 경우에 전력은 항상 양(+)이며, 따라서 에너지는 전압 펄스 중에는 항상 저장된다.

g) 전압 펄스를 인가하면 인덕터는 에너지를 저장한다. 인덕터가 이상적이므로 이 에너지는 전압이 0으로 된 후에도 소멸하지 않으며, 따라서 전류가 지속적으로 회로에 흐른다. 무손실 인덕터는 이상적인 회로 소자이다. 실제 인덕터는 회로 모델에서 저항을 필요로 하며, 이 책의 뒷부분에서 논의할 것이다.

평가문제

목표 1—인덕터에서의 전압, 전류, 전력, 에너지에 대한 수식을 알고 사용할 수 있다.

6.1 표시된 회로에서 전류원에 의해 공급되는 전류는 다음과 같다.

$$t \geq 0\text{에 대해 } i_g = 18te^{-10t} \text{ A}$$

a) $t \geq 0$인 경우, 인덕터의 전압을 찾아라.

b) $t = 200$ ms일 때 인덕터의 단자에서의 전력을 μW 단위로 구하라.

c) 200 ms에서 인덕터는 전력을 흡수하는가? 아니면 전달하는가?

d) 200 ms에서 인덕터에 저장된 에너지를 μJ 단위로 구하라.

e) 인덕터에 저장되는 최대 에너지를 μJ 단위로 구하고, 최대 에너지가 발생하는 시간을 구하라.

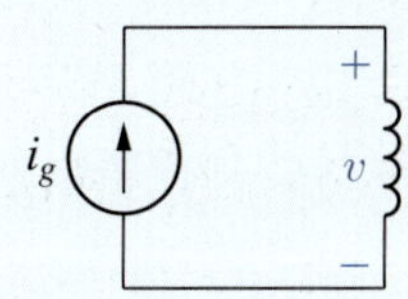

정답: a) $t \geq 0$의 경우 $0.9te^{-10t}(1-10t)$ mV,

b) $-59.34\ \mu$W,

c) 전달,

d) $5.93\ \mu$J,

e) 0.1초에서 $10.96\ \mu$J.

자가 검사: 연습문제 6.7과 6.9도 풀어 보라.

6.2 커패시터

커패시터는 절연체 또는 유전물질로 분리된 두 개의 전도체로 이루어진 전자 요소이다. 커패시터는 배터리를 제외하고 유일하게 전기적 전하를 저장할 수 있는 소자이다. 커패시터의 동작은 전계와 관계된 현상에 기반한다. 전계의 근원은 전하의 분리 또는 전압이다. 만약 전압이 시간에 따라 변화한다면 전계도 시간에 따라 변화한다. 시간에 따라 변화하는 전계는 전계가 차지하고 있는 공간에 변위 전류를 생성한다. 회로 요소인 **커패시턴스**(capacitance)는 변위 전류와 전압을 관계지으며, 여기서 변위 전류는 커패시터 단자에서의 전도 전류와 같다.

커패시터의 회로 기호는 그림 6.10(a)에 보이는 바와 같이 두 개의 작은 평행 도전판으로 표시한다. 커패시턴스는 영문자 C로 나타내며, 패럿(F)으로 측정된다. F는 매우 큰 양이어서 실제 커패시터의 값은 pF에서 μF 범위가 일반적이다.

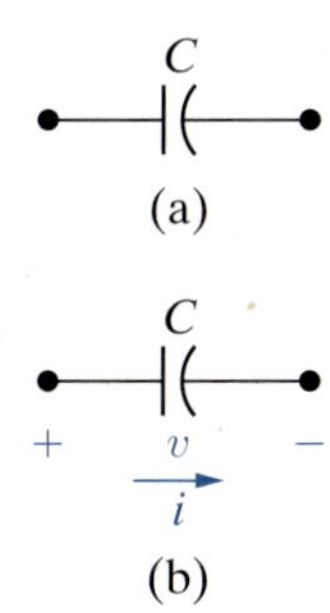

그림 6.10▲ (a) 커패시터의 회로 기호. (b) 수동 부호 규약에 따른 커패시터에서의 기준 전압 및 전류.

커패시터의 그래프 기호는 도전체가 유전 또는 절연 재료로 분리되어 있을 때는 항상 커패시턴스가 발생한다는 암시이다. 이 조건은 전하가 커패시터를 통해 전달되지 않음을 내포한다. 전압을 커패시터 양 단자에 적용해도 유전체를 통해 전하를 움직일 수 없지만, 유전체 내의 전하를 분리시킬 수는 있다. 전압이 시간에 따라 변화하면 전하의 변위 또한 시간에 따라 변화하며 이것은 **변위 전류**(displacement current)로 알려져 있다.

변위 전류는 커패시터 양 단자에서의 전도 전류와 구별할 수 없다. 전류는 커패시터에 걸리는 전압이 시간에 따라 변화하는 비율에 비례하며 다음과 같다.

커패시터 $i - v$ 방정식

$$i = C\frac{dv}{dt}, \tag{6.6}$$

여기서 i의 단위는 암페어(A), C는 패럿(F), v는 볼트(V), t는 초(s)이다. 그림 6.10(b)와 같이 전류 기준은 커패시터에 걸리는 전압 강하의 방향이다. 수동 부호 규약을 사용하면 식 (6.6)은 양(+)의 부호로 쓴다. 전류 기준이 전압 증가 방향이면 식 (6.6)은 음(−)의 부호로 쓰인다.

식 (6.6)으로부터 두 가지 중요한 관측을 할 수 있다. 첫째, 양 단자에 걸리는 전압이 일정하면 커패시터 전류는 0이 된다. 전도 전류는 커패시터의 유전체 내에서 만들어질 수 없기 때문이다. 시변 전압만이 변위 전류를 만들 수 있다. 따라서 커패시터는 일정한 전압이 존재할 때 개방 회로(open circuit)로 동작한다. 둘째, 커패시터 양 단자에 걸리는 전압은 순간적으로 변화할 수 없다. 식 (6.6)은 이러한 변화가 물리적으로 불가능인 무한 전류를 발생시킴을 나타낸다.

식 (6.6)은 커패시터 전류를 커패시터 전압의 함수로 나타낸 것이다. 전압을 전류의 함수로 표시하기 위해 식 (6.6)의 양변에 미분 시간 dt를 곱한 다음 적분하면 다음과 같다.

$$i\,dt = C\,dv, \quad \int_{v(t_0)}^{v(t)} dx = \frac{1}{C}\int_{t_0}^{t} i\,d\tau.$$

두 번째 식의 좌변을 적분하고, 재배열하면 다음과 같다.

커패시터 $v - i$ 방정식

$$v(t) = \frac{1}{C}\int_{t_0}^{t} i\,d\tau + v(t_0). \tag{6.7}$$

식 (6.7)의 많은 실제 적용에서 초기 시간은 0이다. 즉 $t_0 = 0$이다. 따라서 식 (6.7)은 다음과 같이 된다.

$$v(t) = \frac{1}{C}\int_{0}^{t} i\,d\tau + v(0).$$

커패시터에 대한 전력 및 에너지 관계식 또한 쉽게 유도할 수 있다. 전력의 정의로부터

커패시터 전력 방정식

$$p = vi = Cv\frac{dv}{dt}, \tag{6.8}$$

또는

$$p = i\left[\frac{1}{C}\int_{t_0}^{t} i\,d\tau + v(t_0)\right].$$

에너지 정의를 식 (6.8)과 결합하면 다음과 같다.

$$dw = Cv\,dv,$$

아래의 식으로부터

$$\int_0^w dx = C\int_0^v y\,dy,$$

또는

커패시터 에너지 방정식

$$w = \frac{1}{2}Cv^2. \tag{6.9}$$

식 (6.9)의 유도에서 0인 에너지의 기준은 0인 전압에 해당한다.

예제 6.4와 6.5는 커패시터에 대한 전류, 전압, 전력 및 에너지의 관계식을 나타낸다.

예제 6.4 커패시터에서의 전류, 전압, 전력 및 에너지 결정하기

0.5 μF 커패시터의 단자에 걸린 전압 펄스가 아래와 같을 때

$$v(t) = \begin{cases} 0, & t \le 0\text{ s}; \\ 4t\text{ V}, & 0\text{ s} \le t \le 1\text{ s}; \\ 4e^{-(t-1)}\text{ V}, & t \ge 1\text{ s}. \end{cases}$$

a) 커패시터 전류, 전력, 에너지에 관한 식을 유도하라.

b) 전류, 전압, 전력, 에너지를 시간의 함수로 그려라. 그림은 수직적으로 배열하라.

c) 에너지가 커패시터 안에 저장될 때 시구간을 명기하라.

d) 에너지가 커패시터에 의해 전달되는 시구간을 명기하라.

e) 다음의 적분값을 구하고 그 중요성을 설명하라.

$$\int_0^1 p\,dt, \quad \int_1^\infty p\,dt$$

풀이

a) 식 (6.6)으로부터

$$i = \begin{cases} (0.5\,\mu)(0) = 0, & t < 0\text{ s}; \\ (0.5\,\mu)(4) = 2\,\mu\text{A}, & 0\text{ s} < t < 1\text{ s}; \\ (0.5\,\mu)(-4e^{-(t-1)}) = -2e^{-(t-1)}\,\mu\text{A}, & t > 1\text{ s}. \end{cases}$$

전력식은 식 (6.8)로부터 유도된다.

$$p = \begin{cases} 0, & t \le 0\text{ s}; \\ (4t)(2\,\mu) = 8t\,\mu\text{W}, & 0\text{ s} \le t < 1\text{ s}; \\ (4e^{-(t-1)})(-2\,\mu e^{-(t-1)}) = -8e^{-2(t-1)}\,\mu\text{W}, & t > 1\text{ s}. \end{cases}$$

에너지식은 식 (6.9)로부터 직접 유도된다.

$$w = \begin{cases} 0, & t \leq 0\text{ s}; \\ \frac{1}{2}(0.5\mu)16t^2 = 4t^2\mu\text{J}, & 0\text{ s} \leq t < 1\text{ s}; \\ \frac{1}{2}(0.5\mu)16e^{-2(t-1)} = 4e^{-2(t-1)}\mu\text{J}, & t \geq 1\text{ s}. \end{cases}$$

b) 그림 6.11은 시간의 함수로 전압, 전류, 전력, 에너지를 나타낸 것이다.

c) 에너지는 전력이 양일 때는 항상 커패시터에 저장된다. 따라서 에너지는 0부터 1 s 사이의 시구간에 저장된다.

d) 에너지는 전력이 음일 때는 항상 커패시터에 의해 전달된다. 따라서 에너지는 1 s보다 큰 모든 t에서 전달 된다.

e) $p\,dt$의 적분은 적분 한계에 해당하는 시구간과 연관된 에너지이다. 따라서 첫 번째 적분은 0과 1 s 사이에 커패시터에 저장된 에너지를 나타내는 반면, 두 번째 적분은 구간 1 s부터 ∞까지 커패시터에 의해 귀환 또는 전송된 에너지를 나타낸다.

$$\int_0^1 p\,dt = \int_0^1 8t\,dt = 4t^2\Big|_0^1 = 4\,\mu\text{J},$$

$$\int_1^\infty p\,dt = \int_1^\infty (-8e^{-2(t-1)})dt = (-8)\frac{e^{-2(t-1)}}{-2}\Big|_1^\infty = -4\,\mu\text{J}.$$

커패시터에 적용된 전압은 시간이 증가하면 0으로 돌아간다. 따라서 이 이상적인 커패시터로 귀환된 에너지는 저장된 에너지와 같아야 한다.

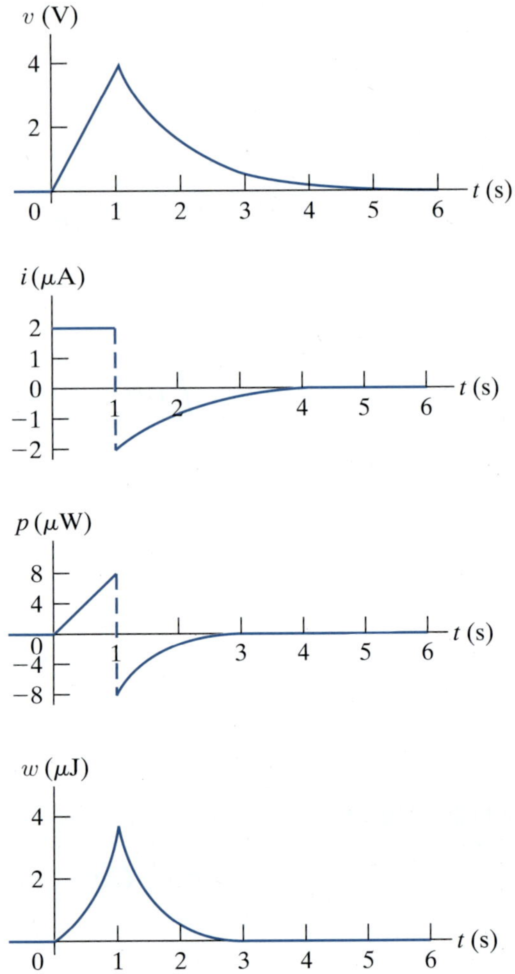

그림 6.11▲ 예제 6.4의 변수 v, i, p, w 대 t의 관계.

예제 6.5 커패시터에서 삼각 전류 펄스에 의해 유도된 v, p, w 구하기

충전되지 않은 0.2 μF 커패시터가 삼각 전류 펄스에 의해 구동된다. 전류 펄스는 다음과 같다.

$$i(t) = \begin{cases} 0, & t \leq 0; \\ 5000t\text{ A}, & 0 \leq t \leq 20\,\mu\text{s}; \\ 0.2 - 5000t\text{ A}, & 20 \leq t \leq 40\,\mu\text{s}; \\ 0, & t \geq 40\,\mu\text{s}. \end{cases}$$

a) 전류를 기술하는 데 필요한 네 개의 시구간에 대해 커 패시터 전압, 전력, 에너지에 관한 식을 유도하라.

b) i, v, p, w 대 t의 관계를 그려라. 이전 예제에서와 같이 그림을 정렬하라.

c) 전류가 0으로 떨어진 후에도 커패시터에 전압이 유지되는 이유는 무엇인가?

풀이

a) $t \leq 0$일 때 v, p, w 모두 0이다.

$0 \leq t \leq 20\,\mu\text{s}$일 때

$$v = \frac{1}{0.2 \times 10^{-6}}\int_0^t (5000\tau)\,d\tau + 0 = 12.5 \times 10^9 t^2\text{ V},$$

$$p = vi = 62.5 \times 10^{12}t^3\text{ W},$$

$$w = \frac{1}{2}Cv^2 = 15.625 \times 10^{12}t^4\text{ J}.$$

$20\,\mu\text{s} \leq t \leq 40\,\mu\text{s}$일 때

$$v(20 \times 10^{-6}) = 12.5 \times 10^9(20 \times 10^{-6})^2 = 5\text{ V}.$$

따라서

$$v = \frac{1}{0.2 \times 10^{-6}} \int_{20\mu s}^{t} (0.2 - 5000\tau)\, d\tau + 5$$
$$= (10^6 t - 12.5 \times 10^9 t^2 - 10)\ \text{V},$$

$$p = vi,$$
$$= (62.5 \times 10^{12} t^3 - 7.5 \times 10^9 t^2 + 2.5 \times 10^5 t - 2)\ \text{W},$$

$$w = \frac{1}{2} C v^2,$$
$$= (15.625 \times 10^{12} t^4 - 2.5 \times 10^9 t^3 + 0.125 \times 10^6 t^2$$
$$-2t + 10^{-5})\ \text{J}.$$

$t \geq 40\ \mu$s에 대해서는

$$v = 10\ \text{V},$$
$$p = vi = 0,$$
$$w = \frac{1}{2} C v^2 = 10\ \mu\text{J}.$$

b) 여기(excitation) 전류와 결과 전압, 전력, 에너지를 그림 6.12에 나타내었다.

c) 전력은 전류 펄스가 존재하는 동안에는 항상 양임을 주지하자. 이것은 에너지가 연속적으로 커패시터에 저장됨을 의미한다. 전류가 0으로 돌아갈 때 이상적인 커패시터는 에너지를 소모하지 않기 때문에 저장된 에너지는 가둬진다. 따라서 전압은 전류가 0으로 떨어진 후에도 커패시터에 남아 있다.

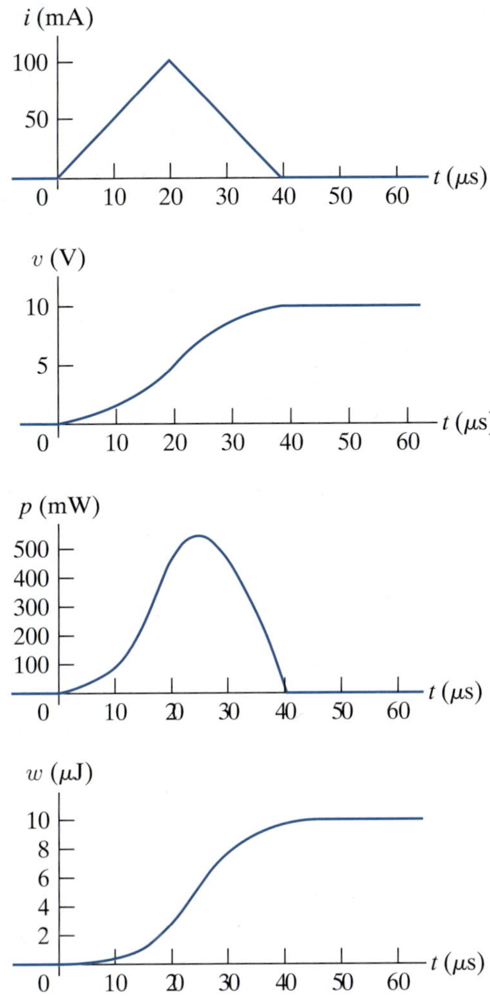

그림 6.12▲ 예제 6.5의 i, v, p, w 대 t의 그래프.

평가문제

목표 2—커패시터에서의 전압, 전류, 전력, 에너지에 대한 수식을 알고 사용할 수 있다.

6.2 그림에 나타난 5 μF 커패시터의 전압은 $t \geq 0$일 때 $v = 500te^{-2500t}$ V이다.

a) $t \geq 0$에 대해 커패시터를 통과하는 전류를 구하라.

b) $t = 100\ \mu$s일 때 커패시터의 단자에서 전력을 구하라.

c) 100 μs에서 커패시터는 전력을 흡수하는가? 아니면 전달하는가?

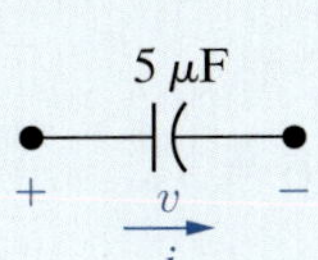

정답: a) $t \geq 0$의 경우 $2.5e^{-2500t}(1 - 2500t)$ mA,

b) 56.86 μW,

c) 흡수.

6.3 평가문제 6.2에서 커패시터와 그것의 전압 강하를 고려하라.

a) 100 μs에서 커패시터에 저장된 에너지를 구하라.

b) 커패시터에 저장된 최대 에너지와 최대 에너지가 발생하는 시간을 구하라.

정답: a) 3.79 nJ,

b) 0.4 ms에서 13.53 nJ.

자가 검사: 연습문제 6.19와 6.21도 풀어 보라.

6.3 인덕턴스와 커패시턴스의 직렬-병렬 결합

저항의 직렬-병렬 결합이 하나의 등가 저항으로 축약될 수 있는 것처럼 인덕터 또는 커패시터의 직렬-병렬 결합은 하나의 인덕터 또는 커패시터로 축약될 수 있다.

인덕터의 직렬-병렬 연결

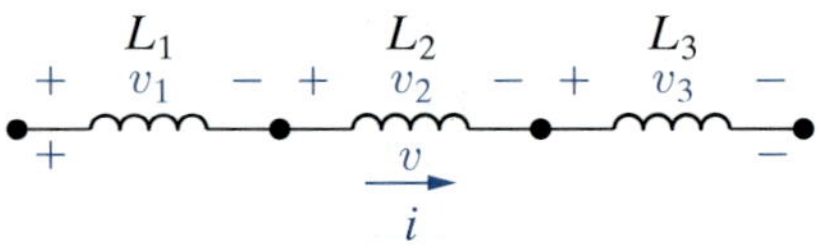

그림 6.13▲ 인덕터의 직렬 연결.

그림 6.13은 직렬로 연결된 인덕터를 보여 준다. 직렬 연결은 모든 인덕터에는 같은 전류가 흐른다는 의미이며, 따라서 직렬 결합에 대해서는 오직 하나의 전류만 정의한다. 개개의 인덕터에 걸리는 전압 강하는 다음과 같다.

$$v_1 = L_1\frac{di}{dt}, \quad v_2 = L_2\frac{di}{dt}, \quad v_3 = L_3\frac{di}{dt}.$$

직렬 연결에 걸리는 전압은 다음과 같다.

$$v = v_1 + v_2 + v_3 = (L_1 + L_2 + L_3)\frac{di}{dt}.$$

따라서 직렬 연결된 인덕터의 등가 인덕턴스는 개개의 인덕턴스의 합이다. 직렬로 연결된 n개의 인덕터에 대해서는

직렬 연결된 인덕터의 결합

$$L_{eq} = \sum_{i=1}^{n} L_i. \tag{6.10}$$

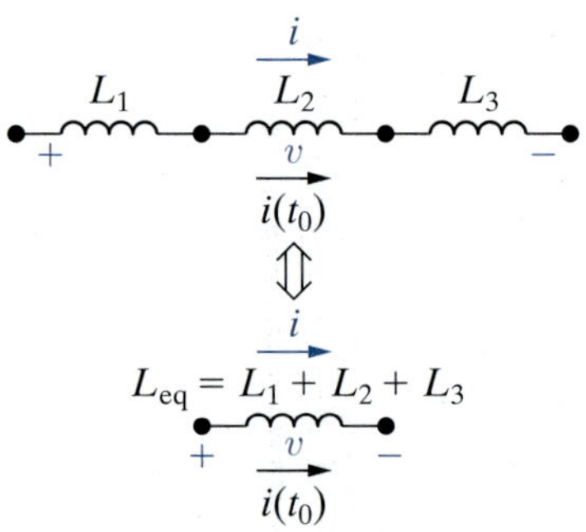

그림 6.14▲ 초기 전류 $i(t_0)$를 가지는 직렬 연결된 인덕터에 대한 등가 회로.

만약 원래의 인덕터에 초기 전류 $i(t_0)$를 가지고 있었다면 등가 인덕터에도 같은 초기 전류가 흐른다. 그림 6.14는 초기 전류를 가지고 있는 직렬 연결된 인덕터들에 대한 등가 회로이다.

병렬 인덕터는 같은 단자 전압을 갖는다. 따라서 각 인덕터에 흐르는 전류는 단자 전압과 해당 인덕터의 초기 전류의 함수이다. 그림 6.15에 나타난 세 개의 병렬 연결 인덕터에 대해 각 인덕터에 흐르는 전류는 다음과 같다.

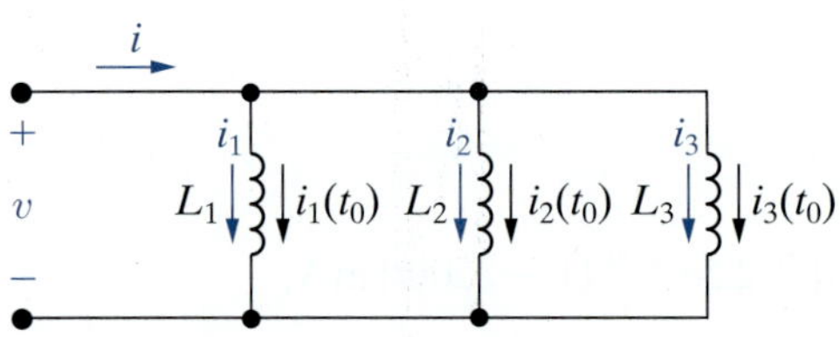

그림 6.15▲ 세 개의 인덕터의 병렬 연결.

$$i_1 = \frac{1}{L_1}\int_{t_0}^{t} v\,d\tau + i_1(t_0),$$

$$i_2 = \frac{1}{L_2}\int_{t_0}^{t} v\,d\tau + i_2(t_0),$$

$$i_3 = \frac{1}{L_3}\int_{t_0}^{t} v\,d\tau + i_3(t_0).$$

세 개의 병렬 인덕터가 공유하는 위쪽 단자로 들어가는 전류는 각 인덕터 전류의 합이다.

$$i = i_1 + i_2 + i_3.$$

i_1, i_2, i_3에 대한 수식을 합에 대입하면

$$i = \left(\frac{1}{L_1} + \frac{1}{L_2} + \frac{1}{L_3}\right)\int_{t_0}^{t} v\,d\tau + i_1(t_0) + i_2(t_0) + i_3(t_0). \tag{6.11}$$

단일 등가 인덕터에 대해 전류를 전압의 함수로 나타낸 수식은 다음과 같다.

$$i = \frac{1}{L_{\text{eq}}} \int_{t_0}^{t} v\, d\tau \;+\; i(t_0). \tag{6.12}$$

식 (6.12)를 식 (6.11)과 비교하면 다음과 같다.

$$\frac{1}{L_{\text{eq}}} = \frac{1}{L_1} + \frac{1}{L_2} + \frac{1}{L_3},$$

$$i(t_0) = i_1(t_0) + i_2(t_0) + i_3(t_0).$$

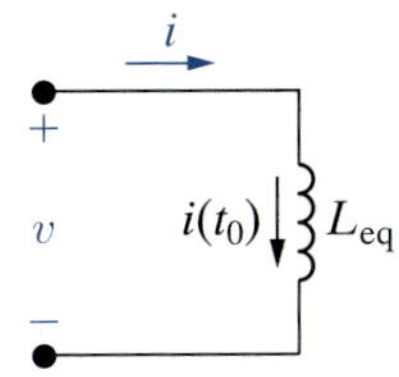

$$\frac{1}{L_{\text{eq}}} = \frac{1}{L_1} + \frac{1}{L_2} + \frac{1}{L_3}$$

$$i(t_0) = i_1(t_0) + i_2(t_0) + i_3(t_0)$$

그림 6.16▲ 병렬 연결된 세 개의 인덕터에 대한 등가 회로.

그림 6.16은 그림 6.15의 병렬로 연결된 세 개의 인덕터에 대한 등가 회로를 보여준다.

병렬로 연결된 세 개의 인덕터에 대한 결과는 병렬로 연결된 n개의 인덕터로 확장할 수 있다.

병렬 연결된 인덕터와 초기 전류의 결합

$$\frac{1}{L_{\text{eq}}} = \sum_{i=1}^{n} \frac{1}{L_i}, \tag{6.13}$$

$$i(t_0) = \sum_{j=1}^{n} i_j(t_0). \tag{6.14}$$

커패시터의 직렬과 병렬 연결

직렬로 연결된 커패시터들은 하나의 등가 커패시터로 감소될 수 있다. 등가 커패시턴스의 역수는 각각 커패시턴스의 역수의 합과 같다. 등가 커패시터에서의 초기 전압은 각 커패시터에서의 초기 전압의 대수 합이다. 그림 6.17과 다음 식은 n개의 직렬 연결된 커패시터에 대한 이러한 고찰을 요약한 것이다.

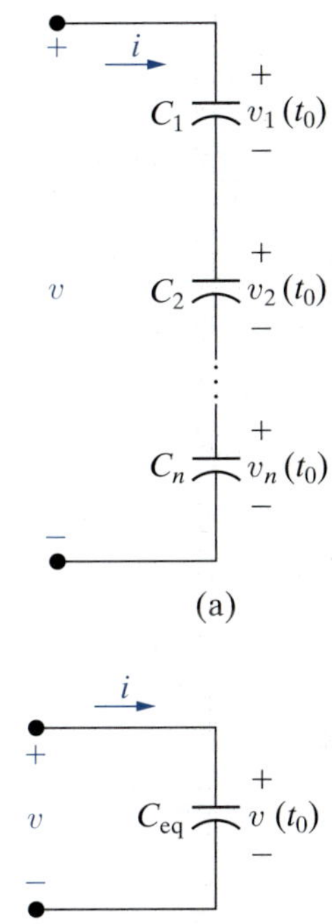

$$\frac{1}{C_{\text{eq}}} = \frac{1}{C_1} + \frac{1}{C_2} + \cdots + \frac{1}{C_n}$$

$$v(t_0) = v_1(t_0) + v_2(t_0) + \cdots + v_n(t_0)$$

(b)

그림 6.17▲ 직렬로 연결된 커패시터의 등가 회로: (a) 직렬 커패시터, (b) 등가 회로.

직렬 연결된 커패시터와 초기 전압의 결합

$$\frac{1}{C_{\text{eq}}} = \sum_{i=1}^{n} \frac{1}{C_i}, \tag{6.15}$$

$$v(t_0) = \sum_{j=1}^{n} v_j(t_0). \tag{6.16}$$

직렬 연결 커패시터들에 대한 등가 회로의 유도는 연습문제로 남겨 둔다(연습문제 6.28 참조).

병렬로 연결된 커패시터들의 등가 커패시턴스는 그림 6.18에서처럼 각각의 커패시턴스의 합이며 다음 식과 같다.

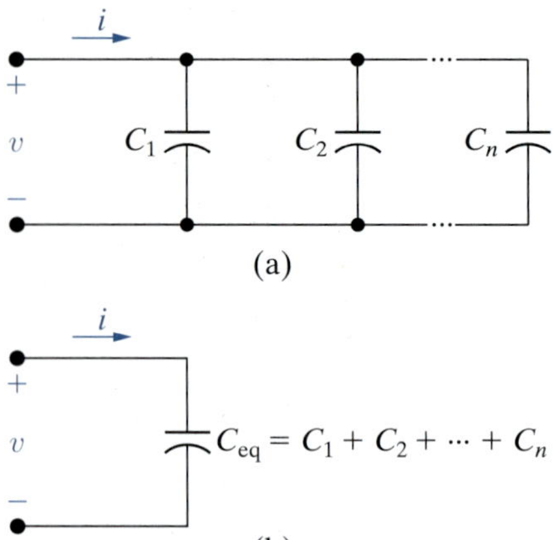

그림 6.18▲ 병렬로 연결된 커패시터들의 등가 회로: (a) 병렬 커패시터. (b) 등가 회로.

커패시터의 병렬 결합

$$C_{eq} = \sum_{i=1}^{n} C_i. \tag{6.17}$$

병렬 연결된 커패시터들은 반드시 같은 전압을 가져야 한다. 그러므로 원래의 커패시터들에 걸린 초기 전압은 등가 커패시턴스 C_{eq}에 걸린 전압 초기 전압과 같다. 병렬로 연결된 커패시터들의 등가 회로 유도는 연습문제로 남겨 둔다(연습문제 6.29 참조).

예제 6.6과 6.7에서는 여러 개의 인덕터를 가진 회로와 여러 개의 커패시터를 가진 회로를 간단히 하기 위해 직렬과 병렬 조합을 사용한다.

예제 6.6 등가 인덕턴스 찾기

그림 6.19는 서로 연결된 네 개의 인덕터를 보여 준다. 그 중 두 개의 인덕터에 대한 초기 전류 값도 그림 6.19에 같이 나타내었다. 하나의 등가 회로와 해당하는 초기 전류는 그림 6.20과 같다.

a) 등가 인덕턴스 L_{eq}를 찾아라.

b) 등가 인덕터의 초기 전류를 찾아라.

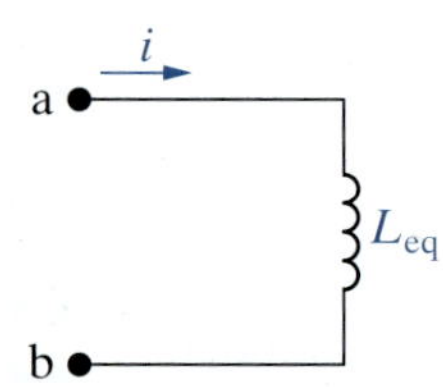

그림 6.20▲ 그림 6.19의 인덕터에 대한 등가 인덕터.

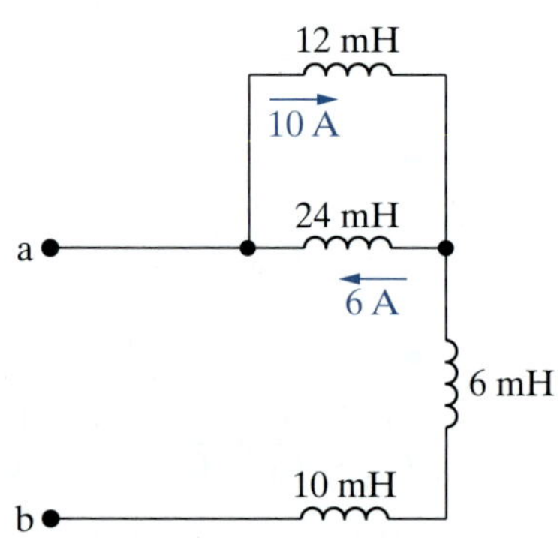

그림 6.19▲ 예제 6.6에 대한 서로 연결된 인덕터.

풀이

a) 병렬 연결된 12 mH와 24 mH 인덕터를 하나의 등가 인덕터로 교체하는 것으로 시작한다. 등가 커패시턴스는 다음과 같다.

$$\left(\frac{1}{0.012} + \frac{1}{0.024}\right)^{-1} = 0.008 = 8 \text{ mH}.$$

이제 8 mH, 6 mH, 10 mH 인덕터가 직렬 연결되었다. 이들을 결합하면 다음과 같다.

$$L_{eq} = 0.008 + 0.006 + 0.010 = 0.024 = 24 \text{ mH}.$$

b) 등가 인덕터의 초기 전류 i는 24 mH 인덕터의 왼쪽 단자로 들어가는 전류와 같다. 해당 단자에서의 KCL 수식, 즉 단자로 들어가는 전류를 합치면 다음과 같다.

$$i - 10 + 6 = 0.$$

그러므로 등가 인덕터의 초기 전류 $i = 4$ A이다.

예제 6.7 등가 커패시턴스 찾기

그림 6.21은 서로 연결된 네 개의 커패시터를 보여 준다. 그중 세 개의 커패시터에 대한 초기 전압도 그림 6.21에 같이 나타내었다. 하나의 등가 회로와 이것의 초기 전압은 그림 6.22와 같다.

a) 등가 커패시턴스 C_{eq}를 찾아라.

b) 등가 커패시터에 걸리는 초기 전압을 찾아라.

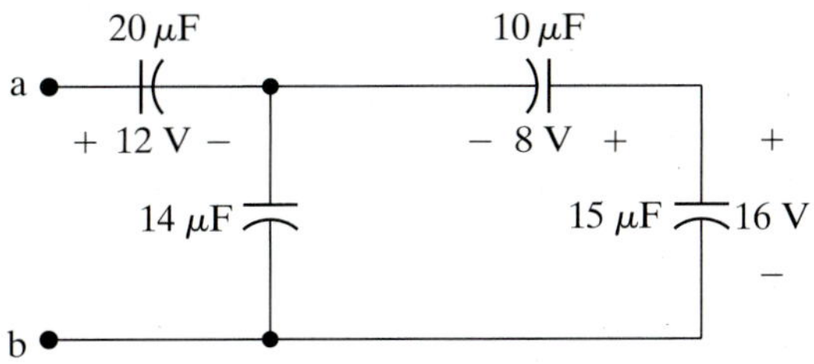

그림 6.21▲ 예제 6.7에 대한 서로 연결된 커패시터.

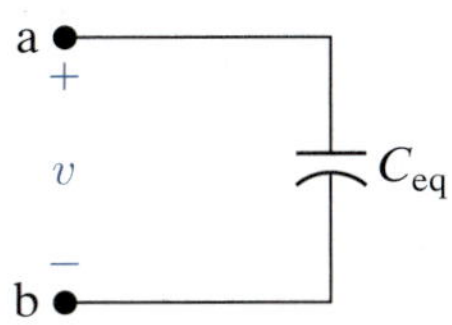

그림 6.22▲ 그림 6.21의 커패시터에 대한 등가 커패시터.

풀이

a) 10 μF과 15 μF 커패시터를 하나의 등가 커패시터로 교체하는 것으로 시작한다. 등가 커패시턴스는 다음과 같다.

$$\left(\frac{1}{10\times10^{-6}}+\frac{1}{15\times10^{-6}}\right)^{-1}=6\times10^{-6}=6\,\mu\text{F}.$$

이제 처음 단순화 작업에서 구한 6 μF 커패시터와 14 μF 커패시터를 결합하면 다음과 같다.

$$6\times10^{-6}+14\times10^{-6}=20\times10^{-6}=20\,\mu\text{F}.$$

마지막으로, 바로 위의 단순화 작업에서 구한 20 μF과 회로 왼쪽에 위치하는 20 μF을 결합하면 다음 식을 구할 수 있다.

$$C_{eq}=\left(\frac{1}{20\times10^{-6}}+\frac{1}{20\times10^{-6}}\right)^{-1}$$
$$=10\times10^{-6}=10\,\mu\text{F}.$$

b) a와 b 사이의 초기 전압을 찾기 위해 KVL을 사용해 회로 둘레에 위치하는 커패시터에 대한 초기 전압을 더하면 다음과 같다.

$$12-8+16=20\text{ V}.$$

그러므로 등가 커패시터에 걸리는 초기 전압은 20 V이다.

평가문제

목표 3—인덕터 또는 커패시터의 직/병렬 연결에 의한 단일 등가 인덕터 또는 커패시터를 구성할 수 있다.

6.4 제시된 회로에서 i_1과 i_2의 초깃값은 −0.6 A, 0.2 A이다. $t\geq0$일 때 병렬 인덕터 단자에서 전압은 $100e^{-25t}$ mV이다.

a) 병렬 인덕터들을 단일 인덕터로 대체한다면 인덕턴스는 얼마인가?

b) 등가 인덕턴스에서 초기 전류를 찾아라.

c) 등가 인덕터를 이용하여 $i(t)$를 구하라.

d) $i_1(t)$와 $i_2(t)$를 구하라. $i_1(t)$와 $i_2(t)$의 해와 $i(t)$ 가 키르히호프의 전류 법칙을 만족시킴을 증명하라.

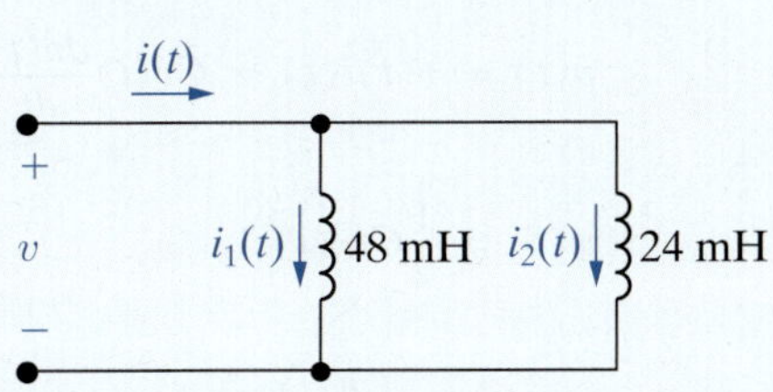

정답: a) 16 mH, b) −0.4 A,

c) $-250e^{-25t}-150$ mA,

d) $i_1(t)=-83.33e^{-25t}-516.67$ mA,

$i_2(t)=-166.67e^{-25t}+366.67$ mA.

6.5 $t\geq0$에 대해 표시된 두 커패시터에서의 전류는 $i=50e^{-200t}$ mA이다. v_1 및 v_2의 초깃값은 각각 15 V 및 −10 V이다.

a) 직렬 커패시터를 단일 등가 커패시터로 교체한다면 커패시턴스는 얼마인가?

b) 등가 커패시터의 초기 전압을 찾아라.

c) (a)와 (b)의 결과를 사용하여 커패시터에서의 전압 강하를 구하라.

d) $t\rightarrow\infty$에 대해 커패시터에 갇힌 총 에너지를 계산하라. [힌트: (a)에서 계산한 등가 커패시턴스를 사용하지 말고, 각 커패시터에 갇힌 에너지를 구한 다음 더하라.]

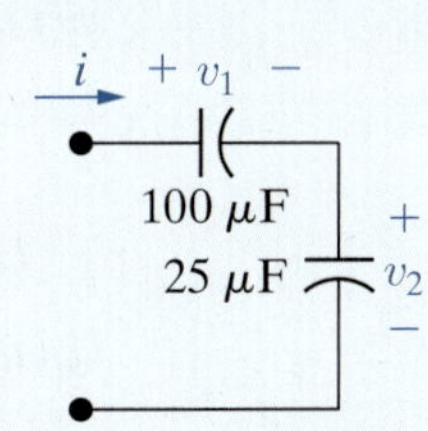

정답: a) 20 μF, b) 5 V,

c) $-12.5e^{-200t}+17.5$ V, d) 15.3125 mJ.

자가 검사: 연습문제 6.24, 6.26, 6.28, 6.32도 풀어 보라.

인덕터와 커패시터 대칭성

우리는 대칭성 또는 쌍대성의 개념을 4장에서 소개했다. 해당 장에서는 다음과 같은 쌍대성의 몇 가지 예를 알아보았다.

- 필수 마디와 망
- KCL과 KVL
- 마디 전압법과 망 전류법

6.1절부터 6.3절에도 또한 쌍대성의 몇 가지 예제가 있으며, 이것을 표 6.1에 정리했다. 이 표로부터 다음과 같은 많은 쌍대 관계를 주지할 수 있다.

- 전압과 전류
- 개방 회로와 단락 회로
- 인덕턴스와 커패시턴스
- 직렬 연결과 병렬 연결

인덕터와 커패시터의 특성에서의 대칭성을 인식하는 것은 이러한 특성들을 이해하고 기억하기 쉽게 만들어 준다.

표 6.1 인덕터와 커패시터의 쌍대성

	인덕터	커패시터
기본 v-i 방정식	$v(t) = L\dfrac{di(t)}{dt}$	$i(t) = C\dfrac{dv(t)}{dt}$
대체 v-i 방정식	$i(t) = \dfrac{1}{L}\displaystyle\int_{t_0}^{t} v(\tau)d\tau + i(t_0)$	$v(t) = \dfrac{1}{C}\displaystyle\int_{t_0}^{t} i(\tau)d\tau + v(t_0)$
초기 조건	$i(t_0)$	$v(t_0)$
정전원과의 동작	만약 $i(t) = I$이면 $v(t) = 0$이고, 인덕터는 단락 회로와 같이 동작한다.	만약 $v(t) = V$이면 $i(t) = 0$이고, 인덕터는 개방 회로와 같이 동작한다.
연속성 필요조건	$i(t)$는 항상 연속적이며, 따라서 $v(t)$는 유한하다.	$v(t)$는 항상 연속적이며, 따라서 $i(t)$는 유한하다.
전력 방정식	$p(t) = v(t)i(t) = Li(t)\dfrac{di(t)}{dt}$	$p(t) = v(t)i(t) = Cv(t)\dfrac{dv(t)}{dt}$
에너지 방정식	$w(t) = \dfrac{1}{2}Li^2(t)$	$w(t) = \dfrac{1}{2}Cv^2(t)$
직렬 연결 등가	$L_{eq} = \displaystyle\sum_{j=1}^{n} L_j$ $i_{eq}(t_0) = i_j(t_0)$ (모든 j)	$\dfrac{1}{C_{eq}} = \displaystyle\sum_{j=1}^{n} \dfrac{1}{C_j}$ $v_{eq}(t_0) = \displaystyle\sum_{j=1}^{n} v_j(t_0)$
병렬 연결 등가	$\dfrac{1}{L_{eq}} = \displaystyle\sum_{j=1}^{n} \dfrac{1}{L_j}$ $i_{eq}(t_0) = \displaystyle\sum_{j=1}^{n} i_j(t_0)$	$C_{eq} = \displaystyle\sum_{j=1}^{n} C_j$ $v_{eq}(t_0) = v_j(t_0)$ (모든 j)

6.4 상호 인덕턴스

6.1절에서 본 것과 같이 인덕터 코일의 시변 전류는 그 코일을 둘러싸고 있는 시변 자계를 생성한다. 인덕턴스는 인덕터에 걸리는 전압 강하와 해당 인덕터의 시변 전류를 관계 짓는다. 이 후 내용을 볼 때 이 계수를 자기 인덕턴스(self-inductance)라 개명하는 것은 타당하다.

이제 시변 전류를 가지고 각각 시변 자계를 생성하는 두 개의 인덕터를 포함하는 두 회로를 생각해 보자. 이들 회로에서 하나의 코일 전류에 의해 생성된 자계는 다른 하나의 코일을 감싸고, 그 반대의 경우도 동일하다. 따라서 두 개의 인덕터와 그것을 포함하는 회로를 자기적으로 결합시킨다. 그림 6.23은 그러한 회로의 한 예를 보여 준다. L_1과 L_2은 각 코일의 자기 인덕턴스를 나타내고, M은 자기 결합과 연관된 상호 인덕턴스를 나타낸다. M 옆에 위치한 양쪽 방향 화살표를 주목하자. 화살표는 상호 인덕턴스 값을 가진 코일 쌍을 나타낸다. 이 기호는 한 쌍 이상의 자기 결합 코일을 갖는 회로를 다루기 위해 필요하다.

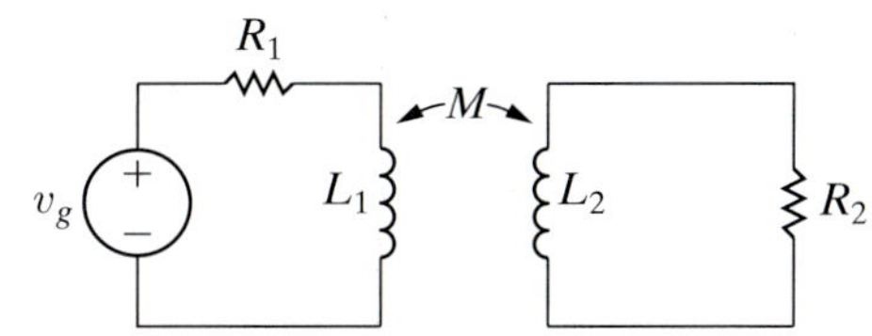

그림 6.23▲ 두 개의 자기 결합 코일.

자기적으로 결합된 회로를 해석하는 가장 쉬운 방법은 망 전류법을 이용하는 것이다. 해석 방법 4.6을 따라서 1단계에서 망을 파악하고, 2단계에서는 망 전류에 라벨을 붙인다. 이 결과를 그림 6.24에 나타냈다. 3단계에서 각 망을 주위에 대한 KVL 수식을 쓰고, 각각의 망 요소에 걸리는 전압을 더한다. 코일은 자기적으로 결합되어 있기 때문에 각 인덕터에는 두 개의 전압이 걸린다. 한 전압은 자기 유도 전압이며, 코일의 자기 인덕턴스와 해당 코일 전류의 1차 미분의 곱이다. 다른 전압은 상호 유도 전압이며, 코일의 상호 인덕턴스와 다른 코일 전류의 1차 미분과의 곱이다. 그림 6.24의 왼쪽에 있는 자기 인덕턴스 L_1을 가진 코일을 생각해 보자. 이 코일에 걸리는 자기 유도 전압은 $L_1(di_1/dt)$이고, 이 코일에 걸리는 상호 유도 전압은 $M(di_2/dt)$이다. 그러나 이 두 전압의 극성은 어떠한가?

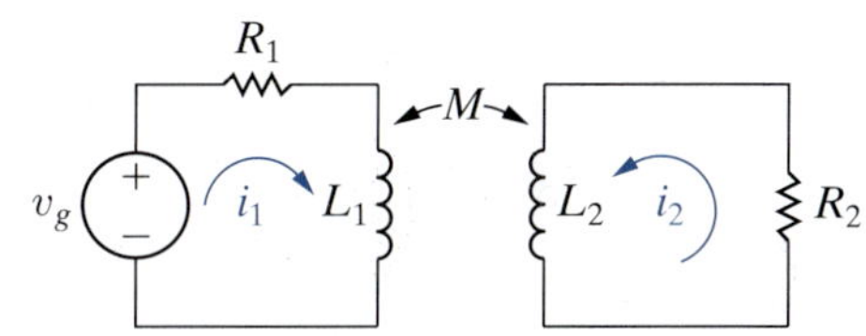

그림 6.24▲ 그림 6.23의 회로를 나타내기 위해 사용된 코일 전류 i_1과 i_2.

수동 부호 규약을 사용하면 자기 유도 전압은 전압을 생성하는 전류 방향으로 전압 강하가 나타나는 것을 알 수 있다. 그러나 상호 유도 전압의 극성은 코일이 코일 전류의 기준 방향과 관련하여 감겨진 방법에 달려 있다. 상호 결합된 감김을 상세히 보여 주는 것은 매우 어렵다. 그 대신에 상호 유도 전압 극성을 결정하기 위해 **도트 규약**(dot convention)을 사용한다. 도트는 그림 6.25에 보이는 바와 같이 감긴 각 코일의 한 단자에 놓인다. 이 도트는 부호 정보를 전달하며, 따라서 코어 구조에 코일이 어떻게 감겨 있는가를 보여 주기보다는 인덕터 코일을 도식적으로 그릴 수 있게 해 준다.

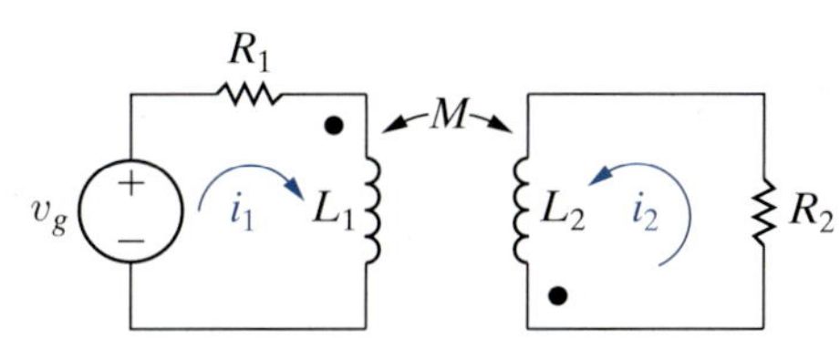

그림 6.25▲ 상호 유도 전압의 극성을 표시하는 도트가 더해진 그림 6.24의 회로.

도트 규약은 다음과 같이 요약된다.

상호 결합된 코일의 도트 규약

전류의 기준 방향이 코일의 도트 표시 단자로 향하면 다른 코일에 유도된 전압의 기준 극성은 도트 표시 단자에서 양(+)이다.

또는 다른 방법으로 표현할 수 있다.

대안적인 도트 규약

전류의 기준 방향이 코일의 도트 표시 단자를 벗어나면 다른 코일에서 유도된 전압의 기준 극성은 도트 표시 단자에서 음(−)이다.

일반적으로, 그림 6.25와 같이 이 책의 회로도에서는 도트 표시가 제공될 것이다. 망 전류법에서 3단계를 완성하기 위해 도트 규약을 사용해 보자. 그림 6.25의 왼쪽에 있는 망에서 시작하여 망 전류 방향으로 망 주위의 전압을 합하면 다음의 식을 얻는다.

$$-v_g + i_1R_1 + L_1\frac{di_1}{dt} - M\frac{di_2}{dt} = 0,$$

이 합에서 처음 세 개의 항은 부호를 포함하여 익숙하게 보여야 한다. 네 번째 항을 보자. 전류 i_2는 L_2 인덕터의 도트 표시가 되지 않은 단자로 들어가고, L_1에 걸리면서 도트가 표시되지 않은 단자에서 양(+)인 상호 유도 전압을 생성한다는 것을 주목하자. 이것은 i_1의 방향에 대해 전압 상승이며, 따라서 $M\,di_2/dt$의 부호는 음(−)이다.

이제 그림 6.25의 오른쪽에 있는 망에서 고려해 보자. 망 전류 i_2 방향으로 망 주위의 전압을 합하면 다음 식을 얻는다.

$$i_2R_2 + L_2\frac{di_2}{dt} - M\frac{di_1}{dt} = 0.$$

세 번째 항을 보자. 전류 i_1는 L_1 인덕터의 도트 표시된 단자로 들어가고, L_2 에 걸리면서 도트 표시된 단자에서 양(+)인 상호 유도 전압을 생성한다. 이것은 i_2의 방향에 대해 전압 상승이며, 따라서 $M\,di_1/dt$의 부호는 음(−)이다. 그림 6.26은 양쪽 인덕터 코일에 걸리는 자기 및 상호 유도 전압을 각각의 극성 표시와 함께 보여 준다.

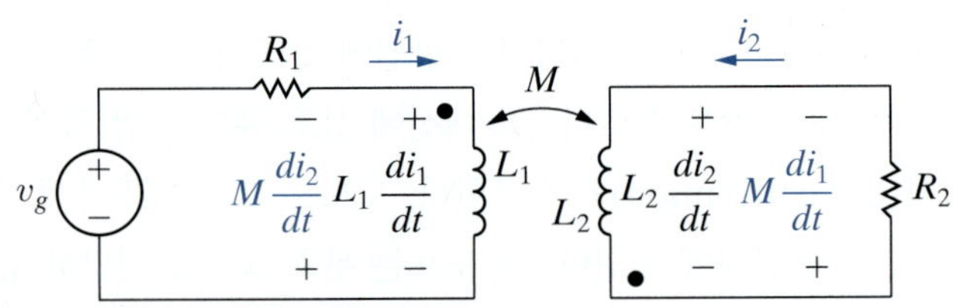

그림 6.26▲ 그림 6.25에 나타낸 코일을 가로질러 나타나는 자기 및 상호 유도 전압.

도트 표시를 결정하는 과정

만약 극성 도트가 주어지지 않았다면 실제 회로의 물리적인 구성을 조사하거나 실험실에서 회로를 테스트함으로써 도트의 위치를 결정할 수 있다. 이러한 두 가지 과정을 모두 살펴보자.

첫 번째 과정은 두 코일의 물리적 배치와 자기적으로 결합된 회로에서 각각 감긴 방식을 알고 있다고 가정한다. 도트 표시를 생성하기 위해 그림 6.27에 나타난 바와 같이 다음의 여섯 단계를 사용한다.

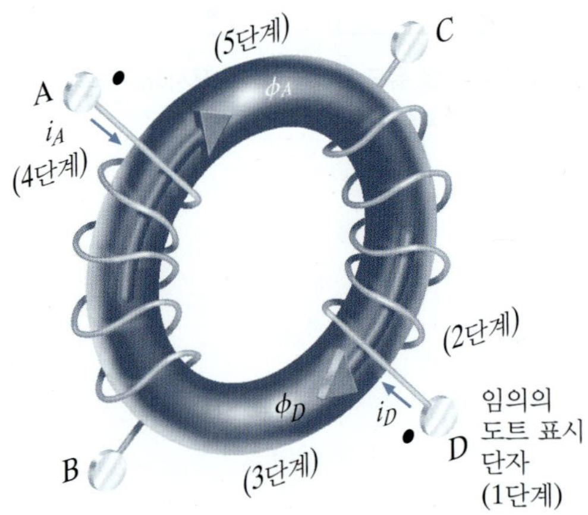

그림 6.27▲ 도트 표시 집합을 결정하는 방법을 보여 주는 코일의 집합.

1. 임의로 한 코일의 한 단자를 선택한다. 예를 들어 D 단자를 선택하여 도트 표시를 한다.
2. 전류를 도트가 표시된 단자에 할당한다. 그리고 그 전류를 i_D로 나타낸다.
3. 결합 코일 내부에 흐르는 전류 i_D에 의해 만들어진 자계의 방향을 결정하기 위해 패러데이(Faraday)의 오른손 법칙[1]을 이용한다. 이 자속을 ϕ_D로 표시하자.
4. 임의로 두 번째 코일의 한 단자, 말하자면 단자 A를 선택하여 그 단자로 들어가는 전류를 할당하고, 그 전류를 i_A로 나타낸다.
5. 결합 코일 내부의 전류 i_A에 의해 형성된 자속의 방향을 결정하기 위해 패러데이의 오른손 법칙을 이용하고, 그 자속을 ϕ_A로 표시한다.
6. 두 자속 ϕ_D, ϕ_A의 방향을 비교한다. 자속의 기준 방향이 같으면 테스트 전류(i_A)가 들어가는 2차 코일의 단자에 도트 표시를 한다. 만약 자속의 기준 방향이 다르면 테스트 전류가 나가는 2차 코일의 단자에 도트 표시를 한다. 그림 6.27에서 자속 ϕ_D, ϕ_A는 기준 방향이 같다. 그러므로 단자 A에 도트 표시를 한다.

두 번째 과정은 자기적으로 결합된 코일의 상대적인 극성을 실험적으로 결정한다. 이 방법은 코일이 코어에 어떻게 감겨 있는지 결정하는 것이 불가능할 때 사용된다. 한 실험 방법은 그림 6.28에 보이는 것처럼, dc 전압원, 저항, 스위치, dc 전압계를 코일 쌍에 연결하는 것이다. 코일을 덮고 있는 색칠된 상자 부분은 코일의 물리적인 검사가 불가능함을 표시한 것이다. 저항 R은 dc 전압원에서 공급하는 전류의 크기를 제한한다.

그림 6.28에 나타난 것과 같이 스위치와 제한 저항을 경유하여 dc 전압원의 양(+) 단자에 연결된 코일 단자에 극성 표시를 하는 것으로 시작한다. 스위치를 닫을 때 전압계 바늘의 편향(deflection)을 관측한다. 순간적인 편향이 위로 향하면 전압계의 양(+)의 단자에 연결된 코일 단자에 극성 표시를 한다. 편향이 아래로 향하면 전압계의 음(−)의 단자에 연결된 코일 단자에 극성 표시를 한다.

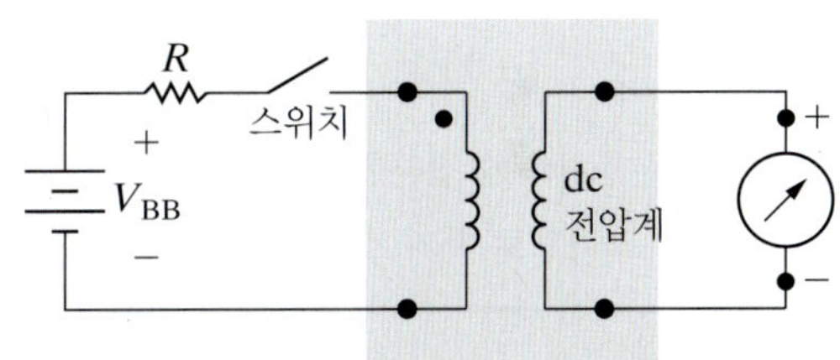

그림 6.28▲ 극성 표시를 결정하기 위한 실험 구성.

예제 6.8은 도트 표시를 이용하여 자기 결합 코일을 가진 회로에 대한 수식을 구축한다.

예제 6.8 자기 결합 코일을 가진 회로의 망 전류 수식 구하기

a) 망 전류법을 사용하여 전류 i_1, i_2의 항으로 그림 6.29 회로를 나타내는 수식을 작성하라.

b) $t = 0$에서 회로에 저장된 에너지가 없고, $i_g = 16 - 16e^{-5t}$ A 이면 i_1, i_2의 해는 다음과 같음을 증명하라.

$$i_1 = 4 + 64e^{-5t} - 68e^{-4t}\ \text{A},$$
$$i_2 = 1 - 52e^{-5t} + 51e^{-4t}\ \text{A}.$$

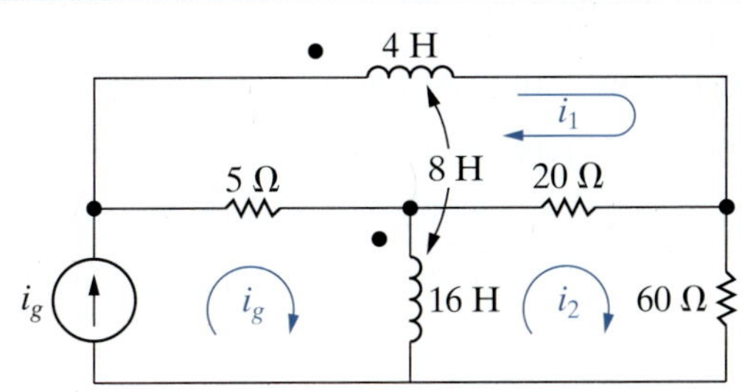

그림 6.29▲ 예제 6.8의 회로.

1 6.5절에 나오는 패러데이 법칙 참조.

풀이

a) 해석 방법 4.6의 단계를 따르자. 1단계와 2단계에서 망을 파악하고, 그림 6.29에 보이는 바와 같이 망 전류에 라벨을 붙여라. 3단계에서 전류가 미지수인 각 망에 대한 KVL 수식을 세운다. i_1 망 주위 전압의 합은 다음과 같다.

$$4\frac{di_1}{dt} + 8\frac{d}{dt}(i_g - i_2) + 20(i_1 - i_2) + 5(i_1 - i_g) = 0.$$

이 수식의 두 번째 항을 조심스럽게 살펴보고, 어떻게 도트 규약이 사용되었는지 확실히 이해하자. 전류$(i_g - i_2)$에 의하여 4 H 코일에 걸리는 전압, 즉 $8d(i_g - i_2)/dt$는 i_1 방향의 전압 강하이다. 따라서 이 항은 양의 부호를 갖는다.

i_2 망에 대한 KVL 수식은 다음과 같다.

$$20(i_2 - i_1) + 60i_2 + 16\frac{d}{dt}(i_2 - i_g) - 8\frac{di_1}{dt} = 0$$

이 수식의 네 번째 항을 조심스럽게 살펴보고, 어떻게 도트 규약이 사용되었는지 확실히 이해하자. 전류 i_1에 의해 16 H 코일에 유도된 전압, 즉 $8di_1/dt$는 i_2 방향으로 전압 상승이며, 따라서 이 항은 음의 부호를 갖는다.

b) i_1, i_2의 타당성을 확인하기 위해 i_1, i_2의 초깃값 및 최종값을 테스트해 보자. 가설에 의해 $i_1(0) = i_2(0) = 0$이다. 주어진 해로부터 다음을 얻는다.

$$i_1(0) = 4 + 64 - 68 = 0,$$

$$i_2(0) = 1 - 52 + 51 = 0.$$

이제 t가 무한대에 접근할 때 전류원(i_g)은 상수 값 16 A에 접근한다. 그러므로 자기 결합 코일은 단락 회로로 동작한다. 따라서 $t = \infty$에서 회로는 그림 6.30에 보이는 바와 같이 간략화된다. 그림 6.30으로부터 $t = \infty$에서 세 개 저항은 16 A에 가로질러 병렬로 연결된다. 등가 저항은 3.75 V이고, 이와 같이 16 A 전류원에 걸리는 전압은 60 V이다. 20 V과 60 V 저항에 흐르는 전류를 찾기 위해 옴의 법칙을 사용하고, 단자에서의 KCL 수식을 쓰면 다음과 같다.

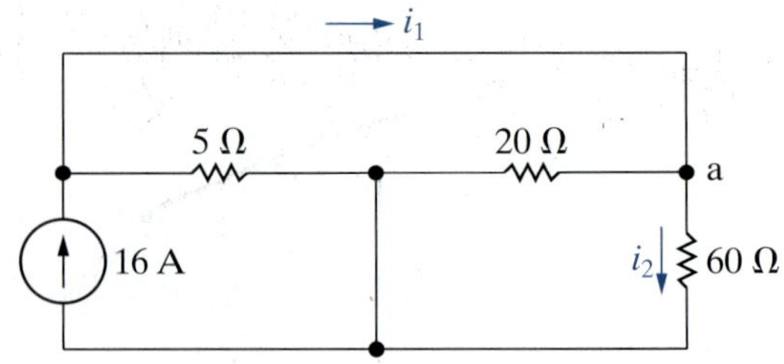

그림 6.30▲ $t = \infty$에서 예제 6.8의 회로.

$$i_1(\infty) = \frac{60}{20} + \frac{60}{60} = 4\text{ A}.$$

옴의 법칙을 사용하면

$$i_2(\infty) = \frac{60}{60} = 1\text{ A}.$$

이 값은 i_1, i_2에 대한 해에서 주어진 최종값과 일치한다.

$$i_1(\infty) = 4 + 64(0) - 68(0) = 4\text{ A},$$

$$i_2(\infty) = 1 - 52(0) + 51(0) = 1\text{ A}.$$

마지막으로 구한 해가 (a)에서 유도한 미분 방정식을 만족하는지 살펴보자. 이 마지막 검사는 연습문제 6.37을 통해 독자에게 남겨 놓는다.

평가문제

목표 4—상호 결합된 코일에 대한 망 전류 방정식을 작성하기 위해 도트 규약을 사용한다.

6.6 v_g는 그림 6.29의 회로의 전류원에 걸친 전압을 나타낸다. v_g의 기준값은 전류원의 상단 단자에서 양성이다.

a) $i_g = 16 - 16e^{-5t}$A일 때 v_g를 시간의 함수로 구하라.

b) v_g의 초기값은 얼마인가?

c) 전류원에서 발생하는 전력에 대한 식을 구하라.

d) t가 무한대일 때 얼마나 큰 전력을 전류원이 발생시키는가?

e) t가 무한대일 때 각 저항에서 소모되는 전력을 계산하라.

정답: a) $60 + 5780e^{-4t} - 5840e^{-5t}$ V,

b) 0 V,

c) $960 + 92{,}480e^{-4t} - 94{,}400e^{-5t} - 92{,}480e^{-9t} + 93{,}440e^{-10t}$ W,

d) 960 W,

e) $p_{5\Omega} = 720$ W, $p_{20\Omega} = 180$ W, $p_{60\Omega} = 60$ W.

자가 검사: 연습문제 6.43도 풀어 보라.

6.5 상호 인덕턴스에 관한 상세한 고찰

여기서 자기 인덕턴스에 대한 상세한 고찰을 한다. 그 후 6.4절에서 제시된 한계와 가정을 조사하며, 상호 인덕턴스에 대한 심도 깊은 검토를 한다.

자기 인덕턴스 복습

1800년대 초 인덕턴스에 대한 연구를 시작한 마이클 패러데이(Michael Faraday)는 전류가 흐르는 도체를 둘러싸는 역선(line of force)으로 구성된 자계를 상상했다. 이 역선들을 자기 자신에 에너지를 저장하는 탄성 띠로 생각해 보자. 전류가 증가 또는 감소할 때 탄성 띠(즉 역선)는 확장 또는 축소한다. 도체에서 유도된 전압은 도체 속으로 축소하거나 또는 자르는 역선의 수에 비례한다. 이 유도된 전압은 패러데이 법칙에 의해 다음과 같이 표현된다.

$$v = \frac{d\lambda}{dt}, \tag{6.18}$$

여기서 λ는 쇄교 자속(flux linkage)이고 웨버-권선수(weber-turns)로 측정된다.

6.1절에서 제시된 인덕턴스는 패러데이 법칙과 어떤 관계를 가질까? 그림 6.31에 표현된 코일을 보자. 권선수 N을 꿰는 역선은 기호 ϕ로 표시되며, 자계를 구성하는 자력선을 나타내고, 공간적인 방향과 강도를 가지고 있다. 오른 손 법칙을 사용하여 공간적 방향을 결정한다(오른손의 손가락들이 전류의 방향을 가리키도록 코일을 감싸면 엄지는 코일 내에서 자계의 방향을 가리킨다).

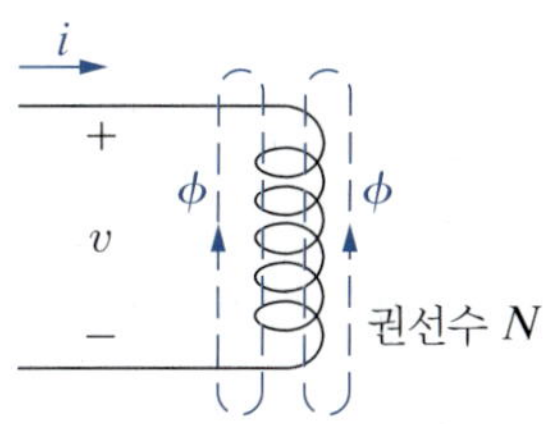

그림 6.31▲ 권선수 N인 코일을 쇄교하는 자계의 표현.

자계의 강도를 결정하기 위해 패러데이 법칙[식 (6.18)]에서 소개된 쇄교 자속을 정의하는 것으로 시작한다. 쇄교 자속은 웨버(weber, Wb)로 측정한 자계 ϕ와 자계에 의해서 쇄교된 권선수 N의 곱이다.

$$\lambda = N\phi.$$

자속 ϕ의 크기는 코일 전류의 크기와 관계되며 다음 관계식과 같다.

$$\phi = \mathscr{P}Ni$$

여기서 N은 코일의 권선수이고, $\mathscr{P}$는 자속에 의해 점유된 공간의 투자율(permeance)이다. 자속을 포함하는 공간이 자성 재료(철, 니켈, 코발트 등)로 구성되면 투자율은 자속에 따라 변화하고 ϕ와 i는 비선형적인 관계를 갖는다. 그러나 자속을 포함하는 공간이 비자성 재료이면 투자율은 상수이고 ϕ와 i는 선형적인 관계를 갖는다. 자속은 또한 코일에 감긴 권선수에 비례함을 주의하자.

여기서 코어 재료—자속을 포함하는 공간—는 비자성체로 가정한다. 자속 (ϕ)과 쇄교 자속에 대한 수식을 식 (6.18)에 대입하면 패러데이 법칙으로부터 다음과 같은 인덕터 식을 유도할 수 있다.

$$\begin{aligned} v &= \frac{d\lambda}{dt} = \frac{d(N\phi)}{dt} \\ &= N\frac{d\phi}{dt} = N\frac{d}{dt}(\mathscr{P}Ni) \\ &= N^2\mathscr{P}\frac{di}{dt} = L\frac{di}{dt}. \end{aligned} \tag{6.19}$$

그림 6.31 회로에서 유도 전압의 극성은 자계를 생성하는 전류에 의존한다. 예를 들어 i가 증가할 때 di/dt는 양이고 v도 양이다. 따라서 에너지는 자계를 만들기 위해 필요하다. v_i의 곱은 에너지가 계에 저장되는 비율이다. i가 감소할 때 di/dt는 음이고, v도 음이며, 계는 코일에 대해 축소하고, 에너지를 회로로 귀환시킨다.

자기 유도에 대한 상세한 고찰을 바탕으로 이제 상호 인덕턴스를 살펴보자.

상호 인덕턴스의 개념

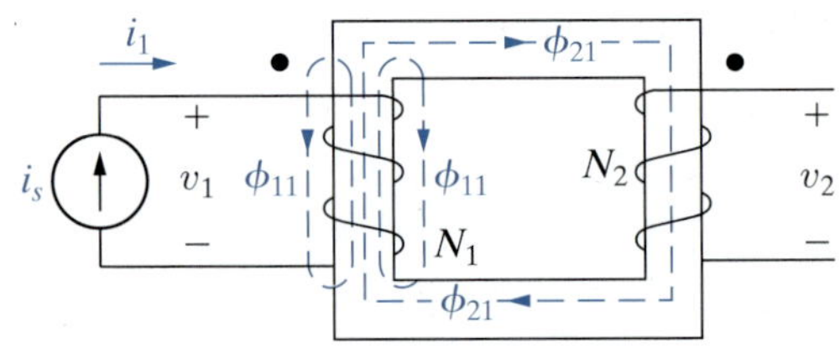

그림 6.32▲ 자기적으로 결합된 두 개의 코일.

그림 6.32는 자기적으로 결합된 두 개의 코일을 보여 준다. 6.4절에서 소개된 과정을 사용하여 두 코일에서 도트 표시가 코일의 감긴 방향과 전류의 방향에 일치함을 증명하자. 각 코일의 권선수는 각각 N_1, N_2이다. 코일 1은 권선수 N_1에 전류 i_1을 형성시키는 시변 전류원에 의해 에너지를 공급받는다. 코일 2는 에너지를 갖지 않고 개방되어 있다. 코일은 비자성 코어에 감겨 있다. 전류 i_1에 의해 생성된 자속은 두 가지 성분 ϕ_{11}, ϕ_{21}로 나뉜다. 자속 성분 ϕ_{11}은 권선수 N_1만 쇄교하는 전류 i_1에 의해 생성된 자속이다. 성분 ϕ_{21}은 권선수 N_2, N_1 모두를 쇄교하는 전류 i_1에 의해 생성된 자속이다. 자속의 아래 첨자에서 첫 번째 숫자는 코일 번호를 나타내고 두 번째 숫자는 코일 전류를 나타낸다. 따라서 ϕ_{11}은 코일 1을 쇄교하는 자속이고 코일 1에서의 전류에 의해 생성되는 반면에 ϕ_{21}은 코일 2를 쇄교하는 자속이고 코일 1에서의 전류에 의해 생성된다.

코일 1을 쇄교하는 총자속은 ϕ_1이고, ϕ_{11}과 ϕ_{21}의 합이다.

$$\phi_1 = \phi_{11} + \phi_{21}.$$

자속 ϕ_1과 그 성분 ϕ_{11}, ϕ_{21}은 코일 전류 i_1과 다음과 같은 관계를 갖는다.

$$\phi_1 = \mathcal{P}_1 N_1 i_1,$$

$$\phi_{11} = \mathcal{P}_{11} N_1 i_1,$$

$$\phi_{21} = \mathcal{P}_{21} N_1 i_1,$$

여기서 $\mathcal{P}_1$은 자속 ϕ_1가 차지하는 공간의 투자율이고, $\mathcal{P}_{11}$은 ϕ_{11}가 차지하는 공간의 투자율, $\mathcal{P}_{21}$은 ϕ_{21}가 차지하는 공간의 투자율이다. 위의 네 수식을 결합하고 단순화하면 총자속 ϕ_1가 차지하는 공간의 투자율과 ϕ_{11}, ϕ_{21}가 차지하는 공간의 투자율 사이의 관계식을 얻을 수 있다.

$$\mathcal{P}_1 = \mathcal{P}_{11} + \mathcal{P}_{21}. \tag{6.20}$$

v_1, v_2에 관한 식을 유도하기 위해 패러데이 법칙을 사용하자.

$$\begin{aligned} v_1 &= \frac{d\lambda_1}{dt} = \frac{d(N_1\phi_1)}{dt} = N_1\frac{d}{dt}(\phi_{11} + \phi_{21}) \\ &= N_1^2(\mathcal{P}_{11} + \mathcal{P}_{21})\frac{di_1}{dt} = N_1^2\mathcal{P}_1\frac{di_1}{dt} = L_1\frac{di_1}{dt}, \end{aligned} \tag{6.21}$$

그리고

$$v_2 = \frac{d\lambda_2}{dt} = \frac{d(N_2\phi_{21})}{dt} = N_2\frac{d}{dt}(\mathcal{P}_{21}N_1i_1)$$

$$= N_2N_1\mathcal{P}_{21}\frac{di_1}{dt} = M_{21}\frac{di_1}{dt}.$$

v_1에 관한 식에서 di_1/dt의 계수는 코일 1의 자기 인덕턴스이다. v_2에 관한 식에서 di_1/dt의 계수는 코일 1과 2 사이의 상호 인덕턴스이다. 따라서

$$M_{21} = N_2N_1\mathcal{P}_{21}. \tag{6.22}$$

M에서 아래 첨자는 코일 2에서 유도된 전압과 코일 1의 전류를 연관짓는 인덕턴스를 말한다.

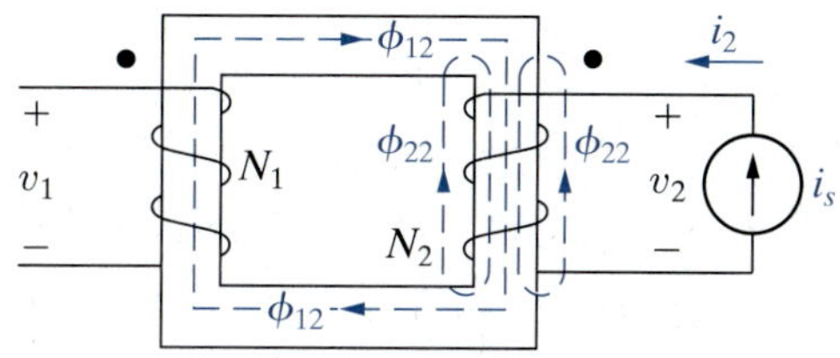

그림 6.33▲ 코일 2가 여기되고 코일 1은 개방시킨 그림 6.32의 자기 결합 코일.

그림 6.33은 자기적으로 결합된 두 개의 코일을 다시 보여 준다. 하지만 이번에는 코일 2가 시변 전류원(i_2)에 의해 가압되고, 코일 1은 개방되어 있다. 코일 2를 쇄교하는 총자속은 다음과 같다.

$$\phi_2 = \phi_{22} + \phi_{12}.$$

자속 ϕ_2와 그 성분 ϕ_{22}와 ϕ_{12}는 코일 전류 i_2와 다음과 같은 관계를 갖는다.

$$\phi_2 = \mathcal{P}_2N_2i_2,$$

$$\phi_{22} = \mathcal{P}_{22}N_2i_2,$$

$$\phi_{12} = \mathcal{P}_{12}N_2i_2.$$

전압 v_2, v_1은 다음과 같다.

$$v_2 = \frac{d\lambda_2}{dt} = N_2^2\mathcal{P}_2\frac{di_2}{dt} = L_2\frac{di_2}{dt}, \tag{6.23}$$

$$v_1 = \frac{d\lambda_1}{dt} = \frac{d}{dt}(N_1\phi_{12}) = N_1N_2\mathcal{P}_{12}\frac{di_2}{dt} = M_{12}\frac{di_2}{dt}.$$

코일 1에서 유도된 전압을 코일 2의 시변 전류와 연관짓는 상호 인덕턴스 계수는 다음과 같다.

$$M_{12} = N_1N_2\mathcal{P}_{12}. \tag{6.24}$$

비자성 재료에 대해 투자율 $\mathcal{P}_{12}$와 $\mathcal{P}_{21}$은 같으며, 따라서 식 (6.22)와 (6.23)으로부터,

$$M_{12} = M_{21} = M.$$

그러므로 두 개의 자기 결합 코일을 가진 선형 회로에 대해서는 첨자를 상호 인덕턴스에 붙이는 것은 불필요하다.

자기 인덕턴스의 항으로의 상호 인덕턴스

여기서는 상호 인덕턴스와 자기 인덕턴스 사이의 관계식을 유도해 보자. 식 (6.21)과 (6.23)으로부터

$$L_1 = N_1^2\mathcal{P}_1,$$

$$L_2 = N_2^2\mathcal{P}_2,$$

따라서

$$L_1L_2 = N_1^2N_2^2\mathcal{P}_1\mathcal{P}_2.$$

식 (6.20)과 $\mathcal{P}_2$에 대한 해당 식을 이용하면 다음 식을 쓸 수 있다.

$$L_1L_2 = N_1^2N_2^2(\mathcal{P}_{11} + \mathcal{P}_{21})(\mathcal{P}_{22} + \mathcal{P}_{12}).$$

그러나 선형 시스템에서 $\mathcal{P}_{21} = \mathcal{P}_{12}$이므로 L_1L_2에 대한 식은 다음과 같이 된다.

$$\begin{aligned} L_1L_2 &= (N_1N_2\mathcal{P}_{12})^2\left(1 + \frac{\mathcal{P}_{11}}{\mathcal{P}_{12}}\right)\left(1 + \frac{\mathcal{P}_{22}}{\mathcal{P}_{12}}\right) \\ &= M^2\left(1 + \frac{\mathcal{P}_{11}}{\mathcal{P}_{12}}\right)\left(1 + \frac{\mathcal{P}_{22}}{\mathcal{P}_{12}}\right). \end{aligned} \tag{6.25}$$

이제 투자율을 포함하는 두 항을 다음과 같은 상수 항으로 대체하고

$$\frac{1}{k^2} = \left(1 + \frac{\mathcal{P}_{11}}{\mathcal{P}_{12}}\right)\left(1 + \frac{\mathcal{P}_{22}}{\mathcal{P}_{12}}\right). \tag{6.26}$$

식 (6.26)을 식 (6.25)에 대입한 후 재정렬하면 다음과 같다.

$$M^2 = k^2L_1L_2$$

또는

결합 계수를 사용한 자기 인덕턴스와 상호 인덕턴스 관계

$$M = k\sqrt{L_1L_2}, \tag{6.27}$$

여기서 상수 k는 **결합 계수**(coefficient of coupling)라 부른다. 식 (6.26)으로부터

$$\frac{1}{k^2} \geq 1 \quad \text{그러므로} \quad k \leq 1.$$

사실상 결합 계수는 0과 1 사이에 있어야 한다. 또는

$$0 \leq k \leq 1. \tag{6.28}$$

결합 계수는 두 코일 사이에 공통 자속이 존재하지 않으면 0이다. 즉 $\phi_{12} = \phi_{21} = 0$일 때 그렇다. 이 조건은 $\mathcal{P}_{12} = 0$임을 의미하고, 식 (6.26)은 $1/k^2 = \infty$ 또는 $k = 0$을 의미한다. 코일 사이에 쇄교 자속이 없다면 $M = 0$이다.

결합 계수는 $\phi_{11} = \phi_{22} = 0$일 때 1이다. 이 조건은 코일 1을 쇄교하는 모든 자속은 코일 2 또한 쇄교함을 의미한다. 따라서 $\mathcal{P}_{11} = \mathcal{P}_{22} = 0$이며, 이것은 이상적인 상태를 나타낸다. 실제로 정확하게 같은 자속을 공유하도록 두 코일을 감는다는 것은 물리적으로 불가능하다. 철, 코발트, 니켈 등의 합금과 같은 자성 재료는 높은 투자율을 갖는 공간을 만들고 1에 근접하는 결합 계수를 갖는다. (이와 같은 자성 재료의 중요한 특성은 9장에서 좀 더 상세히 논의한다.)

에너지 계산

자기적으로 결합 코일에 저장된 총에너지를 계산함으로써 마무리를 해 본다. 그 과정에서 앞에서 만들었던 두 가지 관측을 확인하기로 한다. 선형 자기 결합에 대해 (1) $M_{12} = M_{21} = M$, (2) $0 \leq k \leq 1$일 때 $M = k\sqrt{L_1L_2}$이다.

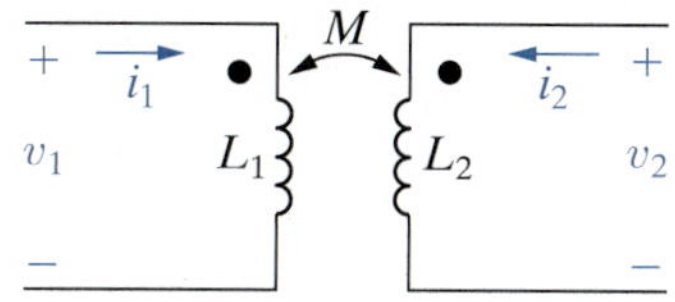

그림 6.34▲ 기본 에너지 관계식을 유도하는 데 사용된 회로.

그림 6.34의 회로를 보자. 초기에 전류 i_1와 i_2는 0이고, 코일에 저장된 에너지가 0이라고 가정하자. 그 후 i_1이 0에서 임의의 값 I_1으로 증가하도록 하고, $i_1 = I_1$일 때 저장된 에너지를 계산해 보자. $i_2 = 0$이므로 코일 쌍으로 입력된 총전력은 $v_1 i_1$이고, 저장된 에너지는 다음과 같다.

$$\int_0^{W_1} dw = L_1 \int_0^{I_1} i_1 di_1,$$

$$W_1 = \frac{1}{2} L_1 I_1^2.$$

이제 i_1은 I_1에서 상수 값으로 두고, i_2를 0에서 임의의 값 I_2로 증가시킨다. 이 시구간 중 i_1에 의해 코일 2에서 유도된 전압은 I_1은 상수이므로 0이다. i_2에 의해 코일 1에 유도된 전압은 $M_{12}di_2/dt$이다. 그러므로 코일 쌍으로 입력된 전력은 다음과 같다.

$$p = I_1 M_{12} \frac{di_2}{dt} + i_2 v_2.$$

$i_2 = I_2$일 때 코일 쌍에 저장된 총에너지는

$$\int_{W_1}^{W} dw = \int_0^{I_2} I_1 M_{12} di_2 + \int_0^{I_2} L_2 i_2 di_2,$$

또는

$$W = W_1 + I_1 I_2 M_{12} + \frac{1}{2} L_2 I_2^2,$$

$$= \frac{1}{2} L_1 I_1^2 + \frac{1}{2} L_2 I_2^2 + I_1 I_2 M_{12}. \tag{6.29}$$

만약 과정을 뒤집어서 수행한다면—즉 먼저 i_2를 0에서 I_2로 증가시키고, 다음에 i_1을 I_1으로 증가시키면—저장된 총에너지는 다음과 같다.

$$W = \frac{1}{2} L_1 I_1^2 + \frac{1}{2} L_2 I_2^2 + I_1 I_2 M_{21}. \tag{6.30}$$

식 (6.29)와 (6.30)은 선형 결합된 코일에 저장된 총에너지를 코일 전류, 자기 인덕턴스, 상호 인덕턴스의 함수로 나타낸다. 이들 방정식의 유일한 차이는 전류 곱 I_1I_2의 계수임을 주의하자. i_1이 먼저 형성되면 식 (6.29)를 사용하고, i_2가 먼저 형성되면 식 (6.30)을 사용한다.

결합 매체가 선형이면 저장된 총에너지는 I_1과 I_2의 형성 순서에 관계없이 똑같다. 결과가 되는 자속은 전류가 i_1과 i_2의 최종값에만 좌우되며, 어떻게 최종값에 도달하는가에는 의존하지 않기 때문이다. 따라서 선형 결합에 대해 $M_{12} = M_{21}$이다. 또한 I_1과 I_2는 각각 i_1과 i_2의 임의 값이기 때문에 코일 전류를 순시 전류 i_1과 i_2로 나타낸다. 따라서 임의 순간에 결합 코일에 저장된 총에너지는 다음과 같다.

$$w(t) = \frac{1}{2}L_1 i_1^2 + \frac{1}{2}L_2 i_2^2 + M i_1 i_2. \tag{6.31}$$

식 (6.31)은 모든 코일 전류가 도트 표시된 단자로 들어간다고 가정하고 유도했다. 만약 한 전류는 도트 표시 단자로 들어가고, 다른 전류는 그 단자를 나간다고 할 때 Mi_1i_2 항의 대수적인 부호는 반전된다는 것은 여러분이 증명해 보기 바란다. 따라서 일반적으로

자기적으로 결합된 코일에 저장된 에너지

$$w(t) = \frac{1}{2}L_1 i_1^2 + \frac{1}{2}L_2 i_2^2 \pm M i_1 i_2. \tag{6.32}$$

식 (6.32)를 사용하여 M이 $\sqrt{L_1L_2}$를 초과하지 못함을 살펴보자. 자기적으로 결합된 코일은 수동 소자이므로 저장된 총에너지는 음(−)이 될 수 없다. 만약 $w(t)$가 음이 될 수 없다면 식 (6.32)는 다음을 가리킨다.

$$\frac{1}{2}L_1 i_1^2 + \frac{1}{2}L_2 i_2^2 - M i_1 i_2 \geq 0$$

i_1과 i_2가 모두 양이거나 모두 음인 경우 M의 한계 값은 다음과 같은 경우에 발생한다.

$$\frac{1}{2}L_1 i_1^2 + \frac{1}{2}L_2 i_2^2 - M i_1 i_2 = 0. \tag{6.33}$$

M의 한계 값을 구하기 위해 $i_1i_2\sqrt{L_1L_2}$ 항을 식 (6.33)의 좌변에 더하고 빼면 다음과 같은 완벽한 제곱 항을 생성한다.

$$\left(\sqrt{\frac{L_1}{2}}\,i_1 - \sqrt{\frac{L_2}{2}}\,i_2\right)^2 + i_1 i_2\left(\sqrt{L_1L_2} - M\right) = 0. \tag{6.34}$$

식 (6.34)의 제곱 항은 결코 음(−)이 될 수 없지만, 0이 될 수는 있다. 그러므로 다음 조건일 때에만 $w(t) \geq 0$이다.

$$\sqrt{L_1L_2} \geq M, \tag{6.35}$$

이것은 다르게 표현하면 다음과 같다.

$$M = k\sqrt{L_1L_2} \qquad (0 \le k \le 1).$$

i_1과 i_2 모두 양이거나 또는 모두 음이라고 가정하여 식 (6.35)를 유도했다. 그러나 i_1과 i_2가 반대 부호를 가져도 같은 결과를 얻는다. 이 경우 식 (6.32)에서 (+) 부호를 선택하여 M의 한계 값을 얻기 때문이다.

자기적으로 결합된 코일에 대한 결합 계수와 저장 에너지를 계산하는 연습을 위해 예제 6.9까지 풀어라.

예제 6.9 자기적으로 결합된 코일에 대한 결합 계수와 저장 에너지 계산하기

그림 6.34에 보이는 코일의 상호 인덕턴스와 자기 인덕턴스는 다음과 같다.

$$M = 40\,\text{mH},\ L_1 = 25\,\text{mH},\ L_2 = 100\,\text{mH}.$$

a) 결합 계수를 계산하라.

b) $i_1 = 10$ A, $i_2 = 15$ A일 때 결합된 코일에 저장된 에너지를 계산하라.

c) 만약 결합 계수가 1까지 증가하고 $i_1 = 10$ A라면 저장 에너지가 0이 되게 하는 i_2값은 얼마인가?

풀이

a) $$k = \frac{M}{\sqrt{L_1L_2}} = \frac{0.04}{\sqrt{(0.025)(0.1)}} = 0.8.$$

b) $$w = \frac{1}{2}(0.025)(10)^2 + \frac{1}{2}(0.1)(15)^2 + (0.04)(10)(15) = 18.5\ \text{J}.$$

c) $k = 1$일 때 $M = \sqrt{(0.025)(0.1)} = 0.05 = 50$ mH. 이제 코일의 에너지는 다음과 같다.

$$\frac{1}{2}(0.025)(10)^2 + \frac{1}{2}(0.1)(i_2)^2 + (0.05)(10)(i_2) = 0$$

따라서 i_2는 2차 방정식을 만족해야 한다.

$$0.05i_2^2 + 0.5i_2 + 1.25 = 0.$$

2차 방정식의 공식을 이용하여 i_2의 해를 찾으면

$$i_2 = \frac{-0.5 \pm \sqrt{0.5^2 - 4(0.05)(1.25)}}{2(0.05)} = -5\ \text{A}.$$

$k = 1$일 때 i_2의 이 값에 대해 에너지가 0임을 증명해 보자.

평가문제

목표 4—상호 인덕턴스의 개념을 이해한다.

6.7 자기적으로 결합된 두 코일의 자기 인덕턴스는 각각 60 mH와 9.6 mH이다. 코일 간의 상호 인덕턴스는 22.8 mH이다.

a) 결합 계수는 무엇인가?

b) 이 두 코일의 경우, M이 가질 수 있는 가장 큰 값은 얼마인가?

c) 결합된 코일들의 물리적 구조가 $\mathcal{P}_1 = \mathcal{P}_2$라고 가정한다. 만약 N_1이 60 mH 코일의 권선 수라면, 권선비율 N_1/N_2는 얼마인가?

정답: a) 0.95,

b) 24 mH,

c) 2.5.

자가 검사: 연습문제 6.48과 6.51을 풀어 이해도를 평가하라.

실제 응용

커패시터 방식의 터치 스크린

커패시터 방식의 터치 스크린은 두 개 이상의 동시에 발생하는 터치 점을 감지해야 하는 응용 분야에서 자주 사용된다. 먼저 다중 터치 스크린을 위한 두 종류의 설계를 논의해 보자. 첫번째 설계는 그림 6.35에 보이는 바와 같이 격자 형태의 전극을 이용한다. 전원을 넣으면 그림 6.36(a)에 보이는 바와 같이 각 전극 띠와 기준 전위 사이에는 작은 기생 커패시턴스 C_p가 존재한다. 화면에 접촉이 발생하면, 즉 화면상의 x, y 지점이라고 말한다면, 화면으로부터 인체 쪽으로 도체처럼 동작하는 소량의 전하가 이동함에 의하여 두 번째 커패시턴스가 생성된다. 그림 6.36(b)에서 보이는 바와 같이, 이 효과는 기준 전위에 대한 두 번째 커패시턴스를 접촉점에 도입시킨다.

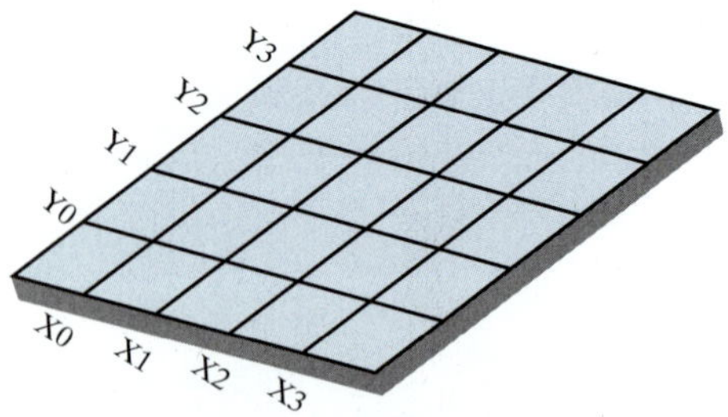

그림 6.35▲ 격자 형태의 전극을 가진 다중 터치 스크린.

터치 스크린의 제어부는 격자의 전극과 기준 전위 사이의 커패시턴스를 지속적으로 감시한다. 만약 화면이 접촉되지 않았다면 x 방향 격자의 모든 전극과 기준 전위 사이의 커패시턴스는 C_p일 것이다. 마찬가지로, y 방향 격자의 모든 전극과 기준 전위 사이의 커패시턴스도 C_p이다.

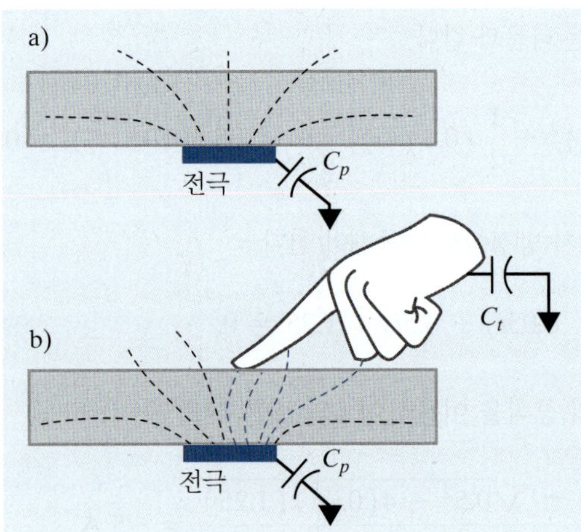

그림 6.36▲ (a) 접촉이 없을 때의 기준 전위와 전극 사이의 기생 커패시턴스, (b) 접촉에 의하여 도입된 추가적인 커패시턴스.

한 지점에서 화면이 접촉될 때 C_t와 C_p는 병렬로 결합한다. 이 경우, 기준 전위와 접촉점에 가장 가까운 x 방향 격자 전극 사이의 등가 커패시턴스는 다음과 같다.

$$C_{tx} = C_t + C_p.$$

마찬가지로, 기준 전위와 접촉점에 가장 가까운 y 방향 격자 전극 사이의 등가 커패시턴스는 다음과 같다.

$$C_{ty} = C_t + C_p.$$

따라서 화면 접촉은 접촉점과 가장 가까운 x 및 y 방향 격자상의 전극에 대해 전극과 기준 전위 사이의 커패시턴스를 증가시킨다.

이제 화면이 두 지점에서 동시에 접촉될 때 어떤 일이 발생하는지 고려해 보자. 첫 번째 접촉점은 x_1, y_1 좌표를 갖고, 두 번째 접촉점은 x_2, y_2 좌표를 갖는다고 가정하자. 이 경우 화면상의 네 개의 지점에서 커패시턴스 증가가 발생한다: x_1, y_1; x_1, y_2; x_2, y_1; x_2, y_2. 이 중 두 개의 좌표는 접촉점에 해당하며, 다른 두 좌표는 실제로 화면과 접촉되지 않았기 때문에 '허상'점에 해당한다. 그러므로 커패시터 방식의 터치 스크린을 실행하기 위한 이 방법은 하나 이상의 접촉점을 정확하게 분간할 수 없다.

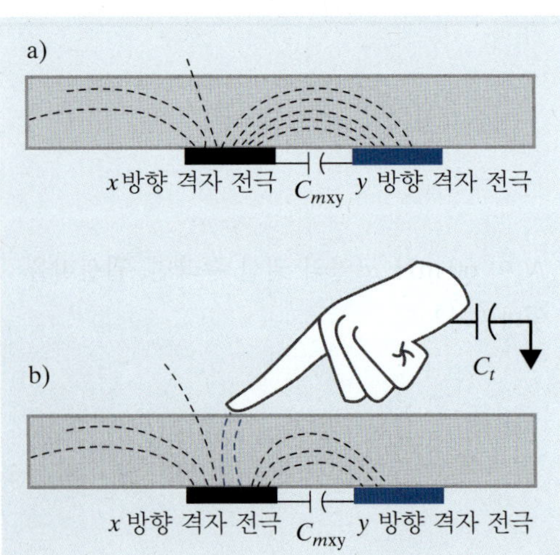

그림 6.37▲ (a) x 방향 격자 전극과 y 방향 격자 전극 사이의 상호 커패시턴스, (b) 접촉에 의하여 도입된 추가적인 커패시턴스.

대부분의 현대적인 커패시터 방식의 터치 스크린은 위에 논의한 '자기 커패시턴스' 방식의 설계를 사용하지 않는다. 각각의 x 방향 격자 전극과 기준 전위 사이, 그리고 y 방향 격자 전극과 기준 전위 사이의 커패시턴스를 측정하는 대신에 각각의 x 방향 격자 전극과 y 방향 격자 전극 사이의 커패시턴스를 측정한다. 이 커패시턴스는 그림 6.37(a)에서 보이는 바와 같이 '상호' 커패시턴스라고 알려져 있다.

화면상의 x, y 위치에서 화면에 접촉되었다고 한다면 화면으로부터 인체 방향으로의 소량의 전하 이동에 의하여 다시 두 번째 커패시턴스가 발생한다. 두 번째 커패시턴스는 그림 6.37(b)에서 보이는 바와 같이 기준 전위에 대해 접촉면에서 발생한다. 그러므로 상호 커패시턴스, C_{mxy}에 변화가 있을 때에는 언제라도 화면상의 접촉점은 x, y의 유일한 점으로 구분될 수 있다. 만약 화면이 x_1, y_1과 x_2, y_2의 두 지점에서 접촉되었다면 정확하게 두 개의 상호 커패시턴스만 변화한다: C_{mx1y1}와 C_{mx2y2}. 자기 커패시턴스 설계에서와 같이 '허상'

점은 존재하지 않으며, 따라서 상호 커패시턴스 설계는 두 개 또는 그 이상의 접촉점을 정확하고 유일하게 구분할 수 있는 다중 접촉 화면을 제공한다.

자가 검사: 연습문제 6.52~6.54를 풀어 이해도를 평가하라.

요약

- **인덕턴스**는 시변 자계에 의해 유도된 전압을 자계를 생성하는 전류에 연관짓는 선형 회로 파라미터이다.
- **커패시턴스**는 시변 전계에 의해 유도된 전류를 전계를 생성하는 전압에 연관짓는 선형 회로 파라미터이다.
- 인덕터와 커패시터는 수동 소자로 에너지를 저장/방출할 수 있지만, 에너지를 발생시키거나 소비할 수는 없다.
- 인덕터 또는 커패시터의 단자에서의 순시 전력은 에너지가 그 소자로 전달되는가 또는 그 소자로부터 추출되느냐에 따라 양(+) 또는 음(−)의 값을 갖는다.
- 인덕터:
  - 단자 전류의 순간적인 변화를 허용하지 않는다.
  - 단자 전압의 순간적인 변화를 허용한다.
  - 일정한 단자 전류의 존재 시 단락 회로로 동작한다.
- 커패시터:
  - 단자 전압의 순간적인 변화를 허용하지 않는다.
  - 단자 전류의 순간적인 변화를 허용한다.
  - 일정한 단자 전압의 존재 시 개방 회로로 동작한다.
- 이상적인 인덕터와 커패시터의 전압, 전류, 전력, 에너지에 대한 방정식은 표 6.1에 주어져 있다.
- 직렬 또는 병렬 연결된 인덕터는 등가 인덕터로 대체할 수 있다. 직렬 또는 병렬 연결된 커패시터는 등가 커패시터로 대체할 수 있다. 수식은 표 6.1에 정리되어 있다. 이 표는 인덕터와 커패시터를 포함하는 직렬과 병렬 등가 회로에 대한 초기 조건을 포함한다.
- **상호 인덕턴스** M은 한 회로에서 유도된 전압을 다른 회로의 시변 전류와 연관짓는 회로 파라미터이다. 특히

$$v_1 = L_1\frac{di_1}{dt} + M_{12}\frac{di_2}{dt}$$

$$v_2 = M_{21}\frac{di_1}{dt} + L_2\frac{di_2}{dt},$$

여기서 v_1과 i_1은 회로 1에서의 전압과 전류이고, v_2와 i_2는 회로 2에서의 전압과 전류이다. 비자성 코어에 감긴 코일에 대해 $M_{12} = M_{21} = M$이다.

- **도트 규약**은 상호 유도된 전압의 극성을 표시한다.

  전류의 기준 방향이 코일의 도트 표시 단자로 들어가면 다른 코일에서 유도된 전압의 기준 극성은 도트 표시 단자에서 양(+)이다.

  또는

  전류의 기준 방향이 코일의 도트 표시 단자에서 나가면 다른 코일에서 유도된 전압의 기준 극성은 도트 표시 단자에서 음(−)이다.

- 각 코일에 대한 자기 인덕턴스와 코일 사이의 상호 인덕턴스의 관계는 다음과 같다.

$$M = k\sqrt{L_1L_2}.$$

결합 계수 k는 자기 결합 정도의 척도이다. 정의에 의해 $0 \le k \le 1$이다.

- 선형 매질 내에서 자기 결합 코일 내에 저장된 에너지는 다음 식에 의해 코일 전류와 인덕턴스로 관계된다.

$$w = \frac{1}{2}L_1i_1^2 + \frac{1}{2}L_2i_2^2 \pm Mi_1i_2.$$

■ 연습문제

6.1절

6.1 그림 P6.1(a)의 300 μH 인덕터 단자에서의 전압은 그림 P6.1(b)에 나와 있다. 인덕터 전류 i는 $t \leq 0$에 대해서 0으로 알려져 있다.
PSPICE MULTISIM

a) $t \geq 0$에 대하여 i에 대한 식을 유도하라.

b) $0 \leq t \leq \infty$에 대하여 i 대 t를 스케치하라.

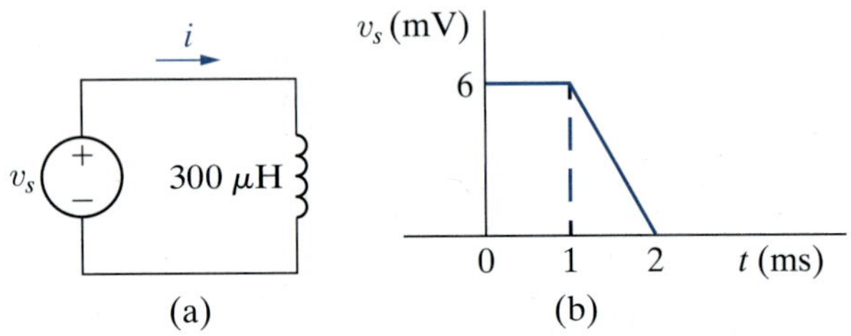

그림 P6.1

6.2 4 mH 인덕터의 초기 전류는 0이다. $t \geq 0$에 대해 전류는 다음과 같다.
PSPICE MULTISIM

$$i(t) = 8e^{-300t} - 8e^{-1200t} \text{ A.}$$

a) 전류 방향으로 인덕터에 걸리는 초기 전압을 찾아라.

b) 인덕터에 걸리는 전압이 0이 되는 순간을 0보다 큰 시간에서 구하라.

c) 인덕터에 전달되는 전력에 대한 식을 구하라.

d) 인덕터에 전달되는 전력이 최대가 되는 시간을 구하라.

e) 인덕터에 전달되는 최대 전력을 구하라.

f) 인덕터에 저장된 에너지가 최대가 되는 시간을 구하라.

g) 인덕터에 저장된 최대 에너지를 구하라.

6.3 15 mH 인덕터에 흐르는 전류는 다음과 같다.

$$i = 1 \text{ A}, \qquad t \leq 0;$$
$$i = A_1 e^{-2000t} + A_2 e^{-8000t} \text{ A}, \qquad t \geq 0.$$

인덕터에 걸리는 전압(수동 부호 규약)은 $t = 0$에서 60 V이다.

a) $t > 0$에서 인덕터에 걸리는 전압에 대한 수식을 구하라.

b) 인덕터 단자에서의 전력이 0이 되는 때를 0보다 큰 시간에서 구하라.

6.4 연습문제 6.3에서 $t = 0$일 때 인덕터에 걸리는 전압을 60 V가 아닌 −300 V로 가정하라.

a) $t \geq 0$에 대해 i와 v에 대한 수식을 구하라.

b) 인덕터가 에너지를 저장하는 시구간과 인덕터가 에너지를 전달하는 시구간을 나타내라.

c) 인덕터로부터 추출한 총에너지가 저장된 총에너지와 같음을 보여라.

6.5 2 H 인덕터에 흐르는 전류는 다음과 같다.

$$i = 25 \text{ A}, \qquad t \leq 0;$$
$$i = (B_1 \cos 5t + B_2 \sin 5t)e^{-t} \text{ A}, \qquad t \geq 0.$$

인덕터에 걸리는 전압(수동 부호 규약)은 $t = 0$에서 100 V이다. $t = 500$ ms일 때 인덕터 단자에서 전력을 구하라. 인덕터가 전력을 흡수하는지 또는 전달하는지 설명하라.

6.6 20 mH 인덕터에 흐르는 전류는 $t \geq 0$인 경우에 대해 $7 + (15 \sin 140t - 35 \cos 140t)e^{-20t}$ mA이다. 수동 부호 규약을 가정하라.
PSPICE MULTISIM

a) 인덕터에 걸리는 전압이 최대가 되는 순간은 언제인가?

b) 최대 전압은 얼마인가?

6.7 그림 P6.7의 삼각 전류 펄스가 375 mH 인덕터에 인가된다.
PSPICE MULTISIM

a) 네 개의 시구간 $t < 0$, $0 \leq t \leq 25$ ms, 25 ms $\leq t \leq$ 50 ms, $t > 50$ ms에서 $i(t)$를 나타내는 식을 작성하라.

b) 인덕터의 전압, 전력, 에너지에 대한 식을 유도하라. 수동 부호 규약을 사용하라.

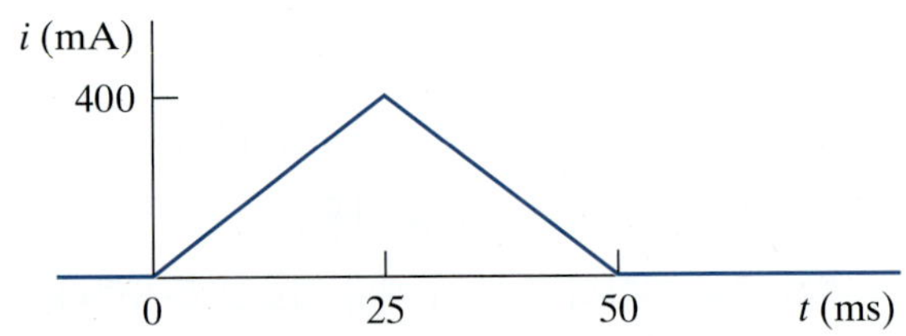

그림 P6.7

6.8 a) 그림 P6.8의 회로에서 $v = 250 \sin 1000t$ V, $L = 50$ mH, $i(0) = -5$ A일 때 인덕터 전류를 구하라.
PSPICE MULTISIM

b) 그림 6.8에서 사용한 형식을 이용하여 v, i, p, w 대 t의 관계를 그려라. 완전한 한 사이클의 전압 파형에 대해 그려라.

c) 인덕터가 전력을 흡수할 때 0과 2π ms 사이의 시구간에서 이를 나타내라. 인덕터가 전력을 전달할 때 이를 반복하라.

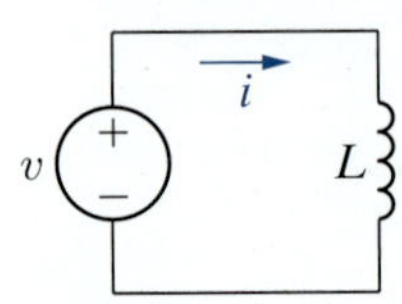

그림 P6.8

6.9 그림 P6.9에서 50 mH 인덕터에 흐르는 전류는 $t < 0$일 때 2 A이다. $t \geq 0$일 때 인덕터 전압은 다음과 같다.

$$v_L(t) = 2.8e^{-20t} \text{ V}, \qquad 0^+ \leq t \leq 0.5 \text{ s};$$
$$v_L(t) = -2.8e^{-20(t-0.5)} \text{ V}, \; 0.5 \text{ s} \leq t \leq \infty.$$

$0 \leq t < \infty$인 경우에 대해 $v_L(t)$, $i_L(t)$를 그려라.

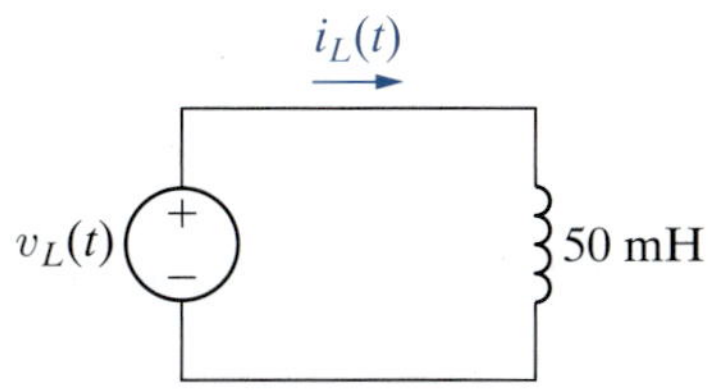

그림 P6.9

6.10 2.5 H 인덕터에서의 전압과 전류는 $t \leq 0$일 때 0이다. $t \geq 0$일 때 인덕터에 걸리는 전압은 그림 P6.10에 나타나 있다.

a) 구간 $0 \leq t \leq 2$ s, $2 \text{ s} \leq t \leq 6$ s, $6 \text{ s} \leq t \leq 10$ s, $10 \text{ s} \leq t \leq 12$ s, $12 \text{ s} \leq t < \infty$에서 시간의 함수로 전류에 대한 수식을 유도하라.

b) $t > 0$에서 전압이 0일 때 인덕터의 전류는 얼마인가?

c) $0 \leq t < \infty$일 때 i 대 t의 관계를 그려라.

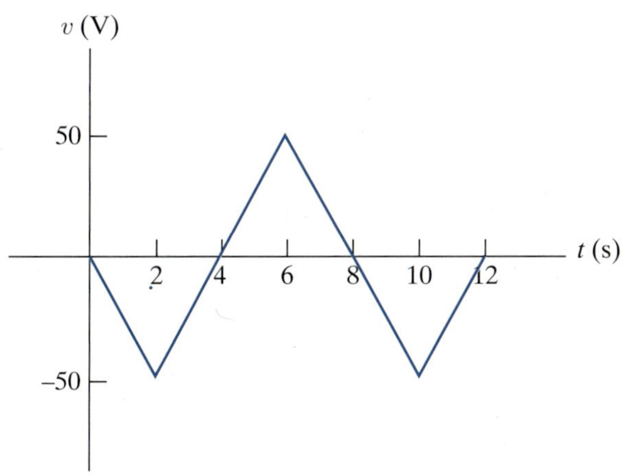

그림 P6.10

6.11 그림 P6.11의 회로에서 20 H 인덕터가 전압계의 단자 사이에 연결될 때 초기에 저장된 에너지는 0이다. $t = 0$에서 인덕터가 순간적으로 b 위치로 스위칭되고 1.2 s 후에 a 위치로 다시 순간적으로 스위칭된다. 다르송발(d'Arsonval) 전압계의 눈금 범위는 25 V이고 1000 Ω/V 감도를 가진다. 다르송발 계기의 운동 관성은 무시된다고 가정한다면 스위치가 a 위치로 가는 순간 전압계의 눈금은 얼마인가?

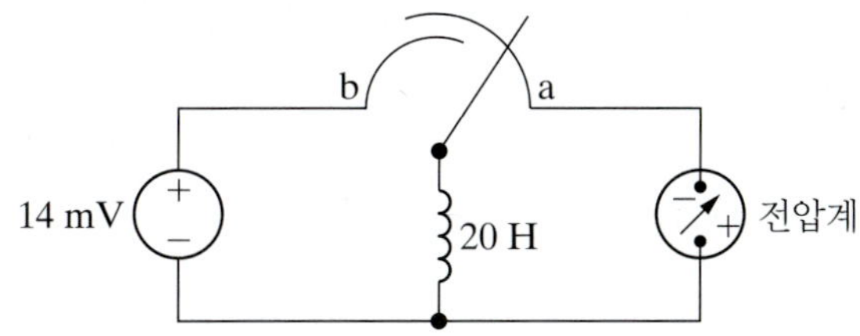

그림 P6.11

6.12 예제 6.2의 적분을 평가하라.

$$\int_0^\infty p \, dt$$

그 결과의 중요성에 대해 논하라.

6.2절

6.13 예제 6.5에서 유도된 전압, 전력, 에너지에 관한 식은 대수식의 적분과 조작을 포함한다. 여러분은 엔지니어로서 이 결과를 무턱대고 받아들일 수는 없다. "이미 알려져 있는 회로의 성질에 비추어 이 결과가 과연 타당한가?"라고 자문하는 습관을 반드시 개발해야 한다. 다음의 검사를 행하여 예제 6.5의 식을 테스트하라.

a) 한 시구간에서 다음 시구간으로 넘어가는 데 전압이 연속적인지를 알아보기 위해 식을 검사하라.

b) 각 시구간에서 전력식을 검사하고, 구간 내의 시간을 선택하여 이 식이 v와 i의 곱과 같은 결과를 갖는지 확인하라. 예를 들어 10과 30 μs에서 검사하라.

c) 각 시구간에서 에너지식을 검사하고, 구간 내의 시간을 선택하여 에너지식이 $\frac{1}{2}Cv^2$과 같은지 확인하라. 10과 30 μs에서 검사하라.

6.14 0.6 μF 커패시터에 걸리는 전압은 $t < 0$에 대해 0이다. $t \geq 0$의 경우 전압은 $40e^{-15{,}000t} \sin 30{,}000t$ V이다.

a) 전압 강하 방향으로 커패시터의 초기 전류를 구하라.

b) $t = \pi/80$ ms일 때 커패시터에 전달되는 전력을 구하라.

c) $t = \pi/80$ ms일 때 커패시터에 저장된 에너지를 구하라.

6.15 0.6 μF 커패시터에 대해 전류와 전압은 $t < 0$의 경우 모두 0이다. $t \geq 0$에 대해 전류는 $3 \cos 50{,}000t$ A이다.

a) 전류 방향으로 커패시터에 걸리는 전압 강하에 대한 식을 구하라.

b) 어느 한 순간에 커패시터에 전달되는 최대 전력을 구하라.

c) 어느 한 순간에 커패시터에 저장된 최대 전력을 구한다.

6.16 그림 P6.16의 삼각 전류 펄스가 500 μF 커패시터에 인가된다.

a) 다섯 개의 시구간 $t < 0$, $0 \le t \le 5$ s, 5 s $\le t \le 15$ s, 15 s $\le t \le 20$ s, $t > 20$ s에서 $v(t)$를 나타내는 식을 작성하라.

b) (a)에 주어진 시구간에 대해 커패시터의 전류, 전력, 에너지에 대한 식을 유도하라. 수동 부호 규약을 사용하라.

c) 0에서 20 s까지의 시구간 사이에서 커패시터에 의하여 전력이 전달되는 구간을 파악하라. 같은 시구간 사이에 대해 커패시터에 의하여 전력이 흡수되는 구간을 파악하라.

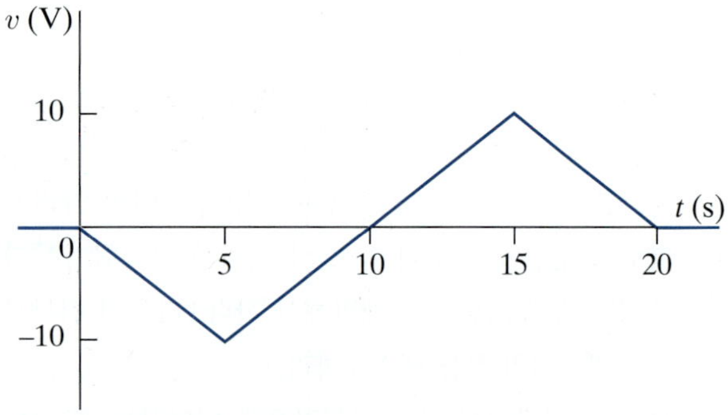

그림 P6.16

6.17 400 nF 커패시터의 단자 전압은 다음과 같다.
PSPICE MULTISIM

$$v = \begin{cases} 25 \text{ V}, & t \le 0; \\ (A_1 te^{-1500t} + A_2 e^{-1500t}) \text{ V}, & t \ge 0. \end{cases}$$

커패시터의 초기 전류가 90 mA이다. 수동 부호 규약을 가정하라.

a) 커패시터에 저장된 초기 에너지는 얼마인가?

b) 계수 A_1, A_2 값을 찾아라.

c) 커패시터 전류에 대한 식은 무엇인가?

6.18 그림 P6.18(a)에 나타낸 200 nF 커패시터의 초기 전압은 −60.6 V이다. 커패시터 전류는 그림 P6.18(b)와 같은 파형이다.
PSPICE MULTISIM

a) $t = 250\ \mu$s일 때 커패시터에 저장된 에너지(μJ)는 얼마인가?

b) $t = \infty$일 때 (a)를 반복하라.

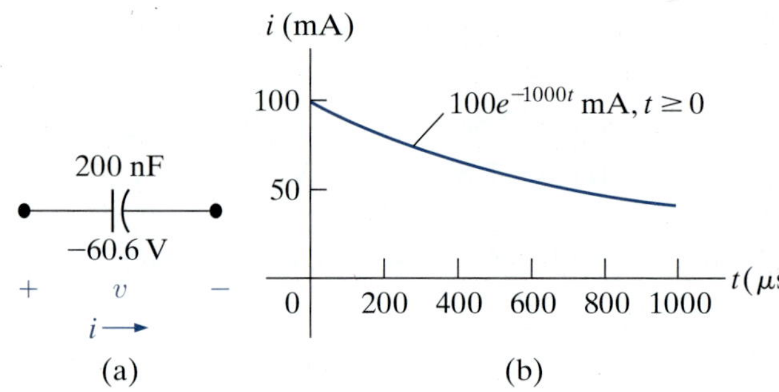

그림 P6.18

6.19 그림 P6.19에 표시된 직사각형 모양의 전류 펄스가 200 nF 커패시터에 적용되고 있다. 커패시터의 초기 전압은 전류의 기준 방향으로 40 V 강하이다. (a)~(c)에서의 시간 간격에 대한 커패시터 전압 식을 유도하라.
PSPICE MULTISIM

a) $0 \le t \le 100\ \mu$s

b) $100\ \mu$s $\le t \le 300\ \mu$s

c) $300\ \mu$s $\le t < \infty$

d) $-100\ \mu$s $\le t \le 500\ \mu$s 간격에 대해 $v(t)$를 스케치하라.

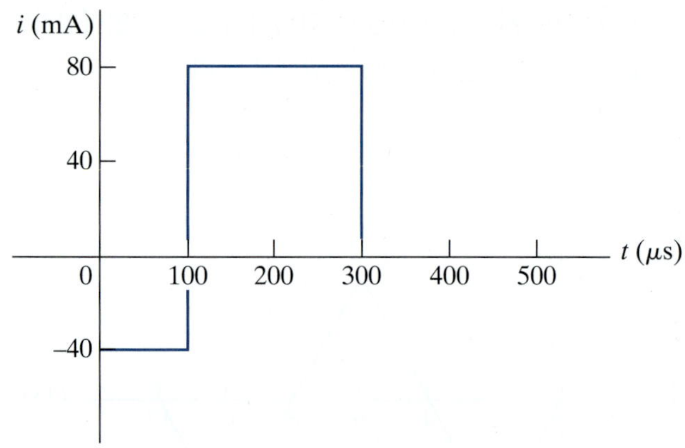

그림 P6.19

6.20 그림 6.10에서 커패시터 단자 전압은 다음과 같다.
PSPICE MULTISIM

$$v = \begin{cases} -30 \text{ V}, & t \le 0; \\ 10 - 10e^{-1000t}(4 \cos 3000t + \sin 3000t) \text{ V}, & t \ge 0. \end{cases}$$

$C = 0.5\ \mu$F으로 가정한다.

a) $t < 0$일 때 커패시터 전류를 구하라.

b) $t > 0$일 때 커패시터 전류를 구하라.

c) $t = 0$일 때 커패시터 전압의 순간 변화가 있는가?

d) $t = 0$일 때 커패시터 전류의 순간 변화가 있는가?

e) $t = \infty$에서 커패시터에 저장된 에너지(mJ)는 얼마인가?

6.21 0.5 μF 커패시터가 2 s 동안 다음과 같은 전압 펄스에 연결되어 있다.

$$v_C(t) = \begin{cases} 40t^3 \text{ V}, & 0 \le t \le 1 \text{ s}; \\ 40(2-t)^3 \text{ V}, & 1 \text{ s} \le t \le 2 \text{ s}; \\ 0 & \text{그 외} \end{cases}$$

2 s 동안 커패시터에 존재하는 전류 펄스를 그려라.

6.22 PSPICE MULTISIM 그림 P6.22의 전류가 250 nF 커패시터에 인가된다. 커패시터의 초기 전압은 0이다.

a) $t = 30\ \mu$s일 때 커패시터의 전하량을 구하라.

b) $t = 50\ \mu$s일 때 커패시터의 전압을 구하라.

c) 전류에 의해 커패시터에 저장되는 에너지는 얼마인가?

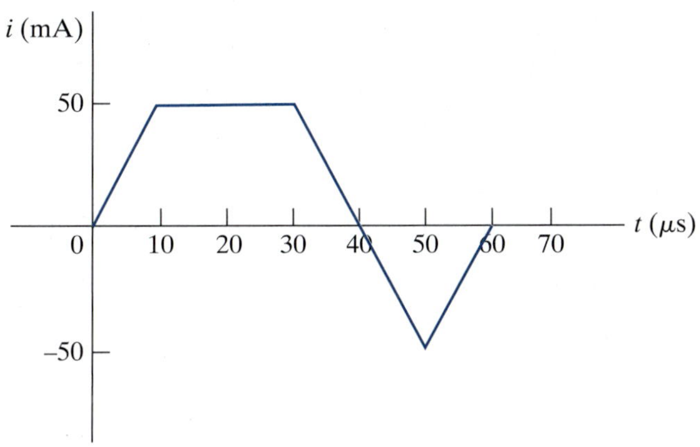

그림 P6.22

6.3절

6.23 PSPICE MULTISIM 그림 P6.23(a)와 (b)의 인덕터에 저장된 초기 에너지는 0이다. 단자 a, b에서 본 등가 인덕턴스를 구하라.

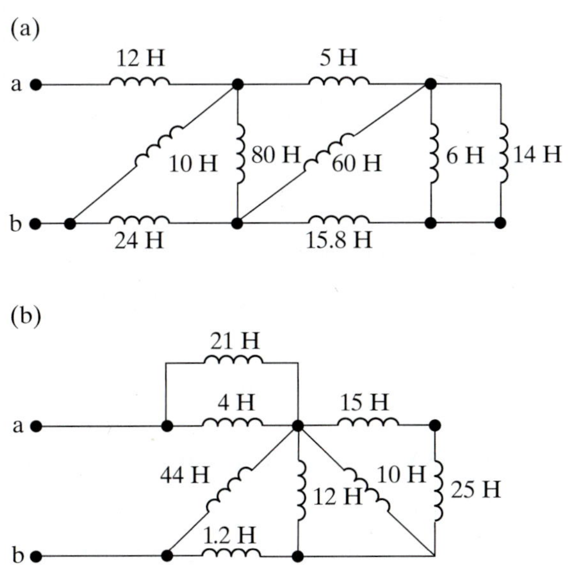

그림 P6.23

6.24 부록 H로부터 실제 인덕터의 값을 이용하여 아래에 언급된 등가 인덕턴스를 구하기 위한 직렬과 병렬의 인덕터 조합을 구성하라. 사용하는 인덕터의 숫자를 최소화하도록 노력하라. 모든 인덕터에서 초기 에너지는 저장되어 있지 않다고 가정한다.

a) 25 mH

b) 150 μH

c) 80 μH

6.25 그림 P6.25와 같이 $t = 0$에서 블랙박스 단자에 두 개의 인덕터가 병렬로 연결되어 있다. $t > 0$일 때 전압 v는 $-1800e^{-20t}$ V이다. $i_1(0) = 4$ A, $i_2(0) = -16$ A이다.

a) 기존 인덕터를 등가 인덕터로 대체하고 $t \ge 0$일 때 $i(t)$를 구하라.

b) $t \ge 0$일 때 $i_1(t)$를 구하라.

c) $t \ge 0$일 때 $i_2(t)$를 구하라.

d) $0 \le t < \infty$ 구간에서 블랙박스로 전달되는 에너지는 얼마인가?

e) 초기에 병렬 인덕터에 저장된 에너지는 얼마인가?

f) 이상적인 인덕터에 갇혀 있는 에너지는 얼마인가?

g) i_1, i_2에 대해 구한 해가 (f)에서 구한 해와 일치하는지를 증명하라.

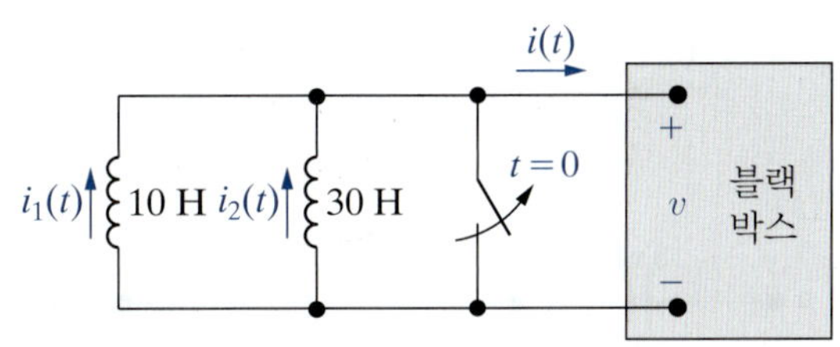

그림 P6.25

6.26 PSPICE MULTISIM 그림 P6.26의 회로에서 세 개의 인덕터가 $t = 0$일 때 블랙박스의 단자에 연결되어 있다. $t > 0$일 때 전압은 다음과 같다.

$$v_o = 1250e^{-25t} \text{ V}.$$

$i_1(0) = 10$ A, $i_2(0) = -5$ A일 때 다음을 구하라.

a) $i_o(0)$

b) $i_o(t)$, $t \ge 0$

c) $i_1(t)$, $t \ge 0$

d) $i_2(t)$, $t \ge 0$

e) 세 개의 인덕터에 저장된 초기 에너지는 얼마인가?

f) 블랙박스에 전달된 총에너지는 얼마인가?

g) 이상적인 인덕터에 갇혀 있는 에너지는 얼마인가?

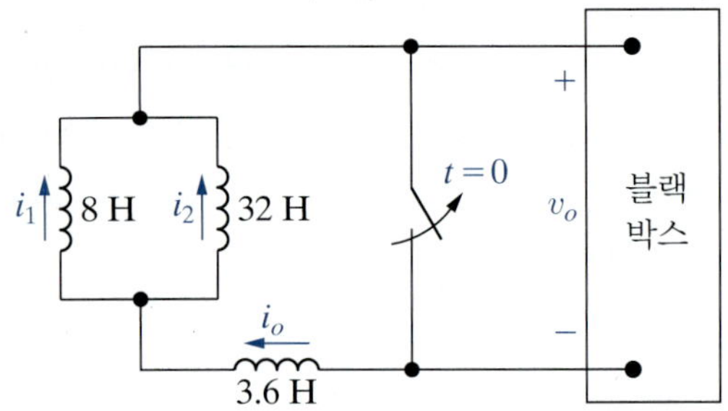

그림 P6.26

6.27 그림 P6.26의 회로에서 총에너지의 80%가 블랙박스로 전달되는 데에는 스위치가 개방된 후 몇 ms가 걸리는가?

6.28 이상적인 커패시터의 직렬 연결에 대한 등가 회로를 유도하라. 이때 각 커패시터는 자신의 초기 전압을 갖고 있다고 가정한다. 이 초기 전압은 $v_1(t_0)$, $v_2(t_0)$ 등으로 표시하라. (힌트: 직렬 연결 시 각 커패시터에 흐르는 전류가 같다는 것을 생각하고 커패시터의 전압을 더하라.)

6.29 이상적인 커패시터의 병렬 연결에 대한 등가 회로를 유도하라. 이때 병렬 커패시터에 걸리는 초기 전압은 $v(t_0)$이다. (힌트: 병렬 연결 시 각 커패시터에 걸리는 전압은 같다는 것을 생각하고 커패시터에 흐르는 전류를 더하라.)

6.30 그림 P6.30의 회로에서 단자 a, b에 대한 등가 커패시턴스를 구하라.

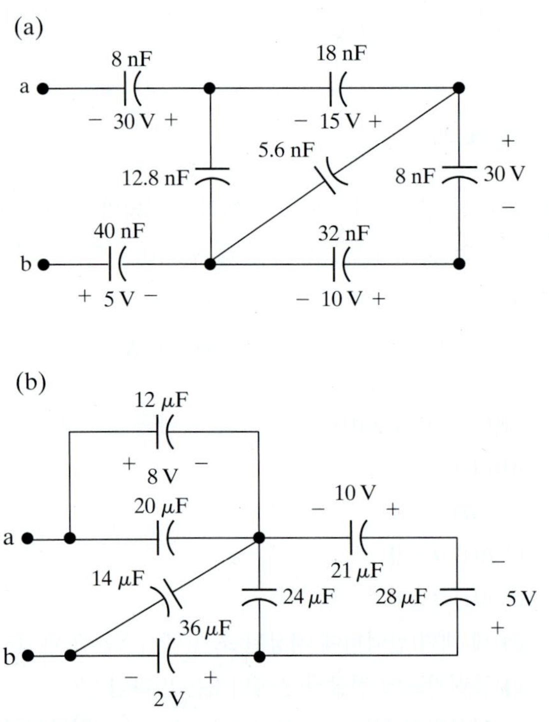

그림 P6.30

6.31 부록 H로부터 실제 커패시터의 값을 이용하여 아래에 언급된 등가 커패시턴스를 구하기 위한 직렬과 병렬의 커패시터 조합을 구성하라. 사용하는 커패시터의 숫자를 최소화하도록 노력하라. 모든 커패시터에서 초기 에너지는 저장되어 있지 않다고 가정한다.

a) 500 μF

b) 15 nF

c) 750 pF

6.32 그림 P6.32에서 두 개의 직렬로 연결된 커패시터가 $t = 0$일 때 블랙박스에 연결되어 있다. $t > 0$일 때 전류 $i(t)$는 $900e^{-2500t}$ μA이다.

a) 기존 커패시터를 등가 커패시터로 대체하고 $t \geq 0$일 때 $v_o(t)$를 구하라.

b) $t \geq 0$일 때 $v_1(t)$를 구하라.

c) $t \geq 0$일 때 $v_2(t)$를 구하라.

d) $0 \leq t < \infty$ 구간에서 블랙박스로 전달되는 에너지는 얼마인가?

e) 초기에 직렬 커패시터에 저장된 에너지는 얼마인가?

f) 이상적인 커패시터에 갇혀 있는 에너지는 얼마인가?

g) v_1, v_2에 대해 구한 해가 (f)에서 구한 해와 일치하는지 증명하라.

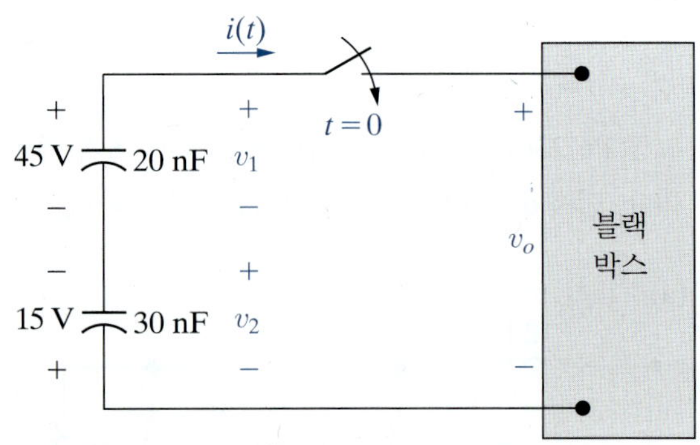

그림 P6.32

6.33 그림 P6.33의 회로에서 네 개의 커패시터가 $t = 0$일 때 블랙박스의 단자에 연결되어 있다. $t > 0$일 때 전류 i_b는 다음과 같다.

$$i_b = 50e^{-250t}\ \mu\text{A}.$$

$v_a(0) = 15$ V, $v_c(0) = -45$ V, $v_d(0) = 40$ V일 때 $t \geq 0$에서 다음을 구하라.

a) $v_b(t)$ b) $v_a(t)$ c) $v_c(t)$

d) $v_d(t)$ e) $i_1(t)$ f) $i_2(t)$

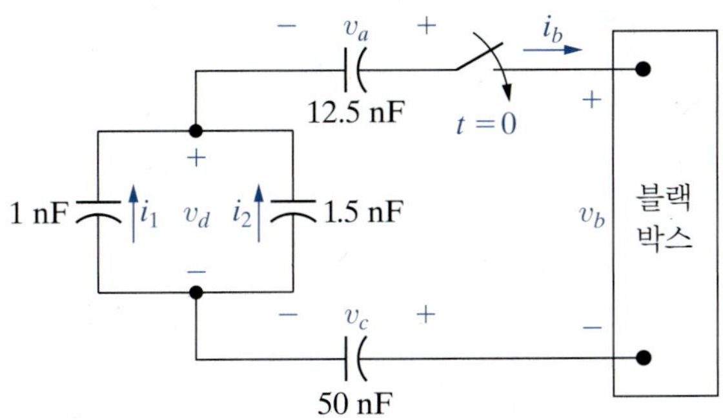

그림 P6.33

6.34 그림 P6.33의 회로에서 다음을 계산하라.

a) 커패시터에 저장된 초기 에너지

b) 커패시터에 저장된 최종 에너지

c) 블랙박스로 전달된 총에너지

d) 초기에 저장된 에너지가 블랙박스로 전달되는 퍼센트

e) 5 μJ이 블랙박스로 전달되는 데 걸리는 시간(ms)

6.35 그림 P6.35의 회로에서 $t \geq 0^+$일 때 전류는 다음과 같다.

$$i_o = 50e^{-8000t}(\cos 6000t + 2\sin 6000t) \text{ mA}$$

$v_1(0^+)$, $v_2(0^+)$를 구하라.

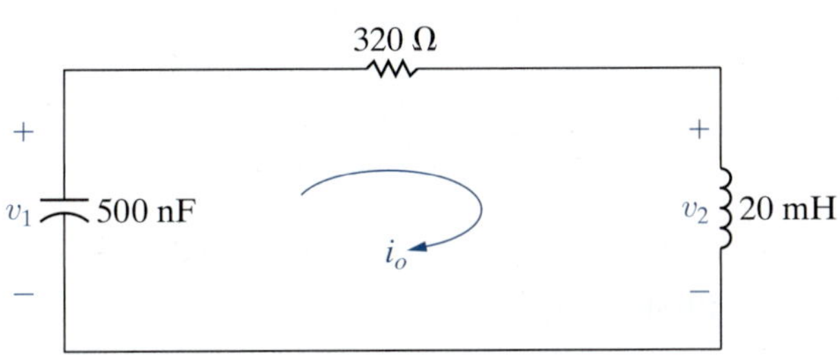

그림 P6.35

6.36 $t = 0$에서 직렬 연결 커패시터와 인덕터가 그림 P6.36에서 처럼 블랙박스의 단자에 놓여 있다. $t \geq 0$일 때

$$i_o = -e^{-80t}\sin 60t \text{ A}.$$

이다. $v_c(0) = -300$ V일 때 $t \geq 0$에서 v_o를 구하라.

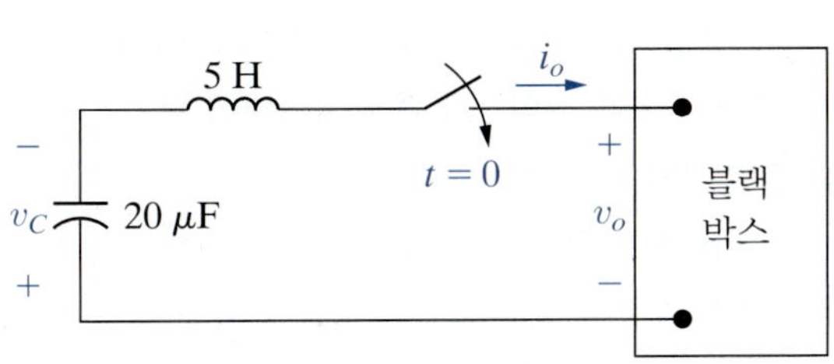

그림 P6.36

6.4절

6.37 a) 예제 6.8(a)에서 유도된 미분 방정식이 다음과 같이 재정리될 수 있음을 보여라.

$$4\frac{di_1}{dt} + 25i - 8\frac{di_2}{dt} - 20i_2 = 5i_g - 8\frac{di_g}{dt};$$

$$-8\frac{di_1}{dt} - 20i_1 + 16\frac{di_2}{dt} + 80i_2 = 16\frac{di_g}{dt}.$$

b) 예제 6.8(b)에 주어진 i_1과 i_2에 대한 해가 이 문제의 (a)에 주어진 미분 방정식을 만족시킴을 보여라.

6.38 a) 그림 P6.38에서 두 개의 코일이 $L_{ab} = L_1 + L_2 + 2M$인 인덕턴스를 갖는 한 개의 코일로 대체될 수 있음을 보여라. (힌트: v_{ab}를 i_{ab}의 함수로 나타내라.)

b) L_2 코일의 연결을 반대로 하면 $L_{ab} = L_1 + L_2 - 2M$이 됨을 보여라.

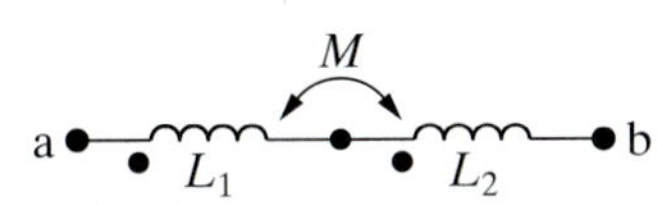

그림 P6.38

6.39 a) 그림 P6.39에서 두 개의 자기 결합 코일은 다음과 같은 인덕턴스를 갖는 한 개의 코일로 대체될 수 있다.

$$L_{ab} = \frac{L_1L_2 - M^2}{L_1 + L_2 - 2M}.$$

(힌트: i_1, i_2를 그림 P6.39에서 각각 오른쪽 창과 왼쪽 '창'의 시계 방향 망 전류라 하고, 두 망 주위의 전압의 합을 계산하라. 망 1에서 v_{ab}는 미결정 전압으로 놓고 di_1/dt를 v_{ab}의 함수로 풀라.)

b) 코일 2의 자기 극성을 반대로 하면 다음과 같음을 보여라.

$$L_{ab} = \frac{L_1L_2 - M^2}{L_1 + L_2 + 2M}.$$

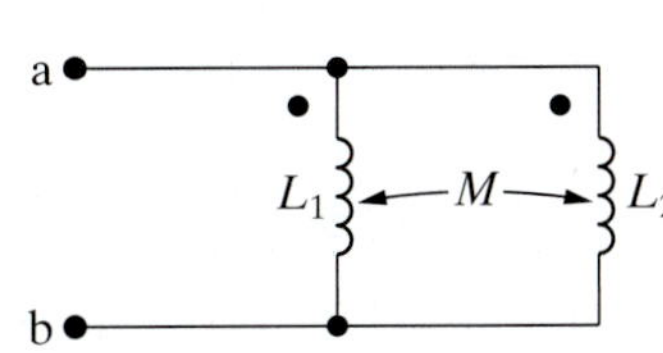

그림 P6.39

6.40 v_o를 그림 6.29의 회로에서 16 H 인덕터에 걸리는 전압이라고 하자. v_o가 도트에서 양이라 가정하고, 예제 6.8에서와 같이 $i_g = 16 - 16e^{-5t}$ A이다.

a) 전류에 대한 식을 미분하지 않고 v_o를 구할 수 있는가? 설명하라.

b) v_o에 대한 식을 유도하라.

c) (b)에서의 답을 적당한 전류 도함수와 인덕터를 이용하여 확인하라.

6.41 a) 예제 6.8의 회로에 대한 망 전류 방정식을 작성하라. 4 H 인덕터의 점이 오른쪽 단자에 있고 i_g의 기준 방향은 반대이며, 60 Ω 저항은 780 Ω으로 증가하였다고 가정한다.

b) $t = 0$에서 회로에 저장된 에너지가 없고, $i_g = 1.96 - 1.96e^{-4t}$ A일 때, (a)에서 유도된 미분 방정식의 해는 다음과 같음을 증명하라.

$$i_1 = -0.4 - 11.6e^{-4t} + 12e^{-5t}\text{A},$$
$$i_2 = -0.01 - 0.99e^{-4t} + e^{-5t}\text{A}.$$

6.42 두 개의 코일에서 극성 표시는 실험적으로 결정된다. 실험 설정은 그림 P6.42에 나타나 있다. 배터리의 (+) 단자에 연결된 단자는 표시된 극성을 갖고 있다고 가정한다. 스위치가 개방되면 직류 전압계 바늘은 아래로 향한다. 극성 표시는 전압계에 연결된 코일의 어디에 놓여야 하는가?

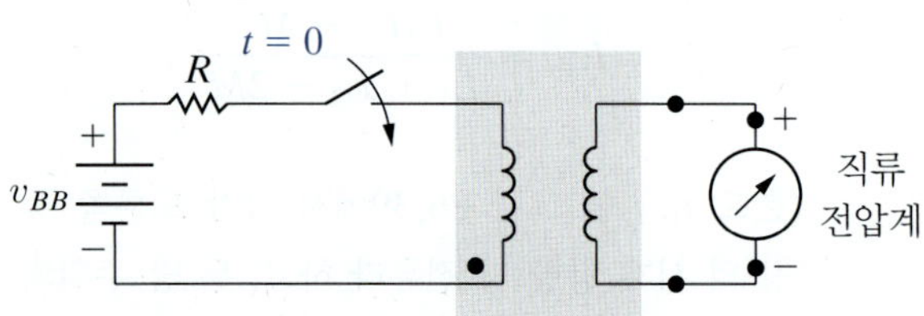

그림 P6.42

6.43 스위치가 개방되는 순간에 그림 P6.43의 회로에 저장된 에너지는 없다.

a) $L_1 = 10$ H, $L_2 = 40$ H, $M = 5$ H, $R_o = 90$ Ω일 때 i_2에 관한 미분 방정식을 유도하라.

b) $t \geq 0$에서 $i_g = 10e^{-t} - 10$ A일 때 (a)에서 유도된 미분 방정식이 $t \geq 0$일 때 $i_2 = e^{-t} - 5e^{-2.25t}$ A를 만족시킴을 보여라.

c) 전류원에 걸리는 전압 v_1의 식을 구하라.

d) v_1의 초깃값은 얼마인가? 이 값은 알려진 회로 동작에 타당한가?

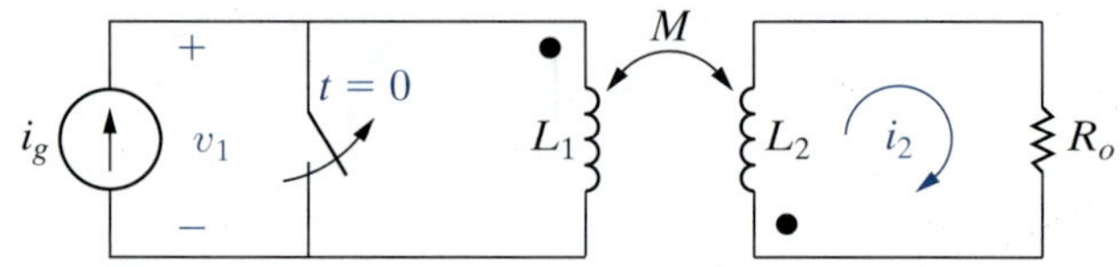

그림 P6.43

6.44 4쌍의 자기 결합 코일의 실제적인 구조는 그림 P6.44와 같다. 각 구조의 자속이 코어 재료로 제한될 때 각 코일 쌍의 도트 표시에 대해 두 가지 가능한 배치를 보여라.

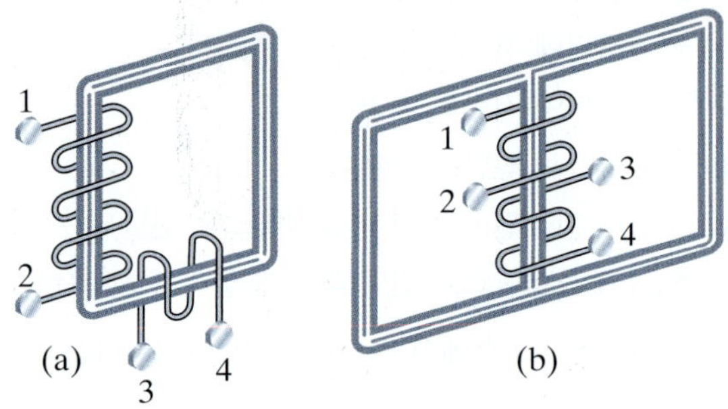

그림 P6.44

6.5절

6.45 a) 식 (6.26)을 이용하여 결합 계수가 다음과 같음을 보여라.

$$k = \sqrt{\left(\frac{\phi_{21}}{\phi_1}\right)\left(\frac{\phi_{12}}{\phi_2}\right)}.$$

b) ϕ_{21}/ϕ_1과 ϕ_{12}/ϕ_2를 사용하여 k가 1.0보다 작은 이유를 설명하라.

6.46 두 개의 자기 결합 코일이 비자성 코어에 감겨 있다. 코일 1의 자기 인덕턴스는 250 mH, 상호 인덕턴스는 100 mH, 결합 계수는 0.5, 코일의 물리적 구조는 $\mathcal{P}_{11} = \mathcal{P}_{22}$이다.

a) L_2와 N_1/N_2를 구하라.

b) $N_1 = 1000$일 때 $\mathcal{P}_1$, $\mathcal{P}_2$의 값은 얼마인가?

6.47 두 개의 자기 결합 코일의 자기 인덕턴스가 각각 288 mH와 162 mH이다. 288 mH 코일의 권선수는 1000 권선이고, 코일 사이의 결합 계수는 1/3이다. 결합 매체는 비자성체이다. 코일 1이 코일 2를 개방한 상태로 여기되면 코일 1만의 쇄교 자속은 코일 2의 쇄교 자속만큼 큰 0.5이다.

a) 코일 2의 권선수는 얼마인가?

b) nWb/A 단위로 $\mathcal{P}_2$의 값은 얼마인가?

c) nWb/A 단위로 $\mathcal{P}_{11}$의 값은 얼마인가?

d) (ϕ_{22}/ϕ_{12})비는 얼마인가?

6.48 그림 6.34에서 코일의 자기 인덕턴스는 $L_1 = 25$ mH, $L_2 = 100$ mH이다. 결합 계수가 0.8일 때 (a) $i_1 = 10$ A, $i_2 = 15$ A, (b) $i_1 = -10$ A, $i_2 = -15$ A, (c) $i_1 = -10$ A, $i_2 = 15$ A, (d) $i_1 = 10$ A, $i_2 = -15$ A인 경우 시스템에 저장된 에너지를 mJ 단위로 계산하라.

6.49 연습문제 6.48에서 결합 계수가 1.0으로 증가할 때 다음 물음에 답하라.

a) $i_1 = 10$ A이면 저장된 에너지가 0이 될 때 i_2의 값은 얼마인가?

b) 저장된 에너지가 음(−)이 되게 만드는 물리적으로 실현 가능한 i_2의 값이 존재하는가?

6.50 두 개의 자기 결합 코일의 자기 인덕턴스는 $L_1 = 400\ \mu$H, $L_2 = 900\ \mu$H이다. 결합 매체는 비자성체이다. 코일 1의 권선수가 250, 코일 2의 권선수가 500이고, 결합 계수가 0.75일 때 $\mathcal{P}_{11}$과 $\mathcal{P}_{21}$를 (nWb/A) 단위로 구하라.

6.51 예제 6.9에서 묘사된 자기적으로 결합되어 있는 코일들을 고려하라. 코일들의 물리적 배열로 인해 $\mathcal{P}_1 = \mathcal{P}_2$가 된다고 가정한다. 코일 1의 권선 수가 500이라면 코일 2의 권선 수는 얼마인가?

6.1~6.5절

6.52 PRACTICAL PERSPECTIVE 그림 6.37과 같이 상호 커패시턴스 설계를 쓰고 있는 커패시터 방식의 터치 스크린이 x, y 좌표에서 접촉되었다고 가정하자. 그 지점에서의 상호 커패시턴스 C'_{mxy}를 접촉이 없었을 때의 상호 커패시턴스 C_{mxy}와 접촉에 의하여 도입된 커패시턴스 C_t 항으로 결정하라.

6.53 PRACTICAL PERSPECTIVE

a) 자기 커패시턴스 설계에서의 기생 커패시턴스 $C_p =$ 80 pF, 그리고 접촉에 의하여 도입된 커패시턴스는 20 pF이라고 가정하자[그림 6.36(b) 참조]. 접촉점에 가장 가까운 x 방향과 y 방향 격자 전극에 대해 접촉점에서의 기준 전위에 대한 커패시턴스 값은 얼마인가?

b) 상호 커패시턴스 설계에서의 상호 커패시턴스 $C_{mxy} =$ 80 pF, 그리고 접촉에 의하여 도입된 커패시턴스는 20 pF이라고 가정하자[그림 6.37(b) 참조]. 접촉점에 가장 가까운 x 방향과 y 방향 격자 전극에 대해 접촉점에서의 기준 전위에 대한 상호 커패시턴스 값은 얼마인가?

c) (a)와 (b)에서의 결과를 비교하라. 두 개의 다른 커패시터 방식의 터치 스크린 설계에서 화면에 접촉하는 것은 커패시턴스 값을 증가시키는가 감소시키는가?

6.54 PRACTICAL PERSPECTIVE

a) 실제 응용 예에서 보이는 바와 같이 자기 커패시턴스 설계는 진정한 다중 터치 스크린이 가능하지 않다. 만약 화면이 서로 다른 두 지점에서 접촉이 된다면 모두 네 개의 접촉점이 파악되며, 그중 두 지점은 실제 접촉점이고 다른 두 점은 허상점이다. 만약 자기 커패시턴스 방식의 터치 스크린이 (1.8, 2.4)와 (3.0, 4.6) 좌표에서 접촉된다면 파악되는 네 개의 접촉점은 무엇인가? (접촉 좌표는 화면의 왼쪽 상단 구석으로부터 인치 단위로 측정되었다.)

b) 자기 커패시턴스는 여전히 여러 몸짓에 대해 다중 터치 스크린으로 동작할 수 있다. 예를 들면, 시간 t_1에서 (a)와 같이 두 좌표가 파악이 되고, 시간 t_2에서 (2.2, 2.8)과 (2.5, 3.4) 좌표와 관련된 네 개의 접촉점이 파악되었다고 가정하자. t_1에서의 네 지점과 t_2에서의 네 지점을 비교함으로써 소프트웨어는 '조이기' 손짓을 파악할 수 있게 된다. 화면이 확대되거나 축소될 수 있을까?

c) 시간 t_2에서 (1.2, 1.8)과 (3.6, 5.0) 좌표와 관련된 네 개의 접촉점이 파악되었다고 가정하고 (b)를 반복하라.

CHAPTER 7

1계 *RL*과 *RC* 회로의 응답

이 장에서는 전원, 저항, 인덕터 또는 커패시터(모두는 아님)로 구성된 회로를 생각한다. 이러한 회로를 간단히 ***RL*(저항-인덕터) 회로**(*RL* circuits) 및 ***RC*(저항-커패시터) 회로**(*RC* circuits)라 한다. 6장에서 인덕터와 커패시터는 에너지를 저장할 수 있음을 보았다. 이제 직류 전압이나 전류원의 급격한 변화에 따른 인덕터 또는 커패시터의 에너지 방출 또는 저장 시 발생할 수 있는 회로 소자의 전류, 전압을 결정하기 위해 *RL*과 *RC* 회로를 해석한다.

여기서 *RL*과 *RC* 회로의 해석을 세 단계로 나눈다.

- 첫 번째 단계: 인덕터 또는 커패시터에 저장된 에너지를 저항 회로로 급격하게 방출할 때 발생하는 전류, 전압을 생각한다. 이것은 인덕터 또는 커패시터가 직류 전원으로부터 급격하게 개방될 때 발생한다. 이 회로는 그림 7.1에 보이는 두 가지 등가 형태 중 하나로 간단히 나타낼 수 있다. 이들 전압과 전류는 회로의 **자연 응답**(natural response)을 특징짓는데, 외부 여기 전원이 아닌 회로 자체의 특성이 회로의 동작을 결정하기 때문이다.
- 두 번째 단계: 직류 전압 또는 전류원을 급격하게 회로에 가하는 경우에 인덕터 또는 커패시터가 에너지를 획득할 때 발생하는 전류, 전압을 구한다. 이 응답을 **계단 응답**(step response)이라 한다.
- 세 번째 단계: 직류 전압 또는 전류원의 급격한 변화 시 *RL*과 *RC* 회로의 응답을 구하기 위한 일반적인 방법을 살펴본다. 자연 응답과 계단 응답을 구하는 과정이 동일하기에 일반적인 방법이 존재한다.

그림 7.2는 *RL*과 *RC* 회로의 일반적인 네 가지 형태를 보여 준다. 회로에 독립 전원이 존재하지 않을 때 테브냉 전압 또는 노턴 전류가 0이 되고, 그 경우 회로는 그림 7.1에 나타난 형태 중 하나가 된다. 즉 자연 응답 문제이다.

*RL*과 *RC* 회로는 그 전압과 전류가 1계 미분 방정식으로 표현되기 때문에 **1계 회로**(first-order circuit)라 한다. 회로가 아무리 복잡해도 등가 인덕터 또는 커패시터의 단자에 연결된 회로가 테브냉 또는 노턴 등가 회로로 단순화될 수 있으면, 그것은 1계 회로이다. 만약 원래 회로에 다수 인덕터 또는 커패시터가 존재한다면, 그들은 한 개의 등가 소자로 대체할 수 있도록 상호 연결되어 있어야 한다.

먼저 1계 회로의 자연 응답 및 계단 응답을 해석하는 방법을 소개한 다음, 세 가지 특별한 경우를 생각한다.

학습내용

학습목표

1. *RL* 및 *RC* 회로의 자연 응답을 구할 수 있다.
2. *RL* 및 *RC* 회로의 계단 응답을 구할 수 있다.
3. 순차 스위칭 회로를 해석하는 방법을 안다.
4. 저항과 하나의 커패시터를 포함하는 연산 증폭기 회로를 해석할 수 있다.

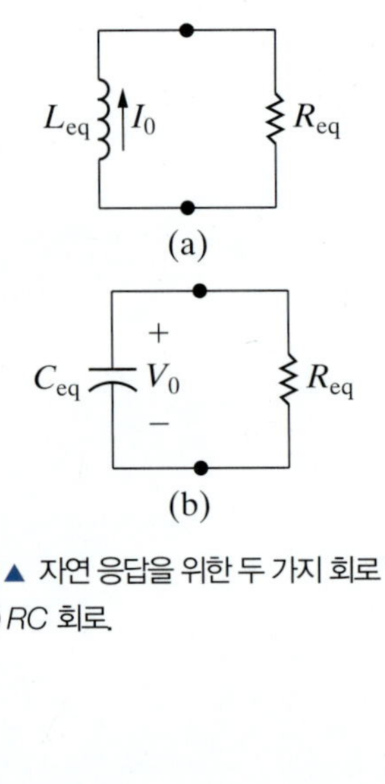

그림 7.1▲ 자연 응답을 위한 두 가지 회로 형태: (a) *RL* 회로, (b) *RC* 회로.

■ 실제 응용

인공 심장박동 조율기

심장을 수축하는 근육은 주기적인 전기 충격신호에 의한 것이다. 충격신호의 주파수는 심장박동 조율세포에 의해 조절된다. 성인의 경우 심장박동 조율세포는 분당 72회의 안정 시 심박 수를 설정한다. 그러나 가끔 조율세포가 손상되어 서맥(bradycardia)이라고 하는 안정 시 아주 낮은 심박 수나 심박급속증(tachycardia)이라고 하는 안정 시 아주 높은 심박 수를 생성할 수도 있다. 조율세포를 닮은 전기 충격신호를 심장에 전달하는 인공 심장박동 조율기(artificial pacemaker)를 설치하여 정상적인 심장박동으로 복구할 수 있다. 신체의 외부 또는 내부에 설치하는 인공 심장박동 조율기의 예가 아래 사진으로 나와 있다.

인공 심장박동 조율기는 매우 작고 가볍다. 조율기는 여러 가지 인자에 의해 심박 수를 조절하는 프로그램이 가능한 마이크로프로세서와 수명이 15년 정도에 달하는 효율적인 배터리 및 펄스를 발생하는 회로로 이루어져 있다. 가장 간단한 회로는 한 개의 저항과 한 개의 커패시터로 구성된다. *RC* 회로를 소개한 후에 인공 심장박동 조율기를 위한 *RC* 회로 설계를 살펴본다.

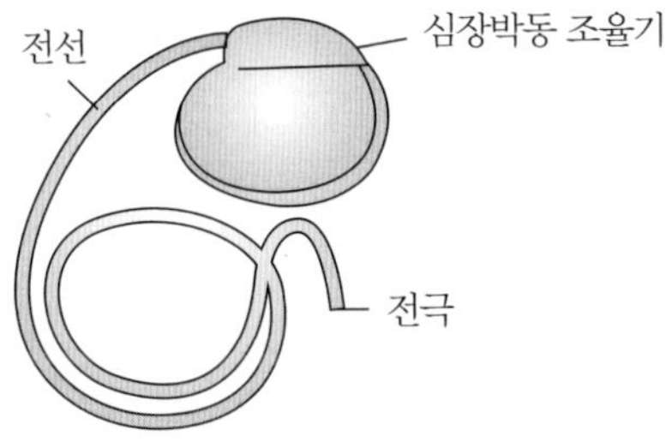

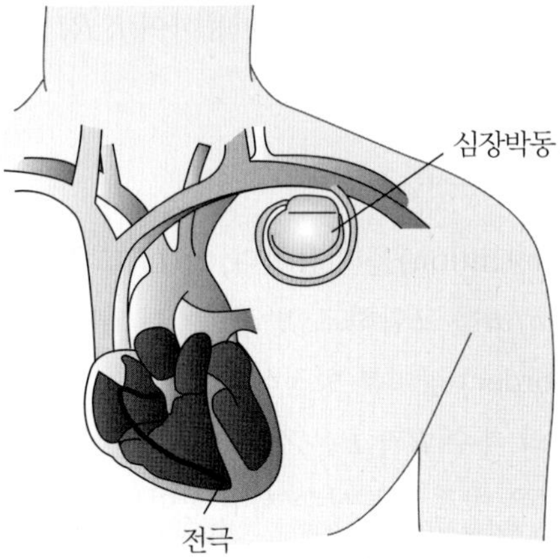

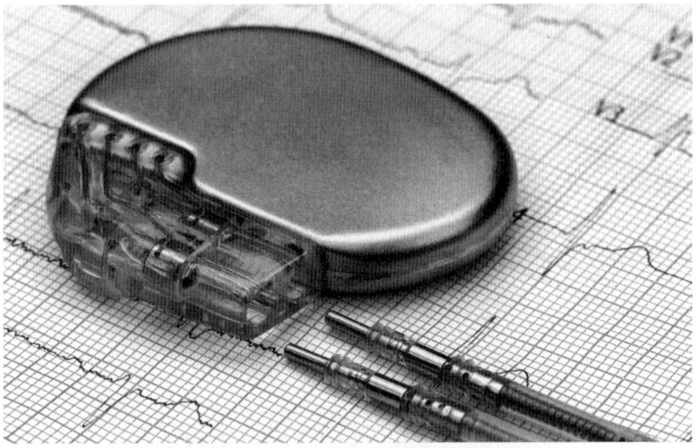

Swapan Photography/Shutterstock

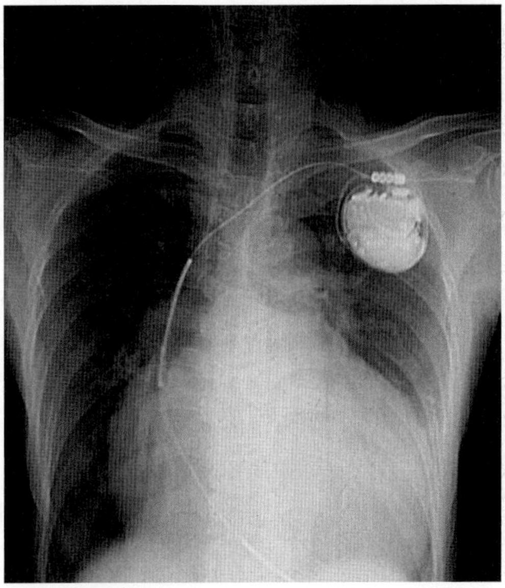

Tewan Banditrukkanka/Shutterstock

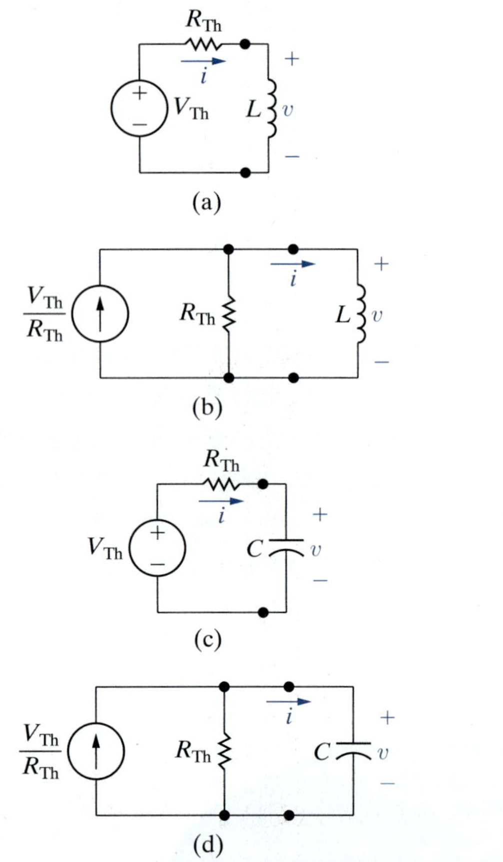

그림 7.2▲ 네 가지 가능한 1계 회로: (a) 테브냉 등가 회로에 연결된 인덕터, (b) 노턴 등가 회로에 연결된 인덕터, (c) 테브냉 등가 회로에 연결된 커패시터, (d) 노턴 등가 회로에 연결된 커패시터.

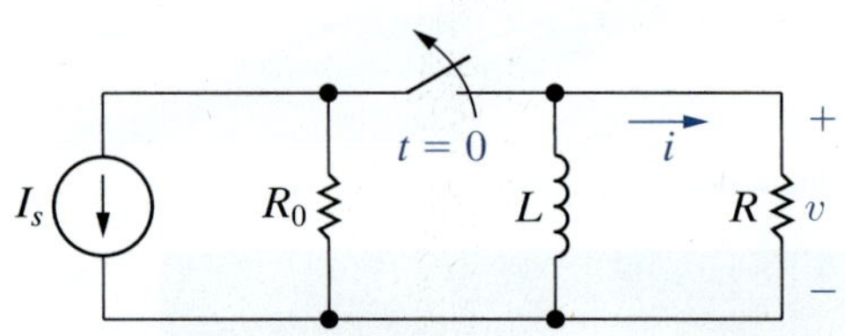

그림 7.3▲ *RL* 회로.

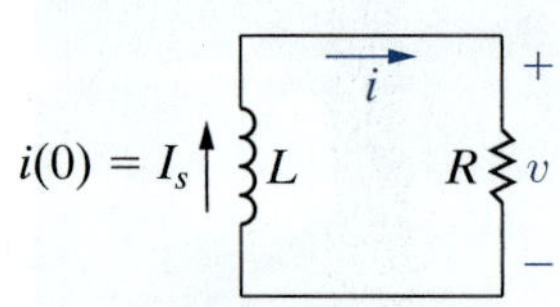

그림 7.4▲ $t \geq 0$에서 그림 7.3의 회로.

- 순차 스위칭(회로 내에서 두 번 또는 그 이상의 스위칭이 발생)
- 무한 응답
- 적분 증폭기(이상적 연산 증폭기 포함)

7.1 *RL* 회로의 자연 응답

그림 7.3의 회로를 사용하여 *RL* 회로의 자연 응답을 설명할 수 있다. 여기서 독립 전류원은 일정한 전류 I_s A를 발생시키고, 스위치는 긴 시간 동안 닫혀 있는 상태라고 가정한다. 여기서 '긴 시간(a long time)'이란 표현을 이 절 후반에서 좀 더 정확하게 정의한다. 일단은 모든 전류와 전압이 상수 값에 도달한 상태를 의미한다. 이와 같이 스위치가 개방되기 전에는 상수 또는 dc 전류만 회로에 존재하고, 인덕터 양단 전압은 0($Ldi/dt = 0$)이다. 그러므로 저장된 에너지가 방출되기 전에

- 인덕터는 단락 회로로 동작한다.
- 모든 전원 전류 I_s가 인덕터 가지에 흐른다.
- R_0나 R에는 전류가 흐르지 않는다.

자연 응답을 구하기 위해 스위치가 개방된 후, 즉 전원과 그 병렬 저항 R_0가 분리되고 인덕터에서 에너지를 방출하기 시작할 때 저항 단자에서 전압, 전류를 구한다. $t = 0$이 스위치를 개방하는 순간이라고 한다면, 문제는 $t \geq 0$일 때의 $v(t)$와 $i(t)$를 구하는 것이다. $t \geq 0$에서, 그림 7.3의 회로는 그림 7.4의 회로로 간단히 나타낼 수 있다.

전류 식의 유도

$i(t)$를 구하기 위해, 그림 7.4에 키르히호프의 전압 법칙을 이용하여 i, R, L을 포함하는 식을 얻는다. 폐회로의 전압을 더하면 다음과 같다.

$$L\frac{di}{dt} + Ri = 0, \tag{7.1}$$

여기서 수동 부호 규약(passive sign convention)을 사용한다. 식 (7.1)은 미지 변수의 상 도함수(ordinary derivative) di/dt를 포함하고, 방정식에서 가장 높은 도함수의 계수가 1이기 때문에 **1계**(first-order) 상미분 방정식이라 한다.

이 방정식을 좀 더 살펴보면, 방정식의 계수 R과 L은 상수이다. 즉, 종속변수 i나 독립변수 t의 함수가 아니다. 이와 같은 방정식은 상수 계수 상미분 방정식이라고 한다.

식 (7.1)을 풀기 위해 양변을 L로 나누고 i를 포함하는 항을 우변으로 이항한 후, 양변에 미분 시간 dt를 곱한다. 결과는 다음과 같다.

$$\frac{di}{dt}dt = -\frac{R}{L}i\,dt.$$

다음에 이 식의 좌변은 전류 i의 미분 변화 항 di로 단순화된다. 양변을 i로 나누면

$$\frac{di}{i} = -\frac{R}{L}dt.$$

양변을 적분하면 t의 함수로서 i의 식을 얻을 수 있다. 적분 변수로서 x와 y를 사용하면

$$\int_{i(t_0)}^{i(t)} \frac{dx}{x} = -\frac{R}{L}\int_{t_0}^{t} dy,$$

여기서 $i(t_0)$는 시간 t_0에서의 전류이고, $i(t)$는 시간 t에서의 전류이다. 여기서 $t_0 = 0$이다. 그러므로 적분하면 다음을 얻는다.

$$\ln\frac{i(t)}{i(0)} = -\frac{R}{L}t.$$

자연 로그의 정의에 따라 전류에 대해 풀면 다음을 얻는다.

$$i(t) = i(0)e^{-(R/L)t}.$$

6장에서 배웠듯이 인덕터에서는 전류의 순간적 변화가 발생할 수 없다는 것을 고려하면, 스위치가 개방된 직후 인덕터의 전류는 불변 상태이다. 스위칭 전의 시간을 0^-, 스위칭 바로 직후의 시간을 0^+로 표시하면

초기 인덕터 전류

$$i(0^-) = i(0^+) = I_0. \qquad (7.2)$$

I_0는 그림 7.1에서와 같이 인덕터의 초기 전류를 나타내고, i의 기준 방향과 같은 방향을 향한다. 따라서 전류에 대한 식은 다음과 같다.

$$i(t) = I_0e^{-(R/L)t}, \quad t \geq 0.$$

그림 7.5는 이 응답을 보여 준다. 전류는 초깃값 I_0에서 시작하여 t가 증가함에 따라 지수적으로 0으로 감소함을 알 수 있다.

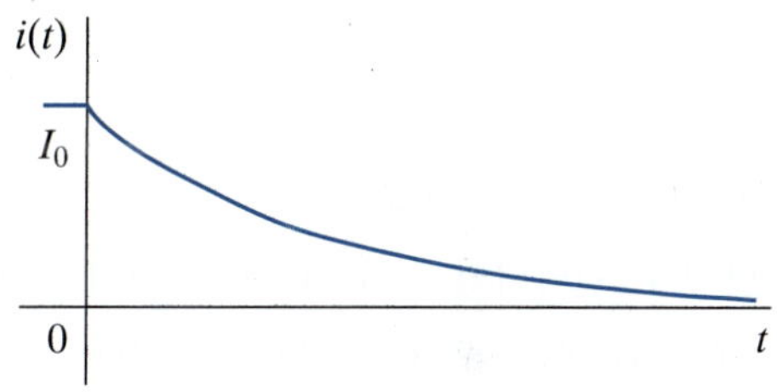

그림 7.5▲ 그림 7.4의 회로에 대한 전류 응답.

$i(t)$의 식에 $e^{-(R/L)t}$가 포함되어 있는 점에 주목하자. t의 계수, 즉 R/L은 전류가 0으로 접근하는 비율을 결정한다. 이 계수의 역수를 회로의 **시상수**(time constant)라고 하며 다음과 같이 표시한다.

***RL* 회로의 시상수**

$$\tau = \frac{L}{R}. \qquad (7.3)$$

시상수를 사용하여 인덕터에 대한 식을 다음과 같이 기술할 수 있다.

***RL* 회로의 자연 응답**

$$i(t) = I_0e^{-t/\tau}, \quad t \geq 0. \qquad (7.4)$$

RL 회로의 자연 응답을 구하는 단계적 방법을 가지게 되었다.

해석 방법 7.1
RL 자연 응답 방법

1. $t < 0$에서 회로를 해석하여 인덕터의 초기 전류 I_0를 구한다.
2. 시상수 $\tau = L/R$을 계산한다. 여기서 R은 $t \geq 0$에서 인덕터에 연결된 등가 저항이다.
3. 인덕터 전류에 대한 식을 기술한다. $t \geq 0$에서 $i(t) = I_0 e^{-t/\tau}$.
4. 인덕터 전류를 이용하여 구하고자 하는 다른 값을 계산한다.

단계 1: 인덕터의 초기 전류 I_0를 구한다. 이것은 보통 $t < 0$에서 회로를 해석하는 것을 포함한다.

단계 2: 시상수 τ를 계산한다. 이를 위해 $t \geq 0$에서 인덕터에 연결된 등가 저항을 구해야 한다.

단계 3: 초기 전류와 시상수를 식 (7.4)에 대입하여 $t \geq 0$에서 인덕터의 전류에 대한 식을 기술한다.

단계 4: 구하고자 하는 다른 값(저항의 전류나 전압 등)을 저항 회로 해석 기법을 사용하여 계산한다.

이 방법은 해석 방법 7.1에 요약되어 있다. 예제 7.1에 적용 예를 보인다.

예제 7.1 RL 회로의 자연 응답 구하기

그림 7.6에서 스위치는 긴 시간 동안 닫혀 있다가 $t = 0$에서 개방된다. 다음을 구하라.

a) $t \geq 0$에서 $i_L(t)$
b) $t \geq 0^+$에서 $i_o(t)$
c) $t \geq 0^+$에서 $v_o(t)$
d) 10 Ω 저항에서 소비되는 에너지는 2 H 인덕터에 저장된 총에너지의 몇 %인가?

풀이

해석 방법 7.1을 이용한다.

a) **단계 1:** 인덕터의 초기 전류를 구하기 위해 $t < 0$에서 그림 7.6의 회로를 그린다. 스위치가 $t = 0$ 이전에 긴 시간 동안 닫혀 있었으므로 인덕터에 걸리는 전압은 $t = 0^-$에서 0이고 인덕터는 단락 회로로 대치될 수 있다. 그 결과 회로는 그림 7.7과 같이 된다. 단락 회로는 모든 저항으로 가는 전류를 차단하므로 전원의 모든 전류가 단락 회로 쪽으로 흐른다. 그러므로 $t = 0^-$에서 인덕터 전류는 20 A이다.

$$I_0 = i_L(0^-) = i_L(0^+) = 20 \text{ A}.$$

단계 2: 시상수 τ를 계산하기 위해 $t \geq 0$에서 인덕터에 연결된 등가 저항을 구해야 한다. 이를 위해 $t \geq 0$에서 그림 7.6의 회로를 그린다. 이제 스위치가 열려 있으므로 전류원과 그 병렬 저항은 그림 7.8에 보이는 것처럼 회로에서 분리된다. 이 회로

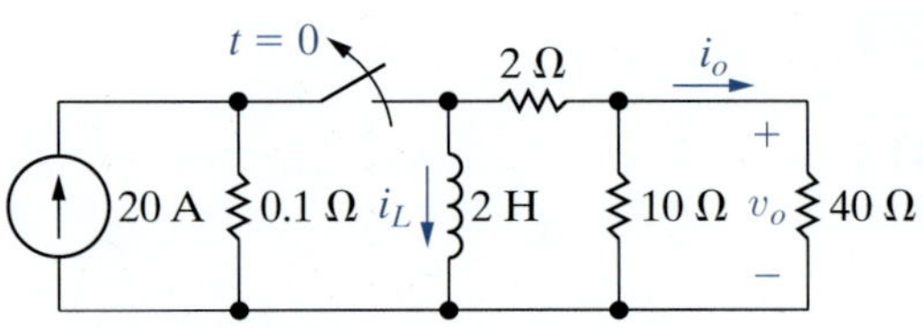

그림 7.6▲ 예제 7.1의 회로.

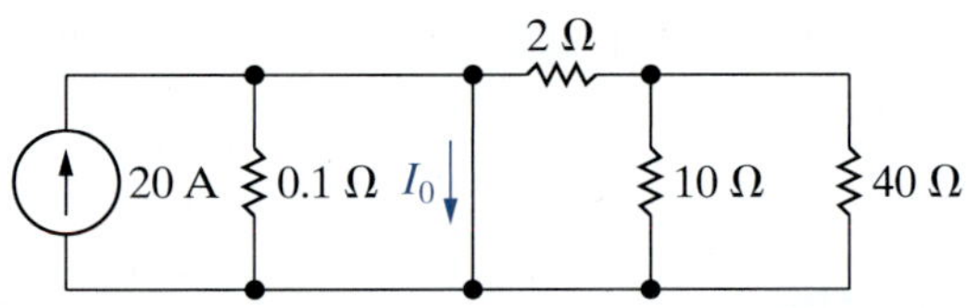

그림 7.7▲ $t < 0$에서 예제 7.1의 회로.

로부터 인덕터에 연결된 등가 저항은

$$R_{eq} = 2 + (40 \| 10) = 10 \ \Omega$$

이고, 회로의 시상수는 다음과 같다.

$$\tau = \frac{L}{R_{eq}} = \frac{2}{10} = 0.2 \text{ s}.$$

단계 3: 초기 전류와 시상수를 식 (7.4)에 대입하여 인덕터 전류에 대한 식을 기술하면 다음과 같다.

$$i_L(t) = I_0 e^{-t/\tau} = 20e^{-t/0.2} = 20e^{-5t} \text{ A}, \quad t \geq 0.$$

단계 4: 추가적인 전류와 전압을 구하기 위해 이 문제의 나머지 부분에 저항 회로 해석법을 사용한다.

b) 전류 분배를 사용하여 그림 7.8의 40 Ω에 흐르는 전류를 구한다.

$$i_o = -i_L \frac{10}{10 + 40}.$$

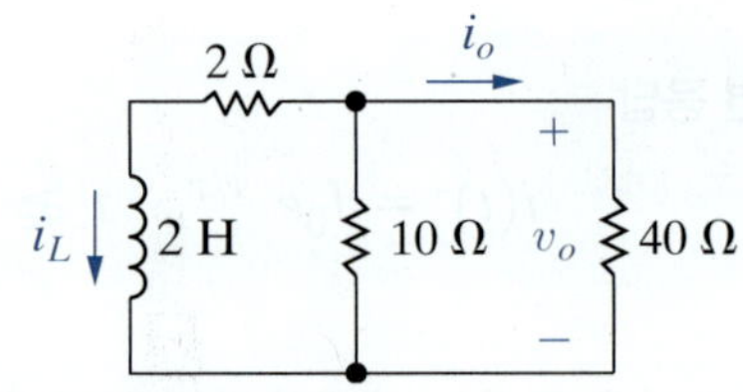

그림 7.8▲ $t \geq 0$에서 예제 7.1의 회로.

이 식은 $t = 0^-$에서 $i_o = 0$이므로 $t \geq 0^+$에서 유효함에 주목하라. 그러므로 저항 전류 i_o는 순간적으로 변화한다. 그러므로

$$i_o(t) = -0.2 i_L(t) = -4e^{-5t}\ \text{A}, \quad t \geq 0^+.$$

c) 옴의 법칙을 이용하여 그림 7.8에서 전압 v_o를 구하면

$$v_o(t) = 40 i_o = -160e^{-5t}\ \text{V}, \quad t \geq 0^+.$$

d) 그림 7.8에서 10 Ω 저항에서 소비되는 전력은

$$p_{10\Omega}(t) = \frac{v_o^2}{10} = 2560e^{-10t}\ \text{W}, \quad t \geq 0^+.$$

10 Ω 저항에서 소비되는 총에너지는

$$w_{10\Omega}(t) = \int_0^\infty 2560e^{-10t}\,dt = 256\ \text{J}.$$

2 H 인덕터에 저장된 초기 에너지는

$$w(0) = \frac{1}{2}Li_L^2(0) = \frac{1}{2}(2)(20)^2 = 400\ \text{J}.$$

그러므로 10 Ω 저항에서 소비되는 에너지의 백분율은 다음과 같다.

$$\frac{256}{400}(100) = 64\%.$$

평가문제

목표 1—*RL* 및 *RC* 회로의 자연 응답을 구할 수 있다.

7.1 회로에서 스위치는 a 위치에서 접촉을 끊기 직전에 b 위치와 접촉한다. 이를 메이크 비포 브레이크(make-before-break) 스위치라고 하며, 이는 인덕터 전류가 연속적으로 흐르도록 한다. '메이크'와 '브레이크' 사이의 시간 간격은 무시할 수 있을 정도로 짧다고 가정한다. 스위치는 긴 시간 동안 a 위치에 머물러 있었으며, $t = 0$에서 a 위치에서 b 위치로 전환된다.

a) 인덕터의 초기 전류를 결정하라.

b) $t > 0$에서 시상수를 구하라.

c) $t \geq 0^+$에서 i, v_1, v_2를 구하라.

d) 스위치를 b 위치로 전환한 후 1 ms가 지난 시점에서, 인덕터에 저장되어 있던 초기 에너지 중 몇 퍼센트가 90 Ω 저항에서 소비되는지 구하라.

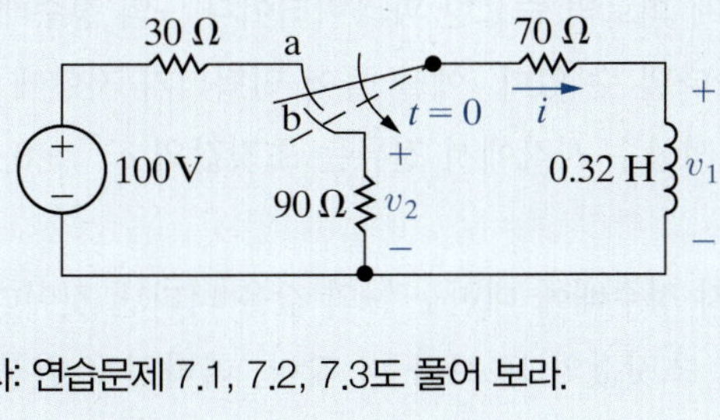

정답: a) 1 A,

b) 2 ms,

c) $i = 1e^{-500t}$ A, $v_1 = -160e^{-500t}$ V, $v_2 = -90e^{-500t}$ V,

d) 35.6%.

7.2 회로에서 스위치는 긴 시간 동안 위치 1에 머물러 있었으며, $t = 0$에서 순간적으로 위치 2로 전환된다.

a) $t \geq 0^+$에 대한 $v_o(t)$를 구하라.

b) 인덕터에 저장된 초기 에너지 중 몇 퍼센트가 40 Ω 저항에서 소비되는지 구하라.

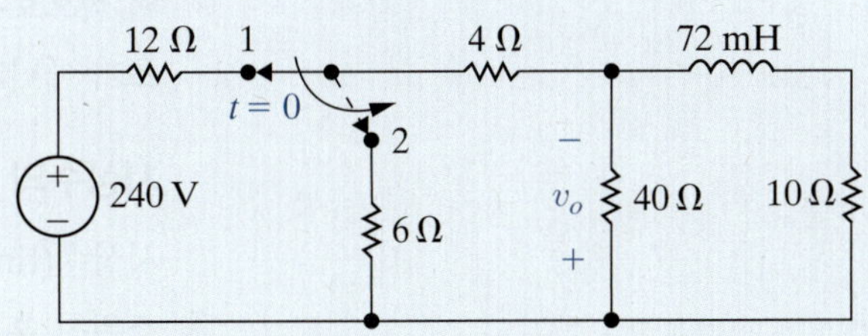

정답: a) $64e^{-250t}$ V,

b) 8.89%.

자가 검사: 연습문제 7.1, 7.2, 7.3도 풀어 보라.

전압, 전력 및 에너지 수식 유도하기

이제 그림 7.4의 저항에 걸리는 전압을 옴의 법칙을 이용하여 유도하자.

$$v = iR = I_0 Re^{-t/\tau}, \quad t \geq 0^+. \tag{7.5}$$

식 (7.4)에 나타난 전류 식이 $t \geq 0$에서 정의된 것과는 대조적으로 전압은 $t = 0$이

아닌 $t \geq 0^+$에서만 정의된다. $t = 0$에서 전압이 계단 모양으로 변화하기 때문이다. $t < 0$에 대해 전류의 도함수는 0이고, 따라서 전압 또한 0이다($v = Ldi/dt = 0$). 따라서

$$v(0^-) = 0,$$

$$v(0^+) = I_0 R,$$

여기서 $v(0^+)$는 $t = 0^+$에서 식 (7.5)로부터 얻는다.[1] $t = 0$에서 전압 값은 계단 모양으로 변화하기 때문에 정의되지 않는다. 따라서 이 해의 유효한 영역을 정의하는 데는 식 (7.5)에서 $t \geq 0^+$를 사용한다.

다음 중 임의의 식을 사용하여 저항에서 소비되는 전력을 구할 수 있다.

$$p = vi, \quad p = i^2 R, \quad \text{또는} \quad p = \frac{v^2}{R}.$$

어떤 형태가 사용되든지 결과식은 다음 식으로 간소화될 수 있다.

$$p = I_0^2 R e^{-2t/\tau}, \qquad t \geq 0^+.$$

스위치가 개방된 후 임의의 시간 동안 저항으로 전달된 에너지는 다음과 같다.

$$\begin{aligned} w &= \int_0^t p\,dx = \int_0^t I_0^2 R e^{-2x/\tau} dx \\ &= \frac{\tau}{2} I_0^2 R (1 - e^{-2t/\tau}) \\ &= \frac{L}{2R} I_0^2 R (1 - e^{-2t/\tau}) \\ &= \frac{1}{2} L I_0^2 (1 - e^{-2t/\tau}), \quad t \geq 0^+. \end{aligned}$$

이 식으로부터 t가 무한대로 접근하면 저항에서 소비된 에너지는 인덕터에 저장된 초기 에너지에 접근하는 것에 주목하라.

시상수의 중요성

시상수(time constant)는 1계 회로의 중요한 파라미터이다. τ의 정수배의 항으로 스위칭 후 경과한 시간을 나타낼 수 있다. 예를 들어 인덕터가 저항에 저장 에너지를 방출하기 시작한 후 1 시상수 시각에서 전류는 초깃값의 $e^{-1} \approx 0.37$로 감소한다.

표 7.1은 τ의 1에서 10까지 정수배에 대한 $e^{-t/\tau}$의 값을 나타낸 것이다. 경과 시간이 5τ를 초과하면, 전류는 초깃값의 1%보다 더 작다. 따라서 스위칭이 발생한 후 5τ에 도달하면 전류와 전압은 대부분 실용적으로 최종값에 도달했다고 말한다. 스위치 동작 후 전류나 전압은 일시적으로 변화하고 회로의 **과도 응답**(transient response)을 나타낸다.

표 7.1 τ의 정수배와 동일한 시간 t에 대한 $e^{-t/\tau}$의 값

t	$e^{-t/\tau}$	t	$e^{-t/\tau}$
τ	3.6788×10^{-1}	6τ	2.4788×10^{-3}
2τ	1.3534×10^{-1}	7τ	9.1188×10^{-4}
3τ	4.9787×10^{-2}	8τ	3.3546×10^{-4}
4τ	1.8316×10^{-2}	9τ	1.2341×10^{-4}
5τ	6.7379×10^{-3}	10τ	4.5400×10^{-5}

1 0^-와 0^+를 좀 더 형식을 갖춰 정의할 수 있다. $x(0^-)$는 $t \to 0$일 때 왼쪽으로부터 또는 음(−)의 시간으로부터 변수 x의 극한값을 나타낸다. $x(0^+)$는 $t \to 0$일 때 오른쪽으로부터 또는 양(+)의 시간으로부터 변수 x의 극한값을 나타낸다.

반면에 1계 회로에서 '긴 시간'은 5τ 또는 그 이상의 시간이 경과한 것을 뜻한다. 스위치 동작 후 긴 시간 후에 나타나는 응답을 **정상 상태 응답**(steady-state response)이라 한다. '긴 시간'은 또한 회로가 정상 상태에 도달하는 시간을 의미한다.

전류가 초기 비율로 계속 변화한다면 시상수에 의해 최종값에 도달하는 데 필요한 시간을 구할 수 있다. 예를 들어 0^+에서 di/dt를 구하고 전류가 계속 이 비율로 변화한다고 가정하자.

$$\frac{di}{dt}(0^+) = -\frac{I_0}{\tau}e^{-0^+/\tau} = -\frac{I_0}{\tau}.$$

이제 i가 I_0에서 시작하여 I_0/τ(A/s) 비율로 감소하면 i의 식은 다음과 같다.

$$i = I_0 - \frac{I_0}{\tau}t.$$

이 수식은 i가 τ초 후에 최종값 0에 도달함을 나타낸다. 그림 7.9는 이 그래프 해석이 자연 응답의 그래프로부터 회로의 시상수를 추정하는 데 유용함을 보여 준다. 이러한 그래프는 출력 전류를 측정하는 오실로스코프상에서 얻을 수도 있다. 자연 응답 그래프의 $t = 0$에서 접선을 그리고, 접선이 시간축과 교차하는 값을 읽으면 값을 얻을 수 있다. 이 방법을 사용하여 회로의 소자 값을 모르더라도 시상수를 알아낼 수 있다.

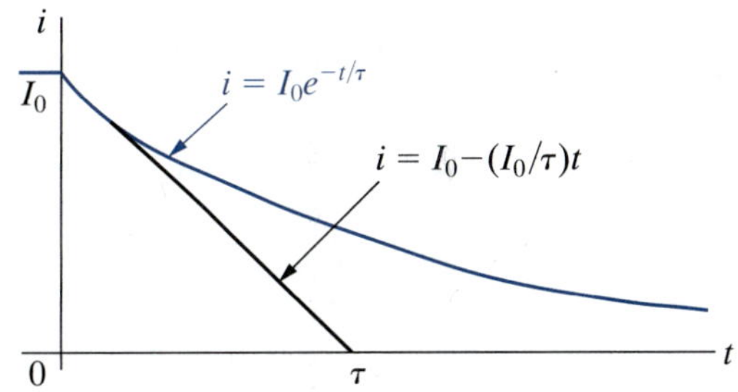

그림 7.9▲ 그림 7.4의 *RL* 회로의 시상수에 대한 그래프적 해석.

지금까지 한 개의 인덕터를 가지는 회로에 대해 알아보았다. 그러나 여러 개의 인덕터로 이루어진 회로라고 하더라도 이 인덕터들이 한 개의 등가 인덕터로 대체될 수 있으면 위 기법이 적용된다. 예제 7.2에서 두 개의 인덕터를 가지는 *RL* 회로의 자연 응답을 구한다.

예제 7.2 병렬 인덕터를 가진 *RL* 회로의 자연 응답 구하기

그림 7.10의 회로에서 인덕터 L_1, L_2에 흐르는 초기 전류는 보이지는 않는 전원에 의해 생성된 것이다. 스위치는 $t = 0$에서 개방된다.

a) $t \geq 0$에서 i_1, i_2, i_3를 구하라.
b) 병렬 인덕터에 저장된 초기 에너지를 계산하라.
c) $t \to \infty$일 때 인덕터에 저장된 에너지를 결정하라.
d) 저항 회로로 전달된 총에너지가 (b)와 (c)에서 얻은 결과의 차와 같음을 보여라.

풀이

a) 전류 i_1, i_2, i_3를 구하는 열쇠는 전압 $v(t)$를 구하는 것이다. 그림 7.10의 회로를 그림 7.11의 등가 형태로 간소화하면 $v(t)$를 쉽게 구할 수 있다. 병렬 인덕터는 12 A의 초기 전류를 가지는 4 H의 등가 인덕터로 단순화되고, 저항망은 $40 \| [4 + (15 \| 10)] = 8\ \Omega$의 단일 저항으로 간략화된다. 이제 해석 방법 7.1을 이용할 수 있다.

단계 1: 그림 7.11에서 인덕터의 초기 전류 $I_0 = 12$ A.

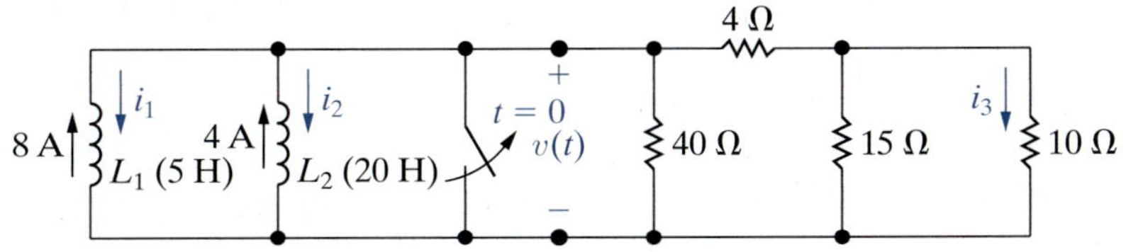

그림 7.10▲ 예제 7.2의 회로.

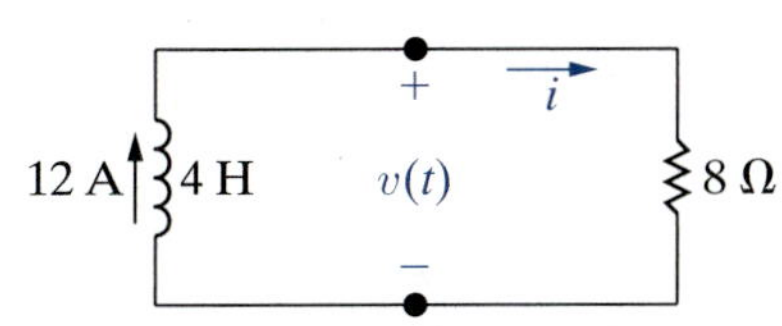

그림 7.11▲ 그림 7.10 회로의 단순화.

단계 2: 그림 7.11에서 인덕터에 연결된 등가 저항은 8 Ω. 따라서 시상수는

$$\tau = \frac{L}{R} = \frac{4}{8} = 0.5 \text{ s}.$$

단계 3: 그림 7.11에서 인덕터 전류는

$$i(t) = I_0 e^{-t/\tau} = 12e^{-t/0.5} = 12e^{-2t} \text{ A}, \quad t \geq 0.$$

단계 4: 회로 해석 기법을 적용하여 i_1, i_2, i_3를 계산한다. 먼저 그림 7.11에서 $v(t) = 8i(t)$이므로

$$v(t) = 96e^{-2t} \text{ V}, \quad t \geq 0^+.$$

그림 7.10에서 $t = 0^-$에서 $v(t) = 0$임을 보여 준다. 따라서 $v(t)$의 식은 $t \geq 0^+$에서 유효함을 알 수 있다. $v(t)$를 구하면 인덕터의 전류와 전압 관계로부터 i_1과 i_2를 구할 수 있다.

$$i_1 = \frac{1}{5}\int_0^t 96e^{-2x}\,dx - 8$$
$$= 1.6 - 9.6e^{-2t} \text{ A}, \quad t \geq 0,$$
$$i_2 = \frac{1}{20}\int_0^t 96e^{-2x}\,dx - 4$$
$$= -1.6 - 2.4e^{-2t} \text{ A}, \quad t \geq 0.$$

i_3를 구하는 데는 두 단계를 거친다. 먼저 전압 분배를 사용하여 병렬 저항 15 Ω과 10 Ω에 걸리는 전압을 계산한다. 전압 v_{15i10}의 극성은 회로 상부가 양(+)극이며, 다음을 얻는다.

$$v_{15\|10} = \frac{15\|10}{4 + 15\|10}v = \frac{6}{10}(96e^{-2t})$$
$$= 57.6e^{-2t} \text{ V}, t \geq 0^+.$$

이제 옴의 법칙을 사용하여 i_3를 구한다.

$$i_3 = \frac{v_{15\|10}}{10} = 5.76e^{-2t} \text{ A}, \quad t \geq 0^+.$$

인덕터 전류 i_1과 i_2는 $t \geq 0$에서 유효한 반면에 저항 전류 i_3는 $t \geq 0^+$에서 유효함에 유의하라.

b) 인덕터에 저장된 초기 에너지는

$$w = \frac{1}{2}(5)(8)^2 + \frac{1}{2}(20)(4)^2 = 320 \text{ J}.$$

c) $t \to \infty$일 때 $i_1 \to 1.6$ A, $i_2 \to -1.6$ A이다. 그러므로 스위치가 개방되고 긴 시간이 지난 후 두 개의 인덕터에 저장된 에너지는

$$w = \frac{1}{2}(5)(1.6)^2 + \frac{1}{2}(20)(-1.6)^2 = 32 \text{ J}.$$

d) 저항 회로로 전달된 총에너지는 순시 전력을 0에서 무한대까지 적분하여 얻을 수 있다.

$$w = \int_0^\infty p\,dt = \int_0^\infty (96e^{-2t})(12e^{-2t})dt$$
$$= 1152\frac{e^{-4t}}{-4}\bigg|_0^\infty = 288 \text{ J}.$$

이 결과는 초기에 저장된 에너지(320 J)와 병렬 인덕터에 저장된 에너지(32 J) 간의 차이이다. 병렬 인덕터의 등가 인덕터(병렬 연결의 단자 특성을 예견하는)는 $1/2(4)(12)^2 = 288$ J의 초기 에너지를 갖는다. 즉 등가 인덕터에 저장된 에너지는 원래 인덕터의 단자에서 저항 회로로 전달되는 에너지의 양을 나타낸다.

자가 검사: 연습문제 7.20도 풀어 보라.

7.2 RC 회로의 자연 응답

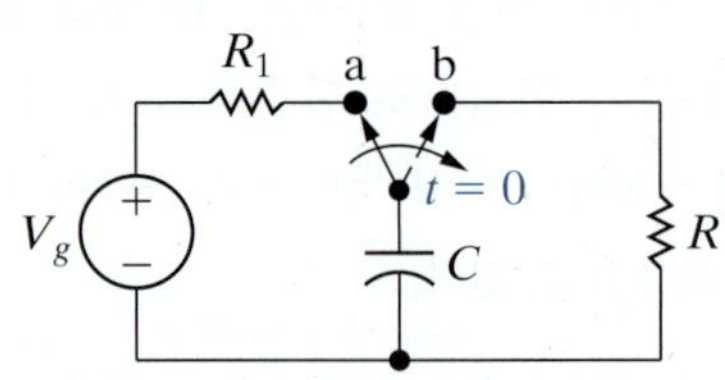

그림 7.12▲ RC 회로.

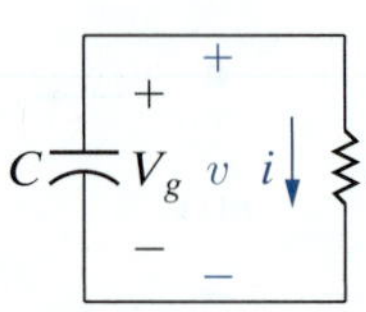

그림 7.13▲ 스위칭 후 그림 7.12의 회로.

RC 회로의 자연 응답은 *RL* 회로와 유사하다. 따라서 *RL* 회로에서처럼 *RC* 회로를 자세히 설명하지는 않는다.

그림 7.12의 회로를 사용하여 *RC* 회로의 자연 응답을 설명한다. 스위치는 직류 전압원 V_g, 저항 R_1, 커패시터 C로 이루어진 루프가 정상 상태에 있도록 긴 시간 동안 a 위치에 있다고 가정하자. 6장에서 살펴본 바와 같이 커패시터는 일정 전압에서는 개방 회로로 동작함을 고려하면 전압원 전압이 커패시터 단자에 나타난다. 7.3절에서는 어떻게 커패시터 전압이 실제로 직류 전압원의 정상 상태 값이 되는지를 논의한다. 이 시점에서 중요한 것은 스위치가 $t = 0$에서 a 위치에서 b 위치로 이동할 때, 커패시터의 전압이 V_g인 것이다. 커패시터 단자의 전압은 순간적으로 변화가 일어날 수 없기 때문에 문제는 그림 7.13의 회로를 푸는 것이 된다.

전압 식의 유도

전압 $v(t)$는 KCL 식을 기술하여 쉽게 구할 수 있다. R과 C 사이의 아래쪽 마디를 기준 마디로 정하고, R과 C 사이의 위쪽 마디에서 나오는 방향의 전류를 더하면 다음과 같다.

$$C\frac{dv}{dt} + \frac{v}{R} = 0. \tag{7.6}$$

식 (7.6)과 (7.1)을 비교하면 RL 회로에서 $i(t)$를 구하는 데 사용된 수학적 기법이 RC 회로에서 $v(t)$를 구하는 데 사용될 수 있음을 알 수 있다. 식의 유도는 여러분에게 맡기며, 그 결과는 다음과 같다.

$$v(t) = v(0)e^{-t/RC}, \quad t \geq 0.$$

이미 언급한 것처럼, 커패시터의 초기 전압은 전압원 V_g와 같다.

커패시터 전압

$$v(0^-) = v(0) = v(0^+) = V_g = V_0, \tag{7.7}$$

여기서 V_0는 커패시터의 초기 전압을 나타낸다. RC 회로의 시상수는 저항과 커패시턴스의 곱이다. 즉

***RC* 회로의 시상수**

$$\tau = RC. \tag{7.8}$$

그러므로 전압의 일반적인 식은 다음과 같다.

***RC* 회로의 자연 응답**

$$v(t) = V_0e^{-t/\tau}, \quad t \geq 0, \tag{7.9}$$

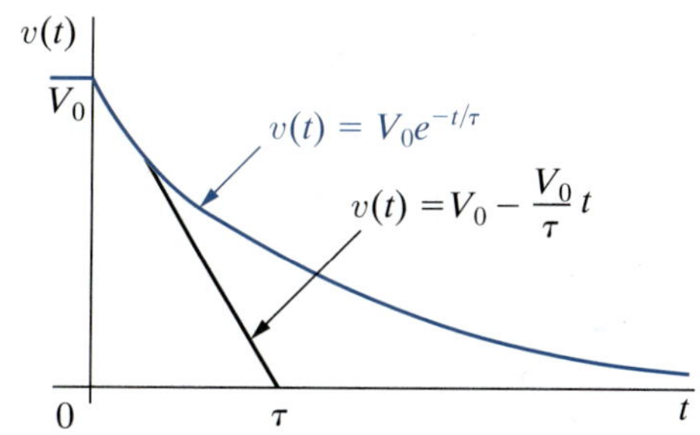

그림 7.14▲ *RC* 회로의 자연 응답.

이 식은 RC 회로의 자연 응답이 초기 전압의 지수적 감소임을 가리킨다. 시상수 RC는 감소율을 지배한다. 그림 7.14는 식 (7.9)의 그래프와 시상수의 그래프적 해석을 나타낸다.

RC 회로의 자연 응답을 구하는 단계적 방법을 가지게 되었다.

단계 1: 커패시터의 초기 전압 V_0를 구한다. 이것은 보통 $t < 0$에서 회로를 해석하는 것을 포함한다.

단계 2: 시상수 τ를 계산한다. 이를 위해 $t \geq 0$에서 커패시터에 연결된 등가 저항을 구해야 한다.

단계 3: 초기 전압과 시상수를 식 (7.9)에 대입하여 $t \geq 0$에서 커패시터의 전압에 대한 식을 기술한다.

해석 방법 7.2
RC 자연 응답 방법

1. $t < 0$에서 회로를 해석하여 커패시터의 초기 전압 V_0를 구한다.
2. 시상수 $\tau = RC$를 계산한다. 여기서 R은 $t \geq 0$에서 커패시터에 연결된 등가 저항이다.
3. 커패시터 전압에 대한 식을 기술한다. $t \geq 0$에서 $v(t) = V_0 e^{-t/\tau}$.
4. 커패시터 전압을 이용하여 구하고자 하는 다른 값을 계산한다.

단계 4: 구하고자 하는 다른 값(저항의 전류나 전압 등)을 저항 회로 해석 기법을 사용하여 계산한다.

이 방법은 해석 방법 7.2에 요약되어 있다.

$v(t)$를 결정하고 나면 i, p, w에 대한 식을 쉽게 유도할 수 있다.

$$i(t) = \frac{v(t)}{R} = \frac{V_0}{R} e^{-t/\tau}, \quad t \geq 0^+,$$

$$p = vi = \frac{V_0^2}{R} e^{-2t/\tau}, \quad t \geq 0^+,$$

$$w = \int_0^t p\,dx = \int_0^t \frac{V_0^2}{R} e^{-2x/\tau}\,dx$$

$$= \frac{1}{2} C V_0^2 (1 - e^{-2t/\tau}), \quad t \geq 0.$$

예제 7.3은 RC 회로의 자연 응답을 구하기 위해 해석 방법 7.2를 이용한다. 해석 방법 7.2는 한 개의 커패시터를 가지는 회로에 적용되지만, 여러 개의 커패시터를 가지더라도 한 개의 등가 커패시터로 대치될 수 있는 회로라면 적용이 가능하다. 예제 7.4는 두 개의 커패시터를 가지는 회로에 대해 고찰한다.

예제 7.3 RC 회로의 자연 응답 구하기

그림 7.15의 회로에서 스위치는 긴 시간 동안 x 위치에 있다가 $t = 0$에서 순간적으로 y 위치로 이동한다. 다음을 구하라.

a) $t \geq 0$에서 $v_C(t)$
b) $t \geq 0^+$에서 $v_o(t)$
c) $t \geq 0^+$에서 $i_o(t)$
d) $60\,\text{k}\Omega$ 저항에서 소비된 총에너지

풀이

해석 방법 7.2를 사용한다.

a) **단계 1:** 그림 7.15의 회로를 $t < 0$에 대해 그려서 커패시터의 초기 전압 V_o를 결정한다. 그 결과를 그림 7.16에 나타낸다. 커패시터는 개방 회로로 동작하므로 커패시터의 초기 전압은 전원 전압과 같다.

$$V_0 = 100 \text{ V}.$$

단계 2: 시상수를 계산한다. 이를 위해 그림 7.15의 회로를 $t \geq 0$에 대해 그리면 그림 7.17과 같다. 커패시터에 연결된 저항 회로의 등가 저항을 구한다.

$$R_{eq} = 32{,}000 + (240{,}000 \| 60{,}000)$$
$$= 80\text{ k}\Omega,$$
$$\tau = R_{eq}C = (80{,}000)(0.5 \times 10^{-6})$$
$$= 40 \text{ ms}.$$

단계 3: 식 (7.9)에 V_0와 τ를 대입하여 커패시터 전압에 대한 식을 기술한다.

$$v_C(t) = 100 e^{-t/0.04} = 100 e^{-25t} \text{ V}, \quad t \geq 0.$$

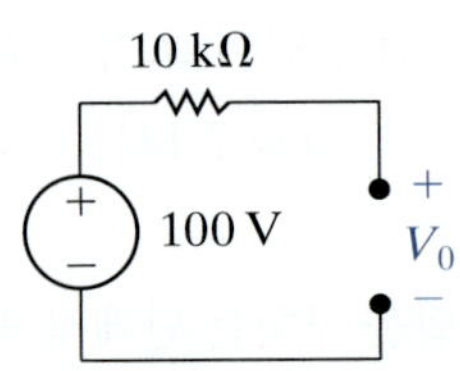

그림 7.16▲ $t < 0$에서 그림 7.15의 회로.

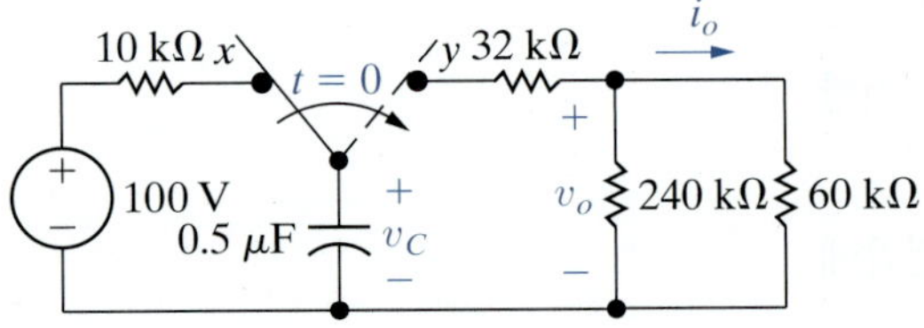

그림 7.15▲ 예제 7.3의 회로.

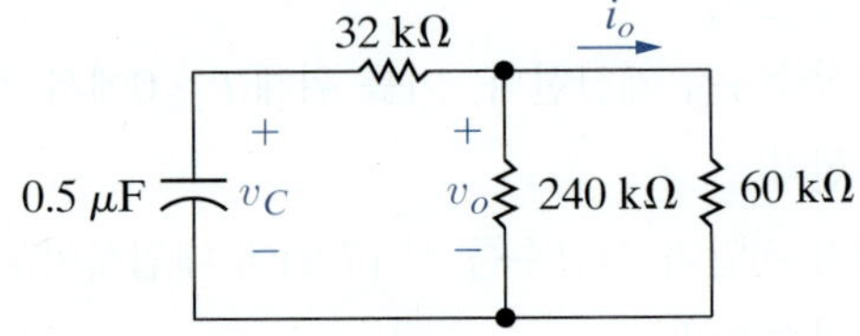

그림 7.17▲ $t \geq 0$에서 그림 7.15의 회로.

단계 4: 그림 7.17의 회로에 저항 회로 해석 기법을 사용하여 나머지 변수를 구한다.

b) 그림 7.17에서 $v_o(t)$를 구하기 위해, 커패시터 단자에서 볼 때 저항 회로가 전압 분배기를 형성하는 점에 주목한다. 따라서

$$v_o(t) = \frac{240{,}000 \| 60{,}000}{32{,}000 + (240{,}000 \| 60{,}000)} v_C(t)$$
$$= 0.6(100e^{-25t}) = 60e^{-25t} \text{ V}, \quad t \geq 0^+.$$

$v_o(t)$에 대한 이 식은 $v_o(0^-)$가 0이기 때문에 $t \geq 0^+$에서 유효하다. 따라서 240 kΩ 저항에서의 전압은 순시 변화를 갖는다.

c) 전류 $i_o(t)$를 옴의 법칙으로 구한다.

$$i_o(t) = \frac{v_o(t)}{60{,}000} = e^{-25t} \text{ mA}, \quad t \geq 0^+.$$

d) 60 kΩ의 저항에서 소비되는 전력은 다음과 같다.

$$p_{60\,\text{k}\Omega}(t) = i_o^2(t)(60{,}000) = 60e^{-50t} \text{ mW}, \quad t \geq 0^+.$$

소비된 총전력은 다음과 같다.

$$w_{60\,\text{k}\Omega} = \int_0^\infty i_o^2(t)(60{,}000)\, dt = 1.2 \text{ mJ}.$$

예제 7.4 직렬 커패시터를 가진 *RC* 회로의 자연 응답 구하기

그림 7.18의 회로에서 커패시터 C_1과 C_2의 초기 전압은 보이지 않는 전원에 의해 생성되었다. 스위치는 $t = 0$에서 닫힌다.

a) $t \geq 0$에서 $v_1(t)$, $v_2(t)$, $v(t)$를 구하고 $t \geq 0^+$에서 $i(t)$를 구하라.
b) 커패시터 C_1과 C_2에 저장된 초기 에너지를 계산하라.
c) $t \to \infty$일 때 커패시터에 저장된 에너지를 구하라.
d) 250 kΩ 저항으로 전달된 총에너지가 (b)와 (c)에서 얻은 결과의 차이임을 보여라.

풀이

a) $v(t)$를 알면 옴의 법칙으로부터 전류 $i(t)$를 얻을 수 있다. $i(t)$를 결정한 후, 커패시터에 걸리는 전압이 커패시터 전류의 함수이므로 $v_1(t)$, $v_2(t)$를 계산할 수 있다. $v(t)$를 구하기 위해, 직렬 연결 커패시터를 등가 커패시터로 대체하면 4 μF이고 20 V 전압으로 충전된다. 그러므로 그림 7.18의 회로는 그림 7.19로 간소화된다. 이제 $v(t)$를 구하기 위해 해석 방법 7.2를 사용한다.

단계 1: 그림 7.19에서 커패시터의 초기 전압은 $V_0 = 20$ V.

단계 2: 그림 7.19에서 커패시터에 연결된 저항은 250 kΩ. 따라서 시상수는

$$\tau = (250 \times 10^3)(4 \times 10^{-6}) = 1 \text{ s}.$$

단계 3: 식 (7.9)에 V_0와 τ를 대입하여 커패시터 전압에 대한 식을 기술한다.

$$v(t) = 20e^{-t} \text{ V}, \quad t \geq 0.$$

단계 4: 회로 해석 기법을 사용하여 나머지 전류와 전압을 구한다.

그림 7.19의 회로에서 옴의 법칙을 사용하여 전류 $i(t)$를 구한다.

$$i(t) = \frac{v(t)}{250{,}000} = 80e^{-t}\,\mu\text{A}, \quad t \geq 0^+.$$

$i(t)$를 알면 그림 7.18의 $v_1(t)$, $v_2(t)$를 계산할 수 있다.

$$v_1(t) = -\frac{1}{5 \times 10^{-6}} \int_0^t 80 \times 10^{-6} e^{-x} dx - 4$$
$$= (16e^{-t} - 20) \text{ V}, \quad t \geq 0,$$

$$v_2(t) = -\frac{1}{20 \times 10^{-6}} \int_0^t 80 \times 10^{-6} e^{-x} dx + 24$$
$$= (4e^{-t} + 20) \text{ V}, \quad t \geq 0.$$

b) 커패시터 C_1에 저장된 초기 에너지는

$$w_1 = \frac{1}{2}(5 \times 10^{-6})(4)^2 = 40\,\mu\text{J}.$$

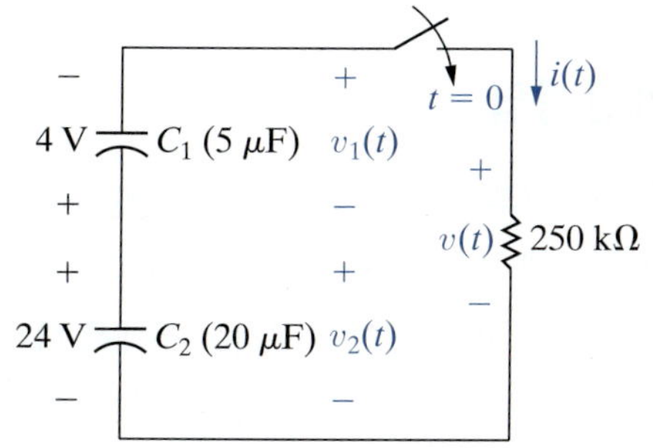

그림 7.18▲ 예제 7.4의 회로.

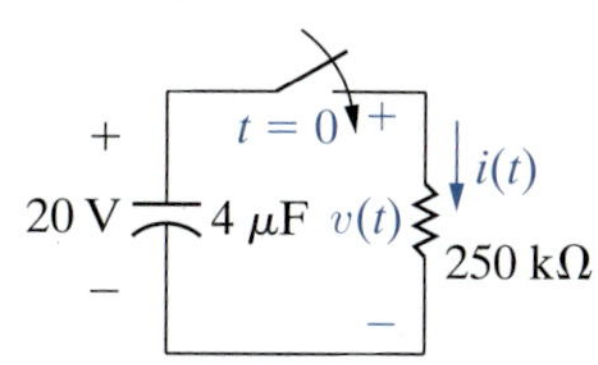

그림 7.19▲ 그림 7.18 회로의 단순화.

커패시터 C_2에 저장된 초기 에너지는

$$w_2 = \frac{1}{2}(20 \times 10^{-6})(24)^2 = 5760\ \mu\text{J}.$$

두 개의 커패시터에 저장된 총에너지는

$$w_o = 40 + 5760 = 5800\ \mu\text{J}.$$

c) $t \rightarrow \infty$일 때

$$v_1 \rightarrow -20\text{ V}, \quad v_2 \rightarrow +20\text{ V}.$$

그러므로 두 개의 커패시터에 저장된 에너지는

$$w_\infty = \frac{1}{2}(5 \times 10^{-6})(-20)^2 + \frac{1}{2}(20 \times 10^{-6})(20)^2$$
$$= 5000\ \mu\text{J}.$$

d) 250 kΩ 저항에 전달된 총에너지는

$$w = \int_0^\infty p\,dt = \int_0^\infty (20e^{-t})(80 \times 10^{-6}e^{-t})\,dt = 800\ \mu\text{J}.$$

(b)와 (c)에서 얻은 결과를 비교하면

$$800\ \mu\text{J} = (5800 - 5000)\ \mu\text{J}.$$

그림 7.19의 등가 커패시터에 저장된 에너지는

$$1/2\ (4 \times 10^{-6})(20)^2 = 800\ \mu\text{J}$$

이다. 이 커패시터는 원래의 직렬 연결 커패시터의 단자 동작을 예측하기 때문에 등가 커패시터에 저장된 에너지가 250 kΩ 저항에 전달된 에너지이다.

평가문제

목표 1—*RL* 및 *RC* 회로의 자연 응답을 구할 수 있다.

7.3 회로의 스위치는 긴 시간 동안 왼쪽 위치에 머물러 있었으며, $t = 0$에서 오른쪽 위치로 전환된 후 그 상태로 유지된다.

a) 커패시터의 초기 전압을 구하라.

b) 커패시터에 저장된 초기 에너지를 구하라.

c) $t > 0$일 때 회로의 시상수를 구하라.

d) $t \geq 0$에 대한 커패시터 전압 $v(t)$의 식을 구하라.

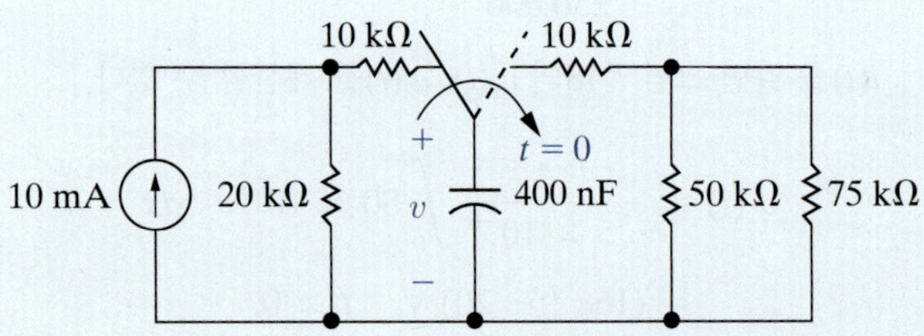

정답: a) 200 V, b) 8 mJ,
b) 16 ms, e) $200e^{-62.5t}$ V.

7.4 회로의 스위치는 오랫동안 왼쪽 위치에 머물러 있었으며, $t = 0$에서 오른쪽 위치로 전환된 후 그 위치에 유지된다.

a) $t \geq 0$에 대한 커패시터 전압 $v(t)$의 식을 구하라.

b) $t \geq 0^+$에서 2.4 kΩ 저항의 전류 $i(t)$의 식을 구하라.

c) 스위치가 전환된 후 500 μs 동안, 커패시터에 저장되어 있던 초기 에너지의 몇 퍼센트가 3 kΩ 저항에서 소실되는지 구하라.

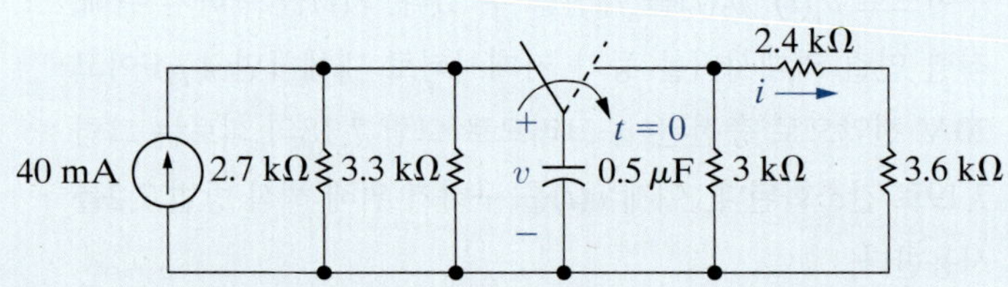

정답: a) $59.4e^{-1000t}$ V, b) $9.9e^{-1000t}$ mA,
c) 42.14%.

자가 검사: 연습문제 7.24와 7.25도 풀어 보라.

7.3 *RL* 및 *RC* 회로의 계단 응답

일정한 전압 또는 전류원의 갑작스러운 공급에 대한 회로의 반응을 회로의 **계단 응답**(step response)이라 한다. 이제 직류 전압 또는 전류가 갑자기 공급되었을 때 1계 *RL* 또는 *RC* 회로에서 발생한 전류, 전압을 구하는 문제를 다루고자 한다. 계단 응답에서는 에너지가 인덕터 또는 커패시터에 저장되어 있을 때 회로가 어떻게 반응하는지를 보여 준다. 먼저 *RL* 회로의 계단 응답을 살펴보자.

RL 회로의 계단 응답

그림 7.2(a)의 회로에 스위치를 삽입하여 1계 회로를 변형시키면 그림 7.20과 같은 회로가 된다. 이 회로를 이용하여 *RL* 회로의 계단 응답을 유도하자. 인덕터의 초기 전류 $i(0)$가 0이 아니라고 가정하면 스위치가 닫히는 순간에 인덕터는 에너지를 저장하고 있다. 문제는 스위치가 닫힌 후 회로의 전류와 인덕터에 걸리는 전압을 구하는 것이다. 구하고자 하는 변수의 항으로 회로를 나타내는 미분 방정식을 유도하기 위해 회로 해석을 하고, 7.1절에서와 같이 이 방정식을 풀면 된다.

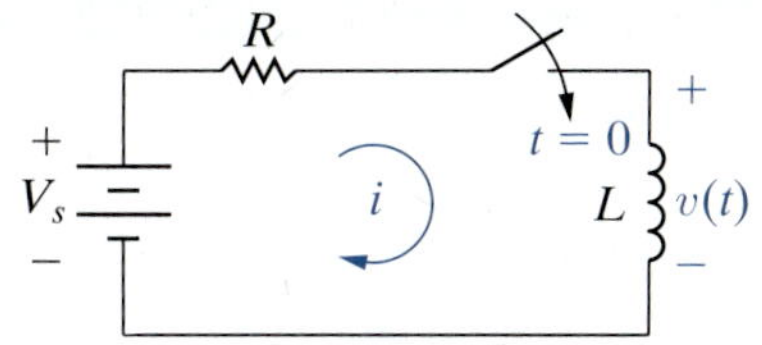

그림 7.20▲ 1계 *RL* 회로의 계단 응답을 나타내는 데 사용된 회로.

그림 7.20에서 스위치가 닫힌 후 키르히호프의 전압 법칙을 사용하면

$$V_s = Ri + L\frac{di}{dt}, \tag{7.10}$$

이 식은 변수 i와 t를 분리한 다음 적분하면 전류에 대해 풀 수 있다. 먼저 도함수 di/dt에 대해 식 (7.10)을 푼다.

$$\frac{di}{dt} = \frac{-Ri + V_s}{L} = \frac{-R}{L}\left(i - \frac{V_s}{R}\right).$$

다음에는 이 수식의 양변에 미분 시간 dt를 곱한다. 그러면 방정식의 좌변이 전류의 미분 변화로 간소화된다. 따라서

$$di = \frac{-R}{L}\left(i - \frac{V_s}{R}\right)dt.$$

수식을 변수 분리하면 다음을 얻는다.

$$\frac{di}{i - (V_s/R)} = \frac{-R}{L}dt$$

그리고 수식의 양변을 적분한다. 적분 변수로서 x와 y를 이용하면 다음을 얻는다.

$$\int_{I_0}^{i(t)} \frac{dx}{x - (V_s/R)} = \frac{-R}{L}\int_0^t dy,$$

여기서 I_0는 $t = 0$에서의 전류이고, $i(t)$는 $t > 0$에서의 전류이다. 적분하면 다음과 같다.

$$\ln\frac{i(t) - (V_s/R)}{I_0 - (V_s/R)} = \frac{-R}{L}t,$$

이로부터 다음 식을 얻는다.

$$\frac{i(t) - (V_s/R)}{I_0 - (V_s/R)} = e^{-(R/L)t},$$

또는

$$i(t) = \frac{V_s}{R} + \left(I_0 - \frac{V_s}{R}\right)e^{-(R/L)t}. \tag{7.11}$$

식 (7.11)은 스위치가 닫힌 후, 전류가 I_0에서 최종값 $I_f = V_s/R$까지 지수적으로 증가함을 보여 준다. 회로의 시상수 $\tau = L/R$은 변화율을 결정한다. $t \to \infty$에서 그림 7.20의 회로를 해석하면 전류의 최종값을 결정할 수 있고, 그림 7.20 회로의 인덕터에 연결된 등가 저항을 찾으면 $t \geq 0$에서 시상수를 계산할 수 있다. 이제 인

해석 방법 7.3
RL 계단 응답 방법

1. $t < 0$에서 회로를 해석하여 인덕터의 초기 전류 I_0를 구한다.
2. 시상수 $\tau = L/R$을 계산한다. 여기서 R은 $t \geq 0$에서 인덕터에 연결된 등가 저항이다.
3. $t \to \infty$에서 회로를 해석하여 인덕터 전류의 최종값 I_f를 구한다.
4. 인덕터 전류에 대한 식을 기술한다. $i(t) = I_f + (I_0 - I_f)\,e^{-t/\tau}, t \geq 0$.
5. 인덕터 전류를 이용하여 구하고자 하는 다른 값을 계산한다.

덕터 전류에 대한 식 (7.11)을 전류의 초깃값, 전류의 최종값 및 회로의 시상수로 표현하면 다음과 같다.

RL 회로의 계단 응답

$$i(t) = I_f + (I_0 - I_f)e^{-t/\tau}. \tag{7.12}$$

식 (7.12)를 사용하여 RL 회로의 계단 응답을 계산하는 단계적 절차를 구성할 수 있다.

단계 1: 인덕터의 초기 전류 I_0를 구한다. 이것은 보통 $t < 0$에서 회로를 해석하게 된다.

단계 2: 시상수 τ를 계산한다. 이를 위해 $t \geq 0$에 인덕터에 연결된 등가 저항을 구해야 한다.

단계 3: t가 무한대가 될 때의 회로를 해석하여 인덕터의 최종 전류 I_f를 구한다.

단계 4: 식 (7.12)에 전류의 초깃값, 시상수 및 전류의 최종값을 대입하여 $t \geq 0$에서 인덕터 전류의 식을 기술한다.

단계 5: 회로 해석 기법을 사용하여 구하고자 하는 다른 변수(저항의 전류와 전압 등)를 계산한다.

이 방법은 해석 방법 7.3에 요약했고, 이는 예제 7.5의 특정 회로에 적용되었다.

예제 7.5 RL 회로의 계단 응답 구하기

그림 7.21의 회로에서 스위치가 긴 시간 동안 a 위치에 있다가 $t = 0$에서 a 위치에서 b 위치로 이동한다. 스위치는 '분리 전 접속형(make-before-break type)'이다. 즉 b 위치로의 접속은 a 위치의 접속이 떨어지기 전에 만들어진다. 그래서 인덕터 전류는 연속이 된다.

a) $t \geq 0$에서 $i(t)$의 식을 구하라.
b) 스위치가 b 위치로 이동한 직후 인덕터에 걸리는 초기 전압은 얼마인가?
c) 이 초기 전압은 회로 동작의 관점에서 보면 유효한가?
d) 스위치가 이동한 후 몇 ms 만에 인덕터 전압이 24 V가 되는가?
e) t에 대한 $i(t)$와 $v(t)$의 그래프를 그려라.

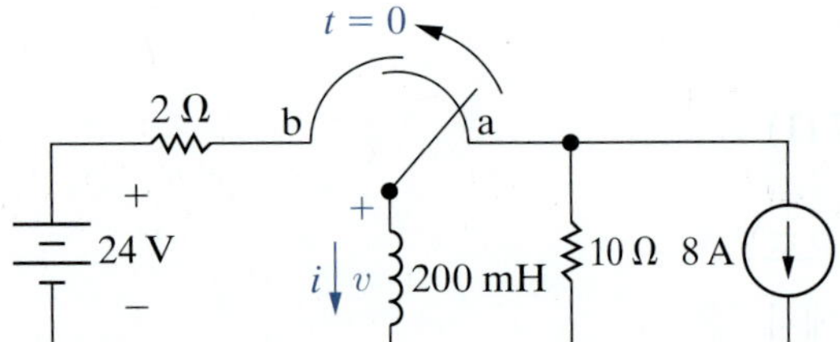

그림 7.21▲ 예제 7.5의 회로.

풀이

a) 인덕터 전류를 구하기 위해 해석 방법 7.3을 이용한다.

단계 1: 인덕터의 초기 전류를 구한다. 그림 7.21의 회로를 $t < 0$에서 그리고, 스위치는 a 위치에 있으면 그림 7.22가 된다. 스위치가 긴 시간 동안 a 위치에 있으므로 인덕터는 단락 회로로 작용하여 전류원의 전류 8 A를 모두 흘리게 된다. 이 전류는 i의 기준 방향에 반대 방향이고, 따라서 I_0는 −8 A이다.

단계 2: 회로의 시상수를 계산한다. $t \geq 0$에서 스위치가 b 위치에 있을 때 그림 7.21은 그림 7.23처럼 된다. 인덕터에 연결된 테브냉 등가 저항을 구한다. 인덕터가 연결된 회로는 이미 테브냉 등가 회로이므로 테브냉 등가 저항은 2 Ω이고, $\tau = 0.2/2 = 0.1$ s이다.

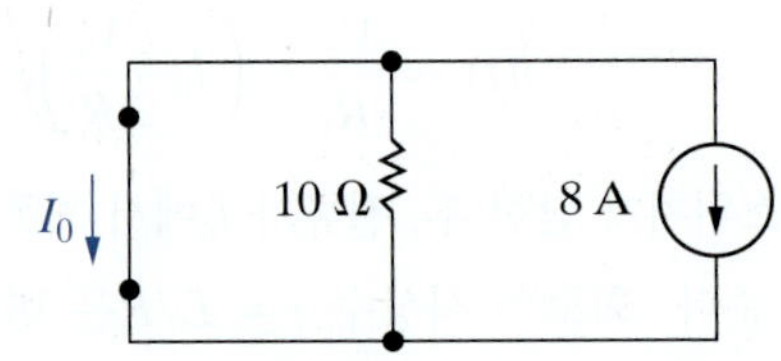

그림 7.22▲ $t < 0$에서 그림 7.21의 회로.

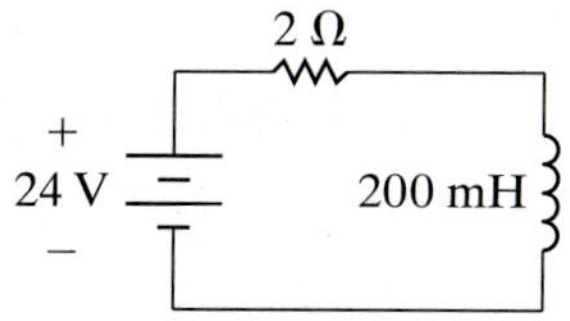

그림 7.23▲ $t \geq 0$에서 그림 7.21의 회로.

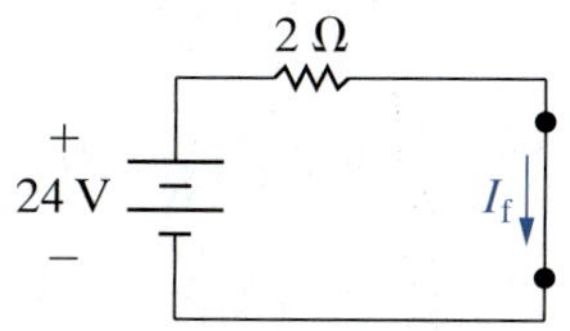

그림 7.24▲ $t \to \infty$에서 그림 7.21의 회로.

단계 3: 인덕터 전류의 최종값을 구한다. $t \to \infty$에서 스위치가 b 위치에 있을 때 그림 7.21은 그림 7.24처럼 된다. 스위치가 b 위치에 긴 시간 동안 위치하므로 인덕터는 그림 7.24에서와 같이 단락 회로가 된다. 옴의 법칙을 적용하면 $I_f = 24/2 = 12$ A이다.

단계 4: 식 (7.12)에 전류의 초깃값, 시상수 및 전류의 최종값을 대입한 $t \geq 0$에서의 인덕터 전류의 식은 다음과 같다.

$$\begin{aligned} i &= I_f + (I_0 - I_f)e^{-t/\tau} \\ &= 12 + (-8 - 12)e^{-t/0.1} \\ &= 12 - 20e^{-10t} \text{ A}, \ t \geq 0. \end{aligned}$$

단계 5: 이 예제의 나머지 부분처럼 다른 값을 구한다.

b) 인덕터에 걸리는 전압은

$$\begin{aligned} v &= L\frac{di}{dt} \\ &= 0.2(200e^{-10t}) \\ &= 40e^{-10t} \text{ V}, \quad t \geq 0^+. \end{aligned}$$

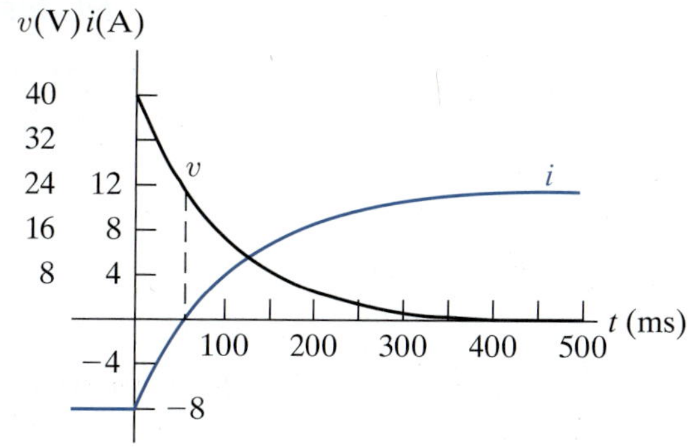

그림 7.25▲ 예제 7.5의 전류와 전압 파형.

초기 인덕터 전압은

$$v(0^+) = 40 \text{ V}.$$

c) 그렇다. 스위치가 b 위치로 이동하는 순간, 인덕터는 새로이 형성한 폐회로에서 반시계 방향으로 8 A의 전류를 유지한다. 이 전류는 2 Ω 저항에 16 V의 전압 강하를 일으키며, 여기에 전원 전압 24 V를 더하면 인덕터에 40 V의 전압 강하가 생긴다.

d) 다음 식에 의해 인덕터 전압이 24 V가 되는 시간을 구한다.

$$24 = 40e^{-10t}$$

t에 대해 풀면

$$\begin{aligned} t &= \frac{1}{10} \ln \frac{40}{24} \\ &= 51.08 \text{ ms}. \end{aligned}$$

e) 그림 7.25에 t에 관한 $i(t)$와 $v(t)$의 그래프를 나타낸다. 키르히호프의 전압 법칙에 의해 예견할 수 있는 바와 같이 전류가 0인 순간의 인덕터 전압은 전원 전압의 24 V와 같음을 알 수 있다.

평가문제

목표 2—*RL* 및 *RC* 회로의 계단 응답을 구할 수 있다.

7.5 회로의 스위치는 긴 시간 동안 열려 있었으며, $t = 0$에서 닫힌다.

a) 인덕터의 초기 전류를 구하라.
b) 인덕터의 최종 전류를 구하라.
c) $t > 0$일 때 이 회로의 시상수를 구하라.
d) $t \geq 0$에 대한 인덕터 전류 $i(t)$의 식을 구하라.

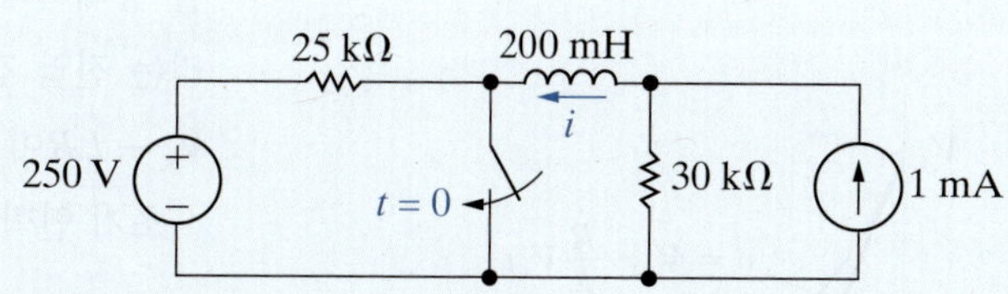

정답: a) -4 mA, b) 1 mA, c) 6.67 μs, d) $1 - 5e^{-150,000t}$ mA.

자가 검사: 연습문제 7.35, 7.36, 7.37도 풀어 보라.

RL 회로의 계단 응답에 대한 고찰

이제 그림 7.20에 나타낸 RL 회로의 계단 응답에 대해 자세히 살펴보자. 만약 인덕터의 초기 에너지가 0이라면 I_0도 0이고, 식 (7.11)은 다음과 같이 간략화된다.

$$i(t) = \frac{V_s}{R} - \frac{V_s}{R}e^{-(R/L)t}. \tag{7.13}$$

스위치가 닫힌 후, 시상수만큼의 시간에서 전류는 최종값의 약 63%에 도달한다.

$$i(\tau) = \frac{V_s}{R} - \frac{V_s}{R}e^{-1} \approx 0.6321\frac{V_s}{R}.$$

만약 전류가 그 초기 비율로 계속 증가한다면 $t = \tau$에서 최종값에 도달한다(그림 7.26). 왜냐하면

$$\frac{di}{dt} = \frac{-V_s}{R}\left(\frac{-1}{\tau}\right)e^{-t/\tau} = \frac{V_s}{L}e^{-t/\tau},$$

$i(t)$가 증가하는 초기 비율은

$$\frac{di}{dt}(0) = \frac{V_s}{L}.$$

전류가 계속 이 비율로 증가하면 i의 식은 다음과 같다.

$$i = \frac{V_s}{L}t, \tag{7.14}$$

이로부터 $t = \tau$에서

$$i = \frac{V_s}{L}\frac{L}{R} = \frac{V_s}{R}.$$

식 (7.13)과 (7.14)를 그림 7.26에 나타내었다. $i(\tau)$와 I_f 값 또한 이 그래프에 나타나 있다.

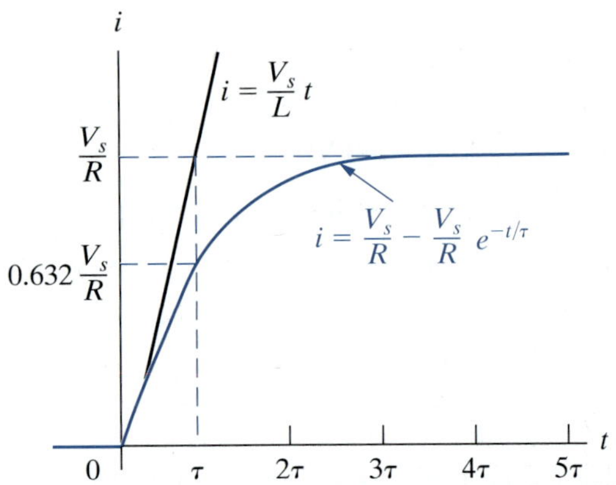

그림 7.26▲ $I_0 = 0$일 때 그림 7.20에 나타난 RL 회로의 계단 응답.

인덕터에 걸리는 전압은 Ldi/dt이다. 식 (7.11)로부터 $t \geq 0^+$에 대해

$$v = L\left(\frac{-R}{L}\right)\left(I_0 - \frac{V_s}{R}\right)e^{-(R/L)t} = (V_s - I_0R)e^{-(R/L)t}. \tag{7.15}$$

인덕터에 걸리는 전압은 스위치가 닫히기 전에 단락 회로로 작용하므로 0이다. 전압 식은 인덕터 전압이 스위치가 닫히는 순간에 $V_s - I_0R$로 도약하고 지수적으로 감소하여 0이 됨을 나타낸다.

$t = 0^+$에서 v의 값은 유효한가? 초기 전류가 I_0이고 인덕터가 전류의 순시 변화를 방해하기 때문에 전류는 스위치가 닫힌 후 바로 그 순간 I_0가 된다. 저항에 걸리는 전압 강하는 I_0R이고, 인덕터에 걸리는 전압은 (전원 전압 − 저항 전압), 즉 $V_s - I_0R$이 된다.

초기 인덕터 전류가 0일 때 식 (7.15)는 다음과 같이 단순화된다.

$$v = V_se^{-(R/L)t}.$$

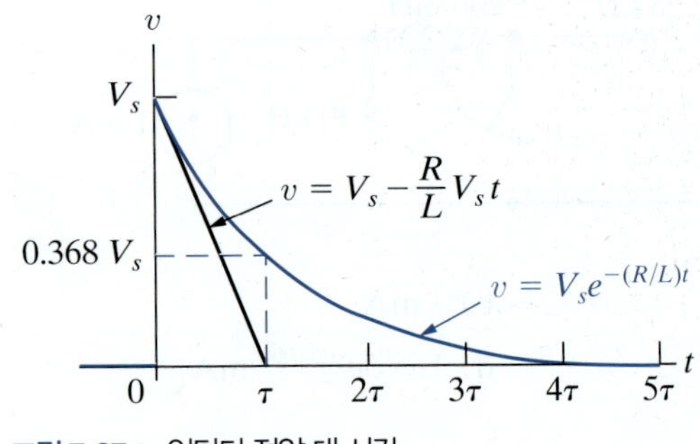

그림 7.27▲ 인덕터 전압 대 시간.

초기 전류가 0이면, $t = 0^+$에서 인덕터에 걸리는 전압은 V_s로 도약한다. t가 증가함에 따라 회로의 전류는 상수 값 V_s/R에 접근하기 때문에 인덕터의 전압은 0에 접근하는 것을 예상할 수 있다. 그림 7.27은 단순화된 전압 식의 그래프와 시상수

와 인덕터 전압이 감소하는 초기 비율과의 관계를 보여 준다.

그림 7.20에서 회로의 방정식을 회로 전류를 먼저 구하지 않고 인덕터에 걸리는 전압으로 직접 나타낼 수 있다. 저항에 걸리는 전압이 전원 전압과 인덕터 전압 사이의 차임을 주목하고, 옴의 법칙을 사용하면

$$i = \frac{V_s}{R} - \frac{v}{R},$$

여기서 V_s는 상수이다. 양변을 시간에 대해 미분하면 다음 식과 같다.

$$\frac{di}{dt} = -\frac{1}{R}\frac{dv}{dt}.$$

만약 식의 양변에 인덕터 L을 곱하면, 왼쪽 항은 인덕터에 걸리는 전압을 나타내며 다음과 같다.

$$v = -\frac{L}{R}\frac{dv}{dt}.$$

이 미분 방정식을 표준형에 대입하면

$$\frac{dv}{dt} + \frac{R}{L}v = 0. \tag{7.16}$$

식 (7.16)의 해는 식 (7.15)와 같음을 증명할 수 있다(연습문제 7.43).

이 시점에서 *RL* 회로의 계단 응답에 대한 일반적인 관찰이 유용하다(이것은 나중에 도움이 된다). 인덕터 전류에 대한 미분 방정식을 유도하여 식 (7.10)을 얻었다. 이 식을 다음과 같이 다시 기술할 수 있다.

$$\frac{di}{dt} + \frac{R}{L}i = \frac{V_s}{L}. \tag{7.17}$$

식 (7.16)과 (7.17)이 같은 형태임을 관찰하자. 즉 각각은 변수의 1계 도함수와 변수의 상수 곱의 합이 일정한 값을 가진다. 식 (7.16)에서 우변의 상수는 0이다. 따라서 이 방정식은 7.1절에서의 자연 응답 방정식과 같은 형태이다. 식 (7.16)과 (7.17) 모두에서 종속 변수에 곱한 상수는 시상수의 역수, 즉 $R/L = 1/\tau$이다. *RC* 회로의 계단 응답에 대한 유도에서도 유사한 상황을 만날 것이다. 7.4절에서 *RL* 및 *RC* 회로의 자연 응답과 계단 응답을 구하기 위한 일반적 접근 방법을 얻기 위해 이 관찰을 이용할 것이다.

RC 회로의 계단 응답

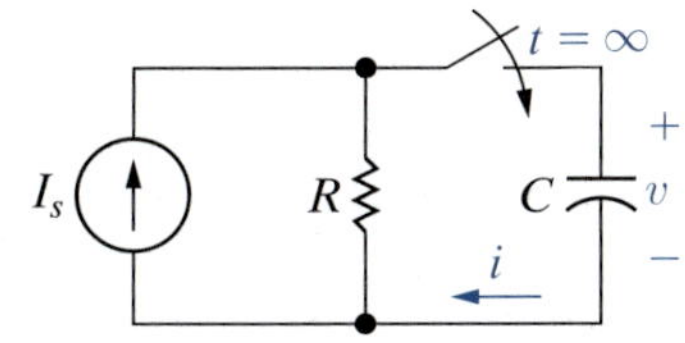

그림 7.28▲ 1계 *RC* 회로의 계단 응답을 설명하는 데 사용된 회로.

그림 7.28의 회로를 분석하여 1계 *RC* 회로의 계단 응답을 구할 수 있다. 수학적 편의상 등가 커패시터에 연결된 노턴 등가 회로망을 선택한다. 그림 7.28의 위쪽 마디에서 흘러나오는 전류를 더하면 다음의 미분 방정식을 얻을 수 있다.

$$C\frac{dv}{dt} + \frac{v}{R} = I_s.$$

미분 방정식의 양변을 C로 나누면

$$\frac{dv}{dt} + \frac{v}{RC} = \frac{I_s}{C}. \tag{7.18}$$

식 (7.18)을 식 (7.17)과 비교하면 v에 대한 해의 형태가 유도성 회로에서 전류에 대한 식, 즉 식 (7.11)과 같음을 알 수 있다. 그러므로 적당한 변수와 계수를 대입하면 v에 대한 해를 직접 작성할 수 있다. 즉 V_s를 I_s로, L을 C로, R을 $1/R$로, I_0를 V_0로 대체하면 다음과 같이 v에 대한 해를 얻을 수 있다.

$$v = I_s R + (V_0 - I_s R)e^{-t/RC}, \quad t \geq 0. \tag{7.19}$$

식 (7.19)는 스위치가 닫힌 후에 전압이 초깃값 V_0에서 최종값 $V_f = I_s R$로 지수적으로 변화하는 것을 나타낸다. 회로의 시상수 $\tau = RC$는 변화율을 결정한다. $t \to \infty$에서 그림 7.28의 회로를 해석하면 전압의 최종값을 결정할 수 있고, 그림 7.28 회로의 커패시터에 연결된 등가 저항을 찾으면 $t \geq 0$에서 시상수를 계산할 수 있다. 이제 커패시터 전압에 대한 식 (7.19)를 전압의 초깃값, 전압의 최종값 및 회로의 시상수로 표현하면 다음과 같다.

RC 회로의 계단 응답

$$v(t) = V_f + (V_0 - V_f)e^{-t/\tau}. \tag{7.20}$$

식 (7.20)을 사용하여 RC 회로의 계단 응답을 계산하는 단계적 절차를 구성할 수 있다.

단계 1: 커패시터의 초기 전압 V_0를 구한다. 이것은 보통 $t < 0$에서 회로를 해석하게 된다.

단계 2: 시상수 τ를 계산한다. 이를 위해 $t \geq 0$에서 커패시터에 연결된 등가 저항을 구해야 한다.

단계 3: t가 무한대가 될 때의 회로를 해석하여 커패시터의 최종 전압 V_f를 구한다.

단계 4: 식 (7.20)에 전압의 초깃값, 시상수 및 전압의 최종값을 대입하여 $t \geq 0$에서 커패시터 전압 식을 기술한다.

단계 5: 회로 해석 기법을 사용하여 구하고자 하는 다른 변수(저항의 전류와 전압 등)를 계산한다.

이 방법은 해석 방법 7.4에 요약되어 있다.

해석 방법 7.4
RC 계단 응답 방법

1. $t < 0$에서 회로를 해석하여 커패시터의 초기 전압 V_0를 구한다.
2. 시상수 $\tau = RC$를 계산한다. 여기서 R은 $t \geq 0$에서 커패시터에 연결된 등가 저항이다.
3. $t \to \infty$에서 회로를 해석하여 커패시터 전압의 최종값 V_f를 구한다.
4. 커패시터 전압에 대한 식을 기술한다. $t \geq 0$에서 $v(t) = V_f + (V_0 - V_f)\, e^{-t/\tau}$.
5. 커패시터 전압을 이용하여 구하고자 하는 다른 값을 계산한다.

커패시터에서 전류에 대해 유사한 시도를 하면 다음의 미분 방정식을 얻을 수 있다.

$$\frac{di}{dt} + \frac{1}{RC}i = 0. \tag{7.21}$$

식 (7.21)은 식 (7.16)과 같은 형태이므로, i에 대한 해는 식 (7.18)의 해에서 사용된 방법과 같은 변환을 이용하여 얻는다. 따라서

$$i = \left(I_s - \frac{V_0}{R}\right)e^{-t/RC}, \quad t \geq 0^+, \tag{7.22}$$

여기서 V_0는 커패시터에 걸리는 전압의 초깃값이다.

유도성 회로의 계단 응답을 구할 때와 유사한 방법을 사용하여 식 (7.19)와

(7.22)를 얻었다. RC 회로의 이 해가 이미 알려져 있는 회로 동작의 관점에서 유효한지 살펴보자. 식 (7.19)로부터 커패시터에 걸리는 초기 전압이 V_0, 커패시터에 걸리는 최종 전압이 I_sR, 회로의 시상수가 RC임을 주의하자. 또한 v의 해는 $t \geq 0$에서 유효하다. 이러한 관찰은 회로가 상수 전류원에 의해 구동될 때 저항과 병렬로 연결된 커패시터의 동작과 일치한다.

식 (7.22)를 보면 $t = 0^+$에서 커패시터의 전류가 $I_s - V_0/R$이 됨을 예측할 수 있다. 이 예측은 커패시터 전압이 순간적으로 변할 수 없기 때문에 유효하다. 그러므로 저항에서의 초기 전류는 V_0/R이다. 커패시터 가지 전류는 순간적으로 $t = 0^-$일 때 0으로부터 $t = 0^+$일 때 $I_s - V_0/R$까지 변한다. 커패시터 전류는 $t = \infty$에서 0이다.

예제 7.6은 1계 RC 회로의 계단 응답을 구하기 위해 해석 방법 7.4를 어떻게 사용하는지 보여 준다.

예제 7.6 RC 회로의 계단 응답 구하기

그림 7.29의 회로에서 스위치는 긴 시간 동안 1 위치에 있다가 $t = 0$에서 2 위치로 이동한다. 다음을 구하라.

a) $t \geq 0$에서 $v_o(t)$

b) $t \geq 0^+$에서 $i_o(t)$

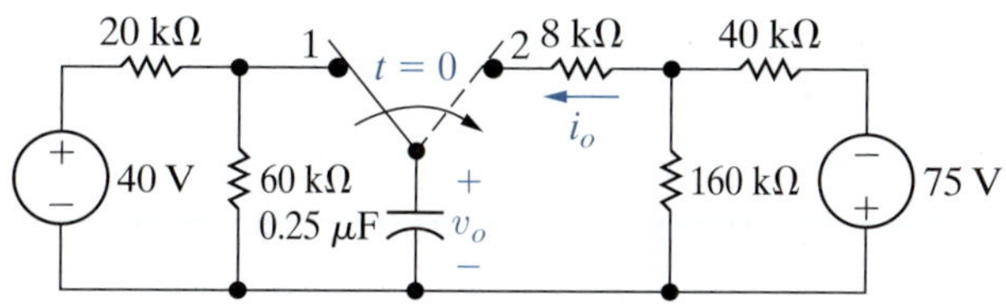

그림 7.29▲ 예제 7.6의 회로.

풀이

해석 방법 7.4를 사용한다.

a) **단계 1:** $t < 0$에서 그림 7.29의 회로를 해석하여 커패시터의 초기 전압을 구한다. 그러면 스위치가 1 위치에 있고, 회로는 그림 7.30과 같이 된다. 스위치가 1 위치에 긴 시간 동안 있었으므로 커패시터는 개방 회로가 된다. 커패시터의 초기 전압은 60 kΩ 저항 양단의 전압과 같다. 전압 분배를 사용하면 그 전압은

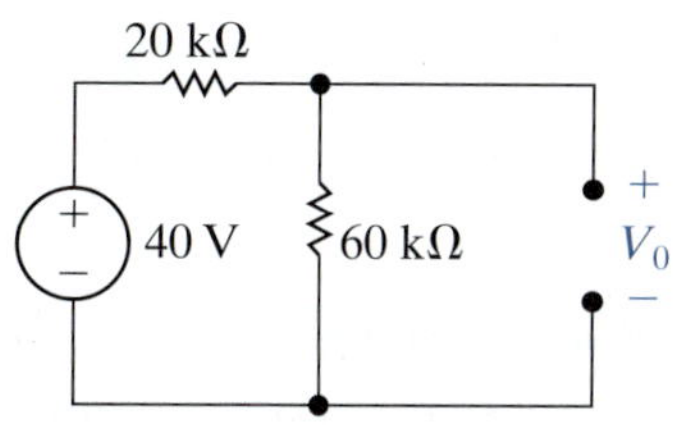

그림 7.30▲ $t < 0$에서 그림 7.29의 회로.

$$V_0 = \frac{60{,}000}{60{,}000 + 20{,}000}(40) = 30 \text{ V}.$$

단계 2: $t \geq 0$에서 그림 7.29의 회로에서 커패시터에 연결된 등가 저항을 구하여 시상수를 계산한다. 그림 7.29에서 스위치가 2 위치에 있을 때의 회로를 그리면 그림 7.31(a)가 된다. 그다음 커패시터 양단에 대해 노턴 등가 회로를 구한다. 개방 회로 전압을 구한다. 이것은 −75 V가 40 kΩ 저항과 160 kΩ 저항으로 분할된 값이다.

$$V_{oc} = \frac{160{,}000}{40{,}000 + 160{,}000}(-75) = -60 \text{ V}.$$

다음, 커패시터 오른쪽의 테브냉 등가 저항을 구한다. 75 V 전원을 단락하고 병렬 저항과 직렬 저항의 조합을 계산하면 다

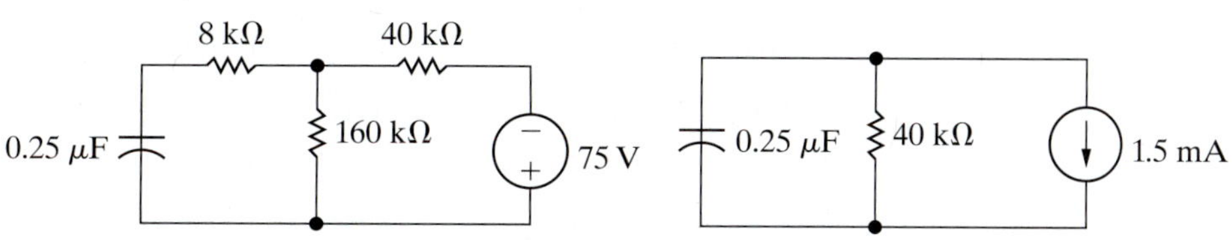

그림 7.31▲ (a) $t \geq 0$에서 그림 7.29의 회로. (b) (a)에서 커패시터의 오른쪽 부분을 노턴 등가 회로로 대치한 회로.

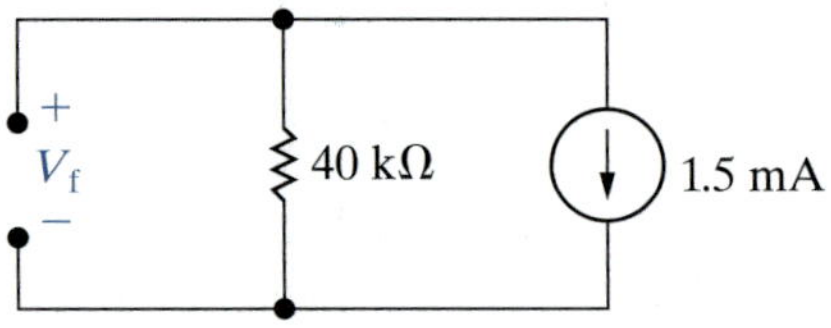

그림 7.32▲ $t \to \infty$에서 그림 7.29의 회로.

음과 같다.

$$R_{Th} = 8000 + 40{,}000 \| 160{,}000 = 40\ \text{k}\Omega.$$

노턴 등가 회로의 전류원의 크기는 테브냉 저항에 대한 개방 회로 전압의 비, $-60/(40{,}000) = -1.5$ mA가 된다. 결국 노턴 등가 회로는 그림 7.31(b)와 같다. 그림 7.31(b)에서 커패시터에 연결되는 등가 저항은 40 kΩ이므로 시상수는 다음과 같다.

$$\tau = RC = (40{,}000)(0.25 \times 10^{-6}) = 10\ \text{ms}.$$

단계 3: $t \to \infty$에서 그림 7.29의 회로를 해석하여 커패시터의 최종값을 계산한다. 그 회로는 그림 7.32에 나타낸다. 스위치가 2 위치에 긴 시간 동안 위치하므로 커패시터는 개방 회로로 동작한다. 커패시터의 최종 전압은 40 kΩ 양단에 걸리는 전압과 같다.

$$V_f = -(40{,}000)(1.5 \times 10^{-3}) = -60\ \text{V}.$$

단계 4: 커패시터의 초기 전압, 시상수 및 커패시터의 최종 전압을 식 (7.20)에 대입하면 다음과 같다.

$$\begin{aligned} v_o &= V_f + (V_0 - V_f)e^{-t/\tau} \\ &= -60 + [30 - (-60)]e^{-t/0.01} \\ &= -60 + 90e^{-100t}\ \text{V}, \quad t \geq 0. \end{aligned}$$

단계 5: 다른 변수 i_o는 (b)에서 구한다.

b) 커패시터의 전류와 전압 사이의 관계를 사용하여 i_o의 해를 구하면 다음과 같다.

$$\begin{aligned} i_o &= C\frac{dv_o}{dt} = (0.25 \times 10^{-6})(-9000e^{-100t}) \\ &= -2.25e^{-100t}\ \text{mA}. \end{aligned}$$

$dv_o(0^-)/dt = 0$이므로, i_o에 대한 식은 $t \geq 0^+$에서만 유효하다.

평가문제

목표 2—*RL* 및 *RC* 회로의 계단 응답을 구할 수 있다.

7.6 회로의 스위치가 긴 시간 동안 a 위치에 있었으며, $t = 0$에서 b 위치로 이동한다.

a) 커패시터의 초기 전압을 구하라.
b) $t > 0$일 때 이 회로의 시상수를 구하라.
c) 커패시터의 최종 전압을 구하라.
d) 커패시터의 초기 전류 $i(0^+)$를 구하라.
e) $t \geq 0$에 대한 커패시터 전압 $v_C(t)$의 식을 구하라.
f) $t \geq 0^+$에 대한 커패시터 전류 $i(t)$의 식을 구하라.

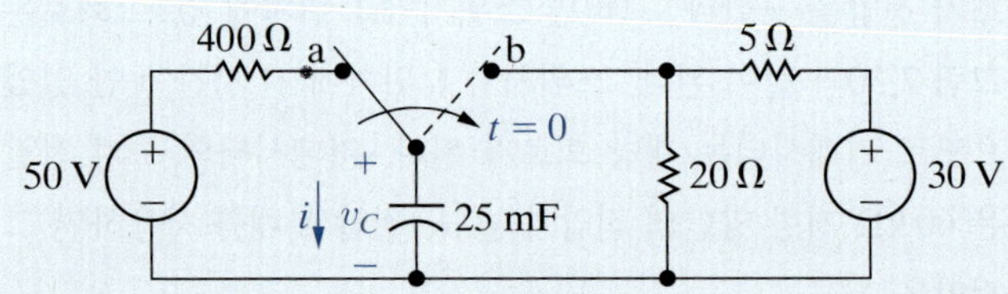

정답: a) -50 V, b) 0.1 s, c) -24 V, d) 6.5 A, e) $-24 - 26e^{-10t}$ V, f) $6.5e^{-10t}$ A.

자가 검사: 연습문제 7.54와 7.56도 풀어 보라.

7.4 계단 및 자연 응답의 일반해

1계 *RL*과 *RC* 회로의 미분 방정식이 모두 같은 형태이므로 자연 응답이나 계단 응답을 구하는 일반적인 방법을 수립할 수 있다. 네 가지 가능한 회로의 해를 일반화하기 위해 미지 변수를 $x(t)$라고 하자. 여기서 $x(t)$는 모든 시간에 대해 연속되는 회로 변수를 나타낸다. 따라서 $x(t)$는 *RL* 자연 또는 계단 응답 회로에서는 인덕터 전류이고, *RC* 자연 또는 계단 응답 회로에서는 커패시터 전압이다. 식 (7.16),

(7.17), (7.18), (7.21)로부터, RL과 RC 회로의 자연 응답과 계단 응답 모두를 나타내는 미분 방정식은 다음과 같은 형태를 가진다.

$$\frac{dx}{dt} + \frac{x}{\tau} = K,$$

여기서 상수 K는 자연 응답에서 0이고, 계단 응답에서는 0이 아니다.

RL 회로에서 자연 응답과 계단 응답은 어떻게 다르며, 또한 어떻게 같은가? RL 회로의 자연 응답과 계단 응답을 구하기 위해 그림 7.3과 7.20을 사용하여 해석했던 회로를 비교해 본다. 계단 응답 회로는 $t \geq 0$에서 독립 전원을 포함하지만 자연 응답은 포함하지 않는다. 이제 RL 자연 응답과 RL 계단 응답의 해석을 비교해 보자(해석 방법 7.1과 7.3). 계단 응답에는 인덕터 전류의 최종값을 계산하는 단계가 하나 더 있다. 자연 응답 회로에서 인덕터 전류의 최종값이 0임을 상기하면 해석 방법 7.1과 7.3을 동일하게 만들 수 있다. 동일한 관찰이 RC 회로(그림 7.12와 그림 7.28)의 자연 응답과 계단 응답, 그리고 RC 회로의 자연 응답 해석과 계단 응답 해석(해석 방법 7.2와 7.4) 모두를 비교할 때에도 성립한다. 그러므로 자연 응답 회로에서 커패시터 전압의 최종값이 0임을 상기하면 해석 방법 7.2와 7.4를 동일하게 만들 수 있다.

다음, RL 회로의 계단 응답이 RC 회로의 계단 응답과 어떻게 유사하고 차이가 나는지를 살펴보자. 해석 방법 7.2와 7.4를 비교해 보면 네 가지 차이점이 있다.

- RL 회로에서는 $t \geq 0$에서 인덕터 전류를 구하고, RC 회로에서는 $t \geq 0$에서 커패시터 전압을 구한다.
- RL 회로에서는 $t < 0$에서 초기 인덕터 전류를 구하고, RC 회로에서는 $t < 0$에서 초기 커패시터 전압을 구한다.
- RL 회로에서는 시상수($\tau = L/R$)를 계산하기 위해 $t \geq 0$에서 인덕터에 연결된 등가 저항을 구하고, RC 회로에서는 시상수($\tau = RC$)를 계산하기 위해 $t \geq 0$에서 커패시터에 연결된 등가 저항을 구한다.
- RL 회로에서는 최종 인덕터 전류를 구하기 위해 $t \rightarrow \infty$에서 회로를 해석하고, RC 회로에서는 최종 커패시터 전압을 구하기 위해 $t \rightarrow \infty$에서 회로를 해석한다. 만약 회로가 계단 응답이 아니고 자연 응답일 경우에는 회로 해석을 수행하지 않아도 최종값이 0이다.

이와 같은 비교에 기초하여, RL과 RC 회로 모두의 자연 응답과 계단 응답을 계산하는 일반적인 단계적 방법을 만들 수 있다.

단계 1: 모든 시간에서 연속인 변수 $x(t)$를 정한다. RL 회로에서는 이 변수가 인덕터 전류이고, RC 회로에서는 커패시터 전압이다.

단계 2: 회로를 해석하여 $t < 0$에서 $x(t)$의 값 X_0를 계산한다.

단계 3: $t \geq 0$에서 회로를 해석하여 인덕터 또는 커패시터에 연결된 등가 저항을 구하고 시상수 τ를 계산한다. RL 회로에서는 $\tau = L/R$, RC 회로에서는 $\tau = RC$이다.

해석 방법 7.5
RL과 RC 회로의 자연 응답과 계단 응답 구하기

1. 회로 변수 $x(t)$를 정한다. RL 회로에서는 이 변수가 인덕터 전류이고, RC 회로에서는 커패시터 전압이다.
2. 회로를 해석하여 $t < 0$에서 $x(t)$의 값, 초깃값 X_0를 계산한다.
3. 시상수 τ를 계산한다. RL 회로에서는 $\tau = L/R$, RC 회로에서는 $\tau = RC$이다. 여기서 R은 $t \geq 0$에서 인덕터 또는 커패시터에 연결된 등가 저항이다.
4. $t \to \infty$에서 회로를 해석하여 최종값 X_f를 구한다. 자연 응답에서는 $X_f = 0$이다.
5. $x(t)$에 대해 식을 기술한다. $x(t) = X_f + (X_0 - X_f)e^{-t/\tau}, t \geq 0.$
6. $x(t)$를 이용하여 구하고자 하는 다른 값을 계산한다.

단계 4: 회로를 해석하여 $t \to \infty$에서 $x(t)$의 값 X_f를 계산한다. 자연 응답의 경우에는 $X_f = 0$이므로 계산이 필요하지 않다.

단계 5: 초깃값 X_0, 시상수 τ, 최종값 X_f를 식에 대입하여 $x(t)$에 대한 식을 기술한다.

RL과 RC 회로의 계단 및 자연 응답의 일반해

$$x(t) = X_f + (X_0 - X_f)e^{-t/\tau}, t \geq 0. \tag{7.23}$$

단계 6: $x(t)$를 이용하여 회로의 다른 변수를 계산한다.

일반적인 절차가 해석 방법 7.5에 요약되어 있다. 예제 7.7~7.9는 해석 방법 7.5를 사용하여 RC 또는 RL 회로의 자연 응답이나 계단 응답을 구하는 방법을 보여준다.

예제 7.7 일반적 해석 방법을 사용하여 RL 회로의 자연 응답 구하기

그림 7.33의 회로에서 스위치는 긴 시간 닫혀 있다가 $t = 0$에서 열리고, 그 상태를 유지한다. 다음을 구하라.

a) i_o의 초깃값
b) 스위치가 개방될 때 회로의 시상수
c) i_0의 최종값
d) $t \geq 0$에서 $i_o(t)$
e) $t \geq 0$에서 $v_o(t)$
f) $v_0(0^-)$와 $v_0(0^+)$

풀이

해석 방법 7.5를 사용한다.

a) **단계 1:** RL 회로이므로 회로 변수로서 인덕터의 전류 i_o를 선택한다.

단계 2: i_o의 초깃값을 계산한다. 스위치가 긴 시간 동안 닫혀 있었으므로 인덕터는 단락 회로로 동작한다. 그러므로 인덕터에 흐르는 전류는 25 Ω 저항에 흐르는 전류이다. 25 Ω 저항에 흐르는 전류는 전류 분배를 사용하여 $[(100 \| 25)/25](0.075) = 60$ mA, 따라서 $I_0 = i_o(0) = 60$ mA이다.

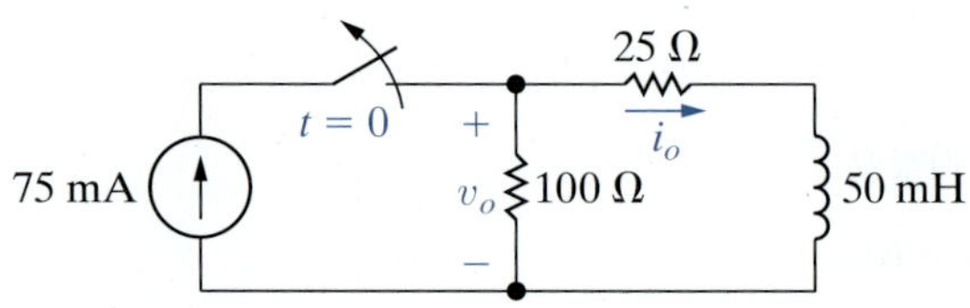

그림 7.33▲ 예제 7.7의 회로.

b) **단계 3:** 시상수 $\tau = L/R$를 계산한다. $t \geq 0$에서 인덕터에 연결된 등가 저항은 100 Ω과 25 Ω의 직렬 연결, 125 Ω이다. 그러므로

$$\tau = \frac{0.05}{125} = 0.4 \text{ ms}.$$

c) **단계 4:** 인덕터 전류의 최종값 I_f를 계산한다. $t \geq 0$에서 회로에 전원이 없으므로 이것은 자연 응답 문제이다. 결국 스위치가 열리기 전에 인덕터에 저장되어 있던 에너지는 저항에 의해 모두 소비되고 인덕터의 전류는 0이 된다. 그러므로 $I_f = 0$이다.

d) **단계 5:** 식 (7.23)에 I_0, τ, I_f를 대입하여 인덕터 전류에 대한 식을 구한다.

$$\begin{aligned} i_o(t) &= I_f + (I_0 - I_f)e^{-t/\tau} \\ &= 0 + (0.06 - 0)e^{-t/0.4\times10^{-3}} \\ &= 60e^{-2500t} \text{ mA}, \quad t \geq 0. \end{aligned}$$

e) **단계 6:** 100 Ω 저항의 전압을 인덕터 전류를 사용하여 구한다. 옴의 법칙을 사용하면 그 결과는 다음과 같다.

$$v_o(t) = -100i_o = -6e^{-2500t} \text{ V}, t \geq 0^+.$$

f) (a)에서 $t < 0$일 때 스위치가 닫혀 있고, 전류는 100 Ω과 25 Ω 저항에 의해 분류된다. 25 Ω에 흐르는 전류가 60 mA임을

알고 있으므로 100 Ω에 흐르는 전류는 75 − 60 = 15 mA이다. 옴의 법칙을 사용하여

$$v_o(0^-) = 100(0.015) = 1.5\text{ V}.$$

(e)에서

$$v_o(0^+) = -6e^{-2500(0^+)} = -6\text{ V}.$$

$t = 0$에서 100 Ω 저항에 전압의 불연속이 존재한다.

예제 7.8 일반적 해석 방법을 사용하여 *RC* 회로의 계단 응답 구하기

그림 7.34에서 스위치는 긴 시간 동안 a 위치에 있다가 $t = 0$에서 b 위치로 이동한다. 다음을 구하라.

a) $t \geq 0$에서 $v_C(t)$의 식

b) $t \geq 0^+$에서 $i(t)$의 식

c) 스위치가 b 위치로 이동한 후 커패시터 전압이 0으로 떨어지는 데 걸리는 시간

d) t에 대한 $v_C(t)$와 $i(t)$의 그래프를 그려라.

풀이

해석 방법 7.5를 사용한다.

a) **단계 1:** *RC* 회로이므로 회로 변수로서 커패시터의 전압 v_C를 선택한다.

단계 2: v_C의 초깃값을 계산한다. 스위치가 긴 시간 동안 닫혀 있었으므로 커패시터는 개방 회로로 동작한다. 그러므로 커패시터에 걸리는 전압은 60 Ω 저항에 걸리는 전압이 된다. 전압 분배 법칙으로부터, 60 Ω 저항에 걸리는 전압은 [60/(60 + 20)](40) = 30 V이다. v_C의 기준이 커패시터의 위쪽 단자에서 양이므로 $V_0 = v_C(0) = -30$ V이다.

단계 3: 시상수 $\tau = RC$를 계산한다. $t \geq 0$에서 커패시터에 연결된 등가 저항은 400 kΩ이고, 따라서

$$\tau = (400 \times 10^3)(0.5 \times 10^{-6}) = 0.2\text{ s}.$$

단계 4: 커패시터 전압의 최종값 V_f을 계산한다. $t \to \infty$에서 스위치는 b 위치에 긴 시간 동안 위치하고 커패시터는 90 V 전원 회로에서 개방 회로로 동작한다. 개방 회로이므로 400 kΩ 저항에는 전류가 0이고 따라서 $V_f = 90$ V이다.

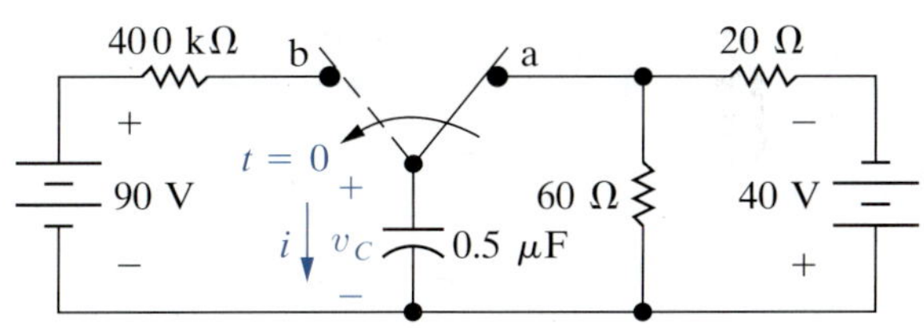

그림 7.34▲ 예제 7.8의 회로.

단계 5: 식 (7.23)에 V_0, τ, V_f를 대입하여 커패시터 전압에 대한 식을 구한다.

$$\begin{aligned} v_C(t) &= V_f + (V_0 - V_f)e^{-t/\tau} \\ &= 90 + (-30 - 90)e^{-t/0.2} \\ &= 90 - 120e^{-5t}\text{ V}, \quad t \geq 0. \end{aligned}$$

b) **단계 6:** 커패시터의 전압과 전류 관계를 사용하여 커패시터의 전류를 구한다.

$$\begin{aligned} i(t) &= C\frac{dv_C}{dt} = (0.5 \times 10^{-6})[-5(-120e^{-5t})] \\ &= 300e^{-5t}\ \mu\text{A}, \quad t \geq 0^+. \end{aligned}$$

c) 스위치가 커패시터 전압이 0이 되기 전에 b 위치에 있는 시간을 구하기 위해서는 $v_C(t) = 0$인 시간에 대해 (a)에서 유도된 방정식을 푼다.

$$120e^{-5t} = 90 \quad \text{또는} \quad e^{5t} = \frac{120}{90},$$

따라서

$$t = \frac{1}{5}\ln\left(\frac{4}{3}\right) = 57.54\text{ ms}.$$

$v_C = 0$, $i = 225\ \mu$A일 때 400 kΩ 저항에 걸리는 전압 강하가 90 V임에 유의하라.

d) 그림 7.35는 $v_C(t)$, $i(t)$ 대 t의 그래프를 보여준다.

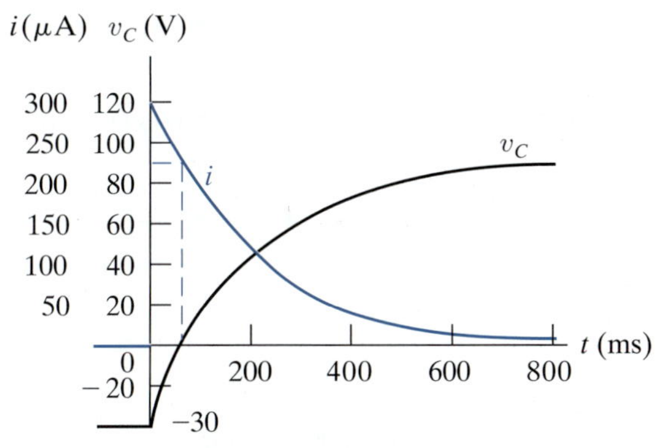

그림 7.35▲ 예제 7.8에 대한 전류와 전압 파형.

예제 7.9 일반적 해석 방법을 사용하여 *RL* 회로의 계단 응답 구하기

그림 7.36에서 스위치는 긴 시간 동안 개방되어 있다. $t = 0$에서 스위치가 닫힌다. 다음을 구하라.

a) $t \geq 0$에서 $i(t)$

b) $t \geq 0^+$에서 $v(t)$

풀이

해석 방법 7.5를 사용한다.

a) **단계 1:** *RL* 회로이므로 회로 변수로서 인덕터의 전류 i를 선택한다.

단계 2: i의 초깃값을 계산한다. 스위치가 긴 시간 동안 개방되어 있으므로, 옴의 법칙에 의해 인덕터의 초기 전류는 $20/(1 + 3) = 5$ A이다. 그러므로 $I_0 = i(0) = 5$ A이다.

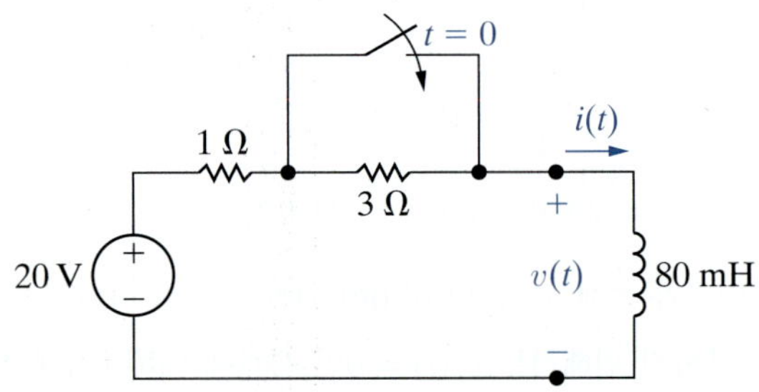

그림 7.36▲ 예제 7.9의 회로.

단계 3: 시상수 $\tau = L/R$를 계산한다. $t \geq 0$에서 스위치가 닫히면 3 Ω 저항이 차폐된다. 인덕터에 연결되는 저항값은 1 Ω이다. 그러므로

$$\tau = \frac{80 \times 10^{-3}}{1} = 80 \text{ ms}.$$

단계 4: 인덕터 전류의 최종값을 계산한다. $t \to \infty$에서 스위치가 긴 시간 동안 닫혀 있고, 인덕터는 20 V 전원 회로에서 단락 회로로 동작한다. 옴의 법칙을 사용하여 인덕터의 전류는 $20/1 = 20$ A, 즉 $I_f = 20$ A이다.

단계 5: 식 (7.23)에 I_0, τ, I_f를 대입하여 인덕터 전류에 대한 식을 구한다.

$$i(t) = I_f + (I_0 - I_f)e^{-t/\tau} = 20 + (5 - 20)e^{-t/0.08}$$
$$= 20 - 15e^{-12.5t} \text{ A}, \quad t \geq 0.$$

b) **단계 6:** 인덕터의 전압과 전류 관계를 사용하여 인덕터의 전압을 구한다.

$$v(t) = L\frac{di}{dt} = (80 \times 10^{-3})[-12.5(-15e^{-12.5t})]$$
$$= 15e^{-12.5t} \text{ V}, \quad t \geq 0^+.$$

평가문제

목표 1과 2—*RL* 및 *RC* 회로의 자연 응답과 계단 응답을 구할 수 있다.

7.7 회로의 스위치가 긴 시간 동안 열려 있다가, $t = 0$에서 닫힌다고 가정한다. $t \geq 0$에 대한 인덕터 전류 $i(t)$의 식을 구하라.

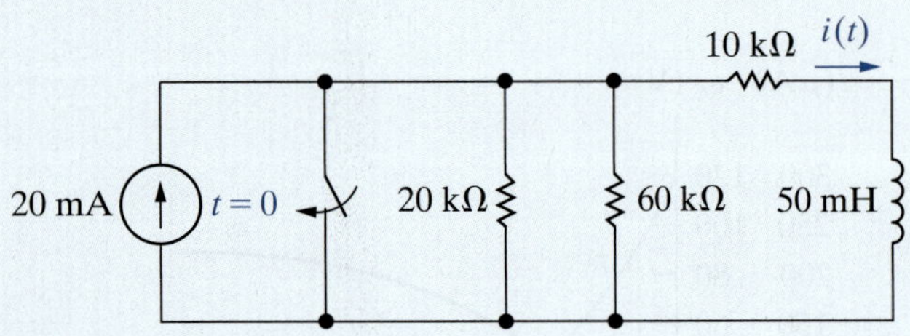

정답: $12e^{-500{,}000t}$ mA.

7.8 회로의 스위치가 긴 시간 동안 a 위치에 머물러 있다가, $t = 0$이 되는 순간 b 위치로 전환된다.

a) $t \geq 0$에 대한 $v_o(t)$를 구하라.

b) $t \geq 0^+$에 대한 전류 $i_o(t)$를 구하라.

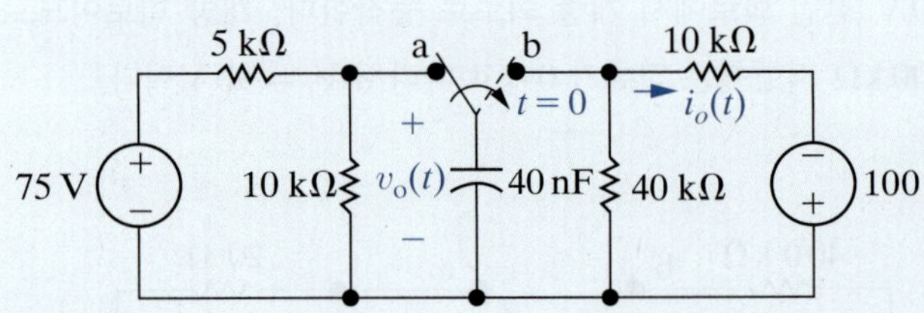

정답: a) $-80 + 130e^{-3125t}$ V,

b) $2 + 13e^{-3125t}$ mA.

자가 검사: 연습문제 7.55와 7.57도 풀어 보라.

예제 7.10은 식 (7.23)이 자기 결합 코일을 포함하는 몇 가지 회로의 계단 응답을 구할 때에도 사용될 수 있음을 보여 준다.

예제 7.10 자기 결합 코일을 가진 회로의 계단 응답 구하기

스위치가 닫히는 순간에 그림 7.37의 회로에서 저장된 에너지는 없다.

a) i_o, v_o, i_1, i_2에 대한 해를 구하라.

b) (a)에서 구한 해가 알려진 회로 동작의 측면에서 이치에 맞는가?

풀이

a) 그림 7.37의 회로에 대해 자기 결합 코일은 다음의 단일 인덕턴스로 대체될 수 있다(연습문제 6.39 참조).

$$L_{\text{eq}} = \frac{L_1L_2 - M^2}{L_1 + L_2 - 2M} = \frac{45 - 36}{18 - 12} = 1.5\ \text{H}.$$

그림 7.37의 회로는 그림 7.38의 회로로 단순화할 수 있다. 그림 7.38의 회로를 해석하기 위해 해석 방법 7.5를 적용할 수 있다.

단계 1: RL 회로이므로 회로 변수로서 인덕터의 전류 i_o를 선택한다.

단계 2: i의 초깃값을 계산한다. 가정에 의해 코일에 저장된 에너지는 0이고, 등가 1.5 H 인덕터의 초기 전류는 0이다. 즉 $I_o = i(0) = 0$이다.

단계 3: 시상수 $\tau = L/R$를 계산한다. $t \geq 0$에서 스위치가 닫히면 인덕터에 연결되는 저항값은 7.5 Ω이다. 그러므로

$$\tau = \frac{1.5}{7.5} = 0.2\ \text{s}.$$

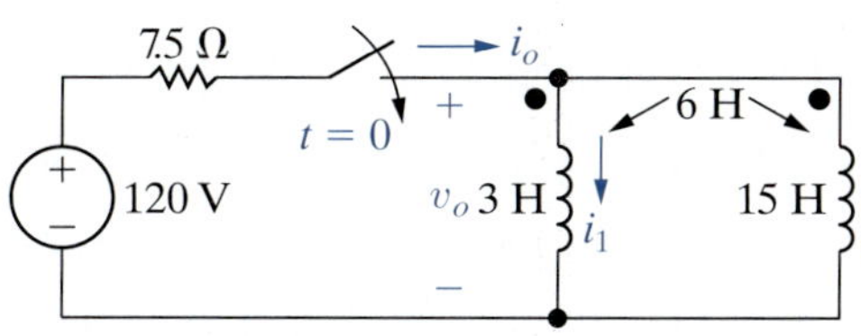

그림 7.37▲ 예제 7.10의 회로.

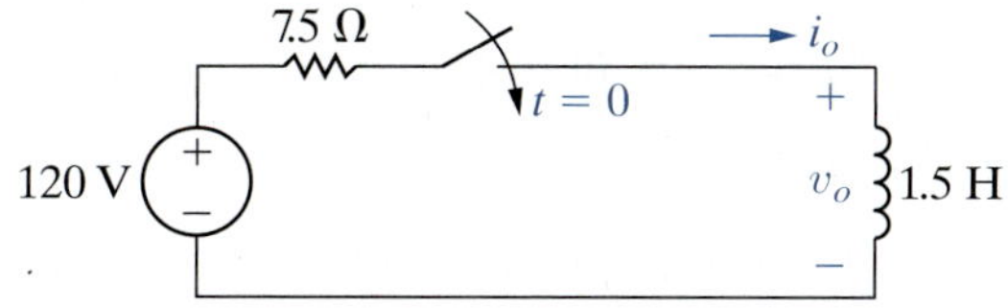

그림 7.38▲ 등가 코일로 대체된 자기 결합 코일을 가진 그림 7.37의 회로.

단계 4: 인덕터 전류의 최종값을 계산한다. $t \to \infty$에서 스위치가 긴 시간 동안 닫혀 있고, 인덕터는 120 V 전원 회로에서 단락 회로로 동작한다. 옴의 법칙을 사용하여 인덕터의 전류는 120/7.5 = 16 A, 즉 $I_f = 16$ A이다.

단계 5: 식 (7.23)에 I_o, τ, I_f를 대입하여 인덕터 전류에 대한 식을 구한다.

$$\begin{aligned} i_o(t) &= I_f + (I_0 - I_f)e^{-t/\tau} = 16 + (0 - 16)e^{-t/0.2} \\ &= 16 - 16e^{-5t}\ \text{A},\ t \geq 0. \end{aligned}$$

단계 6: 인덕터의 전압과 전류 관계를 사용하여 인덕터의 전압을 구한다.

$$\begin{aligned} v_o(t) &= L\frac{di}{dt} = (1.5)[-5(-16e^{-5t})] \\ &= 120e^{-5t}\ \text{V},\ t \geq 0^+. \end{aligned}$$

i_1, i_2를 구하기 위해 그림 7.37에서 결합 코일을 포함하는 망에 대해 KVL을 적용한다.

$$3\frac{di_1}{dt} + 6\frac{di_2}{dt} = 6\frac{di_1}{dt} + 15\frac{di_2}{dt}$$

또는

$$\frac{di_1}{dt} = -3\frac{di_2}{dt}.$$

또한 그림 7.37로부터 KCL에서 $i_o = i_1 + i_2$이므로

$$\frac{di_o}{dt} = \frac{di_1}{dt} + \frac{di_2}{dt} = -3\frac{di_2}{dt} + \frac{di_2}{dt} = -2\frac{di_2}{dt}.$$

그러므로

$$80e^{-5t} = -2\frac{di_2}{dt}.$$

$i_2(0)$가 0이므로

$$\begin{aligned} i_2 &= \int_0^t -40e^{-5x}\,dx \\ &= -8 + 8e^{-5t}\ \text{A}, \quad t \geq 0. \end{aligned}$$

KCL에서 $i_o = i_1 + i_2$이므로

$$\begin{aligned} i_1 &= (16 - 16e^{-5t}) - (-8 + 8e^{-5t}) \\ &= 24 - 24e^{-5t}\ \text{A}, \quad t \geq 0. \end{aligned}$$

b) 먼저 $i_o(0)$, $i_1(0)$, $i_2(0)$는 스위치가 닫힌 순간에 회로에 저장된 에너지가 없으므로 모두 0이다. 다음에 $i_o(0) = 0$이므로 $v_o(0^+) = 120$ V이다. 이제 i_1, i_2의 해가 다음과 같은 v_o의 해와 일관성이 있음을 관찰하자.

$$\begin{aligned} v_o &= 3\frac{di_1}{dt} + 6\frac{di_2}{dt} \\ &= 360e^{-5t} - 240e^{-5t} \\ &= 120e^{-5t}\text{ V}, \quad t \geq 0^+, \end{aligned}$$

또는

$$\begin{aligned} v_o &= 6\frac{di_1}{dt} + 15\frac{di_2}{dt} \\ &= 720e^{-5t} - 600e^{-5t} \\ &= 120e^{-5t}\text{ V}, \quad t \geq 0^+. \end{aligned}$$

i_1, i_2의 최종값은 자속 쇄교를 이용하여 확인할 수 있다. 3 H 코일(λ_1)을 쇄교하는 자속은 15 H 코일(λ_2)을 쇄교하는 자속과 같아야 한다. 그 이유는

$$v_o = \frac{d\lambda_1}{dt} = \frac{d\lambda_2}{dt}.$$

이기 때문이다. 이제

$$\lambda_1 = 3i_1 + 6i_2 \text{ Wb-turns}$$

그리고

$$\lambda_2 = 6i_1 + 15i_2 \text{ Wb-turns}.$$

어떤 식을 사용하더라도 다음을 얻는다.

$$\lambda_1 = \lambda_2 = 24 - 24e^{-5t} \text{ Wb-turns}.$$

λ_1 또는 λ_2의 해는 v_o의 해와 일관성이 있음을 주목하자.

코일 1 또는 코일 2를 쇄교하는 자속의 최종값은 24 Wb-turns, 즉

$$\lambda_1(\infty) = \lambda_2(\infty) = 24 \text{ Wb-turns}.$$

i_1의 최종값은

$$i_1(\infty) = 24 \text{ A}$$

그리고 i_2의 최종값은

$$i_2(\infty) = -8 \text{ A}.$$

i_1과 i_2의 최종값과 쇄교 자속의 최종값 사이의 일관성은 다음 식으로부터 알 수 있다.

$$\begin{aligned} \lambda_1(\infty) &= 3i_1(\infty) + 6i_2(\infty) \\ &= 3(24) + 6(-8) = 24 \text{ Wb-turns}, \\ \lambda_2(\infty) &= 6i_1(\infty) + 15i_2(\infty) \\ &= 6(24) + 15(-8) = 24 \text{ Wb-turns}. \end{aligned}$$

i_1과 i_2의 최종값은 쇄교 자속만을 이용하여 확인할 수 있음을 주목하자. 그 이유는 $t = \infty$에서 두 코일이 이상적인 단락 회로이기 때문이다. 이상적인 단락 회로 사이의 전류 분배는 옴의 법칙으로부터 구할 수 없다.

자가 검사: 연습문제 7.70과 7.71을 풀어 이해도를 평가하라.

7.5 순차 스위칭

회로에서 두 번 이상 별개의 시각에 스위칭이 발생할 때는 **순차 스위칭**(sequential switching)을 갖는다. 예를 들어 단극 쌍투(single, two-position or single-pole two-throw) 스위치는 t_1 시각에 1 위치에, 그리고 t_2 시각에 2 위치에 있을 수 있다. 다중 스위치는 순차적으로 열리거나 닫힐 수 있다. 순차 스위칭에 의해 발생한 전압과 전류는 이 장의 앞에서 기술한 기법, 특히 해석 방법 7.5를 사용하여 결정할 수 있다. 스위치 또는 스위치들의 주어진 위치에서 $v(t)$와 $i(t)$에 대한 식을 유도하고, 다음에 스위치 또는 스위치들의 다음 위치에서의 초기 조건을 결정하기 위해 이 식을 사용한다.

순차 스위칭 문제에서 초깃값 $x(t_0)$를 얻는 데 장점이 주어진다. 인덕터 전류와 커패시터 전압 외에는 스위칭 시 순간적으로 변할 수 있음을 상기하라. 따라서 순차 스위칭 문제에서는 우선 인덕터 전류와 커패시터 전압을 구하는 것이 보다 더 적절하다. 이와 같은 문제는 매 시구간에서의 회로를 그리는 것이 종종 풀이 과정에 도움이 된다.

예제 7.11과 7.12는 순차 스위칭 회로의 해석 기법을 보여 준다. 첫째는 두 스위칭 시각을 가진 자연 응답 문제이고, 둘째는 계단 응답 문제이다.

예제 7.11 순차 스위칭을 가진 *RL* 회로 해석하기

그림 7.39에서 두 개의 스위치는 긴 시간 동안 닫혀 있다가 $t = 0$에서 스위치 1이 열린다. 그리고 35 ms 후에 스위치 2가 열린다.

a) $0 \le t \le 35$ ms에서 $i_L(t)$를 구하라.

b) $t \ge 35$ ms에서 i_L를 구하라.

c) 150 mH 인덕터에 저장된 초기 에너지의 몇 %가 18 Ω 저항에서 소비되는가?

d) 3 Ω 저항에 대해 (c)를 반복하라.

e) 6 Ω 저항에 대해 (c)를 반복하라.

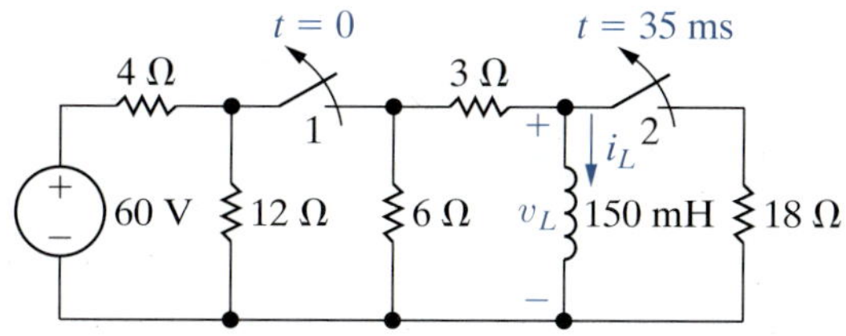

그림 7.39▲ 예제 7.11의 회로.

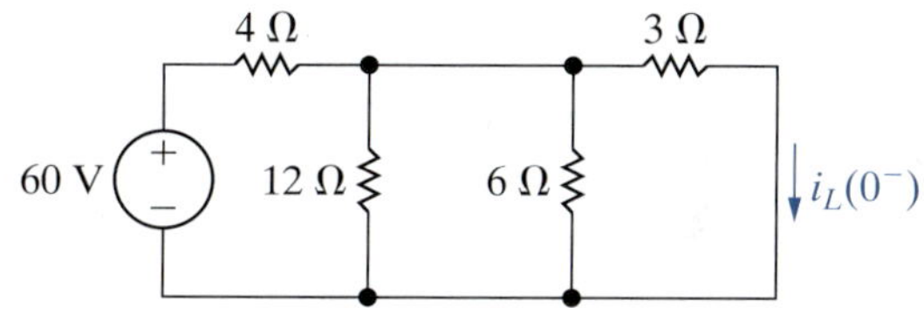

그림 7.40▲ $t < 0$일 때 그림 7.39의 회로.

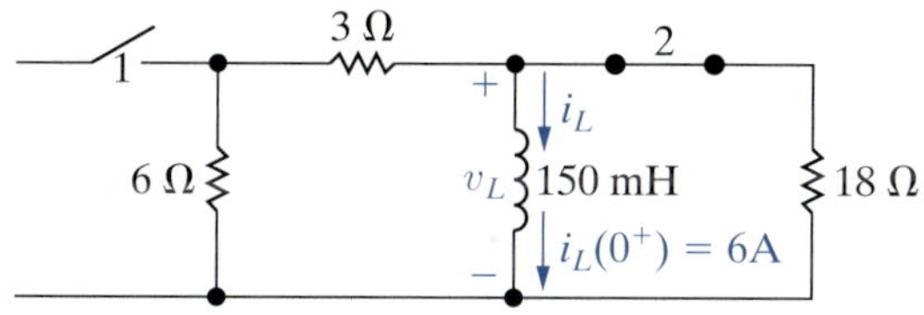

그림 7.41▲ $0 \le t \le 35$ ms일 때 그림 7.39의 회로.

풀이

이 문제를 풀기 위해 해석 방법 7.5를 사용한다.

a) **단계 1:** *RL* 회로이므로 i_L을 미지 변수로 정한다.

단계 2: i의 초깃값을 계산한다. $t < 0$일 때 두 스위치가 닫혀 있으므로 150 mH 인덕터가 18 Ω 저항에 대해 단락 회로로 된다. 등가 회로를 그림 7.40에 나타내었다. 인덕터의 초기 전류는 그림 7.40의 회로에서 $i_L(0^-)$를 풀면 된다. 전원 변환을 여러 번 거친 후 $i_L(0^-) = 6$ A를 얻는다. 즉 $I_0 = 6$ A이다.

단계 3: 시상수 $\tau = L/R$을 계산한다. $0 \le t \le 35$ ms에서 스위치 1은 열려 있고(스위치 2는 닫혀 있음), 60 V 전압원, 4 Ω과 12 Ω 저항이 회로에서 분리된다. 인덕터는 이제 단락 회로로 작용하지 않으므로(dc 전원이 회로에 더 이상 존재하지 않음) 18 Ω 저항은 더 이상 단락 회로가 아니다. 등가 회로를 그림 7.41에 나타내었다. 인덕터 단자에서 본 등가 저항은 9 Ω과 18 Ω의 병렬 결합, 즉 6 Ω이 된다. 그러므로

$$\tau = \frac{0.15}{6} = 25 \text{ ms}.$$

단계 4: 인덕터 전류의 최종값을 계산한다. $0 \le t \le 35$ ms에서 회로에는 전원이 없다. 그러므로 이 시구간에서는 자연 응답 문제가 되고, 인덕터 전류의 최종값은 0, 즉 $I_f = 0$이다.

단계 5: I_o, τ, I_f를 식 (7.23)에 대입하여 $0 \le t \le 35$ ms에서 인덕터 전류에 대한 식을 기술하면

$$i_L(t) = I_f + (I_0 - I_f)e^{-t/\tau} = 0 + (6 - 0)e^{-t/0.025}$$
$$= 6e^{-40t} \text{ A}, 0 \le t \le 35 \text{ ms}.$$

b) 이제 $t \ge 35$ ms에 대해 단계 2~5를 반복한다.

단계 2: 이 시구간에서 인덕터 전류의 초깃값을 계산한다. $t = 35$ ms에서 인덕터 전류의 값은, 인덕터 전류는 모든 시간에 연속이어야 하므로 앞서 계산된 시구간의 인덕터 전류 식으로부터 구할 수 있다. 즉

$$i_L(35 \times 10^{-3}) = 6e^{-40(35\times10^{-3})} = 6e^{-1.4} = 1.48 \text{ A}.$$

그러므로 $t \ge 35$ ms에서 $I_0 = 1.48$ A.

단계 3: 시상수 $\tau = L/R$을 계산한다. $t \ge 35$ ms에서 두 스위치는 모두 열려 있고, 회로는 그림 7.42로 간소화된다. 인덕터에 연결된 등가 저항은 3 Ω과 6 Ω의 직렬, 즉 9 Ω이다. 그러므로

$$\tau = \frac{0.15}{9} = 16.67 \text{ ms}.$$

단계 4: 인덕터 전류의 최종값을 계산한다. $t \ge 35$ ms에서 회로에 전원이 없으므로 이 시구간에서는 자연 응답의 문제가

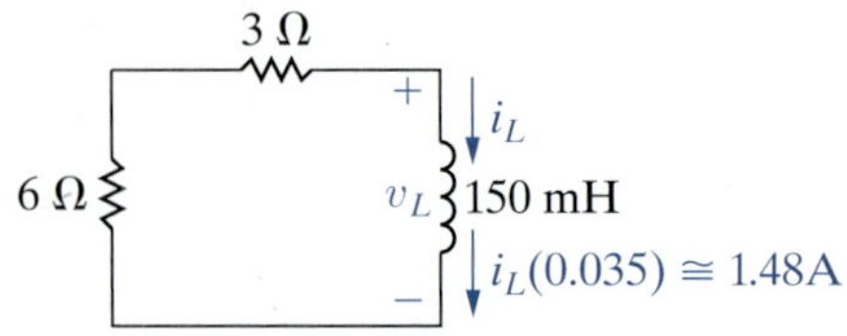

그림 7.42▲ $t \geq 35$ ms일 때 그림 7.39의 회로

되고, 인덕터 전류의 최종값은 0이다. 즉 $I_f = 0$이다.

단계 5: I_o, τ, I_f를 식 (7.23)에 대입하여 $t \geq 35$ ms에서 인덕터 전류에 대한 식을 기술하면

$$\begin{aligned} i_L(t) &= I_f + (I_0 - I_f)e^{-(t-t_0)/\tau} \\ &= 0 + (1.48 - 0)e^{-(t-0.035)/0.01667} \\ &= 1.48e^{-60(t-0.035)} \text{ A}, \ t \geq 35 \text{ ms} \end{aligned}$$

스위치 2가 개방될 때 시상수가 변하고, 지수 함수가 시간 영역에서 35 ms 이동함을 주목하자.

단계 6: 이 문제의 나머지 부분을 인덕터 전류 식을 이용하여 푼다.

c) 18 Ω 저항은 순차 스위칭의 첫 35 ms 동안만 회로에 존재한다. 이 시구간 동안 저항 양단에 걸리는 전압은

$$\begin{aligned} v_L &= 0.15\frac{d}{dt}(6e^{-40t}) \\ &= -36e^{-40t} \text{ V}, \quad 0 < t < 35 \text{ ms}. \end{aligned}$$

18 Ω 저항에서 소비되는 전력은

$$p = \frac{v_L^2}{18} = 72e^{-80t} \text{ W}, \quad 0 < t < 35 \text{ ms}.$$

따라서 소비된 에너지는

$$\begin{aligned} w &= \int_0^{0.035} 72e^{-80t}\, dt \\ &= \frac{72}{-80}e^{-80t}\Big|_0^{0.035} \\ &= 0.9(1 - e^{-2.8}) = 845.27 \text{ mJ}. \end{aligned}$$

150 mH 인덕터에 저장된 초기 에너지는

$$w_0 = \frac{1}{2}(0.15)(6)^2 = 2.7 \text{ J} = 2700 \text{ mJ}.$$

그러므로 150 mH 인덕터에 저장된 초기 에너지의 $(845.27/2700) \times 100 = 31.31\%$가 18 Ω 저항에서 소비된다.

d) $0 < t < 35$ ms일 때 3 Ω 저항에 걸리는 전압은

$$\begin{aligned} v_{3\Omega} &= \left(\frac{v_L}{9}\right)(3) \\ &= \frac{1}{3}v_L \\ &= -12e^{-40t} \text{ V}. \end{aligned}$$

그러므로 첫 35 ms 동안 3 Ω 저항에서 소비되는 에너지는

$$\begin{aligned} w_{3\Omega} &= \int_0^{0.035} \frac{(-12e^{-40t})^2}{3}\, dt \\ &= 0.6(1 - e^{-2.8}) \\ &= 563.51 \text{ mJ}. \end{aligned}$$

$t > 35$ ms일 때 3 Ω 저항에서 전류는

$$i_{3\Omega} = i_L = (6e^{-1.4})e^{-60(t-0.035)} \text{ A}.$$

따라서 $t > 35$ ms일 때 3 Ω 저항에서 소비되는 에너지는

$$\begin{aligned} w_{3\Omega} &= \int_{0.035}^{\infty} 3i_{3\Omega}^2 dt \\ &= \int_{0.035}^{\infty} 3(6e^{-1.4})^2(e^{-60(t-0.035)})^2 dt \\ &= 108e^{-2.8} \times \frac{e^{-120(t-0.035)}}{-120}\Big|_{0.035}^{\infty} \\ &= \frac{108}{120}e^{-2.8} = 54.73 \text{ mJ}. \end{aligned}$$

3 Ω 저항에서 소비되는 총에너지는

$$\begin{aligned} w_{3\Omega}(\text{total}) &= 563.51 + 54.73 \\ &= 618.24 \text{ mJ}. \end{aligned}$$

저장된 초기 에너지의 백분율은

$$\frac{618.24}{2700} \times 100 = 22.90\%.$$

e) 6 Ω 저항이 3 Ω 저항과 직렬이기 때문에 소비된 에너지와 저장된 초기 에너지의 백분율이 3 Ω 저항의 2배가 된다.

$$w_{6\Omega}(\text{total}) = 1236.48 \text{ mJ},$$

그리고 저장된 초기 에너지의 백분율은 45.80%이다. 다음을 보면서 이 계산을 확인하자.

$$1236.48 + 618.24 + 845.27 = 2699.99 \text{ mJ}$$

그리고

$$31.31 + 22.90 + 45.80 = 100.01\%.$$

이 합에서 작은 편차는 반올림 오차의 결과이다.

예제 7.12 순차 스위칭을 가진 *RC* 회로 해석하기

그림 7.43의 회로에서 충전되지 않은 커패시터는 3-위치(단극 3투, single-pole three-throw) 스위치의 단자 a 위치에 있다. $t = 0$에서 스위치는 b 위치로 이동하여 15 ms 동안 머물러 있다가 다시 c 위치로 이동하여 계속 머물게 된다.

a) 커패시터에 걸리는 전압 식을 유도하라.
b) 커패시터의 전압 대 시간의 관계를 그려라.
c) 커패시터의 전압이 200 V가 되는 시간을 구하라.

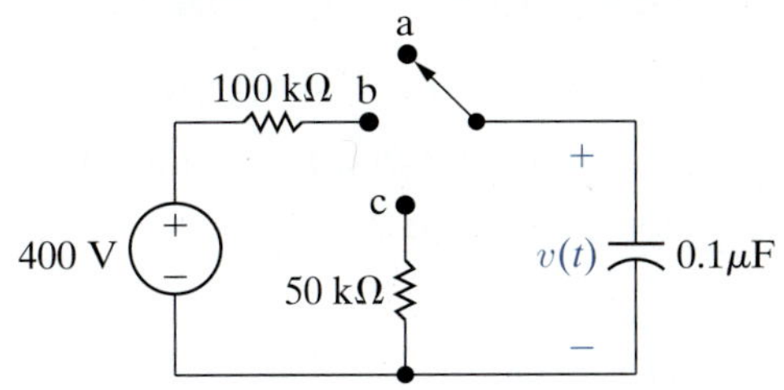

그림 7.43▲ 예제 7.12의 회로.

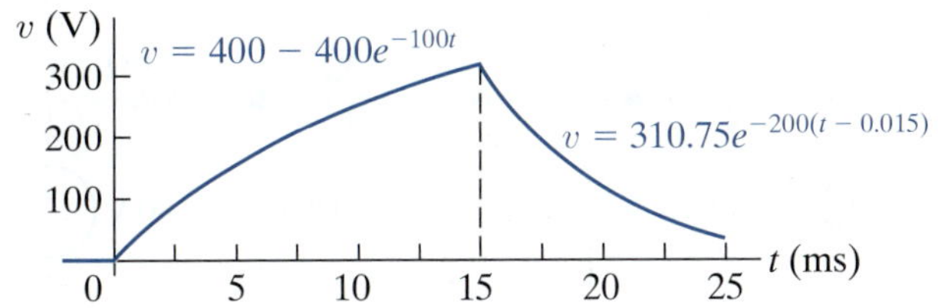

그림 7.44▲ 예제 7.12의 커패시터 전압.

풀이

이 문제를 풀기 위해 해석 방법 7.5를 사용한다.

a) **단계 1:** *RC* 회로이므로 커패시터 전압 v를 미지 변수로 정한다.

단계 2: v의 초깃값을 계산한다. $t < 0$일 때 커패시터는 충전되어 있지 않으므로 $V_0 = v(0) = 0$ V이다.

단계 3: 시상수 $\tau = RC$를 계산한다. $0 \le t \le 15$ ms에서 커패시터에 연결된 등가 저항은 100 kΩ이므로

$$\tau = (100 \times 10^3)(0.1 \times 10^{-6}) = 10 \text{ ms}.$$

단계 4: 커패시터 전압 V_f의 최종값을 계산한다. 스위치가 b 위치에 긴 시간 동안 있으면 400 V의 전원이 있는 상태에서 결국 개방 회로로 동작하게 된다. 개방 회로에서는 100 kΩ 저항에 전류가 흐르지 않고, 따라서 $V_f = 400$ V이다.

단계 5: 식 (7.23)에 V_o, τ, V_f를 대입하여 커패시터 전압 식을 구한다.

$$v(t) = V_f + (V_0 - V_f)e^{-t/\tau} = 400 + (0 - 400)e^{-t/0.01}$$
$$= 400 - 400e^{-100t} \text{ V}, \quad 0 \le t \le 15 \text{ ms}.$$

다음 시구간 $t \ge 15$ ms에 대해 단계 2~5를 반복한다.

단계 2: v의 초깃값을 계산한다. 커패시터의 전압은 앞선 시구간에서의 식으로부터 구할 수 있다. 즉

$$v(0.015) = 400 - 400e^{-100(0.015)} = 400 - 400e^{-1.5}$$
$$= 310.75 \text{ V}.$$

그러므로 $V_0 = v(0.015) = 310.75$ V이다.

단계 3: 시상수 $\tau = RC$를 계산한다. $t \ge 15$ ms에서 커패시터에 연결된 등가 저항은 50 kΩ이므로

$$\tau = (50 \times 10^3)(0.1 \times 10^{-6}) = 5 \text{ ms}.$$

단계 4: 커패시터 전압 V_f의 최종값을 계산한다. $t \ge 15$ ms에서 스위치가 c 위치에 긴 시간 동안 있으면 회로 내에 전원이 없고, 이 시구간에서는 자연 응답이 된다. 따라서 $V_f = 0$ V이다.

단계 5: 식 (7.23)에 V_o, τ, V_f를 대입하여 커패시터 전압 식을 구한다.

$$v(t) = V_f + (V_0 - V_f)e^{-(t-t_0)/\tau}$$
$$= 0 + (310.75 - 0)e^{-(t-0.015)/0.005}$$
$$= 310.75e^{-200(t-0.015)} \text{ V}, \quad t \ge 15 \text{ ms}.$$

단계 6: 이 문제의 나머지 부분을 커패시터 전압 식을 이용하여 푼다.

b) 그림 7.44는 v 대 t의 관계를 나타낸 것이다.

c) 그림 7.44는 커패시터 전압이 두 개의 다른 시간에서 200 V임을 보여 준다. 즉 0과 15 ms 사이의 구간에서 한 번, 그리고 15 ms 이후에 한 번이다. 다음 식을 풀어 첫 번째 시간을 구해 보자.

$$200 = 400 - 400e^{-100t_1},$$

따라서 $t_1 = 6.93$ ms이다. 다음에 두 번째 시간은

$$200 = 310.75e^{-200(t_2 - 0.015)}.$$

이 경우에 $t_2 = 17.20$ ms이다.

평가문제

목표 3—순차 스위칭 회로를 해석하는 방법을 안다.

7.9 회로에서 긴 시간 동안 스위치 1은 닫혀 있고 스위치 2는 열려 있다. $t = 0$에서 스위치 1은 열리고, 20 ms 후 스위치 2가 닫힌다. 다음을 구하라.

a) $0 \le t \le 0.02$ s일 때 $v_c(t)$

b) $t \ge 0.02$ s일 때 $v_c(t)$

c) 20 kΩ 저항에서 소비된 총에너지

d) 80 kΩ 저항에서 소비된 총에너지

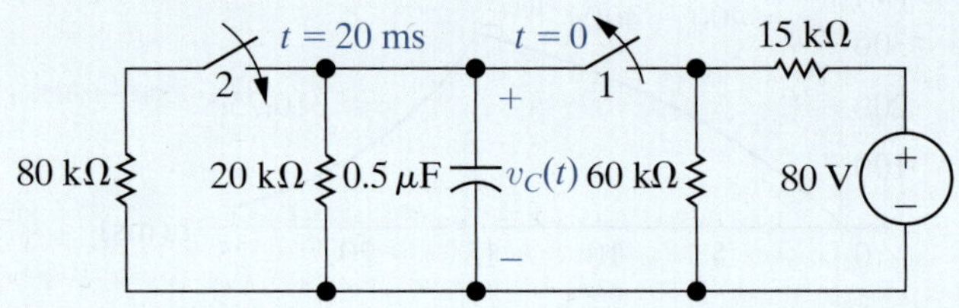

정답: a) $40e^{-100t}$ V,

b) $5.4134e^{-125(t-0.02)}$ V,

c) 398.5 μJ,

d) 1.5 μJ.

7.10 회로에서 스위치 A는 열려 있고 스위치 B는 긴 시간 동안 닫혀 있었다. $t = 0$에서 스위치 A가 닫히고, 이후 5초가 경과한 시점에서 스위치 B가 열린다. 이때 인덕터 전류 $i_L(t)$를 시간 구간별로 구하라.

a) $0 \le t \le 5$ s

b) $t \ge 5$ s

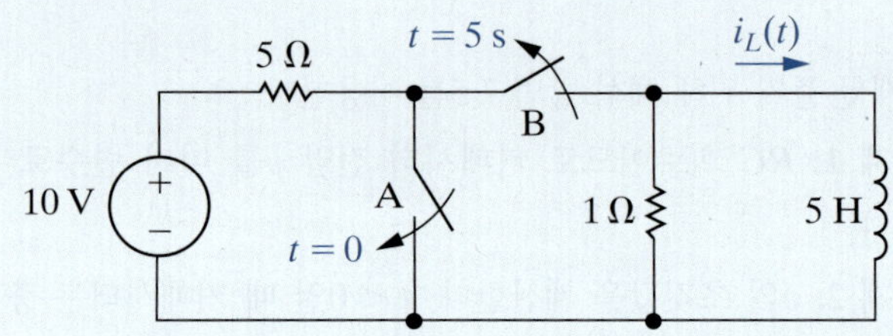

정답: a) 2 A,

b) $2e^{-0.2(t-5)}$ A.

자가 검사: 연습문제 7.72와 7.80도 풀어 보라.

7.6 무한 응답

회로 응답은 시간에 따라 일반적으로 지수적으로 감소하지만 오히려 증가하는 경우가 있다. **무한 응답**(unbounded response)이라 부르는 이러한 응답은 회로가 종속 전원을 포함하면 가능하다. 무한 응답을 가지는 회로에서 인덕터 또는 커패시터의 단자에 연결된 테브냉 등가 회로 저항은 음(−)저항이다. 이 음저항은 음의 시상수를 발생시키고, 결과 전류와 전압은 무한대로 증가한다. 실제 회로에서는 회로 소자가 파괴되거나 포화 상태가 되어 무한 응답이 저지된다.

무한 응답을 고려할 때, 전압이나 전류의 최종값을 구할 수 없으므로 해석 방법 7.5를 사용할 수 없다. 대신에 회로 응답을 기술하는 미분 방정식을 유도하고, 다음에 변수 분리법을 이용하여 문제를 푼다. 예제 7.13은 이 기법을 사용하여 무한 응답을 가지는 회로를 해석하는 것을 보여 준다.

예제 7.13 *RC* 회로의 무한 응답 구하기

a) 그림 7.45에서 스위치가 닫혀 있을 때 커패시터의 전압이 10 V이다. $t \ge 0$에서 v_o의 식을 구하라.

b) 커패시터의 단자 전압이 150 V에 도달하면 커패시터가 단락 회로가 된다고 가정하자. 커패시터가 단락 회로가 될 때까지 걸리는 시간(ms)은 얼마인가?

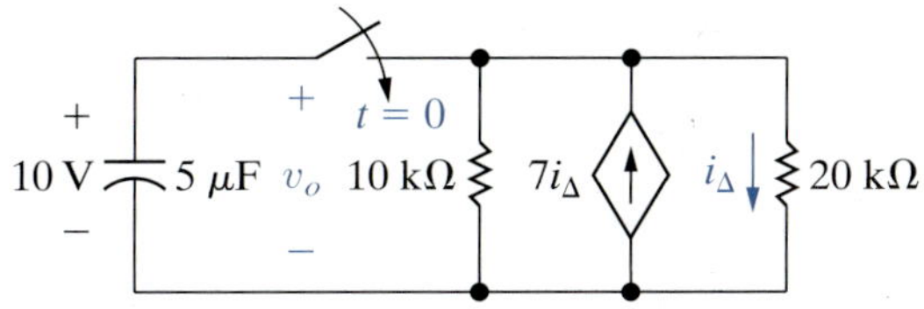

그림 7.45▲ 예제 7.13의 회로.

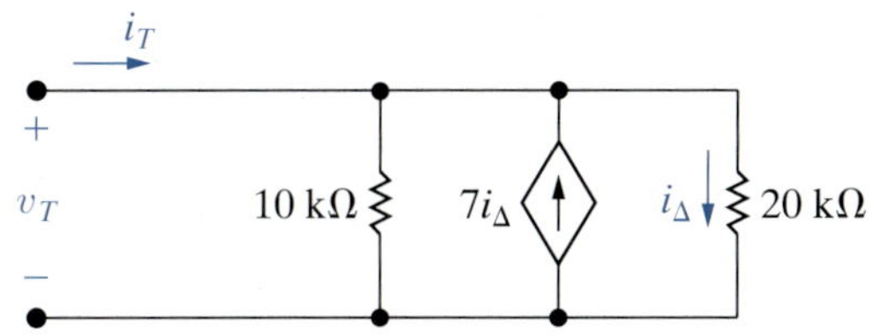

그림 7.46▲ R_{Th}를 구하는 데 사용된 테스트 전원 방법.

풀이

a) 커패시터 전압 v_o를 나타내는 미분 방정식을 구해야 한다. 이 과정을 쉽게 만들기 위해 커패시터에 연결된 회로를 테브냉 등가 회로로 대치한다. 이 보조 회로를 그림 7.46에 나타낸다. 여기에는 독립 전원이 포함되어 있지 않다. 따라서 테브냉 등가 회로는 단일 저항으로 구성된다. 그림 7.46에서 테브냉 등가 저항을 구하기 위해 테스트 전원 방법(test-source method, 예제 4.18 참조)을 이용하자. 여기서 v_T는 테스트 전압이고 i_T는 테스트 전류이다. 상위 마디에 KCL을 적용하면

$$i_T = \frac{v_T}{10 \times 10^3} - 7\left(\frac{v_T}{20 \times 10^3}\right) + \frac{v_T}{20 \times 10^3}$$

v_T/i_T의 비를 구하면 테브냉 저항을 얻는다.

$$R_{\text{Th}} = \frac{v_T}{i_T} = -5\ \text{k}\Omega.$$

이 테브냉 저항 R_{Th}를 가지고 두 개의 저항과 종속 전원으로 이루어진 그림 7.45의 회로를 그림 7.47의 회로로 단순화할 수 있다. $t \geq 0$일 때 이 회로를 나타내는 미분 방정식을 만들기 위해 상위 마디에 대해 KCL 식을 기술하면

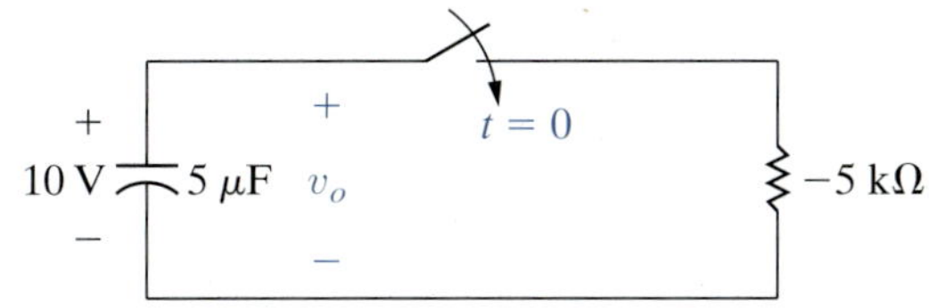

그림 7.47▲ 그림 7.45 회로의 단순화.

$$(5 \times 10^{-6})\frac{dv_o}{dt} + \frac{v_o}{-5000} = 0$$

이 식에서 양변을 1계 미분 항의 계수로 나누면

$$\frac{dv_o}{dt} - 40v_o = 0.$$

이 식은 식 (7.1)과 동일한 형태를 가지므로, 식 (7.1)에 적용되었던 동일한 변수 분리 기법을 이용하여 $v_o(t)$를 구한다. 따라서 커패시터의 전압은

$$v_o(t) = 10e^{40t}\ \text{V}, \quad t \geq 0.$$

b) $e^{40t} = 15$일 때 $v_o = 150$ V이다. 그러므로 $40t = \ln 15$, $t = 67.70$ ms이다.

자가 검사: 연습문제 7.86과 7.89를 풀어 이해도를 평가하라.

상호 연결된 회로 소자들이 전류, 전압을 계속 증가시킬 수 있다는 사실은 엔지니어에게 중요하다. 이러한 상호 연결이 의도된 것이 아니면 결과 회로는 잠재적으로 위험하며, 뜻하지 않은 회로 소자의 파손을 가져올 수 있다.

7.7 적분 증폭기

이제 그림 7.48에 나타낸 적분 증폭기(integrating amplifier) 회로를 해석할 준비가 되었다. 이 회로는 5장에서 다룬 연산 증폭기(op amp)에 기반을 두고 있다. 이 회로는 입력 전압의 적분에 비례하는 출력 전압을 발생시킨다. 그림 7.48에서 회로 해석을 위해 가지 전류 i_f, i_s와 마디 전압 v_n, v_p을 표시했다. 반전 입력 마디에 대해 KCL 방정식을 세우고, 이상적 연산 증폭기에서는 입력 단자 전류가 0이 되는 것을 적용하면

$$i_f + i_s = 0.$$

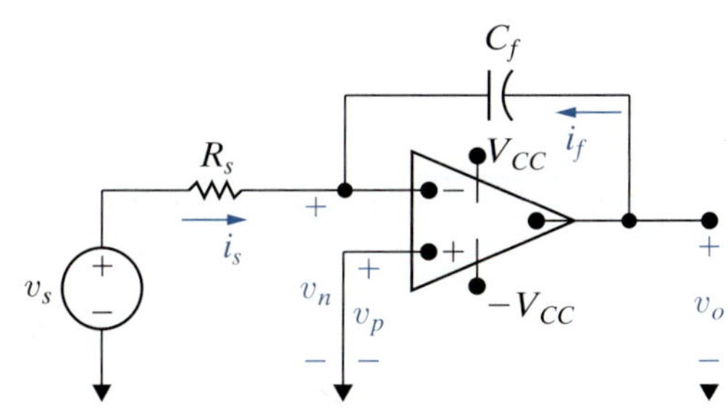

그림 7.48▲ 적분 증폭기.

또한 이상적 연산 증폭기에서 두 입력 단자의 전압은

$$v_n = v_p.$$

적분 증폭기에서 $v_p = 0$, 옴의 법칙을 사용하여

$$i_s = \frac{v_s}{R_s},$$

커패시터의 전압과 전류의 관계를 적용하면

$$i_f = C_f \frac{dv_o}{dt}.$$

KCL 식에 i_s와 if를 대입하고, dv_o/dt에 대해 풀면

$$\frac{dv_o}{dt} = -\frac{1}{R_s C_f} v_s.$$

수식의 양변에 미분 시간 dt를 곱하고 t_0에서 t까지 적분하면 다음 식을 얻는다.

$$v_o(t) = -\frac{1}{R_s C_f} \int_{t_0}^{t} v_s \, dy + v_o(t_0). \tag{7.24}$$

식 (7.24)에서 t_0는 적분을 시작하는 시각을 나타낸다. 따라서 $v_o(t_0)$는 그 시각에 출력 전압의 값이다. 또한 $v_n = v_p = 0$이기 때문에 $v_o(t_0)$는 되먹임 커패시터 C_f의 초기 전압과 같다.

식 (7.24)는 적분 증폭기의 출력 전압이 커패시터 전압의 초깃값에 입력 전압 적분의 $-1/(R_s C_f)$배를 더한 값임을 나타낸다. 적분이 시작될 때 어떤 에너지도 커패시터 내에 저장되어 있지 않으면 식 (7.24)는 다음과 같이 간소화된다.

$$v_o(t) = -\frac{1}{R_s C_f} \int_{t_0}^{t} v_s \, dy.$$

예를 들어 입력 전압이 그림 7.49의 사각 펄스라고 가정하자. 또한 $v_o(t)$의 초깃값은 v_s가 0에서 V_m으로 계단 변화할 때 0이라고 가정한다. 식 (7.24)를 사용하여

$$v_o = -\frac{1}{R_s C_f} V_m t + 0, \quad 0 \le t \le t_1.$$

t가 t_1과 $2t_1$ 사이에 있을 때

$$v_o = -\frac{1}{R_s C_f} \int_{t_1}^{t} (-V_m) \, dy - \frac{1}{R_s C_f} V_m t_1$$

$$= \frac{V_m}{R_s C_f} t - \frac{2V_m}{R_s C_f} t_1, \quad t_1 \le t \le 2t_1.$$

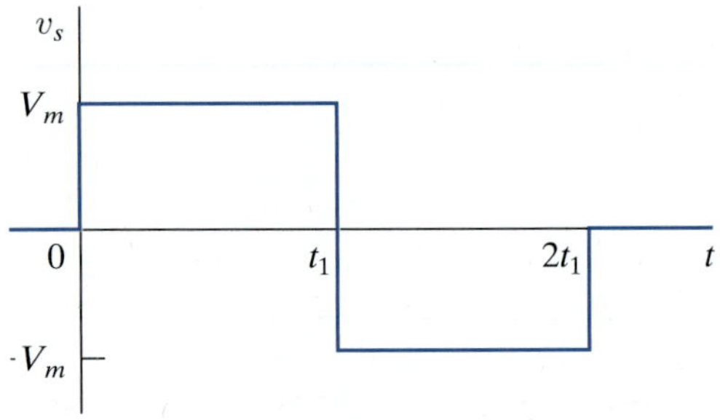

그림 7.49▲ 입력 전압 신호.

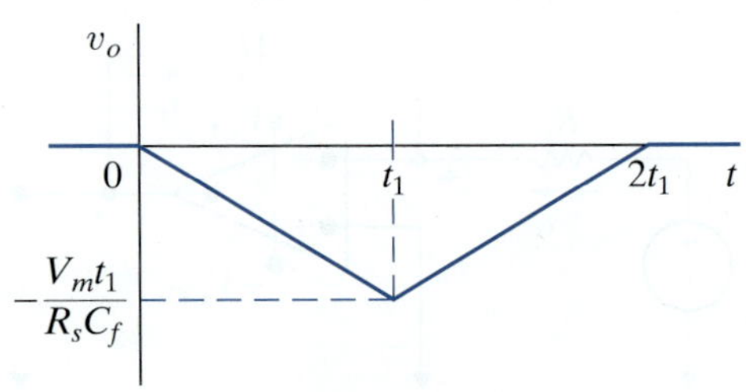

그림 7.50▲ 적분 증폭기의 출력 전압.

그림 7.50은 $v_o(t)$ 대 t의 관계를 나타낸다. 분명히 출력 전압은 입력 전압이 적분된 값과 부호가 반전되고 크기가 계수만큼 배가 되었다.

출력 전압은 연산 증폭기가 선형 범위 내에서 동작할 때에만, 즉 포화 상태가 아닌 경우에만 입력 전압의 적분에 비례한다. 예제 7.14와 7.15는 적분 증폭기의 상세한 해석을 보여 준다.

예제 7.14 적분 증폭기 해석하기

그림 7.49에서 신호 전압이 $V_m = 50\,\text{mV}$이고 $t_1 = 1\,\text{s}$라 가정한다. 이 신호 전압이 그림 7.48의 적분 증폭기 회로에 공급된다. 증폭기의 회로 상수는 $R_s = 100\,\text{k}\Omega$, $C_f = 0.1\,\mu\text{F}$, $V_{CC} = 6\,\text{V}$이다. 커패시터의 초기 전압은 0이다.

a) $v_o(t)$를 계산하라.

b) t에 대한 $v_o(t)$의 그래프를 그려라.

풀이

a) $0 \le t \le 1\,\text{s}$일 때

$$v_o = \frac{-1}{(100 \times 10^3)(0.1 \times 10^{-6})} 50 \times 10^{-3}t + 0$$
$$= -5t\,\text{V}, \quad 0 \le t \le 1\,\text{s}.$$

$1 \le t \le 2\,\text{s}$에서

$$v_o = (5t - 10)\,\text{V}.$$

b) 그림 7.51은 $v_o(t)$ 대 t의 관계를 나타낸다.

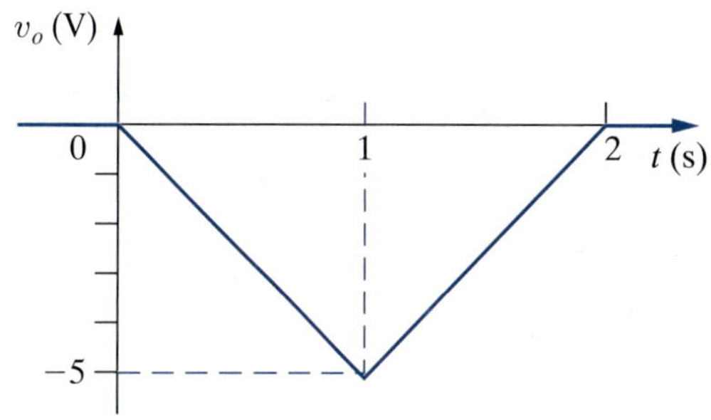

그림 7.51▲ 예제 7.14의 출력 전압.

예제 7.15 순차 스위칭을 가진 적분 증폭기 해석하기

스위치가 그림 7.52에서 단자 a에 접촉하는 순간에 $0.1\,\mu\text{F}$ 커패시터 전압은 5 V이다. 스위치는 9 ms 동안 단자 a에 있다가 순간적으로 단자 b로 이동한다. 단자 b에 접촉 후 몇 ms 만에 연산 증폭기는 포화되는가?

풀이

스위치가 단자 a에 있는 시간 동안 출력 전압 v_o의 식은

$$v_o = \frac{-1}{(100 \times 10^3)(0.1 \times 10^{-6})} \int_0^t (-10)dy + (-5)$$
$$= (1000t - 5)\,\text{V}.$$

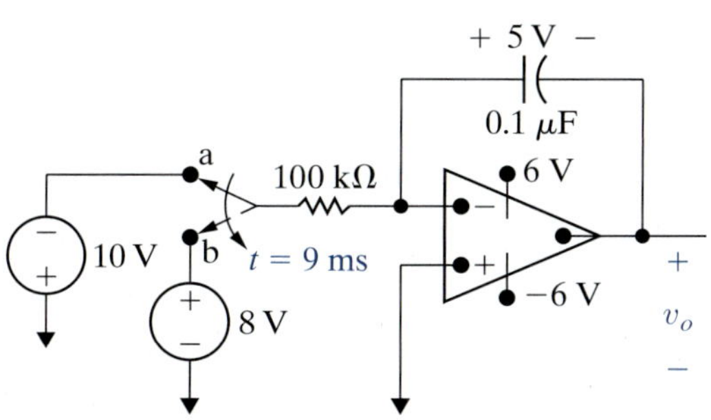

그림 7.52▲ 예제 7.15의 회로.

따라서 스위치가 단자 a에 접촉한 상태에서 9 ms 후에 출력 전압은 $1000(9 \times 10^{-3}) - 5 = 4\,\text{V}$이다. 처음 9 ms 구간에서는 연산 증폭기가 포화되지 않음에 주목하라.

스위치가 단자 b로 이동한 후 출력 전압은

$$v_o = \frac{-1}{(100 \times 10^3)(0.1 \times 10^{-6})} \int_{9\times10^{-3}}^t 8dy + 4$$
$$= -800(t - 9 \times 10^{-3}) + 4$$
$$= (11.2 - 800t)\,\text{V}.$$

이 시구간 동안 전압이 감소하고 연산 증폭기는 −6 V에서 포화된다. 그러므로 v_o가 −6 V일 때 포화 시간 t_s는

$$11.2 - 800t_s = -6,$$

또는

$$t_s = 21.5\,\text{ms}.$$

따라서 적분 증폭기는 단자 b에 접촉 후 21.5 ms 만에 포화된다.

예제로부터, 적분 증폭기는 연산 증폭기가 포화되지 않는 범위 내에서는 적분 기능을 잘 수행할 수 있음을 알 수 있다. 연산 증폭기는 되먹임 커패시터의 전하 축적에 기인하여 포화된다. 저항을 되먹임 커패시터와 병렬로 연결하면 이 포화

상태를 피할 수 있다. 8장에서 이러한 회로에 대해 살펴본다.

입력 저항 R_s와 되먹임 커패시터 C_f를 교환하면 적분 증폭기를 미분 증폭기로 변환할 수 있음을 주목하자. 이때

$$v_o = -R_s C_f \frac{dv_s}{dt}.$$

이 식의 유도는 연습문제로 남겨 둔다. 미분 증폭기는 원하지 않는 신호나 잡음을 발생시키므로 거의 사용되지 않는다.

마지막으로 적분 및 미분 증폭기 회로 모두 커패시터 대신 인덕터를 사용하여 설계할 수 있다. 그러나 집적 회로용의 커패시터 제작이 훨씬 용이하기 때문에 인덕터는 적분 증폭기에서 드물게 사용된다.

평가문제

목표 4—저항과 하나의 커패시터를 포함하는 연산 증폭기 회로를 해석할 수 있다.

7.11 회로의 스위치가 닫히는 순간, 커패시터 양단의 전압은 56 V이다. 이상적인 연산 증폭기가 사용되었다고 가정할 때, 스위치가 닫힌 후 몇 밀리초가 지나면 출력 전압 v_o가 0 V가 되는가?

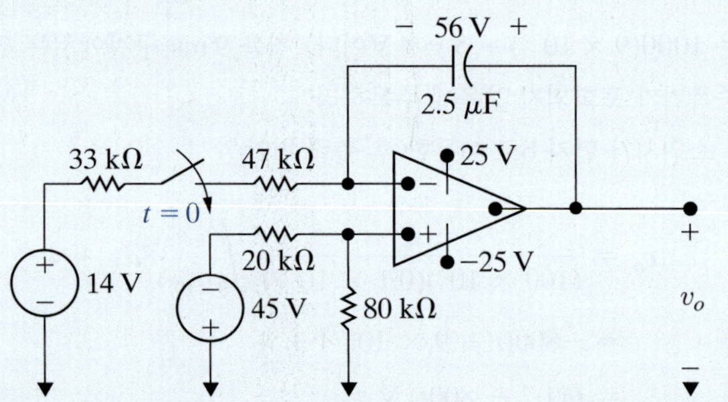

정답: 80 ms.

7.12 a) 회로에서 스위치가 닫히는 순간, 커패시터에 저장된 에너지가 0이라고 가정한다. 이상적인 연산 증폭기는 15 ms 안에 포화 상태에 도달한다. 이때, *R*의 값은 얼마인가?

b) 회로에서 스위치가 닫히는 순간, 커패시터 양단의 전압은 6 V이고, 오른쪽이 양의 전압이라고 가정한다. 이상적인 연산 증폭기는 40 ms 이내에 포화 상태에 도달한다. 이 경우, *R*의 값은 얼마인가?

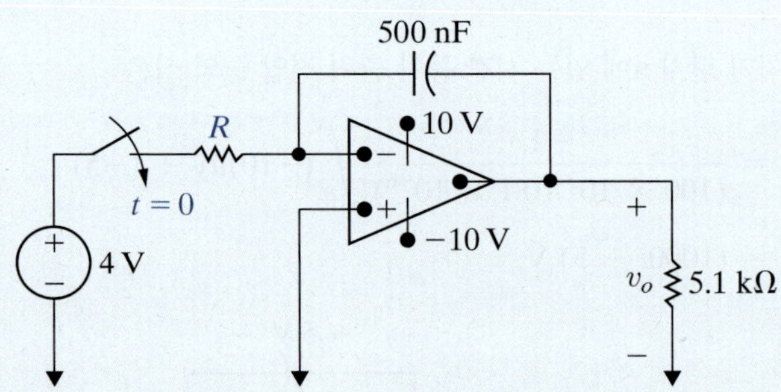

정답: a) 12 kΩ, b) 20 kΩ.

자가 검사: 연습문제 7.90과 7.94도 풀어 보라.

실제 응용

인공 심장박동 조율기

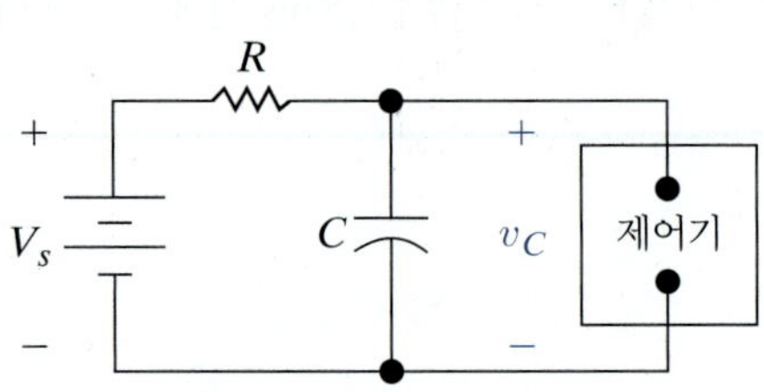

그림 7.53▲ 인공 심장박동 조율기 회로.

주기적인 전기 충격신호를 발생시킬 수 있는 간단한 *RC* 회로(그림 7.53)를 분석해 보자. 이 *RC* 회로는 정상적인 심장박동을 만들기 위한 인공 심장박동 조율기에 사용될 수 있다. '제어기(controller)'라고 된 상자는 커패시터 양단의 전압 강하가 미리 설정된 한계 값에 도달하기 전에는 개방 회로로 작동한다. 한계 값에 도달하면 커패시터는 저장된 에너지를

전기 충격신호의 형태로 방전하고 다시 충전을 시작하며 이 과정이 반복된다.

회로의 동작을 나타내는 해석적 표현을 개발하기 전에 이 회로가 어떻게 동작하는지 살펴보자. 먼저 제어기가 개방 회로로 동작할 때 직류 전압원은 저항 R을 통해 커패시터를 V_s로 충전시키려 한다. 그러나 커패시터 전압이 V_{max}에 이르면 제어기가 단락 회로처럼 동작하여 커패시터가 방전되게 한다. 커패시터 방전이 끝나면 제어기는 다시 개방 회로처럼 동작하고 커패시터는 충전을 시작한다. 이와 같은 커패시터의 충전과 방전 사이클로 그림 7.54에 나타나는 것과 같이 원하는 심장박동을 만들 수 있다.

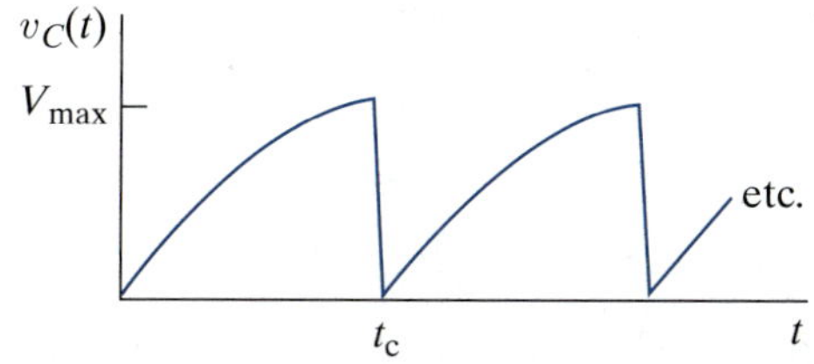

그림 7.54▲ 그림 7.55 회로의 커패시터 전압 대 시간 그래프.

그림 7.54에서 $t = 0$에서 커패시터가 충전을 시작하는 것으로 설정했다. 이 그림은 회로의 동작이 반복되는 상태에 다다른 것과 방전시간이 충전시간에 비하여 무시해도 좋을 만큼 짧은 것으로 가정한다. 인공 심장박동 조율기 회로의 설계는 V_s, R, C로 표현한 $v_C(t)$를 필요로 한다.

해석을 시작하기 위해 회로가 긴 시간 동안 동작했다고 가정한다. $t = 0$에서 커패시터는 완전히 방전되었고 제어기는 개방 회로로 동작한다고 하자. 회로로부터 커패시터 전압의 초깃값과 최종값, 그리고 회로의 시상수를 얻을 수 있다.

$$V_0 = v_C(0) = 0;$$

$$V_f = v_C(\infty) = V_s; \qquad \tau = RC.$$

따라서 커패시터가 충전되는 동안의 커패시터 전압을 구하기 위해 식 (7.23)에 커패시터 전압의 초깃값과 최종값, 그리고 회로의 시상수를 대입하고 간략화하면

$$v_C(t) = V_s(1 - e^{-t/(RC)}).$$

제어기가 $v_C = 0.75\ V_s = V_{max}$에서 심장을 자극하는 전기 펄스를 생성하도록 프로그래밍되어 있다고 하자. 주어진 R과 C 값에서 다음 식과 같이 분당 비트 수로 심장박동률 H를 나타낼 수 있다.

$$H = \frac{60}{-RC\ \ln\ 0.25} \quad \text{[분당 비트 수]}$$

실제적인 설계 문제에서는 저항값 R, V_s의 %로 표현되는 V_{max}, C 및 분당 비트 수로 표현되는 심장박동률이 요구된다. 연습문제 7.106이 저항값에 대해 식을 세우는 문제이다.

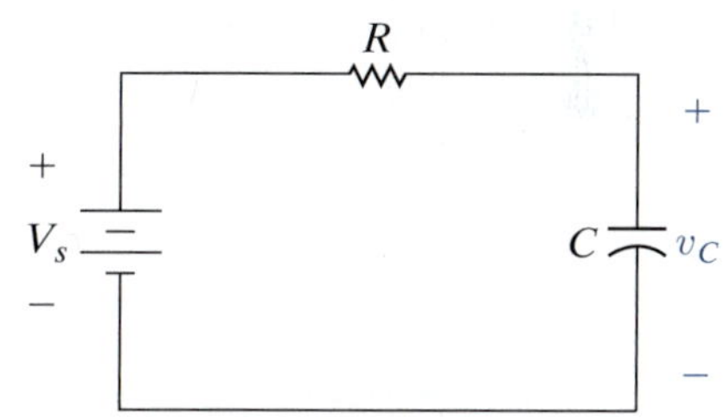

그림 7.55▲ $t = 0$에서 커패시터가 충전되고 있을 때의 인공 심장박동 조율기 회로.

자가 검사: 연습문제 7.104~7.107을 풀어 이해도를 평가하라.

요약

- 1계 회로는 단일 등가 인덕터 또는 커패시터에 연결된 테브냉(또는 노턴) 등가 회로로 단순화할 수 있다.
- **자연 응답**은 저장된 에너지가 독립 전원이 없는 회로에서 방출될 때 존재하는 전류와 전압 응답이다.
- RL 회로의 **시상수**는 등가 인덕턴스를 등가 인덕터의 단자에서 본 테브냉 저항으로 나눈 값이다.
- RC 회로의 **시상수**는 등가 커패시터의 단자에서 본 테브냉 저항과 등가 커패시턴스의 곱이다.
- **계단 응답**은 회로에 연결된 dc 전원의 급격한 변화로부터 발생한 전류와 전압이다. 저장된 에너지는 급격한 변화가 발생한 순간에 존재할 수도 있고 아닐 수도 있다.
- 해석 방법 7.5는 RL과 RC 회로의 자연 응답과 계단 응답 모두를 구하는 데 사용될 수 있다.

단계 1: 모든 시간에 대해 연속이 되는 변수 $x(t)$를 선정한다.

이것은 RL 회로에서는 인덕터 전류가 되고, RC 회로에서는 커패시터 전압이 된다.

단계 2: $t < 0$에서 회로를 해석하여 $x(t)$를 구하고, 초깃값 X_0를 계산한다.

단계 3: $t \geq 0$에서 회로를 해석하여 인덕터 또는 커패시터에 연결된 등가 저항을 구하여 시상수 τ를 계산한다. RL 회로에서는 $\tau = L/R$, RC 회로에서는 $\tau = RC$이다.

단계 4: $t \to \infty$에서 회로를 해석하여 최종값 X_f를 계산한다. 회로가 자연 응답이면 $X_f = 0$이므로 계산이 필요하지 않다.

단계 5: 초깃값 X_0, 시상수 τ, 최종값 X_f를 $x(t)$의 식에 대입한다. $x(t) = X_f + (X_0 - X_f)e^{-t/\tau}, t \geq 0$.

단계 6: $x(t)$를 사용하여 회로의 나머지 변수를 구한다.

- 1계 회로에서 **순차 스위칭**은 규정된 스위치 위치에 해당되는 시구간으로 나누어 해석한다. 특정 구간에서 초깃값은 이전 시구간의 해로부터 직접 얻는다.
- **무한 응답**은 테브냉 저항이 음(−)일 때 발생한다. 이것은 1계 회로가 종속 전원을 포함할 때 가능하다.
- 적분 증폭기는 이상적인 연산 증폭기, 음(−)의 되먹임 가지에 있는 커패시터, 그리고 신호원과 직렬로 연결된 저항으로 구성된다. 이것은 연산 증폭기를 포화시키지 않는 규정된 범위 내에서 신호원의 적분을 출력한다.

연습문제

7.1절

7.1 그림 P7.1의 회로에서 스위치는 긴 시간 동안 닫혀 있다가 $t = 0$에서 열린다. 다음 물음에 답하라.

a) i의 초기값을 구하라.

b) 인덕터에 저장된 초기 에너지를 계산하라.

c) $t > 0$일 때 회로의 시상수를 구하라.

d) $t \geq 0$에 대한 $i(t)$의 수식을 구하라.

e) 스위치가 열린 후 5 ms 후에, 초기 에너지의 몇 퍼센트가 2 Ω 저항에 의해 소실되는지 구하라.

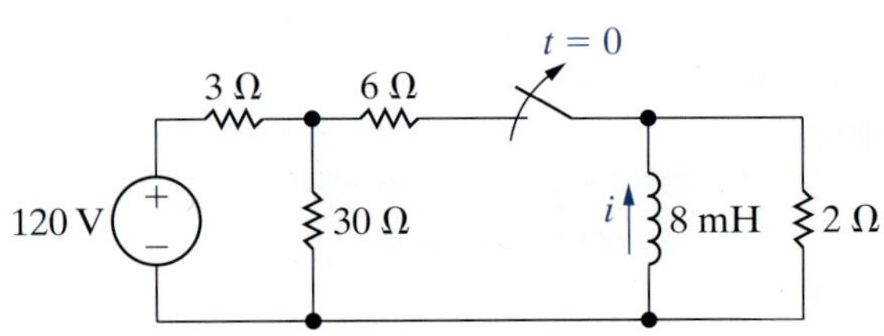

그림 P7.1

7.2 PSPICE MULTISIM 그림 P7.2의 회로에서 스위치가 긴 시간 동안 닫혀 있다가 $t = 0$에서 열린다.

a) $i_1(0^-)$, $i_2(0^-)$를 구하라.

b) $i_1(0^+)$, $i_2(0^+)$를 구하라.

c) $t \geq 0$에서 $i_1(t)$를 구하라.

d) $t \geq 0^+$에서 $i_2(t)$를 구하라.

e) $i_2(0^-) \neq i_2(0^+)$가 됨을 설명하라.

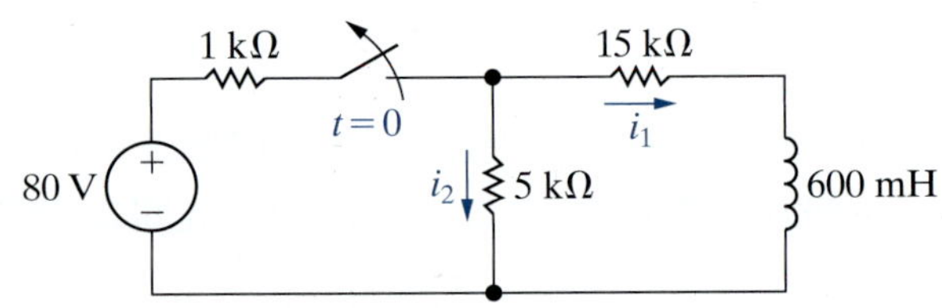

그림 P7.2

7.3 그림 P7.3의 회로에서 스위치가 긴 시간 동안 열려 있다가 $t = 0$에서 닫힌다.

a) $i_o(0^-)$, $i_L(0^-)$, $v_L(0^-)$를 구하라.

b) $i_o(0^+)$, $i_L(0^+)$, $v_L(0^+)$를 구하라.

c) $i_o(\infty)$, $i_L(\infty)$, $v_L(\infty)$를 구하라.

d) $t \geq 0$에서 $i_L(t)$를 구하라.

e) $t \geq 0^+$에서 $i_o(t)$를 구하라.

f) $t \geq 0^+$에서 $v_L(t)$를 구하라.

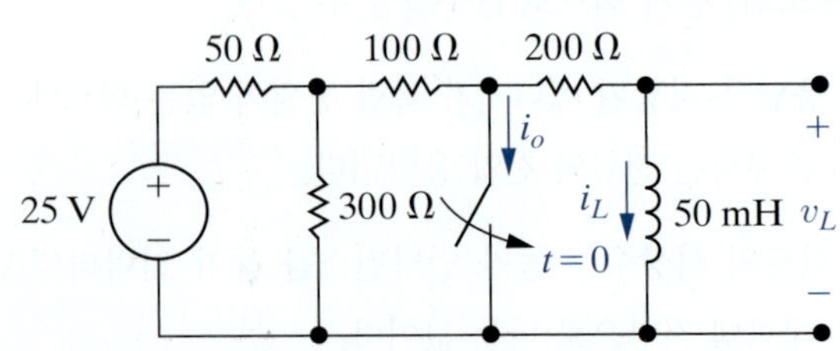

그림 P7.3

7.4 그림 P7.4의 회로의 스위치는 오랫동안 닫혀 있다가 $t = 0$ 에서 열린다.
PSPICE MULTISIM

a) $t \geq 0^+$에 대해 $v_o(t)$를 구하라.

b) 스위치가 열린 후 정확히 한 시상수(one time constant)가 경과했다고 가정하자. 이때 0.2 H 인덕터에 처음 저장된 총 에너지 중 20 Ω 저항에 의해 소실되는 에너지의 비율을 구하라.

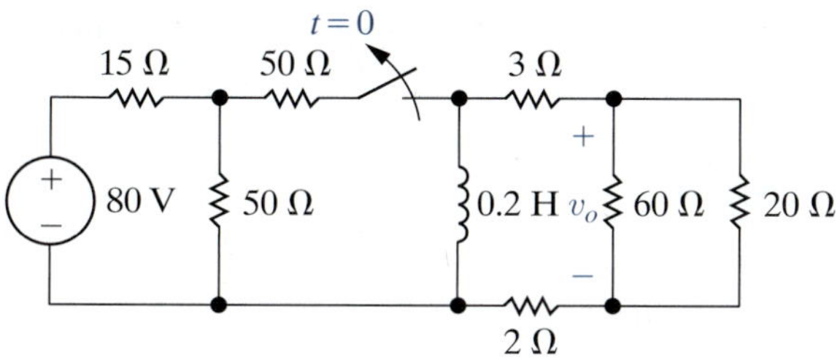

그림 P7.3

7.5 그림 P7.5에서 스위치가 긴 시간 동안 열려 있다가 $t = 0$에서 닫힌다.
PSPICE MULTISIM

a) $i_o(0^+)$와 $i_o(\infty)$를 구하라.

b) $t \geq 0$에서 $i_o(t)$를 구하라.

c) 스위치가 닫힌 후 몇 ms 만에 i_o가 3.8 A가 되는가?

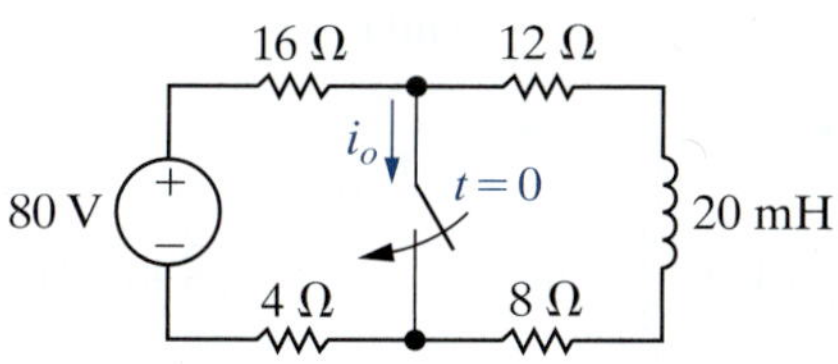

그림 P7.5

7.6 그림 P7.6의 회로에서 스위치는 긴 시간 동안 a 위치에 머물러 있다가 $t = 0$에서 순간적으로 b 위치로 전환한다. $t \geq 0^+$에서의 $v_o(t)$를 계산하라.
PSPICE MULTISIM

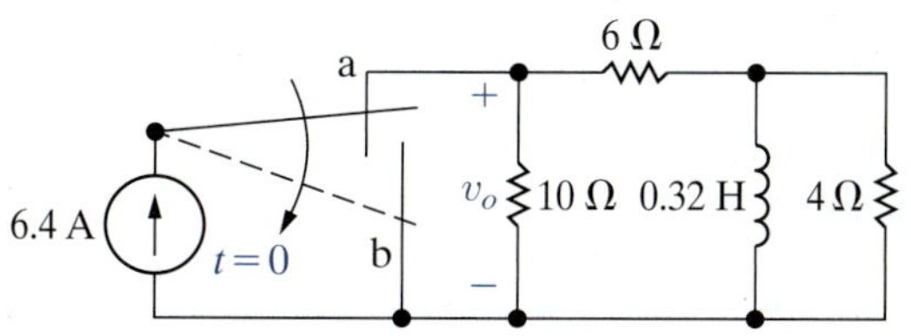

그림 P7.6

7.7 그림 P7.6의 회로에서 인덕터에 저장된 에너지의 몇 %가 4 Ω 저항에서 소비되는가?

7.8 그림 P7.8의 회로에서 스위치가 긴 시간 동안 닫혀 있다가 $t = 0$에서 열린다.

a) $v_o(t)$가 $t = 5$ ms에서 $0.25\, v_o(0^+)$와 같아지는 L의 값을 구하라.

b) $t = 5$ ms일 때 50 Ω 저항에서 소비된 저장된 에너지의 백분율을 구하라.

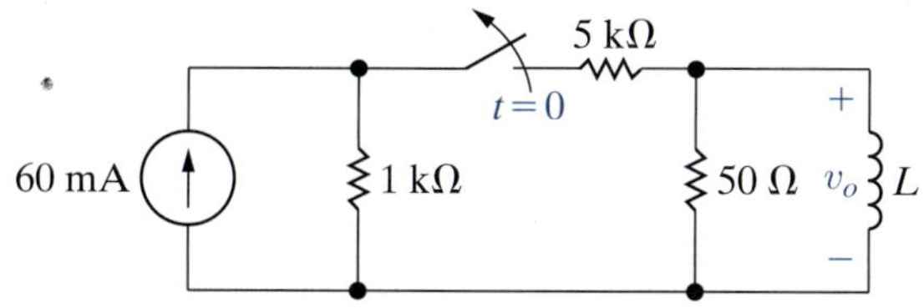

그림 P7.8

7.9 그림 P7.9에서 스위치가 긴 시간 동안 1 위치에 있다가 $t = 0$에서 순간적으로 2 위치로 이동한다. 10 mH 인덕터에 저장된 초기 에너지의 10%가 10 μs에서 소비되도록 저항 R의 값을 구하라.

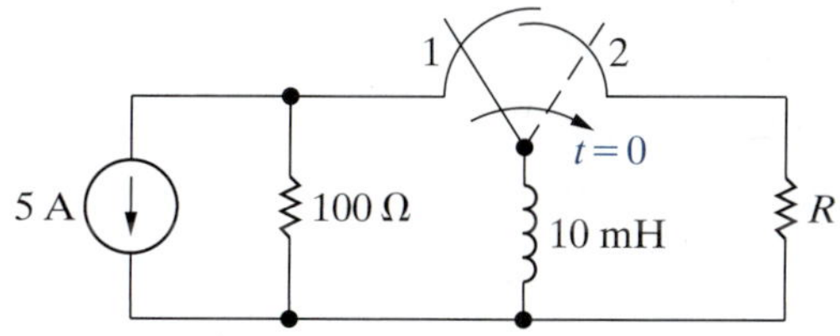

그림 P7.9

7.10 그림 P7.9의 회로에서 I_g는 dc 전류원, σ는 t_o (sec)에서 소비된 인덕터에 저장된 초기 에너지의 비율, L은 인덕턴스를 나타낸다.

a) 다음을 증명하라.

$$R = \frac{L \ln [1/(1-\sigma)]}{2t_o}.$$

b) (a)에서 유도된 식을 연습문제 7.10에서 R의 값을 구하여 검증하라.

7.11 a) 부록 H의 소자 값을 사용하여 시상수가 0.2 ms가 되는 1계 RL 회로(그림 7.4 참조)를 구성하라. 한 개의 인덕터와 필요하다면 저항 회로를 사용하고 회로를 그려라.

b) (a)에서 인덕터가 40 mA의 초기 전류를 가지고 있다고 가정하자. $t \geq 0$에서 인덕터에 흐르는 전류를 구하라.

c) (b)의 결과를 사용하여 인덕터에 저장된 에너지의 절반이 저항에서 소비되는 시간을 구하라.

7.12 그림 P7.12에서 전압, 전류의 식이 다음과 같다.

$$v = 100e^{-80t}\ \text{V},\ t \geq 0^{+};$$

$$i = 4e^{-80t}\ \text{A},\ t \geq 0.$$

다음을 구하라.

a) R　　　　b) τ(ms)

c) L　　　　d) 인덕터에 저장된 초기 에너지

e) 저장된 초기 에너지의 80%를 소비하는 데 걸리는 시간 (ms)

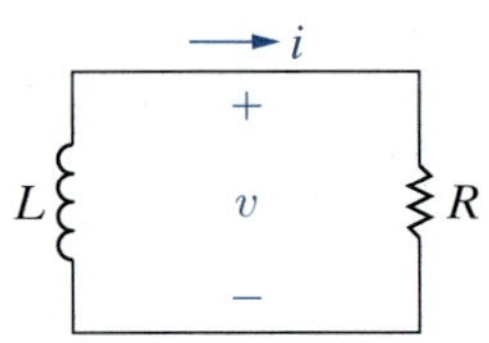

그림 P7.12

7.13 그림 P7.13의 회로에서 두 스위치는 연동된다. 스위치는 긴 시간 동안 닫혀 있다가 $t = 0$에서 개방된다.

a) 스위치가 개방되고서 몇 μs가 지나면 6 H에 저장된 에너지의 10%가 4 kΩ 저항에서 소비되는가?

b) (a)에서 계산된 시간에서 인덕터에 저장된 총에너지의 몇 %가 소비되었는가?

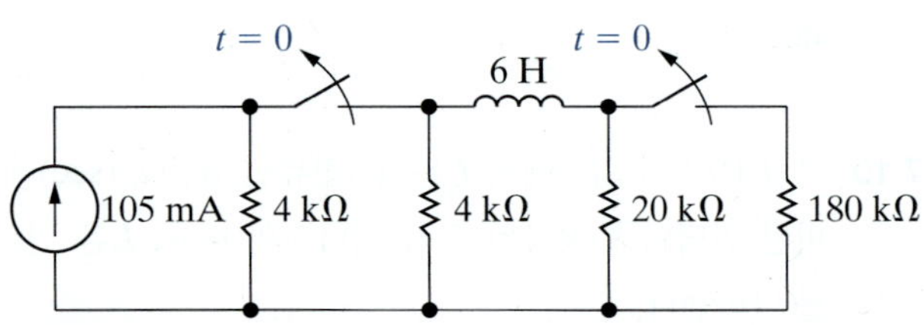

그림 P7.13

7.14 그림 P7.14에서 스위치가 긴 시간 동안 닫혀 있다가 $t = 0$에서 열린다. 다음을 구하라.

a) $t \geq 0$에서 $i_L(t)$

b) $t \geq 0^{+}$에서 $v_L(t)$

c) $t \geq 0^{+}$에서 $i_\Delta(t)$

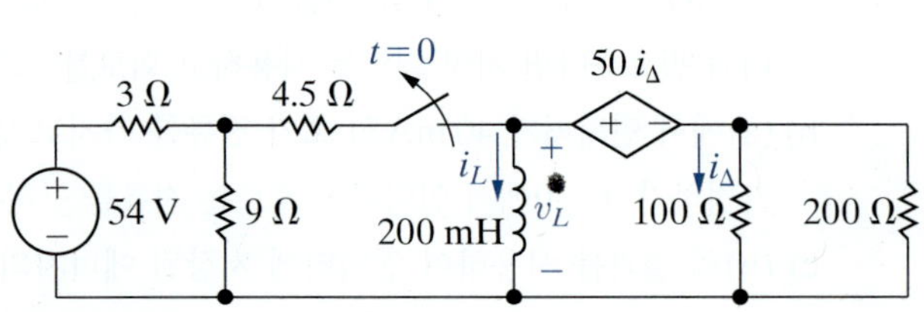

그림 P7.14

7.15 그림 P7.14의 회로에서 인덕터에 저장된 초기 에너지의 몇 퍼센트가 전류 제어 전압원에서 소비되는가?

7.16 PSPICE MULTISIM 그림 P7.16에서 스위치가 긴 시간 동안 닫혀 있다가 $t = 0$에서 열린다. $t \geq 0^{+}$에서 $v_o(t)$를 구하라.

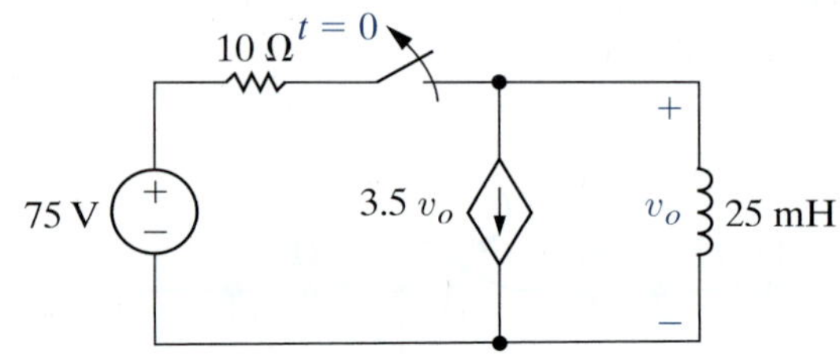

그림 P7.16

7.17 PSPICE MULTISIM 그림 P7.17에서 두 개의 스위치가 동시에 동작한다. 각각의 스위치는 긴 시간 동안 표시된 위치에 있다가 $t = 0$에서 두 개의 스위치가 동시에 새로운 위치로 이동한다.

a) $t \geq 0^{+}$에서 $v_o(t)$를 구하라.

b) $t \geq 0$에서 $i_o(t)$를 구하라.

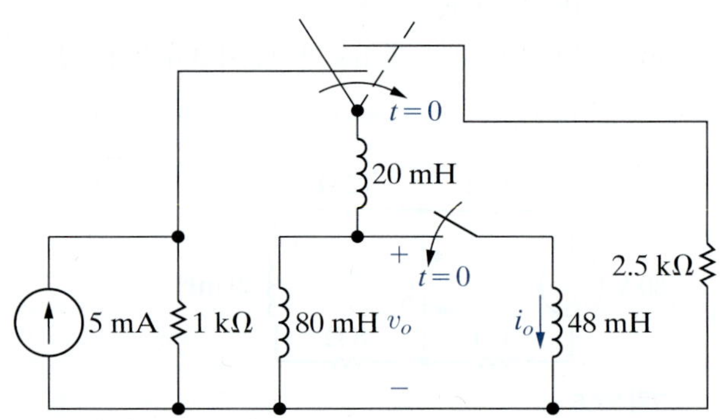

그림 P7.17

7.18 그림 P7.17의 회로에서 다음을 구하라.

a) 2.5 kΩ 저항에서 소비된 총에너지

b) 이상적인 인덕터에 저장된 에너지

7.19 PSPICE MULTISIM 그림 P7.19의 회로에서 240 V, 2 Ω 전원이 단자 a, b에서 부주의로 단락되었다. 고장이 발생한 순간에 회로는 긴 시간 동안 동작 중이었다.

a) 단자 a, b 사이의 단락 회로 연결에서 전류 i_{ab}의 초깃값은 얼마인가?

b) 전류 i_{ab}의 최종값은 얼마인가?

c) 단락 회로가 발생한 후 몇 μs에 단락 전류가 114 A가 되는가?

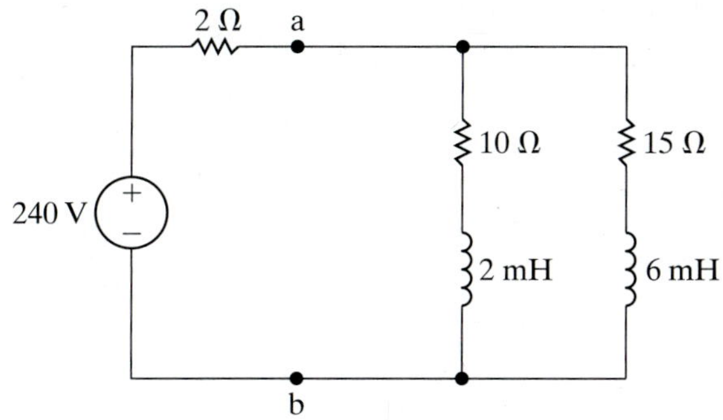

그림 P7.19

7.20 PSPICE MULTISIM 그림 P7.20의 회로에서 스위치가 긴 시간 동안 a 위치에 있다가 $t = 0$에서 순간적으로 b 위치로 이동한다.

a) $t \geq 0$에서 $i_o(t)$를 구하라.

b) 8 Ω 저항에 전달된 총에너지는 얼마인가?

c) (b)에서 구한 에너지의 95%를 전달하는 데 시상수의 몇 배가 걸리는가?

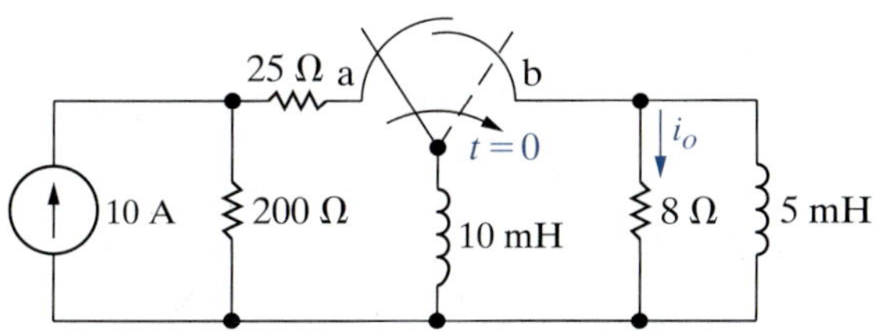

그림 P7.20

7.2절

7.21 PSPICE MULTISIM 그림 P7.21에서 스위치가 긴 시간 동안 열려 있다가 $t = 0$에서 닫힌다.

a) $i_1(0^-)$, $i_2(0^-)$를 구하라.

b) $i_1(0^+)$, $i_2(0^+)$를 구하라.

c) $i_1(0^-) = i_1(0^+)$가 됨을 설명하라.

d) $i_2(0^-) \geq i_2(0^+)$가 됨을 설명하라.

e) $t \geq 0$에서 $i_1(t)$를 구하라.

f) $t \geq 0^+$에서 $i_2(t)$를 구하라.

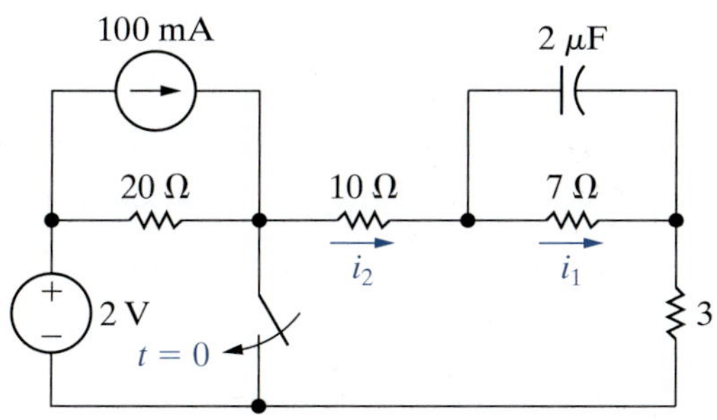

그림 P7.21

7.22 그림 P7.22의 회로에서 스위치는 긴 시간 동안 닫혀 있다가, $t = 0$에서 열린다. 다음 물음에 답하라.

a) $v(t)$의 초깃값을 구하라.

b) $t > 0$에 대한 회로의 시상수를 구하라.

c) 스위치가 열린 후의 $v(t)$에 대한 수식을 구하라.

d) 커패시터에 저장된 초기 에너지를 구하라.

e) 초기 에너지의 75%가 소모되는 데 걸리는 시간을 구하라.

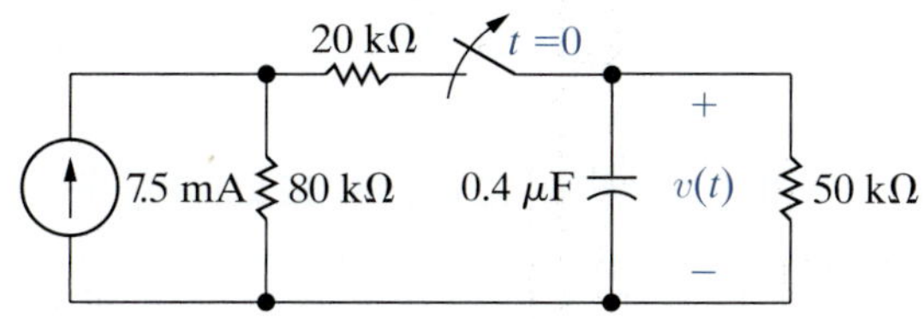

그림 P7.22

7.23 그림 P7.23의 회로에서 스위치는 긴 시간 동안 닫혀 있다가 $t = 0$에서 열리고, 그 이후로 열린 상태로 유지된다. $t \geq 0$에 대한 $v_o(t)$를 구하라.

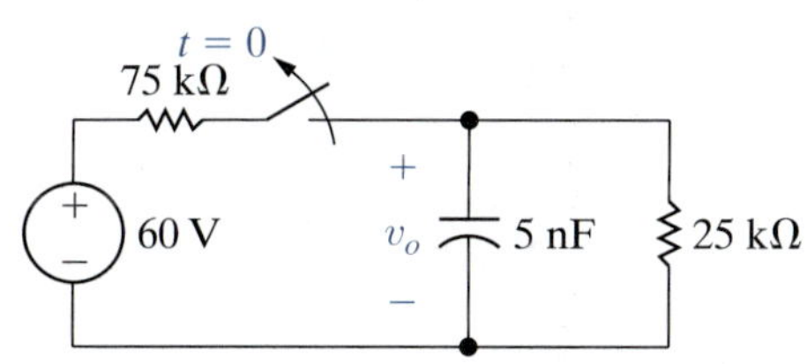

그림 P7.23

7.24 그림 P7.24의 회로에서 스위치는 긴 시간 동안 닫혀 있다가 $t = 0$에서 열린다. $t \geq 0$일 때 $v_o(t)$를 구하라.

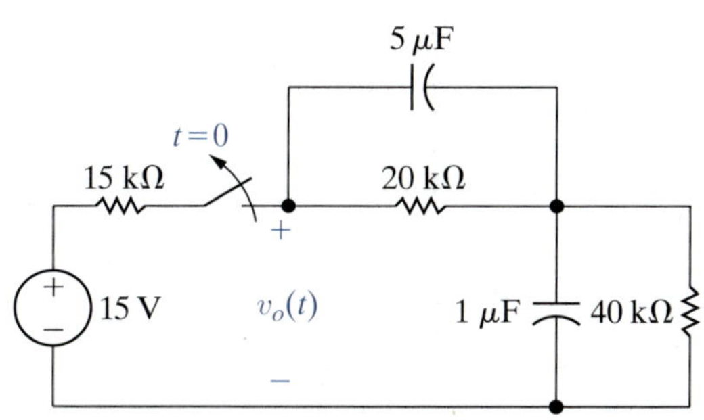

그림 P7.24

7.25 그림 P7.24의 회로에서 스위치가 열린 지 60 ms가 경과한 시점에서 회로에 초기 저장되어 있던 에너지의 몇 퍼센트가 소실되었는지 구하라.

7.26 a) 부록 H의 소자 값을 이용하고 한 개의 커패시터와 필요하다면 저항 회로를 이용하여 4 ms의 시상수를 갖는 1계 *RC* 회로(그림 7.13 참조)를 그려라.

b) (a)에서 커패시터의 초기 전압 강하가 120 V라 할 때 $t \geq 0$에서 커패시터의 전압 식을 구하라.

c) (b)에서 얻은 결과를 이용하여 커패시터의 전압 강하가 30 V가 되는 시간을 구하라.

7.27 그림 P7.27에서 두 스위치가 같이 동작한다. 즉 동시에 개폐된다. 스위치는 긴 시간 동안 닫혀 있다가 $t = 0$에서 개방된다.

a) 스위치가 개방된 후 12 ms에서 12 kΩ 저항에서 소비된 에너지는 몇 μJ인가?

b) 초기에 저장된 에너지의 75%를 소비하는 데 걸리는 시간은 얼마인가?

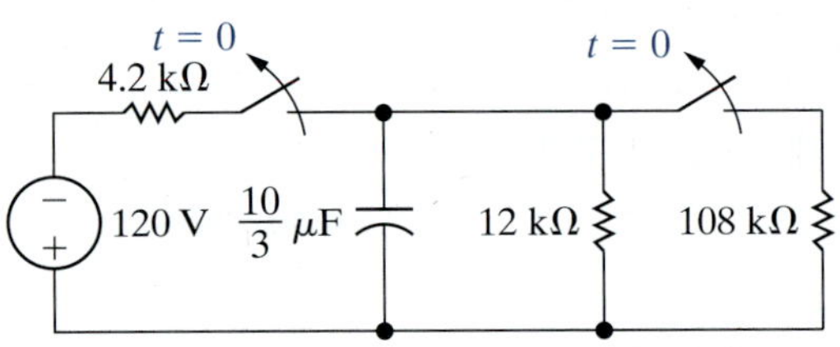

그림 P7.27

7.28 그림 P7.28에서 전압, 전류의 식이 다음과 같다.

$$v = 72e^{-500t}\ \text{V}, \quad t \geq 0;$$
$$i = 9e^{-500t}\ \text{mA}, \quad t \geq 0^+.$$

다음을 구하라.

a) R　　　　b) C

c) τ(ms)　　　　d) 커패시터에 저장된 초기 에너지

e) 커패시터에 저장된 초기 에너지의 68%를 소비하는 데 걸리는 시간(ms)

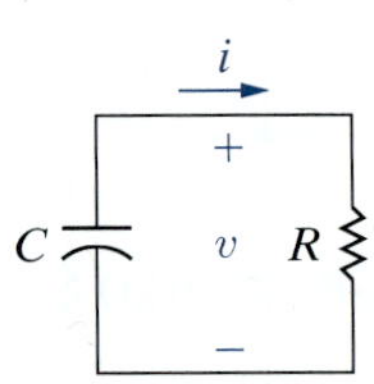

그림 P7.28

7.29 그림 P7.29에서 스위치가 긴 시간 동안 x 위치에 있다가 $t = 0$에서 순간적으로 y 위치로 이동한다.

a) $t > 0$에서 시상수가 1 ms가 되는 α를 구하라.

b) (a)에서 구한 α에 대해 v_Δ를 구하라.

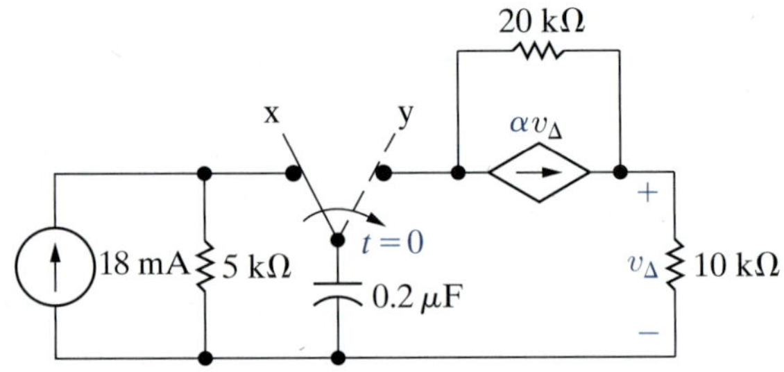

그림 P7.29

7.30 a) 연습문제 7.29에서 커패시터가 0 V로 방전하는 시간 동안 종속 전류원에 의해 발생된 에너지는 몇 μJ인가?

b) $t \geq 0$에서 용량성 회로에서 저장되고 발생된 총에너지가 소비된 총에너지와 같음을 보여라.

7.31 PSPICE MULTISIM 그림 P7.31에서 스위치가 긴 시간 동안 1 위치에 있다가 $t = 0$에서 2 위치로 이동한다. $t \geq 0^+$에서 $i_o(t)$를 구하라.

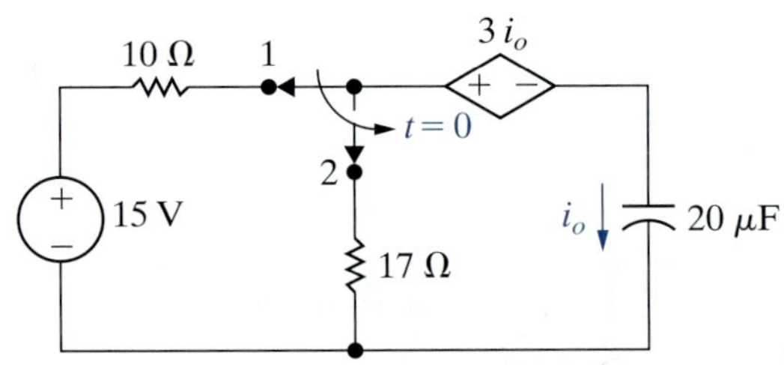

그림 P7.31

7.32 PSPICE MULTISIM 그림 P7.32에서 회로가 긴 시간 동안 동작하는 중 부주의로 스크루드라이버가 단자 a, b에 연결되었다. 스크루드라이버의 저항은 무시할 수 있다고 가정하자.

a) $t = 0^+$와 $t = \infty$에서 스크루드라이버에 흐르는 전류를 구하라.

b) $t \geq 0^+$에서 스크루드라이버에 흐르는 전류 식을 유도하라.

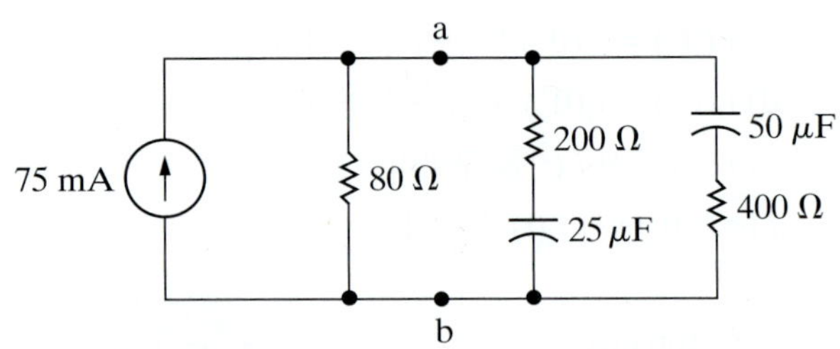

그림 P7.32

7.33 PSPICE MULTISIM 그림 P7.33의 회로에서 스위치가 닫힌 순간 병렬 커패시터에 걸리는 전압이 30 V, 200 nF에 걸리는 전압이 10 V이다.

a) 세 개의 커패시터에 저장된 초기 에너지의 몇 %가 25 kΩ 저항에서 소비되는가?

b) 625 Ω, 15 kΩ 저항에 대해 (a)를 반복하라.

c) 초기 에너지의 몇 %가 커패시터에 저장되는가?

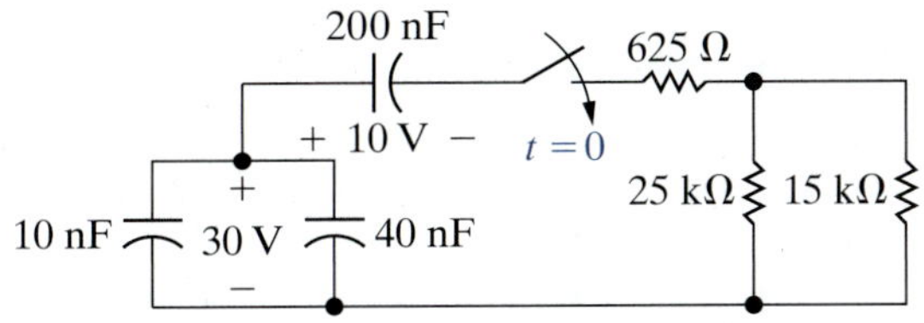

그림 P7.33

7.34 그림 P7.34의 회로에서 스위치가 긴 시간 동안 a 위치에 있고 $v_2 = 0$ V이다. $t = 0$에서 b 위치로 이동한다. 다음을 구하라.

a) $t \geq 0^+$에서 i, v_1, v_2

b) $t = 0$일 때 40 μF 커패시터에 저장된 에너지

c) 스위치가 b 위치에 무한히 있을 때 회로에 저장된 에너지와 3.5 kΩ 저항에서 소비된 총에너지

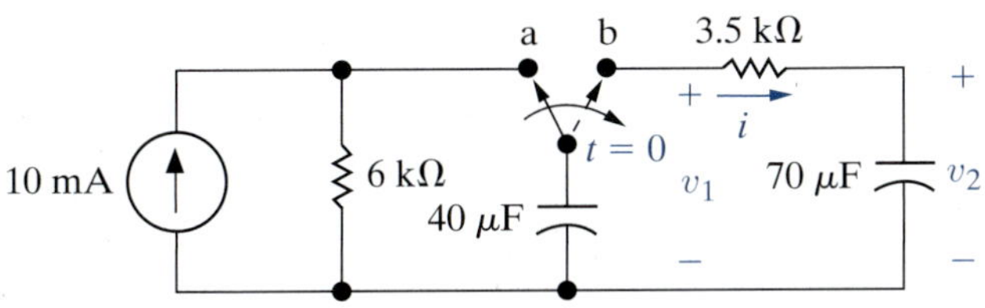

그림 P7.34

7.3절

7.35 그림 P7.35에서 스위치가 긴 시간 동안 a 위치에 있다가 $t = 0$에서 순간적으로 b 위치로 이동한다.
PSPICE MULTISIM

a) $t \geq 0$에서 i_L와 $v_o(t)$의 식을 구하라.

b) $v_L(0^+)$와 $v_o(0^+)$의 값을 구하라.

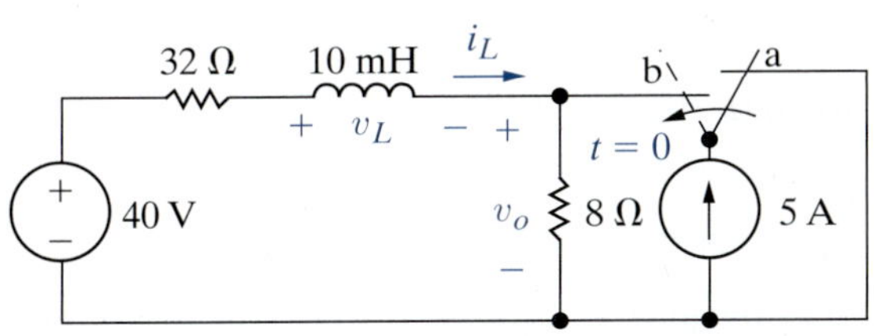

그림 P7.35

7.36 그림 7.21의 회로에서 스위치는 긴 시간 동안 b 위치에 머물러 있다가 $t = 0$에서 a 위치로 전환된다고 가정한다. 다음을 구하라.

a) $i(0^+)$

b) $v(0^+)$

c) τ, $t > 0$

d) $i(t)$, $t \geq 0$

e) $v(t)$, $t \geq 0^+$

7.37 그림 P7.37에서 스위치가 긴 시간 동안 a 위치에 있다가 $t = 0$에서 순간적으로 b 위치로 이동한다.
PSPICE MULTISIM

a) $t \geq 0$에서 $i_o(t)$의 식

b) $t \geq 0^+$에서 $v_o(t)$의 식

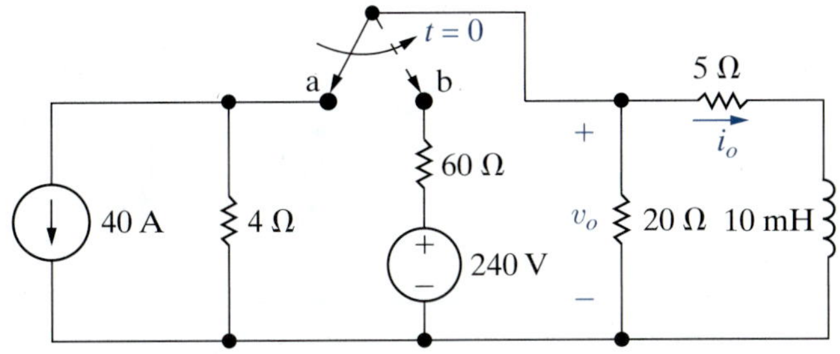

그림 P7.37

7.38 그림 P7.37에서 스위치가 긴 시간 동안 b 위치에 있다가 $t = 0$에서 순간적으로 a 위치로 이동하고 계속 그 자리에 있을 때 연습문제 7.37을 반복하라.

7.39 a) 부록 H의 소자 값을 사용하여 시상수가 125 μs가 되는 1계 RL 회로(그림 7.20 참조)를 구성하라. 한 개의 인덕터와 필요하다면 저항 회로를 사용하고 회로를 그려라.

b) (a)에서 인덕터에 저장된 초기 에너지가 0이고, $t = 0$에서 인덕터, 등가 저항 회로에 직렬로 25 V 전압원이 연결된다. $t \geq 0$에서 인덕터에 흐르는 전류를 구하라.

c) (b)의 결과를 사용하여 인덕터에 흐르는 전류가 최종값의 50%에 도달하는 시간을 구하라.

7.40 그림 P7.40에서 스위치가 긴 시간 동안 닫혀 있다가 $t = 0$에서 개방된다. $t \geq 0^+$에서

a) $v_o(t)$를 I_g, R_1, R_2, L의 함수로 나타내라.

b) R_2가 점점 더 커질 때 $v_o(t)$의 상태를 설명하라.

c) v_{sw}를 I_g, R_1, R_2, L의 함수로 나타내라.

d) R_2가 점점 더 커질 때 v_{sw}의 상태를 설명하라.

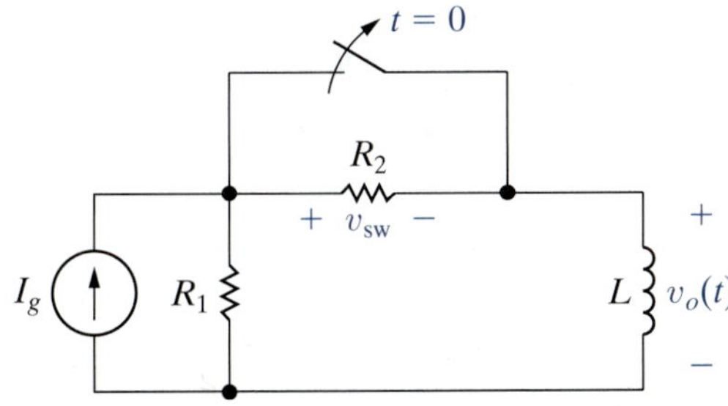

그림 P7.40

7.41 그림 P7.41에서 스위치가 긴 시간 동안 닫혀 있다. 스위치를 갑자기 열었을 때 제법 길게 전기적 아크가 스위치에서 발생하고 동시에 코일 양 단자에 연결된 전압계가 손상되었다. 연습문제 7.40의 회로 해석을 근거로 그 이유를 설명하라.

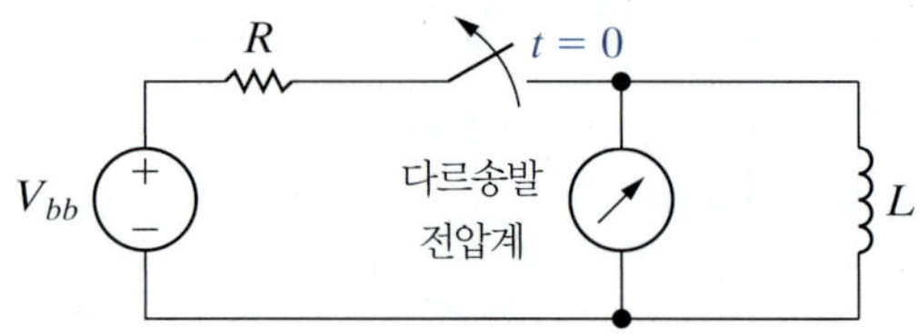

그림 P7.41

7.42 그림 7.20에서 인덕터 단자의 전류와 전압이 다음과 같다.

$$i(t) = (10 - 10e^{-500t})\ \text{A},\ t \geq 0;$$

$$v(t) = 200e^{-500t}\ \text{V},\ t \geq 0^{+}.$$

a) V_s, R, I_o, L의 값을 구하라.

b) 스위치가 닫힌 후, 인덕터에 저장된 에너지가 최종값의 25%에 도달하는 데 걸리는 시간은 몇 밀리초인가?

7.43 a) 그림 7.20에서 테브냉 등가 회로를 노턴 등가 회로로 변환한 후 위쪽 마디에서 나가는 전류를 더하여 인덕터 전압 v에 대한 식 (7.16)을 유도하라.

b) 변수 분리법을 사용하여 식 (7.16)의 해를 구하라. 이 해가 식 (7.15)의 해와 같음을 증명하라.

7.44 PSPICE MULTISIM 그림 P7.44에서 스위치가 긴 시간 동안 열려 있다가 $t = 0$에서 닫힌다. $t \geq 0$에서 $i_o(t)$를 구하라.

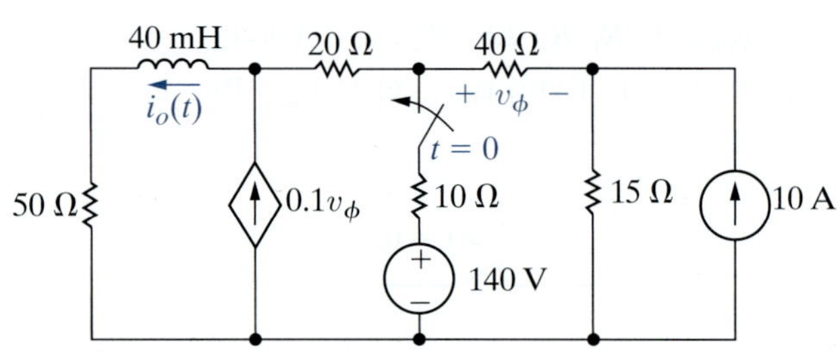

그림 P7.44

7.45 PSPICE MULTISIM 그림 P7.45에서 스위치가 긴 시간 동안 열려 있다가 $t = 0$에서 닫힌다. $t \geq 0^+$에서 $v_o(t)$를 구하라.

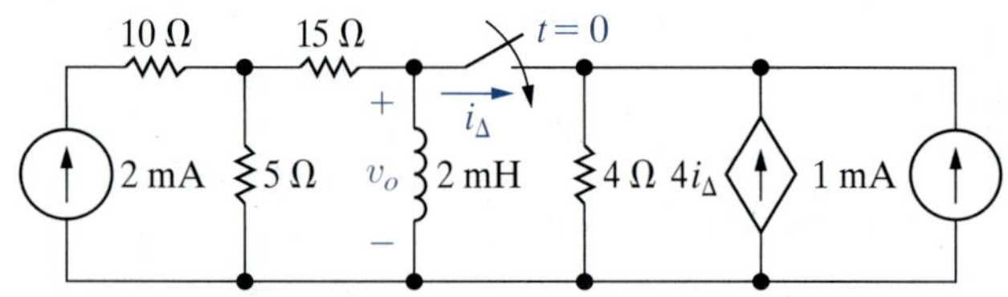

그림 P7.45

7.46 그림 P7.46에서 스위치가 개방될 때 인덕터 L_1, L_2에 저장된 에너지는 없다.

a) $t \geq 0$에서 $i_1(t)$, $i_2(t)$에 대한 식을 유도하라.

b) (a)에서 유도된 식을 이용하여 $i_1(\infty)$, $i_2(\infty)$를 구하라.

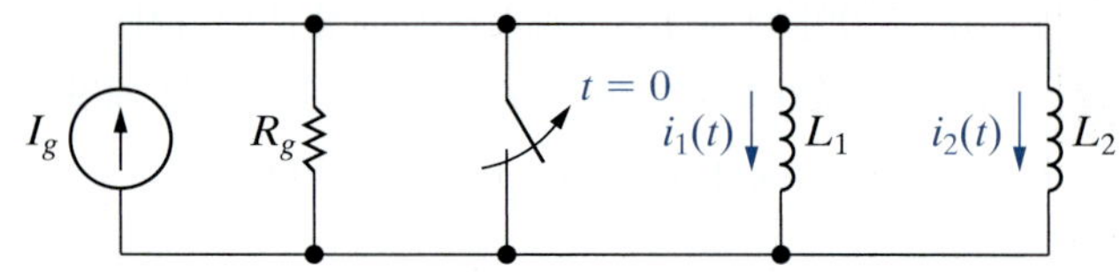

그림 P7.46

7.47 PSPICE MULTISIM 그림 P7.47에서 스위치가 긴 시간 동안 1 위치에 있다가 $t = 0$에서 순간적으로 2 위치로 이동한다. 스위치가 동작한 후 몇 ms 만에 v_o가 100 V와 같아지는가?

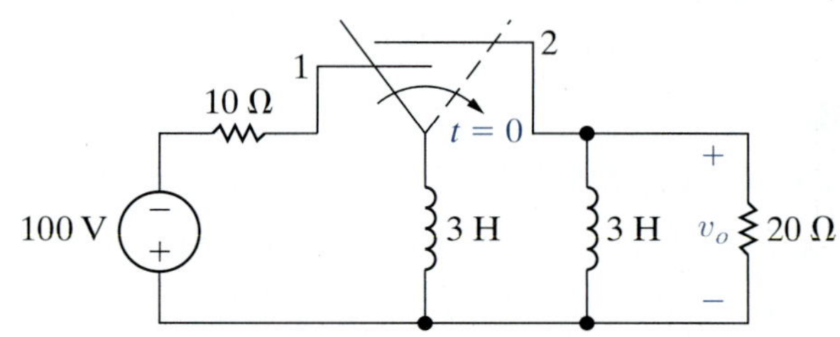

그림 P7.47

7.48 그림 P7.47의 회로에서 다음을 구하라(단위 J).

a) 20 Ω 저항에서 소비된 총에너지

b) 인덕터에 저장된 에너지

c) 인덕터에 저장된 초기 에너지

7.49 PSPICE MULTISIM 그림 P7.49에서 스위치가 긴 시간 동안 열려 있다가 $t = 0$에서 닫힌다. $t \geq 0^+$에서 $v_o(t)$를 구하라.

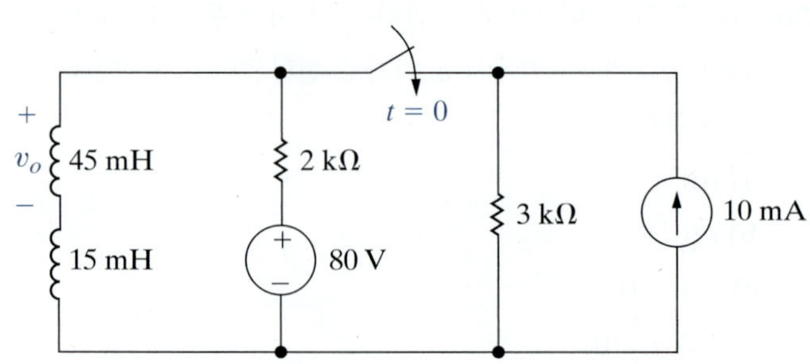

그림 P7.49

7.50 그림 P7.50의 회로에서 분리 전 접속형 스위치가 긴 시간 동안 a 위치에 있다가 $t = 0$에서 순간적으로 b 위치로 이동한다.

PSPICE MULTISIM

a) $t \geq 0^+$에서 $v_o(t)$를 구하라.

b) $t \geq 0$에서 $i_1(t)$를 구하라.

c) $t \geq 0$에서 $i_2(t)$를 구하라.

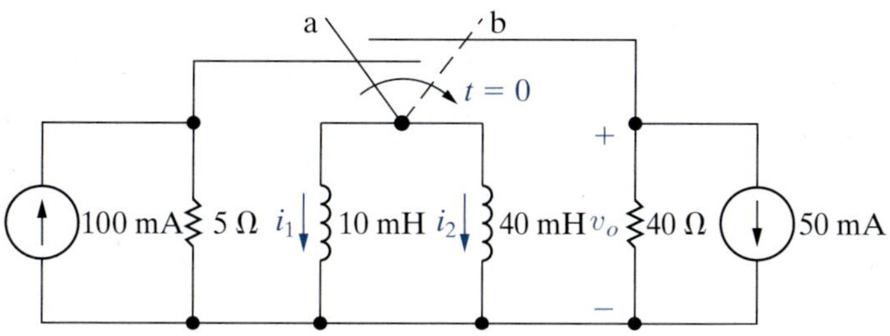

그림 P7.50

7.51 a) 그림 7.29의 회로에서, 160 kΩ 저항의 전압에 대한 식을 구하라. 이 전압을 v_A로 표시하며, 전압의 기준 극성은 160 kΩ 저항의 상단 단자에서 양(positive)이라고 가정한다.

b) (a)에서 유도한 식이 유효한 시간 구간을 명시하라.

7.52 a) 그림 P7.52의 회로에서 스위치가 긴 시간 동안 a 위치에 있다가 $t = 0$에서 순간적으로 b 위치로 이동한다. 커패시터 전압의 초깃값과 최종값, $t \geq 0$에서 시상수 및 커패시터 전압 식을 구하라.

b) 그림 P7.52의 회로에서 스위치가 긴 시간 동안 b 위치에 있다가 $t = 0$에서 순간적으로 a 위치로 이동한다. 커패시터 전압의 초깃값과 최종값, $t \geq 0$에서 시상수 및 커패시터 전압 식을 구하라.

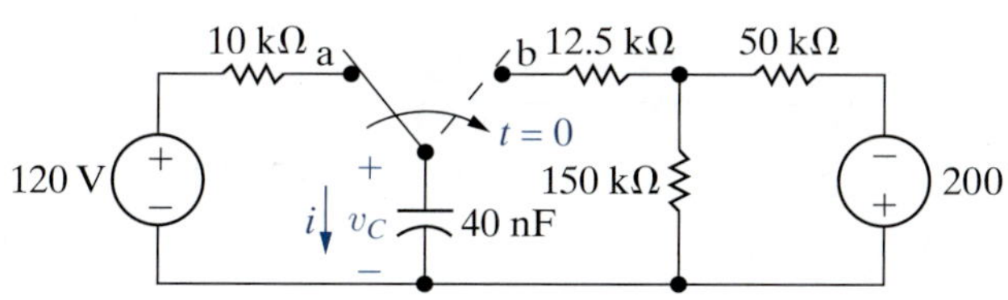

그림 P7.52

7.53 그림 P7.53의 회로가 긴 시간 동안 동작 중이다. $t = 0$에서 전압원은 100 V에서 25 V로 떨어진다. 전류원은 방향을 반대로 바꾼다. $t \geq 0$에서 $v_o(t)$를 구하라.

PSPICE MULTISIM

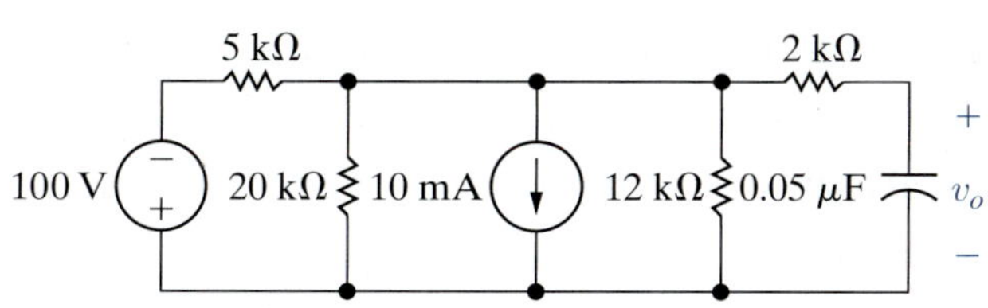

그림 P7.53

7.54 그림 P7.54의 회로에서, 스위치는 긴 시간 동안 열려 있었으며, 커패시터의 초기 충전량은 0이다. $t = 0$에서 스위치가 닫힌다.

PSPICE MULTISIM

a) $t \geq 0^+$에 대한 $i(t)$의 식을 구하라.

b) $t \geq 0^+$에 대한 $v(t)$의 식을 구하라.

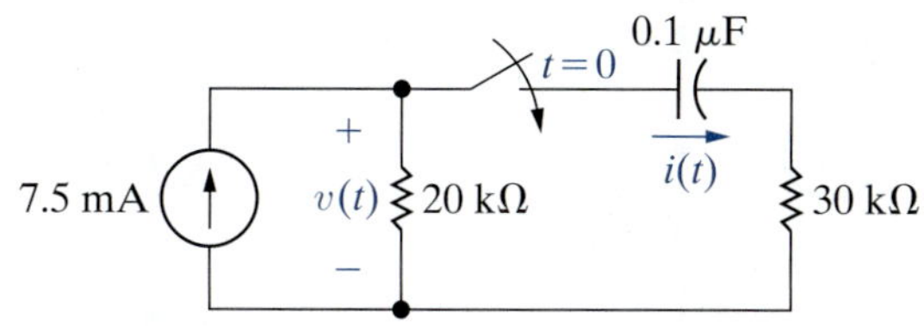

그림 P7.54

7.55 그림 P7.55에서 스위치 1이 긴 시간 동안 a 위치에 있다가 $t = 0$에서 순간적으로 b 위치로 이동하며, 그 순간 스위치 2가 열린다. $t \geq 0$에서 $v_o(t)$를 구하라.

PSPICE MULTISIM

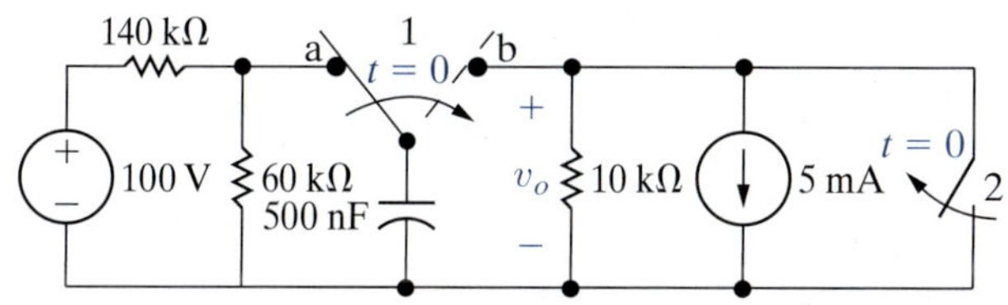

그림 P7.55

7.56 그림 P7.56에서 스위치가 긴 시간 동안 a 위치에 있다가 $t = 0$에서 b 위치로 이동한다. 다음을 계산하라.

PSPICE MULTISIM

a) 커패시터의 초기 전압

b) 커패시터의 최종 전압

c) $t = 0$일 때 시상수(ms)

d) 스위치가 b 위치로 이동한 후, 커패시터 전압이 0에 도달하는 데 필요한 시간(ms)

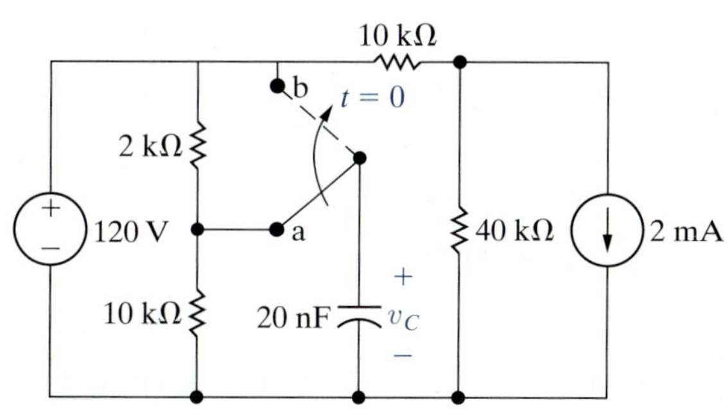

그림 P7.56

7.57 PSPICE MULTISIM 그림 P7.57에서 스위치가 긴 시간 동안 a 위치에 있다가 $t = 0$에서 순간적으로 b 위치로 이동한다. $t \geq 0^+$에서 $v_o(t)$와 $i_o(t)$를 구하라.

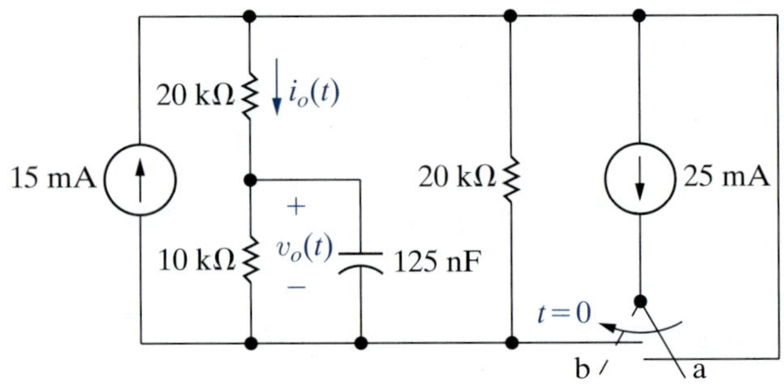

그림 P7.57

7.58 그림 7.28의 회로에서 커패시터 양단의 전류와 전압이 다음과 같다.

$$i(t) = 50e^{-2500t} \text{ mA}, \quad t \geq 0^+;$$

$$v(t) = (80 - 80e^{-2500t}) \text{ V}, \quad t \geq 0.$$

a) I_s, V_o, R, C, τ를 구하라.

b) 스위치가 닫히고 나서 얼마 후(ms)에 커패시터에 저장되는 에너지가 최종값의 64%에 이르는가?

7.59 a) 부록 H의 소자 값을 이용하고 한 개의 커패시터와 필요하다면 저항 회로를 이용하여 2 ms의 시상수를 갖는 1계 *RC* 회로(그림 7.28 참조)를 그려라.

b) (a)에서 사용한 커패시터의 초기 전압 강하가 −40 V이고, $t = 0$에서 100 mA의 전류원에 커패시터와 등가저항이 스위치에 의해 병렬로 연결된다. $t \geq 0$에서 커패시터의 단자 전압의 식을 구하라.

c) (b)에서 얻은 결과를 이용하여 커패시터의 단자 전압이 0 V에 도달하는 데 걸리는 시간을 구하라.

7.60 a) 먼저 그림 7.28의 노턴 등가 회로를 테브냉 등가 회로로 변환한 후 폐회로의 전압을 더하여 커패시터 전류 i에 대한 식 (7.17)을 유도하라.

b) 변수 분리법을 이용하여 식 (7.17)의 해를 구하라. 이 해가 식 (7.22)와 일치함을 증명하라.

7.61 PSPICE MULTISIM 그림 P7.61에서 스위치가 긴 시간 동안 닫혀 있다가 $t = 0$에서 개방된다. 스위치가 개방된 후 몇 ms 만에 커패시터에 저장된 에너지가 최종값의 90%에 도달하는가?

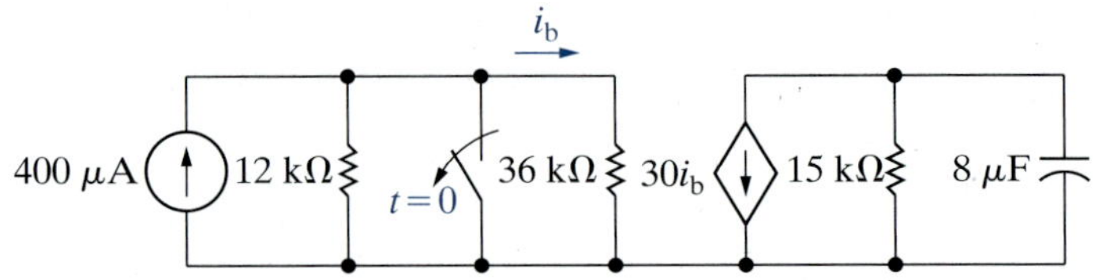

그림 P7.61

7.62 PSPICE MULTISIM 그림 P7.62에서 스위치가 긴 시간 동안 OFF 위치에 있다가 $t = 0$에서 순간적으로 ON 위치로 이동한다. $t \geq 0$에서 $v_o(t)$를 구하라.

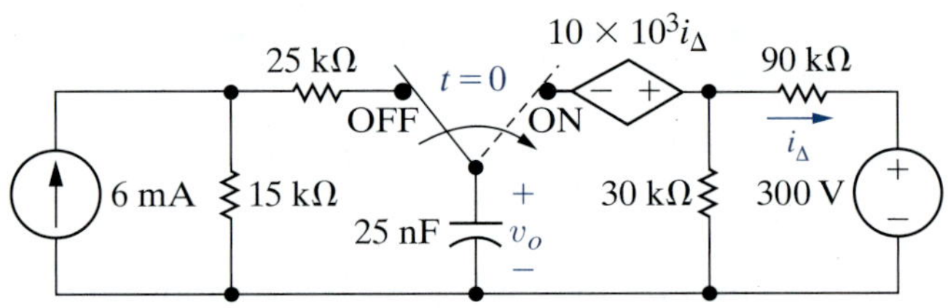

그림 P7.62

7.63 PSPICE MULTISIM 그림 P7.62에서 스위치가 긴 시간 동안 ON 위치에 있다가 $t = 0$에서 순간적으로 OFF 위치로 이동한다. $t \geq 0$에서 $v_o(t)$를 구하라.

7.64 그림 P7.64에서 스위치가 닫히는 순간에 커패시터 C_1과 C_2에 저장된 에너지는 없다.

a) $t \geq 0$에서 $v_1(t)$, $v_2(t)$의 식을 유도하라.

b) (a)에서 유도한 식을 이용하여 $v_1(\infty)$, $v_2(\infty)$를 구하라.

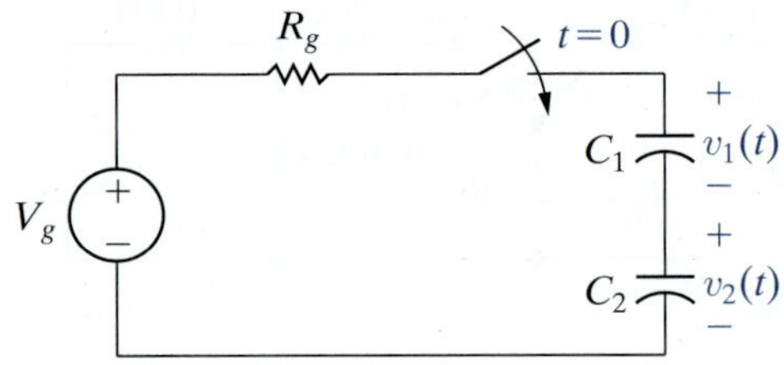

그림 P7.64

7.65 PSPICE MULTISIM 그림 P7.65에서 스위치가 긴 시간 동안 a 위치에 있다가 $t = 0$에서 순간적으로 b 위치로 이동한다. $t \geq 0^+$에서 다음을 구하라.

a) $v_o(t)$ b) $i_o(t)$

c) $v_1(t)$ d) $v_2(t)$

e) $t \to \infty$일 때 커패시터에 저장된 에너지

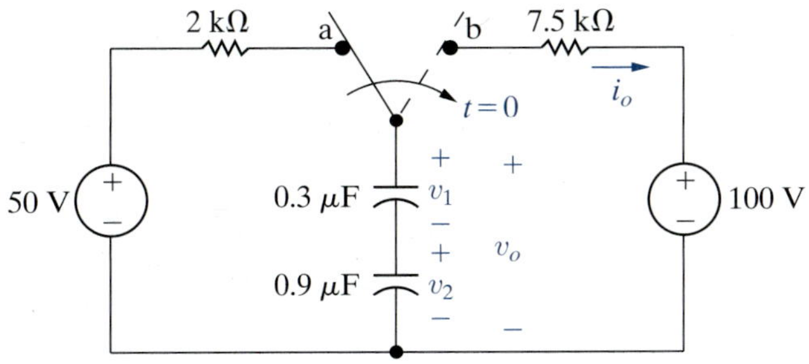

그림 P7.65

7.66 그림 P7.66에서 스위치가 긴 시간 동안 x 위치에 있다. 40 nF 커패시터의 초기 전하는 0이다. $t = 0$에서 스위치가 순간적으로 y 위치로 이동한다.

a) $t \geq 0^+$에서 $v_o(t)$를 구하라.

b) $t \geq 0$에서 $v_1(t)$를 구하라.

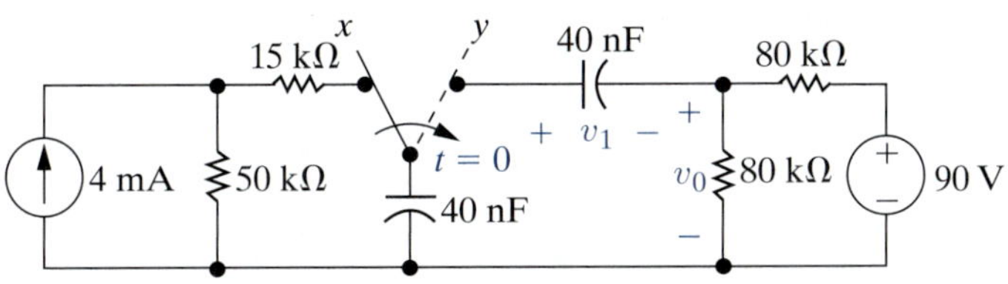

그림 P7.66

7.4절

7.67 예제 7.10에서 상호 인덕턴스가 0일 때 (a), (b)를 반복하라.

7.68 PSPICE MULTISIM 스위치가 닫히는 순간에 그림 P7.68의 회로에 저장된 에너지는 0이다.

a) $t \geq 0$에서 $i(t)$를 구하라.

b) $t \geq 0^+$에서 $v_1(t)$를 구하라.

c) $t \geq 0$에서 $v_2(t)$를 구하라.

d) 위의 값들이 이치에 맞는가?

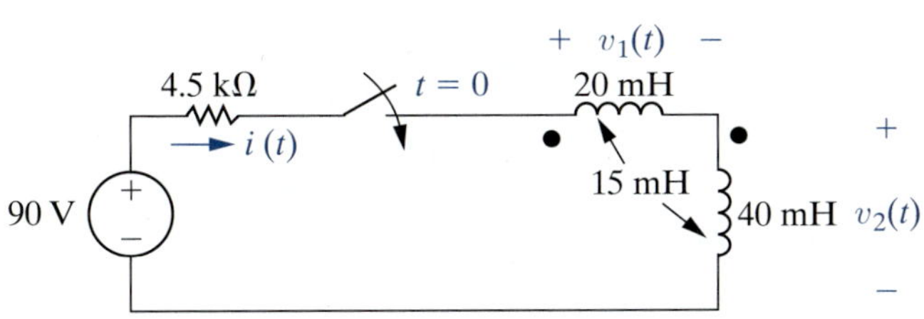

그림 P7.68

7.69 PSPICE MULTISIM 40 mH 코일의 도트가 코일의 하단에 있을 때 연습문제 7.68을 반복하라.

7.70 PSPICE MULTISIM 그림 P7.70의 회로에서 스위치가 닫히는 순간에 저장된 에너지는 0이다.

a) $t \geq 0$에서 $i_o(t)$를 구하라.

b) $t \geq 0^+$에서 $v_o(t)$를 구하라.

c) $t \geq 0$에서 $i_1(t)$를 구하라.

d) $t \geq 0$에서 $i_2(t)$를 구하라.

e) 위의 값들이 이치에 맞는가?

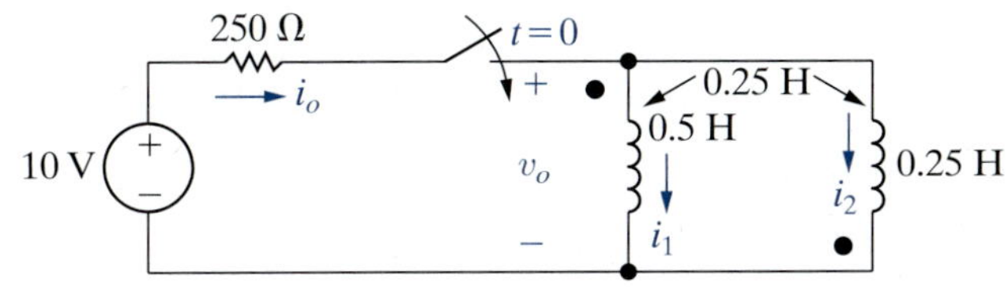

그림 P7.70

7.71 스위치가 닫히는 순간에 그림 P7.71의 회로에 저장된 에너지는 0이다.

a) $t \geq 0$에서 $i_o(t)$를 구하라.

b) $t \geq 0^+$에서 $v_o(t)$를 구하라.

c) $t \geq 0$에서 $i_1(t)$를 구하라.

d) $t \geq 0$에서 $i_2(t)$를 구하라.

e) 위의 값들이 이치에 맞는가?

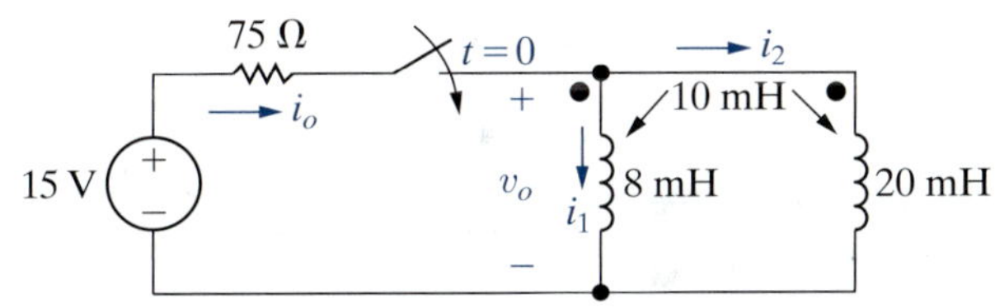

그림 P7.71

7.5절

7.72 PSPICE MULTISIM 그림 P7.72의 회로에서 두 개의 스위치 동작이 다음과 같다. $t < 0$일 때 스위치 1이 a 위치에 있고 스위치 2는 개방되어 있다. 이 상태가 긴 시간 동안 지속되다가 $t = 0$에서 스위치 2는 계속 개방되어 있고, 스위치 1이 순간적으로 a 위치에서 b 위치로 이동한다. 스위치 1이 동작한 후 10 ms 지나 스위치 2가 닫힌 채 10 ms 동안 있다가 열린다. 스위치 1이 b 위치로 이동한 후 25 ms 지났을 때 v_o를 구하라.

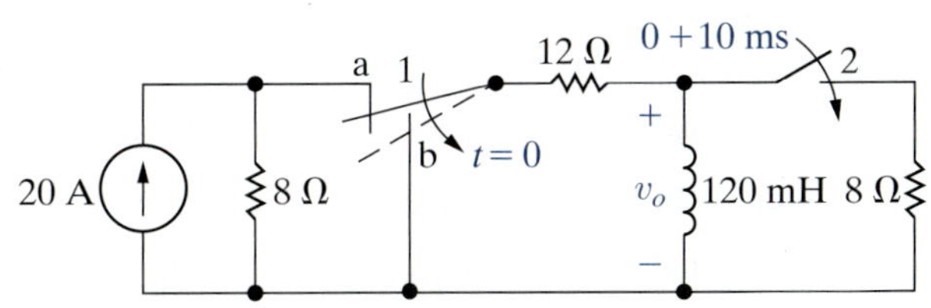

그림 P7.72

7.73 그림 P7.72의 회로에서 스위치 1이 b 위치로 이동한 후 몇 ms 만에 인덕터에 저장된 에너지가 초기에 저장된 에너지의 4%가 되는가?

7.74 PSPICE MULTISIM 그림 P7.74의 회로에서 스위치 a는 긴 시간 동안 열려 있었고, 스위치 b는 긴 시간 동안 닫혀 있었다. $t = 0$에서 스위치 a는 닫히며, 1초 동안 닫힌 상태로 유지되다가 다시 열린다. 스위치 b도 $t = 1$에서 동시에 열리며, 이후 두 스위치는 무한히 열린 상태로 유지된다. 인덕터 전류 i의 수식을 구하라.

a) $0 \leq t \leq 1$ s

b) $t \geq 1$ s

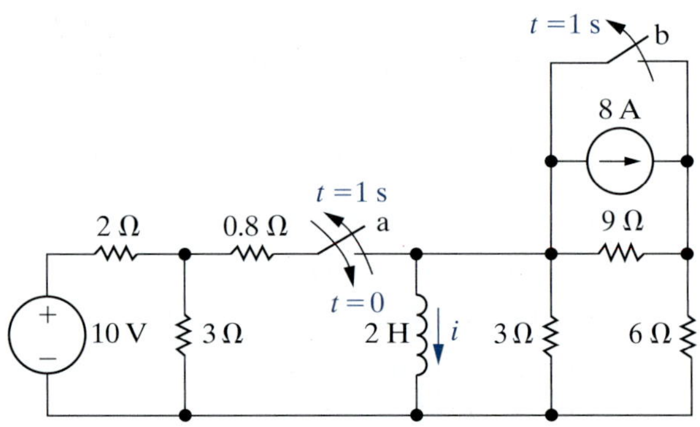

그림 P7.74

7.75 PSPICE MULTISIM 그림 P7.75에서 스위치가 긴 시간 동안 a 위치에 있다가 $t = 0$에서 b 위치로 이동하여 0.1 ms 동안 머무른 후 c 위치로 이동한다. 다음을 구하라.

a) $i(0^+)$

b) $i(25\ \mu s)$

c) $i(200\ \mu s)$

d) $v(100^-\ \mu s)$

e) $v(100^+\ \mu s)$

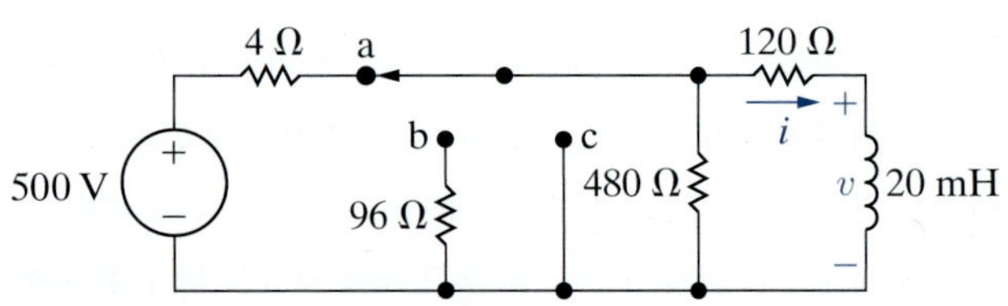

그림 P7.75

7.76 PSPICE MULTISIM 그림 P7.76의 회로에서 커패시터가 494.6 V로 충전되었다. $t = 0$에서 스위치 1이 닫히면서 저항으로 전하가 방전된다. 스위치 2는 스위치 1이 닫힌 후 50 μs 지나 닫힌다. 스위치 1이 닫힌 후 100 μs 지났을 때 스위치 2에서 전류의 크기와 방향을 구하라.

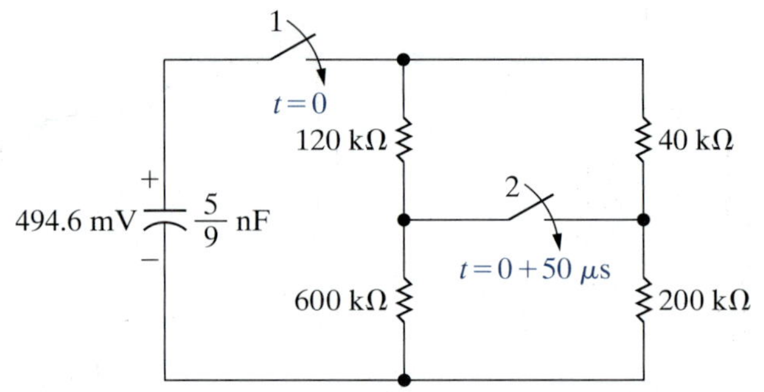

그림 P7.76

7.77 PSPICE MULTISIM 그림 P7.77의 회로에서 스위치 1이 $t = 0$에서 닫힐 때 커패시터에는 저장된 에너지가 없다. 스위치 2가 2.5 ms 후에 닫힌다. $t \geq 0$에서 $v_o(t)$를 구하라.

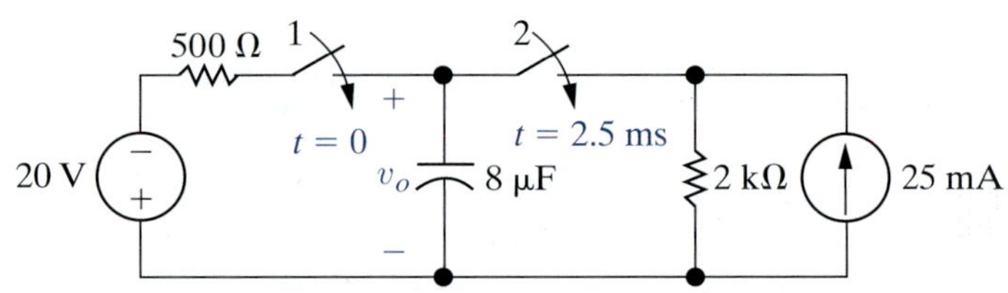

그림 P7.77

7.78 그림 P7.78에서 긴 시간 동안 스위치 1이 a 위치에 있고 스위치 2는 닫혀 있다가 $t = 0$에서 스위치 1이 순간적으로 b 위치로 이동한다. 200 μs 후에 스위치 2는 개방되어 그 상태로 600 μs 동안 있다가 다시 닫힌다. 스위치 1이 단자 b에 접촉한 후 1 ms에서 v_o를 구하라.

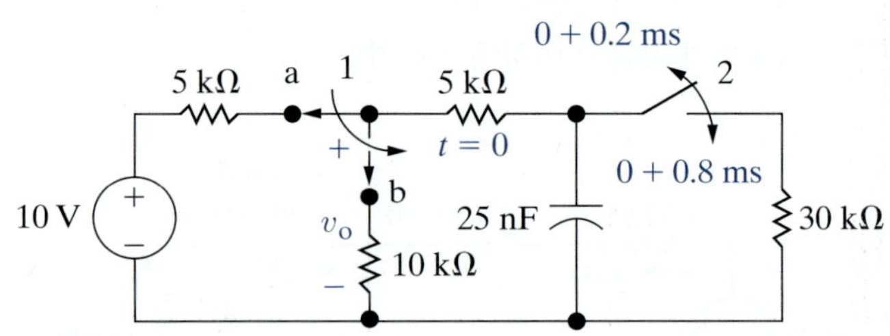

그림 P7.78

7.79 PSPICE MULTISIM 그림 P7.78의 회로에서 25 nF 커패시터에 저장된 초기 에너지의 몇 %가 30 kΩ 저항에서 소비되는가?

7.80 PSPICE MULTISIM 그림 P7.80에서 스위치가 긴 시간 동안 a 위치에 있다가 $t = 0$에서 순간적으로 b 위치로 이동한다. 다시 5 s 후에 순간적으로 c 위치로 이동한다. $t \geq 0$에서 v_o를 구하라.

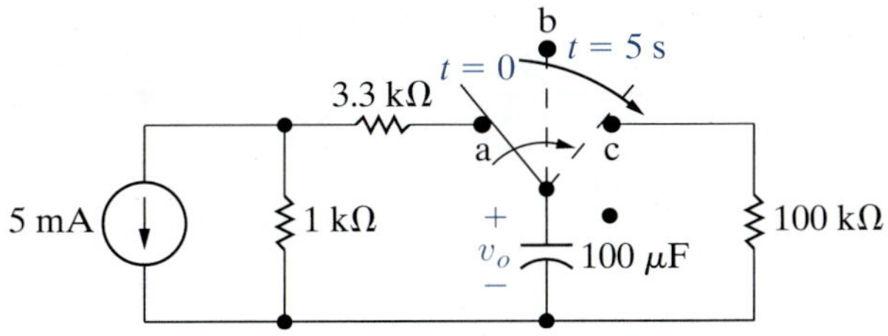

그림 P7.80

7.81 PSPICE MULTISIM 그림 P7.81(a)의 전압 파형이 그림 P7.81(b)의 회로에 공급된다. 인덕터의 초기 전류는 0이다.

a) $v_o(t)$를 구하라.

b) 시간 t에 대해 $v_o(t)$의 그래프를 그려라.

c) $t = 5$ ms에서 i_o를 구하라.

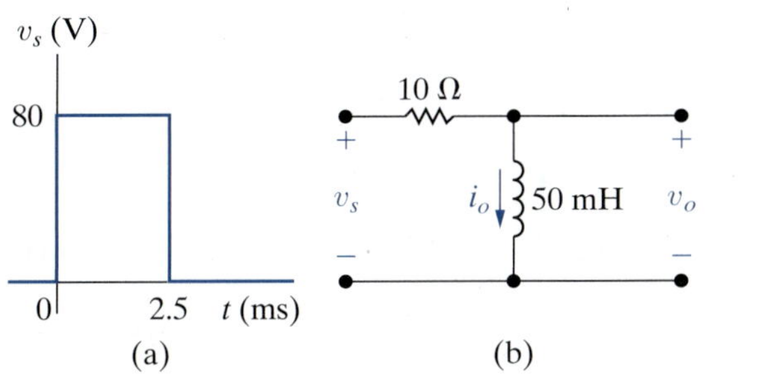

그림 P7.81

7.82 PSPICE MULTISIM 그림 P7.82(a)의 회로에서 전류원은 그림 P7.82(b)의 전류 펄스를 발생시킨다. $t = 0$에서 저장된 에너지는 없다.

a) 시구간 $t < 0$, $0 \le t \le 25\ \mu$s, $25\ \mu s \le t \le \infty$에서 $v_o(t)$의 식을 유도하라.

b) $v_o(25^-\ \mu s)$, $v_o(25^+\ \mu s)$를 계산하라.

c) $i_o(25^-\ \mu s)$, $i_o(25^+\ \mu s)$를 계산하라.

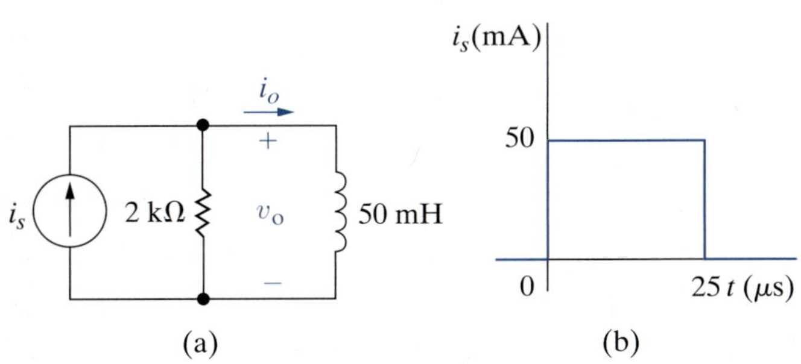

그림 P7.82

7.83 PSPICE MULTISIM 그림 P7.83(a)의 전압 파형이 그림 P7.83(b)의 회로에 공급된다. 커패시터의 초기 전압은 0이다.

a) $v_o(t)$를 구하라.

b) 시간 t에 대해 $v_o(t)$의 그래프를 그려라.

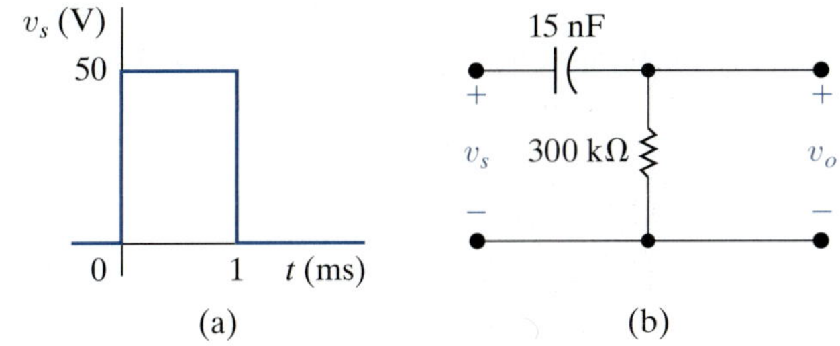

그림 P7.83

7.84 PSPICE MULTISIM 그림 P7.84(a)의 전압 신호원이 그림 P7.84(b)의 신호를 발생시킨다. $t = 0$에서 저장된 에너지가 없다.

a) 시구간 $t < 0$, $0 \le t \le 10$ ms, $10\ ms \le t \le 20$ ms, $20\ ms \le t < \infty$에서 $v_o(t)$의 식을 유도하라.

b) 같은 좌표축에 v_o와 v_s를 그려라.

c) $R = 10\ k\Omega$일 때 (a), (b)를 반복하라.

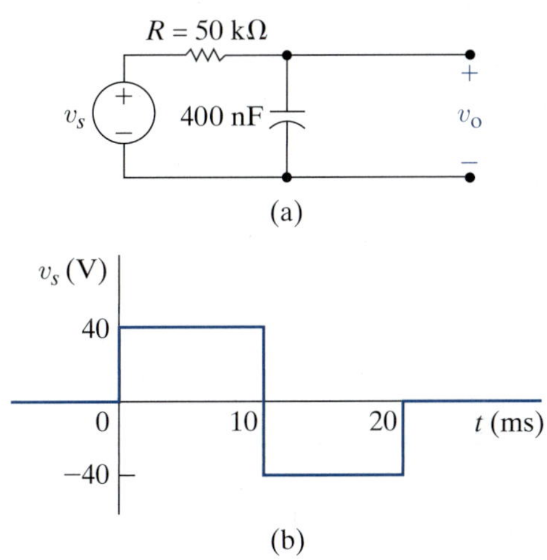

그림 P7.84

7.85 그림 P7.85의 회로는 미리 정해진 시간 동안 a와 b 사이의 스위치를 닫는 데 사용된다. 전기 릴레이는 릴레이 코일에 걸리는 전압이 12 V를 초과하면 그 접촉대(contact arms)를 아래로 내리고, 코일 전압이 12 V가 되면 기계적 스프링 작용에 의해 릴레이 접촉대가 초기 위치로 돌아간다. a와 b 사이의 스위치는 초기에 누름 버튼을 잠시 누름으로써 닫힌다. 커패시터는 누름 버튼이 처음에 눌렸을 때 완전히 충전되어 있다고 가정한다. 릴레이 코일의 저항은 40 kΩ이고, 코일의 인덕턴스는 무시될 정도이다.

a) a와 b 사이의 스위치는 얼마 동안 닫힌 상태를 유지하는가?

b) 릴레이 접촉대가 처음에 개방된 시간부터 커패시터가 완전히 충전될 때까지 i의 식을 작성하라.

c) a와 b 사이의 회로가 단속(interrupt)된 후 몇 ms 만에 커패시터 전압이 그 최종값의 75%에 도달하는가?

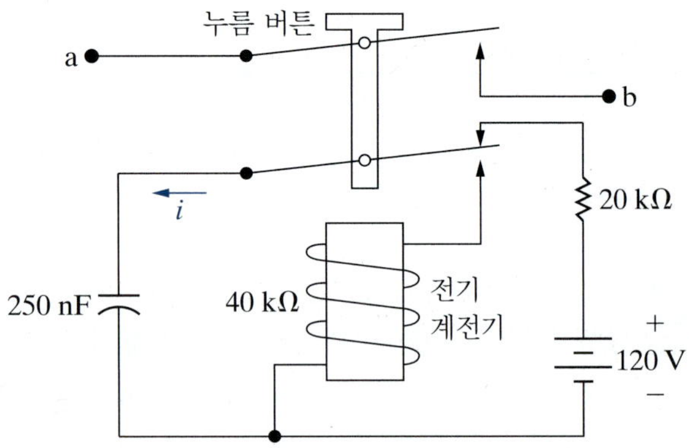

그림 P7.85

7.6절

7.86 PSPICE MULTISIM 그림 P7.86에서 스위치가 긴 시간 동안 닫혀 있다. 16 nF 커패시터의 최대 전압 정격이 930 V이다. 스위치가 열린 후 얼마 만에 커패시터에 걸리는 전압이 최대 전압 정격에 도달하는가?

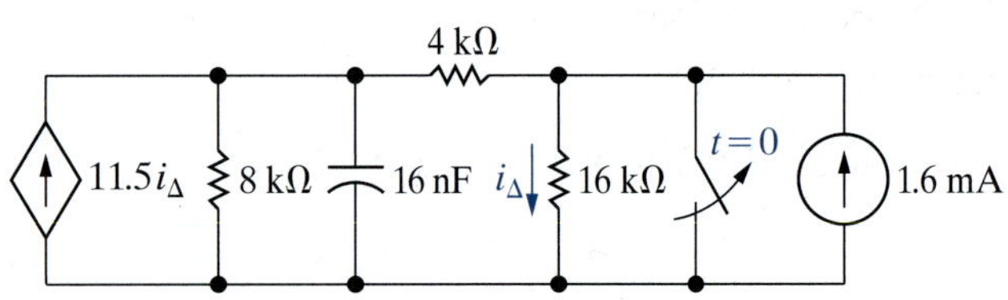

그림 P7.86

7.87 PSPICE MULTISIM 그림 P7.87의 회로에서 인덕터 전류가 스위치가 개방된 순간에 25 mA이다. 인덕터는 인덕터 전류의 크기가 5 A 이상이면 오동작한다. 스위치가 개방된 후 얼마 만에 인덕터가 오동작을 하는가?

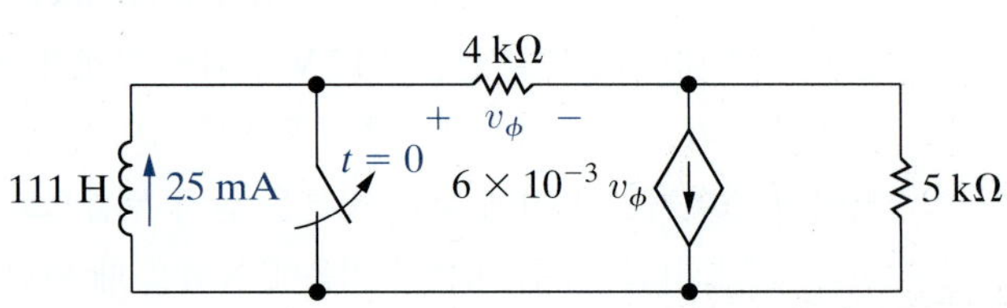

그림 P7.87

7.88 PSPICE MULTISIM 그림 P7.88의 회로에서 커패시터가 스위치가 닫히는 순간에 20 V로 충전되어 있다. 단자 전압이 20 kV 이상일 때 커패시터가 파괴된다면 얼마 만에 커패시터가 파괴되는가?

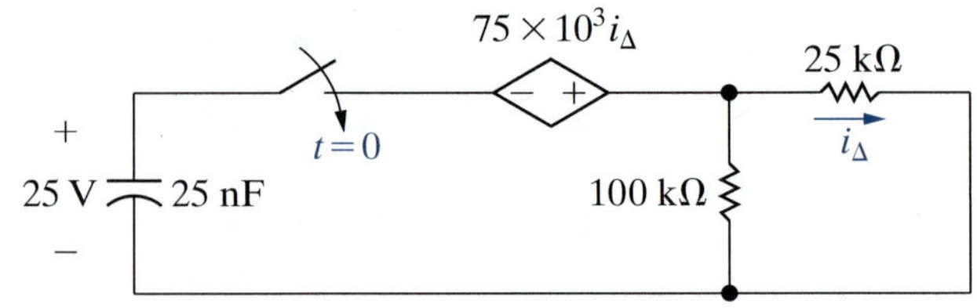

그림 P7.88

7.89 PSPICE MULTISIM 그림 P7.89에서 간극(gap)의 전압이 30 kV에 도달하면 아크가 발생한다. 인덕터의 초기 전류는 0이다. β값은 인덕터 단자에서 본 테브냉 등가 저항이 −4 kΩ이 되도록 조절된다.

a) β값은 얼마인가?

b) 스위치가 닫힌 후 몇 ms가 지나 간극에서 아크가 발생하는가?

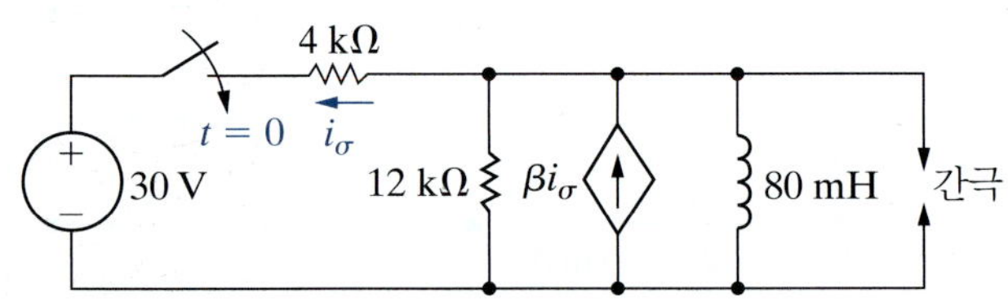

그림 P7.89

7.7절

7.90 PSPICE MULTISIM 그림 P7.90의 회로에서 스위치가 위치 a에 연결될 때 커패시터에 저장된 에너지는 없는 상태라고 가정한다. 스위치는 32 ms 동안 위치 a에 머물다가, 이후 순간적으로 위치 b로 전환된다. 이때 스위치가 위치 a에 접촉한 후 몇 밀리초가 경과하면 연산 증폭기가 포화 상태에 도달하는가?

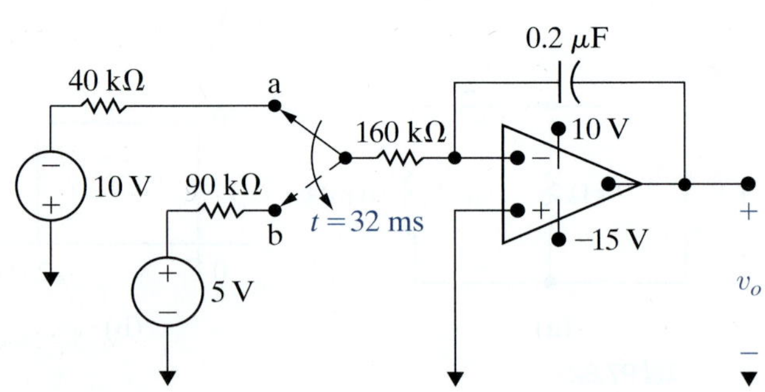

그림 P7.90

7.91 PSPICE MULTISIM 그림 P7.91의 회로에서 스위치가 닫힐 때 커패시터에는 저장된 에너지가 없는 상태라고 가정한다. 이때 연산 증폭기가 포화 상태에 도달하는데 걸리는 시간은 얼마인가?

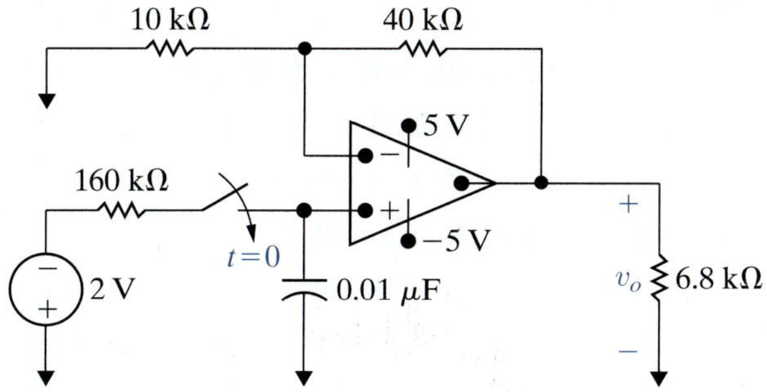

그림 P7.91

7.92 PSPICE MULTISIM 연습문제 7.91을 반복하되, 커패시터의 초기 전압이 1 V이고, 상단 단자가 양(positive)임을 가정하라.

7.93 PSPICE MULTISIM 그림 P7.93(a)의 전압원이 그림 P7.93(b)의 삼각 파형을 발생시킨다. 커패시터에 저장된 에너지가 $t = 0$에서 0이고, 연산 증폭기는 이상적이라 가정한다.

a) 다음 시구간에서 $v_o(t)$에 대한 식을 유도하라: $0 \le t \le 5\,\mu s$, $5\,\mu s \le t \le 15\,\mu s$, $15\,\mu s \le t \le 20\,\mu s$.

b) 0과 20 μs 사이의 출력 파형을 그려라.

c) 삼각파 입력 전압이 $t > 20\,\mu s$에서 계속 반복되면 출력 전압은 어떻게 되는지 설명하라.

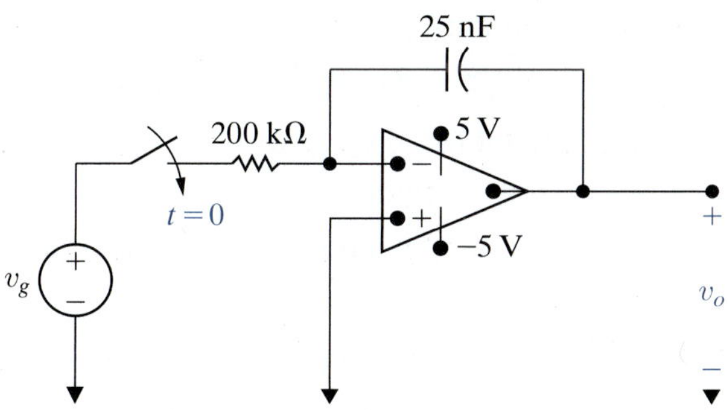

(a)

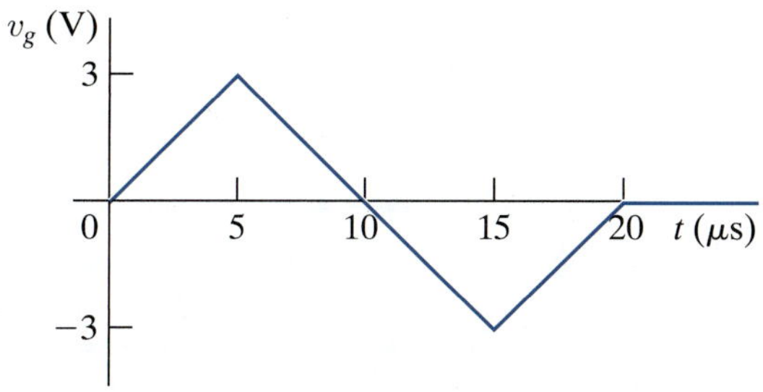

(b)

그림 P7.93

7.94 PSPICE MULTISIM 그림 P7.94(a)의 전압 펄스가 그림 P7.94(b)의 이상적인 적분 증폭기에 공급된다. 다음의 시구간에서 $v_o(0) = 0$일 때 $v_o(t)$의 식을 유도하라.

a) $t < 0$ b) $0 \le t \le 50$ ms
c) $50\text{ ms} \le t \le 100$ ms d) $100\text{ ms} \le t$

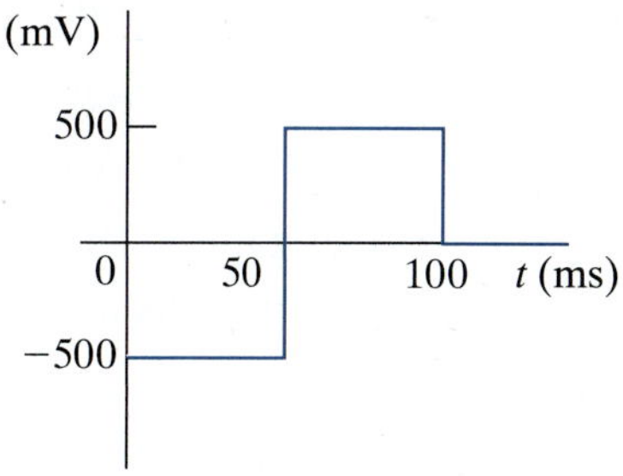

(a)

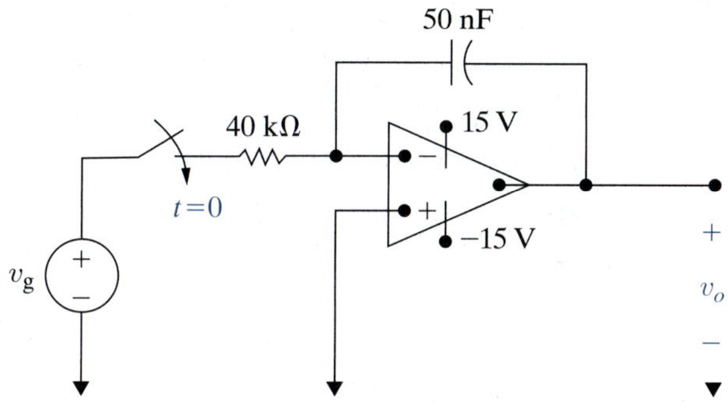

(b)

그림 P7.94

7.95 PSPICE MULTISIM 4 MΩ 저항을 50 nF 되먹임 커패시터와 병렬로 연결하고 연습문제 7.94를 반복하라.

7.96 PSPICE MULTISIM 그림 P7.96의 회로에서 두 개의 스위치가 닫히는 순간에 커패시터에는 저장된 에너지가 없고, 연산 증폭기는 이상적이다.

a) v_a, v_b, R, C의 함수로 v_o를 나타내라.

b) (a)에서 얻은 결과를 근거로 회로의 동작을 기술하라.

c) $v_a = 10$ mV, $v_b = 60$ mV, $R = 40\ \text{k}\Omega$, $C = 25$ nF, $V_{CC} = 12$ V일 때 얼마 만에 증폭기가 포화되는가?

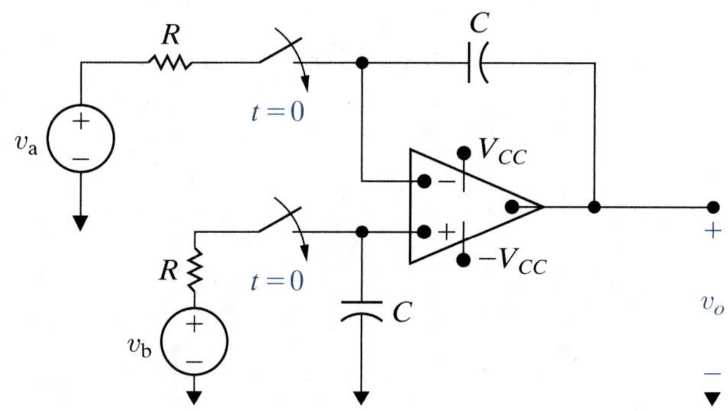

그림 P7.96

7.1~7.7절

7.97 PSPICE MULTISIM 그림 P7.97의 회로는 비안정 멀티바이브레이터(astable multivibrator)로 펄스 회로에 광범위하게 사용된다. 이 문제의 목적은 커패시터의 충전과 방전을 회로의 동작에 연관짓는 것이다. 회로를 해석하기 위한 열쇠는 이상적인 트랜지스터 스위치 T_1, T_2의 동작을 이해하는 것이다. 회로는 스위치가 자동으로 ON, OFF를 교대로 바꾸도록 설계되어 있다. T_1이 OFF일 때 T_2는 ON이고, 또는 그 반대가 된다. 이와 같이 이 회로를 해석할 때 스위치는 ON 또는 OFF 상태로 가정한다. 또한 이상적인 트랜지스터 스위치는 그 상태가 순간적으로 변할 수 있다고 가정한다. 즉 OFF가 ON으로 또는 그 반대로 변할 수 있다. 트랜지스터 스위치가 ON일 때 (1) 베이스(base) 전류 i_b는 0보다 크고, (2) 단자 전압 v_{be}는 0, (3) 단자 전압 v_{ce}는 0이다. 이와 같이 트랜지스터 스위치가 ON일 때 단자 b, e 그리고 c, e 사이는 단락 회로가 된다. 트랜지스터 스위치가 OFF일 때 (1) 단자 전압 v_{be}는 음(−), (2) 베이스 전류는 0, (3) 단자 c, e 사이는 개방 회로가 된다. 이와 같이 트랜지스터 스위치가 OFF일 때 단자 b, e 그리고 c, e 사이는 개방 회로가 된다. T_2가 ON이었다가 바로 OFF로 변하고, T_1은 OFF이었다가 바로 ON으로 변한다고 가정한다. 이 순간에 C_2는 공급 전압 V_{CC}로 충전되고, C_1의 전하는 0으로 가정한다. 또한 $C_1 = C_2$, $R_1 = R_2 = 10R_L$로 가정한다.

a) T_2가 OFF인 구간 동안 v_{be2}의 식을 유도하라.
b) T_2가 OFF인 구간 동안 v_{ce2}의 식을 유도하라.
c) T_2가 OFF인 시구간을 구하라.
d) T_2가 OFF인 구간의 끝에서 v_{ce2}의 값을 구하라.
e) T_2가 OFF인 구간 동안 i_{b1}의 식을 유도하라.
f) T_2가 OFF인 구간의 끝에서 i_{b1}의 값을 구하라.
g) T_2가 OFF인 구간 동안 v_{ce2} 대 t의 관계를 그려라.
h) T_2가 OFF인 구간 동안 i_{b1} 대 t의 관계를 그려라.

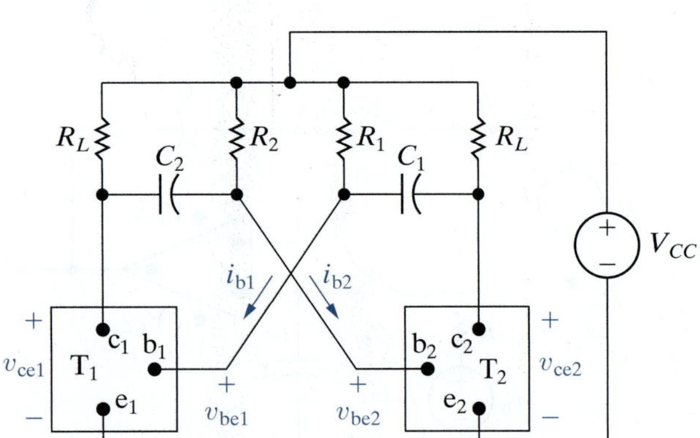

그림 P7.97

7.98 그림 P7.97의 회로에서 소자 값은 $V_{CC} = 9$ V, $R_L = 3$ kΩ, $C_1 = C_2 = 2$ nF, $R_1 = R_2 = 18$ kΩ이다.

a) 1사이클 동작 중 T_2가 얼마나 OFF 상태에 있는가?
b) 1사이클 동작 중 T_2가 얼마나 ON 상태에 있는가?
c) T_1에 대해 (a)를 반복하라.
d) T_1에 대해 (b)를 반복하라.
e) T_1이 처음으로 ON된 순간에 i_{b1}의 값은 얼마인가?
f) T_1이 처음으로 OFF된 순간에 i_{b1}의 값은 얼마인가?
g) T_2가 ON되기 바로 전 순간에 v_{ce2}의 값은 얼마인가?

7.99 $C_1 = 3$ nF, $C_2 = 2.8$ nF일 때 연습문제 7.98을 반복하라. 다른 소자 값은 동일하다.

7.100 PSPICE MULTISIM 그림 P7.97의 비안정 멀티바이브레이터 회로는 다음의 조건을 만족시킨다: (1) 각 트랜지스터 스위치는 각 사이클 중 50 μs 동안 ON 상태, 75 μs 동안 OFF 상태이다, (2) $R_L = 5$ kΩ, (3) $V_{CC} = 12$ V, (4) $R_1 = R_2$, (5) $2R_L \le R_1 \le 20R_L$이다. 커패시터 C_1, C_2에 대한 한계 값은 얼마인가?

7.101 PSPICE MULTISIM 그림 P7.101의 회로는 단안정 멀티바이브레이터(monostable multivibrator)이다. 단안정은 회로가 한 개의 안정 상태를 가짐을 의미한다. 즉 그냥 놔두면 전자 스위치 T_2는 ON, T_1은 OFF로 있게 된다(이상적인 트랜지스터 스위치의 동작은 연습문제 7.97에서 기술된다). T_2는 스위치 S를 잠시 닫으면 OFF로 변한다. S가 개방 위치로 돌아가면 T_2는 ON 상태로 돌아간다.

a) T_2가 ON이면 T_1은 OFF이고 그 상태에 머물러 있음을 보여라.
b) S를 잠시 닫으면 T_2가 OFF로 되는 이유를 설명하라.
c) T_2가 $(RC \ln 2)$ s 동안 OFF에 머물러 있음을 보여라.

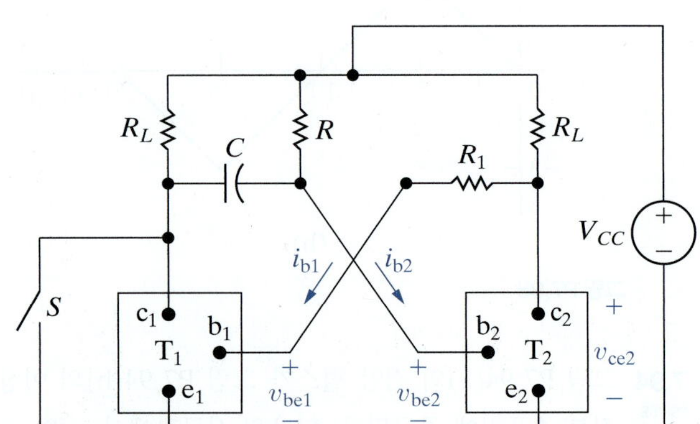

그림 P7.101

7.102 그림 P7.101의 회로에서 파라미터가 $V_{CC} = 12$ V, $R_1 = 8\,\text{k}\Omega$, $R_L = 40\,\text{k}\Omega$, C = 100 pF, $R = 36{,}067\,\Omega$이다.

a) S를 잠시 닫은 후 회로가 안정 상태에 도달할 때까지 S는 열린 상태로 남아 있다고 가정하고 v_{ce2} 대 t의 관계를 그려라. S는 $t = 0$에서 닫힌다. 구간 $-2 \le t \le 5\,\mu$s에서 그려라.

b) i_{b2} 대 t의 관계에 대해 (a)를 반복하라.

7.103 그림 P7.103에서 계전기(relay) 전류가 0.35 A보다 크면 계전기가 12 V 직류 발전기를 직류 버스(dc bus)에 연결한다. 계전기 전류가 0.35 A보다 작아지면 스프링-부하 계전기(spring-loaded relay)가 즉시 직류 버스를 12 V 예비 배터리에 연결한다. 계전기 권선의 저항은 30 Ω이다. 계전기 권선의 인덕턴스를 결정하려 한다.

a) 12 V dc 발전기를 구동하는 주 모터가 갑자기 느려지면 발전 전압이 9 V로 떨어지게 된다고 가정한다. 예비 배터리를 0.1초 내에 직류 버스에 연결하기 위해 필요한 L의 값은 얼마인가?

b) (a)에서 결정된 L의 값을 이용하여 발전 전압이 갑자기 0으로 떨어지면 계전기가 동작하는 데 얼마나 걸리는가?

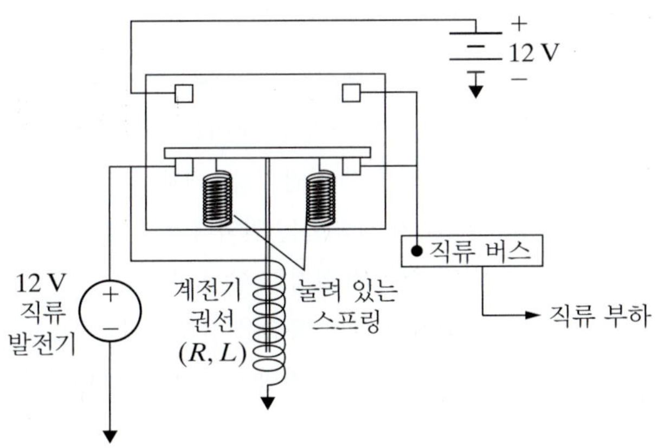

그림 P7.103

7.104 PRACTICAL PERSPECTIVE 커패시터는 그 전압이 전원 전압 V_s의 75%에 이르면 방전한다고 가정하고, 주어진 R과 C의 값에서 심장박동률(beat/min)을 구하라. 편의를 위해 실제 응용에서 구한 식을 다시 나타낸다.

$$H = \frac{60}{-RC\ \ln\ 0.25} \quad \text{[분당 심박 수]}$$

7.105 PRACTICAL PERSPECTIVE 연습문제 7.104에 유도한 것과 유사한 식을 사용하여 $R = 100\,\text{k}\Omega$, $C = 5\,\mu$F일 때 심장박동률(beat/min)을 구하라. 단, 커패시터는 그 전압이 전원 전압 V_s의 60%에 이르면 방전한다고 가정한다.

7.106 PRACTICAL PERSPECTIVE 원하는 심장박동률 H를 얻기 위한 저항 R이 다음과 같음을 보여라.

$$R = \frac{-60}{HC\ \ln\left(1 - \dfrac{V_{\max}}{V_s}\right)},$$

여기서 C는 커패시턴스, V_s는 전원 전압, $V_{\max}$는 방전이 개시되는 커패시터 전압이다.

7.107 PRACTICAL PERSPECTIVE 연습문제 7.106에서 유도된 식을 사용하여 $C = 10\,\mu$F일 때 심장박동률 $H = 72$ beat/min을 얻기 위한 저항값을 구하라. 단, 커패시터는 그 전압이 전원 전압의 70%에 이르렀을 때 방전된다고 가정한다.

CHAPTER

8

RLC 회로의 자연 응답과 계단 응답

학습내용

8.1 병렬 *RLC* 회로의 자연 응답 소개
8.2 병렬 *RLC* 회로의 자연 응답 형태
8.3 병렬 *RLC* 회로의 계단 응답
8.4 직렬 *RLC* 회로의 자연 응답과 계단 응답
8.5 두 개의 적분 증폭기를 가진 회로

학습목표

1 병렬 *RLC* 회로의 자연 응답과 계단 응답을 구할 수 있다.
2 직렬 *RLC* 회로의 자연 응답과 계단 응답을 구할 수 있다.

이 장에서는 *RLC* 회로라고 알려진 저항, 인덕터, 커패시터를 포함하는 회로의 자연 응답과 계단 응답을 논의한다. 해석은 두 가지 간단한 구조로 제한한다. 바로 병렬 *RLC* 회로와 직렬 *RLC* 회로이다.

병렬 *RLC* 회로의 자연 응답을 구하면서 시작하는데, 이 내용은 두 부분으로 나누어 다룬다. 먼저 회로를 기술하는 2계 미분 방정식의 해에 대해 논의하고, 다음 이 해가 가질 수 있는 세 가지 형태에 대해 논의한다. 해의 세 가지 형태를 소개한 후에, 병렬 *RLC* 회로의 계단 응답과 직렬 *RLC* 회로의 자연 응답과 계단 응답에 동일한 형태가 적용되는 것을 보인다. 출력 신호의 특성이 역시 2계 미분 방정식으로 표현되는 연산 증폭기를 사용하는 회로에 대해 소개하는 것으로 마친다.

병렬 *RLC* 회로

병렬 *RLC* 회로의 자연 응답은 인덕터나 커패시터 또는 둘 모두에 저장된 에너지 방출에 의하여 만들어지는 병렬 가지의 양단 전압을 구하는 것으로 규정한다. 이 회로를 그림 8.1에 나타냈다. 커패시터의 초기 전압 V_0는 커패시터에 저장된 초기 에너지를 나타낸다. 인덕터에 흐르는 초기 전류 I_0는 인덕터에 저장된 초기 에너지를 나타낸다. 각각의 가지 전류는 단자 전압을 결정한 후에 구할 수 있다.

그림 8.2를 이용하여 병렬 *RLC* 회로의 계단 응답을 유도한다. 직류 전류원을 갑자기 가할 때 회로의 응답을 구한다. 전류원을 가할 때 회로에 에너지가 저장되었을 수도 있고 아닐 수도 있다.

직렬 *RLC* 회로

직렬 *RLC* 회로의 자연 응답은 인덕터나 커패시터 또는 둘 모두에 초기에 저장된 에너지의 방출에 의하여 직렬 연결 소자에 흐르는 전류를 구하는 것이다. 이 회로는 그림 8.3에 나타냈다. 앞서와 같이 초기 인덕터 전류 I_0와 초기 커패시터 전압 V_0는 초기에 저장된 에너지를 나타낸다. 각 소자의 전압은 전류를 결정한 후 구할 수 있다.

그림 8.4의 회로를 사용하여 직렬 *RLC* 회로의 계단 응답을 설명한다. 직류 전압원을 갑자기 가할 때 회로의 응답을 구한다. 스위치가 닫힐 때 회로에 에너지가 저장되었을 수도 있고 아닐 수도 있다.

■ 실제 응용

컴퓨터 타이밍을 위한 클럭

대부분의 컴퓨터에 장착된 디지털 회로는 회로의 동작을 동기화하기 위해 타이밍 신호가 필요하다. 프로세서의 속도가 2 GHz인 노트북을 생각해 보자. 이것은 이 컴퓨터의 CPU가 초당 2×10^9번의 단순 연산을 수행할 수 있다는 것을 뜻한다.

클럭 발생 칩에 의해 생성되는 타이밍 신호는 보통 요구 클럭 주파수를 가지는 구형파(square wave)이다. 이 구형파는 요구 클럭 주파수를 가지는 정현파(sinusoidal wave)로부터 얻는다. 보통 이 정현파는 정밀하게 절편된 수정 진동자(quartz crystal)에 전압을 가하여 발생시킨다. 이 진동자는 디지털 회로를 동기화하기에 적합한 매우 안정적인 주파수를 만들어 낸다.

반면에 인덕터와 커패시터를 사용하여 정현파를 발생시킬 수도 있다. 인덕턴스와 커패시턴스의 값을 선택하여 특정 주파수의 정현파를 만들 수 있다. 2차 회로(second-order circuit)의 기본 개념을 소개하고 나서 그와 같은 설계에 대해 살펴보고자 한다.

Scanrail/123RF

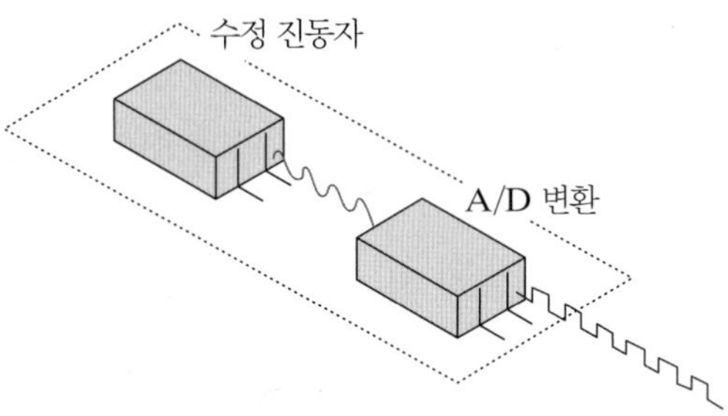

David J. Green/Alamy Stock Photo

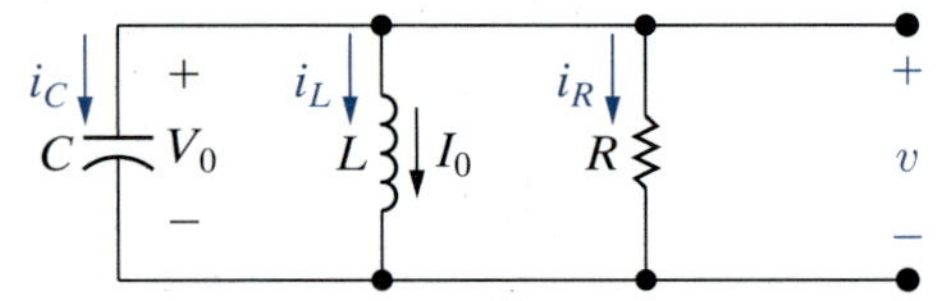

그림 8.1▲ 병렬 *RLC* 회로의 자연 응답에 사용되는 회로.

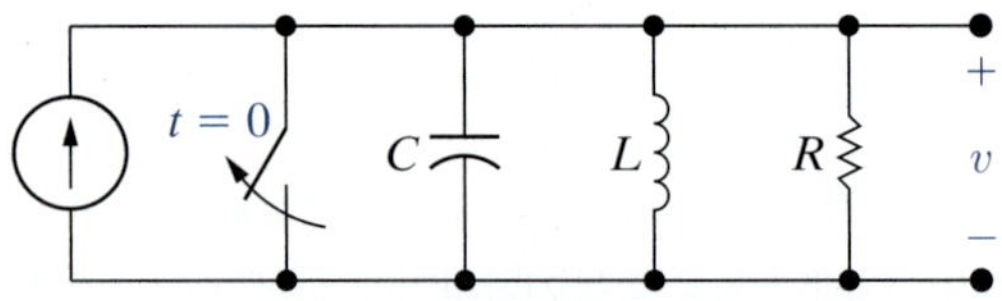

그림 8.2▲ 병렬 *RLC* 회로의 계단 응답에 사용되는 회로.

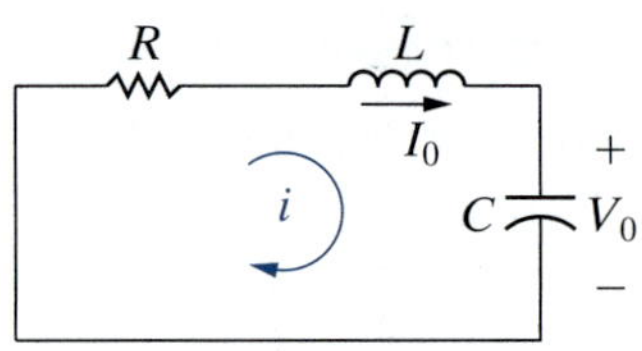

그림 8.3▲ 직렬 *RLC* 회로의 자연 응답에 사용되는 회로.

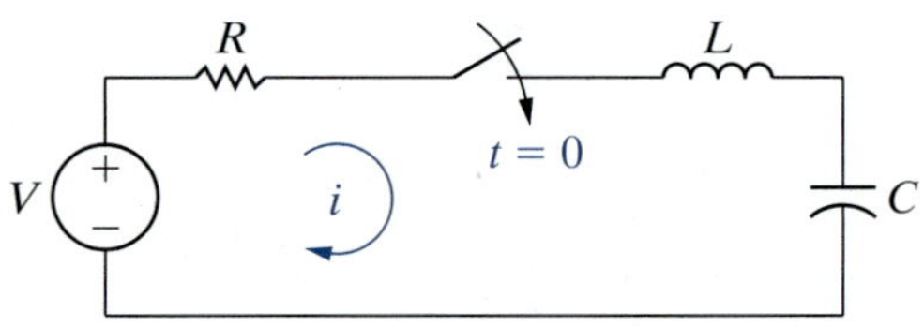

그림 8.4▲ 직렬 *RLC* 회로의 계단 응답에 사용되는 회로.

8.1 병렬 *RLC* 회로의 자연 응답 소개

그림 8.1의 회로에서 자연 응답을 구하는 첫 단계는 전압 v를 만족시키는 미분 방정식을 유도하는 것이다. 전압을 먼저 구하는 이유는 각 성분의 전압이 같기 때문이다. 전압을 구한 다음, 가지 성분에 대한 전압-전류 관계를 사용하여 가지 전류를 구한다. 위쪽 마디에서 KCL을 사용하여 유출되는 전류를 합하면 전압에 대한 미분 방정식을 얻을 수 있다. 여기서 각 전류는 미지 전압 v의 함수로 표현된다.

$$\frac{v}{R} + \frac{1}{L}\int_0^t v\,d\tau + I_0 + C\frac{dv}{dt} = 0.$$

KCL 식에서 t에 대해 한 번 미분하여 적분을 소거한다. I_0는 상수이므로

$$\frac{1}{R}\frac{dv}{dt} + \frac{v}{L} + C\frac{d^2v}{dt^2} = 0.$$

이제 이 수식을 커패시턴스 C로 나누고 내림차순으로 정리하면 다음과 같다.

$$\frac{d^2v}{dt^2} + \frac{1}{RC}\frac{dv}{dt} + \frac{v}{LC} = 0. \tag{8.1}$$

식 (8.1)은 상수 계수를 가진 2계 상미분 방정식이다. 이 식은 하나의 인덕터와 하나의 커패시터 모두를 포함하는 회로를 기술하기 때문이다. 그러므로 *RLC* 회로를 **2계 회로**(second-order circuit)라 부른다.

2계 미분 방정식의 일반해

식 (8.1)은 7장의 1계 미분 방정식에서처럼 변수를 분리한 후 적분하여 풀 수 없다. 대신에 전압을 다음과 같은 지수 형태로 가정하여 식 (8.1)을 푼다.

$$v = Ae^{st}, \tag{8.2}$$

여기서 A와 s는 미지의 상수이다.

v를 왜 식 (8.2)와 같은 지수 형태로 선택할까? 그 이유는 식 (8.1)에서 v의 2계 도함수, v의 1계 도함수의 상수배 및 v의 상수배가 모든 t에 대해 0이 되어야 하기 때문이다. 이것은 v의 더 높은 도함수들이 v와 같은 형일 때에만 발생하는데, 지수 함수가 이 조건을 만족시킨다. 또한 7장에서 유도된 1계 방정식의 해가 지수적이라는 것이다. 따라서 2계 방정식의 해 또한 지수 함수를 포함한다고 가정하는 것이 합리적이다.

식 (8.2)가 식 (8.1)의 해라면 이 해는 모든 t의 값에서 식 (8.1)을 만족해야 한다. 식 (8.2)를 식 (8.1)에 대입하면

$$As^2e^{st} + \frac{As}{RC}e^{st} + \frac{Ae^{st}}{LC} = 0,$$

또는

$$Ae^{st}\left(s^2 + \frac{s}{RC} + \frac{1}{LC}\right) = 0,$$

이 식은 임의의 유한한 st값에 대해 $e^{st} \neq 0$이기 때문에, A가 0이거나 또는 괄호 안의 항이 0일 때에만 모든 t의 값에서 충족된다. $A = 0$은 전압이 모든 시간에 대해

0이고, 이것은 에너지가 인덕터 또는 커패시터에 저장되어 있으면 물리적으로 불가능하기 때문에 사용할 수 없다. 그러므로 식 (8.2)가 식 (8.1)의 해가 되기 위해서는 괄호 항이 0이어야 한다.

병렬 *RLC* 회로의 특성 방정식

$$s^2 + \frac{s}{RC} + \frac{1}{LC} = 0. \tag{8.3}$$

이 2차 방정식의 근이 $v(t)$의 수학적 특성을 결정하기 때문에 식 (8.3)을 미분 방정식의 **특성 방정식**(characteristic equation)이라 한다.

식 (8.3)의 두 근은 다음과 같다.

$$s_1 = -\frac{1}{2RC} + \sqrt{\left(\frac{1}{2RC}\right)^2 - \frac{1}{LC}},$$

$$s_2 = -\frac{1}{2RC} - \sqrt{\left(\frac{1}{2RC}\right)^2 - \frac{1}{LC}}.$$

이 근을 식 (8.2)에 대입하면, A의 값에 관계없이 v는 미분 방정식 식 (8.1)을 만족한다. 그러므로

$$v = A_1e^{s_1t},$$

$$v = A_2e^{s_2t}$$

식 (8.1)을 모두 만족시킨다. 이들 두 해를 각각 v_1, v_2라 하면 이들의 합 또한 해가 된다. 특히

$$v = v_1 + v_2 = A_1e^{s_1t} + A_2e^{s_2t},$$

이라 하면

$$\frac{dv}{dt} = A_1s_1e^{s_1t} + A_2s_2e^{s_2t},$$

$$\frac{d^2v}{dt^2} = A_1s_1^2e^{s_1t} + A_2s_2^2e^{s_2t}.$$

이들 식을 식 (8.1)의 v와 그 1계 및 2계 도함수에 대입하면

$$A_1e^{s_1t}\left(s_1^2 + \frac{1}{RC}s_1 + \frac{1}{LC}\right) + A_2e^{s_2t}\left(s_2^2 + \frac{1}{RC}s_2 + \frac{1}{LC}\right) = 0.$$

그러나 각 괄호 항은 정의에 의해 s_1, s_2가 특성 방정식의 근이므로 0이다. 따라서 그림 8.1의 병렬 RLC 회로의 자연 응답은 다음과 같은 형태를 가진다.

$$v = A_1e^{s_1t} + A_2e^{s_2t}. \tag{8.4}$$

식 (8.4)에서 상수 s_1과 s_2는 특성 방정식의 근이며, 회로 상수 R, L, C에 의하여 결정된다. 상수 A_1과 A_2는 인덕터와 커패시터의 초기 조건으로부터 결정된다.

식 (8.4)의 자연 응답을 구하기 위해 회로 상수로 기술한 특성 방정식의 근 s_1과 s_2를 구하는 것으로 시작했다. 이들을 다시 쓰면 다음과 같다.

$$s_1 = -\alpha + \sqrt{\alpha^2 - \omega_0^2}, \tag{8.5}$$

$$s_2 = -\alpha - \sqrt{\alpha^2 - \omega_0^2}, \tag{8.6}$$

여기서

병렬 *RLC* 회로의 감쇠 주파수

$$\alpha = \frac{1}{2RC}, \tag{8.7}$$

병렬 *RLC* 회로의 공진 호도 주파수

$$\omega_0 = \frac{1}{\sqrt{LC}}. \tag{8.8}$$

이 결과를 표 8.1에 요약했다.

표 8.1 병렬 *RLC* 회로의 자연 응답 상수

상수	용어	자연 응답에서 값
s_1, s_2	특성 방정식의 근	$s_1 = -\alpha + \sqrt{\alpha^2 - \omega_0^2}$ $s_2 = -\alpha - \sqrt{\alpha^2 - \omega_0^2}$
α	감쇠 주파수	$\alpha = \frac{1}{2RC}$
ω_0	공진 호도 주파수	$\omega_0 = \frac{1}{\sqrt{LC}}$

e의 지수는 차원이 없어야 하므로 s_1과 s_2(따라서 α와 ω_0)는 시간의 역수 또는 주파수의 차원을 가져야 한다. 주파수 s_1, s_2, α, ω_0를 구별하기 위해 다음 용어를 사용하자. s_1, s_2는 **복소 주파수**(complex frequency)이고, α는 **감쇠 주파수**(neper frequency), ω_0는 **공진 호도 주파수**(resonant radian frequency)라 한다. 이 용어들의 완전한 의미는 이후의 장에서 자세히 살펴본다. 이 주파수들은 '시간당 각주파수(angular frequency per time)'의 차원을 갖는다. 복소 주파수, 감쇠 주파수 및 공진 주파수의 단위는 rad/s(radians per second)를 사용한다.

근 s_1, s_2의 특성은 α와 ω_0에 달려 있다. 여기에는 세 가지 가능성이 있다.

- 만약 $\omega_0^2 < \alpha^2$이면 두 근은 모두 실재하고 서로 다른 실수이다. 이 경우의 전압 응답을 **과감쇠**(overdamped)[1]라고 한다.

1 역자 주: 원서의 damped 또는 damping은 모두 '감쇠' 또는 '제동'으로 번역한다. 이 책에서는 '감쇠'를 사용한다.

- 만약 $\omega_0^2 > \alpha^2$이면 s_1, s_2는 모두 복소수가 되고 서로 공액 관계이다. 이 경우 전압 응답을 **부족 감쇠**(underdamped)라고 한다.
- 만약 $\omega_0^2 = \alpha^2$이면 s_1, s_2는 실수이며 동일하다. 이 전압 응답을 **임계 감쇠**(critically damped)라고 한다.

나중에 보이지만, 감쇠(damping)는 전압 응답이 최종(또는 정상 상태)값에 도달하는 방법에 영향을 준다. 8.2절에서 각각의 경우를 설명한다.

예제 8.1은 R, L, C의 값에 의해 s_1, s_2의 수치 값이 어떻게 결정되는가를 보여준다.

예제 8.1 병렬 *RLC* 회로의 특성 방정식 근 구하기

a) 그림 8.5의 회로에서 전압의 과도 특성을 지배하는 특성 방정식의 근을 구하라. $R = 200\,\Omega$, $L = 50\,\text{mH}$, $C = 0.2\,\mu\text{F}$이다.
b) 응답은 과감쇠, 부족 감쇠, 임계 감쇠 중 어느 것인가?
c) $R = 312.5\,\Omega$에 대해 (a), (b)를 반복하라.
d) 응답이 임계 감쇠가 되기 위한 R의 값은 얼마인가?

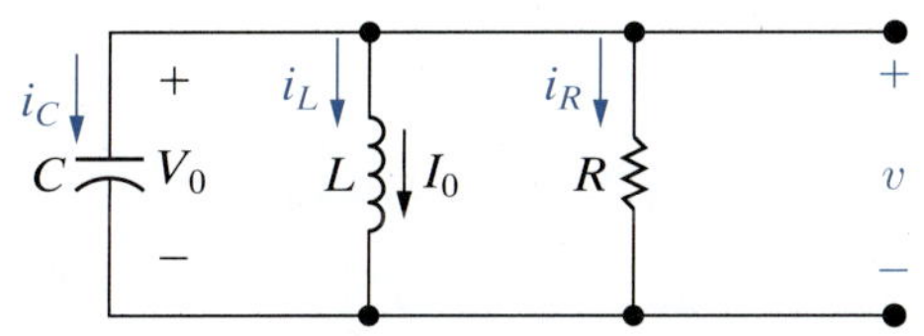

그림 8.5▲ 병렬 *RLC* 회로의 자연 응답을 구하는 데 사용된 회로.

풀이

a) 주어진 R, L, C 값에 대해

$$\alpha = \frac{1}{2RC} = \frac{1}{2(200)(0.2\times10^{-6})} = 12{,}500\ \text{rad/s},$$

$$\omega_0^2 = \frac{1}{LC} = \frac{1}{(50\times10^{-3})(0.2\times10^{-6})} = 10^8\ \text{rad}^2/\text{s}^2.$$

식 (8.5)와 (8.6)으로부터

$$\begin{aligned} s_1 &= -12{,}500 + \sqrt{(12{,}500)^2 - 10^8} \\ &= -12{,}500 + 7500 = -5000\ \text{rad/s}, \\ s_2 &= -12{,}500 - \sqrt{(12{,}500)^2 - 10^8} \\ &= -12{,}500 - 7500 = -20{,}000\ \text{rad/s}. \end{aligned}$$

b) 전압 응답은 $\omega_0^2 < \alpha^2$이므로 과감쇠이다.

c) $R = 312.5\,\Omega$일 때

$$\alpha = \frac{1}{2RC} = \frac{1}{2(312.5)(0.2\times10^{-6})} = 8000\ \text{rad/s}.$$

$\omega_0^2 = 10^8\ \text{rad}^2/\text{s}^2$일 때

$$\begin{aligned} s_1 &= -8000 + \sqrt{(8000)^2 - 10^8} \\ &= -8000 + j6000\ \text{rad/s}, \\ s_2 &= -8000 - \sqrt{(8000)^2 - 10^8} \\ &= -8000 - j6000\ \text{rad/s}. \end{aligned}$$

(전기공학에서 i는 전류를 표시하기 때문에 단위 허수 $\sqrt{-1}$은 j로 표시한다.)

이 경우 전압 응답은 $\omega_0^2 > \alpha^2$이므로 부족 감쇠이다.

d) 임계 감쇠, 즉 $\omega_0^2 = \alpha^2$이 되려면

$$\left(\frac{1}{2RC}\right)^2 = \frac{1}{LC} = 10^8,$$

또는

$$\frac{1}{2RC} = 10^4,$$

그리고

$$R = \frac{1}{2(10^4)(0.2\times10^{-6})} = 250\ \Omega.$$

평가문제

목표 1—병렬 RLC 회로의 자연 응답과 계단 응답을 구할 수 있다.

8.1 병렬 *RLC* 회로의 저항, 인덕턴스 및 커패시턴스는 각각 1 kΩ, 12.5 H 및 2 μF이다.

a) 회로의 전압 응답을 기술하는 특성 방정식의 해(root)를 구하라.

b) 반응은 과감쇠, 부족 감쇠, 임계 감쇠 중 어느 경우에 해당하는가?

c) *R*이 1562.5 Ω으로 증가되었을 때, 특성 방정식의 새로운 해들을 구하라.

d) 반응이 임계 감쇠가 되기 위한 *R*의 값은 얼마인가?

정답: a) $s_1 = -100$ rad/s, $s_2 = -400$ rad/s,

b) 과감쇠됨,

c) $s_1 = -160 + j120$ rad/s,

$s_2 = -160 - j120$ rad/s,

d) 1250 Ω.

자가 검사: 연습문제 8.7도 풀어 보라.

8.2 병렬 *RLC* 회로의 자연 응답 형태

이 절에서는 감쇠의 세 가지 형태인 과, 부족, 임계 감쇠에 대한 자연 응답을 구한다. 앞서 본 바와 같이 s_1과 s_2의 값이 감쇠의 형태를 결정한다. 식 (8.4)로 주어진 자연 응답을 완전히 결정하려면 두 개의 계수 A_1과 A_2의 값을 구해야 한다. 이것은 다음의 관찰에 따른 두 개의 방정식을 요구한다.

- 식 (8.4)의 전압의 초깃값은 회로 전압의 초깃값과 동일해야 한다.
- 식 (8.4)의 전압의 1계 도함수의 초깃값은 회로 전압의 1계 도함수의 초깃값과 동일해야 한다.

다음에 나타나듯이, 미지 계수를 결정하는 방정식과 마찬가지로 자연 응답 방정식은 감쇠의 세 가지 형태 각각에 대해 약간 차이가 있다. 이것이 자연 응답을 구할 때 제일 먼저 응답 형태가 과, 부족, 임계 감쇠 중 어느 것인가를 결정하는 이유이다.

과감쇠 응답

특성 방정식의 근이 서로 다른 실수일 때 병렬 *RLC* 회로의 전압 응답은 과감쇠가 된다. 이때 전압에 대한 해는 다음과 같다.

병렬 *RLC* 자연 응답: 과감쇠

$$v = A_1 e^{s_1 t} + A_2 e^{s_2 t}, \tag{8.9}$$

여기서 s_1과 s_2는 특성 방정식의 근이다. 상수 A_1과 A_2는 초기 조건, $v(0^+)$와 $dv(0^+)/dt$에 의해 결정된다. 이 값은 커패시터의 초기 전압 V_0, 인덕터에 흐르는 초기 전류 I_0로부터 결정된다.

A_1과 A_2를 구하려면 두 개의 독립 방정식이 필요하다. 첫 번째 식은 식 (8.9)에서 v의 초깃값이 회로에서 v의 초깃값, 즉 커패시터의 초기 전압 V_0와 같은 것이

다. 결과식은

$$v(0^+) = A_1 + A_2 = V_0. \tag{8.10}$$

두 번째 식은 식 (8.9)에서 dv/dt의 초깃값이 회로의 dv/dt의 초깃값과 같은 것이다. 식 (8.9)에서 dv/dt의 초깃값은

$$\frac{dv(0^+)}{dt} = s_1A_1 + s_2A_2.$$

그러나 회로의 dv/dt의 초깃값은 어떻게 구하는가? 커패시터의 전압과 전류의 관계식에 dv/dt가 나타나므로

$$i_C = C\frac{dv}{dt}.$$

커패시터 식을 dv/dt에 대해 풀고 커패시터의 초기 전류의 항으로 초깃값을 구하면

$$\frac{dv(0^+)}{dt} = \frac{i_C(0^+)}{C}.$$

이제 커패시터의 초기 전류를 구하기 위해 KCL을 사용한다. $t = 0^+$에서 세 가지 전류의 합은 0이다. 저항 가지의 초기 전류는 초기 전압 V_0를 저항으로 나누고, 인덕터 가지의 초기 전류는 I_0이다. 그림 8.5에 도시된 기준 체계를 사용하면 다음 식을 얻는다.

$$i_C(0^+) = \frac{-V_0}{R} - I_0.$$

이제 식 (8.9)의 A_1과 A_2를 구하는 데 필요한 두 번째 식을 가지게 되었다.

$$\frac{dv(0^+)}{dt} = A_1s_1 + A_2s_2 = \frac{1}{C}\left(\frac{-V_0}{R} - I_0\right). \tag{8.11}$$

그림 8.5의 병렬 *RLC* 회로의 전압을 구하기 위한 방법은 다음과 같다.

단계 1: $t < 0$에서 병렬 *RLC* 회로를 해석하여 커패시터 전압의 초깃값 V_0, 인덕터 전류의 초깃값 I_0를 구한다.

단계 2: R, L, C 값과 표 8.1의 식을 사용하여 감쇠 주파수 α, 공진 호도 주파수 ω_0를 구한다.

단계 3: α^2과 ω_0^2을 비교한다. 만약 $\alpha^2 > \omega_0^2$이면 응답은 과감쇠이다.

$$v(t) = A_1e^{s_1t} + A_2e^{s_2t}, t \geq 0.$$

단계 4: 응답이 과감쇠라면 표 8.1의 식을 이용하여 α, ω_0로부터 s_1, s_2를 구한다.

단계 5: 응답이 과감쇠라면 식 (8.10)과 (8.11)을 연립하여 풀어서 A_1, A_2를 구한다.

$$A_1 + A_2 = V_0;$$

$$A_1s_1 + A_2s_2 = \frac{1}{C}\left(\frac{-V_0}{R} - I_0\right).$$

단계 6: 단계 4와 5의 결과로부터 단계 3의 $v(t)$를 구한다. 각 가지의 소자에 대한 전압과 전류의 관계를 사용하여 원하는 가지 전류를 구한다.

해석 방법 8.1
병렬 *RLC* 회로의 자연 응답

1. 회로에서 커패시터 전압의 초깃값 V_0, 인덕터 전류의 초깃값 I_0를 구한다.
2. 표 8.1의 식을 사용하여 α와 ω_0를 구한다.
3. 만약 $\alpha^2 > \omega_0^2$이면 응답은 과감쇠이다.
   $v(t) = A_1e^{s_1t} + A_2e^{s_2t}, t \geq 0.$
4. 응답이 과감쇠라면 표 8.1의 식을 이용하여 s_1, s_2를 구한다.
5. 응답이 과감쇠라면 식 (8.10)과 (8.11)을 연립하여 풀어서 A_1, A_2를 구한다.
6. 단계 4와 5의 결과로부터 단계 3의 $v(t)$를 구한다. 원하는 가지 전류를 구한다.

이 방법을 요약한 것이 해석 방법 8.1이다. 예제 8.2와 8.3에서 병렬 *RLC* 회로의 과감쇠 응답을 구하는 데 이 방법을 사용한다.

예제 8.2 병렬 *RLC* 회로의 과감쇠 자연 응답 구하기

그림 8.6의 회로에서 $v(0^+) = 12$ V, $i_L(0^+) = 30$ mA이다.

a) $v(t)$에 대한 식을 구하라.

b) 구간 $0 \le t \le 250\ \mu s$에서 $v(t)$를 그려라.

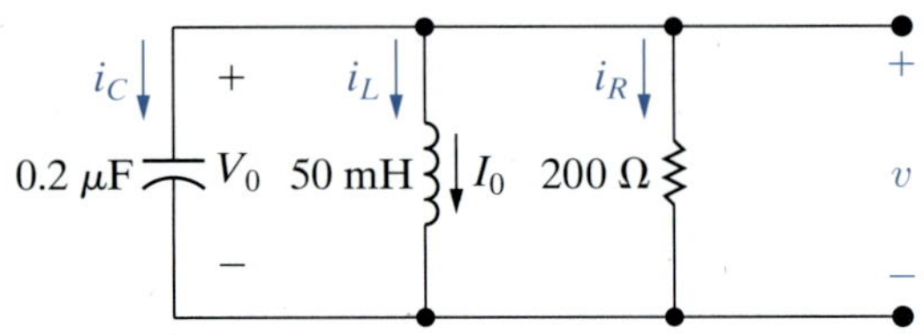

그림 8.6▲ 예제 8.2의 회로.

풀이

a) 전압을 구하기 위해 해석 방법 8.1을 사용한다.

단계 1: 커패시터 전압의 초깃값 V_0, 인덕터 전류의 초깃값 I_0를 구한다. 이 값은 문제에 주어져 있으므로 회로 해석이 필요 없다.

단계 2: 표 8.1의 식을 사용하여 α와 ω_0를 구한다.

$$\alpha = \frac{1}{2RC} = \frac{1}{2(200)(0.2 \times 10^{-6})} = 12{,}500 \text{ rad/s},$$

$$\omega_0^2 = \frac{1}{LC} = \frac{1}{(50 \times 10^{-3})(0.2 \times 10^{-6})} = 10^8 \text{ rad}^2/\text{s}^2.$$

단계 3: α^2과 ω_0^2를 비교한다. $\alpha^2 > \omega_0^2$이므로 응답은 과감쇠이다.

$$v(t) = A_1 e^{s_1 t} + A_2 e^{s_2 t}, \quad t \ge 0.$$

단계 4: 응답이 과감쇠이므로 s_1, s_2를 구한다.

$$s_1 = -\alpha + \sqrt{\alpha^2 - \omega_0^2} = -12{,}500 + \sqrt{(12{,}500)^2 - 10^8}$$
$$= -12{,}500 + 7500 = -5000 \text{ rad/s};$$

$$s_2 = -\alpha - \sqrt{\alpha^2 - \omega_0^2} = -12{,}500 - \sqrt{(12{,}500)^2 - 10^8}$$
$$= -12{,}500 - 7500 = -20{,}000 \text{ rad/s}.$$

단계 5: 응답이 과감쇠이므로 연립하여 풀어서 A_1, A_2를 구하면

$$A_1 + A_2 = V_0 = 12;$$

$$A_1 s_1 + A_2 s_2 = \frac{1}{C}\left(\frac{-V_0}{R} - I_0\right)$$

$$-5000A_1 - 20{,}000A_2 = \frac{1}{0.2 \times 10^{-6}}\left(\frac{-12}{200} - 0.03\right)$$
$$= -450{,}000.$$

이를 풀면

$$A_1 = -14 \text{ V}, \quad A_2 = 26 \text{ V}.$$

단계 6: 단계 4와 5의 결과로부터 $v(t)$를 구한다.

$$v(t) = (-14e^{-5000t} + 26e^{-20{,}000t}) \text{ V}, \quad t \ge 0.$$

b) 그림 8.7은 구간 $0 \le t \le 250\ \mu s$에서 $v(t)$ 대 t의 관계를 보여준다.

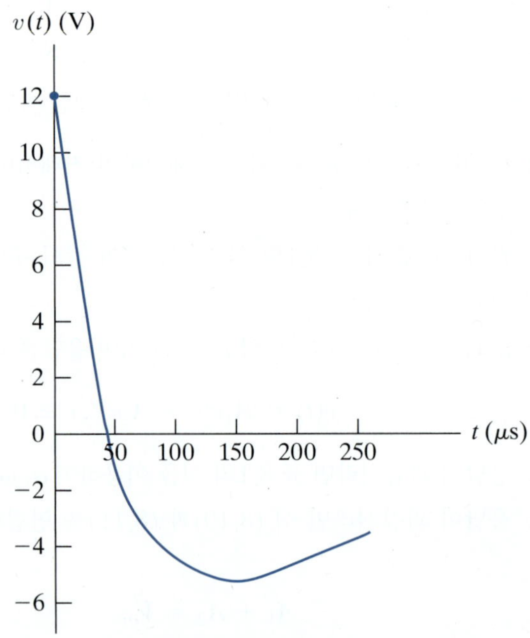

그림 8.7▲ 예제 8.2의 전압 응답.

예제 8.3 병렬 *RLC* 회로의 자연 응답에서 가지 전류 계산하기

저장된 에너지가 방출되는 시간 동안 예제 8.2(그림 8.6)에서 세 가지 가지 전류 i_R, i_L, i_C를 기술하는 식을 유도하라.

풀이

예제 8.2의 해로부터 세 개의 가지에 걸리는 전압은

$$v(t) = (-14e^{-5000t} + 26e^{-20,000t})\text{ V}, \quad t \geq 0.$$

이때 저항 가지에 흐르는 전류는

$$i_R(t) = \frac{v(t)}{200} = (-70e^{-5000t} + 130e^{-20,000t})\text{ mA}, \quad t \geq 0.$$

인덕터에 흐르는 전류를 구하기 위한 방법은 두 가지가 있다. 한 가지 방법은 인덕터 단자에서 전류와 전압 사이에 존재하는 적분 관계를 이용하는 것이다.

$$i_L(t) = \frac{1}{L}\int_0^t v_L(x)\,dx + I_0.$$

두 번째 방법은 먼저 커패시터에 흐르는 전류를 구하고 $i_R + i_L + i_C = 0$을 이용하는 것이다. 이 방법을 사용하자. 커패시터 가지에 흐르는 전류는

$$\begin{aligned} i_C(t) &= C\frac{dv}{dt} \\ &= 0.2 \times 10^{-6}(70,000e^{-5000t} - 520,000e^{-20,000t}) \\ &= (14e^{-5000t} - 104e^{-20,000t})\text{ mA}, \quad t \geq 0^+. \end{aligned}$$

이제 관계식으로부터 인덕터 가지의 전류를 구하면

$$\begin{aligned} i_L(t) &= -i_R(t) - i_C(t) \\ &= (56e^{-5000t} - 26e^{-20,000t})\text{ mA}, \quad t \geq 0. \end{aligned}$$

평가문제 8.2에서 인덕터 전압과 전류의 적분 관계를 이용하여 동일한 결과를 얻게 됨을 알아보자. 당연하지만, i_L의 식과 초기 인덕터 전류가 일치하는 것에 주목하자.

평가문제

목표 1—병렬 *RLC* 회로의 자연 응답과 계단 응답을 구할 수 있다.

8.2 회로에서 각 소자의 값은 $R = 5\text{ k}\Omega$, $L = 6.25\text{ H}$, $C = 40\text{ nF}$이다. 인덕터에 흐르는 초기 전류 I_0은 8 mA이고, 커패시터의 초기 전압은 −10 V이다. 출력 신호는 전압 v이다. 다음을 구하라. (a) $i_R(0^+)$; (b) $i_C(0^+)$; (c) $dv(0^+)/dt$; (d) A_1; (e) A_2; (f) $t \geq 0$일 때 $v(t)$

정답: a) −2 mA, b) −6 mA,
c) −150,000 V/s, d) −63.33 V,
e) 53.33 V,
f) $53.33e^{-4000t} - 63.33e^{-1000t}$ V.

8.3 평가문제 8.2의 결과를 이용하여 다음을 구하라.
a) $i_R(t), t \geq 0^+$ b) $i_C(t), t \geq 0^+$
c) $i_L(t), t \geq 0^+$

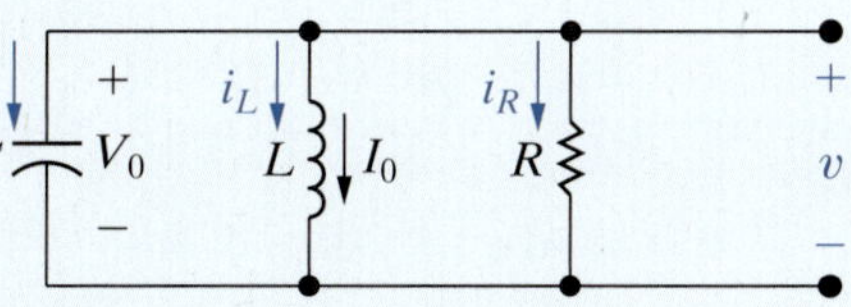

정답: a) $10.67e^{-4000t} - 12.67e^{-1000t}$ mA,
b) $2.533e^{-1000t} - 8.533e^{-4000t}$ mA,
c) $2.133e^{-4000t} - 10.133e^{-1000t}$ mA.

자가 검사: 연습문제 8.3과 8.18도 풀어 보라.

부족 감쇠 전압 응답

$\omega_0^2 > \alpha^2$일 때 특성 방정식의 근은 복소수이고, 그 응답은 부족 감쇠이다. 편의상 근 s_1, s_2를 다음과 같이 표시하자.

$$\begin{aligned} s_1 &= -\alpha + \sqrt{-(\omega_0^2 - \alpha^2)} \\ &= -\alpha + j\sqrt{\omega_0^2 - \alpha^2} \\ &= -\alpha + j\omega_d \end{aligned} \tag{8.12}$$

$$s_2 = -\alpha - j\omega_d, \tag{8.13}$$

여기서

감쇠 호도 주파수

$$\omega_d = \sqrt{\omega_0^2 - \alpha^2}. \tag{8.14}$$

ω_d를 **감쇠 호도 주파수**(damped radian frequency)라 한다. 그 이유는 나중에 설명한다.

병렬 RLC 회로의 부족 감쇠 전압 응답은 다음과 같다.

병렬 RLC 자연 응답: 부족 감쇠

$$v(t) = B_1 e^{-\alpha t}\cos\omega_d t + B_2 e^{-\alpha t}\sin\omega_d t, \tag{8.15}$$

이 식은 식 (8.9)로부터 나온 것이다. 식 (8.9)에서 (8.15)를 구하기 위해 오일러 항등식(Euler identity)을 이용한다.

$$e^{\pm j\theta} = \cos\theta \pm j\sin\theta.$$

따라서

$$\begin{aligned} v(t) &= A_1 e^{(-\alpha + j\omega_d)t} + A_2 e^{-(\alpha + j\omega_d)t} \\ &= A_1 e^{-\alpha t} e^{j\omega_d t} + A_2 e^{-\alpha t} e^{-j\omega_d t} \\ &= e^{-\alpha t}(A_1\cos\omega_d t + jA_1\sin\omega_d t + A_2\cos\omega_d t - jA_2\sin\omega_d t) \\ &= e^{-\alpha t}[(A_1 + A_2)\cos\omega_d t + j(A_1 - A_2)\sin\omega_d t]. \end{aligned}$$

식 (8.9)에서 식 (8.15)를 얻을 때 임의 상수 $(A_1 + A_2)$와 $j(A_1 - A_2)$를 새로운 상수 B_1, B_2로 대체하면 다음 식을 얻는다.

$$\begin{aligned} v &= e^{-\alpha t}(B_1\cos\omega_d t + B_2\sin\omega_d t) \\ &= B_1 e^{-\alpha t}\cos\omega_d t + B_2 e^{-\alpha t}\sin\omega_d t. \end{aligned}$$

전압이 실수 함수이므로 상수 B_1과 B_2는 복소수가 아닌 실수이다. $B_2 = j(A_1 - A_2)$란 사실 때문에 오해하지 말자. 이 부족 감쇠의 경우 A_1과 A_2는 공액 복소수이므로 B_1과 B_2는 실수이다(연습문제 8.11과 8.12 참조). 계수 B_1과 B_2의 항으로 부족 감쇠 응답을 정의하는 이유는 전압 v에 대해 더 간단한 식을 얻기 때문이다. 과감쇠 응답에서 A_1과 A_2를 구한 것과 동일한 방법—두 개의 연립 방정식 풀기—으로 B_1과 B_2를 구한다. 식 (8.15)의 v의 초깃값과 회로의 v의 초깃값이 같은 것으로부터 첫 번째 식을 세운다. 식 (8.15)의 dv/dt의 초깃값과 회로의 dv/dt의 초깃값이 같은 것으로부터 두 번째 식을 세운다. 회로의 v와 dv/dt의 초깃값은 부족 감쇠와 과감쇠 두 경우 모두 동일함에 주목한다. 부족 감쇠 응답에 대해 B_1과 B_2를 결정하기 위한 두 연립 방정식은 다음과 같다.

$$v(0^+) = B_1 = V_0, \tag{8.16}$$

$$\frac{dv(0^+)}{dt} = -\alpha B_1 + \omega_d B_2 = \frac{1}{C}\left(\frac{-V_0}{R} - I_0\right). \quad (8.17)$$

부족 감쇠 응답을 구하는 전체적인 절차는 과감쇠 응답을 구하는 것과 동일하고, 다만 응답 식과 계수를 구하는 데 사용되는 연립 방정식이 약간 다르다. 차이점에 대응하기 위해 전압을 구하는 방법의 단계 3, 4, 5를 수정한다.

단계 3: α^2과 ω_0^2을 비교한다. 만약 $\alpha^2 > \omega_0^2$이면 응답은 과감쇠이다.

$$v(t) = A_1 e^{s_1 t} + A_2 e^{s_2 t}, \quad t \geq 0.$$

만약 $\alpha^2 < \omega_0^2$이면 응답은 부족 감쇠이다.

$$v(t) = B_1 e^{-\alpha t} \cos \omega_d t + B_2 e^{-\alpha t} \sin \omega_d t, \quad t \geq 0.$$

단계 4: 응답이 과감쇠라면 표 8.1의 식을 이용하여 α, ω_0로부터 s_1, s_2를 구한다. 만약 응답이 부족 감쇠라면 ω_d를 다음과 같이 계산한다.

$$\omega_d = \sqrt{\omega_0^2 - \alpha^2}.$$

단계 5: 응답이 과감쇠라면 식 (8.10)과 (8.11)을 연립하여 풀어서 A_1과 A_2를 구한다.

$$A_1 + A_2 = V_0;$$

$$A_1 s_1 + A_2 s_2 = \frac{1}{C}\left(\frac{-V_0}{R} - I_0\right).$$

응답이 부족 감쇠라면 식 (8.16)과 (8.17)을 연립하여 풀어서 B_1과 B_2를 구한다.

$$B_1 = V_0;$$

$$-\alpha B_1 + \omega_d B_2 = \frac{1}{C}\left(\frac{-V_0}{R} - I_0\right).$$

해석 방법 8.2에 수정된 단계를 요약했다. 회로의 응답이 부족 감쇠가 되는 예제 8.4로부터 부족 감쇠 응답의 특성을 조사해 보자.

해석 방법 8.2
병렬 *RLC* 회로의 자연 응답

1. 회로에서 커패시터 전압의 초깃값 V_0, 인덕터 전류의 초깃값 I_0를 구한다.
2. 표 8.1의 식을 사용하여 α와 ω_0를 구한다.
3. 만약 $\alpha^2 > \omega_0^2$이면 응답은 과감쇠이다.
   $v(t) = A_1 e^{s_1 t} + A_2 e^{s_2 t}$, $t \geq 0$.
   만약 $\alpha^2 < \omega_0^2$이면 응답은 부족 감쇠이다.
   $v(t) = B_1 e^{-\alpha t} \cos \omega_d t + B_2 e^{-\alpha t} \sin \omega_d t$, $t \geq 0$.
4. 응답이 과감쇠라면 표 8.1의 식을 이용하여 s_1과 s_2를 구한다.
   응답이 부족 감쇠라면 $\omega_d = \sqrt{\omega_0^2 - \alpha^2}$을 이용하여 ω_d를 구한다.
5. 응답이 과감쇠라면 식 (8.10)과 (8.11)을 연립하여 풀어서 A_1과 A_2를 구한다.
   응답이 부족 감쇠라면 식 (8.16)과 (8.17)을 연립하여 풀어서 B_1과 B_2를 구한다.
6. 단계 4와 5의 결과로부터 단계 3의 $v(t)$를 구한다. 원하는 가지 전류를 구한다.

예제 8.4 병렬 *RLC* 회로의 부족 감쇠 자연 응답 구하기

그림 8.8의 회로에서 $V_0 = 0$, $I_0 = -12.25$ mA이다.

a) $t \geq 0$에서 전압 응답을 계산하라.

b) 시구간 $0 \leq t \leq 11$ ms에서 $v(t)$ 대 t의 관계를 그려라.

풀이

해석 방법 8.2를 사용한다.

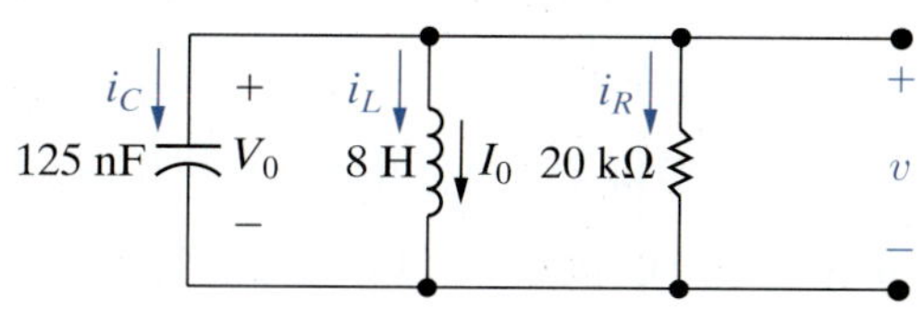

그림 8.8▲ 예제 8.4의 회로.

a) **단계 1:** 커패시터 전압의 초깃값 V_0, 인덕터 전류의 초깃값 I_0를 구한다. 이 값은 문제에 주어져 있으므로 회로 해석이 필요 없다.

단계 2: 표 8.1의 식을 사용하여 α와 ω_0를 구한다.

$$\alpha = \frac{1}{2RC} = \frac{1}{2(20{,}000)(125 \times 10^{-9})} = 200 \text{ rad/s},$$

$$\omega_0^2 = \frac{1}{LC} = \frac{1}{(8)(125 \times 10^{-9})} = 10^6 \text{ rad}^2/\text{s}^2.$$

단계 3: α^2과 ω_0^2를 비교한다. $\alpha^2 < \omega_0^2$이므로 응답은 부족 감쇠이다.

$$v(t) = B_1 e^{-\alpha t} \cos \omega_d t + B_2 e^{-\alpha t} \sin \omega_d t, \quad t \geq 0.$$

단계 4: 응답이 부족 감쇠이므로 ω_d를 구한다.

$$\omega_d = \sqrt{\omega_0^2 - \alpha^2} = \sqrt{10^6 - (200)^2} = 979.80 \text{ rad/s}.$$

단계 5: 응답이 부족 감쇠이므로 연립하여 풀어서 B_1과 B_2를 구하면

$$B_1 = V_0 = 0;$$

$$-\alpha B_1 + \omega_d B_2 = \frac{1}{C}\left(\frac{-V_0}{R} - I_0\right) \text{ 따라서}$$

$$-200B_1 + 979.80B_2 = \frac{1}{125 \times 10^{-9}}\left(\frac{-0}{20{,}000} - (-12.25 \times 10^{-3})\right)$$

$$= 98{,}000.$$

이를 풀면

$$B_1 = 0 \text{ V}, \quad B_2 = 100 \text{ V}.$$

단계 6: 단계 4와 5의 결과로부터 $v(t)$를 구한다.

$$v(t) = 100e^{-200t} \sin 979.80t \text{ V}, \quad t \geq 0.$$

d) 그림 8.9는 저장된 에너지가 방출된 후 첫 11 ms에서 $v(t)$ 대 t의 관계를 그린 것이다. 그림은 분명히 부족 감쇠 응답의 감쇠 진동 성질을 보여 준다. 전압 $v(t)$는 최종값보다 크거나 작은 값 사이에서 진동하며 최종값에 접근한다. 더욱이 이 최종값에 대한 진동은 시간에 따라 지수적으로 감소한다.

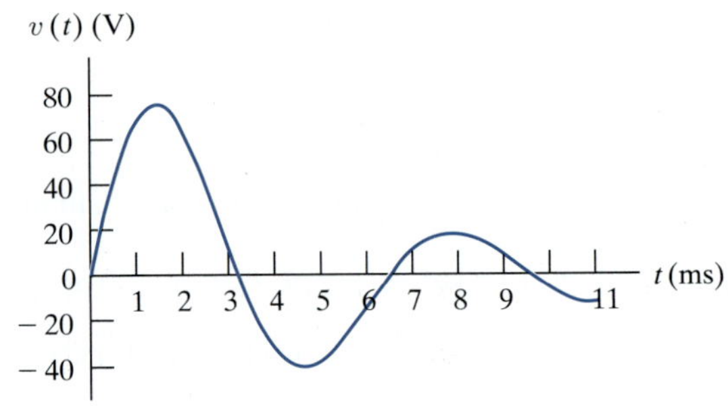

그림 8.9▲ 예제 8.4의 전압 응답.

평가문제

목표 1—병렬 RLC 회로의 자연 응답과 계단 응답을 구할 수 있다.

8.4 그림 8.1의 회로에서 커패시턴스가 250 μF일 때, 회로의 자연 전압 응답은 $120e^{-400t} \cos 300t + 80e^{-400t} \sin 300t$ V, $t \geq 0$과 같다. 다음을 구하라.

a) L

b) R

c) V_0

d) I_0

e) $i_L(t)$

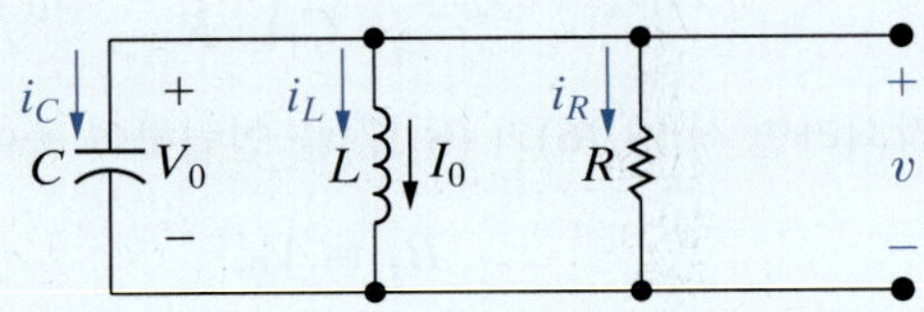

정답: a) 16 mH, b) 5 Ω, c) 120 V, d) −18 A, e) $e^{-400t}(-18 \cos 300t + \sin 300t)$ A.

자가 검사: 연습문제 8.9와 8.16도 풀어 보라.

부족 감쇠 응답의 특성

부족 감쇠 응답의 일반적인 성질을 살펴보자. 식 (8.15)와 그림 8.9로부터 전압이 양과 음의 값 사이에서 진동하는 것을 알 수 있다. 이 전압은 회로에 두 가지 종류의 에너지 저장 소자—인덕터와 커패시터—가 존재하기 때문이다. (이 전기 회로는 기계 시스템에서 스프링에 매달린 질량과 유사하다. 그 이유는 에너지가 스프링과 이동하는 질량 모두에 저장될 수 있어서 진동이 가능하기 때문이다.) 전압이 진동하는 비율은 ω_d에 의해 고정되고, 진동 진폭은 α에 의해 결정되는 비율로 지수적으로 감소한다. α는 진동이 얼마나 빨리 감소하는가를 결정하기 때문에 **감쇠 인자**(damping factor) 또는 **감쇠 계수**(damping coefficient)라 한다. 이것은 ω_d가 감쇠 호도 주파수라 불리는 이유를 설명한다.

감쇠가 없으면 $\alpha = 0$이고 진동 주파수는 ω_0이다. 회로에 R과 같은 에너지 소비 소자가 있으면 $\alpha \neq 0$이고 진동 주파수 ω_d는 ω_0보다 작다. 따라서 $\alpha \neq 0$일 때 진동 주파수는 감쇠된다고 말한다. 회로의 에너지 소비가 감소하면 진동의 지속이 증가하고, 진동 주파수는 ω_0에 접근한다. 다시 말해, $R \to \infty$일 때 그림 8.8의 회로에서 에너지 소비는 $p = v^2/R$이므로 0에 접근한다. $R \to \infty$이면 $\alpha \to 0$이며 이것은 $\omega_d \to \omega_0$임을 보여 준다. $\alpha = 0$일 때 전압은 진동하며 진폭은 감소하지 않는다.

예제 8.4에서 R이 무한대로 증가하면 $v(t)$의 해는 다음과 같다.

$$v(t) = 98 \sin 1000t \text{ V}, \quad t \geq 0.$$

따라서 진동이 지속되는 경우에 전압의 최대 진폭은 98 V, 진동 주파수는 1000 rad/s이다.

이제 부족 감쇠와 과감쇠 사이의 차이를 정성적으로 검토하자. 부족 감쇠 시스템에서 응답은 최종값 근방에서 진동 또는 '바운스(bounce)'한다. 이 진동을 또한 환 진동(ringing)이라고도 한다. 과감쇠 시스템에서 응답은 환 진동이 없이 최종값에 접근하거나 종종 '느릿느릿하게(sluggish)' 접근한다. 2계 시스템에서 원하는 응답을 규정할 때 두 가지 선택지가 있다.

- 가능한 한 짧은 시간에 최종값에 도달하기를 원하며, 최종값에 도달할 때 작은 발진이 관계없다면 부족 감쇠 응답을 얻도록 시스템 부품을 설계한다.
- 부품이 손상을 받지 않게 하려는 의도에서 응답이 최종값을 초과하지 않게 하려면 과감쇠 응답이 되도록 설계한다. 이때 상대적으로 느리게 최종값에 도달하는 것은 감수해야 한다.

임계 감쇠 전압 응답

병렬 *RLC* 회로의 응답은 $\omega_0^2 = \alpha^2$ 또는 $\omega_0 = \alpha$일 때 임계 감쇠이다. 회로가 임계 감쇠일 때 응답은 진동의 경계상에 있고, 특성 방정식의 두 근은 실수이며 동일하다. 즉

$$s_1 = s_2 = -\alpha = -\frac{1}{2RC}. \tag{8.18}$$

$s_1 = s_2 = -\alpha$를 전압 식[식 (8.9)]에 대입하면 다음과 같다.

$$v = (A_1 + A_2)e^{-\alpha t} = A_0 e^{-\alpha t},$$

여기서 A_0는 임의 상수이다. 이 식은 하나의 임의 상수 A_0만 가지고 있으므로 두 개의 독립된 초기 조건(V_0, I_0)을 만족할 수 없다.

특성 방정식의 근이 같으면 미분 방정식[식 (8.1)]의 해는 다른 형태를 가진다.

병렬 *RLC* 자연 응답: 임계 감쇠

$$v(t) = D_1 te^{-\alpha t} + D_2 e^{-\alpha t}. \tag{8.19}$$

이 해는 단순 지수항과 선형항과 지수항의 곱인 항을 가진다. 식 (8.19)의 정당성

은 미분 방정식의 입문 과정을 참고하기 바란다.

식 (8.19)에는 단 두 개의 미지수 D_1과 D_2가 있다. 과감쇠 응답에서 A_1과 A_2, 부족 감쇠 응답에서 B_1과 B_2를 구하는 것과 동일하게 두 연립 방정식을 풀어서 그 값을 구한다.

식 (8.19)의 v의 초깃값이 회로의 v의 초깃값과 같은 것에서 한 개의 식을 얻는다. 두 번째 식은 식 (8.19)의 dv/dt의 초깃값이 회로의 dv/dt의 초깃값과 같은 것에서 얻는다. 회로의 v와 dv/dt의 초깃값이 과감쇠, 부족 감쇠, 임계 감쇠 모두의 경우에서 동일함에 주목하라. 임계 감쇠 응답에서 D_1과 D_2를 구하는 두 개의 연립 방정식은 다음과 같다.

$$v(0^+) = D_2 = V_0, \tag{8.20}$$

$$\frac{dv(0^+)}{dt} = D_1 - \alpha D_2 = \frac{1}{C}\left(\frac{-V_0}{R} - I_0\right). \tag{8.21}$$

임계 감쇠 응답을 구하는 전체 과정은 과도 및 부족 감쇠 응답의 경우와 동일하다. 그러나 응답 방정식과 계수를 구하는 연립 방정식은 약간 다르다. 이 차이점에 대응하기 위해 병렬 *RLC* 회로에서 전압을 구하는 방법의 단계 3, 4, 5를 수정한다.

단계 3: α^2과 ω_0^2을 비교한다. 만약 $\alpha^2 > \omega_0^2$이면 응답은 과감쇠이다.

$$v(t) = A_1 e^{s_1 t} + A_2 e^{s_2 t}, \quad t \geq 0.$$

만약 $\alpha^2 < \omega_0^2$이면 응답은 부족 감쇠이다.

$$v(t) = B_1 e^{-\alpha t} \cos \omega_d t + B_2 e^{-\alpha t} \sin \omega_d t, \quad t \geq 0.$$

만약 $\alpha^2 = \omega_0^2$이면 응답은 임계 감쇠이다.

$$v(t) = D_1 t e^{-\alpha t} + D_2 e^{-\alpha t}, \quad t \geq 0.$$

단계 4: 응답이 과감쇠라면 표 8.1의 식을 이용하여 α, ω_0로부터 s_1, s_2를 구한다. 만약 응답이 부족 감쇠라면 ω_d를 다음과 같이 계산한다.

$$\omega_d = \sqrt{\omega_0^2 - \alpha^2}.$$

만약 응답이 임계 감쇠라면 이 단계를 건너뛴다.

단계 5: 응답이 과감쇠라면 식 (8.10)과 (8.11)을 연립하여 풀어서 A_1과 A_2를 구한다.

$$A_1 + A_2 = V_0;$$

$$A_1 s_1 + A_2 s_2 = \frac{1}{C}\left(\frac{-V_0}{R} - I_0\right).$$

응답이 부족 감쇠라면 식 (8.16)과 (8.17)을 연립하여 풀어서 B_1과 B_2를 구한다.

$$B_1 = V_0;$$

$$-\alpha B_1 + \omega_d B_2 = \frac{1}{C}\left(\frac{-V_0}{R} - I_0\right).$$

응답이 임계 감쇠라면 식 (8.20)과 (8.21)을 연립하여 풀어서 D_1과 D_2를 구한다.

해석 방법 8.3
병렬 *RLC* 회로의 자연 응답

1. 회로에서 커패시터 전압의 초깃값 V_0, 인덕터 전류의 초깃값 I_0를 구한다.
2. 표 8.2의 식을 사용하여 α와 ω_0를 구한다.
3. 만약 $\alpha^2 > \omega_0^2$이면 응답은 과감쇠이다.
   $v(t) = A_1 e^{s_1 t} + A_2 e^{s_2 t}$, $t \geq 0$.
   만약 $\alpha^2 < \omega_0^2$이면 응답은 부족 감쇠이다.
   $v(t) = B_1 e^{-\alpha t} \cos \omega_d t + B_2 e^{-\alpha t} \sin \omega_d t$, $t \geq 0$.
   만약 $\alpha^2 = \omega_0^2$이면 응답은 임계 감쇠이다.
   $v(t) = D_1 t e^{-\alpha t} + D_2 e^{-\alpha t}$, $t \geq 0$.
4. 응답이 과감쇠라면 표 8.2의 식을 이용하여 s_1, s_2를 구한다.
   응답이 부족 감쇠라면 표 8.2의 식을 이용하여 ω_d를 구한다.
5. 응답이 과감쇠라면 표 8.2의 식을 연립하여 풀어서 A_1과 A_2를 구한다.
   응답이 부족 감쇠라면 표 8.2의 식을 연립하여 풀어서 B_1과 B_2를 구한다.
   응답이 임계 감쇠라면 표 8.2의 식을 연립하여 풀어서 D_1과 D_2를 구한다.
6. 단계 4와 5의 결과로부터 단계 3의 $v(t)$를 구한다.
   원하는 가지 전류를 구한다.

$$D_2 = V_0;$$

$$D_1 - \alpha D_2 = \frac{1}{C}\left(\frac{-V_0}{R} - I_0\right).$$

해석 방법 8.3에 수정된 단계를 요약했다. 표 8.2에는 병렬 *RLC* 회로의 자연 응답을 구하는 데 필요한 모든 방정식을 모아 두었다.

표 8.2 병렬 *RLC* 회로의 자연 응답을 해석하기 위한 수식

특성 방정식	$s^2 + \frac{1}{RC}s + \frac{1}{LC} = 0$
감쇠, 공진, 감쇠 주파수	$\alpha = \frac{1}{2RC},\ \omega_0 = \sqrt{\frac{1}{LC}},\ \omega_d = \sqrt{\omega_0^2 - \alpha^2}$
특성 방정식의 근	$s_1 = -\alpha + \sqrt{\alpha^2 - \omega_0^2},\ \ s_2 = -\alpha - \sqrt{\alpha^2 - \omega_0^2}$
$\alpha^2 > \omega_0^2$: 과감쇠	$v(t) = A_1e^{s_1t} + A_2e^{s_2t}, t \geq 0$ $v(0^+) = A_1 + A_2 = V_0$ $\frac{dv(0^+)}{dt} = s_1A_1 + s_2A_2 = \frac{1}{C}\left(\frac{-V_0}{R} - I_0\right)$
$\alpha^2 < \omega_0^2$: 부족 감쇠	$v(t) = B_1e^{-\alpha t}\cos\omega_dt + B_2e^{-\alpha t}\sin\omega_dt, t \geq 0$ $v(0^+) = B_1 = V_0$ $\frac{dv(0^+)}{dt} = -\alpha B_1 + \omega_dB_2 = \frac{1}{C}\left(\frac{-V_0}{R} - I_0\right)$
$\alpha^2 = \omega_0^2$: 임계 감쇠	$v(t) = D_1te^{-\alpha t} + D_2e^{-\alpha t}, t \geq 0$ $v(0^+) = D_2 = V_0$ $\frac{dv(0^+)}{dt} = D_1 - \alpha D_2 = \frac{1}{C}\left(\frac{-V_0}{R} - I_0\right)$

(마지막 세 줄의 수식은 모든 소자에서 전류의 기준 방향이 소자의 전압 강하의 기준 방향과 동일하다고 가정한 것임에 주의하라.)

실제의 경우에 ω_0가 정확히 α와 같아야 하므로 임계 감쇠 시스템은 좀처럼 다루지 않는다. 이 값은 모두 회로 파라미터에 달려 있고, 실제 회로에서 정확히 동일 관계를 만족하는 소자 값을 선택하는 것은 매우 어렵다. 그럼에도 불구하고, 예제 8.5에서 병렬 *RLC* 회로의 임계 감쇠 응답을 구하기 위한 접근 방법을 보여 준다.

예제 8.5 병렬 *RLC* 회로의 임계 감쇠 자연 응답 구하기

a) 예제 8.4(그림 8.8)의 회로에서 임계 감쇠 전압 응답을 갖는 R의 값을 구하라.

b) $t \geq 0$에서 $v(t)$를 계산하라.

c) $0 \leq t \leq 7$ ms일 때 $v(t)$ 대 t의 관계를 그려라.

풀이

a) 예제 8.4로부터 $\omega_0^2 = 10^6$이다. 그러므로 임계 감쇠에 대해

$$\alpha = 10^3 = \frac{1}{2RC},$$

또는

$$R = \frac{1}{2(1000)(125 \times 10^{-9})} = 4000\ \Omega.$$

b) 전압 v를 구하기 위해 해석 방법 8.3의 단계를 따른다.

단계 1: 커패시터 전압의 초깃값 V_0와 인덕터 전류의 초깃값 I_0를 결정한다. 이 값은 예제 8.4에 주어져 있으므로 회로 해석이 필요하지 않다.

단계 2: (a)에서 다음을 알 수 있다.

$$\alpha = \omega_0 = 1000 \text{ rad/s}.$$

단계 3: α^2와 ω_0^2을 비교한다. $\alpha^2 = \omega_0^2$이므로 이 응답은 임계 감쇠이다.

$$v(t) = D_1 te^{-\alpha t} + D_2 e^{-\alpha t}, \quad t \geq 0.$$

단계 4: 응답이 임계 감쇠이므로 이 단계는 필요하지 않다.

단계 5: 응답이 임계 감쇠이므로 D_1과 D_2의 값을 계산한다.

$$D_2 = V_0 = 0;$$

$$D_1 - \alpha D_2 = \frac{1}{C}\left(\frac{-V_0}{R} - I_0\right)$$

$$D_1 - 1000D_2 = \frac{1}{125 \times 10^{-9}}\left(\frac{-0}{4000} - (-12.25 \times 10^{-3})\right)$$

$$= 98{,}000.$$

그러므로

$$D_1 = 98{,}000 \text{ V/s}, \quad D_2 = 0 \text{ V}.$$

단계 6: 단계 4와 5의 결과를 사용하여 $v(t)$에 대한 식을 기술한다.

$$v(t) = 98{,}000te^{-1000t} \text{ V}, \quad t \geq 0.$$

c) 그림 8.10은 구간 $0 \leq t \leq 7$ ms일 때 $v(t)$ 대 t의 관계를 보여 준다.

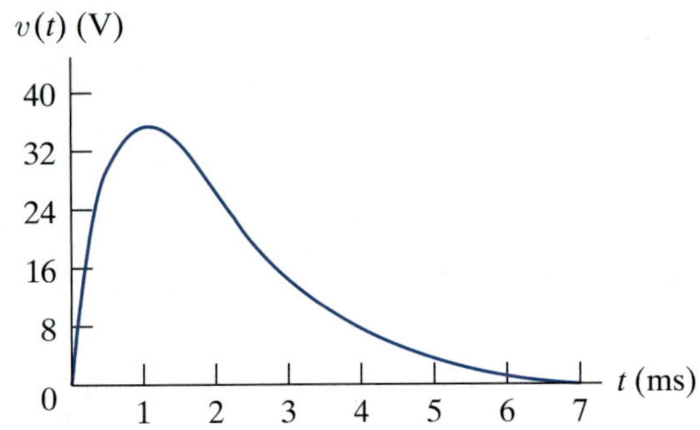

그림 8.10▲ 예제 8.5의 전압 응답.

평가문제

목표 1—병렬 RLC 회로의 자연 응답과 계단 응답을 구할 수 있다.

8.5 그림 8.1의 회로에서 전압 응답은 $D_1te^{-500t} + D_2e^{-500t}$ V, $t \geq 0$이다. 인덕터의 초기 전류 I_0는 -10 mA이고, 커패시터의 초기 전압 V_0는 8 V이며, 인덕턴스는 4 H일 때, 다음을 구하라.

a) C

b) R

c) D_2

d) D_1

e) $i_C(t), t \geq 0^+$

정답: a) 1 μF,

b) 1 kΩ,

c) 8 V,

d) 6000 V/s,

e) $e^{-500t}(2 - 3000t)$ mA.

자가 검사: 연습문제 8.10과 8.17도 풀어 보라.

8.3 병렬 RLC 회로의 계단 응답

그림 8.11에 보이는 병렬 RLC 회로의 계단 응답을 구해 보자. 계단 응답은 dc 전류원의 갑작스러운 공급의 결과로 나타난다. 전류원을 가했을 때 회로에는 에너지가 저장되어 있을 수도 있고 아닐 수도 있다. 인덕터 가지에 흐르는 전류(i_L)를 구하는 것으로 계단 응답을 구하는 일반적인 방법을 전개한다.

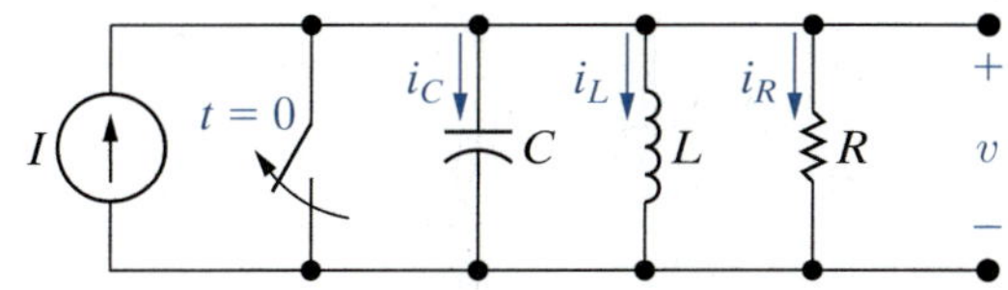

그림 8.11▲ 병렬 *RLC* 회로의 계단 응답을 설명하기 위해 사용된 회로.

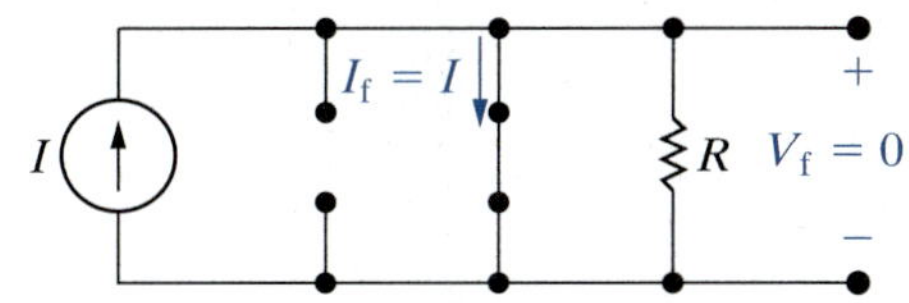

그림 8.12▲ $t \to \infty$에서 그림 8.11의 회로.

왜 인덕터 전류를 구하는가? 자연 응답에서는 전압을 구했으며, 이 전압은 병렬로 연결된 소자에서 모두 동일했고, 전압을 사용하여 임의의 가지에 대한 전류를 구할 수 있었음을 상기하라. 그러나 계단 응답을 구하기 위해서는 세 가지 제약 조건을 만족해야 한다. 자연 응답에서와 마찬가지로, 두 가지 제약 조건은 커패시터의 전압과 인덕터의 전류로 설정된다. 계단 응답 문제에 대해 세 번째 제약 조건이 생기는 이유는 $t \geq 0$에서 회로에 전원이 존재함으로써 0이 아닌 최종값이 생기기 때문이다.

그림 8.11을 $t \to \infty$에 대해 그려 본다. 직류 전원이 존재하므로 커패시터는 개방 회로로, 인덕터는 단락 회로로 작용하여 저항으로는 전류가 흐르지 않게 된다. 결과적으로 회로는 그림 8.12와 같이 되어 0이 아닌 최종값을 가지는 것은 인덕터 전류임을 알 수 있다. 이것이 병렬 *RLC* 계단 응답에서 전압을 구하지 않고 인덕터 전류를 구하는 이유를 설명한다.

그림 8.11에서 인덕터 전류 i_L을 구하기 위해 KCL을 회로의 위쪽 마디에 적용한다.

$$i_L + i_R + i_C = I,$$

또는

$$i_L + \frac{v}{R} + C\frac{dv}{dt} = I. \tag{8.22}$$

그리고

$$v = L\frac{di_L}{dt},$$

이므로 다음을 얻는다.

$$\frac{dv}{dt} = L\frac{d^2i_L}{dt^2}.$$

식 (8.22)를 인덕터 전류와 그 1계 및 2계 도함수만 사용하여 다시 작성할 수 있다.

$$i_L + \frac{L}{R}\frac{di_L}{dt} + LC\frac{d^2i_L}{dt^2} = I.$$

편의상 양변을 LC로 나누고 다시 정리하면

$$\frac{d^2i_L}{dt^2} + \frac{1}{RC}\frac{di_L}{dt} + \frac{i_L}{LC} = \frac{I}{LC}. \tag{8.23}$$

식 (8.23)을 식 (8.1)과 비교하면 이 두 식은 동일한 형태이지만, 식 (8.23)의 우변이 0이 아님에 주목한다. 식 (8.23)을 직접 풀기 전에 간접적인 방법으로 해를 구한다. 식 (8.23)의 해를 알면 직접적인 방법을 설명하는 것이 더 쉬워진다.

간접적인 접근 방법

먼저 전압 v를 구하면 간접적으로 i_L을 구할 수 있다. v가 만족시켜야 하는 미분 방정식은 식 (8.1)과 같으므로 8.2절에서 소개한 기법을 사용한다. 이것을 보기 위해 식 (8.22)로 돌아가서 i_L을 v의 함수로 표현하자. 따라서

$$\frac{1}{L}\int_0^t v d\tau + I_0 + \frac{v}{R} + C\frac{dv}{dt} = I,$$

I_0는 인덕터의 초기 전류이다. t에 관해 미분하면 I가 상수이므로 우변은 0이 되고, 좌변에서 I_0도 동일한 이유로 제거된다. 따라서

$$\frac{v}{L} + \frac{1}{R}\frac{dv}{dt} + C\frac{d^2v}{dt^2} = 0,$$

또는

$$\frac{d^2v}{dt^2} + \frac{1}{RC}\frac{dv}{dt} + \frac{v}{LC} = 0.$$

8.2절에서 논의된 것처럼 v의 해는 특성 방정식의 근에 달려 있다. 따라서 세 가지 가능한 해가 있을 수 있다.

$$v = A_1e^{s_1t} + A_2e^{s_2t},$$

$$v = B_1e^{-\alpha t}\cos\omega_d t + B_2e^{-\alpha t}\sin\omega_d t,$$

$$v = D_1te^{-\alpha t} + D_2e^{-\alpha t}.$$

주의: $t > 0$에서 회로에 전원이 존재하므로 v를 나타내는 식에서 계수를 구할 때 $t = 0^+$에서 전원 전류의 값을 고려해야 한다.

이 세 가지 가능한 i_L의 해를 구하기 위해 v를 나타내는 식을 식 (8.22)에 대입한다. 이렇게 하여 i_L의 세 가지 해는 다음과 같음을 증명할 수 있어야 한다.

병렬 *RLC* 계단 응답의 형태

$$i_L = I + A_1'e^{s_1t} + A_2'e^{s_2t} \text{ (과감쇠)} \tag{8.24}$$

$$i_L = I + B_1'e^{-\alpha t}\cos\omega_d t + B_2'e^{-\alpha t}\sin\omega_d t \text{ (부족 감쇠)} \tag{8.25}$$

$$i_L = I + D_1'te^{-\alpha t} + D_2'e^{-\alpha t} \text{ (임계 감쇠)} \tag{8.26}$$

여기서 A_1', A_2', B_1', B_2', D_1', D_2'는 임의의 상수이다. 각 경우에 이 상수는 전압 해와 관련된 임의 상수의 항으로 간접적으로 구할 수 있다. 그러나 이 접근 방법은 성가신 작업이다.

직접적인 접근 방법

방금 알아본 바와 같이, 상수 강제 함수(forcing function)를 가진 2계 미분 방정식의 해는 강제 응답과, 자연 응답과 동일 형태의 응답 함수를 더한 것과 같다. 따라서 계단 응답에 대한 해는 항상 다음과 같은 형태로 표현할 수 있다.

$$i = I_f + \{\text{자연 응답과 같은 형태의 함수}\}$$

또는

$$v = V_f + \{\text{자연 응답과 같은 형태의 함수}\}$$

여기서 I_f와 V_f는 응답 함수의 최종값을 나타낸다. 최종값은 그림 8.12의 회로에서

전압 v와 같이 0이 될 수도 있다.

앞서 주목한 바와 같이, 그림 8.11의 회로에서 0이 아닌 최종값을 가지는 변수는 인덕터 전류이다. 이제 인덕터 전류에 대해 병렬 *RLC* 자연 응답 방법을 수정하여 병렬 *RLC* 계단 응답을 구하는 방법으로 어떻게 변환하는지 알아보자.

단계 1: 병렬 *RLC* 회로에서 $t < 0$에 대해 해석하고, 커패시터 전압의 초깃값 V_0, 인덕터 전류의 초깃값 I_0를 구한다. 이 과정에서 $t \to \infty$에서 회로를 해석하여 인덕터 전류의 최종값 I_f도 구한다.

단계 2: R, L, C의 값을 사용하여 감쇠 주파수 α와 공진 호도 주파수 ω_0를 구한다. 이 단계에서는 수정 사항이 없다.

단계 3: α^2와 ω_0^2를 비교한다. 여기서 전압에 대한 자연 응답을 식 (8.24)~(8.26)에 주어진 인덕터 전류에 대한 계단 응답으로 교체한다.

단계 4: 응답이 과감쇠라면 s_1, s_2를 구한다. 응답이 부족 감쇠라면 ω_d의 값을 계산한다. 응답이 임계 감쇠라면 이 단계를 건너뛴다. 이 단계에서는 수정 사항이 없다.

단계 5: 두 연립 방정식을 풀어서 계수 A', B', D'의 값을 계산한다. 첫 번째 식을 세우기 위해 단계 3에서 $t = 0^+$일 때 $i_L(t)$에 대한 식을 구하고, 이것이 초기 인덕터 전류 I_0와 같다고 놓는다. 예를 들어 과감쇠의 경우에 첫 번째 방정식은 다음과 같다.

$$I_f + A'_1 + A'_2 = I_0;$$

부족 감쇠의 경우에 첫 번째 방정식은 다음과 같다.

$$I_f + B'_1 = I_0;$$

임계 감쇠의 경우에 첫 번째 방정식은 다음과 같다.

$$I_f + D'_2 = I_0.$$

두 번째 식을 세우기 위해 단계 3에서 $t = 0^+$일 때 di_L/dt에 대한 식을 구하고, 이것이 회로에서 di_L/dt와 같다고 놓는다. 회로에서 di_L/dt를 어떻게 구하는가? 인덕터에서 전압과 전류 사이의 관계를 사용하면 다음을 얻는다.

$$\frac{di_L(0^+)}{dt} = \frac{v_L(0^+)}{L} = \frac{V_0}{L}.$$

과감쇠의 경우에 두 번째 방정식은 다음과 같다.

$$A'_1 s_1 + A'_2 s_2 = \frac{V_0}{L};$$

부족 감쇠의 경우에 두 번째 방정식은 다음과 같다.

$$-\alpha B'_1 + \omega_d B'_2 = \frac{V_0}{L};$$

임계 감쇠의 경우에 두 번째 방정식은 다음과 같다.

$$D'_1 - \alpha D'_2 = \frac{V_0}{L}.$$

단계 6: 단계 4와 5의 결과를 사용하여 단계 3에서 $i_L(t)$에 대한 식을 구한다. 각

해석 방법 8.4
병렬 *RLC* 회로의 계단 응답

1. 회로에서 커패시터 전압의 초깃값 V_0, 인덕터 전류의 초깃값 I_0, 인덕터 전류의 최종값 I_f를 구한다.
2. 표 8.3의 식을 사용하여 α와 ω_0를 구한다.
3. 만약 $\alpha^2 > \omega_0^2$이면 응답은 과감쇠이다.
   $i_L(t) = I_f + A'_1 e^{s_1 t} + A'_2 e^{s_2 t}, t \geq 0^+$.
   만약 $\alpha^2 < \omega_0^2$이면 응답은 부족 감쇠이다.
   $i_L(t) = I_f + B'_1 e^{-\alpha t}\cos\omega_d t + B'_2 e^{-\alpha t}\sin\omega_d t, t \geq 0^+$.
   만약 $\alpha^2 = \omega_0^2$이면 응답은 임계 감쇠이다.
   $i_L(t) = I_f + D'_1 t e^{-\alpha t} + D'_2 e^{-\alpha t}, t \geq 0^+$.
4. 응답이 과감쇠라면 표 8.3의 식을 이용하여 s_1, s_2를 구한다.
   응답이 부족 감쇠라면 표 8.3의 식을 이용하여 ω_d를 구한다.
5. 응답이 과감쇠라면 표 8.3의 식을 연립하여 풀어서 A'_1과 A'_2를 구한다.
   응답이 부족 감쇠라면 표 8.3의 식을 연립하여 풀어서 B'_1과 B'_2를 구한다.
   응답이 임계 감쇠라면 표 8.3의 식을 연립하여 풀어서 D'_1과 D'_2를 구한다.
6. 단계 4와 5의 결과로부터 단계 3의 $i_L(t)$를 구한다. 인덕터 전압과 원하는 가지 전류를 구한다.

표 8.3 병렬 *RLC* 회로의 계단 응답을 해석하기 위한 수식

특성 방정식	$s^2 + \frac{1}{RC}s + \frac{1}{LC} = \frac{I}{LC}$
감쇠, 공진, 감쇠 주파수	$\alpha = \frac{1}{2RC}, \quad \omega_0 = \sqrt{\frac{1}{LC}}, \quad \omega_d = \sqrt{\omega_0^2 - \alpha^2}$
특성 방정식의 근	$s_1 = -\alpha + \sqrt{\alpha^2 - \omega_0^2}, \quad s_2 = -\alpha - \sqrt{\alpha^2 - \omega_0^2}$
$\alpha^2 > \omega_0^2$: 과감쇠	$i_L(t) = I_f + A'_1 e^{s_1 t} + A'_2 e^{s_2 t}, \quad t \geq 0$
	$i_L(0^+) = I_f + A'_1 + A'_2 = I_0$
	$\frac{di_L(0^+)}{dt} = s_1 A'_1 + s_2 A'_2 = \frac{V_0}{L}$
$\alpha^2 < \omega_0^2$: 부족 감쇠	$i_L(t) = I_f + B'_1 e^{-\alpha t}\cos\omega_d t + B'_2 e^{-\alpha t}\sin\omega_d t, \quad t \geq 0$
	$i_L(0^+) = I_f + B'_1 = I_0$
	$\frac{di_L(0^+)}{dt} = -\alpha B'_1 + \omega_d B'_2 = \frac{V_0}{L}$
$\alpha^2 = \omega_0^2$: 임계 감쇠	$i_L(t) = I_f + D'_1 t e^{-\alpha t} + D'_2 e^{-\alpha t}, \quad t \geq 0$
	$i_L(0^+) = I_f + D'_2 = I_0$
	$\frac{di_L(0^+)}{dt} = D'_1 - \alpha D'_2 = \frac{V_0}{L}$

(마지막 세 줄의 수식은 모든 소자에서 전류의 기준 방향이 소자의 전압 강하의 기준 방향과 동일하다고 가정한 것임에 주의하라.)

가지에 있는 소자들의 전압과 전류의 관계를 사용하여 전압 v와 남아 있는 가지의 전류를 구한다.

해석 방법 8.4에 병렬 *RLC* 회로의 계단 응답을 구하는 단계를 요약했다. 표 8.3에는 병렬 *RLC* 회로의 계단 응답을 구하는 데 필요한 모든 수식을 모아 두었다. 예제 8.6~8.10은 병렬 *RLC* 회로의 계단 응답을 구하는 데 표 8.3과 해석 방법 8.4를 어떻게 적용하는지를 보여 준다.

예제 8.6 병렬 *RLC* 회로의 과감쇠 계단 응답 구하기

그림 8.13의 회로에서 초기에 저장된 에너지는 0이다. $t = 0$에서 24 mA의 dc 전류원이 회로에 공급된다. 저항 값은 400 Ω이다. $t \geq 0$에서 $i_L(t)$를 구하라.

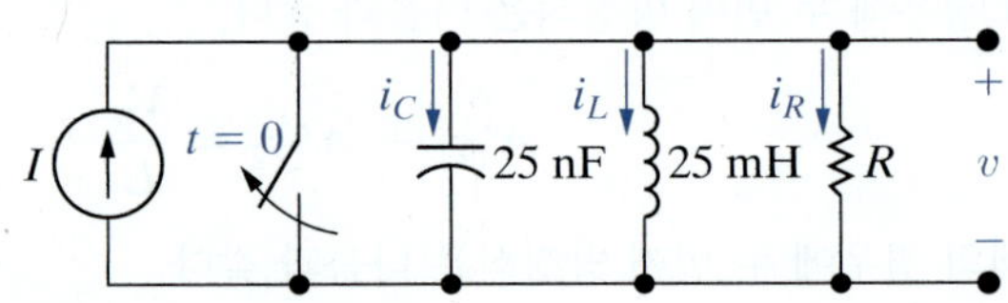

그림 8.13▲ 예제 8.6의 회로.

풀이

해석 방법 8.4의 단계를 따른다.

단계 1: 커패시터 전압의 초깃값 V_0, 인덕터 전류의 초깃값 I_0는 초기 저장 에너지가 0이므로 모두 0이다. $t \to \infty$에서 커패시터는 개방 회로로, 인덕터는 단락 회로로 동작하여 저항으로는 전류가 흐르지 않으므로 전원으로부터의 전류는 모두 인덕터로 흐른다. 그러므로 $I_f = 24$ mA이다.

단계 2: 표 8.3의 2행의 식을 사용하여

$$\alpha = \frac{1}{2RC} = \frac{1}{2(400)(25 \times 10^{-9})} = 50{,}000 \text{ rad/s};$$

$$\omega_0 = \sqrt{\frac{1}{LC}} = \sqrt{\frac{1}{(0.025)(25 \times 10^{-9})}} = 40{,}000 \text{ rad/s}.$$

단계 3: α^2과 ω_0^2을 비교한다. $\alpha^2 > \omega_0^2$이므로 응답은 과감쇠이고, 표 8.3으로부터

$$i_L(t) = I_f + A_1' e^{s_1 t} + A_2' e^{s_2 t}, \quad t \geq 0.$$

단계 4: 표 8.3의 3행의 식을 사용하여 s_1과 s_2를 계산한다.

$$s_1 = -\alpha + \sqrt{\alpha^2 - \omega_0^2} = -50{,}000 + \sqrt{50{,}000^2 - 40{,}000^2}$$
$$= -50{,}000 + 30{,}000 = -20{,}000 \text{ rad/s};$$
$$s_2 = -\alpha - \sqrt{\alpha^2 - \omega_0^2} = -50{,}000 - \sqrt{50{,}000^2 - 40{,}000^2}$$
$$= -50{,}000 - 30{,}000 = -80{,}000 \text{ rad/s}.$$

단계 5: 표 8.3의 4행의 연립 방정식을 풀어서 A_1'과 A_2'를 계산한다.

$$I_f + A_1' + A_2' = I_0, \quad 0.024 + A_1' + A_2' = 0;$$
$$s_1 A_1' + s_2 A_2' = \frac{V_0}{L}, \quad -20{,}000 A_1' - 80{,}000 A_2' = 0.$$

A_1'과 A_2'에 대해 풀면

$$A_1' = -32 \text{ mA}, \quad A_2' = 8 \text{ mA}.$$

단계 6: 단계 4와 5의 결과를 사용하여 단계 3의 식을 기술하면

$$i_L(t) = (24 - 32^{-20{,}000t} + 8e^{-80{,}000t}) \text{ mA}, \quad t \geq 0.$$

예제 8.7 병렬 *RLC* 회로의 부족 감쇠 계단 응답 구하기

예제 8.6(그림 8.13)의 회로에서 저항이 625 Ω으로 증가한다. $t \geq 0$에서 $i_L(t)$를 구하라.

풀이

해석 방법 8.4의 단계를 따른다.

단계 1: 예제 8.6의 단계 1로부터 $V_0 = 0$, $I_0 = 0$, $I_f = 24$ mA이다.

단계 2: R만 변화하므로 예제 8.6으로부터 $\omega_0 = 40{,}000$ rad/s이다. 그리고

$$\alpha = \frac{1}{2RC} = \frac{1}{2(625)(25 \times 10^{-9})} = 32{,}000 \text{ rad/s}.$$

단계 3: α^2과 ω_0^2을 비교한다. $\alpha^2 < \omega_0^2$이므로 응답은 부족 감쇠이고, 표 8.3으로부터

$$i_L(t) = I_f + B_1' e^{-\alpha t} \cos \omega_d t + B_2' e^{-\alpha t} \sin \omega_d t, \quad t \geq 0.$$

단계 4: 표 8.3의 2행의 식을 사용하여 ω_d를 계산한다.

$$\omega_d = \sqrt{\omega_0^2 - \alpha^2} = \sqrt{40{,}000^2 - 32{,}000^2} = 24{,}000 \text{ rad/s}.$$

단계 5: 표 8.3의 5행의 연립 방정식을 풀어서 B_1'과 B_2'를 계산한다.

$$I_f + B_1' = I_0, \quad 0.024 + B_1' = 0;$$
$$-\alpha B_1' + \omega_d B_2' = \frac{V_0}{L}, \quad -32{,}000 B_1' + 24{,}000 B_2' = 0.$$

이를 풀면

$$B_1' = -24 \text{ mA}, \; B_2' = -32 \text{ mA}.$$

단계 6: 단계 4와 5의 결과를 사용하여 단계 3의 식을 기술하면

$$i_L(t) = (24 - 24e^{-32{,}000t} \cos 24{,}000t - 32e^{-32{,}000t} \sin 24{,}000t) \text{ mA}, \quad t \geq 0.$$

예제 8.8 병렬 *RLC* 회로의 임계 감쇠 계단 응답 구하기

예제 8.6(그림 8.13)의 회로에서 저항이 500 Ω으로 증가한다. $t \geq 0$에서 i_L를 구하라.

풀이

해석 방법 8.4의 단계를 따른다.

단계 1: 예제 8.6의 단계 1로부터

$$V_0 = 0, I_0 = 0, I_f = 24 \text{ mA}.$$

단계 2: R만 변화하므로 $\omega_0 = 40{,}000$ rad/s이고, 표 8.3의 2행으로부터

$$\alpha = \frac{1}{2RC} = \frac{1}{2(500)(25 \times 10^{-9})} = 40{,}000 \text{ rad/s}.$$

단계 3: α^2과 ω_0^2을 비교한다. $\alpha^2 = \omega_0^2$이므로 응답은 임계 감쇠이고, 표 8.3으로부터

$$i_L(t) = I_f + D_1' t e^{-\alpha t} + D_2' e^{-\alpha t}, \; t \geq 0.$$

단계 4: 임계 감쇠이므로 이 단계는 필요하지 않다.

단계 5: 표 8.3의 6행의 연립 방정식을 풀어서 D_1'과 D_2'를 계산한다.

$$I_f + D_2' = I_0, \quad 0.024 + D_2' = 0;$$

$$D_1' - \alpha D_2' = \frac{V_0}{L}, \quad D_1' - 40{,}000 D_2' = 0.$$

이를 풀면

$$D_1' = -960{,}000 \text{ mA/s}, \; D_2' = -24 \text{ mA}.$$

단계 6: 단계 4와 5의 결과를 사용하여 단계 3의 식을 기술하면

$$i_L(t) = (24 - 960{,}000te^{-40{,}000t} - 24e^{-40{,}000t}) \text{mA}, \; t \geq 0.$$

예제 8.9 세 가지 계단 응답 형태 비교하기

a) 단일 그래프상에 0~220 μs 범위까지 예제 8.6~8.8에서 유도한 과감쇠, 부족 감쇠, 임계 감쇠 응답을 그려라.

b) i_L이 최종값의 90%에 도달하는 데 걸리는 시간을 구하기 위해 (a)의 그래프를 이용하라.

c) (b)에서 구한 결과를 근거로, 가장 빠른 시간에 출력 최종값의 90%에 도달하는 것은 어느 것인가?

d) 전류의 최종값을 결코 초과하지 않는 것을 보장하는 설계로서 어떤 응답을 지정해야 하는가?

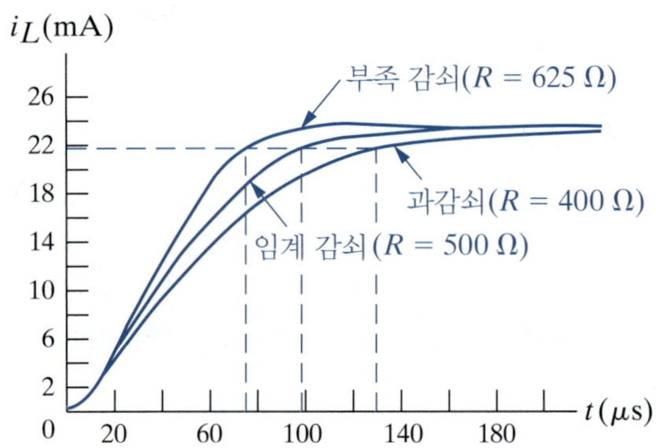

그림 8.14▲ 예제 8.9의 전류 그래프.

풀이

a) 그림 8.14를 참조하라.

b) i_L의 최종값은 24 mA이다. 따라서 i_L = 21.6 mA에 해당하는 시간을 읽으면 된다. 따라서 t_{od} = 130 μs, t_{cd} = 97 μs, t_{ud} = 74 μs이다.

c) 부족 감쇠 응답이 가장 빠른 시간 안에 최종값의 90%에 도달한다. 따라서 이 응답이 속도가 가장 중요한 설계 규격일 때 필요한 응답이다.

d) 그래프로부터 부족 감쇠 응답은 전류의 최종값을 초과(overshoot)한다. 반면에 임계 감쇠나 과감쇠 응답은 절대로 24 mA를 초과하는 전류를 생성하지 않는다. 후자의 두 응답에서 임계 감쇠 응답은 정확한 소자 값을 갖도록 설계해야 하는데 이것은 실용적이지 않다. 따라서 과감쇠 응답을 갖도록 설계하는 것이 가장 좋은 방법이다.

예제 8.10 저장된 초기 에너지가 있는 병렬 *RLC* 회로의 계단 응답 구하기

직류 전류원이 가해지는 순간에 예제 8.8(그림 8.13에서 R = 500 Ω인 경우)의 회로에 에너지가 저장되어 있다. 인덕터의 초기 전류는 29 mA, 커패시터의 초기 전압은 50 V이다. $t \geq 0$에서 $i_L(t)$와 $v(t)$를 구하라.

풀이

해석 방법 8.4의 단계를 따른다.

단계 1: V_0 = 50 V, I_0 = 29 mA이고, 인덕터 전류의 최종값은 예제 8.8로부터 변화하지 않으므로 I_f = 24 mA이다.

단계 2: 예제 8.8로부터 α = 40,000 rad/s, ω_0 = 40,000 rad/s이다.

단계 3: α^2과 ω_0^2을 비교한다. $\alpha^2 = \omega_0^2$이므로 응답은 임계 감쇠이고, 표 8.3으로부터

$$i_L(t) = I_f + D_1'te^{-\alpha t} + D_2'e^{-\alpha t}, \quad t \geq 0.$$

단계 4: 임계 감쇠이므로 이 단계는 필요하지 않다.

단계 5: 표 8.3의 6행의 연립 방정식을 풀어서 D_1'과 D_2'를 계산한다.

$$I_f + D_2' = I_0, \quad 0.024 + D_2' = 0.029;$$

$$D_1' - \alpha D_2' = \frac{V_0}{L}, \quad D_1' - 40{,}000 D_2' = \frac{50}{0.025} = 2000.$$

이를 풀면

$$D_1' = 2.2 \times 10^6 \text{ mA/s}, \; D_2' = 5 \text{ mA}.$$

단계 6: 단계 4와 5의 결과를 사용하여 단계 3의 식을 기술하면

$$i_L(t) = (24 - 2.2 \times 10^6 te^{-40,000t} + 5e^{-40,000t})\,\text{mA}, \quad t \geq 0.$$

$t \geq 0$에서 $v(t)$의 식은 인덕터의 전압과 전류 관계로부터 얻을 수 있다.

$$\begin{aligned} v(t) &= L\frac{di_L}{dt} \\ &= (25 \times 10^{-3})[(2.2 \times 10^6)(-40,000)te^{-40,000t} \\ &\quad + 2.2 \times 10^6 e^{-40,000t} \\ &\quad + (5)(-40,000)e^{-40,000t}] \times 10^{-3} \\ &= (-2.2 \times 10^6 te^{-40,000t} + 50e^{-40,000t})\ \text{V}, \quad t \geq 0. \end{aligned}$$

이 결과를 확인하기 위해 인덕터에 걸리는 초기 전압이 50 V가 되는지를 증명하자.

$$v(0) = -2.2 \times 10^6(0)(1) + 50(1) = 50\ \text{V}.$$

평가문제

목표 1—병렬 *RLC* 회로의 자연 응답과 계단 응답을 구할 수 있다.

8.6 제시된 회로에서 $R = 12.5\ \Omega$, $L = 25\ \text{mH}$, $C = 62.5\ \mu\text{F}$, $I = 2\ \text{A}$이다. 커패시터의 초기 전압은 50 V이고 인덕터의 초기 전류는 1 A이다. 다음을 구하라.

a) $i_R(0^+)$ b) $i_C(0^+)$ c) $di_L(0^+)/dt$

d) s_1, s_2 e) $i_L(t), t \geq 0$ f) $v(t), t \geq 0^+$

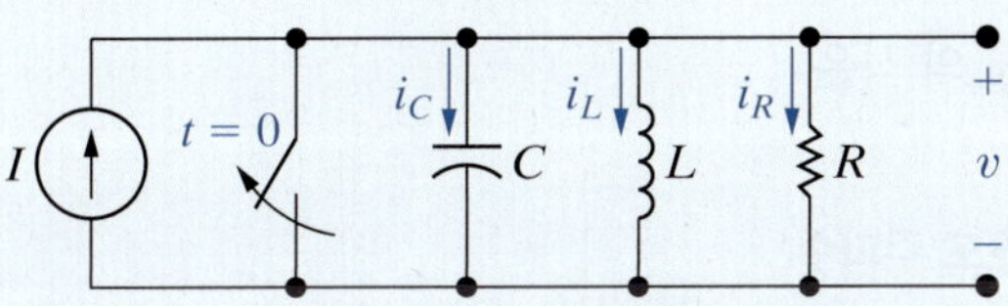

정답: a) 4 A,

b) −3 A,

c) 2000 A/s,

d) $(-640 + j480)$ rad/s, $(-640 - j480))$ rad/s,

e) $2 + e^{-640t}(-\cos 480t + 2.833 \sin 480t)$ A, $t \geq 0$,

f) $e^{-640t}(50 \cos 480t - 33.33 \sin 480t)$ V, $t \geq 0^+$.

자가 검사: 연습문제 8.34~8.36도 풀어 보라.

8.4 직렬 *RLC* 회로의 자연 응답과 계단 응답

직렬 *RLC* 회로의 자연 응답 또는 계단 응답을 구하는 과정은 병렬 *RLC* 회로의 자연 응답 또는 계단 응답을 구하는 과정과 같다. 그 이유는 두 회로가 같은 형태의 미분 방정식으로 표시되기 때문이다. 자연 응답을 구하는 문제에서 전류에 대해 해를 구하며, 그 이유는 모든 회로 소자에 대해 동일하기 때문이다. 그림 8.15의 회로에서 전류로 표시되는 폐회로 주위의 전압을 더해 보자.

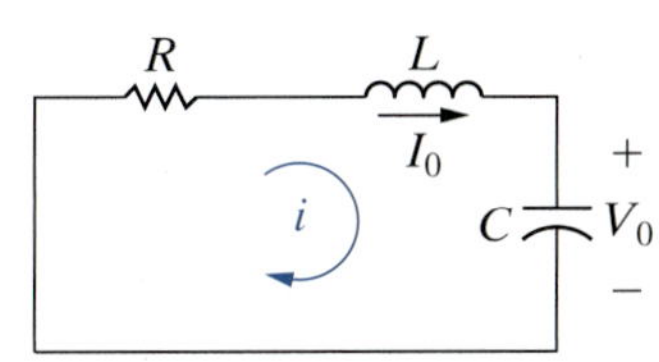

그림 8.15▲ 직렬 *RLC* 회로의 자연 응답을 구하는 데 사용된 회로.

$$Ri + L\frac{di}{dt} + \frac{1}{C}\int_0^t i d\tau + V_0 = 0.$$

시간 t에 관해 미분하면

$$R\frac{di}{dt} + L\frac{d^2i}{dt^2} + \frac{i}{C} = 0,$$

정리하면

$$\frac{d^2i}{dt^2} + \frac{R}{L}\frac{di}{dt} + \frac{i}{LC} = 0. \tag{8.27}$$

식 (8.27)을 식 (8.1)과 비교하면 둘이 동일한 형태임을 알 수 있다. 그러므로 식 (8.27)의 해를 구하기 위해 식 (8.1)의 해를 구하는 동일한 과정을 따르면 된다.

식 (8.27)로부터 직렬 RLC 회로의 특성 방정식은

직렬 RLC 회로의 특성 방정식

$$s^2 + \frac{R}{L}s + \frac{1}{LC} = 0. \tag{8.28}$$

특성 방정식의 근은

$$s_{1,2} = -\frac{R}{2L} \pm \sqrt{\left(\frac{R}{2L}\right)^2 - \frac{1}{LC}},$$

또는

$$s_{1,2} = -\alpha \pm \sqrt{\alpha^2 - \omega_0^2}.$$

직렬 RLC 회로의 감쇠 주파수 α는

직렬 RLC 회로의 감쇠 주파수

$$\alpha = \frac{R}{2L}\ \text{rad/s}, \tag{8.29}$$

그리고 공진 호도 주파수 ω_0의 식은

직렬 RLC 회로의 공진 호도 주파수

$$\omega_0 = \frac{1}{\sqrt{LC}}\ \text{rad/s}. \tag{8.30}$$

직렬 RLC 회로의 감쇠 주파수는 병렬 RLC 회로의 감쇠 주파수와 다르지만, 공진 호도 주파수는 같음을 주목하자.

전류 응답은 $\omega_0^2 < \alpha^2$, $\omega_0^2 > \alpha^2$, $\omega_0^2 = \alpha^2$에 따라 각각 과감쇠, 부족 감쇠, 임계 감쇠가 된다. 이와 같이 전류에 대한 세 가지 가능한 해는 다음과 같다.

직렬 RLC 자연 응답의 형태

$$i(t) = A_1e^{s_1t} + A_2e^{s_2t}\ \text{(과감쇠)} \tag{8.31}$$

$$i(t) = B_1e^{-\alpha t}\cos\omega_dt + B_2e^{-\alpha t}\sin\omega_dt\ \text{(부족 감쇠)} \tag{8.32}$$

$$i(t) = D_1te^{-\alpha t} + D_2e^{-\alpha t}\ \text{(임계 감쇠)} \tag{8.33}$$

전류의 자연 응답을 얻으면 임의 회로 소자에 걸리는 전압의 자연 응답을 구할 수 있다.

병렬 RLC 회로의 자연 응답을 구하는 방법을 수정하여 직렬 RLC 회로의 전류에 대한 자연 응답을 구하는 방법을 어떻게 수립하는지 알아보자.

단계 1: *RLC* 회로를 해석하여 커패시터 전압의 초깃값 V_0, 인덕터 전류의 초깃값 I_0를 구한다. 이 단계에서는 수정 사항이 없다.

단계 2: R, L, C 값을 사용하여 감쇠 주파수 α, 공진 호도 주파수 ω_0를 구한다. ω_0는 두 회로에서 동일하지만 α에 대한 식은 다르다. 병렬 *RLC*에서 $\alpha = 1/(2RC)$, 직렬 *RLC*에서 $\alpha = R/(2L)$이다.

단계 3: 응답 형태를 결정하기 위해 α^2과 ω_0^2을 비교한다. 식 (8.31)~(8.33) 중에서 적절한 회로 전류 형태를 사용한다.

단계 4: 응답이 과감쇠라면 s_1, s_2를 구한다. 응답이 부족 감쇠라면 ω_d를 구한다. 응답이 임계 감쇠라면 이 단계를 건너뛴다. 이 단계에서는 수정 사항이 없다.

단계 5: 두 방정식을 연립하여 풀어서 A, B, D를 구한다. 첫 번째 식을 세우기 위해 $t = 0^+$에서 단계 3의 $i(t)$를 구하고 이것과 초기 인덕터 전류 I_0를 같다고 놓는다. 예를 들어 과감쇠의 경우 첫 번째 식은

$$A_1 + A_2 = I_0;$$

부족 감쇠의 경우 첫 번째 식은

$$B_1 = I_0;$$

임계 감쇠의 경우 첫 번째 식은

$$D_2 = I_0.$$

두 번째 식을 세우기 위해 $t = 0^+$에서 단계 3의 di/dt를 구하고 이것과 회로에서 di/dt의 초깃값이 같다고 놓는다. 회로에서 di/dt의 초깃값을 어떻게 구할 수 있을까? 인덕터의 전압과 전류의 관계를 사용하여 다음 식을 얻는다.

$$\frac{di(0^+)}{dt} = \frac{v_L(0^+)}{L}.$$

그러나 인덕터의 초기 전압을 알지 못하므로 KVL을 사용하여 값을 구한다. $t = 0^+$에서 저항의 전압 강하는 초기 전류(I_0)와 저항을 곱한 값이고, $t = 0^+$에서 커패시터의 전압 강하는 V_0이다. 그림 8.15의 기준을 사용하면 다음을 얻는다.

$$v_L(0^+) = -RI_0 - V_0.$$

그러므로 회로에서 di/dt의 초깃값은 다음과 같다.

$$\frac{di(0^+)}{dt} = \frac{1}{L}(-RI_0 - V_0).$$

따라서 과감쇠의 경우 두 번째 식은

$$A_1 s_1 + A_2 s_2 = \frac{1}{L}(-RI_0 - V_0)$$

부족 감쇠의 경우 두 번째 식은

$$-\alpha B_1 + \omega_d B_2 = \frac{1}{L}(-RI_0 - V_0);$$

임계 감쇠의 경우 두 번째 식은

$$D_1 - \alpha D_2 = \frac{1}{L}(-RI_0 - V_0).$$

해석 방법 8.5
직렬 RLC 회로의 자연 응답

1. 회로에서 커패시터 전압의 초깃값 V_0, 인덕터 전류의 초깃값 I_0를 구한다.
2. 표 8.4의 식을 사용하여 α와 ω_0를 구한다.
3. 만약 $\alpha^2 > \omega_0^2$이면 응답은 과감쇠이다.
   $i(t) = A_1e^{s_1t} + A_2e^{s_2t}, t \geq 0.$
   만약 $\alpha^2 < \omega_0^2$이면 응답은 부족 감쇠이다.
   $i(t) = B_1e^{-\alpha t}\cos\omega_d t + B_2e^{-\alpha t}\sin\omega_d t, t \geq 0.$
   만약 $\alpha^2 = \omega_0^2$이면 응답은 임계 감쇠이다.
   $i(t) = D_1te^{-\alpha t} + D_2e^{-\alpha t}, t \geq 0.$
4. 응답이 과감쇠라면 표 8.4의 식을 이용하여 s_1, s_2를 구한다.
   응답이 부족 감쇠라면 표 8.4의 식을 이용하여 ω_d를 구한다.
5. 응답이 과감쇠라면 표 8.4의 식을 연립하여 풀어서 A_1과 A_2를 구한다.
   응답이 부족 감쇠라면 표 8.4의 식을 연립하여 풀어서 B_1과 B_2를 구한다.
   응답이 임계 감쇠라면 표 8.4의 식을 연립하여 풀어서 D_1과 D_2를 구한다.
6. 단계 4와 5의 결과로부터 단계 3의 $i(t)$를 구한다. 원하는 소자의 전압을 구한다.

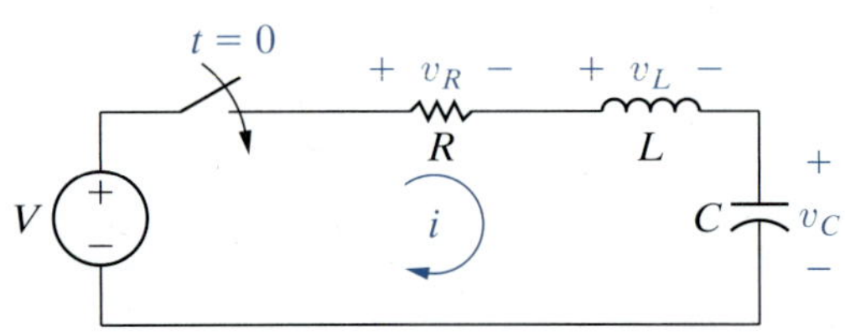

그림 8.16▲ 직렬 RLC 회로의 계단 응답을 구하는 데 사용된 회로.

단계 6: 단계 4와 5의 결과로부터 단계 3의 $i(t)$를 구한다. 소자에 대한 전압과 전류의 관계를 사용하여 원하는 소자의 전압을 구한다.

직렬 RLC 회로의 자연 응답을 구하는 단계를 요약한 것이 해석 방법 8.5에 주어진다. 표 8.4에 필요한 모든 식을 모아 두었다.

직렬 RLC 회로의 계단 응답을 구하는 과정이 병렬 RLC 회로에서와 유사함을 증명하기 위해 그림 8.16의 커패시터 전압을 기술하는 미분 방정식이 그림 8.11의 인덕터 전류를 기술하는 미분 방정식과 동일한 형태임을 보인다. 그림 8.16의 회로에 KVL을 적용하면

$$V = Ri + L\frac{di}{dt} + v_C.$$

전류 i는 커패시터 전압 v_C와 다음과 같이 연관되어 있다.

$$i = C\frac{dv_C}{dt},$$

이로부터

$$\frac{di}{dt} = C\frac{d^2v_C}{dt^2}.$$

KVL 식에 전류와 그 1계 도함수에 대한 식을 대입하면 다음과 같다.

$$\frac{d^2v_C}{dt^2} + \frac{R}{L}\frac{dv_C}{dt} + \frac{v_C}{LC} = \frac{V}{LC}. \tag{8.34}$$

식 (8.34)는 식 (8.23)과 같은 형태이다. 그러므로 v_C를 구하는 과정은 i_L을 구하는

표 8.4 직렬 RLC 회로의 자연 응답을 해석하기 위한 수식

특성 방정식	$s^2 + \frac{R}{L}s + \frac{1}{LC} = 0$
감쇠, 공진, 감쇠 주파수	$\alpha = \frac{R}{2L},\ \omega_0 = \sqrt{\frac{1}{LC}},\ \omega_d = \sqrt{\omega_0^2 - \alpha^2}$
특성 방정식의 근	$s_1 = -\alpha + \sqrt{\alpha^2 - \omega_0^2},\ s_2 = -\alpha - \sqrt{\alpha^2 - \omega_0^2}$
$\alpha^2 > \omega_0^2$: 과감쇠	$i(t) = A_1e^{s_1t} + A_2e^{s_2t},\ t \geq 0$ $i(0^+) = A_1 + A_2 = I_0$ $\frac{di(0^+)}{dt} = s_1A_1 + s_2A_2 = \frac{1}{L}(-RI_0 - V_0)$
$\alpha^2 < \omega_0^2$: 부족 감쇠	$i(t) = B_1e^{-\alpha t}\cos\omega_d t + B_2e^{-\alpha t}\sin\omega_d t,\ t \geq 0^+$ $i(0^+) = B_1 = I_0$ $\frac{di(0^+)}{dt} = -\alpha B_1 + \omega_d B_2 = \frac{1}{L}(-RI_0 - V_0)$
$\alpha^2 = \omega_0^2$: 임계 감쇠	$i(t) = D_1te^{-\alpha t} + D_2e^{-\alpha t},\ t \geq 0$ $i(0^+) = D_2 = I_0$ $\frac{di(0^+)}{dt} = D_1 - \alpha D_2 = \frac{1}{L}(-RI_0 - V_0)$

(마지막 세 줄의 수식은 모든 소자에서 전류의 기준 방향이 소자의 전압 강하의 기준 방향과 동일하다고 가정한 것임에 주의하라.)

과정과 같다. v_C에 대해 세 가지 가능한 해가 존재한다.

직렬 RLC 계단 응답의 형태

$$v_C = V_f + A_1' e^{s_1 t} + A_2' e^{s_2 t} \text{ (과감쇠)} \tag{8.35}$$

$$v_C = V_f + B_1' e^{-\alpha t} \cos \omega_d t + B_2' e^{-\alpha t} \sin \omega_d t \text{ (부족 감쇠)} \tag{8.36}$$

$$v_C = V_f + D_1' t e^{-\alpha t} + D_2' e^{-\alpha t} \text{ (임계 감쇠)} \tag{8.37}$$

여기서 V_f는 v_C의 최종값이다. 따라서 그림 8.15에 나타낸 회로에서 v_C의 최종값은 직류 전원 전압 V이다.

직렬 RLC 자연 응답 방법(해석 방법 8.5)을 수정하여 어떻게 커패시터 전압에 대한 직렬 RLC 계단 응답을 구하는지 살펴보자.

단계 1: RLC 회로에서 커패시터 전압의 초깃값 V_0, 인덕터 전류의 초깃값 I_0를 구한다. 이 과정에서 $t \to \infty$에서 회로를 해석하여 커패시터 전압의 최종값 V_f도 구한다.

단계 2: R, L, C의 값을 사용하여 감쇠 주파수 α와 공진 호도 주파수 ω_0를 구한다. 이 단계에서는 수정 사항이 없다.

단계 3: α^2와 ω_0^2를 비교한다. 여기서 전류에 대한 자연 응답을 식 (8.35)~(8.37)에 주어진 커패시터 전압에 대한 계단 응답으로 교체한다.

단계 4: 응답이 과감쇠라면 s_1, s_2를 구한다. 응답이 부족 감쇠라면 ω_d의 값을 계산한다. 응답이 임계 감쇠라면 이 단계를 건너뛴다. 이 단계에서는 수정 사항이 없다.

단계 5: 두 연립 방정식을 풀어서 계수 A', B', D'의 값을 계산한다. 첫 번째 식을 세우기 위해 단계 3에서 $t = 0^+$일 때 $v_C(t)$에 대한 식을 구하고, 이것이 초기 커패시터 전압 V_0와 같다고 놓는다. 예를 들어 과감쇠의 경우에 첫 번째 방정식은 다음과 같다.

$$V_f + A_1' + A_2' = V_0;$$

부족 감쇠의 경우에 첫 번째 방정식은 다음과 같다.

$$V_f + B_1' = V_0;$$

임계 감쇠의 경우에 첫 번째 방정식은 다음과 같다.

$$V_f + D_2' = V_0.$$

두 번째 식을 세우기 위해 단계 3에서 $t = 0^+$일 때 dv_C/dt에 대한 식을 구하고, 이것이 회로에서 dv_C/dt와 같다고 놓는다. 회로에서 dv_C/dt를 어떻게 구하는가? 커패시터에서 전압과 전류 사이의 관계를 사용하면 다음을 얻는다.

$$\frac{dv_C(0^+)}{dt} = \frac{i_C(0^+)}{C} = \frac{I_0}{C}.$$

과감쇠의 경우에 두 번째 방정식은 다음과 같다.

$$A_1' s_1 + A_2' s_2 = \frac{I_0}{C};$$

해석 방법 8.6
직렬 RLC 회로의 계단 응답

1. 회로에서 커패시터 전압의 초깃값 V_0, 인덕터 전류의 초깃값 I_0, 커패시터의 최종값 V_f를 구한다.
2. 표 8.5의 식을 사용하여 α와 ω_0를 구한다.
3. 만약 $\alpha^2 > \omega_0^2$이면 응답은 과감쇠이다.
   $v_C(t) = V_f + A_1' e^{s_1 t} + A_2' e^{s_2 t}$, $t \geq 0^+$.
   만약 $\alpha^2 < \omega_0^2$이면 응답은 부족 감쇠이다.
   $v_C(t) = V_f + B_1' e^{-\alpha t} \cos \omega_d t + B_2' e^{-\alpha t} \sin \omega_d t$, $t \geq 0^+$.
   만약 $\alpha^2 = \omega_0^2$이면 응답은 임계 감쇠이다.
   $v_C(t) = V_f + D_1' t e^{-\alpha t} + D_2' e^{-\alpha t}$, $t \geq 0^+$.
4. 응답이 과감쇠라면 표 8.5의 식을 이용하여 s_1과 s_2를 구한다.
   응답이 부족 감쇠라면 표 8.5의 식을 이용하여 ω_d를 구한다.
5. 응답이 과감쇠라면 표 8.5의 식을 연립하여 풀어서 A_1'과 A_2'를 구한다.
   응답이 부족 감쇠라면 표 8.5의 식을 연립하여 풀어서 B_1'과 B_2'를 구한다.
   응답이 임계 감쇠라면 표 8.5의 식을 연립하여 풀어서 D_1'과 D_2'를 구한다.
6. 단계 4와 5의 결과로부터 단계 3의 $v_C(t)$를 구한다. 인덕터 전압과 원하는 가지 전류를 구한다.

부족 감쇠의 경우에 두 번째 방정식은 다음과 같다.

$$-\alpha B'_1 + \omega_d B'_2 = \frac{I_0}{C};$$

임계 감쇠의 경우에 두 번째 방정식은 다음과 같다.

$$D'_1 - \alpha D'_2 = \frac{I_0}{C}.$$

단계 6: 단계 4와 5의 결과를 사용하여 단계 3에서 $v_C(t)$에 대한 식을 구한다. 전류 i를 구하고, 전압과 전류의 관계를 사용하여 나머지 소자의 전압을 구한다.

해석 방법 8.6에 직렬 *RLC* 회로의 계단 응답을 구하는 단계를 요약했다. 표 8.5에는 응답을 구하는 데 필요한 모든 방정식을 모아 두었다.

예제 8.11과 8.12에서 직렬 *RLC* 회로의 자연 응답과 계단 응답을 구한다.

표 8.5 직렬 *RLC* 회로의 계단 응답을 해석하기 위한 수식

특성 방정식	$s^2 + \frac{R}{L}s + \frac{1}{LC} = \frac{V}{LC}$
감쇠, 공진, 감쇠 주파수	$\alpha = \frac{R}{2L},\ \omega_0 = \sqrt{\frac{1}{LC}},\ \omega_d = \sqrt{{\omega_0}^2 - \alpha^2}$
특성 방정식의 근	$s_1 = -\alpha + \sqrt{\alpha^2 - \omega_0^2},\quad s_2 = -\alpha - \sqrt{\alpha^2 - \omega_0^2}$
$\alpha^2 > \omega_0^2$: 과감쇠	$v_C(t) = V_f + A'_1 e^{s_1 t} + A'_2 e^{s_2 t},\ t \geq 0^+$ $v_C(0^+) = V_f + A'_1 + A'_2 = V_0$ $\frac{dv_C(0^+)}{dt} = s_1 A'_1 + s_2 A'_2 = \frac{I_0}{C}$
$\alpha^2 < \omega_0^2$: 부족 감쇠	$v_C(t) = V_f + B'_1 e^{-\alpha t}\cos\omega_d t + B'_2 e^{-\alpha t}\sin\omega_d t,\ t \geq 0^+$ $v_C(0^+) = V_f + B'_1 = V_0$ $\frac{dv_C(0^+)}{dt} = -\alpha B'_1 + \omega_d B'_2 = \frac{I_0}{C}$
$\alpha^2 = \omega_0^2$: 임계 감쇠	$v_C(t) = V_f + D'_1 t e^{-\alpha t} + D'_2 e^{-\alpha t},\ t \geq 0^+$ $v_C(0^+) = V_f + D'_2 = V_0$ $\frac{dv_C(0^+)}{dt} = D'_1 - \alpha D'_2 = \frac{I_0}{C}$

(마지막 세 줄의 수식은 모든 소자에서 전류의 기준 방향이 소자의 전압 강하의 기준 방향과 동일하다고 가정한 것임에 주의하라.)

예제 8.11 직렬 *RLC* 회로의 자연 응답 구하기

그림 8.17의 회로에서 0.1 μF 커패시터가 100 V로 충전된다. $t = 0$에서 커패시터는 직렬로 연결된 100 mH 인덕터와 560 Ω 저항을 통해 방전된다.

a) $t \geq 0$에서 $i(t)$를 구하라.

b) $t \geq 0$에서 $v_C(t)$를 구하라.

풀이

a) 이 문제는 $t \geq 0$에서 회로에 전원이 없으므로 자연 응답 문제이다. 표 8.4를 사용하는 해석 방법 8.5를 따른다.

단계 1: 회로에서 커패시터 전압의 초깃값 V_0, 인덕터 전류의 초깃값 I_0를 구한다. 문제의 지문과 회로의 구성으로부터

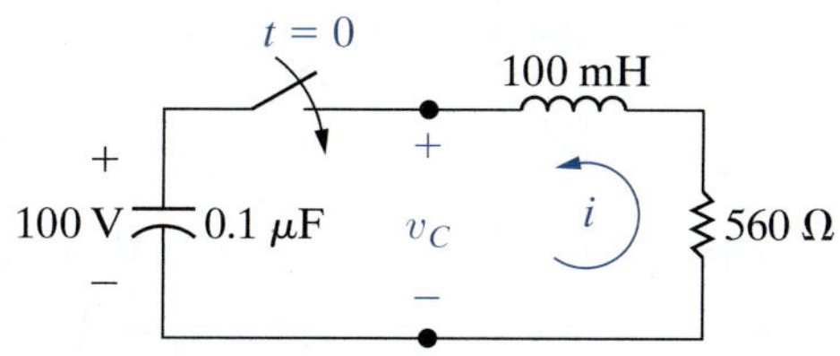

그림 8.17▲ 예제 8.11의 회로.

$V_0 = 100$ V, $I_0 = 0$이다.

단계 2: 표 8.4의 식을 사용하여 α와 ω_0를 구한다.

$$\alpha = \frac{R}{2L} = \frac{560}{2(0.1)} = 2800 \text{ rad/s},$$

$$\omega_0^2 = \frac{1}{LC} = \frac{1}{(0.1)(0.1\times10^{-6})} = 10^8 \text{ rad}^2/\text{s}^2.$$

단계 3: α^2과 ω_0^2를 비교한다. $\alpha^2 < \omega_0^2$이므로 응답은 부족 감쇠이고, 표 8.4의 5행으로부터

$$i(t) = B_1e^{-\alpha t}\cos\omega_d t + B_2e^{-\alpha t}\sin\omega_d t,\ t \ge 0.$$

단계 4: 응답이 부족 감쇠이므로 표 8.4의 2행을 이용하여 ω_d를 구한다.

$$\omega_d = \sqrt{\omega_0^2 - \alpha^2} = \sqrt{10^8 - 2800^2} = 9600 \text{ rad/s}.$$

단계 5: 응답이 부족 감쇠이므로 표 8.4의 5행의 식을 연립하여 풀어서 B_1과 B_2를 구한다.

$$B_1 = I_0 = 0;$$

$$-\alpha B_1 + \omega_d B_2 = \frac{1}{L}(-RI_0 - V_0),$$

$$-2800B_1 + 9600B_2 = \frac{1}{0.1}(-(560)(0) - 100) = -1000.$$

이것을 풀면

$$B_1 = 0,\ B_2 = -0.1042 \text{ A}.$$

단계 6: 단계 4와 5의 결과로부터 $i(t)$를 구한다.

$$i(t) = -0.1042e^{-2800t}\sin 9600t \text{ A},\quad t \ge 0.$$

b) $v_C(t)$를 구하기 위해 다음 관계식을 사용한다.

$$v_C = \frac{1}{C}\int_0^t i\,d\tau + 100 \text{ 또는 } v_C = -\left(Ri + L\frac{di}{dt}\right).$$

어느 식을 사용하든(두 번째 식을 권장) 그 결과는 다음과 같다.

$$v_C(t) = (100\cos 9600t + 29.17\sin 9600t)e^{-2800t} \text{ V},\ t \ge 0.$$

예제 8.12 직렬 *RLC* 회로의 계단 응답 구하기

그림 8.18의 회로에서 스위치가 닫혀 있을 때 100 mH 인덕터와 0.4 μF 커패시터에 저장된 에너지가 없다. $t \ge 0$에서 $v_C(t)$를 구하라.

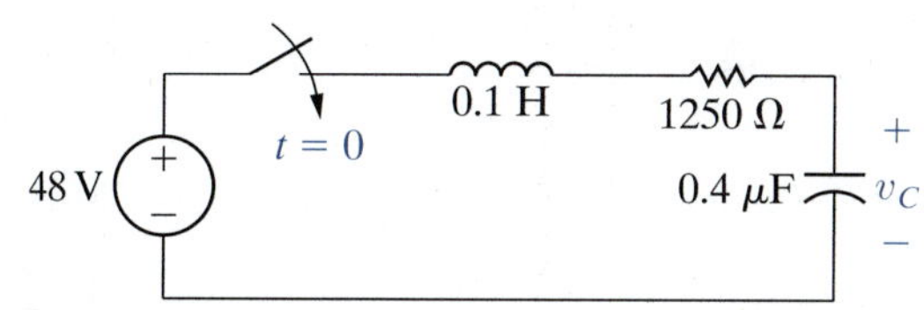

그림 8.18▲ 예제 8.12의 회로.

풀이

이 문제는 $t \ge 0$에서 회로에 전원이 존재하므로 계단 응답 문제이다. 표 8.5를 사용하는 해석 방법 8.6을 따른다.

단계 1: 회로에서 커패시터 전압의 초깃값 V_0, 인덕터 전류의 초깃값 I_0, 커패시터의 최종값 V_f를 구한다. 문제의 지문과 회로 구성으로부터 $V_0 = 0$, $I_0 = 0$, $V_f = 48$ V이다.

단계 2: 표 8.5의 식을 사용하여 α와 ω_0를 구한다.

$$\alpha = \frac{R}{2L} = \frac{1250}{2(0.1)} = 6250 \text{ rad/s};$$

$$\omega_0^2 = \frac{1}{LC} = \frac{1}{(0.1)(0.4\times10^{-6})} = 25\times10^6 \text{ rad}^2/\text{s}^2.$$

단계 3: α^2과 ω_0^2를 비교한다. $\alpha^2 > \omega_0^2$이므로 응답은 과감쇠이고, 표 8.5의 4행으로부터

$$v_C(t) = V_f + A_1'e^{s_1t} + A_2'e^{s_2t},\ t \ge 0.$$

단계 4: 응답이 과감쇠이므로 표 8.5의 2행의 식을 이용하여 s_1, s_2를 구한다.

$$\begin{aligned} s_1 &= -\alpha + \sqrt{\alpha^2 - \omega_0^2} \\ &= -6250 + \sqrt{6250^2 - 5000^2} \\ &= -6250 + 3750 = -2500 \text{ rad/s}; \\ s_2 &= -\alpha - \sqrt{\alpha^2 - \omega_0^2} \\ &= -6250 - \sqrt{6250^2 - 5000^2} \\ &= -6250 - 3750 = -10{,}000 \text{ rad/s}. \end{aligned}$$

단계 5: 응답이 과감쇠이므로 표 8.5의 4행의 식을 연립하여 풀어서 A_1'과 A_2'를 구한다.

$$V_f + A_1' + A_2' = V_0, \quad 48 + A_1' + A_2' = 0;$$

$$s_1A_1' + s_2A_2' = \frac{I_0}{C}, \quad -2500A_1' - 10{,}000A_2' = 0.$$

이것을 풀면

$$A_1' = -64 \text{ V}, \quad A_2' = 16 \text{ V}.$$

단계 6: 단계 4와 5의 결과로부터 단계 3의 $v_C(t)$를 구한다.

$$v_C(t) = (48 - 64e^{-2500t} + 16e^{-10{,}000t})\text{V}, \ t \geq 0.$$

평가문제

목표 2—직렬 RLC 회로의 자연 응답과 계단 응답을 구할 수 있다.

8.7 다음 회로에서 초기 저장 에너지는 0이다. 전압 $v_o(t)$를 $t \geq 0$에 대해 구하라.

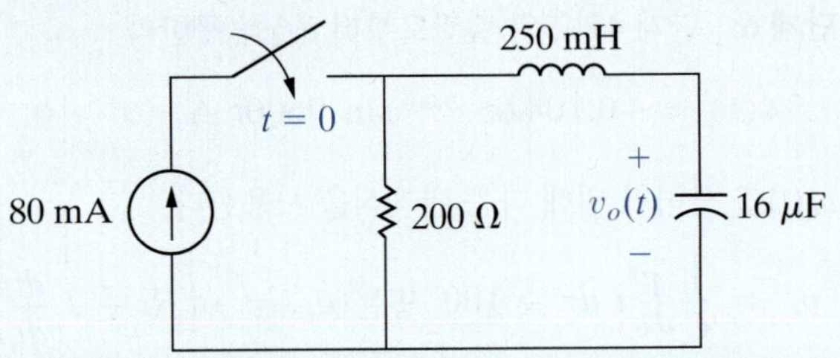

정답: $16 - 16e^{-400t}\cos 300t + 21.33e^{-400t}\sin 300t$ V, $t \geq 0$

8.8 평가문제 8.7의 회로에서 저항을 250 Ω으로 변경하였다. 초기 저장된 에너지는 여전히 0이다. 전압 $v_o(t)$를 $t \geq 0$에 대해 구하라.

정답: $20 - 10{,}000te^{-500t} - 20e^{-500t}$ V, $t \geq 0$

8.9 평가문제 8.7의 회로에서 저항을 312.5 Ω으로 변경하였다. 초기 저장된 에너지는 여전히 0이다. 전압 $v_o(t)$를 $t \geq 0$에 대해 구하라.

정답: $25 - 33.33e^{-250t} + 8.33e^{-1000t}$ V, $t \geq 0$

자가 검사: 연습문제 8.49~8.51도 풀어 보라.

8.5 두 개의 적분 증폭기를 가진 회로

종속(cascade)[2]으로 연결된 두 개의 적분 증폭기를 가진 회로 또한 2계 회로이다. 즉 두 번째 적분기의 출력 전압은 2계 미분 방정식에 의해 첫 번째 입력 전압과 연관된다. 종속 연결된 두 증폭기를 가지는 회로에 대한 분석을 그림 8.19의 회로로 시작하자.

연산 증폭기가 이상적이라 가정하고 v_o와 v_g 사이의 관계를 정의하는 미분 방정식을 유도하자. 먼저 첫 번째 적분기의 반전(−) 입력 단자에서 전류를 합하면 다음과 같다.

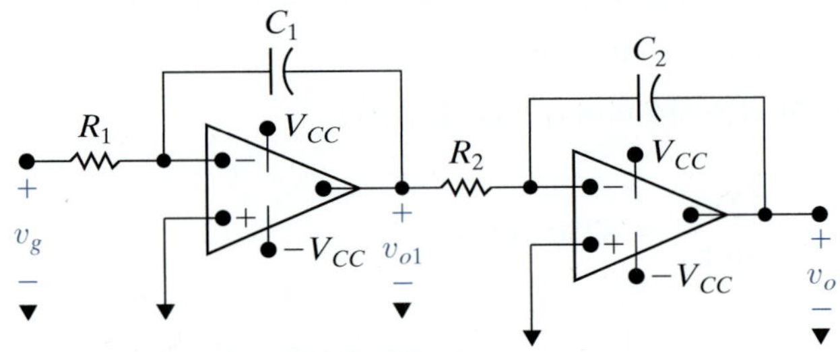

그림 8.19▲ 종속 연결된 두 개의 적분 증폭기.

2 종속 연결에서 첫 번째 증폭기의 출력 신호(그림 8.19에서 v_{o1})는 두 번째 증폭기의 입력 신호가 된다.

$$\frac{0 - v_g}{R_1} + C_1\frac{d}{dt}(0 - v_{o1}) = 0.$$

식을 정리하면

$$\frac{dv_{o1}}{dt} = -\frac{1}{R_1C_1}v_g. \tag{8.38}$$

이제 두 번째 적분 증폭기의 반전 입력 단자에서 유출되는 전류를 합한다.

$$\frac{0 - v_{o1}}{R_2} + C_2\frac{d}{dt}(0 - v_o) = 0,$$

또는

$$\frac{dv_o}{dt} = -\frac{1}{R_2C_2}v_{o1}.$$

이 식의 양변을 미분하면 다음과 같다.

$$\frac{d^2v_o}{dt^2} = -\frac{1}{R_2C_2}\frac{dv_{o1}}{dt}.$$

dv_{o1}/dt을 대입하고, 식 (8.38)을 사용하여 v_o와 v_g 사이의 관계를 나타내는 미분 방정식을 구한다.

$$\frac{d^2v_o}{dt^2} = \frac{1}{R_1C_1}\frac{1}{R_2C_2}v_g. \tag{8.39}$$

예제 8.13은 두 개의 종속 적분 증폭기를 가지는 회로의 계단 응답을 보여 준다.

예제 8.13 두 개의 종속 적분 증폭기 해석하기

입력 전압 v_g가 순간적으로 0에서 25 mV로 변할 때 그림 8.20의 회로에 저장된 에너지는 없다.

a) $0 \le t \le t_{sat}$에서 $v_o(t)$의 식을 유도하라.
b) 회로가 포화 상태에 도달하는 데 걸리는 시간 t_{sat}를 구하라.

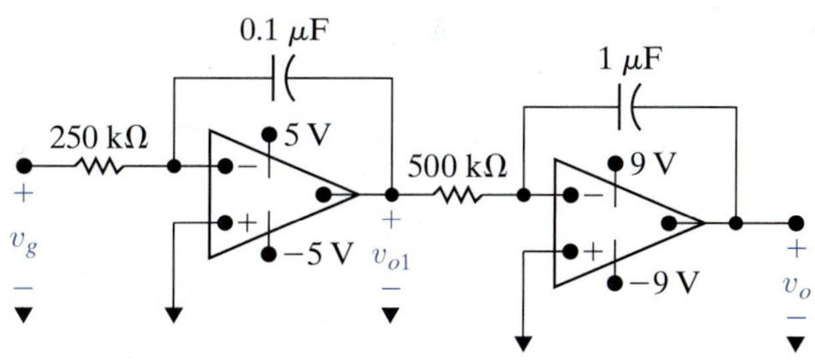

그림 8.20▲ 예제 8.13의 회로.

풀이

a) 그림 8.20은 증폭기의 스케일 계수(scaling factor)가 다음과 같음을 나타낸다.

$$\frac{1}{R_1C_1} = \frac{1000}{(250)(0.1)} = 40,$$

$$\frac{1}{R_2C_2} = \frac{1000}{(500)(1)} = 2.$$

$t > 0$에서 $v_g = 25$ mV이므로 식 (8.39)는 다음과 같다.

$$\frac{d^2v_o}{dt^2} = (40)(2)(25 \times 10^{-3}) = 2.$$

v_o에 대해 풀자.

$$g(t) = \frac{dv_o}{dt},$$

그러면

$$\frac{dg(t)}{dt} = 2, \quad dg(t) = 2dt.$$

따라서

$$\int_{g(0)}^{g(t)} dy = 2\int_0^t dx,$$

이로부터

$$g(t) - g(0) = 2t.$$

그러나 초기에 회로에 저장된 에너지는 0이고 연산 증폭기는 이상적이므로(연습문제 8.62 참조)

$$g(0) = \frac{dv_o(0)}{dt} = 0,$$

그러면

$$\frac{dv_o}{dt} = 2t, \quad v_o = t^2 + v_o(0).$$

그러나 $v_o(0) = 0$이므로 v_o는 다음과 같다.

$$v_o = t^2, \quad 0 \le t \le t_{\text{sat}}.$$

b) 두 번째 적분 증폭기는 v_o가 9 V, 또는 $t = 3$ s에 도달할 때 포화 상태가 된다. 그러나 첫 번째 적분 증폭기가 $t = 3$ s가 되기 전에 포화될 수도 있다. 이 가능성을 분석하기 위해 식 (8.38)을 사용하여 dv_{o1}/dt를 구해 보자.

$$\frac{dv_{o1}}{dt} = -40(25) \times 10^{-3} = -1.$$

v_{o1}에 대해 풀면

$$v_{o1} = -t.$$

따라서 $t = 3$ s에서 $v_{o1} = -3$ V, 그리고 첫 번째 적분 증폭기의 전력 공급 전압이 ±5 V이므로, 회로는 두 번째 증폭기가 포화될 때 포화 상태에 도달한다. 연산 증폭기 중 하나가 포화되면 회로의 동작을 예측하기 위한 선형 모델을 더 이상 사용할 수 없다.

자가 검사: 연습문제 8.59를 풀어 이해도를 평가하라.

되먹임 저항을 가진 두 개의 적분 증폭기

그림 8.21은 그림 8.19 회로의 변형 회로이다. 적분 증폭기의 연산 증폭기가 포화 상태가 되는 이유가 되먹임 커패시터의 전하 축적임을 7.7절에서 살펴보았다. 이 문제를 극복하기 위해 각각의 되먹임 커패시터(C_1과 C_2)에 저항이 병렬로 접속되어 있다. 이제 출력 전압 v_o를 유도하고, 예제 8.13에서 적분 증폭기에서 되먹임 저항의 영향을 살펴보자.

첫 번째 적분기의 반전 입력 마디에서 전류를 합하여 v_{o1}을 v_g와 연관짓고, 2계 미분 방정식을 유도하자.

$$\frac{0 - v_g}{R_a} + \frac{0 - v_{o1}}{R_1} + C_1\frac{d}{dt}(0 - v_{o1}) = 0.$$

이 식을 정리하면

$$\frac{dv_{o1}}{dt} + \frac{1}{R_1C_1}v_{o1} = \frac{-v_g}{R_aC_1}.$$

편의상 $\tau_1 = R_1C_1$이라 놓고 이 식을 다시 쓰면

$$\frac{dv_{o1}}{dt} + \frac{v_{o1}}{\tau_1} = \frac{-v_g}{R_aC_1}. \tag{8.40}$$

다음, 두 번째 적분기의 반전 입력 단자에서 전류를 합한다.

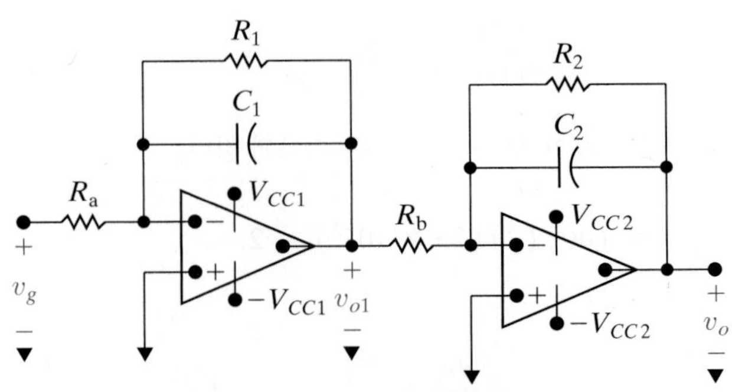

그림 8.21▲ 되먹임 저항을 가진 종속 적분 증폭기.

$$\frac{0 - v_{o1}}{R_b} + \frac{0 - v_o}{R_2} + C_2\frac{d}{dt}(0 - v_o) = 0.$$

이 식을 정리하면

$$\frac{dv_o}{dt} + \frac{v_o}{\tau_2} = \frac{-v_{o1}}{R_bC_2}, \tag{8.41}$$

여기서 $\tau_2 = R_2C_2$이다. 식 (8.41)의 양변을 미분하면

$$\frac{d^2v_o}{dt^2} + \frac{1}{\tau_2}\frac{dv_o}{dt} = -\frac{1}{R_bC_2}\frac{dv_{o1}}{dt}.$$

식 (8.40)으로부터

$$\frac{dv_{o1}}{dt} = \frac{-v_{o1}}{\tau_1} - \frac{v_g}{R_aC_1},$$

그리고 식 (8.41)로부터

$$v_{o1} = -R_bC_2\frac{dv_o}{dt} - \frac{R_bC_2}{\tau_2}v_o.$$

2계 미분 방정식에서 v_{o1}과 dv_{o1}/dt를 소거하면 필요한 관계를 얻는다.

$$\frac{d^2v_o}{dt^2} + \left(\frac{1}{\tau_1} + \frac{1}{\tau_2}\right)\frac{dv_o}{dt} + \left(\frac{1}{\tau_1\tau_2}\right)v_o = \frac{v_g}{R_aC_1R_bC_2}. \tag{8.42}$$

식 (8.42)로부터 특성 방정식은

$$s^2 + \left(\frac{1}{\tau_1} + \frac{1}{\tau_2}\right)s + \frac{1}{\tau_1\tau_2} = 0.$$

특성 방정식의 근은 실수이다. 즉

$$s_1 = \frac{-1}{\tau_1},$$

$$s_2 = \frac{-1}{\tau_2}.$$

예제 8.14는 되먹임 커패시터가 되먹임 저항과 병렬로 연결될 때 두 개의 종속 적분 증폭기의 계단 응답을 구한다.

예제 8.14 되먹임 저항을 가진 두 개의 종속 적분 증폭기 해석하기

그림 8.21의 회로에서 $R_a = 100\,\text{k}\Omega$, $R_1 = 500\,\text{k}\Omega$, $C_1 = 0.1\,\mu\text{F}$, $R_b = 25\,\text{k}\Omega$, $R_2 = 100\,\text{k}\Omega$, $C_2 = 1\,\mu\text{F}$이다. 각 연산 증폭기의 전력 공급 전압은 ±6 V이다. 종속 적분 증폭기에 대한 신호 전압 v_g는 $t = 0$에서 0으로부터 250 mV로 변화한다. 신호가 공급된 순간에 되먹임 커패시터에 저장된 에너지는 없다.

a) v_o에 대한 미분 방정식을 구하라.

b) $t \geq 0$에서 $v_o(t)$를 구하라.

c) v_{o1}에 대한 미분 방정식을 구하라.

d) $t \geq 0$에서 $v_{o1}(t)$를 구하라.

풀이

a) 회로 상수로부터 $\tau_1 = R_1C_1 = 0.05\,\text{s}$, $\tau_2 = R_2C_2 = 0.10\,\text{s}$, $v_g/(R_aC_1R_bC_2) = 1000\,\text{V/s}^2$이다. 이 값을 식 (8.42)에 대입하면

$$\frac{d^2v_o}{dt^2} + 30\frac{dv_o}{dt} + 200v_o = 1000.$$

b) 특성 방정식의 근은 $s_1 = -20\,\text{rad/s}$, $s_2 = -10\,\text{rad/s}$이다. 커패시터가 $t \to \infty$일 때 개방 회로로 동작하므로, v_o의 최종값은 입력 전압과 각 단(stage)의 이득의 곱이다. 따라서

$$v_o(\infty) = (250 \times 10^{-3})\frac{(-500)}{100}\frac{(-100)}{25} = 5\text{ V}.$$

v_o의 해는

$$v_o = 5 + A_1'e^{-10t} + A_2'e^{-20t}.$$

$v_o(0) = 0$, $dv_o(0)/dt = 0$이므로 $A_1' = -10\text{ V}$, $A_2' = 5\text{ V}$이다. 그러므로 v_o의 해는

$$v_o(t) = (5 - 10e^{-10t} + 5e^{-20t})\text{ V}, \quad t \geq 0.$$

해는 어느 연산 증폭기도 포화되지 않은 상태를 가정했다. v_o의 최종값이 6 V보다 작은 5 V임을 주목하라. 따라서 두 번째 연산 증폭기는 포화되지 않는다. v_{o1}의 최종값은 $(250 \times 10^{-3})(-500/100) = -1.25\text{ V}$이다. 그러므로 첫 번째 연산 증폭기는 포화되지 않고 처음에 가정한 해가 정확함을 알 수 있다.

c) 회로 상수 값을 식 (8.40)에 대입하면 다음의 미분 방정식을 얻을 수 있다.

$$\frac{dv_{o1}}{dt} + 20v_{o1} = -25.$$

d) v_{o1}의 초깃값과 최종값 그리고 τ_1을 알고 있으므로, 7.4절에서 개발한 해석 방법 7.5를 이용하여 해를 구하면

$$\begin{aligned} v_{o1} &= -1.25 + [0 - (-1.25)]e^{-20t} \\ &= -1.25 + 1.25e^{-20t}\text{ V}, \quad t \geq 0. \end{aligned}$$

자가 검사: 연습문제 8.60을 풀어 이해도를 평가하라.

실제 응용

컴퓨터 타이밍을 위한 클럭

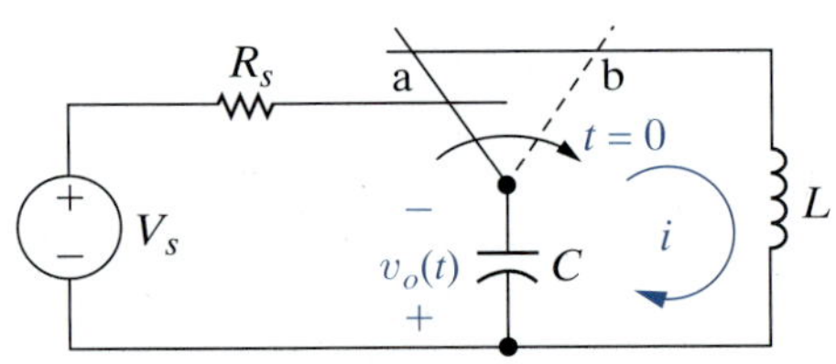

그림 8.22▲ LC 자연 응답 회로.

그림 8.22의 회로에 대해 고찰해 보자. 출력은 커패시터 양단의 전압 강하이다. $t \geq 0$에서 이 회로는 그림 8.3의 직렬 RLC 자연 응답 회로에서 저항이 빠진 회로와 같아 보인다. 이 LC 회로를 해석하면 그 출력이 비감쇠 정현파가 되며 이것은 전형적인 수정 진동자(quartz crystal oscillator)를 대신하여 컴퓨터의 클럭 발생기(clock generator)로 사용될 수 있음을 알게 된다. 적당한 값의 인덕터와 커패시터를 선택하여 클럭 주파수를 정할 수 있다.

이것은 직렬 RLC 자연 응답 문제이므로 표 8.4를 사용하는 해석 방법 8.5를 따른다. $t \geq 0$에서 $R = 0$임을 상기하자.

단계 1: 회로에서 커패시터 전압의 초깃값 V_0, 인덕터 전류의 초깃값 I_0를 구한다. $t < 0$에서 회로는 어떻게 동작하는가? 스위치가 a 위치에 있을 때에는 모든 소자가 연결되어 있다. 커패시터는 개방 회로로 동작하고, 그 전압은 V_0이고, 인덕터는 단락 회로로 동작하여 그 전류는 I_0이다. 커패시터와 인덕터의 전압은 동일하고, 인덕터의 전압이 0이므로 $V_0 = 0$이다. 인덕터의 전류는 전압원, 저항 및 인덕터를 포함하는 루프의 전류이고, $I_0 = V_s/R_s$이다.

단계 2: 표 8.4의 식을 사용하여 α와 ω_0를 구한다.

$$\alpha = \frac{R}{2L} = \frac{0}{2L} = 0,$$

$$\omega_0^2 = \frac{1}{LC}.$$

단계 3: α^2과 ω_0^2을 비교한다. $\alpha^2 < \omega_0^2$이므로 응답은 부족 감쇠이고, 표 8.4의 5행에서

$$i(t) = B_1e^{-\alpha t}\cos\omega_d t + B_2e^{-\alpha t}\sin\omega_d t, \, t \geq 0$$

단계 4: 응답이 부족 감쇠이므로 표 8.4의 2행을 이용하여 ω_d를 구한다.

$$\omega_d = \sqrt{\omega_0^2 - \alpha^2} = \sqrt{\omega_0^2 - 0^2} = \omega_0.$$

단계 5: 응답이 부족 감쇠이므로 표 8.4의 5행의 식을 연립하여 풀어서 B_1과 B_2를 구한다.

$$B_1 = I_0 = \frac{V_s}{R_s};$$

$$-\alpha B_1 + \omega_d B_2 = \frac{1}{L}\left(-R_s I_0 - V_0\right) \quad \text{so}$$

$$-(0)B_1 + \omega_0 B_2 = \frac{1}{L}\left(-(0)\left(\frac{V_s}{R_s}\right) - 0\right) = 0.$$

이것을 풀면

$$B_1 = \frac{V_s}{R_s}, \quad B_2 = 0.$$

단계 6: 단계 4와 5의 결과로부터 $i(t)$를 구한다.

$$i(t) = \frac{V_s}{R_s} e^{-(0)t} \cos \omega_0 t, \quad t \geq 0.$$

이제 커패시터의 출력 전압을 구하기 위해 회로 전류 식을 사용할 수 있다.

$$v_o(t) = \frac{1}{C}\int_0^t i(x)dx = \frac{1}{C}\int_0^t \frac{V_s}{R_s}\cos \omega_0 x dx = \frac{V_s}{\omega_0 R_s C}\sin \omega_0 t, \quad t \geq 0.$$

L과 C의 값을 선택하여 그림 8.22의 회로를 $t \geq 0$에서 비감쇠 정현파를 발생시켜 컴퓨터의 클럭 발생기로 사용할 수 있다.

그렇다면 왜 그림 8.22의 LC 회로 대신에 수정 진동자를 사용하여 정현파를 발생시켜 클럭 발생기로 사용하는 것일까? 이 LC 회로의 해석에서 인덕터와 커패시터가 이상적이라고 가정한 것을 상기하자. 그러나 이상적인 인덕터와 커패시터는 존재하지 않는다. 실제 인덕터와 커패시터는 작은 값의 저항을 가진다. 이 장의 연습문제에서 이 작은 값의 저항이 LC 발진기의 성능에 어떤 영향을 주는지 조사해 볼 것이다.

자가 검사: 연습문제 8.65~8.67을 풀어 이해도를 평가하라.

요약

- 병렬 RLC 회로와 직렬 RLC 회로의 **특성 방정식**은 모두 다음과 같은 형태이다.

  $$s^2 + 2\alpha s + \omega_0^2 = 0,$$

  여기서 α는 병렬 회로에서 $1/(2RC)$, 직렬 회로에서 $R/(2L)$이다. 그리고 직렬/병렬 회로 모두에서 $\omega_0^2 = 1/(LC)$이다.
- 특성 방정식의 근은 다음과 같다.

  $$s_{1,2} = -\alpha \pm \sqrt{\alpha^2 - \omega_0^2}.$$

- 직렬/병렬 RLC 회로의 자연/계단 응답 형태는 α^2과 ω_0^2의 값에 달려 있다. 이 응답은 **과감쇠**, **부족 감쇠**, **임계 감쇠** 형태를 가진다. 이 형태는 응답에서 에너지 소비 소자 R의 영향을 기술한다. **감쇠 주파수** α는 R의 영향을 반영한다.
- 병렬 RLC 회로의 자연 응답을 결정할 때 표 8.2를 사용하는 해석 방법 8.3의 단계를 따른다.
- 병렬 RLC 회로의 계단 응답을 결정할 때 표 8.3을 사용하는 해석 방법 8.4의 단계를 따른다.
- 직렬 RLC 회로의 자연 응답을 결정할 때 표 8.4를 사용하는 해석 방법 8.5의 단계를 따른다.
- 직렬 RLC 회로의 계단 응답을 결정할 때 표 8.5를 사용하는 해석 방법 8.6의 단계를 따른다.
- 이상적인 연산 증폭기를 가진 두 개의 적분 증폭기가 종속으로 연결될 때 후단 적분기의 출력 전압은 2계 상미분 방정식의 형태로 전단 입력 전압에 관계된다. 그러므로 이 장에서 전개된 기법은 종속 적분기의 동작을 분석하는 데 사용할 수 있다.
- 단순한 적분 증폭기의 한계—되먹임 커패시터에서 전하 축적에 기인한 연산 증폭기의 포화—는 되먹임 경로에 있는 커패시터에 저항을 병렬로 연결하여 극복할 수 있다.

연습문제

8.1과 8.2절

8.1 그림 8.5의 회로의 저항과 인덕턴스는 각각 100 Ω과 20 mH일 때 다음을 구하라.

a) 전압 응답이 임계 감쇠가 되도록 하는 커패시턴스 C의 값을 구하라.

b) 감쇠 주파수가 5 krad/s가 되도록 C를 조정할 경우, 해당 커패시턴스의 값과 특성 방정식의 해를 구하라.

c) 공진 호도 주파수가 20 krad/s가 되도록 C를 조정할 경우, 해당 커패시턴스의 값과 특성 방정식의 해를 구하라.

8.2 그림 8.1의 회로에서 자연 응답이 다음과 같다.

$$v(t) = -12(e^{-200t} + e^{-1800t})\text{V},\ t \geq 0.$$

$C = 18\ \mu$F일 때 $i_L(0^+)$ mA를 구하라.

8.3 그림 8.1의 회로에서 커패시터가 50 nF이다. $t \geq 0$에서 전압 응답이 다음과 같다.

$$v(t) = -5e^{-5000t} + 20e^{-20,000t}\ \text{V}.$$

a) ω_0, α, L, R을 구하라.

b) $t \geq 0^+$에서 $i_R(t)$, $i_L(t)$, $i_C(t)$를 구하라.

8.4 PSPICE MULTISIM 그림 8.1의 회로에서 5 H의 인덕터가 8 nF의 커패시터와 병렬로 연결되고 저항 R은 임계 감쇠가 되도록 조정되었다. $V_0 = -25$ V, $I_0 = -1$ mA이다.

a) R을 구하라.

b) $t \geq 0$에서 $v(t)$를 구하라.

c) $i_C(t) = 0$일 때 $v(t)$를 구하라.

d) $i_C(t) = 0$일 때 초기 저장 에너지의 몇 %가 회로에 남아 있는가?

8.5 PSPICE MULTISIM 그림 8.1의 회로에서 회로 소자가 각각 $R = 2$ kΩ, $L = 250$ mH, $C = 10$ nF이다. 초기 인덕터 전류는 −30 mA, 초기 커패시터 전압은 90 V이다.

a) 회로의 각 가지에서 초기 전류를 계산하라.

b) $t \geq 0$에서 $v(t)$를 구하라.

c) $t \geq 0$에서 $i_L(t)$를 구하라.

8.6 연습문제 8.5에서 저항이 2.5 kΩ으로 감소했다. $t \geq 0$에서 $v(t)$를 구하라.

8.7 PSPICE MULTISIM 연습문제 8.5에서 저항이 (12,500/3) Ω으로 증가했다. $t \geq 0$에서 $v(t)$를 구하라.

8.8 예제 8.4의 회로에서 저항이 $4000/\sqrt{2}$ Ω으로 변경되었다.

a) $t \geq 0$에서 $v(t)$를 구하라.

b) 시구간 $0 \leq t \leq 7$ ms에서 $v(t)$의 그래프를 그려라. 이 응답을 예제 8.4($R = 20$ kΩ) 및 예제 8.5($R = 4$ kΩ)와 비교하라. 특히 $v(t)$의 피크값과 이 피크값이 일어나는 시각을 비교하라.

8.9 PSPICE MULTISIM 10 mH 인덕터, 1 μF 커패시터, 가변 저항이 그림 P8.9의 회로에서 병렬로 연결되어 있다. 저항은 특성 방정식의 뿌리가 $-8000 \pm j6000$ rad/s가 되도록 조정되었다. 커패시터의 초기 전압은 10 V이고, 인덕터의 초기 전류는 80 mA이다. 다음을 구하라.

a) R

b) $dv(0^+)/dt$

c) 전압해 $v(t)$에서의 B_1, B_2

d) $i_L(t)$

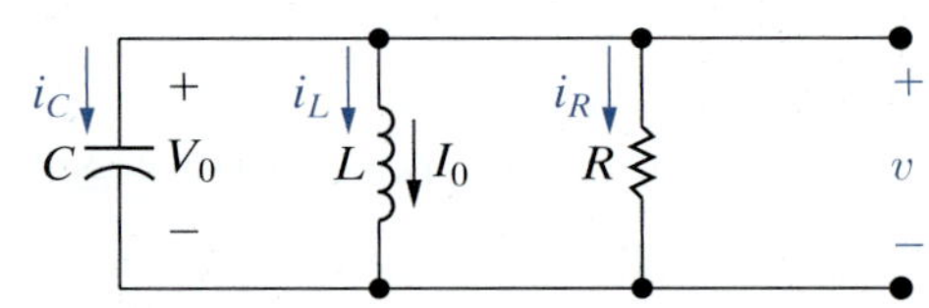

그림 P8.9

8.10 그림 P8.9의 회로에서 저항은 임계 감쇠가 되도록 조정되어 있다. 인덕턴스와 커패시턴스의 값은 각각 0.4 H, 10 μF이며, 회로에 저장된 초기 에너지는 25 mJ로, 인덕터와 커패시터에 동일하게 분포되어 있다. 다음을 구하라.

a) R

b) V_0

c) I_0

d) 전압해 $v(t)$에서의 D_1 및 D_2

e) i_R, $t \geq 0^+$

8.11 그림 8.1 회로의 부족 감쇠 전압 응답이 다음과 같다고 하자.

$$v(t) = (A_1 + A_2)e^{-\alpha t}\cos\omega_d t + j(A_1 - A_2)e^{-\alpha t}\sin\omega_d t.$$

인덕터의 초기 전류는 I_0, 커패시터의 초기 전압은 V_0이다. A_2는 A_1의 공액임을 보여라. (힌트: 이 책에서 A_1과 A_2를 구하는 과정과 동일한 과정을 사용하라.)

8.12 PSPICE MULTISIM 연습문제 8.11에서 얻은 결과—즉 A_1과 A_2에 대한 표현—는 식 (8.16)과 (8.17)과 일치함을 보여라.

8.13 PSPICE MULTISIM 그림 8.1의 회로에서 $R = 2\,\Omega$, $C = 250\,\text{mF}$, $L = 0.4\,\text{H}$, $V_0 = 0\,\text{V}$, $I_0 = -3\,\text{A}$이다.

a) $t \geq 0$에서 $v(t)$를 구하라.

b) $dv/dt = 0$이 되는 t의 처음 세 값을 구하라. 이 값을 각각 t_1, t_2, t_3라 하자.

c) $t_3 - t_1 = T_d = \omega_d/2\pi$가 됨을 보여라.

d) $t_2 - t_1 = T_d/2$가 됨을 보여라.

e) $v(t_1)$, $v(t_2)$, $v(t_3)$를 계산하라.

f) $0 \leq t \leq t_3$에서 $v(t)$ 대 t의 그래프를 그려라.

8.14 a) 연습문제 8.13의 회로에서 $2\,\Omega$의 저항이 없을 경우 $t \geq 0$에서 $v(t)$를 구하라.

b) $v(t)$의 주파수(rad/s)를 구하라.

c) $v(t)$의 최댓값(V)을 구하라.

8.15 그림 8.1의 회로에서 전압 v의 초깃값은 0 V, 커패시터 전류의 초깃값 $i_C(0^+)$는 15 mA이다. 커패시터 전류에 대한 식은 다음과 같다.

$$i_C(t) = A_1 e^{-160t} + A_2 e^{-40t},\ t \geq 0^+,$$

$R = 200\,\Omega$일 때 다음을 구하라.

a) α, ω_0, L, C, A_1, A_2

$$\left(\text{힌트: } \frac{di_C(0^+)}{dt} = -\frac{di_L(0^+)}{dt} - \frac{di_R(0^+)}{dt} = \frac{-v(0)}{L} - \frac{1}{R}\frac{i_C(0^+)}{C}\right)$$

b) $t \geq 0$에서 $v(t)$

c) $t \geq 0$에서 $i_R(t)$

d) $t \geq 0$에서 $i_L(t)$

8.16 PSPICE MULTISIM 그림 P8.16에서 두 개의 스위치는 동시에 작동된다. 스위치 1이 a 위치에 있을 때 스위치 2는 d 위치에 있다. 스위치 1이 b로 이동하면 스위치 2는 c로 이동한다. 긴 시간 동안 스위치 1이 a에 있다가 $t = 0$에서 위치를 이동한다. $t \geq 0$에서 $v_o(t)$를 구하라.

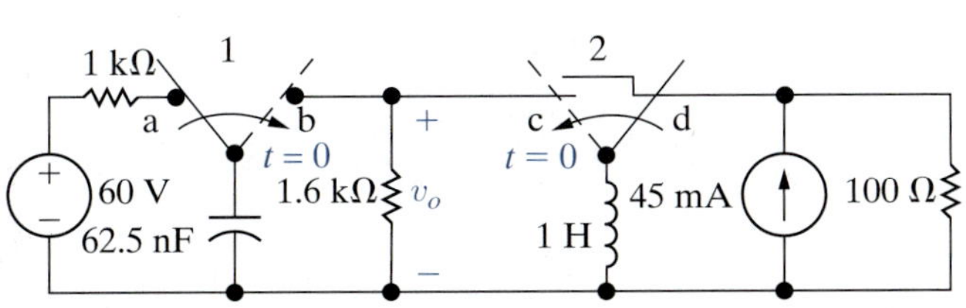

그림 P8.16

8.17 PSPICE MULTISIM 그림 8.16의 회로에서 저항은 $1.6\,\text{k}\Omega$에서 $2\,\text{k}\Omega$으로 증가하고 인덕터는 1 H에서 640 mH로 감소하였다. $t \geq 0$에 대해 $v_o(t)$를 구하라.

8.18 PSPICE MULTISIM 그림 8.16의 회로에서 저항은 $1.6\,\text{k}\Omega$에서 $800\,\Omega$으로 감소하고 인덕터는 1 H에서 160 mH로 감소하였다. $t \geq 0$에 대해 $v_o(t)$를 구하라.

8.19 PSPICE MULTISIM 그림 P8.19의 회로에서 스위치가 긴 시간 동안 a 위치에 있다가 $t = 0$에서 순간적으로 b 위치로 이동한다. $t \geq 0$에서 $v_o(t)$를 구하라.

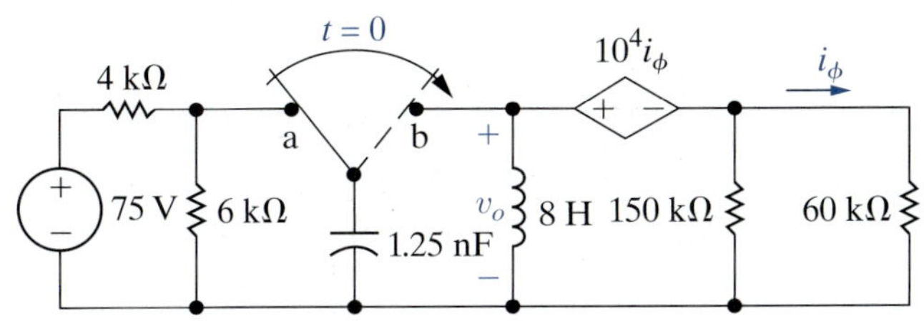

그림 P8.19

8.20 그림 8.19의 회로에서 커패시턴스가 1 nF로 감소하고, 인덕턴스는 10 H로 증가하였다. $t \geq 0$에 대한 $v_o(t)$를 구하라.

8.21 그림 8.19의 회로에서 커패시턴스가 0.8 nF로 감소하고, 인덕턴스는 12.5 H로 증가하였다. $t \geq 0$에 대한 $v_o(t)$를 구하라.

8.22 a) 부록 H의 소자 값을 이용하여 공진 주파수 20 krad/s를 갖는 병렬 *RLC* 회로(그림 8.1 참조)를 설계하라. 응답이 임계 감쇠가 되도록 저항 또는 저항 회로를 선택하고 회로를 그려라.

b) (a)에서 구한 저항값에 대해 특성 방정식의 근을 계산하라.

8.23 a) 연습문제 8.22(a)에서 설계된 회로가 부록 H의 소자 값을 이용하여 부족 감쇠 응답을 갖도록 저항을 변화시키고, 새로운 저항값에 대한 특성 방정식의 근을 계산하라.

b) 연습문제 8.22(a)에서 설계된 회로가 부록 H의 소자 값을 이용하여 응답이 과감쇠가 되도록 저항값을 변화시키고, 새로운 저항값에 대한 특성 방정식의 근을 계산하라.

8.3절

8.24 PSPICE MULTISIM 그림 P8.24의 회로에서 스위치는 긴 시간 동안 열려 있다가 $t = 0$에서 닫히며, 이때 커패시터에 저장된 에너지는 0이다. $t \geq 0$에서 v_o를 구하라.

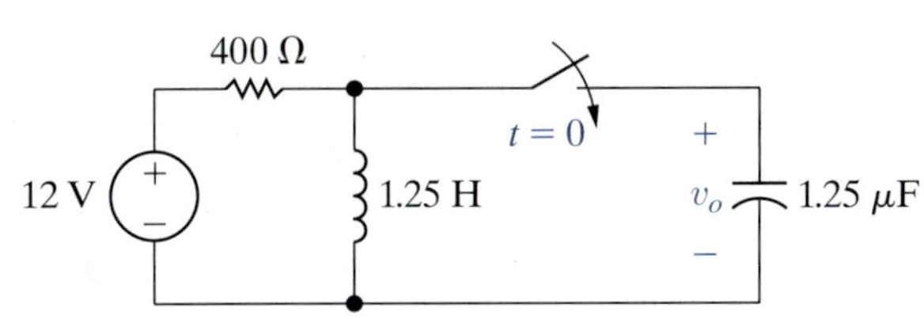

그림 P8.24

8.25 PSPICE MULTISIM 그림 P8.25의 회로에서 스위치가 닫힐 때 회로에 저장된 에너지는 0이다. $t \geq 0$에서 $v_o(t)$를 구하라.

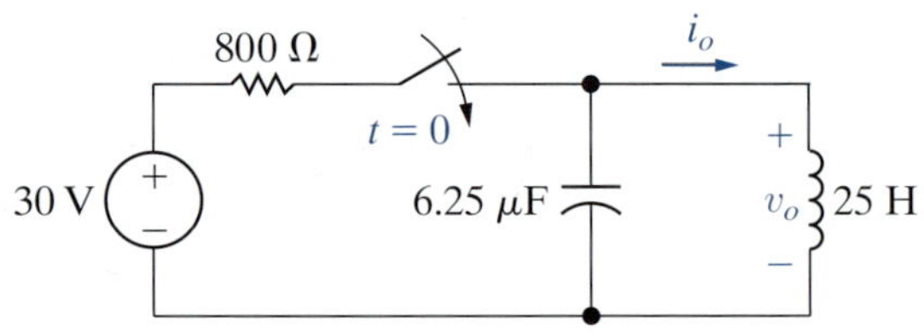

그림 P8.25

8.26 PSPICE MULTISIM a) 그림 P8.25의 회로에 대해 $t \geq 0$에서 i_o를 구하라.
b) i_o의 해가 연습문제 8.25에서 구한 v_o와 일관성이 있음을 보여라.

8.27 PSPICE MULTISIM 그림 P8.27의 회로에서 스위치는 긴 시간 동안 열려 있다가 $t = 0$에서 닫힌다. $t \geq 0$에서 $i_o(t)$를 구하라.

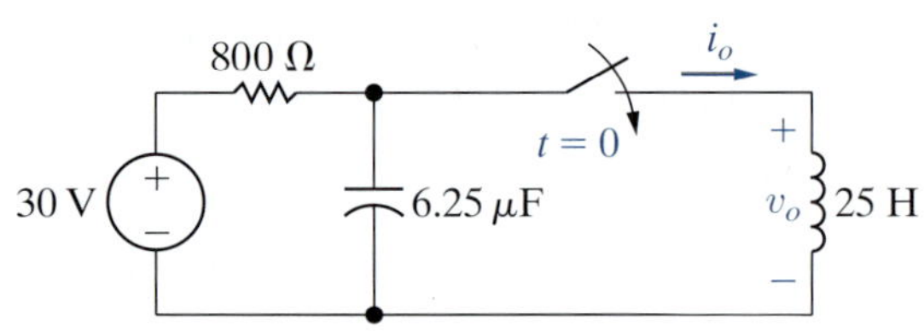

그림 P8.27

8.28 PSPICE MULTISIM a) 그림 P8.27의 회로에 대해 $t \geq 0$에서 v_o를 구하라.
b) v_o의 해가 연습문제 8.27에서 구한 i_o와 일관성이 있음을 보여라.

8.29 PSPICE MULTISIM 예제 8.6의 회로에 대해 $t \geq 0$에서 다음을 구하라.
a) $v(t)$ b) $i_R(t)$ c) $i_C(t)$

8.30 예제 8.7의 회로에 대해 $t \geq 0$에서 다음을 구하라.
a) $v(t)$ b) $i_C(t)$

8.31 PSPICE MULTISIM 예제 8.8의 회로에 대해 $t \geq 0$에서 $v(t)$를 구하라.

8.32 PSPICE MULTISIM 그림 P8.32의 회로에서 스위치 1과 2는 연동이다. 스위치 1이 열리면 스위치 2가 닫히고 그 반대로도 동작한다. 스위치 1이 긴 시간 동안 열려 있다가 $t = 0$에서 닫힌다. $t \geq 0$에서 $i_L(t)$를 구하라.

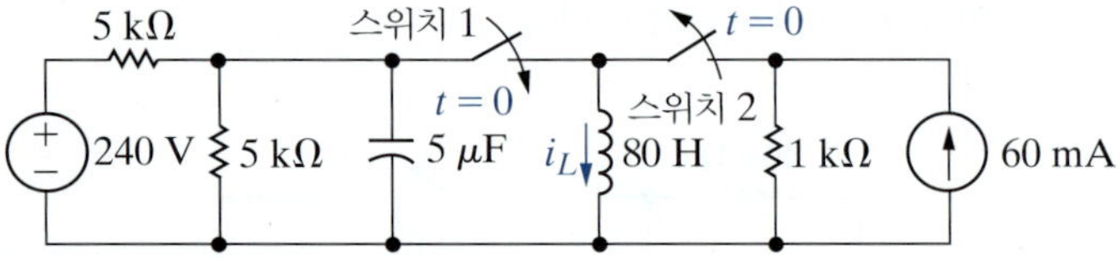

그림 P8.32

8.33 PSPICE MULTISIM 그림 P8.33의 회로에서 스위치가 긴 시간 동안 열려 있다가 $t = 0$에서 닫힌다. $t \geq 0$에서 $i_L(t)$를 구하라.

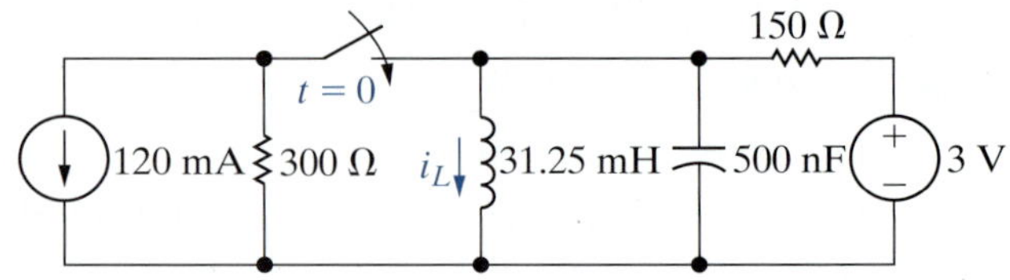

그림 P8.33

8.34 PSPICE MULTISIM 그림 P8.34의 회로에서 1 A 직류 전류가 회로에 공급될 때 인덕터의 초기 전류는 0.5 A, 커패시터의 초기 전압은 40 V(위쪽 단자가 +)이다. $L = 640$ mH일 때 $t \geq 0$에서 $i_L(t)$를 구하라.

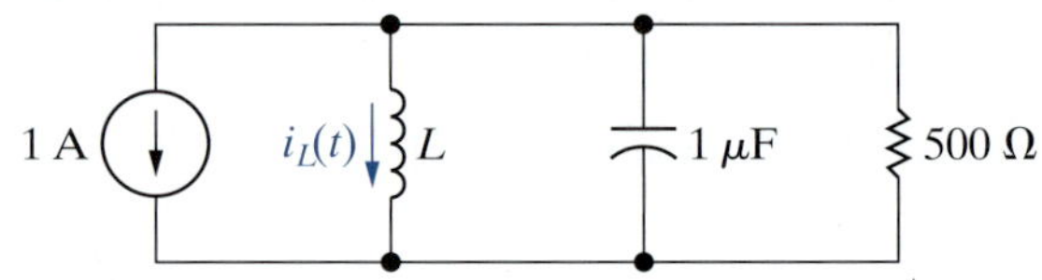

그림 P8.34

8.35 PSPICE MULTISIM 그림 P8.34의 회로에서 인덕턴스가 1.5625 H일 때 $t \geq 0$에서 $i_L(t)$를 구하라.

8.36 PSPICE MULTISIM 그림 P8.34의 회로에서 인덕턴스가 1 H일 때 $t \geq 0$에서 $i_L(t)$를 구하라.

8.37 PSPICE MULTISIM 그림 P8.37의 회로에서 스위치는 긴 시간 동안 열려 있다가 $t = 0$에서 닫힌다. 다음을 구하라.
a) $t \geq 0$에서 $i_L(t)$
b) $t \geq 0$에서 $v_C(t)$

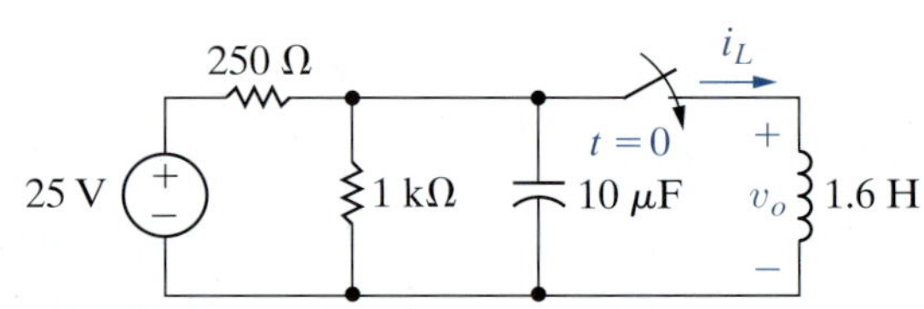

그림 P8.37

8.38 PSPICE MULTISIM 그림 P8.37을 사용하여 다음을 구하라.
a) 인덕터에 전달된 총에너지
b) 등가 저항에서 소비된 에너지
c) 커패시터에 전달된 총에너지
d) 전압원에 의해 전달된 총에너지
e) 에너지 보존 법칙을 고려하여 (a)에서 (d)까지의 결과를 확인하라.

8.4절

8.39 그림 8.3의 회로에서 전류가 다음과 같이 표현된다.

$$i = B_1 e^{-800t} \cos 600t + B_2 e^{-800t} \sin 600t, \; t \geq 0.$$

커패시터는 500 μF, 전류 초깃값은 0, 커패시터의 초기 전압은 12 V이다. R, L, B_1, B_2의 값을 구하라.

8.40 연습문제 8.39에서 500 μF 커패시터에 걸리는 전압을 구하라. 커패시터 전압의 극성은 위쪽 단자를 양(+) 극성으로 한다.

8.41 그림 P8.41의 회로에서 31.25 nF의 커패시터에 저장된 초기 에너지는 9 μJ이고, 인덕터에 저장된 에너지는 0이다. 전류 i의 자연 응답을 기술하는 특성 방정식의 근이 $-4000\ \mathrm{s}^{-1}$과 $-16{,}000\ \mathrm{s}^{-1}$이다.

a) R, L의 값을 구하라.

b) 스위치가 닫힌 직후 $i(0)$, $di(0)/dt$의 값을 구하라.

c) $t \geq 0$에서 $i(t)$를 구하라.

d) 스위치가 닫힌 후 몇 μs 만에 전류가 최댓값에 도달하는가?

e) i의 최댓값은 몇 mA인가?

f) $t \geq 0$에서 $v_L(t)$를 구하라.

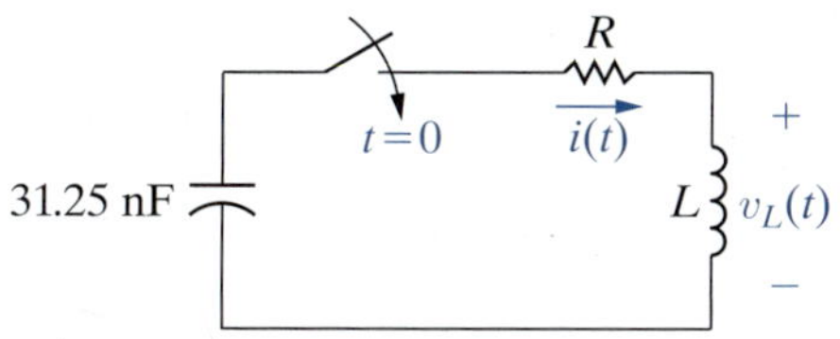

그림 P8.41

8.42 PSPICE MULTISIM 그림 P8.42의 회로에서 저항이 임계 감쇠를 일으키도록 조절되었다. 커패시터의 초기 전압은 90 V이고 인덕터의 초기 전류는 24 mA이다.

a) 저항값을 구하라.

b) 스위치가 닫힌 직후의 i와 di/dt를 구하라.

c) $t \geq 0$에서 $v_C(t)$를 구하라.

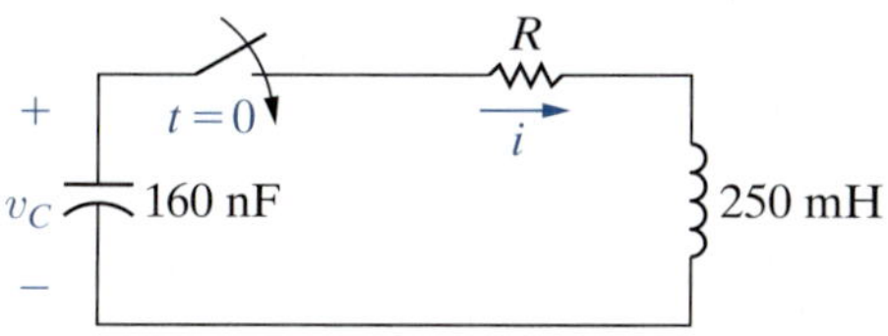

그림 P8.42

8.43 PSPICE MULTISIM 그림 P8.43의 회로에서 스위치가 긴 시간 동안 a 위치에 있다가 $t = 0$에서 순간적으로 b 위치로 이동한다.

a) v_a의 초깃값은 얼마인가?

b) dv_a/dt의 초깃값은 얼마인가?

c) $t \geq 0$에서 $v_a(t)$를 구하라.

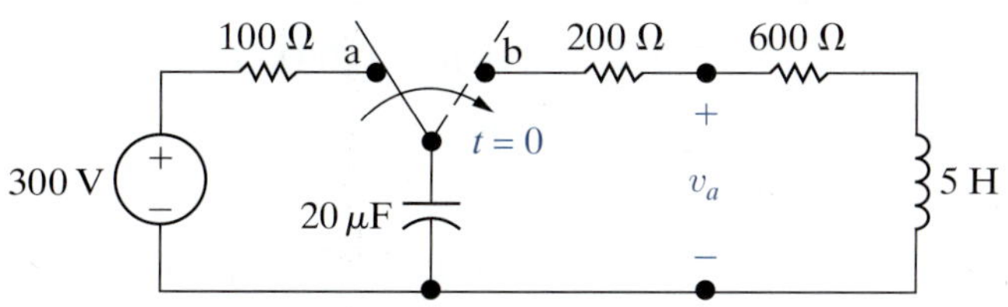

그림 P8.43

8.44 그림 P8.44의 회로에서 스위치가 긴 시간 동안 a 위치에 있다가 $t = 0$에서 순간적으로 b 위치로 이동한다. $t \geq 0$에서 $i(t)$를 구하라.

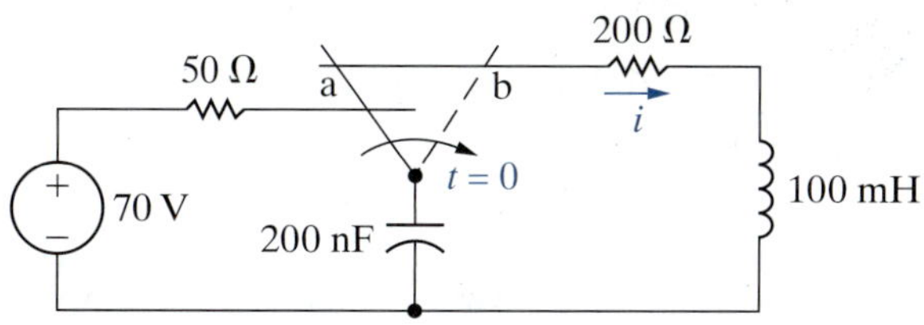

그림 P8.44

8.45 PSPICE MULTISIM 그림 P8.45의 회로에서 스위치는 긴 시간 동안 닫혀 있다가 $t = 0$에 개방된다. 다음을 구하라.

a) $i_o(t)$, $t \geq 0$

b) $v_o(t)$, $t \geq 0$

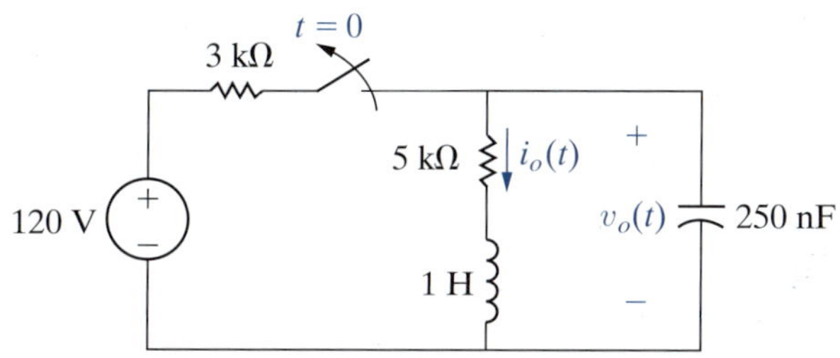

그림 P8.45

8.46 그림 P8.46의 회로에서 스위치가 긴 시간 동안 닫혀 있다가 $t = 0$에서 열린다. $t \geq 0^+$에서 $v_o(t)$를 구하라.

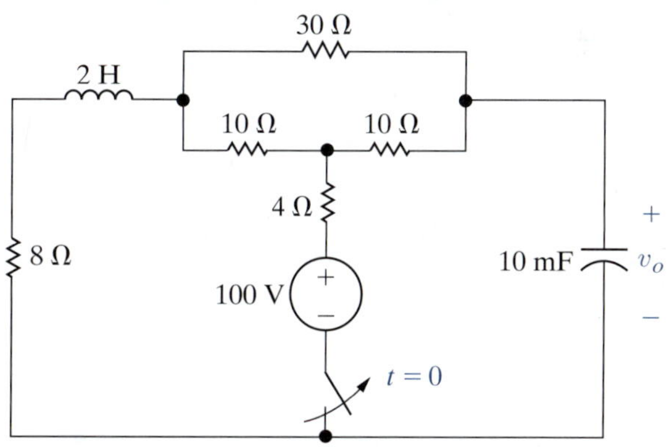

그림 P8.46

8.47 a) 부록 H의 소자 값을 사용하여 그림 8.3의 직렬 RLC 회로가 공진 호도 주파수 5 krad/s를 가지도록 설계하라. 임계 감쇠 응답을 얻도록 저항 또는 저항 회로를 선택하고 회로를 그려라.

b) (a)에서 사용한 저항값에 대해 특성 방정식의 근을 구하라.

8.48 a) 연습문제 8.47(a)에서 설계한 회로에 부록 H의 소자 값을 사용하여 부족 감쇠 응답을 가지도록 저항값을 변경하고, 이 저항값에 대한 특성 방정식의 근을 구하라.

b) 연습문제 8.47(a)에서 설계한 회로에 부록 H의 소자 값을 사용하여 과감쇠 응답을 가지도록 저항값을 변경하고, 이 저항값에 대한 특성 방정식의 근을 구하라.

8.49 PSPICE MULTISIM 그림 P8.49의 회로에서 스위치는 긴 시간 동안 위치 a에 있었으며, $t = 0$에서 위치 b로 이동한다. $t \geq 0$에 대한 $v_C(t)$를 구하라.

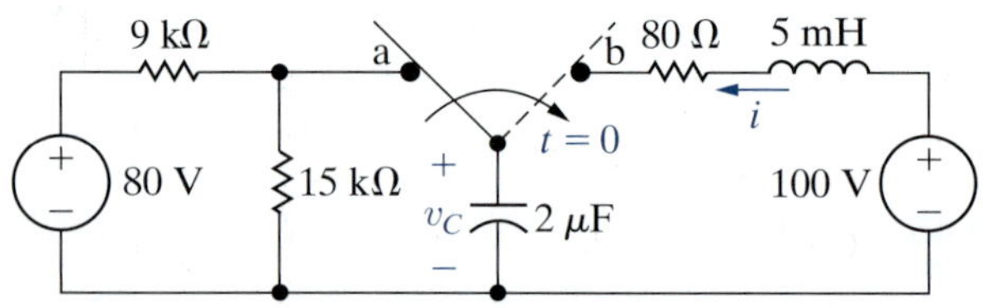

그림 P8.49

8.50 PSPICE MULTISIM 연습문제 8.49의 회로에서 $t \geq 0$에 대한 $i(t)$를 구하라.

8.51 80 Ω 저항을 100 Ω 저항으로 바꾸었을 때, 연습문제 8.49와 8.50을 반복해서 구하라.

8.52 PSPICE MULTISIM 그림 P8.52의 회로에서 스위치가 긴 시간 동안 a 위치에 있다가 $t = 0$에서 순간적으로 b 위치로 이동한다. $t \geq 0$에서 $v_o(t)$를 구하라.

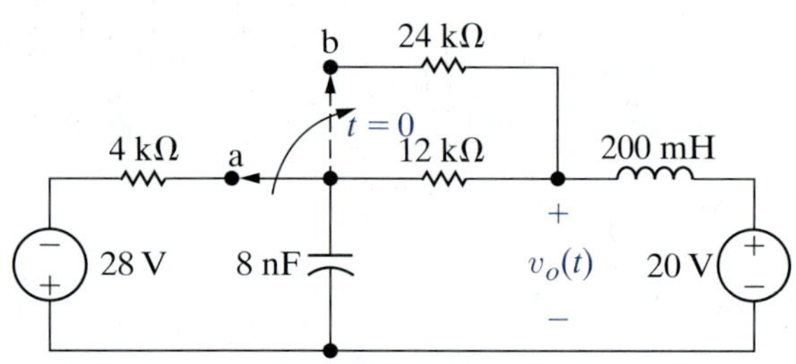

그림 P8.52

8.53 PSPICE MULTISIM 그림 P8.53의 회로가 긴 시간 동안 동작하다가 $t = 0$에서 전원 전압이 갑자기 100 V로 감소했다. $t \geq 0$에서 $v_o(t)$를 구하라.

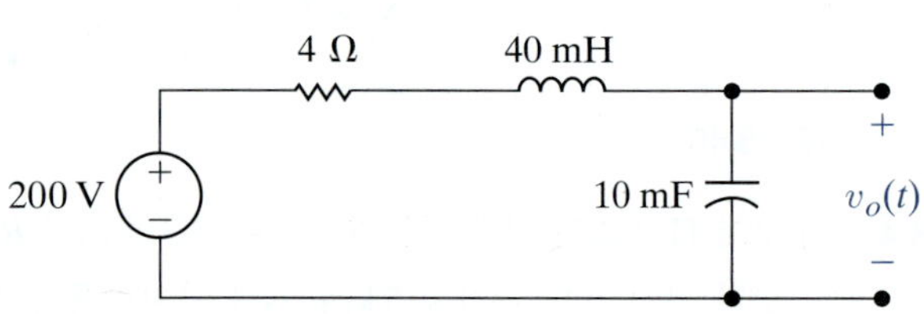

그림 P8.53

8.54 PSPICE MULTISIM 그림 P8.54의 회로에서 두 스위치가 동시에 동작한다. 스위치 1이 a 위치에 있을 때 스위치 2는 닫혀 있다. 스위치 1이 b 위치에 있을 때 스위치 2는 열려 있다. 스위치 1이 긴 시간 동안 a 위치에 있다가 $t = 0$에서 순간적으로 b 위치로 이동한다. $t \geq 0$에서 $v_C(t)$를 구하라.

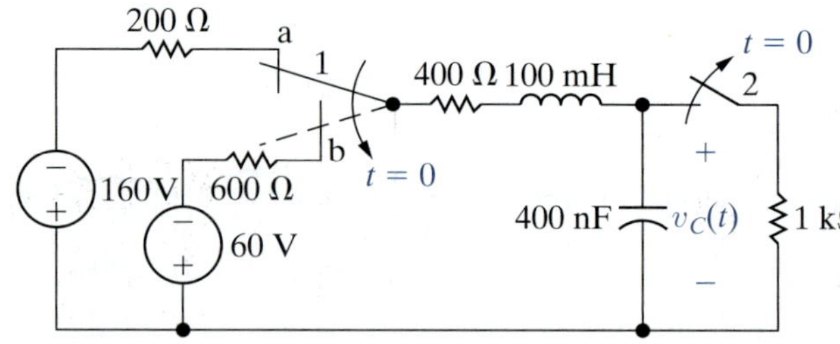

그림 P8.54

8.55 그림 8.16의 회로에서 커패시터 전압이 부족 감쇠된다고 가정하자. 또한 스위치가 닫혀 있을 때 회로 소자에 저장된 에너지가 없다고 가정하자.

a) $dv_C/dt = (\omega_0^2/\omega_d)Ve^{-\alpha t} \sin \omega_d t$임을 보여라.

b) $t = n\pi/\omega_d$, $n = 0, 1, 2, \ldots$ 일 때 $dv_C/dt = 0$임을 보여라.

c) $t_n = n\pi/\omega_d$라고 하자. $v_C(t_n) = V - V(-1)^n e^{-\alpha n\pi/\omega_d}$임을 보여라.

d) $\alpha = \frac{1}{T_d} \ln \frac{v_C(t_1) - V}{v_C(t_3) - V}$임을 보여라. 여기서 $T_d = t_3 - t_1$이다.

8.56 그림 8.16의 회로에서 200 nF의 커패시터에 걸리는 전압이 다음과 같이 기술된다. 스위치가 닫히고 몇 초 후 전압이 50 V로 유지된다. 전압이 최초로 50 V를 초과할 때 63.505 V의 피크에 도달하며 이것은 스위치가 닫힌 후 $\pi/12$ ms에서 발생한다. 전압이 두 번째로 50 V를 초과하면 50.985 V의 피크에 도달하며 이것은 스위치가 닫힌 후 $\pi/4$ ms에서 발생한다. 스위치가 닫히는 순간에는 커패시터 또는 인덕터에 저장된 에너지가 없다. R과 L의 값을 구하라. (힌트: 연습문제 8.55를 먼저 풀어 보라.)

8.57 그림 P8.57의 회로에서 스위치가 긴 시간 동안 닫혀 있다가 $t = 0$에서 열린다. 회로 상수는 부족 감쇠 응답이 되도록 정해져 있다고 가정한다.

a) $t \geq 0$에서 V_g, α, ω_d, C, R의 함수로 $v_o(t)$를 구하라.

b) v_o의 크기가 최대가 되는 t의 값을 구하라.

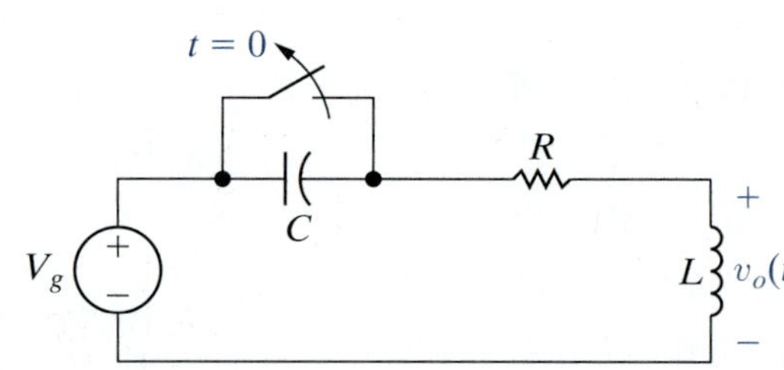

그림 P8.57

8.58 PSPICE MULTISIM 그림 P8.57의 회로에서 $R = 120\ \Omega$, $L = 5$ mH, $C = 500$ nF, $V_g = -600$ V이다.

a) $t \geq 0$에서 $v_o(t)$를 구하라.

b) 스위치가 개방된 후 몇 μs 만에 인덕터 전압이 최대가 되는가?

c) 인덕터 전압의 최댓값은 얼마인가?

d) $R = 12\,\Omega$일 때 (a)~(c)를 반복하라.

8.5절

8.59 PSPICE MULTISIM 그림 P8.59(a)의 전압 신호가 그림 P8.59(b)의 종속 적분 증폭기에 공급된다. 신호가 가해진 순간에 커패시터에 저장된 에너지는 없다.

a) 시구간 $0 \le t \le 0.2$ s와 $0.2\text{ s} \le t \le t_{sat}$에서 $v_o(t)$와 $v_{o1}(t)$를 구하라.

b) t_{sat}를 구하라.

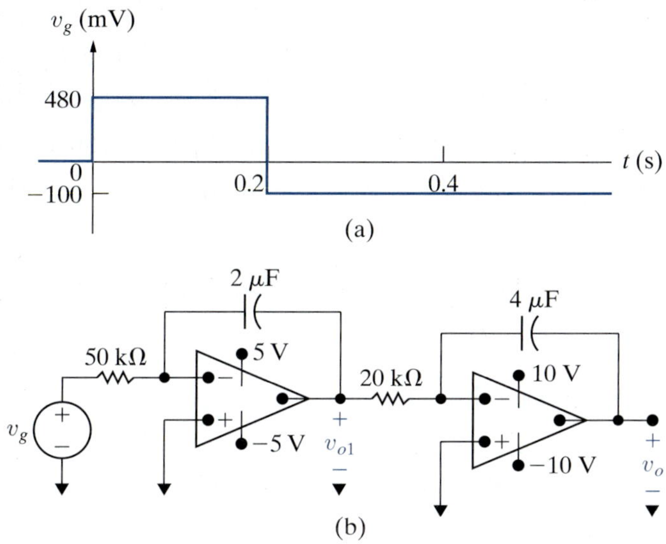

그림 P8.59

8.60 PSPICE MULTISIM 그림 P8.59(b)의 회로에서 $2\,\mu$F의 커패시터에 병렬로 $250\,\text{k}\Omega$의 저항, $4\,\mu$F의 커패시터에 병렬로 $250\,\text{k}\Omega$의 저항을 연결한다. 연습문제 8.59에서와 같이 신호가 가해지는 순간에 커패시터에 저장된 에너지는 없다. 시구간 $0 \le t \le 0.2$ s와 $t \ge 0.2$ s에서 $v_o(t)$와 $v_{o1}(t)$를 구하라.

8.61 a) 그림 P8.61의 회로에서 출력 전압을 입력 전압으로 표현하는 미분 방정식을 유도하라.

b) 그림 8.19의 회로에서 $R_1C_1 = R_2C_2 = RC$일 때 위의 결과를 식 (8.39)와 비교하라.

c) 그림 P8.61에 나와 있는 회로의 장점은 무엇인가?

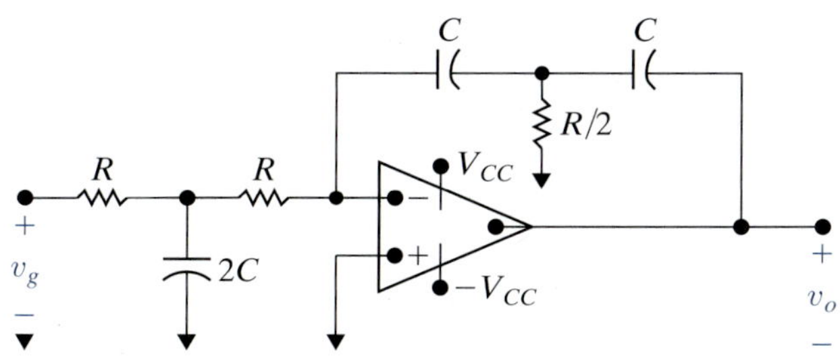

그림 P8.61

8.62 그림 8.20의 회로에서 v_g가 변하는 순간에 회로에 저장된 에너지가 없으면 $t = 0$에서 $dv_o/dt = 0$임을 보여라.

8.63 a) 예제 8.14의 되먹임 저항 R_1, R_2를 제거하고 다시 풀어라.

b) $v_{o1}(0) = 5$ V, $v_o(0) = -10$ V일 때 예제 8.14를 다시 풀어라.

8.64 PSPICE MULTISIM a) 그림 8.20의 회로에서 $v_{o1}(0) = 12$ V, $v_o(0) = -6$ V일 때 $0 \le t \le t_{sat}$에서 $v_o(t)$를 구하라.

b) 회로가 포화 상태에 도달하는 데 걸리는 시간은 얼마인가?

8.1~8.5절

8.65 PRACTICAL PERSPECTIVE a) 그림 8.22의 회로가 8 nH의 인덕터와 5 pF의 커패시터를 가지고 있다고 하자. $t \ge 0$에서 정현파 출력의 주파수(GHz)를 계산하라. (주파수를 헤르츠(Hz) 단위로 구하려면 주파수(rad/s)를 2π로 나눈다.)

b) 그림 8.22의 회로에서 직류 전압원과 직렬로 연결된 저항은 인덕터에 초기 에너지를 주기 위한 것이다. 만약 $V = 12$ V, $R_s = 50\,\Omega$이라면 인덕터에 저장된 초기 에너지는 얼마인가?

c) 임의의 $t \ge 0$의 순간에 LC 회로에 저장된 총에너지는 얼마인가?

8.66 PRACTICAL PERSPECTIVE 그림 8.22의 LC 발진기 회로를 고찰하자. $V = 12$ V, $R_s = 25\,\Omega$, $L = 0.5$ nH이라고 가정하자.

a) $t \ge 0$에서 정현파 출력의 주파수가 5 GHz일 때 C의 커패시턴스를 계산하라.

b) $t \ge 0$에서 $v_o(t)$를 구하라.

8.67 PRACTICAL PERSPECTIVE 그림 8.22의 LC 발진기 회로에서 인덕터와 커패시터가 이상적이 아니고 약간의 저항 성분을 가지는 것을 고려하자. 연습문제 8.65에서와 같이 $V = 12$ V, $R_s = 50\,\Omega$, $L = 8$ nH, $C = 5$ pF이고, 인덕터와 커패시터의 저항 성분은 $24\,\text{m}\Omega$이라고 하자.

a) 감쇠 주파수 α와 공진 각 주파수 ω_0를 구하라.

b) 이 회로의 응답은 과감쇠, 부족 감쇠, 임계 감쇠 중 어느 형태인가?

c) 실제 발진 주파수(GHz)는 얼마인가?

d) 이 회로는 근사적으로 얼마 동안 발진하는가?

CHAPTER

9

정현파 정상 상태 분석

학습내용

학습목표

1 페이저 개념을 이해하고 페이저 변환 및 페이저 역변환을 수행할 수 있다.

2 페이저 개념을 사용하여 정현파 전원이 있는 회로를 주파수 영역으로 변환할 수 있다.

3 주파수 영역에서 회로를 풀기 위해 아래의 회로 해석 기법을 사용하는 방법을 안다.

- 키르히호프 법칙
- 직렬, 병렬, Δ-Y 단순화
- 전압과 전류 분할
- 테브냉과 노턴 등가
- 마디 전압법
- 망 전류법

4 페이저법을 사용하여 선형 변압기를 포함하는 회로를 해석할 수 있다.

5 이상적인 변압기의 제약 조건을 이해하고 페이저법을 사용하여 이상적인 변압기를 포함하는 회로를 해석할 수 있다.

지금까지 일정한 전원을 갖고 있는 회로에 초점을 맞추었다. 이 장에서는 정현파 전압원 또는 정현파 전류원에 의해 동작하는 회로에 대해 살펴볼 것이다. 이런 회로의 해석을 위해 정상 상태에서의 특정 출력 전압과 전류 값을 계산해 볼 것이다. 이것은 일반적으로 과도 응답과 정상 상태 응답의 합으로 나타나는 완전 응답을 알 수 없다는 데 기인한다. 이 장에서의 분석은 과도 성분이 0으로 없어진 회로의 응답을 표현하는 것에 한정한다.

정현파 전원과 그것이 회로 동작에 미치는 영향은 아래의 다양한 이유로 중요한 연구 분야를 형성한다.

- 발전, 송전, 배전과 전기 에너지의 소비는 본래 정현파 정상 상태 조건하에서 발생한다.
- 정현파 동작을 이해하면 비정현파 전원을 갖고 있는 회로의 동작을 예측할 수 있다.
- 정상 상태 정현파 응답의 용어로 전기 시스템의 거동을 특정할 수 있다면 그 회로의 설계를 단순화할 수 있다. 만일 그 시스템이 주어진 규격을 만족하면, 이 회로가 비정현파 입력에 대해서도 만족스러운 반응을 할 것이라는 것을 설계자에게 알려 준다.

이후의 장은 정현파 전원을 가진 회로를 분석할 때 사용되는 기법을 기반으로 한다. 다행히 1~4장에서 먼저 소개된 회로 해석과 단순화 기법이 직류 전원과 마찬가지로 정현파의 회로에서도 적용되므로, 이 장 내용의 일부는 여러분에게 매우 익숙할 것이다. 정현파 해석의 과제는 적절한 구성 요소의 모델을 개발하고, 결과 회로를 설명하는 방정식을 세우고 그것을 복소수 영역에서 풀어 내는 것을 포함한다.

실제 응용

가정용 배전 회로

전력을 발전, 송전, 배전하는 전력 계통은 정현파의 정상 상태에서 동작하도록 설계되어 있다. 미국에서 사용되는 표준 가정용 배전 회로는 120 V와 240 V의 두 가지 전압을 공급한다(한국은 220 V 사용).

야외에서의 일을 마친 후, 농장 건물로 돌아와서 돼지 축사를 점검하다가 돼지들이 죽은 것을 보고 매우 놀라고 당혹스러워하는 농부의 상황을 가정해 보자. 돼지들이 죽은 이유는 퓨즈가 단절되어 240 V 환기팬의 작동이 멈추었기 때문이었다. 환기량의 감소로 인하여 가축들이 질식한 것이다. 차단퓨즈는 농장 건물과 전기 서비스를 연결해 주는 메인스위치에 붙어 있다.

보험회사는 이 청구를 해결하기 전에 농장 건물로 전기를 공급하는 전기 회로가 제대로 작동했는지 여부를 알고자 했다. 보험회사의 변호사들은 농부의 자녀 중 한 명이 학교에서 집에 와서 거실에서 비디오 게임을 하며 시간을 보냈다는 사실에 당황하고 있다. 어느 시점에는 주방 전자레인지로 남은 음식을 데워 먹기도 했다. 변호사들은 왜 메인스위치의 퓨즈가 나갔음에도 불구하고 주방의 가전제품과 거실의 전자기기들이 계속 작동했는지 설명해달라고 당신을 고용했다.

정현파 전원을 가진 회로의 정상 상태 반응을 어떻게 계산하는가를 공부한 후에, 현 상황을 검토하면서 이 질문에 대한 해답을 찾아보자.

Yulia Grigoryeva/Shutterstock

Björn Erlandsson/123RF

Tetra Images/Alamy Stock Photo

9.1 정현파 전원

정현파 전압원(sinusoidal voltage source)(독립 또는 종속)은 시간에 대해 정현파적으로 변화하는 전압을 발생시키는 전원을 의미한다. 또한 **정현파 전류원**(sinusoidal current source)(독립 또는 종속)은 시간에 대해 정현파적으로 변화하는 전류를 발생시키는 전원을 의미한다. 이제부터 전압원을 이용하여 정현파 함수를 기술하겠지만, 그 결과는 전류원에도 동일한 방식으로 적용할 수 있다.

정현파적으로 변하는 함수는 사인 함수나 코사인 함수로 표현할 수 있다. 두 경우 모두 상관은 없으나, 이 두 가지 형태의 함수를 동시에 사용할 수는 없으므로 이후 설명에서는 코사인 함수만 사용할 것이다. 따라서 정현파적으로 변하는 전압은 다음과 같이 표현할 수 있다.

$$v = V_m \cos(\omega t + \phi). \tag{9.1}$$

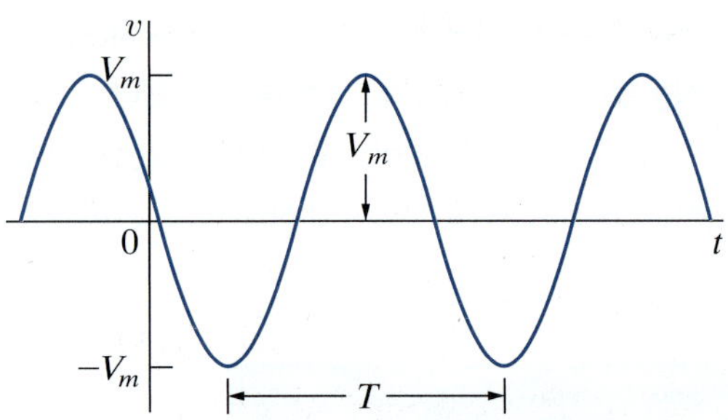

그림 9.1▲ 정현파 전압.

식 (9.1)의 파라미터에 대한 이해를 돕기 위해 시간에 따른 전압 파형을 그림 9.1에 나타내었다. 계수 V_m은 정현파의 **최대 진폭**(maximum amplitude)을 표시한다. 코사인 함수가 ± 1 사이를 움직이기 때문에 그림 9.1에서 보는 것처럼 진폭도 $\pm V_m$ 사이로 제한된다. 정현파 함수가 일정 간격으로 반복되는 것을 주목하라. 이러한 함수를 주기 함수라 한다. 주기 함수는 그 함수가 가질 수 있는 모든 값을 지나가는 데 걸리는 시간으로 표현된다. 이 시간을 그 함수의 **주기**(period) T라고 표기하고, 초(second) 단위로 측정된다. T의 역수는 그 주기 함수의 초당 사이클 수, 즉 주파수라고 하며 f로 표기된다. 즉

$$f = \frac{1}{T}. \tag{9.2}$$

초당 사이클은 헤르츠(hertz, Hz)라고 한다(초당 사이클이라는 용어는 현대 기술 문헌에서 거의 사용되지 않는다).

식 (9.1)에 있는 t의 계수를 살펴보자. 오메가(ω)는 정현파 함수의 **각주파수**(angular frequency)를 나타내고, 이것은 시간 T와 주파수 f와 모두 관련이 있다.

$$\omega = 2\pi f = 2\pi / T \text{ (라디안/초)} \tag{9.3}$$

식 (9.3)은 인수 ωt가 2π라디안(360°)을 지나갈 때마다 그 코사인(또는 사인) 함수가 모든 값을 지나가게 된다는 사실에 근거한다. 식 (9.3)으로부터 t가 T의 정수배일 때마다 인수 ωt가 2π라디안의 정수배만큼 증가한다는 것을 주목하라.

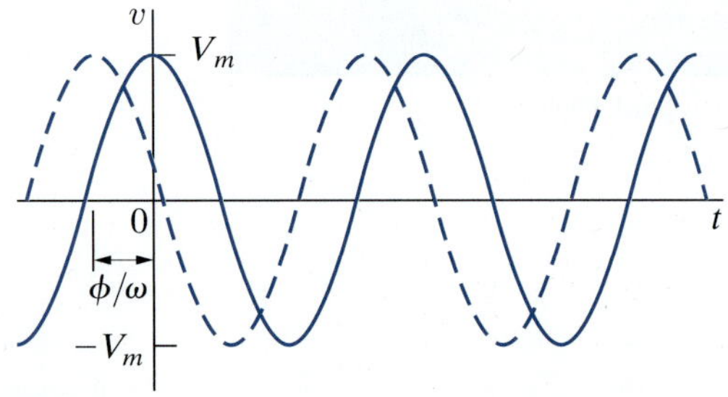

그림 9.2▲ $\phi = 0$일 때 그림 9.1에서 오른쪽으로 이동한 정현파 전압.

식 (9.1)에서 각도 ϕ는 정현파 전압의 **위상각**(phase angle)으로 알려져 있다. 그것이 $t = 0$에서의 정현파 함수 값을 결정한다. 그러므로 이 점은 주기파형에서 측정을 시작하는 시간의 위치를 나타내므로 고정되는 점이다. 위상각 ϕ를 변경시키면 정현파 함수가 시간축을 따라서 이동하지만, 그 진폭(V_m)이나 각주파수(ω)에는 아무런 영향도 미치지 못한다. 예를 들어 위상각 ϕ를 0으로 줄이면 그림 9.2에 나타낸 바와 같이 그림 9.1의 정현파 함수가 ϕ/ω시간 단위만큼 오른쪽으로 이동한다는 것을 주목하라. 위상각이 0인 정현파 함수와 비교해서 위상각 ϕ가 양이면 정현파 함수는 왼쪽으로 이동하는 반면, 위상각 ϕ가 음이면 정현파 함수는 오

른쪽으로 이동한다는 것을 주목하라(연습문제 9.1 참조).

ωt와 ϕ는 정현파 함수의 인수로서 함께 더해지기 때문에 같은 단위여야 한다. ωt가 라디안으로 표현되므로 ϕ도 역시 그러하리라 기대될 것이다. 그러나 ϕ는 대개 도(degree) 단위로 주어지므로 두 양이 더해지기 전에 ωt는 라디안 단위에서 도 단위로 전환되어야 한다. 라디언을 도 단위로 전환하는 공식은 다음과 같다.

$$\text{각도} = \frac{180°}{\pi}(\text{라디안의 수})$$

정현파 전압(또는 전류)의 또 다른 중요한 특성은 **rms값**(rms value)으로 표현된다는 것이다. 주기 함수의 rms값은 그 함수의 제곱의 평균의 제곱근으로서 정의된다. 여기서 $v = V_m \cos(\omega t + \phi)$라면 v의 rms값은 다음과 같다.

$$V_{\text{rms}} = \sqrt{\frac{1}{T}\int_{t_0}^{t_0+T} V_m^2 \cos^2(\omega t + \phi)\, dt}. \tag{9.4}$$

식 (9.4)로부터 한 주기(즉 t_0부터 $t_0 + T$까지) 동안 v^2을 적분하고 적분 범위 T로 나눔으로써 전압의 제곱의 평균값을 얻는다는 것을 주목하라. 더 나아가 적분의 시작점 t_0는 임의의 값이라는 것을 주목하라.

식 (9.4)에서 근호 아래의 양은 $V_m^2/2$으로 간단히 정리된다(연습문제 9.8 참조). 여기서 v의 rms값은 다음과 같다.

정현파 전압원의 rms값

$$V_{\text{rms}} = \frac{V_m}{\sqrt{2}}. \tag{9.5}$$

정현파 전압의 rms값은 v의 최대 진폭, 즉 V_m에만 관계된다. rms값은 주파수나 위상각의 함수가 아니다. rms에 대해 10장에서 중요성을 설명하고, 정현파 전원을 가진 회로에서 전력을 계산하는 데 집중적으로 사용됨을 보일 것이다.

이렇게 해서 주파수, 위상각, 진폭(최댓값이나 rms값)을 알면 특정 정현파 신호를 완전히 기술할 수 있다. 예제 9.1, 9.2, 9.3에 이러한 정현파 함수의 기본적인 특성이 설명되어 있다. 예제 9.4에서 주기 함수의 rms값을 계산하고, 그 과정에서 'rms(root mean square)'의 의미가 명확해진다.

예제 9.1 정현파 전류의 특성 구하기

어떤 정현파 전류가 20 A의 최대 진폭을 갖는다. 그 전류는 1 ms 만에 하나의 완전한 사이클을 통과한다. $t = 0$에서 전류의 크기는 10 A이다.

a) 전류의 주파수는 몇 Hz인가?

b) 전류의 주파수는 몇 rad/s인가?

c) 코사인 함수를 사용하여 $i(t)$의 표현식을 구하라. ϕ를 도 단위로 표현하라.

d) 전류의 rms값은 얼마인가?

풀이

a) 문제의 서술로부터 $T = 1$ ms이므로 $f = 1/T = 1/0.001 =$ 1000 Hz이다.

b) $\omega = 2\pi f = 2\pi(1000) = 2000\pi$ rad/sec.

c) $i(t) = I_m \cos(\omega t + \phi) = 20\cos(2000\pi t + \phi)$ A이다. 그러

나 $i(0) = 10$ A이므로 $10 = 20\cos\phi$이다. 여기서 $\phi = 60°$이므로 $i(t)$의 표현식은 다음과 같다.

$$i(t) = 20\cos(2000\pi t + 60°)\text{ A}.$$

d) 식 (9.5)의 유도로부터 정현파 전류의 rms값은 $I_m/\sqrt{2}$이다. 그러므로 rms값은 $20/\sqrt{2}$ 또는 14.14 A이다.

예제 9.2 정현파 전압의 특성 구하기

정현파 전압이 $v = 300\cos(120\pi t + 30°)$ V의 표현식으로 주어진다.

a) 전압의 주기는 몇 ms인가?

b) 주파수는 몇 Hz인가?

c) $t = 2.778$ ms에서 v의 크기는 얼마인가?

d) v의 rms값은 얼마인가?

풀이

a) v에 대한 표현식으로부터 $\omega = 120\pi$ rad/s이다. $\omega = 2\pi/T$이므로 $T = 2\pi/\omega = 1/60$ s 또는 16.667 ms이다.

b) 주파수는 $1/T$이므로 60 Hz이다.

c) (a)로부터 $\omega = 2\pi/16.667$이다. $t = 2.778$ ms에서 ωt는 거의 1.047 rad 또는 60°이다.

그러므로 $v(2.778\text{ ms}) = 300\cos(60° + 30°) = 0$ V이다.

d) $V_{\text{rms}} = 300/\sqrt{2} = 212.13$ V이다.

예제 9.3 사인 함수를 코사인 함수로 변형하기

사인 함수의 인수로부터 90°($\pi/2$ rad)를 빼 줌으로써 사인 함수를 코사인 함수로 변형시킬 수 있다.

a) $\sin(\omega t + \theta) = \cos(\omega t + \theta - 90°)$임을 보여서 이 변형을 증명하라.

b) $\sin(\omega t + 30°)$를 코사인 함수로 표현하기 위해 (a)의 결과를 활용하라.

풀이

a) 증명에는 다음 삼각 함수 항등식이 직접 적용된다.

$$\cos(\alpha - \beta) = \cos\alpha\cos\beta + \sin\alpha\sin\beta.$$

$\alpha = \omega t + \theta$, $\beta = 90°$라고 두자. $\cos 90° = 0$, $\sin 90° = 1$이기 때문에 다음 식이 유도된다.

$$\begin{aligned}\cos(\omega t + \theta - 90°) &= \cos(\omega t + \theta)\cos(90°)\\ &\quad + \sin(\omega t + \theta)\sin(90°).\end{aligned}$$

$$\cos(\omega t + \theta - 90°) = \sin(\omega t + \theta).$$

b) (a)로부터

$$\begin{aligned}\sin(\omega t + 30°) &= \cos(\omega t + 30° - 90°)\\ &= \cos(\omega t - 60°)\end{aligned}$$

가 된다.

예제 9.4 삼각 파형의 rms값 계산하기

그림 9.3에 나타낸 주기적인 삼각형 전류의 rms값을 계산하라. 답을 최대 전류(피크 전류) I_p로 표현하라.

풀이

rms 정의로부터 i의 rms값은 다음과 같다.

$$I_{\text{rms}} = \sqrt{\frac{1}{T}\int_{t_0}^{t_0+T} i^2 dt}.$$

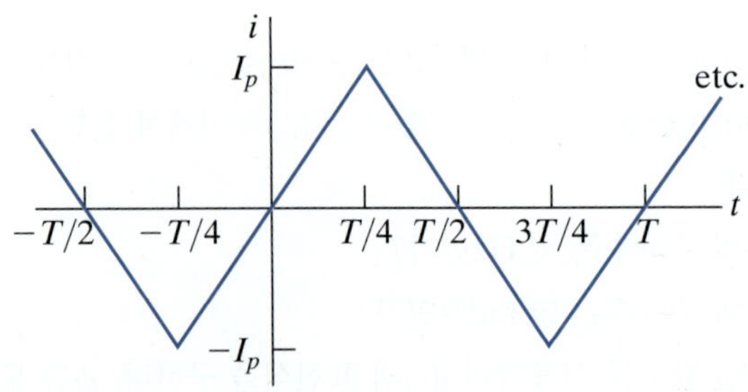

그림 9.3▲ 주기적인 삼각파 전류.

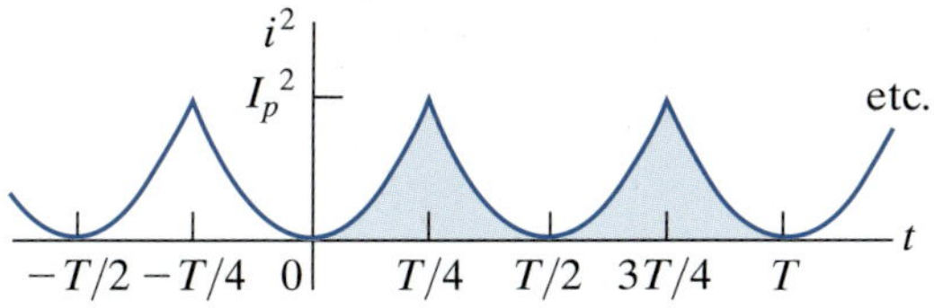

그림 9.4▲ 시간 t에 따른 i^2 함수.

근호 아래의 적분을 한 주기 동안의 제곱된 함수가 가지는 면적으로 해석하는 것이 rms값을 찾는 데 도움이 된다. 0과 T 사이의 음영 처리된 면이 있는 제곱된 함수가 그림 9.4에 나타나 있다. 한 주기 동안 제곱된 전류의 면적은 0과 $T/4$ 동안 제곱된 전류의 면적의 4배이다. 즉

$$\int_{t_0}^{t_0+T} i^2 dt = 4\int_0^{T/4} i^2 dt.$$

자가 검사: 연습문제 9.5, 9.6, 9.7을 풀어 이해도를 평가하라.

0과 $T/4$초 동안에 전류 i의 해석적인 표현식은 다음과 같다.

$$i = \frac{4I_p}{T}t, \quad 0 < t < T/4.$$

한 주기 동안의 제곱된 함수의 면적은 다음과 같다.

$$\int_{t_0}^{t_0+T} i^2 dt = 4\int_0^{T/4} \frac{16I_p^2}{T^2} t^2 dt = \frac{I_p^2 T}{3}.$$

함수의 평균값은 단순히 한 주기 동안의 면적을 주기로 나눈 값이다. 따라서

$$i_{\text{mean}} = \frac{1}{T}\frac{I_p^2 T}{3} = \frac{1}{3}I_p^2.$$

전류의 rms값은 이 평균값의 제곱근이다. 그러므로

$$I_{\text{rms}} = \frac{I_p}{\sqrt{3}}.$$

9.2 정현파 응답

서문에서 언급했듯이, 이 장은 정현파 전원의 정상 상태 응답에 초점을 맞춘다. 그러나 전체 응답의 특성을 살펴보는 것으로 논의를 시작하려고 하는데, 이러한 방법은 정상 상태의 해를 올바르게 이해하는 데 도움을 준다.

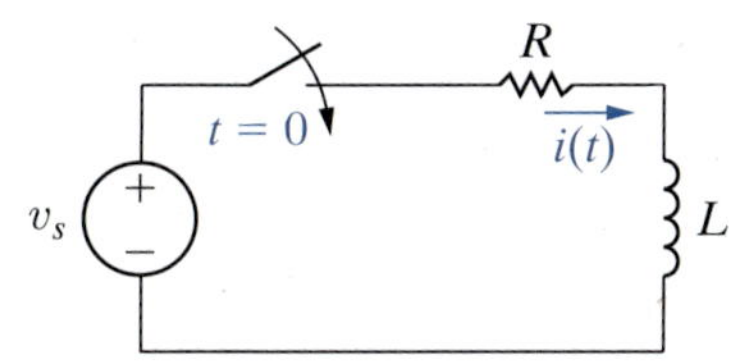

그림 9.5▲ 정현파 전압원에 의해 작동하는 RL 회로.

그림 9.5에 나타낸 회로가 일반적인 문제를 보여 준다. 여기서 v_s는 정현파 전압이다. 즉

$$v_s = V_m \cos(\omega t + \phi).$$

편의상 이 회로에서의 초기 전류가 0이라고 가정하고, 스위치가 닫히는 순간부터 시간을 측정한다. RL 회로의 계단 응답을 구했던 것과 유사하게 $t \geq 0$일 때 $i(t)$를 구한다(7장). 여기서 전압원이 상수 전압이 아니라 시변 정현파 전압이라는 것이다. 키르히호프 전압 법칙을 그림 9.5의 회로에 직접 적용하면 다음의 상미분 방정식이 유도된다.

$$L\frac{di}{dt} + Ri = V_m \cos(\omega t + \phi). \tag{9.6}$$

이 식의 풀이는 미분 방정식에 대한 입문 과정에서 다룬다. 아직 미분 방정식을 공부하지 않았다면 i에 대한 해가 다음과 같은 식으로 표현된다는 것을 먼저 알아두기 바란다.

$$i = \frac{-V_m}{\sqrt{R^2 + \omega^2 L^2}}\cos(\phi - \theta)e^{-(R/L)t} + \frac{V_m}{\sqrt{R^2 + \omega^2 L^2}}\cos(\omega t + \phi - \theta), \tag{9.7}$$

여기서

$$\theta = \tan^{-1}\left(\frac{\omega L}{R}\right).$$

이렇게 해서 알고 있는 주파수의 정현파 전원에 의해 구동되는 회로에 대해 θ를 쉽

게 결정할 수 있다. $t \geq 0$인 모든 값에 대해 식 (9.6)을 만족한다는 것을 확인함으로써 식 (9.7)의 유효성을 확인할 수 있다. 이 과제는 연습문제 9.10에서 여러분들이 직접 탐구해보도록 남겨 둔다.

식 (9.7)의 우변에 있는 두 항을 주의해서 살펴보자. 첫 번째 항은 시상수가 $\tau = L/R$인 감소하는 지수 함수이다. 이 항은 $t \to 0$일 때 0으로 감소하기 때문에 전류의 **과도 성분**(transient component)이라고 한다. 7장에서 이미 배웠듯이 $t = 5\tau$일 때 이 과도 성분은 초깃값의 1% 미만이라는 것을 기억하라.

두 번째 항은 전압 전원의 주파수와 동일한 주파수 ω를 갖는 코사인이다. 이 코사인은 스위치가 닫혀 있고 전원이 정현파 전압을 공급하는 한 계속 유지되므로 전류의 **정상 상태 성분**(steady-state component)이라고 한다. 이 장에서는 정현파 전원을 가진 회로의 정상 상태 응답만 구할 것이다. 즉 과도 성분이 0으로 감소한 이후의 응답을 구하는 것이다. 따라서 미분 방정식을 푸는 어려움을 피하기 위해 정상 상태 응답을 직접 계산하는 기법을 소개한다. 그러나 이 기법을 사용해서는 과도 성분이나 정상 상태 성분과 과도 성분의 합인 전체 응답을 얻을 수 없다.

식 (9.7)의 정상 상태 성분을 사용하여 정상 상태 해의 네 가지 중요한 특성을 확인할 수 있다.

1. 정상 상태 해는 회로의 전원과 똑같은 코사인 함수이다.
2. 해의 주파수는 전원 신호의 주파수와 같다. 회로 파라미터 R, L, C가 상수인 선형 시스템에서 이 조건은 항상 성립한다(만약 해의 주파수가 전원 신호에 없다면 그 회로에는 비선형 요소가 존재한다).
3. 일반적으로 정상 상태 응답의 최대 진폭은 전원의 최대 진폭과 다르다. 그림 9.5의 회로에서 최대 진폭은 $V_m/\sqrt{R^2 + \omega^2L^2}$이고, 신호원의 최대 진폭은 V_m이다.
4. 일반적으로 정상 상태 응답의 위상각은 그 전원의 위상각과 다르다. 논의되고 있는 회로에 대해 전류의 위상각은 $\phi - \theta$이고, 그 전압원의 위상각은 ϕ이다.

이러한 특성이 9.3절에서 소개하는 페이저 기법의 사용 이유이다. 정상 상태 응답만 구했다는 것은 그 응답 신호의 최대 진폭과 위상각만 구한 것임을 명심하라. 정상 상태 응답의 파형과 주파수는 회로의 전원과 동일하기 때문에 이미 알고 있다.

자가 검사: 연습문제 9.9를 풀어 이해도를 평가하라.

9.3 페이저

페이저(phasor)는 정현파 함수의 진폭과 위상 정보를 가지고 있는 복소수이다.[1] 페이저 개념은 오일러 항등식에 근거를 두고 있는데, 오일러 식은 다음과 같이 지수 함수를 삼각 함수와 관련시킨다.

$$e^{\pm j\theta} = \cos\theta \pm j\sin\theta.$$

1 부록 B를 읽고 복소수를 복습할 수 있다.

오일러 항등식은 사인과 코사인 함수를 표현하는 또 다른 방법을 알려 준다. 코사인 함수를 지수 함수의 실수부로, 사인 함수를 지수 함수의 허수부로 생각할 수 있다. 즉

$$\cos\theta = \mathcal{R}\{e^{j\theta}\}$$

그리고

$$\sin\theta = \mathcal{I}\{e^{j\theta}\},$$

여기서 $\mathcal{R}$은 '실수부'를, $\mathcal{I}$는 '허수부'를 의미한다.

앞서 정현파 정상 상태를 분석할 때 코사인 함수를 사용하는 것을 선택했기 때문에(9.1절 참조) 오일러 항등식을 바로 적용할 수 있다. 특히 식 (9.1)에서 주어진 정현파 전압 함수를 복소 지수 함수의 실수부인 코사인 함수로 바꾸어 쓸 수 있다.

$$\begin{aligned} v &= V_m \cos(\omega t + \phi) \\ &= V_m \mathcal{R}\{e^{j(\omega t + \phi)}\} \\ &= V_m \mathcal{R}\{e^{j\omega t} e^{j\phi}\}. \end{aligned}$$

방정식을 고치지 않고도 V_m을 함수의 실수부로 옮길 수 있다. 또한 인수 내 두 지수 함수의 순서를 바꿀 수 있으므로 다음과 같이 쓸 수 있다.

$$v = \mathcal{R}\{V_m e^{j\phi} e^{j\omega t}\}.$$

위의 전압식에서 $V_m e^{j\phi}$는 식 (9.1)에 있는 코사인 함수의 진폭과 위상각을 갖는 복소수라는 것을 주목하라. 이 복소수를 주어진 정현파 함수의 **페이저 표현**(phasor representation) 또는 **페이저 변환**(phasor transform)이라고 정의한다. 따라서

페이저 변환

$$\mathbf{V} = V_m e^{j\phi} = \mathcal{P}\{V_m \cos(\omega t + \phi)\}, \tag{9.8}$$

여기서 표기 $\mathcal{P}\{V_m \cos(\omega t + \phi)\}$는 '$V_m \cos(\omega t + \phi)$의 페이저 변환'이라고 읽는다. 이렇게 해서 페이저 변환은 정현파 함수를 시간 영역에서 복소수 영역으로 변환하며, 그 복소수 영역은 그 응답이 일반적으로 ω에 의존하기 때문에 **주파수 영역**(frequency domain)이라고도 한다. 이 책에서는 페이저 양을 식 (9.8)에서처럼 획이 굵은 활자로 표현한다.

식 (9.8)은 페이저의 극좌표 형식이지만, 페이저를 직각좌표 형식으로도 표현할 수 있다. 따라서 식 (9.8)을 다음과 같이 다시 쓸 수 있다.

$$\mathbf{V} = V_m \cos\phi + jV_m \sin\phi.$$

극좌표 형식과 직각좌표 형식 둘 다 페이저 개념을 회로에 적용할 때 유용하다.

식 (9.8)을 보면 페이저는 언제나 $Ae^{j\phi}$의 형태를 가짐을 알 수 있다. 여기서 A는 기본 전압이나 전류의 진폭이다. 페이저는 다음의 각도 표기법 $A\underline{/\phi^\circ}$을 이용해 축약하여 사용하는 것이 일반적이다.

$$A\underline{/\phi^\circ} \equiv Ae^{j\phi}.$$

이 각도 표기법을 이후의 설명에서도 많이 사용할 것이다.

페이저 역변환

식 (9.8)을 이용하여 정현파 함수를 페이저로 변환할 수 있다. 또한 그 과정을 역으로도 할 수 있다. 즉 페이저를 원래의 정현파 함수로 역변환할 수 있다. $\mathbf{V} = 100\underline{/-26^\circ}$이면 모든 정현파 함수에 대해 코사인 함수를 사용하기로 결정했기 때문에 v에 대한 표현이 $100\cos(\omega t - 26^\circ)$ V로 된다. 페이저는 진폭과 위상에 대한 정보만 가지고 있으므로 페이저가 ω값을 알려 주지 않는다는 것을 명심하라. 페이저로부터 해당 시간 영역 표현으로 변환할 때 **페이저 역변환**이라고 말하고 다음 식으로 수식화된다.

페이저 역변환

$$\mathcal{P}^{-1}\{V_m e^{j\theta}\} = \mathcal{R}\{V_m e^{j\theta} e^{j\omega t}\} = V_m \cos(\omega t + \theta^\circ) \tag{9.9}$$

여기서 표기 $\mathcal{P}^{-1}\{V_m e^{j\phi}\}$은 '$V_m e^{j\phi}$의 페이저 역변환'이라고 읽는다. 식 (9.9)를 이용하여 페이저에 $e^{j\omega t}$를 곱하고 그 곱의 실수부를 추출하여 페이저 역변환을 구한다.

페이저를 회로 해석에 적용하기 전에 먼저 우리에게 익숙한 문제인 정현파 함수를 더하는 문제를 페이저를 이용하여 풀어 보자. 예제 9.5를 풀어 보면 이런 형태의 문제는 페이저 변환을 이용하면 무척 간단하다는 것을 알 수 있다.

예제 9.5 페이저를 사용하여 코사인 함수 더하기

$y_1 = 20\cos(\omega t - 30^\circ)$, $y_2 = 40\cos(\omega t + 60^\circ)$라면 $y = y_1 + y_2$를 하나의 정현파 함수로 표현하라.

a) 삼각 함수 항등식을 사용하여 해를 구하라.

b) 페이저 개념을 사용하여 해를 구하라.

풀이

a) 먼저 y_1과 y_2를 코사인에 대한 삼각 함수의 덧셈 정리를 사용하여 전개하면 다음의 두 식을 얻는다.

$$y_1 = 20\cos\omega t\cos 30^\circ + 20\sin\omega t\sin 30^\circ;$$

$$y_2 = 40\cos\omega t\cos 60^\circ - 40\sin\omega t\sin 60^\circ.$$

y_1과 y_2를 더하면 다음의 식을 얻는다.

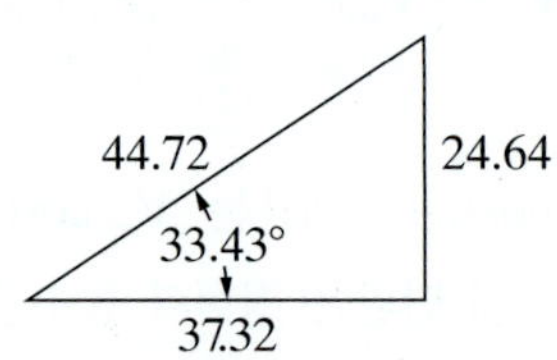

그림 9.6▲ y의 해를 구하는 데 사용된 직각삼각형.

$$y = (20\cos 30^\circ + 40\cos 60^\circ)\cos\omega t + (20\sin 30^\circ - 40\sin 60^\circ)\sin\omega t$$

$$= 37.32\cos\omega t - 24.64\sin\omega t.$$

이 두 항을 합하기 위해 코사인과 사인의 계수를 직각삼각형(그림 9.6)의 변으로 취급하고 우변을 삼각형의 빗변으로 곱하고 나눈다. y에 대한 표현은 다음과 같다.

$$y = 44.72\left(\frac{37.32}{44.72}\cos\omega t - \frac{24.64}{44.72}\sin\omega t\right)$$
$$= 44.72\,(\cos 33.43^\circ \cos\omega t - \sin 33.43^\circ \sin\omega t).$$

다시 코사인에 대한 삼각 함수의 덧셈 정리를 상기하여 쓰면 다음과 같다.

$$y = 44.72\cos(\omega t + 33.43^\circ).$$

b) 두 코사인의 합은 다음과 같다.

$$y = 20\cos(\omega t - 30^\circ) + 40\cos(\omega t + 60^\circ).$$

이 방정식의 우변을 오일러 항등식을 이용하여 다시 쓰면,

$$y = \mathcal{R}\{20e^{-j30^\circ}e^{j\omega}\} + \mathcal{R}\{40e^{j60^\circ}e^{j\omega}\}$$
$$= \mathcal{R}\{20e^{-j30^\circ}e^{j\omega} + 40e^{j60^\circ}e^{j\omega}\}.$$

이 식에서 $e^{j\omega}$를 각 항에서 빼면 다음과 같다.

$$y = \mathcal{R}\{(20e^{-j30^\circ} + 40e^{j60^\circ})\,e^{j\omega}\}.$$

각 표현법을 사용하여 두 페이저의 합을 다음과 같이 구할 수 있다.

$$20\angle{-30^\circ} + 40\angle{60^\circ} = (17.32 - j10) + (20 + j34.64)$$
$$= 37.32 + j24.64$$
$$= 44.72\angle 33.43^\circ.$$

따라서 코사인 함수로 표시한 계산 결과는 다음과 같다.

$$y = \mathcal{R}\{44.72e^{j33.43^\circ}e^{j\omega}\}$$
$$= 44.72\cos(\omega t + 33.43^\circ).$$

페이저를 사용하여 정현파 함수를 더하는 것이 삼각 함수 항등식을 이용하는 것보다 훨씬 간단한 방법이라는 것을 알 수 있다. 그러나 복소수의 극좌표 형식과 직각좌표 형식 사이를 전환하는 능력이 요구된다는 것을 유의하라.

평가문제

목표 1—페이저 개념을 이해하고 페이저 변환 및 페이저 역변환을 수행할 수 있다.

9.1 다음 각 삼각 함수의 페이저 변환을 구하라.

a) $i = 25\cos(200t + 60^\circ)$ mA

b) $v = 45\sin(50t - 30^\circ)$ V

c) $v = 10\cos(\omega t + 53.13^\circ) + 4.47\cos(\omega t - 116.565^\circ)$ V

d) $i = -150\sin(10\pi t - 45^\circ) + 150\cos(10\pi t + 45^\circ)]$ A

정답: a) $\mathbf{I} = 25\angle 60^\circ$ mA,

b) $\mathbf{V} = 45\angle{-120^\circ}$ V.

c) $\mathbf{V} = 5.66\angle 45^\circ$ V,

d) $\mathbf{I} = 300\angle 45^\circ$ A.

9.2 다음 각 페이저에 일치하는 시간 영역의 표현식을 구하라.

a) $\mathbf{I} = 400\angle 38^\circ$ mA

b) $\mathbf{I} = (50\angle{-50^\circ} - 80\angle{-60^\circ})$ A

c) $\mathbf{V} = (80 - j40 + 25\angle{-75^\circ})$ A

정답: a) $400\cos(\omega t + 38^\circ)$ mA,

b) $107.87\cos(\omega t - 94.18^\circ)$ V,

c) $107.67\cos(\omega t - 36.87^\circ)$ V.

자가 검사: 연습문제 9.11도 풀어 보라.

9.4 주파수 영역에서의 수동 회로 소자

회로 해석에서 페이저 변환은 다음의 두 단계 과정을 거친다.

1. 수동 회로 소자의 양단에 걸리는 페이저 전압과 페이저 전류 사이의 관계식을 세운다. 이 단계를 이 절에서 완료하기 위해 페이저 영역에서 저항, 인덕터, 커패시터를 분석하는 것부터 시작한다.

2. 9.5절에서 다룰 키르히호프 법칙을 페이저 영역에 적용하여 식을 세운다.

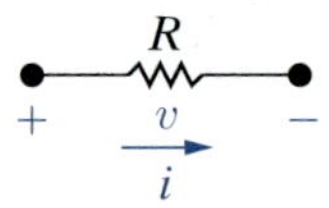

그림 9.7▲ 정현파 전류가 흐르고 있는 저항 소자.

저항에 대한 V-I 관계

옴의 법칙으로부터 저항에서의 전류가 시간과 함께 정현파 형태로 변하면, 즉 $i = I_m \cos(\omega t + \theta_i)$라면 그림 9.7에 나타낸 바와 같이 저항 양단에서의 전압은 다음과 같다.

$$v = R[I_m \cos(\omega t + \theta_i)]$$

$$= RI_m[\cos(\omega t + \theta_i)],$$

여기서 I_m은 암페어로 표시된 전류의 최대 진폭이고, θ_i는 그 전류의 위상각이다.

이 전압의 페이저 변환은 다음과 같다.

$$\mathbf{V} = RI_m e^{j\theta_i} = RI_m \angle \theta_i.$$

그러나 $I_m \angle \theta_i$는 정현파 전류의 페이저 표현이며, 따라서 전압 페이저를 다음과 같이 쓸 수 있다.

저항에 대한 페이저 전압과 페이저 전류 사이의 관계

$$\mathbf{V} = R\mathbf{I}, \tag{9.10}$$

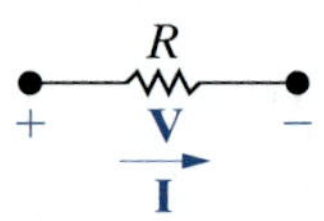

그림 9.8▲ 저항기의 주파수 영역 등가 회로.

이것은 저항 양단에서의 페이저 전압은 단순히 저항과 페이저 전류의 곱이라는 것을 말한다(옴의 법칙의 페이저 버전). 그림 9.8은 주파수 영역에서의 저항에 대한 회로도를 나타낸다.

식 (9.10)은 중요한 정보 하나를 포함한다. 즉 저항의 양단에서 전류와 전압 사이에는 위상 이동이 없다는 것이다. 그림 9.9는 이러한 위상 관계를 묘사한다. 여기서 전압과 전류 파형의 위상각은 둘 다 60°이다. 그 신호는 각 곡선의 일치하는 값에 동시에 도달하기 때문에 **동상**(in phase)이라고 한다(예를 들면, 같은 순간에 양의 최댓값을 갖는다).

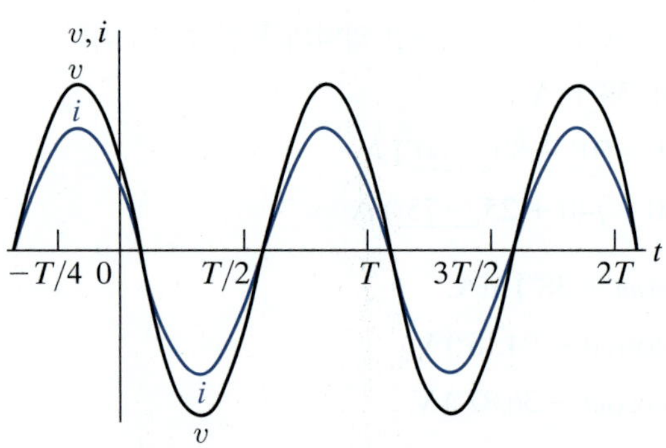

그림 9.9▲ 저항기 양단에서의 전압과 전류가 동상임을 나타내는 그림.

인덕터에 대한 V-I 관계

정현파 전류를 가정하고 그에 대응하는 전압을 찾아내기 위해 Ldi/dt를 사용하여 인덕터 양단에서의 페이저 전류와 페이저 전압 사이의 관계를 유도한다. 따라서 $i = I_m \cos(\omega t + \theta_i)$에 대한 전압식은 다음과 같다.

$$v = L\frac{di}{dt} = -\omega L I_m \sin(\omega t + \theta_i).$$

이제 위의 사인 함수를 코사인 함수로 바꾸면

$$v = -\omega L I_m \cos(\omega t + \theta_i - 90°).$$

이 전압의 페이저 표현은 다음과 같다.

$$\begin{aligned}\mathbf{V} &= -\omega L I_m e^{j(\theta_i - 90^\circ)} \\ &= -\omega L I_m e^{j\theta_i} e^{-j90^\circ} \\ &= j\omega L I_m e^{j\theta_i} \\ &= j\omega L I_m \angle\theta_i.\end{aligned}$$

위 식을 유도할 때 다음 항등식을 사용했음을 주목하라.

$$e^{-j90^\circ} = \cos 90^\circ - j \sin 90^\circ = -j.$$

$i_m \angle\theta_i$은 정현파 전류에 대한 페이저 표현이다. 페이저 전류를 이용하여 페이저 전압을 다음과 같이 쓸 수 있다.

인덕터 양단에서의 페이저 전압과 페이저 전류 사이의 관계

$$\mathbf{V} = j\omega L \mathbf{I}. \quad (9.11)$$

위 식은 인덕터 양단에서의 페이저 전압은 페이저 전류와 $j\omega L$의 곱과 같다는 것을 나타낸다. 그림 9.10은 인덕터에 대한 주파수 영역 등가 회로를 나타낸다. 인덕터에 대한 페이저 전압과 페이저 전류 사이의 관계는 어떤 코일에서 또 하나의 다른 상호 결합된 코일에 흐르는 전류에 기인하는 상호 인덕턴스에 대해서도 똑같이 적용됨을 주목해야 한다. 즉 상호 결합된 한 쌍의 코일에서 한 코일 양단에서의 페이저 전압은 다른 코일에서의 페이저 전류와 $j\omega M$의 곱과 같다.

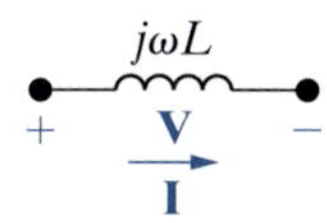

그림 9.10▲ 인덕터의 주파수 영역 등가 회로.

식 (9.11)을 다음과 같이 다시 쓸 수 있다.

$$\begin{aligned}\mathbf{V} &= (\omega L \angle 90^\circ) I_m \angle\theta_i \\ &= \omega L I_m \angle(\theta_i + 90)^\circ,\end{aligned}$$

이것은 전압과 전류가 정확히 90°만큼 위상차가 난다는 것을 나타낸다. 특히 전압이 전류를 90°만큼 앞선다. 또는 등가적으로 전류가 전압보다 90°만큼 뒤진다. 그림 9.11이 전압이 전류를 앞서거나 전류가 전압보다 뒤지는 이러한 개념을 보여 준다. 예를 들어 전류가 음의 피크값에 도달하기 정확히 90° 전에 전압이 음의 피크값에 도달한다. 이와 같은 관찰은 0에서 양으로 가는 교차점이나 양의 피크값에 대해서도 이루어질 수 있다.

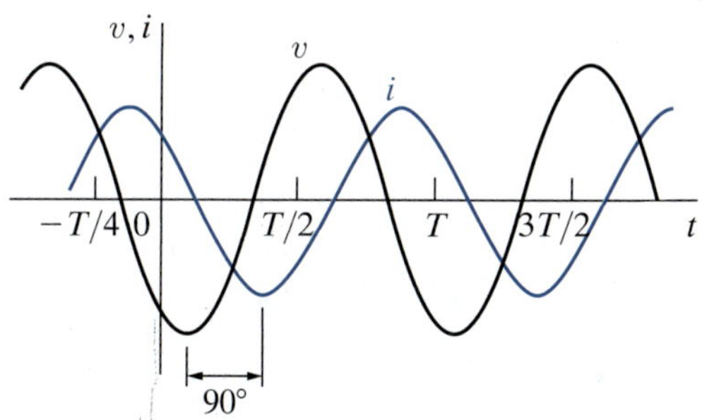

그림 9.11▲ 인덕터 양단에서의 전류와 전압 사이의 위상 관계를 나타내는 그림($\theta_i = 60^\circ$).

또한 위상 이동을 초 단위로 표현할 수도 있다. 90°의 위상 이동은 한 주기의 4분의 1에 해당한다. 여기서 전압은 전류를 $T/4$나 $\frac{1}{4f}$초만큼 앞선다.

커패시터에 대한 V-I 관계

커패시터 양단에 걸리는 페이저 전류와 페이저 전압 간의 관계를 파악하기 위해 먼저 시간 영역에서의 전류와 전압 간의 관계를 살펴보자. 다시 말해 커패시터에 대해 다음 식이 성립하는 것을 주목하고

$$i = C\frac{dv}{dt},$$

다음과 같다고 가정한다.

$$v = V_m \cos(\omega t + \theta_v).$$

이때 다음 식이 성립한다.

$$i = C\frac{dv}{dt} = -\omega C V_m \sin(\omega t + \theta_v).$$

위 식을 코사인 함수로 표현하면

$$i = -\omega C V_m \cos(\omega t + \theta_v - 90°).$$

전류의 페이저는 다음과 같이 표현할 수 있다.

$$\begin{aligned}\mathbf{I} &= -\omega C V_m e^{j(\theta_v - 90°)}\\ &= -\omega C V_m e^{j\theta_v} e^{-j90°}\\ &= j\omega C V_m e^{j\theta_v}\\ &= j\omega C V_m \angle\theta_v.\end{aligned}$$

여기서 $V_m\angle\theta v$은 정현파 전압에 대한 페이저 표현이므로 위의 식을 전압 페이저 항을 가지고 다음과 같이 나타낼 수 있다.

$$\mathbf{I} = j\omega C\mathbf{V}.$$

이제 전류 페이저 항으로 전압 페이저를 나타내면 다음 식을 얻는다.

커패시터의 페이저 전압과 페이저 전류 사이의 관계

$$\mathbf{V} = \frac{1}{j\omega C}\mathbf{I}. \tag{9.12}$$

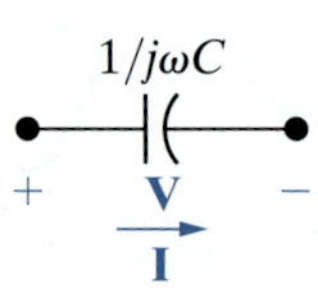

그림 9.12▲ 커패시터의 주파수 영역 등가 회로.

식 (9.12)는 페이저 영역에서 커패시터에 대한 등가 회로는 그림 9.12에 나타낸 바와 같다는 것을 보여 준다.

커패시터 양단에 걸리는 전압은 전류보다 정확히 90° 뒤진다. 식 (9.12)를 다음과 같이 다시 써서 이 관계를 쉽게 보여 줄 수 있다.

$$\begin{aligned}\mathbf{V} &= \left(\frac{1}{\omega C}\angle -90°\right) I_m \angle\theta_i°\\ &= \frac{I_m}{\omega C}\angle(\theta_i - 90)°.\end{aligned}$$

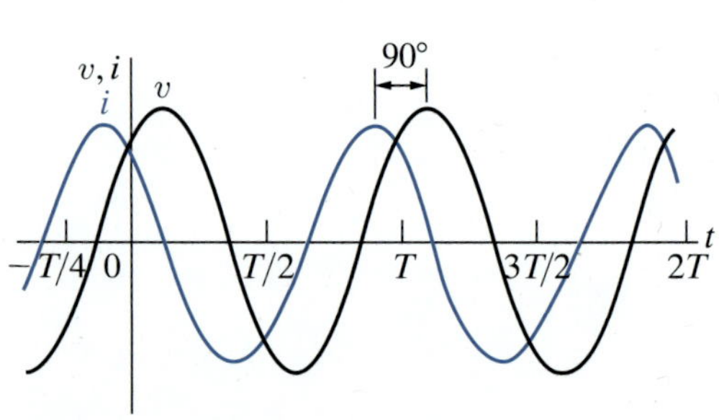

그림 9.13▲ 커패시터 양단에서의 전류와 전압 사이의 위상 관계를 나타내는 그림(θ_i = 60°).

따라서 전류가 전압을 90°만큼 앞선다고도 말할 수 있다. 그림 9.13은 커패시터 양단에서의 전류와 전압 사이의 위상 관계를 보여 준다.

임피던스와 리액턴스

이런 중요한 관찰 결과를 가지고 주파수 영역에서의 수동 회로 소자에 대한 논의에 대해 다음과 같이 결론을 내릴 수 있다. 식 (9.10), (9.11), (9.12)를 비교할 때 이들이 모두 다음과 같은 형태로 표현된다는 것을 알 수 있다.

임피던스의 정의

$$\mathbf{V} = Z\mathbf{I}, \tag{9.13}$$

여기서 Z는 회로 소자의 **임피던스**(impedance)를 나타낸다. 식 (9.13)에서 Z를 구하면 임피던스는 회로 소자의 전압 페이저에 대한 전류 페이저의 비라는 것을 알 수 있다. 따라서 저항의 임피던스는 R, 인덕터의 임피던스는 $j\omega L$, 상호 인덕턴스의 임피던스는 $j\omega M$, 커패시터의 임피던스는 $1/(j\omega C)$이다. 모든 경우에서 임피던스는 옴으로 측정된다. 임피던스는 복소수이지만 페이저는 아니라는 것을 주목하라. 페이저는 코사인 파형의 페이저 변환의 결과로 나타나는 복소수라는 것을 기억하자. 따라서 모든 페이저는 복소수이지만, 모든 복소수가 페이저는 아니다.

주파수 영역에서의 임피던스는 시간 영역에서의 저항, 인덕턴스, 커패시턴스와 유사한 양이다. 임피던스의 허수부는 **리액턴스**(reactance)라 한다. 각 성분에 대한 임피던스와 리액턴스의 값은 표 9.1에 요약되어 있다.

마지막으로 상기해야 할 것은, 주파수 영역에서도 수동 부호 규약을 따른다는 것이다. 만일 수동 회로 소자에서 전류에 대한 기준 방향이 그 소자에 걸리는 전압의 증가 방향과 동일하면 전압 페이저와 전류 페이저의 관계식에 마이너스 부호를 붙여야 한다는 것이다.

예제 9.6을 풀어 보면서 시간 영역의 회로 성분을 페이저 영역으로 변환하는 실습을 해 보자.

표 9.1 임피던스와 리액턴스 값

회로 소자	임피던스	리액턴스
저항	R	–
인덕터	$j\omega L$	ωL
커패시터	$j(-1/\omega C)$	$-1/\omega C$

예제 9.6 페이저 기법을 사용하여 소자의 전압 계산하기

그림 9.14와 같이 저항과 인덕터가 직렬로 연결되어 있다. 이 소자들의 전류가 다음과 같다고 할 때

$$i = 50\cos(1000t + 45°)\text{ mA}.$$

그림 9.15는 이들 성분에 대한 페이저 변환을 보여 준다. 다음을 구하라.

a) Z_R b) Z_L

c) $\mathbf{I}$ d) $\mathbf{V}_R$

e) $\mathbf{V}_L$

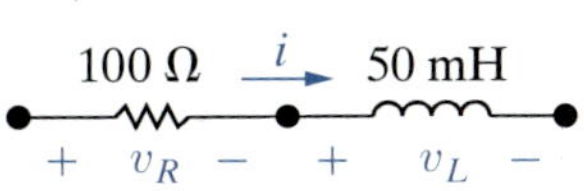

그림 9.14▲ 예제 9.6의 소자.

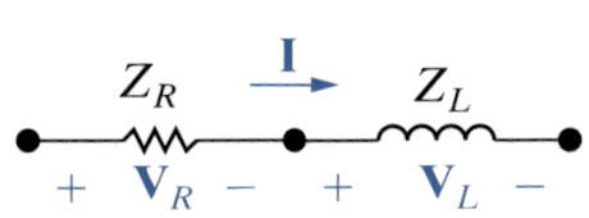

그림 9.15▲ 그림 9.14에 있는 소자의 페이저 변환.

풀이

a) $Z_R = R = 100\,\Omega$

b) $Z_L = j\omega_L = j(1000)(0.05) = j50\,\Omega$

c) $\mathbf{I} = \mathscr{P}\{0.05\cos(1000t + 45°)\} = 0.05\underline{/45°}$
$= 50\underline{/45°}\text{ mA}$

d) $\mathbf{V}_R = Z_R\mathbf{I} = (100)(0.05\underline{/45°}) = 5\underline{/45°}\text{ V}$

e) $\mathbf{V}_L = Z_L\mathbf{I} = (j50)(0.05\underline{/45°}) = 2.5\underline{/135°}\text{ V}$

평가문제

목표 2—페이저 개념을 사용하여 정현파 전원이 있는 회로를 주파수 영역으로 변환할 수 있다.

9.3 $t = 0$에서 최대 진폭이 100V이고 주파수가 200 Hz인 정현파 전압이 2 mH의 인덕터 양단에 인가된다.

a) 인덕터 전류의 주파수는 얼마인가?

b) 전압의 위상각이 0이면 전류의 위상각은 얼마인가?

c) 인덕터의 유도 리액턴스는 얼마인가?

d) 인덕터를 통과하는 전류를 암페어 단위로 구하라.

e) 인덕터의 임피던스는 얼마인가?

정답: a) 200 Hz,

b) $-90°$,

b) $2.5\ \Omega$,

c) $40\angle -90°$ A,

d) $j2.5\ \Omega$.

9.4 주파수가 80 kHz인 정현파 전압은 위상각이 0이고 최대 진폭이 25 mV이다. 이 전압이 커패시터의 양단에 인가될 때 정상 상태 전류의 최대 진폭은 628.32 μA이 된다.

a) 초당 라디안 단위의 전류의 주파수(ω)는 얼마인가?

b) 전류의 위상각은 얼마인가?

c) 커패시터의 용량성 리액턴스는 얼마인가?

d) 커패시터의 정전 용량은 마이크로패럿 단위(μF)로 얼마인가?

e) 커패시터의 임피던스는 얼마인가?

정답: a) 502,654.82 rad/s, b) $90°$,

c) $-39.79\ \Omega$, d) $0.05\ \mu$F,

e) $-j39.79\ \Omega$.

자가 검사: 연습문제 9.12와 9.13도 풀어 보라.

9.5 주파수 영역에서의 키르히호프 법칙

주파수 영역에서의 키르히호프 전압 법칙

먼저 $v_1, v_2, \ldots, v_n$이 어떤 회로에서 폐경로 주위의 전압을 나타내며, 회로가 정현파 정상 상태하에서 작동하고 있다고 가정하면, 키르히호프의 전압 법칙에 의해 다음과 같은 관계식은

$$v_1 + v_2 + \cdots + v_n = 0,$$

정현파 정상 상태에서 다음과 같이 된다.

$$V_{m_1}\cos(\omega t + \theta_1) + V_{m_2}\cos(\omega t + \theta_2) + \cdots + V_{m_n}\cos(\omega t + \theta_n) = 0.$$

위 식을 오일러 항등식을 이용하여 다시 쓰면

$$\Re\{V_{m_1}e^{j\theta_1}e^{j\omega t}\} + \Re\{V_{m_2}e^{j\theta_2}e^{j\omega t}\} + \cdots + \Re\{V_{m_n}e^{j\theta_n}e^{j\omega t}\} = 0,$$

이 식을 간단하게 정리하면

$$\Re\{V_{m_1}e^{j\theta_1}e^{j\omega t} + V_{m_2}e^{j\theta_2}e^{j\omega t} + \cdots + V_{m_n}e^{j\theta_n}e^{j\omega t}\} = 0.$$

각 항으로부터 항 $e^{j\omega t}$로 인수분해하면 다음과 같은 식이 된다.

$$\Re\{(V_{m_1}e^{j\theta_1} + V_{m_2}e^{j\theta_2} + \cdots + V_{m_n}e^{j\theta_n})e^{j\omega t}\} = 0,$$

즉

$$\Re\{(\mathbf{V}_1 + \mathbf{V}_2 + \cdots + \mathbf{V}_n)e^{j\omega t}\} = 0.$$

그러나 $e^{j\omega t} \neq 0$이므로

주파수 영역에서의 키르히호프 전압 법칙(KVL)

$$\mathbf{V}_1 + \mathbf{V}_2 + \cdots + \mathbf{V}_n = 0, \tag{9.14}$$

이것은 페이저 전압에 적용할 때의 키르히호프 전압 법칙을 서술한 것이다.

주파수 영역에서의 키르히호프 전류 법칙

유사한 유도를 정현파 전류의 집합에 대해서도 적용할 수 있다. 따라서

$$i_1 + i_2 + \cdots + i_n = 0,$$

이라면, 이때

주파수 영역에서 키르히호프 전류 법칙(KCL)

$$\mathbf{I}_1 + \mathbf{I}_2 + \cdots + \mathbf{I}_n = 0, \tag{9.15}$$

여기서 $\mathbf{I}_1, \mathbf{I}_2, \ldots, \mathbf{I}_n$은 개개의 전류 $i_1, i_2, \ldots, i_n$의 페이저 표현이다. 따라서 식 (9.15)는 페이저 전류에 적용할 수 있는 키르히호프 전류 법칙이다.

식 (9.13), (9.14), (9.15)는 주파수 영역에서 회로 해석을 위한 기초를 구성한다. 식 (9.13)은 옴의 법칙과 같은 대수 형식을 갖고 있으며, 식 (9.14)와 (9.15)는 페이저 양에 대한 키르히호프 법칙을 기술한다는 것을 주목하라. 그러므로 페이저 전류와 전압을 구하기 위해 저항 회로를 해석할 목적으로 개발된 모든 기법을 사용할 수 있다. 새로운 해석 기법을 더 이상 배울 필요가 없다. 즉 2~4장에서 배운 기본적인 회로 해석과 단순화 도구가 모두 주파수 영역에서의 회로를 해석하는 데 사용될 수 있다. 페이저 회로 해석은 다음의 두 가지 기본적인 단계로 구성된다. (1) 회로의 주파수 영역 모델을 구성할 수 있어야 한다, (2) 복소수나 복소량을 대수적으로 조작할 수 있어야 한다.

예제 9.7은 주파수 영역에서의 키르히호프의 전압 법칙 사용의 예를 보여 준다.

예제 9.7 주파수 영역에서의 키르히호프의 전압 법칙 사용하기

a) 예제 9.6의 결과를 이용하여 그림 9.15와 같이 저항 임피던스와 유도 임피던스가 직렬로 연결된 회로에서 두 임피던스에 대해 왼쪽에서 오른쪽으로의 페이저 전압 강하를 계산하라.

b) (a)에서 구한 페이저 전압을 이용하여 그림 9.14와 같이 저항과 인덕터가 직렬로 연결된 회로에서 두 소자에 대해 왼쪽에서 오른쪽으로의 정상 상태 전압 강하를 구하라.

풀이

a) KVL을 이용하여 그림 9.15 회로의 왼쪽에서 오른쪽으로의 페이저 전압 강하를 구하면 다음과 같다.

$$\begin{aligned}\mathbf{V} = \mathbf{V}_1 + \mathbf{V}_2 &= 5\angle 45^\circ + 2.5\angle 135^\circ \\ &= 5.59\angle 71.565^\circ \text{ V}.\end{aligned}$$

b) 그림 9.14의 저항과 인덕터 사이에 걸리는 정상 상태 전압 강하를 구하기 위해서는 (a)에서 구한 페이저 전압을 역변환해서 적용해야 한다. 예제 9.6의 전류 주파수는 $\omega = 1000$ rad/s이다.

$$\begin{aligned}v_{ss}(t) &= \mathcal{P}^{-1}\{V\} = \mathcal{P}^{-1}\{5.59\angle 71.565^\circ\} \\ &= 5.59\cos(1000t + 71.565^\circ) \text{ V}.\end{aligned}$$

평가문제

목표 3—주파수 영역에서 회로를 풀기 위해 회로 해석 기법을 사용하는 방법을 안다.

9.5 네 개의 가지가 공통 마디에서 끝난다. 각 가지 전류(i_1, i_2, i_3, i_4)의 기준 방향은 마디를 향한다.

$i_1 = 80 \cos(\omega t + 30°)$ A, $i_2 = -100 \sin(\omega t - 135°)$ A, $i_3 = 50 \cos(\omega t - 90°)$ A일 때 i_4를 구하라.

정답: $i_4 = 161.59 \cos(\omega t + 150.035°)$ A.

자가 검사: 연습문제 9.20도 풀어 보라.

9.6 직렬, 병렬, Δ-Y 단순화

직렬이나 병렬로 연결된 임피던스를 결합하기 위한 법칙이나 Δ-Y 변환을 하기 위한 법칙은 저항에 대한 법칙과 똑같다. 유일한 차이점은 임피던스를 결합할 때 복소수의 대수적인 조작이 포함된다는 점이다.

직렬 연결에서 임피던스의 결합

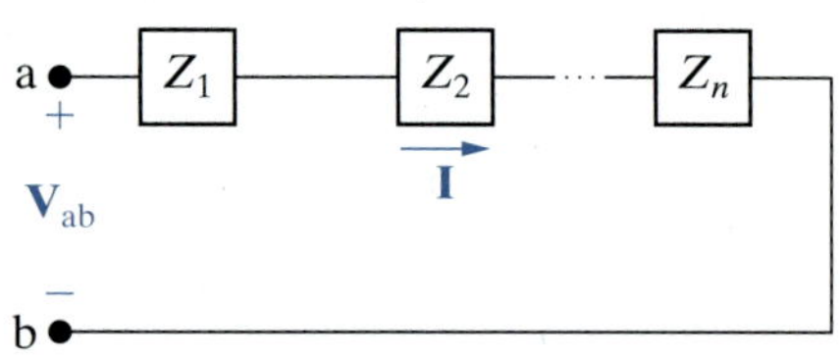

그림 9.16▲ 직렬로 연결된 임피던스.

직렬로 연결된 임피던스는 단순히 개별적인 임피던스를 더함으로써 하나의 임피던스로 결합될 수 있다. 그림 9.16의 회로가 일반적인 표현으로 그 문제를 정의하고 있다. 임피던스 $Z_1, Z_2, \ldots, Z_n$이 단자 a, b 사이에 직렬로 연결되어 있다. 임피던스가 직렬로 되어 있을 때는 각각의 임피던스에 대해 같은 페이저 전류 **I**가 흐른다. 식 (9.13)으로부터 각 임피던스에 걸리는 전압 강하는 $Z_1\mathbf{I}, Z_2\mathbf{I}, \ldots, Z_n\mathbf{I}$이고, 키르히호프 전압 법칙으로부터

$$\begin{aligned}\mathbf{V}_{ab} &= Z_1\mathbf{I} + Z_2\mathbf{I} + \cdots + Z_n\mathbf{I} \\ &= (Z_1 + Z_2 + \cdots + Z_n)\mathbf{I}.\end{aligned}$$

단자 a, b 사이의 등가 임피던스는 다음과 같다.

직렬 연결에서 임피던스의 결합

$$Z_{ab} = \frac{\mathbf{V}_{ab}}{\mathbf{I}} = Z_1 + Z_2 + \cdots + Z_n. \tag{9.16}$$

식 (3.9)에서처럼 직렬로 연결된 소자들에 걸리는 총전압으로부터 하나의 소자에 걸리는 전압을 구하기 위해 전압 분배를 이용할 수 있다는 것을 3장에서 배웠다. 직렬 연결된 저항의 등가 저항을 구하는 식을 이용하면 전압 분배 공식을 유도할 수 있다. 같은 방법을 이용하여 주파수 영역 회로를 위한 전압 분배 공식을 유도할 수 있다. 다음의 전압 분배 공식에서 $\mathbf{V}_s$는 직렬 연결된 임피던스 전체에 인가되는 전압이고, $\mathbf{V}_j$는 임피던스 Z_j에 걸리는 전압이며, Z_{eq}는 직렬 연결된 임피던스

의 등가 임피던스이다.

주파수 영역에서의 전압 분배

$$\mathbf{V}_j = \frac{Z_j}{Z_{eq}}\mathbf{V}_s. \tag{9.17}$$

예제 9.8은 직렬 연결에서의 임피던스 결합, 페이저에 대한 옴의 법칙, 전압 분배라는 주파수 영역 회로 해석 기법의 적용 예를 보여 준다.

예제 9.8 직렬 임피던스 결합하기

90 Ω 저항, 32 mH 인덕터, 5 μF 커패시터가 그림 9.17과 같이 정현파 전압원의 양단에 직렬로 연결되어 있다. 전원 전압 v_s의 정상 상태 식은 $750\cos(5000t + 30°)$ V이다.

a) 주파수 영역 등가 회로를 구성하라.

b) (a)에 대해 전압 분배 기법을 이용하여 페이저 전압 **V**를 계산하라.

c) 페이저 역변환을 이용하여 정상 상태 전압 v를 구하라.

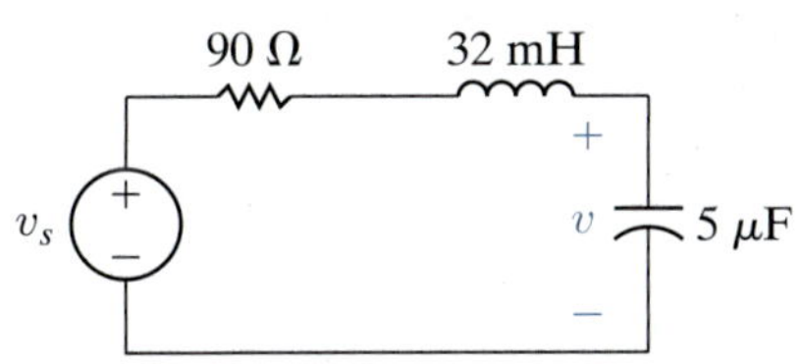

그림 9.17▲ 예제 9.8의 회로.

풀이

a) v_s의 식으로부터 $\omega = 5000$ rad/s이다. 따라서 32 mH 인덕터의 임피던스는

$$Z_L = j\omega L = j(5000)(32 \times 10^{-3}) = j160\ \Omega,$$

커패시터의 임피던스는

$$Z_C = j\frac{-1}{\omega C} = -j\frac{1}{(5000)(5 \times 10^{-6})} = -j40\ \Omega.$$

v_s의 페이저 변환은

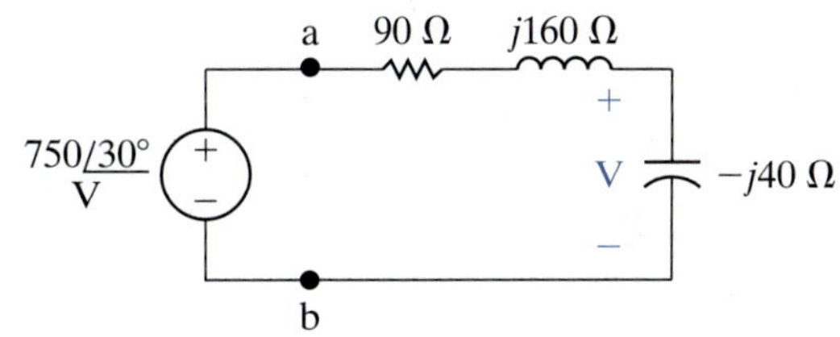

그림 9.18▲ 그림 9.17 회로의 주파수 영역 등가 회로.

$$\mathbf{V}_s = 750\angle 30°\ \text{V}.$$

그림 9.18은 그림 9.17 회로의 주파수 영역 등가 회로를 보여 준다.

b) 전압 분배 공식인 식 (9.17)을 사용하면 전원 전압에 비례하는 페이저 전압 **V**를 구할 수 있다.

$$\mathbf{V} = \frac{-j40}{90 + j160 - j40}(750\angle 30°) = 200\angle -113.13°\ \text{V}.$$

식 (9.16)은 회로에서 직렬 연결된 임피던스에 대한 등가 임피던스를 구하는 공식임을 기억하라.

c) (b)에서 구한 페이저 전압 **V**의 페이저 역변환을 이용하여 정상 상태 전압 v를 구할 수 있다. 전원의 주파수는 5000 rad/s이다.

$$v(t) = 200\cos(5000t - 113.13°)\ \text{V}.$$

이 전압은 과도 성분이 0으로 감쇄한 이후에 남아 있는 총응답 중 정상 상태 성분이다.

평가문제

목표 3—주파수 영역에서 회로를 풀기 위해 회로 해석 기법을 사용하는 방법을 안다.

9.6 그림 9.17의 회로에서 $\mathbf{V}_s = 100\underline{/45°}$ V이고 $\omega = 5000$ rad/s 일 때 다음을 구하라.

a) 위상각이 $-90°$인 정상 상태의 출력 전압 v를 발생시키는 인덕턴스의 값

b) 정상 상태의 출력 전압 v의 크기

정답: a) 26 mH,

b) 31.43 V.

자가 검사: 연습문제 9.19도 풀어 보라.

병렬 연결된 임피던스의 결합

병렬로 연결된 임피던스는 다음과 같은 역수 관계에 의하여 하나의 등가 임피던스로 나타낼 수 있다.

병렬 연결된 임피던스의 결합

$$\frac{1}{Z_{ab}} = \frac{1}{Z_1} + \frac{1}{Z_2} + \cdots + \frac{1}{Z_n}. \tag{9.18}$$

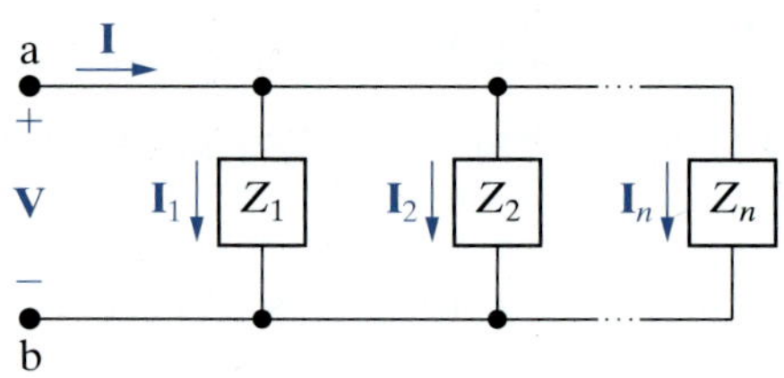

그림 9.19▲ 병렬로 연결된 임피던스.

그림 9.19는 임피던스의 병렬 연결을 나타낸다. 임피던스가 병렬로 되어 있을 때 개별 소자의 단자에 걸리는 전압은 같다. 옴의 법칙의 페이저 영역 식, 즉 식 (9.13)을 사용하여 단순히 키르히호프의 전류 법칙을 합성함으로써 그림 9.19로부터 식 (9.18)을 바로 유도할 수 있다. 그림 9.19로부터

$$\mathbf{I} = \mathbf{I}_1 + \mathbf{I}_2 + \cdots + \mathbf{I}_n,$$

즉

$$\frac{\mathbf{V}}{Z_{\text{ab}}} = \frac{\mathbf{V}}{Z_1} + \frac{\mathbf{V}}{Z_2} + \cdots + \frac{\mathbf{V}}{Z_n}.$$

위 식에서 공통되는 전압 항을 소거하면 식 (9.18)이 된다.

식 (9.18)로부터 단 두 개의 임피던스가 병렬로 연결된 특별한 경우에 대해서는

$$Z_{\text{ab}} = \frac{Z_1 Z_2}{Z_1 + Z_2}. \tag{9.19}$$

임피던스의 역수로 정의되고 Y로 표기되는 **어드미턴스**(admittance)로 식 (9.18)을 다음과 같이 표현할 수 있다. 따라서

$$Y = \frac{1}{Z} = G + jB\,(\text{지멘스})$$

물론 어드미턴스는 복소수이고 그 실수부(G)는 **컨덕턴스**(conductance), 허수부(B)는 **서셉턴스**(susceptance)라고 한다. 어드미턴스와 같이 컨덕턴스와 서셉턴스도 지멘스(siemens, S) 단위로 측정된다. 식 (9.18)에서 임피던스를 어드미턴스

로 바꾸어 표현하면 다음 식을 얻는다.

$$Y_{ab} = Y_1 + Y_2 + \cdots + Y_n.$$

이상적인 수동 회로 소자 각각의 어드미턴스도 주목할 가치가 있으며 표 9.2에 요약되어 있다.

표 9.2 어드미턴스와 서셉턴스 값

회로 소자	어드미턴스(Y)	서셉턴스
저항	G(컨덕턴스)	–
인덕터	$j(-1/\omega L)$	$-1/\omega L$
커패시터	$j\omega C$	ωC

식 (3.10)에서처럼 병렬로 연결된 가지들에 흐르는 총전류로부터 하나의 가지에 흐르는 전류를 구하기 위해 전류 분배를 이용할 수 있다는 것을 3장에서 배웠다. 병렬 연결된 저항의 등가 저항 식을 이용하여 전류 분배 공식을 유도할 수 있다. 같은 방법으로 주파수 영역 회로에 대한 전류 분배 공식을 유도할 수 있다. 다음의 공식에서 $\mathbf{I}_s$는 병렬 연결된 임피던스가 결합된 회로에 공급되는 전류이고, $\mathbf{I}_j$는 임피던스 Z_j인 가지에 흐르는 전류이며, Z_{eq}는 병렬 연결된 임피던스에 대한 등가 임피던스이다.

주파수 영역에서의 전류 분배

$$\mathbf{I}_j = \frac{Z_{eq}}{Z_j}\mathbf{I}_s. \tag{9.20}$$

식 (9.20)에 있는 등가 임피던스는 식 (9.18)을 사용하여 구한다.

예제 9.9는 임피던스의 직/병렬 결합 기법과 전류 분배 기법을 이용하여 주파수 영역에서 회로를 해석하는 방법을 보여 준다.

예제 9.9 직렬, 병렬 임피던스 결합하기

그림 9.20의 회로에서 정현파 전류원이 $i_s = 8\cos 200{,}000t$ A의 전류를 생산하고 있다.

a) 주파수 영역 등가 회로를 구성하라.
b) 전류 전원의 우측 부분에 대한 등가 어드미턴스를 구하라.
c) (b)에서 구한 등가 어드미턴스를 사용하여 페이저 전압 $\mathbf{V}$를 구하라.
d) 전류 분배 기법을 사용하여 페이저 전류 $\mathbf{I}$를 구하라.
e) 정상 상태에서의 v와 i를 구하라.

풀이

a) 전류원의 페이저 변환은 $8\underline{/0°}$이다. 저항은 10 Ω와 6 Ω으

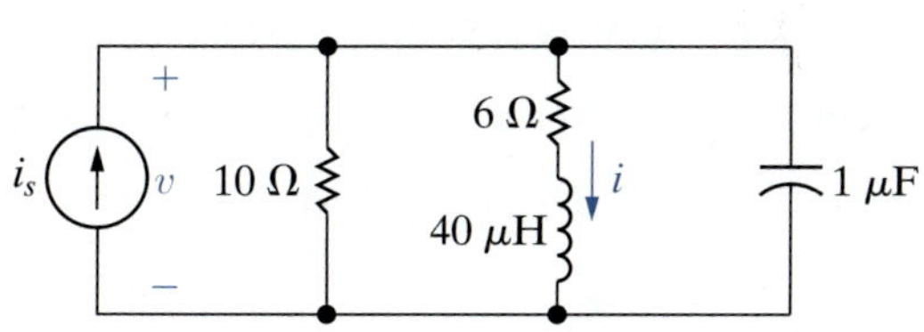

그림 9.20▲ 예제 9.9의 회로.

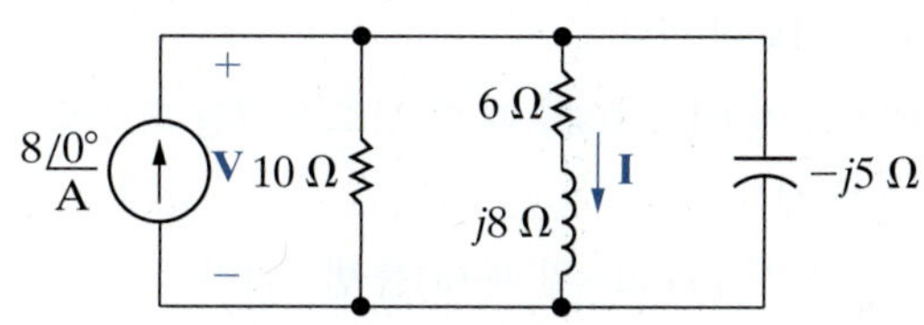

그림 9.21▲ 주파수 영역 등가 회로.

로 주파수 영역으로 바로 변환된다. 40 μH 인덕터는 주어진 200,000 rad/s의 주파수에서 $j8\ \Omega$의 임피던스를 갖는다. 이 주파수에서 1 μF 커패시터는 $-j5\ \Omega$의 임피던스를 갖는다. 주파수 영역의 등가 회로와 미지수의 페이저 변환을 나타내는 기호가 그림 9.21에 제시되어 있다.

b) 전류 전원 우측 부분의 등가 어드미턴스는 개별 가지의 어드미턴스를 모두 더하면 구할 수 있다. 첫 번째 가지의 어드미턴스는

$$Y_1 = \frac{1}{10} = 0.1\ \text{S},$$

두 번째 가지의 어드미턴스는

$$Y_2 = \frac{1}{6 + j8} = 0.06 - j0.08 \text{ S},$$

세 번째 가지의 어드미턴스는

$$Y_3 = \frac{1}{-j5} = j0.2 \text{ S}.$$

세 가지의 합성 어드미턴스는

$$Y_{eq} = Y_1 + Y_2 + Y_3$$
$$= 0.16 + j0.12 \text{ S}$$
$$= 0.2\angle 36.87^\circ \text{ S}.$$

c) 페이저 전압 **V**를 구하려면 (b)에서 구한 등가 어드미턴스를 이용하면 된다.
전류원에서의 임피던스는

$$Z_{eq} = \frac{1}{Y_{eq}} = 5\angle -36.87^\circ \ \Omega.$$

페이저 전압 **V**는

$$\mathbf{V} = Z_{eq}\mathbf{I} = 40\angle -36.87^\circ \text{ V}.$$

d) 식 (9.20)에 (c)에서 구한 등가 임피던스를 대입하면 다음의 페이저 전류 **I**를 얻는다.

$$\mathbf{I} = \frac{5\angle -36.87^\circ}{6 + j8}(8\angle 0^\circ) = 4\angle -90^\circ \text{ A}.$$

이 가지의 임피던스[$(6 + j8)\ \Omega$]와 페이저 전압 **V**를 이용하면 이 답을 검증할 수 있다.

e) 시간 영역 정상 상태 표현식은 (c), (d)에서 구한 페이저를 가지고 나타낼 수 있다.

$$v(t) = 40 \cos(200{,}000t - 36.87^\circ) \text{ V},$$
$$i(t) = 4 \cos(200{,}000t - 90^\circ) \text{ A}.$$

평가문제

목표 3—주파수 영역에서 회로를 풀기 위해 회로 해석 기법을 사용하는 방법을 안다.

9.7 $100\ \Omega$ 저항이 $1.25\ \mu\text{F}$ 커패시터와 병렬로 연결되어 있다. 이 병렬 결합 임피던스가 $30\ \Omega$ 저항과 8 mH 인덕터와 직렬로 연결되어 있다.

a) 주파수가 8 krad/s일 때 이 상호 연결된 회로의 임피던스를 계산하라.

b) 주파수가 4 krad/s일 때 (a)를 반복하라.

c) 어떤 주파수에서 상호 연결된 회로의 임피던스가 순 저항으로 되는가?

d) (c)에서 구한 주파수에서 임피던스는 얼마인가?

정답: a) $80 + j14\ \Omega$, b) $110 - j8\ \Omega$, c) 6000 rad/s, d) $94\ \Omega$.

9.8 평가문제 9.7에서 기술된 상호 연결된 회로가 $v = 470 \cos 6000t$ V의 전압을 내는 전압원의 양단에 연결되어 있다. 1.25 mH 인덕터에 흐르는 전류의 최대 진폭은 얼마인가?

정답: 3 A.

자가 검사: 연습문제 9.26, 9.27, 9.39도 풀어 보라.

Δ-Y 변환

저항 회로에 관해서 3.7절에서 논의했던 Δ-Y 변환은 임피던스에 대해서도 적용된다. 그림 9.22에서 Δ 결선의 임피던스를 Y 결선의 등가 회로로 정의한다. Y 결선의 임피던스를 Δ 결선의 임피던스의 함수로 표현하면 다음과 같다.

$$Z_1 = \frac{Z_b Z_c}{Z_a + Z_b + Z_c}, \tag{9.21}$$

$$Z_2 = \frac{Z_c Z_a}{Z_a + Z_b + Z_c}, \quad (9.22)$$

$$Z_3 = \frac{Z_a Z_b}{Z_a + Z_b + Z_c}. \quad (9.23)$$

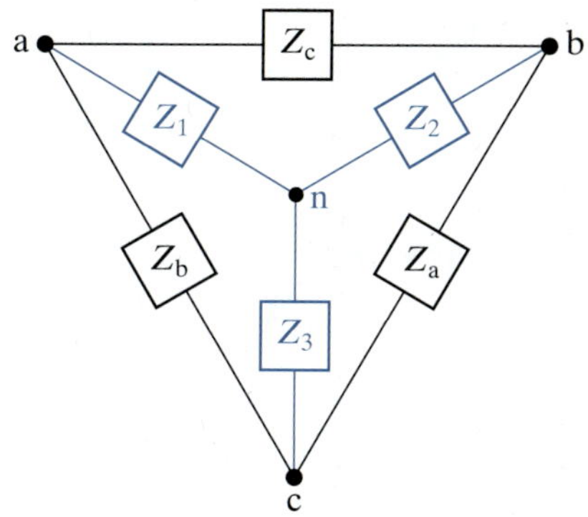

그림 9.22▲ Δ-Y 변환.

Δ-Y 변환은 또한 역으로도 될 수 있다. 즉 Y 구조로 시작해서 그것을 등가의 Δ 구조로 대체할 수 있다. Δ 결선 임피던스를 Y 결선 임피던스의 함수로 표현하면 다음과 같다.

$$Z_a = \frac{Z_1 Z_2 + Z_2 Z_3 + Z_3 Z_1}{Z_1}, \quad (9.24)$$

$$Z_b = \frac{Z_1 Z_2 + Z_2 Z_3 + Z_3 Z_1}{Z_2}, \quad (9.25)$$

$$Z_c = \frac{Z_1 Z_2 + Z_2 Z_3 + Z_3 Z_1}{Z_3}. \quad (9.26)$$

식 (9.21)~(9.23) 또는 식 (9.24)~(9.26)을 유도하기 위해 사용되는 과정은 저항 회로에 대한 해당 방정식을 유도하기 위해 사용된 과정과 같다. 사실 식 (3.15)~(3.17)과 식 (9.21)~(9.23)을 비교하고, 식 (3.18)~(3.20)과 식 (9.24)~(9.26)을 비교해 보면 기호 R을 기호 Z로 대체했다는 것을 알 수 있다. Δ-Y 변환의 유도에 관한 연습문제 3.64를 검토해 보라.

예제 9.10은 페이저 회로 해석에서 Δ-Y 변환의 유용성을 보여 준다.

예제 9.10 주파수 영역에서 Δ-Y 변환 사용하기

그림 9.23의 회로에서 Δ-Y 임피던스 변환을 사용하여 $\mathbf{I}_0$, $\mathbf{I}_1$, $\mathbf{I}_2$, $\mathbf{I}_3$, $\mathbf{I}_4$, $\mathbf{I}_5$, $\mathbf{V}_1$, $\mathbf{V}_2$를 구하라.

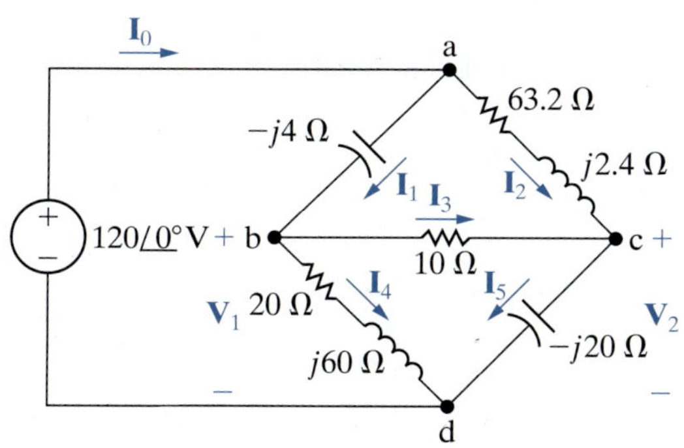

그림 9.23▲ 예제 9.10의 회로.

풀이

먼저 이 회로는 현재 상태로는 직렬이나 병렬 단순화를 할 수 없다는 것을 주목하라. 위의 Δ(abc)나 아래의 Δ(bcd)를 등가의 Y로 대체하면 그 결과로서 생기는 회로를 직렬-병렬 결합으로 더 단순화할 수 있다. 어느 Δ 회로를 대체할 것인지를 결정할 때 각 Δ 회로의 임피던스의 합이 등가 Y 임피던스의 분모를 구성하기 때문에, 이 합을 확인해 보는 것이 유용하다. 아래 Δ 회로의 임피던스 합이 $30 + j40$이므로 회로에서 이것을 제거하는 것을 선택한다. b 단자에 연결되어 있는 Y 결선의 임피던스는

$$Z_1 = \frac{(20 + j60)(10)}{30 + j40} = 12 + j4\ \Omega,$$

c 단자에 연결되어 있는 Y 결선의 임피던스는

$$Z_2 = \frac{10(-j20)}{30 + j40} = -3.2 - j2.4\ \Omega,$$

그리고 d 단자에 연결되어 있는 Y 결선의 임피던스는

$$Z_3 = \frac{(20 + j60)(-j20)}{30 + j40} = 8 - j24\ \Omega.$$

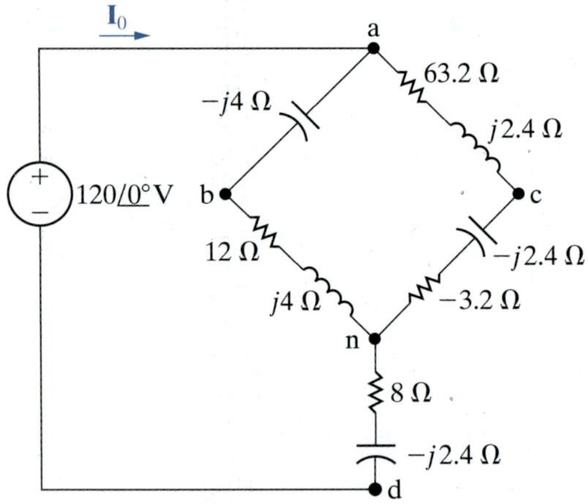

그림 9.24▲ 그림 9.23에서 아래 Δ를 등가 Y로 대체한 회로.

Y 등가 임피던스를 그 회로에 대입하면 그림 9.24의 회로를 얻게 되며, 이제 직렬-병렬 결합으로 단순화할 수 있다. abn 가지의 임피던스는

$$Z_{abn} = 12 + j4 - j4 = 12\ \Omega,$$

acn 가지의 임피던스는

$$Z_{acn} = 63.2 + j2.4 - j2.4 - 3.2 = 60\ \Omega.$$

abn 가지가 acn 가지와 병렬로 되어 있다는 것을 주목하라. 그러므로 이 두 가지를 다음과 같은 임피던스를 갖는 하나의 가지로 대체할 수 있다.

$$Z_{an} = \frac{(60)(12)}{72} = 10\ \Omega.$$

이 10 Ω 저항을 n과 d 사이의 임피던스와 합성하면 그림 9.25의 회로와 같이 단순화된다. 이 회로로부터

$$\mathbf{I}_0 = \frac{120\,\underline{/0^\circ}}{18 - j24} = 4\,\underline{/53.13^\circ} = 2.4 + j3.2\ \text{A}.$$

일단 $\mathbf{I}_0$를 알면 원래 회로의 가지 전류를 구하기 위해 등가 회로로 되돌아가 작업할 수 있다. 먼저 $\mathbf{I}_0$가 그림 9.24의 가지 nd에 흐르는 전류임을 주목한다. 그러므로

$$\mathbf{V}_{nd} = (8 - j24)\,\mathbf{I}_0 = 96 - j32\ \text{V}.$$

이제 $\mathbf{V} = \mathbf{V}_{an} + \mathbf{V}_{nd}$이고 $\mathbf{V}$와 $\mathbf{V}_{nd}$가 알려져 있기 때문에 전압 $\mathbf{V}_{an}$을 계산할 수 있다. 따라서

$$\mathbf{V}_{an} = 120 - (96 - j32) = 24 + j32\ \text{V}.$$

이제 가지 전류 $\mathbf{I}_{abn}$과 $\mathbf{I}_{acn}$을 계산하면 다음과 같다.

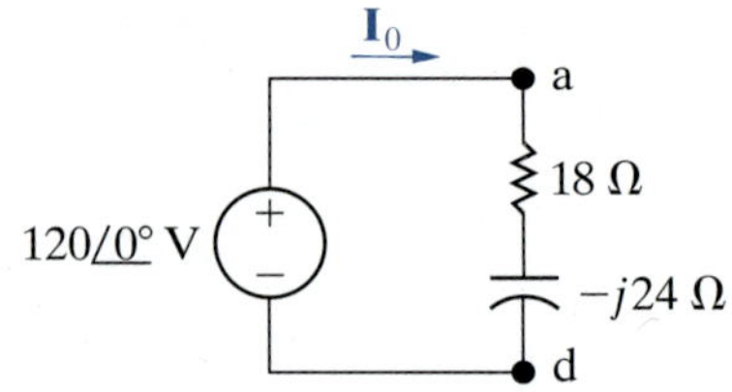

그림 9.25▲ 그림 9.24의 회로를 단순화한 그림.

$$\mathbf{I}_{abn} = \frac{24 + j32}{12} = 2 + j\frac{8}{3}\ \text{A},$$

$$\mathbf{I}_{acn} = \frac{24 + j32}{60} = \frac{4}{10} + j\frac{8}{15}\ \text{A}.$$

그림 9.23에서 정의된 가지 전류에 의해서

$$\mathbf{I}_1 = \mathbf{I}_{abn} = 2 + j\frac{8}{3}\ \text{A},$$

$$\mathbf{I}_2 = \mathbf{I}_{acn} = \frac{4}{10} + j\frac{8}{15}\ \text{A}.$$

$\mathbf{I}_1 + \mathbf{I}_2 = 2.4 + j3.2 = \mathbf{I}_0$에 주목하여 $\mathbf{I}_1$과 $\mathbf{I}_2$의 계산을 확인한다. 가지 전류 $\mathbf{I}_3$, $\mathbf{I}_4$, $\mathbf{I}_5$를 구하기 위해 먼저 전압 $\mathbf{V}_1$과 $\mathbf{V}_2$를 계산해야 한다. 그림 9.23을 참고하면 다음과 같이 계산됨을 주목하라.

$$\mathbf{V}_1 = 120\,\underline{/0^\circ} - (-j4)\mathbf{I}_1 = \frac{328}{3} + j8\ \text{V},$$

$$\mathbf{V}_2 = 120\,\underline{/0^\circ} - (63.2 + j2.4)\mathbf{I}_2 = 96 - j\frac{104}{3}\ \text{V}.$$

이제 가지 전류 $\mathbf{I}_3$, $\mathbf{I}_4$, $\mathbf{I}_5$를 계산하면 다음과 같다.

$$\mathbf{I}_3 = \frac{\mathbf{V}_1 - \mathbf{V}_2}{10} = \frac{4}{3} + j\frac{12.8}{3}\ \text{A},$$

$$\mathbf{I}_4 = \frac{\mathbf{V}_1}{20 + j60} = \frac{2}{3} - j1.6\ \text{A},$$

$$\mathbf{I}_5 = \frac{\mathbf{V}_2}{-j20} = \frac{26}{15} + j4.8\ \text{A}.$$

다음 관계를 주목하여 계산을 확인한다.

$$\mathbf{I}_4 + \mathbf{I}_5 = \frac{2}{3} + \frac{26}{15} - j1.6 + j4.8 = 2.4 + j3.2 = \mathbf{I}_0,$$

$$\mathbf{I}_3 + \mathbf{I}_4 = \frac{4}{3} + \frac{2}{3} + j\frac{12.8}{3} - j1.6 = 2 + j\frac{8}{3} = \mathbf{I}_1,$$

$$\mathbf{I}_3 + \mathbf{I}_2 = \frac{4}{3} + \frac{4}{10} + j\frac{12.8}{3} + j\frac{8}{15} = \frac{26}{15} + j4.8 = \mathbf{I}_5.$$

평가문제

목표 3—주파수 영역에서 회로를 풀기 위해 회로 해석 기법을 사용하는 방법을 안다.

9.9 제시된 회로에서 Δ-Y 변환을 사용하여 전류 **I**를 구하라.

정답: $\mathbf{I} = 0.62\angle{-81.07^\circ}$ A.

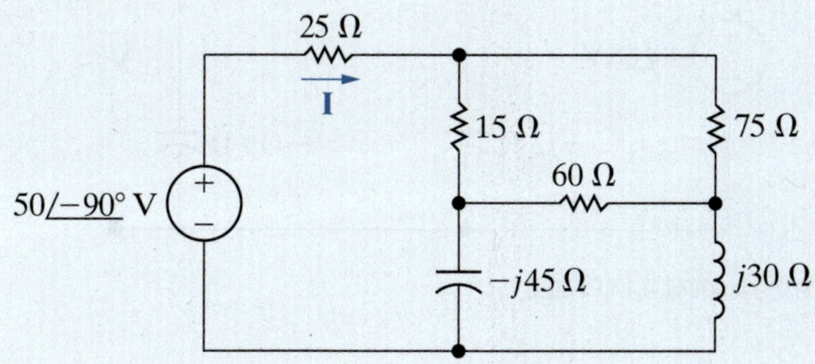

자가 검사: 연습문제 9.42도 풀어 보라.

9.7 전원 변환과 테브냉-노턴 등가 회로

4.9절에서 소개한 전원 변환과 4.10절에서 논의한 테브냉-노턴 등가 회로는 주파수 영역 회로에도 적용될 수 있는 해석 기법이다. 임피던스(Z)를 저항(R)에 대입하는 것을 제외하고 4.9절과 4.10절에 사용된 것과 같은 과정을 밟음으로써 이 기법들의 유용성을 증명한다. 그림 9.26은 주파수 영역의 용어로 표현된 전원 변환 등가 회로를 보여 준다.

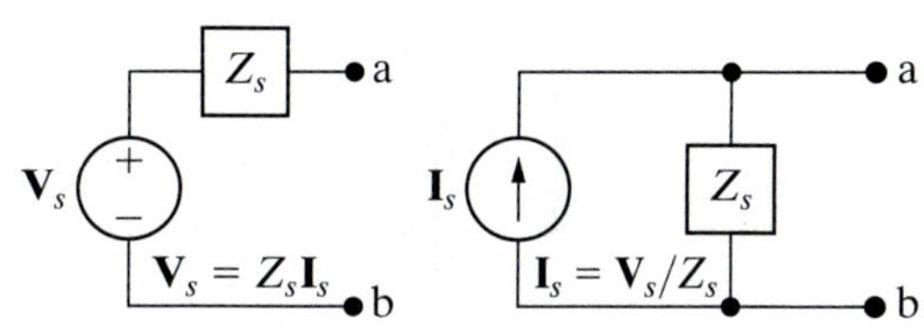

그림 9.26▲ 주파수 영역에서의 전원 변환.

그림 9.27은 테브냉 등가 회로의 주파수 영역에서의 표현 방법을 예시해 준다. 그림 9.28은 노턴 등가 회로의 주파수 영역 등가를 나타낸다. 테브냉 등가 전압과 임피던스를 구하기 위한 기법은 주파수 영역 등가 회로가 페이저와 복소수를 포함하고 있다는 점을 제외하고는 저항 회로에 대해 사용된 기법과 같다. 노턴 등가 전류와 임피던스를 구하는 것도 동일하다.

예제 9.11에서 전원 변환 등가 회로를 주파수 영역 해석에 적용하는 방법을 제시하고, 예제 9.12는 주파수 영역에서 테브냉 등가 회로를 구하는 자세한 방법을 보여 준다.

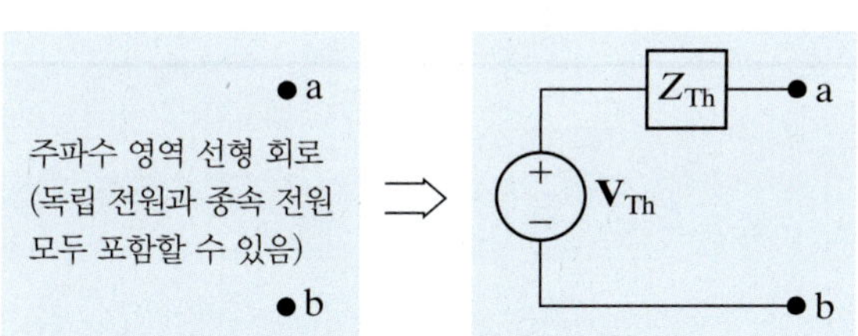

그림 9.27▲ 주파수 영역에서의 테브냉 등가 회로.

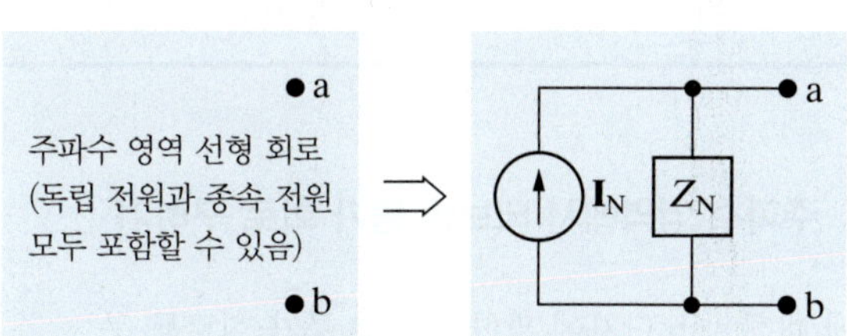

그림 9.28▲ 주파수 영역에서의 노턴 등가 회로.

예제 9.11 주파수 영역에서 전원 변환 수행하기

전원 변환의 개념을 사용하여 그림 9.29의 회로에서 페이저 전압 $\mathbf{V}_0$를 구하라.

풀이

$40\angle{0^\circ}$의 전압원과 $1 + j3\ \Omega$ 임피던스의 직렬 결합을 전류원과 $1 + j3\ \Omega$ 임피던스의 병렬 결합으로 대체할 수 있다. 전원 전류는 다음과 같이 계산된다.

$$\mathbf{I} = \frac{40}{1 + j3} = 4 - j12 \text{ A}.$$

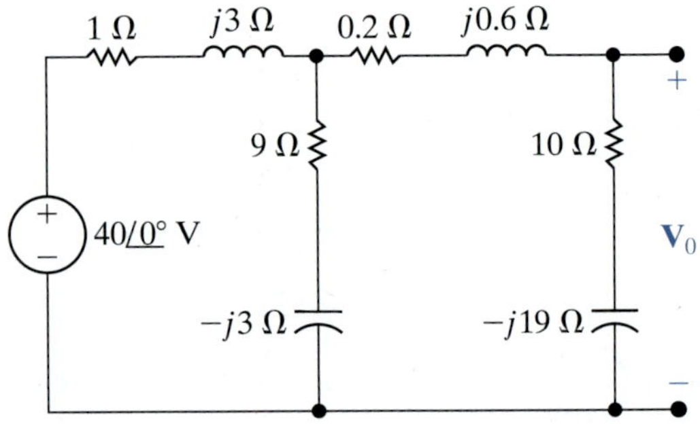

그림 9.29▲ 예제 9.11의 회로.

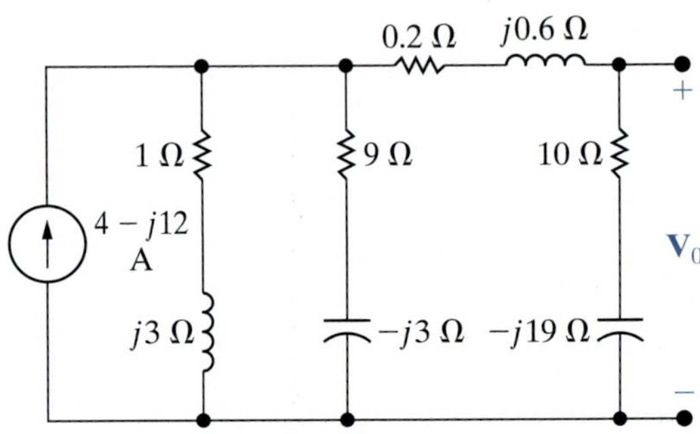

그림 9.30▲ 그림 9.29의 회로를 간단하게 하는 첫 번째 단계.

따라서 그림 9.30의 회로로 수정할 수 있다. 40 V 전원의 극성 기준을 이용하여 **I**의 기준 방향을 결정한다.

다음에 두 개의 병렬 가지를 하나의 임피던스로 결합하면

$$Z = \frac{(1 + j3)(9 - j3)}{10} = 1.8 + j2.4\ \Omega,$$

이것은 4 − j12 A의 전류원과 병렬로 연결된다. 또 하나의 전원 변환은 이 병렬 결합 회로를 전압원이 1.8 + j2.4 Ω의 임피던스와 직렬로 연결된 직렬 결합 회로로 바꾼다. 전압원의 전압은 다음과

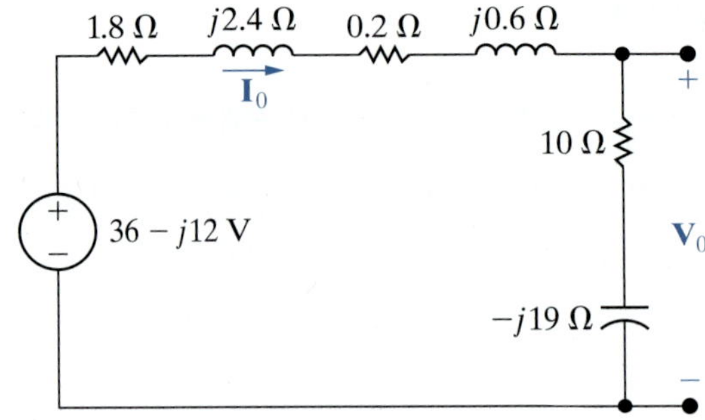

그림 9.31▲ 그림 9.29의 회로를 간단하게 하는 두 번째 단계.

같다.

$$\mathbf{V} = (4 - j12)(1.8 + j2.4) = 36 - j12\ \text{V}.$$

이 전원 변환을 사용하여 회로를 다시 그리면 그림 9.31과 같다. $\mathbf{V}_0$를 구하는 데 도움을 주기 위해 회로에 전류 $\mathbf{I}_0$를 추가했다.

이제 회로가 직렬 연결만 갖는 회로로 단순화되었다. 전원 전압을 전체 직렬 임피던스로 나눔으로써 다음과 같이 전류 $\mathbf{I}_0$를 계산한다.

$$\mathbf{I}_0 = \frac{36 - j12}{12 - j16} = 1.56 + j1.08\ \text{A}.$$

이제 전류 $\mathbf{I}_0$에 임피던스 10 − j19를 곱함으로써 $\mathbf{V}_0$의 값을 다음과 같이 구한다.

$$\mathbf{V}_0 = (1.56 + j1.08)(10 - j19) = 36.12 - j18.84\ \text{V}.$$

전압 분배 기법을 이용하여 $\mathbf{V}_0$를 구해 보면 지금의 결과를 확인할 수 있다.

예제 9.12 주파수 영역에서 테브냉 등가 회로 구하기

그림 9.32의 회로에 대해 a, b 단자에 관한 테브냉 등가 회로를 구하라.

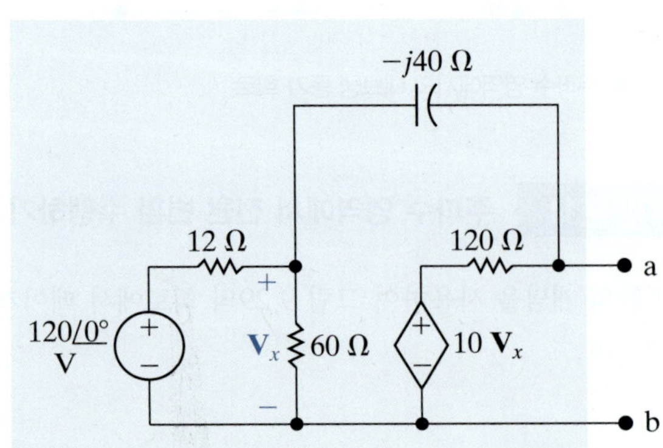

그림 9.32▲ 예제 9.12의 회로.

풀이

먼저 테브냉 등가 전압을 구한다. 이 전압은 a, b 단자에 나타나는 개방 회로 전압이다. 이 테브냉 전압의 기준을 a 단자에서 양으로 선정한다. 120 V, 12 Ω과 60 Ω의 회로 소자를 단순화하기 위해 이 회로 소자에 관하여 두 개의 전원 변환을 할 수 있다. 동시에 이 변환은 종속 전압원 때문에 제어 전압 $\mathbf{V}_x$의 항을 유지하도록 해야 한다.

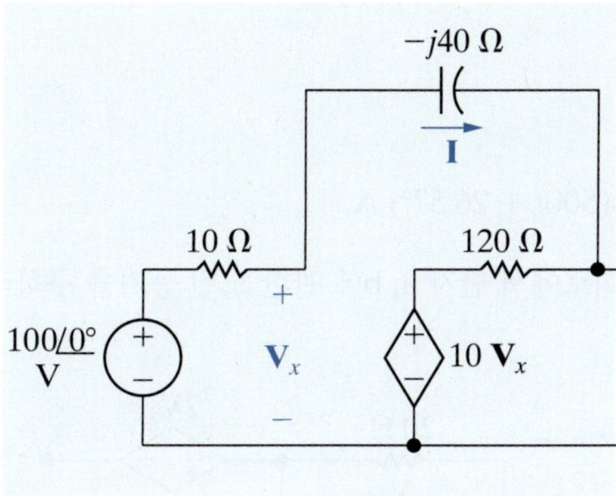

그림 9.33▲ 그림 9.32 회로를 단순화한 그림.

먼저 120 V 전원과 12 Ω 저항의 직렬 결합 회로를 10 A 전류원과 12 Ω의 병렬 회로로 대체한다. 다음에 12 Ω과 60 Ω 저항의 병렬 결합을 하나의 10 Ω 저항으로 대체한다. 마지막으로 10 Ω과 병렬로 연결된 10 A 전류원을 10 Ω과 직렬로 연결된 100 V 전압원으로 대체한다. 그림 9.33은 이 결과 회로를 나타낸다.

더 논의하기 위해 그림 9.33에 전류 **I**를 추가했다. 일단 전류 **I**를 알면 테브냉 전압을 계산할 수 있음을 주목하라. 이 회로에 대해 KVL을 사용하여 폐회로 주위의 전압을 합하여 전류 **I**를 구한다. 따라서 다음과 같다.

$$100 = 10\mathbf{I} - j40\mathbf{I} + 120\mathbf{I} + 10\mathbf{V}_x = (130 - j40)\mathbf{I} + 10\mathbf{V}_x.$$

그림 9.33에서 제어 전압 $\mathbf{V}_x$는 전류 **I**와 관련이 있다는 것을 알 수 있으므로

$$\mathbf{V}_x = 100 - 10\mathbf{I}.$$

따라서

$$\mathbf{I} = \frac{-900}{30 - j40} = -10.8 - j14.4 \text{ A}.$$

최종적으로 그림 9.33으로부터 다음과 같이 됨을 주목한다.

$$\begin{aligned}\mathbf{V}_{\text{Th}} &= 10\mathbf{V}_x + 120\mathbf{I}\\ &= 10(100 - 10\mathbf{I}) + 120\mathbf{I}\\ &= 1000 + 20(-10.8 - j14.4)\\ &= 784 - j288 \text{ V}.\end{aligned}$$

테브냉 저항을 구하기 위해 앞의 4.10절과 4.11절에서 배운 기법 중에서 아무것이나 사용해서 테브냉 임피던스를 구할 수 있다. 이 예제에서는 테스트 전원 기법(test-source method)을 사용한다. 이 기법을 사용할 때 회로에서 모든 독립 전원을 제거하고 관심이 있는 단자에 테스트 전압원이나 테스트 전류원을 가한다. 그 전원에서의 전압 대 전류의 비가 테브냉 임피던스이다. 그림 9.34가 이 기법을 그림 9.32의 회로에 적용한 결과를 나타낸다. 독립 전압원을 적절한 단락 회로로써 제거하고 $\mathbf{V}_x$의 항은 보존시켰음을 주목하라.

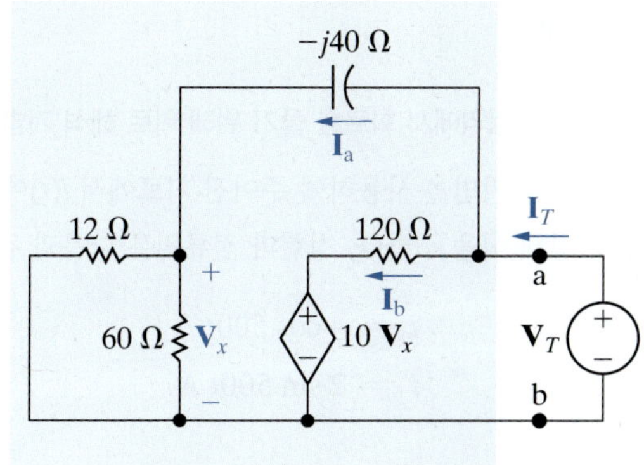

그림 9.34▲ 테브냉 등가 임피던스를 계산하기 위한 회로.

$\mathbf{I}_T$의 계산을 단순화하기 위해 가지 전류 $\mathbf{I}_a$와 $\mathbf{I}_b$가 회로에 추가되었다. 페이저에 대한 옴의 법칙, KVL, KCL을 바로 적용하여 다음 관계식을 증명할 수 있어야 한다.

$$\begin{aligned}\mathbf{I}_a &= \frac{\mathbf{V}_T}{10 - j40}, \quad \mathbf{V}_x = 10\mathbf{I}_a,\\ \mathbf{I}_b &= \frac{\mathbf{V}_T - 10\mathbf{V}_x}{120}\\ &= \frac{-\mathbf{V}_T(9 + j4)}{120(1 - j4)},\\ \mathbf{I}_T &= \mathbf{I}_a + \mathbf{I}_b\\ &= \frac{\mathbf{V}_T}{10 - j40}\left(1 - \frac{9 + j4}{12}\right)\\ &= \frac{\mathbf{V}_T(3 - j4)}{12(10 - j40)},\\ Z_{\text{Th}} &= \frac{\mathbf{V}_T}{\mathbf{I}_T} = 91.2 - j38.4\ \Omega.\end{aligned}$$

그림 9.35는 테브냉 등가 회로를 묘사하고 있다.

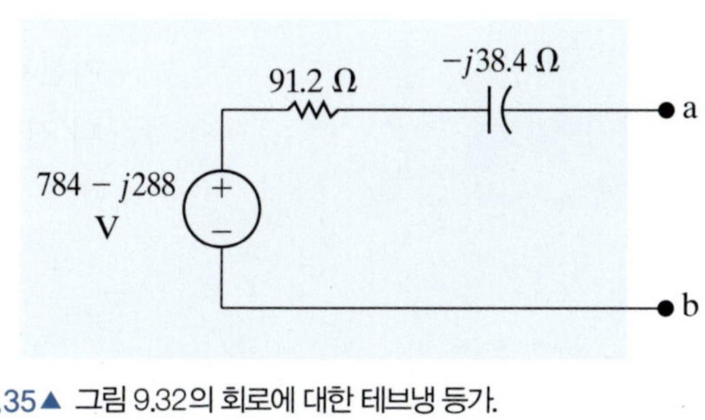

그림 9.35▲ 그림 9.32의 회로에 대한 테브냉 등가.

평가문제

목표 3—주파수 영역에서 회로를 풀기 위해 회로 해석 기법을 사용하는 방법을 안다.

9.10 전원 변환 기법을 사용하여 주어진 회로에서 $i(t)$에 대한 정상 상태 식을 구하라. 정현파 전류원은 다음과 같다.

$$i_1 = 4\cos 500t \text{ A},$$
$$i_2 = 2\sin 500t \text{ A}.$$

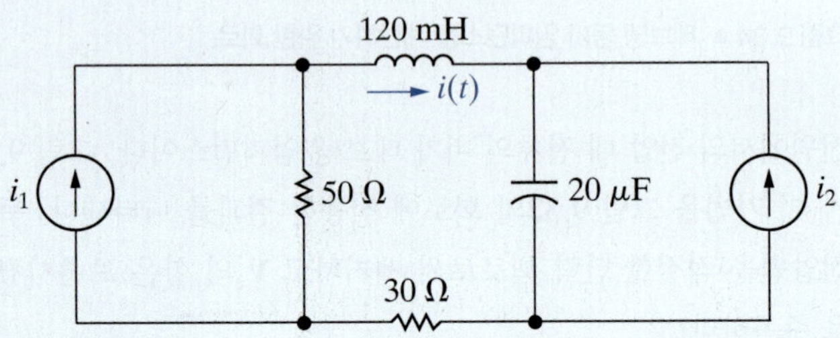

정답: $4.47\cos(500t + 26.57°)$ A.

9.11 주어진 회로에서 단자 a, b에 관한 노턴 등가를 구하라.

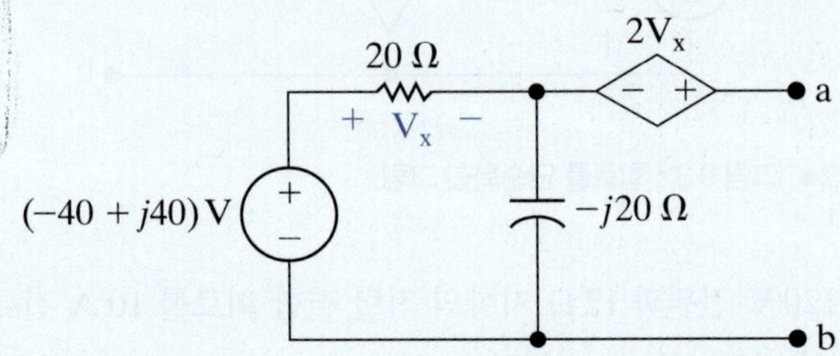

정답: $\mathbf{I}_N = 6 + j2$ A,

$\mathbf{Z}_N = -10 + j10\ \Omega$.

자가 검사: 연습문제 9.44, 9.45, 9.49도 풀어 보라.

9.8 마디 전압법

4.2, 4.3, 4.4절(구체적으로 해석 방법 4.3)에서 회로 해석의 마디 전압법의 기본 개념을 소개했다. 정현파 전원을 가진 회로의 정상 상태 응답을 구하는 데에도 이 해석 방법을 사용할 수 있다. 그러나 이 방법을 적용하려면 다음과 같은 약간의 수정이 필요하다.

- 만일 회로가 시간 영역에 있다면 상응하는 주파수 영역으로 변환되어야만 한다. 이를 위해 알려진 전압과 전류는 페이저로 변환하고, 미지의 전압과 전류는 페이저 심벌로 대체해야 하며, 저항, 인덕터, 상호 연결된 코일과 커패시터의 성분 값은 적합한 임피던스 값으로 바꾸어야 한다.
- 알고자 하는 미지의 전압과 전류의 페이저 값을 구하기 위해서는 해석 방법 4.3의 단계를 따라야 한다.
- 시간 영역에서 상응하는 전압과 전류에 대한 정상 상태 값을 구하려면 전압과 전류 페이저에 대해 페이저 역변환을 적용해야 한다.

예제 9.13은 마디 전압법을 이용하여 그러한 회로를 푸는 방법을 보여 준다. 평가문제 9.12와 이 장의 여러 연습문제는 정상 상태 정현파 응답을 구하기 위해 마디 전압법을 사용해야 한다.

예제 9.13 주파수 영역에서 마디 전압법 사용하기

그림 9.36에 주어진 회로의 정상 상태에서 마디 전압법을 사용하여 가지 전류 i_a, i_b, i_c를 구하라. 이 회로의 전류 전원은 $i_s = 10.6\cos(500t)$ A이다.

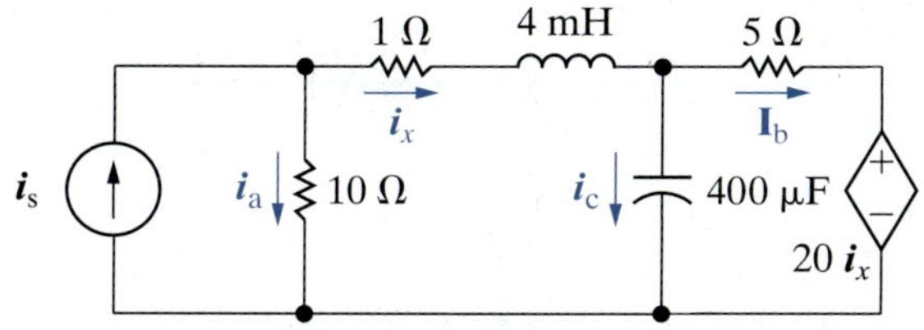

그림 9.36▲ 예제 9.13의 회로.

풀이

먼저 주파수 영역 회로로 변환해야 한다. 이를 위해 전류 전원값을 페이저 변환해 $10.6\underline{/0^\circ}$ A로 바꾼다. 그리고 가지 전류 i_a, i_b, i_c, i_x를 그에 대응하는 페이저 전류 $\mathbf{I}_a$, $\mathbf{I}_b$, $\mathbf{I}_c$, $\mathbf{I}_x$로 바꾼 후에 전원의 주파수를 이용하여 인덕터와 커패시터의 값을 임피던스로 바꾼다.

$$Z_L = j(500)(4 \times 10^{-3}) = j2\ \Omega;$$

$$Z_C = \frac{-j}{(500)(400 \times 10^{-6})} = -j5\ \Omega.$$

위에서 구한 값을 가지고 주파수 영역 회로를 구성하면 그림 9.37과 같다.

이제 해석 방법 4.3을 적용해 보자.

단계 1: 회로가 위쪽에 두 개, 아래쪽에 한 개의 필수 마디를 가지고 있으므로 이 회로를 표현하기 위해서는 두 개의 KCL 식이 필요하다.

단계 2: 네 개의 가지가 아래의 필수 마디에서 끝나므로 이것을 기준 마디로 선택하고 남아 있는 필수 마디에 대해 마디 전압을 정하여 표시한다. 그림 9.38이 이 두 가지 단계를 수행한 후의 회로 모습을 보여 준다.

단계 3: 기준 마디가 아닌 필수 마디에 대해 KCL을 적용한다. 그러면 마디 1에서는

$$-10.6 + \frac{\mathbf{V}_1}{10} + \frac{\mathbf{V}_1 - \mathbf{V}_2}{1 + j2} = 0,$$

그리고 마디 2에서는 다음 식을 얻을 수 있다.

$$\frac{\mathbf{V}_2 - \mathbf{V}_1}{1 + j2} + \frac{\mathbf{V}_2}{-j5} + \frac{\mathbf{V}_2 - 20\mathbf{I}_x}{5} = 0.$$

이 회로는 종속 전원을 가지고 있으므로 마디 전압 항으로 $\mathbf{I}_x$를 정의하여 종속 전원을 제한하는 식을 포함시켜야 한다.

$$\mathbf{I}_x = \frac{\mathbf{V}_1 - \mathbf{V}_2}{1 + j2}.$$

단계 4: 단계 3에서 구한 식을 풀어 $\mathbf{V}_1$, $\mathbf{V}_2$, $\mathbf{I}_x$를 구한다.

$$\mathbf{V}_1 = 68.4 - j16.8\ \text{V},$$

$$\mathbf{V}_2 = 68 - j26\ \text{V},$$

$$\mathbf{I}_x = 3.76 + j1.68\ \text{A}.$$

단계 5: 그림 9.37의 세 개의 가지 전류를 구하기 위해 단계 4에서 구한 페이저 값을 사용한다.

$$\mathbf{I}_a = \frac{\mathbf{V}_1}{10} = 6.84 - j1.68\ \text{A} = 7.04\underline{/-13.8^\circ}\ \text{A},$$

$$\mathbf{I}_b = \frac{\mathbf{V}_2 - 20\mathbf{I}_x}{5} = -1.44 - j11.92\ \text{A} = 12\underline{/-96.89^\circ}\ \text{A},$$

$$\mathbf{I}_c = \frac{\mathbf{V}_2}{-j5} = 5.2 + j13.6\ \text{A} = 14.56\underline{/69.08^\circ}\ \text{A}.$$

단계 5에서 구한 결과를 페이저 역변환하면 그림 9.37의 회로에 대한 정상 상태 시간 영역 가지 전류 값을 구할 수 있다. 이 회로의 전원 전류 주파수가 500 rad/s이므로 최종 결과는 다음과 같다.

$$i_a = 7.04\cos(500t - 13.8^\circ)\ \text{A},$$

$$i_b = 12\cos(500t - 96.89^\circ)\ \text{A},$$

$$i_c = 14.56\cos(500t + 69.08^\circ)\ \text{A}.$$

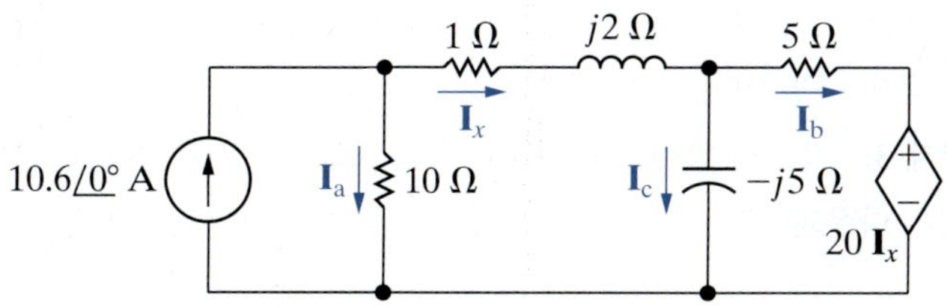

그림 9.37▲ 주파수 영역으로 변환된 그림 9.36의 회로.

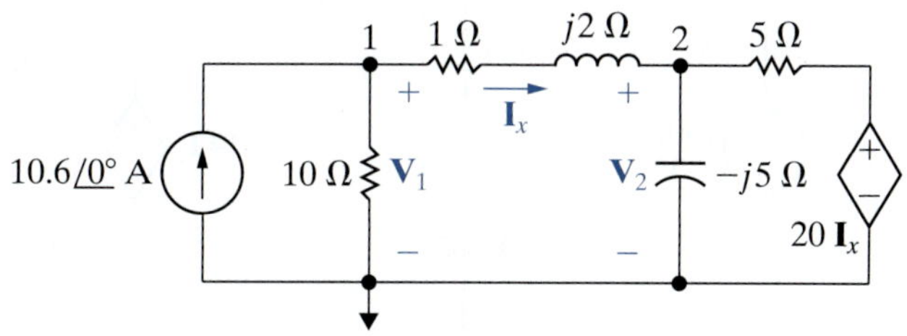

그림 9.38▲ 마디 전압을 정의한 그림 9.37의 회로.

평가문제

목표 3—주파수 영역에서 회로를 풀기 위해 회로 해석 기법을 사용하는 방법을 안다.

9.12 주어진 회로에서 마디 전압법을 사용하여 i_o에 대한 정상 상태 식을 구하라. 정현파 전원은 $i_g = 5\cos 2500t$ A, $v_g = 20\cos(2500t + 90°)$ V이다.

정답: $i_o = 2.24\cos(2500t + 63.43°)$ A.

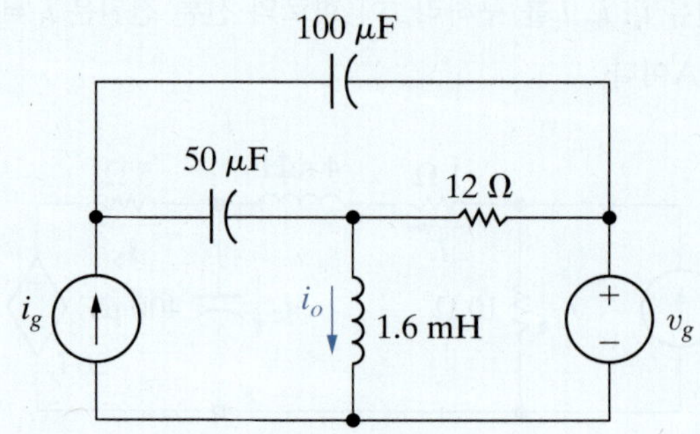

자가 검사: 연습문제 9.54와 9.55도 풀어 보라.

9.9 망 전류법

주파수 영역 회로를 해석하기 위해 망 전류법도 사용할 수 있다. 만일 문제가 시간 영역에 있는 회로로부터 시작된다면 주파수 영역으로 변환해야 한다. 그러고 나서 저항 회로에서 망 전류를 구할 때 사용했던 해석 방법 4.6을 가지고 망 전류 페이저를 구할 수 있다. 마지막으로, 페이저 전압과 전류에 대해 페이저 역변환을 적용하여 시간 영역에서의 정상 상태 전압과 전류를 구한다. 예제 9.14는 망 전류법을 사용하여 주파수 영역 회로를 해석하는 예를 보여 준다.

예제 9.14 주파수 영역에서 망 전류법 사용하기

그림 9.39의 회로에서 망 전류법을 사용하여 전압 $\mathbf{V}_1$, $\mathbf{V}_2$, $\mathbf{V}_3$를 구하라.

풀이

회로가 이미 주파수 영역에 있으므로 해석 방법 4.6을 적용한다.

단계 1: 두 개의 망 전류 페이저를 식별하기 위해 망 주위를 가로지르는 방향지시 화살표를 사용한다.

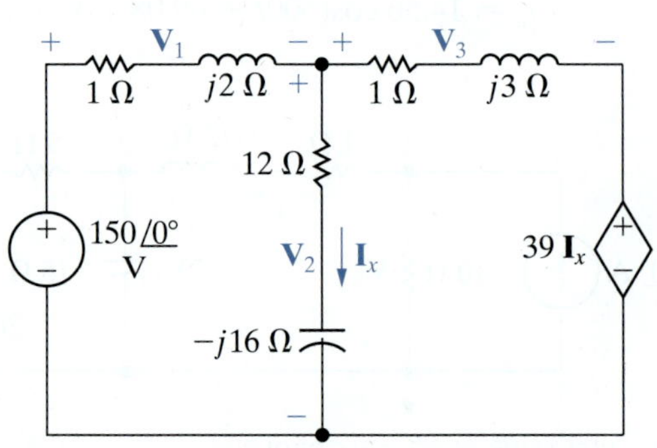

그림 9.39▲ 예제 9.14의 회로.

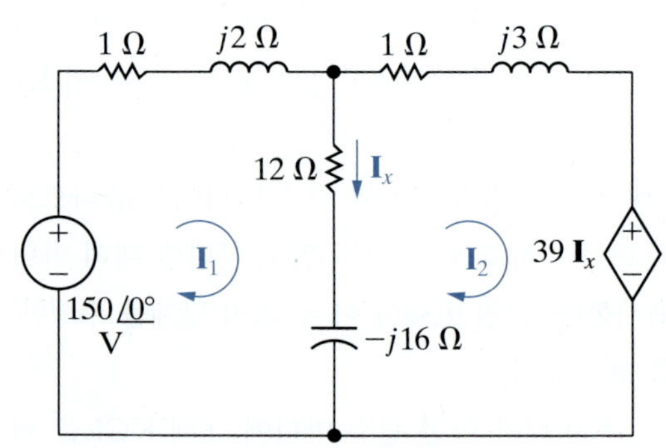

그림 9.40▲ 그림 9.39의 회로를 풀기 위해 사용되는 망 전류들.

단계 2: 그림 9.40과 같이 각각의 망 전류 페이저에 대해 $\mathbf{I}_1$과 $\mathbf{I}_2$를 붙여 구별한다.

단계 3: 각각의 망에 대해 KVL 식을 세운다. 망 1에 대한 KVL 식은 다음과 같다.

$$150 = (1 + j2)\mathbf{I}_1 + (12 - j16)(\mathbf{I}_1 - \mathbf{I}_2),$$

망 2에 대한 KVL 식은 다음과 같다.

$$0 = (12 - j16)(\mathbf{I}_2 - \mathbf{I}_1) + (1 + j3)\mathbf{I}_2 + 39\mathbf{I}_x.$$

그림 9.40의 회로는 종속 전원을 가지고 있으므로 망 전류 항으로 $\mathbf{I}_x$를 정의하는 제약식이 필요하다.

$$\mathbf{I}_x = \mathbf{I}_1 - \mathbf{I}_2.$$

단계 4: 앞의 단계에서 세운 연립 방정식을 풀어 각각의 전류 페이저를 구하면 다음과 같다.

$$\mathbf{I}_1 = -26 - j52 \text{ A},$$

$$\mathbf{I}_2 = -24 - j58 \text{ A},$$

$$\mathbf{I}_x = -2 + j6 \text{ A}.$$

단계 5: 그림 9.39의 회로에 대한 페이저 전압을 구하기 위해 단계 4에서 구한 망 전류 페이저를 이용하면 다음의 전압을 구할 수 있다.

$$\mathbf{V}_1 = (1 + j2)\mathbf{I}_1 = 78 - j104 \text{ V},$$

$$\mathbf{V}_2 = (12 - j16)\mathbf{I}_x = 72 + j104 \text{ V},$$

$$\mathbf{V}_3 = (1 + j3)\mathbf{I}_2 = 150 - j130 \text{ V}.$$

또한

$$39\mathbf{I}_x = -78 + j234 \text{ V}.$$

폐회로 주위의 전압을 합함으로써 이 계산을 확인하면 다음과 같다.

$$-150 + \mathbf{V}_1 + \mathbf{V}_2 = -150 + 78 - j104 + 72 + j104 = 0,$$

$$-\mathbf{V}_2 + \mathbf{V}_3 + 39\mathbf{I}_x = -72 - j104 + 150 - j130 - 78 + j234 = 0,$$

$$-150 + \mathbf{V}_1 + \mathbf{V}_3 + 39\mathbf{I}_x = -150 + 78 - j104 + 150 - j130 - 78 + j234 = 0.$$

평가문제

목표 3—주파수 영역에서 회로를 풀기 위해 회로 해석 기법을 사용하는 방법을 안다.

9.13 v_o에 대한 정상 상태 식을 구하라. $v_g = 75 \cos 5000t$ V 이다.

정답: $v_o = 25 \cos(5000t + 90°)$ V.

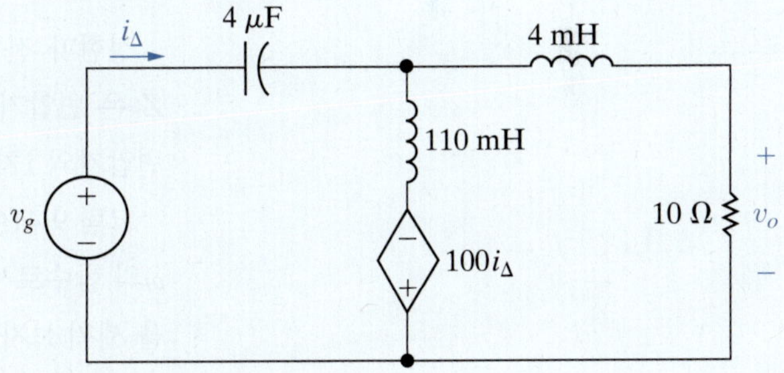

자가 검사: 연습문제 9.60과 9.61도 풀어 보라.

9.10 변압기

변압기(transformer)는 상호 결합된 인덕터 코일에 의해 특성이 결정되는 자기결합에 기반한 기기이다. 변압기는 통신과 전력 회로 분야 모두에서 사용된다. 통신 회로에서 변압기는 임피던스의 정합을 이루고 시스템의 각 부분으로부터 직류 신호를 제거하기 위해 사용된다. 전력 회로에서 변압기는 전력의 송전, 배전과 소비를 용이하게 하는 교류 전압 레벨을 설정하기 위해 사용된다. 변압기의 정현파 정상 상태 동작에 대한 이해가 통신과 전력 시스템 양자 모두의 해석에서 요구된다.

이 절에서는 주로 통신 회로에서 발견되는 **선형 변압기**(linear transformer)의 정현파 정상 상태 동작을 논의할 것이다. 9.11절에서는 전력 시스템에서 발견되는 강자성 변압기를 모델링하기 위해 사용되는 **이상적인 변압기**(ideal transformer)를 다룰 것이다.

상호 결합된 인덕터 코일을 포함하는 회로를 해석할 때는 망 전류법을 사용해야 한다. 상호 결합된 코일에 흐르는 전류를 마디 전압 함수에 근거한 검사 방법으로 나타낼 수 없기 때문에 상호 인덕턴스(mutual-inductance)가 있을 때는 마디 전압법을 사용하는 것이 불편하다.

선형 변압기 회로의 해석

단순한 **변압기**(transformer)는 자기 결합을 확보하기 위해 두 개의 코일이 하나의 코어에 감겨 있는 형태로 구성된다. 그림 9.41은 부하를 전원에 연결하기 위해 변압기를 사용하는 시스템의 주파수 영역 회로 모델을 보여 준다. 이 회로를 논할 때 전원에 연결된 변압기 권선을 **1차 권선**(primary winding)이라 하고, 부하에 연결되어 있는 권선을 **2차 권선**(secondary winding)이라 한다. 이 전문 용어에 근거하여 변압기 회로 파라미터는 다음과 같이 정의된다.

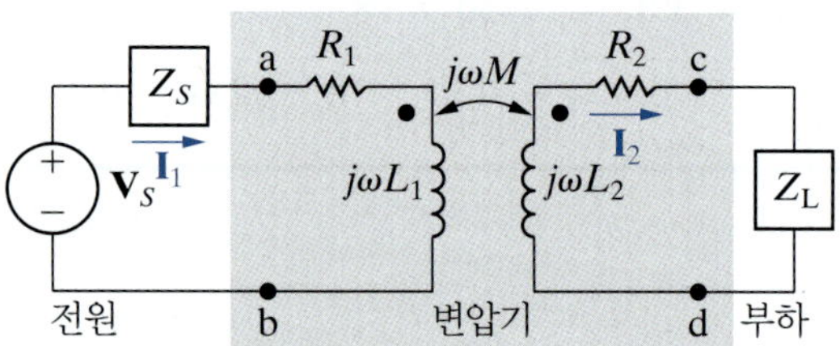

그림 9.41▲ 부하를 전원에 연결하기 위해 사용되는 변압기에 대한 주파수 영역 회로 모델.

R_1 = 1차 권선의 저항
R_2 = 2차 권선의 저항
L_1 = 1차 권선의 자기 인덕턴스(self-inductance)
L_2 = 2차 권선의 자기 인덕턴스
M = 상호 인덕턴스

정현파 전원의 내부 전압은 $\mathbf{V}_S$이고 전원의 내부 임피던스는 Z_S이다. 임피던스 Z_L은 변압기의 2차 권선에 연결된 부하를 나타낸다. 페이저 전류 $\mathbf{I}_1$과 $\mathbf{I}_2$는 각각 변압기의 1차 전류와 2차 전류를 나타낸다.

그림 9.41에 있는 회로의 해석은 회로 파라미터 $\mathbf{V}_S$, Z_S, R_1, L_1, L_2, R_2, M, Z_L과 ω의 함수로서 전류 $\mathbf{I}_1$과 $\mathbf{I}_2$를 구하는 것이다. 이 회로를 표현하는 두 개의 KVL 식을 세워 보자.

$$\mathbf{V}_S = (Z_S + R_1 + j\omega L_1)\mathbf{I}_1 - j\omega M\mathbf{I}_2,$$

$$0 = -j\omega M\mathbf{I}_1 + (R_2 + j\omega L_2 + Z_L)\,\mathbf{I}_2.$$

위 식에서 괄호 안의 식을 다음과 같이 정의한다.

$$Z_{11} = Z_S + R_1 + j\omega L_1, \tag{9.27}$$

$$Z_{22} = R_2 + j\omega L_2 + Z_L, \tag{9.28}$$

여기서 Z_{11}은 변압기의 1차 권선을 포함하는 망의 자기 임피던스의 합이고, Z_{22}는 변압기의 2차 권선을 포함하는 망의 자기 임피던스의 합이다. 식 (9.27)과 (9.28)에 정의된 임피던스를 사용하여 망 전류 방정식을 풀면 $\mathbf{I}_1$과 $\mathbf{I}_2$의 해는 다음과 같이 주어진다.

$$\mathbf{I}_1 = \frac{Z_{22}}{Z_{11}Z_{22} + \omega^2 M^2}\mathbf{V}_S, \tag{9.29}$$

$$\mathbf{I}_2 = \frac{j\omega M}{Z_{11}Z_{22} + \omega^2 M^2}\mathbf{V}_S = \frac{j\omega M}{Z_{22}}\mathbf{I}_1. \tag{9.30}$$

a, b 단자에서 변압기를 볼 때의 임피던스를 구하는 데도 관심이 있다. 내부 전원 전압 $\mathbf{V}_S$는 전원 전압 페이저와 1차 전류 페이저의 비인 등가 임피던스와 연결되어 있다. 내부 전원 전압 $\mathbf{V}_S$와 함께 표현되는 등가 임피던스를 먼저 찾아야 한다. 이 등가 임피던스는 다음 식과 같이 전원 전압 페이저를 1차 전류 페이저로 나눈 값이다.

$$\frac{\mathbf{V}_S}{\mathbf{I}_1} = Z_{\text{int}} = \frac{Z_{11}Z_{22} + \omega^2 M^2}{Z_{22}} = Z_{11} + \frac{\omega^2 M^2}{Z_{22}}.$$

전원 양단에서의 임피던스는 $Z_{\text{int}} - Z_S$이므로 다음과 같이 나타낼 수 있다.

$$Z_{\text{ab}} = Z_{11} + \frac{\omega^2 M^2}{Z_{22}} - Z_S = R_1 + j\omega L_1 + \frac{\omega^2 M^2}{(R_2 + j\omega L_2 + Z_{\text{L}})}. \tag{9.31}$$

임피던스 Z_{ab}는 변압기의 자기 극성에 무관하다는 것을 주목하라. 그 이유는 상호 인덕턴스는 제곱의 양으로서 식 (9.31)에 나타나기 때문이다. 이 임피던스는 전원으로부터 보았을 때 변압기가 부하의 임피던스에 어떻게 영향을 미치는가를 보여 주기 때문에 특히 중요하다. 변압기가 없으면 부하는 직접 전원에 연결될 것이고 전원은 Z_L의 임피던스와 마주 보게 될 것이다. 변압기가 있으면 부하는 변압기를 통해 전원에 연결되고 전원은 식 (9.31)의 세 번째 항에 나타나 있는 바와 같이 Z_L이 수정된 부하 임피던스와 마주 보게 된다.

반사 임피던스

식 (9.31)에서 세 번째 항은 변압기의 1차 측으로 전달되거나 반사된 부하 임피던스와 2차 코일과의 등가 임피던스이기 때문에 **반사 임피던스**(reflected impedance, Z_r)라고 한다. 상호 인덕턴스 때문에 반사 임피던스가 존재한다는 것을 기억하라. 즉 두 코일이 결합되어 있지 않으면 M은 0이고, Z_r도 0이며, Z_{ab}는 1차 코일의 자기 임피던스가 된다.

반사 임피던스를 더 자세하게 고려하기 위해 먼저 부하 임피던스를 다음과 같이 직각좌표 형식으로 표현한다.

$$Z_{\text{L}} = R_{\text{L}} + jX_{\text{L}},$$

여기서 부하 리액턴스 X_{L}은 자신의 대수 부호를 갖고 있다. 다시 말해, X_{L}은 그 부하가 유도성이면 양의 수이고, 용량성이면 음의 수이다. 이제 반사 임피던스를 다음과 같이 직각좌표 형식으로 나타낼 수 있다.

$$Z_r = \frac{\omega^2 M^2}{R_2 + R_L + j(\omega L_2 + X_L)}$$

$$= \frac{\omega^2 M^2[(R_2 + R_L) - j(\omega L_2 + X_L)]}{(R_2 + R_L)^2 + (\omega L_2 + X_L)^2} \quad (9.32)$$

$$= \frac{\omega^2 M^2}{|Z_{22}|^2}[(R_2 + R_L) - j(\omega L_2 + X_L)].$$

식 (9.32)의 유도에서 Z_L이 직각좌표 형식으로 쓰일 때 2차 권선을 포함하는 망의 자기 임피던스는 다음 식으로 주어진다는 사실이 이용된다.

$$Z_{22} = R_2 + R_L + j(\omega L_2 + X_L).$$

이제 식 (9.32)로부터 2차 회로의 자기 임피던스는 $(\omega M/|Z_{22}|)^2$의 스케일링 계수에 의하여 1차 회로로 반사되고 무효(reactive) 성분$(\omega L_2 + X_L)$의 부호가 역으로 된다는 것을 알 수 있다. 따라서 선형 변압기는 2차 회로의 자기 임피던스의 공액 복소수(Z^*_{22})에 스칼라 곱을 가하여 1차 권선으로 반사시킨다.

예제 9.15는 선형 변압기를 포함하는 회로를 해석하는 방법의 예를 보여 준다.

예제 9.15 주파수 영역에서의 선형 변압기 해석하기

어떤 선형 변압기의 파라미터가 $R_1 = 200\ \Omega$, $R_2 = 100\ \Omega$, $L_1 = 9$ H, $L_2 = 4$ H이고 $k = 0.5$이다. 그 변압기는 1 μF 커패시터와 800 Ω 저항이 직렬로 연결되어 있는 임피던스를 정현파 전압원에 연결시킨다. 300 V(rms) 전원은 500 + j100 Ω의 내부 임피던스와 400 rad/s의 주파수를 갖는다.

a) 이 시스템의 주파수 영역 등가 회로를 구성하라.
b) 1차 회로의 자기 임피던스를 계산하라.
c) 2차 회로의 자기 임피던스를 계산하라.
d) 1차 권선으로 반사된 임피던스를 계산하라.
e) 반사 임피던스에 대한 스케일링 계수를 계산하라.
f) 변압기의 1차 단자로 본 임피던스를 계산하라.
g) 부하 임피던스 단자에 대한 테브냉 등가를 계산하라.

풀이

a) 그림 9.42는 주파수 영역의 등가 회로를 나타낸다. 전원의 내부 전압은 위상각이 0°로 할당되어 있기 때문에 기준 페이저로서 동작하며 $\mathbf{V}_1$과 $\mathbf{V}_2$는 변압기의 단자 전압을 나타낸다는 것을 주목하라. 그림 9.42의 회로를 구성하기 위해 다음과 같은 계산을 수행했다.

$$j\omega L_1 = j(400)(9) = j3600\ \Omega,$$

$$j\omega L_2 = j(400)(4) = j1600\ \Omega,$$

$$M = 0.5\sqrt{(9)(4)} = 3\text{ H},$$

$$j\omega M = j(400)(3) = j1200\ \Omega,$$

$$\frac{-j}{\omega C} = \frac{-j}{(400)(1 \times 10^{-6})} = -j2500\ \Omega.$$

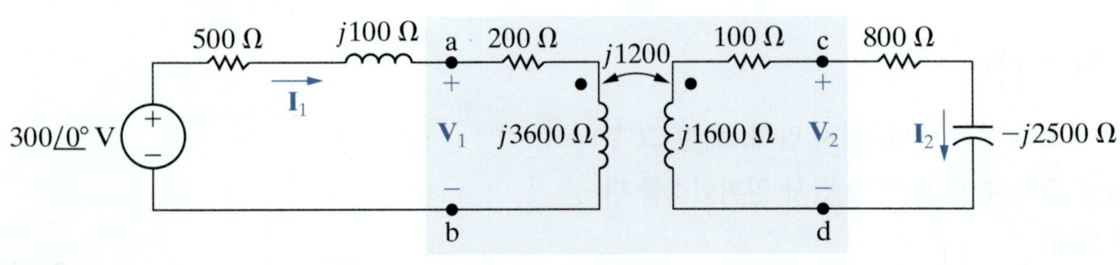

그림 9.42▲ 예제 9.15의 주파수 영역 등가 회로.

b) 식 (9.27)을 이용하여 1차 회로의 자기 임피던스를 구하면 다음과 같다.

$$Z_{11} = 500 + j100 + 200 + j3600 = 700 + j3700\ \Omega.$$

c) 식 (9.28)을 이용하여 2차 회로의 자기 임피던스를 구하면 다음과 같다.

$$Z_{22} = 100 + j1600 + 800 - j2500 = 900 - j900\ \Omega.$$

d) 식 (9.32)를 이용하여 1차 권선으로 반사된 임피던스를 구하면 다음과 같다.

$$Z_r = \left(\frac{1200}{|900 - j900|}\right)^2 (900 + j900)$$
$$= \frac{8}{9}(900 + j900) = 800 + j800\ \Omega.$$

e) Z_{22}^*가 반사된 스케일링 계수는 8/9이다.

f) 변압기의 1차 단자로 본 임피던스는 1차 권선의 임피던스와 반사된 임피던스의 합이다. 따라서

$$Z_{ab} = 200 + j3600 + 800 + j800 = 1000 + j4400\ \Omega.$$

g) 테브냉 전압은 $\mathbf{V}_{cd}$의 개방 회로 값과 같을 것이다. $\mathbf{V}_{cd}$의 개방 회로 값은 $j1200$을 $\mathbf{I}_1$의 개방 회로 값에 곱한 것과 같을 것이다. $\mathbf{I}_1$의 개방 회로 값은 다음과 같다.

$$\mathbf{I}_1 = \frac{300\ \angle 0^\circ}{700 + j3700}$$
$$= 79.67\ \angle -79.29^\circ\ \text{mA}.$$

그러므로

$$\mathbf{V}_{Th} = j1200(79.67\ \angle -79.29^\circ) \times 10^{-3}$$
$$= 95.60\ \angle 10.71^\circ\ \text{V}.$$

테브냉 임피던스는 전압원이 단락 회로로 대체될 때 2차 권선의 임피던스에 1차로부터 반사된 임피던스를 더한 값과 같을 것이다. 따라서

$$Z_{Th} = 100 + j1600 + \left(\frac{1200}{|700 + j3700|}\right)^2 (700 - j3700)$$
$$= 171.09 + j1224.26\ \Omega.$$

이 테브냉 등가 회로를 그림 9.43에 나타냈다.

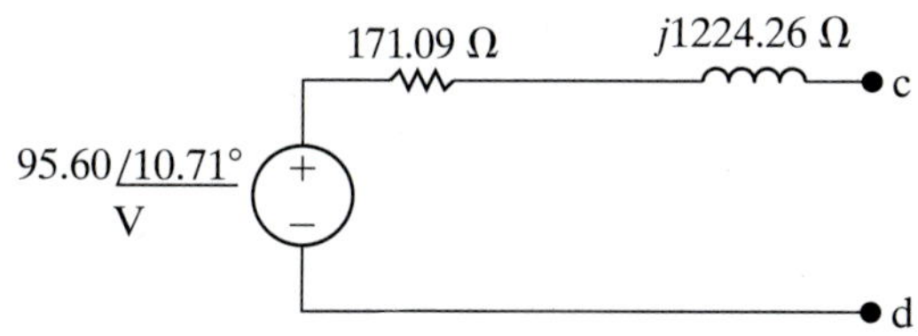

그림 9.43▲ 예제 9.15를 위한 테브냉 등가 회로.

평가문제

목표 4—페이저법을 사용하여 선형 변압기를 포함하는 회로를 해석할 수 있다.

9.14 a) 전압 $v_g = 168 \cos 800t$ V일 때, 다음 회로에서 전류 i_g와 i_L에 대한 정상 상태 식을 구하라.

b) 결합 계수(k)를 구하라.

c) 시간 $t = 625\pi\ \mu$s와 $t = 1250\pi\ \mu$s에서 자기적으로 결합된 코일에 저장된 에너지를 구하라.

정답: a) $i_g = 1.5 \cos(800t - 36.87^\circ)$ A,

b) $i_L = 0.3 \cos(800t - 180^\circ)$ A,

c) 0.5,

d) $t = 625\pi\ \mu$s일 때, $w = 40.5$ mJ,

$t = 1250\pi\ \mu$s일 때, $w = 54$ mJ.

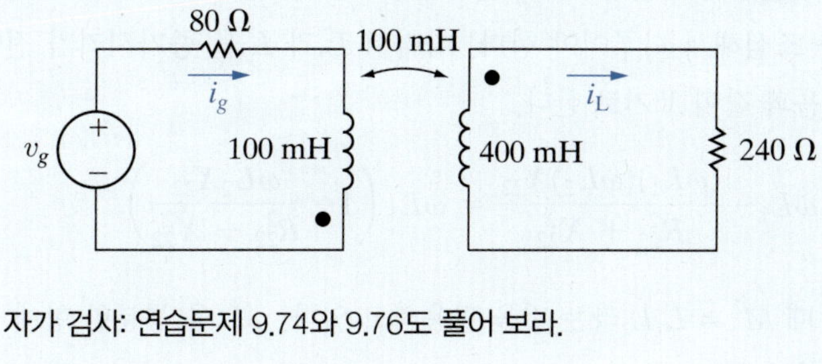

자가 검사: 연습문제 9.74와 9.76도 풀어 보라.

9.11 이상적인 변압기

이상적인 변압기(ideal transformer)는 각각의 권선 수가 N_1과 N_2인 두 개의 코일이 자기적으로 결합된 형태로 구성되고 다음과 같은 세 가지 특성을 보여 준다.

1. 결합 계수는 1이다($k = 1$).
2. 각 코일의 자기 인덕턴스는 무한대이다($L_1 = L_2 = \infty$).
3. 기생 저항에 기인하는 코일 손실은 무시할 수 있다.

이상적인 변압기의 동작을 이해하는 것은 선형 변압기에 연결된 전원 양단에서의 임피던스를 나타내는 식 (9.31)에서부터 시작한다. 아래에서 이 방정식을 반복해서 사용하고 이를 좀 더 조사한다.

한계 값 조사

식 (9.31)에서 선형 변압기의 입력 임피던스 Z_{ab}와 부하 임피던스 Z_L의 관계를 정의하면 식 (9.33)과 같다.

$$Z_{ab} = Z_{11} + \frac{\omega^2 M^2}{Z_{22}} - Z_s$$
$$= R_1 + j\omega L_1 + \frac{\omega^2 M^2}{(R_2 + j\omega L_2 + Z_L)}. \tag{9.33}$$

식 (9.33)에서 L_1과 L_2가 각각 무한히 커지면서 동시에 결합 계수가 1에 접근할 때 어떤 일이 발생할지 생각해 보자. 강자성 코어에 권선을 감은 변압기는 이 조건에 근접할 수 있다. 그러한 변압기가 비선형이라 하더라도 비선형성을 무시하는 이상적인 모델을 구성하여 어떤 유용한 정보를 얻을 수 있다.

$k = 1$이고 L_1과 L_2가 무한대에 접근할 때 Z_{ab}가 어떻게 변화하는가를 보여 주기 위해 먼저 다음과 같은 표기를 도입한다.

$$Z_{22} = R_2 + R_L + j(\omega L_2 + X_L) = R_{22} + jX_{22}$$

그리고 다음과 같이 식 (9.33)을 재배열한다.

$$Z_{ab} = R_1 + \frac{\omega^2 M^2 R_{22}}{R_{22}^2 + X_{22}^2} + j\left(\omega L_1 - \frac{\omega^2 M^2 X_{22}}{R_{22}^2 + X_{22}^2}\right)$$
$$= R_{ab} + jX_{ab}. \tag{9.34}$$

여기서 L_1과 L_2가 무한대에 접근할 때 X_{ab}는 두 개의 큰 양 사이의 차가 되기 때문에 Z_{ab}의 허수부를 조심해서 다루어야 한다. 따라서 L_1과 L_2를 증가시키기 전에 Z_{ab}의 허수부를 다음과 같이 쓰기로 한다.

$$X_{ab} = \omega L_1 - \frac{(\omega L_1)(\omega L_2) X_{22}}{R_{22}^2 + X_{22}^2} = \omega L_1\left(1 - \frac{\omega L_2 X_{22}}{R_{22}^2 + X_{22}^2}\right),$$

여기서는 $k = 1$일 때 $M^2 = L_1 L_2$라는 것을 활용하고 있다. ωL_1을 통분한 항에 곱하면 다음 식이 주어진다.

$$X_{ab} = \omega L_1\left(\frac{R_{22}^2 + \omega L_2 X_L + X_L^2}{R_{22}^2 + X_{22}^2}\right).$$

위 식의 분자와 분모를 ωL_2 인수로 나누어 주면 다음 식이 산출된다.

$$X_{ab} = \frac{L_1}{L_2}\frac{X_L + (R_{22}^2 + X_L^2)/\omega L_2}{(R_{22}/\omega L_2)^2 + [1 + (X_L/\omega L_2)]^2}.$$

k가 1.0에 접근할 때 L_1/L_2 비는 $(N_1/N_2)^2$의 상수 값에 접근하는데, 이것은 식 (6.21)의 L_1과 N_1, 식 (6.23)의 L_2와 N_2의 관계로부터 나온다. 그 이유는 결합이 극히 단단하게 될 때 두 자기투자율, 즉 $\mathcal{P}_1$과 $\mathcal{P}_2$가 같아지기 때문이다. 그래서 $L_1 \rightarrow \infty$, $L_2 \rightarrow \infty$이고 $k \rightarrow 1.0$일 때 X_{ab}의 식은 다음과 같이 간단하게 된다.

$$X_{ab} = \left(\frac{N_1}{N_2}\right)^2 X_L,$$

위와 같은 추론을 식 (9.34)의 반사 저항에 적용하면 다음과 같이 간단히 할 수 있다.

$$\frac{\omega^2 M^2 R_{22}}{R_{22}^2 + X_{22}^2} = \frac{L_1}{L_2}R_{22} = \left(\frac{N_1}{N_2}\right)^2 R_{22}.$$

X_{ab}를 간단하게 만든 식과 반사 저항을 식 (9.34)에 대입하면 다음 식을 얻을 수 있다.

$$Z_{ab} = R_1 + \left(\frac{N_1}{N_2}\right)^2 R_2 + \left(\frac{N_1}{N_2}\right)^2 (R_L + jX_L).$$

이 식을 식 (9.33)과 비교해 보라. 여기서 결합 계수가 1에 접근하고 결합 코일의 자기 인덕턴스가 무한대에 접근할 때 변압기는 2차 권선 저항과 부하 임피던스를 권선 비(N_1/N_2)의 제곱과 같은 스케일링 계수로 1차 측에 반사한다. 따라서 이상적인 변압기의 단자 동작을 두 가지 특성으로 묘사할 수 있다. 첫째, 권선 수당 전압의 크기는 각 코일에 대해 같다. 즉

$$\left|\frac{\mathbf{V}_1}{N_1}\right| = \left|\frac{\mathbf{V}_2}{N_2}\right|. \tag{9.35}$$

둘째, 암페어-턴(ampere-turns)의 크기는 각 코일에 대해 같다. 즉

$$|\mathbf{I}_1 N_1| = |\mathbf{I}_2 N_2|. \tag{9.36}$$

아직 전류와 전압에 대한 기준 극성을 정하지 않았으므로 식 (9.35)와 (9.36)에서 절댓값 기호를 사용해야 한다. 곧 절댓값 기호의 제거에 대해 논의할 것이다.

그림 9.44는 두 개의 손실 없는$(R_1 = R_2 = 0)$ 자기적으로 결합된 코일을 나타낸다. 식 (9.35)와 (9.36)을 검증하기 위해 그림 9.44를 사용한다. 그림 9.44(a)에서 코일 2는 개방되고 그림 9.44(b)에서 코일 2는 단락된다. 정현파 정상 상태 동작에 의해서 다음과 같은 해석을 수행하지만 그 결과는 또한 v와 i의 순시 값에도 적용된다.

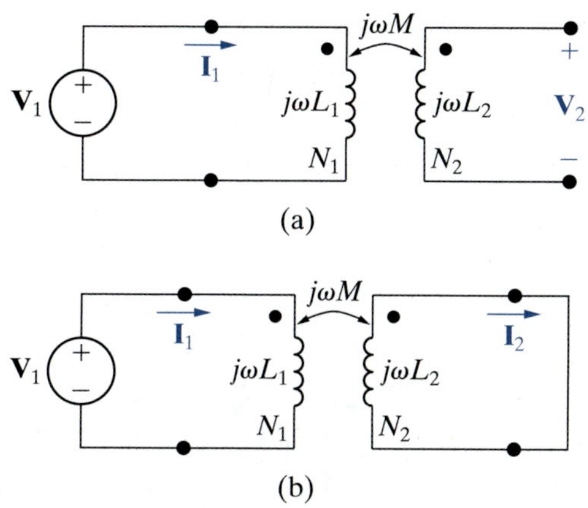

그림 9.44▲ 이상적인 변압기에서 식 (9.35)와 (9.36)을 검증하기 위해 사용되는 회로.

전압과 전류 비 결정

그림 9.44(a)에서 개방 회로 코일 양단에서의 전압은 완전히 코일 1에 흐르는 전류의 결과라는 것을 주목하라. 그러므로

$$\mathbf{V}_2 = j\omega M\mathbf{I}_1.$$

코일 1에서의 전류는

$$\mathbf{I}_1 = \frac{\mathbf{V}_1}{j\omega L_1}.$$

따라서

$$\mathbf{V}_2 = \frac{M}{L_1}\mathbf{V}_1.$$

완전 결합($k = 1$)에 대해 상호 인덕턴스는 $\sqrt{L_1L_2}$이므로 위 식은 다음과 같이 된다.

$$\mathbf{V}_2 = \sqrt{\frac{L_2}{L_1}}\,\mathbf{V}_1.$$

완전 결합에 대해 코일 1과 쇄교하는 자속은 코일 2와 쇄교하는 자속과 같으므로 각 코일의 자기 인덕턴스를 나타내기 위해 하나의 자기투자율만 필요하다. 따라서 $\mathbf{V}_2$는 다음과 같은 식이 된다.

$$\mathbf{V}_2 = \sqrt{\frac{N_2^2\mathcal{P}}{N_1^2\mathcal{P}}}\,\mathbf{V}_1 = \frac{N_2}{N_1}\mathbf{V}_1$$

즉

이상적인 변압기에 대한 전압 관계

$$\frac{\mathbf{V}_1}{N_1} = \frac{\mathbf{V}_2}{N_2}. \tag{9.37}$$

그림 9.44(b)의 단락 코일 주위의 전압을 합하면 다음 식이 산출된다.

$$0 = -j\omega M\mathbf{I}_1 + j\omega L_2\mathbf{I}_2,$$

이 식으로부터 $k = 1$에 대해 다음의 관계식이 성립한다.

$$\frac{\mathbf{I}_1}{\mathbf{I}_2} = \frac{L_2}{M} = \frac{L_2}{\sqrt{L_1L_2}} = \sqrt{\frac{L_2}{L_1}} = \frac{N_2}{N_1}.$$

따라서 다음 식이 성립한다.

이상적인 변압기에 대한 전류 관계

$$\mathbf{I}_1N_1 = \mathbf{I}_2N_2. \tag{9.38}$$

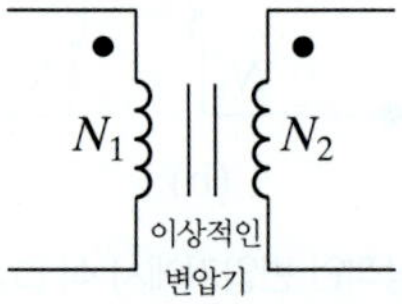

그림 9.45▲ 이상적인 변압기의 그래프 기호.

그림 9.45는 이상적인 변압기의 그래프 기호를 나타낸다. 기호에서 수직선은 강자성 코어가 만들어지는 자기 재료의 층을 나타낸다. 강자성 코어에 감긴 코일이

이상적인 변압기와 아주 유사하게 동작하는 데는 다음의 이유가 있다. 강자성 재료는 높은 자기투자율을 갖는 공간을 만든다. 따라서 자속의 대부분은 코어 재료 내에 잡히게 되고 같은 코어를 공유하는 코일들 사이에 강한 자기 결합이 생성된다. 또한 높은 자기투자율은 $L = N^2\mathcal{P}$이기 때문에 높은 자기 인덕턴스를 의미한다. 마지막으로, 강자성으로 결합된 코일은 한 코일에서 다른 코일로 전력을 효율적으로 전송한다. 95%를 초과하는 효율이 보통이므로 손실을 무시해도 대부분의 경우 문제가 되지 않는다.

전압과 전류 비의 극성 결정

이제 식 (9.35)와 (9.36)의 절댓값 기호를 제거할 차례가 되었다. 식 (9.37)과 (9.38)의 유도 시에는 절댓값 기호가 나타나지 않았다는 것을 주목하라. 그 이유는 그림 9.44에서 전압에 대한 기준 극성과 전류에 대한 기준 방향을 정했고, 두 개의 결합 코일에 대한 자기 극성을 도트(점)로 표시했기 때문이다.

식 (9.35)와 (9.36)에 적당한 대수 부호를 지정하기 위한 규칙은 다음과 같다.

이상적인 변압기에 대한 도트 표시 규약

코일 전압 $\mathbf{V}_1$과 $\mathbf{V}_2$가 도트 표시가 있는 단자에서 둘 다 같은 극성, 즉 둘 다 양이거나 음이면 식 (9.35)에서 양의 부호를 사용하라. 그렇지 않으면 음의 부호를 사용하라.

코일 전류 $\mathbf{I}_1$과 $\mathbf{I}_2$가 둘 다 도트 표시가 있는 단자로 들어가거나 도트 표시가 있는 단자에서 나오는 방향이면 식 (9.36)에서 음의 부호를 사용하라. 그렇지 않으면 양의 부호를 사용하라.

그림 9.46에 나타낸 네 개의 회로는 이러한 규칙을 설명해 준다.

두 권선의 권선 비는 이상적인 변압기의 중요한 파라미터이다. 이 책에서는 N_2/N_1를 나타내기 위해 a를 사용한다. 즉

$$a = \frac{N_2}{N_1}. \tag{9.39}$$

그림 9.47은 이상적인 변압기의 권선 비를 나타내는 세 가지 방법을 보여 준다. 그림 9.47(a)는 각 코일에서의 권선 수를 명확히 나타낸다. 그림 9.47(b)는 N_2/N_1

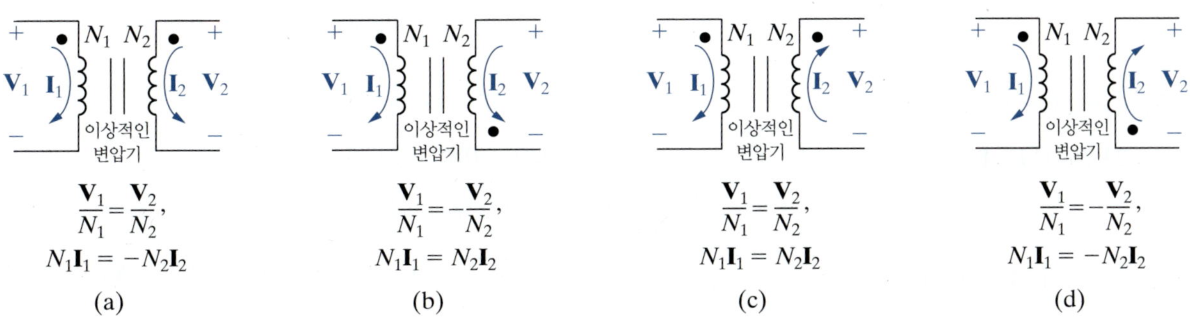

그림 9.46▲ 이상적인 변압기의 단자 전압과 전류의 관계를 나타내기 위한 적당한 대수 부호를 보여 주는 회로.

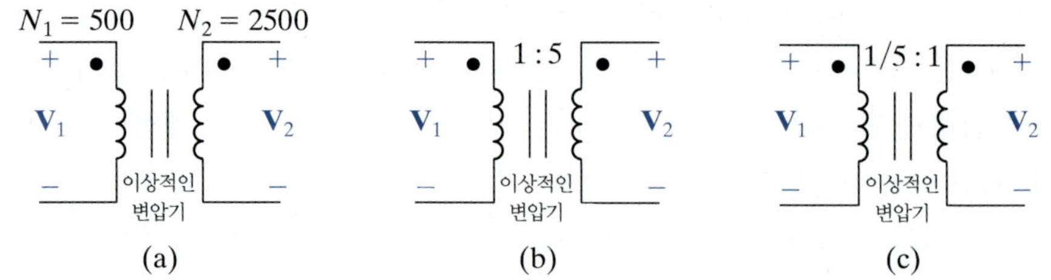

그림 9.47▲ 어떤 이상적인 변압기의 권선 비가 5라는 것을 나타내는 세 가지 방법.

비가 5 대 1이라는 것을 나타내고, 그림 9.47(c)는 N_2/N_1 비가 1 대 $\frac{1}{5}$이라는 것을 나타낸다.

예제 9.16은 이상적인 변압기를 포함하는 회로의 해석법을 보여 준다.

예제 9.16 주파수 영역에서의 이상적인 변압기 회로 해석하기

그림 9.48과 같이 이상적인 변압기의 2차 권선에 연결된 부하 임피던스는 125 μH 인덕터와 직렬로 연결된 237.5 mΩ의 저항으로 구성되어 있다.

정현파 전압원(v_g)이 2500 cos 400t V의 전압을 발생시키는 경우 다음 변수에 대한 정상 상태 식을 구하라.

a) i_1 b) v_1 c) i_2 d) v_2

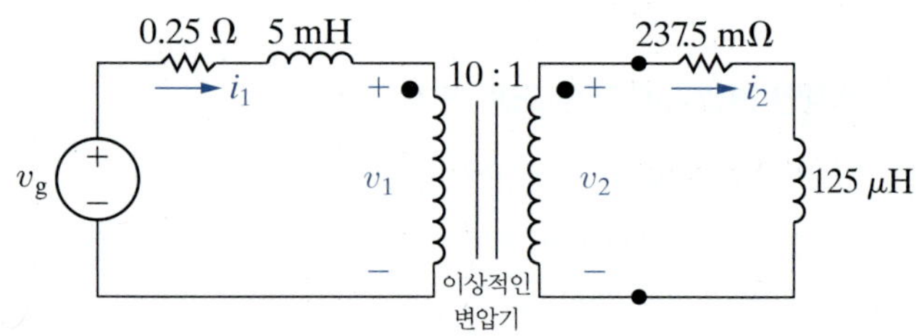

그림 9.48▲ 예제 9.16의 회로.

풀이

a) 먼저 주파수 영역의 회로로 변환시킨다. 전압원은 $2500\angle 0^\circ$ V가 되고 5 mH 인덕터는 $j2$ Ω의 임피던스로 변환되고 125 μH 인덕터는 $j0.05$ Ω의 임피던스로 변환된다. 주파수 영역의 등가 회로는 그림 9.49에 나타나 있다.

그림 9.49의 왼쪽 망에 대해 KCL 식을 세우면 다음과 같다.

$$2500\angle 0^\circ = (0.25 + j2)\mathbf{I}_1 + \mathbf{V}_1.$$

이상적인 변압기에 대한 $\mathbf{V}_1$과 $\mathbf{V}_2$ 간의 관계 및 옴의 법칙을 이용하여 $\mathbf{I}_2$를 가지고 $\mathbf{V}_2$에 대한 식을 사용하면 다음 식을 얻을 수 있다.

$$\mathbf{V}_1 = 10\mathbf{V}_2 = 10[(0.2375 + j0.05)\mathbf{I}_2].$$

$\mathbf{I}_2 = 10\mathbf{I}_1$이므로

$$\mathbf{V}_1 = 10(0.2375 + j0.05)10\mathbf{I}_1$$
$$= (23.75 + j5)\mathbf{I}_1.$$

그러므로

$$2500\angle 0^\circ = (24 + j7)\mathbf{I}_1,$$

즉

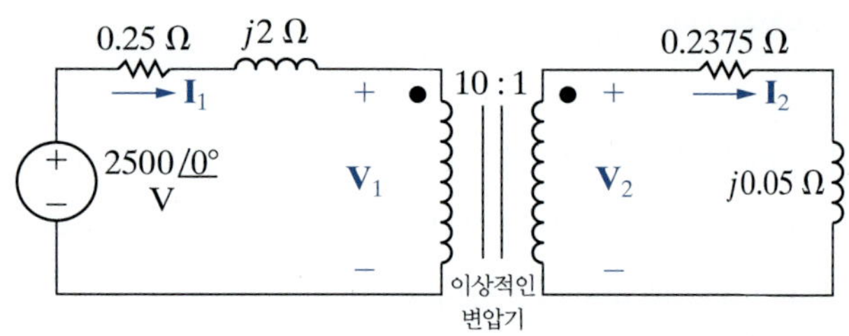

그림 9.49▲ 예제 9.16의 페이저 영역 회로.

$$\mathbf{I}_1 = 100\angle -6.26^\circ \text{ A}.$$

따라서 i_1에 대한 정상 상태 식은 다음과 같다.

$$i_1 = 100\cos(400t - 16.26^\circ)\text{A}.$$

b) $\mathbf{V}_1 = 2500\angle 0^\circ - (100\angle -16.26^\circ)(0.25 + j2)$
$= 2420 - j185 = 2427.06\angle -4.37^\circ$ V.

따라서 정상 상태의 v_1은 다음과 같다.

$$v_1 = 2427.06\cos(400t - 4.37^\circ)\text{V}.$$

c) $\mathbf{I}_2 = 10\mathbf{I}_1 = 1000\angle -16.26^\circ$ A.

그러므로 정상 상태의 i_2는 다음과 같다.

$$i_2 = 1000\cos(400t - 16.26°)\,\text{A}.$$

d) $\mathbf{V}_2 = 0.1\mathbf{V}_1 = 242.71\,\underline{/-4.37°}$ V가 되고, 정상 상태에서는 다음 식이 주어진다.

$$v_2 = 242.71\cos(400t - 4.37°)\,\text{V}.$$

평가문제

목표 5—이상적인 변압기가 있는 회로를 해석할 수 있다.

9.15 그림의 페이저 영역 회로에서 전원 전압은 $200\underline{/0°}$ kV이다. $\mathbf{V}_2$와 $\mathbf{I}_2$의 크기와 위상각을 구하라.

정답: $\mathbf{V}_2 = 3577.71\,\underline{/153.43°}$ V,
$\mathbf{I}_2 = 0.4\,\underline{/-143.13°}$ A.

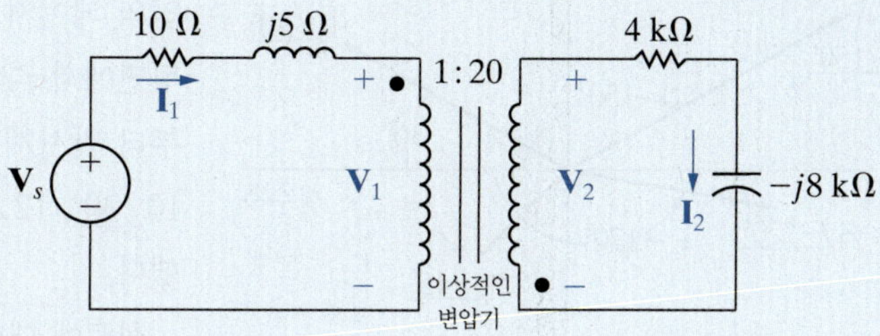

자가 검사: 연습문제 9.80도 풀어 보라.

임피던스 정합을 위한 이상적인 변압기 사용

그림 9.50에 예시된 회로와 같이 이상적인 변압기는 부하의 임피던스 수준을 올리거나 낮추기 위해 사용될 수 있다. 실제 전압원(Z_s와 직렬로 연결된 $\mathbf{V}_s$)에서 본 임피던스는 $\mathbf{V}_1/\mathbf{I}_1$이다. 부하 임피던스 양단에서의 전압과 전류($\mathbf{V}_2$와 $\mathbf{I}_2$)는 변압기 권선 비에 의하여 $\mathbf{V}_1$, $\mathbf{I}_1$과 관련된다. 따라서

$$\mathbf{V}_1 = \frac{\mathbf{V}_2}{a},$$

그리고

$$\mathbf{I}_1 = a\mathbf{I}_2.$$

그러므로 실제 전원에서 본 임피던스는

$$Z_{\text{IN}} = \frac{\mathbf{V}_1}{\mathbf{I}_1} = \frac{1}{a^2}\frac{\mathbf{V}_2}{\mathbf{I}_2},$$

하지만 $\mathbf{V}_2/\mathbf{I}_2$ 비는 부하 임피던스 Z_L이므로 위 식은 다음과 같이 된다.

$$Z_{\text{IN}} = \frac{1}{a^2}Z_L. \tag{9.40}$$

따라서 이상적인 변압기의 2차 코일은 부하 임피던스를 스케일링 계수 $1/a^2$와 함께 1차 코일로 반사한다.

이상적인 변압기는 Z_L의 크기를 변화시키지만 위상각에는 영향을 미치지 않는다는 것을 주목하라. Z_{IN}이 Z_L보다 크냐 작으냐는 권선 비 a에 달려 있다. 이상적인 변압기(또는 실제적인 대안인 강자성 코어 변압기)는 Z_L의 크기를 Z_s의 크기에 정합(matching)하기 위해 사용될 수 있다. 10장에서 이것이 왜 바람직한가를 논의할 것이다.

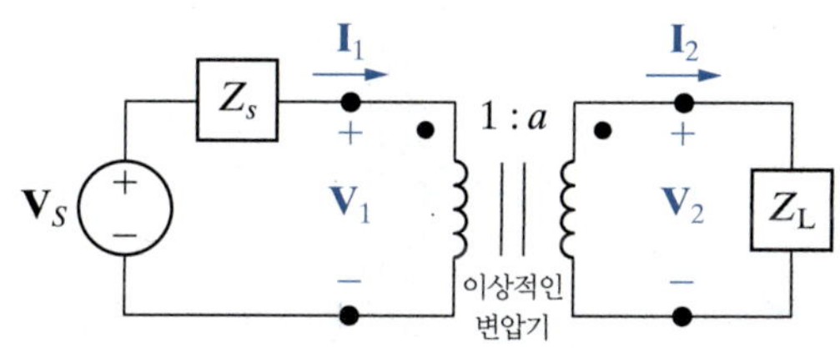

그림 9.50▲ 부하를 전원에 연결하기 위해 이상적인 변압기 사용하기.

10장에서 보겠지만, 이상적인 변압기는 전원에서 부하로 가는 전압을 상승시키거나 하강시킬 때도 사용될 수 있다. 그러므로 전송 선로의 전압을 더 안전한 주거용 전압 수준으로 낮추는 것이 필요한 전기공익산업에서 이상적인 변압기가 많이 사용된다.

9.12 페이저도

회로의 정상 상태 정현파 동작을 해석하기 위해 페이저법을 사용할 때 전류나 전압의 페이저도가 회로 동작에 대한 더 나은 통찰력을 제공한다. 페이저도는 복소 평면에서 각 페이저 양의 크기와 위상각을 나타낸다. 위상각은 양의 실수축으로부터 반시계 방향으로 측정되고, 크기는 축의 원점으로부터 측정된다. 예를 들어 $10\angle 30^\circ$, $12\angle 150^\circ$, $5\angle -45^\circ$, $8\angle -170^\circ$에 해당되는 페이저 양을 그림 9.51에 표시했다.

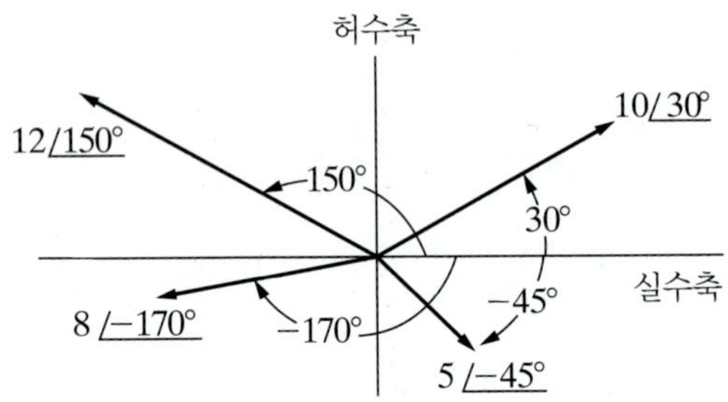

그림 9.51▲ 페이저의 그래프 표현.

회로에 대한 페이저도를 그릴 때는 보통 전류와 전압을 포함시키기 때문에 전류와 전압에 대해 각기 다른 크기 척도를 사용해야 한다. 복소 평면상에서 페이저 양을 시각화하는 것은 계산 결과를 확인하는 좋은 방법이다. 예를 들면 $-7 - j3$의 페이저를 극좌표 형식으로 변환한다고 가정해 보자. 계산을 하기 전에 그림 9.52에 나타난 바와 같이 크기는 7보다 크며, 각도는 -135°보다 더 음의 값이고 225°보다 덜 양의 값을 갖는 3사분면에 있다는 것을 예상할 수 있어야 한다.

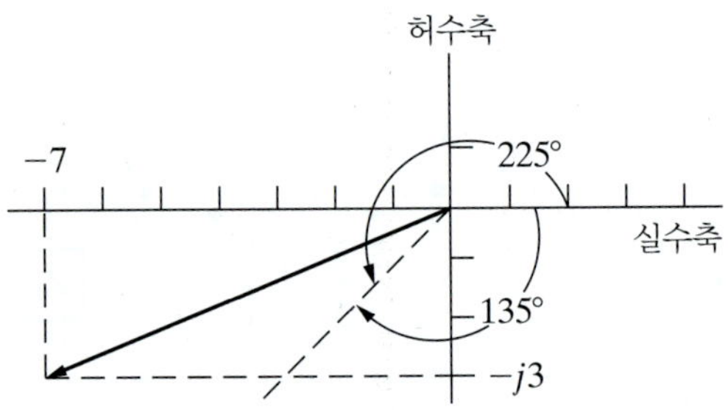

그림 9.52▲ 복소수 $-7 - j3 = 7.62\angle -156.80^\circ$.

예제 9.17과 9.18에서 페이저도의 구성과 사용법이 설명된다. 회로의 정상 상태 정현파 동작에 대한 추가적인 통찰력을 얻기 위해 페이저도를 사용할 수 있다. 예를 들어 연습문제 9.83은 위상 이동 회로의 동작을 설명하기 위해 페이저도를 사용한다.

예제 9.17 회로를 해석하기 위해 페이저도 사용하기

그림 9.53의 회로에 대해 페이저도를 사용하여 $\omega = 5$ krad/s일 때 전원 전류 i_s보다 45° 위상이 뒤지는 전류 i_R이 지나가는 저항 R을 구하라.

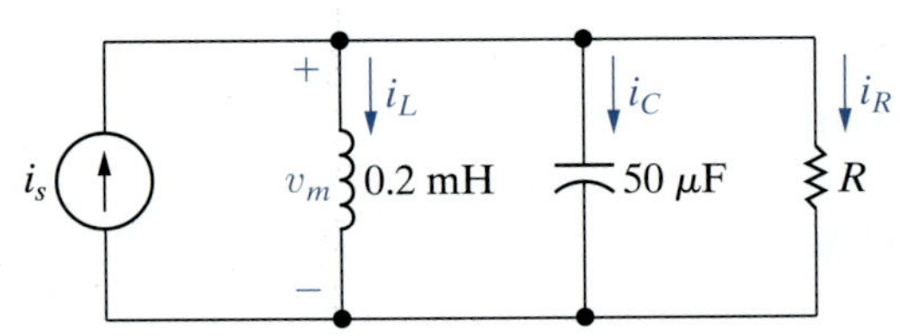

그림 9.53▲ 예제 9.17의 회로.

풀이

키르히호프의 전류 법칙에 의하여 전류 $\mathbf{I}_R$, $\mathbf{I}_L$, $\mathbf{I}_C$의 합이 전원 전류 $\mathbf{I}_s$와 같아야 한다. 전압 $\mathbf{V}_m$의 위상각이 0이라고 가정하면 그 성분 각각에 대한 전류 페이저를 그릴 수 있다. 인덕터에 대한 전류 페이저는 다음과 같이 주어진다.

$$\mathbf{I}_L = \frac{V_m\angle 0^\circ}{j(5000)(0.2\times 10^{-3})} = V_m\angle -90^\circ,$$

이에 반하여 커패시터에 대한 전류 페이저는 다음과 같이 주어진다.

$$\mathbf{I}_C = \frac{V_m\angle 0^\circ}{-j(5000)(50\times 10^{-6})} = 4V_m\angle 90^\circ,$$

그리고 저항에 대한 전류 페이저는 다음과 같이 주어진다.

$$\mathbf{I}_R = \frac{V_m\angle 0^\circ}{R} = \frac{V_m}{R}\angle 0^\circ.$$

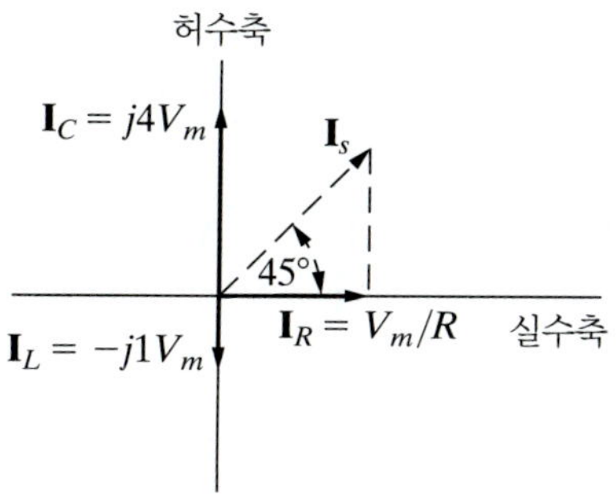

그림 9.54▲ 그림 9.53의 전류를 위한 페이저도.

이 페이저들이 그림 9.54에 나타나 있다. 이 페이저도는 또한 점선으로 그려진 전원 전류 페이저를 나타내고 있는데, 이것은 세 회로 성분의 전류 페이저의 합이어야 되고 저항의 전류 페이저보다 45° 더 양인 위상각에 있어야 한다. 보는 바와 같이 그 페이저를 합하면 이등변삼각형이 된다. 그래서 저항에 대한 전류 페이저의 길이는 $3V_m$과 같아야 한다. 그러므로 저항의 값은 $\frac{1}{3}$ Ω이다.

예제 9.18 용량성 부하 효과를 해석하기 위해 페이저도 사용하기

그림 9.55의 회로는 저항과 인덕터의 병렬 결합으로 된 부하를 갖고 있다. $\mathbf{V}_L$의 진폭이 일정하게 유지되도록 $\mathbf{V}_s$를 조정하는 경우 페이저도를 사용하여 부하 양단에 커패시터를 더함으로써 $\mathbf{V}_s$의 진폭에 미치는 효과를 조사하라. 전력회사는 선로상의 전압 강하를 제어하기 위해 이 기법을 사용한다.

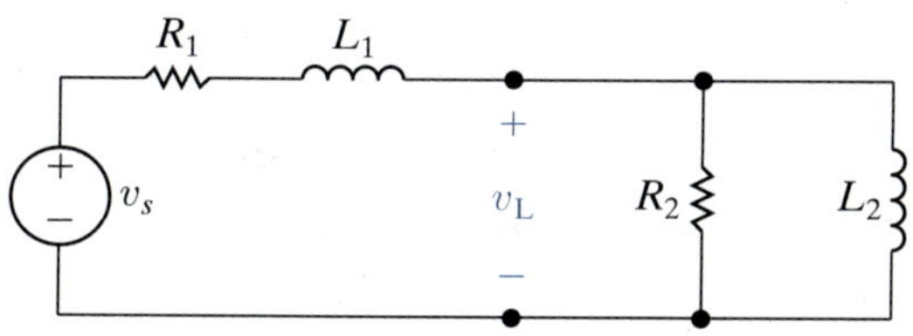

그림 9.55▲ 예제 9.18의 회로.

풀이

먼저 부하에서의 커패시턴스가 0이라고 가정하고 시작한다. 커패시턴스가 0인 경우에 대한 페이저도를 그린 후에 커패시터를 더하여 $\mathbf{V}_L$의 진폭을 일정하게 유지하도록 하면 그것이 $\mathbf{V}_s$의 진폭에 미치는 효과를 연구할 수 있다. 그림 9.56은 그림 9.55 회로의 주파수 영역 등가를 나타낸다. 해석이 용이하도록 그림 9.56에 페이저 가지 전류 $\mathbf{I}$, $\mathbf{I}_a$, $\mathbf{I}_b$를 추가했다.

그림 9.57은 페이저도의 단계적인 전개를 보여 준다. 이 예제에서 특별한 페이저 값이나 위치에 관심이 있는 것이 아니라 부하 양단에 커패시터를 추가하는 일반적인 효과에 관심이 있다는 것을 명심하라. 따라서 커패시터가 추가되기 전과 후의 페이저의 상대 위치를 나타내고자 한다.

이 페이저도를 그림 9.56의 회로와 관련시켜 보면 다음과 같은 내용을 찾아낼 수 있다.

- 부하 전압의 진폭을 일정하게 유지하고 있기 때문에 $\mathbf{V}_L$을 기준으로 선택한다. 편의상 이 페이저를 양의 실수축에 둔다.
- $\mathbf{I}_a$는 $\mathbf{V}_L$과 동상이고 그 크기는 $|\mathbf{V}_L|/R_2$이라는 것을 알고 있다(페이저도상에서 전류 페이저에 대한 크기 스케일과 전압 페이저에 대한 크기 스케일은 무관하다).
- $\mathbf{I}_b$는 $\mathbf{V}_L$보다 위상이 90° 뒤지고 크기는 $|\mathbf{V}_L|/\omega L_2$이라는 것을 알고 있다.
- 전류 $\mathbf{I}$는 $\mathbf{I}_a$와 $\mathbf{I}_b$의 합과 같다.

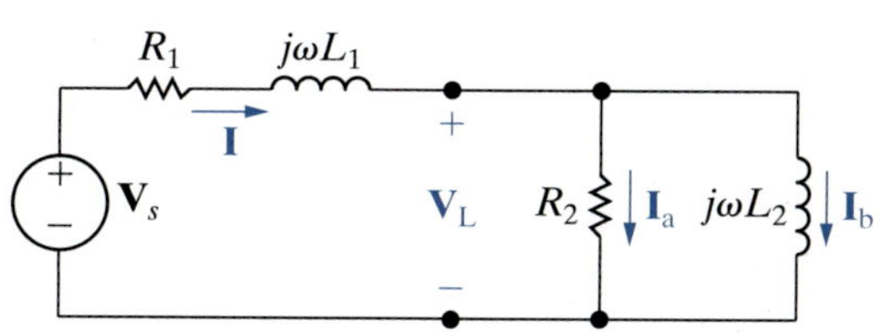

그림 9.56▲ 그림 9.55 회로의 주파수 영역 등가.

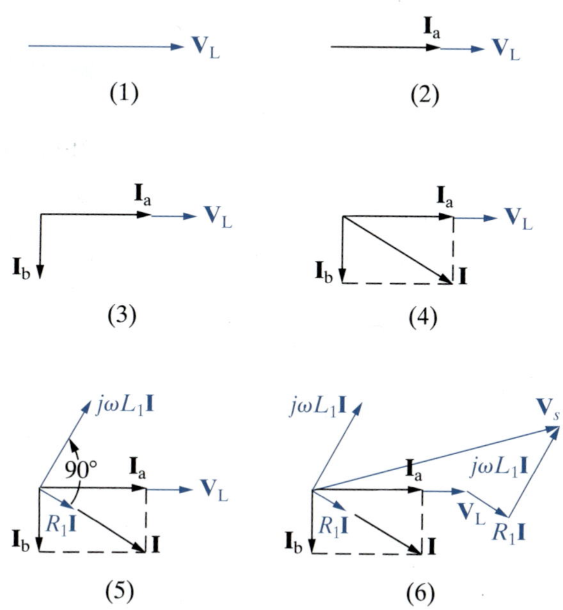

그림 9.57▲ 그림 9.56의 회로에 대한 페이저도의 단계적인 전개.

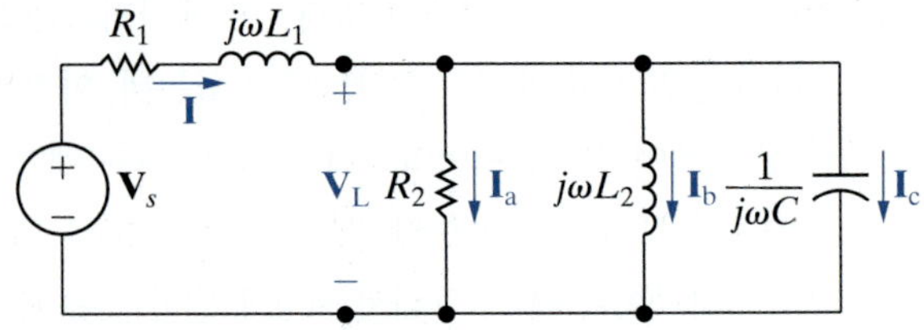

그림 9.58▲ 그림 9.56의 회로에 커패시터를 추가함.

- R_1에서의 전압 강하는 전류와 동상이고, $j\omega L_1$에서의 전압 강하는 전류보다 위상이 90° 앞선다.
- 전원 전압은 다음과 같다.

  $\mathbf{V}_s = \mathbf{V}_L + (R_1 + j\omega L_1)\mathbf{I}$

그림 9.57의 단계 6에 그려진 완성된 페이저도는 그림 9.56의 모든 전류와 전압 사이의 크기와 위상각 관계를 보여 준다.

이제 그림 9.58과 같이 커패시터 가지를 더하자. $\mathbf{V}_L$을 일정하게 유지하고 있으므로 단계 4에서 그 페이저도에 $\mathbf{I}_c$가 $\mathbf{V}_L$보다 위상이 90° 앞서고 크기는 $|\mathbf{V}_L\omega C|$인 커패시터 전류 $\mathbf{I}_c$를 더하는 것을 제외하고는 그림 9.57에 적용한 것과 같은 단계를 따라서 그림 9.58의 회로에 대한 페이저도를 그린다. 그림 9.59는 $\mathbf{I}_c$가 다음

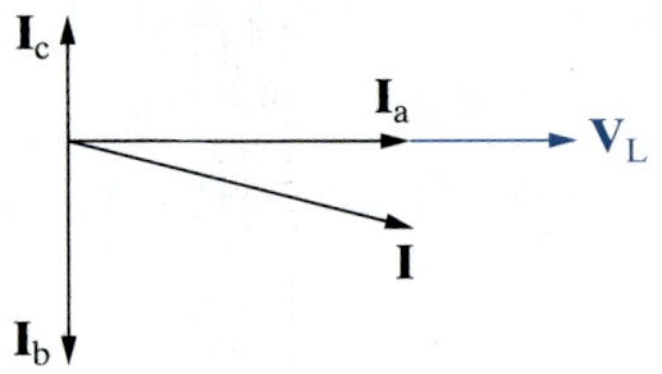

그림 9.59▲ 커패시터 전류 $\mathbf{I}_c$가 전류 $\mathbf{I}$에 미치는 효과.

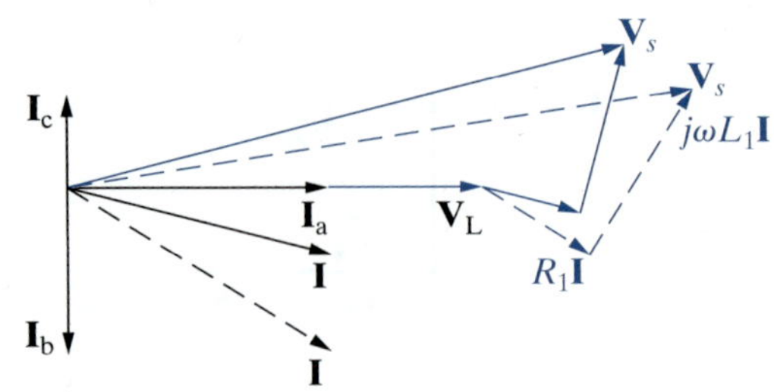

그림 9.60▲ $\mathbf{V}_L$을 일정하게 유지할 때 그림 9.53 회로에 커패시터를 병렬로 추가할 때의 효과.

과 같이 전류 $\mathbf{I}$에 미치는 영향을 나타낸다. 전류 $\mathbf{I}$의 크기와 위상각은 둘 다 $\mathbf{I}_c$의 크기가 변함에 따라 변한다. $\mathbf{I}$가 변화함에 따라 임피던스$(R_1 + j\omega L_1)$에 대한 전압 강하의 크기와 위상각도 변한다. 이 때문에 $\mathbf{V}_s$의 크기와 위상각도 변한다. 그림 9.60의 페이저도가 이러한 관찰 결과를 보여 준다. 점선으로 된 페이저는 커패시터를 더하기 전 관련된 전류와 전압을 나타낸다.

따라서 $\mathbf{I}$, $R_1\mathbf{I}$, $j\omega L_1\mathbf{I}$ 및 $\mathbf{V}_s$의 점선으로 된 페이저를 여기에 상응하는 실선으로 표현된 페이저와 비교해 보면 C를 회로에 더한 효과를 명확하게 알 수 있다. 특히 커패시터를 추가하는 것은 전원 전압의 진폭을 감소시키지만, 부하 전압의 진폭은 같은 값을 유지하게 한다. 실제적으로 이 결과는 부하량이 많은 조건하에서 부하가 증가(즉 $\mathbf{I}_a$와 $\mathbf{I}_b$가 증가)함에 따라서 커패시터를 시스템에 더해 주면(즉 $\mathbf{I}_c$를 증가시키면) 전원 전압의 진폭을 증가시키지 않고도 $\mathbf{V}_L$을 유지할 수 있다는 것을 의미한다.

자가 검사: 연습문제 9.84와 9.85도 풀어 보라.

실제 응용

가정용 배전 회로

퓨즈 A가 끊어지기 전의 3선(three-wire) 배전 회로에 걸린 부하를 결정하고 나면 그림 9.61과 같은 주파수 영역 회로 모델을 구성할 수 있다. 여기서는 전원과 부하를 연결하는 배선이 가지는 임피던스는 무시한다.

먼저 퓨즈 A가 끊어지기 전의 그림에 있는 모든 가지 전류 페이저를 구해 보자. 옴의 법칙을 이용하면 $\mathbf{I}_4$, $\mathbf{I}_5$, $\mathbf{I}_6$을 다음과 같이 구할 수 있다.

$$\mathbf{I}_4 = \frac{120}{24} = 5\angle 0^\circ \text{ A};$$

$$\mathbf{I}_5 = \frac{120}{12} = 10\angle 0^\circ \text{ A};$$

$$\mathbf{I}_6 = \frac{240}{8.4 + j6.3} = 18.29 - j13.71 \text{ A} = 22.86\angle -36.87^\circ \text{ A}.$$

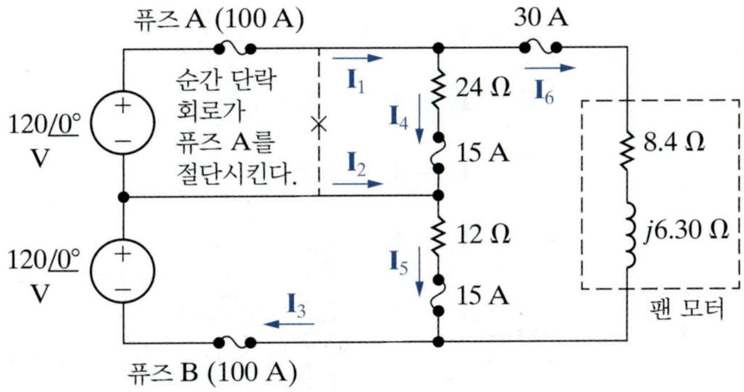

그림 9.61▲ 3선 가정용 배전 회로 모델.

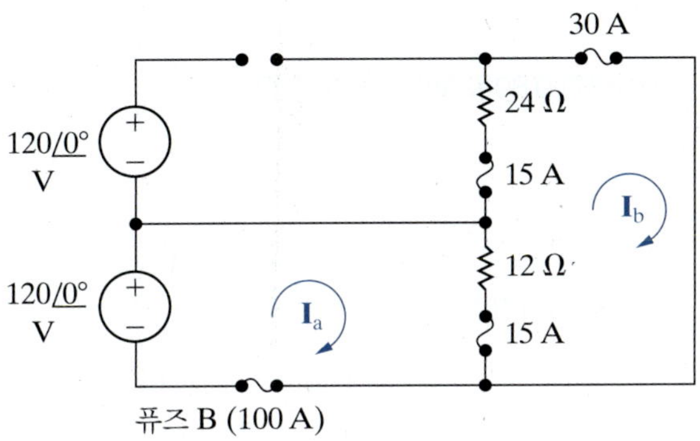

그림 9.62▲ 퓨즈 A가 절단되고 팬 모터가 정지한 이후의 그림 9.61에 대한 회로.

그리고 KCL과 앞서 구한 전류를 가지고 $\mathbf{I}_1$, $\mathbf{I}_2$, $\mathbf{I}_3$를 구하면 다음과 같다.

$$\mathbf{I}_1 = \mathbf{I}_4 + \mathbf{I}_6 = 23.29 - j13.71 \text{ A} = 27.02\underline{/-30.5^\circ} \text{ A};$$

$$\mathbf{I}_2 = \mathbf{I}_5 - \mathbf{I}_4 = 5\underline{/0^\circ} \text{ A};$$

$$\mathbf{I}_3 = \mathbf{I}_5 + \mathbf{I}_6 = 28.29 - j13.71 \text{ A} = 31.44\underline{/-25.87^\circ} \text{ A}.$$

이제 퓨즈 A가 끊어진 이후 위와 같이 각 가지 전류 페이저를 구해 보자. 팬 모터는 작동이 멈추었을 때 단락 회로로, 절단된 퓨즈는 개방 회로로 동작한다고 가정한다. 그러면 회로 모델은 그림 9.62와 같다. 이 회로를 해석하기 위해 그림 9.62의 망 전류 페이저를 사용하여 두 개의 망 전류 식을 세운다.

이 회로로부터 다음과 같은 두 개의 망 전류 식을 세울 수 있다.

$$12(\mathbf{I}_a - \mathbf{I}_b) = 120;$$

$$24\mathbf{I}_b + 12(\mathbf{I}_b - \mathbf{I}_a) = 0.$$

이 식을 풀면 다음 식을 얻게 된다.

$$\mathbf{I}_a = 15 \text{ A};$$

$$\mathbf{I}_b = 5 \text{ A}.$$

이 망 전류 페이저를 사용하여 그림 9.61의 새로운 가지 전류 페이저를 다음과 같이 구할 수 있다.

$$\mathbf{I}_1 = 0 \text{ A};$$

$$\mathbf{I}_2 = \mathbf{I}_3 = \mathbf{I}_a = 15 \text{ A};$$

$$\mathbf{I}_6 = \mathbf{I}_b = 5 \text{ A};$$

$$\mathbf{I}_4 = \mathbf{I}_1 - \mathbf{I}_6 = -5 \text{ A};$$

$$\mathbf{I}_5 = \mathbf{I}_2 + \mathbf{I}_4 = 10 \text{ A}.$$

위의 전류 값을 보면, 퓨즈 A가 끊어지고 가지 전류 $\mathbf{I}_1$이 0이 되었다 하더라도 다른 가지 전류는 0이 아님을 알 수 있다. 따라서 12 Ω의 부하를 가진 TV와 시계는 계속해서 충분한 전류를 공급받을 수 있었고, 이 때문에 퓨즈 A가 끊어진 이후에도 계속 작동했다는 사실을 알 수 있다.

자가 검사: 연습문제 9.88과 9.89를 풀어 이해도를 평가하라.

■ 요약

- 어떤 **정현파 전원**에 대한 일반적인 방정식은 다음과 같다.

$$v = V_m \cos(\omega t + \phi) \text{ (전압원)}$$

또는

$$i = I_m \cos(\omega t + \phi) \text{ (전류원)}$$

여기서 V_m(또는 I_m)은 최대 진폭이고, ω는 주파수, ϕ는 위상각이다.

- 어떤 정현파 응답의 주파수 ω는 회로를 구동하는 정현파 전원의 주파수와 같다. 그 응답의 진폭과 위상각은 일반적으로 전원의 것과 다르다.

- 정현파 전원에 의하여 구동되는 회로에서 정상 상태 전압과 전류를 구하는 가장 좋은 방법은 주파수 영역에서 해석을 수행하는 것이다. 다음과 같은 수학적 변환에 의하여 시간 영역과 주파수 영역 사이에서 이동할 수 있다.
  - 페이저 변환(시간 영역에서 주파수 영역으로)

$$\mathbf{V} = V_m e^{j\phi} = \mathcal{P}\{V_m \cos(\omega t + \phi)\}.$$

  - 페이저 역변환(주파수 영역에서 시간 영역으로)

$$\mathcal{P}^{-1}\{V_m e^{j\phi}\} = \mathcal{R}\{V_m e^{j\phi} e^{j\omega t}\}.$$

- 정현파 전원을 가진 회로에서 인덕터의 양단에서 전압은 전류보다 위상이 90° 앞서고, 커패시터의 양단에서 전류는 전압보다 위상이 90° 앞선다.

- **임피던스**(Z)는 저항, 인덕턴스, 커패시턴스의 페이저 전류와 페이저 전압을 옴의 법칙과 동일한 형태의 방정식으로 표현한 것이다.

$$\mathbf{V} = Z\mathbf{I},$$

여기서 $\mathbf{I}$에 대한 기준 방향은 수동 부호 규약을 따른다. 임피던스의 역수를 **어드미턴스**(Y)라고 하는데, 이를 가지고 주파수 영역에서 저항, 인덕터, 커패시터에 대한 전류-전압 관계를 다음과 같이 표현할 수 있다.

$$\mathbf{V} = \mathbf{I}/Y.$$

- 저항, 인덕터, 커패시터의 임피던스와 어드미턴스에 대한 식은 표 9.3에 요약 정리했다.

표 9.3 임피던스와 관련된 값

소자	임피던스(Z)	리액턴스	어드미턴스(Y)	서셉턴스
저항	R (저항)	—	G (컨덕턴스)	—
커패시터	$j(-1/\omega C)$	$-1/\omega C$	$j\omega C$	ωC
인덕터	$j\omega L$	ωL	$j(-1/\omega L)$	$-1/\omega L$

- 저항 회로를 위해 2~4장에서 개발된 모든 회로 해석 기법은 또한 주파수 영역에서의 정현파 정상 상태 회로에 적용된다. 이러한 기법은 KVL, KCL, 임피던스의 직렬 및 병렬 결합, 전압과 전류 분배, 마디 전압법과 망 전류법, 전원 변환, 테브냉 및 노턴 등가 등을 포함한다.
- 2-권선 **선형 변압기**는 같은 비자성 코어에 감긴 두 개의 코일로 이루어진 결합 장치이다. **반사 임피던스**는 1차 회로의 양단에서 본 2차 회로의 임피던스이며 역도 역시 같다. 1차 측에서 본 선형 변압기의 반사 임피던스는 계수 $(\omega M/|Z_{22}|)^2$으로 척도가 변환된 2차 회로의 자기 임피던스의 공액복소수이다.
- 2-권선 **이상적인 변압기**는 다음과 같은 특별한 성질을 갖는 선형 변압기이다: 완전 결합($k = 1$), 각 코일에서 무한대의 자기 인덕턴스($L_1 = L_2 = \infty$), 무손실 코일($R_1 = R_2 = 0$). 회로의 동작은 권선 비 $a = N_2/N_1$에 의해 지배된다. 특히 권선 수당 전압은 각 권선에 대해 같다. 즉

$$\frac{\mathbf{V}_1}{N_1} = \pm\frac{\mathbf{V}_2}{N_2},$$

그리고 암페어-턴은 각 권선에 대해 같다. 즉

$$N_1\mathbf{I}_1 = \pm N_2\mathbf{I}_2.$$

연습문제

9.1절

9.1 위상각 $\phi = -60°, -30°, 0°, 30°, 60°$에 대해 $i = 60\cos(\omega t + \phi)$ 대 t의 움직임을 한 그래프에 나타내라.

a) 위상각 ϕ가 점점 큰 음의 값을 가지려면 전류 함수는 왼쪽과 오른쪽 중 어디로 이동해야 하는가?

b) 위상각이 0에서 30°로 바뀌었다면 어느 방향으로 이동했는가?

9.2 $t = 5$ ms에서 어떤 정현파 전류가 0이고 음의 방향으로 이동하고 있다고 알려져 있다. 전류는 $t = 25$ ms에서 그다음으로 0이 된다. 그 전류는 또 $t = 0$에서 50 mA라고 알려져 있다.

a) 전류 i의 주파수는 몇 Hz인가?

b) 전류 i에 대한 식은 무엇인가?

9.3 정현파 전류는 $t = 150\ \mu$s에서 0이고 $20{,}000\pi$ A/s의 속도로 증가한다. 전류의 최대 진폭은 10 A이다.

a) 전류 i의 주파수는 몇 rad/s인가?

b) i의 식을 구하라.

9.4 말레이시아 가정의 실내 콘센트에 공급되는 정현파 전압의 rms값은 240 V이다. 그 콘센트에서 전압의 최댓값은 얼마인가?

9.5 정현파 전압 $v(t) = 25\cos(400\pi t + 60°)$ V이다.

a) 전압의 최대 크기는 얼마인가?

b) 주파수는 몇 Hz인가?

c) 주파수는 몇 rad/s인가?

d) 위상각은 몇 rad인가?

e) 위상각은 몇 도인가?

f) 주기는 몇 ms인가?

g) $t = 0$ 이후 처음으로 $v = 0$ V가 되는 시각을 구하라.

h) 정현파 함수가 시간축을 따라 오른쪽으로 5/6 ms 이동한다. $v(t)$에 대한 식은 무엇인가?

i) $v(t) = 25\sin 400\pi t$ V라면 함수가 왼쪽으로 이동해야 하는 최소 시간은 몇 ms인가?

9.6 어떤 정현파 전류가 다음 식으로 주어진다.

$$i = 100\cos(600t + 45°)\text{ mA}.$$

다음을 구하라.

a) f(단위: Hz),

b) T(단위: ms)

c) I_m

d) $i(0)$

e) ϕ(단위: 각도와 라디안)

f) $i = 0$이 되는 t의 가장 작은 양의 값

g) $di/dt = 0$이 되는 t의 가장 작은 양의 값

9.7 그림에 제시된 전파 정류 정현파 전압의 rms값을 구하라.

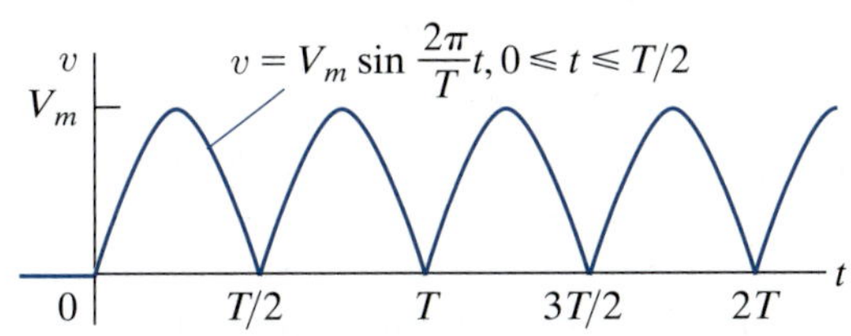

그림 P9.7

9.8 다음 수식이 만족함을 증명하라.

$$\int_{t_0}^{t_0+T} V_m^2\cos^2(\omega t + \phi)dt = \frac{V_m^2 T}{2}.$$

9.2절

9.9 $t = 0$에서 그림 9.5에 나타낸 회로에 가해지는 전압은 $75 \cos(4000t - 60°)$ V이다. 회로 저항은 400 Ω이고 75 mH 인덕터에서의 초기 전류는 0이다.

a) $t \geq 0$에 대한 $i(t)$를 구하라.

b) $i(t)$의 과도 성분과 정상 상태 성분의 식을 쓰라.

c) 스위치가 750 μs 동안 닫힌 후 i의 수치 값을 구하라.

d) 정상 상태 전류의 최대 진폭, 주파수(rad/s)와 위상각은 얼마인가?

e) 전압과 정상 상태 전류는 몇 도만큼 위상차가 나는가?

9.10 a) 식 (9.7)이 식 (9.6)의 해라는 것을 증명하라. 이것은 식 (9.7)을 식 (9.6)의 좌변에 대입하고 그것이 $t > 0$의 모든 값에 대해 우변과 같다는 것을 보여 주면 된다. $t = 0$에서 식 (9.7)은 전류의 초깃값으로 환원되어야 한다.

b) 과도 성분은 시간이 경과함에 따라 없어지고 해는 t의 모든 값에 대해 미분 방정식을 만족해야 하기 때문에 정상 상태 성분은 그 자체로 미분 방정식을 만족해야 한다. 식 (9.7)의 정상 상태 성분이 식 (9.6)을 만족하는 것을 보여 줌으로써 이 관찰 결과를 증명하라.

9.3과 9.4절

9.11 페이저 개념을 사용하여 다음 정현파 함수를 하나의 삼각 함수 식으로 합성하라.

a) $y = 30 \cos(200t - 160°) + 15 \cos(200t + 70°)$

b) $y = 90 \sin(50t - 20°) + 60 \cos(50t - 70°)$

c) $y = 50 \cos(5000t - 60°) + 25 \sin(5000t + 110°) - 75 \cos(5000t - 30°)$

d) $y = 10 \cos(\omega t + 30°) + 10 \sin \omega t + 10 \cos(\omega t + 150°)$

9.12 20 mH 인덕터의 전류는 다음과 같다.

$$10 \cos(10{,}000t + 30°) \text{ A}.$$

(a) 유도성 리액턴스, (b) 인덕터의 임피던스, (c) 페이저 전압 **V**, (d) 인덕터 양단 전압에 대한 정상 상태 식을 구하라.

9.13 5 μF 커패시터의 양단 전압이 $30 \cos(4000t + 25°)$ V이다. (a) 용량성 리액턴스, (b) 커패시터의 임피던스, (c) 페이저 전류 **I**, (d) 커패시터에서 전류의 정상 상태 식을 구하라.

9.14 그림 P9.14 회로 양단에서의 정상 상태 전압과 전류의 식은 다음과 같다.

$$v_g = 100 \cos(1000\pi t) \text{ V},$$

$$i_g = 2 \sin(1000\pi t + 40°) \text{ A}.$$

a) 전원에서 본 임피던스는 얼마인가?

b) 전류는 전압과 몇 ms만큼 위상차가 나는가?

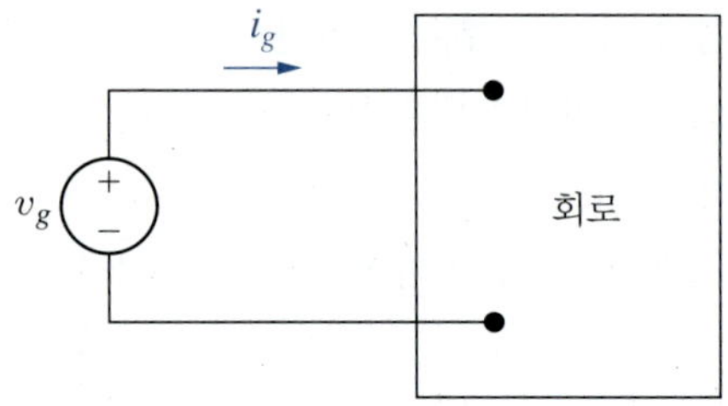

그림 P9.14

9.5와 9.6절

9.15 a) 주어진 주파수 ω에서 그림 P9.15(a)와 (b)의 회로가 다음 수식을 만족한다면 a, b 단자 사이에서 같은 임피던스를 가짐을 보여라.

$$R_1 = \frac{\omega^2 L_2^2 R_2}{R_2^2 + \omega^2 L_2^2}, \quad L_1 = \frac{R_2^2 L_2}{R_2^2 + \omega^2 L_2^2}.$$

b) 20 krad/s에서 50 kΩ 저항과 2.5 H의 인덕터가 병렬로 연결된 임피던스와 같은 임피던스를 가지는 직렬로 연결된 저항과 인덕턴스의 값을 구하라.

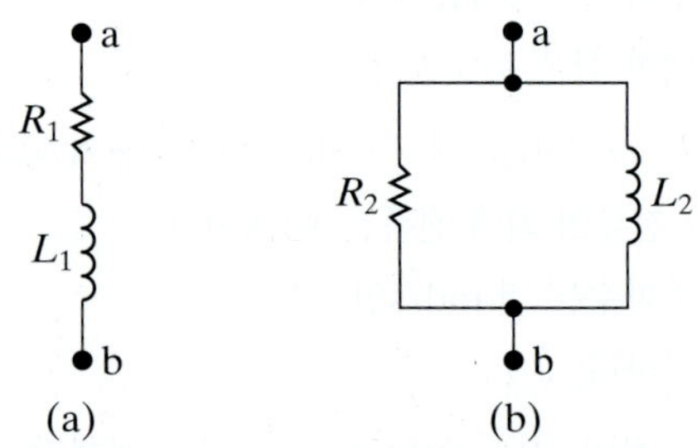

그림 P9.15

9.16 a) 주어진 주파수 ω에서 그림 P9.15(a)와 (b)의 회로가 다음 수식을 만족한다면 a, b 단자 사이에서 같은 임피던스를 가짐을 증명하라. (힌트: 두 개의 회로가 같은 어드미턴스를 가진다면 같은 임피던스를 가질 것이다.)

$$R_2 = \frac{R_1^2 + \omega^2 L_1^2}{R_1}, \quad L_2 = \frac{R_1^2 + \omega^2 L_1^2}{\omega^2 L_1}.$$

b) 10 krad/s에서 5 kΩ 저항이 500 mH의 인덕터와 직렬로 연결된 임피던스와 같은 임피던스를 가지는 병렬로 연결된 저항과 인덕턴스의 값을 구하라.

9.17 a) 주어진 주파수 ω에서 그림 P9.17(a)와 (b)의 회로가 다음 수식을 만족한다면 a, b 단자 사이에서 같은 임피던스를 가짐을 보여라.

$$R_1 = \frac{R_2}{1 + \omega^2 R_2^2 C_2^2},$$

$$C_1 = \frac{1 + \omega^2 R_2^2 C_2^2}{\omega^2 R_2^2 C_2}.$$

b) 80 krad/s에서 500 Ω 저항과 25 nF의 커패시터가 병렬로 연결된 임피던스와 같은 임피던스를 가지는 직렬로 연결된 저항과 커패시턴스의 값을 구하라.

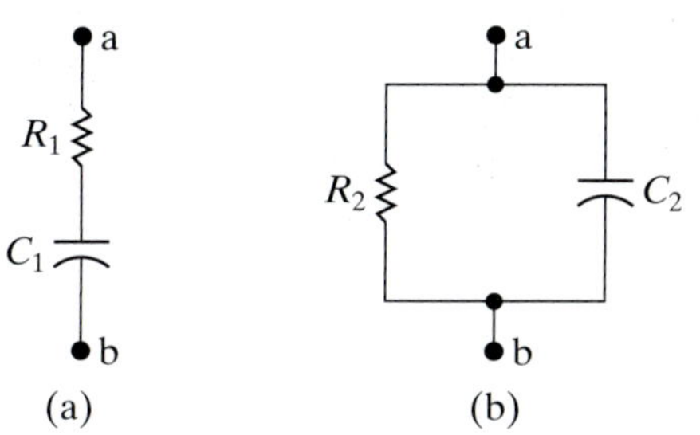

그림 P9.17

9.18 a) 주어진 주파수 ω에서 그림 P9.17(a)와 (b)의 회로가 다음 수식을 만족한다면 a, b 단자 사이에서 같은 임피던스를 가짐을 증명하라. (힌트: 두 개의 회로가 같은 어드미턴스를 가진다면 같은 임피던스를 가질 것이다.)

$$R_2 = \frac{1 + \omega^2 R_1^2 C_1^2}{\omega^2 R_1 C_1^2},$$

$$C_2 = \frac{C_1}{1 + \omega^2 R_1^2 C_1^2}.$$

b) 20 krad/s에서 2 kΩ 저항과 50 nF의 커패시터가 직렬로 연결된 임피던스와 같은 임피던스를 가지는 병렬로 연결된 저항과 커패시턴스의 값을 구하라.

9.19 각각 $4 - j3\,\Omega$, $16 + j12\,\Omega$, $-j100\,\Omega$의 값을 갖는 세 개의 가지가 병렬로 연결되어 있다. 그 병렬 연결의 (a) 등가 어드미턴스, (b) 등가 컨덕턴스, (c) 등가 서셉턴스는 몇 mS인가? (d) 그 병렬 가지가 $i = 50 \cos \omega t$ A인 정현파 전류원으로부터 여기된다면 순 용량성인 가지에서 전류의 최대 진폭은 얼마인가?

9.20 PSPICE MULTISIM 25 Ω 저항, 50 mH 인덕터 및 32 μF의 커패시터가 직렬로 연결되어 있다. 이 직렬로 연결된 소자는 전압이 $25 \cos (500t - 60°)$ V인 정현파 전압원에 의해 구동된다.

a) 주파수 영역의 등가 회로를 그려라.

b) 전류의 기준을 전압원에서의 전압 상승의 방향으로 잡고 페이저 전류를 구하라.

c) $i(t)$에 대한 정상 상태 식을 구하라.

9.21 PSPICE MULTISIM 20 Ω 저항과 1 μF 커패시터가 병렬로 연결되어 있다. 병렬 결합은 1 Ω 저항과 40 μH 인덕터의 직렬 결합과 병렬로 되어 있다. 세 개의 병렬 가지가 전류가 $20 \cos (50{,}000t - 20°)$ A인 정현파 전류원에 의해 구동된다.

a) 주파수 영역의 등가 회로를 그려라.

b) 전류원에서의 전압 기준을 전원 전류의 증가 방향으로 잡고 페이저 전압을 구하라.

c) $v(t)$의 정상 상태 식을 구하라.

9.22 a) 부록 H에 주어진 소자 값을 이용하여 저항과 인덕터를 각각 최소 한 개 이상씩 사용하여 병렬 연결하고 주파수 1000 rad/s에서 $20 + j40\,\Omega$의 임피던스를 가지도록 구성하라. (힌트: 연습문제 9.16의 결과를 이용하라.)

b) 부록 H에 주어진 소자 값을 이용하여 저항과 커패시터를 각각 최소 한 개 이상씩 사용하여 병렬 연결하고 주파수 1000 rad/s에서 $20 - j40\,\Omega$의 임피던스를 가지도록 구성하라. (힌트: 연습문제 9.18의 결과를 이용하라.)

9.23 a) 부록 H에 주어진 소자 값을 이용하여 연습문제 9.22(a)의 RL 회로와 병렬로 연결될 경우 주파수 1000 rad/s에서 순수 저항성 임피던스를 가질 수 있게 하는 하나의 커패시터 또는 여러 개의 커패시터로 구성되는 회로를 구하라.

b) 부록 H에 주어진 소자 값을 이용하여 연습문제 9.22(b)의 RC 회로와 병렬로 연결될 경우 주파수 1000 rad/s에서 순수 저항성 임피던스를 가질 수 있게 하는 하나의 인덕터 또는 여러 개의 인덕터로 구성되는 회로를 구하라.

9.24 a) 부록 H에 주어진 소자 값을 이용하여 저항, 인덕터, 커패시터를 각각 최소 한 개 이상씩 사용하여 직렬 연결하고 주파수 5000 rad/s에서 $800 - j600\,\Omega$의 임피던스를 가지도록 구성하라.

b) (a)에서 구성된 회로가 어떤 주파수에서 순수 저항성 임피던스를 가지는가?

9.25 PSPICE MULTISIM $v_s = 80 \cos 2000t$ V라고 할 때 그림 P9.25에 주어진 회로에서 $i_o(t)$의 정상 상태 식을 구하라.

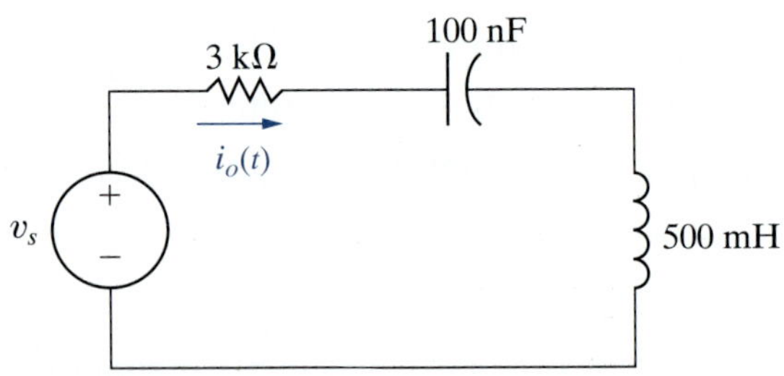

그림 P9.25

9.26 그림 P9.26에 나타낸 회로에 대해 $i_g = 60 \cos 10{,}000t$ mA일 경우 v_o의 정상 상태 식을 구하라.

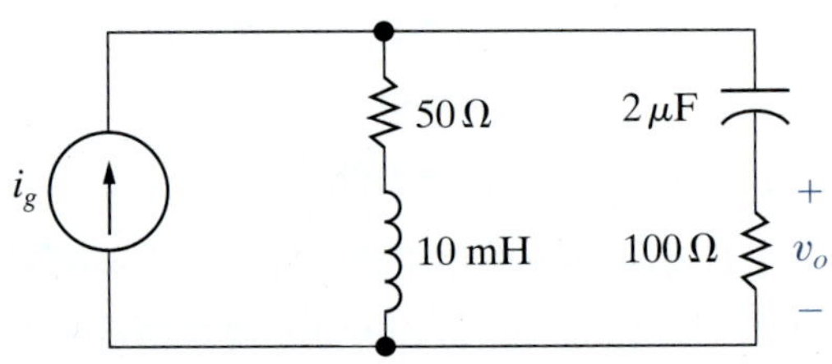

그림 P9.26

9.27 PSPICE MULTISIM 그림 P9.27에 주어진 회로는 정현파 정상 상태로 동작하고 있다. $v_g = 60 \sin 8000t$ V일 때 $v_o(t)$의 정상 상태 식을 구하라.

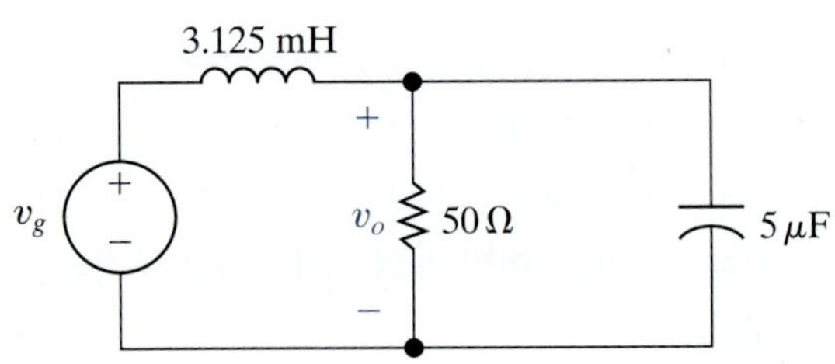

그림 P9.27

9.28 PSPICE MULTISIM 그림 P9.28에 주어진 회로는 정현파 정상 상태로 동작하고 있다. $v_s(t) = 25 \sin 2000t$ V일 때 $i_o(t)$의 정상 상태 식을 구하라.

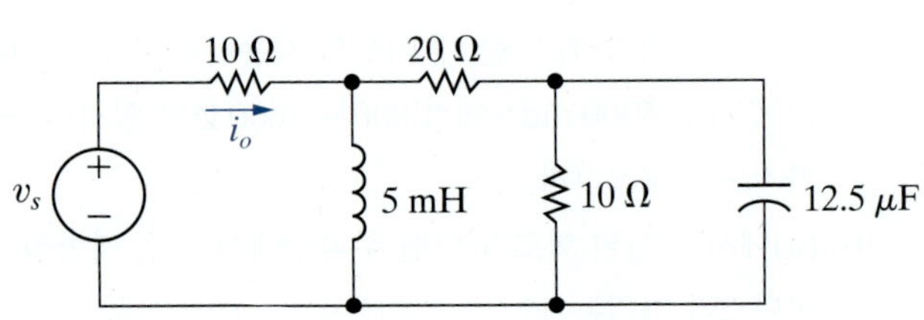

그림 P9.28

9.29 그림 P9.29에 주어진 회로에서 임피던스를 구하라. Z_{ab}를 극좌표 형식 및 직각좌표 형식으로 표현하라.

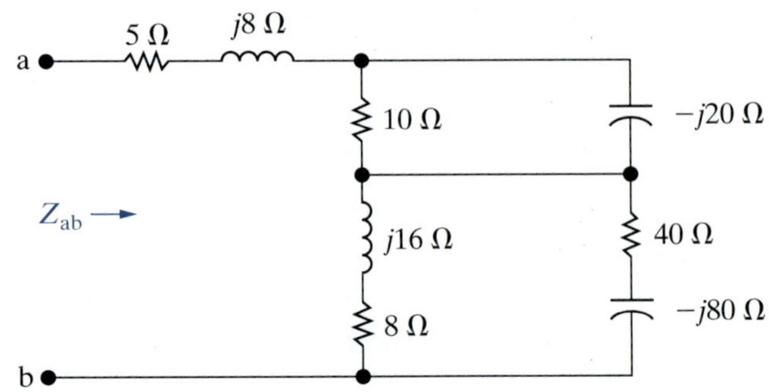

그림 P9.29

9.30 그림 P9.30에 주어진 회로에서 어드미턴스 Y_{ab}를 구하라. Y_{ab}를 극좌표 형식 및 직각좌표 형식으로 표현하라. 이때 Y_{ab}의 값은 mS의 단위로 나타내라.

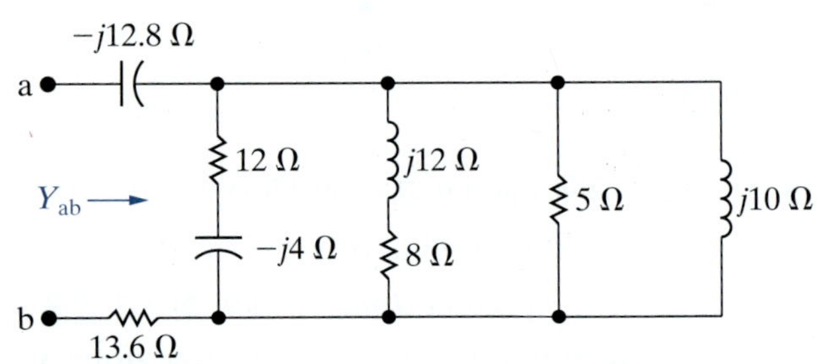

그림 P9.30

9.31 PSPICE MULTISIM a) 그림 P9.31의 회로에서 Z_{ab}가 순수 저항성 임피던스를 가지는 주파수를 rad/s의 단위로 계산하라.

b) (a)에서 구한 주파수에서 Z_{ab}는 얼마인가?

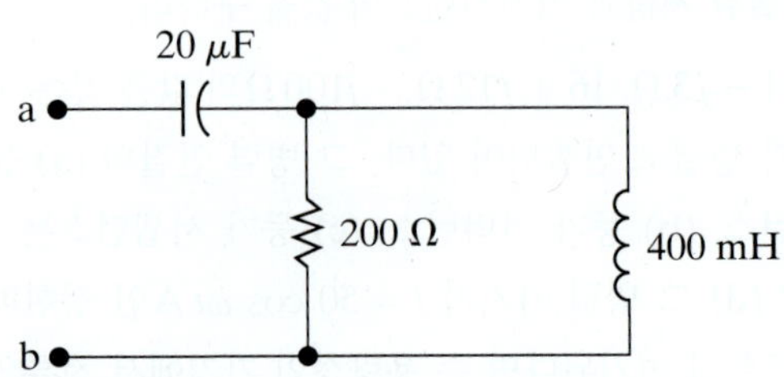

그림 P9.31

9.32 a) 그림 P9.32에 주어진 회로에 대해 $i_g = 5\cos 800{,}000t$ A일 경우 v_o의 정상 상태 식을 구하라.
PSPICE MULTISIM

b) v_o가 i_g보다 몇 ns(nanoseconds) 뒤지는가?

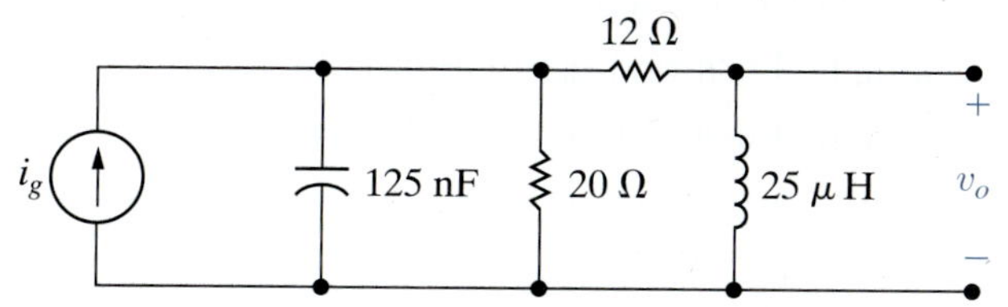

그림 P9.32

9.33 그림 P9.33에 주어진 회로에서 페이저 전류 $\mathbf{I}_b$는 $25\angle 0°$ mA이다.
PSPICE MULTISIM

a) $\mathbf{I}_a$, $\mathbf{I}_c$, $\mathbf{I}_g$를 구하라.

b) $\omega = 2000$ rad/s일 때 $i_a(t)$, $i_c(t)$, $i_g(t)$를 구하라.

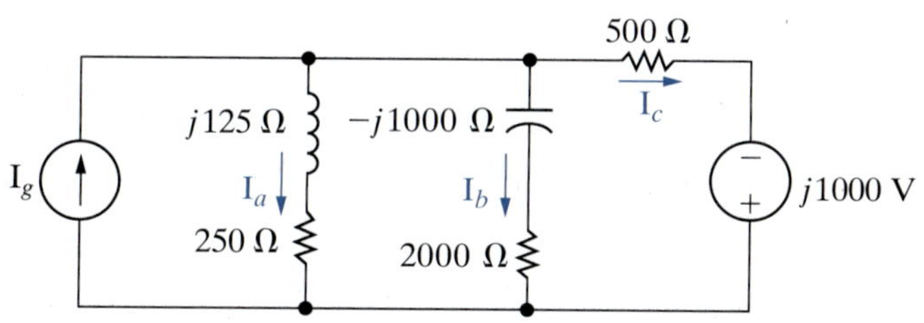

그림 P9.33

9.34 그림 P9.34에 주어진 회로에서 정현파 전압원의 주파수는 i_o가 v_g와 동상이 되도록 조절된다.
PSPICE MULTISIM

a) 주파수를 Hz 단위로 계산하라.

b) $v_g = 10\cos \omega t$ V이고 주파수는 (a)에서 구한 값이라고 할 때 i_g의 정상 상태 식을 구하라.

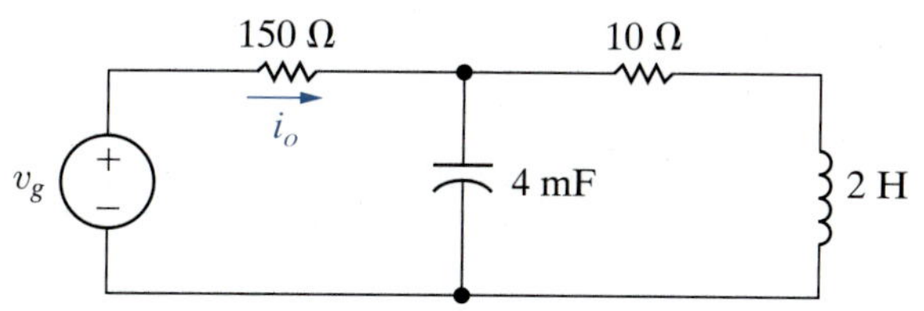

그림 P9.34

9.35 a) 그림 P9.35에 주어진 회로에서 전압원의 주파수는 v_o가 i_g와 동상이 되도록 조절된다. 이때 ω의 값을 rad/s의 단위로 구하라.
PSPICE MULTISIM

b) $i_g = 2.5\cos \omega t$ mA이고 ω는 (a)에서 구한 값이라고 할 때 v_o의 정상 상태 식을 구하라.

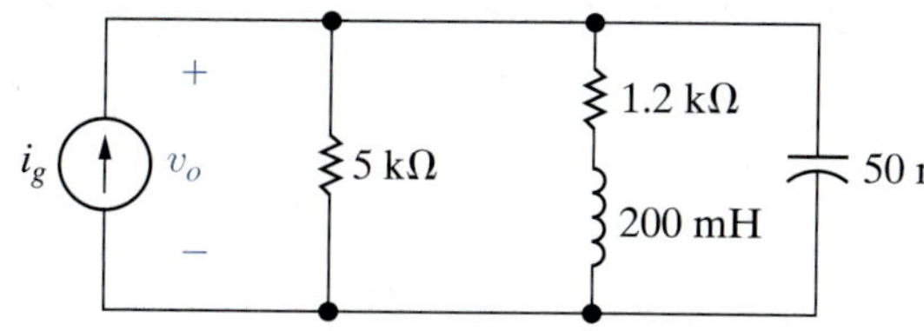

그림 P9.35

9.36 그림 P9.36에 주어진 회로에서 전압원의 주파수는 i_g가 v_g와 동상이 되도록 조절된다.
PSPICE MULTISIM

a) 이때 ω의 값을 rad/s의 단위로 구하라.

b) $v_g = 15\cos \omega t$ V이고 ω는 (a)에서 구한 값이라고 할 때 i_g의 정상 상태 식을 구하라.

c) 이 회로의 공진 주파수가 실수 값이 되게 하는 R의 최솟값을 구하라.

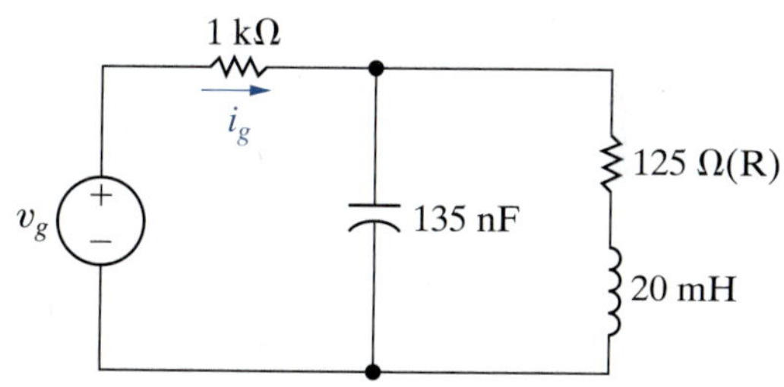

그림 P9.36

9.37 그림 P9.37에 주어진 회로에서 $\mathbf{V}_g = 60\angle 0°$V이고 $\mathbf{I}_a = 5\angle -90°$ A일 때 $\mathbf{I}_b$와 Z를 구하라.

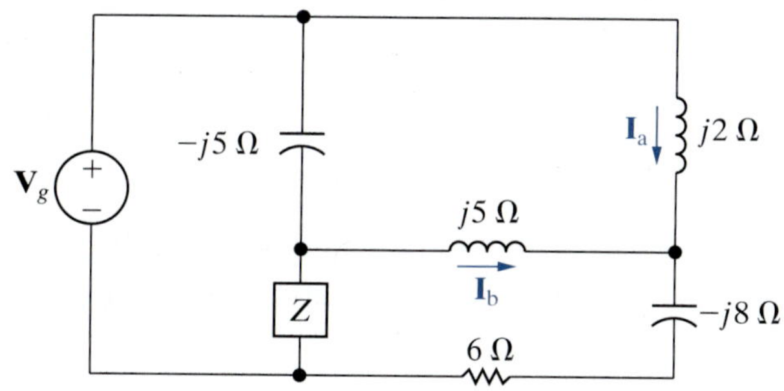

그림 P9.37

9.38 그림 P9.38에서 $\mathbf{V}_g = 100 - j50$ V, $\mathbf{I}_g = 20 + j30$ A, $\mathbf{V}_1 = 40 + j30$ V일 때 Z를 구하라.

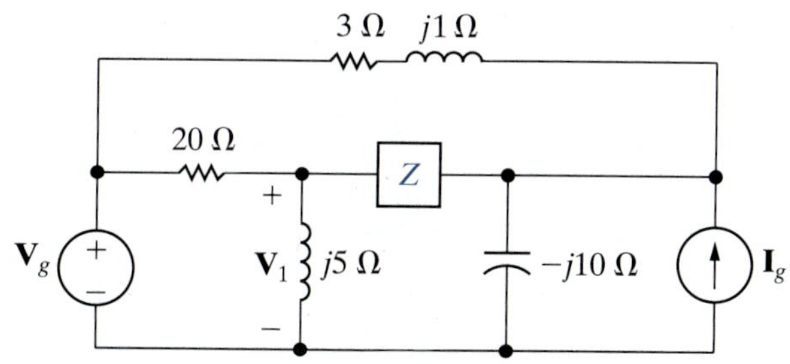

그림 P9.38

9.39 그림 P9.39에 주어진 회로는 정현파 정상 상태로 동작하고 있다. i_o와 v_g가 다음과 같이 주어질 때 ω값을 구하라.

$$i_o = 40\sin(\omega t - 68.13°)\ \text{mA},$$
$$v_g = 40\cos(\omega t - 15°)\ \text{V}.$$

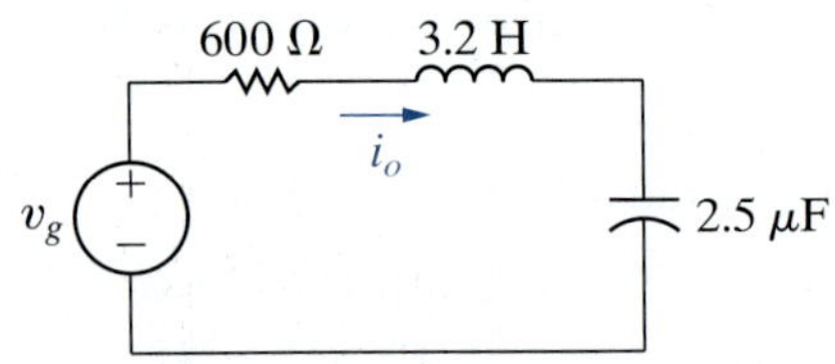

그림 P9.39

9.40 PSPICE MULTISIM a) 그림 P9.40에 주어진 회로에서 전압원은 $v_g = 96\cos 10{,}000t$ V이다. 회로가 정상 상태로 동작한다고 할 때 i_g와 v_g가 동상이 되게 하는 L값을 구하라.

b) (a)에서 구한 L값을 회로에 적용했을 때 i_g의 정상 상태 식을 구하라.

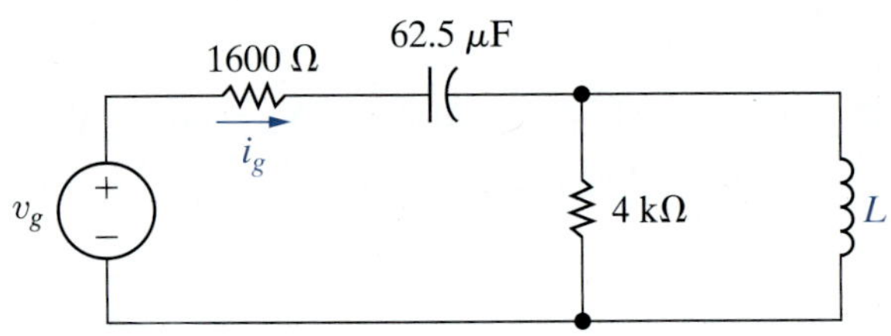

그림 P9.40

9.41 PSPICE MULTISIM 그림 P9.41에 주어진 회로는 정현파 정상 상태로 동작하고 있다. 커패시터는 전류 i_g가 정현파 전압 v_g와 동상이 되도록 조절된다.

a) $v_g = 80\cos 5000t$ V일 때 커패시턴스를 μF 단위로 결정하라.

b) C의 값이 (a)에서 구한 값이라고 할 때 i_g의 정상 상태 식을 구하라.

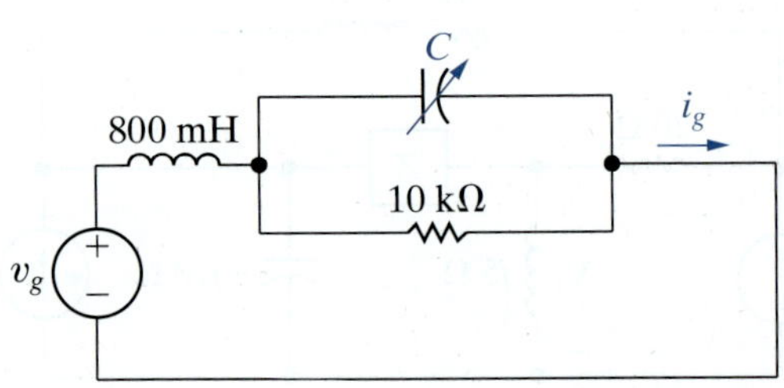

그림 P9.41

9.42 Y-Δ 변환을 사용하여 예제 9.10의 $\mathbf{I}_o$를 구하라.

9.7절

9.43 그림 P9.43의 정현파 전압원은 $22.36\cos(5000t + 26.565°)$ V의 전압을 발생시킨다.

a) a, b 단자에 대해 테브냉 전압을 구하라.

b) a, b 단자에 대해 테브냉 임피던스를 구하라.

c) 테브냉 등가 회로를 그려라.

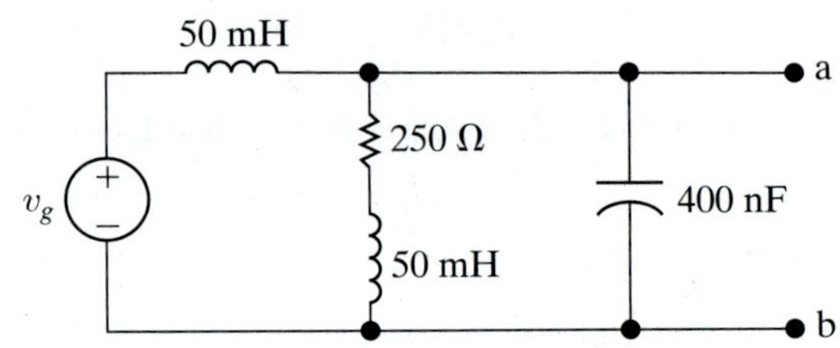

그림 P9.43

9.44 그림 P9.44의 회로에 대해 a, b 단자에서의 테브냉 등가 회로를 전원 변환을 이용하여 구하라.

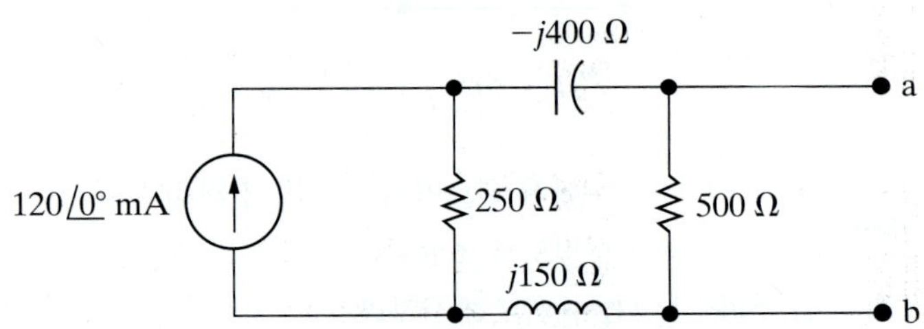

그림 P9.44

9.45 전원 변환을 사용하여 그림 P9.45의 회로에서 $v_o(t)$에 대한 정상 상태 식을 구하라. 정현파 전압원은 다음과 같다.

$$v_1 = 240\cos(4000t + 53.13°)\ \text{V},$$
$$v_2 = 96\sin 4000t\ \text{V}.$$

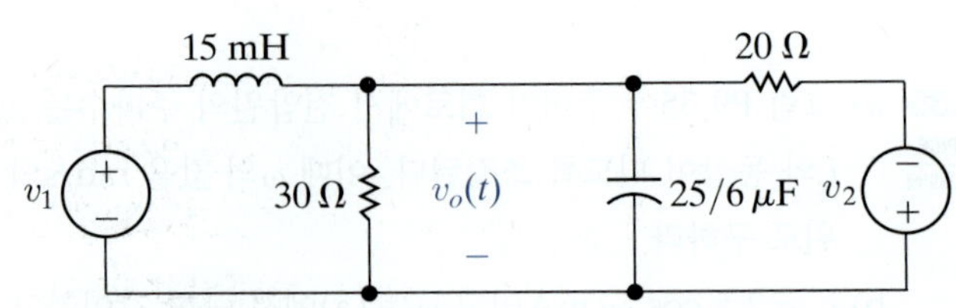

그림 P9.45

9.46 그림 P9.46의 장치는 노턴 등가에 의하여 주파수 영역에서 표현된다. $j100\ \Omega$의 임피던스가 이 장치에 연결될 때 $\mathbf{V}_0$의 값이 $100\underline{/120^\circ}$ mV가 된다. 또한 $-j100\ \Omega$의 임피던스가 이 장치에 연결될 때 $\mathbf{I}_0$의 값이 $-3\underline{/210^\circ}$ mA가 된다. 노턴 전류 $\mathbf{I}_N$과 노턴 임피던스 Z_N을 구하라.

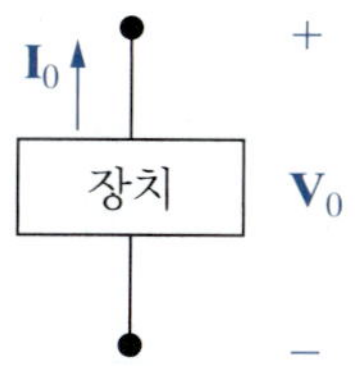

그림 P9.46

9.47 그림 P9.47의 회로에 대해 a, b 단자에서의 노턴 등가 회로를 전원 변환을 이용하여 구하라.

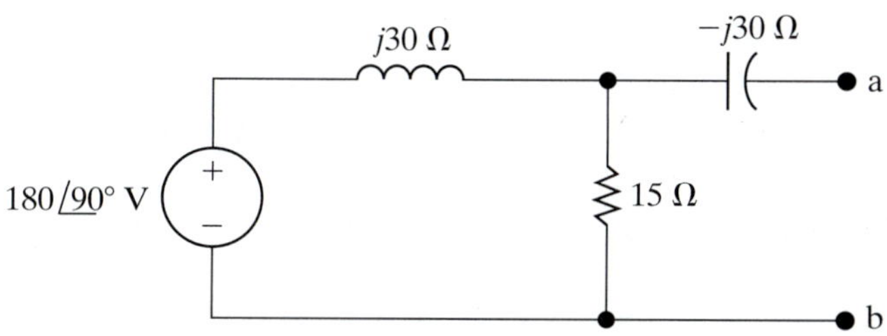

그림 P9.47

9.48 그림 P9.48의 회로에 대해 a, b 단자에서의 테브냉 등가 회로를 구하라.

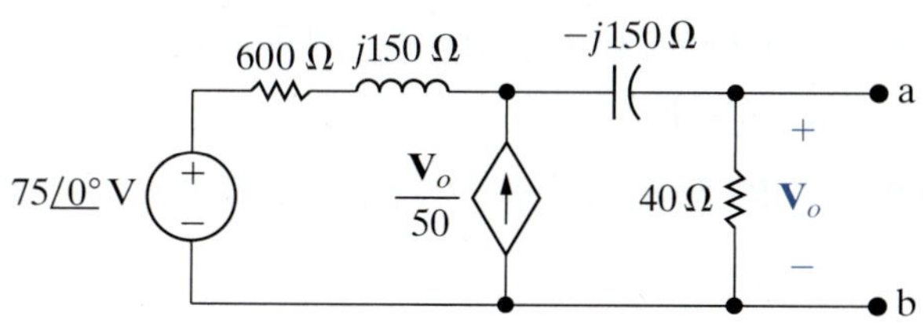

그림 P9.48

9.49 그림 P9.49의 회로의 a, b 단자에 대한 테브냉 등가 회로를 구하라.

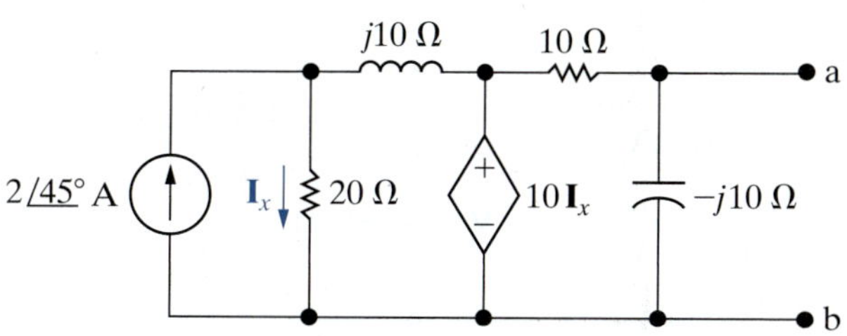

그림 P9.49

9.50 그림 P9.50의 회로에 대해 단자 a, b에서의 노턴 등가 회로를 구하라. 이때 $\mathbf{V}_s = 25\underline{/0^\circ}$ V이다.

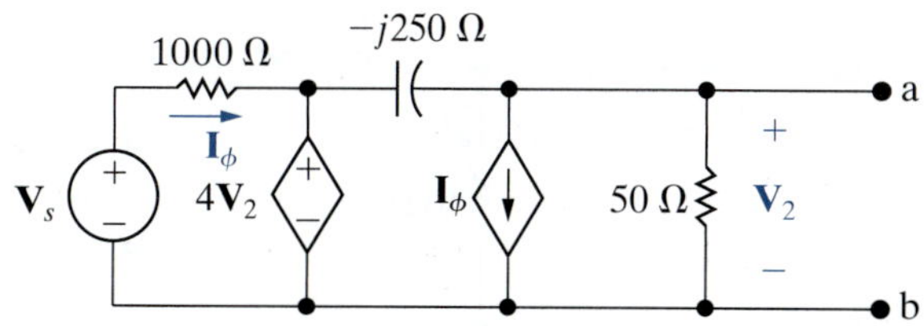

그림 P9.50

9.51 그림 P9.51에 주어진 회로가 주파수 100 krad/s로 동작할 때 Z_{ab}를 구하라.

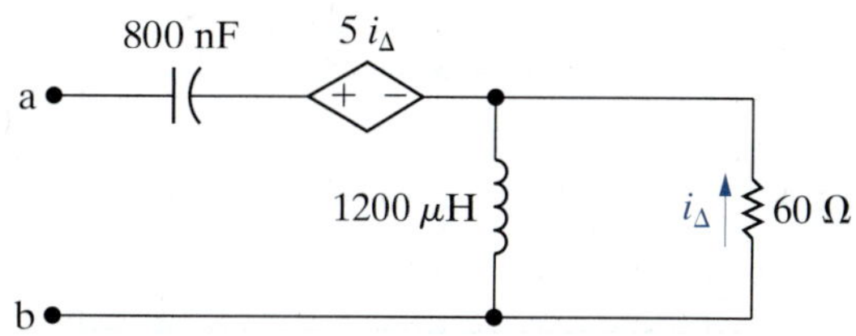

그림 P9.51

9.52 동작 주파수가 $(25/\pi)$ kHz라고 할 때 그림 P9.52의 회로에 대해 a, b 단자에서 본 테브냉 임피던스를 구하라.

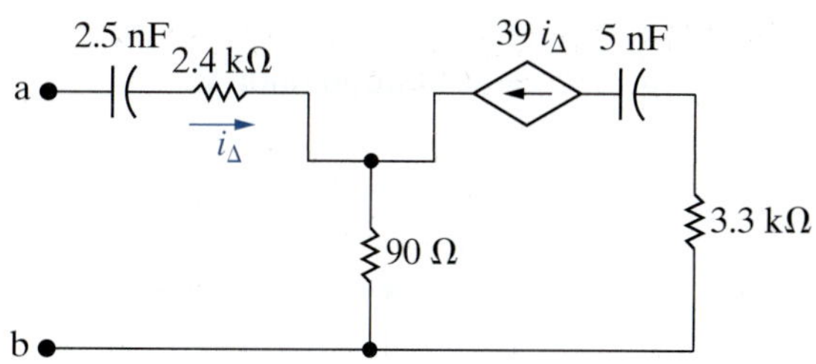

그림 P9.52

9.53 그림 P9.53의 회로는 동작 주파수가 10 rad/s이다. α가 -50과 $+50$ 사이의 실수라고 가정하라. 즉 $-50 \le \alpha \le 50$이다.

a) a, b 단자에서 바라보는 테브냉 임피던스가 순수 저항성 임피던스가 되게 하는 α값을 구하라.

b) (a)에서 구한 α값에 대해 테브냉 임피던스는 얼마인가?

c) 테브냉 임피던스를 $5 + j5\ \Omega$이 되도록 α값을 조절할 수 있는가? 만약 그렇다면 α값은 얼마인가?

d) 테브냉 임피던스가 유도성으로 되기 위한 α값은 얼마인가?

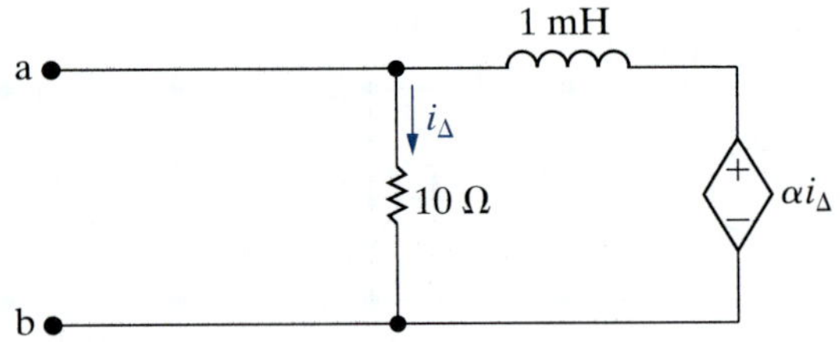

그림 P9.53

9.8절

9.54 그림 P9.54에서 마디 전압법을 이용하여 $\mathbf{V}_o$를 구하라.

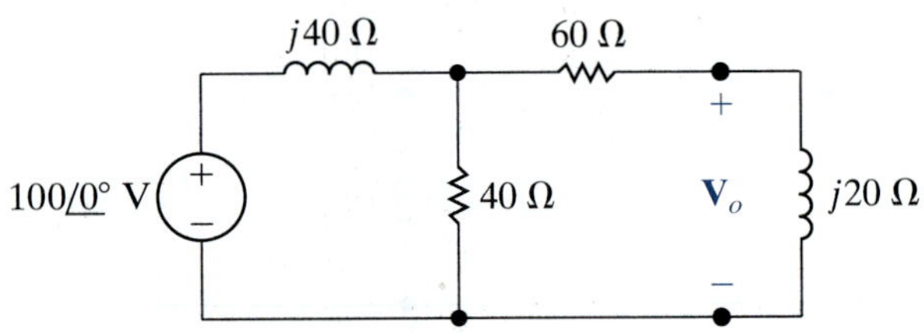

그림 P9.53

9.55 그림 P9.55에서 마디 전압법을 사용하여 $v(t)$에 대한 정상 상태 식을 구하라. 정현파 정원은 다음과 같다.

PSPICE MULTISIM

$$i_s = 10\cos 50{,}000t \text{ A},$$

$$v_s = 100\sin 50{,}000t \text{ V}.$$

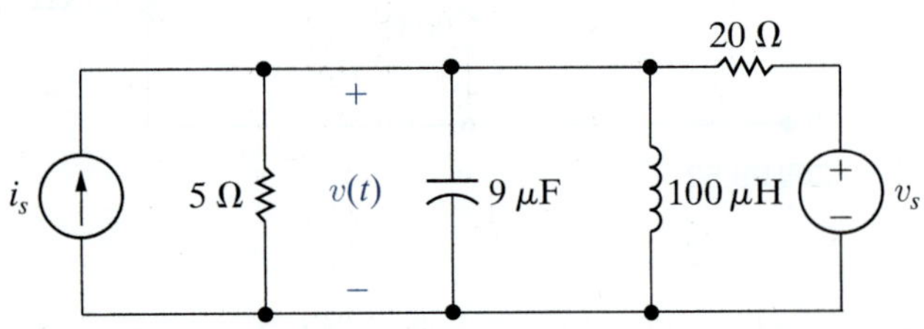

그림 P9.55

9.56 다음 조건에 대해 마디 전압법을 이용하여 그림 P9.56의 회로에서 $v_o(t)$의 정상 상태 식을 구하라.

PSPICE MULTISIM

$$v_{g1} = 20\sin(400t + 53.13°) \text{ V},$$

$$v_{g2} = 6.01\cos(400t + 33.69°) \text{ V}.$$

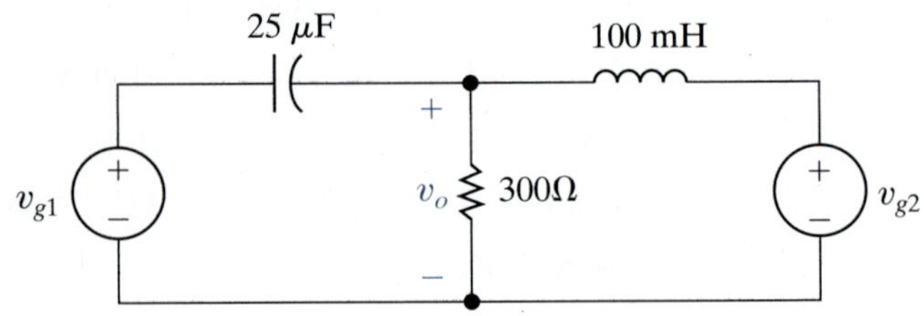

그림 P9.56

9.57 그림 P9.57에서 마디 전압법을 이용하여 페이저 전압 $\mathbf{V}_o$를 구하여 극좌표 형식과 직각좌표 형식으로 표현하라.

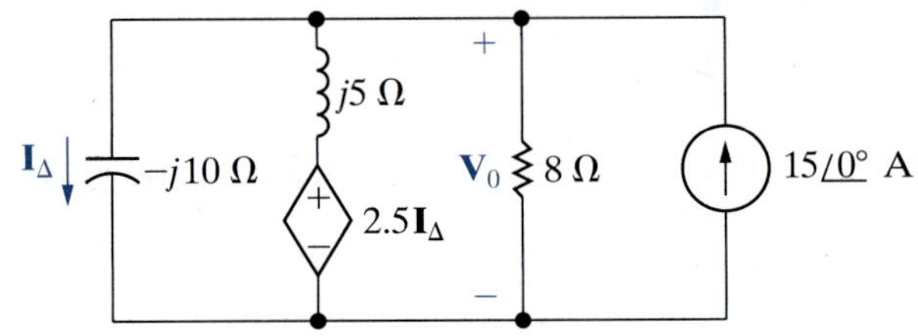

그림 P9.57

9.58 그림 P9.58에서 마디 전압법을 이용하여 $\mathbf{V}_o$와 $\mathbf{I}_o$를 구하라.

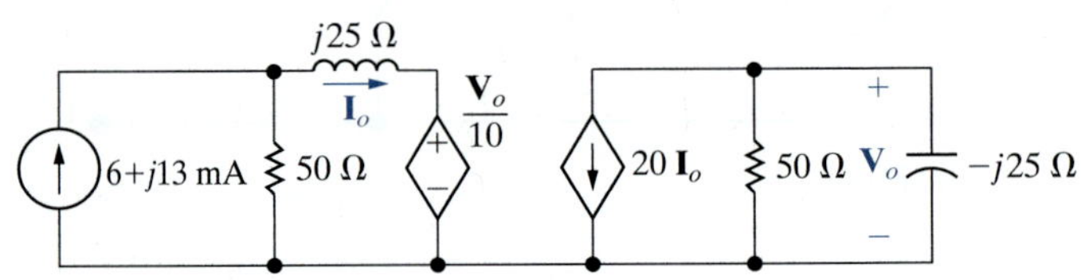

그림 P9.58

9.9절

9.59 그림 P9.55에 대해 망 전류법을 이용하여 $v(t)$의 정상 상태 식을 구하라.

9.60 그림 P9.56에 대해 망 전류법을 이용하여 $v_o(t)$의 정상 상태 식을 구하라.

9.61 그림 P9.61에 대해 망 전류법을 이용하여 페이저 전류 $\mathbf{I}$를 구하라.

PSPICE MULTISIM

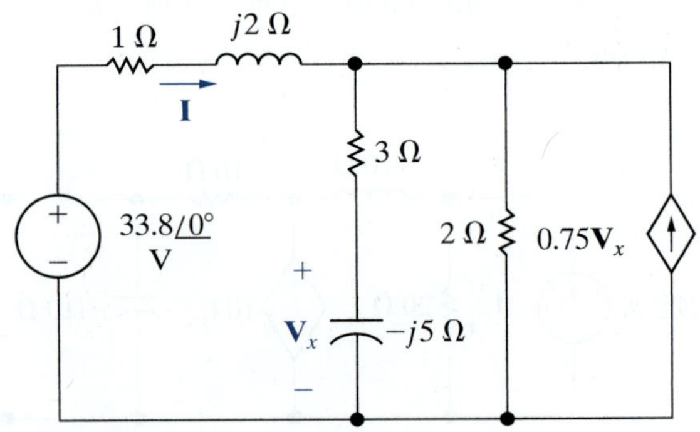

그림 P9.61

9.62 그림 P9.62에 대해 다음 조건을 만족하는 정상 상태 식 $i_o(t)$를 망 전류법을 이용하여 구하라.

$$v_a = 60\cos 40{,}000t \text{ V},$$

$$v_b = 90\sin(40{,}000t + 180°) \text{ V}.$$

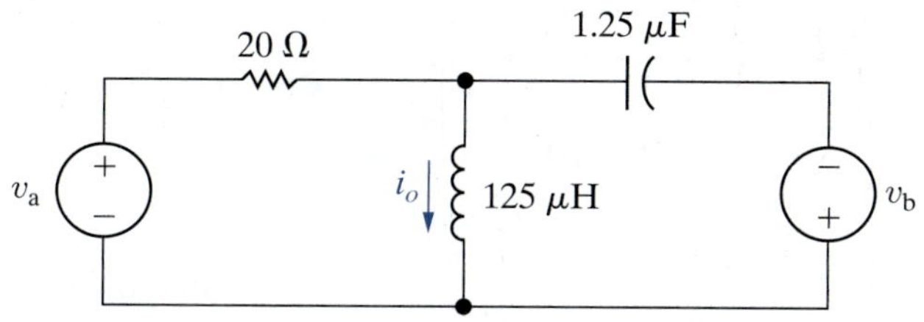

그림 P9.62

9.63 그림 P9.63에서 다음 조건을 만족할 때 망 전류법을 사용하여 가지 전류 i_a와 i_b에 대한 정상 상태 식을 구하라.

PSPICE MULTISIM

$$v_a = 100 \sin 10{,}000t \text{ V}, \; v_b = 500 \cos 10{,}000t \text{ V}$$

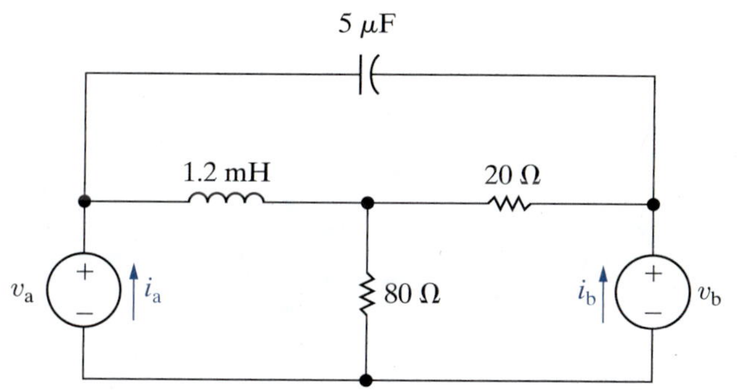

그림 P9.63

9.64 그림 P9.64에서 망 전류법을 사용하여 가지 전류 $\mathbf{I}_a$, $\mathbf{I}_b$, $\mathbf{I}_c$, $\mathbf{I}_d$를 구하라.

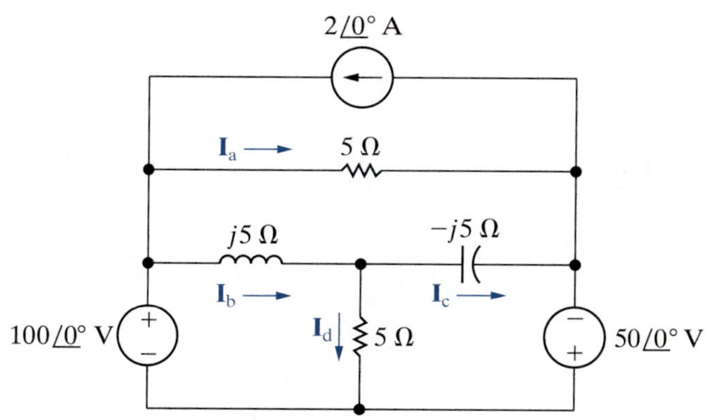

그림 P9.64

9.5~9.9절

9.65 그림 P9.65에 대해 전압 분배 개념을 활용하여 정상 상태 식 $v_o(t)$를 구하라. 이때 $v_g = 100 \cos 8000t$ V이다.

PSPICE MULTISIM

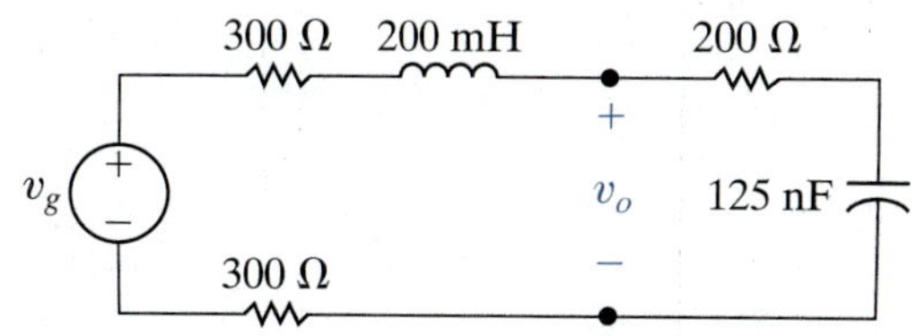

그림 P9.65

9.66 그림 P9.66에 대해 전류 분배 개념을 활용하여 정상 상태 식 i_o를 구하라. 이때 $i_g = 400 \cos 20{,}000t$ mA이다.

PSPICE MULTISIM

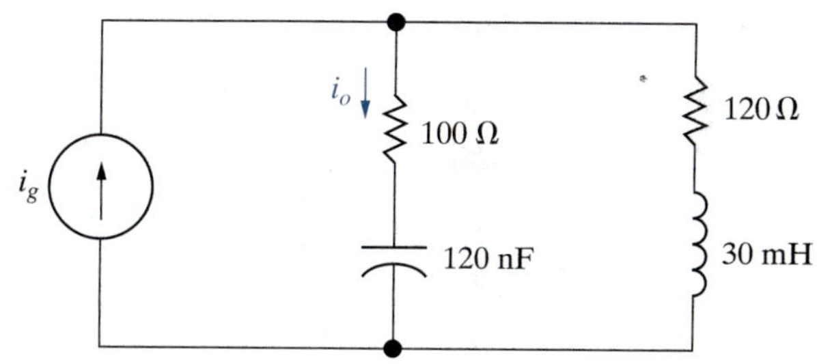

그림 P9.66

9.67 그림 P9.67의 회로는 다음과 같은 전압원을 가진다.

$$v_1 = 20 \cos(2000t - 36.87°) \text{ V},$$

$$v_2 = 10 \cos(5000t + 16.26°) \text{ V}.$$

a) 정상 상태 식 $v_o(t)$를 구하기 위해 필요한 회로 해석법은 무엇인가?

b) 정상 상태 식 $v_o(t)$를 구하라.

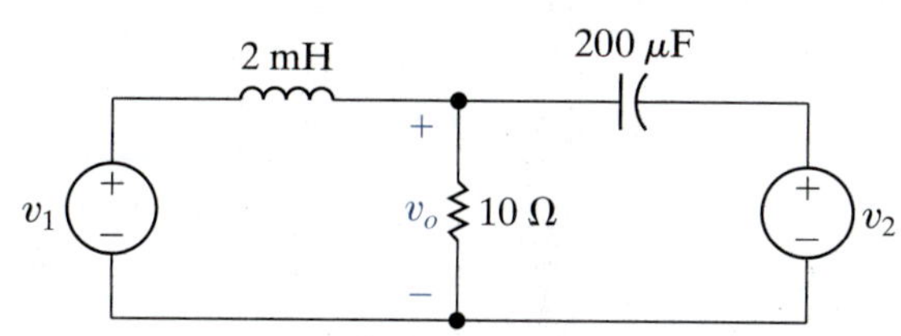

그림 P9.67

9.68 그림 P9.68의 회로는 다음과 같은 전압원을 가진다.

$$v_1 = 40\sin 500t \text{ V},$$

$$v_2 = 60\cos(250t + 7.125°) \text{ V}.$$

a) 정상 상태 식 $v_o(t)$를 구하기 위해 필요한 회로 해석법은 무엇인가?

b) 정상 상태 식 $v_o(t)$를 구하라.

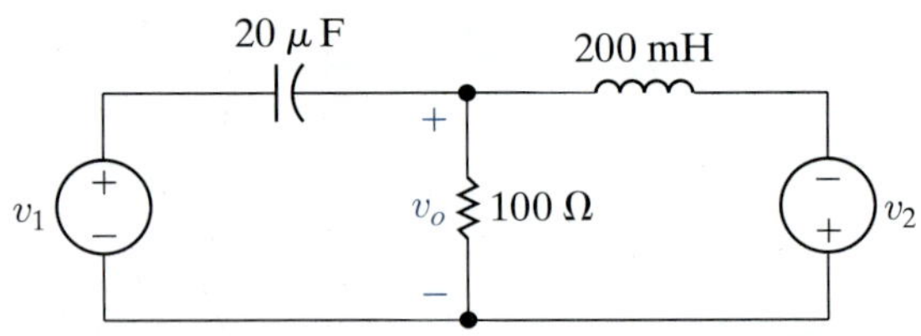

그림 P9.68

9.69 PSPICE MULTISIM 그림 P9.69의 정현파 전압원은 $v_g = 20 \cos 5000t$ V의 전압을 발생시킨다. 연산 증폭기가 이상적이라고 할 때 정상 상태 식 $v_o(t)$를 구하라.

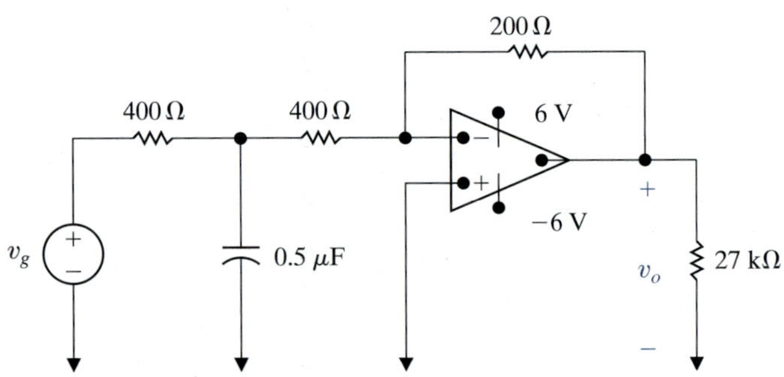

그림 P9.69

9.70 PSPICE MULTISIM 그림 P9.69의 0.5 μF 커패시터가 가변 커패시터로 대체되었다. 이 커패시터는 출력 전압이 입력 전압보다 135° 앞서도록 조정된다.

a) 위 조건을 만족하는 C값을 μF 단위로 구하라.

b) (a)에서 구한 C값에 대해 정상 상태 식 $v_o(t)$를 구하라.

9.71 PSPICE MULTISIM 그림 P9.71에서 연산 증폭기는 이상적이라고 가정한다. $v_g = 20 \cos 10^6 t$ V일 때 정상 상태 식 $v_o(t)$를 구하라.

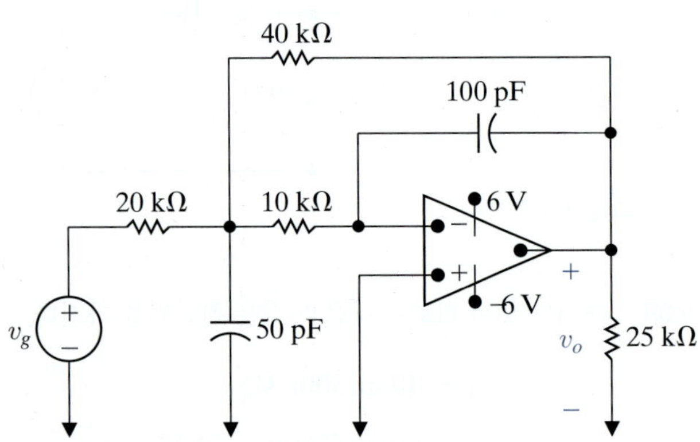

그림 P9.71

9.72 PSPICE MULTISIM 그림 P9.72의 연산 증폭기는 이상적이라고 가정한다.

a) 정상 상태 식 $v_o(t)$를 구하라.

b) 증폭기가 포화되기 전에 v_g의 진폭은 얼마나 커질 수 있는가?

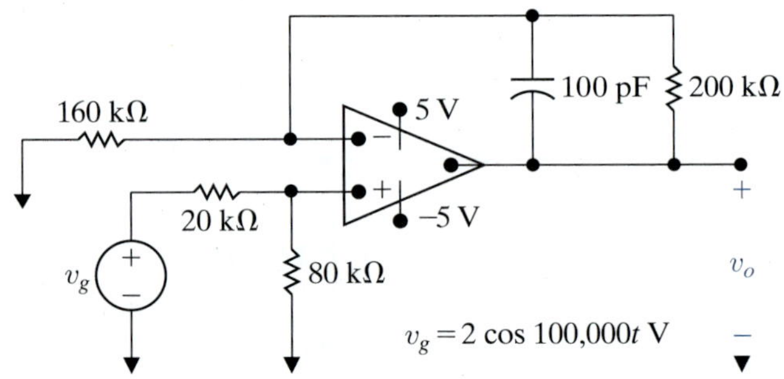

그림 P9.72

9.73 PSPICE MULTISIM 그림 P9.73의 연산 증폭기는 이상적이다. 이상적인 정현파 전원의 전압은 $v_g = 30 \cos 10^6 t$ V이다.

a) 정상 상태의 출력 전압이 순수 정현파 파형을 유지하기 위한 C_o의 최솟값은 얼마인가?

b) (a)에서 구한 C_o값에 대해 정상 상태 식 v_o를 구하라.

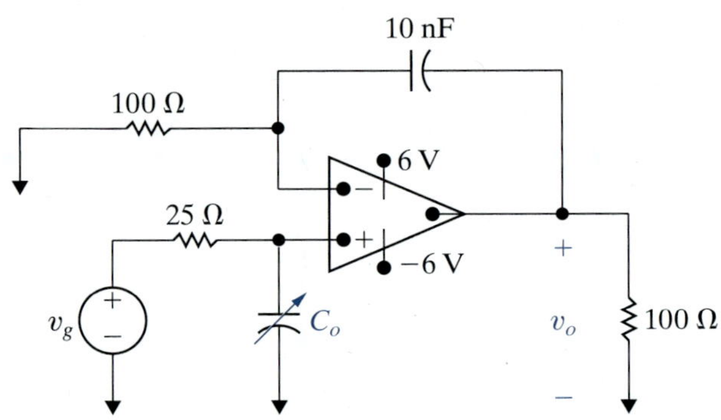

그림 P9.73

9.10절

9.74 PSPICE MULTISIM 그림 P9.74에서 정현파 전압원은 50 krad/s의 주파수에서 동작한다. 결합 계수는 i_1의 피크 진폭이 최대가 되도록 조절된다.

a) k값을 구하라.

b) $v_g = 369 \cos(5 \times 10^4 t)$ V일 때 i_1의 피크 진폭을 구하라.

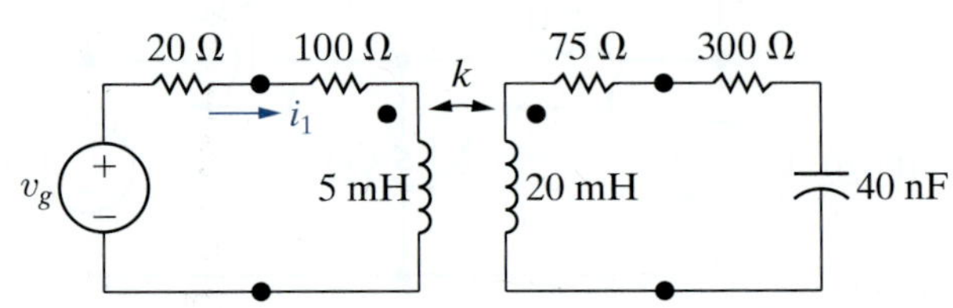

그림 P9.74

9.75 그림 P9.75의 회로에 대해 k값은 $\omega = 4\,\text{krad/s}$에서 Z_{ab}가 순수한 저항성 임피던스가 되도록 조절된다고 할 때 Z_{ab}를 구하라.

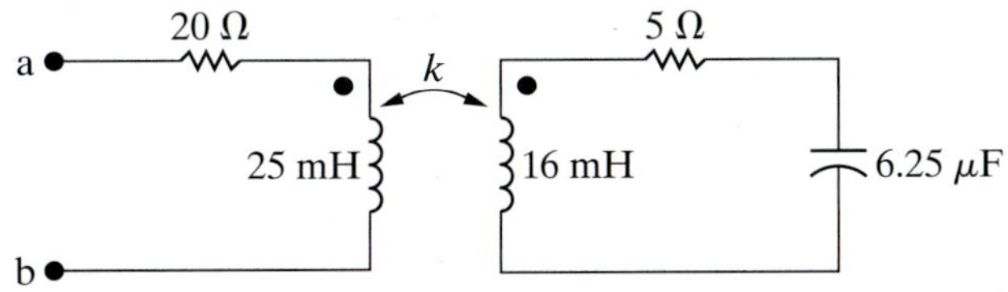

그림 P9.75

9.76 선형 변압기는 그림 P9.76에서와 같이 360 Ω 저항과 0.25 H 인덕터로 구성된 부하를 정현파 전압원에 직렬로 연결한다. 전압원의 내부 임피던스는 $184 + j0\,\Omega$이고 최대 전압은 245.2 V이며 800 rad/s로 동작한다. 변압기 파라미터는 $R_1 = 100\,\Omega$, $L_1 = 0.5\,\text{H}$, $R_2 = 40\,\Omega$, $L_2 = 0.125\,\text{H}$, $k = 0.4$이다. (a) 반사 임피던스, (b) 1차측 전류, (c) 2차측 전류를 구하라.

PSPICE
MULTISIM

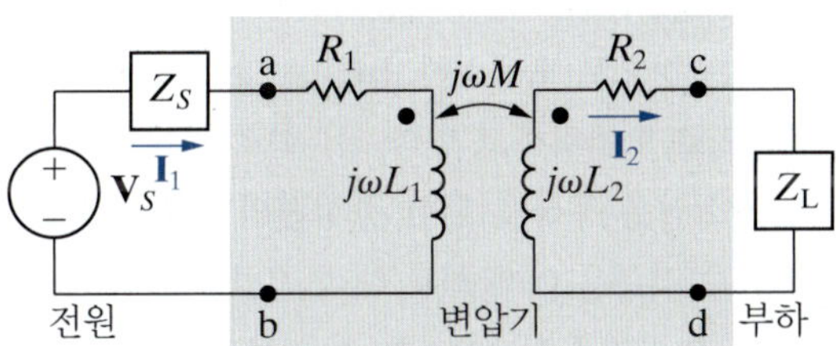

그림 P9.76

9.77 그림 P9.77의 회로에 대해 c, d 단자에서의 테브냉 등가 회로를 구하라.

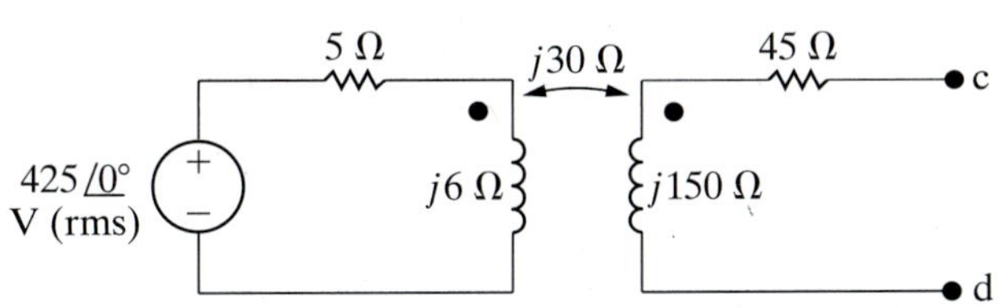

그림 P9.77

9.78 직렬로 연결된 150 Ω의 저항과 20 nF의 커패시터는 선형 변압기를 통하여 정현파 전압원과 연결되어 있다. 이 전압원은 500 krad/s의 주파수를 가진다. 이 주파수에서 전원의 내부 임피던스는 $(5 + j16)\,\Omega$이다. 부하가 없는 경우 전원 양단 전압의 rms값은 125 V이다. 선형 변압기의 파라미터로서 $R_1 = 12\,\Omega$, $L_1 = 80\,\mu\text{H}$, $R_2 = 50\,\Omega$, $L_2 = 500\,\mu\text{H}$, $M = 100\,\mu\text{H}$이다.

a) 변압기의 1차 측으로 반사되는 임피던스 값은 얼마인가?

b) 실제 전원의 양단에서 바라본 임피던스 값은 얼마인가?

9.11절

9.79 언뜻 보면 식 (9.34)로부터 유도성 부하가 1차 양단에서 들여다본 리액턴스(즉 X_{ab})를 용량성으로 보이게 할 수 있는 것으로 여겨질지 모른다. 직관적으로 우리는 이것이 불가능하다는 것을 알고 있다. X_L이 유도성 리액턴스라면 X_{ab}가 결코 음의 값이 될 수 없다는 것을 보여라.

9.80 그림 P9.80의 회로에서 $Z_L = 200 + j150\,\Omega$일 때 Z_{ab}를 구하라.

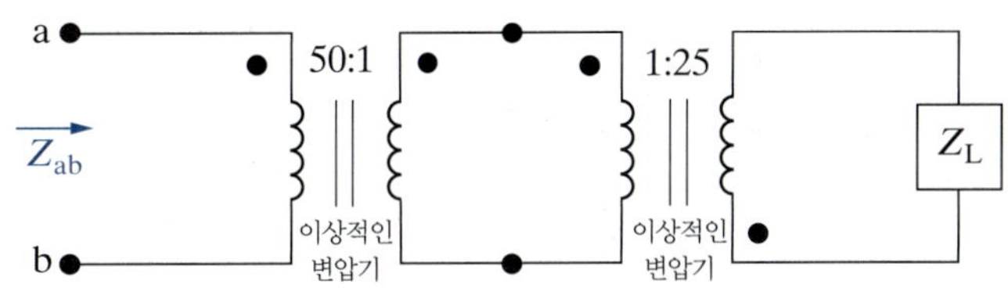

그림 P9.80

9.81 a) 그림 P9.81의 회로에서 a, b 단자에서 들여다본 임피던스가 다음과 같음을 보여라.

$$Z_{ab} = \frac{Z_L}{\left(1 + \frac{N_1}{N_2}\right)^2}.$$

b) 코일 중 어느 하나의 극성 단자가 역으로 될 경우 a, b에서 들여다본 임피던스는 다음과 같이 표현됨을 보여라.

$$Z_{ab} = \frac{Z_L}{\left(1 - \frac{N_1}{N_2}\right)^2}.$$

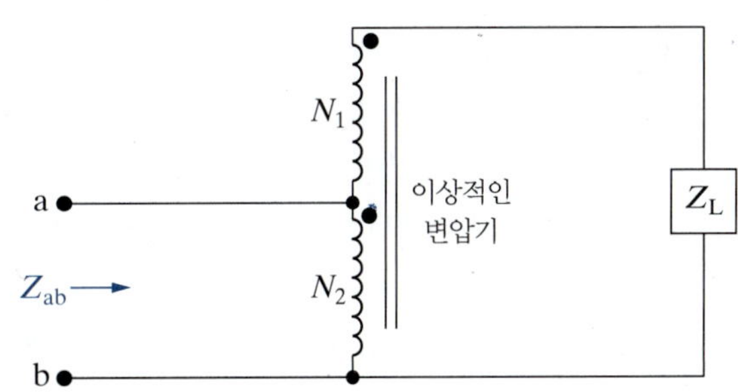

그림 P9.81

9.82 a) 그림 P9.82의 회로에 대해 a, b 단자에서 들여다 본 임피던스는 다음과 같이 표현됨을 보여라.

$$Z_{ab} = \left(1 + \frac{N_1}{N_2}\right)^2 Z_L.$$

b) 코일 중 어느 하나의 극성 단자가 역으로 될 경우 a, b에서 들여다본 임피던스는 다음과 같이 표현됨을 보여라.

$$Z_{ab} = \left(1 - \frac{N_1}{N_2}\right)^2 Z_L.$$

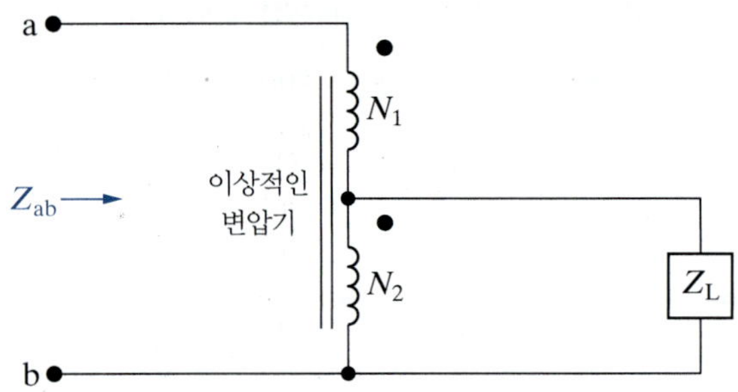

그림 P9.82

9.12절

9.83 그림 P9.83의 회로에서 R_x가 0에서 무한대까지 변화할 때 v_o의 크기와 위상각이 어떻게 되는지를 페이저도를 이용하여 보여라. 이때 전원 전압의 진폭과 위상각은 R_x가 변화할 때에도 일정하게 유지된다.

PSPICE MULTISIM

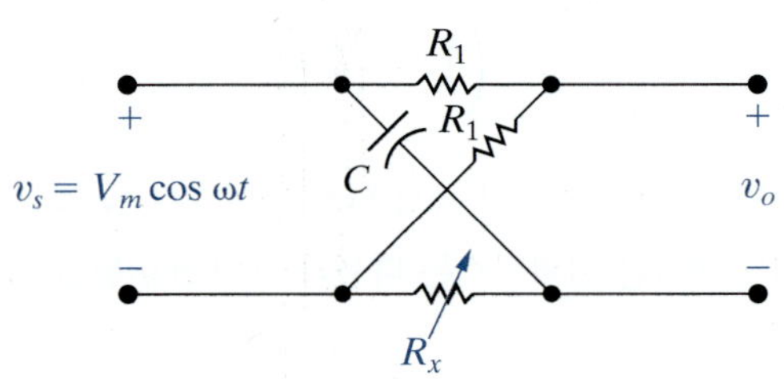

그림 P9.83

9.84 그림 9.56의 회로에서 $R_1 = 1\,\Omega$, $\omega L_1 = 2\,\Omega$, $R_2 = 25\,\Omega$, $\omega L_2 = 50\,\Omega$, $\mathbf{V}_L = 200 + j0$ V이다.

a) 페이저 전압 $\mathbf{V}_s$를 구하라.

b) 커패시터를 인덕터와 병렬로 연결하고 $\mathbf{V}_L$은 일정하게 유지하며, $\mathbf{I}$가 최솟값이 되도록 커패시터 값을 조정하라. 이때 용량성 리액턴스 값은 얼마인가? 또 $\mathbf{V}_s$값은 얼마인가?

c) $\mathbf{I}$값을 최대한 작게 하고 동시에 $|\mathbf{V}_s| = |\mathbf{V}_L| = 200$ V가 되게 하는 용량성 리액턴스 값은 얼마인가?

9.85 a) 그림 P9.85의 회로에서 $\mathbf{V}_s$와 $\mathbf{V}_l$을 계산하라.

b) $\mathbf{V}_s$, $\mathbf{V}_l$ 및 부하 전압 $440\angle{-0^\circ}$ V의 관계를 보여 주는 페이저도를 그려라.

c) (a)와 (b)를 반복하라. 단, 부하 전압은 $440\angle{-0^\circ}$ V로 일정하며, $-22\,\Omega$의 용량성 리액턴스가 부하 단자에 병렬로 연결되어 있을 때를 가정한다.

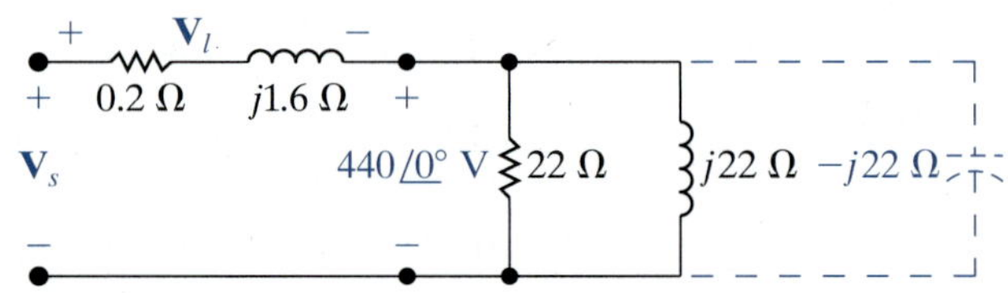

그림 P9.85

9.1~9.12절

9.86 주택 배선 회로가 그림 P9.86에 나타나 있다. 이 모델에서 저항 R_3는 240 V 가전제품(전열기와 같은)를 모델링하기 위해 사용되고 저항 R_1과 R_2는 120 V 가전제품(전등, 토스터, 다리미와 같은)를 모델링하기 위해 사용된다. 전류 $\mathbf{I}_1$과 $\mathbf{I}_2$가 흐르는 가지는 전기 기술자들이 회로에서 활성선이라고 부르는 것으로 모델링하고 $\mathbf{I}_n$이 흐르는 가지는 전달하는 중성선으로 모델링하고 있다. 이 회로 해석의 목적은 회로의 만족스러운 동작을 위한 중성선의 중요성을 보여 주는 것이다. 여러분은 이제 회로 해석 기법을 선택해야 한다.

PRACTICAL PERSPECTIVE

a) $R_1 = R_2$라면 $\mathbf{I}_n$이 0이라는 것을 보여라.

b) $R_1 = R_2$라면 $\mathbf{V}_1 = \mathbf{V}_2$라는 것을 보여라.

c) 중성선을 개방하고 $R_1 = 250\,\Omega$, $R_2 = 25\,\Omega$, $R_3 = 10\,\Omega$일 경우 $\mathbf{V}_1$과 $\mathbf{V}_2$를 계산하라.

d) 중성선을 닫고 (c)를 되풀이하라.

e) 활성선이 에너지를 받고 있는 동안에는 중성선을 개방해 두는 것이 중성선이 녹지 않게 만든다. 자신의 계산 결과에 근거하여 그 이유를 설명하라.

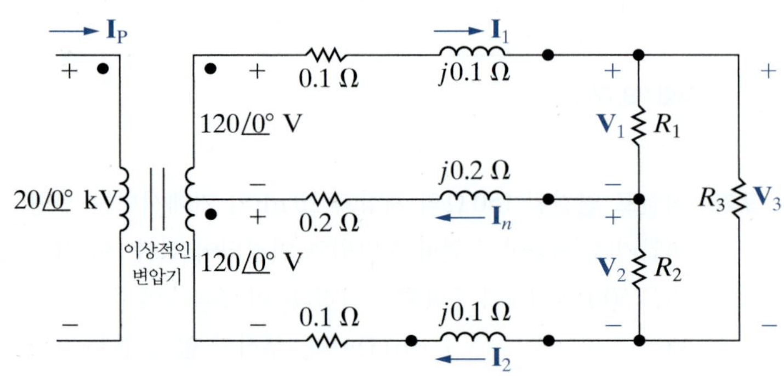

그림 P9.86

9.87 a) 연습문제 9.86(c)와 (d)에서 1차측 전류 $\mathbf{I}_P$를 구하라.
PRACTICAL PERSPECTIVE b) 알고 있는 회로 동작을 가지고 정답을 유도하라.

9.88 a) 그림 P9.88의 회로에서 가지 전류 $\mathbf{I}_1$~$\mathbf{I}_6$를 구하라.
PRACTICAL PERSPECTIVE b) 1차측 전류 $\mathbf{I}_p$를 구하라.

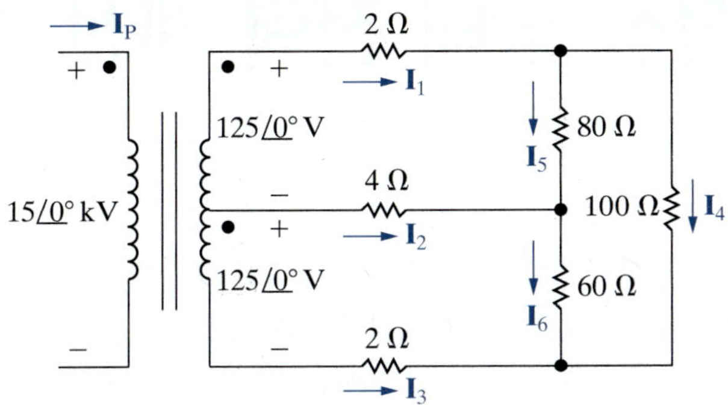

그림 P9.88

9.89 그림 P9.88의 회로에서 배선 회로에 있는 60 Ω 저항이
PRACTICAL PERSPECTIVE 80 Ω 저항으로 바뀌었을 때 다음을 구하라.

a) 4 Ω에 흐르는 가지 전류 $\mathbf{I}_2$를 구하라.

b) 1차측 전류 $\mathbf{I}_p$를 구하라.

c) 자신의 답을 근거로 하여 두 개의 125 V 부하의 저항을 같게 하는 것이 바람직한가?

9.90 그림 9.61의 회로에서 팬 모터에 과전류가 흐르면 모터 회
PRACTICAL PERSPECTIVE 로를 정지시켜 주는 열 차폐 장치를 달았다고 하자. 이 장치가 제대로 작동할 것인지를 설명하라.

9.91 그림 9.61에서 팬 모터가 정지했을 때 퓨즈 B가 끊어지지
PRACTICAL PERSPECTIVE 않은 이유를 설명하라.

CHAPTER

10 정현파 정상 상태 전력 계산

학습내용

학습목표

1 다음의 교류 전력 개념, 개념 간의 관계, 회로에서 이들 개념을 계산하는 방법을 이해한다.
   - 순시 전력
   - 평균(유효) 전력
   - 무효 전력
   - 복소 전력
   - 역률

2 교류 회로에서 부하로 최대 유효 전력을 전달하기 위한 조건을 이해하고, 최대 유효 전력을 부하에 전달하는 데 요구되는 부하 임피던스를 계산할 수 있다.

3 선형 변압기와 이상적인 변압기가 있는 교류 회로에서 모든 유형의 교류 전력을 계산할 수 있다.

거의 모든 전기 에너지는 정현파 전압과 전류의 형태로 공급된다. 따라서 9장에서 정현파 회로를 논의한 후, 이 장에서는 정현파 정상 상태 전력 계산을 배운다. 정현파 정상 상태에서 한 쌍의 단자에 의해 전달되거나 공급되는 평균 전력에 주로 관심을 가진다. 무효 전력, 복소 전력, 피상 전력과 같은 전력량에 대해 설명한다.

이전의 장을 통해 여러분에게 매우 익숙한 두 가지 내용, 즉 전력에 대한 기본 방정식(10.1절)으로 시작해서 최대 전력 전달(10.6절)로 이 장을 끝맺는다. 중간에 전력을 해석하기 위한 일반적인 과정을 논의한다. 논의를 위해 여기서는 직류 신호보다 정현파를 다루기 위해 추가적인 수학 기법이 요구되지만, 1장과 4장에서의 학습을 통해 이미 이 기법에 익숙해 있을 것이다. 9장에서 간략하게 소개한 정현파의 rms값은 전력 계산에서 많이 사용되기 때문에 이 장에서도 사용할 것이다.

기기를 안전하고 효율적으로 작동하기 위한 전력등급 결정부터 가정 및 산업소비자에게 전기 에너지를 제공하는 광범위한 발전기, 변압기, 전선 설계에 이르기까지 작업을 수행하기 위한 에너지 전달과 관련된 다양한 문제가 있다. 그런 이유로 전력공학은 전기공학 내에서 중요하고 흥미 있는 하부전공이라고 할 수 있다.

■ 실제 응용

뱀파이어 전력

가정, 학교, 직장에 설치된 일반적인 전기 장치 중 많은 것은 우리가 그것을 사용하고 있지 않을 때에도 전력을 소비한다. 이 '대기전력(standby power)'은 내부에 있는 시계를 작동하기 위해, 배터리를 충전하기 위해, 시간이나 다른 양을 표시하기 위해, 온도나 다른 환경 내용을 관찰하기 위해, 수신 신호를 찾아내기 위해 사용된다. 전자레인지, DVR, 텔레비전, 리모컨, 컴퓨터와 같은 장치는 모두 사용되지 않을 때에도 전력을 소모한다.

많은 휴대기기를 충전하는 데 사용하는 교류 어댑터(ac adapter)는 대기전력의 일반적인 공급원이다. 장치가 어댑터의 플러그에서 분리되었더라도, 어댑터가 전원 콘센트에 꽂혀 있다면 계속 전력을 소비한다. 이 어댑터의 플러그가 뱀파이어의 송곳니와 닮았다고 해서 대기전력은 '뱀파이어 전력(vampire power)'으로 알려지게 되었다. 심지어 우리가 자는 동안에도 사용되고 있는 전력이 바로 이것이다.

가정에서 1년 동안 전기 장치에 의해서 사용되는 뱀파이어 전력은 얼마나 될까? 이 뱀파이어 전력을 줄이거나 제거하는 방법은 없을까? 이 장 뒷부분의 실제 응용 예제와 연습문제를 통해서 이런 질문에 대해 탐구해 볼 것이다.

Pung/Shutterstock

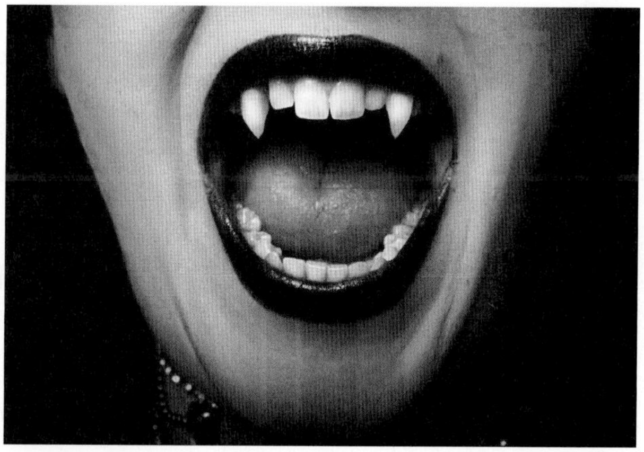

katalinks/123RF

Route55/Shutterstock

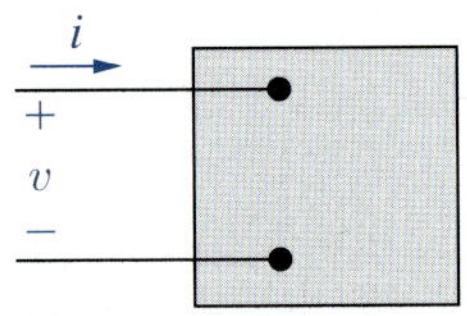

그림 10.1▲ 전력을 계산하기 위해 사용되는 회로의 블랙박스 표현.

10.1 순시 전력

그림 10.1의 낯익은 회로를 고려해 보자. 여기서 v와 i는 다음과 같이 주어지는 정상 상태의 정현파 신호이다.

$$v = V_m \cos(\omega t + \theta_v),$$

$$i = I_m \cos(\omega t + \theta_i),$$

위 식에서 θ_v는 전압 위상각이고, θ_i는 전류 위상각이다. 수동 부호 규약을 사용하면 어떤 순간에서의 전력은 다음과 같이 표현된다.

$$p = vi.$$

이것이 **순시 전력**(instantaneous power)이다. 순시 전력은 전압이 볼트 단위이고 전류가 암페어 단위일 때 와트 단위로 측정된다.

정현파 정상 상태에서 해석하고 있으므로 0의 시간에 대한 기준을 편리하게 선택할 수 있다. 전류가 양의 최댓값을 지나는 순간을 0의 시간으로 정의하는 것이 편리하다. 이 기준은 전압과 전류를 θ_i만큼 이동하는 것이 요구된다. 따라서 전압과 전류 방정식은 다음과 같다.

$$v = V_m \cos(\omega t + \theta_v - \theta_i), \tag{10.1}$$

$$i = I_m \cos \omega t. \tag{10.2}$$

식 (10.1)과 (10.2)를 전력 방정식에 대입하면 순시 전력의 식은 다음과 같다.

$$p = V_m I_m \cos(\omega t + \theta_v - \theta_i) \cos \omega t.$$

평균 전력을 구하기 위해 이 방정식을 직접 사용할 수 있다. 그러나 단순히 한 쌍의 삼각 함수 항등식을 적용함으로써 식을 훨씬 더 많은 정보를 갖는 형태로 바꿀 수 있다. 먼저 삼각 함수 항등식[1]

$$\cos\alpha \cos\beta = \frac{1}{2}\cos(\alpha - \beta) + \frac{1}{2}\cos(\alpha + \beta)$$

를 가져와서 $\alpha = \omega t + \theta_v - \theta_i$, $\beta = \omega t$라고 두면 다음 식이 주어진다.

$$p = \frac{V_m I_m}{2}\cos(\theta_v - \theta_i) + \frac{V_m I_m}{2}\cos(2\omega t + \theta_v - \theta_i).$$

이제 삼각 함수 항등식

$$\cos(\alpha + \beta) = \cos\alpha\cos\beta - \sin\alpha\sin\beta$$

을 사용하여 p를 위한 식의 우변 두 번째 항을 전개하면 다음 식이 주어진다.

순시 전력

$$p = \frac{V_m I_m}{2}\cos(\theta_v - \theta_i) + \frac{V_m I_m}{2}\cos(\theta_v - \theta_i)\cos 2\omega t - \frac{V_m I_m}{2}\sin(\theta_v - \theta_i)\sin 2\omega t. \tag{10.3}$$

---

1 부록 F를 참조하라.

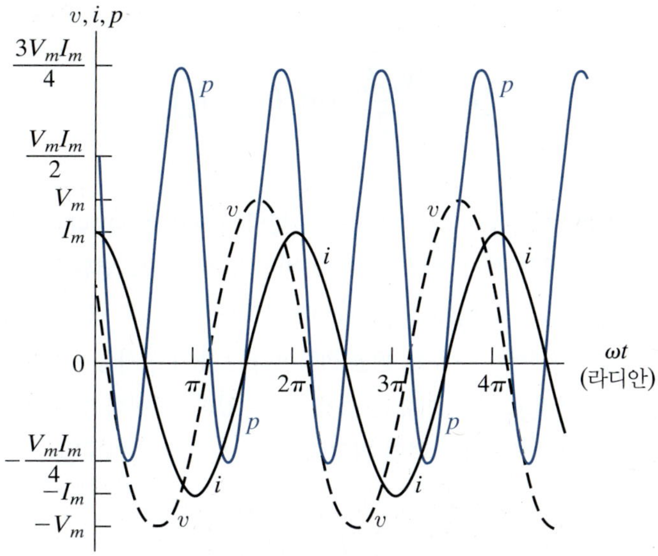

그림 10.2▲ 정상 상태의 정현파 동작에 대한 순시 전력, 전압, 전류 대 ωt.

식 (10.3)의 우측에 있는 세 개의 항을 살펴보면, 첫 번째 항은 상수이므로 시간의 함수가 아니나, 다른 두 항은 각각의 주파수가 식 (10.1)과 (10.2)에 있는 전압과 전류의 주파수의 2배를 가지는 정현파이다. $\theta_v = 60°$, $\theta_i = 0°$라는 가정에 근거하여 v, i, p를 묘사한 그림 10.2의 그래프를 보아도 동일한 관찰을 할 수 있다. 즉 순시 전력의 주파수는 전압이나 전류 주파수의 2배라는 것을 알 수 있다. 그러므로 순시 전력은 전압이나 전류의 매 사이클에 대해 두 개의 사이클을 지난다.

또한 단자 사이의 회로망이 수동 회로라고 할지라도 순시 전력이 각 사이클의 어떤 부분에 대해서는 음일 수 있다는 것을 주목하라. 음의 전력은 인덕터나 커패시터에 저장된 에너지가 추출된다는 것을 의미한다. 어떤 회로의 정현파 정상 상태의 동작에서 순시 전력이 시간과 함께 변한다는 사실로부터, 어떤 모터로 구동되는 가전제품(예로 냉장고)은 진동을 하게 되며 지나친 진동을 예방하기 위해 복원력이 있는 모터 받침대가 요구되는 이유가 설명된다.

다음 절에서는 그림 10.1 회로의 양단에 걸리는 평균 전력을 구하기 위해 식 (10.3)을 이용하고 동시에 무효 전력의 개념을 소개할 것이다.

10.2 평균 전력과 무효 전력

앞서 언급했듯이 식 (10.3)은 세 개의 항을 가지고 있는데, 이를 다음과 같이 다시 쓸 수 있다.

$$p = P + P\cos 2\omega t - Q\sin 2\omega t, \tag{10.4}$$

여기서

평균(유효) 전력

$$P = \frac{V_mI_m}{2}\cos(\theta_v - \theta_i), \tag{10.5}$$

무효 전력

$$Q = \frac{V_m I_m}{2} \sin(\theta_v - \theta_i). \tag{10.6}$$

P는 **평균 전력**(average power), Q는 **무효 전력**(reactive power)이라고 한다. 평균 전력은 회로 내에서 전기 에너지로부터 비전기 에너지로 변환된 전력을 나타내기 때문에 때때로 **유효 전력**(real power)이라고도 한다. 두 용어를 서로 바꿔 사용할 수 있지만, 이 책에서는 주로 **평균 전력**이라는 용어를 사용하기로 한다.

P를 평균 전력이라고 하는 이유는 쉽게 알 수 있다. 정현파 신호와 관련된 평균 전력은 한 주기에 대한 순시 전력의 평균이다. 즉 식으로 나타내면

$$P = \frac{1}{T}\int_{t_o}^{t_0+T} p\, dt, \tag{10.7}$$

여기서 T는 정현파 함수의 주기이다. 적분 범위는 어떤 편리한 시간 t_0에서 적분 과정을 시작할 수 있으나 정확히 한 주기 후에 그 적분을 끝내야 한다는 것을 나타낸다[그 적분에 $1/(nT)$를 곱하면 nT 주기에 대해 적분할 수 있다. 여기서 n은 정수이다].

식 (10.3)을 식 (10.7)에 직접 대입하여 적분을 수행함으로써 평균 전력을 구할 수 있다. 그러나 $\cos 2\omega t$와 $\sin 2\omega t$의 한 주기에 대한 적분 결과가 둘 다 0이기 때문에 p의 평균 전력은 식 (10.3)의 우변 첫 번째 항에 의해 주어지므로 평균 전력은 식 (10.5)와 같이 주어진다.

순 저항성이거나 순 유도성이거나 순 용량성인 회로에서 전력을 조사함으로써 식 (10.4)에 있는 모든 항과 그들 사이의 관계를 더 잘 이해할 수 있다.

순 저항성 회로에 대한 전력

그림 10.1에서 단자 사이의 회로가 순 저항성이라면 전압과 전류가 동상이며 $\theta_v = \theta_i$라는 것을 의미한다. 그러면 식 (10.4)는 다음과 같이 간단해진다.

$$p = P + P\cos 2\omega t.$$

저항이 소비하는 순시 전력은 **순시 유효 전력**(instantaneous real power)이라고 부른다. 그림 10.3은 $\omega = 377$ rad/s인 순 저항성 회로에 대한 P의 값을 그래프로 나타낸 것이다. 정의에 의하여 평균 전력 P는 한 주기에 대한 p의 평균이다. 따라서 이 회로에 대해 $P = 1$이라는 것을 단지 그래프를 보기만 해도 쉽게 알 수 있다. 위의 방정식과 그림 10.3에서 알 수 있듯이 순시 유효 전력은 결코 음이 될 수 없다는 것을 명심하라. 다시 말해, 순 저항성 회로로부터 전력은 추출될 수 없다. 저항은 전기 에너지를 열 에너지 형태로 소모시킨다.

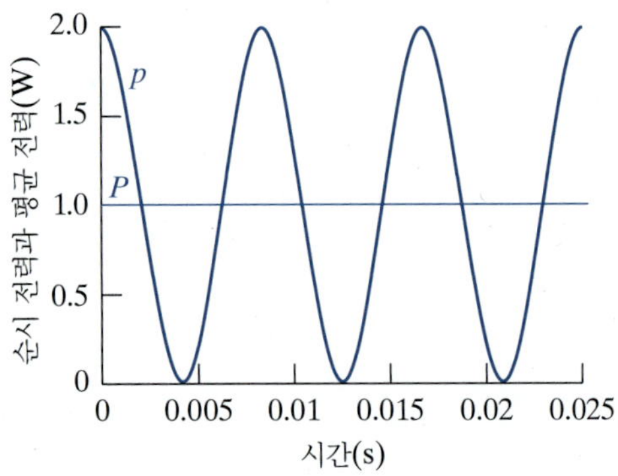

그림 10.3▲ 순 저항성 회로에 대한 순시 유효 전력과 평균 전력.

순 유도성 회로에 대한 전력

그림 10.1에서 단자 사이의 회로가 순 유도성이라면 전류의 위상이 전압에 대해 90° 뒤지게 된다(즉 $\theta_i = \theta_v - 90°$). 그러므로 $\theta_v - \theta_i = +90°$이다. 이 경우 순시

전력에 대한 식은 다음과 같이 더 간단해진다.

$$p = -Q \sin 2\omega t.$$

순 유도성 회로에서 평균 전력은 0이다. 그러므로 전기로부터 비전기 에너지 형태로의 에너지 변환은 발생하지 않는다. 순 유도성 회로 양단에서의 순시 전력은 2ω의 주파수를 가지고 회로와 그 회로를 구동하는 전원 사이에서 계속적으로 교환된다. 즉 p가 양일 때 에너지는 유도성 소자와 관련된 자계에 저장되고, p가 음일 때 에너지는 그 자기장으로부터 추출된다.

순 유도성 회로의 전력은 무효 전력 Q로 측정된다. **무효 전력**이라는 이름은 유도성 임피던스만 가지는 유도성 소자인 인덕터의 특성을 반영한 것이라고 할 수 있다. 평균 전력 P와 무효 전력 Q는 같은 차원을 갖는다는 것을 주목하라. 평균 전력과 무효 전력을 구별하기 위해 평균 전력은 **와트**(W)를, 무효 전력은 **바**(volt-amp reactive 또는 VAR)를 단위로 사용한다. $\omega = 377$ rad/s, $Q = 1$ VAR라고 가정할 때 순 유도성 회로에 대한 순시 전력이 그림 10.4에 나타나 있다.

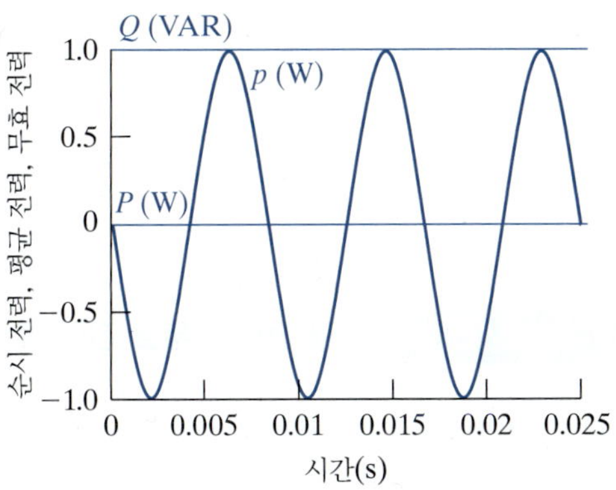

그림 10.4▲ 순 유도성 회로에 대한 순시 유효 전력, 평균 전력, 무효 전력.

순 용량성 회로에 대한 전력

그림 10.1에서 단자 사이의 회로가 순 용량성이라면 전류의 위상이 전압보다 90° 앞서게 된다(즉 $\theta_i = \theta_v + 90°$). 따라서 $\theta_v - \theta_i = -90°$이므로 순시 전력에 대한 식은 다음과 같다.

$$p = -Q \sin 2\omega t.$$

다시 평균 전력은 0이므로 전기로부터 비전기 에너지 형태로의 에너지 변환이 없는 대신에 회로를 구동하는 전원과 용량성 소자와 관련된 전기장 사이에서 전력이 계속적으로 교환된다. $\omega = 377$ rad/s, $Q = -1$ VAR라고 가정할 때 순 용량성 회로에 대한 순시 전력이 그림 10.5에 나타나 있다.

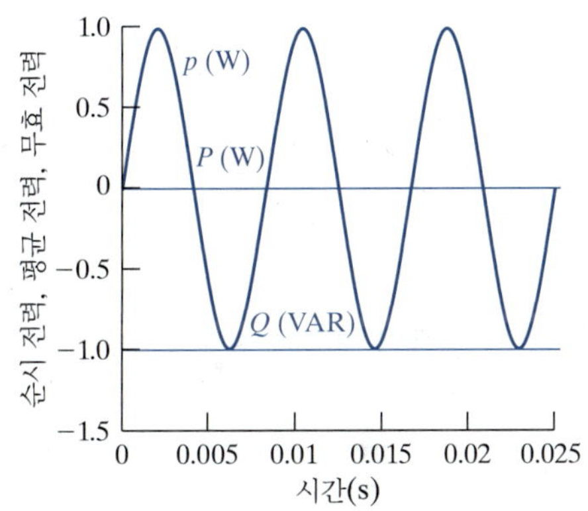

그림 10.5▲ 순 용량성 회로에 대한 순시 유효 전력, 평균 전력, 무효 전력.

전류를 기준으로 사용하면 [식 (10.2)에서 보듯이] 인덕터에 대해서는 Q가 양의 값이 되고(즉 $\theta_v - \theta_i = 90°$), 커패시터에 대해서는 음의 값이 된다(즉 $\theta_v - \theta_i = -90°$). 전력 분야의 기술자들은 Q의 대수 부호에서의 이 차이를 인식하여 자화된 인덕터는 무효 전력을 요구(또는 흡수)하고 커패시터는 자화된 무효 전력을 공급(또는 전달)한다고 말한다. 뒤에 가서 이러한 규약에 대해 더 설명한다.

역률

위상각 $\theta_v - \theta_i$는 평균 전력과 무효 전력의 계산에 사용되는데, 이것을 **역률각**(power factor angle)이라고 한다. 이 각의 코사인 값을 **역률**(power factor, pf)이라 하며, 이 각의 사인 값을 **무효율**(reactive factor, rf)이라 한다. 따라서

역률

$$\text{pf} = \cos(\theta_v - \theta_i), \tag{10.8}$$

$$\text{rf} = \sin(\theta_v - \theta_i).$$

$\cos(\theta_v - \theta_i) = \cos(\theta_i - \theta_v)$이므로 역률 값을 안다고 해서 역률각의 값을 결정할 수 있는 것은 아니다. 이 각을 명확하게 표현하기 위해 **지상 역률**(lagging power factor)과 **진상 역률**(leading power factor)이라는 용어를 사용한다. 지상 역률은 전류가 전압보다 늦다는 것을 의미하고 여기서는 유도성 부하가 해당된다. 진상 역률은 전류가 전압보다 빠르다는 것을 의미하고 여기서는 용량성 부하가 해당된다. 역률과 무효율은 둘 다 전기 부하를 기술하는 데 사용하는 편리한 양이다.

예제 10.1은 수치 계산으로 P와 Q를 해석하는 것을 보여 준다.

예제 10.1 평균 전력과 무효 전력 계산하기

a) $v = 100\cos(\omega t + 15°)$ V, $i = 4\sin(\omega t - 15°)$ A일 때 그림 10.6의 회로망 양단에서의 평균 전력과 무효 전력을 계산하라.

b) 상자 내의 회로가 평균 전력을 흡수하고 있는지, 공급하고 있는지를 설명하라.

c) 상자 내의 회로가 무효 전력을 흡수하고 있는지, 공급하고 있는지를 설명하라.

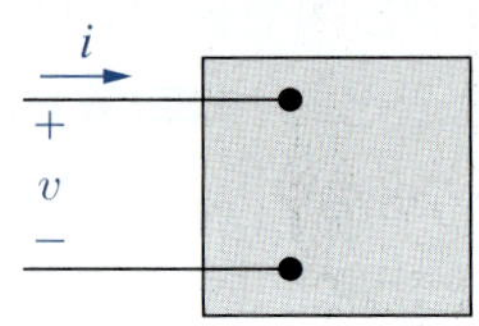

그림 10.6◀ 전력 계산을 위해 사용되는 한 쌍의 단자.

풀이

a) i가 사인 함수로 표현되어 있으므로 P와 Q를 계산하기 위한 첫 단계는 i를 다음과 같이 코사인 함수로 다시 쓰는 것이다.

$$i = 4\cos(\omega t - 105°)\ \text{A}.$$

이제 수동 부호 규약을 이용하여 식 (10.5)와 (10.6)으로부터 직접 P와 Q를 계산한다.

$$P = \frac{1}{2}(100)(4)\cos[15° - (-105°)] = -100\ \text{W},$$

$$Q = \frac{1}{2}100(4)\sin[15° - (-105°)] = 173.21\ \text{VAR}.$$

b) P값이 음수이므로 상자 내의 회로가 평균 전력을 단자에 공급하고 있다는 것을 의미한다.

c) Q가 양이기 때문에 상자 내의 회로가 그 단자에서 자화된 무효 전력을 흡수하고 있다는 것을 의미한다.

평가문제

목표 1—교류 전력 개념, 개념 간의 관계, 회로에서 이들 개념을 계산하는 방법을 이해한다.

10.1 그림 10.1에 표시된 회로와 관련된 v와 i의 여러 값이 주어져 있다. 각 세트 값에 대해 유효전력 P와 무효전력 Q를 계산하고, 상자 안의 회로가 (1) 평균 전력과 (2) 자화된 무효전력을 흡수하고 있는지 또는 공급하고 있는지를 판단하라.

a) $v = 100\cos(\omega t + 50°)$ V, $i = 10\cos(\omega t + 15°)$ A.

b) $v = 40\cos(\omega t - 15°)$ V, $i = 5\cos(\omega t + 60°)$ A.

c) $v = 400\cos(\omega t + 30°)$ V, $i = 10\sin(\omega t + 240°)$ A.

d) $v = 200\sin(\omega t + 250°)$ V, $i = 5\cos(\omega t + 40°)$ A.

정답: a) $P = 409.58$ W(abs), $Q = 286.79$ VAR(abs),

b) $P = 25.88$ W(abs), $Q = -96.59$ VAR(del),

c) $P = -1000$ W(del), $Q = -1732.05$ VAR(del),

d) $P = -250$ W(del), $Q = 433.01$ VAR(abs).

10.2 평가문제 10.1에 주어진 각 전압과 전류의 쌍에 대해 그림 10.6에 있는 상자 내부 회로의 역률과 무효률을 구하라. (힌트: 역률과 무효률을 계산할 때는 전류의 부호를 바꾼 $-i$를 사용하라.)

정답: a) pf = 0.82 지상, rf = 0.57,

b) pf = 0.26 진상, rf = −0.97,

c) pf = −0.5 진상, rf = −0.87,

d) pf = −0.5 지상, rf = 0.87.

자가 검사: 연습문제 10.1도 풀어 보라.

가전제품

평균 전력은 가전제품의 전력 소비를 정량화할 때 사용된다. 가정에서 매달 지불하는 전기요금은 가정에서 사용한 킬로와트시(kWh)의 양에 따라 계산된다. 표 10.1에는 몇 가지 일반적인 가전제품에 대한 정보가 나와 있으며, 여기에는 매달 평균 사용 시간, 사용되는 개월 수 연간 킬로와트시(kWh) 소비량, 연간 사용 비용 항목들이 포함되어 있다. 예를 들어 커피 메이커는 한 달에 30시간, 즉 하루 1시간 사용되며, 연중 매달 사용된다고 가정한다. 이 커피 메이커는 연간 60 kWh를 소비하고, 사용 비용은 약 10달러이다. 따라서 커피 메이커는 하루에 작동하는 한 시간 동안 60 kWh/360시간 = 0.167 kW = 167 W의 전력을 소비한다.

표 10.1 가정용 전기 기구의 연간 에너지 소요량

전기 기구	월별 사용시간	사용 개월 수	연간 kWH	연간 비용
에어컨–중앙집중식	120	3	1080	$173
의류 건조기–전기식	24	12	901	$144
세탁기(온수비 불포함)	28	12	108	$17
커피메이커(주거용)	30	12	60	$10
데스크톱 컴퓨터–모니터 포함	*	*	127	$20
노트북 컴퓨터–랩탑	*	*	23	$4
식기세척기–열건조(온수비 불포함)	30	12	293	$47
DVD 플레이어	60	12	18	$3
팬–천장부착식(전등 불포함)	150	6	72	$12
팬–탁자/박스/바닥	60	3	28	$4
게임콘솔(대기/유령 부하)	*	*	65	$10
난방장치–전기 열(기본보드, 10피트)	240	5	1500	$240
가습기	240	12	360	$58
백열등–75와트	60	12	54	$9
형광등–20와트(75와트 백열등과 동일)	90	12	22	$3
LED등–10와트(75와트 백열등과 동일)	90	12	12	$2
전자레인지	9	12	101	$16
전기오븐	9	12	284	$45
냉장고–19~21.4큐빅피트–2001~2008	720	12	533	$85
냉장고–19~21.4큐빅피트(신에너지스타)	720	12	336	$54
셋톱박스, 유선/위성 수신기	720	12	249	$40
텔레비전–50인치 + 비에너지스타 TV	*	*	215	$34
온수기–전기식(새로운 기본모델 0.95 에너지 지수)	n/a	12	4559	$729

* 대기모드 전력이 있음을 표시

주: • 월별 사용시간은 북미의 전형적인 4인 가구를 기준으로 함.
- 연간 kWh는 모델, 나이, 사용법에 많이 의존함.
- 연간 비용은 킬로와트당 16센트를 기준으로 함.
- 사용한 데이터는 https://www.efficiencyvermont.com/tips-tools/tools/electric-usage-chart-tool의 허가를 받았음.

예제 10.2에서는 표 10.1의 데이터를 사용하여 네 가지 일반적인 가전제품이 동시에 작동할 경우 가정용 회로의 전류 허용 용량을 초과하지 않는지를 결정하는 문제이다.

예제 10.2 가정용 기구의 전력 계산

전형적인 주택 부엌의 콘센트에 전력을 공급하는 분기 회로는 #12 도체로 배선되어 있고 20 A 퓨즈 또는 20 A 회로 차단기에 의해 보호된다. 커피메이커, 전자레인지, 식기세척기, 구형 냉장고 같은 120 V 가전제품이 동시에 가동된다고 가정하라. 이 회로는 보호 장치에 의해 차단되는가?

풀이

앞에서 계산한 커피메이커의 평균 전력은 167 W이다. 표 10.1을 이용하여 다른 세 가전제품의 평균 전력을 구하면 다음과 같다.

$$P_{\text{microwave}} = \frac{101}{(9)(12)} = 0.935\ \text{kW} = 935\ \text{W},$$

$$P_{\text{dishwasher}} = \frac{293}{(30)(12)} = 0.814\ \text{kW} = 814\ \text{W},$$

$$P_{\text{refrigerator}} = \frac{533}{(720)(12)} = 0.062\ \text{kW} = 62\ \text{W}.$$

네 개의 가전제품이 사용하는 평균 전력은

$$P_{\text{total}} = 167 + 935 + 814 + 62 = 1978\ \text{W}.$$

보호 장치에 흐르는 전체 전류는 다음과 같다.

$$I = \frac{P_{\text{total}}}{V} = \frac{1978}{120} = 16.5\ \text{A}.$$

전류가 20 A보다 작으므로 보호 장치는 회로를 차단하지 않는다.

자가 검사: 연습문제 10.3을 풀어 이해도를 평가하라.

10.3 rms값과 전력 계산

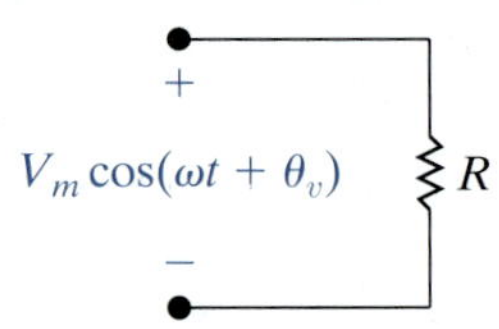

그림 10.7▲ 저항기의 양단에 가해지는 정현파 전압.

9.1절에서 정현파 전압(또는 전류)의 rms값을 소개할 때 그것이 전력 계산에서 중요한 역할을 수행한다고 언급했다. 이제 이 역할에 대해 논의해 보자.

그림 10.7에 나타낸 바와 같이 정현파 전압이 저항의 양단에 인가되고 그 저항에 전달되는 평균 전력을 결정하고 싶다고 가정하자. 식 (10.7)로부터

$$P = \frac{1}{T}\int_{t_0}^{t_0+T} \frac{V_m^2 \cos^2(\omega t + \phi_v)}{R}\,dt = \frac{1}{R}\left[\frac{1}{T}\int_{t_0}^{t_0+T} V_m^2 \cos^2(\omega t + \phi_v)\,dt\right].$$

식 (9.4)로부터 위 식의 괄호 항은 제곱된 전압의 rms값이라는 것을 알 수 있다. 따라서 저항 R에 전달되는 평균 전력은 다음과 같다.

$$P = \frac{V_{\text{rms}}^2}{R}.$$

저항에 정현파 전류가 흐르고 있다면, 즉 $I_m \cos(\omega t + \phi_i)$라면 저항에 전달되는 평균 전력은 다음과 같다.

$$P = I_{\text{rms}}^2 R.$$

rms값은 정현파 전압(또는 전류)의 **실횻값**(effective value)이라고도 한다. 이 rms값은 다음과 같은 흥미로운 특성을 가지고 있다. 등가 저항 부하 R과 등가 주기 T가 주어지면 정현파 전원의 rms값은 같은 값의 직류 전원이 전달하는 것과 똑

같은 에너지를 R에 전달한다. 예를 들어 동일한 부하 저항이라고 가정하면 100 V 직류 전원은 T초에 100 V(rms)의 정현파 전원이 전달하는 것과 같은 에너지를 R에 전달한다(연습문제 10.11 참조). 그림 10.8은 이러한 등가를 보여준다. 에너지 전달이라는 관점에서 보면 두 가지 전원의 효과는 동일하다. 이런 이유로 **실효값**과 **rms값**이라는 용어를 같은 의미로 사용해도 무방하다.

식 (10.5)에 의해 주어진 평균 전력과 식 (10.6)에 의해 주어진 무효 전력은 다음과 같이 실횻값으로 나타낼 수 있다.

$$P = \frac{V_m I_m}{2}\cos(\theta_v - \theta_i)$$

$$= \frac{V_m}{\sqrt{2}}\frac{I_m}{\sqrt{2}}\cos(\theta_v - \theta_i)$$

$$= V_{\text{rms}} I_{\text{rms}} \cos(\theta_v - \theta_i) \tag{10.9}$$

무효 전력 Q도 앞의 평균 전력의 식과 같은 조작을 하면 다음과 같다.

$$Q = V_{\text{rms}} I_{\text{rms}} \sin(\theta_v - \theta_i). \tag{10.10}$$

전력 계산에서 정현파 신호의 실횻값은 매우 폭넓게 사용되므로 전력을 사용하는 회로와 장치의 전압과 전류의 정격은 rms값으로 주어진다. 예를 들면 주택 전기 배선의 전압 정격은 많은 경우 240 V/120 V이다. 이 전압 수준은 전력회사에 의해 공급되는 정현파 전압의 rms값인데, 전력회사는 낮은 전압의 가전제품(예로 TV)과 더 높은 전압의 가전제품(예로 전열기)을 수용하기 위해 두 가지 전압 수준으로 전력을 공급한다. 전등, 다리미, 토스터와 같은 가전제품은 그 명판에 rms 정격이 적혀 있다. 예를 들면 120 V, 100 W 전등은 $120^2/100$, 즉 144 Ω의 저항을 갖고 120/144, 즉 0.833 A의 rms 전류를 흘려 보낸다. 그 전등 전류의 피크 값은 $0.833\sqrt{2}$, 즉 1.18 A이다.

rms값은 정현파 함수의 페이저 변환으로도 표현될 수 있다. rms 페이저의 크기는 정현파 함수의 rms값과 같다. 페이저가 rms값에 기초를 두고 있으면 페이저 양옆에 삽입어구로 'rms'를 명확히 표기하거나 아래 첨자 'rms'로 표시하면 된다.

예제 10.3은 rms값을 사용하여 전력을 계산하는 것을 보여 준다.

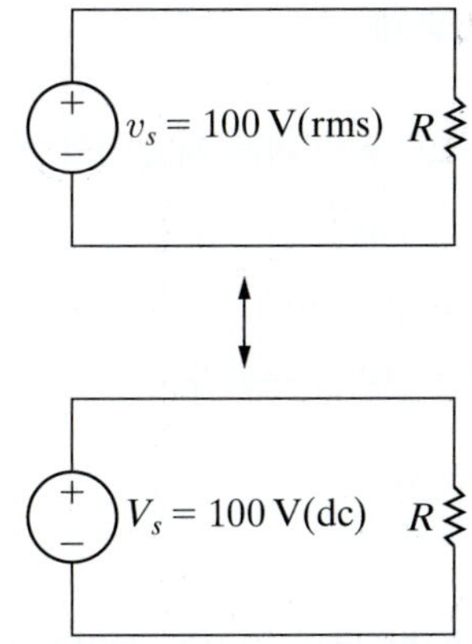

그림 10.8▲ v_s의 실횻값[100 V(rms)]이 직류 전압 v_s[100 V(dc)]와 같은 전력을 R에 전달한다.

예제 10.3 정현파 전압에 의하여 저항기에 공급되는 평균 전력 결정하기

a) 625 V의 최대 진폭을 갖는 정현파 전압이 50 Ω의 저항 단자에 인가된다. 그 저항에 전달되는 평균 전력을 구하라.

b) 먼저 저항에서 전류를 구한 후 (a)와 같이 평균 전력을 구하라.

풀이

a) 정현파 전압의 rms값은 $625/\sqrt{2}$, 즉 약 441.94 V이다. 50 Ω 저항에 전달되는 평균 전력은 다음과 같다.

$$P = \frac{V_{\text{rms}}^2}{R} = \frac{(441.94)^2}{50} = 3906.25\ \text{W}.$$

b) 저항에 흐르는 전류의 최대 진폭은 625/50, 즉 12.5 A이다. 전류의 rms값은 $12.5/\sqrt{2}$, 즉 약 8.84 A이다. 여기서 저항에 전달되는 평균 전력은 다음과 같다.

$$P = (8.84)^2 50 = 3906.25\ \text{W}.$$

평가문제

목표 1—교류 전력 개념, 개념 간의 관계, 회로에서 이들 개념을 계산하는 방법을 이해한다.

10.3 예제 9.4에 있는 주기적인 삼각파 전류가 240 mA의 피크 값을 갖고 있다. 이 전류에 의하여 1 kΩ 저항에 전달되는 평균 전력을 구하라.

정답: 19.2 W.

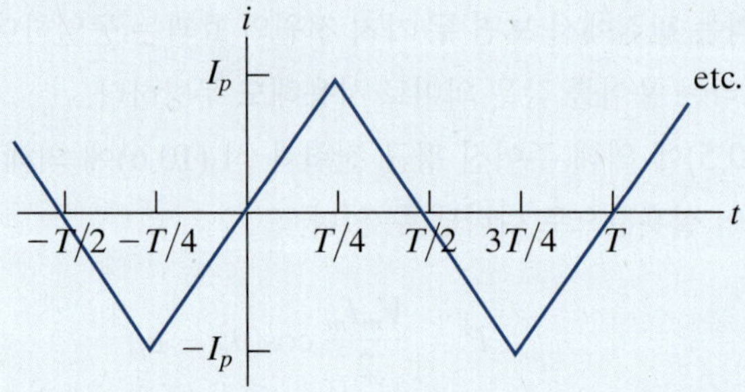

자가 검사: 연습문제 10.16도 풀어 보라.

10.4 복소 전력

정현파 정상 상태에서 동작하고 있는 회로에서 유효 전력과 무효 전력을 계산하는 여러 가지 방법을 배우기 전에 복소 전력을 도입하고 정의할 필요가 있다. **복소 전력**(complex power)은 유효 전력과 무효 전력의 복소수 합이다. 즉

복소 전력

$$S = P + jQ. \tag{10.11}$$

표 10.2 세 가지 전력량과 단위

전력량	단위
복소 전력	볼트-암페어(VA)
평균 전력	와트(W)
무효 전력	바(VAR)

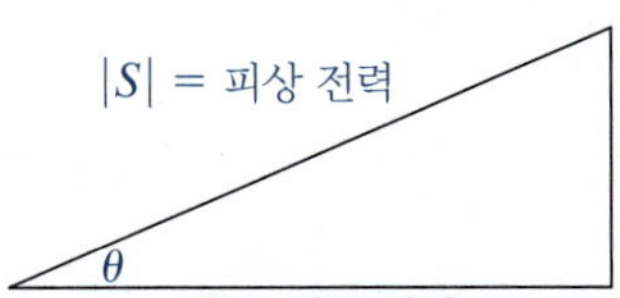

그림 10.9▲ 전력 삼각형.

앞으로 살펴보겠지만, 복소 전력을 회로의 전압과 전류 페이저로부터 직접 계산할 수 있다. 그래서 $P = \mathcal{R}\{S\}$, $Q = \mathcal{I}\{S\}$이기 때문에 평균 전력과 무효 전력을 계산하기 위해 식 (10.11)을 사용할 수 있다.

단위 측면에서 복소 전력은 유효 전력이나 무효 전력과 같다. 그러나 복소 전력을 유효 전력이나 무효 전력과 구별하기 위해 **볼트-암페어**(volt-amps, VA) 단위를 사용한다. 따라서 표 10.2에 요약된 것과 같이 복소 전력에는 볼트-암페어, 평균 전력에는 와트(watt), 무효 전력에는 바(var)를 사용한다.

복소 전력은 다른 전력량 간의 기하학적인 관계를 알 수 있게 해 준다. 식 (10.11)에서 그림 10.9에 나타낸 바와 같이 P, Q, $|S|$를 직각삼각형의 변으로 생각하자. 이 전력 삼각형에서 각 θ가 역률각 $\theta_v - \theta_i$라는 것을 알 수 있다. 그림 10.9의 직각삼각형에 대해

$$\tan\theta = \frac{Q}{P}.$$

그러나 P, Q의 정의로부터[각각 식 (10.5)와 (10.6)]

$$\frac{Q}{P} = \frac{(V_m I_m/2)\sin(\theta_v - \theta_i)}{(V_m I_m/2)\cos(\theta_v - \theta_i)}$$

$$= \tan(\theta_v - \theta_i).$$

그러므로 $\theta = \theta_v - \theta_i$이다. 직각삼각형의 기하학적 관계와 네 개의 전력 삼각형 차원(세 변과 역률각)은 이 네 개 중 두 개만 알면 결정된다는 것을 의미한다.

복소 전력의 크기는 **피상 전력**(apparent power)이라고 한다. 특히

피상 전력

$$|S| = \sqrt{P^2 + Q^2}. \tag{10.12}$$

복소 전력과 같이 피상 전력은 볼트-암페어로 측정된다. 전기 에너지를 비전기적인 형태로 변환하기 위해 설계된 장치의 피상 전력, 즉 볼트-암페어 요구량은 평균 전력 요구량보다 더 유용하다. 피상 전력은 장치가 사용하는 평균 전력을 공급해 주기 위해 요구되는 볼트-암페어 용량을 나타낸다. 그림 10.9의 전력 삼각형으로부터 알 수 있듯이 역률각이 0°(즉 장치가 순 저항성이어서 pf = 1, $Q = 0$)가 아니면 그 장치에 의해 요구되는 볼트-암페어 용량은 그 장치에 의해 사용되는 평균 전력보다 더 크다.

많은 가전제품(냉장고, 팬, 에어컨, 형광등 설비, 세탁기 등)과 대부분의 산업 부하는 지상 역률로 운전된다. 때때로 이러한 부하의 역률은 그 장치에 커패시터를 추가하거나 부하로 연결되는 선로에 커패시터를 연결하는 방법을 사용하여 교정될 수 있는데, 대용량 산업 부하의 경우는 후자의 방법이 종종 사용된다. 이 장 마지막에 있는 여러 문제는 부하 지상 역률의 수정을 통해 회로의 동작을 개선할 수 있는 여러 방법을 알려 준다.

예제 10.4에서 전력 삼각형을 사용하여 전기 부하와 관련된 여러 양을 계산하는 방법을 보여 준다 .

예제 10.4 복소 전력 계산하기

어떤 전기 부하가 240 V(rms)로 동작된다. 이 부하는 지상 역률 0.8로서 8 kW의 평균 전력을 흡수한다.

a) 부하의 복소 전력을 계산하라.

b) 부하의 임피던스 Z를 계산하라.

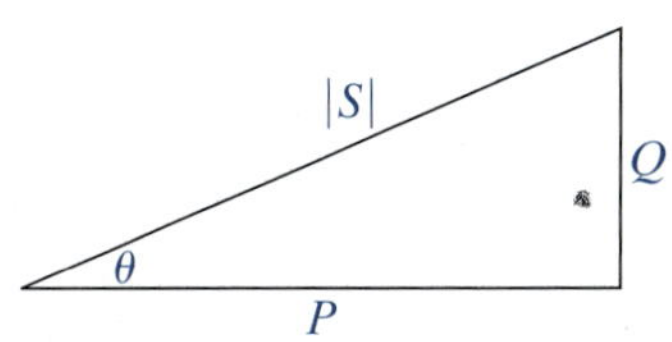

그림 10.10▲ 전력 삼각형.

풀이

a) 역률이 지상이므로 이 부하는 유도성이고 무효 전력의 대수적인 부호는 양이라는 것을 알 수 있다. 그림 10.10의 전력 삼각형으로부터

$$P = |S| \cos\theta,$$

$$Q = |S| \sin\theta.$$

이제 $\cos\theta = 0.8$이므로 $\sin\theta = 0.6$이다. 그러므로

$$|S| = \frac{P}{\cos\theta} = \frac{8000}{0.8} = 10{,}000 = 10 \text{ kVA},$$

$$Q = |S| \sin\theta = (10{,}000)(0.6) = 6 \text{ kVAR},$$

그리고

$$S = P + jQ = 8 + j6 \text{ kVA}.$$

b) 제시된 문제의 서술로부터 부하의 평균 전력이 $P = 8$ kW라는 것을 안다. 식 (10.9)를 사용하여

$$\begin{aligned} P &= V_{\text{rms}} I_{\text{rms}} \cos(\theta_v - \theta_i) \\ &= (240) I_{\text{rms}} (0.8) \\ &= 8000 \text{ W}. \end{aligned}$$

I_{rms}를 구하면

$$I_{rms} = 41.67 \text{ A(rms)}.$$

부하 임피던스 각이 역률각이기 때문에 이미 다음과 같이 부하 임피던스 각을 알고 있다.

$$\theta = \cos^{-1}(0.8) = 36.87°.$$

또한 부하 역률이 지상이고 유도성 부하를 나타내기 때문에 θ가 양이라는 것을 알고 있다. 부하 임피던스의 크기를 전압의 크기 대 전류의 크기의 비라는 정의로부터 다음과 같이 계산한다.

$$|Z| = \frac{|V_{rms}|}{|I_{rms}|} = \frac{240}{41.67} = 5.76.$$

여기서

$$Z = 5.76 \underline{/36.87°}\ \Omega = 4.608 + j3.456\ \Omega.$$

평가문제

목표 1—교류 전력 개념, 개념 간의 관계, 회로에서 이들 개념을 계산하는 방법을 이해한다.

10.4 다음 회로에서 $v_g = 150 \cos 250t$ V일 때 다음을 구하라.

a) 부하에서 흡수된 평균 전력

b) 부하에서 흡수된 무효 전력

c) 부하에서 흡수된 피상 전력

d) 부하에서 역률

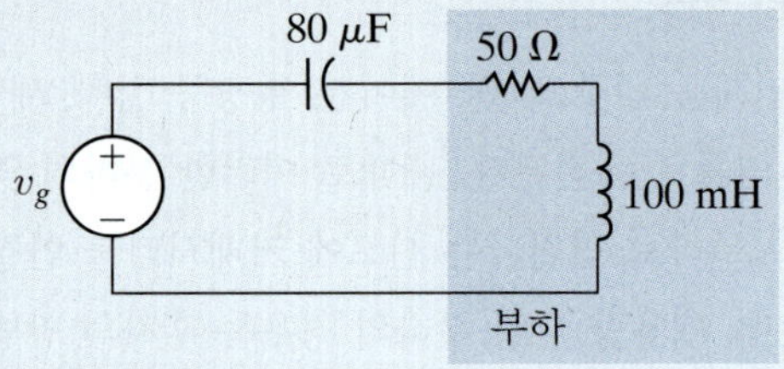

정답: a) 180 W, b) 90 VAR,
c) 201.25 VA, d) 0.89 지상.

자가 검사: 연습문제 10.18도 풀어 보라.

10.5 전력 계산

이제 유효, 무효, 복소 전력을 계산하기 위해 사용할 수 있는 방정식을 추가로 전개할 준비가 되어 있다. 먼저 식 (10.5), (10.6), (10.11)을 결합하여 다음 식을 얻는다.

$$S = \frac{V_m I_m}{2}\cos(\theta_v - \theta_i) + j\frac{V_m I_m}{2}\sin(\theta_v - \theta_i)$$

$$= \frac{V_m I_m}{2}[\cos(\theta_v - \theta_i) + j\sin(\theta_v - \theta_i)]$$

$$= \frac{V_m I_m}{2} e^{j(\theta_v - \theta_i)} = \frac{1}{2} V_m I_m \underline{/(\theta_v - \theta_i)}.$$

정현파 전압과 전류의 실횻값을 사용하면 식 (10.27)은 다음과 같다.

$$S = V_{rms} I_{rms} \underline{/(\theta_v - \theta_i)}.$$

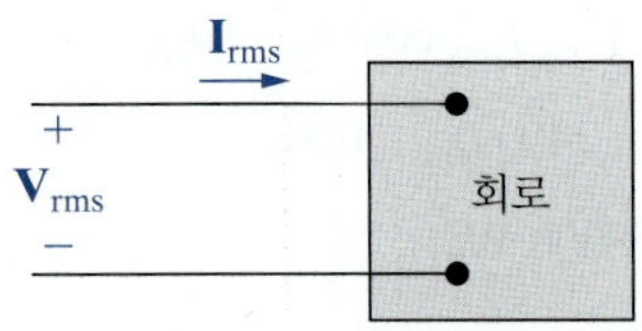

그림 10.11▲ 한 쌍의 단자와 관련된 페이저 전압과 전류.

한 쌍의 단자에서 페이저 전류와 전압이 알려져 있으면 그 단자와 관련된 복소 전력은 페이저 전압과 페이저 전류의 공액 복소수와의 곱의 반이거나, rms 페이저 전압과 rms 페이저 전류의 공액 복소수의 곱이 된다. 다음과 같이 그림 10.11에서의 rms 전압 페이저와 rms 전류 페이저에 대해 이를 나타낼 수 있다.

$$S = V_{\text{rms}}I_{\text{rms}} \angle(\theta_v - \theta_i)$$
$$= V_{\text{rms}}I_{\text{rms}}e^{j(\theta_v - \theta_i)}$$
$$= V_{\text{rms}}\, e^{j\theta_v}I_{\text{rms}}e^{-j\theta_i}$$

복소 전력의 다른 형식

$$S = \mathbf{V}_{\text{rms}}\mathbf{I}^*_{\text{rms}}. \tag{10.13}$$

$\mathbf{I}^*_{\text{rms}} = I_{\text{rms}}e^{-j\theta_i}$은 다음과 같이 오일러 항등식과 삼각 함수 항등식 $\cos(-\theta) = \cos(\theta)$와 $\sin(-\theta) = -\sin(\theta)$에서 나온다는 것을 주목하라.

$$I_{\text{rms}}e^{-j\theta_i} = I_{\text{rms}}\cos(-\theta_i) + jI_{\text{rms}}\sin(-\theta_i)$$
$$= I_{\text{rms}}\cos(\theta_i) - jI_{\text{rms}}\sin(\theta_i)$$
$$= \mathbf{I}^*_{\text{rms}}.$$

rms값이 아닌 페이저 전압과 페이저 전류인 경우도 동일한 유도 기법이 식 (10.13)에 적용될 수 있고 다음 식이 산출된다.

$$S = \frac{1}{2}\mathbf{V}\mathbf{I}^*. \tag{10.14}$$

식 (10.13)과 (10.14)는 모두 수동 부호 규약에 근거를 둔다. 전류의 기준이 단자 양단에서의 전압 증가의 방향과 같으면 각 방정식의 우변에 음의 부호를 삽입한다.

예제 10.5는 예제 10.1의 전압과 전류에 대한 페이저 표현을 가지고 식 (10.14)를 이용하여 전력을 계산하는 과정을 보여 준다.

예제 10.5 페이저 전압과 페이저 전류를 사용하여 전력 계산하기

a) 그림 10.12 회로의 단자에 다음의 전압과 전류가 인가되어 있을 때 평균 전력과 무효 전력을 계산하라.

$$\mathbf{V} = 100 \angle 15^\circ \text{ V},$$
$$\mathbf{I} = 4 \angle -105^\circ \text{ A}.$$

b) 박스 내부에 있는 회로는 평균 전력을 흡수하고 있는가, 전달하고 있는가?

c) 박스 내부에 있는 회로는 무효 전력을 흡수하고 있는가, 공급하고 있는가?

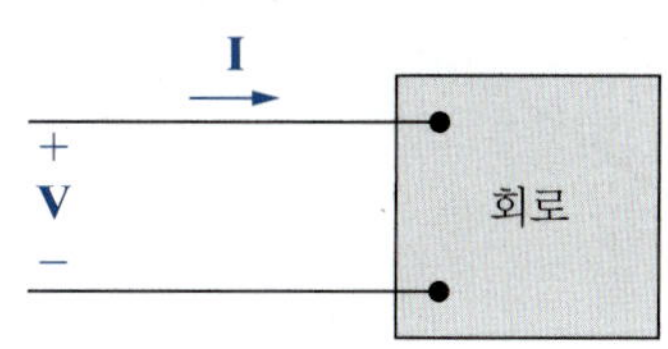

그림 10.12▲ 예제 10.5의 회로.

풀이

a) 식 (10.14)로부터

$$S = \frac{1}{2}(100 \angle 15^\circ)(4 \angle +105^\circ) = 200 \angle 120^\circ$$
$$= -100 + j173.21 \text{ VA}.$$

일단 복소 전력을 계산하면 $S = P + jQ$이기 때문에 유효 전력과 무효 전력을 둘 다 읽을 수 있다. 따라서

$$P = -100 \text{ W},$$
$$Q = 173.21 \text{ var}.$$

b) P의 값이 음수이므로 박스 내부의 회로는 단자로 평균 전력을 전달하고 있다.

c) Q의 값이 양수이므로 박스 내부의 회로는 단자에서 무효 전력을 흡수하고 있다.

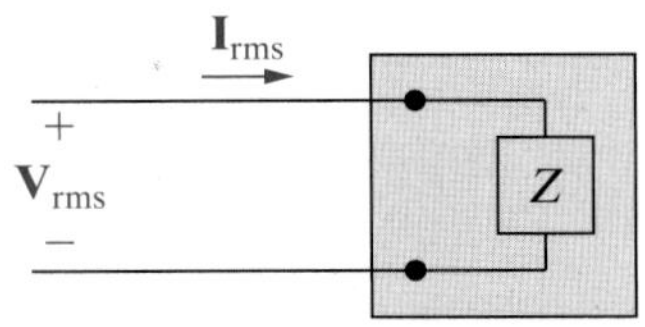

그림 10.13▲ 등가 임피던스로 대체된 그림 10.11의 일반적인 회로.

복소 전력에 대한 다른 형식

식 (10.13)과 (10.14)의 여러 가지 유용한 변형이 있다. rms값이 전력 계산에서 전압과 전류에 대한 가장 일반적인 표현 방식이기 때문에 이 책에서는 rms값 형식의 방정식을 사용한다.

식 (10.13)의 첫 번째 변형은 전압을 전류와 임피던스의 곱으로써 대체하는 것이다. 다시 말해, 그림 10.11의 상자 내에 있는 회로를 언제나 그림 10.13과 같이 등가 임피던스로 나타낼 수 있다. 이때

$$\mathbf{V}_{\text{rms}} = Z\mathbf{I}_{\text{rms}}.$$

위의 rms 전압 페이저 식을 식 (10.13)에 대입하면 다음 식이 산출된다.

$$\begin{aligned} S &= Z\,\mathbf{I}_{\text{rms}}\mathbf{I}_{\text{rms}}^{*} \\ &= |\mathbf{I}_{\text{rms}}|^2 Z \\ &= |\mathbf{I}_{\text{rms}}|^2(R + jX) \\ &= |\mathbf{I}_{\text{rms}}|^2 R + j|\mathbf{I}_{\text{rms}}|^2 X = P + jQ, \end{aligned} \tag{10.15}$$

이 식으로부터

$$P = |\mathbf{I}_{\text{rms}}|^2 R = \frac{1}{2} I_m^2 R, \tag{10.16}$$

$$Q = |\mathbf{I}_{\text{rms}}|^2 X = \frac{1}{2} I_m^2 X. \tag{10.17}$$

식 (10.15)와 식 (10.17)에서의 X는 회로의 등가 인덕턴스나 등가 커패시턴스인 리액턴스이다. 앞에서의 논의를 통해 리액턴스는 유도성 회로에 대해서는 양이고 용량성 회로에 대해서는 음이라는 것을 안다.

식 (10.13)의 두 번째 유용한 변형은 다음과 같이 전압을 임피던스로 나눈 것으로 전류를 대체하는 것으로부터 나온다.

$$S = \mathbf{V}_{\text{rms}}\left(\frac{\mathbf{V}_{\text{rms}}}{Z}\right)^{*} = \frac{|\mathbf{V}_{\text{rms}}|^2}{Z^{*}} = P + jQ. \tag{10.18}$$

Z가 순 저항성 소자이면

$$P = \frac{|\mathbf{V}_{\text{rms}}|^2}{R}, \tag{10.19}$$

이고, Z가 순 무효 소자이면

$$Q = \frac{|\mathbf{V}_{\text{rms}}|^2}{X}, \tag{10.20}$$

이라는 것을 주목하라. 식 (10.20)에서 X는 인덕터에 대해서는 양이고 커패시터에 대해서는 음이다.

다음 예제 10.6~10.8은 정현파 정상 상태에서 동작하는 회로에서의 여러 가지 전력 계산법을 보여 준다.

예제 10.6 평균 전력과 무효 전력 계산하기

그림 10.14의 회로에서 $39 + j26\,\Omega$의 임피던스를 갖고 있는 부하가 $1 + j4\,\Omega$의 임피던스를 갖는 선로를 통해 전압원으로부터 전기가 공급된다. 전원 전압의 실횻값, 즉 rms값은 250 V이다.

a) 부하 전류 페이저 $\mathbf{I}_L$과 전압 페이저 $\mathbf{V}_L$을 계산하라.
b) 부하에 전달되는 평균 전력과 무효 전력을 계산하라.
c) 선로에 전달되는 평균 전력과 무효 전력을 계산하라.
d) 전원에 의해 공급되는 평균 전력과 무효 전력을 계산하라.

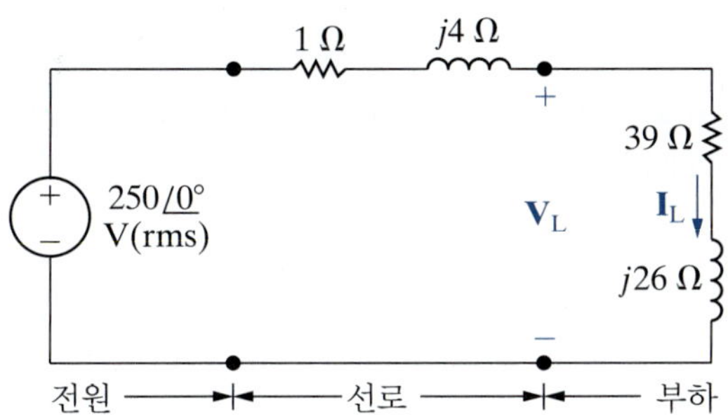

그림 10.14▲ 예제 10.6의 회로.

풀이

a) 선로와 부하 임피던스는 전압원에 직렬로 연결되어 있으므로 부하 전류는 전압을 전체 임피던스로 나눈 것과 같다. 즉

$$\mathbf{I}_L = \frac{250\,\angle 0^\circ}{40 + j30} = 4 - j3 = 5\,\angle -36.87^\circ \text{ A (rms)}.$$

전압이 rms값으로 주어져 있기 때문에 전류도 rms값이다. 부하 전압은 다음과 같이 부하 전류와 부하 임피던스의 곱이다.

$$\mathbf{V}_L = (39 + j26)\mathbf{I}_L = 234 - j13$$
$$= 234.36\,\angle -3.18^\circ \text{ V (rms)}.$$

b) 부하에 전달되는 평균 전력과 무효 전력은 식 (10.13)을 사용하여 계산될 수 있다. 그러므로

$$S = \mathbf{V}_L\mathbf{I}_L^* = (234 - j13)(4 + j3)$$
$$= 975 + j650 \text{ VA}.$$

따라서 부하는 975 W의 평균 전력과 650 VAR의 무효 전력을 흡수(소비)하고 있다.

c) 선로에 전달되는 평균 전력과 무효 전력은 선 전류가 알려져 있기 때문에 가장 쉽게 식 (10.16)과 (10.17)로부터 계산된다. 따라서

$$P = (5)^2(1) = 25 \text{ W},$$
$$Q = (5)^2(4) = 100 \text{ VAR}.$$

선로와 관련된 무효 전력은 선로 리액턴스가 유도성이기 때문에 양이라는 것을 주목하라.

d) 전원에 의해서 전달되는 평균 전력과 무효 전력을 계산하는 한 방법은 선로에 전달되는 복소 전력을 부하에 전달되는 복소 전력에 더하는 것이다. 즉

$$S = 25 + j100 + 975 + j650$$
$$= 1000 + j750 \text{ VA}.$$

전원에서의 복소 전력은 또한 다음과 같이 식 (10.13)으로부터 계산될 수 있다.

$$S_s = -250\mathbf{I}_L^*.$$

전류 기준이 전압 증가 방향과 같을 때마다 음의 부호가 식 (10.13)에 삽입된다. 따라서

$$S_s = -250(4 + j3) = -(1000 + j750) \text{ VA}.$$

음의 부호는 평균 전력과 무효 전력 둘 다 전원에 의해서 공급된다는 것을 나타낸다. 이 결과는 전원이 선로와 부하에 의해서 흡수되는 평균 전력과 무효 전력을 모두 공급해야 하기 때문에 당연히 그러해야 하는 것처럼 S에 대한 이전 계산과 일치한다는 것을 주목하라.

예제 10.7 병렬 부하에서의 전력 계산하기

그림 10.15에 나타낸 회로의 두 부하가 다음과 같이 기술될 때 문제를 풀라.

부하 1은 진상 역률 0.8로 8 kW의 평균 전력을 흡수한다.

부하 2는 지상 역률 0.6으로 20 kVA를 흡수한다.

a) 병렬로 된 두 부하의 역률을 결정하라.

b) 부하를 공급하기 위해 요구되는 피상 전력, 전류 $\mathbf{I}_s$의 크기와 송전 선로에서의 평균 전력 손실을 결정하라.

c) 전원 주파수가 60 Hz이고 역률을 1로 교정하기 위해 두 부하에 병렬로 커패시터를 설치한다고 할 때 커패시터의 용량은 얼마가 되어야 하는지 계산하라. 교정된 역률(pf = 1)로 (b)를 다시 계산하라.

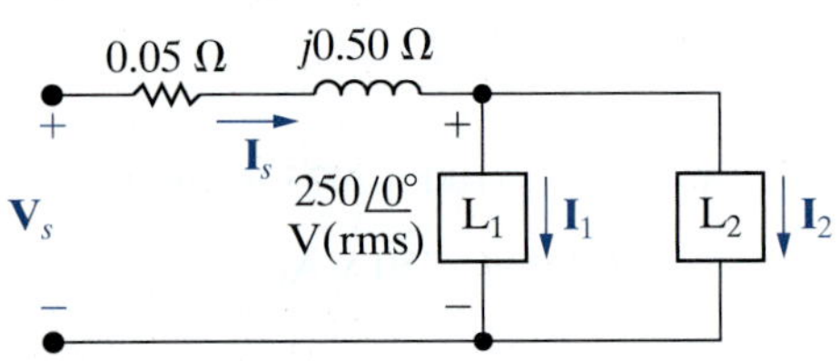

그림 10.15▲ 예제 10.7의 회로.

풀이

a) 이 문제에서 모든 전압과 전류 페이저는 실횻값을 나타낸다고 가정한다. 그림 10.15의 회로도로부터 $\mathbf{I}_s = \mathbf{I}_1 + \mathbf{I}_2$라는 것을 주목하라. 두 부하에 의해 흡수되는 전체 복소 전력은 다음과 같다.

$$\begin{aligned} S &= (250)\mathbf{I}_s^* \\ &= (250)(\mathbf{I}_1 + \mathbf{I}_2)^* \\ &= (250)\mathbf{I}_1^* + (250)\mathbf{I}_2^* \\ &= S_1 + S_2. \end{aligned}$$

그림 10.16에 나타낸 바와 같이 각 부하에 대해 전력 삼각형을 사용하여 복소 전력을 기하학적으로 합할 수 있다. 전제에 의하여

$$\begin{aligned} S_1 &= 8000 - j\frac{8000(0.6)}{(0.8)} \\ &= 8000 - j6000 \text{ VA}, \\ S_2 &= 20{,}000(0.6) + j20{,}000(0.8) \\ &= 12{,}000 + j16{,}000 \text{ VA}. \end{aligned}$$

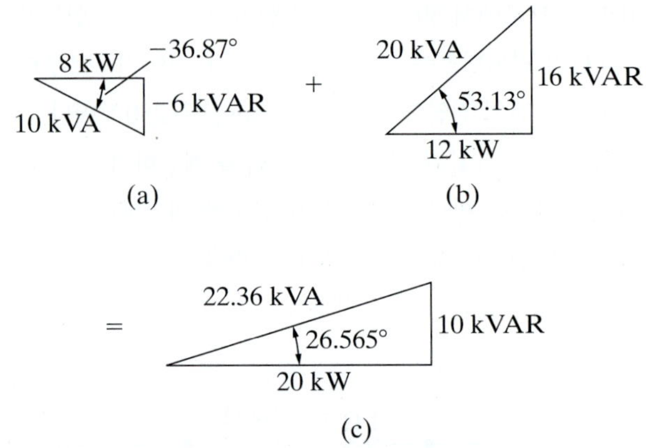

그림 10.16▲ (a) 부하 1에 대한 전력 삼각형, (b) 부하 2에 대한 전력 삼각형, (c) 전력 삼각형의 합.

S는 다음과 같다.

$$S = 20{,}000 + j10{,}000 \text{ VA},$$

$$\mathbf{I}_s^* = \frac{20{,}000 + j10{,}000}{250} = 80 + j40 \text{ A(rms)}.$$

그러므로

$$\mathbf{I}_s = 80 - j40 = 89.44 \angle -26.57^\circ \text{ A(rms)}.$$

따라서 결합된 부하의 역률은 다음과 같다.

$$\text{pf} = \cos(0 + 26.57^\circ) = 0.8944 \text{ 지상}$$

병렬로 연결된 두 부하의 역률은 순 무효 전력이 양이기 때문에 지상이다.

b) 이 부하에 공급되어야 하는 피상 전력은

$$|S| = |20{,}000 + j10{,}000| = 22.36 \text{ kVA}.$$

이 피상 전력을 공급하는 전류의 크기는

$$|\mathbf{I}_s| = |80 - j40| = 89.44 \text{ A(rms)}.$$

선로에서의 평균 전력 손실은 다음과 같이 선로 저항을 통해 흐르는 전류로부터 나온다.

$$P_{\text{line}} = |\mathbf{I}_s|^2 R = (89.44)^2(0.05) = 400 \text{ W}.$$

부하는 총 20,000 W만 요구하지만 공급되는 전력은 전체 20,000 + 400 = 20,400 W라는 것을 주목하라.

c) 그림 10.16(c)의 전력 삼각형으로부터 알 수 있듯이 기존 부하와 병렬로 10 kVAR의 무효 전력을 공급하는 커패시터를 설

치하면 역률을 1로 교정할 수 있다. 그 커패시터의 값은 다음과 같이 계산된다. 먼저 식 (10.20)을 이용하여 용량성 리액턴스를 구하면

$$X = \frac{|V_{\text{rms}}|^2}{Q} = \frac{(250)^2}{-10{,}000} = -6.25\ \Omega.$$

커패시터의 용량성 리액턴스는 $-1/\omega C$이고 전원 주파수가 60 Hz이면 $\omega = 2\pi(60) = 376.99$ rad/s라는 것을 상기하라. 따라서

$$C = \frac{-1}{\omega X} = \frac{-1}{(376.99)(-6.25)} = 424.4\ \mu\text{F}.$$

세 번째 부하로서 커패시터를 추가하는 것은 그림 10.17처럼 두 전력 삼각형이 합쳐진 것과 같은 기하학적인 형태로 나타낼 수 있다. 역률이 1일 때 그림 10.17(c)에 있는 전력 삼각형으로부터 알 수 있듯이 피상 전력과 평균 전력은 같다. 그러므로 일단 역률이 교정되면 피상 전력은 다음과 같다.

$$|S| = P = 20\ \text{kVA}.$$

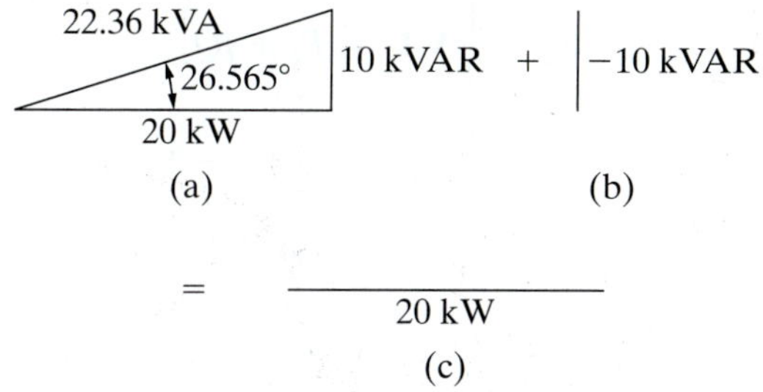

그림 10.17▲ (a) 부하 1과 2에 대한 전력 삼각형의 합, (b) 60 Hz에서의 424.4 μF 커패시터에 대한 전력 삼각형, (c) (a)와 (b)에서의 전력 삼각형의 합.

이 피상 전력을 공급하는 전류의 크기는

$$|\mathbf{I}_s| = \frac{20{,}000}{250} = 80\ \text{A(rms)}.$$

따라서 선로에서의 평균 전력 손실은 다음과 같이 줄어든다.

$$P_{\text{line}} = |\mathbf{I}_s|^2 R = (80)^2(0.05) = 320\ \text{W}.$$

이제 공급되는 전력은 전부 20,000 + 320 = 20,320 W이다. 커패시터의 추가로 인해서 선로 손실이 400 W에서 320 W로 20% 줄었다는 것을 주목한다.

예제 10.8 교류 회로에서 전달되는 전력과 흡수되는 전력의 균형 맞추기

a) 그림 10.18에 나타낸 회로의 각 임피던스에 전달되는 전체 평균 전력과 무효 전력을 계산하라.

b) 그 회로의 각 전원과 관련된 평균 전력과 무효 전력을 계산하라.

c) 전달되는 평균 전력은 흡수되는 평균 전력과 같고, 전달되는 무효 전력은 흡수되는 무효 전력과 같다는 것을 증명하라.

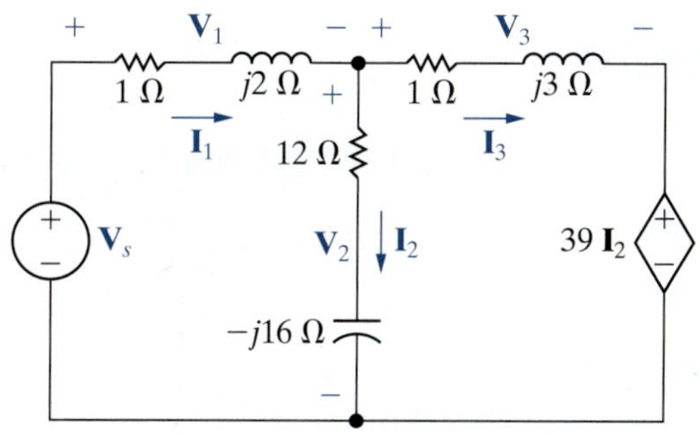

$\mathbf{V}_s = 150\,\underline{/0^\circ}$ V

$\mathbf{V}_1 = (78 - j104)$ V　　$\mathbf{I}_1 = (-26 - j52)$ A

$\mathbf{V}_2 = (72 + j104)$ V　　$\mathbf{I}_2 = (-2 + j6)$ A

$\mathbf{V}_3 = (150 - j130)$ V　　$\mathbf{I}_3 = (-24 - j58)$ A

그림 10.18▲ 예제 10.8의 해가 표시된 회로.

풀이

a) $(1 + j2)\ \Omega$ 임피던스에 전달되는 복소 전력은 다음과 같다.

$$S_1 = \frac{1}{2}\mathbf{V}_1\mathbf{I}_1^* = P_1 + jQ_1 = \frac{1}{2}(78 - j104)(-26 + j52) = \frac{1}{2}(3380 + j6760) = 1690 + j3380\ \text{VA}.$$

따라서 이 임피던스는 1690 W의 평균 전력과 3380 VAR의 무효 전력을 흡수하고 있다. $(12 - j16)\ \Omega$ 임피던스에 전달되는 복소 전력은 다음과 같다.

$$S_2 = \frac{1}{2}\mathbf{V}_2\mathbf{I}_2^* = P_2 + jQ_2$$
$$= \frac{1}{2}(72 + j104)(-2 - j6)$$
$$= 240 - j320 \text{ VA}.$$

그러므로 수직 가지에서의 임피던스는 240 W를 흡수하고 있고 320 VAR를 전달하고 있다. $(1 + j3)\ \Omega$ 임피던스에 전달되는 복소 전력은 다음과 같다.

$$S_3 = \frac{1}{2}\mathbf{V}_3\mathbf{I}_3^* = P_3 + jQ_3$$
$$= \frac{1}{2}(150 - j130)(-24 + j58)$$
$$= 1970 + j5910 \text{ VA}.$$

이 임피던스는 1970 W와 5910 VAR를 흡수하고 있다.

b) 독립 전압원과 관련된 복소 전력은 다음과 같다.

$$S_s = -\frac{1}{2}\mathbf{V}_s\mathbf{I}_1^* = P_s + jQ_s$$
$$= -\frac{1}{2}(150)(-26 + j52)$$
$$= 1950 - j3900 \text{ VA}.$$

이 독립 전압원은 1950 W의 평균 전력을 흡수하고 있고 3900 VAR를 전달하고 있다는 것을 주목하라. 전류 제어 전압원과 관련된 복소 전력은 다음과 같다.

$$S_x = \frac{1}{2}(39\mathbf{I}_2)(\mathbf{I}_2^*) = P_x + jQ_x$$
$$= \frac{1}{2}(-78 + j234)(-24 + j58)$$
$$= -5850 - j5070 \text{ VA}.$$

평균 전력과 무효 전력 둘 다 종속 전원에 의해 전달되고 있다.

c) 수동 임피던스와 독립 전압원에 의하여 흡수되는 전체 전력은 다음과 같다.

$$P_{\text{absorbed}} = P_1 + P_2 + P_3 + P_s = 5850 \text{ W}.$$

종속 전압원이 평균 전력을 공급하는 유일한 회로 소자이다. 따라서

$$P_{\text{delivered}} = 5850 \text{ W}.$$

무효 전력은 두 개의 수평 가지에 의해 흡수되고 있다. 따라서

$$Q_{\text{absorbed}} = Q_1 + Q_3 = 9290 \text{ VAR}.$$

무효 전력은 독립 전압원, 수직 임피던스 가지에 있는 커패시터와 종속 전압원에 의해 전달되고 있으므로

$$Q_{\text{delivered}} = 9290 \text{ VAR}.$$

평가문제

목표 1—교류 전력 개념, 개념 간의 관계, 회로에서 이들 개념을 계산하는 방법을 이해한다.

10.5 제시된 회로에서 부하 임피던스는 $-125\ \Omega$의 용량성 리액턴스를 갖고 있는 커패시터에 의해 병렬로 연결되어 있다. 다음을 계산하라.

a) rms $\mathbf{V}_L$ 페이저와 rms $\mathbf{I}_L$ 페이저

b) $(120 + j90)\ \Omega$ 부하 임피던스에 의하여 흡수되는 평균 전력과 무효 전력

c) $(4 + j3)\ \Omega$ 선로 임피던스에 의하여 흡수되는 평균 전력과 무효 전력

d) 전원에 의해 전달되는 평균 전력과 무효 전력

e) 병렬 커패시터에 의해 전달되는 무효 전력

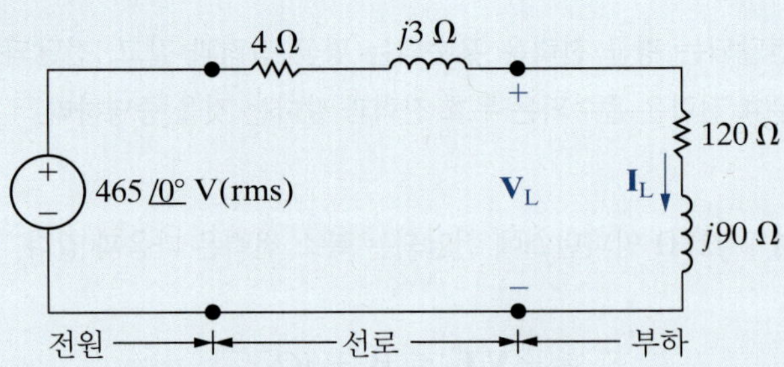

정답: a) $460.47\,/\!-1.82^\circ$ V(rms), $3.07\,/\!-38.69^\circ$ A(rms),

b) 1130.91 W, 848.19 VAR,

c) 37.7 W, 28.27 VAR,

d) 1168.61 W, −819.91 VAR,

e) 1696.26 VAR.

10.6 부하 양단에서의 rms 전압은 400 V이다. 그 부하는 6 kW의 평균 전력과 8 kVAR의 무효 전력을 전달하고 있다. 부하의 등가 임피던스 두 개의 모델을 유도하라.

정답: 12.8 Ω의 유도성 리액턴스와 직렬로 연결된 9.6 Ω, 20 Ω의 유도성 리액턴스와 병렬로 연결된 26.67 Ω.

10.7 세 개의 부하가 그림과 같이 250 V(rms) 전원에 병렬로 연결되어 있다. 부하 1: 16 kW의 유효 전력과 18 kVAR의 무효 전력을 흡수; 부하 2: 0.6 진상 역률에서 10 kVA를 흡수; 부하 3: 단위 역률(pf = 1)에서 8 kW를 흡수.

a) 세 개의 병렬 부하에 대한 등가 임피던스를 구하라.
b) 입력 단자에서 본 전체 등가 부하의 역률을 구하라.

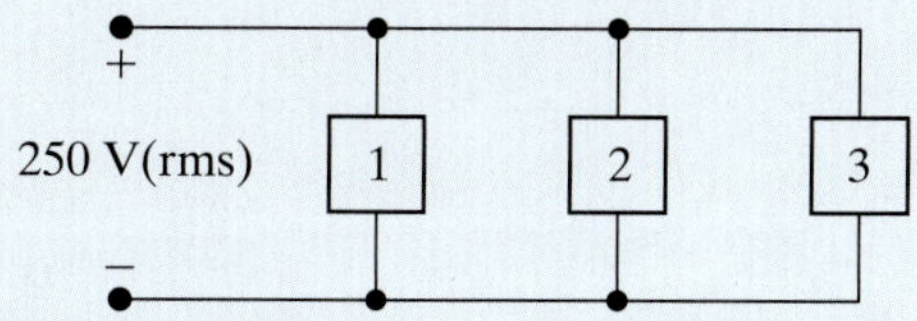

정답: a) $1.875 + j0.625\ \Omega$,
b) 0.9487 지상.

자가 검사: 연습문제 10.19, 10.23, 10.24도 풀어 보라.

10.6 최대 전력 전달

4장에서 배운 것처럼, 어떤 시스템(예를 들어 전기 신호에 의하여 정보를 전달하는 것)은 전원에서 나오는 최대 전력량을 부하로 전달할 필요가 있다. 이제 그림 10.19와 같은 정현파 정상 상태 회로망에서 최대 전력 전달 조건을 결정하는 방법에 대해 살펴보자. 그러려면 먼저 단자 a, b에 최대의 평균 전력을 전달하는 부하 임피던스 Z_L을 결정해야 한다. 어떤 선형 회로망도 테브냉 등가 회로로 바꿀 수 있으므로 그림 10.20의 회로를 사용하여 부하 임피던스 Z_L에 최대 평균 전력이 전달될 수 있도록 하는 Z_L값을 구할 수 있다.

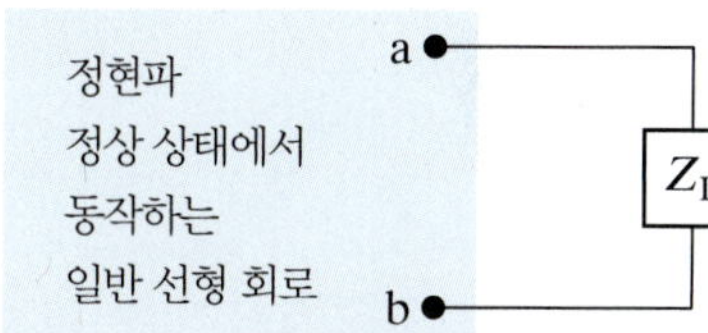

그림 10.19▲ 최대 전력 전달을 설명하는 회로.

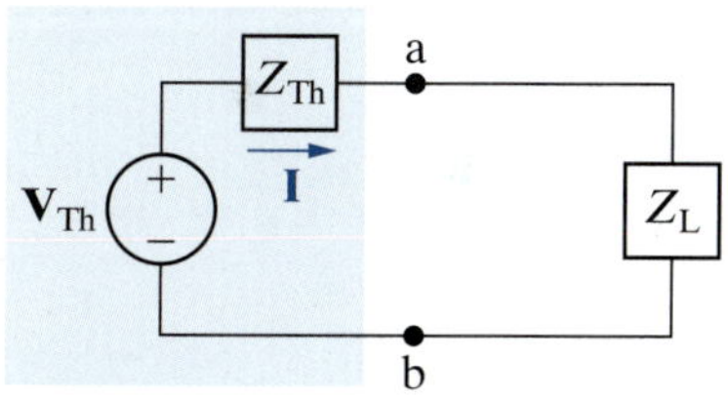

그림 10.20▲ 그림 10.19의 회로망을 테브냉 등가로 대체한 회로.

최대 평균 전력 전달을 위해 Z_L은 테브냉 임피던스의 공액 복소수와 같아야 한다. 즉

최대 평균 전력 전달 조건

$$Z_L = Z_{Th}^*. \quad (10.21)$$

기본적인 계산법을 직접 적용하여 식 (10.21)을 유도한다. 먼저 Z_{Th}와 Z_L을 직각좌표 형식으로 다음과 같이 표현한다.

$$Z_{Th} = R_{Th} + jX_{Th},$$
$$Z_L = R_L + jX_L.$$

위의 임피던스 방정식의 리액턴스 항은 자신의 대수적 부호를 가지게 되는데, 인덕턴스는 양의 부호를, 커패시턴스는 음의 부호를 가진다. 여기서는 평균 전력 계산을 하고 있기 때문에 테브냉 전압의 진폭은 rms값으로 표현된다고 가정한다. 또한 테브냉 전압을 페이저 각이 0°인 기준 페이저로 사용한다. 그러면 그림 10.20의 회로에서 부하 전류 **I**의 rms값은 다음과 같다.

$$\mathbf{I} = \frac{\mathbf{V}_{Th}}{(R_{Th} + R_L) + j(X_{Th} + X_L)}.$$

부하에 전달되는 평균 전력은 다음과 같다.

$$P = |\mathbf{I}|^2 R_L.$$

따라서 전력은 다음 식으로 표현할 수 있다.

$$P = \frac{|\mathbf{V}_{Th}|^2 R_L}{(R_L + R_{Th})^2 + (X_L + X_{Th})^2}. \tag{10.22}$$

식 (10.22)에서 V_{Th}, R_{Th}, X_{Th}는 고정된 양인 반면에 R_L과 X_L은 독립 변수라는 것을 기억하라. 그러므로 P를 최대화하기 위해 $\partial P/\neq R_L$과 $\partial P/\partial X_L$이 둘 다 0이 되는 R_L과 X_L의 값을 구해야 한다.

식 (10.22)로부터

$$\frac{\partial P}{\partial X_L} = \frac{-|\mathbf{V}_{Th}|^2 2R_L(X_L + X_{Th})}{[(R_L + R_{Th})^2 + (X_L + X_{Th})^2]^2},$$

$$\frac{\partial P}{\partial R_L} = \frac{|\mathbf{V}_{Th}|^2[(R_L + R_{Th})^2 + (X_L + X_{Th})^2 - 2R_L(R_L + R_{Th})]}{[(R_L + R_{Th})^2 + (X_L + X_{Th})^2]^2}.$$

위의 첫 번째 식에서 $\partial P/\partial X_L$은 다음 식이 성립할 때 0이다.

$$X_L = -X_{Th}.$$

또한 위의 두 번째 식에서 $\partial P/\partial R_L$은 다음 식이 성립할 때 0이다.

$$R_L = \sqrt{R_{Th}^2 + (X_L + X_{Th})^2}.$$

X_L과 R_L의 식을 결합하면 $Z_L = Z^*_{Th}$일 때 양쪽 편미분 도함수가 0이 된다는 것을 알 수 있다.

흡수되는 최대 평균 전력

Z_L이 Z^*_{Th}의 공액과 같도록 설정될 때 그림 10.20의 회로를 사용하여 Z_L에 전달되는 최대 평균 전력을 계산할 수 있다. $Z_L = Z^*_{Th}$일 때 rms 부하 전류는 $\mathbf{V}_{Th}/2R_L$이고 부하에 전달되는 최대 평균 전력은 다음과 같다.

$$P_{max} = \frac{|\mathbf{V}_{Th}|^2 R_L}{4R_L^2} = \frac{1}{4}\frac{|\mathbf{V}_{Th}|^2}{R_L}. \tag{10.23}$$

테브냉 전압을 그것의 rms 진폭 대신 최대 진폭으로 표현하면 식 (10.23)은 다음과 같다.

$$P_{max} = \frac{1}{8}\frac{|\mathbf{V}_m|^2}{R_L}. \tag{10.24}$$

Z_L가 제한될 때의 최대 전력 전달

Z_L이 Z_{Th}의 공액과 같도록 설정될 수만 있으면 최대 평균 전력은 Z_L에 전달될 수 있다. 다음과 같은 상황에서는 이것이 불가능한 경우가 있다. 첫 번째가 R_L과 X_L이 일정한 범위의 값으로 제한되는 경우를 들 수 있다. 이러한 상황에서 전

력을 최대화하려면 X_L을 할 수 있는 한도까지 $-X_{Th}$와 가깝게 설정한 후 R_L을 $\sqrt{R^2_{Th} + (X_L + X_{Th})^2}$에 최대한 근접하게 조절하는 것이다(예제 10.10 참조).

Z_L의 크기는 변경될 수 있으나 그 위상각은 변경될 수 없을 때 두 번째 유형의 제약이 발생한다. 이러한 제약하에서는 Z_L의 크기가 Z_{Th}의 크기와 같도록 설정될 때, 즉

$$|Z_L| = |Z_{Th}|.$$

이 성립할 때 가장 큰 전력량이 부하에 전달된다. 이것에 대한 증명은 연습문제 10.43에 있다.

순 저항성 회로망에 대해 최대 전력 전달은 부하 저항이 테브냉 저항과 같을 때 발생한다. 먼저 4장의 최대 전력 전달 소개에서 이 결과를 유도했다는 것을 주목하라.

예제 10.9~10.11은 여러 가지 상황에서 부하에 최대 평균 전력이 전달되는 부하 임피던스 Z_L을 계산한다. 예제 10.12는 이상적인 변압기를 가진 회로의 최대 전력 전달 조건을 찾는다.

예제 10.9 부하 제약이 없을 때 최대 전력 전달 결정하기

a) 그림 10.21의 회로에 대해 Z_L에 최대 전력을 전달하는 임피던스 Z_L을 결정하라.

b) (a)에서 결정된 부하 임피던스에 전달되는 최대 평균 전력은 얼마인가?

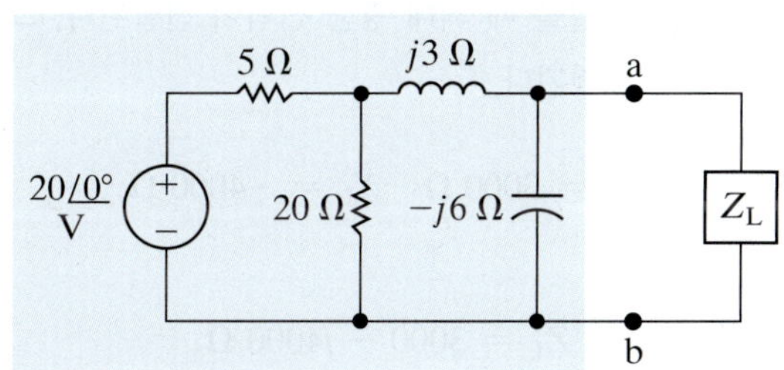

그림 10.21▲ 예제 10.9의 회로.

풀이

a) 먼저 부하 단자 a, b에 관하여 테브냉 등가를 결정한다. 20 V 전원, 5 Ω 저항과 20 Ω 저항을 포함하는 두 개의 전원 변환 후에 그림 10.21의 회로를 그림 10.22의 회로로 단순화한다. 이때

$$\mathbf{V}_{Th} = \frac{-j6}{4 + j3 - j6}(16\angle 0^\circ)$$

$$= 19.2\angle -53.13^\circ = 11.52 - j15.36 \text{ V}.$$

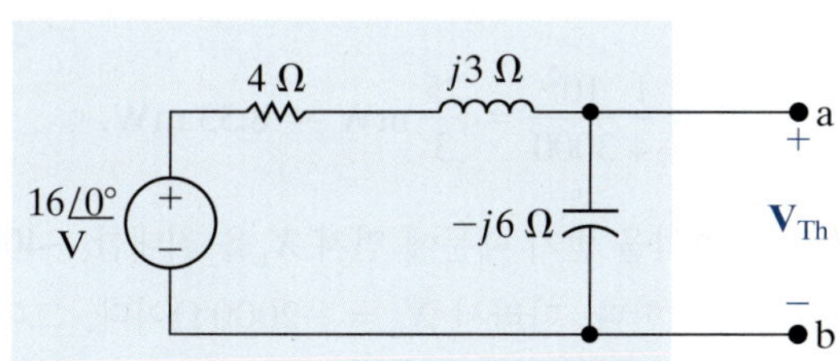

그림 10.22▲ 전원 변환에 의한 그림 10.21의 단순화.

독립 전원을 제거하고 단자 a, b에서 본 임피던스를 계산함으로써 테브냉 임피던스를 구한다. 따라서

$$Z_{Th} = -j6 \| (4 + j3) = \frac{(-j6)(4 + j3)}{4 + j3 - j6}$$

$$= 5.76 - j1.68 \ \Omega.$$

최대 평균 전력 전달을 위해 부하 임피던스가 Z_{Th}의 공액 복소수가 되어야 하므로

$$Z_L = 5.76 + j1.68 \ \Omega.$$

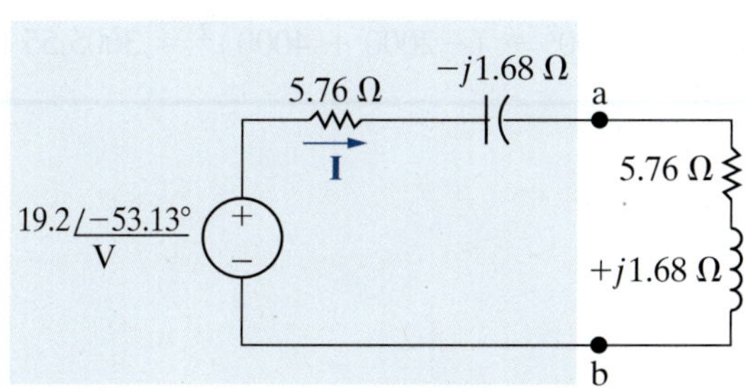

그림 10.23▲ 그림 10.21의 원래 회로망을 테브냉 등가로 대체한 회로.

b) 그림 10.23의 회로를 사용하여 Z_L에 전달되는 최대 평균 전력을 계산한다. 여기서 원래의 회로망을 테브냉 등가로 대체했다. 그림 10.23으로부터 부하 전류 **I**의 rms 크기는 다음과 같다.

$$I_{rms} = \frac{19.2/\sqrt{2}}{2(5.76)} = 1.1785 \text{ A(rms)}.$$

부하에 전달된 평균 전력은 다음과 같다.

$$P = I_{rms}^2(5.76) = 8 \text{ W}.$$

예제 10.10 부하 임피던스 제약이 있을 때 최대 전력 전달 결정하기

a) 그림 10.24의 회로에 대해 Z_L의 어떤 값에서 Z_L에 최대 전력이 전달되는가? 최대 전력은 몇 mW인가?

b) 부하 저항은 0과 4000 Ω 사이에서 변할 수 있고 부하의 용량성 리액턴스는 0과 −2000 Ω 사이에서 변할 수 있다고 가정하라. R_L과 X_L의 어떤 설정 값에서 부하에 가장 많은 평균 전력을 전달하는가? 이러한 제약하에서 전달될 수 있는 최대 평균 전력은 얼마인가?

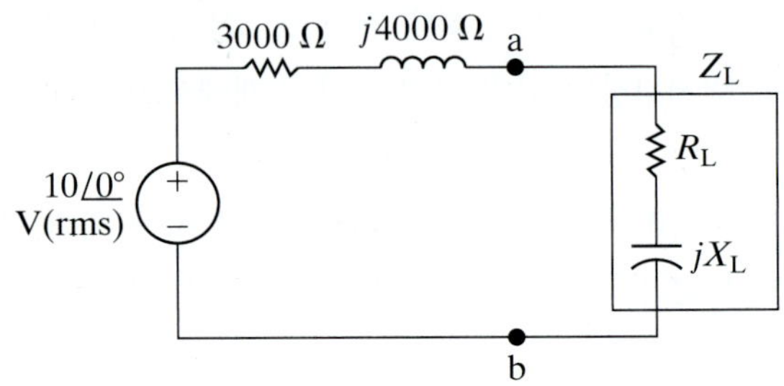

그림 10.24▲ 예제 10.10과 10.11의 회로.

풀이

a) R_L과 X_L에 아무 제약이 없다면, 부하 임피던스는 테브냉 임피던스의 공액과 같을 때 최대 평균 전력이 전달된다. 그러므로 다음과 같이 설정된다.

$$R_L = 3000\ \Omega, \quad X_L = -4000\ \Omega,$$

또는

$$Z_L = 3000 - j4000\ \Omega.$$

전원 전압이 rms값으로 주어지기 때문에 Z_L에 전달되는 평균 전력은 다음과 같다.

$$P = \frac{1}{4}\frac{10^2}{3000} = \frac{25}{3} \text{ mW} = 8.33 \text{ mW}.$$

b) R_L과 X_L이 제약을 받기 때문에 먼저 X_L을 최대한 −4000 Ω에 가깝게 설정한다. 따라서 $X_L = -2000$ Ω이다. 그다음에 R_L을 최대한 $\sqrt{R_{Th}^2 + (X_L + X_{Th})^2}$에 가깝도록 설정한다. 따라서

$$R_L = \sqrt{3000^2 + (-2000 + 4000)^2} = 3605.55\ \Omega.$$

이제 R_L이 0에서 4000 Ω까지 변화될 수 있기 때문에 R_L을 3605.55 Ω으로 설정할 수 있다. 그러므로 부하 임피던스는 다음과 같은 값으로 조절된다.

$$Z_L = 3605.55 - j2000\ \Omega.$$

Z_L을 이 값으로 설정하면 부하 전류의 값은 다음과 같다.

$$\mathbf{I}_{rms} = \frac{10\angle 0^\circ}{6605.55 + j2000}$$

$$= 1.4489\angle -16.85^\circ \text{ mA(rms)}.$$

부하에 전달되는 평균 전력은 다음과 같다.

$$P = (1.4489 \times 10^{-3})^2(3605.55) = 7.57 \text{ mW}.$$

이 양은 R_L과 X_L에 제약이 주어지는 경우 부하에 전달될 수 있는 최대 전력이다. 이것은 아무 제약이 없을 때 전달될 수 있는 전력 8.33 mW[(a)에서 구했음]보다 더 작다는 것을 확인할 수 있다.

예제 10.11 임피던스 각 제약이 있을 때 최대 전력 전달 구하기

$-36.87°$의 일정한 위상각을 갖는 부하 임피던스는 그림 10.24에 나타낸 회로에서의 부하 단자 a, b에 연결되어 있다. Z_L의 크기는 주어진 제약하에서 전달되는 평균 전력이 가장 많을 때까지 변경된다.

a) Z_L을 직각좌표 형식으로 쓰라.

b) Z_L에 전달되는 평균 전력을 계산하라.

풀이

a) Z_L을 변경할 수 있을 때 최대 전력 전달 조건은 Z_L의 크기와 Z_{Th}의 크기가 같아야 한다. 그러므로

$$|Z_L| = |Z_{Th}| = |3000 + j4000| = 5000\ \Omega.$$

따라서

$$Z_L = 5000\angle{-36.87°} = 4000 - j3000\ \Omega.$$

b) Z_L을 $4000 - j3000\ \Omega$과 같도록 설정하면 부하 전류는

$$\mathbf{I}_{rms} = \frac{10}{7000 + j1000} = 1.4142\angle{-8.13°}\ \text{mA(rms)},$$

부하에 전달되는 평균 전력은

$$P = (1.4142 \times 10^{-3})^2(4000) = 8\ \text{mW}.$$

이 양은 이 회로에 의해서 위상각이 $-36.87°$로 일정한 부하 임피던스에 전달될 수 있는 최대 전력이다. 또 이 양은 Z_L에 아무 제약이 없는 경우에 전달될 수 있는 최대 전력보다 더 작다.

평가문제

목표 2—교류 회로에서 부하로 최대 유효 전력을 전달하기 위한 조건을 이해한다.

10.8 제시된 회로에서 전원 전압은 $80 \cos 250t$ V이다.

a) 최대 평균 전력을 전달하기 위해 어떠한 임피던스가 a, b 단자에 연결되어야 하는가?

b) (a)에서의 임피던스에 전달되는 평균 전력은 얼마인가?

c) 부하는 순 저항으로 제한된다고 가정하라. a, b 단자에 연결되는 어떤 크기의 저항이 최대 전력이 전달되는 결과를 가져오는가?

d) (c)에서 저항에 전달되는 최대 전력은 얼마인가?

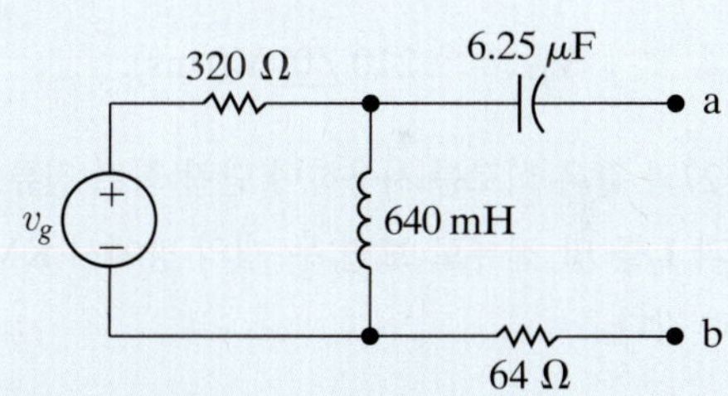

정답: a) $128 + j512\ \Omega$,
b) 1.25 W,
c) 527.76 Ω,
d) 487.9 mW.

자가 검사: 연습문제 10.44, 10.49, 10.50도 풀어 보라.

예제 10.12 이상적인 변압기가 있는 회로에서의 최대 전력 전달 구하기

그림 10.25의 회로에서 가변 저항은 최대 평균 전력이 R_L에 전달될 때까지 조절된다.

a) R_L의 값은 몇 Ω인가?

b) R_L에 전달되는 최대 평균 전력은 몇 W인가?

풀이

a) 먼저 R_L의 양단에 관한 테브냉 등가를 구한다. 개방 회로 전압을 결정하기 위한 회로는 그림 10.26에 나타나 있다. 논의에 도움을 주기 위해 변수 $\mathbf{V}_1$, $\mathbf{V}_2$, $\mathbf{I}_1$, $\mathbf{I}_2$가 추가되었다.

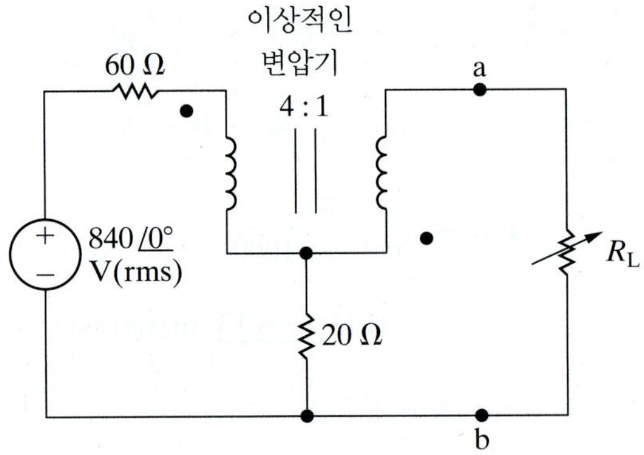

그림 10.25▲ 예제 10.12의 회로.

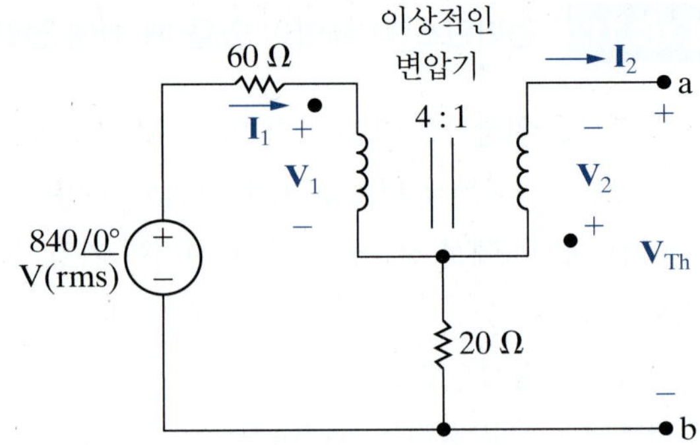

그림 10.26▲ 테브냉 전압을 구하는 데 사용된 회로.

우선 이상적인 변압기에는 다음과 같이 변수 $\mathbf{V}_1$, $\mathbf{V}_2$, $\mathbf{I}_1$, $\mathbf{I}_2$에 관한 제약 조건이 부가된다는 것을 주목한다.

$$\mathbf{V}_2 = \frac{1}{4}\mathbf{V}_1, \qquad \mathbf{I}_1 = -\frac{1}{4}\mathbf{I}_2.$$

$\mathbf{I}_2$의 개방 회로 값은 0이므로 $\mathbf{I}_1$도 0이다. 결과적으로

$$\mathbf{V}_1 = 840 \angle 0^\circ \text{ V(rms)}, \qquad \mathbf{V}_2 = 210 \angle 0^\circ \text{ V(rms)}.$$

그림 10.26으로부터 $\mathbf{V}_{Th}$는 $\mathbf{V}_2$의 음의 값임을 안다. 20 Ω 저항에 전류가 흐르지 않으므로($\because \mathbf{I}_1 = \mathbf{I}_2 = 0$)

$$\mathbf{V}_{Th} = -210 \angle 0^\circ \text{ V(rms)}.$$

그림 10.27과 같은 회로를 사용하여 단락 회로 전류를 구할 수 있다. $\mathbf{I}_1$과 $\mathbf{I}_2$를 망 전류로 보면 두 개의 망에서 KVL 방정식은 다음과 같다.

$$840 \angle 0^\circ = 80\mathbf{I}_1 - 20\mathbf{I}_2 + \mathbf{V}_1,$$

$$0 = 20\mathbf{I}_2 - 20\mathbf{I}_1 + \mathbf{V}_2.$$

이 두 개의 KVL 방정식이 제약식과 결합될 때 다음 식이 구해진다.

$$840 \angle 0^\circ = -40\mathbf{I}_2 + \mathbf{V}_1,$$

$$0 = 25\mathbf{I}_2 + \frac{\mathbf{V}_1}{4}.$$

$\mathbf{I}_2$의 단락 회로 값을 풀면 다음 값이 산출된다.

$$\mathbf{I}_2 = -6 \text{ A(rms)}.$$

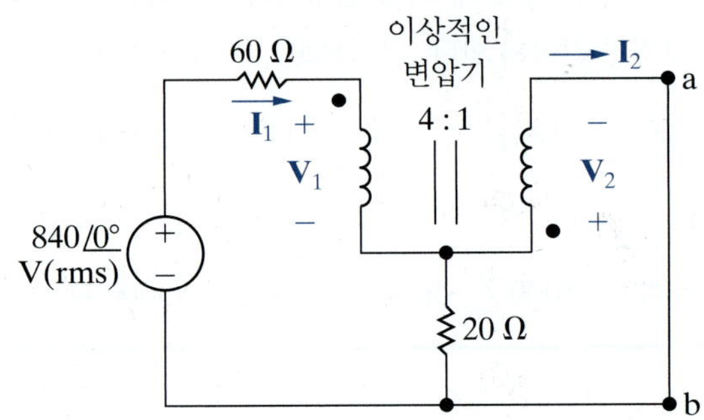

그림 10.27▲ 단락 회로 전류를 계산하는 데 사용된 회로.

그러므로 테브냉 저항은

$$R_{Th} = \frac{-210}{-6} = 35\ \Omega.$$

최대 전력은 R_L이 35 Ω일 때 R_L에 전달될 것이다.

b) R_L에 전달되는 최대 전력을 그림 10.28의 테브냉 등가 회로를 이용하여 구해 보자. 회로에서 부하 저항의 rms 전류는 (−210/70) A(rms)이다. 그러므로

$$P_{max} = \left(\frac{-210}{70}\right)^2 (35) = 315 \text{ W}.$$

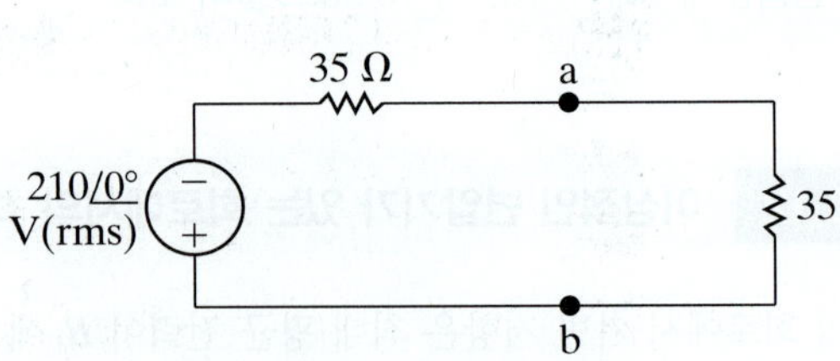

그림 10.28▲ 최대 전력 전달을 위한 부하가 걸린 테브냉 등가.

평가문제

목표 3—선형 변압기와 이상적인 변압기가 있는 교류 회로에서 모든 유형의 교류 전력을 계산할 수 있다.

10.9 $v_g = 180\sqrt{2}\cos 100t$ V일 경우 제시된 회로에서 9 Ω 저항에 전달되는 평균 전력을 구하라.

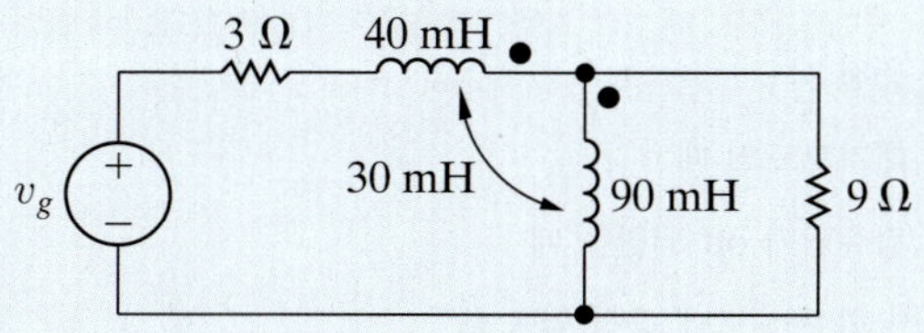

정답: 1296 W.

10.10 a) $v_g = 496\cos 2000t$ V일 경우 주어진 회로에서 80 Ω 저항에 전달되는 평균 전력을 구하라.

b) 75 Ω 저항에 전달되는 평균 전력을 구하라.

c) 이상적인 전압원에 의하여 발생하는 전력을 구하라. 흡수되는 전력이 발생되는 전력과 같다는 것을 보여 줌으로써 결과를 확인하라.

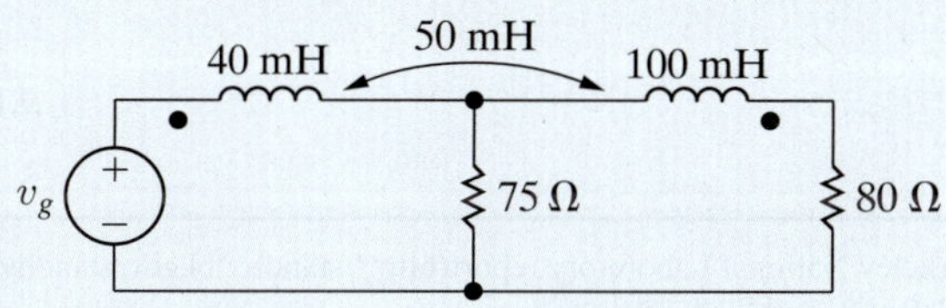

정답: a) 1000 W,

b) 984 W,

c) 1984 W, 1000 + 984 = 1984 W.

10.11 다음 회로에서 가변 부하 저항 R_L은 최대 평균 전력이 R_L에 전달되도록 조정된다.

a) R_L을 구하라.

b) (a)에서 구한 R_L에 전달되는 최대 전력을 구하라.

c) R_L이 최대 전력을 흡수할 때 전압원이 발생시키는 평균 전력의 몇 퍼센트가 R_L에 전달되는가?

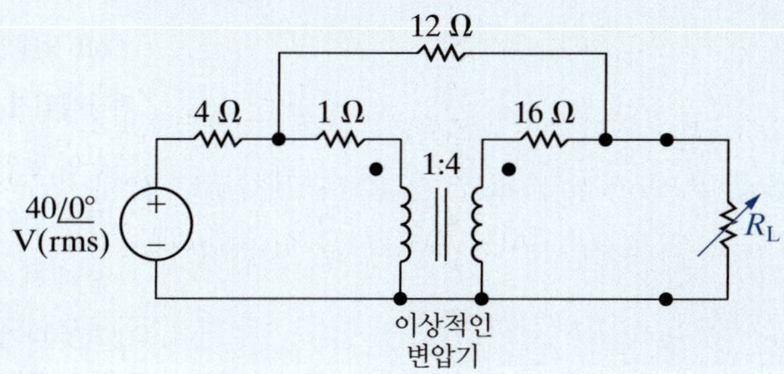

정답: a) 16 Ω,

b) 25 W,

c) 10.87%.

자가 검사: 연습문제 10.51, 10.61, 10.62도 풀어 보라.

실제 응용

뱀파이어 전력

뱀파이어 전력(대기전력)은 여러분이 예상했던 것 이상으로 전기료를 지불하게 할 수도 있다. 일반 가정에서 전원을 껐을 때도 전원을 끌어당기고 있는 전자 제품이 약 40종이나 된다고 한다. 이 대기전력은 전형적인 가정용 전력 소비량의 5%를 차지한다. 표 10.3은 여러 장치의 전력 소모량을 보여 준다. 이 표에서 장치의 전원이 꺼졌다고 여겨져도 종종 전력을 소모하고 있다는 것에 주목하라.

일반적인 휴대전화 충전기의 경우를 생각해 보자. 표 10.3에 제시된 값에 따르면, 충전기가 휴대전화와 분리되어 있을 때도 충전기는 휴대전화를 충전할 때 필요한 전력의 일부를 소모하고 있다. 벽에 있는 콘센트에 충전기를 하루 종일 꽂아 두고 매일 3시간 동안 휴대전화를 충전한다고 가정해 보자. 그리고 전기요금 청구서는 한 달 동안 사용한 전력 소비량(kWh) 기준으로 산정된다는 것을 상기하라. 1시간 동안 지속적으로 1000 W의 전력을 장치가 사용한다고 할 때 1 kWh의 전력을 소비했다고 말한다. 이제 한 달 동안 휴대전화 충전기가 사용한 전력 소비량을 계산해 보자.

표 10.3 일반적인 전기 장치의 평균 전력 소비량

전기 장치[†]	소비전력[W]*
휴대전화 충전기	
휴대전화 충전 시	3.68
휴대전화와 연결 상태에서 연결되지 않고 벽 콘센트에 꽂혀 있을 때	0.26
노트북 컴퓨터의 AC 어댑터	
컴퓨터와 연결 상태에서 충전 시	44.28
컴퓨터와 연결 상태에서 대기모드일 때	15.77
컴퓨터와 연결 상태에서 컴퓨터가 off 되었을 때	8.9
컴퓨터와 미연결 상태에서 벽 콘센트에 꽂혀 있을 때	4.42
DVD 플레이어	
작동 중일 때	9.91
작동하지는 않고 on 상태일 때	7.54
off 상태일 때	1.55
전자레인지 오븐	
문이 닫힌 상태에서 대기모드일 때	3.08
문이 열린 상태에서 대기모드일 때	25.79
요리 시	1433.0
잉크젯 다기능 프린터	
on 상태 시	9.16
off 상태 시	5.26

* 데이터 출처: Lawrence Berkeley National Laboratory report(http://standby.lbl.gov/standby.html)
† 이 값은 각 전기 장치의 여러 유형을 측정한 평균값이다.

$$P[\text{kWh}] = \frac{30[3(3.68) + 21(0.26)]}{1000} = 1.8\text{ kWh}.$$

다음으로 휴대전화를 충전하지 않을 때에는 충전기를 전원에서 분리시켰을 경우를 계산해 보면 다음과 같다.

$$P[\text{kWh}] = \frac{30[3(3.68) + 21(0)]}{1000} = 0.33\text{ kWh}.$$

충전하지 않을 때도 충전기가 전원과 지속적으로 연결되어 있을 경우의 전력 소모량은 충전이 필요할 때만 전원에 연결할 경우보다 5배 이상이나 많다. 그러므로 사용하지 않을 때는 전기 장치의 전원 플러그를 콘센트에서 분리해야 뱀파이어 전력을 최소화할 수 있다.

휴대전화와 연결되지 않았는 데도 충전기는 어떻게 전력을 소모할까? 휴대전화의 전자 회로는 내부로 전력을 공급하기 위해 5 V의 직류 전원을 사용한다. 충전기는 벽 콘센트로부터 공급받은 120 V(rms) 신호를 휴대전화 충전에 사용될 수 있는 신호로 바꿔야 한다. 충전기는 휴대전화에 맞는 전압을 출력하기 위해 다른 회로와 함께 선형 변압기를 사용한다.

그림 10.29의 회로를 고려해 보자. 선형 변압기는 전원에서 공급받은 전압을 휴대전화에 적합한 수준으로 낮추기 위해 사용되는 전자 회로의 일부이다. 이 작업을 완료하기 위해서는 회로도에 나타나지 않은 다른 부품이 필요하다. 그림 10.29의 회로에서 휴대전화가 회로에서 분리되었지만 회로가 아직 120 V(rms)의 전원에 연결되어 있다면, 그림 10.30처럼

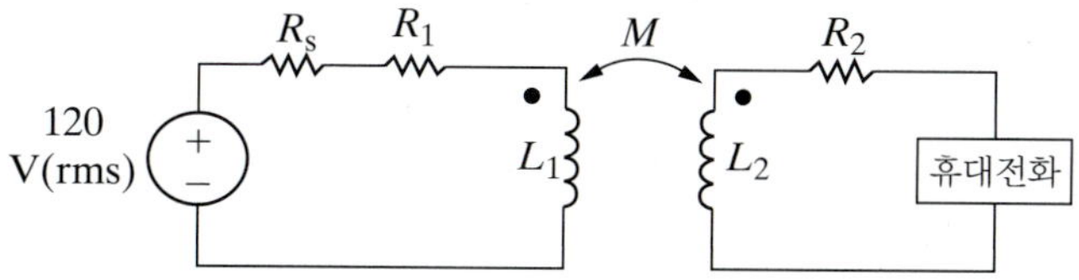

그림 10.29▲ 휴대전화 충전기에 사용되는 선형 변압기.

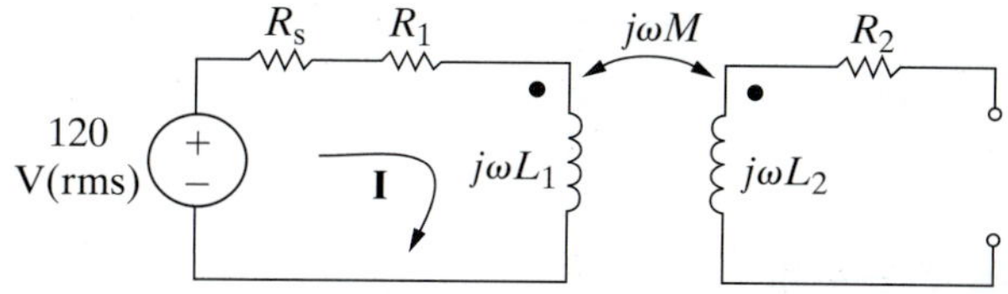

그림 10.30▲ 휴대전화가 연결되지 않았을 때의 휴대전화 충전기 회로.

아직도 전류가 흐르는 경로가 있음을 볼 수 있다. 여기서 전류는 다음과 같다.

$$\mathbf{I} = \frac{120}{R_s + R_1 + j\omega L_1}.$$

전압 전원에서 전달받아 저항으로 공급된 유효 전력은 다음과 같다.

$$P = (R_s + R_1)|\mathbf{I}|^2.$$

이것이 충전기에 휴대전화가 꽂혀 있지 않더라도 충전기가 소모하는 뱀파이어 전력이다.

자가 검사: 연습문제 10.67~10.71을 풀어 이해도를 평가하라.

요약

- **순시 전력**은 순시 단자 전압과 전류의 곱, 즉 $p = \pm vi$이다. 양의 부호는 전류에 대한 기준 방향이 전압이 양극에서 음극 방향일 때 사용된다. 순시 전력의 주파수는 전압(또는 전류) 주파수의 2배이다.
- **평균 전력**은 한 주기에 대한 순시 전력의 평균값이다. 이는 전기 에너지로부터 비전기 에너지 형태로 변환되는 전력이고 그 역도 성립한다. 이 변환이 평균 전력을 유효 전력이라고도 하는 이유이다. 평균 전력은 다음과 같이 표현된다.

$$P = \frac{1}{2}V_mI_m\cos(\theta_v - \theta_i)$$
$$= V_{\text{rms}}I_{\text{rms}}\cos(\theta_v - \theta_i).$$

- **무효 전력**은 인덕터의 자기장과 그것을 구동하는 전원 사이에서 또는 커패시터의 전기장과 그것을 구동하는 전원 사이에서 교환되는 전력이다. 무효 전력은 결코 비전기 에너지로 변환되지 못한다. 무효 전력은 다음과 같이 표현된다.

$$Q = \frac{1}{2}V_mI_m\sin(\theta_v - \theta_i)$$
$$= V_{\text{rms}}I_{\text{rms}}\sin(\theta_v - \theta_i).$$

평균 전력과 무효 전력은 둘 다 피크 전압과 전류(V_m, I_m) 또는 실효 전압과 전류(V_{rms}, I_{rms})에 의하여 표현될 수 있다. 실횻값이라고 불리는 rms값이 가정과 산업 응용 양 분야에서 널리 사용된다.

- **역률**은 다음과 같이 전압과 전류 사이 위상각의 코사인이다.

$$\text{pf} = \cos(\theta_v - \theta_i).$$

역률을 나타낼 때 추가되는 용어인 지상과 진상은 전류가 전압보다 위상이 늦거나 빠른 것을 나타내며, 따라서 부하가 유도성이거나 용량성인 것을 나타낸다.

- **무효율**은 다음과 같이 전압과 전류 사이 위상각의 사인 값이다.

$$\text{rf} = \sin(\theta_v - \theta_i).$$

- **복소 전력**은 유효 전력과 무효 전력의 복소 합이다. 즉

$$S = P + jQ$$
$$= \frac{1}{2}\mathbf{V}\mathbf{I}^* = \mathbf{V}_{\text{rms}}\mathbf{I}^*_{\text{rms}}$$
$$= |\mathbf{I}_{\text{rms}}|^2 Z = \frac{|\mathbf{V}_{\text{rms}}|^2}{Z^*}.$$

- **피상 전력**은 다음과 같이 복소 전력의 크기이다.

$$|S| = \sqrt{P^2 + Q^2}.$$

- **와트**(watt)는 순시 전력과 유효 전력 둘 다를 위한 단위로서 사용된다. **바**(volt amp reactive, var 또는 VAR)는 무효 전력의 단위로 사용된다. **볼트-암페어**(VA)는 복소 전력과 피상 전력의 단위로 사용된다.

- 정현파 정상 상태에서 동작하는 회로에서 **최대 전력 전달**은 부하 임피던스가 부하 임피던스의 양단에서 본 테브냉 임피던스의 공액과 같을 때 일어난다.

연습문제

10.1과 10.2절

10.1 그림 P10.1의 회로에서 다음에 주어진 각 전압 및 전류의 쌍에 대해, 네트워크 A와 B 사이의 선로를 통해 전달되는 유효 전력과 무효 전력을 구하라. 각 경우에 대해 평균 전력이 A에서 B로 전달되는지, B에서 A로 전달되는지, 무효 전력이 A에서 B로 전달되는지, B에서 A로 전달되는지를 판단하라.

a) $v = 100 \cos (\omega t - 45°)$ V, $i = 20 \cos (\omega t + 15°)$ A.

b) $v = 100 \cos (\omega t - 45°)$ V, $i = 20 \cos (\omega t + 165°)$ A.

c) $v = 100 \cos (\omega t - 45°)$ V, $i = 20 \cos (\omega t + 105°)$ A.

d) $v = 100 \cos \omega t$ V, $i = 20 \cos (\omega t + 120°)$ A.

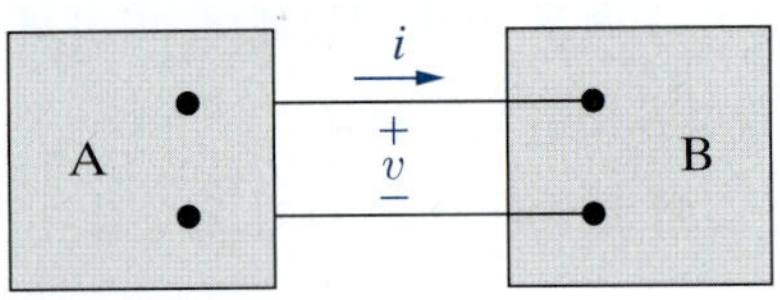

그림 P10.1

10.2 식 (10.3)에서 주어진 순시 전력의 최댓값이 $P + \sqrt{p^2 + Q^2}$이고 최솟값이 $P - \sqrt{p^2 + Q^2}$이라는 것을 보여라.

10.3 a) 어느 포근한 날에 한 대학생이 잠자리에서 일어난다. 중앙에 있는 에어컨이 켜져 있고 방 안은 온화하다. 식기세척기를 작동시키고, 구형 냉장고에서 우유를 꺼내서 오트밀에 부은 후 전자레인지에 넣었다. 그녀의 방에 있는 모든 가전제품이 60 A(rms) 차단기에 의해 보호되는 120 V(rms)의 분기 회로로부터 전력을 공급받고 있다면 이 차단기는 그녀의 아침을 방해할 것인가?

b) 그녀의 룸메이트가 일어나서 세탁기에서 젖은 옷을 꺼내 건조기로 옮긴다. 건조기를 켜기 전에, 회로 차단기가 내려가지 않도록 그녀는 룸메이트에게 무엇을 꺼달라고 부탁해야 하는가?

10.4 a) 그림 P9.57의 회로에서 각 소자에 대한 유효 전력과 무효 전력을 계산하라.

b) 발생한 평균 전력과 흡수된 평균 전력이 동일함을 증명하라.

c) 발생한 무효 전력과 흡수된 무효 전력이 동일함을 증명하라.

10.5 그림 P9.62의 회로에 대해 연습문제 10.4를 반복하라.

10.6 PSPICE MULTISIM 그림 P10.6의 회로에 $i_g = 30 \cos 25{,}000t$ mA인 이상적인 전류원이 인가될 때 이 전원에 의해 공급되는 평균 전력을 구하라.

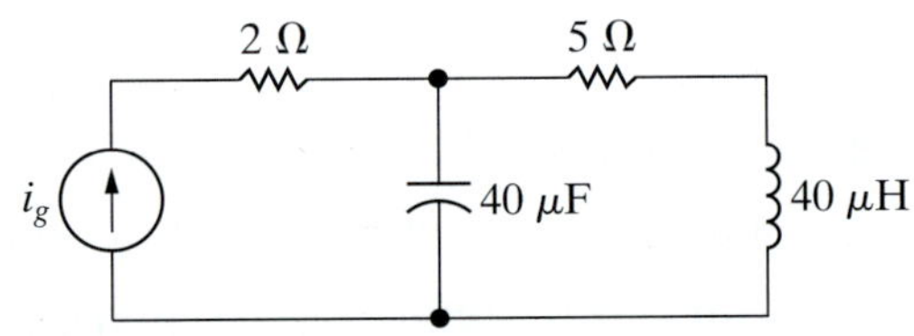

그림 P10.6

10.7 1350 Ω 저항과 405 mH 인덕터가 병렬로 연결되어 있는 부하가 정현파 전압원 v_g의 양단에 연결되어 있다. 여기서 $v_g = 90 \cos 2500t$ V이다.

a) 전원에 의해 전달되는 순시 전력의 피크 값은 얼마인가?

b) 전원에 의해 흡수되는 순시 전력의 피크 값은 얼마인가?

c) 부하에 전달되는 평균 전력은 얼마인가?

d) 부하에 전달되는 무효 전력은 얼마인가?

e) 부하는 무효 전력을 흡수하는가, 발생시키는가?

f) 부하의 역률은 얼마인가?

g) 부하의 무효율은 얼마인가?

10.8 PSPICE MULTISIM 그림 P10.8의 회로에서 $i_g = 15 \cos 10{,}000t$ A라고 할 때 20 Ω의 저항에서 소모되는 평균 전력은 얼마인가?

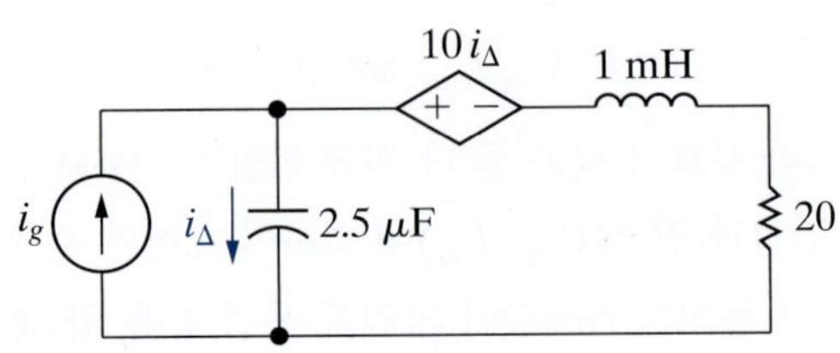

그림 P10.8

10.9 그림 P10.9의 연산 증폭기는 이상적이다. $v_g = 4\cos 5000t$ V라고 할 때 저항 1 kΩ에 전달되는 평균 전력을 계산하라.
PSPICE MULTISIM

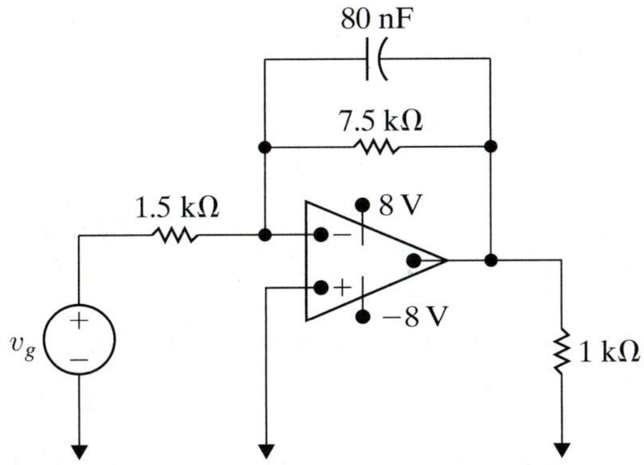

그림 P10.9

10.10 그림 P10.10에 나타낸 회로의 부하 임피던스는 40 kW의 전력을 흡수하고, 30 kVAR의 무효 전력을 발생시킨다. 정현파 전압원은 50 kW의 전력을 발생시킨다.

a) 위 조건을 만족할 수 있는 용량성 선로의 리액턴스 값을 구하라.

b) (a)에서 구한 선로의 리액턴스에 대해 발생된 무효 전력은 흡수된 무효 전력과 같음을 증명하라.

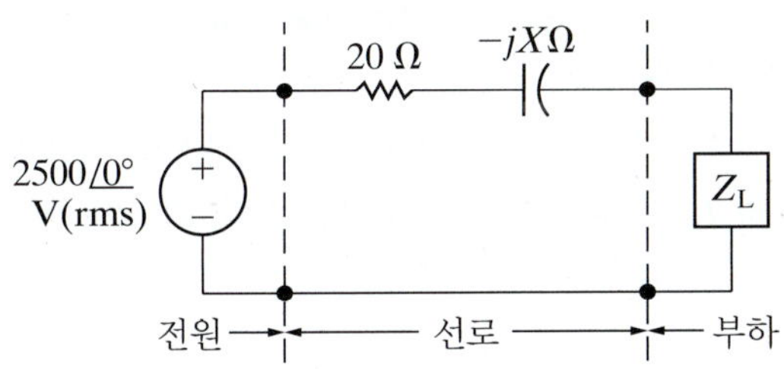

그림 P10.10

10.3절

10.11 직류 전압 V_{dc} V가 R Ω의 저항기에 공급되고, 정현파 전압 v_s V도 R Ω의 저항기에 공급된다. 공급된 V_{dc}가 v_s의 rms값과 같다면 그 직류 전압이 T초(여기서 T는 정현파 전압의 주기이다)의 기간 동안에 정현파 전압과 같은 양의 에너지를 보냄을 보여라. (힌트: 저항기에 전달되는 에너지에 대한 두 개의 식을 같게 하라.)

10.12 a) 모니터와 키보드를 포함하는 퍼스널 컴퓨터에 110 V (rms), 60 W 부하가 걸린다. 전원 코드에 의해 전달되는 전류를 rms값으로 계산하라.

b) (a)의 컴퓨터에서 레이저 프린터는 정격이 110 V (rms), 80 W이다. 만약 이 프린터의 플러그가 컴퓨터와 동일한 벽 콘센트에 꽂혀 있다면 콘센트로부터 흘러 나오는 전류를 rms값으로 계산하라.

10.13 그림 P10.13에서 주기 전류의 rms값을 구하라.

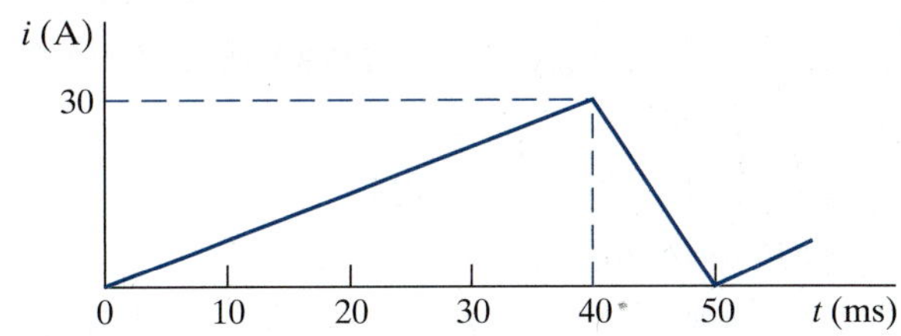

그림 P10.13

10.14 그림 P10.13에 나타낸 주기 전류에 의하여 저항에서 24 kW의 평균 전력이 소모된다. 저항값은 얼마인가?

10.15 a) 그림 P10.15에서 주기 전압의 rms값을 구하라.

b) (a)에서 구한 전압이 2.5 Ω의 저항 양단에 가해질 경우 저항에서 소모되는 평균 전력은 얼마인가?

c) (a)에서 구한 전압이 625 mW의 평균 전력을 소모하는 다른 저항에 가해질 경우 저항값은 얼마인가?

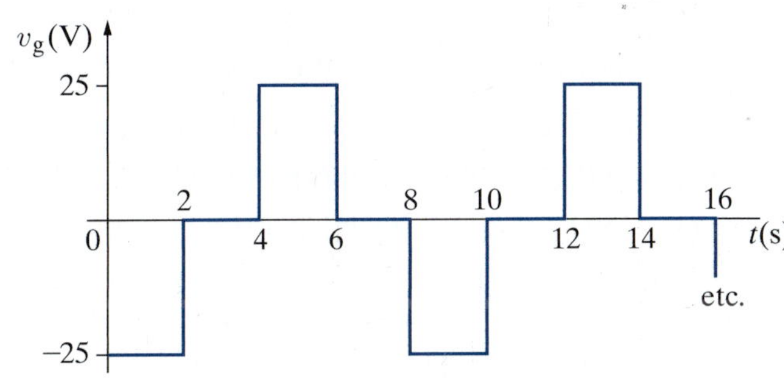

그림 P10.15

10.16 a) 그림 P10.16에서 주기 전압의 rms값을 구하라.

b) 만약 이 전압이 12 Ω의 저항 양단에 인가될 경우 저항에서 소모되는 평균 전력은 얼마인가?

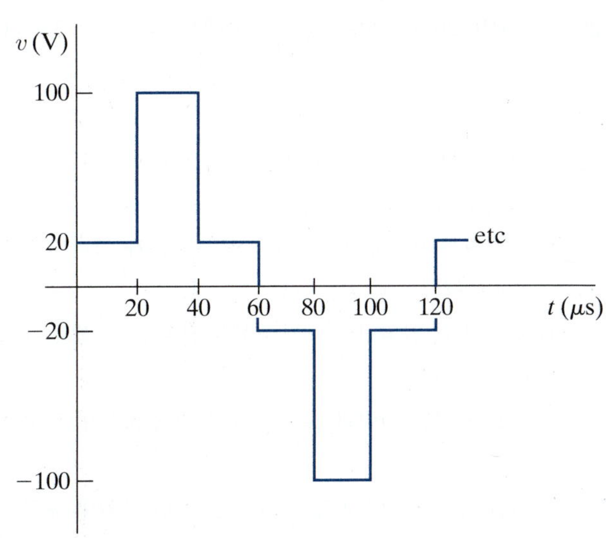

그림 P10.16

10.4와 10.5절

10.17 저항 1350 Ω과 인덕터 405 mH가 병렬로 연결된 부하가, 정현파 전압원 $v_g = 90 \cos 2500t$ V에 연결되어 있다. 다음을 구하라.
PSPICE MULTISIM

a) 부하에 전달되는 평균 전력
b) 부하에서의 무효 전력
c) 부하에서의 피상 전력
d) 부하에서의 역률

10.18 a) 부하가 0.6의 지상 역률로 250 VA의 피상 전력을 흡수한다면 그림 P10.18의 회로에서 V_L(rms)과 θ를 구하라.
b) (a)에서 구한 각 해에 대해 페이저도를 그려라.

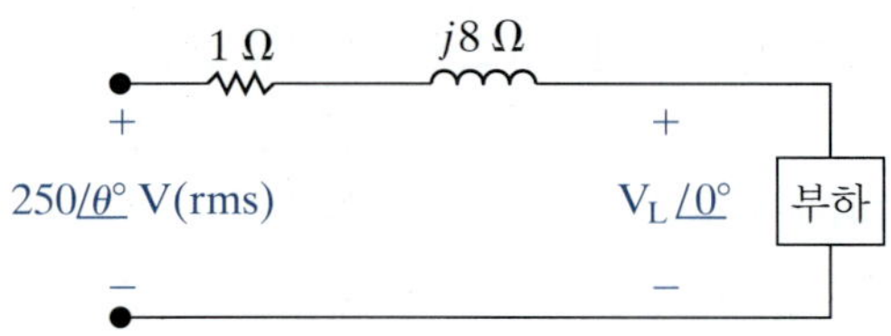

그림 P10.18

10.19 a) $v_g = 50 \cos 10^5 t$ V일 때 그림 P10.19 회로에서 전압원에 의해 공급되는 평균 전력, 무효 전력, 피상 전력을 구하라.
PSPICE MULTISIM

b) $P_{dev} = \Sigma P_{abs}$를 보여 줌으로써 (a)에서의 답을 확인하라.
c) $Q_{dev} = \Sigma Q_{abs}$를 보여 줌으로써 (a)에서의 답을 확인하라.

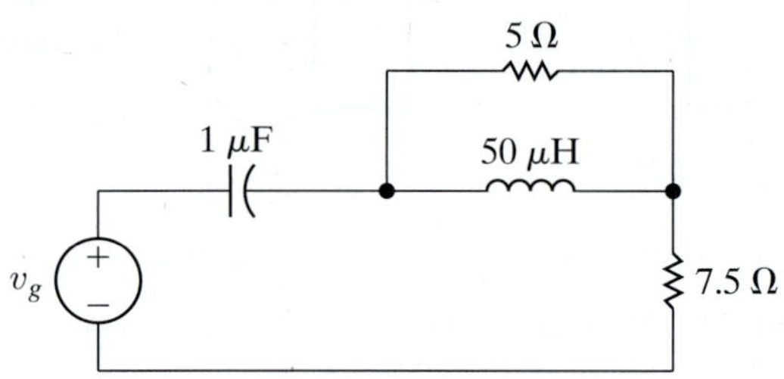

그림 P10.19

10.20 그림 P10.20의 주파수 영역 회로에서 전압 v_g는 $340\underline{/0^\circ}$ V (rms)이다.

a) 전압원에서의 평균 전력과 무효 전력을 구하라.
b) 전압원은 평균 전력을 흡수하고 있는가 아니면 전달하고 있는가?
c) 전압원은 무효 전력을 흡수하고 있는가 아니면 전달하고 있는가?
d) 회로의 각 임피던스 가지와 관련된 평균 전력과 무효 전력을 구하라.
e) 전달된 평균 전력과 흡수된 평균 전력 사이의 균형 여부를 확인하라.
f) 전달된 무효 전력과 흡수된 무효 전력 사이의 균형을 확인하라.

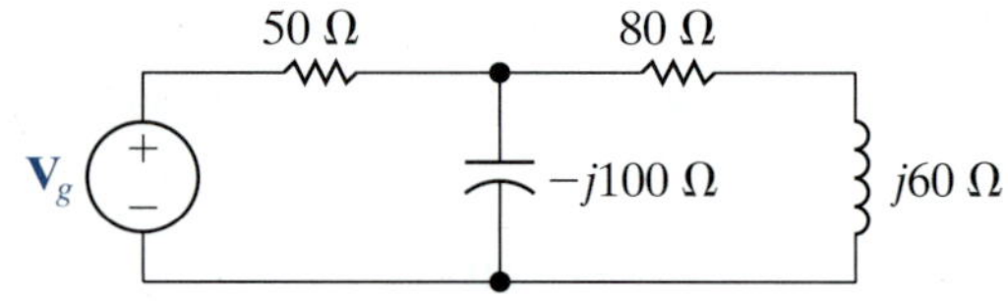

그림 P10.20

10.21 두 개의 660 V(rms) 부하가 병렬로 연결되어 있다. 두 부하는 진상 역률 0.8로 52,800 W의 전체 평균 전력을 흡수한다. 부하 중 하나가 지상 역률 0.96의 40 kVA를 흡수한다면 다른 부하의 역률은 얼마인가?

10.22 그림 P10.22에 나타낸 두 개의 부하는 다음과 같이 설명된다. 부하 1은 24.96 kW의 평균 전력과 47.04 kVAR의 무효 전력을 흡수한다. 부하 2는 $(5 - j5)$ Ω의 임피던스를 갖는다. 부하 양단에서의 전압은 $480\sqrt{2} \cos 120\pi t$ V이다.

a) 전원 전압의 rms값을 구하라.
b) 부하 전압은 전원 전압과 몇 ms만큼 위상 차이가 나는가?
c) 부하 전압은 전원 전압보다 위상이 앞서는가 아니면 뒤지는가?

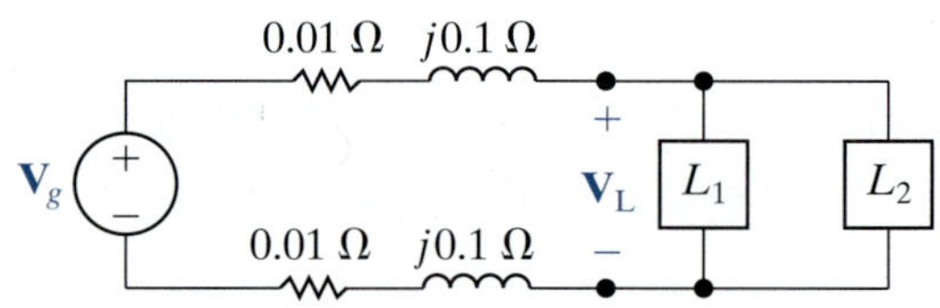

그림 P10.22

10.23 그림 P10.23의 회로에서 부하 L_1: 15 kVA, 역률 0.6 지상, 부하 L_2: 6 kVA, 역률 0.8 진상일 때, 회로의 페이저 전압 $\mathbf{V}_s$를 극좌표 형식으로 구하라.

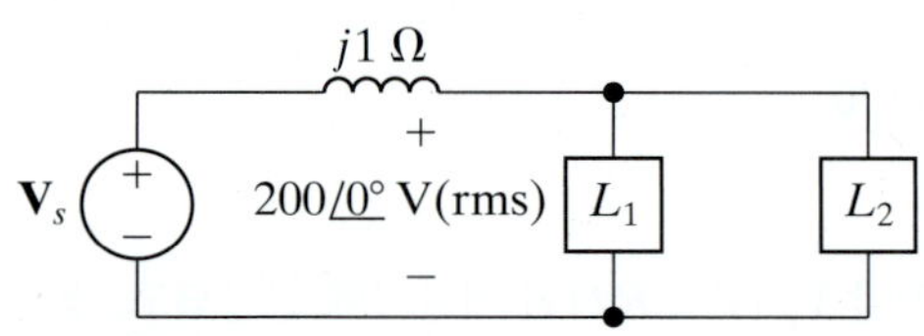

그림 P10.23

10.24 그림 P10.24의 회로에 있는 세 개의 부하는 다음과 같다. 부하 1: 12 Ω 저항과 15 mH 인덕터가 직렬 연결, 부하 2: 80 Ω 저항과 16 μF 커패시터가 직렬 연결, 부하 3: 400 Ω 저항과 직렬로 연결된 병렬 연결된 20 H 인덕터와 5 μF 커패시터, 전압원의 주파수는 60 Hz이다.

a) 각 부하의 역률과 무효율을 구하라.
b) 전압원에서 본 전체 복합 부하의 역률과 무효율을 구하라.

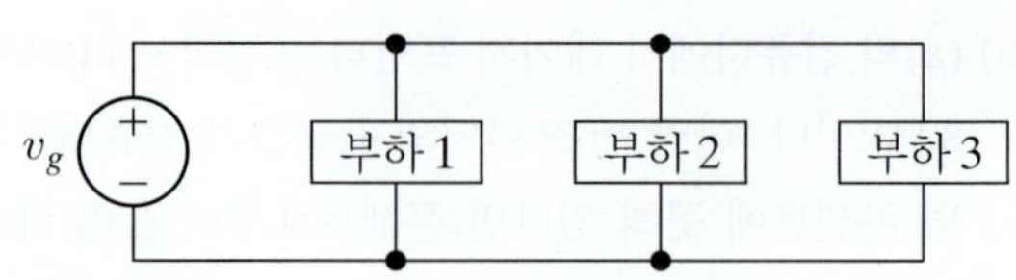

그림 P10.24

10.25 그림 P10.25에 나타낸 회로에서 세 개의 병렬 부하는 다음과 같다. 부하 1은 24 kW의 평균 전력과 18 kVAR의 무효 전력을 흡수한다. 부하 2는 48 kW의 평균 전력을 흡수하고 30 kVAR의 무효 전력을 발생하고 있다. 부하 3은 480 Ω의 리액턴스를 가진 인덕터와 병렬로 연결된 60 Ω의 저항기이다. $\mathbf{V}_o = 2400\underline{/0^\circ}$ V(rms)일 경우 $\mathbf{V}_g$의 rms 크기와 위상각을 구하라.

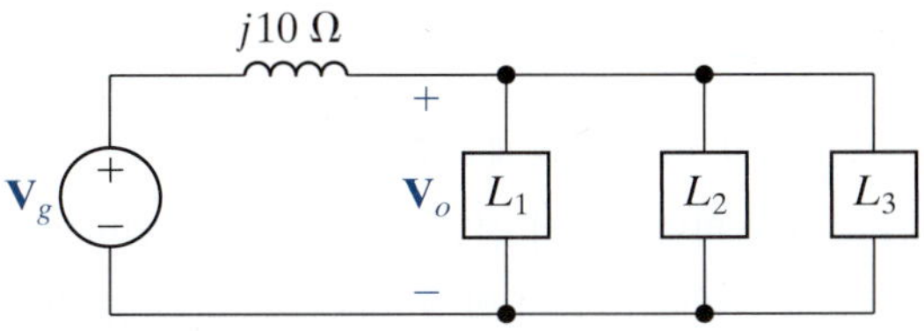

그림 P10.25

10.26 그림 P10.26의 회로에서 세 부하는 다음과 같다. 부하 1은 1.8 kW와 600 kVAR를 흡수하고 있다. 부하 2는 진상 역률 0.8로 15 kVA를 흡수하고 있다. 부하 3은 48 Ω의 리액턴스를 갖는 인덕터와 병렬로 연결된 12 Ω의 저항이다.

a) $\mathbf{V}_{g1} = \mathbf{V}_{g2} = 120\underline{/0^\circ}$ V(rms)일 경우 각 전원에 의하여 공급되는 평균 전력과 무효 전력을 계산하라.

b) 계산 결과가 다음의 요구 조건과 일치하는지를 보여 줌으로써 계산을 점검하라.

$$\sum P_{\text{dev}} = \sum P_{\text{abs}};$$
$$\sum Q_{\text{dev}} = \sum Q_{\text{abs}}.$$

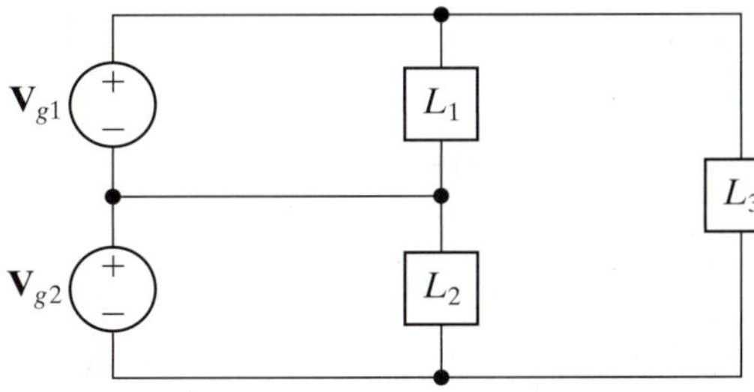

그림 P10.26

10.27 그림 P10.26에 나타낸 회로는 배전 도체 임피던스를 무시할 수 있고 $\mathbf{V}_{g1} = \mathbf{V}_{g2} = 120\underline{/0^\circ}$ V(rms)인 주택 배전 회로망을 나타낸다고 가정하라. 회로에서의 세 부하는 L_1(신형 냉장고와 전자레인지와 오븐), L_2(가습기와 75 W 백열전구 4개가 달린 천장 선풍기), L_3(전자동 세탁기와 세탁물 건조기)이다. 이 기구들이 모두 동시에 가동된다고 가정하라. 배전 도체는 50 A 회로 차단기로 보호된다. 이 주택에 대한 전력 공급은 차단되겠는가? 그 이유를 설명하라.

10.28 연습문제 10.7에서 세 부하는 그림 P10.28에 나타낸 바와 같이 직렬 임피던스 0.01 + j0.08 Ω을 가지고 있는 선로로부터 전력을 공급받고 있다.

a) 선로의 송전단에서의 전압($\mathbf{V}_s$)의 rms값을 계산하라.

b) 선로 임피던스와 관련된 평균 전력과 무효 전력을 계산하라.

c) 선로의 송전단에서의 평균 전력과 무효 전력을 계산하라.

d) 효율이 $\eta = (P_{\text{load}}/P_{\text{sending end}}) \times 100$으로 정의될 때 선로의 효율($\eta$)을 계산하라.

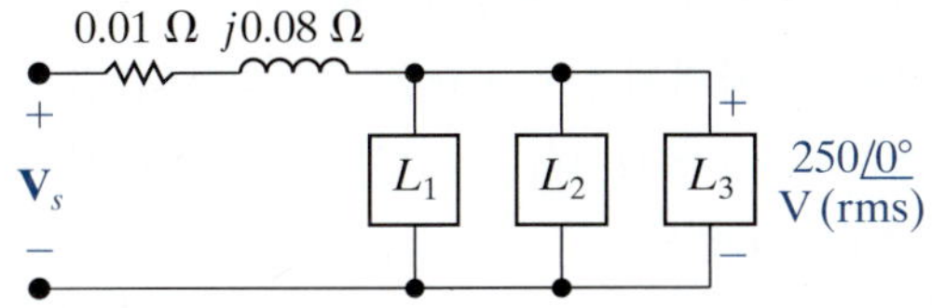

그림 P10.28

10.29 그림 P10.29의 회로에서 세 부하는 $S_1 = 5 + j2$ kVA, $S_2 = 3.75 + j1.5$ kVA, $S_3 = 8 + j0$ kVA이다.

a) 각 전압원 $\mathbf{V}_{g1}$ 및 $\mathbf{V}_{g2}$와 관련된 복소 전력을 계산하라.

b) 전원에 의해 전달되는 전체 유효 전력 및 무효 전력은 회로망에 의하여 흡수되는 전체 유효 전력 및 무효 전력과 같다는 것을 증명하라.

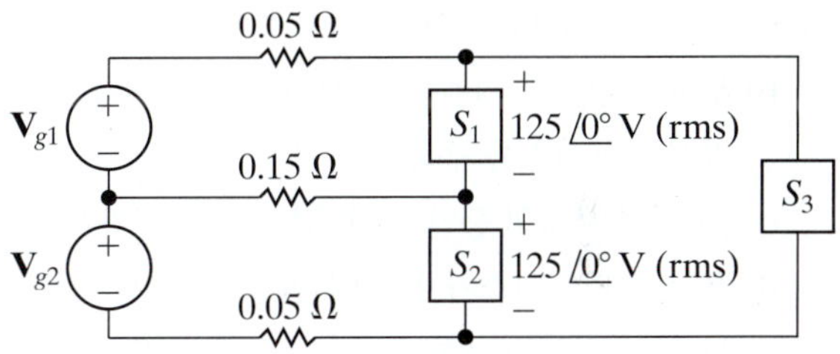

그림 P10.29

10.30 어떤 공장에 지상 역률 0.6의 1800 kW 전기 부하가 있다. 가변 역률의 부하가 공장에 추가될 예정이다. 새로운 부하는 공장의 유효 전력 부하에 600 kW를 더할 것이다. 공장의 전체 부하 역률이 지상 역률 0.96이 되도록 추가하는 부하의 역률은 조절할 것이다.

a) 추가되는 부하와 관련된 무효 전력을 계산하라.

b) 추가되는 부하가 무효 전력을 흡수하는가 아니면 전달하는가?

c) 추가되는 부하의 역률은 얼마인가?

d) 공장으로의 입력 전압이 4800 V(rms)라고 가정하라. 가변 역률 부하가 더해지기 전에 공장으로 유입되는 전류의 rms 크기는 얼마인가?

e) 가변 역률 부하가 더해진 후에 공장으로 유입되는 전류의 rms 크기는 얼마인가?

10.31 연습문제 10.30에서 묘사된 공장이 $0.02 + j0.16\,\Omega$의 임피던스를 가지고 있는 선로로부터 전력을 공급받는다고 가정하라. 공장에서의 전압은 4800 V(rms)로 유지된다.

a) 부하가 추가되기 전과 후의 선로에서의 평균 전력 손실을 구하라.

b) 부하가 추가되기 전과 후의 선로 송전단에서의 전압의 크기를 구하라.

10.32 60 Hz 시스템에서 작은 가전제품의 집합이 125 V(rms)에서 작동할 때 지상 역률 0.96에서 25 kVA의 전력이 요구된다. 가전제품에 전력을 공급하는 급전선의 임피던스는 $6 + j48\ \Omega$이다. 급전선의 부하단에서의 전압은 125 V(rms)이다.

a) 급전선의 전원단에서 전압의 rms 크기는 얼마인가?

b) 급전선에서의 평균 전력 손실은 얼마인가?

c) 부하 역률을 1로 개선하기 위해 급전선의 부하단에서 몇 mF의 커패시터가 필요한가?

d) 커패시터가 설치된 후 부하 전압이 125 V(rms)로 유지되려면 급전선의 전원단에서 전압의 rms 크기는 얼마여야 하는가?

e) (d)에 대한 급전선에서 평균 전력 손실은 얼마인가?

10.33 a) 그림 P10.33의 선로에서 소비되는 평균 전력을 구하라.

b) 부하와 병렬로 연결될 때 부하를 순 저항성으로 만들 용량성 리액턴스를 구하라.

c) (b)에서 부하의 등가 임피던스는 얼마인가?

d) 용량성 리액턴스가 부하에 연결될 때 선로에서 소비되는 평균 전력을 구하라.

e) (d)에서의 전력 손실을 (a)에서 구한 전력 손실의 퍼센트로 나타내라.

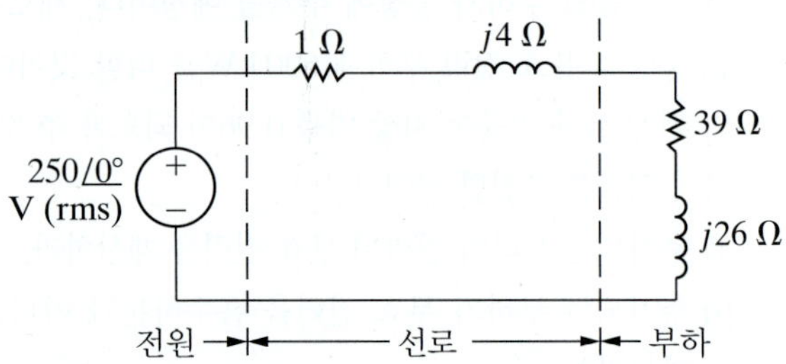

그림 P10.33

10.34 그림 P10.34에 나타낸 선로의 부하와 송전단 사이의 정상 상태 전압 강하는 과도하다. 어떤 커패시터가 250 kVA 부하와 병렬로 설치되고 선로의 송전단에서의 정상 상태 전압이 부하단에서의 전압과 같은 크기, 즉 2500 V(rms)가 될 때까지 조절된다. 250 kVA 부하는 지상 역률 0.96으로 동작하고 있다. 회로가 60 Hz에서 동작할 경우 커패시터의 크기(μF)를 계산하라. 커패시터를 선택할 때 선로에서의 전력 손실을 타당한 수준으로 유지해야 함을 명심하라.

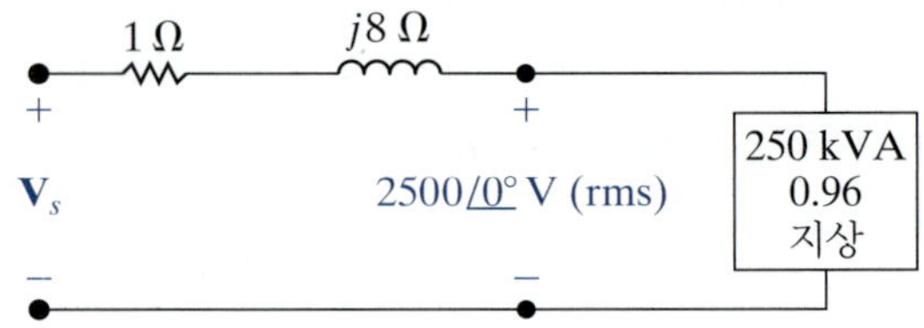

그림 P10.34

10.35 연습문제 9.78의 회로에 대해 다음을 구하라.

a) 부하 임피던스에서 전압의 rms 크기는 얼마인가?

b) 실제 전원에 의하여 발생하는 평균 전력 중 몇 %가 부하 임피던스에 전달되는가?

10.36 a) 그림 P10.36의 회로에서 40 Ω 저항기에 전달되는 평균 전력을 구하라.

b) 이상적인 정현파 전압원에 의하여 발생되는 평균 전력을 구하라.

c) Z_{ab}를 구하라.

d) 발생되는 평균 전력이 소비되는 평균 전력과 같다는 것을 보여라.

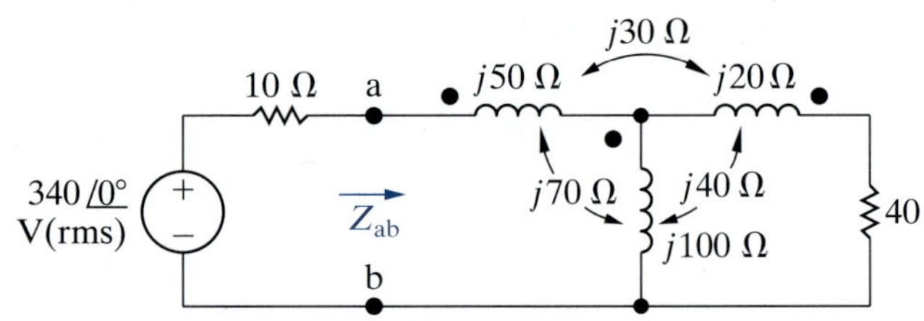

그림 P10.36

10.37 a) 그림 P10.37의 회로에서 여섯 개의 가지 전류 $\mathbf{I}_a$~$\mathbf{I}_f$를 구하라.

b) 회로의 각 가지에서의 복소 전력을 구하라.

c) 발생된 평균 전력이 소비된 평균 전력과 같다는 것을 확인함으로써 계산을 점검하라.

d) 발생된 무효 전력이 흡수된 무효 전력과 같다는 것을 확인함으로써 계산을 점검하라.

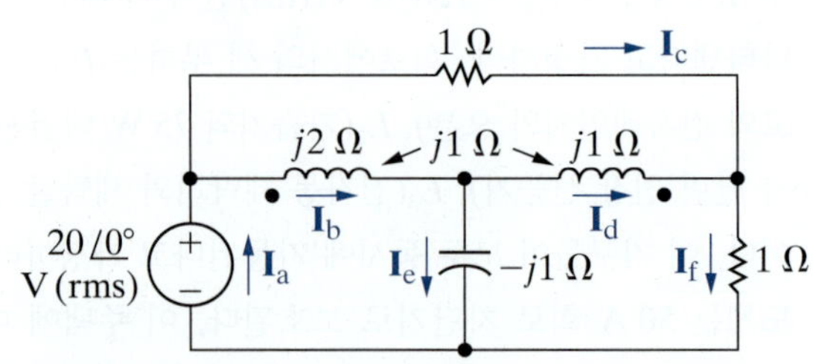

그림 P10.37

10.38 a) 그림 P10.38의 회로에서 정현파 전류원에 의해 전달되는 평균 전력을 구하라.

b) 1 kΩ 저항기에 전달되는 평균 전력을 구하라.

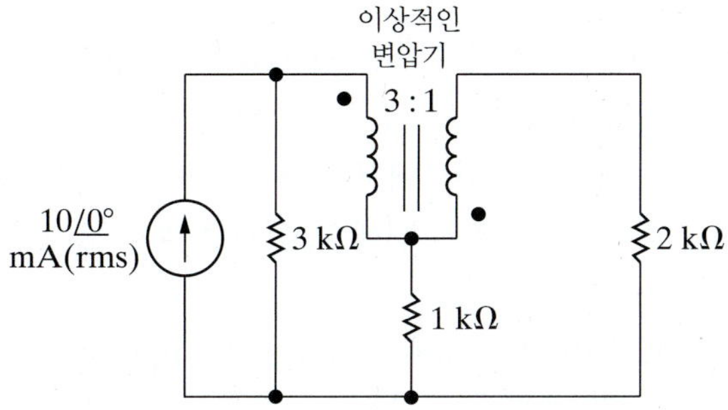

그림 P10.38

10.39 그림 P10.39의 회로에서 정현파 전압원은 680 V(rms) 전압을 발생시킨다. 회로에서 80 Ω 부하는 320 Ω 부하에서 흡수하는 평균 전력의 16배를 흡수한다. 두 부하는 136 $/0°$ Ω의 내부 임피던스를 갖고 있는 정현파 전원과 정합되어 있다.

a) a_1과 a_2의 수치 값을 정하라.

b) 80 Ω 부하에 전달되는 전력을 계산하라.

c) 320 Ω 저항기에 걸리는 전압의 rms값을 계산하라.

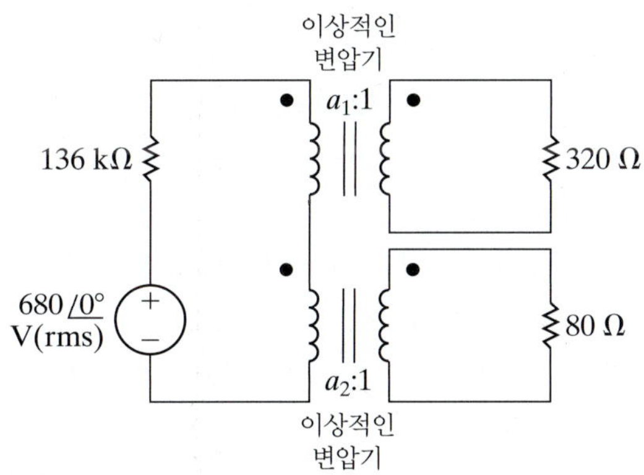

그림 P10.39

10.40 a) 그림 P10.40 회로의 각 저항기에서 소비되는 평균 전력을 구하라.

b) 발생된 전체 전력이 흡수된 전체 전력과 같다는 것을 보여 줌으로써 답을 확인하라.

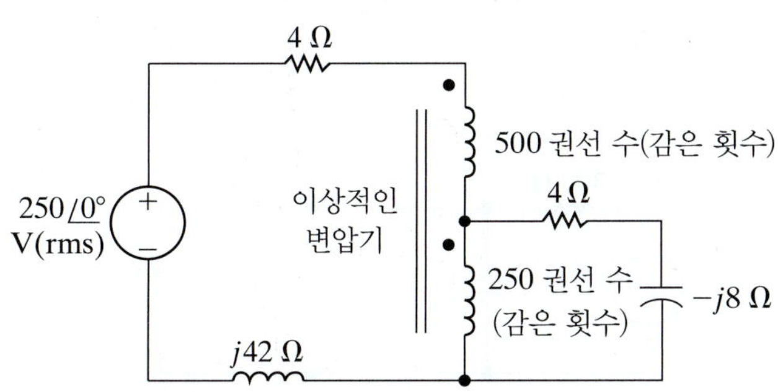

그림 P10.40

10.6절

10.41 그림 P10.41에 나타낸 회로에서 아무런 외부 부하도 a, b 단자에 연결되어 있지 않을 때 페이저 전압 $\mathbf{V}_{ab}$는 480$/0°$ V(rms)이다. 100 Ω의 저항을 가지고 있는 부하가 a, b 단자에 연결될 때 $\mathbf{V}_{ab}$의 값은 $240 - j80$ V(rms)이다.

a) 최대 평균 전력 전달을 위해 a, b 단자에 연결되어야 하는 임피던스를 구하라.

b) (a)의 부하에 전달되는 최대 평균 전력을 구하라.

c) 전원의 주파수가 250 rad/s일 때 부록 H의 소자를 이용하여 (a)를 반복하라.

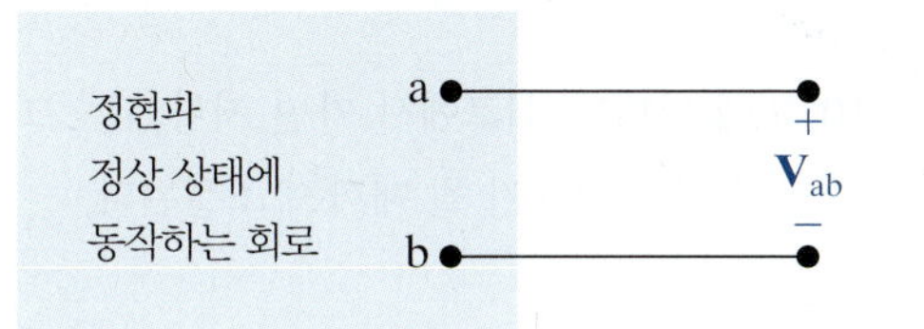

그림 P10.41

10.42 테브냉 임피던스의 공액과 같은 임피던스가 그림 P9.77에 나타낸 회로의 c, d 단자에 연결된다고 가정하라.

a) 정현파 전압원에 의하여 발생되는 평균 전력을 구하라.

b) 전원에 의하여 발생되는 전력 중 몇 %가 이 선형 변압기에서 손실로 발생되는가?

10.43 부하 임피던스의 크기만 변경될 수 있다면 $|Z_L| = |Z_{Th}|$일 때 최대 평균 전력이 전달된다는 것을 증명하라. [힌트: 평균 부하 전력에 대한 식을 유도할 때 부하 임피던스(Z_L)를 $Z_L = |Z_L|\cos\theta + j|Z_L|\sin\theta$의 형식으로 쓰고 $|Z_L|$만 변한다는 것을 주목하라.]

10.44 a) ω = 10 krad/s일 경우 그림 P10.44에 나타낸 회로에 대해 최대 평균 전력이 부하에 전달되게 하는 부하 임피던스를 결정하라.

b) $v_g = 90\cos 10{,}000t$ V일 경우 (a)로부터 부하에 전달되는 최대 평균 전력을 결정하라.

c) Z_L이 (a)에서 계산한 값과 가장 가까운 최대 평균 전력이 전달되도록 부록 H에 주어진 소자 중 두 개의 소자로 구성된다고 할 때 (b)를 반복하라.

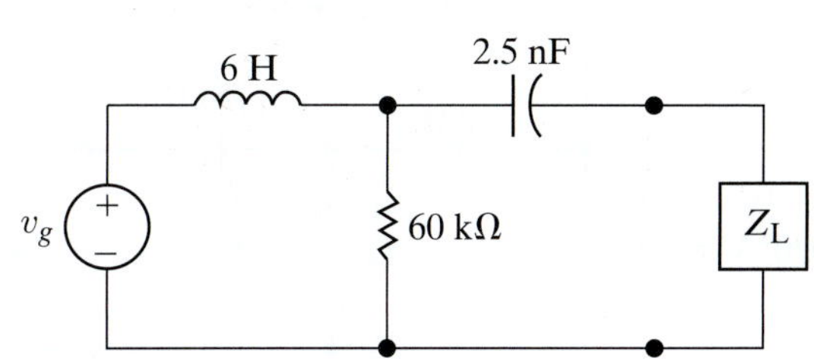

그림 P10.44

10.45 그림 P10.45에 나타낸 회로에 대한 부하 임피던스 Z_L은 최대 평균 전력이 Z_L에 전달되도록 조절된다.

a) Z_L에 전달되는 최대 평균 전력을 구하라.

b) 회로에서 발생하는 전체 전력의 몇 %가 Z_L에 전달되는가?

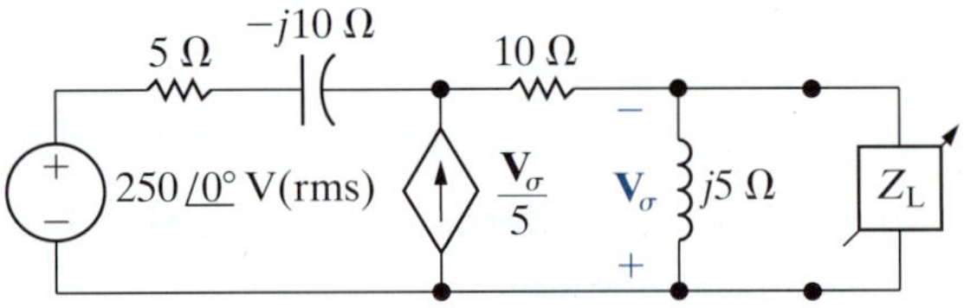

그림 P10.45

10.46 그림 P10.46에 나타낸 회로에서 가변 저항기는 그것이 흡수하는 평균 전력이 최대가 될 때까지 조절된다.

a) R을 구하라.

b) 최대 평균 전력을 구하라.

c) 최대 평균 전력이 저항기로 전달되게 하는 저항기를 부록 H에서 찾아라.

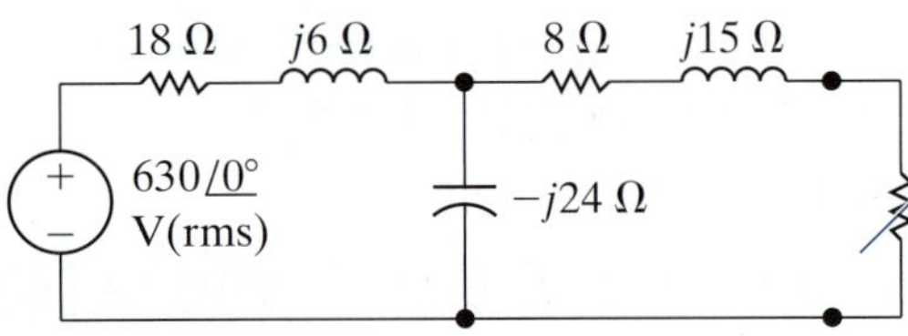

그림 P10.46

10.47 그림 P10.47의 회로에서 가변 저항 R_o는 최대 평균 전력이 R_o에 전달될 때까지 조절된다.

a) R_o의 값은 몇 옴(Ω)인가?

b) R_o에 전달되는 평균 전력을 계산하라.

c) R_o가 가변 임피던스 Z_o로 대체된다면 Z_o에 전달될 수 있는 최대 평균 전력은 얼마인가?

d) (c)에서 회로의 발생 전력의 몇 %가 부하 Z_o에 전달되는가?

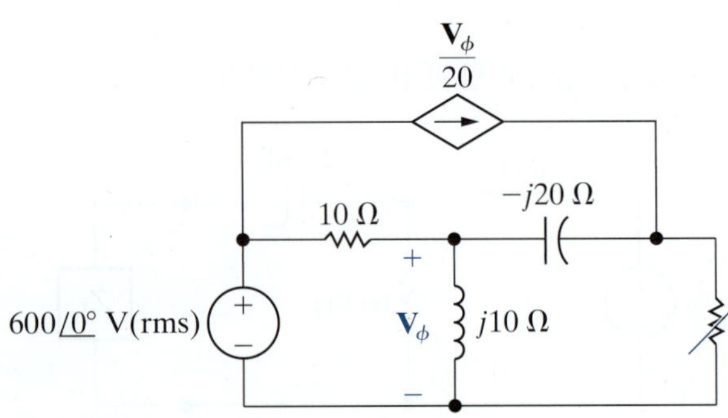

그림 P10.47

10.48 그림 P10.48에 나타낸 회로에서 송전단 전압은 부하 전압이 언제나 4800 V가 되도록 조절된다. 가변 커패시터는 선로 저항에서 소비되는 평균 전력이 최소가 될 때까지 조절된다.

a) 정현파 전원의 주파수가 60 Hz라면 커패시턴스의 값은 몇 μF인가?

b) 커패시터가 회로에서 제거된다면 부하에서 4800 V 전압을 유지하기 위해 $\mathbf{V}_s$ 크기를 몇 % 증가시켜야 하는가?

c) 커패시터가 회로에서 제거된다면 선로 손실은 몇 % 증가하는가?

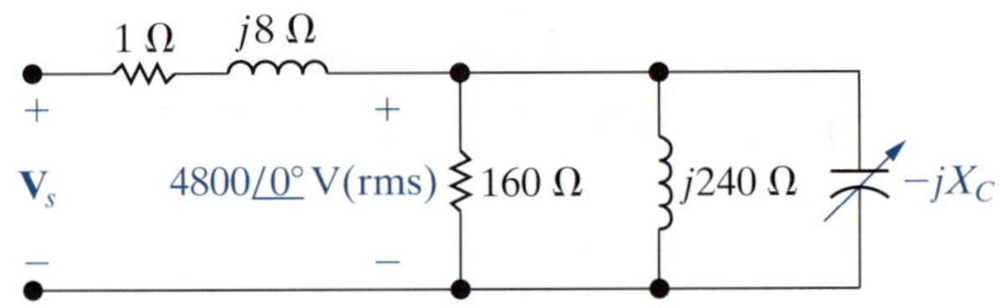

그림 P10.48

10.49 PSPICE MULTISIM 그림 P10.49의 회로에서 정현파 전압원의 피크 값은 $150\sqrt{2}$ V이고, 주기는 $200\,\pi\,\mu$s이다. 부하 저항기는 0에서 20 Ω까지 조절이 가능하고 부하 인덕터도 1에서 8 mH까지 조절될 수 있다.

a) $R_o = 10\,\Omega$이고 $L_o = 6$ mH일 때 부하에 전달되는 평균 전력을 계산하라.

b) R_o에 최대 평균 전력이 전달되도록 R_o와 L_o의 설정 값을 결정하라.

c) (b)에서 평균 전력은 얼마인가? 그것은 (a)에서의 전력보다 더 큰가?

d) R_o와 L_o에 아무 제약이 없다면 부하에 전달될 수 있는 최대 평균 전력은 얼마인가?

e) (d)의 조건일 때 R_o와 L_o의 값은 얼마인가?

f) (d)에서 계산된 평균 전력이 (c)에서 계산된 것보다 더 큰가?

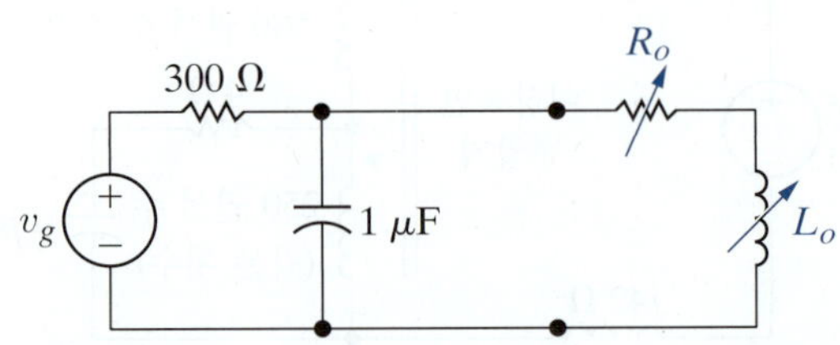

그림 P10.49

10.50 a) 그림 P10.49에서 R_o가 0과 50 kΩ 사이에서 변경될 수 있다고 가정하라. 연습문제 10.49(b)와 (c)를 반복하라.
PSPICE MULTISIM

b) (a)에서 계산된 새로운 평균 전력이 연습문제 10.49(a)에서 구한 것보다 더 큰가?

c) (a)에서 계산된 새로운 평균 전력이 연습문제 10.49(d)에서 구한 것보다 더 작은가?

10.51 그림 P10.51의 주파수 영역 회로에 대해 다음을 계산하라.

a) $\mathbf{V}_o$의 rms 크기

b) 100 Ω 저항기에서 소비되는 평균 전력

c) 이상적인 전압원에 의해 발생하는 평균 전력 중 100 Ω 부하 저항기에 전달되는 평균 전력은 몇 %인가?

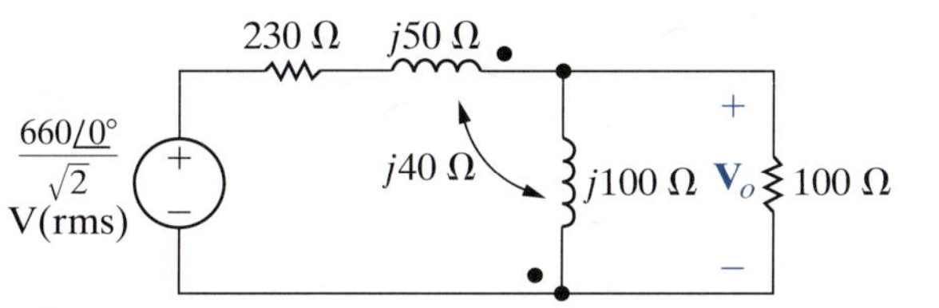

그림 P10.51

10.52 그림 P10.51의 회로에서 100 Ω 저항기는 가변 임피던스 Z_o로 대체된다. Z_o는 최대 평균 전력이 Z_o에 전달되도록 조절된다고 가정하라.

a) Z_o에 전달될 수 있는 최대 평균 전력은 얼마인가?

b) 최대 평균 전력이 Z_o에 전달될 때 이상적인 전압원에 의하여 발생되는 평균 전력은 얼마인가?

c) (a)에서 구한 평균 전력 값에 가장 근접하는 평균 전력을 소모하는 임피던스를 갖는 단일 소자를 부록 H에서 선택하라. 전원 주파수는 60 Hz로 가정하라. 이 임피던스에서 소모되는 평균 전력을 계산하라.

10.53 a) 예제 10.12에서 a 단자에 연결된 코일의 극성점(dot)이 위쪽에 있을 경우에 대해 다시 계산하라.
PSPICE MULTISIM

b) 예제 10.12에서 전압원의 크기가 146 V(rms)로 줄어들고 변압기 권선비가 1:4로 반전된 경우에 대해 다시 계산하라.

10.54 a) $v_g = 70 \cos 5000t$ V일 때 그림 P10.54의 회로에서 전류 i_g와 i_L에 대한 정상 상태 식을 구하라.
PSPICE MULTISIM

b) 결합 계수를 구하라.

c) $t = 100\pi\ \mu$s와 $t = 200\pi\ \mu$s에서 자기적으로 결합된 코일에 저장된 에너지를 구하라.

d) 30 Ω의 저항기에 전달되는 전력을 구하라.

e) 30 Ω의 저항기가 가변 저항기 R_L로 대체된다면 어떤 R_L값에서 R_L에 최대 평균 전력이 전달되는가?

f) (e)에서의 최대 평균 전력은 얼마인가?

g) 30 Ω의 저항기가 가변 임피던스 Z_L로 대체된다고 가정하라. 어떤 Z_L값에서 Z_L에 최대 평균 전력이 전달되는가?

h) (g)에서의 최대 평균 전력은 얼마인가?

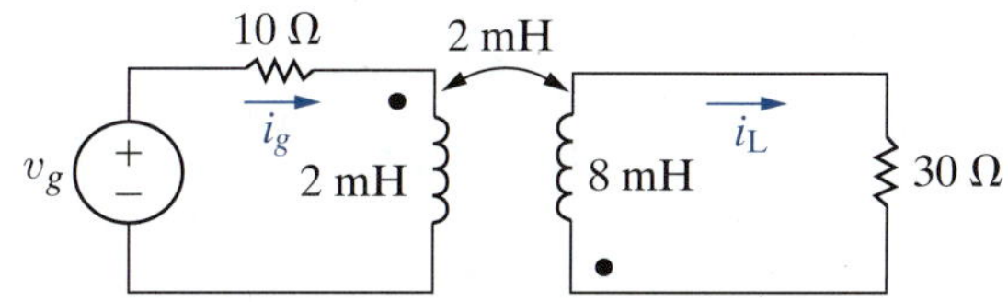

그림 P10.54

10.55 최대 평균 전력이 Z_o에 전달되도록 Z_o가 조절될 때 그림 P10.55의 회로에 대해 이상적인 전압원에서 본 임피던스를 구하라.

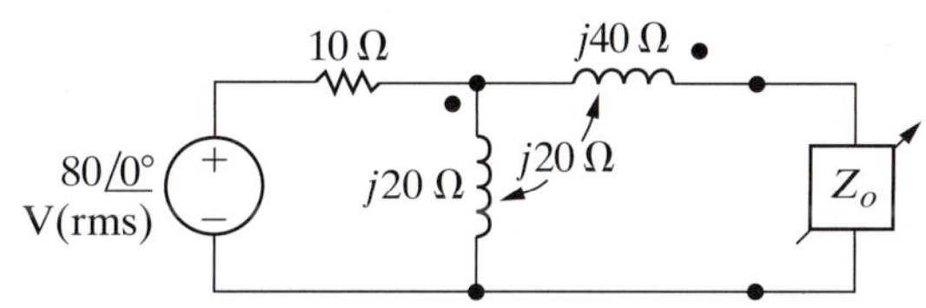

그림 P10.55

10.56 그림 P10.56의 회로에서 임피던스 Z_L은 최대 평균 전력이 Z_L에 전달되도록 조절된다. 정현파 전압원의 내부 임피던스는 $8 + j56$ Ω이다.

a) Z_L에 전달되는 최대 평균 전력은 얼마인가?

b) 선형 변압기에 전달되는 평균 전력 중 몇 %가 Z_L에 전달되는가?

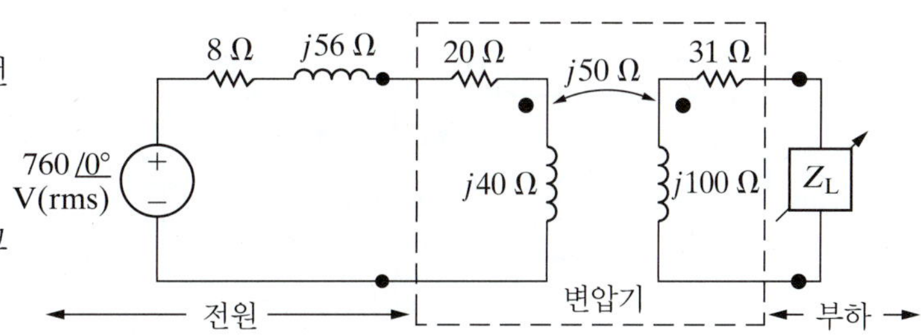

그림 P10.56

10.57 그림 P10.57에서 $v_g = 240\sqrt{2}\cos 4000t$ V이고 $R_L = 140\,\Omega$일 때 다음을 구하라.

a) v_o(rms) 크기

b) R_L에 전달된 평균 전력

c) 이상적인 전압원에서 발생한 평균 전력 중 R_L에 전달되는 평균 전력의 비율(%)

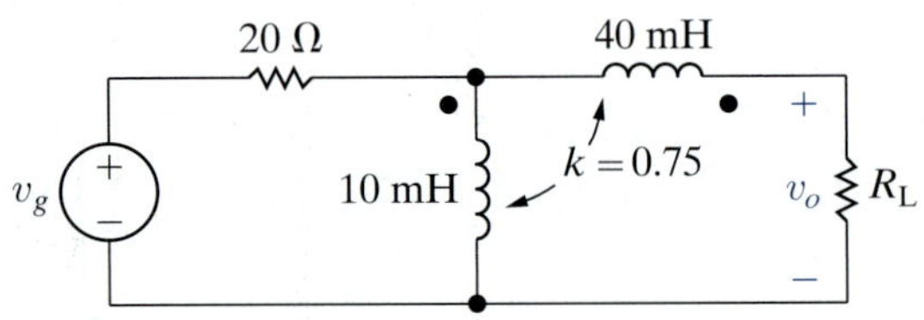

그림 P10.57

10.58 그림 P10.57의 회로에서 부하 저항 R_L의 값은 조절 가능하다.

a) R_L에 전달되는 평균 전력을 최대화하는 R_L을 구하라.

b) (a)에서 구한 R_L에 대하여 R_L에 전달되는 전력을 구하라.

10.59 그림 P10.57의 회로에서 40 mH 인덕터의 극성점(dot)이 반대로 연결되어 있다.

a) 출력 전압 v_o가 0이 되도록 하는 결합 계수 k의 값을 구하라.

b) (a)에서 구한 k를 사용할 때, 전원이 발생시키는 전력을 구하라.

10.60 그림 P10.60의 회로에서 정현파 전압원은 50 krad/s의 주파수에서 동작하고 있다. 160 Ω 저항기에 전달되는 평균 전력이 최대한 크게 될 때까지 회로의 가변 용량성 리액턴스가 조절된다.

a) C의 값을 μF 단위로 구하라.

b) C가 (a)에서 구한 값을 가질 때 160 Ω 저항기에 전달되는 평균 전력은 얼마인가?

c) 160 Ω 저항기를 가변 저항기 R_o로 대체하라. 최대 평균 전력이 R_o에 전달되도록 R_o의 값을 정하라.

d) R_o에 전달될 수 있는 최대 평균 전력은 얼마인가?

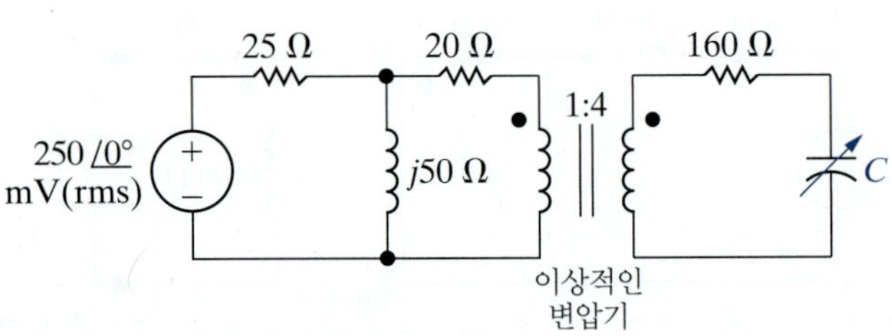

그림 P10.60

10.61 그림 P10.61의 회로에서 4 kΩ에 전달되는 평균 전력을 구하라.

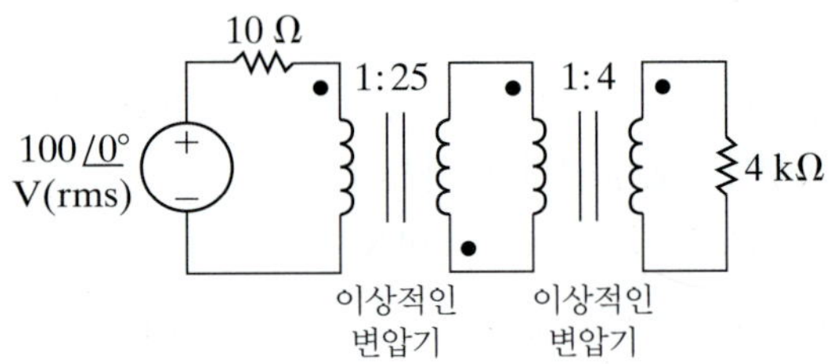

그림 P10.61

10.62 연습문제 10.61에서 4 kΩ 부하와 연결되어 있는 이상적인 변압기가 권선 비 1:a를 가지고 있는 이상적인 변압기로 대체된다.

a) a가 얼마일 때 4 kΩ 저항기에 최대 평균 전력이 전달되는가?

b) 최대 평균 전력은 얼마인가?

10.63 PSPICE MULTISIM 그림 P10.63에 나타낸 회로에서 가변 부하 저항기 R_L은 최대 평균 전력이 R_L에 전달되도록 조절된다.

a) 최대 평균 전력을 구하라.

b) R_L에 최대 평균 전력이 흡수되고 있을 때 이상적인 전압원에 의하여 발생하는 평균 전력의 몇 %가 R_L에 전달되는가?

c) 이상적인 전압원에 의하여 발생하는 전력이 회로에서 소비되는 전력과 같다는 것을 보여 줌으로써 해를 테스트하라.

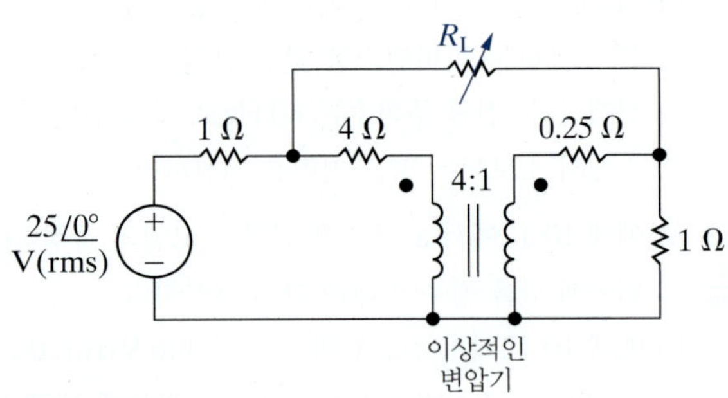

그림 P10.63

10.64 a) 그림 P10.64의 회로에서 1차 권선 $N_1 = 2520$회일 경우, 50 Ω 부하에 최대 평균 전력이 전달되도록 하기 위해 이상적인 변압기에서 2차 권선 N_2에는 몇 회의 권선 수가 필요한가?

b) 50 Ω 부하에 전달되는 평균 전력을 구하라.

c) 전압 $\mathbf{V}_1$을 구하라.

d) 이상적인 전류원이 공급하는 전체 전력 중 50 Ω 저항에 전달되는 전력의 비율(%)을 구하라.

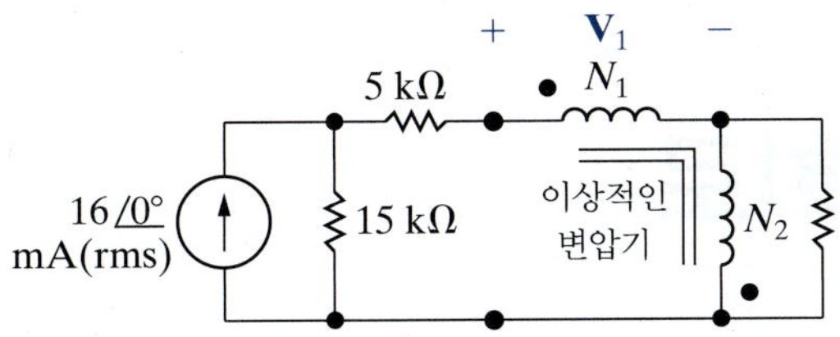

그림 P10.64

10.65 a) 그림 P10.65에 나타낸 회로에서 N_1이 1500이라면, 3600 Ω의 부하에 최대 평균 전력이 전달되도록 이상적인 변압기의 권선 수 N_2를 구하라.

b) 3600 Ω 저항기에 전달되는 평균 전력을 구하라.

c) 이상적인 전압원에 의해 전달되는 평균 전력 중 몇 %가 선형 변압기에서 소비되는가?

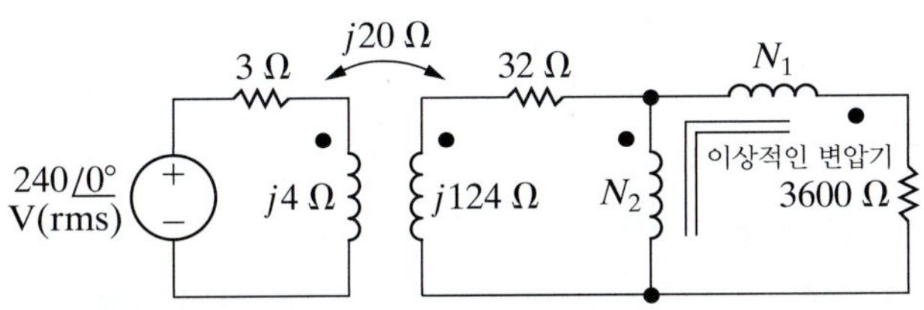

그림 P10.65

10.66 그림 P10.66의 회로에서 부하 임피던스 Z_L은 최대 평균 전력이 Z_L에 전달될 때까지 조절된다.

a) N_1 = 15,00, N_2 = 5000일 때 Z_L의 값을 정하라.

b) Z_L에 최대 평균 전력이 흡수될 때 $\mathbf{I}_L$과 $\mathbf{V}_L$의 값을 정하라.

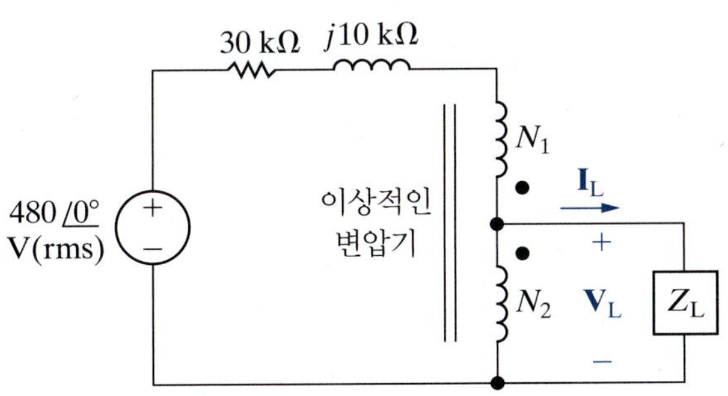

그림 P10.66

10.1~10.6절

10.67 PRACTICAL PERSPECTIVE a) 노트북 컴퓨터가 매일 6시간 충전하고 18시간을 AC 어댑터가 꽂힌 상태에서 대기모드로 있다면, 한 달 동안 노트북 컴퓨터의 AC 어댑터에 의해서 소비되는 전력량(kWh)을 표 10.3의 값을 사용하여 구하라.

b) 컴퓨터가 매일 6시간 충전하고 18시간 동안 꺼져 있다고 가정했을 때 (a)의 계산을 반복하라.

c) 컴퓨터가 매일 6시간 충전하고 18시간 동안 컴퓨터는 AC 어댑터와 연결되어 있지는 않으나, AC 어댑터가 벽 콘센트에 꽂혀 있다고 가정할 때 (a)의 계산을 반복하라.

d) 컴퓨터가 매일 6시간 충전한 후 18시간 동안 AC 어댑터가 벽 콘센트에 꽂혀 있지 않다고 가정할 때 (a)의 계산을 반복하라.

10.68 PRACTICAL PERSPECTIVE a) 전자레인지가 매일 20분 동안 사용되고 나머지 시간은 문이 닫힌 상태에서 대기모드로 있다고 가정했을 때 전자레인지가 한 달 동안 소비하는 총전력량(kWh)을 표 10.3의 값을 사용하여 구하라.

b) 전자레인지가 문이 닫힌 상태의 대기모드로 있다면 한 달 동안 전자레인지가 사용한 전력의 몇 %를 사용했는가?

10.69 PRACTICAL PERSPECTIVE 전압원이 이상적($R_s = 0\ \Omega$)이고, $R_1 = 10\ \Omega$, $L_1 = 180$ mH, 120 V(rms)의 주파수가 60 Hz라고 가정할 때 그림 10.30에 있는 변압기가 소비하는 전력을 구하라.

10.70 PRACTICAL PERSPECTIVE 연습문제 10.69에서 선형 변압기가 개선되어 $R_1 = 80$ mΩ이고 다른 것은 변하지 않았다고 가정할 때 변압기가 소비하는 전력을 구하라.

10.71 PRACTICAL PERSPECTIVE 연습문제 10.69의 선형 변압기가 25:1의 권선 비를 가지는 이상적인 변압기로 대체되었다고 가정할 때 변압기가 소비하는 전력을 구하라. (힌트: 소비된 전력량을 계산할 필요는 없다.)

CHAPTER

11 평형 3상 회로

학습내용

학습목표

1 평형 3상 Y-Y 결선 회로를 해석하는 방법을 안다.

2 평형 3상 Y-Δ 결선 회로를 해석하는 방법을 안다.

3 3상 회로에서 전력(평균 전력, 무효 전력, 복소 전력)을 계산할 수 있다.

우리는 3상 회로를 이용하여 발전, 송전, 배전한다. 그리고 3상 회로를 이용하여 대량의 전력을 소비한다. 그러한 3상 회로에 대한 종합적인 해석은 그 자체가 하나의 연구 분야로서, 이것을 하나의 장에서 다룰 수는 없다. 다행히 전력 시스템을 전공으로 하지 않는 공학자라면 평형 3상 회로의 정현파 정상 상태의 동작을 이해하는 것만으로도 충분하다. 이 책에서는 이전 장들에서 논의한 회로 해석 기법에 근거한 손쉬운 방법을 사용하여 평형 3상 회로를 해석한다.

3상 시스템은 기본적으로 전압원이 변압기와 송전 선로에 의하여 부하와 연결된 구조로 되어 있다. 이러한 회로를 해석하기 위해 3상 시스템을 하나의 전압원이 하나의 선로에 의해 하나의 부하와 연결된 것으로 간소화할 수 있다. 변압기를 생략하여 논의를 단순화하더라도 3상 시스템을 기초적으로 이해하는 데 전혀 어려움이 없다. 그림 11.1은 기본적인 회로를 나타낸다. 평형 3상 회로를 정의해 주는 특징은 이 회로가 전원 측에 한 세트의 평형 3상 전압을 포함한다는 것이다. 먼저 이러한 전압을 다루고 난 다음 Y-Y와 Y-Δ 회로에 대한 전압과 전류 관계를 다룬다. 이들 회로에서 전압과 전류를 다룬 후에 전력과 전력 측정에 관한 절로 이 장을 마친다.

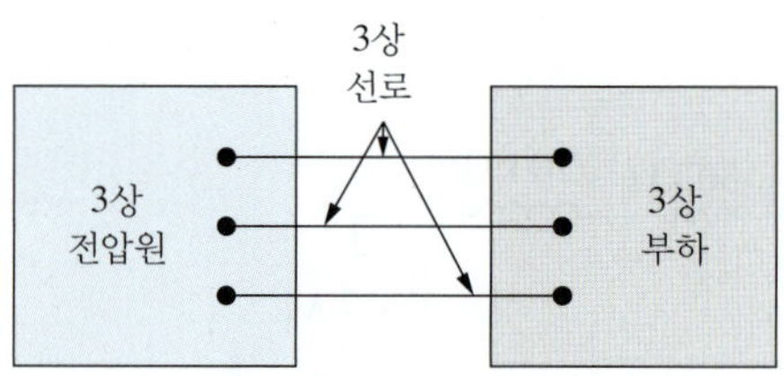

그림 11.1▲ 기본 3상 회로.

■ 실제 응용

전력의 송전과 배전

이 장에서는 대량의 전력을 다룰 수 있게 설계된 회로를 소개한다. 이것은 발전소에서 만들어진 전력을 산업체와 주택 수용가에 보내기 위해 사용되는 회로이다. 1장의 설계 응용에서는 매우 기본적인 주택 수용가에 대해 소개했다. 이제 소단위 주택 지구 전체에 전력을 전달하기 위해 사용되는 회로의 유형을 소개한다.

전기 시설에 부가되는 제약 조건 중 하나는 그 전기 시설이 수용가의 구내에서 rms 전압 수준을 유지해야 한다는 것이다. 오전 3시에서와 같은 경부하이든 또는 무더운 날 한낮에서와 같은 중부하이든 상관없이 전기 시설은 동일한 rms 전압을 공급해야 한다. 이러한 제약 조건을 충족하기 위해 전기 시설에서 커패시터가 배전 회로망의 전략적인 위치에 설치된다. 이 커패시터는 이것을 필요로 하는 부하와 가까운 위치에서 무효 전력을 공급하고 부하의 역률을 조정한다. 이 개념은 평형 3상 회로를 해석한 후 소개한다.

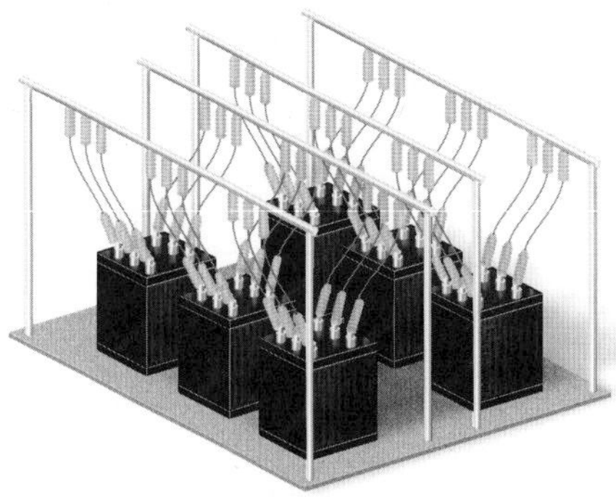

Douglas Sacha/Moment/Getty Images

11.1 평형 3상 전압

한 세트의 평형 3상 전압은 같은 진폭과 주파수를 갖지만 서로 정확히 120° 위상차가 나는 세 개의 정현파 전압으로 구성된다. 세 개의 상을 a, b, c라 하고 a상을 기준상으로 사용한다. 세 개의 전압은 **a상 전압**(a-phase voltage), **b상 전압**(b-phase voltage), **c상 전압**(c-phase voltage)이라 한다.

단 두 가지의 위상 관계만이 a상 전압, b상 전압, c상 전압 사이에 있을 수 있다. 한 가지는 b상 전압이 a상 전압보다 위상이 120° 늦는 것인데, 이 경우 c상 전압은 a상 전압보다 위상이 120° 앞서야 한다. 이 위상 관계는 **abc**[또는 **정**(positive)] **상순**(phase sequence)으로 알려졌다. 페이저 표기를 쓰면 abc 상순은 다음과 같다.

$$\mathbf{V}_a = V_m \angle 0^\circ,$$
$$\mathbf{V}_b = V_m \angle -120^\circ, \tag{11.1}$$
$$\mathbf{V}_c = V_m \angle +120^\circ.$$

그리고 유일한 다른 가능성은 b상 전압이 a상 전압보다 위상이 120° 앞서는 것인데, 이 경우 c상 전압은 a상 전압보다 위상이 120° 늦어야 한다. 이 위상 관계가 **acb**[또는 **역**(negative)] **상순**(phase sequence)으로 알려졌다. 페이저 표기를 쓰면 acb 상순은 다음과 같다.

$$\mathbf{V}_a = V_m \angle 0^\circ,$$
$$\mathbf{V}_b = V_m \angle +120^\circ, \tag{11.2}$$
$$\mathbf{V}_c = V_m \angle -120^\circ.$$

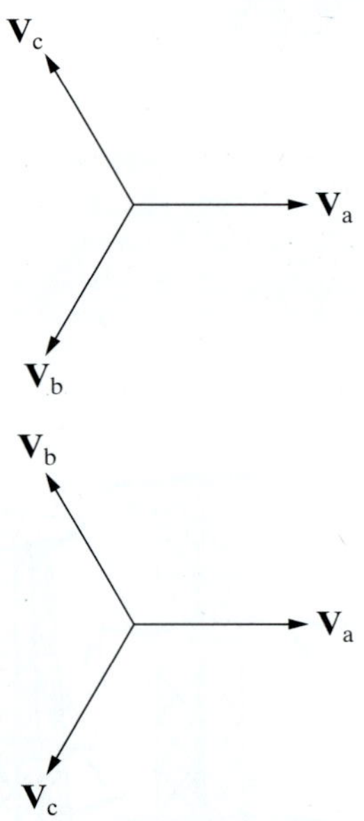

그림 11.2▲ 평형 3상 전압 세트의 페이저도: (a) abc(정) 상순, (b) acb(역) 상순.

그림 11.2는 식 (11.1)과 (11.2)의 전압의 페이저도를 보여 준다. 상순은 $\mathbf{V}_a$로부터 시작하여 페이저도 둘레로 아래 첨자가 시계 방향으로 회전하는 순서이다. 페이저도를 이용하여 평형인 세 개의 상 전압의 합이 0이 됨을 보일 수 있다. 이 중요한 특성은 식 (11.1) 또는 (11.2)로부터 유도할 수 있는데, 다음과 같다.

$$\mathbf{V}_a + \mathbf{V}_b + \mathbf{V}_c = 0.$$

페이저 전압의 합이 0이므로 순시 전압의 합도 0이다. 즉

$$v_a + v_b + v_c = 0.$$

이제 평형 3상 전압의 특성을 알았기 때문에 이 장의 서문에서 언급한 손쉬운 해석 방법 중 첫 번째 방법을 설명할 수 있다. 즉 상순과 세 전압 중 하나의 전압을 알면 모든 전압을 알 수 있다. 따라서 평형 3상 시스템의 경우 한 상의 전압(또는 전류)을 알면 120°의 상 간 각도 차이와 상순을 이용하여 나머지 두 상의 전압(또는 전류)을 구할 수 있다.

자가 검사: 연습문제 11.1과 11.2를 풀어 이해도를 평가하라.

11.2 3상 전압원

3상 전압원은 고정자의 주변에 세 개의 서로 분리된 권선이 분포된 발전기이다. 각 권선은 발전기의 하나의 상에 해당한다. 발전기의 회전자는 스팀이나 가스 터빈과 같은 원동기에 의해 동기 속도로 구동되는 전자석이다. 이 전자석이 회전하면 각 권선에 정현파 전압이 유도된다. 상 권선은 권선에 유도되는 정현파 전압이 진폭은 같고 위상은 서로 120° 차이가 나도록 설계된다. 상 권선은 회전하는 전자석에 대해 고정되어 있으므로 각 권선에 유도되는 전압의 주파수는 같다. 그림 11.3에 2극 3상 전원의 개략도가 나타나 있다.

3상 전원을 구성하기 위해 분리된 상 권선을 서로 연결하는 방법은 두 가지가 있다. 즉 와이(Y)형 또는 델타(Δ)형으로 배치하는 것이다. 그림 11.4가 두 가지 결선을 보여 주는데, 이상적인 전압원을 사용하여 3상 발전기의 상 권선을 나타내고 있다. Y 결선 전원의 공통 단자는 그림 11.4(a)에 n으로 표시되어 있는데 전원의 **중성 단자**(neutral terminal)라 한다. 중성 단자는 외부 연결에 이용 가능한 경우도 있고 그렇지 못하는 경우도 있다.

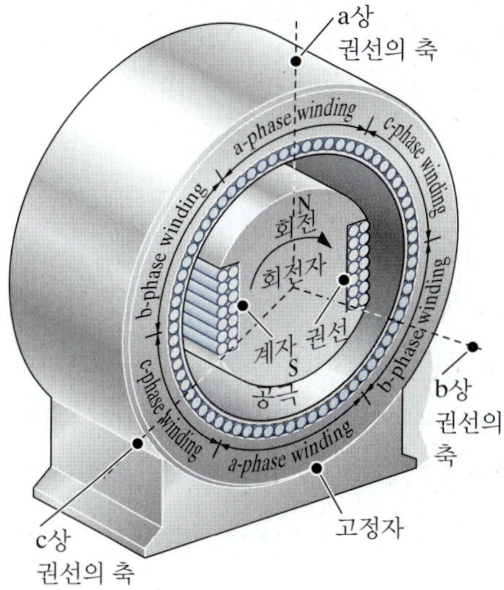

그림 11.3▲ 3상 전압원의 개략도.

3상 발전기의 회로 모델을 구할 때 각 권선의 임피던스를 고려할 필요가 있다. 때때로 각 상 권선의 임피던스가 (회로의 다른 임피던스에 비해) 너무 작아 발전기를 모델링할 때 고려하지 않아도 되는 경우가 있다. 그러면 발전기 모델은 그림 11.4에서처럼 이상적인 전압원으로만 구성된다. 만일 각 상 권선의 임피던스를 무시할 수 없다면 각 상에 유도성 권선 임피던스를 이상적인 정현파 전압원과 직렬로 배치한다. 발전기의 모든 권선은 같은 구조이기 때문에 권선의 임피던스는 모두 동일하게 한다. 그림 11.5에 두 개의 3상 발전기 모델이 나타나 있는데, 하나는 Y 결선을 사용하고 있고, 다른 하나는 Δ 결선을 사용하고 있다. 두 모델에서 R_w는 권선 저항이고 X_w는 권선의 유도성 리액턴스이다.

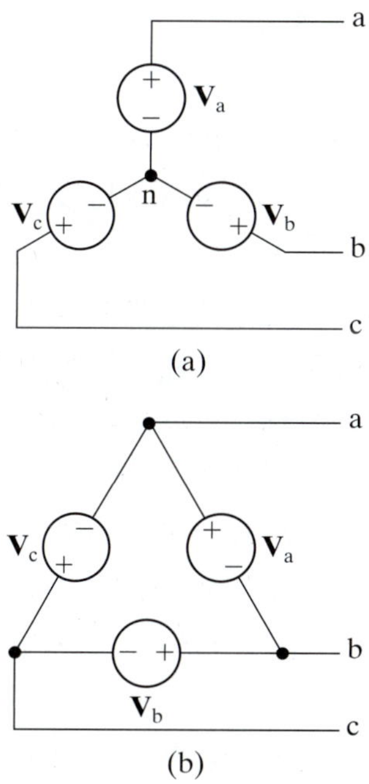

그림 11.4▲ 이상적인 3상 전원의 두 가지 기본적인 결선: (a) Y 결선 전원, (b) Δ 결선 전원.

3상 전원과 3상 부하는 Y 결선 또는 Δ 결선될 수 있으므로 그림 11.1의 기본 회로는 다음과 같이 네 가지 다른 구성으로 표현된다.

전원	부하
Y	Y
Y	Δ
Δ	Y
Δ	Δ

먼저 Y-Y 회로를 해석한다. 나머지 세 개의 결선은 Y-Y 등가 회로로 변환할 수 있으므로 Y-Y 회로에 대한 해석이 모든 평형 3상 결선을 푸는 열쇠가 된다. 그 다음 Y-Δ 결선을 Y-Y 회로로 변환하는 방법을 설명하고, Δ-Y 결선 및 Δ-Δ 결선의 해석은 연습문제로 남겨 둔다.

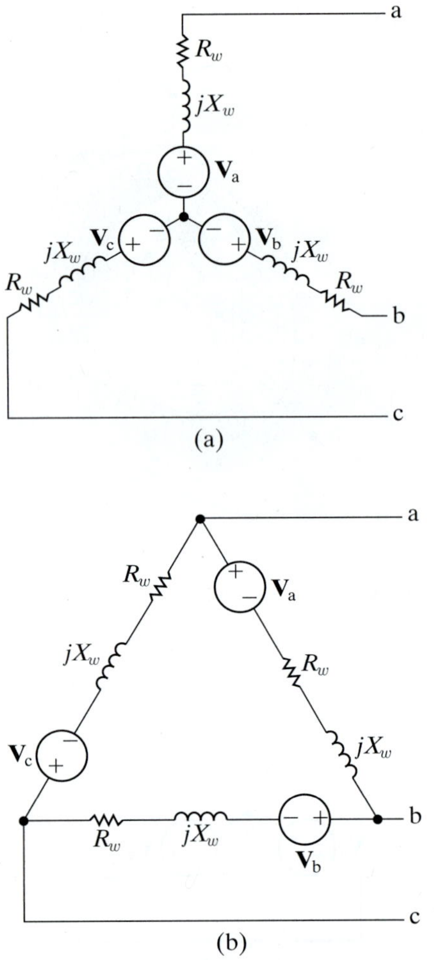

그림 11.5▲ 권선 임피던스를 갖는 3상 전원의 모델: (a) Y 결선 전원, (b) Δ 결선 전원.

11.3 Y-Y 회로의 해석

그림 11.6은 일반적인 Y-Y 회로를 보여 주는데, 여기에는 전원 중성점을 부하 중성점에 연결하는 네 번째 도체가 포함되어 있다. 네 번째 도체는 Y-Y 결선 회로에서만 가능하다. 편의상 Y 결선을 '넘어진 T' 형태로 바꿨다. 그림 11.6에서 Z_{ga}, Z_{gb}, Z_{gc}는 전압 발생기의 각 상 권선과 관련된 내부 임피던스를 나타낸다. Z_{la}, Z_{lb}, Z_{lc}는 전압원의 한 상을 부하의 한 상에 연결하는 선로의 임피던스를 나타낸다. Z_0는 전원의 중성점을 부하의 중성점에 연결하는 중성선의 임피던스이다. Z_A, Z_B, Z_C는 부하의 각 상의 임피던스를 나타낸다.

이 회로를 하나의 마디 전압 방정식으로 나타낼 수 있다. 전원 중성점을 기준 마디로 하고 마디 N과 n의 마디 전압을 $\mathbf{V}_N$으로 하면 마디 전압 방정식은 다음과 같이 구할 수 있다.

$$\frac{\mathbf{V}_N}{Z_0} + \frac{\mathbf{V}_N - \mathbf{V}_{a'n}}{Z_A + Z_{la} + Z_{ga}} + \frac{\mathbf{V}_N - \mathbf{V}_{b'n}}{Z_B + Z_{lb} + Z_{gb}} + \frac{\mathbf{V}_N - \mathbf{V}_{c'n}}{Z_C + Z_{lc} + Z_{gc}} = 0.$$

만일 그림 11.6의 3상 회로가 평형이라면 이 마디 전압 방정식은 어떻게 되는가? 이 물음에 답하려면 정식으로 평형 3상 회로가 무엇인지 정의해야 한다. 하나의 3상 회로는 다음 조건을 만족하면 평형이다.

평형 3상 회로의 조건

1. 전압원은 평형인 3상 전압을 구성한다.
2. 전압원의 각 상의 임피던스는 동일하다.
3. 각 선로의 임피던스는 동일하다.
4. 부하 각 상의 임피던스는 동일하다.

중성선의 임피던스에 대한 제약은 없다. 중성선의 임피던스 값은 시스템이 평형이 되고 안 되고에 영향을 미치지 않는다.

그림 11.6의 회로가 평형이면 다음과 같이 된다.

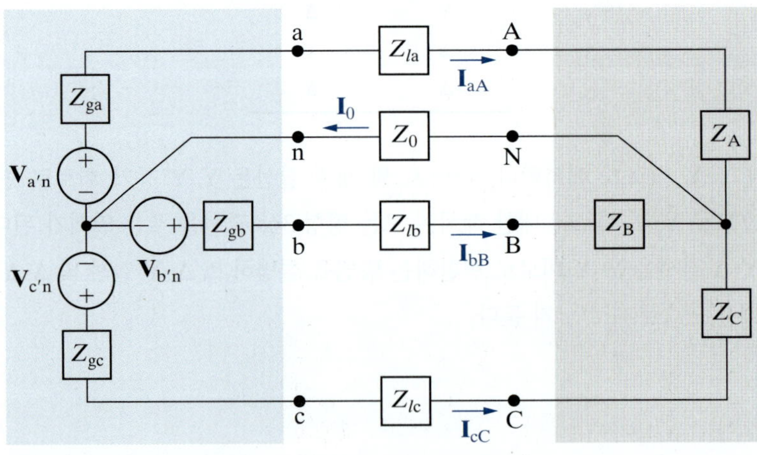

그림 11.6▲ 3상 Y-Y 시스템.

1. $\mathbf{V}_{a'n}$, $\mathbf{V}_{b'n}$, $\mathbf{V}_{c'n}$은 한 세트의 평형 3상 전압이다.
2. $Z_{ga} = Z_{gb} = Z_{gc}$.
3. $Z_{la} = Z_{lb} = Z_{lc}$.
4. $Z_A = Z_B = Z_C$.

그림 11.6의 회로가 평형이면 마디 전압식을 $\mathbf{V}_N$에 대해 다음과 같이 다시 쓸 수 있다.

$$\mathbf{V}_N\left(\frac{1}{Z_0} + \frac{3}{Z_\phi}\right) = \frac{\mathbf{V}_{a'n} + \mathbf{V}_{b'n} + \mathbf{V}_{c'n}}{Z_\phi}, \tag{11.3}$$

여기서

$$Z_\phi = Z_A + Z_{la} + Z_{ga} = Z_B + Z_{lb} + Z_{gb} = Z_C + Z_{lc} + Z_{gc}.$$

식 (11.3)의 우변은 0인데, 그 이유는 가정에 의하여 분자가 한 세트의 평형 3상 전압이고 Z_ϕ는 0이 아니기 때문이다. 식 (11.3)을 만족하는 $\mathbf{V}_N$의 유일한 값은 0이다. 그러므로 평형 3상 회로에 대해

$$\mathbf{V}_N = 0. \tag{11.4}$$

3상 회로가 평형일 때 $\mathbf{V}_N$은 0이다. 따라서 전원 중성점 n과 부하 중성점 N 사이의 전압은 0이다. 결과적으로 중성선에 흐르는 전류는 0이다. 따라서 중성선을 평형 Y-Y 결선에서 제거하거나($\mathbf{I}_0 = 0$), 중성선을 마디 n과 N 사이의 단락 회로로 바꿀 수도($\mathbf{V}_N = 0$) 있다. 이 두 가지 등가 회로는 평형 3상 회로를 모델링할 때 편리하게 사용할 수 있다.

그림 11.6의 3상 회로가 평형이면 세 개의 선 전류는 다음과 같다.

$$\mathbf{I}_{aA} = \frac{\mathbf{V}_{a'n} - \mathbf{V}_N}{Z_A + Z_{la} + Z_{ga}} = \frac{\mathbf{V}_{a'n}}{Z_\phi}, \tag{11.5}$$

$$\mathbf{I}_{bB} = \frac{\mathbf{V}_{b'n} - \mathbf{V}_N}{Z_B + Z_{lb} + Z_{gb}} = \frac{\mathbf{V}_{b'n}}{Z_\phi},$$

$$\mathbf{I}_{cC} = \frac{\mathbf{V}_{c'n} - \mathbf{V}_N}{Z_C + Z_{lc} + Z_{gc}} = \frac{\mathbf{V}_{c'n}}{Z_\phi}.$$

이 식으로부터 알 수 있는 것은 세 개의 선 전류가 평형 3상 전류를 이룬다는 것이다. 즉 각 선로에 흐르는 전류는 다른 두 개의 선 전류와 진폭과 주파수가 같고 위상이 120° 차이가 난다는 것이다. 따라서 전류 $\mathbf{I}_{aA}$를 구하고 상순을 알면 손쉽게 $\mathbf{I}_{bB}$와 $\mathbf{I}_{cC}$를 구할 수 있다. 이와 동일한 방법으로 손쉽게 a상 전원 전압으로부터 b와 c상 전원 전압을 구할 수 있다.

전문 용어

그림 11.6을 이용하여 몇 가지 중요한 용어를 정의한다.

- **선 전압**(line voltage)은 임의의 두 선로 사이의 전압이다. 그림 11.6에서 세 개의 부하에서의 선 전압은 $\mathbf{V}_{AB}$, $\mathbf{V}_{BC}$, $\mathbf{V}_{CA}$이다.
- **상 전압**(phase voltage)은 하나의 상에 걸리는 전압이다. 그림 11.6에서 세 개의 부하에서의 상 전압은 $\mathbf{V}_{AN}$, $\mathbf{V}_{BN}$, $\mathbf{V}_{CN}$이다.

- **선 전류**(line current)는 하나의 선로에 흐르는 전류이다. 그림 11.6에서 세 개의 선 전류는 $\mathbf{I}_{aA}$, $\mathbf{I}_{bB}$, $\mathbf{I}_{cC}$이다.
- **상 전류**(phase current)는 하나의 상에 흐르는 전류이다. 그림 11.6에서 세 개의 부하 상 전류는 $\mathbf{I}_{AN}$, $\mathbf{I}_{BN}$, $\mathbf{I}_{CN}$이다.

그림 11.6으로부터 알 수 있는 것은 부하가 Y 결선되었을 때 각 상의 선 전류와 상 전류는 같지만 각 상의 선 전압과 상 전압은 다르다는 것이다.

그리스 문자 파이(ϕ)가 문헌에서 상당 물리량을 나타내는 데 널리 사용된다. 따라서 $\mathbf{V}_\phi$, $\mathbf{I}_\phi$, Z_ϕ, P_ϕ, Q_ϕ 등은 각각 전압/상, 전류/상, 임피던스/상, 전력/상, 무효 전력/상으로 해석된다.

3상 시스템은 대량의 전력을 다룰 수 있게 설계되므로 모든 전압 값과 전류 값은 rms값이다. 전압 정격이 주어졌을 때 이 전압 정격은 더 자세하게는 선 전압 정격을 말한다. 따라서 어떤 3상 송전 선로의 정격이 345 kV라고 할 때 선 전압 값은 345,000 V(rms)이다. 이 장에서 모든 전압과 전류 값은 rms값으로 나타낸다.

단상 등가 회로 구하기

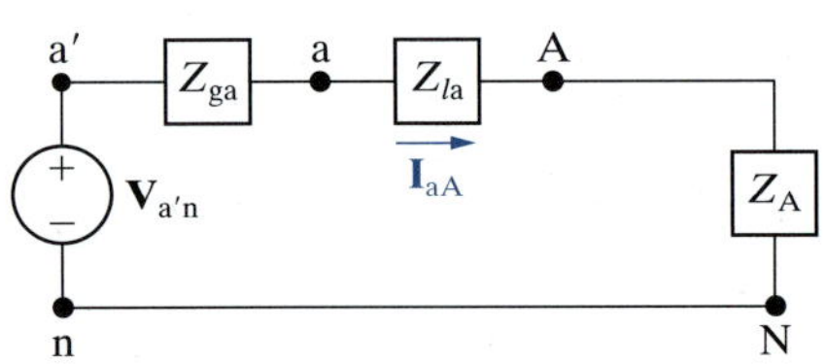

그림 11.7▲ 단상 등가 회로.

식 (11.5)를 이용하여 평형 Y-Y 회로의 a상에 대한 등가 회로를 구할 수 있다. 이 식으로부터 a상 전류는 발전기의 a상 권선에 발생되는 전압을 이 회로의 a상의 전체 임피던스로 나눈 값이다. 따라서 식 (11.5)는 그림 11.7의 회로를 나타낸다. 여기서 중성선은 단락 회로로 대체되었다. 그림 11.7의 회로는 평형 3상 회로의 **단상 등가 회로**(single-phase equivalent circuit)이다. 일단 이 회로를 풀면 다른 두 상에서의 전압과 전류를 상 간의 관계를 이용하여 쉽게 구할 수 있다. 따라서 단상 등가 회로를 그리는 것이 3상 회로를 해석하는 데 중요한 첫 단계이다.

주의할 것은 그림 11.7의 중성선에 흐르는 전류는 $\mathbf{I}_{aA}$이라는 것이다. 이 전류는 평형 3상 회로의 중성선에 흐르는 전류와 같지 않다. 평형 3상 회로의 중성선에 흐르는 전류는 다음과 같다.

$$\mathbf{I}_0 = \mathbf{I}_{aA} + \mathbf{I}_{bB} + \mathbf{I}_{cC}.$$

따라서 그림 11.7의 회로로부터 정확한 선 전류의 값을 구할 수 있지만 중성선 전류의 a상 성분만 얻게 된다. 평형 3상 회로에서 선 전류는 평형 3상 전류가 되고, 따라서 $\mathbf{I}_0 = 0$이다.

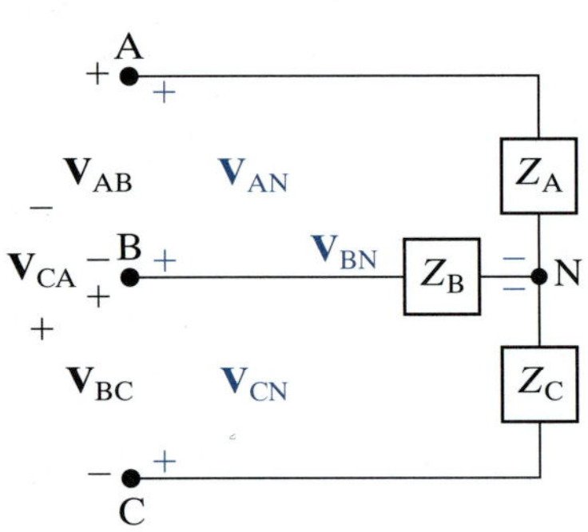

그림 11.8▲ 선 전압과 상 전압.

일단 그림 11.7에서 선 전류($\mathbf{I}_{aA}$)를 알면 상 전류($\mathbf{I}_{AN}$)를 알 수 있는데, 이는 선 전류와 상 전류가 같기 때문이다. 또한 옴의 법칙을 이용하여 상 전류와 부하 임피던스로부터 상 전압($\mathbf{V}_{AN}$)을 계산할 수 있다. 그러나 선 전압 $\mathbf{V}_{AB}$는 어떻게 계산하는가? 이 선 전압은 그림 11.7의 단상 등가 회로에서 표시조차 되지 않았다. Y 결선된 부하에서 선 전압과 상 전압은 서로 연관되어 있다. 그림 11.8을 이용하면 KVL을 써서 다음과 같은 관계식을 얻을 수 있다.

$$\mathbf{V}_{AB} = \mathbf{V}_{AN} - \mathbf{V}_{BN},$$
$$\mathbf{V}_{BC} = \mathbf{V}_{BN} - \mathbf{V}_{CN},$$
$$\mathbf{V}_{CA} = \mathbf{V}_{CN} - \mathbf{V}_{AN}.$$

선 전압과 상 전압 간의 관계를 나타내기 위해 정 상순, 즉 abc 상순이라고 가정한다. a상의 상 전압을 기준으로 하면

$$\mathbf{V}_{\mathrm{AN}} = V_\phi \angle 0^\circ,$$

$$\mathbf{V}_{\mathrm{BN}} = V_\phi \angle -120^\circ,$$

$$\mathbf{V}_{\mathrm{CN}} = V_\phi \angle +120^\circ,$$

여기서 V_ϕ는 상 전압의 크기를 나타낸다. 상 전압을 선 전압 식에 대입하면 다음 식을 얻는다.

$$\mathbf{V}_{\mathrm{AB}} = V_\phi \angle 0^\circ - V_\phi \angle -120^\circ = \sqrt{3}V_\phi \angle 30^\circ, \quad (11.6)$$

$$\mathbf{V}_{\mathrm{BC}} = V_\phi \angle -120^\circ - V_\phi \angle 120^\circ = \sqrt{3}V_\phi \angle -90^\circ, \quad (11.7)$$

$$\mathbf{V}_{\mathrm{CA}} = V_\phi \angle 120^\circ - V_\phi \angle 0^\circ = \sqrt{3}V_\phi \angle 150^\circ. \quad (11.8)$$

식 (11.6)~(11.8)로부터 다음 사항을 알 수 있다.

1. 선 전압의 크기는 상 전압 크기의 $\sqrt{3}$배이다.
2. 이 선 전압들은 평형 3상 전압이 된다.
3. 선 전압은 상 전압보다 위상이 30° 앞선다.

역상순의 경우 유일하게 달라지는 것은 선 전압 세트가 상 전압 세트보다 위상이 30° 뒤진다는 것임을 입증하는 일은 여러분에게 맡긴다. 그림 11.9의 페이저도에 이러한 내용이 요약되어 있다. 또 이 그림에 평형 시스템을 해석하는 손쉬운 방법이 들어 있다. 예를 들어 회로의 임의의 상 전압 $\mathbf{V}_{\mathrm{BN}}$을 알면 이에 대응되는 선 전압 $\mathbf{V}_{\mathrm{BC}}$를 쉽게 구할 수 있고 그 반대의 경우도 마찬가지이다.

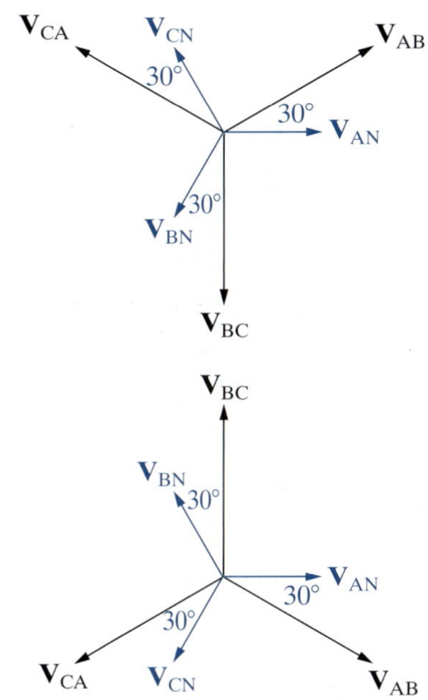

그림 11.9▲ 평형 시스템에서 선 전압과 상 전압의 관계를 보여 주는 페이저도: (a) abc 상순, (b) acb 상순.

예제 11.1은 단상 등가 회로를 이용하여 평형 3상 Y-Y 회로를 푸는 방법을 보여 준다.

예제 11.1 Y-Y 회로 해석하기

정 상순의 평형 3상 Y 결선 발전기의 임피던스는 $0.2 + j0.5\,\Omega/\phi$이고 내부 전압은 $120\,\mathrm{V}/\phi$이다. 이 발전기가 임피던스가 $39 + j28\,\Omega/\phi$인 평형 3상 Y 결선 부하에 전력을 공급한다. 발전기와 부하를 연결하는 선로의 임피던스는 $0.8 + j1.5\,\Omega/\phi$이다. 발전기의 a상 내부 전압이 기준 페이저이다.

a) 이 시스템의 a상 등가 회로를 그려라.
b) 세 개의 선 전류 $\mathbf{I}_{\mathrm{aA}}$, $\mathbf{I}_{\mathrm{bB}}$, $\mathbf{I}_{\mathrm{cC}}$를 계산하라.
c) 부하에서의 세 개의 상 전압 $\mathbf{V}_{\mathrm{AN}}$, $\mathbf{V}_{\mathrm{BN}}$, $\mathbf{V}_{\mathrm{CN}}$을 계산하라.
d) 부하 단자에서의 선 전압 $\mathbf{V}_{\mathrm{AB}}$, $\mathbf{V}_{\mathrm{BC}}$, $\mathbf{V}_{\mathrm{CA}}$를 계산하라.
e) 발전기 단자에서의 상 전압 $\mathbf{V}_{\mathrm{an}}$, $\mathbf{V}_{\mathrm{bn}}$, $\mathbf{V}_{\mathrm{cn}}$을 계산하라.
f) 발전기 단자에서의 선 전압 $\mathbf{V}_{\mathrm{ab}}$, $\mathbf{V}_{\mathrm{bc}}$, $\mathbf{V}_{\mathrm{ca}}$를 계산하라.
g) 역 상순에 대해 (a)~(f)를 반복하라.

풀이

a) 그림 11.10에 단상 등가 회로를 나타냈다.

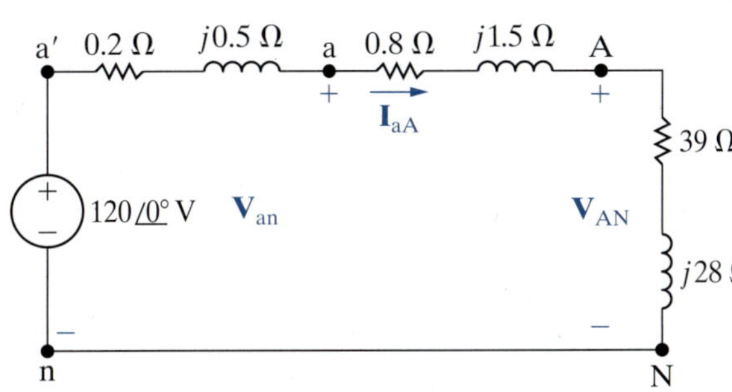

그림 11.10▲ 예제 11.1의 단상 등가 회로.

b) a상 선 전류는 a상 전압을 a상의 전체 임피던스로 나눈 값이다.

$$\mathbf{I}_{aA} = \frac{120\,\angle 0^\circ}{(0.2 + 0.8 + 39) + j(0.5 + 1.5 + 28)}$$
$$= \frac{120\,\angle 0^\circ}{40 + j30}$$
$$= 2.4\,\angle -36.87^\circ \text{ A}.$$

정 상순이므로

$$\mathbf{I}_{bB} = 2.4\,\angle -156.87^\circ \text{ A},$$
$$\mathbf{I}_{cC} = 2.4\,\angle -83.13^\circ \text{ A}.$$

c) a상의 선 전류와 상 전류는 같다. a상 부하에 걸리는 상 전압은 부하의 단상 임피던스와 부하의 상 전류를 곱한 것이다.

$$\mathbf{V}_{AN} = (39 + j28)(2.4\,\angle -36.87^\circ)$$
$$= 115.22\,\angle -1.19^\circ \text{ V}.$$

정 상순이므로

$$\mathbf{V}_{BN} = 115.22\,\angle -121.19^\circ \text{ V},$$
$$\mathbf{V}_{CN} = 115.22\,\angle 118.81^\circ \text{ V}.$$

d) 정 상순인 경우 선 전압의 크기는 상 전압 크기의 $\sqrt{3}$배이고, 선 전압이 상 전압보다 위상이 30° 앞선다. 따라서

$$\mathbf{V}_{AB} = (\sqrt{3}\,\angle 30^\circ)\mathbf{V}_{AN}$$
$$= 199.58\,\angle 28.81^\circ \text{ V},$$
$$\mathbf{V}_{BC} = 199.58\,\angle -91.19^\circ \text{ V},$$
$$\mathbf{V}_{CA} = 199.58\,\angle 148.81^\circ \text{ V}.$$

e) 전원의 a상 상 전압은 이상적인 전원의 전압에서 전원의 임피던스에 걸리는 전압을 뺀 것이다. 따라서

$$\mathbf{V}_{an} = 120 - (0.2 + j0.5)(2.4\,\angle -36.87^\circ)$$
$$= 120 - 1.29\,\angle 31.33^\circ$$
$$= 118.90 - j0.67$$
$$= 118.90\,\angle -0.32^\circ \text{ V}.$$

정 상순이므로

$$\mathbf{V}_{bn} = 118.90\,\angle -120.32^\circ \text{ V},$$
$$\mathbf{V}_{cn} = 118.90\,\angle 119.68^\circ \text{ V}.$$

f) 전원 단자에서의 선 전압은

$$\mathbf{V}_{ab} = (\sqrt{3}\,\angle 30^\circ)\mathbf{V}_{an}$$
$$= 205.94\,\angle 29.68^\circ \text{ V},$$
$$\mathbf{V}_{bc} = 205.94\,\angle -90.32^\circ \text{ V},$$
$$\mathbf{V}_{ca} = 205.94\,\angle 149.68^\circ \text{ V}.$$

g) 상순이 바뀌어도 단상 등가 회로는 바뀌지 않는다. 세 개의 선 전류는

$$\mathbf{I}_{aA} = 2.4\,\angle -36.87^\circ \text{ A},$$
$$\mathbf{I}_{bB} = 2.4\,\angle 83.13^\circ \text{ A},$$
$$\mathbf{I}_{cC} = 2.4\,\angle -156.87^\circ \text{ A}.$$

부하에서의 상 전압은

$$\mathbf{V}_{AN} = 115.22\,\angle -1.19^\circ \text{ V},$$
$$\mathbf{V}_{BN} = 115.22\,\angle 118.81^\circ \text{ V},$$
$$\mathbf{V}_{CN} = 115.22\,\angle -121.19^\circ \text{ V}.$$

역 상순인 경우 선 전압이 상 전압보다 위상이 30° 늦다.

$$\mathbf{V}_{AB} = (\sqrt{3}\,\angle -30^\circ)\mathbf{V}_{AN}$$
$$= 199.58\,\angle -31.19^\circ \text{ V},$$
$$\mathbf{V}_{BC} = 199.58\,\angle 88.81^\circ \text{ V},$$
$$\mathbf{V}_{CA} = 199.58\,\angle -151.19^\circ \text{ V}.$$

발전기 단자에서의 상 전압은

$$\mathbf{V}_{an} = 118.90\,\angle -0.32^\circ \text{ V},$$
$$\mathbf{V}_{bn} = 118.90\,\angle 119.68^\circ \text{ V},$$
$$\mathbf{V}_{cn} = 118.90\,\angle -120.32^\circ \text{ V}.$$

발전기 단자에서의 선 전압은

$$\mathbf{V}_{ab} = (\sqrt{3}\,\angle -30^\circ)\mathbf{V}_{an}$$
$$= 205.94\,\angle -30.32^\circ \text{ V},$$
$$\mathbf{V}_{bc} = 205.94\,\angle 89.68^\circ \text{ V},$$
$$\mathbf{V}_{ca} = 205.94\,\angle -150.32^\circ \text{ V}.$$

평가문제

목표 1—평형 3상 Y-Y 회로를 해석하는 방법을 안다.

11.1 평형 3상 회로에서 A와 N 사이의 전압이 80 $\angle -50°$ V이다. 상순이 정상순이라면 $\mathbf{V}_{CA}$의 값은 얼마인가?

정답: 138.56 $\angle -160°$ V.

11.2 평형 3상 Y 결선 시스템의 b상 전압이 150 $\angle -30°$ V이다. 상순이 역상순이라면 $\mathbf{V}_{BC}$의 값은 얼마인가?

정답: 259.81 $\angle 60°$ V.

11.3 이상적인 평형 3상 Y 결선 전원의 상 전압 크기는 125 V이다. 이 전원은 $(0.1 + j0.8)\ \Omega/\phi$의 임피던스를 갖는 배전 선로를 통해 평형 Y 결선 부하에 연결되어 있다. 부하 임피던스는 $(19.9 + j14.2)\ \Omega/\phi$이다. 전원의 상순은 acb이다. 전원의 a상 전압을 기준으로 하라. 다음 물리량에 대한 크기와 위상각을 밝히라.

a) 세 선 전류　　　　b) 전원에서의 세 선 전압

c) 부하에서의 세 상 전압　　d) 부하에서의 세 선 전압

정답: a) $\mathbf{I}_{aA} = 5\angle -36.87°$ A,
$\mathbf{I}_{bB} = 5\angle 83.13°$ A,
$\mathbf{I}_{cC} = 5\angle -156.87°$ A;

b) $\mathbf{V}_{ab} = 216.51\angle -30°$ V,
$\mathbf{V}_{bc} = 216.51\angle 90°$ V,
$\mathbf{V}_{ca} = 216.51\angle -150°$ V;

c) $\mathbf{V}_{AN} = 122.23\angle -1.36°$ V,
$\mathbf{V}_{BN} = 122.23\angle 118.64°$ V,
$\mathbf{V}_{CN} = 122.23\angle -121.36°$ V;

d) $\mathbf{V}_{AB} = 211.72\angle -31.36°$ V,
$\mathbf{V}_{BC} = 211.72\angle 88.64°$ V,
$\mathbf{V}_{CA} = 211.72\angle -151.36°$ V.

자가 검사: 연습문제 11.10, 11.11, 11.12도 풀어 보라.

11.4 Y-Δ 회로의 해석

평형 3상 Y-Δ 회로를 그림 11.11에 제시했다. 이 회로에서 알 수 있는 것은 부하 각 상의 선 전압과 상 전압이 같다는 것이다. 예를 들면, $\mathbf{V}_{AN} = \mathbf{V}_{AB}$이다. 그러나 부하 각 상의 선 전류와 상 전류는 같지 않다. 이것은 Y-Δ 회로를 Y-Y 회로와 비교했을 때의 중요한 차이이다. Y-Y 회로에서는 부하의 각 상에서의 선 전류와 상 전류는 같지만 선 전압과 상 전압은 서로 다르다.

3상 회로 부하가 Δ 결선되었다면 그 회로를 9.6절에서 다룬 Δ-Y 변환을 이용하여 Y 회로로 바꿀 수 있다. 이 부하가 평형이면 Y 결선된 각 부하의 각 가지 임피던스는 Δ 결선의 각 가지 임피던스의 1/3 크기이다. 즉 다음과 같다.

3상 Δ 결선과 Y 결선 임피던스의 관계

$$Z_Y = \frac{Z_\Delta}{3}, \tag{11.9}$$

이 식은 식 (9.21)~(9.23)으로부터 바로 구할 수 있다. Δ 결선된 부하가 이와 등가인 Y 결선된 부하로 바뀐 후에 a상은 그림 11.12의 단상 등가 회로로 나타낼 수 있다.

이 회로를 이용하여 선 전류를 계산하고, 이 선 전류를 사용하여 원래 Δ 결선된 부하의 각 상 전류를 구한다. Δ 결선된 회로의 각 상의 선 전류와 상 전류 사이의

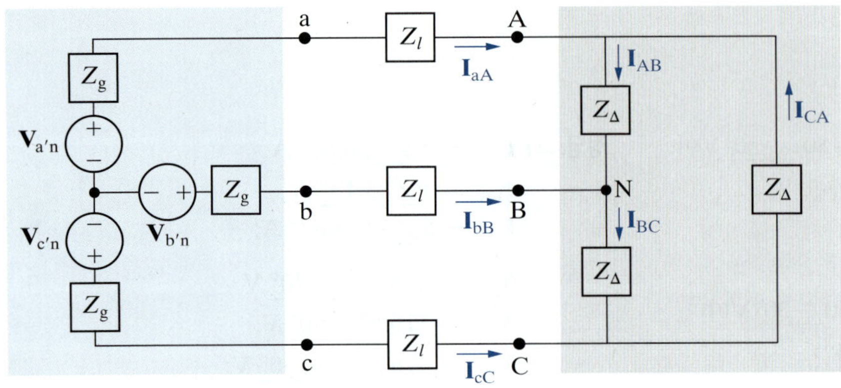

그림 11.11▲ 평형 3상 Y-Δ 시스템.

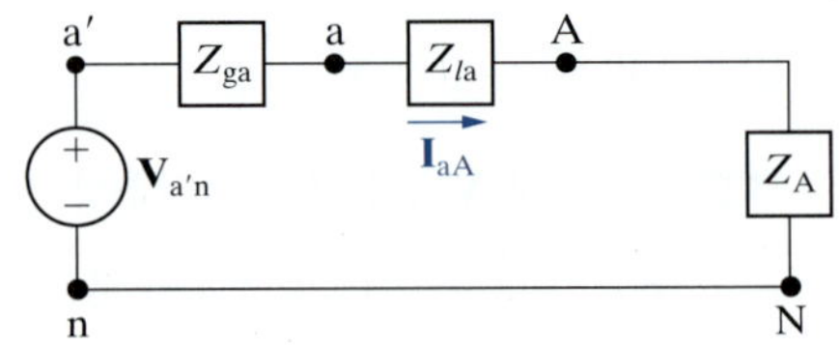

그림 11.12▲ 단상 등가 회로.

관계는 그림 11.11의 회로를 이용하여 유도할 수 있다. 정 상순이라고 가정하고 I_ϕ는 상 전류의 크기를 나타낸다고 하자. 그러면

$$\mathbf{I}_{AB} = I_\phi \angle 0^\circ,$$
$$\mathbf{I}_{BC} = I_\phi \angle -120^\circ,$$
$$\mathbf{I}_{CA} = I_\phi \angle 120^\circ.$$

이 식을 쓸 때 임의로 $\mathbf{I}_{AB}$를 기준 페이저로 지정했다.

그림 11.11의 A, B, C로 표시된 마디에 키르히호프의 전류 법칙을 적용하면 선 전류를 상 전류의 항으로 다음과 같이 쓸 수 있다.

$$\begin{aligned}\mathbf{I}_{aA} &= \mathbf{I}_{AB} - \mathbf{I}_{CA} \\ &= I_\phi \angle 0^\circ - I_\phi \angle 120^\circ \\ &= \sqrt{3} I_\phi \angle -30^\circ,\end{aligned} \tag{11.10}$$

$$\begin{aligned}\mathbf{I}_{bB} &= \mathbf{I}_{BC} - \mathbf{I}_{AB} \\ &= I_\phi \angle -120^\circ - I_\phi \angle 0^\circ \\ &= \sqrt{3} I_\phi \angle -150^\circ,\end{aligned} \tag{11.11}$$

$$\begin{aligned}\mathbf{I}_{cC} &= \mathbf{I}_{CA} - \mathbf{I}_{BC} \\ &= I_\phi \angle 120^\circ - I_\phi \angle -120^\circ \\ &= \sqrt{3} I_\phi \angle 90^\circ.\end{aligned} \tag{11.12}$$

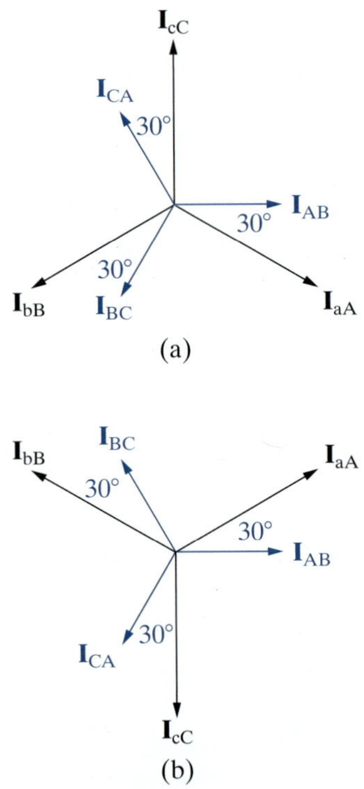

그림 11.13▲ Δ 결선 부하에서 선 전류와 상 전류의 관계를 나타내는 페이저도: (a) 정 상순인 경우, (b) 역 상순인 경우.

선 전류와 상 전류를 비교해 보면 알 수 있는 것은 선 전류의 크기가 상 전류의 크기의 $\sqrt{3}$배이고 선 전류는 상 전류보다 위상이 30° 늦다는 것이다.

역상순인 경우 선 전류가 상 전류보다 $\sqrt{3}$배 마찬가지로 더 크지만, 상 전류보다 위상이 30° 앞선다는 것을 증명하는 일은 여러분에게 남겨 둔다. 이렇게 해서 평형 3상 Δ 결선 부하에 대해 선 전류를 상 전류로부터(또 그 반대도) 계산하는 손쉬운 방법을 알게 되었다. 그림 11.13에 이 손쉬운 방법을 요약하여 그래프로 나타내었다. 예제 11.2에서는 단상 등가 회로를 이용하여 Y 결선 전원과 Δ 결선 부하를 갖는 평형 3상 회로를 해석한다.

예제 11.2 Y-Δ 회로 해석하기

예제 11.1에서 Y 결선된 전원이 $0.3 + j0.9\ \Omega/\phi$의 임피던스를 갖는 배전선을 통해 Δ 결선된 부하에 전력을 공급한다. 부하 임피던스는 $118.5 + j85.8\ \Omega/\phi$이다. 발전기의 a상의 내부 전압을 기준으로 사용하라.

a) 이 3상 시스템의 단상 등가 회로를 그려라.
b) 선 전류 $\mathbf{I}_{aA}$, $\mathbf{I}_{bB}$, $\mathbf{I}_{cC}$를 계산하라.
c) 부하 단자에서의 상 전압을 계산하라.
d) 부하의 상 전류를 계산하라.
e) 전원 단자에서의 선 전압을 계산하라.

풀이

a) 그림 11.14에 단상 등가 회로가 나타나 있다. 이 Y 결선 등가 회로의 부하의 상당 임피던스는 다음과 같다.

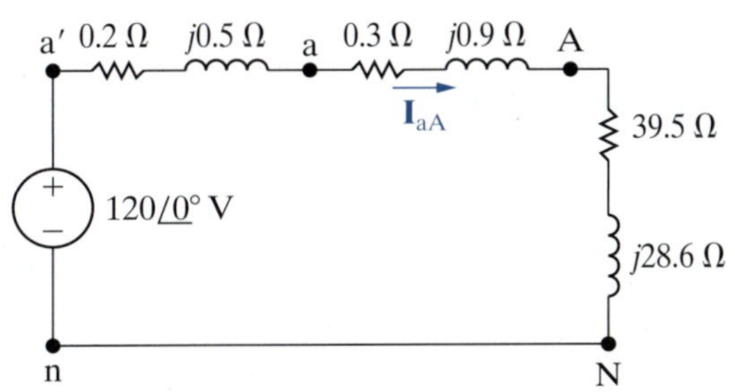

그림 11.14▲ 예제 11.2의 단상 등가 회로.

$$\frac{118.5 + j85.8}{3} = 39.5 + j28.6\ \Omega/\phi.$$

b) a상 선 전류는 다음과 같다.

$$\mathbf{I}_{aA} = \frac{120\ \underline{/0^\circ}}{(0.2 + 0.3 + 39.5) + j(0.5 + 0.9 + 28.6)}$$
$$= \frac{120\ \underline{/0^\circ}}{40 + j30} = 2.4\ \underline{/-36.87^\circ}\ \text{A}.$$

따라서

$$\mathbf{I}_{bB} = 2.4\ \underline{/-156.87^\circ}\ \text{A},$$
$$\mathbf{I}_{cC} = 2.4\ \underline{/83.13^\circ}\ \text{A}.$$

c) 부하가 Δ 결선으로 되었으므로 상 전압은 선 전압과 같다. 선 전압을 계산하기 위해 그림 11.14의 단상 등가 회로를 이용하여 먼저 $\mathbf{V}_{AN}$을 계산한다.

$$\mathbf{V}_{AN} = (39.5 + j28.6)(2.4\underline{/-36.87^\circ})$$
$$= 117.04\ \underline{/-0.96^\circ}\ \text{V}.$$

상순이 정 상순이므로 선 전압 $\mathbf{V}_{AB}$는 다음과 같다.

$$\mathbf{V}_{AB} = (\sqrt{3}\ \underline{/30^\circ})\ \mathbf{V}_{AN}$$
$$= 202.72\ \underline{/29.04^\circ}\ \text{V}.$$

따라서

$$\mathbf{V}_{BC} = 202.72\ \underline{/-90.96^\circ}\ \text{V},$$
$$\mathbf{V}_{CA} = 202.72\ \underline{/149.04^\circ}\ \text{V}.$$

d) 부하의 상 전류는 다음과 같이 선 전류로부터 직접 계산할 수도 있다.

$$\mathbf{I}_{AB} = \left(\frac{1}{\sqrt{3}}\underline{/30^\circ}\right)\mathbf{I}_{aA}$$
$$= 1.39\ \underline{/-6.87^\circ}\ \text{A}.$$

일단 $\mathbf{I}_{AB}$를 알면 다음과 같이 다른 부하의 상 전류를 알 수도 있다.

$$\mathbf{I}_{BC} = 1.39\ \underline{/-126.87^\circ}\ \text{A},$$
$$\mathbf{I}_{CA} = 1.39\ \underline{/113.13^\circ}\ \text{A}.$$

주목할 것은 $\mathbf{I}_{AB}$의 계산이 맞는지 앞에서 계산된 $\mathbf{V}_{AB}$와 Δ 결선된 부하의 임피던스를 사용하여 확인할 수 있다는 것이다. 즉

$$\mathbf{I}_{AB} = \frac{\mathbf{V}_{AB}}{Z_\phi} = \frac{202.72\underline{/29.04^\circ}}{118.5 + j85.8}$$
$$= 1.39\ \underline{/-6.87^\circ}\ \text{A}.$$

e) 전원 단자에서의 선 전압을 계산하기 위해 먼저 $\mathbf{V}_{an}$을 계산한다. 그림 11.14를 보면 $\mathbf{V}_{an}$은 선로 임피던스와 부하 임피던스의 합에 걸리는 전압 강하라는 것을 알 수 있다. 따라서

$$\mathbf{V}_{an} = (39.8 + j29.5)(2.4\ \underline{/-36.87^\circ})$$
$$= 118.90\ \underline{/-0.32^\circ}\ \text{V}.$$

선 전압 $\mathbf{V}_{ab}$는 다음과 같다.

$$\mathbf{V}_{ab} = (\sqrt{3}\ \underline{/30^\circ})\mathbf{V}_{an}$$
$$= 205.94\ \underline{/29.68^\circ}\ \text{V}.$$

따라서

$$\mathbf{V}_{bc} = 205.94\ \underline{/-90.32^\circ}\ \text{V},$$
$$\mathbf{V}_{ca} = 205.94\ \underline{/149.68^\circ}\ \text{V}.$$

평가문제

목표 2—평형 3상 Y-Δ 결선 회로를 해석하는 방법을 안다.

11.4 평형 3상 Δ 결선 부하에서 전류 $\mathbf{I}_{AB}$는 $25\angle 40°$ A이다. 상순이 정상순이면 $\mathbf{I}_{aA}$의 값은 얼마인가?

정답: $43.3\angle 10°$ A.

11.5 평형 3상 Δ 결선 부하가 평형 3상 회로로부터 전력을 공급받는다. a상 선 전류에 대한 기준 방향은 부하 쪽을 향하는 방향이다. a상 전류의 값은 $10\angle -30°$ A이다. 만일 상순이 역상순이라면 $\mathbf{I}_{BC}$의 값은 얼마인가?

정답: $5.77\angle -180°$ A.

11.6 평형 3상 Δ 결선 부하 단자에서의 선 전압 $\mathbf{V}_{CA}$가 2400 $\angle 0°$ V이다. 선 전류 $\mathbf{I}_{cC}$는 $103.92\angle 40°$ A이다.

a) 상순이 정 상순일 때 부하의 상당 임피던스를 계산하라.

b) 역 상순에 대해 (a)를 반복하라.

정답: a) $40\angle -70°\ \Omega$, b) $40\angle -10°\ \Omega$

11.6 평형 Δ 결선 부하 양단에서의 선 전압은 240 V이다. 부하의 각 상은 3 Ω의 저항과 이와 병렬로 연결된 −4 Ω의 용량성 리액턴스로 구성되어 있다. 부하에 전력을 공급하는 선로에 흐르는 전류의 크기는 얼마인가?

정답: 173.21 A.

자가 검사: 연습문제 11.13, 11.16, 11.17도 풀어 보라.

11.5 평형 3상 회로에서의 전력 계산

지금까지 평형 3상 회로를 단상 등가 회로를 이용하여 해석하고 선 전류, 상 전류, 선 전압, 상 전압을 계산했다. 이제 평형 3상 회로의 전력을 계산한다. 먼저 평형 Y 결선 부하의 평균 전력을 다룬다.

평형 Y 부하에서의 평균 전력

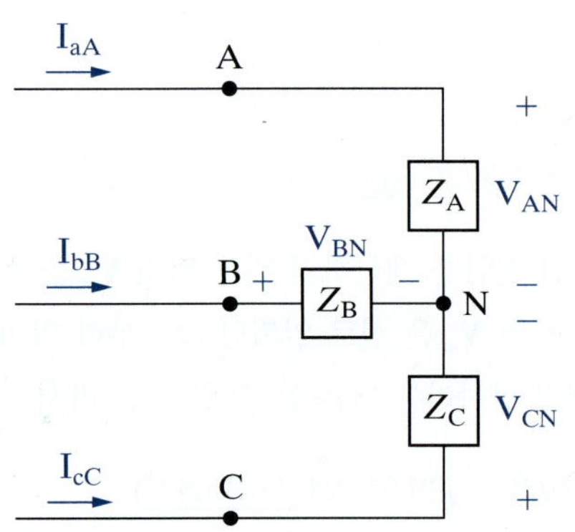

그림 11.15▲ 3상 회로의 평균 전력 계산을 소개하기 위한 평형 Y 결선 부하.

그림 11.15는 Y 결선 부하와, 이 부하와 관련된 전류 및 전압을 함께 보여 주고 있다. 임의의 한 상의 평균 전력을 10장에 소개된 기법을 사용하여 계산한다. 식 (10.9)를 이용하면 a상과 관련된 평균 전력을 다음과 같이 쓸 수 있다.

$$P_A = |\mathbf{V}_{AN}||\mathbf{I}_{aA}|\cos(\theta_{vA} - \theta_{iA}), \tag{11.13}$$

여기서 θ_{vA}와 θ_{iA}는 각각 $\mathbf{V}_{AN}$과 $\mathbf{I}_{aA}$의 위상각을 나타낸다. 식 (11.13)에 사용된 표기를 사용하면 다음과 같이 b상과 c상의 전력을 구할 수 있다.

$$P_B = |\mathbf{V}_{BN}||\mathbf{I}_{bB}|\ \cos(\theta_{vB} - \theta_{iB}), \tag{11.14}$$

$$P_C = |\mathbf{V}_{CN}||\mathbf{I}_{cC}|\ \cos(\theta_{vC} - \theta_{iC}). \tag{11.15}$$

식 (11.13)~(11.15)에서 모든 페이저 전류와 전압은 페이저가 나타내는 정현파 함수의 rms값으로 표기되었다.

평형 3상 시스템에서 각 상 전압의 크기는 서로 같고, 마찬가지로 각 상 전류의 크기도 서로 같다. 코사인 함수의 위상도 또한 3상 모두에 대해 같다. 이러한 사항을 활용하기 위해 다음과 같이 표기한다.

$$V_\phi = |\mathbf{V}_{AN}| = |\mathbf{V}_{BN}| = |\mathbf{V}_{CN}|,$$

$$I_\phi = |\mathbf{I}_{aA}| = |\mathbf{I}_{bB}| = |\mathbf{I}_{cC}|,$$

그리고

$$\theta_\phi = \theta_{v\text{A}} - \theta_{i\text{A}} = \theta_{v\text{B}} - \theta_{i\text{B}} = \theta_{v\text{C}} - \theta_{i\text{C}}.$$

더욱이 평형 시스템의 경우 부하의 각 상에 전달되는 전력이 동일하므로

$$P_\text{A} = P_\text{B} = P_\text{C} = P_\phi = V_\phi I_\phi \cos\theta_\phi,$$

여기서 P_ϕ는 상당 평균 전력을 나타낸다. 평형 Y 결선 부하에 전달되는 전체 평균 전력은 간단히 상당 전력의 3배이다. 즉

$$P_T = 3P_\phi = 3V_\phi I_\phi \cos\theta_\phi. \tag{11.16}$$

총전력을 선 전압과 선 전류의 rms값으로 표현하는 것이 또한 바람직하다. V_L과 I_L을 각각 선 전압과 선 전류의 rms 크기라고 하면 식 (11.16)을 다음과 같이 바꿔 쓸 수 있다.

평형 3상 부하에서의 총 유효 전력

$$P_T = 3\left(\frac{V_\text{L}}{\sqrt{3}}\right)I_\text{L}\cos\theta_\phi = \sqrt{3}V_\text{L}I_\text{L}\cos\theta_\phi. \tag{11.17}$$

식 (11.17)을 유도할 때 평형 Y 결선 부하의 경우 상 전압의 크기는 선 전압의 크기를 $\sqrt{3}$으로 나눈 값이라는 것과, 선 전류의 크기는 상 전류의 크기와 같다는 것을 적용했다. 식 (11.17)을 사용하여 부하에 전달되는 총전력을 계산할 때 기억해야 할 것은 θ_ϕ은 상 전압과 상 전류 사이의 위상각이라는 것이다.

평형 Y 부하에서의 무효 전력과 복소 전력

또한 Y 결선 부하의 임의의 한 상과 관련된 무효 전력과 복소 전력을 10장에서 소개한 기법을 사용하여 계산할 수 있다. 평형 부하의 경우 무효 전력 식은 다음과 같다.

$$Q_\phi = V_\phi I_\phi \sin\theta_\phi,$$

평형 3상 부하에서의 총 무효 전력

$$Q_T = 3Q_\phi = \sqrt{3}V_\text{L}I_\text{L}\sin\theta_\phi. \tag{11.18}$$

식 (10.13)을 이용하여 임의의 상의 복소 전력을 나타내 보자. 평형 Y 결선 부하의 경우 다음과 같다.

$$S_\phi = \mathbf{V}_\text{AN}\mathbf{I}_\text{aA}^* = \mathbf{V}_\text{BN}\mathbf{I}_\text{bB}^* = \mathbf{V}_\text{CN}\mathbf{I}_\text{cC}^* = \mathbf{V}_\phi\mathbf{I}_\phi^*,$$

여기서 $\mathbf{V}_\phi$와 $\mathbf{I}_\phi$는 상 전압과 상 전류를 나타낸다. 따라서 일반적으로

$$S_\phi = P_\phi + jQ_\phi = \mathbf{V}_\phi\mathbf{I}_\phi^*,$$

평형 3상 부하에서의 총 복소 전력

$$S_T = 3S_\phi = \sqrt{3}V_L I_L \angle\theta_\phi. \quad (11.19)$$

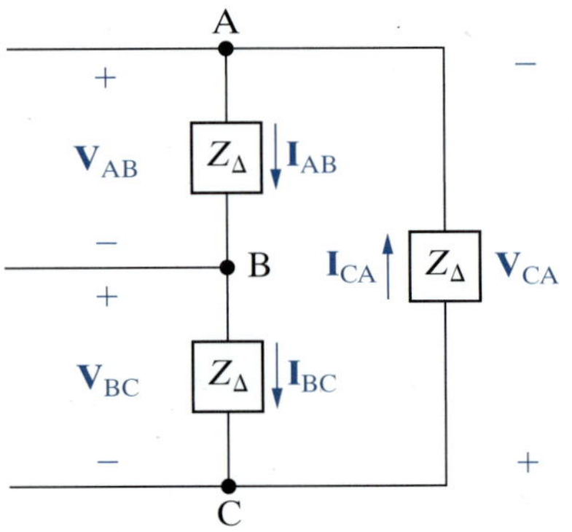

그림 11.16▲ 전력 계산을 논의하는 데 사용된 Δ 결선 부하.

평형 Δ 부하에서의 전력 계산

부하가 Δ 결선되어 있으면 전력(무효 전력이나 복소 전력)의 계산은 기본적으로 Y 결선 부하에 대한 계산과 같다. 그림 11.16에 Δ 결선 부하, 그리고 부하와 관련된 전류 및 전압이 나타나 있다. 각 상과 관련된 전력은 다음과 같다.

$$P_A = |\mathbf{V}_{AB}||\mathbf{I}_{AB}|\cos(\theta_{vAB} - \theta_{iAB}),$$
$$P_B = |\mathbf{V}_{BC}||\mathbf{I}_{BC}|\cos(\theta_{vBC} - \theta_{iBC}),$$
$$P_C = |\mathbf{V}_{CA}||\mathbf{I}_{CA}|\cos(\theta_{vCA} - \theta_{iCA}).$$

평형 부하에 대해

$$|\mathbf{V}_{AB}| = |\mathbf{V}_{BC}| = |\mathbf{V}_{CA}| = V_\phi,$$
$$|\mathbf{I}_{AB}| = |\mathbf{I}_{BC}| = |\mathbf{I}_{CA}| = I_\phi,$$
$$\theta_{vAB} - \theta_{iAB} = \theta_{vBC} - \theta_{iBC} = \theta_{vCA} - \theta_{iCA} = \theta_\phi,$$

그리고

$$P_A = P_B = P_C = P_\phi = V_\phi I_\phi \cos\theta_\phi.$$

따라서 평형 부하가 Y 결선이든 Δ 결선이든 상관없이 상당 평균 전력은 상 전압의 rms 크기, 상 전류의 rms 크기, 상 전압과 상 전류 사잇각의 코사인의 곱과 같다.

평형 Δ 결선 부하에 전달되는 총전력은 다음과 같다.

$$P_T = 3P_\phi = 3V_\phi I_\phi \cos\theta_\phi$$
$$= 3V_L\left(\frac{I_L}{\sqrt{3}}\right)\cos\theta_\phi$$
$$= \sqrt{3}V_L I_L \cos\theta_\phi.$$

유의할 것은 이 식이 식 (11.17)과 같다는 것이다. 무효 전력과 복소 전력에 대한 식도 다음과 같이 Y 결선 부하에 대해 구한 식과 같다.

$$Q_\phi = V_\phi I_\phi \sin\theta_\phi;$$
$$Q_T = 3Q_\phi = 3V_\phi I_\phi \sin\theta_\phi;$$
$$S_\phi = P_\phi + jQ_\phi = \mathbf{V}_\phi \mathbf{I}_\phi^*;$$
$$S_T = 3S_\phi = \sqrt{3}V_L I_L \angle\theta_\phi.$$

3상 회로에서의 순시 전력

지금까지 평균 전력, 무효 전력, 복소 전력의 계산을 주로 다루었지만, 총 순시 전력의 계산 또한 중요하다. 평형 3상 회로에서 이 전력은 다음과 같은 흥미로운 특징이 있다. 즉 총 순시 전력은 시간에 대해 불변이라는 것이다. 따라서 3상 모터 축에 발생하는 토크(torque)는 일정하고, 이것은 결과적으로 3상 모터로부터 동력을 공급받는 기계 장치에서 진동이 작다는 것을 의미한다.

순시 상 전압 v_{AN}을 기준으로 하자. 그리고 앞에서와 같이 θ_ϕ는 위상각 $\theta_{vA} - \theta_{iA}$이다. 그러면 정 상순의 경우 각 상에서의 순시 전력은 다음과 같다.

$$p_A = v_{AN}i_{aA} = V_mI_m \cos \omega t \cos(\omega t - \theta_\phi),$$

$$p_B = v_{BN}i_{bB} = V_mI_m \cos(\omega t - 120°) \cos(\omega t - \theta_\phi - 120°),$$

$$p_C = v_{CN}i_{cC} = V_mI_m \cos(\omega t + 120°) \cos(\omega t - \theta_\phi + 120°),$$

여기서 V_m과 I_m은 각각 상 전압과 선 전류의 최대 크기를 나타낸다. 총 순시 전력은 순시 상 전력의 합이고, 정리하면 $1.5\,V_mI_m \cos\theta_\phi$가 된다. 즉

$$p_T = p_A + p_B + p_C = 1.5V_mI_m \cos\ \theta_\phi.$$

주의할 것은 이 결과는 식 (11.16)과 일치하는데, $V_m = \sqrt{2}V_\phi$, $I_m = \sqrt{2}I_\phi$이기 때문이라는 것이다(연습문제 11.23 참조).

예제 11.3~11.5는 평형 3상 회로에서의 전력 계산을 보여 준다.

예제 11.3 3상 Y-Y 회로에서의 전력 계산하기

a) 예제 11.1의 Y 결선 부하에 전달되는 상당 평균 전력을 계산하라.
b) 부하에 전달되는 총 평균 전력을 계산하라.
c) 선로에서 손실되는 총 평균 전력을 계산하라.
d) 발전기에서 손실되는 총 평균 전력을 계산하라.
e) 부하에 의하여 흡수되는 총 무효 전력을 계산하라.
f) 전원에 의하여 전달되는 총 복소 전력을 계산하라.

풀이

a) 예제 11.1로부터 $V_\phi = 115.22$ V, $I_\phi = 2.4$ A, $\theta_\phi = -1.19 - (-36.87) = 35.68°$이다. 따라서

$$P_\phi = (115.22)(2.4) \cos\ 35.68° = 224.64 \text{ W}.$$

또한 상당 전력은 $I_\phi^2R_\phi$ 식을 써서 계산할 수도 있다. 즉

$$P_\phi = (2.4)^2(39) = 224.64 \text{ W}.$$

b) 부하에 전달되는 총 평균 전력은 $P_T = 3P_\phi = 673.92$ W이다. 예제 11.1에서 선 전압을 계산했는데, 다음과 같이 식 (11.17)을 사용할 수도 있다.

$$P_T = \sqrt{3}(199.58)(2.4) \cos\ 35.68° = 673.92 \text{ W}.$$

c) 선로에서 손실되는 총전력은 다음과 같다.

$$P_{line} = 3(2.4)^2(0.8) = 13.824 \text{ W}.$$

d) 발전기에서 손실되는 총 내부 전력은 다음과 같다.

$$P_{gen} = 3(2.4)^2(0.2) = 3.456 \text{ W}.$$

e) 부하에 의하여 흡수되는 총 무효 전력은 다음과 같다.

$$Q_T = \sqrt{3}(199.58)(2.4) \sin\ 35.68° = 483.84 \text{ VAR}.$$

f) 전원의 총 복소 전력은 다음과 같다.

$$S_T = 3S_\phi = -3(120)(2.4) \underline{/36.87°} = -691.20 - j518.40 \text{ VA}.$$

음의 부호는 유효 전력과 무효 전력이 회로로 전달되고 있다는 것을 의미한다. 이 결과를 확인하려면 다음과 같이 회로에 흡수되는 총 평균 전력과 총 무효 전력을 계산해 보면 된다.

$$P = 673.92 + 13.824 + 3.456 = 691.20 \text{ W (check)},$$

$$Q = 483.84 + 3(2.4)^2(1.5) + 3(2.4)^2(0.5) = 483.84 + 25.92 + 8.64 = 518.40 \text{ VAR (check)}.$$

예제 11.4 3상 Y-Δ 회로에서의 전력 계산하기

a) 예제 11.2의 Δ 결선 부하에 전달되는 총 복소 전력을 계산하라.

b) 선로의 송전단의 평균 전력의 몇 %가 부하에 전달되는가?

풀이

a) 예제 11.2의 풀이에 있는 a상 값을 사용하면 다음과 같은 결과를 얻는다.

$$\mathbf{V}_\phi = \mathbf{V}_{\text{AB}} = 202.72 \angle 29.04^\circ \text{ V},$$
$$\mathbf{I}_\phi = \mathbf{I}_{\text{AB}} = 1.39 \angle -6.87^\circ \text{ A}.$$

식 (11.19)를 사용하면 다음 값을 얻는다.

$$S_T = 3(202.72 \angle 29.04^\circ)(1.39 \angle 6.87^\circ)$$
$$= 682.56 + j494.21 \text{ VA}.$$

b) 배전 선로 송전단에서의 총전력은 부하에 전달되는 총 평균 전력과 선로에서 손실되는 총 평균 전력을 합한 것과 같다. 따라서

$$P_{\text{input}} = 682.56 + 3(2.4)^2(0.3)$$
$$= 687.74 \text{ W}.$$

부하에 도달하는 평균 전력의 비율은 682.56/687.74, 즉 99.25%이다. 입력단의 평균 전력의 거의 100%가 부하에 전달되는데, 그 이유는 선로의 임피던스가 부하 임피던스에 비해 매우 작기 때문이다.

예제 11.5 명시되지 않은 부하를 갖는 3상 전력 계산하기

어떤 3상 부하가 지상 역률 0.8로 480 kW를 요구한다. 이 부하는 임피던스가 $0.005 + j0.025\ \Omega/\phi$인 선로를 통해 전력을 공급받는다. 부하 단자에서의 선 전압은 600 V이다.

a) 이 시스템의 단상 등가 회로를 구하라.

b) 선 전류의 크기를 계산하라.

c) 선로 송전단에서의 선 전압 크기를 계산하라.

d) 선로 송전단에서의 역률을 계산하라.

풀이

a) 그림 11.17에 단상 등가 회로가 나타나 있다. 임의로 부하에서의 상 전압을 기준으로 정했다.

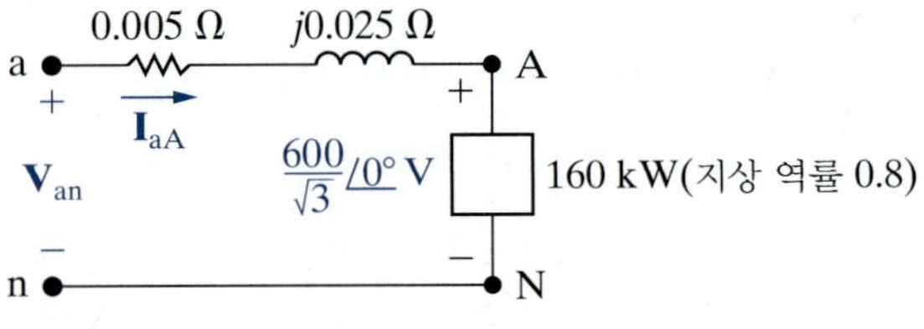

그림 11.17▲ 예제 11.5의 단상 등가 회로.

b) 선 전류 $\mathbf{I}_{\text{aA}}^*$는 부하의 복소 전력 식에 나온다. 즉

$$\left(\frac{600}{\sqrt{3}}\right)\mathbf{I}_{\text{aA}}^* = (160 + j120)10^3 \text{ VA}.$$

이 식을 풀고 $\mathbf{I}_{\text{aA}}^*$을 구하면 다음 식을 얻는다.

$$\mathbf{I}_{\text{aA}}^* = 577.35 \angle 36.87^\circ \text{ A}.$$

그러므로

$$\mathbf{I}_{\text{aA}} = 577.35 \angle -36.87^\circ \text{ A}.$$

선 전류의 크기는 $\mathbf{I}_{\text{aA}}$의 크기이다. 즉 $I_{\text{L}} = 577.35$ A이다. 다음 식으로부터 I_{L}를 위와 다른 방법으로 구할 수 있다.

$$P_T = \sqrt{3}V_{\text{L}}I_{\text{L}}\cos\theta_\phi$$
$$= \sqrt{3}(600)I_{\text{L}}(0.8)$$
$$= 480{,}000 \text{ W};$$
$$I_{\text{L}} = \frac{480{,}000}{\sqrt{3}(600)(0.8)}$$
$$= \frac{1000}{\sqrt{3}}$$
$$= 577.35 \text{ A}.$$

c) 송전단에서의 선 전압 크기를 계산하기 위해 먼저 $\mathbf{V}_{\text{an}}$을 계산한다. 그림 11.17로부터

$$\mathbf{V}_{\text{an}} = \mathbf{V}_{\text{AN}} + Z_\ell \mathbf{I}_{\text{aA}}$$
$$= \frac{600}{\sqrt{3}} + (0.005 + j0.025)(577.35 \angle -36.87^\circ)$$
$$= 357.51 \angle 1.57^\circ \text{ V}.$$

따라서

$$V_{\text{L}} = \sqrt{3}|\mathbf{V}_{\text{an}}|$$
$$= 619.23 \text{ V}.$$

d) 선로 송전단에서의 역률은 다음과 같이 $\mathbf{V}_{an}$과 $\mathbf{I}_{aA}$ 사이의 위상각에 대한 코사인이다.

$$\begin{aligned} \text{pf} &= \cos[1.57° - (-36.87°)] \\ &= \cos 38.44° \\ &= 0.783 \text{ 지상} \end{aligned}$$

역률을 계산하는 또 다른 방법은 먼저 선로 송전단에서의 복소 전력을 계산하는 것이다.

$$\begin{aligned} S_\phi &= (160 + j120)10^3 + (577.35)^2(0.005 + j0.025) \\ &= 161.67 + j128.33 \text{ kVA} \\ &= 206.41 \angle 38.44° \text{ kVA.} \end{aligned}$$

그러면 역률은 다음과 같다.

$$\begin{aligned} \text{pf} &= \cos 38.44° \\ &= 0.783 \text{ 지상} \end{aligned}$$

마지막으로, 송전단에서의 총 복소 전력을 계산한다면 우선 선 전류의 크기를 계산한 후 이 값을 써서 V_L을 계산해도 된다. 즉

$$\begin{aligned} \sqrt{3}V_L I_L &= 3(206.41) \times 10^3, \\ V_L &= \frac{3(206.41) \times 10^3}{\sqrt{3}(577.35)}, \\ &= 619.23 \text{ V.} \end{aligned}$$

평가문제

목표 3—3상 회로에서 전력(평균 전력, 무효 전력, 복소 전력)을 계산할 수 있다.

11.8 아래에 기술된 세 공구는 대학 기계실의 일부이다. 각 공구는 평형 3상 부하이며 정격이 220 V(rms)이다.

a) 이 세 공구에 공급되는 총 유효 전력을 계산하라.

b) 이 세 공구에 공급되는 선 전류의 크기를 계산하라.

c) 이 결합된 부하의 역률을 계산하라.

ⓐ 드릴 프레스: 10.2 kVA(지상 역률 0.87)

ⓑ 선반: 4.2 kW(지상 역률 0.91)

ⓒ 띠톱: 선 전류 36.8 A, 7.25 kVAR

정답: a) 25,078 W, b) 75.62 A, c) 0.87 지상.

11.9 평형 3상 전원이 60 kVA를 진상 역률 0.96으로 두 개의 평형 Δ 결선된 병렬 부하에 전력을 공급하고 있다. 전원을 부하와 연결하는 배전 선로의 임피던스는 무시할 수 있다. 저항으로만 구성된 부하 1의 전력은 45 kW이다.

a) 만일 선 전압이 630 V이고 그 임피던스를 구성하는 소자들이 직렬로 연결되어 있는 경우 부하 2의 각 상의 구성 요소의 형태와 임피던스를 구하라.

b) 임피던스를 구성하는 소자들이 병렬로 되어 있는 경우에 대해 (a)를 반복하라.

정답: a) $R = 34.02\ \Omega$, $X_C = -45.36\ \Omega$.

b) $R = 94.5\ \Omega$, $X_C = -70.875\ \Omega$.

자가 검사: 연습문제 11.24와 11.26도 풀어 보라.

11.6 3상 회로에서의 평균 전력 측정

3상 회로의 전력을 측정하는 데 사용하는 계기는 전력계이다. 전력계에는 두 개의 코일이 있다. 하나의 코일은 **전류 코일**(current coil)이라 하는데, 고정되어 있고 부하 전류에 비례하는 전류가 흐르도록 설계되어 있다. 두 번째 코일은 **전위 코일**(potential coil)이라 하는데, 움직일 수 있으며 부하 전압에 비례하는 전류가 흐른다. 전력계의 중요한 특징을 그림 11.18에 나타냈다.

가동 코일에 부착된 지침이 보통 가리키는 값은 전류 코일에 흐르는 전류의 실횻값과, 전위 코일에 가해지는 전압의 실횻값, 이 전압과 이 전류 사이의 위상각의 코사인의 곱에 비례한다. 지침이 기우는 방향은 전류 코일의 전류와 전위 코일 전압의 순시 극성에 따라 정해진다. 그래서 각 코일의 한 단자에 하나의 극성(대개

그림 11.18▲ 전력계의 주요 특징.

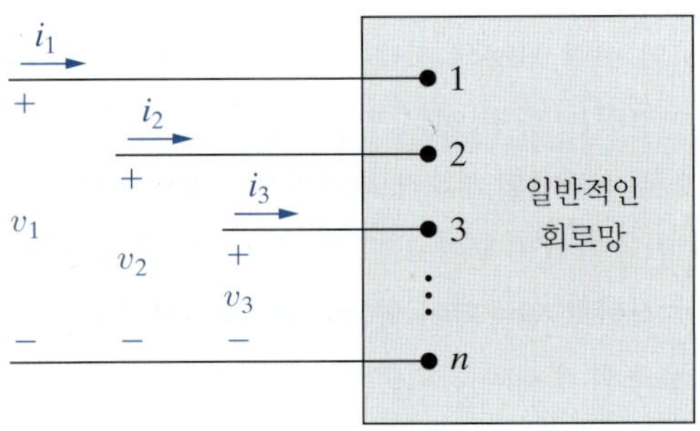

그림 11.19▲ 전력이 n개의 도체에 의해 공급되는 일반적인 회로망.

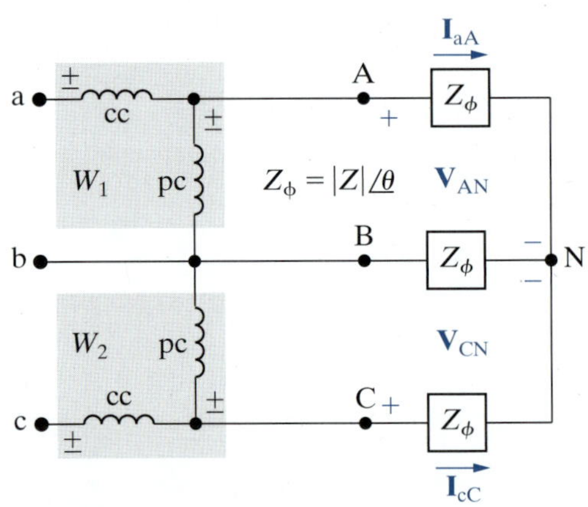

그림 11.20▲ 평형 부하에 전달되는 평균 전력을 측정하는 2-전력계법을 해석하는 데 사용된 회로.

플러스 부호)을 표시한다. 경우에 따라서는 양 극성 표시 ±를 사용한다. 전력계의 지침이 눈금이 커지는 방향으로 기우는 경우는 (1) 전류 코일의 극성 표시된 단자가 전원 쪽이고, (2) 전위 코일의 극성 표시된 단자가 전류 코일이 삽입된 선로에 연결될 때이다.

2-전력계법

일반적인 회로망이 상자 안에 들어 있고 그 상자에 n개의 선로에 의해 전력이 공급된다고 생각하자. 그러한 시스템이 그림 11.19에 나타나 있다. 상자 단자에서의 총전력을 측정하려면 $n-1$개의 전류와 $n-1$개의 전압을 알아야 한다. 이렇게 되는 것은 하나의 단자를 기준으로 선택하면 단지 $n-1$개의 독립된 전압만 남기 때문이다. 마찬가지로 상자 내로 들어가는 n개의 도체에는 $n-1$개의 독립된 전류만 존재할 수 있다. 따라서 총전력은 $n-1$개의 곱셈 항의 합이다. 즉 $p = v_1 i_1 + v_2 i_2 + \cdots + -v_{n-1} i_{n-1}$이다.

이러한 일반적인 관찰 사항을 적용하면, 3선식 회로에서 이 회로가 평형이든 아니든 상관없이 총전력을 측정하는 데 단 2대의 전력계만 있으면 된다는 것을 알 수 있다. 4선식 회로의 경우 3상 회로가 평형이 아니라면 3대의 전력계가 필요하나, 3상 회로가 평형이면 2대의 전력계만 있으면 된다. 평형 4선식 3상 회로의 경우 중성선에는 전류가 흐르지 않기 때문이다. 따라서 임의의 평형 3상 시스템에서 총 평균 전력을 측정하는 데는 2대의 전력계만 있으면 된다.

2-전력계법에서는 각 전력계에 의하여 표시되는 평균 전력의 크기와 부호가 정해진다. 이 기본적인 문제를 그림 11.20의 회로로 설명할 수 있다. 여기서 두 개의 전력계는 음영 처리된 상자로 나타냈으며 W_1과 W_2로 표시되었다. 코일 표기 cc와 pc는 각각 전류 코일과 전위 코일을 나타낸다. 전력계의 전류 코일은 선로 aA와 cC에 삽입되었고, 그래서 선로 bB는 두 개의 전위 코일에 대한 기준 선로가 된다. 부하는 Y 결선되어 있고 상당 임피던스는 $Z_\phi = |Z|\underline{/\theta}$이다. 이것은 일반적인 표현 방식인데, 어떠한 Δ 결선의 부하도 Y 결선 등가 회로로 표현할 수 있기 때문이다. 더 나아가 평형인 경우에 임피던스 각 θ는 Δ-Y 변환이 되더라도 바뀌지 않는다.

이제 두 전력계의 눈금값에 대한 일반 방정식을 유도하기로 하고, 다음과 같이 가정한다.

- 전력계의 전위 코일에 흐르는 전류는 전류 코일에 의해 측정되는 선 전류에 비해 무시할 수 있다.
- 부하가 수동 회로 소자로 모델링될 수 있어 부하 임피던스의 위상각(그림 11.20에서 θ)이 $-90°$(순수 커패시턴스)와 $+90°$(순수 인덕턴스) 사이에 있다.
- 상순은 정 상순이다.

도입부에서 다른 바와 같이 전력계가 보통 가리키는 눈금과 그림 11.20의 전력계 1의 배치로부터 이 전력계의 눈금 W_1은 다음과 같음을 알 수 있다.

$$W_1 = |\mathbf{V}_{AB}||\mathbf{I}_{aA}| \cos\theta_1 \qquad (11.20)$$
$$= V_L I_L \cos\theta_1.$$

그리고

$$W_2 = |\mathbf{V}_{CB}||\mathbf{I}_{cC}| \cos\theta_2 \qquad (11.21)$$
$$= V_L I_L \cos\theta_2.$$

식 (11.20)에서 θ_1은 $\mathbf{V}_{AB}$와 $\mathbf{I}_{aA}$ 사이의 위상각이고, 식 (11.21)에서 θ_2는 $\mathbf{V}_{CB}$와 $\mathbf{I}_{cC}$ 사이의 위상각이다.

W_1과 W_2를 계산하기 위해 θ_1과 θ_2를 임피던스 각 θ로 표현한다. 이 각은 또한 상 전압과 상 전류 사이의 위상각과 같다. 정상순인 경우

$$\theta_1 = \theta + 30^\circ = \theta_\phi + 30^\circ, \qquad (11.22)$$

$$\theta_2 = \theta - 30^\circ = \theta_\phi - 30^\circ. \qquad (11.23)$$

식 (11.22)와 (11.23)의 유도는 연습문제로 남겨 둔다(연습문제 11.41 참조). 식 (11.22)와 (11.23)을 각각 식 (11.20)과 (11.21)에 대입하면 다음 식을 얻는다.

$$W_1 = V_L I_L \cos(\theta_\phi + 30^\circ),$$

$$W_2 = V_L I_L \cos(\theta_\phi - 30^\circ).$$

총전력을 구하기 위해 W_1과 W_2를 더한다. 그러면

$$P_T = W_1 + W_2 = 2V_L I_L \cos\theta_\phi \cos 30^\circ \qquad (11.24)$$
$$= \sqrt{3} V_L I_L \cos\theta_\phi,$$

이 식은 식 (11.17)에 주어진 3상 회로의 총 평균 전력을 나타내는 식이다. 따라서 두 전력계의 눈금값의 합이 총 평균 전력이라는 것이 확인되었다.

W_1과 W_2에 대한 식을 더 자세히 살펴보면 두 전력계의 눈금값에 대해 다음과 같은 사실을 알 수 있다.

1. 역률이 0.5보다 크면 두 전력계의 눈금값이 모두 양이다.
2. 역률이 0.5이면 한 전력계의 눈금값은 0이다.
3. 역률이 0.5보다 작으면 한 전력계의 눈금값은 음이다.
4. 상순을 역으로 하면 두 전력계의 눈금값은 서로 바뀐다.

예제 11.6과 연습문제 11.41~11.52를 보면 위와 같이 됨을 알 수 있다.

예제 11.6 3상 회로에서의 전력계 눈금값 계산하기

부하의 상 전압이 120 V이고 임피던스가 다음과 같을 때, 그림 11.20의 회로에서 다음 각 전력계의 눈금값을 계산하라.

a) $Z_\phi = 8 + j6\,\Omega$

b) $Z_\phi = 8 - j6\,\Omega$

c) $Z_\phi = 5 + j5\sqrt{3}\,\Omega$

d) $Z_\phi = 10\angle{-75^\circ}\,\Omega$

e) (a)~(d)에 대해 전력계의 눈금값의 합이 부하에 전달되는 총 전력과 같다는 것을 증명하라.

풀이

a) $Z_\phi = 10\underline{/36.87^\circ}\ \Omega$, $V_L = 120\sqrt{3}$ V,
$I_L = 120/10 = 12$ A.
$W_1 = (120\sqrt{3})(12)\cos(36.87^\circ + 30^\circ) = 979.75$ W,
$W_2 = (120\sqrt{3})(12)\cos(36.87^\circ - 30^\circ) = 2476.25$ W.
역률은 $\cos 36.87^\circ = 0.8$이며, 예상대로 두 전력계의 눈금값은 양의 값이다.

b) $Z_\phi = 10\underline{/-36.87^\circ}\ \Omega$, $V_L = 120\sqrt{3}$ V,
$I_L = 120/10 = 12$ A.
$W_1 = (120\sqrt{3})(12)\cos(-36.87^\circ + 30^\circ) = 2476.25$ W,
$W_2 = (120\sqrt{3})(12)\cos(-36.87^\circ - 30^\circ) = 979.75$ W.
역률은 $\cos -36.87^\circ = 0.8$이며, 예상대로 두 전력계의 눈금값은 양의 값이다. 그러나 두 전력계의 눈금값이 (a)의 결과와 비교했을 때 서로 뒤바뀌었다. 그 이유는 역률각의 부호가 바뀌었고, 이것이 전력계의 눈금값에 상순이 바뀌는 것과 동일한 영향을 미치기 때문이다.

c) $Z_\phi = 5(1 + j\sqrt{3}) = 10\underline{/60^\circ}\ \Omega$, $V_L = 120\sqrt{3}$ V, $I_L = 12$ A.
$W_1 = (120\sqrt{3})(12)\cos(60^\circ + 30^\circ) = 0$,
$W_2 = (120\sqrt{3})(12)\cos(60^\circ - 30^\circ) = 2160$ W.
역률은 $\cos 60^\circ = 0.5$이며, 예상대로 전력계의 눈금값 중에 하나는 0이다.

d) $Z_\phi = 10\underline{/-75^\circ}\ \Omega$, $V_L = 120\sqrt{3}$ V, $I_L = 12$ A.
$W_1 = (120\sqrt{3})(12)\cos(-75^\circ + 30^\circ) = 1763.63$ W,
$W_2 = (120\sqrt{3})(12)\cos(-75^\circ - 30^\circ) = -645.53$ W.
역률은 $\cos(-75^\circ) = 0.26$이며, 예상대로 전력계의 눈금값 중에 하나는 음이다.

e) 각 부하 임피던스 값이 주어졌을 때 부하의 한 상에 전달되는 유효 전력은 $I_L^2 R_L$이다. 여기서 R_L은 부하의 저항성 임피던스이다. 이 3상 회로는 평형이므로 3상 부하에 전달된 총 유효 전력은 $3I_L^2 R_L$이다.
(a)의 임피던스의 경우

$$P_T = 3(12)^2(8) = 3456 \text{ W},$$
$$W_1 + W_2 = 979.75 + 2476.25 = 3456 \text{ W}.$$

(b)의 임피던스의 경우

$$P_T = 3(12)^2(8) = 3456 \text{ W},$$
$$W_1 + W_2 = 2476.25 + 979.75 = 3456 \text{ W}.$$

(c)의 임피던스의 경우

$$P_T = 3(12)^2(5) = 2160 \text{ W},$$
$$W_1 + W_2 = 0 + 2160 = 2160 \text{ W}.$$

(d)의 임피던스의 경우

$$Z_\phi = 2.5882 - j9.6593\ \Omega \text{ so}$$
$$P_T = 3(12)^2(2.5882) = 1118.10 \text{ W},$$
$$W_1 + W_2 = 1763.63 - 645.53 = 1118.10 \text{ W}.$$

자가 검사: 연습문제 11.42과 11.43을 풀어 이해도를 평가하라.

■ 실제 응용

전력의 송전과 배전

이 장의 시작 부분에서 전기 설비가 수용가 구내에서 rms 전압 수준을 유지해야 한다는 것을 주목했다. 비록 공칭 수준으로부터의 허용 오차는 전기 설비마다 다를 수 있지만 허용할 수 있는 한계는 ±5%라고 가정한다. 따라서 120 V의 공칭 rms 전압은 114 V에서 126 V까지의 전압이다. 또한 전략적으로 설치한 커패시터를 이용하여 전압 수준을 유지할 수도 있다는 것을 지적했다.

그림 11.21의 회로는 어떤 지방의 변전소를 나타낸다. 이 시스템은 평형이고 변전소에서의 선 전압은 13.8 kV, 배전 선로의 임피던스는 $0.6 + j4.8\ \Omega/\phi$, 그리고 무더운 7월의 어느 날 오후 3시에 변전소에 걸린 부하가 유효 전력 3.6 MW와 무효 전력 3.6 MVAR라고 가정한다.

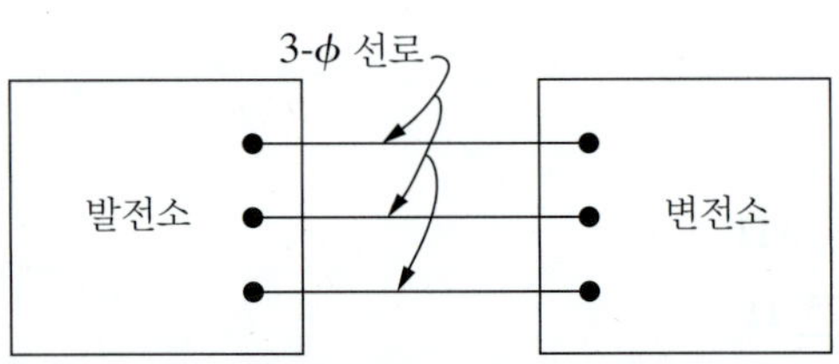

그림 11.21▲ 3상 선로를 통해 발전소와 연결되는 변전소.

변전소에서의 상 전압을 기준으로 하여 그림 11.21의 시스템에 대한 단상 등가 회로를 그

림 11.22에 나타내었다. 선 전류는 변전소에서의 복소 전력에 대한 식으로부터 계산할 수 있다. 따라서

$$\frac{13{,}800}{\sqrt{3}}\mathbf{I}_{aA}^{*} = (1.2 + j1.2)10^{6}.$$

이 식으로부터

$$\mathbf{I}_{aA}^{*} = 150.61 + j150.61 \text{ A}$$

즉

$$\mathbf{I}_{aA} = 150.61 - j150.61 \text{ A}.$$

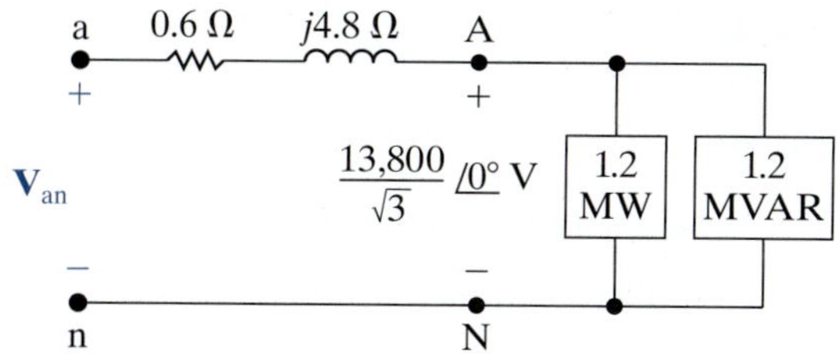

그림 11.22▲ 그림 11.21의 시스템에 대한 단상 등가 회로.

발전소에서의 상 전압은 부하에서의 전압 강하 $\mathbf{V}_{AN}$와 배전 선로에 걸리는 전압의 합이다. 따라서

$$\mathbf{V}_{an} = \frac{13{,}800}{\sqrt{3}}\angle 0^{\circ} + (0.6 + j4.8)(150.61 - j150.61)$$
$$= 8780.74 + j632.58 = 8803.50\angle 4.12^{\circ} \text{ V}.$$

그러므로 발전소에서의 선 전압 크기는 다음과 같다.

$$|\mathbf{V}_{ab}| = \sqrt{3}(8803.50) = 15{,}248.11 \text{ V}.$$

전기 설비가 전압 수준을 공칭 전압의 ±5% 이내로 유지해야 한다고 가정한다. 이것은 발전소에서의 선 전압 크기가 14.5 kV를 초과해서도 안 되고 13.1 kV보다 낮아서도 안 된다는 것을 의미한다. 발전소에서의 선 전압의 크기가 14.5 kV를 초과하는데, 이로 인해 수용가에 문제가 생길 수 있다.

이 문제를 해결하기 위해 커패시터 뱅크를 변전소 모선에 연결하여 부하가 요구하는 무효 전력을 공급하게 한다. 그러면 발전기가 이 무효 전력을 공급하지 않아도 되고, 부하의 역률이 1이 되므로 선 전류 $\mathbf{I}_{aA}$는 다음과 같이 된다.

$$\mathbf{I}_{aA} = 150.61 + j0 \text{ A}.$$

그러므로 변전소의 선 전압을 13,800 V로 유지하기 위해 필요한 발전소에서의 전압은 다음과 같다.

$$\mathbf{V}_{an} = \frac{13{,}800}{\sqrt{3}}\angle 0^{\circ} + (0.6 + j4.8)(150.61 + j0)$$
$$= 8057.80 + j722.94 = 8090.17\angle 5.13^{\circ} \text{ V}.$$

따라서

$$|\mathbf{V}_{ab}| = \sqrt{3}(8090.17) = 14{,}012.58 \text{ V}.$$

이 전압 수준은 13.1 kV에서 14.5 kV까지의 허용 범위 내에 들어간다.

자가 검사: 연습문제 11.53(a), (b)와 11.54, 11.55, 11.56을 풀어 이해도를 평가하라.

요약

- 평형 3상 전압은 크기와 주파수가 같고, 다른 전압과 서로 위상이 정확히 120° 차이가 나는 세 개의 정현파 전압으로 이루어진다. abc(정) 상순의 경우 다음과 같다.

$$\mathbf{V}_a = V_m \angle 0°, \quad \mathbf{V}_b = V_m \angle -120°, \quad \mathbf{V}_c = V_m \angle 120°.$$

  acb(역) 상순의 경우는 다음과 같다.

$$\mathbf{V}_a = V_m \angle 0°, \quad \mathbf{V}_b = V_m \angle 120°, \quad \mathbf{V}_c = V_m \angle -120°.$$

- 3상 시스템은 불평형이 될 수도 있고 평형이 될 수도 있다. 3상 시스템은 다음 조건을 만족할 때 평형이다.
  1. 전압원이 평형 3상 전압을 이룬다.
  2. 전압원의 각 상의 임피던스가 같다.
  3. 각 선로의 임피던스가 같다.
  4. 부하 각 상의 임피던스가 같다.
- **단상 등가 회로**를 사용하여 Y-Y 결선의 어느 한 상의 선 전류와 상 전압을 계산한다. 이 경우 보통 a상이 선택된다. 만일 구조가 Y-Y 결선이 아니라면 임의의 Δ 결선을 등가인 Y 결선으로 바꾼 다음 단상 등가 회로를 구한다.
- 일단 a상 등가 회로의 선 전류와 상 전압을 안다면 해석적인 간편한 방법을 이용하여 평형 3상 회로의 임의의 전류와 전압을 구할 수 있다. 이는 다음과 같은 사실에 근거한다.
  - b상과 c상의 전류와 전압은 120° 위상 차이를 제외하면 a상 전류와 전압과 동일하다. 위상 변화의 방향은 상순에 따라 정해진다.
  - 선 전압은 상 전압과 위상이 ±30° 차이가 난다. 양의 부호(+)는 정 상순에 해당하고, 음의 부호(−)는 역 상순에 해당한다.
  - Y-Y 결선에서 선 전압의 크기는 상 전압의 크기의 $\sqrt{3}$ 배이다.
  - 선 전류는 상 전류와 Δ 결선 전원과 부하에서 ∓30° 위상차가 있다. 음의 부호(−)는 정 상순에 해당하고, 양의 부호(+)는 역 상순에 해당한다.
  - 선 전류의 크기는 Δ 결선 전원과 부하에서 상 전류의 크기의 $\sqrt{3}$ 배이다.
- 상당 평균 전력, 상당 무효 전력, 상당 복소 전력을 계산하는 방법은 10장에서 소개한 방법과 동일하다.
- 총 유효 전력, 총 무효 전력, 총 복소 전력은 대응되는 상당 전력을 3배로 하거나, 또는 식 (11.17), (11.18), (11.19)로 주어진 선 전류와 선 전압으로 표현된 식을 사용하여 구할 수 있다.
- 평형 3상 회로의 총 순시 전력은 일정하고 $1.5V_mI_m$pf와 같다.
- 전력계를 써서 평균 전력을 측정하는데, 부하와 직렬로 연결되는 전류 코일과 부하와 병렬로 연결되는 전위 코일을 이용한다.
- 평형 3상 회로의 총 평균 전력은 회로의 두 개의 다른 상에 연결된 두 전력계의 눈금값을 더해서 측정할 수 있다.

연습문제

다음 문제에 나오는 모든 페이저 전압은 rms값으로 표시되었다.

11.1절

11.1 다음 전압 세트에서 상순은 어떻게 되는가?

a) $v_a = 120 \cos(\omega t + 54°)$ V,
$v_b = 120 \cos(\omega t - 66°)$ V,
$v_c = 120 \cos(\omega t + 174°)$ V.

b) $v_a = 3240 \cos(\omega t - 26°)$ V,
$v_b = 3240 \cos(\omega t + 94°)$ V,
$v_c = 3240 \cos(\omega t - 146°)$ V.

11.2 PSPICE MULTISIM 각 전압 세트에 대해 그 전압이 평형 3상 세트를 구성하는지 아닌지를 밝혀라. 만일 그 세트가 평형이라면 상순이 정상순인지 또는 역상순인지 밝혀라. 만일 그 세트가 평형이 아니라면 그 이유를 설명하라.

a) $v_a = 339 \cos 377t$ V,
$v_b = 339 \cos(377t - 120°)$ V,
$v_c = 339 \cos(377t + 120°)$ V;

b) $v_a = 622 \sin 377t$ V
$v_b = 622 \sin(377t - 240°)$ V,
$v_c = 622 \sin(377t + 240°)$ V;

c) $v_a = 933 \sin 377t$ V,

$v_b = 933 \sin (377t + 240°)$ V,

$v_c = 933 \cos (377t - 30°)$ V;

d) $v_a = 170 \sin (\omega t + 60°)$ V,

$v_b = 170 \sin (\omega t + 180°)$ V,

$v_c = 170 \cos (\omega t - 150°)$ V;

e) $v_a = 339 \cos (\omega t + 30°)$ V,

$v_b = 339 \cos (\omega t - 90°)$ V,

$v_c = 339 \cos (\omega t + 240°)$ V;

f) $v_a = 3394 \sin (\omega t + 70°)$ V,

$v_b = 3394 \cos (\omega t - 140°)$ V,

$v_c = 3394 \cos (\omega t + 180°)$ V.

11.3 식 (11.1) 또는 (11.2)에서 세 전압 페이저의 합이 0이라는 것을 증명하라.

11.2절

11.4 그림 11.5(b)에 있는 회로를 참조하라. 단자 a, b, c에 외부 연결이 없으며, 각 상의 권선 임피던스는 $2 + j4\ \Omega$이라고 가정하라. 또한 이 세 권선은 평형 3상 발전기의 권선이고, 이 발전기의 전압은 연습문제 11.2(a)에 기술된 전압이라고 가정하라. Δ 결선된 발전기에 순환하는 전류를 구하라.

11.5 연습문제 11.4를 반복하되 각 상의 권선 임피던스를 $5 + j1\ \Omega$이라고 가정하고 3상 전압이 연습문제 11.2(f)에 기술된 전압이라고 가정하고 구하라.

11.3절

11.6 PSPICE MULTISIM
a) 그림 P11.6의 회로에서 $\mathbf{I}_o$를 구하라.
b) $\mathbf{V}_{AN}$을 구하라.
c) $\mathbf{V}_{AB}$를 구하라.
d) 이 회로는 평형 3상 시스템인가 아니면 불평형 3상 시스템인가?

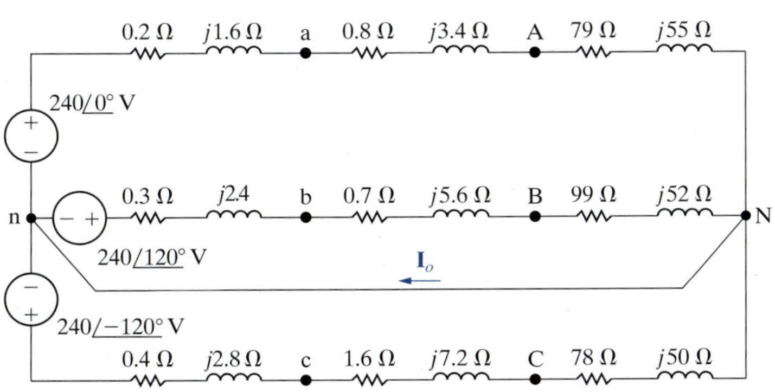

그림 P11.6

11.7 그림 P11.7에 나타낸 불평형 3상 회로에서 $\mathbf{I}_o$의 rms값을 구하라.

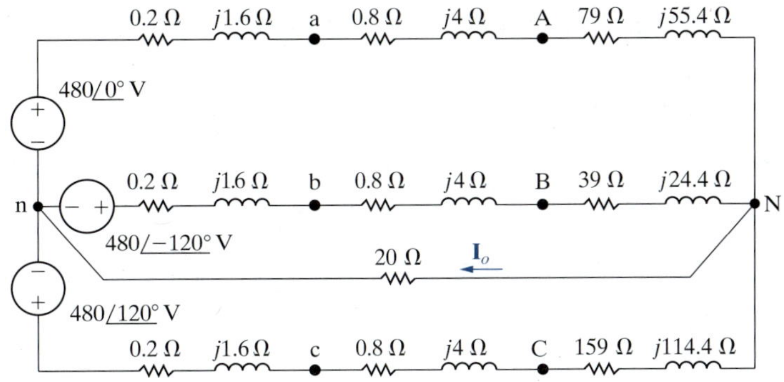

그림 P11.7

11.8 PSPICE MULTISIM
a) 그림 P11.8의 회로는 평형 3상 시스템인가 아니면 불평형 3상 시스템인가? 설명하라.
b) $\mathbf{I}_o$를 구하라.

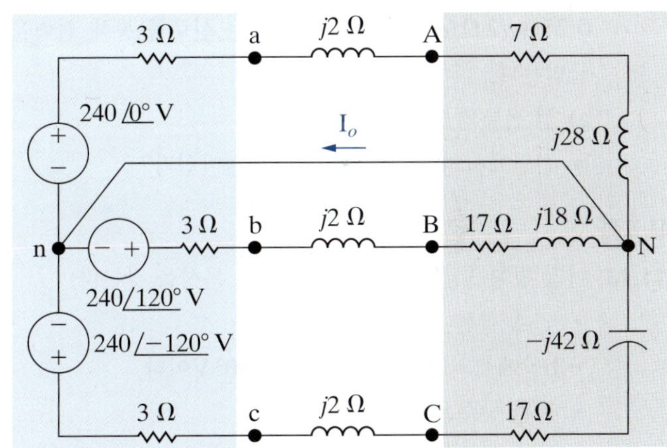

그림 P11.8

11.9 어떤 평형 3상 회로가 다음과 같은 특성을 갖는다.

- Y-Y 결선
- 전원에서의 선 전압 $\mathbf{V}_{ab}$는 $120\sqrt{3}\underline{/0°}$ V이다.
- 상순은 정 상순이다.
- 선로 임피던스는 $2 + j3\ \Omega/\phi$이다.
- 부하 임피던스는 $28 + j37\ \Omega/\phi$이다.

a) a상에 대한 단상 등가 회로를 그려라.
b) a상에서의 선 전류를 계산하라.
c) a상 부하에서의 선 전압을 계산하라.

11.10 평형 3상 Y 결선 부하 단자에서의 상 전압이 2400 V이다. 부하는 임피던스가 $16 + j12\ \Omega/\phi$이고, 임피던스가 $0.10 + j0.80\ \Omega/\phi$인 선로를 통해 전력을 공급받는다. 선로 송전단에 있는 Y 결선 전원은 acb 상순이고 내부 임피던스가 $0.02 + j0.16\ \Omega/\phi$이다. 부하에서의 a상 전압을 기준 전압으로 사용하여 다음을 계산하라.

a) 선 전류 $\mathbf{I}_{aA}$, $\mathbf{I}_{bB}$, $\mathbf{I}_{cC}$

b) 전원에서의 선 전압 $\mathbf{V}_{ab}$, $\mathbf{V}_{bc}$, $\mathbf{V}_{ca}$

c) 전원의 상과 중성점 사이의 전압 $\mathbf{V}_{a'n}$, $\mathbf{V}_{b'n}$, $\mathbf{V}_{c'n}$

11.11 Y 결선 부하 단자에서의 세 상 전압에 대한 시간 영역 식은 다음과 같다.

$$v_{AN} = 7967\cos\omega t \text{ V},$$
$$v_{BN} = 7967\cos(\omega t + 120°) \text{ V},$$
$$v_{CN} = 7967\cos(\omega t - 120°) \text{ V}.$$

세 선 전압 v_{AB}, v_{BC}, v_{CA}에 대한 시간 영역 식은 무엇인가?

11.12 평형 Y 결선 부하 단자에서의 선 전압 크기는 12,800 V이다. 부하 임피던스는 $216 + j63\ \Omega/\phi$이다. 이 부하는 $0.25 + j2\ \Omega/\phi$의 임피던스를 갖는 선로를 통해 전력을 공급받는다.

a) 선 전류의 크기는 얼마인가?

b) 전원에서의 선 전압의 크기는 얼마인가?

11.4절

11.13 어떤 평형 3상 회로가 다음과 같은 특성을 갖는다.

- Y-Δ 결선
- b상에서의 전원 전압은 $20\underline{/-90°}$ V이다.
- 전원 상순은 acb이다.
- 선로 임피던스는 $1 + j3\ \Omega/\phi$이다.
- 부하 임피던스는 $117 - j99\ \Omega/\phi$이다.

a) a상에 대한 단상 등가 회로를 그려라.

b) a상의 선 전류를 계산하라.

c) 3상 부하에 대해 a상 선 전압을 계산하라.

11.14 평형 Δ 결선된 부하의 임피던스가 $360 + j105\ \Omega/\phi$이다. 이 부하는 임피던스가 $0.1 + j1\ \Omega/\phi$인 선로를 통해 전력을 공급받는다. 부하 단자에서의 상 전압은 33 kV이다. 상순은 역상순이다. $\mathbf{V}_{AB}$를 기준으로 하라.

a) 부하의 세 상 전류를 계산하라.

b) 세 선 전류를 계산하라.

c) 선로 송전단에서의 세 선 전압을 계산하라.

11.15 임피던스가 $96 - j28\ \Omega/\phi$인 평형 Y 결선된 부하가 임피던스가 $144 + j42\ \Omega/\phi$인 평형 Δ 결선 부하와 병렬로 연결되어 있다. 이 병결 연결된 부하는 임피던스가 $j1.5\ \Omega/\phi$인 선로를 통해 전력을 공급받는다. Δ 결선 부하의 선 전압의 크기가 7500 V이다.

a) Y 결선 부하의 상 전류의 크기를 구하라.

b) Δ 결선 부하의 상 전류의 크기를 구하라.

c) 부하에 전력을 공급하는 선로의 전류 크기를 구하라.

d) 선로 송전단에서의 선 전압 크기를 구하라.

11.16 acb 상순을 갖는 평형 3상 Y 결선 전원이 임피던스가 $12 + j9\ \Omega/\phi$인 평형 3상 Δ 결선 부하에 전력을 공급한다. a상에서의 전원 전압이 $120\underline{/80°}$ V이다. 선로 임피던스는 $1 + j1\ \Omega/\phi$이다. a상에 대한 단상 등가 회로를 그리고 이를 이용하여 부하의 a상 전류를 계산하라.

11.17 어떤 평형 3상 시스템에서 전원은 평형 Y 결선되어 있으며, abc 상순이며, 선 전압이 $\mathbf{V}_{ab} = 110\underline{/-60°}$ V이다. 부하는 평형 Y 결선 회로와 평형 Δ 결선 회로가 병렬로 연결되어 있다. 이 Y 결선 회로의 상 임피던스는 $10 + j8\ \Omega/\phi$이고 Δ 결선 회로의 상 임피던스는 $12 - j15\ \Omega/\phi$이다. 선로 임피던스는 $1.8 + j0.4\ \Omega/\phi$이다. 단상 등가 회로를 그리고 이 회로를 이용하여 a상 부하의 선 전압을 계산하라.

11.18 그림 P11.18에 나타낸 회로에 대해 $Z_1 = 4.8 + j1.4\ \Omega$, $Z_2 = 16 - j12\ \Omega$, $Z_3 = 25 + j25\ \Omega$일 때 다음 값을 구하라.
PSPICE MULTISIM

a) 상 전류 $\mathbf{I}_{AB}$, $\mathbf{I}_{BC}$, $\mathbf{I}_{CA}$

b) 선 전류 $\mathbf{I}_{aA}$, $\mathbf{I}_{bB}$, $\mathbf{I}_{cC}$

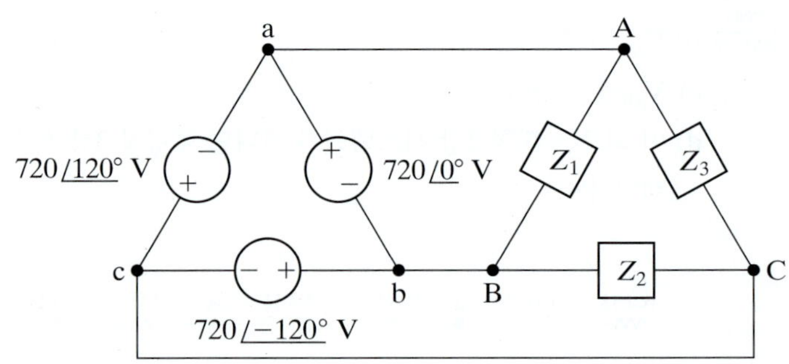

그림 P11.18

11.19 3상 Δ 결선된 발전기의 내부 임피던스가 $0.6 + j4.8\ \Omega/\phi$이다. 부하를 발전기에서 떼어내면 발전기 단자 전압이 34,500 V이다. 이 발전기가 임피던스가 $0.8 + j6.4\ \Omega/\phi$인 송전 선로를 통해 Δ 결선된 부하에 전력을 공급한다. 이 부하의 상당 임피던스는 $2877 - j864\ \Omega$이다.

a) 단상 등가 회로를 구성하라.

b) 선 전류의 크기를 구하라.

c) 부하 단자에서의 선 전압의 크기를 구하라.

d) 전원 단자에서의 선 전압의 크기를 구하라.

e) 부하의 상 전류의 크기를 구하라.

f) 전원의 상 전류의 크기를 구하라.

11.20 평형 3상 Δ 결선의 전원이 그림 P11.20에 나타나 있다.

a) Y 결선 등가 회로를 그려라.

b) Y 결선 등가 회로가 원래의 Δ 결선된 전원과 동일한 개회로 전압을 공급한다는 것을 보여라.

c) 단자 A, B, C를 외부에서 단락시키라. Δ 결선된 전원을 이용하여 세 선 전류 $\mathbf{I}_{aA}$, $\mathbf{I}_{bB}$, $\mathbf{I}_{cC}$를 구하라.

d) (c)를 되풀이하되 Y 등가 전원을 사용하여 세 선 전류를 구하라.

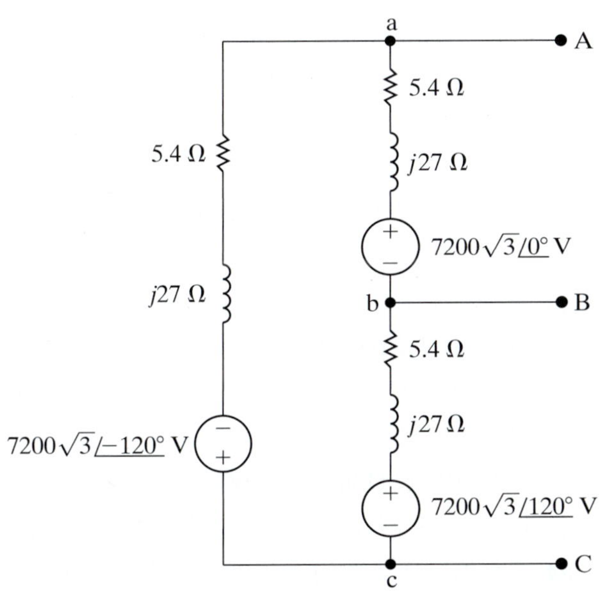

그림 P11.20

11.21 연습문제 11.20의 Δ 결선된 전원이 Y 결선된 부하와 평형 3상 배전 선로를 통해 연결되어 있다. 부하의 임피던스는 $957 + j259\ \Omega/\phi$이고 선로의 임피던스는 $1.2 + j12\ \Omega/\phi$이다.

a) 이 시스템의 단상 등가 회로를 구성하라.

b) 부하 단자에서의 선 전압의 크기를 구하라.

c) Δ 결선된 전원의 상 전류의 크기를 구하라.

d) 전원 단자에서의 선 전압의 크기를 구하라.

11.22 그림 P11.22에 있는 평형 3상 회로에서 임피던스 Z는 $600 + j450\ \Omega$이다. 다음 값을 구하라.

a) $\mathbf{I}_{AB}$, $\mathbf{I}_{BC}$, $\mathbf{I}_{CA}$

b) $\mathbf{I}_{aA}$, $\mathbf{I}_{bB}$, $\mathbf{I}_{cC}$

c) $\mathbf{I}_{ba}$, $\mathbf{I}_{cb}$, $\mathbf{I}_{ac}$.

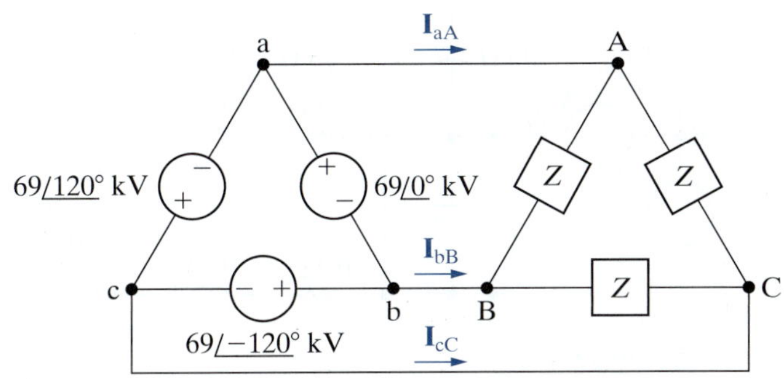

그림 P11.22

11.5절

11.23 평형 3상 회로에서 총 순시 전력이 일정하고 $1.5 V_m I_m \cos\theta_\phi$와 같다는 것을 보이라. 여기에서 V_m과 I_m은 각각 상 전압과 상 전류의 최대 크기를 나타낸다.

11.24 어떤 평형 3상 시스템에서 전원은 abc 상순이고, Y 결선되어 있으며, 전압은 $\mathbf{V}_{an} = 250\angle{-60^\circ}$ V이다. 이 전원이 두 부하에 전력을 공급하는데, 그 부하는 둘 다 Y 결선되어 있다. 부하 1의 임피던스는 $15 + j20\ \Omega/\phi$이다. 부하 2의 a상의 복소 전력은 $500\angle{45^\circ}$ VA이다. 전원에 의하여 공급되는 총 복소 전력을 구하라.

11.25 평형 3상 배전 선로의 임피던스가 $1 + j5\ \Omega/\phi$이다. 이 선로를 사용하여 병렬 연결된 세 개의 평형 3상 부하에 전력을 공급한다. 이 세 부하는 $L_1 = 75$ kVA(진상 역률 0.96), $L_2 = 150$ kVA(지상 역률 0.80), $L_3 = 168$ kW $= 36$ kVAR(역률 1)이다. 부하 양단에서의 선 전압의 크기는 $2500\sqrt{3}$ V이다.

a) 선로의 송전단에서의 선 전압의 크기는 얼마인가?

b) 평균 전력에 대한 배전 선로의 % 효율은 얼마인가?

11.26 어떤 3상 정 상순의 Y 결선 전원이 Y 결선 부하와 Δ 결선 부하가 병렬 연결된 회로에 지상 역률 0.6으로 24 kVA를 공급하고 있다. 이 Y 결선의 부하는 지상 역률 0.8로 12 kVA를 사용하고, a상 전류는 $40\angle{60^\circ}$ A이다.

a) Δ 결선 부하의 상당 복소 전력을 구하라.

b) 선 전압의 크기를 구하라.

11.27 그림 P11.27에 나타낸 회로에서 평형 3상 부하의 양 단에서의 상 전압은 480 V이다. 이 전압에서 부하가 지상 역률 0.8로 180 kVA를 흡수하고 있다.

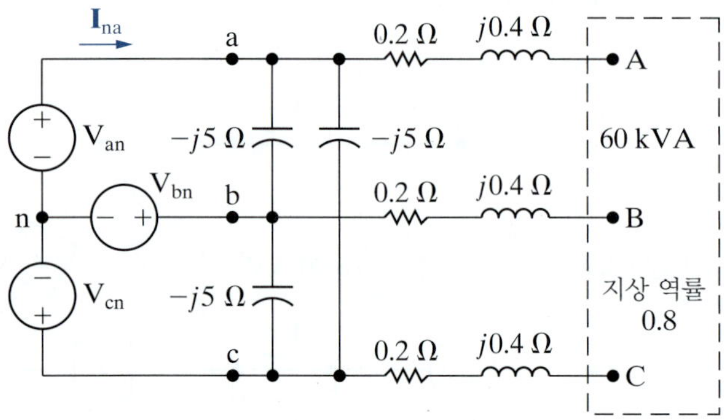

그림 P11.27

a) $\mathbf{V}_{AN}$을 기준으로 사용하고 $\mathbf{I}_{na}$를 극좌표 형식으로 표현하라.

b) 이상적인 3상 전원의 복소 전력을 계산하라.

c) 전달된 총 평균 전력이 흡수된 총 평균 전력과 같은지 확인하라.

d) 전달된 총 무효 전력이 흡수된 총 무효 전력과 같은지 확인하라.

11.28 연습문제 11.18의 불평형 부하의 각 상에서의 복소 전력을 계산하라.

11.29 a) 그림 P11.29의 회로에서 $\mathbf{I}_{CA}$의 rms 크기와 위상각을 구하라.

b) 3상 전원에 의해 전달되는 평균 전력의 몇 %가 3상 부하에서 소비되는가?

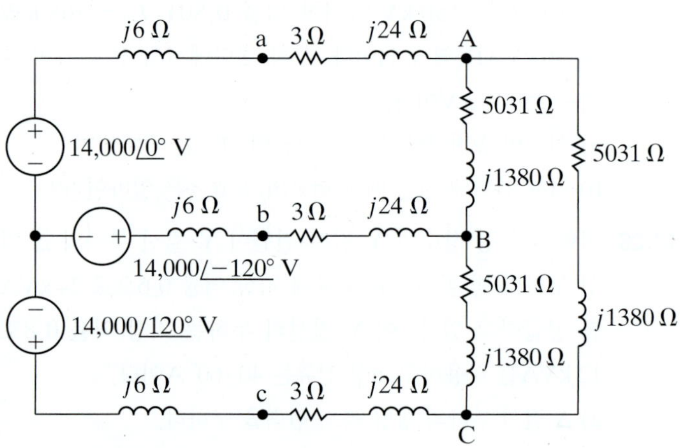

그림 P11.29

11.30 대형 고속 컴퓨터의 중앙처리장치(CPU)의 3상 평균 전력 정격은 300 kW이다. 이 컴퓨터에 전력을 공급하는 3상 선로는 선 전압의 정격이 480 V이다. 선 전류는 400 A로 가정한다. 이 컴퓨터는 무효 전력을 흡수한다.

a) CPU에 의해 흡수되는 총 무효 전력을 계산하라.

b) 역률을 계산하라.

11.31 평형 3상 전원이 두 개의 평형 Y 결선된 병렬 부하에 지상 역률 0.8로 90 kVA를 공급하고 있다. 전원을 부하와 연결하는 배전 선로의 임피던스는 무시할 수 있다. 부하 1은 순저항성이고 60 kW를 흡수한다. 만일 선 전압이 415.69 V이고 그 임피던스 성분이 직렬로 연결되어 있다고 할 경우 부하 2의 상당 임피던스를 구하라.

11.32 세 개의 평형 3상 부하가 병렬 연결되어 있다. 부하 1은 Y 결선되었으며 임피던스가 $300 + j100\ \Omega/\phi$이다. 부하 2는 Δ 결선되었으며 임피던스가 $5400 - j2700\ \Omega/\phi$이다. 그리고 부하 3은 $112.32 + j95.04$ kVA이다. 이 부하는 $1 + j10\ \Omega/\phi$의 임피던스를 갖고 있는 배전 선로로부터 전력을 공급받는다. 선로의 부하단에서의 상 전압의 크기는 7.2 kV이다.

a) 선로 송전단에서의 총 복소 전력을 계산하라.

b) 선로의 송전단에서의 평균 전력의 몇 %가 부하에 전달되는가?

11.33 전 부하에서 상용 200 hp 3상 유도 전동기가 96%의 효율과 지상 역률 0.92로 운전된다. 이 전동기는 정격 선 전압 208 V인 3상 콘센트로부터 전력을 공급받는다.

a) 208 V의 콘센트로부터 흘러 나오는 선 전류의 크기는 얼마인가? (1 hp = 746 W)

b) 전동기에 공급되는 무효 전력을 계산하라.

11.34 평형 부하의 각 상의 복소 전력이 $144 + j192$ kVA이다. 부하 단자에서의 선 전압은 2450 V이다.

a) 부하에 공급되는 선 전류의 크기는 얼마인가?

b) 부하는 Δ 결선되어 있고 각 상의 임피던스는 저항 및 이 저항과 병렬 연결된 리액턴스로 구성되어 있다. R과 X를 계산하라.

c) 부하는 Δ 결선되어 있고 각 상의 임피던스는 저항 및 이 저항과 직렬 연결된 리액턴스로 구성되어 있다. R과 X를 계산하라.

11.35 평형 Δ 결선 커패시터 뱅크가 연습문제 11.34에 기술된 부하와 병렬로 연결되어 있다. 그 효과는 각 상에 부하와 병렬로 하나의 커패시터를 설치하는 것과 같다. 따라서 부하의

양단에서의 선 전압은 그대로 2450 V로 유지된다. 이 회로는 60 Hz의 주파수로 동작되고 있다. 커패시터를 조정하여 부하와 커패시터 뱅크의 병렬 결합 회로에 공급되는 선 전류의 크기가 최소가 되도록 한다.

a) 각 커패시터의 크기는 몇 μF인가?

b) Y 결선으로 연결된 커패시터에 대해 (a)를 반복하라.

c) 선 전류의 크기는 얼마인가?

11.36 그림 P11.36에 있는 평형 정 상순 3상 전원의 출력은 진상 역률 0.8의 78 kVA이다. 전원에서의 선 전압은 $208\sqrt{3}$ V이다.

a) 부하에서의 선 전압 크기를 구하라.

b) 부하 양단에서의 총 복소 전력을 구하라.

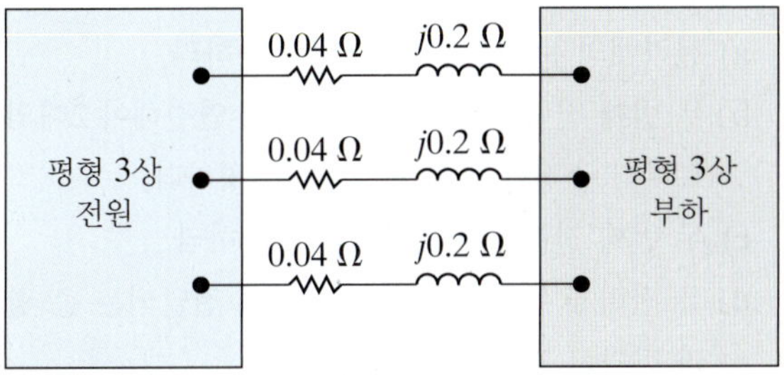

그림 P11.36

11.37 평형 3상 Y-Δ 시스템에 공급되는 총 피상 전력은 3600 VA이다. 선 전압은 208 V이다. 만일 선로의 임피던스는 무시할 수 있고 부하의 역률각이 25°라면 부하의 임피던스를 구하라.

11.38 어떤 3상 선로의 임피던스는 $0.5 + j4\ \Omega/\phi$이다. 이 선로는 병렬 연결된 두 개의 평형 3상 부하에 전력을 공급한다. 첫 번째 부하는 691.2 kW의 유효 전력과 201.6 kVAR의 무효 전력을 흡수하고 있다. 두 번째 부하는 Δ 결선되어 있고 상당 임피던스가 $622.08 + j181.44\ \Omega/\phi$이다. 선로의 부하단에서의 상 전압은 7200 V이다. 선로의 전원단에서의 선 전압의 크기는 얼마인가?

11.39 평형 3상 부하가 부하 양단에서의 선 전압이 13,800 V일 때 진상 역률 0.8로 190.44 kVA를 흡수한다. 이 부하를 모델링하는 데 사용할 수 있는 네 개의 등가 회로를 구하라.

11.40 평형 3상 부하가 $6600\sqrt{3}$ V의 선 전압에서 동작할 때 이 부하에 전달되는 총전력은 지상 역률 0.6의 1188 kW이다. 부하에 전력을 공급하는 배전 선로의 임피던스는 $0.5 + j4\ \Omega/\phi$이다. 이러한 동작 조건하에서 선로의 송전단과 수전단 사이의 선 전압 강하는 과도하다. 이를 보상하기 위해 Δ 결선된 커패시터의 뱅크가 부하와 병렬로 배치된다. 이 커패시터 뱅크는 $6600\sqrt{3}$ V의 선 전압으로 동작될 때 1920 kVAR의 무효 전력을 공급하도록 설계되어 있다.

a) 부하가 $6600\sqrt{3}$ V의 선 전압으로 동작되고 커패시터 뱅크가 분리되었을 때 선로 송전단에서의 전압 크기는 얼마인가?

b) 커패시터 뱅크가 연결된 경우에 대해 (a)를 반복하라.

c) (a)에서 선로의 평균 전력 효율은 얼마인가?

d) (b)에서 평균 전력 효율은 얼마인가?

e) 만일 시스템이 60 Hz의 주파수로 동작되고 있다면 각 커패시터의 크기는 몇 μF인가?

11.6절

11.41 식 (11.22)와 (11.23)을 유도하라.

11.42 2-전력계법을 사용하여 예제 11.1의 선로 부하단의 전력을 측정한다. 각 전력계의 눈금값을 계산하라.

11.43 그림 11.20의 두 전력계를 사용하여 부하의 총 무효 전력을 계산할 수 있다.

a) 위의 내용을 $\sqrt{3}(W_2 - W_1) = \sqrt{3}\,V_L I_L \sin\theta_\phi$임을 보여 증명하라.

b) 예제 11.6에서 각 부하에 대한 전력계의 눈금값으로부터 총 무효 전력을 계산하라. 이 계산값이 맞는지 주어진 전압과 임피던스로부터 직접 총 무효 전력을 계산하여 확인하라.

11.44 그림 11.20에 있는 회로에서 전력계가 가리키는 눈금을 읽으면 $W_1 = 114{,}291.64$ W, $W_2 = 618{,}486.24$ W이다. 선 전압의 크기는 $7600\sqrt{3}$ V이다. 상순은 정 상순이다. Z_ϕ를 구하라.

11.45 2-전력계법을 사용하여 연습문제 11.18의 불평형 부하에 전달되는 전력을 측정한다. 전력계 1의 전류 코일은 선로 aA에 설치되고 전력계 2의 전류 코일은 선로 bB에 설치된다.

a) 전력계 1의 눈금값을 계산하라.

b) 전력계 2의 눈금값을 계산하라.

c) 두 전력계 눈금값의 합이 불평형 부하에 전달되는 총전력과 같다는 것을 보여라.

11.46 a) 연습문제 11.22에 있는 평형 부하의 각 상의 복소 전력을 계산하라.

b) 만일 2-전력계법을 사용하여 부하에 전달되는 평균 전력을 측정한다고 할 때 각 전력계의 눈금값을 명기하라.

11.47 a) 그림 P11.47의 회로에서 각 전력계의 눈금값을 계산하라. Z_ϕ의 값은 $60\angle 30^\circ\ \Omega$이다.

b) 전력계 눈금값의 합이 Δ 결선 부하에 전달되는 총 평균 전력과 같다는 것을 증명하라.

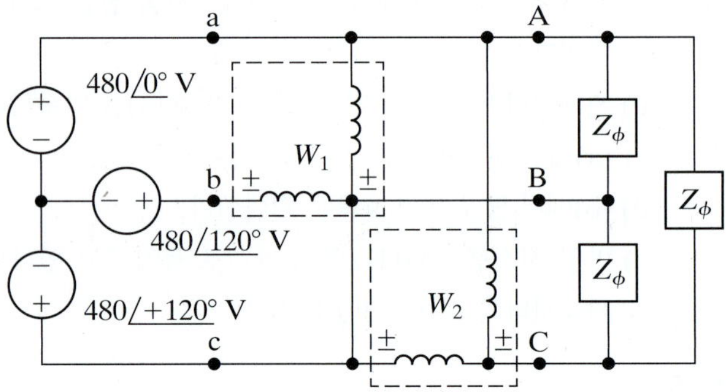

그림 P11.47

11.48 그림 P11.48에 나타낸 평형 3상 회로에서 전력계의 전류 코일은 선로 aA에 연결되어 있고, 전력계의 전위 코일은 선로 b와 c를 가로질러 연결되어 있다. 전력계 눈금값에 $\sqrt{3}$을 곱한 값이 부하의 총 무효 전력과 같다는 것을 보여라. 상순은 정상순이다.

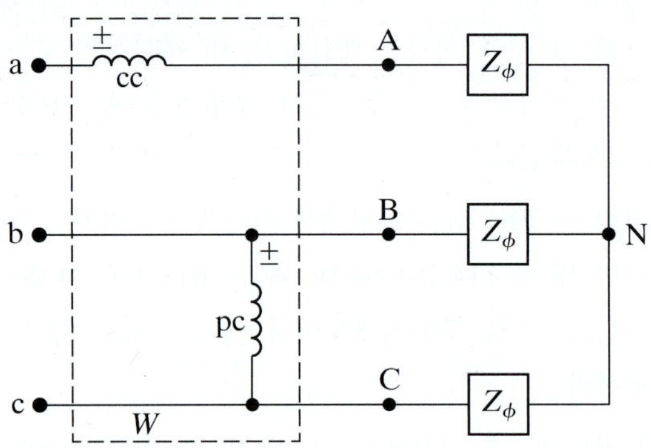

그림 P11.48

11.49 그림 P11.48의 회로에서 상 전압은 720 V이고, 상순은 정상순이며, 부하 임피던스는 $96 + j72\ \Omega/\phi$이다.

a) 전력계 눈금값을 계산하라.

b) 부하의 총 무효 전력을 계산하라.

11.50 a) 그림 P11.50의 회로에서 $Z_A = 60\angle -30^\circ\ \Omega$, $Z_B = 24\angle 30^\circ\ \Omega$, $Z_C = 80\angle 0^\circ\ \Omega$일 때 각 전력계의 눈금값을 구하라.

b) 전력계 눈금값의 합이 불평형 3상 부하에 전달되는 전체 평균 전력과 같다는 것을 보여라.

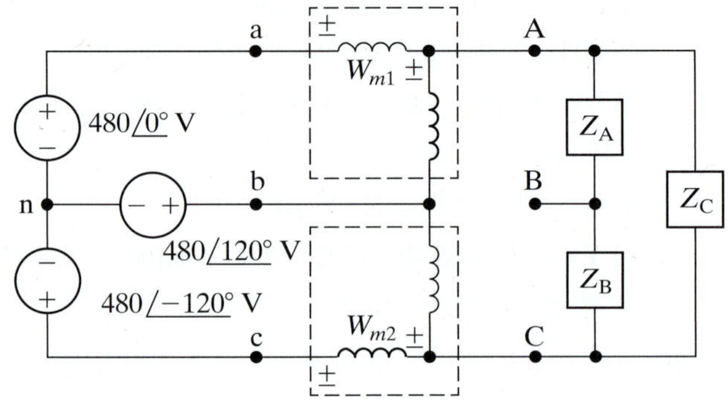

그림 P11.50

11.51 그림 P11.51에 나타낸 평형 3상 부하는 평형이고, 정상순인 3상 Y 결선 전원으로부터 전력을 공급받는다. 전원과 부하를 연결하는 선로의 임피던스는 무시할 수 있다. 전원의 상 전압은 4800 V이다.

a) 전력계의 눈금값을 W 단위로 구하라.

b) 두 번째 전력계를 회로에 어떻게 연결해야 2대의 전력계로부터 총전력이 측정되는지 설명하라.

c) 두 번째 전력계의 눈금값을 계산하라.

d) 두 전력계 눈금값의 합이 부하에 전달되는 총 평균 전력과 같다는 것을 증명하라.

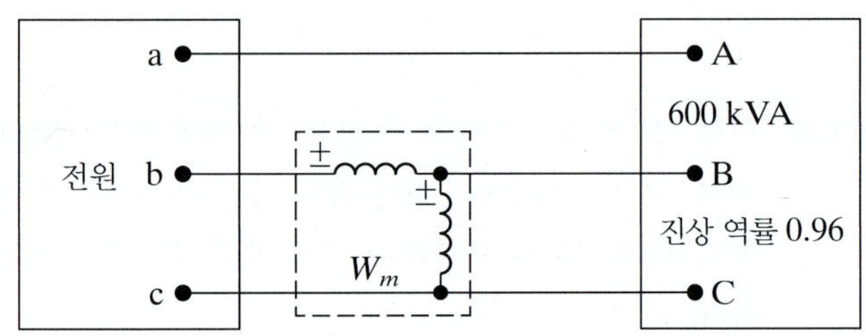

그림 P11.51

11.52 a) 그림 P11.52의 회로에서 $Z = 828 - j621\ \Omega$일 때 각 전력계의 눈금값을 계산하라.

b) 두 전력계 눈금값의 합이 부하에 전달되는 총전력과 같다는 것을 확인하라.

c) $\sqrt{3}(W_1 - W_2)$이 부하에 전달되는 총 무효 전력과 같다는 것을 확인하라.

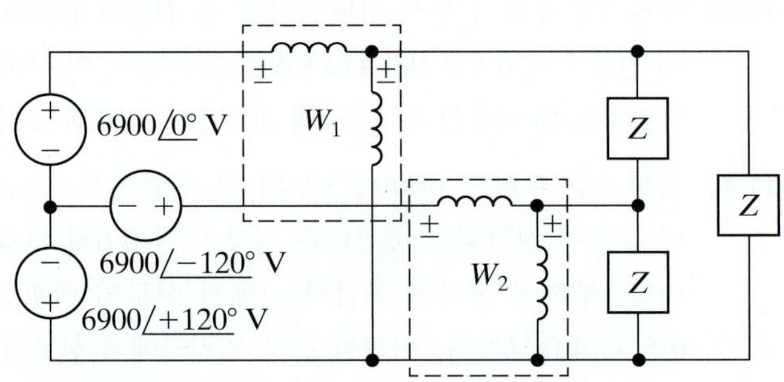

그림 P11.52

11.1~11.6절

11.53 PRACTICAL PERSPECTIVE 실제 응용의 예를 참조하라.

a) 커패시터가 모선에 연결되기 전의 변전소 부하에 대한 전력 삼각형을 그려라.

b) 커패시터를 모선에 연결한 후 (a)를 반복하라.

c) 변전소에서의 상 전압을 기준으로 하여 커패시터가 추가되기 전의 $\mathbf{V}_{AN}$과 $\mathbf{V}_{an}$ 간의 관계를 나타내는 페이저도를 그려라.

d) 정 상순이라 가정하고 $\mathbf{V}_{AB}$와 $\mathbf{V}_{ab}$ 간의 관계를 나타내는 페이저도를 그려라.

11.54 PRACTICAL PERSPECTIVE 실제 응용의 예를 참조하라. 전기 설비의 주파수는 50 Hz라고 가정하라.

a) 커패시터가 Δ 결선으로 되어 있다면 각 커패시터의 정격은 몇 μF인가?

b) 커패시터가 Y 결선으로 되어 있다면 각 커패시터의 정격은 몇 μF인가?

11.55 PRACTICAL PERSPECTIVE 실제 응용의 예에서 커패시터가 변전소 모선에 연결되기 전후의 총 선로 손실을 kW 단위로 계산하라.

11.56 PRACTICAL PERSPECTIVE 실제 응용의 예에서 변전소가 13.8 kV로 유지되고, 변전소 부하가 제거되고 추가된 커패시터 뱅크가 그대로 연결되어 있다면 발전 플랜트의 전압은 어떻게 되는가?

11.57 PRACTICAL PERSPECTIVE 실제 응용의 예에서 변전소 모선의 부하가 225 kW, 540 kVAR로 떨어진다고 가정하라. 또한 커패시터는 변전소에 그대로 연결되어 있다고 가정하라.

a) 변전소에서 13.8 kV의 선 전압을 유지하기 위해 요구되는 발전 플랜트의 선 전압의 크기는 얼마인가?

b) 이 발전 플랜트의 전압 수준에 의하여 다른 수용가에 문제가 발생하는가?

11.58 PRACTICAL PERSPECTIVE 연습문제 11.57에서 변전소 모선에서의 부하가 225 kW, 540 kVAR로 떨어질 때 변전소에서의 커패시터 뱅크가 분리되었다고 가정하라. 또한 변전소에서의 선 전압이 13.8 kV로 유지된다고 가정하라.

a) 발전 플랜트의 선 전압의 크기는 얼마인가?

b) (a)에서 구한 전압 수준은 허용할 수 있는 변동 범위 내에 있는가?

c) 부하가 $225 + j540$ kVA로 떨어진 후 커패시터가 선로상에 그대로 있을 때 총 선로 손실은 몇 kW인가?

d) 부하가 $225 + j540$ kVA로 떨어진 후 커패시터가 제거될 때 총 선로 손실은 몇 kW인가?

e) 자신의 계산에 근거하여 부하가 $225 + j540$ kVA로 떨어졌을 때 커패시터를 분리하는 것을 추천하겠는가? 이유를 설명하라.

11.59 PRACTICAL PERSPECTIVE 연습문제 11.54(a)에 있는 Δ 결선된 커패시터의 μF 정격과 가장 비슷한 커패시터를 하나 부록 H에서 선택하라.

a) 이 새로운 값을 갖는 커패시터 뱅크가 얼마의 무효 전력을 공급하는가?

b) 이 새 커패시터 뱅크가 변전소 모선에 연결되었을 때 발전 플랜트의 선 전압이 얼마나 요구되는가?

11.60 PRACTICAL PERSPECTIVE 연습문제 11.54(b)에 있는 Y 결선된 커패시터의 μF 정격과 가장 비슷한 커패시터를 하나 부록 H에서 선택하라.

a) 이 새로운 값을 갖는 커패시터 뱅크가 얼마의 무효 전력을 공급하는가?

b) 이 새 커패시터 뱅크가 변전소 모선에 연결되었을 때 발전 플랜트의 선 전압이 얼마나 요구되는가?

CHAPTER

12 라플라스 변환

학습내용

12.1 라플라스 변환의 정의
12.2 계단 함수
12.3 임펄스 함수
12.4 함수 변환
12.5 연산 변환
12.6 라플라스 변환의 적용
12.7 역변환
12.8 $F(s)$의 극점과 영점
12.9 초깃값 정리와 최종값 정리

학습목표

1 라플라스 변환의 정의, 라플라스 변환표, 연산 변환표를 사용하여 함수의 라플라스 변환을 계산할 수 있다.
2 부분분수 전개와 라플라스 변환표를 사용하여 라플라스 역변환을 계산할 수 있다.
3 s 영역 유리 함수의 극점과 영점을 찾고 그래프에 표시할 수 있다.
4 초깃값 정리와 최종값 정리를 사용하는 방법을 이해한다.

이 장에서는 선형 집중정수(lumped-parameter) 회로를 해석하는 데 널리 사용되는 강력한 해석 기법인 라플라스 변환을 소개한다. 라플라스 변환을 이용한 해석은 다음과 같은 유형의 문제에 유용하다.

- 다수의 마디 전압이나 망 전류의 미분 방정식으로 표현되는 회로의 과도 상태를 찾는 경우. 즉 선형 연립 미분 방정식으로 표현된 다수의 마디나 망으로 구성된 회로 해석 문제.
- 신호원(signal source)이 7장과 8장에서 고려했던 직류의 계단식 변화보다 복잡하게 변하는 회로의 과도 상태를 해석하는 경우.
- 회로의 전달 함수를 이용하여 다양한 주파수의 정현파 전원에 대한 정상 상태 응답을 찾는 경우. 전달 함수에 대한 내용은 13장에서 다룬다.
- 회로의 시간 영역 동작과 주파수 영역 동작을 체계적으로 관련지어 이해하는 경우.

이 장에서는 라플라스 변환의 정의를 설명하고, 관련된 특성을 살펴보며, 주파수 영역에서 시간 영역으로 표현을 변환하는 체계적인 방법을 설명한다.

■ 실제 응용

과도 효과

미국의 전기 콘센트에서 전달하는 전력은 60 Hz의 정현파 교류 전압원 또는 전류원으로 표현할 수 있다는 것을 9장에서 공부했다. 정현파 전원에 대한 정상 상태 응답은 9장에서 공부한 페이저를 이용하면 쉽게 해석할 수 있다.

그러나 많은 경우에 정현파 전원을 가지는 회로에서 전체 응답(complete response)을 고려해야 할 때가 있다. 전체 응답은 정상 상태 응답과 과도 상태 응답으로 나눌 수 있는데, 정상 상태 응답은 입력 파형과 같은 형태이고, 과도 상태 응답은 시간이 흐름에 따라 감소하여 0이 된다. 60 Hz 정현파 전원이 있는 회로의 정상 상태 응답은 60 Hz 정현파이고, 페이저를 이용하면 그 크기와 위상을 구할 수 있다. 회로의 과도 상태 응답은 회로를 구성하는 소자의 종류 및 값(value), 연결 상태에 따라 달라진다. 전원이 회로에 연결되면 회로를 구성하는 모든 소자의 전압과 전류는 과도 상태 값과 정상 상태 값의 합과 같다.

전압과 전류의 과도 상태 항은 결국에는 0으로 감소하지만, 초기 과도 상태에서는 정상 상태 항과 합쳐져서 전체 응답이 회로의 정격 전압 또는 정격 전류를 초과하게끔 할 수도 있다. 따라서 회로의 전체 응답을 아는 것이 중요하다. 이 장에서 다루는 라플라스 변환을 이용하면 정현파 전원이 있는 회로의 전체 응답을 구할 수 있다.

아래의 *RLC* 회로가 부록 H에 있는 소자 및 60 Hz의 정현파 전원으로 구성되었다고 하자. 부록 H를 보면 10 mH 인덕터의 정격 전류는 40 mA이다. 정상 상태에서 인덕터에 흐르는 전류가 정격을 넘지 않도록 정현파 전원의 크기를 결정했다고 하자. 라플라스 변환을 이용하면 전원이 연결된 이후의 정상 상태와 과도 상태를 모두 구하여 인덕터의 전체 응답이 정격을 초과하는지 여부도 알 수 있다.

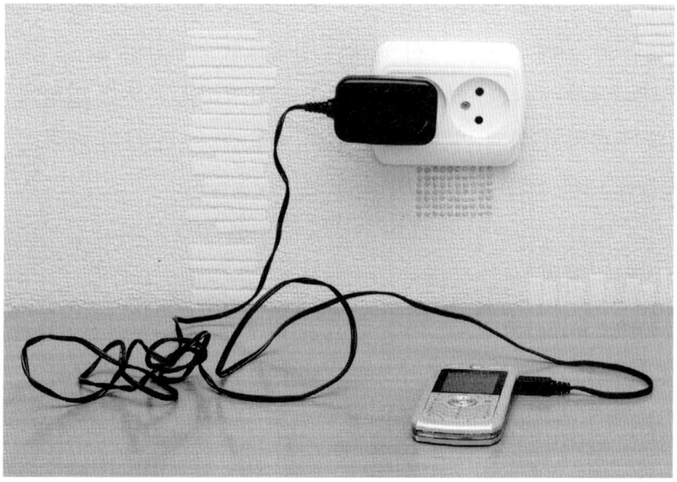

Arctic ice/Shutterstock

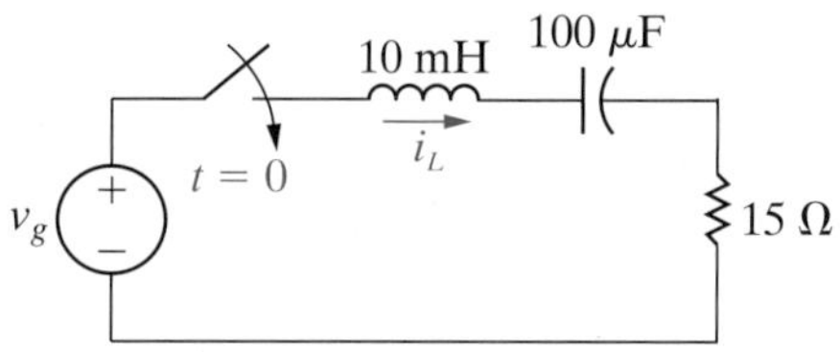

12.1 라플라스 변환의 정의

어떤 함수의 **라플라스 변환**(Laplace transform)은 다음 식과 같다.

라플라스 변환

$$\mathcal{L}\{f(t)\} = \int_0^\infty f(t)e^{-st}\,dt, \tag{12.1}$$

여기서 $\mathcal{L}\{f(t)\}$는 '$f(t)$의 라플라스 변환'이라고 읽는다.

$f(t)$의 라플라스 변환은 $F(s)$로 표현하기도 한다. 즉

$$F(s) = \mathcal{L}\{f(t)\}. \tag{12.2}$$

이렇게 표기하면, 식 (12.1)에 있는 적분을 구했을 때 그 결과식이 s의 함수라는 것을 강조할 수 있다. 이 책에서 t는 시간 영역을 나타내고 s는 주파수 영역을 나타낸다. 식 (12.1)의 적분에서 e의 지수 부분은 단위가 없어야 하기 때문에 s의 단위는 시간의 역(reciprocal), 즉 주파수와 같아야 한다. 라플라스 변환은 시간 영역의 문제를 주파수 영역 문제로 변환하며, 주파수 영역에서 문제를 푼 다음에 주파수 영역 해를 역변환하여 시간 영역 해를 구한다.

페이저 또한 변환의 예이다. 9장에서 알아본 것처럼 페이저는 회로의 물리량을 대수적으로 쉽게 계산하기 위해 정현파 신호를 복소수로 변환하고, 알고자 하는 신호의 페이저를 구한 후 그것을 다시 시간 영역 표현으로 변환한다. 라플라스 변환과 페이저 변환은 둘 다 수학적 변환이 갖는 다음과 같은 근본적인 특성을 갖는다. 즉 수학적 조작을 쉽게 하기 위해 새로운 영역을 도입하며, 새로운 영역에서 미지량을 구한 후에 그것을 다시 원래의 영역으로 역변환한다.

회로 해석에서는 시간 영역에서의 미적분 방정식을 주파수 영역에서의 대수 방정식으로 변환하기 위해 라플라스 변환을 사용한다. 즉 연립 대수 방정식을 풀어서 미지량에 대한 해를 찾을 수 있다.

라플라스 변환의 중요한 특성을 공부하기 전에 알아 두어야 할 일반적인 사항이 몇 가지 있다. 첫째, 식 (12.1)에서의 적분은 그 상한이 무한대이기 때문에 이상적분(improper integral)이다. 따라서 적분의 수렴 문제와 직면하게 된다. 즉 주어진 $f(t)$의 라플라스 변환이 존재하는가? 다행히 공학 해석에서 주로 관심을 가지는 함수는 라플라스 변환이 존재한다. 만약 존재하지 않으면 공학자들이 라플라스 변환에 관심을 가지지 않았을 것이다. 선형 회로 해석에서는 라플라스 변환이 가능한 전원으로만 회로를 구동하며, 라플라스 변환을 갖지 않는 t^t나 e^{t^2}과 같은 함수에는 관심을 두지 않는다.

둘째, 적분에서의 하한이 0이기 때문에 라플라스 변환에서 t의 음의 값에 대한 $f(t)$는 무시한다. 즉 $F(s)$는 오직 양의 t값에 대한 $f(t)$의 동작에 의해서만 결정된다. 하한이 0이라는 것을 강조하기 위해 식 (12.1)을 종종 **단방향 라플라스 변환**[one-sided(unilateral) Laplace transform]이라 한다. 양방향 라플라스 변환[two-sided(bilateral) Laplace transform]에서 하한은 $-\infty$이다. 이 책에서는 양

방향 변환은 사용하지 않으므로 $F(s)$는 단방향 변환이라고 생각하면 된다.

하한과 관련하여 $f(t)$가 원점에서 불연속 함수인 경우를 주목할 필요가 있다. 그림 12.1(a)에서처럼 $f(t)$가 원점에서 연속이면 $f(0)$에 대해 애매한 점은 없다. 그러나 그림 12.1(b)에서처럼 $f(t)$가 원점에서 불연속이면 라플라스 변환의 적분에 불연속점을 포함시켜야 하느냐 마느냐의 문제가 발생한다. 즉 하한을 0^- 로 하여 불연속점을 포함시킬 것인가? 또는 하한을 0^+로 하여 불연속점을 제외시킬 것인가? (원점에 근접한 왼쪽과 오른쪽의 t값을 나타내기 위해 각각 표기 0^-와 0^+를 사용한다.) 실제로는 어느 것을 선택해도 모순이 없으나, 뒤에서 설명할 몇 가지 이유로 여기서는 0^-를 하한으로 하기로 한다.

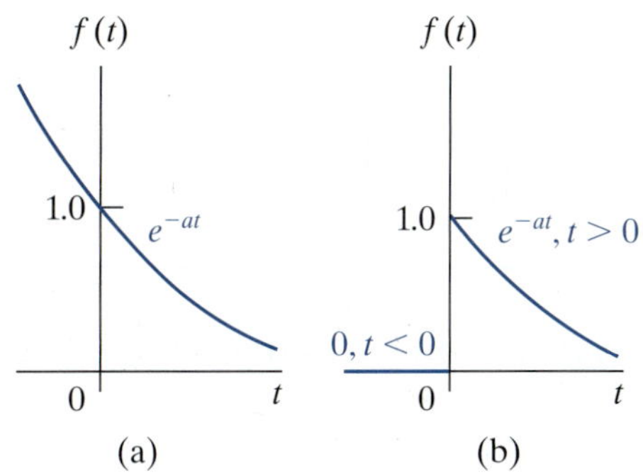

그림 12.1▲ 원점에서의 연속 함수와 불연속 함수: (a) $f(t)$는 원점에서 연속이다. (b) $f(t)$는 원점에서 불연속이다.

0^-를 하한으로 선택했으므로 일반적인 함수에서 0^-에서 0^+까지의 적분은 0이지만, 원점에서의 불연속점이 임펄스 함수일 때는 예외임을 기억해야 한다. 이러한 상황은 12.3절에서 논의한다. 그림 12.1의 두 함수는 원점에 임펄스 함수가 없어서 단방향 라플라스 변환이 같다.

단방향 라플라스 변환에서는 $t < 0^-$에서의 $f(t)$를 무시한다. 0^- 이전의 상황은 초기 조건에 반영되며, 라플라스 변환으로는 초기 조건 이후에 발생하는 입력에 대한 응답을 계산한다.

이후의 논의에서 라플라스 변환을 두 가지 유형, 즉 함수 변환과 연산 변환으로 나눈다. **함수 변환**(functional transform)은 $\sin(\omega t)$, t, e^{-at} 등 특정 함수의 라플라스 변환이다. **연산 변환**(operational transform)은 '$f(t)$의 도함수의 라플라스 변환'과 같이 라플라스 변환의 일반적인 수학적 특성을 말한다. 함수 변환과 연산 변환을 설명하기 전에 계단 함수와 임펄스 함수를 먼저 소개한다.

12.2 계단 함수

앞 장에서 본 바와 같이, 스위치가 있는 회로에서 스위칭으로 회로가 바뀌면 전류 또는 전압이 급격히 변하게 된다. 언제든 발생할 수 있는 이러한 급격한 변화를 수학적으로는 불연속으로 표현하며 계단 함수와 임펄스 함수를 이용해서 불연속이 있는 전류 또는 전압을 표현한다.

그림 12.2에 계단 함수의 그래프가 있다. 계단 함수의 기호는 $Ku(t)$이다. **계단 함수**(step function)의 수학적인 정의는 다음과 같다.

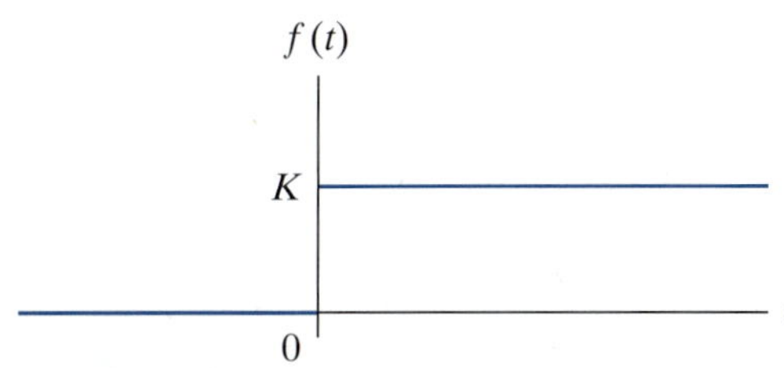

그림 12.2▲ 계단 함수.

$$Ku(t) = 0, \quad t < 0,$$
$$Ku(t) = K, \quad t > 0. \tag{12.3}$$

K가 1이면 식 (12.3)에 의해 정의된 함수 $u(t)$는 **단위 계단 함수**(unit step function)이다.

계단 함수는 $t = 0$에서 정의하지 않지만, 0^-와 0^+ 사이의 변화를 정의할 필요가 있을 때는 다음과 같은 선형적인 변화를 가정한다.

$$Ku(0) = 0.5K.$$

앞에서처럼, 0^-와 0^+는 원점의 왼쪽과 오른쪽의 근접한 대칭점을 의미하며, 0^-에서 0^+까지의 선형 변화가 그림 12.3에 있다.

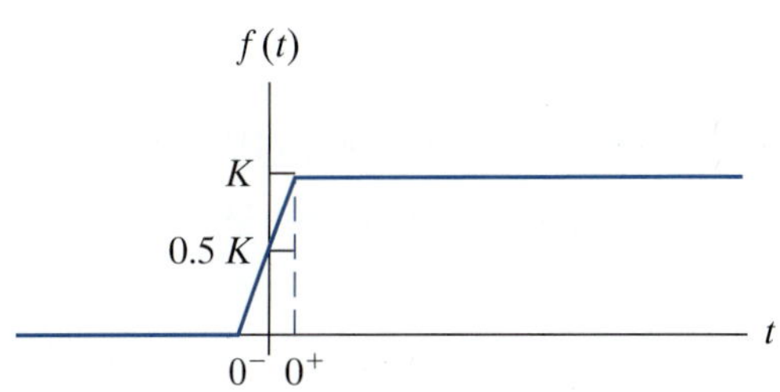

그림 12.3▲ 선형근사한 계단 함수.

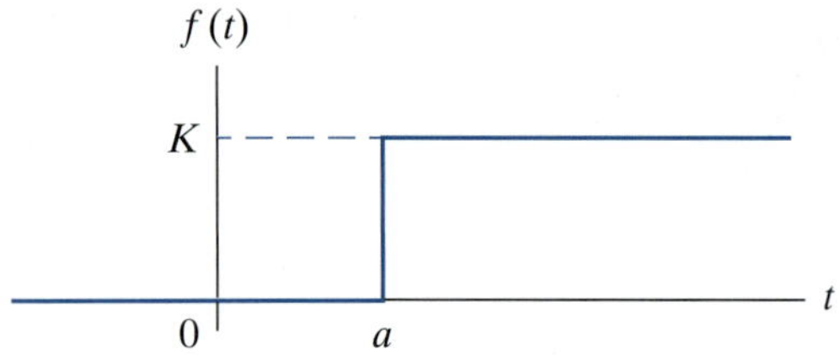

그림 12.4▲ $a > 0$일 때 $t = a$에서 발생하는 계단 함수.

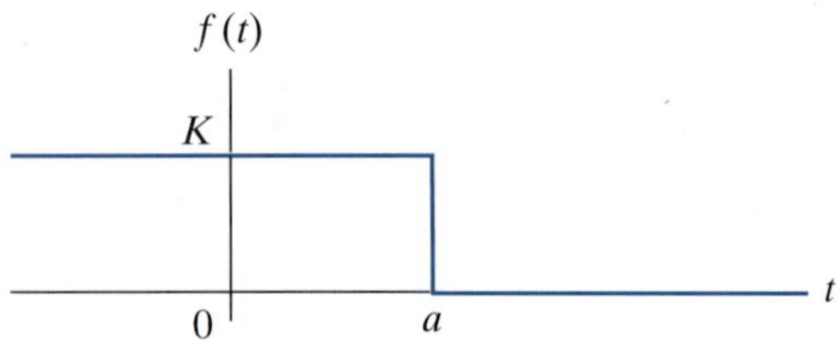

그림 12.5▲ $a > 0$일 때 계단 함수 $Ku(a - t)$.

순차적인(sequential) 스위칭에서 본 것처럼 불연속은 $t = 0$ 외에 다른 시점에서도 발생할 수 있다. $t = a$에서 발생하는 계단 함수는 $Ku(t - a)$로 표현한다. 즉

$$Ku(t - a) = 0, \quad t < a,$$
$$Ku(t - a) = K, \quad t > a.$$

$a > 0$이면 계단이 원점의 오른쪽에서 올라가고, $a < 0$이면 계단이 원점의 왼쪽에서 올라간다. 계단 함수는 함수의 인자 $t - a$가 음일 때 0이고, 양일 때 K이다. 그림 12.4에 $t = a$에서의 불연속이 그려져 있다.

$t < a$일 때 값이 K인 계단 함수는 $Ku(a - t)$로 쓸 수 있다. 즉

$$Ku(a - t) = K, \quad t < a,$$
$$Ku(a - t) = 0, \quad t > a.$$

$a < 0$일 때 불연속은 원점의 왼쪽에 있다. 이런 종류의 계단 함수가 그림 12.5에 있다.

두 개의 계단 함수를 이용하면 한정된 폭을 가지는 펄스(pulse)를 나타낼 수 있다. 예를 들어 함수 $K[u(t - 1) - u(t - 3)]$은 $1 < t < 3$에서의 값이 K이고 그 외의 영역에서 0이다. 즉 $t = 1$에서 시작하여 $t = 3$에서 끝나는 높이 K의 한정된 폭의 펄스이다. 계단 함수를 사용하여 이 펄스를 정의할 때 계단 함수 $u(t - 1)$은 $t = 1$에서 값 K를 '켜는(turning on)' 것으로, 계단 함수 $-u(t - 3)$은 $t = 3$에서 값 K를 '끄는(turning off)' 것으로 생각하면 된다. 예제 12.1에서 적절한 시간에 선형 함수를 켜고 끄기 위해 계단 함수를 사용했다.

예제 12.1 계단 함수를 사용하여 한정된 구간에서 정의된 함수 표현하기

계단 함수를 사용하여 그림 12.6의 함수식을 쓰라.

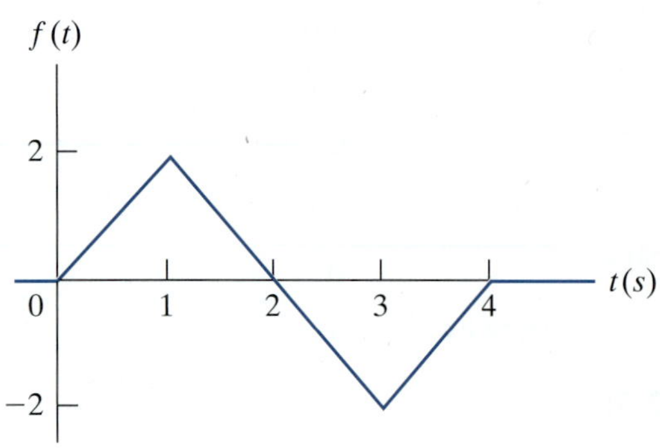

그림 12.6▲ 예제 12.1의 함수.

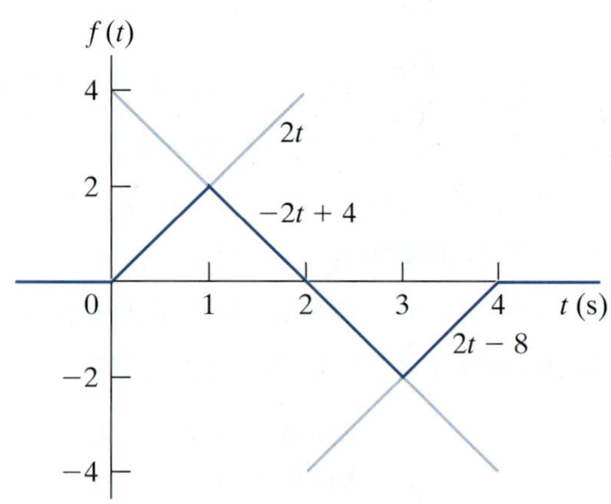

그림 12.7▲ 그림 12.6에 나타낸 함수를 구성하기 위해 넣거나 빼는 세 선분의 정의.

풀이

그림 12.6의 함수는 여러 개의 선분으로 구성된 구간 선형함수이다. 이 같은 함수는 다음과 같이 구간마다 다른 함수를 사용해서 표현한다.

$$\begin{aligned} f(t) &= 0, && t \le 0; \\ &= 2t, && 0 \le t \le 1\ \text{s}; \\ &= -2t + 4, && 1\ \text{s} \le t \le 3\ \text{s}; \\ &= 2t - 8, && 3\ \text{s} \le t \le 4\ \text{s}; \\ &= 0, && t \ge 4\ \text{s}. \end{aligned}$$

이러한 함수를 하나의 연속 함수로 묶으려면 각 구간별 함수를 적절히 넣거나 뺄 수 있어야 하는데, 다음 세 개의 구간별 함수를 계

단 함수를 이용하여 넣거나 뺄 수 있다.

$+2t$, $t = 0$에서 넣고 $t = 1$에서 뺌

$-2t + 4$, $t = 1$에서 넣고 $t = 3$에서 뺌

$+2t - 8$, $t = 3$에서 넣고 $t = 4$에서 뺌

각 선분과 방정식은 그림 12.7에 있다. 모든 t에서 정의되는 함수 $f(t)$는 다음과 같다.

$$f(t) = 2t[u(t) - u(t-1)] + (-2t+4)[u(t-1) - u(t-3)] + (2t-8)[u(t-3) - u(t-4)].$$

자가 검사: 연습문제 12.1과 12.2를 풀어 이해도를 평가하라.

12.3 임펄스 함수

임펄스(impulse)는 무한대의 크기를 가지며 지속시간이 0인 신호이다. 이러한 신호는 자연에 존재하지는 않지만, 회로 해석에서 임펄스 함수와 매우 유사한 신호를 다루기도 해서 임펄스의 수학적 모델은 회로 해석에서 유용하다. 예를 들어 임펄스 함수[1]를 이용하면 그림 12.1(b)와 같은 불연속 함수의 불연속점에서의 미분을 정의할 수 있으며 미분의 라플라스 변환도 정의할 수 있다. 또한 스위칭이 있거나 임펄스 전원이 있으면 회로에 임펄스 전압이나 전류가 발생하기도 한다. 이러한 회로의 해석은 13장에서 다루고 여기서는 임펄스 함수의 일반적인 정의만 설명한다.

임펄스 함수 묘사하기

그림 12.1(b) 함수의 불연속점에서 미분을 어떻게 정의하는지 설명하면서 임펄스 함수를 묘사하려고 한다. 우선 불연속점에서 함수의 미분을 정의하기 위해 그림 12.8과 같이 함수가 불연속 구간에서 선형으로 변한다고 가정한다. 이 그림에서 $\epsilon \to 0$일 때 원점에서 불연속임을 알 수 있다. 이 함수를 미분하면 $-\epsilon$과 $+\epsilon$ 사이에서의 도함수는 $1/2\epsilon$로 일정하다. $t > \epsilon$에서의 도함수는 $-ae^{-a(t-\epsilon)}$이며, 그림 12.9에 그래프가 있다. ϵ이 0에 접근할 때 $\pm\epsilon$ 사이에서 $f'(t)$값은 무한대이며, 무한대의 지속시간은 0이다. 한편 $\pm\epsilon$ 사이에서 $f'(t)$ 아래의 면적은 $\epsilon \to 0$ 과정에서 일정하며 지금 예에서는 1이다. ϵ이 0에 접근함에 따라 $\pm\epsilon$ 사이의 함수는 $\delta(t)$로 표기하는 **단위 임펄스 함수**(unit impulse function)에 접근한다. 즉 ϵ이 0에 접근함에 따라 원점에서의 $f(t)$의 미분은 단위 임펄스 함수에 접근한다.

$$\epsilon \to 0\text{일 때 } f'(0) \to \delta(t)$$

임펄스 함수 아래의 면적이 1이 아니면 임펄스 함수는 $K\delta(t)$로 표기하며, 여기서 K는 면적이다. K는 임펄스 함수의 **세기**(strength)라 한다.

요약하면, 임펄스 함수는 파라미터가 0으로 접근하는 가변 파라미터 함수(variable-parameter function)로부터 정의한다. 임펄스 함수라고 할 수 있는 가변 파라미터 함수는 파라미터가 0으로 접근함에 따라서 다음의 세 가지 특성을 가져야 한다.

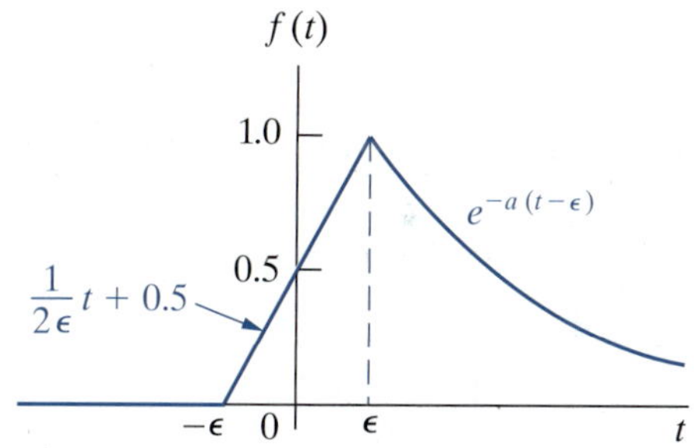

그림 12.8▲ $-\epsilon$과 $+\epsilon$ 사이의 선형 변화를 가정한 그림 12.1(b) 불연속점의 확대 그림.

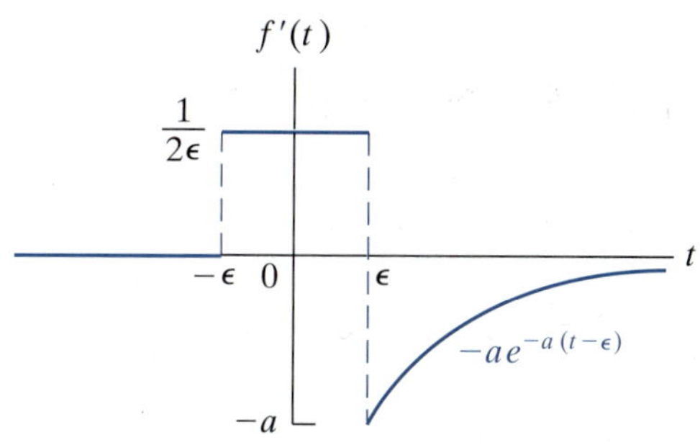

그림 12.9▲ 그림 12.8 함수의 도함수.

1 임펄스 함수를 디랙(Dirac) 델타 함수라고도 한다.

1. 함수 값의 크기는 무한히 크다.
2. 함수의 지속시간은 0에 접근한다.
3. 파라미터가 변하여도 함수 아래의 면적은 일정하다.

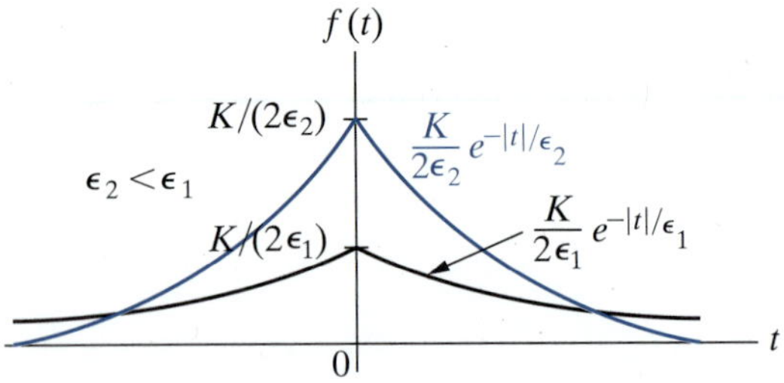

그림 12.10▲ 임펄스 함수를 생성하는 데 사용한 가변 파라미터 함수.

많은 가변 파라미터 함수가 이러한 특성을 갖는다. 그림 12.8은 선형 함수 $f(t) = 0.5t/\epsilon + 0.5$이다. 가변 파라미터 함수의 또 다른 예는 다음과 같은 지수 함수이다.

$$f(t) = \frac{K}{2\epsilon}e^{-|t|/\epsilon}.$$

ϵ이 0에 접근함에 따라 함수 값은 원점에서 무한대가 되며 동시에 무한히 작은 시간 내에서 0에 가까워진다.

그림 12.10은 $\epsilon \to 0$일 때의 $f(t)$ 특성을 보여 준다. 함수 아래의 면적이 ϵ에 무관하면 이 함수는 $\epsilon \to 0$일 때 임펄스 함수이다.

$$\text{면적} = \int_{-\infty}^{0}\frac{K}{2\epsilon}e^{t/\epsilon}dt + \int_{0}^{\infty}\frac{K}{2\epsilon}e^{-t/\epsilon}dt$$

$$= \frac{K}{2\epsilon}\cdot\frac{e^{t/\epsilon}}{1/\epsilon}\bigg|_{-\infty}^{0} + \frac{K}{2\epsilon}\cdot\frac{e^{-t/\epsilon}}{-1/\epsilon}\bigg|_{0}^{\infty}$$

$$= \frac{K}{2} + \frac{K}{2} = K,$$

곡선 아래의 면적이 일정하고 K이므로 $\epsilon \to 0$일 때 $f(t) \to K\delta(t)$이다.

임펄스 함수의 정의와 선별 특성

수학적으로 **임펄스 함수**(impulse function)는 다음과 같이 정의한다.

$$\int_{-\infty}^{\infty}K\delta(t)dt = K; \tag{12.4}$$

$$\delta(t) = 0, \quad t \neq 0. \tag{12.5}$$

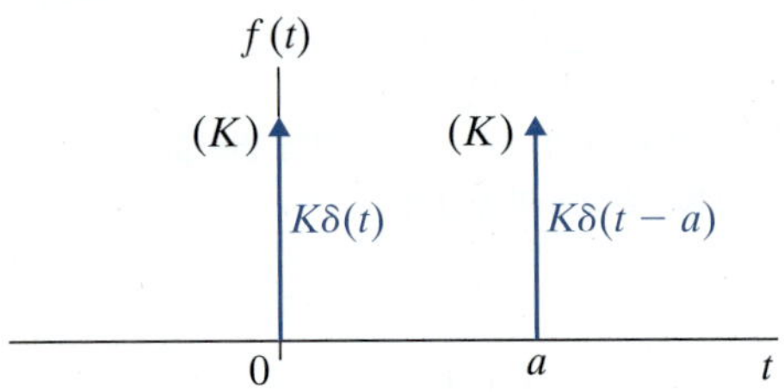

그림 12.11▲ 임펄스 $K\delta(t)$와 $K\delta(t-a)$의 그래프 표현.

식 (12.4)는 임펄스 함수 아래의 면적이 일정함을 기술하는데, 이 면적이 임펄스의 세기이다. 식 (12.5)는 $t = 0$을 제외한 모든 곳에서 임펄스는 0이라는 것을 기술한다. $t = a$에서 발생하는 임펄스는 $K\delta(t-a)$로 표기한다. 임펄스 함수를 나타내는 기호는 화살표이다. 임펄스의 세기는 화살촉 근처 괄호 안에 표시한다. 그림 12.11에 임펄스 $K\delta(t)$와 $K\delta(t-a)$가 있다.

임펄스 함수의 중요한 특성은 다음의 **선별 특성**(sifting property)이다.

$$\int_{-\infty}^{\infty}f(t)\delta(t-a)\,dt = f(a), \tag{12.6}$$

여기서 함수 $f(t)$는 $t = a$에서, 즉 임펄스의 위치에서 연속이라고 가정한다. 식 (12.6)은 임펄스 함수가 $t = a$에서의 함수 값을 제외하고는 모든 것을 걸러 없앰을 의미한다. 식 (12.6)은 식 (12.4)와 (12.5)를 이용해서 보일 수 있는데, $t = a$를 제외한 모든 곳에서 $\delta(t-a)$는 0이므로 식 (12.6)의 적분은 다음과 같이 쓸 수 있다.

$$\int_{-\infty}^{\infty}f(t)\delta(t-a)\,dt = \int_{a-\epsilon}^{a+\epsilon}f(t)\delta(t-a)\,dt.$$

여기서 $f(t)$는 a에서 연속이기 때문에 $t \to a$일 때 함수 값은 $f(a)$이다. 따라서

$$\int_{a-\epsilon}^{a+\epsilon} f(a)\delta(t-a)\,dt = f(a)\int_{a-\epsilon}^{a+\epsilon}\delta(t-a)\,dt$$
$$= f(a).$$

임펄스 함수의 라플라스 변환과 미분

임펄스 함수의 선별 특성을 이용하면 임펄스 함수의 라플라스 변환을 다음과 같이 구할 수 있다.

$$\mathscr{L}\{\delta(t)\} = \int_{0^-}^{\infty}\delta(t)e^{-st}\,dt = e^{-s(0)} = 1,$$

위 식은 중요한 라플라스 변환쌍이다. 임펄스 함수의 도함수와 이것의 라플라스 변환도 정의할 수 있는데, 1계 도함수 및 그 라플라스 변환을 먼저 살펴보고 고계 도함수를 다루고자 한다.

그림 12.12(a)에 제시된 함수는 $\epsilon \to 0$일 때 임펄스 함수가 된다. 그림 12.12(b)는 이 임펄스 생성 함수의 도함수이며, $\epsilon \to 0$일 때 임펄스 함수의 도함수 $[\delta'(t)]$라고 정의한다. 임펄스 함수의 도함수는 모멘트(moment) 함수 또는 단위 더블릿(doublet)이라고도 한다.

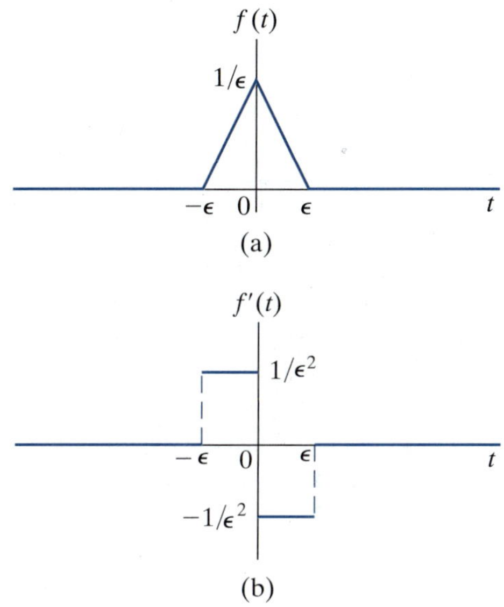

그림 12.12▲ 임펄스 함수의 1계 도함수: (a) 임펄스의 1계 도함수를 정의하는 데 사용한 임펄스 생성 함수. (b) 임펄스 생성 함수의 1계 도함수로 $\epsilon \to 0$일 때 $\delta'(t)$.

$\delta'(t)$의 라플라스 변환을 구하기 위해 그림 12.12(b)의 함수를 라플라스 변환한 후 ϵ을 0으로 보낸다.

$$\mathscr{L}\{\delta'(t)\} = \lim_{\epsilon\to 0}\left[\int_{-\epsilon}^{0^-}\frac{1}{\epsilon^2}e^{-st}\,dt + \int_{0^+}^{\epsilon}\left(-\frac{1}{\epsilon^2}\right)e^{-st}dt\right]$$
$$= \lim_{\epsilon\to 0}\frac{e^{s\epsilon} + e^{-s\epsilon} - 2}{s\epsilon^2}$$
$$= \lim_{\epsilon\to 0}\frac{se^{s\epsilon} - se^{-s\epsilon}}{2\epsilon s}$$
$$= \lim_{\epsilon\to 0}\frac{s^2e^{s\epsilon} + s^2e^{-s\epsilon}}{2s}$$
$$= s.$$

유도 과정에서 0/0의 부정형의 값을 결정하기 위해 로피탈 정리(l'Hôpital's rule)를 두 번 사용했다.

더 높은 차수의 도함수도 이와 비슷한 방법으로 얻을 수 있고(연습문제 12.7 참조), 라플라스 변환을 정의하는 적분을 이용하면 된다. 임펄스 함수의 n계 도함수의 라플라스 변환은

$$\mathscr{L}\{\delta^{(n)}(t)\} = s^n.$$

마지막으로 임펄스 함수는 계단 함수의 미분임에 주목해야 한다. 즉

$$\delta(t) = \frac{du(t)}{dt}.$$

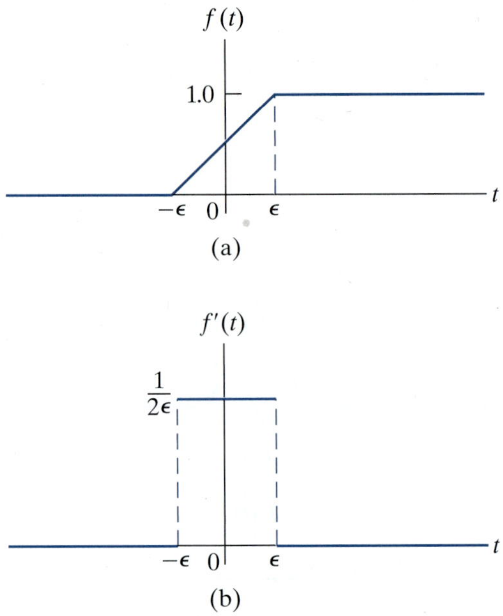

그림 12.13▲ 계단 함수의 미분으로서의 임펄스 함수: (a) $\epsilon \to 0$일 때 $f(t) \to u(t)$. (b) $\epsilon \to 0$일 때 $f'(t) \to \delta(t)$.

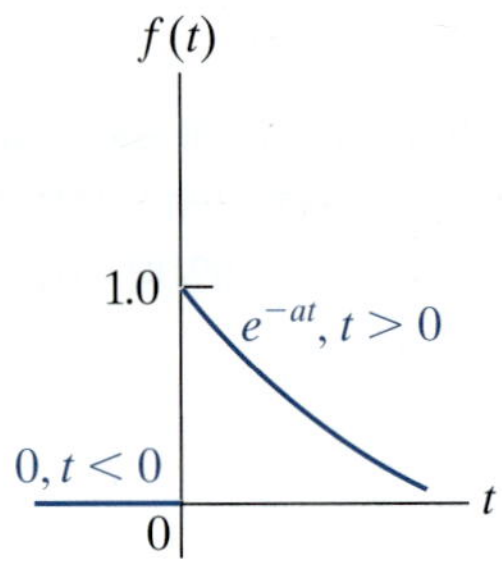

그림 12.14▲ 감쇠 지수 함수.

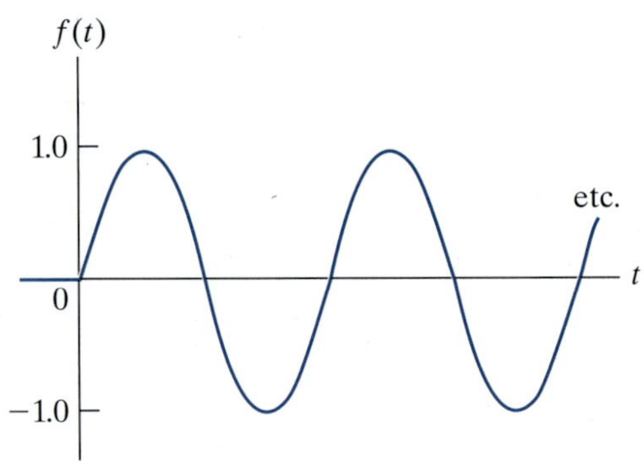

그림 12.15▲ $t > 0$에서 정현파 함수.

그림 12.13은 임펄스 함수와 계단 함수의 관계를 보여 준다. 그림 12.13(a)의 함수는 $\epsilon \to 0$일 때 단위 계단 함수가 된다. 그림 12.13(b)의 함수[그림 12.13(a) 함수의 미분]는 $\epsilon \to 0$일 때 단위 임펄스 함수가 된다.

임펄스 함수는 회로 해석에서 매우 유용한 개념이며 다음 장에서 이에 대해 자세히 살펴본다. 이 장에서는 원점에서 불연속인 함수의 라플라스 변환을 이해하기 위해 기본 개념을 설명했다.

자가 검사: 연습문제 12.9와 12.10을 풀어 이해도를 평가하라.

12.4 함수 변환

함수 변환(functional transform)이란 시간 t의 함수의 직접적인 라플라스 변환을 말한다. 이 책에서는 단방향 라플라스 변환만 고려하기 때문에 모든 함수가 $t < 0^-$에서 0이라고 가정한다.

12.3절에서 단위 임펄스 함수의 라플라스 변환은 1임을 보였는데, 이는 첫 번째로 보인 함수 변환쌍이다. 다음으로 원점에서의 단위 계단 함수의 라플라스 변환을 구해 보자.

$$\mathscr{L}\{u(t)\} = \int_0^\infty f(t)e^{-st}\,dt = \int_{0^+}^\infty 1e^{-st}dt = \left.\frac{e^{-st}}{-s}\right|_{0^+}^{\infty} = \frac{1}{s}.$$

즉 단위 계단 함수의 라플라스 변환은 $1/s$이다.

그림 12.14에 나타낸 감쇠하는 지수 함수의 라플라스 변환은 다음과 같다.

$$\mathscr{L}\{e^{-at}\} = \int_{0^+}^\infty e^{-at}e^{-st}dt = \int_{0^+}^\infty e^{-(a+s)t}dt = \frac{1}{s+a}.$$

단위 계단 함수와 감쇠 지수 함수의 라플라스 변환을 유도할 때 불연속점인 원점에서의 적분은 0임을 이용했다.

그림 12.15에 나타낸 정현파 함수의 라플라스 변환을 살펴보자. $t > 0^-$일 때 $f(t)$의 식은 $\sin \omega t$이고, 라플라스 변환은 다음과 같다.

$$\begin{aligned}\mathscr{L}\{\sin \omega t\} &= \int_{0^-}^\infty (\sin \omega t)e^{-st}\,dt \\ &= \int_{0^-}^\infty \left(\frac{e^{j\omega t} - e^{-j\omega t}}{2j}\right)e^{-st}\,dt \\ &= \int_{0^-}^\infty \frac{e^{-(s-j\omega)t} - e^{-(s+j\omega)t}}{2j}\,dt \\ &= \frac{1}{2j}\left(\frac{1}{s-j\omega} - \frac{1}{s+j\omega}\right) \\ &= \frac{\omega}{s^2+\omega^2}.\end{aligned}$$

표 12.1은 라플라스 변환쌍을 정리한 간략한 표이다. 회로에 적용하는 데 필요한 기본 함수의 변환쌍이 표에 정리되어 있다.

표 12.1 라플라스 변환쌍의 요약 목록

유형	$f(t)\,(t>0^-)$	$F(s)$
임펄스(impulse) 함수	$\delta(t)$	1
계단(step) 함수	$u(t)$	$\frac{1}{s}$
램프(ramp) 함수	t	$\frac{1}{s^2}$
지수(exponential) 함수	e^{-at}	$\frac{1}{s+a}$
사인(sine) 함수	$\sin \omega t$	$\frac{\omega}{s^2+\omega^2}$
코사인(cosine) 함수	$\cos \omega t$	$\frac{s}{s^2+\omega^2}$
감쇠램프(damped ramp) 함수	te^{-at}	$\frac{1}{(s+a)^2}$
감쇠사인(damped sine) 함수	$e^{-at}\sin \omega t$	$\frac{\omega}{(s+a)^2+\omega^2}$
감쇠코사인(damped cosine) 함수	$e^{-at}\cos \omega t$	$\frac{s+a}{(s+a)^2+\omega^2}$

평가문제

목표 1—라플라스 변환의 정의를 사용하여 함수의 라플라스 변환을 계산할 수 있다.

12.1 라플라스 변환의 정의를 사용하여

a) $\sin(\omega t+\theta)$의 라플라스 변환을 구하라.

b) $\cos(\omega t+\theta)$의 라플라스 변환을 구하라.

정답: a) $\frac{\omega\cos\theta + s\sin\theta}{s^2+\omega^2}$,

b) $\frac{s\cos\theta - \omega\sin\theta}{s^2+\omega^2}$.

자가 검사: 연습문제

12.5 연산 변환

연산 변환(operational transform)은 $f(t)$나 $F(s)$에 수학적인 연산을 적용해서 상대 영역으로 변환하는 방법을 말한다. 주요 관심 연산은 (1) 상수배, (2) 덧셈과 뺄셈, (3) 미분, (4) 적분, (5) 시간 영역에서의 이동, (6) 주파수 영역에서의 이동, (7) 스케일 변경 등이다.

상수배

라플라스 변환의 정의로부터

$$\mathcal{L}\{f(t)\} = F(s),$$

라면

$$\mathcal{L}\{Kf(t)\} = KF(s).$$

따라서 $f(t)$의 상수배에 대한 라플라스 변환은 $F(s)$에 같은 상수를 곱한 것과 같다.

덧셈과 뺄셈

시간 영역에서의 덧셈(뺄셈)은 주파수 영역에서의 덧셈(뺄셈)으로 변형된다. 즉

$$\mathscr{L}\{f_1(t)\} = F_1(s),$$

$$\mathscr{L}\{f_2(t)\} = F_2(s),$$

$$\mathscr{L}\{f_3(t)\} = F_3(s),$$

라면

$$\mathscr{L}\{f_1(t) + f_2(t) - f_3(t)\} = F_1(s) + F_2(s) - F_3(s).$$

이 관계는 함수 합의 적분은 각 함수 적분의 합과 같음을 이용하여 라플라스 변환의 정의에 적용함으로써 유도된다.

미분

시간 영역에서의 미분에 대한 라플라스 변환은 라플라스 변환의 정의로부터 유도된다.

$$\mathscr{L}\left\{\frac{df(t)}{dt}\right\} = \int_{0^-}^{\infty}\left[\frac{df(t)}{dt}\right]e^{-st}\,dt.$$

부분적분을 이용하여 $u = e^{-st}$, $dv = [df(t)/dt]\,dt$라고 생각하면 다음 식을 얻는다.

$$\mathscr{L}\left\{\frac{df(t)}{dt}\right\} = e^{-st}f(t)\Big|_{0^-}^{\infty} - \int_{0^-}^{\infty} f(t)(-se^{-st}dt).$$

$f(t)$는 라플라스 변환이 가능하다고 가정했기 때문에 $t = \infty$에서 $e^{-st}f(t)$의 값은 0이다. 따라서 우변은 다음과 같이 된다.

$$-f(0^-) + s\int_{0^-}^{\infty} f(t)e^{-st}dt = sF(s) - f(0^-).$$

즉 $f(t)$ 미분의 라플라스 변환은 다음과 같다.

$$\mathscr{L}\left\{\frac{df(t)}{dt}\right\} = sF(s) - f(0^-).$$

이 식은 시간 영역에서의 미분이 s 영역에서 대수연산으로 변환된다는 중요한 결과를 알려 준다.

$f(t)$의 1계 도함수의 라플라스 변환을 이용하여 고계 도함수의 라플라스 변환도 구할 수 있다. 예를 들어 $f(t)$의 2계 도함수의 라플라스 변환을 구하기 위해 먼저 다음과 같이 둔다.

$$g(t) = \frac{df(t)}{dt}.$$

$g(t)$의 라플라스 변환은 다음 식에서 구한다.

$$G(s) = sF(s) - f(0^-).$$

여기서

$$\frac{dg(t)}{dt} = \frac{d^2f(t)}{dt^2},$$

따라서 다음과 같이 쓸 수 있다.

$$\mathscr{L}\left\{\frac{dg(t)}{dt}\right\} = \mathscr{L}\left\{\frac{d^2f(t)}{dt^2}\right\} = sG(s) - g(0^-).$$

그러므로

$$\mathscr{L}\left\{\frac{d^2f(t)}{dt^2}\right\} = s^2F(s) - sf(0^-) - \frac{df(0^-)}{dt}.$$

앞의 과정을 반복하여 적용함으로써 n계 도함수의 라플라스 변환을 구할 수 있으며, 다음과 같은 일반적인 결과를 얻는다.

$$\mathscr{L}\left\{\frac{d^nf(t)}{dt^n}\right\} = s^nF(s) - s^{n-1}f(0^-) - s^{n-2}\frac{df(0^-)}{dt}$$

$$- s^{n-3}\frac{d^2f(0^-)}{dt^2} - \cdots - \frac{d^{n-1}f(0^-)}{dt^{n-1}}.$$

적분

$f(t)$의 적분의 라플라스 변환도 라플라스 변환의 정의를 이용하여 구한다.

$$\mathscr{L}\left\{\int_{0^-}^{t} f(x)\,dx\right\} = \int_{0^-}^{\infty}\left[\int_{0^-}^{t} f(x)\,dx\right]e^{-st}\,dt.$$

부분적분으로 우변의 적분을 구하는 과정에서

$$u = \int_{0^-}^{t} f(x)\,dx,$$

$$dv = e^{-st}\,dt.$$

라고 두면

$$du = f(t)\,dt,$$

$$v = -\frac{e^{-st}}{s}.$$

부분적분을 적용하면 다음 식이 된다.

$$\mathscr{L}\left\{\int_{0^-}^{t} f(x)dx\right\} = -\frac{e^{-st}}{s}\int_{0^-}^{t} f(x)dx\bigg|_{0^-}^{\infty} + \int_{0^-}^{\infty}\frac{e^{-st}}{s}f(t)\,dt.$$

우변의 첫 번째 항은 상한과 하한에서 둘 다 0인데, 하한에서는 적분의 상·하한이 같으므로 0이며, 상한에서는 $t \to \infty$면 $e^{-st} \to 0$이므로 0이다. 우변 두 번째 항은

$F(s)/s$이므로 다음 결과식을 얻는다.

$$\mathscr{L}\left\{\int_{0^-}^{t} f(x)\,dx\right\} = \frac{F(s)}{s},$$

이 식은 시간 영역에서의 적분이 s 영역에서 $1/s$을 곱하는 대수연산으로 변환됨을 보여 준다. 이로부터 라플라스 변환으로 연립 미적분 방정식이 연립 대수 방정식으로 변환됨을 알 수 있다.

시간 영역에서의 이동

어떤 함수 $f(t)u(t)$에 대해 시간 영역에서 상수 a만큼 이동한 함수는 $f(t-a)$ $u(t-a)$로 나타낼 수 있다.[2] 라플라스 변환의 정의로부터 $f(t-a)u(t-a)$의 라플라스 변환을 구할 수 있다.

$$\begin{aligned}\mathscr{L}\{(t-a)u(t-a)\} &= \int_{0^-}^{\infty} u(t-a)f(t-a)e^{-st}\,dt\\ &= \int_{a}^{\infty} f(t-a)e^{-st}\,dt.\end{aligned}$$

이 식을 쓸 때 $t < a$에서 $u(t-a) = 0$이라는 것을 이용했다. 이제 적분 변수를 바꾸어 $x = t - a$라고 둔다. 이때 $t = a$에서 $x = 0$이고, $t = \infty$에서 $x = \infty$이며, $dx = dt$이다. 즉

$$\begin{aligned}\mathscr{L}\{f(t-a)u(t-a)\} &= \int_{0}^{\infty} f(x)e^{-s(x+a)}\,dx\\ &= e^{-sa}\int_{0}^{\infty} f(x)e^{-sx}\,dx\\ &= e^{-as}F(s).\end{aligned}$$

따라서

$$\mathscr{L}\{f(t-a)u(t-a)\} = e^{-as}F(s), \quad a > 0.$$

시간 영역에서의 이동은 주파수 영역에서 지수 함수를 곱하는 것에 대응된다.

예를 들어

$$\mathscr{L}\{tu(t)\} = \frac{1}{s^2},$$

그러므로 연산 변환을 이용하여 $(t-a)u(t-a)$의 라플라스 변환을 구하면 다음과 같다.

$$\mathscr{L}\{(t-a)u(t-a)\} = \frac{e^{-as}}{s^2}.$$

---

2 함수 $f(t)$가 양의 t에서만 정의된다는 것을 강조하기 위해 임의의 $f(t)$에 단위 계단 함수 $u(t)$를 곱하여 표현한다.

주파수 영역에서의 이동

주파수 영역에서의 이동은 시간 영역에서 지수 함수를 곱하는 것에 대응된다.

$$\mathscr{L}\{e^{-at}f(t)\} = F(s+a),$$

위 식은 라플라스 변환의 정의를 이용하여 보일 수 있고, 증명은 연습문제 12.15로 넘긴다.

이러한 연산 변환을 사용하여 새로운 변환쌍을 유도할 수 있다. 즉

$$\mathscr{L}\{\cos \omega t\} = \frac{s}{s^2+\omega^2},$$

위의 식을 이용하여 다음 식을 얻을 수 있다.

$$\mathscr{L}\{e^{-at}\cos \omega t\} = \frac{s+a}{(s+a)^2+\omega^2}.$$

스케일 변경

시간 영역 변수에 양의 상수가 곱해질 때 스케일 변경 특성에 의하여 $f(t)$와 $F(s)$의 관계는 다음과 같다.

$$\mathscr{L}\{f(at)\} = \frac{1}{a}F\left(\frac{s}{a}\right), \quad a > 0.$$

이 식의 유도는 연습문제 12.16에 남겨 둔다. 스케일 변경 특성은 시간 스케일을 변경함으로써 시스템의 실험 모델을 편하게 만들 수 있는 경우에 매우 유용하다.

이러한 연산 변환을 이용하여 새로운 변환쌍을 만들 수 있다. 즉

$$\mathscr{L}\{\cos t\} = \frac{s}{s^2+1},$$

위의 식을 이용하여 다음 식을 얻을 수 있다.

$$\mathscr{L}\{\cos \omega t\} = \frac{1}{\omega}\frac{s/\omega}{(s/\omega)^2+1} = \frac{s}{s^2+\omega^2}.$$

표 12.2에 연산 변환이 정리되어 있다.

평가문제

목표 1—라플라스 변환표와 연산 변환표를 사용하여 함수의 라플라스 변환을 계산할 수 있다.

12.2 표 12.2의 적당한 연산 변환을 사용하여 다음 각 함수의 라플라스 변환을 구하라.

a) t^3e^{-at}

b) $\frac{d}{dt}(e^{-at}\cos \omega t)$

c) $\int_{0^-}^{t} e^{-ax}\sin \omega x\, dx$

정답: a) $\frac{6}{(s+a)^4}$,

b) $\frac{-a^2 - sa - \omega^2}{(s+a)^2+\omega^2}$,

c) $\frac{\omega}{s[(s+a)^2+\omega^2]}$.

자가 검사: 연습문제 12.17과 12.18도 풀어 보라.

표 12.2 연산 변환의 요약 목록

연산	$f(t)$	$F(s)$
상수배	$Kf(t)$	$KF(s)$
덧셈/뺄셈	$f_1(t) + f_2(t) - f_3(t) + \cdots$	$F_1(s) + F_2(s) - F_3(s) + \cdots$
1계 도함수(시간)	$\frac{df(t)}{dt}$	$sF(s) - f(0^-)$
2계 도함수(시간)	$\frac{d^2f(t)}{dt^2}$	$s^2F(s) - sf(0^-) - \frac{df(0^-)}{dt}$
n계 도함수(시간)	$\frac{d^nf(t)}{dt^n}$	$s^nF(s) - s^{n-1}f(0^-) - s^{n-2}\frac{df(0^-)}{dt} - s^{n-3}\frac{df^2(0^-)}{dt^2} - \cdots - \frac{d^{n-1}f(0^-)}{dt^{n-1}}$
시간 적분	$\int_0^t f(x)\,dx$	$\frac{F(s)}{s}$
시간에서의 이동	$f(t-a)u(t-a),\ a > 0$	$e^{-as}F(s)$
주파수에서의 이동	$e^{-at}f(t)$	$F(s+a)$
스케일 변경	$f(at),\ a > 0$	$\frac{1}{a}F\left(\frac{s}{a}\right)$
1계 도함수(s)	$tf(t)$	$-\frac{dF(s)}{ds}$
n계 도함수(s)	$t^nf(t)$	$(-1)^n\frac{d^nF(s)}{ds^n}$
s 적분	$\frac{f(t)}{t}$	$\int_s^\infty F(u)\,du$

12.6 라플라스 변환의 적용

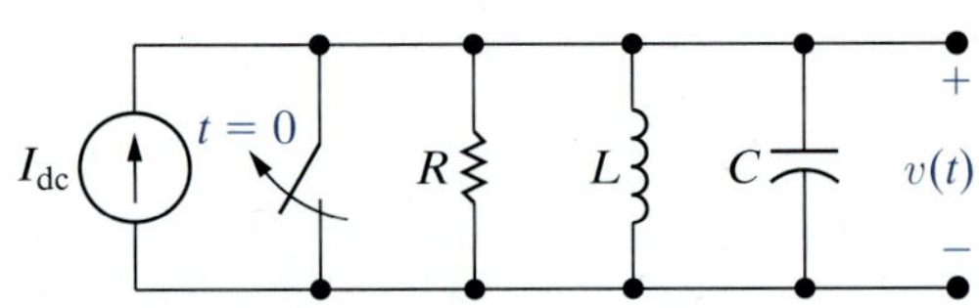

그림 12.16▲ 병렬 RLC 회로.

그림 12.16의 회로를 대상으로 집중정수 회로(lumped-parameter circuit)의 동작을 표현하는 상미적분 방정식의 풀이에 라플라스 변환을 적용하는 방법을 알아보자. 직류 전류원의 단락 스위치가 개방되는 순간에 대상 회로에 저장된 초기 에너지는 없다고 가정하고 $t \geq 0$에서 $v(t)$의 시간 영역 식을 구해 본다.

문제를 풀려면 $v(t)$가 만족해야 하는 미적분 방정식을 먼저 만들어야 한다. 이 회로는 하나의 마디 전압 방정식만으로 표현할 수 있고, 회로의 위쪽 마디로부터 나오는 전류를 합하면 다음 식을 얻는다.

$$\frac{v(t)}{R} + \frac{1}{L}\int_0^t v(x)\,dx + C\frac{dv(t)}{dt} = I_{dc}u(t).$$

$t = 0$에서의 스위치 개방을 전류원 전류와 단위 계단 함수의 곱인 $I_{dc}u(t)$로 표현했다.

위의 마디 전압 방정식에 네 가지 연산 변환(상수 곱, 덧셈, 적분, 미분)과 하나의 함수 변환(단위 계단 함수)을 적용하여 다음 s 영역 대수 방정식으로 변환했다.

$$\frac{V(s)}{R} + \frac{1}{L}\frac{V(s)}{s} + C[sV(s) - v(0^-)] = I_{dc}\left(\frac{1}{s}\right).$$

변환 결과는 미지량 $V(s)$만의 대수 방정식이다. 전류원 전류 I_{dc}와 회로 정수 R, L, C는 알고 있고, 회로의 초기 에너지가 0이므로 커패시터 초기 전압 $v(0^-)$는 0이다. 이상의 과정으로 주어진 문제를 대수 방정식 문제로 변환했다.

$V(s)$에 대해 정리하여 다음 식을 얻는다.

$$V(s)\left(\frac{1}{R} + \frac{1}{sL} + sC\right) = \frac{I_{dc}}{s},$$

$$V(s) = \frac{I_{dc}/C}{s^2 + (1/RC)s + (1/LC)}.$$

$v(t)$를 구하기 위해 식 $V(s)$를 역변환해야 하는데, 이 역연산을 다음과 같이 표기한다.

$$v(t) = \mathscr{L}^{-1}\{V(s)\}.$$

s 영역 식을 시간 영역 식으로 바꾸는 역변환은 12.7절의 주제이다. 12.7절에서는 또한 중요한 절차를 언급하는데, 바로 시간 영역 결과식의 타당성 검증이다. 검증은 라플라스 변환 문제에서만 중요한 것은 아니며, 구한 해가 시스템의 알려진 특성과 일치하는지는 항상 확인해야 한다.

앞으로는 시간 영역 식의 t 괄호와 주파수 영역 식의 s 괄호를 생략하여 간단히 표기한다. 그리고 시간 영역 변수는 소문자로 쓰고 s 영역 변수는 대응되는 대문자로 써서 구별한다. 즉

$$\mathscr{L}\{v\} = V \quad \text{또는} \quad v = \mathscr{L}^{-1}\{V\},$$

$$\mathscr{L}\{i\} = I \quad \text{또는} \quad i = \mathscr{L}^{-1}\{I\},$$

$$\mathscr{L}\{f\} = F \quad \text{또는} \quad f = \mathscr{L}^{-1}\{F\},$$

등과 같이 쓴다.

예제 12.2에서는 그림 12.16 회로의 소자 값을 가지고 라플라스 변환을 이용하여 회로의 출력 전압을 구한다.

예제 12.2 회로의 응답을 계산하는 데 라플라스 변환 이용하기

그림 12.16의 회로에서 $I_{dc} = 24$ mA, $R = 400\ \Omega$, $L = 25$ mH, $C = 25$ nF이다. $t = 0$에서 회로가 개방될 때 저장된 에너지는 없다. $v(t)$의 라플라스 변환을 찾고 이를 이용하여 함수 $v(t)$를 구하라.

풀이

그림 12.16에 대해 얻은 $V(s)$를 이용하면

$$V(s) = \frac{I_{dc}/C}{s^2 + (1/RC)s + (1/LC)}$$

$$= \frac{0.024/(25 \times 10^{-9})}{s^2 + [1/(400)(25 \times 10^{-9})]s + [1/(0.025)(25 \times 10^{-9})]}$$

$$= \frac{96 \times 10^4}{s^2 + 10^5 s + 16 \times 10^8}.$$

식 $V(s)$는 표 12.1이나 표 12.2를 이용하여 역변환을 할 수 있는 형태가 아니다. $V(s)$의 분모를 두 개의 인수로 인수분해해서 표현하면 다음과 같다.

$$V(s) = \frac{96 \times 10^4}{(s + 20{,}000)(s + 80{,}000)}.$$

$V(s)$ 분모의 각 인수를 분모로 하는 두 항의 합으로 $V(s)$를 바꾸어 쓸 수 있다.

$$V(s) = \frac{K_1}{(s + 20{,}000)} + \frac{K_2}{(s + 80{,}000)}.$$

각 항은 라플라스 변환에서 익숙한 형태이다. 지수 함수의 라플라스 변환(표 12.1)과 상수 곱과 덧셈의 연산 변환(표 12.2)을 이용하면 $v(t)$는 두 지수 함수 $e^{-20{,}000t}$와 $e^{-80{,}000t}$의 합임을 알 수 있다.

자가 검사: 연습문제 12.32를 풀어 이해도를 평가하라.

12.7 역변환

예제 12.2에서 $V(s)$의 식은 s의 **유리**(rational) 함수이다. 즉 s의 정수 거듭제곱인 두 다항식의 비율 형태이다. 실제로 소자(component) 값이 상수인 선형 집중정수 회로에서는 미지 전압과 전류의 s 영역 식이 언제나 s의 유리 함수이다(연습문제 12.26~12.30을 풀어서 확인할 수 있다). s의 유리 함수를 역변환하면 전압과 전류의 시간 영역 식을 구할 수 있다. 이 절에서는 유리 함수의 역변환을 구하는 직접적이고도 체계적인 방법을 설명한다.

일반적으로 다음과 같은 형태의 함수를 역변환해야 한다.

$$F(s) = \frac{N(s)}{D(s)} = \frac{a_n s^n + a_{n-1}s^{n-1} + \cdots + a_1 s + a_0}{b_m s^m + b_{m-1}s^{m-1} + \cdots + b_1 s + b_0}. \tag{12.7}$$

계수 a와 b는 실수인 상수이고, 지수 m과 n은 양의 정수이다. 비 $N(s)/D(s)$는 $m > n$이면 **진분수 유리 함수**(proper rational function)라 하고, $m \le n$이면 **가분수 유리 함수**(improper rational function)라고 한다. 진분수 유리 함수만이 부분분수의 합으로 전개될 수 있지만, 이 절의 마지막에서 가분수 유리 함수인 경우의 해결책을 제시하므로 별 문제가 되지 않는다.

부분분수 전개: 진분수 유리 함수

진분수 유리 함수는 $D(s)$의 각각의 근(root)에 해당하는 항(term)이 분모인 부분분수의 합으로 전개할 수 있다. 따라서 부분분수 전개를 하려면 $D(s)$는 인수분해된 형태여야 하며, $D(s)$의 각 인수는 부분분수의 개별 항이 된다. $D(s)$의 r차 다중 인수는 전개식에서 r개의 항으로 전개된다. 예를 들면, 유리 함수

$$\frac{s + 6}{s(s + 3)(s + 1)^2},$$

에서 분모는 네 개의 근을 갖는다. 네 개의 근 중에서 두 개는 단순근이고($s = 0$, $s = -3$에서), $s = -1$은 이중근이다. 이 함수의 부분분수 전개는 다음과 같은 형태를 갖는다.

$$\frac{s + 6}{s(s + 3)(s + 1)^2} \equiv \frac{K_1}{s} + \frac{K_2}{s + 3} + \frac{K_3}{(s + 1)^2} + \frac{K_4}{s + 1}.$$

부분분수 전개 형태에서 역변환을 구하려면 함수 변환이나 연산 변환으로 각 항의 역변환에 해당하는 $f(t)$를 찾아야 한다. 표 12.1과 12.2로부터 다음을 확인할 수 있다.

$$\mathscr{L}^{-1}\left\{\frac{K_1}{s} + \frac{K_2}{s+3} + \frac{K_3}{(s+1)^2} + \frac{K_4}{s+1}\right\}$$
$$= (K_1 + K_2 e^{-3t} + K_3 te^{-t} + K_4 e^{-t})u(t).$$

이제 부분분수 전개 과정에서 생긴 계수($K_1, K_2, K_3, \ldots$)의 결정 방법만 알면 된다. $D(s)$의 근은 (1) 서로 다른 실근, (2) 서로 다른 복소근, (3) 다중 실근, (4) 다중 복소근 중 한 형태이므로 네 종류의 부분분수 전개 유형만 알면 된다. 각 경우를 살펴보기 전에 몇 가지 일반적인 사항을 정리해 보자.

전개한 부분분수의 합이 원래의 유리 함수와 같다는 것을 강조하기 위해 항등식 기호 $\equiv$를 사용했다. 이는 식의 양변이 변수 s의 모든 값에서 같고, 양변에 똑같은 연산을 수행하여도 등식 관계가 성립함을 의미한다. 이 특성은 계수를 결정할 때에 중요하다.

부분분수 전개를 하기 전에 유리 함수가 진분수(proper)인가를 꼭 확인해야 한다. 가분수 유리 함수인 경우에는 K값이 무의미하므로 이 확인은 중요하다. K값을 검증하는 과정이 있기는 하지만 "$F(s)$가 진분수 유리 함수인가?"를 질문하는 습관으로 헛수고를 피할 수 있다.

부분분수 전개: $D(s)$의 서로 다른 실근

먼저 $D(s)$의 모든 근이 서로 다른 실근일 때 부분분수 전개에서의 계수 결정 방법을 알아보자. 예를 들면,

$$F(s) = \frac{N(s)}{(s+p_1)(s+p_2)(s+p_3)} \equiv \frac{K_1}{(s+p_1)} + \frac{K_2}{(s+p_2)} + \frac{K_3}{(s+p_3)}.$$

첫 부분분수 항의 K_1을 구하기 위해 항등식의 양변에 K_1의 분모를 곱하여 다음 식을 얻었다.

$$\frac{N(s)}{(s+p_2)(s+p_3)} \equiv K_1 + \frac{K_2(s+p_1)}{(s+p_2)} + \frac{K_3(s+p_1)}{(s+p_3)}.$$

다음으로 계수 K_1 항의 근인 $s = -p_1$을 양변에 대입하여 계산하면 다음과 같다.

$$\left.\frac{N(s)}{(s+p_2)(s+p_3)}\right|_{s=-p_1}$$
$$\equiv K_1 + \left.\frac{K_2(s+p_1)}{(s+p_2)}\right|_{s=-p_1} + \left.\frac{K_3(s+p_1)}{(s+p_3)}\right|_{s=-p_1} = K_1.$$

우변은 구하고자 하는 K이고 좌변은 항상 숫자이다. 이와 같은 방법을 반복하면 K_2와 K_3도 구할 수 있다.

예제 12.3에서 이러한 절차를 보여 준다.

예제 12.3 F(s)가 서로 다른 실근을 가질 때 라플라스 역변환 구하기

부분분수 전개를 이용하여 다음의 역변환을 구하라.

$$F(s) = \frac{96(s+5)(s+12)}{s(s+8)(s+6)}.$$

풀이

$F(s)$를 부분분수 전개하면 다음과 같다.

$$F(s) = \frac{96(s+5)(s+12)}{s(s+8)(s+6)} \equiv \frac{K_1}{s} + \frac{K_2}{(s+8)} + \frac{K_3}{(s+6)}.$$

K_1을 구하기 위해 양변에 s를 곱하고 다음과 같이 $s = 0$에서 양변의 값을 구한다.

$$\left.\frac{96(s+5)(s+12)}{(s+8)(s+6)}\right|_{s=0} \equiv K_1 + \left.\frac{K_2 s}{s+8}\right|_{s=0} + \left.\frac{K_3 s}{s+6}\right|_{s=0},$$

즉

$$\frac{96(5)(12)}{8(6)} = K_1 = 120.$$

K_2를 구하기 위해 양변에 $s + 8$을 곱하고 다음과 같이 $s = -8$에서 양변의 값을 구한다.

$$\left.\frac{96(s+5)(s+12)}{s(s+6)}\right|_{s=-8} \equiv \left.\frac{K_1(s+8)}{s}\right|_{s=-8} + K_2 + \left.\frac{K_3(s+8)}{(s+6)}\right|_{s=-8},$$

즉

$$\frac{96(-3)(4)}{(-8)(-2)} = K_2 = -72.$$

그리고 K_3는 다음과 같다.

$$\left.\frac{96(s+5)(s+12)}{s(s+8)}\right|_{s=-6} = K_3 = 48.$$

그러므로

$$\frac{96(s+5)(s+12)}{s(s+8)(s+6)} \equiv \frac{120}{s} - \frac{72}{(s+8)} + \frac{48}{(s+6)}.$$

이때 결과를 검증하는 것이 바람직하다. 검증값은 자유롭게 선택할 수 있으므로 확인하기 쉬운 값을 선택하면 된다. 예를 들면, -5나 -12에서 검증하면 두 경우 모두 좌변이 0으로 되기 때문에 검증이 쉽다. -5를 선택하면 다음 결과가 나온다.

$$\frac{120}{-5} - \frac{72}{3} + \frac{48}{1} = -24 - 24 + 48 = 0,$$

반면에 -12를 선택하면 다음 결과가 나온다.

$$\frac{120}{-12} - \frac{72}{-4} + \frac{48}{-6} = -10 + 18 - 8 = 0.$$

이제 함수 변환표와 연산 변환표(표 12.1과 12.2)를 이용하여 $F(s)$의 역변환을 구한다.

$$\mathscr{L}^{-1}\left\{\frac{96(s+5)(s+12)}{s(s+8)(s+6)}\right\} = (120 - 72e^{-8t} + 48e^{-6t})u(t).$$

평가문제

목표 2—부분분수 전개와 라플라스 변환표를 사용하여 라플라스 역변환을 계산할 수 있다.

12.3 $f(t)$를 구하라.

$$F(s) = \frac{8s^2 + 37s + 32}{(s+1)(s+2)(s+4)}.$$

정답: $f(t) = (e^{-t} + 5e^{-2t} + 2e^{-4t})u(t).$

12.4 $f(t)$를 구하라.

$$F(s) = \frac{10s^2 + 76s + 160}{(s+2)(s+4)(s+6)}.$$

정답: $f(t) = (6e^{-2t} - 4e^{-4t} + 8e^{-6t})u(t).$

12.5 그림 12.16의 회로에서 $I_{dc} = 15$ mA, $R = 800\ \Omega$, $C = 1\ \mu$F, $L = 4$ H라고 가정하자. $t = 0$에서 스위치가 열렸을 때 회로에 저장된 에너지는 없었다.

a) $v(t)$의 라플라스 변환인 $V(s)$를 구하라.

b) $V(s)$를 부분분수 전개하고 역변환하여 $v(t)$를 구하라.

정답: a) $V(s) = \dfrac{15{,}000}{s^2 + 800s + 25 \times 10^4}$,

b) $v(t) = [20e^{-250t} - 20e^{-1000t}]u(t)$V.

자가 진단: 연습문제 12.42(a)와 (b)도 풀어 보라.

부분분수 전개: $D(s)$의 서로 다른 복소근

$F(s)$가 실제 물리적으로 존재하는 전압 또는 전류의 라플라스 변환이라면 분모 $D(s)$의 근은 항상 켤레복소수이다. 다음 $F(s)$에서 z_1은 실수라고 가정하자.

$$F(s) = \frac{A(s+z_1)}{(s+\alpha-j\beta)(s+\alpha+j\beta)} \equiv \frac{K_1}{(s+\alpha-j\beta)} + \frac{K_2}{(s+\alpha+j\beta)}.$$

$D(s)$의 근이 서로 다른 실근인 경우에 취한 것과 같은 방법으로 미지량 K_1과 K_2를 구할 수 있으며, 유일한 차이는 복소수 연산을 포함한다는 점이다. 미지량 K_1을 구하려면 양변에 K_1의 분모를 곱해서 다음 식을 얻는다.

$$\frac{A(s+z_1)}{(s+\alpha+j\beta)} \equiv K_1 + \frac{K_2(s+\alpha-j\beta)}{(s+\alpha+j\beta)}.$$

다음으로 s에 K_1의 분모의 근인 $s = -\alpha + j\beta$를 대입해서 다음과 같이 계산한다.

$$\left.\frac{A(s+z_1)}{(s+\alpha+j\beta)}\right|_{s=-\alpha+j\beta} = K_1 + \left.\frac{K_2(s+\alpha-j\beta)}{(s+\alpha+j\beta)}\right|_{s=-\alpha+j\beta} = K_1.$$

식의 좌변을 계산하면 K_1을 얻을 수 있다.

$$K_1 = \frac{A(-\alpha+z_1+j\beta)}{(j2\beta)} = \frac{A}{2} + jA\left(\frac{\alpha-z_1}{2\beta}\right).$$

예상한 바와 같이 K_1은 복소수이며, 같은 방법으로 K_2도 구할 수 있다.

$$\frac{A(s+z_1)}{(s+\alpha-j\beta)} = \frac{K_1(s+\alpha+j\beta)}{(s+\alpha-j\beta)} + K_2;$$

$$\left.\frac{A(s+z_1)}{(s+\alpha-j\beta)}\right|_{s=-\alpha-j\beta} = \left.\frac{K_1(s+\alpha+j\beta)}{(s+\alpha-j\beta)}\right|_{s=-\alpha-j\beta} + K_2;$$

$$K_2 = \frac{A(-\alpha+z_1-j\beta)}{(-j2\beta)} = \frac{A}{2} - jA\left(\frac{\alpha-z_1}{2\beta}\right).$$

K_1과 K_2를 비교해 보면 서로 켤레복소수임을 알 수 있다. 이는 $D(s)$가 복소수근을 갖는 경우에 언제나 성립한다. 따라서 K_1과 K_2 중에서 하나만 구하고 나머지는 이것의 켤레복소수로 구하면 된다. K_1과 K_2를 다음과 같이 극좌표로 표현할 수도 있다.

$$K_1 = |K|e^{j\theta} \text{ 그리고 } K_2 = |K|e^{-j\theta}.$$

함수 및 연산 변환표(표 12.1과 12.2)와 오일러 공식을 이용하면 극좌표로 표현된 K_1과 K_2로부터 $F(s)$의 역변환을 구할 수 있다.

$$\begin{aligned}
\mathscr{L}^{-1}\left\{\frac{|K|e^{j\theta}}{s+\alpha-j\beta} + \frac{|K|e^{-j\theta}}{s+\alpha+j\beta}\right\} &= |K|e^{j\theta}e^{-(\alpha-j\beta)t} + |K|e^{-j\theta}e^{-(\alpha+j\beta)t} \\
&= |K|e^{-\alpha t}e^{j(\beta t+\theta)} + |K|e^{-\alpha t}e^{-j(\beta t+\theta)} \\
&= |K|e^{-\alpha t}[\cos(\beta t+\theta) + j\sin(\beta t+\theta)] \\
&\quad + |K|e^{-\alpha t}[\cos(\beta t+\theta) - j\sin(\beta t+\theta)] \\
&= 2|K|e^{-\alpha t}\cos(\beta t+\theta).
\end{aligned}$$

서로 다른 복소근은 선형 집중정수 회로 해석에서 자주 나타나므로 이 결과를 새로운 변환쌍으로 정리해 보자. $D(s)$가 서로 다른 복소근[즉 $(s+\alpha-j\beta)(s+\alpha+j\beta)$ 형태의 인수]을 포함할 때

$$\frac{K}{s+\alpha-j\beta}+\frac{K^*}{s+\alpha+j\beta}$$

와 같은 형태의 항이 부분분수 전개에 포함된다. 여기서 부분분수의 계수는 일반적으로 복소수이며, 극좌표로 표현하면

$$K=|K|e^{j\theta}=|K|\angle\theta, \tag{12.8}$$

여기서 $|K|$은 복소 계수의 크기이다. 그리고

$$K^*=|K|e^{-j\theta}=|K|\angle-\theta. \tag{12.9}$$

부분분수 전개에서의 켤레복소수 쌍은 언제나 다음과 같이 역변환된다.

$$\mathscr{L}^{-1}\left\{\frac{K}{s+\alpha-j\beta}+\frac{K^*}{s+\alpha+j\beta}\right\}$$
$$=2|K|e^{-\alpha t}\cos(\beta t+\theta). \tag{12.10}$$

식 (12.10)을 적용할 때 K는 분모 $s+\alpha-j\beta$와 관련된 계수이고, K^*는 분모 $s+\alpha+j\beta$와 관련된 계수임을 명심해야 한다.

예제 12.4에서 서로 다른 복소근을 가지는 s 영역 함수의 역변환을 구해 본다.

예제 12.4 $F(s)$가 서로 다른 복소근을 가질 때 라플라스 역변환 구하기

부분분수 전개를 이용하여 다음의 역변환을 구하라.

$$F(s)=\frac{100(s+3)}{(s+6)(s^2+6s+25)}.$$

풀이

먼저 $F(s)$가 진분수 유리 함수라는 것을 확인하자. 다음으로 이차항 $s^2+6s+25$의 근을 다음과 같이 구한다.

$$s^2+6s+25=(s+3-j4)(s+3+j4).$$

분모를 인수분해 형태로 만들고 부분분수로 분해한다.

$$\frac{100(s+3)}{(s+6)(s^2+6s+25)}\equiv\frac{K_1}{s+6}+\frac{K_2}{s+3-j4}+\frac{K_2^*}{s+3+j4}.$$

K_1과 K_2를 구하기 위해 예제 12.3에서와 같은 과정을 밟는다.

$$K_1=\left.\frac{100(s+3)}{s^2+6s+25}\right|_{s=-6}=\frac{100(-3)}{25}=-12,$$

$$K_2=\left.\frac{100(s+3)}{(s+6)(s+3+j4)}\right|_{s=-3+j4}=\frac{100(j4)}{(3+j4)(j8)}$$
$$=6-j8=10e^{-j53.13^\circ}.$$

따라서

$$\frac{100(s+3)}{(s+6)(s^2+6s+25)}\equiv\frac{-12}{s+6}+\frac{10\angle-53.13^\circ}{s+3-j4}+\frac{10\angle53.13^\circ}{s+3+j4}.$$

역변환하기 전에 부분분수 전개를 수치적으로 검증한다. $s=-3$에서 검증하면 다음과 같이 좌변이 0으로 되기 때문에 검증이 간단하다.

$$F(s)=\frac{-12}{3}+\frac{10\angle-53.13^\circ}{-j4}+\frac{10\angle53.13^\circ}{j4}$$
$$=-4+2.5\angle36.87^\circ+2.5\angle-36.87^\circ$$
$$=-4+2.0+j1.5+2.0-j1.5=0.$$

이제 함수 및 연산 변환표(표 12.1과 12.2)와 새로운 변환관계인 식 (12.10)을 이용하여 역변환한다.

$$\mathscr{L}^{-1}\left\{\frac{100(s+3)}{(s+6)(s^2+6s+25)}\right\}$$
$$=[-12e^{-6t}+20e^{-3t}\cos(4t-53.13^\circ)]u(t).$$

평가문제

목표 2—부분분수 전개와 라플라스 변환표를 사용하여 라플라스 역변환을 계산할 수 있다.

12.6 $f(t)$를 구하라.

$$F(s) = \frac{22s^2 + 60s + 58}{(s+1)(s^2+4s+5)}.$$

정답: $f(t) = [10e^{-t} + 20e^{-2t}\cos(t + 53.13°)]u(t).$

12.7 그림 12.16에서 $I_{dc} = 15\text{ mA}$, $R = 1250\ \Omega$, $L = 4\text{ H}$, $C = 1\ \mu\text{F}$이라고 하자. 이는 평가문제 12.5에서의 값과 R을 제외하고는 같다. 스위치는 $t = 0$에서 열리고, 그때 회로에 저장된 에너지는 없다.

a) $v(t)$의 라플라스 변환인 $V(s)$를 구하라.

b) $V(s)$의 부분분수 전개의 역변환을 이용하여 $v(t)$를 구하라.

정답: a) $V(s) = \dfrac{15{,}000}{s^2 + 800s + 25 \times 10^4}$

b) $v(t) = (50e^{-400t}\sin 300t)u(t).$

자가 검사: 연습문제 12.43(c)와 (d)도 풀어 보라.

부분분수 전개: D(s)의 다중 실근

부분분수 전개에서 r중근과 관련된 항의 계수를 구하는 두 가지 방법을 설명하려 한다. 방법 A는 대수 연립 방정식의 풀이를 필요로 하며, 방법 B는 앞서 설명한 서로 다른 근의 계수 구하는 방법을 수정한 방법이다. 두 방법 모두 s 영역 함수가 진분수 유리 함수일 때에만 적용할 수 있으며, 원래의 s 영역 함수를 전개한 다음 형태의 부분분수로부터 시작한다.

$$\frac{N(s)}{D(s)} \equiv \frac{K_1}{(s+p)^r} + \frac{K_2}{(s+p)^{r-1}} + \cdots + \frac{K_r}{(s+p)}.$$

방법 A

1. 부분분수의 모든 항을 공통분모인 $D(s)$로 묶는다. 이때의 분자를 $N_1(s)$라고 한다.
2. $N_1(s)$를 s의 차수에 따라 정리한다. s의 각 차수에 대한 계수는 부분분수 계수의 선형 결합으로 표현된다.
3. $N_1(s)$와 $N(s)$의 동차항을 비교하여 부분분수 계수가 미지량인 연립 방정식을 얻는다.
4. 연립 방정식을 풀어서 부분분수 계수를 구한다.

방법 B

1. 부분분수로 전개한 식의 양변에 r차 거듭제곱 인수를 곱한다. 결과로 얻은 식을 I_r이라고 한다.
2. I_r의 양변에 근을 대입하여 r차 거듭제곱 인수의 분자인 K를 구한다.
3. $(r-1)$차 거듭제곱 인수의 분자인 K를 구하기 위해 I_r의 양변을 s에 대해 미분한다. 결과로 얻은 식을 $I_{(r-1)}$이라고 한다. $I_{(r-1)}$의 양변에 근을 대입하면, 우변은 구하고자 하는 K이고 좌변은 숫자를 얻는다.
4. 절차 3을 반복 적용하여 나머지 부분분수의 분자를 구한다. 즉 $I_{(r-1)}$을 미분하여 $I_{(r-2)}$를 얻는 등의 과정을 반복해야 하는데 모두 합하면 I_r을 $(r-1)$번 미분하게 된다.

예제 12.5에서는 방법 A로 실중근을 가지는 s 영역 함수의 역변환을 구했다.

예제 12.5 $F(s)$가 실중근을 가질 때 라플라스 역변환 구하기

부분분수 전개를 이용하여 다음의 역변환을 구하라.

$$F(s) = \frac{100(s+25)}{s(s+5)^3}.$$

풀이

먼저 $F(s)$가 진분수 유리 함수라는 것을 확인하고, 다음으로 $F(s)$를 부분분수로 전개한다.

$$\frac{100(s+25)}{s(s+5)^3} \equiv \frac{K_1}{s} + \frac{K_2}{(s+5)^3} + \frac{K_3}{(s+5)^2} + \frac{K_4}{s+5}.$$

부분분수 계수를 구하는 데 방법 A를 적용하고자 각 항의 분자와 분모에 적절한 식을 곱해서 모든 항을 공통분모 $s(s+5)^3$로 표현한다.

$$\frac{100(s+25)}{s(s+5)^3} \equiv \frac{K_1(s+5)^3}{s(s+5)^3} + \frac{K_2 s}{s(s+5)^3} + \frac{K_3 s(s+5)}{s(s+5)^3} + \frac{K_4 s(s+5)^2}{s(s+5)^3}.$$

오른쪽 변의 분자를 묶어서 s의 차수에 따라 정리하면 다음 식과 같다.

$$(K_1+K_4)s^3 + (15K_1 + K_3 + 10K_4)s^2 + (35K_1 + K_2 + 5K_3 + 25K_4)s + (125K_1).$$

오른쪽 변과 왼쪽 변의 동차항을 비교하여 다음 연립 방정식을 얻는다.

$$K_1 + K_4 = 0;$$
$$15K_1 + K_3 + 10K_4 = 0;$$
$$35K_1 + K_2 + 5K_3 + 25K_4 = 100;$$
$$125K_1 = 2500.$$

연립 방정식을 풀어서 다음 결과를 얻는다.

$$K_1 = 20;\quad K_2 = -400;\quad K_3 = -100;\quad K_4 = -20.$$

따라서 부분분수 전개의 결과는 다음과 같다.

$$\frac{100(s+25)}{s(s+5)^3} \equiv \frac{20}{s} - \frac{400}{(s+5)^3} - \frac{100}{(s+5)^2} - \frac{20}{s+5}.$$

부분분수 전개가 맞는지 확인하기 위해 양변에 $s = -25$를 대입한다. 이때 양변이 0이어야 한다. $s = -25$를 양변에 대입한 결과는 다음과 같다.

$$\frac{20}{-25} - \frac{400}{(-20)^3} - \frac{100}{(-20)^2} - \frac{20}{(-20)} = 0.$$

함수 및 연산 변환표(표 12.1과 12.2)를 부분분수 전개한 각 항에 적용하여 $F(s)$의 역변환을 구한다.

$$\mathscr{L}^{-1}\left\{\frac{100(s+25)}{s(s+5)^3}\right\} = \left[20 - 200t^2e^{-5t} - 100te^{-5t} - 20e^{-5t}\right]u(t)$$

평가문제

목표 2—부분분수 전개와 라플라스 변환표를 사용하여 라플라스 역변환을 계산할 수 있다.

12.8 $f(t)$를 구하라.

$$F(s) = \frac{80(s+3)}{s(s+2)^2}.$$

정답: $f(t) = (60 - 40te^{-2t} - 60e^{-t})u(t).$

12.9 그림 12.16에서 $I_{dc} = 15$ mA, $R = 1$ kΩ, $L = 4$ H, $C = 1\ \mu$F이라고 하자. 이는 평가문제 12.5와 12.7과는 R값만 다르다. 스위치는 $t = 0$에서 열리고, 이때 회로에 저장된 에너지는 없다.

a) $v(t)$의 라플라스 변환인 $V(s)$를 구하라.

b) $V(s)$의 부분분수 전개의 역변환을 이용하여 $v(t)$를 구하라.

정답: a) $V(s) = \dfrac{15{,}000}{s^2 + 1000s + 25 \times 10^4}$

b) $v(t) = (15{,}000te^{-500t})u(t)$ V.

자가 검사: 연습문제 12.44(b)와 (c)도 풀어 보라.

부분분수 전개: $D(s)$의 다중복소근

앞의 방법 A 또는 방법 B를 이용하면 다중 복소근인 경우의 계수도 구할 수 있다. 이와 관련된 대수식에는 복소수가 존재하는데, 복소근은 언제나 켤레쌍이고 켤레쌍과 관련된 계수 또한 켤레여서 K 계수 중에서 절반만 값을 구하면 된다. 방법 B를 이용한 풀이가 예제 12.6에 있다.

예제 12.6 $F(s)$가 다중복소근을 가질 때 라플라스 역변환 구하기

부분분수 전개를 이용하여 다음의 역변환을 구하라.

$$F(s) = \frac{768}{(s^2 + 6s + 25)^2}.$$

풀이

분모의 다항식을 인수분해하여 다음과 같이 쓸 수 있다.

$$F(s) = \frac{768}{(s + 3 - j4)^2(s + 3 + j4)^2}$$

$$\equiv \frac{K_1}{(s + 3 - j4)^2} + \frac{K_2}{s + 3 - j4} + \frac{K_1^*}{(s + 3 + j4)^2} + \frac{K_2^*}{s + 3 + j4}.$$

여기서 K_1^*과 K_2^*는 켤레복소수이기 때문에 K_1과 K_2만 구하면 된다. 방법 B를 이용해서 두 계수를 구한다.

K_1의 값은 다음과 같다.

$$K_1 = \left.\frac{768}{(s + 3 + j4)^2}\right|_{s=-3+j4} = \frac{768}{(j8)^2} = -12.$$

$F(s)$에 $(s + 3 - j4)^2$을 곱하고 s에 대해 미분한 다음에 $s = -3 + j4$를 대입해서 K_2를 구한다.

$$K_2 = \frac{d}{ds}\left[\frac{768}{(s + 3 + j4)^2}\right]_{s=-3+j4}$$

$$= \left.\frac{-2(768)}{(s + 3 + j4)^3}\right|_{s=-3+j4}$$

$$= \frac{-2(768)}{(j8)^3} = -j3 = 3\,\angle{-90^\circ}.$$

K_1과 K_2로부터 $K_1^* = -12$, $K_2^* = j3 = 3\,\angle 90^\circ$이다. 이제 부분분수 전개에서 켤레 항끼리 묶어서 다음 식을 얻는다.

$$F(s) = \left[\frac{-12}{(s + 3 - j4)^2} + \frac{-12}{(s + 3 + j4)^2}\right] + \left[\frac{3\,\angle{-90^\circ}}{(s + 3 - j4)} + \frac{3\,\angle 90^\circ}{(s + 3 + j4)}\right].$$

함수 및 연산 변환표(표 12.1과 12.2)를 부분분수 전개한 각 항에 적용하여 $F(s)$의 역변환을 구하면 결과는 다음과 같다.

$$f(t) = [-24te^{-3t}\cos 4t + 6e^{-3t}\cos(4t - 90^\circ)]\,u(t).$$

평가문제

목표 2—부분분수 전개와 라플라스 변환표를 사용하여 라플라스 역변환을 계산할 수 있다.

12.10 $f(t)$를 구하라.

$$F(s) = \frac{14{,}400}{(s^2 + 60s + 2500)^2}.$$

정답:

$$f(t) = (-4.5te^{-30t}\cos 40t + 0.1125e^{-30t}\sin 40t)u(t).$$

자가 검사: 연습문제 12.45(b)도 풀어 보라.

$F(s)$가 분모에 r중근의 실근 a를 가지면 부분분수 전개에 다음 형태의 항이 존재한다.

$$\frac{K}{(s+a)^r}.$$

이 항의 역변환은 다음과 같다.

$$\mathcal{L}^{-1}\left\{\frac{K}{(s+a)^r}\right\} = \frac{Kt^{r-1}e^{-at}}{(r-1)!}u(t). \qquad (12.11)$$

$F(s)$가 분모에 r중근의 복소근 $\alpha + j\beta$를 가지면 부분분수 전개에 다음 형태의 켤레쌍이 존재한다.

$$\frac{K}{(s+\alpha-j\beta)^r} + \frac{K^*}{(s+\alpha+j\beta)^r}.$$

이 쌍의 역변환은 다음과 같다.

$$\mathcal{L}^{-1}\left\{\frac{|K|\angle\theta}{(s+\alpha-j\beta)^r} + \frac{|K|\angle-\theta}{(s+\alpha+j\beta)^r}\right\}$$

$$= \left[\frac{2|K|t^{r-1}}{(r-1)!}e^{-\alpha t}\cos(\beta t+\theta)\right]u(t). \qquad (12.12)$$

식 (12.11)과 (12.12)는 중근이 있는 부분분수 전개식의 역변환에서 중요하다. 두 식에 더 관심을 가지는 이유는, 대부분의 회로 해석 문제에서 r이 2보다 크지 않으므로 표 12.3에 정리한 네 가지 변환쌍을 알면 유리 함수의 역변환을 구할 수 있기 때문이다.

부분분수 전개: 가분수 유리 함수

가분수 유리 함수는 언제나 다항식과 진분수 유리 함수의 합으로 전개할 수 있다. 다항식은 임펄스 함수와 임펄스 함수의 미분으로 역변환되며, 진분수 유리 함수는 이 절에서 설명한 방법을 사용하여 역변환하면 된다.

예제 12.7에서 이러한 절차를 보여 준다.

표 12.3 네 개의 유용한 변환쌍

순서	근의 구분	$F(s)$	$f(t)$
1	서로 다른 실근	$\frac{K}{s+a}$	$Ke^{-at}u(t)$
2	실수의 중근	$\frac{K}{(s+a)^2}$	$Kte^{-at}u(t)$
3	서로 다른 복소근	$\frac{K}{s+\alpha-j\beta} + \frac{K^*}{s+\alpha+j\beta}$	$2\|K\|e^{-\alpha t}\cos(\beta t+\theta)u(t)$
4	복소수의 중근	$\frac{K}{(s+\alpha-j\beta)^2} + \frac{K^*}{(s+\alpha+j\beta)^2}$	$2t\|K\|e^{-\alpha t}\cos(\beta t+\theta)u(t)$

주: 쌍 1과 2에서 K는 실수인 반면, 쌍 3과 4에서의 K는 복소수 $|K|\angle\theta$이다.

예제 12.7 가분수 유리 함수의 라플라스 역변환 구하기

부분분수 전개를 이용하여 다음의 역변환을 구하라.

$$F(s) = \frac{s^4 + 13s^3 + 66s^2 + 200s + 300}{s^2 + 9s + 20}.$$

풀이

$F(s)$의 분자는 4차식인데, 분모는 2차식이므로 $F(s)$는 가분수 유리 함수이다. 이를 다항식과 진분수 유리 함수의 합으로 표현하기 위해 나머지 식이 진분수 유리 함수가 될 때까지 분자를 분모로 나누어 다음 식을 얻는다.

$$F(s) = (s^2 + 9s + 20)\overline{)s^4 + 13s^3 + 66s^2 + 200s + 300}\quad\text{(몫: } s^2 + 4s + 10\text{)}$$

$$= s^2 + 4s + 10 + \frac{30s + 10}{s^2 + 9s + 20}.$$

다음으로 진분수 유리 함수를 다음과 같이 부분분수의 합으로 전개한다.

$$\frac{30s + 100}{s^2 + 9s + 20} = \frac{30s + 100}{(s + 4)(s + 5)} \equiv \frac{-20}{s + 4} + \frac{50}{s + 5}.$$

$F(s)$의 진분수 유리 함수 항을 부분분수 전개로 대체한다.

$$F(s) = s^2 + 4s + 10 - \frac{20}{s + 4} + \frac{50}{s + 5}.$$

함수 및 연산 변환표(표 12.1과 12.2)를 적용하여 $F(s)$의 역변환을 구하면 결과는 다음과 같다.

$$f(t) = \frac{d^2\delta(t)}{dt^2} + 4\frac{d\delta(t)}{dt} + 10\delta(t) - (20e^{-4t} - 50e^{-5t})u(t).$$

평가문제

목표 2—부분분수 전개와 라플라스 변환표를 사용하여 라플라스 역변환을 계산할 수 있다.

12.11 $f(t)$를 구하라.

$$F(s) = \frac{25s^2 + 395s + 1494}{s^2 + 15s + 54}.$$

정답: $25\delta(t) + [8e^{-6t} + 12e^{-9t}]u(t)$.

12.12 $f(t)$를 구하라.

$$F(s) = \frac{5s^3 + 20s^2 - 49s - 108}{s^2 + 7s + 10}.$$

정답: $f(t) = 5\frac{d\delta(t)}{dt} - 15\delta(t) + [10e^{-2t} - 4e^{-5t}]u(t)$.

자가 검사: 연습문제 12.45(d)도 풀어 보라.

12.8 $F(s)$의 극점과 영점

식 (12.7)의 유리 함수는 인수분해된 두 다항식의 비율로 표현할 수 있다. 즉 $F(s)$를 다음과 같이 쓸 수 있다.

$$F(s) = \frac{K(s + z_1)(s + z_2)\cdots(s + z_n)}{(s + p_1)(s + p_2)\cdots(s + p_m)}, \tag{12.13}$$

여기서 K는 상수 a_n/b_m이다.

분모 다항식의 근, 즉 $-p_1, -p_2, -p_3, \ldots, -p_m$을 **$F(s)$의 극점**[poles of $F(s)$]이라고 한다. 이는 $F(s)$가 무한히 크게 되는 s의 값이다. 분자 다항식의 근, 즉 $-z_1, -z_2, -z_3, \ldots, -z_n$을 **$F(s)$의 영점**[zeros of $F(s)$]이라고 한다. 이는 $F(s)$가 0이 되는 s의 값이다. $F(s)$의 극점과 영점은 복소 s평면상에 점으로 표시할 수 있다. 복소 s평면에서 수평축은 s의 실수 값을, 수직축은 s의 허수 값을 의미한다. 예제 12.8에서 두 개의 s 함수에 대해 극점과 영점을 찾고 그 위치를 복소평면에 표시했다.

예제 12.8 s 영역 함수의 극점과 영점을 찾고 표시하기

a) $F_1(s)$가 다음과 같을 때 $F_1(s)$의 극점과 영점을 찾고 복소 s평면에 표시하라.

$$F_1(s) = \frac{40s^3 + 440s^2 + 2200s + 5000}{4s^4 + 88s^3 + 880s^2 + 4000s}.$$

b) $F_2(s)$가 다음과 같을 때 $F_2(s)$의 극점과 영점을 찾고 복소 s평면에 표시하라.

$$F_2(s) = \frac{8s^2 + 120s + 400}{2s^4 + 20s^3 + 70s^2 + 100s + 48}.$$

풀이

a) $F_1(s)$의 분자와 분모를 각각 상수로 묶고 인수분해하여 다음 식을 얻는다.

$$F_1(s) = \frac{40(s^3 + 11s^2 + 55s + 125)}{4(s^4 + 22s^3 + 220s^2 + 1000s)}$$

$$= \frac{10(s + 5)(s + 3 - j4)(s + 3 + j4)}{s(s + 10)(s + 6 - j8)(s + 6 + j8)}.$$

$F_1(s)$의 극점은 $0, -10, -6 + j8, -6 - j8$에 있고, 영점은 $-5, -3 + j4, -3 - j4$에 있다. 그림 12.17은 s평면상에 표시된 극점과 영점을 보여 준다. 여기서 X는 극점을, O는 영점을 나타낸다.

b) $F_2(s)$의 분자와 분모를 각각 상수로 묶고 인수분해하여 다음 식을 얻는다.

$$F_2(s) = \frac{8(s^2 + 15s + 50)}{2(s^4 + 10s^3 + 35s^2 + 50s + 24)}$$

$$= \frac{4(s + 5)(s + 10)}{(s + 1)(s + 2)(s + 3)(s + 4)}.$$

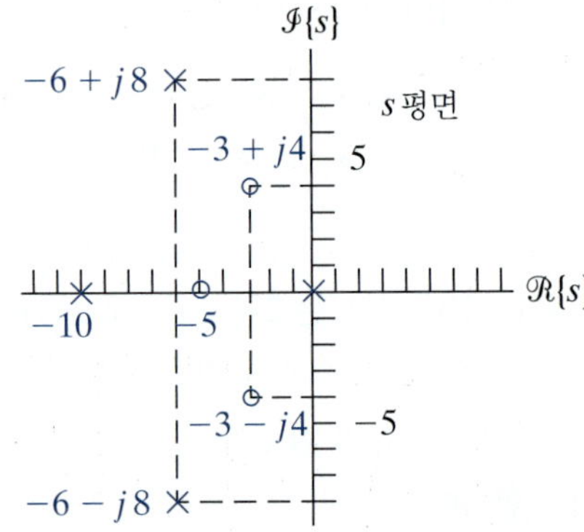

그림 12.17▲ 예제 12.8의 $F_1(s)$에 대한 s평면상의 극점과 영점.

$F_2(s)$의 영점은 $-5, -10$에 있고, 극점은 $-1, -2, -3, -4$에 있다. 그림 12.18은 s평면상에 표시된 극점과 영점을 보여 준다. $F_2(s)$는 s가 큰 값일 때 $4/s^2$로 근사하여 표기할 수 있고, $s = \infty$일 때 $F(s) = 0$이기 때문에 이 함수는 무한대에서 2차 영점을 갖는다. 일반적으로 $F(s)$는 무한대에서 r차의 극점 또는 r차의 영점을 가질 수 있다. 이 책에서는 유한한 s평면에 위치한 극점과 영점에만 관심이 있으므로, s의 유리 함수의 극점과 영점을 말할 때는 유한한 s평면에서의 극점과 영점만을 의미한다.

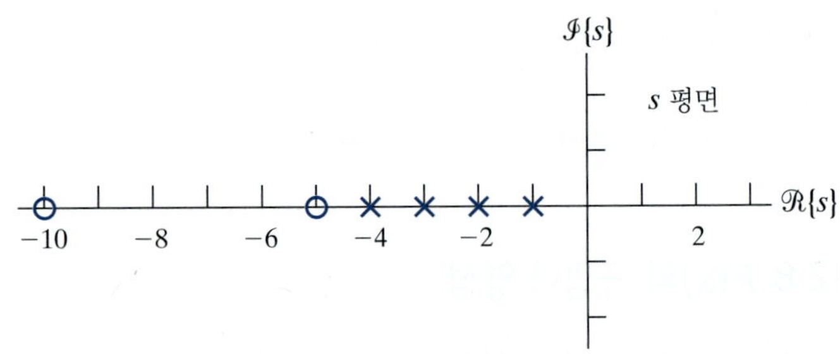

그림 12.18▲ 예제 12.8의 $F_2(s)$에 대한 s평면상의 극점과 영점.

평가문제

목표 3—s 영역 유리 함수의 극점과 영점을 찾고 표시할 수 있다.

12.13 다음 s의 유리 함수에서 극점과 영점을 찾으라.

a) $F(s) = \dfrac{10s^2 + 210s + 980}{s^3 + 14s^2 + 50s}$

b) $F(s) = \dfrac{5s^2 + 50s + 445}{4s^3 - 40s^2 + 176s + 480}$

c) $F(s) = \dfrac{25s^2 + 200s + 400}{s^4 + 8s^3 + 38s^2 + 56s + 25}.$

정답: a) 영점: -7과 -14, 극점: 0과 $-7 \pm j$,

b) 영점: $-5 \pm j8$, 극점: -6과 $-2 \pm j4$,

c) 영점: -4(두 개), 극점: $-3 \pm j4$와 -1(두 개).

자가 검사: 연습문제 12.46도 풀어 보라.

12.9 초깃값 정리와 최종값 정리

초깃값 정리와 최종값 정리를 이용하면 0과 ∞에서의 $f(t)$값을 $F(s)$로부터 결정할 수 있다. 이들 정리는 $F(s)$를 역변환하기 전에 $f(t)$의 초깃값과 최종값이 회로의 알려진 특징과 일치하는지 검증하는 데 사용할 수 있다.

초깃값 정리는 다음과 같다.

초깃값 정리

$$\lim_{t\to 0^+} f(t) = \lim_{s\to\infty} sF(s), \tag{12.14}$$

그리고 최종값 정리는 다음과 같다.

최종값 정리

$$\lim_{t\to\infty} f(t) = \lim_{s\to 0} sF(s). \tag{12.15}$$

초깃값 정리는 $f(t)$가 임펄스 함수를 포함하지 않아야만 성립한다. 또 최종값 정리는 '원점에서의 1차 극점을 제외하고는 $F(s)$의 모든 극점이 s평면의 좌반부에 있어야'만 성립한다.

식 (12.14)를 증명하기 위해 1계 도함수의 연산 변환부터 시작하자.

$$\mathscr{L}\left\{\frac{df}{dt}\right\} = sF(s) - f(0^-) = \int_{0^-}^{\infty}\frac{df}{dt}e^{-st}\,dt.$$

이제 $s\to\infty$의 극한을 취한다.

$$\lim_{s\to\infty}[sF(s) - f(0^-)] = \lim_{s\to\infty}\int_{0^-}^{\infty}\frac{df}{dt}e^{-st}\,dt. \tag{12.16}$$

식 (12.16)의 우변은 다음과 같이 쓸 수 있다.

$$\lim_{s\to\infty}\left(\int_{0^-}^{0^+}\frac{df}{dt}e^{0}dt + \int_{0^+}^{\infty}\frac{df}{dt}e^{-st}dt\right).$$

$s\to\infty$일 때 $(df/dt)e^{-st}\to 0$이므로 두 번째 적분은 극한에서 0이 된다. 첫 번째 적분은 $f(0^+) - f(0^-)$로 변형되며 s와 무관하다. 따라서 식 (12.16)의 우변은 다음과 같이 쓸 수 있다.

$$\lim_{s\to\infty}\int_{0^-}^{\infty}\frac{df}{dt}e^{-st}\,dt = f(0^+) - f(0^-).$$

$f(0^-)$는 s와 무관하므로 식 (12.16)의 좌변은 다음과 같이 쓸 수 있다.

$$\lim_{s\to\infty}[sF(s) - f(0^-)] = \lim_{s\to\infty}[sF(s)] - f(0^-).$$

따라서

$$\lim_{s\to\infty}sF(s) = f(0^+) = \lim_{t\to 0^+}f(t),$$

이로써 초깃값 정리가 증명되었다.

최종값 정리의 증명 역시 1계 도함수의 연산 변환에서 시작한다. 여기서 다음과 같이 $s\to 0$의 극한을 취한다.

$$\lim_{s\to0}[sF(s) - f(0^-)] = \lim_{s\to0}\left(\int_{0^-}^{\infty}\frac{df}{dt}e^{-st}dt\right). \quad (12.17)$$

적분은 t에 대해서이며 극한은 s에 대해서이다. 식 (12.17)의 우변은 다음과 같이 간단히 정리된다.

$$\lim_{s\to0}\left(\int_{0^-}^{\infty}\frac{df}{dt}e^{-st}dt\right) = \int_{0^-}^{\infty}\frac{df}{dt}dt.$$

적분에서 상한이 무한대이기 때문에 이 적분은 또한 다음과 같이 쓸 수 있다.

$$\int_{0^-}^{\infty}\frac{df}{dt}\,dt = \lim_{t\to\infty}\int_{0^-}^{t}\frac{df}{dy}dy,$$

여기서 적분에서의 상한과 혼동하지 않도록 적분 기호로 y를 사용했다. 우변의 적분을 취하여 다음 식을 얻는다.

$$\lim_{t\to\infty}[f(t) - f(0^-)] = \lim_{t\to\infty}[f(t)] - f(0^-).$$

이 식을 식 (12.17)의 우변에 대입하여 다음 식을 얻는다.

$$\lim_{s\to0}[sF(s)] - f(0^-) = \lim_{t\to\infty}[f(t)] - f(0^-).$$

$f(0^-)$가 소거되기 때문에 다음 식을 얻으며, 이로써 최종값 정리가 증명되었다.

$$\lim_{s\to0}sF(s) = \lim_{t\to\infty}f(t),$$

최종값 정리는 $f(\infty)$가 존재해야만 유용하며, 이 극한값은 $F(s)$의 극점이 원점에서의 단일 극점이거나 s평면의 좌반부에 있어야만 존재한다.

예제 12.9에서는 예제 12.2의 s 영역 함수에 초깃값 정리와 최종값 정리를 적용했다.

예제 12.9 초깃값 정리와 최종값 정리 적용하기

그림 12.16의 회로에서 $I_{dc} = 24\,\text{mA}$, $R = 400\,\Omega$, $L = 25\,\text{mH}$, $C = 25\,\text{nF}$이다. $t = 0$에서 회로가 개방될 때 저장된 에너지는 없다. 예제 12.2에서 구한 $v(t)$의 라플라스 변환은 다음과 같다.

$$V(s) = \frac{96 \times 10^4}{s^2 + 10^5 s + 16 \times 10^8}.$$

초깃값 정리와 최종값 정리를 이용하여 $v(t)$의 초깃값과 최종값을 예측하고 $V(s)$에서 구한 $v(0^+)$와 $v(\infty)$ 값을 검증하라.

풀이

초깃값 정리로부터

$$\lim_{s\to\infty}sV(s) = \lim_{s\to\infty}\frac{96 \times 10^4 s}{s^2 + 10^5 s + 16 \times 10^8}.$$

우변의 극한값을 구하기 위해 분모의 최고차 항인 s^2으로 분자와 분모를 나누면 극한값은 $1/s \to 0$이 된다.

$$\lim_{s\to\infty}\frac{96 \times 10^4 s}{s^2 + 10^5 s + 16 \times 10^8}$$
$$= \lim_{1/s\to0}\frac{96 \times 10^4(1/s)}{1 + 10^5(1/s) + 16 \times 10^8(1/s)^2}$$
$$= \frac{0}{1 + 0 + 0} = 0 = \lim_{t\to0}v(t) = v(0^+).$$

문제에서 $t = 0$에서 스위치가 열리기 전까지는 회로에 저장된 에너지가 없다고 했으므로 초기 전압은 0임을 확인할 수 있다.

최종값 정리를 적용하기 전에 $V(s)$의 극점을 살펴보면, $-20{,}000$과 $-80{,}000$이며 이는 왼쪽 복소평면에 있으므로 다음과 같이 최종값 정리를 이용할 수 있다.

$$\lim_{s\to0}sV(s) = \lim_{s\to0}\frac{96 \times 10^4 s}{s^2 + 10^5 s + 16 \times 10^8} = 0.$$

최종값 정리로부터 $t \to \infty$일 때 $v(\infty) = 0$이며, 이는 회로로부터 검증할 수 있다. 결론적으로, $V(s)$로부터 $v(t)$의 초깃값과 최종값을 맞게 유추했다.

평가문제

목표 4—초깃값 정리와 최종값 정리를 사용하는 방법을 이해한다.

12.14 초깃값 정리와 최종값 정리를 사용하여 평가문제 12.4, 12.8, 12.10의 초깃값과 최종값을 구하라.

정답: 10, 0; 0, 60; 0, 0.

자가 검사: 연습문제 12.52도 풀어 보라.

실제 응용

과도 효과

이 장을 시작할 때 설명했던 회로에서 스위치를 닫고 정현파 전원을 가정하여 그림 12.19와 같은 회로를 구성했다.

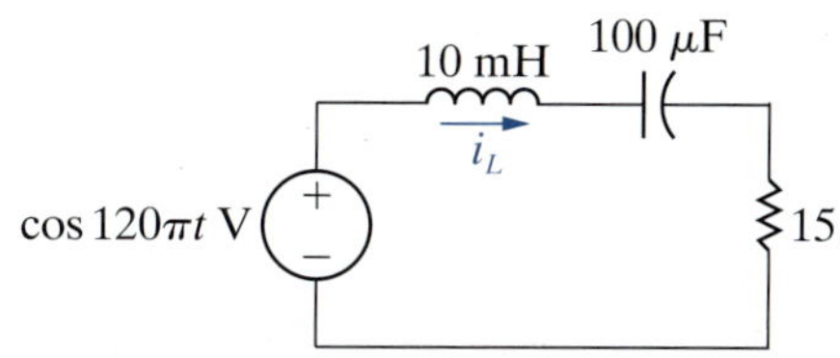

그림 12.19▲ 60 Hz 전원이 있는 직렬 *RLC* 회로.

라플라스 변환을 이용하여 인덕터 전류 i_L의 완전 응답을 얻으려고 한다. 먼저 시계 방향으로 KVL을 적용하여 전압의 합을 구하면 다음과 같다.

$$15i_L + 0.01\frac{di_L}{dt} + \frac{1}{100 \times 10^{-6}}\int_0^t i_L(x)dx = \cos 120\pi t.$$

표 12.1과 12.2를 이용하여 KVL 식을 라플라스 변환하면 다음과 같다.

$$15I_L + 0.01sI_L + 10^4\frac{I_L}{s} = \frac{s}{s^2 + (120\pi)^2}.$$

이 식을 I_L에 대해 정리하면 다음과 같다.

$$I_L = \frac{100s^2}{[s^2 + 1500s + 10^6][s^2 + (120\pi^2)]}.$$

I_L의 극점은 두 켤레 복소쌍이므로 I_L의 부분분수 전개식은 다음의 네 항으로 구성된다.

$$I_L = \frac{K_1}{(s + 750 - j661.44)} + \frac{K_1^*}{(s + 750 + j661.44)} + \frac{K_2}{(s - j120\pi)} + \frac{K_2^*}{(s + j120\pi)}.$$

K_1과 K_2를 계산하면 다음과 같다.

$$K_1 = \left.\frac{100s^2}{[s + 750s + j661.44][s^2 + (120\pi)^2]}\right|_{s=-750+j661.44}$$

$$= 0.07357\angle -97.89^\circ,$$

$$K_2 = \left.\frac{100s^2}{[s^2 + 1500s + 10^6][s + j120\pi]}\right|_{s=j120\pi} = 0.018345\angle 56.61^\circ.$$

따라서 인덕터 전류의 s 영역 표현은 다음과 같다.

$$I_L = \frac{0.07357\angle -97.89^\circ}{(s + 750 - j661.44)} + \frac{0.07357\angle 97.89^\circ}{(s + 750 + j661.44)} + \frac{0.018345\angle 56.61^\circ}{(s - j120\pi)} + \frac{0.018345\angle -56.61^\circ}{(s + j120\pi)}.$$

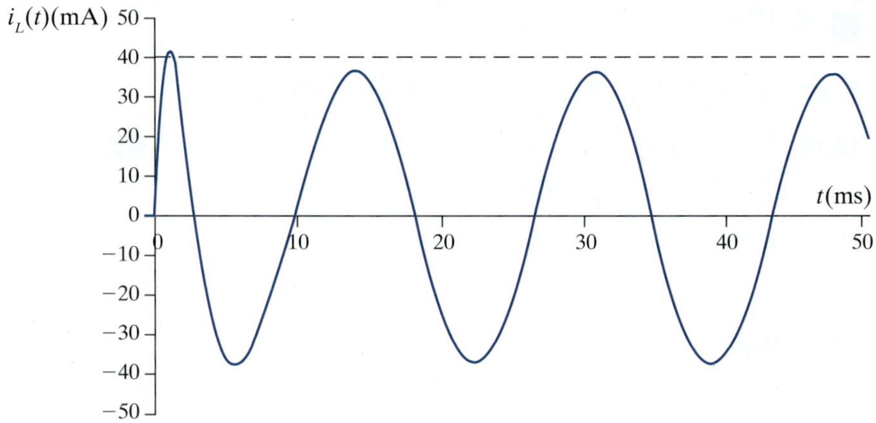

그림 12.20▲ 그림 12.19 회로에서 인덕터 전류 그림.

끝으로, 표 12.3을 이용해서 역변환하여 i_L를 얻는다.

$$i_L = 147.14e^{-750t}\cos(661.44t - 97.89^\circ) + 36.69\cos(120\pi t + 56.61^\circ)\ \text{mA}.$$

인덕터 전류의 첫 항은 과도 응답으로 대략 7 ms 내에 0으로 감쇠한다. 인덕터 전류의 둘째 항은 정상 상태 응답으로 정현파 전원과 주파수가 같은 60 Hz이며 전원이 회로에 연결되어 있는 한 존재한다. 정상 상태 응답의 진폭은 36.69 mA로 인덕터의 정격 40 mA보다 작다. 그러나 과도 상태의 초기 진폭은 147.14 mA로 전류 정격인 40 mA보다 매우 크다. $t = 0$에서의 인덕터 전류를 계산하면 다음과 같다.

$$i_L(0) = 147.14(1)\cos(-97.89^\circ) + 36.69\cos(56.61^\circ) = -6.21\ \mu\text{A}.$$

비록 초기 과도 상태 전류는 인덕터의 정격을 넘어가지는 않지만, 그림 12.20과 같이 전체 응답 그래프를 그려서 모든 시간에서 전류의 정격을 넘어가지 않는지 확인할 필요가 있다. 그래프를 보면 1 ms에서의 인덕터 전류 크기를 확인할 필요가 있다.

$$i_L(0.001) = 147.14e^{-0.75}\cos(-59.99^\circ) + 36.69\cos(78.21^\circ) = 42.4\ \text{mA}.$$

결과적으로, 순간적으로나마 전류의 정격을 넘게 된다. 전류가 정격을 절대로 넘어가지 않기를 바란다면 전원의 진폭을 줄여야만 한다. 본 예는 정현파 입력이 있는 경우에 정상 상태 응답이 만족스럽더라도 전체 응답을 살펴보아야 한다는 중요한 사실을 알려 준다.

자가 검사: 연습문제 12.57과 12.58을 풀어 이해도를 평가하라.

요약

- **라플라스 변환**은 다음의 일반적인 정의에 따라서 시간 영역의 방정식을 주파수 영역의 방정식으로 변환하는 도구이다.

$$\mathscr{L}\{f(t)\} = \int_0^\infty f(t)e^{-st}\,dt = F(s),$$

여기서 $f(t)$는 시간 영역 식이고, $F(s)$는 주파수 영역 식이다.

- **계단 함수** $Ku(t)$는 어떤 시점에서 하나의 일정한 수준에서 또 다른 일정한 수준으로 변하는 불연속 함수를 묘사한다. K는 도약(jump)의 크기이며, $K = 1$이면 $Ku(t)$는 **단위 계단 함수**이다.

- **임펄스 함수** $K\delta(t)$는 다음과 같이 정의된다.

$$\int_{-\infty}^{\infty} K\delta(t)dt = K,$$

$$\delta(t) = 0, \quad t \neq 0.$$

K는 임펄스의 세기이다. $K = 1$이면 $K\delta(t)$는 **단위 임펄스 함수**이다.

- **함수 변환**은 함수의 직접적인 라플라스 변환이다. 중요한 함수 변환쌍은 표 12.1에 요약되어 있다.
- **연산 변환**은 라플라스 변환의 일반적인 수학적 특성이다. 중요한 연산 변환쌍은 표 12.2에 요약되어 있다.
- 선형 집중정수 회로에서 $F(s)$는 s의 유리 함수이다.
- $F(s)$가 진분수 유리 함수라면 그 역변환은 부분분수 전개를 통해 구할 수 있다.
- $F(s)$가 가분수 유리 함수라면 이를 다항식과 진분수 유리 함수의 합으로 전개함으로써 역변환할 수 있다.
- $F(s)$는 인수분해한 두 다항식의 비율로 표현할 수 있다. 분모의 근을 **극점**이라고 하며 복소 s평면상에 X로 표시한다. 분자의 근을 **영점**이라고 하며 복소 s평면상에 O로 표시한다.
- 초깃값 정리는 다음과 같이 기술된다.

$$\lim_{t\to 0^+} f(t) = \lim_{s\to\infty} sF(s).$$

이 정리는 $f(t)$가 임펄스 함수를 포함하고 있지 않음을 가정한다.

- 최종값 정리는 다음과 같이 기술된다.

$$\lim_{t\to\infty} f(t) = \lim_{s\to 0^+} sF(s).$$

이 정리는 원점에서의 1차 극점을 제외하고 $F(s)$의 모든 극점이 s평면의 좌반부에 있어야 유효하다.

- 초깃값 정리와 최종값 정리에 의하여 $f(t)$의 초깃값과 최종값을 s 영역의 식으로부터 예측할 수 있다.

연습문제

12.2절

12.1 계단 함수를 사용하여 그림 P12.1에 나타낸 각 함수의 식을 써라.

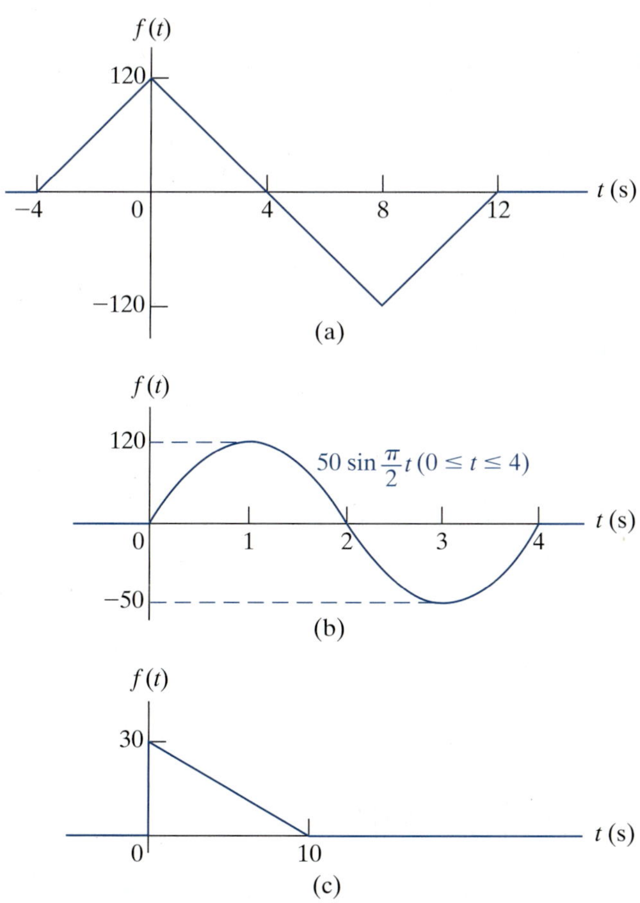

그림 P12.1

12.2 계단 함수를 사용하여 그림 P12.2에 나타낸 각 함수의 식을 써라.

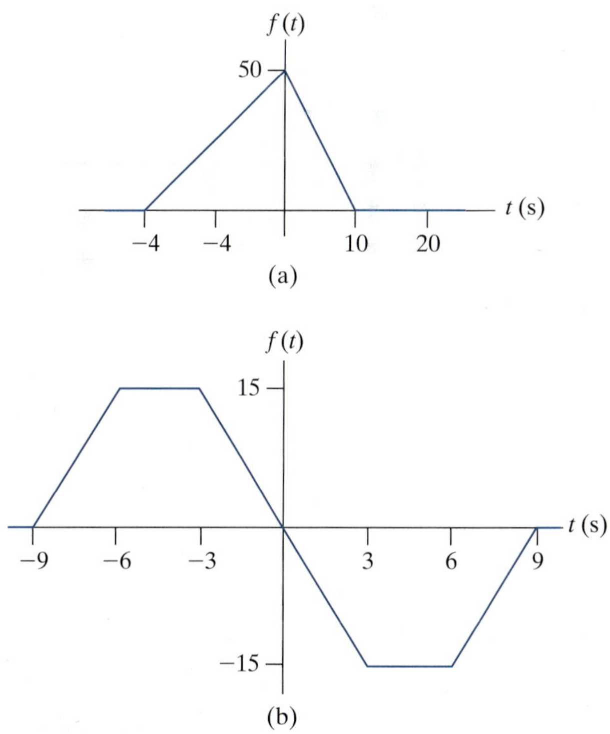

그림 P12.2

12.3 $f(t)$가 다음과 같을 때 $-25\,\text{s} \le t \le 25\,\text{s}$에서 $f(t)$를 그려라.

$$f(t) = -(20t + 400)u(t + 20) + (40t + 400)u(t + 10) + (400 - 40t)u(t - 10) + (20t - 400)u(t - 20).$$

12.4 윈도우(window) 함수를 정의하는 데 계단 함수를 이용할 수 있다. $u(t+2) - u(t-3)$은 1과 4 사이의 시간에 높이가 1이고 폭이 3인 윈도우를 정의한다.

함수 $f(t)$가 다음과 같을 때

$$\begin{aligned} f(t) &= 0, & t &\le 0; \\ &= 30t, & 0 &\le t \le 2\text{ s}; \\ &= 60, & 2\text{ s} &\le t \le 4\text{ s}; \\ &= 60\cos\left(\frac{\pi}{4}t - \pi\right), & 4\text{ s} &\le t \le 8\text{ s}; \\ &= 30t - 300, & 8\text{ s} &\le t \le 10\text{ s}; \\ &= 0, & 10\text{ s} &\le t < \infty. \end{aligned}$$

a) $-2\text{ s} \le t \le 12\text{ s}$ 구간에서의 $f(t)$를 그려라.

b) 윈도우 함수의 개념을 사용하여 $f(t)$를 표현하라.

12.3절

12.5 그림 P12.5의 삼각형 펄스와 그림 12.12(b)의 직사각형 펄스는 둘 다 같은 면적 $(1/\epsilon)$을 에워싸고 $\epsilon \to 0$에 접근할 때 $1/\epsilon^2$에 비례하여 무한대에 접근하기 때문에 등가이다. 이 삼각형 펄스를 $\delta'(t)$라 할 때 $\delta''(t)$의 라플라스 변환을 구하라.

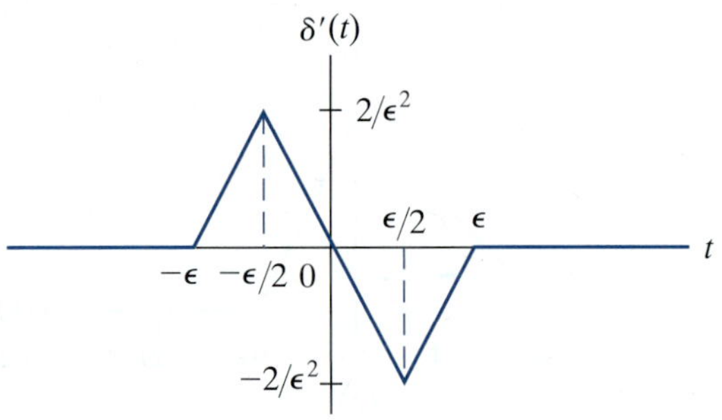

그림 P12.5

12.6 $\epsilon \to 0$에 접근할 때 다음 함수가 임펄스 함수가 됨을 설명하라.

$$f(t) = \frac{\epsilon/\pi}{\epsilon^2 + t^2}, \quad -\infty \le t \le \infty$$

12.7 a) 그림 12.12(a)의 함수 아래 면적을 구하라.

b) $\epsilon = 0$일 때 함수의 지속시간은 얼마인가?

c) $\epsilon = 0$일 때 $f(0)$의 크기는 얼마인가?

12.8 12.3절에서 $\mathscr{L}\{\delta(t)\} = 1$이라는 것을 보이기 위해 임펄스 함수의 선별 특성을 사용했다. 그림 12.9에서 $\pm\epsilon$ 사이에 있는 직사각형 펄스의 라플라스 변환을 구하고 $\epsilon \to 0$에서의 극한을 구해서 같은 결과를 얻음을 보여라.

12.9 다음 적분을 구하라.

a) $I = \int_{-2}^{4}(t^3 + 4)[\delta(t) + 4\delta(t-2)]\,dt;$

b) $I = \int_{-3}^{4} t^2[\delta(t) + \delta(t+2.5) + \delta(t-5)]\,dt.$

12.10 다음에서 $f(t)$를 구하라.

$$f(t) = \frac{1}{2\pi}\int_{-\infty}^{\infty} F(\omega)e^{j\omega t}\,d\omega,$$

$$F(\omega) = \frac{3 + j\omega}{4 + j\omega}\pi\delta(\omega).$$

12.11 다음을 보여라.

$$\mathscr{L}\{\delta^{(n)}(t)\} = s^n.$$

12.12 a) 다음을 보여라.

$$\int_{-\infty}^{\infty} f(t)\delta'(t-a)\,dt = -f'(a).$$

(힌트: 부분 적분을 이용하라.)

b) (a)의 식을 사용하여 다음을 보여라.

$$\mathscr{L}\{\delta'(t)\}$$

12.4와 12.5절

12.13 다음 각 함수의 라플라스 변환을 구하라.

a) $f(t) = t;$

b) $f(t) = te^{-at};$

c) $f(t) = \sin\omega t;$

d) $f(t) = \cosh\beta t;$

e) $f(t) = \sinh\beta t.$

12.14 a) 표 12.2에 주어진 1계 도함수(시간)의 연산 변환을 사용하여 $\frac{d}{dt}(te^{-at})$의 라플라스 변환을 구하라.

b) (a)에서 미분을 먼저 하고 그 결과식을 변환함으로써 결과를 검증하라.

12.15 다음을 보여라.

$$\mathscr{L}\{e^{-at}f(t)\} = F(s+a).$$

12.16 다음을 보여라.

$$\mathscr{L}\{f(at)\} = \frac{1}{a}F\left(\frac{s}{a}\right).$$

12.17 a) $\mathscr{L}\left\{\int_{0^-}^{t} e^{-ax}\,dx\right\}$을 구하라.

b) 적분을 먼저 하고 그 결과식을 변환함으로써 (a)의 결과를 검증하라.

12.18 a) $\mathscr{L}\left\{\frac{d}{dt}\sin\omega t\right\}$을 계산하라.

b) $\mathscr{L}\left\{\frac{d}{dt}\cos\omega t\right\}$을 계산하라.

c) $\mathscr{L}\left\{\frac{d^3}{dt^3}t^2u(t)\right\}$을 계산하라.

d) 위의 (a), (b), (c)에서 미분을 한 후 라플라스 변환을 하여 결과를 검증하라.

12.19 a) 그림 P12.19에 도시된 함수의 라플라스 변환을 구하라.

b) 그림 P12.19에 도시된 함수의 1계 도함수의 라플라스 변환을 구하라.

c) 그림 P12.19에 도시된 함수의 2계 도함수의 라플라스 변환을 구하라.

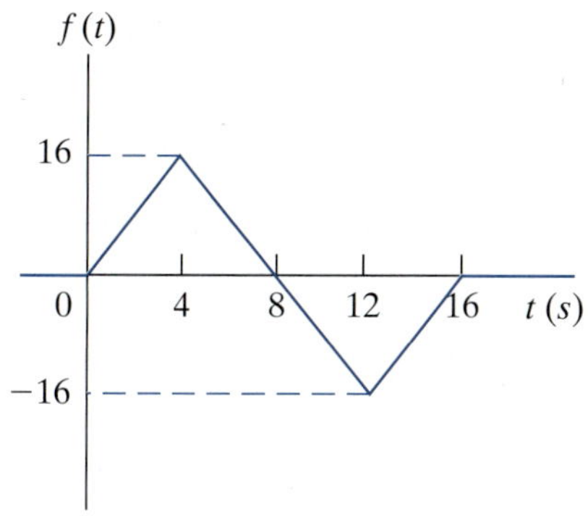

그림 P12.19

12.20 다음 각 함수의 라플라스 변환을 구하라.

a) $f(t) = -20e^{-5(t-2)}u(t-2)$.

b) $f(t) = (8t-8)[u(t-1)-u(t-2)] + (24-8t)[u(t-2)-u(t-4)] + (8t-40)[u(t-4)-u(t-5)]$.

12.21 a) 적분을 한 후 변환을 하여 다음의 라플라스 변환을 구하라.

$$\int_{0^-}^{t} x\,dx$$

b) 표 12.2의 시간 적분 연산 변환을 이용하여 (a)의 결과를 검증하라.

12.22 다음 두 방법을 사용하여 $\epsilon \to 0$에 접근할 때 그림 12.9의 지수 함수 미분의 라플라스 변환을 구하라.

a) 먼저 함수를 미분하고 그 결과식의 라플라스 변환을 구하라.

b) 표 12.2에 주어진 1계 도함수(시간)의 연산 변환을 사용하라.

12.23 (a)와 (b)에 대한 라플라스 변환을 구하라.

a) $f(t) = \dfrac{d}{dt}(e^{-at}\sinh \beta t)$

b) $f(t) = \int_{0^-}^{t} e^{-ax}\cos\omega x\,dx$

c) 주어진 미분 또는 적분 연산을 수행한 후 라플라스 변환을 구하여 (a)와 (b)의 결과를 증명하라.

12.24 a) $F(s) = \mathscr{L}\{f(t)\}$라고 할 때 다음을 보여라.

$$-\frac{dF(s)}{ds} = \mathscr{L}\{t f(t)\}.$$

b) 다음을 보여라.

$$(-1)^n\frac{d^nF(s)}{ds^n} = \mathscr{L}\{t^n f(t)\}.$$

c) (b)의 결과를 사용하여 $\mathscr{L}\{t^5\}$, $\mathscr{L}\{t\sin\beta t\}$, $\mathscr{L}\{te^{-t}\cosh t\}$를 구하라.

12.25 a) $F(s) = \mathscr{L}\{f(t)\}$이고 $\{f(t)/t\}$의 라플라스 변환이 가능하다면 다음이 성립함을 보여라.

$$\int_s^{\infty} F(u)\,du = \mathscr{L}\left\{\frac{f(t)}{t}\right\}.$$

(힌트: 라플라스 변환의 정의를 이용한 다음 관계식에서 적분 순서를 바꿔라.)

$$\int_s^{\infty} F(u)\,du = \int_s^{\infty}\left(\int_{0^-}^{\infty} f(t)e^{-ut}\,dt\right)du$$

b) $\mathscr{L}\{t\sin\beta t\}$에 대한 연습문제 12.24(c)의 결과와 (a)의 연산 변환을 사용하여 $\mathscr{L}\{\sin\beta t\}$를 구하라.

12.6절

12.26 그림 P12.26의 회로에서 스위치는 긴 시간 동안 a에 있다가 $t = 0$에서 순간적으로 b로 이동했다.

a) $t \geq 0^+$에서의 마디 전압 v_o와 관련된 미적분 방정식을 유도하라.

b) 다음을 보여라.

$$V_o(s) = \frac{V_{dc}[s + (R/L)]}{[s^2 + (R/L)s + (1/LC)]}.$$

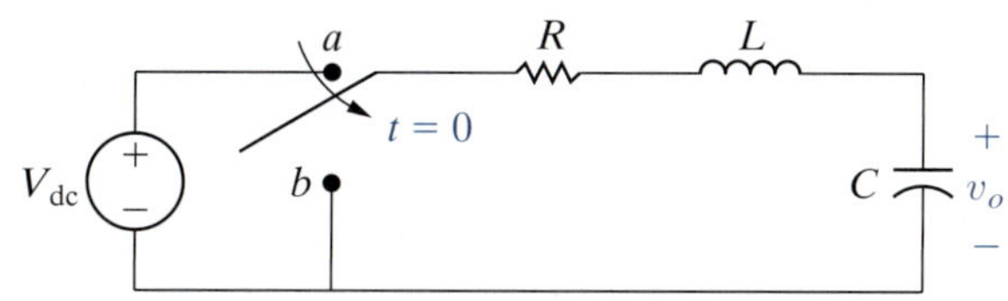

그림 P12.26

12.27 그림 P12.27의 회로에서 스위치는 긴 시간 동안 a에 있다가 $t = 0$에서 순간적으로 b로 이동했다.

a) $t \geq 0^+$에서의 전류 i_o와 관련된 미적분 방정식을 유도하라.

b) 다음을 보여라.

$$I_o(s) = \frac{I_{dc}[s + (1/RC)]}{[s^2 + (1/RC)s + (1/LC)]}.$$

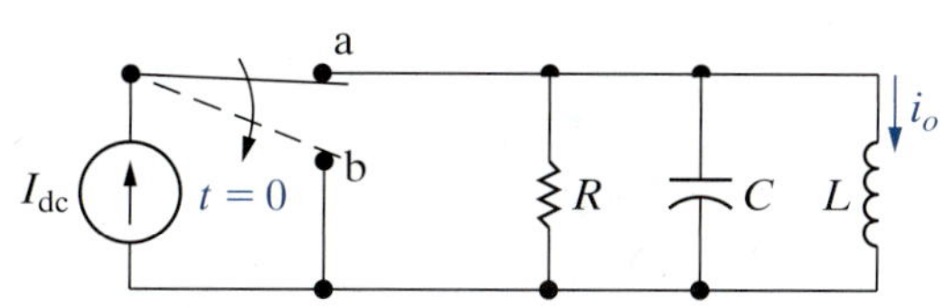

그림 P12.27

12.28 그림 P12.28의 회로에서 스위치가 열릴 때 회로에 저장된 에너지는 없었다. 12.6절에서 전압 v_o를 기술하는 미적분 방정식을 유도하고, v_o의 라플라스 변환이 다음과 같음을 보였다.

$$V_o(s) = \frac{I_{dc}/C}{s^2 + (1/RC)s + (1/LC)}.$$

$V_o(s)$를 이용하여 i_o의 라플라스 변환이 다음과 같음을 보여라.

$$I_o(s) = \frac{sI_{dc}}{s^2 + (1/RC)s + (1/LC)}.$$

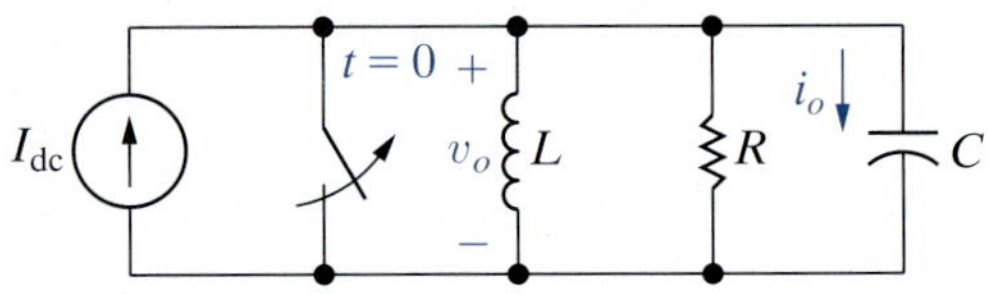

그림 P12.28

12.29 그림 P12.29의 회로에서 스위치는 긴 시간 동안 열려 있다가 $t = 0$에서 닫혔다.

a) $t \geq 0$에서의 마디 전압 v_o와 관련된 미적분 방정식을 유도하라.

b) 다음을 보여라.

$$V_o(s) = \frac{V_{dc}/RC}{s^2 + (1/RC)s + (1/LC)}.$$

c) 다음을 보여라.

$$I_o(s) = \frac{V_{dc}/RLC}{s[s^2 + (1/RC)s + (1/LC)]}.$$

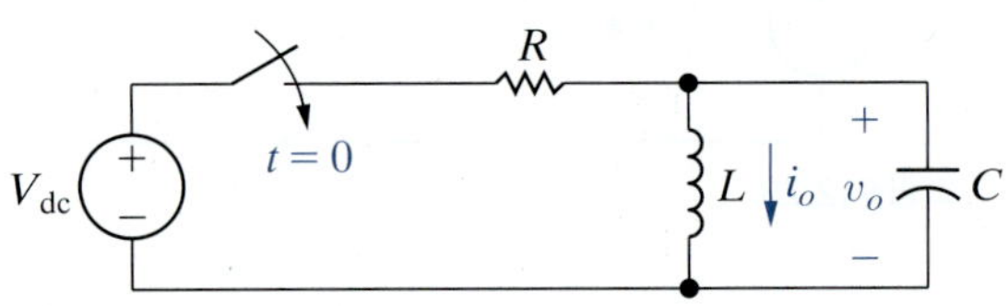

그림 P12.29

12.30 그림 P12.30의 회로에서 스위치가 열릴 때 회로에 저장된 에너지는 없었다.

a) 마디 전압 v_1, v_2와 관련된 미적분 방정식을 유도하라.

b) 다음을 보여라.

$$V_2(s) = \frac{sI_g(s)}{C[s^2 + (R/L)s + (1/LC)]}.$$

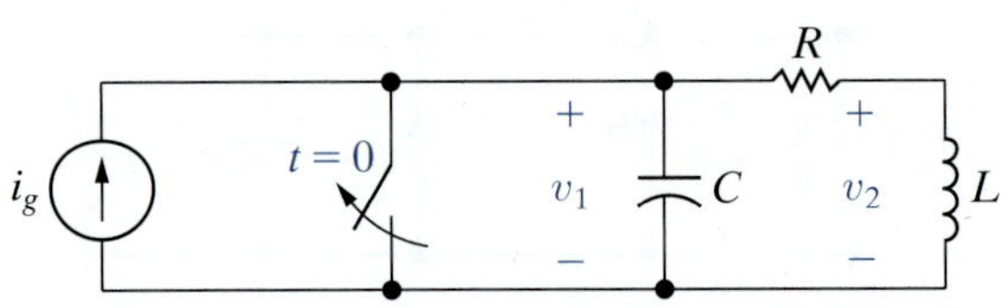

그림 P12.30

12.31 PSPICE MULTISIM a) 그림 P12.31에서 망 전류 i_1, i_2와 관련된 미적분 방정식을 유도하라.

b) 회로의 초기 에너지는 0이라고 가정하고, (a)에서 구한 식을 라플라스 변환하라.

c) (b)의 식으로부터 $I_1(s)$, $I_2(s)$을 구하라.

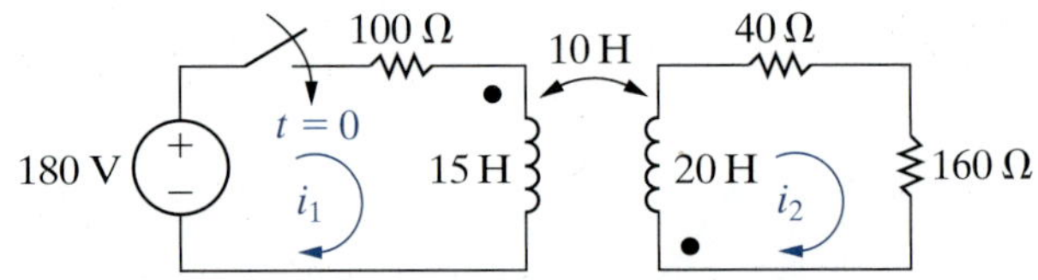

그림 P12.31

12.32 그림 12.16의 회로에서 직류 전류원을 5 cos 10t A의 직류 전류원으로 대체한다. 회로 소자가 $R = 1\,\Omega$, $C = 25$ mF, $L = 625$ mH일 때 $V(s)$를 구하라.

12.7절

12.33 그림 P12.26에 있는 회로의 소자 값은 $R = 5\,\text{k}\Omega$, $L = 1$ H, $C = 250$ nF이다. $V_{dc} = 15$ V일 때 $t \geq 0$에서 $v_o(t)$를 구하라.

12.34 PSPICE MULTISIM 그림 P12.27에 있는 회로의 소자 값은 $R = 50\,\Omega$, $L = 31.25$ mH, $C = 2\,\mu$F이다. $I_{dc} = 100$ mA일 때 $t \geq 0$에서 $i_o(t)$를 구하라.

12.35 PSPICE MULTISIM 그림 P12.28에 있는 회로의 소자 값은 $R = 4\,\text{k}\Omega$, $L = 2.5$ H, $C = 25$ nF이며, $I_{dc} = 3$ mA이다.

a) $t \geq 0$일 때의 $v_o(t)$를 구하라.

b) $t \geq 0$일 때의 $i_o(t)$를 구하라.

c) 구한 $i_o(t)$가 $t = 0$에서 타당한가? 설명하라.

12.36 PSPICE MULTISIM 그림 P12.29에 있는 회로의 소자 값은 $R = 10\,\text{k}\Omega$, $L = 800$ mH, $C = 100$ nF이다. V_{dc}가 70 V일 때 다음을 구하라.

a) $t \geq 0$일 때의 $v_o(t)$

b) $t \geq 0$일 때의 $i_o(t)$

12.37 PSPICE MULTISIM 그림 P12.30에 있는 회로의 소자 값은 $R = 2500\,\Omega$, $L = 500$ mH, $C = 500$ nF이다. $i_g(t) = 15$ mA일 때 $v_2(t)$를 구하라.

12.38 연습문제 12.31의 결과와 그림 P12.31의 회로를 사용하여 다음을 풀어라.

a) $i_1(t)$와 $i_2(t)$를 구하라.

b) $i_1(\infty)$와 $i_2(\infty)$를 구하라.

c) i_1과 i_2에 대한 풀이가 타당한가? 설명하라.

12.39 연습문제 12.32에서 $v(t)$를 구하라.

12.40 식 (12.10)에 주어진 변환쌍을 유도하라.

12.41 a) 식 (12.11)에 주어진 변환쌍을 유도하라.

b) 식 (12.12)에 주어진 변환쌍을 유도하라.

12.42 다음의 각 함수에 대한 $f(t)$를 구하라.

a) $F(s) = \dfrac{6s^2 + 26s + 26}{(s+1)(s+2)(s+3)}$;

b) $F(s) = \dfrac{13s^3 + 134s^2 + 392s + 288}{s(s+2)(s^2 + 10s + 24)}$;

c) $F(s) = \dfrac{10(s^2 + 119)}{(s+5)(s^2 + 10s + 169)}$;

d) $F(s) = \dfrac{56s^2 + 112s + 5000}{s(s^2 + 14s + 625)}$.

12.43 다음의 각 함수에 대한 $f(t)$를 구하라.

a) $F(s) = \dfrac{480}{(s^2 + 12s + 100)}$;

b) $F(s) = \dfrac{s^2 + 15s + 30}{s(s^2 + 10s + 50)}$;

c) $F(s) = \dfrac{10s^2 + 30s + 400}{(s+5)(s^2 + 20s + 325)}$;

d) $F(s) = \dfrac{10(s+3)^2}{(s^2 + 6s + 34)(s^2 + 12s + 52)}$.

12.44 다음의 각 함수에 대한 $f(t)$를 구하라.

a) $F(s) = \dfrac{8(s^2 - 5s + 50)}{s^2(s+10)}$;

b) $F(s) = \dfrac{4s^2 + 7s + 1}{s(s+1)^2}$;

c) $F(s) = \dfrac{s^3 - 6s^2 + 15s + 50}{s^2(s^2 + 4s + 5)}$;

d) $F(s) = \dfrac{16s^3 + 72s^2 + 216s - 218}{(s^2 + 2s + 5)^2}$.

12.45 다음의 각 함수에 대한 $f(t)$를 구하라.

a) $F(s) = \dfrac{100(s+1)}{s^2(s^2 + 2s + 5)}$;

b) $F(s) = \dfrac{40(s+2)}{s(s+1)^3}$;

c) $F(s) = \dfrac{5s^2 + 29s + 32}{(s+2)(s+4)}$;

d) $F(s) = \dfrac{2s^3 + 8s^2 + 2s - 4}{(s^2 + 5s + 4)}$.

12.8과 12.9절

12.46 연습문제 12.43(b)와 (d)에 있는 s 영역 함수의 극점과 영점을 찾아라.

12.47 연습문제 12.45(a)와 12.43(b)에 있는 s 영역 함수의 극점과 영점을 찾아라.

12.48 초깃값 정리와 최종값 정리를 사용하여 연습문제 12.27에서 전류와 전압의 초깃값과 최종값을 검증하라.

12.49 초깃값 정리와 최종값 정리를 사용하여 연습문제 12.28에서 전류의 초깃값과 최종값을 검증하라.

12.50 초깃값 정리와 최종값 정리를 사용하여 연습문제 12.29에서 전류와 전압의 초깃값과 최종값을 검증하라.

12.51 a) 초깃값 정리를 사용하여 연습문제 12.32에서 v의 초깃값을 구하라.

b) v의 정상 상태 값을 구하기 위해 최종값 정리가 사용될 수 있는가? 왜 그러한가?

12.52 연습문제 12.42에 있는 각 변환쌍에 초깃값 정리와 최종값 정리를 적용하라.

12.53 연습문제 12.43에 있는 각 변환쌍에 초깃값 정리와 최종값 정리를 적용하라.

12.54 연습문제 12.44에 있는 각 변환쌍에 초깃값 정리와 최종값 정리를 적용하라.

12.55 연습문제 12.45에 있는 각 변환쌍에 초깃값 정리와 최종값 정리를 적용하라.

12.1~12.9절

12.56 PRACTICAL PERSPECTIVE a) 9장에서 배운 페이저 회로 해석 기법을 이용하여 그림 12.19에 있는 인덕터 전류의 정상 상태를 구하라.

b) (a)의 결과와 실제 응용에서 계산한 전체 응답을 비교하라.

12.57 PRACTICAL PERSPECTIVE 그림 12.19에서 $t = 1$ ms에서 인덕터 전류가 정격값인 40 mA를 넘지 않는 정현파 전원의 최대 진폭을 구하라.

12.58 PRACTICAL PERSPECTIVE 그림 12.19에서 입력이 감쇠 램프인 Kte^{-500t} V라고 하자. 인덕터 전류가 정격값인 40 mA를 넘지 않는 최대의 K를 구하라.

CHAPTER

13 라플라스 변환을 이용한 회로 해석

학습내용

학습목표

1. 라플라스 변환을 이용하여 회로의 s 영역 변환을 할 수 있다. s 영역에서 에너지 저장 소자의 초기 조건을 어떻게 나타내는지 이해한다.
2. s 영역에서의 회로 해석법을 알고 s 영역 해를 시간 영역 해로 변환할 수 있다.
3. 전달 함수의 정의와 중요성을 이해하고 s 영역 기법을 이용하여 회로의 전달 함수를 계산할 수 있다.
4. 회로의 단위 임펄스 응답, 단위 계단 응답, 정현파 정상 상태 응답을 계산하기 위해 회로의 전달 함수를 이용하는 방법을 안다.

라플라스 변환(Laplace transform)은 회로 해석의 유용한 도구로서 다음 두 가지 특징을 갖는다.

- 선형 상수 계수 연립 미분 방정식을 다루기 쉬운 연립 선형 대수 방정식으로 변환한다.
- 전류와 전압의 초깃값을 다항식에 자동으로 반영한다. 따라서 초기 조건이 자연스럽게 변환 과정의 일부분으로 들어간다(이러한 점은 미분 방정식의 해를 구할 때 초기 조건을 이용하여 적분 상수를 계산하는 고전적인 방법과 비교된다).

이 장은 시간 영역 미적분 방정식을 구한 후 이를 s 영역으로 변환하는 단계를 어떻게 간단히 할 수 있는지 설명하면서 시작한다. 13.1절에서는 저항과 인덕터와 커패시터의 s 영역 회로 모델을 만드는데, 이를 이용하면 회로의 s 영역 방정식을 직접 구할 수 있다. 13.2절에서는 s 영역으로 표현된 옴(Ohm)과 키르히호프(Kirchhoff)의 법칙을 복습한다. 이러한 기본 지식을 바탕으로 13.3절에서는 다양한 회로 풀이에 라플라스 변환 방법을 적용하는데, 저항만으로 구성된 회로에서 이미 배운 해석 및 간략화 방법을 이용한다.

s 영역에서 회로 응답을 구한 뒤, (12장에서 보여 주었듯이) 부분분수 전개를 이용하여 시간 영역으로 역변환한다. 앞서 강조한 바와 같이, 초기 조건과 최종값을 이용하여 시간 영역의 수식을 검증하는 것은 해를 구하는 과정에서 중요하다.

13.4절에서는 새로운 개념인 전달 함수를 설명한다. 주어진 회로의 전달 함수는 입력의 라플라스 변환에 대한 출력의 라플라스 변환의 비율이다. 14장과 15장에서 전달 함수를 이용한 회로 설계에 대해 알아볼 것이며 여기서는 회로 해석의 관점에서만 설명한다. 이 장의 나머지 부분에서는 회로 해석에 전달 함수를 사용할 때 부분분수 전개(13.5절)와 컨벌루션(convolution) 적분(13.6절)의 역할을 알아본다. 끝으로, 회로 해석에서의 임펄스 함수를 소개하며 이 장을 마친다.

■ 실제 응용

서지 억제기

PC나 민감한 전자 기기는 서지(surge) 전압으로부터의 보호가 필요하다. 이러한 서지는 낙뢰 또는 스위치를 켜고 끄는 순간에 발생할 수 있다. 다음 사진은 상업적으로 판매되는 서지 억제기이다.

전등을 켜거나 헤어드라이어를 끄려고 스위치를 여닫는 것이 어떻게 서지 전압을 발생시킬까? 이 장 마지막 부분에서 라플라스 변환으로 회로 해석을 하면서 그 질문의 답을 찾을 것이다. 즉 정현파 정상상태에서 동작하는 회로의 저항 부하를 차단할 때 서지 전압이 발생할 수 있음을 보일 것이다.

Virote Chuenwiset/Shutterstock.

Jhaz Photography/Shutterstock

13.1 회로 소자의 s 영역 표현

다음 세 과정을 거쳐 회로 요소를 s 영역 회로로 바꾼다.

1. 시간 영역에서의 단자 전압과 단자 전류 사이의 관계를 쓴다.
2. 시간 영역 방정식을 라플라스 변환하여 s 영역 전압과 전류 간의 대수식을 얻는다.
3. 대수식을 이용하여 s 영역 전류와 전압 관계를 만족시키는 회로 모델을 만든다.

s 영역에서 전압의 단위는 볼트-초(volt-seconds, V-s)이고 전류는 암페어-초(ampere-seconds, A-s)이며, s 영역의 전압 대 전류 비는 볼트/암페어(volt/ampere), 즉 옴(ohms)이다. s 영역에서 임피던스(impedance)의 단위는 옴(ohms)이고, 어드미턴스(admittance)의 단위는 지멘(siemens)이다. 이후의 모든 유도 과정에서 수동 부호 규약을 따른다.

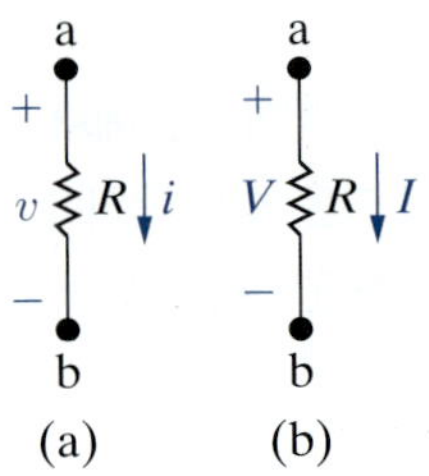

그림 13.1▲ 저항 소자: (a) 시간 영역. (b) 주파수 영역.

저항의 s 영역 표현

먼저 저항 소자에 대해 알아보자. 옴의 법칙에서

$$v = Ri.$$

R은 상수이므로 옴의 법칙의 라플라스 변환은 다음과 같다.

$$V = RI, \tag{13.1}$$

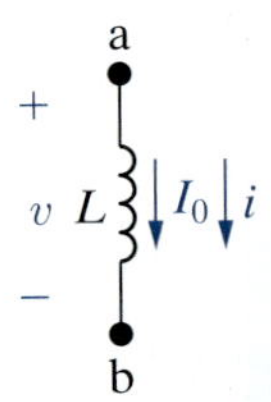

그림 13.2▲ 초기 전류 I_0를 갖는 L H 인덕터.

여기서

$$V = \mathscr{L}\{v\},\ \ I = \mathscr{L}\{i\}.$$

식 (13.1)은 저항의 s 영역 등가 회로가 전류 I A-s가 흐르고 단자 전압 V V-s를 갖는 저항 $R\ \Omega$임을 의미한다.

그림 13.1은 저항의 시간 영역과 주파수 영역 회로이다. 시간 영역과 주파수 영역의 변환 과정에서 저항 소자는 바뀌지 않음을 유념하자.

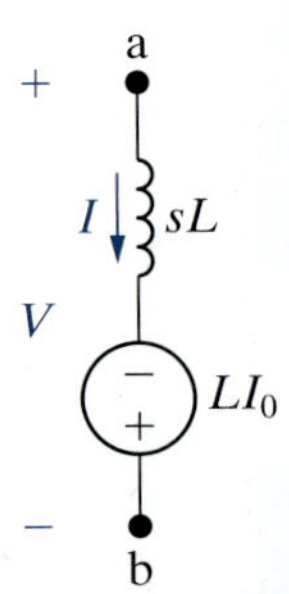

그림 13.3▲ 초기 전류 I_0를 갖는 L H 인덕터의 직렬 등가 회로.

인덕터의 s 영역 표현

그림 13.2는 초기 전류 I_0 A를 갖는 인덕터이다. 단자 전압과 단자 전류의 관계를 표현하는 시간 영역 방정식은 다음과 같다.

$$v = L\frac{di}{dt}.$$

인덕터 식을 라플라스 변환하면 다음을 얻는다.

$$V = L[sI - i(0^-)] = sLI - LI_0. \tag{13.2}$$

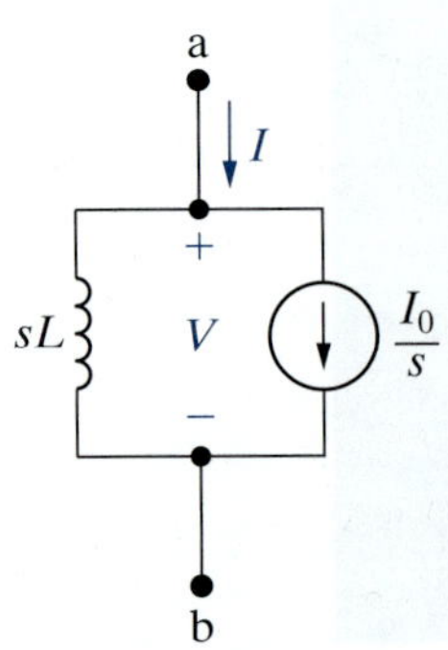

그림 13.4▲ 초기 전류 I_0를 갖는 L H 인덕터의 병렬 등가 회로.

식 (13.2)를 만족하는 첫째 회로는 그림 13.3에 나타내었듯이 독립 전압원 LI_0 V-s와 직렬로 연결된 임피던스 $sL\ \Omega$로 구성된다. 전압 전원 LI_0의 극성이 식 (13.2)의 음의 부호를 반영했음에 유의하자. 마찬가지로 LI_0도 스스로의 대수적 부호를 갖는다. 즉 전류 i의 초깃값이 기준 방향과 반대이면 I_0는 음의 값을 갖는다.

식 (13.2)를 전류에 대해 정리해서 이에 맞는 회로를 구성할 수도 있다. 전류 I

에 대해 정리하면 다음과 같다.

$$I = \frac{V + LI_0}{sL} = \frac{V}{sL} + \frac{I_0}{s}.$$

이 식을 만족하는 s 영역 등가 회로는 그림 13.4와 같이 독립 전류원 I_0/s A-s와 병렬로 연결된 임피던스 $sL\,\Omega$으로 구성된다.

s 영역 회로를 구성하는 다른 두 가지 방법은 (1) 그림 13.3의 노턴(Norton) 등가 회로를 구하거나 (2) 인덕터 전압의 함수로 인덕터 전류를 표현한 적분 방정식에 대해 라플라스 변환을 하는 것이다. 위 두 가지 방법은 연습문제 13.1과 13.2에 주어져 있다.

만약 인덕터의 초기 에너지가 없으면, 즉 $I_0 = 0$인 경우에 s 영역의 인덕터 등가 회로는 임피던스 $sL\,\Omega$으로 간단히 표현된다. 그림 13.5는 이러한 등가 회로를 나타낸다.

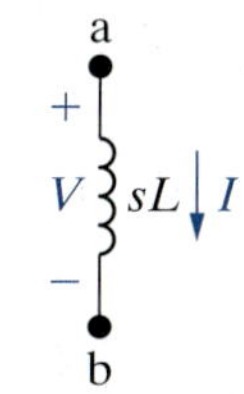

그림 13.5▲ 초기 전류가 없는 인덕터의 s 영역 회로.

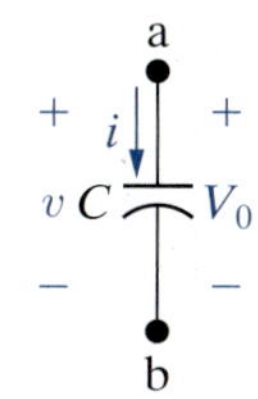

그림 13.6▲ 초기 충전 전압이 V_0인 C F 커패시터.

커패시터의 s 영역 표현

초기 충전 상태의 커패시터는 두 가지 형태의 s 영역 등가 회로를 갖는다. 그림 13.6에 초기 충전 전압이 V_0인 커패시터를 나타내었다. 단자 전류는 다음과 같다.

$$i = C\frac{dv}{dt}.$$

커패시터 식을 변환하면 다음 식을 얻는다.

$$I = C[sV - v(0^-)] = sCV - CV_0, \tag{13.3}$$

여기서 s 영역 전류 I는 두 가지(branch) 전류의 합이다. 하나는 어드미턴스 sC S인 소자이며, 다른 하나는 CV_0 A-s의 독립 전류원이다. 그림 13.7은 이러한 병렬 등가 회로를 나타낸다.

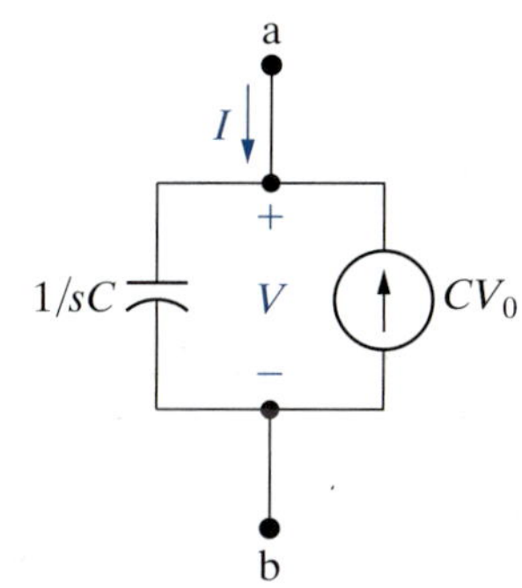

그림 13.7▲ 초기 충전 전압이 V_0인 커패시터의 병렬 등가 회로.

마찬가지로 식 (13.3)을 전압 V에 대해 정리하여 또 다른 등가 회로를 구할 수 있다.

$$V = \left(\frac{1}{sC}\right)I + \frac{V_0}{s}.$$

커패시터 전압 식을 만족하는 그림 13.8은 임피던스와 독립 전압원의 직렬 회로이다.

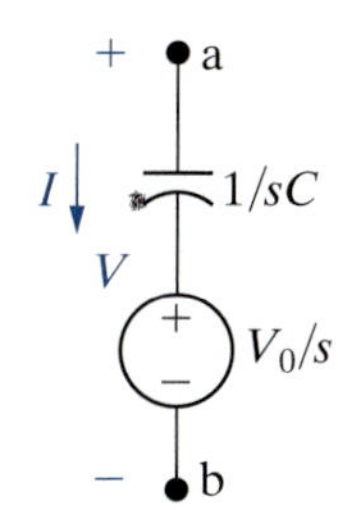

그림 13.8▲ 초기 충전 전압이 V_0인 커패시터의 직렬 등가 회로.

그림 13.7과 13.8의 등가 회로에서 V_0는 자체로 대수적인 부호를 갖는다. 즉 V_0의 극성이 전압 v의 기준 극성과 반대일 경우 V_0는 음의 값을 갖는다. 만약 커패시터의 초기 전압이 없다면 두 등가 회로는 모두 그림 13.9와 같이 $1/sC\,\Omega$의 임피던스를 갖는 회로로 간소화된다.

9장에서는 시간 영역 회로를 주파수 영역 회로로 변환하려고 페이저 변환을 사용했다. 지금은 시간 영역 회로를 s 영역으로 변환하려고 s 영역 등가 회로를 사용했으며 표 13.1에 요약되어 있다. 시간 영역에서 인덕터나 커패시터에 초기 에너지가 저장되어 있으면 s 영역에서 병렬 또는 직렬 등가 회로 중에서 어떤 모델로 표현할지 선택해야 하는데, 약간의 경험과 직관이 있으면 별 어려움 없이 정할 수 있다.

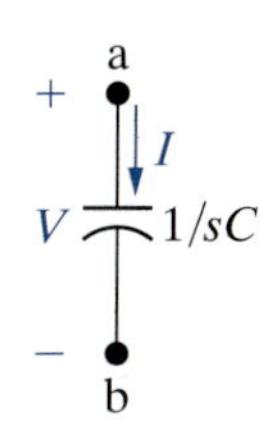

그림 13.9▲ 초기 전압이 없는 커패시터의 s 영역 회로.

표 13.1 s 영역 등가 회로 요약

시간 영역	주파수 영역	
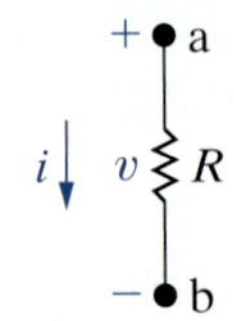 $v = Ri$	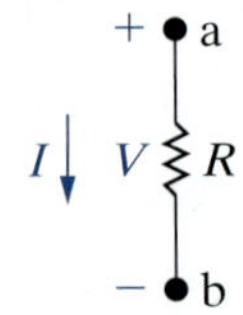 $V = RI$	
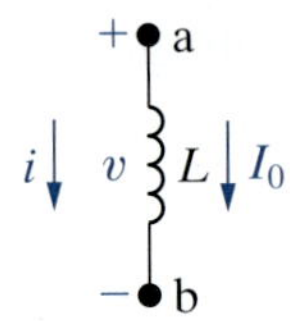 $v = L\,di/dt,$ $i = \frac{1}{L}\int_{0^-}^{t} v dx + I_0$	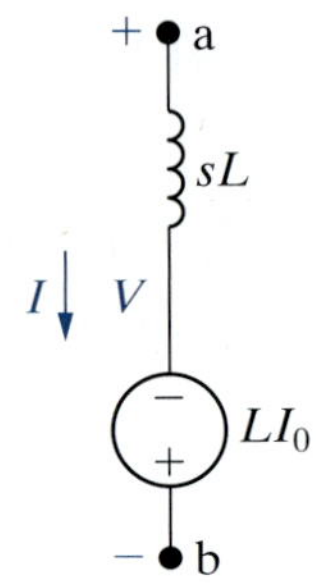 $V = sLI - LI_0$	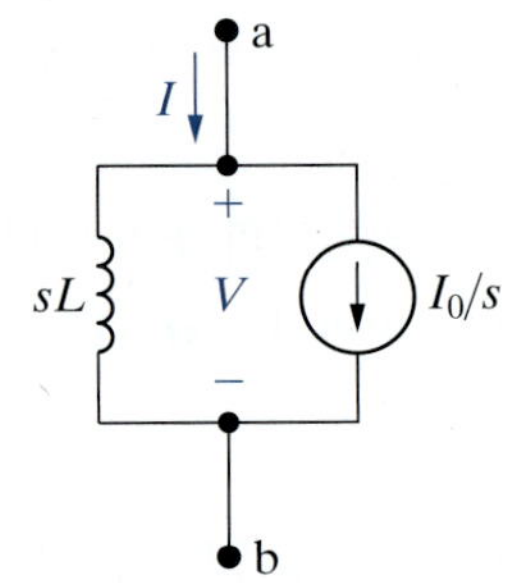 $I = \frac{V}{sL} + \frac{I_0}{s}$
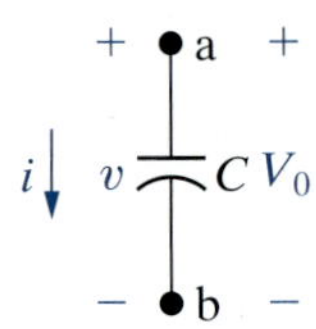 $i = C\,dv/dt,$ $v = \frac{1}{C}\int_{0^-}^{t} i dx + V_0$	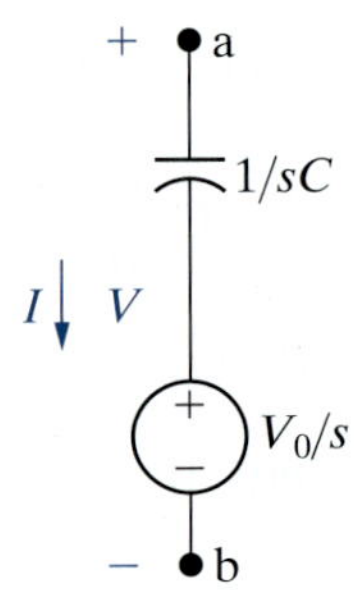 $V = \frac{I}{sC} + \frac{V_0}{s}$	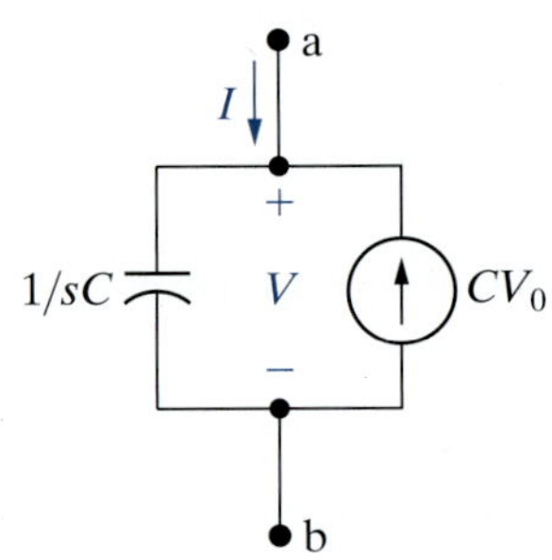 $I = sCV - CV_0$

13.2 s 영역에서의 회로 해석

s 영역 등가 회로를 이용한 회로 해석 방법을 이해하려면 약간의 기초 지식이 필요하다.

- 인덕터나 커패시터에 에너지가 저장되어 있지 않을 때 각 수동 소자의 단자 전류와 단자 전압 사이의 관계는 다음과 같다.

s 영역 옴의 법칙

$$V = ZI, \tag{13.4}$$

여기서 Z는 소자의 s 영역 임피던스이다. 따라서 저항은 $R\,\Omega$, 인덕터는 $sL\,\Omega$, 커패시터는 $1/sC\,\Omega$의 임피던스를 갖는다. 식 (13.4)의 관계는 그림 13.1(b), 13.5, 13.9에도 나타나 있다. 식 (13.4)는 s 영역 옴의 법칙으로 불리기도 한다. 임피던스의 역이 어드미턴스이다. 그러므로 저항은 $1/R$ S, 인덕터는 $1/sL$ S, 커패시터는 sC S의 s 영역 어드미턴스를 갖는다.

- s 영역에서 임피던스와 어드미턴스를 조합하는 규칙은 시간 영역 회로의 경우와 같다. 따라서 직렬-병렬 단순화 및 Δ-Y 변환도 s 영역 해석에 이용할 수 있다.
- s 영역 전류 및 전압에 대해 키르히호프의 법칙도 성립한다. 그 이유는 시간 영역 함수를 더한 것의 라플라스 변환은 각 함수의 라플라스 변환 결과를 더한 것과 같기 때문이다(표 12.2 참조). 시간 영역에서 주어진 마디 전류의 대수 합이 0이므로 변환된 전류의 대수 합도 0이다. 또한 닫힌 경로상의 전압의 대수 합에 대해서도 같은 원리가 성립한다. 따라서 s 영역 키르히호프 법칙은 다음과 같이 표현된다.

$$\text{회로의 모든 마디에서 } \Sigma I = 0, \tag{13.5}$$

$$\text{회로의 모든 닫힌 경로상에서 } \Sigma V = 0. \tag{13.6}$$

s 영역 옴의 법칙, KVL, KCL이 성립하므로 2~4장에서 저항으로 구성된 회로를 대상으로 설명한 모든 회로 해석 기법을 s 영역 해석에서 사용할 수 있다. 이러한 해석 기법은 임피던스의 직렬 또는 병렬 합성 기법, 전압 및 전류 분배, 마디 전압법, 망 전류법, 전원 변환, 테브냉과 노턴 등가 회로 등을 모두 포함한다. 라플라스 변환을 이용한 회로 해석의 단계별 절차는 다음과 같다.

단계 1: $t < 0$에서의 회로 해석을 통해서 모든 인덕터의 초기 전류와 모든 커패시터의 초기 전압을 구한다.

단계 2: 표 12.1과 12.2의 함수 및 연산 변환을 이용하여 시간 영역 함수로 정의된 모든 독립 전원을 s 영역으로 변환한다.

단계 3: 시간 영역 기호로 주어진 전압 $v(t)$와 전류 $i(t)$를 s 영역 기호인 V와 I로 변환한다.

단계 4: 아직 변환하지 않은 시간 영역의 모든 소자를 표 13.1을 이용하여 s 영역으로 변환한다. 단계 1에서 구한 인덕터나 커패시터의 초깃값이 0이 아니면 초깃값을 임피던스 요소와 직렬 또는 병렬로 연결된 독립 전원으로 표현한다.

단계 5: 2~4장에서 저항으로 구성된 회로를 대상으로 설명한 기법을 사용하여 s 영역 회로를 푼다. 풀이를 통해 s 영역 전압과 전류는 s가 변수인 두 다항식의 비율로 얻게 된다.

단계 6: 단계 5에서 구한 s 영역 함수에 초깃값 및 최종값 정리를 적용하여 $t = 0$과 $t = \infty$에서 시간 영역 함수의 값과 비교하여 검증한다. s 영역 함수의 형태에 따라 초깃값 정리나 최종값 정리를 적용할 수 없는 경우도 있다.

단계 7: s 영역 전압 및 전류 중에서 관심 있는 물리량을 부분분수 전개하고 표 12.3을 사용하여 시간 영역의 전압 및 전류로 역변환한다.

이러한 절차를 따르면 임의의 회로에서 라플라스 변환이 가능한 전압원이나 전류원에 대한 전체 응답을 구할 수 있다. 이 절차는 이 책에서 설명하는 가장 포괄적인 방법으로 해석 방법 13.1에 요약되어 있다. 예제 13.1에서는 시간 영역 회로 해석에 해석 방법 13.1의 첫 다섯 단계를 적용했다.

해석 방법 13.1
라플라스 변환 해석법

1. 인덕터와 커패시터의 초깃값을 구한다.
2. 표 12.1과 12.2를 이용하여 독립 전원을 라플라스 변환한다.
3. 시간 영역 전압 및 전류 기호를 s 영역 기호로 바꾸어 쓴다.
4. 표 13.1을 이용하여 남아 있는 회로 소자를 s 영역으로 변환한다.
5. 저항 회로 해석 기법을 s 영역 회로에 적용하여 s가 변수인 두 다항식 비율 형태의 s 영역 전압 및 전류를 구한다.
6. 초깃값 및 최종값 정리를 이용하여 s 영역 전압 및 전류를 검증한다.
7. 부분분수 전개와 표 12.3을 이용하여 s 영역 전압 및 전류를 역변환한다.

예제 13.1 회로의 s 영역 변환하기

500 Ω 저항, 16 mH 인덕터, 25 nF 커패시터가 병렬로 연결되어 있다.

a) 이 병렬 요소의 어드미턴스를 s의 유리 함수로 표현하라.

b) 영점과 극점을 구하라.

풀이

a) 병렬 연결된 세 소자를 시간 영역에서 s 영역으로 변환하는 데 해석 방법 13.1을 이용했다.

단계 1: 인덕터와 커패시터의 초기 조건은 없다.

단계 2: 전압원과 전류원이 없다.

단계 3: 전압이나 전류 기호가 없다.

단계 4: 초기 조건이 없으므로 각 소자는 s 영역 임피던스로 표현된다.

$$Z_R = 500\ \Omega;$$

$$Z_L = 0.016s\ \Omega;$$

$$Z_C = \frac{1}{25 \times 10^{-9}s} = \frac{40 \times 10^6}{s}\ \Omega.$$

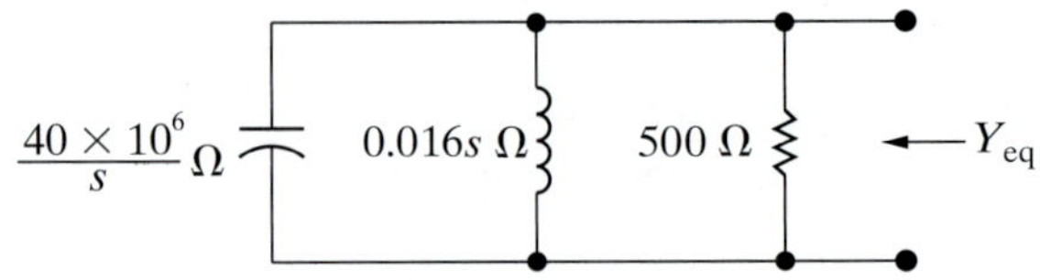

그림 13.10▲ 예제 13.1의 s 영역 회로.

s 영역 회로는 그림 13.10과 같다.

단계 5: 세 임피던스의 역수를 더해서 등가 어드미턴스를 찾는다.

$$Y_{eq} = \frac{1}{500} + \frac{1}{0.016s} + \frac{s}{40 \times 10^6}$$

$$= \frac{s^2 + 80{,}000s + 25 \times 10^8}{40 \times 10^6 s}\ \text{S}.$$

b) 분자의 인수는 $(s + 40{,}000 + j30{,}000)$과 $(s + 40{,}000 - j30{,}000)$이므로 영점은 $-40{,}000 + j30{,}000$과 $-40{,}000 - j30{,}000$이고, 극점은 0이다.

평가문제

목표 1—라플라스 변환을 이용하여 회로의 s 영역 변환을 할 수 있다.

13.1 2 kΩ 저항, 6.25 H 인덕터, 250 nF 커패시터가 병렬로 연결되어 있다.

a) 이 병렬연결 회로의 임피던스를 s의 유리함수로 나타내라.

b) 영점과 극점을 구하라.

정답: a) $4 \times 10^6 s/(s^2 + 2000s + 64 \times 10^4)$,

b) $-z_1 = 0$,

$-p_1 = 400$ rad/s,

$-p_2 = 1600$ rad/s.

자가 검사: 연습문제 13.5와 13.6도 풀어 보라.

13.3 응용

해석 방법 13.1을 이용하여 여러 종류 회로의 전체 응답을 구해 보려고 한다. 1계 또는 2계 미분 방정식을 풀어서 구한 해와 같은 결과를 얻을 수 있음을 확인하기 위해 먼저 7장과 8장의 익숙한 회로를 분석하려 한다. 예제 13.2에서는 RC 회로를, 예제 13.3에서는 RLC 회로를 다룬다.

예제 13.2 *RC* 회로의 자연 응답

그림 13.11의 회로는 예제 7.3에서 1계 미분 방정식의 풀이를 이용하여 풀었다. 라플라스 변환을 이용하여 $t \geq 0^+$에서 $v_o(t)$를 구하라.

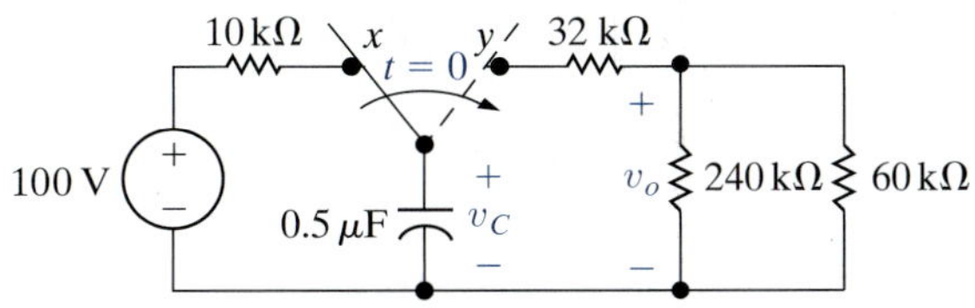

그림 13.11▲ 예제 13.2의 *RC* 회로.

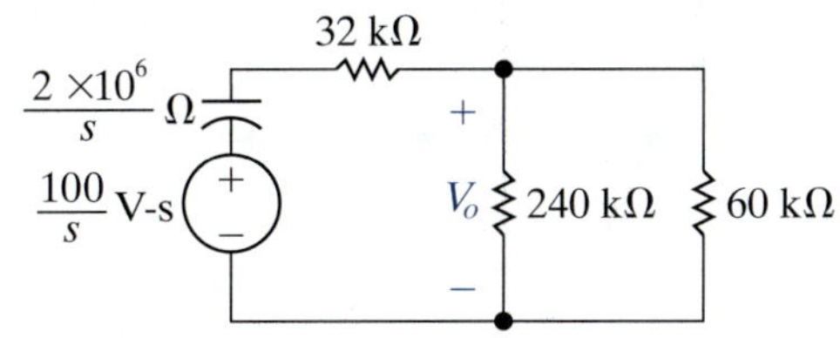

그림 13.12▲ 그림 13.11 회로의 $t \geq 0$에서의 s 영역 등가 회로.

풀이

라플라스 변환과 해석 방법 13.1을 이용한다.

단계 1: 그림 13.11의 회로를 $t < 0$에서 분석하여 커패시터의 초기 전압을 구한다. 스위치가 긴 시간 동안 x에 위치했으므로 커패시터는 개방된 것과 같으며 개방 단자의 $V_o = 100$ V이다.

단계 2: $t \geq 0$에서 전압원과 전류원이 없으므로 단계 2는 건너뛴다.

단계 3: 그림 13.12에서처럼 s 영역에서 240 kΩ 저항의 전압을 V_o라고 한다.

단계 4: 세 저항의 임피던스는 저항 값과 같으며, 커패시터의 임피던스는 다음과 같다.

$$Z_C = \frac{1}{sC} = \frac{1}{0.5 \times 10^{-6} s} = \frac{2 \times 10^6}{s}\ \Omega.$$

커패시터의 초깃값이 있으므로 이를 표현하기 위해서 표 13.1의 직렬 연결 전압원과 병렬 연결 전류원 중에서 하나를 골라야 한다. 본 예제에서는 직렬 연결 전압원을 선택했고, 전압원 값은 $V_o/s = 100/s$ V-s이다. 단계 1~4의 결과는 그림 13.12와 같다.

단계 5: 우선 병렬 연결된 240 kΩ과 60 kΩ 저항을 합하면 전압이 V_o인 48 kΩ의 저항이 된다. V_o를 얻기 위해 전압분배를 이용한다.

$$V_o = \frac{48{,}000}{(2 \times 10^6/s) + 32{,}000 + 48{,}000}\left(\frac{100}{s}\right)$$
$$= \frac{60}{s + 25}.$$

단계 6: 그림 13.11에서 알 수 있는 v_o의 초깃값 60 V와 최종값 0을 확인하기 위해서 초깃값 정리와 최종값 정리를 이용한다.

$$\lim_{s\to\infty} sV_o = \lim_{s\to\infty} \frac{60s}{s + 25} = \lim_{(1/s)\to 0} \frac{60}{1 + (25/s)}$$
$$= \frac{60}{1 + 0} = 60 = \lim_{t\to 0} v_o(t);$$
$$\lim_{s\to 0} sV_o = \lim_{s\to 0} \frac{60s}{s + 25} = \frac{60(0)}{0 + 25} = 0 = \lim_{t\to\infty} v_o(t).$$

단계 7: V_o는 이미 부분분수 형태이므로 표 12.3의 변환을 이용하여 v_o를 얻는다.

$$v_o(t) = \mathscr{L}^{-1}\left\{\frac{60}{s + 25}\right\} = 60e^{-25t}u(t)\text{ V}.$$

풀이의 결과가 예제 7.3에서 1계 회로를 풀어서 얻은 해와 같다.

예제 13.3 *RLC* 회로의 계단 응답

그림 13.13의 회로를 푸는데, 인덕터의 초기 전류는 29 mA이고 커패시터의 초기 전압은 50 V이다. 이 회로는 이미 예제 8.10에서 2계 회로를 풀 때 다루었다. 라플라스 변환을 이용하여 $t \geq 0$에서 $v(t)$를 구하라.

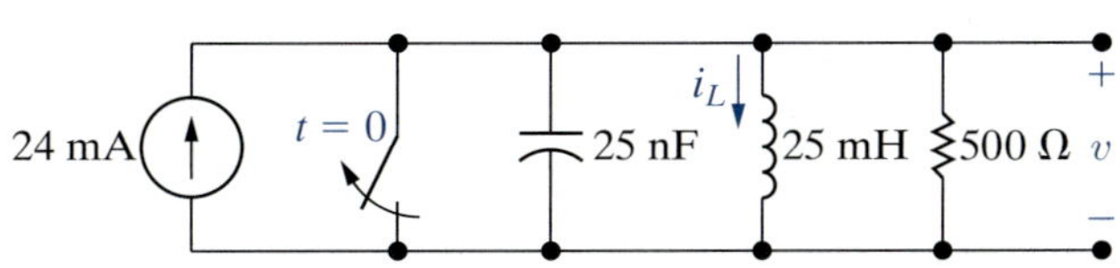

그림 13.13▲ 예제 13.3의 병렬 *RLC* 회로.

풀이

해석 방법 13.1을 따라서 라플라스 변환을 적용한다.

단계 1: 초깃값이 주어졌으므로 이 단계는 건너뛴다.

단계 2: 그림 13.13의 전류원과 스위치를 합하여 $24u(t)$ mA로 표현할 수 있다. 이를 라플라스 변환하면 $24/s$ mA-s이며 그림 13.14의 s 영역 회로에서 전류원이다.

단계 3: 그림 13.14에서처럼 500 Ω 저항의 전압을 s 영역에서 V라고 한다.

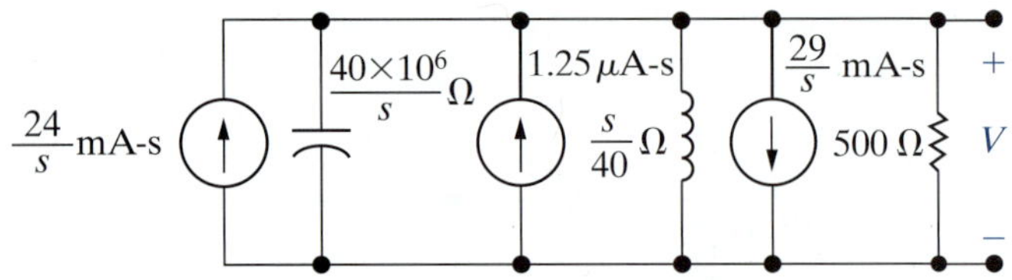

그림 13.14▲ $t \geq 0$에서 그림 13.13의 s 영역 등가 회로.

단계 4: 저항의 임피던스는 저항 값과 같다. 인덕터의 임피던스는 다음과 같다.

$$Z_L = sL = 0.025s = \frac{s}{40}\ \Omega$$

커패시터의 임피던스는 다음과 같다.

$$Z_C = \frac{1}{sC} = \frac{1}{25 \times 10^{-9}s} = \frac{40 \times 10^6}{s}\ \Omega.$$

인덕터와 커패시터는 모두 초깃값이 0이 아니므로 이를 표현하기 위해서 표 13.1의 직렬 연결 전압원과 병렬 연결 전류원 중에서 하나를 골라야 한다. 본 예제에서는 최종 회로에 병렬 요소만 존재하도록 병렬 연결 전류원을 선택했다. 인덕터와 병렬 연결된 전류원 값은 $I_0/s = 0.029/s$ A-s이고 전류 방향은 아래쪽이다. 커패시터와 병렬 연결된 전류원 값은 $CV_0 = (50)(25 \times 10^{-9}) = 1.25\ \mu$A-s이고 전류 방향은 위쪽이다. 단계 1~4에서 만들어진 s 영역 회로는 그림 13.14와 같다.

단계 5: 병렬 연결된 세 임피던스의 등가 임피던스는 다음과 같다.

$$Z_{\text{eq}} = \left(\frac{s}{40 \times 10^6} + \frac{40}{s} + \frac{1}{500}\right)^{-1}$$
$$= \frac{40 \times 10^6 s}{s^2 + 80{,}000s + 16 \times 10^8}\ \Omega.$$

이 등가 임피던스에 세 전류원의 전류 합을 곱하여 전압을 구한다.

$$V = Z_{\text{eq}}\left(\frac{0.024}{s} + 1.25 \times 10^{-6} - \frac{0.029}{s}\right)$$
$$= \frac{50s - 20 \times 10^4}{s^2 + 80{,}000s + 16 \times 10^8}\ \text{V-s}.$$

단계 6: 초깃값 정리와 최종값 정리를 이용하여 v의 초깃값과 최종값을 구한다.

$$\lim_{s\to\infty} sV = \lim_{s\to\infty} \frac{50s^2 - 20 \times 10^4 s}{s^2 + 80{,}000s + 16 \times 10^8}$$
$$= \lim_{(1/s)\to 0} \frac{50 - 20 \times 10^4(1/s)}{1 + 80{,}000(1/s) + 16 \times 10^8(1/s)^2}$$
$$= \frac{50}{1} = 50 = \lim_{t\to 0} v(t);$$

$$\lim_{s\to 0} sV = \lim_{s\to 0} \frac{50s^2 - 20 \times 10^4 s}{s^2 + 80{,}000s + 16 \times 10^8}$$
$$= \frac{(0)}{16 \times 10^8} = 0 = \lim_{t\to\infty} v(t).$$

초깃값 정리를 이용하여 문제 설명에 주어진 $V_0 = 50$ V를 정확히 얻었다. 최종값을 확인하기 위해 그림 13.13의 회로에서 $t \to \infty$를 생각해 보면, 인덕터는 단락되고 커패시터는 이와 병렬로 개방된다. 따라서 커패시터 전압은 0이 되며 이는 최종값 정리에서 구한 값과 같다.

단계 7: V를 부분분수 전개하면 다음과 같다.

$$V = \frac{50s - 20 \times 10^4}{(s + 40{,}000)^2}$$
$$= \frac{-2.2 \times 10^6}{(s + 40{,}000)^2} + \frac{50}{(s + 40{,}000)}.$$

표 12.3의 변환을 이용하여 v를 구하면 다음과 같다.

$$v(t) = \mathscr{L}^{-1}\left\{\frac{-2.2 \times 10^6}{(s + 40{,}000)^2} + \frac{50}{(s + 40{,}000)}\right\}$$
$$= (-2.2 \times 10^6\, te^{-40{,}000t} + 50e^{-40{,}000t})u(t)\ \text{V}.$$

예제 8.10에서 2계 회로 해석을 이용하여 구한 결과와 같다.

평가문제

목표 2—s 영역에서의 회로 해석법을 알고 s 영역 해를 시간 영역 해로 변환할 수 있다.

13.2 그림의 스위치는 x 단자에 오랜 시간 연결되어 있었고, $t = 0$일 때 y 단자로 이동한다.

a) V_0를 s의 유리함수로 나타내라.

b) 시간 영역 표현식 v_0를 구하라.

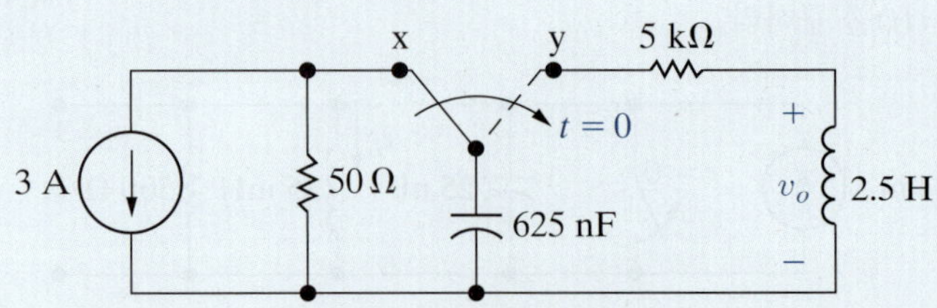

정답: a) $V_o = -150/(s + 400)(s + 1600)$,

b) $v_o = (50e^{-400t} - 200e^{-1600t})u(t)$ V.

13.3 전압원이 인가되는 순간에 주어진 회로에 저장된 에너지는 없었다.

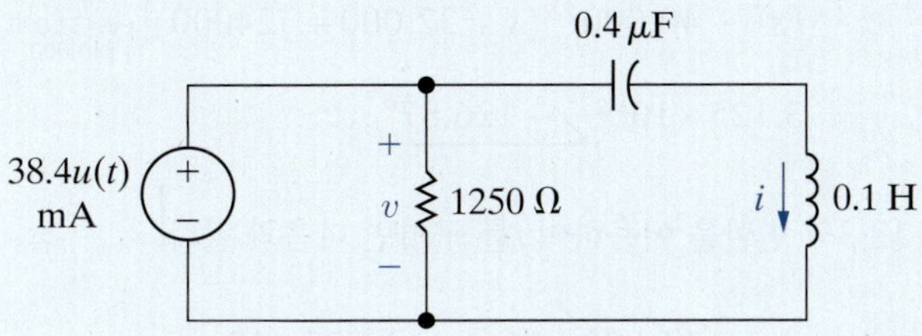

a) V의 s 영역 표현식을 구하라.

b) I의 s 영역 표현식을 구하라.

c) $t > 0$에서 v의 시간 영역 표현식을 구하라.

d) $t > 0$에서 i의 시간 영역 표현식을 구하라.

정답: a) $V = \dfrac{48(s^2 + 25 \times 10^6)}{s(s + 2500)(s + 10{,}000)}$,

$I = \dfrac{480}{(s + 2500)(s + 10{,}000)}$,

b) $v(t) = (48 + 80e^{-2500t} + 80e^{-10{,}000t})u(t)$ V,

d) $i(t) = (64e^{-2500t} - 64e^{-10{,}000t})u(t)$ mA.

자가 검사: 연습문제 13.11, 13.12, 13.22도 풀어 보라.

다음으로 라플라스 방법으로 정현파 전원이 있는 회로를 풀어 본다. 9장에서 설명한 페이저를 이용해도 정현파 전원이 있는 회로를 풀 수는 있으나 전체 응답은 못 구하고 정상 상태 응답만 구한다는 큰 제한이 있다. 전체 응답은 정상 상태 응답과 과도 응답으로 구성된다. 라플라스 방법은 이러한 제한이 없으며 예제 13.4에서와 같이 정현파 전원에 대해서도 회로의 전체 응답을 구할 수 있다.

예제 13.4 정현파 전원이 있는 회로 해석하기

그림 13.15의 회로에 초기 저장 에너지는 없다. $t = 0$에서 스위치가 닫히고 정현파 전원 $v(t) = 15\cos(40{,}000t)$ V가 인가되었을 때 라플라스 변환을 이용하여 $t \geq 0$에서 $i(t)$를 구하라.

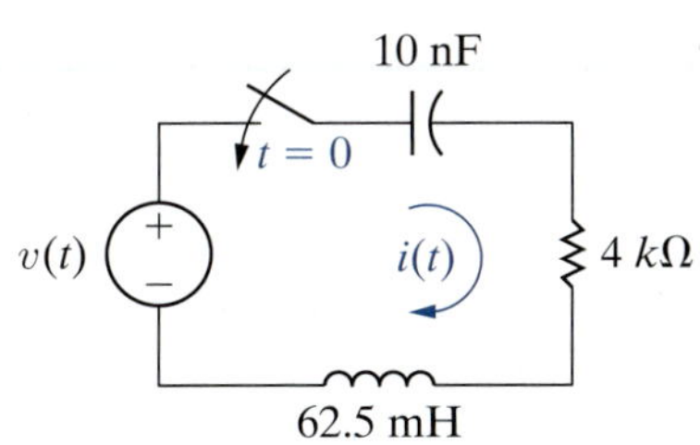

그림 13.15▲ 예제 13.4의 회로.

풀이

해석 방법 13.1을 따라서 라플라스 변환을 적용한다.

단계 1: 초기 저장 에너지가 없으므로 초기 조건은 0이다.

단계 2: 함수 변환 및 연산 변환을 이용하여(표 12.1과 12.2) $v(t)$의 라플라스 변환을 구하면 다음과 같다.

$$V = \mathscr{L}\{15\cos 40{,}000t\} = \frac{15s}{s^2 + 40{,}000^2}\ \text{V-s}.$$

이는 그림 13.16에 있는 s 영역 전압원의 값이다.

단계 3: 그림 13.16에서처럼 s 영역 전류를 I라고 한다.

단계 4: 저항의 임피던스는 저항 값과 같고, 인덕터의 임피던스는 다음과 같다.

$$Z_L = sL = 0.0625s = \frac{s}{16}\ \Omega$$

커패시터의 임피던스는 다음과 같다.

$$Z_C = \frac{1}{sC} = \frac{1}{10 \times 10^{-9} s} = \frac{10^8}{s}\ \Omega.$$

단계 1~4에서 구한 s 영역 회로는 그림 13.16과 같다.

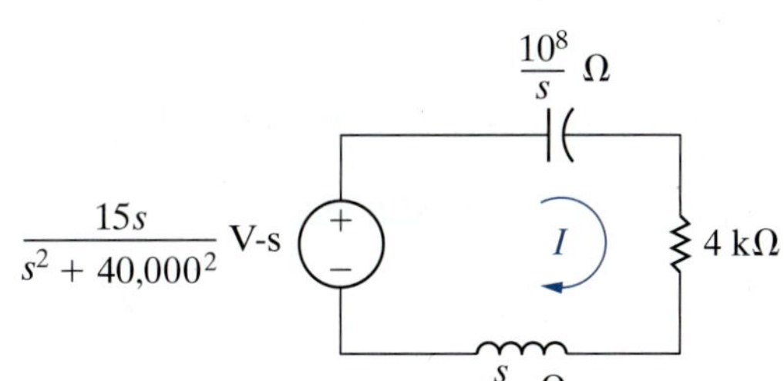

그림 13.16▲ $t \geq 0$에서 그림 13.15의 s 영역 등가 회로.

단계 5: 전압원을 임피던스의 합으로 나누어서 전류 I를 구한다.

$$I = \frac{\dfrac{15s}{s^2 + 40{,}000^2}}{4000 + \dfrac{10^8}{s} + \dfrac{s}{16}}$$
$$= \frac{240s^2}{(s^2 + 40{,}000^2)(s^2 + 64{,}000s + 16 \times 10^8)} \text{ A-s.}$$

단계 6: 초깃값 정리를 이용하여 전류 i의 초깃값을 예측한다.

$$\lim_{s\to\infty} sI = \lim_{s\to\infty} \frac{240s^3}{(s^2 + 40{,}000^2)(s^2 + 64{,}000s + 16 \times 10^8)}$$
$$= \lim_{(1/s)\to 0} \frac{240\left(\dfrac{1}{s}\right)}{\left[1+\left(\dfrac{40{,}000}{s}\right)^2\right]\left[1+\left(\dfrac{60{,}000}{s}\right)+\left(\dfrac{16 \times 10^8}{s^2}\right)\right]}$$
$$= \frac{0}{(1)(1)} = 0 = \lim_{t\to 0} i(t).$$

초깃값 정리로 초기 전류가 0임을 맞게 예측했다. 전류 I는 허수축 위의 두 점 $\pm j40{,}000$ rad/s에 극점이 있으므로 최종값 정리로 최종값을 알아낼 수 없다.

단계 7: I를 부분분수 전개하면 다음과 같다.

$$I = \frac{240s^2}{(s^2 + 40{,}000^2)(s^2 + 64{,}000s + 16 \times 10^8)}$$
$$= \frac{K_1}{s - j40{,}000} + \frac{K_1^*}{s + j40{,}000} + \frac{K_2}{s + 32{,}000 - j24{,}000} + \frac{K_2^*}{s + 32{,}000 + j24{,}000}.$$

K_1과 K_2를 구하면 다음과 같다.

$$K_1 = \left.\frac{240s^2}{(s + j40{,}000)(s^2 + 64{,}000s + 16 \times 10^8)}\right|_{s = j40{,}000}$$
$$= 1.875 \times 10^{-3};$$
$$K_2 = \left.\frac{240s^2}{(s^2 + 40{,}000^2)(s + 32{,}000 + j24000)}\right|_{s=-32{,}000+j40{,}000}$$
$$= 3.125 \times 10^{-3} \angle -126.87^\circ.$$

표 12.3의 변환을 이용하여 i를 구하면 다음과 같다.

$$i(t) = \mathscr{L}^{-1}\left\{\frac{1.875 \times 10^{-3}}{s - j40{,}000} + \frac{1.875 \times 10^{-3}}{s + j40{,}000} + \frac{3.125 \times 10^{-3} \angle -126.87^\circ}{s + 32{,}000 - j24{,}000} + \frac{3.125 \times 10^{-3} \angle 126.87^\circ}{s + 32{,}000 + j24{,}000}\right\}$$
$$= [3.75 \cos 40{,}000t + 6.25e^{-32{,}000t} \cos(24{,}000t - 126.87^\circ)]u(t) \text{ mA.}$$

위에서 $i(t)$의 첫 항은 정상 상태 응답이다. 정상 상태는 전원의 주파수와 같으며 항시 존재한다. 9장에서의 페이저법을 이용하여 이 결과를 확인하기 바란다. $i(t)$의 두 번째 항은 과도 응답 또는 자연 응답이다. 이 항은 $t \to \infty$일 때 0으로 감소하는데, 전원과는 무관하며 수동 소자 값과 연결 상태에 따라 달라진다.

평가문제

목표 2—s 영역에서의 회로 해석법을 알고 s 영역 해를 시간 영역 해로 변환할 수 있다.

13.4 스위치가 닫힐 때 주어진 회로의 에너지는 0이다. $t \geq 0$에서 전류 $i_o(t)$를 구하라.

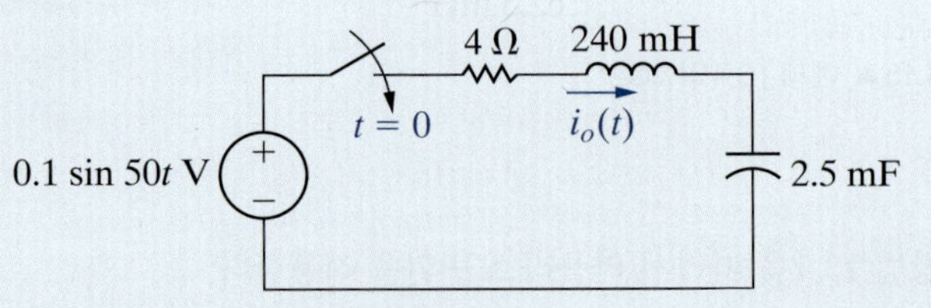

정답: $[17.68 \cos(50t - 135^\circ) + 18.06e^{-8.33t} \cos(39.965t + 46.194^\circ)]u(t)$ mA.

자가 검사: 연습문제 13.24도 풀어 보라.

지금까지는 인덕터와 커패시터가 있으면서 두 개 이상의 망 또는 세 개 이상의 필수마디를 가지는 회로는 다루지 않았다. 이런 회로는 두 개 이상의 연립 미분 방정식으로 표현되며 이러한 방정식의 풀이는 이 책의 범위를 벗어난다. 그러나 라플라스 변환을 이용하여 s 영역 회로로 변환하면 다루기 훨씬 쉬운 대수 연립 방정식으로 표현된다. 예제 13.5에서는 망이 두 개인 회로의 풀이를 보여 준다.

예제 13.5 다중망 회로 해석하기

그림 13.17의 회로는 초기 저장 에너지가 0이다. $t = 0$에서 스위치가 닫혔을 때 라플라스 변환을 이용하여 $t \geq 0$에서 $i_1(t)$와 $i_2(t)$를 구하라.

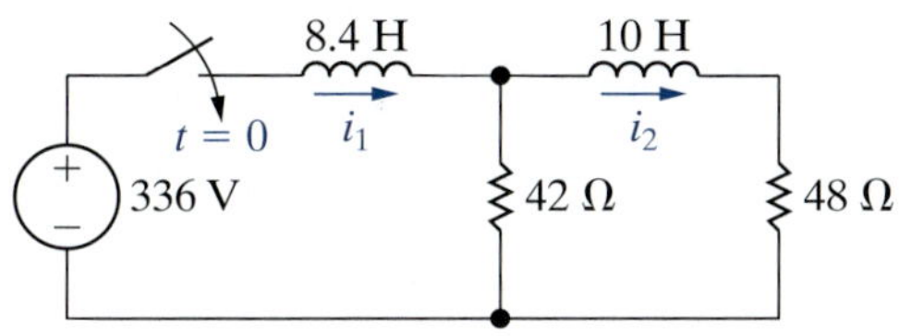

그림 13.17▲ 다중망 *RL* 회로.

풀이

해석 방법 13.1을 따라서 라플라스 변환을 적용한다.

단계 1: 초기 저장 에너지가 없으므로 모든 초기 조건은 0이다.

단계 2: 직렬 연결된 336 V 직류 전압원과 스위치는 시간 영역에서 $336u(t)$ V로 표현된다. 함수 변환 및 연산 변환을 이용하여(표 12.1과 12.2) 이 전압의 라플라스 변환을 구하면 다음과 같다.

$$\mathscr{L}\{336u(t)\} = \frac{336}{s} \text{ V-s.}$$

이는 그림 13.18에 있는 s 영역 전압원의 값이다.

단계 3: 그림 13.18에서처럼 s 영역 전류를 I_1과 I_2라고 한다.

단계 4: 저항의 임피던스는 저항 값과 같고 인덕터의 임피던스는 다음과 같다.

$$Z_{L1} = sL_1 = 8.4s\ \Omega; \quad Z_{L2} = sL_2 = 10s\ \Omega.$$

단계 1~4에서 구한 s 영역 회로는 그림 13.18과 같다.

단계 5: 두 KVL 방정식은 다음과 같다.

$$\frac{336}{s} = (42 + 8.4s)I_1 - 42I_2,$$

$$0 = -42I_1 + (90 + 10s)I_2.$$

크래머 공식을 다음과 같이 적용할 수 있다.

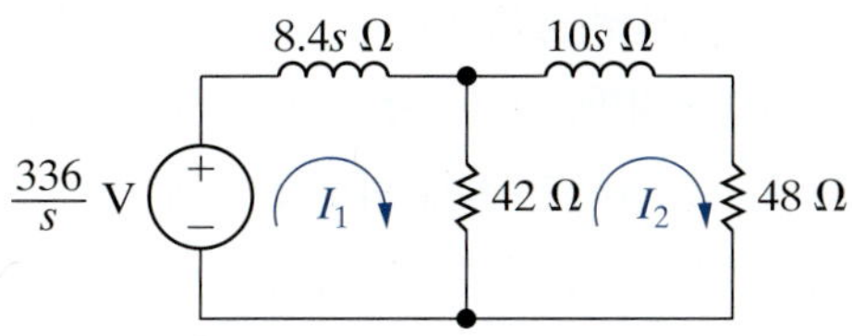

그림 13.18▲ 그림 13.17 회로의 s 영역 등가 회로.

$$\Delta = \begin{vmatrix} 42 + 8.4s & -42 \\ -42 & 90 + 10s \end{vmatrix} = 84(s^2 + 14s + 24) = 84(s + 2)(s + 12),$$

$$N_1 = \begin{vmatrix} 336/s & -42 \\ 0 & 90 + 10s \end{vmatrix} = \frac{3360(s + 9)}{s},$$

$$N_2 = \begin{vmatrix} 42 + 8.4s & 336/s \\ -42 & 0 \end{vmatrix} = \frac{14{,}112}{s}.$$

결과는 다음과 같다.

$$I_1 = \frac{N_1}{\Delta} = \frac{40(s + 9)}{s(s + 2)(s + 12)},$$

$$I_2 = \frac{N_2}{\Delta} = \frac{168}{s(s + 2)(s + 12)}.$$

단계 6: 초깃값 정리를 이용하여 전류 i_1과 i_2의 초깃값을 예측한다.

$$\lim_{s\to\infty} sI_1 = \lim_{s\to\infty} \frac{40(s + 9)}{(s + 2)(s + 12)} = \lim_{(1/s)\to 0} \frac{40[(1/s) + 9(1/s)^2]}{(1 + (2/s))(1 + (12/s))} = \frac{0}{(1)(1)} = 0 = \lim_{t\to 0} i_1(t);$$

$$\lim_{s\to\infty} sI_2 = \lim_{s\to\infty} \frac{168}{(s + 2)(s + 12)} = \lim_{(1/s)\to 0} \frac{168(1/s)^2}{(1 + (2/s))(1 + (12/s))} = \frac{0}{(1)(1)} = 0 = \lim_{t\to 0} i_2(t).$$

초깃값 정리로 초기 전류가 0임을 맞게 예측했다. 최종값 정리를 이용하여 $t \to \infty$에서의 i_1과 i_2를 예측한다.

$$\lim_{s\to 0} sI_1 = \lim_{s\to 0} \frac{40(s + 9)}{(s + 2)(s + 12)} = \frac{40(9)}{(2)(12)} = 15 \text{ A} = \lim_{t\to\infty} i_1(t);$$

$$\lim_{s\to 0} sI_2 = \lim_{s\to 0} \frac{168}{(s+2)(s+12)}$$

$$= \frac{168}{(2)(12)} = 7\text{ A} = \lim_{t\to\infty} i_2(t).$$

$t \to \infty$일 때의 그림 13.17 회로를 이용하여 예측 결과를 검증한다. 인덕터는 그림 13.19와 같이 단락된 것과 같다.

회로를 기술하는 두 KVL 방정식은 다음과 같다.

$$42i_{1f} - 42i_{2f} = 336;$$
$$-42i_{1f} + 90i_{2f} = 0.$$

방정식을 풀면 i_1은 15 A이고 i_2는 7 A이며, 이는 최종값 정리로 예측한 값과 같다.

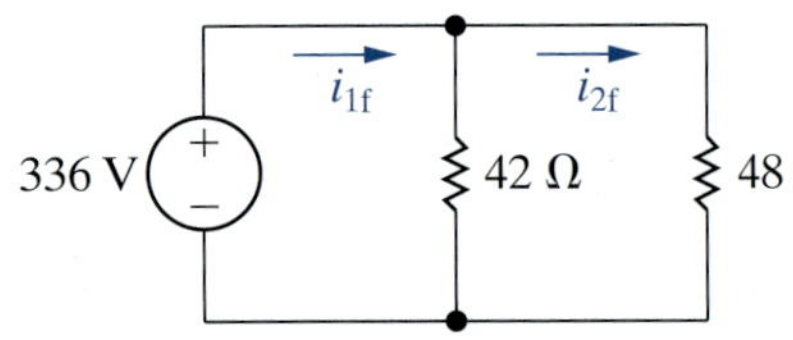

그림 13.19▲ $t \to \infty$일 때 그림 13.17 회로.

단계 7: I_1과 I_2를 부분분수 전개하면 다음과 같다.

$$I_1 = \frac{15}{s} - \frac{14}{s+2} - \frac{1}{s+12},$$

$$I_2 = \frac{7}{s} - \frac{8.4}{s+2} + \frac{1.4}{s+12}.$$

표 12.3의 변환을 이용하여 I_1과 I_2를 역변환하여 i_1과 i_2를 얻는다.

$$i_1 = (15 - 14e^{-2t} - e^{-12t})u(t)\text{ A},$$

$$i_2 = (7 - 8.4e^{-2t} + 1.4e^{-12t})u(t)\text{ A}.$$

마지막 검증으로 42 Ω 저항에서의 전압 강하량을 세 가지 방법으로 구해 본다. 회로로부터 42 Ω 저항의 전압은 (위쪽을 +) 다음과 같다.

$$v = 42(i_1 - i_2) = 336 - 8.4\frac{di_1}{dt} = 48i_2 + 10\frac{di_2}{dt}.$$

어떤 식으로 구하더라도 전압은 다음과 같음을 확인한다.

$$v = (336 - 235.2e^{-2t} - 100.80e^{-12t})u(t)\text{ V}.$$

이제 구한 i_1과 i_2가 맞다고 확신할 수 있다.

평가문제

목표 2—s 영역에서의 회로 해석법을 알고 s 영역 해를 시간 영역 해로 변환할 수 있다.

13.5 전원이 인가되는 순간에 회로에 저장된 에너지는 없었다.

a) $I_1(s)$와 $I_2(s)$를 구하라.

b) $t \geq 0$에서 $i_1(t)$와 $i_2(t)$를 구하라.

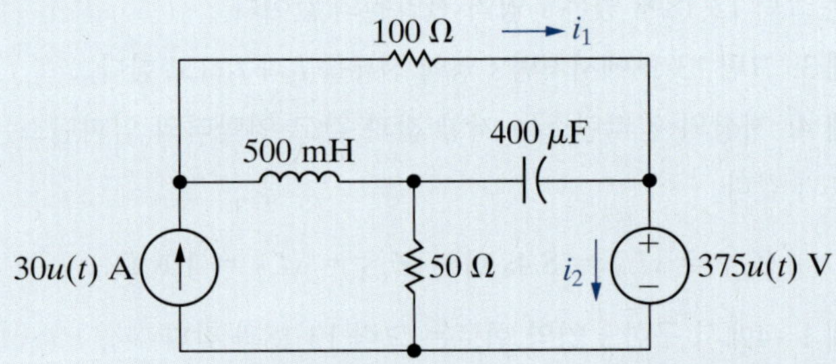

정답: a) $I_1 = \dfrac{30(s^2 + 50s + 3750)}{s(s+100)(s+150)}$,

$I_2 = \dfrac{22.5s^2 + 6000s + 112{,}500}{s(s+100)(s+150)}$,

b) $i_1(t) = (7.5 - 52.5e^{-100t} + 75e^{-150t})u(t)$ A,

$i_2(t) = (7.5 + 52.5e^{-100t} - 37.5e^{-150t})u(t)$ A.

자가 검사: 연습문제 13.16과 13.20도 풀어 보라.

s 영역의 회로를 간단히 하는 데 테브냉 등가 회로와 노튼 등가 회로를 이용할 수 있다. 회로의 일부는 빈번히 변경되지만, 다른 부분은 변화가 없는 경우에 변화가 없는 부분을 간단한 등가 회로로 표현하면 전체 회로를 쉽게 풀 수 있다. 예제 13.16에서는 s 영역 회로의 일부를 테브냉 등가 회로로 변경한다.

예제 13.6 s 영역 테브냉 등가 회로 생성하기

그림 13.20의 회로에서 커패시터 전류 i_C를 구하고자 한다. $t = 0$에서 스위치를 닫았을 때 회로에 저장된 에너지는 없다. 라플라스 변환을 이용하여 단자 a, b 왼쪽 회로의 s 영역 테브냉 등가 회로를 구성하고, 간략화한 회로를 해석하여 $t \geq 0$에서의 $i_C(t)$를 구하라.

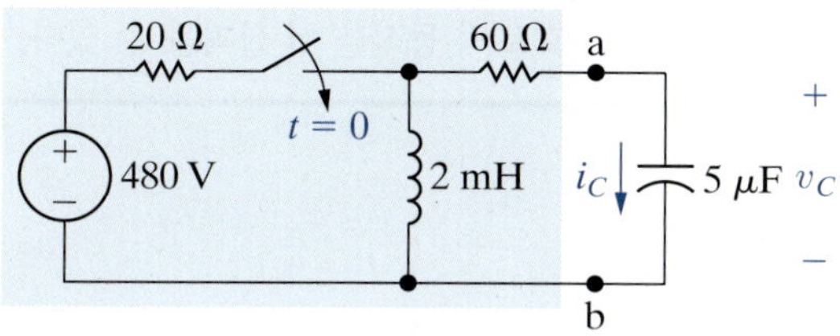

그림 13.20▲ 예제 13.6의 회로.

풀이

해석 방법 13.1을 따라서 라플라스 방법을 적용한다.

단계 1: 초기 저장 에너지가 없으므로 모든 초기 조건은 0이다.

단계 2: 직렬 연결된 480 V 직류 전압원과 스위치는 시간 영역에서 $480u(t)$로 표현된다. 함수 변환 및 연산 변환을 이용하여(표 12.1과 12.2) 이 전압의 라플라스 변환을 구하면 다음과 같다.

$$\mathscr{L}\{480u(t)\} = \frac{480}{s}\text{ V-s.}$$

이는 그림 13.21에 있는 s 영역 전압원의 값이다.

단계 3: 그림 13.21에서처럼 커패시터의 s 영역 전류와 전압을 I_C과 V_C라고 한다.

단계 4: 저항의 임피던스는 저항 값과 같고 인덕터와 커패시터의 임피던스는 다음과 같다.

$$Z_L = sL = 0.002s = \frac{s}{500}\ \Omega;$$

$$Z_C = \frac{1}{sC} = \frac{1}{5 \times 10^{-6}s} = \frac{2 \times 10^5}{s}\ \Omega.$$

단계 1~4에서 구한 s 영역 회로는 그림 13.21과 같다.

단계 5: 테브냉 전압은 단자 a, b의 개방 전압이다. 개방 상태에서 60 Ω 저항의 전압은 0이다. 전압 분배를 이용하면

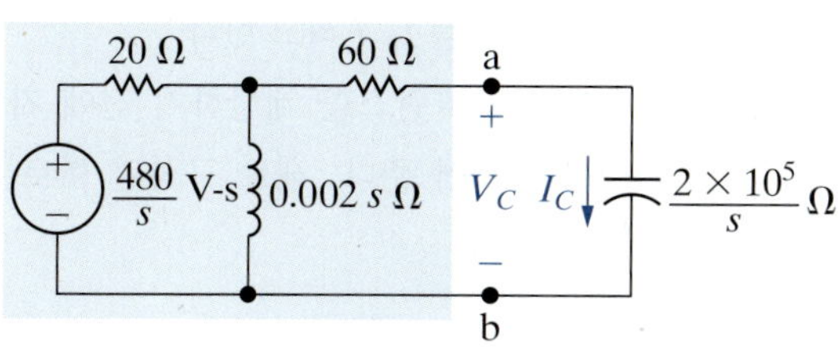

그림 13.21▲ 그림 13.20 회로의 라플라스 변환.

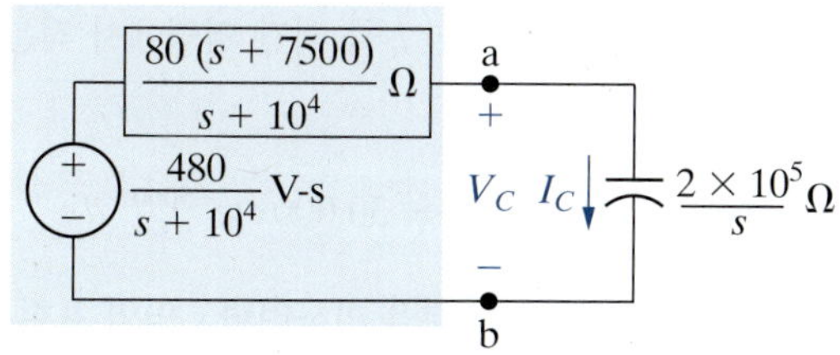

그림 13.22▲ 테브냉 등가 회로를 이용한 그림 13.21 회로의 간소화.

$$V_{\text{Th}} = \frac{(480/s)(0.002s)}{20 + 0.002s} = \frac{480}{s + 10^4}.$$

단자 a, b에서 본 테브냉 임피던스는 병렬 연결한 20 Ω 저항과 인덕터 임피던스를 60 Ω 저항에 직렬로 연결한 것과 같다.

$$Z_{\text{Th}} = 60 + \frac{0.002s(20)}{20 + 0.002s} = \frac{80(s + 7500)}{s + 10^4}.$$

테브냉 등가 회로를 이용하여 그림 13.21의 회로를 그림 13.22와 같이 간소화했다.

이 회로에서 커패시터 전류 I_C는 테브냉 전압을 전체 직렬 연결 임피던스로 나눈 것과 같다.

$$I_C = \frac{\dfrac{480}{s + 10^4}}{\dfrac{80(s + 7500)}{s + 10^4} + \dfrac{2 \times 10^5}{s}} = \frac{6s}{(s + 5000)^2}.$$

단계 6: 초깃값 및 최종값 정리를 이용하여 i_C의 초깃값과 최종값을 예측한다.

$$\lim_{s\to\infty} sI_C = \lim_{s\to\infty}\frac{6s^2}{(s + 5000)^2} = \lim_{(1/s)\to 0}\frac{6}{(1 + (5000/s))^2}$$

$$= \frac{6}{(1)^2} = 6\text{ A} = \lim_{t\to 0} i_C(t);$$

$$\lim_{s\to 0} sI_C = \lim_{s\to 0}\frac{6s^2}{(s + 5000)^2} = \frac{0}{(5000)^2} = 0 = \lim_{t\to\infty} i_C(t).$$

커패시터 전류의 초깃값은 그림 13.20의 회로로 계산한다. 인덕터 초기 전류와 커패시터 초기 전압이 0이므로 커패시터 초기 전류는 480/(20 + 60), 즉 6 A이며, 이는 초깃값 정리로 예측한 값과 같다. 그림 13.20에서 $t \to \infty$일 때 커패시터는 개방된 것과 같으므로 커패시터 전류의 최종값은 0이다. 커패시터 전류의 최종값도 최종값 정리로 예측한 값과 같다.

단계 7: I_C를 부분분수 전개하면 다음과 같다.

$$I_C = \frac{-30{,}000}{(s + 5000)^2} + \frac{6}{s + 5000},$$

역변환하면 다음과 같다.

$$i_C = (-30{,}000te^{-5000t} + 6e^{-5000t})u(t) \text{ A}.$$

커패시터의 전압 v_C는 이미 구한 i_C를 시간 영역에서 적분하여 구할 수 있다.

$$v_C = 2 \times 10^5 \int_{0^-}^{t} (6 - 30{,}000x)e^{-5000x}\, dx.$$

이 적분이 어렵지는 않지만, 적분을 피하려면 s 영역 표현 V_C를 구해서 역변환하면 된다.

$$V_C = \frac{1}{sC} I_C = \frac{2 \times 10^5}{s} \frac{6s}{(s + 5000)^2}$$

$$= \frac{12 \times 10^5}{(s + 5000)^2},$$

그리고

$$v_C = 12 \times 10^5 te^{-5000t}u(t) \text{ V}.$$

연습문제 13.36에서 이 회로의 동작을 더 살펴볼 수 있다.

평가문제

목표 2—s 영역에서의 회로 해석법을 알고 s 영역 해를 시간 영역 해로 변환할 수 있다.

13.6 회로에 있는 두 스위치는 동시에 작동하고, 스위치가 닫히는 순간에 회로에 저장된 에너지는 없었다. 단자 a, b의 왼쪽 회로에 대한 s 영역 테브냉 등가회로를 구하고 이를 이용해서 $t \geq 0^+$에서의 $i(t)$를 구하라.

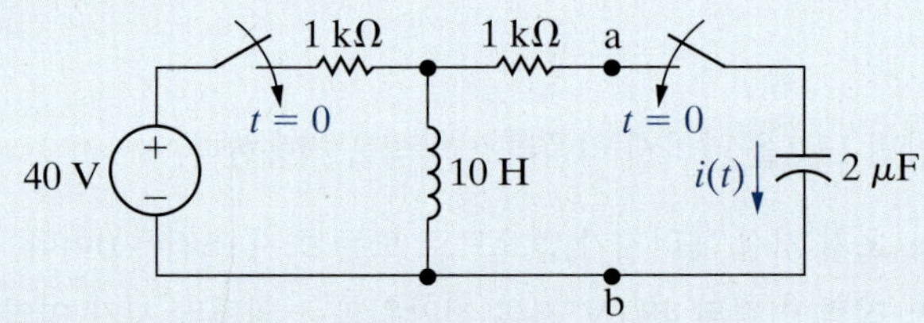

정답: $63.25e^{-150t}\cos(50t + 71.57°)u(t)$ mA.

자가 검사: 연습문제 13.34도 풀어 보라.

라플라스 변환을 이용하여 상호 인덕턴스를 갖는 회로를 해석할 수 있다. 예제 13.7에서 그 절차를 보여 준다.

예제 13.7 상호 인덕턴스가 있는 회로 해석하기

그림 13.23의 회로에서 개폐 스위치는 오랫동안 a 위치에 연결되어 있다가 $t = 0$일 때 순간적으로 b로 이동한다. 라플라스 변환을 이용하여 $t \geq 0$에서의 $i_2(t)$를 구하라.

풀이

해석 방법 13.1을 따라서 라플라스 변환을 적용한다.

단계 1: 스위치가 오랫동안 a에 있었으므로 두 인덕터는 단락된 것으로 취급한다. 2 H 인덕터의 전류는 $60/(9 + 3) = 5$ A, 8 H 인덕터의 전류는 0이다. 따라서 $i_1(0^-) = 5$ A, $i_2(0^-) = 0$이다.

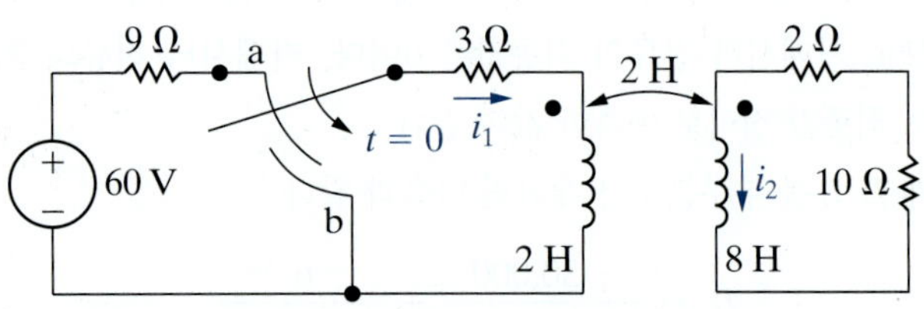

그림 13.23▲ 자기적으로 결합한 코일을 가진 예제 13.7의 회로.

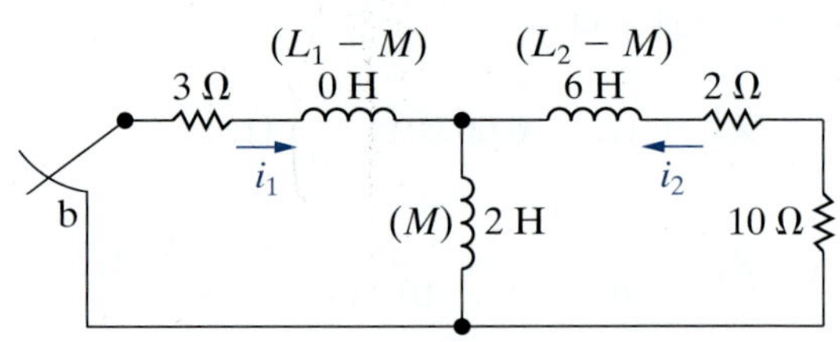

그림 13.24▲ 그림 13.23 회로에서 자기적으로 결합한 코일을 T-등가 회로로 바꾼 그림.

단계 2: $t \geq 0$에서 독립 전원이 없으므로 건너뛴다.

단계 3: 두 코일의 s 영역 전류를 I_1, I_2라고 한다.

단계 4: 저항과 인덕터의 임피던스를 계산하기 전에 자기결합 회로를 T-등가 회로로[1] 바꾸어 준다. 새로 구성된 회로는 그림 13.24와 같다.

1 부록 C를 참조하라.

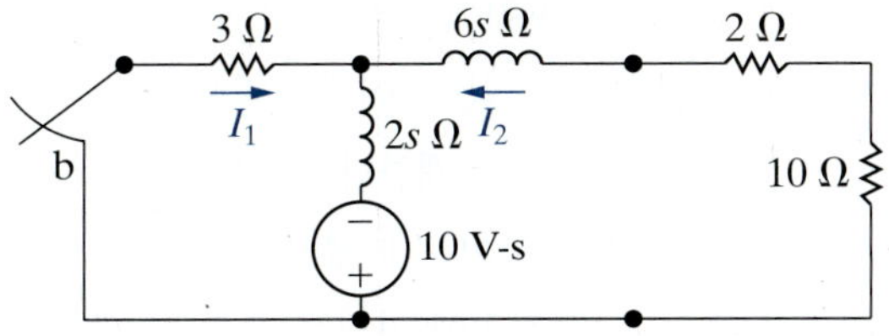

그림 13.25▲ 그림 13.24 회로의 s 영역 등가 회로.

저항의 임피던스는 저항 값과 같고 인덕터의 임피던스는 sL이다. s 영역에서 망 전류법을 이용할 것이므로 초기 전류가 있는 인덕터를 직렬 등가 회로로 표현한다. T 회로의 수직 부분에 흐르는 초기 전류 $i_1(0^-) + i_2(0^-)$, 즉 5 A를 표현하려면 T 회로의 수직 부분에 전압원을 넣어야 한다. 단계 1~4에서 구한 s 영역 회로는 그림 13.25와 같다.

단계 5: 그림 13.25 회로의 두 s 영역 망 방정식은 다음과 같다.

$$(3 + 2s)I_1 + 2sI_2 = 10;$$
$$2sI_1 + (12 + 8s)I_2 = 10.$$

I_2에 대해 풀면 다음과 같다.

$$I_2 = \frac{2.5}{(s + 1)(s + 3)}.$$

단계 6: 초깃값 및 최종값 정리를 이용하여 i_2의 초깃값과 최종값을 예측한다.

$$\lim_{s\to\infty} sI_2 = \lim_{s\to\infty}\frac{2.5s}{(s + 1)(s + 3)}$$
$$= \lim_{(1/s)\to 0}\frac{2.5(1/s)}{(1 + (1/s))(1 + (3/s))}$$
$$= \frac{0}{(1)(1)} = 0 = \lim_{t\to 0} i_2(t);$$

$$\lim_{s\to 0} sI_2 = \lim_{s\to 0}\frac{2.5s}{(s + 1)(s + 3)} = \frac{0}{(1)(3)}$$
$$= 0 = \lim_{t\to\infty} i_2(t).$$

초깃값 및 최종값 정리의 예측값은 그림 13.23에 있는 전류 i_2의 초깃값 및 최종값과 일치한다.

단계 7: I_2를 부분분수 전개하면 다음과 같다.

$$I_2 = \frac{1.25}{s + 1} - \frac{1.25}{s + 3}.$$

표 12.3을 이용하여 I_2를 역변환하면 다음과 같다.

$$i_2 = (1.25e^{-t} - 1.25e^{-3t})u(t) \text{ A}.$$

그림 13.26은 시간 t에 대한 i_2의 그래프이다. 이 응답은 자기적으로 결합한 코일의 물리적 특성과 잘 맞는다. L_2 인덕터의 전류는 L_1 인덕터에 시변 전류가 있을 때에만 존재할 수 있다. i_1이 초깃값 5 A로부터 감소함에 따라 i_2는 0에서 증가하고, 이후 i_1이 0에 가까워짐에 따라 i_2도 0에 가까워진다.

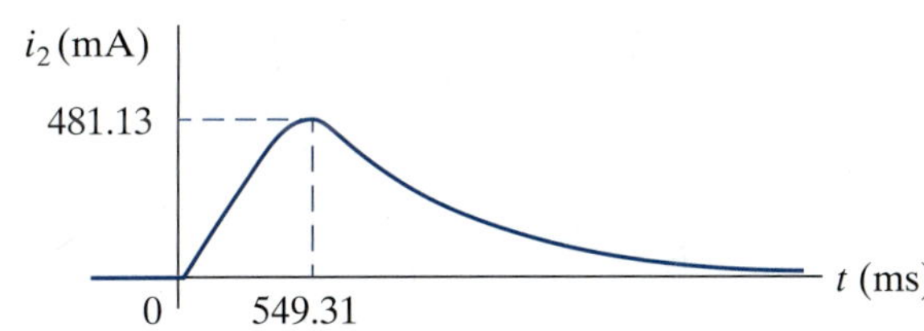

그림 13.26▲ 그림 13.23 회로의 t 대 i_2 그래프.

평가문제

목표 2—s 영역에서의 회로 해석법을 알고 s 영역 해를 시간 영역 해로 변환할 수 있다.

13.7 회로에서 $t = 0$일 때 스위치 1이 닫혔고, 동시에 절환 스위치는 a에서 b로 이동하였다.

a) $I_1(s)$를 구하라.

b) $i_1(t)$를 구하라.

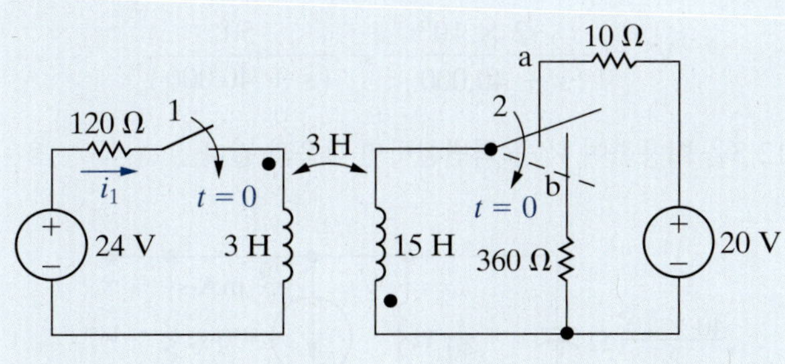

정답: a) $\dfrac{-50(s - 4.8)}{s(s + 20)(s + 60)}$,

b) $(0.2 - 1.55e^{-20t} + 1.35e^{-60t})u(t)$ A.

자가 검사: 연습문제 13.40과 13.41도 풀어 보라.

선형 집중정수 회로를 해석할 때에는 특정 전원에 의한 응답 또는 특정 초기 조건에 의한 응답을 구분하는 데 중첩을 이용할 수 있다. 이러한 응답의 구분은 전달함수를 이해하는 데 중요하며, 이는 다음 절에서 소개한다. 예제 13.8에서는 예제 13.3의 회로를 이용하여 s 영역의 중첩 정리를 보이는데, 출력 전압 v는 회로의 초기 조건에서 추가되는 두 전원과 회로의 독립 전원에 기인한 세 가지 성분으로 구성된다.

예제 13.8 s 영역에서 중첩 적용하기

예제 13.3의 s 영역 회로인 그림 13.14의 회로를 다시 해석하는데, 중첩 정리를 이용하여 시간 영역 전압 v를 그림 13.14의 세 전원에 대한 각각의 성분으로 구분해야 한다.

풀이

그림 13.14의 각 전원은 전류원이므로 병렬 연결된 세 임피던스의 합성 임피던스를 구하고 옴의 법칙을 이용하여 V의 각 성분을 구한다. 예제 13.3에서 구한 합성 임피던스는 다음과 같다.

$$Z_{eq} = \frac{40 \times 10^6 s}{s^2 + 80{,}000s + 16 \times 10^8}\ \Omega.$$

그림 13.14의 V에서 커패시터의 초기 에너지로 인한 성분을 V'라고 정의한다. 커패시터의 초기 조건에 해당하는 전원만 가정한 그림 13.27로부터 V'을 구한다.

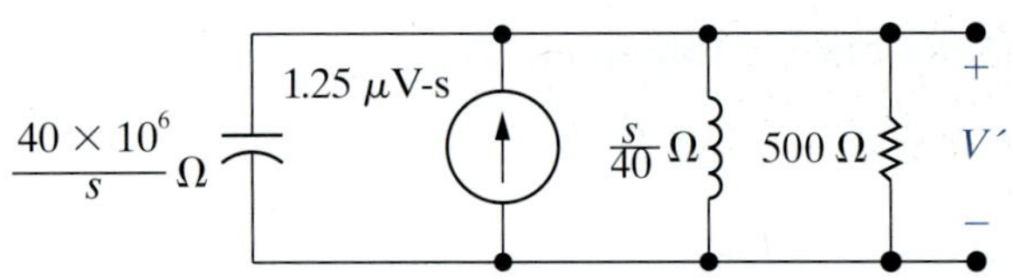

그림 13.27▲ 커패시터 초기 전압으로 인한 그림 13.14 회로의 응답.

$$V' = Z_{eq}(1.25 \times 10^{-6}) = \frac{50s}{s^2 + 80{,}000s + 16 \times 10^8}.$$

V'를 부분분수 전개하면 다음과 같다.

$$V' = \frac{-2 \times 10^6}{(s + 40{,}000)^2} + \frac{50}{(s + 40{,}000)}.$$

표 12.3을 이용하여 V'를 역변환하면 다음과 같다.

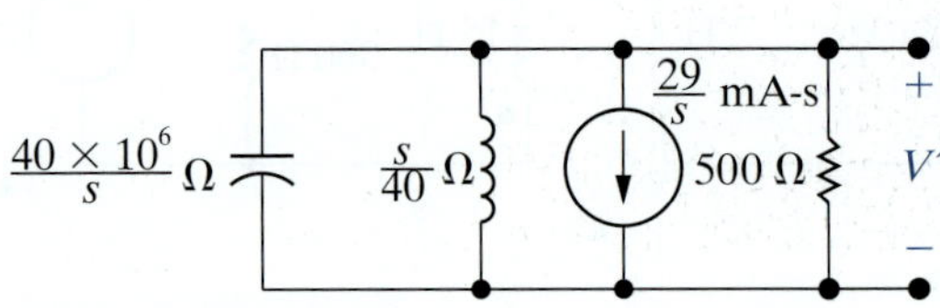

그림 13.28▲ 인덕터 초기 전류로 인한 그림 13.14 회로의 응답.

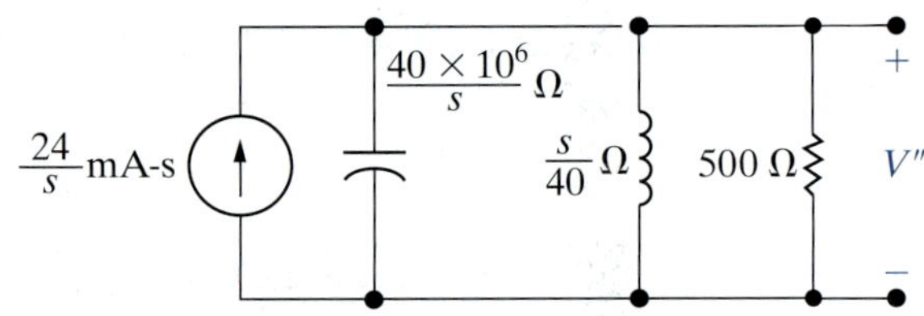

그림 13.29▲ 독립 직류 전류원으로 인한 그림 13.14 회로의 응답.

$$v' = \mathscr{L}^{-1}\{V'\} = (50e^{-40{,}000t} - 2 \times 10^6 te^{-40{,}000t})u(t)\ \text{V}.$$

따라서 v'은 그림 13.13 회로의 v에서 커패시터의 초기 에너지로 인한 성분이다.

다음으로, 그림 13.14의 V에서 인덕터의 초기 에너지로 인한 성분을 V''라고 정의한다. 인덕터의 초기 조건에 해당하는 전원만 가정한 그림 13.28로부터 V''을 구한다.

$$V'' = Z_{eq}\left(\frac{-0.029}{s}\right) = \frac{-1.16 \times 10^6}{s^2 + 80{,}000s + 16 \times 10^8}.$$

V''를 부분분수 전개하면 다음과 같다.

$$V'' = \frac{-1.16 \times 10^6}{(s + 40{,}000)^2}.$$

표 12.3을 이용하여 V''를 역변환하면 다음과 같다.

$$v'' = \mathscr{L}^{-1}\{V''\} = (-1.16 \times 10^6 te^{-40{,}000t})u(t)\ \text{V}.$$

따라서 v''은 그림 13.13 회로의 v에서 커패시터의 초기 에너지로 인한 성분이다.

마지막으로, 그림 13.14의 V에서 24 mA 직류 전류원에 의한 성분을 V'''라고 정의한다. 24 mA 직류 전류원만을 가정한 그림 13.29로부터 V'''을 구한다.

$$V''' = Z_{eq}\left(\frac{0.024}{s}\right) = \frac{0.96 \times 10^6}{s^2 + 80{,}000s + 16 \times 10^8}.$$

V'''를 부분분수 전개하면 다음과 같다.

$$V''' = \frac{0.96 \times 10^6}{(s + 40{,}000)^2}.$$

표 12.3을 이용하여 V'''를 역변환하면 다음과 같다.

$$v''' = \mathcal{L}^{-1}\{V'''\} = (0.96 \times 10^6 te^{-40{,}000t})u(t)\text{ V}.$$

따라서 v'''은 그림 13.13 회로의 v에서 24 mA 전류원에 의한 성분이다.

그림 13.13의 전압 v는 방금 구한 세 성분의 합이다.

$$\begin{aligned} v &= v' + v'' + v''' \\ &= (50e^{-40{,}000t} - 2.2 \times 10^6 te^{-40{,}000t})u(t)\text{ V}. \end{aligned}$$

이는 예제 13.3의 결과와 같다.

평가문제

목표 2—s 영역에서의 회로 해석법을 알고 s 영역 해를 시간 영역 해로 변환할 수 있다.

13.8 두 전원이 켜진 순간에 주어진 회로의 초기 저장 에너지는 0이다.

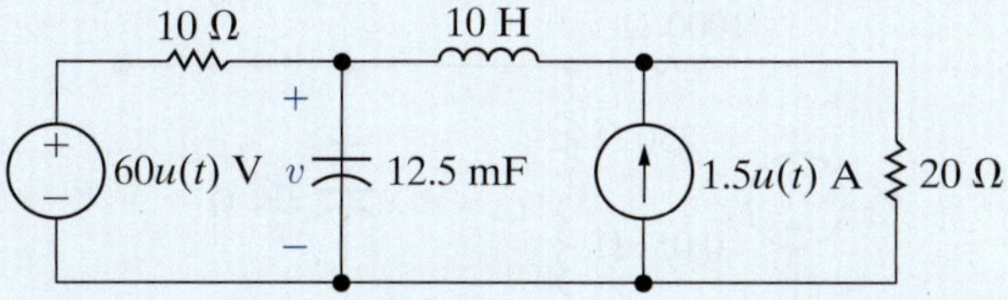

a) $t > 0$일 때 전압원에 의한 v의 성분을 구하라.

b) $t > 0$일 때 전류원에 의한 v의 성분을 구하라.

c) $t > 0$일 때 v의 표현식을 구하라.

정답: a) $(40 + 120e^{-4t} - 160e^{-6t})u(t)$ V,

b) $(10 - 30e^{-4t} + 20e^{-6t})u(t)$ V,

c) $(50 + 90e^{-4t} - 140e^{-6t})u(t)$ V.

자가 검사: 연습문제 13.44도 풀어 보라.

13.4 전달 함수

전달 함수(transfer function)는 s 영역에서 입력(전원)의 라플라스 변환에 대한 출력(응답)의 라플라스 변환의 비율로 정의한다. 전달 함수는 s 영역 식으로서 회로의 구성 요소나 요소 간의 연결 상태를 직접적으로 표현하고 있지 않으나 이로부터 회로의 동작 특성을 알 수 있다. 전달 함수를 계산할 때 회로의 초기 조건은 0으로 가정한다. 회로가 다수의 독립 전원을 가진다면 각각의 전원에 대한 전달 함수를 구할 수 있고, 중첩을 이용하여 전체 전원에 대한 응답을 구할 수 있다.

전달 함수는 다음과 같다.

전달 함수의 정의

$$H(s) = \frac{Y(s)}{X(s)}, \tag{13.7}$$

여기서 $Y(s)$는 출력 신호의 라플라스 변환이고, $X(s)$는 입력 신호의 라플라스 변환이다. 전달 함수는 출력 신호의 지정에 따라 달라짐을 유념해야 한다. 예를 들어 그림 13.30의 회로에서 전류를 회로의 출력 신호로 지정하면

$$H(s) = \frac{I}{V_g} = \frac{1}{R + sL + 1/sC} = \frac{sC}{s^2LC + RCs + 1}.$$

$H(s)$를 유도할 때 I는 출력 $Y(s)$에 해당하고 V_g는 입력 $X(s)$에 해당한다.

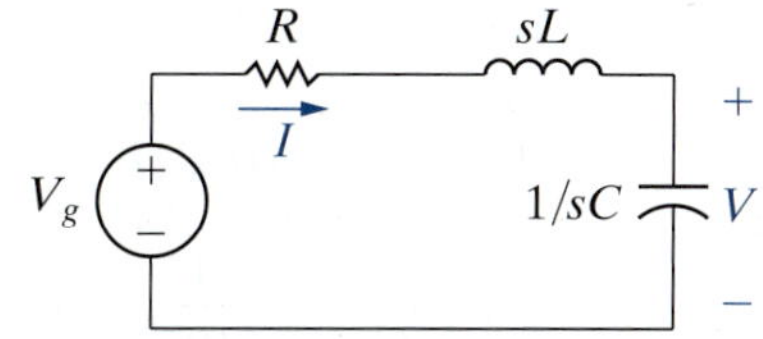

그림 13.30▲ 직렬 RLC 회로.

반면에 커패시터의 전압을 그림 13.30 회로의 출력으로 지정하면 전달 함수는 다음과 같다.

$$H(s) = \frac{V}{V_g} = \frac{1/sC}{R + sL + 1/sC} = \frac{1}{s^2 LC + RCs + 1}.$$

회로는 여러 개의 전원을 가질 수 있고 대상이 되는 출력 신호의 지정도 바뀔 수 있으므로 하나의 회로에 많은 전달 함수가 있을 수 있다. 여러 전원이 있을 때는 하나의 전달 함수로 전체 출력을 나타낼 수 없으므로 전체 응답을 얻으려면 각 전원에 대한 전달 함수를 중첩을 이용하여 결합해야 한다. 예제 13.9는 R, L, C의 값이 알려져 있을 때 전달 함수의 계산 과정을 보여 준다.

예제 13.9 회로의 전달 함수 구하기

전압원 v_g가 그림 13.31의 회로를 구동한다. 응답 신호는 커패시터의 전압 v_o이다.

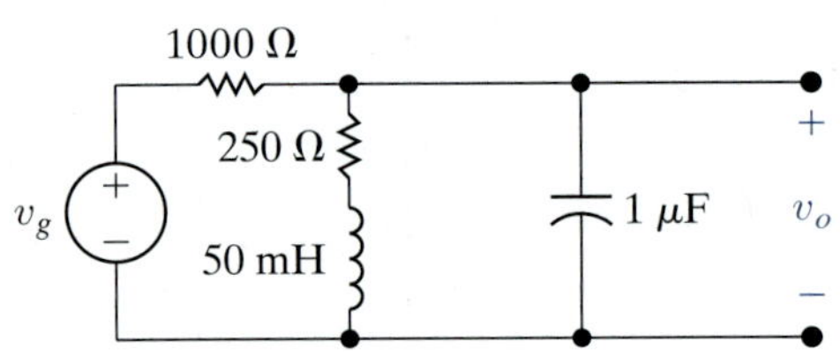

그림 13.31▲ 예제 13.9의 회로.

a) 전달 함수의 수식을 구하라.
b) 전달 함수의 극점과 영점을 구하라.

풀이

a) 해석 방법 13.1을 따라서 s 영역 회로를 구성하고 해석한다.

단계 1: 전달 함수는 회로에 저장된 초기 에너지가 없다고 가정하므로 그림 13.31의 회로는 초기 저장 에너지가 없다고 보고 단계 1을 건너뛴다.

단계 2: 시간 영역 함수로 표현된 독립 전원이 없으므로 단계 2를 건너뛴다.

단계 3: 그림 13.32에서처럼 전원과 출력 전압을 각각 V_g와 V_o라고 한다.

단계 4: 저항의 임피던스는 저항 값과 같고 인덕터와 커패시터의 임피던스는 다음과 같다.

$$Z_L = sL = 0.05s\ \Omega;$$

$$Z_C = \frac{1}{sC} = \frac{1}{s(10^{-6})} = \frac{10^6}{s}\ \Omega.$$

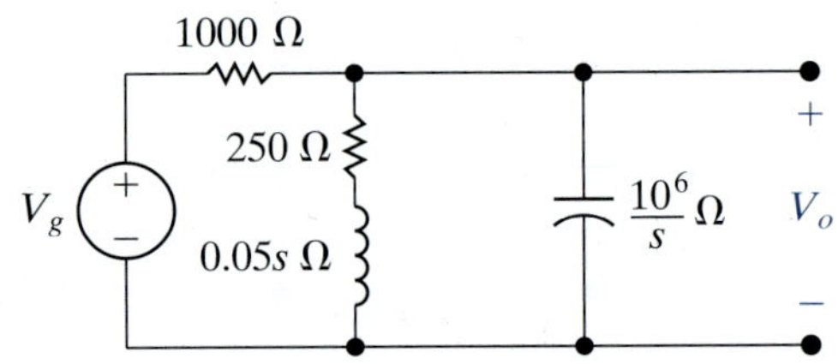

그림 13.32▲ 그림 13.31 회로의 s 영역 등가 회로.

단계 1~4에서 구한 s 영역 회로는 그림 13.32와 같다.

단계 5: 앞에서 언급했듯이 전달 함수는 비율 V_o/V_g이다. 위쪽 마디에서 나가는 전류의 합에 대한 마디 방정식을 세우면

$$\frac{V_o - V_g}{1000} + \frac{V_o}{250 + 0.05s} + \frac{V_o s}{10^6} = 0.$$

V_o에 대해 정리하면

$$V_o = \frac{1000(s + 5000)V_g}{s^2 + 6000s + 25 \times 10^6}.$$

따라서 전달 함수는 다음과 같다.

$$H(s) = \frac{V_o}{V_g} = \frac{1000(s + 5000)}{s^2 + 6000s + 25 \times 10^6}.$$

b) $H(s)$의 극점은 분모 다항식의 근이다. 그러므로

$$-p_1 = -3000 - j4000,$$
$$-p_2 = -3000 + j4000.$$

$H(s)$의 영점은 분자 다항식의 근이다. 따라서 $H(s)$는 다음의 영점을 가진다.

$$-z_1 = -5000.$$

평가문제

목표 3—전달 함수의 정의와 중요성을 이해하고 전달 함수를 유도할 수 있다.

13.9 a) 주어진 회로에서 전달 함수 V_o/I_g의 수식을 유도하라.

b) 전달 함수의 극점과 영점을 구하라.

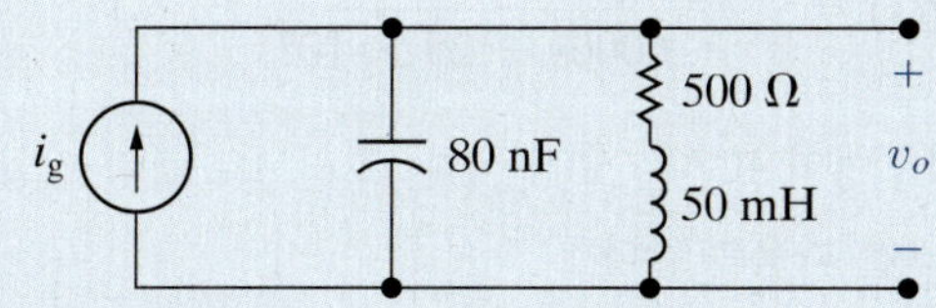

정답: a) $H(s) = \dfrac{12.5 \times 10^6 (s + 10{,}000)}{s^2 + 10{,}000s + 250 \times 10^6}$,

b) $-p_1 = -5000 + j15{,}000$,

$-p_2 = -5000 - j15{,}000$,

$-z = -10{,}000$.

자가 검사: 연습문제 13.53도 풀어 보라.

$H(s)$의 극점과 영점의 위치

선형 집중정수 회로에서 $H(s)$는 항상 s에 관한 유리 함수이다. 복소수 극점과 영점은 항상 켤레복소수 쌍으로 나타난다. (유한한 범위에서 값을 갖는) 유한한 전원에 대한 응답이 유한하기 위해서는 $H(s)$의 극점이 s평면의 좌측 반면에 존재해야 한다. $H(s)$의 영점은 s 영역의 우측 반면 또는 좌측 반면 어디에 존재해도 된다.

이러한 일반적인 특성을 바탕으로, 다음 절부터는 전달 함수 $H(s)$가 시스템의 응답에 미치는 영향에 대해 알아본다.

13.5 전달 함수의 부분분수 전개

회로 전달 함수의 정의[식 (13.7)]를 이용하면 회로의 출력은 전달 함수와 입력 함수의 곱으로 쓸 수 있다.

$$Y(s) = H(s)X(s). \tag{13.8}$$

$H(s)$가 s의 유리 함수임은 이미 언급했고, 표 12.1을 참조하면 회로 해석에 주로 사용되는 입력 함수의 s 영역 표현 $X(s)$도 s의 유리 함수임을 알 수 있다.

식 (13.8)을 부분분수 전개하면 $H(s)$와 $X(s)$의 극점으로 구성되는 항을 얻는다. $H(s)$의 극점에 따라 발생하는 항은 전체 응답 중에서 과도 응답을 결정하고, $X(s)$의 극점에 따라 발생하는 항은 응답의 정상 상태를 결정한다. 정상 상태 응답이란 과도 성분이 무시할 수 있을 만큼 작아진 후의 응답이다. 예제 13.10에서 이러한 일반적인 상황을 확인해 보자.

예제 13.10 회로의 전달 함수 해석하기

예제 13.9의 회로(그림 13.31)가 시간에 따라 선형적으로 증가하는 전압원 $v_g = 50tu(t)$ V로 구동된다고 하자.

a) 전달 함수를 이용하여 v_o를 구하라.

b) 응답 중 과도 성분을 구분하라.

c) 응답 중 정상 상태 성분을 구분하라.

d) $0 \le t \le 1.5$ ms에서 시간 t 대 v_o의 그래프를 그려라.

풀이

a) 예제 13.9에서

$$H(s) = \frac{1000(s + 5000)}{s^2 + 6000s + 25 \times 10^6}.$$

입력 전압의 s 영역 표현은 $50/s^2$이다. 그러므로 출력 전압의 s 영역 표현식은 다음과 같다.

$$V_o = \frac{1000(s + 5000)}{(s^2 + 6000s + 25 \times 10^6)} \frac{50}{s^2}.$$

V_o의 부분분수 전개는

$$V_o = \frac{K_1}{s + 3000 - j4000} + \frac{K_1^*}{s + 3000 + j4000} + \frac{K_2}{s^2} + \frac{K_3}{s}.$$

계수 K_1, K_2, K_3를 12.7절의 방법을 이용하여 계산한다.

$$K_1 = 5\sqrt{5} \times 10^{-4} \angle 79.70°;$$

$$K_1^* = 5\sqrt{5} \times 10^{-4} \angle -79.70°;$$

$$K_2 = 10;$$

$$K_3 = -4 \times 10^{-4}.$$

표 12.3을 이용하여 구한 v_o의 시간 영역 표현식은 다음과 같다.

$$v_o = [10\sqrt{5} \times 10^{-4} e^{-3000t} \cos(4000t + 79.70°) + 10t - 4 \times 10^{-4}] u(t) \text{ V}.$$

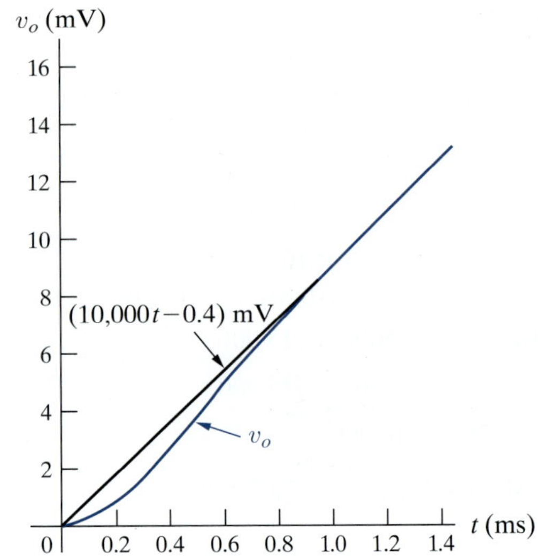

그림 13.33▲ 예제 13.10의 시간 t 대 v_o 그래프.

b) v_o의 과도 성분은 다음과 같다.

$$10\sqrt{5} \times 10^{-4} e^{-3000t} \cos(4000t + 79.70°) \text{ V}.$$

위 항은 전달 함수의 극점 $(-3000 + j4000)$과 $(-3000 - j4000)$에 의하여 발생함을 알 수 있다.

c) 응답의 정상 상태 성분은 다음과 같다.

$$(10t - 4 \times 10^{-4}) u(t) \text{ V}.$$

위의 두 항은 입력 전압의 2차 극점(K/s^2)에 의하여 발생한다.

d) 그림 13.33은 시간 t 대 v_o의 파형을 보여 준다. 정상 상태 해 $10{,}000t - 0.4$ mV와의 차이는 약 1 ms 이후부터 거의 없게 됨을 알 수 있다.

평가문제

목표 4—회로의 임펄스 응답, 단위 계단 응답, 정현파 정상 상태 응답을 계산하기 위해 회로의 전달 함수를 이용하는 방법을 안다.

13.10 평가문제 13.9에 주어진 회로의 (a) 단위 계단 응답, (b) 단위 임펄스 응답을 구하라.

정답: a) $[500 + 2500e^{-5000t} \cos(15{,}000t - 126.87°)] u(t)$ V,
b) $[13.2e^{-5000t} \cos(15{,}000t - 18.43°)] u(t)$ MV.

13.11 어떤 회로의 단위 임펄스 응답이 다음과 같다.

$$v_o(t) = (\sqrt{1000}/3) e^{-t} \cos(3t + \theta) \text{ V},$$

여기서 $\tan\theta = -\frac{1}{3}$.

a) 위 회로의 전달 함수를 구하라.

b) 위 회로의 단위 계단 응답을 구하라.

정답: a) $10(s + 2)/(s^2 + 2s + 10)$,
b) $[2 + (10/3)e^{-t} \cos(3t - 126.87°)] u(t)$ V.

자가 검사: 연습문제 13.56과 13.57도 풀어 보라.

$H(s)$를 이용한 회로 해석의 고찰

예제 13.10에서 부분분수 전개를 통하여 회로의 응답은 전달 함수 $H(s)$의 극점 및 입력의 극점과 관련 있다는 것을 알 수 있다. 위 예제에서 램프(ramp) 전압으로 구동할 때 한없이 증가하는 램프 응답이 발생하는데, 이런 현상이 현실적으로 가능한지 의심스러울 수 있다. 실제로는 회로 소자가 과도한 전압의 스트레스로 파괴될 것이므로 위의 선형 모델이 언제나 유효하다고 할 수는 없다. 그러나 입력 램프 함수가 유한한 시간 구간에서 어떤 최댓값까지만 증가한다면 이러한 램프 입력에 대한 출력을 구하는 것은 의미가 있다. 만약 최댓값에 이르는 시간이 회로의 시정수에 비하여 충분히 길면 시정수 규모의 유한한 시간 구간 내에서는 무한한 램프 입력에 대한 응답이 유효하다.

식 (13.7)에서 정의한 회로의 전달 함수에 대해 몇 가지 특성을 추가로 살펴보자.

- 만약 입력이 a초만큼 지연되면

  $$\mathscr{L}\{x(t-a)u(t-a)\} = e^{-as}X(s),$$

  그리고 식 (13.8)에서 응답은 다음과 같다.

  $$Y(s) = H(s)X(s)e^{-as}.$$

  만약 $y(t) = \mathscr{L}^{-1}\{H(s)X(s)\}$이면

  $$y(t-a)u(t-a) = \mathscr{L}^{-1}\{H(s)X(s)e^{-as}\}.$$

  그러므로 입력을 a초만큼 지연시키면 응답 함수도 단순히 a초만큼 지연된다. 이러한 특성을 보이는 회로를 **시불변**(time invariant) 회로라고 부른다.
- 만약 단위 임펄스 전원이 회로를 구동하면 그 응답은 전달 함수의 역변환과 같다. 즉 만약

  $$x(t) = \delta(t), \text{ 그러면 } X(s) = 1$$

  이고

  $$Y(s) = H(s).$$

  그러므로

  $$y(t) = h(t),$$

  따라서 전달 함수의 역변환은 회로의 단위 임펄스 응답과 같다.
- 임펄스 전원의 인가는 회로에 순간적으로 에너지를 저장하는 것과 같으므로 회로의 임펄스 응답은 회로의 자연 응답과 같다(13.8절 참조). 즉 이렇게 충전된 에너지의 방출이 회로의 자연 응답이다(연습문제 13.87 참조).
- 회로의 단위 임펄스 응답 $h(t)$를 알면 그 회로를 구동하는 임의의 전원에 대한 응답을 구할 수 있다. 다음 절에서 보겠지만, 임의의 전원에 대한 회로의 응답을 얻기 위해 컨벌루션 적분을 사용한다.

13.6 전달 함수와 컨벌루션 적분

선형 시불변 회로의 입력 $x(t)$와 임펄스 응답 $h(t)$는 **컨벌루션 적분**(convolution integral)으로 회로의 출력 $y(t)$와 연관 지을 수 있다. 컨벌루션 적분은 다음 두 가지 형태로 기술할 수 있다.

컨벌루션 적분

$$y(t) = \int_{-\infty}^{\infty} h(\lambda)x(t-\lambda)\,d\lambda = \int_{-\infty}^{\infty} h(t-\lambda)x(\lambda)\,d\lambda. \qquad (13.9)$$

컨벌루션 적분에 관심을 가지는 이유가 몇 가지 있다.

- 임의의 입력에 대해 시간 영역에서의 연산만으로 회로 출력을 구할 수 있다. 이는 $x(t)$와 $h(t)$의 실험 데이터만 있는 경우에 유용하다. 실험 데이터만 있는 경우에는 이것만 이용하여 라플라스 변환을 구해야 해서 라플라스 변환으로 출력을 구하는 것은 매우 복잡하거나 불가능할 수도 있다.
- 컨벌루션 적분을 이용해서 회로 해석에서의 메모리(memory)와 가중 함수의 개념을 설명할 수 있다. 메모리 개념은 임펄스 응답(또는 가중 함수) $h(t)$를 이용하여 출력 파형과 입력 파형의 비슷한 정도를 예상할 수 있도록 해 준다.
- 컨벌루션 적분은 라플라스 변환한 두 변수 곱을 역변환하는 정형적인 절차이다.

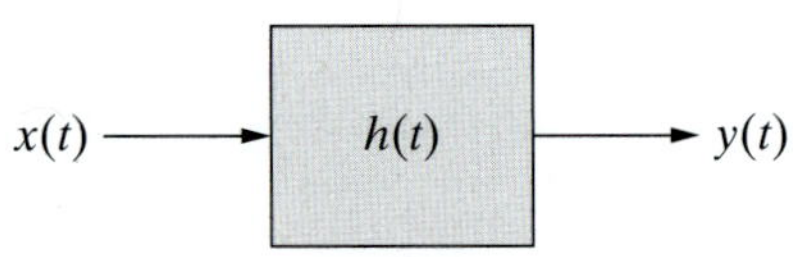

그림 13.34▲ 일반적인 회로의 블록 선도.

식 (13.9)를 유도할 때 회로가 선형이고 시불변이라고 가정했다. 회로가 선형이므로 중첩 정리가 성립하고 시불변이므로 응답 지연시간이 입력의 지연시간과 정확히 일치한다. 그림 13.34에서 $h(t)$를 포함하는 블록(block)은 임펄스 응답을 아는 임의의 선형 시불변 회로이고, $x(t)$는 입력 신호, $y(t)$는 구하려 하는 출력 신호를 나타낸다. 또한 다음을 가정한다.

- 그림 13.35(a)의 $x(t)$는 일반적인 입력 신호이다.
- $t < 0^-$일 때 $x(t) = 0$이다. 일단 $t < 0^-$일 때 $x(t) = 0$이라고 가정하여 컨벌루션 적분을 유도하고, 이를 모든 시간에 존재하는 입력 신호에 대한 적분으로 확장하려 한다.
- $x(t)$는 원점에서(0^-와 0^+ 사이) 불연속이어도 무방하다.

우선 그림 13.35(b)에 나타낸 것과 같이 $x(t)$를 균일한 너비 $\Delta\lambda$를 가진 연속된 구형 펄스의 합으로 근사한다. 즉

$$x(t) = x_0(t) + x_1(t) + \cdots + x_i(t) + \cdots,$$

여기서 $x_i(t)$는 λ_i와 λ_{i+1} 사이에서 $x(\lambda_i)$값을 갖고 나머지 구간에서는 0인 구형 펄스이다. i번째 펄스는 다음과 같이 계단 함수로 표현할 수 있다.

$$x_i(t) = x(\lambda_i)\{u(t-\lambda_i) - u[t-(\lambda_i + \Delta\lambda)]\}.$$

$x(t)$ 근사의 다음 단계로, $\Delta\lambda$를 충분히 작게 만들어 i번째 원소를 $x(\lambda_i)\Delta\lambda$의 세기를 갖는 임펄스 함수로 근사할 수 있도록 한다. 그림 13.35(c)는 각각의 화살표위 괄호 안에 표시한 세기를 가진 임펄스 표현이다. $x(t)$의 임펄스 표현은 다음과 같다.

$$x(t) = x(\lambda_0)\Delta\lambda\delta(t - \lambda_0) + x(\lambda_1)\Delta\lambda\delta(t - \lambda_1) + \cdots + x(\lambda_i)\Delta\lambda\delta(t - \lambda_i) + \cdots .$$

$x(t)$가 (등간격의 시간, 즉 $\lambda_0, \lambda_1, \lambda_2, \ldots$에 발생하는) 임펄스 함수의 합으로 표현될 때 응답 함수 $y(t)$는 시간 지연이 균일한 임펄스 응답의 합으로 이루어진다. 각 응답의 세기는 회로를 구동하는 임펄스의 세기에 좌우된다. 예를 들어 그림 13.34의 상자에 들어 있는 회로의 단위 임펄스 응답이 그림 13.36(a)와 같이 지수적으로 감소하는 함수라고 가정하자. 그러면 $y(t)$의 근사 결과는 그림 13.36(b)의 임펄스 응답의 합이다.

$y(t)$의 해석적인 표현은 다음과 같다.

$$y(t) = x(\lambda_0)\Delta\lambda h(t - \lambda_0) + x(\lambda_1)\Delta\lambda h(t - \lambda_1) + x(\lambda_2)\Delta\lambda h(t - \lambda_2) + \cdots + x(\lambda_i)\Delta\lambda h(t - \lambda_i) + \cdots .$$

$\Delta\lambda \to 0$으로 수렴함에 따라 위의 합은 적분에 가까워진다. 즉

$$\sum_{i=\infty}^{\infty} x(\lambda_i)h(t - \lambda_i)\Delta\lambda \to \int_0^{\infty} x(\lambda)h(t - \lambda)\, d\lambda.$$

그러므로

$$y(t) = \int_0^{\infty} x(\lambda)h(t - \lambda)\, d\lambda.$$

만약 $x(t)$가 모든 시간에서 존재하면 식의 하한은 $-\infty$가 된다. 따라서 일반적으로

$$y(t) = \int_{-\infty}^{\infty} x(\lambda)h(t - \lambda)\, d\lambda,$$

이는 식 (13.9)의 컨벌루션 적분의 두 번째 형태이다.

컨벌루션 적분의 첫 번째 형태는 식 (13.9)에서 적분 변수를 바꿈으로써 유도할 수 있다. $u = t - \lambda$라 두면 $du = -d\lambda$이고, $\lambda = \infty$일 때 $u = -\infty$, $\lambda = -\infty$일 때 $u = +\infty$이다. 이제 다음과 같이 쓸 수 있다.

$$y(t) = \int_{\infty}^{-\infty} x(t - u)h(u)(-du),$$

즉

$$y(t) = \int_{-\infty}^{\infty} x(t - u)h(u)(du).$$

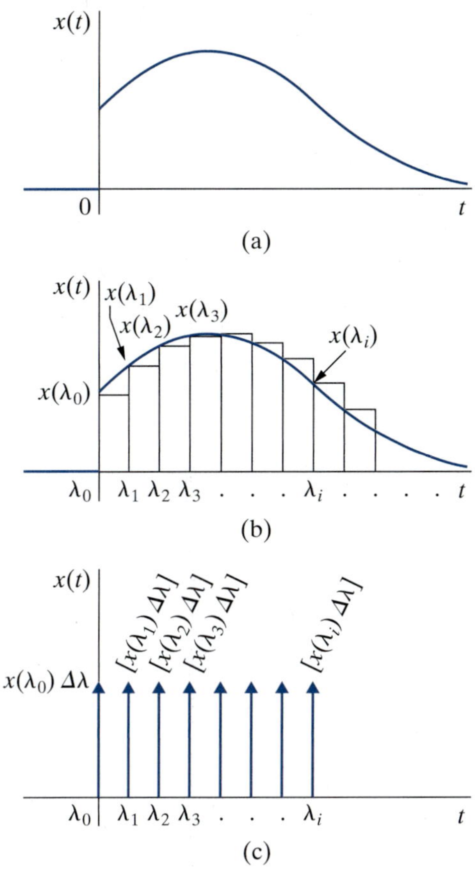

그림 13.35▲ 입력 신호 $x(t)$: (a) 일반적인 입력 신호. (b) 펄스의 합으로 근사한 $x(t)$. (c) 임펄스의 합으로 근사한 $x(t)$.

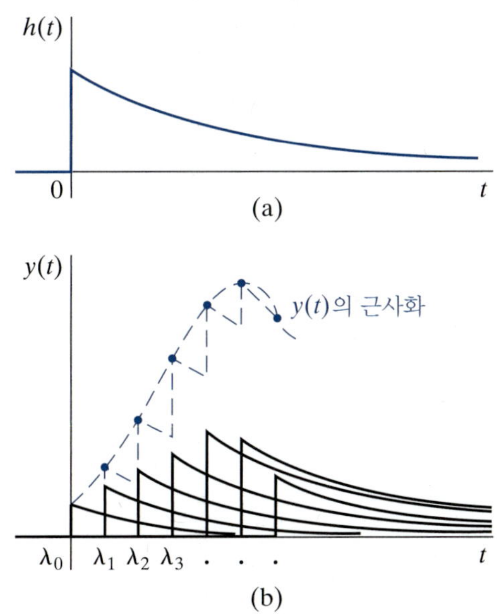

그림 13.36▲ $y(t)$의 근사: (a) 그림 13.34 상자의 임펄스 응답. (b) 임펄스 응답의 합.

여기서 u는 단순히 적분 변수이므로 위 식은 식 (13.9)의 컨벌루션 적분의 첫 번째 형태와 같다.

$y(t)$, $h(t)$, $x(t)$와 관련된 식 (13.9)의 컨벌루션 적분을 대부분 다음의 간략한 기호로 표현한다.

$$y(t) = h(t) * x(t) = x(t) * h(t), \tag{13.10}$$

여기서 *는 $h(t)$와 $x(t)$ 간의 적분 관계를 나타낸다. 따라서 $h(t) * x(t)$는 "$h(t)$는 $x(t)$와 컨벌루션된다"라고 하며 다음 식을 의미한다.

$$h(t) * x(t) = \int_{-\infty}^{\infty} h(\lambda)x(t - \lambda)\, d\lambda,$$

반면에 $x(t) * h(t)$는 "$x(t)$는 $h(t)$와 컨벌루션된다"라고 읽고 다음 식을 뜻한다.

$$x(t) * h(t) = \int_{-\infty}^{\infty} x(\lambda)h(t - \lambda)\, d\lambda.$$

식 (13.9)의 적분은 두 함수의 컨벌루션에 대한 가장 일반적인 형태이다. 그러나 컨벌루션 적분의 응용에서는 일반적으로 하한을 0으로, 상한을 t로 바꾼다. 그러면 식 (13.9)를 다음과 같이 쓸 수 있다.

$$y(t) = \int_{0}^{t} h(\lambda)x(t - \lambda)\, d\lambda = \int_{0}^{t} x(\lambda)h(t - \lambda)\, d\lambda.$$

위와 같이 상하한을 변경하는 것은 다음의 이유에서 설명된다. 첫째, 물리적으로 구현 가능한 회로에서 $t < 0$일 때 $h(t)$는 0이다. 다시 말해서 임펄스가 인가되기 전에 임펄스 응답은 존재할 수 없다. 둘째, $x(t)$가 인가되는 순간부터 시간을 측정하기 시작한다. 그러므로 $t < 0^-$에서 $x(t) = 0$이다.

컨벌루션 적분 식 (13.9)의 그래프적 해석은 컨벌루션 적분의 계산 방법을 이해하는 데 도움이 된다. 첫 번째 적분식을 먼저 다루는데, 회로의 임펄스 응답은 그림 13.37(a)와 같이 지수적으로 감소하는 함수이고 입력 함수는 그림 13.37(b)의 파형을 갖는다고 가정한다. 각 그림에서 적분 기호 t를 λ로 바꾸었다. λ를 $-\lambda$로 바꾸는 것은 그림 13.37(c)와 같이 입력 함수를 수직축을 중심으로 접는 것을 의미한다. 이러한 접는 동작으로부터 **컨벌루션**이란 용어가 나왔다. $-\lambda$를 $t - \lambda$로 바꾸는 것은 접은 그림을 그림 13.37(d)와 같이 오른쪽으로 이동하는 것을 의미한다.

그림 13.37(e)에 나타나 있듯이, 특정한 시간 t에서의 응답 함수 $y(t)$는 함수의 곱 $h(\lambda)x(t - \lambda)$ 아래 면적이다. 컨벌루션 적분의 하한이 0이고 상한이 t인 이유는 이 그림으로 명백해진다. $\lambda < 0$일 때 $h(\lambda)$가 0이므로 함수의 곱 $h(\lambda)x(t - \lambda)$는 0이다. $\lambda > t$일 때 $x(t - \lambda)$가 0이므로 함수의 곱 $h(\lambda)x(t - \lambda)$는 0이다.

그림 13.38은 컨벌루션 적분의 두 번째 형태에 대한 해석이다. 그림 13.38(e)의 함수의 곱에서도 하한을 0으로, 상한을 t로 할 수 있음을 확인할 수 있다.

예제 13.11에서는 단위 임펄스 응답과 컨벌루션 적분을 사용하여 주어진 입력에 대한 회로 응답을 구하는 방법을 보여 준다.

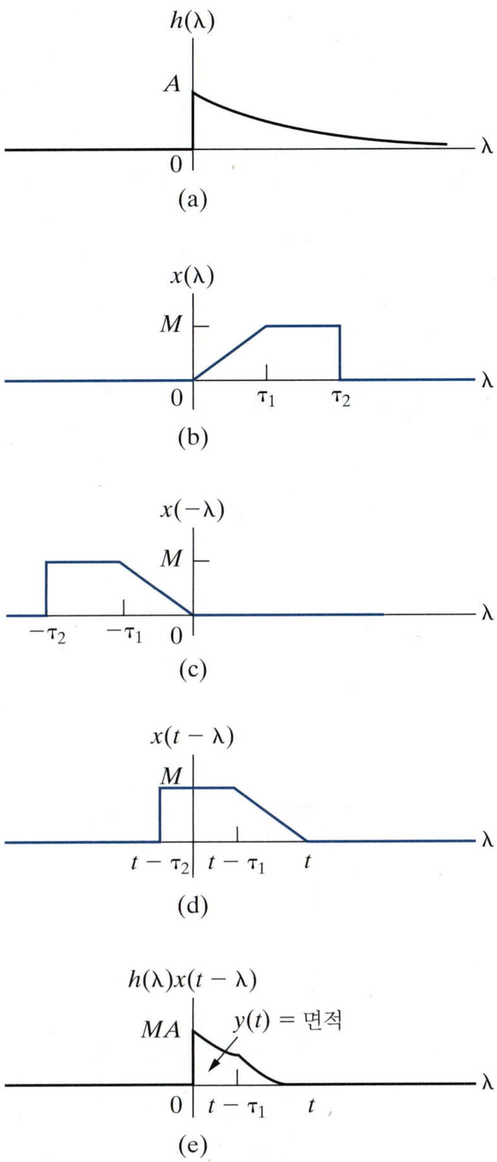

그림 13.37▲ 컨벌루션 적분 $\int_0^t h(\lambda)x(t-\lambda)\,d\lambda$의 그래프 해석: (a) 임펄스 응답. (b) 입력 함수. (c) 접은 입력 함수. (d) t만큼 이동한 접은 입력 함수. (e) 함수의 곱 $h(\lambda)x(t-\lambda)$.

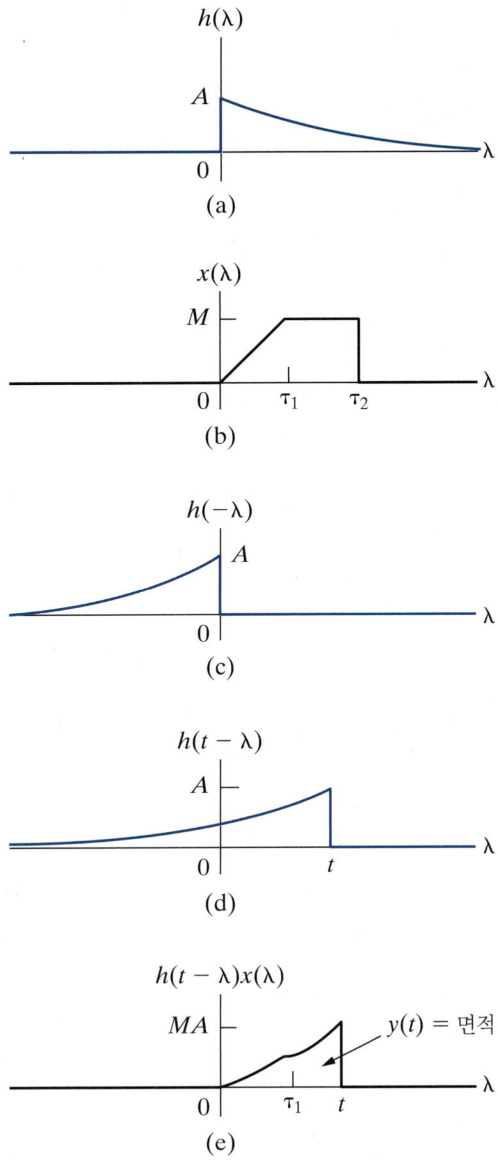

그림 13.38▲ 컨벌루션 적분 $\int_0^t h(t-\lambda)x(\lambda)\,d\lambda$의 그래프 해석: (a) 임펄스 응답. (b) 입력 함수. (c) 접은 임펄스 응답. (d) t만큼 이동한 접은 임펄스 응답. (e) 함수의 곱 $h(t-\lambda)x(\lambda)$.

예제 13.11 출력 신호를 구하기 위해 컨벌루션 적분 이용하기

그림 13.39(a) 회로의 입력 전압 v_i는 그림 13.39(b)와 같다.

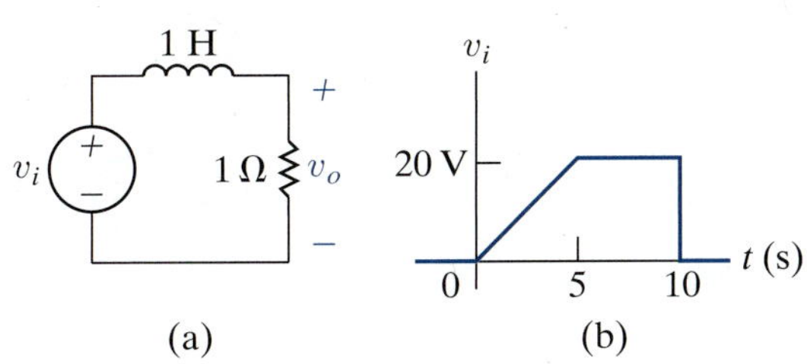

그림 13.39▲ 예제 13.11의 회로와 입력 함수: (a) 회로. (b) 입력 전압.

a) 컨벌루션 적분을 이용하여 v_o를 구하라.

b) 시간 구간 $0 \leq t \leq 15$ s에서 v_o의 파형을 그려라.

풀이

a) 회로의 단위 임펄스 응답을 구하는 것부터 시작한다. 그림 13.39(a) 회로의 s 영역 등가 회로에서 인덕터를 임피던스 $s\ \Omega$으로, 두 전압을 V_o와 V_i으로 바꾼다. 전압 분배를 이용하면

$$V_o = \frac{1}{s+1} V_i.$$

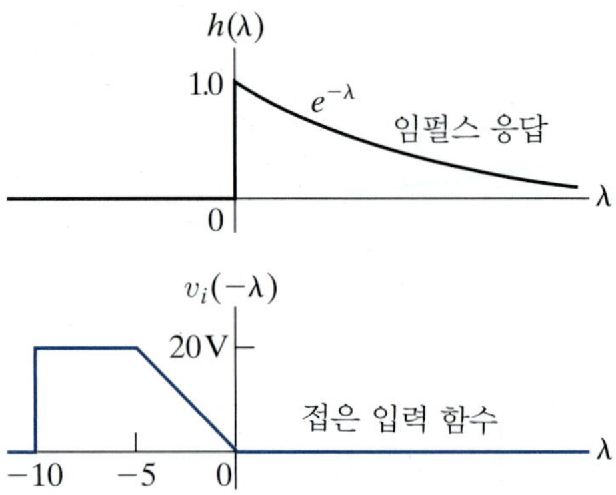

그림 13.40▲ 예제 13.11의 임펄스 응답과 접은 입력 함수.

v_i가 단위 임펄스 함수 $\delta(t)$일 때 $V_i = 1$이고 $H(s) = V_o/V_i = 1/(s+1)$이다. 그러면

$$v_o = h(t) = e^{-t}u(t),$$

이로부터

$$h(\lambda) = e^{-\lambda}u(\lambda).$$

식 (13.9) 컨벌루션 적분의 첫 번째 형태에 맞추어 그림 13.40과 같이 임펄스 응답과 접은 입력 함수를 구성했는데, 이는 컨벌루션의 적분 구간을 정하는 데 도움이 된다. 접은 입력 함수를 오른쪽으로 이동해 가면서 적분을 다음의 세 구간으로 구분할 필요가 있다: $0 \le t \le 5$, $5 \le t \le 10$, $10 \le t \le \infty$. 이들 구간은 입력 함수의 정의가 변하는 시점에서 구분된다. 그림 13.41은 구간별로 접은 입력 함수의 위치를 보여 준다.

시간 구간 $0 \le t \le 5$에서 v_i의 표현식은 다음과 같다.

$$v_i = 4t, \quad 0 \le t \le 5\text{ s}.$$

따라서 구간 $t - 5 \le \lambda \le t$에서 접은 입력 함수의 표현식은 다음과 같다.

$$v_i(t-\lambda) = 4(t-\lambda), \quad t-5 \le \lambda \le t.$$

다른 두 구간에서 v_i는 상수이다.

이제 구간별로 v_o의 세 컨벌루션 적분식을 만들 수 있다.

$0 \le t \le 5$ s에서

$$v_o = \int_0^t 4(t-\lambda)e^{-\lambda}\,d\lambda$$
$$= 4(e^{-t} + t - 1)\text{ V}.$$

$5 \le t \le 10$ s에서

$$v_o = \int_0^{t-5} 20e^{-\lambda}\,d\lambda + \int_{t-5}^{t} 4(t-\lambda)e^{-\lambda}\,d\lambda$$
$$= 4(5 + e^{-t} - e^{-(t-5)})\text{ V}.$$

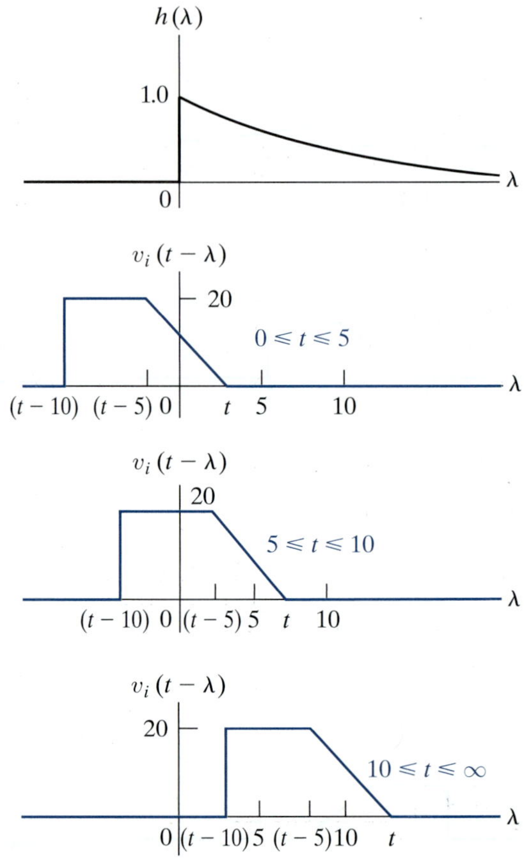

그림 13.41▲ 세 구간에서 $v_i(t-\lambda)$의 이동.

$10 \le t \le \infty$ s에서

$$v_o = \int_{t-10}^{t-5} 20e^{-\lambda}\,d\lambda + \int_{t-5}^{t} 4(t-\lambda)e^{-\lambda}\,d\lambda$$
$$= 4(e^{-t} - e^{-(t-5)} + 5e^{-(t-10)})\text{ V}.$$

b) v_o값을 그림 13.42에 나타내었다.

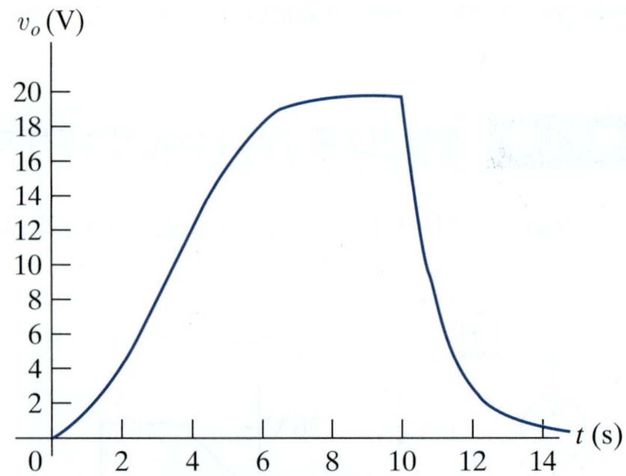

그림 13.42▲ 예제 13.11의 시간 대 전압 응답.

자가 검사: 연습문제 13.64와 13.65를 풀어 이해도를 평가하라.

메모리와 가중 함수의 개념

이 절의 서두에서 컨벌루션 적분은 메모리와 가중 함수의 개념을 회로 해석에 도입한다고 언급했다. 컨벌루션 적분의 그래프 해석은 이러한 개념을 이해하는 좋은 방법이다. 입력 함수를 접고 미끄러뜨리는 것을 시간축상에서 과거, 현재, 미래로 이해할 수 있다. 입력 함수 $x(t)$를 접는 수직축은 현재의 입력을 나타낸다. $x(t)$의 과거 입력은 수직축의 오른쪽, 미래 입력은 왼쪽에 놓인다. 예제 13.11의 입력 함수를 사용하여 그림 13.43은 $x(t)$에 대해 이러한 개념을 보여 준다.

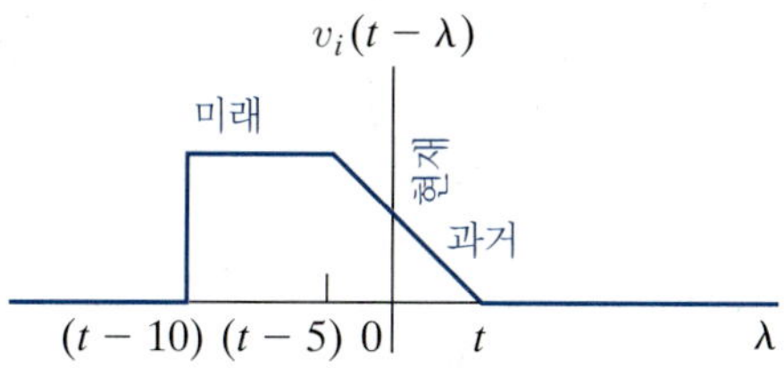

그림 13.43▲ 입력 함수의 과거, 현재, 미래 값.

과거, 현재, 미래의 입력으로 구분한 $x(t - \lambda)$를 회로의 임펄스 응답과 연결해서 보면, 각 시점에서 임펄스 응답의 크기를 현재와 과거 입력에 대한 가중치라고 볼 수 있다. 예를 들어 그림 13.41에 있는 예제 13.11의 임펄스 응답은 $x(t)$의 현재 입력보다 과거 입력에 대한 가중치가 작다. 즉 시간이 흐를수록 회로에서 과거 입력에 대한 '기억'은 점점 지워진다. 그러므로 현재 입력이 0이면 그림 13.42의 v_o는 빠르게 0에 가까워진다(실제로 $t > 10$ s에서 그렇다). 다시 말해서 현재 입력이 과거 입력보다 더 큰 가중치를 가지므로 출력은 현재 입력의 영향을 많이 받는다.

컨벌루션 적분에서 $x(t - \lambda)$를 $h(\lambda)$에 곱하기 때문에 임펄스 응답은 회로의 **가중 함수**(weighting function)이다. 가중 함수는 회로의 메모리 능력의 척도인데, 여기서 **메모리**(memory)는 회로의 응답이 입력의 영향을 유지하는 정도를 의미한다. 예를 들면, 그림 13.44(a)와 같이 임펄스 응답, 즉 가중 함수가 평평하면 $x(t)$의 과거와 현재 값에 같은 가중치를 준다. 즉 완전한 메모리 능력이 있다. 그러나 그림 13.44(b)와 같이 임펄스 응답이 임펄스 함수이면 $x(t)$의 과거 값에 대한 가중치는 없다. 즉 이러한 회로는 메모리 능력이 없다.

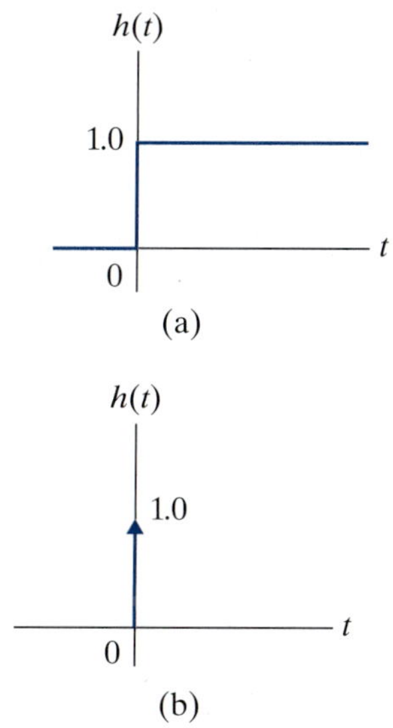

그림 13.44▲ 가중치 함수: (a) 완벽한 메모리. (b) 메모리 없음.

회로의 메모리 능력이 클수록 입력 함수와 응답 함수의 파형 사이에 더 많은 차이가 생긴다. 메모리 능력이 없는 회로, 즉 $h(t) = A\delta(t)$의 컨벌루션 적분을 보면 이러한 관계를 이해할 수 있다.

$$\begin{aligned} y(t) &= \int_0^t h(\lambda)x(t - \lambda)\, d\lambda \\ &= \int_0^t A\delta(\lambda)x(t - \lambda)\, d\lambda \\ &= Ax(t). \end{aligned}$$

식의 $y(t)$는 메모리 능력이 없는 회로의 출력은 입력 모양을 유지하면서 크기만 상수배가 됨을 보여 준다.

메모리 능력이 어느 정도 있는 예제 13.11의 회로에서는 입력과 출력 사이에 왜곡이 있다. 입력과 출력 간의 왜곡은 그림 13.45와 같이 한 그래프에 입력과 출력을 함께 그려 보면 명확히 보인다.

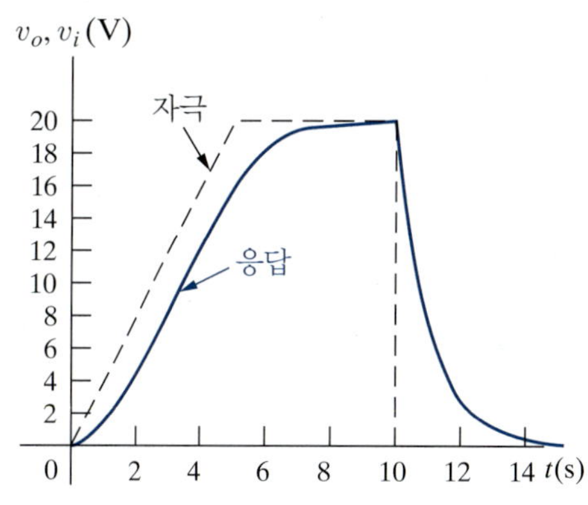

그림 13.45▲ 예제 13.11의 입력과 출력 파형.

13.7 전달 함수와 정현파 정상 상태 응답

회로의 전달 함수는 회로의 정상 상태 응답을 찾는 데 이용할 수 있다. 이를 보이기 위해 먼저 다음을 가정한다.

$$x(t) = A\cos(\omega t + \phi),$$

$y(t)$의 정상 상태 해를 구하기 위해 식 (13.8)을 이용한다. 우선 $x(t)$를 라플라스 변환하기 위해 다음과 같이 바꾸어 쓴다.

$$x(t) = A\cos\omega t\cos\phi - A\sin\omega t\sin\phi,$$

이로부터

$$X(s) = \frac{(A\cos\phi)s}{s^2 + \omega^2} - \frac{(A\sin\phi)\omega}{s^2 + \omega^2}$$
$$= \frac{A(s\cos\phi - \omega\sin\phi)}{s^2 + \omega^2}.$$

이 식을 식 (13.8)에 대입하면 응답의 s 영역 표현식을 얻는다.

$$Y(s) = H(s)\frac{A(s\cos\phi - \omega\sin\phi)}{s^2 + \omega^2}.$$

$Y(s)$의 부분분수 전개에서 항의 개수는 $H(s)$의 극점의 개수에 따라 다르다. $H(s)$는 정해지지 않았으므로 $Y(s)$ 전개식을 다음과 같이 쓰자.

$$Y(s) = \frac{K_1}{s - j\omega} + \frac{K_1^*}{s + j\omega} + \sum H(s)\text{의 극점에 따라 발생한 항}$$

$s^2 + \omega^2 = (s - j\omega)(s + j\omega)$이므로 전개식에서 첫 두 항은 전원의 켤레복소수 극점에 따른 결과이다. 한편 $H(s)$의 모든 극점은 s평면의 좌반부에 있으므로 $H(s)$의 극점에 의한 항은 $y(t)$의 정상 상태 응답에 기여하지 않는다. 결과적으로 t가 증가함에 따라 $H(s)$의 극점에 해당되는 시간 영역의 항은 0으로 수렴하며, 전개식의 첫 두 항이 정상 상태 응답을 결정한다. 따라서 계수 K_1 하나만 구하면 정상 상태 응답을 알 수 있다.

$$K_1 = \left.\frac{H(s)A(s\cos\phi - \omega\sin\phi)}{s + j\omega}\right|_{s=j\omega}$$
$$= \frac{H(j\omega)A(j\omega\cos\phi - \omega\sin\phi)}{2j\omega}$$
$$= \frac{H(j\omega)A(\cos\phi + j\sin\phi)}{2} = \frac{1}{2}H(j\omega)Ae^{j\phi}.$$

일반적으로 $H(j\omega)$는 복소수인데, 이는 다음과 같이 극 형식으로 표현할 수 있다.

$$H(j\omega) = |H(j\omega)|e^{j\theta(\omega)}.$$

전달 함수의 크기 $|H(j\omega)|$와 위상각 $\theta(\omega)$는 주파수 ω에 따라 변하는 것을 알 수 있다. 극 형식의 $H(j\omega)$을 K_1의 식에 대입하고 간단히 하면 K_1의 식은 다음과 같이 된다.

$$K_1 = \frac{A}{2}|H(j\omega)|e^{j[\theta(\omega) + \phi]}.$$

$Y(s)$ 전개식에서 $H(s)$의 극점에 의한 항은 무시하고 첫 두 항만 역변환하면 $y(t)$의 정상 상태 해를 얻는다. 즉

전달 함수를 이용하여 계산한 정현파 정상 상태 응답

$$y_{ss}(t) = A\,|H(j\omega)|\cos[\omega t + \phi + \theta(\omega)], \tag{13.11}$$

전달 함수를 이용하여 회로의 정현파 정상 상태 응답을 구하는 방법을 정리하면 다음과 같다.

- 정현파 입력의 진폭 A, 주파수 ω, 위상각 ϕ를 찾는다.
- $s = j\omega$에 대한 회로의 전달 함수 $H(s)$를 얻는다.
- $H(j\omega)$를 극좌표로 변환하여 크기 $|H(j\omega)|$와 위상각 θ를 구한다.
- 진폭이 $A|H(j\omega)|$, 위상각이 $\phi + \theta$, 주파수가 ω인 코사인 정상 상태 출력을 얻는다.

예제 13.12에서는 회로의 정현파 정상 상태 응답을 구하기 위해 전달 함수를 이용한다.

예제 13.12 전달 함수를 이용하여 정현파 정상 상태 응답 구하기

예제 13.9의 회로를 그림 13.46에 나타내었고, 정현파 전원 전압이 $v_g = 120\cos(5000t + 30°)$ V이다. v_o의 정상 상태 표현식을 구하라.

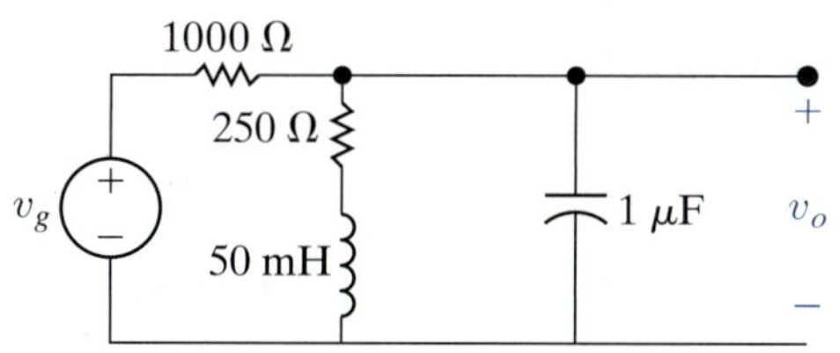

그림 13.46▲ 예제 13.12의 회로.

풀이

예제 13.9에서

$$H(s) = \frac{1000(s + 5000)}{s^2 + 6000s + 25 \times 10^6}.$$

전압원의 주파수는 5000 rad/s이다. 따라서 $H(j5000)$를 계산한다.

$$H(j5000) = \frac{1000(5000 + j5000)}{-25 \times 10^6 + j5000(6000) + 25 \times 10^6}$$

$$= \frac{1 + j1}{j6} = \frac{1 - j1}{6} = \frac{\sqrt{2}}{6}\angle{-45°}.$$

그러면 식 (13.11)에서

$$v_{o_{ss}} = \frac{(120)\sqrt{2}}{6}\cos(5000t + 30° - 45°)$$

$$= 20\sqrt{2}\cos(5000t - 15°)\text{ V}.$$

$H(s)$와 $H(j\omega)$의 관계는 시간 영역과 주파수 영역을 연결하는 고리이다. $H(j\omega)$를 계산함으로써 식 (13.11)을 이용하여 정현파 정상 상태 응답을 알 수 있다. 이론적으로는 과정을 거꾸로 밟을 수도 있다. 즉 $H(s)$를 이용하여 $H(j\omega)$를 구하는 대신에 $H(j\omega)$를 이용하여 $H(s)$를 구할 수도 있다. 이 경우에는 $H(j\omega)$를 실험적으로 구하고 그 데이터로부터 $H(s)$를 구한다. 일단 $H(s)$를 알면 다른 입력 전원에 대한 응답도 알 수 있다. 실제로 이러한 실험적 접근이 항상 가능한 것은 아니지만 회로의 요소나 값을 모르는 경우에는 $H(s)$를 유도하는 데 사용할 수도 있다.

또한 전달 함수를 이용하면 다음 장에서 소개하는 개념인 회로의 주파수 응답을 찾을 수도 있다.

평가문제

목표 4—회로의 임펄스 응답, 단위 계단 응답, 정현파 정상 상태 응답을 계산하기 위해 회로의 전달 함수를 이용하는 방법을 안다.

13.12 그림과 같은 평가문제 13.9의 회로에서 전류원은 $10 \cos 20{,}000t$ mA이다. 전달함수를 이용하여 정상 상태의 v_o를 계산하라.

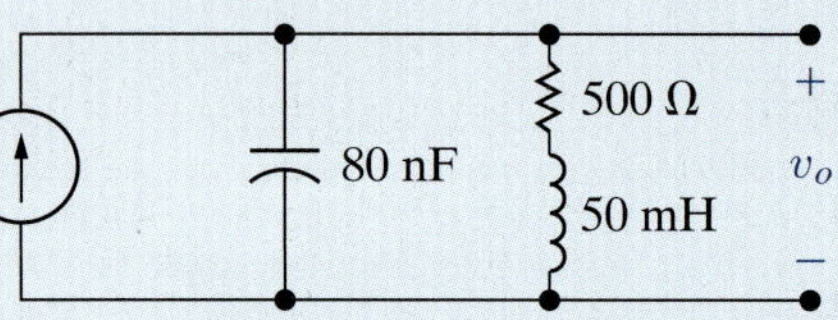

정답: $11.18 \cos(20{,}000t - 63.43°)$ V.

13.13 그림의 연산증폭기는 이상적이라고 하자.

a) 전달함수 V_o/V_g를 구하라.

b) $v_g = 0.6u(t)$ V일 때 v_o를 구하라.

c) $v_g = 2 \cos 10{,}000t$ V일 때 정상 상태의 v_o를 구하라.

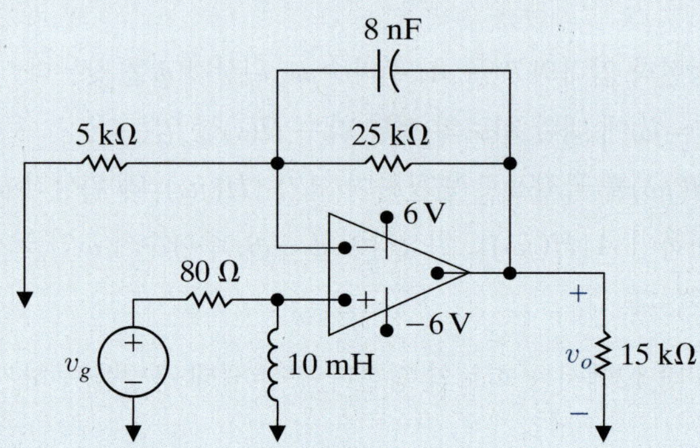

정답: a) $\dfrac{s(s + 30{,}000)}{(s + 5000)(s + 8000)}$,

b) $(5e^{-5000t} - 4.4e^{-8000t})\,u(t)$ V,

c) $4.42 \cos(10{,}000t - 6.34°)]\,u(t)$ V.

자가 검사: 연습문제 13.80과 13.81도 풀어 보라.

13.8 회로 해석에서의 임펄스 함수

회로 해석에서 임펄스 함수는 회로의 스위칭을 표현하기 위해서 또는 회로에 임펄스 전원이 있을 때 사용한다. 라플라스 변환은 스위칭 동안 발생하는 임펄스 전류와 전압을 계산하고 임펄스 전원에 의한 회로의 응답을 찾는 데 이용할 수 있다. 먼저 스위칭으로 인한 임펄스 함수를 알아보자.

스위칭 동작

스위칭으로 임펄스 함수가 발생하는 두 종류의 회로(커패시터 회로와 직렬 인덕터 회로)를 알아보자.

커패시터 회로

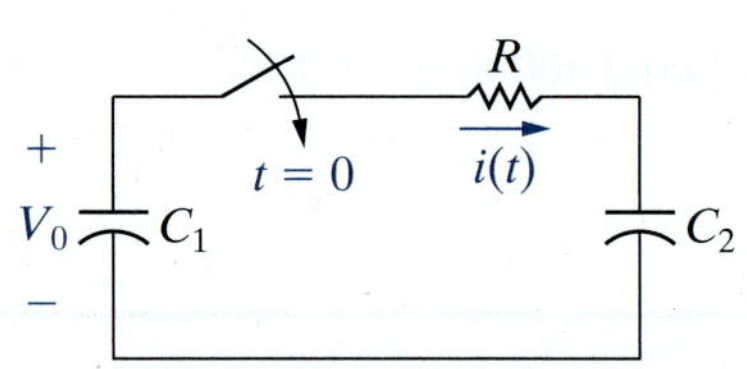

그림 13.47▲ 임펄스 전류가 발생할 수 있는 회로.

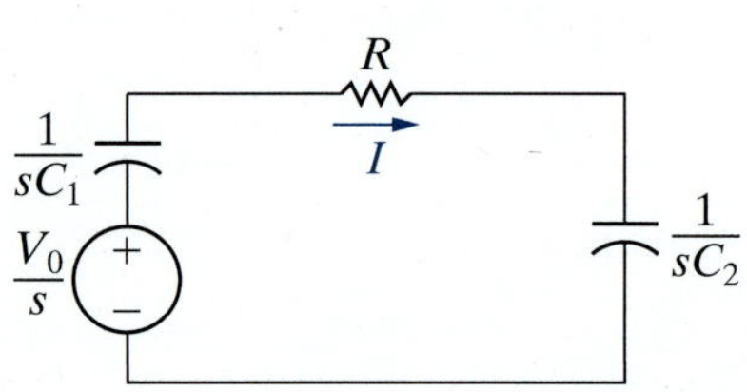

그림 13.48▲ 그림 13.47 회로의 s 영역 등가 회로.

그림 13.47의 회로에서 커패시터 C_1은 스위치가 닫힐 때 초기 전압 V_0로 충전되어 있었다. C_2의 초기 전하는 0이다. 문제는 $R \to 0$일 때 $i(t)$의 표현식을 구하는 것이다. 그림 13.48은 s 영역 등가 회로이고, 옴의 법칙을 이용해서 s 영역 전류 I를 찾을 수 있다.

$$I = \frac{V_0/s}{R + (1/sC_1) + (1/sC_2)}$$

$$= \frac{V_0/R}{s + (1/RC_e)},$$

여기서 등가 커패시턴스 $C_1C_2/(C_1 + C_2)$는 C_e로 나타낸다.

표 12.3을 이용해서 I 식을 역변환하면 다음과 같다.

$$i = \left(\frac{V_0}{R}e^{-t/RC_e}\right)u(t),$$

여기서 R이 감소함에 따라 초기 전류(V_0/R)는 증가하고 시정수(RC_e)는 감소함을 보여 준다. 따라서 R이 작아지면 전류의 초깃값은 커지고 시간에 대해 빠르게 감소한다. 그림 13.49는 i의 이러한 특성을 보여 준다.

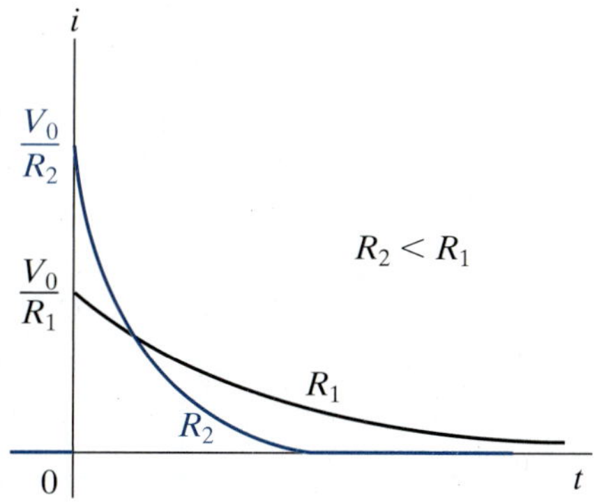

그림 13.49▲ 두 가지 다른 R값에 대한 시간 t 대 $i(t)$ 그래프.

R이 0에 가까워지면 i의 초깃값은 무한대에 가까워지고 지속시간은 0에 수렴한다. 전류 함수의 아래 면적이 R에 대해 독립적이기 때문에 i는 임펄스 함수에 가까워진다. 물리적으로 i 대 t 곡선의 전체 면적은 스위치가 닫힌 뒤 C_2에 전달된 총전하량을 나타낸다. 따라서

$$\text{면적} = q = \int_{0^-}^{\infty}\frac{V_0}{R}e^{-t/RC_e}dt = V_0C_e,$$

이 식으로부터 C_2에 전달된 총전하량이 R에 무관하고 V_0C_e 쿨롱과 같음을 알 수 있다. 그러므로 R이 0에 수렴함에 따라 전류는 V_0C_e의 크기를 갖는 임펄스에 가까워진다. 즉

$$i \rightarrow V_0C_e\delta(t).$$

위 식은 $R = 0$일 때 일정량의 전하가 C_2로 순간적으로 이동한다는 물리적 의미가 있다. 그림 13.47의 회로에서 $R = 0$으로 하면 전하가 왜 순간적으로 이동해야 하는지 알 수 있다. $R = 0$이면 스위치를 닫을 때 초기 전압 0인 커패시터에 전압이 인가되어 모순이 발생한다. 커패시터 전압이 순간적으로 변할 수 있는 유일한 방법은 전하가 순간적으로 이동하는 것이다. 스위치가 닫힐 때 C_2의 전압은 V_0로 뛰는 것이 아니라 다음의 최종값으로 변한다.

$$v_2 = \frac{C_1V_0}{C_1 + C_2}.$$

v_2의 유도는 여러분에게 맡긴다(연습문제 13.85 참조).

처음부터 $R = 0$이어도 라플라스 변환 해석으로 임펄스 전류 응답을 구할 수 있다.

$$I = \frac{V_0/s}{(1/sC_1) + (1/sC_2)} = \frac{C_1C_2V_0}{C_1 + C_2} = C_eV_0.$$

I의 식을 쓸 때 $t = 0^-$일 때의 커패시터 전압을 사용했다. 상수(constant)의 역변환은 상수 곱하기 임펄스 함수이므로

$$i = C_eV_0\delta(t).$$

예제 13.13에서는 출력에 임펄스가 있는 인덕터 회로를 라플라스법으로 해석했다.

예제 13.13 임펄스 응답이 있는 직렬 인덕터 회로

그림 13.50의 스위치는 긴 시간 동안 닫혀 있다가 $t = 0$일 때 열렸다. 라플라스법을 이용하여 v_0와 3 H 인덕터 전류 i_1을 구하라.

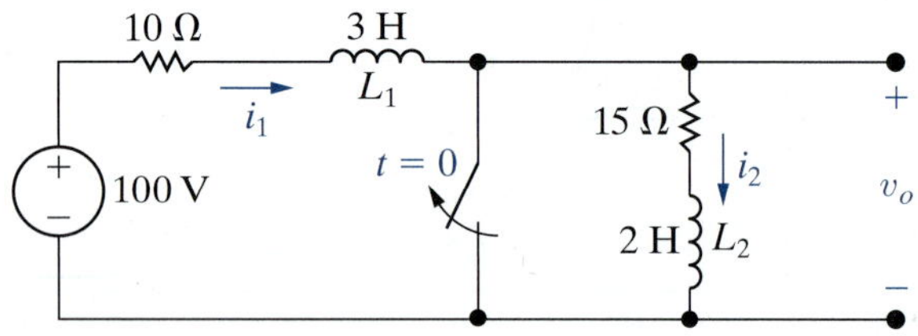

그림 13.50▲ 예제 13.13의 회로.

풀이

해석 방법 13.1을 따라서 s 영역 회로를 구성하고 해석한다.

단계 1: $t < 0$에서 스위치는 닫혀 있었고 인덕터는 단락된 것과 같다. 2 H 인덕터 부분에 전원이 없으므로 2 H 인덕터 전류는 0이다. 3 H 인덕터 전류는 $100/10 = 10$ A이다.

단계 2: 직류 전압원과 스위치를 합하여 시간 영역 함수 $100u(t)$로 표현한다. 이를 라플라스 변환하면 $100/s$ V-s이며 그림 13.51의 s 영역 회로에서 전압원이다.

단계 3: 그림 13.51에서처럼 출력 전압과 전류를 각각 V_0, I_1이라고 한다. s 영역 회로에서 두 인덕터의 전류는 같다.

단계 4: 저항의 임피던스는 저항 값과 같다. 인덕터의 임피던스는 sL이다. 3 H 인덕터의 0이 아닌 초기 전류를 직렬 연결 전압원이나 병렬 연결 전류원으로 표현해야 한다. 여기서는 전압원으로 표현하여 s 영역 회로에는 하나의 폐로만이 있다. 전압원은 $LI_0 = 3(10) = 30$ V-s이다. 단계 1~4에서 만들어진 s 영역 회로는 그림 13.51과 같다.

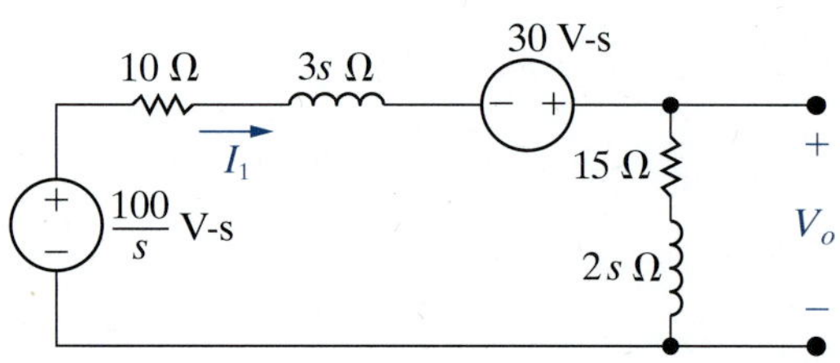

그림 13.51▲ 그림 13.50 회로의 s 영역 등가 회로.

단계 5: 그림 13.51의 회로로부터 전압 분배를 이용하여 V_0를 구한다.

$$V_o = \frac{2s + 15}{5s + 25}\left(\frac{100}{s} + 30\right) = \frac{12s^2 + 130s + 300}{s^2 + 5s}.$$

옴의 법칙을 이용하여 I_1을 구한다.

$$I_1 = \frac{(100/s) + 30}{5s + 25} = \frac{6s + 20}{s(s + 5)}.$$

단계 6: 초깃값과 최종값은 출력 전압과 전류를 구한 후에 살피기로 하고 이 단계는 건너뛴다.

단계 7: V_0가 가분수 유리 함수이므로 부분분수 전개를 하기 전에 다음과 같이 분자를 분모로 나눈다.

$$V_o = \frac{12s^2 + 130s + 300}{s^2 + 5s} = 12 + \frac{70s + 300}{s(s + 5)}.$$

s의 진분수 유리 함수인 두 번째 항을 부분분수 전개하면

$$V_o = 12 + \frac{60}{s} + \frac{10}{(s + 5)}.$$

표 12.1~12.3을 이용하여 V_0를 역변환하면

$$v_o = 12\delta(t) + (60 + 10e^{-5t})u(t) \text{ V}.$$

I_1을 부분분수 전개하면

$$I_1 = \frac{6s + 20}{s(s + 5)} = \frac{4}{s} + \frac{2}{(s + 5)}.$$

표 12.3을 이용하여 I_1을 역변환하면

$$i_1 = (4 + 2e^{-5t})u(t) \text{ A}.$$

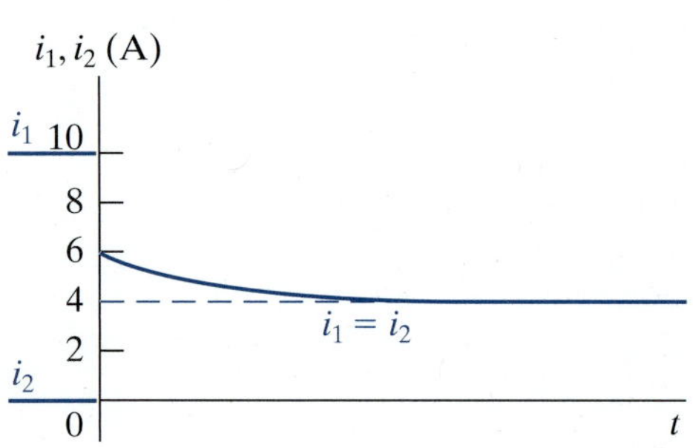

그림 13.52▲ 그림 13.50 회로에서 시간에 따른 인덕터 전류.

계산한 그림 13.50의 회로에서 출력 전압과 전류가 타당한가? 스위치가 열리기 전에 3 H 인덕터의 전류는 10 A이고, 2 H 인덕터의 전류는 0 A이다. 예제 13.13에서 유도한 i_1 식으로부터 $t = 0^+$일 때 두 인덕터의 전류는 6 A임을 알 수 있다. 이는 3 H 인덕터의 전류는 순간적으로 10 A에서 6 A로 변했고, 2 H 인덕터의 전류는 순간적으로 0 A에서 6 A로 변했다는 것을 의미한다. 이후에 전류는 6 A에서 지수적으로 감소하여 4 A가 된다. 이 최종값은 회로에서 쉽게 확인할 수 있으며 100/25, 즉 4 A이다. 그림 13.52는 i_1과 i_2의 이러한 특성을 보여 준다.

인덕터 전류의 이러한 순간적인 변화는 물리적 관점에서 현실성이 있는가? 첫

째, 그림 13.50의 스위치가 열렸을 때 두 인덕터는 직렬로 연결된다. 3 H의 인덕터에서 관측되는 임펄스 전압은 2 H 인덕터의 임펄스 전압과 정확히 균형을 이루어야 한다. 닫힌 경로에서 임펄스 전압의 합은 0이어야 하기 때문이다. 패러데이(Faraday)의 법칙에 따르면 유도전압은 쇄교자속의 시간적 변화($v = d\lambda/dt$)에 비례한다. 그러므로 쇄교자속 변화의 합은 0이다. 다시 말해서 스위칭 직후의 총쇄교자속은 스위칭 직전과 같다. 주어진 회로에서 스위칭 직전의 쇄교자속은

$$\lambda = L_1 i_1 + L_2 i_2 = 3(10) + 2(0) = 30 \text{ Wb-turns}.$$

스위칭 직후에는

$$\lambda = (L_1 + L_2)i(0^+) = 5i(0^+).$$

그러므로

$$i_1(0^+) = 30/5 = 6 \text{ A}.$$

따라서 예제 13.13의 해 i_1은 쇄교자속 보존 원리에 맞는다.

이제 예제 13.13에서 구한 v_o의 타당성을 검증해 보자. 먼저 임펄스 항 $12\delta(t)$를 점검하자. $t = 0$일 때 i_2가 0에서 6 A로 순간적으로 변하여 i_2의 도함수는 $6\delta(t)$의 임펄스를 가진다. 이 임펄스는 2 H 인덕터 양단에 $12\delta(t)$ 세기의 전압을 유발한다. $t > 0$일 때 $di_2/dt = di_1/dt = -10e^{-5t}$ A/s이다. 전압 v_o는 15 Ω 저항과 2 H 인덕터에 걸리는 전압의 합과 같다.

$$\begin{aligned} v_o &= 15(4 + 2e^{-5t}) + 2(-10e^{-5t}) \\ &= (60 + 10e^{-5t})u(t) \text{ V}. \end{aligned}$$

위 식은 예제 13.13에서 구한 v_o의 우변 마지막 두 항과 일치한다. 따라서 위 식은 주어진 회로의 특성과 일치하여 타당하다고 볼 수 있다.

또한 전류 i_1이 10에서 6 A로 순간적으로 줄어드는 것도 검증할 수 있다. 이러한 감소로 i_1의 도함수는 $-4\delta(t)$의 임펄스를 가지며, L_1 양단의 전압은 $-12\delta(t)$의 임펄스가 된다. 이 임펄스는 L_2 양단의 임펄스와 정확히 균형을 이룬다. 즉 닫힌 경로에서 임펄스 전압의 합은 0이다.

임펄스 전원

임펄스 함수는 응답뿐만 아니라 전원에도 있을 수 있다. 이러한 전원을 **임펄스 전원**(impulsive source)이라 부른다. 회로에서 임펄스 전원은 유한한 크기의 에너지를 순간적으로 발생한다. 이는 종에 추로 임펄스를 가하여 종을 치는 기계적 현상과 유사하다. 종에 에너지가 전달되면 발생하는 소리의 울림(즉 결과로 발생하는 소리의 주파수)과 울림의 지속시간은 종의 고유 응답에 따라 결정된다.

그림 13.53의 회로에서 V_0 V-s의 세기를 갖는 임펄스 전압원이 직렬 연결된 저항과 인덕터에 가해진다. 전압원이 가해질 때 인덕터의 초기 에너지는 0이므로 초기 전류는 0이다. R 양단의 전압 강하는 없으므로 전압원의 임펄스는 바로 L 양단에 나타난다. 인덕터 양단의 임펄스 전압은 순간적으로 전류를 발생시키며 전류는 다음과 같다.

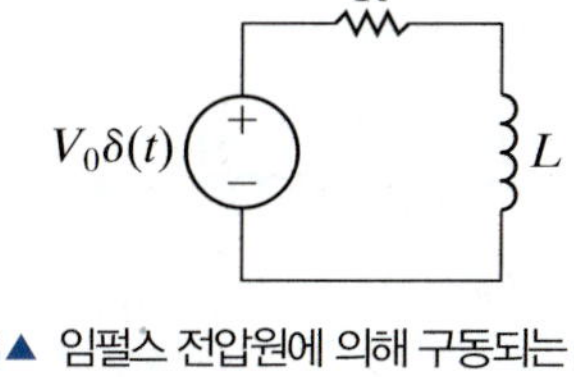

그림 13.53▲ 임펄스 전압원에 의해 구동되는 RL 회로

$$i = \frac{1}{L}\int_{0^-}^{t} V_0\delta(x)\,dx.$$

0을 포함하는 구간에서 $\delta(t)$의 적분은 1이므로

$$i(0^+) = \frac{V_0}{L}\,\text{A}.$$

따라서 극히 짧은 순간에 임펄스 전압원의 에너지가 인덕터에 저장되며, 그 양은 다음과 같다.

$$\omega = \frac{1}{2}L\left(\frac{V_0}{L}\right)^2 = \frac{V_0^2}{2L}\,\text{J}.$$

이후 초기 전류 V_0/L은 회로의 고유 응답에 따라 0으로 줄어든다. 즉

$$i = \frac{V_0}{L}e^{-t/\tau}u(t),$$

여기서 $\tau = L/R$이다. 7장에서 고유 응답은 수동 소자가 저장한 에너지를 방출하면서 발생한다고 설명했다. 회로가 임펄스 전원으로 구동될 때 전체 응답에는 고유 응답만이 나타난다. 임펄스 전원의 지속 기간은 극히 짧으므로 강제 응답은 발생하지 않는다.

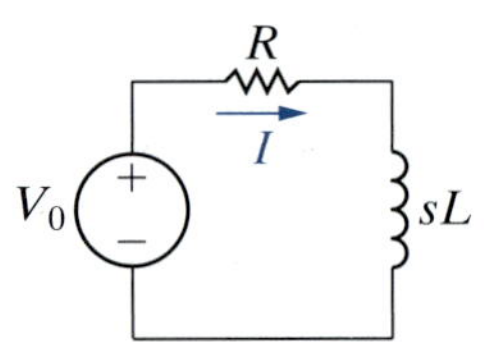

그림 13.54▲ 그림 13.53 회로의 s 영역 등가 회로.

이러한 인덕터 전류는 라플라스 변환을 이용해서도 얻을 수 있다. 그림 13.54는 그림 13.53 회로의 s 영역 등가 회로이다. 등가 회로에서

$$I = \frac{V_0}{R + sL} = \frac{V_0/L}{s + (R/L)}.$$

역변환을 하면

$$i = \frac{V_0}{L}e^{-(R/L)t} = \frac{V_0}{L}e^{-t/\tau}u(t).$$

그러므로 라플라스 변환으로 $i \geq 0^+$일 때의 해를 정확히 구할 수 있다.

끝으로, 내부적으로 발생하는 임펄스와 외부 임펄스가 동시에 가해지는 경우를 고려해 보자. 예제 13.14에서 알 수 있듯이 $t = 0^-$일 때의 인덕터 전류와 커패시터 전압이 s 영역 등가 회로에 반영되어 있고 외부 임펄스가 변환되어 있으면 라플라스 변환을 이용하여 $t > 0^+$에서의 정확한 해를 구할 수 있다.

예제 13.14 회로 내부와 외부에서 임펄스가 가해지는 회로

그림 13.55의 스위치는 긴 시간 동안 닫혀 있다가 $t = 0$일 때 열렸다. 라플라스법을 이용하여 출력 전압 v_o와 3 H 인덕터 전류 i_1을 구하라.

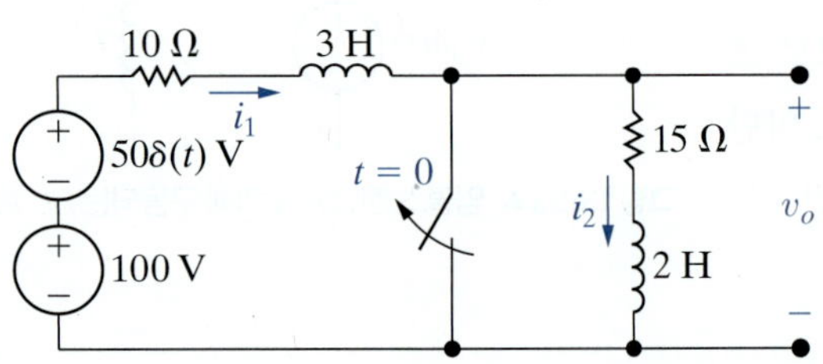

그림 13.55▲ 그림 13.50의 100 V 전원에 임펄스 전압원을 직렬로 추가한 회로.

풀이

그림 13.55의 회로는 예제 13.13에서 회로(그림 13.50)의 100 V 전원과 직렬로 $50\delta(t)$의 임펄스 전압원을 추가하여 만들었다. 예제 13.13에서 그림 13.50의 시간 영역 회로에 대한 s 영역 회로는 그림 13.51과 같았다. $\mathscr{L}\{50\delta(t)\} = 50$ V-s를 추가해서 구한 그림 13.55 회로의 s 영역 등가 회로는 그림 13.56과 같다.

회로로부터 구한 I_1의 표현식은 다음과 같다.

$$I_1 = \frac{(100/s) + 50 + 30}{5s + 25} = \frac{16s + 20}{s(s + 5)}.$$

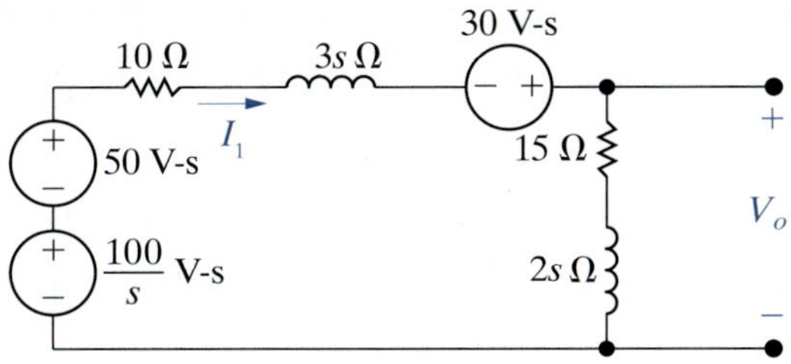

그림 13.56▲ 그림 13.55 회로의 s 영역 등가 회로.

I_1을 부분분수 전개하면 다음과 같다.

$$I_1 = \frac{4}{s} + \frac{12}{s+5},$$

I_1을 역변환하면 다음과 같다.

$$i_1 = (4 + 12e^{-5t})u(t)\text{ A}.$$

V_o의 표현식은 다음과 같다.

$$V_o = (2s + 15)I_1 = \frac{32s^2 + 280s + 300}{s(s+5)},$$

이 식은 가분수 유리 함수이다. 부분분수 전개를 하기 전에 V_o의 분자를 분모로 나누어서 다음 식을 얻는다.

$$V_o = 32 + \frac{120s + 300}{s(s+5)}.$$

V_o를 부분분수 전개하면 다음과 같다.

$$V_o = 32 + \frac{60}{s} + \frac{60}{s+5}$$

V_o의 역변환은 다음과 같다.

$$v_o = 32\delta(t) + (60 + 60e^{-5t})u(t)\text{ V}.$$

예제 13.14의 결과가 타당한지도 점검해 보자. i_1의 식에서 L_1과 L_2의 전류는 $t = 0^+$일 때 16 A이다. 예제 13.13에서 스위치가 열리면 i_1은 순간적으로 10에서 6 A로 감소하고, 동시에 i_2는 0에서 6 A로 증가했다. 여기에 임펄스 전압원에 의하여 L_1과 L_2에 흐르는 10 A가 더해진다.

$$i_1 = \frac{1}{3+2}\int_{0^-}^{t} 50\delta(x)dx = 10\text{ A}.$$

그러므로 i_1은 10에서 16 A로 갑자기 증가하고, i_2는 0에서 16 A로 갑자기 증가한다. i의 최종값은 4 A이다. 그림 13.57은 i_1, i_2의 그래프이다.

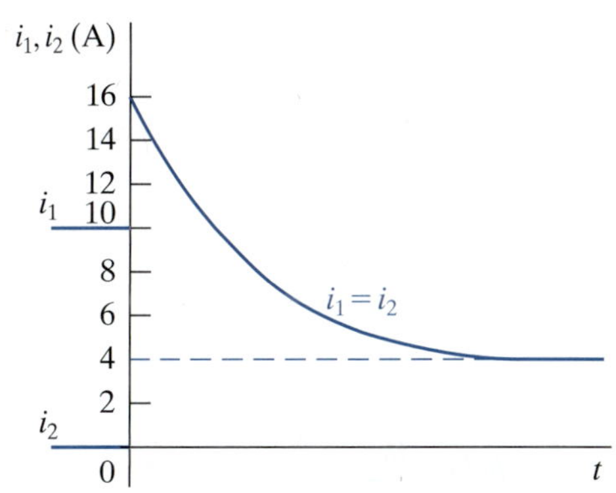

그림 13.57▲ 그림 13.55 회로의 인덕터 전류 대 시간 t의 그래프.

중첩을 이용하지 않고서도 i_1과 i_2의 갑작스런 변화를 구할 수 있다. 3 H와 2 H 인덕터에 걸리는 임펄스 전압의 합은 $50\delta(t)$이다. 따라서 쇄교자속의 변화는 총 50이어야 한다. 즉

$$\Delta\lambda_1 + \Delta\lambda_2 = 50.$$

$\lambda = Li$이므로 다음 식을 얻는다.

$$3\Delta i_1 + 2\Delta i_2 = 50.$$

그러나 i_1과 i_2는 스위치가 열린 후 같아야 하므로

$$i_1(0^-) + \Delta i_1 = i_2(0^-) + \Delta i_2.$$

따라서

$$10 + \Delta i_1 = 0 + \Delta i_2.$$

Δi_1과 Δi_2에 대해 풀면 다음을 얻는다.

$$\Delta i_1 = 6\text{ A},$$
$$\Delta i_2 = 16\text{ A}.$$

이들 식은 앞에서 확인한 바와 일치한다.

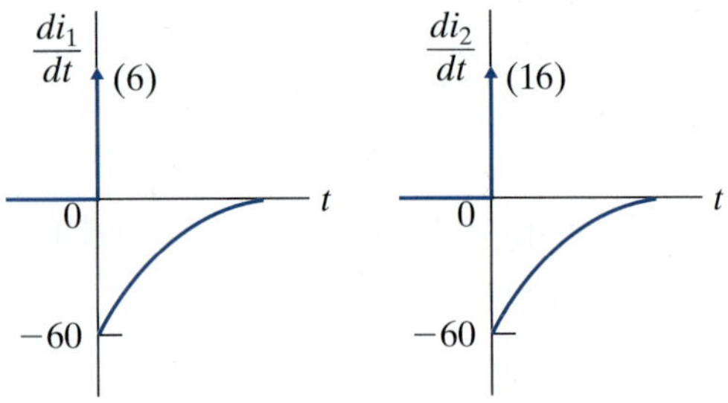

그림 13.58▲ i_1과 i_2의 미분.

그림 13.57도 i_1과 i_2의 미분이 $t = 0$일 때 임펄스를 포함하는 것을 보여 준다. i_1의 도함수는 $6\delta(t)$의 임펄스가, i_2의 도함수는 $16\delta(t)$의 임펄스가 됨을 알 수 있다. 그림 13.58은 i_1과 i_2의 도함수이다.

이제 예제 13.14에서 구한 출력 전압 v_o에 대해 생각해 보자. 임펄스 요소가 $32\delta(t)$인 것은 시점(origin)에서 di_2/dt의 임펄스가 $16\delta(t)$인 것에 기인한다. 또 항 $(60e^{-5t} + 60)$은 $t > 0^+$에서의 다음 식에서 이해할 수 있다.

$$v_o = 15i_2 + 2\frac{di_2}{dt} = 15i_1 + 2\frac{di_1}{dt}.$$

임펄스 요소 di_1/dt은 L_1에 $(3)6\delta(t)$, 즉 $18\delta(t)$의 임펄스 전압을 발생시킨다. 이 전압은 L_2의 $32\delta(t)$에 더해져서 $50\delta(t)$가 된다. 따라서 망로에서 임펄스 전압의 대수 합은 0이 된다.

요약하면, 스위칭으로 생기는 임펄스 전류와 전압을 라플라스 변환으로 정확히 구할 수 있다. 그러기 위해서는 s 영역 등가 회로에 $t = 0^-$일 때의 초기 조건, 즉 스위칭에 의한 변화 이전의 초기 조건이 반영되어 있어야 한다. 라플라스 변환을 이용하면 임펄스 구동 전원을 s 영역으로 변환하여 그 응답을 정확히 구할 수 있다.

자가 검사: 연습문제 13.89과 13.93을 풀어 이해도를 평가하라.

■ 실제 응용

서지 억제기

이 장 서두에서 언급했듯이, 서지 전압은 정현파 정상 상태의 회로에서도 발생할 수 있다. 정현파 정상 상태 동작 중 부하가 차단될 때 발생하는 옥내 회로의 전력선과 중성선 사이의 서지 전압을 라플라스 변환을 이용하여 알아보자.

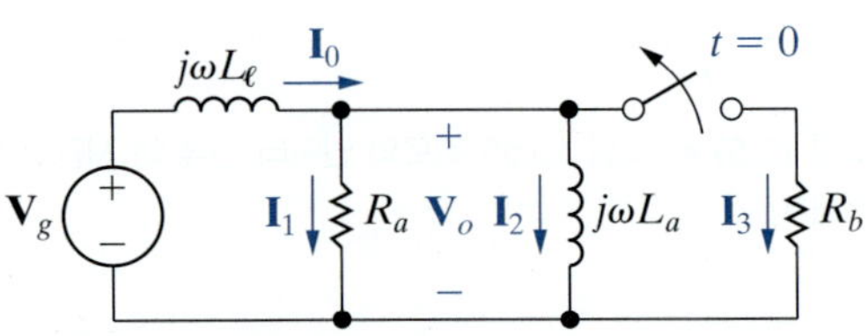

그림 13.59▲ 스위칭 서지 전압을 설명하기 위한 회로.

세 부하를 가진 그림 13.59의 옥내 회로에서 $t = 0$일 때 세 부하 중 하나가 차단되는 상황을 생각해 보자. 문제를 간단히 하기 위해 상전압 $\mathbf{V}_0$가 주거용 표준전압(미국) $120\underline{/0°}$ V(rms)이고, 부하가 $t = 0$에서 차단될 때 $\mathbf{V}_g$값은 변하지 않는다고 가정한다. 스위치가 개방되면 그림 13.60과 같은 s 영역 등가 회로를 구할 수 있다. 인덕터 부하 전압의 위상각이 0°이어서 인덕터 부하의 초기 전류는 0이다. 그러므로 전력선 인덕터만 초기 전류가 0이 아니며, 그림 13.60의 s 영역 회로에 $L_\ell I_0$의 값을 갖는 전압원으로 표현했다.

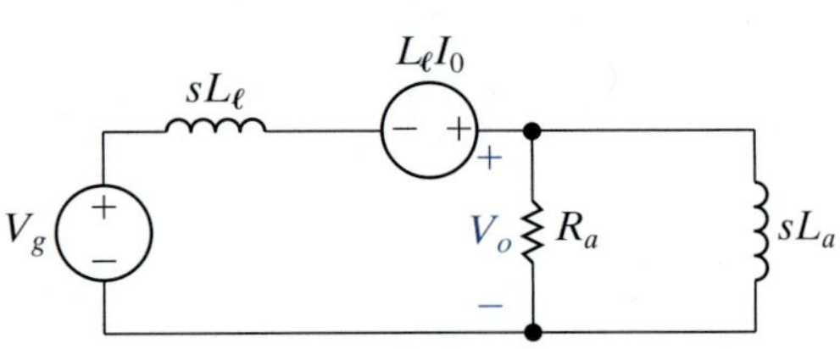

그림 13.60▲ 그림 13.59 회로의 s 영역 회로.

$t = 0$에서 스위치가 개방되기 직전에 각 부하의 전압은 최댓값이 $120\sqrt{2} = 169.7$ V인 정상 상태 정현파였고 전압원 $\mathbf{V}_g$로부터 전력선으로 흐르는 전류는 세 부하로 나뉜다. $t = 0$에서 스위치가 개방되면 전력선의 모든 전류는 남은 저항 부하로만 흐를 것이다. 이는 $t = 0$일 때 인덕터 부하의 전류는 0이고 인덕터의 전류는 순간적으로 변할 수 없기 때문이다. 즉 선 전류가 남은 저항 부하로 모두 흘러서 부하 전압은 서지를 경험하게 된다.

예를 들어 만약 전력선의 초기 전류가 25 A(rms)이고 남은 저항 부하의 임피던스가 12 Ω이면, 회로가 개방될 때 저항의 전압이 169.7 V에서 $(25)(\sqrt{2})(12) = 424.3$ V로 변하는 서지가 된다. 만약 저항 부하가 이러한 전압을 견딜 수 없으면 이 장 서두에 소개한 것과 같은 서지 억제기로 보호할 필요가 있다.

자가 검사: 연습문제 13.94와 13.95를 풀어 이해도를 평가하라.

요약

- 단자 전압과 전류 관계를 라플라스 변환하면 각 회로 소자의 s 영역 등가 회로를 얻을 수 있다.
  - 저항: $V = RI$
  - 인덕터: $V = sLI - LI_0$
  - 커패시터: $V = (1/sC)I + V_o/s$

  위 방정식에서 $V = \mathscr{L}\{v\}$, $I = \mathscr{L}\{i\}$이고, I_0는 인덕터 초기 전류, V_0는 커패시터 초기 전압이다.

- 해석 방법 13.1의 단계 1~4를 이용하여 시간 영역 회로를 s 영역으로 변환할 수 있다. 표 13.1에 저항, 인덕터, 커패시터의 s 영역 등가 회로를 요약했다.

- 해석 방법 13.1의 단계 5에서 s 영역 회로의 대수 방정식을 세우고 풀 때 저항만으로 구성된 회로 해석에서 사용했던 기법을 이용한다. 가능하면 단계 6에서 초깃값 정리와 최종값 정리를 이용하여 s 영역 전압 및 전류 결과를 검증한다. 단계 7에서 s 영역 전압과 전류의 부분분수 전개를 구하고 표 12.3을 이용하여 역변환한다.

- s 영역 회로 해석은 초기 조건이 알려진 선형 집중정수 회로의 과도 상태를 구할 때 특히 유용하다. 또한 연립 미분 방정식 문제가 연립 대수 방정식 문제로 바뀌기 때문에 다수의 망 전류 방정식 또는 마디 전압 방정식 문제에서도 유용하다.

- **전달 함수**는 회로 입력에 대한 출력의 s 영역 비율이다. 전달 함수는 다음과 같이 정의된다.

$$H(s) = \frac{Y(s)}{X(s)},$$

  여기서 $Y(s)$는 출력 신호의 라플라스 변환이고, $X(s)$는 입력 신호의 라플라스 변환이다.

- 곱 $H(s)X(s)$를 부분분수 전개하면 $H(s)$와 $X(s)$의 각 극점에 대한 항이 나타난다. $H(s)$의 항은 전체 응답 중 과도 상태를 결정하고 $X(s)$의 항은 정상 상태를 결정한다.

- 회로가 단위 임펄스 함수로 구동되면 $x(t) = \delta(t)$, 회로의 응답은 전달 함수의 역변환과 같다. 즉 $y(t) = \mathscr{L}^{-1}\{H(s)\} = h(t)$이다.

- 회로가 **시불변**이면 입력이 a초만큼 지연될 때 출력도 a초만큼 지연된다.

- 회로의 출력 $y(t)$는 입력 $x(t)$를 회로의 임펄스 응답 $h(t)$와 컨벌루션하여 구할 수 있다.

$$y(t) = h(t) * x(t) = \int_0^t h(\lambda)x(t-\lambda)\,d\lambda$$

$$= x(t) * h(t) = \int_0^t x(\lambda)h(t-\lambda)\,d\lambda.$$

  컨벌루션 적분의 그래프 해석은 $y(t)$를 구하는 데 도움이 된다.

- 정현파 전원에 대한 회로의 정상 상태 응답을 구하는 데 전달 함수를 이용할 수 있다. 이를 위해 $H(s)$의 s를 $j\omega$로 치환하고 그 결과로 나오는 복소수를 크기와 위상으로 표현한다. 만약

$$x(t) = A\cos(\omega t + \phi),$$

$$H(j\omega) = |H(j\omega)|e^{j\theta(\omega)},$$

  그러면

$$y_{ss}(t) = A|H(j\omega)|\cos[\omega t + \phi + \theta(\omega)].$$

- 라플라스 변환을 이용하면 스위칭 또는 임펄스 전원으로 인한 임펄스 전류와 전압을 정확히 해석할 수 있다. s 영역 등가 회로에는 스위칭 전인 $t = 0^-$일 때의 초기 조건이 반영되어 있어야 한다.

연습문제

13.1절

13.1 인덕터 전류 i를 단자 전압 v의 함수로 나타내고, 시간 영역 적분식을 라플라스 변환하여 그림 13.4의 s 영역 등가 회로를 유도하라.

13.2 그림 13.3에 주어진 회로의 노튼 등가 회로를 구하라.

13.3 그림 13.7에 주어진 회로의 테브냉 등가 회로를 구하라.

13.2절

13.4 300 Ω 저항이 50.5 μF의 커패시터와 직렬로 연결되어 있고, 이 직렬 결합이 500 mH 인덕터와 병렬로 연결되어 있다.

a) 위 병렬 결합 회로의 s 영역 임피던스를 유리 함수로 표현하라.

b) 위 임피던스의 극점과 영점의 값을 구하라.

13.5 500 Ω 저항, 10.5 mH 인덕터, 0.1 μF 커패시터가 직렬로 연결되어 있다.

a) 위 직렬 결합 회로의 s 영역 임피던스를 유리 함수로 표현하라.

b) 위 임피던스의 극점과 영점의 값을 구하라.

13.6 8 kΩ 저항, 20 mH 인덕터, 50.5 pF 커패시터가 병렬로 연결되어 있다.

a) 위 병렬 결합 회로의 s 영역 임피던스를 유리 함수로 표현하라.

b) 위 임피던스의 극점과 영점의 값을 구하라.

13.7 그림 P13.7 회로의 단자 a, b에서 본 임피던스의 극점과 영점을 구하라.

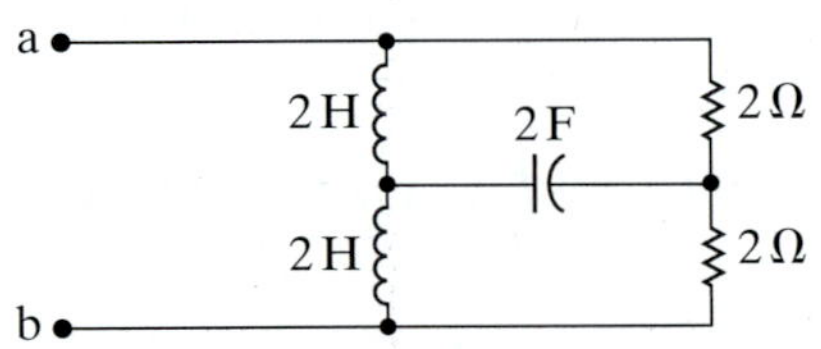

그림 P13.7

13.8 그림 P13.8 회로의 단자 a, b에서 본 임피던스의 극점과 영점을 구하라.

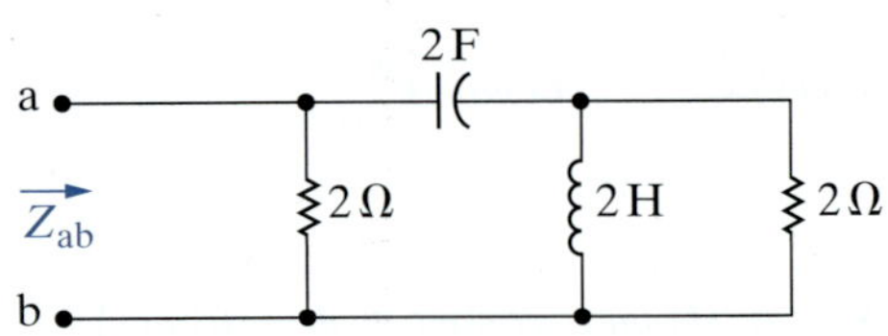

그림 P13.8

13.3절

13.9 PSPICE MULTISIM a) 그림 P13.9의 회로에서 V_o의 s 영역 표현식을 구하라.

b) (a)의 s 영역 표현식을 이용하여 v_o의 초깃값과 최종값을 예측하라.

c) v_o의 시간 영역 표현식을 구하라.

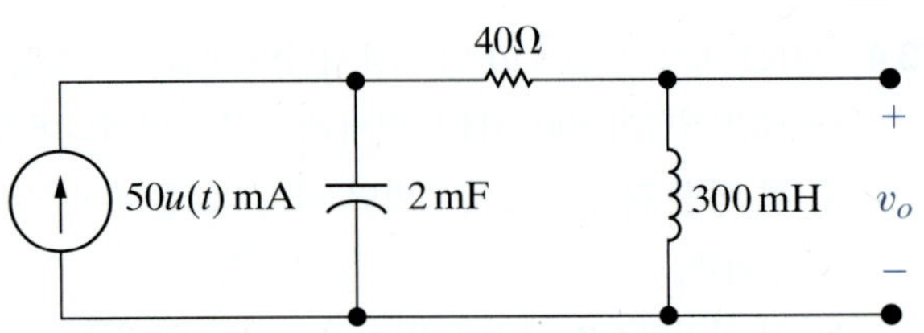

그림 P13.9

13.10 PSPICE MULTISIM 그림 P13.9에서 커패시터 전류의 시간 영역 표현식을 구하라. 단, i_C는 아래쪽으로 흐른다고 가정한다.

13.11 PSPICE MULTISIM 그림 P13.11의 회로에서 스위치는 a에 오랫동안 있다가 $t = 0$일 때 b로 스위칭 되었다.

a) $t > 0$에서의 s 영역 회로를 그려라.

b) I, V_1, V_2를 s의 유리함수로 나타내라.

c) i, v_1, v_2의 시간 영역 표현을 구하라.

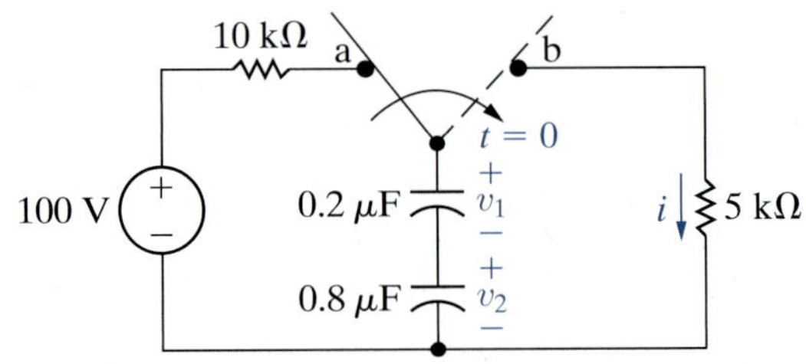

그림 P13.11

13.12 그림 P13.12의 회로에서 스위치는 a에 오랫동안 있다가 $t = 0$일 때 a에서 b로 순간적으로 스위칭 되었다.

a $t > 0$에서의 s 영역 회로를 그려라.

b) $V_o(s)$를 구하라.

c) $t \geq 0$에서 $v_o(t)$를 구하라.

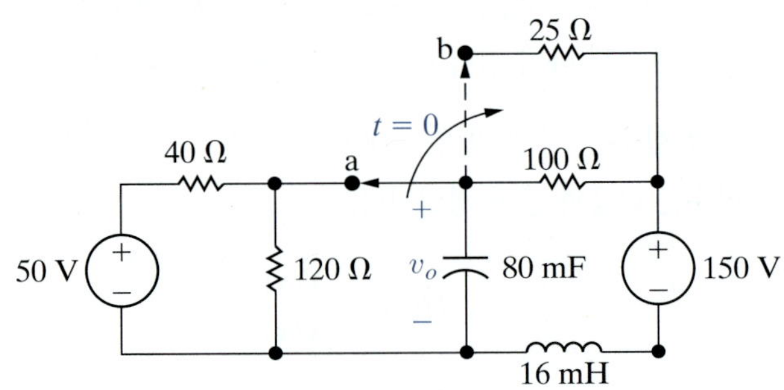

그림 P13.12

13.13 PSPICE MULTISIM 그림 P13.13의 회로에서 $t = 0$에서 스위치가 닫히는 순간에 저장된 에너지는 없었다. V_o와 v_o를 구하라.

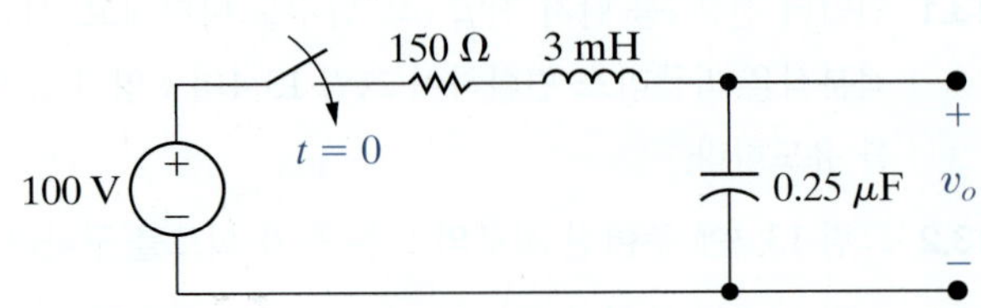

그림 P13.13

13.14 PSPICE MULTISIM 연습문제 13.13에서 윗부분을 +로 보았을 때 커패시터 초기 전압이 120 V였다. V_o와 v_o를 구하라.

13.15 PSPICE MULTISIM 그림 P13.15의 회로는 $t = 0$에서 열리기 전에 오랫동안 닫혀 있었다.

a) $t \geq 0$에서의 i_o를 구하라.

b) $t \geq 0$에서의 v_o를 구하라.

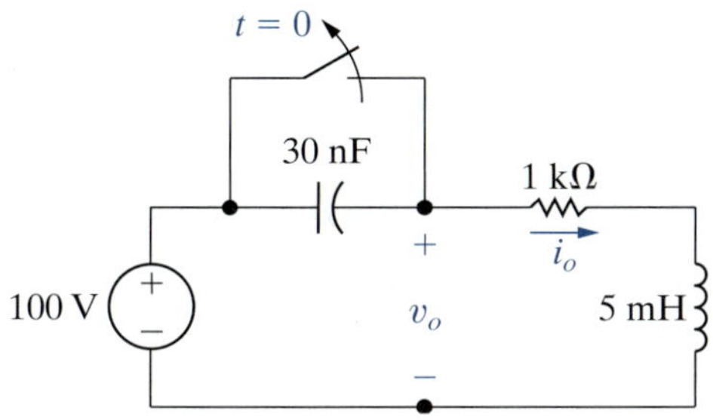

그림 P13.15

13.16 PSPICE MULTISIM 그림 P13.16의 회로에 직류 전류원과 전압원이 동시에 인가되었고 인가되는 순간에 회로에 저장된 에너지는 없었다.

a) V_1과 V_2를 구하라.

b) $t \geq 0$일 때 v_1, v_2를 구하라.

c) $v_1(0^+)$, $v_2(0^+)$를 구하라.

d) $v_1(\infty)$, $v_2(\infty)$를 구하라.

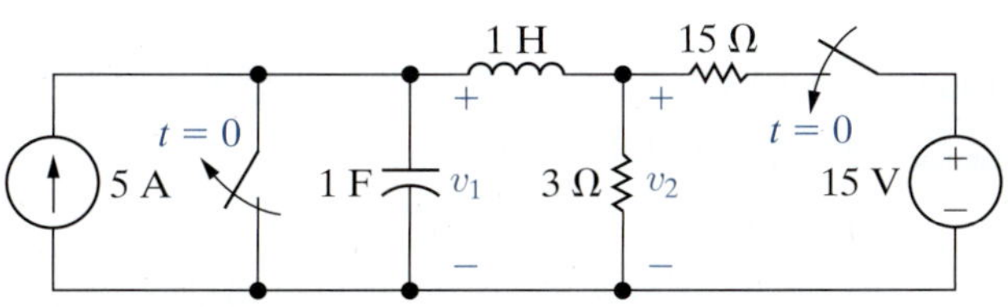

그림 P13.16

13.17 그림 P13.17의 회로에서 $t = 0$에서 스위치가 닫히는 순간에 저장된 에너지는 없었다. $t \geq 0$에서의 $i_o(t)$를 구하라.

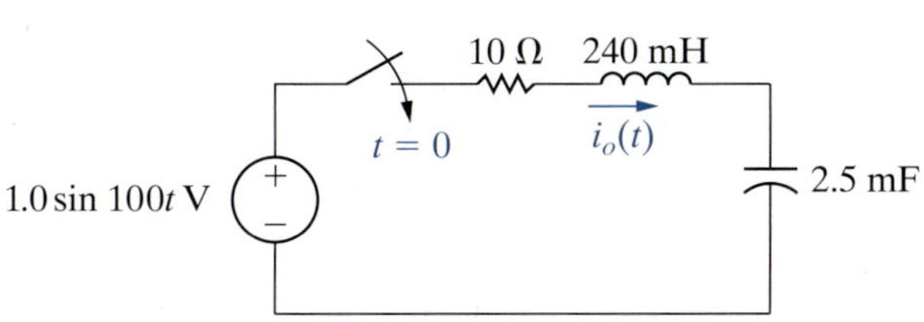

그림 P13.17

13.18 PSPICE MULTISIM 그림 P13.18의 회로에서 $t = 0^-$일 때 저장된 에너지가 없었다.

a) V_o를 구하라.

b) v_o를 구하라.

c) 구한 v_o의 해가 회로의 특성에 비추어 볼 때 타당한가? 설명하라.

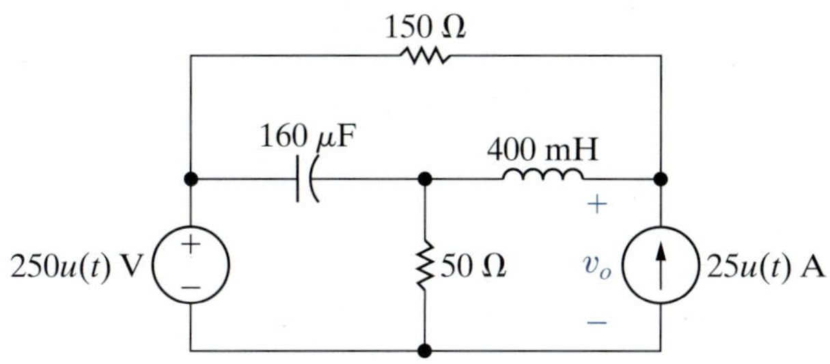

그림 P13.18

13.19 PSPICE MULTISIM 그림 P13.19의 회로에서 스위치가 오랫동안 a 위치에 있다가 $t = 0$일 때 순간적으로 b 위치로 이동했다. $t \geq 0$에서의 v_o를 구하라.

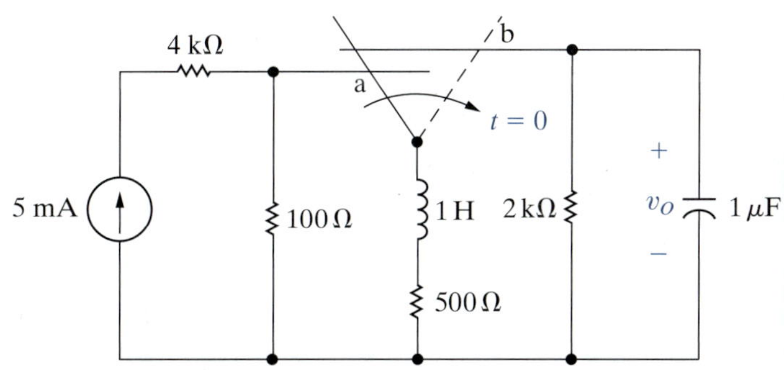

그림 P13.19

13.20 PSPICE MULTISIM 그림 P13.20의 회로에서 $t = 0^-$에서 저장된 에너지는 없었다.

a) 마디 전압법을 이용하여 v_o를 구하라.

b) 시간 영역 표현 i_o를 구하라.

c) 회로의 특성에 비추어 볼 때 (a)와 (b)의 답이 타당한가? 설명하라.

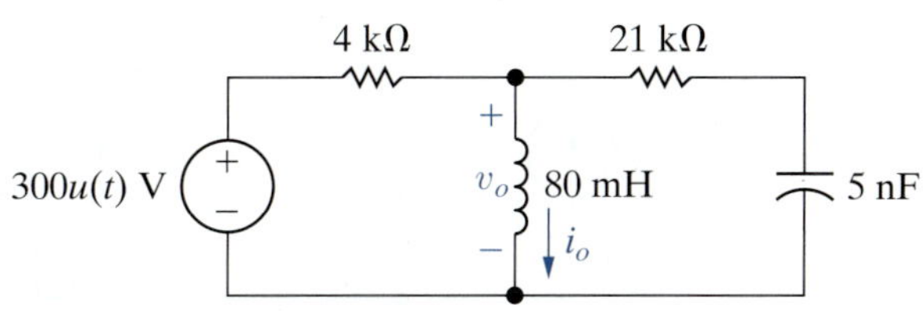

그림 P13.20

13.21 PSPICE MULTISIM 그림 P13.21의 회로는 $t = 0$에서 열리기 전에 오랫동안 닫혀 있었다.

a) $t > 0$일 때 s 영역 등가 회로를 구하라.

b) I_o를 구하라.

c) $t \geq 0$에서의 i_o를 구하라.

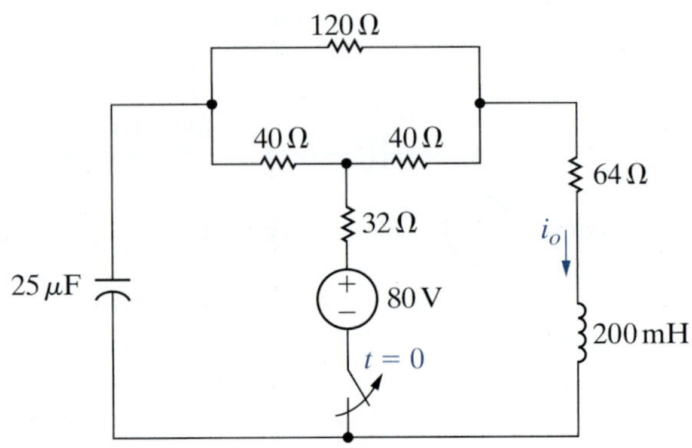

그림 P13.21

13.22 PSPICE MULTISIM 그림 P13.22의 회로에서 스위치가 오랫동안 a 위치에 있다가 $t = 0$일 때 순간적으로 b 위치로 이동했다.

a) $t > 0$일 때 s 영역 등가 회로를 구하라.

b) V_o를 구하라.

c) I_L를 구하라.

d) $t > 0$에서의 v_o를 구하라.

e) $t \geq 0$에서의 i_L를 구하라.

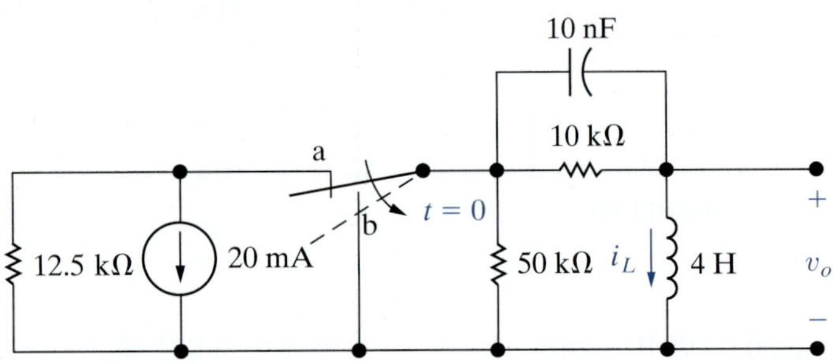

그림 P13.22

13.23 그림 P13.23의 회로에서 전압원이 활성화될 때 저장된 에너지는 없었다.

a) V_o, I_o, I_L을 구하라.

b) $t \geq 0$일 때 v_o, i_o, i_L를 구하라.

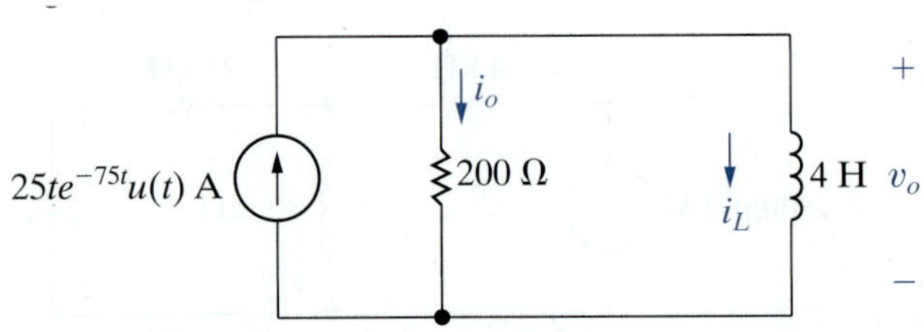

그림 P13.23

13.24 그림 P13.24의 회로에서, $t = 0$에서 스위치가 열릴 때 저장된 에너지는 없었다. 전류원이 $24 \cos 40{,}000t$ mA일 때 $t \geq 0$에서의 $i(t)$를 구하라.

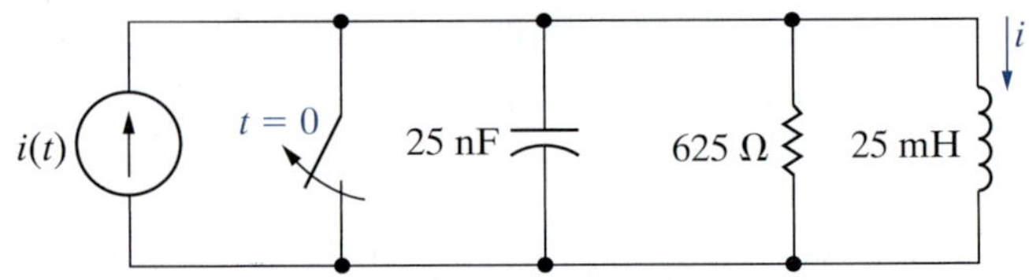

그림 P13.24

13.25 PSPICE MULTISIM 그림 P13.25의 회로에서 스위치가 오랫동안 a 위치에 있다가 $t = 0$일 때 순간적으로 b 위치로 이동했다.

a) V_o를 구하라.

b) v_o를 구하라.

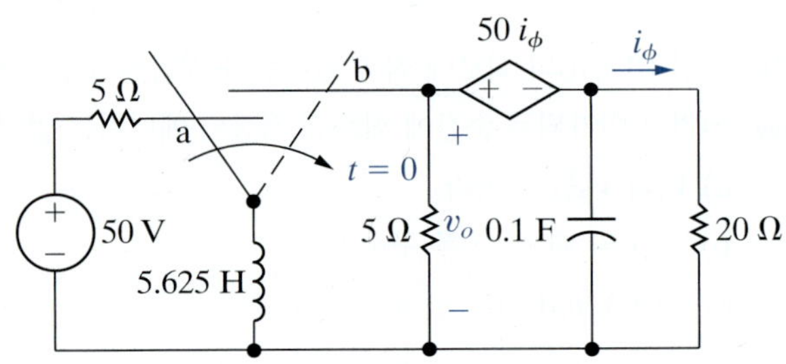

그림 P13.25

13.26 PSPICE MULTISIM 그림 P13.26의 회로에서 스위치가 닫히는 순간에 저장된 에너지는 없었다.

a) $t \geq 0$에서의 v_o를 구하라.

b) 회로의 특성에 비추어 볼 때 답이 타당한가? 설명하라.

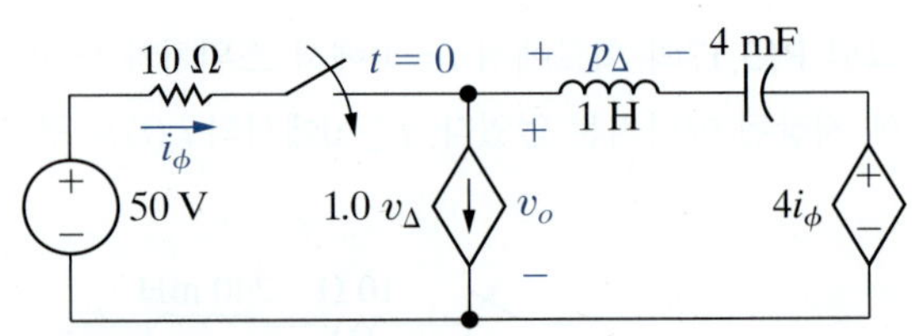

그림 P13.26

13.27 PSPICE MULTISIM 그림 P13.27 회로의 초기 에너지는 0이며, 이상 전압원은 $600u(t)$ V이다.

a) $V_o(s)$를 구하라.

b) 초깃값 및 최종값 정리를 이용하여 $v_o(0^+)$와 $v_o(\infty)$를 구하라.

c) (b)에서 구한 해가 회로의 특성과 일치하는지 확인하라.

d) $v_o(t)$를 구하라.

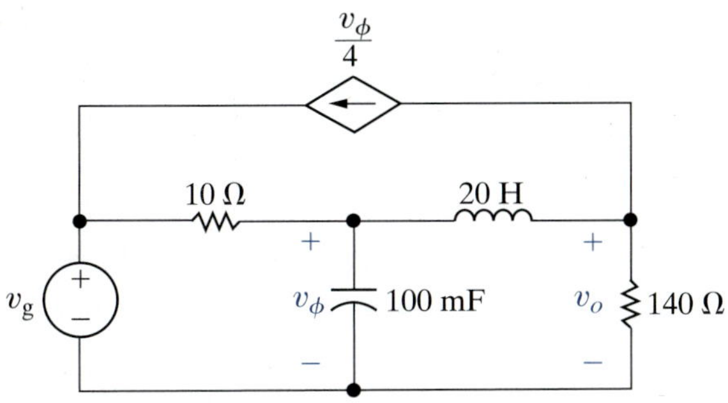

그림 P13.27

13.28 PSPICE MULTISIM 그림 P13.28의 회로에서 전류원이 활성화될 때 저장된 에너지는 없고, $i_g = 100u(t)$ A라고 하자.

a) $I_o(s)$를 구하라.

b) 초깃값 정리 및 최종값 정리를 이용하여 $i_o(0^+)$와 $i_o(\infty)$를 구하라.

c) (b)에서 구한 해가 회로의 특성과 일치하는지 확인하라.

d) $i_o(t)$를 구하라.

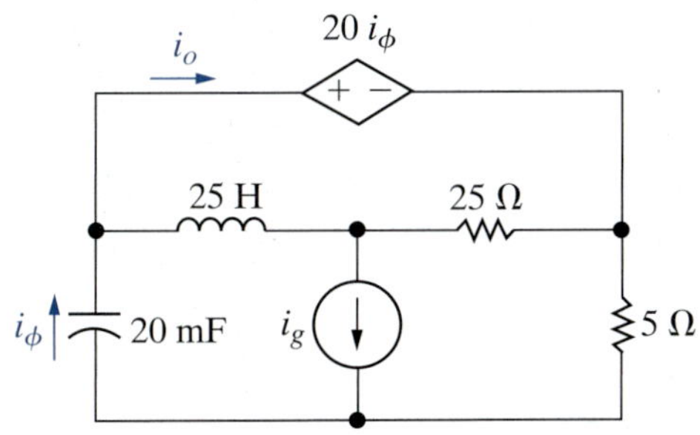

그림 P13.28

13.29 PSPICE MULTISIM 그림 P13.29의 회로는 $t = 0$에서 열리기 전에 오랫동안 닫혀 있었다. $t \geq 0$에서의 v_o를 구하라.

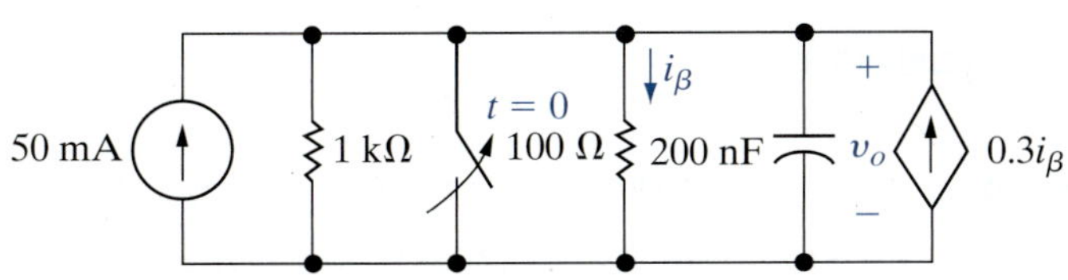

그림 P13.29

13.30 PSPICE MULTISIM 그림 P13.30의 회로에서 $i_g = 20u(t)$ mA일 때 v_o를 구하라. $t = 0$에서 저장된 에너지는 없었다.

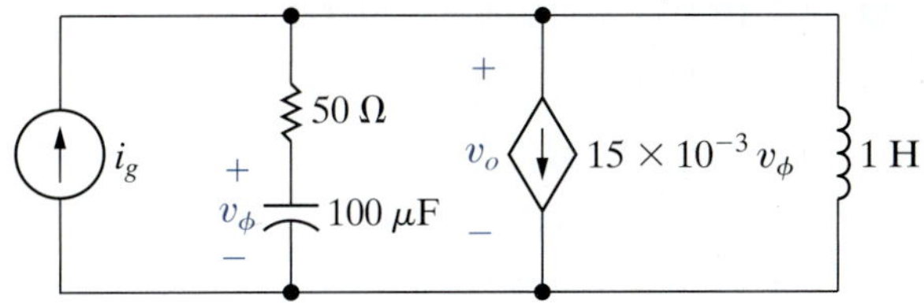

그림 P13.30

13.31 PSPICE MULTISIM P13.31의 회로에서 전류원이 인가될 때 저장된 에너지는 없었다.

a) I_a와 I_b를 구하라.

b) i_a와 i_b를 구하라.

c) V_a, V_b, V_c를 구하라.

d) v_a, v_b, v_c를 구하라.

e) 회로의 커패시터는 1000 V 이상의 전압에서 손상된다고 가정하자. 전류원이 인가되고 얼마 후에 커패시터가 하나라도 손상되는가?

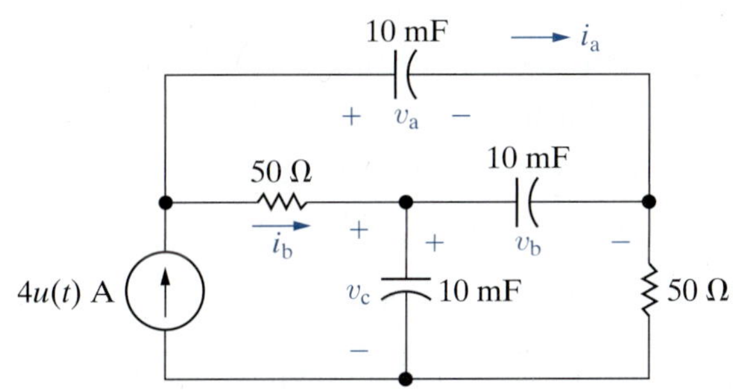

그림 P13.31

13.32 PSPICE MULTISIM 그림 P13.32의 회로에서 전류원이 인가될 때 저장된 에너지는 없었다.

a) I_a와 I_b를 구하라.

b) i_a와 i_b를 구하라.

c) V_a, V_b, V_c를 구하라.

d) v_a, v_b, v_c를 구하라.

e) 회로의 커패시터는 1000 V 이상의 전압에서 손상된다고 가정하자. 전류원이 인가되고 얼마 후에 커패시터가 하나라도 손상되는가?

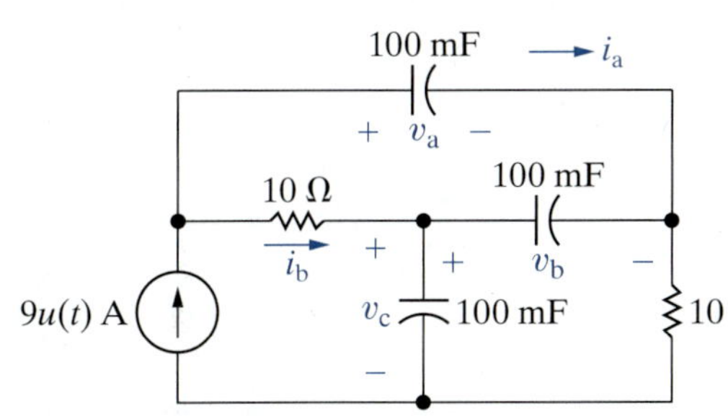

그림 P13.32

13.33 PSPICE MULTISIM 그림 P13.33의 회로에서 스위치가 오랫동안 a 위치에 있다가 $t = 0$일 때 순간적으로 b 위치로 이동했다.

a) $t > 0$일 때 s 영역 등가 회로를 구하라.

b) I_o와 i_o를 구하라.

c) V_o와 v_o를 구하라.

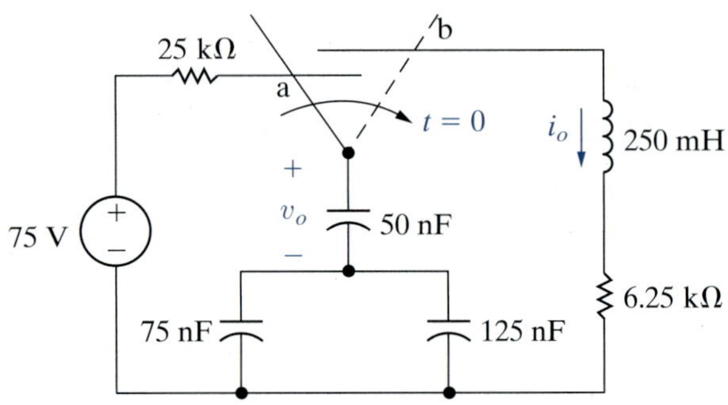

그림 P13.33

13.34 그림 P13.34에서 커패시터에 저장된 초기 전하는 없다.

a) 단자 a, b에서의 s 영역 테브냉 등가회로를 구하라.

b) 1 H 인덕터와 2 Ω 저항이 직렬 연결된 부하에 흐르는 전류의 s 영역 표현을 구하라.

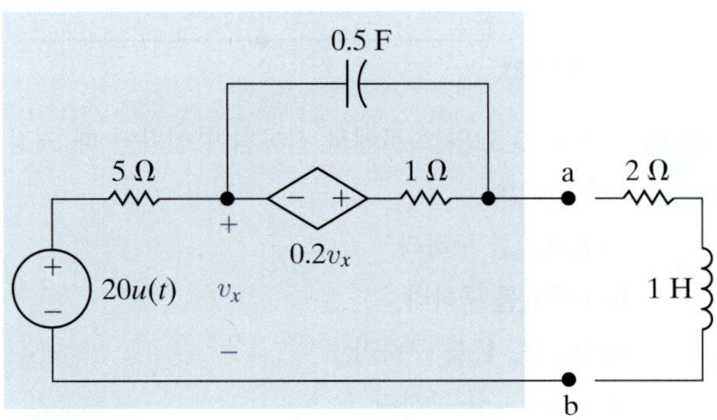

그림 P13.34

13.35 그림 P13.35의 회로에서 $t = 0$에서 스위치가 닫히는 순간에 저장된 에너지는 없었다. $t \geq 0$에서의 $v_o(t)$를 구하라.

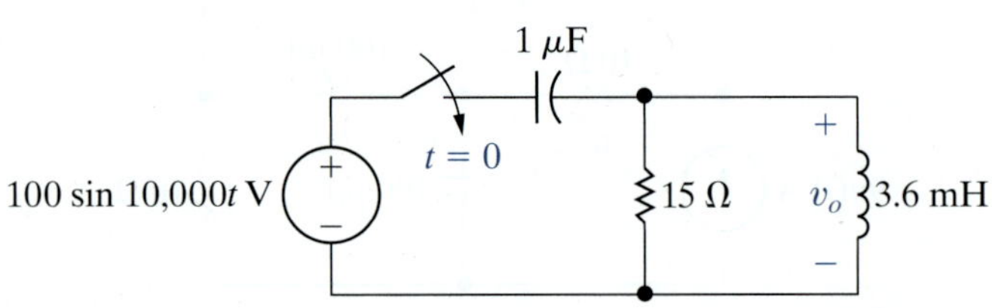

그림 P13.35

13.36 예제 13.6에서 구한 커패시터 전압을 사용하여 그림 13.20 회로의 커패시터 전류는 $0 < t < 200\ \mu s$일 때 양수이고, $t > 200\ \mu s$일 때 음수임을 보여라. 또한 $200\ \mu s$일 때 전류는 0이고, 이는 dv_C/dt가 0인 시점과 일치함을 보여라.

13.37 그림 P13.37 회로의 스위치가 오랫동안 열려 있었다. 정현파 전원의 전압이 $v_g = V_m \sin(\omega t + \phi)$이고, $t = 0$에서 스위치를 닫았다. 전원의 전압 식에서 위상각 ϕ는 스위치를 닫는 순간의 전압을 결정한다. 즉 $v_g(0) = V_m \sin \phi$이다.

a) 라플라스 변환 방법을 이용하여 $t > 0$일 때 i를 구하라.

b) (a)에서 유도한 식을 이용하여 스위치가 오랫동안 닫혀 있은 후의 전류 식을 써라.

c) (a)에서 유도한 식을 이용하여 i의 과도 요소의 식을 쓰라.

d) 페이저 방법을 이용하여 i의 정상 상태 식을 구하라. 구한 표현식이 (b)에서 얻은 것과 같음을 확인하라.

e) 스위치를 닫을 때 회로가 바로 정상 상태로 들어가게 되는 ϕ값을 구하라.

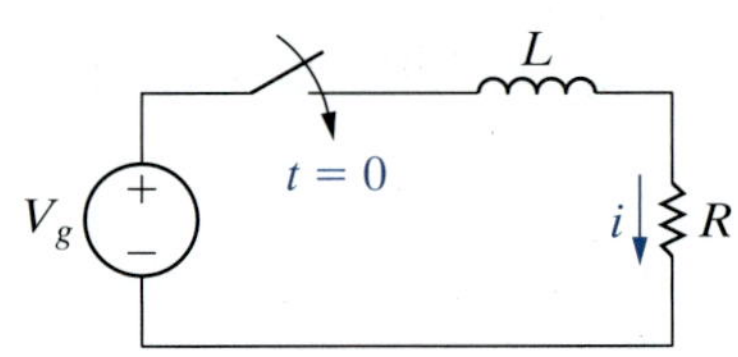

그림 P13.37

13.38 PSPICE MULTISIM 그림 P13.38 회로의 스위치가 $t = 0$에서 개방되기 전에 오랫동안 닫혀 있었다. 라플라스 변환을 이용하여 v_o를 구하라.

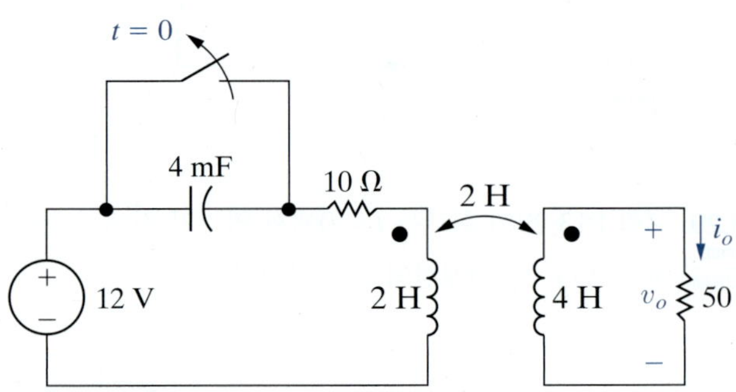

그림 P13.38

13.39 a) 그림 13.23에 대한 예제 13.7의 결과를 이용하여 i_2는 $t = 549.31$ ms 에서 최대값 481.13 mA 임을 보여라.

b) 그림 13.23의 회로에서 $t > 0$에서의 $i_1(t)$를 구하라.

c) i_2가 최대인 순간에서의 di_1/dt를 구하라.

d) i_2가 최대인 순간에서의 di_1/dt로 i_2를 표현하라.

e) (c)와 (d)의 결과를 이용해서 i_2의 최대값을 구하라.

13.40 PSPICE MULTISIM 스위치가 닫힐 때 그림 P13.40의 회로에 저장된 에너지는 없다.

a) I_1을 구하라.

b) 초깃값 및 최종값 정리를 사용하여 $i_1(0^+)$와 $i_1(\infty)$을 구하라.

c) i_1을 구하라.

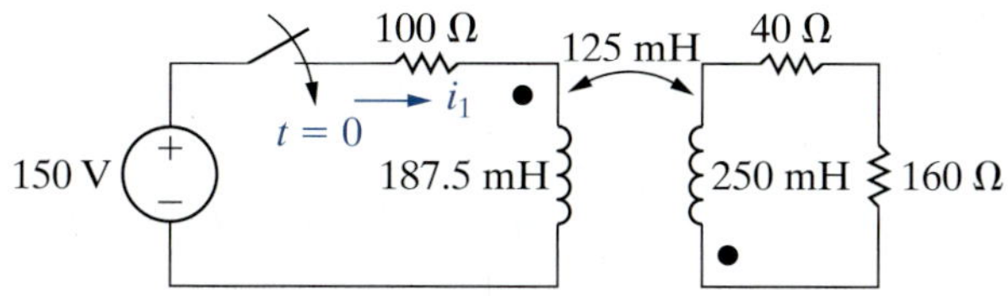

그림 P13.40

13.41 a) 그림 P13.40의 회로에서 160 Ω 저항에 흐르는 전류를 구하라. 전류의 기준은 저항의 위에서 아래방향으로 한다.

b) 250 mH 코일의 점이 반대에 있을 때 (a)를 반복하라.

13.42 PSPICE MULTISIM 그림 P13.42의 회로에 나타난 것과 같이 자기적으로 결합된 코일에 초기 전류 3과 2 A가 흐른다.

a) 회로의 초기 저장 에너지를 구하라.

b) I_1과 I_2를 구하라.

c) i_1과 i_2를 구하라.

d) 600과 1350 Ω의 저항에서 소비하는 총에너지를 구하라.

e) 720 mH 인덕터의 극성을 나타내는 점이 아래 단자에 있을 때 (a)~(d)를 반복하라.

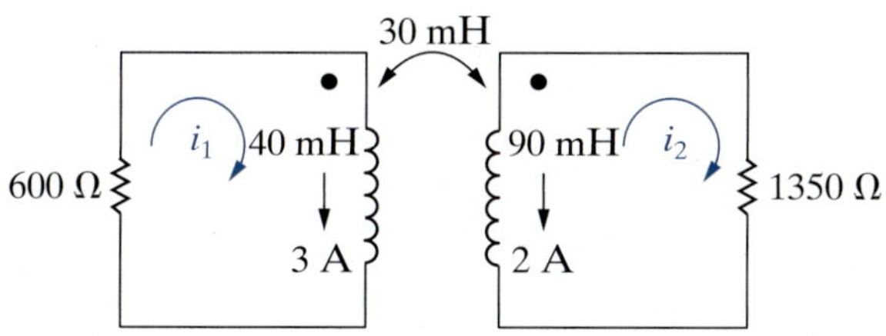

그림 P13.42

13.43 PSPICE MULTISIM 그림 P13.43 회로의 이동 스위치가 오랫동안 a 위치에 있었다. $t = 0$에서 스위치가 순간적으로 b로 옮겨진다. $t \geq 0$일 때 i_o를 구하라.

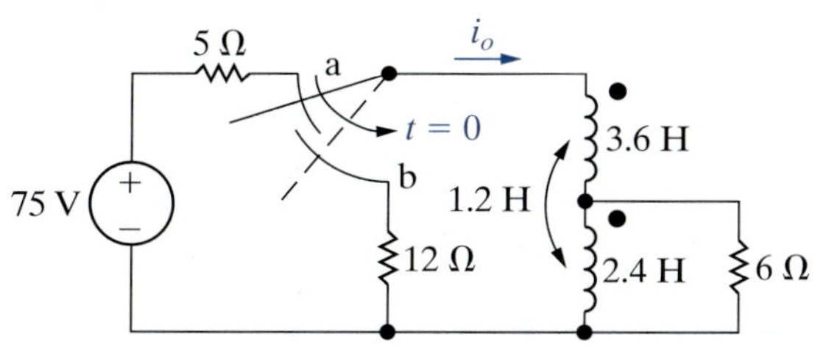

그림 P13.43

13.44 PSPICE MULTISIM 그림 P13.44의 회로에서 두 전원이 활성화될 때 저장된 에너지는 없다.

a) 중첩 정리를 사용하여 V_o를 구하라.

b) $t > 0$일 때 v_o를 구하라.

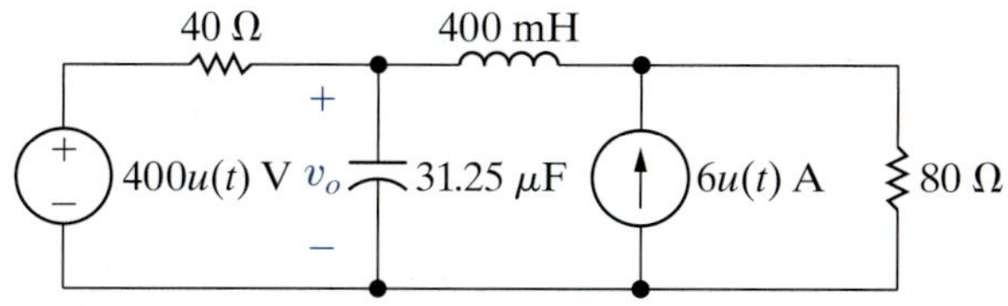

그림 P13.44

13.45 PSPICE MULTISIM 그림 P13.45의 회로에서 이상적인 연산 증폭기가 선형 영역에서 동작하고 $v_g = 16u(t)$ mV일 때 $v_o(t)$를 구하라.

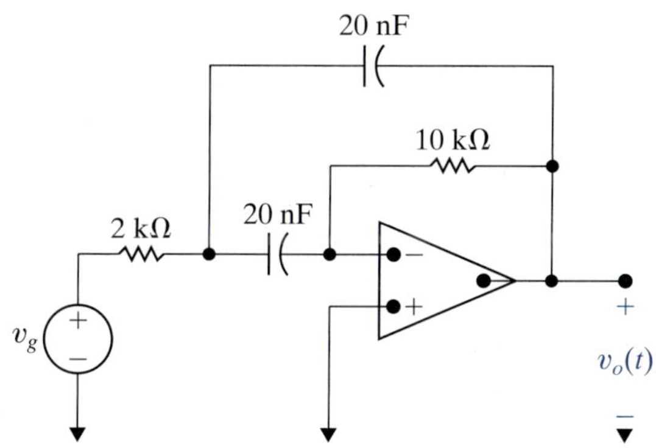

그림 P13.45

13.46 PSPICE MULTISIM 그림 P13.46의 회로에서 연산 증폭기 이상적이다. 회로가 활성화될 때 저장된 에너지는 없다. (a) V_o, (b) v_o, (c) 연산 증폭기가 포화되는 데 걸리는 시간을 구하라.

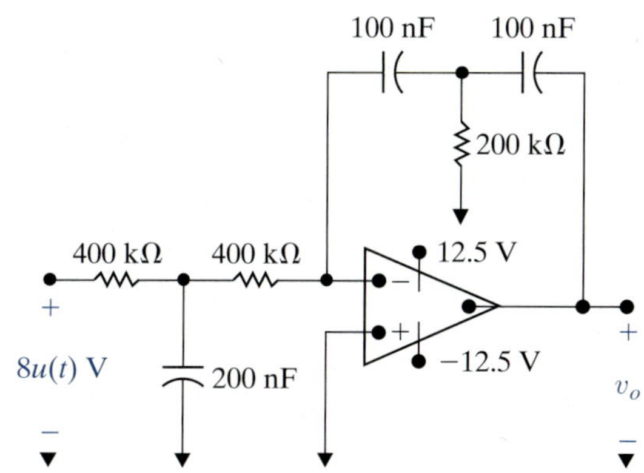

그림 P13.46

13.47 PSPICE MULTISIM 그림 P13.47의 회로에서 연산 증폭기는 이상적이다. 회로가 활성화될 때 저장된 에너지는 없다. $v_g = 5000tu(t)$ V일 때 (a) V_o, (b) v_o, (c) 연산 증폭기가 포화되는 데 걸리는 시간, (d) 포화를 방지하기 위한 v_g의 증가율을 구하라.

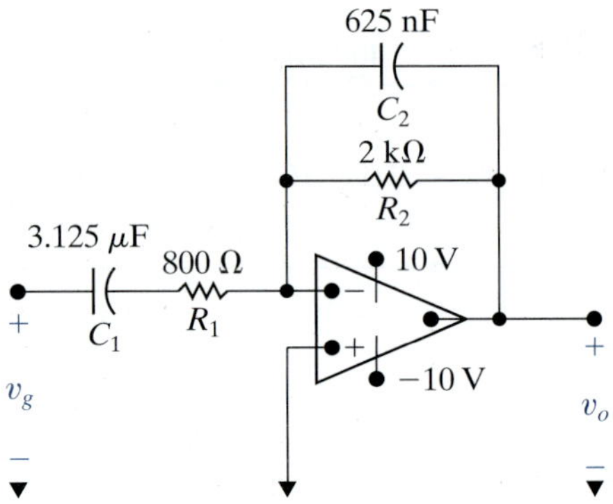

그림 P13.47

13.48 PSPICE MULTISIM 그림 P13.48의 회로에서 연산 증폭기는 이상적이다. 회로가 활성화될 때 커패시터에 저장된 에너지는 없다.

a) $v_{g1} = 20u(t)$ V, $v_{g2} = 16u(t)$ V일 때 v_o를 구하라.

b) 두 전압원이 켜진 후 몇 밀리초가 지나면 연산 증폭기가 포화되는가?

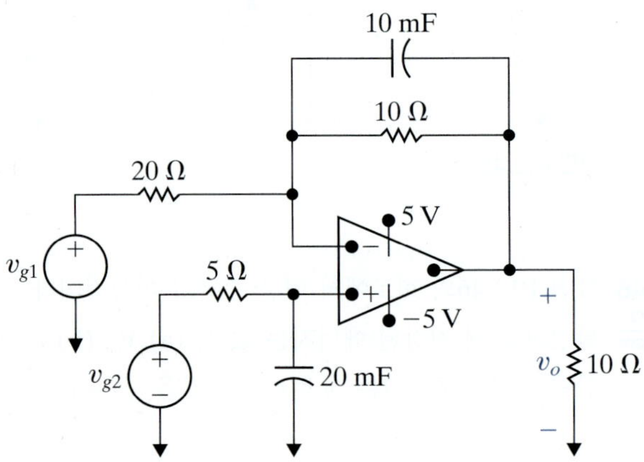

그림 P13.48

13.4와 13.5절

13.49 PSPICE MULTISIM a) 그림 P13.49(a) 회로의 전달 함수 $H(s) = V_o/V_i$를 구하라.

b) 그림 P13.49(b) 회로의 전달 함수 $H(s) = V_o/V_i$를 구하라.

c) 전달 함수 $H(s) = V_o/V_i = 1000/(s + 1000)$인 두 종류 회로를 만들라. 단, 부록 H에 있는 소자와 그림 P13.49(a), (b)의 회로를 이용한다.

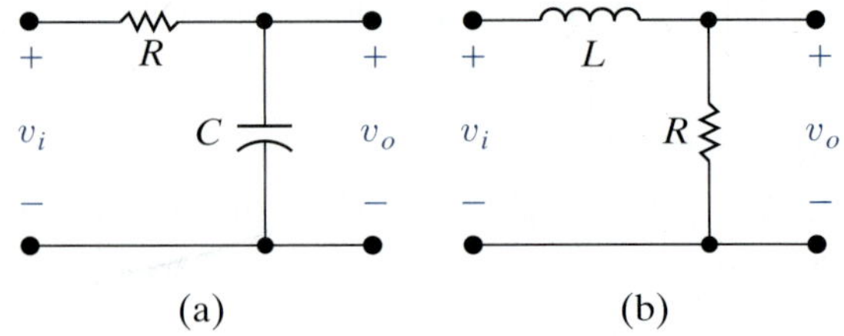

그림 P13.49

13.50 a) 그림 P13.50(a) 회로의 전달 함수 $H(s) = V_o/V_i$를 구하라.

b) 그림 P13.50(b) 회로의 전달 함수 $H(s) = V_o/V_i$를 구하라.

c) 전달 함수 $H(s) = V_o/V_i = s/(s + 10{,}000)$인 두 종류 회로를 만들라. 단, 부록 H에 있는 소자와 그림 P13.46(a), (b)의 회로를 이용한다.

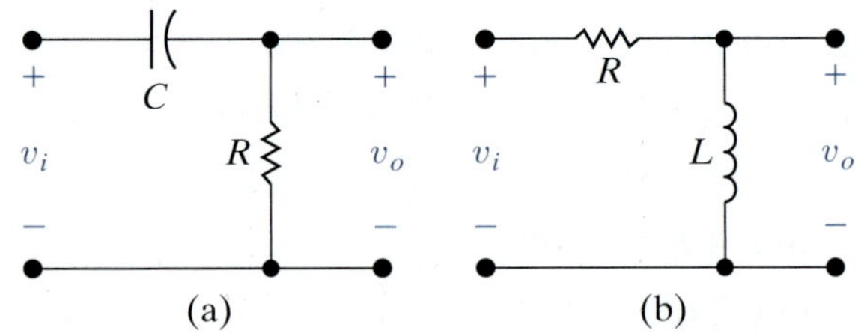

그림 P13.50

13.51 a) 그림 P13.51 회로의 전달 함수 $H(s) = V_o/V_i$를 구하라. 전달 함수의 극점과 영점을 구하라.

b) 그림 P13.51 회로의 전달 함수의 극점이 서로 다른 실수가 되도록 부록 H에 있는 소자 중에서 소자 값을 정하라. 극점을 계산하라.

c) 그림 P13.51 회로의 전달 함수의 두 극점이 같아지도록 부록 H에 있는 소자 중에서 소자 값을 정하라. 극점을 계산하라.

d) 그림 P13.51 회로의 전달 함수의 두 극점이 켤레복소수가 되도록 부록 H에 있는 소자 중에서 소자 값을 정하라. 극점을 계산하라.

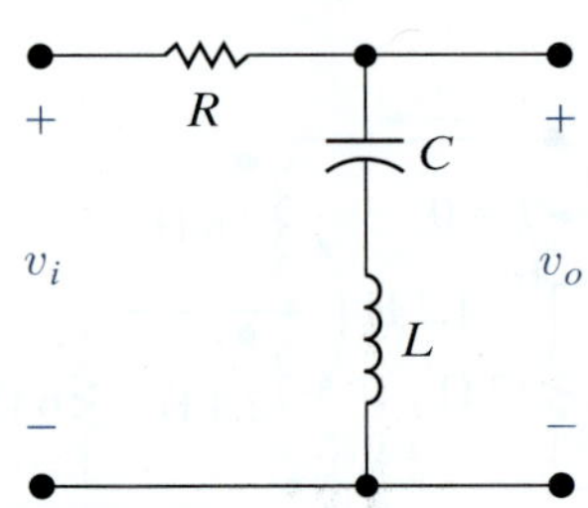

그림 P13.51

13.52 그림 P13.52의 회로를 대상으로 연습문제 13.51을 반복하라. (b)~(d)에서 $L = 10\text{ mH}$, $C = 1\ \mu\text{F}$으로 하고 부록 H의 저항을 한두 개 이용하라.

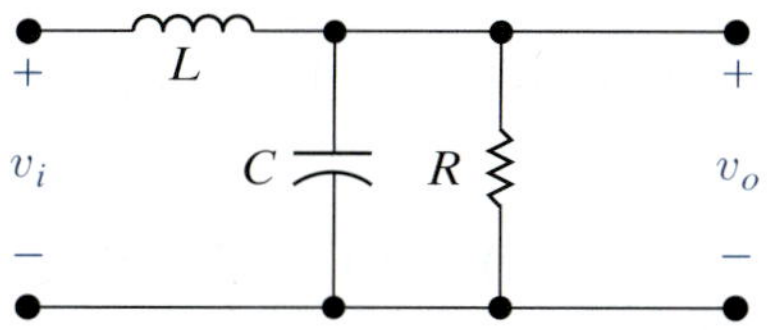

그림 P13.52

13.53 그림 P13.53 회로의 전달 함수(V_o/V_i)의 수식을 구하고, 각 전달 함수의 극점과 영점 값을 계산하라.
PSPICE MULTISIM

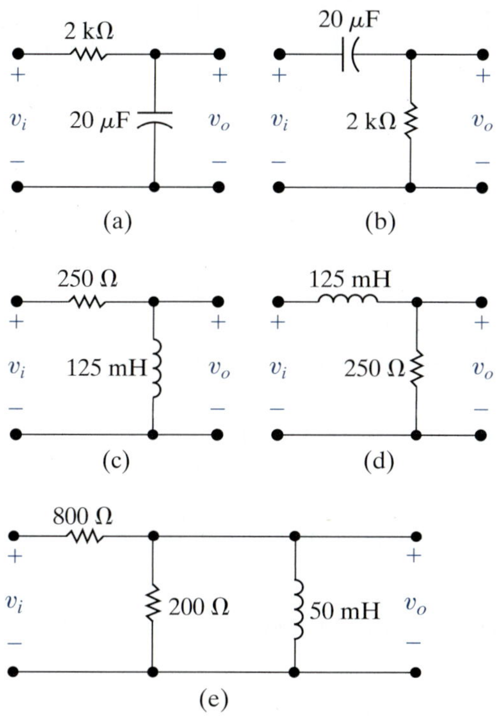

그림 P13.53

13.54 a) 그림 P13.54 회로의 전달 함수 $H(s) = V_o/V_i$의 수식을 구하라.

b) $H(s)$의 극점과 영점을 구하라.

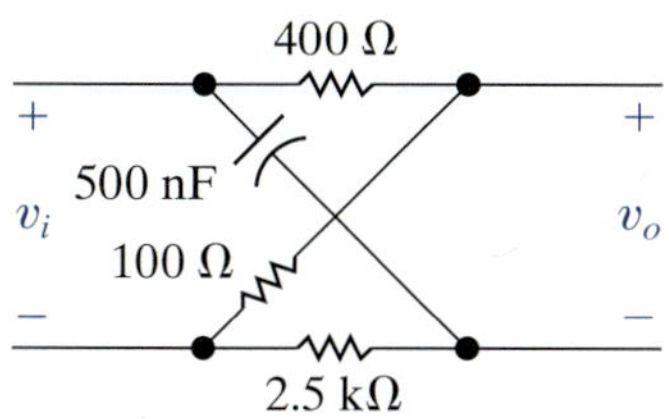

그림 P13.54

13.55 그림 P13.55의 연산 증폭기는 이상적이다.

a) 전달 함수 $H(s) = V_o/V_g$의 표현식을 구하라.

b) $H(s)$의 극점과 영점을 구하라.

c) 전달 함수를 이용해서 그림 P13.55의 단위 임펄스 응답과 단위 계단 응답을 구하라.

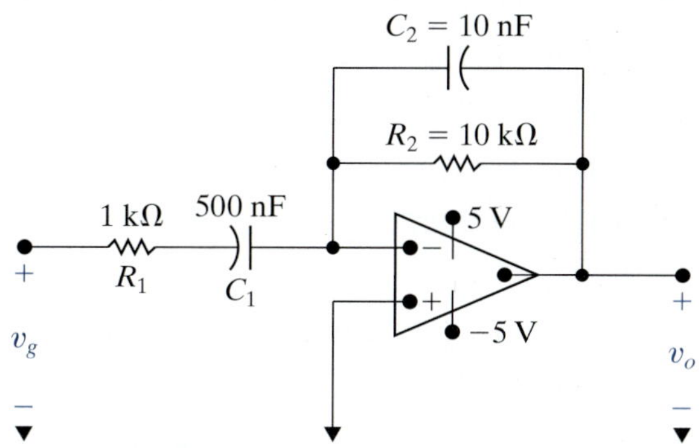

그림 P13.55

13.56 그림 P13.56의 연산 증폭기는 이상적이다.

a) 그림 P13.56 회로의 전달 함수 $H(s) = V_o/V_g$의 표현식을 구하라.

b) $H(s)$의 극점과 영점을 구하라.

c) 전달 함수를 이용해서 그림 P13.56의 단위 임펄스 응답을 구하라.

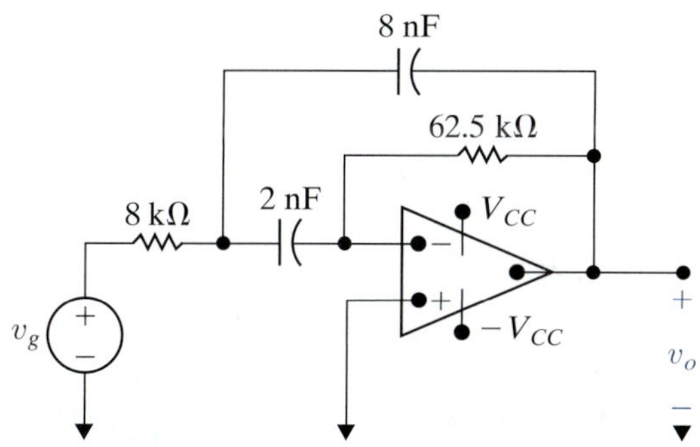

그림 P13.56

13.57 그림 P13.57의 회로에서 스위치가 오랫동안 a 위치에 있다가 $t = 0$일 때 순간적으로 b 위치로 이동했다.

a) $t > 0$일 때 s 영역 등가 회로를 구하라.

b) $V_o(s)$를 구하라.

c) $t \geq 0$에서의 $v_o(t)$를 구하라.

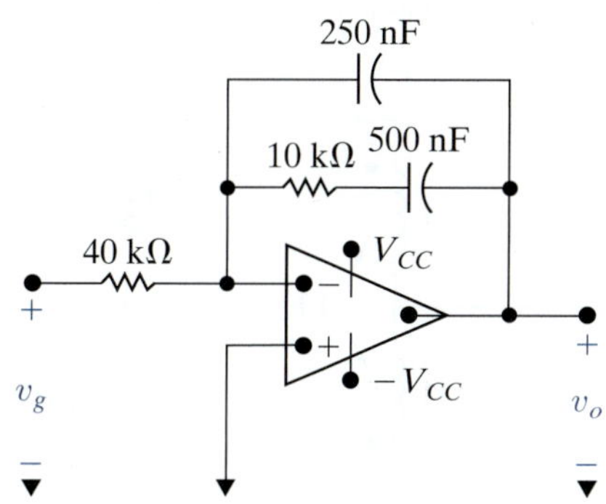

그림 P13.57

13.58 PSPICE MULTISIM 그림 P13.58의 회로에서 스위치가 개방될 때 회로에 저장된 에너지는 없다. 정현파 전류원은 25 cos(200 t) mA 신호를 발생시킨다. 응답 신호는 전류 i_o이다.

a) 전달 함수 I_o/I_g를 구하라.

b) $I_o(s)$를 구하라.

c) $i_o(t)$를 구하지 말고 $i_o(t)$의 과도 요소의 성질을 기술하라.

d) $i_o(t)$를 구하지 말고 $i_o(t)$의 정상 상태 요소의 성질을 기술하라.

e) $i_o(t)$를 구하여 (c)와 (d)의 결과를 증명하라.

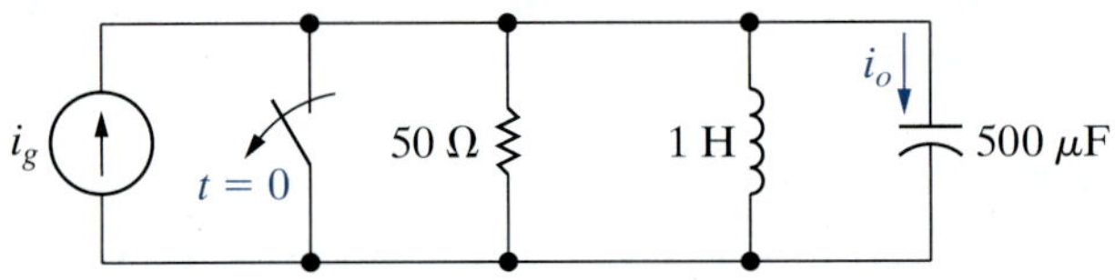

그림 P13.58

13.59 PSPICE MULTISIM a) 그림 P13.59 회로의 전달 함수 I_o/I_g를 μ의 함수로 구하라.

b) 유한한 입력 신호에 대해 유한한 출력 신호를 생성하는 μ의 최댓값을 구하라.

c) $i_g = 5u(t)$ A일 때 $\mu = -3, 0, 4, 5, 6$에 대해 i_o를 각각 구하라.

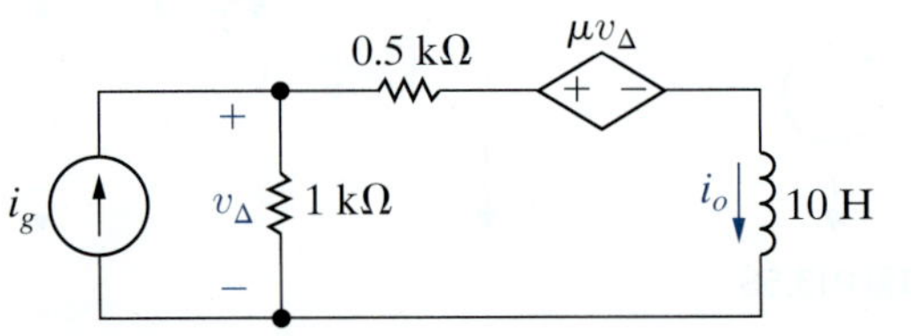

그림 P13.59

13.6절

13.60 그림 P13.60의 회로에서 i_o는 출력 신호이고 v_g는 입력 신호이다. 전달 함수의 극점과 영점을 구하라. 단, 선형 변압기와 커패시터의 초기 에너지는 없다고 가정한다.

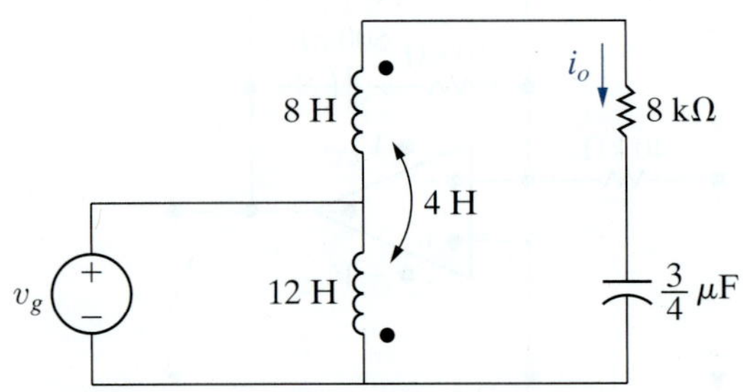

그림 P13.60

13.61 a) $h(t)$와 $x(t)$가 그림 P13.61(a)의 사각 펄스일 때 $y(t) = x(t) * h(t)$를 구하라.

b) $h(t)$를 그림 P13.61(b)의 사각 펄스로 바꾸어 (a)를 반복하라.

c) $h(t)$를 그림 P13.61(c)의 사각 펄스로 바꾸어 (a)를 반복하라.

d) 하나의 그래프에 (a)~(c)의 $y(t)$ 대 t를 그려라.

e) (d)의 그래프가 타당한가? 설명하라.

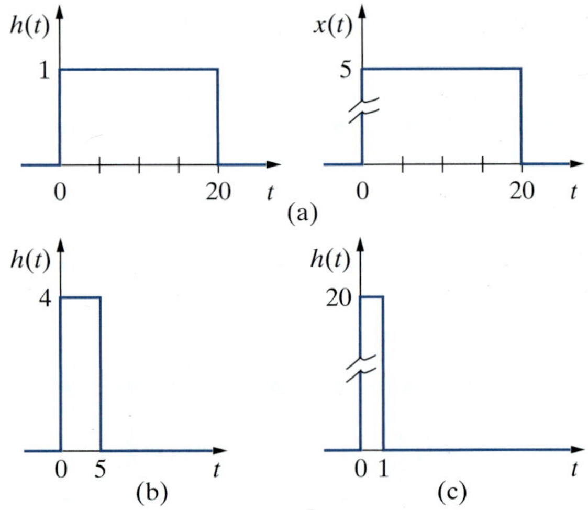

그림 P13.61

13.62 a) $h(t)$와 $x(t)$가 그림 P13.62(a)의 사각 펄스일 때 $x(t) * h(t)$를 구하라.

b) $x(t)$를 그림 P13.62(b)의 사각 펄스로 바꾸어 (a)를 반복하라.

c) $h(t)$를 그림 P13.62(c)의 사각 펄스로 바꾸어 (a)를 반복하라.

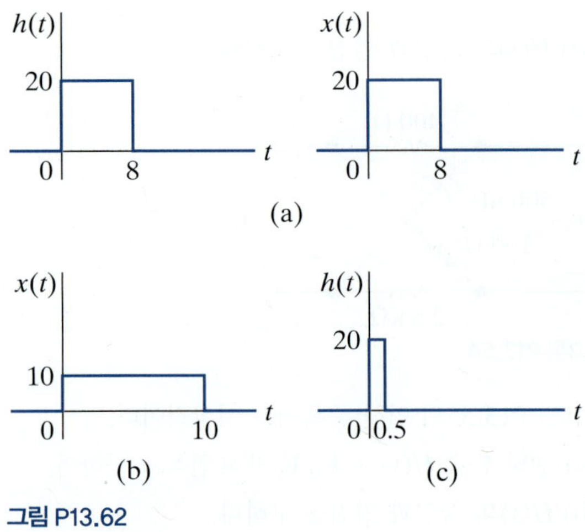

그림 P13.62

13.63 그림 P13.63(a)에 회로의 전압 임펄스 응답을 나타내었다. 회로의 입력 신호는 그림 P13.63(b)의 구형파 전압 펄스이다.

a) 출력 전압 방정식을 유도하라. 각 방정식이 유효한 시간 범위를 구별하라.

b) $-1 \le t \le 27$ s 동안의 v_o를 그려라.

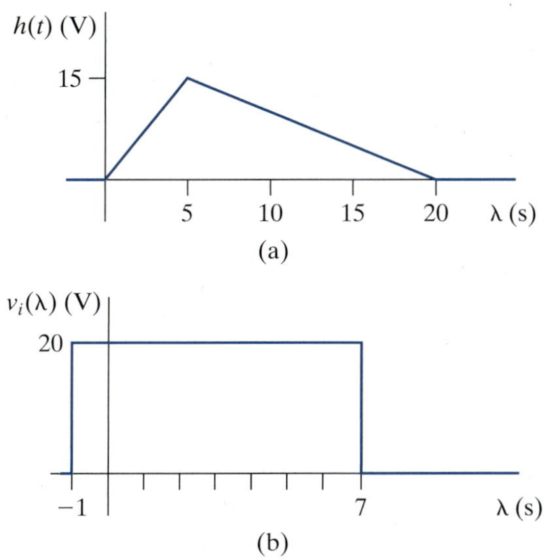

그림 P13.63

13.64 그림 P13.64의 회로에 구형파 전압 펄스 $v_i[u(t) - u(t-1)]$ V가 인가한다. 컨벌루션 적분을 사용하여 v_o를 구하라.

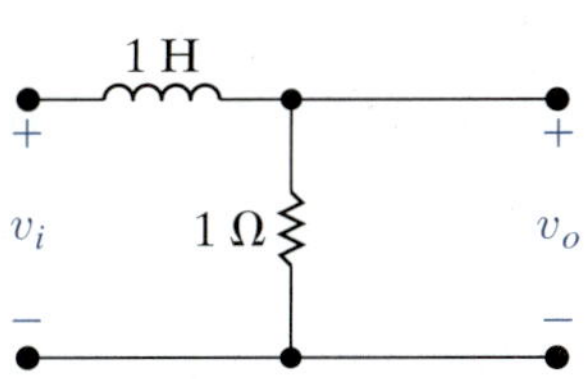

그림 P13.64

13.65 연습문제 13.64의 인덕터와 저항 위치를 서로 바꾼 상태에서 컨벌루션 적분을 사용하여 v_o를 구하라.

13.66 회로의 전압 임펄스 응답이 그림 P13.66의 삼각파형으로 모델링될 수 있다고 가정하자. 전압 입력 신호는 계단 함수 $4u(t)$ V이다.

a) 컨벌루션 적분을 이용하여 출력 전압 표현식을 유도하라.

b) 0~25초 구간의 출력 전압을 그려라.

c) 전압 임펄스 응답의 면적은 같고 폭이 5초로 줄어들 때 (a)와 (b)를 반복하라.

d) (b)와 (c) 중에서 어느 출력 파형이 입력 파형과 더 유사한가? 설명하라.

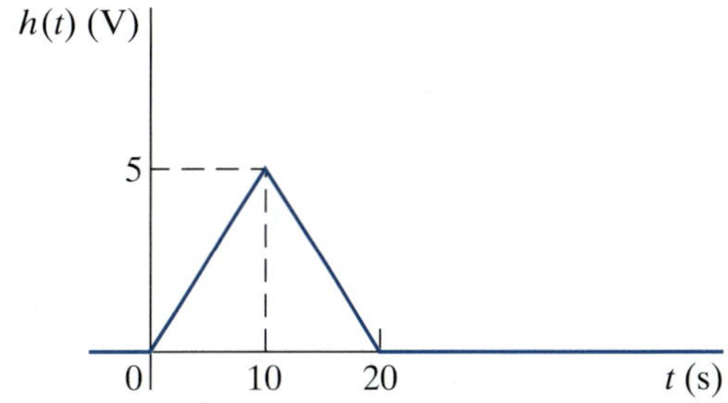

그림 P13.66

13.67 a) 입력 전압이 그림 P13.67의 사각 펄스와 같을 때 컨벌루션 적분을 이용하여 그림 P13.53(a) 회로의 출력 전압을 구하라.

b) $0 \le t \le 10$ ms 구간에서 $v_o(t)$ 대 t 그래프를 그려라.

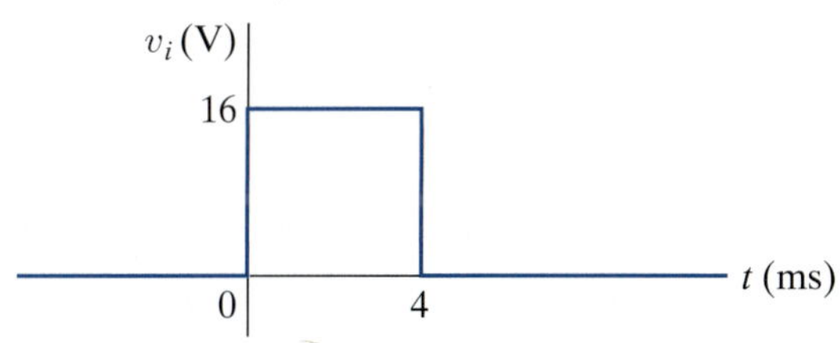

그림 P13.67

13.68 a) 그림 P13.53(a) 회로의 저항이 10 kΩ으로 줄어들었을 때 연습문제 13.67을 반복하라.

b) 저항을 줄이는 것이 회로의 메모리를 증가시키는가 아니면 감소시키는가?

c) 어느 회로가 입력 전압에 가까운 복제 파형을 전달하는가?

13.69 a) 회로의 전압 임펄스 응답이 다음과 같다고 하자.

$$h(t) = \begin{cases} 0, & t < 0; \\ 20e^{-2t}, & t \ge 0. \end{cases}$$

입력 신호가 $20u(t)$ V일 때 컨벌루션 적분을 이용하여 출력 전압을 구하라.

b) 전압 임펄스 응답이 다음과 같을 때 (a)를 반복하라.

$$h(t) = \begin{cases} 0, & t < 0; \\ 20(1-t), & 0 \le t \le 1\text{ s}; \\ 0, & t \ge 1\text{ s}. \end{cases}$$

c) $0 \le t \le 2$ s 동안 (a)와 (b)의 출력 전압을 그려라.

13.70 그림 P13.70의 회로에서 $v_i = 75u(t)$ V일 때 컨벌루션 적분을 사용하여 v_o값을 구하라.

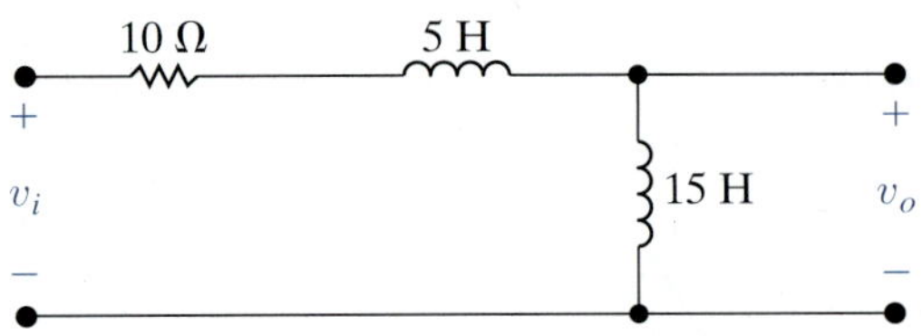

그림 P13.70

13.71 그림 P13.71 회로의 입력 전압이 다음과 같다.

$$v_i = 10[u(t) - u(t - 0.1)]\ 20u(t)\ \text{V}$$

a) 컨벌루션 적분을 사용하여 v_o를 구하라.

b) $0 \le t \le 1$ s 동안의 v_o를 그려라.

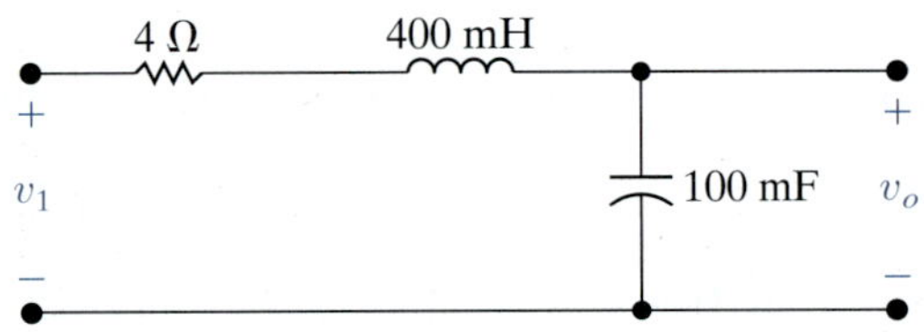

그림 P13.71

13.72 a) i_g가 그림 P13.72(b)의 펄스일 때 컨벌루션 적분을 이용하여 그림 P13.72(a) 회로의 i_o를 구하라.

b) 컨벌루션 적분을 이용하여 v_o를 구하라.

c) 1^- ms, 1^+ ms, 4^- ms, 4^+ ms일 때의 v_o와 i_o를 계산함으로써 구한 v_o와 i_o의 해가 타당함을 보여라.

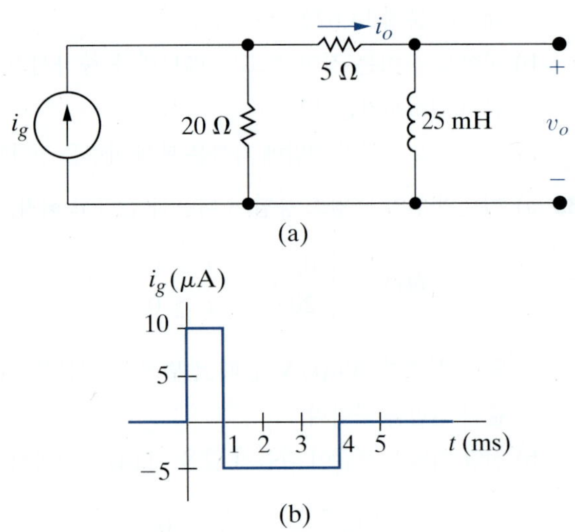

그림 P13.72

13.73 a) v_g가 입력 신호이고 i_o가 출력 신호일 때 그림 P13.73(a) 회로의 임펄스 응답을 구하라.

b) v_g가 그림 P13.73(b)의 파형을 가질 때 컨벌루션 적분을 이용하여 i_o를 구하라.

c) i_o는 v_g와 같은 파형을 갖는가? 그 이유는 무엇인가?

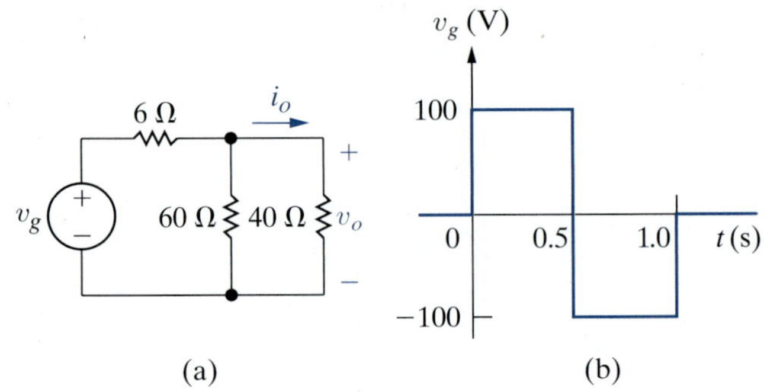

그림 P13.73

13.74 a) v_g가 입력 신호이고 v_o가 출력 신호일 때 그림 P13.74 회로의 임펄스 응답을 구하라.

b) 전압원이 그림 P13.73(b)의 파형을 가질 때 컨벌루션 적분을 이용하여 v_o를 구하라.

c) $0 \le t \le 1.5$ s 동안의 v_o를 그려라.

d) v_o는 v_g와 같은 파형을 갖는가? 그 이유는 무엇인가?

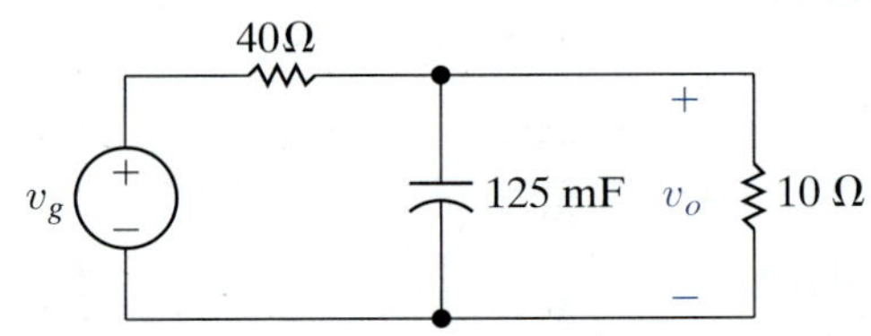

그림 P13.74

13.75 a) $y(t) = h(t) * x(t)$이면 $Y(s) = H(s)X(s)$임을 증명하라.

b) (a)의 결과를 이용하여 $F(s)$가 다음과 같을 때 $f(t)$를 구하라.

$$F(s) = \frac{a}{s(s+a)^2}.$$

13.76 그림 P13.76(a)의 정현파 펄스 전압이 그림 P13.76(b)의 회로에 인가되었다. 컨벌루션 적분을 이용하여 $t = 2.2s$에서의 전압 v_o를 구하라.

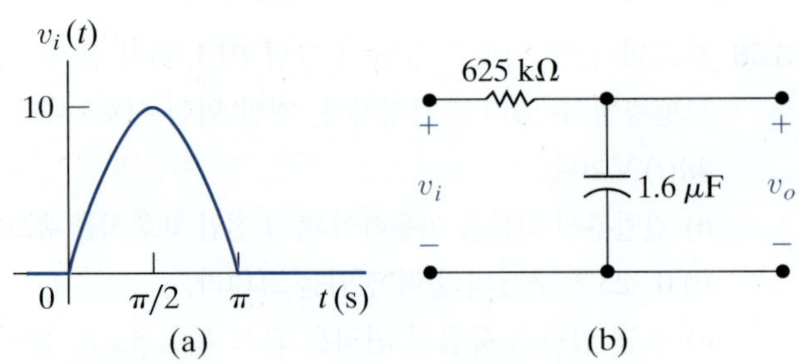

그림 P13.76

13.77 그림 P13.77(a)의 정현파 전압 펄스가 그림 P13.77(b)의 회로에 인가되었다. 컨벌루션 적분을 사용하여 $t = 75$ ms 에서의 v_o값을 구하라.

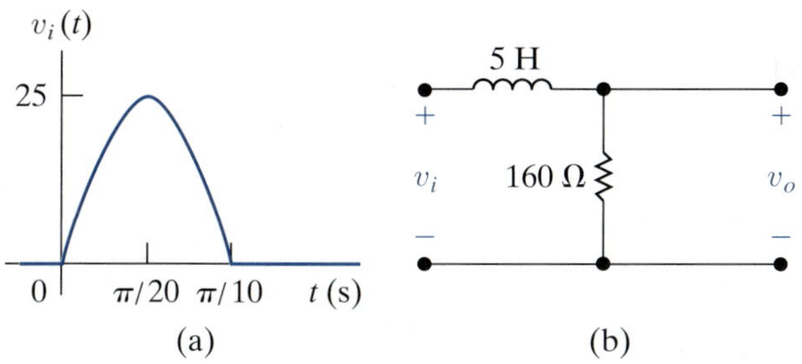

그림 P13.77

13.7절

13.78 회로에 $240u(t)$ V의 입력 전압이 인가될 때 그 응답은 다음과 같았다.

$$v_o = (75 - 100e^{-800t} + 25e^{-3200t})u(t)\text{ V}.$$

$v_g = 40 \cos 1600t$ V일 때 정상 상태 응답은 무엇인가?

13.79 선형 시불변 회로의 전달 함수가 다음과 같다.

$$H(s) = \frac{V_o}{V_g} = \frac{25(s + 8)}{s^2 + 60s + 150}.$$

$v_g = 10 \cos 20t$ V일 때 v_o의 정상 상태 표현식은 무엇인가?

13.80 선형 시불변 회로의 전달 함수가 다음과 같다.

$$H(s) = \frac{I_o}{I_g} = \frac{25(s + 8)}{s^2 + 60s + 150}.$$

$i_g = 10 \cos 20t$ A일 때 i_o의 정상 상태 표현식은 무엇인가?

13.81 PSPICE MULTISIM 그림 P13.81의 회로에서 연산 증폭기는 이상적이고 선형 구간에서 동작한다.

a) 전달 함수 V_o/V_g를 계산하라.

b) $v_g = \cos 3000t$ V일 때 v_o의 정상 상태 표현식은 무엇인가?

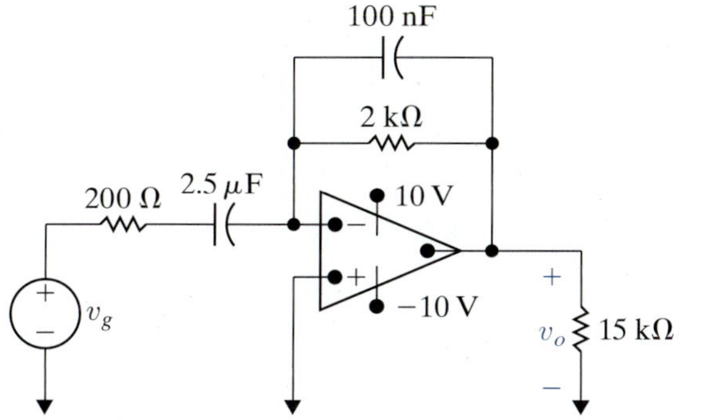

그림 P13.81

13.82 a) 그림 P13.82의 회로에서 $v_g = 10 \cos 50{,}000t$ V일 때 v_o의 정상 상태 식을 구하라.

b) 50 kΩ 저항을 가변 저항으로 교체하였을 때 v_o가 v_g보다 120° 앞서게 되는 저항값을 구하라.

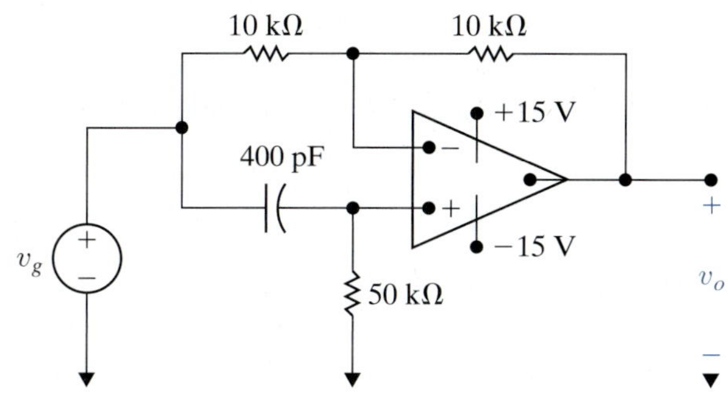

그림 P13.82

13.8절

13.83 그림 P13.83 회로의 인덕터 L_1은 스위치가 개방되는 순간에 ρ A의 초기 전류를 갖는다. (a) $v(t)$, (b) $i_1(t)$, (c) $i_2(t)$, (d) $\lambda(t)$를 구하라. 여기서 $\lambda(t)$는 회로의 총 쇄교자속이다.

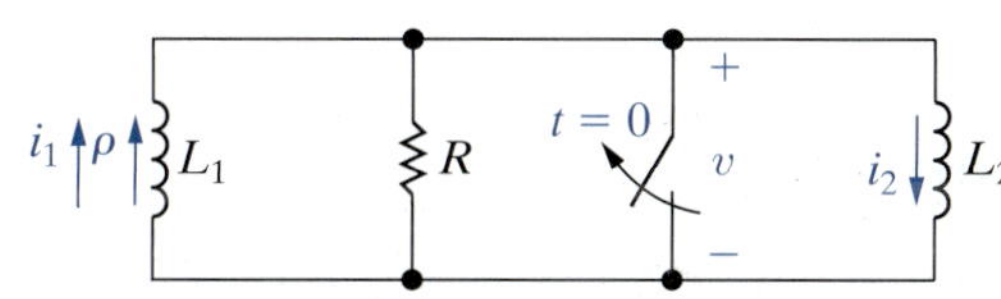

그림 P13.83

13.84 a) 그림 P13.83의 회로에서 $R \to \infty$일 때 연습문제 13.83의 해를 이용하여 $v(t)$, $i_1(t)$, $i_2(t)$를 구하라.

b) 그림 P13.83의 회로에서 $R = \infty$일 때 라플라스 변환을 이용하여 $v(t)$, $i_1(t)$, $i_2(t)$를 구하라.

13.85 그림 13.47의 회로에서($R = 0$일 때) C_1에서 C_2로 V_0C_e 쿨롱이 전달된 후 각 커패시터의 전압은 $C_1V_0/(C_1 + C_2)$임을 증명하라. (힌트: 전하 보존의 원리를 이용하라.)

13.86 임펄스 전압이 인가될 때 그림 P13.86 회로에 저장된 에너지는 없다.

a) $t \geq 0$일 때 $v_o(t)$를 구하라.

b) 회로의 특성에 비추어 볼 때 구한 해가 타당한가? 설명하라.

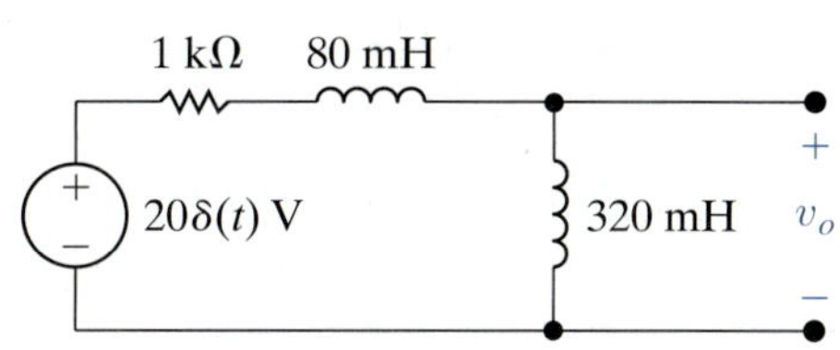

그림 P13.86

13.87 예제 13.9 회로의 전압원이 단위 임펄스, 즉 $v_g = \delta(t)$로 바뀌었다.

a) 임펄스 전압원은 커패시터에 얼마나 많은 에너지를 저장하는가?

b) 인덕터에는 얼마나 많은 에너지를 저장하는가?

c) 전달 함수를 이용하여 $v_o(t)$를 구하라.

d) 그림 P13.87처럼 커패시터를 1000 V로 충전하고 이를 회로에 방전함으로써 발생하는 응답이 (c)의 응답과 동일함을 보여라.

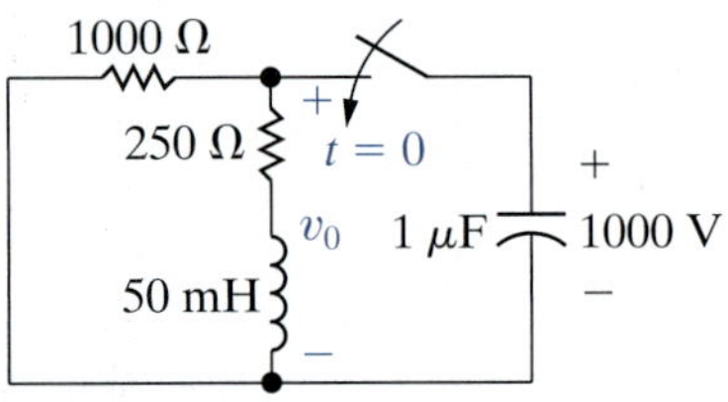

그림 P13.87

13.88 임펄스 전류가 인가될 때 그림 P13.88 회로에 저장된 에너지는 없다.

a) $t \geq 0^+$일 때 v_o를 구하라.

b) 회로의 특성에 비추어 볼 때 구한 해는 타당한가? 설명하라.

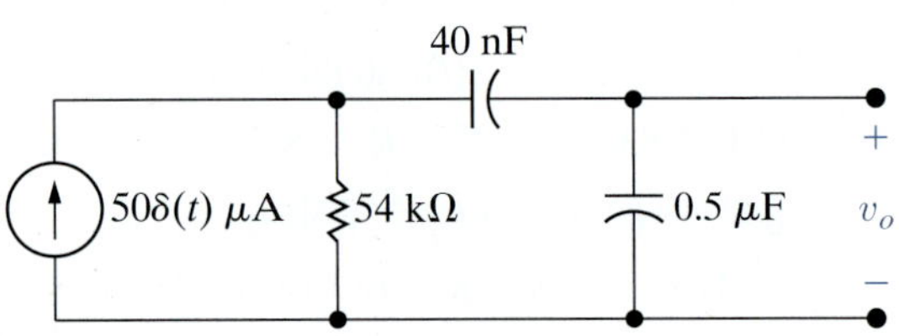

그림 P13.88

13.89 그림 P13.89 회로의 스위치가 오랫동안 닫혀 있었다. 스위치는 $t = 0$일 때 열린다. (a) $i_1(0^-)$, (b) $i_1(0^+)$, (c) $i_2(0^-)$, (d) $i_2(0^+)$, (e) $i_1(t)$, (f) $i_2(t)$, (g) $v(t)$를 계산하라.

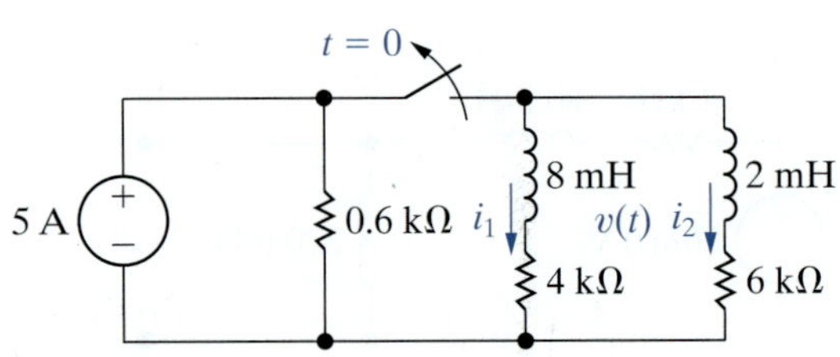

그림 P13.89

13.90 임펄스 전압이 인가될 때 그림 P13.90의 회로에 저장된 에너지는 없다.

a) $t \geq 0^+$일 때 i_1을 구하라.

b) $t \geq 0^+$일 때 i_2를 구하라.

c) $t \geq 0^+$일 때 v_o를 구하라.

d) 회로의 특성에 비추어 볼 때 i_1, i_2, v_o의 해는 타당한가? 설명하라.

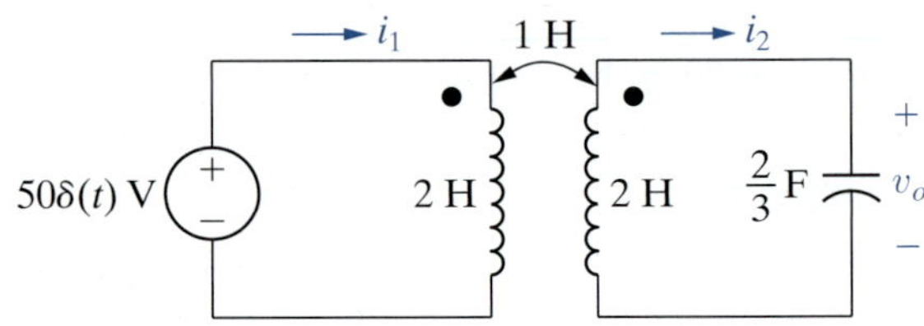

그림 P13.90

13.91 그림 P13.91 회로에서 R_2와 C_2의 병렬 연결은 음극선 오실로스코프(CRO)의 입력 회로를 나타낸다. R_1과 C_1의 병렬 연결은 CRO를 전원에 연결하기 위한 진상 보상 회로 모델이다. 10 V 전원이 진상 보상 회로를 통하여 CRO에 연결될 때 C_1과 C_2에 저장된 에너지는 없다. 소자 값은 $C_1 = 5$ pF, $C_2 = 20$ pF, $R_1 = 1$ MΩ, $R_2 = 4$ MΩ이다.

a) v_o를 구하라.

b) i_o를 구하라.

c) C_1이 80 pF으로 바뀌었을 때 (a)와 (b)를 반복하라.

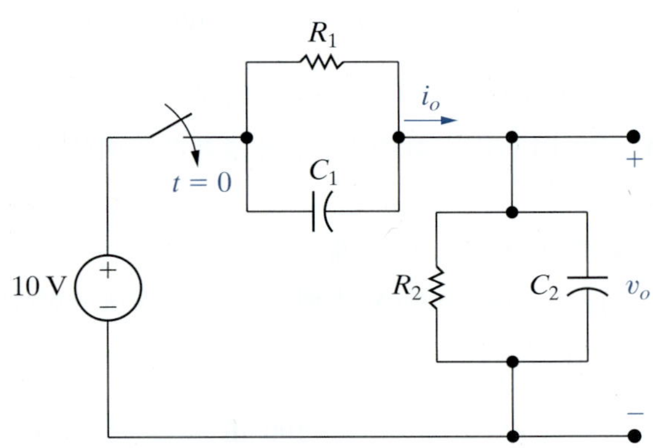

그림 P13.91

13.92 그림 P13.91의 회로에서 $R_1C_1 = R_2C_2$이면 v_o는 전원 전압의 비례 복제파형이 됨을 증명하라.

13.93 그림 P13.93 회로의 스위치가 오랫동안 a 위치에 있었다. 스위치는 $t = 0$일 때 b로 이동한다. (a) $v_1(0^-)$, (b) $v_2(0^-)$, (c) $v_3(0^-)$, (d) $i(t)$, (e) $v_1(0^+)$, (f) $v_2(0^+)$, (g) $v_3(0^+)$를 계산하라.

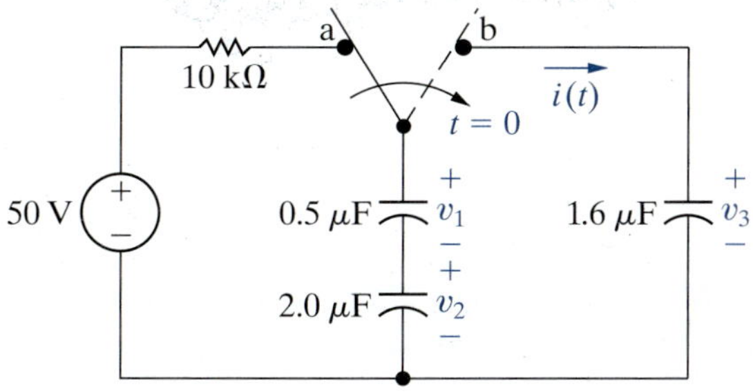

그림 P13.93

13.1~13.8절

13.94 PRACTICAL PERSPECTIVE 그림 13.59의 60 Hz 회로에서 선로-대지 간 전압 V_o가 $120\,\underline{/0^\circ}$ V(rms)라고 가정하자. 부하 R_a는 720 W를 흡수하고, 부하 R_b는 450 W를 흡수하며, 유도성 부하는 360 VAR을 흡수한다. 전력선의 유도성 리액턴스는 2 Ω이다. 스위치가 개방된 후 V_g는 변하지 않는다고 가정한다.

a) $i_2(t)$와 $i_0(t)$의 초깃값을 계산하라.

b) 그림 13.60의 s 영역 회로를 이용하여 $\mathbf{V}_o$, $v_o(t)$, $v_o(0^+)$를 구하라.

c) 페이저 영역 해석을 이용하여 v_o의 정상 상태 성분을 확인하라.

d) 적절한 컴퓨터 프로그램을 이용하여 $0 \le t \le 20$ ms 동안의 v_o 대 t 그래프를 그려라.

13.95 PRACTICAL PERSPECTIVE 연습문제 13.94의 회로에서 스위치가 개방되는 순간에 정현파 정상 상태 전압 v_o가 양의 값으로 향하는 0이었다고 하자. 즉 $v_o = 120\sqrt{2}\sin 120\pi t$ V이다.

a) $t \ge 0$일 때 $v_o(t)$를 구하라.

b) 적절한 컴퓨터 프로그램을 이용하여 $0 \le t \le 20$ ms일 때 $v_o(t)$ 대 t 그래프를 그려라.

c) (a)와 연습문제 13.94(c)에서 구한 전압의 변화를 비교하라.

13.96 PRACTICAL PERSPECTIVE 이 문제의 목적은, 만약 부하 R_b가 정확히 적절한 시간에 차단되면 연습문제 13.94의 회로에서 선로-대지 간 전압이 과도 상태 없이 바로 정상 상태가 됨을 보이는 것이다. $v_o = V_m \cos(120\pi t + \theta)$ V라고 두자. 여기서 $V_m = 120\sqrt{2}$이다. R_b가 차단된 후 v_g는 변하지 않는다고 가정한다.

a) R_b가 차단될 때 v_o가 바로 정상 상태에 이르게 하는 θ(도)값을 구하라.

b) (a)에서 구한 θ값에 대해 $t \ge 0$일 때 $v_o(t)$를 구하라.

c) 적절한 컴퓨터 프로그램을 이용하여 부하 R_b가 차단되기 전과 후 -10 ms $\le t \le 10$ ms 동안의 $v_o(t)$를 하나의 그래프에 그려라.

CHAPTER

14 주파수 선택성 회로 입문

학습내용

14.1 예비지식

14.2 저역 통과 필터

14.3 고역 통과 필터

14.4 대역 통과 필터

14.5 대역 차단 필터

학습목표

1 저역 통과 필터로 동작하는 *RL* 및 *RC* 회로의 구성을 알고, 지정된 차단 주파수를 만족하는 *RL* 및 *RC* 회로 소자 값을 설계할 수 있다.

2 고역 통과 필터로 동작하는 *RL* 및 *RC* 회로의 구성을 알고, 지정된 차단 주파수를 만족하는 *RL* 및 RC 회로 소자 값을 설계할 수 있다.

3 대역 통과 필터로 동작하는 *RLC* 회로의 구성을 알고, 대역 통과 필터의 중심 주파수, 차단 주파수, 대역폭, 품질 지수의 정의와 이들 사이의 관계를 이해하며, 설계 기준을 만족하는 *RLC* 회로 소자 값을 설계할 수 있다.

4 대역 차단 필터로 동작하는 *RLC* 회로의 구성을 알고, 대역 차단 필터의 중심 주파수, 차단 주파수, 대역폭, 품질 지수의 정의와 이들 사이의 관계를 이해하며, 설계 기준을 만족하는 *RLC* 회로 소자 값을 설계할 수 있다.

지금까지는 정현파 전원을 가진 회로의 해석에서 전원 주파수는 일정한 상수로 유지되었다. 이 장에서는 전원 주파수의 변화가 회로의 전압과 전류에 미치는 영향을 해석하고자 한다. 이러한 해석의 결과를 회로의 **주파수 응답**(frequency response)이라 부른다.

앞서 회로의 응답은 회로 내 소자의 종류, 소자의 연결 방법, 소자의 임피던스 등에 따라 달라진다는 것을 알았다. 정현파 전원의 주파수가 변화한다고 해서 소자의 종류나 연결이 달라지는 것은 아니지만, 커패시터와 인덕터의 임피던스는 주파수에 따라 변하게 된다. 이는 커패시터와 인덕터의 임피던스가 주파수의 함수이기 때문이다.

우리는 원하는 주파수 영역의 신호를 출력하고, 그 외의 주파수 영역의 신호는 배제하는 회로를 설계할 수 있다. 이러한 회로를 **주파수 선택성 회로**(frequency-selective circuits)라 부르며, 전화, 라디오, 텔레비전, 인공위성 등 전자 신호를 이용하여 정보를 교환하는 장치에 널리 사용된다.

주파수 선택성 회로는 특정한 주파수를 걸러 내는 것과 같은 특성으로 인해 **필터**(filter)라 불리기도 한다. 실제로 어떠한 필터도 완벽하게 선택된 주파수를 걸러 낼 수는 없다. 오히려 필터는 특정 주파수의 입력 신호를 **감쇠**(attenuate)시킨다고 표현하는 것이 정확할 것이다. 즉 원하지 않는 영역의 주파수를 갖는 신호를 약화시키거나 크기를 줄여 주는 것이다. 예를 들어 가정용 오디오 제품 중에는 그래픽 이퀄라이저가 장착된 것이 있다. 그래픽 이퀄라이저의 각 밴드는 해당 주파수 영역의 소리는 증폭하고 그 외의 주파수 영역 신호는 감쇠시키는 필터이다. 따라서 이를 통해 각 주파수 영역의 소리 크기를 바꿀 수 있다.

이 장에서는 먼저 네 종류의 주요 필터—저역 통과, 고역 통과, 대역 통과, 대역 차단 필터—회로를 분석할 것이다. 회로의 주파수 응답 해석은 회로의 전달 함수로부터 시작된다. 같은 필터 기능을 수행하는 회로는 회로 구성이 다르다 할지라도 전달 함수가 유사하다는 점을 유심히 살펴보기 바란다. 이러한 유사성은 앞으로 제15장에서 필터 회로를 설계할 때 사용될 것이다.

■ 실제 응용

푸시버튼식 전화기 회로

푸시버튼식 전화기의 단추를 누르면 특정 신호음을 들을 수 있다. 아마 이러한 신호음의 음조에 대해 궁금했을 것이다. 전화기에서 어떤 단추가 눌렸는지를 구별하기 위해 음조가 어떤 방식으로 사용될까? 음조는 왜 쓰일까? 음조는 왜 음악적으로 들릴까? 전화기 시스템은 단추의 음과 사람들이 말하거나 노래할 때 나는 보통의 소리를 어떻게 구별할까?

전화기 시스템은 300 Hz와 3 kHz 사이의 주파수를 가진 오디오 신호를 다루도록 설계되었다. 그러므로 시스템에서 사람에게 전달되는 모든 소리—다이얼 음과 대기 신호를 포함한—는 물론 사용자로부터 시스템에 전달되는 모든 신호—사용자가 단추를 누르는 신호를 포함한—역시 가청음이어야 한다. 따라서 단추를 눌렀을 때 발생하는 신호와 보통의 소리 신호를 구별하는 것이 중요하다. 여기에는 이중 음조 다중 주파수(dual–tone–multiple–frequency, DTMF) 설계라 불리는 방법이 적용된다. 숫자 단추가 눌리면 매우 정확한 주파수를 가진 한 쌍의 정현파 음이 전화 단말기로부터 전화기 시스템으로 전달된다. 사람의 목소리로는 DTMF 주파수와 시간 동기화 규격을 정확히 만족하는 한 쌍의 음을 생성할 수 없다. 전화기의 중앙처리장치에서는 내부의 전기 회로가 특정 숫자를 의미하는 소리 쌍에 해당하는 소리를 인지한다. 이 장 끝부분의 실제 응용에서는 어떤 단추가 눌렸는지를 결정하는 DTMF 필터의 설계를 알아볼 것이다.

Urbanbuzz/Alamy Photo Stock

Fuse/Getty Images

14.1 예비지식

13.7절에서 어떤 회로의 정현파 입력에 대한 정상 상태 응답은 그 회로의 전달 함수를 통해 쉽게 계산할 수 있다는 것을 알았다. 이때 입력 신호는 하나의 고정된 주파수를 가지고 있었다. 회로의 주파수 응답을 학습하기 위해서는 고정 주파수 정현파 전원을 가변 주파수 정현파 전원으로 대체해야 한다. 전달 함수는 여기서도 매우 유용한 수단이다. 왜냐하면 출력 신호의 크기와 위상은 전달 함수의 크기와 위상에 의해서 결정되기 때문이다. 전달 함수 $H(j\omega)$의 크기와 위상은 전원의 주파수 ω의 함수로 작용한다. 이처럼 임의의 회로에서 입력 신호의 주파수 변화에 대한 출력을 해석할 때에는 입력 전원의 크기와 위상은 변함이 없다고 가정해야 한다.

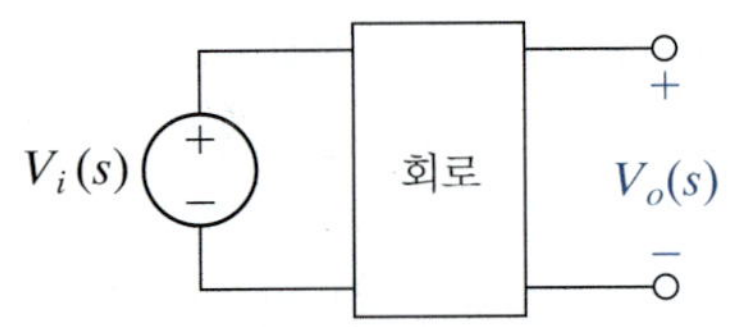

그림 14.1▲ 입력 전압과 출력 전압을 갖는 회로.

주파수 선택성 회로를 처음 접하는 것이므로 문제를 더욱 단순화하기 위해 그림 14.1과 같이 입력과 출력 신호가 모두 정현파 전압인 경우에 대해서만 살펴본다. 따라서 우리가 관심을 갖는 전달 함수는 입력 전압의 라플라스 변환에 대한 출력 전압의 라플라스 변환의 비, 즉 $H(s) = V_o(s)/V_i(s)$가 될 것이다. 물론 어떤 경우에는 입력 또는 출력 신호로 전류가 사용될 수도 있다.

입력된 신호 중 어떤 영역의 주파수를 갖는 신호는 출력에 이르기까지 잘 전달된다. 이러한 주파수 영역을 **통과 대역**(passband)이라 한다. 통과 대역 밖의 주파수를 갖는 전압은 회로를 통과하는 과정에서 유의미한 수준으로 출력이 방지된다. 이와 같이 통과 대역 밖의 주파수 영역을 **차단 대역**(stopband)이라 한다. 주파수 선택성 회로는 통과 대역의 위치에 따라 분류된다.

주파수 선택성 회로의 유형은 **주파수 응답도**(frequency response plot)를 살펴봄으로써 파악할 수 있다. 주파수 응답도는 전원 주파수의 변화에 따른 회로의 전달 함수가 어떻게 변하는지(크기와 위상 모두)를 보여 준다. 주파수 응답도는 두 부분으로 구성된다.

- 주파수 ω에 대한 $|H(j\omega)|$의 그래프는 **크기 선도**(magnitude plot)라고 부른다.
- 주파수 ω에 대한 $\theta(j\omega)$의 그래프는 **위상 선도**(phase angle plot)라고 부른다.

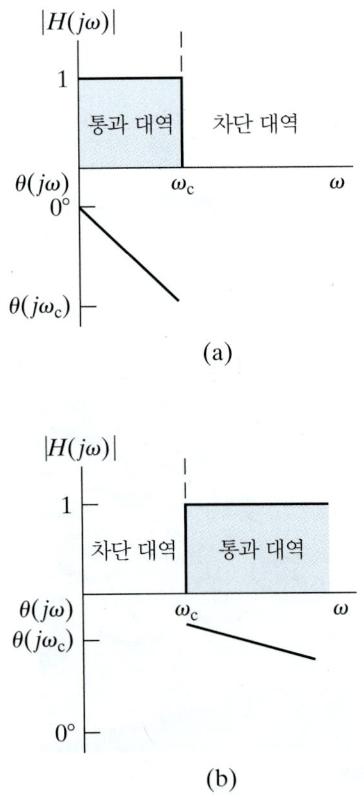

그림 14.2▲ 이상적인 필터의 응답 곡선: (a) 이상적인 저역 통과 필터, (b) 이상적인 고역 통과 필터.

그림 14.2와 14.3은 네 종류의 이상적인 필터의 주파수 응답도를 보여 준다. 그림 14.2는 저역 통과 필터와 고역 통과 필터의 응답도이다. 각 필터에는 통과 대역과 차단 대역이 각각 하나씩 존재하고, 차단 대역과 통과 대역은 **차단 주파수**(cutoff frequency)에 의해 나뉜다. **저역** 또는 **고역**이라는 말은 크기 선도에서 유래된다. 즉 **저역 통과 필터**(low-pass filter)는 차단 주파수보다 낮은 대역의 주파수를 갖는 신호를 통과시킨다. 반면에 **고역 통과 필터**(high-pass filter)는 차단 주파수보다 높은 대역의 주파수 신호를 통과시킨다. 따라서 **고역** 또는 **저역**의 의미는 절대적인 주파수가 아니라 차단 주파수에 대한 상대적인 값을 의미한다.

위의 두 종류의 필터, 그리고 그림 14.3의 대역 통과 필터나 대역 차단 필터에서 이상적인 필터의 위상각은 통과 대역에서 선형적으로 변한다는 것을 알 수 있다. 통과 대역 밖에서는 출력의 크기가 0이기 때문에 위상이 어떻게 변하든지 관심 밖이다. 이처럼 위상이 선형으로 변화하는 성질은 위상이 왜곡되는 것을 방지하기 위해 필요하다.

나머지 두 종류의 필터는 각각 두 개의 차단 주파수를 갖는다. 그림 14.3(a)는 이상적인 **대역 통과 필터**(bandpass filter)의 주파수 응답을 보여 준다. 이 필터는 입력 전압의 주파수가 두 개의 차단 주파수에 의하여 정의되는 주파수 영역 내에 있을 때에만 입력을 통과시킨다. 그림 14.3(b)는 **대역 차단 필터**(bandreject filter)의 이상적인 주파수 응답을 나타낸다. 이 필터는 두 개의 차단 주파수로 정의되는 대역의 바깥에 속하는 주파수만 통과시킨다. 따라서 대역 차단 필터는 전원의 주파수가 차단 주파수에 의하여 정의되는 대역 내에 속할 때에는 전원 전압을 차단하여 출력되지 못하도록 한다.

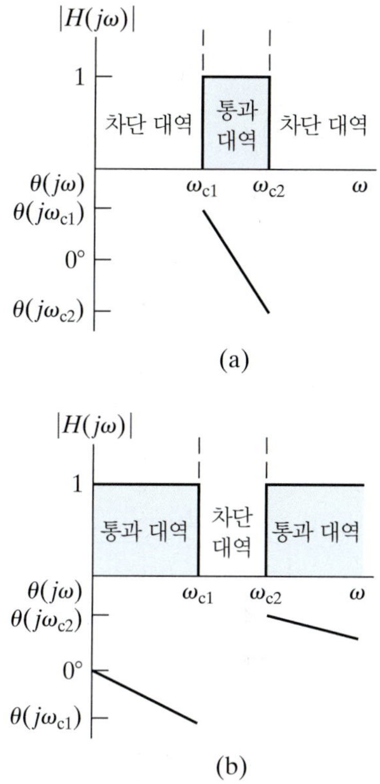

그림 14.3▲ 이상적인 필터의 응답 곡선: (a) 이상적인 대역 통과 필터, (b) 이상적인 대역 차단 필터.

이 장에서 소개할 회로를 이용하여 필터를 구현하고, 그 특성을 정의할 때 진폭과 위상 특성이 서로 독립적이지 않다는 것을 알아야 한다. 즉 특정한 크기 선도를 갖는 회로의 특성이 결정되면 위상 선도의 형태도 결정되며, 그 역도 성립한다. 예를 들어 어떤 회로의 크기 선도를 우리가 원하는 형태가 되도록 선택하면 위상 응답도 역시 결정된다. 반대로 위상 응답의 형태를 선택하면 회로의 크기 응답도 역시 결정된다. 크기와 위상 변화를 독립적으로 정할 수 있는 주파수 선택성 회로가 있기는 하나 여기서는 이러한 회로를 다루지 않는다.

다음 절부터는 네 종류 필터 회로의 예를 살펴볼 것이다. 여기에 소개되는 회로는 필터로 동작하는 수많은 회로의 극히 일부이다. 여러분은 회로의 여러 특징 중에서 필터로서의 성능을 결정하는 특징이 어떤 것인지를 파악하는 데 초점을 맞춰 주기 바란다. 예를 들어 동일한 필터 기능을 갖는 다양한 회로의 전달 함수 형태를 자세히 살펴볼 필요가 있다. 필터의 전달 함수 형태를 구분하는 것은 궁극적으로 용도에 맞는 필터 회로를 설계하는 데 도움이 될 것이다.

이 장에 소개되는 모든 필터는 **수동 필터**(passive filter)이다. 수동 필터는 그 특성이 저항, 커패시터, 인덕터 등의 수동 소자에 의해서만 결정된다. 보통 수동 필터는 최대치를 출력한다 해도 그 크기는 입력의 크기와 같다. 이 장에서 소개되는 수동 필터 중에 *RLC* 직렬 공진 필터만이 유일하게 출력을 증폭할 수 있다. 또한 입력에 직렬로, 혹은 부하에 병렬로 임피던스가 삽입된다면 출력의 최댓값은 더 작아질 것이다. 실제 필터 응용에 증폭(입력에 대한 출력의 비가 1보다 커지는 것)이 요구되는 경우가 많기 때문에 수동 필터는 응용에서 큰 단점을 갖는다. 15장에서 소개할 능동 필터 회로는 증폭 기능이 있으므로 이러한 수동 필터의 단점을 극복할 수 있다.

14.2 저역 통과 필터

이제 저역 통과 필터로 작용하는 두 가지 회로, 즉 직렬 *RL* 회로와 직렬 *RC* 회로를 살펴보고, 차단 주파수에 영향을 주는 회로의 특성을 살펴보자.

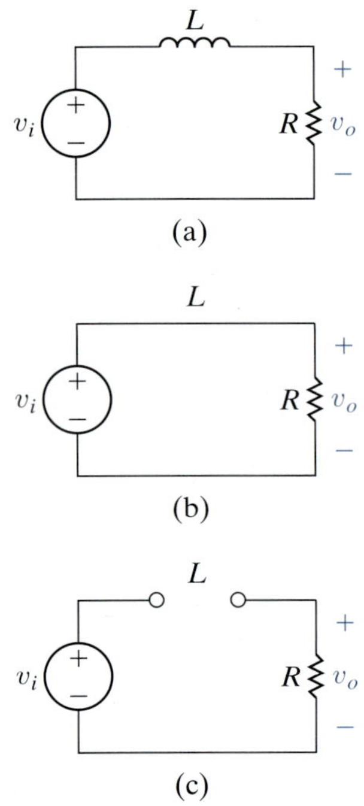

그림 14.4▲ (a) 직렬 RL 저역 통과 필터. (b) $\omega = 0$일 때의 등가 회로. (c) $\omega = \infty$일 때의 등가 회로.

직렬 *RL* 회로—정성적 분석

직렬 RL 회로는 그림 14.4(a)와 같다. 이 회로의 입력은 가변 주파수의 정현파 전압이고, 회로 출력은 저항 양단의 전압으로 정의된다. 입력 전압의 주파수가 매우 낮은 값에서 점차 증가한다고 가정해 보자. 이상적인 저항의 임피던스는 주파수와 무관하기 때문에 저항의 특성에는 변화가 없을 것이다. 반면에 인덕터의 동작이 어떻게 바뀌는지를 살펴보자.

인덕터의 임피던스는 $j\omega L$이다. 주파수가 낮은 영역에서 인덕터의 임피던스는 저항의 임피던스에 비하여 매우 작으므로 인덕터는 단락 회로와 거의 같다. 여기서 **낮은 주파수**란 $\omega L \ll R$이 되도록 하는 주파수를 의미한다. $\omega = 0$일 때의 등가 회로는 그림 14.4(b)와 같다. 이 경우 출력 전압은 입력 전압과 크기는 물론 위상도 같을 것이다.

주파수가 증가하게 되면 인덕터의 임피던스는 점점 증가한다. 이는 인덕터에서 발생하는 전압 강하를 증가시키고 따라서 출력 전압의 크기는 감소하게 된다. 또한 인덕터의 임피던스가 증가하게 되면 인덕터 양단의 전압과 회로 전류 사이의 위상각이 변하게 되어 결과적으로 입력 전압과 출력 전압 사이에 위상차가 발생한다. 출력 전압은 입력 전압에 대해 지상이 되고, 주파수가 증가함에 따라 위상 지연은 90°에 가까워진다.

높은 주파수에서는 인덕터의 임피던스가 저항의 임피던스에 비하여 매우 높기 때문에 인덕터는 개방 회로처럼 작용하게 되고, 결과적으로 회로에 전류가 흐르지 못하게 된다. 여기서 **높은 주파수**란 $\omega L \gg R$의 관계를 만족하는 주파수를 의미한다. $\omega = \infty$일 때의 등가 회로는 그림 14.4(c)와 같다. 이 경우 출력 전압의 크기는 0이며, 그 위상은 입력 전압에 대해 $-90°$의 차이를 갖게 된다. 즉 출력 전압은 입력 전압에 90° 지상이 된다.

출력 전압 진폭의 특성을 보면 직렬 RL 회로는 낮은 주파수의 입력 전압은 출력단으로 전달되고 높은 주파수의 입력 전압은 차단되는 특성을 갖는다. 따라서 이러한 회로에서 입력 전압의 주파수에 대한 응답을 살펴보면 그림 14.5와 같은 모양을 가질 것이다. 이 두 개의 그림이 그림 14.4(a)와 같은 직렬 RL 회로의 주파수 응답도이다. 두 그림 중 위 그림은 주파수에 대한 $|H(j\omega)|$의 추이를, 아래 그림은 $\theta(j\omega)$의 추이를 각각 나타낸다. 이러한 주파수 응답도를 그리는 방법은 부록 E에 소개되어 있다.

그림 14.5에는 실제 RL 회로의 주파수 크기 특성 곡선과 그림 14.2(a)에 있는 이상적인 저역 통과 필터의 크기 특성 곡선(점선 그래프)이 겹쳐져 있다. 두 그래프 사이에 확연한 차이가 있음을 알 수 있다. 이상적인 필터는 차단 주파수 ω_c에서 출력의 크기에 불연속점이 존재하며, 이 점에서 통과 대역과 차단 대역이 명확하게 구분된다. 이상적으로는 필터가 이러한 특성을 갖는 것이 바람직하지만 현실적으로 실제 회로 소자를 이용하여 이러한 불연속적인 크기 특성을 얻는 것은 불가능하다. 저역 통과 필터 회로는 주파수가 통과 대역에서 차단 대역으로 이동함에 따라 진폭은 점진적으로 감소한다. 따라서 실제 회로의 크기 응답에서는 차단 주파수 ω_c의 의미를 정의할 필요가 있다.

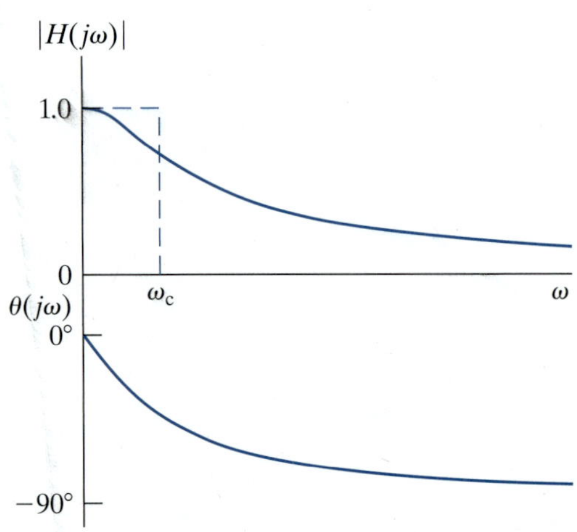

그림 14.5▲ 그림 14.4(a) 직렬 RL 회로의 주파수 응답도.

차단 주파수의 정의

실제 필터 회로는 크기 응답 곡선에서 차단 대역과 통과 대역을 하나의 주파수로 명확히 구분할 수 없기 때문에 차단 주파수 ω_c를 정확히 정의할 필요가 있다. 전기공학에서 가장 널리 사용되는 정의는 출력의 진폭이 최대 출력 진폭의 $1/\sqrt{2}$이 되는 주파수를 차단 주파수라 정의하는 것이다.

차단 주파수의 정의

$$|H(j\omega_c)| = \frac{1}{\sqrt{2}}H_{\text{max}}, \tag{14.1}$$

여기서 H_{max}는 전달 함수 크기의 최댓값이다. 식 (14.1)로부터 실제 필터의 통과 대역은 출력 전압 크기가 최소한 그 최댓값의 70.7% 이상이 되는 주파수 대역임을 알 수 있다.

$1/\sqrt{2}$이라는 숫자를 이용하여 차단 주파수를 정의하는 것은 임의로 정해진 것은 아니다. 차단 주파수의 또 다른 결과를 살펴보면 이러한 정의가 의미를 가짐을 알 수 있다. 10.5절에서 임의의 회로를 통해 부하에 전달되는 전력은 V_{L}^2에 비례함을 배웠다. 여기서 V_{L}은 부하에서의 전압 강하이다.

$$P = \frac{1}{2}\frac{V_{\text{L}}^2}{R}.$$

회로 입력이 정현파 전압 $V_i(j\omega)$라면 회로의 출력 또한 정현파 전압이며 그 크기는 주파수 ω의 함수이다. 부하 전압이 최대일 때 부하로 전달되는 평균 전력을 P_{max}라 정의하면 표현식은 다음과 같다.

$$P_{\text{max}} = \frac{1}{2}\frac{V_{\text{L max}}^2}{R}.$$

정현파 입력 전압 $V_i(j\omega)$의 주파수를 변화하면 회로 전달 함수의 크기가 최대가 될 때 부하 전압도 최대가 될 것이다.

$$V_{\text{Lmax}} = H_{\text{max}}|V_i|. \tag{14.2}$$

이제 입력 주파수가 차단 주파수일 때 평균 전력은 어떻게 되는지 알아보자. 식 (14.1)과 (14.2)를 이용하여 차단 주파수 ω_c에서의 부하 전압을 계산할 수 있다.

$$\begin{aligned}|V_{\text{L}}(j\omega_c)| &= |H(j\omega_c)|\,|V_i| \\ &= \frac{1}{\sqrt{2}}H_{\text{max}}|V_i| \\ &= \frac{1}{\sqrt{2}}V_{\text{L max}}.\end{aligned}$$

이제 차단 주파수에서 부하로 전달되는 전력을 계산해 보면

$$P(j\omega_c) = \frac{1}{2}\frac{|V_L^2(j\omega_c)|}{R}$$
$$= \frac{1}{2}\frac{\left(\frac{1}{\sqrt{2}}V_{\text{Lmax}}\right)^2}{R}$$
$$= \frac{1}{2}\frac{V_{\text{L max}}^2/2}{R}$$
$$= \frac{P_{\max}}{2}.$$

이상으로부터 차단 주파수에서 회로로부터 부하로 전달되는 평균 전력은 그 최댓값의 절반이 됨을 알 수 있다. 이 때문에 ω_c는 **1/2 전력 주파수**(half-power frequency)라 불리기도 한다. 따라서 통과 주파수 대역에서 전달되는 전력은 최대 평균 전력의 50% 이상이 된다.

직렬 *RL* 회로—정량적 분석

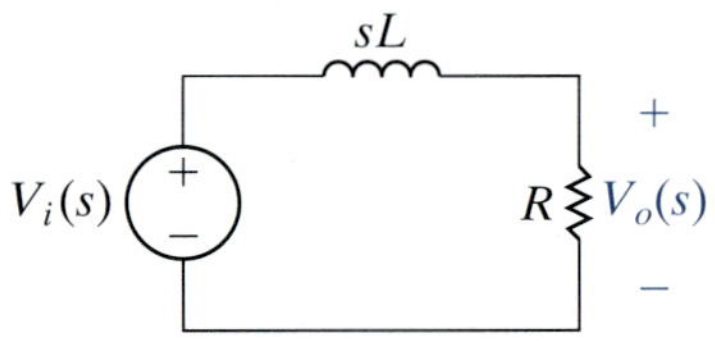

그림 14.6▲ 그림 14.4(a) 회로의 s 영역 등가 회로.

필터 회로에서 차단 주파수를 정의했으므로, 이제 직렬 *RL* 회로를 분석하면 저역 통과 필터의 회로 소자의 값과 차단 주파수 사이의 관계를 알 수 있다. 먼저 그림 14.4(a)의 회로에 대해 초기 조건을 0이라 가정하고 *s* 영역 등가 회로를 구해 보자. 등가 회로는 그림 14.6과 같다. 이 회로의 전압 전달 함수는

$$H(s) = \frac{V_o(s)}{V_i(s)} = \frac{R/L}{s + R/L}. \tag{14.3}$$

주파수 응답을 보기 위해서는 식 (14.3)에서 $s = j\omega$로 대체해야 한다.

$$H(j\omega) = \frac{R/L}{j\omega + R/L}.$$

이제 위의 $H(j\omega)$를 두 개의 식으로 분리한다. 하나는 주파수에 대한 전달 함수 크기의 식이고 다른 하나는 주파수에 대한 위상각의 식이다.

$$|H(j\omega)| = \frac{R/L}{\sqrt{\omega^2 + (R/L)^2}}, \tag{14.4}$$
$$\theta(j\omega) = -\tan^{-1}\left(\frac{\omega L}{R}\right).$$

식 (14.4)를 잘 살펴보면 그림 14.5의 크기 응답 곡선을 정량적으로 알 수 있다.

- $\omega = 0$일 때는 분모와 분자가 같으므로 $|H(j0)| = 1$이다. 다시 말하면 $\omega = 0$일 때 입력 전압은 그 크기가 변하지 않고 출력으로 전달된다.
- 주파수가 증가함에 따라 식 (14.4)의 분자에는 변화가 없지만, 분모는 증가한다. 따라서 그림 14.5에서 볼 수 있듯이 주파수가 증가함에 따라서 $|H(j\omega)|$는 감소한다. 마찬가지로 주파수가 증가함에 따라 위상각은 직류일 때의 위상각인 0°로부터 감소하여 음의 값을 가짐을 알 수 있다.
- $\omega \to \infty$가 되면 식 (14.4)의 분모가 무한대가 되어 그림 14.5와 같이 $|H(j\omega)| \to 0$이 된다. 그리고 그림 14.5의 위상 선도에서 볼 수 있듯이 $\omega \to \infty$이 되면 위상각은 극한값인 $-90°$에 이른다.

식 (14.4)를 이용하여 차단 주파수 ω_c를 계산할 수 있다. 차단 주파수 ω_c는

$|H(j\omega_c)| = (1/\sqrt{2})H_{max}$의 관계를 만족하는 주파수이다. 그림 14.5와 같이 저역 통과 필터에서는 $H_{max} = |H(j0)| = 1$이다. 따라서 그림 14.4(a)의 회로에서

$$|H(j\omega_c)| = \frac{1}{\sqrt{2}}|1| = \frac{R/L}{\sqrt{\omega_c^2 + (R/L)^2}}.$$

ω_c에 대해 풀면 다음 식을 얻는다.

RL 필터의 차단 주파수

$$\omega_c = \frac{R}{L}. \quad (14.5)$$

식 (14.5)는 중요한 결과를 제공한다. R과 L을 적절히 선택함으로써 차단 주파수 ω_c는 우리가 원하는 임의의 값으로 정할 수 있다. 이렇게 함으로써 필요한 차단 주파수를 갖는 저역 통과 필터를 설계할 수 있는 것이다. 예제 14.1을 살펴보면 설계에서 식 (14.5)가 갖는 중요성을 알 수 있다.

예제 14.1 저역 통과 필터 설계하기

전기심전도학은 심장박동에 의하여 발생하는 전기 신호를 연구하는 분야이다. 이 신호는 심장의 규칙적인 박동을 유지하게 하는데, 심전도계라 불리는 장치를 이용하여 측정할 수 있다. 이 장치는 약 1 Hz의 주파수를 갖는 주기신호(보통의 심장박동 수는 분당 72회임)를 감지할 수 있어야 한다. 이 장치는 주변의 전기 환경에서 오는 정현파의 잡음이 존재하는 상태에서 동작해야 한다. 이 잡음의 기본 주파수는 공급 전력의 주파수인 60 Hz이다.

그림 14.4(a) 회로가 10 Hz 이상의 잡음은 걸러 내고 심장박동으로부터 발생하는 1 Hz 내외의 신호는 통과하도록 하여 심전도계로 사용될 수 있도록 R과 L의 값을 선정하라. 그리고 1 Hz, 10 Hz, 60 Hz에서의 출력 전압 V_o의 크기를 계산하여 이 필터가 얼마나 잘 작동하는지 살펴보라.

풀이

이 문제는 R과 L을 적절히 선정하여 차단 주파수가 10 Hz를 갖는 저역 통과 필터를 구하는 문제이다. 식 (14.5)를 보면 ω_c를 지정하는 데 R과 L이 독립적으로 선택될 수 없음을 알 수 있다. 그러므로 L의 값을 일반적으로 잘 사용되는 100 mH로 선택한다. 그리고 식 (14.5)를 적용하기에 앞서 차단 주파수 단위를 Hz에서 rad/s로 변환해야 한다.

$$\omega_c = 2\pi(10) = 20\pi \text{ rad/s}.$$

이제 $L = 100$ mH와 함께 사용되어 차단 주파수 10 Hz의 저역 통과 필터를 구성할 수 있는 R의 값을 구해 보자.

$$R = \omega_c L = (20\pi)(100 \times 10^{-3}) = 6.28\ \Omega.$$

V_o의 크기는 $|V_o| = |H(j\omega)| \cdot |V_i|$의 관계식으로부터 계산할 수 있다.

$$|V_o(\omega)| = \frac{R/L}{\sqrt{\omega^2 + (R/L)^2}}|V_i|$$
$$= \frac{20\pi}{\sqrt{\omega^2 + 400\pi^2}}|V_i|.$$

표 14.1은 1 Hz, 10 Hz, 60 Hz일 때 출력의 크기를 계산한 결과이다. 예상한 바와 같이 회로가 저역 통과 필터이므로 낮은 주파수의 입력은 출력 전압과 같은 크기를 갖는다. 차단 주파수에서는 출력 전압 크기는 통과 대역에 비하여 $1/\sqrt{2}$배로 줄어들었다. 60 Hz에서는 출력 전압 크기가 약 1/6배로 감소했고, 이는 심전도계가 측정하고자 하는 신호를 왜곡할 수 있는 잡음이 감쇠되었음을 보여 준다.

표 14.1 여러 주파수에서의 입력 및 출력 전압의 크기

f(Hz)	$\|V_i\|$(V)	$\|V_o\|$(V)
1	1.0	0.995
10	1.0	0.707
60	1.0	0.164

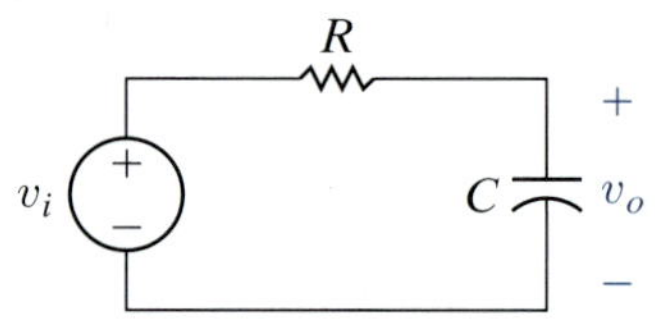

그림 14.7▲ 직렬 RC 저역 통과 필터.

직렬 *RC* 회로

그림 14.7과 같은 직렬 RC 회로도 역시 저역 통과 필터로 동작한다. 이는 앞에서와 같이 정성적인 해석을 통해서 알 수 있다. 사실 이러한 정성적인 검토는 필터를 해석할 때 습관처럼 행해야 하는 중요한 단계이다. 이를 통해 필터의 특성(저역 통과, 고역 통과 등)을 예상할 수 있고, 또한 전달 함수의 일반적인 형태를 예측할 수 있다. 전달 함수를 계산한 결과가 정성적으로 예측한 형태와 부합하는지 여부는 정확도를 판별하는 매우 중요한 수단이 될 수 있다.

회로의 출력은 커패시터 양단의 전압이다. 이제 이전에 했던 정성적인 해석과 같이 세 가지 주파수 영역을 사용하여 그림 14.7의 직렬 RC 회로의 동작을 살펴본다.

- 주파수가 0($\omega = 0$): 커패시터의 임피던스는 무한대가 되고 개방 회로로 동작한다. 따라서 입력 전압과 출력 전압은 같다.
- 0으로부터 증가하는 주파수: 커패시터의 임피던스는 저항의 임피던스에 비하여 점차 감소하고 입력 전압은 저항과 커패시터에 인가된 전압으로 나뉜다. 따라서 출력 전압은 입력 전압보다 작다.
- 무한대 주파수($\omega = \infty$): 커패시터의 임피던스는 0이 되고 단락 회로로 작용한다. 따라서 출력 전압은 0이 된다.

이러한 분석 결과, 직렬 RC 회로는 저역 통과 필터로 동작함을 알 수 있다. 예제 14.2에서 이 회로를 정량적으로 분석해 보자.

예제 14.2 직렬 *RC* 저역 통과 필터 설계하기

그림 14.7의 직렬 RC 회로에 대해

a) 전원 전압과 출력 전압 사이의 전달 함수를 구하라.

b) 직렬 RC 회로의 차단 주파수 식을 구하라.

c) 차단 주파수가 3 kHz인 저역 통과 필터가 되도록 R과 C의 값을 구하라.

풀이

a) 전달 함수를 구하기 위해서는 먼저 그림 14.7의 회로에 대한 s 영역의 등가 회로를 구성해야 하며 이는 그림 14.8과 같다. 등가 회로에서 s 영역에서의 전압 분배를 이용하면 전달 함수는 다음과 같다.

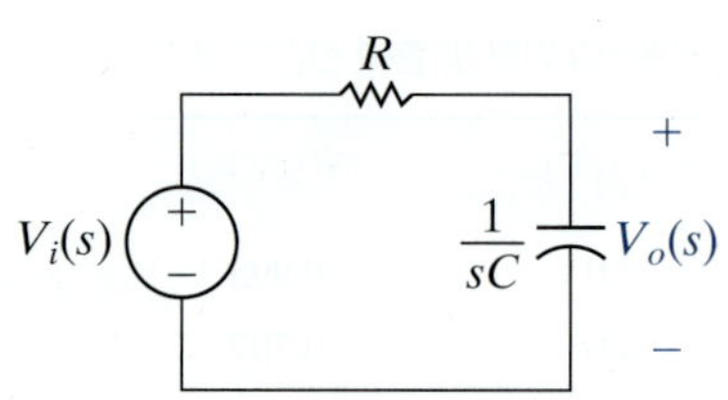

그림 14.8▲ 그림 14.7 회로의 s 영역 등가 회로.

$$H(s) = \frac{\frac{1}{RC}}{s + \frac{1}{RC}}.$$

이제 $s = j\omega$를 대입하고 복소식의 크기를 구하면

$$|H(j\omega)| = \frac{\frac{1}{RC}}{\sqrt{\omega^2 + \left(\frac{1}{RC}\right)^2}}.$$

b) 차단 주파수 ω_c에서 $|H(j\omega)|$는 $(1/\sqrt{2})H_{\max}$와 같다. 그리고 저역 통과 필터에서는 $H_{\max} = H(j0)$이고, 그림 14.8의 회로에서 $H(j0) = 1$이다. 따라서 우리는 R, C, ω_c 사이의 관계를 찾을 수 있다.

$$|H(j\omega_c)| = \frac{1}{\sqrt{2}}(1) = \frac{\frac{1}{RC}}{\sqrt{\omega_c^2 + \left(\frac{1}{RC}\right)^2}}.$$

ω_c에 대해 풀면

RC 필터의 차단 주파수

$$\omega_c = \frac{1}{RC}.$$

c) (b)의 결과로부터 차단 주파수는 R과 C의 값에 의하여 결정됨을 알 수 있다. 그런데 R과 C의 값은 독립적으로 결정될 수 없으므로 $C = 1\,\mu$F이라 가정하자. 이러한 경우 보통 R의 값보다는 C의 값을 먼저 선정하는 것이 좋다. 사용 가능한 커패시터 용량은 저항에 비하여 선택의 폭이 훨씬 좁기 때문이다. 주어진 차단 주파수 3 kHz를 $(2\pi)(3)$ krad/s로 변환하는 것을 잊지 말아야 한다.

$$R = \frac{1}{\omega_c C}$$
$$= \frac{1}{(2\pi)(3 \times 10^3)(1 \times 10^{-6})}$$
$$= 53.05\ \Omega.$$

그림 14.9는 지금까지 살펴본 두 가지 저역 통과 필터를 요약한 것이다. 전달 함수를 잘 살펴보기 바란다. 두 종류의 전달 함수는 매우 유사하며 단지 차단 주파수의 표현식에 차이가 있을 뿐이다. 실제로 이들 두 종류의 저역 통과 필터에 대한 전달 함수의 일반적인 형태가 다음과 같다고 말할 수 있다.

저역 통과 필터의 전달 함수

$$H(s) = \frac{\omega_c}{s + \omega_c}. \tag{14.6}$$

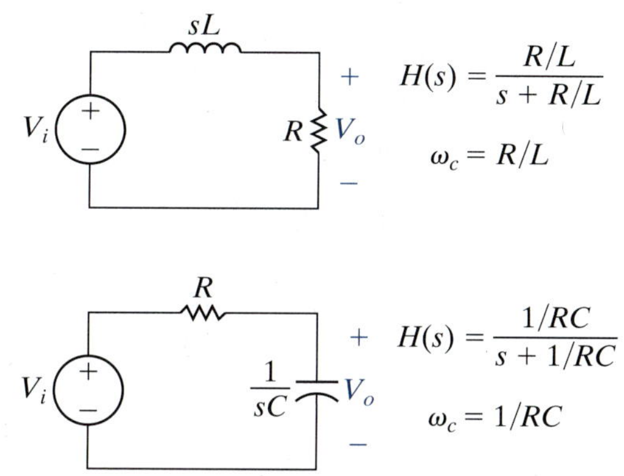

그림 14.9▲ 두 종류의 저역 통과 필터, 직렬 RL 및 직렬 RC 회로, 전달 함수 및 차단 주파수.

식 (14.6)과 같은 형태의 전압 비를 갖는 회로는 어느 것이나 차단 주파수 ω_c인 저역 통과 필터로서 동작한다. 이 장 끝부분에 있는 연습문제에서 위와 같은 전압 비를 갖는 다른 회로의 예를 접해 보기 바란다.

주파수 영역과 시간 영역의 관계

마지막으로 또 하나의 중요한 관계를 살펴본다. 7장에서 학습한 1차 RL 및 RC 회로의 자연 응답을 기억해 보자. 이 회로에서 시정수 τ는 시간 응답의 모양을 특징짓는 중요한 파라미터이다. RL 회로에서는 시정수는 L/R이고[식 (7.3)], RC 회로에서는 RC이다[식 (7.8)]. 이 회로의 차단 주파수와 시정수를 비교하면 다음과 같음을 알 수 있다.

$$\tau = 1/\omega_c. \tag{14.7}$$

이는 라플라스 변환을 통해 알 수 있듯이 회로의 시간 응답과 주파수 응답 사이의 관계의 직접적인 결과이다. 13.6절에서 소개한 컨벌루션 적분에서 메모리와 가중치에 대한 개념을 생각하면 ω_c가 무한대에 접근함에 따라 필터에서 메모리는 없어지고 출력은 입력에 상수를 곱한 값으로 수렴해 감을 알 수 있다. 반면에 ω_c가 0에 접근함에 따라 필터의 메모리가 증가하고 필터 작용의 결과로 출력은 입력이 왜곡된 형태로 나타난다.

평가문제

목표 1— 저역 통과 필터로 동작하는 *RL* 및 *RC* 회로의 구성을 안다.

14.1 직렬 *RC* 저역 통과 필터의 차단 주파수가 4 kHz라 한다. $C = 10\,\text{nF}$인 저항을 사용한다고 할 때 필요한 R의 값을 구하라.

정답: 3978.9 Ω.

14.2 차단 주파수가 10 kHz인 직렬 *RL* 저역 통과 필터가 필요하다고 한다. $L = 1\,\text{mH}$을 사용한다고 할 때 다음을 계산하라.

a) R

b) 100 kHz일 때 $|H(j\omega)|$

c) 100 kHz일 때 $\theta(j\omega)$

정답: a) 62.8 Ω, b) 0.0995, c) −84.3°.

자가 검사: 연습문제 14.1과 14.6도 풀어 보라.

14.3 고역 통과 필터

이제 고역 통과 필터로 작용하는 두 가지 회로를 살펴보자. 사실은 다시 직렬 *RL* 및 *RC* 회로이다. 동일한 직렬 회로가 출력을 무엇으로 정의하느냐에 따라 고역 통과 또는 저역 통과 필터로 동작하는 것을 확인할 것이다. 그리고 이 필터에서 차단 주파수와 회로 소자의 값 사이의 관계를 정의할 것이다.

직렬 *RC* 회로—정성적 분석

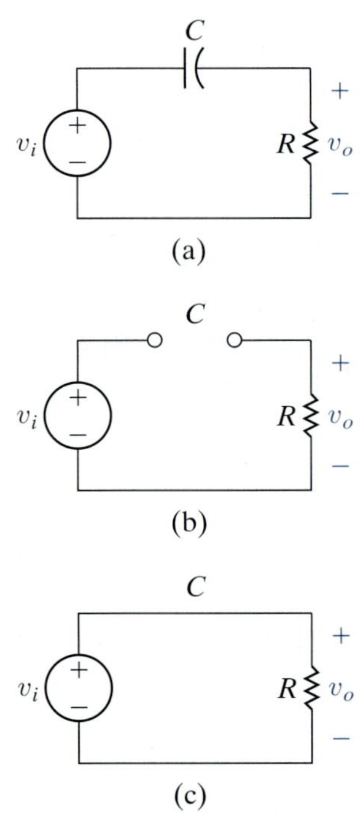

그림 14.10▲ (a) 직렬 *RC* 고역 통과 필터, (b) $\omega = 0$일 때의 등가 회로, (c) $\omega = \infty$일 때의 등가 회로.

그림 14.10(a)와 같은 직렬 *RC* 회로를 살펴보자. 그림 14.7의 저역 통과 필터에서 커패시터 양단 전압을 출력으로 정의했던 것과는 다르게 여기서는 저항 양단의 전압을 회로의 출력으로 정의한다. 그러므로 커패시터의 임피던스 변화의 영향이 저역 통과 필터에서와는 다르게 나타난다.

$\omega_c = 0$에서 커패시터는 개방 회로로 작용하므로 저항에는 전류가 흐르지 않는다. 그림 14.10(b)는 이러한 회로의 등가 회로이다. 이 회로에서 저항 양단에는 전압 차이가 없으므로 이 회로는 저주파 입력 전압이 출력단에 이르지 못하도록 걸러 준다.

전원의 주파수가 증가함에 따라 커패시터의 임피던스는 저항의 임피던스에 비하여 상대적으로 감소하고, 전원 전압은 커패시터와 저항에 분배된다. 그러므로 출력 전압의 크기는 증가하기 시작한다.

주파수가 무한대에 이르면($\omega_c = \infty$) 커패시터는 단락 회로가 되고, 따라서 커패시터 양단에는 전압이 인가되지 않는다. 이 회로는 그림 14.10(c)와 같다. 이 회로에서 출력 전압은 입력 전압과 일치한다.

출력 전압과 입력 전압 사이의 위상각 차이는 입력 주파수의 변화에 따라 달라진다. $\omega = \infty$일 때에는 출력 전압은 입력 전압과 일치하고, 따라서 위상각 차이가 존재하지 않는다. 입력 주파수가 감소함에 따라 커패시터 임피던스는 증가하고, 커패시터의 전류와 양단 전압 사이에 위상 차이가 존재하게 된다. 그리고 이는 입력 전압과 출력 전압 사이의 위상차를 발생시킨다. 출력 전압의 위상각은 입력 전압보다 앞서게 된다. $\omega = 0$이면 위상각 차이는 최댓값인 +90°에 이르게 된다.

이상 정성적으로 살펴본 바와 같이 직렬 *RC* 회로는 출력을 저항 양단의 전압으로 정의하면 고역 통과 필터로 작동함을 알 수 있다. 회로 소자나 연결은 저역 통과 직렬 *RC* 회로와 같지만 출력을 다르게 선택한 것이다. 따라서 이미 확인된 바와 같이 필터의 특성은 회로 소자, 소자 값, 연결뿐만 아니라 출력의 정의에도 좌우됨을 알 수 있다.

그림 14.11은 직렬 *RC* 고역 통과 필터의 주파수 응답 곡선이다. 참고로, 점선은 이상적인 고역 통과 필터의 크기 선도를 나타낸다. 이제 지금까지 살펴본 회로에 대해 정량적 해석을 하기로 한다.

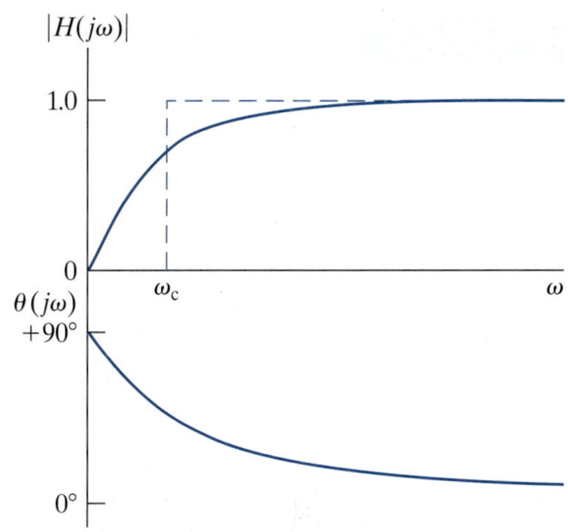

그림 14.11▲ 그림 14.10(a)의 직렬 *RC* 회로의 주파수 응답.

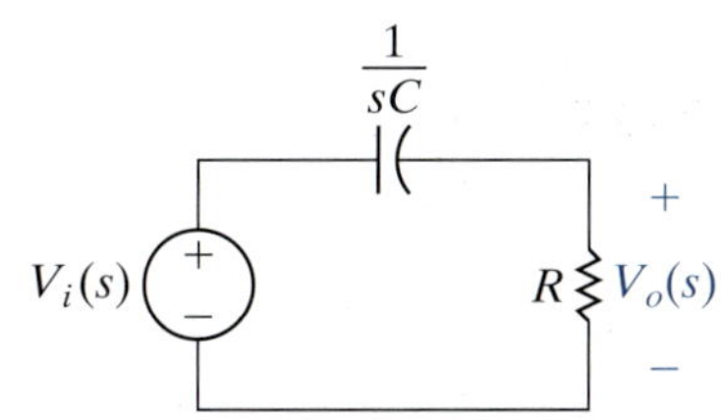

그림 14.12▲ 그림 14.10(a) 회로의 *s* 영역 등가 회로.

직렬 *RC* 회로—정량적 분석

먼저 그림 14.10(a) 회로의 *s* 영역 등가 회로를 구성하면 그림 14.12와 같다. 회로 소자 간의 전압 분배를 적용하면 다음과 같은 전달 함수를 구할 수 있다.

$$H(s) = \frac{V_o(s)}{V_i(s)} = \frac{s}{s + 1/RC}.$$

$s = j\omega$를 대입하면

$$H(j\omega) = \frac{j\omega}{j\omega + 1/RC}.$$

다음으로 $H(j\omega)$를 두 개의 식으로 분리한다. 첫 번째 식은 전달 함수의 크기를, 두 번째 식은 위상각을 각각 표현한다.

$$|H(j\omega)| = \frac{\omega}{\sqrt{\omega^2 + (1/RC)^2}}, \quad (14.8)$$

$$\theta(j\omega) = 90^\circ - \tan^{-1}\omega RC.$$

앞의 두 식을 잘 살펴보면 이 회로의 주파수 응답 곡선은 그림 14.11과 같음을 확인할 수 있다. 식 (14.8)을 이용하여 *RC* 고역 통과 필터의 차단 주파수 ω_c를 계산할 수 있다. 이미 학습한 바와 같이 차단 주파수에서는 전달 함수의 크기가 $(1/\sqrt{2})H_{max}$와 같다. 고역 통과 필터에서는 그림 14.11에서와 같이 $H_{max} = |H(j\infty)|$이다. 식 (14.8)의 좌변을 $(1/\sqrt{2})|H(j\infty)|$로 대체하면 차단 주파수 ω_c에 대한 식을 구할 수 있다. 그리고 직렬 *RC* 회로에서 $|H(j\infty)| = 1$이다.

$$\frac{1}{\sqrt{2}} = \frac{\omega_c}{\sqrt{\omega_c^2 + (1/RC)^2}}.$$

ω_c에 대해 풀면

$$\omega_c = \frac{1}{RC}. \quad (14.9)$$

식 (14.9)는 익숙한 결과이다. 직렬 *RC* 회로에서는 그림 14.7과 같이 저역 통과 필터로 구성되든, 그림 14.10(a)와 같이 고역 통과 필터로 구성되든 차단 주파수는 $1/RC$이다. 이미 차단 주파수 ω_c와 시정수 τ와의 관계를 살펴보았기 때문에 이 결과가 놀랍지는 않을 것이다.

예제 14.3에서는 고역 통과 필터로 구성된 *RL* 회로를 분석한다. 그리고 예제 14.4에서는 필터 출력단에 연결된 부하 저항의 영향을 살펴본다.

예제 14.3 직렬 *RL* 고역 통과 필터 설계하기

그림 14.13의 직렬 *RL* 회로가 고역 통과 필터로 동작함을 보여라.

a) 이 회로의 전달 함수를 구하라.

b) (a)의 결과를 이용하여 직렬 *RL* 회로의 차단 주파수 표현식을 구하라.

c) 차단 주파수가 15 kHz가 되는 고역 통과 필터가 되도록 *R*과 *L*의 값을 구하라.

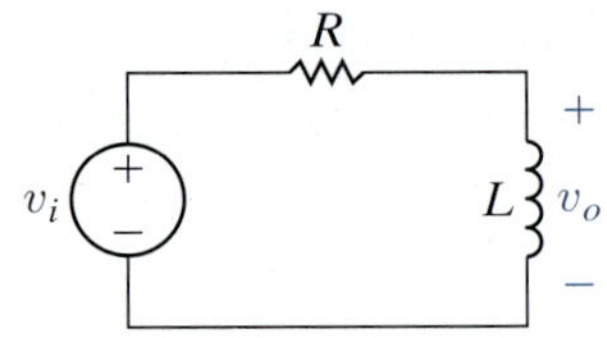

그림 14.13▲ 예제 14.3의 회로.

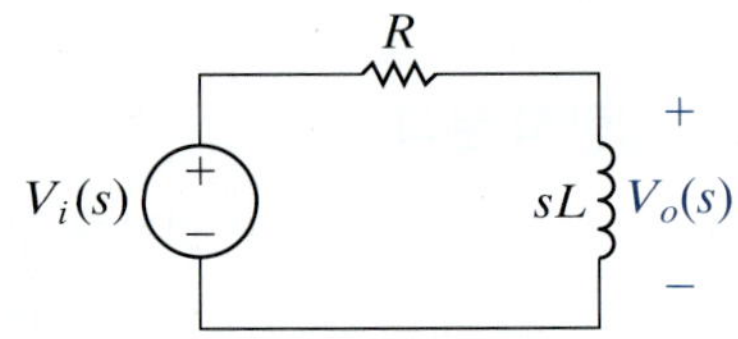

그림 14.14▲ 그림 14.13 회로의 *s* 영역 등가 회로.

풀이

a) 먼저 그림 14.14와 같이 *s* 영역 직렬 *RL* 회로의 등가 회로를 구성하고, 전압 분배를 이용하여 전달 함수를 구한다.

$$H(s) = \frac{s}{s + R/L}.$$

$s = j\omega$로 치환하면 다음 식을 얻는다.

$$H(j\omega) = \frac{j\omega}{j\omega + R/L}.$$

이 식은 직렬 *RC* 고역 통과 필터의 식과 유사하다.

b) 차단 주파수 표현식을 구하기 위해 먼저 $H(j\omega)$의 크기를 계산한다.

$$|H(j\omega)| = \frac{\omega}{\sqrt{\omega^2 + (R/L)^2}}.$$

차단 주파수 ω_c의 정의에 따라 좌변을 $(1/\sqrt{2})H_{\text{max}}$로 둔다. $H_{\text{max}} = |H(j\infty)|$이고, 직렬 *RL* 회로에서는 $|H(j\infty)| = 1$임은 이미 알고 있을 것이다. 이렇게 구한 차단 주파수에 대한 방정식과 그 해는 다음과 같다.

$$\frac{1}{\sqrt{2}} = \frac{\omega_c}{\sqrt{\omega_c^2 + (R/L)^2}}, \quad \omega_c = \frac{R}{L}.$$

이 결과는 직렬 *RL* 저역 통과 필터의 차단 주파수와 동일하다.

c) (b)에서 구한 ω_c에 대한 식에서 *R*과 *L*의 값을 독립적으로 정하는 것이 불가능하다는 것을 알 수 있다. 따라서 임의로 저항 *R*의 값을 500 Ω이라 하자. 그리고 차단 주파수를 rad/s로 변환하는 것도 잊어서는 안 된다.

$$L = \frac{R}{\omega_c} = \frac{500}{(2\pi)(15{,}000)} = 5.31\,\text{mH}.$$

예제 14.4 직렬 *RL* 고역 통과 필터와 부하

그림 14.15와 같이 *RL* 고역 통과 필터의 인덕터에 병렬로 저항 부하를 연결했을 때 이 부하의 영향을 살펴보자.

a) 그림 14.15 회로의 전달 함수를 구하라.

b) 예제 14.3(c) 회로의 *R*, *L* 값과 $R_L = R$을 이용하여 부하가 있는 *RL* 고역 통과 필터의 크기 선도를 그려라. 같은 그래프에 예제 14.3c의 부하가 없는 *RL* 고역 통과 필터의 크기 선도를 그려라.

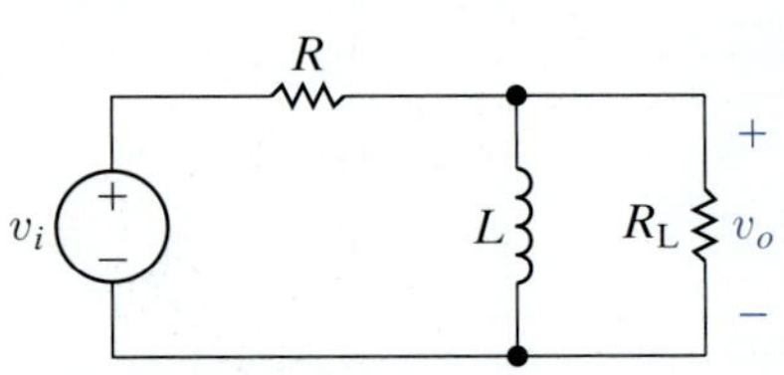

그림 14.15▲ 예제 14.4의 회로.

풀이

a) 먼저 그림 14.15의 회로를 *s* 영역의 등가 회로로 변환하자. 그 결과는 그림 14.16과 같다. 그리고 인덕터와 병렬 부하의 합성 임피던스에 인가되는 전압을 구하여 전달 함수를 구한다.

$$H(s) = \frac{\dfrac{R_L sL}{R_L + sL}}{R + \dfrac{R_L sL}{R_L + sL}} = \frac{\left(\dfrac{R_L}{R + R_L}\right)s}{s + \left(\dfrac{R_L}{R + R_L}\right)\dfrac{R}{L}} = \frac{Ks}{s + \omega_c},$$

여기서

$$K = \frac{R_L}{R + R_L}, \quad \omega_c = KR/L.$$

ω_c는 부하가 인가된 필터의 차단 주파수이다.

b) 예제 14.3(c)의 무부하 *RL* 고역 통과 필터에서 통과 대역의 크기는 1이고 차단 주파수는 15 kHz이다. 부하가 인가된

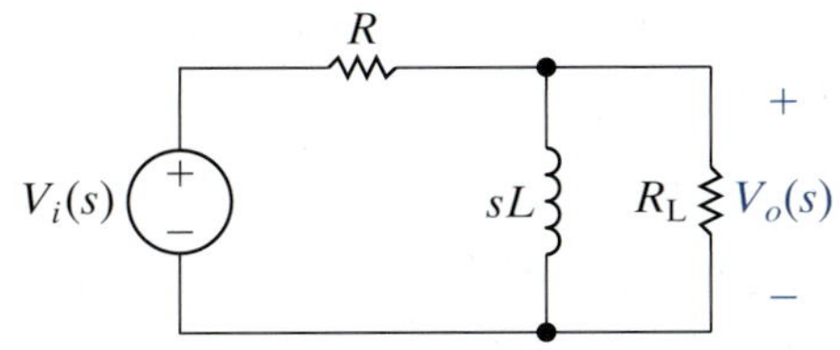

그림 14.16▲ 그림 14.15의 s 영역 등가 회로.

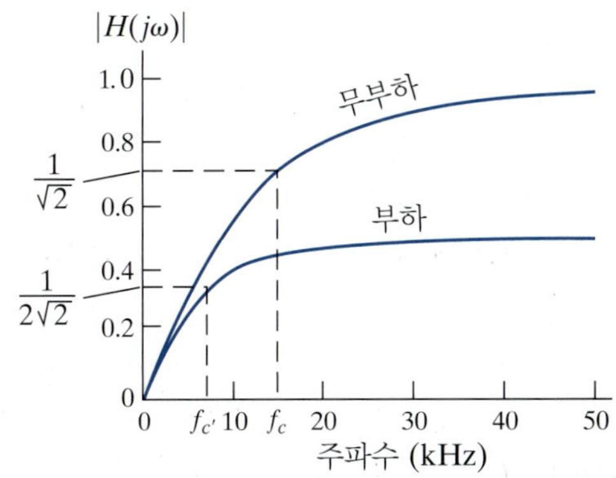

그림 14.17▲ 그림 14.13의 무부하 및 그림 14.15의 부하가 있는 RL 고역 통과 필터의 크기 선도.

RL 고역 통과 필터에서는 $R = R_L = 500\,\Omega$이므로 $K = 1/2$이다. 따라서 부하가 인가된 필터에서 통과 대역 크기는 (1)(1/2) = 1/2이고, 차단 주파수는 (15,000)(1/2) = 7.5 kHz이다. 그림 14.17은 부하 및 무부하 회로의 크기 선도이다.

예제 14.3의 무부하 필터와 예제 14.4의 부하가 연결된 필터의 전달 함수를 비교해 보자. 두 경우 모두 전달 함수는 다음과 같은 형식이다.

$$H(s) = \frac{Ks}{s + K(R/L)},$$

이때 무부하 필터에서는 $K = 1$이고, 부하가 있는 경우에는 $K = R_L/(R + R_L)$이다. 부하가 있는 경우의 K는 $R_L = \infty$가 되면 결국 무부하일 때의 K와 같아진다.

두 경우의 차단 주파수는 전달 함수로부터 직접 구할 수 있다. $\omega_c = K(R/L)$이며, 무부하의 경우 $K = 1$, 부하가 있는 경우 $K = R_L/(R + R_L)$이다. 차단 주파수 역시 부하가 있는 경우 $R_L = \infty$가 되면 무부하인 경우와 같아진다. $R_L/(R + R_L) < 1$이므로 부하 저항은 결국 통과 대역의 진폭과 차단 주파수를 K배로 낮추는 역할을 한다.

이에 대해서는 14장 앞부분에서 우리가 예측한 바 있다. 수동 소자로 이루어진 고역 통과 필터가 가질 수 있는 최대 출력의 크기는 입력 전압의 크기이다. 예제 14.4에서와 같이 필터 양단에 부하 저항을 연결하면 진폭이 감소한다. 통과 대역의 신호를 증폭하기 위해서는 15장에서 논의할 능동 필터를 사용해야 한다.

필터 설계에서 부하가 필터의 전달 함수에 미치는 영향은 또 다른 문제를 야기한다. 보통은 전달 함수의 사양이 먼저 제시되고, 이를 만족하도록 필터가 설계된다. 우리는 필터에 어떤 부하가 인가될지 알 수도 있고, 모를 수도 있다. 이상적으로는 인가되는 부하에 관계없이 필터의 전달 함수가 일정하게 유지되기를 원하지만 이 장에서 소개한 수동 필터로는 불가능하다.

그림 14.18에 우리가 살펴보았던 고역 통과 필터 회로가 요약되어 있다. $H(s)$ 표현을 주의 깊게 보면 이들의 표현이 매우 유사한 형태를 가지며, 단지 차단 주파수가 포함되어 있는 분모만 다르다는 것을 알 수 있다. 저역 통과 필터에서 식 (14.6)과 같이 이 두 형태의 고역 통과 필터의 전달 함수의 일반형은 다음과 같다.

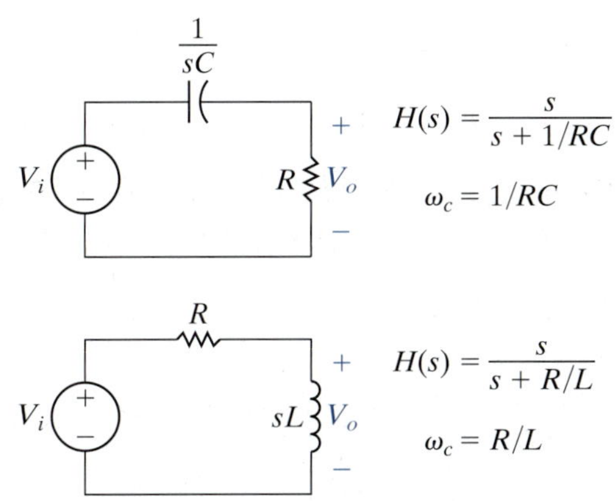

그림 14.18▲ 두 종류의 고역 통과 필터, 직렬 RC와 직렬 RL 회로, 각각의 전달 함수 및 차단 주파수.

고역 통과 필터의 전달 함수

$$H(s) = \frac{s}{s + \omega_c}. \tag{14.10}$$

식 (14.10)의 전달 함수를 갖는 어떠한 회로도 차단 주파수가 ω_c인 고역 통과 필터로 동작한다. 이 장 연습문제에는 이러한 전압 비를 가진 회로의 예를 제시하였다.

또 하나의 중요한 관계에 주목할 필요가 있다. 직렬 *RC* 회로가 저역 통과 필터의 형태이든 고역 통과 필터의 형태이든 똑같은 차단 주파수를 갖는다는 것이다. 직렬 *RL* 회로에서도 같은 결과를 볼 수 있다. 이전에 차단 주파수와 회로의 시정수와의 관계를 살펴본 바에서 알 수 있듯이, 차단 주파수는 회로 소자, 소자의 값, 연결 방식에만 그 값이 좌우되는 회로의 특성 파라미터이다.

평가문제

목표 2—고역 통과 필터로 동작하는 *RL* 및 *RC* 회로의 구성을 안다.

14.3 직렬 *RL* 고역 통과 필터의 소자 값이 $R = 15\ \text{k}\Omega$이고 $L = 10\ \text{mH}$이다. 이 필터의 ω_c는 무엇인가?

정답: 1.5 Mrad/s.

14.4 직렬 *RC* 고역 통과 필터의 소자 값이 $C = 47\ \mu\text{F}$이다. 다음 값의 저항 *R*에 대해 차단 주파수를 각각 계산하라.

a) 50 Ω　　b) 1 kΩ　　c) 5 kΩ

정답: a) 425.5 rad/s,　b) 21.3 rad/s,　c) 4.26 rad/s.

14.5 커패시터와 병렬로 연결된 부하 저항 R_L을 갖는 직렬 *RC* 저역 통과 필터의 전달 함수를 계산하라.

정답: $H(s) = \dfrac{\frac{1}{RC}}{s + \frac{1}{KRC}}$, 여기서 $K = \dfrac{R_L}{R + R_L}$.

자가 검사: 연습문제 14.11과 14.16도 풀어 보라.

14.4 대역 통과 필터

다음으로 알아볼 필터는 어떤 주파수 대역 내의 전압은 출력으로 내보내고, 대역 밖의 주파수를 갖는 전압은 걸러 내는 필터이다. 이 필터는 저역 통과 필터나 고역 통과 필터보다 다소 복잡하다. 그림 14.3(a)의 이상적인 대역 통과 필터는 통과 대역을 구분하는 두 개의 차단 주파수 ω_{c1}과 ω_{c2}를 갖는다. 실제 대역 통과 필터의 경우 이들 차단 주파수는 전달 함수의 크기가 $(1/\sqrt{2})H_{max}$인 주파수로 정의된다.

중심 주파수, 대역폭, 품질 지수

대역 통과 필터의 특성을 설명하는 파라미터에는 차단 주파수 ω_{c1}과 ω_{c2} 외에 세 종류가 더 있다. 첫째는 **중심 주파수**(center frequency) ω_o로서 회로의 전달 함수가 순 실수가 되는 주파수로 정의된다. 중심 주파수의 또 다른 이름은 **공명 주파수**(resonant frequency)이다. 이는 8장에서 2차 회로의 고유 응답을 특징짓는 주파수에 붙여진 이름과 같은데, 실제로 이 둘은 동일한 것이다. 회로의 입력 주파수가 공명 주파수일 때 구동 함수의 주파수가 회로의 고유 주파수와 같으므로, 우리는 그 회로가 **공명 상태**에 있다고 말한다. 중심 주파수는 통과 대역의 기하학적 중심이다. 다시 말해서 $\omega_o = \sqrt{\omega_{c1}\omega_{c2}}$이다. 대역 통과 필터의 경우 전달 함수의 크기는 중심 주파수에서 최대가 된다($H_{max} = |H(j\omega_o)|$).

두 번째 파라미터는 통과 대역의 너비인 **대역폭**(band width) β이고, 마지막 파라미터는 대역폭에 대한 중심 주파수의 비인 **품질 지수**(quality factor) Q이다. 품질 지수는 주파수 축상의 위치와 무관하게 통과 대역의 너비를 나타낸다. 이는 또한 크기 응답의 형태를 주파수와는 무관하게 결정한다.

대역 통과 필터의 특성을 설명하기 위해서는 다섯 개의 파라미터—ω_{c1}, ω_{c2}, ω_o, β, Q—가 필요하지만, 이 중에서 단지 두 개만이 독립적으로 결정될 수 있다. 즉 일단 이들 파라미터 가운데 두 개의 값이 지정되면 나머지 세 개는 이들 간의 관계에 의해 계산될 수 있다. 이제 이들 관계를 살펴보고 대역 통과 필터로 동작하는 두 개의 *RLC* 회로에서 각 파라미터를 소자 값으로 표현한다.

직렬 *RLC* 회로—정성적 분석

그림 14.19(a)는 직렬 *RLC* 회로이다. 이 회로에서 전원 주파수의 변화가 출력 전압의 크기에 미치는 영향을 살펴보고자 한다. 이전과 같이 전원 주파수가 변경되면 커패시터와 인덕터의 임피던스가 달라지는데, 이번에는 회로가 인덕터와 커패시터를 둘 다 가지므로 정성적인 분석이 조금 더 복잡하다.

$\omega = 0$일 때 커패시터는 개방 회로로, 인덕터는 단락 회로로 각각 동작한다. 그림 14.19(b)는 이때의 등가 회로를 보여 준다. 회로의 개방부는 커패시터의 임피던스를 의미하는 것으로, 이로 인하여 전류가 저항에 흐르지 못하게 되므로 그 결과 출력 전압은 0이 된다.

$\omega = \infty$일 때 커패시터는 단락 회로와 같이 동작하고, 인덕터는 개방 회로로 동작한다. 이때의 등가 회로는 그림 14.9(c)와 같다. 이번에는 인덕터로 인하여 저항에 전류가 흐르지 못하므로 출력 전압은 역시 0이 된다.

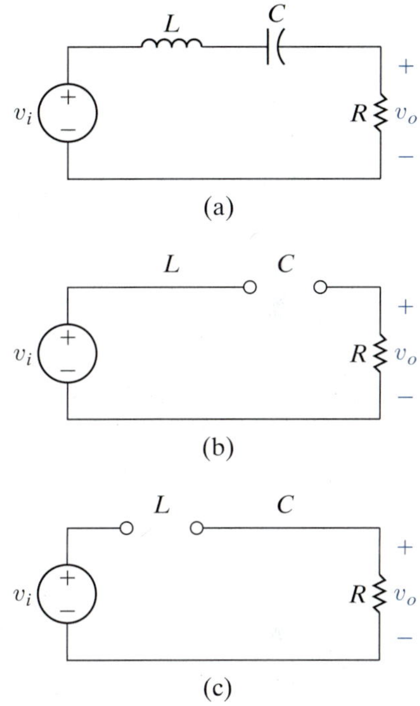

그림 14.19▲ (a) 직렬 *RLC* 대역 통과 필터, (b) $\omega = 0$일 때의 등가 회로, (c) $\omega = \infty$일 때의 등가 회로.

그러나 $\omega = 0$과 $\omega = \infty$ 사이의 주파수 영역에서는 어떻게 될까? 이 두 극단 사이에서는 커패시터와 인덕터 둘 다 유한한 임피던스를 갖는다. 이 영역에서는 전원 전압이 인덕터와 커패시터 및 저항으로 분배된다. 커패시터의 임피던스는 음이고, 인덕터의 임피던스는 양임을 상기하면 어떤 주파수에서는 커패시터와 인덕터 각각의 임피던스의 크기가 같고 부호는 반대가 될 것이다. 이때 두 개의 임피던스는 상쇄되고, 결과적으로 출력 전압은 전원 전압과 같게 된다. 이 특별한 주파수가 중심 주파수 ω_o이다. ω_o의 좌우의 어느 쪽에서든 출력 전압은 전원 전압보다 작다. ω_o일 때 인덕터와 커패시터의 직렬 연결은 단락 회로처럼 동작한다.

그림 14.20은 그림 14.19(a) 회로의 주파수 응답 곡선이다. 이상적인 대역 통과 필터의 이득 곡선(크기 곡선의 점선 그래프)이 직렬 *RLC* 전달 함수 이득 곡선과 같이 그려져 있다.

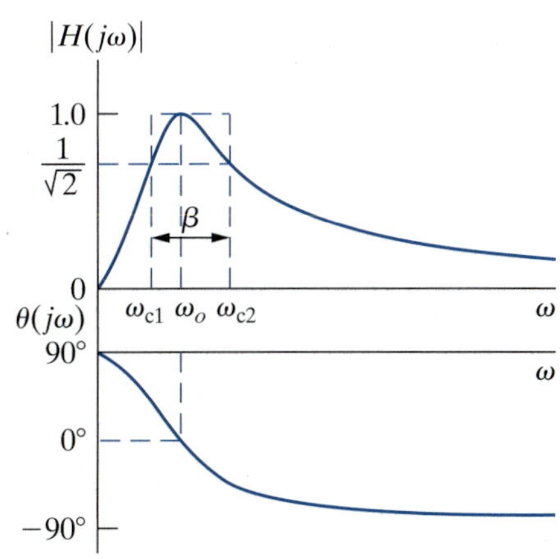

그림 14.20▲ 그림 14.19의 직렬 *RLC* 대역 통과 필터의 주파수 응답 곡선.

이제 출력 전압의 위상각이 어떻게 되는지 알아보자. 중심 주파수 ω_o에서는 입력과 출력 전압의 위상은 같으므로 전달 함수의 위상은 0°이다. 주파수가 감소함에 따라 커패시터의 위상각이 인덕터의 위상각보다 커진다. 커패시터는 위상각을 양으로 천이시키므로 출력의 위상각은 양이 된다. 매우 낮은 주파수에서는 출력의 위상각이 최댓값인 +90°가 된다.

반대로, 만약 주파수가 중심 주파수보다 커지면 인덕터의 위상각이 커패시터의 위상각보다 커진다. 인덕터는 위상을 음의 방향으로 천이시키므로 출력의 위상은 음이 된다. 매우 높은 주파수에서는 출력의 위상각이 −90°에 이른다. 그림 14.20에 전달 함수의 위상각 선도가 도시되어 있다.

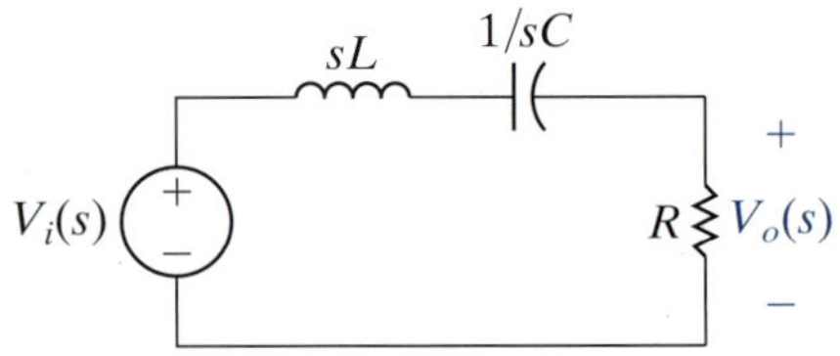

그림 14.21▲ 그림 14.19(a) 회로의 s 영역 등가 회로.

직렬 *RLC* 회로—정량적 분석

먼저 그림 14.21과 같이 직렬 *RLC* 회로의 *s* 영역 등가 회로를 구성한다. 전압 분배를 이용하여 전달 함수를 구하면 다음과 같다.

$$H(s) = \frac{(R/L)s}{s^2 + (R/L)s + (1/LC)}. \tag{14.11}$$

식 (14.11)에서 $s = j\omega$를 대입하고 전달 함수의 크기와 위상각 식을 유도하면 다음과 같다.

$$|H(j\omega)| = \frac{\omega(R/L)}{\sqrt{[(1/LC) - \omega^2]^2 + [\omega(R/L)]^2}}, \tag{14.12}$$

$$\theta(j\omega) = 90° - \tan^{-1}\left[\frac{\omega(R/L)}{(1/LC) - \omega^2}\right].$$

이제 *RLC* 대역 통과 필터의 특성을 결정하는 다섯 개의 파라미터를 계산해 보자. 중심 주파수 ω_o는 전달 함수가 순 실수가 되는 주파수이다. 그림 14.21의 *RLC* 회로의 전달 함수는 인덕터의 임피던스와 커패시터의 임피던스의 합이 0이 되는 주파수에서 순 실수가 된다.

$$j\omega_o L + \frac{1}{j\omega_o C} = 0.$$

ω_o에 대해 풀면

중심 주파수

$$\omega_o = \sqrt{\frac{1}{LC}}. \tag{14.13}$$

다음으로 차단 주파수 ω_{c1}과 ω_{c2}를 구해 보자. 차단 주파수에서 전달 함수의 크기는 $(1/\sqrt{2})H_{\max}$가 됨을 이용하면 된다. $H_{\max} = |H(j\omega_o)|$이므로 $H_{\max}$는 식 (14.12)에 식 (14.13)을 대입하면 구할 수 있다.

$$\begin{aligned} H_{\max} &= |H(j\omega_o)| \\ &= \frac{\omega_o(R/L)}{\sqrt{[(1/LC) - \omega_o^2]^2 + (\omega_o R/L)^2}} \\ &= \frac{\sqrt{(1/LC)}(R/L)}{\sqrt{[(1/LC) - (1/LC)]^2 + [\sqrt{(1/LC)}(R/L)]^2}} = 1. \end{aligned}$$

이제 식 (14.12)의 좌변을 $(1/\sqrt{2})H_{\max}$로 놓으면(즉 $1/\sqrt{2}$) ω_c를 구할 수 있다.

$$\begin{aligned} \frac{1}{\sqrt{2}} &= \frac{\omega_c(R/L)}{\sqrt{[(1/LC) - \omega_c^2]^2 + (\omega_c R/L)^2}} \\ &= \frac{1}{\sqrt{[(\omega_c L/R) - (1/\omega_c RC)]^2 + 1}}. \end{aligned}$$

이 표현식에서 양변의 분모가 같다는 조건을 이용하여 식을 간단히 하면

$$\pm 1 = \omega_c \frac{L}{R} - \frac{1}{\omega_c RC}.$$

이 식을 정리하면 다음과 같은 2차 방정식을 얻을 수 있다.

$$\omega_c^2 \pm \frac{R}{L}\omega_c - \frac{1}{LC} = 0.$$

위 이차 방정식의 해는 네 개이다. 그중에서 두 개는 반드시 양수이며, 이들만이 물리적 의미를 갖는다. 이 주파수가 바로 통과 대역의 경계이다.

직렬 *RLC* 필터의 차단 주파수

$$\omega_{c1} = -\frac{R}{2L} + \sqrt{\left(\frac{R}{2L}\right)^2 + \left(\frac{1}{LC}\right)}, \tag{14.14}$$

$$\omega_{c2} = \frac{R}{2L} + \sqrt{\left(\frac{R}{2L}\right)^2 + \left(\frac{1}{LC}\right)}. \tag{14.15}$$

식 (14.14)와 (14.15)를 이용하면 중심 주파수가 차단 주파수의 기하 평균임을 확인할 수 있다.

중심 주파수와 차단 주파수의 관계

$$\omega_o = \sqrt{\omega_{c1} \cdot \omega_{c2}}$$

$$= \sqrt{\left[-\frac{R}{2L} + \sqrt{\left(\frac{R}{2L}\right)^2 + \left(\frac{1}{LC}\right)}\right]\left[\frac{R}{2L} + \sqrt{\left(\frac{R}{2L}\right)^2 + \left(\frac{1}{LC}\right)}\right]}$$

$$= \sqrt{\frac{1}{LC}}.$$

대역 통과 필터의 대역폭은 두 차단 주파수의 차이로 정의된다. $\omega_{c2} > \omega_{c1}$이므로 식 (14.15)에서 식 (14.14)를 빼면 대역폭을 구할 수 있다.

대역폭과 차단 주파수의 관계

$$\beta = \omega_{c2} - \omega_{c1}$$

$$= \left[\frac{R}{2L} + \sqrt{\left(\frac{R}{2L}\right)^2 + \left(\frac{1}{LC}\right)}\right] - \left[-\frac{R}{2L} + \sqrt{\left(\frac{R}{2L}\right)^2 + \left(\frac{1}{LC}\right)}\right],$$

따라서

직렬 *RLC* 필터의 대역폭

$$\beta = \frac{R}{L}. \tag{14.16}$$

마지막 파라미터인 품질 지수는 대역폭에 대한 중심 주파수의 비로 정의된다. 식 (14.13)과 (14.16)을 이용하면

품질 지수, 중심 주파수, 대역폭 사이의 관계

$$Q = \frac{\omega_o}{\beta}$$

$$= \frac{\sqrt{1/LC}}{(R/L)},$$

따라서

직렬 *RLC* 필터의 품질 지수

$$Q = \sqrt{\frac{L}{R^2C}}. \tag{14.17}$$

이제 직렬 *RLC* 대역 통과 필터의 특성을 결정하는 다섯 가지 파라미터, 즉 통과 대역의 경계가 되는 차단 주파수 ω_{c1}, ω_{c2}, 전달 함수의 크기가 최대가 되는 중심 주파수 ω_o, 통과 대역폭의 크기에 대한 지표인 대역폭 β, 통과 대역폭의 또 다른 지표인 품질 지수 Q 등을 알게 되었다. 전술한 바와 같이 회로를 설계할 때에는 이들 중 두 종류만 독립적으로 정해질 수 있다. 바로 앞에서 품질 지수가 중심 주파수와 대역폭에 의하여 결정되는 것을 보았다. 차단 주파수 역시 중심 주파수와 대역폭을 이용하여 표현될 수 있다.

$$\omega_{c1} = -\frac{\beta}{2} + \sqrt{\left(\frac{\beta}{2}\right)^2 + \omega_o^2},$$

$$\omega_{c2} = \frac{\beta}{2} + \sqrt{\left(\frac{\beta}{2}\right)^2 + \omega_o^2}.$$

다른 방법으로, 차단 주파수를 중심 주파수와 품질 지수로서 표현할 수도 있다(연습문제 14.23 참조).

$$\omega_{c1} = \omega_o \cdot \left[-\frac{1}{2Q} + \sqrt{1 + \left(\frac{1}{2Q}\right)^2}\right],$$

$$\omega_{c2} = \omega_o \cdot \left[\frac{1}{2Q} + \sqrt{1 + \left(\frac{1}{2Q}\right)^2}\right].$$

예제 14.5, 14.6, 14.7을 통해 대역 통과 필터의 설계, 대역 통과 필터로 동작하는 다른 형태의 *RLC* 회로 등을 알아보고, *RLC* 대역 통과 필터에서 전원 저항이 필터의 특성 파라미터에 어떤 영향을 주는지 살펴보자.

예제 14.5 대역 통과 필터 설계하기

그래픽 이퀄라이저는 주파수 영역별로 각각의 증폭 정도를 선택할 수 있게 하는 오디오 증폭기이다. 그림 14.19(a)의 직렬 RLC 회로를 이용하여 1~10 kHz 주파수 대역의 입력을 선택할 수 있는 대역 통과 회로가 되도록 R, L, C값을 선정하라. 이러한 회로는 특정 대역의 신호 증폭에 앞서 가청 주파수 대역(일반적으로 0~20 kHz) 중에서 해당 주파수 대역을 선택하는 그래픽 이퀄라이저로 사용될 수 있다.

풀이

차단 주파수가 1 kHz, 10 kHz인 대역 통과 필터가 되도록 R, L, C 값을 계산한다. 해를 구하는 접근 방법은 다양하다. 예를 들면 식 (14.14)와 (14.15)를 이용하여 ω_{c1}과 ω_{c2}를 R, L, C 항으로 나타낼 수 있다. 이 방법은 방정식의 형태 때문에 대수적으로 해를 구하는 과정이 복잡해질 수 있다. 그 대신에 차단 주파수로부터 중심 주파수 ω_o를 구하고, 식 (14.13)을 이용하여 ω_o에서 L과 C를 계산하는 방법을 사용한다. 다음으로 차단 주파수로부터 대역폭 β를 구하고 마지막으로 식 (14.16)을 이용하여 R을 계산할 것이다. 이 방식은 단계는 많지만 각각의 계산은 상당히 간단하다.

대역 통과 필터의 특성 파라미터는 서로 독립이 아니므로 어떤 방식을 선택하더라도 단 두 개의 방정식만 얻을 수 있으며, 이는 세 개의 미지수를 풀기에는 부족하다. 따라서 R, L, C 중 하나의 값을 선택하고, 우리가 정한 두 방정식을 이용하여 나머지 소자 값을 계산해야 한다. 여기서는 커패시터 값으로 1 μF을 임의로 선택하기로 한다.

중심 주파수는 차단 주파수의 기하 평균이므로

$$f_o = \sqrt{f_{c1}f_{c2}} = \sqrt{(1000)(10{,}000)} = 3162.28\text{ Hz}.$$

다음으로 중심 주파수와 C의 값을 이용하여 식 (14.13)으로부터 L값을 계산한다. 여기서 중심 주파수를 rad/s로 변환하는 것을 잊지 않는다.

$$L = \frac{1}{\omega_o^2 C} = \frac{1}{[2\pi(3162.28)]^2(10^{-6})} = 2.533\text{ mH}.$$

대역폭은 두 차단 주파수의 차이이므로

$$\beta = \omega_{c2} - \omega_{c1} = 10{,}000 - 1000 = 9\text{ kHz}.$$

대역폭의 단위를 rad/s으로 변환하고 식 (14.16)을 이용하여 R을 구하면

$$R = \beta L = [2\pi(9000)](2.533 \times 10^{-3}) = 143.24\ \Omega.$$

이 소자 값이 우리가 원하는 대역 통과 필터를 구성할 수 있는지 확인하기 위해 이들을 식 (14.14)와 (14.15)에 대입해 보자.

$$\omega_{c1} = 6283.19\text{ rad/s }(1000\text{ Hz}),$$
$$\omega_{c2} = 62{,}831.85\text{ rad/s }(10{,}000\text{ Hz}),$$

이들은 모두 우리가 설정한 차단 주파수임을 알 수 있다.

이 예제는 대역 통과 필터 파라미터 중 단 두 개만이 독립적으로 정해질 수 있음을 알려 준다. 다른 세 파라미터는 정해진 두 개로부터 항상 계산될 수 있다. 다시 말해서 이들 다섯 개의 파라미터 값은 R, L, C 등 세 개의 소자 값에 좌우되고, 이들은 또 단 두 개만이 독립적으로 정해질 수 있다. 대개의 경우 지정된 파라미터가 어떤 것이든 그들로부터 중심 주파수와 대역폭을 계산하고, 식 (14.13)과 (14.16)을 이용하여 나머지 두 개의 소자 값을 계산하는 것이 가장 쉬운 방법이다.

예제 14.6 병렬 *RLC* 대역 통과 필터 설계하기

a) 전달 함수 $H(s)$의 표현식을 유도하여 그림 14.22의 RLC 회로도 대역 통과 필터임을 보여라. 이 회로는 전류원을 가진 병렬 RLC 회로에서 전류원과 병렬 저항을 전압원과 직렬 저항으로 변환한 회로이다. 이 경우에도 입력 전압에 대한 출력 전압의 비를 이용하여 필터의 전달 함수를 구할 수 있다.

b) 중심 주파수 ω_o를 계산하라.

c) 차단 주파수 ω_{c1}과 ω_{c2}, 대역폭 β, 품질 지수 Q를 계산하라.

d) 5 μF 커패시터를 사용하여 중심 주파수 5 kHz, 대역폭 200 Hz인 대역 통과 필터가 되도록 R, L 값을 계산하라.

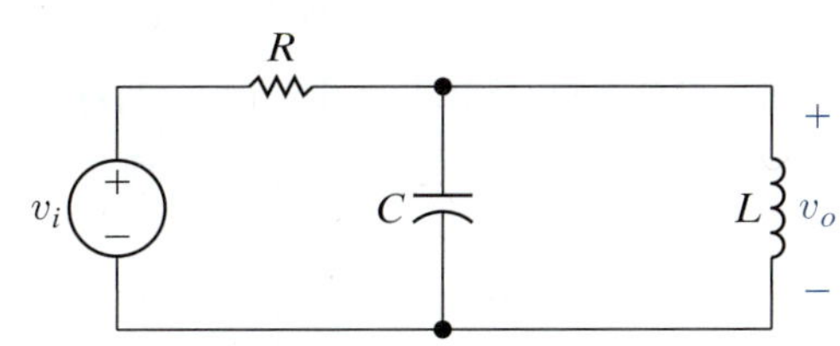

그림 14.22▲ 예제 14.6의 회로.

풀이

a) 그림 14.23과 같이 그림 14.22 회로의 s 영역 등가 회로를 먼저 그린다. 그림 14.23에서 $Z_{eq}(s)$로 나타낸 L과 C의 병렬 연

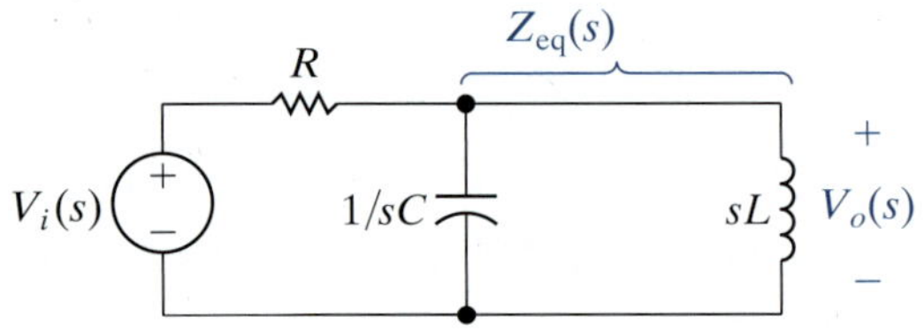

그림 14.23▲ 그림 14.22의 s 영역 등가 회로.

결된 등가 임피던스를 계산하면 전압 분배를 이용하여 등가 회로의 전달 함수를 계산할 수 있다.

$$Z_{eq} = sL \| \frac{1}{sC} = \frac{(sL)(1/sC)}{sL + (1/sC)} = \frac{sL}{s^2LC + 1}.$$

따라서 전달 함수는

$$H(s) = \frac{V_o(s)}{V_i(s)} = \frac{Z_{eq}}{R + Z_{eq}} = \frac{\frac{s}{RC}}{s^2 + \frac{s}{RC} + \frac{1}{LC}}.$$

b) 중심 주파수를 구하기 위해 전달 함수가 최대가 되는 주파수를 찾아야 한다. $H(s)$에서 $s = j\omega$를 대입하면

$$|H(j\omega)| = \frac{\frac{\omega}{RC}}{\sqrt{\left(\frac{1}{LC} - \omega^2\right)^2 + \left(\frac{\omega}{RC}\right)^2}}$$

$$= \frac{1}{\sqrt{1 + \left(\omega RC - \frac{1}{\omega \frac{L}{R}}\right)^2}}.$$

전달 함수의 크기가 최대가 되는 조건은 다음과 같다.

$$\left(\frac{1}{LC} - \omega^2\right)^2 = 0.$$

따라서

$$\omega_o = \sqrt{\frac{1}{LC}}$$

그리고

$$H_{max} = |H(j\omega_o)| = 1.$$

c) 차단 주파수에서 전달 함수의 크기는 $(1/\sqrt{2})H_{max} = 1/\sqrt{2}$이다. 전달 함수 크기의 식 좌변을 이 값으로 대체하면

$$\left[\omega_c RC - \frac{1}{\omega_c \frac{L}{R}}\right] = \pm 1.$$

이 식을 정리하면 차단 주파수에 대한 두 개의 이차 방정식을 얻을 수 있고, 네 개의 해가 존재한다. 그중 두 개만 양수이고 물리적인 의미를 갖는다.

병렬 *RLC* 필터의 차단 주파수

$$\omega_{c1} = -\frac{1}{2RC} + \sqrt{\left(\frac{1}{2RC}\right)^2 + \frac{1}{LC}},$$

$$\omega_{c2} = \frac{1}{2RC} + \sqrt{\left(\frac{1}{2RC}\right)^2 + \frac{1}{LC}}.$$

대역폭은 차단 주파수로부터 계산될 수 있다.

병렬 *RLC* 필터의 대역폭

$$\beta = \omega_{c2} - \omega_{c1} = \frac{1}{RC}.$$

마지막으로, 정의로부터 품질 지수 Q를 계산할 수 있다.

병렬 *RLC* 필터의 품질 지수

$$Q = \frac{\omega_o}{\beta} = \sqrt{\frac{R^2C}{L}}.$$

예제의 대역 통과 필터의 차단 주파수는 대역폭과 중심 주파수를 이용하여 다른 방법으로 표현될 수 있다.

$$\omega_{c1} = -\frac{\beta}{2} + \sqrt{\left(\frac{\beta}{2}\right)^2 + \omega_o^2},$$

$$\omega_{c2} = \frac{\beta}{2} + \sqrt{\left(\frac{\beta}{2}\right)^2 + \omega_o^2}.$$

d) 5 μF의 커패시터가 주어졌으므로 (c)의 대역폭 식을 이용하면 R값을 계산할 수 있다. 단, 대역폭의 단위를 rad/s로 변환하는 것을 잊지 말아야 한다.

$$R = \frac{1}{\beta C}$$

$$= \frac{1}{(2\pi)(200)(5 \times 10^{-6})}$$

$$= 159.15\ \Omega.$$

인덕터의 값은 커패시터 값과 (b)의 중심 주파수 식을 이용하여 계산할 수 있다.

$$L = \frac{1}{\omega_o^2 C}$$

$$= \frac{1}{[2\pi(5000)]^2(5 \times 10^{-6})}$$

$$= 202.64\ \mu\text{H}.$$

예제 14.7 RLC 대역 통과 필터에서 전원 저항의 영향 결정하기

지금까지의 대역 통과 필터에서는 항상 이상적인 전압원, 즉 직렬 저항이 없는 전압원을 가정했다. 그러나 실제 전압원의 내부 임피던스와 크기가 비슷한 등가 임피던스를 갖는 R, L, C로 이루어진 필터 설계에서는 전압원을 이상적이라 가정하는 것은 맞지 않는다. 여기서는 전원 저항 R_i가 직렬 RLC 대역 통과 필터의 특성에 미치는 영향을 살펴본다.

a) 그림 14.24 회로의 전달 함수를 결정하라.

b) 예제 14.5의 R, L, C 값을 이용하고 $R_i = R$이라 할 때 그림 14.24 회로의 크기 선도를 그려라. 같은 그래프에 $R_i = 0$일 때 예제 14.5 회로의 크기 선도를 그려라.

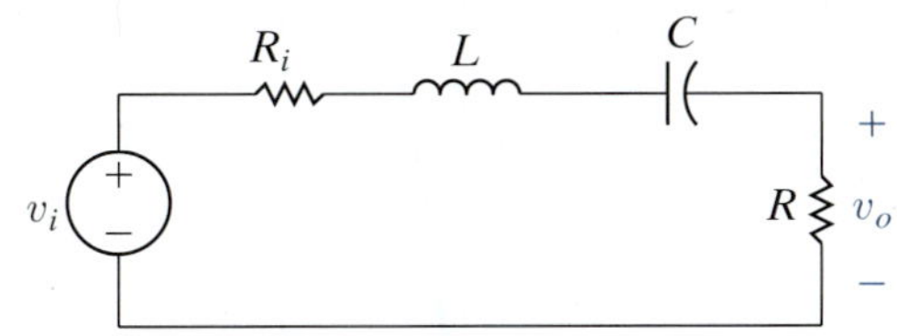

그림 14.24▲ 예제 14.7의 회로.

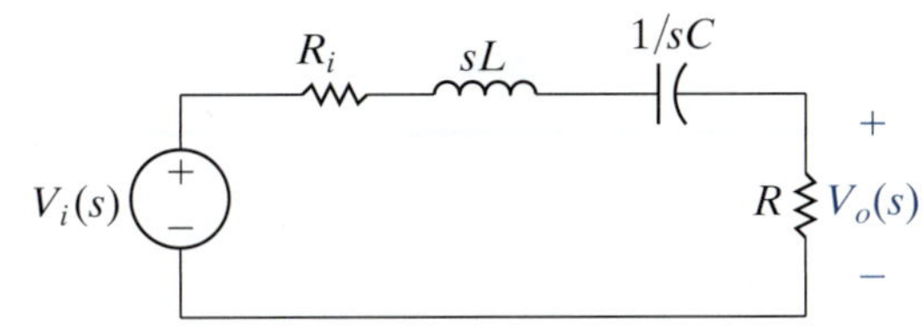

그림 14.25▲ 그림 14.24 회로의 s 영역 등가 회로.

풀이

a) 먼저 그림 14.25와 같이 그림 14.24 회로를 s 영역 등가 회로로 변환하고, 전압 분배를 이용하여 전달 함수를 구한다.

$$H(s) = \frac{\frac{R}{L}s}{s^2 + \left(\frac{R + R_i}{L}\right)s + \frac{1}{LC}}.$$

$s = j\omega$를 대입하여 전달 함수의 크기를 구한다.

$$|H(j\omega)| = \frac{\frac{R}{L}\omega}{\sqrt{\left(\frac{1}{LC} - \omega^2\right)^2 + \left(\omega\frac{R + R_i}{L}\right)^2}}.$$

중심 주파수 ω_o는 전달 함수의 크기가 최대가 되는 주파수이고 다음과 같다.

$$\omega_o = \sqrt{\frac{1}{LC}}.$$

중심 주파수에서 전달 함수 크기의 최댓값은

$$H_{\max} = |H(j\omega_o)| = \frac{R}{R_i + R}.$$

전달 함수의 크기를 $(1/\sqrt{2})H_{\max}$라 놓으면 차단 주파수를 구할 수 있다.

$$\omega_{c1} = -\frac{R + R_i}{2L} + \sqrt{\left(\frac{R + R_i}{2L}\right)^2 + \frac{1}{LC}},$$

$$\omega_{c2} = \frac{R + R_i}{2L} + \sqrt{\left(\frac{R + R_i}{2L}\right)^2 + \frac{1}{LC}}.$$

대역폭은 차단 주파수로부터 구할 수 있다.

$$\beta = \omega_{c2} - \omega_{c1} = \frac{R + R_i}{L}.$$

마지막으로 품질 지수는 중심 주파수와 대역폭을 이용하여 구할 수 있다.

$$Q = \frac{\omega_o}{\beta} = \frac{\sqrt{L/C}}{R + R_i}.$$

지금까지의 과정을 통해 직렬 RLC 대역 통과 필터에서 전원 저항이 0이 아닌 경우 전달 함수가 다음과 같음을 알 수 있다.

$$H(s) = \frac{K\beta s}{s^2 + \beta s + \omega_o^2},$$

여기서

$$K = \frac{R}{R + R_i}.$$

만일 $R_i = 0$이면 $K = 1$이 되므로 전달 함수는 다음과 같다.

$$H(s) = \frac{\beta s}{s^2 + \beta s + \omega_o^2}.$$

b) 예제 14.5의 회로는 3162.28 Hz의 중심 주파수와 9 kHz의 대역폭, $H_{\max} = 1$을 갖는다. 만약 그림 14.24 회로의 R, L, C와 같은 값을 이용하고 $R_i = R$이라 두면 중심 주파수는 3162.28 kHz로 남아 있지만, $\beta = (R + R_i)/L = 18$ kHz이고 $H_{\max} = R/(R + R_i) = 1/2$이 된다. 그림 14.26은 이 두 대역 통과 필터의 전달 함수 크기 선도 그래프이다.

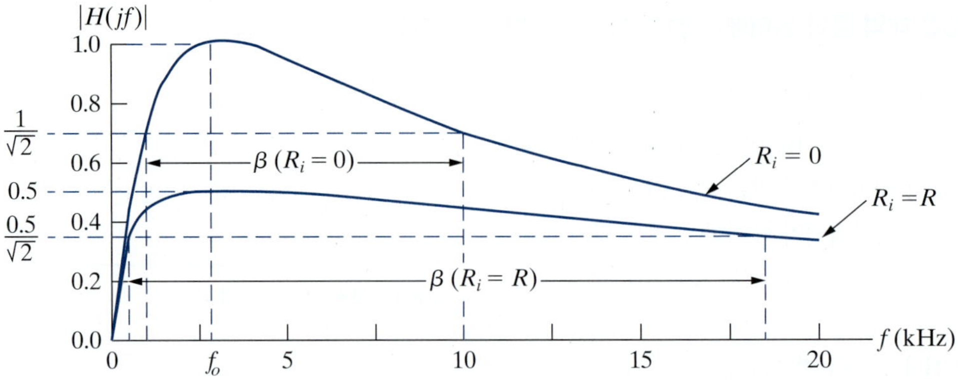

그림 14.26▲ 전원 저항이 0인 경우와 0이 아닌 경우의 직렬 *RLC* 대역 통과 필터의 크기 선도.

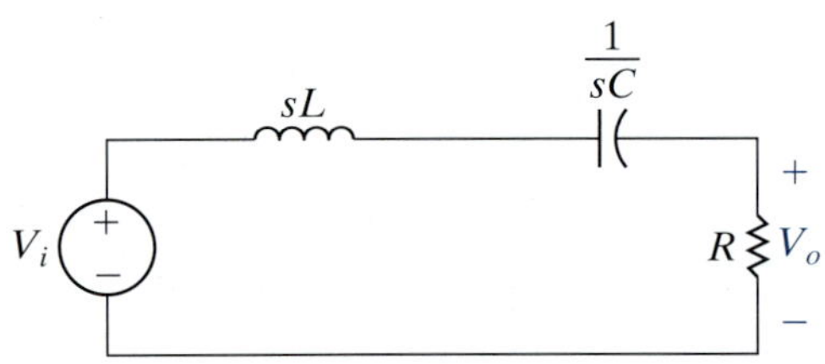

$$H(s) = \frac{(R/L)s}{s^2 + (R/L)s + 1/LC}$$

$$\omega_o = \sqrt{1/LC} \qquad \beta = R/L$$

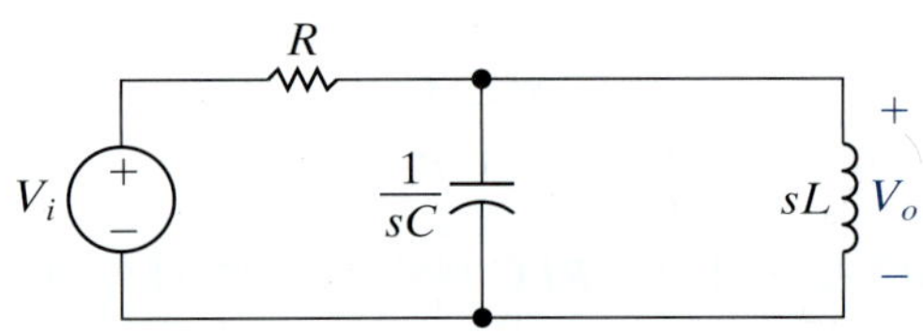

$$H(s) = \frac{s/RC}{s^2 + s/RC + 1/LC}$$

$$\omega_o = \sqrt{1/LC} \qquad \beta = 1/RC$$

그림 14.27▲ 두 가지 *RLC* 대역 통과 필터, 전달 함수, 중심 주파수, 대역폭.

$R_i = 0$인 경우와 $R_i \neq 0$인 경우 필터의 특성 파라미터를 비교하면 다음과 같은 사실을 알 수 있다.

- 중심 주파수는 같다.
- $R_i \neq 0$일 때의 전달 함수의 크기는 $R_i = 0$일 때보다 작다.
- $R_i \neq 0$일 때의 대역폭은 $R_i = 0$일 때보다 크다. 따라서 두 회로의 차단 주파수와 품질 지수도 다르다.

직렬 *RLC* 대역 통과 필터에 0이 아닌 전원 저항을 추가하면 중심 주파수는 변하지 않지만 통과 대역은 넓어지고 통과 대역의 이득은 작아진다.

여기에서 고역 통과 필터에 부하 저항이 더해졌을 때 보았던 것과 같은 설계 문제에 직면한다. 즉 전압원에 존재하는 내부 저항과 무관하게 항상 같은 특성을 가진 대역 통과 필터를 설계하고자 하지만, 수동 소자만으로 이러한 필터를 구성하는 것은 불가능하다. 15장에서 능동 필터가 전원 저항의 변화에 둔감하고, 따라서 이 점이 중요한 경우에는 능동 필터가 더 적합하다는 것을 알게 될 것이다.

그림 14.27은 앞에서 배웠던 두 가지 *RLC* 대역 통과 필터를 요약한다. 회로의 전달 함수 표현이 같은 형태임을 유심히 봐 두기 바란다. 이전에 했던 것과 같이 이 두 가지 대역 통과 필터의 전달 함수의 일반적인 식을 세울 수 있다.

대역 통과 필터의 전달 함수

$$H(s) = \frac{\beta s}{s^2 + \beta s + \omega_o^2}. \tag{14.18}$$

식 (14.18)과 같은 전달 함수를 갖는 회로는 어느 것이나 중심 주파수 ω_o, 대역폭 β를 갖는 대역 통과 필터로 동작한다.

예제 14.7에서 보았듯이 전달 함수는 또 다음과 같은 식으로 표현할 수 있다.

$$H(s) = \frac{K\beta s}{s^2 + \beta s + \omega_o^2},$$

여기서 K와 β는 전압원의 직렬 저항이 0인지 여부에 따라 달라진다.

주파수 영역과 시간 영역의 관련성

RLC 대역 통과 필터의 주파수 응답과 시간 응답을 특징짓는 파라미터 사이에는 밀접한 관련성이 있다. 그림 14.19(a)의 직렬 RLC 회로를 보자. 8장에서 회로의 고유 응답이 네퍼 주파수(α)와 공진 주파수(ω_o)에 의해 특징지어진다는 것을 배운 바 있다. 이 파라미터는 다음과 같이 식 (8.29)와 (8.30)과 같이 회로 소자의 값으로 표현될 수 있다.

$$\alpha = \frac{R}{2L},$$

$$\omega_o = \sqrt{\frac{1}{LC}}.$$

동일한 파라미터인 ω_o가 시간 영역과 주파수 영역 응답의 특성을 설명하는 데 모두 사용되고 있다. 이것이 바로 중심 주파수가 공진 주파수라고도 불리는 이유이다. 대역폭과 네퍼 주파수는 다음과 같은 관계에 있다.

$$\beta = 2\alpha. \tag{14.19}$$

앞에서 배운 바와 같이 직렬 RLC 회로의 고유 응답은 부족 감쇠, 과감쇠, 또는 임계 감쇠가 될 수 있다. 과감쇠에서 부족 감쇠로의 천이는 $\omega_o^2 = \alpha^2$일 때 발생한다. 식 (14.19)에서 α와 β 사이의 관계와 품질 지수 Q의 정의를 생각해 보면 과감쇠에서 부족 감쇠 응답으로의 천이는 $Q = 1/2$일 때 발생하는 것을 알 수 있다. 따라서 어떤 회로의 이득 곡선이 ω_o에서 예리하게 높아진다면 이는 Q값이 크고 대역폭이 좁다는 의미이며, 이러한 회로의 고유 응답은 부족 감쇠를 나타낼 것이다. 반대로 넓은 대역폭과 낮은 Q값의 주파수 응답을 가진 회로는 과감쇠 고유 응답을 가질 것이다.

평가문제

목표 3—대역 통과 필터로 동작하는 *RLC* 회로의 구성을 안다.

14.6 그림 14.19(a)의 회로를 이용하여 중심 주파수 25 kHz, 품질 지수 8을 갖는 대역 통과 필터가 되도록 R과 C 값을 계산하라. 1 mH 인덕터를 사용하라.

정답: $C = 40.53$ nF, $R = 19.63\ \Omega$.

14.7 그림 14.22 회로를 이용하여 중심 주파수가 8 kHz, 대역폭이 500 Hz인 대역 통과 필터가 되도록 R과 L 값을 계산하라. 25 μF 커패시터를 사용하라.

정답: $R = 12.73\ \Omega$, $L = 15.83\ \mu$H.

14.8 1 mH 인덕터를 이용하여 예제 14.6(d) 회로의 주파수 응답이 바뀌지 않도록 소자 값을 다시 계산하라.

정답: $C = 1.0132\ \mu$F, $R = 785.4\ \Omega$.

14.9 예제 14.6(d) 회로의 품질 지수는 바뀌지 않고 중심 주파수가 8 kHz로 변경되도록 회로의 소자 값을 다시 계산하라. 25 nF 커패시터를 사용하라.

정답: $R = 19.89$ kΩ, $L = 15.83$ mH.

자가 검사: 연습문제 14.24와 14.30도 풀어 보라.

14.5 대역 차단 필터

이제 네 가지 종류의 필터 가운데 마지막 필터—대역 차단 필터—를 다루어 보자. 이 필터는 두 차단 주파수 사이의 대역 밖(통과 대역)의 전원 전압을 출력으로 통과시키고, 두 차단 주파수 사이의 주파수(차단 대역)에 해당하는 전원 전압은 출력에 이르기 전에 감쇠시킨다. 따라서 대역 통과 필터와 대역 차단 필터는 주파수 영역에서 상반된 기능을 수행한다.

대역 차단 필터의 특성을 나타내는 파라미터는 두 개의 차단 주파수, 중심 주파수, 대역폭, 품질 지수 등이며, 이는 대역 통과 필터의 경우와 동일하다. 다시 반복하면, 이들 다섯 파라미터 가운데 단지 두 개만이 독립적으로 정해질 수 있다.

다음 절에서 대역 차단 필터로 동작하는 두 회로를 알아보고 각 회로의 소자 값과 특성 파라미터의 관계식을 계산해 보자.

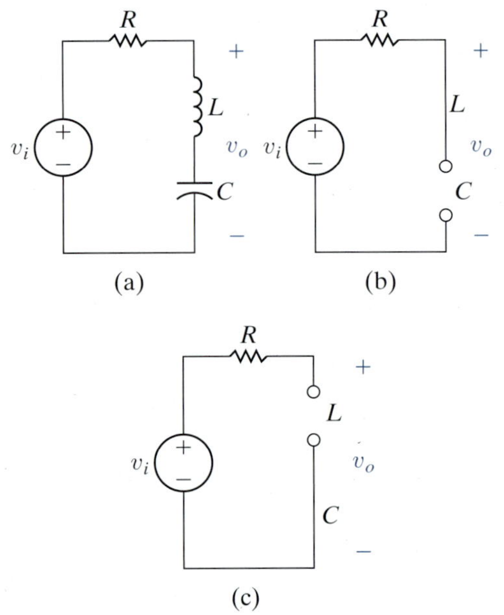

그림 14.28▲ (a) 직렬 RLC 대역 차단 필터. (b) $\omega = 0$일 때의 등가 회로. (c) $\omega = \infty$일 때의 등가 회로.

직렬 *RLC* 회로—정성적 해석

그림 14.28(a)는 직렬 RLC 회로를 보여 준다. 회로 소자와 연결된 모습이 그림 14.19(a)의 직렬 RLC 대역 통과 필터와 같지만 출력 전압이 인덕터와 커패시터 쌍의 양단 전압으로 정의되어 있다. 저역 통과 및 고역 통과 필터의 경우에서 보았듯이 출력 전압의 정의에 따라서 똑같은 회로가 두 가지 다른 필터 기능을 수행할 수 있다.

알고 있는 바와 같이 $\omega = 0$일 때 그림 14.28(b)와 같이 인덕터는 단락 회로, 커패시터는 개방 회로와 각각 같다. $\omega = \infty$일 때에는 14.28(c)처럼 두 소자의 기능이 서로 뒤바뀐다. 두 경우 모두 출력이 개방 회로의 전압으로 정의되어 있으므로 입력 전압과 출력 전압은 같은 크기를 갖는다. 따라서 이러한 직렬 RLC 대역 차단 필터는 두 개의 통과 대역을 갖는다. 하나는 낮은 차단 주파수보다 낮은 주파수 대역이고 다른 하나는 높은 차단 주파수보다 높은 대역이다.

이 두 개의 통과 대역 사이에서 인덕터와 커패시터의 임피던스는 크기는 유한하고 부호는 서로 반대이다. 주파수가 0에서부터 증가함에 따라 인덕터의 임피던스는 증가하고 커패시터의 임피던스는 감소한다. 그러므로 ωL이 $1/\omega C$에 가까워짐에 따라 입력과 출력 간의 위상 천이는 $-90°$에 가까워진다. ωL이 $1/\omega C$를 초과하자마자 위상 천이는 $+90°$로 도약하고, ω가 계속 증가함에 따라 0에 수렴한다.

두 개의 통과 대역 사이에는 인덕터와 커패시터의 임피던스가 크기는 서로 같고 부호는 반대가 되는 주파수가 있을 것이다. 이 주파수에서는 인덕터와 커패시터의 직렬 연결은 단락 회로와 같으므로 출력 전압의 크기는 0이 된다. 이러한 현상이 일어나는 주파수가 직렬 RLC 대역 차단 필터의 중심 주파수이다.

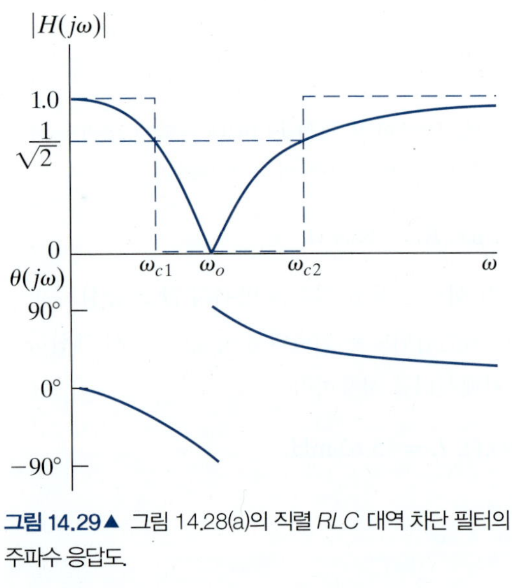

그림 14.29▲ 그림 14.28(a)의 직렬 RLC 대역 차단 필터의 주파수 응답도.

그림 14.29는 그림 14.28(a)의 직렬 RLC 대역 차단 필터의 주파수 응답도를 나타낸다. 크기 선도에는 그림 14.3(b)의 이상적인 대역 차단 필터의 응답이 같이 그려져 있다. 지금까지의 정성적 해석을 통해 이득과 위상각 그래프의 형태를 확인할 수 있었다. 이제 회로의 정량적인 해석을 통해 주파수 응답을 확인하고, 이 응답을 특징짓는 파라미터 값을 계산한다.

직렬 *RLC* 회로—정량적 해석

그림 14.30과 같이 s 영역으로 변환한 후 전압 분배를 이용하여 전달 함수 식을 구한다.

$$H(s) = \frac{sL + \frac{1}{sC}}{R + sL + \frac{1}{sC}} = \frac{s^2 + \frac{1}{LC}}{s^2 + \frac{R}{L}s + \frac{1}{LC}}.$$

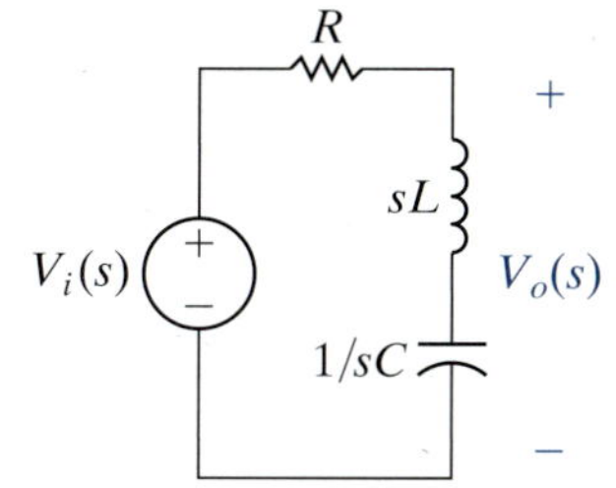

그림 14.30▲ 그림 14.28(a) 회로의 s 영역 등가 회로.

$H(s)$의 s에 $j\omega$를 대입하고, 전달 함수의 크기와 위상의 표현식을 계산하면 다음과 같다.

$$|H(j\omega)| = \frac{\left|\frac{1}{LC} - \omega^2\right|}{\sqrt{\left(\frac{1}{LC} - \omega^2\right)^2 + \left(\frac{\omega R}{L}\right)^2}},$$

$$\theta(j\omega) = -\tan^{-1}\left(\frac{\frac{\omega R}{L}}{\frac{1}{LC} - \omega^2}\right).$$

정성적 해석에 근거하여 얻은 그림 14.29의 주파수 응답의 형태는 위 식을 통해 확인할 수 있다.

중심 주파수는 그림 14.30의 회로를 이용하여 계산할 수 있다. 대역 차단 필터에서도 중심 주파수는 커패시터와 인덕터 임피던스의 합이 0인 주파수로 정의된다. 다만 대역 통과 필터에서는 중심 주파수일 때 이득이 최대가 되었지만, 대역 차단 필터에서는 이득이 최소가 된다. 이는 대역 차단 필터에서는 중심 주파수가 통과 대역에 있지 않고 차단 대역에 존재하기 때문이다. 커패시터와 인덕터 임피던스의 합이 0이 되므로 중심 주파수는

$$\omega_o = \sqrt{\frac{1}{LC}}.$$

전달 함수의 크기 식에서 ω_o에 $\sqrt{1/LC}$를 대입하면 $|H(j\omega_o)| = 0$이 됨을 알 수 있다.

대역 차단 필터의 차단 주파수, 대역폭, 품질 지수는 대역 통과 필터와 정확히 같은 방식으로 정의된다. 대역 차단 필터에서 $H_{max} = |H(j0)| = |H(j\infty)|$이고, 그림 14.28(a)의 직렬 *RLC* 대역 차단 필터에서는 $H_{max} = 1$이다. 따라서

$$\omega_{c1} = -\frac{R}{2L} + \sqrt{\left(\frac{R}{2L}\right)^2 + \frac{1}{LC}},$$

$$\omega_{c2} = \frac{R}{2L} + \sqrt{\left(\frac{R}{2L}\right)^2 + \frac{1}{LC}}.$$

이 식은 식 (14.14), (14.15)와 동일하다.

대역폭의 표현식은 차단 주파수 식으로부터 구할 수 있다.

$$\beta = R/L.$$

이는 식 (14.16)과 같다.

마지막으로 중심 주파수와 대역폭을 이용하면 품질 지수 Q를 얻을 수 있다.

$$Q = \sqrt{\frac{L}{R^2C}}.$$

이 식은 식 (14.17)과 동일하다.

대역 통과 필터에서와 같이 두 차단 주파수는 대역폭과 중심 주파수를 이용하여 표현할 수 있다.

$$\omega_{c1} = -\frac{\beta}{2} + \sqrt{\left(\frac{\beta}{2}\right)^2 + \omega_o^2},$$

$$\omega_{c2} = \frac{\beta}{2} + \sqrt{\left(\frac{\beta}{2}\right)^2 + \omega_o^2}.$$

또는 차단 주파수는 중심 주파수와 품질 지수를 이용하여 표현할 수도 있다.

$$\omega_{c1} = \omega_o \cdot \left[-\frac{1}{2Q} + \sqrt{1 + \left(\frac{1}{2Q}\right)^2}\right],$$

$$\omega_{c2} = \omega_o \cdot \left[\frac{1}{2Q} + \sqrt{1 + \left(\frac{1}{2Q}\right)^2}\right].$$

예제 14.8을 통해서 직렬 RLC 대역 차단 필터를 설계해 보자.

예제 14.8 직렬 *RLC* 대역 차단 필터 설계하기

그림 14.28(a)의 직렬 RLC 회로를 이용하여 대역폭이 250 Hz이고 중심 주파수가 750 Hz인 대역 차단 필터가 되도록 각 소자의 값을 정하라. 100 nF의 커패시터를 사용하라. R, L, ω_{c1}, ω_{c2}, Q 값을 계산하라.

풀이

먼저 품질 지수는 정의로부터 계산할 수 있나.

$$Q = \omega_o/\beta = 3.$$

식 (14.13)을 이용하여 L을 계산한다. ω_o의 단위는 rad/s임에 유의한다.

$$L = \frac{1}{\omega_o^2 C} = \frac{1}{[2\pi(750)]^2(100 \times 10^{-9})} = 450\ \text{mH}.$$

식 (14.16)으로부터 R을 계산한다.

$$R = \beta L = 2\pi(250)(450 \times 10^{-3}) = 707\ \Omega.$$

대역폭과 중심 주파수를 이용하여 차단 주파수를 계산할 수 있다.

$$\omega_{c1} = -\frac{\beta}{2} + \sqrt{\left(\frac{\beta}{2}\right)^2 + \omega_o^2} = 3992.0\ \text{rad/s},$$

$$\omega_{c2} = \frac{\beta}{2} + \sqrt{\left(\frac{\beta}{2}\right)^2 + \omega_o^2} = 5562.8\ \text{rad/s}.$$

차단 주파수는 635.3 Hz와 885.3 Hz이다. 그 차이는 885.3 − 635.3 = 250 Hz로 목표치와 일치함을 확인할 수 있다. 그리고 기하 평균은 $\sqrt{(635.3)(885.3)} = 750$ Hz로 중심 주파수의 목표 값과 일치한다.

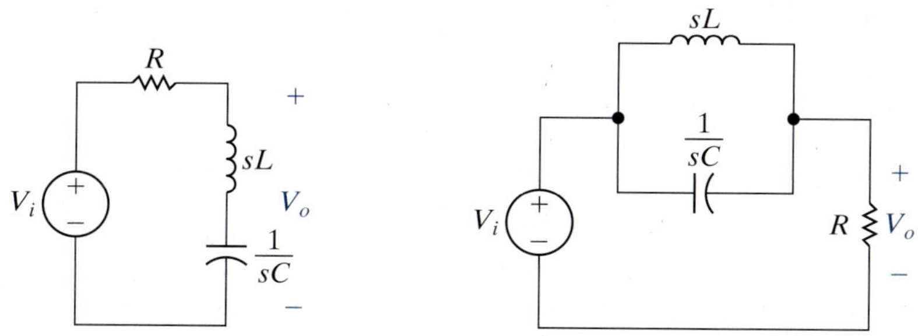

$$H(s) = \frac{s^2 + 1/LC}{s^2 + (R/L)s + 1/LC}$$

$\omega_o = \sqrt{1/LC} \quad \beta = R/L$

$$H(s) = \frac{s^2 + 1/LC}{s^2 + s/RC + 1/LC}$$

$\omega_o = \sqrt{1/LC} \quad \beta = 1/RC$

그림 14.31▲ 두 종류의 대역 차단 필터, 각각의 전달 함수, 중심 주파수, 대역폭.

짐작할 수 있듯이 *RLC* 병렬 회로는 대역 차단 필터의 또 다른 형태이다. 병렬 *RLC* 회로의 상세한 해석은 연습문제 14.35에서 살펴보기로 하고, 그림 14.31에 직렬 *RLC* 대역 차단 필터와 함께 그 결과만 요약한다. 다른 종류의 필터에서와 같이 상수 부분을 β와 ω_o로 바꿈으로써 대역 차단 필터 전달 함수의 일반식을 표현할 수 있다.

대역 차단 필터의 전달 함수

$$H(s) = \frac{s^2 + \omega_o^2}{s^2 + \beta s + \omega_o^2}. \tag{14.20}$$

어떠한 회로든 식 (14.20)과 같은 전달 함수를 갖는 회로는 대역 차단 필터로 동작하기 때문에 필터 설계에 매우 중요한 식이다.

평가문제

목표 4—대역 차단 필터로 동작하는 *RLC* 회로의 구성을 안다.

14.10 중심 주파수가 15 kHz, 품질 지수가 6이 되도록 그림 14.31의 직렬 *RLC* 대역 차단 필터의 소자 값을 설계하라. 10 μH 인덕터를 사용하라.

정답 : $C = 11.26\ \mu\text{F}$, $R = 5.65\ \Omega$.

14.11 중심 주파수 4 kHz를 가진 대역 차단 필터가 되도록 평가문제 14.10의 소자 값을 다시 계산하라. 이 필터의 저항은 30 Ω이고, 품질 지수는 여전히 6이다.

정답 : $L = 198.9\ \mu\text{H}$, $C = 7.96\ \mu\text{F}$.

자가 검사: 연습문제 14.36과 14.37도 풀어 보라.

그림 14.32▲ 푸시버튼식 전화기의 각 행과 열에 해당하는 음의 주파수.

실제 응용

푸시버튼식 전화기 회로

이 장 도입부에서 전화기의 단추가 눌렸음을 표시하는 데 사용되는 이중 음조 다중 주파수(DTMF) 시스템에 대해 언급한 바 있다. DTMF 시스템의 핵심 요소는 DTMF 수신기, 즉 단추를 누를 때 생성되는 음조를 해독하여 어느 단추가 눌러졌는지 결정하는 회로이다.

DTMF를 설계하기 위해서는 이 시스템에 대해 충분히 이해해야 한다. 그림 14.32에서 보듯이 전화기의 단추는 행과 열을 이루고 있다. 단추를 눌러 발생되는 두 종류의 음조는 단추의 행과 열에 의하여 결정된다. 단추의 행은 낮은 주파수 그룹 중 하나의 음조를, 단추의 열은 높은 주파수 그룹 중 하나의 음조를 각각 결정한다.[1] 예를 들어 '6' 단추를 누르면 주파수 770 Hz와 1477 Hz의 정현파 음조가 각각 생성된다.

전화기 교환기에서는 제일 먼저 DTMF 수신기의 대역 통과 필터가 낮은 주파수 그룹과 높은 주파수 그룹에 속하는 음조가 동시에 나타났는지를 탐지한다. 이 과정에서 DTMF가 아닌 외부에서 입력되는 소리 신호가 배제된다. 만약 두 종류의 음조가 존재한다면 또 다른 필터가 각각의 대역에 존재하는 주파수들 중에서 하나씩을 선택하도록 하여 해당 주파수의 쌍이 하나의 버튼으로 해독될 수 있도록 한다. 버튼의 오인식을 방지하기 위한 몇 가지 부가적인 과정이 수행된다. 예를 들어 주파수 대역마다 단지 하나의 음조만 허용되고, 높은 주파수 대역 및 낮은 주파수 대역의 신호가 시작되는 시점과 끝나는 시점 차이가 각각 수 밀리초 이내이며 높은 주파수 대역 및 낮은 주파수 대역 신호의 진폭은 매우 비슷해야 한다.

DTMF 음조의 높은 주파수 그룹에는 고역 통과 필터를 쓰고 낮은 주파수 그룹에는 저역 통과 필터를 쓰지 않고 왜 대역 통과 필터가 사용되는지 의아해할 수도 있을 것이다. 그 이유는 전화기 시스템이 전화기의 벨을 울리는 것과 같은 다른 신호를 위해 300 Hz~3 kHz 대역 밖의 주파수를 사용하기 때문이다. 대역 통과 필터는 DTMF 수신기가 이러한 다른 신호를 오인하는 것을 방지한다.

자가 검사: 연습문제 14.51~14.53을 풀어 이해도를 평가하라.

요약

- **주파수 선택성 회로** 또는 **필터**는 특정 주파수의 신호를 출력에 도달하도록 하고, 다른 주파수의 신호는 출력에 도달하지 못하도록 감쇠시킨다. **통과 대역**은 통과되는 신호의 주파수 대역을, **차단 대역**은 감쇠되는 신호의 주파수 대역을 의미한다.
- **차단 주파수** ω_c는 주파수 영역에서 차단 대역과 통과 대역의 경계를 의미한다. 차단 주파수에서 전달 함수의 크기는 $(1/\sqrt{2})H_{\max}$이다.
- **저역 통과 필터**는 ω_c보다 작은 주파수의 전압은 통과시키고 그보다 큰 주파수의 전압은 감쇠시킨다. 다음과 같은 전달 함수를 갖는 모든 회로는 저역 통과 필터로 동작한다.

$$H(s) = \frac{\omega_c}{s + \omega_c}$$

- **고역 통과 필터**는 ω_c보다 큰 주파수의 전압은 통과시키고 그보다 작은 주파수의 전압은 감쇠시킨다. 다음과 같은 전달 함수를 갖는 모든 회로는 고역 통과 필터로 동작한다.

$$H(s) = \frac{s}{s + \omega_c}$$

---

1 높은 주파수 그룹의 네 번째 주파수는 1633 Hz로 이는 예비용이다. 이 주파수는 자주 사용되지 않으며, 표준 12버튼 전화기에서는 발생되지 않는다.

- 대역 통과 필터와 대역 차단 필터는 모두 두 개의 차단 주파수 ω_{c1}과 ω_{c2}를 갖는다. 이 필터의 특성은 이 외에도 **중심 주파수**(ω_o), **대역폭**(β), **품질 지수**(Q) 등에 의하여 결정된다. 이들은 다음과 같이 정의된다.

$$\omega_o = \sqrt{\omega_{c1} \cdot \omega_{c2}},$$

$$\beta = \omega_{c2} - \omega_{c1},$$

$$Q = \omega_o/\beta.$$

- **대역 통과 필터**는 ω_{c1}과 ω_{c2} 사이인 통과 대역 내에 존재하는 주파수의 전압을 통과시킨다. 통과 대역 외의 주파수 전압은 감쇠한다. 다음과 같은 전달 함수를 갖는 모든 회로는 대역 통과 필터로 동작한다.

$$H(s) = \frac{\beta s}{s^2 + \beta s + \omega_o^2}$$

- **대역 차단 필터**는 ω_{c1}과 ω_{c2} 사이인 차단 대역 내에 존재하는 주파수의 전압을 감쇠시킨다. 차단 대역 외의 주파수 전압은 통과시킨다. 다음과 같은 전달 함수를 갖는 모든 회로는 대역 차단 필터로 동작한다.

$$H(s) = \frac{s^2 + \omega_o^2}{s^2 + \beta s + \omega_o^2}$$

- 수동 필터의 출력에 부하를 추가하면 통과 대역의 위치와 크기가 변하므로 필터의 특성이 바뀐다. 이상적인 전압원을 0이 아닌 전원 저항을 가진 전원으로 대체하여도 마찬가지로 통과 대역의 위치와 크기가 변하므로 회로의 나머지 부분의 필터 특성이 바뀐다.

연습문제

14.2절

14.1 a) 그림 P14.1의 RL 필터의 차단 주파수는 몇 Hz인가?

b) 주파수가 ω_c, $0.3\omega_c$, $3\omega_c$일 때 $H(j\omega)$를 각각 구하라.

c) $v_i = 50 \cos \omega t$ V라 하자. $\omega = \omega_c$, $\omega = 0.3\omega_c$, $\omega = 3\omega_c$일 때 v_o의 정상 상태 식을 구하라.

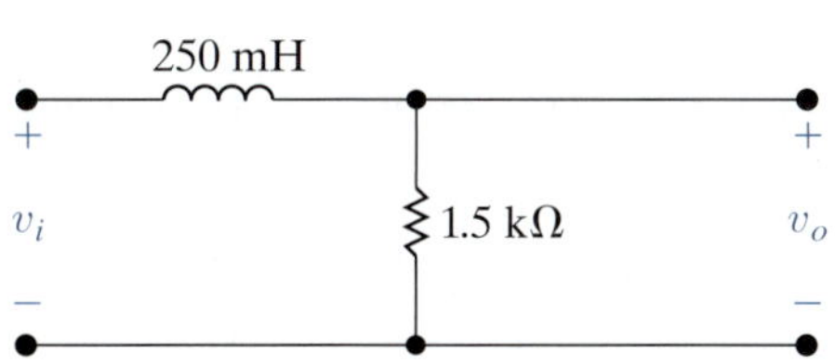

그림 P14.1

14.2 그림 P14.2의 부하 저항 R_L이 있는 저역 통과 필터 회로에 대해 물음에 답하라.

a) 부하 저항이 없을 때 회로의 전달 함수를 구하라.

b) 부하 저항이 있을 때 회로의 전달 함수는 무엇인가?

c) 부하 저항이 없을 때와 있을 때, 즉 (a)와 (b)의 전달 함수를 비교해 보라. 차단 주파수와 통과 대역에서의 이득에 차이가 있는가?

d) $R = 1\,k\Omega$, $L = 20\,mH$일 때 무부하 필터의 차단 주파수는 몇 rad/s인가?

e) (d)의 회로에서 무부하 필터의 차단 주파수와 차이가 10% 이내가 되는 최소 부하 저항은 얼마인가?

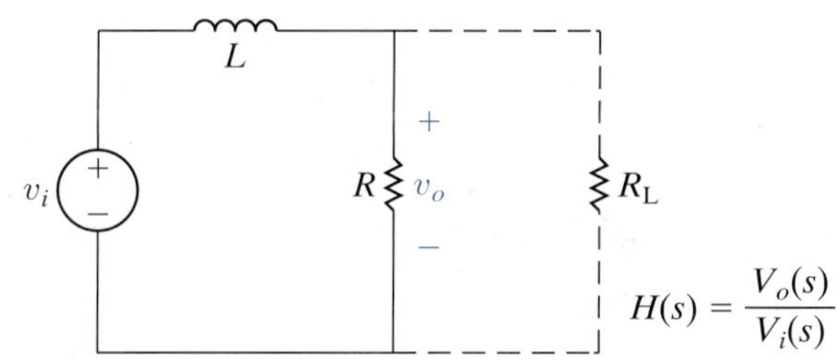

그림 P14.2

14.3 그림 14.4(a)의 회로에 인덕터와 직렬로 저항 R_l을 연결하여 그림 P14.3의 새로운 저역 통과 필터 회로가 되었다.

a) $H(s) = V_o/V_i$의 표현식을 유도하라.

b) $H(j\omega)$의 크기가 최대가 되는 주파수는 얼마인가?

c) $H(j\omega)$의 크기의 최댓값은 얼마인가?

d) $H(j\omega)$의 크기가 최댓값의 $1/\sqrt{2}$배가 되는 주파수는 얼마인가?

e) 그림 P14.1의 회로에 있는 250 mH 인덕터에 직렬로 75 Ω의 저항이 연결되었다고 한다. ω_c, $H(j0)$, $H(j\omega_c)$, $H(j0.3\omega_c)$, $H(j3\omega_c)$를 각각 구하라.

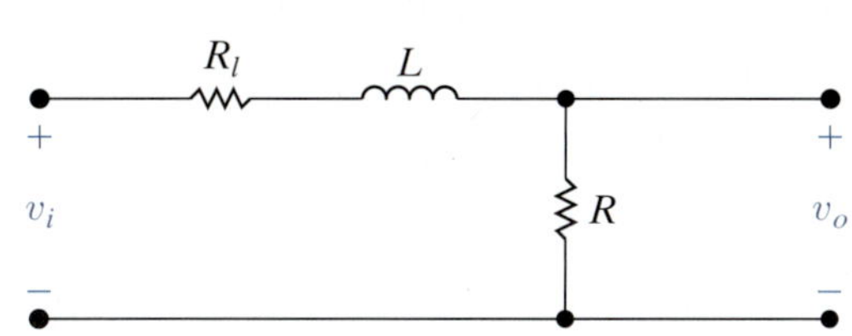

그림 P14.3

14.4 10 mH 인덕터를 이용하여 차단 주파수가 2.5 krad/s인 저역 통과 필터를 설계하고자 한다.

a) 이 필터에 사용될 저항값을 구하라.

b) 필터 출력단에 100 Ω 저항이 연결된다면 부하가 포함된 필터의 차단 주파수는 몇 rad/s인가?

14.5 연습문제 14.4(a)에서 설계된 저역 통과 필터에 대해 물음에 답하라.

a) 차단 주파수가 지정된 값인 2.5 krad/s로부터 5% 이상 감소하는 것이 허용되지 않는다고 한다. 필터의 출력단에 연결될 수 있는 부하 저항의 최솟값은 얼마인가?

b) (a)에서 구한 부하 저항이 출력단에 연결되었다고 한다. $\omega = 0$일 때 $H(j\omega)$의 크기는 얼마인가?

14.6 DESIGN PROBLEM 차단 주파수가 2.5 kHz인 저역 통과 RL 수동 필터에서 25 mH의 인덕터가 사용되었다.

a) 저항값을 구하라.

b) 이 필터의 출력단에 750 Ω의 저항을 갖는 부하가 연결되었다. 부하가 연결된 필터의 차단 주파수는 몇 Hz인가?

c) (a)에서 필터의 저항으로 부록 H에 제시된 저항 중 하나만 사용해야 한다. 어떤 저항을 선택해야 할까? 이때 필터의 차단 주파수는 어떻게 되는가?

14.7 a) 그림 P14.7의 저역 통과 필터의 차단 주파수는 몇 Hz인가?

b) 주파수가 ω_c, $0.2\omega_c$, $8\omega_c$일 때 $H(j\omega)$를 각각 계산하라.

c) $v_i = 480 \cos \omega t$ mV라 하자. $\omega = \omega_c$, $\omega = 0.2\omega_c$, $\omega = 8\omega_c$일 때 v_o의 정상 상태 식을 구하라.

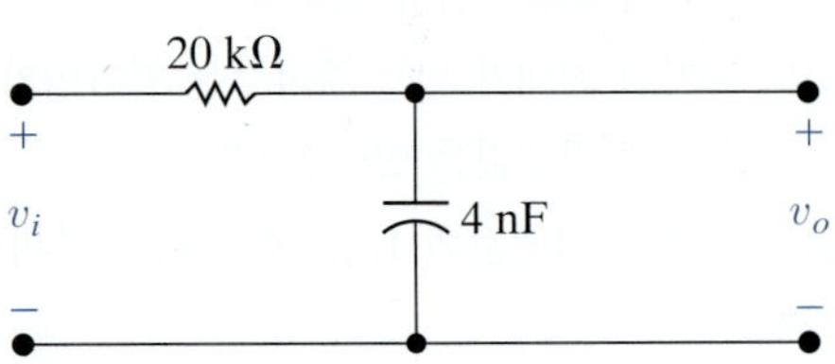

그림 P14.7

14.8 그림 14.7의 회로에 커패시터와 평행하게 저항 R_L이 연결되어 있다. 그림 P14.8은 부하가 연결된 저역 통과 필터 회로이다.

a) 전압에 대한 전달 함수 V_o/V_i의 표현식을 구하라.

b) $H(j\omega)$의 크기가 최대가 되는 주파수는 얼마인가?

c) $H(j\omega)$의 크기의 최댓값은 얼마인가?

d) $H(j\omega)$의 크기가 최댓값의 $1/\sqrt{2}$배가 되는 주파수는 얼마인가?

e) 그림 P14.7의 회로에서 4 nF의 커패시터에 병렬로 300 kΩ의 저항이 연결되었다고 한다. ω_c, $H(j0)$, $H(j\omega_c)$, $H(j0.2\omega_c)$, $H(j8\omega_c)$를 각각 구하라.

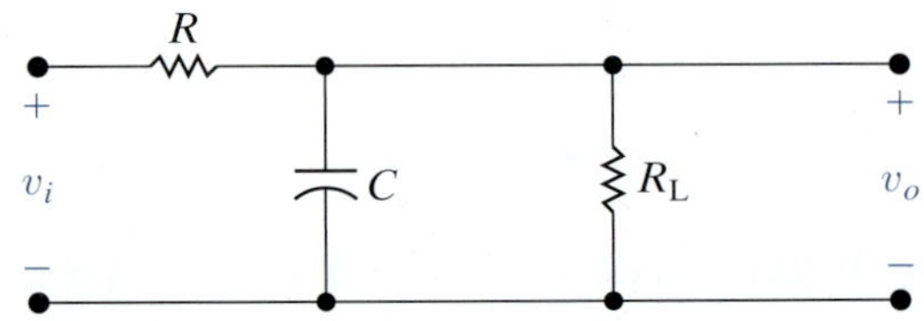

그림 P14.8

14.9 50 nF 커패시터를 이용하여 차단 주파수가 500 Hz인 RC 저역 통과 필터(그림 14.7 참조)를 설계하고자 한다.

a) 차단 주파수를 rad/s로 표현하라.

b) 필터에 사용될 저항값을 구하라.

c) 회로를 그리고 회로에 소자의 값과 출력 전압을 정의하라.

d) (c) 회로의 전달 함수를 구하라.

e) (c) 회로의 출력단에 (b)에서 구한 저항과 같은 부하 저항이 연결된다면 부하를 포함한 필터의 전달 함수는 무엇인가?

f) (e)의 부하가 연결된 필터의 차단 주파수는 얼마인가?

g) (e)의 부하가 연결된 필터의 통과 대역 이득은 얼마인가?

14.10 DESIGN PROBLEM 25 nF 커패시터를 이용하여 차단 주파수가 160 krad/s인 수동 저역 통과 필터를 설계하고자 한다.

a) 차단 주파수를 Hz로 표현하라.

b) 필터에 사용될 저항값을 구하라.

c) 차단 주파수가 지정된 값으로부터 8% 이상 증가하는 것이 허용되지 않는다고 한다. 필터의 출력단에 연결될 수 있는 부하 저항의 최솟값은 얼마인가?

d) (c)에서 구한 부하 저항이 출력단에 연결되었다고 한다. $\omega = 0$일 때 $H(j\omega)$의 크기는 얼마인가?

14.3절

14.11 DESIGN PROBLEM 25 mH 인덕터를 이용하여 차단 주파수 160 krad/s인 고역 통과 RL 수동 필터를 설계하고자 한다.

a) 저항값을 구하라.

b) 필터에 순저항 부하가 연결된다고 한다. 차단 주파수가 150 krad/s 아래로 떨어지지 않도록 하는 부하 저항의 최솟값은 얼마인가?

14.12 그림 P14.12의 회로에 대한 물음에 답하라.

a) 이 필터의 전달 함수 $H(s) = V_o(s)/V_i(s)$를 구하라.

b) 이 필터의 차단 주파수는 얼마인가?

c) $s = j\omega_c$일 때 이 필터의 전달 함수의 크기는 얼마인가?

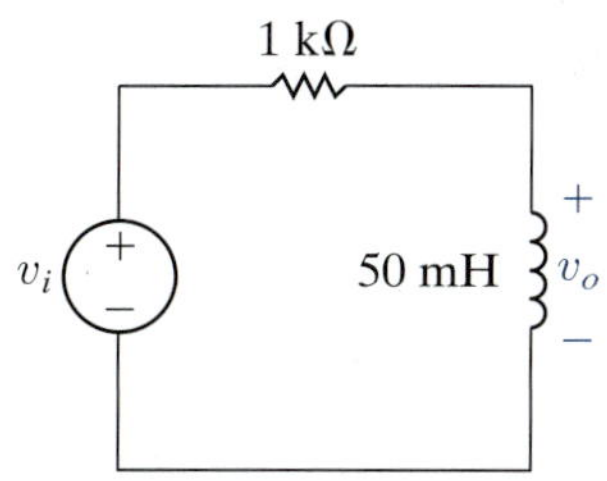

그림 P14.12

14.13 그림 P14.12의 필터에 1 kΩ의 부하 저항이 연결되어 있다.

a) 이 필터의 전달 함수 $H(s) = V_o(s)/V_i(s)$를 구하라.

b) 이 필터의 차단 주파수는 얼마인가?

c) 이 필터와 그림 P14.12의 부하가 연결되지 않은 필터와 차단 주파수를 비교해 보라.

d) 그 외에 두 필터에는 어떤 차이가 있는지 설명하라.

14.14 a) 그림 P14.14의 고역 통과 필터 회로의 차단 주파수는 몇 Hz인가?

b) ω_c, $0.1\omega_c$, $10\omega_c$에서의 $H(j\omega)$를 각각 구하라.

c) $v_i = 0.8 \cos \omega t$ V라 한다. $\omega = \omega_c$, $\omega = 0.1\omega_c$, $\omega = 10\omega_c$일 때 정상 상태에서 출력의 표현식을 각각 구하라.

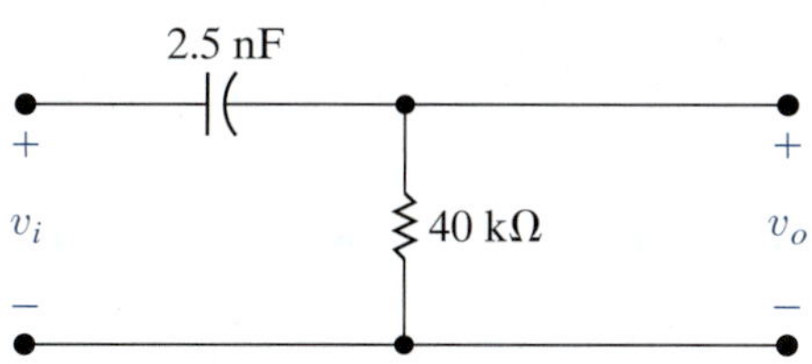

그림 P14.14

14.15 그림 14.10(a)의 회로에서 커패시터와 직렬로 저항 R_c를 연결하여 그림 P14.15의 새로운 고역 통과 필터 회로가 되었다.

a) $H(s) = V_o/V_i$의 표현식을 유도하라.

b) $H(j\omega)$가 최대가 되는 주파수는 얼마인가?

c) $H(j\omega)$의 최댓값은 얼마인가?

d) $H(j\omega)$의 크기가 최댓값의 $1/\sqrt{2}$배가 되는 주파수는 얼마인가?

e) 그림 P14.14 회로에 있는 2.5 nF 커패시터에 직렬로 10 kΩ의 저항이 연결되었다고 한다. ω_c, $H(j\omega_c)$, $H(j0.1\omega_c)$, $H(j10\omega_c)$를 각각 구하라.

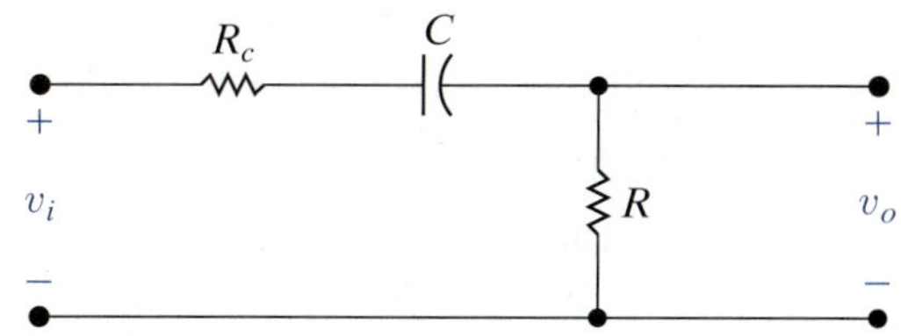

그림 P14.15

14.16 **DESIGN PROBLEM** 20 nF 커패시터를 이용하여 차단 주파수가 800 Hz인 고역 통과 필터를 설계하고자 한다.

a) 필요한 저항은 몇 kΩ인가?

b) 필터의 출력 단자에 68 kΩ의 저항이 연결되어 있다. 부하가 연결된 필터의 차단 주파수는 몇 Hz인가?

14.17 차단 주파수가 300 Hz인 수동 RC 고역 통과 필터[그림 14.10(a)]를 100 nF의 커패시터를 이용하여 설계하고자 한다.

a) 이 회로의 차단 주파수는 몇 rad/s인가?

b) 필요한 저항값은 얼마인가?

c) 각 소자의 값과 출력이 정의된 회로를 그려라.

d) (c)의 회로의 전달 함수를 구하라.

e) (c)의 회로에 (b)의 저항과 같은 부하 저항이 연결되었다고 한다. 이 부하가 연결된 회로의 전달 함수를 구하라.

f) (e)의 부하가 연결된 필터의 차단 주파수는 얼마인가?

g) (e)의 부하가 연결된 필터의 통과 대역에서의 이득은 얼마인가?

14.4절

14.18 높은 쪽, 낮은 쪽의 차단 주파수가 각각 200 krad/s, 180 krad/s인 대역 통과 필터의 중심 주파수, 대역폭, 품질 지수를 각각 계산하라.

14.19 중심 또는 공명 주파수가 80 krad/s이고 품질 지수가 8인 대역 통과 필터의 대역폭, 두 차단 주파수를 각각 구하라. 모든 답을 kHz로 표현하라.

14.20 50 nF 커패시터를 사용하여 품질 지수 5, 중심 주파 수 20 krad/s인 직렬 RLC 대역 통과 필터를 설계하고자 한다 [그림 14.19(a) 참조]. 다음 물음에 답하라.

a) 회로를 그리고 소자 값과 출력을 표시하라.

b) (a) 필터의 대역폭과 두 차단 주파수의 값을 계산하라.

14.21 연습문제 14.20에서 설계된 직렬 RLC 대역 통과 필터에 $0.2 \cos \omega t$ V의 입력이 인가되었다. 다음의 각 경우에 저항에서의 전압 강하를 구하라.

a) $\omega = \omega_o$ b) $\omega = \omega_{c1}$ c) $\omega = \omega_{c2}$

d) $\omega = 0.1\omega_o$ e) $\omega = 10\omega_o$

14.22 연습문제 14.20에서 설계된 직렬 RLC 대역 통과 필터에 $0.2\cos\omega t$ V의 입력이 인가되었다. 다음의 각 경우에 직렬 연결된 인덕터와 커패시터 전체에서의 전압 강하를 구하라.

a) $\omega = \omega_o$ b) $\omega = \omega_{c1}$ c) $\omega = \omega_{c2}$

d) $\omega = 0.1\omega_o$ e) $\omega = 10\omega_o$

14.23 a) 대역폭과 차단 주파수 사이, 그리고 중심 주파수와 차단 주파수 사이의 관계를 이용하여 다음을 보여라.

$$\omega_{c1} = -\frac{\beta}{2} + \sqrt{\left(\frac{\beta}{2}\right)^2 + \omega_o^2};$$

$$\omega_{c2} = \frac{\beta}{2} + \sqrt{\left(\frac{\beta}{2}\right)^2 + \omega_o^2}.$$

b) (a)의 중심 주파수와 대역폭으로 표현된 차단 주파수 표현식을 이용하여 다음을 보여라.

$$\omega_{c1} = \omega_o \cdot \left[-\frac{1}{2Q} + \sqrt{1 + \left(\frac{1}{2Q}\right)^2}\right],$$

$$\omega_{c2} = \omega_o \cdot \left[\frac{1}{2Q} + \sqrt{1 + \left(\frac{1}{2Q}\right)^2}\right].$$

14.24 DESIGN PROBLEM 25 nF 커패시터를 사용하여 그림 14.22의 대역 통과 필터를 설계하고자 한다. 필터의 품질 지수는 10이고 중심 주파수는 50 krad/s이다.

a) R과 L의 값을 정하라.

b) 낮은 쪽과 높은 쪽 차단 주파수는 각각 몇 kHz인가?

c) 필터의 대역폭은 몇 Hz인가?

14.25 직렬 RLC 대역 통과 필터를 설계하되 연습문제 14.24에 주어진 특성에 가장 가깝도록 부록 H에 주어진 소자만 이용하여 설계하고자 한다.

a) 소자 값과 입력 및 출력이 명시된 필터 회로를 그려라.

b) 여기서 설계한 필터의 중심 주파수와 품질 지수에 대해 연습문제 14.24에서 설계한 필터와 비교하여 백분율 오차를 계산하라.

14.26 PSPICE MULTISIM 20 nF 커패시터를 이용하여 그림 14.27의 RLC 대역 통과 필터를 설계하고자 한다. 필터의 품질 지수는 5이고 중심 주파수가 20 kHz라 한다.

a) R과 L 값을 정하라.

b) 낮은 쪽 차단 주파수는 몇 kHz인가?

c) 높은 쪽 차단 주파수는 몇 kHz인가?

d) 대역폭은 몇 kHz인가?

14.27 직렬 RLC 대역 통과 필터를 설계하되 연습문제 14.26에 주어진 특성에 가장 가깝도록 부록 H에 주어진 소자만 이용하여 설계하고자 한다.

a) 소자 값과 입력 및 출력이 명시된 필터 회로를 그려라.

b) 여기서 설계한 필터의 중심 주파수와 품질 지수에 대해 연습문제 14.26에서 설계한 필터와 비교하여 백분율 오차를 계산하라.

14.28 PSPICE MULTISIM 그림 P14.28의 회로에 대해 다음을 구하라.

a) f_o b) Q c) f_{c1}

d) f_{c2} e) β

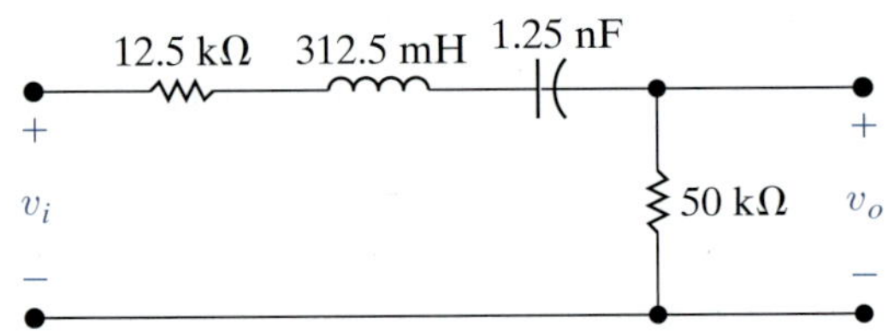

그림 P14.28

14.29 그림 P14.28 회로에 $0.8\cos\omega t$ V의 입력이 인가되었다. 다음 주파수에서의 출력을 구하라.

a) $\omega = \omega_o$ b) $\omega = \omega_{c1}$ c) $\omega = \omega_{c2}$

14.30 PSPICE MULTISIM 그림 P14.30에 주어진 대역 통과 필터에 대해 다음을 구하라.

a) ω_o b) f_o c) Q

d) ω_{c1} e) f_{c1} f) ω_{c2}

g) f_{c2} h) β

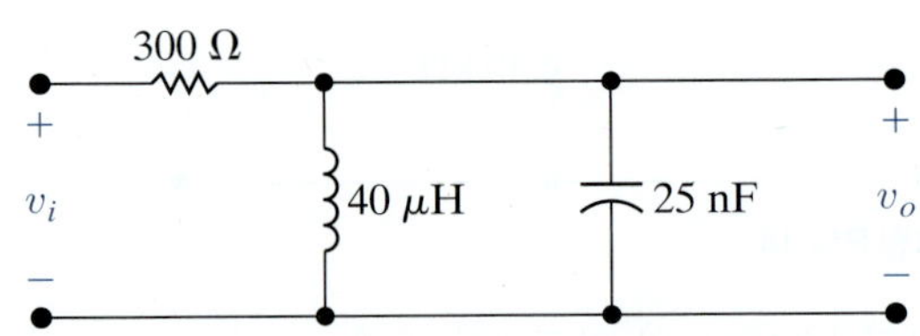

그림 P14.30

14.31 이 연습문제의 목적은 그림 14.22의 대역 통과 필터 출력단에 연결된 저항 부하가 품질 지수와 필터의 대역폭에 어떤 영향을 주는지 살펴보기 위한 것이다. 부하가 연결된 필터 회로는 그림 P14.31과 같다.

a) 그림 P14.31 회로의 전달 함수 V_o/V_i를 계산하라.

b) 이 시스템의 대역폭 표현식은 무엇인가?

c) 부하가 연결된 시스템의 대역폭(β_L)을 무부하 대역폭(β_U)의 함수로 표현하라.

d) 품질 지수의 표현식은 무엇인가?

e) 부하가 인가된 상태의 품질 지수(Q_L)를 무부하 품질 지수(Q_U)의 함수로 표현하라.

f) 차단 주파수 ω_{c1}과 ω_{c2}의 표현식을 각각 구하라.

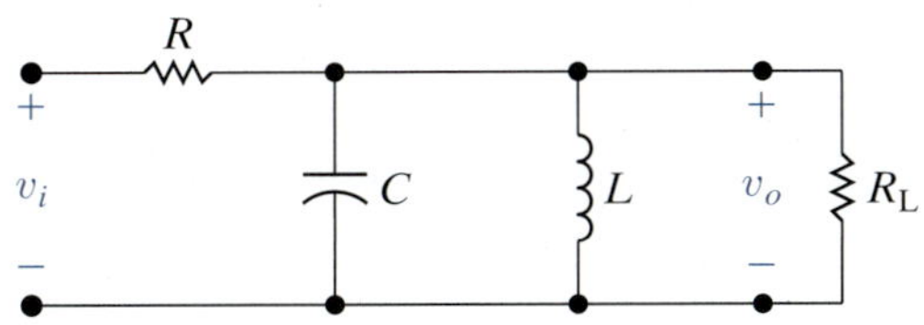

그림 P14.31

14.32 그림 P14.31의 회로에서 $R = 100\ \text{k}\Omega$, $C = 4\ \text{pF}$, $L = 400\ \mu\text{H}$이다. 이 회로의 품질 지수를 9보다 작아지지 않도록 하는 부하 저항 R_L의 최솟값은 얼마인가?

14.33 그림 P14.33의 회로에 대해 물음에 답하라.
PSPICE
MULTISIM

a) ω_o를 구하라.

b) β를 구하라.

c) Q를 구하라.

d) $v_i = 750 \cos \omega_o t$ mV일 때 정상 상태에서의 v_o의 표현식을 구하라.

e) R_L이 MΩ으로 표현되면 그림 P14.33 회로의 Q는 다음과 같음을 보여라.

$$Q = \frac{25}{1 + 1.25/R_L}.$$

f) $1\ \text{M}\Omega \le R_L \le 40\ \text{M}\Omega$ 범위에서 R_L에 대한 Q의 그래프를 그려라.

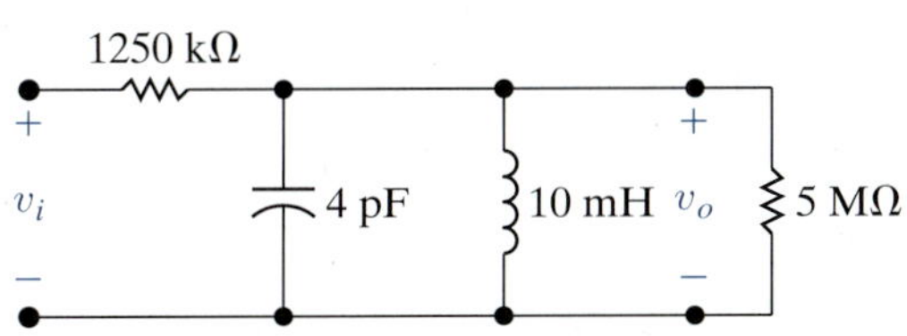

그림 P14.33

14.34 그림 P14.34는 정현파 전원, RLC 직렬 대역 통과 필터, 그리고 부하의 블록 다이어그램이다. 전원의 내부 임피던스는 $36 + j0\ \Omega$이고, 부하의 임피던스는 $320 + j0\ \Omega$이다. RLC 직렬 대역 통과 필터의 중심 주파수는 250 krad/s, 품질 지수는 10이며, 여기에 사용된 커패시터의 커패시턴스는 5 nF이다.

a) 이 시스템의 회로도를 그려라.

b) 이 시스템에서 필터의 R과 L의 값을 정하라.

c) 전체 시스템의 품질 지수는 얼마인가?

d) 전체 시스템의 대역폭은 몇 Hz인가?

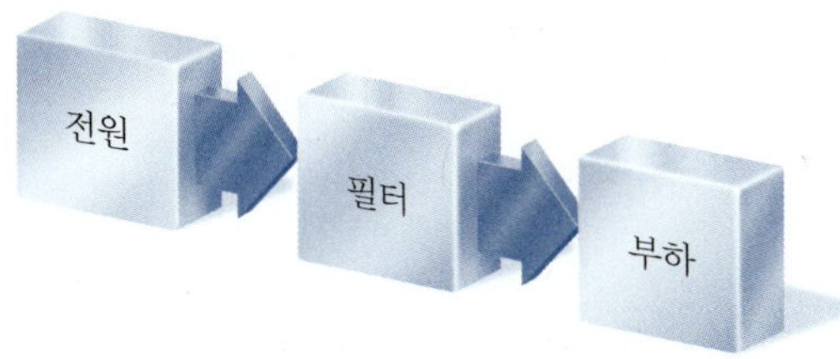

그림 P14.34

14.5절

14.35 a) 그림 P14.35의 회로가 대역 차단 필터임을 정성적으로 보여라.

b) 이 필터의 전달 함수를 구하여 (a)의 정성적 해석을 확인하라.

c) 이 필터의 중심 주파수의 식을 유도하라.

d) 차단 주파수 ω_{c1} 및 ω_{c2}의 식을 유도하라.

e) 이 필터의 대역폭의 표현식은 무엇인가?

f) 이 회로의 품질 지수의 표현식은 무엇인가?

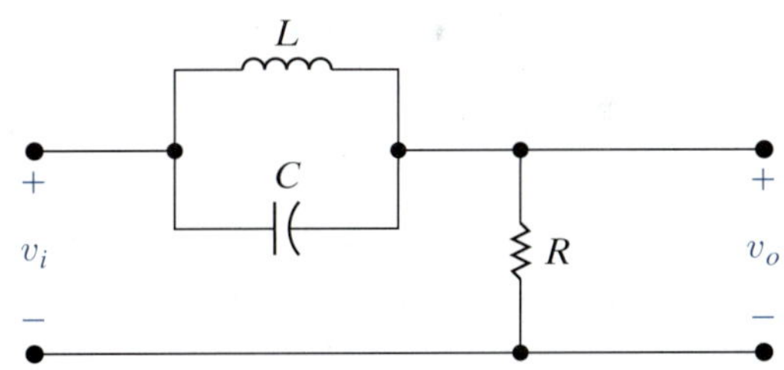

그림 P14.35

14.36 그림 P14.36의 대역 차단 필터에 대해 다음을 각각 구하라.
PSPICE
MULTISIM

a) ω_o b) f_o

c) Q d) ω_{c1}

e) f_{c1} f) ω_{c2}

g) f_{c2} h) β(kHz)

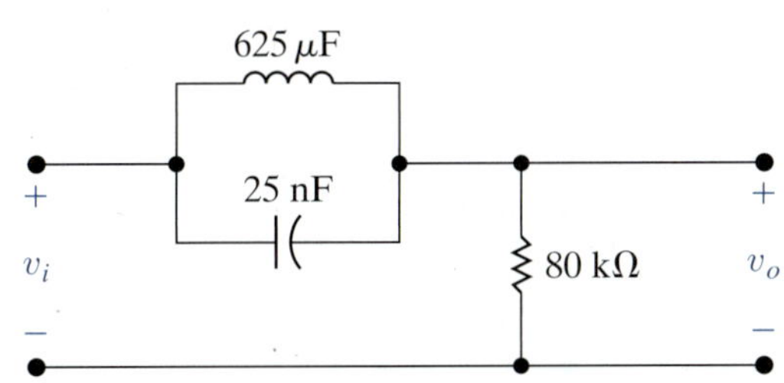

그림 P14.35

14.37 PSPICE MULTISIM 100 nF 커패시터를 이용하여 그림 P14.37의 대역 차단 필터를 설계하고자 한다. 이 필터의 중심 주파수는 50 kHz이고 품질 지수는 8라 한다.

a) R과 L 값을 정하라.

b) 두 차단 주파수는 각각 몇 kHz인가?

c) 대역폭은 몇 kHz인가?

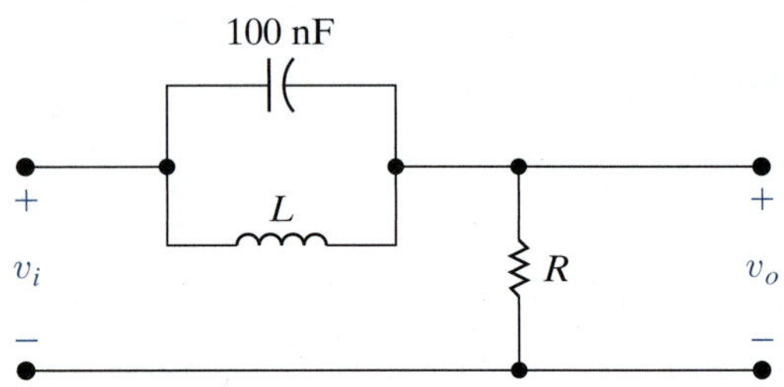

그림 P14.37

14.38 PSPICE MULTISIM 연습문제 14.37의 대역 차단 필터에 932 Ω의 저항 부하가 연결되어 있다.

a) 부하가 연결된 회로의 품질 지수는 무엇인가?

b) 부하가 연결된 회로의 대역폭은 몇 kHz인가?

c) 높은 쪽 차단 주파수는 몇 kHz인가?

d) 낮은 쪽 차단 주파수는 몇 kHz인가?

14.39 연습문제 14.37에 제시된 필터의 특성에 최대한 가깝도록 부록 H에 주어진 소자만 이용하여 직렬 RLC 대역 차단 필터를 설계하고자 한다.

a) 각 소자의 값과 입력 및 출력이 표시된 필터 회로를 그려라.

b) 여기서 설계한 필터의 중심 주파수와 품질 지수에 대해 연습문제 14.37에서 설계한 필터와 비교하여 백분율 오차를 계산하라.

14.40 그림 P14.40의 대역 차단 필터에 대해 다음을 구하라.

a) ω_o　　b) f_o　　c) Q

d) $\beta(\text{Hz})$　　e) ω_{c1}　　f) f_{c1}

g) ω_{c2}　　h) f_{c2}

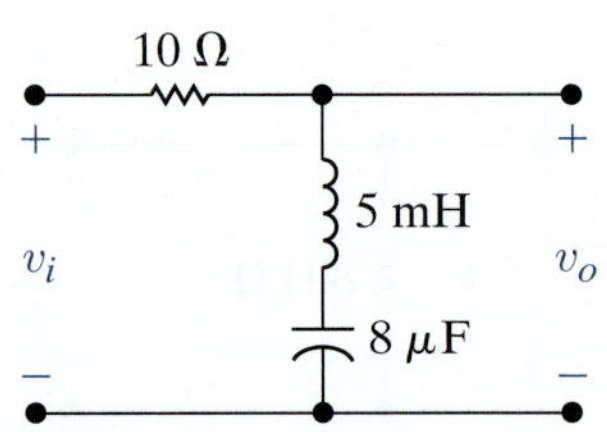

그림 P14.40

14.41 그림 P14.40의 대역 차단 필터에 대해 물음에 답하라.

a) ω_o, ω_{c1}, ω_{c2}, $0.1\omega_o$, $10\omega_o$에서의 $H(j\omega)$를 각각 구하라.

b) $v_i = 2\cos\omega t$ V라 하면 $\omega = \omega_o$, $\omega = \omega_{c1}$, $\omega = \omega_{c2}$, $\omega = 0.1\omega_o$, $\omega = 10\omega_o$일 때 v_o를 각각 구하라.

14.42 품질 지수가 2/3이고, 중심 주파수가 4 krad/s인 RLC 대역 차단 필터를 설계하고자 한다[그림 14.28(a) 참조]. 단, 사용되는 커패시터 용량은 80 nF이다.

a) 각 소자의 값과 입력 및 출력이 표시된 필터 회로를 그려라.

b) (a)의 필터에 대해 품질 지수와 두 차단 주파수를 각각 구하라.

14.43 연습문제 14.42에서 설계된 RLC 대역 차단 필터에 $125\cos\omega t$ V의 입력이 인가되었다. 다음 각 경우에 인덕터와 커패시터의 직렬 연결에서의 전압 강하를 구하라.

a) $\omega = \omega_o$　　b) $\omega = \omega_{c1}$　　c) $\omega = \omega_{c2}$

d) $\omega = 0.125\omega_o$　　e) $\omega = 8\omega_o$

14.44 연습문제 14.42에서 설계된 RLC 대역 차단 필터에 $125\cos\omega t$ V의 입력이 인가되었다. 다음 각 경우에 저항에서의 전압 강하를 구하라.

a) $\omega = \omega_o$　　b) $\omega = \omega_{c1}$　　c) $\omega = \omega_{c2}$

d) $\omega = 0.125\omega_o$　　e) $\omega = 8\omega_o$

14.45 이 연습문제의 목적은 그림 14.28(a)에 주어진 대역 차단 필터 출력단에 연결된 부하 저항이 필터의 특성에 어떤 영향을 주는지 조사하기 위한 것이다. 부하가 인가된 필터 회로는 그림 P14.45와 같다.

a) 전달 함수 V_o/V_i를 구하라.

b) 중심 주파수의 표현식은 무엇인가?

c) 대역폭의 표현식은 무엇인가?

d) 품질 지수의 표현식은 무엇인가?

e) $H(j\omega_o)$를 계산하라.

f) $H(j0)$를 계산하라.

g) $H(j\infty)$를 계산하라.

h) 차단 주파수 ω_{c1}과 ω_{c2}의 표현식은 각각 무엇인가?

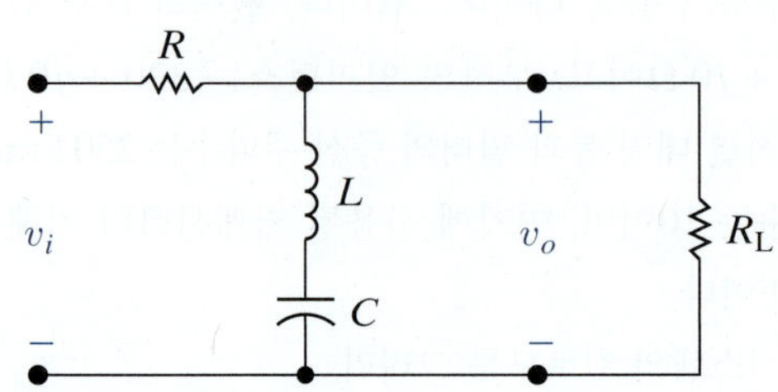

그림 P14.45

14.46 PSPICE MULTISIM 그림 P14.45의 각 소자 값이 다음과 같다. $R = 5\ \text{k}\Omega$, $L = 400\ \text{mH}$, $C = 250\ \text{pF}$, $R_L = 20\ \text{k}\Omega$.

a) ω_o, β(kHz) 및 Q를 각각 구하라.

b) $H(j0)$ 및 $H(j\infty)$를 구하라.

c) f_{c1}와 f_{c2}를 구하라.

d) R_L이 kΩ 단위로 표현되었을 때 이 회로의 Q는 다음과 같이 표현됨을 보여라.

$$Q = 8[1 + (5/R_L)].$$

e) $2\ \text{k}\Omega \leq R_L \leq 50\ \text{k}\Omega$의 범위에서 R_L에 대한 Q를 도시하라.

14.47 PSPICE MULTISIM 그림 P14.45의 대역 차단 필터에 36 kΩ의 저항 부하가 연결되었다. 이 회로의 중심 주파수는 1 Mrad/s이고, 커패시터는 400 pF이다. 매우 높은 주파수에서와 매우 낮은 주파수에서 정현파 출력의 크기는 정현파 입력 크기의 96%보다 작지 않아야 한다.

a) R과 L의 값을 정하라.

b) 이 회로의 품질 지수는 얼마인가?

14.1~14.5절

14.48 다음의 전달 함수에 대해 물음에 답하라.

$$H(s) = \frac{V_o}{V_i} = \frac{4 \times 10^6}{s^2 + 500s + 4 \times 10^6}.$$

a) 전달 함수의 크기가 1이 되는 주파수는 몇 rad/s인가?

b) 전달 함수의 크기가 최대가 되는 주파수는 얼마인가?

c) 전달 함수의 크기의 최댓값은 얼마인가?

14.49 그림 P14.49의 직렬 RLC 회로를 살펴보자. 출력을 저항 양단의 전압으로 하면 이 회로는 대역 통과 필터가 되고, 출력을 인덕터와 커패시터의 직렬 연결로 하면 이 회로는 대역 차단 필터가 된다. 이 연습문제에서는 출력을 인덕터 양단 전압으로 했을 때의 회로 특성을 알아보고자 한다.

a) 출력 $V_o(s)$를 인덕터 양단 전압으로 했을 때의 전달 함수 $H(s) = V_o(s)/V_i(s)$를 구하라.

b) 주파수가 매우 낮은 영역에서 (a)의 전달 함수의 크기를 구하라.

c) 주파수가 매우 높은 영역에서 (a)의 전달 함수의 크기를 구하라.

d) (b)와 (c)의 답에 근거하여 이 필터는 어떤 유형인지 설명하라.

e) $R = 80\ \Omega$, $L = 10\ \text{mH}$, $C = 400\ \mu\text{F}$일 때 이 회로의 차단 주파수, 즉 전달 함수의 크기가 $1/\sqrt{2}$이 되는 주파수를 구하라.

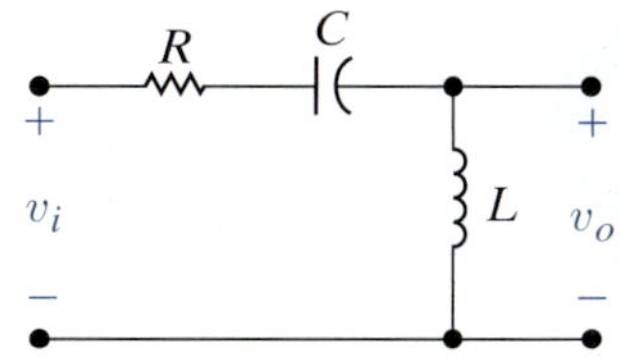

그림 P14.49

14.50 연습문제 14.49의 각 문제를 그림 P14.50에 대해 풀어 보라. 전압이 커패시터 양단 전압임을 주의하라.

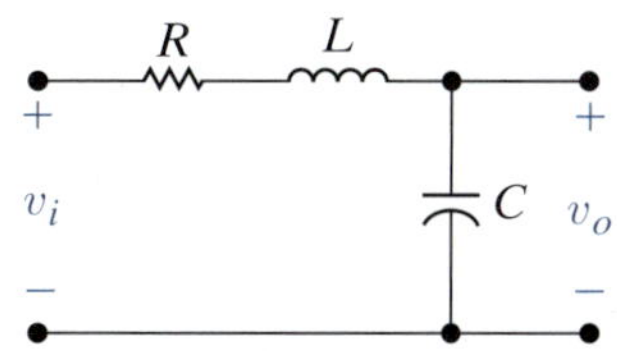

그림 P14.50

14.51 DESIGN PROBLEM 그림 14.32의 전화기에서 버튼을 눌렀을 때 발생하는 낮은 주파수 그룹의 음을 감지하기 위한 직렬 RLC 대역 통과 필터를 설계하고자 한다(그림 14.27 참조).

a) DTMF의 낮은 주파수 그룹의 경계점에 차단 주파수를 갖도록 하는 L과 C의 값을 구하라. 표준 전화기에서 저항은 항상 600 Ω이다.

b) 대역 통과 필터의 최대 출력 크기에 대한 낮은 주파수 그룹에서 사용되는 각 주파수에서의 출력의 비는 얼마인가?

c) 높은 주파수 그룹에서 사용되는 주파수 중 가장 낮은 주파수에서 이 필터의 출력의 크기는 얼마인가?

14.52 DESIGN PROBLEM 연습문제 14.51에서와 같은 방법으로 높은 주파수 그룹의 대역 통과 필터를 설계하라. 단, 높은 주파수 그룹의 네 번째 높은 음인 1633 Hz가 통과 대역에 포함되도록 하라. 낮은 주파수 그룹에서 사용되는 DTMF 음 중 가장 높은 주파수에서 이 필터의 출력의 크기는 얼마인가?

14.53 DESIGN PROBLEM 충분히 큰 전화벨 소리를 내기 위해서는 전화의 벨을 울리게 하는 20 Hz 신호의 크기가 충분히 커야 한다. 반면에 연습문제 14.51에서 설계한 낮은 주파수 그룹용 필터의 출력이 DTMF 신호의 최댓값의 3분의 1을 넘지 않도록 하고자 한다. 이렇게 되기 위해서는 벨용 신호의 크기는 낮은 주파수 그룹용 대역 DTMF 신호에 대하여 몇 배가 되어야 하는가?

CHAPTER

15 능동 필터 회로

학습내용

학습목표

1 1차 저역 통과 및 고역 통과 필터로 동작하는 연산 증폭기 회로를 알고, 차단 주파수와 통과 대역 이득을 만족하는 소자 값을 계산할 수 있다.

2 원형 회로로부터 필터를 설계할 수 있고, 원하는 주파수 응답 특성과 소자 값을 얻기 위해 척도 변환을 이용할 수 있다.

3 임의 차수의 저역 통과 필터, 고역 통과 필터, 대역 통과 필터, 대역 차단 필터를 구현하기 위해 직렬 1차 및 2차 버터워스 필터를 이용하는 방법을 이해한다.

4 원하는 필터 규격을 만족하도록 원형 협대역 대역 통과 필터, 대역 차단 필터의 소자 값을 계산하는 데 설계 방정식을 이용할 수 있다.

연산 증폭기를 포함하는 능동 필터 회로는 14장에서 학습한 저역 통과, 고역 통과, 대역 통과, 대역 차단 필터로 사용될 수 있다. 능동 필터는 수동 필터에 비하여 몇 가지 장점을 갖는다.

- 능동 회로를 이용하면 인덕터 없이 대역 통과나 대역 차단 필터를 구성할 수 있다. 보통 인덕터는 크고, 무겁고, 비싸며, 게다가 인덕터가 발생시키는 전자장은 요구되는 주파수 응답 특성에 영향을 미칠 수 있다. 따라서 인덕터를 사용하지 않는 것은 장점이 될 수 있다.
- 능동 필터는 통과 대역에서 출력의 크기를 제어할 수 있는데 이는 수동 필터에서는 불가능한 일이다. 14장에서 학습한 모든 필터 회로의 전달 함수를 살펴보면 그 최댓값이 1을 넘지 못하는 것을 알 수 있다. 14장에 소개된 전달 함수는 대부분 전압 분배를 이용하여 구하므로 이는 당연하다. 능동 필터를 사용하면 필터링 특성과 통과 대역의 이득 모두를 정할 수 있는데, 이는 수동 필터에 대한 장점이다.
- 수동 필터의 경우와 마찬가지로 능동 필터의 출력단에도 저항 부하가 연결될 수 있다. 이때 이상적인 연산 증폭기라면 필터의 특성이 변하지 않는다. 이는 수동 필터에 대한 또 하나의 장점이다. 수동 필터에서는 저항 부하가 출력에 연결되면 차단 주파수와 통과 대역 이득이 모두 바뀔 수 있기 때문이다.

따라서 필터 설계에서 물리적 크기, 통과 대역의 증폭, 부하 변동 등이 중요한 파라미터가 되는 경우에는 능동 회로가 사용된다.

이 장에서 연산 증폭기를 사용한 많은 필터 회로 중 일부를 살펴본다. 이러한 연산 증폭기 회로는 수동 필터 회로의 단점을 극복할 수 있음을 보게 될 것이다. 또한 특정한 주파수 응답을 구현하기 위해, 그리고 기본 연산 증폭기 필터 회로를 결합하여 이상적인 필터 응답에 더 가까운 응답을 얻는 방법을 학습할 것이다. 이 장에서 모든 연산 증폭기는 이상적이라고 가정한다.

■ 실제 응용

베이스 음량 제어

이 장에서 살펴볼 회로는 주파수 선택성 회로이다. 즉 회로의 동작이 정현파 입력의 주파수에 따라 달라진다는 의미이다. 이러한 필터 회로는 전자 오디오 기기에서 중요한 역할을 수행한다.

라디오, CD 플레이어, 가정용 스테레오 시스템 등의 전자 오디오 시스템에는 대부분 'treble'과 'bass'라고 표시된 분리형 음량 제어 장치가 있다. 이 제어 장치는 사용자에게 저주파 오디오 신호(bass)와 고주파 오디오 신호(treble)의 음량을 독립적으로 설정할 수 있도록 한다. 이처럼 두 가지 주파수 대역에 대한 증폭(boost) 또는 감쇠(cut)를 독립적으로 조절할 수 있기 때문에 청취자는 단순히 음량만 조절하는 경우에 비하여 소리를 기호에 맞게 더욱 정밀하게 조절할 수 있다.

이 장 끝부분의 실제 응용에서는 저항, 커패시터와 하나의 연산 증폭기를 사용한 베이스 음량 제어 회로를 소개한다. 베이스 주파수 영역 신호의 증폭에 필요한 제어 기능은 가변 저항이 제공한다.

Be Good/Shutterstock

Juraj Kovac/Shutterstock

Arnut09Job/Shutterstock

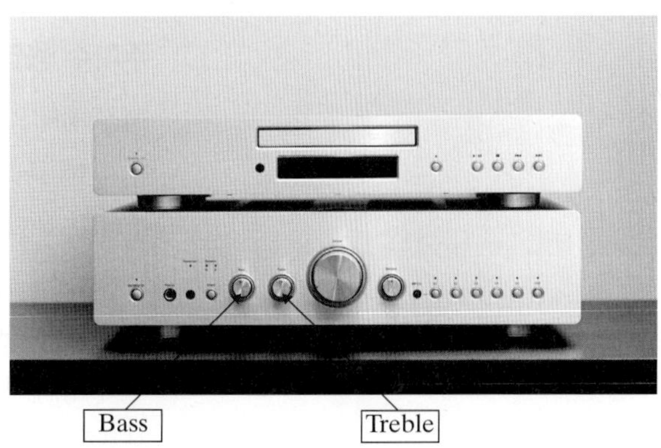

Peter Gudella/Shutterstock

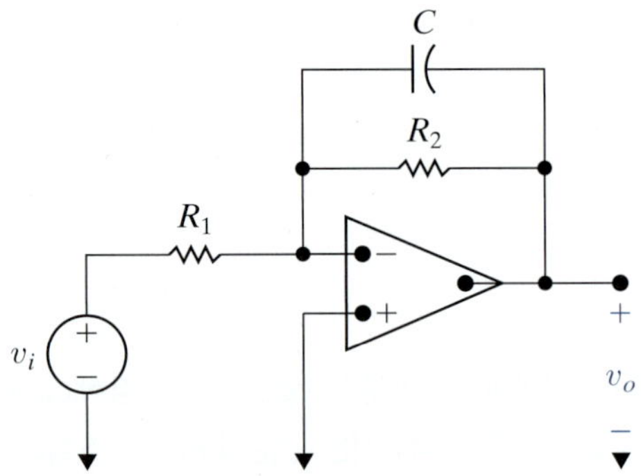

그림 15.1▲ 1차 저역 통과 필터.

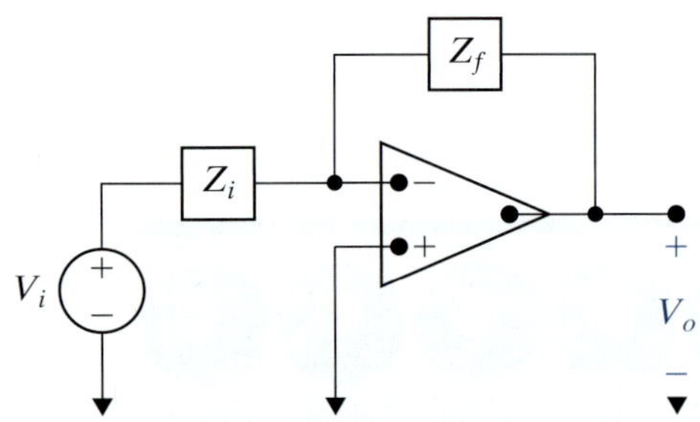

그림 15.2▲ 일반적인 연산 증폭기 회로.

15.1 1차 저역 통과 및 고역 통과 필터

그림 15.1의 회로를 보자. 전원의 주파수가 변할 때 커패시터의 임피던스만이 영향을 받는다. 매우 낮은 주파수에서 커패시터는 개방 회로처럼 동작하고, 연산 증폭기 회로는 $-R_2/R_1$의 이득을 가진 반전 증폭기 회로로 동작한다. 매우 높은 주파수에서는 커패시터는 단락 회로로 동작하고, 이에 따라 연산 증폭기 회로의 출력은 접지된 것과 같아진다. 따라서 그림 15.1의 연산 증폭기 회로는 통과 대역 이득이 $-R_2/R_1$인 저역 통과 필터로서 기능한다.

이러한 정성적인 분석을 확인하기 위해 전달 함수 $H(s) = V_o(s)/V_i(s)$를 계산해 보자. 그림 15.1 회로의 일반형은 그림 15.2의 회로이다. 여기서 입력 경로의 임피던스(Z_i)는 저항 R_1이고, 되먹임 경로의 임피던스(Z_f)는 저항 R_2와 커패시터 임피던스 $1/sC$의 병렬 조합이다.

그림 15.2의 회로는 5장의 반전 증폭기 회로와 같은 구성이므로 전달 함수는 $-Z_f/Z_i$이다. 그러므로 그림 15.1 회로의 전달 함수는 다음과 같다.

$$H(s) = \frac{-Z_f}{Z_i} = \frac{-R_2 \| \left(\frac{1}{sC}\right)}{R_1} = -K\frac{\omega_c}{s + \omega_c}, \tag{15.1}$$

여기서

$$K = \frac{R_2}{R_1}, \tag{15.2}$$

그리고

$$\omega_c = \frac{1}{R_2 C}. \tag{15.3}$$

식 (15.1)이 14장의 식 (14.6)으로 주어진 저역 통과 필터의 일반식과 같은 형태를 갖는다는 것에 주목할 필요가 있다. 단, 한 가지 차이점은 바로 통과 대역의 이득 K가 R_2/R_1의 비로 주어진다는 것이다. 다시 말해, 연산 증폭기 저역 통과 필터는 통과 대역 이득과 차단 주파수가 독립적으로 정해질 수 있다.

주파수 응답도에 대한 주의

14장에서 소개한 주파수 응답도는 필터 회로가 기능하는 방식을 쉽게 이해할 수 있게 해 준다. 그러므로 이 장에서도 주파수 응답도를 자주 사용할 것이다. 14장의 주파수 응답도는 두 가지 분리된 그래프—전달 함수 크기 대 주파수 그래프와 전달 함수의 위상각 대 주파수 그래프—로 이루어져 있다. 두 그래프는 보통 주파수 축을 공유하여 하나의 축 아래와 위에 각각 그려진다.

이 장에서는 **보드 선도**(Bode plot)라 불리는 특수한 형태의 주파수 응답도를 사용한다. 부록 E에 보드 선도를 보다 더 상세하게 설명했으며 여기에는 보드 선도를 손으로 개략적으로 그리는 방법도 포함되어 있다. 그러나 보드 선도는 보통 컴퓨터를 이용하여 그리므로, 여기서는 보드 선도의 특징을 요약하기로 한다. 보드 선도는 14장의 주파수 응답도와 두 가지 중요한 차이가 있다.

- 보드 선도는 주파수 값의 선형축 대신 로그축을 이용한다. 이는 더 넓은 범위의 주파수 영역을 다룰 수 있게 해 준다. 일반적으로 전달 함수 특성의 변화

를 잘 나타낼 수 있는 영역을 선택하여 그래프를 그리는데, 보통 3 또는 4 디케이드(decade) 범위, 예를 들어 10^2 rad/s부터 10^6 rad/s까지 또는 1 kHz부터 1 MHz까지 등의 영역이 선택된다. 크기와 위상각 그래프를 모두 그리고자 한다면 이들은 동일한 주파수 축에서 그린다.

- 보드 선도의 크기 선도는 전달 함수 크기의 절댓값 대 주파수를 그리는 대신 데시벨(dB) 대 주파수의 로그(log)값 단위로 그린다. 데시벨은 부록 D에 설명되어 있다. 요약하면, 만약 전달 함수의 크기가 $|H(j\omega)|$이면 데시벨 값은 다음과 같이 주어진다.

$$A_{\text{dB}} = 20\log_{10}|H(j\omega)|.$$

$|H(j\omega)|$는 부호 없이 항상 양의 값을 갖지만, A_{dB}는 부호가 있는 값이다. $20\log_{10}(1) = 0$이므로 $A_{\text{dB}} = 0$이라면 전달 함수의 크기는 1이다. $A_{\text{dB}} < 0$이라면 전달 함수의 크기는 0과 1 사이의 값이고, $A_{\text{dB}} > 0$이라면 전달 함수의 크기는 1보다 크다. 끝으로, 다음 식을 기억해 두어야 한다.

$$20\log_{10}|1/\sqrt{2}| = -3\text{ dB}.$$

필터의 차단 주파수는 전달 함수의 크기가 최댓값의 $1/\sqrt{2}$배가 되는 주파수로 정의된다. 만약 이 정의를 dB 단위로 바꾸어 표현하면 필터의 차단 주파수는 전달 함수 크기가 그 최댓값에서 3 dB만큼 감소할 때의 주파수로 정의될 수 있다. 예를 들어 만약 저역 통과 필터의 통과 대역에서의 전달 함수 크기가 26 dB이면 차단 주파수는 전달 함수의 크기가 $26 - 3 = 23$ dB이 되는 주파수이다.

예제 15.1은 원하는 통과 대역 이득과 차단 주파수를 만족하는 1차 저역 통과 필터의 설계를 예시하고 필터 전달 함수의 보드 크기 선도도 보여 준다.

예제 15.1 저역 통과 연산 증폭기 필터 설계하기

그림 15.1의 회로를 이용하여 통과 대역에서 이득이 1이고, 차단 주파수가 1 rad/s인 저역 통과 필터가 되도록 C와 R_2를 정하라. 단, $R_1 = 1\,\Omega$이라 한다. 이 필터의 전달 함수를 구하고 주파수 응답의 보드 크기 선도를 그려라.

풀이

식 (15.2)는 R_1과 R_2로 표현된 통과 대역의 이득이고, 이를 통해 R_2를 계산할 수 있다.

$$R_2 = KR_1 = (1)(1) = 1\,\Omega.$$

식 (15.3)을 이용하면 차단 주파수 조건을 만족하는 C를 계산할 수 있다.

$$C = \frac{1}{R_2\omega_c} = \frac{1}{(1)(1)} = 1\text{ F}.$$

저역 통과 필터의 전달 함수는 식 (15.1)과 같다.

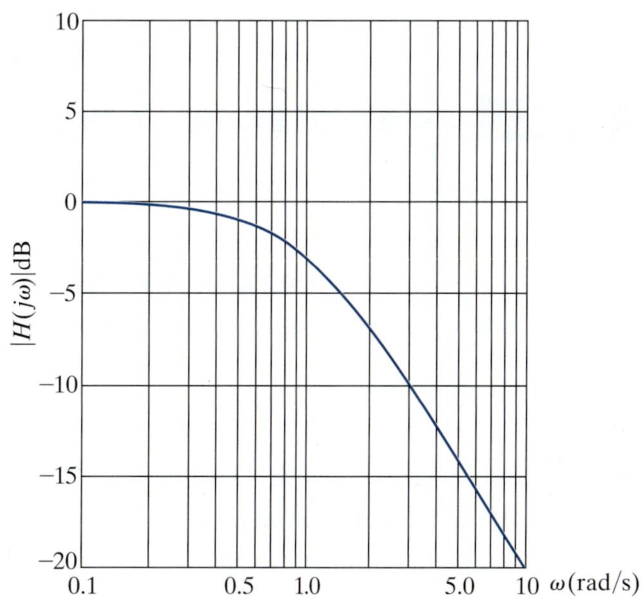

그림 15.3▲ 예제 15.1의 저역 통과 필터의 보드 크기 선도.

$$H(s) = -K\frac{\omega_c}{s+\omega_c} = \frac{-1}{s+1}.$$

$|H(j\omega)|$의 보드 선도는 그림 15.3과 같다. 이 그림을 **원형**(prototype) 저역 통과 연산 증폭기 필터라 부른다. 이 필터는 1 Ω의 저항과 1 F의 커패시터가 사용되고, 1 rad/s의 차단 주파수를 갖는다. 다음 절에서 알게 되겠지만, 보다 더 현실적인 소자 값을 사용하여 원하는 주파수 응답을 얻기 위한 필터 설계 시에 원형 필터로부터 출발하는 것은 매우 유용한 방법이다.

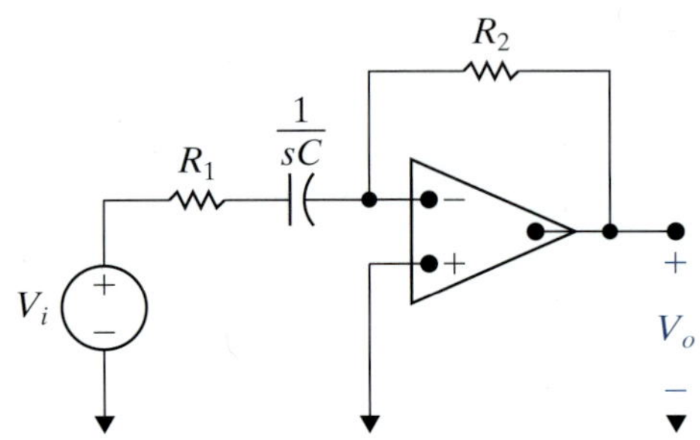

그림 15.4▲ 1차 고역 통과 필터.

여러분은 그림 15.1의 회로를 7장에서 배운 적분 회로라 생각할 수도 있을 것이다. 실제로 이들은 같은 회로이고, 시간 영역에서의 적분은 주파수 영역에서의 저역 통과 필터 작용에 해당한다. 적분과 저역 통과 필터 기능의 관계는 12장에서 학습한 적분에 대한 라플라스 변환을 생각하면 더 확실하게 알 수 있다.

그림 15.4는 능동 1차 고역 통과 필터이다. 이 회로의 일반형 역시 그림 15.2와 같은데, 입력 경로의 임피던스가 R_1과 $1/sC$의 직렬 연결이고, 되먹임 경로의 임피던스는 R_2이다. 그림 15.4 회로의 전달 함수는 다음과 같다.

$$H(s) = \frac{-Z_f}{Z_i} = \frac{-R_2}{R_1 + \dfrac{1}{sC}} = -K\frac{s}{s+\omega_c}, \tag{15.4}$$

여기서

$$K = \frac{R_2}{R_1}, \tag{15.5}$$

그리고

$$\omega_c = \frac{1}{R_1 C}. \tag{15.6}$$

식 (15.4)의 전달 함수는 식 (14.10)의 수동 고역 통과 필터와 같다. 그리고 능동 필터는 통과 대역의 이득을 1보다 크게 할 수 있다.

예제 15.2는 보드 선도를 이용하여 정의된 주파수 응답 조건을 만족하는 능동 필터를 설계한다.

예제 15.2 고역 통과 연산 증폭기 필터 설계하기

그림 15.5는 고역 통과 필터의 보드 크기 선도이다. 그림 15.4의 능동 고역 통과 필터 회로를 이용하여 주어진 이득 응답을 얻을 수 있도록 R_1과 R_2의 값을 정하라. 0.1 μF의 커패시터를 사용하라. 10 kΩ의 부하 저항이 연결된다면 크기 선도는 어떻게 변화하겠는가?

풀이

그림 15.5의 크기 선도를 갖는 전달 함수를 먼저 구해 보자. 여기서 통과 대역의 이득이 20 dB이므로 $K = 10$임을 알 수 있다. 또한 보드 크기 선도로부터 3 dB 지점, 즉 차단 주파수가 500 rad/s임을 알 수 있다. 식 (15.4)는 대역 통과 필터의 전달 함수이고, 따라서 그림 15.5의 이득 응답을 갖는 전달 함수는 다음과 같다.

$$H(s) = \frac{-10s}{s+500}.$$

이 전달 함수는 식 (15.4)와 같아야 하므로

$$H(s) = \frac{-10s}{s+500} = \frac{-(R_2/R_1)s}{s+(1/R_1C)}.$$

두 식의 분모와 분자를 각각 같다고 놓고 식을 간단히 하면 다음과 같은 두 개의 식을 얻을 수 있다.

$$10 = \frac{R_2}{R_1}, \quad 500 = \frac{1}{R_1 C}.$$

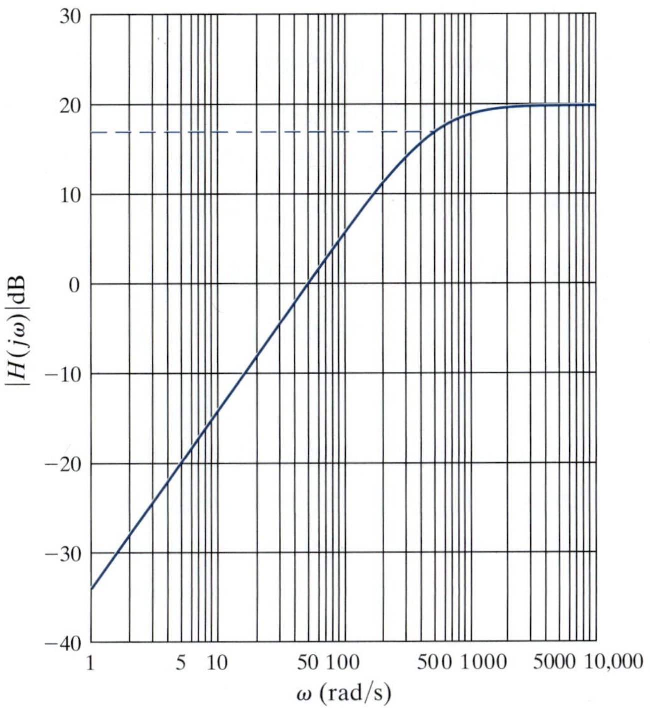

그림 15.5▲ 예제 15.2의 고역 통과 필터의 보드 크기 선도.

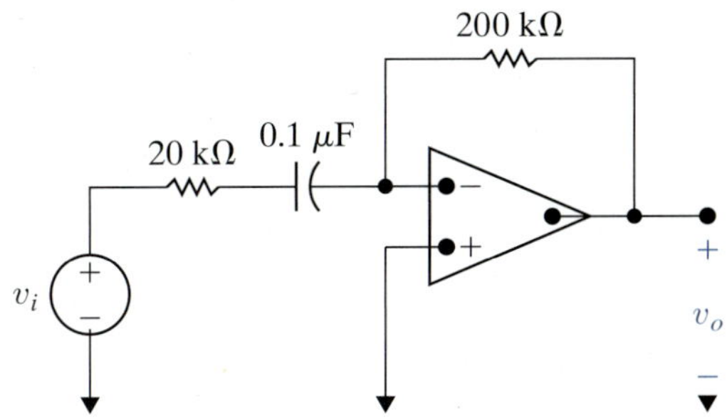

그림 15.6▲ 예제 15.2의 고역 통과 필터.

C의 값이 0.1 μF으로 주어졌으므로 이를 이용하면

$$R_1 = 20\ \text{k}\Omega, \quad R_2 = 200\ \text{k}\Omega.$$

완성된 회로는 그림 15.6과 같다.

이 고역 통과 필터 회로가 이상적이라 가정했으므로 임의의 부하 저항을 더해도 그 저항값은 연산 증폭기의 동작에 영향을 미치지 않는다. 따라서 부하 저항을 가진 고역 통과 필터의 크기 응답은 그림 15.5에 나타낸 부하가 없을 때의 고역 통과 필터의 응답과 같다.

평가문제

목표 1—1차 저역 통과 및 고역 통과 필터로 동작하는 연산 증폭기 회로를 알고, 회로의 소자 값을 계산할 수 있다.

15.1 그림 15.1의 회로가 다음과 같은 전달 함수를 갖는 저역 통과 필터가 되도록 각 저항의 값을 구하라.

$$H(s) = \frac{-8000}{s + 2000}.$$

커패시터는 40 nF를 사용하라.

정답: $R_1 = 3125\ \Omega$, $R_2 = 12.5\ \text{k}\Omega$.

15.2 R_1이 1 Ω일 때 통과 대역 이득이 1이고, 차단 주파수가 1 rad/s인 고역 통과 필터가 되도록 R_2와 C의 값을 구하라. (주: 이 필터는 원형 필터이다.)

정답: $R_2 = 1\ \Omega$, $C = 1$ F.

자가 검사: 연습문제 15.3과 15.5도 풀어 보라.

15.2 척도 변환

수동 또는 능동 필터 회로를 설계할 때 1 Ω, 1 H, 1 F 등의 소자를 이용하면 계산이 매우 간단해지기 때문에 편리하다. 하지만 이러한 소자 값은 현실적으로 사용하기 어려운 값이라서 설계 결과는 1 rad/s의 차단 주파수와 같이 특성이 비현실적인 필터가 된다. 그러나 **척도 변환**(scaling)을 이용하면 비현실적인 소자 값이 현실적인 값으로 바뀌고, 따라서 비현실적인 필터 특성이 실제 사용 가능한 특성으로 변환된다. 척도 변환에는 크기 변환과 주파수 변환의 두 종류가 있다.

크기 변환

임의의 회로의 경우 주어진 주파수에서 각 임피던스에 변환 계수 k_m을 곱하면 회로를 크기 변환할 수 있다. 즉 모든 저항과 인덕터는 k_m을 곱하고, 커패시터는 $1/k_m$를 곱하면 된다. 프라임이 붙지 않는 파라미터를 원래의 값이라 하고, 프라임이 붙은 파라미터를 척도 변환 후의 값이라 하면 다음 관계를 얻는다.

$$R' = k_m R, \quad L' = k_m L, \quad C' = C/k_m.$$

정의에 의하여 k_m은 양의 실수이며 1보다 클 수도 있고 작을 수도 있다.

주파수 변환

주파수 변환에서는 새로운 주파수에서의 소자 임피던스가 원래 주파수에서의 임피던스와 같아지도록 회로의 소자 값을 변환해 주면 된다. 저항의 경우 주파수에 따라 그 값이 달라지지 않는다고 가정하므로 주파수 척도 변환의 영향을 받지 않는다. k_f를 주파수 변환 계수라 하면 인덕터와 커패시터 모두 원래의 값에 $1/k_f$를 곱해 주면 된다. 따라서 주파수 변환은 다음과 같이 된다.

$$R' = R, \quad L' = L/k_f, \quad C' = C/k_f.$$

주파수 변환 계수 k_f 역시 1보다 크거나 작은 양의 실수이다.

회로는 크기와 주파수 모두 동시에 변환될 수 있다. 변환된 값(프라임이 붙은 변수)을 원래의 값(프라임이 붙지 않은 변수)으로 표현하면 다음과 같다.

소자 변환 계수

$$R' = k_m R,$$
$$L' = \frac{k_m}{k_f} L, \tag{15.7}$$
$$C' = \frac{1}{k_m k_f} C.$$

필터 설계에서의 척도 변환 이용

필터 설계 시 다음 단계와 같이 척도 변환을 이용한다.

- 차단 주파수 ω_c를 1 rad/s로(저역 통과 필터 또는 고역 통과 필터 설계 시), 또는 ω_o를 1 rad/s로(대역 통과 필터 또는 대역 차단 필터 설계 시) 선정한다.
- 커패시터를 1 F이라 하고 원하는 통과 대역 이득(능동 필터 설계 시)과 1 rad/s의 차단 주파수 또는 중심 주파수를 얻을 수 있도록 저항값을 결정한다.
- 이제 실제 원하는 중심 주파수나 차단 주파수를 얻을 수 있도록 보다 현실적인 소자 값을 계산한다.

예제 15.3은 일반적인 절차를, 예제 15.4는 저역 통과 필터 설계에 척도 변환 적용 예를 보여 준다.

예제 15.3 직렬 *RLC* 필터의 척도 변환

그림 15.7의 *RLC* 회로의 중심 주파수는 $\sqrt{1/LC} = 1$ rad/s이고, 대역폭은 $R/L = 1$ rad/s이며, 따라서 품질 지수는 1이다. 척도 변환을 이용하여 이 회로의 품질 지수는 그대로이고, 중심 주파수가 500 Hz인 회로가 되도록 R과 L의 값을 정하라. 단, 2 μF의 커패시터를 사용하라.

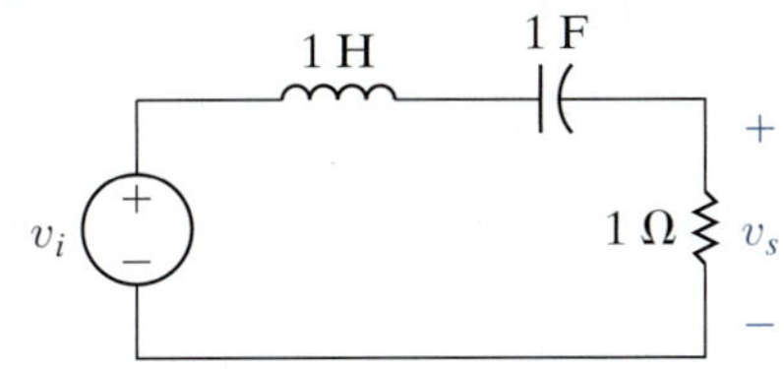

그림 15.7▲ 예제 15.3의 직렬 *RLC* 회로.

풀이

먼저 중심 주파수를 1 rad/s에서 500 Hz로 변환하는 주파수 변환 계수를 찾는다. 프라임이 붙지 않은 변수는 변환 전의 변수를, 프라임이 붙은 변수는 변환 후의 변수를 나타낸다고 하자.

$$k_f = \frac{\omega_o'}{\omega_o} = \frac{2\pi(500)}{1} = 3141.59.$$

이제 식 (15.7)에서 주파수 변환 계수와 2 μF의 커패시터 값을 이용하면 크기 변환 계수를 구할 수 있다.

$$k_m = \frac{1}{k_f}\frac{C}{C'} = \frac{1}{(3141.59)(2 \times 10^{-6})} = 159.155.$$

식 (15.7)을 이용하여 크기 및 주파수 변환된 R과 L의 값을 구한다.

$$R' = k_m R = 159.155\ \Omega,$$

$$L' = \frac{k_m}{k_f} L = 50.66\ \text{mH}.$$

이 새로운 소자 값으로 구성된 직렬 *RLC* 회로의 중심 주파수는

$$\sqrt{1/LC} = 3141.61\ \text{rad/s} \quad \text{또는} \quad 500\ \text{Hz},$$

그리고 대역폭은

$$R/L = 3141.61\ \text{rad/s} \quad \text{또는} \quad 500\ \text{Hz};$$

따라서 품질 지수는 여전히 1이다.

예제 15.4 원형 저역 통과 연산 증폭기 필터의 척도 변환

예제 15.1의 원형 저역 통과 연산 증폭기 필터에 척도 변환을 적용하여, 이득이 5이고 차단 주파수가 1000 Hz인 저역 통과 필터의 저항값을 정하라. 되먹임 경로의 커패시터는 10 nF을 이용하라. 그리고 결과로 얻은 전달 함수의 크기에 대한 보드 선도를 그려라.

풀이

차단 주파수가 1000 Hz가 되도록 주파수 변환을 먼저 적용한다.

$$k_f = \omega_c'/\omega_c = 2\pi(1000)/1 = 6283.185,$$

여기서 프라임 부호가 있는 값은 새로운 값을, 부호가 없는 값은 원래의 값을 의미한다. 다음으로 $k_f = 6283.185$와 척도 변환된 커패시턴스가 10 nF임을 이용하여 크기 변환 계수를 구한다.

$$k_m = \frac{1}{k_f}\frac{C}{C'} = \frac{1}{(6283.185)(10^{-8})} = 15{,}915.5.$$

저항은 크기 변환 계수만으로 변환된다.

$$R_1' = R_2' = k_m R = (15{,}915.5)(1) = 15{,}915.5\ \Omega.$$

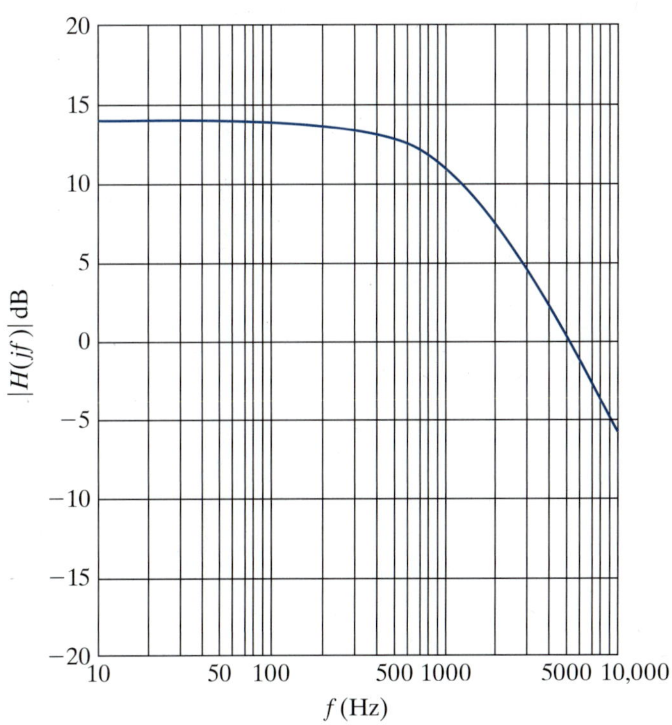

그림 15.8▲ 예제 15.4의 저역 통과 필터의 보드 크기 선도.

마지막으로 통과 대역의 이득 조건을 만족해야 한다. $K = R_2'/R_1'$이므로 R_1' 또는 R_2' 모두를 변환할 수 있다. 그런데 $\omega_c' = 1/R_2'C'$이므로 R_2를 변경하게 되면 차단 주파수가 바뀌게 된다. 따라서 통과 대역의 이득만 변경하기 위해 R_1'의 값을 조절한다.

$$R'_1 = R'_2/K = (15{,}915.5)/(5) = 3183.1\ \Omega.$$

계산 결과는 다음과 같다.

$$R'_1 = 3183.1\ \Omega,\ R'_2 = 15{,}915.5\ \Omega,\ C' = 10\ \text{nF}.$$

필터의 전달 함수는 다음과 같다.

$$H(s) = \frac{-31{,}415.93}{s + 6283.185}.$$

이 전달 함수의 보드 크기 선도는 그림 15.8과 같다.

평가문제

목표 2—원형 회로로부터 필터를 설계할 수 있고, 원하는 주파수 응답 특성과 소자 값을 얻기 위해 척도 변환을 이용할 수 있다.

15.3 원형 고역 통과 필터를, 10 μF의 커패시터를 이용하여 차단 주파수 4 kHz인 고역 통과 필터로 변환하는 크기 및 주파수 변환 계수는 무엇인가?

정답: $k_f = 25{,}132.74$, $k_m = 3.98$.

자가 검사: 연습문제 15.25와 15.26도 풀어 보라.

15.3 연산 증폭기 대역 통과 및 대역 차단 필터

이제 대역 통과 및 대역 차단 필터로 동작하는 연산 증폭기 회로를 해석하고 설계해 보자. 먼저 그림 15.9와 같이 보드 선도를 그리는 것으로부터 출발하자. 이 그림으로부터 대역 통과 필터는 세 가지 분리된 요소로 이루어져 있음을 알 수 있다.

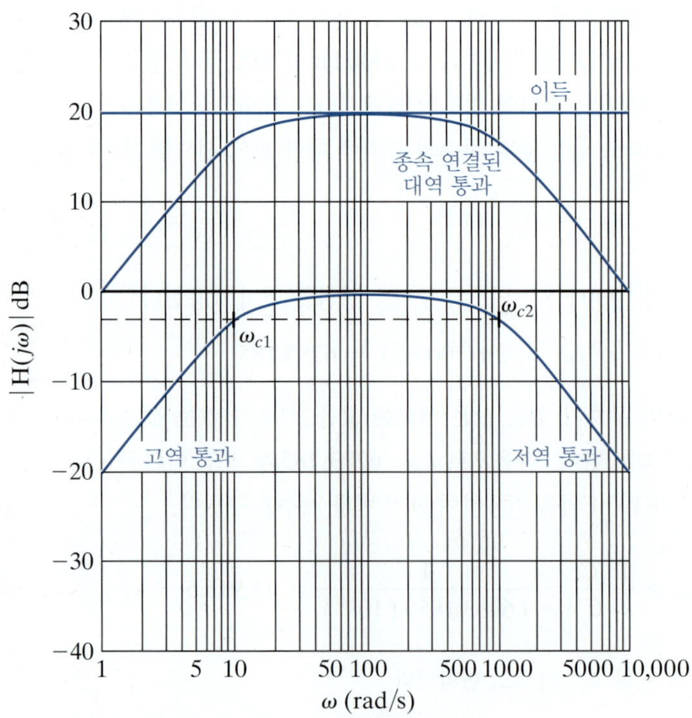

그림 15.9▲ 대역 통과 필터의 보드 크기 선도의 구성.

- 두 차단 주파수 중 더 큰 차단 주파수인 ω_{c2}를 갖는 단위 이득 저역 통과 필터
- 두 차단 주파수 중 더 작은 차단 주파수인 ω_{c1}을 갖는 단위 이득 고역 통과 필터
- 통과 대역에서 원하는 이득을 제공하기 위한 이득 요소

이들 세 가지 부회로는 직렬로 연결된다. 전체 전달 함수는 직렬 연결된 각 회로 전달 함수의 곱으로 표현되고, 전체 크기 선도는 각 부회로의 크기 선도의 합으로 이루어진다.

위와 같은 방법으로 능동 대역 통과 필터를 구성하거나 주파수 응답을 구할 때 낮은 쪽 차단 주파수(ω_{c1})가 높은 쪽 차단 주파수(ω_{c2})보다 상당히 작다고 가정한다. 이러한 가정을 통해 얻는 필터를 **광대역**(broadband) 대역 통과 필터라 부르는데, 이는 통과 대역이 넓기 때문이다. 광대역 필터의 공식적인 정의는 다음 식을 만족하는 두 차단 주파수를 필요로 한다.

$$\frac{\omega_{c2}}{\omega_{c1}} \geq 2.$$

그림 15.9의 보드 선도 구성에서 볼 수 있듯이 저역 통과 필터의 차단 주파수에서는 고역 통과 필터의 출력의 크기가, 고역 통과 필터의 차단 주파수에서는 저역 통과 필터의 출력의 크기가 각각 1이 되어야 한다. 이렇게 되면 이 대역 통과 필터의 차단 주파수는 저역 통과 필터와 고역 통과 필터에 의하여 결정될 것이다. 우리는 그림 15.9에 주어진 요구 사항을 만족할 ω_{c1}과 ω_{c2} 사이의 관계를 결정해야 한다.

그림 15.10(a)에 나타낸 바와 같이 저역 통과 연산 증폭기 필터, 고역 통과 연산 증폭기 필터, 반전 증폭기(5.3절 참조)를 직렬 연결함으로써 세 가지 요소를 모두 제공하는 회로를 구성할 수 있다. 그림 15.10(a)를 **블록 선도**(block diagram)라 한다. 각각의 블록은 소자나 부속 회로를 나타내고, 지정된 방향에 따라 한 블록의 출력은 다음 블록의 입력이 된다. 우리는 직렬 연결된 다른 부회로와 무관하게 각 부회로를 독립적으로 설계할 수 있게 하는 ω_{c1}과 ω_{c2}의 관계를 만들어 내고자

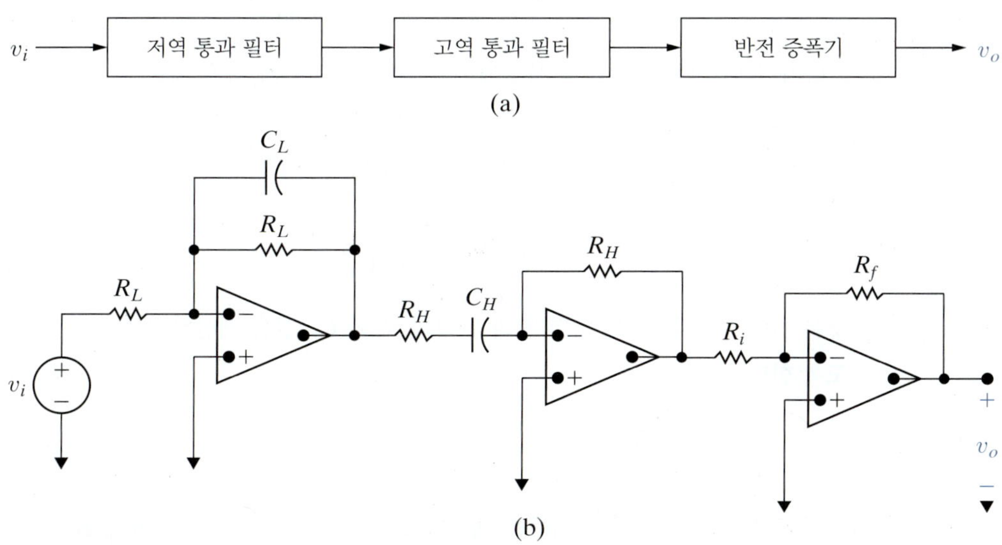

그림 15.10▲ 직렬 연결 연산 증폭기 대역 통과 필터: (a) 블록 선도, (b) 회로.

한다. 그러면 대역 통과 필터의 설계는 간단한 회로인 단위 이득 1차 저역 통과 필터, 단위 이득 1차 고역 통과 필터, 반전 연산 증폭기를 각각 설계하는 문제로 귀결된다.

직렬 연결에 의하여 구성된 대역 통과 필터의 전달 함수는 직렬로 연결된 각 요소의 전달 함수의 곱이다.

$$
\begin{aligned}
H(s) &= \frac{V_o}{V_i} \\
&= \left(\frac{-\omega_{c2}}{s+\omega_{c2}}\right)\left(\frac{-s}{s+\omega_{c1}}\right)\left(\frac{-R_f}{R_i}\right) \\
&= \frac{-K\omega_{c2}s}{(s+\omega_{c1})(s+\omega_{c2})} \\
&= \frac{-K\omega_{c2}s}{s^2+(\omega_{c1}+\omega_{c2})s+\omega_{c1}\omega_{c2}}.
\end{aligned}
\tag{15.8}
$$

식 (15.8)은 14장에서 살펴본 대역 통과 필터의 전달 함수의 표준형과는 다른 모습이다.

$$H_{\mathrm{BP}} = \frac{\beta s}{s^2+\beta s+\omega_o^2}.$$

식 (15.8)을 위에 있는 대역 통과 필터의 일반식으로 변형하기 위해서는 다음 조건이 필요하다.

$$\omega_{c2} \gg \omega_{c1}.$$

큰 차단 주파수가 작은 차단 주파수보다 월등히 크다면

$$(\omega_{c1}+\omega_{c2}) \approx \omega_{c2},$$

그리고 직렬 대역 통과 필터의 식 (15.8)은 다음과 같이 된다.

$$H(s) = \frac{-K\omega_{c2}s}{s^2+\omega_{c2}s+\omega_{c1}\omega_{c2}}.$$

따라서 대역 통과 필터의 사양에서 큰 차단 주파수가 작은 차단 주파수보다 월등히 크다면 직렬 연결된 각 부회로는 독립적으로 설계할 수 있다. 높은 차단 주파수 ω_{c2}가 원하는 값이 되도록 저역 통과 필터의 R_L과 C_L 값을 계산한다.

$$\omega_{c2} = \frac{1}{R_L C_L}.$$

낮은 차단 주파수 ω_{c1}는 고역 통과 필터의 R_H와 C_H 값을 계산하여 지정된 값이 되도록 한다.

$$\omega_{c1} = \frac{1}{R_H C_H}.$$

이제 원하는 통과 대역 이득을 제공하도록 반전 연산 증폭기의 R_i와 R_f 값을 계산한다. 이를 위해서 중심 주파수 ω_o에서 계산된 대역 통과 필터 전달 함수의 크기를 고려해야 한다.

$$\begin{aligned}|H(j\omega_o)| &= \left|\frac{-K\omega_{c2}(j\omega_o)}{(j\omega_o)^2 + \omega_{c2}(j\omega_o) + \omega_{c1}\omega_{c2}}\right| \\ &= \frac{K\omega_{c2}}{\omega_{c2}} \\ &= K.\end{aligned}$$

5장으로부터 반전 증폭기의 이득은 R_f/R_i임을 알고 있다. 그러므로

$$|H(j\omega_o)| = \frac{R_f}{R_i}.$$

위 식을 만족하는 어떠한 저항을 선택하더라도 원하는 통과 대역 이득을 만족할 것이다.

예제 15.5는 직렬 연결 대역 통과 필터의 설계 과정을 나타낸다.

예제 15.5 광대역 대역 통과 연산 증폭기 필터 설계하기

100 Hz에서 10,000 Hz 사이의 대역의 음을 2배 증폭하기 위한 그래픽 이퀄라이저에 사용될 대역 통과 필터를 설계하라. 단, 0.2 μF 커패시터를 사용하라.

풀이

큰 차단 주파수가 작은 차단 주파수보다 월등히 크다는 조건을 만족하면 직렬 연결된 부회로 각각을 차단 주파수 조건에 맞도록 독립적으로 설계할 수 있다. 이 문제에서는 $\omega_{c2} = 100\omega_{c1}$이므로 $\omega_{c2} \gg \omega_{c1}$이라 할 수 있다. 저역 통과 필터부터 시작해 보자. 식 (15.3)에서

$$\omega_{c2} = \frac{1}{R_L C_L} = 2\pi(10{,}000),$$

$$R_L = \frac{1}{[2\pi(10{,}000)](0.2 \times 10^{-6})]} \approx 80\ \Omega.$$

다음으로 고역 통과 필터를 구한다. 식 (15.6)에서

$$\omega_{c1} = \frac{1}{R_H C_H} = 2\pi(100),$$

$$R_H = \frac{1}{[2\pi(100)](0.2 \times 10^{-6})} \approx 7958\ \Omega.$$

마지막으로, 이득을 결정하는 단계이다. 두 개의 저항이 필요하며, 따라서 그중 하나의 저항은 임의로 결정할 수 있다. R_i를 1 kΩ이라 하면

$$\begin{aligned}R_f &= 2(1000) \\ &= 2000\ \Omega = 2\ \text{k}\Omega.\end{aligned}$$

그림 15.11은 지금까지 설계한 결과에 대한 회로도이다. $\omega_{c2} \gg \omega_{c1}$라는 가정이 왜 필요한지는 두 차단 주파수에서 전달 함수의 크기가 최댓값의 $1/\sqrt{2}$이 되는지를 확인하면 되는데, 이는 여러분에게 맡긴다.

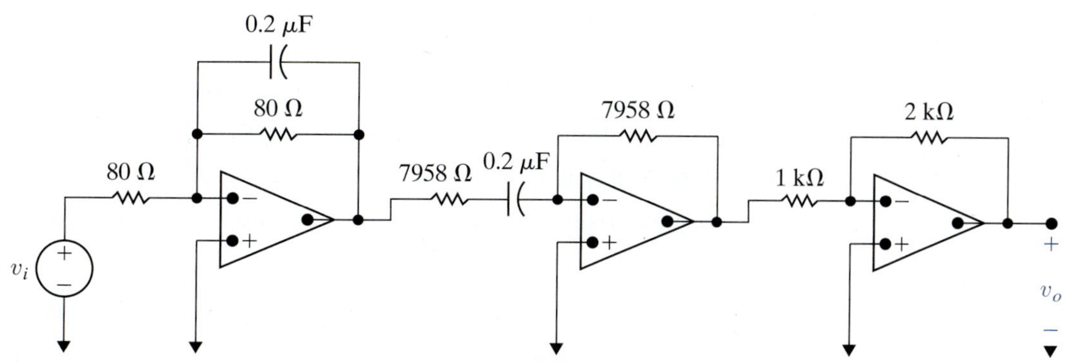

그림 15.11▲ 예제 15.5에서 설계된 직렬 연결 연산 증폭기 대역 통과 필터.

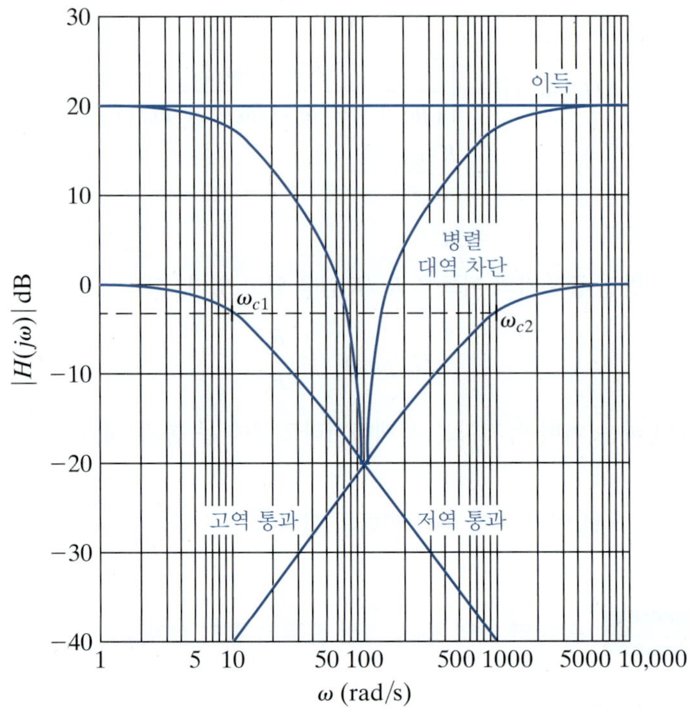

그림 15.12▲ 대역 차단 필터의 보드 크기 선도 구성.

대역 차단 필터 설계에서도 그림 15.12에 보이는 바와 같이 구성 요소별로 접근하는 방법을 사용할 수 있다. 대역 통과 필터와 마찬가지로 대역 차단 필터도 세 개의 독립된 요소로 구성된다.

- 두 개의 차단 주파수 중 낮은 차단 주파수인 ω_{c1}를 차단 주파수로 하는 단위 이득 저역 통과 필터
- 두 개의 차단 주파수 중 높은 차단 주파수인 ω_{c2}를 차단 주파수로 하는 단위 이득 고역 통과 필터
- 통과 대역에서 원하는 이득을 제공하는 가산 회로

대역 통과 필터와 대역 차단 필터를 구성하는 세 개의 부회로에는 중요한 차이점이 존재한다. 저역 통과 필터와 고역 통과 필터의 차단 주파수가 갖는 기능이 명백히 다르다. 대역 통과 필터에서는 저역 통과 필터 부회로의 차단 주파수가 ω_{c2}인데 반하여 대역 차단 필터에서는 저역 통과 필터 부회로의 차단 주파수가 ω_{c1}이 된다. 고역 통과 필터 부회로의 차단 주파수의 기능 역시 반대가 된다. 가장 중요한 차이는 대역 차단 필터에서는 각 부회로가 직렬로 연결되지 않는다는 것이다. 이는 보드 선도에서 각 부회로의 출력이 합산되지 않기 때문이다. 저역 통과 필터와 고역 통과 필터는 병렬로 동작하고, 각각의 출력은 가산 증폭 회로에서 더해지고 필요한 이득을 갖게 된다. 그림 15.13은 이와 같이 설계된 블록 선도와 회로도를 보여 준다.

여기서도 두 차단 주파수는 확실히 분리되어 있다고 가정한다. 따라서 설계되는 필터는 광대역 대역 차단 필터이고, $\omega_{c2} \gg \omega_{c1}$의 관계가 성립한다. 그러면 병렬로 설계되는 각 요소가 각각 독립적으로 설계될 수 있고, 차단 주파수 조건도 만족

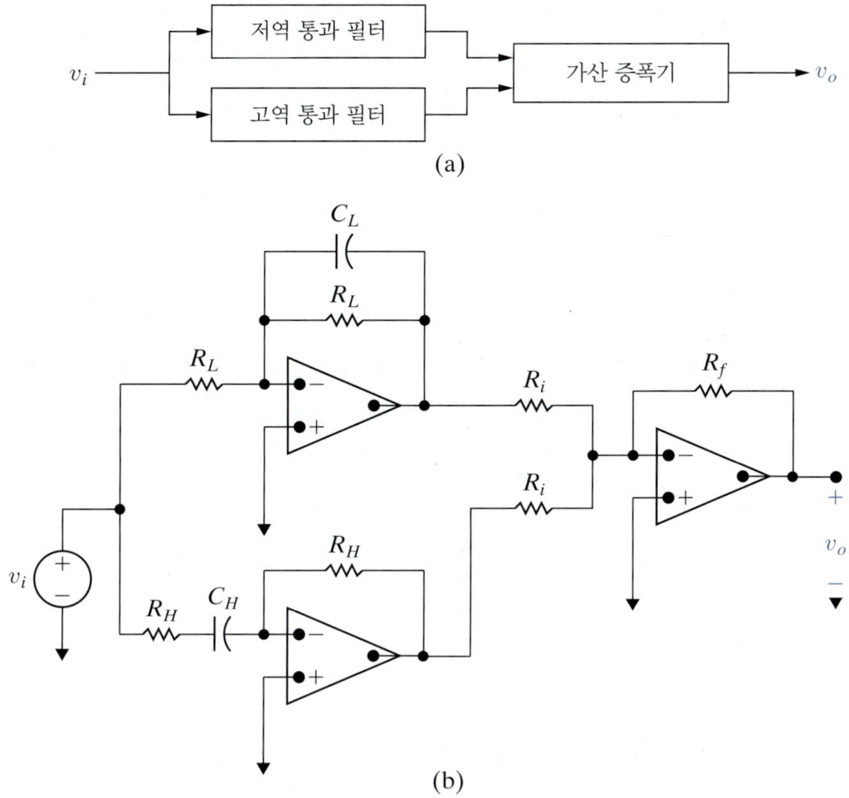

그림 15.13▲ 병렬 연산 증폭기 대역 차단 필터: (a) 블록 선도, (b) 회로.

할 수 있다. 회로의 전달 함수는 저역 통과 필터와 고역 통과 필터의 합이다. 그림 15.3(b)로부터

$$\begin{aligned} H(s) &= \left(-\frac{R_f}{R_i}\right)\left[\frac{-\omega_{c1}}{s+\omega_{c1}} + \frac{-s}{s+\omega_{c2}}\right] \\ &= \frac{R_f}{R_i}\left(\frac{\omega_{c1}(s+\omega_{c2}) + s(s+\omega_{c1})}{(s+\omega_{c1})(s+\omega_{c2})}\right) \\ &= \frac{R_f}{R_i}\left(\frac{s^2 + 2\omega_{c1}s + \omega_{c1}\omega_{c2}}{(s+\omega_{c1})(s+\omega_{c2})}\right). \end{aligned} \tag{15.9}$$

앞서 살펴본 직렬 결합 필터에서와 같은 논리에 의하여 식 (15.9)의 전달 함수에 대한 차단 주파수는 $\omega_{c2} \gg \omega_{c1}$이 성립하도록 ω_{c1}과 ω_{c2}를 정의한다. 그러면 차단 주파수는 다음과 같이 정의된다.

$$\omega_{c1} = \frac{1}{R_L C_L},$$

$$\omega_{c2} = \frac{1}{R_H C_H}.$$

두 개의 통과 대역($s \to 0$ 그리고 $s \to \infty$)에서 전달 함수의 이득은 R_f/R_i이다. 따라서

$$K = \frac{R_f}{R_i}.$$

직렬 연결 대역 통과 필터에서와 마찬가지로 여기에서도 여섯 개의 미지수에 대해 세 개의 식이 주어진다. 보통은 C_L과 C_H는 상용 제품 중 이용 가능한 커패시터로 선정한다. 따라서 고역 통과, 저역 통과 필터의 차단 주파수 식을 이용하여 대역 차단 필터의 차단 주파수 조건을 만족하는 R_L과 R_H를 계산할 수 있다. 마지막으로 R_f 또는 R_i 중에서 하나를 임의의 값으로 정하고 K의 식을 이용하여 통과 대역 이득 조건을 만족하도록 나머지 하나의 저항값을 계산한다.

중심 주파수 $\omega_o = \sqrt{\omega_{c1}\omega_{c2}}$에서 식 (15.9)의 전달 함수의 크기는 다음과 같다.

$$\begin{aligned}|H(j\omega_o)| &= \left|\frac{R_f}{R_i}\left(\frac{(j\omega_o)^2 + 2\omega_{c1}(j\omega_o) + \omega_{c1}\omega_{c2}}{(j\omega_o)^2 + (\omega_{c1} + \omega_{c2})(j\omega_o) + \omega_{c1}\omega_{c2}}\right)\right| \\ &= \frac{R_f}{R_i}\frac{2\omega_{c1}}{(\omega_{c1} + \omega_{c2})} \\ &\approx \frac{R_f}{R_i}\frac{2\omega_{c1}}{\omega_{c2}}.\end{aligned}$$

만일 $\omega_{c2} \gg \omega_{c1}$이면 $|H(j\omega_o)| \ll 2R_f/R_i$가 되어($\omega_{c1}/\omega_{c2} \ll 1$이므로), 중심 주파수에서 전달 함수의 크기는 통과 대역의 크기에 비하여 매우 작다. 따라서 대역 차단 필터는 중심 주파수 부근의 주파수를 성공적으로 차단하지만 광대역 필터의 조건이 반드시 만족되어야 한다.

예제 15.6은 병렬 대역 차단 필터의 설계 과정을 보여 준다.

예제 15.6 광대역 대역 차단 연산 증폭기 필터 설계하기

그림 15.13(b)에 있는 병렬 대역 차단 연산 증폭기 필터 회로를 설계하라. 회로의 보드 크기 선도는 그림 15.14와 같고, 0.5 μF 커패시터를 사용하라.

풀이

그림 15.14의 보드 크기 선도에서 대역 차단 필터의 차단 주파수는 100 rad/s와 2000 rad/s이고, 통과 대역의 이득은 3임을 알 수 있다. $\omega_{c2} = 20\omega_{c1}$이므로 $\omega_{c2} \gg \omega_{c1}$라 가정할 수 있다. 예제 15.1의 원형 저역 통과 필터로부터 시작하여 척도 변환을 통해 차단 주파수와 커패시터의 값을 만족하도록 한다. 차단 주파수를 1 rad/s에서 100 rad/s로 변환할 수 있는 주파수 변환 계수 k_f는 100이다. 그리고 주파수 변환 계수와 함께 커패시터 값을 1 F에서 0.5 μF으로 변환하는 크기 변환 계수 k_m은 20,000이다. 이러한 척도 변환 계수를 사용하여 회로 소자의 값을 다음과 같이 구할 수 있다.

$$R_L = 20\ \text{k}\Omega,$$
$$C_L = 0.5\ \mu\text{F}.$$

이때 저역 통과 요소의 차단 주파수는 다음과 같다.

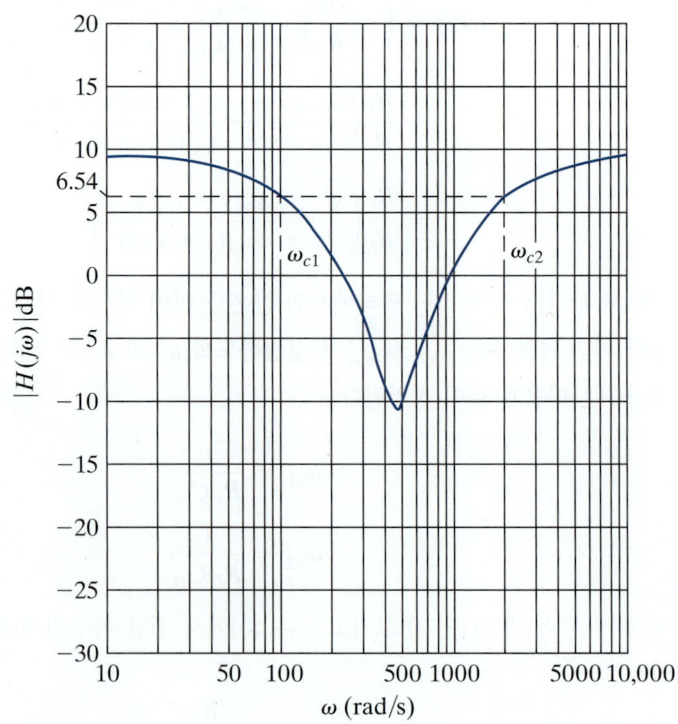

그림 15.14▲ 예제 15.6에서 설계하고자 하는 회로의 보드 크기 선도.

$$\omega_{c1} = \frac{1}{R_L C_L} = \frac{1}{(20 \times 10^3)(0.5 \times 10^{-6})} = 100 \text{ rad/s}.$$

같은 방법으로 원형 고역 통과 연산 증폭기 필터로부터 고역 통과 요소를 설계할 수 있다. 여기서는 차단 주파수를 1 rad/s에서 2000 rad/s로 변환해야 하므로 주파수 변환 계수 k_f는 2000이다. 크기 변환 계수는 주파수 변환 계수와 1 F의 커패시터를 0.5 μF로 변환하는 조건을 이용하여 구할 수 있고, k_m은 1000이 된다. 척도 변환된 소자의 값은 다음과 같다.

$$R_H = 1 \text{ k}\Omega,$$
$$C_H = 0.5 \ \mu\text{F}.$$

마지막으로, 차단 주파수가 충분히 서로 멀리 떨어져 있으므로 통과 대역의 이득이 3이라는 조건은 R_f/R_i의 비를 사용하여 충족할 수 있다. R_H를 이미 정했으므로 R_i를 1 kΩ으로 정하기로 한다. 따라서 R_f는 3 kΩ이 되고 $K = R_f/R_i = 3000/1000 = 3$이 된다. 설계 결과로 얻은 병렬 연산 증폭기 대역 차단 필터 회로는 그림 15.15와 같다.

이제 주어진 차단 주파수에서 실제 이득을 계산하여 $\omega_{c2} \gg \omega_{c1}$의 가정이 맞는지 확인해 보자. 식 (15.9)의 병렬 연산 증폭기 대역 차단 필터 전달 함수에 $s = j100$과 $s = j2000$을 대입하여 전달 함수의 크기를 계산해 보면 확인할 수 있다. 주어진 차단 주파수에서 크기는 우리가 기대했던 값 $3/\sqrt{2} = 2.12$보다 크다. 따라서 우리가 설계한 차단 대역은 문제에서 요구하는 것보다 약간 좁다는 것을 알 수 있다.

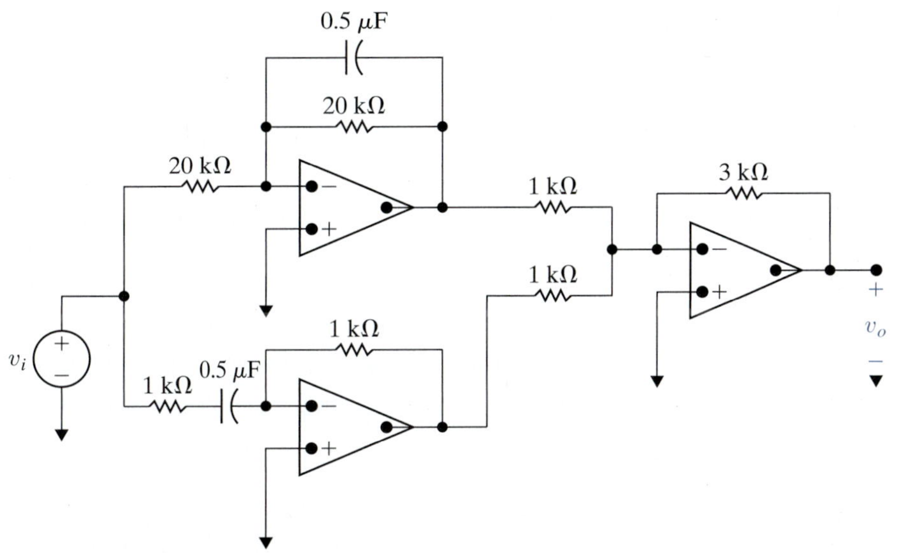

그림 15.15▲ 예제 15.6에서 설계한 대역 차단 필터 회로.

자가 검사: 연습문제 15.32와 15.34를 풀어 이해도를 평가하라.

15.4 고차 연산 증폭기 필터

지금까지 다루어 온 능동 필터나 수동 필터는 이상적인 특성을 보이지 못한다. 14장에서 보았듯이 이상적인 필터는 차단 주파수에서 불연속성이 있어 차단 대역과 통과 대역이 분명하게 나뉜다. 불연속적인 주파수 응답을 갖는 회로를 구성하는 것은 불가능하지만, 연속적이라 하더라도 차단 주파수에서 특성이 급격하게 변하는 회로는 구성할 수 있다.

동일한 필터의 직렬 연결

어떻게 하면 통과 대역과 차단 대역 사이의 변이를 급격하게 만들 수 있을까? 첫 번째 방법은 그림 15.16의 보드 크기 선도에서 찾을 수 있다. 이 그림은 원형 필터

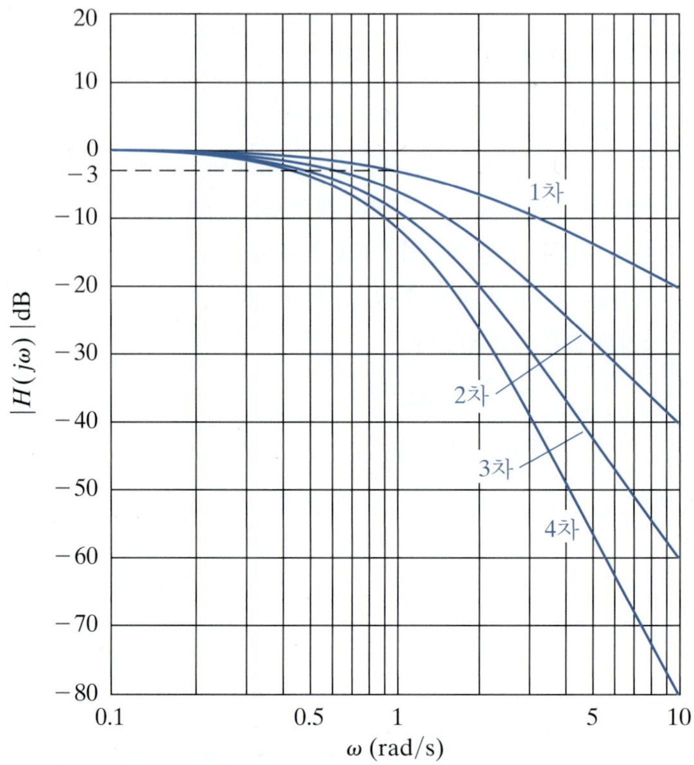

그림 15.16▲ 동일한 원형 1차 필터의 직렬 연결 시의 보드 크기 선도.

하나, 두 개, 세 개, 네 개의 직렬 연결 시의 보드 크기 선도를 보여 준다. 직렬로 연결된 필터의 개수가 많아질수록 통과 대역에서 차단 대역으로의 변이가 점점 더 분명해지는 것을 볼 수 있다. 보드 선도를 작성하는 규칙(부록 E)에 따르면 하나의 필터에 의한 변이는 근사적으로 디케이드당 20 dB(20 dB/dec)의 기울기로 발생한다. 회로에서의 직렬 연결은 보드 선도에서의 합에 해당하므로 두 개의 필터가 직렬로 연결된다면 출력 변이의 점근선의 기울기는 20 + 20 = 40 dB/dec가 되고, 세 개의 필터에서는 60 dB/dec, 네 개의 필터에서는 80 dB/dec가 될 것이다. 이러한 현상은 그림 15.16에서 찾을 수 있다.

일반화하면 n개의 동일한 저역 통과 필터를 직렬 연결하면 통과 대역에서 차단 대역으로의 변이는 $20n$ dB/dec의 기울기로 발생할 것이다. 그림 15.17은 이 경우의 블록 선도와 회로도이다. n개의 동일한 저역 통과 필터를 직렬 연결했을 때의 전달 함수는 간단히 각 필터 전달 함수의 곱으로 구할 수 있다.

$$\begin{aligned} H(s) &= \left(\frac{-1}{s+1}\right)\left(\frac{-1}{s+1}\right)\cdots\left(\frac{-1}{s+1}\right) \\ &= \frac{(-1)^n}{(s+1)^n}. \end{aligned} \tag{15.10}$$

1차 저역 통과 필터를 직렬 연결하면 고차 필터가 된다. n개의 저역 통과 필터를 직렬 연결하면 식 (15.10)에서 알 수 있듯이 전달 함수가 n개의 극점을 갖게 되므로 n차의 고차 필터가 됨을 알 수 있다. 그리고 이때 천이 대역에서의 기울기는 $20n$ dB/dec이다.

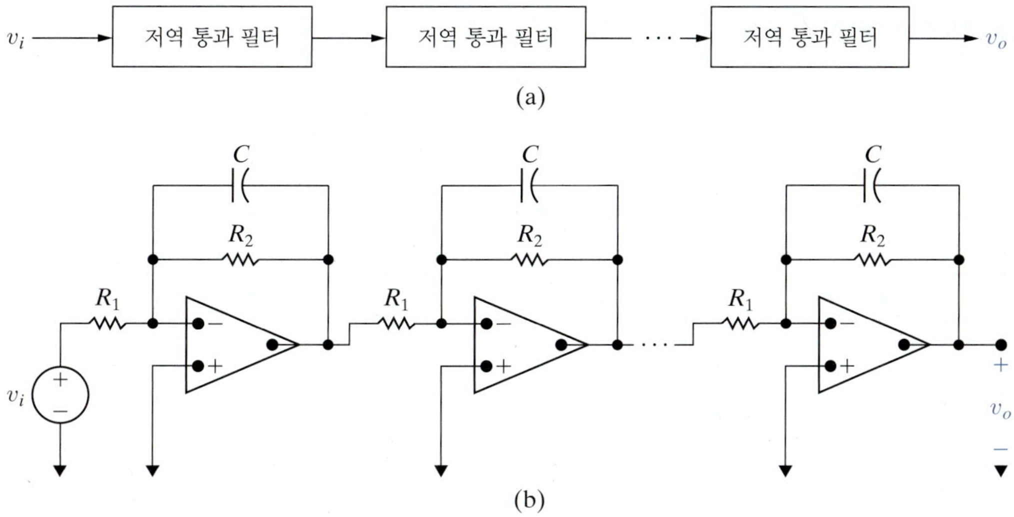

그림 15.17▲ 동일한 단위 이득 저역 통과 필터의 직렬 연결: (a) 블록 선도, (b) 회로.

그림 15.16을 유심히 살펴본다면 아직도 한 가지 중요한 문제가 남아 있음을 알게 된다. 원형 필터를 추가하여 필터의 차수를 높임에 따라 차단 주파수도 함께 변한다. 예를 들어 두 개의 1차 원형 저역 통과 필터를 직렬 연결하면 1 rad/s에서의 2차 필터의 크기는 −6 dB이 된다. 이 2차 필터의 차단 주파수는 1 rad/s가 아닌 것이다. 실제로는 1 rad/s보다 작아진다.

따라서 n개의 1차 필터의 직렬 연결로 구성된 n차 필터의 차단 주파수를 구할 필요가 있다. 그 이후 척도 변환을 이용하여 우리가 원하는 차단 주파수를 갖도록 필터 소자의 값을 계산할 수 있다. $|H(j\omega)| = 1/\sqrt{2}$을 만족하는 ω_{cn}는 다음과 같다.

$$H(s) = \frac{(-1)^n}{(s+1)^n}, \quad |H(j\omega_{cn})| = \left|\frac{1}{(j\omega_{cn}+1)^n}\right| = \frac{1}{\sqrt{2}},$$

$$\frac{1}{(\sqrt{\omega_{cn}^2+1})^n} = \frac{1}{\sqrt{2}}, \quad \frac{1}{\omega_{cn}^2+1} = \left(\frac{1}{\sqrt{2}}\right)^{2/n},$$

$$\sqrt[n]{2} = \omega_{cn}^2 + 1,$$

$$\omega_{cn} = \sqrt{\sqrt[n]{2} - 1}. \tag{15.11}$$

식 (15.11)을 이용하여 네 개의 원형 저역 통과 필터를 직렬 연결한 4차 단위 이득 저역 통과 필터의 차단 주파수를 계산해 보자.

$$\omega_{c4} = \sqrt{\sqrt[4]{2} - 1} = 0.435 \text{ rad/s}.$$

따라서 원형 필터의 직렬 연결로 구성된 4차 저역 통과 필터를 구성하고, 이 필터의 각 소자를 $k_f = \omega_c/0.435$로 척도 변환하면 차단 주파수 ω_c를 갖는 4차 저역 통과 필터를 설계할 수 있다.

그리고 직렬 연결 필터에 반전 연산 증폭기 회로를 더하면 임의의 이득을 갖는 고차 저역 통과 필터를 만들 수 있다. 예제 15.7은 임의의 이득을 갖는 4차 저역 통과 필터를 설계하는 방법을 보여 준다.

예제 15.7 4차 저역 통과 능동 필터 설계하기

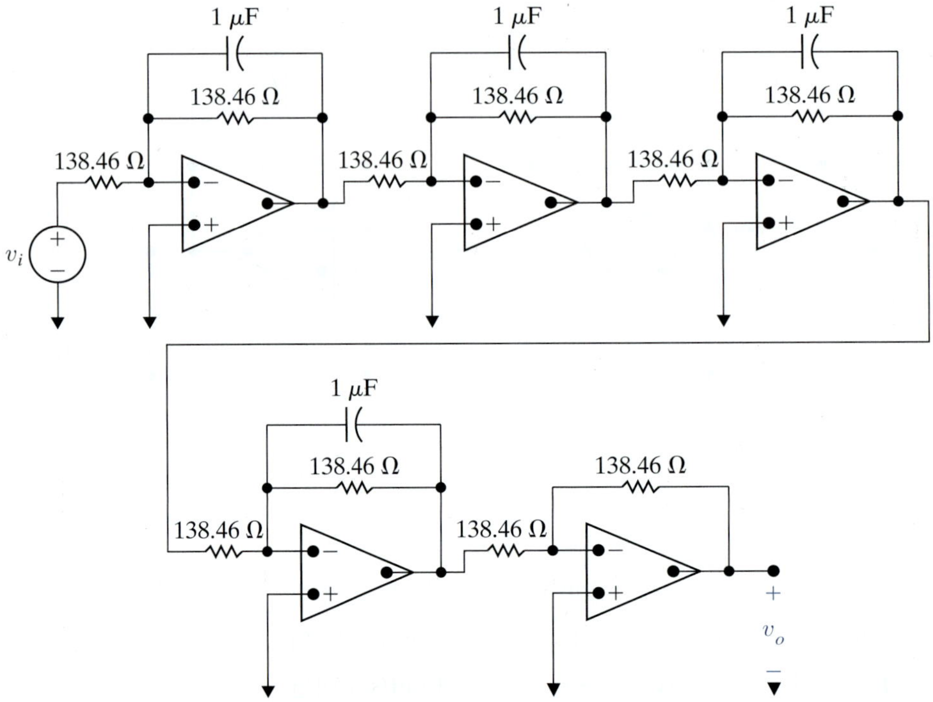

그림 15.18▲ 예제 15.7에서 설계된 직렬 연결을 통해 구현된 4차 저역 통과 필터 회로.

차단 주파수가 500 Hz, 통과 대역 이득이 10인 4차 저역 통과 필터를 설계하라. 커패시터는 1 μF를 사용하라. 그리고 이 필터의 보드 크기 선도를 그려라.

풀이

우선 네 개의 원형 저역 통과 필터를 직렬 연결한다. 이 4차 저역 통과 필터의 차단 주파수가 0.435 rad/s임은 식 (15.11)로부터 알 수 있다. 주파수 변환 계수 $k_f = 7222.39$를 이용하면 척도 변환을 통해 500 Hz의 차단 주파수를 갖는 소자 값을 정할 수 있다. 그리고 커패시터를 1 F에서 1 μF으로 변환하는 조건으로부터 크기 변환 계수 $k_m = 138.46$을 얻을 수 있다. 따라서

$$R = 138.46\ \Omega; \quad C = 1\ \mu\text{F}.$$

마지막으로 이득이 $R_f/R_i = 10$인 반전 연산 증폭기를 직렬로 연결한다. 보통의 경우와 같이 두 저항 중에 하나를 임의로 선정할 수 있다. 앞 단계에서 저항이 138.46 Ω이었으므로 $R_i = 138.46\ \Omega$이라 하자. 이에 따라

$$R_f = 10R_i = 1384.6\ \Omega.$$

그림 15.18은 위와 같은 과정을 거쳐 구한 4차 직렬 저역 통과 필터이다. 이 필터의 전달 함수는 다음과 같다.

$$H(s) = -10\left[\frac{7222.39}{s + 7222.39}\right]^4.$$

이 전달 함수의 보드 크기 선도는 그림 15.19와 같다.

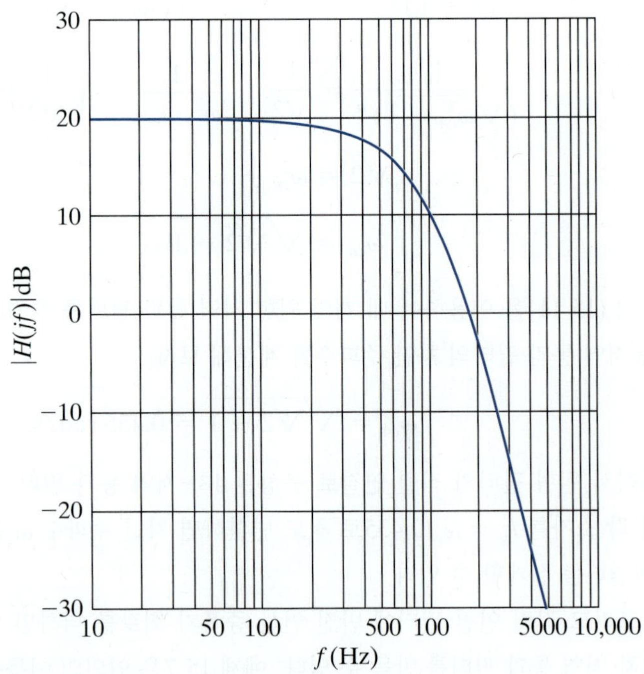

그림 15.19▲ 예제 15.7에서 설계된 직렬 4차 저역 통과 필터의 보드 크기 선도.

동일한 저역 통과 필터를 직렬 연결함으로써 통과 구간에서 차단 구간으로의 천이 구간의 기울기를 증가시킬 수는 있지만 지금까지의 방법은 중대한 단점을 갖고 있다. 0에서부터 차단 주파수 사이의 대역에서 이 필터의 이득이 상수가 아니라는 점이다. 이상적인 저역 통과 필터에서는 차단 주파수 이하의 모든 주파수 대역에서 이득은 1이다. 그러나 그림 15.16에서 볼 수 있듯이 차단 주파수보다 상당히 작은 영역에서도 크기는 1(0 dB)보다 작다.

단위 이득을 갖는 n차 직렬 저역 통과 필터의 전달 함수 크기를 살펴보면 통과 대역의 이득이 이상적이지 않은 이유를 이해할 수 있다.

$$H(s) = \frac{\omega_{cn}^n}{(s + \omega_{cn})^n},$$

이므로 크기는 다음과 같다.

$$\begin{aligned}|H(j\omega)| &= \frac{\omega_{cn}^n}{\left(\sqrt{\omega^2 + \omega_{cn}^2}\right)^n} \\ &= \frac{1}{\left(\sqrt{(\omega/\omega_{cn})^2 + 1}\right)^n}.\end{aligned}$$

위 식에서 $\omega \ll \omega_{cn}$이면 분모는 1로 접근하고 이 전달 함수의 크기도 1로 접근하는 것을 알 수 있다. 그렇지만 $\omega \to \omega_{cn}$이면 분모가 1보다 커져서 전달 함수 크기는 1보다 작아진다. 저역 통과 필터를 직렬로 연결하는 경우 통과 대역에서의 특성이 이상적인 필터와 다르기 때문에 고차 필터의 경우에는 다른 접근 방법이 이용된다. 이 중 한 방법을 다음에 소개하고자 한다.

버터워스 필터

단위 이득을 갖는 **버터워스 저역 통과 필터**(Butterworth low-pass filter)의 전달 함수는 다음과 같다.

$$|H(j\omega)| = \frac{1}{\sqrt{1 + (\omega/\omega_c)^{2n}}}, \tag{15.12}$$

여기서 n은 필터의 차수를 의미하는 정수이다.[1]

식 (15.12)에 대해 다음을 주의 깊게 볼 필요가 있다.

- 차단 주파수는 모든 n에 대해 ω_c이다.
- n이 충분히 클 때 $\omega < \omega_c$라면 분모는 항상 1에 가깝다.
- $|H(j\omega)|$의 표현식에서 ω/ω_c의 지수는 항상 짝수이다.

마지막 항은 지수가 짝수여야 물리적으로 실제 회로를 구성할 수 있기 때문에 중요하다(연습문제 15.37 참조).

전달 함수의 크기가 주어졌을 때 어떻게 $H(s)$를 구할 수 있을까? $H(s)$의 미분은 원형 필터를 이용하면 단순화할 수 있다. 따라서 식 (15.12)에서 ω_c를 1 rad/s

---

1 이 필터는 영국의 공학자인 버터워스(S. Butterworth)가 개발했으며, *Wireless Engineering 7* (1930), 536-541에 발표되었다.

로 놓고, 이전에 했던 바와 같이 척도 변환을 이용하여 주어진 사양을 만족하도록 원형 필터를 변환할 것이다.

$H(s)$를 찾기 위해 우선 N이 복소수일 때 $|N|^2 = NN^*$임을 기억하자. 여기서 N^*는 N의 공액 복소수이다. 따라서 다음의 관계가 성립한다.

$$|H(j\omega)|^2 = H(j\omega)\, H(-j\omega).$$

$s = j\omega$이므로 다음과 같이 쓸 수 있다,

$$|H(j\omega)|^2 = H(s)\, H(-s).$$

$s^2 = -\omega^2$이므로

$$\begin{aligned}|H(j\omega)|^2 &= \frac{1}{1+\omega^{2n}}\\ &= \frac{1}{1+(\omega^2)^n}\\ &= \frac{1}{1+(-s^2)^n}\\ &= \frac{1}{1+(-1)^n s^{2n}},\end{aligned}$$

또는

$$H(s)\, H(-s) = \frac{1}{1+(-1)^n s^{2n}}.$$

주어진 n에 대해 $H(s)$를 찾는 과정은 다음과 같다.

1. 다음 식의 근을 구한다.

$$1 + (-1)^n s^{2n} = 0.$$

2. 좌평면의 근을 $H(s)$로, 우평면의 근을 $H(-s)$로 각각 할당한다.

3. $H(s)$의 분모를 1차 및 2차 인수로 정리한다.

예제 15.8에 위 과정이 설명되어 있다.

예제 15.8 버터워스 전달 함수 계산하기

$n = 2$, $n = 3$일 때 버터워스 전달 함수를 구하라.

풀이

$n = 2$일 때 다음 다항식의 근을 구한다.

$$1 + (-1)^2 s^4 = 0.$$

식을 정리하면

$$s^4 = -1 = 1\underline{/180^\circ}.$$

따라서 네 개의 근은 다음과 같다.

$$s_1 = 1\underline{/45^\circ} = 1/\sqrt{2} + j/\sqrt{2},$$

$$s_2 = 1\underline{/135^\circ} = -1/\sqrt{2} + j/\sqrt{2},$$

$$s_3 = 1\underline{/225^\circ} = -1/\sqrt{2} + -j/\sqrt{2},$$

$$s_4 = 1\underline{/315^\circ} = 1/\sqrt{2} + -j/\sqrt{2}.$$

근 s_2와 s_3는 좌평면에 존재한다. 따라서

$$H(s) = \frac{1}{(s + 1/\sqrt{2} - j/\sqrt{2})(s + 1/\sqrt{2} + j/\sqrt{2})}$$

$$= \frac{1}{(s^2 + \sqrt{2}s + 1)}.$$

$n = 3$일 때에는 다음 방정식의 근을 찾는다.

$$1 + (-1)^3 s^6 = 0.$$

식을 정리하면

$$s^6 = 1\angle 0^\circ = 1\angle 360^\circ.$$

따라서 여섯 개의 근은 다음과 같다.

$$s_1 = 1\angle 0^\circ = 1,$$

$$s_2 = 1\angle 60^\circ = 1/2 + j\sqrt{3}/2,$$

$$s_3 = 1\angle 120^\circ = -1/2 + j\sqrt{3}/2,$$

$$s_4 = 1\angle 180^\circ = -1 + j0,$$

$$s_5 = 1\angle 240^\circ = -1/2 + -j\sqrt{3}/2,$$

$$s_6 = 1\angle 300^\circ = 1/2 + -j\sqrt{3}/2.$$

근 s_3, s_4, s_5는 좌평면에 존재한다. 따라서

$$H(s) = \frac{1}{(s + 1)(s + 1/2 - j\sqrt{3}/2)(s + 1/2 + j\sqrt{3}/2)}$$

$$= \frac{1}{(s + 1)(s^2 + s + 1)}.$$

버터워스 다항식의 근은 s평면에서 항상 단위 원 위에 같은 간격을 두고 분포되어 있음을 알 수 있다. 버터워스 필터의 설계를 돕기 위해 표 15.1에 $n = 8$까지의 버터워스 다항식을 정리했다.

표 15.1 정규화된($\omega_c = 1$ rad/s가 되도록) 8차까지의 버터워스 다항식

n	n차 버터워스 다항식
1	$(s + 1)$
2	$(s^2 + \sqrt{2}s + 1)$
3	$(s + 1)(s^2 + s + 1)$
4	$(s^2 + 0.765s + 1)(s^2 + 1.848s + 1)$
5	$(s + 1)(s^2 + 0.618s + 1)(s^2 + 1.618s + 1)$
6	$(s^2 + 0.518s + 1)(s^2 + \sqrt{2} + 1)(s^2 + 1.932s + 1)$
7	$(s + 1)(s^2 + 0.445s + 1)(s^2 + 1.247s + 1)(s^2 + 1.802s + 1)$
8	$(s^2 + 0.390s + 1)(s^2 + 1.111s + 1)(s^2 + 1.6663s + 1)(s^2 + 1.962s + 1)$

버터워스 필터 회로

이제 버터워스 필터 회로의 전달 함수를 지정하는 방법(전달 함수의 극점을 직접 계산하거나 표 15.1을 이용)을 알았으므로 이러한 전달 함수를 가진 회로를 설계해야 한다. 표 15.1의 버터워스 다항식의 형태를 유심히 보면 모두 1차 및 2차 인수의 곱이다. 그러므로 각 요구 조건의 기능을 제공하는 연산 증폭기 회로를 직렬로 연결하면 전달 함수의 분모가 버터워스 다항식이 되는 회로를 구성할 수 있다. 그림 15.20은 분모가 5차 버터워스 다항식이 되는 직렬 결합의 블록 선도이다.

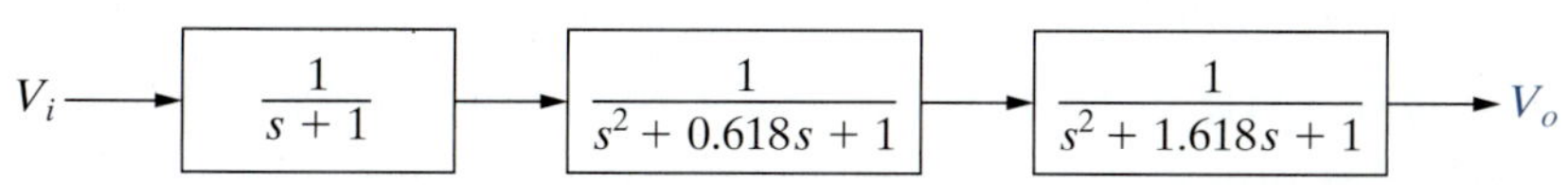

그림 15.20▲ $\omega_c = 1$ rad/s인 5차 저역 통과 버터워스 필터가 되도록 1차와 2차 회로를 직렬 연결한 회로.

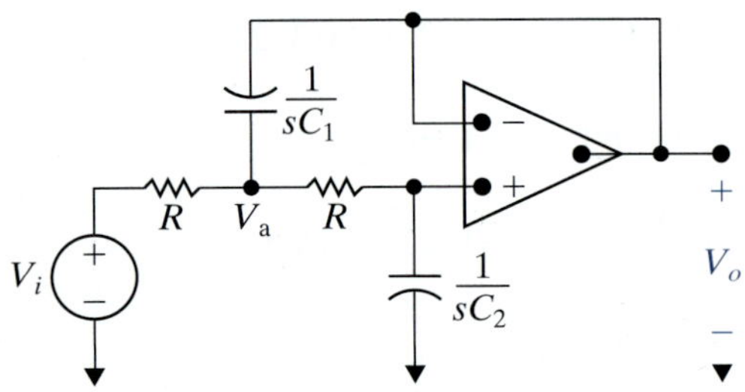

그림 15.21▲ 버터워스 필터가 되도록 하는 2차 전달 함수의 회로.

모든 홀수 차수의 버터워스 다항식은 $(s + 1)$ 인자를 가지므로, 홀수 차수의 버터워스 필터 회로는 전달 함수 $H(s) = 1/(s + 1)$인 부회로를 가져야 한다. 이는 그림 15.1의 원형 저역 통과 연산 증폭기 필터의 전달 함수이다. 그러므로 남은 일은 $H(s) = 1/(s^2 + b_1 s + 1)$ 형태의 전달 함수를 갖는 회로를 구하는 것이다.

이러한 회로가 그림 15.21에 도시되어 있다. 회로를 해석하기 위해 우선 연산 증폭기 비반전 단자와 V_a라 명시된 마디에서 s 영역의 KCL을 적용한다.

$$\frac{V_a - V_i}{R} + (V_a - V_o)sC_1 + \frac{V_a - V_o}{R} = 0,$$

$$V_o sC_2 + \frac{V_o - V_a}{R} = 0.$$

두 KCL 방정식을 간단히 하면

$$(2 + RC_1 s)V_a - (1 + RC_1 s)V_o = V_i,$$

$$-V_a + (1 + RC_2 s)V_o = 0.$$

V_a를 소거하면

$$(2 + RC_1 s)(1 + RC_2 s)V_o - (1 + RC_1 s)V_o = V_i. \quad \text{w}$$

이제 위 식을 정리하여 그림 15.21 회로의 전달 함수를 구하면

$$H(s) = \frac{V_o}{V_i} = \frac{\frac{1}{R^2 C_1 C_2}}{s^2 + \frac{2}{RC_1}s + \frac{1}{R^2 C_1 C_2}}.$$

마지막으로 $R = 1\ \Omega$이라 하면

$$H(s) = \frac{\frac{1}{C_1 C_2}}{s^2 + \frac{2}{C_1}s + \frac{1}{C_1 C_2}}. \tag{15.13}$$

식 (15.13)은 버터워스 직렬 연결의 2차 회로의 형태이다. 다음과 같은 형태의 전달 함수가 되기 위해

$$H(s) = \frac{1}{s^2 + b_1 s + 1},$$

그림 15.21의 회로에서 다음과 같이 커패시터의 값을 정하면 된다.

$$b_1 = \frac{2}{C_1}, \quad 1 = \frac{1}{C_1 C_2}. \tag{15.14}$$

지금까지 차단 주파수 $\omega_c = 1$ rad/s이고, 통과 대역에서 이득이 1인 n차 버터워스 저역 통과 필터를 설계하는 과정을 간략히 알아보았다. 여기에 주파수 척도 변환을 이용하여 임의의 차단 주파수를 갖도록 커패시터의 값을 조정할 수도 있고, 크기 척도 변환을 이용하여 더 현실적이거나 실용적인 소자 값을 계산해 낼 수 있

다. 그리고 반전 연산 증폭기 회로를 직렬 연결하면 통과 대역에서의 이득이 1이 아닌 다른 값이 되도록 만들 수도 있다.

예제 15.9는 이러한 설계 과정을 보여 준다.

예제 15.9 4차 저역 통과 버터워스 필터 설계하기

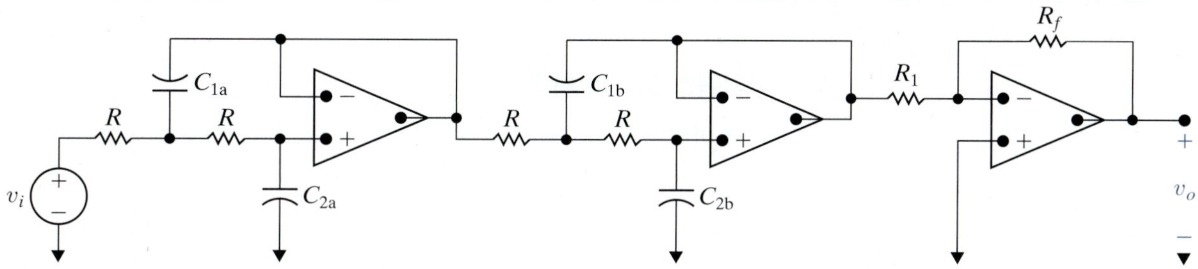

그림 15.22▲ 단위 이득이 아닌 4차 버터워스 필터.

차단 주파수가 500 Hz, 통과 대역의 이득이 10인 4차 버터워스 저역 통과 필터를 설계하라. 1 kΩ 저항을 최대한 많이 사용하라. 여기서 설계한 버터워스 필터와 예제 15.7에서와 같이 동일한 필터를 직렬 연결하여 구현된 필터의 보드 선도를 비교해 보라.

풀이

표 15.1에서 4차 버터워스 다항식을 찾아보면 다음과 같다.

$$(s^2 + 0.765s + 1)(s^2 + 1.848s + 1).$$

따라서 4차 전달 함수를 얻기 위한 두 개의 2차 회로를 직렬로 연결하고, 여기에 통과 대역의 이득 10을 얻기 위한 반전 연산 증폭기를 연결하면 된다. 그림 15.22는 이 필터의 회로도이다.

직렬 연결의 첫 단 회로가 다항식 $(s^2 + 0.765s + 1)$을 분모에 포함한 회로라 하자. 식 (15.14)로부터

$$C_{1a} = \frac{2}{0.765} = 2.61 \text{ F},$$

$$C_{2a} = \frac{1}{2.61} = 0.38 \text{ F}.$$

직렬 연결의 두 번째 단 회로가 전달 함수의 분모에 다항식 $(s^2 + 1.848s + 1)$을 포함하고 있다고 하면, 식 (15.14)로부터

$$C_{1b} = \frac{2}{1.848} = 1.08 \text{ F},$$

$$C_{2b} = \frac{1}{1.08} = 0.924 \text{ F}.$$

앞의 C_{1a}, C_{2a}, C_{1b}, C_{2b}를 이용하면 차단 주파수가 1 rad/s인 4차 버터워스 필터를 구성할 수 있다. 여기에 주파수 척도 변환 계수 $k_f = 3141.6$을 적용하면 차단 주파수를 500 Hz로 이동시킬 수 있고, 크기 척도 변환 계수 $k_m = 1000$을 사용하면 1 Ω의 저항을 1 kΩ 저항으로 대체할 수 있다. 이들을 적용한 결과는 다음과 같다.

$$R = 1 \text{ k}\Omega,$$
$$C_{1a} = 831 \text{ nF},$$
$$C_{2a} = 121 \text{ nF},$$
$$C_{1b} = 344 \text{ nF},$$
$$C_{2b} = 294 \text{ nF}.$$

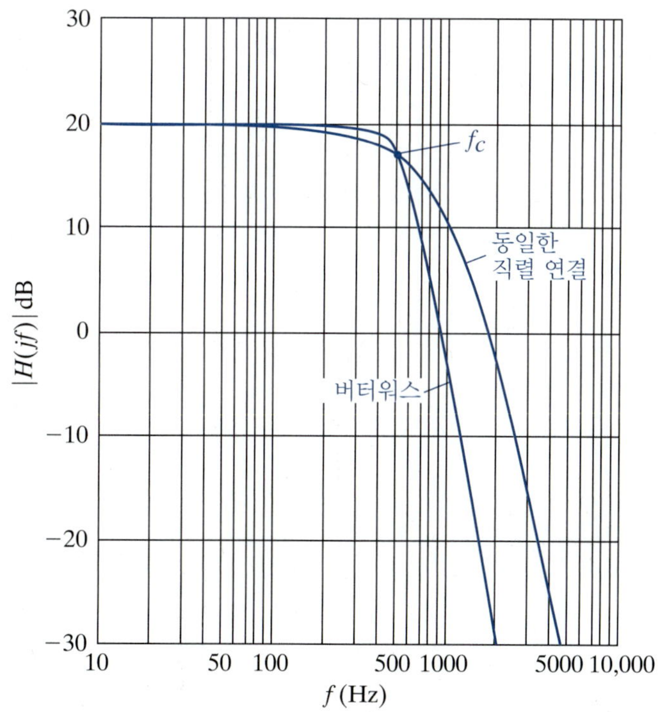

그림 15.23▲ 동일한 필터를 직렬 연결한 4차 저역 통과 필터와 4차 저역 통과 버터워스 필터의 크기 응답 비교.

마지막으로 통과 대역에서의 이득이 10이 되도록 반전 증폭기의 저항을 정해 주어야 한다. $R_1 = 1\,\text{k}\Omega$이라 하면

$$R_f = 10R_1 = 10\,\text{k}\Omega.$$

그림 15.23은 예제 15.7에서 구한 4차 직렬 필터와 방금 설계한 버터워스 필터의 크기 응답 선도를 비교한 것이다. 두 필터 모두 통과 대역에서의 이득은 10 (20 dB)이고, 차단 주파수는 500 Hz 이다. 그러나 버터워스 필터가 통과 대역에서는 수평에 가깝고, 차단 주파수 부근에서는 더 빨리 감소하는 모습을 가지고 있어 이상적인 저역 통과 필터에 더 가깝다는 것을 알 수 있다. 이러한 이유로 동일한 필터를 직렬 연결하는 것보다 버터워스 필터를 더 선호하는 것이다.

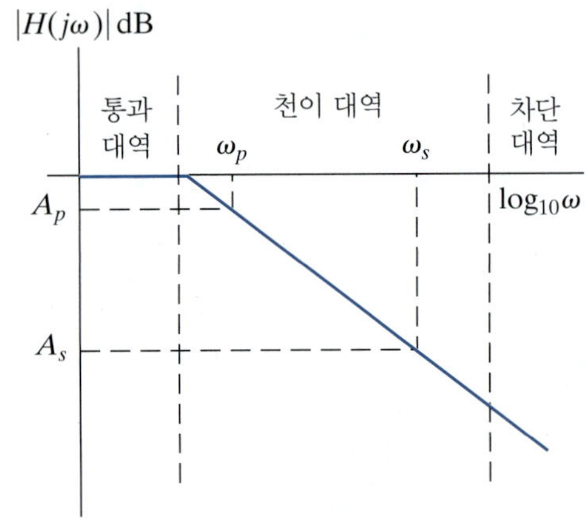

그림 15.24▲ 저역 통과 필터의 천이 영역 정의.

버터워스 필터의 차수

이제 버터워스 필터의 차수가 높을수록 크기 응답 선도가 이상적인 저역 차단 필터에 가까워진다는 것은 명백해졌다. 다시 말하면 n이 증가할수록 통과 대역에서의 크기는 1에 더 가깝게 되고, 천이 영역의 폭은 더 좁아지며 차단 대역에서의 크기는 0에 더욱 가까워진다. 동시에 n이 증가함에 따라 회로 소자의 수 역시 증가한다. 따라서 필터 설계의 중요한 첫 단계는 필터의 특성을 만족하는 가장 작은 n을 선정하는 것이다.

저역 통과 필터의 설계에서 필터의 성능은 그림 15.24에 있는 바와 같이 천이 영역에서 '얼마나 급격하게 크기가 변하는가(abruptness)' 하는 것이다. A_p, ω_p, A_s ω_s가 정의되면 버터워스 필터의 차수도 결정될 수 있다.

버터워스 필터의 경우,

$$A_p = 20\log_{10}\frac{1}{\sqrt{1+\omega_p^{2n}}} = -10\log_{10}(1+\omega_p^{2n}),$$

$$A_s = 20\log_{10}\frac{1}{\sqrt{1+\omega_s^{2n}}} = -10\log_{10}(1+\omega_s^{2n}).$$

로그 함수의 정의로부터

$$10^{-0.1A_p} = 1+\omega_p^{2n},$$
$$10^{-0.1A_s} = 1+\omega_s^{2n}.$$

이제 ω_p^n와 ω_s^n에 대해 풀고 $(\omega_s/\omega_p)^n$를 구하면

$$\left(\frac{\omega_s}{\omega_p}\right)^n = \frac{\sqrt{10^{-0.1A_s}-1}}{\sqrt{10^{-0.1A_p}-1}} = \frac{\sigma_s}{\sigma_p},$$

여기서 σ_s와 σ_p는 편의를 위해 정의되었다.

σ_s/σ_p에 대한 식에서 다음의 관계를 얻을 수 있다.

$$n\log_{10}(\omega_s/\omega_p) = \log_{10}(\sigma_s/\sigma_p),$$

또는

$$n = \frac{\log_{10}(\sigma_s/\sigma_p)}{\log_{10}(\omega_s/\omega_p)}. \tag{15.15}$$

ω_p가 차단 주파수라면 A_p는 $-20\log_{10}\sqrt{2}$와 같고, $\sigma_p = 1$이 되어 식 (15.15)를 간단히 만들 수 있다.

$$n = \frac{\log_{10}\sigma_s}{\log_{10}(\omega_s/\omega_p)}.$$

여기서 식을 한 번 더 단순화할 수 있다. 우리는 천이 구간에서 큰 기울기를 얻기 위해 버터워스 필터를 사용하는 것이다. 따라서 필터 특성에 의해 $10^{-0.1A_s} \gg 1$가 된다. 이에 따라

$$\sigma_s \approx 10^{-0.05A_s},$$

$$\log_{10}\sigma_s \approx -0.05A_s.$$

따라서 n은 다음의 근사식을 이용하여 구할 수 있다.

$$n = \frac{-0.05A_s}{\log_{10}(\omega_s/\omega_p)}. \tag{15.16}$$

$\omega_s/\omega_p = f_s/f_p$이므로 rad/s 단위나 Hz 단위를 이용하여 n을 구할 수 있다.

필터의 차수는 정수여야 한다. 따라서 식 (15.15) 또는 (15.16)을 사용할 때 각 식의 값보다는 큰 가장 가까운 정수를 선택하면 된다. 다음 예제 15.10과 15.11을 보면 식 (15.15) 또는 (15.16)이 어떻게 사용되는지를 알 수 있다.

예제 15.10 버터워스 필터의 차수 결정하기

a) 차단 주파수가 1000 Hz이고 6000 Hz에서의 이득이 −50 dB보다 크지 않은 버터워스 필터의 차수를 정하라.

b) 6000 Hz에서의 실제 이득은 얼마인가?

풀이

a) 차단 주파수가 주어졌으므로 $\sigma_p = 1$임을 알 수 있다. 그리고 필터 사양으로부터 $10^{-0.1(-50)}$은 1보다 매우 크다. 따라서 식 (15.16)을 적용할 수 있다.

$$n = \frac{(-0.05)(-50)}{\log_{10}(6000/1000)} = 3.21.$$

따라서 4차 버터워스 필터가 필요하다.

b) 식 (15.12)를 사용하면 6000 Hz에서의 실제 이득을 구할 수 있으며 데시벨로 표현하면 다음과 같다.

$$K = 20\log_{10}\left(\frac{1}{\sqrt{1+6^8}}\right) = -62.25 \text{ dB}.$$

예제 15.11 버터워스 필터의 차수를 결정하는 또 다른 방법

a) 500 Hz에서의 이득이 통과 대역의 이득보다 10 dB 작고, 5000 Hz에서의 이득은 통과 대역의 이득보다 60 dB 작은 버터워스 필터의 차수를 결정하라.

b) 이 필터의 차단 주파수는 몇 Hz인가?

c) 5000 Hz에서의 실제 이득은 몇 dB인가?

풀이

a) 차단 주파수가 주어지지 않았으므로 식 (15.15)를 사용한다.

$$\sigma_p = \sqrt{10^{-0.1(-10)} - 1} = 3,$$

$$\sigma_s = \sqrt{10^{-0.1(-60)} - 1} \approx 1000,$$

$$\omega_s/\omega_p = f_s/f_p = 5000/500 = 10,$$

$$n = \frac{\log_{10}(1000/3)}{\log_{10}(10)} = 2.52.$$

따라서 사양을 만족하기 위해서는 3차 버터워스 필터가 필요하다.

b) 500 Hz에서의 이득이 −10 dB임을 알고 있으므로 차단 주파수를 구할 수 있다. 식 (15.12)에서

$$-10 \log_{10}\left[1 + (\omega/\omega_c)^6\right] = -10,$$

여기서 $\omega = 1000\pi$ rad/s이다. 따라서

$$1 + (\omega/\omega_c)^6 = 10,$$

그리고

$$\omega_c = \frac{\omega}{\sqrt[6]{9}} = 2178.26 \text{ rad/s}.$$

그러므로

$$f_c = 346.68 \text{ Hz}.$$

c) 5000 Hz에서의 실제 이득은

$$K = -10 \log_{10}\left[1 + (5000/346.68)^6\right]$$
$$= -69.54 \text{ dB}.$$

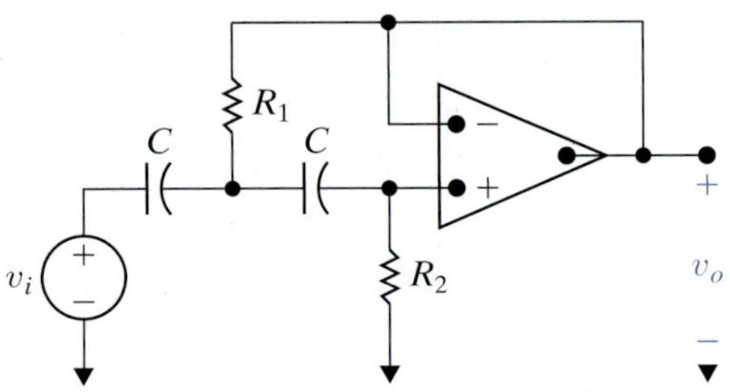

그림 15.25▲ 2차 버터워스 고역 통과 필터 회로.

버터워스 고역 차단, 대역 통과, 대역 차단 필터

n차 버터워스 고역 통과 필터 역시 저역 통과 필터의 경우와 같이 전달 함수 분모가 n차 버터워스 다항식이다. 반면에 저역 통과 필터에서는 전달 함수 분자가 1인 반면에 고역 통과 필터에서는 전달 함수 분자가 s^n이다. 버터워스 고역 통과 필터 설계에도 마찬가지로 직렬 연결 방식이 사용된다. 직렬 연결에서 1차 요소는 원형 고역 통과 필터($R_1 = R_2 = 1\ \Omega$, $C = 1$ F일 때 그림 15.4)이다.

버터워스 다항식의 2차 요소는 다음과 같은 형태의 전달 함수를 갖는다.

$$H(s) = \frac{s^2}{s^2 + b_1 s + 1}.$$

이 회로는 그림 15.25와 같다.

전달 함수를 구해 보면

$$H(s) = \frac{V_o}{V_i} = \frac{s^2}{s^2 + \dfrac{2}{R_2 C} s + \dfrac{1}{R_1 R_2 C^2}}.$$

$C = 1$ F이라 하면

$$H(s) = \frac{s^2}{s^2 + \dfrac{2}{R_2} s + \dfrac{1}{R_1 R_2}}. \tag{15.17}$$

따라서 직렬 연결에 그림 15.25의 2차 회로가 포함되어 있고, 각 저항이 식 (15.18)의 값을 만족하고 있다면 버터워스 다항식의 $(s^2 + b_1 s + 1)$ 형태를 갖는 어떠한 2차 요소라도 구현될 수 있다.

$$b_1 = \frac{2}{R_2}, \quad 1 = \frac{1}{R_1 R_2}. \tag{15.18}$$

여기서 그림 15.21과 그림 15.25, 그리고 그들의 원형 전달 함수인 $1/(s^2 + b_1 s + 1)$과 $s^2/(s^2 + b_1 s + 1)$ 사이의 관계에 대해 두 가지를 살펴보자.

- 그림 15.25의 고역 통과 회로는 그림 15.21의 저역 통과 회로에서 저항과 커패시터의 위치만 맞바꿈으로써 얻을 수 있다.
- 고역 통과 필터의 원형 전달 함수는 저역 통과 필터 원형 전달 함수에서 s 대신에 $1/s$를 대입하면 얻을 수 있다(연습문제 15.41 참조).

앞의 내용은 일반적으로 적용될 수 있기 때문에 중요하다.

버터워스 고역 통과 필터에서 주파수, 크기 척도 변환 계수를 사용하면 실용적인 소자 값과 1 rad/s 이외의 임의의 차단 주파수를 얻을 수 있다. 직렬 회로에 반전 연산자를 추가하면 1이 아닌 임의의 통과 대역 이득을 구현할 수도 있다. 이 장 연습문제에 버터워스 고역 통과 필터 설계에 관련된 문제가 몇 개 있다.

이제 임의의 차단 주파수와 통과 대역 이득을 갖는 n차 저역 통과 및 고역 통과 버터워스 필터를 설계할 수 있게 되었다. 따라서 이제는 이 필터를 직렬 연결하여 (15.3절에 했듯이) n차 버터워스 대역 통과 필터를 설계할 수도 있다. 또는 이 필터를 병렬로 연결하고 출력을 가산 연산기를 통해 더해 줌으로써(역시 15.3절에 했듯이) n차 버터워스 대역 차단 필터를 설계할 수도 있다. 예제 15.12를 통해 버터워스 대역 통과 필터의 설계를 익혀 보자.

예제 15.12 버터워스 대역 통과 필터 설계하기

예제 15.5의 대역 통과 필터를 직렬 4차 저역 통과 필터와 직렬 4차 고역 통과 필터, 반전 증폭기를 이용하여 설계하라. 100에서 10,000 Hz까지의 대역에서 필터는 입력을 2배 증폭시킬 수 있어야 하고, 2 kΩ 저항과 0.2 μF의 커패시터를 최대한 많이 사용하라.

풀이

회로는 그림 15.26과 같다. 전체 직렬 연결에서 앞의 두 단이 10,000 Hz의 차단 주파수를 갖는 4차 저역 통과 필터이다. 앞서 예제 15.9에서 원형 4차 버터워스 저역 통과 필터를 설계한 바 있다. 여기서 $R = 1\ \Omega$이고,

$$C_{1a} = 2.61\text{ F},\quad C_{2a} = 0.38\text{ F},$$
$$C_{1b} = 1.08\text{ F},\quad C_{2b} = 0.924\text{ F}.$$

이 원형 저역 통과 필터의 차단 주파수는 1 rad/s이므로 차단 주파수를 10,000 Hz로 이동하기 위해서는 주파수 변환 계수 $k_f = 20{,}000\pi$가 필요하다. 1 Ω 저항이 2 kΩ이 되기 위해서는 크기 변환 계수는 $k_m = 2000$이 되어야 한다. 이에 따라 변환된 커패시터의 값은

$$C_{1a} = 20.77\text{ nF},\quad C_{2a} = 3.02\text{ nF},$$
$$C_{1b} = 8.59\text{ nF},\quad C_{2b} = 7.35\text{ nF}.$$

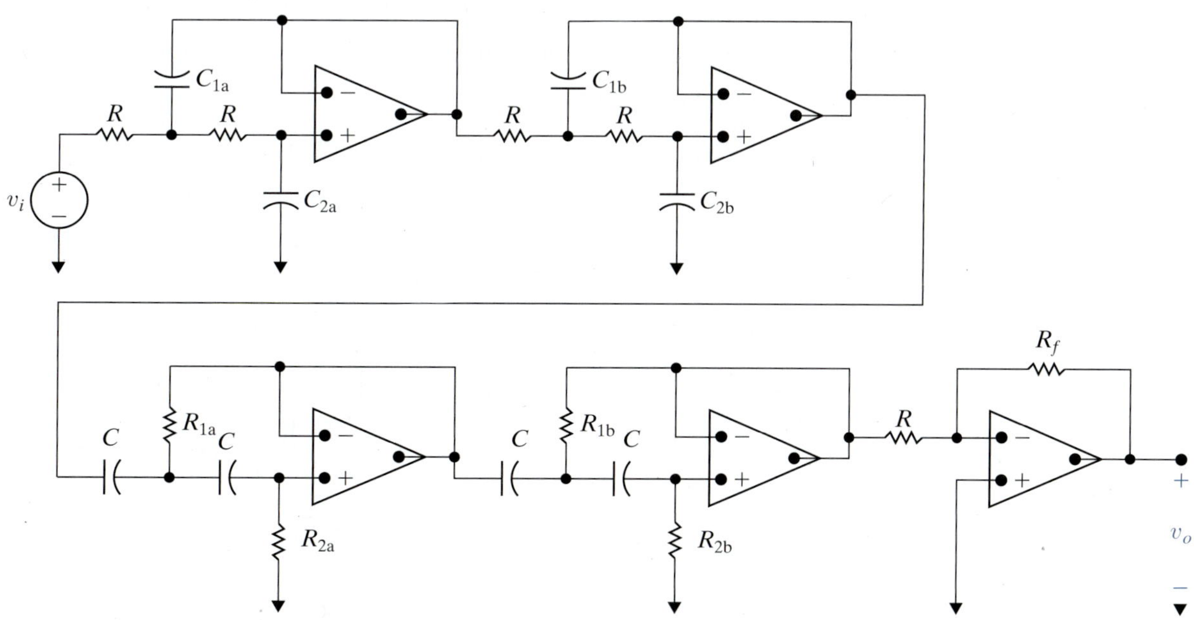

그림 15.26▲ 예제 15.12의 4차 버터워스 대역 통과 필터.

직렬 연결의 다음 두 단은 4차 고역 통과 필터를 구성하고, 그 차단 주파수는 100 Hz여야 한다. 원형 필터를 설계하기 위해서 $C = 1$ F이라 하자. 원형 고역 통과 필터의 첫 단은 전달 함수의 분모가 버터워스 다항식$(s^2 + 0.765\,s + 1)$이어야 한다. 식 (15.18)로부터

$$R_{2a} = \frac{2}{0.765} = 2.61\ \Omega, \quad R_{1a} = \frac{1}{R_{2a}} = \frac{1}{2.61} = 0.38\ \Omega.$$

원형 고역 통과 필터의 두 번째 단은 전달 함수의 분모가 버터워스 다항식$(s^2+1.848\,s + 1)$이어야 한다. 식 (15.18)로부터

$$R_{2b} = \frac{2}{1.848} = 1.08\ \Omega,$$

$$R_{1b} = \frac{1}{R_{2b}} = \frac{1}{1.08} = 0.924\ \Omega.$$

위의 원형 고역 통과 필터의 차단 주파수는 1 rad/s이므로 이를 100 Hz로 변환하기 위해서는 주파수 변환 계수 $k_f = 200\pi$가 필요하다. 그리고 0.2 μF의 커패시터를 사용하기 위해서는 크기 변환 계수 $k_m = 7957.747$이 필요하다. 이에 따라 척도 변환된 저항값은 다음과 같다.

$$R_{1a} = 3023.94\ \Omega, \quad R_{2a} = 20{,}769.72\ \Omega,$$

$$R_{1b} = 7352.96\ \Omega, \quad R_{2b} = 8594.37\ \Omega.$$

그림 15.26의 마지막 단은 이득 2인 반전 증폭 회로이다. $R = 2\,\text{k}\Omega$이라 하면 $R_f = 2R = 4\,\text{k}\Omega$이 된다.

평가문제

목표 3—1차 및 2차 버터워스 필터를 이용하는 방법을 이해한다.

15.4 a) 그림 15.21 회로에서 $R = 1\ \Omega$일 때, 이 회로가 2차 원형 버터워스 필터가 되도록 C_1과 C_2의 값을 구하라.

b) 그림 15.25 회로에서 $C = 1$ F일 때, 이 회로가 2차 원형 버터워스 필터가 되도록 R_1과 R_2의 값을 구하라.

정답: a) $C_1 = 1.41$ F, $C_2 = 0.707$ F,

b) $R_1 = 0.707\ \Omega$, $R_2 = 1.41\ \Omega$.

자가 검사: 연습문제 15.40, 15.47, 15.49도 풀어 보라.

15.5 협대역 대역 통과 및 대역 차단 필터

앞에서 배운 바와 같이 직렬 혹은 병렬 연결을 통해 대역 통과 또는 대역 차단 필터를 구성한다면 광대역 필터 또는 품질 지수 Q가 낮은 필터만 구현 가능하다. 이러한 한계는 원리상 직렬 연결에 의한 대역 통과 필터나 병렬 연결에 의한 대역 차단 필터의 전달 함수의 형태에 기인한다. 그들은 서로 다른 실수의 극점을 갖는다. 서로 다른 극점을 갖는 경우 차단 주파수와 극점의 위치가 같아지면 품질 지수는 최대가 된다. 예를 들어 1차 저역 통과 필터와 1차 고역 통과 필터를 직렬 연결하여 얻는 대역 통과 필터의 전달 함수를 살펴보자. 여기서 두 필터의 차단 주파수가 같다고 가정해 보자.

$$\begin{aligned} H(s) &= \left(\frac{-\omega_c}{s + \omega_c}\right)\left(\frac{-s}{s + \omega_c}\right) \\ &= \frac{s\omega_c}{s^2 + 2\omega_c s + \omega_c^2} \\ &= \frac{0.5\beta s}{s^2 + \beta s + \omega_c^2}. \end{aligned}$$

위 식은 대역 통과 필터의 표준식이고, 따라서 대역폭과 중심 주파수를 직접 구할 수 있다.

$$\beta = 2\omega_c,$$

$$\omega_o^2 = \omega_c^2.$$

대역폭과 중심 주파수의 식과 품질 지수의 정의로부터 다음을 알 수 있다.

$$Q = \frac{\omega_o}{\beta} = \frac{\omega_c}{2\omega_c} = \frac{1}{2}.$$

즉 서로 다른 실수 극점에 대해 얻을 수 있는 최고의 품질 지수를 갖는 대역 통과(또는 대역 차단) 필터의 품질 지수 $Q = 1/2$이다.

높은 품질 지수를 갖는 능동 필터를 구성하기 위해서는 극점이 공액 복소수인 전달 함수를 갖는 연산 증폭기 회로가 필요하다. 그림 15.27은 그러한 회로 중 하나이며, 우리는 이 회로를 분석하고자 한다. 연산 증폭기의 반전 단자에서 KCL을 적용하면

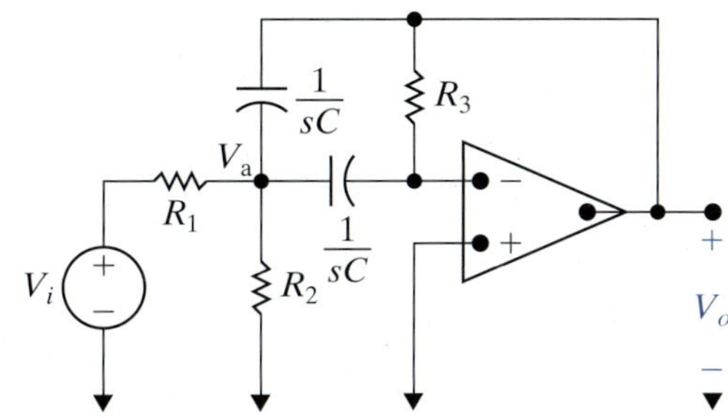

그림 15.27▲ 능동 고품질 지수 대역 통과 필터.

$$\frac{V_a}{1/sC} = \frac{-V_o}{R_3}.$$

V_a에 대해 풀면

$$V_a = \frac{-V_o}{sR_3C}.$$

V_a로 명명된 마디에서 KCL 방정식을 쓰면

$$\frac{V_i - V_a}{R_1} = \frac{V_a - V_o}{1/sC} + \frac{V_a}{1/sC} + \frac{V_a}{R_2}.$$

V_i에 대해 풀면

$$V_i = (1 + 2sR_1C + R_1/R_2)V_a - sR_1CV_o.$$

V_a에 관한 식을 V_i의 식에 대입하고 정리하면 전달 함수의 표현식인 V_o/V_i를 구할 수 있다.

$$H(s) = \frac{\frac{-s}{R_1C}}{s^2 + \frac{2}{R_3C}s + \frac{1}{R_{eq}R_3C^2}}, \tag{15.19}$$

여기서

$$R_{eq} = R_1 \| R_2 = \frac{R_1R_2}{R_1 + R_2}.$$

식 (15.19)는 다음 식과 같은 대역 통과 필터의 전달 함수의 기본형이므로

$$H(s) = \frac{-K\beta s}{s^2 + \beta s + \omega_o^2},$$

각 계수가 같다는 것을 이용하여 특정 중심 주파수(ω_o), 품질 지수(Q), 통과 대역 이득(K)이 되도록 각 저항의 값을 정할 수 있다.

$$\beta = \frac{2}{R_3 C};$$

$$K\beta = \frac{1}{R_1 C};$$

$$\omega_o^2 = \frac{1}{R_{eq} R_3 C^2}.$$

이제 그림 15.27의 회로에 대해 $\omega_o = 1$ rad/s이고 $C = 1$ F인 원형 회로를 정의해 보자. 그러면 저항 R_1, R_2, R_3 등이 우리가 원하는 품질 지수와 통과 대역 이득으로 표현될 수 있다. 원형 회로의 R_1, R_2, R_3의 표현식이 다음과 같음을 보이는 것은 여러분에게 맡긴다(연습문제 15.61).

$$R_1 = Q/K,$$
$$R_2 = Q/(2Q^2 - K), \qquad (15.20)$$
$$R_3 = 2Q.$$

척도 변환을 이용하면 회로 소자의 값을 실용적인 값으로 변환할 수 있다. 예제 15.13은 이러한 과정을 잘 보여 준다.

예제 15.13 고품질 지수 대역 통과 필터 설계하기

그림 15.27의 회로를 이용하여 중심 주파수가 3000 Hz이고, 품질 지수가 10, 통과 대역의 이득이 2인 대역 통과 필터를 설계하라. 단, 0.01 μF 커패시터를 사용하라. 그리고 회로의 전달 함수를 계산하고, 크기 응답의 보드 선도를 그려라.

풀이

$Q = 10$이고 $K = 2$이므로 원형 회로의 R_1, R_2, R_3는 식 (15.20)에 따라 다음과 같다.

$$R_1 = \frac{Q}{K} = \frac{10}{2} = 5\ \Omega,$$

$$R_2 = \frac{Q}{2Q^2 - K} = \frac{10}{200 - 2} = \frac{10}{198}\ \Omega,$$

$$R_3 = 2Q = 2(10) = 20\ \Omega.$$

척도 변환 계수는 중심 주파수를 1 rad/s에서 3000 Hz로 변경하기 위해 $k_f = 6000\pi$, 그리고 0.01 μF 커패시터를 사용하기 위해서는 $k_m = 10^8/k_f$이다. 척도 변환을 하면

$$R_1 = 26.5\ \text{k}\Omega,$$
$$R_2 = 268.0\ \Omega,$$
$$R_3 = 106.1\ \text{k}\Omega.$$

이 회로는 그림 15.28과 같다.

식 (15.19)에 저항과 커패시터의 값을 대입하여 회로의 전달 함수를 계산하면

$$H(s) = \frac{-3770s}{s^2 + 1885.0s + 355 \times 10^6}.$$

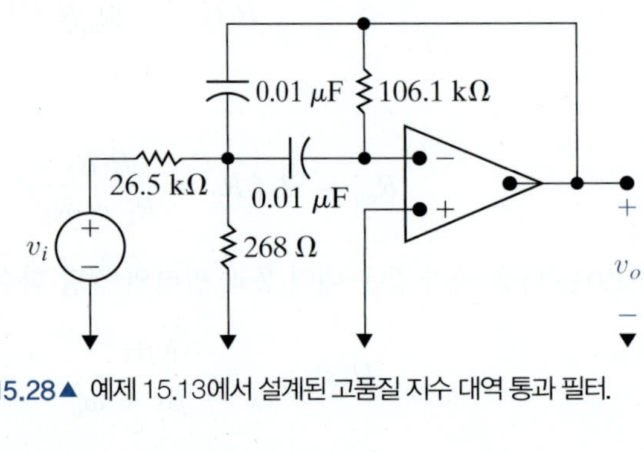

그림 15.28▲ 예제 15.13에서 설계된 고품질 지수 대역 통과 필터.

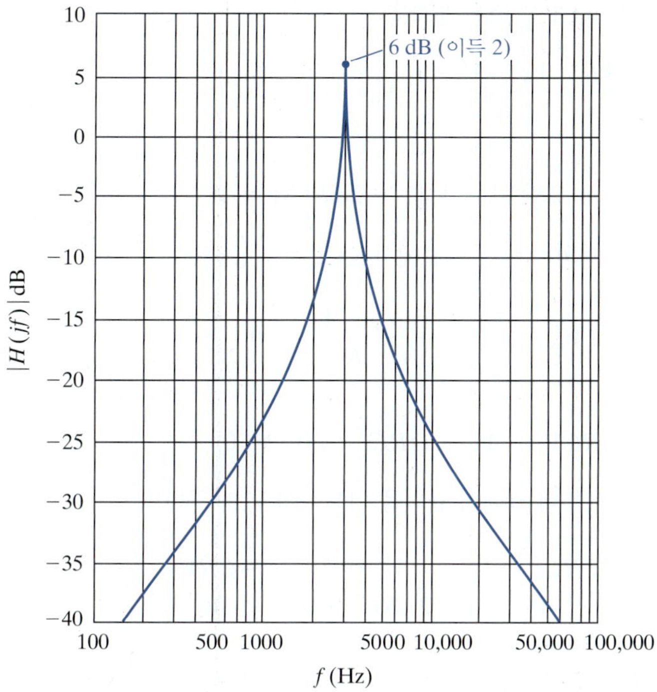

그림 15.29◀ 예제 15.13에서 설계된 고품질 지수 대역 통과 필터의 크기 응답에 대한 보드 선도.

이 전달 함수가 예제에 정의된 대역 통과 필터의 사양을 만족하는 것은 쉽게 확인될 수 있다. 크기 응답에 대한 보드 선도는 그림 15.29에 있다.

저역 통과 필터와 고역 통과 필터를 병렬로 연결하고 가산 증폭기로 출력을 합산하는 대역 차단 필터는 직렬 연결 대역 통과 필터와 마찬가지로 품질 지수 Q가 매우 낮다는 제한을 갖는다. 그림 15.30은 능동 고품질 지수 대역 차단 필터이다. 이 회로는 **쌍둥이 T형 노치 필터**(twin-T notch filter)라고도 불리는데, 이는 그림의 마디 a와 b의 두 결선이 T 모양인 데에서 비롯된 이름이다.

해석을 위해 우선 V_a라 정의된 마디에서 KCL 방정식을 세워 보자.

$$(V_a - V_i)sC + (V_a - V_o)sC + \frac{2(V_a - \sigma V_o)}{R} = 0$$

또는

$$V_a[2sCR + 2] - V_o[sCR + 2\sigma] = sCRV_i.$$

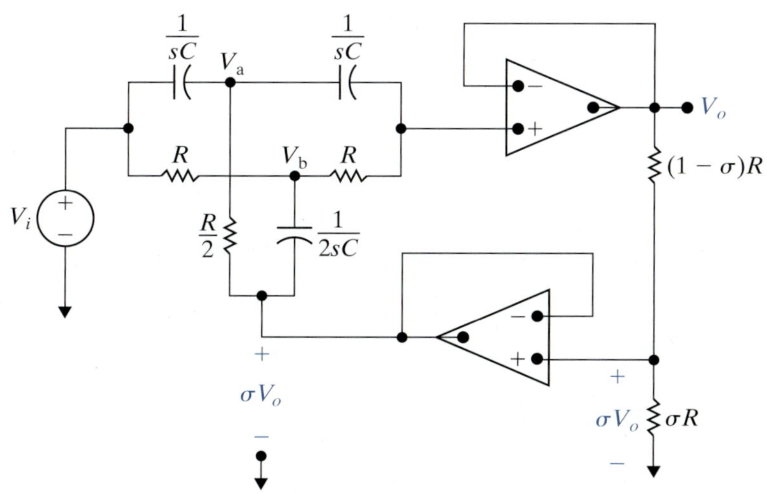

그림 15.30▲ 고품질 지수 능동 대역 차단 필터.

V_b라 정의된 마디에서 KCL을 적용해 보면

$$\frac{V_b - V_i}{R} + \frac{V_b - V_o}{R} + (V_b - \sigma V_o)2sC = 0$$

또는

$$V_b[2 + 2RCs] - V_o[1 + 2\sigma RCs] = V_i.$$

위쪽에 있는 연산 증폭기의 비반전 단자에서 KCL을 적용하면

$$(V_o - V_a)sC + \frac{V_o - V_b}{R} = 0$$

또는

$$-sRCV_a - V_b + (sRC + 1)V_o = 0.$$

위 세 개의 KCL 식으로부터 크래머 규칙을 이용하여 V_o를 구하면

$$V_o = \frac{\begin{vmatrix} 2(RCs+1) & 0 & sCRV_i \\ 0 & 2(RCs+1) & V_i \\ -RCs & -1 & 0 \end{vmatrix}}{\begin{vmatrix} 2(RCs+1) & 0 & -(RCs+2\sigma) \\ 0 & 2(RCs+1) & -(2\sigma RCs+1) \\ -RCs & -1 & RCs+1 \end{vmatrix}}$$

$$= \frac{(R^2C^2s^2 + 1)V_i}{R^2C^2s^2 + 4RC(1-\sigma)s + 1}.$$

위 식을 정리하면 전달 함수를 구할 수 있다.

$$H(s) = \frac{V_o}{V_i} = \frac{\left(s^2 + \frac{1}{R^2C^2}\right)}{\left[s^2 + \frac{4(1-\sigma)}{RC}s + \frac{1}{R^2C^2}\right]}, \tag{15.21}$$

이는 다음의 대역 차단 필터의 표준형과 같은 모양이다.

$$H(s) = \frac{s^2 + \omega_0^2}{s^2 + \beta s + \omega_0^2}.$$

따라서

$$\omega_o^2 = \frac{1}{R^2C^2},$$

$$\beta = \frac{4(1-\sigma)}{RC}.$$

이 회로는 세 개의 파라미터(R, C, σ)와 두 개의 설계 제약조건(ω_o, β)을 갖는다. 따라서 하나의 파라미터는 임의로 정할 수 있고, 커패시터는 상용 제품 중 선택의 폭이 좁기 때문에 커패시터의 값을 임의로 정하는 것이 보통이다. C가 정해지면

$$R = \frac{1}{\omega_o C},$$
$$\sigma = 1 - \frac{\beta}{4\omega_o} = 1 - \frac{1}{4Q}. \tag{15.22}$$

예제 15.14는 고품질 지수 능동 대역 차단 필터의 설계를 보여 준다.

예제 15.14 고품질 지수 대역 차단 필터 설계하기

중심 주파수가 5000 rad/s이고 대역폭이 1000 rad/s인 고품질 지수 대역 차단 필터(그림 15.30의 회로 참조)를 설계하라. 1 μF의 커패시터를 사용하라.

풀이

대역 차단 원형 필터에서는 $\omega_o = 1$ rad/s, $R = 1\,\Omega$, $C = 1$ F이다. ω_o와 Q가 필터 사양에 주어지면 C는 임의로 결정할 수 있고, 이에 따라 R과 σ는 식 (15.22)의 식으로부터 계산될 수 있다. 사양에 의하면 $\omega_o = 5000$ rad/s이고 $Q = 5$이다. 식 (15.22)로부터

$$R = \frac{1}{\omega_o C} = \frac{1}{(5000)(10^{-6})} = 200\ \Omega,$$

$$\sigma = 1 - \frac{1}{4Q} = 1 - \frac{1}{4(5)} = 0.95.$$

따라서 200 Ω(R), 100 Ω($R/2$), 190 Ω(σR), 10 Ω [$(1-\sigma)R$]의 저항이 각각 필요하다. 결과적인 회로가 그림 15.31에 있고, 그림 15.32는 이 회로의 보드 크기 선도이다.

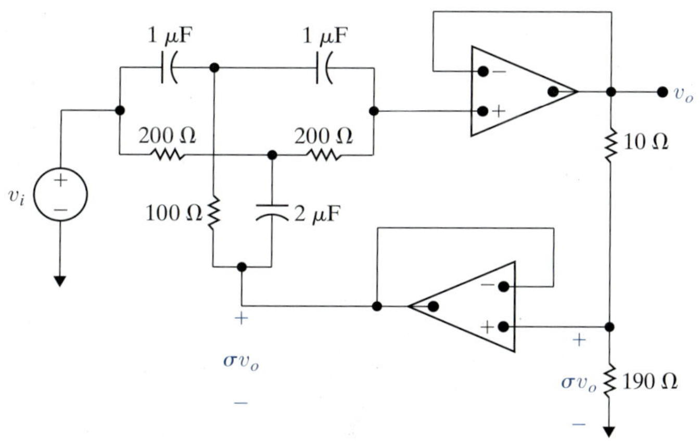

그림 15.31▲ 예제 15.14에서 설계된 고품질 지수 대역 차단 필터.

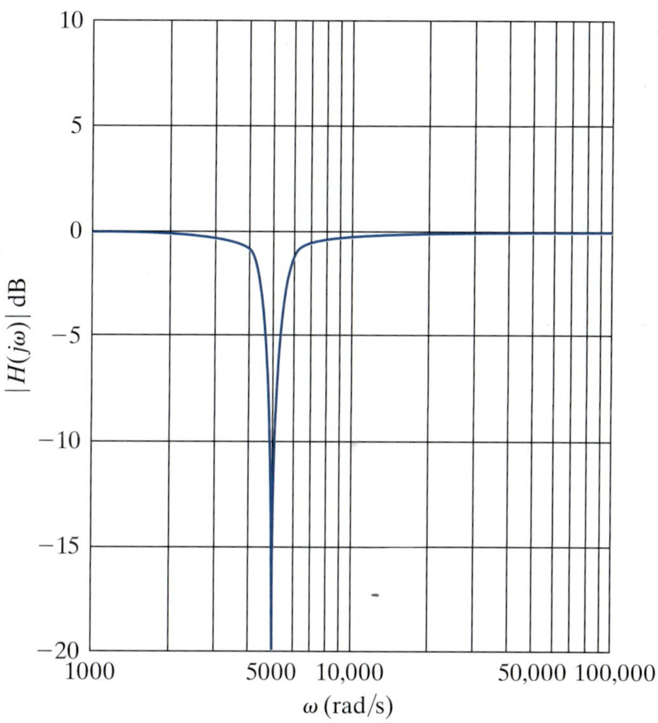

그림 15.32▲ 예제 15.14에서 설계된 고품질 지수 대역 차단 필터의 크기 보드 선도.

평가문제

목표 4—원하는 필터 규격을 만족하도록 원형 협대역 대역 통과 필터, 대역 차단 필터의 소자 값을 계산하는 데 설계 방정식을 이용할 수 있다.

15.5 그림 15.27을 이용하여 $Q = 16$, 통과 대역 이득이 20 dB, 중심 주파수가 6.4 kHz인 능동 대역 통과 필터를 설계하라. 20 nF 커패시터를 사용하고 각 저항의 값을 정하라

정답: $R_1 = 1.99$ kΩ, $R_2 = 39.63$ kΩ, $R_3 = 39.79$ kΩ.

15.6 그림 15.30 회로를 이용하여 중심 주파수 1 kHz, $Q = 20$인 단위-이득 능동 대역 차단 필터를 설계하라. 15 nF 커패시터를 사용하고 R과 σ의 값을 정하라.

정답: $R = 10{,}610\ \Omega$, $\sigma = 0.9875$.

자가 검사: 연습문제 15.62와 15.64도 풀어 보라.

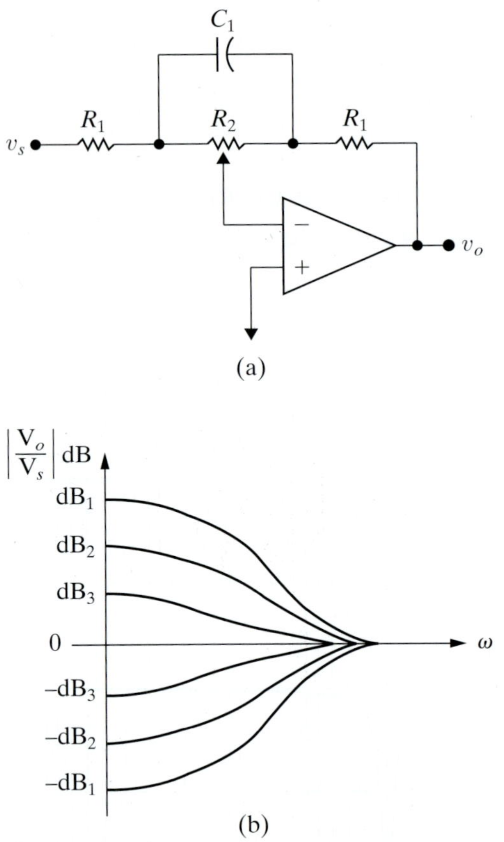

그림 15.33▲ (a) 베이스 음량 제어 회로. (b) 베이스 음량 제어 회로의 주파수 응답.

■ 실제 응용

베이스 음량 제어

이제 오디오 시스템에서 베이스 영역의 음의 증폭을 제어하는 연산 증폭기 회로를 살펴보자. 가청 주파수 영역의 신호는 20 Hz에서 20 kHz의 주파수를 갖는다. 베이스 영역은 300 Hz까지의 주파수 영역이다. 그림 15.33은 음량 조절 회로와 그 주파수 응답이다. 그림 15.33(a)의 가변 저항을 조절함으로써 15.33(b)의 여러 가지 응답 곡선 중에서 우리가 원하는 하나를 선택할 수 있다.

그림 15.33(b)의 주파수 응답 곡선을 잘 살펴보면 다음을 알 수 있다.

- dB로 표현된 이득은 음수나 양수 어떤 것도 될 수 있다. 이득이 양수이면 베이스 영역의 신호는 증폭되거나 소리가 커진다. 이득이 음수라면 신호는 감쇠 또는 차단된다.
- 베이스 영역의 모든 신호에 대해 단위 이득(0 dB)을 갖는 특성을 선택할 수 있다. 알게 되겠지만, 가변 저항이 정중앙에 위치할 경우 베이스 영역의 신호에는 어떠한 영향도 주지 않는다.
- 주파수가 증가함에 따라 모든 특성 곡선은 0 dB 또는 단위 이득으로 점근한다. 따라서 음량 조절 회로는 가청 주파수의 높은 영역에 있는 신호에 대해서는 어떠한 영향도 주지 않는다.

그림 15.33(a) 회로의 주파수 응답을 해석하기 위해서는 이 회로의 전달 함수 V_o/V_s를 구해야 한다. 전달 함수를 찾기 위해 그림 15.34의 s 영역 등가 회로를 살펴보자. 마디 전압법으로 해석하기 위해 마디 전압 V_a와 V_b를 그림에 표시했다. 가변 저항의 값은 그림 15.34에 있듯이 α값에 의하여 결정된다.

V_a, V_b 그리고 연산 증폭기의 반전 단자에서 각각 KCL을 적용하여 세 개의 방정식을 세우고 이를 이용하여 전달 함수를 구한다.

$$\frac{V_a}{(1-\alpha)R_2} + \frac{V_a - V_s}{R_1} + (V_a - V_b)sC_1 = 0;$$

$$\frac{V_b}{\alpha R_2} + (V_b - V_a)sC_1 + \frac{V_b - V_o}{R_1} = 0;$$

$$\frac{V_a}{(1-\alpha)R_2} + \frac{V_b}{\alpha R_2} = 0.$$

위 세 개의 방정식을 풀면 V_o를 V_s의 함수로 표현할 수 있고, 따라서 전달 함수 $H(s)$를 다음과 같이 구할 수 있다.

$$H(s) = \frac{V_o}{V_s} = \frac{-(R_1 + \alpha R_2 + R_1R_2C_1s)}{R_1 + (1-\alpha)R_2 + R_1R_2C_1s}.$$

따라서

$$H(j\omega) = \frac{-(R_1 + \alpha R_2 + j\omega R_1R_2C_1)}{[R_1 + (1-\alpha)R_2 + j\omega R_1R_2C_1]}.$$

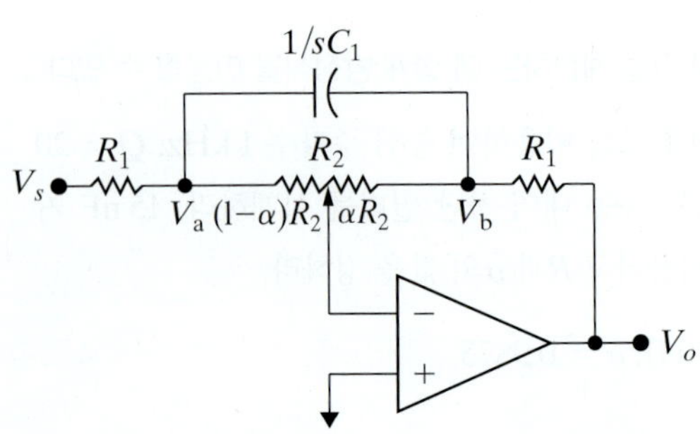

그림 15.34▲ 베이스 음량 제어를 위한 s 영역 회로이다. α가 가변 저항기의 위치를 결정하므로 $0 \leq \alpha \leq 1$이다.

이제 이 전달 함수로부터 그림 15.3(b)에 있는 주파수 응답 곡선 집합이 도출되는지 확인해 보자. 우선 $\alpha = 0.5$일 때 $H(j\omega)$의 크기는 주파수에 무관하게 1이 된다.

$$|H(j\omega)| = \frac{|R_1 + 0.5R_2 + j\omega R_1R_2C_1|}{|R_1 + 0.5R_2 + j\omega R_1R_2C_1|} = 1.$$

$\omega = 0$이면

$$|H(j0)| = \frac{R_1 + \alpha R_2}{R_1 + (1 - \alpha)R_2}.$$

$\alpha = 1$일 때의 $|H(j0)|$는 $\alpha = 0$일 때의 $|H(j0)|$의 역수임을 알 수 있다.

$$|H(j0)|_{\alpha=1} = \frac{R_1 + R_2}{R_1} = \frac{1}{|H(j0)|_{\alpha=0}}.$$

조금만 더 생각해 보면 이러한 역수 관계는 단지 $\omega = 0$일 때뿐만 아니라 모든 주파수에 대해 성립함을 알 수 있을 것이다. 예를 들어 $\alpha = 0.4$일 때와 $\alpha = 0.6$일 때는 $\alpha = 0.5$일 때를 중심으로 서로 대칭이다.

$$H(j\omega)_{\alpha=0.4} = \frac{-(R_1 + 0.4R_2 + j\omega R_1R_2C_1)}{R_1 + 0.6R_2 + j\omega R_1R_2C_1}.$$

반면에

$$H(j\omega)_{\alpha=0.6} = \frac{-(R_1 + 0.6R_2 + j\omega R_1R_2C_1)}{R_1 + 0.4R_2 + j\omega R_1R_2C_1}.$$

따라서

$$H(j\omega)_{\alpha=0.4} = \frac{1}{H(j\omega)_{\alpha=0.6}}.$$

음량 제어 회로는 α의 값에 따라 입력 신호를 증폭할 수도, 감쇠할 수도 있다.

R_1, R_2, C_1의 값은 두 가지 설계 사양에 근거하여 결정된다. 설계에서 첫 번째 사양은 베이스 영역($\omega \to 0$)에서의 통과 대역의 증폭 또는 감쇠이다. 그리고 두 번째 사양은 통과 대역의 증폭 또는 감쇠가 3 dB만큼 발생하는 주파수이다. 이러한 사양을 만족하는 소자의 값은 α를 0 또는 1로 놓고 계산한다.

앞에서 본 바와 같이 최대 이득은 $(R_1 + R_2)/R_1$, 최대 감쇠는 $R_1/(R_1 + R_2)$이다. $(R_1 + R_2)/R_1 \gg 1$이라면 증폭(또는 감쇠)은 $\omega = 1/R_2C_1$일 때 최댓값과 3 dB 차이가 날 것이다. 이는 다음과 같이 확인할 수 있다.

$$\left|H\left(j\frac{1}{R_2C_1}\right)\right|_{\alpha=1} = \frac{|R_1 + R_2 + jR_1|}{|R_1 + jR_1|}$$

$$= \frac{\left|\frac{R_1 + R_2}{R_1} + j1\right|}{|1 + j1|} \approx \frac{1}{\sqrt{2}}\left(\frac{R_1 + R_2}{R_1}\right)$$

그리고

$$\left|H\left(j\frac{1}{R_2C_1}\right)\right|_{\alpha=0} = \frac{|R_1 + jR_1|}{|R_1 + R_2 + jR_1|}$$

$$= \frac{|1 + j1|}{\left|\frac{R_1 + R_2}{R_1} + j1\right|} \approx \sqrt{2}\left(\frac{R_1}{R_1 + R_2}\right).$$

자가 검사: 연습문제 15.65와 15.66을 풀어 이해도를 평가하라.

요약

- 능동 필터는 연산 증폭기, 저항, 커패시터로 이루어진다. 이는 저역 통과, 고역 통과, 대역 통과, 대역 차단 필터의 형태를 가질 수 있다. 이들은 수동 필터가 갖는 여러 가지 단점을 극복할 수 있다
- **원형 저역 통과 필터**는 $R_1 = R_2 = 1\,\Omega$, $C = 1\,\text{F}$의 값을 갖고, 통과 대역 이득은 1, 차단 주파수는 1 rad/s이다. **원형 고역 통과 필터**도 같은 소자 값을 갖고 통과 대역 이득은 1, 차단 주파수는 1 rad/s이다.
- **크기 척도 변환**은 회로의 주파수 응답은 변화시키지 않고 소자 값을 변경하기 위해 사용된다. 크기 척도 변환 계수 k_m에 대해 척도 변환된(프라임이 붙은) 저항, 커패시턴스, 인덕턴스 값은 다음과 같다.

$$R' = k_m R, \quad L' = k_m L, \quad C' = C/k_m.$$

- **주파수 척도 변환**은 주파수 응답의 전체적인 형태는 변화시키지 않은 채 회로의 주파수 응답을 다른 주파수 영역으로 이동시키기 위해 사용된다. 주파수 척도 변환 계수 k_f에 대해 척도 변환된(프라임이 붙은) 저항, 커패시턴스, 인덕턴스 값은 다음과 같다.

$$R' = R, \quad L' = L/k_f, \quad C' = C/k_f.$$

- 소자는 크기와 주파수 둘 다 척도 변환될 수 있다. 척도 변환이 된(프라임이 붙은) 소자 값은 다음과 같다.

$$R' = k_m R, \quad L' = (k_m/k_f)L,$$
$$C' = C/(k_m k_f).$$

- 능동 저역 통과 필터와 고역 통과 필터의 설계는 원형 필터 회로에서 시작할 수 있다. 그 후 상용의 소자 값을 이용하여 주파수 응답을 원하는 차단 주파수로 이동시키기 위해 척도 변환이 적용될 수 있다.
- 능동 광대역 대역 통과 필터는 대역 통과 필터의 높은 차단 주파수를 차단 주파수로 갖는 저역 통과 필터, 대역 통과 필터의 낮은 차단 주파수를 차단 주파수로 갖는 고역 통과 필터, 그리고(선택 사항으로) 통과 대역에서 1이 아닌 이득을 얻기 위한 반전 연산 증폭기 이득단의 직렬 결합을 이용하여 구성될 수 있다. 이러한 방식으로 구현된 대역 통과 필터는 광대역 필터이고($\omega_{c2} \gg \omega_{c1}$), 직렬 결합된 각 단의 각 소자는 서로 독립적으로 결정될 수 있다.
- 능동 광대역 대역 차단 필터는 대역 차단 필터의 낮은 차단 주파수를 차단 주파수로 갖는 저역 통과 필터와 대역 차단 필터의 높은 차단 주파수를 차단 주파수로 갖는 고역 통과 필터의 병렬 결합을 이용하여 구성될 수 있다. 그리고 출력은 가산 증폭기에 인가되는데, 이는 1이 아닌 이득을 얻을 수 있도록 한다. 이러한 방식으로 구현된 대역 차단 필터는 광대역 필터이고($\omega_{c2} \gg \omega_{c1}$), 저역 통과 및 고역 통과 필터 회로가 서로 독립적으로 설계될 수 있다.
- 고차 능동 필터는 전달 함수에 다중 극점을 가지며, 이는 통과 대역에서 차단 대역으로의 천이가 더욱 급격하여 이상적인 주파수 응답에 더 가까운 특성을 보인다.
- 1 rad/s의 차단 주파수를 가진 n차 버터워스 저역 통과 필터의 전달 함수는 다음 식을 이용하여 다음과 같이 결정될 수 있다.

$$H(s)H(-s) = \frac{1}{1 + (-1)^n s^{2n}}$$

  - 분모 다항식의 근을 구한다.
  - $H(s)$에 좌평면의 근을 할당한다.
  - 1차 및 2차 인수의 곱으로 $H(s)$의 분모를 표현한다.
- 버터워스 필터의 설계에서 기본적인 문제는 필터의 차수를 결정하는 것이다. 필터의 설계 사양에서는 보통 천이 대역의 예리한 정도가 A_p, ω_p, A_s, ω_s을 이용하여 정의된다. 이러한 값으로부터 식 (15.15) 또는 (15.16)의 해보다 큰 최소의 정수를 계산한다.
- $1\,\Omega$ 저항과 버터워스 다항식의 각 계수를 생성하기 위해 선택된 커패시터 값을 가진 2차 저역 통과 연산 증폭기 필터를 직렬로 연결하면(그림 15.21) 짝수 차수의 버터워스 저역 통과 필터가 구성된다. 여기에 하나의 원형 저역 통과 연산 증폭기 필터를 더하면 홀수 차수의 버터워스 저역 통과 필터가 구성된다.
- 1 F의 커패시터와 버터워스 다항식의 각 계수를 생성하기 위해 선택된 저항값을 가진 2차 고역 통과 연산 증폭기 필터(그림 15.25) 여러 개를 직렬 연결하면 짝수 차수의 버터워스 고역 통과 필터가 구성된다. 여기에 하나의 원형 고역 통과 연산 증폭기 필터를 더하면 홀수 차수의 버터워스 고역 통과 필터가 구성된다.

- 고역 통과 및 저역 통과 버터워스 필터에서 주파수 및 크기 척도 변환을 적용하면 차단 주파수를 1 rad/s에서 다른 값으로 변경할 수 있고, 실제적인 값을 갖는 소자로 회로를 설계할 수 있다. 여기에 반전 증폭기를 직렬로 연결하면 통과 대역 이득이 1이 아닌 원하는 값이 되도록 할 수 있다.
- 버터워스 저역 통과 필터와 고역 통과 필터를 병렬로 연결하여 가산 증폭기와 결합하면 임의의 n차 버터워스 대역 차단 필터를 구성할 수 있다.
- 고품질, 즉 협대역 대역 통과 또는 대역 차단 필터가 필요한 경우에는 직렬 또는 병렬 결합은 적합하지 않다. 그 대신 그림 15.27과 15.30의 회로가 적합한 설계 방정식과 함께 사용된다. 일반적으로 커패시터 값은 상용 제품 중에서 선택되고, 설계 방정식은 저항값을 정하기 위해 사용된다.

연습문제

15.1절

15.1 10 nF 커패시터를 이용하여 차단 주파수가 3500 Hz이고, 통과 대역 이득이 6인 연산 증폭기 저역 통과 필터를 설계하라.

a) 각 소자의 값과 출력 전압이 명기된 회로를 그려라.

b) 다른 저항은 변경하지 않고 되먹임 경로의 저항만 값이 바뀐다면 이 필터의 어떤 특성이 달라지는지 설명하라.

15.2 연습문제 15.1에서 설계된 저역 통과 필터에 $4.5 \cos \omega t$ V의 전압이 입력되었다.

a) 직류 전원이 $\pm V_{cc}$라 하자. 연산 증폭기가 선형 영역에서 동작할 수 있는 V_{cc}의 최솟값은 얼마인가?

b) $\omega = \omega_c$일 때의 출력 전압은 얼마인가?

c) $\omega = 0.2\omega_c$일 때의 출력 전압은 얼마인가?

d) $\omega = 10\omega_c$일 때의 출력 전압은 얼마인가?

15.3 DESIGN PROBLEM a) 그림 15.1의 회로를 이용하여 통과 대역 이득이 10 dB, 차단 주파수가 1 kHz인 저역 통과 필터를 설계하라. 단, 750 nF 커패시터를 사용하라.

b) 회로를 그리고 각 소자의 값을 표시하라.

15.4 a) 부록 H에 제시된 소자 중에서 세 개만 선택하여 연습문제 15.3(a)에 제시된 사양과 가장 가까운 차단 주파수와 통과 대역 이득을 갖는 저역 통과 필터를 설계하라. 회로를 그리고 각 소자의 값을 표시하라.

b) (a)에서 설계된 필터에서 연습문제 15.3(a)에 정의된 사양에 대한 차단 주파수와 통과 대역 이득의 백분율 오차를 구하라.

15.5 DESIGN PROBLEM a) 그림 15.4의 회로를 이용하여 차단 주파수가 10 kHz, 통과 대역 이득이 15 dB인 고역 통과 필터를 설계하라. 단, 3.9 nF 커패시터를 사용하라.

b) 회로를 그리고 각 소자의 값을 표시하라.

15.6 부록 H에 제시된 소자의 값 중에서 세 개만 이용하여 연습문제 15.5의 사양에 최대한 가까운 차단 주파수와 통과 대역 이득을 갖는 고역 통과 필터를 설계하고자 한다.

a) 회로를 그리고 각 소자의 값을 표시하라.

b) 설계된 필터에서 연습문제 15.5(a)에 정의된 사양에 대한 차단 주파수와 통과 대역 이득의 백분율 오차를 구하라.

15.7 250 nF 커패시터를 사용하여 차단 주파수 6 kHz, 통과 대역 이득이 10인 연산 증폭기 고역 통과 필터를 설계하고자 한다.

a) 회로를 그리고 각 소자의 값과 출력 전압을 표시하라.

b) 되먹임 경로의 저항은 변경되고 다른 저항은 그대로 두었을 때 필터의 어떤 특성이 변경되겠는가?

15.8 연습문제 15.7에서 설계된 고역 통과 필터의 입력이 $3.5 \cos \omega t$ mV라 한다.

a) 직류 전원이 $\pm V_{cc}$라 하자. 연산 증폭기가 선형 영역에서 동작할 수 있는 V_{cc}의 최솟값은 얼마인가?

b) $\omega = \omega_c$일 때의 출력 전압은 얼마인가?

c) $\omega = 0.3\omega_c$일 때의 출력 전압은 얼마인가?

d) $\omega = 10\omega_c$일 때의 출력 전압은 얼마인가?

15.9 Z_f가 되먹임 경로의 등가 임피던스이고, Z_i는 입력 회로의 등가 임피던스이며, 이상적인 연산 증폭기라 할 때 그림 P15.9 회로의 전달 함수 V_o/V_i를 구하라.

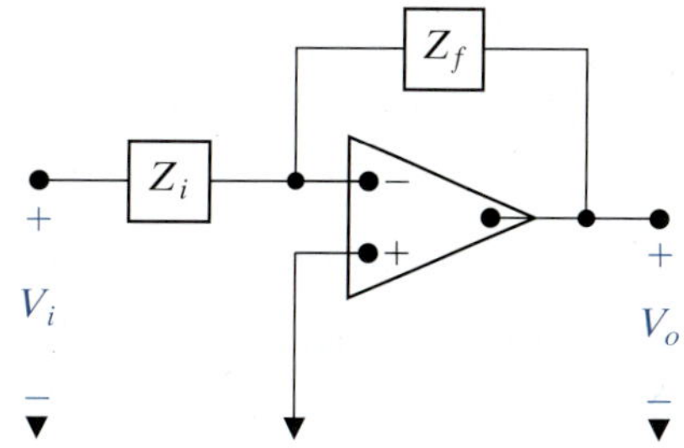

그림 P15.9

15.10 a) 연습문제 15.9의 결과를 이용하여 그림 P15.10 회로의 전달 함수를 구하라.

b) $\omega \to 0$일 때 이득은 얼마인가?

c) $\omega \to \infty$일 때 이득은 얼마인가?

d) 이 회로의 동작에 대해 알려진 바에 비추어 볼 때 (b)와 (c)의 답이 타당한가?

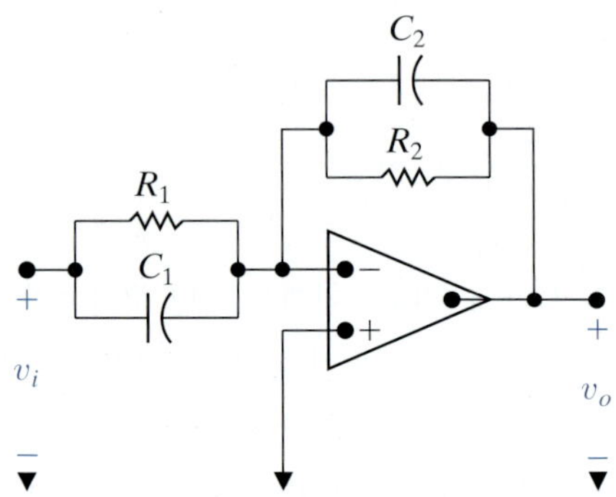

그림 P15.10

15.11 그림 P15.11의 회로에 대해 연습문제 15.10의 각 문제를 풀어 보라.

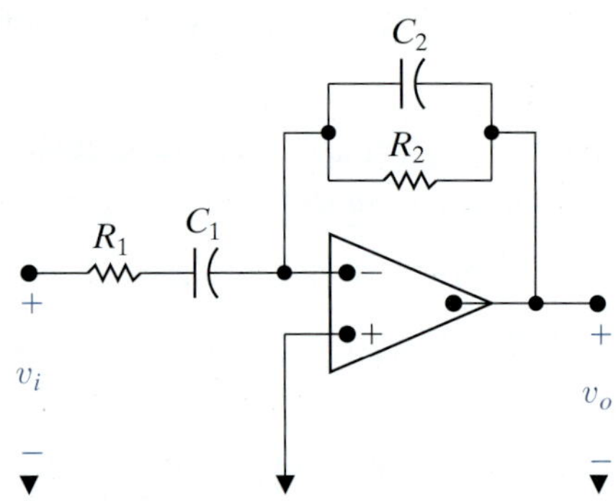

그림 P15.11

15.2절

15.12 그림 P9.31의 회로에서 4 kΩ 저항이 500 Ω 저항으로, 625 nF 커패시터가 1 μH 커패시터로 각각 대체되도록 척도 변환되었다고 한다.

a) 인덕터의 척도 변환된 값은 얼마인가?

b) 척도 변환 후의 회로에서 임피던스 Z_{ab}가 순 저항이 되는 주파수는 얼마인가?

c) (b)에서 구한 주파수와 척도 변환 전의 회로에서 임피던스 Z_{ab}가 순 저항이 되는 주파수와는 어떤 관계가 있는지 설명하라.

15.13 그림 P9.66에서 인덕터와 커패시터를 척도 변환하여 입력 주파수가 500 rad/s에서 4000 rad/s로 변할 때 출력 전류의 크기와 위상이 변하지 않도록 하고자 한다.

a) 척도 변환 후의 인덕터와 커패시터의 값은 얼마인가?

b) 입력 전류가 $125 \cos 4000t$ mA일 때 정상 상태 출력 전류 i_o는 얼마인가?

15.14 연습문제 10.6의 회로가 변환 계수 200에 의하여 크기 변환되었다.

a) 전원에서 변환된 회로로 전달되는 유효 전력은 얼마인가?

b) (a)의 결과와 변환 이전의 회로에 전달된 유효 전력과 비교하면 어떻게 달라졌는가?

15.15 연습문제 10.6의 회로가 변환 계수 0.01에 의하여 주파수 변환되었다.

a) 전원의 주파수는 변환되지 않았다면 전원에서 변환된 회로로 전달된 유효 전력은 얼마인가?

b) 전원의 주파수가 동일한 주파수 변환 계수에 의하여 변환되었다면 전원에서 변환된 회로로 전달된 유효 전력은 얼마인가?

c) (b)의 결과와 변환 이전의 회로에 전달된 유효 전력과 비교하면 어떻게 달라졌는가?

15.16 그림 P13.20의 회로가 척도 변환에 의하여 4 kΩ 저항이 20 kΩ 저항으로, 5 nF 커패시터가 100 pF 커패시터로 각각 대체되었다.

a) L의 변환된 값은 얼마인가?

b) 변환된 회로의 v_o 표현식은 어떻게 되겠는가?

15.17 연습문제 13.45의 회로를 척도 변환하여 5 kΩ 저항이 1 kΩ으로 대체되었고 전압 응답의 주파수는 변환 계수 50을 통하여 감소하였다. $v_o(t)$를 구하라.

15.18 연습문제 14.30의 대역 통과 필터를 중심 주파수가 250 kHz가 되고 품질 지수는 7.5이며, 10 nF 커패시터가 사용되도록 척도 변환하라. 변환된 필터의 저항, 인덕터의 값, 두 개의 차단 주파수를 구하라.

15.19 연습문제 14.36의 대역 차단 필터를 50 μH의 인덕터를 사용하여 중심 주파수가 500 krad/s가 되도록 척도 변환하라. 변환된 필터의 저항, 커패시터의 값, 대역폭을 구하라.

15.20 a) 그림 15.1의 저역 통과 필터 회로를 크기 및 주파수 척도 변환하면 변환된 회로의 진달 함수는 식 (15.1)과 모양이 같고 단지 s가 s/k_f로 대체됨을 보여라. 여기서 k_f는 주파수 척도 변환 계수이다.

b) 그림 15.1에 제시한 저역 통과 필터의 원형 회로에서 $\omega_c = 1$ rad/s, $C = 1$ F, $R_2 = 1\ \Omega$, $R_1 = 1/K\ \Omega$이다. 원형 회로의 전달 함수는 무엇인가?

c) (a)의 결과를 이용하여 척도 변환된 회로의 전달 함수를 유도하라.

15.21 a) 그림 15.4의 고역 통과 필터 회로를 크기 및 주파수 척도 변환하면 변환된 회로의 전달 함수는 원래의 식과 모양이 같고 단지 s가 s/k_f로 대체됨을 보여라. 여기서 k_f는 주파수 척도 변환 계수이다.

b) 그림 15.4에 있는 고역 통과 필터의 원형 회로에서 $\omega_c = 1$ rad/s, $C = 1$ F, $R_1 = 1\,\Omega$, $R_2 = K\,\Omega$이다. 원형 회로의 전달 함수는 무엇인가?

c) (a)의 결과를 이용하여 척도 변환된 회로의 전달 함수를 유도하라.

15.22 그림 P15.22의 두 원형 고역 통과 필터의 전압에 대한 전달 함수는 모두 다음과 같다.

$$H(s) = \frac{s}{s+1}.$$

두 회로가 각각 크기 및 주파수 척도 변환된다면 변환된 전달 함수가 다음과 같이 됨을 보여라.

$$H'(s) = \frac{(s/k_f)}{(s/k_f)+1}.$$

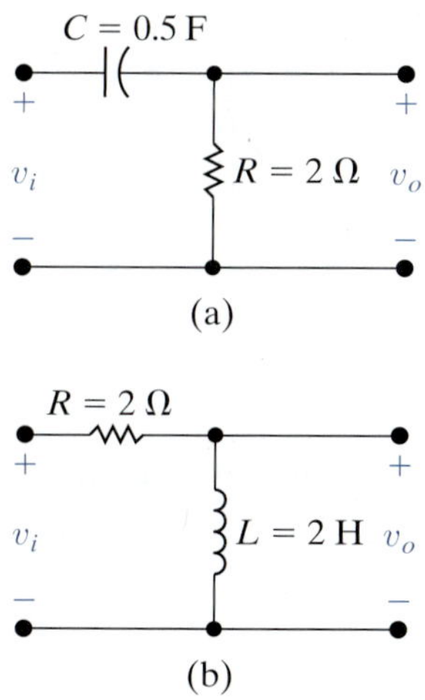

그림 P15.22

15.23 그림 P15.23의 두 원형 저역 통과 필터의 전압에 대한 전달 함수는 모두 다음과 같다.

$$H(s) = \frac{1}{s+1}.$$

두 회로가 각각 크기 및 주파수 척도 변환된다면 변환된 전달 함수가 다음과 같이 됨을 보여라.

$$H'(s) = \frac{1}{(s/k_f)+1}.$$

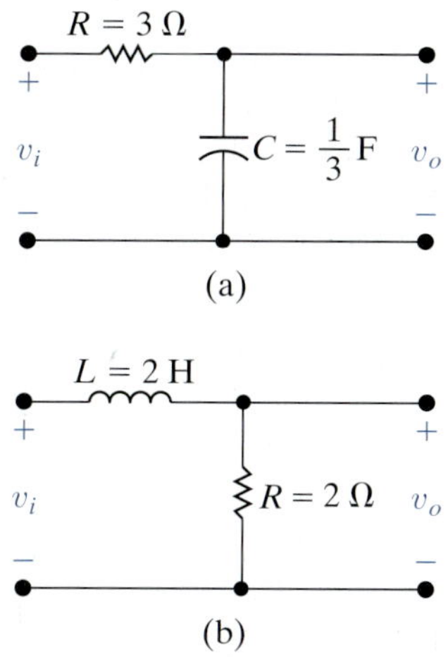

그림 P15.23

15.24 그림 P15.24의 원형 대역 통과 필터의 전압에 대한 전달 함수는 다음과 같다.

$$H(s) = \frac{\left(\frac{1}{Q}\right)s}{s^2 + \left(\frac{1}{Q}\right)s + 1}.$$

이 회로가 크기 및 주파수 척도 변환된다면 변환된 전달 함수가 다음과 같이 됨을 보여라.

$$H'(s) = \frac{\left(\frac{1}{Q}\right)\left(\frac{s}{k_f}\right)}{\left(\frac{s}{k_f}\right)^2 + \left(\frac{1}{Q}\right)\left(\frac{s}{k_f}\right) + 1}.$$

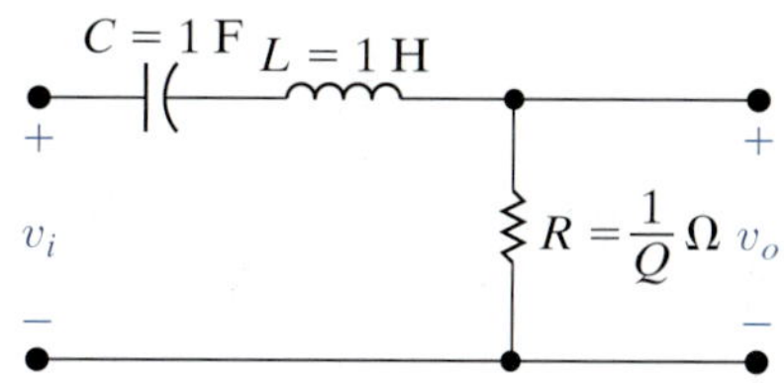

그림 P15.24

15.25 a) 연습문제 15.24에 주어진 원형 수동 대역 통과 필터의 품질 지수가 25일 때 각 소자의 값을 정하라.

b) 연습문제 15.24에 주어진 척도 변환된 수동 대역 통과 필터가 품질 지수가 25, 중심 주파수 또는 공진 주파수가 100 krad/s, 공진 시의 임피던스가 3.6 kΩ일 때 각 소자의 값을 정하라.

c) 척도 변환된 필터의 회로를 그리고 각 소자의 값을 표시하라.

15.26 그림 P15.24의 원형 대역 통과 필터의 또 다른 형태는 $\omega_o = 1$ rad/s, $R = 1\,\Omega$, $L = Q$ henry로 정하는 것이다.

a) 이 원형 필터의 커패시터 값은 얼마인가?

b) 이 원형 필터의 전달 함수는 무엇인가?

c) 이 원형 필터를 이용하여 품질 지수 20, 중심 주파수 50 krad/s, 공진 시 임피던스 5 kΩ인 수동 대역 통과 필터를 설계하라.

d) 척도 변환된 필터의 회로도를 그리고 각 소자의 값을 표시하라.

e) 연습문제 15.24의 결과를 이용하여 척도 변환된 필터의 전달 함수를 구하라.

15.27 DESIGN PROBLEM 그림 14.22의 수동 대역 통과 필터는 두 종류의 원형 회로를 갖는다. 첫 번째 원형 회로는 $\omega_o = 1$ rad/s, $C = 1$ F, $L = 1$ H, $R = Q\ \Omega$이고, 두 번째 원형 회로는 $\omega_o = 1$ rad/s, $R = 1\,\Omega$, $C = Q$ F, $L = (1/Q)$ H이다.

a) 두 가지 중 하나를 선택하여 품질 지수 25, 중심 주파수 50 krad/s인 수동 대역 통과 필터를 설계하라. 저항 R은 40 kΩ이다.

b) 척도 변환된 필터의 회로도를 그리고 각 소자의 값을 표시하라.

15.3절

15.28 그림 14.28(a)의 수동 대역 차단 필터는 그림 P15.28과 같이 두 종류의 원형 회로를 갖는다.

a) 두 회로 모두 전달 함수가 다음과 같음을 보여라.

$$H(s) = \frac{s^2 + 1}{s^2 + \left(\frac{1}{Q}\right)s + 1}.$$

b) 중심 주파수가 8000 rad/s이고, 품질 지수가 10인 대역 차단 필터의 전달 함수를 구하라.

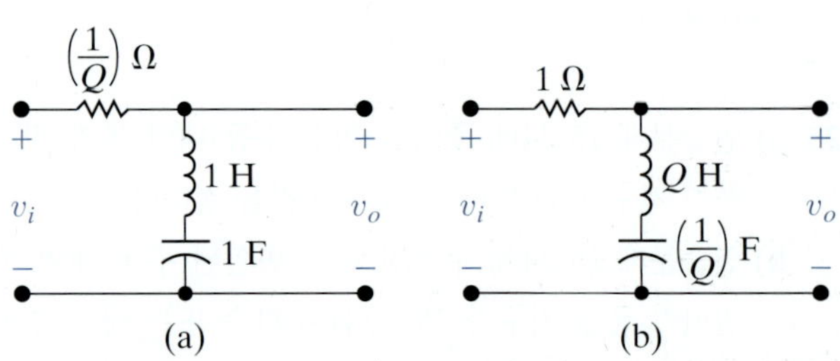

그림 P15.28

15.29 그림 14.28(a)의 대역 차단 필터의 전달 함수는 다음과 같다.

$$H(s) = \frac{s^2 + \left(\frac{1}{LC}\right)}{s^2 + \left(\frac{R}{L}\right)s + \left(\frac{1}{LC}\right)}.$$

이 회로가 크기 및 주파수에 대해 척도 변환된다면 척도 변환된 회로의 전달 함수는 원래의 전달 함수와 형태가 같고, 단지 s가 (s/k_f)로 대체됨을 보여라. 여기서 k_f는 주파수 변환 계수이다.

15.30 그림 P14.28(a)의 회로의 전달 함수에 대해 연습문제 15.29에서 살펴본 바가 그림 14.31의 아래쪽 대역 차단 필터에서도 성립함을 보여라.

15.31 그림 P15.31(a)와 (b)는 그림 14.31의 아래쪽 회로와 같은 수동 대역 차단 필터에 대한 두 종류의 원형 회로이다.

두 회로의 전달 함수가 다음과 같음을 보여라.

$$H(s) = \frac{s^2 + 1}{s^2 + \left(\frac{1}{Q}\right)s + 1}.$$

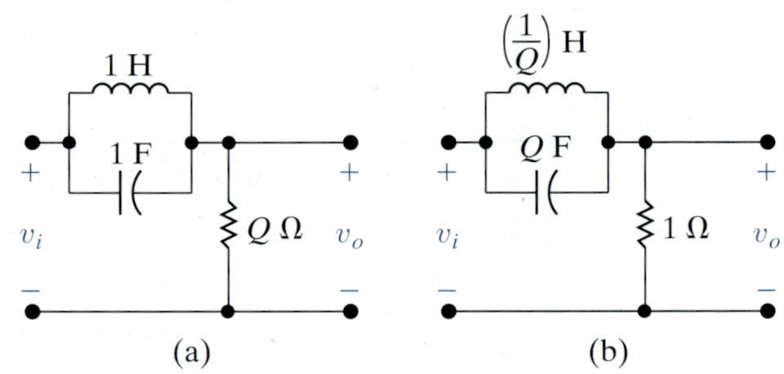

그림 P15.31

15.32 직렬 연결을 이용하여 중심 주파수가 50 krad/s이고 대역폭이 300 krad/s이고, 통과 대역 이득이 1인 대역 통과 필터를 설계하라. 단, 150 nF 커패시터를 이용하라. f_{c1}, f_{c2}, R_L, R_H의 값을 정하라.

15.33 DESIGN PROBLEM PSPICE MULTISIM a) 20 nF 커패시터를 이용하여 낮은 쪽 차단 주파수가 2000 Hz, 높은 쪽 차단 주파수가 8000 Hz이며 통과 대역 이득이 10 dB인 광대역 1차 대역 통과 필터를 설계하라. 저역 통과 및 고역 통과 필터의 원형 회로를 사용하라(연습문제 15.20과 15.21 참조).

b) 척도 변환된 필터의 전달 함수를 구하라.

c) (b)에서 구한 전달 함수를 이용하여 $H(j\omega_o)$를 구하라. 여기서 ω_o는 필터의 중심 주파수이다.

d) ω_o에서 통과 대역 이득은 몇 dB인가?

e) 임의의 컴퓨터 프로그램을 이용하여 필터의 보드 크기 선도를 그려라.

15.34 중심 주파수가 2000 rad/s, 대역폭이 5000 rad/s이고 통과 대역 이득이 5인 병렬 대역 차단 필터를 설계하라. 단, 0.2 μF 커패시터를 사용하고, 모든 저항의 값을 지정하라.

15.4절

15.35 DESIGN PROBLEM PSPICE MULTISIM

a) 5 nF 커패시터를 이용하여 낮은 쪽 차단 주파수가 1000 Hz, 높은 쪽 차단 주파수가 5000 Hz이며 통과 대역 이득이 10 dB인 광대역 1차 대역 차단 필터를 설계하라. 연습문제 15.20과 15.21에서 소개된 저역 통과 및 고역 통과 필터의 원형 회로를 사용하라.

b) 회로도를 그리고 모든 소자 값을 표시하라.

c) 척도 변환된 회로의 전달 함수는 무엇인가?

d) (c)에서 유도된 전달 함수를 이용하여 중심 주파수에서의 전달 함수의 값을 계산하라.

e) 중심 주파수에서 이득은 몇 dB인가?

f) 임의의 컴퓨터 프로그램을 이용하여 필터 전달 함수의 보드 크기 선도를 그려라.

15.36 그림 P15.36의 회로가 대역 통과 필터로 동작함을 보여라 (힌트: 전달 함수를 구하고, 그 결과가 대역 통과 필터의 전달 함수와 같은 형태임을 보여라. 연습문제 15.3의 결과를 사용하라).

a) 이 대역 통과 필터의 중심 주파수, 대역폭, 이득을 구하라.

b) 이 대역 통과 필터의 차단 주파수와 품질 지수를 구하라.

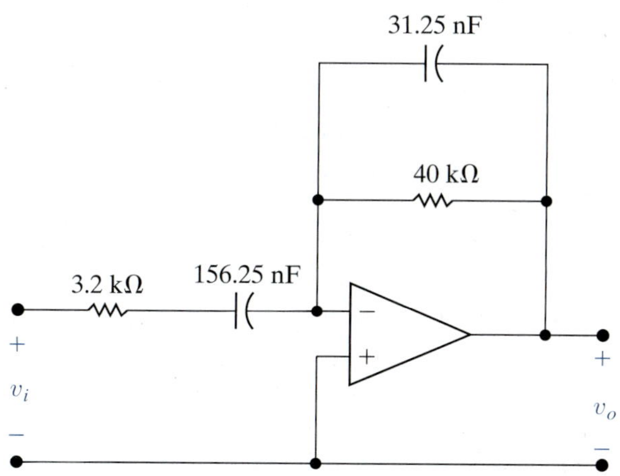

그림 P15.36

15.37 저항, 커패시터, 인덕터 및 연산 증폭기로 구성된 회로의 $|H(j\omega)|^2$은 ω의 짝수차 항으로만 이루어진다. 다음 그림 P15.37의 세 가지 회로에 대해 $|H(j\omega)|^2$을 계산하여 이를 보여라.

$$H(s) = \frac{V_o}{V_i}.$$

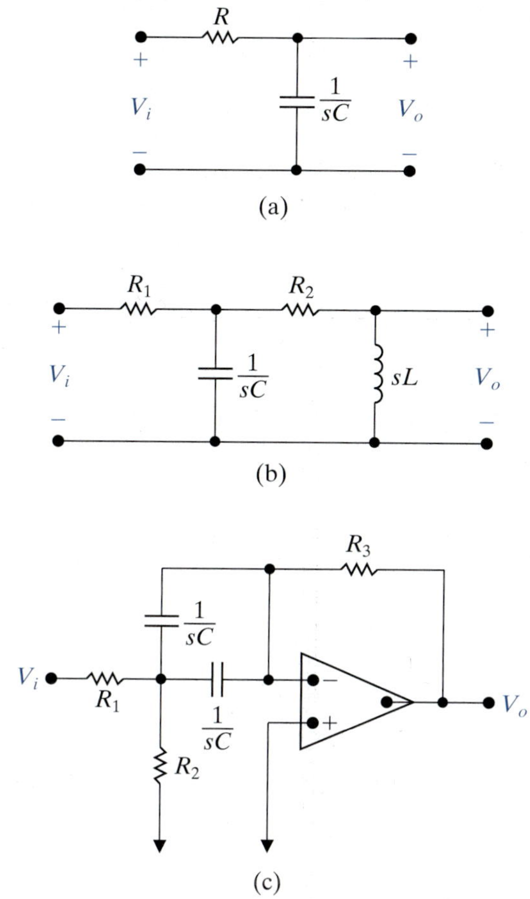

그림 P15.37

15.38 표 15.1에서 $n = 5$, $n = 6$일 때의 각 항을 증명하라.

15.39 이 연습문제의 목적은 절점 주파수 ω_c에서의 크기 선도의 기울기(디케이드당 데시벨)를 계산하여 n차 저역 통과 버터워스 필터가 n개의 동일한 저역 통과 필터를 직렬로 연결한 필터에 대해 가진 장점을 보이기 위한 것이다. y를 선도의 크기(데시벨)라 하고, $x = \log_{10}\omega$라 정의하여 각 선도의 dy/dx를 ω_c에서 계산한다.

a) n차 저역 통과 원형 버터워스 필터의 절점 주파수 ($\omega_c = 1$ rad/s)에서 다음을 증명하라.

$$\frac{dy}{dx} = -10n \text{ dB/dec.}$$

b) n개의 동일한 원형 저역 통과 필터를 직렬로 연결한 경우 ω_c에서 다음을 증명하라.

$$\frac{dy}{dx} = \frac{-20n(2^{1/n} - 1)}{2^{1/n}} \text{ dB/dec.}$$

c) $n = 1, 2, 3, 4, \infty$일 때 두 필터의 dy/dx를 계산하라.

d) (c)의 결과가 갖는 중요성을 설명하라.

15.40 a) 차단 주파수가 2000 Hz이고 7000 Hz에서의 이득이 −30 dB을 넘지 않는 저역 통과 버터워스 필터의 차수를 구하라.

b) 7000 Hz에서의 실제 이득은 몇 dB인가?

15.41 다음의 방법으로 5차 고역 통과 버터워스 필터의 원형 전달 함수를 구하라. 먼저 5차 원형 저역 통과 버터워스 필터의 전달 함수를 구하고, 여기에서 s를 $1/s$로 대체하라.

15.42 연습문제 15.41의 5차 고역 통과 필터를 차단 주파수가 10 krad/s인 시스템에 사용하고자 한다.

a) 이 필터의 척도 변환된 전달 함수는 무엇인가?

b) 차단 주파수에서의 이득이 몇 dB인지 계산하여 이 표현식을 확인하라.

15.43 DESIGN PROBLEM a) 3 kΩ 저항과 이상적인 연산 증폭기를 이용하여 차단 주파수가 20 kHz이고 100 kHz에서의 이득이 25 dB을 넘지 않는 저역 통과 단위 이득 버터워스 필터를 설계하라.

b) 회로도를 그리고 각 소자의 값을 표시하라.

15.44 DESIGN PROBLEM a) 25 nF 커패시터와 저항과 이상적인 연산 증폭기를 이용하여 차단 주파수가 5 kHz이고 1 Hz에서의 이득이 −25 dB을 넘지 않는 고역 통과 단위 이득 버터워스 필터를 설계하라.

b) 회로도를 그리고 각 소자의 값을 표시하라.

15.45 연습문제 15.43에서 구한 저역 통과 필터와 연습문제 15.44에서 구한 고역 통과 필터가 직렬로 연결되었다.

a) 이 결합에 의한 필터는 어떤 종류의 필터인가?

b) 이 필터의 차단 주파수, 중심 주파수 및 품질 지수를 구하라.

c) 척도 변환된 필터의 전달 함수를 구하라.

d) $H(j\omega_o)$를 계산하여 (c)의 결과를 확인하라. 여기서 ω_o는 중심 주파수이다.

15.46 그림 15.21의 회로의 전달 함수는 다음과 같다.

$$H(s) = \frac{\dfrac{1}{R^2C_1C_2}}{s^2 + \dfrac{2}{RC_1}s + \dfrac{1}{R^2C_1C_2}}.$$

이 회로에 크기 및 주파수 척도 변환을 적용하면 변환된 회로의 전달 함수는 다음과 같이 됨을 보여라.

$$H'(s) = \frac{\dfrac{1}{R^2C_1C_2}}{\left(\dfrac{s}{k_f}\right)^2 + \dfrac{2}{RC_1}\left(\dfrac{s}{k_f}\right) + \dfrac{1}{R^2C_1C_2}}.$$

15.47 a) 연습문제 15.40(a)에서 구한 차수를 이용하여 원형 버터워스 필터의 전달 함수를 구하라.

b) 연습문제 15.40(a)의 필터 사양을 이용하여 주파수 변환 계수를 구하고, (a)의 전달 함수를 변환하라(힌트: 연습문제 15.46 참조).

c) (b)에서 구한 표현식을 이용하여 4000 Hz에서의 이득(데시벨 단위)을 계산하여 표현식이 맞는지 확인하라. 그리고 연습문제 15.40(b)에서 구한 값과 비교하라.

15.48 DESIGN PROBLEM a) 2 kΩ 저항과 이상적인 연산 증폭기를 이용하여 연습문제 15.40에 정의된 특성을 갖는 저역 통과 버터워스 필터를 설계하라. 통과 대역에서의 이득은 1이다.

b) 회로도를 그리고 각 소자의 값을 표시하라.

15.49 그림 15.25의 회로는 다음과 같은 전달 함수를 갖는다.

$$H(s) = \frac{s^2}{s^2 + \dfrac{2}{R_2C}s + \dfrac{1}{R_1R_2C^2}}.$$

이 회로를 크기 및 주파수 척도 변환하게 되면 전달 함수가 다음과 같이 됨을 보여라.

$$H'(s) = \frac{\left(\dfrac{s}{k_f}\right)^2}{\left(\dfrac{s}{k_f}\right)^2 + \dfrac{2}{R_2C}\left(\dfrac{s}{k_f}\right) + \dfrac{1}{R_1R_2C^2}}.$$

척도 변환된 회로의 전달 함수는 원래 회로의 전달 함수에서 s 대신에 s/k_f를 대입하여 얻을 수 있다. 여기서 k_f는 주파수 척도 변환 계수이다.

15.50 DESIGN PROBLEM a) 낮은 쪽 차단 주파수가 200 Hz이고 높은 쪽 차단 주파수가 2500 Hz인 광대역 버터워스 대역 통과 필터를 설계하라. 단, 통과 대역의 이득은 40 dB이고, 40 Hz와 12.5 kHz에서의 이득은 적어도 40 dB의 감쇠가 발생해야 한다. 고역 통과 회로에서는 1 μF의 커패시터를, 저역 통과 회로에서는 2.5 kΩ의 저항을 각각 사용하라.

b) 회로도를 그리고 각 소자의 값을 표시하라.

15.51 a) 연습문제 15.50에서 설계된 회로의 전달 함수를 구하라.

b) (a)의 결과를 이용하여 400 Hz 및 5000 Hz에서의 이득은 몇 dB인지 구하라.

c) (b)의 계산 결과가 연습문제 15.50의 필터 사양을 만족하는지 확인하라.

15.52 **DESIGN PROBLEM** 이 연습문제의 목적은 필터 회로에서 각 소자의 값을 결정하는 설계 과정을 완성하는 데 필요한 해석적인 방법을 소개하는 것이다. 해석하고자 하는 회로는 그림 P15.52와 같다.

a) 이 회로를 정성적으로 해석하여 이 회로가 저역 통과 필터이며 그 차단 주파수는 R_2/R_1임을 확인하라.

b) 전달 함수 V_o/V_i를 유도하여 정성적 해석이 옳음을 보여라. (힌트: 전달 함수를 유도할 때 저항을 $G_1 = 1/R_1$ 등과 같이 컨덕턴스로 표시하라.) 표 15.1의 각 항을 적용하기에 편리하도록 전달 함수를 다음 형태로 표현하라.

$$H(s) = \frac{-Kb_o}{s^2 + b_1 s + b_o}.$$

c) 이제 미지수는 다섯 개—R_1, R_2, R_3, C_1, C_2—이고 전달 함수 제약 조건은 세 개—K, b_1, b_o—라는 것을 알았다. 겉보기에는 다섯 개의 미지수 중 두 개는 자유롭게 선택할 수 있을 것처럼 생각된다. 그러나 회로 소자와 전달 함수 제약 조건 사이의 관계를 조금 더 살펴보면 일단 C_2가 선택되면 R_2(즉 G_2)가 실현 가능한 값을 갖도록 하기 위해서는 C_1에 상한이 존재한다는 것을 알 수 있다. 이를 기억하고, $C_2 = 1$ F이라면 세 가지 컨덕턴스가 다음과 같이 표현됨을 보여라.

$$G_1 = KG_2;$$

$$G_3 = \left(\frac{b_o}{G_2}\right)C_1;$$

$$G_2 = \frac{b_1 \pm \sqrt{b_1^2 - 4b_o(1 + K)C_1}}{2(1 + K)}.$$

G_2가 실현 가능하기 위해서는 다음을 만족해야 한다.

$$C_1 \le \frac{b_1^2}{4b_o(1 + K)}.$$

d) (c)의 결과에 근거하여 K, b_o, b_1이 주어졌을 때 회로의 소자 값을 선정하는 과정을 설명하라.

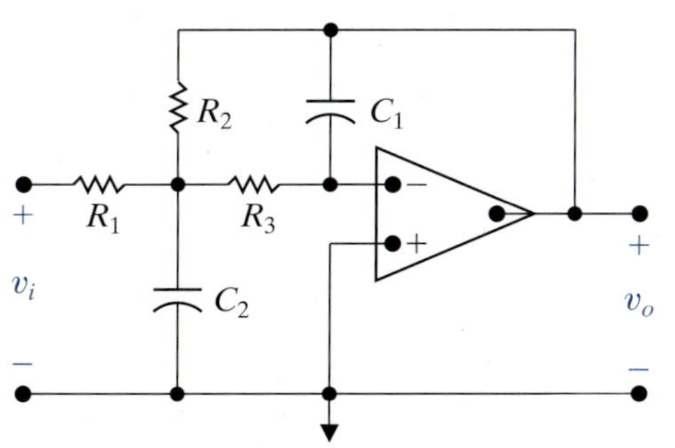

그림 P15.52

15.53 **DESIGN PROBLEM** 연습문제 15.52에서 분석된 회로가 통과 대역 이득 8인 3차 저역 통과 버터워스 필터의 일부라 하자. (힌트: 회로의 2차 영역에서 이득 8이 구현된다.)

a) 원형 2차 영역에서 $C_2 = 1$ F이라면 C_1의 상한값은 얼마인가?

b) C_1에 대해 한계 값이 선정되면 원형 회로의 소자 R_1, R_2, R_3는 각각 얼마인가?

c) 이 필터의 절점 주파수가 50 kHz이고, C_2가 250 pF으로 선정되었을 때 척도 변환된 회로의 C_1, R_1, R_2, R_3의 값을 계산하라.

d) 이 필터의 1차 영역의 척도 변환된 저항과 커패시터의 값을 구하라.

e) 회로도를 그리고 각 소자의 값을 표시하라.

15.54 **DESIGN PROBLEM** 그림 P15.52에서 R과 C의 위치를 바꾸어 보자. 즉 R_1은 C_1으로, R_2는 C_2로, R_3는 C_3로, C_1은 R_1으로, C_2는 R_2로 각각 대체한다.

a) 이러한 교환으로 구현된 필터는 어떤 종류의 필터인가?

b) 전달 함수 V_o/V_i를 유도하여 (a)에서 유추한 필터의 종류가 옳음을 보여라. 표 15.1의 항과 일치하는 형태로 전달 함수를 표시하라.

c) $C_2 = C_3 = 1$ F이라 하고 C_1, R_1, R_2를 K, b_1, b_o로 표현하는 식을 유도하라(b_1과 b_o의 정의는 연습문제 15.52 참조).

d) (a)의 필터가 3차 버터워스 필터에 사용되었으며, 이 필터의 통과 대역 이득은 8이라 한다. $C_2 = C_3 = 1$ F이라 할 때 이 회로의 2차 회로 부분의 원형 회로 소자 값 C_1, R_1, R_2를 구하라.

15.55 **DESIGN PROBLEM** a) 연습문제 15.52와 15.54에서 해석된 회로를 이용하여 통과 대역 이득은 20 dB, 낮은 쪽 차단 주파수는 800 Hz, 높은 쪽 차단 주파수는 7200 kHz, 그리고 1500 Hz 및 13.5 kHz에서 최소 20 dB의 감쇠가 발생하는 특성을 갖는 광대역 대역 차단 필터를 설계하라. 단, 50 nF 커패시터를 사용하라.

b) 회로도를 그리고 각 소자의 값을 표시하라.

15.56 a) 연습문제 15.55에서 설계한 대역 차단 필터의 전달 함수를 유도하라.

b) (a)에서 유도한 전달 함수를 이용하여 중심 주파수에서의 감쇠를 dB로 구하라.

15.5절

15.57 DESIGN PROBLEM 이 연습문제의 목적은 그림 P15.57의 회로에 대한 설계 방정식을 구하는 것이다(설계 방정식의 유도에 대해서는 연습문제 15.52 참조).

a) 정성적 분석을 통해 이 회로가 나타내는 필터의 종류는 무엇인지 설명하라.

b) 전달 함수 V_o/V_i를 유도하여 정성적 해석이 옳음을 보여라. 전달 함수를 표 15.1에 있는 항과 같은 형태로 표현하라.

c) 회로의 소자 값을 선정할 때 임의로 정할 수 있는 소자의 개수는 몇 개인가?

d) 컨덕턴스 $G_1 = 1/R_1$과 $G_1 = 1/R_2$를 C_1, C_2와 계수 b_o와 b_1로 표현하는 식을 유도하라(b_1과 b_o의 정의는 연습문제 15.52 참조).

e) C_1 또는 C_2에 대해 어떤 제약이 존재하는가?

f) 그림 P15.57의 회로가 4차 저역 통과 단위 이득 버터워스 필터로 사용되었다 하자. 1 F의 커패시터가 원형 회로에 사용되었을 때 각 2차 원형 회로의 R_1 및 R_2의 값을 정하라.

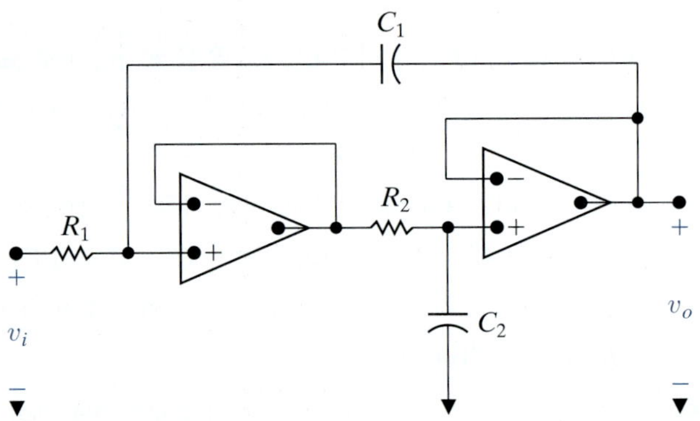

그림 P15.57

15.58 DESIGN PROBLEM 연습문제 15.57의 4차 저역 통과 단위 이득 버터워스 필터가 차단 주파수 25 kHz인 시스템에 적용되었다. 사용된 커패시터는 750 pF이다.

a) 필터의 각 회로에서 R_1과 R_2의 값을 정하라.

b) 회로도를 그리고 각 소자의 값을 표시하라.

15.59 DESIGN PROBLEM 그림 P15.57에서 R과 C의 위치를 바꾸어 보자. 즉 R_1과 C_1, R_2와 C_2가 각각 서로 위치를 바꾼다.

a) 이 회로를 정성적으로 해석하고 이 회로에 의하여 구현되는 필터의 종류를 설명하라.

b) 전달 함수 V_o/V_i를 유도하여 정성적 해석이 옳음을 보여라. 전달 함수가 표 15.1의 각 항과 같은 형태가 되도록 표현하라.

c) 회로 소자의 값을 정할 때 임의로 정할 수 있는 소자의 개수는 몇 개인가?

d) R_1과 R_2를 b_o, b_1, C_1, C_2의 함수로 표현하라.

e) C_1와 C_2에 대해 제약이 존재하는가?

f) 이 회로가 (a)에서 예측한 종류의 3차 버터워스 필터에 사용된다고 한다. $C_1 = C_2 = 1$ F일 때 2차 회로 부분의 원형 회로의 R_1과 R_2의 값을 구하라.

15.60 DESIGN PROBLEM a) 연습문제 15.59의 회로가 차단 주파수 40 kHz인 3차 고역 통과 단위 이득 버터워스 필터에 사용되었다. 이 회로를 구성하는 데 360 pF의 커패시터가 사용되었을 때 R_1과 R_2의 값을 정하라.

b) 이 필터의 1차 회로 부분에 사용된 저항과 커패시터의 값을 정하라.

c) 회로도를 그리고 각 소자의 값을 표시하라.

d) 이 필터의 척도 변환된 전달 함수의 식을 구하라.

e) (d)에서 유도된 척도 변환된 전달 함수를 사용하여 차단 주파수에서의 이득을 구하여 dB로 표현하라.

15.1~15.5절

15.61 그림 15.27에서 $\omega_o = 1$ rad/s이고, $C = 1$ F일 때 R_1, R_2, R_3의 원형 값은 다음과 같음을 보여라.

$$R_1 = \frac{Q}{K},$$

$$R_2 = \frac{Q}{2Q^2 - K},$$

$$R_3 = 2Q.$$

15.62 DESIGN PROBLEM a) 그림 15.27을 이용하여 품질 지수 8, 중심 주파수 1000 rad/s, 통과 대역 이득이 5인 대역 통과 필터를 설계하라. 커패시터는 1 μF라 한다.

b) 회로도를 그리고 각 소자의 값을 표시하라.

15.63 a) 원형 협대역 저역 통과 필터의 전달 함수가 다음과 같음을 보여라.

$$H(s) = \frac{s^2 + 1}{s^2 + (1/Q)s + 1}.$$

b) (a)의 결과를 이용하여 예제 15.14에서 설계한 필터의 전달 함수를 구하라.

15.64 DESIGN PROBLEM a) 그림 15.30의 회로를 이용하여 중심 주파수가 1000 rad/s, 품질 지수가 4인 협대역 대역 차단 필터를 설계하라. 단, 2 μF의 커패시터를 사용하라.

b) 회로도를 그리고 모든 소자의 값을 표시하라.

c) 척도 변환한 후 필터의 전달 함수는 무엇인가?

15.65 그림 15.33(a)의 회로를 이용하여 최대 이득이 30 dB이고, 주파수 50 Hz에서의 이득이 27 dB인 음량 제어 회로를 설계하라. 3.3 kΩ의 저항과 100 kΩ의 가변 저항을 사용하라. 선정된 R_1, R_2, C_1의 값을 이용하여 $\omega = 0$ 및 $\omega = 1/R_2C_1$에서의 이득을 계산하여 설계 결과를 검증하라.

PRACTICAL PERSPECTIVE
DESIGN PROBLEM

15.66 그림 15.33(a)의 회로를 이용하여 최대 이득이 15.56 dB이고 60 Hz에서 3 dB의 감쇠가 발생하는 베이스 음량 제어 회로를 설계하라.

PRACTICAL PERSPECTIVE
DESIGN PROBLEM

15.67 연습문제 15.66에서 설계된 회로에 대해 $\omega = 0$일 때 이득(dB) 대 α의 그래프를 그려라. α는 0에서부터 1까지 0.1 단위로 증가하는 것으로 가정하라.

PRACTICAL PERSPECTIVE

15.68 a) 그림 P15.68(a)와 (b) 회로는 등가임을 보여라.

PRACTICAL PERSPECTIVE

b) 그림 P15.68(b) 회로의 x점과 y점은 항상 등전위임을 보여라.

c) (a)와 (b)의 결과를 이용하여 그림 15.34의 회로를 그림 P15.68(c)의 회로로 그릴 수 있음을 보여라.

d) 그림 P15.68(c) 회로는 그림 15.2의 형태임을 보여라. 여기서

$$Z_i = \frac{R_1 + (1-\alpha)R_2 + R_1R_2C_1s}{1 + R_2C_1s},$$

$$Z_f = \frac{R_1 + \alpha R_2 + R_1R_2C_1s}{1 + R_2C_1s}.$$

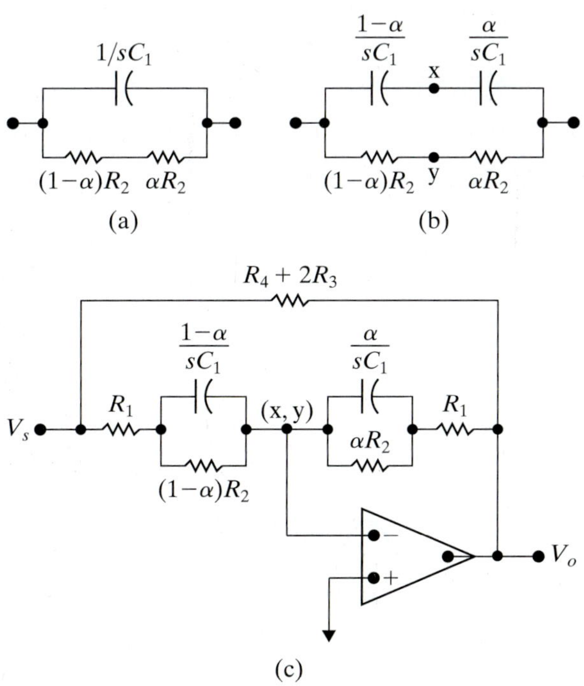

그림 P15.68

15.69 설계팀에서 함께 일하는 한 사람이 그림 P15.69의 회로가 $R_4 \gg R_1 + R_3 + 2R_2$를 만족한다면 고음 영역 음량 제어 회로로 사용될 수 있다는 것을 제안했다. 또한 이 회로의 전압 전달 함수가 다음과 같다고 유도하였다.

PRACTICAL PERSPECTIVE

$$H(s) = \frac{V_o}{V_s} = \frac{-\{(2R_3 + R_4) + [(1-\beta)R_4 + R_o](\beta R_4 + R_3)C_2s\}}{\{(2R_3 + R_4) + [(1-\beta)R_4 + R_3](\beta R_4 + R_o)C_2s\}}$$

여기서 $R_o = R_1 + R_3 + 2R_2$이다.

이에 대하여 여러분은 $\omega \to 0$일 때, $\omega \to \infty$일 때 그리고 $\omega = \infty$이고 β가 0에서 1까지 변화할 때의 전달 함수의 거동을 검토하기로 하였다. 전달 함수 검토 결과, 이 회로가 고음 영역 음량 제어회로로 사용될 수 있겠는가? 이에 대하여 설명하라.

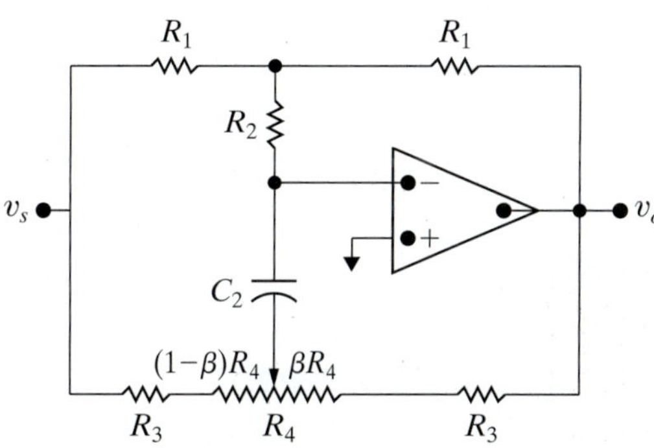

그림 P15.69

15.70 그림 P15.69 회로의 각 소자의 값은 다음과 같다. $R_1 = R_2 = 15\ \text{k}\Omega$, $R_3 = 1.5\ \text{k}\Omega$, $R_4 = 470\ \text{k}\Omega$, $C_2 = 4.7\ \text{nF}$.

PRACTICAL PERSPECTIVE

a) 최대로 증폭되는 값은 몇 dB인가?

b) 최대로 차단되는 값은 몇 dB인가?

c) R_4는 R_0에 비하여 대단히 큰가?

d) $\beta = 1$일 때 $\omega = 1/R_3C_2$에서의 증폭은 몇 dB인가?

e) $\beta = 0$일 때 $\omega = 1/R_3C_2$에서의 감쇠는 몇 dB인가?

f) (d)와 (e)의 결과를 토대로 $R_4 \gg R_0$일 때 주파수 $1/R_3C_2$의 중요성은 무엇인가?

15.71 연습문제 15.70에 주어진 소자 값을 이용하여 ω가 무한대일 때 β 대 최대 이득(dB)의 그래프를 그려라. β는 0에서부터 1까지 0.1단위로 증가하는 것으로 가정하라.

PRACTICAL PERSPECTIVE

CHAPTER 16

푸리에 급수

학습내용

학습목표

1. 푸리에 계수의 정의와 그 파형이 하나 혹은 그 이상의 대칭을 이루는 경우 단순화를 사용하여 주기 파형에 대해 푸리에 계수의 삼각 함수 형태를 계산할 수 있다.
2. 푸리에 계수와 그 중첩 형태를 이용하여 주기 파형에 대한 회로 응답을 해석하는 방법을 안다.
3. 적은 수의 푸리에 계수를 이용하여 저항에 전달되는 평균 전력을 예상할 수 있다.
4. 주기 파형에 대해 푸리에 계수의 지수형을 계산할 수 있고, 이를 이용하여 주기 파형에 대한 진폭 및 위상 스펙트럼을 생성할 수 있다.

이 장에서는 주기적이고 사인파 형태가 아닌 (비정현파) 입력에 대한 회로의 정상 상태 응답에 대해 공부한다. **주기 함수**(periodic function)는 매 주기 T초마다 반복되는 함수이다. 예를 들면, 그림 16.1의 함수 파형은 주기적이지만 비정현파이다.

주기 함수는 다음 식의 관계를 만족시키는 것으로

$$f(t) = f(t \pm nT), \qquad (16.1)$$

여기서 n은 자연수(1, 2, 3, ...)이고, T는 주기이다. 그림 16.1의 함수는 주기적이다. 왜냐하면 임의의 t_0에 대해 다음 관계를 만족하기 때문이다.

$$f(t_0) = f(t_0 - T) = f(t_0 + T) = f(t_0 + 2T) = \cdots$$

여기서 T는 주기 함수에서 좌우 어떤 방향으로 옮겼을 때 동일한 함수가 나오는 가장 작은 시간 간격을 말한다.

왜 우리는 비정현 파형이면서 주기 함수 형태의 입력에 대한 회로 응답에 관심이 있는가? 한 가지 이유는 실제 많은 전기적 신호원이 비정현 주기 함수 파형을 발생시키기 때문이다. 몇 가지 예를 들면 다음과 같다.

- 정현파 입력 소스로 구동되는 필터링되지 않은 전자 정류기는 정류된 정현파를 생성하며, 이는 정현파는 아니지만 주기적이다. 그림 16.2(a)와 (b)는 각각 전파 정류 파형 및 반파 정류 파형을 보여 준다.

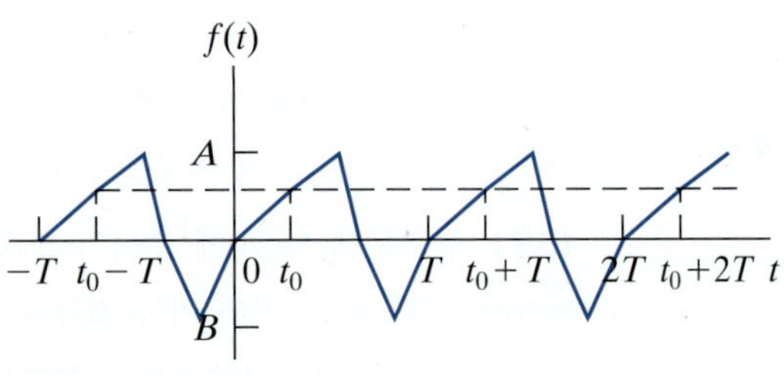

그림 16.1▲ 주기 파형.

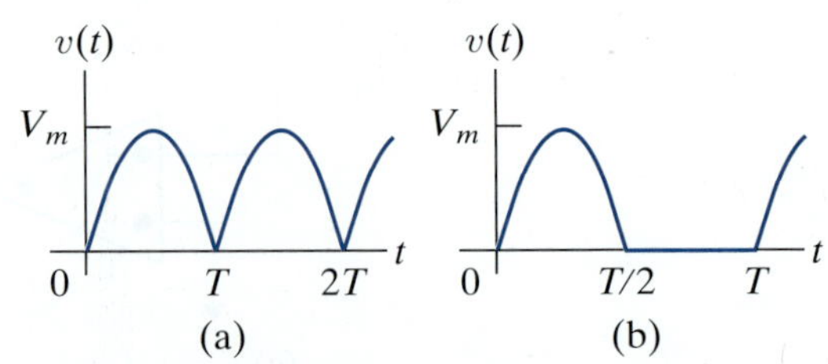

그림 16.2▲ 필터링되지 않은 정현파 정류기의 출력 파형: (a) 전파 정류. (b) 반파 정류.

실제 응용

능동 High-Q 필터

14장과 15장에서 대역 통과 필터와 대역 저지 필터의 중요한 특징인 품질 지수, 즉 Q에 대해 공부했다. 품질 지수는 필터가 중심 주파수에서 얼마나 선택적인지를 판단하는 지수이다. 예를 들어 높은 Q를 가지는 대역 통과 필터는 중심 주파수 근처의 신호를 증폭하며, 다른 주파수의 신호는 감쇄시킬 것이다. 반면에 낮은 Q를 가지는 대역 저지 필터는 중심 주파수의 신호와 중심 주파수에서 꽤 멀리 떨어진 주파수의 신호를 효과적으로 분리하지 못한다.

대역 통과 또는 대역 저지 필터의 품질 지수는 주기 신호를 이용하여 평가할 수 있다. 예를 들어 대역 통과 필터의 Q를 평가하기 위해 대역 통과 필터의 중심 주파수와 동일한 주파수의 사각파를 입력하고 출력을 분석한다. 이 장에서는 임의의 주기 신호가 정현파의 합으로 표현될 수 있다는 사실을 공부할 것이다. 정현파의 주파수는 주기 신호의 주파수 및 정수배의 주파수를 포함한다. 따라서 주파수가 ω인 사각파 입력의 경우에 ω, 2ω, 3ω의 주파수를 가지는 정현파의 합으로 표현될 수 있다. 만약 대역 통과 필터의 품질 지수가 높다면 주파수가 ω인 정현파를 제외하고 나머지 정현파 성분은 모두 제거되어 출력은 거의 정현파 파형이 출력된다. 만약 필터가 낮은 품질 지수를 가진다면 많은 정현파 성분이 통과될 것이며, 이 성분들이 출력 파형을 사각파처럼 구성하여 출력은 여전히 사각파처럼 보일 것이다. 이 장의 끝에서 다시 예를 언급한다.

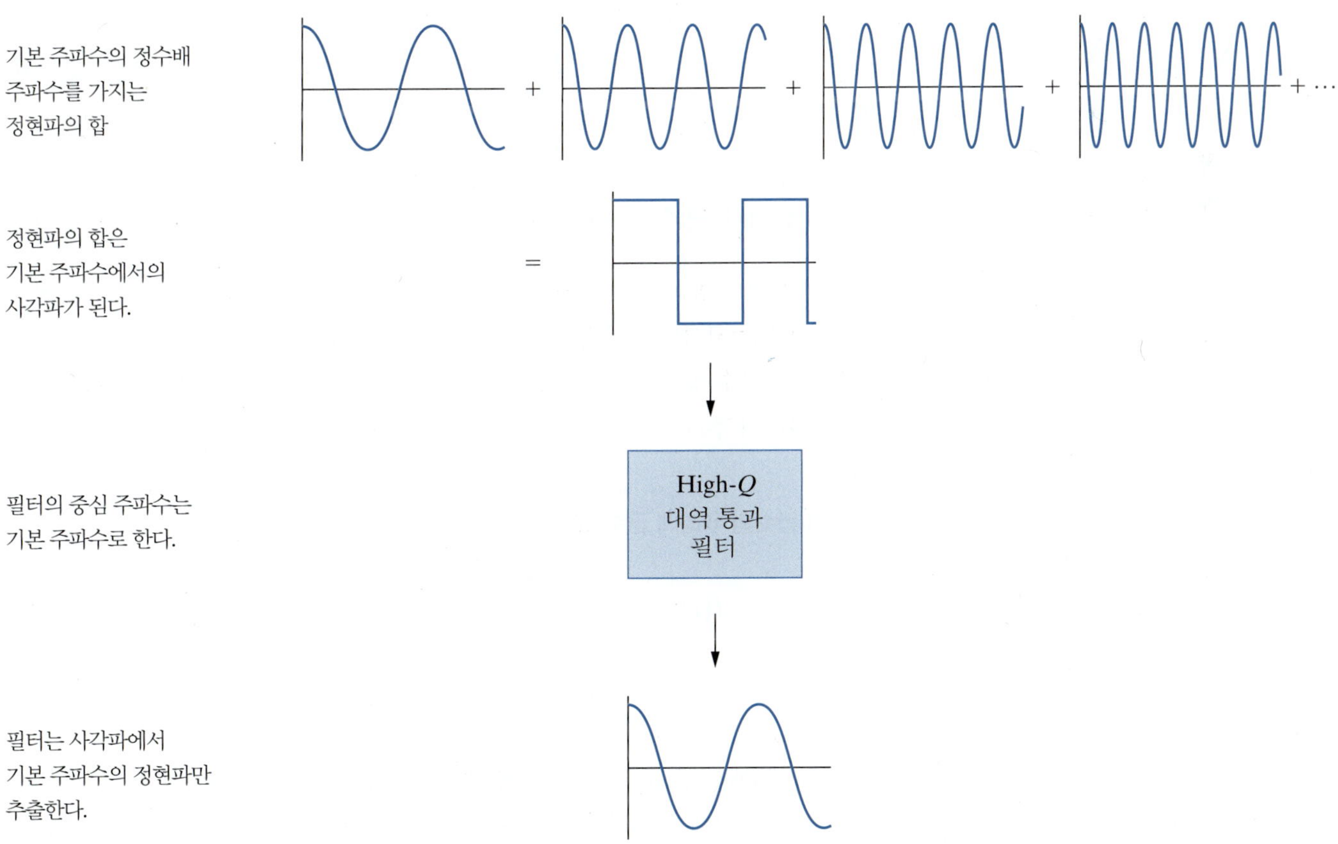

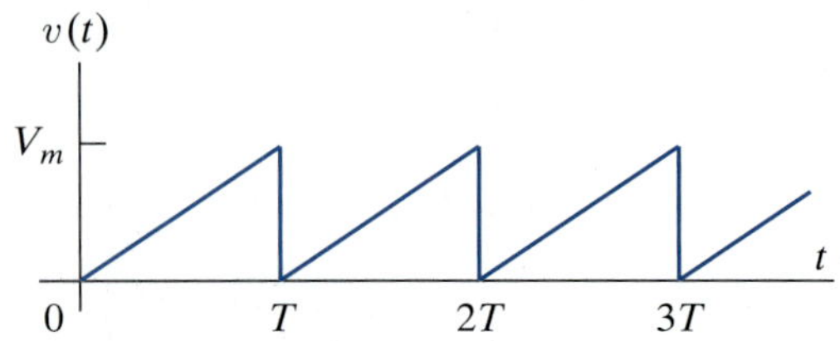

그림 16.3▲ 음극선 오실로스코프 스윕 파형 발생기의 삼각 파형.

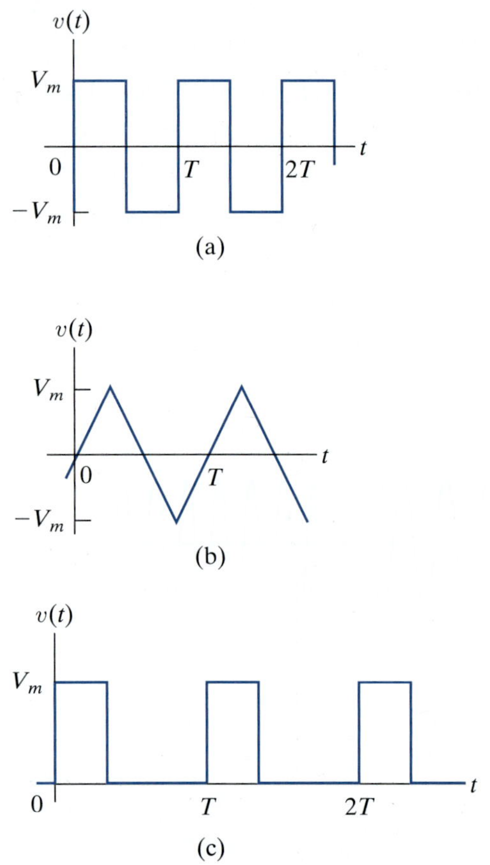

그림 16.4▲ 실험실에서 사용되는 함수 발생기의 파형: (a) 정사각파, (b) 삼각파, (c) 직사각파.

- 음극선 오실로스코프의 전자빔을 제어하는 스윕 파형 발생기는 그림 16.3과 같은 주기적 삼각 파형을 생성한다.
- 실험실 장비로 널리 사용되는 함수 발생기는 정사각파, 삼각파, 사각파 등 비정현 주기 파형을 생성하도록 설계되었다. 그림 16.4는 함수 발생기에서 생성되는 전형적인 파형을 나타낸다.
- 전력 발생기는 정현파형을 생성하도록 설계되었으나, 순수한 정현파를 생성할 수는 없다. 대신에 왜곡되었지만 여전히 주기적인 정현파를 생성한다. 약간 왜곡된 정현파 입력에 대한 회로의 결과를 결정할 때 이번 장에서 배울 해석 기법을 활용할 수 있다.
- 다른 선형 회로에서도 비선형성이 비정현 주기 함수를 생성한다. 앞서 언급한 정류 회로도 이러한 현상의 한 예이다. 전기 기기나 트랜스포머에서 발생하는 자기 포화 현상은 비정현 주기 함수를 발생시키는 비선형성의 또 다른 예이다. 트랜지스터의 포화 현상을 이용한 전자 클리핑(clipping) 회로 역시 또 다른 한 예이다.

또한 비정현 주기 함수는 비전기적 시스템을 분석하는 데 중요하다. 기계적 진동 관련 문제, 유체 흐름, 열 유동 등은 주기 함수 형태를 띤다. 프랑스의 수학자 푸리에(Jean Baptiste Joseph Fourier, 1768~1830)는 금속 막대의 열 유동을 연구하다가 주기 함수의 삼각 함수 급수 형태의 표현을 도입하게 되었다. 따라서 그의 이름을 붙인 이 급수는 전기 회로의 주기적 여기에 대한 정상 상태 응답을 찾는 출발점이 되었다.

16.1 푸리에 급수 해석: 개관

푸리에가 열 유동 문제를 연구하다가 발견한 것은 한 주기 함수는 고조파를 포함한 사인 또는 코사인의 무한 합으로 표현될 수 있다는 것이다. 다시 말해, 무한 급수의 삼각 함수 항의 주파수는 그 주기 함수의 기본 주파수 ω_0에 대한 배수의 형태이다. 따라서 주기 함수 $f(t)$는 다음 식처럼 표현된다.

주기 함수의 푸리에 급수 표현

$$f(t) = a_v + \sum_{n=1}^{\infty} a_n \cos n\omega_0 t + b_n \sin n\omega_0 t, \qquad (16.2)$$

여기서 n은 연속적인 자연수로 1, 2, 3, ... 이다.

식 (16.2)에서 a_v, a_n, b_n은 **푸리에 계수**(Fourier coefficient)이고 $f(t)$로부터 계산된다. 16.2절에서 푸리에 계수를 어떻게 정하는지 논의할 것이다. $\omega_0(=2\pi/T)$는 주기 함수 $f(t)$의 **기본 주파수**(fundamental frequency)를 나타낸다. ω_0의 배수, 즉 $2\omega_0$, $3\omega_0$, $4\omega_0$ 등은 $f(t)$의 **고조파 주파수**(harmonic frequency)라고 부른다. $2\omega_0$는 $f(t)$의 두 번째 고조파, $3\omega_0$는 세 번째 고조파, $n\omega_0$는 n번째 고조파 주파

수이다.

회로 해석에서 푸리에 급수 사용에 관해 자세히 전개하기 전에 전체 항목을 우선 살펴볼 필요가 있다. 관심 있는 회로의 주기 함수를 푸리에 급수를 이용하여 표현하는 것이 가능하다. 하지만 모든 주기 함수가 푸리에 급수로 표현 가능한 것은 아니다. 주기 함수 $f(t)$가 수렴하는 푸리에 급수로 표현되기 위한 조건[**디리클레 조건**(Dirichlet's condition)으로 알려져 있음]은 다음과 같다.

1. $f(t)$는 단일 값을 갖는다.
2. $f(t)$는 한 주기에 제한된 개수의 불연속점을 갖는다.
3. $f(t)$는 한 주기에 제한된 개수의 최고점(maximum)과 최저점(minimum)을 갖는다.
4. 적분

$$\int_{t_0}^{t_0+T} |f(t)|\,dt$$

값이 존재한다.

물리적으로 구현 가능한 신호원에서 발생한 모든 주기 함수는 디리클레 조건을 만족한다. 이는 **충분**(sufficient) 조건이며 **필요**(necessary) 조건은 아니다. 따라서 $f(t)$가 이런 요구 조건을 만족한다면 그것을 푸리에 급수로 표현할 수 있다. 그러나 이런 조건을 만족하지 않는다고 해도 그 함수를 푸리에 급수로 표현할 수 있다. $f(t)$의 필요 조건은 알려져 있지 않다.

$f(t)$를 알고 그에 따른 푸리에 계수(a_v, a_n, b_n)를 계산하고 나면 주기 신호를 직류 성분(a_v)과 사인파 성분(a_n, b_n)으로 분리할 수 있다. 주기 신호원은 선형 회로를 구동하므로 정상 상태 응답을 알기 위해 중첩의 원리를 사용할 수 있다. 특히 $f(t)$의 푸리에 표현으로 나타난 각각의 신호원에 대한 응답을 구하고 이를 더하여 전체 응답을 구하면 된다. 각각의 사인 파형 신호원에 대한 정상 상태 응답은 9장에서 학습한 페이저법으로 쉽게 구할 수 있다.

이러한 과정은 회로 해석에서 새롭지 않다. 정상 상태 응답의 푸리에 급수 표현을 구할 수 있지만 응답의 함수 형태는 알 수 없다. 게다가 출력 파형은 푸리에 급수의 무한개 합으로 표현되며, 따라서 충분한 개수의 성분을 합해야 응답의 파형을 예측할 수 있다. 이처럼 푸리에 급수가 전체 정상 상태 응답을 구하는 데 단점이 있다고 해도, 정량적인 결과를 구하는 것만큼 중요한 문제에 대해 생각하는 방법을 새롭게 해 준다. 사실 개념적 그림은 어떤 면에서 정량적인 것보다 더욱 중요하다.

16.2 푸리에 계수

기본 주기상에서 주기 함수를 정의한 다음에 다음과 같은 관계로 푸리에 계수를 정한다.

푸리에 계수

$$a_v = \frac{1}{T}\int_{t_0}^{t_0+T} f(t)\,dt, \tag{16.3}$$

$$a_k = \frac{2}{T}\int_{t_0}^{t_0+T} f(t)\cos k\omega_0 t\,dt, \tag{16.4}$$

$$b_k = \frac{2}{T}\int_{t_0}^{t_0+T} f(t)\sin k\omega_0 t\,dt. \tag{16.5}$$

식 (16.4)와 (16.5)에서 아래 첨자 k는 1, 2, 3, … 의 순차적인 자연수에서 k번째 계수를 나타낸다. a_v는 $f(t)$의 평균값이고, a_k는 $f(t)\cos k\omega_0 t$의 평균값의 2배, b_k는 $f(t)\sin k\omega_0 t$의 평균값의 2배이다.

다음의 자연수 m, n의 상태를 고려한 적분식을 이용하면 식 (16.2)에서 식 (16.3)~(16.5)를 유도할 수 있다.

$$\int_{t_0}^{t_0+T} \sin m\omega_0 t\,dt = 0, \quad \text{모든 } m\text{에 대해}$$

$$\int_{t_0}^{t_0+T} \cos m\omega_0 t\,dt = 0, \quad \text{모든 } m\text{에 대해}$$

$$\int_{t_0}^{t_0+T} \cos m\omega_0 t \sin n\omega_0 t\,dt = 0, \quad \text{모든 } m\text{과 } n\text{에 대해}$$

$$\begin{aligned}\int_{t_0}^{t_0+T} \sin m\omega_0 t \sin n\omega_0 t\,dt &= 0, \quad \text{모든 } m \neq n\text{에 대해}\\ &= \frac{T}{2}, \quad m = 0\text{에 대해}\end{aligned}$$

$$\begin{aligned}\int_{t_0}^{t_0+T} \cos m\omega_0 t \cos n\omega_0 t\,dt &= 0, \quad 0, \text{모든 } m \neq n\text{에 대해}\\ &= \frac{T}{2}, \quad m = 0\text{에 대해}\end{aligned}$$

이 식에 대한 검증은 연습문제 16.5에 남겨 둔다.

식 (16.3)을 유도하기 위해 식 (16.2)의 양변을 한 주기에 대해 적분한다.

$$\begin{aligned}\int_{t_0}^{t_0+T} f(t)\,dt &= \int_{t_0}^{t_0+T}\left(a_v + \sum_{n=1}^{\infty} a_n \cos n\omega_0 t + b_n \sin n\omega_0 t\right)dt\\ &= \int_{t_0}^{t_0+T} a_v dt + \sum_{n=1}^{\infty}\int_{t_0}^{t_0+T}(a_n \cos n\omega_0 t + b_n \sin n\omega_0 t)\,dt\\ &= a_v T + 0.\end{aligned}$$

이를 a_v에 대해 풀면 식 (16.3)이 된다.

a_n의 k번째 값의 표현식을 유도하기 위해 식 (16.2)의 양변에 $\cos k\omega_0 t$를 곱하고

$f(t)$의 한 주기상으로 양변을 적분하면

$$\int_{t_0}^{t_0+T} f(t)\cos k\omega_0 t\,dt = \int_{t_0}^{t_0+T} a_v \cos k\omega_0 t\,dt$$

$$+ \sum_{n=1}^{\infty}\int_{t_0}^{t_0+T}(a_n \cos n\omega_0 t \cos k\omega_0 t + b_n \sin n\omega_0 t \cos k\omega_0 t)\,dt$$

$$= 0 + a_k\left(\frac{T}{2}\right) + 0.$$

a_k에 대해 위 식을 정리하면 식 (16.4)가 된다.

b_n의 k번째 표현식도 식 (16.2)의 양변에 $\sin k\omega_0 t$를 곱하고 $f(t)$의 한 주기상으로 양변을 적분하면 구할 수 있다. 연습문제 16.6을 통해 식 (16.5)의 유도 과정을 반드시 풀어 보라. 예제 16.1은 특정 주기 함수의 푸리에 계수를 구하는 데 식 (16.3)~(16.5)를 이용하는 방법을 보여 준다.

예제 16.1 삼각 파형의 푸리에 급수 구하기

그림 16.5의 주기 전압 파형의 푸리에 급수를 구하라.

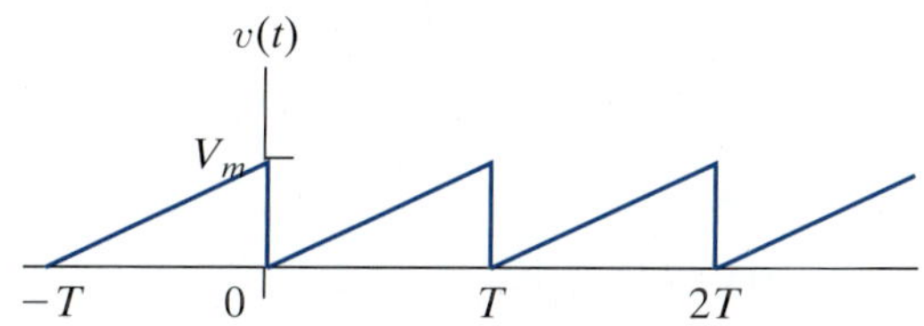

그림 16.5▲ 예제 16.1의 주기 전압 파형.

풀이

a_v, a_k, b_k를 구하기 위해 식 (16.3)~(16.5)를 사용할 때 t_0 값을 적절히 선택할 수 있다. 그림 16.5의 주기 전압에 대해서는 t_0값을 0으로 선택하는 것이 가장 낫다. 다른 값을 선택하면 더 복잡한 적분 계산을 해야 한다. 0과 T 사이에서 $v(t)$를 표현하면 다음과 같다.

$$v(t) = \left(\frac{V_m}{T}\right)t.$$

a_v에 대한 식은 다음과 같다.

$$a_v = \frac{1}{T}\int_0^T \left(\frac{V_m}{T}\right)t\,dt = \frac{1}{2}V_m.$$

이 값은 그림 16.5에 나타난 파형의 평균값이다.

a_n의 k번째 값에 대한 식은 다음과 같다.

$$a_k = \frac{2}{T}\int_0^T \left(\frac{V_m}{T}\right)t\cos k\omega_0 t\,dt$$

$$= \frac{2V_m}{T^2}\left(\frac{1}{k^2\omega_0^2}\cos k\omega_0 t + \frac{t}{k\omega_0}\sin k\omega_0 t\right)\Bigg|_0^T$$

$$= \frac{2V_m}{T^2}\left[\frac{1}{k^2\omega_0^2}(\cos 2\pi k - 1)\right] = 0,\ \text{모든 } k\text{에 대해}$$

이때 적분의 상한선을 구하기 위해 T와 ω_0 사이의 관계식 $T = 2\pi/\omega_0$을 사용한다.

b_n의 k번째 값에 대한 식은

$$b_k = \frac{2}{T}\int_0^T \left(\frac{V_m}{T}\right)t\sin k\omega_0 t\,dt$$

$$= \frac{2V_m}{T^2}\left(\frac{1}{k^2\omega_0^2}\sin k\omega_0 t - \frac{t}{k\omega_0}\cos k\omega_0 t\right)\Bigg|_0^T$$

$$= \frac{2V_m}{T^2}\left(0 - \frac{T}{k\omega_0}\cos 2\pi k\right)$$

$$= \frac{-V_m}{\pi k}.$$

푸리에 급수 $v(t)$는 다음과 같다.

$$v(t) = \frac{V_m}{2} - \frac{V_m}{\pi}\sum_{n=1}^{\infty}\frac{1}{n}\sin n\omega_0 t$$

$$= \frac{V_m}{2} - \frac{V_m}{\pi}\sin \omega_0 t - \frac{V_m}{2\pi}\sin 2\omega_0 t$$

$$- \frac{V_m}{3\pi}\sin 3\omega_0 t - \cdots.$$

평가문제

목표 1—주기 파형에 대해 푸리에 계수의 삼각 함수 형태를 계산할 수 있다.

16.1 주기 전압 함수를 위한 a_v, a_k, b_k 표현식을 유도하라.

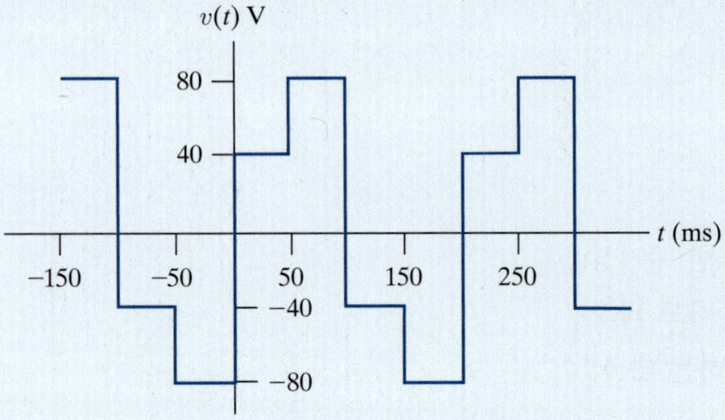

정답: $a_v = 0$ V,

$$a_k = \frac{-80}{\pi k}\sin\frac{\pi k}{2}\text{ V},\ k\text{는 홀수},$$

$$a_k = 0\text{ V},\ k\text{는 짝수},$$

$$b_k = \frac{240}{\pi k}\text{ V},\ k\text{는 홀수},$$

$$b_k = 0\text{ V},\ k\text{는 짝수},$$

16.2 평가문제 16.1을 참조하라.

a) 주기 전압의 평균값은 얼마인가?

b) $a_1 \sim a_5$와 $b_1 \sim b_5$ 값을 계산하라.

c) 기본 주파수를 rad/s 단위로 구하라.

d) 세 번째 고조파 주파수를 Hz 단위로 구하라.

e) 푸리에 급수를 다섯 번째까지 쓰라.

정답: a) 0 V,

b) −25.465 V, 0, 8.488 V, 0, −5.093 V, 76.394 V, 0, 25.465 V, 0, 15.279 V,

c) 34.416 rad/s,

d) 15 Hz,

e) $v(t) = -25.465\cos 31.416t + 76.394\sin 31.416t + 8.488\cos 94.248t + 25.465\sin 94.248t - 5.093\cos 157.08t + 15.279\sin 157.08t$ V.

자가 검사: 연습문제 16.1, 16.3, 16.4도 풀어 보라.

일반적으로 푸리에 계수를 찾는 것은 성가신 작업이다. 그러므로 이 작업을 단순화하는 방법은 유용하다. 다행히 대칭을 갖는 주기 함수는 이 계수를 구하는 작업량을 많이 줄일 수 있다. 16.3절에서 대칭성이 푸리에 급수의 계수에 어떤 영향을 미치는지 살펴본다.

16.3 푸리에 계수에 미치는 대칭성의 영향

다음 네 가지 대칭성이 푸리에 계수를 구하는 작업을 단순화하는 데 사용된다.

- 우함수 대칭
- 기함수 대칭
- 반파 대칭
- 사분파 대칭

각각의 대칭성이 푸리에 계수에 미치는 영향에 대해 알아보자.

우함수 대칭

다음 조건을 만족하는 함수를 우함수라고 한다.

우함수

$$f(t) = f(-t). \tag{16.6}$$

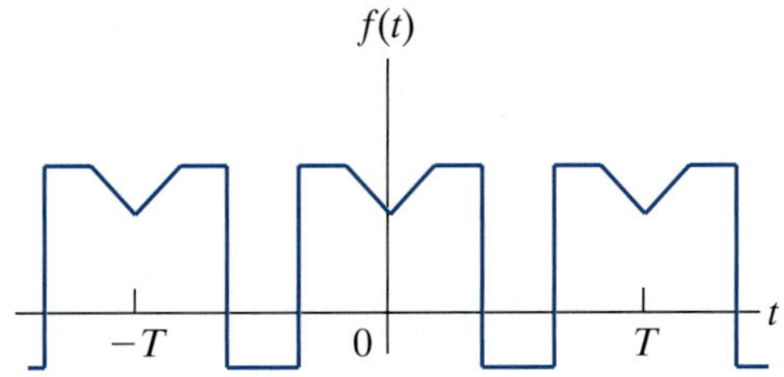

그림 16.6▲ 주기 우함수 $f(t) = f(-t)$.

그림 16.6은 주기 우함수를 보여 준다. 식 (16.6)을 만족하는 함수는 우함수이며, 그 이유는 우함수 지수 성분을 갖는 다항식 함수가 이런 특징을 갖기 때문이다.

주기 우함수는 푸리에 계수식이 다음과 같이 단순화된다.

$$a_v = \frac{2}{T}\int_0^{T/2} f(t)\,dt, \tag{16.7}$$

$$a_k = \frac{4}{T}\int_0^{T/2} f(t)\cos k\omega_0 t\,dt, \tag{16.8}$$

$$b_k = 0,\ \text{모든 } k\text{에 대해} \tag{16.9}$$

주기 함수가 우함수이면 계수 b가 모두 0이 된다. 이는 주기 우함수의 푸리에 급수 표현은 사인파 항이 없고, 오로지 상수항과 코사인 항만 포함한다는 것을 의미한다. 코사인 함수는 우함수이며, 사인 함수는 우함수가 아니기 때문에 이는 당연한 결과이다.

식 (16.7)~(16.9)는 식 (16.3)~(16.5)로부터 직접 유도할 수 있다. 각각의 유도 과정에서 $t_0 = -T/2$로 선택하고 적분 구간을 나누어 $-T/2$에서 0까지와 0에서 $T/2$까지로 전개하면

$$\begin{aligned} a_v &= \frac{1}{T}\int_{-T/2}^{T/2} f(t)\,dt \\ &= \frac{1}{T}\int_{-T/2}^{0} f(t)\,dt + \frac{1}{T}\int_0^{T/2} f(t)\,dt. \end{aligned}$$

첫 번째 적분에서 적분 변수를 바꾼다. 구체적으로 $t = -x$로 하고 우함수이므로 $f(t) = f(-x) = f(x)$가 된다. $t = -T/2$이면 $x = T/2$이고 $dt = -dx$이다. 그러면

$$\int_{-T/2}^{0} f(t)\,dt = \int_{T/2}^{0} f(x)\,(-dx) = \int_0^{T/2} f(x)\,dx,$$

$-T/2$에서 0까지의 적분은 0에서 $T/2$까지의 적분과 동일하다. 이를 통해 식 (16.7)을 유도할 수 있다.

식 (16.8)의 유도 과정도 비슷하게 보일 수 있다. 이때

$$a_k = \frac{2}{T}\int_{-T/2}^{0} f(t)\cos k\omega_0 t\,dt + \frac{2}{T}\int_0^{T/2} f(t)\cos k\omega_0 t\,dt,$$

그러나

$$\begin{aligned} \int_{-T/2}^{0} f(t)\cos k\omega_0 t\,dt &= \int_{T/2}^{0} f(x)\cos(-k\omega_0 x)(-dx) \\ &= \int_0^{T/2} f(x)\cos k\omega_0 x\,dx. \end{aligned}$$

앞에서와 같이 $-T/2$에서 0까지의 적분은 0에서 $T/2$까지의 적분값과 동일하다. a_k의 적분식 첫 번째 항과 두 번째 항이 같기 때문에 식 (16.8)을 유도할 수 있다.

$f(t)$가 주기 우함수일 때 계수 b가 모두 0인데, 그 이유는 $-T/2$에서 0까지의 적분값이 0에서 $T/2$까지의 적분값과 크기는 같지만 부호는 정반대이기 때문이다.

$$\int_{-T/2}^{0} f(t)\sin k\omega_0 t\,dt = \int_{T/2}^{0} f(x)\sin(-k\omega_0 x)(-dx)$$
$$= -\int_{0}^{T/2} f(x)\sin k\omega_0 x\,dx.$$

푸리에 계수를 찾는 데 식 (16.7)과 (16.8)을 이용할 때 적분 구간은 0과 $T/2$ 사이여야 한다.

기함수 대칭

다음 조건을 만족하는 함수를 기함수라고 한다.

기함수

$$f(t) = -f(-t). \tag{16.10}$$

식 (16.10)을 만족하는 함수는 기함수인데, 그 이유는 기함수 지수 성분을 갖는 다항식 함수가 이런 특징을 갖기 때문이다. 그림 16.7은 주기 기함수를 보여 준다.

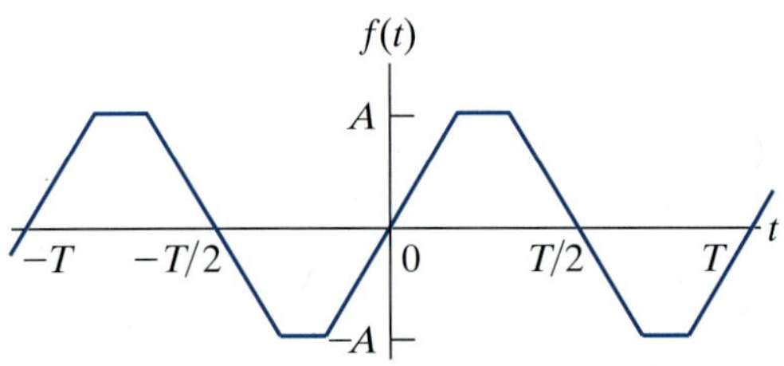

그림 16.7▲ 주기 기함수 $f(t) = -f(-t)$.

푸리에 계수 식은 다음과 같이 구할 수 있다.

$$a_v = 0; \tag{16.11}$$

$$a_k = 0, \quad \text{모든 } k\text{에 대해;} \tag{16.12}$$

$$b_k = \frac{4}{T}\int_{0}^{T/2} f(t)\sin k\omega_0 t\,dt. \tag{16.13}$$

주기 함수가 기함수이면 계수 a가 모두 0이 된다. 이는 기함수에 대한 푸리에 급수 표현이 사인 항만 포함하며 코사인 항은 포함하지 않는다는 것을 의미한다. 사인 함수는 기함수이며, 코사인 함수는 우함수이기 때문에, 이는 당연한 결과이다. 또한 기함수의 평균값은 항상 0이며, 이는 상수항 a_v가 항상 0이기 때문이다.

식 (16.7)~(16.9)를 유도한 것과 동일한 과정으로 식 (16.11)~(16.13)을 유도할 수 있다. 이 유도 과정은 연습문제 16.7에 과제로 남겨 둔다.

주기 함수의 우함수성과 기함수성은 함수를 시간축으로 이동함으로써 손상될 수 있다. 다시 말해, 어떤 주기 함수가 우함수나 기함수가 아닐 경우 시간축을 이동하여 대칭 함수로 만들 수 있다는 뜻이다. 예를 들면 그림 16.8(a)에 나타난 삼각파 함수는 우함수도 기함수도 아니다. 그러나 이 함수를 그림 16.8(b)처럼 왼쪽으로 이동하여 우함수 대칭, 또는 그림 16.8(c)처럼 오른쪽으로 이동하여 기함수 대칭으로도 만들 수 있다.

반파 대칭

주기 함수가 다음 조건을 만족하면 반파 대칭성을 갖는다.

반파 대칭

$$f(t) = -f(t - T/2). \quad (16.14)$$

식 (16.14)는 주기 함수를 시간축으로 반 주기를 옮긴 후 반전했을 때 원래 함수와 같아지면 반파 대칭성을 갖는다는 의미이다. 예를 들어 그림 16.7과 16.8의 함수는 반파 대칭성을 갖는다. 반면에 그림 16.5와 16.6은 그렇지 않다. 그림 16.8에 나타난 바와 같이 반파 대칭성은 $t = 0$의 위치에 따라 결정되지는 않는다.

만약 주기 함수가 반파 대칭성을 가지면 짝수의 k에 대해 a_k, b_k 값은 0이다. 반파 대칭성을 갖는 함수의 평균값이 0이므로 a_v는 0이다. 이런 경우에 푸리에 계수는 다음과 같다.

$$a_v = 0; \quad (16.15)$$

$$a_k = 0, \qquad \text{짝수 } k\text{에 대해;}$$

$$a_k = \frac{4}{T}\int_0^{T/2} f(t)\cos k\omega_0 t\, dt, \qquad \text{홀수 } k\text{에 대해;} \quad (16.16)$$

$$b_k = 0, \qquad \text{짝수 } k\text{에 대해;}$$

$$b_k = \frac{4}{T}\int_0^{T/2} f(t)\sin k\omega_0 t\, dt, \qquad \text{홀수 } k\text{에 대해.} \quad (16.17)$$

식 (16.3)~(16.5)에서 적분 구간을 $-T/2$에서 $T/2$로 잡아서 식 (16.15)~(16.17)을 유도한다. 이 적분 구간을 $-T/2$에서 0까지와 0에서 $T/2$까지로 나눈다. 예를 들면 a_k의 유도는 다음과 같다.

$$\begin{aligned} a_k &= \frac{2}{T}\int_{t_0}^{t_0+T} f(t)\cos k\omega_0 t\, dt \\ &= \frac{2}{T}\int_{-T/2}^{T/2} f(t)\cos k\omega_0 t\, dt \\ &= \frac{2}{T}\int_{-T/2}^{0} f(t)\cos k\omega_0 t\, dt \\ &\quad + \frac{2}{T}\int_{0}^{T/2} f(t)\cos k\omega_0 t\, dt. \end{aligned}$$

이제 식의 우변 첫 번째 적분에서 변수 변환을 한다. 즉

$$t = x - T/2.$$

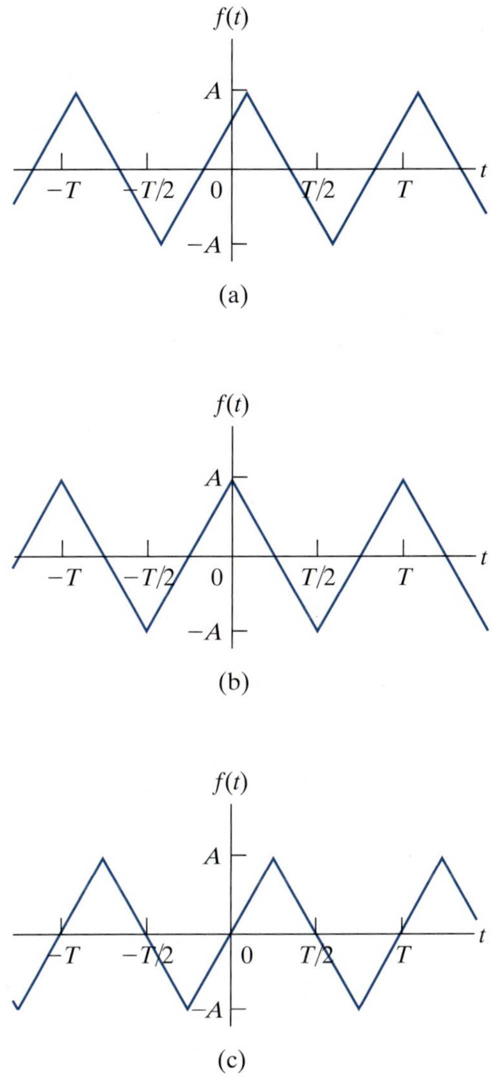

그림 16.8▲ $t = 0$ 축을 어떻게 선정하느냐에 따라 주기 함수가 우함수, 기함수, 또는 둘 다 아닐 수 있다: (a) 주기 삼각파가 양쪽 다 아닌 경우, (b) t축을 옮겨서 우함수로 만든 경우, (c) t축을 옮겨서 기함수로 만든 경우.

그러면

$$x = T/2 \qquad (t = 0\text{일 때})$$
$$x = 0 \qquad (t = -T/2\text{일 때})$$
$$dt = dx$$

첫 번째 적분을 다시 쓰면 다음과 같다.

$$\int_{-T/2}^{0} f(t)\cos k\omega_0 t\, dt = \int_{0}^{T/2} f(x - T/2)\cos k\omega_0 (x - T/2)\, dx.$$

이때

$$\cos k\omega_0 (x - T/2) = \cos (k\omega_0 x - k\pi) = \cos k\pi \cos k\omega_0 x$$

이며, 다음과 같이 가정하면

$$f(x - T/2) = -f(x).$$

따라서 다음과 같이 쓸 수 있다.

$$\int_{-T/2}^{0} f(t)\cos k\omega_0 t\, dt = \int_{0}^{T/2} [-f(x)]\cos k\pi \cos k\omega_0 x\, dx.$$

이 결과를 a_k에 대한 식에 대입하면 다음과 같이 된다.

$$a_k = \frac{2}{T}(1 - \cos k\pi)\int_{0}^{T/2} f(t)\cos k\omega_0 t\, dt.$$

그러나 k가 짝수이면 $\cos k\pi$ 값은 1이고 k가 홀수이면 -1이다. 그러므로 식 (16.16)과 같은 형태의 a_k의 식을 얻을 수 있다.

식 (16.17)은 동일한 과정으로 유도할 수 있으며, 이는 연습 문제로 남겨 둔다 (연습문제 16.8 참조).

요약하면, 반파 대칭성을 갖는 주기 함수의 푸리에 급수는 평균이 0, 즉 직류이고 홀수 조화 급수만 갖는다.

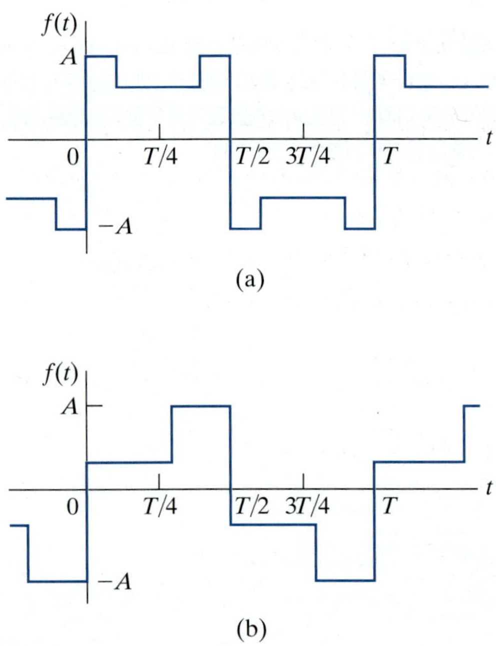

그림 16.9▲ (a) 사분파 대칭인 함수, (b) 사분파 대칭성을 갖지 않는 함수.

사분파 대칭

사분파 대칭(quarter-wave symmetry)이란 용어는 반파 대칭성을 갖는 주기 함수가 추가로 양의 반 주기나 음의 반 주기에서 각각 중간점을 기준으로 대칭이 되는 경우를 표시한다. 그림 16.9(a)의 함수는 양/음 반 주기에서 중간 지점에 대해 사분파 대칭성을 갖는다. 그림 16.9(b)는 반파 대칭성을 갖지만 사분파 대칭은 아니다.

사분파 대칭성을 갖는 주기 함수는 $t = 0$ 축을 적절히 선택하여 우함수 또는 기함수로 만들 수 있다. 예를 들어 그림 16.9(a)의 함수는 기함수이지만 시간축을 따라 좌우로 $T/4$만큼 이동하여 우함수로 만들 수 있다. 그러나 그림 16.9(b)는 우함수나 기함수로 만들 수 없다.

푸리에 계수 계산에 사분파 대칭성을 이용하도록 $t = 0$ 축을 이동하여 대상 함수를 우함수나 기함수로 만든다. 만약 그 함수를 우함수로 만들면

$$\begin{aligned} &\text{반파 대칭성 때문에} \quad a_v = 0; \\ &\text{반파 대칭성 때문에 } k\text{가 짝수이면} \quad a_k = 0; \\ &k\text{가 홀수이면} \quad a_k = \frac{8}{T}\int_0^{T/4} f(t)\cos k\omega_0 t\, dt; \\ &\text{우함수이므로 모든 } k\text{에 대해} \quad b_k = 0 \end{aligned} \tag{16.18}$$

식 (16.18)은 우함수이며 사분파 대칭성의 결과이다. 어떤 함수가 사분파 대칭이면 또한 반파 대칭이며, 따라서 짝수 k에 대해 a_v, a_k를 없애 버릴 수 있다. 식 (16.18)에서 홀수 k에 대한 a_k의 식을 식 (16.16)과 비교해 보면, 우함수와 사분파 대칭성의 결합은 적분 구간 0에서 $T/2$를 0에서 $T/4$로 줄인다. 식 (16.18)의 유도는 연습문제 16.9로 남겨 둔다.

만약 사분파 대칭 함수를 기함수로 만들면

$$\begin{aligned} &\text{기함수이기 때문에} \quad a_v = 0; \\ &\text{기함수이므로 모든 } k\text{에 대해} \quad a_k = 0; \\ &\text{반파 대칭성 때문에 } k\text{가 짝수이면} \quad b_k = 0; \\ &k\text{가 홀수이면} \quad b_k = \frac{8}{T}\int_0^{T/4} f(t)\sin k\omega_0 t\, dt \end{aligned} \tag{16.19}$$

식 (16.19)는 기함수이며 사분파 대칭성의 결과다. 사분파 대칭성은 적분 구간 0에서 $T/2$를 0에서 $T/4$로 줄인다. 식 (16.19)의 유도는 연습문제 16.10에서 다룬 다.

예제 16.2는 대칭성이 푸리에 계수를 찾는 과정을 얼마나 간소화할 수 있는지를 보여 준다.

예제 16.2 대칭성을 갖는 주기 함수의 푸리에 급수 구하기

그림 16.10의 전류 파형을 표현하는 푸리에 급수를 찾으라.

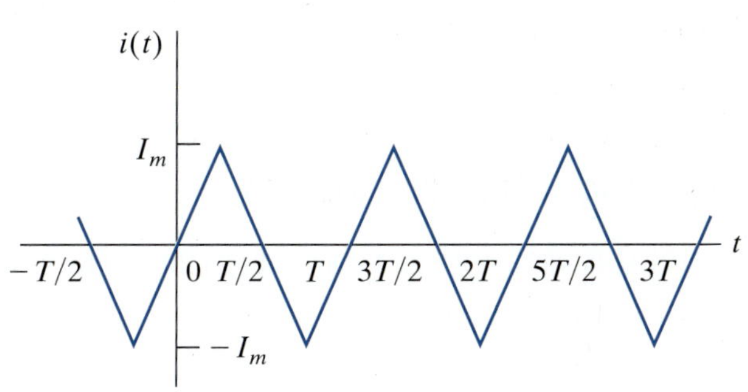

그림 16.10▲ 예제 16.2의 주기 파형.

풀이

파형의 대칭성을 먼저 살펴본다. 함수는 기함수이고 반파, 사분파 대칭성을 갖는다. 기함수이므로 계수 a는 모두 0이다. 즉 모든 k에 대해 $a_v = 0$, $a_k = 0$이다. 또 함수가 반파 대칭이므로 짝수 k에 대해 $b_k = 0$이다. 또 이 함수가 사분파 대칭이므로 홀수 k에 대해

$$b_k = \frac{8}{T}\int_0^{T/4} i(t)\sin k\omega_0 t\, dt.$$

구간 $0 \le t \le T/4$에서 $i(t)$는

$$i(t) = \frac{4I_m}{T}t.$$

따라서

$$b_k = \frac{8}{T}\int_0^{T/4}\frac{4I_m}{T}\,t\sin k\omega_0 t\,dt$$

$$= \frac{32I_m}{T^2}\left(\frac{\sin k\omega_0 t}{k^2\omega_0^2} - \frac{t\cos k\omega_0 t}{k\omega_0}\bigg|_0^{T/4}\right)$$

$$= \frac{8I_m}{\pi^2 k^2}\sin\frac{k\pi}{2} \qquad (k\text{는 홀수})$$

$i(t)$에 대한 푸리에 급수는

$$i(t) = \frac{8I_m}{\pi^2}\sum_{n=1,3,5,\ldots}^{\infty}\frac{1}{n^2}\sin\frac{n\pi}{2}\sin n\omega_0 t$$

$$= \frac{8I_m}{\pi^2}\Big(\sin\omega_0 t - \frac{1}{9}\sin 3\omega_0 t + \frac{1}{25}\sin 5\omega_0 t - \frac{1}{49}\sin 7\omega_0 t + \cdots\Big).$$

평가문제

목표 1—주기 파형에 대해 푸리에 계수의 삼각 함수 형태를 계산할 수 있다.

16.3 제시된 주기 전압을 푸리에 급수로 나타내라.

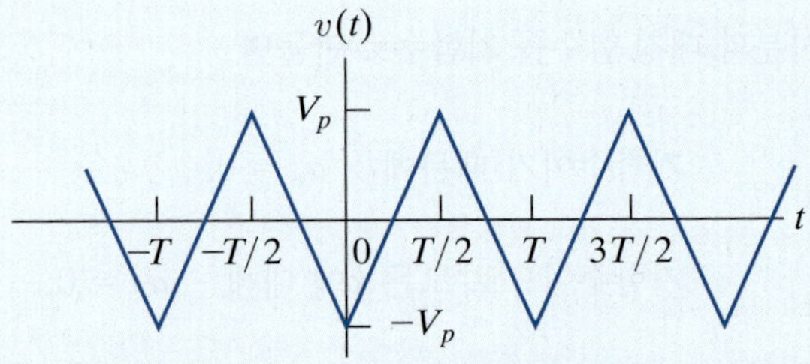

정답: $v(t) = \dfrac{-8V_p}{\pi^2}\displaystyle\sum_{n=1,3,5,\ldots}^{\infty}\frac{1}{n^2}\cos n\omega_0 t.$

자가 검사: 연습문제 16.14와 16.15도 풀어 보라.

16.4 푸리에 급수의 또 다른 삼각 함수 형태

주기적 입력 전압에 대한 회로를 분석할 때 입력 전압을 여러 개의 직렬 연결된 전압원으로 교체할 수 있으며, 이때 각각의 전압원은 푸리에 급수의 주기 전압 항에 해당한다. 이는 모든 하모닉 주파수에서 사인파 전압원과 코사인파 전압원이 존재함을 의미한다.

대신에 회로 분석을 간소화하기 위해서 같은 하모닉 주파수의 사인 항과 코사인 항을 하나의 항으로 결합할 수 있다. 그러면 회로를 페이저 영역으로 각각의 하모닉 주파수에 대해 변환할 수 있고, 이때 결합된 전원은 단일 페이저 양을 나타낸다. 따라서 식 (16.2)에 있는 푸리에 급수를 쓰면

$$f(t) = a_v + \sum_{n=1}^{\infty} A_n\cos(n\omega_0 t - \theta_n), \tag{16.20}$$

여기서 A_n과 θ_n은 다음과 같이 정의된다.

$$a_n - jb_n = \sqrt{a_n^2 + b_n^2}\,\underline{/-\theta_n} = A_n\,\underline{/-\theta_n}. \tag{16.21}$$

식 (16.2)에서 코사인과 사인 항을 페이저법으로 더해서 식 (16.20)과 (16.21)이 유도된다. 사인 함수를 코사인 함수로 표현하는 것으로 시작한다. 즉 식 (16.2)를 다시 쓰면

$$f(t) = a_v + \sum_{n=1}^{\infty} a_n\cos n\omega_0 t + b_n\cos(n\omega_0 t - 90^\circ).$$

페이저를 사용하여 덧셈 기호가 있는 항을 더하면

$$\mathcal{P}\{a_n \cos n\omega_0 t\} = a_n \underline{/0^\circ}$$

그리고

$$\mathcal{P}\{b_n \cos (n\omega_0 t - 90^\circ)\} = b_n \underline{/-90^\circ} = -jb_n.$$

이때

$$\begin{aligned}\mathcal{P}\{a_n \cos (n\omega_0 t + b_n \cos (n\omega_0 t - 90^\circ)\} &= a_n - jb_n \\ &= \sqrt{a_n^2 + b_n^2}\,\underline{/-\theta_n} \\ &= A_n\underline{/-\theta_n}.\end{aligned}$$

이 식의 우변은 식 (16.21)에 해당한다. 이 식의 양변을 페이저 역변환하면 다음과 같이 된다.

$$\begin{aligned}a_n \cos n\omega_0 t + b_n \cos (n\omega_0 t - 90^\circ) &= \mathcal{P}^{-1}\{A_n\underline{/-\theta_n}\} \\ &= A_n \cos (n\omega_0 t - \theta_n).\end{aligned}$$

위 식의 우변을 $f(t)$의 합산 식에 대입하면 식 (16.20)과 같다. 만일 주기 함수가 우함수 또는 기함수이면 A_n은 a_n(우수) 또는 b_n(기수)으로 되고, θ_n은 0°(우수) 또는 90°(기수)로 된다.

어떤 주어진 주기 함수를 위한 푸리에 급수의 또 다른 형태의 전개는 예제 16.3에 나타나 있다.

예제 16.3 주기 전압의 삼각 함수형 푸리에 급수 계산하기

a) 그림 16.11에 나타난 주기 함수의 a_k와 b_k의 표현식을 유도하라.

b) 식 (16.20)의 형태를 사용하여 $v(t)$의 푸리에 급수의 처음 네 개 항을 쓰라.

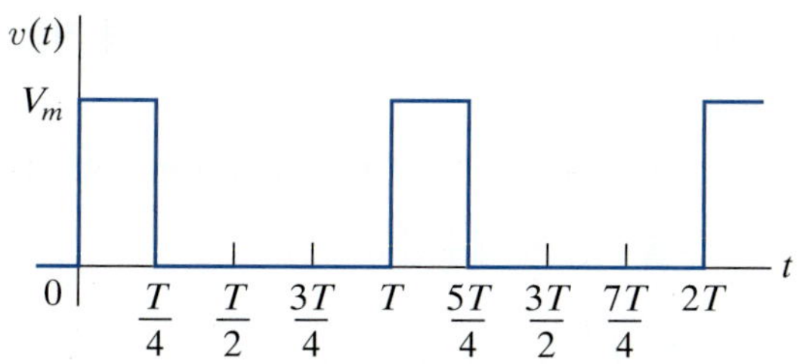

그림 16.11▲ 예제 16.3의 주기 함수.

풀이

a) $v(t)$는 기함수도 우함수도 아니다. 또한 반파 대칭도 아니다. 그러므로 식 (16.4)와 (16.5)를 이용하여 a_k와 b_k를 구한다. t_0를 0으로 선택하면 다음을 얻는다.

$$\begin{aligned}a_k &= \frac{2}{T}\left[\int_0^{T/4} V_m \cos k\omega_0 t\, dt + \int_{T/4}^{T} (0) \cos k\omega_0 t\, dt\right] \\ &= \frac{2V_m}{T}\frac{\sin k\omega_0 t}{k\omega_0}\bigg|_0^{T/4} = \frac{V_m}{k\pi}\sin\frac{k\pi}{2}\end{aligned}$$

그리고

$$\begin{aligned}b_k &= \frac{2}{T}\int_0^{T/4} V_m \sin k\omega_0 t\, dt \\ &= \frac{2V_m}{T}\left(\frac{-\cos k\omega_0 t}{k\omega_0}\bigg|_0^{T/4}\right) \\ &= \frac{V_m}{k\pi}\left(1 - \cos\frac{k\pi}{2}\right).\end{aligned}$$

b) $v(t)$의 평균값은

$$a_v = \frac{V_m(T/4)}{T} = \frac{V_m}{4}.$$

$k = 1, 2, 3$일 때 $a_k - jb_k$ 값은

$$a_1 - jb_1 = \frac{V_m}{\pi} - j\frac{V_m}{\pi} = \frac{\sqrt{2}V_m}{\pi}\angle -45°,$$

$$a_2 - jb_2 = 0 - j\frac{V_m}{\pi} = \frac{V_m}{\pi}\angle -90°,$$

$$a_3 - jb_3 = \frac{-V_m}{3\pi} - j\frac{V_m}{3\pi} = \frac{\sqrt{2}V_m}{3\pi}\angle -135°.$$

따라서 $v(t)$의 푸리에 급수 표현에서 처음 네 개 항은 다음과 같다.

$$v(t) = \frac{V_m}{4} + \frac{\sqrt{2}V_m}{\pi}\cos(\omega_0 t - 45°) + \frac{V_m}{\pi}\cos(2\omega_0 t - 90°) + \frac{\sqrt{2}V_m}{3\pi}\cos(3\omega_0 t - 135°) + \cdots .$$

평가문제

목표 1—주기 파형에 대해 푸리에 계수의 삼각 함수 형태를 계산할 수 있다.

16.4 a) 평가문제 16.1에 주어진 주기적 파형(편의를 위해 아래에 다시 제시함)에 대해 푸리에 급수 계수 $A_1 \sim A_5$와 $\theta_1 \sim \theta_5$를 구하라.

b) 식 (16.20)을 이용하여 $v(t)$의 푸리에 급수의 다섯 번째 항까지 쓰라.

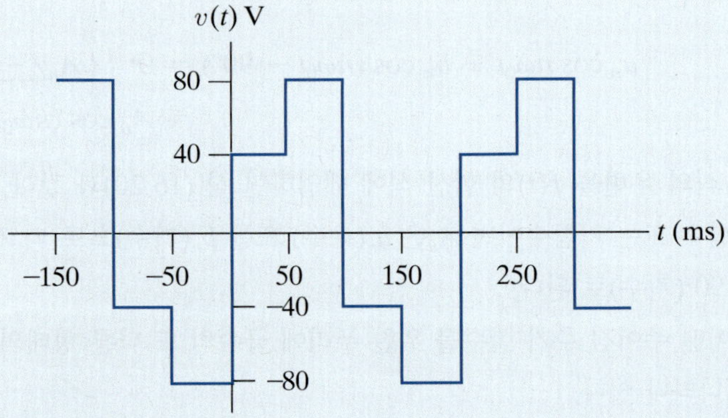

정답: a) 80.53 V, 0, 26.84 V, 0, 16.11 V, −108.4°, 정의되지 않음, −71.57°, 정의되지 않음, −108.4°,

b) $v(t) = 80.53\cos(31.416t - 108.4°) + 26.84\cos(94.248t - 71.57°) + 16.11\cos(157.08t - 108.4°)$ V.

자가 검사: 연습문제 16.19도 풀어 보라.

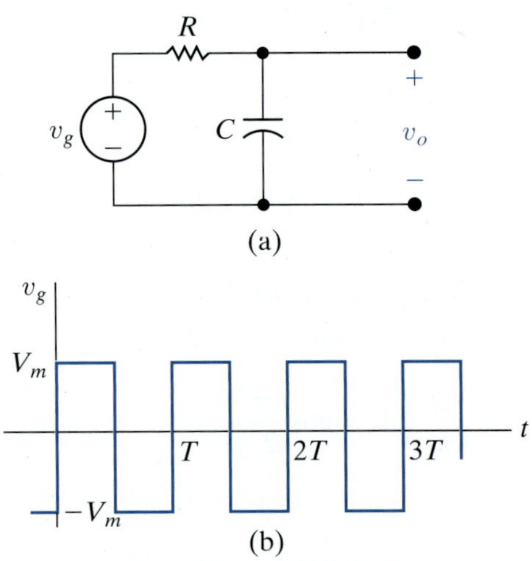

그림 16.12▲ 주기 전압에 의해 구동되는 *RC* 회로: (a) *RC* 회로, (b) 사각파 전압.

16.5 응용

이제 선형 회로의 정상 상태 응답을 찾기 위해 주기 발생 함수의 푸리에 급수 표현을 사용하는 방법을 알아보자. 그림 16.12(a)의 *RC* 회로를 예로 들어 보자. 이 회로의 입력 전압은 그림 16.12(b)에 나타난 주기 사각 파형이다. 출력 전압은 커패시터 양단의 전압으로 정의한다.

우선 주기 전압을 푸리에 급수로 표현한다. 그림 16.12(b)의 파형은 기함수, 반파, 사분파 대칭이며, 따라서 k가 홀수인 b_k 계수만 0이 아니다.

$$b_k = \frac{8}{T}\int_0^{T/4} V_m \sin k\omega_0 t\, dt = \frac{4V_m}{\pi k} \quad (k\text{는 홀수})$$

그러면 v_g의 푸리에 급수 표현은

$$v_g = \frac{4V_m}{\pi}\sum_{n=1,3,5,\ldots}^{\infty} \frac{1}{n}\sin n\omega_0 t.$$

이 급수를 전개 형태로 쓰면

$$v_g = \frac{4V_m}{\pi}\sin\omega_0 t + \frac{4V_m}{3\pi}\sin 3\omega_0 t + \frac{4V_m}{5\pi}\sin 5\omega_0 t + \frac{4V_m}{7\pi}\sin 7\omega_0 t + \cdots .$$

그림 16.12(a)의 입력 전압 v_g는 무한히 많은 급수 항의 직렬 연결된 정현 신호원으로 바꿔 쓸 수 있다. 각 신호원은 사각파의 기본 주파수의 홀수배 주파수의 사인파가 된다. 출력 전압에 각 신호원의 기여분을 알기 위해 중첩의 원리를 사용한다.

각 정현파 신호원에 대해 페이저 영역의 출력 전압은 다음과 같이 쓸 수 있다.

$$\mathbf{V}_o = \frac{\mathbf{V}_g}{1 + j\omega RC}.$$

모든 전압 전원은 사인 함수로 표현되고, 코사인 대신 사인으로 페이저를 해석한다. 다시 말해, 페이저 영역에서 시간 영역으로 갈 때 $\cos(\omega t + \theta)$ 대신 $\sin(\omega t + \theta)$로서 시간 영역 표현식을 쓴다.

기본 주파수에서의 정현파 신호원 입력으로 인한 페이저 출력 전압은 다음과 같다.

$$\mathbf{V}_{o1} = \frac{(4V_m/\pi)\angle 0^\circ}{1 + j\omega_0 RC}.$$

$\mathbf{V}_{o1}$을 극좌표 형식으로 쓰면 다음과 같으며

$$\mathbf{V}_{o1} = \frac{(4V_m)}{\pi\sqrt{1 + \omega_0^2 R^2 C^2}}\angle -\beta_1,$$

여기서

$$\beta_1 = \tan^{-1}\omega_0 RC.$$

$\mathbf{V}_{o1}$의 기본 주파수 성분의 시간 영역 표현식을 얻기 위해 페이저 역변환을 수행하면 다음과 같다.

$$v_{o1} = \frac{4V_m}{\pi\sqrt{1 + \omega_0^2 R^2 C^2}}\sin(\omega_0 t - \beta_1).$$

출력 전압의 세 번째 고조파 주파수 항도 비슷한 방법으로 유도된다. 세 번째 고조파 주파수 항의 페이저 전압은 다음과 같으며,

$$\mathbf{V}_{o3} = \frac{(4V_m/3\pi)\angle 0^\circ}{1 + j3\omega_0 RC} = \frac{4V_m}{3\pi\sqrt{1 + 9\omega_0^2 R^2 C^2}}\angle -\beta_3,$$

여기서

$$\beta_3 = \tan^{-1} 3\omega_0 RC.$$

출력 전압의 세 번째 고조파 주파수 항의 시간 영역 표현식은

$$v_{o3} = \frac{4V_m}{3\pi\sqrt{1 + 9\omega_0^2 R^2 C^2}} \sin(3\omega_0 t - \beta_3).$$

따라서 출력 전압의 k번째 고조파 주파수 항은

$$v_{ok} = \frac{4V_m}{k\pi\sqrt{1 + k^2\omega_0^2 R^2 C^2}} \sin(k\omega_0 t - \beta_k) \quad (k\text{는 홀수})$$

여기서

$$\beta_k = \tan^{-1} k\omega_0 RC \quad (k\text{는 홀수})$$

이제 출력 전압의 푸리에 급수 표현을 쓰면

$$v_o(t) = \frac{4V_m}{\pi} \sum_{n=1,3,5,\ldots}^{\infty} \frac{\sin(n\omega_0 t - \beta_n)}{n\sqrt{1 + (n\omega_0 RC)^2}}. \tag{16.22}$$

정상 상태 출력에 대한 해석적인 표현을 구했으나, $v_o(t)$가 어떤 모양인지와 어떤 함수 형태인지는 위 식에서 바로 알 수 없다. 앞에서 언급한 것처럼 이 단점이 푸리에 급수 방법의 문제이다.

만약 회로의 주파수 응답에 초점을 맞추면 $v_o(t)$의 정상 상태 파형에 대한 감을 줄 수 있어서 식 (16.22)는 유용하다. 예를 들어 C가 커지면 고차 고조파 항의 $1/n\omega_0 C$ 값이 작아진다. 따라서 커패시터는 입력 파형의 고주파수 성분을 단락시키고, 푸리에 급수 표현식의 고차 항은 저차 항에 비해 무시할 수 있다. 식 (16.22)에 큰 값의 C에 대한 이런 상태를 반영하면

$$\begin{aligned} v_o &\approx \frac{4V_m}{\pi\omega_0 RC} \sum_{n=1,3,5,\ldots}^{\infty} \frac{1}{n^2} \sin(n\omega_0 t - 90°) \\ &\approx \frac{-4V_m}{\pi\omega_0 RC} \sum_{n=1,3,5,\ldots}^{\infty} \frac{1}{n^2} \cos n\omega_0 t. \end{aligned} \tag{16.23}$$

식 (16.23)은 입력 고조파 항이 $1/n$ 비율로 되는 것과 비교하면 출력 고조파 항의 크기가 $1/n^2$ 비율로 작아짐을 보여 준다. 만약 C값이 아주 커서 기본 주파수 성분만 고려해도 되면 다음과 같이 단순화된다.

$$v_o(t) \approx \frac{-4V_m}{\pi\omega_0 RC} \cos\omega_0 t,$$

그리고 푸리에 해석은 정사각파 입력이 정현 파형의 출력으로 변형되는 것을 보여 준다.

이제 $C \to 0$일 때 어떻게 되는지 살펴보자. $C = 0$일 때 v_o와 v_g는 동일하다. 커패시터가 모든 주파수에 대해 개방 회로처럼 동작하기 때문이다. 식 (16.22)는 $C \to 0$일 때 같은 결과를 보여 준다.

$$v_o = \frac{4V_m}{\pi} \sum_{n=1,3,5,\ldots}^{\infty} \frac{1}{n} \sin n\omega_0 t.$$

따라서 $C \to 0$이면 $v_o \to v_g$이다.

따라서 $v_o(t)$에 대한 푸리에 급수 표현을 이용하면 C가 클 때 출력이 입력 전압이 크게 왜곡된 복제 형태가 될 것을 예상할 수 있고, C가 작으면 적당한 입력 파형의 복제 형태가 될 것을 예상할 수 있다. 13장에서는 시스템 가중치 함수가 얼마나 많은 메모리를 갖느냐에 따라 입력과 출력 간의 왜곡을 살펴보았다. 주파수 영역에서 보면 정상 상태 입력과 출력 간의 왜곡을 고조파의 진폭과 위상이 회로를 통과하면서 얼마나 바뀌었나로 살펴볼 수 있다. 네트워크가 입력의 고조파 항에 대해 출력의 고조파 항 간의 진폭과 위상 관계를 심각하게 변화시키는 정도에 따라 출력은 입력의 왜곡된 형태가 된다. 따라서 주파수 영역에서의 진폭 왜곡과 위상 왜곡을 이야기해 보자.

그림 16.12(a)의 RC 회로에서 입력 진폭의 고조파 항이 $1/n$ 비율로 감소하므로 출력 진폭 왜곡은 존재하고 출력 고조파 항의 진폭은 다음의 비율로 감소한다.

$$\frac{1}{n}\frac{1}{\sqrt{1+(n\omega_0 RC)^2}}.$$

입력의 고조파 항의 위상각이 0이므로 위상 왜곡도 존재하고 출력의 n번째 고조파 항은 $-\tan^{-1} n\omega_0 RC$이다.

정상 상태 응답에 대한 직접 접근 방법의 응용

그림 16.12(a)의 RC 회로에 대해 여기 함수의 푸리에 급수 표현에 의존하지 않고 정상 상태 응답의 표현을 유도할 수 있다. 여기서 추가 분석을 함으로써 푸리에 급수 접근 방법에 대한 이해도를 높인다.

직접적인 회로 해석으로 v_o의 정상 상태 표현을 찾기 위해 다음처럼 생각할 수 있다. 커패시터를 $+V_m$에서 $-V_m$으로 반복하는 정사각파 여기 함수가 된다. 이 회로가 정상 상태에 도달하면 이 반복 충전은 주기적이다. 7장의 단일 RC 시정수 회로 해석으로부터 입력 전압의 급격한 변화의 응답이 지수 함수적임을 알고 있다. 따라서 그림 16.12(a)의 회로에 있는 커패시터 양단 전압의 정상 상태 파형은 그림 16.13과 같다.

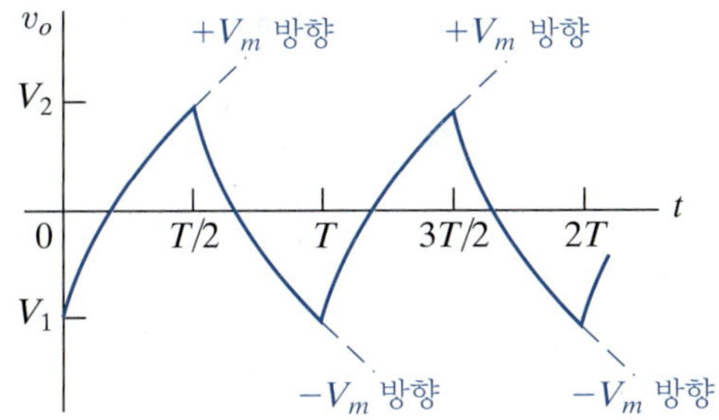

그림 16.13▲ 그림 16.12(a)의 회로에서 v_o의 정상 상태 파형.

$0 \le t \le T/2$와 $T/2 \le t \le T$ 시구간에 대한 $v_o(t)$의 해석 표현식은 다음과 같다.

$$v_o = V_m + (V_1 - V_m)e^{-t/RC}, \qquad 0 \le t \le T/2;$$
$$v_o = -V_m + (V_2 + V_m)e^{-[t-(T/2)]/RC}, \quad T/2 \le t \le T.$$

위 식은 식 (7.23)처럼 요약된 7장의 방법을 이용하여 유도한다. $0 \le t \le T/2$ 구간이 끝나는 시점의 $v_o(t)$의 값이 V_2가 된다.

$$v_o(T/2) = V_2 = V_m + (V_1 - V_m)e^{-T/2RC},$$

마찬가지로, $T/2 \le t \le T$ 구간이 끝나는 시점의 $v_o(t)$의 값이 V_1이 된다.

$$v_o(T) = V_1 = -V_m + (V_2 + V_m)e^{-T/2RC}.$$

위 식을 V_1과 V_2에 대해 풀면 다음과 같다.

$$V_2 = -V_1 = \frac{V_m(1 - e^{-T/2RC})}{1 + e^{-T/2RC}}.$$

V_1과 V_2를 $v_o(t)$의 식에 대입하면

$$v_o = V_m - \frac{2V_m}{1 + e^{-T/2RC}} e^{-t/RC}, \quad 0 \le t \le T/2, \tag{16.24}$$

$$v_o = -V_m + \frac{2V_m}{1 + e^{-T/2RC}} e^{-[t-(T/2)]/RC}, \quad T/2 \le t \le T. \tag{16.25}$$

식 (16.24)와 (16.25)는 $v_o(t)$가 반파 대칭임을 나타내고 v_o의 평균값은 0이다. 이 결과는 정상 상태의 푸리에 급수 해와 일치한다. 즉 여기 함수는 직류 성분이 없으므로 그 응답도 직류 성분이 없다. 또한 식 (16.24)와 (16.25)는 커패시터의 크기에 대한 영향을 보여 준다. 만약 C가 작으면 지수 함수는 빨리 없어진다. 0과 $T/2$ 사이에서 $v_o = V_m$이고, $T/2$와 T 사이에서 $v_o = -V_m$이다. 다시 말해, $C \to 0$일 때 $v_o \to v_g$이다. C가 커지면 출력 파형은 그 형태가 그림 16.14처럼 삼각 파형이 된다. 큰 값의 C에 대해 지수항 $e^{-t/RC}$와 $e^{-[t-(T/2)]/RC}$를 선형 형태인 $1 - (t/RC)$와 $1 - \{[t - (T/2)]/RC\}$로 근사화할 수 있다. 식 (16.23)은 이 삼각 파형의 푸리에 급수를 나타낸다.

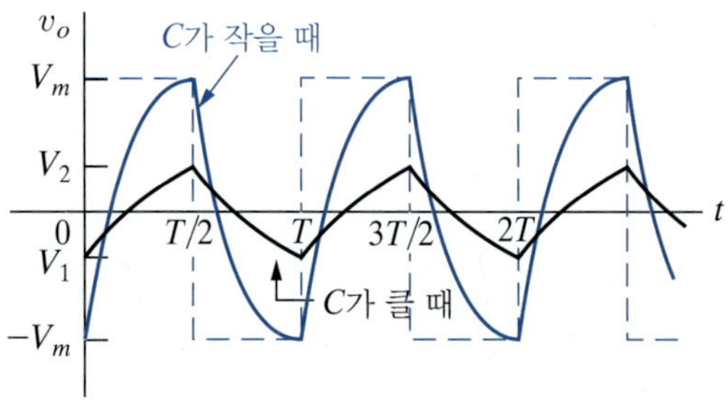

그림 16.14▲ 정상 상태 응답에 대한 커패시터 크기의 영향.

그림 16.14에 결과를 요약했다. 점선은 입력 전압, 색깔 있는 실선은 C가 작을 때, 검은 실선은 C가 클 때의 출력 전압을 나타낸다.

결론적으로 식 (16.24)와 (16.25)의 정상 상태 응답은 식 (16.22)의 푸리에 급수와 비슷함을 증명했다. 식 (16.24)와 (16.25)에 기술된 주기 함수의 푸리에 급수 표현을 유도할 수 있다. 주기 전압 응답이 반파 대칭성을 갖는 것을 유념해서 보면 푸리에 급수는 기함수 고조파 항을 갖는다. 홀수 k에 대해

$$a_k = \frac{4}{T}\int_0^{T/2}\left(V_m - \frac{2V_m e^{-t/RC}}{1 + e^{-T/2RC}}\right)\cos k\omega_0 t\, dt$$
$$= \frac{-8RCV_m}{T[1 + (k\omega_0 RC)^2]} \quad (k\text{는 홀수}) \tag{16.26}$$

$$b_k = \frac{4}{T}\int_0^{T/2}\left(V_m - \frac{2V_m e^{-t/RC}}{1 + e^{-T/2RC}}\right)\sin k\omega_0 t\, dt$$
$$= \frac{4V_m}{k\pi} - \frac{8k\omega_0 V_m R^2 C^2}{T[1 + (k\omega_0 RC)^2]} \quad (k\text{는 홀수}) \tag{16.27}$$

식 (16.26)과 (16.27)로 얻는 결과식이 식 (16.22)와 일치함을 보이기 위해 다음 식을 증명해야 한다.

$$\sqrt{a_k^2 + b_k^2} = \frac{4V_m}{k\pi}\frac{1}{\sqrt{1 + (k\omega_0 RC)^2}}, \tag{16.28}$$

$$\frac{a_k}{b_k} = -k\omega_0 RC. \tag{16.29}$$

식 (16.26)~(16.29)의 증명은 연습문제 16.23과 16.24로 남겨 둔다. 식 (16.28)과 (16.29)는 식 (16.22)의 푸리에 급수 표현을 유도하기 위해 식 (16.20)과 (16.21)과 같이 사용한다. 이를 연습문제 16.25로 남겨 둔다.

예시된 회로에서 주기 함수의 정상 상태 응답을 얻기 위해 중첩의 원리와 연계해서 푸리에 급수를 어떻게 사용하는지를 보여 주었다. 푸리에 급수의 주된 약점은 응답 파형을 알아내는 데 어려움이 있다는 것이다. 그러나 회로의 주파수 응답 항으로 보면 푸리에 급수 표현에서 적당한 개수의 항을 사용하여 정상 상태 응답의 적당한 근사화 형태로 유도가 가능하다(연습문제 16.29와 16.30 참조). 예제 16.4는 푸리에 급수를 이용한 회로 해석 방법의 또 다른 예이다.

예제 16.4 사각파 전압에 대한 *RLC* 회로의 응답 구하기

그림 16.12(b)의 사각파의 진폭은 4π V이고, 주파수는 100 rad/s 이다. 이 주기 전압이 그림 16.15의 회로에 입력된다.

a) 사각파 입력 전압의 푸리에 급수 표현에서 0이 아닌 처음 다섯 개 항을 구하라.

b) (a)에서 계산한 처음 다섯 개 항을 이용하여 그림 16.15의 출력 전압 v_o를 구하라.

c) 그림 16.15 회로의 주파수 응답을 이용하여 (b)에서 계산한 출력 전압의 항을 설명하라.

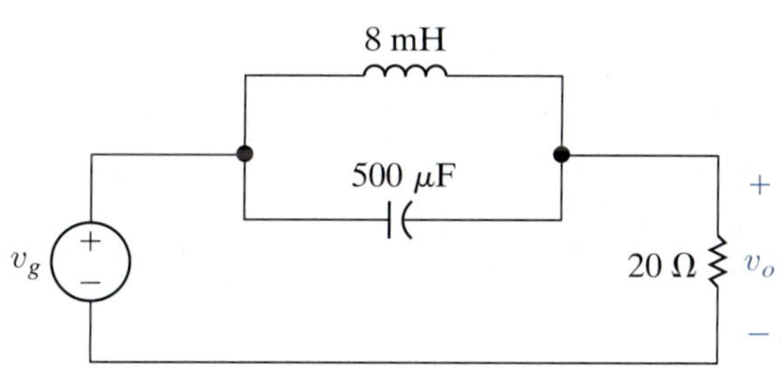

그림 16.15▲예제 16.4의 회로.

풀이

a) v_g의 푸리에 급수 표현은 다음과 같다.

$$v_g = \frac{4V_m}{\pi}\sum_{n=1,3,5,\ldots}^{\infty}\frac{1}{n}\sin n\omega_o t$$

$$= 16\sin 100t + 5.33\sin 300t + 3.2\sin 500t$$

$$+ 2.29\sin 700t + 1.78\sin 900t + \ldots \text{ V}.$$

b) 그림 16.15는 병렬 *RLC* 대역 차단 필터이다. 그림 14.31에 따라서 전달 함수는 다음과 같다.

$$H(s) = \frac{s^2 + 1/LC}{s^2 + s/RC + 1/LC}$$

$$= \frac{s^2 + 25\times 10^4}{s^2 + 100s + 25\times 10^4}.$$

v_o의 푸리에 급수 표현 항을 구하기 위해서 $s = j\omega$를 이용하여 $H(s)$를 구한다. 이때 ω는 v_g 항의 주파수이다. 그다음 v_g 항의 페이저 표현을 곱하고, 페이저 역변환을 통해 v_o에 해당하는 항을 구한다. 이때 페이저 변환 및 역변환 시 코사인 함수 대신 사인 함수를 이용한다.

$\omega = 100$ rad/s일 때

$$H(j100) = \frac{(j100)^2 + 25\times 10^4}{(j100)^2 + 100(j100) + 25\times 10^4}$$

$$= 0.999\underline{/-2.4^\circ},$$

$$V_o(j100) = (0.998\underline{/-2.4^\circ})(16) = 15.99\underline{/-2.4^\circ}.$$

$\omega = 300$ rad/s일 때

$$H(j300) = \frac{(j300)^2 + 25\times 10^4}{(j300)^2 + 100(j300) + 25\times 10^4}$$

$$= 0.983\underline{/-10.6^\circ},$$

$$V_o(j300) = (0.983\underline{/-10.6^\circ})(5.33) = 5.24\underline{/-10.6^\circ}.$$

$\omega = 500$ rad/s일 때

$$H(j500) = \frac{(j500)^2 + 25\times 10^4}{(j500)^2 + 100(j500) + 25\times 10^4} = 0,$$

$$V_o(j500) = (0)(3.2) = 0.$$

$\omega = 700$ rad/s일 때

$$H(j700) = \frac{(j700)^2 + 25\times 10^4}{(j700)^2 + 100(j700) + 25\times 10^4}$$

$$= 0.96\underline{/16.26^\circ},$$

$$V_o(j700) = (0.96\underline{/16.26^\circ})(2.29) = 2.2\underline{/16.26^\circ}.$$

$\omega = 900$ rad/s일 때

$$H(j900) = \frac{(j900)^2 + 25 \times 10^4}{(j900)^2 + 100(j900) + 25 \times 10^4}$$
$$= 0.99\underline{/9.13°},$$
$$V_o(j900) = (0.99\underline{/9.13°})(1.78) = 1.76\underline{/9.13°}.$$

따라서 정상 상태 출력 전압의 푸리에 급수 표현의 처음 다섯 개 항은 다음과 같다.

$$v_o = 15.99\sin(100t - 2.4°) + 5.24\sin(300t - 10.6°) + 0\sin 500t + 2.2\sin(700t + 16.26°) + 1.76\sin(900t + 9.13°) + \ldots \text{ V}.$$

c) (a)에서 구한 바와 같이 그림 16.15는 대역 차단 필터이다. 중심 주파수는 $\sqrt{1/LC} = 500$ rad/s이고, 대역폭은 $1/RC = 100$ rad/s이며, 품질 지수는 5로 선택적인 필터이다. 차단 주파수는 452.494 rad/s와 552.494 rad/ s이다. 필터 중심 주파수 500 rad/s에서 v_o의 출력은 0이며, 대역 차단 필터 특성에서 예상한 바와 정확히 일치한다. 차단 주파수로 정의되는 통과 대역 바깥쪽의 주파수 영역에서는 v_o의 진폭은 v_g와 매우 유사하다. 이는 역시 선택적인 대역 차단 필터 특성으로부터 예상할 수 있다.

평가문제

목표 2—주기 파형에 대한 회로 응답을 해석하는 방법을 안다.

16.5 그림의 왼쪽에 있는 주기 삼각파 전압을 오른쪽 회로에 입력한다. $V_m = 15\pi$ V이고 입력 전압 주기가 4π ms일 때 정상 상태 전압 v_o를 표현하는 푸리에 급수의 0이 아닌 처음 세 개의 항을 유도하라.

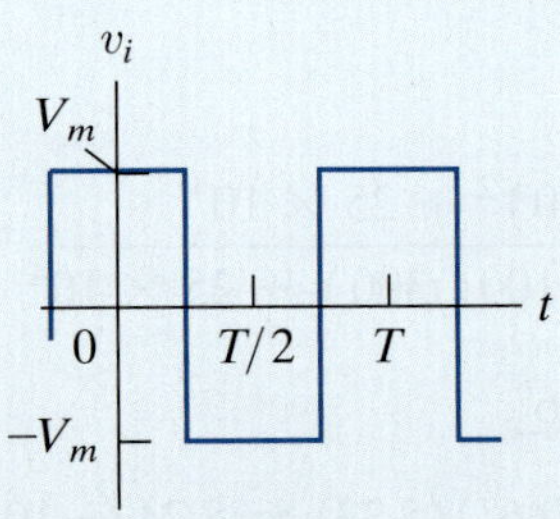

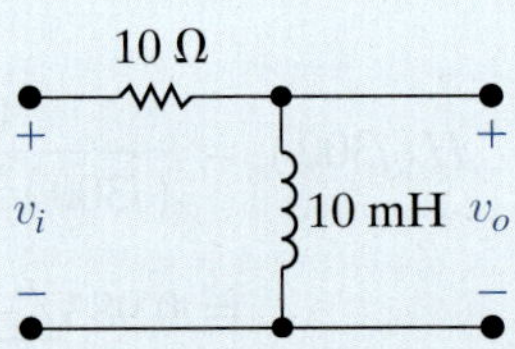

정답: $26.83\cos(500t - 63.43°) + 16.64\cos(1500t - 146.31°) + 11.14\cos(2500t + 21.80°)$ V.

16.6 그림의 왼쪽에 있는 주기 정사각파를 오른쪽 회로에 입력한다.

a) 정상 상태 전압 v_o를 표현하는 푸리에 급수의 0이 아닌 처음 네 개의 항을 유도하라.

b) 출력 전압에서 입력 전압의 어떤 주파수 성분이 제거되었는지를 밝히고, 그 이유를 설명하라.

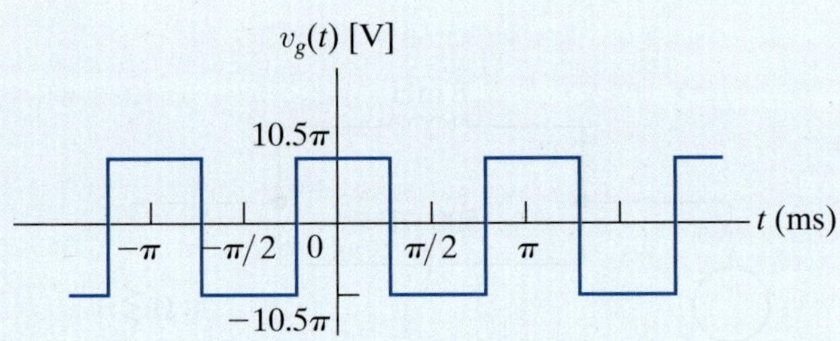

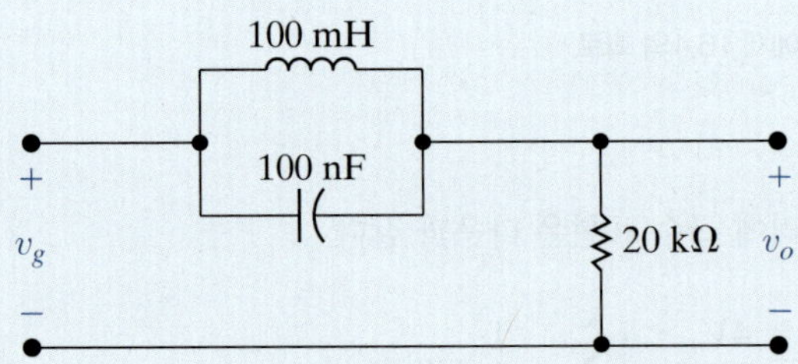

정답: a) $41.998\cos(2000t + 0.60°) + 13.985\cos(6000t - 177.32°) + 0 + 5.984\cos(14{,}000t - 184.17°)$ V.

b) 제5고조파인 10,000 rad/s 성분이 제거된다. 주어진 회로는 중앙 주파수가 10,000 rad/s인 대역 차단 필터이기 때문이다.

자가 검사: 연습문제 16.28과 16.30도 풀어 보라.

16.6 주기 함수의 평균 전력 계산

만약 선형 집중 파라미터 회로 단자에서의 전압, 전류의 푸리에 급수 표현을 안다면 단자에서의 평균 전력을 전압, 전류의 고조파 항의 함수로 쉽게 나타낼 수 있다. 식 (16.20)에 표현된 푸리에 급수의 삼각 함수 형태를 사용하여 회로망 단자의 주기 전압과 전류를 다음과 같이 쓴다.

$$v = V_{dc} + \sum_{n=1}^{\infty} V_n \cos(n\omega_0 t - \theta_{vn}),$$

$$i = I_{dc} + \sum_{n=1}^{\infty} I_n \cos(n\omega_0 t - \theta_{in}).$$

위 전압과 전류에 대한 식에서 사용한 기호는 다음과 같다.

V_{dc} = 직류 전압 항의 진폭

V_n = n번째 전압 고조파 항의 진폭

θ_{vn} = n번째 전압 고조파 항의 위상각

I_{dc} = 직류 전류 항의 진폭

I_n = n번째 전류 고조파 항의 진폭

θ_{in} = n번째 전류 고조파 항의 위상각

기준 전압이 단자의 기준 전압 강하 방향과 같다고 가정한다. 그러면 수동 부호 규약을 이용하면 단자의 순시 전력은 vi이다. 평균 전력은

$$P = \frac{1}{T}\int_{t_0}^{t_0+T} p\,dt = \frac{1}{T}\int_{t_0}^{t_0+T} vi\,dt.$$

평균 전력 식을 구하기 위해 위 전압 및 전류 식을 대입하고 적분한다. 얼핏 보면 계산이 만만치 않을 것 같다. vi는 무한 급수 두 개의 곱을 요구하기 때문이다. 그러나 적분에서 살아남은 항은 같은 주파수 항끼리의 곱뿐이다(연습문제 16.5 참조). 따라서 평균 전력 식은 다음과 같이 간소화된다.

$$P = \frac{1}{T} V_{dc} I_{dc} t \Big|_{t_0}^{t_0+T} + \sum_{n=1}^{\infty} \frac{1}{T}\int_{t_0}^{t_0+T} V_n I_n \cos(n\omega_0 t - \theta_{vn})\cos(n\omega_0 t - \theta_{in})\,dt.$$

이제 다음의 삼각 함수 정의를 이용하면

$$\cos\alpha\cos\beta = \frac{1}{2}\cos(\alpha - \beta) + \frac{1}{2}\cos(\alpha + \beta).$$

P에 대한 식은 다음과 같다.

$$P = V_{dc} I_{dc} + \frac{1}{T}\sum_{n=1}^{\infty} \frac{V_n I_n}{2}\int_{t_0}^{t_0+T} [\cos(\theta_{vn} - \theta_{in}) + \cos(2n\omega_0 t - \theta_{vn} - \theta_{in})]dt.$$

적분 안의 두 번째 항은 0이 되므로 다음처럼 단순화된다.

$$P = V_{dc}I_{dc} + \sum_{n=1}^{\infty} \frac{V_n I_n}{2} \cos(\theta_{vn} - \theta_{in}). \tag{16.30}$$

식 (16.30)을 통해 주기 신호로 인하여 전달된 전체 평균 전력은 각각의 전압 및 전류 고조파 성분에 해당하는 평균 전력의 합이라는 것을 알 수 있다. 다른 주파수의 전류와 전압 성분은 전체 평균 전력에 기여하지 못한다. 예제 16.5를 통해 주기 전압으로 전달되는 평균 전력을 계산해 보자.

예제 16.5 주기 전압원을 갖는 회로의 평균 전력 계산하기

예제 16.3의 주기 정사각파 전압을 15 Ω 저항 양단에 인가한다고 가정한다. V_m은 60 V이고 T값은 5 ms이다.

a) $v(t)$를 표현하는 푸리에 급수의 0이 아닌 처음 다섯 개 항을 쓰라. 식 (16.20)의 삼각 함수 형태를 이용하라.
b) (a)의 각 항에 연관된 평균 전력을 계산하라.
c) 15 Ω 저항으로 전달되는 전체 평균 전력을 계산하라.
d) 푸리에 급수의 처음 다섯 개 항에 의해 전달되는 것은 전체 전력의 몇 %인가?

풀이

a) $v(t)$의 직류 성분은

$$a_v = \frac{(60)(T/4)}{T} = 15 \text{ V}.$$

예제 16.3에서

$$A_1 = \sqrt{2}\ 60/\pi = 27.01 \text{ V},$$
$$\theta_1 = 45°,$$
$$A_2 = 60/\pi = 19.10 \text{ V},$$
$$\theta_2 = 90°,$$
$$A_3 = 20\sqrt{2}/\pi = 9.00 \text{ V},$$
$$\theta_3 = 135°,$$
$$A_4 = 0,$$
$$\theta_4 = 0°,$$
$$A_5 = 12\sqrt{2}/\pi = 5.40 \text{ V},$$
$$\theta_5 = 45°,$$
$$\omega_0 = \frac{2\pi}{T} = \frac{2\pi}{0.005} = 400\pi \text{ rad/s}$$

따라서 푸리에 급수에서 0이 아닌 처음 다섯 개의 항은

$$\begin{aligned} v(t) = 15 &+ 27.01\cos(400\pi t - 45°) \\ &+ 19.10\cos(800\pi t - 90°) \\ &+ 9.00\cos(1200\pi t - 135°) \\ &+ 5.40\cos(2000\pi t - 45°) + \cdots \text{ V}. \end{aligned}$$

b) 전압은 저항의 양단에 인가되고 각 항이 연관된 전력은 다음과 같다.

$$P_{dc} = \frac{15^2}{15} = 15 \text{ W},$$
$$P_1 = \frac{1}{2}\frac{27.01^2}{15} = 24.32 \text{ W},$$
$$P_2 = \frac{1}{2}\frac{19.10^2}{15} = 12.16 \text{ W},$$
$$P_3 = \frac{1}{2}\frac{9^2}{15} = 2.70 \text{ W},$$
$$P_5 = \frac{1}{2}\frac{5.4^2}{15} = 0.97 \text{ W}.$$

c) 15 Ω 저항으로 전달되는 전체 평균 전력을 구하기 위해 먼저 $v(t)$의 실횻값을 계산한다.

$$V_{rms} = \sqrt{\frac{(60)^2(T/4)}{T}} = \sqrt{900} = 30 \text{ V}.$$

15 Ω 저항으로 전달되는 전체 평균 전력은

$$P_T = \frac{30^2}{15} = 60 \text{ W}.$$

d) 0이 아닌 처음 다섯 개의 항으로 전달되는 전체 전력은

$$P = P_{dc} + P_1 + P_2 + P_3 + P_5 = 55.15 \text{ W}.$$

이것은 전체의 (55.15/60)(100) = 91.92%이다.

평가문제

목표 3—푸리에 계수를 이용하여 저항에 전달되는 평균 전력을 예상할 수 있다.

16.7 오른쪽의 그림은 400 Ω 저항 양단에 인가된 주기적 전압 $v(t)$의 파형을 보여준다.

a) $v(t)$의 푸리에 급수 표현에서 처음 세 개의 0이 아닌 항을 사용하여 400 Ω 저항에서 소모되는 평균 전력을 추정하라.

b) 400 Ω 저항에서 소모되는 평균 전력의 정확한 값을 계산하라.

c) (a)에서 추정한 값과 (b)에서 계산한 정확한 값을 이용하여 저항에서 소비되는 평균 전력의 오차율(%)을 구하라.

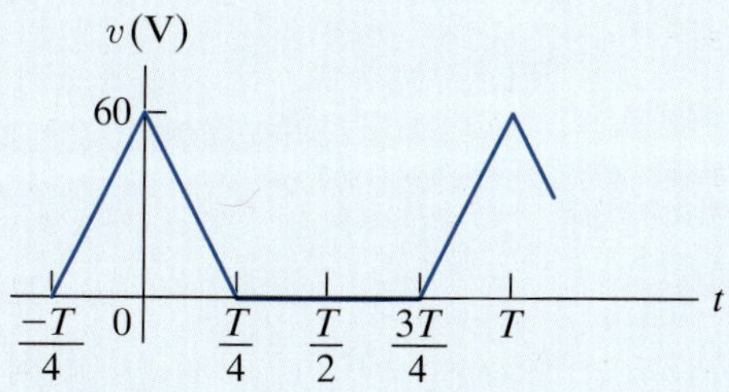

정답: a) 1.474 W,

b) 1.5 W,

c) −1.7%.

자가 검사: 연습문제 16.33과 16.34도 풀어 보라.

16.7 주기 함수의 실횻값

주기 함수의 실횻값은 푸리에 계수로 표현할 수 있다. 정의에 따르면

$$F_{\text{rms}} = \sqrt{\frac{1}{T}\int_{t_0}^{t_0+T} f(t)^2\,dt}.$$

$f(t)$를 푸리에 급수로 나타내면

$$F_{\text{rms}} = \sqrt{\frac{1}{T}\int_{t_0}^{t_0+T}\left[a_v + \sum_{n=1}^{\infty} A_n \cos(n\omega_0 t - \theta_n)\right]^2 dt}.$$

제곱 항의 적분은 단순화할 수 있다. 살아남는 항은 직류 항과 같은 주파수의 곱 항이다. 다른 항의 곱 항은 적분하면 0이다. 따라서

$$\begin{aligned} F_{\text{rms}} &= \sqrt{\frac{1}{T}\left(a_v^2 T + \sum_{n=1}^{\infty}\frac{T}{2}A_n^2\right)} \\ &= \sqrt{a_v^2 + \sum_{n=1}^{\infty}\frac{A_n^2}{2}} \\ &= \sqrt{a_v^2 + \sum_{n=1}^{\infty}\left(\frac{A_n}{\sqrt{2}}\right)^2}. \end{aligned} \tag{16.31}$$

식 (16.31)은 주기 함수의 실횻값이 직류 항의 제곱과 각 고조파 항의 실횻값의 제곱을 더한 합의 제곱근임을 나타낸다. 예를 들어 주기 전압이 다음처럼 한정된 급수로 표현된다고 가정하자.

$$v = 10 + 30\cos(\omega_0 t - \theta_1) + 20\cos(2\omega_0 t - \theta_2) + 5\cos(3\omega_0 t - \theta_3) + 2\cos(5\omega_0 t - \theta_5)\,\text{V}.$$

이 전압의 실횻값은

$$V_{\text{rms}} = \sqrt{10^2 + (30/\sqrt{2})^2 + (20/\sqrt{2})^2 + (5/\sqrt{2})^2 + (2/\sqrt{2})^2} = \sqrt{764.5} = 27.65\ \text{V}.$$

보통 무한히 많은 항이 주기 함수를 푸리에 급수로 표현하는 데 요구된다. 따라서 식 (16.31)은 실제 실횻값의 근삿값이다. 이 결과를 예제 16.6에서 보여 준다.

예제 16.6 주기 함수의 실횻값 예상하기

식 (16.31)을 이용해 예제 16.5의 전압 실횻값을 예측하라.

풀이

예제 16.5로부터

$V_{\text{dc}} = 15\ \text{V}$

$V_1 = 27.01/\sqrt{2}\ \text{V}$, 기본파의 실횻값

$V_2 = 19.10/\sqrt{2}\ \text{V}$, 제2고조파의 실횻값

$V_3 = 9.00/\sqrt{2}\ \text{V}$, 제3고조파의 실횻값

$V_5 = 5.40/\sqrt{2}\ \text{V}$, 제5고조파의 실횻값

따라서

$$V_{\text{rms}} = \sqrt{15^2 + \left(\frac{27.01}{\sqrt{2}}\right)^2 + \left(\frac{19.10}{\sqrt{2}}\right)^2 + \left(\frac{9.00}{\sqrt{2}}\right)^2 + \left(\frac{5.40}{\sqrt{2}}\right)^2} = 28.76\ \text{V}.$$

예제 16.5로부터 실효 참값은 30 V이고, 식 (16.31)에 고조파 항을 좀 더 추가하면 참값에 접근한다. 예를 들어 $k = 9$까지 고조파 항을 포함시키면 이 식은 29.32 V가 된다.

자가 검사: 연습문제 16.41과 16.42를 풀어 이해도를 평가하라.

16.8 푸리에 급수의 지수형

푸리에 급수의 지수형은 급수를 간편히 표현할 수 있으므로 관심을 끈다. 급수의 지수형은 다음과 같다.

$$f(t) = \sum_{n=-\infty}^{\infty} C_n e^{jn\omega_0 t}, \tag{16.32}$$

여기서

$$C_n = \frac{1}{T}\int_{t_0}^{t_0+T} f(t)e^{-jn\omega_0 t}\,dt. \tag{16.33}$$

식 (16.32)와 (16.33)을 유도하기 위해 식 (16.2)로 가서 사인과 코사인 함수를 다음과 같은 지수형으로 대체한다.

$$\cos n\omega_0 t = \frac{e^{jn\omega_0 t} + e^{-jn\omega_0 t}}{2},$$

$$\sin n\omega_0 t = \frac{e^{jn\omega_0 t} - e^{-jn\omega_0 t}}{2j}.$$

위 두 식을 식 (16.2)에 대입하면

$$f(t) = a_v + \sum_{n=1}^{\infty} \frac{a_n}{2}(e^{jn\omega_0 t} + e^{-jn\omega_0 t}) + \frac{b_n}{2j}(e^{jn\omega_0 t} - e^{-jn\omega_0 t})$$

$$= a_v + \sum_{n=1}^{\infty} \left(\frac{a_n - jb_n}{2}\right)e^{jn\omega_0 t} + \left(\frac{a_n + jb_n}{2}\right)e^{-jn\omega_0 t}. \qquad (16.34)$$

이제 C_n을 다음과 같이 정의한다.

$$C_n = \frac{1}{2}(a_n - jb_n) = \frac{A_n}{2}\angle{-\theta_n}, \quad n = 1, 2, 3, \cdots .$$

C_n의 정의로부터

$$C_n = \frac{1}{2}\left[\frac{2}{T}\int_{t_0}^{t_0+T} f(t)\cos n\omega_0 t\, dt - j\frac{2}{T}\int_{t_0}^{t_0+T} f(t)\sin n\omega_0 t\, dt\right]$$

$$= \frac{1}{T}\int_{t_0}^{t_0+T} f(t)(\cos n\omega_0 t - j\sin n\omega_0 t)\, dt$$

$$= \frac{1}{T}\int_{t_0}^{t_0+T} f(t)e^{-jn\omega_0 t}\, dt,$$

이것으로 식 (16.33)의 유도가 끝난다. 식 (16.32)의 유도를 완성하기 위해 식 (16.33)으로부터 다음과 같이 됨을 본다.

$$C_0 = \frac{1}{T}\int_{t_0}^{t_0+T} f(t)dt = a_v.$$

다음으로

$$C_{-n} = \frac{1}{T}\int_{t_0}^{t_0+T} f(t)e^{jn\omega_0 t}dt = C_n^* = \frac{1}{2}(a_n + jb_n).$$

C_0, C_n, C_n^*의 식을 식 (16.34)에 대입하면

$$f(t) = C_0 + \sum_{n=1}^{\infty}(C_n e^{jn\omega_0 t} + C_n^* e^{-jn\omega_0 t})$$

$$= \sum_{n=0}^{\infty} C_n e^{jn\omega_0 t} + \sum_{n=1}^{\infty} C_n^* e^{-jn\omega_0 t}.$$

위 식 우변의 두 번째 합은 $C_n e^{jn\omega_0 t}$를 -1에서 $-\infty$까지 합한 것과 동일하다. 즉

$$\sum_{n=1}^{\infty} C_n^* e^{-jn\omega_0 t} = \sum_{n=-1}^{-\infty} C_n e^{jn\omega_0 t}.$$

-1에서 $-\infty$까지 합한 것은 $-\infty$에서 -1까지 합한 것과 같으므로 위 식을 다시 쓰면

$$f(t) = \sum_{n=0}^{\infty} C_n e^{jn\omega_0 t} + \sum_{-\infty}^{-1} C_n e^{jn\omega_0 t}$$

$$= \sum_{-\infty}^{\infty} C_n e^{jn\omega_0 t},$$

이것으로 식 (16.32)가 유도된다.

또한 주기 함수의 실횻값을 복소수 푸리에 급수로 표현할 수 있다. 식 (16.21)과 (16.31)을 이용하면

$$F_{\text{rms}} = \sqrt{a_v^2 + \sum_{n=1}^{\infty} \frac{a_n^2 + b_n^2}{2}},$$

$$|C_n| = \frac{\sqrt{a_n^2 + b_n^2}}{2},$$

$$C_0^2 = a_v^2.$$

따라서

$$F_{\text{rms}} = \sqrt{C_0^2 + 2\sum_{n=1}^{\infty} |C_n|^2}. \tag{16.35}$$

예제 16.7은 주기 함수의 지수형을 찾는 과정을 보여 준다.

예제 16.7 푸리에 급수의 지수형 구하기

그림 16.16에 나타낸 주기 전압에 대한 지수형 푸리에 급수를 구하라.

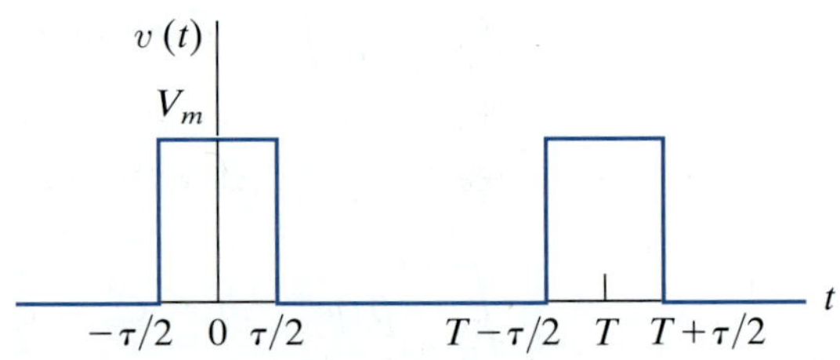

그림 16.16▲ 예제 16.7의 주기 전압.

풀이

적분의 시작점으로 $-\tau/2$를 사용하면 식 (16.33)에서

$$C_n = \frac{1}{T}\int_{-\tau/2}^{\tau/2} V_m e^{-jn\omega_0 t}\,dt$$

$$= \frac{V_m}{T}\left(\frac{e^{-jn\omega_0 t}}{-jn\omega_0}\right)\Bigg|_{-\tau/2}^{\tau/2}$$

$$= \frac{jV_m}{n\omega_0 T}\left(e^{-jn\omega_0\tau/2} - e^{jn\omega_0\tau/2}\right)$$

$$= \frac{2V_m}{n\omega_0 T}\sin n\omega_0\tau/2.$$

$v(t)$는 우함수 대칭이므로 모든 n에 대해 $b_n = 0$이다. 따라서 C_n은 실수 값이 된다. 더구나 C_n의 진폭은 $(\sin x)/x$ 분포를 따른다. 다시 써 보면

$$C_n = \frac{V_m\tau}{T}\,\frac{\sin\,(n\omega_0\tau/2)}{n\omega_0\tau/2}.$$

16.9절에서 이에 대해 더 자세히 살펴본다. $v(t)$의 지수형 푸리에 급수 표현은 다음과 같다.

$$v(t) = \sum_{n=-\infty}^{\infty}\left(\frac{V_m\tau}{T}\right)\frac{\sin\,(n\omega_0\tau/2)}{n\omega_0\tau/2}\,e^{jn\omega_0 t}$$

$$= \left(\frac{V_m\tau}{T}\right)\sum_{n=-\infty}^{\infty}\frac{\sin\,(n\omega_0\tau/2)}{n\omega_0\tau/2}\,e^{jn\omega_0 t}.$$

평가문제

목표 4—주기 파형에 대해 푸리에 계수의 지수형을 계산할 수 있다.

16.8 제시된 주기적인 전압 파형에 대한 복소 푸리에 계수의 식을 유도하라.

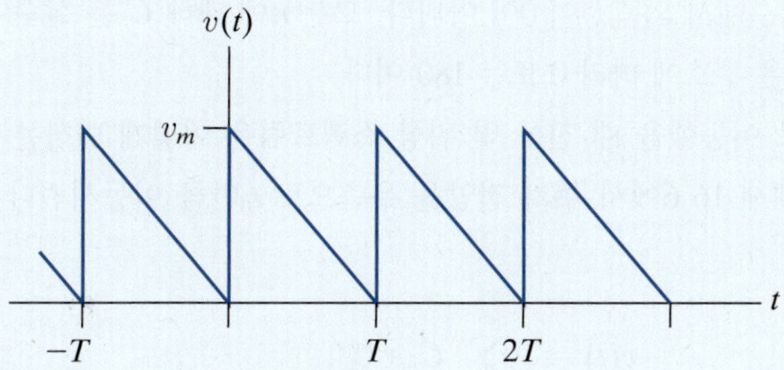

정답:

$$C_o = \frac{V_m}{2},\ C_n = -j\frac{V_m}{2n\pi},\ n = \pm 1, \pm 2, \pm 3, \ldots.$$

16.9 a) 평가문제 16.8에 제시된 주기적 전압 $v(t)$가 25 Ω 저항에 인가될 때, 최대 전압 $V_m = 150$ V일 경우 저항에 전달되는 평균 전력은 얼마인가?

b) (a)의 전압 $v(t)$가 지수 형태 푸리에 급수의 0이 아닌 첫 다섯 개의 항(즉 $n = 0, 1, 2, 3, 4$)으로 근사된다고 가정하자. 이 근사 표현을 이용하여 전압의 RMS (Root Mean Square) 값을 구하라.

c) (b)에서 제시된 근사 표현을 사용하여 25 Ω 저항에 전달되는 전력을 계산할 경우 (a)에서 구한 정확한 값과 비교했을 때의 오차율(%)을 구하라.

정답: a) 300 W,

b) 85.13 V,

c) −3.37%.

자가 검사: 연습문제 16.44와 16.45도 풀어 보라.

16.9 진폭 및 위상 스펙트럼

앞서 언급한 바와 같이 일반적으로 푸리에 급수 표현을 이용하여 주기 함수를 시간 영역에서 시각화할 수는 없다. 그럼에도 불구하고 푸리에 계수를 이용하면 주기 함수를 완전히 정량화할 수 있다.

푸리에 급수의 진폭과 위상각을 각 주파수에 따라 그리는 과정을 통해서 주기 함수를 파악할 수 있다. 주파수에 대한 각 항의 진폭의 그림을 $f(t)$의 **진폭 스펙트럼**(amplitude spectrum)이라 하고, 주파수에 대한 위상각의 도면은 $f(t)$의 **위상 스펙트럼**(phase spectrum)이라 한다. 진폭과 위상각은 주파수의 이산값(즉 ω_0, $2\omega_0$, $3\omega_0$, ...)으로 나타나므로 이 도면을 **선 스펙트럼**(line spectra)이라 한다.

진폭과 위상 스펙트럼 그림은 식 (16.20)(A_n과 $-\theta_n$) 또는 식 (16.32)(C_n)를 기반으로 한다. 식 (16.32)에 초점을 맞추고 식 (16.20)에 기반을 둔 도면은 연습문제로 남겨 둔다. 예를 들어 그림 16.16의 주기 전압을 생각해 보자. 예제 16.7에 따르면

$$C_n = \frac{V_m\tau}{T}\frac{\sin(n\omega_0\tau/2)}{n\omega_0\tau/2},$$

C_n의 식에 따르면 진폭 스펙트럼이 $|(\sin x)/x|$ 함수의 외곽선으로 제한되는 것을 알 수 있다. 그림 16.17은 $|(\sin x)/x|$ 대 x의 도면을 보여 준다. 여기서 x는 라디안 단위이다. 이는 함수의 값이 x가 π의 배수일 때마다 0이 됨을 보여 준다. C_n의 식에서 사인 함수 내부의 ω_0를 $2\pi/T$로 교체하면

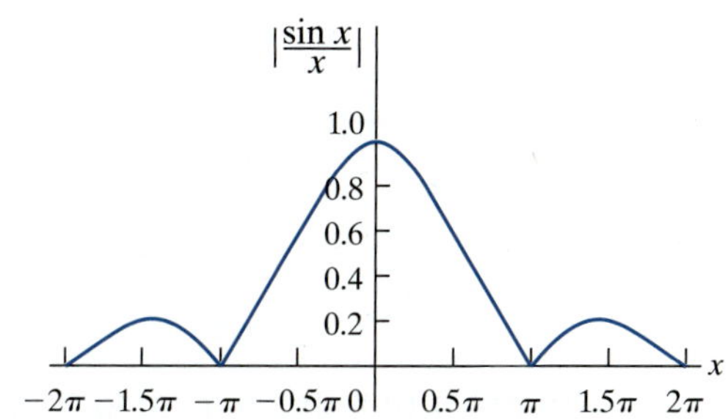

그림 16.17▲ x에 따른 $|(\sin x)/x|$의 그래프

$$n\omega_0\left(\frac{\tau}{2}\right) = \frac{n\pi\,\tau}{T} = \frac{n\pi}{T/\tau}.$$

따라서 $n\tau/T$가 정수가 될 때마다 진폭 스펙트럼이 0이 됨을 알 수 있다. τ/T의 역수가 큰 정수가 되면 매 π 라디안마다의 고조파 항 수는 점점 증가할 것이다. 만약 만약 $n\pi/T$가 자연수가 아니면 진폭 스펙트럼은 $|(\sin x)/x|$을 여전히 따른다. 그러나 ω_0의 자연수 배수에서 외곽선이 0이 아니다. 모든 n에 대해 C_n은 실수이므로 C_n에 관련된 위상각은 부호에 따라 0 또는 180°이다.

$f(t)$가 시간축으로 이동했을 때 진폭 및 위상 스펙트럼은 어떻게 변하는가? 이를 확인하기 위해 예제 16.6에서 주기 전압을 우측으로 t_0만큼 이동시킨다. 다음 가정에서

$$v(t) = \sum_{n=-\infty}^{\infty} C_n e^{jn\omega_0 t}.$$

따라서

$$v(t - t_0) = \sum_{n=-\infty}^{\infty} C_n e^{jn\omega_0(t-t_0)} = \sum_{n=-\infty}^{\infty} C_n e^{-jn\omega_0 t_0} e^{jn\omega_0 t},$$

이는 원점을 이용하는 것이 진폭 스펙트럼에는 영향이 없다는 것을 알려 준다. 왜냐하면

$$|C_n| = |C_n e^{-jn\omega_0 t_0}|.$$

그러나 위상 스펙트럼은 $-(\theta_n + n\omega_0 t_0)$라디안만큼 변화한다.

예제 16.8은 예제 16.7의 주기 전압에 대한 진폭 및 위상 스펙트럼을 그린 것이다.

예제 16.8 주기 전압에 대한 진폭 및 위상 스펙트럼 그리기

그림 16.16의 주기 전압이 $V_m = 5$ V, $T = 10$ ms, $\tau = T/5$라고 가정한다.

a) $-10 \le n \le +10$에 대해 주파수(Hz 단위)에 따른 진폭 및 위상 스펙트럼을 그려라. 이때 C_n의 표현은 식 (16.32)를 이용한다.

b) 그림 16.16의 주기 전압이 오른쪽으로 $\tau/2$만큼 이동할 때 (a)를 반복하라.

풀이

a) V_m과 τ의 값을 예제 16.7의 C_n의 표현식에 대입하면 아래 식을 얻을 수 있다.

$$C_n = \frac{\sin(n\pi/5)}{n\pi/5}.$$

n이 −10부터 +10까지일 때 C_n의 값은 다음 페이지의 표와 같다. 모든 n에 대해 C_n이 실수이기 때문에 C_n의 진폭은 C_n의 절댓값이며, 위상각은 C_n이 양수일 때는 0°, C_n이 음수일 때는 180°가 된다. 그림 16.18은 진폭 및 위상 스펙트럼이다.

n	C_n	n	C_n
−10	0.000	1	0.935
−9	−0.104	2	0.757
−8	−0.189	3	0.505
−7	−0.216	4	0.234
−6	−0.156	5	0.000
−5	0.000	6	−0.156
−4	0.234	7	−0.216
−3	0.505	8	−0.189
−2	0.757	9	−0.104
−1	0.935	10	0.000
0	1.000		

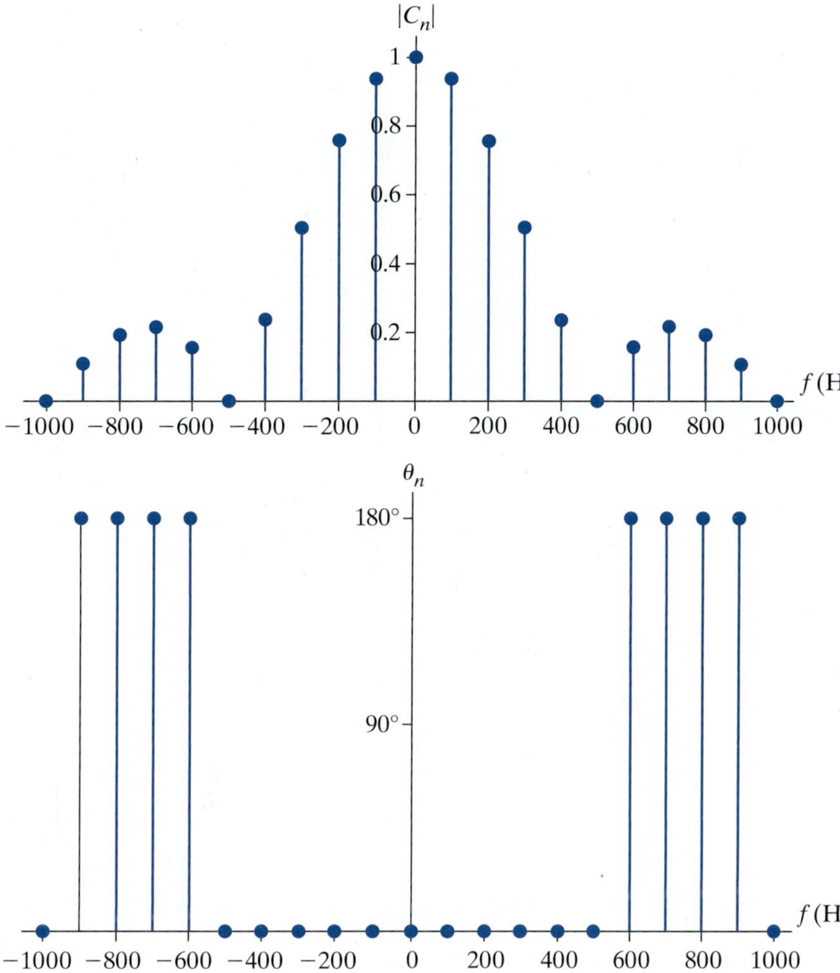

그림 16.18▲ $V_m = 5$ V, $T = 10$ ms, $\tau = T/5$일 때 그림 16.16의 주기 파형에 대한 진폭 및 위상 스펙트럼.

b) 그림 16.16의 주기 전압이 오른쪽으로 $\tau/2$만큼 이동했을 때 진폭 스펙트럼이 변화하지 않는다는 사실은 알고 있다. $\tau = T/5$이기 때문에 새로운 위상각 θ'_n은

$$\theta'_n = -(\theta_n + n\pi/5).$$

이동한 주기 전압의 진폭 스펙트럼은 그림 16.18에 나타낸 바와 같으나 $-10 \leq n \leq +10$에 대한 위상 스펙트럼은 그림 16.19에 나타낸 바와 같다.

주기 함수에 대한 푸리에 급수 표현에서 비주기 함수에 대한 푸리에 변환으로 넘어가는 개념을 도시하고 있다는 측면에서 그림 16.16의 주기 파형은 매우 중요하다. 푸리에 변환에 대해서는 17장에서 공부한다.

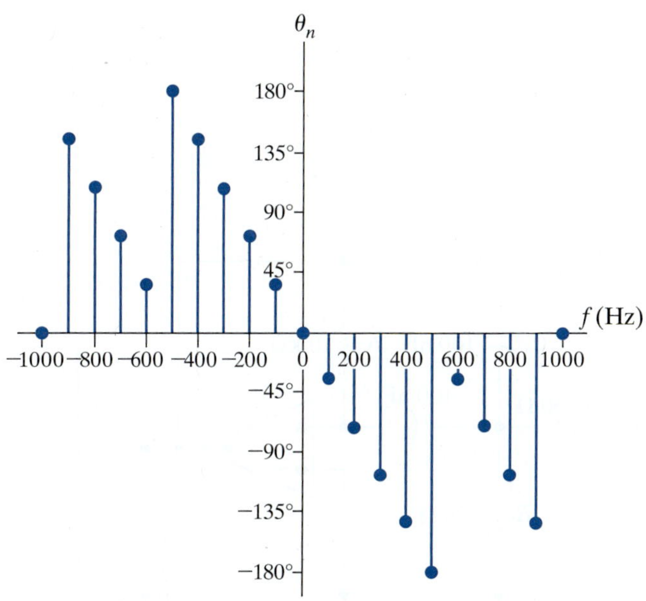

그림 16.19▲ $V_m = 5$ V, $T = 10$ ms, $\tau = T/5$이고 그림 16.16의 주기 파형을 우측으로 $\tau/2$ 이동했을 때 위상 스펙트럼.

평가문제

목표 4—주기 파형에 대해 푸리에 계수의 지수형을 계산할 수 있다.

16.10 다음 주어진 전압 파형에 대해 푸리에 급수의 지수형을 이용하여 $v(t)$의 표현식을 작성하라.

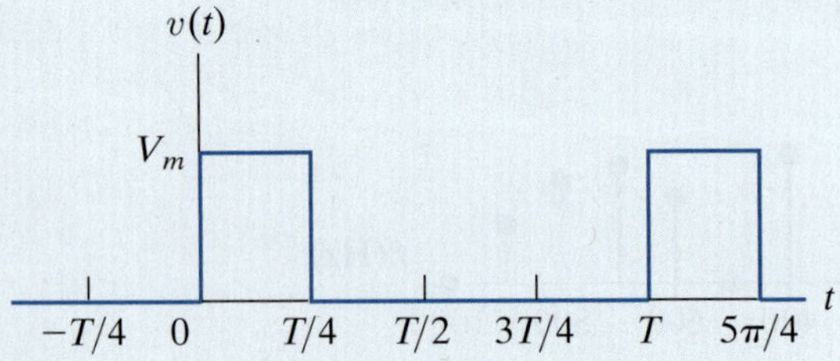

정답: $v(t) = \frac{V_m}{4} + \frac{V_m}{2\pi}\sum_{n=-\infty}^{\infty}\frac{1}{n}(c_n - jd_n)e^{jn\omega_0 t}$ V,

여기서

$$c_n = \sin\frac{n\pi}{2}, \quad d_n = 1 - \cos\frac{n\pi}{2}.$$

자가 검사: 연습문제 16.49와 16.50도 풀어 보라.

실제 응용

능동 High-Q 필터

그림 16.20(a)와 같은 협폭 연산 증폭기 대역 통과 필터를 고려하자. 필터의 입력은 그림 16.20(b)와 같은 사각파이다. 우리는 사각파가 무한개의 정현파의 합임을 알고 있으며, 이는 사각파의 주파수와 동일한 하나의 정현파와 그 주파수의 정수배 주파수의 나머지 정현파로 이루어짐을 알고 있다. 필터는 정현파의 합으로 이루어진 입력에 어떤 영향을 끼칠 것인가?

그림 16.20(b)의 사각파에 대한 푸리에 급수 표현은 다음과 같으며

$$v_g(t) = \frac{4A}{\pi}\sum_{n=1,3,5,\ldots}^{\infty}\frac{1}{n}\sin\frac{n\pi}{2}\cos n\omega_0 t$$

이때 $A = 15.65\pi$ V이다. 푸리에 급수의 처음 세 항은 다음과 같다.

$$v_g(t) = 62.6\cos\omega_0 t - 20.87\cos 3\omega_0 t + 12.52\cos 5\omega_0 t - \ldots \text{V}.$$

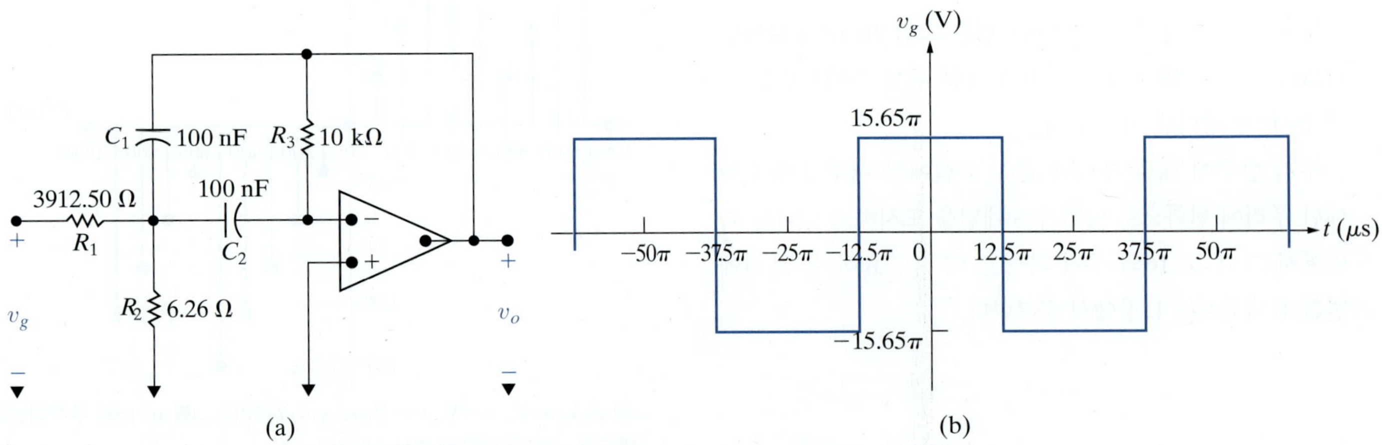

그림 16.20▲ (a) 협폭 대역 통과 필터, (b) 사각파 입력.

사각파의 주기는 50π μs이며, 따라서 주파수는 40,000 rad/s이다.

그림 16.20(a)의 대역 통과 필터의 전달 함수는 다음과 같으며

$$H(s) = \frac{K\beta s}{s^2 + \beta s + \omega_0^2}$$

이때 $K = 400/313$, $\beta = 2000$ rad/s, $v_0 = 40{,}000$ rad/s이다. 이 필터의 품질 지수는 40,000/2000 = 20이다. 이때 대역 통과 필터의 중심 주파수와 입력 사각파의 주파수가 같음을 알아 두자.

필터의 출력 전압을 푸리에 급수 형태로 구하기 위해 페이저로 표현된 사각파 푸리에 급수의 각 항을 전달 함수 $H(s)$와 곱하면 다음과 같다.

$$v_o(t) = -80 \cos \omega_0 t - 0.5 \cos 3\omega_0 t + 0.17 \cos 5\omega_0 t + \cdots \text{ V}.$$

입력 사각파의 기본 주파수 성분만 증폭하고 나머지 조화 성분은 감쇄시키는 대역 통과 필터의 선택적인 특성에 주목한다.

이제 그림 16.20(a)의 대역 통과 필터의 $R_1 = 391.25\ \Omega$, $R_2 = 74.4\ \Omega$, $R_3 = 1\ \text{k}\Omega$, $C_1 = C_2 = 0.1\ \mu$F으로 변화시킨다. 필터의 전달 함수 $H(s)$는 위에 주어진 형식과 같은 형태이며, 단지 $K = 400/313$, $\beta = 20{,}000$ rad/s, $\omega_0 = 40{,}000$ rad/s로 변화된다. 통과 영역의 이득과 중심 주파수는 변화하지 않으며, 단지 대역폭만 10배로 증가한다. 따라서 품질 지수는 2가 되며, 이 대역 통과 필터는 원래 필터보다 덜 선택적이 된다. 필터의 출력 전압을 푸리에 급수로 표현하면 이 사실을 알 수 있다.

$$v_o(t) = -80 \cos \omega_0 t - 5 \cos 3\omega_0 t + 1.63 \cos 5\omega_0 t + \cdots \text{ V}.$$

입력의 기본 주파수 성분은 같은 증폭도를 가지나, 고조파 성분은 $Q = 20$인 경우처럼 많이 감쇄되지 않는다. 그림 16.21은 두 개의 대역 통과 필터에 대해 입력 사각파에 대한 첫 세 항의 푸리에 급수 표현을 도시한 것이다. 그림 16.21(b)는 실선에서는 거의 완벽한 정현파 파형을 보이나, 덜 선택적인 필터를 사용할 경우 그림 16.21(b)의 점선과 같이 왜곡이 발생하는 것을 알아 두자.

자가 검사: 연습문제 16.55와 16.56을 풀어 이해도를 평가하라.

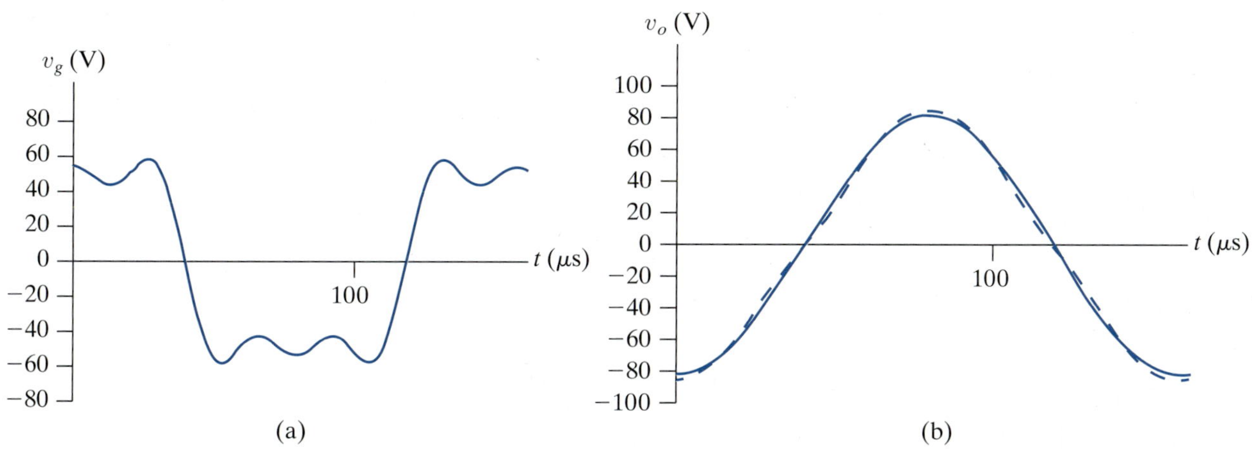

그림 16.21▲ (a) 그림 16.20(b) 사각파의 푸리에 급수 첫 세 항. (b) 그림 16.20(a)의 $Q = 20$인 대역 통과 필터 출력의 푸리에 급수 첫 세 항(실선), 그림 16.20(a)의 $Q = 2$인 대역 통과 필터의 푸리에 급수 첫 세 항(점선).

요약

- **주기 함수**는 매 T초마다 반복되는 함수이다. 주기란 주기 함수를 옮겨서 똑같은 함수가 되게 하는 가장 작은 시간 간격(T)이다.
- 푸리에 급수는 주기 함수를 표현하는 데 사용되는 무한급 수이다. 급수는 상수와 사인/코사인 항과 관련된 무수히 많은 고조파 항으로 구성되어 있다.
- **기본 주파수**는 기본 주기에 의해 정해지는 주파수이다($f_0 = 1/T$ 또는 $\omega_0 = 2\pi f_0$).
- **고조파 주파수**는 기본 주파수의 자연수 배수이다.
- **푸리에 계수**는 상수 항과 급수에서 사인/코사인 항의 계수이다[식 (16.3)~(16.5) 참조].
- 대칭성의 다섯 가지 형태는 푸리에 계수 계산을 단순화하 는 데 사용된다.
  - 우함수: 급수의 모든 사인 항이 0이다.
  - 기함수: 모든 코사인 항과 상수 항이 0이다.
  - 반파: 모든 우수 고조파 항이 0이다.
  - 사분파, 반파, 우함수: 급수 중에서 코사인 기수 고조파 항만 포함한다.
  - 사분파, 반파, 기함수: 급수 중에서 사인 기수 고조파 항만 포함한다.
- 푸리에 급수의 대체형에서 사인과 코사인 항으로 표현된 고조파 항은 $A_n \cos(n\omega_0 t - \theta_n)$ 단일 항으로 합쳐진다.
- 정상 상태 응답을 위해서 응답 신호의 푸리에 급수는 입력 신호의 각 기여 항에 대한 응답을 먼저 찾는다. 각각의 응답은 응답 신호의 푸리에 급수를 형성하는 데 더해진다. 입력 급수에서 각 항에 대한 응답은 주파수 영역 또는 s 영역 해석으로 구한다.
- 응답 신호의 파형은 컴퓨터의 도움 없이는 구하기 어렵다. 때때로 회로의 주파수 응답(또는 필터링) 특성은 출력 파형이 입력 파형과 얼마나 가깝게 일치하는지를 알아내는 데 사용될 수 있다.
- 동일 주파수의 고조파 항만 평균 전력을 만드는 데 관여한다. 전체 평균 전력은 각각의 주파수와 연관된 평균 전력의 합이다.
- 주기 함수의 실횻값은 푸리에 계수에서 예측할 수 있다[식 (16.31), (16.35) 참조].
- 푸리에 급수는 오일러 항등식을 사용함으로써 코사인 및 사인 항을 그들과 상응하는 지수항으로 대체하여 쓸 수 있다.
- 진폭 스펙트럼은 이산 주파수에 따른 푸리에 급수 표현의 진폭을 주파수에 따라 그린 것이며, 위상 스펙트럼은 이산 주파수에 따른 푸리에 급수 표현의 위상각을 그린 것이다. 이 그림은 입력 신호와 출력 신호의 변환 관계를 시각화하는 데 도움이 된다.

연습문제

16.1과 16.2절

16.1 그림 P16.1에 나타낸 주기 전압에 대한 푸리에 급수 표현식을 구하라. 그림 P16.1(a)는 사각 파형을 나타내고, 그림 P16.1(b)는 사인파를 정류한 전파 파형을 나타낸다. 여기서 $v(t) = V_m \cos(\pi/T)t,\ -T/2 \le t \le T/2$이다. 그림 P16.1(c)는 사인파를 반파 정류한 파형을 나타낸다. 여기서 $v(t) = V_m \cos(2\pi/T)t,\ -T/4 \le t \le T/4$이다.

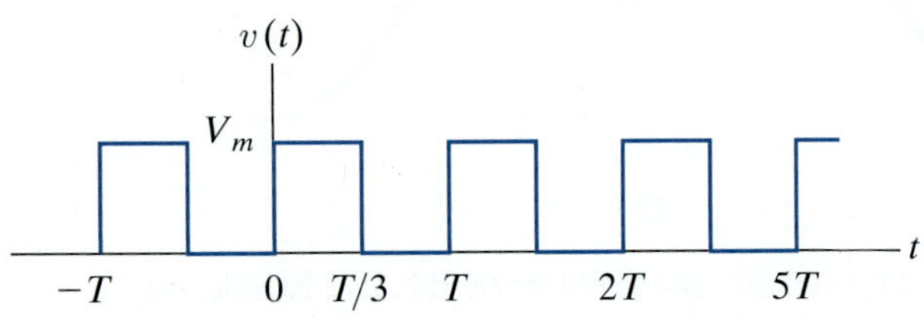

(a)

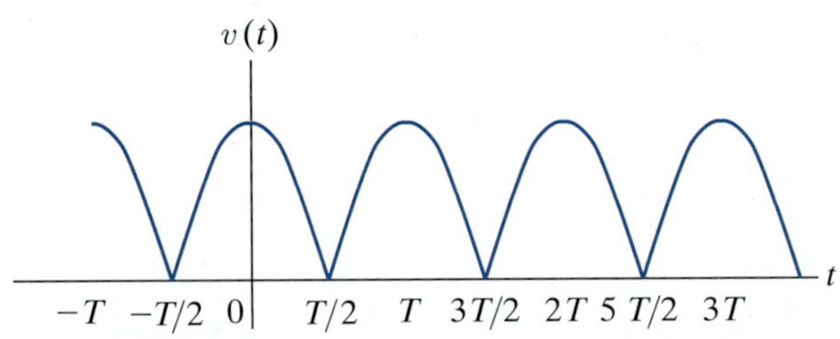

(b)

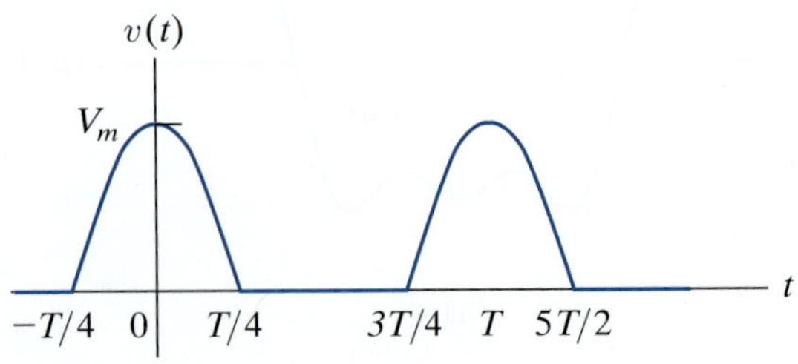

(c)

그림 P16.1

16.2 그림 P16.2의 주기 전압에 대해 $V_m = 100\,\pi$V일 때 a_v, a_k, b_k의 표현식을 유도하라.

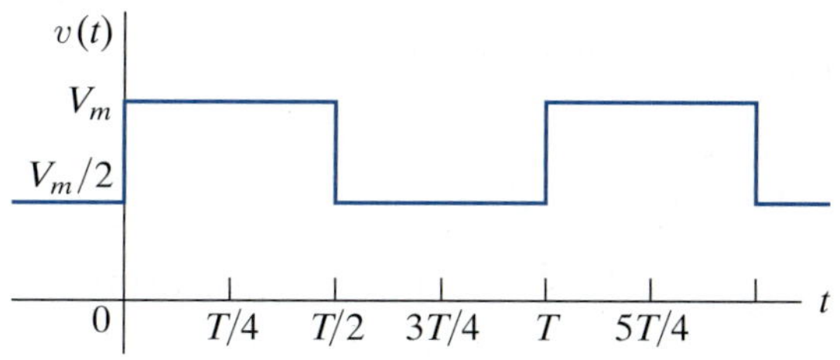

그림 P16.2

16.3 그림 P16.3의 주기 전압에 대한 푸리에 급수 표현을 유도하라.

$$v(t) = 50\cos\frac{2\pi}{T}tV, \quad \frac{-T}{4} \le t \le \frac{T}{4}$$

$$v(t) = -25\cos\frac{2\pi}{T}tV, \quad \frac{T}{4} \le t \le \frac{3T}{4}.$$

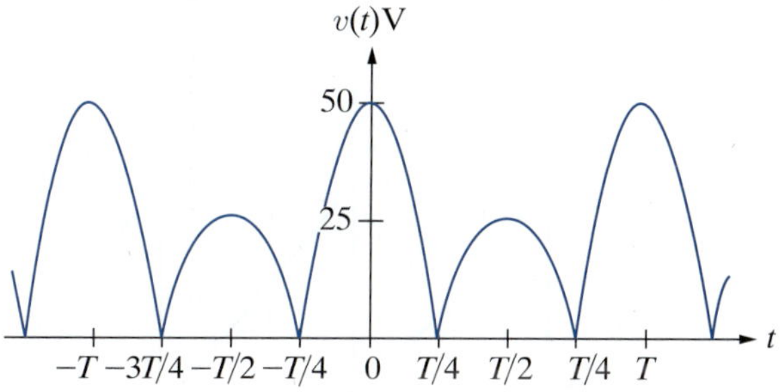

그림 P16.3

16.4 그림 P16.4에 나타난 주기 함수에 대해 다음 값을 명시하라.

a) ω_0 (단위: rad/s)　　b) f_0 (단위: Hz)

c) a_v의 값　　d) a_k와 b_k의 식

e) 푸리에 급수로 표현된 $v(t)$

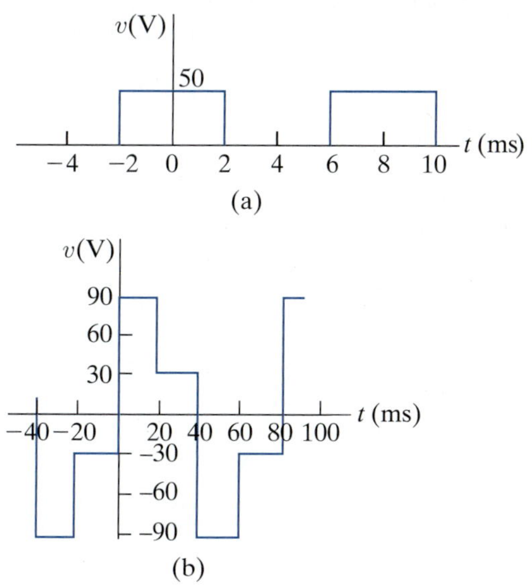

그림 P16.4

16.5 a) 다음 식을 검증하라.

$$\int_{t_0}^{t_0+T} \sin m\omega_0 t\, dt = 0, \quad \text{모든 } m\text{에 대해}$$

$$\int_{t_0}^{t_0+T} \cos m\omega_0 t\, dt = 0, \quad \text{모든 } m\text{에 대해}$$

b) 다음 식을 검증하라.

$$\int_{t_0}^{t_0+T} \cos m\omega_0 t \sin n\omega_0 t\, dt = 0, \quad \text{모든 } m\text{과 } n\text{에 대해}$$

힌트: 삼각 함수 항등식

$$\cos\alpha\sin\beta = \frac{1}{2}\sin(\alpha+\beta) - \frac{1}{2}\sin(\alpha-\beta).$$

c) 다음 식을 검증하라.

$$\int_{t_0}^{t_0+T} \sin m\omega_0 t \sin n\omega_0 t\, dt = 0, \quad \text{모든 } m \ne n\text{에 대해}$$
$$= \frac{T}{2}, \quad m = n\text{에 대해}$$

힌트: 삼각 함수 항등식

$$\sin\alpha\sin\beta = \frac{1}{2}\cos(\alpha-\beta) - \frac{1}{2}\cos(\alpha+\beta).$$

d) 다음 식을 검증하라.

$$\int_{t_0}^{t_0+T} \cos m\omega_0 t \cos n\omega_0 t\, dt = 0, \quad \text{모든 } m \ne n\text{에 대해}$$
$$= \frac{T}{2}, \quad m = n\text{에 대해}$$

힌트: 삼각 함수 항등식

$$\cos\alpha\cos\beta = \frac{1}{2}(\cos\alpha-\beta) + \frac{1}{2}(\cos\alpha+\beta)$$

16.6 식 (16.5)를 유도하라.

16.3절

16.7 기수 주기 함수의 푸리에 계수 표현식을 유도하라. 힌트: 본문의 식 (16.7)~(16.9)를 유도하는 방법을 이용하라.

16.8 다음 제시된 주기적 전압 파형에 대한 복소 푸리에 계수를 구하라.

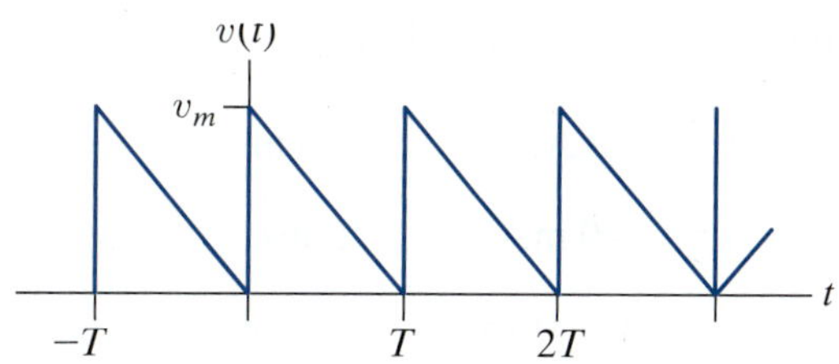

그림 P16.8

16.9 식 (16.18)을 유도하라. 힌트: 식 (16.16)으로 시작하여 적분 구간을 $0 \sim T/4$와 $T/4 \sim T/2$로 나누라. 우함수와 사분파 대칭성 때문에 $T/4 \le t \le T/2$에서 $f(t) = -f(T/2 - t)$이다. 두 번째 구간에서 $x = T/2 - t$로 두고 0에서 $T/4$까지 적분하라.

16.10 식 (16.19)를 유도하라. 기함수와 사분파 대칭성 때문에 $T/4 \le t \le T/2$에서 $f(t) = f(T/2 - t)$인 것을 제외하고 연습문제 16.9에 주어진 힌트를 따르라.

16.11 그림 P16.11에 나타낸 각 주기 함수의 푸리에 급수를 구하라.

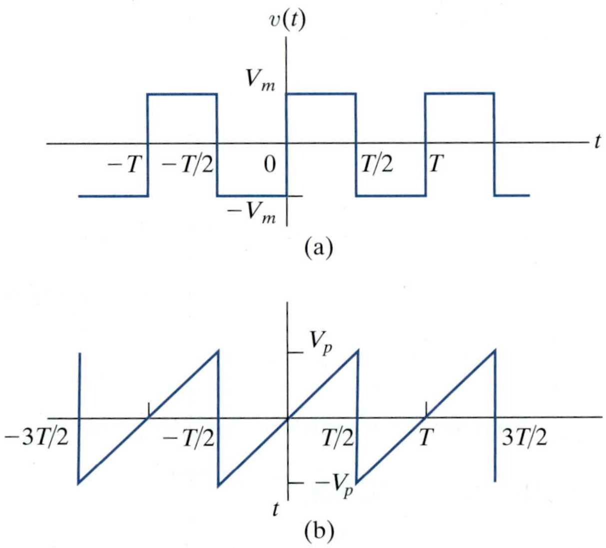

그림 P16.11

16.12 구간 $-5 < t < 5$ s에서 함수 $f(t) = 10t^2$로 주어진다.

a) $-5 \sim +5$ s 사이의 $f(t)$를 만족하는 주기가 20 s이며, 반파 대칭인 주기 함수를 구하라.

b) 이 함수는 우함수인가 기함수인가?

c) 이 함수는 사분파 대칭인가?

d) $f(t)$에 대한 푸리에 급수를 유도하라.

e) $f(t)$를 오른쪽으로 5초만큼 이동할 경우 이에 대한 푸리에 급수를 쓰라.

16.13 $f(t) = t^5$일 때 $-2s < t < 2s$ 구간에서 연습문제 16.12를 반복하라. 연습문제 16.12(e)는 $f(t)$를 오른쪽으로 2초만큼 이동할 경우에 대해 푸리에 급수를 구하라.

16.14 어떤 주기 함수의 한 주기가 다음 식으로 기술된다.

$$i(t) = -8t \text{ A}, \quad -5 \text{ ms} \le t \le 5 \text{ ms};$$

$$i(t) = -40 \text{ mA}, \quad 5 \text{ ms} \le t \le 15 \text{ ms};$$

$$i(t) = 8t - 0.16 \text{ A}, \quad 15 \text{ ms} \le t \le 25 \text{ ms};$$

$$i(t) = 40 \text{ mA}, \quad 25 \text{ ms} \le t \le 35 \text{ ms}.$$

a) Hz 단위로 기본 주파수는 어떻게 되는가?

b) 이 함수는 우함수인가?

c) 이 함수는 기함수인가?

d) 이 함수는 반파 대칭인가?

e) 이 함수는 사분파 대칭인가?

f) a_v, a_k, b_k에 대한 수식 표현을 쓰라.

16.15 구간 $-5 \le t \le 5$ s에서 $v(t) = 2 \cos 0.04\pi t^2$ V로 주어졌다. 이 함수는 반복적이다.

a) 기본 주파수는 rad/s로 얼마인가?

b) 이 함수는 우함수인가?

c) 이 함수는 기함수인가?

d) 이 함수는 반파 대칭인가?

16.16 a) 그림 P16.16에 나타낸 주기 함수의 푸리에 급수를 구하라.

b) 수직 기준 축을 왼쪽으로 $T/2$만큼 옮겼을 때 (a)를 반복하라.

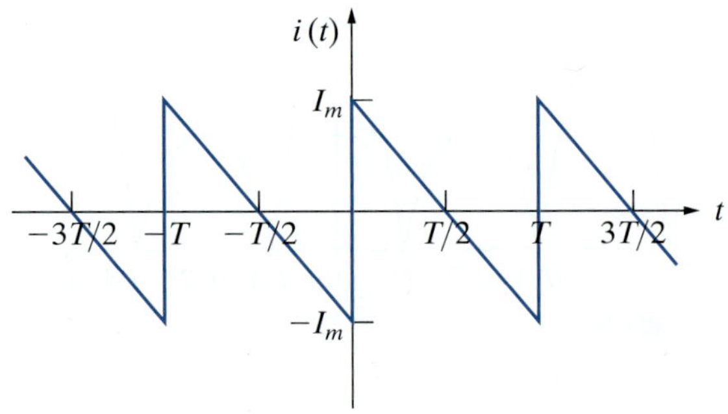

그림 P16.16

16.17 그림 P16.17은 우함수이며, 반파 및 사분파 대칭이다.

a) 구간 $-T/4 \le t \le 3T/4$에서 함수의 한 사이클을 그려라.

b) 푸리에 계수 a_v, a_k, b_k의 표현식을 유도하라.

c) $f(t)$의 푸리에 전개에서 0이 아닌 처음 세 개의 항을 쓰라.

d) 0이 아닌 처음 세 개의 항을 사용하여 $f(T/8)$ 값을 예측하라.

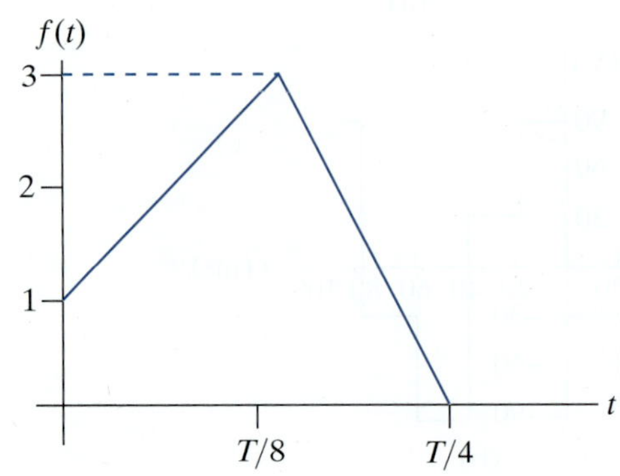

그림 P16.17

16.18 원래 함수가 대칭이 아닐지라도 푸리에 계수를 구하는데 대칭성을 사용하는 것이 때로 가능하다. 이 생각을 염두에 두고 그림 P16.4의 함수를 고려하라. $v(t)$를 그림 P16.18(a)와 P16.18(b)에 나타난 두 함수로 나눌 수 있다. 더욱이 $v_2(t)$를 왼쪽으로 200/6 ms만큼 이동하면 우함수가 된다. 이는 그림 P16.18(c)에 나타나 있다. 여기서 $v(t) = v_1(t) + v_2(t)$인 것과 $v_1(t)$의 푸리에 급수가 V_m으로 구성되는 단일 항 푸리에 급수임에 유의하라. 첫째로 $v_2(t - 200/6)$의 푸리에 급수를 찾고 이 급수를 200/6 ms만큼 오른쪽으로 이동한다. 바로 위에서 언급한 방법을 사용하여 평가문제 16.4(a)의 답으로 주어진 푸리에 급수를 검증하라.

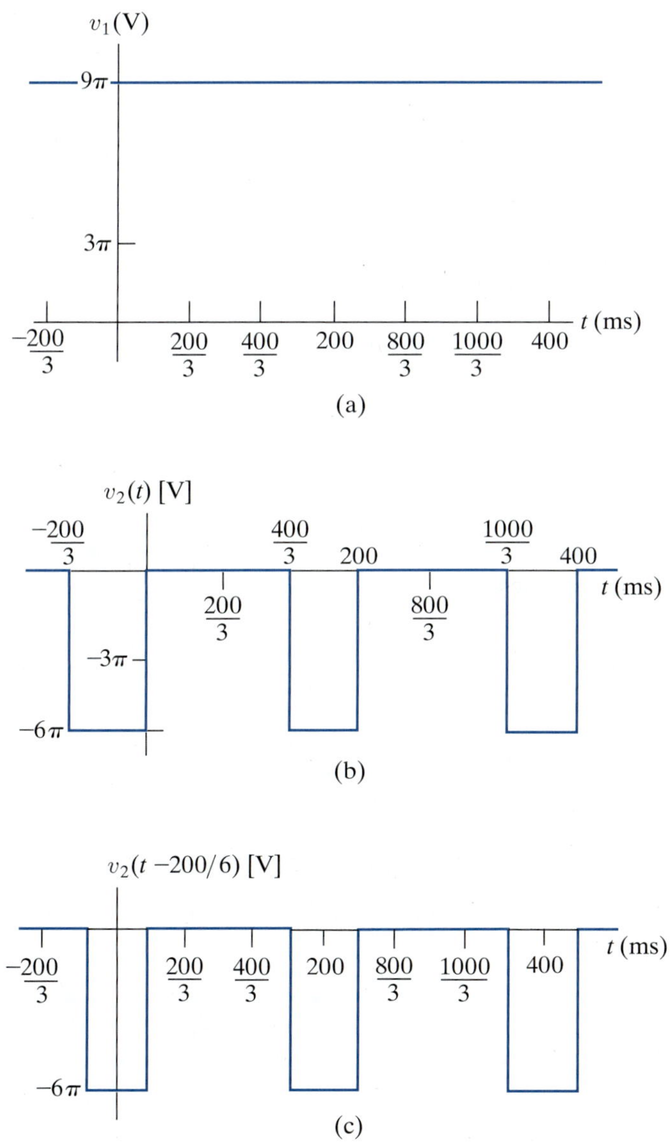

그림 P16.18

16.4절

16.19 a) $I_m = 10\,\pi$A일 때 그림 P16.19에 나타낸 주기 함수의 푸리에 급수를 유도하라. 식 (16.20)의 형식으로 쓰라.

b) 0이 아닌 처음 세 개의 항을 사용하여 $i(T/4)$ 값을 예측하라.

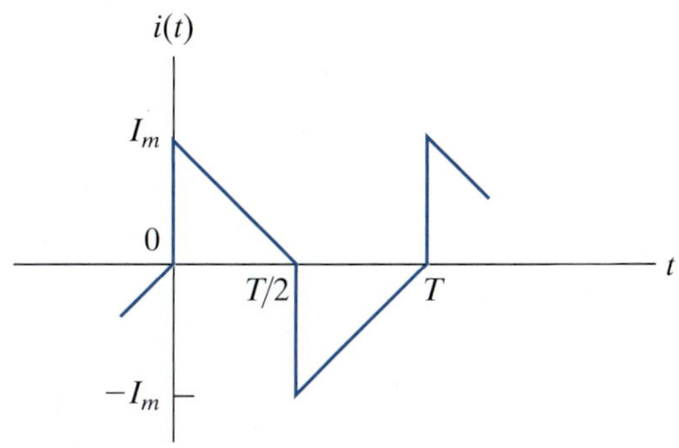

그림 P16.19

16.20 식 (16.20)의 형식을 이용하여 그림 P16.3의 각 주기 함수에 대한 $v(t)$의 푸리에 급수를 유도하라.

16.21 식 (16.20)의 형식을 이용하여 연습문제 16.14의 주기 함수에 대한 푸리에 급수를 유도하라.

16.22 식 (16.20)의 형식을 이용하여 연습문제 16.12의 주기 함수에 대한 푸리에 급수를 유도하라.

16.5절

16.23 식 (16.26)과 (16.27)을 유도하라.

16.24 a) 식 (16.28)을 유도하라. 힌트: $b_k = 4V_m/\pi k + k\omega_0 RCa_k$임을 유의하라. 또한 b_k에 대한 이 식을 $a_k^2 + b_k^2$을 a_k에 대한 식으로 표현하기 위해 이용하라. 다음으로 식 (16.28)을 유도하기 위해 a_k의 표현식을 이용하라.

b) 식 (16.29)를 유도하라.

16.25 식 (16.28)과 (16.29)를 식 (16.20)과 (16.21)에 결합하면 식 (16.22)가 됨을 보여라.

힌트: β_k의 정의로부터

$$\frac{a_k}{b_k} = -\tan\ \beta_k,$$

그리고 θ_k의 정의로부터

$$\tan\ \theta_k = -\cot\ \beta_k.$$

이제 삼각 항등식

$$\tan\ x = \cot\ (90 - x)$$

을 이용하여 $\theta_k = 90 + \beta_k$임을 보여라.

16.26 a) C가 매우 큰 값을 가질 때 식 (16.24)가 다음 식으로 근사화되는 것을 보여라.

$$v_o(t) \approx \frac{-V_mT}{4RC} + \frac{V_m}{RC}t.$$

이 표현식은 $0 \le t \le T/2$에서 삼각파의 식임에 유의하라. 힌트: (1) $e^{-t/RC} \approx 1 - (t/RC)$와 $e^{-T/2RC} \approx 1 - (T/2RC)$로 두라. (2) 공통 분모 $2 - (T/2RC)$상에 결과 표현식을 두라. (3) 분자를 간략화하라. (4) 큰 C에 대해 $T/2RC$가 2보다 매우 작다고 가정하라.

b) 삼각파의 최댓값을 연습문제 16.11[그림 P16.11(b) 참조]의 해와 대체하고 그 결과가 식 (16.23)과 같이 됨을 보여라.

16.27 PSPICE MULTISIM 그림 P.16.27(a)의 사각파 전압이 그림 P.16.27(b)의 회로에 인가된다.

a) 정상 상태 전류 i의 푸리에 급수 표현을 구하라.

b) 직접 회로를 해석하여 i의 정상 상태 표현을 구하라.

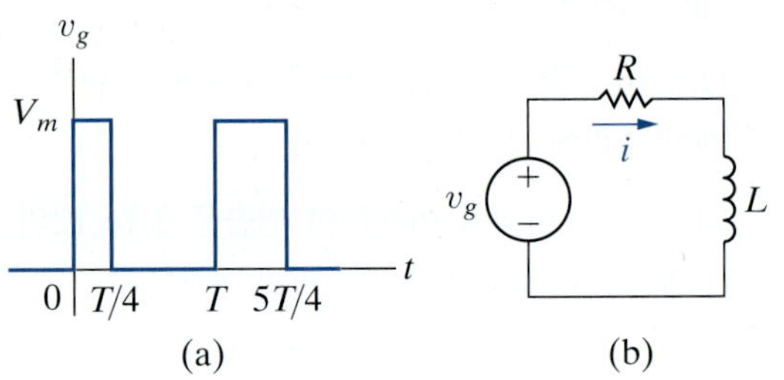

그림 P16.27

16.28 그림 P16.28(a)의 주기 사각파 전압이 그림 P16.28(b)의 회로에 인가된다. $V_m = 30\pi$ V이며, 주기가 $200\,\pi\,\mu$s일 때 정상 상태의 v_o를 표현하는 푸리에 급수의 0이 아닌 첫 세 항을 유도하라.

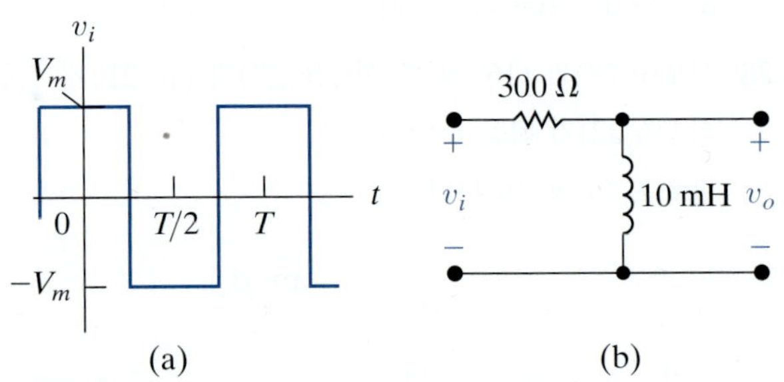

그림 P16.28

16.29 그림 P16.29(a)의 전파 정류 사인파 전압이 그림 P16.29(b)의 회로에 인가되었다.

a) i_o를 나타내는 푸리에 급수의 0이 아닌 처음 다섯 개 항을 구하라.

b) i_o에 대한 답이 합당한지 설명하라.

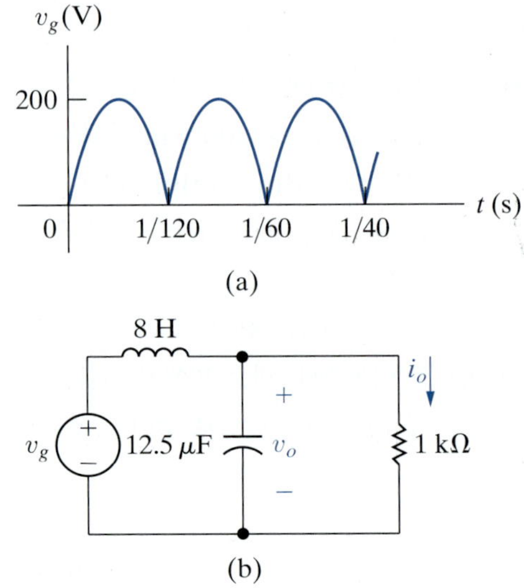

그림 P16.29

16.30 PSPICE MULTISIM $V_m = 0.5\pi$ V, $T = 10\,\pi$ ms인 그림 P16.11(a)의 주기 사각파 전압이 그림 P16.30의 회로에 인가된다.

a) v_o의 정상 상태 전압을 나타내는 푸리에 급수의 0이 아닌 첫 세 항을 유도하라.

b) 입력 전압의 어떤 주파수 성분이 출력 전압에서 제거되는가? 이유를 설명하라.

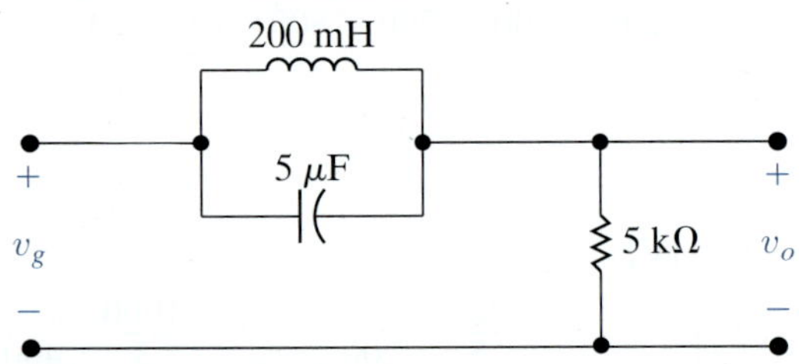

그림 P16.30

16.31 주기 0.1π ms를 갖는 주기 전압이 다음과 같은 푸리에 급수에 의해 주어진다.

$$v_g = 45\sum_{n=1,3,5,\ldots}^{\infty} \frac{\pi^2n^2 - 8}{n^3}\sin\frac{n\pi}{2}\cos n\omega_o t \text{ V}.$$

이 주기 전압이 그림 P16.31의 회로에 인가되었다. 주파수 300 krad/s를 갖는 v_o 성분의 진폭과 위상각을 구하라.

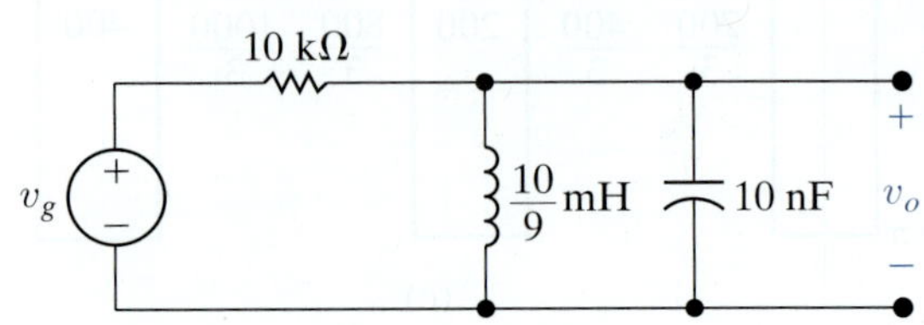

그림 P16.31

16.32 그림 P16.32(a)에 제시된 주기적인 전류가 그림 P16.32(b)에 제시된 회로를 구동하는 데 사용된다. 이때 출력 전류 i_o의 제5고조파 성분에 해당하는 전류의 시간 영역에서의 표현식을 구하라.

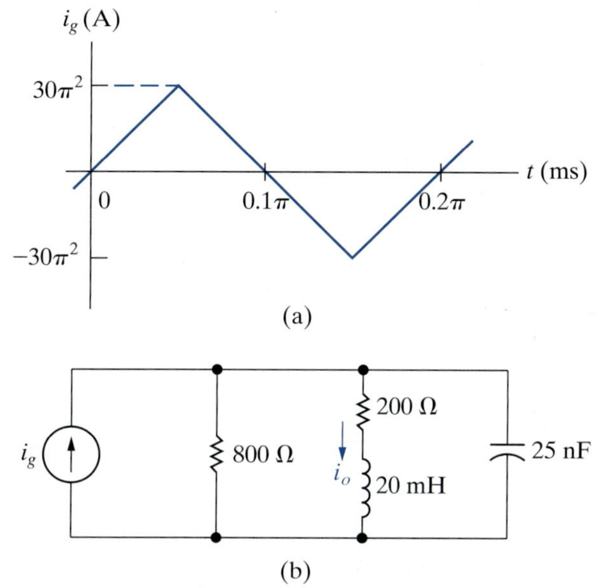

그림 P16.32

16.6절

16.33 그림 P16.11(b)에 제시된 주기적인 전압이 그림 P16.33에 제시된 회로에 인가된다. 만약 $V_p = 296.09$ V이고, $T = 2094.4$ ms일 경우, 2 Ω 저항에 전달되는 평균 전력을 추정하라.

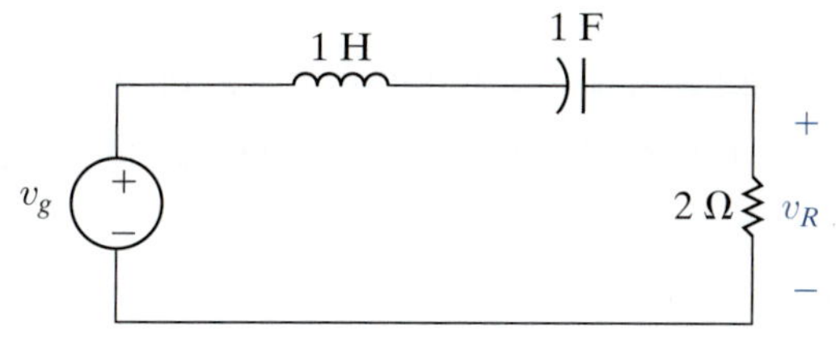

그림 P16.33

16.34 그림 P16.34(b)의 삼각파 전압원이 그림 P16.35(a)의 회로에 인가된다. 회로가 정상 상태 동작일 때 $25\sqrt{2}\,\Omega$의 저항에 전달되는 평균 전력을 예측하라.

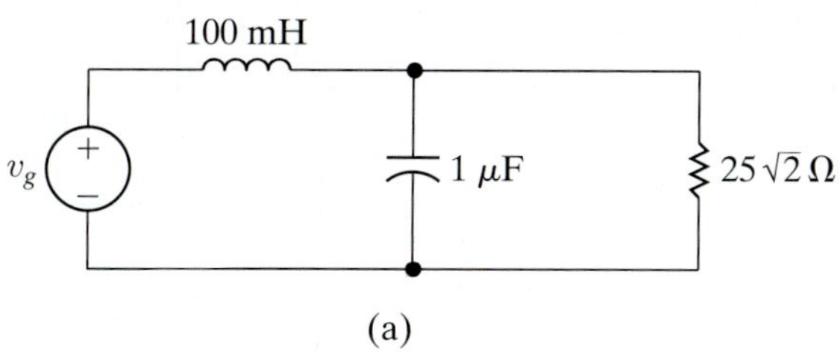

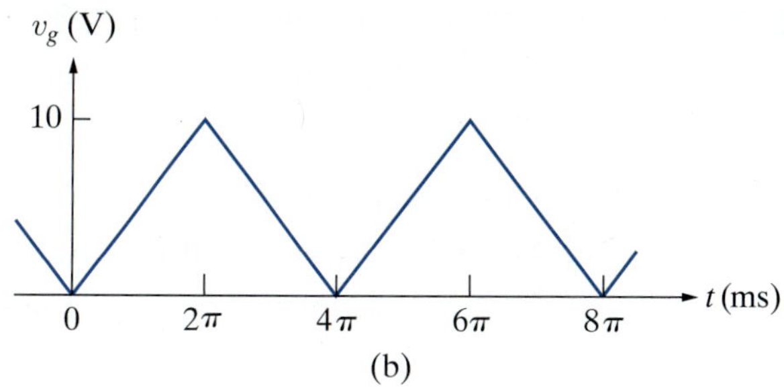

그림 P16.34

16.35 그림 P16.35의 주기 전류가 2.5 kΩ 저항에 인가된다.

a) $i(t)$의 푸리에 급수에서 0이 아닌 처음 세 개 항을 이용하여 2.5 kΩ 저항에서 소비되는 평균 전력을 예측하라.

b) 2.5 kΩ 저항에서 소비되는 정확한 평균 전력을 계산하라.

c) 소비되는 평균 전력의 예측값의 백분율 오차는 얼마인가?

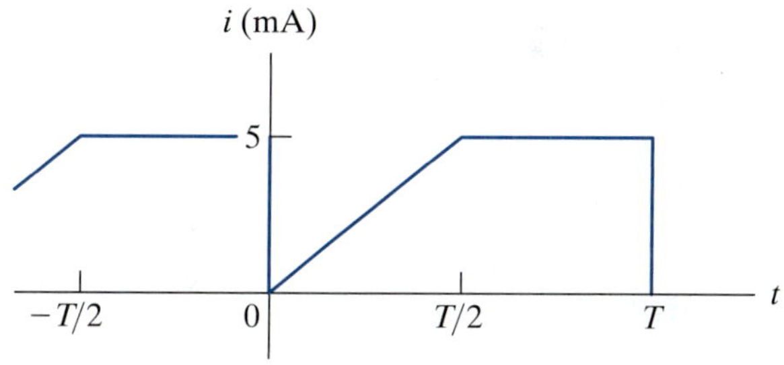

그림 P16.35

16.7절

16.36 a) 그림 P.16.36의 주기 전압에 대해 푸리에 급수의 0이 아닌 처음 세 항을 이용하여 실횻값(rms)을 추정하라.

b) 다음 전압의 실제 실횻값을 구하라.

c) 추정치의 백분율 오차를 구하라.

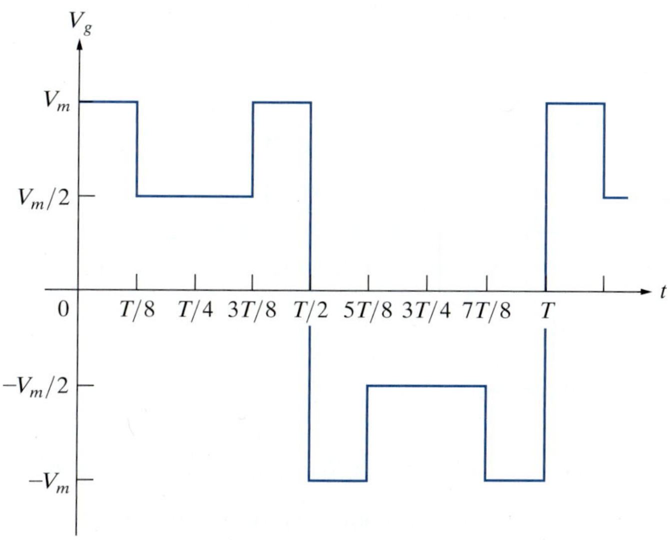

그림 P16.36

16.37 a) $i(t)$의 푸리에 급수의 0이 아닌 처음 세 항을 이용하여 그림 16.37(a)의 전파 정류된 정현파 전류의 실홋값을 예측하라.

b) 예측치의 백분율 오차를 계산하라.

c) 전파 정류된 정현파 전류가 그림 P16.37(b)의 반파 정류 정현파 전류로 교체되었을 때 (a)와 (b)를 반복하라.

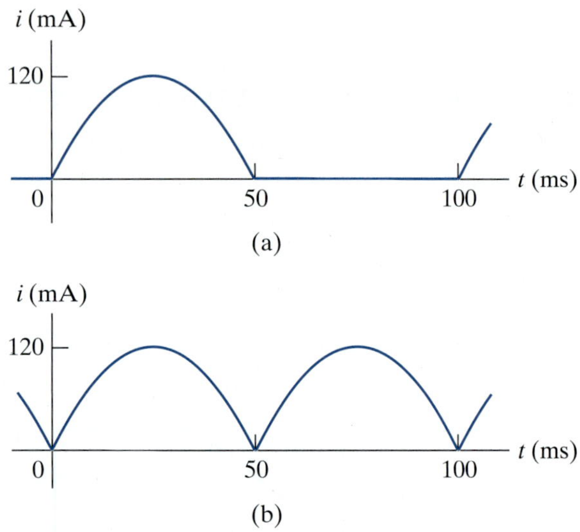

그림 P16.37

16.38 a) 그림 P16.38의 주기 전류에 대한 푸리에 계수의 표현을 유도하라.

b) 식 (16.20)에 주어진 또 다른 형태의 삼각 표현법으로 급수의 0이 아닌 처음 네 항을 구하라.

c) (b)에서 구한 0이 아닌 처음 네 항을 이용하여 i_g의 실홋값을 예측하라.

d) i_g의 정확한 실홋값을 구하라.

e) 실홋값 예측치의 백분율 오차를 계산하라.

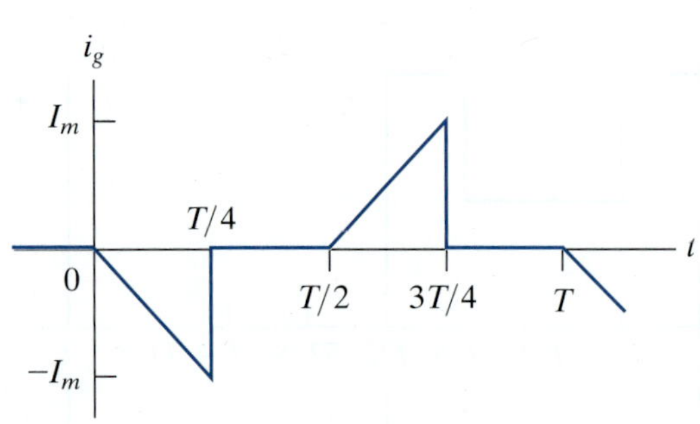

그림 P16.38

16.39 어떤 회로의 단자에서 전압과 전류가 다음과 같이 주어진다.

$$v = 30 + 60 \cos 2000t + 20 \cos (8000t - 90°) \text{ V}$$

$$i = 3 + 4 \cos (2000t - 25°) + \cos (8000t - 45°) \text{ A}$$

전류는 단자에서 전압 강하 방향으로 흐른다.

a) 단자의 평균 전력은 얼마인가?

b) 전압의 실홋값(rms)은 얼마인가?

c) 전류의 실홋값(rms)은 얼마인가?

16.40 연습문제 16.17에서 언급한 주기 전류의 첨두치가 3 A라고 가정한다.

a) 전류의 실홋값을 구하라.

b) 이 전류가 10 kΩ 저항에 존재할 경우 이 저항에서 소모되는 평균 전력은 얼마인가?

c) 이 전류가 단지 푸리에 급수의 기본 주파수 성분으로만 근사화될 경우 10 kΩ 저항에 전달되는 평균 전력은 얼마인가?

d) 전력 소모 추정치의 % 오차는 얼마인가?

16.41 a) $V_p = 50$ V일 때 그림 P16.41의 전압에 대한 실홋값(rms)을 구하라. 이 주기 전압의 푸리에 급수는 평가문제 16.3에서 찾을 수 있다.

b) $v(t)$의 푸리에 급수의 0이 아닌 처음 세 개 항을 이용하여 이 전압의 실홋값을 추정하라.

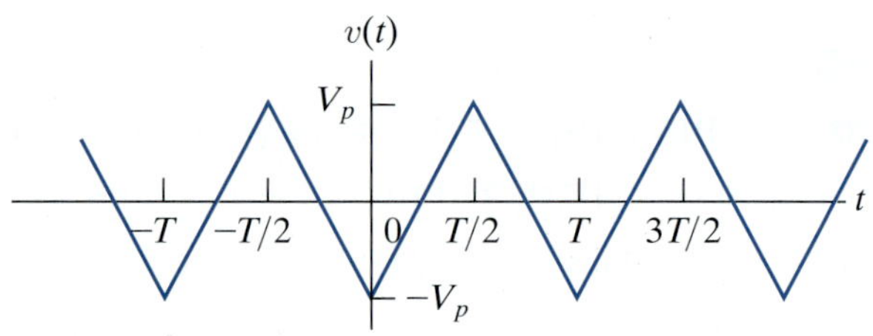

그림 P16.41

16.42 a) $v(t)$의 푸리에 급수의 0이 아닌 처음 네 개 항을 이용하여 그림 16.42(a)의 주기 삼각파에 대한 실홋값을 예측하라.

b) 예측치의 백분율 오차를 계산하라.

c) 주기 삼각파가 그림 P16.42(b)와 같은 주기 사각파로 대체될 때 (a)와 (b)를 반복하라.

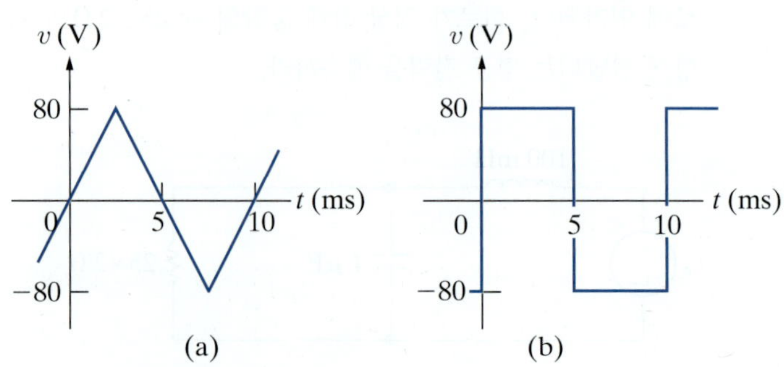

그림 P16.42

16.43 그림 P16.43(a)에 표시된 형태의 임의의 삼각파의 실횻값은 t_a와 t_b에 독립적이다. 함수는 단일 값을 가지며, $t_a \le t_b$라 가정한다. 이때 실횻값은 $V_p/\sqrt{3}$이다. 그림 P16.43(b)~(d)의 파형의 실횻값을 구하여 이 관찰을 검증하라.

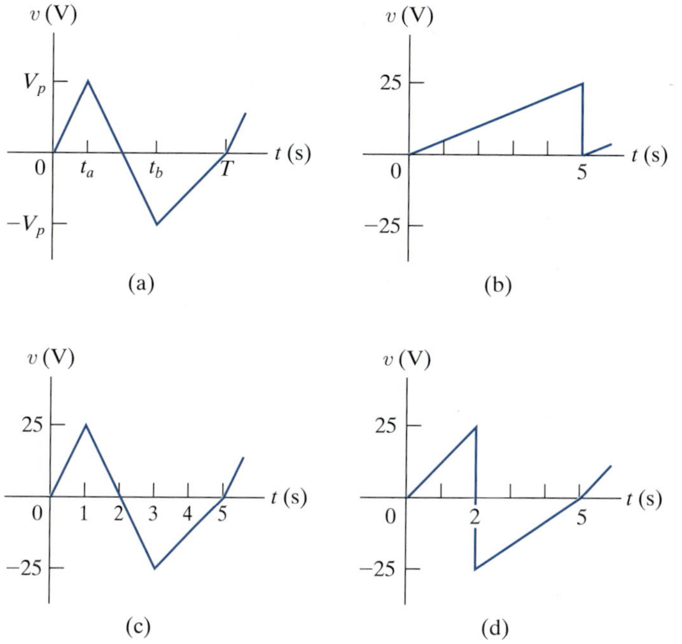

그림 P16.43

16.8절

16.44 그림 P16.44에 제시된 주기적 함수에 대해 푸리에 계수 C_n의 식을 유도하라. [힌트: 대칭인 경우 $C_n = (a_n - jb_n)/2$임을 이용하라.]

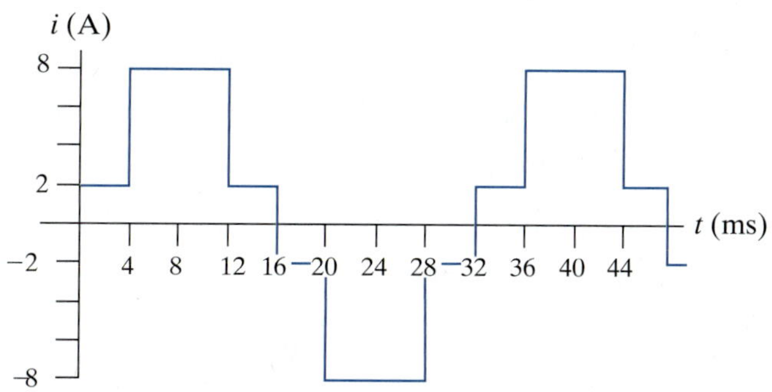

그림 P16.44

16.45 a) 연습문제 16.44의 주기적인 전류의 RMS 값을 계산하라.

b) 푸리에 계수 C_1부터 C_{11}까지를 이용하여 전류의 RMS 값을 근사적으로 추정하라.

c) (a)에서 구한 정확한 값과 (b)에서 구한 근사값을 이용해 오차율(%)을 구하라.

d) 이 주기적 전류에 대해 더 적은 항으로 RMS 값을 추정했을 때도 오차율이 1.5% 이하일 수 있는지 설명하라.

16.46 연습문제 P16.44의 전류가 시간축을 따라 8 ms만큼 오른쪽으로 이동하였다. 이 이동된 주기 전류에 대한 지수형 푸리에 급수를 구하라.

16.47 그림 P16.47(a)에 표시된 회로의 주기 전압원의 파형은 그림 P16.47(b)이다.

a) 입력 전압 v_g에 대해 C_n의 표현식을 유도하라.

b) $V_m = 72\pi$ V이고, $T = 50\pi\ \mu$s일 때 입력 전압 v_g에 대한 C_0, C_{-1}, C_1, C_{-2}, C_2, C_{-3}, C_3, C_{-4}, C_4의 복소 계수를 구하라.

c) v_o에 대해 (b)를 반복하라.

d) (c)에서 구한 복소 계수를 이용하여 200 kΩ 저항에 전달되는 평균 전력을 예측하라.

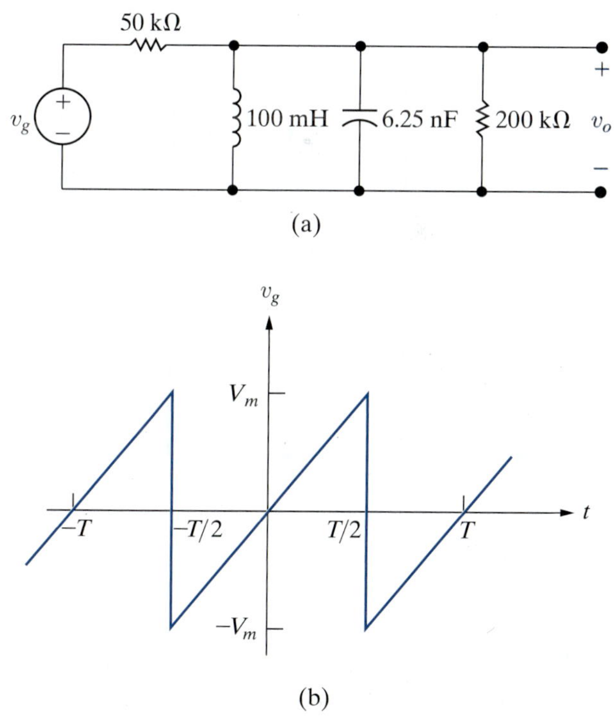

그림 P16.47

16.48 a) 그림 P16.47(b)의 주기 전압에 대한 실횻값을 구하라.

b) 연습문제 16.47(b)에서 구한 복소 계수를 이용하여 v_g의 실횻값을 예측하라.

c) v_g의 예측 실횻값의 백분율 오차는 얼마인가?

16.9절

16.49 a) 식 (16.20)을 이용하여 예제 16.3의 주기 전압에 대한 진폭과 위상을 그려라. V_m은 40 V로 가정한다. 진폭과 위상은 $n\omega_0(n = 0, 1, 2, 3,\cdots)$에 대해 그린다.

b) 식 (16.32)를 이용하여 (a)를 반복하라.

16.50 a) 식 (16.20)을 이용하여 연습문제 16.35의 주기 전압에 대한 진폭과 위상을 그려라. 진폭과 위상은 $n\omega_0$ $(n = 0, 1, 2, 3,\ldots)$에 대해 그린다.

b) 식 (16.32)를 이용하여 (a)를 반복하라.

16.51 어떤 주기 전압이 간략화된 형태의 푸리에 급수로 표현되며, 진폭과 위상 스펙트럼은 각각 그림 P16.51(a)와 (b)와 같다.

a) 식 (16.20)의 형식을 이용하여 주기 전압의 표현을 구하라.

b) 이 전압은 t에 대해 우함수인가 기함수인가?

c) 이 전압은 반파 대칭인가?

d) 이 전압은 사분파 대칭인가?

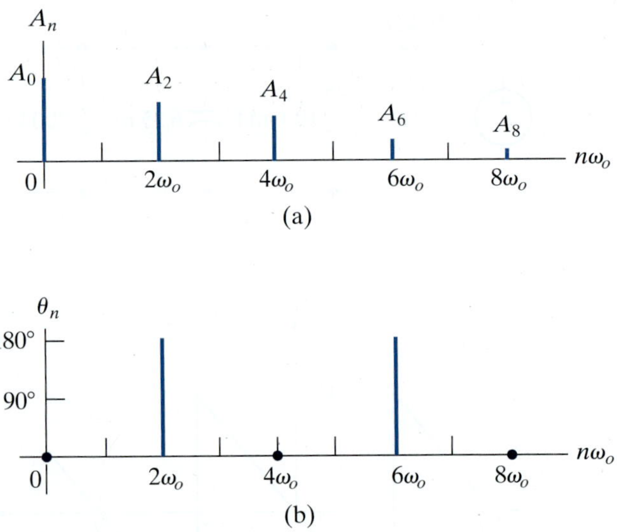

그림 P16.51

16.52 한 주기 전압이 유한한 수의 항으로 이루어진 푸리에 급수로 표현된다. 진폭 및 위상 스펙트럼은 그림 P16.52(a)와 (b)에 표시되어 있다.

a) 식 (16.20)의 형식을 이용하여 주기 전류의 표현을 구하라.

b) 이 전류는 t에 대해 우함수인가 기함수인가?

c) 이 전류는 반파 대칭인가?

d) 이 전류의 실횻값을 mA 단위로 계산하라.

e) 이 급수의 지수 형식의 푸리에 급수를 구하라.

f) 지수형 급수를 기반으로 진폭과 위상 스펙트럼을 그려라.

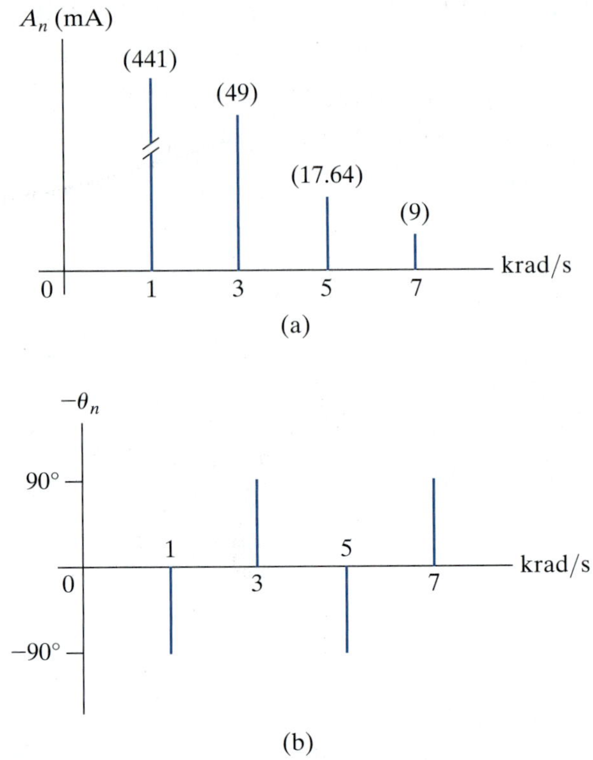

그림 P16.52

16.1~16.9절

16.53 단위 이득 3차 고역 통과 버터워스 필터의 입력 전압이 반파 정류 정현파이다. 필터의 차단 주파수는 2500 rad/s이다. 정현파의 진폭은 270π V이며, 주기는 400π ms이다. 필터의 정상 상태 출력 전압을 표현하는 푸리에 급수의 첫 세 항을 구하라.

16.54 단위 이득 2차 대역 통과 버터워스 필터의 입력 전압이 진폭 2.5π V의 반파 정류 사인파이며, 기본 주파수는 5 krad/s이다. 필터의 낮은 차단 주파수는 1000 rad/s이고, 높은 차단 주파수는 8000 rad/s이다. 필터의 정상 상태 출력을 표현하는 푸리에 급수의 첫 두 항을 구하라.

16.55 그림 P16.55(a)의 협대역 대역 통과 필터의 전달 함수 (V_o/V_g)는 다음과 같다.

$$H(s) = \frac{-K_o\beta s}{s^2 + \beta s + \omega_o^2}.$$

a) 회로 변수 R_1, R_2, R_3, C_1, C_2에 대한 함수로 K_o, β, ω_o^2을 구하라.

b) v_g가 그림 P16.55(b)의 주기 전압일 때 v_o를 표현하는 푸리에 급수의 처음 세 개 항을 구하라.

c) (b)의 결과를 이용하여 품질 지수를 예측하라.

d) β, ω_o를 이용하여 품질 지수를 구하고 이를 (c)에서 구한 예측치와 비교하라.

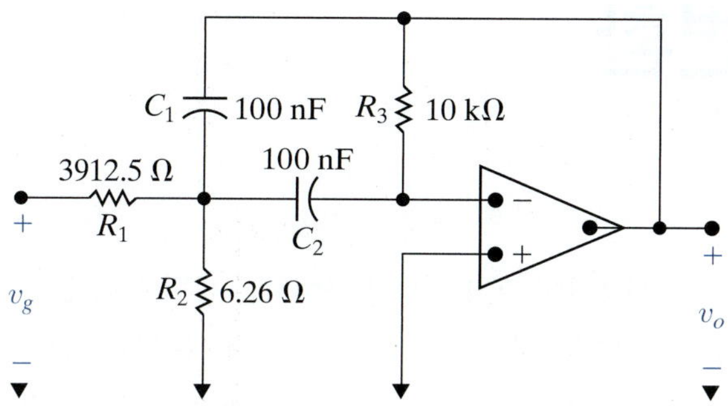

(a)

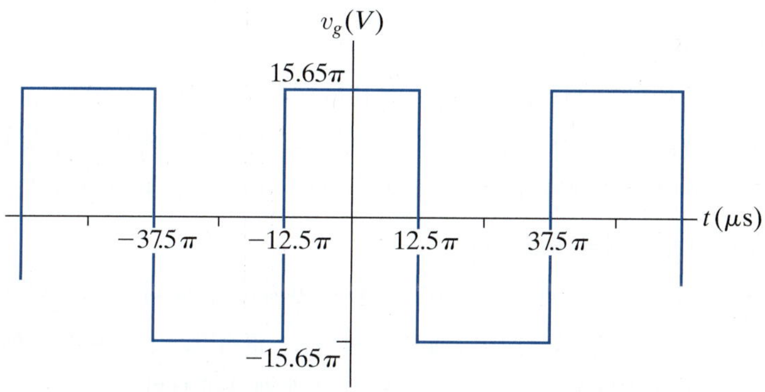

(b)

그림 P16.55

16.56 a) 그림 P16.56(a)의 대역 통과 필터에 대해 K, β, ω_o^2을 구하라.

b) 필터의 입력이 그림 P16.56(b)와 같이 주어질 때 그림 P16.56(a)의 v_o를 표현하는 푸리에 급수의 처음 세 개 항을 구하라.

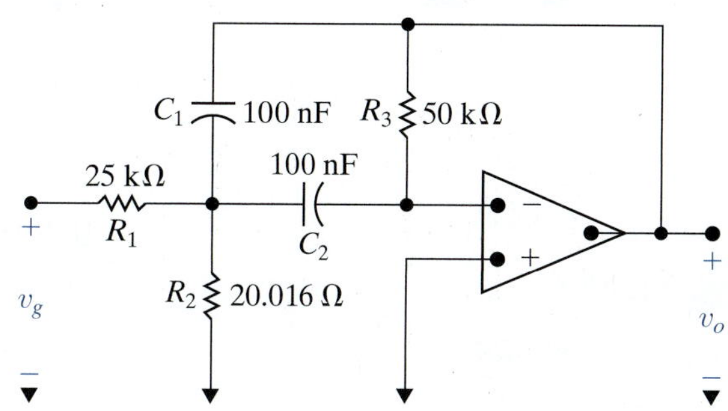

(a)

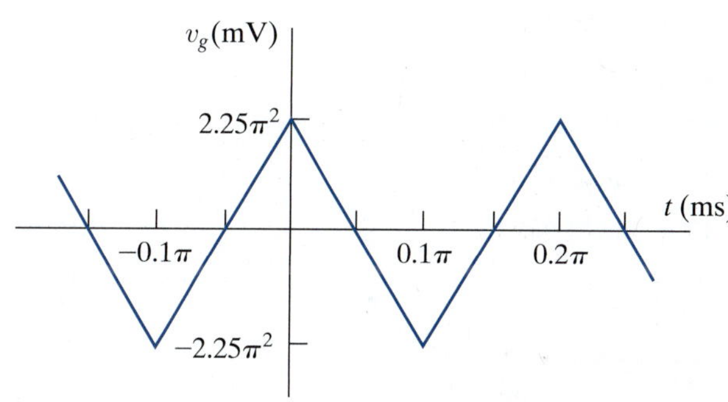

(b)

그림 P16.56

CHAPTER

17 푸리에 변환

학습내용

학습목표

1 다음 항목을 이용하여 함수의 푸리에 변환을 계산할 수 있다.
- 푸리에 변환의 정의
- 라플라스 변환
- 푸리에 변환의 수학적 특성
- 연산 변환

2 회로 응답을 구하는 데 푸리에 변환을 사용하는 방법을 안다.

3 특정 주파수 구간 내에 포함된 에너지에 대한 문제를 답하는 데 파스발 정리를 이해하고 사용할 수 있다.

16장에서는 푸리에 급수를 이용하여 주기 함수를 표현하는 방법에 대해 논의했다. 이 급수 표현을 이용하여 주기 함수의 진폭과 위상각의 주파수 영역 성분을 알 수 있다. **푸리에 변환**(Fourier transform)은 이런 주파수 영역 기술을 주기적이지 않은 함수까지 확장해 준다. 그러나 이미 라플라스 변환을 이용해서 비주기 함수를 시간 영역에서 주파수 영역으로 변환하는 방법을 학습했다. 그러면 왜 또 다른 변환 형태가 필요한지 의아해할지도 모르겠다.

엄밀히 말해 푸리에 변환은 새로운 변환은 아니다. 이는 라플라스 변환에서 복소 주파수의 실수 부분을 0으로 둔 특별한 경우이다. 그러나 물리적 해석 차원에서 푸리에 변환은 푸리에 급수의 제한적인 경우로 생각하는 것이 낫다. 17.1절에서는 이런 관점에서 푸리에 변환식을 유도한다.

푸리에 변환은 특정 통신 이론과 신호 처리 응용 분야의 경우에 라플라스 변환보다 더 유용하다. 푸리에 변환을 깊이 있게 논의할 수는 없지만, 이 서론을 통해서 라플라스 변환과 푸리에 급수에 깔린 개념들을 새롭게 생각해 보자.

실제 응용

디지털 신호의 필터링

전화선을 이용하여 하나의 컴퓨터에서 다른 컴퓨터로 정보를 주고받는 일은 매우 보편적이다. 알고 있는 바와 같이 컴퓨터는 모든 정보를 1과 0의 모음으로 표현한다. 아래 그림과 같이 보통 1은 전압으로는 5 V, 0은 0 V를 의미한다. 전화선은 저역 통과 필터와 유사한 주파수 응답을 가진다. 디지털 값을 전송할 때 전화선이 마치 필터처럼 동작하는 효과를 이용하기 위해 푸리에 변환을 이용할 것이다.

Squareplum/Shutterstock

17.1 푸리에 변환 유도

푸리에 변환을 푸리에 급수의 극한 경우로 보며, 다음과 같은 급수의 지수 형태에서 유도하면

$$f(t) = \sum_{n=-\infty}^{\infty} C_n e^{jn\omega_0 t}, \tag{17.1}$$

여기서

$$C_n = \frac{1}{T}\int_{-T/2}^{T/2} f(t)e^{-jn\omega_0 t}\,dt. \tag{17.2}$$

식 (17.2)에서 적분을 $t_0 = -T/2$에서 시작하는 것으로 선택한다.

기본 주기 T가 무한대로 증가하면 $f(t)$는 주기 함수에서 비주기 함수로 변화한다. 다시 말해, T가 무한대가 되면 그 함수는 반복되지 않아 비주기가 된다. T가 증가함에 따라 인접한 고조파 주파수 간의 간격이 점점 작아진다. 구체적으로

$$\Delta\omega = (n+1)\omega_0 - n\omega_0 = \omega_0 = \frac{2\pi}{T},$$

그리고 T가 점점 커지면 간격 증감분 $\Delta\omega$는 미분 간격 $d\omega$가 된다. 따라서

$$\frac{1}{T} \to \frac{d\omega}{2\pi}, \quad T \to \infty\text{일 때}$$

주기가 증가함에 따라 주파수는 더 이상 이산 변수가 아니라 연속 변수가 된다. 또는 다음과 같이 쓸 수 있다.

$$n\omega_0 \to \omega, \quad T \to \infty \text{ 일 때}$$

식 (17.2)를 보면 주기가 증가함에 따라 푸리에 계수 C_n은 작아진다. 극한으로 $T \to \infty$이면 $C_n \to 0$이 된다. 이 결과는 이치에 맞는데, 함수가 그 주기성을 잃으면 푸리에 계수가 없어질 것으로 기대되기 때문이다. 그러나 C_nT의 극한값에 유의해 보라. 즉

$$C_nT \to \int_{-\infty}^{\infty} f(t)e^{-j\omega t}\,dt, \quad T \to \infty \text{ 일 때}$$

위 C_nT의 식을 쓸 때 $n\omega_0$ 대신 ω를 사용했다. 위 식의 적분은 $f(t)$의 **푸리에 변환**(Fourier transform)이고 이를 식으로 써 보면 다음과 같다.

푸리에 변환

$$F(\omega) = \mathscr{F}\{f(t)\} = \int_{-\infty}^{\infty} f(t)e^{-j\omega t}\,dt. \tag{17.3}$$

푸리에 역변환을 위한 수식은 $T \to \infty$일 때 식 (17.1)의 극한 형태를 살펴보면 얻을 수 있다. T로 곱하고 나눔으로써 시작해 보자.

$$f(t) = \sum_{n=-\infty}^{\infty} (C_nT)e^{jn\omega_0 t}\left(\frac{1}{T}\right).$$

$T \to \infty$일 때 합은 적분에 근접하고, $C_nT \to F(\omega)$, $n\omega_0 \to \omega$, $1/T \to d\omega/2\pi$로 근접한다. 따라서 극한으로 식 $f(t)$는 다음과 같이 된다.

푸리에 역변환

$$f(t) = \frac{1}{2\pi}\int_{-\infty}^{\infty} F(\omega)e^{j\omega t}\,d\omega. \tag{17.4}$$

식 (17.3)과 (17.4)로 푸리에 변환을 정의한다. 식 (17.3)은 시간 영역 표현식 $f(t)$를 상응되는 주파수 영역 표현식 $F(\omega)$로 변환시킨다. 식 (17.4)는 $F(\omega)$에서 $f(t)$로 역으로 변환시킨다.

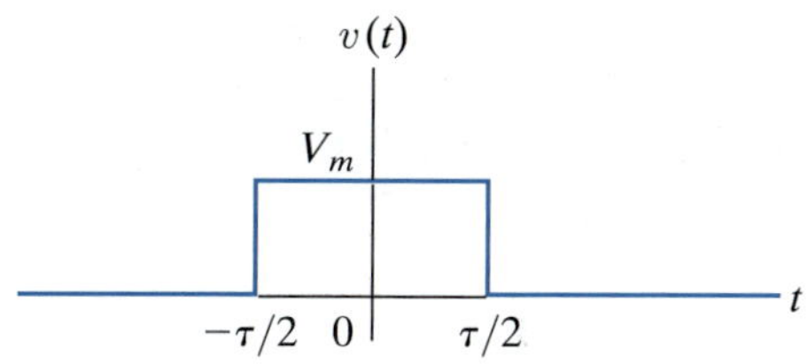

그림 17.1▲ 전압 펄스.

이제 그림 17.1에 나타난 펄스의 푸리에 변환을 유도해 보자. 이 펄스는 $T \to \infty$일 때 예제 16.7의 주기 전압에 해당됨에 유의하라. $v(t)$의 푸리에 변환을 식 (17.3)에서 직접 구한다.

$$\begin{aligned} V(\omega) &= \int_{-\tau/2}^{\tau/2} V_m e^{-j\omega t}\,dt \\ &= V_m \frac{e^{-j\omega t}}{(-j\omega)}\bigg|_{-\tau/2}^{\tau/2} \\ &= \frac{V_m}{-j\omega}\left(-2j\sin\frac{\omega\tau}{2}\right), \end{aligned}$$

여기서 분자, 분모에 $\tau/2$를 곱함으로써 $(\sin x)/x$의 형태로 만들 수 있다. 따라서

$$V(\omega) = V_m\tau\frac{\sin\omega\tau/2}{\omega\tau/2}. \tag{17.5}$$

예제 16.7의 전압 펄스의 주기 트레인에 대해 푸리에 계수는 다음과 같다.

$$C_n = \frac{V_m\tau}{T}\frac{\sin n\omega_0\tau/2}{n\omega_0\tau/2}. \tag{17.6}$$

식 (17.5)와 (17.6)을 비교하면 시간 영역 함수가 주기적에서 비주기적으로 됨에 따라 진폭 스펙트럼이 이산 라인 스펙트럼으로부터 연속 스펙트럼으로 변화함을 명확히 알 수 있다. 더욱이 라인 스펙트럼의 외곽선이 연속 스펙트럼과 같은 모양을 갖는다. 따라서 T가 증가함에 따라 라인 스펙트럼이 더 조밀해지고 그 진폭은 점점 작아진다. 그러나 외곽선은 그 모양이 변하지 않는다. 푸리에 변환 $V(\omega)$의 물리적 해석은 $v(t)$의 주파수 내용 측정으로 보면 된다. 그림 17.2는 이러한 관찰을 보여 준다. 이 진폭 스펙트럼 그림에서는 τ가 상수이고 T가 증가한다고 가정한다.

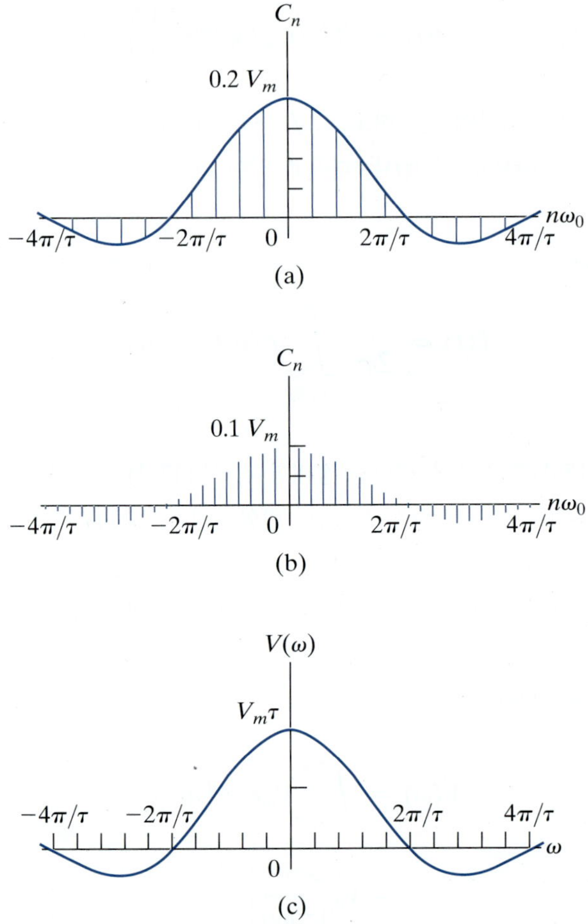

그림 17.2▲ $f(t)$가 주기적에서 비주기적으로 됨에 따른 진폭 스펙트럼 천이: (a) C_n 대 $n\omega_0$, $T/\tau = 5$; (b) C_n 대 $n\omega_0$, $T/\tau = 10$; (c) $V(\omega)$ 대 ω.

17.2 푸리에 적분의 수렴

식 (17.3)의 적분이 수렴하면 $f(t)$ 시간 함수는 푸리에 변환을 갖는다. $f(t)$가 0으로부터 주어진 제한된 시구간에서 변하는 잘 행동하는 함수라면 수렴에 별 문제가 없다. 잘 행동한다는 것은 $f(t)$가 단일 값을 갖고 적분 영역상의 제한된 면적을 갖는다는 의미이다. 실제적으로 보면 우리가 관심을 두는 제한된 기간의 모든 펄스는 잘 행동하는 함수이다. 17.1절에서 논의한 사각 펄스의 푸리에 변환의 평가를 여기서 보이고자 한다.

$f(t)$가 0으로부터 무한 구간상으로 변한다면 푸리에 적분의 수렴은 $t \to \infty$일 때 $f(t)$의 행동에 의존한다. 무한 구간상에서 0이 아닌 단일 값 함수는 다음의 적분값이 존재하고

$$\int_{-\infty}^{\infty} |f(t)|\, dt$$

$f(t)$에 있는 불연속점이 유한하면 푸리에 변환을 갖는다. 예로 들 수 있는 것이 그림 17.3의 소멸하는 지수 함수이다. $f(t)$의 푸리에 변환은 다음과 같다.

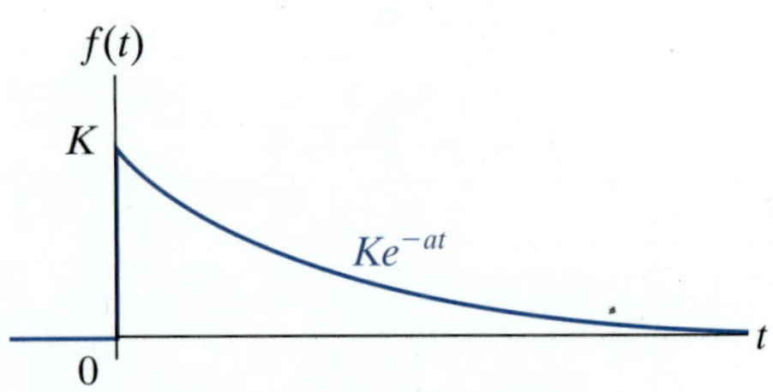

그림 17.3▲ 소멸하는 지수 함수 $Ke^{-at}u(t)$.

$$F(\omega) = \int_{-\infty}^{\infty} f(t)e^{-j\omega t}\,dt = \int_{0}^{\infty} Ke^{-at}e^{-j\omega t}\,dt$$

$$= \frac{Ke^{-(a+j\omega)t}}{-(a+j\omega)}\Bigg|_0^{\infty} = \frac{K}{-(a+j\omega)}\,(0-1)$$

$$= \frac{K}{a+j\omega}, \quad a > 0.$$

세 번째 중요한 함수 그룹은 실제적으로 큰 관심을 끌지만 엄격히 말해 푸리에 변환을 갖지 않는 것이다. 예를 들면, 식 (17.3)은 $f(t)$가 상수이면 수렴하지 않는다. 비슷하게 $f(t)$가 정현파 함수 $\cos \omega_0 t$ 또는 계단 함수 $Ku(t)$일 때도 같은 경우라고 말할 수 있다. 이들은 회로 해석에서 큰 관심 대상이어서 이를 푸리에 분석에 포함시키려면 다음과 같은 몇몇 수학적 근사화에 의존해야 한다.

- 우선 푸리에 변환을 갖는 시간 영역 함수를 만들고 동시에 이를 우리가 관심을 갖는 함수에 임의로 가깝게 만들 수 있다. 이 근사 함수를 $f'(t)$라고 하자.
- 근사 함수의 푸리에 변환 $F'(\omega)$을 구하고, $f'(t)$가 $f(t)$에 가까워질 때 $F'(\omega)$의 한계 값을 평가한다.
- $F'(\omega)$의 한계 값을 $f(t)$의 푸리에 변환으로 정의한다.

예제 17.1에서 이 세 단계의 과정을 알아보자.

예제 17.1 상수의 푸리에 변환 구하기

상수 함수 $f(t) = A$에 대해 푸리에 변환을 구하라.

풀이

상수를 지수 함수로 근사화한다.

$$f'(t) = Ae^{-\epsilon|t|}, \quad \epsilon > 0.$$

$\epsilon \to 0$이면 $f'(t) \to A$가 된다. 그림 17.4는 이를 그림으로 도식화한 것이다.

$f'(t)$의 푸리에 변환은 다음과 같다.

$$F'(\omega) = \int_{-\infty}^{0} Ae^{\epsilon t}e^{-j\omega t}dt + \int_{0}^{\infty} Ae^{-\epsilon t}e^{-j\omega t}dt.$$

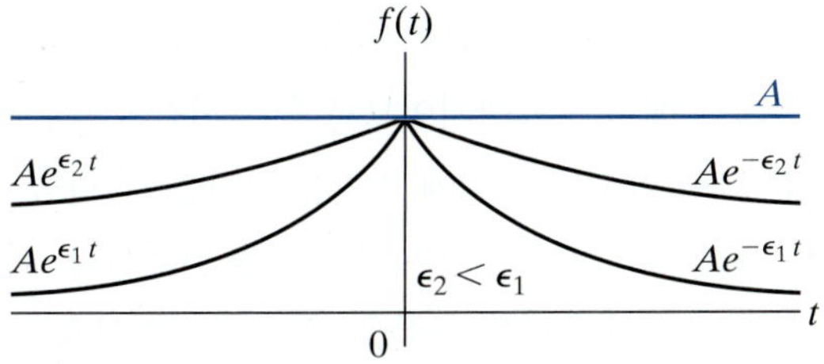

그림 17.4▲ 상수를 지수 함수에 근사화하기.

이 적분을 풀면

$$F'(\omega) = \frac{A}{\epsilon - j\omega} + \frac{A}{\epsilon + j\omega} = \frac{2\epsilon A}{\epsilon^2 + \omega^2}.$$

주어진 함수는 $\epsilon \to 0$일 때 $\omega = 0$에서 임펄스 함수가 된다. 이 결과는 다음을 보임으로써 검증할 수 있다.

- $\epsilon \to 0$일 때 $\omega=0$에서 $F'(\omega)$가 무한대로 접근한다.
- $\epsilon \to 0$일 때 $F'(\omega)$의 폭이 0으로 접근한다.
- $F'(\omega)$의 면적은 ϵ과 무관하다.

$F'(\omega)$의 면적은 임펄스의 세기이며 다음과 같다.

$$\int_{-\infty}^{\infty} \frac{2\epsilon \mathrm{A}}{\epsilon^2 + \omega^2} d\omega = 4\epsilon A \int_{0}^{\infty} \frac{d\omega}{\epsilon^2 + \omega^2} = 2\pi \mathrm{A}.$$

극한에서 $f'(t)$는 상수 A에 접근하고 $F'(\omega)$는 임펄스 함수 $2\pi A\delta(\omega)$에 접근한다. 따라서 상수 A의 푸리에 변환은 $2\pi A\delta(\omega)$로 정의된다. 즉

$$\mathscr{F}\{A\} = 2\pi A\delta(\omega).$$

평가문제

목표 1 — 함수의 푸리에 변환을 계산할 수 있다.

17.1 적분식을 세우고, 다음 함수의 푸리에 변환을 구하라.

a) $f(t) = A \sin \frac{\pi}{2}t, \quad -2 \leq t \leq 2,$

$f(t) = 0,$ 기타 구간.

b) $f(t) = \frac{2A}{\tau}t + A, \quad -\frac{\tau}{2} \leq t \leq 0,$

$f(t) = -\frac{2A}{\tau}t + A, \quad 0 \leq t \leq \frac{\tau}{2}$

$f(t) = 0,$ 기타 구간.

정답: a) $\frac{-j4\pi A}{\pi^2 - 4\omega^2}\sin 2\omega,$

b) $\frac{4A}{\omega^2\tau}\left[1 - \cos\left(\frac{\omega\tau}{2}\right)\right]$

17.2 다음에 주어진 $f(t)$의 푸리에 변환을 보고 $f(t)$를 구하라.

$F(\omega) = 0, \quad -\infty \leq \omega < -8\text{ s},$

$F(\omega) = 6, \quad -8\text{ s} < \omega < -5\text{ s},$

$F(\omega) = 2, \quad -5\text{ s} < \omega < 5\text{ s},$

$F(\omega) = 6, \quad 5\text{ s} < \omega < 8\text{ s},$

$F(\omega) = 0, \quad 8\text{ s} < \omega < \infty.$

정답: $f(t) = \frac{1}{\pi t}(6 \sin 8t - 4 \sin 5t).$

자가 검사: 연습문제 17.2와 17.3도 풀어 보라.

17.4절에서는 극한 과정을 이용한 더 많은 푸리에 변환을 살펴볼 것이다. 그 전에 17.3절에서 푸리에 적분이 수렴하는 함수의 푸리에 변환을 구하는 데 라플라스 변환을 이용하는 방법을 알아본다.

17.3 라플라스 변환을 이용하여 푸리에 변환 구하기

푸리에 적분이 수렴하는 함수의 푸리에 변환을 구하는 데 편측(unilateral) 라플라스 변환쌍의 표를 이용할 수 있다. $F(s)$의 모든 극점이 s평면의 좌반부에 있을 때 푸리에 적분은 수렴한다. 만약 $F(s)$가 s평면의 우반부 또는 허수축상에 극점을 가지면 $\int_{-\infty}^{\infty} |f(t)|\, dt$가 존재한다는 제약 조건을 $f(t)$가 만족하지 못한다는 점에 유의하라.

다음 규칙은 함수의 푸리에 변환을 찾는 데 라플라스 변환을 사용할 때 적용된다.

1. 만약 $f(t)$가 $t \leq 0^-$에서 0이면 $f(t)$의 라플라스 변환에서 단순히 s를 $j\omega$로 대체함으로써 $f(t)$의 푸리에 변환을 얻는다. 즉

$$\mathscr{F}\{f(t)\} = \mathscr{L}\{f(t)\}_{s=j\omega}. \tag{17.7}$$

2. 음의 시간 함수는 음의 시간에 대해 0이 아니고 양의 시간에 대해 0이다. 푸리에 적분의 적분 영역이 $-\infty$에서 $+\infty$까지이므로 음의 시간을 갖는 함수의 푸리에 변환은 존재한다. 그런 함수의 푸리에 변환을 구하는 데 다음과 같은 절차가 있다. 첫째, 양의 시간 영역상에 음의 시간 함수를 반영한다. s를 $-j\omega$로 대체함으로써 원래 시간 함수의 푸리에 변환을 얻는다. 그러므로

$$\mathscr{F}\{f(t)\} = \mathscr{L}\{f(-t)\}_{s=-j\omega}. \tag{17.8}$$

3. 모든 시간상에서 0이 아닌 함수는 양 또는 음의 시간 함수로 나누어 풀 수 있다. 양 또는 음의 시간 함수의 푸리에 변환을 구하기 위해 식 (17.7)과 (17.8)을 각각 사용한다. 원래 함수의 푸리에 변환은 두 변환의 합이다. 따라서 다음처럼 놓으면

$$f^+(t) = f(t) \quad (t > 0\text{에 대해})$$
$$f^-(t) = f(t) \quad (t < 0\text{에 대해})$$

이 되며

$$f(t) = f^+(t) + f^-(t)$$

이고

$$\mathscr{F}\{f(t)\} = \mathscr{F}\{f^+(t)\} + \mathscr{F}\{f^-(t)\}$$
$$= \mathscr{L}\{f^+(t)\}_{s=j\omega} + \mathscr{L}\{f^-(-t)\}_{s=-j\omega}. \tag{17.9}$$

만약 $f(t)$가 우함수이면 식 (17.9)는 다음과 같이 간소화된다.

$$\mathscr{F}\{f(t)\} = \mathscr{L}\{f(t)\}_{s=j\omega} + \mathscr{L}\{f(t)\}_{s=-j\omega}.$$

$f(t)$가 기함수이면 식 (17.9)는 다음과 같다.

$$\mathscr{F}\{f(t)\} = \mathscr{L}\{f(t)\}_{s=j\omega} - \mathscr{L}\{f(t)\}_{s=-j\omega}.$$

예제 17.2를 통해 라플라스 변환을 이용하여 푸리에 변환을 찾아보자.

예제 17.2 라플라스 변환을 통해 푸리에 변환 구하기

다음 식에 대해 라플라스 변환을 이용하여 푸리에 변환을 구하라.

a) $f(t) = 0, \quad t \leq 0^-;$
   $f(t) = e^{-at}\cos\omega_0 t, \quad t \geq 0^+.$

b) $f(t) = e^{at}\cos\omega_0 t, \quad t \leq 0^-.$
   $f(t) = 0, \quad t \geq 0^+;$

c) $f(t) = e^{-a|t|}.$

풀이

a) 규칙 1을 이용하여 $f(t)$의 라플라스 변환을 구하고, s를 $j\omega$로 대체하여 $F(\omega)$를 구한다. 따라서

$$\mathscr{F}\{f(t)\} = \left.\frac{s+a}{(s+a)^2+\omega_0^2}\right|_{s=j\omega} = \frac{j\omega+a}{(j\omega+a)^2+\omega_0^2}.$$

b) 이 경우는 음의 시간 함수이다. 규칙 2를 이용해서 양의 시간으로 함수를 대칭시키면 다음 식을 얻는다.

$$f(-t) = 0, \quad (t \leq 0^-\text{에 대해})$$

$$f(-t) = e^{-at}\cos\omega_0 t, \quad (t \geq 0^+\text{에 대해})$$

$f(t)$와 대칭된 이미지는 그림 17.5에 도시했다. $f(t)$의 푸리에 변환은 다음과 같다.

$$\mathscr{F}\{f(t)\} = \mathscr{L}\{f(-t)\}_{s=-j\omega} = \left.\frac{s+a}{(s+a)^2+\omega_0^2}\right|_{s=-j\omega}$$
$$= \frac{-j\omega+a}{(-j\omega+a)^2+\omega_0^2}.$$

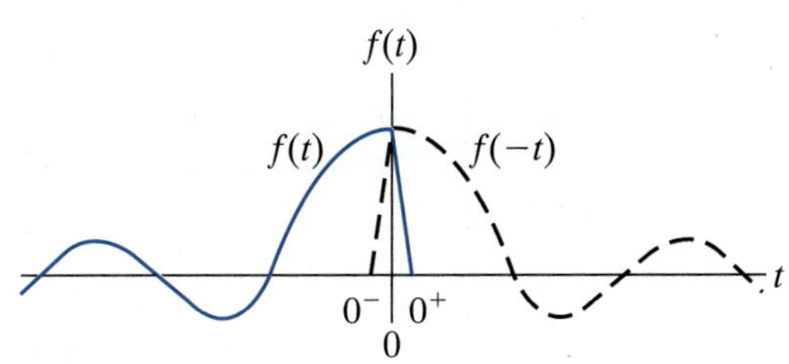

그림 17.5▲ 양의 시간 영역상으로 음의 시간 함수 반사.

c) 이 함수는 양의 시간과 음의 시간에 모두 정의되어 있다. 규칙 3을 이용해서 양의 시간과 음의 시간 함수를 구해 보면

$$f^+(t) = e^{-at}, \quad f^-(t) = e^{at}.$$

$f^+(t)$와 $f^-(-t)$의 라플라스 변환을 구해 보면

$$\mathcal{L}\{f^+(t)\} = \frac{1}{s+a},$$

$$\mathcal{L}\{f^-(-t)\} = \frac{1}{s+a}.$$

따라서 식 (17.9)는 다음과 같다.

$$\mathcal{F}\{e^{-a|t|}\} = \left.\frac{1}{s+a}\right|_{s=j\omega} + \left.\frac{1}{s+a}\right|_{s=-j\omega}$$

$$= \frac{1}{j\omega + a} + \frac{1}{-j\omega + a}$$

$$= \frac{2a}{\omega^2 + a^2}.$$

평가문제

목표 1 — 함수의 푸리에 변환을 계산할 수 있다.

17.3 다음 각 함수의 푸리에 변환을 구하라. 각 경우에 a는 양의 실수이다.

a) $f(t) = \delta(t - t_0)$, $\quad -\infty \leq t \leq \infty$,

b) $f(t) = te^{-at}$, $\quad t \geq 0$,

c) $f(t) = te^{at}$, $\quad t \geq 0$,

d) $f(t) = |t|e^{-a|t|}$, $\quad -\infty \leq t \leq \infty$.

정답: a) $e^{-j\omega t_0}$,

b) $\dfrac{-j4a\omega}{(a^2+\omega^2)^2}$,

c) $\dfrac{2(a^2-\omega^2)}{(a^2-\omega^2)^2}$.

자가 검사: 연습문제 17.4도 풀어 보라.

17.4 극한에서의 푸리에 변환

17.2절에서 지적했듯이 몇몇 실제 함수의 푸리에 변환은 극한 과정으로 정의되어야 한다. 이런 함수로 돌아가서 그 변환을 알아본다.

시그넘 함수의 푸리에 변환

예제 17.1에서 상수 A의 푸리에 변환이 $2\pi A\delta(\omega)$로 됨을 보았다. 다음에 살펴볼 함수는 시그넘(signum) 함수인데, $t > 0$일 때 $+1$이고, $t < 0$일 때 -1로 정의된다. 이 시그넘 함수는 sgn(t)라고 쓰며 단위 계단 함수로 표현 가능하다. 즉

$$\text{sgn}(t) = u(t) - u(-t). \tag{17.10}$$

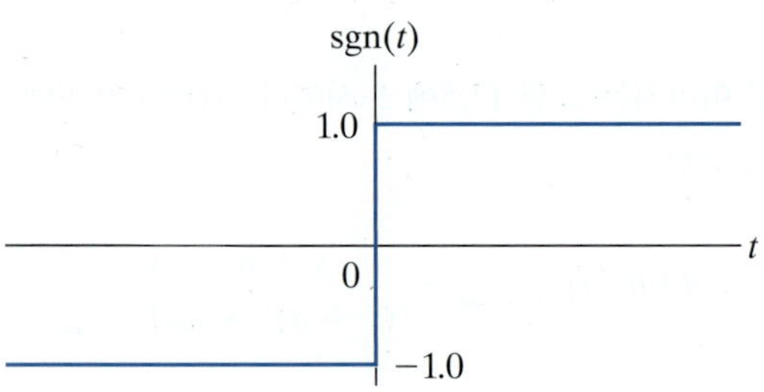

그림 17.6▲ 시그넘 함수.

그림 17.6은 이 함수를 나타낸 것이다.

시그넘 함수의 푸리에 변환을 찾기 위해 먼저 극한을 취했을 때 시그넘 함수에 접근하는 한 함수를 만든다.

$$\text{sgn}(t) = \lim_{\epsilon \to 0}[e^{-\epsilon t}u(t) - e^{\epsilon t}u(-t)], \quad \epsilon > 0.$$

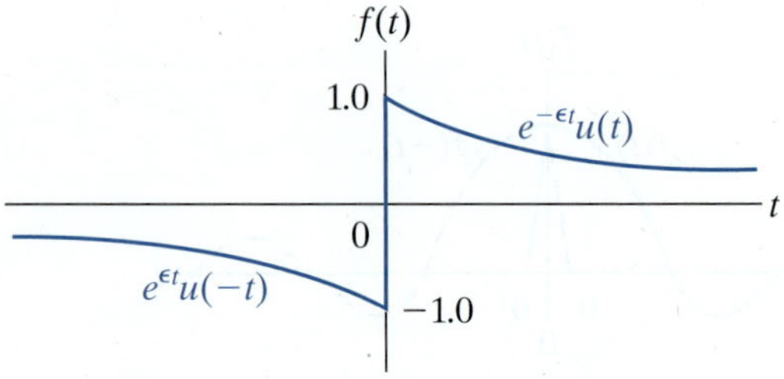

그림 17.7▲ ϵ이 0에 접근할 때 sgn(t)에 접근하는 함수.

대괄호 안의 함수는 그림 17.7에 그려져 있고 푸리에 적분이 수렴하므로 푸리에 변환을 갖는다. $f(t)$가 기함수이므로 푸리에 변환은 다음과 같다.

$$\mathcal{F}\{f(t)\} = \frac{1}{s+\epsilon}\bigg|_{s=j\omega} - \frac{1}{s+\epsilon}\bigg|_{s=-j\omega}$$

$$= \frac{1}{j\omega+\epsilon} - \frac{1}{-j\omega+\epsilon}$$

$$= \frac{-2j\omega}{\omega^2+\epsilon^2}.$$

$\epsilon \to 0$일 때 $f(t) \to \mathrm{sgn}(t)$이고 $\mathcal{F}\{f(t)\} \to 2/j\omega$이다. 따라서

$$\mathcal{F}\{\mathrm{sgn}(t)\} = \frac{2}{j\omega}.$$

단위 계단 함수의 푸리에 변환

단위 계단 함수의 푸리에 변환을 구하기 위해 상수 함수와 시그넘 함수를 이용한다. 단위 계단 함수는 다음과 같이 표현된다.

$$u(t) = \frac{1}{2} + \frac{1}{2}\mathrm{sgn}(t).$$

따라서

$$\mathcal{F}\{u(t)\} = \mathcal{F}\left\{\frac{1}{2}\right\} + \mathcal{F}\left\{\frac{1}{2}\mathrm{sgn}(t)\right\}$$

$$= \pi\delta(\omega) + \frac{1}{j\omega}.$$

코사인 함수의 푸리에 변환

$\cos\omega_0 t$의 푸리에 변환을 구하기 위해 식 (17.4)의 역변환 적분으로 돌아가서 다음 식을 보면

$$F(\omega) = 2\pi\delta(\omega - \omega_0),$$

다음과 같이 된다. 그러면

$$f(t) = \frac{1}{2\pi}\int_{-\infty}^{\infty}[2\pi\delta(\omega-\omega_0)]e^{j\omega t}\,d\omega.$$

임펄스 함수의 이동 특성을 이용하면 $f(t)$의 식은 다음과 같이 간소화된다.

$$f(t) = e^{j\omega_0 t}.$$

따라서

$$\mathcal{F}\{e^{j\omega_0 t}\} = 2\pi\delta(\omega - \omega_0).$$

이제 $e^{j\omega_0 t}$의 푸리에 변환을 이용하여 $\cos\omega_0 t$의 푸리에 변환을 구할 수 있다. 왜냐하면

$$\cos\omega_0 t = \frac{e^{j\omega_0 t} + e^{-j\omega_0 t}}{2}.$$

따라서

$$\begin{aligned}\mathcal{F}\{\cos \omega_0 t\} &= \frac{1}{2}\left(\mathcal{F}\{e^{j\omega_0 t}\} + \mathcal{F}\{e^{-j\omega_0 t}\}\right)\\ &= \frac{1}{2}[2\pi\delta(\omega - \omega_0) + 2\pi\delta(\omega + \omega_0)]\\ &= \pi\delta(\omega - \omega_0) + \pi\delta(\omega + \omega_0).\end{aligned}$$

$\sin \omega_0 t$의 푸리에 변환도 비슷한 계산을 하면 된다. 그 과정은 연습문제 17.5로 남겨 둔다. 표 17.1에는 중요한 기본 함수의 변환쌍이 요약되어 있다.

표 17.1 기본 함수의 푸리에 변환

유형	$f(t)$	$F(\omega)$
임펄스	$\delta(t)$	1
상수	A	$2\pi A\delta(\omega)$
시그넘	$\mathrm{sgn}(t)$	$2/j\omega$
계단	$u(t)$	$\pi\delta(\omega) + 1/j\omega$
양의 시간 지수	$e^{-at}u(t)$	$1/(a + j\omega),\ a > 0$
음의 시간 지수	$e^{at}u(-t)$	$1/(a - j\omega),\ a > 0$
양 및 음의 시간 지수	$e^{-a\lvert t\rvert}$	$2a/(a^2 + \omega^2),\ a > 0$
복소 지수	$e^{j\omega_0 t}$	$2\pi\delta(\omega - \omega_0)$
코사인	$\cos \omega_0 t$	$\pi[\delta(\omega + \omega_0) + \delta(\omega - \omega_0)]$
사인	$\sin \omega_0 t$	$j\pi[\delta(\omega + \omega_0) - \delta(\omega - \omega_0)]$

주파수 영역 동작으로 비주기 시간 영역 동작을 기술하는 능력을 향상시키는 푸리에 변환의 특성으로 돌아가 보자.

17.5 몇 가지 수학적 특성

주의해서 봐야 할 첫 번째 수학적 성질은 $F(\omega)$가 복소수량이고 직각좌표 또는 극좌표 형식으로 표현될 수 있다는 것이다. 즉 다음 적분에서

$$\begin{aligned}F(\omega) &= \int_{-\infty}^{\infty} f(t)e^{-j\omega t}dt\\ &= \int_{-\infty}^{\infty} f(t)(\cos \omega t - j\sin \omega t)\, dt\\ &= \int_{-\infty}^{\infty} f(t)\cos \omega t\, dt - j\int_{-\infty}^{\infty} f(t)\sin \omega t\, dt.\end{aligned}$$

이제 다음과 같이 놓고

$$A(\omega) = \int_{-\infty}^{\infty} f(t)\cos \omega t\, dt,$$

$$B(\omega) = -\int_{-\infty}^{\infty} f(t)\sin \omega t\, dt.$$

$A(\omega)$와 $B(\omega)$의 정의를 이용하면 다음 식을 얻을 수 있다.

$$F(\omega) = A(\omega) + jB(\omega) = |F(\omega)|e^{j\theta(\omega)}.$$

$F(\omega)$에 대해 다음과 같은 관찰 결과가 나온다.

- $F(\omega)$의 실수 부분, 즉 $A(\omega)$는 ω에 대해 우함수이다. 다시 말해 $A(\omega) = A(-\omega)$이다.
- $F(\omega)$의 허수 부분, 즉 $B(\omega)$는 ω에 대해 기함수이다. 다시 말해 $B(\omega) = -B(-\omega)$이다.
- $F(\omega)$의 크기, 즉 $\sqrt{A^2(\omega) + B^2(\omega)}$는 ω에 대해 우함수이다.
- $F(\omega)$의 위상각, 즉 $\theta(\omega) = \tan^{-1}B(\omega)/A(\omega)$는 ω에 대해 기함수이다.
- ω를 $-\omega$로 대체함으로써 $F(\omega)$의 켤레복소수가 된다. 다시 말해 $F(-\omega) = F*(\omega)$이다.

따라서 $f(t)$가 우함수이면 $F(\omega)$는 실수이고, $f(t)$가 기함수이면 $F(\omega)$는 허수이다. $f(t)$가 우함수이면

$$A(\omega) = 2\int_0^{\infty} f(t)\cos\omega t\, dt \tag{17.11}$$

그리고

$$B(\omega) = 0.$$

만일 $f(t)$가 기함수이면

$$A(\omega) = 0$$

그리고

$$B(\omega) = -2\int_0^{\infty} f(t)\sin\omega t\, dt.$$

위 식의 유도는 연습문제 17.10과 17.11로 남겨 둔다.

만일 $f(t)$가 우함수이면 그 푸리에 변환은 우함수이다. 만일 $f(t)$가 기함수이면 그 푸리에 변환은 기함수이다. 더욱이 $f(t)$가 우함수이면 푸리에 역적분으로부터 다음과 같다.

$$\begin{aligned} f(t) &= \frac{1}{2\pi}\int_{-\infty}^{\infty} F(\omega)e^{j\omega t}d\omega = \frac{1}{2\pi}\int_{-\infty}^{\infty} A(\omega)e^{j\omega t}d\omega \\ &= \frac{1}{2\pi}\int_{-\infty}^{\infty} A(\omega)(\cos\omega t + j\sin\omega t)d\omega \\ &= \frac{1}{2\pi}\int_{-\infty}^{\infty} A(\omega)\cos\omega t\, d\omega + 0 \\ &= \frac{2}{2\pi}\int_0^{\infty} A(\omega)\cos\omega t\, d\omega. \end{aligned} \tag{17.12}$$

식 (17.12)와 (17.11)을 비교하면 $1/2\pi$배를 제외하면 두 식이 같은 형식이라는 것을 알 수 있다. 따라서 $f(t)$가 우함수이면 $A(\omega)$와 $f(t)$의 파형을 서로 바꾸어 쓸 수 있다.

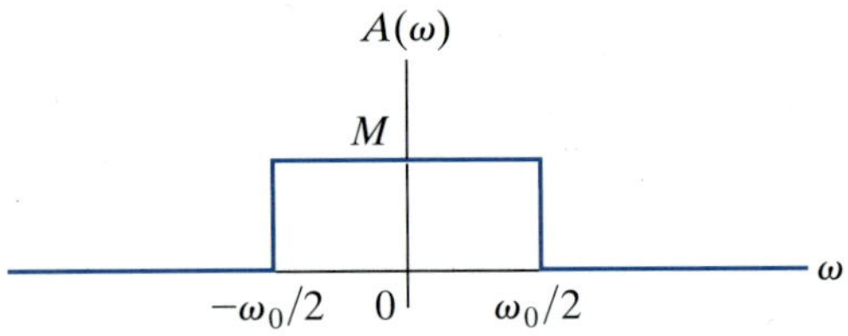

그림 17.8▲ 사각 주파수 스펙트럼.

예를 들어 앞에서 시간 영역에서 사각 펄스는 주파수 스펙트럼이 $(\sin \omega)/\omega$처럼 되는 것을 보았다. 구체적으로 식 (17.5)는 그림 17.1에 나타낸 전압 펄스의 푸리에 변환을 표현한다. 따라서 주파수 영역의 사각 펄스는 시간 영역의 $(\sin t)/t$에 대응함이 맞다. 이런 조건을 그림 17.8의 주파수 스펙트럼에 해당되는 시간 영역 함수 $f(t)$를 구함으로써 보일 수 있다. 식 (17.12)로부터 다음과 같이 쓸 수 있다.

$$\begin{aligned} f(t) &= \frac{2}{2\pi}\int_0^{\omega_0/2} M\cos\omega t\, d\omega = \frac{2M}{2\pi}\left(\frac{\sin\omega t}{t}\right)\Bigg|_0^{\omega_0/2} \\ &= \frac{1}{2\pi}\left(M\frac{\sin\omega_0 t/2}{t/2}\right) \\ &= \frac{1}{2\pi}\left(M\omega_0\frac{\sin\omega_0 t/2}{\omega_0 t/2}\right). \end{aligned}$$

시간 영역에서 사각 펄스의 주파수 스펙트럼과 $(\sin t)/t$의 사각 주파수 스펙트럼이 어떠한 관계가 있는지는 파스발(Parseval) 정리를 도입한 후에 더 자세히 살펴보자.

17.6 연산상의 변환

라플라스 변환처럼 푸리에 변환은 기능 및 연산 측면으로 분류될 수 있다. 지금까지는 기능적 변환에 초점을 맞추었으나 이제부터 중요한 연산상의 변환에 대해 다루겠다. 라플라스 변환에 대한 이런 연산상의 변환은 12장에서 다룬 것과 비슷하다. 그 증명은 연습문제 17.12~17.19로 남겨 둔다.

상수의 곱

적분식으로부터 만약

$$\mathscr{F}\{f(t)\} = F(\omega),$$

그러면

$$\mathscr{F}\{Kf(t)\} = KF(\omega).$$

따라서 $f(t)$에 한 상수를 곱한 것은 $F(\omega)$에 그 상수를 곱한 것에 해당된다.

덧셈(뺄셈)

시간 영역에서의 덧셈(뺄셈)은 주파수 영역에서의 덧셈(뺄셈)으로 해석된다. 따라서 만약

$$\begin{aligned} \mathscr{F}\{f_1(t)\} &= F_1(\omega), \\ \mathscr{F}\{f_2(t)\} &= F_2(\omega), \\ \mathscr{F}\{f_3(t)\} &= F_3(\omega), \end{aligned}$$

그러면

$$\mathcal{F}\{f_1(t) - f_2(t) + f_3(t)\} = F_1(\omega) - F_2(\omega) + F_3(\omega),$$

이는 시간 영역 함수의 대수적 합을 정의하는 적분에 대체하면 유도된다.

미분

$f(t)$의 첫 미분의 푸리에 변환은 다음과 같다.

$$\mathcal{F}\left\{\frac{df(t)}{dt}\right\} = j\omega F(\omega).$$

$f(t)$의 n차 미분은 다음과 같다.

$$\mathcal{F}\left\{\frac{d^n f(t)}{dt^n}\right\} = (j\omega)^n F(\omega).$$

만일 $f(t)$가 $\pm\infty$에서 0이면 위 식은 유효하다.

적분

만약

$$g(t) = \int_{-\infty}^{t} f(x)\, dx,$$

그러면

$$\mathcal{F}\{g(t)\} = \frac{F(\omega)}{j\omega}.$$

이 식은 다음 식이 성립하면 유효하다.

$$\int_{-\infty}^{\infty} f(x)\, dx = 0.$$

스케일 변화

차원으로 보면 시간과 주파수는 상호 역관계이다. 따라서 시간을 넓히면 주파수는 반대로 줄어든다. 이는 다음 식으로 반영된다.

$$\mathcal{F}\{f(at)\} = \frac{1}{a}F\left(\frac{\omega}{a}\right), \quad a > 0.$$

$0 < a < 1.0$일 때 시간은 늘어나고, $a > 1.0$이면 수축되는 것이다.

시간 영역에서의 이동

시간 영역에서 함수의 이동 효과는 위상 스펙트럼을 변경하는 것이고 진폭 스펙트럼은 그대로이다. 따라서

$$\mathcal{F}\{f(t - a)\} = e^{-j\omega a}F(\omega).$$

만일 a가 위 식에서 양수이면 시간 함수는 지연되고, a가 음수이면 시간 함수는 선행된다.

주파수 영역에서의 이동

주파수 영역에서의 이동은 시간 영역에서 복소수 지수를 곱하는 것에 해당한다.

$$\mathscr{F}\{e^{j\omega_0 t}f(t)\} = F(\omega - \omega_0).$$

변조

진폭 변조(modulation)는 정현파 전달파(carrier)의 진폭을 변화하는 과정이다. 변조하는 신호가 $f(t)$라면 변조되는 전달파는 $f(t)\cos\omega_0 t$이다. 전달파의 진폭 스펙트럼은 $\pm\omega_0$를 중심으로 $f(t)$의 1/2 진폭 스펙트럼이다. 즉

$$\mathscr{F}\{f(t)\cos\omega_0 t\} = \frac{1}{2}F(\omega - \omega_0) + \frac{1}{2}F(\omega + \omega_0).$$

시간 영역에서의 컨벌루션

시간 영역에서의 컨벌루션(convolution)은 주파수 영역에서의 곱과 같다. 즉

$$y(t) = \int_{-\infty}^{\infty} x(\lambda)h(t-\lambda)\,d\lambda$$

가 다음과 같다.

$$\mathscr{F}\{y(t)\} = Y(\omega) = X(\omega)H(\omega). \tag{17.13}$$

식 (17.13)은 푸리에 변환의 응용 측면에서 중요하다. 이 식은 응답 함수의 변환 $Y(\omega)$가 입력 함수의 변환 $X(\omega)$와 시스템 함수 $H(\omega)$의 곱임을 보여 주기 때문이다. 17.7절에서 이에 대해 좀 더 살펴본다.

표 17.2 연산상의 변환

$f(t)$	$F(\omega)$
$Kf(t)$	$KF(\omega)$
$f_1(t) - f_2(t) + f_3(t)$	$F_1(\omega) - F_2(\omega) + F_3(\omega)$
$d^n f(t)/dt^n$	$(j\omega)^n F(\omega)$
$\int_{-\infty}^{t} f(x)\,dx$	$F(\omega)/j\omega$
$f(at)$	$\frac{1}{a}F\left(\frac{\omega}{a}\right),\quad a > 0$
$f(t-a)$	$e^{-j\omega a}F(\omega)$
$e^{j\omega_0 t}f(t)$	$F(\omega - \omega_0)$
$f(t)\cos\omega_0 t$	$\frac{1}{2}F(\omega - \omega_0) + \frac{1}{2}F(\omega + \omega_0)$
$\int_{-\infty}^{\infty} x(\lambda)h(t-\lambda)\,d\lambda$	$X(\omega)H(\omega)$
$f_1(t)f_2(t)$	$\frac{1}{2\pi}\int_{-\infty}^{\infty} F_1(u)F_2(\omega - u)\,du$
$t^n f(t)$	$(j)^n \frac{d^n F(\omega)}{d\omega^n}$

주파수 영역에서의 컨벌루션

주파수 영역에서의 컨벌루션은 두 시간 함수의 곱의 푸리에 변환을 구하는 데 해당된다. 즉

$$f(t) = f_1(t)f_2(t),$$

따라서

$$F(\omega) = \frac{1}{2\pi}\int_{-\infty}^{\infty} F_1(u)F_2(\omega - u)\,du.$$

표 17.2는 연산상의 특성 10개를 요약한 것이며, 다른 연산상의 변환 특성은 예제 17.3을 통해 소개한다.

예제 17.3 푸리에 변환 연산 유도하기

$F(\omega) = \mathscr{F}\{f(t)\}$를 알고 있다고 가정할 때 함수 $f(t) = t^n f(t)$의 푸리에 변환을 구하라.

풀이

식 (17.3)의 푸리에 변환의 정의에 의하여

$$F(\omega) = \int_{-\infty}^{\infty} f(t)e^{-j\omega t}dt.$$

양변을 ω에 대해 미분하고 정리하면

$$\frac{dF(\omega)}{d\omega} = \int_{-\infty}^{\infty}\frac{d}{d\omega}\left[f(t)e^{-j\omega t}dt\right]$$

$$= -j\int_{-\infty}^{\infty} tf(t)e^{-j\omega t}dt = -j\mathscr{F}\{tf(t)\}.$$

따라서

$$\mathscr{F}\{tf(t)\} = j\frac{dF(\omega)}{d\omega}.$$

이 과정을 식 (17.3)의 2차 미분을 구하기 위해 ω에 반복하면

$$\frac{d^2F(\omega)}{d\omega^2} = \int_{-\infty}^{\infty}\frac{d^2}{d\omega^2}\left[f(t)e^{-j\omega t}dt\right]$$

$$= \int_{-\infty}^{\infty}(-jt)(-jt)f(t)e^{-j\omega t}dt$$

$$= (-j)^2\mathscr{F}\{t^2f(t)\}.$$

따라서

$$\mathscr{F}\{t^2f(t)\} = (j)^2\frac{d^2F(\omega)}{d\omega^2}.$$

이제 식 (17.3)의 양변에 ω에 대해 n회 미분을 수행하면

$$\frac{d^nF(\omega)}{d\omega^n} = \int_{-\infty}^{\infty}\frac{d^n}{d\omega^n}\left[f(t)e^{-j\omega t}dt\right]$$

$$= \int_{-\infty}^{\infty}(-jt)^n f(t)e^{-j\omega t}dt$$

$$= (-j)^n\mathscr{F}\{t^nf(t)\}.$$

$(-j)^n$을 $1/j^n$으로 대체하면 다음 식을 얻을 수 있다.

$$\mathscr{F}\{t^nf(t)\} = (j)^n\frac{d^nF(\omega)}{d\omega^n}.$$

따라서 시간 영역에서 t^n을 함수에 곱하는 효과는 주파수 영역에서 푸리에 변환의 ω에 대한 n차 미분을 구하는 것에 해당한다.

평가문제

목표 1 — 함수의 푸리에 변환을 계산할 수 있다.

17.4 제시된 사각 펄스를 두 개의 계단파 전압의 차로 표현할 수 있다. 즉

$$v(t) = V_m u(t + \tau) - V_m u(t - \tau)\text{V}.$$

시간 영역에서의 변환에 대한 연산상의 변환을 이용하여 $v(t)$의 푸리에 변환을 구하라.

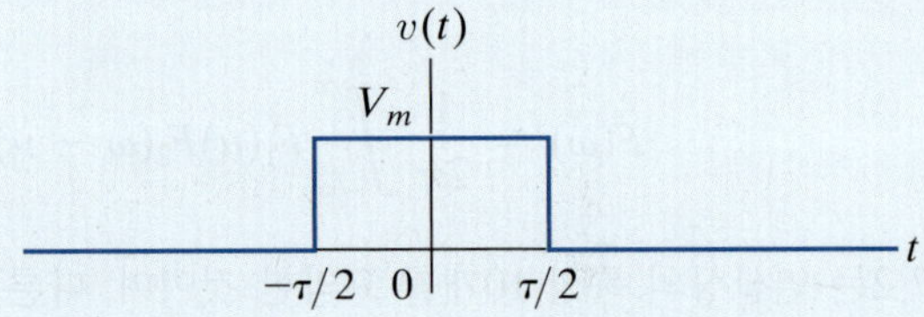

정답: $V(\omega) = 2V_m \tau \dfrac{\sin(\omega\tau)}{(\omega\tau)}$.

17.5 램프 함수 $f(t) = tu(t)$의 푸리에 변환을 구하라. 힌트: 주파수 영역에서의 미분에 대한 연산상의 변환을 사용하라.

정답: $j\pi\, \delta'(\omega) - \dfrac{1}{\omega^2}$.

자가 검사: 연습문제 17.20도 풀어 보라.

17.7 회로 응용

라플라스 변환은 회로 응답을 구하는 데 다음 두 가지 이유 때문에 푸리에 변환보다 더 널리 사용된다. 첫째, 라플라스 변환 적분은 구동 함수의 좀 더 넓은 영역에서 수렴한다. 둘째, 그것은 초기 조건을 수용한다. 라플라스 변환의 장점에도 불구하고 응답을 구하는 데 푸리에 변환을 사용할 수 있다. 천이 상태 해석에서 푸리에 변환의 사용을 강조하는 기본 관계는 식 (17.13)이다. 이 식은 응답의 변환 $Y(\omega)$를 입력의 변환 $X(\omega)$와 전달 함수 $H(\omega)$에 연결시킨다. $H(\omega)$는 $H(s)$에서 s를 $j\omega$로 대체한 것임에 유의하라.

예제 17.4는 회로 응답을 구하는 데 푸리에 변환을 어떻게 사용하는지 보여 준다.

예제 17.4 천이 응답을 구하기 위해 푸리에 변환 사용하기

푸리에 변환을 사용하여 그림 17.9의 회로에서 $i_o(t)$를 구하라. 전류원 $i_g(t)$는 시그넘 함수 $20\,\text{sgn}(t)$ A이다.

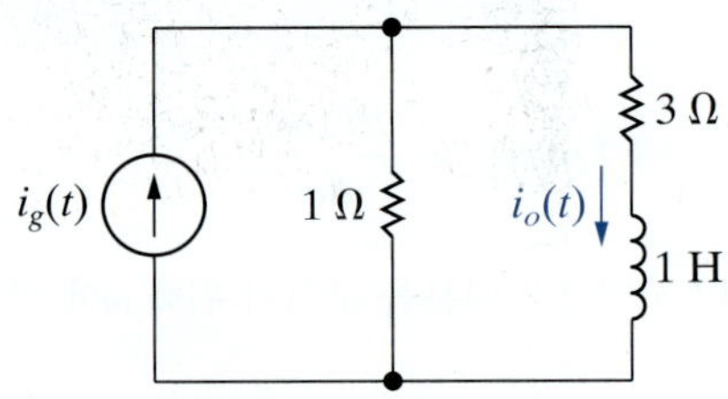

그림 17.9▲ 예제 17.4의 회로.

풀이

구동원의 푸리에 변환은

$$I_g(\omega) = \mathscr{F}\{20\,\text{sgn}(t)\}$$
$$= 20\left(\frac{2}{j\omega}\right)$$
$$= \frac{40}{j\omega}.$$

회로의 변환 함수는 I_o와 I_g의 비율이다.

$$I_o = \frac{1\|(3 + s)}{3 + s} I_g = \frac{1}{4 + s} I_g.$$

따라서

$$H(s) = \frac{1}{4 + s}$$

$$H(\omega) = \frac{1}{4 + j\omega}.$$

$i_o(t)$의 푸리에 변환은

$$I_o(\omega) = I_g(\omega)H(\omega)$$
$$= \frac{40}{j\omega(4 + j\omega)}.$$

$I_o(\omega)$를 부분 분수의 합으로 전개하면

$$I_o(\omega) = \frac{K_1}{j\omega} + \frac{K_2}{4 + j\omega}.$$

K_1과 K_2를 구하면

$$K_1 = \frac{40}{4} = 10,$$

$$K_2 = \frac{40}{-4} = -10.$$

따라서

$$I_o(\omega) = \frac{10}{j\omega} - \frac{10}{4 + j\omega}.$$

표 17.1과 17.2의 기본 함수 및 연산상의 푸리에 변환을 이용하여 시간 영역에서 출력 전류를 구한다. 결과는 다음과 같다.

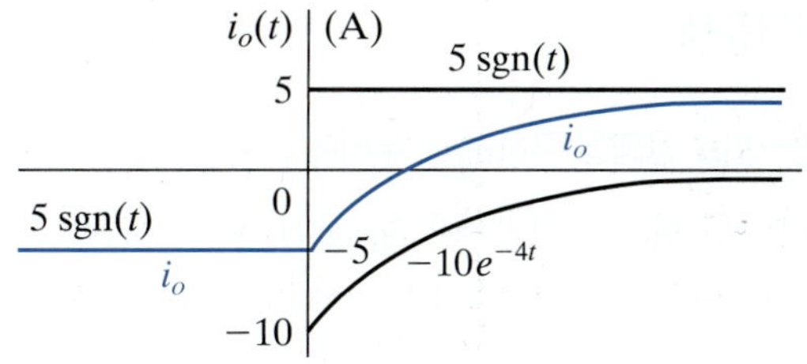

그림 17.10▲ $i_o(t)$ 대 t 도면.

$$i_o(t) = \mathscr{F}^{-1}[I_o(\omega)]$$
$$= 5\,\text{sgn}(t) - 10e^{-4t}u(t).$$

그림 17.10은 이 응답을 보여 준다. 이 해답은 알려진 회로의 동작에 비추어 볼 때 타당한가? 그 답은 다음과 같은 이유로 '그렇다'이다. 전류원은 회로에 −20 A를 −∞와 0 사이에 공급한다. 각 가지의 저항은 −20 A가 어떻게 두 가지 사이에 나눠는가를 결정한다. 구체적으로 −20 A의 1/4은 i_o의 가지에 흐르고 따라서 i_o는 $t < 0$일 때 −5 A이다. 전류원이 $t = 0$일 때 −20 A에서 +20 A로 점프하면, i_o는 시정수 0.25 s로 최종값 +5 A에 접근하게 된다.

푸리에 변환의 중요 특성은 정현파 입력에 대한 정상 상태 응답을 바로 구할 수 있다는 점이다. cos $\omega_0 t$의 푸리에 변환은 함수가 모든 시간에 대해 존재한다고 가정하고 있기 때문에 과도 성분이 없다. 예제 17.5는 이러한 특성을 보여 준다.

예제 17.5 정현파 정상 상태 응답을 구하기 위해 푸리에 변환 사용하기

그림 17.9에 있는 예제 17.4의 회로에서 전류원이 정현파 전류원으로 바뀐다. 그 전류 식은 다음과 같다.

$$i_g(t) = 50\cos 3t \text{ A}.$$

푸리에 변환 방법을 사용하여 $i_o(t)$를 구하라.

풀이

구동 함수의 변환은

$$I_g(\omega) = 50\pi[\delta(\omega - 3) + \delta(\omega + 3)].$$

이전처럼 회로의 전달 함수는

$$H(\omega) = \frac{1}{4 + j\omega}.$$

전류 응답의 변환은

$$I_o(\omega) = 50\pi\frac{\delta(\omega - 3) + \delta(\omega + 3)}{4 + j\omega}.$$

$I_o(\omega)$의 역변환을 구하기 위해 식 (17.4)의 푸리에 변환 적분식 및 임펄스 함수의 이동 특성 식을 이용하자.

$$i_o(t) = \mathscr{F}^{-1}\{I_o(\omega)\}$$
$$= \frac{50\pi}{2\pi}\int_{-\infty}^{\infty}\left[\frac{\delta(\omega - 3) + \delta(\omega + 3)}{4 + j\omega}\right]e^{j\omega t}\,d\omega$$
$$= 25\left(\frac{e^{j3t}}{4 + j3} + \frac{e^{-j3t}}{4 - j3}\right)$$
$$= 25\left(\frac{e^{j3t}e^{-j36.87°}}{5} + \frac{e^{-j3t}e^{j36.87°}}{5}\right)$$
$$= 5[2\cos(3t - 36.87°)]$$
$$= 10\cos(3t - 36.87°)\text{ A}.$$

$i_o(t)$의 해가 페이저 해석에 의해 구한 것과 동일하다는 것을 증명하는 것은 여러분에게 남겨 둔다.

평가문제

목표 2 — 회로 응답을 구하는 데 푸리에 변환을 사용하는 방법을 안다.

17.6 제시된 회로의 전압원은 $36\,\text{sgn}(t)$ V의 전압을 전달한다. 그 응답은 60 kΩ 저항에 걸리는 전압이다. 다음을 구하라.

a) $V_g(\omega)$ b) $H(j\omega)$ c) $V_o(\omega)$
d) $v_o(t)$ e) $v_o(0^-)$ f) $v_o(0^+)$
g) $v_o(\infty)$

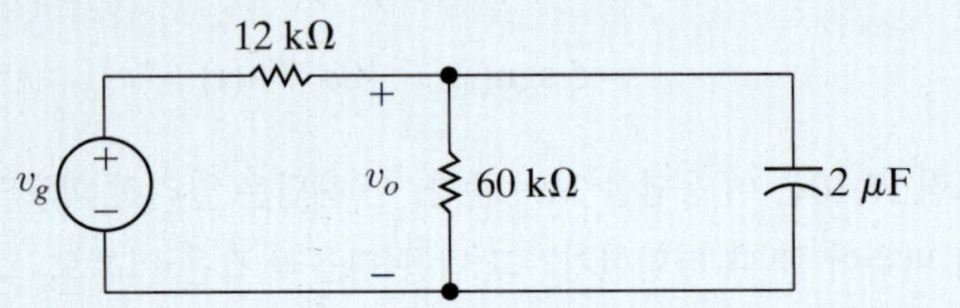

정답: a) $72/j\omega$,
b) $41.667/(50 + j\omega)$,
c) $3000/j\omega(50 + j\omega)$,
d) $30\sin(t) - 60e^{-50t}u(t)$ V,
e) -30 V,
f) -30 V,
g) 30 V.

17.7 푸리에 변환을 사용하여 제시된 회로에서 i_o를 구하라. 전압원 $v_g = 300\cos 5000t$ V이다.

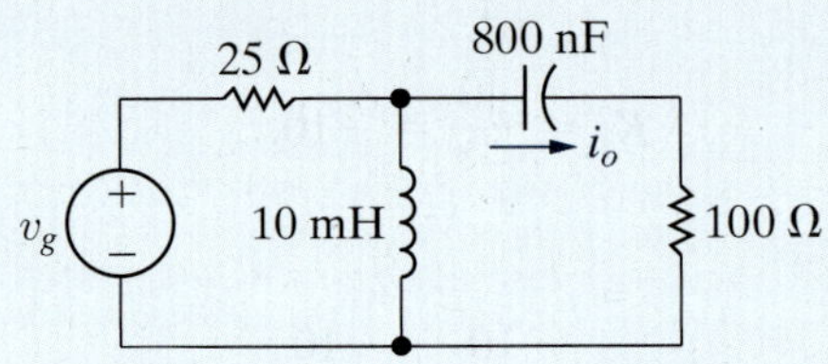

정답: $1\cos(5000t + 90°)$ A.

자가 검사: 연습문제 17.21, 17.27, 17.31도 풀어 보라.

17.8 파스발 정리

파스발 정리는 제한된 에너지의 시간 영역 함수와 함수의 푸리에 변환과 관련된 에너지에 연관된다. 시간 영역 함수 $f(t)$를 1 Ω 저항 양단의 전압이나 전류로 생각해 보자. 그러면 이 함수와 관련된 에너지는

$$W_{1\Omega} = \int_{-\infty}^{\infty} f^2(t)\,dt.$$

파스발 정리가 뜻하는 것은 이와 같은 에너지가 주파수 영역에서의 적분에 의해서 계산될 수 있다는 것이다.

$$W_{1\Omega} = \int_{-\infty}^{\infty} f^2(t)\,dt = \frac{1}{2\pi}\int_{-\infty}^{\infty} |F(\omega)|^2\,d\omega. \tag{17.14}$$

따라서 $f(t)$와 관계된 1 Ω 에너지는 $f(t)$ 제곱을 모든 시간 영역에서 적분하거나 $f(t)$의 푸리에 변환 크기 제곱을 모든 주파수에 대해 적분하고 $1/2\pi$를 곱하여 구할 수 있다. 만일 두 적분이 존재하면 파스발 정리는 성립한다.

한정된 에너지의 시간 영역 신호와 관계된 평균 전력은 전 시간에서 평균을 했을 때 0이다. 따라서 이런 형태의 신호와 비교할 때는 신호의 에너지 양에 의존한다. 에너지 계산의 기본으로 1 Ω 저항을 사용하는 것은 전압과 전류 신호의 에너지 양을 비교하는 데 편리하다.

식 (17.14)를 유도하기 위해 좌변의 적분 안을 $f(t)$의 제곱으로 하고 $f(t)$의 역변환으로 표현하면 다음과 같다.

$$\int_{-\infty}^{\infty} f^2(t)\,dt = \int_{-\infty}^{\infty} f(t)\,f(t)\,dt$$

$$= \int_{-\infty}^{\infty} f(t)\left[\frac{1}{2\pi}\int_{-\infty}^{\infty} F(\omega)e^{j\omega t}\,d\omega\right]dt.$$

안쪽 적분의 내부로 $f(t)$를 이동한다. 그 이유는 그 적분이 ω에 대한 적분이기 때문이다. 그리고 $1/2\pi$ 인자를 밖으로 빼낸다. 그러면 다음과 같이 된다.

$$\int_{-\infty}^{\infty} f^2(t)\,dt = \frac{1}{2\pi}\int_{-\infty}^{\infty}\left[\int_{-\infty}^{\infty} F(\omega)\,f(t)e^{j\omega t}\,d\omega\right]dt.$$

적분의 순서를 바꾸면 $F(\omega)$가 시간에 대한 적분에서 밖으로 나오게 된다. 따라서

$$\int_{-\infty}^{\infty} f^2(t)\,dt = \frac{1}{2\pi}\int_{-\infty}^{\infty} F(\omega)\left[\int_{-\infty}^{\infty} f(t)e^{j\omega t}\,dt\right]d\omega.$$

내부 적분은 $F(-\omega)$이다. 따라서

$$\int_{-\infty}^{\infty} f^2(t)\,dt = \frac{1}{2\pi}\int_{-\infty}^{\infty} F(\omega)\,F(-\omega)\,d\omega.$$

17.5절에서는 $F(-\omega) = F*(\omega)$가 됨을 보였다. 따라서 $F(-\omega)F(\omega)$ 곱은 단순히 $F(\omega)$ 크기의 제곱이 되어 식 (17.14)를 유도할 수 있다. 또한 $|F(\omega)|$이 ω에 대한 우함수임을 알면 식 (17.14)를 다음처럼 쓸 수 있다.

$$\int_{-\infty}^{\infty} f^2(t)\,dt = \frac{1}{\pi}\int_{0}^{\infty} |F(\omega)|^2\,d\omega. \tag{17.15}$$

파스발 정리의 증명

식 (17.15)의 유효성을 증명하기 위해 다음과 같이 가정하자.

$$f(t) = e^{-a|t|}.$$

식 (17.15)의 좌변에 $f(t)$를 대입하면 다음 식을 얻을 수 있다.

$$\int_{-\infty}^{\infty} e^{-2a|t|}\,dt = \int_{-\infty}^{0} e^{2at}\,dt + \int_{0}^{\infty} e^{-2at}\,dt$$

$$= \left.\frac{e^{2at}}{2a}\right|_{-\infty}^{0} + \left.\frac{e^{-2at}}{-2a}\right|_{0}^{\infty}$$

$$= \frac{1}{2a} + \frac{1}{2a} = \frac{1}{a}.$$

$f(t)$의 푸리에 변환은

$$F(\omega) = \frac{2a}{a^2 + \omega^2},$$

그리고 식 (17.15)의 우변은 다음과 같이 된다.

$$\frac{1}{\pi}\int_0^{\infty}\frac{4a^2}{(a^2+\omega^2)^2}\,d\omega = \frac{4a^2}{\pi}\frac{1}{2a^2}\left(\frac{\omega}{\omega^2+a^2}+\frac{1}{a}\tan^{-1}\frac{\omega}{a}\right)\Bigg|_0^{\infty}$$
$$=\frac{2}{\pi}\left(0+\frac{\pi}{2a}-0-0\right)$$
$$=\frac{1}{a}.$$

식 (17.15)의 좌변과 우변의 계산 결과는 모두 $1/a$임을 알 수 있다.

파스발 정리의 해석

파스발 정리는 푸리에 변환 크기의 제곱 $|F(\omega)|^2$이 에너지 밀도(J/Hz)라는 물리적 해석을 나타낸다. 이를 알아보기 위해 식 (17.15)의 우변을 $\omega = 2\pi f$로 대체하고 다음과 같이 쓴다.

$$\frac{1}{\pi}\int_0^{\infty}|F(2\pi f)|^2 2\pi\, df = 2\int_0^{\infty}|F(2\pi f)|^2\, df,$$

여기서 $|F(2\pi f)|^2\,df$는 주파수의 미소 영역(df)의 에너지이다. $f(t)$와 관계된 전체 1 Ω 에너지는 전 주파수에 대해 $|F(2\pi f)|^2\,df$의 적분(합계)이다.

또한 전체 에너지에서 특정 주파수 영역의 비율 또한 계산할 수 있다. 예를 들어 주파수 대역 ω_1에서 ω_2까지의 1 Ω 에너지는 다음과 같다.

$$W_{1\Omega} = \frac{1}{\pi}\int_{\omega_1}^{\omega_2}|F(\omega)|^2\,d\omega. \tag{17.16}$$

이때 주파수 영역에서의 적분을

$$\frac{1}{2\pi}\int_{-\infty}^{\infty}|F(\omega)|^2\,d\omega$$

대신에

$$\frac{1}{\pi}\int_0^{\infty}|F(\omega)|^2\,d\omega,$$

를 이용하여 쓴다. 식 (17.16)은 다음과 같이 다시 쓸 수 있다.

$$W_{1\Omega} = \frac{1}{2\pi}\int_{-\omega_2}^{-\omega_1}|F(\omega)|^2 d\omega + \frac{1}{2\pi}\int_{\omega_2}^{\omega_1}|F(\omega)|^2 d\omega. \tag{17.17}$$

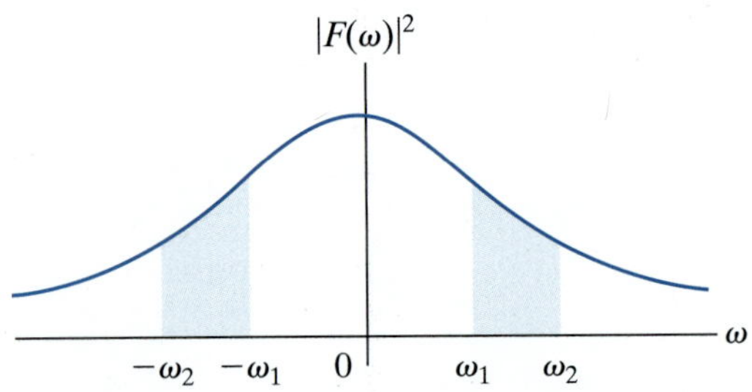

그림 17.11▲ 식 (17.17)의 도식적 해석.

그림 17.11은 식 (17.17)을 그림으로 해석한 것이다.

예제 17.6~17.9는 파스발 정리에 관련된 계산을 보여 준다.

예제 17.6 파스발 정리 적용하기

40 Ω 저항의 전류가 다음과 같다.

$$i = 20e^{-2t}u(t)\ \text{A}.$$

이 저항으로 주파수 영역 $0 \le \omega \le 2\sqrt{3}$ rad/s에서 방출되는 에너지는 전체의 몇 %인가?

풀이

40 Ω 저항에서 방출되는 전체 에너지는

$$W_{40\Omega} = 40\int_0^{\infty}400e^{-4t}\,dt$$
$$= 16{,}000\,\frac{e^{-4t}}{-4}\Bigg|_0^{\infty} = 4000\ \text{J}.$$

파스발 정리를 이용하여 전체 에너지 계산을 확인하면

$$F(\omega) = \frac{20}{2 + j\omega}.$$

따라서

$$|F(\omega)| = \frac{20}{\sqrt{4 + \omega^2}}$$

그리고

$$W_{40\Omega} = \frac{40}{\pi}\int_0^{\infty} \frac{400}{4 + \omega^2}\,d\omega$$

$$= \frac{16{,}000}{\pi}\left(\frac{1}{2}\tan^{-1}\frac{\omega}{2}\Big|_0^{\infty}\right)$$

$$= \frac{8000}{\pi}\left(\frac{\pi}{2}\right) = 4000\text{ J}.$$

주파수 영역 $0 \leq \omega \leq 2\sqrt{3}$ rad/s에서 방출되는 에너지는

$$W_{40\Omega} = \frac{40}{\pi}\int_0^{2\sqrt{3}} \frac{400}{4 + \omega^2}\,d\omega$$

$$= \frac{16{,}000}{\pi}\left(\frac{1}{2}\tan^{-1}\frac{\omega}{2}\Big|_0^{2\sqrt{3}}\right)$$

$$= \frac{8000}{\pi}\left(\frac{\pi}{3}\right) = \frac{8000}{3}\text{ J}.$$

따라서 이 주파수 영역과 전체 에너지를 연관시키면

$$\eta = \frac{8000/3}{4000} \times 100 = 66.67\%.$$

예제 17.7 이상적인 대역 통과 필터에 대해 파스발 정리 적용하기

이상적인 대역 통과 필터의 입력 전압은 다음과 같다.

$$v(t) = 120e^{-24t}u(t)\text{ V}.$$

이 필터는 24~48 rad/s 영역에 놓인 모든 주파수를 감쇠 없이 통과시키고, 그 외 영역의 전 주파수를 완전히 막아 버린다.

a) 이 필터의 입력 전압에 대한 $|V(\omega)|^2$을 그려라.

b) 이 필터의 출력 전압에 대한 $|V_o(\omega)|^2$을 그려라.

c) 필터 입력 신호의 1 Ω 에너지의 몇 %가 출력에서 사용 가능한가?

풀이

a) 이 필터의 입력 전압의 푸리에 변환은

$$V(\omega) = \frac{120}{24 + j\omega}.$$

따라서

$$|V(\omega)|^2 = \frac{14{,}400}{576 + \omega^2}.$$

그림 17.12는 ω에 대한 $|V(\omega)|^2$을 보여 준다.

b) 이 이상적인 대역 통과 필터는 통과 대역 밖의 모든 주파수를 거부하게 된다. 이에 따른 ω에 대한 $|V_o(\omega)|^2$은 그림 17.13에 있다.

c) 이 필터의 입력에서 사용 가능한 전체 1 Ω 에너지는

$$W_i = \frac{1}{\pi}\int_0^{\infty} \frac{14{,}400}{576 + \omega^2}\,d\omega = \frac{14{,}400}{\pi}\left(\frac{1}{24}\tan^{-1}\frac{\omega}{24}\Big|_0^{\infty}\right)$$

$$= \frac{600}{\pi}\,\frac{\pi}{2} = 300\text{ J}.$$

이 필터의 출력에서 사용 가능한 전체 1 Ω 에너지는

$$W_o = \frac{1}{\pi}\int_{24}^{48} \frac{14{,}400}{576 + \omega^2}\,d\omega = \frac{600}{\pi}\tan^{-1}\frac{\omega}{24}\Big|_{24}^{48}$$

$$= \frac{600}{\pi}\left(\tan^{-1}2 - \tan^{-1}1\right) = \frac{600}{\pi}\left(\frac{\pi}{2.84} - \frac{\pi}{4}\right)$$

$$= 61.45\text{ J}.$$

따라서 출력에서 사용 가능한 입력 에너지의 백분율은

$$\eta = \frac{61.45}{300} \times 100 = 20.48\%.$$

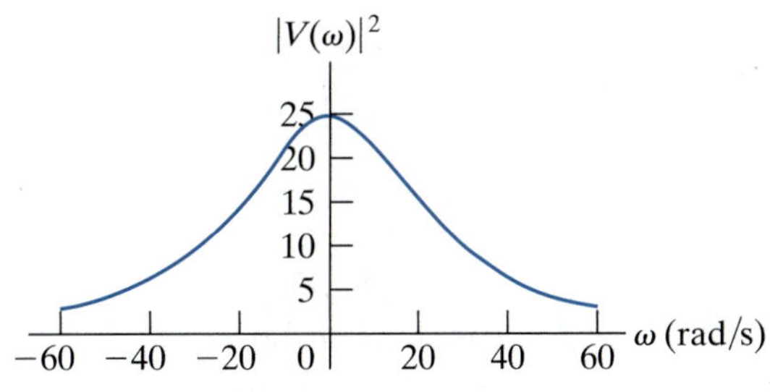

그림 17.12▲ 예제 17.7에 대한 $|V(\omega)|^2$ 대 ω.

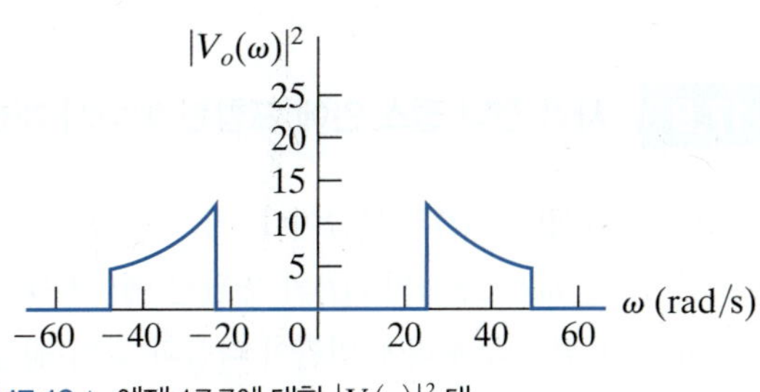

그림 17.13▲ 예제 17.7에 대한 $|V_o(\omega)|^2$ 대 ω.

예제 17.8 저역 통과 필터에 대해 파스발 정리 적용하기

$v_o(t)$에 대한 시간 영역 표현식을 모른다고 할지라도 필터의 출력에서 사용 가능한 에너지를 계산하는 데 파스발 정리를 이용할 수 있다. 그림 17.14의 저역 통과 RC 필터의 입력 전압은 다음과 같다.

$$v_i(t) = 15e^{-5t}u(t) \text{ V}.$$

a) 입력 신호에서 사용 가능한 전체 $1\,\Omega$ 에너지의 몇 %가 출력 신호에서 사용 가능한가?

b) $0 \le \omega \le 10$ rad/s의 주파수 영역과 관련된 에너지는 전체의 몇 %인가?

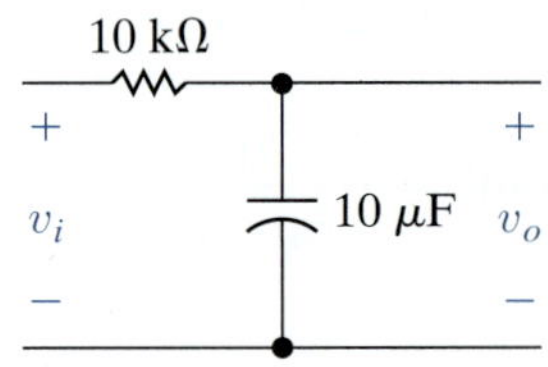

그림 17.14▲ 예제 17.8의 저역 통과 RC 필터.

풀이

a) 필터의 입력 신호에서 $1\,\Omega$ 에너지는

$$W_i = \int_0^\infty (15e^{-5t})^2\, dt = 225\, \frac{e^{-10t}}{-10}\bigg|_0^\infty = 22.5 \text{ J}.$$

출력 전압의 푸리에 변환은

$$V_o(\omega) = V_i(\omega)H(\omega),$$

여기서

$$V_i(\omega) = \frac{15}{5 + j\omega},$$

$$H(\omega) = \frac{1/RC}{1/RC + j\omega} = \frac{10}{10 + j\omega}.$$

따라서

$$V_o(\omega) = \frac{150}{(5 + j\omega)(10 + j\omega)},$$

$$|V_o(\omega)|^2 = \frac{22{,}500}{(25 + \omega^2)(100 + \omega^2)}.$$

이 필터의 출력 신호에서 사용 가능한 $1\,\Omega$ 에너지는

$$W_o = \frac{1}{\pi}\int_0^\infty \frac{22{,}500}{(25 + \omega^2)(100 + \omega^2)}\, d\omega.$$

적분의 내부를 부분 분수의 합으로 쉽게 나타낼 수 있다.

$$\frac{22{,}500}{(25 + \omega^2)(100 + \omega^2)} = \frac{300}{25 + \omega^2} - \frac{300}{100 + \omega^2}.$$

따라서

$$W_o = \frac{300}{\pi}\left\{\int_0^\infty \frac{d\omega}{25 + \omega^2} - \int_0^\infty \frac{d\omega}{100 + \omega^2}\right\}$$

$$= \frac{300}{\pi}\left[\frac{1}{5}\left(\frac{\pi}{2}\right) - \frac{1}{10}\left(\frac{\pi}{2}\right)\right] = 15 \text{ J}.$$

그러므로 출력 신호에서 사용 가능한 에너지는 입력 신호에서 사용 가능한 에너지의 66.67%이다. 즉

$$\eta = \frac{15}{22.5}(100) = 66.67\%.$$

b) 주파수 영역 $0 \le \omega \le 10$ rad/s와 연관된 출력 에너지는

$$W_o' = \frac{300}{\pi}\left\{\int_0^{10} \frac{d\omega}{25 + \omega^2} - \int_0^{10} \frac{d\omega}{100 + \omega^2}\right\}$$

$$= \frac{300}{\pi}\left(\frac{1}{5}\tan^{-1}\frac{10}{5} - \frac{1}{10}\tan^{-1}\frac{10}{10}\right)$$

$$= \frac{30}{\pi}\left(\frac{2\pi}{2.84} - \frac{\pi}{4}\right)$$

$$= 13.64 \text{ J}.$$

출력 신호의 전체 $1\,\Omega$ 에너지는 15 J이고 주파수 영역 0에서 10 rad/s까지와 연관된 백분율은 90.97%이다.

예제 17.9 사각 전압 펄스 안에 포함된 에너지 계산하기

그림 17.15(a)는 전압 펄스 $v(t)$의 모습이다. 파스발 정리를 이용하여 주파수 범위 $0 \le \omega \le 2\pi/\tau$의 $v(t)$와 연관된 에너지를 구하라. 17.1절에서 전압 펄스의 푸리에 변환이 다음과 같이 됨을 떠올리자.

$$V(\omega) = V_m\tau\, \frac{\sin \omega\tau/2}{\omega\tau/2}.$$

전압 펄스의 푸리에 변환은 그림 17.15(b)에 도시했다.

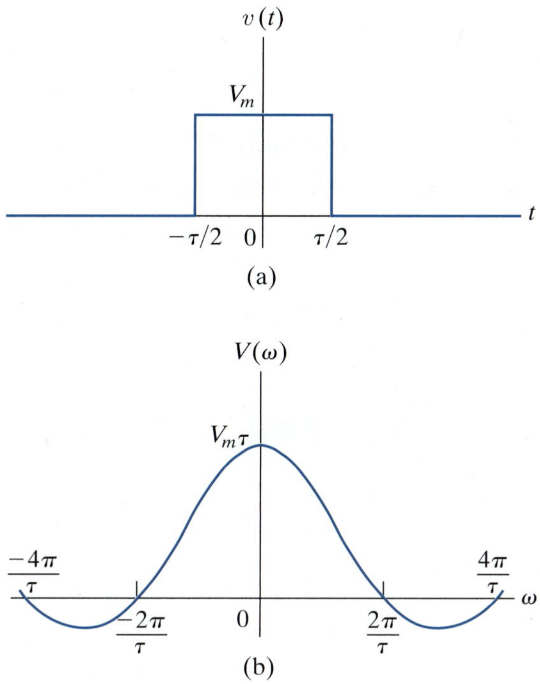

그림 17.15▲ 사각파 전압 펄스 및 그 푸리에 변환: (a) 사각 전압 펄스. (b) $v(t)$의 푸리에 변환.

풀이

전압 펄스의 푸리에 변환을 식 (17.16)에 대입하면

$$W = \frac{1}{\pi}\int_0^{2\pi/\tau} V_m^2\tau^2 \frac{\sin^2\omega\tau/2}{(\omega\tau/2)^2}\, d\omega.$$

이 적분을 계산하기 위해 $x = \omega\tau/2$로 두면 $dx = (\tau/2)d\omega$가 된다. $\omega = 2\pi/\tau$일 때 $x = \pi$임을 유의하라. 이를 이용하면 에너지 식은 다음과 같다.

$$W = \frac{2V_m^2\tau}{\pi}\int_0^{\pi} \frac{\sin^2 x}{x^2}\, dx.$$

이제 부분 적분을 수행해 보자. $u = \sin^2 x$, $dv = dx/x^2$라 두면 $du = 2\sin x \cos x\, dx = \sin 2x\, dx$가 되며, $v = -1/x$가 된다. 따라서

$$\int_0^{\pi}\frac{\sin^2 x}{x^2}\,dx = -\frac{\sin^2 x}{x}\bigg|_0^{\pi} - \int_0^{\pi} -\frac{1}{x}\sin 2x\, dx$$

$$= 0 + \int_0^{\pi}\frac{\sin\ 2x}{x}\,dx$$

그리고

$$W = \frac{4V_m^2\tau}{\pi}\int_0^{\pi}\frac{\sin\ 2x}{2x}\,dx.$$

이 적분을 계산하기 위해 $\sin y/y$ 형태의 다른 치환 변수를 만들자. $y = 2x$라 하면 $dy = 2\,dx$가 되며, $x = \pi$일 때 $y = 2\pi$가 된다. 따라서 다음과 같이 쓸 수 있다.

$$W = \frac{2V_m^2\tau}{\pi}\int_0^{2\pi}\frac{\sin\ y}{y}\,dy.$$

적분값은 온라인 계산기[1]에서 구할 수 있다. 적분값은 1.41815이며, 따라서

$$W = \frac{2V_m^2\tau}{\pi}(1.41815).$$

$v(t)$와 관련된 전체 1 Ω 에너지는 시간 영역 적분으로 구하거나 주파수 영역에서 식 (17.14)의 적분을 이용하여 구할 수 있다. 전체 에너지는

$$W_t = V_m^2\tau.$$

전체 에너지 중 주파수 영역 0부터 $2\pi/\tau$까지의 에너지 비율은

$$\eta = \frac{W}{W_t}$$

$$= \frac{2V_m^2\tau(1.41815)}{\pi(V_m^2\tau)}$$

$$= 0.9028.$$

따라서 $v(t)$의 약 90%의 에너지가 진폭 스펙트럼의 주요 부분에 포함되어 있다.

그림 17.15는 전압 펄스의 폭(τ)이 작아질수록 진폭 스펙트럼의 주요 부분(즉 $-2\pi/\tau$부터 $2\pi/\tau$까지)이 더 넓은 주파수 범위에 퍼진다는 것을 알 수 있다. 이는 앞서 언급한 연산상의 변환의 결과와도 일치한다. 시간축에서 압축되면 주파수축에서 확장되며, 그 역도 성립한다. 사각파 펄스를 충분히 깨끗하게 전송하기 위해서는 시스템의 대역폭이 주파수 스펙트럼의 주요 부분을 충분히 다룰 수 있을 만큼 넓어야 한다. 즉 차단 주파수는 $2\pi/\tau$ rad/s 이상 또는 $1/\tau$ Hz 이상이 되어야 한다.

1 http://www.wolframalpha.com/input/?i=integrate+sin+x+%2F+x+from+0+to+2*pi

평가문제

목표 3— 파스발 정리를 이해하고 사용할 수 있다.

17.8 $v(t)$의 푸리에 변환의 크기가 제시된 그림과 같다고 가정한다. 이 전압이 $10\,k\Omega$의 저항에 인가된다. 이 저항에 전달된 전체 에너지를 계산하라.

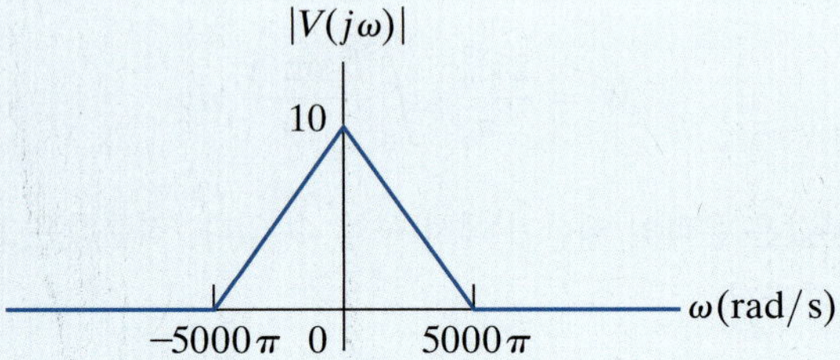

정답: 16.67 J.

자가 검사: 연습문제 17.41도 풀어 보라.

17.9 제시된 회로는 $i_g = 12e^{-10t}u(t)$ A의 전류에 의해 구동된다. 출력 전류 i_o에 포함된 전체 $1\,\Omega$ 에너지 중에서 주파수 범위 $0 \leq |\omega| \leq 100$ rad/s에 해당하는 에너지는 몇 퍼센트인가?

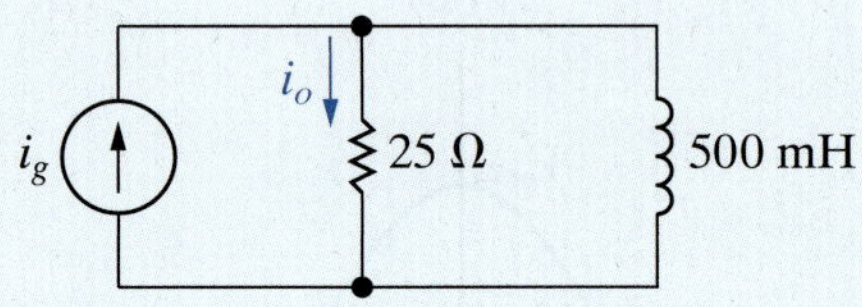

정답: 64.7%.

실제 응용

디지털 신호의 필터링

전화선상의 디지털 신호의 전송 효과를 이해하기 위해 디지털 신호 '1'을 나타내는 그림 17.15(a)에 표시된 $V_m = 5$ V이며 $\tau = 1\,\mu s$인 간단한 펄스를 고려한다. 이 펄스의 진폭은 $V_m\pi = 5\,\mu$V이며 주파수축에서 첫 번째 영점 교차값 $2\pi/\tau = 6.28$ Mrad/s $= 1$ MHz이고, 이때 푸리에 변환은 그림 17.15(b)에 표시되어 있다.

값 '1'을 의미하는 디지털 펄스는 이상적으로는 무한한 주파수 성분의 합임을 알아 둔다. 그러나 전화선은 이 주파수 성분을 모두 전송할 수 없다. 일반적으로 전화선은 10 MHz의 대역폭을 가지며, 이는 10 MHz 이하의 주파수 성분만 전송할 수 있다는 것을 의미한다. 그림 17.16에 나타낸 바와 같이 전화선의 다른 쪽 컴퓨터에서 신호를 수신할 때 원래 펄스의 왜곡을 발생시킨다.

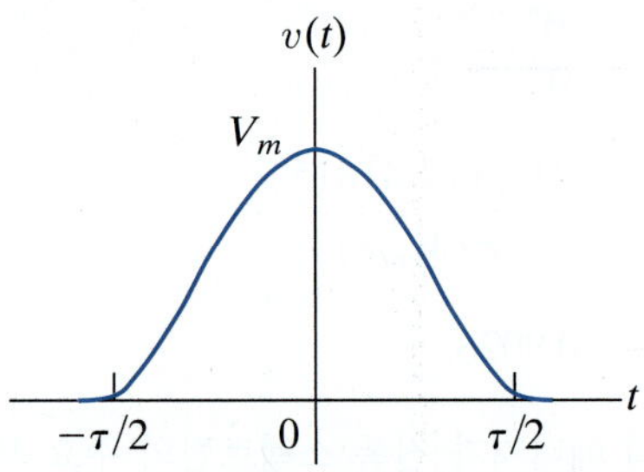

그림 17.16▲ 대역폭이 제한된 필터를 통해 사각파를 전송할 때의 효과와 시간 영역에서 출력 신호의 왜곡을 발생시킴.

요약

- **푸리에 변환**은 비주기성 시간 영역 함수의 주파수 영역에 서의 표현이다. 시간 영역 신호의 속성에 따라 그 푸리에 변환을 구하는 데 다음 세 가지 접근 중 하나를 사용한다.
  - 시간 영역 신호가 한정된 기간 동안 잘 동작하는 펄스라면 푸리에 변환을 정의하는 적분을 사용한다.
  - $f(t)$의 편측 라플라스 변환이 존재하고 $F(s)$의 극점이 s평면의 좌반부에 놓이면 $F(s)$가 $F(\omega)$를 구하는 데 사용될 수 있다.
  - $f(t)$가 상수, 시그넘 함수, 계단 함수, 정현파 함수라면 푸리에 변환은 극한 과정을 이용하여 구할 수 있다.
- 회로 해석에 유용한 기능 및 연산상의 푸리에 변환은 표 17.1과 17.2에 정리했다.
- 푸리에 변환은 음의 시간과 양의 시간 함수 모두를 수용한다. 그래서 $t = -\infty$에서 시작하는 경우의 문제에 적합하다. 반면에 편측 라플라스 변환은 초깃값을 갖고 $t > 0$인 경우의 문제에 적합하다.
- 응답 신호 $y(t)$의 푸리에 변환은 다음과 같다.

$$Y(\omega) = X(\omega)\,H(\omega)$$

여기서 $X(\omega)$는 입력 신호 $x(t)$의 푸리에 변환이고, $H(\omega)$는 $s = j\omega$에서의 전달 함수 $H(s)$이다.

- 푸리에 변환의 크기 제곱은 주파수 영역에서 에너지 밀도(J/Hz)의 척도이다(파스발 정리). 따라서 푸리에 변환은 특정 범위의 주파수에 대한 $f(t)$에 포함된 에너지와 전체 에너지 비율을 구하게 해 준다.

연습문제

17.1과 17.2절

17.1 정의된 적분을 사용하여 다음 함수의 푸리에 변환을 구하라.

a) $f(t) = -A, \quad -\tau/2 \leq t < 0,$
$f(t) = A, \quad 0 \leq t \leq \tau/2,$
$f(t) = 0,$ 기타 구간

b) $f(t) = 0, \quad t < 0,$
$f(t) = te^{-at}, \quad t \geq 0, a > 0$

17.2 a) 그림 P17.2에 나타낸 함수의 푸리에 변환을 구하라.

b) $\omega = 0$일 때 $F(\omega)$를 구하라.

c) $A = 2$이고 $\tau = 1$일 때 ω에 대한 $|F(\omega)|$을 그려라.

힌트: $|F(\omega)|$를 $\omega = \pm1, \pm2, \pm3, \ldots, \pm15$에서 평가하라. $|F(\omega)|$이 ω에 대한 우함수라는 사실을 이용하라.

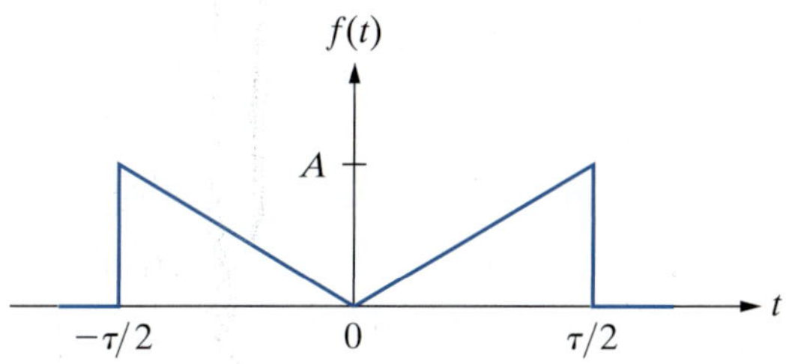

그림 P17.2

17.3 $f(t)$의 푸리에 변환을 그림 P17.3에 나타냈다.

a) $f(t)$를 구하라.

b) $f(0)$을 구하라.

c) $A = 2\pi$이고 $\omega_0 = 2$ rad/s일 때 $-10\text{ s} \leq t \leq 10\text{ s}$에 대한 $f(t)$를 그려라. 힌트: $f(t)$는 기함수임을 기억하라.

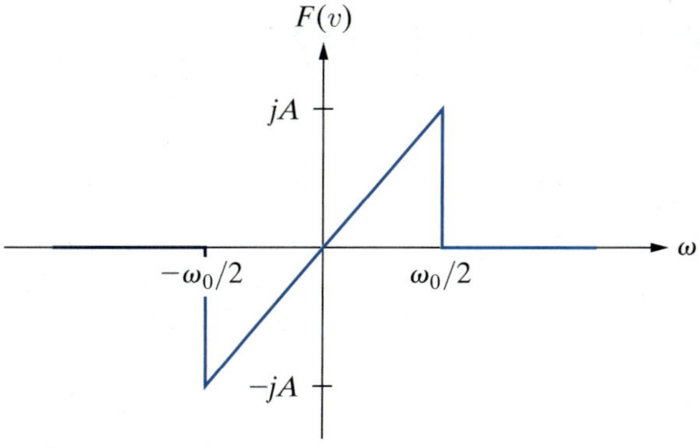

그림 P17.3

17.3~17.5절

17.4 다음 함수 각각의 푸리에 변환을 구하라. 모든 함수에서 a는 양의 실수 상수이다.

a) $f(t) = 0, \quad t < 0,$
$f(t) = e^{-at}\sin\omega_0 t, \quad t \geq 0.$

b) $f(t) = e^{-a|t|}\sin\omega_0 t, \quad -\infty \leq t \leq \infty.$

c) $f(t) = e^{-a|t|}\cos\omega_0 t, \quad -\infty \leq t \leq \infty.$

d) $f(t) = 0, \quad t > 0,$
$f(t) = -te^{-at}, \quad t \leq 0.$

e) $f(t) = t^3 e^{-a|t|}, \quad -\infty \leq t \leq \infty.$

17.5 $\mathscr{F}\{\sin\omega_0 t\}$를 유도하라.

17.6 $f(t)$가 t에 대한 실수 함수일 때, 역적분[식 (17.4)]이 다음과 같이 단순화됨을 보여라.

$$f(t) = -\frac{1}{2\pi}\int_{-\infty}^{\infty}[A(\omega)\cos\omega t - B(\omega)\sin\omega t]\,d\omega.$$

17.7 $f(t)$가 t에 대한 실수이고 기함수라면 역적분[식 (17.4)]이 다음과 같이 단순화됨을 보여라.

$$f(t) = -\frac{1}{2\pi}\int_{-\infty}^{\infty}B(\omega)\sin\omega t\,d\omega.$$

17.8 식 (17.4)의 역적분을 이용하여 $\mathscr{F}^{-1}\{2/j\omega\} = \text{sgn}(t)$임 을 보여라. 힌트: 연습문제 17.7을 이용하라.

17.9 근사 함수인

$$f(t) = e^{-\epsilon|t|}\cos\omega_0 t,$$

를 이용하여 $\mathscr{F}\{\cos\omega_0 t\}$를 구하라. 여기서 ϵ은 양의 실수 상수이다.

17.10 $f(t)$가 기함수일 때 다음을 보여라.

$$A(\omega) = 0,$$
$$B(\omega) = -2\int_0^{\infty}f(t)\sin\omega t\,dt.$$

17.11 $f(t)$가 우함수일 때 다음을 보여라.

$$A(\omega) = 2\int_0^{\infty}f(t)\cos\omega t\,dt,$$
$$B(\omega) = 0.$$

17.6절

17.12 a) $\mathscr{F}\{df(t)/dt\} = j\omega F(\omega)$임을 보여라. 여기서 $F(\omega) = \mathscr{F}\{f(t)\}$이다. 힌트: 정의하는 적분을 이용하고 부분별로 적분하라.

b) (a)에 주어진 결과가 유효하다면 $f(t)$에서의 제약 조건은 무엇인가?

c) $\mathscr{F}\{d^n f(t)/dt^n\} = (j\omega)^n F(\omega)$임을 보여라. 여기서 $F(\omega) = \mathscr{F}\{f(t)\}$이다.

17.13 a) 다음 식을 보여라.

$$\mathscr{F}\left\{\int_{-\infty}^{t} f(x)dx\right\} = \frac{F(\omega)}{j\omega},$$

여기서 $F(\omega) = \mathscr{F}\{f(x)\}$이다. 힌트: 정의하는 적분을 이용하고 부분별로 적분하라.

b) (a)에 주어진 결과가 유효하다면 $f(x)$에서의 제약 조건은 무엇인가?

c) 만일 $f(x) = e^{-ax}u(x)$이면 (a)에 있는 연산상의 변환을 사용할 수 있는가? 설명하라.

17.14 a)

$$\mathscr{F}\{f(at)\} = \frac{1}{a}F\left(\frac{\omega}{a}\right),\ a > 0.$$

임을 보여라.

b) $a > 0$일 때 $f(at) = e^{-a|t|}$가 주어졌다. $a = 0.5, 1.0, 2.0$일 때의 $F(\omega) = \mathscr{F}\{f(at)\}$를 그려라. 이 그림을 관찰하여 시간 영역에서의 **수축**은 주파수 영역에서의 **펼쳐짐**이 됨을 반영하는지 살펴보라.

17.15 다음의 연산상의 변환 각각을 유도하라.

a) $\mathscr{F}\{f(t-a)\} = e^{-j\omega a}F(\omega)$

b) $\mathscr{F}\{e^{j\omega_0 t}f(t)\} = F(\omega - \omega_0)$

c) $\mathscr{F}\{f(t)\cos\omega_0 t\} = \frac{1}{2}F(\omega-\omega_0) + \frac{1}{2}F(\omega+\omega_0)$

17.16

$$y(t) = \int_{-\infty}^{\infty} x(\lambda)h(t-\lambda)\,d\lambda,$$

가 주어졌다. $Y(\omega) = \mathscr{F}\{y(t)\} = X(\omega)H(\omega)$임을 보여라. 여기서 $X(\omega) = \mathscr{F}\{x(t)\}$이고 $H(\omega) = \mathscr{F}\{h(t)\}$이다. 힌트: 정의된 적분을 사용하여 다음 식을 쓰라.

$$\mathscr{F}\{y(t)\} = \int_{-\infty}^{\infty}\left[\int_{-\infty}^{\infty} x(\lambda)h(t-\lambda)\,d\lambda\right]e^{-j\omega t}\,dt.$$

다음으로 적분의 순서를 바꾸고 적분 변수를 $u = t - \lambda$로 바꾸라.

17.17 $f(t) = f_1(t)f_2(t)$라고 하자. 다음 식이 성립함을 보여라.

$$F(\omega) = (1/2\pi)\int_{-\infty}^{\infty} F_1(u)F_2(\omega - u)\,du.$$

힌트: 첫째, $F(\omega)$를 다음 식으로 표현하는 데 정의된 적분을 이용하라.

$$F(\omega) = \int_{-\infty}^{\infty} f_1(t)f_2(t)e^{-j\omega t}\,dt.$$

둘째, 다음 식과 같이 쓰는 데 역적분을 이용하라.

$$f_1(t) = \frac{1}{2\pi}\int_{-\infty}^{\infty} F_1(u)e^{j\omega t}\,du.$$

셋째, $f_1(t)$의 표현식을 위의 정의된 적분에 대입하고 적분 순서를 바꾸라.

17.18 $f(t)$는 다음과 같이 정의된 함수이다.

$$f(t) = \frac{2A}{\tau}t + A, \qquad -\frac{\tau}{2} \le t \le 0,$$

$$f(t) = -\frac{2A}{\tau}t + A, \quad 0 \le t \le \frac{\tau}{2}$$

$$f(t) = 0, \qquad \text{그 밖에}$$

a) 함수 $f(t)$의 이계 도함수를 구하라.

b) (a)에서 구한 이계 도함수의 푸리에 변환을 구하라.

c) (b)에서 얻은 결과를 이용하여 함수 $f(t)$의 푸리에 변환을 구하라. (힌트: 미분에 대한 연산 변환을 이용하라.)

17.19 $t^n f(t)$의 푸리에 변환을 이용하여 다음의 푸리에 변환 각각을 구하라(이때 $a > 0$이라 가정한다).

$$\mathscr{F}\{te^{-at}u(t)\},$$

$$\mathscr{F}\{|t|e^{-a|t|}\},$$

$$\mathscr{F}\{te^{-a|t|}\}.$$

17.7절

17.20 $f(t) = f_1(t)f_2(t)$라고 가정하자.
PSPICE
MULTISIM

$$f_1(t) = \cos\omega_0 t,$$

$$f_2(t) = 1, \quad -\tau/2 < t < \tau/2;$$

$$f_2(t) = 0, \qquad \text{그 밖에}$$

a) 주파수 영역에서의 컨벌루션을 사용하여 $F(\omega)$를 구하라.

b) $f(t)$가 $f_1(t)$의 더 많은 주기를 포함하도록 $f_2(t)$의 폭을 증가시키면 $F(\omega)$는 어떻게 되는가?

17.21 a) 푸리에 변환 방법을 이용하여 $i_g = 10\,\mathrm{sgn}(t)$ A일 때 그림 P17.21의 회로에서 $v_o(t)$를 구하라.
PSPICE MULTISIM

b) 알려진 회로 동작에 비추어 볼 때 자신의 답이 타당한가? 설명하라.

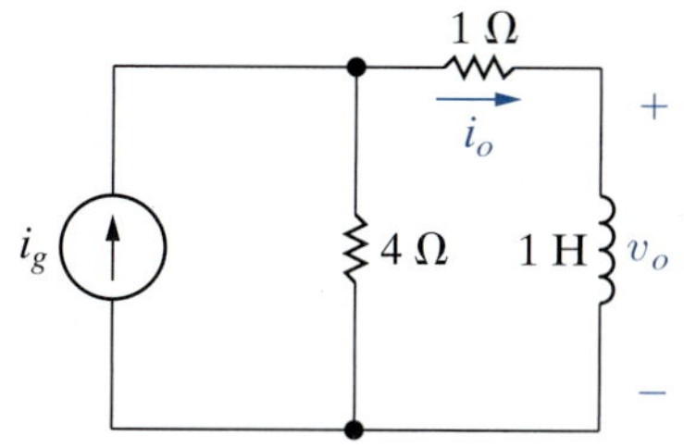

그림 P17.21

17.22 $v_o(t)$가 $i_o(t)$로 바뀌었을 때 연습문제 17.21을 반복하라.
PSPICE MULTISIM

17.23 a) 푸리에 변환 방법을 이용하여 그림 P17.23의 회로에서 $i_o(t)$를 구하라. $i_o(t)$의 초깃값이 0이고, 전원 전압은 $125u(t)$ V이다.
PSPICE MULTISIM

b) t에 대한 $i_o(t)$를 그려라.

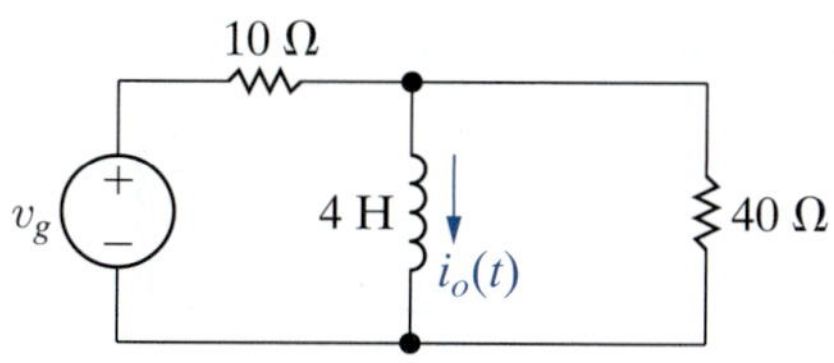

그림 P17.23

17.24 입력 전압 v_g가 $125\,\mathrm{sgn}(t)$로 바뀌었을 때 연습문제 17.23을 반복하라.
PSPICE MULTISIM

17.25 a) 푸리에 변환 방법을 이용하여 $i_g = 2\,\mathrm{sgn}(t)$ A일 때 그림 P17.25의 회로에서 v_o를 구하라.
PSPICE MULTISIM

b) 알려진 회로 동작에 비추어 볼 때 자신의 답이 타당한가? 설명하라.

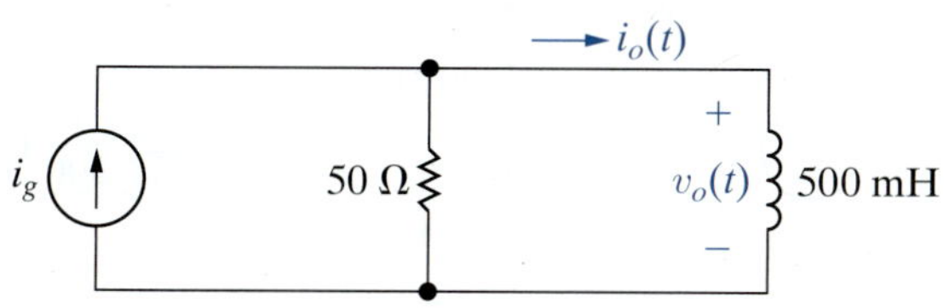

그림 P17.25

17.26 v_o가 i_o로 바뀌었을 때 연습문제 17.25를 반복하라.
PSPICE MULTISIM

17.27 a) $v_g = 30e^{-5|t|}$ V일 때 푸리에 변환을 이용하여 그림 P17.27의 회로에서 v_o를 구하라.
PSPICE MULTISIM

b) $v_o(0^-)$의 값은 얼마인가?

c) $v_o(0^+)$의 값은 얼마인가?

d) 라플라스 변환을 이용하여 $t \geq 0$일 때의 v_o를 구하라.

e) (d)의 해가 $t > 0^+$일 때의 (a)에서 구한 v_o와 일치하는가?

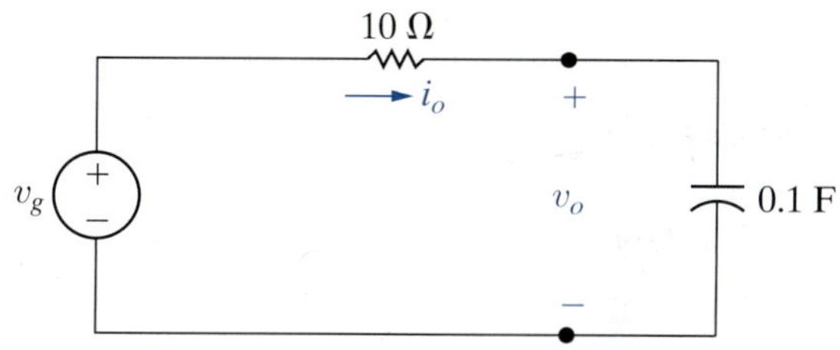

그림 P17.27

17.28 a) $v_g = 30e^{-5|t|}$ V일 때 푸리에 변환을 이용하여 그림 P17.27의 회로에서 i_o를 구하라.
PSPICE MULTISIM

b) $i_o(0^-)$의 값은 얼마인가?

c) $i_o(0^+)$의 값은 얼마인가?

d) 라플라스 변환을 이용하여 $t \geq 0$일 때의 i_o를 구하라.

e) (d)의 해가 $t > 0^+$일 때의 (a)에서 구한 i_o와 일치하는가?

17.29 그림 P17.29의 회로에서 전압원이 다음 식으로 주어진다.
PSPICE MULTISIM

$$v_g = 15\,\mathrm{sgn}(t) \text{ V}.$$

a) $v_o(t)$를 구하라.

b) $v_o(0^-)$의 값은 얼마인가?

c) $v_o(0^+)$의 값은 얼마인가?

d) 라플라스 변환을 이용하여 $t > 0^+$일 때의 $v_o(t)$를 구하라.

e) (d)의 해가 $t > 0^+$일 때의 (a)에서 구한 $v_o(t)$와 일치하는가?

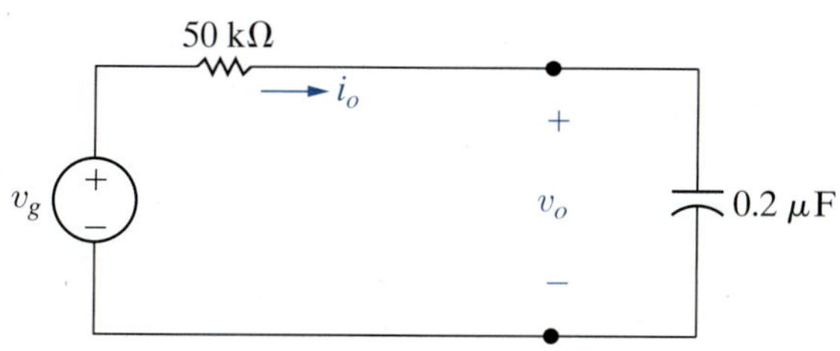

그림 P17.29

17.30 $i_o(t)$가 $v_o(t)$로 바뀌었을 때 연습문제 17.29를 반복하라.
PSPICE MULTISIM

17.31 그림 P17.31의 회로에서 전압원 v_g는 다음과 같은 전압을 생성한다.
PSPICE MULTISIM

$$v_g = e^t u(t) + u(-t)\ \text{V}.$$

a) 푸리에 변환 방법을 사용하여 v_a를 구하라.

b) $v_a(0^-)$, $v_a(0^+)$, $v_a(\infty)$의 값을 계산하라.

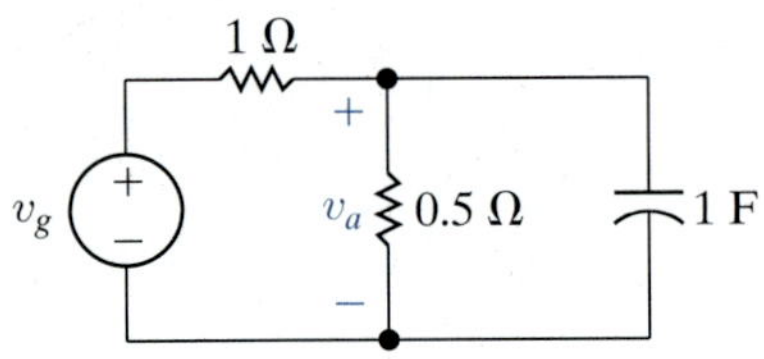

그림 P17.31

17.32 그림 P17.32의 회로에서 전압원은 다음과 같은 신호를 생성한다.
PSPICE MULTISIM

$$v_g = 18e^{4t}u(-t) - 12u(t)\ \text{V}.$$

a) $v_o(0^-)$, $v_o(0^+)$를 계산하라.

b) $i_o(0^-)$, $i_o(0^+)$를 계산하라.

c) v_o를 구하라.

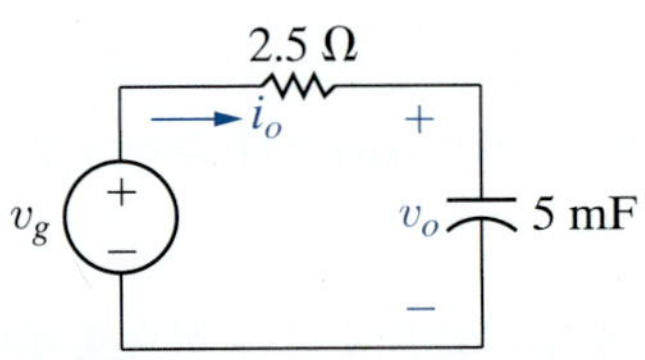

그림 P17.32

17.33 a) 푸리에 변환 방법을 이용하여 그림 P17.33의 회로에서 v_o를 구하라. 전압원 발생기는 다음과 같은 전압을 생성한다.
PSPICE MULTISIM

$$v_g = 90e^{-400|t|}\ \text{V}.$$

b) $v_o(0^-)$, $v_o(0^+)$, $v_o(\infty)$의 값을 계산하라.

c) $i_L(0^-)$, $i_L(0^+)$, $v_C(0^-)$, $v_C(0^+)$의 값을 구하라.

d) 알려진 회로 동작에 비추어 볼 때 (b)의 답이 타당한가? 설명하라.

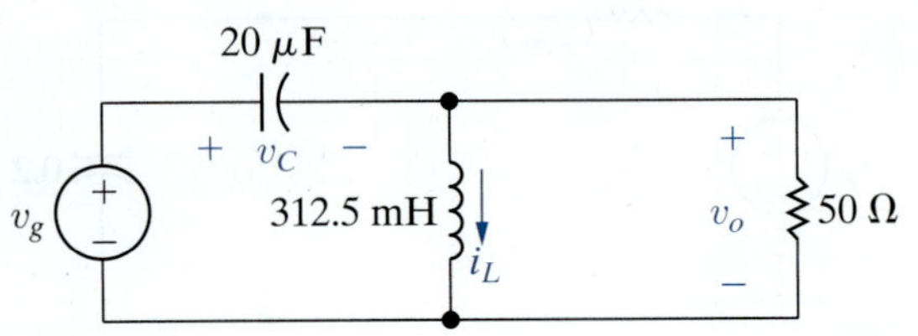

그림 P17.33

17.34 a) $v_g = 125 \cos 75t$ V일 때 푸리에 변환을 이용하여 그림 P17.34의 회로에서 v_o를 구하라.
PSPICE MULTISIM

b) 페이저 영역에서 v_o에 대한 정상 상태 표현식과 (a)에서 구한 답을 검토하라.

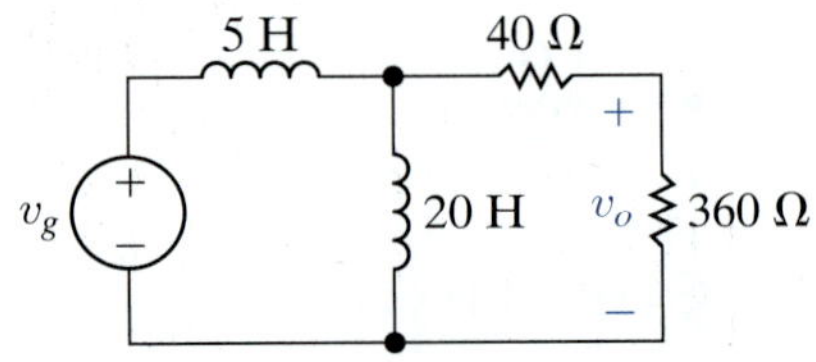

그림 P17.34

17.35 a) 그림 P17.35의 회로에서
PSPICE MULTISIM

$$i_g = -45e^{400t}u(-t) + 45e^{-400t}u(t)\ \text{A}.$$

일 때 푸리에 변환 방법을 이용하여 i_L을 구하라.

b) $i_L(0^-)$를 구하라.

c) $i_L(0^+)$를 구하라.

d) (b)와 (c)에서 구한 답이 알려진 회로 동작에 비추어 볼 때 타당한가? 설명하라.

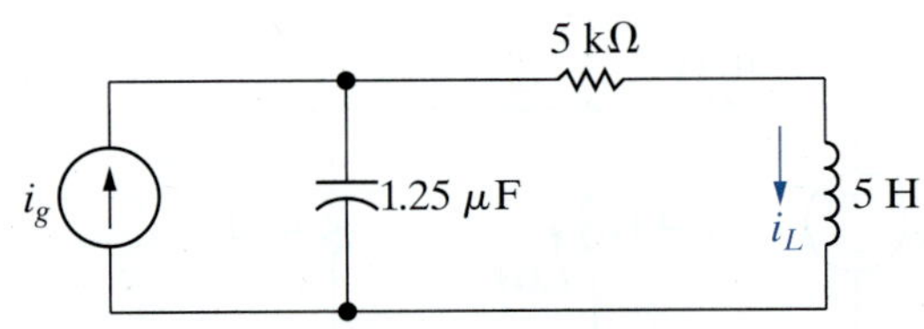

그림 P17.35

17.36 a) 그림 P17.36의 회로에서

$$v_g = 60e^{5t}u(-t) + 900e^{-5t}u(t)\ \text{V}.$$

일 때 푸리에 변환 방법을 이용하여 v_o를 구하라.

b) $v_o(0^-)$를 구하라.

c) $v_o(0^+)$를 구하라.

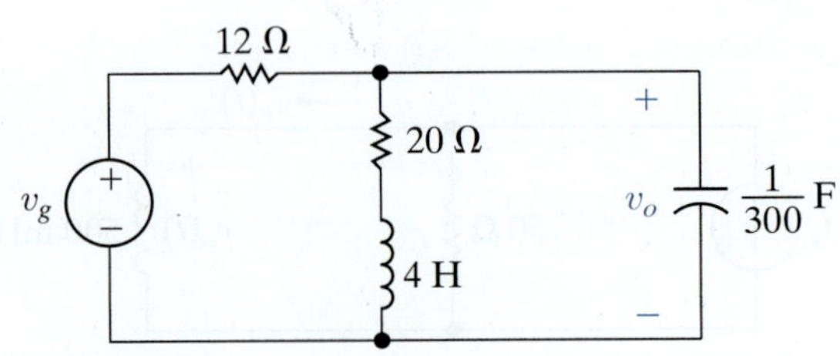

그림 P17.36

17.8절

17.37 그림 P17.37의 시스템의 입력 전압이 $8u(t)$ V일 때 출력 전압은 다음과 같다.

$$v_o = [60 - 40e^{-5t} + 20e^{-20t}]u(t)\ \text{V}.$$

$v_i = 8\,\text{sgn}(t)$ V일 때 출력 전압은 얼마인가?

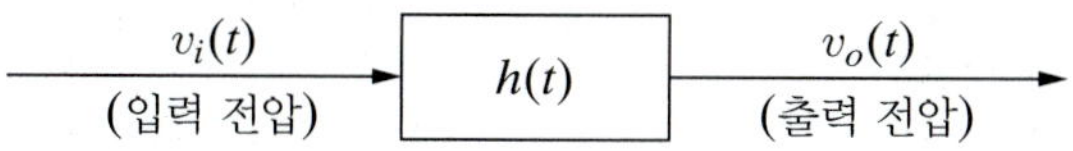

그림 P17.37

17.38 50 Ω 저항에 걸린 전압이 $v = 4te^{-t}u(t)$ V일 때, 이 저항에서 소모된 전체 에너지 중 주파수 대역 $0 \le \omega \le \sqrt{3}$ rad/s에 해당하는 에너지는 전체 에너지의 몇 퍼센트인가?

17.39 $F(\omega) = e^{\omega}u(-\omega) + e^{-\omega}u(\omega)$로 주어진다.

a) $f(t)$를 구하라.

b) 시간 영역에서의 적분을 통해 $f(t)$와 관련된 1 Ω 저항의 에너지를 구하라.

c) 주파수 영역에서의 적분을 이용하여 (b)를 반복하라.

d) $f(t)$가 주파수 영역 $0 \le |\omega| \le \omega_1$에서 95%의 에너지를 가지는 ω_1의 값을 구하라.

17.40 다음의 전류에 의해 구동되는 회로가 그림 P17.40에 있다.

$$i_g = 3e^{-25t}u(t)\ \text{A},\ t \ge 0^+.$$

주파수 범위 $0 \le |\omega| \le 10$ rad/s에 놓여 있는 출력 신호 i_o에 있는 에너지는 전체 1 Ω 에너지의 몇 %인가?

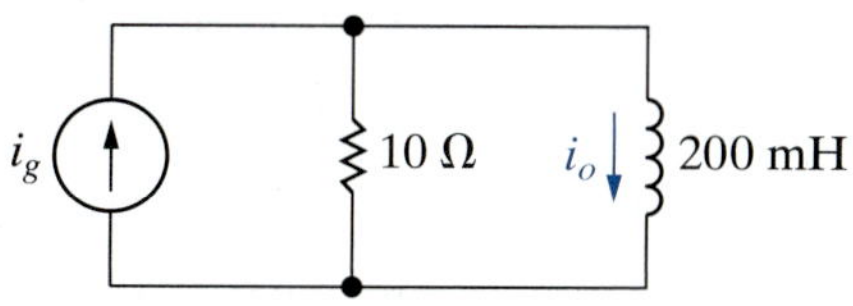

그림 P17.40

17.41 그림 P17.41의 회로에서 입력 전압이 $v_g = 60e^{-5|t|}$ V이다.

a) $v_o(t)$를 구하라.

b) $-10 \le \omega \le 10$ rad/s일 때 $|V_g(\omega)|$을 그려라.

c) $-10 \le \omega \le 10$ rad/s일 때 $|V_o(\omega)|$을 그려라.

d) v_g의 1 Ω 에너지 양을 구하라.

e) v_o의 1 Ω 에너지 양을 구하라.

f) 주파수 범위 $0 \le |\omega| \le 10$ rad/s에 놓여 있는 v_g에 있는 에너지는 전체 1 Ω 에너지의 몇 %인가?

g) v_o에 대해 (f)를 반복하라.

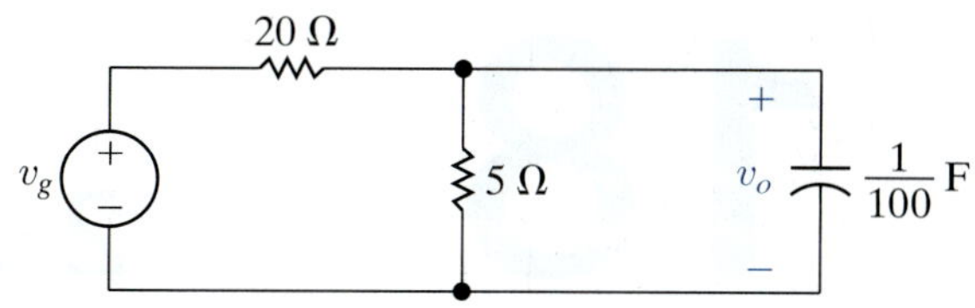

그림 P17.41

17.42 그림 P17.42의 고역 통과 RC 필터의 입력 전압이 다음과 같다.

$$v_i(t) = Ae^{-at}u(t).$$

α는 필터의 차단 주파수이다. 즉 $\alpha = 1/RC$이다.

a) $\alpha = a$이면 주파수 범위 $0 \le |\omega| \le \alpha$에 놓여 있는 신호의 에너지는 전체 출력 신호 에너지의 몇 %인가?

b) $\alpha = \sqrt{3}a$일 때 (a)를 반복하라.

c) $\alpha = a/\sqrt{3}$일 때 (a)를 반복하라.

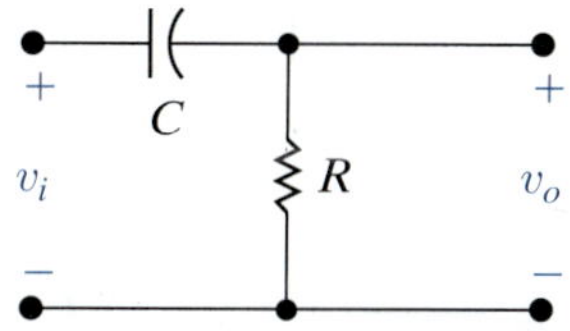

그림 P17.42

17.43 그림 P17.43의 고역 통과 RC 필터의 입력 전압의 진폭 스펙트럼이 다음과 같다.

$$V_i(\omega) = \frac{100}{|\omega|},\quad 25\ \text{rad/s} \le |\omega| \le 50\ \text{rad/s},$$

$$V_i(\omega) = 0,\quad \text{그 밖에.}$$

a) $-75 \le \omega \le 75$ rad/s일 때 $|V_i(\omega)|^2$을 그려라.

b) $-75 \le \omega \le 75$ rad/s일 때 $|V_o(\omega)|^2$을 그려라.

c) 필터 입력 신호의 1 Ω 에너지를 구하라.

d) 필터 출력 신호의 1 Ω 에너지를 구하라.

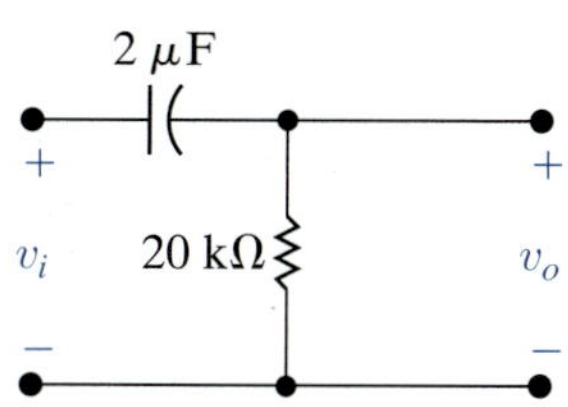

그림 P17.43

CHAPTER

18 2-포트 회로

학습내용

학습목표

1 다음 중 하나의 방법으로 어떠한 2-포트 파라미터도 구할 수 있다.
   - 회로 해석
   - 회로에서의 측정
   - 표 18.1을 활용해 다른 2-포트 파라미터 세트로 변환하기

2 표 18.2를 활용하여 관심 있는 전류, 전압, 임피던스, 비율을 구하기 위해 종단된 2-포트 회로를 해석할 수 있다.

3 종속 연결된 2-포트 회로를 해석하는 방법을 안다.

우리는 자주 특정한 단자의 쌍에서 회로의 특성에 초점을 맞추었다. 단자에서 회로 해석을 단순화하기 위해 테브냉과 노턴 등가 회로를 소개했다. 하지만 어떤 회로 시스템에서는 단자로 신호가 되먹임되기도 하고, 시스템에 의해 처리되기도 하며, 다음 단자로 연결되기도 한다. 신호의 입력 측 또는 출력 측이 될 수 있는 **포트**(port)라고 하는 두 쌍의 단자를 사용하여 이러한 시스템의 해석을 단순화할 수 있다.

이 장에서는 한 개의 입력 포트와 한 개의 출력 포트를 갖는 회로를 제시한다. 그림 18.1은 기본적인 2-포트(two-port) 구성 요소를 보여 준다. 회로를 묘사하기 위해 그림 18.1의 2-포트 모델을 활용할 때 몇 가지 가정을 한다.

- 회로 내부에 저장된 에너지는 없다.
- 회로 내부에 독립 전원은 없다. 다만 종속 전원은 허용된다.
- 주어진 포트로 들어간 전류는 그 포트에서 나가는 전류와 같다. 즉 $i_1 = i_1'$이고 $i_2 = i_2'$이다.
- 모든 외부 연결은 입력 또는 출력 포트에만 가능하며, 포트 사이의 연결은 허용되지 않는다. 즉 단자 a와 c, a와 d, b와 c, b와 d의 연결은 불가능하다.

이러한 가정에 의해 2-포트 모델로 표현되는 회로 형태가 제한된다.

2-포트 모델로 회로를 표현할 때 우리의 관심은 회로의 단자 변수(i_1, v_1, i_2, v_2)에 집중된다. 회로 내부의 전류 혹은 전압을 구하기 위해서는 2-포트 모델을 사용할 수 없다. 우리는 이미 연산 증폭기를 해석할 때 이러한 단자 특성을 사용한 바 있다. 이 장에서는 2-포트 파라미터를 소개함으로써 이러한 접근법을 구체화한다.

실제 응용

미지 회로의 동작 예측

지금까지는 회로 모델을 만들려고 할 때마다 어떠한 소자가 회로를 구성하는지, 그 소자의 값은 어떠한지, 그리고 각 소자 사이의 연결은 어떠한지 알 필요가 있었다. 하지만 소자, 소자의 값, 상호 연결을 알 수 없는 '블랙박스' 안에 있는 회로의 모델을 알고자 한다면 어떻게 할까?

이 장에서는 그러한 블랙박스에 대해 두 가지 간단한 측정을 함으로써 단 네 개의 변수만으로 구성된 2-포트 파라미터 모델을 구성할 수 있다는 것을 알게 될 것이다. 그다음으로는 회로의 한쪽에 전원을 연결하고 다른 쪽에 부하를 연결할 때 회로가 어떻게 동작하는지 예측하기 위해 2-포트 파라미터 모델을 사용할 것이다.

예를 들면, 아래에 보이는 것처럼 양쪽에 두 개의 전선만 연결되어 있고 상자 속에 들어 있는 회로를 찾았다고 가정하자. 상자에는 '증폭기'라고 적혀 있다. 우리는 2 V 전원으로 모델링된 CD 플레이어와 정격 100 W인 32 Ω 저항으로 모델링된 스피커를 연결하기 위해 이 증폭기를 사용하는 것이 안전한지 아닌지 결정하기 원한다.

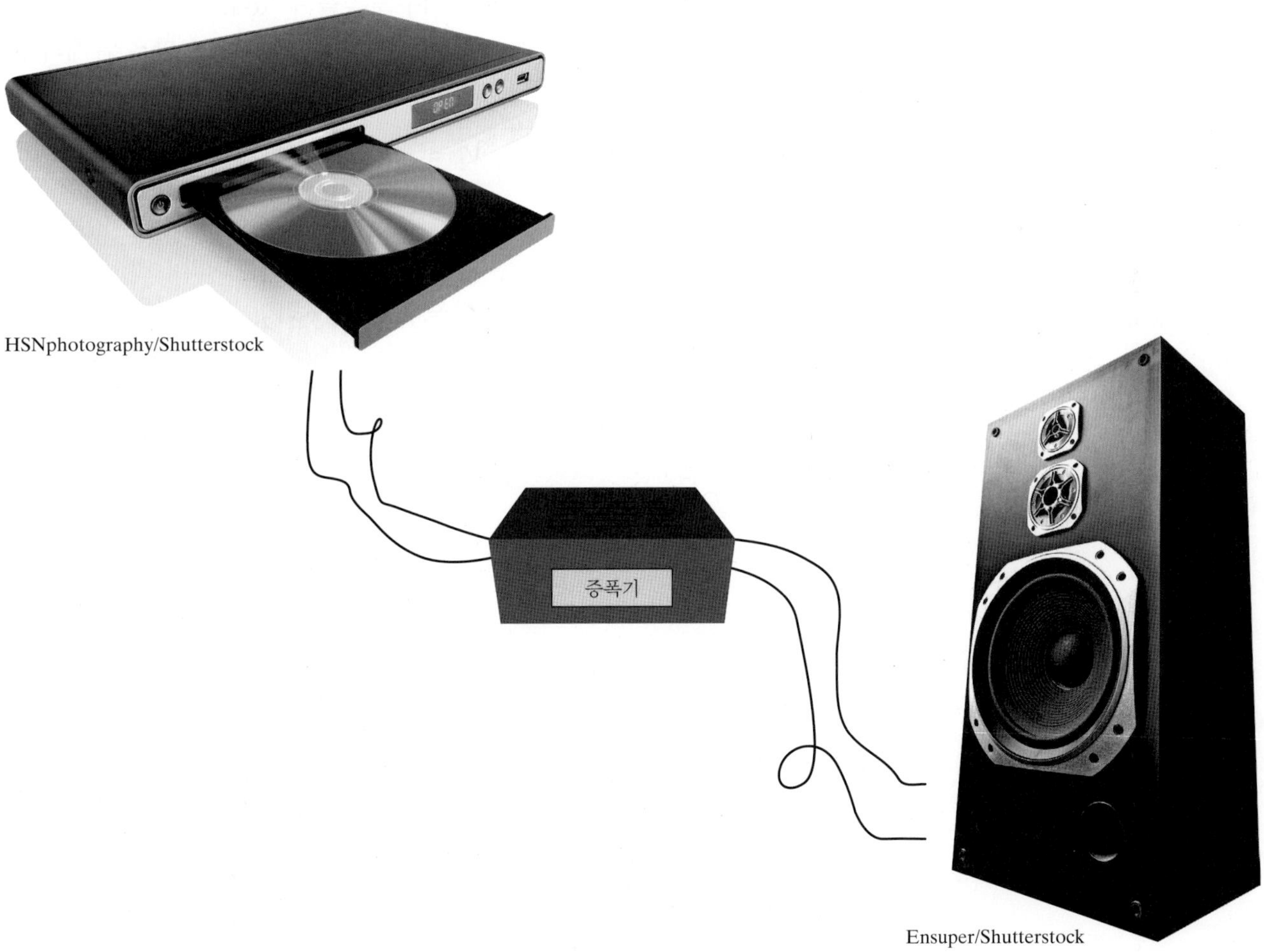

HSNphotography/Shutterstock

Ensuper/Shutterstock

18.1 단자 방정식

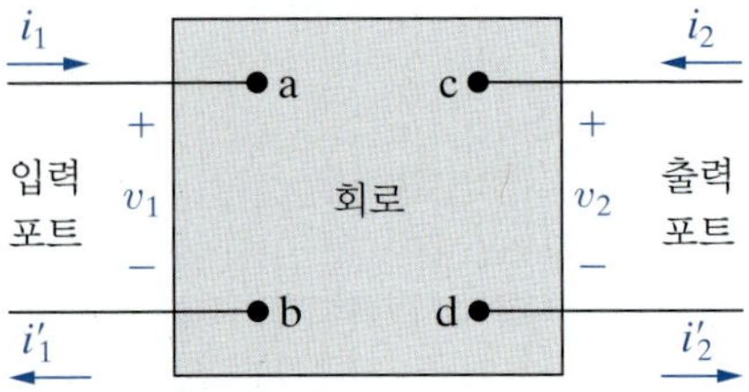

그림 18.1▲ 2-포트 구성 요소.

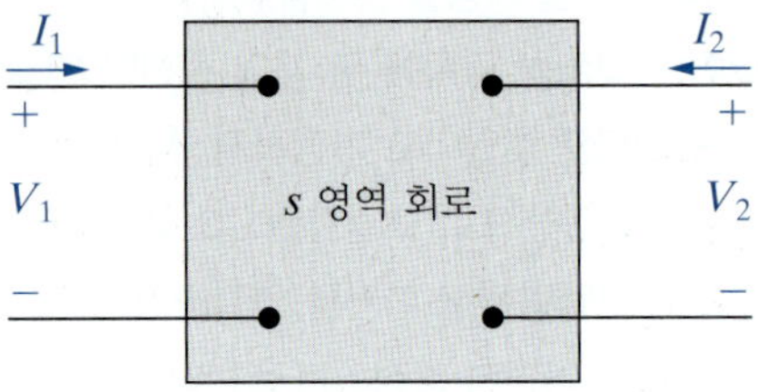

그림 18.2▲ s 영역 2-포트의 기본 구성 요소.

회로를 2-포트 회로망으로 간주할 때 우리는 한 포트에서의 전류 및 전압과 다른 포트에서의 전류 및 전압 사이의 관계를 찾기 원한다. 그림 18.1은 단자 전압의 기준 극성과 단자 전류의 기준 방향을 보여 준다. 한 포트의 기준은 다른 포트에 대해 서로 대칭이다. 즉 각 포트에서 전류는 상위 단자 쪽에서 들어가고, 각 단자에서의 전압은 아래 단자보다 위쪽 단자가 높다.

가장 일반적으로 2-포트 회로망은 s 영역에서 설명한다. 순 저항 회로의 경우 2-포트 회로망을 설명하기 위해 시간 영역에서 회로를 분석할 수 있다. 정현파 정상 상태 응답을 구하기 위해 사용되는 2-포트 네트워크는 적절한 s 영역 표현식을 찾은 후 s를 $j\omega$로 대체하거나 페이저 기법을 직접 사용하여 구성할 수 있다. 여기서는 모든 방정식을 s 영역에서 표시하며, 이때 저항 회로망과 정상 상태 해는 특별한 경우가 된다. 그림 18.2는 s 영역 변수인 I_1, V_1, I_2, V_2에 대한 가장 기본적인 구성 요소를 보여 준다.

네 개의 단자 변수 중 두 개만 독립적이다. 따라서 모든 회로에 대해 두 개의 변수를 특정하면 나머지 두 개의 미지수를 찾을 수 있다. 예를 들어 V_1과 V_2를 알고 상자 안의 회로를 알면 I_1과 I_2를 찾을 수 있다. 2-포트 회로망은 두 개의 연립 방적식으로 구성되어 있으나, 네 개의 변수를 결합하는 방법에는 여섯 가지가 있다.

$$V_1 = z_{11}I_1 + z_{12}I_2, \quad V_2 = z_{21}I_1 + z_{22}I_2; \tag{18.1}$$

$$I_1 = y_{11}V_1 + y_{12}V_2, \quad I_2 = y_{21}V_1 + y_{22}V_2; \tag{18.2}$$

$$V_1 = a_{11}V_2 - a_{12}I_2, \quad I_1 = a_{21}V_2 - a_{22}I_2; \tag{18.3}$$

$$V_2 = b_{11}V_1 - b_{12}I_1, \quad I_2 = b_{21}V_1 - b_{22}I_1; \tag{18.4}$$

$$V_1 = h_{11}I_1 + h_{12}V_2, \quad I_2 = h_{21}I_1 + h_{22}V_2; \tag{18.5}$$

$$I_1 = g_{11}V_1 + g_{12}I_2, \quad V_2 = g_{21}V_1 + g_{22}I_2. \tag{18.6}$$

이 여섯 세트의 방정식은 상호 역관계인 세 개의 쌍으로 생각할 수 있다. 첫 번째 세트인 식 (18.1)에서는 입출력 전압이 입출력 전류의 함수로 나타난다. 두 번째 세트인 식 (18.2)는 반대로 입출력 전류를 입출력 전압의 함수로 제공한다. 식 (18.3)과 (18.4)는 역관계이고, 식 (18.5)와 (18.6)도 마찬가지이다.

식 (18.1)~(18.6) 우변의 전류 또는 전압의 계수를 2-포트 회로의 **파라미터**(parameter)라 한다. 식 (18.1)을 사용할 경우에는 z 파라미터라고 하며, 비슷한 방법으로 각각을 회로망의 y 파라미터, a 파라미터, b 파라미터, h 파라미터,

g 파라미터라고 한다.

18.2 2-포트 파라미터

계산이나 측정을 통해 모든 회로의 파라미터를 결정할 수 있다. 필요한 계산이나 측정은 파라미터 방정식으로부터 얻을 수 있다. 예를 들어 어떤 회로의 z 파라미터를 찾고자 한다고 가정하자. 식 (18.1)로부터

$$z_{11} = \left.\frac{V_1}{I_1}\right|_{I_2=0} \Omega, \tag{18.7}$$

$$z_{12} = \left.\frac{V_1}{I_2}\right|_{I_1=0} \Omega, \tag{18.8}$$

$$z_{21} = \left.\frac{V_2}{I_1}\right|_{I_2=0} \Omega, \tag{18.9}$$

$$z_{22} = \left.\frac{V_2}{I_2}\right|_{I_1=0} \Omega. \tag{18.10}$$

식 (18.7)~(18.10)은 네 개의 z 파라미터가 다음과 같이 기술될 수 있음을 보여준다.

- Z_{11}은 포트 2가 개방되었을 때 포트 1에서 본 임피던스이다.
- Z_{12}는 전달 임피던스이다. 이는 포트 1이 개방되었을 때 포트 2 전류에 대한 포트 1 전압의 비율이다.
- Z_{21}은 전달 임피던스이다. 이는 포트 2가 개방되었을 때 포트 1 전류에 대한 포트 2 전압의 비율이다.
- Z_{22}는 포트 1이 개방되었을 때 포트 2에서 본 임피던스이다.

따라서 임피던스 파라미터는 우선 포트 2를 개방하고 V_1/I_1와 V_2/I_1 비율을 결정한 후, 다음으로 포트 1을 개방하고 V_1/I_2와 V_2/I_2 비율을 결정함으로써 계산하거나 측정하여 구할 수 있다.

식 (18.7)~(18.10)으로부터 왜 식 (18.1)의 파라미터를 z 파라미터라 하는지 알 수 있다. 각 파라미터는 전류에 대한 전압의 비율이므로 이는 단위가 옴(ohm)인 임피던스가 된다.

동일한 방법을 사용하여 계산 또는 측정을 통해 나머지 2-포트 파라미터를 결정한다. 2-포트 파라미터를 찾기 위해서는 포트를 개방하거나 단락시켜야 한다. 2-포트 파라미터는 임피던스, 어드미턴스, 또는 무차원 비율이다. 무차원 비율은 두 전압 간의 비율 또는 두 전류 간의 비율이다. 식 (18.11)~(18.15)는 이것을 요약한 것이다.

$$\begin{aligned} y_{11} &= \left.\frac{I_1}{V_1}\right|_{V_2=0} \text{S}, & y_{12} &= \left.\frac{I_1}{V_2}\right|_{V_1=0} \text{S}, \\ y_{21} &= \left.\frac{I_2}{V_1}\right|_{V_2=0} \text{S}, & y_{22} &= \left.\frac{I_2}{V_2}\right|_{V_1=0} \text{S}. \end{aligned} \tag{18.11}$$

$$a_{11} = \left.\frac{V_1}{V_2}\right|_{I_2=0}, \qquad a_{12} = -\left.\frac{V_1}{I_2}\right|_{V_2=0} \Omega,$$
$$a_{21} = \left.\frac{I_1}{V_2}\right|_{I_2=0} \text{S}, \qquad a_{22} = -\left.\frac{I_1}{I_2}\right|_{V_2=0}. \tag{18.12}$$

$$b_{11} = \left.\frac{V_2}{V_1}\right|_{I_1=0}, \qquad b_{12} = -\left.\frac{V_2}{I_1}\right|_{V_1=0} \Omega,$$
$$b_{21} = \left.\frac{I_2}{V_1}\right|_{I_1=0} \text{S}, \qquad b_{22} = -\left.\frac{I_2}{I_1}\right|_{V_1=0}. \tag{18.13}$$

$$h_{11} = \left.\frac{V_1}{I_1}\right|_{V_2=0} \Omega, \qquad h_{12} = \left.\frac{V_1}{V_2}\right|_{I_1=0},$$
$$h_{21} = \left.\frac{I_2}{I_1}\right|_{V_2=0}, \qquad h_{22} = \left.\frac{I_2}{V_2}\right|_{I_1=0} \text{S}. \tag{18.14}$$

$$g_{11} = \left.\frac{I_1}{V_1}\right|_{I_2=0} \text{S}, \qquad g_{12} = \left.\frac{I_1}{I_2}\right|_{V_1=0},$$
$$g_{21} = \left.\frac{V_2}{V_1}\right|_{I_2=0}, \qquad g_{22} = \left.\frac{V_2}{I_2}\right|_{V_1=0} \Omega. \tag{18.15}$$

서로 역관계인 2-포트 파라미터에는 이에 해당하는 이름이 있다. 임피던스와 어드미턴스 파라미터는 이미턴스 파라미터로 그룹화된다. **이미턴스**(immittance)는 임피던스 또는 어드미턴스 양을 나타낸다. a와 b 파라미터는 2-포트 회로망의 한쪽 단자 전압 및 전류에 대해 다른 쪽 전압과 전류를 설명하기 때문에 **전송**(transmission) 파라미터라 한다. 이미턴스와 전송 파라미터는 포트 변수의 연관 관계를 설명하는 자연스런 방법이다. 그 이유는 두 가지 모두 전압과 전류의 관계 또는 입력과 출력의 관계를 설명하기 때문이다. 반대로 h와 g 파라미터는 입력 전압 또는 출력 전류와 출력 전류 또는 입력 전압 사이의 연관 관계를 설명한다. 따라서 h와 g 파라미터는 **하이브리드**(hybrid) 파라미터라고 부른다.

예제 18.1은 회로 해석을 통해 저항 회로에서 z 파라미터 계산법을 보여 주었다. 예제 18.2는 2-포트 회로의 단자에서 얻은 측정치를 이용하여 a 파라미터를 계산하는 방법을 보여 준다.

예제 18.1 2-포트 회로에서 z 파라미터 구하기

그림 18.3의 회로에서 z 파라미터를 구하라.

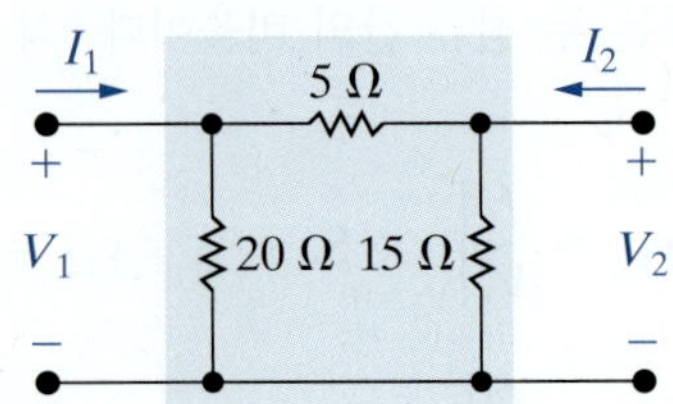

그림 18.3▲ 예제 18.1의 회로.

풀이

회로는 저항으로만 구성되어 있으므로 s 영역 회로도 또한 저항으로만 구성된다. 2-포트 파라미터 값을 찾는 방법은 여러 가지가 있다. 여기서는 포트 2가 개방된 것에 주목하자. 즉 $I_2 = 0$이다.

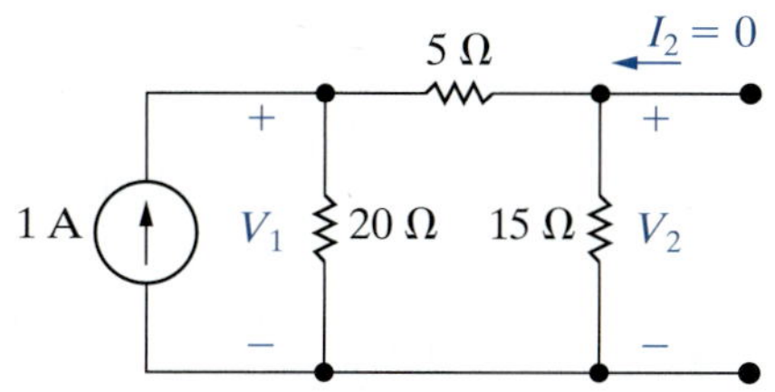

그림 18.4▲ 그림 18.3 회로에서 z_{11}, z_{21}을 찾기 위해 사용된 회로.

이때 편의상 1 A 전류원을 포트 1에 연결하고 V_1과 V_2를 찾기 위해 회로를 해석하자. 이 두 전압 값을 이용하여 z_{11}과 z_{21}을 찾을 수 있다. 이 경우의 회로는 그림 18.4와 같다.

그림 18.4의 회로에서 V_1을 찾기 위해 1 A 전류원에서 바라본 등가 저항을 다음과 같이 구하자.

$$Z_{\text{eq}} = 20 \| (5 + 15) = 10\ \Omega.$$

따라서

$$V_1 = Z_{\text{eq}}(1) = 10\ \text{V}$$

또한

$$z_{11} = \left.\frac{V_1}{I_1}\right|_{I_2=0} = \frac{10}{1} = 10\ \Omega.$$

이제 그림 18.4의 회로에서 V_2를 구하기 위해 전압 분배를 이용한다. 이때 5 Ω과 15 Ω 저항이 직렬 연결된 부분에 걸리는 전압은 $V_1 = 10$ V이다. 따라서

$$V_2 = \frac{15}{15 + 5} V_1 = 7.5\ \text{V},$$

$$z_{21} = \left.\frac{V_2}{I_1}\right|_{I_2=0} = \frac{7.5}{1} = 7.5\ \Omega.$$

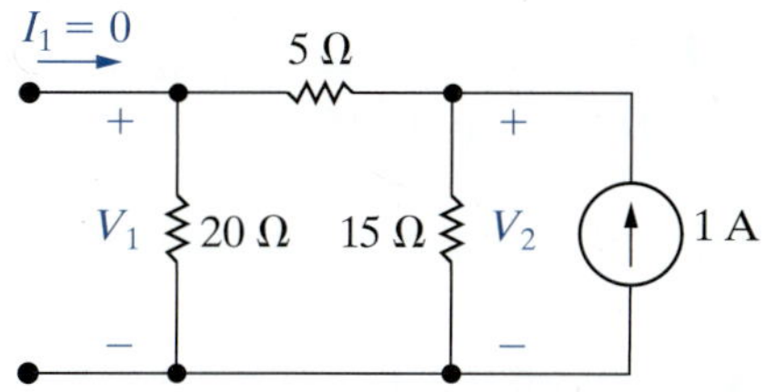

그림 18.5▲ 그림 18.3의 회로에서 z_{12}와 z_{22}를 찾기 위해 사용된 회로.

다음으로 포트 1을 개방하여 $I_1 = 0$이 되도록 하고, 1 A 전류원을 포트 2에 인가한 후 V_1과 V_2를 구하기 위해 회로를 해석한다. 이 두 전압을 이용하여 z_{22}와 z_{12}를 찾을 수 있다. 회로는 그림 18.5와 같다. 그림 18.5의 회로에서 V_2를 찾기 위해 1 A 전류원에서 바라본 등가 저항을 찾는다.

$$Z_{\text{eq}} = 15 \| (5 + 20) = 9.375\ \Omega.$$

그러면

$$V_2 = Z_{\text{eq}}(1) = 9.375\ \text{V}$$

$$z_{22} = \left.\frac{V_2}{I_2}\right|_{I_1=0} = \frac{9.375}{1} = 9.375\ \Omega.$$

이제 그림 18.5의 회로에서 V_1을 찾기 위해 전압 분배를 이용한다. 이때 직렬 연결된 5 Ω과 20 Ω 저항에 걸리는 전압이 $V_2 = 9.375$ V임을 주목하자.

$$V_1 = \frac{20}{20 + 5} V_2 = 7.5\ \text{V},$$

따라서

$$z_{12} = \left.\frac{V_1}{I_2}\right|_{I_1=0} = \frac{7.5}{1} = 7.5\ \Omega.$$

예제 18.2 측정치로부터 *a* 파라미터 구하기

2-포트 회로가 정현파 정상 상태에서 동작하고 있다. 포트 2를 개방한 상태에서 $150 \cos 4000t$ V의 전압이 포트 1에 인가된다. 포트 1로 들어가는 전류가 $25 \cos (4000t - 45°)$ A로 측정되었고, 포트 2의 전압이 $100 \cos (4000t + 15°)$ V로 측정되었다. 다음으로 포트 2를 단락시키고 포트 1에 $30 \cos 4000t$ V의 전압을 연결한 후 두 개의 측정치를 더 얻었다. 즉 포트 1로 들어가는 전류는 $1.5 \cos (4000t + 30°)$ A이고, 포트 2로 들어가는 전류는 $0.25 \cos (4000t + 150°)$ A이다. 이 경우 정현파 정상 상태의 회로 동작을 나타내는 *a* 파라미터를 구하라.

풀이

페이저 변환을 통해 첫 번째 측정치를 구하면 다음과 같다.

$$\mathbf{V}_1 = 150 \angle 0°\ \text{V}, \quad \mathbf{I}_1 = 25 \angle -45°\ \text{A},$$

$$\mathbf{V}_2 = 100 \angle 15°\ \text{V}, \quad \mathbf{I}_2 = 0\ \text{A}.$$

식 (18.12)로부터

$$a_{11} = \left.\frac{\mathbf{V}_1}{\mathbf{V}_2}\right|_{I_2=0} = \frac{150 \angle 0°}{100 \angle 15°} = 1.5 \angle -15°,$$

$$a_{21} = \left.\frac{\mathbf{I}_1}{\mathbf{V}_2}\right|_{I_2=0} = \frac{25\angle -45^\circ}{100\angle 15^\circ} = 0.25\angle -60^\circ \text{ S}.$$

페이저 변환을 통해 두 번째 측정치를 구하면 다음과 같다.

$$\mathbf{V}_1 = 30\angle 0^\circ \text{ V}, \quad \mathbf{I}_1 = 1.5\angle 30^\circ \text{ A},$$

$$\mathbf{V}_2 = 0 \text{ V}, \quad \mathbf{I}_2 = 0.25\angle 150^\circ \text{ A}.$$

따라서

$$a_{12} = -\left.\frac{\mathbf{V}_1}{\mathbf{I}_2}\right|_{V_2=0} = \frac{-30\angle 0^\circ}{0.25\angle 150^\circ} = 120\angle 30^\circ\ \Omega,$$

$$a_{21} = -\left.\frac{\mathbf{I}_1}{\mathbf{I}_2}\right|_{V_2=0} = \frac{-1.5\angle 30^\circ}{0.25\angle 150^\circ} = 6\angle 60^\circ.$$

평가문제

목표 1—어떠한 2-포트 파라미터도 구할 수 있다.

18.1 다음 그림의 회로에서 z 파라미터를 구하라.

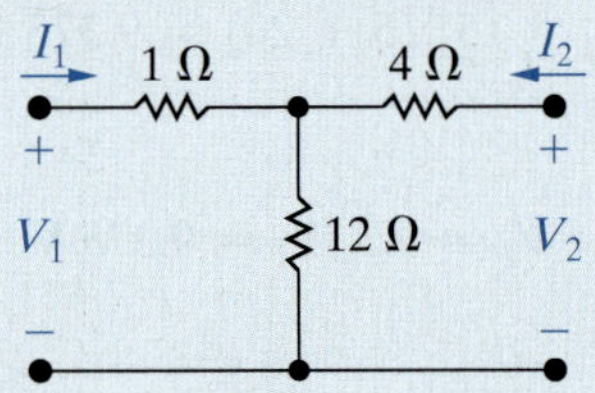

정답: $z_{11} = 13\ \Omega,$

$z_{12} = z_{21} = 12\ \Omega,$

$z_{22} = 16\ \Omega.$

18.2 평가문제 18.1의 회로에서 y 파라미터를 구하라.

정답: $y_{11} = 250 \text{ mS},$

$y_{12} = y_{21} = -187.5 \text{ mS},$

$y_{22} = 203.125 \text{ mS}.$

자가 검사: 연습문제 18.2, 18.4, 18.5도 풀어 보라.

18.3 2-포트 회로에서 다음과 같은 측정치를 얻었다. 포트 1에 20 mV를 인가하고 포트 2를 개방했을 때 포트 1에 흐르는 전류는 0.25 μA이고, 포트 2에 걸리는 전압은 −5 V이다. 포트 1을 단락하고 포트 2에 10 V 전압을 인가할 때 포트 1에 흐르는 전류는 200 μA이고 포트 2에 흐르는 전류는 50 μA이다. 이 회로망에서 g 파라미터를 구하라.

정답: $g_{11} = 12.5\ \mu\text{S},$

$g_{12} = 4,$

$g_{21} = -250,$

$g_{22} = 200 \text{ k}\Omega.$

2-포트 파라미터 간의 관계

여섯 쌍의 2-포트 파라미터 방정식은 모두 동일한 변수와 연관되어 있다. 따라서 모든 2-포트 파라미터 세트는 이러한 파라미터들에 대한 다른 세트와 연관되어야 한다. 다시 말하면, 만약 한 세트의 2-포트 파라미터를 알고 있다면 알려진 세트로부터 다른 모든 세트를 도출할 수 있다. 2-포트 파라미터 세트 집합으로부터 단일 2-포트 파라미터를 계산하는 데 사용되는 방정식은 표 18.1에 나와있다.

많은 계산을 요하기 때문에 표 18.1에 나열된 모든 관계식을 유도하지는 않겠다. 다만 일반적인 유도 과정을 설명하기 위해 z와 y 파라미터의 관계와 z와 a 파라미터 사이의 관계를 유도하겠다. z 파라미터를 y 파라미터의 함수로 구하기 위해 먼저 식 (18.2)로부터 V_1과 V_2를 구한다. 그런 다음 결과식의 I_1과 I_2 계수를 식 (18.1)의 I_1과 I_2의 계수와 비교한다. 식 (18.2)로부터

$$V_1 = \frac{\begin{vmatrix} I_1 & y_{12} \\ I_2 & y_{22} \end{vmatrix}}{\begin{vmatrix} y_{11} & y_{12} \\ y_{21} & y_{22} \end{vmatrix}} = \frac{y_{22}}{\Delta y} I_1 - \frac{y_{12}}{\Delta y} I_2,$$

$$V_2 = \frac{\begin{vmatrix} y_{11} & I_1 \\ y_{21} & I_2 \end{vmatrix}}{\Delta y} = -\frac{y_{21}}{\Delta y} I_1 + \frac{y_{11}}{\Delta y} I_2.$$

이러한 V_1과 V_2에 대한 표현식을 식 (18.1)과 비교하면 다음과 같이 정리할 수 있다.

$$z_{11} = \frac{y_{22}}{\Delta y},$$

$$z_{12} = -\frac{y_{12}}{\Delta y},$$

표 18.1 파라미터 변환표

$$z_{11} = \frac{y_{22}}{\Delta y} = \frac{a_{11}}{a_{21}} = \frac{b_{22}}{b_{21}} = \frac{\Delta h}{h_{22}} = \frac{1}{g_{11}}$$

$$z_{12} = -\frac{y_{12}}{\Delta y} = \frac{\Delta a}{a_{21}} = \frac{1}{b_{21}} = \frac{h_{12}}{h_{22}} = -\frac{g_{12}}{g_{11}}$$

$$z_{21} = \frac{-y_{21}}{\Delta y} = \frac{1}{a_{21}} = \frac{\Delta b}{b_{21}} = -\frac{h_{21}}{h_{22}} = \frac{g_{21}}{g_{11}}$$

$$z_{22} = \frac{y_{11}}{\Delta y} = \frac{a_{22}}{a_{21}} = \frac{b_{11}}{b_{21}} = \frac{1}{h_{22}} = \frac{\Delta g}{g_{11}}$$

$$y_{11} = \frac{z_{22}}{\Delta z} = \frac{a_{22}}{a_{12}} = \frac{b_{11}}{b_{12}} = \frac{1}{h_{11}} = \frac{\Delta g}{g_{22}}$$

$$y_{12} = -\frac{z_{12}}{\Delta z} = -\frac{\Delta a}{a_{12}} = -\frac{1}{b_{12}} = -\frac{h_{12}}{h_{11}} = \frac{g_{12}}{g_{22}}$$

$$y_{21} = -\frac{z_{21}}{\Delta z} = -\frac{1}{a_{12}} = -\frac{\Delta b}{b_{12}} = \frac{h_{21}}{h_{11}} = -\frac{g_{21}}{g_{22}}$$

$$y_{22} = \frac{z_{11}}{\Delta z} = \frac{a_{11}}{a_{12}} = \frac{b_{22}}{b_{12}} = \frac{\Delta h}{h_{11}} = \frac{1}{g_{22}}$$

$$a_{11} = \frac{z_{11}}{z_{21}} = -\frac{y_{22}}{y_{21}} = \frac{b_{22}}{\Delta b} = -\frac{\Delta h}{h_{21}} = \frac{1}{g_{21}}$$

$$a_{12} = \frac{\Delta z}{z_{21}} = -\frac{1}{y_{21}} = \frac{b_{12}}{\Delta b} = -\frac{h_{11}}{h_{21}} = \frac{g_{22}}{g_{21}}$$

$$a_{21} = \frac{1}{z_{21}} = -\frac{\Delta y}{y_{21}} = \frac{b_{21}}{\Delta b} = -\frac{h_{22}}{h_{21}} = \frac{g_{11}}{g_{21}}$$

$$a_{22} = \frac{z_{22}}{z_{21}} = -\frac{y_{11}}{y_{21}} = \frac{b_{11}}{\Delta b} = -\frac{1}{h_{21}} = \frac{\Delta g}{g_{21}}$$

$$b_{11} = \frac{z_{22}}{z_{12}} = -\frac{y_{11}}{y_{12}} = \frac{a_{22}}{\Delta a} = \frac{1}{h_{12}} = -\frac{\Delta g}{g_{12}}$$

$$b_{12} = \frac{\Delta z}{z_{12}} = -\frac{1}{y_{12}} = \frac{a_{12}}{\Delta a} = \frac{h_{11}}{h_{12}} = -\frac{g_{22}}{g_{12}}$$

$$b_{21} = \frac{1}{z_{12}} = -\frac{\Delta y}{y_{12}} = \frac{a_{21}}{\Delta a} = \frac{h_{22}}{h_{12}} = -\frac{g_{11}}{g_{12}}$$

$$b_{22} = \frac{z_{11}}{z_{12}} = \frac{y_{22}}{y_{12}} = \frac{a_{11}}{\Delta a} = \frac{\Delta h}{h_{12}} = -\frac{1}{g_{12}}$$

$$h_{11} = \frac{\Delta z}{z_{22}} = \frac{1}{y_{11}} = \frac{a_{12}}{a_{22}} = \frac{b_{12}}{b_{11}} = \frac{g_{22}}{\Delta g}$$

$$h_{12} = \frac{z_{12}}{z_{22}} = -\frac{y_{12}}{y_{11}} = \frac{\Delta a}{a_{22}} = \frac{1}{b_{11}} = -\frac{g_{12}}{\Delta g}$$

$$h_{21} = -\frac{z_{21}}{z_{22}} = \frac{y_{21}}{y_{11}} = -\frac{1}{a_{22}} = -\frac{\Delta b}{b_{11}} = -\frac{g_{21}}{\Delta g}$$

$$h_{22} = \frac{1}{z_{22}} = \frac{\Delta y}{y_{11}} = \frac{a_{21}}{a_{22}} = \frac{b_{21}}{b_{11}} = \frac{g_{11}}{\Delta g}$$

$$g_{11} = \frac{1}{z_{11}} = \frac{\Delta y}{y_{22}} = \frac{a_{21}}{a_{11}} = \frac{b_{21}}{b_{22}} = \frac{h_{22}}{\Delta h}$$

$$g_{12} = -\frac{z_{12}}{z_{11}} = \frac{y_{12}}{y_{22}} = -\frac{\Delta a}{a_{11}} = -\frac{1}{b_{22}} = -\frac{h_{12}}{\Delta h}$$

$$g_{21} = \frac{z_{21}}{z_{11}} = -\frac{y_{21}}{y_{22}} = \frac{1}{a_{11}} = \frac{\Delta b}{b_{22}} = -\frac{h_{21}}{\Delta h}$$

$$g_{22} = \frac{\Delta z}{z_{11}} = \frac{1}{y_{22}} = \frac{a_{12}}{a_{11}} = \frac{b_{12}}{b_{22}} = \frac{h_{11}}{\Delta h}$$

$$\Delta z = z_{11}z_{22} - z_{12}z_{21}$$

$$\Delta y = y_{11}y_{22} - y_{12}y_{21}$$

$$\Delta a = a_{11}a_{22} - a_{12}a_{21}$$

$$\Delta b = b_{11}b_{22} - b_{12}b_{21}$$

$$\Delta h = h_{11}h_{22} - h_{12}h_{21}$$

$$\Delta g = g_{11}g_{22} - g_{12}g_{21}$$

$$z_{21} = -\frac{y_{21}}{\Delta y},$$

$$z_{22} = \frac{y_{11}}{\Delta y}.$$

z 파라미터를 a 파라미터의 함수로 구하기 위해 식 (18.3)을 식 (18.1)의 형태로 다시 정리하고 계수를 비교하자. 식 (18.3)의 두 번째 식으로부터

$$V_2 = \frac{1}{a_{21}} I_1 + \frac{a_{22}}{a_{21}} I_2.$$

따라서 V_2에 대한 식을 식 (18.3)의 첫 번째 식에 대입하면 다음과 같은 관계를 얻을 수 있다.

$$V_1 = \frac{a_{11}}{a_{21}} I_1 + \left(\frac{a_{11}a_{22}}{a_{21}} - a_{12}\right) I_2.$$

이러한 V_1과 V_2의 식을 식 (18.1)과 비교하면 다음과 같이 파라미터를 구할 수 있다.

$$z_{11} = \frac{a_{11}}{a_{21}},$$

$$z_{12} = \frac{\Delta a}{a_{21}}.$$

$$z_{21} = \frac{1}{a_{21}},$$

$$z_{22} = \frac{a_{22}}{a_{21}}.$$

예제 18.3은 파라미터 변환표의 유용성을 잘 보여 준다.

예제 18.3 측정치와 표 18.1을 이용하여 *h* 파라미터 구하기

2-포트 저항 회로에서 두 세트의 측정치를 구했다. 첫 번째 측정치는 포트 2를 개방한 상태에서 구했으며, 두 번째 측정치는 포트 2를 단락한 후 측정했다. 측정 결과는 다음과 같다.

포트 2 개방	**포트 2 단락**
$V_1 = 10\text{ mV}$	$V_1 = 24\text{ mV}$
$I_1 = 10\ \mu\text{A}$	$I_1 = 20\ \mu\text{A}$
$V_2 = -40\text{ V}$	$I_2 = 1\text{ mA}$

회로의 h 파라미터를 구하라.

풀이

단락 회로 측정치로부터 h_{11}과 h_{21}을 다음과 같이 바로 찾을 수 있다.

$$h_{11} = \frac{V_1}{I_1}\bigg|_{V_2=0} = \frac{24 \times 10^{-3}}{20 \times 10^{-6}} = 1.2\text{ k}\Omega,$$

$$h_{21} = \frac{I_2}{I_1}\bigg|_{V_2=0} = \frac{10^{-3}}{20 \times 10^{-6}} = 50.$$

파라미터 h_{12}와 h_{22}는 개방 회로 측정치로부터 바로 구할 수는 없다. 그러나 식 (18.7)~(18.15)를 보면 네 개의 a 파라미터가 측정치로부터 유도될 수 있다는 것을 알 수 있다. 따라서 h_{12}와 h_{22} 파라미터는 변환표로부터 다음과 같이 구할 수 있다.

$$h_{12} = \frac{\Delta a}{a_{22}},$$

$$h_{22} = \frac{a_{21}}{a_{22}}.$$

여기서 a 파라미터는 다음과 같이 구한다.

$$a_{11} = \left.\frac{V_1}{V_2}\right|_{I_2=0} = \frac{10 \times 10^{-3}}{-40} = -0.25 \times 10^{-3},$$

$$a_{21} = \left.\frac{I_1}{V_2}\right|_{I_2=0} = \frac{10 \times 10^{-6}}{-40} = -0.25 \times 10^{-6}\,\text{S},$$

$$a_{12} = -\left.\frac{V_1}{I_2}\right|_{V_2=0} = -\frac{24 \times 10^{-3}}{10^{-3}} = -24\ \Omega,$$

$$a_{22} = -\left.\frac{I_1}{I_2}\right|_{V_2=0} = -\frac{20 \times 10^{-6}}{10^{-3}} = -20 \times 10^{-3}.$$

Δa는 다음과 같다.

$$\Delta a = a_{11}a_{22} - a_{12}a_{21} = 5 \times 10^{-6} - 6 \times 10^{-6} = -10^{-6}.$$

따라서

$$h_{12} = \frac{\Delta a}{a_{22}} = \frac{-10^{-6}}{-20 \times 10^{-3}} = 5 \times 10^{-5},$$

$$h_{22} = \frac{a_{21}}{a_{22}} = \frac{-0.25 \times 10^{-6}}{-20 \times 10^{-3}} = 12.5\ \mu\text{S}.$$

평가문제

목표 1—어떠한 2-포트 파라미터도 구할 수 있다.

18.4 2-포트 회로에서 다음과 같은 측정치를 얻었다. 포트 2를 개방한 상태에서 $V_2 = 15$ V, $V_1 = -10$ V, $I_1 = 30$ A이고, 포트 2를 단락한 경우 $V_1 = 10$ V, $I_2 = 4$ A, $I_1 = -5$ A이다. h 파라미터를 계산하라.

정답: $h_{11} = 2\ \Omega$, $h_{12} = -4.667$, $h_{21} = -0.8$, $h_{22} = 1.6$ S.

자가 검사: 연습문제 18.12도 풀어 보라.

상반 2-포트 회로

만약 한 포트의 이상적인 전압원을 다른 포트의 이상적인 전류계와 바꾸어도 동일한 전류계 값이 측정된다면 이러한 2-포트 회로는 **상반**(reciprocal)되어 있다. 한 포트의 이상적인 전류원을 다른 포트의 이상적인 전압계와 바꾸어도 동일한 전압계 값이 측정되는 경우에도 이 2-포트 회로는 상반적이다. 표 18.2에 표시된 바와 같이 서로 상반적인 2-포트 파라미터 간에는 관계식이 존재한다. 상반되는 2-포트 회로의 경우 파라미터 세트를 결정하는 데 단 세 번의 계산 또는 측정만 있으면 된다.

상반 2-포트 회로는 단자 전류 및 전압 값의 변화 없이 포트를 서로 바꿀 수 있는 경우 서로 **대칭**(symmetric)이다. 그림 18.6은 네 가지 대칭 2-포트 회로의 예를 보여 준다. 이 회로에서는 표 18.2에 표시된 것과 같이 2-포트 파라미터 간에 추가적인 관계가 존재한다. 회로가 상반이며 대칭인 경우 모든 2-포트 파라미터를 결정하는 데 두 번의 계산 또는 측정만이 필요하다. 예제 18.4는 회로의 상반 또는 대칭 여부를 결정한다.

표 18.2 상반 회로에서 2-포트 파라미터 간의 관계

상반 회로
$z_{12} = z_{21}$
$y_{12} = y_{21}$
$a_{11}a_{22} - a_{12}a_{21} = \Delta a = 1$
$b_{11}b_{22} - b_{12}b_{21} = \Delta b = 1$
$h_{12} = -h_{21}$
$g_{12} = -g_{21}$
상반 대칭 회로
$z_{11} = z_{22}$
$y_{11} = y_{22}$
$a_{11} = a_{22}$
$b_{11} = b_{22}$
$h_{11}h_{22} - h_{12}h_{21} = \Delta h = 1$
$g_{11}g_{22} - g_{12}g_{21} = \Delta g = 1$

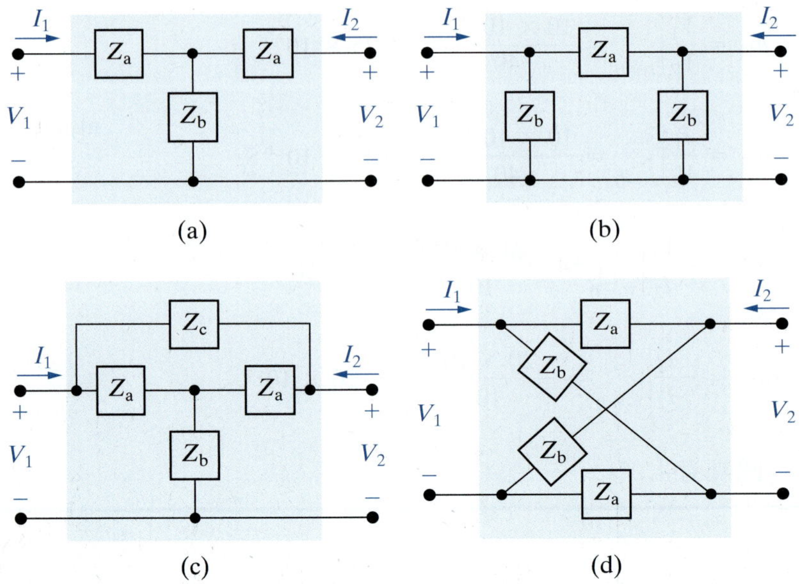

그림 18.6▲ 대칭 2-포트 회로의 예: (a) 대칭 T. (b) 대칭 π. (c) 대칭 브리지 T. (d) 대칭 격자(lattice).

예제 18.4 상반 회로 또는 대칭 회로 여부 결정하기

그림 18.7과 같은 저항 회로를 고려하자.

a) 단자 a와 d에 15 V 전원을 연결하고 단자 c와 d에 연결된 전류계 측정값을 계산하라. 다음으로 단자 c와 d에 15 V 전원을 연결하고 단자 a와 d에 연결된 전류계 측정값을 계산하라. 이 회로는 상반 회로인가?

b) 회로에 대해 y 파라미터를 구하고 회로가 대칭인지 아닌지 결정하라.

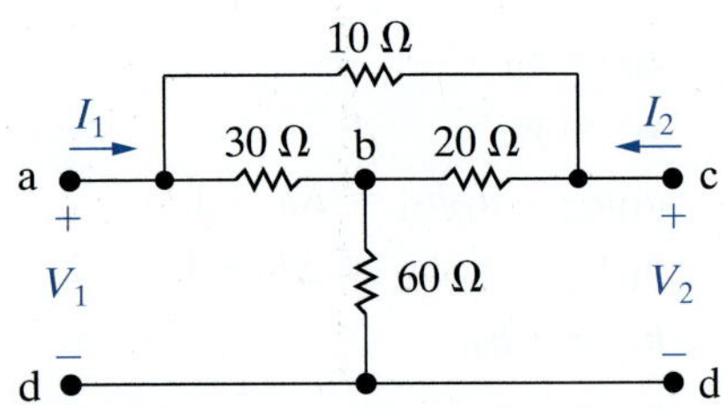

그림 18.7▲ 예제 18.4의 회로.

풀이

a) 단자 a와 d에 15 V 전원이 연결되었고 단자 c와 d 사이에 전류계가 연결되었다. 이 경우 회로는 그림 18.8과 같다. 전류계의 값을 구하기 위해 마디 b에서 KCL을 적용하여 마디 b와 d 사이의 전압 V_{bd}를 결정한다. 이상적인 전류계는 단락 회로처럼 동작한다는 것을 기억하자. 이 경우

$$\frac{V_{bd}}{60} + \frac{V_{bd} - 15}{30} + \frac{V_{bd}}{20} = 0,$$

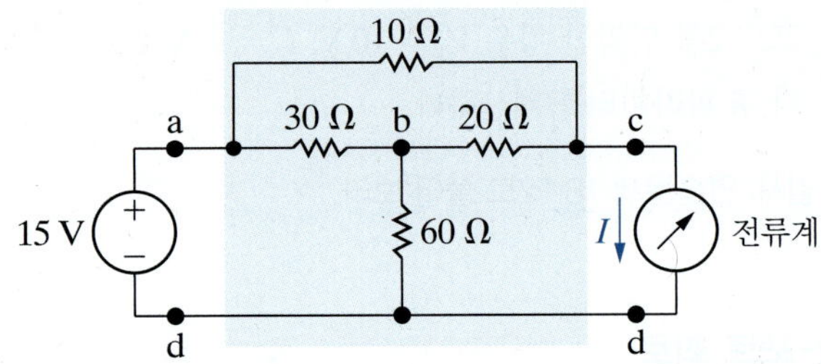

그림 18.8▲ 전압원과 전류계가 포함된 그림 18.7의 회로.

그리고 $V_{bd} = 5$ V이다. 따라서 전류계에 흐르는 전류 I는 10 Ω 저항에 흐르는 전류와 20 Ω 저항에 흐르는 전류의 합과 같다.

$$I = \frac{5}{20} + \frac{15}{10} = 1.75 \text{ A}.$$

이제 전압원과 전류계를 그림 18.9와 같이 서로 바꾸자. 다시 이상적인 전류원은 단락 회로와 같이 동작한다는 것을 기억하며 마디 b에 KCL을 적용하여 전압 V_{bd}를 구하자. 그러면

$$\frac{V_{bd}}{60} + \frac{V_{bd}}{30} + \frac{V_{bd} - 15}{20} = 0,$$

그러므로 $V_{bd} = 7.5$ V이다. 전류계에 흐르는 전류 I는 30 Ω의 저항에 흐르는 전류와 10 Ω의 저항에 흐르는 전류의 합이므로

$$I = \frac{7.5}{30} + \frac{15}{10} = 1.75 \text{ A}.$$

두 경우의 전류계 측정값이 같으므로 그림 18.7의 회로는 서로 상반적이다.

b) 두 개의 y 파라미터를 구하는 데 그림 18.8의 회로 해석 결과를 사용할 수 있다. 마디 c와 d에 전류계를 연결하면 그림 18.7에서 $V_2 = 0$으로 설정한 것과 같게 된다. 또한 그림 18.7의 I_2는 그림 18.8에서 $-I$와 같고, 그림 18.7의 I_1은 그림 18.8에서 30 Ω 저항과 20 Ω 저항에 흐르는 전류의 합과 같다. 따라서

$$I_2 = -I = -1.75 \text{ A},$$

$$I_1 = \frac{15 - 5}{30} + \frac{15}{10} = \frac{55}{30} \text{ A},$$

그러므로

$$y_{11} = \left.\frac{I_1}{V_1}\right|_{V_2=0} = \frac{55/30}{15} = \frac{11}{99} \text{ S},$$

$$y_{21} = \left.\frac{I_2}{V_1}\right|_{V_2=0} = \frac{-1.75}{15} = -\frac{7}{60} \text{ S}.$$

우리는 이미 그림 18.7의 회로가 상반적임을 보였다. 따라서 $y_{12} = y_{21} = -7/60$ S이다.

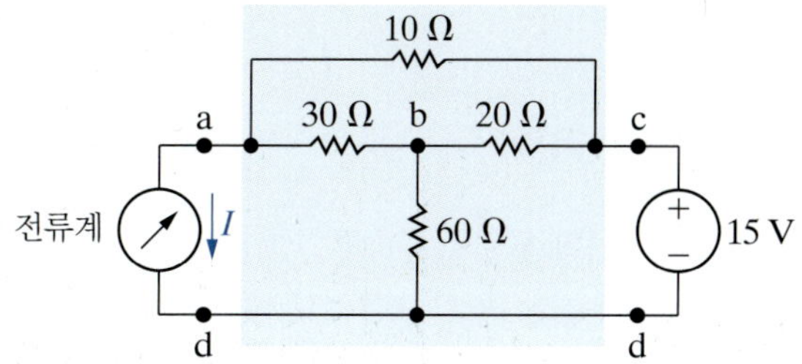

그림 18.9▲ 전압원과 전류계가 서로 바뀐 그림 18.7의 회로.

마디 a와 d에 전류계를 연결하는 것은 그림 18.7의 회로에서 $V_1 = 0$으로 설정하는 것과 같으므로, y_{22}를 찾는 데 그림 18.9 회로의 결과를 사용할 수 있다. 또한 그림 18.7의 I_1은 그림 18.9의 회로에서 10 Ω 저항과 20 Ω 저항에 흐르는 전류의 합과 같다. 따라서

$$I_1 = \frac{15 - 7.5}{20} + \frac{15}{10} = 1.875 \text{ A}$$

그러므로

$$y_{22} = \left.\frac{I_2}{V_2}\right|_{V_1=0} = \frac{1.875}{15} = 0.125 \text{ S}.$$

여기서 $y_{11} \neq y_{22}$임을 주목하자. 따라서 그림 18.7의 회로는 대칭적이지 않다.

평가문제

목표 1—어떠한 2-포트 파라미터도 구할 수 있다.

18.5 상반 대칭인 2-포트 회로에 대해 다음과 같은 측정치를 얻었다. 포트 2를 단락하여 $V_1 = 80$ V, $I_2 = 4$ A를 얻었으며, 포트 2를 개방하여 $V_2 = 100$ V, $I_1 = -2.25$ A를 얻었다. 2-포트 회로망의 y 파라미터를 계산하라.

정답: $y_{11} = y_{22} = 50$ mS, $y_{12} = y_{21} = 40$ mS.

자가 검사: 연습문제 18.13도 풀어 보라.

18.3 종단된 2-포트 회로 해석

종단된 2-포트 회로는 그림 18.10의 s 영역 회로에서 보는 바와 같이 포트 1에 전원이 연결되고 포트 2에 부하가 연결된 구조를 갖는다. 이러한 회로에서 Z_g는 전원의 내부 임피던스이고, V_g는 전원의 내부 전압, Z_L은 부하 임피던스이다. 이 회로를 해석하기 위해 2-포트 파라미터 및 V_g, Z_g, Z_L의 함수로 표현된 단자 전압과 전류를 찾아야 한다.

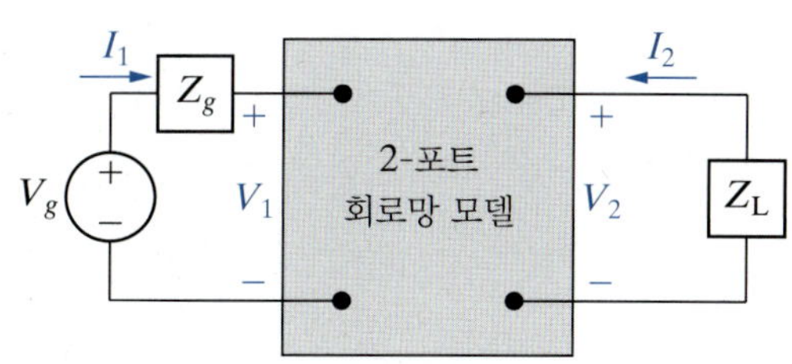

그림 18.10◀ 종단된 2-포트 모델.

종단된 2-포트 회로의 다음의 여섯 가지 특성은 그 단자의 동작을 결정한다.

- 입력 임피던스 $Z_{in} = V_1/I_1$ 또는 어드미턴스 $Y_{in} = I_1/V_1$
- 출력 전류 I_2
- 포트 2에서의 테브냉 전압과 임피던스(V_{Th}, Z_{Th})
- 전류 이득 I_2/I_1
- 전압 이득 V_2/V_1
- 전압 이득 V_2/V_g

z 파라미터에 대한 여섯 가지 특성

여섯 개의 특성이 어떻게 유도되는지 보이기 위해 회로의 2-포트 부분의 z 파라미터를 이용하여 각 특성의 표현식을 찾아본다. 표 18.3은 y, a, b, h, g 파라미터에 대한 표현식을 정리한 것이다.

포트 1에 전원을 연결하고 포트 2에 부하를 연결한다는 제약 조건과 함께 2-포트 방정식 중 하나의 세트를 사용하여 각 특성에 대한 표현식을 찾는다. z 파라미터를 이용하면 그림 18.10의 회로는 다음 네 개의 식으로 표현될 수 있다.

$$V_1 = z_{11}I_1 + z_{12}I_2, \tag{18.16}$$

$$V_2 = z_{21}I_1 + z_{22}I_2, \tag{18.17}$$

$$V_1 = V_g - I_1Z_g, \tag{18.18}$$

$$V_2 = -I_2Z_L. \tag{18.19}$$

포트 1에서 바라본 임피던스, 즉 $Z_{in} = V_1/I_1$을 찾아보자. 식 (18.17)에서 V_2를 $-I_2Z_L$로 치환하고 I_2에 대해 풀면

$$I_2 = \frac{-z_{21}I_1}{Z_L + z_{22}}. \tag{18.20}$$

이 식을 식 (18.16)에 대입하고 Z_{in}에 대해 풀면 다음과 같다.

$$Z_{in} = z_{11} - \frac{z_{12}z_{21}}{z_{22} + Z_L}.$$

출력 전류 I_2를 찾기 위해 V_1을 식 (18.18)의 우변으로 치환한 후 식 (18.16)을 먼저 풀어 I_1을 다음과 같이 구한다.

$$I_1 = \frac{V_g - z_{12}I_2}{z_{11} + Z_g}. \tag{18.21}$$

이제 식 (18.21)을 식 (18.20)에 대입하여 I_2에 관해 풀면 다음과 같다.

$$I_2 = \frac{-z_{21}V_g}{(z_{11} + Z_g)(z_{22} + Z_L) - z_{12}z_{21}}.$$

포트 2에서의 테브냉 전압은 $I_2 = 0$일 때 V_2와 같다. $I_2 = 0$일 때 식 (18.17)은 다음과 같이 간단히 쓸 수 있다.

$$V_2|_{I_2=0} = z_{21}I_1. \tag{18.22}$$

표 18.3 종단된 2-포트 방정식

z 파라미터

$$Z_{\text{in}} = z_{11} - \frac{z_{12}z_{21}}{z_{22} + Z_L}$$

$$I_2 = \frac{-z_{21}V_g}{(z_{11} + Z_g)(z_{22} + Z_L) - z_{12}z_{21}}$$

$$V_{\text{Th}} = \frac{z_{21}}{z_{11} + Z_g} V_g$$

$$Z_{\text{Th}} = z_{22} - \frac{z_{12}z_{21}}{z_{11} + Z_g}$$

$$\frac{I_2}{I_1} = \frac{-z_{21}}{z_{22} + Z_L}$$

$$\frac{V_2}{V_1} = \frac{z_{21}Z_L}{z_{11}Z_L + \Delta z}$$

$$\frac{V_2}{V_g} = \frac{z_{21}Z_L}{(z_{11} + Z_g)(z_{22} + Z_L) - z_{12}z_{21}}$$

y 파라미터

$$Y_{\text{in}} = y_{11} - \frac{y_{12}y_{21}Z_L}{1 + y_{22}Z_L}$$

$$I_2 = \frac{y_{21}V_g}{1 + y_{22}Z_L + y_{11}Z_g + \Delta y Z_g Z_L}$$

$$V_{\text{Th}} = \frac{-y_{21}V_g}{y_{22} + \Delta y Z_g}$$

$$Z_{\text{Th}} = \frac{1 + y_{11}Z_g}{y_{22} + \Delta y Z_g}$$

$$\frac{I_2}{I_1} = \frac{y_{21}}{y_{11} + \Delta y Z_L}$$

$$\frac{V_2}{V_1} = \frac{-y_{21}Z_L}{1 + y_{22}Z_L}$$

$$\frac{V_2}{V_g} = \frac{y_{21}Z_L}{y_{12}y_{21}Z_g Z_L - (1 + y_{11}Z_g)(1 + y_{22}Z_L)}$$

a 파라미터

$$Z_{\text{in}} = \frac{a_{11}Z_L + a_{12}}{a_{21}Z_L + a_{22}}$$

$$I_2 = \frac{-V_g}{a_{11}Z_L + a_{12} + a_{21}Z_g Z_L + a_{22}Z_g}$$

$$V_{\text{Th}} = \frac{V_g}{a_{11} + a_{21}Z_g}$$

$$Z_{\text{Th}} = \frac{a_{12} + a_{22}Z_g}{a_{11} + a_{21}Z_g}$$

$$\frac{I_2}{I_1} = \frac{-1}{a_{21}Z_L + a_{22}}$$

$$\frac{V_2}{V_1} = \frac{Z_L}{a_{11}Z_L + a_{12}}$$

$$\frac{V_2}{V_g} = \frac{Z_L}{(a_{11} + a_{21}Z_g)Z_L + a_{12} + a_{22}Z_g}$$

b 파라미터

$$Z_{\text{in}} = \frac{b_{22}Z_L + b_{12}}{b_{21}Z_L + b_{11}}$$

$$I_2 = \frac{-V_g\Delta b}{b_{11}Z_g + b_{21}Z_g Z_L + b_{22}Z_L + b_{12}}$$

$$V_{\text{Th}} = \frac{V_g\Delta b}{b_{22} + b_{21}Z_g}$$

$$Z_{\text{Th}} = \frac{b_{11}Z_g + b_{12}}{b_{21}Z_g + b_{22}}$$

$$\frac{I_2}{I_1} = \frac{-\Delta b}{b_{11} + b_{21}Z_L}$$

$$\frac{V_2}{V_1} = \frac{\Delta b Z_L}{b_{12} + b_{22}Z_L}$$

$$\frac{V_2}{V_g} = \frac{\Delta b Z_L}{b_{12} + b_{11}Z_g + b_{22}Z_L + b_{21}Z_g Z_L}$$

h 파라미터

$$Z_{\text{in}} = h_{11} - \frac{h_{12}h_{21}Z_L}{1 + h_{22}Z_L}$$

$$I_2 = \frac{h_{21}V_g}{(1 + h_{22}Z_L)(h_{11} + Z_g) - h_{12}h_{21}Z_L}$$

$$V_{\text{Th}} = \frac{-h_{21}V_g}{h_{22}Z_g + \Delta h}$$

$$Z_{\text{Th}} = \frac{Z_g + h_{11}}{h_{22}Z_g + \Delta h}$$

$$\frac{I_2}{I_1} = \frac{h_{21}}{1 + h_{22}Z_L}$$

$$\frac{V_2}{V_1} = \frac{-h_{21}Z_L}{\Delta h Z_L + h_{11}}$$

$$\frac{V_2}{V_g} = \frac{-h_{21}Z_L}{(h_{11} + Z_g)(1 + h_{22}Z_L) - h_{12}h_{21}Z_L}$$

g 파라미터

$$Y_{\text{in}} = g_{11} - \frac{g_{12}g_{21}}{g_{22} + Z_L}$$

$$I_2 = \frac{-g_{21}V_g}{(1 + g_{11}Z_g)(g_{22} + Z_L) - g_{12}g_{21}Z_g}$$

$$V_{\text{Th}} = \frac{g_{21}V_g}{1 + g_{11}Z_g}$$

$$Z_{\text{Th}} = g_{22} - \frac{g_{12}g_{21}Z_g}{1 + g_{11}Z_g}$$

$$\frac{I_2}{I_1} = \frac{-g_{21}}{g_{11}Z_L + \Delta g}$$

$$\frac{V_2}{V_1} = \frac{g_{21}Z_L}{g_{22} + Z_L}$$

$$\frac{V_2}{V_g} = \frac{g_{21}Z_L}{(1 + g_{11}Z_g)(g_{22} + Z_L) - g_{12}g_{21}Z_g}$$

반면 $I_2 = 0$일 때 식 (18.21)은 $I_1 = V_g/(z_{11} + Z_g)$가 된다. I_1에 관한 이 식을 식 (18.22)에 대입하면 개회로 전압 V_2를 구할 수 있다.

$$V_2|_{I_2=0} = V_{\text{Th}} = \frac{z_{21}}{Z_g + z_{11}} V_g.$$

V_g 대신 단락할 때 테브냉 임피던스, 즉 출력 임피던스는 V_2/I_2가 된다. V_g가 0이라 하면 식 (18.18)은 다음과 같이 간단히 표현된다.

$$V_1 = -I_1 Z_g. \tag{18.23}$$

식 (18.23)을 식 (18.16)에 대입하고 I_1에 대해 풀면

$$I_1 = \frac{-z_{12}I_2}{z_{11} + Z_g}.$$

이제 이 식을 식 (18.17)에서 I_1을 대체하기 위해 사용하면 다음과 같은 식을 얻는다.

$$\left.\frac{V_2}{I_2}\right|_{V_g=0} = Z_{\text{Th}} = z_{22} - \frac{z_{12}z_{21}}{z_{11} + Z_g}.$$

전류 이득 I_2/I_1은 식 (18.20)으로부터 직접 얻을 수 있다.

$$\frac{I_2}{I_1} = \frac{-z_{21}}{Z_{\text{L}} + z_{22}}.$$

전압 이득 V_2/V_1의 식을 유도하기 위해 식 (18.17)에서 I_2를 식 (18.19)의 값으로 치환하자.

$$V_2 = z_{21}I_1 + z_{22}\left(\frac{-V_2}{Z_{\text{L}}}\right). \tag{18.24}$$

다음으로 식 (18.16)에서 I_1을 V_1과 V_2의 함수로 구하면

$$z_{11}I_1 = V_1 - z_{12}\left(\frac{-V_2}{Z_{\text{L}}}\right)$$

또한

$$I_1 = \frac{V_1}{z_{11}} + \frac{z_{12}V_2}{z_{11}Z_{\text{L}}}. \tag{18.25}$$

마지막으로 식 (18.24)의 I_1에 식 (18.25)를 대입하고 V_2/V_1에 대한 식으로 풀면

$$\frac{V_2}{V_1} = \frac{z_{21}Z_{\text{L}}}{z_{11}Z_{\text{L}} + z_{11}z_{22} - z_{12}z_{21}} = \frac{z_{21}Z_{\text{L}}}{z_{11}Z_{\text{L}} + \Delta z}.$$

전압비 V_2/V_g를 유도하기 위해 식 (18.16), (18.18), (18.19)를 연립하여 I_1이 V_2와 V_g의 함수가 되도록 푼다.

$$I_1 = \frac{z_{12}V_2}{Z_{\text{L}}(z_{11} + Z_g)} + \frac{V_g}{z_{11} + Z_g}. \tag{18.26}$$

다음으로 식 (18.17)부터 시작하여 I_1에 대입하기 위해 식 (18.26)을 사용하고, I_2에 대입하기 위해 식 (18.19)를 사용하자. 결과는 다음과 같이 V_2와 V_g만의 식이 된다.

$$V_2 = \frac{z_{21}z_{12}V_2}{Z_L(z_{11} + Z_g)} + \frac{z_{21}V_g}{z_{11} + Z_g} - \frac{z_{22}}{Z_L}V_2,$$

이 식을 다시 정리하여 원하는 비례식을 다음과 같이 구할 수 있다.

$$\frac{V_2}{V_g} = \frac{z_{21}Z_L}{(z_{11} + Z_g)(z_{22} + Z_L) - z_{12}z_{21}}.$$

예제 18.5는 표 18.3에 나타난 관계의 유용성을 잘 보여 준다.

예제 18.5 종단된 2-포트 회로 해석하기

다음과 같은 b 파라미터를 갖는 그림 18.11의 2-포트 회로를 해석한다.

$$b_{11} = -20, \quad b_{12} = -3000\ \Omega,$$
$$b_{21} = -2\ \text{mS}, \quad b_{22} = -0.2.$$

a) 페이저 전압 $\mathbf{V}_2$를 구하라.
b) 5 kΩ 부하에 전달되는 평균 전력을 구하라.
c) 입력 포트에 전달되는 평균 전력을 구하라.
d) 최대 평균 전력이 전달되는 부하 임피던스를 구하라.
e) (d)에서 구한 부하에 전달되는 최대 평균 전력을 구하라.

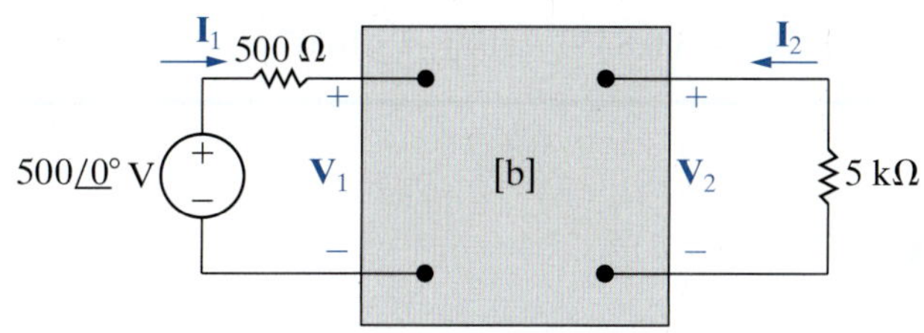

그림 18.11▲ 예제 18.5의 회로.

풀이

a) $\mathbf{V}_2$를 찾기 위해서는 표 18.3에서 두 가지 선택이 가능하다. 우선 $\mathbf{I}_2$를 찾고 $\mathbf{V}_2 = -\mathbf{I}_2Z_L$의 관계식으로부터 $\mathbf{V}_2$를 찾을 수도 있으며, 전압 이득 $\mathbf{V}_2/\mathbf{V}_g$를 먼저 찾고 이로부터 $\mathbf{V}_2$를 계산할 수도 있다. 여기서는 두 번째 방법을 사용하자. 주어진 b 파라미터 값에 대해

$$\Delta b = b_{11}b_{22} - b_{12}b_{21}$$
$$= (-20)(-0.2) - (-3000)(-0.002) = -2.$$

표 18.3으로부터

$$\frac{\mathbf{V}_2}{\mathbf{V}_g} = \frac{\Delta b Z_L}{b_{12} + b_{11}Z_g + b_{22}Z_L + b_{21}Z_gZ_L}$$
$$= \frac{(-2)(5000)}{3000 + (-20)500 + (-0.2)5000 + [-0.002(500)(5000)]}$$
$$= \frac{10}{19}.$$

따라서

$$\mathbf{V}_2 = \left(\frac{10}{19}\right)500 = 263.16\underline{/0^\circ}\ \text{V}.$$

b) 5000 Ω 부하에 전달되는 평균 전력은

$$P_2 = \frac{|\mathbf{V}_2|^2}{2(5000)} = \frac{263.16^2}{2(5000)} = 6.93\ \text{W}.$$

c) 입력 포트에 전달되는 평균 전력을 구하기 위해 우선 입력 임피던스 Z_{in}을 찾는다. 표 18.3으로부터

$$Z_{in} = \frac{b_{22}Z_L + b_{12}}{b_{21}Z_L + b_{11}} = \frac{(-0.2)(5000) - 3000}{-2 \times 10^{-3}(5000) - 20}$$
$$= \frac{400}{3} = 133.33\ \Omega.$$

이제 $\mathbf{I}_1$은 다음과 같이 직접 계산할 수 있다.

$$\mathbf{I}_1 = \frac{\mathbf{V}_g}{Z_g + Z_{in}} = \frac{500}{500 + 133.33} = 789.47\ \text{mA}.$$

입력 포트로 전달되는 평균 전력은

$$P_1 = \frac{|\mathbf{I}_1|^2 Z_{in}}{2} = \frac{(0.78947)^2(133.33)}{2} = 41.55\ \text{W}.$$

d) 최대 전력이 전달되도록 하는 부하 임피던스는 포트 2에서 바라본 테브냉 임피던스의 켤레수와 같다. 표 18.3으로부터

$$Z_{Th} = \frac{b_{11}Z_g + b_{12}}{b_{21}Z_g + b_{22}} = \frac{(-20)(500) - 3000}{(-2 \times 10^{-3})(500) - 0.2}$$
$$= \frac{13{,}000}{1.2} = 10{,}833.33\ \Omega.$$

따라서 $Z_L = Z_{Th}^* = 10{,}833.33\ \Omega$.

e) Z_L에 전달되는 최대 평균 전력을 구하기 위해 우선 전압 이득식 $\mathbf{V}_2/\mathbf{V}_g$로부터 $\mathbf{V}_2$를 구한다. Z_L이 10,833.33 Ω일 때 전압 이득은

$$\frac{\mathbf{V}_2}{\mathbf{V}_g} = \frac{\Delta b Z_L}{b_{12} + b_{11}Z_g + b_{22}Z_L + b_{21}Z_gZ_L}$$

$$= \frac{(-2)(10,833.33)}{(-3000) + (-20)(500) + (-0.2)(10,833.33) + (-0.002)(500)(10,833.33)}$$

$$= 0.8333.$$

따라서

$$\mathbf{V}_2 = (0.8333)(500) = 416.67 \text{ V},$$

이고

$$P_L(\text{최댓값}) = \frac{1}{2}\frac{416.67^2}{10,833.33}$$

$$= 8.01 \text{ W}.$$

평가문제

목표 2—관심 있는 전류, 전압, 비율을 구하기 위해 종단된 2-포트 회로를 해석할 수 있다.

18.6 그림의 저항 회로에서 다음과 같이 측정값을 얻었다.

측정값 1	측정값 1
$V_1 = 4$ V	$V_1 = 20$ mV
$I_1 = 5$ mA	$I_1 = 20\ \mu$A
$V_2 = 0$	$V_2 = 40$ V
$I_2 = -200$ mA	$I_2 = 0$

가변저항 R_o을 포트 2에 연결한 후, R_o에 최대 전력이 전달되도록 저항을 조정한다. 이 경우 전달되는 최대 전력을 구하라.

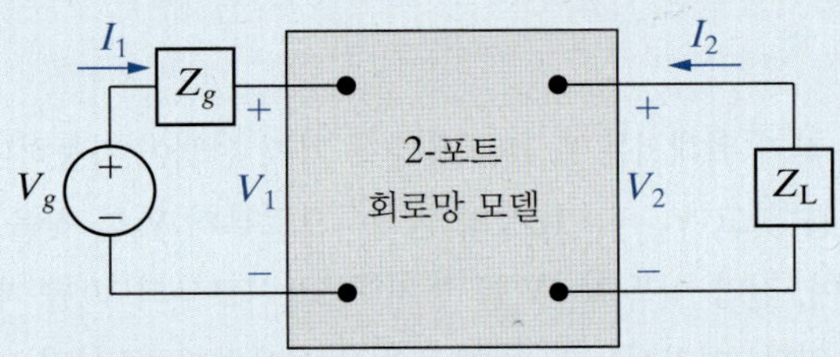

정답: 420 μW.

자가 검사: 연습문제 18.29, 18.30, 18.35도 풀어 보라.

18.4 상호 연결된 2-포트 회로

크고 복잡한 시스템을 종합적으로 다룰 때 일반적으로 먼저 시스템의 하위 부분을 설계한 다음 그 하위 부분을 상호 연결하면 더 쉽다. 우리는 하위 부분이 2-포트 회로로 모델링된 경우 상호 연결된 2-포트 회로를 분석하여 시스템 설계를 완료할 것이다.

2-포트 하위 시스템(subsystem) 회로는 다섯 가지 방법으로 상호 연결될 수 있다. (1) 종속(cascade), (2) 직렬(series), (3) 병렬(parallel), (4) 직렬-병렬(series-parallel), (5) 병렬-직렬(parallel-series) 연결이다. 그림 18.12는 다섯 가지 기본 상호 연결을 보여 준다.

이 절에서는 종속 연결만 해석하고 보여 주고자 한다. 종속 연결은 큰 시스템을 모델링하는 데 자주 사용되므로 매우 중요하다. *a* 파라미터는 종속 연결을 표현하

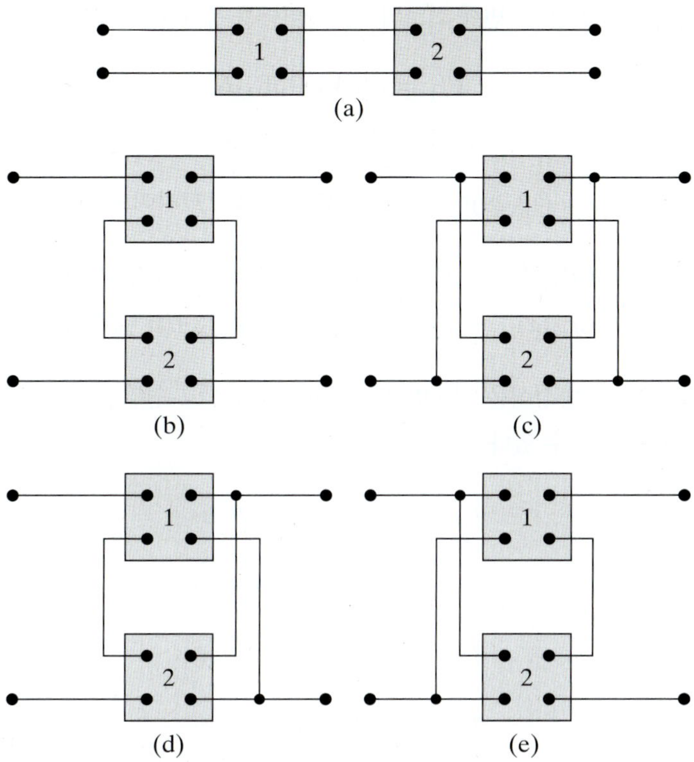

그림 18.12▲ 2-포트 회로의 다섯 가지 기본 연결: (a) 종속, (b) 직렬, (c) 병렬, (d) 직렬-병렬, (e) 병렬-직렬.

는 데 가장 적합한 파라미터이다. 그림 18.13과 같은 종속 연결 회로를 해석한다. 여기서 단일 프라임은 첫 회로에서의 a 파라미터를 나타내며, 이중 프라임은 두 번째 회로에서의 a 파라미터를 나타낸다. 첫 번째 회로의 출력 전압 및 전류는 V'_2, I'_2로 나타내고, 두 번째 회로의 입력 전압과 전류는 V'_1, I'_1으로 나타낸다. 문제는 V_2, I_2를 V_1, I_1과 관계시키는 a 파라미터 방정식을 유도하는 것이다. 다시 말하면, 다음과 같은 방정식을 만드는 것이 목적이다.

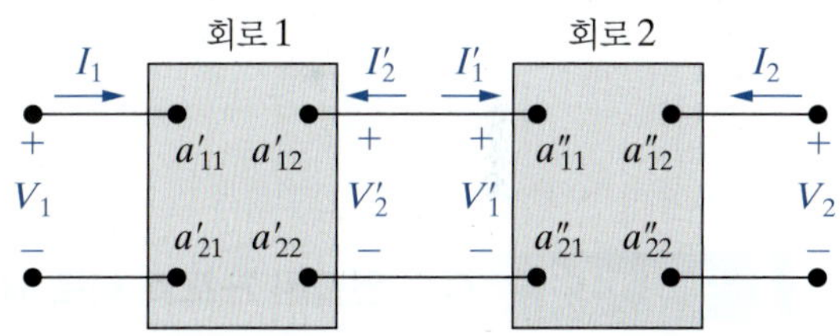

그림 18.13▲ 종속 연결.

$$V_1 = a_{11}V_2 - a_{12}I_2,$$
$$I_1 = a_{21}V_2 - a_{22}I_2, \quad (18.27)$$

여기서 a 파라미터는 각각의 회로에서의 a 파라미터에 관해 명시적 형태로 주어진다.

우선 그림 18.13의 변수로 식을 바꾸어 유도를 시작한다.

$$V_1 = a'_{11}V'_2 - a'_{12}I'_2,$$
$$I_1 = a'_{21}V'_2 - a'_{22}I'_2. \quad (18.28)$$

이 경우 $V'_2 = V'_1$, $I'_2 = -I'_1$으로 상호 연결된 것을 뜻하므로 이 제약 조건을 식 (18.28)에 대입하면 다음 관계를 얻을 수 있다.

$$V_1 = a'_{11}V'_1 + a'_{12}I'_1,$$
$$I_1 = a'_{21}V'_1 + a'_{22}I'_1. \quad (18.29)$$

전압 V'_1과 전류 I'_1은 두 번째 회로의 a 파라미터를 통해 V_2 및 I_2와 연관되므로

$$V'_1 = a''_{11}V_2 - a''_{12}I_2,$$
$$I'_1 = a''_{21}V_2 - a''_{22}I_2. \qquad (18.30)$$

이제 식 (18.30)을 식 (18.29)에 대입하여 V_1, I_1과 V_2, I_2 사이의 관계를 찾는다.

$$V_1 = (a'_{11}a''_{11} + a'_{12}a''_{21})V_2 - (a'_{11}a''_{12} + a'_{12}a''_{22})I_2,$$
$$I_1 = (a'_{21}a''_{11} + a'_{22}a''_{21})V_2 - (a'_{21}a''_{12} + a'_{22}a''_{22})I_2.$$

V_1과 I_1에 대한 이 방정식을 식 (18.27)과 비교하여 상호 연결된 회로망의 a 파라미터 표현식을 얻을 수 있다.

$$a_{11} = a'_{11}a''_{11} + a'_{12}a''_{21}, \qquad (18.31)$$

$$a_{12} = a'_{11}a''_{12} + a'_{12}a''_{22}, \qquad (18.32)$$

$$a_{21} = a'_{21}a''_{11} + a'_{22}a''_{21}, \qquad (18.33)$$

$$a_{22} = a'_{21}a''_{12} + a'_{22}a''_{22}. \qquad (18.34)$$

만약 두 개보다 많은 단위 회로가 종속 연결되었다면 한 번에 한 쌍씩 원래의 2-포트 회로 세트를 순차적으로 줄임으로써 등가 2-포트 회로의 a 파라미터를 찾을 수 있다.

예제 18.6은 식 (18.31)~(18.34)를 사용하여 두 개의 증폭기 회로를 갖는 종속 연결을 해석하는 방법을 보여 준다.

예제 18.6 종속 연결된 2-포트 회로 해석하기

그림 18.14와 같이 동일한 증폭기가 종속 연결되어 있다. 각 증폭기는 h 파라미터를 사용하여 설명된다. h 파라미터 값은 $h_{11} = 1000\,\Omega$, $h_{12} = 0.0015$, $h_{21} = 100$, $h_{22} = 100\,\mu\text{S}$이다. 이 경우 전압 이득 V_2/V_g를 찾아라.

풀이

V_2/V_g를 찾는 첫 번째 단계는 h 파라미터를 a 파라미터로 변환하는 것이다. 증폭기가 서로 동일하므로 a 파라미터를 이용하여 다음과 같이 증폭기를 설명할 수 있다.

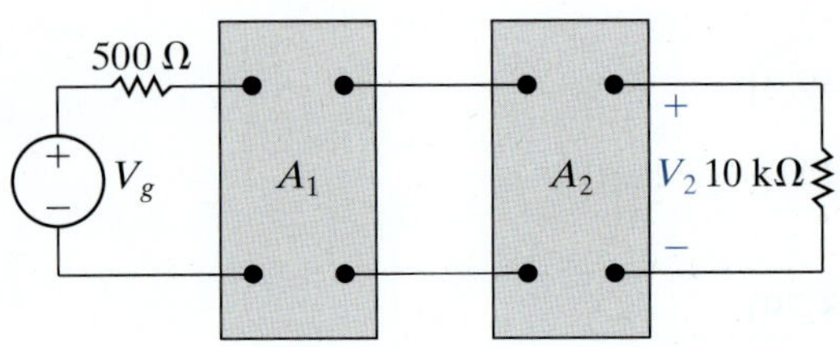

그림 18.14▲ 예제 18.6의 회로.

$$a'_{11} = \frac{-\Delta h}{h_{21}} = \frac{+0.05}{100} = 5 \times 10^{-4},$$

$$a'_{12} = \frac{-h_{11}}{h_{21}} = \frac{-1000}{100} = -10\ \Omega,$$

$$a'_{21} = \frac{-h_{22}}{h_{21}} = \frac{-100 \times 10^{-6}}{100} = -10^{-6}\,\text{S},$$

$$a'_{22} = \frac{-1}{h_{21}} = \frac{-1}{100} = -10^{-2}.$$

다음으로 종속 연결된 증폭기의 a 파라미터를 계산하기 위해 식 (18.31)~(18.34)를 사용한다.

$$\begin{aligned} a_{11} &= a'_{11}a'_{11} + a'_{12}a'_{21} \\ &= 25 \times 10^{-8} + (-10)(-10^{-6}) \\ &= 10.25 \times 10^{-6}, \end{aligned}$$

$$a_{12} = a'_{11}a'_{12} + a'_{12}a'_{22}$$
$$= (5 \times 10^{-4})(-10) + (-10)(-10^{-2})$$
$$= 0.095\ \Omega,$$

$$a_{21} = a'_{21}a'_{11} + a'_{22}a'_{21}$$
$$= (-10^{-6})(5 \times 10^{-4}) + (-0.01)(-10^{-6})$$
$$= 9.5 \times 10^{-9}\ \text{S},$$

$$a_{22} = a'_{21}a'_{12} + a'_{22}a'_{22}$$
$$= (-10^{-6})(-10) + (-10^{-2})^2$$
$$= 1.1 \times 10^{-4}.$$

표 18.3으로부터

$$\frac{V_2}{V_g} = \frac{Z_L}{(a_{11} + a_{21}Z_g)Z_L + a_{12} + a_{22}Z_g}$$
$$= \frac{10^4}{[10.25 \times 10^{-6} + 9.5 \times 10^{-9}(500)]\,10^4 + 0.095 + 1.1 \times 10^{-4}(500)}$$
$$= \frac{10^4}{0.15 + 0.095 + 0.055}.$$
$$= \frac{10^5}{3}$$
$$= 33{,}333.33.$$

따라서 150 μV의 입력 신호는 증폭되어 5 V의 출력 신호가 된다.

평가문제

목표 3—종속 연결된 2-포트 회로를 해석하는 방법을 안다.

18.7 그림과 같이 저항으로 구성된 2-포트 회로에서 g 파라미터와 h 파라미터는 다음과 같다.

$$g_{11} = \frac{3}{35}\ \text{S};\quad h_{11} = 5\ \text{k}\Omega;$$
$$g_{12} = \frac{20}{7};\quad h_{12} = -0.2;$$
$$g_{21} = \frac{800}{7};\quad h_{21} = -4;$$
$$g_{22} = \frac{50}{7}\ \text{k}\Omega;\ h_{22} = 200\ \mu\text{S},$$

$v_g = 30$ V dc일 때, v_o을 계산하라.

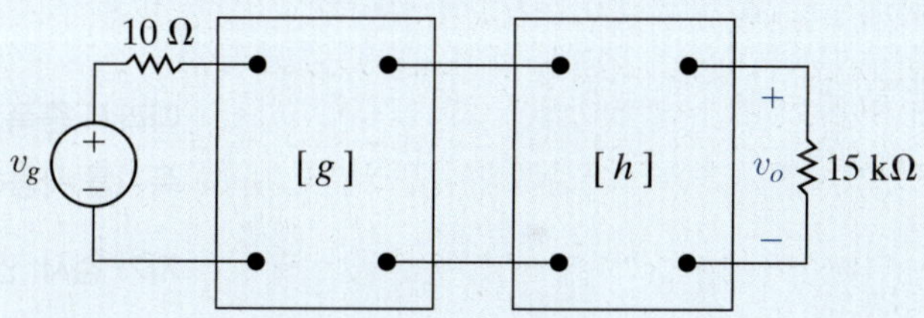

정답: 3750 V.

자가 검사: 연습문제 18.38도 풀어 보라.

실제 응용

미지 회로의 동작 예측

우리는 '블랙박스' 증폭기의 h 파라미터를 찾기 위해 다음과 같은 측정을 한다.

- 포트 1을 개방하고 50 V를 포트 2에 인가한다. 포트 1의 전압과 포트 2의 전류를 측정한다.

$$V_1 = 50\ \text{mV};\quad I_2 = 2.5\ \text{A}.$$

- 포트 2를 단락시키고 포트 1에 2.5 mA를 인가한다. 포트 1의 전압과 포트 2의 전류를 측정한다.

$$V_1 = 1.25\ \text{V};\quad I_2 = 3.75\ \text{A}.$$

식 (18.14)에 따라 h 파라미터를 계산하면

$$h_{11} = \left|\frac{V_1}{I_1}\right|_{V_2=0} = \frac{1.25}{0.0025} = 500\ \Omega; \quad h_{12} = \left|\frac{V_1}{V_2}\right|_{I_1=0} = \frac{0.05}{50} = 10^{-3};$$

$$h_{21} = \left|\frac{I_2}{I_1}\right|_{V_2=0} = \frac{3.75}{0.0025} = 1500; \quad h_{22} = \left|\frac{I_2}{V_2}\right|_{I_1=0} = \frac{2.5}{50} = 50\ \text{mS}.$$

이제 종단된 2-포트 방정식을 사용하여 100 Ω의 내부 임피던스를 갖는 2 V(rms) 전압원을 포트 1에 연결하는 것이 안전한지 아닌지 판단해 보자. 또한 100 W, 32 Ω 저항으로 모델링되는 스피커를 구동시키기 위해 이 전원을 증폭기와 함께 사용해 보자. 표 18.3으로부터 I_2를 찾는 것부터 시작하면

$$\begin{aligned} I_2 &= \frac{h_{21}V_g}{(1 + h_{22}Z_L)(h_{11} + Z_g) - h_{12}h_{21}Z_L} \\ &= \frac{1500(2)}{[1 + (0.05)(32)][500 + 100] - (1500)(10^{-3})(32)} \\ &= 1.98\text{A(rms)}. \end{aligned}$$

이때 32 Ω 스피커에 전달되는 전력을 구하자.

$$P = RI_2^2 = (32)(1.98)^2 = 126\ \text{W}.$$

따라서 증폭기는 126 W의 전력을 공급하게 된다. 스피커의 정격은 100 W이므로 다른 증폭기를 사용하거나 더 강력한 스피커를 구입하는 것이 좋을 것이다.

자가 검사: 연습문제 18.46도 풀어 보라.

■ 요약

- **2-포트 모델**은 입력과 출력 포트에서 전압과 전류에 대해 회로 성능을 기술하는 데 사용된다.
- 이 모델은 다음 회로에 국한되어 있다.
  - 포트 사이 회로 내부에 독립 전원이 없다.
  - 포트 사이 회로 내부에 저장되는 에너지가 없다.
  - 포트로 들어가는 전류는 그 포트에서 나오는 전류와 같다.
  - 입력과 출력 포트 사이에 외부 연결이 없다.
- 네 개의 단자 변수(V_1, I_1, V_2, I_2)는 서로 독립적이다. 즉 네 개의 변수에 관한 두 개의 연립 방정식만 있으면 회로를 기술할 수 있다.
- 네 개의 단자 변수에 관한 여섯 개의 연립 방정식은 z, y, a, b, h, g 파라미터 방정식이라고 한다. 식 (18.1)~(18.6)을 참고하라.
- 파라미터 방정식은 s 영역에서 표현되어 있다. 파라미터의 직류 값은 $s = 0$으로 설정함으로써 구할 수 있다. 또한 정현파 정상 상태 값은 $s = j\omega$로 설정함으로써 구할 수 있다.
- 2-포트 파라미터 세트는 입출력 포트에 적절한 단락 회로와 개방 회로 조건을 적용하여 계산하거나 측정할 수 있다. 식 (18.7)~(18.15)를 참고하라.
- 여섯 개의 2-포트 파라미터 세트 사이의 관계는 표 18.1에 나타나 있다.
- 한쪽 포트에 연결된 이상적인 전압원과 다른 포트에 연결된 이상적인 전류계를 서로 바꾸어도 같은 측정치를 얻을 때 2-포트 회로는 **상반**된다고 한다. 상반성이 2-포트 파라미터에 주는 영향은 표 18.2에 나타나 있다.
- 만약 단자 전압 및 전류의 변화 없이 두 포트를 서로 바꿀 수

있다면 상반 2-포트 회로는 **대칭**이다. 대칭성의 부가적인 효과는 표 18.2에 나와 있다.

- 테브냉 등가 전원과 부하에 연결된 2-포트 회로의 성능은 표 18.3에 주어진 관계로 요약된다.
- 대형 회로망은 2-포트 모델을 이용하여 하위 회로망으로 나눌 수 있다. 이 장에서는 종속 연결이 상호 연결된 2-포트 회로 해석에 사용되었다.

연습문제

18.1과 18.2절

18.1 그림 18.3의 회로에서 y 파라미터를 구하라.

18.2 그림 18.3의 회로에서 h 파라미터를 구하라.

18.3 그림 18.3의 회로에서 a 파라미터를 구하라.

18.4 그림 P18.4의 회로에 대해 z 파라미터를 구하라.

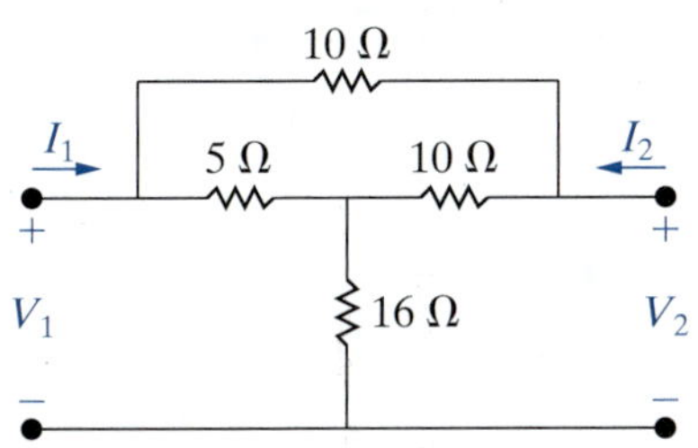

그림 P18.4

18.5 그림 P18.5의 회로에 대해 b 파라미터를 구하라.

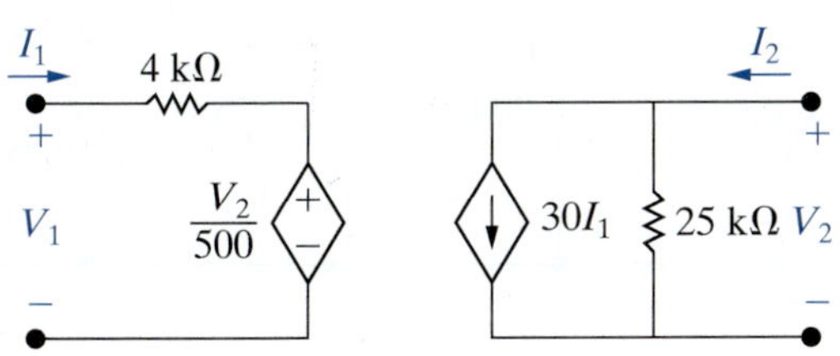

그림 P18.5

18.6 연습문제 18.5의 결과를 이용하여 그림 P18.5의 회로에 대해 g 파라미터를 계산하라.

18.7 그림 P18.7의 회로에 대해 h 파라미터를 구하라.

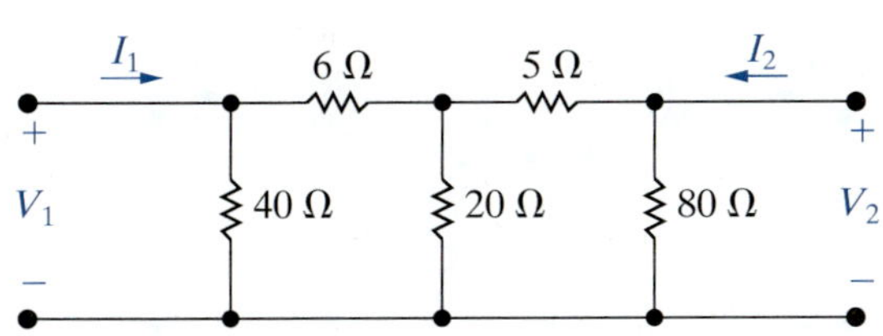

그림 P18.7

18.8 그림 P18.8의 회로에 대해 b 파라미터를 구하라.

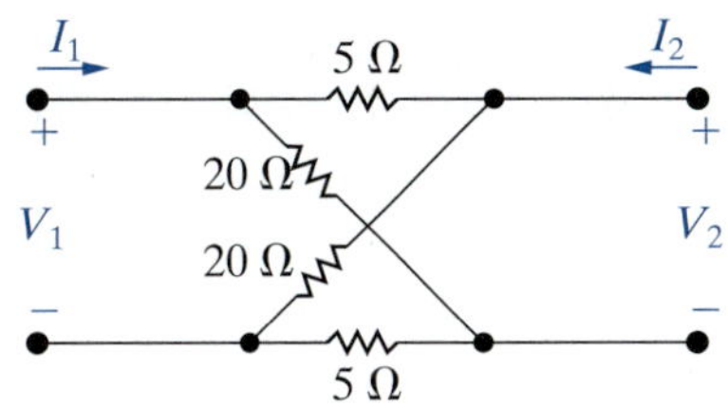

그림 P18.8

18.9 그림 P18.9의 회로에서 $a_{11} = 1.2$, $a_{12} = 34\ \Omega$, $a_{21} = 20\text{ mS}$, $a_{22} = 1.4$가 되도록 R_1, R_2, R_3를 선택하라.

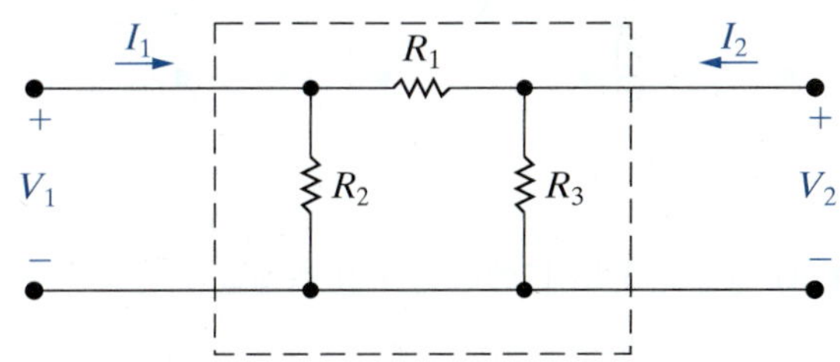

그림 P18.9

18.10 그림 P18.10의 연산 증폭기 회로에 대해 h 파라미터를 구하라.

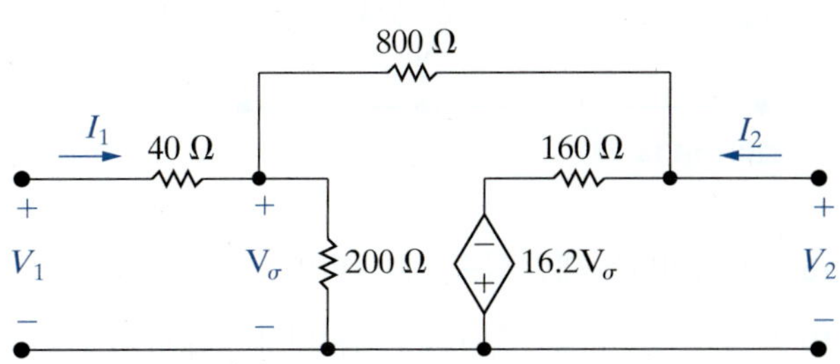

그림 P18.10

18.11 그림 P18.11의 회로에서 연산 증폭기가 이상적일 때 회로의 g 파라미터를 구하라.

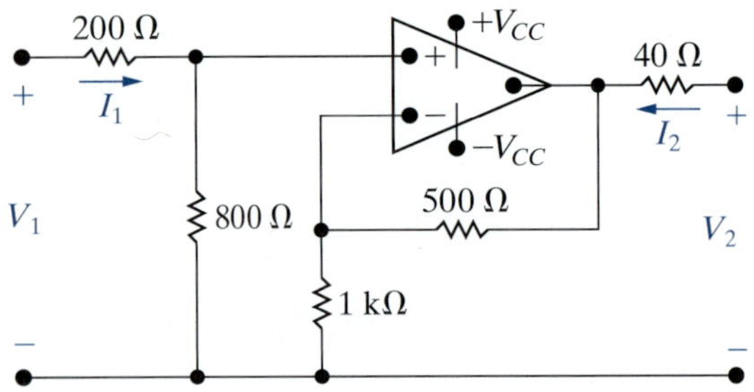

그림 P18.11

18.12 그림 P18.12의 2-포트 회로에서 다음과 같은 직류 측정값을 얻었다.

포트 2 개방	포트 2 단락
$V_1 = 50$ mV	$I_1 = 2\ \mu$A
$V_2 = 200$ mV	$I_2 = 0.5\ \mu$A
$I_1 = 5\ \mu$A	$V_1 = 10$ mV

이 회로망의 g 파라미터를 계산하라.

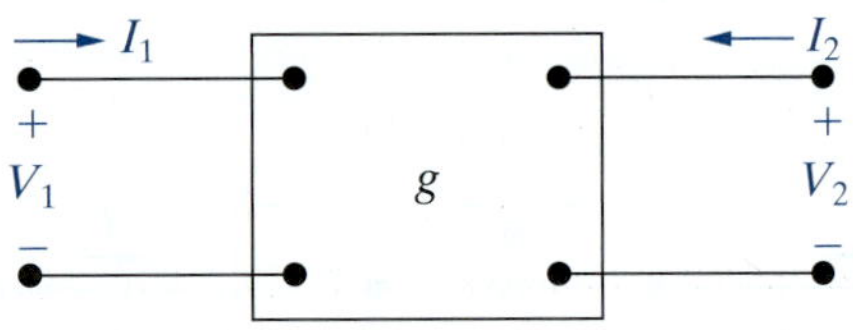

그림 P18.13

18.13 a) 연습문제 18.12에서 주어진 측정값을 활용하여 이 회로망의 z 파라미터를 구하라.

b) 연습문제 18.12에서 찾은 g 파라미터로부터 직접 z 파라미터를 찾아 계산 결과를 확인하라.

18.14 그림 P18.14의 2-포트 회로에 대해 h 파라미터를 구하라.

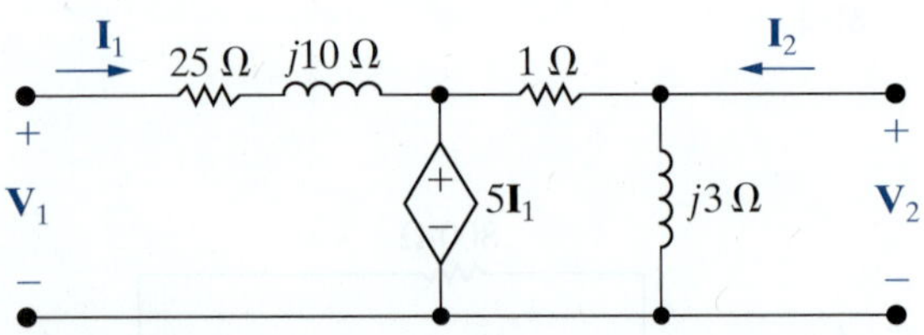

그림 P18.14

18.15 a 파라미터에 대한 함수로 h 파라미터 식을 유도하라.

18.16 b 파라미터에 대한 함수로 y 파라미터 식을 유도하라.

18.17 y 파라미터에 대한 함수로 g 파라미터 식을 유도하라.

18.18 그림 P18.18의 2-포트 회로의 a 파라미터에 대한 s 영역 식을 구하라.

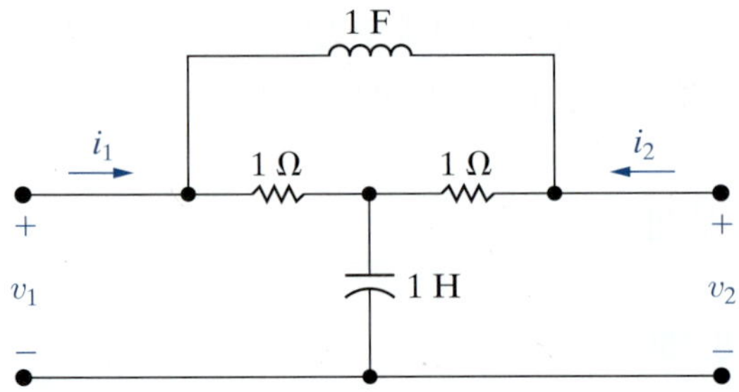

그림 P18.18

18.19 그림 P18.19의 2-포트 회로의 y 파라미터에 대한 s 영역 식을 구하라.

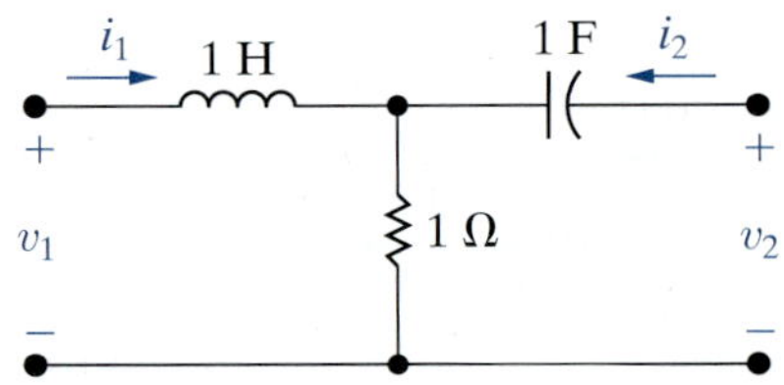

그림 P18.19

18.20 그림 P18.20의 2-포트 회로에 대해 y 파라미터의 주파수 영역 값을 구하라.

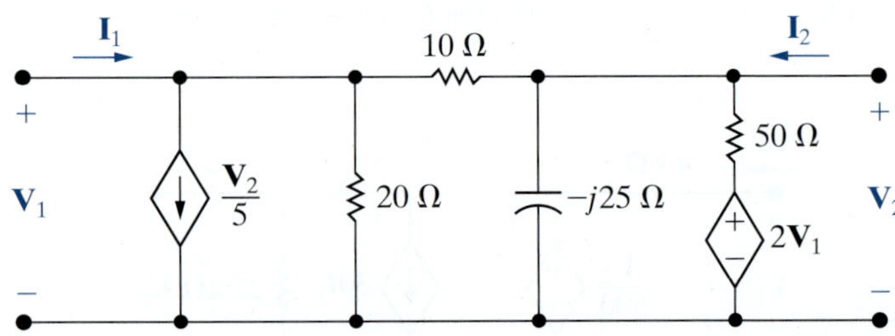

그림 P18.20

18.21 그림 P18.20의 2-포트 회로의 b 파라미터를 구하라.

18.22 a) 정의된 방정식을 이용하여 그림 P18.22의 회로에 대한 s 영역에서 표현된 h 파라미터 식을 구하라.

b) (a)에서 얻은 결과가 상반 대칭 회로망에서의 h 파라미터 관계와 일치하는지 보여라.

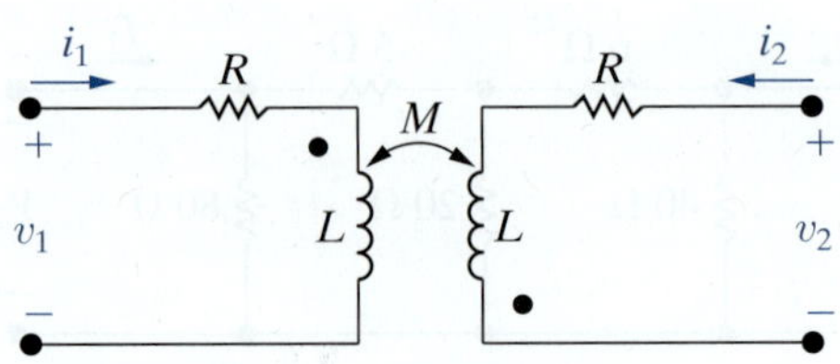

그림 P18.22

18.23 그림 P18.23의 2-포트 회로는 대칭인가? 자신의 답을 설명하라.

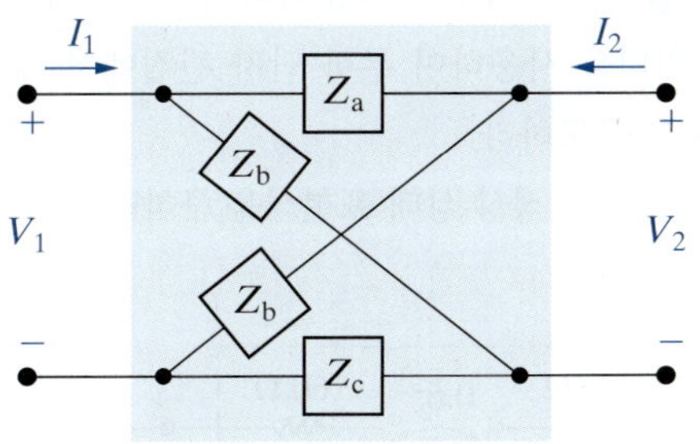

그림 P18.23

18.3절

18.24 그림 18.10 회로에 대해 포트 2에서 바라본 테브냉 등가 회로를 b 파라미터를 사용하여 구하라.

18.25 그림 18.10 회로의 전압 이득 V_2/V_1의 표현식을 g 파라미터를 사용하여 유도하라.

18.26 그림 18.10 회로의 전류 이득 I_2/I_1의 표현식을 a 파라미터를 사용하여 유도하라.

18.27 그림 18.10 회로의 전압 이득 V_2/V_g의 표현식을 y 파라미터를 사용하여 유도하라.

18.28 그림 18.10 회로의 입력 임피던스 $Z_{in} = V_1/I_1$의 표현식을 h 파라미터를 사용하여 유도하라.

18.29 종단된 2-포트 회로망에서 a 파라미터는 $a_{11} = 5 \times 10^{-4}$, $a_{12} = 10\,\Omega$, $a_{21} = 10^{-6}\,\text{S}$, $a_{22} = -3 \times 10^{-2}$이다. 회로망이 최대 진폭이 50 mV이고 내부 임피던스가 $100 + j0\,\Omega$인 정현파 전압원에 의해 구동된다. 또한 저항 $5\,\text{k}\Omega$인 부하에 의해 종단된다.

a) 부하 저항에 전달되는 평균 전력을 계산하라.

b) 부하에 최대 전력이 전달되게 하는 부하 저항을 계산하라.

c) (b)에서 구한 부하 저항에 전달되는 최대 평균 전력을 계산하라.

18.30 그림 P18.30의 2-포트 증폭기 회로에서 y 파라미터는 다음과 같다.

$$y_{11} = 2\text{ mS};\quad y_{12} = -2\,\mu\text{S};$$
$$y_{21} = 100\text{ mS};\quad y_{22} = -50\,\mu\text{S};$$

전원의 내부 임피던스는 $2500 + j0\,\Omega$이고 부하 임피던스는 $70{,}000 + j0\,\Omega$이다. 이상적인 전압원은 정현파 전압을 만든다.

$$v_g = 80\sqrt{2}\cos 4000t\text{ mV}.$$

a) V_2의 rms값을 구하라.

b) Z_L에 전달되는 평균 전력을 구하라.

c) 이상적인 전압원에서 만들어진 평균 전력을 구하라.

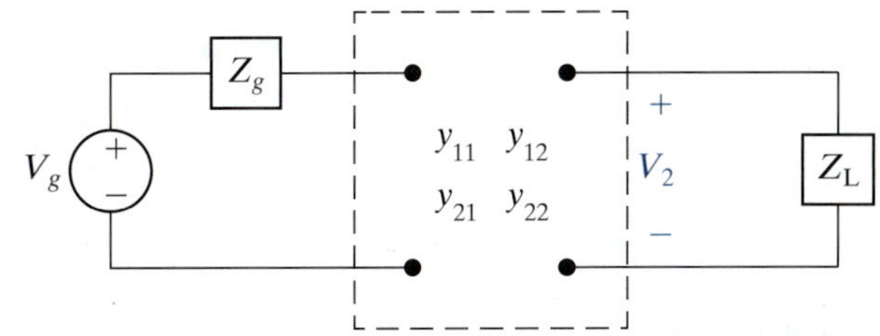

그림 P18.30

18.31 그림 P18.30과 같은 종단된 2-포트 증폭기 회로에 대해 다음을 구하라.

a) Z_L에 최대 평균 전력이 전달되게 하는 Z_L값

b) Z_L에 전달되는 최대 평균 전력

c) 최대 전력이 Z_L에 전달될 때 이상적인 전압원이 만드는 평균 전력

18.32 그림 P18.32의 2-포트 회로에 대해 g 파라미터는 다음과 같다.

$$g_{11} = \frac{1}{6} - j\frac{1}{6}\text{ S};\quad g_{12} = -0.5 + j0.5;$$
$$g_{21} = 0.5 - j0.5;\ g_{22} = 1.5 + j2.5\ \Omega.$$

부하 임피던스 Z_L을 부하에 전달되는 평균 전력이 최대가 되도록 조정한다. 이상적인 전압원은 정현파 전압을 발생시킨다.

$$v_g = 42\sqrt{2}\cos 5000t\text{ V}.$$

a) V_2의 rms값을 구하라.

b) Z_L에 전달되는 평균 전력을 구하라.

c) 이상적인 전압원이 만드는 평균 전력의 몇 %가 Z_L에 전달되는가?

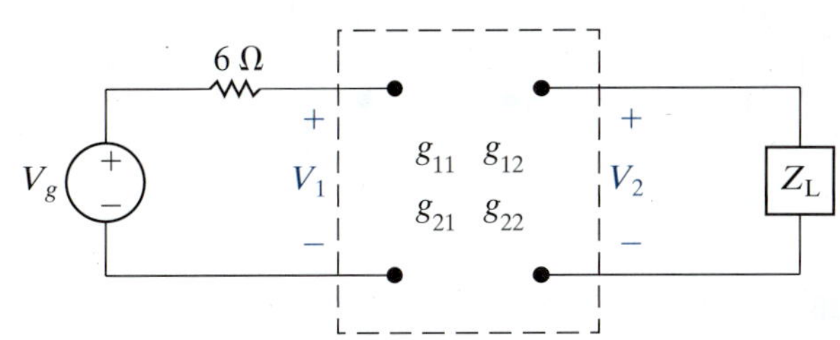

그림 P18.32

18.33 a) 그림 P18.33의 2-포트 회로망에 대해 y 파라미터를 구하라.

b) $v_g = 200u(t)$ V일 때 $t > 0$에서 v_2를 구하라.

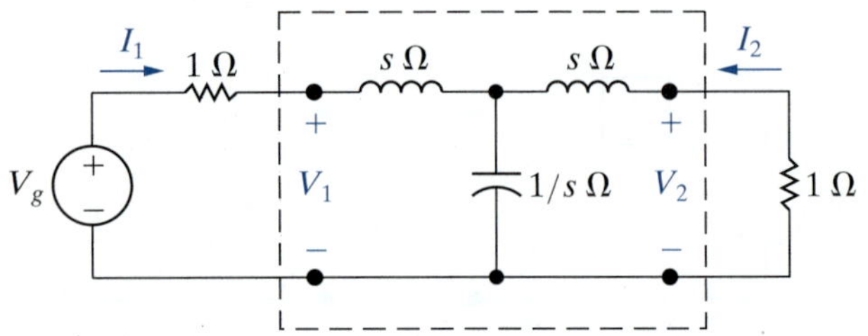

그림 P18.33

18.34 a) 그림 P18.34 회로의 h 파라미터에 대해 s 영역 표현식을 구하라.

b) 그림 P18.34의 포트 2는 800 Ω 저항으로 종단되었고, 포트 1은 계단 전압원 $v_1(t) = 45u(t)$ V에 의해 구동된다. 만약 $C = 100$ nF, $L = 400$ mH일 때 $t > 0$에서의 $v_2(t)$를 구하라.

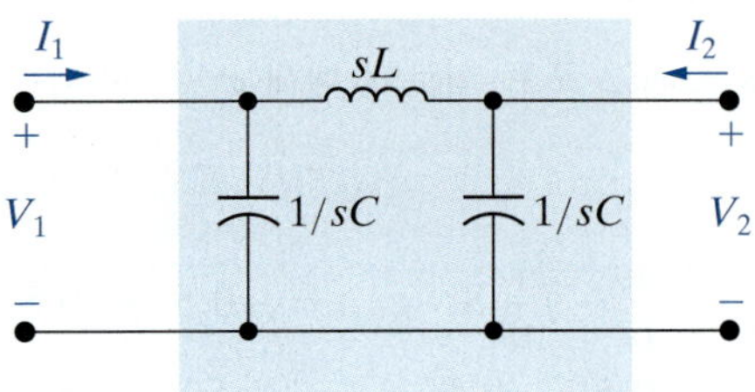

그림 P18.34

18.35 그림 P18.35의 회로에서 증폭기의 y 파라미터는 다음과 같다.

$$y_{11} = 25 \text{ mS}; \quad y_{12} = -1 \text{ mS};$$
$$y_{21} = -250 \text{ mS}; \quad y_{22} = -40 \text{ mS}.$$

이상적인 전압원에 의해 제공되는 전력에 대한 출력 전력의 비를 구하라.

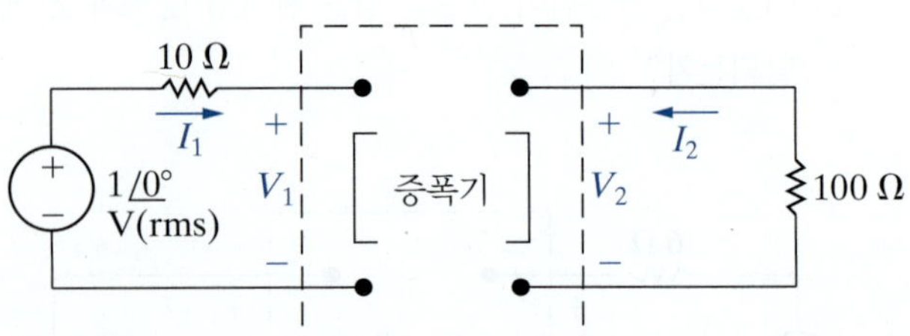

그림 P18.35

18.36 그림 P18.36의 회로에서 선형 변압기의 결합 계수는 0.65이다. 이 변압기는 내부 전압이 $v_g = 100 \cos 2000t$ V인 정현파 전류원에 의해 구동된다. 전원의 내부 임피던스는 $10 + j0$ Ω이다.

a) 선형 변압기의 주파수 영역 a 파라미터를 구하라.

b) a 파라미터를 사용하여 부하 단자 관점에서 테브냉 등가 회로를 유도하라.

c) v_2의 시간 영역 정상 상태 표현식을 구하라.

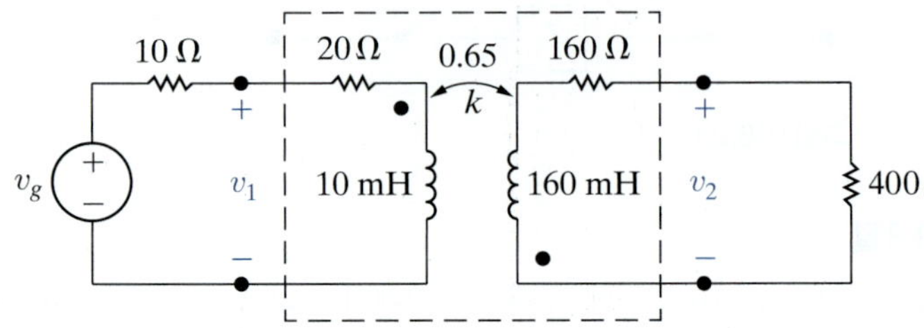

그림 P18.36

18.37 2-포트 저항 회로망에서 다음과 같은 측정값을 얻었다.

조건 1 – 포트 2를 단락시키고 포트 1에 100 V를 인가

측정: $I_1 = 1.125$ A, $V_2 = 104$ A

조건 2 – 포트 1을 개방하고 포트 2에 24 V를 인가

측정: $V_1 = 20$ V, $I_2 = 250$ mA

포트 1이 160 V 직류의 이상적인 전압원으로 구동될 때 포트 2에 연결된 부하 저항에 2-포트 회로가 전달할 수 있는 최대 전력을 구하라.

18.4절

18.38 그림 P18.38의 대칭 브리지 T 회로에서 각 소자는 15 Ω 저항이다. 두 개의 브리지 T가 직렬로 직류 전압원과 부하 저항에 연결되어 있다. 직류 전압원의 무부하 전압은 100 V이며, 내부 임피던스는 8 Ω이다. 부하 저항에 최대 전력이 전달되도록 저항을 조정한다.

a) 최대 전력이 전달될 경우의 부하 저항을 계산하라.

b) (a)에서 구한 저항에 걸리는 전압을 계산하라.

c) (a)에서 구한 저항에 전달되는 부하 전력을 계산하라.

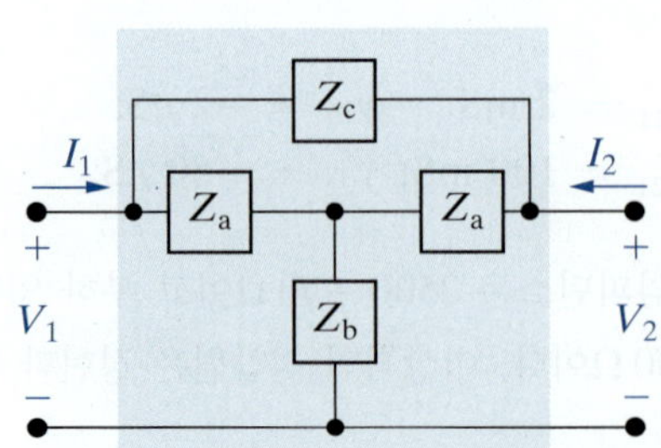

그림 P18.38

18.39 그림 P18.39(a)에서 첫 2-포트 회로의 z 파라미터는 다음과 같다.

$$z_{11} = 200\ \Omega; \qquad z_{12} = 20\ \Omega;$$
$$z_{21} = -1.6\ \text{M}\Omega; \quad z_{22} = 40\ \text{k}\Omega.$$

두 번째 2-포트 회로는 그림 P18.39(b)에 나타나 있으며, 여기서 $R = 8\ \text{k}\Omega$이다. $v_g = 15\ \text{mV dc}$일 때 v_o를 구하라.

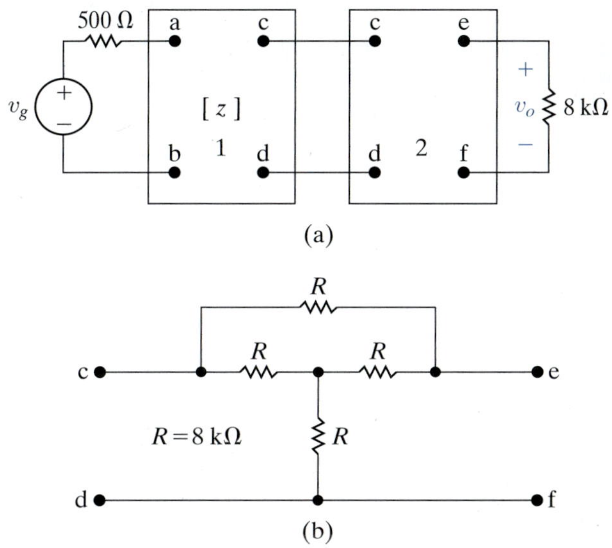

그림 P18.39

18.40 그림 P18.40의 회로에서 회로망 A, B는 상반 대칭이다. 회로망 A에 대해 $a'_{11} = 4$, $a'_{12} = 5\ \Omega$임이 알려져 있다.

a) 회로망 B의 a 파라미터를 구하라.

b) $\mathbf{I}_2 = 0$일 때 $\mathbf{V}_2/\mathbf{V}_1$를 구하라.

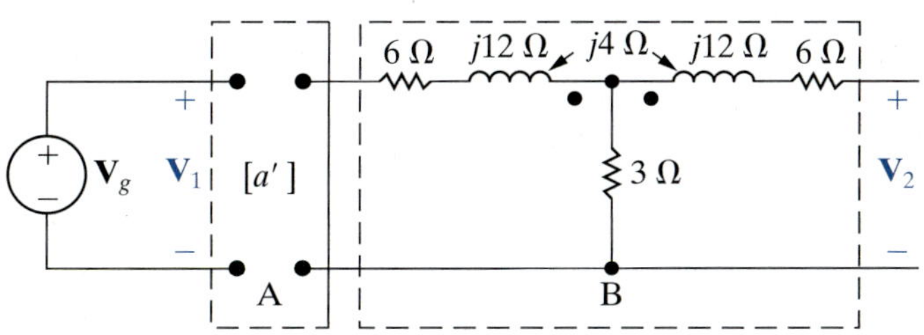

그림 P18.40

18.1~18.4절

18.41 a) 그림 P18.41의 회로가 z 파라미터 방정식을 만족시키는 등가 회로임을 보이라.

b) 그림 P18.41의 등가 회로가 내부 임피던스가 $Z_g\ \Omega$인 전압원에 의해 구동된다고 가정하자. 포트 2에 관점에서의 테브냉 등가 회로를 구하라. 표 18.3의 적절한 항목과 비교하여 결과를 확인하라.

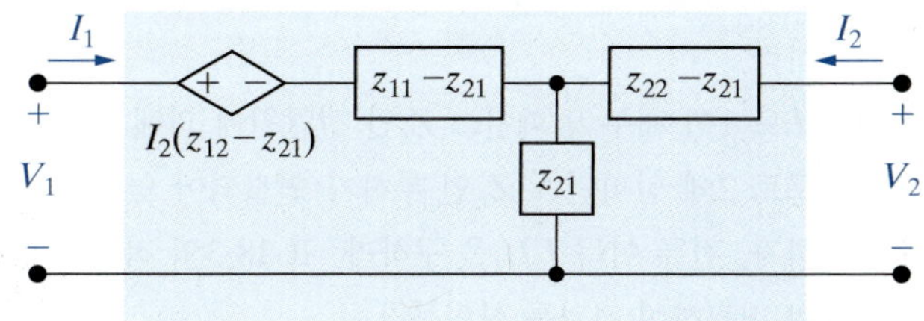

그림 P18.41

18.42 a) 그림 P18.42의 회로 또한 z 파라미터 방정식을 만족시키는 등가 회로임을 보이라.

b) 그림 P18.42의 등가 회로의 포트 2가 임피던스가 $Z_L\ \Omega$인 부하로 종단되었다고 가정하자. 입력 임피던스 V_1/I_1을 구하라. 표 18.3의 적절한 항목과 비교하여 결과를 확인하라.

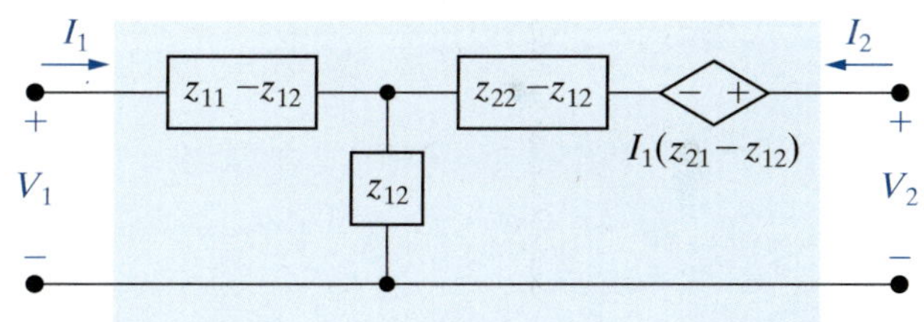

그림 P18.42

18.43 a) 그림 P18.43의 회로가 h 파라미터 방정식을 만족시키는 등가 회로임을 보여라.

b) (a)의 h 파라미터 등가 회로를 이용하여 그림 18.14의 전압 이득 V_2/V_g를 구하라. 이때 예제 18.6의 h 파라미터 값을 사용하라.

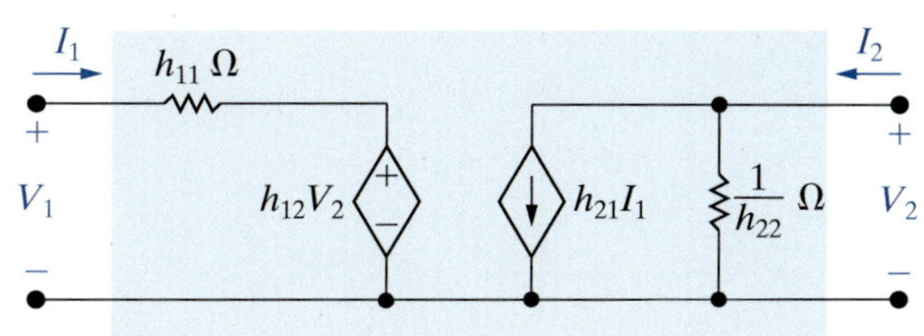

그림 P18.43

18.44 a) y 파라미터 방정식을 만족하는 두 개의 등가 회로를 유도하라. 힌트: 식 (18.2)로부터 시작하라. 첫 번째 방정식에서 $y_{21}V_2$를 더하고 빼라. 마디 전압을 생각하며 두 방정식을 만족하는 회로를 구성하라. 식 (18.2)의 두 번째 방정식을 먼저 바꾸어 또 다른 등가 회로를 유도하라.

b) 포트 1이 내부 임피던스 Z_g인 전압원에 의해 구동되고, 포트 2에 임피던스 Z_L인 부하가 연결되어 있다고 가정하자. 전류 이득 I_2/I_1을 구하라. 표 18.3의 적절한 항목과 비교하여 결과를 확인하라.

18.45 a) g 파라미터 방정식을 만족하는 등가 회로를 유도하라.

b) (a)에서 유도한 g 파라미터 등가 회로와 연습문제 18.43에서 유도한 h 파라미터 등가 회로를 이용하여 연습문제 18.7의 출력 전압 v_o를 구하라.

18.46 PRACTICAL PERSPECTIVE a) 실제 응용에서 서술된 '블랙박스' 증폭기에 대해 a 파라미터의 계산이 가능하려면 어떠한 조건에서 무엇을 측정해야 하는가?

b) 위에서 계산한 a 파라미터와 실제 응용에서 계산된 h 파라미터가 서로 등가이려면 어떤 측정값이 필요한가?

18.47 PRACTICAL PERSPECTIVE z 파라미터에 대해 연습문제 18.46을 반복하여 구하라.

APPENDIX

A 선형 연립 방정식의 해

회로 해석은 선형 연립 방정식의 해와 자주 연관되어 있다. 여기에서는 몇 가지 다른 풀이 방법을 제시한다. 어떤 방법은 공학용 계산기 또는 개인용 컴퓨터를 이용해야 하나, 또 다른 방법은 연필과 종이만 사용하면 된다. 대부분의 풀이법은 방정식을 행렬 형태로 표현하는 것으로 시작한다. 여러분은 대부분의 일반적 대수학 교재에서 다루는 주제인 행렬과 행렬 연산을 복습해야 한다.

A.1 예비 단계

일련의 연립 방정식을 푸는 첫 단계는 방정식을 정방형식으로 정리하는 것이다. 이를 위해서 미지 변수를 포함하는 모든 항은 방정식의 좌변으로 모으고, 모든 상수는 우변으로 배치한다. 그런 다음 방정식을 수직 방향으로 쌓듯이 정리하여 각각의 변수가 각 방정식별로 같은 수평 위치를 차지하도록 한다. 예를 들면, 식 (A.1)에서 변수 i_1, i_2, i_3가 각 방정식의 좌변에서 각각 첫 번째, 두 번째, 세 번째를 차지한다.

$$\begin{aligned} 21i_1 - 9i_2 - 12i_3 &= -33, \\ -3i_1 + 6i_2 - 2i_3 &= 3, \\ -8i_1 - 4i_2 + 22i_3 &= 50. \end{aligned} \tag{A.1}$$

방정식이 일단 정방형으로 정리되면 행렬 기호를 사용하여 방정식을 다음과 같이 쓸 수 있다.

$$\begin{bmatrix} 21 & -9 & -12 \\ -3 & 6 & -2 \\ -8 & -4 & 22 \end{bmatrix} \begin{bmatrix} i_1 \\ i_2 \\ i_3 \end{bmatrix} = \begin{bmatrix} -33 \\ 3 \\ 50 \end{bmatrix}.$$

위 방정식은 $AX = B$와 같은 행렬 형태로 간단히 할 수 있다. 여기서 A, X, B는 각각 변수와 곱해지는 계수 행렬, 변수 벡터, 방정식의 우변에 있는 상수 벡터이다. 위와 같은 간단한 형태로 표현했을 때 미지 변수 X는 다음과 같이 행렬 A의 역수를 취하고 이를 B 벡터와 곱해 구할 수 있다.

$$X = A^{-1}B.$$

만일 하나 이상의 변수가 주어진 방정식에 없을 때에는 단순히 그 계수에 0을 집어넣으면 된다. 따라서 식 (A.2)는 식 (A.3)과 같이 나타냄으로써 '정방형'으로 만들 수 있다.

$$\begin{aligned} 2v_1 - v_2 &= 4, \\ 4v_2 + 3v_3 &= 16, \\ 7v_1 + 2v_3 &= 5; \end{aligned} \tag{A.2}$$

$$\begin{aligned} 2v_1 - \ \ v_2 + 0v_3 &= 4, \\ 0v_1 + 4v_2 + 3v_3 &= 16, \\ 7v_1 + 0v_2 + 2v_3 &= 5. \end{aligned} \tag{A.3}$$

식 (A.3)은 행렬 형태로 표현하면 다음과 같다.

$$\begin{bmatrix} 2 & -1 & 0 \\ 0 & 4 & 3 \\ 7 & 0 & 2 \end{bmatrix} \begin{bmatrix} v_1 \\ v_2 \\ v_3 \end{bmatrix} = \begin{bmatrix} 4 \\ 16 \\ 5 \end{bmatrix}.$$

A.2 계산기와 컴퓨터를 사용한 풀이법

공학도를 위해 추천되는 대부분의 계산기는 연립 방정식의 해를 구할 수 있다. 계산기의 종류가 매우 많기 때문에 여기서 예시나 사용법을 제공하는 것은 실용적이지 않다. 대신 방정식을 풀기 위해 계산기를 사용하는 것에 대한 일반적인 과정을 제공하기로 한다. 특정 계산기의 경우 매뉴얼을 참조하거나 웹에서 제공하는 설명을 찾아본다.

1. 미지수의 개수를 정함으로써 풀고자 하는 문제의 차원을 입력한다.
2. 방정식의 좌변에서 미지수와 곱해지는 계수 행렬인 A 행렬을 생성한다.
3. 방정식의 우변에 있는 상수 배열인 B 행렬을 생성한다.
4. 미지수를 포함하고 있는 배열 X를 구하기 위해 행렬 A와 배열 B에 대해 '풀이' 함수(계산기마다 다른 이름을 가지고 있을 수 있음)를 사용한다.

대부분의 계산기는 실수 및 복소수 계수를 갖는 연립 방정식을 풀 수 있다. 어떤 계산기는 심지어 기호를 포함하는 계수를 갖는 연립 방정식을 풀 수도 있다.

일련의 대수 방정식을 풀 수 있는 다른 컴퓨터 프로그램이 많지만, 여기에서는 두 예제 프로그램으로 Excel(스프레드시트 응용 프로그램)과 MATLAB(행렬 기반 프로그래밍 언어)을 제시한다. 위 프로그램에서 사용 가능한 선택 사항을 찾아보고 가장 적합한 소프트웨어를 선택해야 한다.

Excel 사용하기

그림 A.1은 식 (A.1)에 주어진 연립 방정식을 풀기 위해 Excel을 사용하는 것을 보여 준다. Excel은 계수가 실수인 연립 방정식만 풀 수 있다는 것에 주목하자. 우

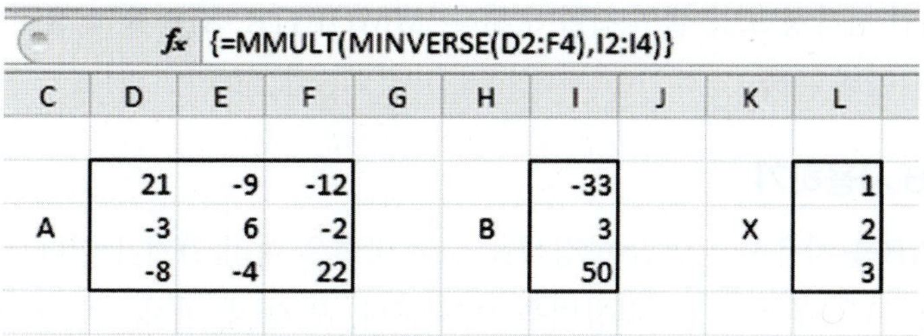

그림 A.1▲ 식 (A.1)의 연립 방정식을 풀기 위한 Excel 사용 예시.

선 사각형 형태의($n \times n$) 셀에 A 행렬을 입력하고, 열 형태의($n \times 1$) 셀에 B 행렬을 입력한다. 그림과 같이 값을 입력한 행렬과 벡터에 이름을 붙여넣을 수도 있지만 꼭 필요한 것은 아니다. 다음으로 미지수를 포함하는 벡터 X를 위한 열 형태의 셀을 선택한다. 이 열 형태의 셀의 개수는 미지수의 개수와 같아야 한다. Excel의 '함수'란에 다음 함수를 써넣는다.

$$= \text{MMULT(MINVERSE(start\_cell, end\_cell), } \text{b}_1\text{:b}_n)$$

위 함수를 써넣은 뒤 Ctrl-Shift-Enter 키를 동시에 누른다. 이러한 과정은 그림 A.1과 같이 선택된 셀에 X 벡터의 값을 입력할 것이다. 또한 괄호로 이 함수를 둘러쌀 것이다. MINVERSE(start_cell, end_cell) 함수는 주어진 행렬의 역행렬을 계산한다. 여기서 주어진 행렬은 좌상부 원소가 start_cell이고 우하부 원소가

```
>> syms  i1 i2 i3
>> eq1=21*i1 - 9*i2 - 12*i3 == -33;
>> eq2=-3*i1 + 6*i2 - 2*i3 ==3;
>> eq3=-8*i1 - 4*i2 + 22*i3 == 50;
>> [A,B] = equationsToMatrix([eq1, eq2, eq3], [i1, i2, i3])

A =

[ 21, -9, -12]
[ -3,  6,  -2]
[ -8, -4, -22]


B =

 -33
   3
  50

>> X = linsolve(A,B)

X =

 1
 2
 3
```

그림 A.2▲ 식 (A.1)의 연립 방정식을 풀기 위한 MATLAB 사용 예.

end_cell인 사각형 모양 셀의 집합이 된다. MMULT(R, S)는 R 및 S로 표현되는 두 행렬을 곱해 준다.

MATLAB 사용하기

MATLAB을 사용하여 연립 방정식을 푸는 방법은 여러 가지가 있다. 그림 A.2는 식 (A.1)을 푸는 한 가지 방법을 보여 준다. 먼저 세 미지수와 세 연립 방정식을 정의한다. 다음으로 함수 `equationsToMatrix(eq, var)`는 이 함수의 첫 번째 항목(`eq`)에 주어지는 방정식에서 이 함수의 두 번째 항목(`var`)에 주어지는 변수를 이용하여 행렬 A와 벡터 B를 만들어 준다. 마지막으로, 함수 `linsolve(A, B)`는 함수의 첫 번째 항목(A)에 주어지는 행렬을 역행렬로 만든 뒤 이 결과에 함수의 두 번째 항목(B)에 주어지는 벡터를 곱해 미지수의 값을 계산한다. Excel과는 다르게 MATLAB에서는 연립 방정식 구성 시 좌변의 변수의 계수와 우변의 상수로 복소수를 사용할 수 있다는 것에 주목하자.

A.3 종이와 연필을 사용한 풀이법

여기에서는 공학용 계산기나 컴퓨터 소프트웨어가 필요 없는 두 가지 방법을 제시한다. 이 두 가지 방법은 역대입 방법과 크래머 방법이다. 위 두 방법은 둘 혹은 세 개의 연립방정식을 푸는 경우에는 사용하기가 쉽다. 그러나 네 개 이상의 연립 방정식의 경우에는 계산이 매우 복잡해지므로 계산기나 컴퓨터를 이용해서 풀어야 한다. 이 두 가지 방법은 실수, 복소수, 심지어 기호를 계수나 상수로 갖는 연립 방정식에 대해서도 적용할 수 있다.

역대입 방법

역대입 방법은 하나의 방정식을 선택하고 하나의 미지수(예를 들어 X1)를 나머지 다른 미지수로 표현하는 방식으로 방정식을 푼다. 이렇게 구한 해(X1)는 나머지 방정식에서 이 미지수(X1)를 제거하기 위해 사용된다. 이러한 과정은 하나의 방정식과 하나의 미지수가 남을 때까지 반복된다. 예를 위해 역대입 방법으로 식 (A.2)를 풀어 보자. 먼저 v_3에 대해 세 번째 방정식을 풀면 다음과 같은 결과를 얻는다.

$$v_3 = 2.5 - 3.5v_1.$$

이제 나머지 방정식에서 v_3를 소거한다.

$$2v_1 - v_2 = 4,$$

$$4v_2 + 3(2.5 - 3.5v_1) = 16.$$

다음으로 위의 나머지 두 방정식 중 첫 번째 방정식을 v_2에 대해 풀면 다음과 같은 식을 얻을 수 있다.

$$v_2 = 2v_1 - 4.$$

이 결과를 이용하여 나머지 다른 방정식에서 v_2를 소거한다.

$$4(2v_1 - 4) + 3(2.5 - 3.5v_1) = 16.$$

위 식을 간단히 정리하고 v_1에 대해 풀면 다음과 같다.

$$-2.5v_1 = 24.5, \quad v_1 = \frac{24.5}{-2.5} = -9.8 \text{ V}.$$

마지막으로, 나머지 미지수를 알아내기 위해 위에서 구한 v_1의 값을 이용한다.

$$v_2 = 2v_1 - 4 = 2(-9.8) - 4 = -23.6 \text{ V},$$

$$v_3 = 2.5 - 3.5v_1 = 2.5 - 3.5(-9.8) = 36.8 \text{ V}.$$

역대입 방법으로 연립 방정식을 풀 수 있는 다른 방법이 있다. 먼저 두 방정식을 임의로 선택하고, 두 방정식을 더했을 때 미지수 중 하나가 소거되도록 하나 또는 두 방정식에 다른 상수를 곱해 준다. 예를 들어 식 (A.3)의 처음 두 방정식을 고려하자. 첫 번째 방정식에 4를 곱한 뒤 두 번째 방정식에 더해 주면 v_2를 소거할 수 있다.

$$\begin{array}{rrrl} & 8v_1 - 4v_2 + 0v_3 & = & 16 \\ + & 0v_1 + 4v_2 + 3v_3 & = & 16 \\ \hline & 8v_1 + 0v_2 + 3v_3 & = & 32. \end{array}$$

이제 이 새로운 방정식에 2를 곱하고, 식 (A.3)의 세 번째 방정식에 −3을 곱한 다. 다음으로 이 두 방정식을 더해 v_3를 소거한다.

$$\begin{array}{rrrl} & 16v_1 + 6v_3 & = & 64 \\ + & -21v_1 + -6v_3 & = & -15 \\ \hline & -5v_1 + 0v_3 & = & 49. \end{array}$$

따라서

$$v_1 = \frac{49}{-5} = -9.8 \text{ V}.$$

v_2를 구하기 위해 식 (A.3)의 첫 번째 방정식에 v_1의 값을 역으로 대입할 수 있다. 그러고 나서 v_3를 구하기 위해 식 (A.3)의 두 번째 방정식에 v_2의 값을 역으로 대입할 수 있다. 구한 해를 검증하기 위해서는 이 마지막 단계를 완료해야 한다.

크래머 방법

연립 방정식을 풀기 위해 **크래머 방법**(Cramer's method)을 사용할 수도 있다. 방정식에서 각 미지수의 값은 두 행렬식의 비로 표현할 수 있다. 만일 적당한 아래 첨자를 갖는 N을 위 비율의 분자에 해당하는 행렬식으로 나타내고, Δ는 비율의 분모에 해당하는 행렬식으로 나타낸다고 하면 k번째 미지수 x_k는 다음과 같이 표현된다.

$$x_k = \frac{N_k}{\Delta}. \tag{A.4}$$

분모 행렬식 Δ는 다른 미지 변수에 대해서도 동일하며, 연립 방정식의 **특성 행렬식**(characteristic determinant)이라고 한다. 그러나 분자 행렬식 N_k는 미지수에 따라 변한다.

여기서 특성 행렬식은 행렬 A의 행렬식이다. 예를 들어 식 (A.3)의 특성 행렬식은 다음과 같다.

$$\Delta = \begin{vmatrix} 2 & -1 & 0 \\ 0 & 4 & 3 \\ 7 & 0 & 2 \end{vmatrix}.$$

행렬식을 구하기 위해 행렬식의 오른쪽에 처음 두 열을 다시 쓰면 다음과 같다.

$$\Delta = \begin{vmatrix} 2 & -1 & 0 \\ 0 & 4 & 3 \\ 7 & 0 & 2 \end{vmatrix} \begin{matrix} 2 & -1 \\ 0 & 4 \\ 7 & 0 \end{matrix}.$$

다섯 개의 열이 있고, 처음 세 열에 대해 왼쪽에서 오른쪽 방향으로 대각 원소의 곱을 모두 더한다. 다음으로 마지막 세 열에 대해 오른쪽에서 왼쪽 방향으로 대각 원소의 곱을 모두 더한 뒤 앞의 결과에서 빼 주면 다음과 같이 행렬식의 값을 얻을 수 있다.

$$\begin{aligned}\Delta &= (2\cdot4\cdot2) + (-1\cdot3\cdot7) + (0\cdot0\cdot0) - (0\cdot4\cdot7) - (2\cdot3\cdot0) - (-1\cdot0\cdot2) \\ &= 16 - 21 + 0 - 0 - 0 - 0 = -5.\end{aligned}$$

행렬식을 구하는 이러한 빠른 계산법은 정방 행렬의 차원이 3인 경우에만 적용된다. 차원이 3보다 큰 행렬의 행렬식을 구하기 위해서는 행렬식에 대한 참고문헌을 참조한다.

다음으로 분자 행렬식 N_k를 구하기 위해 특성 행렬식의 k번째 열을 벡터 B의 값으로 대체한다. 예를 들어 식 (A.3)에서 v_1, v_2, v_3를 구하기 위한 분자 행렬식은 다음과 같이 주어진다.

$$\begin{aligned}N_1 &= \begin{vmatrix} 4 & -1 & 0 \\ 16 & 4 & 3 \\ 5 & 0 & 2 \end{vmatrix} \\ &= (4\cdot4\cdot2) + (-1\cdot3\cdot5) + (0\cdot16\cdot0) - (0\cdot4\cdot5) - (4\cdot3\cdot0) - (-1\cdot16\cdot2) \\ &= 49,\end{aligned}$$

$$\begin{aligned}N_2 &= \begin{vmatrix} 2 & 4 & 0 \\ 0 & 16 & 3 \\ 7 & 5 & 2 \end{vmatrix} \\ &= (2\cdot16\cdot2) + (4\cdot3\cdot7) + (0\cdot0\cdot5) - (0\cdot16\cdot7) - (2\cdot3\cdot5) - (4\cdot0\cdot2) \\ &= 118,\end{aligned}$$

$$\begin{aligned}N_3 &= \begin{vmatrix} 2 & -1 & 4 \\ 0 & 4 & 16 \\ 7 & 0 & 5 \end{vmatrix} \\ &= (2\cdot4\cdot5) + (-1\cdot16\cdot7) + (4\cdot0\cdot0) - (4\cdot4\cdot7) - (2\cdot16\cdot0) - (-1\cdot0\cdot5) \\ &= -184.\end{aligned}$$

식 (A.4)에서 크래머 방법을 사용하면 v_1, v_2, v_3는 다음과 같이 구할 수 있다.

$$v_1 = \frac{N_1}{\Delta} = \frac{49}{-5} = -9.8\text{ V},$$

$$v_2 = \frac{N_2}{\Delta} = \frac{118}{-5} = -23.6\text{ V},$$

$$v_3 = \frac{N_3}{\Delta} = \frac{-184}{-5} = 36.8\text{ V}.$$

A.4 응용

다음 예제는 회로 해석을 통해 얻은 연립 방정식을 푸는 여러 가지 방법을 실제로 보여 준다.

예제 A.1

크래머 방법을 사용하여 식 (4.1)과 (4.2)에서의 마디 전압 v_1과 v_2를 구하라.

풀이

첫 번째 단계는 식 (4.1)과 (4.2)를 정방형으로 다시 쓰는 것이다. v_1과 v_2의 계수를 식의 좌변으로 모으고, 상수 항을 식의 우변으로 옮기면 다음과 같이 정리할 수 있다.

$$\begin{aligned} 1.7v_1 - 0.5v_2 &= 10, \\ -0.5v_1 + 0.6v_2 &= 2. \end{aligned}$$

위 방정식을 $AX = B$ 형태로 다시 쓰면 다음과 같다.

$$\begin{bmatrix} 1.7 & -0.5 \\ -0.5 & 0.6 \end{bmatrix} \begin{bmatrix} v_1 \\ v_2 \end{bmatrix} = \begin{bmatrix} 10 \\ 2 \end{bmatrix}.$$

크래머 방법[식 (A.4)]을 사용하여 미지 전압에 대한 표현식을 정리하면 다음과 같다.

$$v_1 = \frac{\begin{vmatrix} 10 & -0.5 \\ 2 & 0.6 \end{vmatrix}}{\begin{vmatrix} 1.7 & -0.5 \\ -0.5 & 0.6 \end{vmatrix}},$$

$$v_2 = \frac{\begin{vmatrix} 1.7 & 10 \\ -0.5 & 2 \end{vmatrix}}{\begin{vmatrix} 1.7 & -0.5 \\ -0.5 & 0.6 \end{vmatrix}}.$$

차원이 3인 행렬의 행렬식을 구하기 위한 빠른 방법은 차원이 2인 행렬에는 적용할 수 없다. 대신 이러한 행렬을 위한 다른 간단한 방법이 있다. 첫 번째 열의 위에서부터 시작하여 왼쪽부터 오른쪽 방향으로 대각 원소를 곱한다. 다음으로 두 번째 열의 위에서부터 시작하여 오른쪽부터 왼쪽 방향으로 대각 원소를 곱한 결과를 이전에 구한 결과에서 빼 준다.[1] 따라서

$$v_1 = \frac{\begin{vmatrix} 10 & -0.5 \\ 2 & 0.6 \end{vmatrix}}{\begin{vmatrix} 1.7 & -0.5 \\ -0.5 & 0.6 \end{vmatrix}} = \frac{(10)(0.6) - (-0.5)(2)}{(1.7)(0.6) - (-0.5)(-0.5)}$$

$$= \frac{6 + 1}{1.02 - 0.25} = 9.09\text{ V},$$

$$v_2 = \frac{\begin{vmatrix} 1.7 & 10 \\ -0.5 & 2 \end{vmatrix}}{\begin{vmatrix} 1.7 & -0.5 \\ -0.5 & 0.6 \end{vmatrix}} = \frac{(1.7)(2) - (10)(-0.5)}{(1.7)(0.6) - (-0.5)(-0.5)}$$

$$= \frac{3.4 + 5}{1.02 - 0.25} = 10.91\text{ V}.$$

1 역자 주: 2차원 정반 행렬에서 행렬식을 구하는 이러한 방식은 고교 수학에서 행렬을 학습했다면 이미 알고 있을 수도 있다.

예제 A.2

Excel을 사용하여 그림 4.24의 회로에서 세 개의 망 전류를 구하라.

풀이

그림 4.24의 회로를 기술하는 방정식은 예제 4.7에서 유도되었다. 세 개의 KVL 방정식은 아래와 같다.

$$5(i_1 - i_2) + 20(i_1 - i_3) - 50 = 0,$$

$$5(i_2 - i_1) + 1i_2 + 4(i_2 - i_3) = 0,$$

$$20(i_3 - i_1) + 4(i_3 - i_2) + 15i_\phi = 0.$$

종속 전원과 관련된 조건식은 다음과 같다.

$$i_\phi = i_1 - i_3.$$

이러한 네 개의 방정식을 정방형으로 정리하면 다음과 같다.

$$\begin{aligned} 25i_1 &- 5i_2 - 20i_3 + 0i_\phi = 50, \\ -5i_1 &+ 10i_2 - 4i_3 + 0i_\phi = 0, \\ -20i_1 &- 4i_2 + 24i_3 + 15i_\phi = 0, \\ i_1 &- 0i_2 - i_3 - i_\phi = 0. \end{aligned}$$

위와 같은 일련의 방정식을 $AX = B$ 형태로 정리하면 다음과 같다.

$$\begin{bmatrix} 25 & -5 & -20 & 0 \\ -5 & 10 & -4 & 0 \\ -20 & -4 & 24 & 15 \\ 1 & 0 & -1 & -1 \end{bmatrix} \begin{bmatrix} i_1 \\ i_2 \\ i_3 \\ i_\phi \end{bmatrix} = \begin{bmatrix} 50 \\ 0 \\ 0 \\ 0 \end{bmatrix}.$$

Excel을 이용한 해는 그림 A.3과 같다. 망 전류는 각각 $i_1 = 29.6$ A, $i_2 = 26$ A, $i_3 = 28$ A이다. 그리고 종속 전원의 제어 전류 i_ϕ는 1.6 A이다.

fx {=MMULT(MINVERSE(D2:G5),J2:J5)}

C	D	E	F	G	H	I	J	K	L	M
	25	-5	-20	0			50			29.6
A	-5	10	-4	0		B	0		X	26
	-20	-4	24	15			0			28
	1	0	-1	-1			0			1.6

그림 A.3▲ 예제 A.2의 Excel을 이용한 연립 방정식 풀이.

예제 A.3

MATLAB을 사용하여 그림 9.40의 회로에서 페이저 망 전류 $\mathbf{I}_1$과 $\mathbf{I}_2$를 구하라.

풀이

망 1 주위 전압을 합하면 다음 식이 된다.

$$(1 + j2)\mathbf{I}_1 + (12 - j16)(\mathbf{I}_1 - \mathbf{I}_2) = 150\angle 0^\circ.$$

망 2 주위 전압을 합하면 다음 식이 된다.

$$(12 - j16)(\mathbf{I}_2 - \mathbf{I}_1) + (1 + j3)\mathbf{I}_2 + 39\mathbf{I}_x = 0.$$

종속 전압원을 제어하는 전류는 다음과 같다.

$$\mathbf{I}_x = (\mathbf{I}_1 - \mathbf{I}_2).$$

이러한 세 방정식을 정방형으로 다시 정리하면 다음과 같다.

$$\begin{aligned} (13 - j14)\mathbf{I}_1 + (-12 + j16)\mathbf{I}_2 + 0\mathbf{I}_x &= 150, \\ (-12 + j16)\mathbf{I}_1 + (13 - j13)\mathbf{I}_2 + 39\mathbf{I}_x &= 0, \\ \mathbf{I}_1 - \mathbf{I}_2 - \mathbf{I}_x &= 0. \end{aligned}$$

위와 같은 연립 방정식을 풀기 위한 MATLAB 명령어는 그림 A.4에 나타나 있다. 복소 계수를 사용하기 위해 `complex(a,b)` 함수를 사용한 것에 주목하라. 위 함수에서 a는 복소 계수의 실수부, b는 복소 계수의 허수부를 나타낸다. MATLAB은 다음과 같은 해를 제공한다.

$$\mathbf{I}_1 = (-26 - j52) = 58.14\angle -116.57^\circ \text{ A},$$

$$\mathbf{I}_2 = (-24 - j58) = 62.77\angle -122.48^\circ \text{ A}.$$

```
>> syms  i1 i2 ix
>> eq1 = complex(13,-14)*i1 + complex(-12,16)*i2 == 150;
>> eq2 = complex(-12,16)*i1 + complex(13,-13)*i2 + 39*ix == 0;
>> eq3 = i1 - i2 - ix ==0,
>> [A,B] = equationsToMatrix([eq1, eq2, eq3], [i1, i2, ix])

A =

[   13 - 14i, - 12 + 16i,   0]
[  -12 + 16i,   13 - 13i,  39]
[          1,         -1,  -1]


B =

 150
   0
   0

>> X = linsolve(A,B)

X =

 - 26 - 52i
 - 24 - 58i
 - 2 +   6i
```

그림 A.4▲ 예제 A.3의 MATLAB을 이용한 연립 방정식 풀이.

앞의 세 예제에서 예제 A.1과 A.2의 경우 행렬의 원소는 실수였고, 예제 A.3의 경우 행렬의 원소는 복소수였다. 기호를 행렬 원소로 사용하는 것도 가능한데, 예제 A.4는 계수 행렬의 원소가 기호인 회로 문제에서 역대입 방법을 사용하여 해를 구하는 예를 보여 준다.

예제 A.4

역대입 방법을 사용하여 그림 A.5의 회로에서 마디 전압 V_1과 V_2에 대한 표현식을 유도하라.

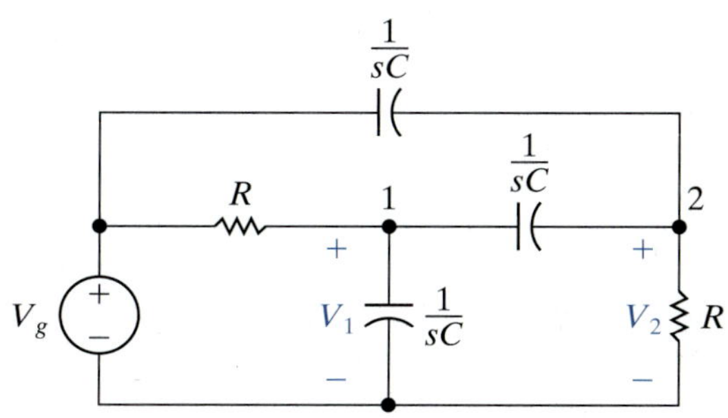

그림 A.5▲ 예제 A.4의 회로.

풀이

마디 1과 2로부터 흘러나가는 전류를 더하면 다음과 같은 연립 방정식을 얻을 수 있다.

$$\frac{V_1 - V_g}{R} + V_1 sC + (V_1 - V_2)sC = 0,$$

$$\frac{V_2}{R} + (V_2 - V_1)sC + (V_2 - V_g)sC = 0.$$

G를 $1/R$로 놓고, V_1과 V_2의 계수를 모아 주면 다음과 같이 정리된다.

$$(G + 2sC)V_1 - sCV_2 = GV_g,$$

$$-sCV_1 + (G + 2sC)V_2 = sCV_g.$$

첫 번째 방정식을 V_2에 대해 풀어 보면 다음과 같다.

$$V_2 = \frac{(G + 2sC)}{sC}V_1 - \frac{G}{sC}V_g.$$

이렇게 얻은 V_2에 대한 표현식을 두 번째 방정식에 대입하여 V_2를 소거하면 다음과 같다.

$$-sCV_1 + (G + 2sC)\left[\frac{(G + 2sC)}{sC} V_1 - \frac{G}{sC} V_g\right] = sCV_g.$$

위 방정식을 정리하고 단순화하면 V_1에 대한 다음 식을 얻을 수 있다.

$$\frac{(G + 2sC)^2 - (sC)^2}{sC} V_1 = \frac{G(G + 2sC) + (sC)^2}{sC} V_g,$$

따라서

$$V_1 = \frac{G(G + 2sC) + (sC)^2}{(G + 2sC)^2 - (sC)^2} V_g$$
$$= \frac{(G^2 + 2sCG + s^2C^2)}{(G^2 + 4sCG + 3s^2C^2)} V_g.$$

마지막으로, 위에서 얻은 V_1에 대한 식을 앞에서 얻었던 V_2에 대한 방정식에 대입하고 정리하면 다음과 같이 V_2에 대한 식을 얻을 수 있다.

$$V_2 = \frac{(G + 2sC)}{sC}\left[\frac{(G^2 + 2sCG + s^2C^2)}{(G^2 + 4sCG + 3s^2C^2)} V_g\right] - \frac{G}{sC} V_g,$$

따라서

$$V_2 = \left[\frac{(G + 2sC)(G^2 + 2sCG + s^2C^2) - G(G^2 + 4sCG + 3s^2C^2)}{sC(G^2 + 4sCG + 3s^2C^2)}\right] V_g$$
$$= \frac{2sC(G + sC)}{(G^2 + 4sCG + 3s^2C^2)} V_g.$$

APPENDIX

B 복소수

복소수는 음수의 제곱근 추출을 허용하기 위해 고안되었다. 복소수는 그렇게 하지 않으면 매우 어려울 수 있는 문제의 해를 단순화한다. 방정식 $x^2 + 8x + 41 = 0$을 예로 들자. 이 이차식에서 방정식을 만족하는 두 개의 x를 알 수 있다.

$$x_{1,2} = \frac{-8 \pm \sqrt{8^2 - 4(41)}}{2} = -4 \pm \sqrt{-25}.$$

따라서 복소수를 제외한 수의 체계에서는 해가 없다. 이런 수와 이를 대수적으로 처리하는 능력은 회로 해석에 매우 유용하다.

B.1 표기법

복소수를 지정하는 두 가지 방법이 있다. 하나는 데카르트 또는 직각좌표 형식이고 또 다른 하나는 극좌표 또는 삼각 함수 형식이다. **직각좌표 형식**(rectangular form)에서 복소수는 실수와 허수 항목으로 쓰인다. 그러므로

$$n = a + jb,$$

여기서 a는 실수 부분이고, b는 허수 부분이다. j는 정의에 따라 $\sqrt{-1}$이다.[2]

극좌표 형식(polar form)에서 복소수는 크기(또는 모듈러스)와 각도(또는 독립 변수)에 대해 쓰일 수 있다. 그러므로

$$n = ce^{j\theta}$$

여기서 c는 크기, θ는 각도, e는 자연 로그 기저이고 앞에서 언급했듯이 $j = \sqrt{-1}$이다. 문헌에서 기호 $\angle\theta°$은 종종 $e^{j\theta}$ 대신 사용된다. 즉 극좌표는 다음과 같이 쓰인다.

$$n = c\angle\theta.$$

복소수를 극좌표 형식으로 표현할 때 각도 표시를 종종 사용한다. 극좌표 형식에서 복소수를 이용한 수학적 연산을 수행할 때 지수형을 많이 사용하는데, 그 이유는 지수량을 다루는 규칙은 잘 알려져 있기 때문이다. 예를 들면, $(y^x)^n = y^{xn}$이므

2 여러분은 아마도 표기 $i = \sqrt{-1}$에 익숙할 것이다. 전기공학에서 i는 전류의 기호이므로, 전기공학 문헌에서는 j를 $\sqrt{-1}$로 사용하곤 한다.

로 $(e^{j\theta})^n = e^{jn\theta}$이고, $y^{-x} = 1/y^x$이므로 $e^{-j\theta} = 1/e^{j\theta}$이다.

같은 복소수를 표현하는 두 가지 방법이 있으므로 한 형태를 다른 것과 연관시킬 필요가 있다. 극좌표에서 직각좌표로의 변환은 다음의 오일러 항등식을 사용하면 된다.

$$e^{\pm j\theta} = \cos\theta \pm j\sin\theta.$$

극좌표 형식의 복소수는 다음과 같이 나열함으로써 직각좌표 형식으로 만들 수 있다.

$$\begin{aligned} ce^{j\theta} &= c(\cos\theta + j\sin\theta) \\ &= c\cos\theta + jc\sin\theta \\ &= a + jb. \end{aligned}$$

직각좌표에서 극좌표로의 변환은 직각삼각형 기하학을 사용하면 된다. 즉

$$\begin{aligned} a + jb &= \left(\sqrt{a^2 + b^2}\right)e^{j\theta} \\ &= ce^{j\theta}, \end{aligned}$$

여기서

$$\tan\theta = b/a.$$

이 $\tan\theta$의 식에서는 각도 θ가 놓여 있는 사분면이 명확히 정의되지 않는다. 이 위치는 복소수를 그림으로 표현하여 결정할 수 있다.

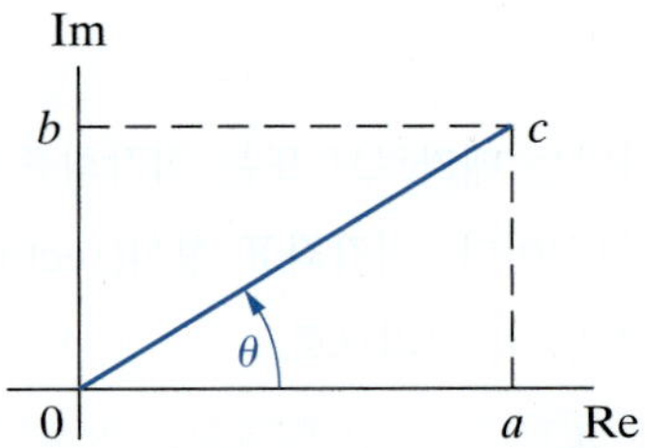

그림 B.1▲ a와 b가 양수일 때 $a + jb$의 그래픽 표현.

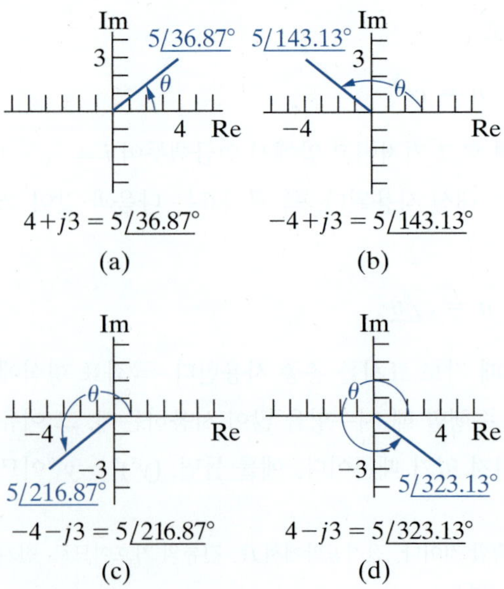

그림 B.2▲ 복소수 네 개의 그래픽 표현.

B.2 복소수의 그래픽 표현

복소수는 복소 평면에서 그래픽으로 나타난다. 여기서 실수 부분을 그리는 데 수평축을, 허수 부분을 그리는 데 수직축을 사용한다. 복소수의 각도는 양의 실수축으로부터 반시계 방향으로 측정한다. a, b가 모두 양수일 때 복소수 $n = a + jb = c\angle\theta$의 그래픽 표현은 그림 B.1에 나타냈다.

이 그림은 직각좌표와 극좌표 간의 관계를 분명히 해 준다. 복소 평면의 한 점은 각 축으로부터의 거리(즉 a와 b), 또는 원점으로부터의 거리(c)와 양의 실수축으로부터의 각도 θ로 유일하게 정의된다.

그림 B.1로부터 a와 b가 모두 양수일 때는 제1사분면에 있고, a가 음수이고 b가 양수이면 제2사분면, a와 b가 음수이면 제3사분면, a가 양수이고 b가 음수이면 제4사분면에 있게 된다. 이 관찰은 그림 B.2에 나타냈다. 여기서는 $4 + j3$, $-4 + j3$, $-4 - j3$, $4 - j3$을 그려 보았다.

양의 실수축으로부터 θ를 시계 방향으로도 명시할 수 있음에 유의하라. 따라서 그림 B.2(c)에서 정의한 $-4 - j3$을 $5\angle -143.13^\circ$로 나타낼 수 있다. 그림 B.2(d)에서 $5\angle 323.13^\circ = 5\angle -36.87^\circ$이다. θ가 제3, 4사분면에 있을 때, 즉 $-180^\circ \le \theta \le 180^\circ$일 때는 θ를 음수로 나타내는 것이 일반적이다.

복소수의 그래픽 해석은 복소수와 그 공액과의 관계를 보여 준다. **복소수의 공액**(복소수의 켤레, conjugate of a complex number)은 허수 부분의 부호를 바꾸어서 구한다. 따라서 $a + jb$의 공액은 $a - jb$이고, $-a + jb$의 공액은 $-a - jb$이

다. 복소수를 극좌표 형식으로 표현할 때 각도 θ의 부호를 바꿈으로써 공액을 구할 수 있다. 그러므로 $c\angle\theta$ 의 공액은 $c\angle-\theta$이다. 복소수의 공액을 별표로 표시한다. 즉 n^*은 n의 공액을 뜻한다. 그림 B.3은 두 복소수를 보여 주는데, 그 공액을 복소 평면에 그려 놓았다. 공액은 복소수의 실수축 대칭임을 기억하자. 공액수는 복소수를 실수축에 대해 반사한 것임에 유의하라.

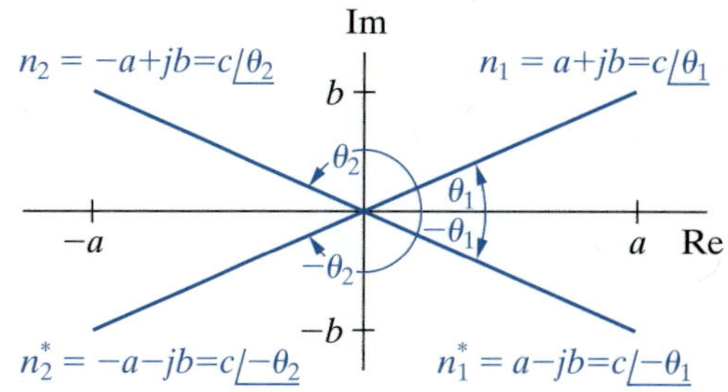

그림 B.3▲ 복소수 n_1, n_2와 그 공액수인 n_1^*, n_2^*.

B.3 대수 연산

덧셈(뺄셈)

복소수를 더하고 빼기 위해서는 수를 직각좌표 형식으로 표현해야 한다. 덧셈을 하면 복소수의 실수 부분은 합의 실수 부분을 형성하고 허수 부분은 합의 허수 부분을 형성한다. 따라서

$$n_1 = 8 + j16$$

$$n_2 = 12 - j3,$$

일 때

$$n_1 + n_2 = (8 + 12) + j(16 - 3) = 20 + j13.$$

뺄셈도 같은 규칙을 따른다. 따라서

$$n_2 - n_1 = (12 - 8) + j(-3 - 16) = 4 - j19.$$

만일 더하거나 뺀 숫자가 극좌표로 주어진다면 먼저 그 수를 직각좌표로 바꾼다. 예를 들어

$$n_1 = 10\angle 53.13^\circ$$

$$n_2 = 5\angle -135^\circ,$$

일 때

$$\begin{aligned} n_1 + n_2 &= 6 + j8 - 3.535 - j3.535 \\ &= (6 - 3.535) + j(8 - 3.535) \\ &= 2.465 + j4.465 = 5.10\angle 61.10^\circ, \end{aligned}$$

$$\begin{aligned} n_1 - n_2 &= 6 + j8 - (-3.535 - j3.535) \\ &= 9.535 + j11.535 \\ &= 14.966\angle 50.42^\circ. \end{aligned}$$

곱셈(나눗셈)

복소수의 곱셈 또는 나눗셈은 직각좌표 또는 극좌표 형식에서도 수행될 수 있다. 그러나 보통 극좌표가 더 편리하다. 예로서 $n_1 = 8 + j10$과 $n_2 = 5 - j4$가 주어졌을 때 곱 n_1n_2를 구해 보자. 직각좌표 형식을 사용하면

$$\begin{aligned} n_1 n_2 &= (8 + j10)(5 - j4) = 40 - j32 + j50 + 40 \\ &= 80 + j18 \\ &= 82\underline{/12.68^\circ}. \end{aligned}$$

만일 극좌표 형식을 사용하면 곱 $n_1 n_2$는 다음과 같다.

$$\begin{aligned} n_1 n_2 &= (12.81\underline{/51.34^\circ})(6.40\underline{/-38.66^\circ}) \\ &= 82\underline{/12.68^\circ} \\ &= 80 + j18. \end{aligned}$$

정방형의 두 복소수를 나누는 첫 단계는 분모의 공액수를 분자 분모에 곱하는 것이다. 이것으로 분모를 실수로 바꿔 준다. 다음에 이 실수로 새로운 분자를 나눈다. 예를 들어 $n_1 = 6 + j3$이고 $n_2 = 3 - j_1$일 때 n_1/n_2 값을 구해 보자.

$$\begin{aligned} \frac{n_1}{n_2} &= \frac{6 + j3}{3 - j1} = \frac{(6 + j3)(3 + j1)}{(3 - j1)(3 + j1)} \\ &= \frac{18 + j6 + j9 - 3}{9 + 1} \\ &= \frac{15 + j15}{10} = 1.5 + j1.5 \\ &= 2.12\underline{/45^\circ}. \end{aligned}$$

극좌표 형식으로 n_1을 n_2로 나누면

$$\begin{aligned} \frac{n_1}{n_2} &= \frac{6.71\underline{/26.57^\circ}}{3.16\underline{/-18.43^\circ}} = 2.12\underline{/45^\circ} \\ &= 1.5 + j1.5. \end{aligned}$$

B.4 유용한 항등식

복소수를 사용할 때 다음 항등식은 매우 유용하다.

$$\begin{aligned} \pm j^2 &= \mp 1, \\ (-j)(j) &= 1, \\ j &= \frac{1}{-j}, \\ e^{\pm j\pi} &= -1, \\ e^{\pm j\pi/2} &= \pm j. \end{aligned}$$

$n = a + jb = c\underline{/\theta}$로 주어질 때 다음을 구한다.

$$nn^* = a^2 + b^2 = c^2,$$

$$n + n^* = 2a,$$

$$n - n^* = j2b,$$

$$n/n^* = 1\underline{/2\theta}.$$

B.5 복소수의 자연수 거듭제곱

한 복소수에 대해 자연수 k제곱을 할 때 우선 복소수를 극좌표 형식으로 쓰는 것이 더 쉽다. 따라서

$$\begin{aligned} n^k &= (a + jb)^k \\ &= (ce^{j\theta})^k = c^k e^{jk\theta} \\ &= c^k(\cos k\theta + j \sin k\theta). \end{aligned}$$

예를 들어

$$\begin{aligned} (2e^{j12^\circ})^5 &= 2^5 e^{j60^\circ} = 32e^{j60^\circ} \\ &= 16 + j27.71, \end{aligned}$$

$$\begin{aligned} (3 + j4)^4 &= (5e^{j53.13^\circ})^4 = 5^4 e^{j212.52^\circ} \\ &= 625e^{j212.52^\circ} \\ &= -527 - j336. \end{aligned}$$

B.6 복소수의 근

복소수의 k번째 근을 구할 때 다음 식을 풀 수 있어야 한다.

$$x^k - ce^{j\theta} = 0,$$

여기서 k번째 차수의 방정식은 k개의 근을 갖는다.

k개의 근을 구할 때 먼저 다음에 유의한다.

$$ce^{j\theta} = ce^{j(\theta + 2\pi)} = ce^{j(\theta + 4\pi)} = \cdots.$$

위 식으로부터 다음을 구한다.

$$\begin{aligned} x_1 &= (ce^{j\theta})^{1/k} = c^{1/k} e^{j\theta/k}, \\ x_2 &= [ce^{j(\theta+2\pi)}]^{1/k} = c^{1/k} e^{j(\theta+2\pi)/k}, \\ x_3 &= [ce^{j(\theta+4\pi)}]^{1/k} = c^{1/k} e^{j(\theta+4\pi)/k}, \\ &\vdots \end{aligned}$$

위 과정을 근이 반복될 때까지 계속한다. 이는 π의 배수가 $2k$와 같을 때 일어난다. 예를 들어 $81e^{j60°}$의 네 개 근을 구해 보자.

$$x_1 = 81^{1/4}e^{j60/4} = 3e^{j15°},$$

$$x_2 = 81^{1/4}e^{j(60+360)/4} = 3e^{j105°},$$

$$x_3 = 81^{1/4}e^{j(60+720)/4} = 3e^{j195°},$$

$$x_4 = 81^{1/4}e^{j(60+1080)/4} = 3e^{j285°},$$

$$x_5 = 81^{1/4}e^{j(60+1440)/4} = 3e^{j375°} = 3e^{j15°}.$$

여기서 x_5는 x_1과 같고 그 근은 반복된다. 그러므로 $81e^{j60°}$의 네 개 근은 x_1, x_2, x_3, x_4의 값으로 주어진다.

복소수의 근은 복소 평면에서 한 원상에 놓여 있다는 것에 유의하라. 이 원의 반경은 $c^{1/k}$이다. 근은 원에 균일하게 분포되어 있다. 이웃한 근 간의 각도는 $2\pi/k$ 라디안, 즉 $360/k°$와 같다. $81e^{j60°}$의 네 개 근을 그림 B.4에 나타냈다.

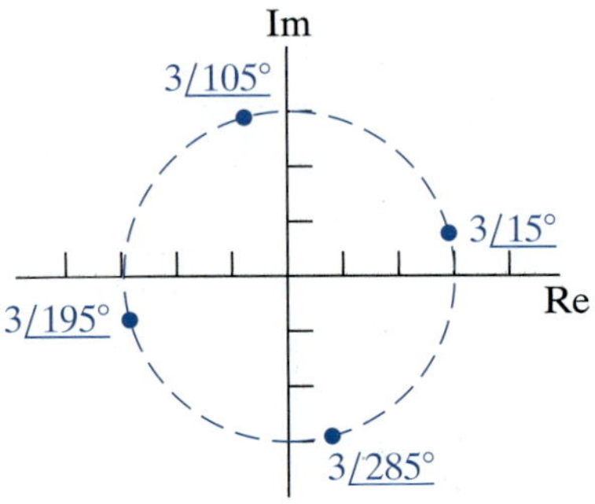

그림 B.4▲ $81e^{j60°}$의 네 개 근.

APPENDIX

C 자기 결합 코일 및 이상적인 변압기에 대한 보충

C.1 자기 결합 코일의 등가 회로

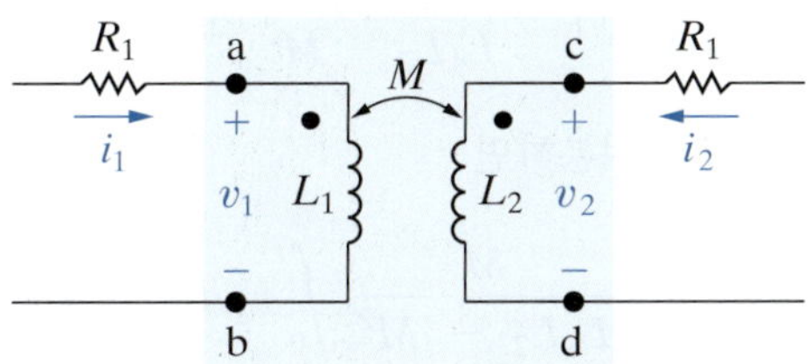

그림 C.1▲ 자기 결합 코일의 등가 회로를 개발하는 데 사용된 회로.

때때로 자기적으로 결합된 코일을 자기 결합이 없는 등가 회로로 모델링하는 것이 편리하다. 그림 C.1의 자기적으로 결합된 두 개의 코일을 고려하자. 저항 R_1과 R_2는 각 코일의 권선 저항을 나타낸다. 목적은 그림에 표시된 영역 내의 자기 결합 코일을 자기적으로 결합되지 않은 인덕턴스 세트로 바꾸는 것이다. 등가 회로를 유도하기 전에 중요한 제약 조건을 언급해야 한다. 단자 b와 d 사이의 전압은 0이어야 한다. 즉 단자 b와 d가 원래 회로의 전압 및 전류 변화 없이 단락될 수 있다면 뒤에 나오는 자료에서 유도되는 등가 회로는 코일을 모델링하는 데 사용될 수 있다. 전개하는 등가 회로가 네 개의 단자를 갖지만, 그중 두 개를 함께 단락하면 되기 때문에 이 제약이 부가된다. 따라서 같은 요구 조건을 원래의 회로에 적용한다.

단자 전압 v_1, v_2를 단자 전류 i_1, i_2와 연관시키는 두 방정식을 씀으로써 회로 모델 전개를 시작하겠다. 주어진 기준과 극성 표시 도트에 대해 써 보면

$$v_1 = L_1\frac{di_1}{dt} + M\frac{di_2}{dt} \tag{C.1}$$

$$v_2 = M\frac{di_1}{dt} + L_2\frac{di_2}{dt}. \tag{C.2}$$

T 등가 회로

이러한 두 개의 자기 결합 코일을 위한 등가 회로에 도달하기 위해 식 (C.1)과 (C.2)에 대응하는 식을 기술하는 데 쓸 수 있는 인덕터 배열을 찾는다. 이 배열을 찾는 열쇠는 식 (C.1)과 (C.2)를 망 변수인 i_1과 i_2의 망 전류 방정식으로 간주하는 것이다. 그러면 하나의 망을 L_1 H의 전체 인덕턴스로, 두 번째 망을 L_2 H의 전체 인덕턴스로 보면 된다. 더욱이 두 망은 공통 인덕턴스 M H를 가져야 한다. 그림 C.2의 T 등가 회로는 이 조건을 만족한다.

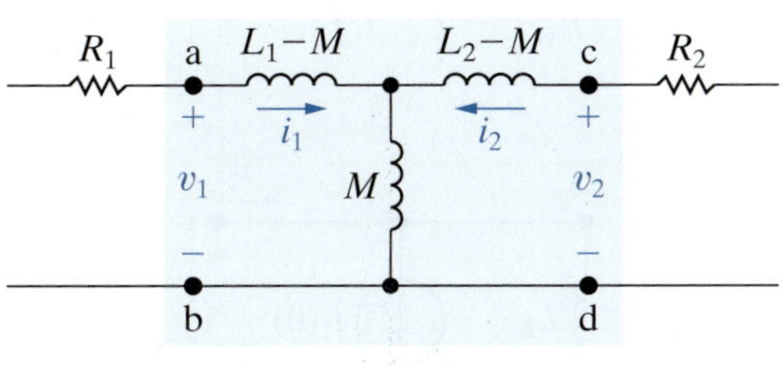

그림 C.2▲ 그림 C.1의 자기 결합 코일을 위한 T 등가 회로.

여러분은 v_1, v_2를 i_1, i_2와 연관시키는 방정식이 식 (C.1)과 (C.2)로 간략화되는 것을 검증해야 한다. 두 인덕턴스 간에 자기 결합이 없고 b와 d 간에 0 전압이 됨에 유의하라.

π 등가 회로

그림 C.1의 자기 결합 코일을 등가 회로로 유도할 수 있다. 이 유도는 식 (C.1)과 (C.2)를 미분 di_1/dt과 di_2/dt로 풀어 결과식을 마디 전압 방정식으로 간주하는 것에 기초를 둔다. 연립 방정식을 푸는 데 크래머의 방법을 이용하면 di_1/dt과 di_2/dt에 대한 표현식을 얻는다.

$$\frac{di_1}{dt} = \frac{\begin{vmatrix} v_1 & M \\ v_2 & L_2 \end{vmatrix}}{\begin{vmatrix} L_1 & M \\ M & L_2 \end{vmatrix}} = \frac{L_2}{L_1L_2 - M^2} v_1 - \frac{M}{L_1L_2 - M^2} v_2; \tag{C.3}$$

$$\frac{di_2}{dt} = \frac{\begin{vmatrix} L_1 & v_1 \\ M & v_2 \end{vmatrix}}{L_1L_2 - M^2} = \frac{-M}{L_1L_2 - M^2} v_1 + \frac{L_1}{L_1L_2 - M^2} v_2. \tag{C.4}$$

이제 식 (C.3)과 (C.4)의 양변에 dt를 곱하고 적분하면

$$i_1 = i_1(0) + \frac{L_2}{L_1L_2 - M^2}\int_0^t v_1\,d\tau - \frac{M}{L_1L_2 - M^2}\int_0^t v_2\,d\tau \tag{C.5}$$

$$i_2 = i_2(0) - \frac{M}{L_1L_2 - M^2}\int_0^t v_1\,d\tau + \frac{L_1}{L_1L_2 - M^2}\int_0^t v_2\,d\tau. \tag{C.6}$$

v_1과 v_2를 마디 전압으로 간주하면 식 (C.5)와 (C.6)이 그림 C.3에 나타난 형태의 회로를 기술한다.

이제 등가 회로를 유도하는 데 남은 것은 L_1, L_2, M의 함수로 L_A, L_B, L_C를 구하는 일이다. 그림 C.3의 i_1, i_2의 방정식을 쓰고 이를 식 (C.5), (C.6)과 비교함으로써 이 작업을 쉽게 할 수 있다. 따라서

$$\begin{aligned} i_1 &= i_1(0) + \frac{1}{L_A}\int_0^t v_1\,d\tau + \frac{1}{L_B}\int_0^t (v_1 - v_2)\,d\tau \\ &= i_1(0) + \left(\frac{1}{L_A} + \frac{1}{L_B}\right)\int_0^t v_1 d\tau - \frac{1}{L_B}\int_0^t v_2 d\tau, \end{aligned}$$

$$\begin{aligned} i_2 &= i_2(0) + \frac{1}{L_C}\int_0^t v_2 d\tau + \frac{1}{L_B}\int_0^t (v_2 - v_1)\,d\tau \\ &= i_2(0) - \frac{1}{L_B}\int_0^t v_1 d\tau + \left(\frac{1}{L_B} + \frac{1}{L_C}\right)\int_0^t v_2 d\tau. \end{aligned}$$

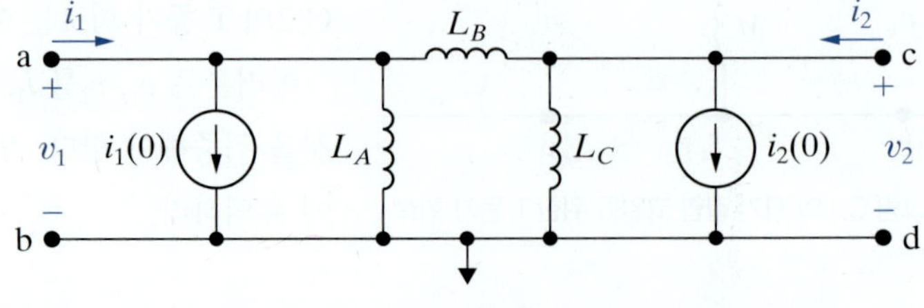

그림 C.3▲ 자기 결합 코일의 π 등가 회로를 유도하는 데 사용된 회로.

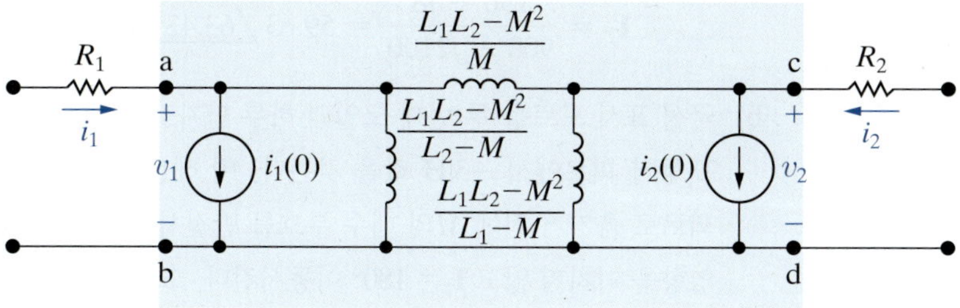

그림 C.4▲ 그림 C.1의 자기 결합 코일을 위한 π 등가 회로.

그러면

$$\frac{1}{L_B} = \frac{M}{L_1L_2 - M^2},$$

$$\frac{1}{L_A} = \frac{L_2 - M}{L_1L_2 - M^2},$$

$$\frac{1}{L_C} = \frac{L_1 - M}{L_1L_2 - M^2}.$$

L_A, L_B, L_C의 결과를 그림 C.3의 회로에 대입하면 그림 C.1의 자기 결합 코일을 위한 π 등가 회로는 그림 C.4와 같다.

i_1, i_2의 초깃값이 π 등가 회로로 표현되지만 암묵적으로는 T 등가 회로임에 유의하라. 상호 인덕턴스를 포함하는 정현파 정상 상태 회로에 초점을 맞추고자 한다. 그러면 i_1, i_2의 초깃값을 0으로 가정할 수 있다. 따라서 π 등가 회로의 전류원을 없애고 그림 C.4의 회로를 그림 C.5와 같이 단순화할 수 있다.

상호 인덕턴스는 T 또는 π 등가 회로에서 그 자신의 대수 부호를 갖는다. 즉 만일 결합된 자기 극성을 그림 C.1에 주어진 것의 반대로 하면 M의 대수 부호가 바뀐다. 자기 극성의 반전은 단자 전류와 전압의 기준 극성을 바꾸지 않고 극성 표시 도트를 바꾸는 것을 요구한다.

예제 C.1은 T 등가 회로의 응용을 보여 준다.

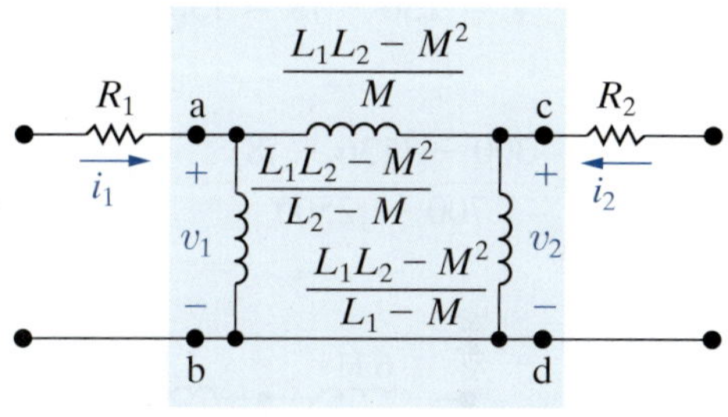

그림 C.5▲ 정현파 정상 상태 해석에 사용된 π 등가 회로.

예제 C.1

a) 그림 C.6에 나타낸 자기 결합 코일의 T 등가 회로를 이용하여 페이저 전류 I_1, I_2를 구하라. 전원 주파수는 400 rad/s이다.

b) 두 번째 권선의 극성 표시 도트를 아래 단자로 옮겼을 때 (a)를 반복하라.

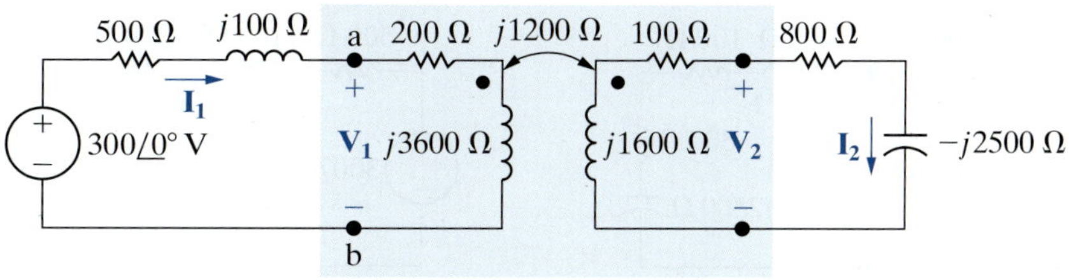

그림 C.6▲ 예제 C.1의 주파수 영역 등가 회로.

풀이

a) 그림 C.6에 나타낸 극성 표시 도트에 대해 M은 T 등가 회로에서 +3 H를 갖는다. 그러므로 등가 회로의 인덕턴스 세 개는

$$L_1 - M = 9 - 3 = 6\text{ H};$$
$$L_2 - M = 4 - 3 = 1\text{ H};$$
$$M = 3\text{ H}.$$

그림 C.7은 T 등가 회로를 보여주고, 그림 C.8은 주파수 400 rad/s에서의 주파수 등가 회로를 보여준다.

그림 C.9는 원래 시스템의 주파수 영역 회로를 나타낸 것이다. 여기서 자기 결합 코일은 그림 C.8의 회로에 의해 모델링된다. 페이저 전류 $\mathbf{I}_1$, $\mathbf{I}_2$를 구하기 위해 먼저 1200 Ω 유도성 리액턴스 양단의 마디 전압을 구한다. 만일 기준으로 하부 마디를 사용하면 단일 마디 전압 방정식은

$$\frac{\mathbf{V} - 300}{700 + j2500} + \frac{\mathbf{V}}{j1200} + \frac{\mathbf{V}}{900 - j2100} = 0.$$

$\mathbf{V}$에 대해 풀면

$$\mathbf{V} = 136 - j8 = 136.24 \angle -3.37^\circ \text{ V}.$$

따라서

$$\mathbf{I}_1 = \frac{300 - (136 - j8)}{700 + j2500} = 63.25 \angle -71.57^\circ \text{ mA}$$

$$\mathbf{I}_2 = \frac{136 - j8}{900 - j2100} = 59.63 \angle 63.43^\circ \text{ mA}.$$

b) 극성 표시 도트를 두 번째 코일의 하부 단자로 옮겼을 때 M은 T 등가 회로에서 −3 H 값을 갖는다. 이 해를 새로운 T 등가 회로로 옮기기 전에 M의 대수 부호를 반전시키는 것은 $\mathbf{I}_1$에는 영향을 미치지 않고 $\mathbf{I}_2$는 180° 이동시킨다. 그러므로

$$\mathbf{I}_1 = 63.25 \angle -71.57^\circ \text{ mA}$$

$$\mathbf{I}_2 = 59.63 \angle -116.57^\circ \text{ mA}.$$

이제 새로운 T 등가 회로를 사용함으로써 이 해를 구해 보자. $M = -3$ H를 적용하여 등가 회로에서 세 개의 인덕턴스를 구하면

$$L_1 - M = 9 - (-3) = 12\text{ H};$$
$$L_2 - M = 4 - (-3) = 7\text{ H};$$
$$M = -3\text{ H}.$$

주파수 400 rad/s의 동작 주파수에서 주파수 영역 등가 회로는 그림 C.10의 두 인덕터와 하나의 커패시터를 요구한다.

원래 시스템에 대한 결과 주파수 영역 회로는 그림 C.11에 제시했다. 이전처럼 중앙 가지 양단의 마디 전압을 먼저 구하는데, 이 경우 중앙 가지는 −j1200 Ω 용량성 리액턴스이다. 만일 기준으로 하단 마디를 사용하면 마디 전압 방정식은

$$\frac{\mathbf{V} - 300}{700 + j4900} + \frac{\mathbf{V}}{-j1200} + \frac{\mathbf{V}}{900 + j300} = 0.$$

$\mathbf{V}$를 풀면

$$\mathbf{V} = -8 - j56$$
$$= 56.57 \angle -98.13^\circ \text{ V}.$$

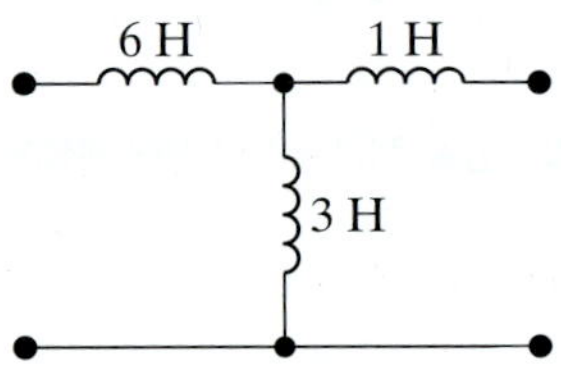

그림 C.7▲ 예제 C.1의 자기 결합 코일을 위한 T 등가 회로.

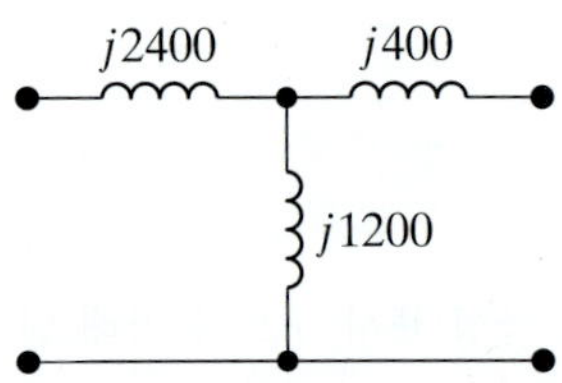

그림 C.8▲ 400 rad/s에서의 등가 회로의 주파수 영역 모델.

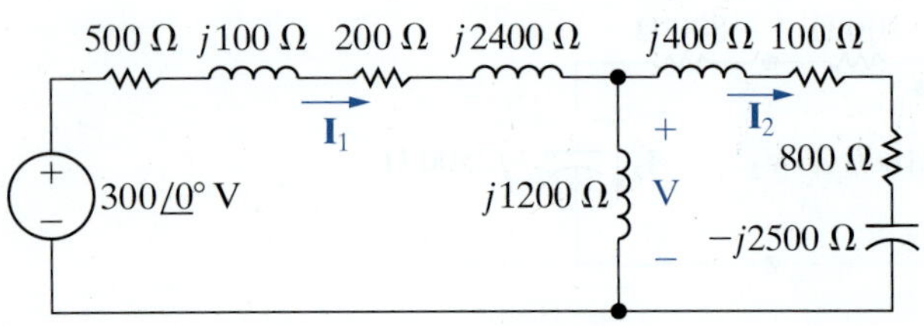

그림 C.9▲ 그림 C.6의 회로에서 자기 결합 코일을 T 등가 회로로 대체한 그림.

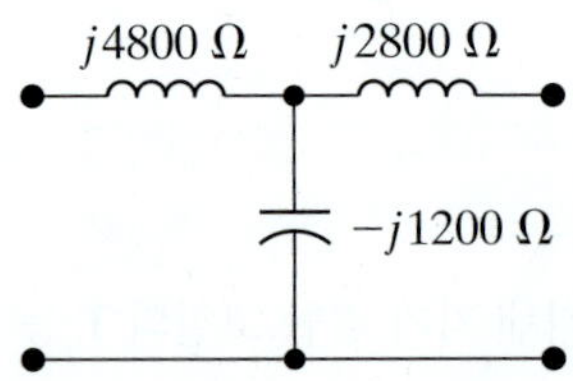

그림 C.10▲ $M = -3$ H, $\omega = 400$ rad/s에 대한 주파수 영역 등가 회로.

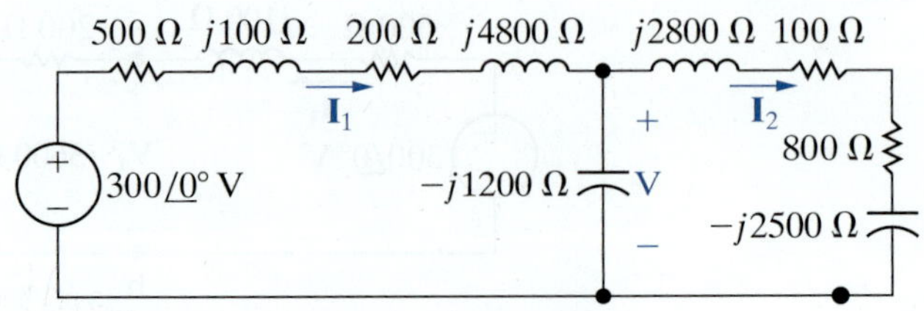

그림 C.11▲ 예제 C.1(b)의 주파수 영역 등가 회로.

따라서

$$\mathbf{I}_1 = \frac{300 - (-8 - j56)}{700 + j4900} = 63.25\,\underline{/-71.57^\circ}\text{ mA.}$$

$$\mathbf{I}_2 = \frac{-8 - j56}{900 + j300} = 59.63\,\underline{/-116.57^\circ}\text{ mA.}$$

C.2 등가 회로에서 이상적인 변압기의 필요성

자기 결합 코일의 T와 π 등가 회로의 인덕터는 음수일 수 있다. 예를 들어 $L_1 = 3$ mH, $L_2 = 12$ mH, $M = 5$ mH이면 T 등가 회로는 -2 mH의 인덕터가 요구되고, π 등가 회로는 -5.5 mH의 인덕터가 요구된다. 이런 음수 인덕턴스 값은 계산 시 등가 회로를 사용할 때 곤란할 것은 없다. 그러나 만일 회로 소자로서 등가 회로를 만든다면 이 음수 인덕터는 골치가 아플 수 있다. 예를 들면, 주파수 50 krad/s에서 -2 mH 인덕터는 $-j100\,\Omega$ 임피던스를 갖는다. 이 임피던스는 0.2 μF의 커패시턴스를 갖는 커패시터로 모델링될 수 있다. 만일 이 주파 수가 25 krad/s로 바뀌면 -2 mH의 인덕터는 $-j50\,\Omega$으로 바뀐다. 25 krad/ s에서는 0.8 μF의 커패시턴스를 갖는 커패시터가 요구된다. 명백히 주파수가 계속적으로 변화하는 경우에 음수 인덕턴스로 묘사되는 커패시터 사용은 실제적으로 소용이 없다.

이상적인 변압기를 등가 회로에 도입함으로써 음수 인덕턴스를 다루는 문제를 피해 갈 수는 있지만, 모델링 문제를 완전히 해결하는 것은 아니다. 이상적인 변압기는 근사화될 수 있기 때문이다. 그러나 여러 상황에서 자기 결합 코일의 T 또는 π 등가 회로에서 이상적인 변압기를 사용하는 논의를 인가할 만큼 근삿값으로도 충분하다.

이상적인 변압기는 T 또는 π 등가 회로의 두 가지 다른 방법으로 사용될 수 있다. 그림 C.12는 등가 회로의 각 형태에 대한 두 배열을 보여 준다. 그림 C.12의 어떤 등가 회로를 검증하기 위해서는 v_1, v_2를 di_1/dt, di_2/dt와 연관시키는 방정식

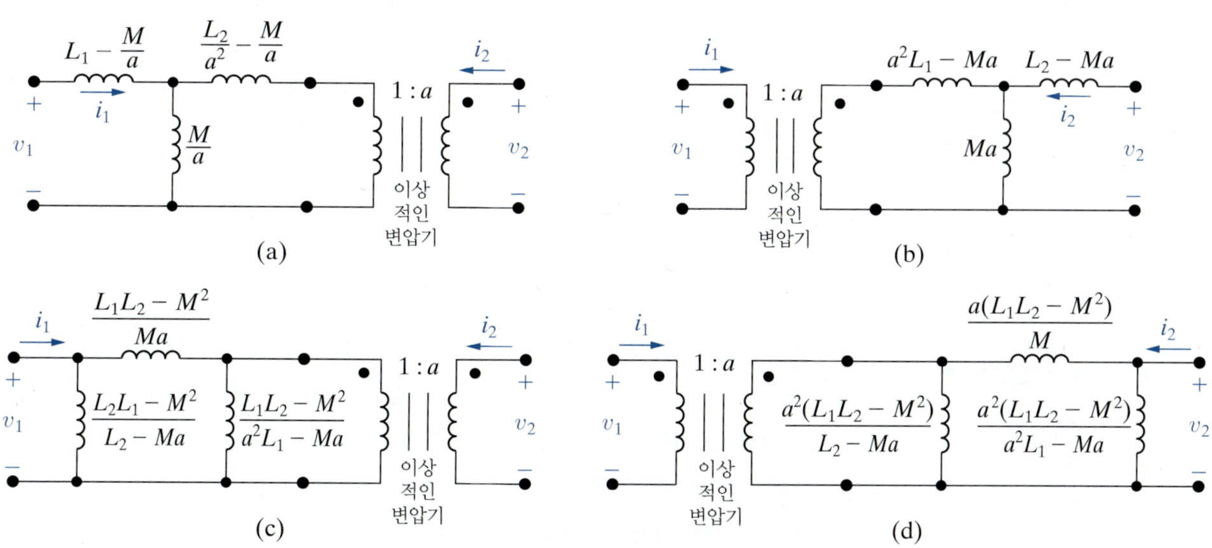

그림 C.12▲ 자기 결합 코일의 T 또는 π 등가 회로에서 이상적인 변압기를 사용하는 네 가지 방법.

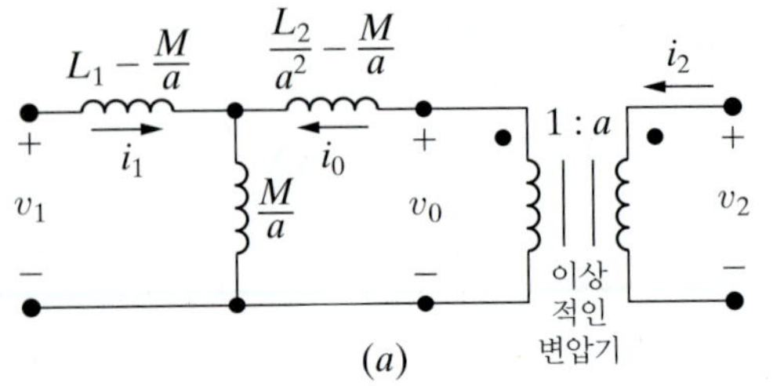

그림 C.13▲ 정의된 i_0, v_0와 함께 표시한 그림 C.12(a)의 회로.

이 식 (C.1) 및 (C.2)와 동일하다는 것을 보여야 한다. 여기서 그림 C.12(a)의 회로를 검증한다. 그림 C.12(b), (c), (d)의 회로 검증은 여러분에게 남겨 둔다.

이 논의를 돕기 위해 그림 C.12(a)의 회로를 그림 C.13처럼 다시 그리고 변수 i_0, v_0를 더한다. 이 회로로부터

$$v_1 = \left(L_1 - \frac{M}{a}\right)\frac{di_1}{dt} + \frac{M}{a}\frac{d}{dt}(i_1 + i_0),$$

$$v_0 = \left(\frac{L_2}{a_2} - \frac{M}{a}\right)\frac{di_0}{dt} + \frac{M}{a}\frac{d}{dt}(i_0 + i_1).$$

이상적인 변압기는 v_0, i_0에 다음과 같은 제약 조건을 부가한다.

$$v_0 = \frac{v_2}{a},$$

$$i_0 = ai_2.$$

이 제약 조건을 회로의 v_1과 v_0에 대입하면

$$v_1 = L_1\frac{di_1}{dt} + \frac{M}{a}\frac{d}{dt}(ai_2),$$

$$\frac{v_2}{a} = \frac{L_2}{a^2}\frac{d}{dt}(ai_2) + \frac{M}{a}\frac{di_1}{dt}.$$

위 식을 간략히 하면

$$v_1 = L_1\frac{di_1}{dt} + M\frac{di_2}{dt},$$

$$v_2 = M\frac{di_1}{dt} + L_2\frac{di_2}{dt}.$$

위 v_1과 v_2에 대한 식은 식 (C.1) 및 (C.2)와 동일하다. 따라서 단자 행동에 대해 그림 C.13의 회로는 그림 C.1의 상자 내부의 자기 결합 코일과 동일하다.

그림 C.13의 회로가 그림 C.1의 자기 결합 코일과 등가라는 것을 보이는 데 권선 비 a에 대한 제약은 두지 않겠다. 그러므로 무한개수의 등가 회로가 가능하다. 더욱이 모든 인덕턴스를 양수로 만드는 권선 비를 항상 구할 수 있다. a의 다음 두 개의 값이 특별한 관심을 끈다.

$$a = \frac{M}{L_1}, \tag{C.7}$$

$$a = \frac{L_2}{M}. \tag{C.8}$$

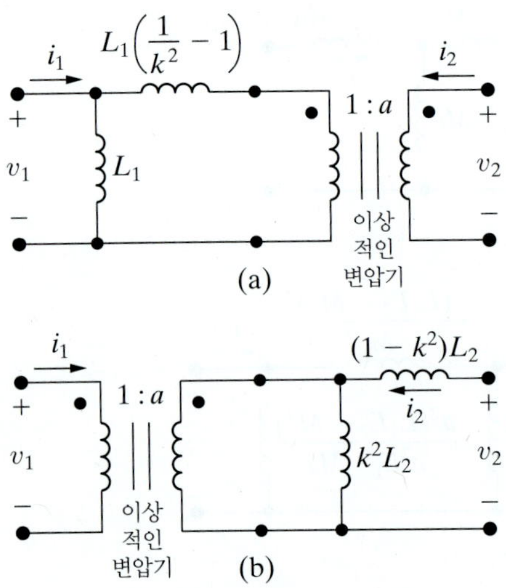

그림 C.14▲ $a = M/L_1$일 때의 두 등가 회로.

식 (C.7)의 a값은 T 등가 회로로부터 $L_1 - M/a$, $a^2L_1 - aM$ 인덕턴스를 없애고, π 등가 회로에서 인덕턴스 $(L_1L_2 - M^2)/(a^2L_1 - aM)$과 $a^2(L_1L_2 - M^2)/(a^2L_1 - aM)$을 없앤다. 식 (C.8)의 a값은 T 등가 회로로부터 $(L_2/a^2) - (M/a)$와 $L_2 - aM$ 인덕턴스를 없애고, π 등가 회로에서 인덕턴스 $(L_1L_2 - M^2)/(L_2 - aM)$과 $a^2(L_1L_2 - M^2)/(L_2 - aM)$을 없앤다.

또한 $a = M/L_1$일 때 그림 C.12(a)와 (c)는 동일하게 되고, $a = L_2/M$일 때 그

림 C.12(b)와 (d)는 동일하게 된다. 그림 C.14와 C.15는 이런 관찰을 요약해 준다. 인덕턴스의 표현식을 유도하는 데 $M = k\sqrt{L_1L_2}$의 관계식을 사용한다. 인덕턴스를 자기 인덕턴스 L_1과 L_2의 함수로 표현하고, 결합 계수 k는 식 (C.7)과 (C.8)에 주어진 a값이 등가 회로에 필요한 인덕턴스 수를 줄일 뿐 아니라 모든 인덕턴스가 양수가 됨을 보장한다.

식 (C.7)과 (C.8)에 의해 주어진 a값은 실험적으로 정해질 수 있다. 비율 M/L_1은 정현파 전압원으로 권선수 N_1이라고 명시된 코일을 구동함으로써 구할 수 있다. 전원 주파수는 $\omega L_1 \gg R_1$이 되도록 충분히 높게 잡고 N_2 코일을 개방한다. 그림 C.16은 이 배열을 보여 준다.

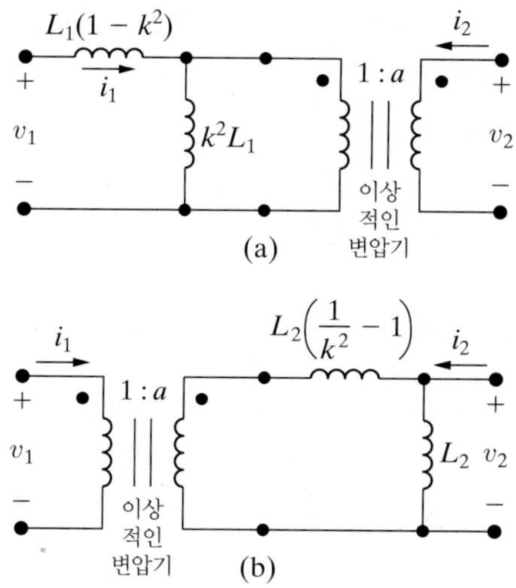

그림 C.15▲ $a = L_2/M$일 때의 두 등가 회로.

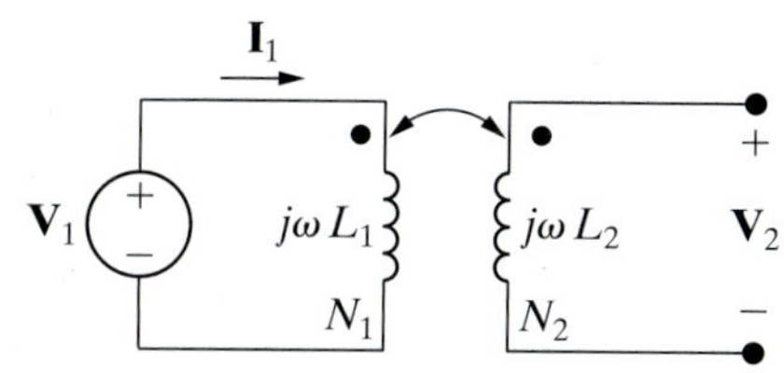

그림 C.16▲ 비율 M/L_1의 실험적 결정.

N_2 코일을 개방하면

$$\mathbf{V}_2 = j\omega M\mathbf{I}_1.$$

이제 $\omega L_1 \gg R_1$이므로 전류 I_1은

$$\mathbf{I}_1 = \frac{\mathbf{V}_1}{j\omega L_1}.$$

$\mathbf{I}_1$의 식을 $\mathbf{V}_2$에 대입하고 다시 정리하면

$$\left(\frac{\mathbf{V}_2}{\mathbf{V}_1}\right)_{I_2=0} = \frac{M}{L_1}.$$

여기서 비율 M/L_1은 코일 2를 개방했을 때, 즉 $\mathbf{I}_2 = 0$일 때 대응되는 단자 전압비이다.

비율 L_2/M는 그 절차를 역으로 하여 구할 수 있다. 즉 코일 2를 충전시키고 코일 1을 개방한다. 그러면

$$\frac{L_2}{M} = \left(\frac{\mathbf{V}_2}{\mathbf{V}_1}\right)_{I_1=0}.$$

예제 C.2는 자기적으로 결합된 코일을 이상적인 변압기와 양의 인덕터 값을 가지는 등가 회로로 변환하는 방법을 도시한 것이다.

예제 C.2

앞서 우리가 해석한 예제 C.1(b)의 회로를 고려하자. 그림 C.6의 자기적으로 결합된 코일을 2차 코일의 도트 표시를 아래쪽 단자로 이동시켜 T 등가 회로로 대체했다. 그림 C.11의 등가 회로는 음의 리액턴스를 표현하기 위해 반드시 커패시터를 사용해야 한다. 예제 C.1b를 다시 반복해보자. 하지만 이제는 자기 결합된 코일을 그림 C.14(a)의 등가 회로로 대체한다.

풀이

예제 C.1b에서 $L_1 = 9\,\text{H}$, $L_2 = 4\,\text{H}$, $M = -3\,\text{H}$임을 알고 있다. 그림 C.14(a)의 등가 회로에서 결합 계수 k, 권선비 a, 인덕터 값을 계산할 필요가 있다.

$$k = \frac{M}{\sqrt{L_1L_2}} = \frac{3}{\sqrt{(9)(4)}} = 0.5,$$

$$a = \frac{M}{L_1} = \frac{-3}{9} = -\frac{1}{3},$$

$$L_1\left(\frac{1}{k^2} - 1\right) = 9\left(\frac{1}{0.5^2} - 1\right) = 27\,\text{H}.$$

결합 계수를 계산할 때 상호 인덕턴스의 부호를 무시할 수 있는데, 이는 부호 마크의 위치를 의미할 뿐 코일 간의 결합량에는 영향을 끼치지 않기 때문이다.

위에서 계산한 값을 이용하여 그림 C.6의 자기 결합된 코일

을 그림 C.14(a)의 등가 회로로 교체할 수 있다. 입력 주파수는 400 rad/s임을 기억하자. 이 결과는 그림 C.17에 표시되어 있다. 이상적인 변압기의 전류와 전압을 구하고, 이 회로의 식을 세울 수 있다. 이 회로에는 세 개의 망이 있고, 망 전류 $\mathbf{I}_1$, $\mathbf{I}_a$, $\mathbf{I}_b$를 이용하여 세 개의 KVL 식을 쓸 수 있다. 그다음 이상적 변압기의 도트 규약을 이용하여 페이저 전류 $\mathbf{I}_a$, $\mathbf{I}_b$ 및 페이저 전압 $\mathbf{V}_a$, $\mathbf{V}_b$와 관련된 식을 다음과 같이 쓸 수 있다.

$$(700 + j3700)\,\mathbf{I}_a - j3700\,\mathbf{I}_a - 300 = 0,$$

$$j3700)\,\mathbf{I}_1 + j14{,}400)\,\mathbf{I}_a + \mathbf{V}_a = 0,$$

$$(900 - j2500)\,\mathbf{I}_b + \mathbf{V}_b = 0,$$

$$\mathbf{V}_a = \frac{\mathbf{V}_b}{-(1/3)},$$

$$\mathbf{I}_a = \frac{1}{3}\,\mathbf{I}_b.$$

$\mathbf{I}_1$과 $\mathbf{I}_b$를 풀면

$$\mathbf{I}_1 = 0.02 - j0.06 = 63.25\underline{/-71.57^\circ}\text{ mA},$$

$$\mathbf{I}_b = 0.0267 + j0.0533 = 59.63\underline{/63.43^\circ}\text{ mA}.$$

$\mathbf{I}_2 = -\mathbf{I}_b$이기 때문에

$$\mathbf{I}_2 = -0.0267 - j0.0533 = 59.63\underline{/-116.57^\circ}\text{ mA}.$$

$\mathbf{I}_1$과 $\mathbf{I}_2$의 값은 예제 C.1(b)의 결과와 일치한다.

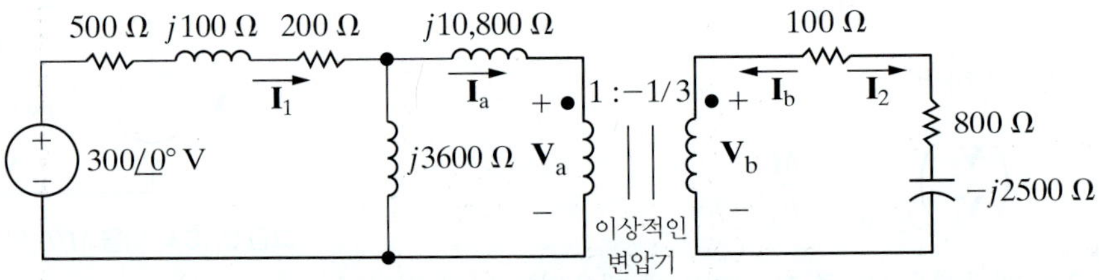

그림 C.17▲ 그림 C.1(b)의 회로에서 자기 결합 코일을 그림 C.14(a)의 등가 회로로 대체한 회로.

APPENDIX

D 데시벨

전화 신호를 전송하는 데 사용되는 종속 연결된 회로에서의 전력 손실을 다루는 전화 엔지니어들이 데시벨이라는 개념을 도입했다. 그림 D.1은 그 문제를 정의한 것이다.

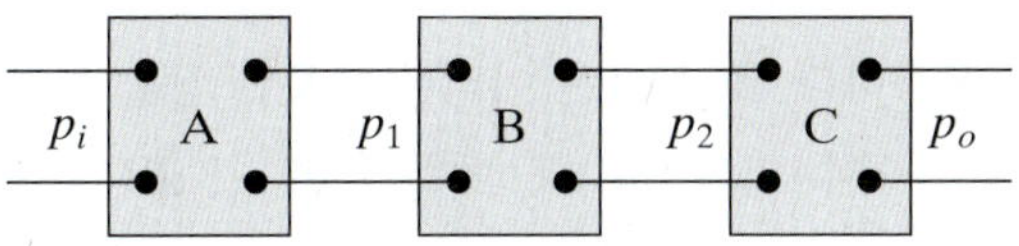

그림 D.1▲ 연속 연결된 세 개의 회로.

p_i는 시스템의 전력 입력, p_1은 회로 A의 전력 출력, p_2는 회로 B의 전력 출력, p_o는 시스템의 전력 출력이다. 각 회로의 전력 이득은 전력 입력과 출력의 비이다. 따라서

$$\sigma_A = \frac{p_1}{p_i}, \quad \sigma_B = \frac{p_2}{p_1}, \quad \sigma_C = \frac{p_o}{p_2}.$$

시스템의 전체 전력 이득은 단순히 각 이득의 곱이다. 즉

$$\frac{p_o}{p_i} = \frac{p_1}{p_i}\frac{p_2}{p_1}\frac{p_o}{p_2} = \sigma_\text{A}\sigma_\text{B}\sigma_\text{C}.$$

전력 비의 곱은 로그를 쓰면 덧셈으로 바뀐다. 즉

$$\log_{10}\frac{p_o}{p_i} = \log_{10}\sigma_\text{A} + \log_{10}\sigma_\text{B} + \log_{10}\sigma_\text{C}.$$

전력 비의 이 로그는 알렉산더 그레이엄 벨(Alexander Graham Bell)을 추모하여 **벨**(bel)이라 한다. 따라서 전체 전력 이득을 벨 단위로 나타낼 때는 단지 전송 시스템의 각 세그먼트의 벨 단위 전력 이득을 더하면 된다. 실제로 벨은 불편할 정도로 큰 양이다. 벨의 1/10, 즉 **데시벨**(decibel)이 전력 이득의 유용한 측정값이다. 데시벨 수는 벨 수의 10배이다.

$$\text{데시벨 수} = 10\log_{10}\frac{p_o}{p_i}.$$

데시벨을 전력 비의 측정값으로 사용할 때 그림 D.2에 나타낸 것처럼 몇몇 상황에서는 회로에서 본 저항이 회로의 부하로 걸리는 저항과 같다. 입력 저항이 부하 저항과 같을 때 전력 비는 전압 비 또는 전류 비로 바꿀 수 있다.

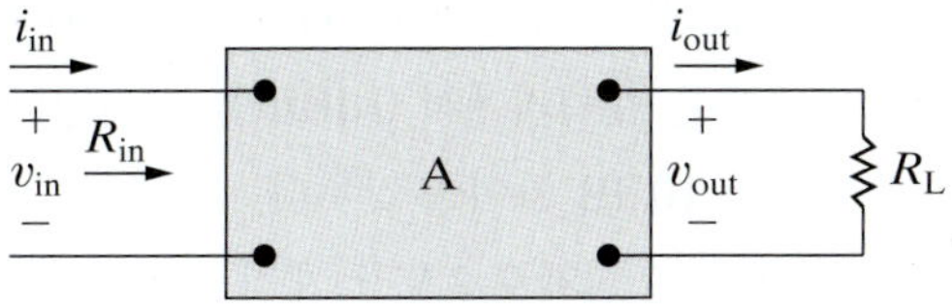

그림 D.2▲ 입력 저항이 부하 저항과 같은 회로.

$$\frac{p_o}{p_i} = \frac{v_\text{out}^2/R_\text{L}}{v_\text{in}^2/R_\text{in}} = \left(\frac{v_\text{out}}{v_\text{in}}\right)^2$$

또는

$$\frac{p_o}{p_i} = \frac{i_{\text{out}}^2 R_L}{i_{\text{in}}^2 / R_{\text{in}}} = \left(\frac{i_{\text{out}}}{i_{\text{in}}}\right)^2.$$

이 식에서 데시벨 수는 다음과 같이 된다.

$$\text{데시벨 수} = 20 \log_{10}\frac{v_{\text{out}}}{v_{\text{in}}} \tag{D.1}$$

$$= 20 \log_{10}\frac{i_{\text{out}}}{i_{\text{in}}}.$$

보드 선도(부록 E 참조)에서 사용되는 데시벨의 정의는 식 (D.1)에 표현된 결과를 빌린 것이다. 이 결과는 전압 비, 전류 비, 전압-전류 비, 전류-전압 비와 연관된 어떠한 전달 함수에도 다 적용된다. 데시벨은 많은 공학 응용에서 중요하므로 이 정의를 잘 기억하기 바란다.

데시벨로 표현되는 전달 함수 진폭으로 작업할 때 데시벨 값과 실제 출력/입력 비를 연결시키는 표를 갖고 있으면 유용하다. 표 D.1은 이러한 유용한 쌍을 보여준다. 음수 데시벨 값에 해당되는 비는 양수 비의 역이다. 예를 들어 −3 dB은 출력/입력 비가 1/1.41, 즉 0.707에 해당된다. 흥미롭게도 −3 dB은 14장과 15장에서 논의한 필터 회로의 절반 전력의 주파수에 해당된다.

표 D.1 국제 단위계(SI)

dB	비율	dB	비율
0	1.00	30	31.62
3	1.41	40	100.00
6	2.00	60	10^3
10	3.16	80	10^4
15	5.62	100	10^5
20	10.00	120	10^6

데시벨은 기준 전력에 대해 알고 있는 전력 비를 표현할 때 단위 전력으로 사용되곤 한다. 보통 기준 전력은 1 mW이고 전력 단위는 dBm으로 쓴다. 이는 '1 mW에 대한 상대적인 데시벨'을 나타낸다. 예를 들어 20 mW의 전력은 ±13 dBm이다.

AC 전압계는 보통 dBm 눈금을 제공하는데, 이는 1 mW의 기준 전력뿐 아니라 600 Ω의 기준 저항(전화 시스템에 사용되는 값)을 가정한다. 600 Ω에서 1 mW의 전력은 0.7746 V(rms)에 해당되는데, 이 전압은 계측기에서 0 dBm을 가리킨다. 아날로그 계측기에서는 인접한 범위 간에 보통 10 dB 차이를 갖는다. 비록 스케일이 0.1, 0.3, 1, 3, 10 등으로 표시되어 있을지라도 실제로 3 V 스케일상의 3.16 V는 1 V 스케일상의 1 V와 서로 대응된다.

몇몇 전압계는 기준 저항(50, 135, 600, 900 Ω)을 선택하거나 dBm, dBV(1 V에 대한 상대적 데시벨)를 선택하는 스위치가 있다.

APPENDIX

E 보드 선도

주파수 응답 도면은 회로의 동작을 분석하는 데 매우 중요한 도구이다. 지금까지 이러한 도면을 그리는 방법에 대해 논의하지 않고 주파수 응답에 대한 정성적인 개략도를 보여 주었다. 진폭과 위상 데이터를 생성하고 그리는 가장 좋은 방법은 컴퓨터를 사용하는 것이다. 컴퓨터에 의지하여 ω에 대한 $|H(j\omega)|$와 $\theta(j\omega)$의 정확한 수치 도면을 그릴 수 있다. 그러나 보드 선도(Bode diagram)를 사용하여 주파수 응답의 예비적인 개략도를 그릴 수 있다.

보드 선도는 시스템의 주파수 응답을 근사화하는 그래픽 기술이다. 이 선도는 보드(H.W. Bode)[3]의 선구적인 업적을 기려 명명되었다. 보드 선도는 전달 함수의 극점과 영점이 합리적으로 잘 분리된 시스템에 매우 유용하게 사용된다.

보드 선도는 두 개의 개별 도면으로 구성된다. 하나는 전달 함수의 진폭이 주파수에 따라 어떻게 변하는지를 보여 주며, 다른 하나는 전달 함수의 위상각이 주파수에 따라 어떻게 변하는지 보여 준다. 보드 선도는 세미 로그 그래프를 사용하여 그려지므로 광범위한 주파수 영역을 표현할 수 있다. 진폭 및 위상 도면 모두에서 주파수는 수평축에 로그 스케일로 그려지고, 진폭과 위상각은 수직축에 선형 스케일로 그려진다.

E.1 실수인 1차 극점과 영점

우선 실수이며 서로 다른 극점과 영점을 갖는 전달 함수 $H(s)$를 고려하자. 이제 다음과 같은 전달 함수를 사용하여 보드 선도를 그리는 절차를 설명하겠다.

$$H(s) = \frac{K(s + z_1)}{s(s + p_1)},$$

이로부터

$$H(j\omega) = \frac{K(j\omega + z_1)}{j\omega(j\omega + p_1)}.$$

시작에 앞서 $H(j\omega)$에 대한 식을 극점과 영점을 나누어서 유도한 **표준형**

---

3 보드(H. W. Bode)의 *Network Analysis and Feedback Design* (New York: Van Nostrand, 1945)을 참조하라.

(standard form)으로 표현하자.

$$H(j\omega) = \frac{Kz_1(1 + j\omega/z_1)}{p_1(j\omega)(1 + j\omega/p_1)}.$$

다음으로 Kz_1/p_1을 K_o로 두고 $H(j\omega)$를 극좌표 형식으로 표현한다.

$$H(j\omega) = \frac{K_o|1 + j\omega/z_1|\angle\psi_1}{(|\omega|\angle 90^\circ)(|1 + j\omega/p_1|\angle\beta_1)}$$

$$= \frac{K_o|1 + j\omega/z_1|}{|\omega||1 + j\omega/p_1|}\angle(\psi_1 - 90^\circ - \beta_1).$$

따라서

$$|H(j\omega)| = \frac{K_o|1 + j\omega/z_1|}{\omega|1 + j\omega/p_1|}, \tag{E.1}$$

$$\theta(j\omega) = \psi_1 - 90^\circ - \beta_1. \tag{E.2}$$

정의에 따라 위상각 ψ_1과 β_1은 다음과 같다.

$$\psi_1 = \tan^{-1}\omega/z_1;$$

$$\beta_1 = \tan^{-1}\omega/p_1.$$

보드 선도는 ω에 대한 함수로서 식 (E.1)(진폭)과 식 (E.2)(위상각)의 도면을 포함한다.

E.2 직선 진폭 도면

식 (E.1)로부터 진폭 도면은 $H(s)$의 극점과 영점에 관계된 값을 곱하고 나누어야 한다는 것을 알 수 있다. 만약 $|H(j\omega)|$를 로그 값, 즉 데시벨(dB)[4]로 나타내면 이러한 곱셈과 나눗셈을 덧셈과 뺄셈으로 바꿀 수 있다. $H(j\omega)$의 진폭을 데시벨 단위로 나타내면

$$A_{\text{dB}} = 20\log_{10}|H(j\omega)|.$$

식 (E.1)을 데시벨 단위로 나타내면 다음과 같다.

$$A_{\text{dB}} = 20\log_{10}\frac{K_o|1 + j\omega/z_1|}{\omega|1 + j\omega/p_1|} \tag{E.3}$$

$$= 20\log_{10}K_o + 20\log_{10}|1 + j\omega/z_1|$$

$$- 20\log_{10}\omega - 20\log_{10}|1 + j\omega/p_1|.$$

주파수 ω에 대한 식 (E.3)의 도면을 그리기 위해 식의 각 항을 따로 그린 후에 각각의 도면을 그래프상에서 결합한다. 식 (E.3)의 각 항은 직선으로 근사화할 수 있기 때문에 비교적 그리기 쉽다.

---

4 데시벨에 대한 더 자세한 사항은 부록 D를 참조하라.

$20\log_{10}K_o$의 도면은 K_o가 주파수에 대한 함수가 아니므로 수평의 직선이 된다. 이 항의 값은 $K_o > 1$인 경우 양수가 되고, $K_o = 1$인 경우 0이 되고, $K_o < 1$ 이면 음수가 된다.

$20\log_{10}|1 + j\omega/z_1|$의 도면은 두 개의 직선으로 근사화된다. 작은 ω값에 대해 진폭 $|1 + j\omega/z_1|$은 1에 가깝다. 따라서

$$20 \log_{10}|1 + j\omega/z_1| \rightarrow 0, \qquad \omega \rightarrow 0 \text{ 일 때}$$

큰 ω값에 대해 $|1 + j\omega/z_1|$의 크기는 ω/z_1에 가까워진다. 따라서

$$20 \log_{10}|1 + j\omega/z_1| \rightarrow 20 \log_{10}(\omega/z_1), \qquad \omega \rightarrow \infty \text{ 일 때}$$

로그 주파수 스케일상에서 $20 \log_{10}(\omega/z_1)$은 20 dB/decade의 기울기를 갖는 직선이다. [디케이드(decade)는 주파수의 10 대 1 변화를 말한다.] 이러한 직선은 $\omega = z_1$일 때 0 dB 축과 교차한다. 이 경우의 ω값을 **절점 주파수**(corner frequency)라고 한다. 따라서 그림 E.1과 같이 1차 영점의 진폭 도면은 두 개의 직선으로 근사화될 수 있다.

$-20 \log 10\, \omega$ 도면은 -20 dB/decade의 기울기를 갖고 $\omega = 1$일 때 0 dB 축과

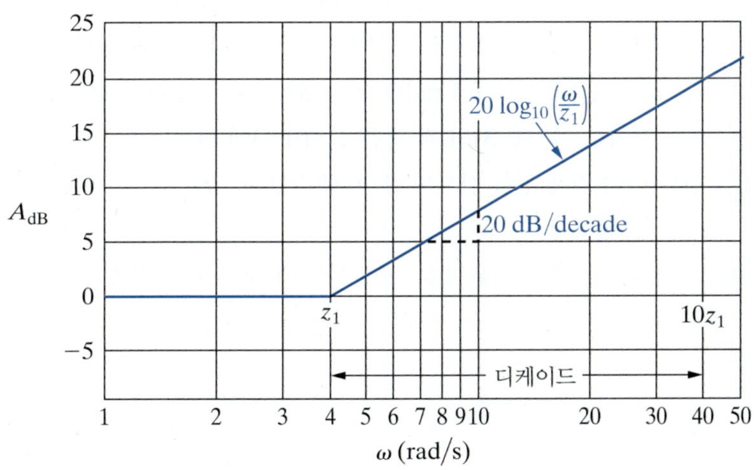

그림 E.1▲ 1차 영점의 진폭 도면의 직선 근사화.

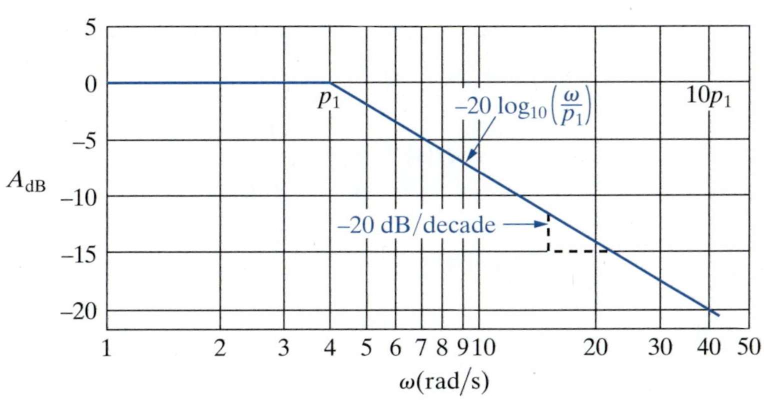

그림 E.2▲ 1차 극점의 진폭 도면의 직선 근사화.

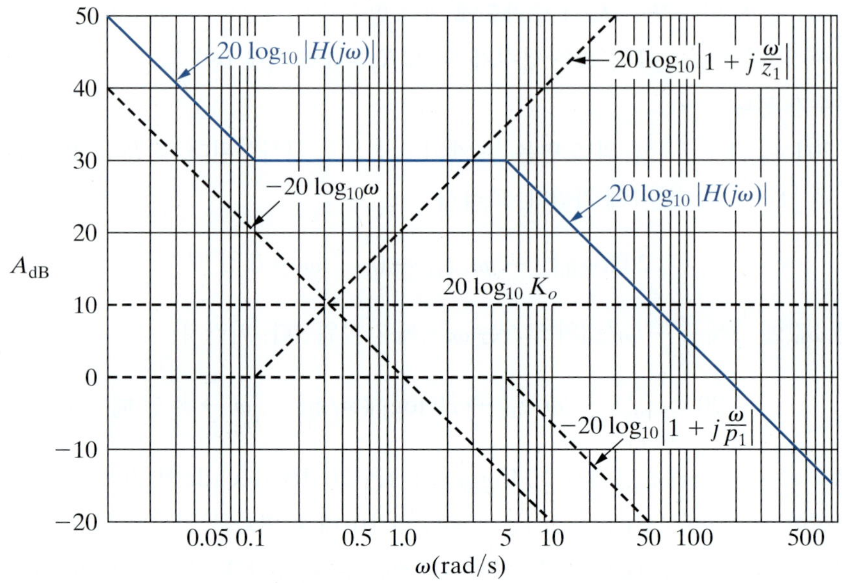

그림 E.3▲ 식 (E.3)에 대한 진폭 도면의 직선 근사화.

교차하는 직선이다.

$-20\log_{10}|1+j\omega/p_1|$ 도면은 두 개의 직선으로 근사화되며 $\omega = p_1$일 때 0 dB 축과 교차한다. 큰 ω값에 대해 직선 $20\log_{10}(\omega/p_1)$은 -20 dB/decade의 기울기를 갖는다. 그림 E.2는 1차 극점의 진폭 도면의 직선 근사화 결과를 보여준다.

그림 E.3은 $K_o = \sqrt{10}$, $z_1 = 0.1$ rad/s, $p_1 = 5$ rad/s인 경우에 대한 식 (E.3)의 도면을 나타낸 것이다. 식 (E.3)의 각 항은 그림 E.3에 나타나 있으며, 따라서 각각의 개별 항의 합이 전체 전달 함수의 도면, 즉 $20\log_{10}|H(j\omega)|$의 도면을 만든다는 것을 검증할 수 있다.

예제 E.1은 1차 극점과 영점을 갖는 전달 함수에 대해 직선 진폭 도면을 그리는 과정을 보여 준다.

예제 E.1

그림 E.4의 회로에 대해

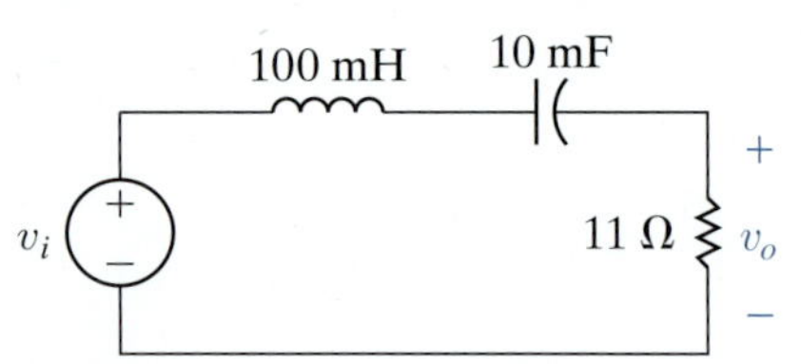

그림 E.4▲ 예제 E.1의 회로.

a) 전달 함수 $H(s) = V_o(s)/V_i(s)$를 구하라.
b) 보드 진폭 도면의 직선 근사화 도면을 구성하라.
c) $\omega = 50$ rad/s와 $\omega = 1000$ rad/s에서 $20\log_{10}|H(j\omega)|$를 계산하라.
d) $v_i(t) = 5\cos(500t + 15°)$ V일 때 구성한 보드 도면을 이용하여 정상 상태에서의 $v_o(t)$를 예측하라.

풀이

a) 그림 E.4의 회로를 s 영역으로 변환하고, 전압 분배를 사용하면 다음과 같은 식을 얻는다.

$$H(s) = \frac{(R/L)s}{s^2 + (R/L)s + \dfrac{1}{LC}}.$$

회로에서 사용된 수치 값을 대입하여 다음 결과를 얻는다.

$$H(s) = \frac{110s}{s^2 + 110s + 1000} = \frac{110s}{(s+10)(s+100)}.$$

b) $H(j\omega)$를 표준형으로 쓰면 다음과 같다.

$$H(j\omega) = \frac{0.11j\omega}{[1 + j(\omega/10)][1 + j(\omega/100)]}.$$

$H(j\omega)$의 진폭에 대한 표현식을 데시벨로 나타내면 다음과 같다.

$$\begin{aligned} A_{\text{dB}} &= 20 \log_{10}|H(j\omega)| \\ &= 20 \log_{10} 0.11 + 20 \log_{10}|j\omega| \\ &\quad - 20 \log_{10}\left|1 + j\frac{\omega}{10}\right| - 20 \log_{10}\left|1 + j\frac{\omega}{100}\right|. \end{aligned}$$

그림 E.5는 직선 도면을 보여 준다. 전체 진폭에 기여하는 각각의 항 또한 나타나 있다.

b) 각 경우에 대해 다음과 같은 결과를 얻는다.

$$\begin{aligned} H(j50) &= \frac{0.11(j50)}{(1 + j5)(1 + j0.5)} \\ &= 0.9648\angle{-15.25^\circ}, \\ 20 \log_{10}|H(j50)| &= 20 \log_{10} 0.9648 \\ &= -0.311 \text{ dB}; \\ H(j1000) &= \frac{0.11(j1000)}{(1 + j100)(1 + j10)} \\ &= 0.1094\angle{-83.72^\circ}; \\ 20 \log_{10} 0.1094 &= -19.22 \text{ dB}. \end{aligned}$$

이 두 개의 진폭 값은 그림 E.5에 나타나 있다.

d) v_i의 주파수는 500 rad/s이다. 그림 E.5의 보드 도면으로부터 알 수 있듯이 $\omega = 500$ rad/s인 경우의 A_{dB}값은 대략 −12.5 dB이다. 따라서

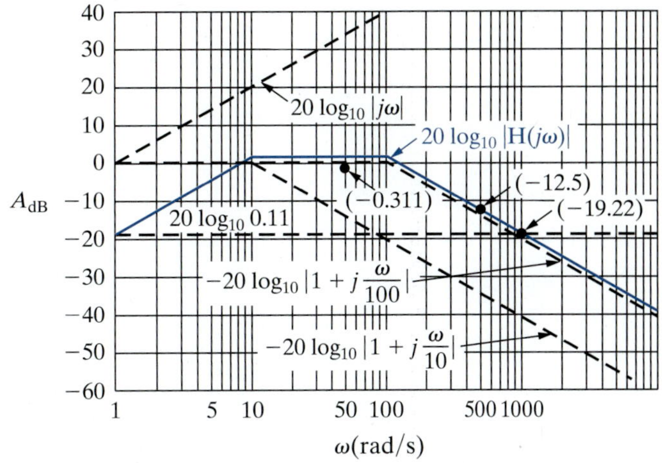

그림 E.5▲ 그림 E.4 회로의 전달 함수에 대한 직선 진폭 도면.

$$|H(j500)| = 10^{(-12.5/20)} = 0.24$$

또한

$$V_o = |H(j500)|V_i = (0.24)(5) = 1.19 \text{ V}.$$

실제 $|H(j\omega)|$값을 계산하기 위해 $|H(j\omega)|$에 대한 식에 $\omega = 500$을 대입한다.

$$H(j500) = \frac{0.11(j500)}{(1 + j50)(1 + j5)} = 0.22\angle{-77.54^\circ}.$$

따라서 500 rad/s 주파수에서 특정 신호원에 대한 실제 출력 전압 크기는 다음과 같다.

$$V_o = |H(j500)|V_i = (0.22)(5) = 1.1 \text{ V}.$$

E.3 더 정확한 진폭 도면

절점 주파수 및 절점 주파수의 절반과 절점 주파수의 2배에서 진폭 값을 보정하여 1차 극점과 영점에 대한 직선 도면을 더욱 정확하게 구할 수 있다. 절점 주파수에서 실제 값을 데시벨로 구하면

$$\begin{aligned} A_{\text{dB}_c} &= \pm 20 \log_{10}|1 + j1| \\ &= \pm 20 \log_{10}\sqrt{2} \\ &\approx \pm 3 \text{ dB}. \end{aligned}$$

절점 주파수의 절반에서 실제 값은

$$A_{\text{dB}_{c/2}} = \pm 20 \log_{10}\left|1 + j\frac{1}{2}\right|$$

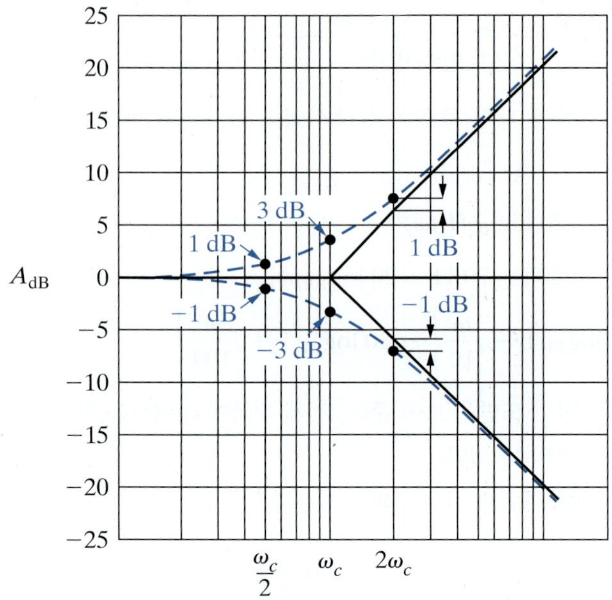

그림 E.6▲ 1차 영점과 극점에 대한 보정 진폭 도면.

$$= \pm 20 \log_{10}\sqrt{\frac{5}{4}}$$
$$\approx \pm 1 \text{ dB}.$$

절점 주파수의 2배에서 실제 값을 데시벨로 구하면

$$A_{\mathrm{dB}_{2c}} = \pm 20 \log_{10}|1 + j2|$$
$$= \pm 20 \log_{10}\sqrt{5}$$
$$\approx \pm 7 \text{ dB}.$$

이 세 개의 식에서 양의 부호는 1차 영점에 적용되고, 음의 부호는 1차 극점에 적용된다. 진폭 도면의 직선 근사화는 절점 주파수와 절점 주파수의 절반에서 0 dB이 되고, 절점 주파수의 2배에서 ±6 dB이 된다. 따라서 절점 주파수에서의 보정값은 ±3 dB이 되고, 절점 주파수의 절반과 절점 주파수의 2배에서의 보정값은 ±1 dB이 된다. 그림 E.6은 이러한 보정의 결과를 요약해서 보여 준다.

만약 $H(s)$의 극점과 영점이 넓게 퍼져 있다면 이러한 보정을 전체의 진폭 도면에 포함할 수 있으며, 이 경우 매우 정확한 곡선을 구할 수 있게 된다. 그러나 만약 극점과 영점이 서로 가까우면 서로 중첩된 부분의 보정량을 정확하게 계산하기 어렵기 때문에 보정되지 않은 직선 도면을 이용하여 진폭 특성을 추정하는 것이 더 좋다. 관심 있는 주파수 영역에서의 정확한 진폭 도면을 구하기 위해서는 컴퓨터를 사용하라.

E.4 직선 위상각 도면

직선 근사화를 이용하여 주파수에 대한 전달 함수의 위상각 도면 또한 구할 수 있다. 식 (E.2)의 전달 함수 위상각을 사용하면 상수 K_0에 관한 위상각이 0이 됨을

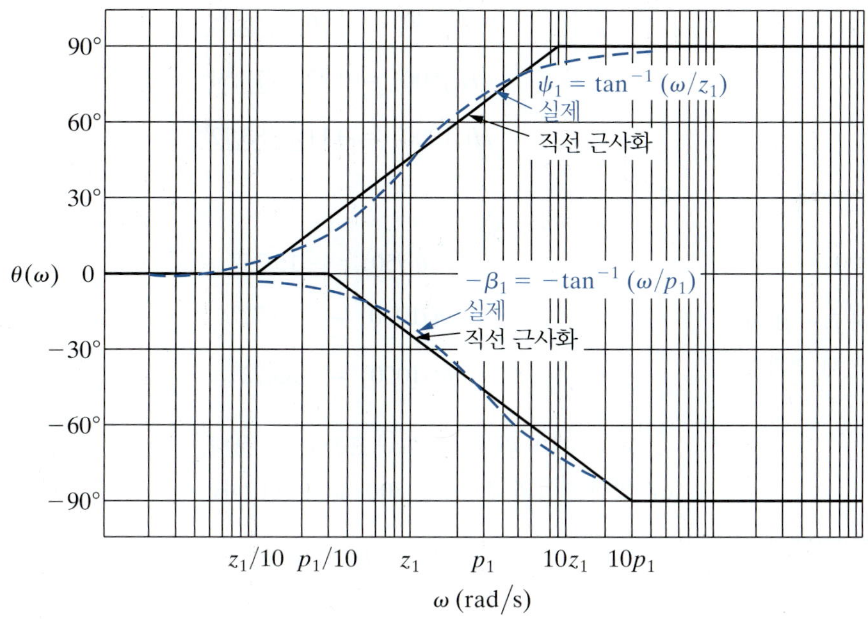

그림 E.7▲ 1차 영점과 극점의 위상각 도면.

알 수 있으며, 원점에서 1차 영점 또는 극점에 관한 위상각은 상수 ±90°임을 알 수 있다. 원점이 아닌 곳에서의 1차 영점 또는 극점에 대한 직선 근사화는 다음과 같다.

- 절점 주파수의 1/10 미만인 주파수에 대해 위상각은 0으로 근사화된다.
- 절점 주파수의 10배 이상인 주파수에 대해 위상각은 ±90°로 근사화된다.
- 절점 주파수의 1/10 이상이고 10배 미만인 주파수 영역에서 위상각 도면은 절점 주파수의 1/10인 곳에서는 0이고, 절점 주파수에서는 ±45°이고, 절점 주파수의 10배인 곳에서는 ±90°인 직선이다.

전체적으로 양의 부호는 1차 영점에 적용되고 음의 부호는 1차 극점에 적용된다. 그림 E.7은 1차 영점과 극점에 대한 직선 근사를 보여 준다. 점선 곡선은 주파수에 대한 위상각의 정확한 도면을 나타낸다. 직선 도면이 실제 위상각 도면에 얼마나 근접한지 확인해 보자. 직선 도면과 실제 도면 사이의 최대 편차는 약 6°이다.

예제 E.2는 직선 근사화를 이용하여 위상각 도면을 그리는 방법을 보여 준다.

예제 E.2

a) 예제 E.1의 전달 함수에 대한 직선 위상각 도면을 그려라.

b) $\omega = 50, 500, 1000$ rad/s에서 위상각 $\theta(j\omega)$를 계산하라. (a)에서 그린 도면에 계산한 위상각을 표시하라.

c) 예제 E.1(e)와 예제 E.2(b)의 결과를 활용하여 전압원이 $v_i(t) = 10\cos(500t - 25°)$ V인 경우에 대해 정상 상태 출력 전압을 구하라.

풀이

a) 예제 E.1에서

$$H(j\omega) = \frac{0.11(j\omega)}{[1 + j(\omega/10)][1 + j(\omega/100)]}$$

$$= \frac{0.11|j\omega|}{|1 + j(\omega/10)||1 + j(\omega/100)|} \underline{/(\psi_1 - \beta_1 - \beta_2)}.$$

따라서

$$\theta(j\omega) = \psi_1 - \beta_1 - \beta_2,$$

여기서

$$\psi_1 = 90°,$$
$$\beta_1 = \tan^{-1}(\omega/10),$$
$$\beta_2 = \tan^{-1}(\omega/100).$$

$\psi_1 = 90°$를 더하여 $\theta(j\omega)$의 직선 근사화를 구하고 $-\beta_1$과 $-\beta_2$에 대한 직선 근사화를 구한다. 그림 E.8에 전체 결과가 나와 있다.

b) 전달 함수로부터 다음 결과를 얻는다.

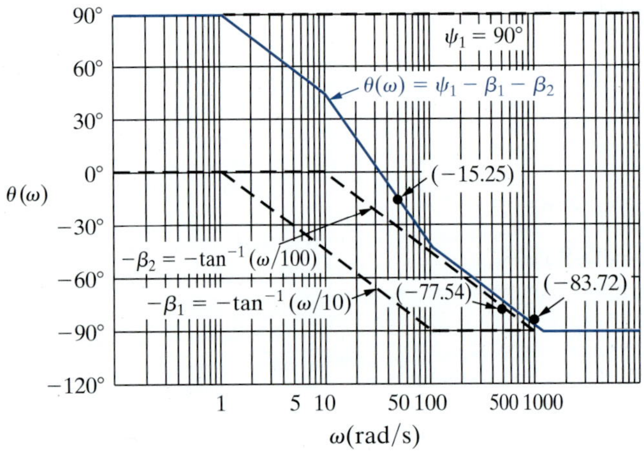

그림 E.8▲ 예제 E.2의 $\theta(\omega)$ 직선 근사화.

$$H(j50) = 0.96\angle{-15.25°},$$
$$H(j500) = 0.22\angle{-77.54°},$$
$$H(j1000) = 0.11\angle{-83.72°}.$$

따라서

$$\theta(j50) = -15.25°,$$
$$\theta(j1000) = -83.72°.$$
$$\theta(j1000) = -83.72°.$$

이 세 개의 위상각은 그림 E.8에 표시했다.

c) 입력 전압의 주파수는 500 rad/s이다. 따라서

$$V_o = |H(j500)|V_i$$
$$= (0.22)(10)$$
$$= 2.2 \text{ V},$$

그리고

$$\theta_o = \theta(j500) + \theta_i$$
$$= -77.54° - 25°$$
$$= -102.54°.$$

그러므로

$$v_o(t) = 2.2\cos(500t - 102.54°) \text{ V}.$$

E.5 보드 선도: 복소수 극점과 영점

이제 전달 함수가 복소수 극점과 영점을 갖는 경우에 보드 선도를 구성하는 방법을 고려하자. 한 쌍의 복소수 극점을 갖는 전달 함수에 대한 진폭 및 위상각 도면을 구성하는 데 보다 중점을 두겠다. 복소수 극점을 처리하는 규칙을 이해 한 후에는 이러한 규칙을 약간만 조정하여 한 쌍의 복소수 영점에 대한 도면을 만들 수 있다.

$H(s)$의 복소수 극점과 영점은 항상 공액 쌍으로 나타난다. $H(s)$가 복소수 극점을 갖는 경우, $H(s)$에 대한 보드 선도를 구하는 첫 번째 단계는 공액 쌍을 하나의 이차 항으로 결합하는 것이다. 따라서 다음과 같은 전달 함수에 대해

$$H(s) = \frac{K}{(s + \alpha - j\beta)(s + \alpha + j\beta)},$$

우선 곱 $(s + \alpha - j\beta)(s + \alpha + j\beta)$을 다음과 같이 다시 쓴다.

$$(s + \alpha)^2 + \beta^2 = s^2 + 2\alpha s + \alpha^2 + \beta^2.$$

보드 선도를 그리기 위해 이차 항을 보다 편리한 형태로 쓰면 다음과 같다.

$$s^2 + 2\alpha s + \alpha^2 + \beta^2 = s^2 + 2\zeta\omega_n s + \omega_n^2.$$

두 형태를 비교하면 다음의 관계를 얻는다.

$$\omega_n^2 = \alpha^2 + \beta^2$$

또한

$$\zeta\omega_n = \alpha.$$

ω_n은 이차 항의 절점 주파수이며, ζ는 이차 항의 감쇄 계수이다. 만약 $\zeta < 1$이면 이차 항의 근은 복소수가 되고, $\zeta \geq 1$이면 근은 실수가 된다. $\zeta < 1$이라고 가정하고 전달 함수를 다음과 같이 다시 쓰자.

$$H(s) = \frac{K}{s^2 + 2\zeta\omega_n s + \omega_n^2}.$$

위 식의 분모와 분자를 각각 ω_n^2으로 나누면 다음과 같은 표준형으로 나타낼 수 있다.

$$H(s) = \frac{K}{\omega_n^2}\frac{1}{1 + (s/\omega_n)^2 + 2\zeta(s/\omega_n)},$$

이로부터

$$H(j\omega) = \frac{K_o}{1 - (\omega^2/\omega_n^2) + j(2\zeta\omega/\omega_n)},$$

여기서

$$K_o = \frac{K}{\omega_n^2}.$$

이 식에서 비율 ω/ω_n을 새로운 변수 u로 차환하면

$$H(j\omega) = \frac{K_o}{1 - u^2 + j2\zeta u}.$$

이제 $H(j\omega)$를 극좌표 형식으로 쓰면 다음과 같다.

$$H(j\omega) = \frac{K_o}{|(1 - u^2) + j2\zeta u| \underline{/\beta_1}},$$

여기서

$$A_{\text{dB}} = 20\log_{10}|H(j\omega)|$$

$$= 20\log_{10}K_o - 20\log_{10}|(1 - u^2) + j2\zeta u|,$$

이며

$$\theta(j\omega) = -\beta_1 = -\tan^{-1}\frac{2\zeta u}{1 - u^2}.$$

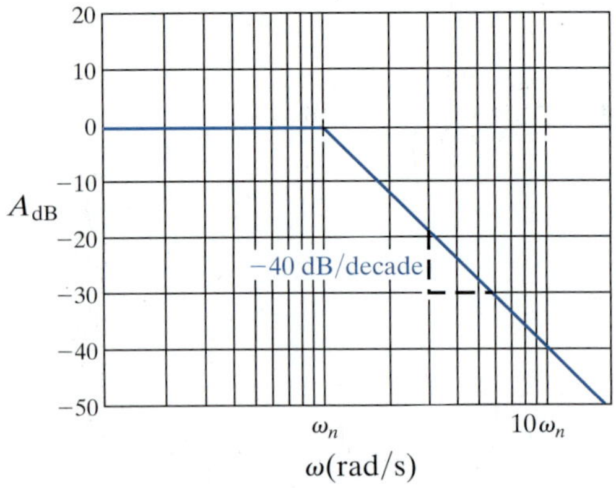

그림 E.9▲ 복소수 극점 쌍에 대한 진폭 도면.

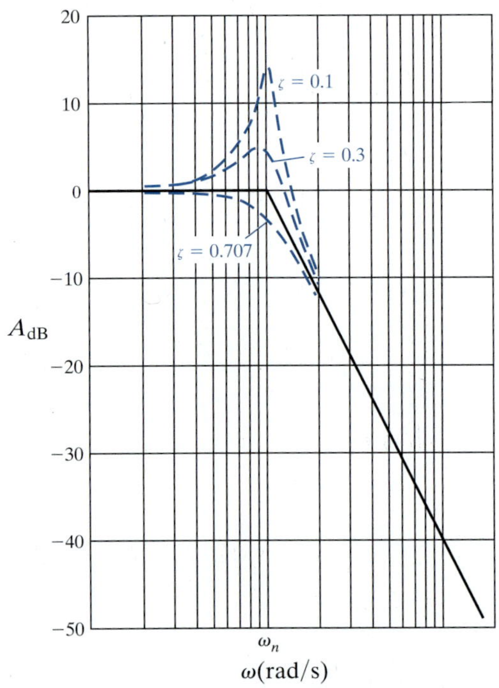

그림 E.10▲ 진폭 도면에 미치는 ζ의 영향.

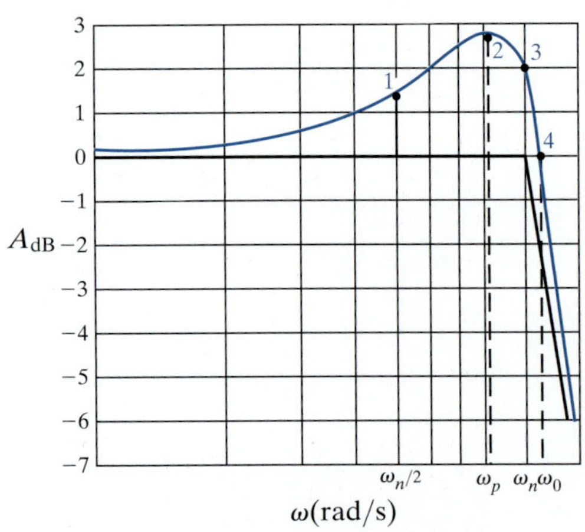

그림 E.11▲ 복소수 극점 쌍에 대한 도면 보정을 위한 네 개의 점.

E.6 복소수 극점에 대한 직선 진폭 도면

이차 항이 $H(j\omega)$의 진폭에 기여하는 부분은 $-20\log_{10}|1-u^2+j2\zeta u|$에 해당한다. $u=\omega/\omega_n$이므로 $\omega\to 0$인 경우 $u\to 0$이며, $\omega\to\infty$이면 $u\to\infty$이 된다. ω가 0에서 ∞까지 변할 때 이 항이 어떻게 되는지 살펴보자. 이 항은 다음과 같이 쓸 수 있다.

$$\begin{aligned}-20\log_{10}|(1-u^2)+j2\zeta u| &= -20\log_{10}\sqrt{(1-u^2)^2+4\zeta^2u^2}\\ &= -10\log_{10}[u^4+2u^2(2\zeta^2-1)+1].\end{aligned} \tag{E.4}$$

$u\to 0$일 때

$$-10\log_{10}[u^4+2u^2(2\zeta^2-1)+1]\to 0,$$

$u\to\infty$일 때

$$-10\log_{10}[u^4+2u^2(2\zeta^2-1)+1]\to -40\log_{10}u.$$

이러한 극한 값으로부터 근사 진폭 도면은 두 개의 선으로 구성되어 있음을 알 수 있다. $\omega<\omega_n$에 대해 직선은 0 dB 축에 놓여 있으며, $\omega>\omega_n$일 때 직선은 −40 dB/decade의 기울기를 갖는다. 이러한 두 개의 직선은 $u=1$, 즉 $\omega=\omega_n$일 때 0 dB 축에서 만난다. 그림 E.9는 $\zeta<1$인 경우 이차 항에 대한 직선 근사화를 보여 준다.

E.7 복소수 극점에 대한 직선 진폭 도면의 보정

복소수 극점 쌍에 대한 직선 진폭 도면의 보정은 감쇄 계수에 따라 달라진다. 그림 E.10은 진폭 도면에 대한 ζ의 영향을 보여 준다. ζ가 매우 작으면 절점 주파수 $\omega_n(u=1)$ 근처에서 진폭의 큰 피크가 발생한다. $\zeta\geq 1/\sqrt{2}$인 경우 보정된 진폭 도면은 전체가 직선 근사치 아래에 있다. 실제 곡선에서 네 개의 점을 찾아서 직선 진폭 도면을 수정할 수 있다. 이 네 점은 (1) 절점 주파수의 1/2, (2) 진폭이 피크 값에 도달하는 주파수, (3) 절점 주파수, (4) 진폭이 0인 주파수에 대응하는 점이다.

절점 주파수의 1/2(점 1)인 곳에서 실제 진폭은

$$A_{dB}(\omega_n/2) = -10\log_{10}(\zeta^2+0.5625). \tag{E.5}$$

진폭은 다음 주파수에서 피크 값(점 2)을 갖는다.

$$\omega_p = \omega_n\sqrt{1-2\zeta^2}, \tag{E.6}$$

이 경우 피크 진폭값은

$$A_{dB}(\omega_p) = -10\log_{10}[4\zeta^2(1-\zeta^2)]. \tag{E.7}$$

절점 주파수(점 3)에서 실제 진폭은

$$A_{dB}(\omega_n) = -20\log_{10}2\zeta. \tag{E.8}$$

보정 진폭 도면은 다음 주파수에서 0 dB 축(점 4)을 교차한다.

$$\omega_o = \omega_n\sqrt{2(1 - 2\zeta^2)} = \sqrt{2}\omega_p. \qquad \text{(E.9)}$$

그림 E.11은 이러한 네 점을 나타낸 것이다.

식 (E.4)에 $u = 0.5$와 $u = 1.0$을 대입하여 각각 검증하면 식 (E.5)와 (E.8)과 같다. 식 (E.9)는 $u^4 + 2u^2(2\zeta^2 - 1) + 1 = 1$이 되도록 하는 u의 값을 찾으면 구할 수 있다. 식 (E.6)을 유도하기 위해 식 (E.4)를 u에 대해 미분하고 미분이 0이 되는 u값을 찾는다. 식 (E.7)을 유도하기 위해 식 (E.6)의 주파수에 대한 u값을 찾고, 그 값을 식 (E.4)에 대입한다.

예제 E.3은 복소수 극점 쌍을 갖는 전달 함수에 대한 진폭 곡선을 보여 준다.

예제 E.3

그림 E.12와 같은 회로에 대해 전달 함수를 구하라.

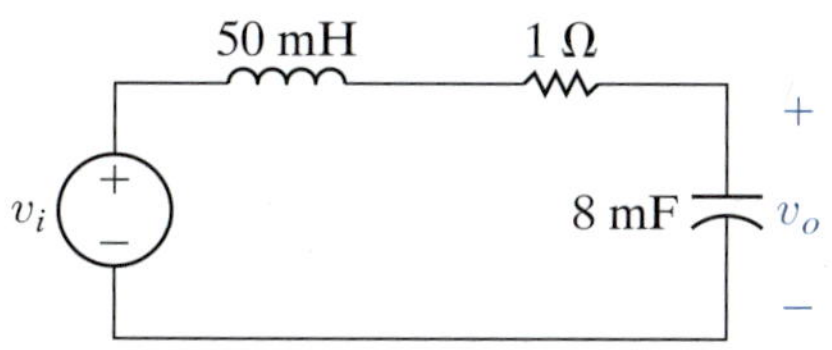

그림 E.12▲ 예제 E.3의 회로.

a) 절점 주파수 값을 rad/s로 구하라.

b) K_o값을 구하라.

c) 감쇄 계수를 구하라.

d) 10~500 rad/s 주파수 영역에서의 직선 진폭 도면을 그려라.

e) $\omega_n/2$, ω_p. ω_n, ω_o에서 실제 진폭을 데시벨 단위로 구하라. 이 값을 사용하여 (d)에서 구한 도면을 보정하라.

f) 보정된 진폭 도면을 이용하여 그림 E.12의 회로가 의미하는 필터 유형에 대해 기술하고 차단 주파수 ω_c를 예측하라.

풀이

그림 E.12의 회로를 s 영역으로 변환하고 전압 분배를 사용하여 다음 결과를 얻는다.

$$H(s) = \frac{\frac{1}{LC}}{s^2 + \left(\frac{R}{L}\right)s + \frac{1}{LC}}.$$

소자 값을 대입하면

$$H(s) = \frac{2500}{s^2 + 20s + 2500}.$$

a) $H(s)$에 대한 식으로부터 $\omega_n^2 = 2500$임을 알 수 있으며, 따라서 $\omega_n = 50$ rad/s가 된다.

b) 정의에 의해 K_o는 $2500/\omega_n^2$, 즉 1이 된다.

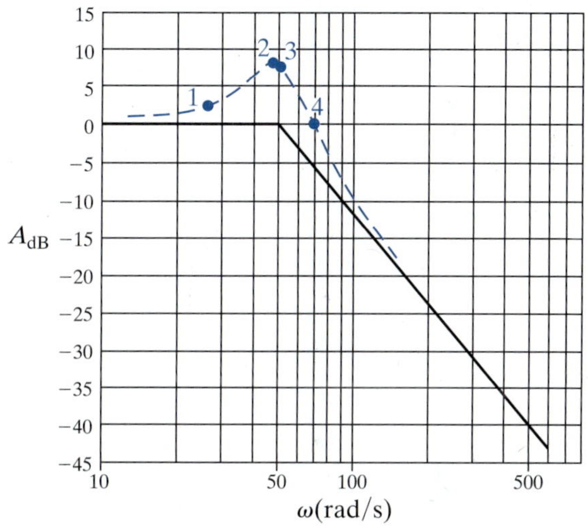

그림 E.13▲ 예제 E.3의 진폭 도면.

c) 분모의 s항의 계수가 $2\zeta\omega_n$이므로

$$\zeta = \frac{20}{2\omega_n} = 0.20.$$

d) 그림 E.13을 참조하라.

e) 실제 진폭은 다음과 같다.

$$\begin{aligned} A_{dB}(\omega_n/2) &= -10\log_{10}(0.6025) = 2.2 \text{ dB}, \\ \omega_p &= 50\sqrt{0.92} = 47.96 \text{ rad/s}, \\ A_{dB}(\omega_p) &= -10\log_{10}(0.16)(0.96) = 8.14 \text{ dB}, \\ A_{dB}(\omega_n) &= -20\log_{10}(0.4) = 7.96 \text{ dB}, \\ \omega_0 &= \sqrt{2}\omega_p = 67.82 \text{ rad/s}, \\ A_{dB}(\omega_0) &= 0 \text{ dB}. \end{aligned}$$

그림 E.13에 네 개의 점을 표시했으며, 각 점은 다음과 같다.

- 점 1의 좌표는 (25 rad/s, 2.2 dB)이다.
- 점 2의 좌표는 (47.96 rad/s, 8.14 dB)이다.
- 점 3의 좌표는 (50 rad/s, 7.96 dB)이다.

- 점 4의 좌표는 (67.82 rad/s, 0 dB)이다.

이러한 네 점을 지나는 보정된 도면은 그림 E.13에 점선으로 표시했다.

f) 그림 E.13의 진폭 도면을 통해 회로가 저역 통과 필터임을 알 수 있다. 차단 주파수에서 전달 함수의 크기 $|H(j\omega_c)|$는 최대 크기보다 3 dB 작다. 보정된 도면으로부터 차단 주파수는 약 80 rad/s임을 알 수 있으며, 이 값은 직선 보드 선도를 통해 예측한 값과 거의 유사하다.

E.8 복소수 극점에 대한 위상각 도면

복소수 극점 쌍에 대한 위상각 도면은 식 $\theta(j\omega) = -\tan^{-1}[2\zeta u/(1 - u^2)]$에 대한 도면이다. 주파수가 0인 경우 위상각은 0이 되고, 절점 주파수에서 $-90°$가 된다. ω가 증가함에 따라(즉 u가 증가함에 따라) 위상각은 $-180°$에 근접하게 된다. 진폭 도면에서와 같이 ζ가 위상각 도면의 정확한 형태를 결정하게 된다. 그림 E.14는 위상각 도면에 대한 ζ의 영향을 보여 준다.

다음과 같은 세 개의 선을 그림으로써 복소수 극점 쌍에 대한 위상각 도면의 직선 근사치를 구할 수 있다.

- $\omega \le (4.81^{-\zeta})\omega_n$인 경우 0°에서 수평선을 그린다.
- $\omega \ge (4.81^{\zeta})\omega_n$인 경우 $-180°$에서 수평선을 그린다.
- $(4.81^{-\zeta})\omega_n \le \omega \le (4.81^{\zeta})\omega_n$인 경우 $(4.81^{-\zeta})\omega_n$에서의 0° 위상각과 $(4.81^{\zeta})\omega_n$에서의 $-180°$ 위상각을 연결하는 직선을 그린다. 이 직선은 ω_n에서 $-90°$를 지나며 $-132/\zeta$ degrees/decade($-2.3/\zeta$ rad/decade)의 기울기를 갖는다.

그림 E.15는 $\zeta = 0.3$인 경우의 직선 근사치와 실제 위상각 도면을 보여 준다. 절

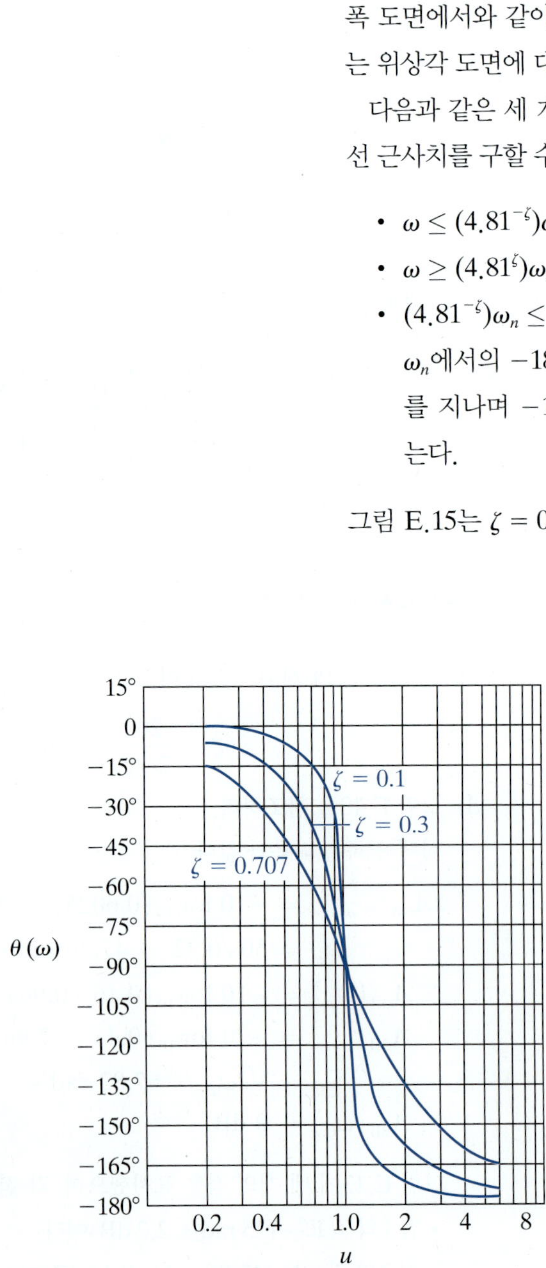

그림 E.14▲ 위상각 도면에 대한 ζ의 영향.

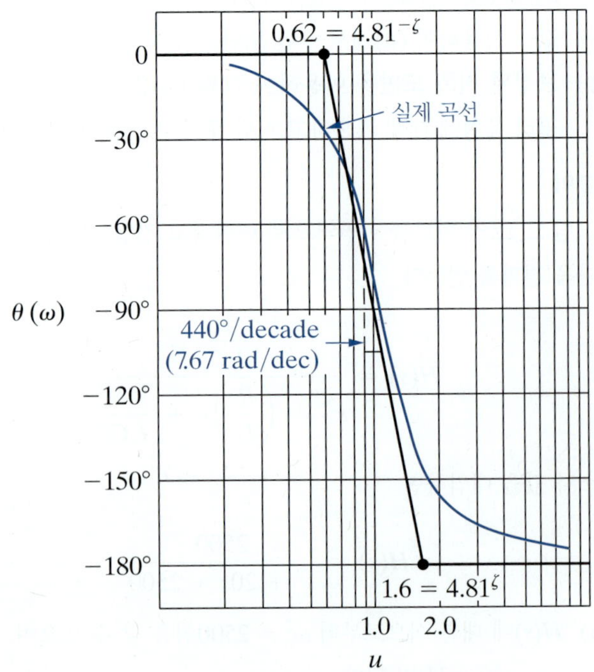

그림 E.15▲ 복소수 극점 쌍에 대한 위상각 도면 직선 근사화.

점 주파수 근방에서 직선 도면이 실제 곡선을 잘 근사함을 알 수 있다. 그러나 직선이 만나는 두 점 근방에서는 오차가 커지게 된다. 예제 E.4에서 보드 선도에 대한 논의를 정리하겠다.

예제 E.4

a) 그림 E.16의 회로에 대해 전달 함수 $H(s)$를 구하라.

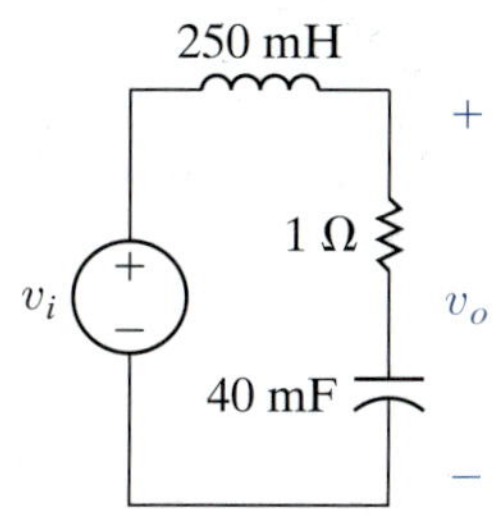

그림 E.16▲ 예제 E.4의 회로.

b) $20\log_{10}|H(j\omega)|$의 직선 진폭 도면을 그려라.

c) 직선 진폭 도면을 이용하여 회로가 나타내는 필터 유형을 결정하고 차단 주파수를 예측하라.

d) 실제 차단 주파수를 구하라.

e) $H(j\omega)$의 직선 위상각 도면을 그려라.

f) (e)의 도면을 활용하여 (c)에서 구한 예상 차단 주파수에서의 위상각을 구하라.

g) (d)에서 구한 실제 차단 주파수에서의 위상각을 구하라.

풀이

a) 그림 E.16의 회로를 s 영역으로 변환하고 전압 분배를 이용하면 다음을 얻는다.

$$H(s) = \frac{\frac{R}{L}s + \frac{1}{LC}}{s^2 + \frac{R}{L}s + \frac{1}{LC}}.$$

회로에서 주어지는 실제 소자 값을 대입하면 다음 결과를 얻는다.

$$H(s) = \frac{4(s + 25)}{s^2 + 4s + 100}.$$

b) 보드 선도를 그리는 첫 번째 단계는 $H(j\omega)$를 표준형으로 변환하는 것이다. $H(s)$가 이차 항을 포함하고 있으므로 ζ값을 먼저 확인한다. $\zeta = 0.2$이고 $\omega_n = 10$이므로

$$H(s) = \frac{s/25 + 1}{1 + (s/10)^2 + 0.4(s/10)},$$

이로부터

$$H(j\omega) = \frac{|1 + j\omega/25| \angle\psi_1}{|1 - (\omega/10)^2 + j0.4\omega/10| \angle\beta_1}.$$

이차 항이 $u = \omega/10$임에 유의하라. $H(j\omega)$의 진폭을 데시벨로 나타내면

$$A_{dB} = 20\log_{10}|1 + j\omega/25| - 20\log_{10}\left[\left|1 - \left(\frac{\omega}{10}\right)^2 + j0.4\left(\frac{\omega}{10}\right)\right|\right],$$

그리고 위상각은

$$\theta(j\omega) = \psi_1 - \beta_1,$$

여기서

$$\psi_1 = \tan^{-1}(\omega/25),$$

$$\beta_1 = \tan^{-1}\frac{0.4(\omega/10)}{1 - (\omega/10)^2}.$$

그림 E.17은 A_{dB}를 구성하는 두 항의 도면을 포함하는 진폭 도면을 보여 준다.

c) 그림 E.17의 직선 진폭 도면은 회로가 저역 통과 필터임을 보여 준다. 차단 주파수에서 $H(j\omega)$의 진폭은 통과 대역에서의 진폭보다 3 dB 작다. 도면으로부터 차단 주파수가 대략 13 rad/s임을 유추할 수 있다.

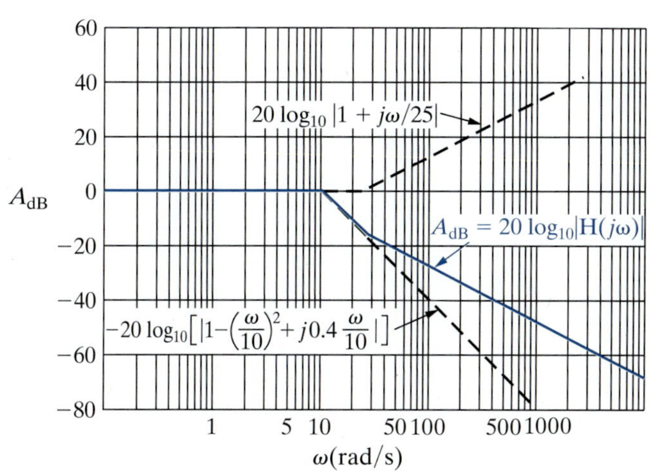

그림 E.17▲ 예제 E.4의 진폭 도면.

d) 실제 차단 주파수를 구하기 위해 $H(s)$에서 s를 $j\omega$로 치환하여 $|H(j\omega)|$에 대한 표현식을 구하고, $|H(j\omega_c)| = (1/\sqrt{2})H_{\max} = 1/\sqrt{2}$로 설정한 후 ω_c에 대해 푼다.

우선

$$H(j\omega) = \frac{4(j\omega) + 100}{(j\omega)^2 + 4(j\omega) + 100}.$$

따라서

$$|H(j\omega_c)| = \frac{\sqrt{(4\omega_c)^2 + 100^2}}{\sqrt{(100 - \omega_c^2)^2 + (4\omega_c)^2}} = \frac{1}{\sqrt{2}}.$$

ω_c에 대해 식을 풀면 다음의 결과를 얻는다.

$$\omega_c = 16 \text{ rad/s}.$$

e) 그림 E.18은 두 개의 각도 ψ_1, $-\beta_1$을 포함하는 위상각 도면을 보여 준다. 1.0과 2.5 rad/s 사이에서 $\theta(\omega)$의 직선 구간은 2.5와 100 rad/s 사이에서와 달리 동일한 기울기를 갖지 않는다는 점에 주의하라.

f) 그림 E.18의 위상각 도면으로부터 예측된 차단 주파수 13 rad/s에서의 위상각이 $-65°$임을 추정할 수 있다.

g) 다음의 전달 함수에 $s = j16$을 대입하여 실제 차단 주파수에서의 정확한 위상각을 계산할 수 있다.

$$H(j16) = \frac{4(j16 + 25)}{(j16)^2 + 4(j16) + 100}.$$

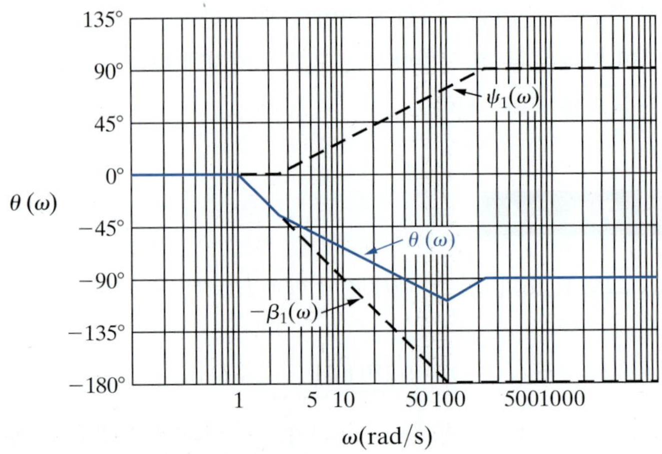

그림 E.18▲ 예제 E.4의 위상각 도면.

위상각을 계산하면 다음과 같다.

$$\theta(j\omega_c) = \theta(j16) = -125.0°.$$

예측값과 큰 차이가 나는 것에 주의하라. 일반적으로 직선 위상각 도면은 위상각이 변하는 주파수 영역에서 만족스러운 결과를 제공하지 못한다. 직선 위상각 도면은 특정 주파수에서 실제 위상각을 추정하는 경우가 아닌 단지 위상각의 일반적인 특성을 예측하는 경우에만 유용하다.

APPENDIX

F

삼각 함수 항등식의 요약표

1. $\sin(\alpha \pm \beta) = \sin\alpha \cos\beta \pm \cos\alpha \sin\beta$

2. $\cos(\alpha \pm \beta) = \cos\alpha \cos\beta \mp \sin\alpha \sin\beta$

3. $\sin\alpha + \sin\beta = 2 \sin\frac{\alpha+\beta}{2} \cos\frac{\alpha-\beta}{2}$

4. $\sin\alpha - \sin\beta = 2 \cos\left(\frac{\alpha+\beta}{2}\right) \sin\left(\frac{\alpha-\beta}{2}\right)$

5. $\cos\alpha + \cos\beta = 2 \cos\left(\frac{\alpha+\beta}{2}\right) \cos\left(\frac{\alpha-\beta}{2}\right)$

6. $\cos\alpha - \cos\beta = -2 \sin\left(\frac{\alpha+\beta}{2}\right) \sin\left(\frac{\alpha-\beta}{2}\right)$

7. $2 \sin\alpha \sin\beta = \cos(\alpha - \beta) - \cos(\alpha + \beta)$

8. $2 \cos\alpha \cos\beta = \cos(\alpha - \beta) + \cos(\alpha + \beta)$

9. $2 \sin\alpha \cos\beta = \sin(\alpha + \beta) + \sin(\alpha - \beta)$

10. $\sin 2\alpha = 2 \sin\alpha \cos\alpha$

11. $\cos 2\alpha = 2 \cos^2\alpha - 1 = 1 - 2 \sin^2\alpha$

12. $\cos^2\alpha = \frac{1}{2} + \frac{1}{2}\cos 2\alpha$

13. $\sin^2\alpha = \frac{1}{2} - \frac{1}{2}\cos 2\alpha$

14. $\tan(\alpha \pm \beta) = \frac{\tan\alpha \pm \tan\beta}{1 \mp \tan\alpha \tan\beta}$

15. $\tan 2\alpha = \frac{2 \tan\alpha}{1 - \tan^2\alpha}$

APPENDIX

G 적분식의 요약표

1. $\int xe^{ax}dx = \frac{e^{ax}}{a^2}(ax - 1)$

2. $\int x^2e^{ax}\,dx = \frac{e^{ax}}{a^3}(a^2x^2 - 2ax + 2)$

3. $\int x\sin ax\,dx = \frac{1}{a^2}\sin ax - \frac{x}{a}\cos ax$

4. $\int x\cos ax\,dx = \frac{1}{a^2}\cos ax + \frac{x}{a}\sin ax$

5. $\int e^{ax}\sin bx\,dx = \frac{e^{ax}}{a^2 + b^2}(a\sin bx - b\cos bx)$

6. $\int e^{ax}\cos bx\,dx = \frac{e^{ax}}{a^2 + b^2}(a\cos bx + b\sin bx)$

7. $\int \frac{dx}{x^2 + a^2} = \frac{1}{a}\tan^{-1}\frac{x}{a}$

8. $\int \frac{dx}{(x^2 + a^2)^2} = \frac{1}{2a^2}\left(\frac{x}{x^2 + a^2} + \frac{1}{a}\tan^{-1}\frac{x}{a}\right)$

9. $\int \sin ax\sin bx\,dx = \frac{\sin(a - b)x}{2(a - b)} - \frac{\sin(a + b)x}{2(a + b)},\quad a^2 \neq b^2$

10. $\int \cos ax\cos bx\,dx = \frac{\sin(a - b)x}{2(a - b)} + \frac{\sin(a + b)x}{2(a + b)},\quad a^2 \neq b$

11. $\int \sin ax \cos bx\, dx = -\dfrac{\cos(a-b)x}{2(a-b)} - \dfrac{\cos(a+b)x}{2(a+b)}, \quad a^2 \neq b^2$

12. $\int \sin^2 ax\, dx = \dfrac{x}{2} - \dfrac{\sin 2ax}{4a}$

13. $\int \cos^2 ax\, dx = \dfrac{x}{2} + \dfrac{\sin 2ax}{4a}$

14. $\int_0^\infty \dfrac{a\,dx}{a^2 + x^2} = \begin{cases} \frac{\pi}{2}, a > 0; \\ 0, a = 0; \\ \frac{-\pi}{2}, a < 0 \end{cases}$

15. $\int_0^\infty \dfrac{\sin ax}{x}\, dx = \begin{cases} \frac{\pi}{2}, a > 0; \\ \frac{-\pi}{2}, a < 0 \end{cases}$

16. $\int x^2 \sin ax\, dx = \dfrac{2x}{a^2} \sin ax - \dfrac{a^2x^2 - 2}{a^3} \cos ax$

17. $\int x^2 \cos ax\, dx = \dfrac{2x}{a^2} \cos ax + \dfrac{a^2x^2 - 2}{a^3} \sin ax$

18. $\int e^{ax} \sin^2 bx\, dx = \dfrac{e^{ax}}{a^2 + 4b^2}\left[(a \sin bx - 2b \cos bx) \sin bx + \dfrac{2b^2}{a}\right]$

19. $\int e^{ax} \cos^2 bx\, dx = \dfrac{e^{ax}}{a^2 + 4b^2}\left[(a \cos bx + 2b \sin bx) \cos bx + \dfrac{2b^2}{a}\right]$

APPENDIX

H 소자 값의 공통 표준

저항(5% 정밀도) [Ω]					
10	100	1.0 k	10 k	100 k	1.0 M
	120	1.2 k	12 k	120 k	
15	150	1.5 k	15 k	150 k	1.5 M
	180	1.8 k	18 k	180 k	
22	220	2.2 k	22 k	220 k	2.2 M
	270	2.7 k	27 k	270 k	
33	330	3.3 k	33 k	330 k	3.3 M
	390	3.9 k	39 k	390 k	
47	470	4.7 k	47 k	470 k	4.7 M
	560	5.6 k	56 k	560 k	
68	680	6.8 k	68 k	680 k	6.8 M

커패시터		
10 pF	22 pF	47 pF
100 pF	220 pF	470 pF
0.001 μF	0.0022 μF	0.0047 μF
0.01 μF	0.022 μF	0.047 μF
0.1 μF	0.22 μF	0.47 μF
1 μF	2.2 μF	4.7 μF
10 μF	22 μF	47 μF
100 μF	220 μF	470 μF

커패시터	
값	전류 정격
10 μH	3 A
100 μH	0.91 A
1 mH	0.15 A
10 mH	0.04 A

찾아보기